Fritz Ullmann

Enzyklopädie der technischen Chemie

Achter Band

VERO Verlag

Fritz Ullmann

Enzyklopädie der technischen Chemie

Achter Band

ISBN/EAN: 9783737210065

Auflage: 1

Erscheinungsjahr: 2015

Erscheinungsort: Norderstedt, Deutschland

© Vero Verlag GmbH & Co. KG. Alle Rechte beim Verlag und bei den jeweiligen Lizenzgebern.

Webseite: http://vero-verlag.de

Cover: Foto ©Bernd Kasper / pixelio.de

Enzyklopädie
der technischen Chemie

Unter Mitwirkung von Fachgenossen

herausgegeben von

Professor Dr. Fritz Ullmann

Genf

Zweite, völlig neubearbeitete Auflage

Achter Band

Natriumverbindungen — Salophen

Mit 258 Textbildern

Urban & Schwarzenberg

Berlin N24
Friedrichstraße 105 B

1931

Wien IX
Frankgasse 4

Zusammenfassende Übersicht

der im achten Bande der „Enzyklopädie der technischen Chemie" (zweite Auflage) enthaltenen umfangreicheren Abhandlungen mit ihren Verfassern.

Natriumverbindungen ◆ Dr. *H. Friedrich*, Berlin, Prof. Dr. *V. Gaertner*, Wien, Dr. *W. Siegel*, Berlin, und Prof. Dr. *F. Ullmann*, Genf.

Nesselfaser ◆ Prof. Dr. *E. Ristenpart*, Chemnitz.

Neusilber ◆ Prof. Dr.-Ing. *E. H. Schulz*, Dortmund.

Nickel ◆ Prof. Dipl.-Ing. Dr. *R. Hoffmann*, Clausthal im Harz.

Der MOND-LANGER-Prozeß ◆ Dr. *E. Naef*, Paris.

Nickelverbindungen ◆ Dr. *W. Siegel*, Berlin.

Niob - Nitride ◆ Dr. *M. Speter*, Berlin.

Nitrieren ◆ Prof. Dr. *F. Ullmann*, Genf.

Nitrofarbstoffe - Nitrosofarbstoffe ◆ Dr. *A. Krebser*, Basel.

Norgine ◆ Ing.-Chem. *L. Melzer*, Berlin.

Öfen, chemische ◆ Dr. *Justus Wolff*, Kobe (Japan).

Öfen, elektrische ◆ Ing. *W. Fehse*, Berlin.

Ölgas ◆ Direktor Dipl.-Ing. Dr. *W. Bertelsmann* und Dr.-Ing. *F. Schuster*, Berlin.

Ölsäure ◆ Dr. *H. Schönfeld*, Berlin.

Opiumalkaloide ◆ Prof. Dr. *H. Emde*, Königsberg i. Pr.

Organpräparate ◆ Priv.-Doz. Dr. *R. L. Mayer*, Breslau.

Oxalsäure ◆ Dr. *A. Schloß*, Berlin.

Oxalylchlorid ◆ Prof. Dr. *F. Ullmann*, Genf.

Oxazinfarbstoffe ◆ Dr. *A. Krebser*, Basel.

Oxydieren ◆ Prof. Dr. *F. Ullmann*, Genf.

Ozon ◆ Dr. *G. Erlwein*, Berlin.

p_H ◆ Prof. Dr. *K. Arndt*, Berlin.

Packungen ◆ Dr. *H. Rabe*, Berlin.

Palmitinsäure ◆ Dr. *H. Schönfeld*, Berlin.

Pankreatin - Papain ◆ Dr. *A. Hesse*, München.

Papier ◆ Prof. Dr. *C. G. Schwalbe*, Eberswalde.

Papiersorten ◆ Ing. *A. Lutz*, Berlin.

Papiergarne ◆ Prof. Dr. *E. Ristenpart*, Chemnitz.

Parfümerien ◆ Dr. *P. Dangschat*, Borgsdorf bei Berlin.

Peche ◆ Techn. Chem. *E. J. Fischer*, Berlin.

Pektin ◆ Prof. Dr. *F. Ehrlich*, Breslau.

Pepsin - Peptone ◆ Dr. *A. Hesse*, München.

Percarbonate ◆ Dr. *M. Speter*, Berlin.

Perlen, künstliche ◆ Prof. Dr. *F. Ullmann*, Genf.

Permutite ◆ Prof. Dr. *A. Kolb*, Berlin.

Perschwefelsäure und ihre Salze ◆ Dr. *W. Siegel*, Berlin.

Perylen ◆ Dr. *A. Krebser*, Basel.

Phenacetin - Phenanthren - Phenol - Phenolphthalein - Phenylendiamine - Phloroglucin ◆ Prof. Dr. *F. Ullmann*, Genf.

Phosphor ◆ Dr. *F. Jost*, Herne in Westf., und Prof. Dr. *F. Ullmann*, Genf.

Phosphorverbindungen ◆ Dr.-Ing. *G. Hedrich* und Dr. *J. Weismantel*, Budenheim bei Mainz.

Phosphorsäureester ◆ Prof. Dr. *F. Ullmann*, Genf.

Phosphorsesquisulfid, technische Herstellung ◆ Dr. *F. Jost*, Herne in Westf.

Photographie ◆ Prof. Dr. *J. Eggert*, Leipzig, und Dr.-Ing. *H. Mediger*, Wolfen.

Photographische Papiere ✦ Dr. *K. Kieser*, Beuel am Rhein.

Phthalsäure ✦ Prof. Dr. *F. Ullmann*, Genf.

Physostigmin - Pilocarpin - Piperazin - Piperidin - Piperin ✦ Prof. Dr. *H. Emde*, Königsberg i. Pr.

Plastische Massen ✦ Techn. Chem. *E. J. Fischer*, Berlin.

Platin - Platinmetalle oder Platinoide - Platinverbindungen ✦ Dr. *M. Speter*, Berlin.

Podophyllin ✦ Prof. Dr. *H. Emde*, Königsberg i. Pr.

Polarisation ✦ Prof. Dr. *H. Danneel*, Münster (Westf.).

Preßhefe ✦ Dr. *W. Kiby*, Berlin.

Prodorit - Propionsäure - Propylalkohole - Pseudocumol ✦ Prof. Dr. *F. Ullmann*, Genf.

Pulsometer ✦ Dr. *H. Rabe*, Berlin.

Pumpen ✦ Ober-Ing. *B. Block*, Berlin, und Prof. Dr. *M. Volmer*, Neubabelsberg.

Purinabkömmlinge ✦ Prof. Dr. *H. Emde*, Königsberg i. Pr.

Pyrazolone ✦ Prof. Dr. *F. Ullmann*, Genf.

Pyridin und Pyridinbasen ✦ Prof. Dr. *H. Emde*, Königsberg i. Pr.

Pyrogallol ✦ Dr. *A. Wirsing*, Chemnitz.

Pyrrol ✦ Prof. Dr. *F. Ullmann*, Genf.

Quarzglas ✦ Dipl.-Ing. *Z. v. Hirschberg*, Berlin.

Quecksilber ✦ Bergwerksdirektor a. D. Bergassessor *H. Troegel*, Berlin.

Quecksilberlegierungen ✦ Dr. *G. Pinkus*, Berlin.

Quecksilberverbindungen ✦ Prof. Dr. *F. Ullmann*, Genf.

Radioaktivität ✦ Geh. Reg.-Rat Prof. Dr. *W. Marckwald* und Dr. *O. Erbacher*, Berlin.

Rauschgifte ✦ Prof. Dr. *H. Emde*, Königsberg i. Pr.

Reagenspapiere ✦ Dr. *M. Speter*, Berlin.

Reaktionstürme ✦ Dr. *H. Rabe*, Berlin.

Rechtsschutz, gewerblicher ✦ Patentanwalt Dr. *F. Warschauer*, Berlin.

Reckspannungen ✦ Prof. Dr.-Ing. *E. H. Schulz*, Dortmund.

Reduktion ✦ Prof. Dr. *F. Ullmann*, Genf.

Regler ✦ Dr. *H. Rabe*, Berlin.

Reinigerei ✦ Dr. *E. Wulff*, Hamburg.

Reproduktionsverfahren ✦ Reg.-Rat Prof. Dr. *A. Albert*, Mödling bei Wien.

Resorcin - Reten ✦ Prof. Dr. *F. Ullmann*, Genf.

Rhenium ✦ Dr. *M. Speter*, Berlin.

Rhodanverbindungen ✦ Prof. Dr. *F. Ullmann*, Genf.

Riechstoffe ✦ Dr. *A. Ellmer*, München.

Vanillin ✦ Prof. Dr. *F. Ullmann*, Genf.

Wirtschaftliches ✦ Dr. *F. Schaub*, Berlin.

Rosten und Rostschutzmittel ✦ Prof. Dr. *K. Arndt*, Berlin.

Rubidium ✦ Prof. Dr. *F. Ullmann*, Genf.

Außerdem enthält der Band noch — neben den Hinweisen auf andere Stichworte — eine Reihe von kleineren Beiträgen; solche allgemein physikalischen Inhaltes sind von Prof. Dr. *K. Arndt*, Berlin, die Arzneimittel von Dr. *M. Dohrn*, Berlin, alle Farbstoffe von Prof. Dr. *E. Ristenpart*, Chemnitz, die Legierungen von Direktor Dr.-Ing. *E. H. Schulz*, Dortmund, verfaßt.

N

Natriumverbindungen. Natrium bildet mit Lithium und der Triade Kalium, Rubidium, Caesium die Gruppe der Alkalimetalle, die der zweiten Reihe des periodischen Systems angehört. Natrium tritt in seinen Verbindungen stets einwertig auf. Die Natriumsalze ungefärbter Säuren sind farblos und in Wasser meist gut löslich.

Geschichtliches. Wohl die älteste Natriumverbindung ist die Soda, im alten Testament Nater genannt und in Mischung mit Öl als Seife benutzt. Aus dem Wort wurde im Griechischen νιτρον, im Lateinischen nitrum (DIOSCORIDES, PLINIUS). Im 16. Jahrhundert unterscheidet PIRINGUCCIO nitrum (Soda) von dem salzig schmeckenden sal nitri, d. i. Salpeter. Schon etwas früher hatten die Araber in Europa die Bezeichnung natrum, natrun, natron für Soda (im Gegensatz zu nitrum, Salpeter) eingeführt. Identisch damit war Kali oder Alkali, abgeleitet von al kaljun = galjan = Pflanzenasche (GEBER). Asche von See- und Landpflanzen wurde nicht unterschieden, sondern gemeinsam als fixes Alkali oder Laugensalz bezeichnet und von dem flüchtigen Ammonsalz unterschieden. Später erkannte man, daß das „milde" Salz (Soda) durch Kalk in „ätzendes" (Ätznatron) übergeht, und BLACK zeigte 1756, daß ersteres aus letzterem durch „fixe Luft", d. i. Kohlendioxyd, entsteht. Schon 1736 hatte DUHAMEL DE MONCEAU den Unterschied von „alcali minerale", dem aus Steinsalz gewonnenen Natriumsalz, und dem „alcali vegetabile", dem aus Pflanzenasche gewonnenen Kaliumcarbonat, kennen gelehrt. MARGGRAF fand die Unterscheidung beider Elemente durch die Flammenfärbung, KLAPROTH wies 1796 nach, daß sich „alcali vegetabile" auch in Gesteinen (Leucit) findet. Seitdem unterschied man beide Metalle in der jetzt üblichen Weise. Im Französischen und Englischen haben sich die Namen potassium für Kalium und sodium für Natrium bis jetzt erhalten.

Vorkommen. Natriumverbindungen sind außerordentlich verbreitet. Angaben über den Na-Gehalt der Erde schwanken zwischen 0,1—0,58%. Die etwa 16 km mächtige oberste Erdschale enthält 2,63% Na. Die im Meerwasser gelösten Salze enthalten etwa 30,6% Na. In den Eruptivgesteinen ist etwa 2,83% Na enthalten. Der Na-Gehalt der frischen Pflanzen schwankt zwischen 0,0006% bei Schafgarbe und 0,547% bei Seegras, dessen Asche 16,78% Na enthält. Im tierischen Organismus sind im Blute etwa 0,18—0,27% Na, im Muskel 0,06—0,156% enthalten.

Durch Verwitterung kommen Natriumverbindungen aus den Mineralien der älteren Formationen in die jüngeren Schichten der Erdkruste, um schließlich einen wesentlichen Bestandteil der Erdkrume zu bilden. Aus dieser gelangen sie in die Pflanzen, aber in ungleich geringerem Betrage als die Kaliumverbindungen. Letztere werden vom Boden adsorbiert und von der Pflanze assimiliert und aufgespeichert, während die Natriumverbindungen von den atmosphärischen Niederschlägen ausgewaschen werden und durch die natürlichen Flußläufe in das Meer gelangen. Sie werden ihrerseits von den Meeres- und Küstenpflanzen in beträchtlicher Menge aufgenommen; sie finden sich ziemlich gleichmäßig in allen Teilen der Pflanze, während die Kaliumverbindungen sich in bestimmten Organen anhäufen. Auch auf natriumreichem Boden wachsende Landpflanzen bergen stets wesentlich mehr Kalium- als Natriumverbindungen. Daß letztere aber für die Pflanze entbehrlich sind, ist nicht einwandfrei bewiesen.

Für das tierische Leben sind Natriumsalze unbedingt erforderlich. Sowohl Mangel als auch Überschuß an Kochsalz schädigt den tierischen Organismus. Bei Kulturvölkern steigt der Salzkonsum weit über das Bedürfnis hinaus. Wilde Völkerschaften nehmen mit der pflanzlichen und tierischen Nahrung nicht den zehnten Teil des Salzes zu sich, das der Kulturmensch braucht. Je mehr Kaliumsalze die Nahrung enthält — also bei vorzugsweise vegetabilischer Kost, — umsomehr Kochsalz muß dem Körper zugeführt werden. Daher die Sitte, dem Gast Brot und Salz vorzusetzen. Griechen und Römer opferten den Göttern Feldfrüchte stets mit Salz zusammen, Fleisch aber ohne dieses. Die kalireiche Kartoffel erfordert mehr Salz zum Genuß als die kaliarmen Getreidearten, besonders Reis und Hirse.

Analytisches. Zum Nachweis der Natriumverbindungen dient die gelbe Färbung, die sie der nichtleuchtenden Flamme erteilen, bzw. die leuchtende D-Linie ihres Spektrums, die mit stark brechenden Prismen in 2 Linien zerlegbar ist. Noch $3 \cdot 10^{-10}$, d. i. 3, geteilt durch 10 Milliarden, g Natrium ist durch diese Reaktion zu erkennen. Sie liefert den Nachweis, daß Natrium allgegenwärtig ist. Größere Mengen von Natrium weist man durch das saure Natriumpyroantimoniat, $Na_2Sb_2H_2O_7 \dotplus 6\,H_2O$, nach, das sich erst in 350 Tl. kochendem Wasser löst und durch das entsprechende Kaliumsalz aus der Lösung einer Natriumverbindung ausgefällt wird. Auch Kieselfluornatrium, Na_2SiF_6, ein gallertartiger Niederschlag, aus mikroskopischen 6seitigen Krystallen bestehend, fast unlöslich in einem Gemisch gleicher Volume Alkohol und Wasser, kann zur Erkennung von Natriumverbindungen dienen. Zur Trennung von Kaliumverbindungen führt man diese in das schwer lösliche Perchlorat oder Chloroplatinat über und bestimmt im Filtrat das Natrium als Sulfat.

Natriumacetat s. Bd. **IV**, 677.

Natriumalaun s. Bd. **I**, 269.

Natriumaluminat s. Bd. **I**, 270.

Natriumaluminiumchlorid s. Bd. **I**, 273.

Natriumaluminiumfluorid s. Bd. **I**, 274.

Natriumaluminiumsulfat s. Bd. **I**, 269.

Natriumamalgam s. Quecksilberlegierungen.

Natriumamid, $NaNH_2$, ist eine strahlig krystallinische, meist durch Verunreinigungen schwach rosa oder grünlich gefärbte Masse vom *Schmelzp.* 210⁰ (L. WÖHLER, *Chem.-Ztg.* **42**, 187 [1918]), die bei Rotglut in die Elemente zerfällt. Die Verbindung ist sublimierbar und im Vakuum aus *Pt*-Gefäßen destillierbar. An der Luft verwandelt sich Natriumamid in $NaOH$, Na_2CO_3 und $NaNO_2$. Das gebildete nitrithaltige Natriumamid explodiert heftig schon bei 160⁰ (*B.* **60**, 1201). Mit Wasser zerfällt Natriumamid in NH_3 und $NaOH$. Beim Erhitzen mit Kohlenstoff entsteht Natriumcyanid (Bd. **III**, 489). Mit Magnesium liefert Natriumamid beim Erhitzen Magnesiumnitrid, Mg_3N_2, Na und H_2. Eisen, Kupfer, Silber reagieren nicht mit Natriumamid. Beim Erhitzen mit H_2 auf 300⁰ entstehen Natriumhydrür und NH_3 (GUNTZ und BENOIT, *Bull. Soc. chim. France* [4] **41**, 434). Mit Acetylen erhält man Natriumcyanamid (*Scheideanstalt, D. R. P.* 149 678).

Die Darstellung aus Natrium und Ammoniak ist bereits Bd. **V**, 480, beschrieben worden. Wichtig ist, daß das Ammoniak vor der Verwendung völlig von Luft und Feuchtigkeit befreit wird. Die Temperatur der Einwirkung liegt zweckmäßig bei 300—400⁰ (A. W. TITHERLEY, *Journ. chem. Soc. London* **65**, 504 [1884]; J. M. DENNIS und A. W. BROWNE, *Ztschr. anorgan. Chem.* **40**, 82; *Journ. Amer. chem. Soc.* **26**, 587 [1904]; RUPE, *Helv. chim. Acta* **3**, 55 [1920]). Nach dem *D. R. P.* 316 137 [1914] der *Scheideanstalt* wird die Herstellung beschleunigt durch Zusatz von Katalysatoren wie $NaOH$, Na_2O, Cr u. s. w. Die *D. R. P.* 256 563 von ASHCROFT, 411 732 von EWAN sind für die technische Gewinnung ohne Interesse. Häufig schließt das Handelsprodukt etwas Natrium bzw. NaH (GUNTZ und BENOIT, *Bull. Soc. chim. France* [4] **41**, 434) ein, so daß bei der Zersetzung mit Wasser etwas Wasserstoff frei wird.

Zur quantitativen Bestimmung zersetzt man das Natriumamid mit Wasser, fängt das freiwerdende Ammoniak in titrierter Salzsäure und titriert die überschüssige Salzsäure, während man andererseits zur Kontrolle auch die rückständige Natronlauge titrimetrisch bestimmt (J. M. DENNIS und A. W. BROWNE, *Ztschr. anorgan. Chem.* **40**, 89 [1904]).

Hauptverwendung findet das Natriumamid zur Darstellung von künstlichem Indigo (Bd. **VI**, 240). Es dient ferner zur Gewinnung von Natriumazid (s. S. 3) und ist Zwischenprodukt bei der Herstellung von Natriumcyanid (Bd. **III**, 481). Man kann ferner mit seiner Hilfe die NH_2-Gruppe in die Naphthole einführen; jedoch hat diese Methode keine technische Anwendung gefunden (F. SACHS, *D. R. P.* 181 333; *B.* **39**, 3021 [1906]). Natriumamid hat ferner vielfach statt des Natriums und Natriumäthylats als Kondensationsmittel bei organischen Synthesen Verwendung gefunden (s. z. B. L. CLAISEN, *B.* **38**, 695 [1905]; A. HALLER, Synthesen mittels Natriumamids, *Bull. Soc. chim. France* [4] **31**, 1073 [1922]). Es dient zur Herstellung von Indol und Methylindol (Bd. **VI**, 258), sowie zur Einfügung von NH_2-Gruppen in Pyridine (*Schering, D. R. P.* 398 204, 400 191).

Natriumammoniumphosphat s. Phosphorverbindungen.

Natriumantimoniat s. Bd. **I**, 544.

Natriumarsanilat s. Bd. **I**, 603.

Natriumarseniate (Bd. **I**, 593). Trinatriumarseniat, $Na_3AsO_4 - 12 H_2O$, entsteht aus Arsensäure mit überschüssiger Natronlauge. *Schmelzp.* des Hydrats 86,5°. 26,7 g lösen sich in 100 g Wasser bei 15°.

Dinatriumarseniat, Na_2HAsO_4, existiert mit 12 H_2O, 7 H_2O und wasserfrei; letzteres ist handelsüblich mit 62% As_2O_5. Es ist hygroskopisch und geht in das luftbeständige Salz mit 7 H_2O über. Beim Kochen von Arsensäure mit Sodalösung, bis keine Kohlensäure mehr entweicht, entsteht $Na_2HAsO_4 - 12 H_2O$. Bei 0° lösen sich 7,3 g, bei 14° 19,8 g, bei 21° 37 g in 100 g H_2O. Es bildet sich auch durch Erhitzen von 116 Tl. As_2O_3 mit 100 Tl. $NaNO_3$, Lösen der Schmelze im doppelten Gewicht Wasser, Zugabe von etwa 150 g kryst. Soda bis zur schwach alkalischen Reaktion und Krystallisation bei 15—20° (WULFF, *Apoth. Ztg.* **20**, 1025 [1905]). Man kann auch nach dem *A. P.* 1 596 652 (*Chem. Ztrlbl.* **1926**, **II**, 2215) Arsenik in 8%iger Natronlauge lösen und durch Einblasen von Luft bei Gegenwart von Kupfersulfat als Katalysator die Oxydation durchführen. Über die technische Herstellung s. Bd. **I**, 593, sowie *Chem. Ztrlbl.* **1925**, **I**, 2505. Über Verwendung s. Bd. **I**, 593.

Das Mononatriumarseniat, NaH_2AsO_4, aus Na_2HAsO_4 mit der äquivalenten Menge Arsensäure oder durch andauerndes Erhitzen von 36 Tl. Arsentrioxyd mit 3 Tl. Natriumnitrat gewonnen, krystallisiert mit 1 H_2O rhombisch oder monoklin.

Natriumarsenite sind nicht in krystallisiertem Zustande bekannt. Bei Behandlung von arseniger Säure mit Natronlauge entstehen je nach den angewandten Mengen Natriummetaarsenit $NaAsO_2$ oder komplexe Arsenite, z. B. $NaHAs_2O_4$, während das Orthoarsenit, Na_3AsO_3, aus arseniger Säure mit alkoholischer Natronlauge als weißes amorphes Pulver erhalten wird, dessen wässerige Lösung, weil weitgehend hydrolytisch gespalten, stark alkalisch reagiert. Über Herstellung und Verwendung s. Bd. **I**, 588.

Natriumazid, Natriumazimid, NaN_3, bildet nichthygroskopische hexagonale Blättchen, die beim Hämmern nicht explodieren, sich bis 350° nicht verändern und erst bei höherer Temperatur verpuffen und dabei mit glänzend gelbem Licht verbrennen. 100 Tl. Wasser lösen bei 15,2° 40,7 Tl., 100 Tl. absoluter Alkohol lösen bei 16° 0,3153 Tl. Salz. In Äther ist das Salz unlöslich. Die wässerige Lösung schmeckt stark salzig; sie reagiert infolge hydrolytischer Spaltung schwach alkalisch (TH. CURTIUS, *B.* **24**, 3346 [1897]; *Journ. prakt. Chem.* [2] **58**, 728 [1898]).

Die Darstellung des Salzes kann erfolgen durch Einwirkung von Stickoxydul auf Natriumamid: $N_2O + 2 NaNH_2 = N_3Na + NaOH + NH_3$. Das erhaltene Salz enthält also Natriumhydroxyd. Man entwickelt das Stickoxydul durch Erhitzen von Ammonnitratlösung, trocknet es sorgfältig über Natronkalk und Ätznatron und leitet es über das im Eisenbad auf etwa 190° erhitzte Natriumamid. Die Reaktion ist beendet, sobald in dem entweichenden Gase kein Ammoniak mehr nachweisbar ist (W. WISLICENIUS, *Bull.* **25**, 2084 [1892]; L. M. DENNIS und A. W. BROWNE, *Ztschr. anorgan. Chem.* **40**, 90 [1904]; *Journ. Amer. chem. Soc.* **26**, 594 [1904]). Aus der erhaltenen Salzmasse treibt man die Stickstoffwasserstoffsäure über, indem man in ihre kochende Lösung verdünnte Schwefelsäure tropft. Das Destillat, mit Natronlauge neutralisiert und eingedampft, gibt reines Natriumazid. Ausbeute 90% d. Th. Recht gute Ausbeuten, bis zu 96% d. Th., werden erhalten, wenn man Äthylnitrit auf Hydrazin bzw. Hydrazinsulfat bei Gegenwart von Natriumalkoholat bzw. Ätznatron einwirken läßt (R. STOLLÉ, *D. R. P.* 205 683, *B.* **41**, 2811 [1908]; insbesondere THIELE, *B.* **41**, 2681 [1908] und ORELKIN und Mitarbeiter, *Chem. Ztrlbl.* **1923**, **II**, 1544; *A. P.* 1 628 380 [*Chem. Ztrlbl.* **1927**, **II**, 482]).

Natriumazid dient zur Herstellung von Bleiazid, das als Initialzünder in der Sprengstofftechnik Verwendung findet (Bd. **IV**, 731), sowie für Natriumhydrid, s. S. 60. *F. Ullmann.*

1*

Natriumbenzoat s. Bd. II, 230.

Natriumbicarbonat, $NaHCO_3$, weißes, in monoklinen Tafeln krystallisierendes Salz von 2,16—2,22 *spez. Gew.* und alkalischem Geschmack. 100 Tl. Wasser lösen bei 0° 6,9, bei 60° 16,4 Tl. Salz. In trockener Luft hält es sich unverändert; bei Gegenwart von Feuchtigkeit verliert es allmählich Kohlendioxyd und geht in Vierdrittelcarbonat $NaHCO_3 \cdot Na_2CO_3 \cdot H_2O$ (Urao) über. Beim Erhitzen zersetzt es sich nach $2 NaHCO_3 = Na_2CO_3 + H_2O + CO_2$, doch wird stets, beim Glühen in merklichem Maße, auch Na_2O bzw. $NaOH$ gebildet.

Wenn p der Gesamtdruck von Wasser und Kohlensäure in *mm Hg* ist, ergeben sich folgende Zersetzungsdrucke:

t	30°	50°	70°	90°	100°	110°
p	6,2	30,0	120,4	414,3	731,1	1252,6

Zur Darstellung behandelte man früher Krystallsoda ($Na_2CO_3 \cdot 10 H_2O$) in Kammern aus Mauerwerk oder Eisenblech mit hochprozentigem Kohlendioxyd und ließ die durch das Freiwerden des Krystallwassers sich bildende Salzlösung am Boden abfließen. Das Aufhören des Abflusses war ein Zeichen, daß die Reaktion nahezu beendet war. CAREY, GASKELL und HURTER (*D. R. P.* 21954 und 24490) ersetzten die Krystallsoda durch das aus heißen Sodalösungen auskrystallisierende Monohydrat, das durch einfache Addition von Kohlendioxyd in Bicarbonat übergeht: $Na_2CO_3 \cdot H_2O +$ $+ CO_2 = 2 NaHCO_3$. Bei dieser Reaktion findet Wärmeentwicklung statt, die zur teilweisen Zersetzung des Bicarbonats führen kann; das Kohlendioxyd muß deshalb langsam über das in einem rotierenden Zylinder befindliche Monohydrat geleitet werden. Mit unreinem Kohlendioxyd (z. B. Kalkofengas) erzielt man schwer ein hochprozentiges Bicarbonat. Zusatz geringer Mengen von Ammoniak oder Ammoniumcarbonat (etwa ½ %) soll nach *D. R. P.* 217619 die Absorption verbessern.

Gegenwärtig wird fast alles Bicarbonat durch den Ammoniaksodaprozeß (Bd. VIII, 17) gewonnen. Das Rohprodukt ist wegen seines Gehalts an Ammoniumbicarbonat für die meisten Zwecke nicht brauchbar. Löst man es in warmem Wasser, so scheidet sich beim Erkalten reines, körniges Natriumbicarbonat aus. Bei Temperaturen über 65° muß die Auflösung unter Druck vorgenommen werden, weil sonst CO_2 entweicht. Das ausgefallene Salz wird durch Schleudern von der Mutterlauge befreit, bei 40—45° getrocknet und gemahlen. Anstatt zu lösen, soll man mit einer bei 40° gesättigten Bicarbonatlösung bei 40° unter einem CO_2-Druck von etwa ½ *Atm.* waschen (*D. R. P.* 136999).

Das rohe Bicarbonat kann auch auf trockenem Wege von Ammoniak befreit werden, indem man es durch Trommeln führt, die von warmem Kalkofengas durchstrichen werden.

Untersuchung. Da das Bicarbonat größtenteils zum menschlichen Genuß dient, wird ein hoher Reinheitsgrad verlangt. Es muß sich völlig klar in Wasser lösen, darf nur ganz geringe Mengen von Sulfat und Chlorid und keine durch Schwefelwasserstoff oder Schwefelammonium fällbaren Metalle enthalten. Auch der Gehalt an Monocarbonat darf sich nur in engen Grenzen bewegen. Eine Lösung von 1 *g* Bicarbonat in 20 *cm³* Wasser darf auf Zusatz von 3 Tropfen Phenolphthaleïnlösung nicht sofort gerötet werden; jedenfalls soll eine etwa entstehende schwache Rötung auf Zusatz von 0,2 *cm³* n-Salzsäure verschwinden.

Bei der quantitativen Analyse, die im Großhandel häufig gefordert wird, bestimmt man die Gesamtkalität durch Titrieren mit *n*-Salzsäure gegen Methylorange. Eine genaue Methode zur gasvolumetrischen Bestimmung des Kohlendioxyds im Bicarbonat hat LUNGE (*Ztschr. angew. Chem.* 1897, 522) beschrieben.

Verwendung. Das meiste Bicarbonat des Handels wird, besonders in Amerika, als Backpulver bei der Brotbereitung verbraucht. Außerdem findet es Verwendung als Arzneimittel, gegen die Säurebildung im Magen (BULLRICHS Salz), zur Bereitung von Brausepulvern u. dgl., zur Entschälung von Seide. Das Vierdrittelcarbonat dient vielfach zum Waschen von Wollstoffen (Flanell). *W. Siegel (C. Reimer).*

Natriumbichromat s. Bd. III, 417.

Natriumbisulfat, Mononatriumsulfat, $NaHSO_4$, bildet im reinen Zustande lange, 4seitige, trikline Säulen vom *spez. Gew.* 2,435, *Schmelzp.* 186°, die sich mit wenig Wasser und, da sie sehr hygroskopisch sind, auch an feuchter Luft zu festem neutralen Sulfat und wässeriger Schwefelsäure umsetzen. Beim Erhitzen zersetzt sich das Salz in Pyrosulfat ($Na_2S_2O_7$) und Wasser. Das Pyrosulfat beginnt bei 460° sich zu zersetzen und zerfällt gegen 800° in Na_2SO_4 und SO_3. Aus einer sauren wässerigen Lösung krystallisiert bei gewöhnlicher Temperatur $NaHSO_4 \cdot H_2O$. Der Übergangspunkt in das Anhydrid liegt bei 58,54° (D'ANS, SCHIEDT, *Ztschr. anorgan. Chem.* 61, 95 [1909]).

Natriumbisulfat entsteht bei mäßigem Erhitzen von neutralem Sulfat mit überschüssiger Schwefelsäure.

In der Technik versteht man unter Bisulfat ein Gemenge von $NaHSO_4$ und Na_2SO_4 in wechselnden Verhältnissen, wie es bei der Fabrikation von Salpetersäure

als Rückstand erhalten wird. Der Gehalt an „freier Säure" schwankt zwischen 5 %
und 30 % statt 40,8 % beim reinen $NaHSO_4$. In England wird dieses Produkt als
„nitre cake" bezeichnet. Über seine Gewinnung s. Salpetersäure.

Als Verunreinigungen sind im Handelsprodukt außer Wasser, das aus der Luft
aufgenommen wird, in der Regel enthalten Fe_2O_3, Al_2O_3, MgO, CaO, $CaCl_2$. Um
höherprozentiges Bisulfat zu erhalten, wird nach J. N. CAROTHERS, CH. F. BOOTH,
übertragen an FEDERAL PHOSPHORUS COMPANY OF BIRMINGHAM (A. P. 1693747),
„nitre cake" mit einer gestellten Schwefelsäure bei 150⁰ verrührt. Man erhält ein
85%iges $NaHSO_4$, das etwas unter 130⁰ erstarrt.

Natriumbisulfat entsteht auch bei der Fabrikation von Salzsäure (s. d.). Aus
Lösungen, die bei verschiedenen Fabrikationen abfallen, kann es unter Vermeidung
des Eindampfens durch Zusatz von 50 % H_2SO_4 ausgeschieden werden (SPINNSTOFF-
FABRIK ZEHLENDORF G. M. B. H., LEUCHS, D. R. P. 356103).

Verwendung. Über die Fabrikation von Salzsäure und Natriumsulfat aus
Bisulfat s. Salzsäure, über die Herstellung von freier Schwefelsäure und Natriumsulfat s. Natriumsulfat (Bd. VIII, 85).

Außerdem wurde Bisulfat vorgeschlagen zur Darstellung von Ammoniumsulfat (CHATFIELD,
D. R. P 82443), zur Fabrikation von Kaliumsulfat und Alaun, zum Aufschließen von Schwefelerzen,
zum Carbonisieren wollener Lumpen, zur Herstellung von Schwefelnatrium (s. d.). Während des
Krieges hat die Überproduktion an Bisulfat und der Mangel an Schwefelsäure noch zahlreiche ander-
weitige Verwertungen des ersteren herbeigeführt, z. B. zum Beizen von Metallen, zum Aufschließen
von Phosphaten (NEUMANN, KLEYLEIN, Ztschr. angew. Chem. 33, 74 [1920]), zur Darstellung organischer
Säuren (Essigsäure, Ameisensäure) aus ihren Salzen, zur Gewinnung von Fettsäuren aus Wollwäscherei-
wässern, zum Bleichen und Schwellen von Leder, zur Ausfällung der Viscoseseide aus ihren Lösungen.
Auch zur Neutralisation von Melasse behufs ihrer Verarbeitung auf Spiritus ist Bisulfat benutzt
worden; doch eignet es sich für diesen Zweck nur, falls auf die Verwendung der Brennereirückstände
zu Futterzwecken verzichtet wird. Um während des Transportes die Aufnahme von Feuchtigkeit
und den starken Angriff der Verpackung zu verhindern, soll Bisulfat oberflächlich mit Soda oder
Bicarbonat behandelt werden und dadurch eine schützende Schicht von Na_2CO_3 bzw. Na_2SO_4 erhalten (Heyden, D. R. P. 381178).

Während des Krieges sind große Mengen von Bisulfat mangels geeigneter Verwendung in die
Flüsse gespült worden, in der Umgebung von New York nach HART (Journ. Engin. Chem. 10,
228 [1918]) etwa 50000 t monatlich. Infolge der zunehmenden Erzeugung von Salpetersäure aus
Ammoniak dürfte in Zukunft ein Mangel an Bisulfat zu erwarten sein, besonders in Deutschland,
während in den Vereinigten Staaten von Nordamerika im Jahre 1927 die Erzeugung noch 153615
short t betrug (Chem. Ind. 1930, 1179). *W. Siegel (C. Reimer†).*

Natriumbisulfit s. Schwefeldioxyd.

Natriumborat s. Bd. II, 550.

Natriumbromat s. Bd. III, 688.

Natriumbromid s. Bd. III, 686.

Natriumcarbonat, Soda, Na_2CO_3. Die Soda ist einer der wenigen Stoffe,
deren Vorkommen, Gewinnung und Anwendung schon im Altertum bekannt waren.
Die Alten verwendeten als Reinigungsmittel sowohl natürliche Soda als auch die
soda- und pottaschehaltige Asche von Pflanzen. Diese wurde von den Ägyptern
neter, von den Griechen νιτρον, von den Römern nitrum und von den Arabern
alkali genannt. Unter Natron verstand man im 17. Jahrhundert Soda und Pottasche.
Der Unterschied zwischen diesen beiden wurde erst 1702 von STAHL erkannt. 1736
stellte DUHAMEL fest, daß die Basis der Soda und des Kochsalzes dieselbe und
verschieden von der des Weinsteines ist.

Die wasserfreie Soda hat bei 20⁰ ein *spez. Gew.* von 2,5325 bis 2,5327
(T. W. RICHARDS, Hoover, Journ. Amer. chem. Soc. 37, 96 [1905]). Sie schmilzt bei 960⁰
(NIGGLI, Ztschr. anorgan. Chem. 98, 285 [1916]). Beim Erhitzen im Vakuum dissoziiert
Soda. Die von der abgespaltenen Kohlensäure ausgeübten Drucke sind nach LEBEAU
(Compt. rend. Acad. Sciences 137, 1255 [1903]) bei

$t =$	700	730	820	880	999	1010	1050	1080	1100	1150	1180	1200⁰
$p =$	1	1,5	2,5	10	12	14	16	19	21	28	38	41 mm.

Will man die Dissoziation beim Glühen vermeiden, so muß man die Soda in einer
CO_2-Atmosphäre erhitzen. Abgabe von CO_2 findet auch statt, wenn in Wasser

gelöste Soda längere Zeit gekocht wird, wobei die durch Hydrolyse frei gewordene Kohlensäure ausgetrieben wird. Wird, wie es KÜSTER und GRÜTERS taten (*B.* 36, 748), die frei gemachte Kohlensäure durch ein inertes Gas ständig fortgeführt, so sind nach

1,25	3,5	6,0	8,5	23,25	38 Stunden nur mehr
96,7	94,6	92,7	91,4	87,0	83,8 % Na_2CO_2 vorhanden, der Rest ist $NaOH$.

Umgekehrt nehmen sowohl wässerige Sodalösungen als auch festes Na_2CO_3 aus der Luft Kohlensäure auf.

Hydrate. Die Soda krystallisiert aus einer wässerigen Lösung unterhalb 32° mit 10 *Mol.* Wasser im monoklinen System. Die Löslichkeitskurve dieses Dekahydrates steigt, wie aus der Abb. 1 hervorgeht, vom eutektischen Punkt an steil an.

Zwischen 32° und 35,37° krystallisiert aus einer Sodalösung das rhombisch krystallisierende Heptahydrat. Seine Löslichkeit steigt ebenfalls mit der Temperatur. Dagegen nimmt die Löslichkeit des oberhalb 35,57° aus einer wässerigen Sodalösung in rhombischen Krystallen krystallisierenden Monohydrates mit steigender Temperatur ab. WELLS und ADAM (*Journ. Amer. chem. Soc.* 29, 721 [1907]) haben die Löslichkeiten der 3 Hydrate in der Nähe der Umwandlungspunkte auf das sorgfältigste ermittelt.

Das nur zwischen 32° und 35,37° existenzfähige Heptahydrat kann auch unterhalb 32° im instabilen Zustande erhalten werden. Gleichfalls instabil ist ein aus einer übersättigten Lösung des Monohydrates in Rhomboedern krystallisierendes Heptahydrat, dessen Löslichkeitskurve oberhalb der des ersten Heptahydrates liegt. Außer diesen gibt es noch einige Hydrate, deren Existenzbedingungen aber noch nicht genau erforscht sind.

Soda löst sich im Wasser unter Wärmeentwicklung. Bei 18° ist nach THOMSON (Thermochemische Untersuchungen, Leipzig 1883, Bd. 3, 124, 198): $Na_2CO_3 +$
+ aqua $= Na_2CO_3 + 400 H_2O + 5640$ *Cal.*

Natürliche Soda. In der Natur bildet sich Soda teils aus alkalihaltigen Gesteinen, teils aus Sulfaten. Erstere werden durch Wasser, Wärme und Druck bei Gegenwart von CO_2 und Luft zersetzt, letztere werden durch Pflanzen, insbesondere Algen, zu Sulfiden reduziert, die dann durch CO_2 atmosphärischen oder organischen Ursprungs in Carbonate umgewandelt werden. Die auf diese Weise entstandene Soda bildet einen Bestandteil der Mineralquellen, von denen die bekanntesten die von Aachen, Vichy und Karlsbad sind. Letztere enthält 3,2 % Na_2CO_3. Wenn eine solche Quelle in einen abflußlosen See mündet, dann reichert sich die Soda in dem Seewasser immer mehr an, bis es schließlich zur Ausscheidung von festem Salz kommt. Dieses ist meist das Vierdrittelcarbonat $Na_2CO_3 \cdot NaHCO_3 \cdot 2 H_2O$ ($3 Na_2O \cdot 4 CO_2 \cdot 5 H_2O$), das Trona oder Urao genannt wird. Solche Natronseen finden sich in Ungarn, Rußland, Ägypten, Zentralafrika, Nordamerika, Mexiko, Südamerika,

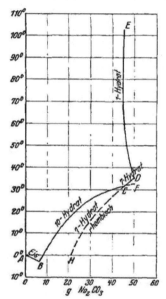

Abb. 1. Löslichkeit der Hydrate. *A B* Eiskurve; *B C* Löslichkeit des 10-Hydrates; *C D* Löslichkeit des 7-Hydrates; *D E* Löslichkeit des 1-Hydrates im stabilen Bereich; *C F* und *F D* instabile Gleichgewichte des 10- und 1-Hydrates; *F* Übergangspunkt des 10-Hydrates in 1-Hydrat; Längs *C H* scheidet sich das instabile, rhombische 7-Hydrat aus.

Armenien, Persien, Hindustan, Tibet, China, Indien u. s. w. Am längsten bekannt sind die Sodaseen in dem 40 *km* westlich vom Nil gelegenen, Wadi Atrum genannten Becken in Unterägypten, das unterhalb des Meeresspiegels liegt. Sie werden von Quellen gespeist, die im Mittel 0,0377 % Na_2CO_3 enthalten. Da sie abflußlos sind und das von den Quellen zugeführte Wasser wieder verdunstet, nimmt ihr Sodagehalt jährlich um etwa 15 000 *t* zu. Die Ufer der Seen sind daher in großer Ausdehnung mit Soda durchsetzt. Die aus diesen Ablagerungen gewonnene Trona wird calciniert und die erhaltene Rohsoda zum Teil in der ägyptischen Seifenindustrie verwendet, zum Teil exportiert (LUNGE, Sodaindustrie). Auch die amerikanischen

Sodaseen liefern größere Mengen Soda, so der owens lake in Californien, dessen Wasser in trockenen Jahren im Mittel 27 g Na_2CO_3, 4 g $NaHCO_3$, 31 g $NaCl$ und 11 g Na_2SO_4 in 1 l enthält. Die CALIFORNIAN SODA COMP. setzt das Seewasser in Teichen, die den Teichen der Salzgewinnung nachgebildet sind, so lange der Sonnenhitze aus, bis sich Salzkrystalle, erkennbar an dem diamantartigen Glanz, auszuscheiden beginnen. Dann wird die Lauge abgelassen und die harten, durchscheinenden Tronakrystalle, die den Boden der Teiche bedecken, gefördert. Diese Trona enthält im Mittel 45 % Na_2CO_3, 35 % $NaHCO_3$, 2 % $NaCl$, 1,5 % Na_2SO_4, 0,1 % SiO_2, 0,2 % Unlösliches und 16 % H_2O. Durch Calcinieren ergibt sie 95—96 %ige Soda (*Chem.-Ztg.* 46, 450).

In Britisch-Ostafrika, wenige Kilometer von der Grenze zwischen der englischen Kolonie und dem ehemaligen Deutsch-Ostafrika, 370 Meilen von Mombassan entfernt, wurde im Jahre 1904 ein gewaltiger Sodasee entdeckt, der von den Eingeborenen Magadisee genannt wurde (das Wort magadi bedeutet Soda). Der Sodavorrat dieses Sees, den die MAGADI SODA COMP. (seit 1924 unter der Kontrolle von BRUNNER, MOND & Co.) ausbeutet, wird auf 200 Million. t geschätzt (*Chem.-Ztg.* 47, 316 [1923] und N. Jahrb. f. Mineral. 1924, I., 299). Auch hier wird Trona gewonnen. Die bis zu 9 cm langen Krystalle sind an den Rändern durch einen Farbstoff der Flamingofedern rot gefärbt. Die daraus gewonnene calcinierte Soda enthält 98 % Na_2CO_3, 0,5—0,7 % $NaCl$ und 0,25 % unlösliche Salze (*Al*-Silicate). Sie wird durch eine 90 km lange Bahn nach Uganda befördert.

Die natürliche Soda hat sich, trotzdem die vorhandenen Vorräte ausreichen würden, den Weltmarkt zu decken, diesen bisher noch nicht erobern können, weil die Fundstätten zu weit von den Kulturzentren entfernt liegen.

Soda aus Pflanzenaschen. In den meisten Pflanzenaschen bildet Kaliumcarbonat den Hauptbestandteil (s. Bd. VI, 365). Eine kleine Anzahl von Pflanzenarten, die auf kochsalzreichen Böden, besonders am Meeresstrand gedeihen, bedarf aber des Natriumchlorids zur Ernährung, das im Pflanzenkörper in organische Natriumsalze verwandelt wird. Dazu gehören Arten der Gattungen Atriplex, Chenopodium, Salsola, Salicornia und Kochia. Beim Veraschen dieser Pflanzen hinterbleibt ein sodahaltiger Rückstand, der bis zum Anfang des 19. Jahrh. die Hauptquelle des europäischen Sodaverbrauchs war. Die Pflanzen wurden an der Sonne getrocknet und in Gruben mit gepflastertem Boden verbrannt, wobei man mehrere Tage hintereinander immer neues Material eintrug. Die allmählich bis zur Rotglut erhitzte Asche nahm einen teigartigen Zustand an, wurde gut durcheinandergearbeitet, nach dem Erkalten ausgebrochen und zerkleinert. Als die beste Pflanzensoda galt die spanische, die unter dem Namen Barilla in den Handel kam, eine gesinterte, graublaue Masse mit 25—30 % Na_2CO_3. Eine niedrigerprozentige Soda wurde in Südfrankreich gewonnen und als Salicor bezeichnet. Seit etwa 50 Jahren ist die Pflanzensoda aus dem Handel verschwunden.

Künstliche Soda. Schon in der zweiten Hälfte des 18. Jahrh. konnte die Zufuhr von natürlicher Soda und Pflanzensoda den steigenden Bedarf der Seifen- und Glasfabrikation nicht mehr decken. Man benutzte zwar vielfach die damals billigere Pottasche zum Verseifen und verwandelte die Kaliseifen durch Kochsalz in Natronseifen; aber auch die Zufuhr von Pottasche wurde mit der Zeit so knapp, daß die künstliche Herstellung von Alkalicarbonaten ein dringendes Bedürfnis wurde. 1775 setzte deshalb die Französische Akademie der Wissenschaften einen Preis von 12000 Livres für die Lösung der Frage aus, welches die beste Methode zur Umwandlung des Kochsalzes in Soda sei. Der Preis wurde niemals erteilt, weil die zuerst vorgeschlagenen Verfahren sich als nicht lebensfähig erwiesen und später die Wirren der französischen Revolution eintraten. Schon der erste Bewerber um den Preis, MALHERBE, hatte vorgeschlagen, das Kochsalz zunächst durch Schwefelsäure in Glaubersalz zu verwandeln, das dann beim Glühen mit Holzkohle und metallischem Eisen Soda liefern sollte. DE LA MÉTHERIE wollte Glaubersalz durch einfaches Glühen mit Kohle unter Entbindung von Schwefeldioxyd in Soda überführen. Da hierbei nur eine höchst geringe Ausbeute an Soda erzielt wurde, empfahl er, das Reduktionsprodukt (hauptsächlich Natriumsulfid) mit Essigsäure zu zersetzen und das Acetat durch Calcinieren in Soda zu verwandeln. Durch diese unbrauchbaren Vorschläge wurde gegen 1787 LEBLANC veranlaßt, die Reduktion des Glaubersalzes unter Zusatz von Kalkstein vorzunehmen und damit eine technisch durchführbare Methode der künstlichen Sodagewinnung zu schaffen. Die bald darauf in Frankreich eintretende politische Umwälzung war indessen der Entwicklung der Sodaindustrie hinderlich. Eine von LEBLANC in Gemeinschaft mit dem HERZOG VON ORLÉANS zu St. Denis angelegte Fabrik produzierte täglich 250—300 kg Soda, wurde aber nach der 1793 erfolgten Hinrichtung des Herzogs konfisziert und geschlossen. LEBLANC hatte mit seinen Reklamationen keinen Erfolg und erschoß sich 1806 aus Verzweiflung. Dieser LEBLANC-Sodaprozeß bildet die Grundlage der chemischen Großindustrie des vergangenen Jahrhunderts. Mit ihm entwickelte sich die Fabrikation der Schwefelsäure und der Salpetersäure, die bei der Herstellung von Soda Verwendung finden; als Nebenprodukt entsteht die Salzsäure, die zu einer neuen Industrie des Chlors führt, das sich in Form von Chlorkalk als Bleichmittel die Welt erobert. Das Verfahren

LEBLANCS war 1794 durch den Wohlfahrtsausschuß veröffentlicht worden; aber erst 1806 entstanden 2 neue französische Sodafabriken. Wesentliche Verbesserungen erfuhr das Verfahren in England, wo es seit 1823 (zuerst durch J. MUSPRATT) im großen betrieben wurde. Die erste deutsche Sodafabrik wurde um 1840 von HERRMANN in Schönebeck errichtet. Nach neueren Feststellungen ist DIZÉ der wahre Erfinder des „LEBLANC"-Prozesses (*Chemische Ind.* 1917, 278).

Bis gegen 1870 beherrschte der LEBLANC-Prozeß die Sodaindustrie fast allein; dann begann ihm das Ammoniaksodaverfahren Konkurrenz zu machen. Schon 1811 hatte FRESNEL die Reaktion zwischen Chlornatrium und Ammoniumbicarbonat in wässeriger Lösung zur Sodaherstellung empfohlen; doch wußte man damals die als Nebenprodukt erhaltene Salmiaklösung nicht zu verwerten. DVAR und HEMMING erhielten 1838 ein englisches Patent auf die Darstellung von Soda mit Ammoniumcarbonat unter Wiedergewinnung des letzteren. Eine Anlage zur Ausführung dieses Verfahrens mußte indes wegen zu hoher Betriebskosten nach 2 Jahren stillgelegt werden. Ähnlich ging es anderen derartigen Fabriken, die von KUNHEIM in Berlin, von GASKELL und DEACON in Widnes und von BOWKER in Leeds angelegt waren. Auch SCHLÖSING und ROLLAND hatten in ihrer Fabrik zu Puteaux bei Paris trotz mancher Verbesserungen der Apparatur (1854) keinen pekuniären Erfolg. Erst ERNEST SOLVAY, Brüssel, der sich seit 1863 mit dem Verfahren beschäftigte, gelang es nach Überwindung vieler Schwierigkeiten, den Prozeß rentabel zu gestalten. Von 1870 an nahm die Ammoniaksodafabrikation einen rapiden Aufschwung. 1870 baute M. HONIGMANN bei Aachen die erste deutsche Ammoniaksodafabrik; 1872 errichteten BRUNNER, MOND & CO. ihre Fabrik in Winnington, die später die größte Sodafabrik der Welt wurde. In Amerika, wo das LEBLANC-Verfahren keinen Eingang gefunden hat, arbeiten fast alle Fabriken von Anfang an mit dem Ammoniakverfahren.

Obgleich die Ammoniaksoda reiner und in der Herstellung billiger war als die LEBLANC-Soda, konnte sich die Fabrikation der letzteren in England, Deutschland und Frankreich noch lange halten, weil sie nicht nur das Natrium, sondern auch das Chlor des Kochsalzes nutzbar zu machen gestattete. Die bei der Glaubersalzgewinnung als Nebenprodukt fallende Salzsäure bildete das Rohmaterial für die zu Bleichzwecken in großen Mengen verlangten Chlorprodukte. Die Erzeugung von Salzsäure bzw. Chlor in Verbindung mit dem Ammoniakverfahren wurde zwar von SOLVAY, MOND u. a. versucht, aber als zu kostspielig wieder aufgegeben. Dies und die Verbesserung des LEBLANC-Verfahrens durch die Einführung mechanischer Öfen sowie die Wiedergewinnung des Schwefels aus den Sodarückständen ließen bis gegen Ende des vorigen Jahrhunderts seine dauernde Konkurrenzfähigkeit erwarten. Mit dem Aufkommen der technischen Alkalichloridelektrolyse verschlechterten sich aber die Aussichten der LEBLANC-Sodaindustrie außerordentlich. Die Preise der Chlorprodukte sanken derartig, daß ihre Darstellung mit Hilfe von Salzsäure unrentabel wurde. Der sonstige Verbrauch an Salzsäure ist zwar nicht unbedeutend, entspricht aber nicht den großen Sulfatmengen, die früher auf LEBLANC-Soda verarbeitet wurden. Infolgedessen ist LEBLANCS Verfahren auf dem europäischen Kontinent fast vollständig aufgegeben worden; in Deutschland arbeitet nur noch die RHENANIA in Stolberg nach ihm; in England hat es sich, wenn auch in beschränktem Maßstab, bis heute erhalten.

Die Ammoniaksodaproduktion hat durch die Konkurrenz der Elektrolyse nicht gelitten, weil ihre Herstellungskosten niedrig sind und der Bedarf an Alkalien viel größer als der an Chlorprodukten ist. In Deutschland wird elektrolytisch in erster Linie Chlorkalium verarbeitet, während die Chlornatriumelektrolyse erst an zweiter Stelle marschiert. Ätzkali ist also stets elektrolytisches Produkt, während Ätznatron in großen Mengen auch durch Kaustizierung von SOLVAY-Soda erhalten wird.

Die Technik der Sodagewinnung. Von den zahlreichen, für die künstliche Darstellung der Soda gemachten Vorschlägen haben im wesentlichen nur zwei einen praktischen Wert. Demgemäß soll dieses Kapitel in 3 Unterabteilungen zerfallen, welche der Reihe nach das LEBLANC-Verfahren, das Ammoniaksodaverfahren und sonstige in Vorschlag gebrachte Verfahren betreffen.

I. Das Leblanc-Verfahren.

Die Darstellung der Rohsoda geschieht nach LEBLANC durch Schmelzen eines Gemenges von Natriumsulfat, Calciumcarbonat und Kohle im Flammofen. Die günstigste Temperatur liegt etwas unter Silberschmelzhitze (960°). Das von LEBLANC vorgeschriebene und lange Zeit als praktisch befundene Verhältnis der Rohmaterialien war 100 Sulfat, 100 Kalkstein, 50 Kohle. Nach der jetzt allgemein angenommenen Erklärung von SCHEURER-KESTNER (*Compt. rend. Acad. Sciences* 64, 615; 67, 1013; 68, 501) findet die Reaktion in 2 Phasen statt, nämlich:

$$Na_2SO_4 + 2\,C = Na_2S + 2\,CO_2; \quad Na_2S + CaCO_3 = Na_2CO_3 + CaS.$$

Auf 100 Tl. Sulfat sollen darnach nur etwa 70 Tl. Calciumcarbonat erforderlich sein. Da in der Praxis viel mehr Calciumcarbonat zur Anwendung kam, hatte DUMAS angenommen, daß sich bei der Umsetzung nicht *CaS*, sondern ein Oxysulfid, 2 *CaS·CaO*, bilde. Genaue Untersuchungen haben aber die Nichtexistenz des Oxysulfids ergeben. Die Zweckmäßigkeit des früher üblichen Kalküberschusses beruhte auf anderen Gründen. Wenn die Hauptreaktion vorbei war, stieg die Temperatur etwas; es fand nun eine Einwirkung der Kohle auf das Calciumcarbonat nach der

Gleichung $CaCO_3 - C = CaO - 2 CO$ statt. Die durch Natrium gelb gefärbten Flammen des verbrennenden Kohlenoxyds (in England candles, Kerzen, genannt) gaben dem Arbeiter ein Zeichen, daß die Schmelze fertig war und schleunigst aus dem Ofen entfernt werden mußte. Letzteres war sehr wichtig, denn bei weiter steigender Temperatur tritt eine Umsetzung von Soda mit Schwefelcalcium nach der Gleichung $2 CaS + Na_2CO_3 = Na_2S_2 + 2 CaO + CO$ ein. Hierdurch entstehen die sog. roten oder „verbrannten" Schmelzen, die sich schwer auslaugen lassen und natürlich eine schlechte Ausbeute an Soda ergeben. Solche verbrannte Schmelzen entstanden in Sodaöfen mit Handbetrieb häufig, wenn kein genügender Überschuß an Calciumcarbonat vorhanden war. Seit Einführung der mechanischen Sodaöfen, die eine bessere Regelung der Temperatur ermöglichen, kommt man mit einer die theoretische wenig überschreitenden Menge von Calciumcarbonat aus. Ein gewisser Überschuß von Kalk nützt, indem er durch seine Ausdehnung beim Löschen die Rohsoda auseinandertreibt und das Auslaugen erleichtert.

Rohmaterialien. 1. Natriumsulfat. Dieses soll 96—98% Na_2SO_4, 0,2% Säure, als SO_3 berechnet, und maximal 0,5 bis 1% Kochsalz enthalten. Mehr Kochsalz setzt die Ausbeute an Soda herab, weil es bei der Schmelze nicht in Reaktion tritt und beim Auslaugen gelöst wird. Das Sulfat soll porös sein und sich leicht mit der Schaufel zerschlagen lassen. Harte Knollen enthalten immer einen Kern von unverändertem Kochsalz. Geschmolzene Stücke verarbeiten sich im Sodaofen sehr schlecht. Vorteilhaft ist es, das Sulfat vor der Verarbeitung einige Zeit in Haufen liegen zu lassen; wahrscheinlich findet dabei eine nachträgliche Aufschließung des unzersetzten Kochsalzes statt.

2. Calciumcarbonat wird am liebsten in Form von Kreide, in deren Ermanglung als Kalkstein angewendet. Es soll möglichst frei von Magnesia, Ton und Sand sein und, auf Trockensubstanz berechnet, 98—99% $CaCO_3$ enthalten. Kreide wird zwischen Walzen grob zerkleinert, Kalkstein muß wegen seiner größeren Härte auf etwa erbsengroße Stücke vermahlen werden. Am besten eignen sich Kalksteine, die beim Brennen einen fetten Kalk geben, wie Kreide, Tuff oder Muschelkalk, ferner der feine Schlamm von $CaCO_3$, der bei der Kaustizierung der Soda abfällt.

3. Kohle wird als Steinkohle zugegeben. Sie soll unter 10% Asche enthalten, 70—80% Koks liefern und leicht schmelzen. Der Kostenersparnis halber benutzt man gewöhnlich Kleinkohle oder Kohlengrus.

Das Schmelzen der Rohsoda geschah früher in Öfen mit Handbetrieb, wie ein solcher in Abb. 2 und 3 dargestellt ist.

Die gebräuchlichsten Öfen waren 2 m breit, 2,5 m lang und hatten 2 hintereinander liegende, feuerfest ausgemauerte und mit seitlichen Arbeitstüren G versehene Herde h und i. Auf die Ausfütterung des Herdes mußte, da er durch die Schmelze stark angegriffen wurde, besondere Sorgfalt aufgewendet werden. Die hiefür benutzten, an Al_2O_3 reichen Schamottesteine wurden hochkant dicht nebeneinander gestellt und die engen Fugen mit einem dünnen Brei von feuerfestem Ton ausgefüllt. Trotzdem hielt ein Herd nur 16 bis 18 Beschickungen aus. Das Gemisch der Rohmaterialien wird von oben durch einen Fülltrichter k auf den hinteren Herd i geschüttet und, nachdem es hier vorgewärmt ist, auf die etwas tiefer liegende Sohle des vorderen Herdes h gekrückt. Der Zug des Ofens muß sorgfältig reguliert werden, damit nur wenig überschüssige Luft eintreten kann. Zuerst schmilzt das Sulfat; der Arbeiter muß nun die Masse mit einem Spatel gut durcheinandermengen, dabei aber längere Pausen machen, um zu große Wärmeverluste durch die offenstehende Arbeitstür zu vermeiden.

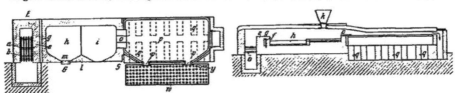

Abb. 2 und 3. Handsodaofen mit Konzentrationspfanne für Sodalauge.

E Feuerung; a Feuerraum; b Stange als Stützpunkt für Brecheisen; e Feuerbrücke mit gußeiserner Platte f und Luftkanal g; h i Herde; G Arbeitstür mit Gußplatte m; k Fülltrichter; o Schamotteplatte; q Mauerpfeiler; v Arbeitstür für Eindampfpfanne p; w Salzfilter; y Stutzen für die Mutterlaugenpumpe.

Etwa $1/2$ h nach dem Einbringen ist die Masse ein dünner Brei geworden, aus dem zahlreiche Kohlendioxydblasen aufsteigen. Nun wird mit einer Krücke beständig weiter gerührt, wobei die Masse wieder dickflüssiger wird und schließlich die schon erwähnten Flämmchen von Kohlenoxyd auftreten. Dann wird die Schmelze unter erneutem Durcharbeiten in einen vor der Arbeitstür stehenden Wagen gezogen. Die Gasentwicklung dauert während des Ziehens an und läßt die Masse im Wagen zu einem porösen Kuchen aufschwellen.

Die Dauer einer Schmelze beträgt 45—50'. In England pflegte man auf eine Schmelze 150 kg Sulfat anzuwenden; in Frankreich und Deutschland benutzte man viel größere Öfen und machte

Schmelzen mit 250—500 *kg* Sulfat, die aber häufig nicht gleichmäßig ausfielen. Der Brennmaterialverbrauch der Feuerung beträgt auf 100 *kg* Sulfat etwa 60 *kg* Steinkohle.

    Bei den Handsodaöfen hängt das Gelingen der Schmelze sehr von der Geschicklichkeit und Kraft des Arbeiters ab. Außerdem läßt sich bei ihnen wegen des häufigen Öffnens und Schließens der Türen schlecht eine gleichmäßige Temperatur im Ofen erhalten. Dies führte zur Konstruktion der rotierenden Sodaöfen (Drehöfen, Revolver), die überdies viel größere Chargen in einer Operation zu bewältigen vermögen und bei richtiger Bedienung eine höherprozentige Soda liefern als die Öfen mit Handarbeit. Der erste Drehofen wurde 1853 von ELLIOT und RUSSELL patentiert; STEVENSON und WILLIAMSON verbesserten seine Konstruktion.

    Eine von CARRICK und WARDALE mehrfach ausgeführte Drehofeneinrichtung zeigt Abb. 4. *a* ist der Feuerraum, der nach dem Zylinder zu eine kreisrunde Öffnung *c* hat, die in das „Auge" *b* mündet, einen mit feuerfesten Steinen gefütterten Ring. Dieser ist weder mit dem Feuerraum noch mit dem Zylinder fest verbunden, sondern hängt an einem Flaschenzug und kann bei der oft eintretenden Abnutzung leicht ausgewechselt werden. Die schmalen Zwischenräume beiderseits des Auges

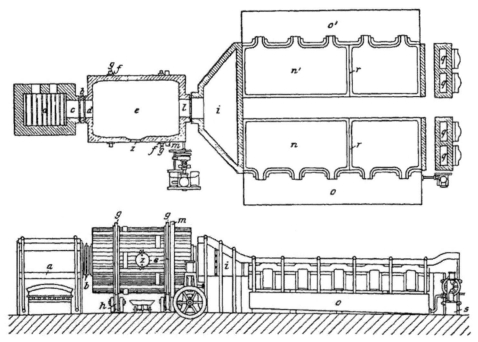

Abb. 4. Drehofen für Rohsoda mit anschließender Pfanne.

lassen etwas Luft eintreten, die zur vollständigen Verbrennung der Feuergase beiträgt. Der Zylinder *e* mit der Kreisöffnung *d* besteht aus einem 13 *mm* starken Mantel aus Kesselblech, auf dem 2 abgedrehte Gußeisenringe *f f* mit den Bandagen *g g* angebracht sind; diese laufen auf den Rollen *h h*. Ferner befindet sich auf dem Umfang des Zylinders das Zahnrad *m*, das durch ein Vorgelege in langsame Drehung versetzt wird. Inwendig ist der Zylinder mit einem Futter aus besten feuerfesten Steinen versehen, das in der Mitte schwächer als an den Seiten ist, so daß das Innere die Form eines Fasses erhält. Die Ausfütterung muß feuer- und alkalibeständig sein; man verwendet dazu Steine, die mehr Al_2O_3 und weniger SiO_2 enthalten. Zwei sog. Brecher, d. h. nach innen hervorragende Längsreihen von Schamottesteinen, bewirken bei der Drehung eine gründliche Mischung des Inhalts. Die Füllung und Entleerung des Zylinders geschieht durch ein in der Mitte sitzendes Mannloch *z*. Aus dem Zylinder treten die Rauchgase durch die Austrittsöffnung *l* in eine Staubkammer *i* und weiter zur Ausnutzung der Abhitze in 2 nebeneinanderstehende Pfannen für Oberfeuer *n* und *n'*, in welchen Sodalauge eingedampft wird. Die Pfannen sind häufig durch Querwände *r* getrennt. *o o'* sind Salzfilter. *s* die Pumpe, welche die von den Salzfiltern ablaufende Mutterlauge wieder nach *n n'* befördert, *q q* sind Register für die Zugregulierung des Schornsteins. Über dem Ofen läuft eine kleine Eisenbahn zur Zuführung der Rohmaterialien, unter ihm eine zweite zur An- und Abfuhr der Rohsodawagen.

    Die größten Drehöfen nehmen Beschickungen von etwa 25 *t* auf. Man läßt den beschickten Zylinder zuerst langsam gehen, dann so rasch, daß er 5 bis 6 Umdrehungen in der Minute macht. Das wird so lange fortgesetzt, bis die Reaktion beendet ist, was durch die obenerwähnte, durch Natrium gelb gefärbte Flamme von *CO* angezeigt wird. Der Brennmaterialverbrauch ist um 15 % kleiner als bei den Handöfen, 50 Tl. Steinkohle auf 100 Sulfat.

Anfangs war die Beschaffenheit der in Drehöfen erhaltenen Rohsoda für die Weiterverarbeitung nicht günstig. Die gründliche Durchmischung der Masse führte zu einer fast vollständigen Austreibung der Gase während der Schmelze, so daß sich ein dichtes, hartes, schwer auszulaugendes Produkt ergab. Dies ließ sich vermeiden, indem man zuerst nur Kalkstein und Kohle in den Ofen brachte, etwa $1\frac{1}{2}^h$ erhitzte und dann erst das Sulfat zufügte, worauf nach einer weiteren Stunde eine poröse Schmelze abgezogen werden konnte. Doch wurde die Leistung des Ofens durch die längere Dauer der Beschickung erheblich vermindert. Eine große Verbesserung führte MAC TEAR 1874 ein, indem er zu Anfang eine Mischung von Sulfat, Kohle und Kalkstein einbrachte, von letzterem nur das theoretisch erforderliche Quantum nahm. Gegen das Ende der Schmelze wird dann der Ofen kurze Zeit angehalten und durch das Mannloch ein Gemenge von 6% des Sulfats an grobgepulvertem Ätzkalk und 14 bis 16% an Koksasche eingeworfen. Man läßt den Zylinder noch einige Umdrehungen machen, um den Kalk und die Asche gleichmäßig zu verteilen, und dann den Ofen auslaufen. Durch dieses Verfahren wird nicht nur an Kalkstein gespart, sondern man kann auch in der gleichen Zeit bedeutend mehr Sulfat verarbeiten und erhält beim Auslaugen weniger Rückstände. Allerdings soll die nach MAC TEAR fabrizierte Rohsoda etwas mehr Schwefelnatrium als die gewöhnliche enthalten.

Eine weitere, von PECHINEY und WELDON erfundene Verbesserung betrifft die Zerstörung der in der Rohsoda vorhandenen Cyanverbindungen, die später zur Bildung von Ferrocyannatrium und durch dessen Zersetzung zur Gelbfärbung der Soda Anlaß geben. PECHINEY (D. R. P. 3591) oxydiert das Cyannatrium durch Einführung von etwas frischem Sulfat kurz vor dem Ablassen der Schmelze. Der Vorgang dabei entspricht wahrscheinlich der Gleichung:

$$Na_2SO_4 + 2 NaCN = Na_2S + Na_2CO_3 + CO + N_2.$$

WELDON will das bei dieser Reaktion entstehende Schwefelnatrium sogleich in Soda überführen und gibt daher eine Mischung von Sulfat und Kalksteinstaub zu.

Die Rohsodabrote sollen sich leicht aus den Wagen loslösen. Ihre Farbe ist bei Öfen mit Handbetrieb an der oberen Fläche leberbraun bis gelbbraun, an den übrigen Flächen schwarzbraun und im Bruch schiefergrau. Die Struktur ist porös; im Innern sollen sich nur wenige zerstreute Koksteilchen befinden. Durchgehends schwarze Schmelzen haben entweder einen zu hohen Kohlezusatz erhalten oder sind zu kurze Zeit im Ofen gewesen. Rote, sog. verbrannte Schmelzen sind zu lange im Ofen gewesen; sie enthalten Schwefelnatrium und aus Calciumsulfat zurückgebildetes Natriumsulfat, sind sehr dicht, daher schwer auszulaugen. Das Verbrennen der Schmelzen kann durch einen Überschuß an $CaCO_3$ vermieden werden. Rohsoda aus rotierenden Öfen ist weniger porös und im Aussehen viel heller als die aus Handöfen.

Rohsoda enthält 36-45% Na_2CO_3, 27-33% CaS und als Rest hauptsächlich CaO und $CaCO_3$. In geringerer Menge finden sich Natriumchlorid, -sulfat, -silicat und -aluminat, Magnesia, Eisenoxyd und -sulfid und Koks. Ätznatron ist in der festen Rohsoda nicht vorhanden. Bei längerem Liegen an feuchter Luft zerfällt die Rohsoda allmählich zu Pulver, indem der Ätzkalk hydratisiert und das Schwefelcalcium oxydiert wird. In der Regel läßt man die Brote vor der Auslaugung 2 Tage liegen, damit sie sich vollständig abkühlen.

Auslaugen der Rohsoda. Anfangs wurde die Rohsoda ohne weitere Reinigung an Seifensieder abgegeben. Ihre Unbeständigkeit bei Luftzutritt und die Höhe der Frachtkosten veranlaßten aber die Fabrikanten bald, eine Trennung des Natriumcarbonats von dem fast unlöslichen Schwefelcalcium vorzunehmen. Bei Behandlung von Rohsoda mit Wasser tritt nicht nur eine Auflösung des Natriumcarbonats, sondern gleichzeitig eine Reihe von chemischen Reaktionen ein. Der Ätzkalk hydratisiert sich und bildet aus einem Teil der Soda Ätznatron. Auch das Schwefelcalcium setzt sich, wenn auch bedeutend langsamer, mit Wasser etwas um und verwandelt sich in lösliches Sulfhydrat: $2 CaS + 2 H_2O = Ca(SH)_2 + Ca(OH)_2$. Von konz. Natriumcarbonatlösung wird Schwefelcalcium kaum angegriffen; verdünnte setzt sich mit ihm nach der Gleichung $Na_2CO_3 + CaS = Na_2S + CaCO_3$ um. Das Schwefelnatrium oxydiert sich an der Luft zu Thiosulfat und Sulfit. Alle diese Reaktionen werden durch längere Berührungsdauer zwischen Wasser und Rohsoda und durch höhere Temperatur befördert. Es kommt also darauf an, eine möglichst rasche Auslaugung zu erreichen, ohne hohe Temperaturen anzuwenden. Diesem Zweck dient am besten die von BUFF erfundene, von DUNLOP in die Praxis eingeführte, irrtümlich nach SHANKS benannte systematische Auslaugung. Die Rohsoda wird in kopfgroßen Stücken in eine Batterie von 4-6 eisernen Kästen gebracht, die mit Siebböden versehen und durch Übersteigrohre miteinander verbunden sind. Läuft auf einen dieser Kästen Wasser, so durchfließt es durch hydrostatischen Druck auch die folgenden Kästen von oben nach unten, reichert sich allmählich mit Soda an und wird nach Erreichung einer gewissen Grädigkeit durch besondere Steigrohre in ein Sammelbassin übergeführt. Ist der Rückstand des Kastens, auf den das Wasser läuft, erschöpft, so läßt man auf den folgenden Kasten Wasser fließen, beschickt den ersten nach Ausräumung des Rückstands mit frischer Rohsoda und schaltet ihn durch geeignete Umstellung der Ventile in den Übersteigrohren als letzten wieder in das System ein.

Die Kästen (Abb. 5) haben gewöhnlich 2-3 m Seitenlänge und 1,5-1,8 m Höhe. Statt vieler Einzelkästen benutzt man auch einen langen, durch Scheidewände geteilten Kasten. Der Boden jedes Kastens ist entweder schräg oder, wie in der Abbildung, horizontal und trägt an der tiefsten Stelle einen Ablaßhahn g. Über dem Boden ruht auf angenieteten Winkeleisen der Siebboden s, der aus gelochten Blechplatten besteht. In jedem Kasten sind zwei 100 mm weite Übersteigrohre e f, welche durch den Siebboden s gehen und etwas über dem Boden münden. Oben sind die Rohre etwas erweitert; der Übergang vom engeren zum weiteren Teil ist konisch ausgebohrt und durch ein mit Handgriff versehenes Ventil verschließbar. Wenn nun z. B. das Ventil von f im Kasten I gehoben wird, so steht I in Verbindung mit II; die Lauge muß aber innen vom Boden aus unter dem Siebboden s hinweg in dem Rohr f aufsteigen und ergießt sich dann erst durch r oben in II. Da aber jeder Kasten der erste, mittlere und letzte sein muß, so muß auch z. B. V als erster, I als zweiter,

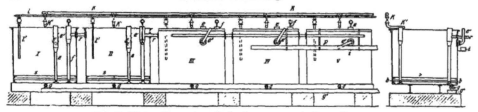

Abb. 5. Kästen für systematische Laugung nach BUFF-DUNLOP.

II als dritter dienen können. Dies wird dadurch bewirkt, daß das Verbindungsrohr in *V* (in der Abbildung nicht eingezeichnet) mit dem Rohr *p* verbunden ist, das wieder in *I* mündet. An die weiteren Teilen der Rohre *e f* sitzen Seitenstutzen, die an die Wände der Kasten angeschraubt sind und sich bei den zum nächsten Kasten führenden Rohren *r* etwa 30, bei den zum Ablassen der schweren Lauge dienenden etwa 35 *cm* unter dem Kastenrand befinden. An die letzteren Stutzen wird zweckmäßig außen ein drehbares Knie *e'* angeschraubt, durch dessen Drehung nach unten sie in Tätigkeit gesetzt werden; *k* ist das Zuleitungsrohr mit den Hähnen *k'* für das Wasser und *l* die Dampfleitung mit den Einleitungsröhren *l'*. Der Siebboden wird mit einer Schicht handgroßer Schlacken belegt und darauf die Rohsoda gestürzt, so daß sie nachher von der aus dem Nebenkasten einfließenden Lauge völlig bedeckt wird. Nachdem der Kasten mit Lauge gefüllt ist, öffnet man das Ventil von *e*, dreht das Knie *e'* um und läßt die gewöhnlich 30–31º *Bé* zeigende Flüssigkeit in die Rinne *i* und von da in das Sammelbassin laufen. Allmählich wird die Lauge schwächer; wenn sie auf 25–27º *Bé* herabgekommen ist, schließt man das Ventil, dreht das Knie *e'* nach oben und öffnet Ventil *f*, um die Laugen nun nach dem inzwischen gefüllten nächsten Kasten übertreten zu lassen. Das auf den schon nahezu erschöpften Rückstand laufende Wasser soll im Sommer nicht über 32º, im Winter nicht über 37º warm sein, um eine Umsetzung der Soda mit Schwefelcalcium zu verhüten. In den stärkere Lauge enthaltenden Kästen kann die Temperatur ohne Schaden bis gegen 50º steigen. Dies wird teils durch die beim Auslaugen entwickelte Wärme, teils durch Einleiten von Dampf mittels *l'* in die Oberschicht der Lauge bewirkt. Der Wasserzulauf wird so lange fortgesetzt, bis die aus dem betreffenden Kasten abfließende Lauge etwa ½º *Bé* zeigt. Dann läßt man die noch im Kasten befindliche dünne Flüssigkeit durch den Bodenhahn *g* in die Rinne *g'* ab und reinigt den Kasten. Der gut ausgelaugte Rückstand ist eine gleichmäßige, feinkörnige, blaugraue Masse.

Die Rohlauge enthält in 1 *l* 225–275 g *Na₂CO₃* und gegen 50 g *NaOH*. Je geringer der Calciumcarbonatzusatz in der Schmelze war, desto weniger kaustisch fällt die Lauge aus. Ferner enthält sie geringe Mengen von *NaCl*, *Na₂SO₄*, *Na₂S*, *Na₂SO₃*, *Na₂S₂O₃* und *Na₄Fe(CN)₆*. Durch anwesende Polysulfide ist sie stets etwas gefärbt; doch soll eine gute Lauge möglichst hell sein. Eine dunkelgelbe bis grüne Farbe deutet auf hohen Schwefelnatriumgehalt. Um die Lauge von mitgeschwemmtem Rückstand zu befreien, wird sie auf Klärkasten gepumpt, die zur Vermeidung von Abkühlung zweckmäßig über den Verdampfpfannen aufgestellt werden. Während der Klärung scheiden sich auch etwas Schwefeleisen und Natriumaluminiumsilicat aus.

Eindampfen der Laugen. Früher begnügte man sich vielfach damit, die geklärte Lauge ohne Rücksicht auf das darin enthaltene Ätznatron und die sonstigen Verunreinigungen zur Trockne einzudampfen. In Frankreich wurde das Produkt als „kaustisches Sodasalz" bezeichnet und in sog. Marseiller Öfen dargestellt. Bei diesen Öfen stehen über dem Flammofen 2 durch dessen Abgase geheizte Pfannen, in denen die Lauge auf 33–34º *Bé* (heiß gemessen) konzentriert wird. Etwa alle 6ʰ wird ein Teil der Lauge in den Ofen abgelassen. Hier bilden sich auf der Oberfläche Krusten, die wiederholt mit Krücken nach unten gestoßen werden, bis der größte Teil der Flüssigkeit ver-

Abb. 6. Bootpfanne.

dampft ist. Darauf wird das Salz mit Spateln losgemacht und zur Oxydierung des Schwefelnatriums noch etwa 3ʰ unter häufigem Durcharbeiten erhitzt. Da solches Salz wegen seines Ätznatrongehalts leicht schmelzbar ist, darf die Temperatur des Ofens die des schmelzenden Bleies nicht wesentlich übersteigen. Das Produkt dieser Öfen enthielt 65–75% *Na₂CO₃*, 19–17% *NaOH* und 12–15% *NaCl* und *Na₂SO₄*. Es war rein weiß, obgleich das in der Lauge als Eisensulfid und Ferrocyannatrium gelöste Eisen vor dem Eindampfen nicht entfernt war. Die verhältnismäßig niedrige Temperatur der Öfen verhinderte die Oxydation zu Eisenoxyd.

In England waren vielfach Pfannen mit Oberfeuer in Gebrauch, die durch die von den Schmelzöfen abziehenden Gase geheizt wurden (s. Abb. 4 sowie 2 und 3). An einer Längsseitenwand dieser Pfannen waren 4eckige, durch mit Ton gedichtete Türen (*v* in Abb. 2) verschließbare Öffnungen angebracht. Nachdem der größte Teil des Wassers verdampft war, wurde der Krystallbrei nebst der anhaftenden Mutterlauge durch die Türen in danebenstehende Salzfilter (*w* in Abb. 2; *o* in Abb. 4) gezogen. Die abtropfende Mutterlauge wurde entweder in die Pfannen zurückgepumpt oder auf Ätznatron verarbeitet. Ein Nachteil der Oberfeuerpfannen war, daß ein Teil der Soda durch den Schwefelgehalt der Heizgase wieder in Sulfat überging. Dagegen war der Betrieb billig und die Abnutzung verhältnismäßig gering.

Ein reineres Produkt liefern die Pfannen mit Unterfeuerung. Bei ihnen muß das ausfallende Salz (im wesentlichen $Na_2CO_3 \cdot H_2O$) beständig durch Aussoggen entfernt werden, weil sonst die Pfanne durchbrennt. Etwas Schutz dagegen bieten die sog. Bootpfannen (Abb. 6), bei denen die mittlere, tiefste Partie durch Mauerwerk vor der Einwirkung des Feuers bewahrt wird. Die reinste Soda fällt im Anfang des Betriebs aus; später nimmt der Gehalt an fremden Salzen allmählich zu, wie nach PAVEN die folgenden, auf Trockensubstanz berechneten Analysen einer Reihe nacheinander aus derselben Pfanne entnommener Proben zeigen:

	1	2	3	4	5
Na_2CO_3	98,20	94,60	77,42	70,61	33,00
$NaOH$	0,80	1,60	8,16	14,03	24,50
Na_2SO_4	0,50	0,80	7,15	8,06	3,30
$NaCl$	0,50	0,90	7,10	7,10	33,30
Fe, SiO_2, Al_2O_3, S	—	0,05	0,17	0.21	5,90
Unlösliches	—	2,05	—		

Das beschwerliche Ausfischen des Salzes mit Handarbeit ist von THELEN durch seine mechanische Pfanne beseitigt worden. Die THELEN-Pfanne (Abb. 7) hat einen halbkreisförmigen Querschnitt, in dessen Mittelpunkt sich eine Welle W befindet. An dieser sind durch Arme 4 Eisenstangen F befestigt, an denen schräg stehende Kratzer G hängen. Die Welle wird durch ein Schneckenrad E in langsame Rotation versetzt. Die Kratzer sind an den Armen gegeneinander versetzt angebracht, so daß der ganze Pfannenboden von ihnen bestrichen wird. Wegen ihrer schrägen Stellung bewegen sie das Salz gegen das eine Ende der Pfanne hin, wo es durch eine ebenfalls von der Welle mitgeführte Schaufel H ausgeschöpft wird.

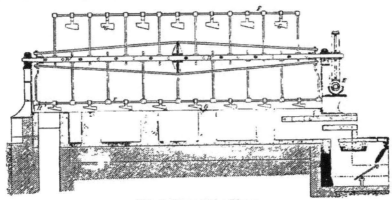

Abb. 7. THELENsche Pfanne.

Wenn die Mutterlaugen aus den Pfannen nicht zur Ätznatronfabrikation benutzt werden sollen, ist es vorteilhaft, die Rohlauge vor dem Eindampfen zu carbonisieren, d. h. mit Kohlendioxyd zu behandeln, um das Ätznatron und Schwefelnatrium in Carbonat überzuführen. Hierbei scheiden sich auch Kieselsäure, Tonerde und in Verbindung mit Schwefelnatrium gelöst gewesenes Eisensulfid aus. Zu diesem Zwecke läßt man die Rohlauge, die zur Verhütung des Auskrystallisierens von Soda nicht mehr als 1,25 spez. Gew. haben darf, in einem mit Koks gefüllten Eisenturm herabrieseln und pumpt Kalkofen- oder gewöhnliche Feuergase hindurch. Statt dessen kann man die Gase auch unter Überdruck in die in eisernen Zylindern befindliche Lauge pressen. Die Carbonisation wird beendet, wenn Bleipapier durch die Lauge nicht mehr gefärbt wird. Eine vollständige Zersetzung des Schwefelnatriums durch Kohlendioxyd ist nur bei großem Überschuß des letzteren unter Bildung von Bicarbonat zu erreichen. Die Beseitigung des Schwefelnatriums kann auch durch seine Oxydation zu Natriumthiosulfat geschehen, indem man mittels eines KÖRTINGschen Injektors (Bd. IV, 705, Abb. 347) Luft durch die Lauge bläst. Sehr beschleunigt wird diese Oxydation, wenn man nach PAULI (E. P. 1306 und 1530 [1879]) etwas Mangansuperoxyd (WELDON-Schlamm) als Sauerstoffüberträger zusetzt.

Schwieriger ist die Beseitigung des Ferrocyannatriums. Durch das PECHINEY-WELDONsche Verfahren der Rohsodaschmelze (s. o.) kann die Bildung dieses Salzes zwar sehr vermindert, aber nicht gänzlich verhütet werden. CAREY, GASKELL und HURTER (E. P. 5310 [1882]) treiben die Lauge zur Zersetzung des Ferrocyans unter Druck bei 195° erhitzte Kessel oder Schlangenrohre, nachdem sie vorher durch Carbonisieren von Kieselsäure und Tonerde befreit worden war. Das Eisen des Ferrocyans scheidet sich dann als Oxyd oder Sulfid in sehr fein verteilter Form aus. Um ein schnelleres Absitzen dieses Niederschlags zu erzielen, wollen GASKELL und DEACON (E. P. 5312 [1881]) die Lauge nachträglich durch Zusatz von Ätznatronlauge von dem überschüssigen Kohlendioxyd befreien. Nach HURTER (*Dinglers polytechn. Journ.* 239, 56) beruht die Zerstörung des Ferrocyannatriums der Lauge auf seiner Umsetzung mit dem stets vorhandenen Thiosulfat und erfolgt vermutlich nach der Gleichung:

$$Na_4Fe(CN)_6 + 6\,Na_2S_2O_3 + 2\,Na_2CO_3 + H_2O = 6\,NaCNS - 6\,Na_2SO_3 + 2\,NaHCO_3 + FeO.$$

Das Ferrocyan kann nach NEWALL und SISSON (*Journ. Soc. chim. Ind.* 1887, 349) auch durch Zusatz eines Zinksalzes unter Einleiten von Kohlendioxyd als Zinkferrocyanid gefällt werden. Das letztere wird durch Behandeln mit Natronlauge zu Zinkoxyd und Ferrocyannatrium umgesetzt. Das Zinkoxyd wird wieder zur Fällung verwendet.

Calcinieren der Soda. Um das in Form von Krystallwasser und Mutterlauge vorhandene Wasser zu entfernen, wird die Soda calciniert. Dies kann in einem den Handsodaöfen ähnlichen Flammofen geschehen, wobei aber ein Schmelzen der Soda sorgfältig zu vermeiden ist. Ätznatronhaltige Soda wird in einigen Fabriken mit Sägespänen vermischt in den Ofen gebracht, auf dem Vorwärmeherd getrocknet und auf dem Arbeitsherd bei schwacher Rotglut unter Umrühren erhitzt, bis die verkohlten Teilchen fast vollständig verbrannt sind. Erst nachdem durch die bei der Verbrennung der Sägespäne entstehende Kohlensäure alles Ätznatron in Carbonat verwandelt ist, wird stärkeres Feuer gegeben, um das Sulfit und Thiosulfat zu Sulfat zu oxydieren. MAC TEAR (*F. P.* 2073 [1876]) hat einen mechanischen Calcinierofen konstruiert, bei dem die Soda auf einem auf Rädern rotierenden Teller dem Feuer ausgesetzt und durch ebenfalls rotierende Gabeln umgerührt wird. Die reineren Sodasorten können vorteilhaft in THELEN-Pfannen calciniert werden, die für diesen Zweck etwas anders als die zum Aussoggen der Soda dienenden eingerichtet sind. An der Welle sind nur 2 Stangen befestigt, welche mit Kratzern ausgerüstet sind, die in entgegengesetzter Richtung gestellt sind. Die Bewegung ist nicht drehend, sondern hin- und hergehend, so daß das Material von einem Ende zum anderen geschafft wird. Am Ende der Pfanne befindet sich eine Feuerung, deren Gase unterhalb der Pfanne hinwegstreichen.

Die calcinierte LEBLANC-Soda wird schließlich in ähnlicher Weise wie Getreide vermahlen und dabei durch Zusatz von Kochsalz auf den garantierten Gehalt von Na_2CO_3 gebracht. Sie gelangt meist in Fässern zum Versand.

Um ein völlig eisenfreies Produkt, wie es z. B. zur Herstellung feiner Glaswaren verlangt wird, zu erhalten, wurde früher ein Teil der calcinierten Soda raffiniert, d. h. wieder aufgelöst, nach sorgfältiger Klärung der Lösung in Pfannen zur Ausscheidung gebracht und nochmals calciniert. Seitdem die reinere Ammoniaksoda billig im Handel zu haben ist, lohnt das Raffinieren der LEBLANC-Soda nicht mehr.

Verwertung der Sodarückstände. Der aus den Auslaugekästen kommende Rückstand enthält 30—40% CaS, 15—25% $CaCO_3$, 30—35% H_2O, 3—8% Koks, 2—3% Na_2CO_3. Letzteres ist zum kleineren Teil als solches vorhanden, zum größeren in einer unlöslichen Verbindung mit $CaCO_3$ (Gaylüssit). Da das Gewicht der feuchten Rückstände annähernd doppelt so groß ist wie das der produzierten Soda, benötigt man beträchtliche Flächen zu ihrer Aufstapelung. Die Rückstandhalden bringen viele Belästigungen für die Nachbarschaft mit sich. Unter der Einwirkung der Atmosphäre verändert sich die chemische Zusammensetzung des Rückstands; die Wärmeentwicklung ist hierbei so groß, daß das Innere der Halden bisweilen glühend wird, zugleich treten Schwefelwasserstoff und Schwefeldioxyd in die Luft. Der Regen spült aus den Halden eine gelbe, stinkende Lauge in die Gewässer, durch die das Wasser untrinkbar gemacht und die Fischzucht vernichtet wird. Die in der Nähe der Küste gelegenen englischen Fabriken haben deshalb lange Zeit ihre Sodarückstände in eigens gebauten Schiffen in das Meer hinausgefahren und versenkt.

Die Wiedergewinnung des Schwefels der Sodarückstände war seit 1836 der Gegenstand vieler Patente und kam nach 1860 mehrfach in großem Maßstabe zur Durchführung. Eine auch wirtschaftlich vorteilhafte Lösung fand das Problem erst 1887 durch das Verfahren von CHANCE und CLAUS. Bei den älteren, jetzt wohl überall aufgegebenen Methoden führte man den Schwefel der Rückstände durch Oxydation in wasserlösliche Verbindungen über und fällte ihn aus den Lösungen durch Säure aus; die neueren gehen auf seine Austreibung in Form von Schwefelwasserstoff aus. Trockener Sauerstoff oxydiert das Schwefelcalcium zu wertlosem Sulfit und Sulfat. Nutzbare Schwefelverbindungen entstehen, wenn der Oxydation eine Hydrolyse vorhergeht. Dabei wird nach DIVERS (*Journ. chem. Soc. London,* 45, 270, 296 [1884]; *Journ. Soc. chem. Ind.* 1884, 550) zuerst Calciumhydroxyhydrosulfid, $Ca(SH)OH \cdot 3\,H_2O$, gebildet, das sich mit Wasser in Kalkhydrat und Schwefelwasserstoff zersetzt: $Ca(SH)OH + H_2O = Ca(OH)_2 + H_2S$. Aus dem Schwefelwasserstoff entsteht durch Oxydation freier Schwefel, der mit dem Kalkhydrat unter Bildung von Thiosulfat und Pentasulfid in Reaktion tritt: $12\,S + 3\,Ca(OH)_2 = CaS_2O_3 + 2\,CaS_5 + 3\,H_2O$. Ein Teil des Schwefelwasserstoffs verbindet sich mit Schwefelcalcium zu Sulfhydrat, $Ca(SH)_2$. Wahrscheinlich finden auch noch andere Reaktionen statt. Durch Auslaugen des teilweise oxydierten Rückstands erhält man jedenfalls eine Lösung von Calciumpolysulfiden und Calciumthiosulfat, aus der durch Salzsäure nach der Gleichung $2\,CaS_x + CaS_2O_3 + 6\,HCl = 3\,CaCl_2 + 3\,H_2O + 2\,(x + 1)\,S$ Schwefel gefällt wird. Da zu dieser Zersetzung auch die fast wertlose schwache Salzsäure benutzt werden konnte, die bei den vor 50 Jahren noch unvollkommenen Kondensationseinrichtungen in erheblicher Menge produziert wurde, war die Methode damals zeitweise ganz rentabel.

SCHAFFNER (*Wagner J.* 1868, 185; LUNGE, Handbuch II, 774) ließ den auf Haufen gestürzten Rückstand liegen, bis er im Innern eine gelbgrüne Farbe angenommen hatte, was etwa 3 Wochen dauerte. Der aufgehackte Rückstand kam in die den CHANCEschen Kästen nachgebildeten Auslaugekästen, in denen er mit Wasser behandelt wurde. Hierauf wurde zur Oxydation des noch unverändert gebliebenen Schwefelcalciums warme Luft und Kohlensäure unter die Siebböden geblasen, von neuem ausgelaugt und dieser Prozeß 6mal wiederholt. Schließlich bleibt ein im wesentlichen aus Calciumcarbonat und -sulfat bestehender, völlig unschädlicher Rückstand. MOND (*Chem. News* 16, 27, 41; 18, 157), der unabhängig von SCHAFFNER zu einem ähnlichen Verfahren gelangte, nahm schon die erste Oxydation durch Einleiten von Luft unter die Siebkästen gleich in den Auslaugekästen vor, wo sie nur 14–16 Stunden dauert. Das Ende dieser Operation wurde daran erkannt, daß sich die Masse an der Oberfläche gelb färbte. Dann wurde mit möglichst heißem Wasser gelaugt; das Oxydieren und das Laugen wurde 3–6mal wiederholt. Die Oxydation muß so geleitet werden, daß in der Gesamtlauge annähernd 2 Äquivalente Polysulfid auf 1 Äquivalent Thiosulfat sind und nur ein kleiner Überschuß des letzteren besteht. Die Zersetzung der gelben Laugen durch Salzsäure findet am besten bei 60° statt, damit der Schwefel flockig ausfällt. Sie wird in einem Bottich vorgenommen, der mit Rührwerk und Abzugsleitung für die entweichenden Gase versehen ist. Man läßt Lauge und Säure gleichzeitig einlaufen, so daß stets schwach saure Reaktion herrscht. Zur Trennung des Schwefels von der Lauge läßt man diese durch eine Reihe von Absetzkästen laufen. Der abgesetzte Schwefel wird nach SCHAFFNER durch Umschmelzen unter Wasser bei 1³⁄₄ Atm. Überdruck von der anhaftenden Lauge und mitgefälltem Gips befreit; darauf wird durch nochmaliges Schmelzen unter Einblasen von Luft die dunkle Farbe und das beigemengte übelriechende Wasserstoffpersulfid beseitigt.

Komplizierter war das in Dieuze eingeführte Verfahren von E. KOPP, BUQUET und P. W. HOFMANN. Die Salzsäure wurde bei der Fällung der gelben Laugen zum Teil durch die sauren Manganlaugen von der Chlorentwicklung ersetzt; das hiermit gefällte Mangansulfid oxydiert sich an der Luft zu Manganoxyd und Schwefel, deren Gemisch in einem Kiesofen abgeröstet wird und einen in Mangansuperoxyd überzuführenden Rückstand liefert.

Alle auf Oxydation der Rückstände beruhenden Verfahren ließen nur einen Teil (etwa 30–40%) des vorhandenen Schwefels als solchen gewinnen, während der Rest hauptsächlich in Gips überging. Einen großen Fortschritt bedeutete insofern das Verfahren von SCHAFFNER und HELBIG (D. R. P 2621, 4610 und 6895), wodurch das gesamte Schwefelcalcium des Rückstands durch heiße Chlormagnesiumlösung unter Schwefelwasserstoffentwicklung zersetzt wird:

$$\text{I. } CaS + MgCl_2 + H_2O = CaCl_2 + MgO + H_2S; \text{ II. } CaCl_2 + MgO + CO_2 = MgCl_2 + CaCO_3;$$
$$\text{III. } 2 H_2S + SO_2 = 3 S + 2 H_2O.$$

Aus der hinterbleibenden Mischung wird durch Einblasen von Kohlendioxyd das Chlormagnesium regeneriert (Gleichung II). Ein Drittel des Schwefelwasserstoffs sollte verbrannt und das entstandene Schwefeldioxyd mit den übrigen ²⁄₃ zu Schwefel umgesetzt werden (Gleichung III). Letztere Reaktion geht in Wasser nicht vollständig vor sich, indem gleichzeitig durch eine Nebenreaktion Pentathionsäure entsteht; außerdem ist der so erhaltene Schwefel sehr fein verteilt und schwer filtrierbar. Diese Mängel treten etwas zurück, wenn die Gase in Gegenwart von Chlorcalcium- oder Chlormagnesiumlauge aufeinander wirken (vgl. auch Schwefel).

Bei Durchführung des SCHAFFNER-HELBIG-Verfahrens im großen durch A. M. CHANCE, Oldbury, gelang die Verwandlung des Schwefelwasserstoffs in Schwefel nur unvollkommen: das Gas wurde daher zur Schwefelsäurefabrikation benutzt. Die Regeneration der Chlormagnesiumlösung war kostspielig, weil die mit Kohlendioxyd behandelten Laugen von dem Calciumcarbonat abfiltriert und dann wieder konzentriert werden mußten; natürlich traten dabei auch Verluste an Magnesiumchlorid ein. CHANCE (E. P. 8666 [1887]) nahm deshalb die schon 1837 von GOSSAGE vorgeschlagene direkte Zersetzung des Schwefelcalciums durch Kohlendioxyd wieder auf und gelangte zu dem jetzt wohl allein üblichen Verfahren der Schwefelregeneration. GOSSAGE war es nicht gelungen, den Schwefelwasserstoff in annähernd gleichmäßiger Konzentration zu gewinnen, wie sie für die kontinuierliche Verbrennung des Gases erforderlich ist. CHANCE läßt den anfänglich in Freiheit gesetzten Schwefelwasserstoff durch eine andere Partie Sodarückstand absorbieren und gewinnt so eine an Calciumsulfhydrat reiche Masse, die bei der Behandlung mit Kalkofengas ein Gasgemenge mit 36 bis 38 Vol.-% H₂S liefert. Die Vorgänge entsprechen folgenden Gleichungen:

$$CaS + CO_2 + H_2O = CaCO_3 + H_2S; \quad CaS + H_2S = Ca(SH)_2; \quad Ca(SH)_2 + CO_2 + H_2O = CaCO_3 + 2 H_2S.$$

Der durch Sieben von groben Koks- und Kalksteinstücken befreite Rückstand wird mit Wasser zu einem dünnen Brei angerührt und in eine Batterie von 7 stehenden gußeisernen Zylindern gepumpt (Abb. 8). Die Zylinder sind 4,5 m hoch bei 1,8 m Durchmesser und untereinander durch Rohrleitungen mit Hähnen C derart verbunden, daß man in jedem Zylinder durch L entweder frisches Kalkofengas oder das aus dem Nebenzylinder entweichende Gas unten eintreten lassen kann; die austretenden Gase können entweder durch C nach dem Nebenzylinder oder durch E in die gemeinsame Gasleitung F und aus letzterer nach einem Gasbehälter oder ins Freie geleitet werden. Zuerst läßt man das Kalkofengas

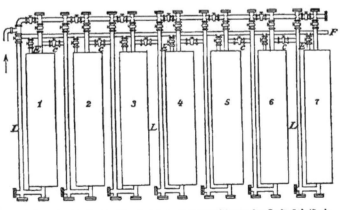

Abb. 8. Apparat von CHANCE zur Entschwefelung der Sodarückstände.

in Zylinder *1* treten und der Reihe nach sämtliche Zylinder durchstreichen. Das aus Zylinder *7* austretende Gas ist im wesentlichen Stickstoff und wird ins Freie gelassen. Wenn aus *1* kein Schwefelwasserstoff mehr austritt, wird dieser Zylinder mittels eines in der Abbildung nicht angegebenen Hahnes entleert und neu beschickt und das Kalkofengas nach 2 gepumpt. Inzwischen haben sich die Zylinder *3, 4* und *5* mit Calciumsulfhydrat angereichert. Man verbindet nun *5* mit dem Rohr *F* und leitet den ausströmenden hochprozentigen Schwefelwasserstoff in den Gasbehälter. Wenn der Prozentgehalt des Gases an Schwefelwasserstoff niedriger zu werden beginnt, öffnet man wieder die Verbindung zwischen *5* und *6*, läßt das Gas 6 Zylinder hintereinander passieren und dann ins Freie gehen u. s. w. Auf diese Weise läßt sich etwa die Hälfte des Stickstoffs der Kalkofengase eliminieren. Allerdings enthält der abgehende Stickstoff kleine Mengen von Schwefelwasserstoff und muß vor seinem Eintritt in die Atmosphäre noch durch Reinigungsapparate gehen.

Der Rückstand wird bei diesem Verfahren so vollständig von Schwefelcalcium befreit, daß er Bleisalze nicht mehr schwärzt. Er kann als Zusatz bei Rohsodaschmelzen oder zur Zementfabrikation benutzt werden. Getrocknet enthält er etwa 86% $CaCO_3$. Der gewonnene Schwefelwasserstoff eignet sich gut zur Schwefelsäurefabrikation, wird aber aus kaufmännischen Gründen meist zu Schwefel und Wasser verbrannt: $H_2S + O = H_2O + S$. Hierzu benutzt CHANCE 1883 den von CLAUS erfundenen Ofen, auf den im Kapitel Schwefel noch näher eingegangen wird. Günstigenfalls werden 85% des Schwefelwasserstoffs als Schwefel von großer Reinheit gewonnen. Die abziehenden Gase enthalten Schwefelwasserstoff und Schwefeldioxyd; sie durchstreichen in England einen Rieselturm, in welchem durch ihre Umsetzung noch etwas Schwefel erhalten wird, und schließlich einen Flammofen zur Zerstörung des noch übrigen Schwefelwasserstoffs. Das Verhältnis H_2S zu O in der einströmenden Gasmischung muß durch häufige Gasanalysen kontrolliert werden. Trotz der hohen Anlagekosten ist das Verfahren von CHANCE und CLAUS bei einer Anzahl englischer Fabriken und auch in Deutschland (Rhenania) zur Einführung gekommen. 1893 wurden in England damit 35 000 t Schwefel produziert. In geringerer Menge werden die Sodarückstände zur Darstellung des Natriumthiosulfats (s. d.) benutzt.

Betriebskontrolle der LEBLANC-Sodafabriken. Außer den Rohmaterialien werden untersucht: 1. Rohsoda. Wegen der Unmöglichkeit, genaue Durchschnittsproben davon zu nehmen, läßt sich die Zusammensetzung nur annähernd ermitteln. Man schüttelt 50 g der gut gemahlenen Probe mit 480 cm^3 ausgekochtem Wasser von $45°$ während 2^h, wodurch 500 cm^3 trübe Flüssigkeit entsteht. In dieser bestimmt man den freien Kalk, indem man 5 cm^3 mit überschüssiger Chlorbariumlösung und einem Tropfen Phenolphthaleinlösung versetzt und mit $n/_5$-Salzsäure bis zum Verschwinden der Rotfärbung titriert. Den Gesamtkalk findet man durch Kochen weiterer 5 cm^3 mit überschüssiger Salzsäure, genaues Neutralisieren der abgekühlten Lösung und Fällung mit einer abgemessenen Menge $n/_5$-Sodalösung unter Kochen. Von der auf 200 cm^3 gebrachten Flüssigkeit werden 100 cm^3 abfiltriert und darin mit $n/_5$-Salzsäure die überschüssige Soda titriert. Für die übrigen Bestimmungen läßt man die trübe Flüssigkeit sich absetzen und verwendet nur die klare Lösung. Deren alkalimetrischen Gesamtgehalt ($Na_2CO_3 + NaOH + Na_2S$) ermittelt man durch Titrieren von 10 cm^3 mit Salzsäure und Methylorange, $NaOH + Na_2S$ durch Ausfällen des Na_2CO_3 in 20 cm^3 mit Bariumchlorid, Auffüllen auf 100 und Titration von 50 cm^3 des Filtrats. Na_2S ergibt sich durch Verdünnen von 10 cm^3 Lösung auf 200 cm^3, Ansäuern mit Essigsäure und Titrieren mit Jodlösung. Zur Chlorbestimmung kocht man 10 cm^3 mit etwas überschüssiger Salpetersäure und titriert nach VOLHARD mit Silberlösung. Na_2SO_4 wird durch Fällen der angesäuerten Lösung mit $BaCl_2$ gefunden.

2. Rohsodalauge wird in entsprechender Weise auf Na_2CO_3, $NaOH$, Na_2S, Cl und SO_4 untersucht. Außerdem bestimmt man gelegentlich den Gesamtschwefel nach Oxydation mit Chlorkalklauge und Salzsäure; ferner die Summe von Kieselsäure, Tonerde und Eisenoxyd durch Kochen mit Salzsäure und etwas Salpetersäure, Zusatz von Salmiaklösung und Fällung mit Ammoniak. Zur Bestimmung des Ferrocyannatriums werden 20 cm^3 mit Salzsäure angesäuert und allmählich mit starker Chlorkalklösung versetzt, bis ein Tropfen durch Eisenchlorid nicht mehr blau, sondern braun wird. Dann setzt man $n/_{10}$-Kupfersulfatlösung zu, bis eine Tüpfelprobe mit Eisenvitriol nicht mehr blau, sondern durch Reduktion des Ferricyankupfers rötlich wird. Die Kupfersulfatlösung muß auf reines Ferrocyannatrium eingestellt werden.

3. Sodarückstand. Zur Bestimmung des nutzbaren Natrons werden 50 g Rückstand mit 490 cm^3 Wasser von $40°$ digeriert, was 500 cm^3 Flüssigkeit ergibt. Hiervon werden 100 cm^3 mit gut gewaschenem Kohlendioxyd bis zur beginnenden Schwefelwasserstoffentwicklung behandelt, zum Kochen erhitzt, vom gefällten Calciumcarbonat abfiltriert und im Filtrat die Soda titriert. Den Sulfidschwefel des Rückstandes findet man, indem man 2 g in einen Kolben mit Hahntrichter bringt, allmählich Salzsäure zufließen läßt und den entwickelten Schwefelwasserstoff in einem mit Kalilauge gefüllten Absorptionsapparat auffängt. Nach dem Ansäuern mit Essigsäure wird der Schwefel mit Jodlösung titriert.

Betriebsresultate. Aus 100 Tl. 90%igen Sulfats könnten theoretisch 71,66 Tl. reine Soda gewonnen werden. In der Praxis erhält man nur etwa 85% dieser Menge als Natriumcarbonat. Von dem Verlust entfällt etwa die Hälfte auf das im Ofen mechanisch von den Rauchgasen mitgeführte bzw. verflüchtigte Natron und das im Rückstand verbleibende Natriumsalz (namentlich $Na_2CO_3 \cdot CaCO_3 \cdot 5 H_2O$ [Gaylüssit]). Die andere Hälfte der Verluste besteht hauptsächlich in schwefelhaltigen Natriumverbindungen, die sich beim Lagern und Auslaugen der Rohsoda auf Kosten des Natriumcarbonats bilden, ferner im unzersetzten Sulfat und in Cyanverbindungen. Andererseits liefern die in England hauptsächlich verarbeiteten spanischen Pyrite in ihren kupferhaltigen Abbränden ein wertvolles Material als Nebenprodukt. Aus diesem Grunde hat sich der LEBLANC-Prozeß in England trotz der hohen Selbstkosten noch immer halten können.

II. Ammoniaksoda.

Das Ammoniaksodaverfahren beruht darauf, daß Kochsalz, Ammoniak, Kohlendioxyd und Wasser nach der Gleichung $NaCl + NH_3 + CO_2 + H_2O = NaHCO_3 + NH_4Cl$ miteinander reagieren, wobei Natriumbicarbonat, das in *konz.* Chlorammoniumlösung schwer löslich ist, ausfällt. Beim Calcinieren verwandelt sich das abfiltrierte Natriumbicarbonat in Soda. Aus der salmiakhaltigen Mutterlauge wird das Ammoniak durch Destillation mit Kalk regeneriert.

Die augenscheinlichen Vorzüge dieses Verfahrens gegenüber dem LEBLANC-Prozeß liegen in der großen Reinheit der erzeugten Soda und dem viel geringeren Brennmaterialverbrauch. Dagegen ist die Ausnutzung des Kochsalzes wesentlich schlechter als beim LEBLANC-Verfahren, weil die obige Reaktion nur unvollständig verläuft.

Chemische Vorgänge. Die Umsetzung des Natriumchlorids mit Kohlensäure und Ammoniak (Ammoniumbicarbonat) zu Ammoniumchlorid und Natriumbicarbonat ist eine umkehrbare Reaktion: $NaCl + NH_4HCO_3 \rightleftarrows NaHCO_3 + NH_4Cl$ und wie alle Umsetzungen wässeriger Salzlösungen eine Funktion der Löslichkeiten. Bei der Wechselwirkung scheiden sich eine oder mehrere Substanzen aus (Bodenkörper), und die Reaktion hat ihr Ende erreicht, wenn sich das Gleichgewicht zwischen Bodenkörpern und Salzlösung eingestellt hat. Das Gleichgewicht ist durch die Löslichkeiten der 4 Salze in der vorhandenen Salzlösung gegeben. Vergleicht man in nachstehender Tabelle die Löslichkeit der 4 Salze in reinem Wasser bei 15° und 30°, so ergibt sich, daß das Produkt der Löslichkeiten von $NaCl$ und NH_4HCO_3 größer ist als das Produkt der Löslichkeiten von $NaHCO_3$ und NH_4Cl. Das Salzpaar $NaCl + NH_4HCO_3$ ist also bei Gegenwart von Wasser unstabil. Von den durch die Umsetzung entstehenden Salzen ist das $NaHCO_3$ schwer löslich, fällt also aus. Man trachtet danach, den Ammoniaksodaprozeß so zu leiten, daß nur Natriumbicarbonat ausfällt. Der Prozeß bleibt aber unvollständig, weil das Natriumbicarbonat in der entstehenden Salzlösung nicht unlöslich, sondern nur schwer löslich ist. Eine Gewinnung des in Lösung befindlichen Bicarbonats etwa durch Eindampfen ist nicht möglich, da das Ammoniumbicarbonat sich in der Wärme verflüchtigt und der Prozeß rückwärts geht: $NaHCO_3 + NH_4Cl = NH_4HCO_3 + NaCl$.

BRADBURN (*Journ. Soc. chem. Ind.* **1896**, 882) hat z. B. durch Einleiten von Luft in eine carbonisierte Lauge, die suspendiertes Natriumbicarbonat enthielt, dieses gemäß obiger Gleichung vollständig in Natriumchlorid zurückverwandelt, indem das gebildete Ammoniumcarbonat durch die Luft entfernt wurde.

Untersuchungen über die bei dem Ammoniaksodaprozeß sich abspielenden Vorgänge sind von HEEREN (*Dinglers polytechn. Journ.* **149**, 17), SCHLÖSING (*Ann. Chim.* [4] **14**, 5), A. BAUER (*B.* **1**, 272; **7**, 292), GÜNSBURG (*B.* **7**, 644), SCHREIB (*Ztschr. angew. Chem.* **1**, 283; **2**, 445, 486), BODLÄNDER und BREUL (ebenda, **14**, 405), v. JÜPTNER (*Österr. Chemiker-Ztg.* **7**, 247), MEYERHOFFER

	In 1 *l* Lösung		In 100 *g* H_2O	
	bei 15°	bei 30°	bei 15°	bei 30°
$NaCl$	316 *g*	317 *g*	358 *g*	360 *g*
NH_4Cl	283 *„*	—	355 *„*	416 *„*
NH_4HCO_3 . .	167 *„*	—	186 *„*	270 *„*
$NaHCO_3$	85 *„*	106 *g*	88 *„*	110 *„*

(*Verh. Ver. Bef. Gew.* **1905**, 167), JÄNNECKE (*Ztschr. angew. Chem.* **20**, 1559), OST (*Chem.-Ztg.* **31**, 67), ROHLAND (*Österr. Chemiker-Ztg.* **11**, 62), HEMPEL und TEDESCO (*Ztschr. angew. Chem.* **24**, 2459), COLSON (*Journ. Soc. chem. Ind.* **29**, 187), MASON (*Chem.-Ztg.* **38**, 513), FEDOTIEW, KOTUNOW (*Ztschr. anorgan. Chem.* **85**, 247), VOSS (*Chem.-Ztg.* **45**, 940, 968), LE CHATELIER. TOPORESCU (*Compt. rend. Acad. Sciences* **174**, 836, 870, 1014; **175**, 268), FEDOTIEW, KOLOSSOW (*Ztschr. anorgan. Chem.* **130**, 39), CIOCHINA (Bl. Soc. chim. Romania **7**, 24; *Chem. Ztrlbl.* **1925**, II, 1206), MATSUI, SEKIYAMA, WATANABE (Mem. Fakulty Sc. Eng. Waseda Univ. Tokyo **4**, 72), B. NEUMANN und DOMKE (*Ztschr. Elektrochem.* **34**, 138) ausgeführt worden.

Versuche, bei denen ammoniakalische Solen verschiedener Zusammensetzung im Laboratorium mit CO_2 behandelt wurden, sind zuerst von SCHREIB (*Ztschr. angew. Chem.* **1888**, 283; **1889**, 445, 486) veröffentlicht worden. Er erhielt die günstigste Ausnutzung des Kochsalzes bei einer ammoniakalischen Sole mit 258 *g* $NaCl$ und 89 *g* NH_3 in 1 *l*, nämlich 73,6 % der berechneten Menge. Bei geringerem Ammoniak und höherem Kochsalzgehalt nahm der Grad der Umsetzung ständig ab.

Eine gründliche Bearbeitung der Frage vom Standpunkt der Phasenlehre hat FEDOTIEW (*Ztschr. angew. Chem.* 1904, 1644 und *Ztschr. physikal. Chem.* 49, 2) geliefert. Er bestimmte die Zusammensetzung von Lösungen, die bei Atmosphärendruck und 15⁰ mit CO_2 und einem bzw. zweien oder dreien der 4 Salze gesättigt waren. Diese Bestimmungen lieferten die zur Konstruktion (nach LÖWENHERZ) des isothermischen Diagramms (Abb. 9) erforderlichen Daten. Auf den ausgezogenen Linien

sind die Löslichkeiten der einzelnen Salze bei Gegenwart eines zweiten Salzes als Bodenkörper aufgetragen. Die Punkte *I, II, III* und *IV* stellen die Zusammensetzung von Lösungen dar, die mit 2 festen Salzen im Gleichgewicht stehen. In den Punkten P_1 und P_2 sind 3 Salze als Bodenkörper vorhanden, u. zw. im Punkte P_1 das stabile Salzpaar $NaHCO_3 + NH_4Cl$ und NH_4HCO_3, im Punkte P_2 das stabile Salzpaar $NaHCO_3 + NH_4Cl$ und $NaCl$. Der Punkt P_1 stellt eine inkongruent gesättigte Lösung vor, d. h. in der flüssigen Phase befinden sich nicht dieselben Salze wie in der festen Phase, sondern die Salze $NaHCO_3$, NH_4Cl und $NaCl$. Im Punkte P_2 haben wir eine kongruent gesättigte Lösung vor uns; sie enthält dieselben Salze wie der Bodenkörper. Durch Zusatz von $NaCl$ zur Lösung P_1 wird deren Zusammensetzung geändert, woraus folgt, daß die Lösung P_1 in bezug auf $NaCl$ nicht gesättigt ist. Tatsächlich kann man sie durch fortgesetzten Zusatz von $NaCl$ in die Lösung P_2 überführen. Die Linie P_1P_2 stellt also Lösungen von verschiedenem $NaCl$-Gehalt dar, die

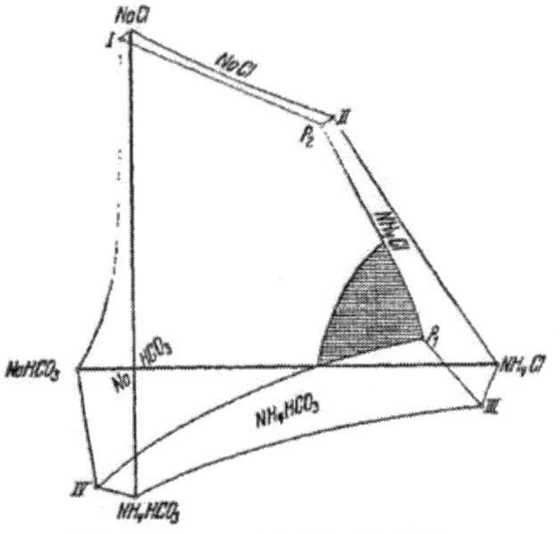

Abb. 9. System $NaCl$—$NaHCl_3$—NH_4Cl—NH_4HCO_3 bei 15⁰.

an $NaHCO_3$ und NH_4Cl, die Linie P_1 *IV* Lösungen, die bei verschiedenem NH_4Cl-Gehalt an NH_4HCO_3 und $NaHCO_3$ gesättigt sind. Da wir es beim Ammoniaksodaprozeß nach der Ausscheidung von $NaHCO_3$ mit an diesem gesättigten Lösungen zu tun haben, die eine dem ausgefallenen $NaHCO_3$ äquivalente Menge NH_4Cl neben unzersetztem $NaCl$ bzw. NH_4HCO_3 enthalten, also Lösungen, die den Kurven P_1P_2 bzw. P_1 *IV* entsprechen, können wir uns auf die Betrachtung des von diesen Kurven eingeschlossenen schraffierten Gebietes beschränken. Aus der Zusammensetzung der Lösungen kann man mit Hilfe der Gleichungen $U_{Na} = \dfrac{100(Cl-Na)}{Na}$ und $U_{NH_4} = \dfrac{100(NH_4-HCO_3)}{NH_4}$ berechnen, wie viel von dem angewandten Na bzw. NH_4 ausgenützt worden ist. Cl, Na, NH_4 und HCO_3 stellen die Gehalte einer Mutterlauge in Grammäquivalenten in $1000\,g\,H_2O$ und U_{Na} bzw. U_{NH_4} die prozentische Ausnutzung des angewandten Na bzw. NH_4 vor, z. B.:

Punkt	Anfängliche Konzentration der Lösungen: Grammole auf $1000\,g\,H_2O$		Erhaltene Lösungen in Grammäquivalenten in $1000\,g\,H_2O$				Prozentische Ausnutzung für	
	$NaCl$	NH_4HCO_3	HCO_3	Cl	Na	NH_4	Na	NH_4
P_2	8,188	3,730	0,18	8,188	4,62	3,730	43,4	95,1
	7,658	4,552	0,31	7,658	3,39	4,552	55,7	93,4
↓	7,128	5,450	0,51	7,128	2,19	5,450	69,2	90,5
P_1	6,786	6,272	0,92	6,786	1,44	6,272	78,8	85,1
↓	6,000	5,640	0,99	6,000	1,34	5,640	77,7	82,5
	5,403	5,210	1,07	5,403	1,27	5,210	76,4	79,5
	5,025	4,919	1,12	5,025	1,23	4,919	75,5	75,1
IV	4,000	4,135	1,30	4,000	1,16	4,135	71,0	68,6

Wie man sieht, ist die prozentische Ausnutzung des NH_4 bzw. Na um so größer, je größer die Anfangskonzentration an $NaCl$ bzw. NH_4 ist; ferner sieht man, daß das Maximum der Ausnutzung des Na und NH_4 nicht zusammenfällt. NH_4 wird am besten im Punkte P_1, Na im Punkte P_2 ausgenützt. Da $NaCl$ im Vergleich zu NH_3 ein billiges Rohmaterial ist, wird in der Technik so gearbeitet, daß man der Kurve P_1P_2 möglichst nahe kommt. Da die aus der Zusammensetzung der Mutterlaugen berechneten Anfangskonzentrationen an $NaCl$ über die Löslichkeit des $NaCl$ in Gegenwart von NH_4HCO_3 hinausgehen, ist es, um möglichst hohe Ausbeuten zu erzielen, erforderlich, der Lösung beim Carbonisieren noch festes $NaCl$ zuzusetzen.

HEMPEL und TEDESCO (*Ztschr. anorgan. Chem.* 24, 2459) führten eine Reihe von Versuchen durch, wobei, um den Verhältnissen des Großbetriebes nahezukommen, in die konstant auf 30⁰ gehaltene ammoniakalische Sole Kohlendioxyd unter einem Überdruck von 1,8 *Atm.* eingeleitet wurde. Nach etwa 3ʰ war die Reaktion im wesentlichen beendet, die Flüssigkeit wurde noch weitere 5—6ʰ unter Druck in Bewegung erhalten, dann das Natriumcarbonat abfiltriert und mit einer bei 30⁰ gesättigten Bicarbonatlösung ausgewaschen. Das gedeckte Produkt wurde gewogen und analysiert. Die Tabelle S. 19 oben zeigt einen Teil der Resultate.

Hiernach würde also das dem Versuch 7 zugrunde liegende Mengenverhältnis von Ammoniak und Chlornatrium die praktisch günstigste Ausbeute an Natriumbicarbonat für 1 *l* Sole liefern. Die Versuche 8 und 9 zeigen, daß man die Ausnutzung des angewandten $NaCl$ durch einen großen Überschuß von NH_3 steigern könnte; doch fällt dann so viel Ammoniumbicarbonat mit aus, daß von einem praktischen Betrieb nicht mehr die Rede sein kann; außerdem wird für 1 *l* angewandter Sole

Nr.	1000 cm³ Ausgangslösung enthalten					Der ausgedeckte Bodenkörper enthält						Es betrug die Ausbeute an $NaHCO_3$, berechnet in % auf die angewandte Mengen	
	NH_3		$NaCl$		$NH_3:NaCl$	$NaHCO_3$		$NaCl$		NH_4HCO_3		$NaCl$	NH_3
	g	Mol.	g	Mol		g	Mol.	g	%	g	%		
1	17,99	1,0582	291,97	4,9884	1:4,714	74,13	0,8822	0,504	0,681	0,3	0,42	17,67	83,37
2	57,89	3,4054	274,66	4,6928	1:1,378	232,84	2,7710	0,07	0,033	5,466	2,277	59,05	81,37
3	58,21	3,4242	272,86	4,662	1:1,3615	234,18	2,7886	0,047	0,016	5,620	2,325	59,78	81,36
4	63,71	3,7478	270,66	4,6242	1:1,2338	248,76	2,9602	0,07	0,028	9,238	3,534	64,01	78,98
5	72,35	4,250	264,92	4,5262	1:1,065	258,02	3,0706	0,105	0,037	10,28	3,841	67,86	72,25
6	76,52	4,5010	260,22	4,446	1,0134:1	269,46	3,2068	0,023	0,009	11,06	4,185	72,13	71,25
7	82,86	4,8742	257,86	4,4058	1,1062:1	282,08	3,3570	0,014	0,005	11,46	3,906	76,195	68,86
8	133,27	3,8392	222,56	3,7852	2,071:1	261,34	3,1102	0,034	0,014	83,50	24,301	82,17	39,67
9	210,31	12,377	194,98	3,3313	3,737:1	248,5	2,9574	0,008	0,001	565,30	69,48	89,60	24,45

weniger Natriumbicarbonat produziert. Die im Großbetriebe benutzten ammoniakalischen Solen scheinen im allgemeinen zwischen den durch Nr. 4 und Nr. 7 angezeigten Gehalten zu liegen. Allerdings vermindert sich der Ammoniakgehalt während des Carbonisierens durch Verflüchtigung von Ammoniumbicarbonat. Bei 40° fanden HEMPEL und TEDESCO unter sonst gleichen Verhältnissen eine bedeutend geringere Umsetzung des $NaCl$. Auch bei 22° wurde eine geringere Ausbeute an $NaHCO_3$ erhalten als bei 30°; überdies war das Produkt so feinkristallinisch, daß es nach dem Absaugen noch 42,77 % H_2O zurückhielt. Es hat also keinen praktischen Wert, die Fällung des Bicarbonats bei einer wesentlich unter 30° liegenden Temperatur vorzunehmen.

NEUMANN und DOMKE (Ztschr. Elektrochem. 34, 136) führten, indem sie sich dem Arbeiten im Großbetriebe anpaßten, die Versuche FEDOTIEWS bei 1,2 und 2.5 Atm. Überdruck bei 20°, 30° und 40° aus. Um eine Zersetzung der Laugen zu verhüten, filtrierten sie bei dem gleichen Druck und fanden bei 20° bzw. 30° und 1,2 Atm. Überdruck folgende Werte:

	Grammole in 1000 g H_2O		2,2 Atm. CO_2-Druck			HCO_3	U_{Na}	U_{NH_4}	
	Angewandt		Gramm-äquivalente in 1000 g H_2O						
			In Lösung vorhanden						
	$NaCl$	NH_4HCO_3	Na	NH_4	Cl				
P_2	6,69	3,16	3,70	3,16	6,69	0,17	44,7	94,6	
	6,04	4,12	2,22	4,12	6,04	0,30	63,4	92,7	
P_1	5,42	5,12	1,10	5,12	5,42	0,80	79,7	84,4	20°
	1,99	2,86	0,82	2,86	1,99	1,69	58,8	40,9	
	1,39	2,58	0,74	2,58	1,39	1,93	46,8	25,2	
P_2	6,90	3,61	3,52	3,61	6,90	0,23	49,0	93,6	
	6,45	4,52	2,29	4,52	6,45	0,36	64,5	92,0	
P_1	5,64	5,84	0,96	5,84	5,64	1,16	83,0	80,1	30°
	1,60	3,32	0,79	3,32	1,60	2,51	50,6	23,8	
	1,19	3,18	0,77	3,18	1,19	2,76	35,3	13,2	

Wir sehen wieder, daß im Punkte P_1 die Ausbeute in bezug auf $NaCl$, im Punkte P_2 in bezug auf NH_4 am günstigsten ist. Die Maximalausbeute in bezug auf $NaCl$ kann jedoch wieder nur dann erreicht werden, wenn der fertig carbonisierten Lauge festes $NaCl$ zugesetzt wird. Die dem Punkte P_1 bei 30° und 1,2 Atm. Überdruck entsprechende Lösung ist auch in bezug auf die NH_4-Ausbeute recht günstig (80,1 %). Die Lösung, die im Punkte P_1 bei 15° und Atmosphärendruck nach FEDOTIEW inkongruent gesättigt ist, ist nach NEUMANN und DOMKE bei 30° und 1,2 Atm. Überdruck kongruent gesättigt, enthält also NH_4HCO_3 gelöst. Da dieses aber bei 30° bereits in NH_3 und CO_2 dissoziiert, sollte man, um ein Entweichen von NH_3 beim Carbonisieren zu vermeiden, dem CO_2 eine dem Partialdruck des freien NH_3 entsprechende Menge NH_3 zusetzen.

Der Großbetrieb stellt nach OST (Chem.-Ztg. 31, 67 [1907]) folgende Bedingungen: 1. Als Ausgangsstoff muß eine gereinigte ammoniakalische Sole dienen, die dann mit CO_2 übersättigt (carbonisiert) wird. 2. Das Bicarbonat muß grobkörnig ausfallen, weil es sich sonst schlecht filtrieren und auswaschen läßt. Ein grobkörniges Produkt erhält man aber nur dann, wenn man bei 30—40° carbonisiert. 3. Beim Carbonisieren darf nicht zuviel Ammoniumcarbonat verflüchtigt werden, da sich sonst die Rohrleitungen verstopfen. 4. Es darf kein Salmiak mit ausfallen, da dieser beim Calcinieren in $NaCl$ übergeht und die Soda verunreinigt. 5. Das Mitausfallen von NH_4HCO_3 stört wenig, da es beim Calcinieren wieder gewonnen wird. 6. Man kann das Carbonisieren nicht ganz zu Ende führen, weil das zuviel

2*

Zeit erfordert. 7. Man muß eine möglichst große Ausbeute an $NaHCO_3$ auf 1 *Vol.* Salzlauge erstreben, da von dem Laugenvolumen die Betriebskosten und der Verbrauch an Kohlen zur Wiedergewinnung des Ammoniaks abhängt; die Ausnutzung des *NaCl* kommt erst in zweiter Linie. Nach Ost enthält eine im Großbetriebe verwendete, mit *NaCl* gesättigte ammoniakalische Sole in 1 *l* 265 *g* $NaCl = 161 g$ *Cl* und 81,6*g* NH_3 (1,06 Äquivalente).

Die Darstellung der Ammoniaksoda besteht in folgenden Operationen: 1. Bereitung ammoniakalischer Sole. 2. Carbonisieren der Lösung. 3. Abfiltrieren des Natriumbicarbonats. 4. Calcinieren des Bicarbonats. 5. Wiedergewinnung des Ammoniaks aus den Mutterlaugen.

1. Bereitung der ammoniakalischen Sole. Die meisten Fabriken gewinnen durch planmäßiges Aussolen von Steinsalzlagern (s. Natriumchlorid, Bd. **VIII**, 45) eine nahezu gesättigte Kochsalzlösung und leiten in diese das aus den Mutterlaugen abdestillierte, kohlendioxydhaltige Ammoniakgas ein. Gute Sole enthält etwa 300 *g* *NaCl* im *l*; bei wesentlich geringerem Gehalt läßt man sie zu weiterer Sättigung eine Reihe mit Steinsalzstücken gefüllter Behälter durchlaufen. Vor der Ausfällung des Bicarbonats muß die Sole von gelösten Calcium- und Magnesiumverbindungen möglichst befreit werden, weil diese sonst mit niedergeschlagen werden und den Prozentgehalt der Soda herabdrücken. Auch gelöstes Eisen, das die Farbe der Soda beinträchtigen würde, muß entfernt werden. Die Ausscheidung der Erdalkalien geschieht beim Einleiten von Ammoniak durch Ammoniumcarbonat, das mit Magnesiumcarbonat ein sehr schwer lösliches Doppelsalz bildet; um das Ammoniak daraus wiederzugewinnen, wird der abgesetzte Schlamm gesammelt und bei der Destillation der Mutterlaugen mit Kalk zugegeben. Zur Ausfällung etwaigen Eisengehalts genügt der H_2S-Gehalt des rohen Gaswassers, das der ammoniakalischen Sole zwecks Ergänzung der Ammoniakverluste zugesetzt wird. Das einzuleitende Ammoniakgas wird zweckmäßig vorher auf 68—75° abgekühlt. Über 75° führt es zu viel Wasserdampf mit in die Sole, unter 68° verstopfen sich die Leitungsrohre leicht durch Ausscheidung von Ammoniumcarbonat. Ein geringer Wassergehalt des Ammoniakgases bringt keinen Nachteil; völlig trockenes Ammoniak würde in gesättigter Sole eine Abscheidung von *NaCl* bewirken.

Leitet man nämlich trockenes Ammoniak in gesättigte Sole, so vergrößert sich zwar ihr Volumen beträchtlich; gleichzeitig nimmt aber das Lösungsvermögen für Kochsalz ab. Nach Schreib enthalten mit Kochsalz gesättigte ammoniakalische Lösungen bei 15°:

bei 0	40	50	60	70	80	90	100	110 *g* NH_3 im *l*
318	292	286	280	274	268	261	254	248 „ *NaCl* „ „

Hempel und Tedesco (*Ztschr. angew. Chem.* **24**, 2469 [1911]) geben folgende Tabelle: Es waren in 1000 *cm³* bei 30° mit *NaCl* gesättigter Lösung enthalten:

Einemit äquivalenten Mengen Kochsalz und Ammoniak bei 15° gesättigte Lösung enthält nach Schreib 269 *g NaCl* und 78 *g* NH_3 im *l.* Bei 30° würden nach den Resultaten von Hempel und Tedesco die entsprechenden Zahlen etwa 278 *g NaCl* und 80 *g* NH_3 sein. In vielen Fabriken scheint dieses Verhältnis annähernd innegehalten zu werden; doch arbeiten einige mit Solen von nur 60—70 *g* NH_3

NaCl		NH_3		Spez. Gew.
g	Mol.	g	Mol.	
293,38	5,4836	29,535	1,7374	1,1735
292,5	4,9972	40,655	2,3915	1,1656
289,7	4,950	47,26	2,780	1,160
286,5	4,895	60,78	3,575	1,1494
283,38	4,8426	72,07	4,239	1,1406
283,06	4,7942	72,715	4,2772	1,1395
277,49	4,7413	81,855	4,815	1,1301
270,57	4,6123	97,49	5,7348	1,1205

im *l.* Nach Jurisch (*Chem.-Ztg.* **30**, 895 [1906]) enthält eine gute ammoniakalische Sole 73—75 *g* freies NH_3 und 257—263 *g NaCl* im *l.* Mason (*Ztschr. angew. Chem.*

23, 488 [1910]) gibt als normal einen Gehalt von 265 *g NaCl*, 55 *g NH₃* und 56,4 *g (NH₄)₂CO₃*, entsprechend zusammen 75 *g NH₃* an.

Beim Einleiten von Ammoniak muß gekühlt werden, weil die Temperatur der Sole durch die Wärme, die durch die Kondensation des mitgeführten Dampfes, durch die Hydratation von *NH₃* und *CO₂* und durch die Bildung von *(NH₄)₂CO₃* frei wird, bis auf etwa 110⁰ ansteigen würde. Man kühlt so weit, daß die ablaufende ammoniakalische Sole 50⁰ hat. FASSBENDER (*Ztschr. angew. Chem.* **1893**, 139) empfiehlt dazu folgenden Apparat (Abb. 10).

Der untere Teil des schmiedeeisernen Kessels ist von dem Kühlwasserbehälter *m* umgeben; *p* und *q* sind der Zu- und Abflußstutzen für das Kühlwasser, *a* das Eintrittsrohr für Ammoniak, *x* und *y* Stutzen zum Eintritt und Austritt der Sole. Außerdem trägt der Apparat noch das Manometer *v*, den Wasserstutzen *w* und den Leerlaufhahn *z*. Soweit das Ammoniak nicht schon im

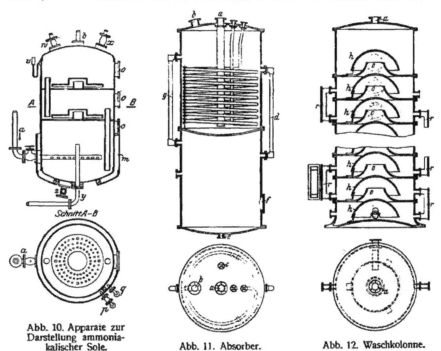

Abb. 10. Apparate zur Darstellung ammonia- kalischer Sole.

Abb. 11. Absorber.

Abb. 12. Waschkolonne.

unteren Teil des Apparats absorbiert wird, muß es durch die Öffnungen der beiden Platten unter den darübergestülpten Hauben hinweg streichen und wird dabei von den durch Überlaufrohre in bestimmter Höhe erhaltenen Soleschichten aufgenommen. Eine Vakuumpumpe saugt die nicht absorbierten Gase durch Rohr *b* ab, drückt sie durch eine mit Sole berieselte Waschkolonne und zum Schluß durch einen Behälter mit Schwefelsäure.

Einen Apparat von anderer Konstruktion zeigen Abb. 11, 12.

Der Apparat, A b s o r b e r (Abb. 11) genannt, besteht aus einem Ober- und Unterteil. Im Oberteil tritt das *NH₃*-Gas durch das zentrale Rohr *a* ein, während das nicht absorbierte Gas durch den Stutzen *b* austritt, um in die weiter unten beschriebene Waschkolonne (Abb. 12) zu gehen. Sole fließt beständig aus der Waschkolonne durch Stutzen *c* zu und durch das Überlaufrohr *d* in den Unterteil ab. Der Strom der Sole, die aus einem Hochreservoir in die Waschkolonne und aus dieser in den Absorber fließt, und der *NH₃*-Gasstrom, der aus dem Destiller kommt, sind so gegen- einander abgestimmt, daß die aus dem Absorber ablaufende ammoniakalische Sole 80—85 *g NH₃* im *l* enthält. Die Kühlung erfolgt hier durch eine im Oberteile befindliche, von Kühlwasser durch- flossene Rohrschlange. Aus dem Unterteil fließt die ammoniakalische Sole 50⁰ heiß in Klärgefäße, wo sich der Hauptteil der durch das Ammoncarbonat ausgefällten *Ca*- und *Mg*-Salze absetzt; ein Teil dieses Schlammes bleibt bereits im Unterteil des Absorbers, von wo es von Zeit zu Zeit durch Stutzen *e* oder Mannloch *f* entfernt wird. Das Verbindungsrohr *g* dient dem Druckausgleich zwischen Ober- und Unterteil. Thermometer, Manometer, Glasstandrohr und Probehahn vervollständigen die Ausrüstung.

Die Waschkolonne (Abb. 12) ist, wie bereits erwähnt, über dem Absorber aufgestellt und mit diesem durch die Rohre b und c der Abb. 11 verbunden. Sie besteht aus etwa 10 gußeisernen Ringen, die durch seitliche Überlaufsrohre r bald rechts, bald links miteinander verbunden sind. Jeder Ring hat eine zentrale Öffnung o, über welche eine kugelförmige Haube k so gestülpt ist, daß ihr Rand etwas über dem Boden steht. Beim Durchfluß der frischen Sole, welche von einem Hochreservoir durch Stutzen a ständig zufließt, tauchen die Hauben in die am Boden der Ringe befindliche Sole ein, so daß das aufsteigende Gas um den Rand der Hauben herum durch die Sole hindurchgehen muß. Auf diese Weise wird das Gas von den letzten Resten seines NH_3-Gehaltes so weit befreit sein, daß der Ammoniakverlust mit den Abgasen nur 4—5% des Gesamtverlustes beträgt.

Zwecks Klärung fließt die ammoniakalische Sole, wie bereits erwähnt, aus dem Absorber in Klärgefäße, d. s. eiserne, innen ausgemauerte Zylinder, deren Größe und Anzahl so bemessen ist, daß die Lauge in jedem angefüllten Zylinder mindestens 3—4^h verweilen kann, ehe sie weiter verwendet wird. Die *BASF* will die Abscheidung des in der Lauge suspendierten *FeS* durch Zusatz von Chlorcalcium beschleunigen (*D. R. P.* 360 890). Dieses bildet mit dem Ammoncarbonat $CaCO_3$ und NH_4Cl; das ausfallende $CaCO_3$ reißt den suspendierten feinen *FeS*-Niederschlag mit. Jeder Zylinder ist mit einem Glasstandrohr, einem Probehahn, Mannloch sowie Zu- und Ablaufstutzen versehen. Letztere sowie im Deckel angebrachte weitere 2 Stutzen sind durch je eine Leitung miteinander verbunden. Die mit den Stutzen im Deckel verbundenen Leitungen sind die Gaswasser- und die Vakuumleitung. Durch erstere werden jedem Zylinder einige l Gaswasser zugesetzt, durch letztere die Ammoniakdämpfe von einer Luftpumpe angesaugt und von dieser in die Waschkolonne gedrückt.

Die mit Ammoniak behandelte Lösung muß vor der Behandlung mit Kohlendioxyd geklärt, von neuem mit $NaCl$ gesättigt und gekühlt werden. Die Klärung wurde bereits oben besprochen. Zwecks neuerlicher Sättigung der durch das Einleiten von NH_3 in bezug auf $NaCl$ ungesättigt gewordenen Sole wird diese durch einen Salzturm gedrückt. Dieser ist ein etwa 5 m hoher, aus gußeisernen Ringen zusammengesetzter Turm, der durch ein im Deckel befindliches Mannloch mit festem Salz angefüllt wird. Die Salzsäule ruht auf einem etwas über dem Boden angebrachten perforierten, nach oben gewölbten falschen Boden. Die Sole tritt durch einen Stutzen unter dem falschen Boden ein und durch einen im obersten Ring angebrachten Stutzen aus. Als Kühler dient ein System von horizontalen, durch Krümmer miteinander verbundenen Rohren, das von außen mit Wasser berieselt wird.

2. Carbonisieren der Lösung. Das zur Ausfällung des Bicarbonats dienende Kohlendioxyd ist umso wirksamer, je höherprozentig es ist. Niedrigprozentiges Kohlendioxyd belastet nicht nur den Betrieb der Gaspumpe, sondern führt auch zu höheren Ammoniakverlusten. Verbrennungsgase sind für diesen Zweck zu arm an CO_2; die Gewinnung reinen Kohlendioxyds aus ihnen ist zwar, z. B. nach dem Verfahren von OZOUF, möglich, stellt sich aber zu teuer. Man benutzt daher allgemein die aus Kalköfen entweichenden Gase, welche bei gutem Betrieb etwa 30 *Vol.-%* CO_2 enthalten. Außerdem wird das beim Calcinieren des Bicarbonats in geschlossenen Apparaten entwickelte Gas, welches in der Regel 60—80% CO_2 neben beigemengter Luft und etwas Ammoniak enthält, von neuem zum Carbonisieren verwendet. Von den Kalköfen hat sich der Schachtofen am besten bewährt.

Der früher am meisten verwendete belgische Schacht (Abb. 13) hat einen nach oben und unten verjüngten Mantel M aus Eisenblech, der so hoch auf Säulen pp aufgehängt ist, daß zwischen der Unterkante des Ofens und dem Boden genügend Raum zur Entnahme des gebrannten Gutes bleibt. Der Mantel ist nach innen mit Kieselgur I isoliert und mit Schamottesteinen Ch ausgefüttert. Der Ofen wird von oben durch eine zentral angebrachte, verschließbare Füllvorrichtung F abwechselnd mit faustgroßen Stücken Kalkstein und Koks beschickt, hat also keine besondere Feuerung. Steinkohle ist hier nicht zu gebrauchen, weil das CO_2 zu sehr durch Teerbestandteile verunreinigt würde. Allenfalls kann mit Gasfeuerung geheizt werden. Oben ist der Ofen von einem mit dem Inneren des Ofens durch Öffnungen i kommunizierenden, ringförmigen Kanal e aus Eisenblech umgeben, aus dem die Gase abgesaugt werden. Der Überschuß an Gas zieht durch einen kleinen Schornstein ab, dessen Zug durch eine Klappe D reguliert werden kann.

Zur Gewinnung von möglichst hochprozentigem CO_2 ist es vorteilhaft, den Öfen eine Höhe von etwa 12 m bei 2—3 m Durchmesser zu geben. Sie liefern dann 15—20 t Kalk in 24^h und verbrauchen etwa 10°_e Koks vom Kalks:eingewicht. Das Gas enthält etwa 35°_o CO_2, vorausgesetzt, daß keine falsche Luft in den Ofen gelangt. Um dies zu vermeiden, wird mehr CO_2 erzeugt, als von der Pumpe abgesaugt wird. Das überschüssig erzeugte Gas wird durch den obenerwähnten kleinen Schornstein z in die Luft gelassen. Der diesem belgischen Ofen eigentümliche Gegenkonus hat den Nachteil, daß der gebrannte Kalk den Ofen nicht gleichmäßig verläßt, weil sich durch die unten stattfindende Verengerung eine falsche Entleerung bildet; die einzelnen Kalkteile bleiben infolgedessen verschieden lange in dem Ofen.

Man ist deshalb beim modernen Kalkofenbau dazu übergegangen, den Schacht von oben bis unten zylindrisch auszuführen, so daß die Gicht den ganzen Schacht in demselben Maße, wie sie aufgegeben ist, ungestört passiert. Das Verhältnis zwischen Durchmesser und Höhe ist bei den zylindrischen Öfen, wie solche z. B. von der Firma H. EBERHARDT in Wolfenbüttel, C. v. GRUEBER, Berlin (Bd. VII, S. 668), gebaut werden, derart, daß die einzelnen Zonen, nämlich Vorwärmzone, Arbeits- oder Brennzone und Abkühlungszone, länger sind als beim belgischen Kalkofen. Hierdurch sind ähnliche Verhältnisse entstanden, wie sie beim Ringofen, der ja bekanntlich in seiner Wärmewirtschaftlichkeit bisher das Beste darstellte, bestehen. Die Wärme wird so gut ausgenutzt, daß der gebrannte Kalk den Ofen mit der Lufttemperatur und das Gas mit 50–60° verläßt. Die Begichtung findet unter Luftabschluß statt, was bei der erwähnten Konstruktion der Firma EBERHARDT dadurch erreicht ist, daß ein ganz geschlossener Kübel, der unten mit Koks und Stein im richtigen

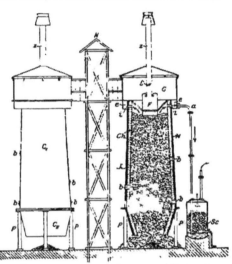

Verhältnis mechanisch gefüllt wird, in einem Aufzugsschacht hinaufwandert, in der Höhe der Gicht von einem Aufnahmewagen aufgenommen wird und nunmehr horizontal über die Gicht hinwegfährt, den Gichtschieber vor sich her schiebend, die Gicht dadurch öffnend, das Gemisch von Stein und Koks in den Ofenschacht einlassend, unter dem Einfluß der Maschinenwinde mechanisch umkehrend wieder schließt und zum Aufzugsschacht zurückfährt. Alle diese Vorgänge geschehen automatisch, u. zw. so, daß die Atmosphäre mit dem Innern des Ofens niemals in Verbindung kommt. Es ist auf der Gicht niemand beschäftigt, so daß Gasvergiftungen nicht in Frage kommen. Die Luftzufuhr wird dadurch reguliert, daß der Ofen unten durch eine mechanisch arbeitende Kalkabzugsvorrichtung abgeschlossen ist, durch welche die erforderliche Luft angesaugt wird. Die von der Firma EBERHARDT konstruierte Abzugsvorrichtung besteht aus einem sehr langsam umlaufenden, symmetrischen, starken, gußeisernen, an der Oberfläche vollständig glatten Konus, der bis zu einem gewissen Teil mit überdachten Lufteinzugsringen versehen ist, so daß die Luft zentral eintreten muß. Der feststehende Umfassungsmantel ist, je nach der Größe des Ofens, an 3–10 Stellen unterbrochen. Der gebrannte Kalk wird aus diesen, der gewünschten Leistung entsprechend einstellbaren Öffnungen

Abb. 13. Belgischer Kalkofen nach SCHREIB.

durch Einwirkung des natürlichen Böschungswinkels des Kalkes in einen Sammeltrichter abgegeben, aus dem er durch ein Transportmittel weggeschafft wird. Durch die genaue Regulierung der Luftzufuhr und dadurch, daß man den Öfen bei größerer Höhe eine schlankere zylindrischere Form gibt als den belgischen Öfen, ist es gelungen, den Koksverbrauch auf 6,5–8,5°_o, auf Rohstein gerechnet, und den CO_2-Gehalt bis auf 39 und 40% zu bringen. Die Öfen werden bis zu einer Leistung von 250 t Kalksteindurchsatz in 24^h gebaut. Solche Öfen sind 30 m hoch bei einem Durchmesser von nur 3 m (s. auch KIRCHNER, Der Kalkofenbetrieb in der Ammoniaksodafabrikation, Chem.-Ztg. 50, 956 [1926]; B. BLOCK, Das Kalkbrennen, 1924).

Theoretisch würde man zur Fabrikation von 100 kg Soda mit dem Kalk und dem Kohlendioxyd aus 100 kg Kalkstein von 95% auskommen. Man muß jedoch immer mehr Kalkstein brennen, weil erstens Kohlensäure einerseits beim Fällen, andererseits beim Calcinieren verlorengeht und weil zweitens nur dadurch, daß man mehr Kohlensäure erzeugt als von der Pumpe abgesaugt wird, das Eindringen überschüssiger Luft in den Ofen, also eine schädliche Verdünnung des Kohlendioxyds, vermieden werden kann. Das überschüssig erzeugte Kohlendioxyd wird durch einen kleinen, auf den Schacht gesetzten Schornstein in die Atmosphäre abgeleitet. Aus diesen Gründen wird ein Verbrauch von 130 kg Kalkstein auf 100 kg Soda schon als günstig angesehen.

Bevor das Kalkofengas in die Gaspumpe eintritt, muß es durch Waschen von Flugstaub und dem aus dem Koks stammenden Schwefeldioxyd befreit werden. Dies kann durch den in Abb. 13 wiedergegebenen Skrubber und durch Wäscher erfolgen. Beide sind etwa 5 *m* hohe eiserne Türme bzw. Zylinder, die über einem falschen Boden mit einer das Kühlwasser verteilenden Füllung gefüllt sind. Diese besteht bei ersterem aus Koks, Schlacke oder Kalksteinen, bei letzterem aus Holzlatten, die lagenweise gegeneinander versetzt aufgeschichtet sind. Bei beiden tritt das Gas unten ein und oben aus, während Wasser oben zu- und unten abgeleitet wird.

Die Gaspumpe muß das angesaugte Kohlendioxyd auf etwa 2 *Atm.* komprimieren. Zur Abführung der dabei entwickelten Wärme läßt man das Gas abermals durch

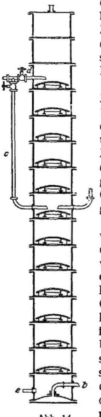

einen Kühler hindurchgehen, der zwischen Gaspumpe und Carbonisierapparat geschaltet ist. Der Kühler besteht aus einem Zylinder mit zwischen 2 Böden eingebördelten Röhren, durch die das Gas zieht, während das Kühlwasser die Rohre umspült. Aus den Kühlern gelangt das Gas mit etwa 30⁰ in die Fällapparate.

SOLVAY benutzt zur Fällung des Bicarbonats aus gußeisernen Zylindern aufgebaute Türme (Abb. 14) von etwa 20 *m* Höhe und 1,5—2 *m* Durchmesser. In jedem Zylinder liegt unten eine Gußeisenscheibe mit einer zentralen Öffnung von 40 *cm* Durchmesser und darüber auf Stützen *aa* (Abb. 15 *b*) ein gewölbtes Sieb zur Zerteilung des Kohlendioxyds, das nicht ganz bis zur Innenwand des Zylinders reicht. Die Wölbung des Siebes bezweckt ein Herabgleiten der Bicarbonatkrystalle nach dem Rande zu und auf die Gußscheibe, von wo sie durch deren Öffnung in das nächste Abteil geschwemmt werden.

Nachdem der Turm mit ammoniakalischer Sole gefüllt ist, wird durch Rohr *b* Kalkofengas eingepumpt. Durch die Höhe des Turmes und die oftmalige Zerteilung des Kohlendioxyds wird eine sehr gute Ausnutzung des Gases bewirkt. Nach LUNGE enthalten die aus dem Turm austretenden Gase 3—4% *CO₂*. Nach annähernder Sättigung mit Kohlendioxyd läßt man das Gemisch von Natriumbicarbonat und Mutterlauge durch Stutzen *e* kontinuierlich in die Filtrierapparate ablaufen und durch Rohr *c* frische ammoniakalische Sole in entsprechender Menge zutreten. Um die Verflüchtigung von Ammoniak möglichst zu vermindern, soll man nach SOLVAY die ammoniakalische Sole nicht oben, sondern etwas über der Mitte des Turmes einfließen lassen und den obersten Teil des Turmes mit ammoniakarmer Sole speisen oder das freie Ammoniak der Sole vorher durch Behandlung mit reinem Kohlendioxyd in Monocarbonat überführen. Den gleichen Zweck erreicht man, indem man 2 Türme kombiniert. Das Kohlendioxyd tritt zuerst in den kleineren, in welchem ammoniakalische Sole herunterläuft. Die austretende, hauptsächlich Monocarbonat enthaltende Flüssigkeit wird auf den zweiten, höheren Turm gehoben und unter verstärkter Kohlendioxydzufuhr fertig carbonisiert.

Abb. 14.
SOLVAYS
Fällungsturm.

Die richtige Regelung der Temperatur während der Carbonisierung ist sehr wichtig. Zur Erzielung eines grobkörnigen, gut filtrierbaren Bicarbonats scheint eine Temperatur von 38—40⁰ besonders geeignet zu sein. Zur Beschränkung der Ammoniakverflüchtigung empfiehlt es sich aber, die Flüssigkeit in der Nähe des Gasaustritts kühler zu halten; auch die aus dem Carbonisierapparat austretende Mischung von Bicarbonat und Lauge soll höchstens 30⁰ zeigen, damit nicht unnötig viel des ersteren gelöst bleibt. SOLVAY kühlte seine Türme ursprünglich durch Außenberieselung mit Wasser, hat aber später das von COGSWELL (*D. R. P.* 41989) erfundene Kühlsystem angenommen.

Bei diesem (Abb. 15 *a* und *b*) sind die Turmelemente an 2 gegenüberliegenden Seiten mit rechteckigen Stutzen *B* versehen, an welche die Rohrböden *C* mit den Kühlrohren *D* angeschraubt sind. Nach außen ist die Kühlvorrichtung durch die Deckel *E* abgeschlossen, welche Stege *b* zur Führung des Kühlwassers tragen. Letzteres tritt bei *F* ein und nach zickzackförmigem Lauf durch die Rohre bei *F'* wieder aus. Diese Einrichtung ermöglicht, die einzelnen Zonen des Turmes nach Bedarf verschieden stark zu kühlen.

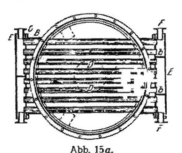

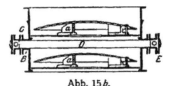

Abb. 15*a*.   Abb. 15*b*.

Abb. 15 *a* und *b*. Kühlelemente nach COOSWELL für Kolonnen.

Über Temperatur und Zusammensetzung der Flüssigkeit (*g* in 1 *l*) in den einzelnen Abteilen eines SOLVAY-Turmes gibt BRADBURN (*Ztschr. angew. Chem.* 1898, 82) nachstehende Tabelle:

Flüssigkeit im Ring Nr.	Temperatur Grad	NH_3		NH_4Cl	$NaCl$	CO_2
		Direkter Test	Totaltest			
—	34	85	89	10,7	248,8	67
18	40	81,2	89,2	21,4	242,4	77,2
17	44	77,4	89	31,03	231	76
16	47	71,4	88,3	45,20	221	73,3
15	48,5	66	88,6	60,45	210	69,1
14	50,5	62,5	89	70,88	191	65,5
13	50,5	58,2	89	82,39	188,2	63
12	49	53	89,3	96,83	170	59,3
11	48	50	89,2	104,86	162,2	57
10	47	46,8	89	112,88	150,6	54
9	46	44	89	120,37	139,4	52
8	44,5	40	89	131,07	131	49
7	42	36,5	89,2	140,97	123	47,1
6	40	33,3	89,6	150,59	115	45
5	37	30	89,6	159,42	105,8	43,3
4	33,5	27	89,3	167,85	99,7	41,8
3	31	24,7	89,8	174,14	94	40,6
2	28,5	23	90	179,22	88	40
1	29	23	89,8	178,69	88,3	40

Etwa alle 14 Tage müssen die Türme entleert und durch Einleiten von Dampf oder heißem Wasser von den angesetzten Bicarbonatkrusten, welche besonders die Siebe verstopfen, befreit werden. Die erhaltene Flüssigkeit wird gewöhnlich zum Reinigen von Sole benutzt. Zur Vermeidung von Betriebsstörungen durch die Reinigung muß ein Reserveturm vorhanden sein.

Der SOLVAYsche Turm ist der gebräuchlichste Carbonisierapparat und wird nicht nur in SOLVAYS eigenen Fabriken, sondern auch in vielen anderen, z. B. den amerikanischen, ausschließlich angewandt. Andere Kolonnenkonstruktionen zur Fällung des Natriumbicarbonats sind von HONIGMANN und von SCHREIB (*D. R. P.* 36093) angegeben worden, haben sich aber gegenüber dem SOLVAY-Turm ebensowenig behaupten können, wie die mehrfach patentierten Kolonnen mit mechanischen Rührwerken. Verschiedene Erfinder haben an Stelle der Kolonne ein System hintereinander geschalteter Kessel benutzt, so HONIGMANN (JURISCH, *Chemische Ind.* **30**, 41 [1907]), POLLACZEK (*Chemische Ind.* **30**, 179 [1907]) u. a. Alle diese Apparate nutzen das Kohlendioxyd erheblich schlechter aus als der SOLVAY-Turm. Anscheinend haben sich nur die Carbonisatoren von BOULOUVARD und von STRIEBECK bzw. HONIGMANN dauernd im Betrieb erhalten; sie werden weiter unten beschrieben werden.

Gegen das Ende der Carbonisierung findet die Absorption des Kohlendioxyds nur noch sehr langsam statt; man verzichtet deshalb allgemein auf vollständige Sättigung. Nach MASON (*Ztschr. angew. Chem.* **23**, 489 [1910]) unterbricht man die Einleitung, wenn 80—90 % des vorhandenen Ammoniaks gesättigt sind. Nach SCHREIB (*Chem.-Ztg.* **14**, 492 [1890]) carbonisiert man zweckmäßig so lange, bis in 1 *l* Flüssig-

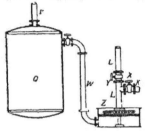

keit noch 15 *g* NH_3 (bestimmt durch Titrieren des Filtrats mit Säure und Berechnung der ganzen Alkalität als freies NH_3) vorhanden sind.

Nach dem *F. P.* 111 842 von SOLVAY sollte während der Carbonisierung festes Steinsalz zugeführt werden, um die Ausbeute an Natriumbicarbonat zu erhöhen. Die durch Ausfällung von $NaHCO_3$ salzärmer gewordene Lauge vermag in der Tat beträchtliche Mengen Kochsalz aufzulösen; es unterliegt auch keinem Zweifel, daß die Ausnutzung des Ammoniaks hierdurch verbessert wird. Indes scheint der in manchen Fabriken viele Jahre lang vorgenommene Salzzusatz später ganz aufgegeben worden zu sein. Nach JURISCH (*Ztschr. angew. Chem.* **1897**, 688, 713) lag die Ursache in der Unreinheit des Steinsalzes, wodurch der Gehalt der Soda an Unlöslichem vermehrt und ihre weiße Farbe beeinträchtigt wurde. MASON (*Ztschr. angew. Chem.* **23**, 488 [1910]; *Met. and Chem. Eng.* **9**, 81 [1911]) bezweifelt, daß der Vor-

Abb. 16. SOLVAYs Vakuumfilter.

teil des Salzzusatzes erheblich genug sei, um die dafür aufgewandten Kosten zu rechtfertigen. R. SCHAD, Darmstadt, versucht, *D. R. P.* 336 284, eine höhere Ausbeute an $NaHCO_3$ dadurch zu bekommen, daß er in die fertig carbonisierte, vom $NaHCO_3$ noch nicht getrennte Lauge während der Abkühlung neben Kohlensäure entweder noch Ammoniakgas einleitet oder der Lauge *konz.* Ammoniakwasser zusetzt.

3. Filtration des Bicarbonats. Zur Trennung des Bicarbonats von der Mutterlauge werden meistens Vakuumfilter benutzt.

Abb. 16 zeigt ein von SOLVAY (*E. P.* 999 [1876]) konstruiertes Filter. Der Kristallbrei kommt durch Rohr *K* in das Drehkreuz *Z*, durch dessen Löcher er gleichmäßig über die darunter liegende Filterschicht verteilt wird. Die Mutterlauge tritt durch Rohr *W* nach dem Gefäß *Q* über, das mit einer Luftpumpe bei *V* in Verbindung steht. Nachdem das Filter mit einer hinreichend dicken Schicht Bicarbonat bedeckt ist, wird der Laugenzufluß abgestellt und durch Rohr *L* Wasser in das Drehkreuz eingelassen. Zur Hervorbringung des Vakuums benutzt SOLVAY eine Pumpe mit sog. Wasserkolben, die ohne schädliche Räume arbeitet und die Gase vor dem Ausstoßen in die Atmosphäre wäscht.

In Amerika benutzt man nach BRADBURN rechteckige Filter von etwa 16 *m* Länge, 1 *m* Breite und 1,3 *m* Tiefe, in denen 25 *cm* über dem Boden ein eiserner, mit Flanell bedeckter Siebboden liegt. Zum Schutz des Flanells ist darüber ein zweiter Belag aus durchlochten Platten angebracht. Nachdem sich eine Bicarbonatschicht von etwa 50 *cm* Stärke angesammelt hat, wird die Flüssigkeit in einen evakuierten Zylinder abgesaugt, das Bicarbonat an der Oberfläche geebnet und gegen die Wände des Filters gedrückt; dann werden durch ein langes, durchlöchertes Rohr, das von Arbeitern hin und her bewegt wird, 40—50 % vom Volumen des Bicarbonats an Wasser aufgegeben, worauf die Masse möglichst trocken genutscht wird.

Neuerdings werden zum Abfiltrieren des Bicarbonats rotierende Zellenfilter (Abb. 17) benutzt. Diese bestehen aus einem Trog, in den eine aus mehreren trichterförmigen Zellen zusammengesetzte, von einem Motor oder einer Transmission angetriebene Filtertrommel eintaucht. Die Zellen

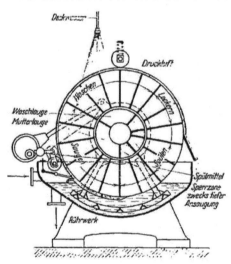

Abb. 17. Schnitt durch ein Zellenfilter von R. WOLFF A. G., Magdeburg-Buckau.

sind nach außen mit gelochten Blechen, die mit Filtertuch bespannt sind, abgedeckt. Sie werden während der Drehung durch eine sinnreiche Steuervorrichtung nacheinander mit der Vakuumleitung verbunden. Dreht sich nun die Trommel in dem Trog, der mit dem zu filtrierenden Gut gefüllt ist, so setzt sich das Bicarbonat auf dem Filtertuch fest, während die Lauge durch das Innere abgeführt wird. Das Bicarbonat wird dann bei der weiteren Drehung durch mittels Regenrohre aufgebrachtes Wasser gewaschen und, nachdem es mittels von innen durch die Bespannung geblasener Preßluft aufgelockert worden ist, durch ein Messer abgenommen und in einen Sammeltrichter geworfen. Hieraus wird es durch eine Transportschnecke zu den Calcinieröfen geschafft (vgl. auch Bd. VI, 330, Abb. 116). Man arbeitet mit Schichtdicken von 50—100 *mm* auf der Trommeloberfläche. Zu diesem Zwecke wird der Stand der Trübe im Trog niedrig gehalten, da bei hohem Spiegelstand die Ansaugung so stark ist, daß die Schichten auf der Trommel zu dick werden und eine gute Auswaschung nicht zu erreichen ist. Derartige Filter liefern pro 1 m^2 Filterfläche 1500–2000 kg Bicarbonat mit 14–16% Feuchtigkeitsgehalt. Die in den großen Sodafabriken benutzten Filter haben Oberflächen von 6–10 m^2.

Um Ammoniakverluste zu vermeiden, wird die bei der Filtration durch das Bicarbonat gesaugte Luft vom Auspuff der Luftpumpe der Waschkolonne zugeführt, wo der Luft das mitgerissene Ammoniak entzogen wird. Man kann aber auch ein Übriges tun und die Filter völlig einkapseln. Die Arbeit eines solchen gekapselten Filters läßt sich durch Schaugläser, die in der Haube angebracht sind, beobachten. Außer den Schaugläsern befinden sich in der Haube abnehmbare Klappen, durch die das Auswechseln der Filtertücher erfolgt.

1 m^3 genutschtes Bicarbonat wiegt ungefähr 875 kg. 1000 kg davon liefern etwa 450 kg calcinierte Soda. Die Zusammensetzung solchen Bicarbonats ist nach BRADBURN in Prozenten:

$NaHCO_3$	Na_2CO_3	$NaCl$	NH_3	H_2O
70–75	3–5	0,2–0,7	0,56	24–25

Nach JURISCH (*Chem.-Ztg.* 30, 1091 [1906]) enthielt ein gutes Bicarbonat 48,4% Na_2CO_3, entsprechend 77,2% $NaHCO_3$, 0,24% NH_3 und 0,12% $NaCl$.

In einzelnen Fabriken, z.B. Montwy bei Inowrazlaw, waren Zentrifugen zur Trocknung des Bicarbonats in Anwendung; man kann damit den Wassergehalt des Produkts auf 10% reduzieren. Der Betrieb der Zentrifugen ist aber durch die umständliche Bedienung und den starken Verbrauch an Maschinenkraft teuer und führt auch zu größeren Ammoniakverlusten. In Frankreich benutzt man zum Teil hydraulische Pressen zum Trennen des Bicarbonats von der Lauge (s. unter Verfahren MALLET-BOULOUVARD). Die Schwierigkeit besteht darin, mit möglichst wenig Waschwasser das ausgefällte Salz rein zu waschen, weil das Bicarbonat in Wasser löslich ist und aus den Waschlaugen nicht mehr gewonnen werden kann; dies hat seinen

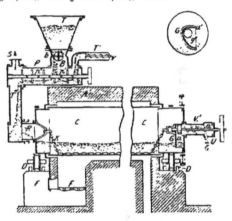

Abb. 18. Trockenapparat für Bicarbonat (SOLVAYS *D. R. P.* 43919).

Grund darin, daß sich Bicarbonat und Ammoniumchlorid beim Erwärmen wieder rückwärts zu Natriumchlorid und Ammoniumbicarbonat umsetzen.

Der Verlust an Bicarbonat beim Auswaschen mit Wasser beträgt etwa 10%.

4. Calcinieren des Bicarbonats. Beim Erhitzen zerfällt das Bicarbonat nach der Gleichung: $2NaHCO_3 = Na_2CO_3 + CO_2 + H_2O$. Gleichzeitig setzt sich der vorhandene Salmiak mit Soda zu Chlornatrium und Ammoniumcarbonat um. Zur Verwertung des Kohlendioxyds und Ammoniaks muß die Erhitzung in geschlossenen Gefäßen erfolgen. Die Calcination von Bicarbonat ist scheinbar ein sehr einfacher Prozeß, bietet aber praktische Schwierigkeiten, weil das Salz zum Zusammenbacken neigt und die Wärme sehr schlecht leitet; es bilden sich leicht Klumpen, die im Innern einen Kern von unzersetztem Bicarbonat enthalten.

Von den zahlreichen Calcinierapparaten, die SOLVAY konstruiert hat, sei hier der durch *D. R. P.* 43919 geschützte beschrieben (Abb. 18).

Eine eiserne, von außen beheizte Trommel C rotiert langsam auf Rollen D. Das feuchte Bicarbonat wird in den Trichter T geworfen, gelangt durch die Flügelwelle b in das Rohr P und von da durch T'' und R in die Trommel C. Gleichzeitig wird mittels Schnecke V durch Rohr T' heiße calcinierte Soda eingeführt, die durch die Flügelwelle rr' mit dem Bicarbonat gemischt wird. Durch diese Mischung wird das Zusammenbacken des Bicarbonats verhindert. Etwa in der Trommel angesetzte Krusten werden durch die Schleifkette K abgeschabt. Durch Stutzen S entweichen die entwickelten Gase. Am Ende der Trommel befindet sich die Schöpfkelle G, die bei jedem Umgang etwas Soda gegen die Welle a wirft; die Brechzähne a' und g' zerdrücken die Klumpen; die pulverisierte Soda gelangt durch Schnecke V' nach dem Ausfallrohr U. Bei U und T' bilden sich Sodapfropfen, welche diese Rohre gasdicht gegen die Trommel abschließen.

　　1882 führte STRIEBECK geschlossene THELEN-Pfannen (Abb. 19) mit oszillierenden Schabern (Abb. 20) in die Ammoniaksodaindustrie ein, die in anderer Bauweise (s. Abb. 7) in der LEBLANC-Sodaindustrie in Gebrauch waren (vgl. S. 13). Diese Pfannen haben in den meisten Fabriken die früheren Calcinierapparate verdrängt.

　　Das bei a einlaufende Material wird durch Rührwerk R nach dem andern Ende der Pfanne gefördert, wo es durch ein Loch ausfällt. Durch Schnecke S wird ein gasdichter Verschluß des Auslaufs erzielt; die Soda fällt in die Grube H und wird durch den Elevator E weiter befördert. Eine THELEN-Pfanne von 11 m Länge und 1 m Radius liefert täglich etwa 20 t Soda bei einem Kohlenverbrauch von 2—3 t.

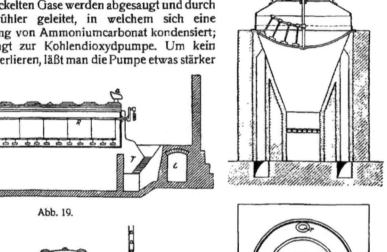

　　Die entwickelten Gase werden abgesaugt und durch einen Röhrenkühler geleitet, in welchem sich eine schwache Lösung von Ammoniumcarbonat kondensiert; der Rest gelangt zur Kohlendioxydpumpe. Um kein Ammoniak zu verlieren, läßt man die Pumpe etwas stärker

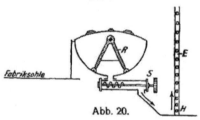

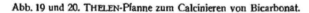

Abb. 19.

Abb. 20.

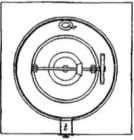

Abb. 19 und 20. THELEN-Pfanne zum Calcinieren von Bicarbonat.　　　　　　Abb. 21. Roaster.

saugen, als der Gasentwicklung entspricht. Daher tritt etwas atmosphärische Luft in die Pfanne und drückt den Kohlendioxydgehalt des Gases auf 60—80% herab.

　　An Stelle von THELEN-Pfannen können auch Roaster zur Zersetzung des feuchten Bicarbonates benutzt werden. Als Roaster (Abb. 21) verwendet man gußeiserne Schalen von 3 m Durchmesser. Sie sind mit einem Deckel abgeschlossen, durch den in einer Stopfbüchse eine vertikale Welle geht. An dieser ist ein horizontaler Arm befestigt, der als Träger der Schaber dient, welche die Aufgabe haben, das Gut in Bewegung zu halten, damit es nicht festbacken kann. Die Schale wird direkt beheizt; die Abgase von je 2 solchen Roastern dienen zum Beheizen von je einem der weiter unten beschriebenen mechanischen Öfen. Die beim Calcinieren entwickelten Gase entweichen durch ein im Deckel angebrachtes Rohr r, das zu den Roasterkühlern führt. Diese sind ähnlich, wie die auf S. 25 beschriebenen Kühler gebaut und haben die Aufgabe, das beim Calcinieren ausgetriebene Wasser und Ammoniak bzw. Ammoncarbonat als Ammoniakwasser zu verflüssigen. Dieses dünne Ammoniakwasser wird von Zeit zu Zeit in die weiter unten beschriebenen Mutterlaugenkessel und von da in die Destillierkolonne gepumpt. Die nicht als Ammoncarbonat gebundene

Kohlensäure wird von den Kohlensäurekompressoren angesaugt und so dem Kalkofengas beigemischt. Im Deckel der Roaster befindet sich, wie auch aus der Abb. 21
hervorgeht, noch eine kleine Tür *t*. Diese wird von Zeit zu Zeit geöffnet, worauf
das Gut durch die Schaber nach außen in eine vor der Türe liegende Schnecke
geworfen wird. Diese befördert das Gut dann weiter in die mechanischen Öfen
(Abb. 22). Sie sind den mechanischen Kiesröstöfen (Kupfer, Bd. VII, 118 ff.) nachgebildet. Es sind etwa 5 *m* hohe zylindrische Öfen von 5 *m* Durchmesser, innen
mit feuerfesten Steinen ausgemauert. Sie sind durch waagrechte eiserne Platten in
mehrere Abteilungen unterteilt. Mittendurch geht eine vertikale Welle, an der in
jeder zweiten Abteilung an horizontalen Armen Schaber befestigt sind. Die Abgase
von den Roastern oder beim Anheizen die Feuergase einer eigenen Feuerung
treten in die 1. Abteilung ein, werden von hier durch entsprechende Züge in die

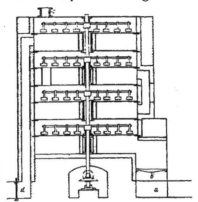

3., dann in die 5. und schließlich in die 7. Abteilung geleitet, um von hier aus in den Fuchs
zu ziehen. Die Soda durchwandert den Ofen
von oben nach unten, indem sie zuerst in die
oberste 8. Abteilung eintritt, um von hier aus von
den Schabern durch zwischen je 2 Abteilungen
bald rechts, bald links, bald in der Mitte angebrachte Schächte zuerst in die 6., dann in die 4.
und schließlich in die 2. Abteilung befördert zu
werden. Aus dieser wird die fertig calcinierte
Soda in eine vor dem Ofen befindliche Schnecke
(in der Abbildung nicht sichtbar) ausgeworfen,
welche sie in den Packraum befördert. Eine
derartige Anlage verbraucht pro 100 *kg* Soda
18—20 *kg* gute Kohlen.

Abb. 22. Mechanischer Ofen zur Calcination
von Soda. *a* Rauchkanal von den Roastern,
b Rost der Hilfsfeuerung, *c* Sodaeintritt,
d Ableitung des H_2O-Dampfes.

Neuerdings calciniert man, einem Vorschlag
von SCHREIB folgend, die Soda in Calcinier-
trommeln, weil diese kontinuierlich arbeiten,
also nur wenig Handarbeit beanspruchen
und im Kohlenverbrauch ökonomischer sind.

Die Arbeitsweise einer von G. POLYSIUS in Dessau gebauten Calciniertrommel ist folgende:
Das Bicarbonat wird durch Transportbänder oder Becherwerke einem über der Trommel stehenden
Aufgabeapparat zugeführt. Dieser ist, um bei der Aufgabe des Bicarbonats das Eindringen von Luft
in die Trommel zu verhindern, mit 2 scheibenförmigen Verschlüssen versehen. Dieser Doppelscheiben-
verschluß wird durch eine senkrechte Welle angetrieben. Durch die ständige Drehung der Welle
werden die darauf befestigten Abstreicher dauernd ringsherum bewegt und das aufgegebene Gut bald
aus der oberen Kammer durch eine entsprechende Öffnung in die darunter liegende Kammer, bald
von da von dem zweiten Abstreicher durch eine entsprechende Öffnung in den Einlauftrichter gefördert. Aus diesem fällt das Bicarbonat in vor der Trommel angeordnete Transportschaufeln und
darauf in die Trommel selbst. In dieser erfolgt die Fortbewegung des Gutes durch die schräge
Lagerung der Trommel. Am Auslauf der Trommel ist eine verstellbare Schöpfervorrichtung angeordnet,
um die calcinierte Soda aus der Trommel zu heben und um gleichzeitig die Entnahme regeln zu
können. Hinter dem Auslauf der Trommel befindet sich ein Silo mit darunter liegender Doppel-
schnecke, um durch das im Silo befindliche Material selbst einen wirksamen Abschluß gegen das
Eindringen falscher Luft zu erreichen. Die Beheizung der Trommel erfolgt entweder am Einlauf
durch eine Planrostfeuerung oder durch eine Gasfeuerung. Die Heizgase umspülen die Trommel mit
einer Temperatur von 600° und treten vor dem Auslauf der Trommel in den Fuchs, so daß sie mit
dem zu calcinierenden Material gar nicht in Berührung kommen. Der besseren Regelbarkeit wegen ist
G a s f e u e r u n g vorzuziehen, da man hier, ganz nach Bedarf, den einen oder anderen Gasbrenner
anzünden kann. Da die Temperatur von 600° nicht viel überschritten werden darf, um nicht die
Trommel zu gefährden, so ist es nötig, daß man an den Feuerstellen und auch kurz vor dem Schornstein mehrere selbstregistrierende Temperaturmeßapparate anbringt. Auch sollte man an jedem Brenner
und auch am Schornstein Zugmesser anbringen. Die sich in der Trommel entwickelnden kohlensäurehaltigen Gase werden am Einlauf der Trommel abgesaugt (Staubabscheider) und dann über die oben
beschriebenen Kühler an die CO_2-Leitung geführt. Der Antrieb der Trommel erfolgt durch ein drei-
faches Rädervorgelege mit Stufenscheiben, um die Umlaufzahl der Trommel in den Grenzen von
$1/_2$—$2^1/_2$ Umdrehungen je Minute regeln zu können. Als Sicherheitsvorrichtung empfiehlt sich noch
eine von Hand zu betätigende Andrehvorrichtung, die es ermöglicht, die Trommel vorübergehend zu

drehen, falls der elektrische Strom aus irgendwelchem Grunde ausbleibt. Außerdem hat sich ein elektrisches Läutewerk bewährt, wenn die Trommel aus irgendwelchen anderen Ursachen plötzlich stehen bleibt, damit die Bedienungsmannschaft sofort darauf aufmerksam gemacht wird, weil andernfalls die Gefahr besteht, daß sich die Trommel in der großen Hitze krummzieht.

Die Leistung einer Trommel von 22 m Länge und 2,5 m Durchmesser beträgt etwa 40 t calcinierte Soda in 24 Betriebsstunden. Der Kohlenverbrauch beträgt 13—15% vom Sodagewicht bei einer Kohle von 7300 Cal. Das Bicarbonat soll vor der Aufgabe in die Trommel nicht mehr als 10% mechanisch anhaftendes Wasser und nicht mehr als 17% Feuchtigkeit, einschließlich Konstitutionswasser, enthalten.

Außer den jetzt hauptsächlich im Gebrauch befindlichen Drehöfen werden neuerdings auch die von der Firma EBERHARD HOESCH UND SÖHNE, Düren, gebauten Doppel-THELEN-Apparate

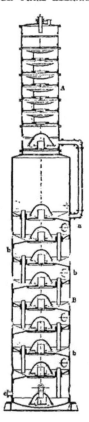

verwendet. Bei diesen wird im Gegensatz zu den früheren primitiven Ausführungen der THELEN-Apparate ein großer Wert auf das Pendelrührwerk gelegt, welches so konstruiert ist, daß es das Aufgabegut intensiv mischt, während das frühere Rührwerk das Gut mehr vor sich herschob und so eine geringe Untermischung zur Folge hatte. Zur Vergrößerung der Heizfläche werden die früher genau halbkreisförmigen Mulden des Apparates neuerdings flachrund gestaltet, wodurch die wirksame Fläche um etwa 20% vergrößert wird. Diese Apparate haben ein Spezialrührwerk, welches dem exzentrisch verlagerten Kreis entsprechend zu folgen vermag. Endlich wird durch eine eigens konstruierte Gasfeuerung mit Rekuperation ein sehr günstiger Heizeffekt erzielt. Die Führung der Feuergase ist so geregelt, daß die Beaufschlagung auf der ganzen Länge der THELEN-Mulden gleichmäßig erfolgt. Eine Überhitzung von einzelnen Mulden ist ausgeschlossen, so daß auch der früher sehr große Verbrauch an Mulden auf ein Minimum beschränkt ist. Der Apparat leistet bis zu 20 t fertige Soda und bei Aufgabe von Bicarbonat mit 10% Wasser bis 25 t fertige Soda in 24h. 100 kg fertig calcinierte Soda erfordern etwa 18—20 kg Steinkohlen mit 7000 WE.

Die so gewonnene Ammoniaksoda ist vorzüglich rein und weiß (Analyse s. S. 44), unterscheidet sich aber von der LEBLANC-Soda durch ihre lockere, voluminöse Beschaffenheit. Sie hat die D 0,7—0,8 gegen 1,2 von LEBLANC-Soda. Sie erfordert deshalb mehr Verpackungsmaterial und Transportkosten; auch ist sie für manche Zwecke, z. B. die Fabrikation von Ultramarin, schlecht zu gebrauchen. Wenn möglichst dichte Soda verlangt wird, begnügt man sich, das Bicarbonat in Roastern nur bis zur völligen Austreibung des Ammoniaks zu erhitzen und das erhaltene Produkt zur Zersetzung des noch vorhandenen Restes von Bicarbonat (etwa 25% der ursprünglichen Menge) unter Preisgabe des noch vorhandenen CO_2 in einem mechanischen Calcinierofen fertig zu calcinieren.

Der VEREIN CHEMISCHER FABRIKEN, Mannheim (D. R. P. 89 118), erzeugt dichte Ammoniaksoda durch Eintragen des abgerösteten Bicarbonats in eine durch Abhitze erwärmte Sodalösung, z. B. in einer LEBLANC-Sodapfanne, Aussoggen und Calcinieren des Sodasalzes im Flammofen.

Außer durch Calcinieren kann Bicarbonat auch durch Kochen seiner wässerigen Lösung in normales Carbonat übergeführt werden. Man erhält dadurch allerdings eine Sodalösung. Das Verfahren empfiehlt sich für den Fall, daß die Soda auf Krystallsoda verarbeitet werden soll. Der durch Kochen der Bicarbonatlösung erhaltenen Sodalösung muß dann noch etwas $NaOH$ und Na_2SO_4 zugesetzt werden. Durch ersteres wird die überschüssige Kohlensäure gebunden, durch letzteres erhält man härtere Krystalle.

Abb. 23.
Kolonne nach
MOND.

Die GESELLSCHAFT FÜR KOHLENTECHNIK schlägt für die Umwandlung des Bicarbonats in Carbonat folgendes Verfahren vor (D. R. P. 386 874). Das Bicarbonat wird auf einem geschlossenen Filter wiederholt mit 40% Ammoniak gewaschen. Dabei entsteht eine schwer lösliche Doppelverbindung von der Formel $NaNH_4CO_3$. Behandelt man diese Verbindung mit einer gesättigten Sodalösung, dann gehen kohlensaure NH_3-Verbindungen in Lösung, während Soda auf dem Filter zurückbleibt.

Die calcinierte Soda wird in großen Fabriken auf ein eisernes Transportband gefördert, das von unten durch Wasser gekühlt wird. Nach Abkühlung fällt die Soda in eine Mühle und von da in die Fässer bzw. Säcke.

5. Wiedergewinnung des Ammoniaks. Die Mutterlaugen vom Natriumbicarbonat werden in der Regel zusammen mit den Waschwässern auf Ammoniak verarbeitet. Analysen von Mutterlaugen hat JURISCH (Chem.-Ztg. 30, 1073 [1906]) mitgeteilt. Meist sind 20—25% des Ammoniaks als Carbonat bzw. Bicarbonat, etwa

2% als Sulfat und der Rest als Chlorid zugegen, daneben beträchtliche Mengen von Kochsalz. Auf die Regeneration des Kochsalzes wird fast überall verzichtet; umso wichtiger ist die möglichst vollständige Wiedergewinnung des Ammoniaks, das etwa 5mal soviel kostet als Soda. Um 1880 verbrauchten manche Fabriken auf 100 kg Soda noch 4—8 kg Ammoniumsulfat, während jetzt der Verbrauch auf $^3_{,4}$—1 kg gesunken ist.

Die Wiedergewinnung des Ammoniaks geschieht in 2 Stadien, indem man zuerst durch Erhitzen der Laugen Ammoniumcarbonat austreibt und dann durch Zusatz von Kalkmilch den Rest des Ammoniaks freimacht und abdestilliert. Beide Operationen werden fast überall in einem Kolonnenapparat vorgenommen, wie er auch zur Gewinnung von NH_3 aus Gaswasser dient (Bd. I, 355).

Die Kolonnenapparate mit Kalkmilchzufuhr ähneln im allgemeinen der von MOND (E. P. 715 [1883]) angegebenen Form (Abb. 23). Der obere, schmälere Teil A dient zur Austreibung des Ammoniumcarbonats. Bei a wird in den unteren Teil B Kalkmilch von 30° Bé eingepumpt; bei c fließt die erschöpfte Lauge ab. In die Mitte des untersten Abteils wird direkter Dampf oder auch Maschinenabdampf eingeleitet. Der zu überwindende Gegendruck beträgt im allgemeinen 1—2 Atm. Ein solcher Kolonnenapparat kann 1—2 Monate ohne Unterbrechung in Betrieb sein; nach dieser Zeit muß gewöhnlich eine Beseitigung der in B angesetzten Krusten stattfinden. Sie bestehen in den oberen Abteilen vorwiegend aus Calciumcarbonat, in den unteren aus Calciumsulfat, dessen Bildung auf dem nie fehlenden Gehalt der Sole an Sulfaten sowie auf dem zur Ergänzung der Ammoniakverluste eingeführten Ammoniumsulfat beruht. Manchmal lassen sich die Krusten durch Auskochen mit Wasser entfernen; meist müssen sie mit Hämmern abgeschlagen werden. Die einzelnen Ringe der Kolonne B sind zu diesem Zweck durch die Mannlöcher b betretbar.

	Total Ammoniak	Alkal Ammoniak	Fixes Ammoniak	CO_2
	g im l			
Eingepumpte Flüssigkeit	67,2	15,0	52,2	39,3
Abteilung 21	83,4	39,0	44,4	26,2
„ 20	74,0	30,7	43,3	9,0
„ 19	66,0	23,1	42,9	3,8
„ 18	62,8	20,4	42,4	2,0
„ 17	60,5	18,5	42,0	1,2
„ 16	57,7	16,2	41,5	0,71
„ 15	55,0	13,8	41,2	0,38
„ 14	53,0	12,1	40,9	0,20
„ 13	52,6	12,1	40,5	—
Hier tritt die Kalkmilch ein.				
Abteilung 12	39,0	39,0	—	—
„ 11	9,7	9,7	—	—
„ 10	4,0	4,0	—	—
„ 9	1,9	1,9	—	—
„ 8	1,0	1,0	—	—
„ 7	0,6	0,6	—	—
„ 6	0,33	0,33	—	—
„ 5	0,20	0,20	—	—
„ 4	0,13	0,13	—	—
„ 3	0,05	0,05	—	—
„ 2	0,03	0,03	—	—
„ 1	0,017	0,017	—	—

Bei gutem Betrieb erfordert eine solche Kolonne nach SCHREIB 75 kg Ätzkalk auf 100 kg Soda. Ein Beispiel der Arbeit in einer Kolonne gibt obenstehende Tabelle von BRADBURN.

Abwässer. Die Abwässer der Kolonnen enthalten nach BRADBURN:

	g im l		g im l		g im l
$CaCl_2$	75—85	$CaCO_3$	5—20	$Fe_2O_3 + Al_2O_3$	1—3
$NaCl$	48—39	$CaSO_4$	1—3	SiO_2 und in HCl	
CaO	3—18	$Mg(OH)_2$	2—12	Unlösliches	2—6

Vor der Ableitung dieser Flüssigkeit in die Gewässer müssen die ungelösten Bestandteile zurückgehalten werden. Dies geschieht in der Weise, daß die aus der Kolonne ablaufende Flüssigkeit in große Bassins mit wasserdurchlässigem Boden geleitet wird. Der in der Flüssigkeit suspendierte Schlamm setzt sich am Boden dieser Bassins ab, während die klare Lauge versickert und mit dem Grundwasser abfließt. Solche Bassins können jahrelang arbeiten, ehe der Schlamm ausgeräumt werden muß. Allerdings benötigen sie viel Platz. Ist wenig Platz vorhanden, so klärt man die Lauge vor dem Ablassen in die Flüsse in Klärbassins.

Eine Verwertung der Chlorcalcium-Chlornatrium-Lösung ist wegen der großen Mengen, die hier in Frage kommen, nur in beschränktem Umfange möglich.

Die besonders von SOLVAY früher angestrebte Verarbeitung des Chlorcalciums auf Salzsäure oder Chlor durch Erhitzen mit Kieselsäure erfordert sehr viel Brennmaterial und liefert schwer verwertbare Rückstände (Bd. III, 40). SCHREIB (*Chem.-Ztg.* 14, 494 [1890]; 16, 1836 [1892]) hat durch Fällung der Chlorcalciumlaugen mit Schwefelsäure ein als Füllstoff für die Papierfabrikation geeignetes Produkt (Annaline, Pearl hardening) neben dünner Salzsäure hergestellt; diese Industrie lohnt aber nur, wenn sich ihre Produkte ohne Verfrachtung unterbringen lassen.

Neuerdings verarbeiten einige Sodafabriken die Ablaugen auf Chlorcalcium. Da die Ablauge zu diesem Zwecke eingedampft werden muß, trachtet man, um Eindampfkosten zu sparen, eine möglichst konzentrierte Lauge zu erhalten. Man destilliert deshalb die Mutterlauge in diesem Falle mit einer Kalkmilchlauge, die 350 g CaO in 1 l enthält (32° $Bé$), und erzielt eine Lauge, die 14,5° $Bé$ spindelt und 97,7 g $CaCl_2$ neben 53,8 g $NaCl$ in 1 l enthält. Diese Lauge wird geklärt, wobei die ungelösten Calciumsalze zurückbleiben. (Der Schlamm wird nach dem Trocknen mit so viel Kalkstaub, der beim Brennen des Kalks abfällt, gemischt, daß auf 1 $CoCO_3$ 1 CaO kommt, und das Produkt als Düngekalk verkauft.) Dann wird die Lauge zwecks Überführung der gelösten Carbonate (Na_2CO_3 und Spuren $CaCO_3$) mit der entsprechenden Menge 30%iger Salzsäure behandelt. Zu der neutralen Lösung wird dann Bariumchlorid zugesetzt, um die Sulfate (Na_2SO_4 und Gips) auszufällen. Die von dem Bariumsulfat abfiltrierte Lauge muß frei von Bariumchlorid sein; sollte das nicht der Fall sein, so versetzt man noch mit etwas roher Chlorcalciumlauge. Die auf diese Weise behandelte Lauge enthält nur mehr $CaCl_2$ und $NaCl$. Sie wird in mit Salzabscheidern versehenen Vakuumverdampfapparaten bis 45° $Bé$ eingedampft, wobei das ganze Kochsalz ausfällt. Die eingedampfte Lauge, die neben 57% $CaCl_2$ nur mehr 0,3% $NaCl$ enthält, wird entweder zur Fabrikation von Bariumchlorid verwendet (Bd. II, 106) oder auf festes Chlorcalcium verarbeitet. Im letzteren Falle wird sie zunächst mit Na_2S enteisent, dann mit Salzsäure entschwefelt. Die mit Ätzkalk wieder neutralisierte Lauge wird mit Chlorkalk gebleicht und die gebleichte Lauge in offenen, mit Blei ausgekleideten Eisenpfannen bis auf 50° $Bé$ eingedampft. Die 50grädige Lauge wird schließlich in gußeisernen, innen verbleiten Schmelzkesseln auf 70—75%, sog. geschmolzenes Chlorcalcium, $CaCl_2 \cdot 2 H_2O$, verschmolzen. Dieses wird flüssig entweder in Blechtrommeln gefüllt, die nach dem Erkalten sofort verschlossen werden müssen, oder es wird auf große flache Eisenbleche ausgegossen; die erstarrte Masse wird mit einem Holzhammer in Stücke geschlagen und diese in mit Papier ausgelegte Holzfässer gefüllt. Im letzteren Falle erhält man durchwegs rein weißes Chlorcalcium von strahlig krystallinischer Struktur, während es im ersten Falle von den Innenwänden der Trommel etwas mit Eisen verunreinigt ist. Dieses 70—75%ige Chlorcalcium enthält nur 0,8—1,9% Kochsalz, der Rest ist Wasser. Es wird als Schlichtezusatz in Webereien und Spinnereien, zur Herstellung von Chlorcalcium!ösung als Füllung von Gasuhren und als Medium der Kältebereitung benutzt (Bd. VI, 389).

Für die Azotierung von Calciumcarbid wird ein 90—95%iges Chlorcalcium benötigt (Bd. III, 7). Es wird dargestellt, indem man die obenerwähnte 50grädige Lauge in mit Koks beheizten Flammöfen calciniert. Statt der Flammofens, der viel Handarbeit benötigt, verwendet man neuerdings rotierende Öfen, in welchen schon 45grädige Lauge verarbeitet werden kann. Der Ofen muß, um gegen diese Lauge dicht zu halten, sehr sorgfältig ausgefüttert und nach der Ausfütterung mit einer Art Emaillelack glasiert werden. Die Öfen sind ähnlich gebaut wie die Drehöfen zur Herstellung von LEBLANC-Soda (S. 10) und werden mit Generatorgas geheizt. Die Tourenzahl ist klein, wodurch ein ruhiger Gang des Ofens und eine gleichmäßige Verdampfung erzielt wird. Das erzeugte Produkt ist granuliertes Chlorcalcium von etwa 95%. Die durchschnittliche Leistung eines Ofens von etwa 4 m ⌀ und 5 m Länge beträgt etwa 5000 kg granuliertes 95%iges Chlorcalcium pro 12ʰ. Je nach den Betriebserfordernissen und den Einrichtungen für die Zuführung der Chlorcalciumlauge und der Abfüllung der Fertigprodukte in Fässer kann man mit einer Brenndauer von 12—13ʰ rechnen und weitere 2ʰ für das Füllen und Entleeren ansetzen. Der Brennstoffverbrauch beträgt 1500 kg Steinkohle auf 1000 kg Chlorcalcium von 95% bei Verwendung von 45grädiger Lauge. Das Chlorcalcium ist derb krystallinisch, etwas fluorescierend und sehr hygroskopisch, weshalb es sofort in mit Papier ausgekleidete Holzfässer verpackt werden muß.

Gewinnung von Salmiak aus den Bicarbonat-Mutterlaugen. Infolge der Verwendung von Ammoniumchlorid als Düngemittel (Bd. IV, 68) wird seine Gewinnung aus den Mutterlaugen, besonders von der *I. G.* und der CHEMISCHEN FABRIK KALK G. M. B. H., Köln, im großen Maßstabe ausgeführt. Das Verfahren der *I. G.* ist in Bd. I, 432, ausführlich beschrieben und auch auf S. 433 daselbst eine Reihe von Patenten angeführt, welche die Herstellung von Salmiak aus SOLVAY-Soda-Mutterlaugen beschreiben, ohne anscheinend technische Verwendung gefunden zu haben. Sie sind meist Modifikationen des Verfahrens von SCHREIB.

SCHREIB (*D. R. P.* 36093) schlug vor, die Löslichkeit des Salmiaks in der Lauge durch Sättigung mit Kochsalz und Ammoniumcarbonat und darauffolgende Abkühlung auf 2—5° zu vermindern. Dabei krystallisieren etwa ³/₄ des vorhandenen Salmiaks aus, die Mutterlauge davon enthält bei Anwendung von 18% Ammoncarbonat ungefähr 25,5% $NaCl$ und 4% NH_4Cl. Sie liefert bei Behandlung mit Kohlendioxyd eine reichliche Fällung von Natriumbicarbonat, kann also in den Ammoniaksodaprozeß zurückgeführt werden.

Andere Ausführungsformen des Ammoniaksodaprozesses.

Auf einigen Fabriken wird Ammoniaksoda nach besonderen, von dem SOLVAYschen stark abweichenden Verfahren erzeugt.

1. Das System MALLET-BOULOUVARD (JURISCH, *Chem. Ind.* 33, 346, 392, 424 [1910]) wurde 1878 zu Sorgues in Südfrankreich mit Erfolg eingeführt und hat später auch an anderen Orten Anwendung gefunden. Zur Destillation des Ammoniaks dient eine Batterie von 3 terrassenförmig aufgestellten Gefäßen *I, II, III* (s. Abbildung 24). Das unterste wird durch eine Schlange, in der Frischdampf zirkuliert, geheizt, die beiden oberen durch die Abdämpfe der unteren. Im obersten Gefäß wird die Mutterlauge vorgewärmt und von Ammoniumcarbonat befreit; im mittleren wird unter Rühren Kalkmilch zugesetzt und im untersten die Abtreibung des Ammoniaks vollendet. Alle 4^h werden etwa 3600 l der erschöpften Brühe (eaux vannes) abgezogen und entsprechend viel Mutterlauge in das obere Gefäß nachgespeist. Dieser Destillierapparat rührt von MALLET her, die übrigen Einrichtungen von BOULOUVARD.

In Südfrankreich wird das Chlornatrium nicht in Form von Sole, sondern als festes Meersalz in den Sodaprozeß eingeführt; die ammoniakalische Sole wird durch Auflösen des Meersalzes in Ammoniakflüssigkeit hergestellt. Hierzu dienen sog. Salzkästen (caisses à sel), 4 m hohe, mit Blei ausgeschlagene Holztürme, in denen am Boden durchlöcherte, als Filter wirkende Einsätze stehen. Das aus dem Destillierapparat abziehende feuchte Ammoniak kondensiert sich zum Teil in 2 Vorlagen; der Rest wird in Gitterkühlern und einem Röhrenkühler verflüssigt. In den mit Rührwerk versehenen Ammoniakbehältern (caisses à ammoniaque) wird die Flüssigkeit gesammelt und auf einen Gehalt von 90 g NH_3 in 1 l verdünnt. Die aus den Behältern aufsteigenden Dämpfe werden in dem mit Wasser berieselten GAY-LUSSAC-Turm niedergeschlagen. Der mit Salz gefüllte und luftdicht verschlossene Salzkasten wird mit einem Ammoniakbehälter in Verbindung gesetzt, worauf die Auflösung des Salzes ziemlich schnell unter beträchtlicher Abkühlung erfolgt. Man erhält ammoniakalische Sole von 22—22,5^0 *Bé* mit durchschnittlich 85 g NH_3 und 275 g $NaCl$ in 1 l, die in hochstehende

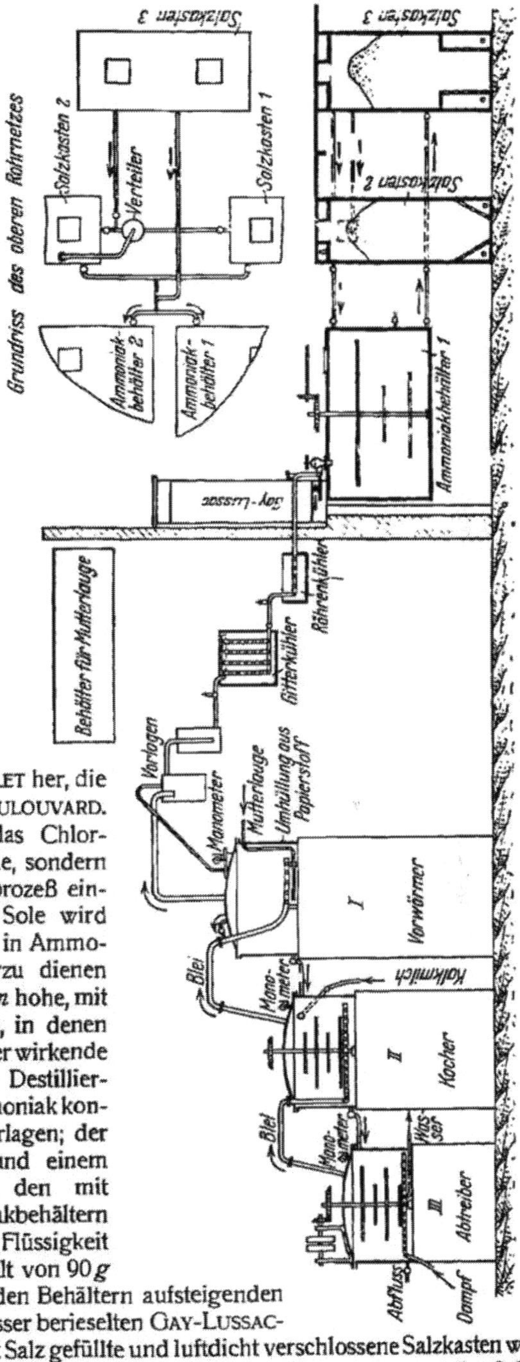

Abb. 24. Darstellung ammoniakalischer Sole nach MALLET und BOULOUVARD.

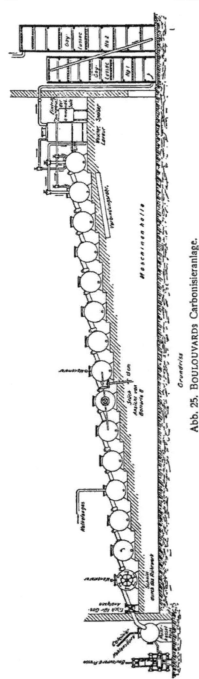

Abb. 25. BOULOUVARDs Carbonisieranlage.

Klärbassins gepumpt wird. 100 *kg* Meersalz hinterlassen bei dieser Auflösung etwa 7 *l* Rückstand. Alle 8 Tage werden die Rückstände ausgeräumt, mit Wasser gewaschen und zur Wiedergewinnung des in Form von Doppelsalzen gebundenen Ammoniaks in Retorten destilliert.

Das Carbonisieren (Abb. 25) nimmt BOULOUVARD in einer Batterie von 15 terrassenförmig aufgestellten, liegenden Zylindern vor, die durch Überlaufrohre verbunden sind.

Jeder Zylinder enthält ein eisernes, mit hölzernen Schöpfern besetztes Rad (Abb. 26), das in der Minute 6 Umdrehungen macht. Halbstündlich wird dem obersten Zylinder aus einem Meßgefäß eine bestimmte Menge ammoniakalischer Sole zugeführt; ein gleiches Volum Bicarbonatbrei

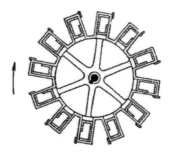

Abb. 26. Schöpfrad eines BOULOUVARDschen Carbonators.

wird dadurch in den zuunterst stehenden Rührkessel gedrängt, aus welchem das Filter gespeist wird. Die Einwirkung des Kohlendioxyds findet nur durch Berührung mit der durch die Schöpfräder vergrößerten Oberfläche der Flüssigkeit statt. Das Kalkofengas wird in den zwölften Zylinder (von oben gerechnet) eingeleitet; die tiefer liegenden Zylinder erhalten dagegen das bei der Calcination abgehende, sehr hochprozentige (etwa 95 % CO_2) Gas. Durch diese Einrichtung wird bei BOULOUVARDs System eine vollständigere Carbonisierung erreicht als bei allen anderen, ohne daß ein hoher Gasdruck erforderlich ist. Die Temperatur wird durch Überrieseln der Zylinder mit Wasser geregelt; sie ist am höchsten in den Zylindern *3—5* (39—48°) und beträgt im untersten 28—30°. Recht umständlich ist die zeitweise notwendige Reinigung der Carbonatoren. Zu diesem Zweck werden jedesmal 2 aufeinanderfolgende Zylinder aus dem Betrieb ausgeschaltet; die Verbindung der übrigen wird durch ein Paßrohr hergestellt. Die Deckel der beiden entleerten Zylinder werden dann abgenommen, die Schöpfräder herausgezogen und durch Abklopfen von den Bicarbonatkrusten

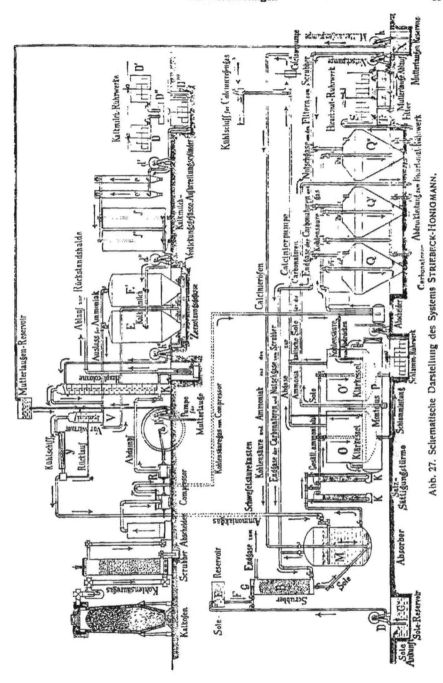

Abb. 27. Schematische Darstellung des Systems STRIEBECK-HONIGMANN.

befreit. Alle 2 Monate werden die Carbonatoren innen mit einem Anstrich aus gekochtem Leinöl und Mennige versehen. Die aus dem obersten Carbonator abziehenden Gase passieren zum Waschen einen mit Wasser gefüllten stehenden Zylinder,

der über dem Boden einen durchlöcherten falschen Boden enthält, und schließlich 2 Gay-Lussacs.

Zur Filtration dient eine von BOULOUVARD konstruierte hydraulische Presse, die in der Stunde 3 Bicarbonatkuchen von je 40 kg liefert (F. P. 114 881).

Zum Calcinieren benutzt BOULOUVARD einen Retortenofen, in den eiserne Büchsen eingeschoben werden, die je 20 kg Bicarbonat enthalten und während 6—7 Stunden auf 300—350° erhitzt werden. Die entstehenden Gase gehen aus dem gemeinsamen Kopf der Retorten durch eine Kühlschlange, in der sich schwaches Ammoniakwasser kondensiert. Es kommt in die Ammoniakkästen und das, wie schon erwähnt, sehr hochprozentige Kohlendioxyd in den untersten Carbonator. Die sinnreich konstruierten Apparate dieses Systems haben sich in kleineren Anlagen im allgemeinen gut bewährt, erfordern aber mehr Bedienung als andere.

2. System STRIEBECK-HONIGMANN. Dieses System ist bzw. war in mehreren deutschen, russischen und österreichischen Fabriken (Nürnberg, Inowrazlaw, Staßfurt, Kalk bei Köln, Slawjansk bei Charkow, Lukavač in Bosnien, Podgorze bei Krakau) in Anwendung. Die schematische Darstellung (Abb. 27, S. 35) von v. GERBERT (JURISCH, *Chemische Ind.* 38, 9, 61 [1915]) zeigt die Anordnung der Apparate.

Das von der Destillationskolonne kommende Ammoniakgas wird in dem mit Kühlschlange versehenen Absorptionsgefäß M von Sole aufgenommen. Ebendahin werden die von der Calcination stammenden Gase, CO_2 und NH_3, geleitet. Die durch das hereingekommene Wasser etwas verdünnte ammoniakalische Sole wird in den Salztürmen K wieder mit Kochsalz gesättigt und fließt in die Klärkessel OO', von hier in das Montejus P. Durch Kohlendioxyddruck wird sie in die Carbonatoren Q gehoben, deren in jedem Element 6 vorhanden sind. Es sind birnenförmige, schmiedeeiserne Gefäße von 6,2 m Höhe und 5 m größtem Durchmesser. Der Winkel des konischen Bodenstücks beträgt 56°, um ein vollständiges Entleeren von dem abgesetzten Bicarbonat zu gewährleisten. Die Einleitung des Kohlendioxyds geschieht durch einen 6strahligen Verteilungsstern mit ∩-förmigen, unten völlig offenen Armen; wenn die seitlichen Schlitze der Arme sich durch Bicarbonat verstopft haben, bleibt auf diese Weise stets ein Ausweg für das Gas. Die Kühlung (in Abb. 27 nicht angegeben) erfolgt durch eine von Wasser durchflossene Kühlschlange. Je 3 Carbonatoren werden hintereinandergeschaltet; das Kohlendioxyd des Kalkofens durchstreicht zuerst den schon nahezu gesättigten Carbonator und zuletzt den mit frischer Sole beschickten. Eine starke Verflüchtigung von Ammoniak infolge dieser Anordnung ist nicht zu befürchten, weil die Sole vorher schon aus den Calcinationsgasen viel Kohlendioxyd aufgenommen hat. Alle 8^h findet die Entleerung eines Carbonators durch das seitlich im Boden angesetzte Abflußrohr nach dem Rührwerk S statt. Im ganzen verweilt die Beschickung von etwa 40 m^3 Sole etwa 24^h im Carbonator. Aus S wird der Krystallbrei allmählich in die Filter T abgelassen, zunächst unter natürlichem Druck filtriert und gewaschen und dann mittels einer Vakuumpumpe abgesaugt.

Die Calcination findet in einer Operation in einer THELEN-Pfanne statt. Das Bicarbonat wird an der heißesten Stelle eingeführt, um das Anbacken zu vermeiden. Nur zur Darstellung ganz schwerer Soda wird das aus dem THELEN-Apparat kommende Produkt in einem Flammofen bis zum teilweisen Schmelzen erhitzt.

Die eigenartigen Destillierkolonnen STRIEBECKS (Abb. 28) haben einen rechteckigen Querschnitt von 3,1 m lichter Länge und 1 m lichter Breite. An beiden Längswänden liegen, gegeneinander versetzt und in der Mitte einander überlappend, gußeiserne Platten mit angegossenen bzw. angeschraubten vertikalen Randplatten. Die herablaufende Lauge muß am Ende jeder Platte einen 15 cm hohen Wall übersteigen, fällt dann 25 cm herunter und gelangt nach der nächsten Platte an der andern Längsseite. In der Mitte der Kolonne entsteht durch die Überlappung der Böden eine Region von 1,95 m Länge und 15 cm Breite, welche in 36 Räume von je 25 cm Höhe geteilt ist. Durch diese Räume müssen die Dämpfe, wie es in der Abb. 28 rechts durch Pfeile angedeutet ist, S-förmige Wege beschreiben und dabei die Lauge, besonders auf der Innenseite der Böden, zum Kochen bringen. Die Vorzüge dieser Kolonnenkonstruktion sind niedriger Widerstand (etwa 0,5 $Atm.$)

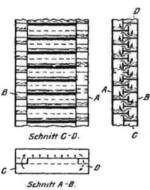

Schnitt C-D.

Schnitt A-B.

Abb. 28. STRIEBECKS Destillierkolonne.

und geringer Dampfverbrauch. Ein großer Nachteil sind die harten Ansätze aus Calciumsilicat und Calciumsulfat, die sich bei der langsamen Bewegung der Lauge über die Längsböden bilden und etwa alle 3 Monate entfernt werden müssen; die Reinigung erfordert jedesmal mehrere Tage an Zeit und etwa 700 M. an Kosten. In der Staßfurter Sodafabrik hatten sich überdies im Lauf von 3 Jahren die senkrechten Platten durch die dagegen strömenden Dämpfe so stark abgenutzt, daß die Kolonne unbrauchbar wurde. Man ist dort zur Aufstellung einer MONDschen Kolonne übergegangen.

Die Filterlauge tritt aus hochgelegenen Behältern zuerst in die Vorwärmkolonne V und dann in die Zersetzungsgefäße EE', in welchen Kalkmilch zugesetzt und durch eingeblasenen Dampf mit der Lauge vermischt wird. Die Mischung wird durch Pumpe h'' auf die Hauptkolonne K gehoben. Um eine häufigere Reinigung seiner Hauptkolonne zu vermeiden, hat STRIEBECK der Gewinnung reiner Kalkmilch besondere Sorgfalt zugewendet. In den Rührwerken D und D' bereitete dünne Kalkmilch läuft durch Kasten D'' und ein darunter stehendes Sieb nach Rührwerk D''' und wird von hier in einen der Zylinder ee' gedrückt, in denen sich Sand und andere fremde Bestandteile absetzen. Die gereinigte Kalkmilch fließt durch Überläufe in die Verdickungsgefäße ff'; nach einiger Zeit wird das obenstehende Kalkwasser durch Hähne abgezogen und die verdickte Kalkmilch in die Zersetzungsgefäße geleitet. Die von den Carbonatoren, den Filtern und den Ammoniaksolebehältern abziehenden Gase gelangen in einen gemeinsamen, mit Sole berieselten Skrubber B, aus dem die Rieselflüssigkeit in die Vorlage M abfließt. Zur weiteren Befreiung von Ammoniak gehen die Gase noch durch einen Schwefelsäurekasten.

Nach JURISCH wird das Kohlendioxyd in STRIEBECKS System schlecht ausgenutzt. Gegen 1888 betrug der Kohlendioxydgehalt der aus den Carbonatoren in Staßfurt entweichenden Gase $12-14$ $Vol.\text{-}\%$. Dagegen waren die Ammoniakverluste hier niedriger als zur selben Zeit bei SOLVAYS Fabriken. Dies hing mit dem verhältnismäßig geringen Ammoniakgehalt der Sole (wenig über 60 g/l) bei STRIEBECK zusammen. Da die ammoniakalische Sole in den Salztürmen KK auf 290 g $NaCl$ in 1 l angereichert wurde, waren auf 10 Äquivalente $NaCl$ nur etwa 7 Äquivalente NH_3 zugegen; daher wurde ein hoher Prozentsatz des Ammoniaks in NH_4Cl verwandelt und eine an Ammoniumcarbonat arme Mutterlauge erzielt. Auf eine gute Ausnutzung des Kochsalzes wurde bei diesem Verhältnis von $NH_3 : NaCl$ natürlich verzichtet. STRIEBECKS Apparatur lieferte ein vorzügliches, grobkörniges Bicarbonat, wenn die Temperatur im mittleren Carbonator, wo die Fällung hauptsächlich stattfindet, zwischen $38-40^0$ gehalten wurde.

3. Das Verfahren von TH. SCHLÖSING ($D.$ $R.$ $P.$ 37347) beruht auf der Überführung von festem Ammoniumbicarbonat durch Kochsalzlösung in Natriumbicarbonat; es ist von LUNGE (Handb. d. Sodaind. 1909, III, 159) näher beschrieben worden. Nach Ansicht des Erfinders ist es in Anlage und Betrieb weit billiger als das SOLVAY-Verfahren, was jedoch von SCHREIB (Die Fabrikation d. Soda, S. 142) bezweifelt wird. Das aus der Destillationskolonne entweichende Gemisch von Ammoniak, Kohlendioxyd und Wasserdampf wird in der Mutterlauge vom Ammoniumbicarbonat kondensiert, wobei reines Kohlendioxyd entweicht. Die erhaltene Lösung von neutralem Ammoncarbonat läßt man nacheinander in 2 Kokstürmen herabrieseln, in denen sie zuerst schwachem Kohlendioxyd, dann 30%igem Kalkofengas im Gegenstrom ausgesetzt wird. Die nun mit CO_2 angereicherte Lösung wird in einem dritten Apparat bei $40-45^0$ mit reinem Kohlendioxyd vollständig gesättigt und in einem mit Rührwerk versehenen Zylinder zur Krystallisation gebracht. Die Krystalle werden in großen zylindrischen Filtern gesammelt und ohne vorherige Waschung mit Kochsalzlösung überrieselt. Dabei werden, wie bei SOLVAYS Verfahren, etwa $^2/_3$ des Kochsalzes und des Ammoniumbicarbonats zu festem Natriumbicarbonat umgesetzt, während das letzte Drittel beider nebst dem entstandenen Salmiak in die Mutterlauge übergeht. Die Vorteile von SCHLÖSINGS Verfahren sollen in dem geringen Kraftverbrauch für Gebläsemaschinen und dem Wegfall der periodischen Reinigung der Fällapparate liegen. In SCHLÖSINGS Türmen bilden sich nur vorübergehend Krusten von Ammoniumbicarbonat, weil beide abwechselnd mit kohlensäurereicher und kohlensäurearmer Ammoniakflüssigkeit berieselt werden.

CLAUS, SULMAN und BERRY ($D.$ $R.$ $P.$ 48267) wollten fein gemahlenes Kochsalz in einer Batterie von Zylindern durch im Überschuß angewendete Lösungen von Ammoniumbicarbonat und -sesquicarbonat in Natriumbicarbonat überführen und dieses mit derselben Lösung auswaschen. Das Verfahren scheint keinen Eingang in die Praxis gefunden zu haben.

Ebenso wie Kochsalz setzen sich Natriumsulfat und -nitrat mit Ammoniumbicarbonat um. Hierauf beruhen einige Vorschläge, um Soda ohne Entstehung der lästigen Chlorcalciumlaugen zu fabrizieren.

GASKELL und HURTER ($E.$ $P.$ 5712 [1883]; 8804 [1884]; 9208 [1886]; $D.$ $R.$ $P.$ 30198) wollten neben Ammoniaksoda Salzsäure mit Hilfe folgender Reaktionen gewinnen:

$$1.\ Na_2SO_4 + 2\,NH_3 + 2\,CO_2 + 2\,H_2O = 2\,NaHCO_3 + (NH_4)_2SO_4;$$
$$2.\ (NH_4)_2SO_4 + Na_2SO_4 = 2\,NH_3 + 2\,NaHSO_4;\ 3.\ NaHSO_4 + NaCl = HCl + Na_2SO_4.$$

Die Gleichungen 1 und 3 lassen sich ohne besondere Schwierigkeit im großen verwirklichen. Die Reaktion 2, welche in einem Dampfstrom vor sich geht, erfordert dagegen so viel Zeit, Brennmaterial und Dampf, daß das Verfahren nicht lohnend ist.

HURTER und OMHOLT (*E. P.* 7107 [1893]) schlugen vor, das durch Eindampfen der Mutterlauge von Reaktion 1 gewonnene Gemisch von Ammonium- und Natriumsulfat mit einem Überschuß von Phosphorit in einem Strom überhitzten Wasserdampfes auf $290-340^0$ zu erhitzen. Nach der Gleichung: $Ca_3P_2O_8 - 2(NH_4)_2SO_4 = CaH_4P_2O_8 - 2CaSO_4 - 4NH_3$ entsteht neben Ammoniak ein Gemenge von Mono- und Tricalciumphosphat mit Gips, das mit Schwefelsäure in Superphosphat übergeführt werden kann.

GERLACH (*Dinglers polytechn. Journ.* 223, 82 [1876]) empfahl die gleichzeitige Gewinnung von Natriumbicarbonat und Ammoniumnitrat, CHANCE erhielt 1885 auf diese Umsetzung das *E. P.* 5919. Während damals die Darstellung des Ammoniumnitrats der Hauptzweck war, hat COLSON (*Journ. Chem. Ind.* 29, 187 [1910]) auch die Wiedergewinnung des Ammoniaks aus den Mutterlaugen dieser Fabrikation als aussichtsvoll bezeichnet. Nach der Destillation mit Kalk verbleibt eine Lösung von Calcium- und Natriumnitrat, die beim Abdampfen ein wertvolles Düngemittel liefert.

4. Sonstige Ammoniaksodaverfahren.

Die *I. G.* stellt das für Düngezwecke dienende Ammoniumchlorid ausschließlich aus NH_3, $NaCl$ und CO_2 her; die Arbeitsweise sowie die einschlägigen Patente der *BASF* sowie Vorschläge anderer Firmen sind Bd. I, 432 ff. bereits beschrieben.

Im Anschluß sei hier noch das in den *D. R. P.* 394 578, 399 901 und 406 674 der GES. F. KOHLENTECHNIK, Dortmund, beschriebene Verfahren erwähnt. Es beruht auf der Beobachtung, daß eine gesättigte wässerige Ammoniumchloridlösung weitere Mengen NH_4Cl aufnimmt, wenn man sie mit NH_3 sättigt. Läßt man in einer solchen an NH_4Cl übersättigten Lösung einerseits $NaCl$, andererseits $NH_3 - CO_2$ aufeinander einwirken, so erhält man einen Niederschlag von $NaNH_4CO_3$. Dieser wird in einer geschlossenen Filtriervorrichtung abfiltriert und aus dem Filtrat unter gelindem Erwärmen auf $40-50^0$ das überschüssige NH_3 ausgetrieben. In dem Maße, wie die Lösung an NH_3 ärmer wird, fällt das bei der Umsetzung entstandene Salmiak aus. Nach dem Abfiltrieren wird in die Mutterlauge das bei der Entspannung entweichende NH_3 eingeleitet und dann neuerdings mit $NaCl$ und NH_4HCO_3 versetzt. Auf diese Weise wird der ganze Salmiak in fester Form gewonnen und die Mutterlauge wieder in den Prozeß zurückgeführt, so daß keine Abwässer auftreten. Um zu verhindern, daß die in dem Kochsalz befindlichen Verunreinigungen in die Soda gelangen, wird der an $NaCl$, $NaHCO_3$ und NH_4Cl gesättigten Mutterlauge vor der NH_4Cl-Ausscheidung zunächst nur NH_3 und NH_4HCO_3 zugesetzt, worauf wie oben das Doppelsalz $NaNH_4CO_3$ ausfällt. Versetzt man die nach dem Abfiltrieren dieses Doppelsalzes verbleibende Mutterlauge mit $NaCl$, so fallen die in diesem befindlichen Verunreinigungen aus. Erst nachdem diese durch Filtrieren entfernt sind, läßt man den Salmiak durch Entspannen der Lösung und Entweichenlassen des überschüssigen NH_3 auskrystallisieren. Nach einem anderen Verfahren der gleichen Firma (*Ztschr. f. angew. Chem.* 43, 190 [1930]) verwendet man als Ausgangslösung für den Ammoniaksodaprozeß eine an Salmiak und Kochsalz gesättigte Lösung, die noch $10-30^0/_0$ eines Natrium- oder Ammonsalzes enthält, das sich als Zwischensalz am Umsatz mit NH_4HCO_3 ohne Bildung von Salmiak beteiligt. Man läßt den Prozeß mit Hilfe dieses Zwischensalzes in 2 Stufen vor sich gehen:

1. $NaX + NH_4HCO_3 = NH_4X + NaHCO_3\downarrow$; 2. $NH_4X + NaCl = NaX + NH_4Cl$.

Als Zwischensalze werden $NaNO_3$, NH_4NO_3, NH_4CNS, Na_2SO_4 oder $(NH_4)_2SO_4$ verwendet. Das Verfahren wurde auf der Zeche Holland in Wattenscheid in einer Versuchsanlage ausprobiert. Die Ausbeute an $NaHCO_3$ und NH_4Cl beträgt $90^0/_0$ des theoretischen Wertes, ist also um rund $25^0/_0$ höher als bei dem gewöhnlichen Ammoniaksodaprozeß.

Im Anschluß sollen noch Verfahren erwähnt werden, die von THORSSELL und seinen Mitarbeitern in der WINTERSHALL A. G. ausgearbeitet wurden und die bezweckten, direkt Soda und Kaliumsulfat aus den Kalirohsalzen herzustellen, also unter Umgehung der vorherigen Abscheidung von reinem KCl. Das Verfahren beruht auf der Beobachtung, daß die Bildung von Kaliummagnesiumsulfat aus KCl und $MgSO_4$ durch die Gegenwart von NH_3 und Ammoniumchlorid verhindert wird und daß man direkt fast alles Kaliumsulfat als Bodenkörper erhält (*Can. P.* 296 516, THORSSELL und KRISTENSSON; *F. P.* 662 704, *Belg. P.* 359 899, *Dän. P.* 41008, CHEMIEVERFAHREN G. M. B. H.).

Ein kieserithaltiger Sylvinit, sog. Hartsalz, wird in seiner Zusammensetzung so reguliert, daß KCl und $MgSO_4$ darin äquivalent werden. Das so regulierte Rohsalz wird in eine aus dem Prozeß stammende chlorammoniumhaltige Mutterlauge eingerührt und NH_3 eingeleitet. Als Bodenkörper werden Glaserit ($3 K_2SO_4 \cdot Na_2SO_4$) und KCl gewonnen. Dieser Bodenkörper wird abgetrennt und mit kaltem Wasser ausgerührt, wobei K_2SO_4 zurückbleibt und $NaCl$ in Lösung geht. Aus der Mutterlauge des Glaserit-Chlorkalium-Gemisches, die außer freiem NH_3 noch NH_4Cl, $MgCl_2$ und $NaCl$ enthält, wird die Hauptmenge des NH_3 abgesaugt, die für die erste Behandlung des Rohsalzes wieder benutzt wird. Aus der so eines Teils ihres freien NH_3 beraubten Lauge wird durch Einleiten von CO_2 Ammoniummagnesiumcarbonat ausgefällt. Dieses wird filtriert und die anfallende Lauge so weit gekühlt, daß sich das bei dem Prozeß gebildete Ammoniumchlorid ausscheidet; die hier erhaltene Mutterlauge wird dem SOLVAY-Prozeß unterworfen und auf Soda verarbeitet. Das Ammoniummagnesiumcarbonat soll durch Erhitzen auf 200^0 in Magnesiumcarbonat, NH_3 und CO_2 gespalten werden. Das Verfahren stellt einen vollkommen geschlossenen Kreislauf dar, und die Verluste sollen nur bei den Decklaugen liegen, die ev. beseitigt werden müssen.

Das *F. P.* 687 905 der CHEMIEVERFAHREN G. M. B. H. behandelt die Herstellung von Kaliumsulfat und Soda aus reinem Sylvinit. Danach wird in die beim SOLVAY-Prozeß nach dem Abscheiden des $NaHCO_3$ anfallende, Ammoniumchlorid und Ammoniumbicarbonat enthaltende Lauge Gips eingerührt, wobei $CaCO_3$ und $(NH_4)_2SO_4$ entstehen. Nach Abtrennen des $CaCO_3$ wird Sylvinit $(KCl - NaCl)$ eingerührt und NH_3 eingeleitet, wobei Glaserit und Chlorkalium als Bodenkörper entstehen, die, wie oben angegeben, in Kaliumsulfat verwandelt werden. Durch die erhöhte Löslichkeit von Gips in der Ammoniumchloridlösung im Vergleich zu seiner Löslichkeit in Wasser erfolgt seine Umsetzung mit Ammoniumcarbonat sehr schnell. Durch dieses Verfahren gelingt es auch, das Kali des Syngenits, der sich immer bildet, wenn z. B. Calciumnitrat mit Kaliumsulfat umgesetzt wird, nutzbringend zu verwerten. Über die Verwendung von Calciumcyanamid zur Herstellung von Soda s. Bd. III. 26 ff.

Die analytische Betriebskontrolle in den Ammoniaksodafabriken beruht auf wenigen einfachen Untersuchungsmethoden. In den Kalkofengasen wird gewöhnlich nur das Kohlendioxyd mittels des ORSATschen Apparats oder der Gasbüretten von WINKLER, HEMPEL oder BUNTE bestimmt. Nur wenn der Kohlendioxydgehalt auffallend niedrig ist, bestimmt man zur Erkennung der Ursachen auch Sauerstoff und Kohlenoxyd. In den ammoniakalischen Solen und den Mutterlaugen ermittelt man den Gehalt an freiem und kohlensaurem Ammoniak durch direkte Titration mit Normalsäure gegen Methylorange, das Gesamtammoniak durch Destillation von 10 cm^3 mit Natronlauge, Auffangen der Dämpfe in Normalsäure und Zurücktitrieren des unverbrauchten Teiles. Chlor titriert man mit Silbernitrat nach MOHR in der mit Salpetersäure fast vollständig neutralisierten Flüssigkeit. In gleicher Weise werden Chlor und Ammoniak im gewaschenen Bicarbonat bestimmt. Beim Abdestillieren des Ammoniaks in Kolonnenapparaten muß mindestens alle 5' festgestellt werden, ob der Kalkzusatz genügend ist. Im allgemeinen genügt hierzu die Geruchsprobe an der mit Natronlauge versetzten Endlauge. Zur chemischen Untersuchung der Endlauge kocht man 100 cm^3 der trüben Flüssigkeit, bis alles NH_3 entwichen ist, welches man in Normalsäure auffängt und bestimmt. Die rückständige Flüssigkeit wird nun entweder mit etwas Ammonsulfat gekocht, wobei das übergehende Ammoniak die Menge des vorhandenen $Ca(OH)_2 + CaCO_3$ anzeigt, oder sie wird mit Oxalsäure gegen Phenolphthalein titriert, was den Gehalt an Kalkhydrat allein ergibt. Das in der Fabrik verbrauchte Kühlwasser muß, um die Dichtigkeit der Leitungen festzustellen, regelmäßig mit NESSLERS Reagens geprüft werden.

Betriebsresultate. Der Verbrauch an Rohmaterialien pro 100 kg Ammoniaksoda wird recht verschieden angegeben. Bezüglich des Ammoniumsulfats und der Kohlen sind im Lauf der Zeit große Ersparnisse gemacht worden. Auf 100 kg calcinierte Soda wurden verbraucht in kg:

	1874 nach SOLVAY	Um 1880 nach SCHREIB[1]	1894 nach SCHREIB[2]	1894 nach LUNGE	1927 nach KIRCHNER[3]
Steinsalz	194,2	220—250	190	200	155
Ammoniumsulfat	8,75	6—8	0,75	1,25	0,3—0,4
Kalkstein	215,5	180—220	170	110	114
Steinkohlen	169,8	200—250	90	85	80
Koks	25,8	35—50	14	15	10,8

[1] System HONIGMANN. — [2] Chem.-Ztg. 1844, 1951. — [3] Chem.-Ztg. 1927, 685, 746 sowie VOSS, ebenda 1921, 369.

In den günstigst gelegenen deutschen Fabriken betrugen 1913 die Selbstkosten für 100 kg Soda ausschließlich Verpackung und Generalkosten 4—5 M. Von den Selbstkosten entfallen nach KIRCHNER (s. Literatur) je nach den örtlichen Verhältnissen auf: Rohmaterialien und Brennstoffe 50—60%, Arbeitslöhne 5—10%, Unterhaltung 10—15%, Unkosten 15—25%, Sonstiges 5—10%. An Lohnstunden sind pro 1 t Soda je nach der Größe der Fabrik 2—6 erforderlich.

III. Weitere Verfahren zur Sodaherstellung[1].

Die Geschichte der Sodaindustrie zeigt neben der Entwicklung des LEBLANC-Verfahrens und weiterhin, während sich das Ammoniaksodaverfahren als fast ausschließliche Quelle der Sodaproduktion durchgesetzt hat, eine Fülle von anderen Vorschlägen. Von diesen Verfahren ist ein Teil aus chemischen Gründen von vornherein aussichtslos oder wenig aussichtsreich gewesen, andere sind zwar in größerem Maßstabe versucht oder sogar technisch eine Zeitlang durchgeführt worden, schließlich aber doch aus technischen Gründen oder infolge Veränderung der wirtschaftlichen Grundlagen wieder aufgegeben worden. Trotzdem ist die Betrachtung dieser Verfahren nicht nur aus historischen Gründen von Interesse, sondern auch deshalb, weil die Erfahrung zeigt, daß trotz des vollständigen Sieges des SOLVAY-Verfahrens auch heute noch immer wieder neue Sodaverfahren auftauchen, die wohl stets im Zusammenhange mit früheren Vorschlägen stehen. Hier kann nur eine Übersicht gegeben werden unter Betonung der neueren Patente und derjenigen Verfahren, die — wenn auch vorübergehend — von Bedeutung waren, wie z. B. des Kryolithverfahrens.

---

[1] Bearbeitet von W. SIEGEL.

Die Übersicht muß ergänzt werden durch die unter Ätznatron (vgl. S. 60) angeführten Verfahren. Eine ausführliche Darstellung findet sich bei G. LUNGE, Sodaindustrie, 3. Auflage, Braunschweig 1909, Bd. 2, S. 415, Bd. 3, S. 179, eine systematische Übersicht von großer Vollständigkeit in GMELIN, Handbuch der anorganischen Chemie, 8. Aufl., Band Natrium, S. 710. Als Ausgangsmaterial kommt überwiegend Chlornatrium in Frage. Die Übersicht ist jedoch nach den Verbindungen eingeteilt, die, aus dem Rohmaterial hergestellt, in der nächsten Stufe des Verfahrens Soda liefern.

Aus Chlornatrium. Die direkte Umsetzung von $NaCl$ mit CO bzw. CO_2 ist wiederholt vorgeschlagen worden, z. B. in D. R. P. 73935, 74937, 74976, wonach man Kochsalz im Gemisch mit Anthrazit im Generator umsetzen soll nach der Gleichung $2\ NaCl + 2\ CO + CO_2 = Na_2CO_3 + COCl_2 + C$. Das D. R. P. 125389 betrifft die gleichzeitige Einwirkung von Verbrennungsgasen und Wasserdampf. Nach Norw. P. 25130 [1913] soll $NaCl$, mit Kohlepulver im Lichtbogen erhitzt, bei schnellem Abkühlen Soda und Chlor ergeben. Natriumchlorid oder Natriumsulfat wird mit Zinkoxyd und Kohle unter Luftzutritt erhitzt, wobei sich $ZnCl_2$ verflüchtigt: $2\ NaCl + ZnO + C + O_2 = Na_2CO_3 + ZnCl_2$ (F. P. 419194).

In Lösung erfolgt eine Umsetzung von $NaCl$ mit MgO beim Einleiten von Kohlensäure unter Bildung und Ausscheidung von $NaHCO_3$. Die Arbeitsweise hat aber (im Gegensatz zu dem entsprechenden für die Pottascheherstellung dienenden Verfahren) keine Bedeutung, da sie nicht vollständig verläuft, und weiter wegen der nicht einfachen bzw. zu kostspieligen Regenerierung des entfallenden $MgCl_2$, die im Rahmen eines gut durchgebildeten Verfahrens doch notwendig wäre (E. P. 629 [1866], 3846 [1881]; D. R. P. 79221 [1894], 81103; E. P. 21546 [1913]).

Aus Natriumsulfat ohne Reduktion. Die Umsetzung von Na_2SO_4 mit Erdalkalicarbonat zu Na_2CO_3 und Erdalkalisulfat, die den Gegenstand einer großen Anzahl von Patenten bildet, führt weder beim trockenen Erhitzen noch in Gegenwart von Wasser, auch nicht unter Druck, zum Ziel. Nach D. R. P. 431509 [1924] und 453217 [1926] soll diese Umsetzung bei Zusatz von Ammoniumsalzen oder von Ätzalkali befriedigend erfolgen. Leicht verläuft die Umsetzung mit den Bicarbonaten, in erster Linie mit $Ba(HCO_3)_2$ bzw., da die Gegenwart geringer Mengen Bicarbonat genügt, die Umsetzung des in Natriumsulfatlösung suspendierten Bariumcarbonats mit Einleiten von Kohlensäure herbeizuführen. [Die Umsetzung mit $Ca(HCO_3)_2$ ist technisch unbrauchbar.] Das Verfahren führt zu einer sehr reinen Soda. Das technische Problem besteht aber in der Regenerierung des Bariumcarbonats aus dem Sulfat, wofür der Weg über das Bariumsulfid der gegebene, aber zu umständlich bzw. zu teuer ist. Nach E. P. 9555 [1895] soll Bariumcarbonat nicht eigens gewonnen, sondern in eine Lösung von Natriumsulfat BaS eingetragen und Kohlensäure eingeleitet werden.

Aus Natriumsulfat durch reduzierende Verfahren. Die direkte Umsetzung mit Kohlenoxyd nach $Na_2SO_4 + CO = Na_2CO_3 + SO_2$ (E. P. 7355 [1885]; D. R. P. 36836 [1855]), die nur unter bestimmten Voraussetzungen bzw. in für technische Zwecke genügendem Maße durchzuführen ist (vgl. darüber Ztschr. angew. Chem. 1889, 601), bildet auch den Gegenstand der neueren Patente E. P. 208578 [1922] und D. R. P. 406080 [1922]. Nach letzterem soll man unter Benutzung eines Drehrohrofens Kohlenoxyd auf Natriumsulfat bei 600—700° einwirken lassen, in Abwesenheit von Sauerstoff, jedoch unter Zusatz von Wasserdampf und bei Unterdruck zwecks schnellerer Entfernung des gebildeten SO_2. Zusatz von Ammoniak, Aminen oder Stickoxyden in geringer Menge soll katalytisch wirken. Andererseits soll nach LAMING (E. P. von 1861) beim Überleiten von Luft und Wasserdampf über ein glühendes Gemisch von Natriumsulfat und überschüssiger Kohle Schwefelwasserstoff entweichen und Soda gebildet werden.

Da bei der Herstellung von Schwefelnatrium durch Reduktion von Natriumsulfat mit Kohle immer auch ein gewisser Gehalt an Soda auftritt, suchte man diesen durch veränderte oder wiederholte Ausführung des Verfahrens zu vergrößern. Vgl. DUBRUNFAUT (Bull. Soc. chim. France [2] 1, 346 [1864]); MACLEAR (Journ. chem. Soc. London 33, 475 [1878]); GERMAIN (F. P. 347927).

Die Umsetzung von Natriumsulfat mit Kohle unter Eintragen von Eisen, wodurch unter Mitwirkung des Luftsauerstoffs primär wohl Na_2O, weiter beim Lagern des Schmelzprodukts an der Luft Soda entsteht, die ausgelaugt wird, ist historisch als Vorläufer des LEBLANC-Verfahrens wichtig (MALHERBE 1777, fabrikmäßige Ausführung durch ALBAN). In der von KOPP (E. P. 2119 [1854], 340 [1855]; vgl. auch Dinglers polytechn. Journ. 192, 417) angegebenen Verbesserung, die darauf beruht, anstatt metallischen Eisens, das dann durch die Luft oxydiert wird, von vornherein Eisenoxyd zuzusetzen, hat das Verfahren große Hoffnungen auf eine Verbesserung des LEBLANC-Verfahrens erregt. Der Vorteil sollte vor allem in der Wiedergewinnung des Schwefels durch Abrösten des Schwefeleisens bestehen. Die ganzen Reaktionen sind aber zu kompliziert, verlaufen unvollständig, und da außerdem die Öfen ungewöhnlich stark angegriffen wurden, hat das Verfahren auf die Dauer keinen Erfolg gehabt.

Die Verfahren, die auf der Bildung von Soda durch Einwirkung von Kohlensäure auf festes Natriumsulfid beruhen, behandeln zum Teil apparative Anordnungen und Kombinationen, um zunächst das Sulfat z. B. mit Hilfe von Wassergas zu reduzieren und die dabei entstehende Kohlensäure in einem zweiten Arbeitsgang auf das gebildete Schwefelnatrium zur Einwirkung zu bringen (E. P. 4922 [1886], 11846 [1887], 1786 [1873]; D. R. P. 31675). Umgekehrt soll nach E. P. 895 [1879] der durch die Kohlensäure entwickelte H_2S zur Reduktion des Natriumsulfats dienen. Über ein Verfahren, das in Hruschau in größerem Maße durchgeführt worden ist, berichtet ausführlich J. MICHLER (Chem.-Ztg. 46, 633 [1922]). Darnach wird ein Sulfat-Kohle-Gemisch brikettiert und im Flammofen gebrannt. Über die Brikette, die außer Schwefelnatrium und Kohle bis 10% Soda enthalten, werden Kalkofengase und Wasserdampf geleitet und die unversehrten Brikette dann ausgelaugt. Das abziehende Ofengas enthielt 30—40% H_2S und konnte für den CHANCE-CLAUS-Prozeß, Schwefelsäurefabrikation oder

Herstellung von Calciumsulfhydrat verwendet werden. Der Rückstand von der Laugerei enthielt Koks, Kohlenasche und die unlöslichen Bestandteile des Sulfats; sein Na_2O-Gehalt war im Mittel 0,19%. Nach SALZWERKE HEILBRONN, TH. LICHTENBERGER, L. KAISER (*D. R. P.* 492 884 [1925]) schmilzt man Sulfat und Soda zu gleichen Teilen zusammen, trägt Kohle ein, um das Sulfat zu Sulfid zu reduzieren, und leitet dann in die Schmelze Kohlensäure und Wasserdampf. Man läßt absitzen, um zu klären, und erhält unmittelbar calcinierte Soda.

Im Gegensatz zu den zuletzt besprochenen Verfahren wird bei einer Reihe anderer das Schwefelnatrium für sich, meist in Lösung, hergestellt (vgl. S. 88) und dann mit Kohlensäure behandelt. Diese Arbeitsweise ist an verschiedenen Orten technisch ausgeführt worden. Die Patente betreffen außer der Erzeugung des Schwefelnatriums und der Verwertung des Schwefelwasserstoffs besonders die systematische Behandlung mit Kohlensäure (vgl. die Angaben in den Patenten von WELDON, *E. P.* 3379 bis 3390 [1876] und 444 445 [1877]; ferner *E. P.* 10900 [1887], 15367 [1888], 19023 [1888], 18899 [1904]; *F. P.* 337 246 [1903]. Der Zusatz von Kochsalz zur Schwefelnatriumlösung wird empfohlen (*D. R. P.* 41985 und 47607) und das Einleiten der Kohlensäure in siedende Schwefelnatriumlösung vorgeschlagen (*E. P.* 2989 [1872]). Einige Verfahren, bei denen das Schwefelnatrium unter Bedingungen erzeugt wird, die nur im Rahmen der Sodafabrikation selbst Sinn haben, seien hier erwähnt. Die Verwertung des LEBLANC-Sodarückstandes bezweckte das Verfahren von HADDOCK und LEITH (*E. P.* 11296 und 15648 [1890]). Der Rückstand soll in Wasser aufgeschwemmt, durch Einleiten von Schwefelwasserstoff Calciumsulfhydrat gebildet und dieses mit Natriumsulfat zu $NaSH$ und Gips umgesetzt werden. Aus $NaSH$ erhält man mit Kohlensäure Soda und den im Prozeß benötigten Schwefelwasserstoff. Das Verfahren wäre nur in Kombination mit dem LEBLANC-Prozeß ausführbar. Von Verfahren, die auf der Umsetzung von Erdalkalisulfid, meist Bariumsulfid, mit Natriumsulfat und weiter der Zersetzung der so gewonnenen Schwefelnatriumlösung mit Kohlensäure beruhen, seien genannt *E. P.* 10491 [1886]; 9555 [1895]; 3406 [1886]; vgl. auch *D. R. P.* 57707. Genau wie die Umsetzung von Natriumsulfat mit Bariumbicarbonat kranken auch diese Verfahren an der Schwierigkeit der Regenerierung der Bariumverbindung aus dem Bariumsulfat.

Nach einer eingehenden Untersuchung von BERL und RITTENER (*Ztschr. angew. Chem.* 1907, 1637) entstehen bei der Einwirkung von Kohlensäure auf Schwefelnatriumlösung primär die sauren Salze: $Na_2S + CO_2 + H_2O = NaSH + NaHCO_3$, in einem zweiten Stadium Bicarbonat und Schwefelwasserstoff: $NaSH - CO_2 + H_2O = NaHCO_3 + H_2S$, und es ist erst dann alles Sulfid zersetzt, wenn alles Na als Bicarbonat vorhanden ist. Nur bei höherer Temperatur ist — wie zu erwarten — neben $NaHS$ noch Na_2S und neben $NaHCO_3$ schon Na_2CO_3 vorhanden.

Auch die Einwirkung von Kohlensäure und Wasserdampf auf festes, bzw. von Kohlensäure allein auf krystallisiertes Schwefelnatrium ist vorgeschlagen worden (*E. P.* 1126 [1860]; 1536 [1877]). Schwefelnatrium, mit Kohle und Wasser angerührt und geglüht, soll sich nach der Gleichung

$$2 Na_2S + 2 H_2O + 2 C + 5 O_2 = 2 Na_2CO_3 + 2 SO_2 - 2 H_2O$$

umsetzen (*E. P.* 2373 [1894]). Ein Nachteil aller dieser Verfahren — einerlei ob Schwefelnatrium fest oder in Lösung angewendet wird — ist, daß die Gegenwart von Sauerstoff die Bildung von Thiosulfat ermöglicht. Ein Zusatz von Kalkmilch zur Schwefelnatriumlösung (*E. P.* 2275 [1862]) soll diese Gefahr angeblich vermindern.

Eine andere Reihe von Verfahren beruht auf der Einwirkung von Carbonaten auf Schwefelnatrium. Man soll z. B. eine Lösung von Schwefelnatrium mit Natriumbicarbonat behandeln. Diese Umsetzung, $Na_2S + 2 NaHCO_3 = 2 Na_2CO_3 + H_2S$, ist jedoch umkehrbar und verläuft nicht vollständig. Sie wäre daher wohl nur in Kombination mit den obigen Verfahren des Einleitens von CO_2 zu gebrauchen. Nach *D. R. P.* 194 994 und 194 882 (VEREIN CHEMISCHER FABRIKEN, Mannheim) erhält man vollständige Umsetzung und nahezu reinen Schwefelwasserstoff, wenn man Na_2S und $NaHCO_3$ im festen Zustand mischt und durch Überleiten von Wasserdampf erhitzt. Weiter ist vorgeschlagen worden die Umsetzung der Lösung mit Magnesiumcarbonat bzw. -bicarbonat (*F. P.* 60456 [1863], *D. R. P.* 329 832 [1917]) u. dgl. m.

Nach *D. R. P.* 416 452 sollen, wenn man Kohlensäure auf Schwefelnatrium oder Natriumsulfhydrat in Gegenwart von Natriumnitrit in der Kälte einwirken läßt, außer Soda noch Ammoniak und Schwefel gebildet werden.

Aus Natriumsilicat. Eine wässerige Lösung von Natriumsilicat zersetzt sich beim Einleiten von Kohlensäure in Soda und Kieselsäure, die gallertartig ausgeschieden wird. Während normalerweise für die Herstellung von Wasserglas von Soda (oder in Ausnahmefällen von Natriumsulfat und Kohle) ausgegangen wird, ist im Hinblick auf die Gewinnung von Soda außer dem Sulfat noch das Sulfid, Chlorid, Nitrat und Silicofluorid für die Herstellung des Silicats empfohlen worden. Nach einem neueren Vorschlag (*F. P.* 678 977 [1928]) soll man das für die Sodaherstellung bestimmte Natriumsilicat durch Umsetzung von Natriumsulfat mit Bariumsilicat gewinnen. Auch abgesehen davon, daß dieser Teil der Verfahren technisch und ökonomisch sehr fragwürdig ist, scheitert die Sodagewinnung auf diesem Wege weiter daran, daß infolge der voluminösen Form und der schweren Auswaschbarkeit der ausgeschiedenen Kieselsäure nur sehr verdünnte Lösungen von Soda erhalten werden können. Um diesen Nachteil zu vermeiden, ist vorgeschlagen worden, die Lösung durch Kochen mit Kreide zu Calciumsilicat und Soda umzusetzen (*D. P. R.* 116 575).

Aus Natriumaluminat. Beim Einleiten von Kohlensäure in eine Lösung von Natriumaluminat wird Na_2CO_3 gebildet, während $Al(OH)_3$ ausfällt. Bei der Herstellung von Tonerde (Bd. I, 299) dient die durch Eindampfen der Lösung gewonnene Soda zur Gewinnung neuen Aluminats aus Bauxit, wird also im Kreislauf verwendet. Es gibt aber eine große Anzahl Verfahren, bei denen Bauxit mit Hilfe anderer Natriumsalze, z. B. mit $NaCl$, hauptsächlich aber mit Na_2SO_4 und Kohle zu Aluminat umgesetzt werden soll und bei denen daher bei der anschließenden Behandlung der Aluminatlösung mit Kohlensäure Soda als Nebenprodukt abfällt und gewonnen wird. Technische

Bedeutung hat jedoch keines dieser Verfahren erlangt (vgl. Bd. I, 309 ff.). Andererseits gibt es auch Verfahren, bei denen umgekehrt das $Al(OH)_3$ im Kreislauf verwendet werden soll. Als neueres Patent ist das *E. P.* 231 147 [1925] (SALZWERKE HEILBRONN A. G.) zu nennen, das die Bildung von Aluminat aus Kochsalz und Tonerde durch Behandlung mit Wasserdampf unter dem katalysierenden Einfluß von Salzen des *Cu, Mn, Cr, Mg* vorsieht.

Aus Fluorverbindungen. Die Verarbeitung des Minerals Kryolith ($Al_2F_6 \cdot 6\,NaF$) ist als einzige zu nennen, die längere Zeit neben den LEBLANC- und SOLVAY-Verfahren praktische Bedeutung gehabt hat. Infolge des beschränkten Vorkommens und der höheren Bewertung für andere Zwecke (Aluminiumfabrikation, Trübungsmittel in der Emailleglasfabrikation) wird Kryolith aber heute, in Europa wenigstens, nicht mehr auf Soda verarbeitet. Nach dem auf J. THOMSEN (1849/50) zurückgehenden Verfahren wird ein fein gemahlenes Gemisch von Kryolith und Kalkstein im Flammofen geglüht, jedoch unter Vermeidung des Schmelzens. Die Umsetzung erfolgt nach der Gleichung $AlF_3 \cdot 3\,NaF + 3\,CaCO_3 = Na_3AlO_3 - 3\,CaF_2 + 3\,CO_2$. Im Interesse einer vollständigen Umsetzung muß mit einem Überschuß von Kalk gearbeitet werden. Auch der Zusatz von CaF_2, aus einer vorhergehenden Charge, oder auch ein Gemisch von CaO und $CaCO_3$ sind empfohlen worden. In jedem Fall enthält das entstehende Fluorcalcium außerdem auch noch die Verunreinigungen des Kryoliths und hat daher nur beschränkte Verwendung in der Flaschenglasfabrikation. Das noch heiße Ofengut wird mit Mutterlaugen früherer Chargen ausgelaugt. Aus der Aluminatlösung fällt man mit Kalkofengasen Tonerde, die man auch gründlichem Auswaschen noch stark natronhaltig ist, und erhält eine *konz.* Sodalösung, aus der sehr reine Krystallsoda krystallisiert. Die gleichfalls schon von THOMSEN vorgeschlagene nasse Umsetzung durch Kochen mit Kalkmilch hat keine praktische Bedeutung gewonnen, weil durch die dabei eintretende Bildung von Calciumaluminat Verluste entstehen.

Über die Verfahren, die auf der Umsetzung künstlich hergestellter Fluoride beruhen, s. unter Natriumhydroxyd S. 60, da die Umsetzung ebenso mit Ätzkalk wie mit kohlensaurem Calcium möglich ist.

Permutit, s. d., ein durch Schmelzen von Aluminiumsilicaten mit Soda hergestellter Zeolith, tauscht beim Behandeln mit einer Lösung von Ammoniumcarbonat Ammonium gegen Natrium aus. Die Lösung enthält also jetzt Soda, und der Ammoniumzeolith wird mit der Lösung eines Natriumsalzes behandelt, an die er Salmiak abgibt (wenn *NaCl* angewandt wurde), und dabei wieder in den Natriumzeolith überführt. Der Nachteil des Verfahrens besteht darin, daß man nur unreine Lösungen erhält, da zur vollständigen Umsetzung immer mit einem Überschuß gearbeitet werden muß (*Riedel*, *D. R. P.* 225 098 [1906]).

Natriumcyanid wird mit Kohlensäure in Soda und *HCN* umgesetzt; aus *HCN* erhält man mit *CaO* zunächst $Ca(CN)_2$ und daraus durch Umsetzung mit Natriumsulfat wieder Natriumcyanid (*D. R. P.* 427 087). Ein gewisses Interesse hätten Verfahren, bei denen man Natriumcyanid in einfacher Weise erhalten, mit Wasserdampf in Soda überführen und dabei Ammoniak als Nebenprodukt gewinnen könnte. Jedoch dürfte der große Wärmebedarf der technischen Durchführung hinderlich sein. In dieser Absicht sind umfangreiche Versuche von H. MIURA und R. HARA (Technol. Reports. Tôhoku Imp. Univ. 4, 29 [1925]; 9, 57 [1929]; *Chem. Ztrbl.* 1925, II, 1300; 1930, II, 600) angestellt worden. Man erreicht z. B. nach der Gleichung $Na_2SO_4 + CaCO_3 + 6\,C + N_2 = 2NaCN + CaS + + 2\,CO_2 + 3\,CO$ mit *Fe*-Pulver als Katalysator bei $1000-1050^0$ eine etwa 70%ige Ausbeute an *NaCN* (Rest Na_2CO_3, Na_2S u. s. w.). Durch Überleiten von Wasserdampf im Stickstoffstrom erhält man dann neben Ammoniak $90-98\,\%$ des angewandten Na_2SO_4 als Na_2CO_3 von 95%, die durch Umkrystallisieren gereinigt werden muß.

Die vielfachen Versuche, das Alkali des Feldspats u. dgl. als Carbonat mittels besonderer Verfahren oder als Nebenprodukt der Zementfabrikation zu gewinnen, haben — wenn überhaupt — nur Interesse im Hinblick auf die Gewinnung des Kalis (s. Bd. VI, 375).

Handelsformen. Das Ammoniaksodaverfahren liefert das Natriumcarbonat unmittelbar in wasserfreier Form, so daß die Begriffe Ammoniaksoda und calcinierte Soda als gleichwertig angesehen werden können. Ihre Eigenschaften sind bereits auf S. 5 erörtert.

Aus der lockeren Form mit dem Raumgewicht von $0,7-0,9$ *kg/l* kann durch Befeuchten mit Dampf und nochmaliges Calcinieren eine dichtere Ware mit 1 *kg/l* hergestellt werden. — Die Herstellung von geschmolzener wasserfreier Soda in Flockenform unter Benutzung eines Elektrodenofens betrifft das *Ö. P.* 106 686 [1926] von PATTERSON.

Krystallsoda. Ein großer Teil des produzierten Natriumcarbonats kommt als Dekahydrat unter dem Namen Krystallsoda in den Handel. Diese Form wird wegen ihrer raschen Löslichkeit und bequemen Handhabung im Haushalt und in der Wäscherei bevorzugt. Sie wird durch Auflösen calcinierter Soda dargestellt. Man benutzt dazu stehende Zylinder, in denen Wasser bzw. Sodamutterlauge zum Kochen gebracht und die calcinierte Soda in ein oben eingehängtes Sieb allmählich eingetragen wird. Die auf $30-34^0$ *Bé* gebrachte Lösung wird zur Absetzung unlöslicher Bestandteile in Klärgefäßen stehen gelassen, bis sie auf 38^0 abgekühlt ist. Oberhalb dieser Temperatur kann keine Krystallisation stattfinden, weil die Löslichkeit des Carbonats mit wachsender Temperatur abnimmt. Zur Erzielung harter Krystalle muß die Lösung eine gewisse Menge Natriumsulfat enthalten; bei Anwendung von Ammoniaksoda werden deshalb einige Prozent Sulfat mitaufgelöst, so daß die

Krystalle $1-1,5\%$ Na_2SO_4 enthalten. Schon geringe Mengen von Bicarbonat hindern die Bildung großer Krystalle und müssen durch Zugabe von etwas Kalk entfernt werden. Die geklärte Lösung läuft gewöhnlich in flache gußeiserne Kästen, in welche Streifen von Bandeisen horizontal oder vertikal eingehängt sind. Nach Beendigung der Krystallisation, d. h. im Sommer nach 14, im Winter nach 6—8 Tagen, werden die Krystalle auf hölzernen Bühnen oder in Zentrifugen getrocknet und in Fässer oder Säcke verpackt. Gute Krystallsoda enthält $36-37\%$ Na_2CO_3. Die Mutterlaugen werden im allgemeinen zur Auflösung neuer Sodamengen verwendet.

Ein erheblicher Anteil der Krystallsoda kommt heute aus der Tonerdefabrikation. Bei dieser (vgl. Bd. I, 301) kann die Soda zwar dauernd im Kreislauf verwendet werden, dabei würden sich aber gewisse Verunreinigungen des Bauxits zu sehr in ihr anreichern. Man zieht daher vor, einen Teil als Krystallsoda aus dem Prozeß durch Eindampfen und Abkühlen der beim Einleiten von CO_2 in die Aluminatlösung entstandenen Sodalösung auszuscheiden und dafür calcinierte Soda neu einzuführen. Besonders große, kompakte und bearbeitbare Krystalle erhält man, indem man die Krystalle wiederholt in konzentrierte, heiße Sodalösungen einbringt (F. P. 636560 [1928]).

Feinsoda wird durch Rühren der in die Krystallisiergefäße abgelassenen Lösung erhalten. SOLVAY & Co. (D. R. P. 140826) rühren eine konz. lauwarme Sodalösung, bis sie Teigkonsistenz angenommen hat, und pressen die Masse durch hydraulischen Druck von mindesten $200\,kg$ pro $1\,cm^2$ zu Blöcken. BERNAT (F. P. 479545) kühlt zur Darstellung feinkrystallinischer Soda die warm gesättigte Lösung rasch ab, indem er sie durch einen flachen, von außen gekühlten Trog laufen läßt. Zur weiteren Abkühlung wirft man fein zerstoßenes Eis in den Krystallbrei. Die erhaltenen, sehr kleinen, nadelförmigen Krystalle eignen sich zur Herstellung von Waschpulvern.

In Amerika kommt unter dem Namen „Crystal Carbonate" das Monohydrat $Na_2CO_3 \cdot H_2O$ in den Handel, das gleichfalls durch raschere Löslichkeit vor der calcinierten Soda ausgezeichnet ist.

Handelsgrade. Der Gehalt der käuflichen Soda wird in den verschiedenen Industrieländern nicht in gleicher Weise ausgedrückt. In Deutschland versteht man unter Graden die Prozente an Na_2CO_3. In Frankreich rechnet man nach Graden von DESCROIZILLES, welche angeben, wieviel Teile reine Schwefelsäure (H_2SO_4) durch 100 Tl. Soda gesättigt werden. In England wollte man durch die Grade die Prozente an Na_2O bezeichnen, hat aber ein unrichtiges Atomgewicht des Natriums (24 statt 23) zugrunde gelegt, so daß die englischen oder Newcastler Grade etwas höher als die wirklichen Gehalte an Na_2O sind. Die folgende Tabelle zeigt, welche deutschen, englischen und französischen Grade den Prozenten Na_2O entsprechen. Da Ätznatron nach denselben Graden gehandelt wird, sind auch die Prozente $NaOH$ hinzugefügt.

	% Na_2O						
	40	50	55	58	60	70	75
Deutsche Grade (% Na_2CO_3)	68,39	85,48	94,03	99,16	102,58	119,69	128,23
Englische (Newcastler) Grade	40,52	50,66	55,72	58,76	60,79	70,92	75,99
Grade nach DESCROIZILLES	63,22	79,03	86,93	91,68	94,84	110,64	118,55
% $NaOH$	51,60	64,50	70,96	74,83	77,40	90,30	96,77

Verwendung findet Soda in der Glas- und Seifenfabrikation, in Waschanstalten, Bleichereien, Papierfabriken und zu häuslichen Reinigungszwecken. Sie dient auch zur Herstellung vieler anderer Natriumverbindungen, wie Ätznatron, Borax, Natriumphosphat, Wasserglas, Natriumchromat, ferner zur Aufschließung des Bauxits, zur Darstellung vieler Produkte und Zwischenprodukte der Teerfarbenindustrie, zur Reinigung des Kesselspeisewassers u. s. w.

Untersuchung. Die Sodaproben werden vor der Analyse getrocknet, da sie an der Luft mit der Zeit bis zu 10% Wasser anziehen. Die Gesamtalkalität bestimmt man durch Titration von etwa 1 g, in 25 cm^3 Wasser gelöst, mit n-Salzsäure gegen Methylorange. Bei Ammoniaksoda, die mit einem Mindestgehalt von 98% Na_2CO_3 geliefert wird, genügt im allgemeinen diese eine Bestimmung, LEBLANC-Soda wird oft noch auf andere Bestandteile untersucht. Zur Ätznatronbestimmung werden 50 g zu 1 l gelöst, 20 cm^3 davon mit überschüssiger Chlorbariumlösung versetzt und zu 100 cm^3 aufgefüllt; von der geklärten Flüssigkeit werden 50 cm^3 mit n-Salzsäure gegen Methylorange titriert. Nach einer andern Methode versetzt man 50 cm^3 der ursprünglichen Lösung mit Phenolphthalein und titriert bis zum Verschwinden der Rotfärbung, sodann nach Zusatz von Methylorange bis zur Neutralität. Die Reaktion gegen Phenolphthalein verschwindet, wenn die Gleichungen:

$$NaOH + HCl = NaCl + H_2O \quad \text{und} \quad Na_2CO_3 + HCl = NaHCO_3 + NaCl$$

erfüllt sind. Durch Methylorange wird nach der Gleichung $NaHCO_3 + HCl = NaCl + H_2O + CO_2$ das vorher gebildete Bicarbonat bestimmt, dessen Menge der Hälfte des vorhandenen Na_2CO_3 äquivalent ist. War a die mit Phenolphthalein, b die mit Methylorange verbrauchte Normalsäure, so entspricht also $2b$ dem Natriumcarbonat und $a-b$ dem Ätznatron. TILLMANS und HEUBLEIN (*Ztschr. angew. Chem.* 24, 874 [1911]) haben gezeigt, daß diese früher für ungenau gehaltene Methode richtige Zahlen liefert, wenn man die Titration in einem Kolben vornimmt, der nach jedem Säurezusatz durch einen Gummistopfen verschlossen wird, um das Entweichen von CO_2 in die Atmosphäre zu hindern. Zur Bestimmung etwa vorhandenen Schwefelnatriums werden 100 cm^3 Lösung = 5 g Soda siedend mit einer ammoniakalischen Silberlösung titriert, bis kein schwarzer Niederschlag mehr entsteht. Natriumsulfit ergibt sich durch Titrieren von 100 cm^3 nach dem Ansäuern mit Essigsäure durch $n/_{10}$-Jodlösung. Chlor und Schwefelsäure werden in bekannter Weise ermittelt, Eisen durch Reduktion mit Zink und Schwefelsäure und Titrieren mit $^1/_{20}$-Permanganatlösung.

Analysen.

| | Nach LUNGE | | | | | Nach KIRCHNER | | | | |
	SOLVAYsche		Englische		BOULOU-VARDsche	SOLVAYsche				
Na_2CO_3	96,23	95,65	99,43	98,72	93,84	94,80	98,8	98,8	98,9	98,9	98,7
$NaCl$	0,64	3,22	0,21	0,54	1,17	1,27	0,83	0,87	0,47	0,55	1,00
Na_2SO_4	0,02	0,31	—	0,20	0,47	—	0,04	0,07	0,023	0,061	
$MgCO_3$	Spur	—	—	0,04	0,17	0,09	—	—	—	—	
$CaCO_3$	—	—	Spur	0,13	0,16	Spur	—	—	—	—	
Fe_2O_3	—	0,07	—	0,01	0,01	Spur	—	—	—	—	
Al_2O_3	—	—	Spur	0,01	0,10	0,09	0,008	0,003	0,002	0,007	0,01
SiO_2	—	—	0,04	0,09							
Unlöslich	—	—	—	—	0,23	—	0,06	0,027	0,021	0,101	0,09
H_2O	3,11	0,55	0,31	0,32	3,74	3,75	—	—	—	—	
Glühverlust	—	—	—	—	—	—	0,262	0,23	0,55	0,40	0,02

Wirtschaftliches.[1] Die gegenwärtige Weltproduktion von Alkalicarbonaten und -Hydroxyden ist auf etwa 5 Million. t jährlich im Werte von rund 1 Milliarde RM. zu schätzen. Davon entfallen allein auf Soda über 4 Million. t, die sich auf folgende Produktionsländer verteilen: Deutschland etwa 600 000 t, Frankreich 500 000 t, Großbritannien 800 000 t, Belgien etwa 50 000 t, Italien 193 000 t, Polen 90 000 t, Rußland 230 000 t (davon 115 000 t zum Verkauf), Vereinigte Staaten 1 500 000 t und Japan 60 000 t.

Die Entwicklung der Sodaproduktion während der letzten Jahre in einzelnen Ländern zeigt folgende Aufstellung:

Jahr	Vereinigte Staaten 1000 sh. t	Italien 1000 t	Rußland 1000 t	Japan 1000 sh. t
1925	1369	138	—	12
1926	1493	147	158	19
1927	1466	185	—	25
1928	1482	193	207	—
1929	1668	—	230	60

Außerdem wurden in den Vereinigten Staaten hergestellt und in eigenem Betrieb verbraucht: 539 131 *sh. t* 1925, und 571 429 *sh. t* 1927. An natürlicher Soda wurden 1929 102 930 *sh. t* erzeugt. Die Sodaausfuhr der größten Erzeugerländer war in den letzten Jahren:

| Jahr | Deutschland Soda, calciniert, gereinigt; Bleichsoda; sodahaltiges Kesselsteingegenmittel | | Frankreich Soude naturelle ou artificielle | | Großbritannien Sodium Carbonate, inclusive Soda Crystals, Soda Ash and Bicarbonate | | Vereinigte Staaten Sodium Carbonate (soda ash, sal soda, washing soda) | |
	1000 dz	1000 RM.	1000 dz	1000 Frs.	1000 cwts.	1000 £	Mill. lbs.	1000 $
1925	335	4466	1184	84 062	5511	1477	46	970
1926	537	6254	1386	80 646	4566	1403	52	1096
1927	528	5717	1418	74 291	5433	1623	54	1141
1928	538	6626	1434	66 057	4958	1385	67	1241
1929	603	7681	1731	82 582	5186	1447	90	1529

Belgien ist eines der bedeutendsten Einfuhrländer für Soda, da seine Eigenproduktion aus Mangel an Rohstoffen den Bedarf nicht zu decken vermag; es führte 1929 1,16 Million. *dz* Soda ein, u. zw. fast durchweg aus Frankreich.

Über den Verbrauch an calcinierter Soda in den einzelnen Verwendungsgebieten gibt folgende Aufstellung für die Vereinigten Staaten während der letzten Jahre Aufschluß:

---

[1] Bearbeitet von F. SCHAUB.

Verwendungs-gebiete	1926		1927		1928		1929	
	1000 sh. t	%₀	1000 sh. t	%₀	1000 sh. t	%₀	1000 sh. t	%
Glas	665	44,5	640	41,8	620	41,8	672	40,2
Seife	200	13,4	225	14,7	210	14,2	213	12,8
Chemikalien	200	13,4	220	14,4	225	15,2	335	20,1
Reinigungsmittel, Waschsoda u. s. w. .	125	8,4	130	8,5	130	8,8	125	7,5
Zellstoff und Papier .	80	5,4	85	5,6	100	6,7	110	6,6
Wasserenthärtung . .	72	4,8	70	4,6	63	4,3	60	3,6
Petroleumraffinerie . .	25	1,7	27	1,8	23	1,6	26	1,6
Textilien	36	2,4	40	2,6	36	2,4	40	2,4
Ausfuhr	20	1,3	21	1,4	30	2,0	40	2,4
Verschiedenes	70	4,7	70	4,6	45	3,0	47	2,8
Gesamtabsatz	1493	100	1528	100	1482	100	1668	100

Für das Jahr 1927 zeigt die Gesamtmenge gegenüber der amtlichen Produktionsmenge nach dem Census eine geringfügige Abweichung.

Literatur. BENZOR, Sodagewinnung aus Kryolith, in HOFMANNS Bericht über die Wiener Weltausstellung 1873, I, 660. – K. W. JURISCH, Aus der Entwicklungsgeschichte der Ammoniaksoda-Industrie (*Chem. Ind.* 30, 6, 38, 146, 174 [1907]; 38, 9, 61 [1915]). – K. W. JURISCH, Ammoniak-soda (*Chem. Ind.* 33, 346, 392, 424 [1910]; 34, 73 [1911]). – F. KIRCHNER, Die Sodafabrikation nach dem SOLVAY-Verfahren. Leipzig 1930. – G. LUNGE, Handbuch der Sodaindustrie und ihrer Neben-zweige, 3. Aufl. Bd. 3. Braunschweig 1909. – E. BERL-G. LUNGE, Taschenbuch für die anorganisch-chemische Großindustrie. Berlin 1930. – SCHREIB, Die Fabrikation der Soda nach dem Ammoniak-verfahren. Berlin 1905. – H. MOLITOR, Die Fabrikation der Soda. Leipzig 1925. *V. Gaertner (Reimerf)*.

Natriumchlorat s. Bd. **III**, 298.

Natriumchlorid, Kochsalz, *NaCl*, ist als ein für die Ernährung des mensch-lichen und tierischen Körpers unentbehrliches Genußmittel schon seit den ältesten Zeiten bekannt und spielt in der Mythologie der alten Völker sowie in ihren Be-ziehungen zueinander eine große Rolle. Den Griechen und Römern war die Ge-winnung von Salz durch Verdunstung von Meerwasser oder Salzquellen sowie die Verwendung des stellenweise zutage tretenden Steinsalzes bekannt. Bei den Kelten und Germanen geschah die Salzbereitung aus Lösungen (wie Pflanzenaschenlaugen, Meerwasser, Solen) durch Aufgießen derselben auf glühende Kohlen, wobei ein schwarzes, wegen des Aschengehaltes beißend schmeckendes Salz erhalten wurde. Zu Anfang des 19. Jahrhunderts bestanden erst wenige Salzbergwerke, so z. B. zu Wieliczka in Galizien, in Cheshire in England. Im Staßfurter Bezirk wurde der erste Schacht erst 1851 abgeteuft.

Reines Natriumchlorid krystallisiert isometrisch, am häufigsten in Würfeln; selten treten Oktaeder- oder Rhomben-Dodekaederflächen auf. Das aus wässeriger Lösung krystallisierte Salz verknistert stark wegen der vielen eingeschlossenen Laugentröpfchen. Das spez. Gew. beträgt 2,1–2,3, die Härte 2, *Schmelzp.* 801°; ver-dampft bei höherer Temperatur; *Kp* bei Atmosphärendruck gegen 1439°. Es ist farblos oder auch weiß, grau oder gelblich. Rote Farbe deutet auf die Anwesenheit von Eisenoxyd. Als mineralogische Seltenheit ist das blaugefärbte, durchsichtige Steinsalz zu erwähnen. Beim Erhitzen auf etwa 250° wird dieses farblos, ohne seine Be-schaffenheit zu verändern, im Gegensatz zum künstlich (mit Metalldampf) gefärbten Stein-salz, das erst bei etwa 570° entfärbt wird. Nach den neue-sten Forschungen ist anzuneh-men, daß die Färbung des natürlichen blauen Steinsalzes nicht auf der Gegenwart eines

Temperatur in Graden	g NaCl in 100 g H₂O	Gew.-% NaCl	Temperatur in Graden	g NaCl in 100 g H₂O	Gew.-% NaCl
0	35,57	26,23	90	38,52	27,81
10	35,68	26,29	100	39,22	28,17
20	35,85	26,39	107	39,65	28,39[1]
30	36,08	26,51	118	39,8	28,47
40	36,36	26,66	140	42,1	29,63
50	36,70	26,85	160	43,6	30,36
60	37,09	27,06	180	44,9	30,99
70	37,54	27,30	215	46,2	31,59
80	38,05	27,56			

[1] Bei 107° liegt nach BERKELEY der *Kp* der gesättigten Lösung.

besonderen färbenden Stoffes beruht, sondern durch radioaktive Strahlung verursacht ist (*Kali* 21, 253 [1927]). Reines $NaCl$ zieht Wasser nur schwach an und bekommt dann einen feuchten Glanz. Eine gesättigte $NaCl$-Lösung ergibt bei der Abkühlung auf -10^0 Krystalle der Zusammensetzung $NaCl \cdot 2 H_2O$, die an der Luft schnell verwittern und über 0^0 unter Bildung von $NaCl$ zerfallen. Die Löslichkeit von $NaCl$ in Wasser nimmt bei steigender Temperatur nur wenig zu (s. Tabelle S. 45 unten). Das Volumgewicht von Kochsalzlösungen beträgt nach BOUSFIELD (*Proceed. Roy. Soc.* A 103, 440 [1923]) bei 18^0, wie in der nebenstehenden Tabelle angegeben.

% $NaCl$	$D\ 18^0\!:\!16$	% $NaCl$	$D\ 18^0\!:\!18$	% $NaCl$	$D\ 18^0\!:\!18$
1	1,00578	10	1,07142	19	1,14076
2	1,01296	11	1,07893	20	1,14876
3	1,02015	12	1,08648	21	1,15682
4	1,02736	13	1,09407	22	1,16494
5	1,03460	14	1,10171	23	1,17313
6	1,04188	15	1,10939	24	1,18140
7	1,04920	16	1,11713	25	1,18975
8	1,05656	17	1,12494	26	1,19818
9	1,06397	18	1,13282		

Aus einer gesättigten $NaCl$-Lösung scheidet jedes Äquivalent HCl ein Äquivalent $NaCl$ aus. Beim Einleiten von gasförmigem HCl in eine Kochsalzlösung wird alles $NaCl$ bis auf einige Tausendstel ausgefällt. Die Löslichkeit von $NaCl$ in gesättigter $MgCl_2$-Lösung ist sehr gering (*Kali* 1915, 151); dasselbe gilt für die Löslichkeit in $CaCl_2$-Lösung. In absolutem Alkohol ist $NaCl$ nur wenig löslich, während in Alkohol-Wasser-Gemischen mit steigendem Wassergehalt seine Löslichkeit zunimmt. Durch Wasserdampf wird es bei Temperaturen über 500^0 erheblich zersetzt. In lufthaltiger $NaCl$-Lösung wird Stahl stark angegriffen, Gußeisen dagegen zeigt keine Korrosion (GIRARD, *Compt. rend. Acad. Sciences* 181, 552 [1923]).

Vorkommen. Natriumchlorid ist weit verbreitet in der Natur und kommt in fast allen festen und flüssigen Teilen der Erdrinde vor. In krystallinischer oder krystallinisch-körniger Beschaffenheit findet es sich entweder als festes Steinsalz, große zusammenhängende Lager bildend, rein oder mit anderen Salzen vermengt, oder in lockerer Bildung als Folge von Ausblühungen des Bodens in Wüsten oder Steppen und am Rande von Salzseen. In Lösung ist es besonders im Meerwasser als Hauptbestandteil der darin gelöst vorkommenden Salze, dann auch in Salzseen und Solquellen vorhanden. Das Steinsalz gehört zu den am meisten verbreiteten nutzbaren Mineralien. Es findet sich in fast allen geologischen Formationen der Sedimentgesteine. Alle Länder der Erde sind mehr oder weniger reich an Steinsalzlagern, sei es, daß diese sich in tieferen Schichten befinden oder direkt an der Oberfläche zutage treten. Die wichtigsten Salzlager sind jedoch diejenigen des oberen Zechsteins, wie sie besonders in Mittel- und Norddeutschland in großer Ausdehnung vorkommen und durch gleichzeitiges Vorhandensein ungeheurer Mengen Kalisalze ausgezeichnet sind. Große Salzlager besitzen namentlich die Vereinigten Staaten von Nordamerika, so z. B. in Kansas und Neu-Mexiko und besonders in Columbien, welch letzteres zu den größten der Welt gehört (*Chem.-Ztg.* 1927, 8).

In gewaltigen Mengen kommt Natriumchlorid in gelöster Form in den Meeren vor. Es bildet den Hauptbestandteil der im Meerwasser gelösten Salze. Jedoch ist der Salzgehalt der einzelnen Meere verschieden, u. zw. wird die Zusammensetzung des Meerwassers in verschiedenen Gegenden beeinflußt durch die Zufuhr von Süßwasser vom Lande her und durch Regenwasser, durch Verdunstung in der heißen Zone und Ausgefrieren in den Polargegenden. Die Gesamtmenge der im Wasser einiger Meere gelösten festen, bei 100^0 getrockneten Salze ist folgende:

	Nach FORCHHAMMER	Nach ROTH
Atlantischer Ozean . . .	3,5 — 3,6%	3,55 — 3,56%
Mittelländisches Meer .	3,3 — 3,8%	3,64 — 3,93%
Adriatisches Meer . .	—	4,05%
Schwarzes Meer	1,58 — 1,77%	1,75%

Die feste Masse enthält in Prozenten (nach DAMMER, Handbuch der Chem. Techn. 1895, I, 214):

	Atlant. Ozean	Nordsee	Ostsee[1]	Mittelmeer	Schwarzes Meer
$NaCl$	77,03	78,04	79,11	77,07	79,39
KCl	3,89	2,09	2,51	2,48	1,07
$MgCl_2$	7,86	8,81	8,00	8,76	7,38
$NaBr$ }					
$MgBr_2$ }	1,30	0,28	--	0,49	0,03
$MgSO_4$	5,29	6,58	5,98	8,34	8,32
$CaSO_4$	4,63	3,82	4,40	2,76	0,60
$CaCO_3$, $MgCO_3$ . . .	--	0,18	--	0,10	3,21

[1] Nach FÜRER, Salzbergbau- und Salinenkunde.

Salzseen kommen meist in Steppen und abflußlosen Niederungen vor und erhalten ihren Salzgehalt teils durch Salzflüsse, teils durch Auslaugen salzführender Bodenschichten. Im Gouvernement Astrachan gibt es neben unzähligen Salzmorästen etwa 700 salzausscheidende Seen, von denen der Eltonsee der wichtigste ist. Weitere Salzseen sind der große Salzsee von Utah, die Salinas in Südamerika, welche in der nassen Jahreszeit Salzlaken bilden, im Sommer aber trocken sind. Aktuelles Interesse beanspruchen jedoch besonders das Tote Meer, der Searlessee in Kalifornien und der Karabugasee an der Ostküste vom Kaspischen Meer, da eine Ausbeutung, wenigstens der beiden ersteren, in großzügiger Form schon betrieben wird oder in Vorbereitung ist. Die Zusammensetzung des Wassers dieser 3 zuletzt genannten Seen ist folgende in *Gew.-%* :

	Totes Meer[1]	Karabugasee[2]		Searlessee[3]
$NaCl$	7,93	10,55		16,50
KCl	1,43	--		4,82
$MgCl_2$	10,31	5,30	Na_2CO_3 . . .	4,80
	--	--	$Na_2B_4O_7$ . . .	1,51
$CaSO_4$	0,14	0,45	$NaBr$	0,109
$MgBr_2$	0,52	--	Na_3HPO_4 . . .	0,155
$CaCl_2$	3,69	--		--
Na_2SO_4	--	4,80		6,82

[1] Nach OST, Chem. Techn. 1925, 83. — [2] Nach KURNAKOW. — [3] Nach TEEPLE.

Unter Solquellen versteht man die natürlichen wässerigen Lösungen des Kochsalzes, welche teils frei aus den Gesteinsschichten zutage treten, teils durch Solschächte oder Bohrlöcher aufgeschlossen werden müssen. Die meisten natürlichen Solen sind nicht reichhaltig genug, um sie unmittelbar auf Siedesalz verarbeiten zu können. Sie werden deshalb vorher nach verschiedenen Verfahren an Kochsalz angereichert (s. u.).

Über die Entstehung der Salzlager ist früher heftig gestritten worden, und auch heute sind die Ansichten darüber noch geteilt. Doch ist die Annahme von A. v. HUMBOLDT und v. BUCH, daß das Salz aus dem flüssigen Erdinnern stammen müsse und durch vulkanische Kräfte von unten heraufgepreßt worden sei, wohl endgültig aufgegeben. Vielmehr herrscht kaum noch ein Zweifel darüber, daß alle bekannten Salzlager, bis auf einige wenige Ausnahmen, ihren Ursprung im Meerwasser haben. Zu dieser Erkenntnis haben besonders die Versuche von USIGLIO über das Verdunsten von Meerwasser beigetragen. Später hat dann OCHSENIUS mit der von ihm aufgestellten Theorie, daß die ursprüngliche Salzabscheidung durch Verdunsten eines durch eine Barre abgesperrten Binnenmeeres entstand, das vom Ozean immer neue Wassermengen zugeführt erhielt, eine annehmbare Erklärung für die außerordentliche Mächtigkeit der deutschen Salzlager und die nacheinander folgende Abscheidung von Steinsalz, Anhydrit, Polyhalit, Kieserit, Carnallit gegeben. Über die Arbeiten VAN'T HOFFS und seiner Schüler, betreffend die ozeanischen Salzablagerungen, welche wesentlich zur Klärung der Ansichten über die chemischen Vorgänge bei der Entstehung der Salzlager beigetragen haben, s. Bd. VI, 318 ff. In neuerer Zeit haben verschiedene Forscher Einwendungen gegen die Barrentheorie von OCHSENIUS erhoben, da sie für manche Erscheinungen in der Struktur der Salzlager keine genügende Erklärung gibt. So hat FULDA neuerdings (*Kali* 1939, 73) die Barrentheorie einer kritischen Untersuchung unterworfen und kommt zu der Schlußfolgerung, daß, im Gegensatz zu OCHSENIUS, die Verbindung zwischen Ozean und Zechsteinsenke so weit gehemmt war, daß Unterschiede im Wasserstand auftreten konnten, wobei das Zechsteinmeer zur Zeit der Salzbildung nur durch unterirdische Salzwasserzuflüsse genährt wurde. Das Fehlen von Jodsalzen in den deutschen Salzlagerstätten wird damit erklärt, daß der größte Teil der Mutterlaugen, nach Abscheidung der Kalisalze, und vor allen Dingen die leichtlöslichen Jodsalze sowie der größte Teil des Brom- und Chlormagnesiums dem Festwerden unter dem Einfluß der Sonnenstrahlen widerstanden und in Lösung blieben, bis sie schließlich durch Süßwasser aufgenommen und verdünnt wurden (FULDA, l. c.). Was das nachträgliche Aufsteigen des Steinsalzes an einzelnen Stellen anbetrifft, so hat LACHMANN (*Kali* 1910, 161 ff.; 1912, 418) nachgewiesen, daß die Zechsteinsalze vielfach darüberliegende Sedimente durchbrochen haben und pfeilerartig aufgestiegen sind. ARRHENIUS erklärt dies durch ihr im Vergleich zu den umgebenden Sedimenten geringeres *spez. Gew.* und ihre von RINNE nachgewiesene Plastizität unter hohem Druck.

Bei der *Gewinnung* von Stein- oder Kochsalz in möglichst reiner Form kommen hauptsächlich 3 Verfahren zur Anwendung: 1. Bergmännischer Abbau der Steinsalzlager, welchem sich vielfach eine Aufbereitung des Fördergutes anschließt, 2. Verdunstung des Meerwassers bzw. des Wassers mancher Salzseen durch die Sonnenwärme und 3. Eindampfen von Salzsolen, sowohl der als Salzquellen hervortretenden als auch der Solen, die durch Auslaugen tonhaltiger Salzlager hergestellt werden, unter Aufwand von Brennmaterial.

Da die meisten Steinsalzlager durch Tiefbau aufgeschlossen werden müssen, erfordert die bergmännische Gewinnung des Steinsalzes kostspielige Schachtanlagen. Trotzdem wird in Deutschland bei weitem der größte Teil des produzierten Kochsalzes durch die Bergwerke geliefert, da es bedeutend billiger als das Siedesalz ist und letzterem aus diesem Grunde und auch wegen seiner größeren Reinheit für manche Zwecke, z. B. in der Chemischen Industrie, vorgezogen wird. Die deutsche Steinsalzgewinnung ist zum großen Teil ein Nebenbetrieb der Kaliwerke. Die Gewinnung von Kochsalz durch Verdunstung des Meerwassers oder des Wassers von Salzseen durch Sonnenwärme, welches Verfahren die geringsten Kosten verursacht, findet nur in den wärmeren Ländern statt. Das Mittelmeer ist wegen seines hohen Salzgehaltes und der günstigen klimatischen Lage zur Salzgewinnung an seinen Küsten besonders geeignet. In Gegenden mit gemäßigtem Klima, wo ein besonderer Wärmeaufwand für die Salzausscheidung erforderlich ist, erfolgt diese nach dem 3. Verfahren aus Salzquellen oder Solen, wobei jedoch nur solche Solen zur Verdampfung gelangen, welche genügend an Kochsalz angereichert sind. Diese Art der Salzgewinnung ist die umständlichste und teuerste, liefert aber immer noch in Deutschland den größten Teil des als Speisesalz zum Absatz gelangenden Kochsalzes, was weniger auf seine Reinheit als auf seine lockere, voluminöse Beschaffenheit und schnellere Löslichkeit gegenüber dem Steinsalz zurückzuführen ist. Doch ist es in neuerer Zeit den Bergwerken gelungen, ein Tafel- und Speisesalz auf den Markt zu bringen, das dem Siedesalz bezüglich obiger Eigenschaften nicht nachsteht.

1. Steinsalzgewinnung. Für die bergmännische Gewinnung ist nur das in größeren festen Massen, rein oder mit wenig Gestein vorkommende Steinsalz geeignet. In Norddeutschland wird hauptsächlich das sog. jüngere Steinsalz, das unter dem Buntsandstein liegt, abgebaut. Dieses kommt meistens in solcher Reinheit vor, daß es nach dem Vermahlen auch als Speisesalz gebraucht werden kann. Seine Zusammensetzung ist nach PRECHT im Durchschnitt vieler Analysen:

NaCl	CaSO₄	MgSO₄	KCl	Unlösliches	H₂O
97,83	0,68	0,51	0,46	0,27	0,25

Das in viel größeren Massen vorkommende ältere Steinsalz hat dagegen nur 90—95% *NaCl*, weshalb es im allgemeinen nicht zutage gefördert wird. Über die Aufsuchung, Aufschließung und den Abbau der Salzlager s. Kaliindustrie (Bd. **VI**, 321 ff.). Der Abbau des Steinsalzes ist wegen seines festeren Zusammenhanges einfacher als der der Kalisalze. Es gestattet den Aushieb weiter Räume mit wenigen Sicherheitspfeilern aus fester Masse, und man ist nicht genötigt, die Hohlräume nachträglich mit anderem Material auszufüllen. In Deutschland wendet man den sog. Pfeilerbau an, indem man parallelepipedische Räume von etwa 100 m Länge, 15—25 m Breite und 7—9 m Höhe abbaut, zwischen welchen Pfeiler von derselben Länge und etwa 10 m Breite stehenbleiben. Nach einer Verfügung der Bergbehörde müssen Abbauräume, welche obige Maße überschreiten, mit Bergen versetzt werden. In den Karpathenländern treibt man, im Gegensatz zu Deutschland, Glockenbau, welcher dadurch gekennzeichnet ist, daß das Salzlager von einem Schachte aus in glockenartigen Hohlräumen von oben nach unten stoßartig gewonnen wird. Bei nicht zusammenhängenden, ungleichmäßigen Salzlagern wird auch der sog. Kammerbau angewendet, bei welchem an Stelle der glockenförmigen Baue parallelepipedische Hohlräume hergestellt werden, die sich aneinanderreihen.

Das in Stücken bis zu Zentnerschwere zutage geförderte Steinsalz wird in Mühlen zerkleinert, deren Einrichtung sich nur wenig von der für die Vermahlung der Kalisalze gebräuchlichen unterscheidet (Bd. VI, 324). Nur führt man beim Steinsalz während des Mahlprozesses in der Regel eine Anreicherung herbei, indem man das zunächst in etwa walnußgroße Stücke gebrochene Material vor dem Feinmahlen auf Lesetische, die sich um eine senkrechte Achse drehen und mit Abstreichern versehen sind, oder auf endlose Bänder bringt. Dort werden die leicht erkennbaren Anhydrit- und Gipsstücke durch Arbeiter ausgelesen. Das Mahlgut gelangt dann auf Steinmühlen, die nach der gewünschten Korngröße einstellbar sind, so daß man Salz von feinster Körnung bis zu Maiskorngröße erhalten kann. Das feingemahlene Salz wird mitunter noch durch Sieben in verschiedene Korngrößen zerlegt und von dem beigemengten Salzstaub befreit. Die zur etwaigen Denaturierung erforderlichen Zusätze erfolgen bei der Grobmahlung. Durch diese Aufbereitung kann das Fördergut, das durchschnittlich etwa 97% $NaCl$ enthält, leicht auf den vom Verbraucher in der Regel verlangten Gehalt von 98—99% gebracht werden.

Während die meisten Kaliwerke die beim Verlösen von Sylvinit zurückbleibenden Rückstände wegen des hohen Anhydrit- und Tongehaltes und anderer Beimengungen als Versatz in die Grube zurückschicken oder auf Halden stürzen müssen, sind einige Werke, besonders in der Gegend von Hannover, in der Lage, ihre Sylvinitrückstände nach sorgfältigem Ausdecken als Gewerbesalz an die Industrie absetzen zu können, da die Kalisalze dieser Flöze nur Steinsalz, aber keine anderen Salze als Beimengung enthalten.

Wie schon oben erwähnt, gehen die Bestrebungen der Steinsalz fördernden Werke dahin, ein dem Siedesalz in seinen Eigenschaften möglich gleichwertiges Produkt herzustellen. So schlägt das D. R. P. 381 044 vor, zwecks Erzielung eines voluminösen Produktes dem Fördersalz vor dem Mahlen Calciumchlorid, Magnesiumchlorid oder die Doppelsalze des letzteren in fester Form und in kleinen Mengen zuzusetzen und das Ganze auf das feinste zu vermahlen. Nach D. R. P. 407 988 wird zur Auflockerung und Erhöhung der Löslichkeit von bergmännisch gewonnenem Steinsalz dem feingemahlenen staubtrocknen Fördersalz als Auflockerungsmittel ein Natriumchlorid zugesetzt, das entweder durch Ausfällen aus *konz.* $NaCl$-Lösung oder durch einen Schlämmprozeß erhalten wurde. Ein lockeres Speisesalz soll gemäß D. R. P. 441 563 durch Zusatz von Bittersalz erhalten werden, welches als Ausgleicher für die Feuchtigkeitsschwankungen wirken soll.

Auch eine Aufbereitung des Steinsalzes auf nassem Wege zur Gewinnung eines guten Konsumsalzes ist vielfach vorgeschlagen worden. D. R. P. 276 344 beschreibt eine Vorrichtung, mittels welcher man durch Befeuchten und Beuteln des feingemahlenen Salzes ein nicht backendes Produkt erhalten soll. Nach dem Zusatzpatent D. R. P. 291 265 soll das feingemahlene Steinsalz mit einer Lösung eines hygroskopischen Salzes, wie z. B. Calciumphosphat, in Wasser angefeuchtet und vermischt werden. Ein von seinen löslichen und zum größten Teil auch von seinen unlöslichen Beimengungen befreites Salz erhält man nach D. R. P. 282 952 durch Digerieren des gemahlenen Fördergutes bei 50—80° mit einer mit Salzsäure angesäuerten, an $NaCl$ gesättigten Lösung. Auch durch Anfeuchten, Vermischen und Trocknen des in der gewünschten Körnung vorgemahlenen Salzes mit einer Lösung von reinem $NaCl$ soll ein nur wenig hygroskopisches, streufähiges Tafelsalz erhalten werden (D. R. P. 299 261). Nach D. R. P. 392 089 wird ein leichtlösliches, reines und sehr lockeres Produkt durch Schlämmen des feingemahlenen Steinsalzes mit einer gesättigten $NaCl$-Lösung erhalten. Das anfallende Grobsalz wird einem Naßmahlverfahren in derselben Flüssigkeit unterworfen und dann weitergeschlämmt. Ein Verfahren zur Herstellung von Streusalz aus Steinsalzpuder beschreibt das D. R. P. 421 788, wonach der Salzpuder mit einer gesättigten $NaCl$-Lösung angefeuchtet und die Masse möglichst schnell getrocknet und wieder vermahlen wird.

Nach ZELLNER (*Chem.-Ztg.* 1930, 193) ist es durch diese verschiedenen Maßnahmen allmählich gelungen, ein nach jeder Richtung hin einwandfreies, dem
Siedesalz ebenbürtiges Steinsalz herzustellen. Die große Reinheit des Speise-Stein-
salzes wird von ihm durch folgende Durchschnittsanalysen belegt:

	NaCl	CaSO₄	MgSO₄	Na₂SO₄	KCl	Unlösliches	Wasser
Durchschnitt aus 100 Analysen 1928/1929 . .	99,06	0,46	0,06	0,13	0,08	0,13	0,08
Durchschnitt von weiteren 103 Analysen Ende 1929	98,71	0,55	0,23	0,12	0,16	0,14	0,09

Durch eine Reihe von Versuchen hat ZELLNER festgestellt, daß von einer
schweren Löslichkeit der für den Genuß bestimmten Steinsalzsorten gegenüber
dem Siedesalz nicht die Rede sein kann.

Gelegentlich wird Steinsalz auch durch Schmelzen aufbereitet, doch kommt
hierfür durchweg nur minderwertiges Gut in Frage. Diese Art der Gewinnung
von Kochsalz ist von allen die teuerste.

Nach *D. R. P.* 69592 reinigt man Steinsalz vom beigemengten Ton, indem man es in basisch
ausgefütterten Öfen unter Zugabe von Erdalkali, Alkali oder deren Carbonaten oder Silicaten
schmilzt. Nach *D. R. P.* 171 714 und 206 569 treibt man durch das geschmolzene Steinsalz Luft,
Wasserdampf, Kohlensäure, Generatorgas oder ein anderes Verbrennungsgas für sich oder in
Mischung hindurch und überläßt hierauf die Schmelze der Ruhe zwecks Abscheidung der Verunreinigungen. MC TEAR (*D. R. P.* 206 410, 206 833) setzt das geschmolzene Rohsalz zunächst einer
kräftigen Durchmischung mittels geeigneter mechanischer Rührwerkzeuge aus, worauf die Schmelze
geklärt wird. Zwecks Herstellung eines dem leichten Siedesalz ähnlichen Speisesalzes aus feuer-
flüssigem *NaCl* wird in das flüssige Salz Druckluft oder ein anderes Gas bis zur Vollendung der
Krystallisation und Abkühlung des Krystallproduktes eingeblasen (*D. R. P.* 269 427). Nach *D. R. P.*
322 392 leitet man das geschmolzene Salz in ständigem Fluß so langsam durch eine oder mehrere
Pfannen, daß es sich durch Sedimentation, durch Hindurchleiten von Luft oder auf eine andere
Weise klären läßt. *D. R. P.* 323 839 beschreibt einen Apparat zur kontinuierlichen Herstellung eines
körnigen Produktes aus der Salzschmelze. Nach *D. R. P.* 432 419 wird in dem geschmolzenen Steinsalz *CaSO₄* mittels Kohle reduziert und das sich abscheidende *CaS* durch Abziehen von der Masse
getrennt. Das SALZWERK HEILBRONN bringt das gemahlene, einige Prozente Ton, Anhydrit und
Calciumcarbonat enthaltende Fördergut in SIEMENS-Schmelzöfen, die 2 Etagen besitzen. In der
oberen Etage wird das Salz ausgeschmolzen, wobei der größte Teil der Verunreinigungen zurück-
bleibt, während das abfließende Salz sich in dem unteren als Becken ausgebildeten Ofen ansammelt.
Nach Zusatz von etwas Kalk wird Luft während 15—20′ in die Schmelze gepreßt, wodurch eine
Oxydation der organischen Beimengungen und Abscheidung von Eisen und Tonerde erzielt wird.
Nach dem Lufteinblasen läßt man die Verunreinigungen zu Boden sinken, wobei öfters mit einem
Löffel Proben der Schmelze entnommen werden. Sobald der anfangs auftretende schwärzliche
Niederschlag verschwunden ist, wird das Salz mit etwa 1000° in rotierende eiserne Pfannen abgelassen,
in welche eiserne Rechen hineinragen. Hier erstarrt die Schmelze zu einer blendendweißen, körnigen
Masse, die durch Trommelsiebe in 4—5 Sorten verschiedener Körnung getrennt wird. Das so
gereinigte Produkt kommt als „Hüttensalz" in den Handel und enthält 1,2—1,6% *CaSO₄*,
0,028% *CaO* und 0,043% *Na₂CO₃*. In Wasser löst es sich etwa doppelt so langsam als Siedesalz
(*Chem.-Ztg.* 1916, 6, 28). Die besondere Herstellung von Lecksteinen für das Vieh, bei welcher
es auf das Formen des Salzes mit den vorgeschriebenen Vergällungsmitteln zu festen und haltbaren
Steinen ankam (unter Zusatz von Wasser oder Sole und darauffolgendes Trocknen und Brennen in
einem Ofen), erübrigt sich heute nach Aufhebung jeglicher Salzsteuer (s. u.).

2. Seesalzgewinnung. Bei der Gewinnung von Kochsalz aus Meerwasser oder
aus Salzseen benutzt man die Sonnenwärme und die Wirkung warmer trockener
Luft. Ein Versieden des Meerwassers, gewöhnlich nach vorheriger Anreicherung,
kommt nur dann in Frage, wenn billiges Brennmaterial zur Verfügung steht und
die Konkurrenz anderen Salzes nicht vorhanden ist. Weit verbreiteter ist die Gewinnung von Seesalz in den Salzgärten durch freiwillige Verdunstung. Das Verfahren wird in Europa an den atlantischen und Mittelmeerküsten von Frankreich,
Spanien, Portugal, Italien, Dalmatien und Griechenland, in Amerika an der kali-
fornischen Küste angewendet. Liegen die Salzgärten niedriger als der Wasserspiegel,
so läßt man das Meerwasser ohne künstliche Hebung, unter Ausnutzung der Flut-
zeiten, in den höchstgelegenen Hauptbehälter laufen, wobei der Zufluß durch
Schleusen geregelt wird. Bei höherer Lage der Salzgärten wird das Meerwasser
durch Schöpfräder oder Pumpen in den obersten Behälter gehoben, wo es sich

klärt. Das geklärte Wasser gelangt von hier in flache Becken von $1-1500$ *ha* Fläche, die durch niedrige Dämme mit den erforderlichen Einlaßöffnungen in zahlreiche rechtwinklige Abteilungen zerlegt sind. Die gut nivellierte Sohle und die abgeböschten Seitenwände der Behälter werden mit gut zubereitetem fetten Ton ausgestampft. Zweckmäßig werden sie noch mit einem Filz aus einer Algenart (Micrococcus corvium) bedeckt, um das Salz leichter ablösen und frei von Ton halten zu können. In den vordersten Beeten verdunstet das Wasser so weit, daß sich das Eisenoxyd, Calciumcarbonat und der größte Teil des Gipses ausscheidet. Mit 25^0 *Bé* gelangt die Salzlösung dann zur Kystallisation des Seesalzes in 3 Gruppen von Krystallisationsbassins, die sehr sorgfältig hergestellt sind. In der ersten Gruppe geht die Konzentration bis 27^0 *Bé*, hier wird das reinste Salz erhalten, das als Speisesalz dient. Bei weiterer Eindunstung im nächsten Beet bis auf 29^0 *Bé* wird ein etwas chlormagnesiumreicheres Produkt erhalten, das als Gewerbesalz abgesetzt wird. In der dritten Beetgruppe wird bei Einengung der Mutterlauge auf $32{,}5^0$ ein durch Magnesiumsalze stark verunreinigtes Produkt gewonnen, das mit Vorliebe zum Einsalzen von Fischen Verwendung findet. Das Füllen der Beete beginnt im April, und der Betrieb der Salzgärten dauert meist ununterbrochen bis Ende August, worauf das Einernten des Salzes erfolgt. Die Mutterlauge wird entweder in das Meer zurückgepumpt oder durch weiteres Verdunsten auf die „sels mixtes", ein Gemisch von *NaCl* und Bittersalz, verarbeitet, aus welchem nach einem von Balard in Giraud eingeführten Verfahren Glaubersalz gewonnen wird. Die von den „sels mixtes" getrennte Mutterlauge wird auch heute noch nach einem gleichfalls von Balard stammenden Verfahren in Giraud auf Kalium-Magnesiumsulfat (Schönit) verarbeitet (Balard, *Bull. Soc. Encour. Ind. Nationale* 44, 30 [1845]. Übersetzung in *Kali* 1922, 153). Übrigens sind in Giraud in neuester Zeit moderne Verdampfapparate in Betrieb genommen worden (Ost, Chem. Techn., 14. Aufl., S. 84).

Das in den Salzgärten erhaltene Kochsalz ist durch seinen erheblichen $MgCl_2$-Gehalt stark hygroskopisch. Um eine bessere Qualität zu erzielen, wird es zu viereckigen oder runden Haufen zusammengebracht und einige Monate im Freien liegen gelassen, wobei der auffallende Regen eine gewisse Reinigung von der anhaftenden Mutterlauge bewirkt. Will man eine erstklassige Ware erzielen, so wird das rohe Salz einem besonderen Waschprozeß unterworfen, wie z. B. nach dem *F. P.* 593 279. Je nach der Witterung macht man in manchen Salzgärten im Laufe des Sommers $2-3$ Ernten, von denen die erste das beste Salz liefert. Die Ausbeute an Salz ist sehr von Klima und Witterung abhängig. In Südfrankreich liefert 1 *ha* $45-178$ *t*, an der atlantischen Küste nur $4-28$ *t*. Die Farbe ist weiß, grau oder rötlich. (Näheres hierüber s. auch *Chem. Age* 15, 390 [1926].)

Analysen von Seesalzen.

| | Aus Südfrankreich | | | | Aus der Bretagne | Aus Portugal | | | Von San Felice bei Venedig |
| | Peccais | Berre bei Giraud | | | | Setubal | | | |
		I. Sorte	II. Sorte	III. Sorte		I. Sorte	II. Sorte	III. Sorte	
NaCl . . .	94,35	97,10	94,21	91,22	87,97	95,19	89,19	80,09	95,91
KCl	—	—	Spur	0,12	—	—	—	—	Na_2SO_4 0,40
MgCl₂ . . .	0,45	0,10	0,38	1,30	1,58	—	—	—	0,46
MgSO₄ . . .	0,21	0,22	0,51	0,61	0,50	1,69	6,20	7,27	0,40
CaSO₄ . . .	1,04	1,12	0,62	0,44	1,65	0,56	0,81	3,57	0,49
Unlösliches .	0,12	0,05	0,03	0,05	0,80	0,11	0,20	0,20	1,16
Wasser . . .	3,90	1,40	4,20	5,76	7,50	2,45	3,60	8,36	2,58

Die Kochsalzgewinnung aus Salzseen findet in wärmeren Ländern in ähnlicher Weise statt, so z. B. am großen Salzsee in Utah. Das erhaltene Produkt enthält etwas Natriumsulfat, zu dessen Beseitigung es in einer Trommel getrocknet und durch einen Ventilator von dem feinen Staub befreit wird.

4*

Es sind auch einige Vorschläge zur andersartigen Verarbeitung von Meerwasser gemacht worden. So wird nach dem Verfahren der SIEMENS-SCHUCKERTWERKE (*D. R. P.* 390 393) das Meerwasser in einem die Strahlungswärme der Sonne aufnehmenden Vakuumgefäß verdampft. Dieses ist an den Teil seiner Wandung, der den Sonnenstrahlen ausgesetzt wird, mit Rippen versehen, die in das Salzwasser hinabreichen. In einem Vorwärmer wird das Salzwasser durch den im Vakuumgefäß erzeugten Dampf vorgewärmt. NICOLI MARITANO (*Giorn. Chim. ind. appl.* 7, 254 [1925]) will ohne Reinigungsprozeß und ohne Aufwand von Brennstoffen reines Kochsalz aus Seewasser erhalten, indem er dieses im heißen Klima der freiwilligen Verdunstung bis zu 38° *Bé* unterwirft und dann mit höchst *konz.* $MgCl_2$-Lösung (400–420 *g/l*) versetzt. Es soll ein Produkt mit 99% *NaCl* erhalten werden.

3. Siedesalzgewinnung. Während die Gewinnung von Seesalz für Deutschland völlig bedeutungslos ist, ist jedoch die Verarbeitung von Salzsolen auf Siedesalz von großer Wichtigkeit, da dieses insbesondere als Speisesalz dem aus Steinsalz gewonnenen immer noch vorgezogen wird. Zur Versiedung gelangen natürliche Solen, die frei zutage treten oder durch Aufschließung des Gebirges freigelegt worden sind, sowie künstlich durch Auflösen von Steinsalz hergestellte Solen. Die ersteren sind meist nicht stark genug und bedürfen noch einer Anreicherung. Nahezu gesättigte Solen erhält man durch Niederbringen von Bohrlöchern bis zum Liegenden des Steinsalzlagers. Der obere Durchmesser dieser Bohrlöcher beträgt 30–50 *cm*. Gewöhnlich sammelt sich in ihnen genügend Wasser an, um ein kontinuierliches Pumpen starker Sole zuzulassen, andernfalls wird von oben künstlich Wasser zugeführt. Diese Art der Solgewinnung ist zwar billiger als jede andere, doch bleiben beträchtliche Massen der Salzlager unbenutzt und gehen beim Zusammenbrechen der ausgesolten Hohlräume verloren. Es ist deshalb wirtschaftlicher, die Salzlösung durch planmäßiges Aussolen der Lager in den Bergwerken herzustellen. Hierzu werden gewöhnlich die weniger reinen, mit Ton und Anhydrit verunreinigten Steinsalzlager verwendet. Zum Auffahren von Strecken wird das Leitungswasser in feinen Strahlen gegen den Steinsalzstoß gespritzt, um die Räume für das Aussolen selbst herzustellen. Die salzhaltigen Spritzwasser sammeln sich auf der Sole, wo sie durch einen Damm von 4 *m* Länge und 1 *m* Höhe am Abfließen gehindert werden, damit sie sich durch hineingeworfenes Steinsalz noch anreichern können. Durch ein in den Damm verlegtes Rohr wird die Sole nach oben gepumpt. Man solt auch kesselförmige Hohlräume in der Decke der Strecke mittels eines nach Art des SEGNERschen Wasserrades drehbaren Spritzrohres aus.

Die schwachen Solen bedürfen der Anreicherung durch Vorrichtungen oder Verfahren, die eine Verwendung künstlicher Wärmequellen unnötig machen. Diese Anreicherung geschieht entweder durch Verdunsten an der Luft (Gradierung) oder dadurch, daß man der Sole Steinsalz zusetzt, welches sich in ihr löst.

Für die Gradierung von Solen sind eine ganze Anzahl von Vorrichtungen und Verfahren (z. B. Dach- und Sonnengradierung) vorgeschlagen worden, doch kommt für einen Großbetrieb wohl ausschließlich die Dorn- oder Tröpfelgradierung in Frage. Man läßt die Sole in möglichst gleichmäßiger Verteilung über Reisigwände tröpfeln, die aus Schwarzdorn aufgebaut sind. Die Sole bleibt hierbei möglichst lange Zeit mit der Luft in Berührung, wobei das Wasser durch Einwirkung von Wind und Sonnenwärme rasch verdunstet. Die Sole sammelt sich in einem Bassin unterhalb des Gradierwerkes. An den Dornen setzen sich die Nebenbestandteile der Sole, wie Gips und die Carbonate von *Ca, Mg, Fe* und *Mn*, zum Teil ab und bilden den sog. Dornstein. Durch wiederholtes Gradieren kann die Sole beträchtlich, u. zw. bis zu 20–25% *NaCl*, angereichert werden. Etwa alle 5 Jahre müssen die Dornen erneuert werden, weil der starke Steinansatz den Luftwechsel beeinträchtigt. Der von den Dornen abgeklopfte Dornstein enthält etwa 97–98% $CaSO_4$, neben geringen Mengen $CaCO_3$, K_2SO_4 u. s. w. und wird als Düngemittel verkauft. Der Betrieb der Gradierwerke, welche vielfach eine Länge bis zu 2000 *m* haben, ist wegen der Erhaltungs- und Erneuerungskosten ziemlich teuer, weshalb sie wohl nur noch für Luftkurorte arbeiten.

Eine bessere und billigere Anreicherung der Solen wird erzielt durch Berieselung von Steinsalz. Diese geschieht in Holzkästen, die 30 *cm* über dem Boden einen Holzrost besitzen, wobei die Sole gewöhnlich durch 4—6 Kästen, die terrassenförmig angeordnet sind, fließt.

Reinigung der Solen. Bei den meisten Solen ist eine Reinigung nicht zu umgehen, da ihre Nebenbestandteile die Farbe und Beschaffenheit des Siedesalzes ungünstig beeinflussen können. Man sucht daher diese Stoffe durch Anwendung von mancherlei Verfahren vor der Salzausscheidung zu entfernen. So werden z. B.

bei der Gradierung schon die Eisenverbindungen, Erdalkalicarbonate und der Gips als Dornstein abgeschieden. Organische Stoffe werden beim Zusatz von etwas Ätzkalk durch die sich ausscheidende Magnesia niedergerissen. Organische Stoffe, die sich als Haut über die Sole legen und auch beim Aufwallen nicht genügend koagulieren, können durch Zusatz von Blut, Eiweiß u. s. w. zu der siedenden Sole niedergeschlagen werden. Dabei wird auch noch etwa vorhandenes Eisen ausgefällt. Magnesiumsulfat wird am einfachsten durch Kalkmilch beseitigt. Zur Verringerung des $MgCl_2$-Gehaltes wird am besten Soda zugesetzt, eine Fällung mit Ätzkalk ist unzweckmäßig, da das sich bildende $CaCl_2$ dieselben üblen Eigenschaften wie das $MgCl_2$ besitzt.

Zur fast völligen Ausfällung von Calcium und Magnesium wird nach D. R. P. 55976 der Sole Trinatriumphosphat in genügender Menge zugesetzt. Nach D. R. P. 342210 werden Calcium und Magnesium durch berechnete Mengen Ätzkalk und nachfolgenden Zusatz von Soda ausgefällt, während sie nach D. R. P. 115677 und 115678 durch Elektrolyse einer entsprechenden Menge $NaCl$ und nachfolgendes Einleiten von CO_2 ausgeschieden werden. Zur Befreiung der Sole von Gips wird sie nach den D. R. P. 118451, 140604, 140605, 142856, 146713 mit großen Mengen $CaCl_2$ oder Na_2SO_4 versetzt und der letzte Rest von $CaSO_4$ durch $BaCl_2$ oder Na_2CO_3 entfernt. Letzteres Salz kann erspart werden, wenn man der Sole neben Na_2SO_4 noch Ätzkalk zusetzt. MITTENBERG (Chem. Ztrlbl. 1927, I, 2764) empfiehlt ein Sulfatverfahren zur Reinigung von Sole, das in 3 Operationen ausgeführt wird: Zusatz von Na_2SO_4 und $Ca(OH)_2$, Einleiten von CO_2 (Rauchgasen), Fällung durch Soda.

Außer diesen rein chemischen Verfahren zur Entfernung des Gipses aus der Sole sind auch andere vorgeschlagen worden, um ihn auf mechanischem Wege während des Verdampfens, jedoch vor der Salzausscheidung, zu entfernen.

Nach D. R. P. 206409 wird die Salzrohlösung frei derart über geheizte Verdampfkörper herabfallen gelassen, daß sich auf diesen lediglich der in der Sole enthaltene schwerlösliche Gips absetzt. Das D. R. P. 365269 schlägt vor, die Sole in dünner Schicht so schnell über die Außenseite von innen mit Dampf beheizten senkrechten Hohlkörpern rieseln zu lassen, daß der ausscheidende Gips keine Zeit zum Festsetzen an den Wandungen des Heizkörpers findet. PASSBURG und B. BLOCK (D. R. P. 242074) benutzen einen Schnellstromvorwärmer (Bd. I, 2, Abb. 1), den die auf 105° erhitzte und dadurch mit Gips übersättigte Sole mit großer Geschwindigkeit durchströmt. In den sich anschließenden Schlammfängern verschwindet die Übersättigung, und der Gips scheidet sich als leicht entfernbarer Schlamm ab. HORNUNG (D. R. P. 501306) nimmt die Vorwärmung der Sole in oben offenen, direkt befeuerten Behältern vor, bei welchen lediglich die senkrechten Längswände von den Heizgasen bestrichen werden, während die Böden unbeheizt bleiben, auf welchen sich der Gipsschlamm absetzt, ohne Pfannenstein zu bilden.

Zur Aufbewahrung der Sole verwendet man Behälter aus Holz, Mauerwerk oder Beton. Eiserne Gefäße sind ungeeignet, weil das Rosten des Eisens an der Luft durch Berührung mit $NaCl$-Lösung gefördert wird.

Eindampfen der Sole. Das Versieden der geklärten und im Notfall filtrierten Sole in Pfannen geschieht in 2 Perioden. In der ersten, der sog. Störperiode, wird die Salzlösung zu lebhaftem Sieden erhitzt und bis zur vollständigen Sättigung an Natriumchlorid eingedampft. Beim Versieden an der Oberfläche entstehender Schaum wird mit Salzkrücken, d. h. schwach gebogenen Schaufelblechen an langen Holzstangen, abgezogen und entfernt. Dann wird durch starkes Feuern die Sole längere Zeit in Wallung gehalten. Hierbei scheidet sich Gips als feiner Schlamm ab und wird mit den Krücken an den Rand der Pfannen gezogen und mit flachen Schaufeln ausgehoben. Diese Arbeit muß während der ganzen Störperiode durchgeführt werden, weil der zu Boden sinkende Gipsschlamm sonst festbrennt und zum Durchbrennen des Pfannenbodens führen kann. Sobald nach sorgfältiger Entfernung des ausgefallenen Gipses die Salzabscheidung, wird das Feuer gedämpft und nun je nach der gewünschten Korngröße bei mehr oder weniger hoher Temperatur weiter verdampft. Dieses zweite Stadium heißt die Soggperiode. Will man grobes Salz gewinnen, so wird die Sole bei etwa 52° langsam verdampft und nicht durch Krücken in Bewegung gebracht. Gewöhnliches Feinsalz bildet sich beim Verdampfen in der Nähe des Siedepunktes. Sehr feines Salz, sog. Buttersalz, wird bei lebhaftem Wallen und ständigem Bewegen der Sole gewonnen. Das ausfallende Salz wird nach den Längsborden befördert und mit durchlochten Schaufeln auf den Raum neben der Pfanne oder auf den Pfannenmantel ausgeschlagen.

Zum Eindampfen der Sole dienen heute noch vielfach, besonders in Deutschland, durch direktes Feuer oder durch Dampf geheizte Pfannen; jedoch sind die Vakuumverdampfer durch die Betriebserfahrungen der letzten Jahre so vervollkommnet worden, daß sie in der Salinenindustrie, besonders in Amerika, stark aufgekommen sind.

Die Pfannen für direkte Feuerung (Abb. 29) haben in der Regel $80-200\,m^2$ Oberfläche und etwa $60\,cm$ Höhe. Sie werden meist von unten geheizt (unterschlächtige Feuerung). Seltener werden die Feuergase in Röhren durch die Flüssigkeit (mittelschlächtige Feuerung) oder über die abzudampfende Sole (oberschlächtige Feuerung) geführt. Als Material für die Pfannen mit Unterfeuerung verwendet man Eisenblechtafeln von $6,7-8\,mm$ für Stichflammenbleche und $4-5\,mm$ für die übrigen. Die Pfannen ruhen auf feuerfestem Mauerwerk, in welchem Züge zur Leitung der Feuergase angebracht sind. Der hölzerne Pfannenmantel, der über der Pfanne an der Dachkonstruktion aufgehängt ist, dient dazu, den Brodem der verdampfenden Sole zu sammeln und dem durch das Dach führenden Brodemfang zuzuführen, durch welchen der Dampf ins Freie gelangt.

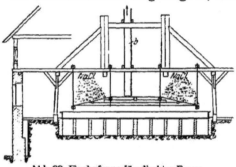

Abb. 29. Flachpfanne für direktes Feuer.

Neuzeitliche Anlagen sind immer mehr zu der Ausnutzung des Dampfes zum Beheizen der Verdampfpfannen übergegangen. Man kann dabei den verfügbaren Abdampf von Maschinen verwerten. Auch können mit Vorteil Betonpfannen verwendet werden, wodurch man eine Berührung der Sole mit Eisen, die leicht zu einer unerwünschten Gelbfärbung des Salzes führt, fast ganz vermeiden kann. Am besten haben sich die Rohrdampfpfannen, die sog. Grainers, bewährt. Eine solche Pfanne ist in dem *A. P.* 1 125 998 von H. Frasch beschrieben, welche jedoch noch auf Handbetrieb eingerichtet ist. Wegen der Röhrenlage war es jedoch schwierig, die Rohrdampfpfannen so zu gestalten, daß das Salz gut herausgezogen werden konnte. Egestorff (*D. R. P.* 14 782) wollte diesem Übelstande durch Verlegen der Heizrohre in Vertiefungen des Pfannenbodens begegnen, wo jedoch die Wirksamkeit des Heizsystems bald wegen Inkrustationen mit Salz nachlassen müßte. Nach *D. R. P.* 254 486 werden die Rohre von halbkreisförmigem Querschnitt mit der flachen Seite nach oben in den aus Holz oder Beton bestehenden Pfannenboden gelegt, so daß eine ebene Bodenfläche entsteht und das Salz leicht abgekratzt werden kann. Eine gute Lösung dieser Frage ist jedoch gefunden worden durch die mechanische Austragung nach *D. R. P.* 186 936, welche von E. Passburg verschiedentlich ausgeführt worden ist (Abb. 30 in Verbindung mit einem Gerstner-Vakuumverdampfer).

Bei dieser Anlage ist unter den Heizrohren auf dem Boden der Pfanne eine Transportvorrichtung vorgesehen. Diese besteht aus einem eisernen Gerüst q, das an der Unterseite drehbare Schaufeln trägt und durch eine automatisch umgesteuerte hydraulische Vorrichtung hin und her bewegt wird. Das Salz wird dadurch nach dem Ende der Pfanne geführt, das als schiefe Ebene ausgebildet ist, um einige Zeit zum Abtropfen zu gewähren. Beim Rückgang gleiten die Schaufeln über die Salzhaufen, ohne sie mit zurückzunehmen. Das abgetropfte Salz wird dann allmählich über den Rand der schiefen Ebene geschoben und in die davorliegende Schaufel-Raker-Rinne r gestoßen, welche es nach der Zentrifuge befördert, von wo es zu den Trockenöfen t transportiert wird.

Eine andere einfache Vorrichtung ist in dem *D. R. P.* 273 316 der Deutschen Solvay-Werke beschrieben. Hier liegt in dem Boden der Pfanne an den Längsborden auf jeder Seite eine Rinne. Über der Pfanne befinden sich in gleicher Richtung 2 mit Öffnungen und Schiebern versehene Rinnen, unter denen die Abtropfbühnen stehen. Durch je eine untere und obere Rinne läuft ein endloses Förderorgan, welches das Salz in die obere Rinne schafft und an den Stellen, wo die Schieber geöffnet sind, auf die Bühnen fallen läßt.

Vor dem Eintritt in die Verdampfpfannen wird die Sole durch den verfügbaren Abdampf vorgewärmt. Hierzu dienen heute meistens Schnellstromvorwärmer, welche vielfach gleichzeitig als Gipsabscheider ausgebaut sind (s. o. unter Solereinigung).

Da die offenen Pfannen wärmetechnisch sehr ungünstig arbeiten, ist man stellenweise dazu übergegangen, das Versieden in Vakuumverdampfern unter Verwendung von Abdampf durchzuführen. Diese Apparate sind in der Zuckerindustrie schon seit Jahren in ausgedehntem Maße in Gebrauch und zu einer großen Vollkommenheit entwickelt worden. Die beim Verdampfen von Sole im Vakuum zuerst aufgetretenen Schwierigkeiten, welche darin bestanden, daß der sich ausscheidende Gips die Heizfläche mit einer harten, schwer zu entfernenden Schicht bedeckt und eine gute Wärmeübertragung verhindert, sind im Laufe der letzten Jahre überwunden worden. Trotzdem scheinen die Vakuumverdampfer auf diesem Gebiet in Deutschland noch nicht recht Fuß gefaßt zu haben, während sie in Amerika und anderswo im Ausland weite Verbreitung gefunden haben. Das mag zum Teil darauf zurückzuführen sein, daß das von ihnen gelieferte Kochsalz von dichter, feinkörniger Beschaffenheit ist, während das Publikum allgemein das voluminöse, in Pfannen gewonnene Salz vorzieht.

Außer der Vermeidung einer Gipsausscheidung auf den Heizkörpern ist eine Hauptbedingung für den glatten Betrieb von Vakuumverdampfern die ständige Entfernung des ausfallenden Salzes aus den Vakuumgefäßen ohne Unterbrechung des Verdampfens und ohne nennenswerte Schwankungen des Flüssigkeitsstandes in den Verdampfkörpern (s. auch Bd. I, 24).

Die neuzeitlichen Vakuumverdampfer sind durchweg Mehrkörperapparate, da in diesen, wie z. B. in dem Dreikörpersystem, die größte Wärmeersparnis erzielt wird. Eine solche Anlage ist z. B. die im *D. R. P.* 116564 beschriebene der SCHWEIZERISCHEN RHEINSALINEN. Die Sole fließt aus einem Sammelbehälter einer gemeinsamen Rinne zu, mit welcher die einzelnen Verdampfkörper durch weite senkrechte Rohre, die in die Sole eintauchen, in Verbindung stehen. Durch das oben im Kessel erzeugte Vakuum wird die Sole emporgehoben, und da die Apparate in errechneter Höhe stehen, wird jeder Apparat genau bis zur gewollten Höhe gefüllt. Jeder Körper mündet völlig offen in der mit Sole gefüllten Rinne, weshalb auch das ausgefallene Salz frei nach unten fallen und sich in der Rinne ansammeln kann, von wo es mittels einer automatischen Salzaustragvorrichtung zu den Zentrifugen oder Abtropfbühnen befördert werden kann.

Es sind auch Einrichtungen vorgeschlagen, bei denen offene Pfannen mit Vakuumverdampfern verbunden werden. Es wird dadurch ein Salz erhalten, das leichter als Vakuumsalz, aber schwerer als Pfannensalz ist, ohne die Vorteile der Vakuumapparatur ganz aufzugeben. Eine solche Einrichtung ist im *D. R. P.* 236373 von GERSTNER beschrieben. Bei dieser wird die Sole abwechselnd in einem Vakuumverdampfer und in einer ohne Luftverdünnung arbeitenden Verdampfvorrichtung, also einer offenen Pfanne, eingedampft. Dabei wird die im Vakuum erhaltene Salzlösung zusammen mit dem ausgeschiedenen Salz oder einem Teil desselben in die offene Pfanne eingeführt, so daß sich hier Krystalle, die aus schweren und leichten Schichten zusammengesetzt sind, bilden. Abb. 30 zeigt eine Maschinenpfanne in Verbindung mit dem von GERSTNER erfundenen Verdampfsystem, wie sie von E. PASSBURG, Berlin, hergestellt werden.

Über der einen GRAINER-Pfanne I, die mit Maschinenabdampf beheizt wird, steht der Vakuumapparat *a*. Der Abdampf der Dampfmaschine geht durch den Wasserabscheider *e*, die Verteilungsleitung *g* und dient ev. zur Beheizung der Pfanne II. Der aus dem Vakuumapparat abziehende Brüden geht durch *l*, *m* nach dem GRAINER-System *n* und dient also zur Heizung der zweiten Pfanne II, in der natürlich wegen der niedrigen Temperatur des Brüdens (50—60⁰) nur langsam verdampft wird. Das Kondenswasser aus dem Grainer läuft durch den Kondenstopf *o* und wird in den Dampfkessel zurückgepumpt. Die Sole gelangt durch die Leitung *b* mittelst Pumpe *c* zuerst in einen Heizkörper *d*, in dessen Röhren direkter Dampf zirkuliert; dadurch wird sie auf etwa 105° erwärmt und

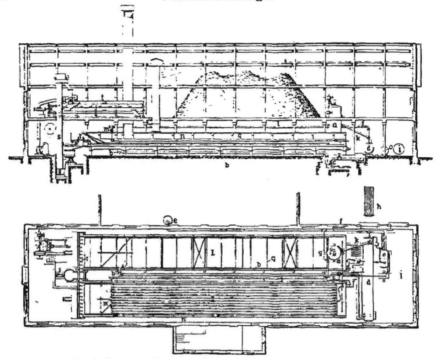

Abb. 30. Verdampfeinrichtung für Sole nach PASSBURG-GERSTNER.

scheidet auf den Rohren Gips ab. Um diesen leicht beseitigen zu können, ist der Heizkörper
2, Abb. 1) ausziehbar angeordnet. Die heiße Sole läuft durch Leitung *k*, wird von dem Vakuumapparat *a*
angesaugt, verdampft zum Teil und fällt mit dem ausgeschiedenen Kochsalz in die erste Pfanne. Die
Sole bewegt sich in der Pfanne von einem Ende zum anderen, wird dann mittels einer Pumpe
durch die Solezirkulationsleitung *b* dem Heizkörper und dem Vakuumapparat wieder zugeführt. Das
Entfernen des Salzes aus den GRAINER-Pfannen geschieht mit Hilfe der auf Seite 54 beschriebenen
mechanischen Austragvorrichtung.

   Eine andere interessante kombinierte Verdampfanlage, welche in England in
Betrieb ist, beschreibt CALVERT (Salt and the Salt Industry). Diese arbeitet nach
dem HODGKINSON-Verfahren und besteht aus einem Ofen mit mechanischer Rostfeuerung zur Erzeugung der Heizgase, einer primären geschlossenen Verdampf-
pfanne von 9 *m* Durchmesser, 2 sekundären geschlossenen Pfannen mit je 7,5 *m*
Durchmesser, 4 offenen rechteckigen Pfannen von 18 *m* Länge und 7,5 *m* Breite,
einer Reihe von Abdampf-Solevorwärmern und einem Kondensationssystem zur Erzeugung eines Vakuums in den geschlossenen Pfannen. Diese sind mit automatischen
Austragvorrichtungen versehen. Von der Feuerung, welche nicht unter, sondern
vor den Pfannen angeordnet ist, streichen die Heizgase mit einer Temperatur von
1000—1100° zuerst unter die erste Pfanne, in welcher wegen der hohen und sehr
gleichmäßigen Erhitzung angeblich ein Salz erzeugt wird, wie es in bezug auf
Qualität und Feinheit nirgendwo anders erzielt werden soll. Die Heizgase gelangen
dann in 2 Teilströmen unter die beiden anderen geschlossenen Pfannen und von
hier durch einen mittleren Verteilungskanal unter die offenen Pfannen. Die Feinheit
des Salzes in den sekundären Pfannen kann durch Regulierung des Vakuums nach
Belieben eingestellt werden. In den offenen Pfannen mit der niedrigsten Temperatur wird grobes Salz erhalten.

   Das in den Pfannen oder Vakuumverdampfern gewonnene Salz enthält noch
20—30% Feuchtigkeit neben etwas $MgCl_2$, KCl, $CaCl_2$. Es wird deshalb zur weiteren

Reinigung in manchen Fabriken einem Waschprozeß unterworfen oder in Zentrifugen unter Zusatz von Dampf, reiner *NaCl*-Lösung oder Wasser abgeschleudert. Von den Zentrifugen gelangt es mit 3—4% Feuchtigkeit nach den Trockenöfen. Das grobe Salz wird meist durch Lagern in freier Luft getrocknet, indem man es nach längerem, sorgfältigem Abtropfen auf Leckbühnen in die Magazine bringt. Jedoch geht hier der Feuchtigkeitsgehalt meist nicht unter 4% herunter. Das Feinsalz wird stets künstlich bis zu einem Feuchtigkeitsgehalt von etwa 1% und weniger getrocknet. Bei der gewöhnlichen Trocknung mit Handbetrieb kommen Trockenpfannen aus gußeisernen Platten zur Anwendung. Sie sind meist hinter den Siedepfannen aufgestellt und werden durch die aus diesen abziehenden Feuergase beheizt. Die Trockenpfannen sind mit einer 2—3 *cm* starken Schicht von Salzschlamm, Magnesiazement (*D. R. P.* 132 915) u. dgl. überzogen, um die Berührung des Salzes mit Eisen zu vermeiden. Die mechanische Trocknung, bei welcher wenig Handarbeit erforderlich ist, erfolgt in rotierenden Trommeln oder auch in Kammern, in denen das Salz ein System endloser Transportbänder passieren muß (sog. Tüchertrocknung). Weiter wäre noch zu erwähnen die Zentrifugentrocknung, bei welcher durch Einblasen von warmer Luft nach dem Abschleudern vielfach ein Salz mit nur noch 1% Feuchtigkeit erhalten wird (s. auch Trockenvorrichtungen).

Analysen von Speisesalzen aus Salinen.

	Halle	Artern	Friedrichshall (grobkörnig)	Neusalzwerk	Salzungen
NaCl	92,77	94,83	97,48	91,35	97,22
MgCl₂	0,86	0,62	–	0,39	0,20
Na₂SO₄	–	0,49	0,03	1,00	0,19
CaSO₄	1,30	1,06	0,70	0,57	0,60
CaCO₃	0,47	–	–	–	–
H₂O	4,60	3,00	1,80	6,68	1,70

Es sei hierzu bemerkt, daß manche Salinen nach sorgfältiger chemischer Reinigung ihrer Sole ein Vakuumsalz mit etwa 99,7% *NaCl* herausbringen.

Das Speisesalz hat wegen eines gewissen $MgCl_2$-Gehaltes die Neigung, Feuchtigkeit anzuziehen und zu Klumpen zusammenzubacken. Es sind eine Reihe von Verfahren vorgeschlagen worden, ein luftbeständiges, leicht streubares Salz zu gewinnen. Nach dem *A. P.* 1 140 995 werden zur Herstellung eines solchen Körner mit einer äußerst dünnen Schicht von stearinsaurem Magnesium überzogen, während man nach *F. P.* 609 404 das *NaCl* zur Beseitigung der Hygroskopizität mit Na_2CO_3, K_2CO_3 oder Li_2CO_3 behandeln soll. Durch Zusatz von ungefähr 1% Magnesiumoxyd soll man nach *D. R. P.* 342 273 Speisesalz trocken und glattfließend erhalten. Um ein Feuchtwerden und eine Klumpenbildung zu vermeiden, wird auch empfohlen, das trockene, feingemahlene Tafelsalz mit etwa 0,2—0,5% *MgO* gut zu vermischen, außerdem kann man noch etwa 0,2% Tricalciumphosphat $Ca_3(PO_4)_2$ beimischen (*Chem.-Ztg.* 1930, 690, Chem.-Techn. Fragekasten). Weiter wird auch in manchen Gegenden als prophylaktisches Mittel gegen den Kropf dem Kochsalz eine geringe Menge Jodsalz zugegeben, so z. B. in der Schweiz, wo man jodiertes Kochsalz mit 0,5—1,0 *g* Kaliumjodid pro Doppelzentner eingeführt hat.

Das getrocknete und handelsfertige Salz wird in großen Schuppen gelagert, welche heute zumeist mit modernen Verlade- und Absackvorrichtungen ausgerüstet sind. In Deutschland wird das Salz fast ausschließlich in Säcken versandt. In England und Österreich wird auch Formsalz hergestellt, das ohne Verpackung zur Versendung gelangt. Zu seiner Herstellung stampft man das abgetropfte Salz in Holzkübel. Die so erhaltenen Salzkuchen werden auf Darren bis zu einem Wassergehalt von höchstens 1½% getrocknet.

Verarbeitung der Mutterlaugen. Die beim Versieden von Salzsolen entstehenden Mutterlaugen enthalten neben größeren Mengen $NaCl$ noch viel $MgCl_2$ und $CaCl_2$ sowie geringe Mengen Kaliumsalze, manchmal auch Bromide und Jodide. Doch ist ihre Zusammensetzung je nach den Betriebsverhältnissen der einzelnen Salinen sehr verschieden.

Analysen von Mutterlaugen.

	Mutterlaugen				*Konz.* Mutterlaugen	
	Halle	Schönebeck	Friedrichshall	Unna	Friedrichshall	Kreuznach
$NaCl$	6,49	15,06	24,50	2,21	10,01	0,39
KCl	4,91	–	–	1,05	1,23	2,38
$MgCl_2$	12,70	7,20	0,52	8,86	9,86	3,76
$CaCl_2$	5,35	–	0,23	21,78	4,90	25,70
$AlCl_3$	0,04	–	–	–	–	–
$NaBr$	–	–	0,002	–	0,75	$MgBr_2$ 0,69
$CaSO_4$	0,10	–	0,42	0,01	0,20	0,01
$MgSO_4$ . .	–	3,52	–	–	–	–
K_2SO_4	–	5,36	–	–	–	–
SiO_2	0,01	–	–	–	–	–
H_2O	70,40	68,68	74,32	65,91	73,16	67,07

Diese Mutterlaugen werden vielfach zur Herstellung von Bädern benutzt und teilweise, zur Erhöhung des Gehaltes an medizinisch wirksamen Stoffen, bis zum *spez. Gew.* 1,31 unter weiterer Abscheidung eines unreinen Kochsalzes eingedampft. In Nordamerika werden manche Mutterlaugen auf Brom verarbeitet.

Andere Verfahren zur Ausscheidung von $NaCl$ aus Solen. Es sind auch einige Verfahren vorgeschlagen worden, welche den bei der Verdampfung erforderlichen Wärmeaufwand vermeiden wollen. Sie benutzen zu diesem Zweck die Eigenschaft des $NaCl$ in *konz.* $MgCl_2$- oder $CaCl_2$-Lösung sehr wenig löslich zu sein. Nach *D. R. P.* 376 716 bringt man die beiden gesättigten Lösungen in durch poröse Scheidewände getrennte Abteilungen und läßt durch die Scheidewände eine Diffusion eintreten. Nach dem *A. P.* 1 645 238 werden die beiden hochkonzentrierten Lösungen bei gewöhnlicher Temperatur gemischt und gut durchgerührt, wobei ein feinkrystallines Salz erhalten wird. Auch durch hochgrädigen Alkohol wird $NaCl$ aus sorgfältig gereinigten Solen ausgefällt! (*D. R. P.* 86318.) Nach *D. R. P.* 42422 wird Steinsalz in einer *konz.* $CaCl_2$-Lösung in der Hitze gelöst und durch Abkühlen in fast chemisch reiner Form ausgeschieden. Die Gewinnung von Salz aus Laugen durch Abkühlung betreffen die *D. R. P.* 73 162 und 427 782.

4. Kochsalz aus anderen Quellen. Beim Verdampfen der beim Verlösen von Carnallit anfallenden Mutterlaugen fällt $NaCl$ als sog. Bühnensalz aus, das aber stark durch Kieserit verunreinigt ist und meist als wertloses Produkt in die Grube als Versatz zurückgeht. Die Gewinnung eines technisch verwertbaren Kochsalzes aus den Löserückständen des Sylvinits wurde schon oben erwähnt. Weiter fällt $NaCl$ als Nebenprodukt an bei der Konversion natürlich vorkommender Natriumsalze (z. B. Chilesalpeter, s. B. **VI**, 369) oder im Handel leicht zugänglicher Na-Salze mit Chloriden.

Verwendung. Sehr reines Steinsalz wird wegen seiner Eigenschaften, für ultraviolette Strahlen sehr durchlässig zu sein, vielfach zu optischen Zwecken benutzt. Jedoch bedürfen Prismen oder Linsen aus Steinsalz wegen seiner Hygroskopizität besonderer Schutzvorrichtungen. Von dem gegenwärtig auf der Erde produzierten Kochsalz werden etwa zwei Drittel als Speisesalz sowie zum Konservieren von Fleisch, Fischen u. s. w. verbraucht. Der Rest dient größtenteils in der chemischen Großindustrie zur Gewinnung von Salzsäure, Natriumsulfat und Soda. Das Natriumchlorid ist Ausgangsprodukt für fast alle anderen Natriumverbindungen, und auch die Herstellung des Chlors geschieht heute in der Hauptsache durch Elektrolyse des Kochsalzes. In der Teerfarbenindustrie findet es Verwendung zum Aussalzen von Farbstoffen, in der Hüttenindustrie bei der chlorierenden Röstung von Erzen. Weiter dient es zum Glasieren von Steinzeug, in der Kältetechnik zur Herstellung von Kältemischungen, zum Abscheiden der Seife aus Seifenlaugen, zum Reinigen von Fetten und Ölen (s. Bd. **V**, 218), zum Einsalzen der Häute in Gerbereien u. s. w.

Analytisches. Das Salz des Handels enthält als fremde Bestandteile hauptsächlich Wasser, $MgCl_2$, $CaCl_2$, KCl, die Sulfate von Na, K, Mg, ev. noch etwas organische Substanzen. Die Bestimmung der Hauptbestandteile: H_2O, Cl, Ca, Mg, Sulfat, auf die man sich meistens beschränkt, wird nach den bekannten Methoden durchgeführt. $MgCl_2$ wird bestimmt durch Extrahieren des getrockneten Salzes mit absolutem Alkohol und Bestimmung des Cl- oder Mg-Gehaltes in dem vom Alkohol befreiten Auszug. Der $NaCl$-Gehalt wird nach der indirekten Methode ermittelt. TOELDTE (*Chem.-Ztg.* 1926, 933) gibt eine Art der Berechnung von Steinsalzanalysen an, welche den Tatsachen am besten entsprechen soll. Er ist bei seinen Untersuchungen zu dem Ergebnis gekommen, daß die gefundene Schwefelsäure der Summe von Ca und Mg im allgemeinen äquivalent ist, und empfiehlt, Calcium und Magnesium möglichst als Sulfat zu berechnen.

Es sind in neuerer Zeit verschiedene Methoden zur direkten Bestimmung von Natrium bekanntgegeben worden. Von diesen seien erwähnt die Pyroantimoniatmethode, welche jedoch nur genaue Resultate bei Anwendung ungefähr gleichbleibender Mengen Natrium ergibt, die Dioxytartratmethode, welche zwar sehr gute Resultate ergeben soll, aber sehr umständlich ist. Auch die Fällung als Zinkuranylacetat wird zur Bestimmung des Natriums verwendet. Kleine Natriummengen lassen sich nach der Uranylmagnesiumacetat-Methode sehr genau bestimmen (WEILAND, Kaliforschungsanstalt 1927, LVII; *Ztschr. analyt. Chem.* 80, 398 [1930]). Zur Kalibestimmung im Speisesalz schlägt BOKEMÜLLER (*Kali* 1924, 271) die Weinsäuremethode vor.

Salzsteuer. Bis zum Jahre 1926 unterlag das Speisesalz einer besonderen Steuer. Diese betrug vor dem Kriege 12 M. pro 100 kg. Nach Beendigung der Inflation und Neueinführung der Goldwährung 1923 wurde die Salzsteuer zuerst auf 75 Pf. und im Oktober 1925 auf 3 M. für 100 kg festgesetzt. Um das übrige, steuerfrei in den Handel kommende Kochsalz vom Speisesalz unterscheiden zu können, mußte es für den menschlichen Genuß unbrauchbar gemacht, denaturiert werden. Für Viehsalz war ein Zusatz bestimmter Mengen Eisenoxyd und Wermutkrautpulver vorgeschrieben, während für Gewerbesalz je nach der Verwendung Na_2SO_4, Na_2CO_3, Braunstein, Holzkohlenpulver u. s. w. zugesetzt wurde. Am 1. April 1926 ist die gesamte Salzsteuer mit allen zugehörigen Vorschriften aufgehoben worden.

Statistik. Die Gesamtproduktion an Kochsalz in der Welt betrug 1925 23,6 Million. t, einschließlich des Salzgehaltes der unmittelbar verbrauchten Sole. An der Erzeugung waren beteiligt:

Deutschland	mit 11,5%	Vereinigte Staaten	mit 28,5%
Großbritannien	" 8,3%	Übriges Amerika	" 3,1%
Frankreich	" 7,3%	China	" 8,5%
Rußland	" 5,8%	Britisch-Indien	" 5,6%
Italien	" 3,9%	Übriges Asien	" 5,5%
Spanien	" 3,6%	Afrika und Australien	" 2,7%
Übriges Europa	" 5,7%		

In Deutschland wurden 1926 erzeugt:

Steinsalz in festem und gelöstem Zustand	2 520 000 t	
Siedesalz	480 000 t	
	3 000 000 t	

Die Verwendung dieser Produktion gestaltete sich folgendermaßen:

I. Chemische Großindustrie: Herstellung von Soda, Ätznatron, Farbenindustrie	900 000 t	
II. Die sonstigen Industrien und die Gewerbe brauchen	600 000 t	
III. Volksernährung und Landwirtschaft verbrauchen:		
Zu Speisezwecken	400 000 t	
Zu Fleisch-, Fisch- und Gemüsekonserven	86 000 t	
Zur Viehfütterung	214 000 t	700 000 t
	Summe	2 200 000 t
Nach dem Ausland wurden ausgeführt		800 000 t
	Insgesamt	3 000 000 t

Der Absatz von Steinsalz und Kochsalz gestaltete sich in Deutschland für 1928 und 1929 folgendermaßen in t (aus Lagerstättenchronik 1928 und 1930):

		1928	1929
Steinsalz	{ Inland	1 118 000	1 147 000
	Ausland	790 000	813 000
	Summe	1 908 000	1 960 000
Siedesalz		571 713	566 213
	Insgesamt	2 479 713	2 526 213

Literatur: F. A. FÜRER, Salzbergbau- und Salinenkunde, Braunschweig 1900. — C. RIEMANN, Gewinnung und Reinigung des Kochsalzes, Halle 1909. — MUSPRATT's Chemie, Ergänzungsband II, 2, 1176 u. ff., Braunschweig 1927. — O. DAMMER, Chemische Technologie der Neuzeit, 2. Aufl., 3. Bd., 495 u. ff., Stuttgart 1927. — GMELINS Handbuch der anorganischen Chemie, 8. Aufl., Berlin 1928.   *H. Friedrich.*

Natriumchromat s. Bd. III, 417.

Natriumcyanid s. Bd. III, 484.

Natriumferrocyanid s. Bd. III, 491.

Natriumfluorid s. Bd. V, 409.

Natriumformiat s. Bd. I, 345, Bd. V, 429.

Natriumgoldchlorid s. Bd. VI, 55.

Natriumhydrid, NaH, sublimierbare, schneeweiße Krystallaggregate, D 0,9206, wird bei 240° grau; bei 260° sublimiert wenig Na ab (HATTIG und BRODKORB, *Ztschr. anorgan. allg. Chem.* **161**, 353). Es löst sich in flüssigem Ammoniak, wird durch Wasser zersetzt $NaH + H_2O = NaOH + H_2$. Mit Amino- und Iminoverbindungen reagierte es leicht; mit Anilin entsteht schon bei 45° Anilin-Natrium, $C_6H_5 \cdot NHNa$ (*Scheideanstalt, E. P.* 293 040 [1928]).

Natriumhydrid entsteht bei der Einwirkung von Wasserstoff auf Natrium bei 370°. Nach dem *E. P.* 276 313, 283 089 [1927] der *Scheideanstalt* soll fein verteiltes Natrium benutzt werden, nach *F. P.* 637 794 und *Zus. P.* 34192 [1927] der *Scheideanstalt* werden zweckmäßig Temperaturen über 200° und erhöhter Druck angewandt. Nach dem *D. R. P.* 417 508 von E. TIEDE wird Natriumazid bei 300° mit H_2 reduziert, $2 NaN_3 + H_2 = 3 N_2 + 2 NaH$.

Natriumhydrid dürfte als Kondensationsmittel ähnlich wie Na brauchbar sein. Es wird in Photozellen nach ELSTER und GEITEL (*Physikal. Ztschr.* **11**, 257 [1910]) für die Bildtelegraphie, für Elektronenröhren benutzt.　　　　　*F. Ullmann.*

Natriumhydrosulfid s. Bd. VIII, 87.

Natriumhydrosulfit s. Bd. VI, 212.

Natriumhydroxyd, Ätznatron, kaustische Soda, $NaOH$, ist eine weiße, undurchsichtige, spröde Masse von faserigem Gefüge, 2,13 *spez. Gew., Schmelzp.* 322 ± 2° (*Ztschr. physikal. Chem.* **123**, 164 [1926]). In Wasser löst es sich sehr reichlich unter starker Temperaturerhöhung zu Natronlauge; aus der Lösung scheiden sich in der Kälte verschiedene Hydrate in Krystallen ab. An der Luft zerfließt Ätznatron und verwandelt sich allmählich in Carbonat. Ätznatron wirkt bei Gegenwart von Luft bei 400° schwach auf Ni, Cu, Ag, Au, stark auf Fe ein. Durch Erhitzen von Fe mit $NaOH$ im Vakuum werden bei 600—650° 70—80% d. Th. an Na erhalten (HACKSPILL, GRANDADAM, *Ann. Chim.* [10] **5**, 235 [1926]). Über die Einwirkung von Ätznatron auf Metalle unter Stickstoff bei hohen Temperaturen s. LE BLANC, BERGMANN (*B.* **42**, 4728 [1909]).

Lösungen ätzender Alkalien wurden von jeher zur Darstellung von Seife gebraucht, aber bis zur Mitte des vorigen Jahrhunderts nicht im großen dargestellt, sondern von den Seifensiedern aus Soda bzw. Pottasche nach Bedarf bereitet. 1844 stellte WEISSENFELD in der TENNANTschen Fabrik zu Glasgow zuerst fabrikmäßig kaustische Soda aus Sodamutterlaugen her. 1853 wurde die Fabrikation durch GOSSAGE wesentlich verbessert und 1857 die jetzt allgemein übliche Verpackung des zerfließlichen Produkts in eisernen Trommeln eingeführt, worauf diese Industrie in England und später auch in Deutschland einen raschen Aufschwung nahm. Gegen 1890 begann die elektrolytische Gewinnung von Ätznatronlauge aus Kochsalz, die jetzt einen großen Teil des Bedarfs liefert.

Darstellung. Die Gewinnung von Ätznatronlauge durch Elektrolyse ist bereits in dem Artikel Chloralkali-Elektrolyse (Bd. III, 235) behandelt worden. Hier brauchen nur die übrigen technischen Herstellungsmethoden beschrieben zu werden, unter denen das Kaustizieren, d. h. die Behandlung von Sodalösungen mit Ätzkalk, die älteste und wichtigste ist.

Die Kaustizierung von Sodalösungen durch Kalk erfolgt erfahrungsgemäß umso vollständiger, je verdünnter die Lösung ist.

BODLÄNDER (*Ztschr. angew. Chem.* **18**, 1137 [1905]) hat diese Tatsache physikalisch-chemisch verständlich gemacht. Wenn man von Sodalösungen ausgeht, verläuft die umkehrbare Reaktion

$$Na_2CO_3 + Ca(OH)_2 \rightleftharpoons 2 NaOH + CaCO_3$$

überwiegend von links nach rechts, weil Calciumcarbonat schwerer löslich als Calciumhydroxyd ist. Die Löslichkeit beider Substanzen ist aber nicht unveränderlich, sondern wird durch das Massenwirkungsgesetz beherrscht. Für die Ionenkonzentrationen in der Lösung gelten die Gleichungen:

$$[Ca^{\cdot \cdot}] \times [OH']^2 = K_1 \text{ und } [Ca^{\cdot \cdot}] \times [CO_3''] = K_2.$$

Calciumhydroxyd wird daher umso weniger löslich, je mehr Hydroxylionen sich in der Lauge ansammeln, Calciumcarbonat umso löslicher, je mehr die CO_3''-Ionen aus der Lösung verschwinden.

Gleichgewicht tritt ein, wenn $\dfrac{K_1}{[OH']^2} = \dfrac{K_2}{[CO_3'']}$ oder $\dfrac{[OH']^2}{[CO_3'']} = \dfrac{K_1}{K_2} = K_3$ geworden ist. Die

Ausbeute an Ätzalkali wird annähernd durch das Verhältnis $\dfrac{[OH']}{[CO_3'']} = A$ bestimmt; A ist aber gleich $\dfrac{K_3}{[OH']}$, d. h. umso kleiner, je größer die Anfangskonzentration von Na_2CO_3 bzw. die Gesamtkonzentration von $Na_2CO_3 - NaOH$ ist. Weiter spielen eine Rolle die Löslichkeitsverhältnisse der Doppelverbindungen $CaCO_3 \cdot Na_2CO_3 \cdot 5\,H_2O$ (Gaylussit) und $CaCO_3 \cdot Na_2CO_3 \cdot 2\,H_2O$, die als Bodenkörper in beschränktem Maße in Betracht kommen. Erhöhung der Temperatur übt wohl keinen bedeutenden Einfluß auf die Lage des Gleichgewichtes aus, dient aber zur Beschleunigung der Umsetzung. Dafür genügt aber eine Temperatur von etwa 100°, und die Vorschläge, unter erhöhtem Druck (und also auch bei erhöhter Temperatur) zu kaustizieren (z. B. *E. P.* 4144 [1877], *D. R. P.* 3580 [1878], *E. P.* 3803 [1879], 3804 [1879]), haben keine Bedeutung. Vgl. dazu JURISCH (*Chem·sche Ind.* 3, 377, 1880).

Abhängigkeit der Umsetzung von der Konzentration (bei 96°):

$g\ Na_2CO_3$ in 100 g Lösung 4,8 6,0 9,0 10,3 12,0 13,2 15,0 15,8
Grad der Umsetzung in % 99,1 98,6 97,2 95,0 94,35 93,7 91,2 84,77

Neuere Untersuchungen über die Gleichgewichtsbedingungen: BODLÄNDER und LIBAN (*Ztschr. angew. Chem.* 18, 1137 [1905]), LE BLANC und NOVOTNY (*Ztschr. anorgan. Chem.* 51, 181 [1906]), WEGSCHEIDER (*A.* 351, 93 [1907]), WALTER (*Monatsh. Chem.* 28, 545 [1907]).

Beim Strontium und Barium ist die Löslichkeit der Hydroxyde größer, die der Carbonate kleiner als beim Calcium; daher hat bei ihnen die Konstante K_1 einen viel höheren Wert, und die Ausbeute ist entsprechend größer. In der Tat kann man z. B. eine 20%ige Lösung von K_2CO_3 durch Strontiumhydroxyd zu 99% kaustizieren, während mit Kalk nur eine Ausbeute von etwa 80% erreicht wird. In der Praxis finden Strontium- und Bariumhydroxyd wegen ihres hohen Preises keine Anwendung zum Kaustizieren.

Für gewöhnlich behandelt man kochende Sodalaugen von $10-12\%\ Na_2CO_3$ mit Kalk und setzt etwa 90% in Ätznatron um. Hierzu dienen liegende oder stehende zylindrische Gefäße, in welchen der Kalk auf einem Siebboden oder in einem Käfig aus Eisenstäben liegt. Die Flüssigkeit wird durch ein Rührwerk oder durch von unten eingeblasene Luft in Bewegung erhalten. Die Umsetzung ist in $1-1^1/_2^h$ beendigt. In Ammoniaksodafabriken pflegt man nicht fertige Soda zum Zweck der Kaustizierung aufzulösen, sondern verwendet rohes Bicarbonat, das vor dem Zusatz des Kalkes anhaltend gekocht und so von etwa 40% seiner Kohlensäure befreit wird. Außerdem werden hier die beim Eindampfen der kaustizierten Laugen ausfallenden sog. Fischsalze zugegeben, die beispielsweise 24,6% Na_2CO_3, 26,6% $NaOH$, 0,6% $NaCl$, 7,0% Na_2SO_4 enthalten. Nach etwa 1stündigem Rühren mit Kalk läßt man absitzen und zieht die Lauge auf Klärgefäße. Der zurückbleibende Schlamm wird durch mehrmaliges Dekantieren oder in eisernen, mit Asbesttüchern ausgestatteten Filterpressen ausgewaschen. Man benutzt auch Nutschfilter aus porösen Tonfliesen, Kieselsteinen, Schlacken u. dgl., die oben mit durchlochten Blechen bedeckt werden, damit sie bei dem oft erforderlichen Zustreichen der im Kalkschlamm entstehenden Risse nicht leiden. Nach MANGER (*Chem.-Ztg.* **1931**, 361) benutzt man vorteilhaft die Zellenfilter von R. WOLFF A. G., Buckau (Bd. **VIII**, 26, Abb. 17), die mit Metallgewebe bespannt sind. Der ausgewaschene Kalkschlamm enthält dann 30—40% Feuchtigkeit und nur 0,1—0,5% Na_2O. Eine Nutzbarmachung des Kalkschlammes ist infolge seines hohen Wassergehaltes in rentabler Weise kaum möglich.

Anstatt den Kalkschlamm zu filtrieren, kann man ihn auch durch Eindicken von der Natronlauge trennen nach dem kontinuierlich und automatisch arbeitenden Verfahren der DORR Co., New York (DORR G. M. B. H., Berlin, *D. R. P.* 408 061 [1923], *Metallurg. chemic. Engin.* 18, 376 [1918]), das in größtem Maßstabe ausgeführt ist. Soda, ungelöschter Kalk und Löschwasser werden in einer Zerkleinerungs- oder Mahlvorrichtung gemeinsam zur Reaktion gebracht. Dadurch wird erreicht, daß sich der Kalkschlamm in den Absitzbehältern schnell und quantitativ absetzt, so daß man im gesamten Verlauf des Verfahrens mit klaren Flüssigkeiten arbeiten kann. Das Gemisch wird nach Passieren eines Klassierungsapparates (Bd. I, 780, Abb. 261), worin Sand u. s. w. entfernt wird, einer Reihe von Rührreaktionsbehältern zugeführt und einer systematischen Gegenstromlaugung unterworfen unter Benutzung von DORR-Eindickern (Bd. I, 781, Abb. 262). Man arbeitet bei 95°. Bei Erzielung einer Natronlauge von 9,4% (14° Bé) rechnet man mit einer Ausbeute von 93%. Mit 3 Auswaschbehältern (DORR-Eindickern) erzielt man einen Wascheffekt von 99,7%. Der Schlamm enthält etwa 50% Wasser. Handarbeit sowie Filter kommen in Wegfall. Eine Beschreibung des Verfahrens s. auch bei A. ANABLE (*Ind. engin. Chem.* **21**, 223).

Besondere Ausführungsformen des Kaustizierens.

Nach *D. R. P.* 81923 soll man zur Ausnutzung des stets angewandten Kalküberschusses den Schlamm früherer Chargen mit frischer Sodalösung behandeln.

Soda und Kalk werden trocken zusammengemischt und die zum Ablöschen nötige Menge Wasser zugegeben. Man erhält so 50% des *NaOH* in konz. Form. Der Rest wird in verdünnter Lösung zu Ende kaustiziert (E. SCHÜTZ, *D. R. P.* 272 790 [1913]). Ohne Anwendung von Wärme und in kürzester Zeit erhält man die maximale Umsetzung, wenn man das Gemisch von Kalkmilch und Sodalösung vermittels eines Turbomischers emulgiert. Man erzielt z. B. mit 10%iger Sodalösung bei 35° eine 96%ige Kaustizierung. Der Effekt beruht darauf, daß die die *Ca(OH)*$_2$-Teilchen umhüllende Schicht von *CaCO*$_3$ zerstört wird (SCHWEIZERISCHE SODAFABRIK, *D. R. P.* 332 003 [1919]). Die Ausführung des Kaustizierens in Kolonnen wird vorgeschlagen in *F. P.* 608 190 [1925].

Eine konz. Lösung, z. B. eine mit 20% *NaOH* und 6% *Na*$_2$*CO*$_3$, kann man erhalten, wenn man in 2 Stufen arbeitet. In eine durch Kaustizieren bei üblicher Konzentration erhaltene und von Kalkschlamm getrennte Natronlauge werden weitere Mengen von Soda und Ätzkalk eingetragen und unter Erhitzen umgesetzt nach der Gleichung: $Ca(OH)_2 + 2 Na_2CO_3 + x H_2O = 2 NaOH + Na_2CO_3 \cdot CaCO_3 \cdot x H_2O$. Man filtriert von der Doppelverbindung ab, die, mit Wasser behandelt, die für die erste Stufe erforderliche Sodalösung gibt (COURTAULDS LIMITED, *D. R. P.* 380 757 [1922]). Das beim Kaustizieren einer konz. Sodalösung nicht umgesetzte *Na*$_2$*CO*$_3$ wird durch Abkühlen auf 0–15° als Dekahydrat ausgeschieden. Man kann so Laugen mit 25% *NaOH* und nicht mehr als 1% *Na*$_2$*CO*$_3$ erhalten (COURTAULDS LIMITED, *D. R. P.* 399 824 [1923]).

Das Konzentrieren der geklärten Natronlaugen kann bis auf etwa 35° *Bé* in schmiedeeisernen Pfannen oder Vakuumverdampfapparaten vorgenommen werden. Während des Eindampfens scheiden sich die gelösten Salze großenteils aus; man benutzt daher Bootpfannen (s. S. 13) bzw. Vakuumapparate mit Salzabscheidern, ähnlich den auf S. 55 abgebildeten. Auch der unter Kaliindustrie (Bd. VI, 344, Abb.118) beschriebene Apparat von KUMPFMÜLLER (*D.R.P.* 90071 und 97901) ist zum Verdampfen von Ätznatronlauge geeignet. Bei höheren Temperaturen wird Schmiedeeisen von der Lauge stark angegriffen. In England hat man zeitweise die Konzentration in Dampfkesseln bewirkt, um den Abdampf vorteilhaft ausnutzen zu können, ist jedoch wegen der raschen Abnutzung der Kessel wieder davon abgekommen. Oberhalb 35° *Bé* benutzt man jetzt allgemein gußeiserne Apparate, zum Teil mit Vakuumverdampfung. Die Abb. 31 zeigt eine Vakuumverdampfanlage der EMIL PASSBURG & BERTHOLD BLOCK, G.M.B.H., Berlin-Charlottenburg, bestehend aus einem Dreikörperapparat.

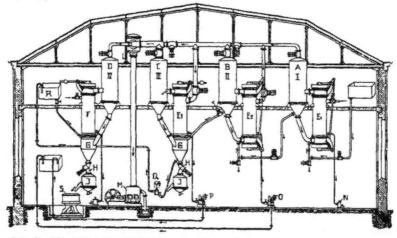

Abb. 31. Vakuum-Verdampfanlage für Natronlauge, EMIL PASSBURG und BERTHOLD BLOCK, G. M. B. H., Berlin-Charlottenburg.

In diesen sog. Vorverdampfern, besonders wenn, wie bei größeren Anlagen, mehrere Systeme vorhanden sind, erreicht man eine Konzentration von etwa 36° $Bé$. Dabei scheiden sich, und noch mehr in dem anschließenden Fertigverdampfer aus Gußeisen, in dem die Lauge auf 50° $Bé$ gebracht wird, erhebliche Mengen von Fremdsalzen, sog. Fischsalze, ab und werden vermittels der Salzabscheider entfernt. Bei der durch Kaustizieren gewonnenen Lauge bestehen die Salze aus Na_2CO_3, $NaOH$, $NaCl$, $Na-SO_4$ in wechselnder Zusammensetzung und gehen wieder in die Kaustizierung zurück. Aus der elektrolytisch hergestellten Lauge ist es wesentlich Kochsalz, das sich abscheidet.

A, B und C sind die Verdampfräume der Dreikörperanlage, welche mit den außenliegenden Umlaufheizkörpern E_1, E_2 und E_3 ausgestattet sind. Der Heizkörper E_1 wird mit Frischdampf beheizt, der Verdampfer $A I$ mit der dünnen Natronlauge. Die beim Abdampfen in dem Verdampfer $A I$ entwickelten Brüdendampfe dienen zur Heizung des zweiten Umlaufheizkörpers E_2, welcher mit der voreingedampften Lauge des ersten Apparats beschickt wird. Weiter beheizen die Brüdendampfe, die sich in $B II$ entwickeln, E_3, während die in $C III$ freiwerdenden Brüdendampfe über dem Abscheider L zur Naßluftpumpe M geführt und dort zwecks Aufrechterhaltung der Luftleere kondensiert werden. Der dem Heizkörper E_1 zugeführte Heizdampf wird somit 3mal ausgenutzt, so daß zur Verdampfung von 1 kg Wasser aus der Lauge von 10 auf 35° $Bé$ nur etwa $\frac{1}{3}$ kg Dampf notwendig ist. Die voreingedampfte Natronlauge wird durch die Dicklaugenpumpe Q aus dem Verdampfer $C III$ abgezogen, in einen Sammelbehälter R gedrückt und durch Rohre dem Fertigverdampfer $D IV$ zugeführt. Dieser besitzt ebenfalls einen Umlaufkörper F, welcher aber gußeiserne Heizrohre besitzt, weil nur Gußeisen den starken alkalischen Laugen genügend lange widersteht. Die gußeisernen Rohre sind mit Stopfbüchsen mit Asbest frei ausdehnbar gedichtet. Die im Verdampfkörper $D IV$ freiwerdenden Brüdendampfe gehen ebenfalls durch den Fänger L, um etwa mitgerissene Natronlauge zurückzuhalten, und weiter wieder zur Luftpumpe M. Da sich bei der Eindampfung schon im letzten Verdampfer $C III$ und im Fertigverdampfer $D IV$ Kochsalz besonders aus der auf elektro-

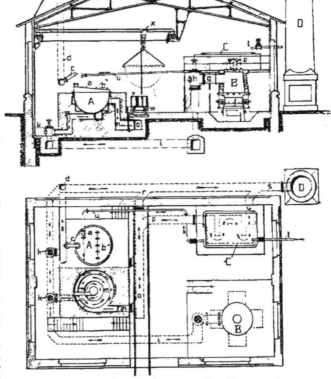

lytischem Wege gewonnenen Natronlauge abscheidet, so wird dieses in dem Salzabscheider G von der Lauge durch zentrifugalen Umlauf der Lauge getrennt. Die vom Salz befreite Lauge geht wieder zu den Heizkörpern, um weiter eingedampft zu werden. Das sich abscheidende Salz geht durch die Ausfüllventile H in die Ausfüllgefäße J. Sind diese mit Salz angefüllt, dann wird das Ventil H geschlossen und der Salzbrei in einer Schleuder S von der Lauge befreit. Häufig wird auch der Salzbrei in den Ausfüllgefäßen unmittelbar durch Dampf wieder aufgelöst und in die Elektrolyse zurückgeführt. Das Kondenswasser, welches sich aus dem Frischdampf in dem Heizkörper E_1 bildet, wird durch den Kondenstopf N geleitet, ebenso aus dem Heizkörper F. Da die Heizkörper E_2 und E_3 aber unter Luftleere stehen, so muß das sich dort bildende Kondenswasser durch die Brüdenwasserpumpen O und P abgesaugt werden.

Wenn der Siedepunkt unter Atmosphärendruck auf 138 bis 140° gestiegen ist, beträgt das *spez. Gew.* 1,48—1,50 und der $NaOH$-Gehalt 600 bis 700 g im L. Man

Abb. 32. Schmelzanlage für Ätznatron, EMIL PASSBURG & BERTHOLD BLOCK, G. M. B. H., Berlin-Charlottenburg.

läßt nun nochmals klären, wobei wieder Abscheidung von Fischsalz erfolgt, und zieht die Lauge zur weiteren Entwässerung in die Schmelzkessel.

Die Schmelzkessel sind in der Regel aus Gußeisen und von halbkugeliger Form; die Wandstärke am Boden beträgt $50-75\ mm$. Jeder Kessel faßt $10-20\ t$ Ätznatron. Auch das Gußeisen wird von der schmelzenden Masse mit der Zeit zerstört, wobei sich aber die einzelnen Sorten verschieden verhalten. Gute Schmelzkessel halten mindestens 10 Monate aus. Dauerhafter, aber auch teurer sind Nickelkessel.

Die Abb. 32 stellt eine Schmelzkesselanlage der EMIL PASSBURG & BERTHOLD BLOCK, G. M. B. H., Berlin-Charlottenburg dar. Die Kessel A werden durch die Generatorgase, die in einem ZAHNschen Druckgasgenerator B erzeugt werden, beheizt. Die Kessel sind durch Deckel a mit abklappbarem Teil b verschlossen, die Wasserdämpfe entweichen durch die Leitung c und werden durch den Schornstein d ins Freie geführt. Der Generator B wird durch die Öffnung e mit dem Brennstoff gefüllt, welcher sich auf dem Rost f lagert. Die Generatorgase gehen durch die Leitung g über das Regulierventil h in den Gaskanal i zu dem Verbindungsventil k. Hinter diesem werden die Gase entzündet und durch die Heizkanäle m unter die Schmelzkessel A spiralförmig so geleitet, daß eine gleichmäßige Erhitzung aller Teile der Kessel erzielt wird. Die Abgase gehen durch die Kanäle n nach oben, weiter durch p unter die Vorwärmepfanne C, um hier zur Vorwärmung der Natronlauge noch vollständig ausgenutzt zu werden. Die abgekühlten Abgase gehen dann durch den Kanal q zum Fuchs s und zum Schornstein D. Die Heizgase können auch unmittelbar durch den Kanal w in den Hauptfuchs geführt werden. Die von den Vakuumverdampfern auf etwa $50^0\ B\acute{e}$ eingedampfte Natronlauge wird durch die Leitung t in die Vorwärmepfanne C geführt und von dort, entsprechend vorgewärmt, durch die Leitung u in den Schmelzkessel A. Nach erfolgter Einschmelzung wird das Ätznatron in die schmiedeeisernen Gefäße v gefüllt, die auf dem Wagen w ruhen. Um die Schmelzkessel A leicht auswechseln zu können, ist ein Laufkran mit Laufkatze x vorgesehen.

Die A.-G. WESER (*D. R. P.* 261 103) stellt Kessel aus Nickelstahl her, bei denen ein leicht auswechselbarer Teil, z. B. das Einführungsrohr, aus Schmiedeeisen besteht. Dabei soll sich die Einwirkung der Schmelze fast ganz auf den schmiedeeisernen Teil beschränken. Die Kessel können auch hier, wie bei der Erzeugung geschmolzenen Ätzkalis, elektrolytisch geschützt werden. Man schaltet den Kessel als Kathode und führt in die Schmelze eine Hilfsanode ein. Unbedingt notwendig ist dieser Schutz hier nicht.

G. ANGEL (*Ind. engin. Chem.* **19**, 1314 [1927]) schlägt zum Erhitzen der Schmelzkessel äußere Widerstandsheizung vor aus feuerfesten Tonstücken mit Ni-Cr-Draht-Wickelung, die bis 500^0 brauchbar sind. Zur Herstellung von $NaOH$ von 90% werden je $1\ kg$ $1,89\ kWh$ im Betrieb gebraucht, d. i. eine Stromausbeute von 86%. Neuerdings wird (BILLITER, Die neueren Fortschritte der technischen Elektrolyse, Halle 1930, 216) die Entwässerung anstatt in offenen Kesseln durch Vakuumverdampfung vorgenommen. Während in offenen Kesseln eine Charge etwa 4 Tage zur Behandlung benötigt, gelingt die Vakuumverdampfung schon in $8-15^h$ bei etwa 350^0; es gelingt allerdings nur die Herstellung eines 95%igen Produkts (Verfahren des *D. R. P.* 182 201 der *BASF*).

Bei 205^0 hört das eigentliche Kochen auf, obwohl noch etwa 20% Wasser zugegen sind. Der Gehalt beträgt bei:

	238^0	243^0	260^0
Na_2O	60%	61%	64%
$NaOH$	$77,5\%$	$78,7\%$	$82,6\%$

Zur Herstellung hochprozentiger Marken wird auf $350-700^0$ erhitzt. Man kann sich auch folgenden Kunstgriffs bedienen: Man erhitzt die 52grädige Lauge auf 245^0, wobei sie auf $64^0\ B\acute{e}$ eingedickt wird, setzt sie dann mit destilliertem Wasser in raschem Strome wieder auf $52^0\ B\acute{e}$ herab (bei geschlossenem Deckel arbeiten!). Es fallen dabei noch erhebliche Mengen Fischsalz aus und setzen gut ab, ohne sich wieder zu lösen. Die so erhaltene Lauge wird für höchstgrädige Ware getrennt verarbeitet. Zur Erzielung eines rein weißen Produkts wird etwas Natronsalpeter zugefügt. Sollte dabei durch Bildung von Natriummanganat eine grünliche Färbung auftreten, so wird sie durch Zugabe von etwas Natriumthiosulfat oder Schwefel zerstört. Man zieht nun Probe und bestimmt den Gehalt an Na_2O. Der Kesselinhalt muß unter Erhaltung des Feuers $8-12^h$ klären, wobei sich Eisenoxyd und Natriumaluminat absetzen. Die klare Schmelze wird mit Schöpfkellen in Trommeln aus dünnem Eisenblech gefüllt, die ohne Lötung nur durch Falzen gedichtet sind und im Deckel eine runde Öffnung haben, die nachher durch einen Schieber verschlossen wird. Zink muß unbedingt vermieden werden, weil sich sonst leicht Wasserstoff bilden kann, wodurch Explosion eintritt. Jetzt werden auch die Eisenblechtrommeln autogen oder elektrisch geschweißt, weil sich dies einfacher und billiger bewirken läßt als das Falzen.

Zur Entleerung wird entweder der Deckel abgeschlagen und der Ätznatronblock in einem Stück herausgenommen oder der Inhalt durch das Loch im Deckel mit Dampf ausgeblasen, wenn man das Ätznatron als Lösung verwenden will. Zum Auflösen verwendet man jetzt auch häufig besondere zylindrische Kessel, welche in der Mitte ihrer Höhe einen Tragrost besitzen, auf welchem die Trommel mit dem aufgeschnittenen Deckel nach unten eingestellt wird. Der Kessel wird dann, halb mit Wasser angefüllt, durch Dampf beheizt. Die in dem geschlossenen Kessel sich bildenden Wasserdämpfe lösen den Ätznatronblock auf; sein Inhalt tropft nach unten, und man kann auf diese Weise eine beliebig starke Natronlauge erzielen. In einem Apparat von CZAPEK und WEINGAND (s. CZAPEK, *Ztschr. angew. Chem.* 38, 841 [1925]) wird ein unzerkleinerter Block von 300 *kg* in 1—2^h gelöst, indem der Unterschied der Dichten von Lauge und Wasser zum Zirkulieren der Flüssigkeit während des Lösevorgangs ausgenutzt wird.

KAUFMANN & CO. (*D. R. P.* 129871) vermeiden die Anwendung besonderer Schmelzkessel durch Konzentration der Ätzlaugen in gußeisernen Gefäßen mit Rührwerk, in denen ein Vakuum hergestellt wird. Der Siedepunkt wird dadurch so erniedrigt, daß man die Apparate mit hochgespanntem Dampf heizen kann und doch eine Schmelze mit nur 15% H_2O erhält. Nach *F. P.* 670335 [1929] (*I. G.*) bedient man sich eines Drehrohrofens, der innen mit einem Silberüberzug versehen ist, in den die Laugen mit etwa 50° *Bé* eintreten und als Schmelzen mit gewünschtem Gehalt austreten. — Nach *F. P.* 625018 [1927] (HAMMOND und SHACKLETON) soll man auf der Oberfläche von geschmolzenem Blei eindampfen, das durch einen Eintauchbrenner erhitzt wird, wobei die Verbrennungsgase an einer von der Lauge freigehaltenen Stelle entweichen. — BADGER, MONRAD, DIAMOND (*Ind. engin. Chem.* 1930, 700) haben eingehende Versuche angestellt, um mit Diphenyl als Heizflüssigkeit (unter Druck) Natronlauge bis zu 98% einzudampfen. — Nach *A. P.* 1749455 [1930] soll bis auf 90% entwässertes $NaOH$ zwischen zwei Elektroden durch die Stromwärme weiter entwässert werden.

Nach *D. R. P.* 247896 (*Griesheim*) scheiden sich aus einer auf 90% $NaOH$ gebrachten Schmelze beim Abkühlen auf 200° Krystalle von wasserfreiem Ätznatron aus. Aus technischen Gründen ist die Trennung der Krystalle von dem flüssigen Teil bei so hoher Temperatur nicht gut ausführbar. Gibt man aber niedrigprozentige Ätznatronschmelze von 120—130° dazu, so findet nur eine geringe Wiederauflösung der Krystalle statt, und die Masse kann in geheizten Zentrifugen abgeschleudert werden. Das Produkt enthält 99% $NaOH$.

Das Innere der erstarrten Ätznatronblöcke enthält bisweilen einen grauen Kern, dessen Farbe nach JURISCH (*Ztschr. angew. Chem.* 1898, 174) durch erdige und metallische Verunreinigungen verursacht wird; die Erscheinung ist zu vermeiden, wenn man für gute Klärung der Schmelze sorgt.

Abb. 33. Trommel zur Herstellung von schuppenförmigem Ätznatron. EMIL PASSBURG & BERTHOLD BLOCK, G. M. B. H., Berlin-Charlottenburg.

Für Laboratoriumszwecke wird vielfach statt des in Stangen gewonnenen geschmolzenen Ätznatrons sog. schuppiges Ätznatron verwendet. Dieses wird auf Kühltrommeln (Abb. 33) hergestellt (*D. R. P.* 34040). Das geschmolzene wasserfreie Ätznatron wird in den Sammelkasten geleitet, in welchen Walzen eintauchen. Durch die Umdrehung nimmt die Walze das geschmolzene Ätznatron in dünner Schicht von 0,1—1 *mm* Stärke je nach Wunsch auf. Die Kühlwalze wird durch Wasser gekühlt, indem auf der einen Seite Kühlwasser zu- und auf der andern Seite entsprechend gleichmäßig abgeführt wird. Das sich abkühlende und festwerdende Ätznatron wird auf der andern Seite von der Trommel durch einstellbare Schabermesser abgenommen, wodurch die Schicht in einzelne blattförmige Schuppen zerbröckelt. Die Herstellung von $NaOH$-Plättchen ist im *Jugoslav. P.* 5622 [1927]; *Chem. Ztrbl.* 1930, I, 275, beschrieben. — Die Überführung des Ätznatrons in Pulverform wird beschrieben in *E. P.* 4274 [1879], 4677 [1883]; *D. R. P.* 26961.

Aus LEBLANC-Sodalaugen wird Ätznatron gewonnen, indem man entweder nur die roten Mutterlaugen verwendet, die nach dem Aussaigen des größten Teiles der Soda hinterbleiben, oder von vornherein auf die ausschließliche Fabrikation von Ätznatron hinarbeitet.

Eine Analyse roter Mutterlauge ergab nach DAVIS im *l*:

0,31 FeS, 0,19 Na_2S_2, 6,26 Na_2S, 16,02 Na_2SO_3, 7,86 $Na_2S_2O_3$, 14,85 Na_2SO_4, 65,53 $NaCl$, 9,68 Na_2SiO_3, 1,03 Na_2AlO_2, 79,97 Na_2CO_3, 194,40 $NaOH$, 0,26 $NaCNS$, 0,42 *g* $Na_4Fe(CN)_6$ bei 1,310 *Vol.-Gew.* = 34° *Bé*.

Die rote Lauge wird entweder mit Kalk behandelt oder auch ohne weiteres eingedampft, in welchem Falle natürlich reichliche Salzabscheidung in den Bootpfannen stattfindet. Bei 121° und 38° *Bé* werden die Salze gut ausgefischt, auf 1 *t* Ätznatron 120—150 *kg* Salpeter zugegeben und bis 1,47 *Vol.-Gew.* weiter verdampft. Die vollständig geklärte Flüssigkeit hat eine dunkel strohgelbe Farbe; sie wird in einem Schmelzkessel auf 60% Na_2O gebracht und liefert dann das in England als gelbliche kaustische Soda (Cream caustic) in den Handel kommende Produkt. Um weißes Ätznatron zu gewinnen, muß man die Temperatur bedeutend höher steigern und dann einen Luftstrom durch die Masse blasen.

Handelt es sich um die Verarbeitung von Sodarohlaugen, so werden diese mit Waschwässern vom Kalkschlamm früherer Operationen auf 11—13° *Bé* verdünnt und in der schon beschriebenen Weise kaustiziert. Schwefelnatrium wird durch Einblasen von Luft zu Thiosulfat oxydiert oder, wenn hochgrädiges Ätznatron hergestellt werden soll, durch eine Lösung von Zink in Natronlauge unter Bildung von unlöslichem Zinksulfid zersetzt. Die beim folgenden Eindampfen ausfallenden Salze werden ausgefischt und bei neuen Sodaschmelzen mit verwendet. Die notwendige Beseitigung aller oxydierbaren Schwefelverbindungen macht einen erheblichen Zusatz von Salpeter bzw. wiederholtes Durchblasen von Luft erforderlich, außerdem eine allmähliche Steigerung der Temperatur im Schmelzkessel auf etwa 360⁰. Das Thiosulfat wird schwer oxydiert, zerfällt aber gegen 200⁰ in Sulfit und Sulfid nach der Gleichung $3\ Na_2S_2O_3 - 6\ NaOH = 4\ Na_2SO_3 + 2\ Na_2S + 3\ H_2O$. Das Sulfid wird durch eingeblasene Luft leicht wieder oxydiert. Sulfit dagegen selbst im Schmelzkessel nur langsam, so daß ein Zusatz von Salpeter kaum zu entbehren ist.

Sonstige Verfahren zum Kaustizieren von Soda. Von den vielen vorgeschlagenen Methoden hat nur das Verfahren von LÖWIG größere praktische Bedeutung erlangt (*D. R. P.* 21593, 41990; *E. P.* 1974 [1887]; vgl. auch *E. P.* 591 [1897], 4227 [1897]).

Erhitzt man nach LÖWIG ein inniges Gemisch von Soda mit Eisenoxyd (Pyritabbränden oder Hämatit) in einem Flammofen zu heller Rotglut, so entsteht unter Kohlendioxydabspaltung Natriumferrit, das durch heißes Wasser in Eisenoxyd und Natriumhydroxyd zerlegt wird:

$$Na_2CO_3 + Fe_2O_3 = 2\ NaFeO_2 - CO_2;\ 2\ NaFeO_2 + H_2O = 2\ NaOH + Fe_2O_3.$$

Wasserdampf fördert die Reaktion. Deshalb ist die direkte Beheizung mit Wassergas vorteilhaft. Das Eisenoxyd kehrt immer wieder in die Fabrikation zurück. Der Vorzug dieses Verfahrens liegt in der Ersparung der Ausgabe für Kalk und in der hohen Konzentration der erhaltenen Ätzlauge, deren *spez. Gew.* 1,32—1,38 beträgt. Die hierdurch erwachsende Brennmaterialersparnis beim Eindampfen fällt beim LEBLANC-Prozeß nicht sehr ins Gewicht, weil man hier die ohnehin ziemlich verdünnten Rohsodalaugen zu kaustizieren pflegt. Bei Ammoniaksoda dagegen, die zur Kaustizierung mit Kalk erst aufgelöst werden muß, macht sich der LÖWIGsche Glühprozeß durch die genannten Vorteile reichlich bezahlt. Andererseits verläuft auch nur bei Verwendung einer reinen Soda die Ferritbildung befriedigend.

Das Eisenoxyd muß für diesen Zweck rein, insbesondere frei von Kieselsäure und Tonerde sein. Das Glühen der Mischung geschieht am besten in einem Drehofen. Zur Auslaugung des Natriumferrits dient ein Zylinder mit durchlöchertem Boden, der in einem größeren Zylinder steht. Man zieht zunächst durch kaltes Wasser die anwesenden leichtlöslichen Salze (Na_2CO_3, $NaCl$, Na_2SO_4) aus und zersetzt dann mit 70—80⁰ heißem Wasser das Natriumferrit.

Eine Verbesserung des LÖWIG-Verfahrens, die auch weniger reine Soda (natürliche Soda) zu verarbeiten erlaubt, ferner nur die Hälfte des Eisenoxyds benötigt und mit geringeren Verlusten arbeitet, soll durch Zufügen eines Katalysators und Kombination eines Ofens mit beweglichem Herd erzielt werden. Über dieses sog. BLATTNER-Verfahren (*E. P.* 203 271 [1923₁]) vgl. HIRSCHBERG (*Chem.-Zig.* 51, 765 [1927]).

Andere Verfahren, die von Soda ausgehen: Man trägt in eine Sodalösung Calciumcarbid ein und erhält nach $CaC_2 + 2\ H_2O + Na_2CO_3 = 2\ NaOH + CaCO_3 + C_2H_2$ Ätznatron und Acetylen (AKTIENGESELLSCHAFT FÜR STICKSTOFFDÜNGER, Erfinder H. HERTLEIN, *D. R. P.* 427 086 [1924]). Man kaustiziert mit Kalkstickstoff, der bis 20% CaO enthält, unter Erhitzen auf 100⁰. Unter diesen Umständen erzielt man außer der Kaustizierung gute Ammoniakausbeute ohne Anwendung von Druck (DR. BAUMBACH & CO., *D. R. P.* 299 071 [1913]).

Weitere Verfahren zur Herstellung von Ätznatron. Praktisch wird Ätznatron heute ausschließlich durch Elektrolyse von Kochsalz und durch Kaustizieren von Ammoniaksoda hergestellt. Die Entwicklung, die zu diesem Zustand geführt hat, ist aber (dies gilt ebenso wie für die Herstellung von Soda) von einer großen Anzahl anderer Vorschläge begleitet gewesen, von denen nicht wenige, wenn auch nur vorübergehend, auch praktisch ausgeübt worden sind. Ein Überblick über diese Vorschläge ist schon deshalb sehr interessant, weil auch heute noch die Kette noch nicht abgerissen ist und weil fast immer ein Zusammenhang der neuen Verfahren mit älteren vorliegt. Zur Ergänzung der nachfolgenden Übersicht, die nur das Wichtigste bringt, vgl. auch die Angaben unter Natriumcarbonat S. 5. Eine ausführliche Darstellung der älteren Verfahren findet sich bei G. LUNGE, Sodaindustrie, 3. Aufl., Bd. 3, S. 179 ff., Braunschweig 1909, eine systematische Zusammenstellung von großer Vollständigkeit in GMELIN, Handbuch der anorganischen

Chemie, 8. Aufl., Band Natrium, S. 174 ff. Als Ausgangsmaterial kommt überwiegend Chlornatrium oder Natriumsulfat in Frage. Die Übersicht ist jedoch nach denjenigen Verbindungen eingeteilt, die, aus dem Rohmaterial hergestellt, in der nächsten Stufe des Verfahrens Ätznatron liefern.

Aus Chlornatrium. Die direkte Zersetzung mit Wasserdampf nach $2 NaCl - H_2O = Na_2O$ und $2 HCl$ ist Gegenstand einer Anzahl älterer *E. P.* Untersuchungen von SPRING (*B.* 1865, 315) ergaben, daß die Reaktion nur über 500° vor sich geht und höchstens 12,6% *NaOH* entstehen. Neuere Patente (*E. P.* 146 333 [1920], 164 742 [1921]) suchen den Erfolg durch Vergrößerung der Oberfläche bzw. durch Katalysatoren zu erreichen. Bei der Einwirkung von Wassergas auf geschmolzenes Kochsalz bilden sich nach MILLS (*E. P.* 4661 [1891]) Na_2O, HCl und Kohlenstoff. Nach HARDTMUTH und BENZE (*D. R. P.* 74976 und 75272 [1893]) erhitzt man Kochsalz unter Zuschlag von Kalk oder Kupfer im Kohlenoxydstrom und erhält z. B. im letzten Fall neben $CaCl_2$ eine Kupfer-Natrium-Legierung, die beim Behandeln mit Wasser Natronlauge gibt.

In Lösung setzt sich Kochsalz mit Bleioxyd (PbO) zu Ätznatron und basischem Bleichlorid um. Nach diesem Verfahren, das auf SCHEELE (1775) zurückgeht, ist bereits 1782 in England fabriziert worden. Das Verfahren wurde wiederholt im Laufe der nächsten Jahrzehnte in England und Frankreich von verschiedenen Erfindern patentiert und auch teilweise ausgeübt. Unter Zusatz von Kalkhydrat arbeitete BACHET (*E. P.* 939 [1869] und 2401 [1870]). Weitere Verfahren betreffen Einzelheiten der Ausführung, die Regeneration des Bleioxyds und sonstige Abänderungen. Über die dem Verfahren zugrunde liegenden Gleichgewichte, günstigsten Temperaturen und mögliche Ausbeuten vgl. BERL und AUSTERWEIL (*Ztschr. Elektrochim.* 13, 165 [1907]). Das SCHEELE-Verfahren krankt an dem geringen Umsetzungsgrad und der Schwierigkeit der Regeneration des PbO, von dem obendrein etwa 40 Tl. auf 1 Tl. *NaOH* im Prozeß umlaufen müssen.

FRASCH (*D. R. P.* 164 725 [1901]) schlägt vor, in einer Kochsalzlösung Nickelhydroxyd zu suspendieren und Ammoniak einzuleiten. Es bildet sich *NaOH* in Lösung, und das Ammin $Ni(NH_3)_2Cl_2 \cdot 4 NH_3$ fällt aus und wird mit Kalkmilch in Nickelhydroxyd, Ammoniak und Calciumchlorid zersetzt.

Während in der älteren Literatur sich die Behauptung findet, daß Bleihydroxyd nicht wie Bleioxyd auf Kochsalzlösung einwirkt, soll nach J. KERSTEN (*D. R. P.* 255 688 [1911]) diese Umsetzung quantitativ verlaufen.

Aus Natriumsulfat. Über Natriumsulfat, das auf mindestens 400° erhitzt sein muß, wird mit Wasserdampf beladener Wasserstoff geleitet, wobei unter Entwicklung von H_2S Ätznatron gebildet wird (*D. R. P.* 352 714 [1920]).

In Lösung gibt das Kaustizieren mit Ätzkalk entgegen vielfach wiederholten Behauptungen kein befriedigendes Resultat, auch nicht mit einem Überschuß von Ätzkalk oder beim Erhitzen unter Druck. 1 Tl. Na_2SO_4 auf 180 Tl. H_2O wird nur zu 28,8% umgesetzt (*Dingiers polytechn. Journ.* 238, 69; 242, 137). Vgl. auch B. NEUMANN, KARWAT, *Ztschr. Elektrochem.* 27, 114, die fanden, daß bei gewöhnlicher Temperatur 60%, bei 100° nur 27% *NaOH* entstehen. Die Lauge enthält nur 2,7—7 g *NaOH*/L. Dagegen kann man durch Kochen einer verdünnten Lösung mit einem Gemisch von Bariumcarbonat und Ätzkalk vollständige Kaustizierung erreichen. Diese Reaktion wie auch die ebenfalls leicht verlaufende Kaustizierung mit Bariumhydroxyd scheitern aber an der Schwierigkeit der Wiedergewinnung des $BaCO_3$ bzw. $Ba(OH)_2$ aus dem $BaSO_4$.

Nach PROJAHN (*D. R. P.* 112 173) erhält man beim Erhitzen von Natriumsulfat mit metallischem Eisen Natriumferrit neben FeS und kann aus der Masse mit Wasser *NaOH* auslaugen. HALVORSEN (*Chem.-Ztg.* Rep. 1909, 24) erhitzt Natriumsulfat mit FeS und erhält Eisenmetall, überdeckt von einer Schlacke, die beim Auslaugen *NaOH* ergibt.

Natriumsulfid wird mit Ätzkalk und Eisen geschmolzen. Aus der Schmelze kann man *NaOH* auslaugen (TESSIÉ DU MOTAY, *Chem. News* 15, 276 [1872]). In Lösung kann man Schwefelnatrium mit verschiedenen Oxyden umsetzen, so mit Zinkoxyd, Kupferoxyd, Eisenoxyd. Von den vielen Vorschlägen hat nur das sog. ELLERSHAUSEN-Verfahren zeitweise praktische Bedeutung gehabt (*D. R. P.* 58399; vgl. die ausführliche Darstellung bei LUNGE, Bd. 3, 263). Man filtriert darnach eine Schwefelnatriumlösung über eine Schicht von Natriumferrit und erhält eine Umsetzung etwa nach der Gleichung $Na_2Fe_2O_4 + 4 H_2O + 4 Na_2S = Na_2Fe_2S_4 + 8 NaOH$. Die Schwierigkeit des Verfahrens besteht in der Regenerierung des Natriumferrits, die nur unvollkommen und auf umständlichem Wege möglich ist. H. BUNZEL (*D. R. P.* 404 245 [1920]) verrührt geschmolzenes Schwefelnatrium mit Eisenhydroxydschlamm. Das in der gebildeten Doppelverbindung sonst verlorengehende *Na* soll als Thiosulfat nutzbar gemacht werden.

Nach einem neueren Verfahren (*A. P.* 1 678 767 [1928]) wird fein verteiltes PbO in Wasser suspendiert, mit Schwefelnatrium, das nur in dem Maße zugeführt wird, wie die Reaktion fortschreitet, umgesetzt nach der Gleichung $PbO + Na_2S + H_2O = PbS + 2 NaOH$. Durch Erhitzen erhält man aus Natriumsulfat und Bleisulfid nach der Gleichung $Na_2SO_4 - 2 PbS = Na_2S + 2 SO_2 + 2 Pb$ wieder Natriumsulfid und Blei, das, zu Bleioxyd oxydiert, in den Prozeß zurückkehrt.

Aus Fluornatrium oder Kieselfluornatrium. Diese wenig löslichen Verbindungen setzen sich, in Wasser suspendiert, mit Ätzkalk oder Kalkmilch leicht um in Fluorcalcium (im zweiten Fall gemischt mit Kieselsäure) und Natronlauge. Auch kann man die Kieselfluornatrium zuerst durch Erhitzen in Fluornatrium und Fluorsilicium spalten und dann das Fluornatrium kaustizieren. Die weitere Aufgabe, die in verschiedener Weise gelöst werden kann, besteht darin, aus Kochsalz und Fluorcalcium (bzw. auch Fluorsilicium) die eine der Natriumfluorverbindungen zu regenerieren. Die vielen Möglichkeiten dieser Erfindungsidee, die auf SPILSBURY und MAUOHAM (*E. P.* 7277 [1837]) zurückgeht, sind mit großer Ausführlichkeit von LE CHATELIER (*E. P.* 413 [1858]; *F. P.* 20840 [1858]) dargestellt und in der Folgezeit in vielen Anmeldungen anderer variiert worden. In den letzten Jahren ist von der RING-GESELLSCHAFT CHEMISCHER UNTERNEHMUNGEN mit großen technischen

5*

und finanziellen Mitteln die Übertragung des Verfahrens ins Große versucht worden — soweit bekannt, jedoch ohne endgültigen Erfolg (vgl. die Darstellung von W. SIEGEL, *Chem.-Ztg.* 53, 145 [1929]). Von den vielen Patenten der genannten Firma lauten die meisten auf M. BUCHNER bzw. A. F. MEYER-HOFER bzw. E. DE HAEN A.-G. Der Kreisprozeß in der bevorzugten Ausführungsform verläuft in folgenden 3 Operationen:

1. In eine angesäuerte Kochsalzlösung, die gefälltes Fluorcalcium, aus der 3. Operation stammend, suspendiert enthält, wird gasförmiges Fluorsilicium, das aus der 2. Operation stammt, eingeleitet. Es entsteht nach der Gleichung $CaF_2 + SiF_4 + 2 NaCl (—Säure) = Na_2SiF_6 + CaCl_2$ festes, schwerlösliches Kieselfluornatrium, das von der sauren Chlorcalciumlauge abfiltriert wird. Säure wird bei dem Prozeß nicht verbraucht.

2. Kieselfluornatrium wird durch Erhitzen auf etwa 700° zersetzt nach der Gleichung $Na_2SiF_6 = 2 NaF + SiF_4$ in Fluornatrium, das nach Reaktion 3 geht, und in gasförmiges Fluorsilicium, das nach 1. weiterverarbeitet wird.

3. Fluornatrium wird mit Kalkmilch behandelt. Man kann nach der Gleichung $2 NaF + Ca(OH)_2 = 2 NaOH + CaF_2$ ziemlich *konz.* Ätznatronlaugen erhalten. Fluorcalcium wird abgetrennt und nach 1. wieder verwendet.

Von diesen Operationen macht die meisten Schwierigkeiten die thermische Zersetzung des Kieselfluornatriums, die von G. HANTKE (*Ztschr. angew. Chem.* 39, 1065 [1926]) untersucht worden ist. Man muß bei mindestens 700° arbeiten, um einigermaßen genügende Zersetzungsdrucke zu haben. Viel höher kann man, unter anderem schon wegen des Angriffs auf das Gefäßmaterial, nicht gehen. Infolge Änderungen in der Zusammensetzung der Phasen sinkt mit fortschreitender Zersetzung der z. B. einer Temperatur von 656° entsprechende Druck so erheblich, daß es schwierig und sehr zeitraubend ist, eine einigermaßen vollständige Zersetzung zu erreichen.

Verschiedene Verfahren. Über die vielen Vorschläge, die auf dem Wege über z. B. Phosphat, Oxalat, Aluminat, Sulfit, Nitrat, Borat, Silicat u. s. w. zu Natriumhydroxyd gelangen wollen, vgl. die zu Anfang genannten Zusammenstellungen. Hier sollen nur noch einige neuere Patente angeführt werden. — Natriumaluminat, das aus Ton und Kochsalz nach einem besonderen Verfahren gewonnen ist, wird mit Ätzkalk kaustiziert; das Calciumsilicat soll auf Zement verarbeitet werden (COWLES, 8. Intern. Congr. angew. Chemie 25, 119 [1921]; *Chem.-Ztg.* 36, 1303 [1912]). — Kochsalz wird in *konz.* Lösung mit Zinkoxyd versetzt und das von der Röstung stammende SO_2 eingeleitet. Man erhält neben Natriumbisulfit, das mit Kalkmilch kaustiziert wird, Chlorzink (HÖPFNER, *D. R. P.* 138 028 [1900]). — Aus Natriumsilicat, fest oder in Lösung, durch Erhitzen mit CaO (*F. P.* 443 810 [1911], *E. P.* 5361 [1910]). Nach *D. R. P.* 346 808 [1921] erhält man das zu kaustizierende Natriumsilicat durch Umsetzung von Natriumsulfat mit Bariumsilicat, das man aus dem entstehenden Bariumsulfat mit Kieselsäure und Kohle wieder regenerieren kann. — Ein Kreislaufprozeß, dessen Kernpunkt die Umsetzung von Kalkstickstoff mit Natriumsulfat zu Natriumcyanamid bildet, das von Gips getrennt und auf $NaOH$ und NH_3 verkocht wird, ist WIPFLER patentiert (*D. R. P.* 384 562 [1922]).

Chemisch reines Natriumhydroxyd für analytische Zwecke wird gewonnen, indem man in einer von außen gekühlten Silberschale einen Wassertropfen mit metallischem Natrium in Berührung bringt und allmählich mehr Wasser und Natriumstücke unter Umschütteln dazu gibt, bis einige Kilogramm des Metalls verbraucht sind. Der Rückstand wird zur Verjagung des überschüssigen Wassers auf Rotglut erhitzt und in Formen gegossen (*Dinglers polytechn. Journ.* 186, 308).

Man kann auch derart verfahren, daß man chemisch reine Soda, die man leicht durch Krystallisation frei von Chloriden und Sulfaten erhalten kann, mit reinem Kalk aus Marmor kaustifiziert und die Lauge wie oben verarbeitet.

ASHCROFT (*A. P.* 1 198 987) führt zum selben Zweck das Natrium durch Ammoniakgas in Natriumamid über und zersetzt letzteres in einem zweiten Gefäß durch Wasserdampf, wobei nach der Gleichung $NaNH_2 + H_2O = NaOH + NH_3$ reines Ätznatron entsteht.

Handelsmarken. Die Prozentigkeit des Ätznatrons wird in derselben Weise wie die der Soda berechnet. Demgemäß entsprechen 100% $NaOH$ 132,5 deutschen Graden, 78,52 englischen Graden und 122,5 Graden nach DESCROIZILLES. Im Handel sind in Deutschland folgende Marken: bei der angegebenen Norm für das handelsübliche Produkt ist $NaOH$ auf die Trockensubstanz bezogen und der Höchstgehalt an Fe als Metall berechnet. (Nach Genormte Chemikalien, Berlin 1928).

Bezeichnung	% NaOH	% Fe
Technisch fest (Ätznatron, Spezialmarke)	96,6	0,1
" " (" I)	94,3	0,1
" " (" II)	90,5	0,1
Gereinigt, " (" gereinigt)	98,0	0,02
Technisch rein, fest (Ätznatron, technisch rein)	99,6	0,002
" flüssig (Natronlauge)	90,5	0,1
Gereinigt, " (" gereinigt)	98,0	0,02
Technisch rein, flüssig (Natronlauge, technisch rein) . .	99,6	0,002

Verwendung findet Ätznatron zur Fabrikation der Natronseifen, zur Gewinnung von Holzzellstoff (Bd. **VI**, 192), zum Reinigen von Erdöl (Bd. **IV**, 467), Fetten und Ölen (Bd. **V**, 221), zum Mercerisieren der Baumwolle (Bd. **II**, 148), zur Regenerierung von Kautschuk (Bd. **VI**, 531), zur Darstellung von Oxalsäure und von zahlreichen Teerprodukten, wie Phenol, Resorcin, Naphtholen, Alizarin, Indigo u. s. w., zur Herstellung von Viscose-Kunstseide (Bd. VII, 57).

Untersuchung. Die Proben sind von verschiedenen Stellen eines Schmelzkessels oder einer Trommel zu entnehmen, weil die Zusammensetzung der Masse nicht ganz gleichförmig zu sein pflegt. Man befreit die Stücke vor dem Abwägen rasch von der äußeren, schon veränderten Kruste, löst ungefähr 50 g zu 1 l und titriert 50 cm^3 mit n-Salzsäure und Phenolphthalein bis zum Verschwinden der Färbung. Darauf fügt man Methylorange zu und titriert weiter bis zur neutralen Farbe. Hat man zuerst a, dann b cm^3 verbraucht, so entspricht $a-b$ dem Gehalt an $NaOH$, $2b$ dem an Na_2CO_3.

Wirtschaftliches[1]. Die Weltproduktion von Ätznatron kann auf etwa 1,3 Million. t jährlich geschätzt werden; davon entfallen auf die Vereinigten Staaten von Amerika 650 000 t, Großbritannien etwa 150 000 t, Deutschland etwa 125 000 t, Italien rund 80 000 t, Rußland 64 000 t, Frankreich 110 000 t, Japan 35 000 t, Belgien und die Tschechoslowakei etwa je 20 000 t und Polen 16 000 t. Man kann damit rechnen, daß von der Weltproduktion ungefähr 450 000–500 000 t elektrolytisch erzeugt werden, die überwiegende Menge wird wegen der Schwierigkeit der Chlorverwertung beim elektrolytischen Verfahren noch nach dem alten Kalk-Soda-Verfahren gewonnen.

Für einige Länder, von denen regelmäßig Produktionszahlen bekanntgegeben werden, läßt sich die Entwicklung der Ätznatronproduktion, auf welche die starke Zunahme der Kunstseideproduktion von erheblichem Einfluß war, aus folgender Aufstellung erkennen:

Ätznatronproduktion.

Jahr	Vereinigte Staaten von Amerika			Italien		Japan	
	Ätznatron aus			Ätznatron		Ätznatron aus	
	Kalk-Soda-Verfahren sh. t	Elektrolyse sh. t	Gesamtverkaufswert Million. $	festes dz	Lauge 36° Bé dz	Kalk-Soda-Verfahren t	Elektrolyse t
1923	314 195	122 424	25,1	73 500	400 600	19 000	
1924	408 000[1]		–	234 700	433 000	21 416	
1925	355 783	141 478	27,4	394 900	497 000	25 216	
1926	547 000[1]		–	502 700	527 800	8919	14 560
1927	397 943	163 459	29,2	702 800	552 000	7095	17 919
1928	598 000[1]		–	708 300	532 200	7655	20 467
1929	524 985	233 815	35,8	767 900	495 700	6920	26 607

[1] Private Schätzungen der Gesamtproduktion.

In den Vereinigten Staaten von Amerika wurden im Jahre 1929 verbraucht in 1000 sh. t: Für Seife 103, für Chemikalien 90, für Petroleumraffinerie 116, Kunstseide 105, Lauge 25, Textilien 41, Kautschukregeneration 40, pflanzliche Öle 11, Zellstoff und Papier 37, Batterien 4, Verschiedenes 29, Ausfuhr 48 (*Chemische Ind.* 1930, 206).

Literatur: G. LUNGE. Handbuch der Sodaindustrie. 3. Aufl. Braunschweig 1909. Bd. 2. – W. KOLB, Ätznatron (Metallbörse 18, 2581 ff. [1928]). *W. Siegel (C. Reimer †).*

Natriumhypochlorit, unterchlorigsaures Natrium, $NaOCl$. Zu den Bd. III, 308, 371, gemachten Angaben sei hinzugefügt, daß das Pentahydrat zerfließlich ist, bei 27° schmilzt und durch Eindampfen von Eau de Javel mit etwa 160 g $NaOCl/l$ bei 35° im Vakuum und Beseitigung des ausgeschiedenen $NaCl$ durch Filtration erhalten wird (SANTONOCHE und GARDENT, *Bull. Soc. chim. France* [4] 35, 1089 [1924]). Technische Bedeutung haben die festen Salze nicht, sondern nur die Lösungen. Über deren Herstellung s. Bd. III, 309 ff. Sie dienen hauptsächlich für Bleichzwecke, besonders für pflanzliche Gespinstfasern und für Holzzellstoff (Bd. VI, 199). Die bleichende Wirkung der Salze kommt der freien unterchlorigen Säure zu; schon das Kohlendioxyd der Luft macht die Säure frei und ermöglicht so die Bleichwirkung der Salze. In geringem Umfang dient Natriumhypochloritlauge zur Desinfektion (Bd. III, 573), zur Herstellung von Hydrazin (Bd. VI, 206) und Anthranilsäure (Bd. II, 233). Über die Beständigkeit von Natriumhypochloritlösungen s. auch GRAEBE, *B.* 35, 2753 [1902], ferner *Chem. Ztrlbl.* 1917, I, 978; II, 252. *F. Ullmann.*

Natriumhypophosphit s. Phosphorverbindungen.

Natriumjodat s. Bd. VI, 294.

Natriumjodid s. Bd. VI, 294.

Natriumlactat s. Bd. VII, 591.

Natriummolybdate s. Bd. VII, 657.

[1] Bearbeitet von DR. SCHAUB.

Natriumnitrat, Natronsalpeter, Chilesalpeter, $NaNO_3$, krystallisiert in großen, farblosen, durchsichtigen Rhomboedern. Früher wurden die Rhomboeder mit Würfeln verwechselt, daher stammt die Bezeichnung des Salzes als „kubischer Salpeter". *Spez. Gew.* 2,26, *Schmelzp.*: die Angaben schwanken zwischen 308 und 316°, bei etwa 380° beginnt das Salz sich zu zersetzen. Natronsalpeter hat einen kühlenden, bitterlichen Geschmack und löst sich in Wasser unter starker Temperaturerniedrigung.

Bei	−10	0	10	20	30	40	50	60	70	80	90	100	119° (Siedepunkt)
lösen 100 Tl. H_2O	68	73	80,5	88	96,2	104,9	114	124,6	136	148	161	175,5	208,8 Tl. $NaNO_3$
D der Lösung .	1,342	1,358	1,377	1,387	1,406	1,418	1,437	1,456	1,467				

Das Salz wird sowohl als Naturprodukt (Chilesalpeter) gewonnen, wie auch synthetisch hergestellt.

I. Chilesalpeter.

Vorkommen. In der Natur findet sich Natronsalpeter selten rein, meist mit anderen Salzen und unlöslichen Substanzen vermischt in regenarmen Gegenden und in geringer Tiefe unter der Erdoberfläche. Das weitaus bedeutendste und am längsten bekannte Vorkommen ist das im nördlichen Chile. Entdeckt wurde es von TH. HAENKE, der den sog. Caliche zuerst auf Kalisalpeter für Schießpulver verarbeitete. 1810 bis 1812 wurden von ihm die ersten Salpetersiedereien errichtet und Düngungsversuche mit gemahlenem Caliche wie mit Natriumnitrat vorgenommen (*Naturwiss.* 18, 671 [1930]). Die eigentliche Verwendung des Chilesalpeters datiert vom Jahre 1830 mit einem Jahreskonsum von 850 *t.* Kleinere Lager sind in Ägypten, Transkaspien und Kolumbien festgestellt worden. In Kalifornien enthält das Death Valley ausgedehnte Lager eines mit Natronsalpeter imprägnierten Tones, durch dessen Verarbeitung man 1902 mit der chilenischen Salpeterindustrie konkurrieren zu können glaubte. Es stellte sich indes heraus, daß der durchschnittliche Gehalt des Tones an $NaNO_3$ nur 9,5 % beträgt, während das in Chile verarbeitete Rohmaterial 15−65 % davon enthält. Neuerdings wird (*Journ. Soc. chem. Ind.* 48, 827; *Chem. Ztrlbl.* 1929, II, 2033) über die Auffindung ungeheurer primärer Salpeterlager mit 2−20 % $NaNO_3$ in Südwestafrika im Gibeondistrikt berichtet. Daneben treten auch sekundäre Lager mit 40−86 % $NaNO_3$ auf. Der Salpeter ist frei von Jod und hat einen sehr geringen Phosphatgehalt. Bis zum Weltkrieg deckte Chile den Bedarf der ganzen Erde an Natronsalpeter. Mit dem Weltkrieg beginnt in Deutschland die Herstellung von Natriumnitrat durch Absorption nitroser Gase in Sodalösung. Über diese und andere Verfahren zur Herstellung von künstlichem Salpeter s. u.

Die chilenischen Salpeterlager befinden sich fast ausschließlich am Ostabhang der regenlosen und vegetationsarmen Küstencordillere, u. zw. zwischen 19 und 26° südlicher Breite. Am ausgedehntesten sind sie in der Provinz Tarapaca, wo sie einen schmalen, fast ununterbrochenen Saum von 180 *km* Länge am Westrand der Pampa von Tamarugal bilden. Durch weite Zwischenräume getrennt, folgen südlich die Salpeterfelder von Toco, Antofagasta, Aguas Blancas und Taltal; die 3 letzten Gruppen liegen am Westrand der Wüste von Atacama. In jedem dieser Gebiete bildet die salpeterhaltige Erde kein zusammenhängendes Ganzes, sondern Lager und Nester, zwischen denen sich taube Striche finden. In den Salpeterlagern finden sich von oben nach unten in der Regel folgende Schichten:

1. Chuca, 20−40 *cm*, selten bis 1 *m* mächtig, eine lockere, zerreibliche, dunkelgraue bis braunschwarze Masse, welche vorwiegend aus den Verwitterungsprodukten von Eruptivgesteinen besteht. Der Gehalt an löslichen Salzen ist gering, der an Salpetersäure beträgt etwa 1 %.

2. Costra, eine durch Salze verkittete Breccie von Verwitterungsrückständen von dunkelbrauner, grauer oder rötlicher Farbe. Sie ist oft sehr hart, zum Teil aber bröcklig und milde.

Häufig beträgt der Salpetergehalt der Costra über 15 %, in Tarapaca gelegentlich bis 28 %; sie wird daher in neuerer Zeit vielfach auf Salpeter verarbeitet; daneben sind 14−27 % $NaCl$, 42−44 % Unlösliches u. s. w. enthalten.

3. Caliche, das Hauptrohmaterial der Salpetergewinnung, ist bald eine unansehnliche, dunkelbraune oder graue Breccie, bald eine krystallinische, weiße oder hellfarbige Salzmasse. Ihre Zusammensetzung wechselt sehr stark, wie nebenstehende Analysen zeigen.

	I	II	III
$NaNO_3$	34,2	34,4	43,3
KNO_3	1,6	−	−
Na_2SO_4 . . .	8,4	1,6	25,3
$CaSO_4$ . . .	6,3	1,6	30,9
$MgSO_4$ . . .	2,0	5,4	−
$NaCl$	32,0	4,0	Spur
$NaJO_3$	0,2	−	−
Unlösliches . . .	14,0	49,69	0,4
H_2O	1,1	−	−

Als Grenze der Abbauwürdigkeit gilt ein Gehalt von 15 % $NaNO_3$, die neuere Entwicklung der Technik (s. u.) hat jedoch diese Grenze nach unten verschoben; stellenweise kommen Partien bis 65 %, in seltenen Fällen sogar bis 95 % $NaNO_3$ vor. Als Durchschnitt des im allgemeinen zur Verarbeitung kommenden Materials können 25−35 % angenommen werden. Von den Nebenbestandteilen finden sich Kalisalpeter, Natriumsulfat (Thenardit) und Chlornatrium regelmäßig, zuweilen auch Darapskit, ein Doppelsalz von Natriumnitrat und -sulfat, ferner Magnesiumsulfat. In einigen Distrikten, namentlich im Tocogebiet, enthält der Caliche Kaliumchlorat und -perchlorat in nicht unerheblicher Menge bis 4 %. Auch Magnesiumchlorid ist eine nicht seltene unerwünschte Beimengung. Ein wertvoller Bestandteil ist das Jod, das lediglich in Form von Jodaten vorkommt, am meisten in dem orangefarbigen Caliche, der ein Doppelsalz von Calciumjodat und Calciumchromat (Dietzeït) enthält.

Die Mächtigkeit der abbauwürdigen Calichelager beträgt meist 30 – 100 *cm*, steigt aber auch auf mehrere Meter. Innerhalb der Schicht ist der Salpetergehalt oft in den verschiedenen Höhenlagen sehr wechselnd.

4. Congelo, eine Gesteinsbreccie mit krystallinischen Ausscheidungen von Chlornatrium, Natriumsulfat und Gips.

5. Coba, lockere, mit kleinen Steinen vermischte Erde, in der Salpeter und andere Salze nur spärlich vertreten sind.

Unter der Coba liegt das eruptive Grundgebirge der Küstencordillere.

Von geringerer praktischer Bedeutung als das normale Vorkommen des Caliche sind die Salpeteransammlungen in Hohlräumen des Jurakalks im nördlichen Tarapaca und in den Salzsteppen des Bezirks von Antofagasta.

Entstehung. Einen Überblick über die verschiedenen Theorien geben SINGEWALD und MILLER im Bd. 11 [1916] von Economic Geology und weisen darauf hin, daß eine Entscheidung über die vielen möglichen Theorien der Entstehung nur möglich ist im Zusammenhang mit einer Theorie, die das Vorkommen gerade an dieser Stelle geologisch deutet. Vgl. auch J. T. SINGEWALD JR. (*Enging-Mining Journ.* 122, 661 [1926]).

Die Angaben über die Mengen der abbauwürdigen Vorkommen gehen so weit auseinander, daß es nicht lohnt, sie anzuführen. Die eine Zeitlang geäußerten Befürchtungen wegen einer in absehbarer Zeit zu erwartenden Erschöpfung der Vorräte werden heute als gegenstandslos betrachtet. Vgl. unter Wirtschaftliches.

Gewinnung. Der Gang der Verarbeitung ist folgender: Das Material wird durch Sprengung gewonnen, nach Gehalt sortiert und gemahlen. Die löslichen Bestandteile (in der Hauptsache Natriumnitrat) werden mit Wasser bzw. Mutterlauge bei höherer Temperatur ausgelaugt. Im Rückstand verbleibt neben dem Unlöslichen der größte Teil des $NaCl$ und Na_2SO_4. Man trennt durch Absitzenlassen und Filtrieren und gewinnt aus der Lösung den Salpeter durch Auskrystallisieren. Die Hauptschwierigkeiten kommen von den tonigen Bestandteilen des Gesteins, die große Schwierigkeiten beim Filtrieren machen. Um diese nicht ins Unüberwindliche zu steigern, muß man auf weitgehende Zerkleinerung des Materials und damit auf vollständiges Auslaugen verzichten. Dies führt weiter zu der Notwendigkeit, nur möglichst hochprozentigen Caliche zu verarbeiten, und durch die Beschränkung des Abbaues auf reiches Erz wie durch das Aussortieren des gebrochenen Gesteins mußte bis vor kurzem ein erheblicher Anteil des Vorkommens unverwertet bleiben.

Die Erklärung für die geringen Fortschritte, die die Salpeterindustrie – abgesehen von der Entwicklung der letzten Jahre – gemacht hat, liegt hauptsächlich in den außerordentlich schwierigen Umständen, mit denen diese geographisch ganz besonders ungünstig gelegene Industrie zu kämpfen hat. Sowohl die industriellen, insbesondere die Arbeiterverhältnisse als auch das Klima erschweren alle Arbeiten an Ort und Stelle in hohem Maße. Dazu kommt aber die während sehr langer Zeit äußerst günstige wirtschaftliche Lage der Salpeterindustrie, die Fortschritte als unnötig erscheinen und Ingenieuren wie Chemikern nicht den ihnen gebührenden Einfluß zukommen ließ. Ein Wandel ist darin erst in den letzten Jahren eingetreten, in der Hauptsache veranlaßt durch die Konkurrenz der künstlichen Düngemittel, die eine Herabsetzung der Gestehungskosten unbedingt notwendig machte. Die Wärmewirtschaft und Krafterzeugung sind rationalisiert worden. Weiter wurden Verbesserungen durch die Einführung neuzeitlicher Mahl- und Filteranlagen sowie durch Erprobung neuer Auslaugeverfahren erzielt. Die Arbeitsweise der Fabriken, die – obwohl in der „Association Salitrera de Chile" in Valparaiso vereinigt – bis vor kurzem technisch vollständig unabhängig voneinander gearbeitet hatten, wird nach Gründung des „Institute cientifici e industrial del Salitre" systematisch untersucht und darüber in der Zeitschrift „Caliche" und in „Afinidad" (vgl. z. B. die Referate in *Chem. Ztrlbl.* 1929, I, 2805, 2806; II, 469, 470, 2236; 1930, I, 1347) berichtet.

Schließlich bedeutet die Einführung des sog. GUGOENHEIM Verfahrens (s. S. 75), das im Gegensatz zu den übrigen Verfahren als ein Kaltlaugeverfahren bezeichnet werden kann, eine Umwälzung in der Salpeterindustrie von großer Bedeutung.

Abbau. Die Gewinnung des Minerals erfolgt meist noch in sehr primitiver Weise und beansprucht einen besonders hohen Anteil an den gesamten Arbeitslöhnen. Der Caliche bildet keineswegs immer zusammenhängende Lager, und der Salpetergehalt schwankt von Stelle zu Stelle erheblich. Das durch systematisches Abbohren der Lagerstätten (das Bohren erfolgt noch meistens durch Hand, erst neuerdings durch mit Luftdruck betriebene Bohrer) als abbauwürdig erkannte Terrain wird durch Vortreiben von Abbaugräben ausgebeutet, die durch Sprengen hergestellt werden. Das erzielte Haufwerk enthält Bestandteile sämtlicher Schichten. Die salpeterreicheren Stücke werden von Hand aussortiert. Für die meisten Verfahren, die einen hohen Gehalt an Salpeter zur Voraussetzung haben, kann man rechnen, daß auf 1 *t* brauchbaren Minerals 3 – 6 *t* unbrauchbares kommen, die zurückgelassen werden, und vom Salpetergehalt wird so nur ungefähr die Hälfte nutzbar gemacht. Ein Ersatz der Handarbeit durch mechanische Vorrichtungen ist nur im Zusammenhang mit der Entwicklung der Verfahren zu erwarten, die auch die Verarbeitung ärmeren Materials erlauben.

Mahlen. Ehe das Material ausgelaugt wird, muß es zerkleinert werden, z. B. in Steinbrechern. Neuerdings werden Rohrmühlen angewendet. Es kommt vor allem darauf an, möglichst wenig Feinmaterial zu erhalten. Günstig ist nach O. KÜSTER (Caliche 11, 52 [1929]; *Chem. Ztrlbl.* 1919, II, 2485) Druckzerkleinerung (also nicht durch Schlag oder Stoß) in zwei Etappen.

Auslaugen. Bei fast allen praktisch ausgeübten Verfahren wird mit nahezu siedenden Lösungen ausgelaugt. Ursprünglich benutzte man kleinere gußeiserne oder schmiedeeiserne Kessel (Paradas) mit direkter Feuerung, später große Pfannen mit Dampfheizung, in denen der Caliche mit Wasser gekocht wurde, worauf man die Lösung klären ließ und in die Krystallisiergefäße abzog. Dieses Verfahren eignete sich nur für bestes Rohmaterial mit etwa 50% $NaNO_3$, lieferte Rückstände mit etwa 25% $NaNO_3$ und bedingte einen hohen Brennmaterialverbrauch. In den Achtzigerjahren führte HUMBERSTONE die systematische (sog. SHANKssche) Auslaugung, die sich in der LEBLANC-Sodaindustrie bewährt hatte, ein. Als Lösegefäße dienen rechteckige, schmiedeeiserne Kästen von 28—32 Fuß Länge, 6—9 Fuß Breite und ebensoviel Tiefe, von denen 6—8 zu einem System verbunden sind. Etwa $^1/_2$ Fuß über dem Boden liegt ein aus gelochten Blechen zusammengesetzter Siebboden. Im Boden befinden sich 2 Mannlöcher zum Auswerfen des Rückstandes. Das ganze System ruht auf Pfeilern einige m über dem Fußboden, der

Abb. 34. Inneres eines Laugekastens.

mit Schienensträngen zum Abfahren des Rückstandes versehen ist. Über dem Siebboden liegt eine mit den Dampfkesseln verbundene Heizschlange; das in ihr kondensierte Wasser läuft nach den Kesseln zurück. Die zum Überführen der Lauge in den nächsten Kasten bzw. in die Ablaufrinne dienenden Steigrohre sind wie bei der Sodalaugerei (s. Bd. VIII, 11) eingerichtet. Abb. 34 zeigt das Innere eines Laugekastens.

In dem mit frischem Rohmaterial beschickten Kasten läßt man die Konzentration der siedenden Lauge je nach dem Gehalt des Caliche auf 105—115° TWADDLE steigen. Je höher die Konzentration, umso geringer die Löslichkeit des $NaCl$ und Na_2SO_4 und desto reiner ist der auskrystallisierende Salpeter. Nachdem durch wiederholtes Kochen des Rückstandes mit der aus dem vorhergehenden Kasten eingeführten Flüssigkeit bzw. mit Wasser schwächere Laugen gewonnen sind, wird die letzte Laugung, zwecks Abkühlung des Rückstandes, mit kaltem Wasser vorgenommen; die sich dabei ergebende Lösung wird durch den Ablaßstutzen im Boden entfernt und nach Bedarf zu neuen Auslaugungen verwendet. Nach Öffnung der Mannlöcher und Aufhebung der darüber liegenden Siebbleche wird der Rückstand in Förderwagen gestürzt und auf Halden gefahren. Die Analyse eines Rückstandes der OFICINA ALLIANZA ergab nach SEMPER und MICHELS:

$NaNO_3$	4,81%	KNO_3	Spur	Unlösliches	38,53%
$NaCl$	29,63%	$KClO_4$	—	H_2O	3,10%
Na_2SO_4	8,97%	$CaSO_4$	6,47%		
$NaJO_3$	0,01%	$MgSO_4$	8,48%		

Der gewöhnliche Gehalt der Rückstände an $NaNO_3$ ist nach SEMPER und MICHELS 5—8%, nach anderen noch höher, was sich zum Teil durch die ungenügende Zerkleinerung des Caliche erklärt.

Es ist klar, daß die Übertragung der SHANKschen Laugerei aus der Sodaindustrie in die Salpeterindustrie bei so verschiedenem Material nicht die gleichen Resultate ergeben konnte. Die gleichmäßige Verdrängung der Laugen wird dadurch gestört, daß während eines großen Teils der Laugezeit die Lösungen im Kochen erhalten werden, um das Lösen zu erleichtern und gleichzeitig Wasser zu verdampfen. Dabei scheiden sich auf den Dampfschlangen Krusten ab, die den Wärmedurchgang erschweren und immer wieder abgeklopft werden müssen. Dazu kommt, daß nur 12—15% der Masse auslaugbar sind, während der Rest ungelöst zurückbleibt. Die Anwendung einer Gegenbewegung von Rohmaterial und Lauge ist nicht ohne weiteres möglich, weil sich dabei eine große Menge tonigen Schlammes bildet, dessen Absetzen und Filtrieren nur mit Schwierigkeiten und großen Verlusten gelingt. Zur Verhinderung dieser Schlammbildung ist man auch ohnedies gezwungen, nur sehr grobes Material zu verwenden (Durchmesser der Stücke 5 bis 7 cm), was wieder das Auslaugen sehr erschwert und verlangsamt. Die Verarbeitung des beim Mahlen trotzdem gebildeten feinen Materials ist die Hauptursache vieler Störungen und großer Verluste.

Um diese Übelstände zu beseitigen, sind sehr viele Vorschläge gemacht worden, von denen ein großer Teil von vornherein unausführbar oder wenig bedeutsam erscheint. Hier werden nur diejenigen Laugeverfahren beschrieben, die fabrikmäßig durchgeführt worden sind.

Verfahren von MARINKOWITSCH. Unter Beibehaltung des Systems der SHANK-Laugung, weshalb die Einrichtung nur geringe Kosten macht, werden die Heizschlangen unter einem Doppelboden angebracht und dadurch vor Verkrustung geschützt. An vielen Stellen wird das feinkörnige Material von dem Groben getrennt und als oberste Schicht in die Kästen gebracht, damit der gebildete Schlamm von dem als Filter dienenden gröberen Material zurückgehalten wird. (Auch die Erhitzung der Löselaugen außerhalb der Lösegefäße, in die sie durch einen falschen Boden eintreten, ist vorgeschlagen worden (A. P. 1 731 450 [1929]).

TRENT-Prozeß. Das Feine wird abgetrennt und für sich in Rührbottichen behandelt, wobei die Temperatur nur bis 90° gesteigert wird. Die nach dem Absitzenlassen erhaltene Lauge wird zum Auslaugen des Groben verwendet. Über eine ähnliche Arbeitsweise unter Benutzung von BIRT-Filtern vgl. Metallbörse 13, 318, 558 [1925].

PRUD'HOMME-Prozeß. Das Verfahren besteht darin, daß, anstatt wie üblich die Lauge zu bewegen, der Caliche bewegt wird. Zu diesem Zweck wird er in Kästen mit perforierten Wänden eingefüllt, die mit Hilfe eines Krans gehoben und bewegt werden, so daß man sie in feststehende Kästen eintauchen läßt, die die Lauge enthalten. Die beweglichen Kästen besitzen außerdem eine Reihe von sie durchziehenden, beiderseits offenen Rohren, die ihrerseits wieder durchbohrt sind und sich beim Eintauchen mit Lauge füllen. Diese dringt durch die Öffnungen in den Caliche ein, löst die Salze und läuft beim Herausheben der Kästen wieder aus. Die Lauge hat zwischen 2 Rohren nur den kurzen Weg von 15 cm zurückzulegen. Die Heizung erfolgt nur in dem jeweils ersten der festen Lösekästen mit Hilfe von Dampfschlangen, und es soll der Abdampf der zur Krafterzeugung dienenden Maschine dafür genügen. Wird der mit frischem Caliche gefüllte Kasten nach und nach in immer schwächere Lauge und zuletzt in reines Wasser getaucht, so erfolgt eine sehr systematische Laugung, da die Lauge immer sehr gut abläuft. Da kein Kochen erfolgt, ist die Schlammbildung geringer, und es kann auch feiner gekörntes Material ohne Störungen verarbeitet werden. Die Füllung eines Kasten beträgt 5—6 t, die Entleerung des Rückstands erfolgt einfach durch Auskippen. Das Verfahren bietet erhebliche Vorteile in bezug auf Ausbeute und Wärmeaufwand, andererseits scheint aber seine Anwendung in bezug auf ihren möglichen Umfang begrenzt.

BANTHIENsches Schwebeverfahren. Nach diesem ursprünglich für die Kaliindustrie gedachten Verfahren befindet sich das feingemahlene Material in einem Gefäß in der Schwebe auf der von unten aufsteigenden Löselauge und ist überschichtet von der oben abfließenden gesättigten Lauge, die also auf ihrem Wege durch die Löserückstände durchfiltriert ist. Voraussetzung ist, daß die Dichten der gemahlenen Salze, der Löserückstände und der Laugen genau aufeinander abgestimmt sind. Diese Verhältnisse liegen bei der Salpeterindustrie durchaus günstig (vgl. B. WAESER, Metallbörse 17, 2777 [1927]). Ungünstig im Vergleich mit der Kaliindustrie ist besonders der größere Schlammgehalt, der ein Nachfiltrieren erforderlich macht.

Die Beobachtung, daß die Schlammbildung durch den Kochprozeß sehr stark erhöht wird, hat dazu geführt, das Auslaugen bei einer weniger hohen Temperatur durchzuführen. Die dabei erhaltenen schwächeren Laugen werden dann außerhalb der Lösegefäße eingedampft. Abgesehen von dem größeren Wärmebedarf entstehen dabei aber auch Schwierigkeiten beim Betrieb der Vakuumverdampfer durch den Angriff von Jod und Magnesiumchlorid auf das Eisen und durch die Ausscheidung der Fremdsalze (Natriumsulfat, Natriumchlorid). Trotzdem scheint dieses Verfahren noch Vorteile zu bieten.

Die Klärung der heißen Laugen erfolgt durch Absitzenlassen und Filtrieren. Um das Absetzen und Filtrieren der tonigen Bestandteile zu erleichtern, ist der Zusatz von Flockungsmitteln, wie Stärke, Gelatine, Leim, Fette, Öle, Seife, empfohlen worden (A. P. 1 562 863 [1925]). Der Schlamm wird nochmals mit Wasser durchgerührt und die durch Dekantation erhaltene Lösung in den Laugeprozeß zurückgeführt. Man bedient sich auch der DORRschen Klassierungs- und Schlammverdickungsverfahren (s. Bd. I, 780). Für die Filtration, die früher in einfachster Weise erfolgte, sind neuerdings auch moderne Systeme eingeführt worden, wie die OLIVER-Filter, BIRT-Filter (Bd. VI, 32) u. s. w. sowie auch Klärzentrifugen.

Krystallisation. Die heiße Lösung enthält außer $NaNO_3$ die oben angeführten anderen Salze des Caliche. Von diesen stören Natriumchlorid und Natriumsulfat wenig, weil sie in heißgesättigter Natriumnitratlösung weniger löslich sind als in kalter und deshalb größtenteils in den Rückständen verbleiben. Eine vollständige Sättigung der Lösung mit Natriumnitrat ist im praktischen Betrieb freilich nicht erreichbar; daher krystallisiert beim Abkühlen meist auch etwas Kochsalz aus; doch findet dessen Abscheidung schon während des Klärens der Lauge statt, aber nicht mehr in den Krystallisierkästen. Anders verhalten sich Kaliumnitrat und -perchlorat, deren Löslichkeit mit steigender Temperatur stark zunimmt; beide krystallisieren zusammen mit dem Natriumnitrat aus. Kaliumnitrat findet sich in beschränkter Menge (bis 8%) im Chilisalpeter des Handels vor, ohne seine Verwendbarkeit zu beeinträchtigen. Kaliumperchlorat darf dagegen nur in ganz geringer Menge geduldet werden, weil es in größerer Menge als Pflanzengift wirkt und den Salpeter für landwirtschaftliche Zwecke unbrauchbar macht. Als zulässiger Höchstgehalt gilt 0,8% $KClO_4$. Die geklärte heiße Salpeterlösung wird in die mit schrägem Boden und Ablaßstutzen an der tieferen Seite versehenen großen Krystallisierkästen abgelassen, in denen sie etwa 4—5 Tage zur Abkühlung stehen bleibt. Es sind für z. B. 350 t Tagesleistung 230 Kästen von je 14 m^3 Inhalt erforderlich.

Um die bei der Abkühlung verlorengehende Wärme auszunutzen, soll nach dem Vorschlag von DUVLEUSART die Kühlung mit kaltem Petroleum vorgenommen werden, das in Türmen im Gegenstrom gegen die Lauge bewegt wird, wobei direkte Vermischung und Auskrystallisation stattfindet. Das heiße Petroleum dient dann zum Anwärmen frischer Lauge, wobei es sich wieder abkühlt und in den Prozeß zurückkehrt. Abführen der Wärme durch eine über den Krystallisationslaugen bewegte obere Flüssigkeitsschicht von geringerer Dichte und Temperatur wird vorgeschlagen von A. W. ALLEN (*A. P.* 1 735 987 [1927]).

Die Mutterlaugen werden zur Auslaugung neuer Mengen von Caliche benutzt, bis sie zu sehr an Magnesiumchlorid angereichert sind, worauf sie als Endlaugen beseitigt werden. Als Beispiel für die Zusammensetzung von Mutterlaugen seien nebenstehende Analysen von der OFICINA ALLIANZA gegeben.

Ein Teil der Fabriken gewinnt als Nebenprodukt Jod, indem nach dem Bd. **IV**, 279, beschriebenen Verfahren die an $NaJO_3$ angereicherte Mutterlauge mit der zur Umsetzung in elementares Jod erforderlichen Menge von Natriumsulfit versetzt wird. Die von dem ausgeschiedenen Jod getrennte Lauge kehrt in den Salpeterbetrieb zurück.

	I	II
	g im l	
$NaNO_3$	342,22	393,20
$NaCl$	103,02	95,33
KNO_3	205,21	173,16
$KClO_4$	12,10	9,43
$CaSO_4$	—	3,35
$MgSO_4$	36,56	38,36
$MgCl_2$	37,82	42,41
$NaJO_3$	3,10	3,16
Fe_2O_3 und Al_2O_3 . .	—	7,60

Der auskrystallisierte Salpeter wird nach dem Ablassen der Mutterlauge zum Abtropfen auf den höheren Teil des Kastenbodens geschaufelt und dann mittels Förderwagen auf den tiefer gelegenen Trockenplatz gestürzt. Die Trocknung erfolgt in der relativ sehr trockenen Atmosphäre Chiles nur durch Sonne und Wind in etwa 14 Tagen. War die Mutterlauge magnesiumchloridhaltig, so pflegt man den Salpeter in den Kästen mit etwas kaltem Wasser abzuspritzen, weil etwa anhaftendes Magnesiumchlorid ihn hygroskopisch macht. Die Verpackung geschieht in Jutesäcken à 100 kg.

Der Rohsalpeter ist durch bituminöse Substanzen und Eisenoxyd gelblich oder rötlichgrau gefärbt und wird meist mit einem garantierten Mindestgehalt von 95% $NaNO_3$ geliefert, wobei der stets anwesende Kalisalpeter mitgerechnet wird. SEMPER und MICHELS geben als Beispiel folgende Analysen:

$NaNO_3$	KNO_3	$NaCl$	$NaJO_3$	$KClO_4$	$MgSO_4$	$MgCl_2$	$CaSO_4$	Unlösliches	H_2O
94,16	1,76	0,93	0,01	0,28	0,22	0,29	0,10	0,14	2,10
95,25	1,24	1,18	0,02	0,30	0,24	0,34	0,04	0,17	2,21

Einige Werke fabrizieren außerdem durch Abspritzen der Krystalle mit Wasser Salpeter mit minimal 96% $NaNO_3$ und maximal 1,0% $NaCl$. Einen solchen Reinheitsgrad erreicht man auch, wenn man vor der Krystallisation der Lauge durch Stehenlassen im beheizten Behälter Gelegenheit zur weiteren Ausscheidung von Kochsalz gibt. Für bestimmte Zwecke wird der Salpeter durch Umkrystallisieren gereinigt. Solcher raffinierter Natronsalpeter enthält nach JURISCH: $NaNO_3$ 99,0–99,5; $NaCl$ 0,1–0,2; Na_2SO_4 0,10; Unlösliches 0,03. Der Rest besteht aus Wasser und Spuren von Kaliumnitrat, -perchlorat und Erdalkalisalzen.

Wenn der Gehalt des Salpeters an Perchlorat die zulässige Grenze (0,8%) übersteigt, sind besondere Reinigungsmethoden erforderlich. Perchlorat kann nach HÄUSERMANN (*Chem.-Ztg.* 18, 1206 [1894]) dadurch beseitigt werden, daß man den Salpeter in gußeisernen Kesseln schmilzt und dann umkrystallisiert. Beim Schmelzen ist auf die Vermeidung von Nitritbildung zu achten. FÖLSCH & CO. (*D. R. P.* 125 206) bringen den Perchloratgehalt durch Mischen mit besseren Sorten auf 1%, lösen in der Mutterlauge einer früheren Operation und kühlen auf 20° ab. Der bis zu dieser Temperatur ausgeschiedene Salpeter ist perchloratfrei. Die von ihm getrennte Mutterlauge wird auf 0° abgekühlt, wobei pro 1 m^3 ein Gemisch von 150 kg $NaNO_3$ und 10 kg $KClO_4$ ausfällt. Die hinterbleibende zweite Mutterlauge wird immer wieder zum Lösen von Rohsalpeter verwendet, bis sie mit Kochsalz gesättigt ist. Wäscht man obiges Gemenge von Natriumnitrat und Kaliumperchlorat mit kaltem Wasser, so löst sich alles Nitrat, während das Perchlorat größtenteils zurückbleibt. Das Verfahren wurde eine Zeitlang ausgeführt, aber mangels genügender Nachfrage wieder eingestellt.

EGER (*D. R. P.* 165 310) rührt den perchlorathaltigen Rohsalpeter mit so viel kaltem Wasser an, daß eine an $NaNO_3$ gesättigte Lösung entsteht. Die Temperatur sinkt dabei unter 0° und steigt erst allmählich wieder an; daher löst sich nur wenig Perchlorat auf. Durch Eindampfen und Krystallisieren der Lösung wird raffinierter Salpeter gewonnen.

UEBEL (*D. R. P.* 261 874) will den Salpeter auf chemischem Wege von allen Halogenverbindungen befreien, um ihn zur Herstellung von Mischdüngern brauchbar zu machen. Beim Mischen von Superphosphat mit Rohsalpeter werden Chlor und Jod in Freiheit gesetzt und veranlassen nicht nur Geruchsbelästigung, sondern auch Zerstörung der zur Verpackung benutzten Säcke, die sich unter Umständen bis zur Selbstentzündung gesteigert haben soll. Durch Erhitzen des festen Salpeters mit einer dem Halogengehalt äquivalenten Menge Schwefelsäure oder Natriumbisulfat werden die Halogene und gleichzeitig das anwesende Wasser ausgetrieben.

Unter dem Namen Salpeterabfall kommt von AUMANN (BIEDERMANNS Ztrbl. f. Agrikulturch. 33, 854 [1905]) ein Produkt in den Handel, das durch Verdampfen des Kielwassers von Salpeterschiffen gewonnen wird und hauptsächlich aus Kochsalz mit 18–24% $NaNO_3$ besteht.

Der GUGGENHEIM-Prozeß. Unter den neueren Verfahren ist von besonderer Bedeutung das sog. GUGGENHEIM-Verfahren, das von der ANGLO CHILEAN CONSOLIDATED NITRATE CORP. zuerst im Werk Coya Norte der Tocopilla-Pampa ausgeführt wurde und heute im größten Ausmaße angewendet wird.

Nach dem Verfahren wird der Caliche bei gewöhnlicher oder nur wenig erhöhter Temperatur ausgelaugt. Aus den gesättigten Laugen wird der Salpeter durch Tiefkühlung zur Krystallisation gebracht. Das Auslaugen bei gewöhnlicher Temperatur hat unter anderem den großen Vorteil, daß die Schlammbildung und damit die Filtrationsschwierigkeiten, mit denen man sonst zu kämpfen hat, großenteils wegfallen.

Im allgemeinen kann man aber durch Laugen bei gewöhnlicher Temperatur nur sehr schlechte Ausbeuten und Lösungen mit einem geringen Salpetergehalt erzielen. Dies ist zurückzuführen auf die Doppelverbindung Darapskit, $Na_2SO_4 \cdot NaNO_3 \cdot H_2O$, die im Rohsalpeter entweder vorhanden ist oder sich aus ihren Komponenten beim Auslaugen bildet. Unter den üblichen Bedingungen, d. h. unter Benutzung von Lösungen, die durch wiederholte Verwendung an Kochsalz gesättigt sind, ist aber der Darapskit bei gewöhnlicher Temperatur nur wenig löslich, nämlich nur bis zu einem Gehalt entsprechend 216 g $NaNO_3/l$ bei 20°. Der Beständigkeit des Darapskits und damit seiner ungünstigen Wirkung arbeitet aber ein Gehalt der Caliche an Calcium-, Magnesium- und Kaliumverbindungen entgegen. Wenn und soweit Gelegenheit gegeben ist, daß sich der Darapskit unter Bildung von Calciumsulfat, oder Calciumkaliumsulfat (Syngenit) bzw. Magnesiumnatriumsulfat (Astrakanit) zersetzt, wird das durch ihn der Lösung sonst entzogene Natriumnitrat löslich und kann bei gewöhnlicher Temperatur ausgelaugt werden.

Die auf den Namen GUGGENHEIM gehende Erfindung beruht nun auf der Erkenntnis dieser Bedingungen. Nach dem grundlegenden *D. R. P.* 421 470 [1922–1925] wird dementsprechend darauf hingearbeitet, daß die genannten als „Schutzstoffe" bezeichneten Verbindungen stets in genügender Menge beim Auslaugen vorhanden sind. Dies kann geschehen durch Regelung der Laugenwirtschaft durch Mischung von an Schutzstoffen reicheren Erzen mit daran ärmeren, schließlich durch Zugabe von Magnesium- bzw. Calciumsulfat. (Über die theoretischen Grundlagen des Verfahrens vgl. z. B. M. A. HAMID, Quarterly Journ. Ind. chem. Soc. 4, 515 [1927]; *Chem. Ztrbl.* 28, I, 1991; G. LEIMBACH, A. PFEIFFENBERGER, Caliche 11, 61; *Chem. Ztrbl.* 29, II, 2485).

Der Darapskit zersetzt sich auch allein durch Temperaturerhöhung und ist z. B. schon bei 58° zerfallen, wobei also auch Natriumsulfat in Lösung geht. Gerade damit aber scheint die Schlammbildung in Zusammenhang zu stehen, die unterbleibt, wenn Natriumsulfat allein oder als Doppelverbindung ungelöst bleibt. Man kann daher viel feinkörnigeres Material (Stücke von 1,5 *cm* Durchmesser gegen 5–7 *cm* bisher) verwenden, wodurch die Lösezeit abgekürzt wird. Praktisch arbeitet man bei etwa 35° und erhält eine Lösung mit 440 g $NaNO_3/l$, die nach Abkühlen auf 5° eine Mutterlauge mit etwa 330 g $NaNO_3/l$ hinterläßt.

Die Filtration erfolgt durch MOORE-Filter (Bd. VI, 32). Die filtrierte Lauge wird durch Tiefkühlen zur Krystallisation gebracht. Für eine an Natriumchlorid gesättigte, Natriumsulfat in weniger als molekularem Verhältnis zu Natriumnitrat enthaltende Lösung ist bei + 7° ein Übergangspunkt, bei dem Natriumsulfat seine maximale Löslichkeit hat. Darunter nimmt die Löslichkeit ab, und Natriumsulfat fällt zusammen mit Natriumnitrat aus. Wenn man aber dafür sorgt, daß die Lösung Salze von *Mg, K, B, J* enthält, liegt der Übergangspunkt um mehrere Grad tiefer, und man kann z. B. auf 0° abkühlen, ohne daß sich Glaubersalz ausscheidet. In der Praxis begnügt man sich mit einer Temperatur von 5°. Die Krystallisation erfolgt in Bewegung.

Nach dem Verfahren von G. H. GLEASON, übertragen an ANGLO-CHILEAN CONSOLIDATED NITRATE CORP. (*E. P.* 315 262 [1929]), wird der auskrystallisierte Salpeter geschmolzen und in einer gekühlten Atmosphäre zerstäubt. Er wird dadurch wasserfrei und weniger hygroskopisch. Auch eine Anreicherung kann dabei eintreten, wenn man die Temperatur so reguliert, daß die Verunreinigungen nicht schmelzen und zurückbleiben.

In den Handel kommt der GUGGENHEIM-Salpeter in Form von hohlen kleinen Perlen von weißer Farbe, die nicht zusammenballen und nicht gemahlen zu werden brauchen, mit einem garantierten Gehalt von 97% und einem wirklichen Gehalt von etwa 98½%.

Analyse: $NaNO_3$ 98,57%, $NaCl$ 0,56%, Na_2SO_4 0,19%, $KClO_4$ 0,25%, Unlösliches 0,04%, Feuchtigkeit 0,37%, Jod 0,02%.

Die Bedeutung des GUGGENHEIM-Prozesses kann nicht hoch genug eingeschätzt werden. Sie beruht einmal in der Erhöhung der Ausbeute, die mit 90—94% angegeben wird gegenüber 55% im Durchschnitt bei den bisherigen Verfahren, zum anderen in der Möglichkeit der Verarbeitung sehr armer Erze mit z. B. 6—8% $NaNO_3$, während die bisherigen Verfahren ein Material mit mindestens 14% erfordern. Das ermöglicht also die Ausnutzung von bisher als wertlos betrachteten Vorkommen und Abfällen, und den Wegfall der erheblichen Kosten für die Sortierung von Hand. Der Prozeß ist auch technisch sehr gut durchgebildet. So sollen für den Wärmebedarf in der Hauptsache die Abgase der für die Krafterzeugung dienenden Dieselmotoren genügen. Als möglicher Verkaufspreis frei Ausfuhrhafen sind 4,5—5 sh für 100 *kg* angegeben worden. Die GUGGENHEIM-Gruppe soll nach diesem Verfahren z. Z. bereits 360 000 *t* Salpeter im Jahre gewinnen, d. i. rund 15% der gesamten Produktion an Chilesalpeter.

Verschiedene Vorschläge. Nach *I. G.* (*D. R. P.* 467 684 [1926]; *A. P.* 1 696 197 [1928]) soll man aus der durch Kaltlaugen von Caliche erhaltenen Lösung durch Zusatz von Natriumsulfat 50% des Salpeters als Darapskit ausfällen können. Der Darapskit wird abgetrennt und unter Zusatz einer eben für die Lösung des Salpeters erforderlichen Wassermenge auf 70° erhitzt und dadurch zersetzt. Das abgetrennte Natriumsulfat wird wieder zur Bildung von Darapskit, die Mutterlauge wieder zum Auslaugen von Salpeter benutzt. (Vgl. auch *E. P.* 266 735 [1927].) Eine Nutzbarmachung des Caliche durch Erhitzen unter Entwicklung nitroser Gase bezwecken die Verfahren der *I. G.* (*D. R. P.* 483 391 [1926], 489 990 [1927]). Über Vorschläge mehr problematischen Charakters, die die Auslaugung mit flüssigem Ammoniak bzw. mit Salpetersäure betreffen, vgl. B. WAESER (Metallbörse 19, 845 [1929]).

Verwendung. Der größte Teil des chilenischen Salpeters dient zu Düngungszwecken, der Rest hauptsächlich zur Fabrikation von Kaliumnitrat (s. Bd. **VI**, 368) und Explosivstoffen (s. Bd. **IV**, 781 ff). Die Verwendung zur Herstellung von Salpetersäure hat in Deutschland ganz aufgehört und dürfte auch im Auslande zugunsten der durch Ammoniakoxydation erzeugten Säure stark zurückgetreten sein (s. auch Salpetersäure). Außerdem benutzte man Natronsalpeter zur Darstellung von Natriumnitrit (s. Bd. **VIII**, 80) und Mennige, er dient zum Einpökeln von Fleisch, in der Glasfabrikation, der Metallurgie u. s. w.

Analytisches. Reduktion des Stickstoffs zu Ammoniak. Sie kann in saurer oder in alkalischer Lösung bewirkt werden. Bei der Methode von ULSCH (*Chemische Ind.* **14**, 138, 367; *Ztschr. analyt. Chem.* **30**, 175 [1901]) wird die Lösung mit reinstem Eisenschwamm (ferrum hydrogenio reductum puriss.) und Schwefelsäure 10' mäßig erwärmt, dann nach Zugabe von Wasser und Natronlauge destilliert und das Ammoniak in $n/_2$-Schwefelsäure aufgefangen. In alkalischer Lösung gelingt die Reduktion am besten nach DEVARDA (*Chem.-Ztg.* **17**, 479 [1892]) durch Kochen mit Kalilauge, etwas Alkohol und dem sog. DEVARDA-Metall, einer Legierung aus 50 Tl. Kupfer, 45 Tl. Aluminium und 5 Tl. Zink.

Fällung als Nitronnitrat. Wenn keine erhebliche Menge von Perchlorat zugegen ist, liefert nach RADLBERGER (Österr.-ung. Ztschr. f. Zuckerind. **39**, 433 [1910]) auch die Fällung der Salpetersäure mit BUSCHS Nitron (Triphenyl-diiminodihydrotriazol) gute Resultate.

Von den Nebensalzen des Natronsalpeters wird am häufigsten das Kaliumperchlorat quantitativ bestimmt. Man führt es zu diesem Zweck durch Glühen mit Alkali in Chlorid über, dessen Menge man mit Silberlösung ermittelt. Das in Form von Chlorid und Chlorat im Salpeter vorhandene Chlor wird entweder vor dem Glühen ausgetrieben oder getrennt bestimmt und von dem Gesamtchlor in Abzug gebracht. Über Methoden zur Bestimmung des Perchlorats mit Nitron s. A. KIRTHEIM (*Rec. Trav. Chim. Pays-Bas* 46, 97 [1927]), G. LEIMBACH (*Ztschr. angew. Chem.* 39, 432 [1926]).

Ausführliche Untersuchungen über die Analyse des Natronsalpeters hat BENSEMANN (*Ztschr. angew. Chem.* **18**, 816, 939, 1225, 1972 [1905]; **19**, 471 [1906]) veröffentlicht.

Um festzustellen, ob ein Salpeter mehr oder weniger als 0,5 % Perchlorat enthält, kann man colorimetrische Verfahren anwenden, indem man die Lösung mit einer Lösung von Methylenblau und Zinksulfit versetzt und die Farbe mit der einer Lösung von bekanntem Gehalt vergleicht. Das auf MOUNNIE (*Ann. chim. analyt. appl.* **22**, 1) zurückgehende Verfahren ist von K. A. HOFMANN, (*B.* **43**, 2624), F. L. HAHN (*Ztschr. angew. Chem.* **39**, 451 [1926]), O. FEDOROWA (*Journ. Russ. Phys.-chem. Ges.* **59**, 265 [1927]; *Chem. Ztrbl.* 1927, II, 1739) modifiziert und verbessert worden.

Wirtschaftliches. Die eine Zeitlang gehegten Befürchtungen wegen einer in absehbarer Zeit zu erwartenden Erschöpfung der abbauwürdigen Vorkommen sind heute als gegenstandslos zu betrachten. Im vorigen Jahrhundert hat sich der Konsum etwa alle 10 Jahre verdoppelt, während der Anstieg in den ersten 14 Jahren des neuen Jahrhunderts etwas langsamer war. In den letzten Jahren scheint Produktion und Verbrauch, auch infolge von Vereinbarungen mit den Produzenten künstlicher Düngemittel, ziemlich stabilisiert zu sein. Da außerdem die Grenze der Abbauwürdigkeit durch das GUGGENHEIM-Verfahren stark nach unten verschoben worden ist, würde eine etwaige erhebliche Produktionssteigerung eher an den schwierigen industriellen Verhältnissen Chiles als an den Vorräten ihre Grenze finden.

Erzeugung, Export und Verbrauch seit Beginn der Ausbeutung bis 1928/1929 (nach „Chile" **4**. 49 [1930]):

Jahre	Produktion *t*	Export *t*	Verbrauch *t*	Jahre	Produktion *t*	Export *t*	Verbrauch *t*
1830	—	850	—	1920/21	2 174 099	2 051 512	1 483 784
1850	—	23 000	—	1921/22	890 964	613 638	1 602 380
1870	—	132 450	—	1922/23	1 499 620	2 106 147	2 239 045
1890	—	1 035 000	—	1923/24	2 219 453	2 175 608	2 242 845
1900/01	1 402 110	1 476 896	1 453 855	1924/25	2 409 698	2 565 855	2 377 440
1904/05	1 729 712	1 613 893	1 561 091	1925/26	2 619 520	2 248 968	2 125 472
1909/10	2 440 772	2 328 656	2 382 715	1926/27	1 317 553	1 545 413	1 781 048
1914/15	1 568 197	1 475 253	1 199 492	1927/28	2 547 582	2 872 730	2 558 288
1917/18	2 979 121	2 912 968	2 607 282	1928/29	3 280 326	2 960 614	2 737 104
1919/20	1 957 271	2 206 964	1 969 305				

Einen Überblick über den Verbrauch in 1000 *t* in den einzelnen Ländern gibt folgende Tabelle (nach *Chem. Trade Journ.* **1926**, 141):

	1914	1924	1925	1926
England	123	80	74	70,5
Frankreich	350	260	285	189
Belgien	205	161,5	173	129
Holland	100	131	125	120
Spanien und Portugal	50	94	104	103,5
Italien	65	55	56,5	55
Skandinavien	76	88,5	91	69,5
Ägypten	55	96	121,5	161
Deutschland	960	138	140	94,5[1]
Vereinigte Staaten	553	937	1030	923
Japan u. s. w.	92	151	140	177

Die Fabrikationskosten auf Grund des Standes im Jahre 1925 gibt P. KRASSA (*Ztschr. angew. Chem.* **38**, 921 [1925]) wie folgt an:

1. Reine Fabrikationskosten für 1000 *kg*.
   - a) Gewinnung des Minerals . . . . M. 14,— bis 19,—
   - b) Transport zur Fabrik . . . . " 6,— " 8,60
   - c) Erzeugung des Salpeters . . . . " 20,40 " 25,80
   - d) Allgemeine Unkosten . . . . " 3,70 " 4,80
   - e) Amortisation der Einrichtung . . . . " 10,— " 13,—

   M. 53,— bis 62,50
2. Unkosten von der Fabrik bis zur Verladung, Säcke, Fracht zur Küste, Kommission, Hafenkosten . . . . M. 29,80
3. Exportgebühr . . . . " 55,—
4. Abschreibungen, Handelsunkosten, Gewinn bei einem Verkaufspreis von M. 200 . . . . M. 62,20 bis 52,70

Nach Angaben bei E. CUEVAS, La Industria Salitrera y el Salitre come Abono, Berlin 1930, S. 55, verteilen sich die Gestehungskosten wie folgt:

Steuern und fiskalische Abgaben . .	38%	Löhne	22%
Rohmaterial	9%	Brennstoff	15%
Transportkosten	11%	Generalia und Amortisation	5%

---

[1] Davon nur ⅕ zum Verbrauch in Deutschland, der Rest Export nach Tschechoslowakei, Polen und Rußland.

Künftige technische Verbesserungen vorwegnehmend, hält KRASSA eine Reduktion von 1. um M. 15,60 ferner von 4. um M. 28,50 für möglich. Dazu kommt noch als Reserve die Exportabgabe, die inzwischen in der Tat zugunsten einer Beteiligung des chilenischen Staates aufgehoben worden ist. So käme man zu einem allenfalls möglichen Verkaufspreis von rund M. 100 frei Verschiffungshafen. Der GUGGENHEIM-Prozeß arbeitet noch erheblich billiger. Nach B. WAESER (Metallbörse 17, 1714 [1927]) soll bei einer Jahreskapazität von 500 000 t GUGGENHEIM-Salpeter fob Verschiffungshafen für 4,5–5 sh je 100 kg geliefert werden können. Die Tatsache, daß eine Einigung zwischen den Produzenten von Chilesalpeter und den Produzenten von künstlichen Düngemitteln (Stickstoffsyndikat) zustande gekommen ist, spricht jedenfalls dafür, daß der Chilesalpeter gegen die neuen Verfahren konkurrieren kann und seine Verdrängung nicht zu erwarten ist.

Die folgende Tabelle gibt eine Übersicht über die Jahresdurchschnittspreise für 100 kg Chilesalpeter längsseits Schiff im Verschiffungshafen (E. CUEVAS).

	s. d.		s. d.		s. d.
1880	21/3,7	1910	14,11,0	1923/24	20/ 2,3974
1885	15/3,0	1915	15/ 0,0	1924/25	20/ 2,127
1890	10/9,7	1919/20	22/ 5,8562	1925,26	19/ 6,376
1895	11/8,8	1920/21	35/ 6,5428	1926/27	19/ 3,496
1900	11/4,1	1921/22	23/ 5,9488	1927/28	16/10,08
1905	16/5,8	1922/23	19/10,6132		

Über die Preise cif Hamburg s. Bd. IV, 90.

Literatur: SEMPER und MICHELS, Die Salpeterindustrie Chiles. *Ztschr. Berg-, Hütten-Sal.* 52 [1904]. Sonderabdruck. Wilhelm Ernst, Berlin 1904. – A. PLAGEMANN, Der Chilesalpeter. Saaten-, Dünger- und Futtermarkt. Berlin 1905. – WEITZ, Der Chilesalpeter als Düngemittel. Berlin 1905. – L. DARAPSKI, Die Salpeterlager von Tarapaca. *Chem.-Ztg.* 11, 752 [1887]. – JURISCH, Salpeter und sein Ersatz. Leipzig 1908. – Die Salpeterindustrie Chiles und ihr Kartell. *Chemische Ind.* 1906, 227. – P. KRASSA, Die Entwicklung und der gegenwärtige Stand der chilenischen Salpeterindustrie. *Ztschr. angew. Chem.* 38, 921 [1925]. – W. WETZEL, *Ztschr. angew. Chem.* 41, 303 [1928]. Hundert Jahre Chilesalpeter. Berlin 1930 (Komitee für Chilesalpeter); E. CUEVAS, La Industria Salitrera y el Salitre Como Abono. Berlin 1930.

II. Synthetischer Salpeter.

Aus Soda und nitrosen Gasen. Diese Umsetzung wurde während des Krieges in größtem Umfang ausgeführt und darnach Salpeter als Zwischenprodukt für die Erzeugung konzentrierter Salpetersäure hergestellt. Sie wurde dann auch späterhin von der *I. G.* in immer steigendem Maßstabe ausgeführt. Seit Ende des Krieges brachte die *BASF* bzw. die *I. G.* das Produkt als Natronsalpeter in den Handel. Eine Beschreibung der in Leverkusen bzw. in Oppau früher geübten Arbeitsweise s. *Chem.-Ztg.* **1919**, 809 bzw. *Chem. metallurg. Engin.* 24, 350 [1921]. Jetzt wird etwa wie folgt gearbeitet:

Bei der Absorption der nitrosen Gase der Ammoniakoxydation (s. Salpetersäure) mittels Sodalösung entsteht zunächst ein Gemisch von Natriumnitrit und -nitrat, das durch Ansäuern mit Salpetersäure unter Durchblasen von Luft in eine schwach saure Nitratlösung verwandelt wird. Die dabei freiwerdenden nitrosen Gase gehen in der Regel in die Absorptionsanlage zurück. Die saure Natriumnitratlösung wird mit Soda sorgfältig neutralisiert und dann auf festes Salz eingedampft. Auf diese Weise werden hauptsächlich die Restgase der Ammoniakoxydation, die sich infolge ihres niedrigen Nitrosegehalts (10% der Anfangskonzentration) nicht mehr zur Bildung von Salpetersäure eignen (s. Salpetersäure), auf Natronsalpeter verarbeitet. Zu diesem Zweck werden die letzten Türme der Absorptionsanlage (hergestellt aus zusammengenieteten Eisenblechen) mit einer sodahaltigen Salzlösung berieselt, wobei auf eine gute Berieselung zu achten ist. Die für die Absorption der Nitrose verbrauchte Soda wird durch Zugabe fester Soda oder heiß gesättigter Sodalösung ergänzt. Hat man auf diese Weise eine konzentrierte Nitrit-Nitrat-Lösung erhalten, so wird die überschüssige Soda und das gebildete Natriumbicarbonat möglichst vollständig zur Absorption von Nitrose verbraucht (bis auf 2% Soda + Natriumbicarbonat) und darauf die Lösung unter Zugabe von Salpetersäure über einen Turm aus säurebeständigem Material (Steinzeug, Sandstein, Granit) gepumpt unter Durchblasen von Luft. Die Säuremenge wird so reguliert, daß die ablaufende Lösung etwa 2% freie Säure enthält. Nunmehr wird mit Soda neutralisiert und eingedampft. Man kann auch durch direktes Neutralisieren von verdünnter Salpetersäure mit Soda und Eindampfen der Lösung Salpeter gewinnen.

Nach dem *D. R. P.* 374 226 (1921) der *BASF* soll man die nitrosen Gase in einer eisernen mit Rührwerk versehenen Trommel auf feste calcinierte Soda oder auf rohes feuchtes Bicarbonat einwirken lassen. Die Temperatur steigt von allein auf 50°, darf aber 120° nicht übersteigen. Vgl. auch *I. G.*, *E. P.* 323 030 [1929]. Vollständige Bindung soll durch die Verwendung von Krystallsoda in Absorptionstürmen erreicht werden, wobei das Nitrat als Lauge unten abfließt (FRISCHER, *D. R. P.* 382 984 [1919]). Nach BENSA (*D. R. P.* 388 790 [1920]) erhält man durch Einwirkung der nitrosen Gase auf Soda oder Ätznatron bei 300–350° geschmolzenen, nitritfreien Natronsalpeter.

Nach einem Vorschlag von K. A. HOFMANN (*D. R. P.* 469 432 [1926]) soll man die Ammoniakoxydation in Berührung mit alkalischen Absorptionsmitteln (Soda, Ätznatron, Natronkalk) und in Gegenwart von Katalysatoren (besonders wirksam ist Nickel) ausführen. Ebenso erzielt man unmittelbar

Nitrat, wenn man ein Gemisch von Kalkstickstoff und Soda in Gegenwart verschiedener Metalle oder Oxyde als Katalysatoren bei 400° oder tiefer mit Luft oxydiert (K. A. HOFMANN, *D. R. P.* 439 510 [1925]).

Aus Kochsalz und Salpetersäure. Eine technisch befriedigende Durchführung dieser Umsetzung wäre von großer Bedeutung, ist aber bis jetzt nicht gelungen. Die Umsetzung erfolgt zwar leicht, erfordert jedoch einen Überschuß von Salpetersäure, der unter Umständen infolge von Nebenreaktionen mit der entstehenden Salzsäure (Bildung von Nitrosylchlorid, Chlor, nitrosen Gasen) zu Verlusten führt. Außerdem ergeben sich Schwierigkeiten apparativer Art durch den starken Angriff des Säuregemisches (Königswasser) und durch die Notwendigkeit, nach der Umsetzung Salpetersäure von der Salzsäure zu trennen.

Um Verluste zu vermeiden, arbeitet man mit einer nicht mehr als 35%igen Säure, bei höchstens 80° und destilliert bei Unterdruck die Salzsäure ab (LE NITROGÈNE SOC. AN., *D. R. P.* 242 014 [1910]). Man verrührt festes Kochsalz mit z. B. 44%iger Säure bei 30—35° bis zur völligen Umwandlung in Natriumnitrat, kühlt auf 18° ab, und destilliert aus der abgenutschten Flüssigkeit die Salzsäure unter vermindertem Druck (*BASF, D. R. P.* 391 011 [1921]). Nitrose Gase werden, ev. gemischt mit Luft, in gesättigte Kochsalzlösung bei 50—60° eingeleitet. Beim Abkühlen auf 20° scheiden sich 100 *kg* $NaNO_3$ je *m³* aus (*BASF, D. R. P.* 392 094 [1921]).

Man läßt die Salpetersäure oder die nitrosen Gase auf die Kochsalzlösung in Gegenwart von Calciumnitrat einwirken, erhitzt bis auf 125°, um das Salzsäure-Salpetersäure-Gemisch abzudestillieren, und kühlt dann ab (*BASF, D. R. P.* 393 535 [1921]). Die Lösung wird nach Abkühlen und Ausscheiden des Salpeters mit Ammoniak neutralisiert und durch Eindampfen und Zugabe von Kochsalz Salmiak abgeschieden. Die Mutterlauge wird dann wieder mit Salpetersäure behandelt (*BASF, D. R. P.* 395 490 [1921]).

Man fällt bei 45° eine gesättigte Kochsalzlösung mit Salpetersäure, bis die Lösung 38% $HNO_3 + HCl$ enthält, destilliert ab und erhält einen chlorfreien Salpeter als Rückstand. Aus dem Destillat, das 5 Tl. HNO_3 auf 1 Tl. HCl enthält, bekommt man bei 100° mit $NaCl$ noch 90%igen Salpeter, und die Lösung enthält nun gleiche Mengen von Salpeter- und Salzsäure (W. NIKOLAJEW *Journ. Russ. phys.-chem. Ges.* 59, 685 [1927]; *Chem. Ztrlbl.* 1928, I, 1010).

Nach STICKSTOFFWERKE G. M. B. H. (*D. R. P.* 385 558 [1919]) soll in hochkonzentrierte Säure bei Temperaturen bis zu 83°, wobei weder *Cl* noch *HCl* entwickelt wird, festes Kochsalz eingetragen werden. Es scheidet sich dann beim Abkühlen Natronsalpeter ab. Oder man leitet in Kochsalzlösung bis zu entsprechender Konzentration nitrose Gase ein. Bei gewöhnlicher Temperatur läßt man rauchende Salpetersäure, die einen geringen Gehalt an Schwefelsäure hat, auf festes Kochsalz einwirken, wobei die Gegenwart von MnO_2 als Katalysator günstig sein soll (NAEF, *Schweiz. P.* 133 793 [1929]). Kochsalz wird mit verflüssigten Stickoxyden, die geringe Mengen von Wasser enthalten, behandelt. Die zunächst unvollständige Reaktion führt bei Wiederholung der Operation zu einem reinen, körnigen Natronsalpeter (*I. G., F. P.* 670 561 [1929]).

Der starke Angriff der salpetersauren Chloridlösung auf das Gefäßmaterial bei diesen Umsetzungen soll dadurch vermieden werden, daß man in Gegenwart von Natriumsulfat arbeitet, das mit den Laugen dauernd zirkuliert (*BASF, D. R. P.* 399 823 [1922]). Mit der Absorption, Wiedergewinnung bzw. Nutzbarmachung der beim Destillieren zusammen mit Salzsäure entweichenden nitrosen Gase beschäftigen sich *D. R. P.* 390 791 [1921], 440 334 [1925], 495 019 [1928]).

Umsetzung von Kochsalz mit Nitraten. In eine Lösung, die gleichzeitig an $NaCl$, $NaNO_3$ und NH_4Cl gesättigt ist, wird Calcium- oder Magnesiumnitrat fest oder als konzentrierte Lösung bei erhöhter Temperatur eingetragen. Beim Abkühlen scheidet sich Natronsalpeter aus. Aus der Mutterlauge wird mit Ammoncarbonat Ca- bzw. Mg-Carbonat und dann mit Kochsalz Ammoniumchlorid ausgeschieden (*BASF, D. R. P.* 403 844 [1922]). HAMPEL (*D. R. P.* 366 969 [1922]) hat gefunden, daß sich aus einer hochkonzentrierten, nur Magnesiumnitrat enthaltenden Lösung, in die man bei 100° Kochsalz einträgt, beim Abkühlen Natriumnitrat ausscheidet. Die Verarbeitung der Mutterlaugen bedeutet in jedem Falle eine große Schwierigkeit.

Natronsalpeter scheidet sich aus, wenn man in eine Lösung von $NaCl$ und NH_4NO_3 Ammoniak einleitet und dann abkühlt (*BASF, D. R. P.* 406 294 [1922]). Ein analoges Verfahren arbeitet unter Verwendung von wässerigem Methylalkohol als Lösungsmittel (*BASF, D. R. P.* 406 413 [1923]). Aus einer an Ammoniumnitrat und Kochsalz gesättigten Lösung scheiden sich beim Verrühren Natriumnitrat und Ammoniumchlorid (Natronammonsalpeter) aus und können, am besten unter Benutzung der Umsatzflüssigkeit, durch Schlämmen voneinander getrennt werden. Der Natronsalpeter kann gereinigt und von dem anhaftenden Salmiak befreit werden, indem man ihn in der Lauge auf etwa 40° erwärmt (*I. G., D. R. P.* 476 254 und 493 565 [1924]).

Unter Zwischenschaltung von Natriumbicarbonat arbeitet das Verfahren von A. E. MOSER und J. LIBINSON (*D. R. P.* 476 145 [1926]). Ammonnitrat wird mit $NaHCO_3$ gekocht. Es bildet sich Natriumnitrat, während Ammoniak und Kohlensäure entweichen und, in Kochsalzlösung eingeleitet, wieder Bicarbonat ergeben. Die salmiakhaltige Lösung kann wieder auf Ammonnitrat verarbeitet werden.

Auf der Umsetzung mit Bleinitrat beruht das Verfahren von HAMPEL (*D. R. P.* 415 171 [1923]). Man bringt in einem Holzgefäß Kochsalz, Salpetersäure und Bleihydroxyd zur Umsetzung und zieht die Natriumnitratlösung von dem ausgeschiedenen Bleichlorid ab. Das Bleichlorid wird mit Kalkmilch unter Wiedergewinnung von Bleihydroxyd und Bildung von Calciumchlorid umgesetzt. Vgl. auch *D. R. P.* 422 987.

Umsetzung von Natriumsulfat mit Nitraten und mit Salpetersäure. Die Verfahren von E. REINAU (*D. R. P.* 299 001 bis 299 007, ferner 305 062, 305 171) zur Umsetzung von

Natriumsulfat und Salpetersäure beruhen in der Hauptsache auf der Wahl solcher Temperaturen, Konzentrationen und Mengenverhältnisse, daß Natriumbisulfat in Lösung bleibt, während sich Natriumnitrat ausscheidet. Bei Anwendung von Sulfatgemischen werden Doppelnitrate oder Gemische von Natriumnitrat mit Ammonium- oder Magnesiumnitrat erhalten. M. BUCHNER (D. R. P. 366 716 [1917]) reduziert das Sulfat zunächst zu Sulfid, behandelt dieses mit Salpetersäure und stellt aus dem Schwefelwasserstoff über SO_2 und H_2SO_4 mit Kochsalz wieder Sulfat her. Bei diesen Verfahren ist teilweise auch daran gedacht, das Nitrat nur intermediär zu gewinnen, um daraus mit Schwefelsäure konz. Salpetersäure abzutreiben.

Nach den Verfahren von HAMPEL (D. R. P. 321 030, 335 819, 337 254, 345 866, 365 587, 374 095, 374 096, 380 386, 381 179) wird in einem Kreisprozeß Natriumsulfat mit Calciumnitrat umgesetzt und aus dem abgeschiedenen Calciumsulfat in bekannter Weise mit Ammoniumcarbonat (NH_4)$_2SO_4$ und $CaCO_3$ und aus letzterem mit Salpetersäure wieder Calciumnitrat gewonnen. Die Umsetzung von Glauberit $Na_2Ca(SO_4)_2$ mit Calciumnitrat betrifft das Verfahren der I. G. (D. R. P. 428 137 [1925]). Gewisse technische Schwierigkeiten, die bei der Zersetzung von Calciumcarbonat mit Salpetersäure auftreten, sollen vermieden werden, wenn man den Abfallschlamm von der Zersetzung des Kalkstickstoffs mit Wasser benutzt (BAYERISCHE STICKSTOFFWERKE A.-G., W. SCHENKE, D. R. P. 410 924 [1922]). Natriumsulfat wird mit Bariumnitrat (aus $BaCO_3$ und HNO_3) umgesetzt und als Nebenprodukt Blanc fixe gewonnen (WOLFF & CO. und FR. FROWEIN, D. R. P. 456 852 [1925]).

Kalkstickstoff wird mit Salpetersäure unter Kühlung versetzt, bis alles Ca in Nitrat überführt ist, und dann Natriumsulfat eingetragen. Es liegt nun ein Gemisch von ausgefälltem Gips in einer Lösung von Natriumnitrat und Cyanamid bzw. Dicyanamid vor, das sich bei der Druckerhitzung im Autoklaven zu Calciumcarbonat und einer Lösung von Natriumnitrat und Ammonsulfat umsetzt (BAYERISCHE STICKSTOFFWERKE A.-G. und W. SCHENKE, D. R. P. 403 861 [1922]).

Aus der beim Aufschluß von Rohphosphat mit Salpetersäure gewonnenen Lösung erhält man durch Umsetzung mit Natriumsulfat eine Natriumnitrat und Natriumphosphat enthaltende Lösung. Aus dieser Lösung wird nach dem Verfahren der I. G. (D. R. P. 459 187 [1925]; vgl. auch D. R. P. 463 124 [1925]) bei stärker saurer Reaktion und Kühlung auf 50° zuerst Natriumnitrat, nach Neutralisierung bis zur Monophosphatstufe und Kühlung auf tiefe Temperatur Mononatriumphosphat abgeschieden. Das Verfahren von F. JOST (E. P. 306 046 [1929]; vgl. auch E. P. 312 169 [1929]) betrifft die Umsetzung von Calciumnitrat mit Natriumphosphat unter Gewinnung von Natriumnitrat und Regenerierung des gebildeten Calciumphosphats zu Natriumphosphat.

Die Verfahren zur Gewinnung von Alkalinitrat aus Mineralien (z. B. durch Kochen mit Calciumnitrat) könnten — obwohl dabei auch Natriumnitrat entsteht —, wenn überhaupt, ausschließlich im Hinblick auf die Nutzbarmachung des Kalis Interesse haben.

Wirtschaftliches. Im Jahre 1928 dürfte die I. G. etwa 160 000 t Natronsalpeter hergestellt haben. Über Preise s. Bd. IV, 90. Im Jahre 1930 betrug der Preis für Natronsalpeter M. 1,16/kg/N, also 18,56 je 100 kg.

Verwendung wie Chilesalpeter, s. S. 76, sowie Bd. IV, 69.   *W. Siegel (Reimer* †).

Natriumnitrit, $NaNO_2$, krystallisiert in langen Prismen, die mäßig hygroskopisch sind. $D_{20} = 2,1508$. Die Angaben über den *Schmelzp.* schwanken zwischen 217° und 281°. Schon wenig über dem *Schmelzp.* beginnt das Salz sich zu zersetzen; je nach der Temperatur gehen verschiedene Reaktionen vor sich, und es werden N_2O_3, NO, NO_2, N und O gebildet.

Von 100 g Wasser werden gelöst bei

0°	10°	20°	30°	40°	50°	60°	70°	80°	90°	100°	110°	120°
73	78	84	91,5	98,5	107	116	125,5	136	147	160,5	178	198,5 g

Die Lösung ist gegen Lackmus eben alkalisch, gegen Phenolphtalein neutral.

Eine an $NaNO_3$ und $NaNO_2$ gesättigte Lösung enthält 23,3 % $NaNO_3$ und 32,15 % $NaNO_2$. $s = 1,4579$. Durch Na_2SO_4 wird die Löslichkeit von $NaNO_2$ außerordentlich stark zurückgedrängt (M. OSWALD, *Ann. Chim.* [9] **1**, 58 [1914]).

Darstellung. Natriumnitrit kann durch starkes Erhitzen von Natriumnitrat dargestellt werden. Das nach dieser Methode in einer französischen Fabrik gewonnene Rohsalz enthielt neben 43,66 % $NaNO_2$ noch 51,64 % $NaNO_3$, von dem es durch Krystallisation aus Wasser getrennt werden kann. Um eine vollständige Zersetzung des Nitrats zu erreichen, fügte HAMPE (A. **125**, 336) der Schmelze Blei hinzu. $NaNO_3 + Pb = NaNO_2 + PbO$. Das Verfahren ist von J. V. ESOP (*Ztschr. angew. Chem.* **1889**, 286), SCHEURER (*Ztschr. angew. Chem.* **1890**, 345), DARBON (*Chem.-Ztg.* **1899**, 174) und TURNER (*Journ. Soc. chem. Ind.* **84**, 585 [1915]) ausführlich beschrieben worden und wurde bis etwa 1905 ausschließlich für die technische Herstellung von Natriumnitrit benutzt. Von da ab wurde es aus nitrosen Gasen gewonnen.

Altes Verfahren. Als Ausgangsmaterial diente gereinigter Chilesalpeter, wie er auch zur Darstellung von Salpetersäure benutzt wird. Das Blei soll möglichst frei von Zink und Antimon sein.

Der Salpeter wird in großen flachen Schalen aus Gußeisen geschmolzen und weiter bis auf etwa 400—420° erhitzt. Das möglichst reine Weichblei, welches vorher in schmale Bänder gegossen wurde, wird stückweise langsam in die Schmelze eingetragen, wobei gleichzeitig durch Rühren von Hand oder besser durch Rührwerk der Salpeter und das geschmolzene Blei in fortwährender Bewegung gehalten werden. Vor einer Überhitzung der Schmelze muß man sich hüten, da hierbei der Kessel leicht durchbrennen kann. Bei zu starker Temperaturerhöhung wird deshalb durch Eintragen von kaltem Salpeter oder nötigenfalls durch Ausziehen des Feuers dafür gesorgt, daß die vorgeschriebene Temperatur nicht überschritten wird. Wenn sämtliches Blei in die Charge eingetragen worden ist, fährt man noch kurze Zeit mit dem Rühren fort, schöpft dann die Schmelze mit Hilfe von großen schmiedeeisernen Kellen aus und läßt sie in dünnem Strahl in kaltes Wasser fließen, wobei man durch fortgesetztes Rühren für eine gute Lösung der Schmelze sorgt. Selbst bei sorgfältigem Schmelzen entsteht bei der Zersetzung des Salpeters durch das Blei neben dem Nitrit immer etwas Ätznatron (etwa 1%), welches einen Teil des gebildeten Bleioxyds auflöst. Man muß dieses deshalb aus der Lauge entfernen. Hierzu dient Schwefelsäure, mit der die Lauge neutralisiert wird. Hierbei bildet sich schwefelsaures Natrium, welches bei der Verdampfung der Nitritlösung als wasserfreies Salz ausgeschieden wird; ebenso wird hierdurch das etwa gelöste Bleioxyd wieder ausgefällt. Man zieht dann die neutralisierte Lauge von dem Bleioxyd ab, konzentriert sie in schmiedeeisernen Pfannen auf 42—45° *Bé* (heiß gemessen) und überläßt sie dann der Krystallisation. Zur Reinigung werden die Krystalle umgelöst und zentrifugiert, gewaschen, in nicht über 50° warmen Kammern getrocknet und in mit Pergamentpapier ausgelegten Fässern verpackt. Das von der Lauge getrennte Bleioxyd wird abgepreßt und nochmals mit heißem Wasser gewaschen; es kann entweder, mit Kohle gemischt, im Flammofen zu Blei reduziert oder als solches verwertet werden. Auch zur Fabrikation von Mennige, Bleiweiß, Bleinitrat, essigsaurem Blei und anderen Verbindungen kann es Verwendung finden. Die bei der Krystallisation des Nitrits zurückbleibende Mutterlauge sowie die Waschwässer des Bleioxyds werden ebenfalls auf etwa 45° *Bé* eingedampft, kalt gerührt und die hierdurch gebildeten Krystalle nochmals umgelöst und, wie vorher angegeben, verarbeitet. Dieses Verfahren hat sich in der Praxis ausgezeichnet bewährt und liefert bei sorgfältiger Ausführung eine Ausbeute von 90%. Vorrichtungen zur Durchführung des Schmelzprozesses betreffen die *D. R. P.* 411 155 und 387 146.

Diese Methode hat heute geringe Bedeutung und wird stellenweise nur deshalb ausgeführt, weil das abfallende Bleioxyd für die Herstellung von Mennige besonders geeignet ist (vgl. SCHEURER, *Ztschr. angew. Chem.* 1890, 346). Der Nachteil dieses Verfahrens beruht hauptsächlich in der großen anfallenden Menge Bleioxyd (100 Tl. Salpeter geben 263 Tl. Bleioxyd), dessen nutzbringende Verwertung nicht immer leicht ist. Es hat deshalb nicht an Versuchen gefehlt, an Stelle von Blei andere Substanzen für die Reduktion des Salpeters zu benutzen. Alle diesbezüglichen Vorschläge konnten sich jedoch nicht auf die Dauer Eingang in die Industrie verschaffen, und es genügt deshalb, wenn sie hier nur kurz erwähnt werden.

BALZER & CIE. (*D. R. P.* 94407 [1897]) reduzieren mit Ätznatron und Eisen, KUNHEIM & CO. (*D. R. P.* 175 096 [1904]) benutzen Ätznatron und fein verteiltes Kupfer.

BINSFELD (*D. R. P.* 168 450 [1904]) behandelt Salpeter mit Zink in Gegenwart eines erheblichen Überschusses von Ammoniak in wässeriger Lösung bei etwa 25°.

J. GROSSMANN verwendet im *D. R. P.* 52260 [1889] zur Reduktion von Salpeter Calciumsulfid in Form gereinigter Rückstände des LEBLANC-Sodaprozesses:

$$4\ NaNO_3 + CaS = CaSO_4 + 4\ NaNO_2.$$

vgl. auch G. DE BECHI (Bull. Rouen **34**, 375 [1906]).

LE ROY (*Moniteur* [4] **4**, 2 584) benutzt Bariumsulfid. BERTSCH und HARMSEN reduzieren mit Bleiglanz und setzen, um den Gasverlust (NO, NO₂) zu vermeiden, der Schmelze Kalk zu (*D. R. P.* 59228 [1891]): $4\ NaNO_3 + PbS + CaO = CaSO_4 + PbO + 4\ NaNO_2.$

L. G. PAUL verschmilzt gemäß *D. R. P.* 89441 [1896] das Natriumnitrat mit Ätznatron und Schwefel und scheidet das gebildete schwerer lösliche Glaubersalz durch fraktionierte Krystallisation vom Natriumnitrit. Die Ausbeute beträgt nach J. TURNER (*Journ. Soc. chem. Ind.* **34**, 585 [1915]) nur 80%. Reduktion mit Na₂S in Gegenwart von NaOH s. KIELBASINSKI und JAKUBOWSKI (*Melliands Textilber.* **2**, 132 [1921]).

Die VEREINIGTEN CHEMISCHEN FABRIKEN ZU LEOPOLDSHALL nehmen in ihrem *D. R. P.* 95885 [1897] die Reduktion von Salpeter mit Pyrit und Ätznatron vor, während ELSBACH und POLLINI gemäß *D. R. P.* 100 430 [1898] den Pyrit durch Zinkblende ersetzen.

Nach dem *D. R. P.* 138 029 [1902] der CHEMISCHEN FABRIK GRÜNAU wird die Reduktion mit Natriumsulfit bei 420° vorgenommen, wobei 98% an Nitrit erhalten werden soll. Ein ähnliches Verfahren schlugen GEBR. FLICK im *D. R. P.* 117 289 [1900] vor, die über ein bis nahe zur Sinterung erhitztes Gemisch von Nitrat und Ätzkalk luftfreies Schwefeldioxyd leiten.

Nach den Angaben des *D. R. P.* 97718 [1897] von LANDSHOFF & MEYER wird die Reduktion durch Eisenoxydul, nach dem *D. R. P.* 43690 [1887] von HUGGENBERG mit MnO₂ und Ba(OH)₂ unter Bildung von BaMnO₄ vorgenommen.

Außerordentlich zahlreich sind die Vorschläge, nach denen die Reduktion des Natriumnitrats mit Kohle oder Kohlenstoffverbindungen bei Gegenwart von Alkalien vorgenommen werden soll. Nach dem *D. R. P.* 93352 [1897] von A. KNOP soll ein Gemisch von Ätznatron und Koks benutzt werden. Durch fraktionierte Krystallisation werden Nitrit und Soda getrennt. J. GROSSMANN ersetzt im *D. R. P.* 160 761 [1903] den Koks durch Graphit.

J. DITTRICH benutzt im *D. R. P.* 212 203 [1908] ein Gemisch von Sägemehl und Kalk, wodurch ermöglicht werden soll, die Schmelze in Eisenbehältern vorzunehmen und stürmische Reaktionen zu vermeiden: $2\ NaNO_3 + Ca(OH)_2 + C = 2\ NaNO_2 + CaCO_3 + H_2O.$

JAKOBSON (*D. R. P.* 86254 [1895]) setzt $NaNO_3$ mit Calciumcarbid um nach $CaC_2 + 5\ NaNO_3 = CaCO_3 + 5\ NaNO_2 + CO_2.$

Schließlich sei noch das Verfahren von M. GOLDSCHMIDT in Köpenick erwähnt, der gemäß *D. R. P.* 83546 [1894] die Reduktion mit Formiaten durchführen will: $NaNO_3 + NaOH + HCO_2Na = NaNO_2 + Na_2CO_3 + H_2O$. Anstatt von gebildeten Formiaten auszugehen, soll sich die Umwandlung auch durch Überleiten von Kohlenoxyd über ein Gemisch von Ätznatron und Salpeter vornehmen lassen (M. GOLDSCHMIDT, *D. R. P.* 83909 [1894]):

Das sehr aussichtsreiche Verfahren konnte mit dem Bleiverfahren nicht in Wettbewerb treten und wurde von der NITRIT-FABRIK, Köpenick, als unrentabel verlassen. Eine auf dem gleichen Prinzip beruhende Methode haben später G. DE BECHI und A. THIBAULT (*D. R. P.* 97018 [1897]) angegeben, die ein Gemisch von Nitrat und gelöschtem Kalk in einem Strom von Generatorgas erhitzten. Eine direkte quantitative Umwandlung des Nitrats und Formiats in Nitrit und Soda ohne irgend- welchen Zusatz von Alkali oder einem äquivalenten Stoff erfolgt nach Angabe von A. HEMPEL (*D. R. P.* 203751), wenn man diese Umsetzung bei etwa 300⁰ unter Vakuum vornimmt. Das nur Nitrit und Soda enthaltende Reaktionsprodukt wird in Wasser gelöst und die Lösung zur Wieder- gewinnung des in ihr vorhandenen Natrons kaustiziert. Die kaustizierte Lösung dampft man ein, damit Nitrit auskrystallisiert. Zweckmäßig ist es, an Stelle von Natriumformiat solche Formiate zu verwenden, welche neben dem leicht löslichen Nitrit unlösliches Carbonat liefern, z. B. Calciumformiat.

Ausführliche Untersuchungen über die wichtigsten Reduktionsmethoden veröffentlichten MORGAN (*Journ. Soc. chem. Ind.* 1908, 483), weiterhin PELLET und CORNI (*Ztschr. angew. Chem.* 21, 405 [1908]). Letztere behandeln zunächst die Reduktion des Salpeters mit *Pb*, *S*, Pyrit, Bleiglanz, Zinkblende, Schwefeldioxyd, Formiaten, Kohlenoxyd, Alkali und Kohle. Die Verfasser haben folgende Maximal- ausbeuten gefunden: bei Anwendung von Schwefel 56%, Pyrit 66%, Schwefeleisen 63%, Eisen 86%, Eisenoxyduloxyd 83%, Holzkohle 25%, Koks 77%. Die Versuche ergaben allgemein einen günstigen Einfluß der Gegenwart eines schmelzenden Alkalis und eine heftige Wirkung der leicht oxydierbaren Reduktionsmittel, wie Schwefel, Pyrit u. s. w. Verfasser empfehlen zur technischen Anwendung Koks und Eisenfeilspäne.

Über die elektrolytische Reduktion des Nitrats zu Nitrit berichten MÜLLER und SPITZER (*Ztschr. Elektrochem.* 11, 509). Nach Versuchen der Verfasser wird $NaNO_3$ in alkalischer Lösung durch den elektrischen Strom ausschließlich zu Nitrit und Ammoniak reduziert. Schwammförmiges Silber ist das beste Kathodenmaterial für hohe Nitritausbeuten. *Boehringer* teilen in ihrem *D. R. P.* 174737 mit, daß eine gute Nitritausbeute durch Reduktion heißer Nitratlösung an Quecksilber- kathoden erzielt wird. Die Reduktion von Nitrat im Schmelzfluß behandelt DUPARC (*Ztschr. Elektro- chem.* 12, 665; 13, 115). Die besten Ausbeuten an Nitrit wurden mit Graphitelektroden erzielt. Die Ausbeute wächst mit der Stromdichte und ist bei 3 *Amp./dm²* und einer Temperatur von 440⁰ am größten. Die Graphitelektroden werden stark angegriffen.

Die Herstellung von Natriumnitrit durch Reduktion von Salpeter ist seit 1905 verlassen worden. Seit dieser Zeit gewinnt man Natriumnitrit durch Behandlung von Alkalien mit nitrosen Gasen, früher aus der norwegischen Luftsalpetersäure- fabrikation, neuerdings ausschließlich aus der Oxydation von Ammoniak stammend. Die fast gleichzeitig, aber unabhängig von F. RASCHIG (*Ztschr. angew. Chem.* **18**, 1294) und OTTO N. WITT (*Chemische Ind.* **1905**, 699) 1905 ausgesprochene Ver- mutung, daß das Nitrit in absehbarer Zeit durch direkte Synthese aus der Luft dargestellt werden dürfte, ist schon nach wenigen Jahren Tatsache geworden.

Die Beobachtung, daß nitrose Gase beim Behandeln mit Lauge annähernd reines Natriumnitrit liefern, hat anscheinend zuerst BERTHELOT (*Bull. Soc. chim. France* **21**, 100) 1874 gemacht; die technische Durchführung der Nitritherstellung aus Luft ist das Verdienst von SCHÖNHERR bzw. der *BASF* sowie von S. EYDE. Da die hierfür geeigneten nitrosen Gase sowohl aus Luft durch elektrische Ent- ladungen als auch mittels des elektrischen Licht- und Flammbogens sowie durch Verbrennen von Ammoniak entstehen, so sei zuerst auf die sich abspielenden Reaktionen und vorliegenden Beobachtungen kurz eingegangen. Ausführliche An- gaben sollen unter Salpetersäure gemacht werden.

Oxydiert man Ammoniak mit Luft, indem man das Gemenge über geeignete Katalysatoren leitet, so entstehen nitrose Gase (NO, NO_2). Als erstes Oxydations- produkt tritt, wie SCHMIDT und BÖCKER (*B.* **39**, 1366 [1906]) gezeigt haben, Stick- oxyd auf. Dieses vereinigt sich mit Sauerstoff gemäß folgenden Gleichungen:

$$\text{I. } 2NO + O = NO + NO_2 \rightleftarrows N_2O_3. \qquad \text{II. } NO + NO_2 + O = 2NO_2 \, (N_2O_4).$$

Nach Beobachtungen von RASCHIG (*Ztschr. angew. Chem.* **17** 1777 [1904]; **18**, 1921 [1905]), die in Übereinstimmung sind mit Angaben von BERTHELOT (s. o. sowie *Compt. rend. Acad. Sciences* **129**, 137 [1899]), SCHMIDT und BÖCKER (*B.* **39**, 1368 [1906]), LE BLANC (*Ztschr. Elektrochem.* **12**, 544 [1906]), LUNGE und BERL (*Ztschr. angew. Chem.* **19**, 861 [1906]; **20**, 1716 [1907]), verläuft die Umwandlung nach Gleichung I außerordentlich rasch, die weitere Umwandlung des Salpetrigsäureanhydrids in Stickdioxyd dagegen etwa 100mal langsamer. Sorgt man durch geeignete Maßnahmen dafür, daß die nach Gleichung II sich abspielende Reaktion nicht stattfinden kann, so läßt sich das vorübergehend auftretende System $NO + NO_2 \rightleftarrows N_2O_3$, das sich chemisch wie N_2O_3 verhält, durch Natronlauge in Natriumnitrit verwandeln.

Le Blanc (*Ztschr. Elektrochem.* 12, 543 [1906]) konnte zeigen, daß die unmittelbar aus einer in Luft brennenden Hochspannungsflamme abgesaugten Gase beim Einleiten in Alkali fast reines Nitrit geben. Dasselbe bedeutet es, wenn die *BASF* im *D. R. P.* 188 188 (s. u.) nitrose Gase heiß hält, bevor sie zur Absorption durch Alkali gelangen, oder *Bayer* (*D. R. P.* 168 272) die Gase auf Rotglut bringt. Da erst unterhalb von 620⁰ das reine Gemisch $2\,NO + O_2$ sich bei Atmosphärendruck zu NO_2 verbindet, bei vermindertem Partialdruck des Gemisches das gleiche bei erheblich niederer Temperatur geschieht, so liegt auf der Hand, daß bei rascher Abkühlung der Gase und kurzem Wege bis zum Absorptionsmittel ihre Oxydation zu NO_2 nur unvollkommen ist (s. unten: Aktieselskabet det Norske Kvaelstoff-Kompagni und S. Eyde).

Dieses einfache Mittel der beschränkten Reaktionsgeschwindigkeit der Oxydation des NO wird zur technischen Herstellung von Natriumnitrit verwertet. Vgl. darüber auch die Arbeiten von F. Förster mit Koch und J. Blich (*Ztschr. angew. Chem.* 21, 2161 [1908]; 23, 2018 [1910]), die bewiesen, daß N_2O_3 von Alkalilauge viel rascher absorbiert wird als NO_2 und daß in einem Gasgemisch, in welchem ein Teil des Stickoxyds zu Stickdioxyd oxydiert ist, das Gleichgewicht $NO + NO_2 \rightleftarrows N_2O_3$ besteht. Von Bedeutung für die technische Herstellung von Natriumnitrit aus nitrosen Gasen war erst das *D. R. P.* 188 188 der *BASF* (s. auch *Ztschr. Elektrochem.* 13, 284 [1907]), welches die durch elektrische Entladungen aus Luft entstehenden, Stickoxyd enthaltenden nitrosen Gase als Ausgangsmaterial benutzt. Diese enthalten bei Temperaturen von etwa 200–300⁰ N_2O_3 bzw. ein molekulares Gemenge von NO und NO_2 (Gleichung I), jedenfalls nicht mehr an Stickstoff chemisch gebundenen Sauerstoff, als dem Verhältnis $N_2 : O_3$ entspricht. Werden diese Gase bis zur Absorption genügend heiß (300⁰) gehalten, so wird eine weitere Bindung von Sauerstoff vermieden und damit die Umsetzung nach Gleichung II verhindert. Durch Einleiten dieser Gase in Natronlauge entsteht Natriumnitrit.

$$\text{III. } NO + NO_2 + 2\,NaOH = 2\,NaNO_2 + H_2O.$$

Die Aktieselskabet det Norske Kvaelstoff-Kompagni und S. Eyde beschreiben in einer Anzahl von ausländischen Patenten (*Ztschr. Elektrochem.* 13, 283 [1907]) gleichfalls die Herstellung von Nitrit aus nitrosen Gasen und abgekühlter Natronlauge, wobei sie die Reaktionsgleichung wie folgt formulieren: $2\,NO + O + 2\,NaOH = 2\,NaNO_2 + H_2O$. Die aus Luft erhaltenen nitrosen Gase werden danach, ohne sie vorher in Oxydationsräume zu leiten, abgekühlt und in Natronlauge geleitet.

Aber auch bei der Gewinnung von Salpetersäure aus Luft nach dem Verfahren von Birkeland und Eyde wurde Nitrit als Nebenprodukt gewonnen. Nach diesem Verfahren (s. Salpetersäure) werden bekanntlich die durch Verbrennen von Luft erhaltenen nitrosen Gase durch Behandeln mit Luft weiter oxydiert und durch Wasser in Salpetersäure übergeführt. Der hierbei zurückbleibende, von Wasser nur noch schwer zersetzbare, wenig nitrose Gase enthaltende Rest wurde früher durch Kalkmilch absorbiert, wobei ein Gemisch von Calciumnitrit und wenig Calciumnitrat entsteht. Dieses wird mit Salpetersäure zersetzt (*Ztschr. Elektrochem.* 13, 283 [1907]), wobei salpetrige Säure entweicht, die von Natronlauge absorbiert und so in Nitrit verwandelt wird, während das zurückbleibende Calciumnitrat in bekannter Weise auf Norgesalpeter verarbeitet wird. Später wurden aber diese Endgase direkt auf Natriumnitrit mittels Lauge verarbeitet, worüber unter Salpetersäure genauere Angaben gemacht werden.

Nach *D. R. P.* 207 259 [1908] der Norsk Hydro-Elektrik enthält das durch Absorption nitroser Gase mit Sodalösung gewonnene Nitrit oft Bicarbonat eingeschlossen. Man erhitzt daher Nitritlösungen vor der Krystallisation, so daß Kohlensäure entweicht und nur noch Monocarbonat vorhanden ist, das bei der Krystallisation in Lösung bleibt.

Le Nitrogène S. A. läßt nach *D. R. P.* 218 570 [1909] Stickoxydgase von Kalkmilch absorbieren und setzt zu der Lösung Alkalisulfate in solchen Mengen, daß K_2SO_4 dem vorhandenen $Ca(NO_3)_2$ und Na_2SO_4 dem $Ca(NO_2)_2$ äquivalent sind, filtriert von ausgeschiedenem Gips ab und gewinnt aus der Lösung durch Eindampfen und Krystallisation KNO_2 und $NaNO_2$. Schlarb (*D. R. P.* 243 892 [1909]) setzt Calciumnitrit mit Natriumsulfat um. Die Darstellung von Nitrit durch Absorption nitroser Gase betrifft auch das *F. P.* 415 749 der Salpetersäure Industrie-Gesellschaft. Bekanntlich entsteht bei der Absorption von nitrosen Gasen in Alkali und Erdalkalilösungen umsomehr Nitrit, je verdünnter die Gase sind. Die Absorption findet in einer Reihe von Türmen in Sodalösung statt, u. zw. im Gleichstrom. Die Mutterlauge der eingedampften Lösung des Turmes 2, aus welcher Nitrit abgeschieden worden ist, wird zur Berieselung des Turmes 1 verwendet, in welchem das Nitrit vollständig in Nitrat umgewandelt und das Gemisch von NO_2 und N_2O_3 so verdünnt wird, daß es im zweiten Turm fast nur Nitrit gibt. Nach dem *D. R. P.* 261 027 [1911] der Elektrochemischen Werke G. M. B. H. und F. Rothe wird der in einem Flammbogen erhaltene Gasstrom unmittelbar vor dem Absorptionsgefäß in 2 Ströme geteilt und ein Teil davon durch geeignete Behandlung in NO_2 verwandelt, während dessen Bildung aus dem anderen Teil verhindert wird. Diese beiden Gasströme werden nun, bevor sie mit dem Absorptionsmittel in Berührung gelangen, in solcher Weise miteinander gemischt, daß das Verhältnis von $NO : NO_2$ in ihnen gleich $1 : 1$ ist, bei geringem Überschuß von NO. In den erhaltenen Salzlösungen ist nur $1–3\%$ Nitrat enthalten.

Nach dem *D. R. P.* 379 314 [1922] der Nitrum A.-G. wird das Stickoxydgemisch, auf eine Temperatur von 150–200⁰ abgekühlt, mit der 40⁰ warmen Absorptionsflüssigkeit bei einer Strömungsgeschwindigkeit unter 0,5 m/sec. in Berührung gebracht.

Literatur über die Gewinnung von Nitrit im Lichtbogenofen: Vanderpol (*Ztschr. Elektrochem.* 17, 431 [1911]); Perkins (*Chem. Eng.* 18, 238); H. K. Benson (*Chem. metallurg. Engin.* 32, 803 [1925]).

Gewinnung aus der Ammoniakverbrennung. Für die Verarbeitung der dabei entstehenden Stickoxyde auf Nitrit gelten natürlich die gleichen Gesichtspunkte. Vgl. Salpetersäure.

Nach *D. R. P.* 394 498 [1922] der NITRUM A.-G. soll beim Verbrennen von 2 Tl. Ammoniak mit 3 Tl. Sauerstoff NO und NO_2 in gleichen Teilen entstehen und bei der Absorption mit Sodalösung Nitrit gewonnen werden.

Verwendung. Die hauptsächlichste Anwendung findet das Natriumnitrit in der Anilinfarbenindustrie zum Diazotieren (Bd. III, 660) primärer Basen, Herstellung von Nitrosoverbindungen und zur Diazotierung bestimmter Farbstoffe (Ingrainfarben) auf der Faser (Bd. V, 45). Ferner soll es nach einem Verfahren von E. TABARY (*D. R. P.* 101 285 [1897]) zum Bleichen von Flachs, Leinen u. dgl. Verwendung finden, wobei jedoch eine Nachbleiche mit Chlor nicht zu umgehen ist. Über die Verwendung zum Bleichen von Seide s. E. RISTENPART (*Färb. Ztg.* **20**, 313).

Die Verwendung von Natriumnitrit an Stelle von Natriumnitrat zum Pökeln von Fleisch, wodurch die Einlegedauer stark abgekürzt wird, ist wegen ihrer gesundheitlichen Gefahren umstritten und in Deutschland verboten. Vgl. dazu z. B. die Kontroverse zwischen L. POLLAK (*Ztschr. angew. Chem.* **35**, 229 u. 392 [1912]) und FR. AUERBACH, G. RIESS (*Ztschr. angew. Chem.* **35**, 232 [1922]). In den Vereinigten Staaten ist seit 1926 Natriumnitrit für die Fleischkonservierung zugelassen.

Untersuchung. Die Gehaltbestimmung an Natriumnitrit erfolgt durch Titration mit Kaliumpermanganat in schwefelsaurer Lösung, u. zw. zweckmäßig derart, daß man so lange Nitritlösung zu einer bestimmten Menge angesäuerter Permanganatlösung bei 40—50⁰ einlaufen läßt, bis die Rosafarbe eben verschwunden ist. In den Farbenfabriken ist vielfach die Methode üblich, Natriumnitritlösung in eine bestimmte Menge in Salzsäure gelöstes Anilin bei niedriger Temperatur einlaufen zu lassen, bis Jodkaliumstärkepapier gebläut wird. An Stelle von Anilin ist auch p-Toluidin, sulfanilsaures Natrium, Anthranilsäure vorgeschlagen worden (Lunge, *Ztschr. angew. Chem.* **4**, 629 [1891]; **15**, 169 [1902]; **18**, 220 [1905]; *Chem.-Ztg.* **28**, 501 [1904]; WEGENER, *Ztschr. analyt. Chem.* **42**, 157 [1903]; RASCHIG, *B.* **38**, 3911 [1905]; W. HERZOG, *Ztschr. angew. Chem.* **34**, H. 1, 448 [1921]).

Eine wichtige Methode zur Bestimmung sehr kleiner Mengen, besonders im Pökelfleisch, stammt von F. AUERBACH und G. RIESS (*Arbb. Gesundheitsamt* **51**, 532 [1919]). Sie besteht in der colorimetrischen Bestimmung vermittels m-Phenylendiaminlösung.

Wirtschaftliches. Genaue Angaben über die aus Natriumnitrat hergestellten Mengen von Natriumnitrit sind nicht veröffentlicht. Im Jahre 1912 haben die deutschen Farbenfabriken etwa 10 000 *t* Natriumnitrit verbraucht. Heute wird es praktisch ausschließlich durch Verbrennung von Ammoniak hergestellt, u. zw. in wachsendem Maße in den einzelnen Verbrauchsländern selbst, so daß die Export- und Importziffern keinen Schluß auf den Verbrauch erlauben.

W. Siegel (J. Pátek und L. Wickop).

Natriumoxalat s. Oxalsäure.

Natriumoxyd, Na_2O, ist eine weiße hygroskopische Masse, die bei heller Rotglut schmilzt, vom *spez. Gew.* etwa 2,3. Mit Wasser verbindet sich die Substanz unter starker Wärmeentwicklung zu Natriumhydroxyd, mit CO_2 bei 400⁰ unter Erglühen zu Natriumcarbonat.

Natriumoxyd entsteht neben Natriumperoxyd beim Verbrennen von Natrium im Sauerstoff- oder Luftstrom. Hierbei muß die Sauerstoffzufuhr beschränkt sein und die Temperatur zuletzt sehr hoch gesteigert werden (N. BEKETOW, *B.* **16**, 1854 [1883]; *Journ. Russ. phys.-chem. Ges.* **1**, 277, [1883]; vgl. W. HOLT und W. S. SIMS, *Journ. chem. Soc. London* **65**, 442 [1894]; E. RENGADE, *Compt. rend. Acad. Sciences* **143**, 1152 [1906]; **144**, 753 [1907]; *Ann. Chim.* [8] **11**, 424 [1907]). Zweckmäßiger stellt man aber die Verbindung durch Einwirkung von Natrium auf Natriumsuperoxyd her: $Na_2O_2 + 2 Na = 2 Na_2O$ (BASF, *D. R. P.* 147 933). Man verreibt in einer Kugelmühle 35 *kg* Natriumsuperoxyd mit 23 *kg* Natrium und bringt das feine grauschwarze Pulver durch Berührung mit einem glühenden Draht zur Reaktion, die äußerst heftig verläuft. Man erhitzt nötigenfalls noch ¹/₄—¹/₂ ʰ. Es resultiert eine gesinterte Masse von Natriumoxyd. Luft soll während der Operation möglichst ferngehalten werden. Bei niedrigerer Temperatur verläuft der Prozeß in Gegenwart von Ätznatron, das man mit dem Natrium auf 400—500⁰ erhitzt, um dann allmählich Superoxyd einzutragen (BASLER CHEM. FABRIK, *D. R. P.* 148 784). Ein anderes Verfahren beruht auf der Oxydation des Natriums mit Natriumnitrit oder -nitrat (eine Reaktion, von der man früher irrtümlicherweise annahm, daß sie zu Natriumsuperoxyd führt): $3 Na + NaNO_2 = 2 Na_2O + N$; $5 Na + NaNO_3 = 3 Na_2O + N$ (BASF, *D. R. P.* 142 467). Man schmilzt z. B. 25⁶ Tl. Natrium in einem eisernen Rührkessel und trägt allmählich 220 Tl. Natriumnitrit bei 250—300⁰ unter möglichstem Luftabschluß ein. Ev. wird zum Schluß durch Erhitzen auf höhere Temperatur die Reaktion zu Ende gebracht.

Natriumoxyd wurde als Kondensationsmittel, z. B. bei der Fabrikation von künstlichem Indigo, vorgeschlagen (Bd. VI, 241), hat aber hierfür keine Bedeutung erlangt.

F. Ullmann.

Natriumperborat s. Bd. II, 561.

Natriumpercarbonate s. Percarbonate.

Natriumperchlorat s. Bd. III, 305.

Natriumperoxyd s. Natriumsuperoxyd, Bd. VIII, 92.

Natriumpersulfat s. Persulfate.

Natriumphosphat, Natriumphosphit s. Phosphorverbindungen.

Natriumplumbat s. Bd. II, 525.

Natriumpolysulfide. Durch Behandeln von Natriumsulfid mit Schwefel entstehen Natriumpolysulfide, von denen Natriumdisulfid als $Na_2S_2 \cdot 5 H_2O$, Natriumtrisulfid als $Na_2S_3 \cdot 3 H_2O$, Natriumtetrasulfid als $Na_2S_4 \cdot 8 H_2O$ und Natriumpentasulfid als $Na_2S_5 \cdot 8 H_2O$ von BÖTTIGER (A. 223, 338 [1884]) isoliert wurden.

Durch die Untersuchungen von KÜSTER (*Ztschr. anorgan. Chem.* 44, 441; 46, 113) ist bewiesen, daß diese Polysulfide aufzufassen sind als Salze komplexer Schwefel-Schwefelwasserstoffsäuren und daß neben dem Monosulfid das Tetrasulfid die stabilste Verbindung der Reihe darstellt. KÜSTER und HEBERLEIN (ebenda 48, 53 [1905]) fanden ferner, daß Natriumsulfid Schwefel bis zum Verhältnis $Na_2S_{5.24}$ aufnehmen kann. Der Hydrolysierungsgrad der $n/_{10}$-Lösung fällt mit zunehmendem Gehalt an Schwefel von 86,4 % für Na_2S bis 5,7 % bei der höchsten Schwefelung.

Die Natriumpolysulfide werden in der Technik derart hergestellt, daß man das krystallisierte Schwefelnatrium durch Erwärmen auf dem Wasserbade verflüssigt, die berechnete Menge Schwefelblumen einträgt und bis zur völligen Lösung erwärmt. Die nach dem Eindampfen hinterbleibenden Körper sind gelb bis braun gefärbt und riechen schwach nach Schwefelwasserstoff, da sie durch das Kohlendioxyd der Luft zersetzt werden; sie sind stark hygroskopisch. Um ein haltbares und versandfähiges Produkt zu erhalten, soll man nach V. LUNDA (*D. R. P.* 234 391 [1909]) beim Eindampfen im Vakuum gegen Schluß gelöschten Kalk zusetzen, die feste Substanz brikettieren und schließlich mit Harz oder Paraffin überziehen. Beim Stehen der gelben Polysulfidlösungen an der Luft scheidet sich Schwefel aus: $Na_2S_5 + 3 O = Na_2S_2O_3 + 3 S$. Durch Zusätze von Mannit oder Glycerin bzw. auch Glykol oder ähnlich konstituierten Stoffen soll die Haltbarkeit von Polysulfidlösungen erhöht werden (E. GLÜCKSMANN, *D. R. P.* 419 910 [1924]). Natriumpolysulfide, insbesondere das Tetra- und Pentasulfid, finden hauptsächlich Verwendung zur Herstellung von Schwefelfarbstoffen, ferner als Reduktionsmittel für Polynitroverbindungen (s. Bd. I, 470). *W. Siegel (C. Reimer †).*

Natriumsalicylat s. Bd. II, 243.

Natriumselenit s. Selenverbindungen.

Natriumsilicat s. Siliciumverbindungen.

Natriumsilicofluorid s. Bd. V, 412.

Natriumstannat s. Zinnverbindungen.

Natriumsulfat, Sulfat, Na_2SO_4. Glaubersalz, $Na_2SO_4 \cdot 10 H_2O$. Über die Eigenschaften, Vorkommen, Verwendungen dieses Salzes sowie über seine Herstellung aus den Rückständen der Chlorkaliumfabrikation wurde schon in Bd. VI, 351 u. ff. berichtet.

Gegenwärtig wird Natriumsulfat, wenigstens im Ausland, hauptsächlich aus Steinsalz durch Erhitzen mit Schwefelsäure oder Natriumbisulfat oder durch Einwirkung von Schwefeldioxyd und Sauerstoff (Luft) gewonnen. Über diese Prozesse s. Salzsäure. In Deutschland nimmt die Produktion von Sulfat aus Steinsalz und Schwefelsäure mengenmäßig zugunsten des aus den Rückständen der Kaliindustrie gewonnenen immer mehr ab. Außer den obenerwähnten Verfahren sind noch folgende Methoden der Sulfatgewinnung zu erwähnen.

1. Aus Natriumbisulfat ohne Umsetzung mit $NaCl$. Bei der Salpetersäureherstellung aus Schwefelsäure und Salpeter fällt Natriumbisulfat in großen Mengen an, das außer durch Umsetzung mit $NaCl$ auch nach anderen Verfahren auf neutrales Sulfat verarbeitet werden kann. Die Spaltung des Bisulfats unter Gewinnung von neutralem Sulfat und Schwefelsäure durch Erhitzen bei Gegenwart von Wasser oder Wasserdampf betreffen die *D. R. P.* 226 110 und 297 931, während nach den *D. R. P.* 204 353 und 204 703 indifferente Zuschläge, wie Kieselsäure, Na_2SO_4, $CaSO_4$ u. s. w., gemacht werden, um ein Schmelzen der Masse zu vermeiden. Durch Glühen von Bisulfat in einem Muffelofen unter Zusatz von Kohle oder Kokspulver entstehen Sulfat und schweflige Säure (*D. R. P.* 63189). Beim Vermischen heißer Bisulfatschmelze mit Sägemehl und Weißbrennen der erhaltenen Masse, ohne sie zu schmelzen, wird ein neutrales Sulfat normaler Zusammensetzung erhalten (*D. R. P.* 263 120).

Auch auf nassem Wege läßt sich eine Trennung von Natriumsulfat und Schwefelsäure erzielen. So wird nach dem *F. P.* 215 954 eine Lösung des Bisulfats von 35—40 *Bé* auf 10° abgekühlt. Eine bessere Ausbeute soll nach dem *E. P.* 127 677 [1917] durch Zufügen genügender Mengen Wasser und Abkühlung auf —10° bis —20° erzielt werden. E. HART (*Journ. Engin. Chem.* **10**, 228 [1918]) empfiehlt, eine Bisulfatlösung vom *spez. Gew.* 1,35 in gut isolierten Gefäßen mit kalter Luft zu durchblasen. Die abgeschiedenen kleinen Krystalle schließen nur wenig Mutterlauge ein, werden zentrifugiert und mit Glaubersalzlösung gewaschen; man erhält so leicht ein Produkt mit weniger als $^1/_4\%$ freier Säure. Die verbleibende freie Schwefelsäure enthält nur wenig Bisulfat und kann, nachdem sie konzentriert worden ist, wieder zur Zersetzung von Natronsalpeter benutzt werden. Auch die Absättigung des Natriumbisulfats mit Basen, Carbonaten, ev. unter Zwischenbildung von Doppelsalzen gedacht und Verarbeiten dieser auf Natriumsulfat, ist vorgeschlagen worden. So wird nach dem *F. P.* 616 644 eine Bisulfatlösung mit den Mineralien des Magnesiums, z. B. Dolomit, behandelt. Die von dem ausgefällten Gips getrennte Lösung von Natriummagnesiumsulfat wird mit Soda bei nicht ganz 100° versetzt, von dem gefällten $MgCO_3$ getrennt und die Na_2SO_4-Lösung verdampft. Auf der Absättigung des Natriumbisulfats mit Ammoniak beruht das *D. R. P.* 393 548 von BAMBACH, bei dem 90—95% des vorhandenen Natriumsulfats in wasser- und eisenfreier Form, ferner alles Ammoniumsulfat in technischer Reinheit erhalten wird (*Chem.-Ztg.* **1926**, 485). Alle diese Verfahren zur Verwertung des als Nebenprodukt anfallenden Bisulfates haben für Deutschland viel an Interesse verloren, nachdem dieses Produkt durch das Aufkommen der synthetischen Salpetersäure und der Ammoniakverbrennung auf dem deutschem Markt vollständig verschwunden ist.

2. Aus Kochsalz und Sulfaten, wie $FeSO_4$, $MgSO_4$, $Al_2(SO_4)_3$. Ferrosulfat und Kochsalz werden im Luftstrom auf dunkle Rotglut erhitzt; Chlor entweicht, und das gebildete Na_2SO_4 wird durch Auslaugen von Fe_2O_3 getrennt:

$$2\,FeSO_4 + 4\,NaCl + 3\,O = 2\,Na_2SO_4 + Fe_2O_3 + 2\,Cl_2.$$

Nach *D. R. P.* 432 201 wird das auf diese Weise erhaltene Reaktionsprodukt bei relativ tiefer Temperatur (z. B. 0°) ausgelaugt, wobei das unzersetzte $NaCl$ neben sehr wenig Na_2SO_4 in Lösung geht, während aus dem verbleibenden Rückstand das Na_2SO_4 leicht gewonnen werden kann. Aus einer heißen Lösung des Doppelsalzes Eisensulfat-Natriumsulfat fällt durch Zugabe von $NaCl$ Na_2SO_4 aus (*D. R. P.* 430 092).

Die Umsetzung von Magnesiumsulfat mit Natriumchlorid auf trockenem Wege ist schon seit 1795 bekannt. Nach RAMON DE LUNA wird ein inniges Gemenge von 2 Tl. Bittersalz und 1 Tl. Kochsalz bei Gegenwart von Wasserdampf auf Dunkelrotglut erhitzt, wobei Salzsäure entweicht. Der Rückstand besteht im wesentlichen aus Magnesia und Natriumsulfat. Gemäß den *D. R. P.* 289 746, 299 775, 302 496 wird durch eine Schmelze von $NaCl$ und $MgSO_4$ Wasserdampf hindurchgeblasen. Über die Umsetzung von $NaCl$ mit $MgSO_4$ auf nassem Wege s. Bd. **VI**, 351.

Ein Gemisch von Aluminiumsulfat und Steinsalz wird beim Erhitzen und Überleiten von Wasserdampf unter Bildung von HCl, Na_2SO_4 und Tonerde zersetzt (LUNGE, Sodaindustrie **2**, 227).

3. Aus den Ablaugen der chlorierenden Röstung. Die in Muffelöfen oder mechanischen Öfen unter Zugabe von Steinsalz oder anderen Alkalichloriden durchgeführte, sog. chlorierende Röstung von Schwefelerzen oder Rückständen bezweckt die Löslichmachung von Kupfer oder anderen Metallen. Durch die bei beginnender Rotglut erfolgte Umsetzung werden die Sulfide zu Sulfaten oxydiert; diese geben mit $NaCl$ und dem entstehenden Chlor ($2\,NaCl + SO_2 + O_2 = Na_2SO_4 + Cl_2$) Metallchlorid bzw. -chlorür. Die entweichenden Gase SO_2, SO_3, HCl und Cl_2 geben in wasserberieselten Kondensationstürmen Sauerwässer, die im Kreisprozeß zur Auslaugung Verwendung finden. Nach Entkupferung der Extraktionslaugen mittels Zinks oder Eisens wird das Natriumsulfat, gegebenenfalls nach Konzentration der Laugen, durch Verdampfen oder Ausfrieren gewonnen (s. Kupfer, Bd. **VII**, 185). Grundlegend für dieses Verfahren waren die englischen Patente vom 20. Oktober 1842 und 1. Januar 1844 von LONGMAID, bei welchen jedoch die Gewinnung von Natriumsulfat Hauptgegenstand des Prozesses war. Das LONGMAIDsche Verfahren wurde nach einigen Jahren wieder aufgegeben, gab aber den Anstoß zur Sulfatgewinnung aus Schwefeldioxyd und Kochsalz nach dem Verfahren von HARGREAVES und ROBINSON. Aus den Ablaugen der chlorierenden Röstung von kupferhaltigen Pyritrückständen wird bereits Natriumsulfat auf der Duisburger Kupferhütte hergestellt; ferner könnte

es auch erhalten werden aus den Laugen der Lithopone- und Zinksulfatfabrikation (Br. Waeser, Schwefelsäure, Sulfat, Salzsäure. Dresden und Leipzig, 1927 sowie *Ztschr. angew. Chem.* **1925**, 561).

4. Umsetzung von Natriumchlorid mit Sulfaten in der Hitze unter Bildung flüchtiger Chloride. Natriumsulfat wird aus Ammoniumsulfat und Kochsalz bei der trockenen Destillation erhalten (Dominik, Przemysl Chemiczny 5 257 [1921]). Die Umsetzung kann auch bei Gegenwart eines oxydierenden Gases oder Oxydationsmittels, wie Na_2O_2, $NaNO_3$ u. s. w., vorgenommen werden (*D. R. P.* 417 409; s. auch Bd. I, 433). Beim Erhitzen eines Gemisches von Bleisulfat und *NaCl* sublimiert Bleichlorid über, während aus dem Rückstand durch Auslaugen Natriumsulfat gewonnen wird (*Dinglers polytechn. Journ.* 158, 298).

5. Als Nebenprodukt entsteht Natriumsulfat bei vielen chemischen Prozessen, so z. B. bei der Gewinnung von Salmiak durch Umsetzung von Ammoniumsulfat mit Kochsalz auf nassem Wege (Bd. I, 433). Das so gewonnene unreine Natriumsulfat wurde in großen Mengen nach dem Kriege für die Holzzellstoffabrikation benutzt. Glaubersalz wird ferner erhalten beim Neutralisieren von überschüssige Schwefelsäure enthaltenden organischen Sulfosäuren mit Soda u. s. w. Jedoch treten diese Darstellungsverfahren an praktischer Bedeutung vollständig zurück; eine technische Gewinnung des Sulfats findet wegen seines niedrigen Preises nur dann statt, wenn sie ohne große Verdampfkosten erfolgen kann.

6. Natriumsulfat aus natürlichen Lagerstätten. Natriumsulfat findet sich auch als natürliches Vorkommen in großen Mengen, u. zw. als Glaubersalz im Karabugassee am Kaspischen Meer, in welchem es sich in mächtigen Schichten ausgeschieden hat. Das Salz hat nur geringe Mengen fremde Bestandteile und enthält nur Spuren von *Fe, Al* und *Ca*. Man ist in Rußland bemüht, dieses Vorkommen in großzügiger Weise auf ein sehr reines und billiges Sulfat zu verarbeiten. Auch in der canadischen Provinz Saskatchewan sind große Lager von Glaubersalz (angeblich an die 100 Millionen *t*) gefunden worden, welche nach dem Sprühverfahren auf wasserfreies Salz verarbeitet werden sollen (*Chem. Trade Journ. and Chem. Eng.* **1926**, 719). Die Gewinnung von wasserfreiem Natriumsulfat aus dem Boraxsee in Californien nach Ausscheidung von $NaHCO_3$, $Na_2B_4O_7$ durch Einengen der Laugen bei 33° betreffen die *A. P.* 1 088 216, 1 088 333, 1 496 152, 1 496 257. Der in Spanien in großen Lagern natürlich vorkommende Thenardit und Glauberit wird nach *D. R. P.* 442 646 verarbeitet, indem man das Natriumsulfat von dem beigemengten Steinsalz durch wiederholtes Auslaugen mit Wasser nach dem Gegenstromprinzip oder durch eine Behandlung mit einer Gipsaufschlämmung trennt, wobei in der Hauptsache nur *NaCl* gelöst wird. Das Na_2SO_4 wird in üblicher Weise aus dem Rückstand gewonnen.

Über die Entwässerung durch Trocknung des Glaubersalzes s. Bd. VI, 353.

Wirtschaftliches. Über die Produktion in Deutschland sind keine Angaben erhältlich. Nach *Chemische Ind.* **1930**, 1179 sind in den Vereinigten Staaten von Nordamerika im Jahre 1927 208 565 short *t* Natriumsulfat bei der Herstellung von Salzsäure gewonnen worden, während die Gewinnung des natürlich vorkommenden Natriumsulfates z. Z. nur einen geringen Prozentsatz des Bedarfes deckt.

H. Friedrich.

Natriumsulfhydrat, *NaSH*, wird in der Regel hergestellt durch Einleiten von H_2S in Natronlauge oder Natriumsulfidlösung. Die so erhaltenen Lösungen, die etwa 30—31° *Bé* spindeln und rund 30 % *NaHS* enthalten, stellen eine viscose, rotbraune Flüssigkeit, ohne besonderen Geruch, dar. Diese wird in eisernen Fässern oder Kesselwagen transportiert. Das feste Salz hat kaum technische Bedeutung, da es an der Luft leicht zerfließt und H_2S abgibt.

Nach einem Verfahren des Vereins Chemischer Fabriken in Mannheim (*D. R. P.* 194 882 [1907]) soll man ein wasserfreies, pulveriges Produkt herstellen, indem man bei etwa 300° sauerstofffreien Schwefelwasserstoff über festes Schwefelnatrium leitet, dem ev. zur Bindung von im H_2S enthaltenen CO_2 geringe Mengen Kalkmehl zugesetzt sind. Verunreinigungen, wie feinverteilte Kohle, werden beim Lösen vor der Verwendung entfernt.

Aus billigeren Natriumsalzen und Schwefelwasserstoff erhält man die Verbindung, wenn man eine Lösung von Natriumsulfat in Gegenwart von Kalkhydrat nach der Gleichung

$$Na_2SO_4 + 2 H_2S + Ca(OH)_2 = 2 NaSH + CaSO_4 + 2 H_2O$$

mit Schwefelwasserstoff behandelt (J. Ephraim, *D. R. P.* 380 893 [1921]; vgl. auch Tubize Artificial Silk Company of America, *F. P.* 587 402 [1924]). In analoger Weise verarbeitet man nach dem Verfahren der Tubize Artificial Silk Company of America (*F. P.* 609 145 [1926]) eine Suspension von $Ca(OH)_2$ in Sodalösung. Die Nutzbarmachung der Sodarückstände bezweckt das Verfahren von *Griesheim* (*D. R. P.* 88227 [1896]) nach der Gleichung $CaS + NaHSO_4 = NaSH + CaSO_4$, nach dem man eine *konz.* Lösung von *NaHSO4* in den mit Wasser angerührten Sodaschlamm fließen läßt.

Mehrere Verfahren erstreben die gleichzeitige Gewinnung von Bariumverbindungen neben Natriumsulfhydrat. Doch ist zu beachten, daß der Bedarf an *NaHS* keineswegs in Einklang steht mit dem großen Ausmaß, in dem z. B. Blanc fixe und Chlorbarium hergestellt werden. Das Verfahren von A. JAHL (*E. P.* 223 800 [1924]) ist ausführlich beschrieben Bd. II, 108. Nach *D. R. P.* 422728 [1924] (*Verein*) wird angeteigtes Rohschwefelbarium unter Kühlung mit Salzsäure versetzt und zu der Lösung, die nun zu etwa äquivalenten Teilen aus $BaCl_2$ und $Ba(SH)_2$ besteht, Kochsalz zugegeben, so daß alles Barium in $BaCl_2$ überführt und ausgesalzt, andererseits der gesamte Schwefel des Ausgangsmaterials als technisch verwertbare Lösung von Natriumhydrosulfid erhalten wird. Im besonderen die Umsetzung von $Ba(SH)_2$ mit Kochsalz betreffen die *D. R. P.* 435 527, 449 283, 454 693 von B. REINHARDT und das *D. R. P.* 154 498 von G. SCHREIBER. Das Verfahren der RHENANIA, VEREIN CHEMISCHER FABRIKEN A.-G. (*D. R. P.* 417 441 [1923]) besteht darin, daß Rohschwefelbarium in Kochsalzlösung suspendiert und bei 70–80⁰ Schwefelwasserstoff eingeleitet wird. Nach Abtrennung vom Unlöslichen läßt man abkühlen und trennt das auskrystallisierende Chlorbarium von der Natriumhydrosulfidlauge. Nach dem Verfahren der GRASELLI CHEMICAL CO., übertragen von E. B. ALVORD (*A. P.* 1 650 106 [1927]), fällt man aus einer Schwefelbariumlösung etwa die Hälfte als Bariumcarbonat durch Einleiten von Kohlensäure aus und setzt die abgetrennte $Ba(SH)_2$-Lösung mit Natriumsulfat zu Blanc fixe und Natriumsulfhydrat um. Durch einen in mehrere Operationen zerlegten Kreisprozeß kann man, ausgehend von Natriumbisulfat (Salpeterkuchen) und Schwefelbarium, nach den Gleichungen 1. $BaS + Na_2SO_4 = BaSO_4 + Na_2S$; 2. $Na_2S + 2 NaHSO_4 = = H_2S + 2 Na_2SO_4$; 3. $H_2S + Na_2S = 2 NaHS$ $BaSO_4$ und $NaSH$ herstellen (J. B. PIERCE jr., *A. P.* 1 457934 [1921]).

Natriumsulfat bzw. -bisulfat wird mit Schwerölen und etwas Schwefel gemischt, ev. in Gegenwart von katalytisch wirkenden Schwermetallen oder ihren Sulfiden, 30–40' unter Ausschluß von Luft auf Rotglut erhitzt, wobei Natriumsulfhydrat gebildet wird (E. E. NAEF, *E. P.* 214 358 [1924]; TUBIZE ARTIFICIAL SILK COMPANY OF AMERICA, übertragen von NAEF, *A. P.* 1 636 106 [1924]).

Erwähnt sei schließlich noch die Herstellung von Lösungen von Natriumsulfhydrat (Hesthasulfid) aus den Abgasen der Schwefelkohlenstoff-Öfen (*D. R. P.* 436 149 [1926]) durch Einleiten in ein Gemisch von Na_2S und CaO.

Natriumsulfhydrat findet Verwendung als Enthaarungsmittel in der Gerberei (Hesthasulfid, CHEM. FABR. BILLWÄRDER, s. auch Bd. V, 623), in der Hauptsache jedoch in der Kunstseidenindustrie zum Denitrieren der Nitrocellulose (Bd. VII, 51). Für letztere Verwendung soll das Produkt nur Spuren von Na_2S, $Na_2S_2O_3$ und $NaHSO_3$ enthalten. Dagegen ist ein geringer Gehalt an Polysulfiden sogar erwünscht.

Literatur: HAZARD (*Rev. Chim Ind.* 34, 114, 149 [1925]). Für die ziemlich umständlichen analytischen Bestimmungsmethoden vgl. WÖBER, *Chem - Ztg.* 44, 601 [1920]; BERNHARD, *Ztschr. angew. Chem.* 38, 289 [1925]. – *Lunge-Berl* 1, 924.   *W. Siegel.*

Natriumsulfid, Schwefelnatrium, Na_2S. Bei gewöhnlicher Temperatur krystallisiert aus wässeriger Lösung unter starker Temperaturerniedrigung $Na_2S \cdot 9 H_2O$ in farblosen, quadratischen Oktaedern oder zugespitzten Säulen, die sich leicht in Wasser und Alkohol lösen. Das technische Produkt ist in der Regel gelb bis braun gefärbt. Bei 200–300⁰ kann es ganz entwässert werden, in der Technik begnügt man sich jedoch mit einem Gehalt von 60–62% Na_2S. Es sind enthalten g Na_2S in 100g gesättigter Lösung:

Temperatur	– 10⁰	+ 10⁰	22⁰	32⁰	45⁰
Löslichkeit	9,3	13,4	16,2	19,1	24,2

Die Lösung des Sulfids in Wasser ist fast vollständig hydrolytisch gespalten in *NaOH* und *NaHS* und reagiert stark alkalisch. An der Luft oxydiert sich die Lösung leicht zu Natriumthiosulfat, vermutlich nach der Gleichung:

$$2 Na_2S + 2 O_2 + H_2O = Na_2S_2O_3 + 2 NaOH.$$

Die Lösungen nehmen Schwefel bis zur Bildung von Tetrasulfid, Na_2S_4, auf.

Darstellung. Die gebräuchlichste Methode ist die Reduktion von Natriumsulfat durch Kohle.

Neuere Literatur über die Theorie und Praxis der Herstellung von Schwefelnatrium: P. P. BUDNIKOW (*Ztschr. angew. Chem.* 39, 1398 [1926]; *Chem.-Ztg.* 51, 821, 842, 862 [1927]); P. P. BUDNIKOW, A. N. SYSOJEW (*Ztschr. anorgan. Chem.* 170, 225 [1928]); W. KOLB (Metallbörse 18, 173, 230, 398 [1928]); R. HAZARD (*Rev. Chim. ind.* 34, 14, 46 [1925]`; W. MINAJEW (*Chem. Ztrlbl.* 1925, II, 491).

Unter den verschiedenen theoretisch möglichen Reduktionsgleichungen gilt nach neueren Untersuchungen $Na_2SO_4 + 2 C = Na_2S + 2 CO_2 – 48,5$ *Cal.* als die wahrscheinlichste. Doch wird diese Hauptreaktion, die sehr schnell verläuft, durch eine Reihe von Nebenreaktionen, welche die Ausbeute beeinträchtigen, gestört, und es muß daher der Prozeß rechtzeitig unterbrochen werden. In der Praxis wird ein Vielfaches der nach der Gleichung erforderlichen Menge Kohle angewendet. Die Angaben über das günstigste Verhältnis Sulfat zur Kohle schwanken zwischen 2:1 bis 4:1. Die Beschaffenheit der Kohle spielt bei der Wahl des Mischungsverhältnisses eine Rolle und ist auch von Einfluß auf die erforderliche Temperatur. In der Praxis kommen Temperaturen zwischen 700⁰ und 1100⁰ in Frage.

Der VEREIN CHEMISCHER FABRIKEN MANNHEIM (D. R. P. 231 991) gewinnt ein unschmelzbares Reduktionsprodukt, indem Sulfat und Kohle im Verhältnis 3:2 so fein miteinander verrieben werden, daß die Mischung durch ein Sieb mit 670 Maschen pro cm^2 hindurchgeht; das Gemenge wird in einem Muffelofen auf 700—800⁰ erhitzt, bis eine Probe beim Erhitzen unter Luftabschluß auf 800—1000⁰ nicht mehr zusammensintert.

Die fabrikmäßige Reduktion des Sulfats stieß anfangs auf Schwierigkeiten, weil das geschmolzene Schwefelnatrium bei höheren Temperaturen zerstörend auf die Schamottesteine des Ofenfutters einwirkt.

Man hatte deshalb schon die Ofensohle aus Marmorblöcken (CL. WINKLER, Chem. Ind. 3, 129 [1880]) oder Ziegeln aus Kokspulver (WELDON, E P. 3379—3390 [1876]) hergestellt. ELLERS-HAUSEN (E. P. 17815 [1890]) fand, daß man ohne besonders starke Abnutzung das gewöhnliche Ofenfutter benutzen kann, wenn man eine Überhitzung des Schwefelnatriums und den Zutritt von Luft zu der Schmelze, welcher zur Bildung von Polysulfiden führt, sorgfältig vermeidet. Er macht die Feuerbrücke recht hoch (etwa 0,6 m über der Herdsohle) und kühlt sie durch einen darin angebrachten Luftkanal. Die Herdsohle steigt gegen die Feuerbrücke an, damit sich an dieser kein

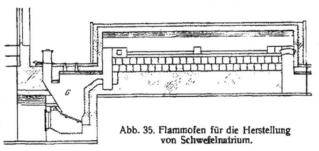

Abb. 35. Flammofen für die Herstellung von Schwefelnatrium.

Schwefelnatrium ansammeln kann. Die Mischung von 2 Tl. Sulfat und 1 Tl. Koksklein oder Magerschrot wird auf dem hinteren Herd vorgewärmt und dann nach vorn gezogen, wo sie zuerst dünnflüssig, später wieder dickflüssig wird. Darauf wird sie nach Schließung des Ofenschiebers in eiserne Kästen abgezogen. Das Rohsulfid enthält etwa 10% Carbonat, 1,5% Thiosulfat, 25% Unlösliches.

Recht gut bewährt zur Gewinnung der Schwefelnatrium-Rohschmelze hat sich auch ein Flammofen, der mit Generatorgas von G aus (Abb. 35) geheizt wird. Auf den Bau des Ofens muß ganz besondere Sorgfalt verwendet werden, da die Schwefelnatriumschmelze das gewöhnliche Ofenfutter sehr angreift. Zweckmäßig wird die Ofensohle aus sehr harten alkalibeständigen Schamotteblöcken hergestellt, auf welchen zum Schutz noch 2 Rollschichten von gewöhnlichem Steinformat gleicher Qualität knirsch aufgemauert werden. Die Ofensohle ist hier in 2 gleich große Herde geteilt, welche, wie in der Zeichnung ersichtlich, durch eine Wand getrennt sind, damit die Schmelzen nicht ineinanderlaufen können. Für jeden Herd ist 1 Arbeiter erforderlich. Die Temperatur im Ofen muß sehr hoch sein, sie steigert sich während des Prozesses bis zur Weißglut. Der Schmelzprozeß erfolgt rasch und glatt. Sobald die Schmelze weich zu werden beginnt, wird sie mit einer Kratze umgesetzt. Bei diesem Schmelzprozeß entstehen kleine blaue Stichflämmchen, wie bei der LEBLANC-Sodafabrikation. Diese sind ein Zeichen, daß die Operation richtig vor sich geht. Die Masse wird zuerst dünnflüssig und dann wieder dickflüssig, genau wie beim Sodaprozeß. Nach dem Erkalten wird sie in einem Steinbrecher auf die gewünschte Größe gebrochen und dann in die Auslaugebatterie gebracht.

Eine Reihe von Zusätzen ist vorgeschlagen worden, die durch Erniedrigung der Schmelztemperatur einen zu starken Angriff des Ofenmaterials verhindern sollen. Zum Teil wird der Zweck der Zusätze auch in einer Erhöhung der Ausbeute gesehen. Zusatz von NaCl (D. R. P. 47607 [1888]); verschiedene Zusätze, hauptsächlich K_2SO_4 (D. R. P. 427 929 [1924], FREEMAN, CANADA CARBIDE CO LTD); Zusatz von $NaHSO_4$, BUDNIKOW (Chem.-Ztg. 48, 278 [1924]) und BASSET (Chem. metallurg.

Engin. 19, 709 [1018]); Zusatz von Na_2CO_3, MOORE (*D. R. P.* 279010 [1913]). Unter den aus dem Ofenfutter in die Schmelze gelangenden Verunreinigungen wirken CaO und Fe_2O_3 ungünstig auf die Ausbeute.

Wichtig ist eine glatte Oberfläche und feine Struktur des Ofenmaterials. Eine Kaolinmasse von der Zusammensetzung 46% Al_2O_3 und 54% SiO_2 ist nach WATTS (Amer. ceram. Soc. 1923, 1150) am beständigsten gegen den basischen Angriff. Nach SKOLA (*Ztschr. angew. Chem.* 40, 406 [1927]) ist der Schutzanstrich „Resistin" des *Vereins* von guter Wirkung auf die Haltbarkeit der Schwefelnatriumöfen.

Zweckmäßig soll die Reduktion des Sulfats in Schachtöfen sein. Die SOCIETÁ INDUSTRIALE ELETTROCHIMICA und A. PICCININI benutzen einen mit Koksstücken gefüllten Schachtofen, der mittels 2 Kohlenelektroden erhitzt wird. Schüttet man oben Natriumsulfat auf, so schmilzt es unter Reduktion und sinkt schnell durch den Koks hindurch, so daß man unten 90%iges Sulfid abziehen kann. Nach *D. R. P.* 255029 (*Griesheim*) wird ein Schachtofen, der mit regulierbaren Öffnungen für Luftzutritt versehen ist, mit großen Stücken von Koks oder Kohle gefüllt und angefeuert, wobei die Luftzuführung so eingestellt wird, daß eine reduzierende Atmosphäre im Ofen herrscht. Dann wird oben ein Gemisch von Kohle und Sulfat eingeworfen. Das unten kontinuierlich oder periodisch auslaufende Produkt enthält etwa 85% Natriumsulfid neben Kohle, die auf unzersetztes Sulfat noch nachträglich reduzierend einwirken soll; es wird zweckmäßig in Wasser aufgefangen. Die metallene Wandung des Schachtofens ist von einem Kühlmantel umgeben, um sie gegen die Einwirkung des Natriumsulfids zu schützen; vgl. auch *D. R. P.* 273878 (*Griesheim*).

Die von BUDNIKOW (*Ztschr. angew. Chem.* 39, 1398 [1926]) angegebenen günstigsten Arbeitsbedingungen soll man nach F. MEYER (*Chem.-Ztg.* 52, 599 [1928]) durch Verwendung einer Reihe kurzer Herdöfen oder Drehöfen erreichen, die zur Ausnutzung der heißen Abgase so geschaltet sind, daß jeder als erster in den Weg der Heizgase treten kann, während die anderen mit den Abgasen vorgewärmt werden.

Die Verwendung elektrischer Öfen verschiedener Konstruktion wird vorgeschlagen von CAMBI (*Giorn. Chim. ind. appl.* 3, 244 [1921]), TORILLI (ebenda 3, 371), FREEMAN (*Chem. Trade Journ.* 77, 93 [1925]), HUTIN (Le cuir techn. 17, 306 [1925]) und in folgenden Patenten: *D. R. P.* 427929; *A. P.* 1609615; *Can. P.* 248569.

Große Ersparnisse sollen durch die Verwendung von Tellieröfen mit drehbaren Herden bei mechanischer Beschickung und Entleerung erzielt werden, *D. R. P.* 449584.

Unterteilung des Prozesses in zwei Operationen: 1. Schmelzen des Sulfats, 2. Reduktion unter Benutzung verschiedener Ofenkonstruktionen wird empfohlen, mit getrennten Öfen für 1 und 2, im *D. R. P.* 388545, 389238; in einem einzigen Ofen im *D. R. P.* 404410 und 418313. Vorschmelzen der Reduktionsmischung s. *A. P.* 1540711. Die Reduktion soll im Ofen nicht ganz zu Ende geführt werden, sondern in einem besonderen sich langsam abkühlenden Gefäß: *D. R. P.* 449284.

Die in verschiedenen Patenten empfohlene Anwendung von reduzierenden Gasen dürfte, mindestens ohne gleichzeitige Zugabe von Kohle, nicht zweckmäßig sein, da nach BUDNIKOW (*Ztschr. angew. Chem.* 39, 1398 [1926]) CO und H ohne Gegenwart von Kohle auf Na_2SO_4 nicht reduzierend einwirken unter Bedingungen, unter denen sonst Reduktion erfolgt. Die Verwendung gasreicher Kohle soll eine reduzierende Atmosphäre bewirken und günstig wirken: H. P. BASSET (*Chem. metallurg. Engin.* 19, 709 [1918]), L. P. BASSET (*Journ. Soc. chem. Ind.* 40, 548 [1921], *F. P.* 523965).

Natriumbisulfat, wie es in einer Anzahl von Patenten vorgeschlagen wird, an Stelle von Natriumsulfat mit Kohle zu reduzieren, ist nach BUDNIKOW (*Chem.-Ztg.* 48, 278 [1924]; 51, 821 [1927]) schwierig und unwirtschaftlich und dürfte heute, wo $NaHSO_4$ nicht mehr im Überschuß vorhanden ist, ohne Interesse sein. Das gleiche gilt für die Vorschläge, $Na_2S_2O_3$ zu reduzieren.

Auslaugung. Das Rohsulfid wird mit heißem Wasser rasch ausgelaugt, wozu ähnliche Vorrichtungen wie bei der Rohsoda (s. Bd. VIII, Abb. 5) dienen können.

In letzter Zeit verwendet man an Stelle der Auslaugekästen mit Vorteil einen automatischen Auslaugeapparat. In der Abb. 36 ist ein solcher von P. HADAMOVSKY, Berlin, dargestellt. Er besteht aus einer schmiedeeisernen oder gußeisernen Mulde *M*, welche der Länge nach in eine bestimmte Anzahl Kammern *K* unterteilt ist, deren jede mit einem patentierten Transportelement *T* ausgerüstet ist. Dieses Transportelement besteht aus einer rotierenden Scheibe mit einem angegossenen Hohlkörper, der als Tasche wirkt und das Material von der Peripherie aus während der Umdrehung in die nächstfolgende Kammer durch schrägen Ablauf überführt.

Der Apparat arbeitet ohne jede manuelle Hilfe, vollkommen im Gegenstrom, u. zw. wird das Auslaugegut an der Antriebsseite und die Löselauge oder das Wasser an der Seite des Elevators eingeführt. Die Transportelemente transportieren in einer beliebigen Zeiteinheit das Auslaugegut von der ersten Kammer durch den Apparat hindurch bis zum Elevatorrumpf E. Die eintretende Löselauge oder das Wasser nimmt in der Mulde eine bestimmte Höhe ein und läuft dem Auslaugegut entgegen, so daß dieses gezwungen ist, seine löslichen Bestandteile an die Lauge abzugeben, welche sich hierdurch von Kammer zu Kammer bis zur vollständigen gewünschten Konzentration anreichert. Eine Oxydation des Laugegutes ist bei diesem Apparat vollständig ausgeschlossen, weil die Auslösung sich vollkommen unter dem Laugespiegel vollzieht und weil das Schwefelnatrium somit bei dem Löseprozeß nicht mit der Luft in Berührung kommt. Die Rückstände werden selbsttätig aus der Auslaugemaschine mittels des Elevators E entfernt, so daß die zeitraubende Reinigung, welche bei den stehenden Auslaugekästen erforderlich ist, in Fortfall kommt.

Die etwa $33^0 Bé$ zeigende Lauge, die etwa $900\,g$ Sulfid in $1\,l$ enthält, wird in Krystallisierkästen abgelassen und gibt schöne Krystalle von $Na_2S \cdot 9\,H_2O$, welche ausgeschleudert und in Fässer verpackt werden. Diese Ware kommt als 30%iges Schwefelnatrium in den Handel.

Ein Teil der Krystalle wird durch Schmelzen teilweise entwässert und dann mit einem Mindestgehalt von 60% Na_2S verkauft. Die Mutterlaugen werden wiederholt zur Auslaugung neuer Schmelzen benutzt und schließlich, nachdem sich die fremden Salze in ihnen angereichert haben, auf Natriumthiosulfat verarbeitet.

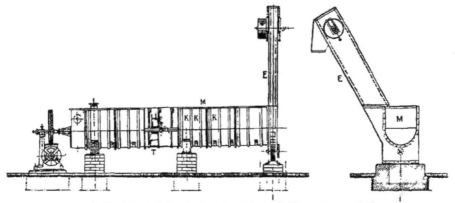

Abb. 36. Automatischer Auslaugeapparat von P. HADAMOVSKY, Berlin.

Schwefelnatrium von $80-85\%$ wird nach *D. R. P.* 407073 („HERMANIA" A.-G.) durch Eindicken in einer Vakuumtrommel erzielt. Das voluminöse Produkt muß zur Vermeidung der Oxydation und Selbstentzündung brikettiert werden. Das Schmelzgut soll nach *D. R. P.* 229273 (*Bayer*) bis zur Abkühlung durch Rühren unter Ausschluß der Luft zerkleinert und dadurch widerstandsfähiger gegen Luft und Feuchtigkeit werden.

Eine besondere Formgebung (Gries-, Plättchen-, Kugelform) im Interesse leichterer Handhabung und Dosierung bezwecken *D. R. P.* 424193 (CHEMISCHE FABRIK KUNHEIM & CO., A.-G.) und die Zusatzpatente *D. R. P.* 476218 und 479766 (KALI-CHEMIE AKT.-GES.) durch Auftropfenlassen der geschmolzenen Substanz auf gekühlte metallene Flächen, die mit Öl überzogen sind und Vertiefungen enthalten können. Nach *D. R. P.* 426052 (B. ROOS & Co., Berlin) preßt man die Schmelze durch ein Rohr mit vielen Ausflußöffnungen in Trichloräthylen und reguliert die Korngröße durch Druck, Fallhöhe und Größe der Öffnungen. Derartige Produkte sind auch im Handel.

Salze, die sich in geringem Maße auch im fertigen Produkt finden, sind in der Hauptsache $Na_2S_2O_3$, Na_2SO_3 und $NaOH$, seltener Na_2SO_4, $NaCl$, $Na_2S_2O_4$, Na_2CO_3. Eine besondere Rolle spielen Eisensulfide insofern, als durch ihre Gegenwart das Produkt verfärbt wird. Nach AKTIENGESELLSCHAFT DER CHEMISCHEN PRODUKTENFABRIK, Pommerensdorf (*D. R. P.* 414524) soll man wasserhelle Krystalle erhalten, indem man die Eisensulfide durch koagulierend wirkende Zusätze von Metallverbindungen, wie z. B. Bleisuperoxyd, entfernt und ev. durch Zusatz von Zn, Al, Mg bzw. deren Verbindungen dafür sorgt, daß auch nachträglich keine Verfärbungen entstehen. Nach CHEMISCHE FABRIK GRÜNAU, LANDSHOFF & MEYER A.-G. (*D. R. P.* 414970) erfolgt die Enteisenung dadurch, daß die Lösung mit geringen Mengen Zink- oder Aluminiumpulver erhitzt wird. Nach B. LAPORTI LTD., übertr. von M. SCHLANGH GES. (*E. P.* 284958), werden die Lösungen von ihrem Eisengehalt dadurch befreit, daß man sie mit $0,2-1\%$ $NaCl$ versetzt und auf $85-90^0$ erhitzt. Nach dem Absitzenlassen und Filtrieren erhält man farblose Krystalle. Im *D. R. P.* 499417 der *I. G.* wird die Entfärbung des Na_2S durch Überführung in komplexe ungefärbte Eisenverbindungen erzielt. Auch gereinigtes farbloses Schwefelnatrium ist im Handel.

Andere Verfahren. Die früher ausgeübten Verfahren, aus den Sodarückständen des LEBLANC-Prozesses durch Umsetzen des in ihnen enthaltenen CaS mit Lösungen von Na_2SO_4 (*D. R. P.* 20947) oder Na_2CO_3 (*D. R. P.* 20948) Na_2S zu gewinnen, kommen heute, da kaum noch nach LEBLANC fabriziert wird, nicht mehr in Frage.

Das *D. R. P.* 405 311 (SOCIÉTÉ NATIONALE D'INDUSTRIE CHIMIQUE EN BELGIQUE) betrifft die Umsetzung von $NaNO_3$ mit BaS auf nassem Wege und die Umsetzung von Na_2SiO_3 mit BaS bzw. CaS auf trockenem Wege. Nach J. EPHRAIM (*D. R. P.* 380 893) erhält man Na_2S aus Na_2CO_3 bzw. Na_2SO_4, indem man deren Lösungen in Gegenwart von $Ca(OH)_2$ mit H_2S behandelt. Also z. B. $Na_2CO_3 + H_2S + Ca(OH)_2 = Na_2S + 2 H_2O + CaCO_3$. Vgl. auch *D. R. P.* 416 286 (J. EPHRAIM).

Als Nebenprodukt entsteht Schwefelnatrium bei einer Anzahl technischer Prozesse, ohne daß die Produktion daraus in nennenswerter Weise ins Gewicht fallen dürfte:

Beim reduzierenden Schmelzen von Mineralien mit Ferrosilicium und Pyrit, *D. R. P.* 324 263. Bei der Herstellung von Cr_2O_3 durch Schmelzen von Na_2CrO_4 mit S und C, *D. R. P.* 381 349. Bei der Gewinnung von Metallen aus S-haltigen Mineralien oder intermediär hergestellten Sulfiden, *D. R. P.* 245 149; *E. P.* 168 097, 169 247, 169 764, 173 337, 214 758. Bei der Herstellung aktiver Kohle unter Verwendung von $NaHSO_4$, *D. R. P.* 438 670. Bei der Gewinnung von Al_2O_3 aus Bauxit nach *D. R. P.* 185 030; von SCl_2 nach *D. R. P.* 49 628; von Oxalaten nach *D. R. P.* 230 722; Reduktionsverfahren unter Verwendung S-haltiger Rückstände und Abfälle (Abfallsäuren), *D. R. P.* 286 947, 431 866; *A. P.* 1 374 209.

Die nach *D. R. P.* 258 249 beim Durchleiten von Leuchtgas durch Lösungen von Na_2CO_3 oder $NaHCO_3$ entstehenden Lösungen von Na_2S müssen nach *D. R. P.* 349 793 in einer H_2S-Atmosphäre eingedampft werden, um Zersetzung zu vermeiden. Entfernung von Na_2SO_4 und Na_2CO_3 aus solchen Lösungen behandeln *A. P.* 1 497 563 und *A. P.* 1 503 013.

Verwendung. Schwefelnatrium dient zur Darstellung der Schwefelfarbstoffe und als Reduktionsmittel für Nitroverbindungen (s. Reduktion), in der Gerberei als Enthaarungsmittel, Bd. V, 627, zum Waschen der Schafe, besonders in Argentinien (*Chem.-Ztg.* **1913**, 618).

Untersuchung. Zur Bestimmung von Na_2S säuert man die Lösung mit Essigsäure schwach an und titriert mit $n/_{10}$-Jodlösung. Da das Handelsprodukt fast stets Thiosulfat enthält, fällt man nach TSCHILIKIN (*Ztschr. analyt. Chem.* 48, 456 [1909]) in einer zweiten Probe das Sulfid mit Cadmiumcarbonat und titriert das Filtrat wiederum mit Jod. Die Differenz beider Bestimmungen ergibt den Sulfidgehalt. Um Verluste von H_2S, die beim Ansäuern entstehen können, zu vermeiden, muß man stark verdünnen (BUDNIKOW, *Ztschr. analyt. Chem.* 67, 241 [1925/1926]), oder man läßt nach TREADWELL die Na_2S-Lösung in die angesäuerte Jodlösung einfließen und titriert den Jodüberschuß mit Thiosulfat zurück. Diese Arbeitsweise ist nach NORDDEUTSCHE CHEMISCHE FABRIK, Harburg (*Chem.-Ztg.* 47, 752 [1923]) am zuverlässigsten. Eine betriebsanalytische Schnellmethode zur Bestimmung von $Na_2S_2O_3$, Na_2SO_3, Na_2SO_4, $NaOH$, $NaCl$, Na_2CO_3 beschreibt E. BENESCH (*Chem.-Ztg.* 48, 573 [1923]). *W. Siegel.*

Natriumsulfite s. Schwefeldioxyd.

Natriumsuperoxyd, Natriumperoxyd, Na_2O_2, zuerst von GAY-LUSSAC und THÉNARD (Recherches physico-chimiques, Paris 1811) beobachtet, von W. V. HARCOURT (Ch. Soc. Quart. J. 15, 267, 281 [1862]) rein erhalten, ist das Dinatriumsalz des Wasserstoffsuperoxyds. Es bildet eine weiße, in technischer Qualität schwach gelbliche Masse (DE FORCRAND, *Compt. rend. Acad. Sciences* 132, 131; G. F. JAUBERT, *Compt. rend. Acad. Sciences* 132, 35 [1901]), die bei einer über dem *Schmelzp.* des $NaOH$ liegenden Temperatur unzersetzt schmilzt. Bei Rotglut zersetzt es sich unter Abspaltung von Sauerstoff. Es zieht an der Luft begierig Wasser und Kohlendioxyd an; das technische Produkt enthält deshalb stets etwas Natriumhydroxyd und -carbonat. Es ist weder durch Schlag und Stoß, noch durch Feuer zur Explosion zu bringen (A. DUPRÉ, *Journ. Soc. chem. Ind.* 13, 198 [1894]).

Bei Gegenwart oxydierbarer Substanzen (Heu, Stroh, Baumwolle, Sägespäne, Holzkohle, Koks u. s. w.) tritt Erglühen, häufig auch Explosion ein, zumal bei Anwesenheit von Feuchtigkeit, desgleichen mit Aluminiumpulver (A. ROSSEL und L. FRANK, *B.* 27, 55 [1894]; FRANK, *Chem.-Ztg.* 23, 236 [1898]). Bei höherer Temperatur werden sämtliche Metalle angegriffen, wie Zn, Sn, Ni, Fe, Cu, und auch die Edelmetalle, z. B. Platin unter Bildung von Natriumplatinat. Bei der Reaktion mit Kohlenstoff wird Natriumsuperoxyd zu Metall reduziert: $3 Na_2O_2 + 2 C = 2 Na_2CO_3 + 2 Na$, desgleichen mit Calciumcarbid: $7 Na_2O_2 + 2 CaC_2 = 2 CaO + 2 Na_2CO_3 + 6 Na$; überschüssiges Calciumcarbid liefert gleichzeitig Kohlenstoff: $2 Na_2O_2 + CaC_2 = CaO + Na_2CO_3 + 2 Na + C$ (H. BAMBERGER, *B.* 31, 451 [1898]). Mit Schwefel reagiert Natriumsuperoxyd unter Feuererscheinung; mit Schwefeldampf in einer Stickstoffatmosphäre liefert es Schwefeldioxyd, Natriumsulfat und Polysulfid (W. V. HARCOURT, *Jahrber. Chem.* 1861, 169). Mit Kohlenoxyd entsteht Natriumcarbonat: $Na_2O_2 + CO = Na_2CO_3$, mit Kohlendioxyd Natriumcarbonat und Sauerstoff: $Na_2O_2 + CO_2 = Na_2CO_3 + O$ (W. V. HARCOURT, Ch. Soc. Quart. J. 14, 283 [1862]; C. ZENGHELIS und S. HORSCH, *Compt. rend. Acad. Sciences* 163, 388 [1916]), mit Stickoxyd bei über 150° Natriumnitrit: $Na_2O_2 + NO = Na_2O + 2 NaNO_2$, mit Stickoxydul dasselbe neben freiem Stickstoff: $Na_2O_2 + 2 N_2O = 2 NaNO_2 + 2 N$ (W. V. HARCOURT, Ch. Soc. Quart. J. 15, 276). Mit Ammoniak bilden sich unter lebhafter, manchmal von Erglühen begleiteter Stickstoffentwicklung Natriumhydroxyd (91%), Natriumnitrit (6%) und Natriumnitrat (3%) (O. MICHEL und E. GRANDMOUGIN, *B.* 26, 2565 [1893]). Als energisches Oxydationsmittel reagiert Natriumsuperoxyd noch mit einer ganzen Reihe anderer Verbindungen.

Mit Wasser reagiert Natriumsuperoxyd unter heftigster Wärmeentwicklung. Wenn man diese durch energisches Kühlen unterdrückt, so erhält man Natronlauge und Wasserstoffsuperoxyd: $Na_2O_2 + 2H_2O = H_2O_2 + 2NaOH$, (SCHÖNBEIN, *Journ. prakt. Chem.* **77**, 265 [1859]). Arbeitet man bei der Zersetzung mit Wasser der Wärmeentwicklung nicht entgegen, so tritt durch Spaltung des Wasserstoffsuperoxyds Sauerstoff auf (E. SCHÖNE, *A.* **193**, 241 [1878]; M. BERTHELOT, *Ann. Chim.* [5] **21**, 146 [1880]), der auch Ozon enthält (O. KASSNER, *Arch. Pharmaz.* **232**, 226 [1844]). Der Zersetzung mit Wasser in Gegenwart von katalytisch wirkenden Substanzen bedient man sich bei der Verwendung von Natriumsuperoxyd als Sauerstoffquelle für besondere Zwecke. Auch bei der Zersetzung mit Kohlensäure (Atemschutzgeräte) ist die Gegenwart von Wasser erforderlich. Andererseits können haltbare Lösungen (Ersatz für Wasserstoffsuperoxyd) durch stabilisierende Zusätze erzielt werden. Über alles dies siehe unter Verwendung. Eine Lösung von Natriumsuperoxyd wirkt wie Wasserstoffsuperoxyd meist oxydierend, unter Umständen aber auch reduzierend. Ferrosalze geben z.B. Ferrihydroxyd, Manganosalze Mangandioxydhydrat, Chromoxydsalze Chromate, organische Säureanhydride Acylsuperoxyde (H. V. PECHMANN und L. VANINO, *B.* **27**, 1511 [1894]; VANINO und E. THIELE, *B.* **29**, 1724 [1896]), während Edelmetallsalze reduziert werden (TH. POLECK, *B.* **27**, 1051 [1894]), Übermangansäure in Mangandioxyd, Ferri- in Ferrocyankalium übergeht. Die Reaktion von Natriumsuperoxyd mit Wasser ist umkehrbar; daher entsteht aus Wasserstoffsuperoxyd und Natronlauge Natriumsuperoxyd (CALVERT, *Ztschr. physikal. Chem.* **38**, 513 [1901]).

Mit Alkohol unter Kühlung zusammengebracht, liefert Natriumsuperoxyd sog. N a t r y l h y d r o x y d, NaO_2H, d. i. wohl $NaO \cdot OH$, also das Mononatriumsalz des Wasserstoffsuperoxyds (J. TAFEL, *B.* **27**, 816, 2297 [1894]). Äther, Essigsäure, Milchsäure, Paraformaldehyd, Zuckerarten, Benzaldehyd u. s. w. entflammen mit Natriumsuperoxyd (vgl. V. MEYER, *Chem.-Ztg.* **17**, 305 [1893]).

Von den Hydraten der Verbindung ist das wichtigste das Octahydrat, $Na_2O_2 + 8H_2O$. Es krystallisiert in Blättchen oder Tafeln, die sich in Wasser leicht ohne Sauerstoffentwicklung lösen (E SCHÖNE, *A.* **193**, 241 [1878]). Sie schmelzen bei 30° in ihrem Krystallwasser (DE FORCRAND, *Compt. rend. Acad. Sciences* **129**, 1246 [1899]) und zersetzen sich im geschlossenen Gefäß langsam, aber vollständig in Sauerstoff und Natriumhydroxyd. Die Lösung entwickelt bei 30–40° Sauerstoff und ist bei 100° bald restlos zersetzt (G. F. JAUBERT, *Compt. rend. Acad. Sciences* **132**, 35 [1901]). Über *konz.* Schwefelsäure geht das Octahydrat in ein Dihydrat über. Mit festem oder flüssigem Kohlendioxyd liefert es ein Percarbonat, Na_2CO_4 (H. BAUER, *D. R. P.* 145 746), bei Überschuß von Kohlendioxyd ein saures Percarbonat: $4Na_2CO_4 + H_2CO_3$ (*Merck, D. R. P.* 188 569).

Über die Herstellung der Hydrate s. weiter unten.

Darstellung. Natriumsuperoxyd entsteht bei der Verbrennung von Natrium im Sauerstoff- oder Luftstrom (W. V. HARCOURT, Ch. Soc. Quart. J. **15**, 267, 281; W. HOLT und W. E. SIMS, *Journ. chem. Soc. London* **65**, 443 [1894]), eine Reaktion, nach der es auch ausschließlich im großen gewonnen wird.

Andere in der Literatur angegebene Bildungsweisen, wie Glühen von Natrium mit Natriumnitrat (H. B. BOLTON, *Jahrber. Chem.* 1886, 388), Glühen von Natriumoxyd (-hydroxyd) mit Natriumnitrat (GAY-LUSSAC und THÉNARD), Glühen von Natriumnitrat und -nitrit unter Zusatz von CaO oder MgO und Oxydation der porösen Masse mit Luft (E. DE HAËN, *D. R. P.* 82982), Schmelzen von Natriumnitrat mit Ätznatron und Natrium, wobei nach der Gleichung $NaNO_3 + 3NaOH + 2Na = = 3Na_2O_2 + NH_3$ auch Ammoniak entstehen soll (CARRIER, *A. P.* 910498), Glühen von Soda unter Zusatz von Katalysatoren, wie Fe_2O_3 und Kohle, unter Luftabschluß, wobei Na_2O_2 und CO gebildet werden sollen (V. BOLLO, E. CADENACIA, *D. R. P.* 249 072, 250 417), führen in Wirklichkeit zum Teil gar nicht zum Superoxyd und werden jedenfalls technisch nicht ausgeführt.

Für die Herstellung von Natriumsuperoxyd ist das von H. Y. CASTNER (*D. R. P.* 67094 [1891]) ausgearbeitete Verfahren wichtig geworden (s. CASTNER, *Journ. Soc. chem. Ind.* **11**, 1005 [1892]; PRUD'HOMME, *Moniteur* [4] **6**, 495). Bei diesem vermeidet man in sinnreicher Weise lokale Überhitzungen und Zersetzung fertigen Natriumsuperoxyds dadurch, daß man das frische Natrium mit sauerstoffärmster Luft in Berührung bringt und so einer Voroxydation unterzieht, während man das fast fertige Superoxyd mit Frischluft einer Nachoxydation unterzieht, um die letzten Reste des Metalls umzuwandeln. Indem man auf der einen Seite des Ofens das Metall einführt, auf der anderen das fertige Produkt entnimmt, hat man einen völlig kontinuierlichen Betrieb.

Abb. 37 der MASCHINENFABRIK EMIL PASSBURG, Berlin, zeigt eine Natrium-Oxydationsanlage.

Sie besteht aus dem Voroxydationsofen *A* und dem Nachoxydationsofen *B*, welche durch eine ZAHNsche Feuerung beheizt werden. Die Öfen stellen schmiedeeiserne Zylinder dar, durch Deckel luftdicht abgeschlossen, in deren Innerem sich ein Fahrschienengleis befindet. Dieses hat ein Gefälle, um die Wagen, welche die Oxydationsschalen tragen, leicht bewegen zu können. Die Schmierung der Räder erfolgt der hohen Temperatur wegen mit Graphit. Die Heizgase werden spiralförmig um die Zylinder herum geleitet, wodurch man erreicht, daß das Temperaturgefälle von 400 auf 300°, das für den Prozeß notwendig ist, sehr gleichmäßig abnimmt. Die zur Oxydation erforderliche Luft wird durch das Staubfilter C mittels des Gebläses D, das durch einen Elektromotor E angetrieben wird, angesaugt. Auf ihre Trocknung muß der größte Wert gelegt werden, da Feuchtigkeit nicht nur eine relativ sehr große Minderung der Ausbeute, sondern auch eine starke Verunreinigung des Peroxyds (durch Natriumhydroxyd) zur Folge hat. Deshalb wird die Luft vor ihrer Verwendung durch Trockenanlagen geschickt, mit denen jeder Ofen für sich ausgestattet ist. Zunächst gelangt die Luft in LUNGE-Türme F, in denen sie aus den Behältern H mit Schwefelsäure berieselt wird. Die unter den Türmen im Behälter I sich ansammelnde Schwefelsäure wird durch den automatischen Druckheber K wieder in die Rieselgefäße H gepumpt. Die zum Betrieb des Druckhebers erforderliche Luft

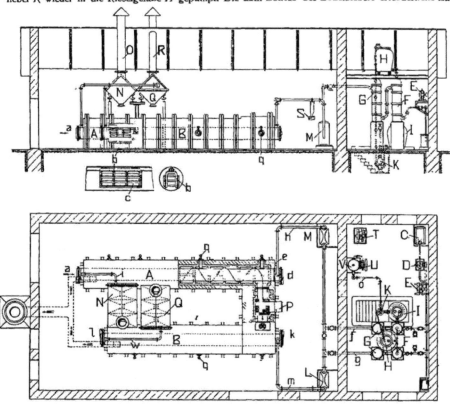

Abb. 37. Vorrichtung zur Herstellung von Natriumsuperoxyd der Maschinenfabrik
E. PASSBURG, Berlin.

erzeugt der Ventilkompressor U, der, durch den Elektromotor T angetrieben, die Luft in den Windkessel V drückt, von dem aus die Brennluft durch die Leitung o dem Druckheber zugeführt wird. Die vorgetrocknete Luft passiert dann noch die Magnesiumchloridtürme G, in denen sie von dem letzten Rest ihrer Feuchtigkeit befreit wird. Durch die Leitung f gelangt sie nunmehr zum Voroxydationsofen A, durch die Leitung g zum Nachoxydationsofen B. Ihre Menge wird durch die nach Art der Leuchtgasmesser konstruierten Messer M und L genau gemessen und durch die in der Leitung h bzw. m eingeschalteten Manometer S eingestellt.

Das Natrium wird auf Aluminiumschalen c ausgebreitet. Sie werden auf die Wagen b (Nebenfigur) geschoben, die dann durch die Tür a in den Voroxydationsofen A hineingefahren werden. Nach vollendeter Oxydation werden die mit dem voroxydierten Natriumsuperoxyd gefüllten Wagen herausgenommen, das Produkt auf Zinktischen zerbrochen und in neue Schalen gefüllt, die durch die Tür k in den Nachoxydationsofen B gelangen, während das fertige Peroxyd durch die Tür l dem Ofen B entnommen wird. Die aus A und B entweichende Luft gelangt durch die Leitungen i und w in die Staubkammern N und Q, in denen etwa mitgerissenes Peroxyd aufgefangen wird, und entweicht staubfrei durch die Dunstabzüge O und R.

Dasselbe Arbeitsprinzip liegt dem NEUENDORFFschen Verfahren (*D. R. P.* 95063 [1897]) zugrunde. Abweichend vom CASTNERschen Verfahren wird hier aber das Natrium nicht bewegt. Es wird durch zweckentsprechende Schaltung des Luftstroms erst mit sauerstoffarmer Luft, die schon eine Reihe mit Natrium gefüllter Kästen bestrichen hat, behandelt und schließlich mit völlig frischer Luft fertig oxydiert. Die Apparatur ist hier wesentlich einfacher, der Prozeß aber nicht kontinuierlich. Eine Reihe von Verbesserungen dieses Verfahrens rühren von der Soc. D'ÉLECTROCHIMIE und R. L. HULIN (*D. R. P.* 224 480) her. Während der ersten Oxydation krückt man die Masse in den Kästen gut durch, um noch nicht oxydierte Metallteile an die Oberfläche zu bringen. Die Erwärmung auf 300—400° wird zur Schonung der Aluminiumbehälter durch elektrische Heizung von oben her bewirkt. Die Kästen selbst befinden sich in einer flachen eisernen Retorte, die durch eine horizontale Scheidewand in 2 Kammern geteilt ist. Die vorgewärmte Verbrennungsluft streicht in der Längsrichtung erst über die oberen, dann über die unteren Kästen.

Weitere Verfahren, die die Ausbildung der Apparatur betreffen, stammen von MARGUET (*D. R. P.* 273 666) und von MOLKTE-HANSEN (*D. R. P.* 376 543). Der *Verein* (*Schwz. P.* 112 963 [1924]) nimmt die Oxydation in zwei Stufen in getrennten Räumen vor und regelt die Temperatur so, daß im ersten gebildetes Na_2O nicht sintert und daher porös erhalten wird.

Neuerdings ist es gelungen, Natriumsuperoxyd in großen Drehtrommeln herzustellen und dabei ein sehr reines 98—99%iges Produkt zu erhalten (*Scheideanstalt, D. R. P.* 453 751). Auf diese Weise läßt sich auch Natriummonoxyd in großem Maßstab herstellen (*Scheideanstalt, D. R. P.* 473 832). Man benutzt Natriumoxyd als Verdünnungsmittel für das zu oxydierende Natrium, das man in Mengen von nur 1—2% zugibt und in einem mit Rührwerk versehenen Reaktionsgefäß bei 120—200° der Einwirkung von Luft aussetzt. Auf diese Weise erhält man ein auch für die Weiteroxydation geeignetes Natriumoxyd im Gegensatz zu dem auf übliche Weise erhaltenen Produkt, dessen Sauerstoffgehalt zwar dem Na_2O entspricht, das aber auch schon Superoxyd und noch metallisches Natrium enthält. Wichtig ist vor allem, daß das Oxyd pulverförmig erhalten wird und nicht wie sonst unter Verlusten, starken Belästigungen und Beeinträchtigung der Qualität (Bildung von $NaOH$) zerkleinert zu werden braucht. Wegen dieser Beschaffenheit kann die Operation auch in Drehtrommeln vorgenommen werden. Die Fertigoxydation bei höherer Temperatur zu Natriumsuperoxyd kann bei Verwendung eines genügend langen Ofens in demselben Ofen ausgeführt werden, oder man verwendet dafür eine mit der ersten in Verbindung stehende zweite Drehtrommel. Dieses Verfahren dürfte wohl die beste technische Herstellungsmethode für Natriumsuperoxyd sein.

Darstellung der Hydrate. Man erhält das Octahydrat durch Zersetzung von Natriumsuperoxyd an feuchter Luft (G. F. JAUBERT, *Compt. rend. Acad. Sciences* **132**, 86 [1901], *D. R. P.* 120 136), wobei es natürlich alle Verunreinigungen des Ausgangsmaterials beibehält, besser durch Eintragen von Natriumsuperoxyd in etwa 6 Tl. Eis (DE FORCRAND, *Compt. rend. Acad. Sciences* **129**, 1246 [1899]; s. auch *F. P.* 320 321). E. SCHÖNE erhielt die Verbindung aus 3—4%igem Wasserstoffsuperoxyd mit 10%iger Natronlauge und Eindunsten der Mischung im Vakuum oder Fällung mit Alkohol (*A.* **193**, 241 [1878]; s. auch *Bayer, D. R. P.* 219 790; NOEL, *E. P.* 202 985).

Nach einem Patent der DRÄGERWERKE, H. DRÄGER und B. DRÄGER (*D. R. P.* 310 671), läßt man auf eine Aufschlämmung von Natriumsuperoxyd in nichtwässerigen Lösungsmitteln, wie Perchloräthan, Petroleum, Tetrachlorkohlenstoff, in der stöchiometrisch erforderlichen Menge Wasser einwirken. Nach BARIUMOXYD G. M. B. H. und E. BÜRGIN wird $Na_2O_2 \cdot 8H_2O$ erhalten, wenn man Natronlauge, die durch einen geringen Zusatz von Wasserglas und längeres Stehen von katalytisch störenden Stoffen befreit ist, bei —5° bis —10° mit Wellenstrom (Gleichstrom mit überlagertem Wechselstrom) behandelt. Weitere Verfahren zur Herstellung von niederen Hydraten oder überhaupt von wasserhaltigem Natriumsuperoxyd, das für die Benutzung in Atemschutzgeräten geeignet ist, s. unter Verwendung.

Analytisches. In der Technik ist allgemein die Titration des Natriumsuperoxyds mit angesäuerter Permanganatlösung, mit der man den Gehalt an aktivem Sauerstoff ermittelt, üblich:

$$2 KMnO_4 + 5 Na_2O_2 + 8 H_2SO_4 = K_2SO_4 + 2 MnSO_4 + 5 Na_2SO_4 + 8 H_2O + 5 O_2.$$

In die Literatur sind Beobachtungen gelangt, daß die Methode bis zu 6% Differenzen ergäbe (WOLFRUM, Dissert., Erlangen 1896; L. ARCHBUTT, The Analyst **20**, 3; E. RUPP, *Arch. Pharmaz.* 240 448 [1902]). Wenn die Bestimmung jedoch richtig ausgeführt wird, gibt die Methode vollkommen zuverlässige

Werte. Man muß nur dafür sorgen, daß die abgewogene Probe Natriumsuperoxyd langsam und unter großer Vorsicht möglichst unter Kühlen und Rühren in 4n-Schwefelsäure eingetragen wird, um Zersetzungen zu vermeiden.

Das Handelsprodukt enthält bis zu 95 % Natriumsuperoxyd, entsprechend 20 % aktivem Sauerstoff, daneben etwas Natriumhydroxyd und Carbonat. Eisen ist nicht oder nur in geringen Spuren nachweisbar. Die Verunreinigung mit Eisen würde besonders schädlich sein, weil sie beim Bleichen sehr störend wirkt.

Verwendung. Auf der Bildung von Wasserstoffsuperoxyd und Ätznatron beim Auflösen des Natriumsuperoxyds in Wasser beruht seine Hauptverwendung als Bleichmittel. Natriumsuperoxyd stellt sozusagen ein festes, *konz.* Wasserstoffsuperoxyd dar. 1 *kg* Na_2O_2 liefert dieselbe Menge aktiven Sauerstoff, ist also in der Wirkung gleich 1,5 *kg* des gebräuchlichen 30 %igen technischen Wasserstoffsuperoxyds. Durch Zusatz geringer Mengen Magnesium- oder Calciumsilicat beim Auflösen des Natriumsuperoxyds in Wasser gelingt es, es ohne Verlust zu lösen und den aktiven Sauerstoff der ätzalkalischen Lösung so zu stabilisieren, daß ein ökonomisches Arbeiten mit ihr möglich ist (z. B. läßt sich eine 10 %ige Na_2O_2-Lösung, d. i. eine mindestens 10—50 mal so *konz.* Lösung, wie sie beim Bleichen benötigt wird, ohne Schwierigkeit und ohne sonstige Vorsichtsmaßnahme mit etwa 97 % Ausbeute, bezogen auf das eingetragene Peroxyd, herstellen). Der *Scheideanstalt*, welche diese Bedingungen zuerst erkannt hat (D. R. P. 284 761), ist es so möglich gewesen, das Natriumsuperoxyd in größtem Maßstabe in die Baumwoll- und Leinenbleiche einzuführen. Die Superoxydbleiche oder die Sauerstoffbleiche, wie sie in der Praxis genannt wird, liefert unter Wegfall der alkalischen Druckkochung, des Bleichens, ein reines, nicht vergilbendes Weiß, einen vollen weichen Griff bei nur geringem Bleichverlust und größter Schonung der Faser. Je nach Art der Ware wird die Alkalität der Superoxydlösungen ev. mit Schwefelsäure mehr oder weniger herabgesetzt. Die früher übliche Abstumpfung mit Magnesiumsulfat ist überholt.

Zahlreiche Bleichpulver des Handels enthalten neben dem Natriumsuperoxyd Seifenpulver und erfreuen sich wegen ihrer hervorragenden Wirkung und handlichen Form großer Beliebtheit. Das Seifenpulver muß von dem Peroxyd getrennt aufbewahrt sein, so daß die Mischung der Bestandteile erst beim Eintragen in Wasser erfolgt. Zu derartigen Präparaten gehören das mit großer Reklame vertriebene „Ding an sich" (D. R. P. 167 793), „Dalli", „Heinzelmännchen", „Schneewittchen" u. a.; s. auch das D. R. P. 216 898 von F. GRUNER, nach welchem man das Peroxyd in einen mit Stearin ausgekleideten Seifenblock einbringt. Andere Verwendungsformen des Superoxyds (M. HAASE, D. R. P. 190 140, 200 817; E. SCHEITLIN, D. R. P. 228 081) können übergangen werden.

Eine wichtige Verwendung des Natriumsuperoxyds gründet sich auf seine Eigenschaft, vor allem in Gegenwart von Katalysatoren (Verbindungen des *Cu*, *Mn*, *Co*, *Ni* u. s. w.) Kohlendioxyd unter gleichzeitiger Sauerstoffabgabe zu absorbieren. Diese Eigenschaft macht es brauchbar für die Regenerierung von Atemluft in Sauerstoffgeräten und in geschlossenen Räumen (Unterseeboote, Kollektivschutz); es vereinigt in einer Substanz die Wirkung von Kalipatrone und Sauerstoffbombe der Preßsauerstoffgeräte. Eine ganze Reihe von Patenten sind in den letzten 25 Jahren sowohl in chemischer als auch in apparativer Hinsicht genommen worden, die diesen Verwendungszweck des Na_2O_2 zum Gegenstand haben. Vielfach war das Augenmerk auf die Erzeugung von besonders porösen Massen gerichtet. Zu diesem Zweck erhitzt man z. B. nach E. P. 317 966 [1928] (IMPERIAL CHEMICAL INDUSTRIES LTD.) Na_2O_2 in Gegenwart eines Flußmittels, jedoch ohne zu schmelzen, auf 300—400°. Für eine befriedigende Kohlendioxydabsorption und Sauerstoffabgabe erwies sich aber die Gegenwart von Feuchtigkeit als notwendig (O. KASSNER, *Pharmaz. Zentralbl.* **20**, 307 und 326 [1879]). Da die Atemfeuchtigkeit nicht für eine genügende Sauerstoffentwicklung ausreichte, steigerte man den

Sauerstoffgehalt des Natriumsuperoxyds durch Zusatz von K_2O_4, das pro *Mol.* $1 O_2$ mehr peroxydisch gebunden enthält als Na_2O_2. Bald aber ging man dazu über, von vornherein befeuchtetes Natriumsuperoxyd (niedere Hydrate, CLEMENTE, *D. R. P.* 305 066) oder Gemische von krystallwasserhaltigen Substanzen mit Natriumsuperoxyd zu verwenden (GESELLSCHAFT FÜR VERWERTUNG CHEMISCHER PRODUKTE, *D. R. P.* 337 644). Körnig zusammengesintertes, poröses Na_2O_2, das mit $5-9\%$ Wasser befeuchtet und darauf mit einem Katalysator eingestäubt ist, wird seit längerer Zeit von der *Scheideanstalt* hergestellt und in den Proxylen- oder Proxylit-Apparaten von der HANSEATISCHEN APPARATEBAU-GESELLSCHAFT, Kiel, und in den Drägerogen-Geräten der Drägerwerke, Lübeck, verwendet (vgl. *Scheideanstalt* und W. ZISCH, *E. P.* 280 554, 322 985 sowie auch SEITZ, *D. R. P.* 320 810).

Hierher gehören auch noch folgende weitere Verfahren: BAMBERGER, BÖCK, WANZ, *D. R. P.* 169 416 [1904], teilweiser Ersatz von Na_2O_2 durch K_2O_4 oder $KNaO_3$; SCHWAB, übertragen an DEUTSCHE GASGLÜHLICHT A.-G., *D. R. P.* 306 415 [1916], Superoxyde in Mischung mit Katalysatoren bis zum Sintern erhitzt; SPETER, *D. R. P.* 323 210 [1919], geschmolzenes und zerkleinertes Superoxyd, gemischt mit Chloriden, Sulfaten, Carbonaten und vor allem Phosphaten; GESELLSCHAFT FÜR VERWERTUNG CHEM.SCHER PRODUKTE M. B. H., *D. R. P.* 345 285 [1917], Anordnung einer dünnen Schicht von Kalium- oder Kalium-Natrium-Superoxyd über dem Na_2O_2; APPARATEBAU-GESELLSCHAFT, vorm. L. v. BREMEN & CO., G. M. B. H., *D. R. P.* 419 610 [1918], Zumischung von SiO_2, WoO_3, MoO_3, MnO_2 zum wasserfreien Superoxyd. •

Eine besondere Schwierigkeit in der Herstellung eines Idealpräparates für chemische Luftregeneration aus Na_2O_2 bestand darin, das körnige Präparat gleichzeitig hart, nicht stäubend und doch porös und reaktionsfähig herzustellen. In Bezug auf gleichmäßige Sauerstoffabgabe und Kohlensäureabsorption entspricht das Handelschemikal allen Anforderungen (STAMPE und HORN, Drägerheft Nr. 137, 1565 [1929]; *Ztschr. angew. Chem.* 42, 776 [1929]). Aber es wird als ein wesentlicher Übelstand bei der Verwendung dieser Chemikalapparate empfunden, daß nach ihrem Anlegen $3-5'$ in Ruhe geatmet werden muß, ehe die Sauerstoffabgabe des Chemikals voll zufriedenstellend ist und Arbeit geleistet werden kann. Dieser Nachteil hat es bisher verursacht, daß das apparativ einfachere und an Gewicht leichtere Chemikalgerät gegenüber dem Preßsauerstoff unterlegen war. Der HANSEATISCHEN APPARATEBAU-GESELLSCHAFT, der AUERGESELLSCHAFT und der *Scheideanstalt* soll es aber jetzt in gemeinsamer Arbeit gelungen sein, diese Anspringschwierigkeit zu beseitigen und gleichzeitig das befeuchtete Na_2O_2 in eine unbeschränkt haltbare Form überzuführen (G. RYBA, Handbuch des Grubenrettungswesens II, 386 ff. [1930]).

Die Eigenschaft des Na_2O_2, in Berührung mit wenig Wasser infolge der Wärmeentwicklung oder durch Einwirkung von Wasser in Gegenwart von Katalysatoren Sauerstoff zu entwickeln, ist Grundlage verschiedener Verfahren zur Sauerstofferzeugung für Spezialzwecke (Signalfeuer, Luftregeneration). JAUBERT (*D. R. P.* 143 548) läßt auf brikettiertes Na_2O_2 Lösungen von *Cu-*, *Ni-*, *Co-*Salzen einwirken. FÖRSTERLING und PHILIPP verwenden geschmolzenes Na_2O_2, das in geeigneten Formen erstarrt ist und dem nach Wunsch Katalysatoren zugesetzt sind (*D. R. P.* 193 560; Bezeichnung: Oxon oder Oxonium). Einen anderen Weg, den peroxydisch gebundenen Sauerstoff des Na_2O_2 abzuspalten, schlägt JAUBERT (*D. R. P.* 140 574) ein, der auf Gemische mit Chlorkalk Wasser einwirken läßt: $CaOCl_2 + Na_2O_2 = CaO + 2 NaCl + O_2$. Ein bei hohen Drucken brikettiertes Gemenge von 100 *kg* scharf getrocknetem Chlorkalk mit $32-35,5\%$ wirksamem Chlor und 39 *kg* Na_2O_2 wird Oxylithe genannt. Auch durch Erwärmen von Gemischen des Superoxyds mit Stoffen, die in der Hitze Säuren (Bicarbonate) oder Wasser (Glaubersalz) abspalten, wird Sauerstoff entwickelt (BAMBERGER, BÖCK und WANZ, *D. R. P.* 218 257).

Als Oxydationsmittel hat Natriumsuperoxyd eine ausgedehnte Anwendung namentlich in der Analyse gefunden.

Natriumsuperoxyd ist weiter das Ausgangsmaterial zur Darstellung anderer Peroxyde und Persalze, so des Magnesiumsuperoxyds (Bd. VII, 434), des Zink- und der Erdalkalisuperoxyde (G. F. JAUBERT), des Natriumperborats (Bd. II, 562), des Natriumpercarbonats, des Benzoylsuperoxyds (Lucidol) (Bd. II, 285).

Tabletten aus Natriumsuperoxyd kommen für therapeutische Zwecke zur Herstellung desinfizierender Lösungen (H_2O_2) in den Handel. Als Ätzmittel in Verbindung mit Seife und Paraffin ist es von UNNA zur Beseitigung von Keratomen und ähnlichen Erkrankungen der Haut vorgeschlagen worden, ferner zur Desinfizierung von

Trinkwasser (zusammen mit Citronensäure zur Neutralisation der Natronlauge) (F. BLATZ, *Apoth. Ztg.* **13**, 728 [1898]).

Literatur: L. VANINO, Das Natriumsuperoxyd. Wien und Leipzig 1908, A. Hartleben. — C. V. GIRSE-WALD, Anorganische Peroxyde und Persalze. Braunschweig 1914, Friedr. Vieweg & Sohn.

W. Siegel (G. Cohn).

Natriumtartrat s. Weinsäure.

Natriumthioantimoniat s. Bd. **I**, 546.

Natriumthiosulfat, früher Natriumhyposulfit (Antichlor, Thiosulfat) genannt, $Na_2S_2O_3 \cdot 5\,H_2O$, wurde 1802 von VAUQUELIN in den Rückständen der LEBLANC-Sodafabrikation entdeckt. Es bildet große, wasserhelle, monokline Säulen von 1,734 *spez. Gew.* und kühlendem Geschmack, ist bei gewöhnlicher Temperatur luftbeständig, verwittert aber über 33^0. Bei $45-50^0$ schmilzt es in seinem Krystallwasser; die Schmelze bleibt nach dem Erkalten noch lange flüssig, wie denn das Thiosulfat überhaupt sehr zur Bildung übersättigter Lösungen neigt. Bei 215^0 wird das Salz wasserfrei, bei 223^0 zersetzt es sich, nach anderen Angaben bei 300^0, in Sulfat und Pentasulfid. $4\,Na_2S_2O_3 = 3\,Na_2SO_4 + Na_2S_5$.

Doch finden sich auch ganz abweichende Angaben über Erhitzungstemperaturen und Zersetzungsprodukte, wobei die Gegenwart oder Abwesenheit von Wasserdampf, Luft, die Schnelligkeit des Erhitzens von Einfluß sein mögen.

$Na_2S_2O_3$ hat eine ganze Reihe meist instabiler Hydrate. Stabil sind das 5- und das 2-Hydrat. Der Übergangspunkt von 5- in 2-Hydrat liegt bei etwa 48^0, von 2-Hydrat in das Anhydrid bei etwa 68^0. Da die Löslichkeit von der Zusammensetzung der zum Teil instabilen Bodenkörper abhängt, weichen die Angaben über Löslichkeit vielfach voneinander ab. Die nachstehende Tabelle dient nur zur ungefähren Orientierung.

100 Tl. Wasser lösen bei:

0	10	20	30	40	50	60	80,5	90,5	100 Grad
52,5	61	70	84,7	102,6	169,7	206,7	248,8	254,9	266 Tl. wasserfreies $Na_2S_2O_3$.

Die wässerige Lösung reagiert neutral gegen Lackmus, Methylorange u. s. w., ist bei Ausschluß von Luft und Licht einige Zeit, aber nicht unbegrenzt lange haltbar; sie zersetzt sich langsam beim Kochen an der Luft.

Durch starke Säuren werden die Lösungen unter Abscheidung von milchigem Schwefel zersetzt. Jod reagiert mit Thiosulfat unter Bildung von Tetrathionat. Die Halogenverbindungen des Silbers werden durch Thiosulfatlösungen leicht gelöst.

Darstellung. Für die technische Gewinnung von Thiosulfaten kommen in der Hauptsache folgende Reaktionen in Betracht: 1. Oxydation von Sulfhydraten, Sulfiden oder Polysulfiden durch den Sauerstoff der Luft, z. B.:

$$2\,NaSH + 4\,O = Na_2S_2O_3 + H_2O;\quad Na_2S_2 + 3\,O = Na_2S_2O_3.$$

Hierher gehört auch die Einwirkung von Natriumpolysulfid auf Nitroverbindungen: $R \cdot NO_2 + Na_2S_2 + H_2O = Na_2S_2O_3 + R \cdot NH_2$ bei der Fabrikation von Schwefelfarbstoffen. — 2. Behandlung von Sulfidlösungen mit Schwefeldioxyd, Sulfiten, Bisulfiten. Reaktionsgleichungen s. u. — 3. Behandlung von Sulfiten mit Schwefel: $Na_2SO_3 + S = Na_2S_2O_3$. — Vielfach treten an die Stelle der Natriumsalze Erdalkalisulfide als schwefelhaltiges Ausgangsprodukt, und das Reaktionsprodukt wird während oder nach der Thiosulfatbildung mit einem Natriumsalz, meist Na_2SO_4, umgesetzt.

Von den zahlreichen vorgeschlagenen Verfahren haben nur wenige technische Bedeutung gewonnen. In erster Linie stand früher die Gewinnung aus den Rückstandshalden der LEBLANC-Sodafabrikation durch Oxydation des in ihnen enthaltenen Calciumsulfhydrats. Ebenfalls auf einer Oxydation beruht die heute stärkste Quelle der Produktion von Thiosulfat — der Entfall bei der Fabrikation der Schwefelfarben. Ein laufender Entfall ergibt sich ferner durch Verarbeitung der an Verunreinigungen stark angereicherten Mutterlaugen der Schwefelnatriumfabrikation z. B. mit SO_2.

1. Die Gewinnung aus den Sodarückständen beruht darauf, daß bei deren Oxydation an der Luft, wie aus den Schwefelregenerationsverfahren von SCHAFFNER und MOND bekannt ist, Calciumthiosulfat entsteht, das dann mit Na_2SO_4, das auch schon vor der Oxydation zugemischt werden kann (*E. P.* 3072 [1882]), umgesetzt wird:

$Ca(SH)_2$ (aus $CaS + H_2O$) $+ 4\,O = CaS_2O_3 + H_2O;\quad CaS_2O_3 + Na_2SO_4 = Na_2S_2O_3 + CaSO_4.$

Die Oxydation muß mit Vorsicht geleitet werden, weil sie unter bedeutender Wärmeentwicklung verläuft und bei höherer Temperatur zur Bildung von Sulfit und Sulfat führt. Man mischt zur Mäßigung der Reaktion den frischen, aus den Auslaugekästen kommenden Sodarückstand mit dem nach Auslaugung des Thiosulfats verbleibenden Schlamm etwa im Verhältnis von 2:1, gibt auch gleich das zur Umsetzung erforderliche Natriumsulfat zu und bildet Haufen von 50—60 *cm* Höhe, die im Winter 6, im Sommer etwa 4 Tage zur Oxydation brauchen. Während dieser Zeit werden die Haufen mehrmals gewendet und mit dünnen Waschwässern von früheren Operationen bespritzt. Ein fertig oxydierter Haufen sieht zum Teil schwarz, zum Teil grau aus und enthält etwa 26% Natriumthiosulfat. Er wird nun in Kästen, die den bei der Sodalaugerei benutzten gleichen, systematisch mit heißem Wasser ausgelaugt. Die erhaltene Lauge von 20—25° Bé enthält noch Schwefelnatrium gelöst und wird zu dessen Verwandlung in Thiosulfat in einem Turm über dachförmige Hölzer rieseln gelassen, während von unten durch Verbrennen von Schwefel erzeugtes Schwefeldioxyd eingeführt wird. Das Schwefeln wird gegebenenfalls wiederholt, bis die ablaufende Lauge Bleizuckerlösung nur noch schwach bräunt. Sie wird dann von gelöstem Gips befreit, indem man unter Rühren Sodalösung zufügt, bis Phenolphthalein gerötet wird. Durch die Zugabe von Mutterlauge früherer Operationen wird die Lauge auf 26—28° Bé gebracht und dann geklärt oder besser durch poröse Steine filtriert. Sie enthält nun neben Natriumthiosulfat das überschüssig zugesetzte Natriumsulfat, dessen Gegenwart notwendig ist, weil sich sonst die Lauge beim Eindampfen trübt. Bei der Konzentration auf 50—52° Bé, die zweckmäßig in Vakuumapparaten erfolgt, scheidet sich Sulfat aus, das wieder in den Oxydationsprozeß zurückkehrt. Die *konz.* Lösung wird nochmals geklärt und 40° warm in eiserne Krystallisierkästen abgelassen, in denen sie 10 Tage verbleibt. An den Wänden und an eingehängten Schnüren setzt sich reines Thiosulfat ab; das Bodensalz ist sulfathaltig und wird in frischer Lauge aufgelöst. Die Mutterlauge zeigt im Winter 32—35, im Sommer bis 45° Bé und wird von neuem eingedampft. Die Krystalle werden in Zentrifugen geschleudert, bis sie sich kaum mehr feucht anfühlen, und haben dann einen Gehalt von 98% $Na_2S_2O_3 \cdot 5 H_2O$. Bisweilen zeigen sich Krystalle, die rosa bis rot gefärbt sind. Dies deutet auf Anwesenheit von Arsen. Man muß dann die Mutterlauge mit etwas Schwefelsäure rühren, um das Arsen als As_2S_3 auszufällen. Bei diesem Verfahren, das der VEREIN CHEMISCHER FABRIKEN, Mannheim, anwendete, werden 77—78% des Schwefels der Sodarückstände als Thiosulfat gewonnen. Auf 100 *kg* fertiges Thiosulfat werden 76—80 *kg* Natriumsulfat von 95%, 2—2,5 *kg* Ammoniaksoda und etwa 2 *kg* Schwefel verbraucht.

Eine Reihe älterer Verfahren und andere hierhergehörende Vorschläge vgl. LUNGE, Handbuch der Sodaindustrie, 2. Bd., Braunschweig 1909.

Auf dem gleichen Prinzip wie die Verarbeitung der Sodarückstände beruht auch das Verfahren von SCHNUCK (*D. R. P.* 368935 [1921]), wonach Doppelsulfate wie Astrakanit ($Na_2SO_4 \cdot MgSO_4 \cdot 4 HO$) oder Glauberit ($Na_2SO_4 \cdot CaSO_4$) mit Kohle reduziert und durch Lagern im Freien unter Befeuchten und Umschichten oxydiert werden. Die reifen Halden werden dann in ähnlicher Weise wie die Sodarückstände auf Thiosulfat verarbeitet. Vgl. auch *D. R. P.* 410362 [1924] sowie ferner die Gewinnung aus ausgebrauchter Gasreinigungsmasse nach *D. R. P.* 412656 [1924] (CHEMISCHE FABRIK NIEDERRHEIN G. M. B. H.).

Leitet man über trockenes Schwefelnatrium bei 100—150° ein Gemisch von Schwefelwasserstoff und Luft oder über *NaHS* nur Luft, so erhält man wasserfreies Natriumthiosulfat, das ev. umkrystallisiert wird (VEREIN CHEMISCHER FABRIKEN, Mannheim, *D. R. P.* 194881 [1907]; RHENANIA, VEREIN CHEMISCHER FABRIKEN A. G. und FR. RÜSBERG, *D. R. P.* 423755 [1922]). Wenn man über wasserhaltiges festes Na_2S, das mit fein zerteilter Holzkohle gemischt ist, bei gewöhnlicher Temperatur Luft leitet, so findet folgende Reaktion statt: $2 Na_2S + 4 O + H_2O = Na_2S_2O_3 + 2 NaOH$. Das Thiosulfat wird durch Auslaugen und Krystallisieren getrennt (NAEF, *E. P.* 174653 [19.0]). Auch das *D. R. P.* 211882 behandelt die Trennung von $Na_2S_2O_3$ und NaOH. — Beim Einleiten eines Luftstromes, der etwa 20% Kohlensäure enthält, in eine Schwefelnatriumlösung von etwa 90° entstehen $Na_2S_2O_3$ und Na_2CO_3, die durch fraktionierte Krystallisation getrennt werden können. Man kann auch die Hälfte des Na_2S durch CaS oder BaS ersetzen, wobei dann das Erdalkalicarbonat ausfällt. Das Alkali-Erdalkali-Sulfidgemisch kann man auch in festem Zustande — unter Zugabe von Kohle, um es porös zu machen — mit Luft und CO_2 behandeln und das gebildete $Na_2S_2O_3$ auslaugen (A. CLEMM, *D. R. P.* 305194 [1917] und *D. R. P.* 307131 [1918]). Arbeiten bei erhöhter Temperatur, z. B. 120° oder 160°, führt jedoch nach *A. P.* 449285 [1926]. Vgl. *D. R. P.* 449285 [1926]. — Nach dem *A. P.* 1639905 von KOPPERS Co., übertragen von SPERR JR. und JACOBSON, gewinnt man Natriumthiosulfat, indem man Schwefelwasserstoff und Luft durch eine warme Sodalösung strömen läßt. Über die Reinigung solcher Lösungen vgl. unten.

Die Hauptmenge von Natriumthiosulfat dürfte heute wohl als Abfallprodukt der Fabrikation von Schwefelfarben, insbesondere bei der Gewinnung von Schwefelschwarz, gewonnen werden. Dieses wird bekanntlich durch Kochen von Dinitrophenol mit Natriumpolysulfidlösung erzeugt, wobei letzteres teils reduzierend, teils schwefelnd wirkt (s. S. 98) und dabei vollständig in Natriumthiosulfat übergeht. Da der gebildete Schwefelfarbstoff, besonders nach dem Einblasen von Luft in die Reaktionsmasse, völlig unlöslich in Wasser wird, so kann aus den wässerigen Laugen direkt reines Natriumthiosulfat gewonnen werden.

Da die nach dieser Methode anfallenden Mengen von Natriumthiosulfat nicht mehr von den verbrauchenden Industrien (s. u.) aufgenommen werden konnten, so ging die *Agfa* dazu über, aus ihnen Schwefel und Natriumsulfat herzustellen. Zu diesem Zweck wurde die *konz.* wässerige Lösung in der Hitze mit Schwefeldioxyd behandelt: $2\,Na_2S_2O_3 + SO_2 = 2\,Na_2SO_4 + 3\,S$. Hierbei wird also ein Teil des zur Herstellung des Natriumpolysulfids benötigten Schwefels wiedergewonnen und gleichzeitig Glaubersalz erhalten, das entweder wieder auf Natriumsulfid verarbeitet oder von den Glasfabriken aufgenommen wird.

2. Die Darstellung von Thiosulfat durch Einwirkung von SO_2 auf Lösung von Alkali- (oder Erdalkali-) Sulfiden erfolgt auf dem Wege über eine Reihe von Zwischenreaktionen,

z. B. $Na_2S + SO_2 + H_2O = Na_2SO_3 + H_2S$; $Na_2S + H_2S = 2\,NaSH$; $2\,Na_2S + 3\,SO_2 = 2\,Na_2S_2O_3 + S$; $Na_2SO_3 + S = Na_2S_2O_3$; $2\,NaHS + 4\,NaHSO_3 = 3\,Na_2S_2O_3 + 3\,H_2O$.

Eine andere Reihe von Gleichungen s. F. FOERSTER und E. MOMMSEN (*B.* **57**, 258 [1924]). Ältere Verfahren, die hierher gehören, sind die *E. P.* 4362 [1876] und 12255 [1886]. Über die zusätzliche Anwendung dieser Reaktionen bei der Verarbeitung der Sodarückstände s. o. Auf dieser Reaktion beruht auch die Nutzbarmachung der Mutterlaugen von der Schwefelnatrium-Fabrikation, aus denen − auch wenn sie stark verunreinigt sind − noch genügend reines Natriumthiosulfat erhalten werden kann.

Um die Bildung von Polythionsäuren zu vermeiden, leitet man in die Laugen SO_2 nur bis zur schwach sauren Reaktion ein und neutralisiert mit Na_2S. Nach dem *D. R. P.* 419 522 [1921] von RHENANIA, VEREIN CHEMISCHER FABRIKEN A. G. und FR. RÜSBERG soll man die beim Einleiten von Röstgasen eintretende Entwicklung von H_2S dadurch vermeiden, daß man möglichst *konz.* gasförmiges oder wässeriges SO_2 verwendet. In diesem Falle entsteht statt H_2S Schwefel in fein verteilter Form, der sich an zugefügtes Na_2SO_3 unter Bildung von $Na_2S_2O_3$ anlagert.

Ebenfalls zur Aufarbeitung von Laugen aus der Schwefelnatriumfabrikation und zur Entsäuerung von SO_2-haltigen Abgasen bestimmt sind folgende Verfahren: Man läßt unter gutem Rühren Na_2S-Lauge in eine Lösung von $NaHSO_3$ einlaufen, das ebenfalls aus Fremdsalzen der Schwefelnatriumfabrikation (Natriumcarbonat, -silicat, -aluminat, -sulfit u. s. w.) hergestellt sein kann. Bei gleichzeitiger Einwirkung von SO_2 erfolgt die Reaktion nach $2\,Na_2S + 2\,SO_2 + 2\,NaHSO_3 = 3\,Na_2S_2O_3 + H_2O$. Enthält die Schwefelnatriumlösung mehr als $1\,Na_2CO_3$ auf $2\,Na_2S$, so wird Schwefel zugesetzt, der intermediär Polysulfid bildet, sich wieder ausscheidet und schließlich mit Na_2SO_3 unter Bildung von $Na_2S_2O_3$ reagiert (*D. R. P.* 380 756 und *Zus. P.* 381 712 [1921], *Griesheim*). Nach *D. R. P.* 419 285 [1924], RHENANIA, VEREIN CHEMISCHER FABRIKEN A. G., löst man in den aus Rückständen der Schwefelnatriumfabrikation hergestellten Laugen Schwefel und versetzt mit einer Natriumbisulfitlösung von 39° *Bé.*

Die Umsetzung von Na_2S bzw. $NaHS$ mit $NaHSO_3$, die in Lösung am besten bei 60° mit großer Regelmäßigkeit und unter Wärmeentwicklung zu $Na_2S_2O_3$ führt, behandelt das *D. R. P.* 208 633 (DESTRÉE & CIE.). Das *D. R. P.* 370 593 [1919], RHENANIA, VEREIN CHEMISCHER FABRIKEN A. G. und FR. RÜSBERG, weist darauf hin, daß im Falle der Verwendung von Polysulfidlösung, wie man sie z. B. bequem durch Kochen einer Sulfidlösung mit ausgebrauchter Gasreinigungsmasse erhalten kann, die $NaHSO_3$-Lösung auch Na_2SO_3 enthalten muß. Leitet man Schwefelwasserstoff in eine Lösung, die neutrales und saures Natriumsulfit enthält, so bildet sich Thiosulfat nach der Gleichung:

$$2\,NaHSO_3 + 2\,Na_2SO_3 + 2\,H_2S = 3\,Na_2S_2O_3 + 3\,H_2O.$$

Mit der Gewinnung von Bariumverbindungen kann man diese Reaktion verbinden, indem man den zur Zersetzung von Schwefelbarium mit Kohlensäure oder anderen Säuren herrührenden H_2S verwendet (RHENANIA, VEREIN CHEMISCHER FABRIKEN A. G. und FR. RÜSBERG, *D. R. P.* 370 593 [1919], 423 755 [1922]). Vgl. auch *D. R. P.* 426 925. Nach *D. R. P.* 431 307 [1924] (*J. G.*) können mittels dieser Reaktion geringe Mengen H_2S aus Abgasen auf Thiosulfat verarbeitet werden, wenn man die Gase in Rieseltürmen auf die 70−75° warmen Lösungen wirken läßt.

Einige Verfahren schlagen vor, von Bariumsulfiden auszugehen, was den Vorteil der gleichzeitigen Gewinnung von Bariumverbindungen hat. Die Reaktion verläuft nach der Gleichung: $2\,BaS + 6\,NaHSO_3 = 2\,BaSO_3 + 3\,Na_2S_2O_3 + 3\,H_2O$. Man läßt gleiche Volumina von 90° heißen Schwefelbariumlösung von etwa 32° *Bé* und einer Bisulfitlauge von 39° *Bé* in ein auf etwa 60° erhitztes Gefäß zusammenlaufen. Von der Thiosulfatlösung trennt man das unlösliche $BaSO_3$ ab, stellt daraus mit Säuren Bariumsalze her und führt das freigemachte SO_2 in den Prozeß zurück. Auch bei der Umsetzung von Bariumsulfhydrat oder auch -polysulfid mit $NaHSO_3$ und Na_2SO_3 entsteht neben Natriumthiosulfat $BaSO_3$ (RHENANIA, VEREIN CHEMISCHER FABRIKEN A. G. und FR. RÜSBERG, *D. R. P.* 368 465 [1919], 370 593 [1919], 371 544 [1920]). Auf die Gewinnung von Blanc fixe als Nebenprodukt zielen die Verfahren von der CHEMISCHEN FABRIK GRÜNAU, LANDSHOFF & MEYER A. G., Erfinder DÜRING (*D. R. P.* 420 251 [1924]) und von KIRCHHEIM (*D. R. P.* 417 602 [1924]). Nach dem ersten mischt man Lösungen von BaS und von Na_2SO_4, leitet bis zur Entfärbung Luft durch, dann unter Erhitzen SO_2. Nach dem zweiten setzt man BaS mit $NaHSO_4$ (ev. auch $NaHCO_3$) um und behandelt das abgetrennte $NaHS$ in Rieseltürmen mit Luft.

3. Die direkte Anlagerung von Schwefel an Natriumsulfit nach der Gleichung:

$$Na_2SO_3 + S = Na_2S_2O_3,$$

die vor sich geht, wenn man Schwefel in der Wärme mit einer Sulfitlösung digeriert, und für präparative Zwecke lange bekannt ist, wurde neuerdings auch unter technischen Gesichtspunkten genauer untersucht.

Vgl. darüber HARGREAVES und DUNNINGHAM (*Journ. Soc. chem. Ind.* 42, 147 [1923]) (*E. P.* 172858 [1920], HUTCHINS, HARGREAVES und DUNNINGHAM (*E. P.* 12599 [1915]), WATSON und RAJAGOPALAN (Journ. Soc. Indian Inst. Science 8 A, 275 [1925]), KREMANN und HÜTTINGER (*Monatsh. Chem.* 28, 901 [1907]. Man arbeitet zweckmäßig bei Temperaturen zwischen 60 und 100°, wobei für die Umsetzungsgeschwindigkeit weniger die Konzentration von $Na_2S_2O_3$ maßgebend ist, die man daher hoch wählen kann, als die Menge Schwefel, die in Lösung geht. Daher ist unter Umständen ein Zusatz von Na_2S günstig. Im Großbetrieb ist die Reaktion in 5–6ʰ beendet. Man kann auch von Na_2CO_3 ausgehen, S suspendieren und SO_2 einleiten. Vgl. auch *D. R. P.* 68594 [1895]. – Besonders leicht und schnell erfolgt natürlich die Reaktion, wenn der Schwefel in statu nascendi vorliegt, wie z. B. bei der Einwirkung von H_2S auf SO_2 in Gegenwart von Na_2SO_3. Dementsprechend beruhen die oben unter 2. erwähnten Verfahren zum Teil auf der Addition von Schwefel. Auch der in der ausgebrauchten Gasreinigungsmasse enthaltene Schwefel eignet sich infolge seines hohen Verteilungsgrades gut für die Reaktion (RHENANIA, VEREIN CHEMISCHER FABRIKEN A. G. und FR. RÜSBERG, *D. R. P.* 370593 [1919], sowie GRASELLI CHEMICAL CO., *A. P.* 1570293 [1925]). – Auf der Anlagerung von Schwefel an Sulfit in trockenem Zustande beruhen die *D. R. P.* 81347 [1894] und 84240 [1895].

Läßt man Schwefel auf $Ca(OH)_2$-Lösung in Gegenwart von Na_2SO_4 in der Siedehitze einwirken, so bildet sich Thiosulfat neben Polysulfid. Die Lösung, aus der man die Salze nicht getrennt gewinnen kann, wird als solche verwandt, W. F. SUTHERT übertragen an HERBERT & HERBERT INC. (*A. P.* 1492488 [1920]).

4. Verschiedene Verfahren. Natriumthiosulfat kann ferner gewonnen werden nach *D. R. P.* 449604 [1926] (SILESIA, VEREIN CHEMISCHER FABRIKEN), wenn man Trithiocarbonatlaugen, die bei der Herstellung aromatischer substituierter Thioharnstoffe entfallen, mit SO_2 behandelt. Nach *D. R. P.* 413775 [1924] (E. HENE) durch Umsetzung des bei der Herstellung von K_2S entstehenden $K_2S_2O_3$ mit Na_2SO_4. Nach *D. R. P.* 180554 [1905] und 185030 [1906] (A. CLEMM) als Nebenprodukt beim Aufarbeiten der beim Aufschluß von Bauxit mit Na_2SO_4 und Kohle entstehenden Laugen. Außerdem nach den *E. P.* 168907, 169247, 169764 [1920], 173337 [1922] bei der Gewinnung von Schwermetallen aus den Sulfiden. Nach *D. R. P.* 422726 [1923] soll Thiosulfat neben Schwefel und Ammoniak gewonnen werden durch Einwirkung von H_2S auf eine Lösung von Natriumnitrit nach der Gleichung: $2 NaNO_2 + 4 H_2S = Na_2S_2O_3 + 2 S + 2 NH_3 + H_2O$.

Als Verunreinigungen enthalten die nach den üblichen Verfahren hergestellten Lösungen hauptsächlich Sulfit und Sulfat. Dampft man auf 1000–1100 g Salz im l ein, so scheiden sich diese als sog. Fischsalz fast völlig aus, und das Thiosulfat kristallisiert dann rein. Wenn aber Sulfat fehlt, so kristallisiert Sulfit, wenn es sich in den Laugen genügend angereichert hat, zusammen mit dem Thiosulfat aus. Um dies zu verhindern, genügt es nach L. WÖHLER und J. DIERKSEN (*Ztschr. angew. Chem.* 39, 33 [1926], die Lösung vor dem Beginn der Kristallisation etwas mit Wasser zu verdünnen. Das bei der Silberlaugerei besonders störende Sulfat, das sich bei der wiederholten Benutzung der Laugen anreichert, kann durch Zugabe von CaS und Schwefelsäure als $CaSO_4$ ausgefällt werden. Über die Abtrennung von ungewöhnlichen Verunreinigungen wie Na_2CO_3 und $NaCNS$ vgl. *E. P.* 200760 [1922]; *Canad. P.* 249365 [1922]; *A. P.* 1570047 [1923].

Man kristallisiert aus Lösungen, die 50–52° *Bé* messen und etwa 1300 g $Na_2S_2O_3 \cdot 5 H_2O$ enthalten, an Fäden oder – zwecks Erzielung kleiner, regelmäßiger Kristalle (Perlform) – in Kristallisationswiegen (s. Bd. **VI**, 814). Das in Zentrifugen abgeschleuderte Salz hat ohne weitere Trocknung einen Gehalt von 98% $Na_2S_2O_3 \cdot 5 H_2O$. Wird in Ausnahmefällen eine Trockenkammer benutzt, so darf eine Temperatur von 30–40° nicht überschritten werden, wenn das Salz durch Verlust von Kristallwasser nicht milchig werden soll.

Verwendung. Die Hauptanwendung findet Natriumthiosulfat zur Reduktion von Bichromat in der Chromlederfabrikation (s. Gerberei, Bd. **VI**, 651). Da aber jetzt hauptsächlich Chromalaun zum Gerben benutzt wird, so ist damit die Verwendung von Natriumthiosulfat stark zurückgegangen (s. o.). Es findet ferner als Fixiersalz in der Photographie, als Antichlor in der Bleicherei und Papierfabrikation, bei der Silbergewinnung zum Ausziehen des durch chlorierendes Rösten erhaltenen Chlorsilbers, bei der Darstellung von Quecksilber- und Antimonzinnober (Bd. **I**, 548), zur Herstellung von Bleithiosulfat für phosphorfreie Zündhölzer (Bd. **II**, 530) u. s. w. Verwendung. Auch zur Herstellung künstlicher Eisbahnen (335 Tl. $Na_2S_2O_3$, 10 Tl. Na_2SO_4, 40 Tl. Na_2CO_3, 5 Tl. Na-Lactat) soll es dienen (GURTH, *F. P.* 689495 [1930]; H. REESER, *F. P.* 685080 [1928]).

Untersuchung. Das Thiosulfat soll, namentlich für photographische Zwecke, absolut frei von Sulfid sein, was durch Bleiacetatpapier oder Nitroprussidnatrium festzustellen ist. Sulfat erkennt man durch Chlorbariumlösung, Sulfit nach eventueller Entfernung von Na_2S durch Zinkoxyd, durch Ansäuern mit Essigsäure und Zusatz von Nitroprussidnatrium, das dann eine rote Färbung gibt. Zur Gehaltsbestimmung titriert man die sehr verdünnte Lösung mit Jodlösung, wobei Tetrathionat gebildet wird. Ist gleichzeitig Sulfit zugegen, so bestimmt man nach HÜBENER (*Chem. Ztg.* 30, 58

|1906|) einerseits den Jodverbrauch des neutralen Salzes, andererseits den des aus der gleichen Menge nach Zusatz von Schwefelsäure entwickelten Schwefeldioxyds. Nach den Gleichungen:

$$2\,Na_2S_2O_3 + 2\,J = 2\,NaJ + Na_2S_4O_6;\ SO_2 + 2\,J + 2\,H_2O = 2\,HJ + H_2SO_4$$

verbraucht das aus Thiosulfat stammende Schwefeldioxyd doppelt so viel Jod wie jenes, während das vom Sulfit herrührende dieselbe Menge Jod wie vor der Destillation erfordert. BESSON (*Ztschr. angew. Chem.* **21**, 1749 [1908]) oxydiert das Thiosulfat bei Gegenwart einer abgemessenen Menge $n/_{10}$-Natronlauge mit Wasserstoffsuperoxyd und mißt die nicht verbrauchte Lauge zurück. Nur das Thiosulfat verbraucht nach der Gleichung $Na_2S_2O_3 + 2\,NaOH + 4\,H_2O_2 = 2\,Na_2SO_4 + 5\,H_2O$ Alkali, das Sulfit nicht.

Literatur: LUNGE, Handbuch der Sodaindustrie, Bd. II. Braunschweig 1909. — E. SCHÜTZ, Die Darstellung des unterschwefligsauren Natrons (Thiosulfat, Antichlor). *Ztschr. angew. Chem.* **24**, 721 [1911]. — H. MOLITOR, Natriumthiosulfat, seine Darstellung und seine Verwendung. Metallbörse **15**, 1547 ff. [1925]. — R. HAZARD, Fabrication de l'hyposulfite de soude. *Rev. Chim. ind.* **34**, 334, 365 [1925]. — W. KOLB, Antichlor. Metallbörse **18**, 1237 ff. [1928].   *W. Siegel (C. Reiner †).*

Natriumvanadat s. Vanadinverbindungen.

Natriumwolframat s. Wolframverbindungen.

Natronkalk ist ein Gemisch von Ätzkalk mit Natriumhydroxyd, hergestellt durch Erhitzen eines Gemisches gleicher Mengen der Bestandteile auf Rotglut. Er kommt in großen Stücken und verschiedenen Körnungen in den Handel und findet Anwendung als Trockenmittel und in der Elementaranalyse.

Literatur: GMELINS Handbuch der anorganischen Chemie. 8. Aufl. System Nr. 21: Natrium. Berlin 1928.

Nautisan (CHEMOSAN, Wien) enthält Trichlorisobutylalkohol und Trimethylxanthin. Weiße Krystallmasse, schwer löslich in Wasser, leicht löslich in Alkohol und Öl. Anwendung bei Erbrechen aller Art, See- und Luftfahrtkrankheit, in Perlen und Suppositorien.   *Dohrn.*

Navigan (CHEM. WERKE, Grenzach i. B.), ein Mittel gegen Seekrankheit. Enthält Oxyäthylpiperidinacetyltropasäureester in Ampullen zu 1,1 cm^3.   *Dohrn.*

Nebennierenpräparate s. Organpräparate.

Necaron (C. H. BOEHRINGER-SOHN A.-G., Niederingelheim), Doppelsalz von Kaliumsilbercyanid mit Kaliumcholat in molekularem Verhältnis. Weißes, bitter schmeckendes Krystallpulver, löslich in Wasser, unlöslich in Äther und Aceton. Wegen starker Diffussionsfähigkeit und bactericider Wirkung größere Tiefenwirkung als kolloidale Silberlösungen. Anwendung bei Gonorrhöe, in Tabletten, als Injektionsflüssigkeit und durch Spülungen.   *Dohrn.*

Nelkenöl s. Riechstoffe.

Neo-Bornyval (*Riedel*). Isovalerylglykolsäurebornylester. Die Herstellung erfolgt nach *D. R. P.* 252 157 durch Erwärmen von Chloressigsäurebornylester mit valeriansauren Salzen und nachfolgende Destillation bei 12 *mm* Druck und 182⁰. Ölige, farblose Flüssigkeit, fast ohne Geruch und Geschmack. Im Darm erfolgt Spaltung in Borneol, Baldriansäure und Glykolsäure. Anwendung als Sedativum. Perlen zu 0,25 *g.*   *Dohrn.*

Neodorm (*Knoll*), α-Isopropyl-α-brombutyramid, Äthyl-isopropyl-α-bromacetamid, erhalten nach *D. P. a.* K. 100 031, indem Äthyl-isopropyl-α-bromessigsäurebromid mit trockenem Ammoniak behandelt wird. Weiße, mentholartig riechende Krystalle vom *Schmelzp.* 45⁰, schwer löslich in Wasser und leicht löslich in organischen Lösungsmitteln. Anwendung als Schlafmittel. Tabletten zu 0,5 *g.*   *Dohrn.*

Neodym s. Erden, seltene, Bd. **IV**, 460.

Neogen ist ein Sondermessing (s. Messing, Bd. **VII**, 488), dem zur Erzielung besonders guter Festigkeitseigenschaften ein ziemlich hoher Prozentsatz von Nickel zugesetzt ist, so daß es bereits überleitet zum Neusilber (s. d.). Die Zusammensetzung ist: 58% Kupfer, 27% Zink, 12% Nickel, 2% Zinn und geringe Mengen von Aluminium und Wismut.   *E. H. Schulz.*

Neohexal (*Riedel*), sekundäres sulfosalicylsaures Hexamethylentetramin. Wird nach *D. R. P.* 266 122 und 266 123 hergestellt, indem man entweder auf das nach *D. R. P.* 240 612 gewonnene primäre sulfosalicylsaure Hexamethylentetramin ein weiteres *Mol.* Hexamethylentetramin einwirken läßt oder von vornherein 2 *Mol.* Hexamethylentetramin mit 1 *Mol.* Sulfosalicylsäure in heißem Alkohol löst und durch Erkaltenlassen zur Krystallisation bringt. Leicht in Wasser löslich, schmilzt bei 180 – 181⁰ unter Zersetzung. Als Blasenantisepticum eingeführt. Tabletten zu 0,5 *g.*   *Dohrn.*

Neohormonal (SCHERING-KAHLBAUM A. G., Berlin) ist ein verbessertes Hormonal, s. Bd. **VI**, 203.

Neolanfarbstoffe (*Ciba*) sind saure chromhaltige Wollfarbstoffe. Das Chrom ist in komplexer Bindung; die Komplexsalze sind leicht löslich und lagern sich erst während des Färbens in kochendem stark schwefelsauren Bade um. *D. R. P.* 298 670, 338 086, 349 023, 350 319, 351 648, 366 095, 369 585. Auf Seide werden die Neolanfarbstoffe aus essigsaurem Glaubersalzbade, auf Leder neutral oder schwach sauer gefärbt. Die damit gefärbte Wolle wird gut farbgleich, lichtecht, wasser-, walk-, dekatur- und carbonisierecht und bleibt weicher als gechromte Wolle. Die Farben sind lebhafter als die Färbungen mit Beizenfarbstoffen. Auch für Woll- und Seidendruck eignen sich die Neolanfarbstoffe, ebenso für Ätzdruck. Leder läßt sich besonders gut in hellen Farben färben, da es gut farbgleich wird; auch lassen sich Narbenfehler gut verdecken. Im Handel sind: Neolan-blau B, BR, GG, GR, RR, bordeaux R, -braun GR, R, -dunkelgrün B, -gelb G, GR, R, -grau B, -grün B, BL *konz.*, G, -marineblau 2 RL *konz.*, -orange G, GRE, R, -rosa B, G, -schwarz B, 2 R, -violett R, 3 R, -violettbraun B, s. auch Bd. **II**, 35 und Palatinechtfarbstoffe.   *Ristenpart.*

Neon s. Bd. **IV**, 103.

Neosalvarsan (*I. G.*) s. Bd. **I**, 606.

Neostibosan (*I. G.*), p-Aminophenylstibinsaures Diäthylamin, voluminöses, fast farbloses oder schwach biskuitfarbenes Pulver, leicht löslich in Wasser, Antimongehalt 42 – 43 %. Anwendung bei infektiösen Tropenkrankheiten, Kala-Azar, intravenös oder intramuskulär, wässerige, 5 %ige Lösung in Ampullen.   *Dohrn.*

Neotropin (SCHERING-KAHLBAUM, A. G., Berlin), 2-Butyloxy-2,6-diamino-5,5-azopyridin, wird hergestellt durch Diazotieren von 2-Butyloxy-5-aminopyridin und Kuppeln mit 2,6-Diaminopyridin. Gelbe Krystallmasse. *Schmelzp.* 129⁰. Die Farbstoffbase besitzt starke Penetrationskraft, färbt den Harn 2 – 3 Tage rotgelb. Anwendung bei infektiösentzündlichen Erkrankungen des Urogenitalsystems. Tabletten zu 0,1 *g.*   *Dohrn.*

Neptunfarbstoffe (*I. G.*) sind saure, gut gleichfärbende Wollfarbstoffe. Neptunblau R; Neptunbraun RX, 1912, ist dekatur-, bügel- und schwefelecht; Neptungrün SBLX und SBX vermutlich gleich Erioglaucin (Bd. **IV**, 615).   *Ristenpart.*

Nerocyanin BB *konz.* (*I. G.*), 1910, wegen seiner Waschechtheit besonders für Strickgarne geeigneter saurer Wollfarbstoff.   *Ristenpart.*

Nerol B extra, 2 B extra, 2 BL extra, BL extra, 4 B extra, TL extra, VL extra (*I. G.*), 1910, sind saure Disazofarbstoffe aus p-Aminodiphenylamin-o-sulfosäure-azo-1-naphthylamin und 2-Naphthol-3,6-disulfosäure bzw. SCHAEFFER-Salz, vorzüglich wasch- und lichtechte Schwarz für alle Zweige der Wollfärberei. Die Marken BL und 2 BL sowie VL und TL zeichnen sich durch Unempfindlichkeit gegen hartes Wasser, B, 2 B, 4 B durch ihren blumigen blauholzähnlichen Ton aus.   *Ristenpart.*

Nesselfaser ist die hauptsächlich aus der großen Brennessel, Urtica dioica, gewonnene Bastfaser. Die kleine Brennessel, Urtica urens, kommt z. Z. weniger, die in Sibirien heimische Hanfnessel, Urtica cannabina, vielleicht später in Betracht. Die Nessel ist eine Schatten- und Feuchtpflanze. In einer Versuchsanlage angebaut, lieferte 1 *ha* im August-September 6 *t* Trockenstengel = 550 *kg* Faser = 350 *kg* Garn, dazu 3 *t* Blätterheu als Futter.

Die Elementarfaser ähnelt der Baumwollfaser in Länge und Breite. Sie ist durchschnittlich 3 *cm* lang und 50 µ dick. An der Stengelbasis kann sie 120, an der Spitze 40 µ dick sein. Der Querschnitt ist rund bis elliptisch. Chemisch besteht die Faser aus fast reiner Cellulose wie Baumwolle.

Die Gewinnung vollzog sich nach KIRCHNER (Wochenblatt für Papierfabrikation **1917**, 2208) etwa folgendermaßen: Die Stengel wurden in offenen Kästen 2mal mit allmählich erwärmtem Wasser und darauf mit Lauge behandelt. Zwischendurch wurde gründlich gespült. Wenn erforderlich, wurde auch im Kocher unter Druck mit Lauge behandelt. Der nun nur noch lose an den Holzteilen hängende Bast wurde abgestreift, im Holländer gewaschen, durch abermalige Kochung mit Lauge entrindet und degummiert, abermals im Holländer gewaschen, abgesäuert, geseift, getrocknet und auf dem Wolf gerissen. Die so erhaltenen Zotten und Flocken wurden erforderlichenfalls mit Chlorkalk gebleicht. Das Spinnen besteht ganz ähnlich wie bei Baumwolle aus Krempeln, Kämmen, Strecken, Vor- und Feinspinnen. Eine Zusammenstellung der Patente zur Nesselfasergewinnung befindet sich in RISTENPART, Chem. Technologie der Gespinstfasern, II. Teil, S. 108, Berlin 1927.

Die Nesselfaser zählt zu den „Ersatzfasern" der Kriegs- und Nachkriegszeit. Deutschland erzeugte in den Jahren 1918—1920 je etwa 250 *t*. Sie hat später den billigeren Fasern den Platz räumen müssen. Über das gleichfalls zu den Nessel-pflanzen zählende Chinagras oder Ramie s. Bd. **III**, 194.

Literatur: RICHTER, Beiträge zur Lösung des Nesselproblems, *Chem.-Ztg.* **1916**, 801. — SCHÜRHOFF, Die Nesselfaser, *Kunststoffe* **1918**, 257. — WILDE, Brennessel zur Fasergewinnung, Ztschr. f. d. ges. Text.-Ind. **1916**, 317.   *E. Ristenpart.*

Netzmittel s. Textilöle.

Neublau B (*Ciba*) ist gleich Baumwollblau BB (Bd. **II**, 125); R (*Ciba, Geigy*), RS (*Ciba*), S *konz.* (*I. G.*) gleich Baumwollblau R (Bd. **II**, 125).   *Ristenpart.*

Neubordeaux PX (*I. G.*) ist der substantive Disazofarbstoff aus Benzidin und 2 *Mol.* 2-Naphthol-8-sulfosäure. Diese wird nach *D. R. P.* 30077 (*Friedländer* **1**, 371) gewonnen und nach *D. R. P.* 18027 (*Friedländer* **1**, 364) gekuppelt. Braunes Pulver, färbt Baumwolle im Salzbade violett, Wolle in saurem Bade bordeauxrot. Durch Nachkupfern wird die Licht-echtheit bedeutend verbessert und ein walkechtes Blau auf Wolle erzielt.   *Ristenpart.*

Neuechtgrau (*I. G.*) ist gleich Echtgrau (Bd. **IV**, 100).   *Ristenpart.*

Neufuchsin 90 (*I. G.*) ist der 1889 von HOMOLKA durch Erhitzen von Di-amino-o-ditolylmethan mit o-Toluidin und salzsaurem o-Toluidin bei Gegenwart eines Oxydationsmittels erhaltene basische Tritolylmethanfarbstoff. *D. R. P.* 59775 (*Friedländer* **3**, 113). Cantharidengrünes Pulver, leichter löslich in Wasser als Fuchsin, auch in Alkohol leicht löslich. Der Ton ist lebhafter und blauer als der des Fuchsins. Die Färbeeigenschaften und Echt-heiten sind die gleichen.   *Ristenpart.*

Neugallophenin 5 G (*I. G.*) ist ein Beizenfarbstoff der Gallocyaninklasse.
          Ristenpart.

Neumethylenblau N (*I. G.*) entspricht Methylenblau NNX (Bd. **VII**, 551). Die Marken N, H (*Geigy*) sind ebenfalls sehr leicht lösliche basische Thiazinfarbstoffe für Seide, tannierte Baumwolle und Zeugdruck; lebhafte, tiefe Blau.   *Ristenpart.*

Neuramag (A. MENDEL, A. G., Berlin-Schöneberg), Tabletten aus 0,05 g acetylsalicylsaurem Chinin, 0,01 Codeinphosphat, 0,2 g Phenacetin und 0,1 g Acetanilid. Anwendung als Antineuralgicum und Sedativum.   *Dohrn.*

Neusilber ist die Bezeichnung für eine Gruppe von Legierungen aus Nickel, Kupfer und Zink, u. zw. sind die einzelnen Metalle in der Legierung im allgemeinen innerhalb der folgenden Grenzen vorhanden: Nickel 5–33%, meist 12–22%, Kupfer 50–70, meist 60–65%, Zink 13–35, meist 18–23%. Als Verunreinigungen, teilweise auch als absichtliche Zusätze kommen vor: Zinn bis zu 4%, Blei bis zu 3%, Eisen 0,1–5%, Mangan bis zu 1%; ferner Cadmium, Kobalt, Aluminium, Magnesium, Antimon, Wolfram und Phosphor in kleineren Mengen. Außer der Benennung Neusilber kommt der Werkstoff noch unter einer ganzen Reihe anderer Bezeichnungen in den Handel, so als Argentan, Alpakka, Packfong, Maillechort (nach den ersten Herstellern der Legierung, MAILLE und CHORIER), Christofle, Argyrolith u. s. w. Häufig werden die aus Neusilber hergestellten Gegenstände noch mit einem Überzug aus echtem Silber versehen; sie tragen dann meist wieder Sondernamen, so z. B. Alfénide.

Die Vorzüge, die dem Neusilber zu seiner Bedeutung verhalfen, sind seine schöne weiße, silberähnliche Farbe, seine Festigkeit, die Widerstandsfähigkeit gegen chemische Einflüsse und auch seine leichte Verarbeitbarkeit. Je nach dem Gehalt der einzelnen Bestandteile sind diese Eigenschaften allerdings verschieden ausgebildet. Je höher der Nickelgehalt ist, desto schöner ist die Farbe und desto größer der Widerstand gegen chemische Einflüsse; andererseits aber steigt mit dem Nickelgehalt die Schwierigkeit der Verarbeitung und auch der Preis. Der Kupfergehalt wirkt insbesondere auf eine gute Geschmeidigkeit hin bei der Verarbeitung durch Walzen, Ziehen, Prägen u. s. w.; jedoch wird durch ihn die Farbe weniger schön, ins Gelbliche übergehend. Zink verbilligt die Legierung und macht sie besser gießbar (Herabsetzung des *Schmelzp.*, Verhinderung der Gasentwicklung beim Gießen); andererseits aber werden sowohl die mechanische wie die chemische Widerstandsfähigkeit der Legierung mit steigendem Zinkgehalt geringer.

Neusilber ist etwas härter und fester als Messing. WEIDIG stellte an einem Neusilber mit rund 20% Nickel, 60% Kupfer und 20% Zink folgende Werte fest:

Behandlung	Zugfestigkeit kg/mm^2	Dehnung %
Hart gezogen	63,0	5
Bei 400° geglüht . . .	60,5	11
„ 600° „	44,5	34
„ 800° „	39,3	36,5

Der *Schmelzp.* des Neusilbers liegt je nach der Zusammensetzung zwischen 950 und 1170°; er ist umso höher, je höher der Nickel- und je niedriger der Zinkgehalt ist. Das *spez. Gew.* ist 8,3–8,7, die elektrische Leitfähigkeit rund 2–7.

Die Oberfläche der Neusilbergegenstände läßt sich gut auf Hochglanz polieren. Gegen reines Wasser ist Neusilber beständig, ferner ziemlich beständig gegen viele verdünnte organische Säuren. Neusilber läßt sich schweißen und löten; als Lötmetalle kommen Legierungen in Betracht, die wie das Neusilber selbst zusammengesetzt sind; jedoch wird zur Erniedrigung des Schmelzpunktes der Zinkzusatz erhöht (s. unter Löten, Bd. VII, 381).

Die Verarbeitung des Neusilbers geschieht nur selten auf dem Wege des Formgusses; meist wird es zu Platten gegossen, die dann zu Blechen ausgewalzt werden. Das Walzen geschieht bei gewöhnlicher Temperatur wie bei Messing mit mehr als 63% Kupfer, dem das Neusilber in seinem technischen Verhalten überhaupt in manchen Beziehungen ähnelt. Aus den Blechen können dann Gefäße, z. B. Kannen, Dosen u. dgl., gezogen, Geschirre, wie Gabeln, Löffel, Messergriffe, Beschläge u. s. w., gestanzt werden. Infolge seiner Zähigkeit ist Neusilber im allgemeinen für spanabhebende Bearbeitung weniger geeignet.

Verwendung findet das Neusilber, wie bereits erwähnt, insbesondere zu Tafelgeschirren, ferner zu kunstgewerblichen Gegenständen. Seine hohe chemische Widerstandsfähigkeit macht es auch geeignet für chirurgische Instrumente, Meßwerkzeuge, nautische und optische Geräte, Schanktischbekleidungen, feine Gewichtssätze. Auch im Maschinenbau findet das Neusilber Verwendung für besonders hoch beanspruchte Maschinenteile; endlich ist noch sein Gebrauch als Widerstandsmaterial in der Elektrotechnik zu erwähnen. Für letzteren Zweck kommt beispielsweise eine Legierung aus etwa 56% Kupfer, 31% Nickel und 13% Zink in Frage, die als Nickelin bezeichnet wird, ein Name, der aber auch für andere Legierungen, die dem gleichen Zwecke dienen, gebraucht wird (s. Kupferlegierungen, Bd. **VII**, 231).

Versuche, dem Neusilber noch andere Metalle hinzuzufügen, haben im allgemeinen keinen günstigen Erfolg gehabt. Meist wirken Beimengungen auf die eine oder andere Eigenschaft des Materials ungünstig; höchstens kommt ein Zusatz von Zinn, Blei oder Aluminium in solchen Fällen in Betracht, wo die Legierung besonders gießfähig sein soll; auch Phosphorkupfer oder Mangankupfer ist zu dem gleichen Zweck zugesetzt worden. Der Zusatz kleiner Mengen Silber, wie er gelegentlich gemacht wurde, ist zwecklos. In manchen Fällen hat man einen Teil des Nickels durch Mangan ersetzt (Manganneusilber), was aber ohne besonderen Vorteil ist.

In der nachstehenden Zusammenstellung sind einige besonders genannte oder sich durch besondere Eigenschaften auszeichnende Einzellegierungen aufgeführt.

Alfénide oder Chinasilber ist die Bezeichnung für Neusilber, das mit echtem Silber überzogen ist.

Perusilber hat einen Gehalt von Silber, der aber zu gering ist, um wirklich einen maßgebenden Einfluß auf das Verhalten der Legierung auszuüben.

Platinoid wird wie Nickelin (s. d.) für elektrische Widerstände gebraucht; es enthält neben 22% Nickel, 56% Kupfer und 22% Zink noch geringe Mengen Wolfram.

Sterlinmetall ist ein Neusilber, das noch einen Zusatz von etwa 1% Eisen erhalten hat; jedoch kommt ein solcher Gehalt auch in gewöhnlichen Neusilbersorten vor.

Wiener Neusilber ist ein Neusilber, wie es normalerweise für Tafelgeräte u. dgl. verwendet wird, also aus 20–25% Nickel, 50–60% Kupfer, 20–25% Zink. Für Gußzwecke werden der Legierung meist etwas Zinn oder Blei, auch Aluminium oder Cadmium zugesetzt.

Eine Legierung von sehr schöner weißer Farbe, die aber wegen ihres hohen Gehaltes an Nickel sehr teuer und schwer verarbeitbar ist, ist die Legierung nach HIORNS aus 34% Nickel, 46% Kupfer und 20% Zink.

Literatur: Werkstoffhandbuch Nichteisenmetalle, herausgegeben von der Deutschen Gesellschaft für Metallkunde im Verein Deutscher Ingenieure. Berlin 1927. Beuth-Verlag. – P. REINGLASS, Chemische Technologie der Legierungen. Leipzig 1926.   *E. H. Schulz.*

Neusolidgrün 3 B (*Ciba*) ist der 1896 von SANDMEYER und SCHMID erfundene basische Triphenylmethanfarbstoff. Nach D. R. P. 94126 wird 2,5-Dichlorbenzaldehyd mit Dimethylanilin kondensiert und oxydiert. Blaustichiges Grün für Seide und Baumwolle.

Neutralblau B und R (*Ciba*) sind die 1897 von ULRICH erfundenen Azofarbstoffe aus H-Säure und Tolyl- bzw. Phenyl-1,8-naphthylaminsulfosäure nach D. R. P. 75571 und 108546. Sie sind leicht löslich und färben Wolle im essigsauren oder auch neutralen Bade. Die Färbung ist licht- und schweißecht. Leichte Walke verändert nur wenig.

Marke R:

Neutralfarbstoffe (*Geigy*) sind im neutralen Bade färbende Farbstoffe für Wolle und Seide. Im Handel sind: Neutral-blau, verschiedene Marken, -braun RX, -gelb HG, -rot BX, PS, R und ·-violett, ferner verschiedene Marken Neutraltuchblau und -tuchschwarz.   *Ristenpart.*

Neutralgrau G (*I. G.*), 1897, ist der substantive Disazofarbstoff aus Anilin → 1-Naphthylamin → 2-Amino-8-naphthol-6-sulfosäure; das schwarze Pulver löst sich in Wasser mit dunkelveiler Farbe, die sich auf Zusatz von Säure sowohl als auch Lauge vertieft. Baumwolle und Seide wird licht-, säure- und alkaliecht angefärbt.

Ristenpart.

Neutralon (SCHERING-KAHLBAUM A. G., Berlin) ist ein in Wasser unlösliches, weißes, geschmack- und geruchloses Pulver, ein synthetisches Aluminiumnatrium-silicat der Formel $Al_2O_3 \cdot Na_2O \cdot 8\,SiO_2 \cdot H_2O$, das durch die Magensalzsäure in Kochsalz, Kieselsäure-Gel und Aluminiumchlorid umgesetzt wird, wodurch die Salzsäure sowohl neutralisiert wie aufgesaugt wird. Anwendung bei Hypersekretion, Hyperacidität und Magengeschwür. Belladonna-Neutralon hemmt die zu starke Säuresekretion.

Dohrn.

Neu-Urotropin (SCHERING-KAHLBAUM A. G., Berlin) gleich Helmitol (*I. G.*) s. Bd. **VI**, 133.

Neuviktoriablau B (*I. G.*) ist der 1892 von NASTVOGEL erfundene basische Diphenylnaphthylmethanfarbstoff. Tetramethyl-diaminobenzophenonchlorid wird mit Äthyl-1-naphthylamin kondensiert. Der Farbstoff besitzt auf Baumwolle die gute Wasch- und Säure-, aber geringe Licht- und Chlorechtheit der Viktoriablau. Er zieht bereits ohne Tannierung auf Baumwolle. Die Walk- und Schwefelechtheit auf Wolle ist gut, wenngleich satte Töne leicht etwas abreiben. Die Verwendung erstreckt sich auch auf Seide, Jute und Cocos.

Ristenpart.

Nickel, *Ni,* Atomgewicht 58,7, ist ein stark glänzendes Metall von silberweißer Farbe mit einem Stich ins Stahlgraue. *Schmelzp.* 1435° (*Chem. Ztrlbl.* 1908, I, 341), 1452° (BUREAU OF STANDARDS, Washington). *Spez. Gew.* 8,85, Härte 3,8 (MOHSsche Skala), Zugfestigkeit und Dehnung weichgeglüht 40−45 kg/mm^2, 40−50 %, hartgewalzt 70−80 kg/mm^2, 2 %. Politurfähig, schmiedbar, schweißbar, sehr dehnbar, völlig duktil, namentlich wenn beim Umschmelzen zur Entfernung des Nickeloxyduls etwa 0,5 % Magnesium oder eine geringe Menge Mangan zugesetzt wird. Läßt sich kalt oder warm zu 0,025 *mm* dicken Blechen auswalzen und zu 0,5 *mm* dicken Drähten ziehen. Spezifische Wärme zwischen 15° und 100° 0,109, linearer Wärmeausdehnungs-koeffizient zwischen 0° und 100° 0,000013, Wärmeleitfähigkeit bei 18° 0,142, elektrische Leitfähigkeit bei 20° weichgeglüht: 11,5, hartgewalzt: 10,5, Temperaturkoeffizient für 1° zwischen 0 und 60° weichgeglüht: 0,0047, hartgewalzt: 0,0046 (nach Werkstoffhandbuch). Magnetisch, wenn auch weit weniger als Eisen; magnetischer Umwandlungspunkt bei 360°. Der spezifische Leitungswiderstand gegen den elektrischen Strom beträgt 0,124 (Kupfer 0,0160). Kupfer leitet also den Strom beinahe 8mal so gut wie Nickel. Noch schlechter leiten gewisse Nickellegierungen. Nickel ist bei gewöhnlicher Temperatur außerordentlich widerstandsfähig gegen atmosphärische Einflüsse; auch wird es beim Erhitzen an der Luft im Dauerbetriebe bis zu Temperaturen von 500° nicht angegriffen. Bei der Verwendung in höheren Temperaturen aber tritt bei genügendem Zutritt von Sauerstoff Oxydation ein, welche Brüchigkeit des Metalles hervorruft und seine Festigkeit und Dehnung vernichtet. Destilliertes Wasser, Seewasser, fließendes Leitungswasser, Alkalilösungen und geschmolzene Alkalien greifen das Nickel nicht an. Hinreichend beständig ist es gegen das Ammoniak, viele anorganische Salzlösungen, organische Stoffe, auch gegen die gebräuchlichen organischen Säuren bei mäßiger Konzentration, nicht aber gegen Mineralsäuren. Leicht löslich in Salpetersäure, weniger leicht in Salzsäure und in Schwefelsäure. In kohlensäurehaltigen Wässern überzieht sich das Nickel nach kurzer Zeit mit einem Schutzüberzug, der einen weiteren Angriff der Wässer verhindert. Die geringen Mengen Nickel, die beim Zubereiten und Stehenlassen von Speisen in Nickelgeschirren in Lösung gehen, sind als völlig unschädlich anzusehen.

Geschichtliches. Nickel ist ebenso wie Kobalt ursprünglich ein Schimpfname. Es soll sich von dem niederdeutschen Wort nikker, d. i. Teufel, ableiten (NEUMANN, Die Metalle, 1904). Die sächsischen Bergleute benannten den Rotnickelkies ($NiAs$), den sie seiner Farbe wegen für ein Kupfererz hielten und aus welchem sich trotz aller Bemühungen kein Kupfer erzeugen ließ, Kupfernickel. Diese Benennung hat sich bis heute erhalten. Legiert mit anderen Metallen, hat das Nickel schon frühzeitig Verwendung gefunden, ohne daß man offenbar das Metall selbst gekannt hat. So enthalten baktrische Münzen aus vorchristlicher Zeit (FLIGHT, *Poggendorf. Ann.* **139**, 507) neben 77,58% Cu und wenig Fe, Co, Sn auch 20,94% Ni. Diese Zusammensetzung entspricht also beinahe derjenigen unserer Nickelmünzen. Im 18. Jahrhundert kamen aus China unter dem Namen Packfong (BAUER-LEDEBUR) verschiedentlich Gebrauchsgegenstände aus einem Metall von weißer Farbe nach Europa in den Handel. Die spätere Untersuchung ergab als wesentliche Bestandteile Nickel, Kupfer, Zink (z. B. 15,2% Ni, 40,5% Cu, 44,3% Zn). Packfong hat also eine ähnliche Zusammensetzung wie unser Neusilber. Das Metall Nickel wurde zum ersten Male isoliert von CRONSTEDT im Jahre 1751, der es aber in sehr unreinem Zustande gewann. CRONSTEDT gab dem Metall auch den Namen in Anlehnung an das Mineral Kupfernickel. Reines Nickel stellte als erster RICHTER im Jahre 1804 her. Die gewerbliche Herstellung des Nickels und seiner Legierungen setzte mit dem Jahre 1824 ein. Die Anregung dazu gab ein Preisausschreiben des VEREINS ZUR BEFÖRDERUNG DES GEWERBEFLEISSES für die Darstellung einer Legierung, die dem 12lötigen Silber in der Farbe gleichen und zur Verarbeitung auf Löffel, Leuchter und andere getriebene Gegenstände geeignet und chemisch widerstandsfähig gegen die gewöhnlichen Speisen sein müßte. Im Jahre 1823 gelang es E. A. GEITNER, Schneeberg i. Sa., eine weiße, geschmeidige Legierung von gleichbleibender Zusammensetzung aus den Metallen Nickel, Kupfer, Zink zu erschmelzen. Im folgenden Jahre gelangten bereits daraus verfertigte Gebrauchsgegenstände in den Handel. GEITNER nannte seine Legierung Argentan. Die Gebrüder HENNINGER, welche etwa 1825 in Berlin eine Fabrik errichteten, nannten die von ihnen hergestellte Legierung Neusilber. Später erfand man dazu, nur zu Reklamezwecken und ohne daß damit ein bestimmtes Verhältnis der Metalle Kupfer, Nickel, Zink in der Zusammensetzung festgelegt sein sollte, die Namen Alpaka, Maillechort, Alfenide, Chinasilber u. s. w. Zunächst blieb jedoch die Produktion an Nickel sehr geringfügig und beschränkte sich wohl auf die Verarbeitung von reinen Nickel- bzw. Nickelkobalterzen, wie sie in geringen Mengen an verschiedenen Orten Deutschlands (Sachsen, Nassau, Siegerland) und auch in anderen Ländern gefunden wurden. Dies änderte sich, als im Jahre 1850 die Schweiz und einige Jahre später andere Länder (1857 Nordamerika, 1860 Belgien, 1873 Deutschland u. s. w.) dazu übergingen, Scheidemünzen aus Kupfer und Nickel mit oder ohne weitere Zusätze zu prägen. Infolgedessen überstieg die Nachfrage bald die Produktion. Bis dahin war Norwegen der Hauptlieferant für Nickelerze gewesen. Da entdeckte 1876 F. GARNIER in Neucaledonien die ausgedehnten Lagerstätten des nach ihm benannten Minerals Garnierit, eines Magnesiumhydrosilicats mit wechselndem Nickelgehalt (5—12%). 1883 erfolgte die Auffindung der großen Nickelkupfererzlagerstätten von Sudbury in Canada. Die Erze von Sudbury sind Magnetkiese und enthalten im Durchschnitt je 3% Nickel und Kupfer. Die Erze von Neucaledonien und die von Sudbury sind es, die unbeschadet kleinerer, schon bekannter oder später aufgefundener Vorkommen jetzt das Hauptrohmaterial für die Weltproduktion an Nickel bilden. Seine eigentliche Bedeutung für die Technik gewann das Nickel, als man seinen Einfluß auf die Härte und Festigkeit des Eisens und Stahles erkannte. Es genügt ein Zusatz von wenigen Prozenten Nickel, um die Festigkeit des Stahles ganz bedeutend zu erhöhen. Versuche in dieser Richtung hatte schon FARADAY (1820) angestellt; aber erst 1832 wurden Eisen-Nickel-Legierungen technisch erzeugt (WOLF, Schweinfurt). 1853 wurden auf der Ausstellung in New York solche Legierungen ausgestellt, die allgemeines Interesse erregten. 1888 fertigten Frankreich und England Panzerplatten aus Nickelstahl, welchem Vorgehen bald alle anderen Kriegsmächte folgten.

Vorkommen. Abgesehen von dem spärlichen metallischen Auftreten in den Meteoriten findet sich das Nickel in der Natur nur in gebundenem Zustande vor, u. zw. vorzugsweise mit Schwefel, Arsen, Antimon, Sauerstoff, Phosphor, Kieselsäure u. a. Das Meteoreisen enthält bis zu 20% Nickel, u. zw. als Metall oder auch gebunden an Phosphor, Kohlenstoff u. a. Bei den Mineralien ist zu unterscheiden zwischen solchen, welche das Nickel als Hauptbestandteil, und solchen, welche es nur als Beimengung enthalten. Zu den eigentlichen Nickelmineralien gehören (KLOCKMANN, Lehrbuch der Mineralogie, 1912):

Rotnickelkies (Kupfernickel, Nickelin, Arsennickel), $NiAs$ mit 43,9% Ni und 56,1% As. Arsen ist fast immer, u. zw. bis zu 28%, ersetzt durch Antimon, oder auch durch Schwefel, Nickel teilweise vertreten durch Kobalt und Eisen. Gangartig auf den wismuthaltigen Kobalt-Silber-Erzgängen im Erzgebirge (Schneeberg, Annaberg, Marienberg, Johanngeorgenstadt, Joachimstal), im Schwarzwald, im Kupferschiefer von Mansfeld, Bieber im Spessart, in größeren Mengen auf Gängen mit Bleiglanz und Kupferkies in La Rioja in Argentinien, mit Chromit in Spanien. Ehedem wichtiges Nickelerz. Breithauptit (Antimonnickel). $NiSb$ mit 32,9% Ni, 67,1% Sb, Nickel durch Kobalt, Eisen, Antimon durch Arsen, Schwefel ersetzt. Hexagonal, derb und eingesprengt. Härte 5, *spez. Gew.* 7,6—7,7, lichtkupfer-rot. Seltener.

Chloantit (Weißnickelkies, Arsennickelkies), $NiAs_2$ mit 28,1% Ni und 71,9% As, Nickel fast immer zum Teil durch Kobalt, Eisen und Arsen durch Antimon, Schwefel ersetzt. Auf den wismut-haltigen Kobaltgängen des Erzgebirges (Schneeberg, Johanngeorgenstadt, Annaberg, Marienberg, Joachimstal), im Kupferschiefer von Mansfeld, Bieber, neben Kupfererzen auf Spateisengängen zu Dobschau in Ungarn. Ehedem wichtiges Nickelerz. Gersdorffit ($NiAsS$), Ullmannit ($NiSbS$), Millerit (NiS), Annabergit ($Ni_3[AsO_4]_2 — 8 H_2O$), Moresonit ($NiSO_4 — 7 H_2O$) u. a. sind seltene Minera-lien oder finden sich nur in so geringen Mengen, daß sie für die Verhüttung nicht in Frage kommen.

Die heutige Nickelgewinnung beruht auf 2 Mineralien, dem Garnierit und den Kupfer-Nickel führenden Magnetkiesen, die das Nickel nur als Neben-bestandteil enthalten.

Garnierit oder Numeait (nach der Stadt Numea) ist ein wasserhaltiges Magnesium-Nickel-Silicat mit schwankendem Nickelgehalt. Durchschnittlich 7—10% Ni, steigend bis 20%. Nach KLOCK-MANN (l. c.) ist das Nickel als $NiSiO_3$ vorhanden, während nach neueren Ansichten das Vorhanden-sein des Nickelsilicates in dem Erze abgelehnt wird. In derben Massen von apfelgrüner bis smaragd-grüner Farbe. Garnierit und die ihm verwandten Mineralien enthalten stets geringe Mengen von Kupfer, sind aber fast stets frei von Schwefel und Arsen. Ein dem neucaledonischen sehr ähnliches, aber weit weniger ausgedehntes Vorkommen mit geringeren Nickelgehalten findet sich bei Frankenstein in Schlesien. Wie in Neucaledonien der Garnierit, so ist in Frankenstein hauptsächlich der Pymelith der Träger des Nickels. An 2 Durchschnittsanalysen läßt sich die übereinstimmende Zusammensetzung beider Mineralien leicht nachweisen:

Garnierit (BORCHERS, Hüttenbetriebe II, 1917, 19): 43,00% SiO_2, 21,00% MgO, 0,50% Cr_2O_3, 9,00% NiO, 14,00% Fe_2O_3, 0,25% CoO, 1,50% Al_2O_3, 11,00% H_2O.

Pymelith (KÖHLER, Festschrift zum 12. Allgemeinen Bergmannstag in Breslau IV, 267): 46,32% SiO_2, 22,48% MgO, 0,62% MnO, 5,50% Ni, 14,46% FeO_3, 0,12% CoO, 1,68% Al_2O_3, 3,10% CaO, 8,90% $H_2O + CO_2$.

In den angezogenen Quellen findet man außerdem ausführliche und interessante Angaben über die Geologie beider Vorkommen.

Kupfer-Nickel führende Magnetkiese. Gewisse Magnetkiese, u. zw. sobald sie als magmatische Ausscheidung aus Eruptivgesteinen auftreten, zeichnen sich stets durch einen beträcht-lichen Nickelgehalt aus, welcher auf einer Beimengung von Pentlandit ($FeNi)S$ beruht (KLOCK-MANN, l. c.). Weitere regelmäßige Begleiter sind Pyrit und Kupferkies. Der Nickelgehalt beträgt 1—3%, selten 5—7%; der Kupfergehalt hält sich in ähnlichen Grenzen. Mitunter weist der Magnetkies auch Spuren von Platin auf. Die Hauptlagerstätte der Kupfer-Nickel führenden Magnetkiese befindet sich in Canada bei Sudbury, an der Nordseite des Huronsees. Geologisch ähnliche, aber ungleich beschränktere und meist auch ärmere Vorkommen haben wir an verschiedenen Stellen Norwegens (Evje), Deutschlands (Schwarzwald, Lausitz) u. a. Diese letzteren Vorkommen haben sich bis jetzt nur zum Teil als abbauwürdig erwiesen. Die canadischen Lagerstätten sind seit 1856 bekannt. Heute liefern sie das Rohmaterial für 90% der Weltproduktion an Nickel.

Neben den sulfidischen sind in neuerer Zeit auch arsenidische Nickelerze im Sudburydistrikt gefunden worden, die sich durch einen reichen Gehalt an Kobalt und an Silber auszeichnen. Durch-schnittsgehalt einer 6monatigen Förderung aus 1905 betrug 4,1—4,8% Ag, 6,9—8,2% Co, 3,0—4,7% Ni, 30,9—34,6% As (s. Silber). Ausführliche Angaben über das Vorkommen der Magnetkiese macht BORCHERS (Hüttenbetriebe II, 1917, 9 ff.).

Außer den genannten Erzen kommen für die Verhüttung noch nickelhaltige Speisen, Steine, Schlacken, Altmetalle in Betracht.

Erkennung und Bestimmung des Nickels. Die Boraxperle wird im Oxydationsfeuer durch Nickel — wenn auch in sehr geringen Mengen vorhanden — violett gefärbt, beim Erkalten braunrot. Im Reduktionsfeuer wird Nickel zu Metall reduziert, welches in Flitterchen (Schwamm) in der Perle herumschwimmt und ihr eine rauchgraue Färbung verleiht. Die schärfste Reaktion auf Nickel, die auch durch die Anwesenheit von Eisen, Aluminium, Mangan, Zink, Kobalt, Chrom u. a. nicht wesentlich gestört wird, ist die mit Dimethylglyoxim (s. Bd. III, 692; TSCHUGAEFF, B. 38, 2520). Das Oxim erzeugt in ammoniakalischer Lösung einen scharlachroten voluminösen Niederschlag von Nickeldimethylglyoxim. BRUNCK hat dieses Verhalten zur Ausarbeitung einer eleganten und genauen quantitativen Nickelbestimmung benutzt. Durch Dimethylglyoxim läßt sich noch ein Nickel-gehalt von 1 Metall in 400 000 Wasser nachweisen.

Zur quantitativen Bestimmung des Nickels in Erzen, Legierungen, Hüttenprodukten u. a. wird die Probe im Schmelzfluß mit Soda und Salpeter oder mit Säuren (*konz.* Salzsäure, Salpetersäure, Königswasser, ev. unter Zusatz von Schwefelsäure) aufgeschlossen und mit Salzsäure zur Abscheidung der Kieselsäure und zur Vertreibung der Salpetersäure zur Trockne gedampft. Die scharf getrocknete Substanz wird mit verdünnter Salzsäure aufgenommen und, ohne zu filtrieren, mit Schwefelwasserstoff behandelt. Die Metalle der Schwefelwasserstoffgruppe fallen aus, während Nickel und Kobalt neben Eisen, Chrom, Mangan, Zink in Lösung bleiben. Das Filtrat von dieser Fällung wird unter Zusatz eines Oxydationsmittels (Brom-Salzsäure, chlorsaures Kalium u. dgl.) zur Entfernung bzw. Oxydation des Schwefelwasserstoffs und des Eisenoxyduls zum Sieden erhitzt und kann dann nach dem Erkalten direkt zur Fällung des Nickels mit Dimethylglyoxim nach BRUNCK (*Ztschr. angew. Chem.* 1907, 834, 1844 ff.) verwendet werden. Man fügt zu der fast siedend heißen, schwach sauren (die Art der Säure ist gleichgültig) Lösung die erforderliche Menge von Dimethylglyoxim und macht mit Ammoniak schwach alkalisch. Der Niederschlag von Nickeldimethylglyoxim wird noch heiß im NEUBAUER-Tiegel filtriert, ausgewaschen und bei 110–120⁰ etwa ³¦₄ʰ getrocknet. Der Niederschlag enthält 20,31 °% Nickel.

Will man neben Nickel auch Kobalt bestimmen, so wird das Filtrat von der Schwefelwasser-stoffällung wie oben oxydiert und mit Ammoniak, ev. unter Zusatz von Wasserstoffsuperoxyd, versetzt. Eisen, Tonerde, Chrom, Mangan fallen aus. Die Fällung muß unter Umständen wiederholt werden. Aus dem stark ammoniakalisch gemachten Filtrat werden Nickel und Kobalt elektrolytisch zusammen gefällt. Den gewogenen Niederschlag löst man in Salpetersäure und bestimmt aus dieser Lösung nun das Nickel allein nach der Dimethylglyoximmethode.

Vereinzelt wendet man noch, namentlich da, wo kein Kupfer im zu untersuchenden Materiale enthalten ist, die trockene Probe nach PLATTNER (s. Probierkunde von KERL) an.

Die Erkennung der Nickelmineralien wird häufig durch einen apfelgrünen Beschlag von kohlensaurem oder arsensaurem Nickel und anderen oxydischen Verbindungen erleichtert.

Hüttenmännische Gewinnung des Nickels. Sie kann auf trockenem, nassem oder elektrochemischem Wege erfolgen.

I. Der trockene Weg der Nickelgewinnung.

Die Metallurgie des Nickels weist große Ähnlichkeiten mit der des Kupfers auf und beruht hauptsächlich auf der größeren Verwandtschaft des zu gewinnenden Metalls zu Schwefel im Vergleich zu anderen Schwermetallen (Eisen) und auf seiner geringeren Verwandtschaft zum Sauerstoff. In letzterer Hinsicht steht Nickel allerdings dem Kupfer nach; es neigt leichter zur Verschlackung als dieses. Die Verhüttung kupferfreier sulfidischer Erze und der fast kupferfreien oxydischen Erze gestaltet sich verhältnismäßig einfach; größere Mühe machen die kupferhaltigen sulfidischen Erze (Magnetkiese) infolge der schwierigen Trennung der beiden Metalle Kupfer und Nickel. An Hand dieser Verschiedenheit in der chemischen Zusammensetzung haben sich für beide Erzsorten besondere Verhüttungsmethoden ausgebildet. Die arsenidi-schen Nickelerze, deren Menge im Verhältnis zu den sulfidischen und oxydischen allerdings gering ist, erfordern ebenfalls eine besondere Behandlung. Wir unter-scheiden daher grundsätzlich: 1. Die Verhüttung fast kupferfreier oxydischer Erze; 2. die Verhüttung kupferhaltiger Erze; 3. die Verhüttung arsenidi-scher Erze.

1. Verhüttung oxydischer Erze. Sie zerfällt in folgende Operationen: a) Verschmelzen des Erzes auf Rohstein, b) Rösten des Rohsteins. c) Verschmelzen des Rohsteins auf einen konz. Nickelstein, d) Verblasen des Konzentrationssteins auf Nickelfeinstein, e) Totrösten des Nickelfeinsteins, f) Reduktion des dadurch erhaltenen Nickeloxyduls zu Rohnickel.

2. Verhüttung kupferhaltiger Erze. a) Eventuelle teilweise Abröstung des Schwefels, b) Verschmelzen des Erzes auf Rohstein, c) Verblasen des Rohsteins auf Kupfer-Nickel-Feinstein, d) Trennung der Metalle Nickel und Kupfer. Diese Disposition soll den Verhüttungsgang nur im allgemeinen kennzeichnen. Die später aufzuführenden Spezialverfahren halten sich meist nicht an den damit vorgeschriebenen Gang, sondern suchen, z. B. häufig schon in den ersten Operationen, eine Trennung des Nickels und Kupfers herbeizuführen.

3. Verhüttung arsenidischer Erze und Produkte. Sie erfolgt in ähnlicher Weise wie diejenige der geschwefelten Erze, u. zw. etwa in folgenden Operationen: a) Rösten des Erzes, b) Verschmelzen des Erzes auf Rohspeise, c) Rösten der Roh-speise, d) Verschmelzen der gerösteten Rohspeise auf konz. Speise, e) Verarbeitung der konz. Speise auf eisenfreie, raffinierte Speise, f) Verarbeitung der raffinierten Speise auf Rohnickel.

1. Verhüttung oxydischer Erze (Garnierit).

a) Rohsteinschmelzen. Im Anfang hat man versucht, die oxydischen Erze, die im wesentlichen Magnesium-Nickel-Hydrosilicate, wie der Garnierit, Pymelith u. s. w., sind, an Ort und Stelle auf Ferronickel zu verschmelzen. Diese Versuche schlugen aus wirtschaftlichen und technischen Gründen fehl. In der Folge war man daher darauf angewiesen, den Garnierit nach Amerika und hauptsächlich auch nach

Europa (Deutschland, England, Frankreich) auszuführen. Da die Natur des Vorkommens (lockere Imprägnation in lockerem Gestein) eine maschinelle Aufbereitung nicht zuläßt, so können deswegen und wegen der hohen Fracht nur die sich als bessere Qualität kennbar machenden Erze (mit etwa 7% Ni) zum Versand gebracht werden. Die ärmeren Erze — und das ist der weitaus größere Teil — gehen auf die Halde.

In der großen Verwandtschaft des Nickels zu Schwefel findet sich das geeignetste Mittel, das Nickel von den meisten anderen Bestandteilen des Erzes, abgesehen von Kupfer, zu trennen. Man mischt das Erz mit schwefelabgebenden Materialien, wie Gips, Schwerspat, Rückständen von der LEBLANC-Soda-Fabrikation u. dgl., in solchen Mengen, daß genügend Schwefel zur Bindung des gesamten Nickels und eines gewissen Teiles des Eisens vorhanden ist. Das Gemisch wird im Schachtofen verschmolzen, wobei arme Schlacke und Nickelrohstein fallen. Über die Natur des Nickelsteins war man lange Zeit ganz im unklaren. Nach SCHNABEL (Metallhüttenkunde, 2. Aufl., Bd. II, S. 649) soll das Ni im Nickelstein als NiS vorhanden sein. Diese Annahme ist durch die eingehenden Untersuchungen von BORNEMANN (*Metallurgie* 1908, 13 ff. und 61 ff.) widerlegt worden. Als NiS kommt das Nickel im Nickelstein niemals vor. Schwefelreiche Schwefelnickel- und Schwefelnickel-Schwefeleisen-Gemische verlieren im Schmelzfluß durch Dissoziation ihren Schwefel ziemlich schnell, bis das Nickel als Ni_3S_2 vorliegt. Weiterhin verlangsamt sich die Schwefelabgabe ganz wesentlich. Nickel und Schwefel für sich allein bilden im Schmelzfluß nur eine beständige, wenig Schwefel abgebende Verbindung, Ni_3S_2, Schmelzp. 787°. Im Nickelstein kommt noch Ni_2S hinzu. In FeS-freien oder -armen Steinen ist das Nickel als Ni_3S_2 neben ev. ausgeschiedenem metallischen Nickel vorhanden, in FeS-reichen Steinen (Rohsteinen) ebenfalls als Ni_3S_2, aber gebunden an Schwefeleisen als $FeS \cdot Ni_3S_2$, solange der Schwefelgehalt ausreicht. Ist er nicht mehr genügend, so ist auch Ni_2S, verbunden mit FeS, vorhanden, u. zw. je nach der Temperatur als $(FeS)_2Ni_2S$ (über 575°), als $(FeS)_3(Ni_2S)_2$ (bei 575° und darunter) und als $(FeS)_4Ni_2S$ (wesentlich unter 575°). Es bestehen noch große Zweifel darüber, ob die Verbindung Ni_2S, die im Systeme Nickel-Schwefel nicht festgestellt worden ist, überhaupt existiert und nicht vielleicht einem Eutektikum Ni_3S_2-Ni entspricht. Auf jeden Fall sind Eisen und Nickel im geschmolzenen Zustande in Ni_3S_2 löslich.

Beim Erstarren erleiden diese Verbindungen komplizierte Umwandlungen. Ein weiterer Gehalt an Eisen über diese Verbindungen hinaus ist in Gestalt von freiem FeS vorhanden. Diese Feststellungen bieten einen guten Anhalt für die Berechnung der Möllerung und des erforderlichen Mindestzuschlags an Schwefel. Sie geben Aufschluß darüber, wie hoch man den Nickelgehalt des Rohsteins steigern darf, ohne Verluste durch Verschlackung befürchten zu müssen. Solange noch freies FeS vorhanden ist, sind zweifelsohne die festen Verbindungen $Ni_3S_2(FeS)_2$ und $Ni_2S(FeS)_2$ vor der Zerlegung stark geschützt; eine Verschlackung an Nickel kann theoretisch bis zu diesem Punkt nicht eintreten. In der Praxis stimmt das nun allerdings nicht ganz; immerhin aber bleibt unter diesen Umständen der Verschlackungsverlust in den zulässigen Grenzen.

Als Schmelzapparate dienen in Europa allgemein kleine Wassermantelöfen mit rundem oder rechteckigem Querschnitt und einem Inhalt von $10-12\ m^3$. Sie sind den Öfen des Kupferhüttenbetriebs nachgebildet, so daß in bezug auf Bau-, Einrichtung, Betrieb und Leistung auf Kupfer (s. Bd. VII, 104) verwiesen werden kann.

In Frankenstein, Schlesien (ILLNER, Ztschr. f. Berg-, Hütten- und Salinenwesen in Preußen 50, 816 [1902]); KÖHLER, Festschrift zum 12. Allgemeinen Bergmannstag IV, 1913, 268 ff., und RZEHULKA, Der gegenwärtige Stand der Nickelgewinnung 1908, 8 und 55), wurden vor dem Kriege jährlich etwa 10 000 t einheimische Erze mit 2,5% Ni und ebensoviel neucaledonische Erze mit 6,75% Ni durchgesetzt. Einheimisches Erz: 2,5 Ni, 12,7% FeO, 1,2% MnO, 4,9% Al_2O_3, 50,2% SiO_2, 2,5% CaO, 15,7% MgO, 0,01% Cu, 9,2% Glühverlust. — Neucaledonisches Erz: 7,10% Ni, 0,15% Co, 0,01% Cu, 21,9% Fe_2O_3, 2,3% MnO, 1,4% Al_2O_3, 40,8% SiO_2, 0,7% CaO, 19,1% MgO,

11,9% Glühverlust. Die Möllerung hatte einen durchschnittlichen Nickelgehalt von 4,75% *Ni*. Man schlug auf 100 *kg* Erz 10 *kg* Gips (oder 7 *kg* Anhydrit) und 22 *kg* Kalkstein (oder 30—33 *kg* Scheideschlamm von den benachbarten Zuckerfabriken) sowie etwa 5% Flußspat zu. Die so vorbereitete Beschickung wird durch Steinbrecher und Walzenmühlen auf 10-*mm*-Korn zerkleinert und dann ohne besonderes Bindemittel zu Ziegeln vom Format der gewöhnlichen Bausteine gepreßt. Nach dem Trocknen bei hoher Temperatur werden die Erzsteine zum Teil in faustgroße Stücke zerschlagen und mit Koks im Schachtofen bei hoher Temperatur (nach WOLTMANN und MOSTOWITSCH, *Metallurgie* 4, 799 [1907] bei 1500⁰) verschmolzen. Der Koksverbrauch beträgt 28—30% vom vorgelaufenen Erzgewicht. In einem der verwendeten Schachtofen werden innerhalb 24ʰ etwa 25 *t* Erz durchgesetzt. Die Schachtöfen haben Tiegelofenzustellung und einen Querschnitt von 1,75 *m²* in der Formebene bei 5 *m* Höhe. Von oben nach unten verlaufen sie konisch und haben keine Rast. Der untere Teil des Ofens bis zu 2 *m* Höhe ist als Wassermantel ausgebildet. An den beiden Längsseiten befinden sich je 6 Formen zur Einführung des Gebläsegewindes in die Schmelzzone. Der Ofen arbeitet mit 100 *mm* Pressung und ohne Luftvorwärmung. Die chemischen Vorgänge beim Nickelrohsteinschmelzen haben große Ähnlichkeit mit denjenigen beim Kupfersteinschmelzen, so daß im allgemeinen hier auf die diesbezüglichen, unter Kupfer gemachten Angaben verwiesen werden kann. In der oberen Zone des Schachtofens entweichen die flüchtigen Bestandteile, in der mittleren Zone wird Gips (Anhydrit, Schwerspat u. dgl.) durch Kohle zu Schwefelcalcium u. dgl. reduziert, welches nun seinerseits in der Schmelzzone zerlegend auf das Nickelsilicat und das Eisensalz unter Bildung von $Ni_2S_3(FeS)_2$ und $Ni_2S(FeS)_2$ und freiem *FeS* einwirkt. Die Schlacken fließen kontinuierlich ab; der Nickelrohstein wird von Zeit zu Zeit abgestochen, in Wasser geleitet und dadurch granuliert. Man erhält ein Gemenge von feinen und größeren traubigen Gebilden.

Während des Krieges hat man an Stelle dieser Öfen Wassermantelöfen von größeren Dimensionen errichtet, um die Verarbeitungsmenge der Anlage den Zeitverhältnissen entsprechend zu vergrößern. Nach dem Kriege wurde der Betrieb der Grube und Hütte aus Mangel an genügend Nickel enthaltenden Erzen eingestellt. Der Rohstein enthielt 38,8% *Ni*, 0,40% *Co*, 45,3% *Fe*, 14,4% *S*, 0,8% SiO_2. Es fielen auf 1 *t* Erz 10—12% Rohstein; das Ausbringen an Nickel im Rohstein betrug 85% vom Vorlaufen. Die absetzbare Schlacke enthielt 0,30% *Ni*, 0,10% *Co*, 12,1% *FeO*, 0,6% *MnO*, 3,4% Al_2O_3, 18,3% *CaO*, 21,1% *MgO*, 43,5% *SiO*, war also stark sauer.

b), c), d) Verarbeiten auf Feinstein. Auch diese Arbeiten lassen sich in anschaulicher Weise an Hand des Frankensteiner Betriebs beschreiben.

Der granulierte Rohstein wird im Steinbrecher und in der Kugelmühle zu grobem Pulver vermahlen und dann teilweise abgeröstet. Die Röstung wird in 2etagigen Fortschauflungsöfen von je 6,13 *m* Herdlänge und 2,2 *m* Herdbreite ausgeführt. Ein Ofen setzt innerhalb 8ʰ 300 *kg* Stein durch und röstet dabei 60% des vorhandenen Schwefels ab. Eine vollständige Abröstung ist nicht beabsichtigt. Es muß mindestens genügend Schwefel zurückbleiben, um alles Nickel als Schwefelnickel zu binden. Das Röstgut, bestehend aus oxydischen und sulfidischen Eisen-Nickel-Verbindungen, wird hierauf im Kupol-Ofen unter Zuschlag von Quarz und Koks verschmolzen. Dabei verschlackt der größte Teil des Eisens. Man erhält eine nickelhaltige Singulosilicatschlacke und einen eisenarmen Nickelkonzentrationsstein. Der Kupol-Ofen hat eine Höhe von 2,25 *m* und einen Durchmesser von 0,75 *m*. Der Koksverbrauch stellt sich auf 12—14% vom Gewicht des Rohsteins und der Zuschlag an Quarzsand auf rund 20%. Der erhaltene Konzentrationsstein enthält 65% *Ni*, 15% *Fe* und 20% *S*, die Schlacke 2—3% *Ni*, 50—52% *Fe*, 42% SiO_2. Sie wird wegen ihres Nickelgehalts beim Rohschmelzen zugeschlagen. Der Konzentrationsstein wird aus dem Kupol-Ofen in einen kleinen Konverter von 300 *kg* Fassungskraft abgestochen und hier auf Nickelfeinstein verblasen. Das Verblasen dauert ungefähr 45'. Zur Verschlackung des Eisens schlägt man während des Verblasens zeitweise etwas Sand zu. Das Ende des Prozesses wird durch die Bestimmung des Eisens im Stein erkannt. Der fertige Feinstein enthält 77,7% *Ni*, 0,08% *Cu*, 0,2% *Fe*, 21,6% *S*. Die Verblase- (Raffinier-) Schlacke enthält 2—4% *Ni*, 45% *Fe*, 34% SiO_2.

Ein Verblasen des Nickelsteins auf metallisches Nickel — $Ni_2S_2 + 4NiO = 7Ni + 2SO_2$ — analog dem Verblasen des Kupfersteins auf metallisches Kupfer — $Cu_2S + 2CuO = 6Cu + SO_2$ — kommt nicht in Betracht, da das im Nickelstein enthaltene Ni_3S_2 nur sehr träge auf das Nickeloxydul einwirkt und das entstehende Nickel eine große Löslichkeit für das Schwefelnickel und Nickeloxydul besitzt, so daß ein durch Schwefel und Sauerstoff stark verunreinigtes Metall entstehen würde.

e), f) Die Verarbeitung des Nickelfeinsteins auf Rohnickel (ebenfalls im wesentlichen nach dem Betriebe von Frankenstein). Der Feinstein wird aus dem Konverter in kleine Barren gegossen und dann im Steinbrecher und in der Kugelmühle zu einem groben Pulver zerkleinert. Letzteres wird in Fortschauflungsöfen ähnlicher Art wie für die Röstung des Rohsteins auf etwa 1% Schwefel abgeröstet. Zur Entfernung des restlichen Schwefels wird das Röstgut abermals fein gemahlen und einer zweiten Röstung im Fortschauflungsofen unterzogen. Man erhält jetzt ein fast reines Nickeloxydul von graubrauner Farbe mit 77—80% *Ni*, 0,1% *Fe*, 0,1% *Cu* und weniger als 0,01% *S*. Das Nickeloxydul wird nochmals gemahlen, mit wenig (0,5—1%) Mehl, das nur als Klebemittel dient, und Wasser zu einem Teig angerührt, dieser zu einem Kuchen von etwa 1,5 *cm* Dicke geformt und auf einem Messingblech ausgebreitet. Mit Messerkämmen, deren Schneiden 1,5 *cm* auseinanderstehen, teilt man den Kuchen durch Schneiden in Würfel von · 1,5 *cm* Seitenlänge und bringt sie auf demselben Blech zum Trocknen in Öfen, welche ähnlich einem Küchenherd eingerichtet sind. Die Würfel schrumpfen dabei durch den Verlust an Wasser stark ein, bewahren aber den festen Zusammenhalt und die gegebene regelmäßige Form. Die Würfel werden unter Zuschlag von 25—30% ihres Gewichts an Holzkohlenpulver in feuerfeste Schamotteröhren eingebettet und zu Rohmetall reduziert. Die Röhren sind gewöhnlich zu 12—20 Stück in 2 Reihen in einem niedrigen Schachtofen stehend derartig angeordnet, daß sie sowohl mit dem oberen wie mit dem unteren Ende aus der Heizkammer etwas herausragen. Die obere Öffnung dient zum Eintragen der Beschickung. Während des Betriebs ist sie durch einen Deckel fest abgedichtet. Die untere Öffnung ist mit einem Schieber ausgestattet; sie dient zum Austragen des fertigen Materials. Die Röhren besitzen für gewöhnlich eine Höhe von 80 *cm*, einen Durchmesser von 20 *cm* und eine Wandstärke von 2 *cm*. Eine solche Röhre oder Retorte faßt etwa 20 *kg* Würfel mit der zugehörigen Menge Kohlenpulver. Die Erhitzung erfolgt durch SIEMENS-Regenerativfeuerung in bekannter Weise. Es ist nicht erforderlich, die Beschickung auf die Schmelztemperatur des Nickels zu bringen, da Nickeloxydul unter diesen Umständen weit unter ihr zu Metall reduziert wird, das sich dann zu einer festen Masse zusammenschweißt. Die Dauer der Reduktion beträgt etwa 6^h. Der Betrieb am Ofen gestaltet sich ziemlich einfach. Das fertige Material fällt beim Öffnen des Schiebers in darunterstehende Karren. Nach dem Erkalten werden die Würfel von dem beigemengten Kohlenstaub befreit und hierauf in rotierenden eisernen Trommeln ohne irgendwelchen Zuschlag poliert, wodurch das vordem unscheinbare graue Aussehen in ein glänzend metallisches übergeht. Die Würfel eignen sich vorzüglich für Legierungszwecke. Das Würfelnickel von Frankenstein enthielt 99,3% $Ni + Co$, 1% Cu, 0,3% Fe, 0,006% S, 0,012% O Rest, Schwerter Würfelnickel enthält etwa 99,5% $Ni + Co$ einschließlich 1,22% Co, 0,06% Cu, 0,37% Fe, 0,03% S.

2. Die Verhüttung der kupferhaltigen Nickelerze.

Die kupferführenden Nickelerze sind fast ausnahmslos schwefel- oder arsenhaltig. Die Verarbeitung arsenhaltiger Nickelerze s. unter 3. Bei den sulfidischen Erzen handelt es sich in erster Linie um die Magnetkiese von Sudbury, Canada. Sie enthalten im Durchschnitt 2,5—5,5% Ni, 18—26% S, 1,5—4,5% Cu, 12—24% SiO_2, 35—45% Fe, Rest: Al_2O_3, CaO, MgO. Die Verarbeitung dieser sulfidischen Erze auf Rohstein unterscheidet sich kaum von dem entsprechenden Prozesse der Verarbeitung von Kupfererzen. Nur hat das bei den Kupfererzen vielfach mit Erfolg angewendete Pyritschmelzen so gut wie keine Anwendung für die Verarbeitung von Nickelerzen gefunden. Die hier in Betracht kommenden Erze enthalten nur wenig Pyrit, sondern im wesentlichen Pyrrhotit (Fe_5S_6 bis $Fe_{16}S_{17}$), der bis zu 800—900° beständig ist. Die Entschweflung dieser Erze ist im Schachtofen (MOSTOWITSCH, *Metall u. Erz* 9, 559 [1912]) zu gering, und man erhält einen zu armen Stein, dessen weitere Verarbeitung durch Verblasen im Konverter nicht wirtschaftlich ist.

a) Abrösten des Erzes. Es ist in den Erzen weit mehr Schwefel vorhanden, als zur Bildung des Rohsteins notwendig ist. Der überschüssige Schwefel muß entfernt werden. Die Röstung erfolgt noch heute teilweise trotz ihrer kulturellen Schädigungen in Haufen. An Großzügigkeit in bezug auf Umfang und Inhalt, Vorrichtungen für Auf- und Abbau der Haufen u. dgl. steht der Röstprozeß dem bei der Röstung von Kupfererzen nicht nach. Nach COLEMANN (The Nickel Industry, Ottawa 1913) werden bei der CANADIAN COPPER CO. Haufen mit 2000—3600 *t* Inhalt in der von alters hergebrachten Weise aufgebaut. Die gesamte Röstdauer eines Haufens beträgt 3—4 Monate; dabei wird das Erz auf 10—11% Schwefel abgeröstet. Größere Rösthaufen mit bis zu 4500 *t*, 18×30 *m* Grundfläche, 2,4 *m* Höhe erfordern bis zu 10 Monate Röstzeit. Neuerdings werden die Erze auch in Öfen abgeröstet und aus den Röstgasen Schwefelsäure hergestellt. Für Feinerze verwendet man die bekannten WEDGE-Öfen und DWIGHT-LLOYD-Apparate in Form von Bandapparaten (s. Kupfer, Bd. VII, 123) ohne Vorröstung des Materials.

b) Das Rohsteinschmelzen. Das Röstgut besteht in einem Gemisch von Oxyden, Sulfaten und Sulfiden der Metalle Eisen, Nickel, Kupfer und in Gangart. Das Verschmelzen auf Rohstein findet entweder im Schachtofen oder im Flammofen statt.

Schachtofenschmelzen. Als Schmelzapparat kommt heutzutage auch bei kleinen Betrieben nur der Wassermantelofen in Frage. Die kleinen Betriebe arbeiten mit Öfen von ähnlicher Fassungskraft wie die in Frankenstein (s. o.); die großen amerikanischen Betriebe dagegen sind zu gleichen Abmessungen gekommen wie im Kupferhüttenwesen. Die ausführliche Beschreibung einer großen amerikanischen Anlage modernen Stiles gibt BORCHERS (Hüttenbetriebe II, 36 ff. nach Journ. Canad. Min. Ind. 1909, 218).

Auf der Hütte der INTERNATIONAL NICKEL CO. zu Copper Cliff verschmilzt man Erze in wassergekühlten Schachtöfen 5,18×1,27 *m* in der Schmelzzone, 7,78×1,27 *m* an der Gicht, 8,80 *m* Gesamthöhe, in 24ʰ 500 *t* Beschickung mit 10,5% Kokszuschlag auf einen Stein mit 23,0% *Ni + Cu*, 45,5% *Fe*, 26,5% *S* und eine Schlacke mit 0,5% *Ni + Cu*, 31,0% *SiO₂*, 7,5% *Al₂O₃*, 44% *FeO*, 6,0% *CaO + MgO*. Auf der Hütte der MOND NICKEL CO. zu Coniston sind die entsprechenden Zahlen: Schachtofen: in der Formebene 6,10×1,27 *m*, Durchsatz 381 *t*, Koksverbrauch 10,2% der Beschickung, Stein: 9,0% *Cu*, 11,0% *Ni*, 48,0% *Fe*, 25,0% *S*, Schlacke 0,17% *Cu*, 0,22% *Ni*, 34,2% *FeO*, 34,7% *SiO₂*, 10,1% *Al₂O*, 19,0% *CaO + MgO*.

Flammofenschmelzen. Die Flammofenpraxis ist aus dem Bedürfnis entstanden, die großen Mengen an Erzklein, Flugstauben u. dgl., welche nicht im Schachtofen verschmolzen werden können, für den Betrieb nutzbar zu machen. Nachdem man im Kupferhüttenbetrieb in dieser Beziehung die günstigsten Ergebnisse erzielt hatte, war es eigentlich nur folgerichtig, die dort gemachten Erfahrungen auch auf Nickel anzuwenden. Hinsichtlich Bau, Einrichtung und Betrieb kann auf das bei Kupfer Gesagte verwiesen werden.

BORCHERS (Hüttenbetriebe II, 44) beschreibt nach amerikanischen Quellen (COLEMAN, Nickel Industry 1913) eine große Anlage der CANADIAN COPPER CO. in ihren Einzelheiten. Auf der Hütte der INTERNATIONAL NICKEL CO. zu Copper Cliff verschmilzt man Feinerz in einem Ofen mit einem Herd von 34,2×5,8 *m* unter 13,7% Kohleverbrauch auf einen Stein mit 16,5% *Cu + Ni*, 51% *Fe*, 27% *S* und eine Schlacke mit 0,47% *Cu + Ni*, 32,0% *SiO₂*, 54,6% *FeO*, 6% *Al₂O₃*, 6% *CaO + MgO*.

c) Die Verarbeitung des Rohsteins durch Rösten des Rohsteins und Verschmelzen desselben auf Konzentrationsstein ist fallen gelassen zugunsten des Verblasens des Rohsteins im Konverter auf einen Kupfer-Nickel-Feinstein. Beim Verblasen eines Gemisches von Sulfiden des Nickels, Kupfers und Eisens findet zunächst eine Oxydation des Eisens statt, da etwa gebildetes Nickeloxydul und Kupferoxydul durch Schwefeleisen, solange solches noch vorhanden ist, unter Bildung von Eisenoxydul wieder in die Sulfide übergeführt werden. Trotz seiner leichten Oxydierbarkeit wird das Nickel durch das vorhandene Schwefeleisen und dadurch, daß es sich metallisch im Stein löst, vor zuweitgehender Oxydation geschützt. Die saure Auskleidung der Konverter ist zugunsten der basischen ganz aufgegeben worden. Der Vorzug der letzteren gegenüber der ersteren erhellt aus der Tatsache, daß saures Futter schon nach dem Verblasen von wenigen *t* Stein verbraucht ist, während Konverter mit basischem Futter 3000—4000 *t* Konzentrationsstein liefern, ohne daß umständliche Reparaturen notwendig sind. Die basischen Konverter besitzen im allgemeinen die liegende Trommelform vom PEIRCE-SMITH-Typ (s. Kupfer, Bd. VII, 162). Man verwendet mit Vorteil einen Überzug des Futters mit Magnetit nach WHEELER und KREJEC (s. Kupfer, Bd. VII, 163). Als Endprodukte werden beim Verblasen ein sehr eisenarmer Kupfer-Nickel-Konzentrationsstein, ein Nickel-Kupfer-Feinstein und eine Kupfer-Nickel haltige Schlacke erhalten. Die letztere geht zum Rohschmelzen zurück. Der Kupfer-Nickel-Feinstein wird entweder in ähnlicher Weise wie der Nickelfeinstein durch Totrösten und Reduktion auf eine Nickel-Kupfer-Legierung verarbeitet, oder er dient als Ausgangsmaterial für die Darstellung von Nickel und Kupfer als getrennte Metalle nach besonderen Verfahren.

Es ist zwar möglich, Nickel-Kupferstein im Konverter bis auf eine Ni-Cu-Legierung zu verblasen, da das anwesende Cu_2S die Reaktion zwischen Nickeloxydul und Nickelsulfid zu Nickel und schwefliger Säure unterstützt: $4\,NiO + 2\,Cu_2S = 4\,Ni + 4\,Cu + 2\,SO_2$, $Ni_3S_2 + 4\,Cu = 2\,Cu_2S + 3\,Ni$ oder beide Gleichungen zu einer zusammengefaßt $4\,NiO + Ni_3S_2\,(+ 2\,Cu_2S) = 7\,Ni + 2\,SO_2 + (2\,Cu_2S)$; aber praktisch wendet man diesen Weg zur Darstellung der Legierung nicht an, da einerseits die für die Durchführung des Verblaseprozesses erforderliche hohe Temperatur das Futter des Konverters außerordentlich stark angreift und andererseits die Verschlackung des Nickels bei diesem Prozesse so groß ist, daß er wirtschaftlich nicht vorteilhaft ist.

Auf der Hütte der INTERNATIONAL NICKEL CO. zu Copper Cliff wird der Nickelrohstein mit etwa 23% $Cu + Ni$ in PEIRCE-SMITH-Konvertern — $11,285\,m$ lang, $2,75\,m$ Durchmesser i. L. — unter Nachsetzen von neuen Mengen Rohstein mit entsprechenden Mengen Zuschlag an Quarz oder saurem Erz auf Feinstein mit $75-80\%$ $Ni + Cu$, $0,3-0,5\%$ Fe, 20% S verblasen. Es werden in $50-60^h$ so $408\,t$ Rohstein mit $138-145\,t$ Zuschlag verarbeitet. Die erhaltene Verblaseschlacke mit $26-28\%$ SiO_2, $54-59\%$ FeO, $2,7-3\%$ Al_2O_3, $1,75\%$ $CaO + MgO$ geht zum Schachtofen oder Flammofen zurück.

d) Weiterverarbeitung des Kupfer-Nickel-Feinsteines auf eine Kupfer-Nickel-Legierung. Der erhaltene Nickel-Kupfer-Feinstein wird nach dem Röstreduktionsverfahren, in dem man den Stein totröstet und das dabei erhaltene Oxydgemisch zu Metall reduziert, auf eine Nickel-Kupfer-Legierung verarbeitet.

Die Röstung, die bei verhältnismäßig hoher Temperatur erfolgen muß, findet in gleicher Weise wie die des Nickelfeinsteins statt. Die Reduktion des erhaltenen Nickeloxyduls kann in den bei der Darstellung des Würfelnickels beschriebenen Retortenöfen erfolgen, wird aber meist in mit Kohle oder Öl beheizten Flammöfen oder in elektrischen Öfen ausgeführt. Über den Bau und die Arbeitsweise der letzteren ist jedoch nichts bekanntgeworden.

Auf den Werken der INTERNATIONAL NICKEL CO., Copper Cliff, verwendet man Flammöfen mit Ölfeuerung mit $18\,t$ Einsatz. Das reduzierte Metall wird durch Zusatz von Magnesium desoxydiert und in vorgewärmte Pfannen gegossen.

Das erhaltene Metall, eine Kupfer-Nickel-Legierung, deren Gehalt an den beiden Metallen von der Zusammensetzung des verwendeten Feinsteines abhängt, liefert bei geeigneter Zusammensetzung ein verkaufsfähiges Handelsprodukt, das Monel-Metall. Diese Legierung mit etwa 67% Ni, 28% Cu und 5% anderen Metallen, in der Hauptsache Eisen und Mangan, soll in dieser natürlichen, d. h. direkt aus Erzen erzeugten Form erheblich wertvollere Eigenschaften haben als die gleiche aus den einzelnen Bestandteilen erschmolzene Legierung (s. dagegen Monel-Metall, Bd. VII, 657). Sie wird aus Erzen erschmolzen, die ein entsprechendes Verhältnis des Nickelgehalts zum Kupfergehalt besitzen und einen nur geringen Edelmetallgehalt führen dürfen, da dieser ja verlorengeht. Es lassen sich auf diesem Wege natürlich auch andere Kupfer-Nickel-Legierungen, wie sie die Technik benötigt, aus kupfer-nickel-haltigen Erzen erschmelzen; man kann die erhaltenen Kupfer-Nickel-Legierungen durch Elektrolyse auf ihre Einzelmetalle verarbeiten, sofern sich dieser Weg als wirtschaftlich vorteilhaft erweist.

e) Trennung der Metalle Kupfer und Nickel. Die beschriebene Verhüttungsweise der geschwefelten Kupfer-Nickel-Erze ergibt als Endprodukt ein Kupfer-Nickel-Rohprodukt, dessen Trennung in die beiden Metalle Nickel und Kupfer auf diesem Wege nicht möglich ist. Da nun die Legierung Kupfer-Nickel technisch nur eine beschränkte Verwendung findet, so ist man von den verschiedensten Seiten an die Frage herangetreten, durch besondere Verfahren aus den Kupfer-Nickel führenden Erzen und Produkten Kupfer und Nickel getrennt in reinem Zustande oder wenigstens als Rohmetall zu gewinnen.

Als Wege für die Trennung der Metalle Kupfer und Nickel auf trockenem Wege kommen praktisch 1. der ORFORD-Prozeß und 2. der MOND-Prozeß in Anwendung. Außerdem wird der nasse und der elektrolytische Weg zur Trennung des Kupfers und Nickels der bei der Verarbeitung der Kupfer und Nickel enthaltenden Erze entstehenden Zwischen- und Endprodukte verwendet.

1. Der ORFORD-Prozeß. Dieses Verfahren ist eines der ältesten und noch heute eines der gebräuchlichsten Verfahren der Trennung von Kupfer und Nickel, die durch das Verschmelzen von sulfidischen Kupfer-Nickel-Erzen in einem Zwischenprodukte angesammelt worden sind. Als Ausgangsmaterial dient Kupfer-Nickel-Rohstein. Der Prozeß wird auch jetzt noch recht geheimgehalten, und die Veröffentlichungen darüber sind nur allgemeiner Natur (*Mineral Industry* **1892**, 357; *D. R. P.* 91288; ULKE, *Ztschr. Elektrochem.* **1897**, 522).

Das Verfahren stützt sich darauf, daß Schwefeleisen und Schwefelkupfer mit Schwefelnatrium leicht schmelzbare Doppelsulfide bilden, während sich das Schwefel-nickel an diesem Vorgange nicht beteiligt. Beim Erkalten der Schmelze scheidet sich das spezifisch schwerere Schwefelnickel als Bodenschicht (englisch bottom), die etwas durch Schwefelkupfer und Schwefeleisen verunreinigt ist, ab, während die darüber sich bildende Schicht, die Kopfschicht (englisch top), aus einem Stein besteht, der das Natriumsulfid und fast das gesamte Kupfer und Eisen an Schwefel gebunden sowie etwas Schwefelnickel enthält. Da die Trennung der Sulfide des Kupfers und Eisens einerseits und des Nickels andererseits nicht vollkommen ist, muß der Prozeß mit den beim ersten Gange erzeugten Produkten wiederholt werden.

Die Ausführung des Prozesses vollzieht sich in folgender Weise: *a)* Der Kupfer-Nickel-Rohstein wird im Kupol-Ofen unter Zuschlag von Natriumsulfat und Kohle eingeschmolzen. Dabei entsteht Natriumsulfid, welches sich mit dem *Cu₂S* und *FeS* des Steines vereinigt, während das Nickelsulfid für sich verbleibt. Der Stein sondert sich in 2 Schichten, von denen die spezifisch schwerere, das Nickelsulfid, zu Boden sinkt, während die leichtere Mischung von *Cu₂S, FeS, Na₂S, Na₂SO₄, NaOH* u. dgl. obenauf schwimmt. Nach dem Erstarren können die beiden Schichten durch Abschlagen in Kopf (top) und Boden (bottom) geschieden werden.

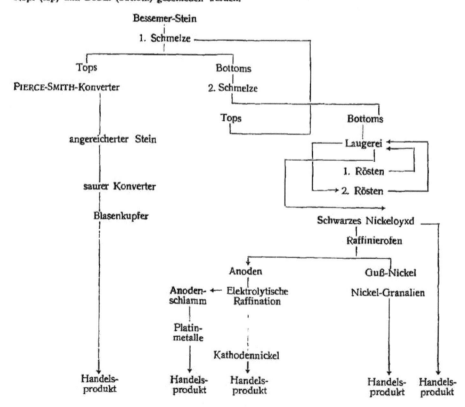

b) Durch abwechselndes Verwittern und Schmelzen der Köpfe, wobei immer wieder Köpfe und Böden entstehen, gelangt man einerseits zu einem nickelarmen Kupfer-Eisen-Natron-Stein, andererseits zu einem kupferarmen Nickelstein. Der erstere hält fast alles Silber und Gold des Ausgangsmaterials. Es wird gelaugt. Die fallenden Laugen, bestehend in Na_2S, Na_2CO_3, $NaOH$, $Na_2S_2O_3$ u. a., werden zur Trockne verdampft und später wieder verwendet. Der Rückstand ist ziemlich reines Cu_2S mit fast allem Silber und Gold, wenig Platin und Nickel. Er wird tot geröstet, zu Metall reduziert, in Anodenplatten gegossen und elektrolysiert. Man erhält bei der Elektrolyse reines Kupfer und edelmetalreiche Schlämme.

c) Die Böden von *a* werden mit den bei *b* fallenden vereinigt und unter Zuschlag von Natriumsulfat und Koks geschmolzen, wobei auch wieder Kopf und Boden entstehen. Der schließlich erhaltene nickelreiche Boden wird im Flammofen chlorierend geröstet. Die Temperatur wird bei dieser Röstung so eingestellt, daß sich zwar die gebildeten Salze des Nickels wieder zu Nickeloxydul zersetzen, Kupfer aber und die vorhandenen Edelmetalle (Silber, Palladium, Platin) zum größten Teil in Form wasserlöslicher Salze (Chloride, Sulfide) verbleiben. Platin geht nur zum Teil in Lösung. Bei der nachfolgenden Laugerei erhält man einen verhältnismäßig reinen Rückstand von Nickeloxydul und ein Laugengemisch der Sulfate und Chloride des Kupfers, Platins, Palladiums u. s. w., welches weiterzuverarbeiten ist. Der Rückstand (NiO) wird reduzierend verschmolzen und in Anodenplatten gegossen. Nach ULKE (l. c.) halten derartige Platten durchschnittlich 95—96% *Ni*, 0,2—0,6% *Cu*, 0,75% *Fe*, 0,25% *Si*, 0,45% *C*, 3,0% *S*, etwa 14 *g Pt* pro 1 *t*. Das daraus erzeugte Elektrolytnickel enthält: 99,5—99,7% *Ni*, 0,03% *As*, 0,1% *Fe*, 0,1—0,2% *Cu*, 0,02% *S*, Spuren von *Pt*.

Auf den Werken der INTERNATIONAL NICKEL CO. OF CANADA Ltd., Port Colborne, Ontario (*Chem. Age*, Monthly metalurgical section **19**, 35 [1928]), arbeitet man nach diesem Verfahren in der durch den Stammbaum gekennzeichneten Weise und erzielt dabei folgende Produkte, die unter der Bezeichnung Inco in den Handel gehen:

Elektrolytnickel mit 0,3—0,4% *Co*, 0,4% *Fe*, 0,3% *Cu*, Spuren *C. Si, S.* — Nickelgranalien mit 99,65% *Ni* — einschließlich 0,3—0,4% *Co* — und geringen Mengen *Fe, C, Si, S, Cu.* — „F"-Nickel mit 91,75% *Ni* (einschließlich 0,3—0,4% *Co*), 1,8% *Fe*, 5,75% *Si*, das als Zusatz zum Gußeisen Verwendung findet. — Nickel-Barren mit 99,2% *Ni* — einschließlich 0,3—0,4% *Co* — sowie reduziertes grünes und schwarzes Nickeloxyd.

2. Der MOND-LANGER-Prozeß[1]. Dieses Verfahren wurde 1889 von L. MOND, C. LANGER und QUINCKE entdeckt. Es beruht auf einer Beobachtung der Autoren, die sie bei Versuchen über die Gewinnung von Wasserstoff aus einem Gemisch von Kohlenoxyd und Wasserstoff machten. Durch Überleiten des Gemisches über fein verteiltes Nickel bei 400° sollte hierbei das Kohlenoxyd in Kohlenstoff und Kohlensäure verwandelt werden. Nach dem Abkühlen des erhaltenen Gases auf unter 100° wurde das Gas angezündet. Es verbrannte mit weißer leuchtender Flamme, deren Intensität mit sinkender Temperatur zunahm und ein Maximum bei etwa 50° erreichte. Eine kalte Porzellanfläche, in die Flamme gebracht, zeigte sofort eine Spiegelbildung, die später als Nickel erkannt wurde. Das Gas wurde hierauf rein dargestellt, das überschüssige Kohlenoxyd mit Kupferchlorürlösung absorbiert und das verbleibende Gas durch Kühlung verflüssigt, wobei reines Nickelcarbonyl erhalten wurde.

Theoretisches. Nickelcarbonyl $Ni(CO)_4$ bildet eine farblose Flüssigkeit. Kp_{760} 44°, bei —28° erstarrt, *spez. Gew.* 1,38, Ausdehnungskoeffizient 0,0018, Dampfdichte 86,7 bei 50° (R. L. MOND, *Journ. Soc. chem. Ind.* **49**, *Transact.* 271 ff. [1930]). Beim Erhitzen auf 180° wird es zersetzt in Nickel und Kohlenoxyd. Bei mittlerer Temperatur findet sowohl Bildung wie Zersetzung des Nickelcarbonyls statt. Es lassen sich Gleichgewichte zwischen Nickelmetall, Kohlenoxyd und gasförmigem Nickelcarbonyl verwirklichen, indem unter sonst konstanten Bedingungen von der Zersetzungs- wie von der Bildungsseite ein hinsichtlich der Zusammensetzung des Gasgemisches gleicher Endzustand erreicht wird. Steigender Druck begünstigt in hohem Maße die Bildungsreaktion. Die Verbindung ist bei gewöhnlicher Temperatur unter Luftabschluß beständig und kann in zugeschmolzener Röhre aufbewahrt werden. Oxydationsmittel zerstören sie, und Luft bildet allmählich eine Abscheidung von $NiCO_3$, $Ni(OH)_2$. Der Nickelcarbonyldampf explodiert bei Gegenwart von Luft oder Sauerstoff zuweilen schon bei 60°. Nickelcarbonyldämpfe sind sehr giftig, auch wenn mit anderen Gasen verdünnt; Luft mit 0,5% des Gases ist gefährlich. Die Giftigkeit ist nach MOND auf Kohlenoxyd zurückzuführen, nach anderen Autoren (VOLLEN, MITTASCH) hat Nickelcarbonyl eine eigene spezifische Giftwirkung. Diese letztere Ansicht ist die wahrscheinlichste; in Vergiftungsfällen, die sich oft erst nach

---

[1] Bearbeitet von E. NAEF.

1—2 Tagen äußern, wird das Nickel durch den Urin und die Haut ausgeschieden; die Wirkung beruht auf einer Paralyse der Atmungsorgane. Nachdem die Gefährlichkeit des Nickelcarbonyls erkannt war, sind in der Konstruktion der Apparate und ihrer Überwachung alle Vorsichtsmaßregeln getroffen worden, um Unfälle zu verhüten, und es sind in den Betrieben seit vielen Jahren keine Vergiftungen damit mehr vorgekommen.

Technisches. Die wirtschaftliche Ausbeutung der Eigenschaften des Nickelcarbonyls behufs Gewinnung von Nickel war nicht leicht und stellte auch, was Apparatur anbelangt, Anforderungen, die erst nach langen Versuchsjahren gelöst wurden, wobei der ganze Prozeß in sinnreicher Weise automatisch gestaltet wurde.

Das Verfahren wird seit Mitte der Neunzigerjahre des vorigen Jahrhunderts betriebsmäßig ausgeführt, und nachdem die Versuchsfabrik in Birmingham günstige Resultate erzielt hatte, wurde eine große Anlage in Clydach, Südwales, England, in der Nähe von billiger Kohle, errichtet. Die Grundlagen sind in folgenden Patenten niedergelegt: *D. R. P.* 57320 [1890], 95417 [1895], 98643 [1898], 144 559 [1903], 177 964 [1905], 177 965 [1905], 187 415 [1906]; *E. P.* 12626 [1890], 21025 [1890], 23665 [1891], 1106 [1898], 9300 [1902], 13350 [1905], 13351 [1905], 17608 [1908]. Das Verfahren ist auch beschrieben in Proc. Inst. Civil. Eng. **1898** bis **1899**, 1351, 1, *Mineral Industry* **1899**, 526 u. s. w. Es beruht auf folgenden Tatsachen:

Als Ausgangsmaterial benutzt L. MOND die großen Erzablagerungen von Kupfer-Nickel führenden Magnetkiesen (s. Bd. **VIII**, 109) in Canada, die hauptsächlich im Sudburydistrikt (Ontario) liegen und ein Gemisch von Kupfer- und Nickelsulfid, etwa 2—7% Gesamtmetall, neben Eisensulfid enthalten. Sie werden zuerst einer Konzentration unterworfen und unterliegen dann einem Röstprozeß, wobei Schwefelsäure gewonnen wird. Hierauf wird in Konvertern das Eisen verblasen, und man erhält die sog. Bessemer Matte. Dieses Produkt besteht aus etwa 40% Nickel, 40% Kupfer, 18% Schwefel und 0,5—0,8% Eisen. Es wird zur Raffinierung nach England verschifft und durchläuft nun folgende Operationen.

a) Röstung der Bessemer Matte. In Kugelmühlen auf etwa 0,4 *mm* Korngröße zerkleinerte Matte wird in besonderen Röstöfen bei etwa 650—750⁰ abgeröstet, wobei Sorge zu tragen ist, daß das Material nicht totgeröstet wird, da dies die spätere Bildung von Carbonyl beeinträchtigt. Das Material, das noch 2—4% Schwefel enthält, besteht aus Kupfer- und Nickeloxyd und wird direkt weiter gefördert zur

b) Extraktion von Kupfer. Das Röstgut enthält etwa 40% Kupfer und 40% Nickel in Oxydform mit wenig Eisenoxyd. Es wird in verbleiten eisernen Apparaten unter intensiver Rührung mit 10%iger Schwefelsäure bei 80—85⁰ behandelt. Bei gut geleiteter Röstung geht das Kupfer sehr rasch in Lösung; es werden nur geringe Mengen von Nickeloxyd angegriffen und kein Eisen. Die heiße Kupfersulfatlösung wird auf rotierenden Filtern filtriert, das Kupfersulfat durch intensive Kühlung und Rührung rasch auskrystallisiert und zur Befreiung von Spuren von Nickelsulfat nochmals einer Krystallisation unterworfen, wobei ein 99%iges Produkt erhalten wird. Die Mutterlaugen dienen zu einer neuen Extraktion von Röstgut. Nachdem sich das Nickelsulfat stark angereichert hat, wird die Lauge eingedampft, das Kupfer durch reduziertes Nickel ausgefällt und das Ferrosulfat mit Luft zu unlöslichem basischen Ferrisulfat oxydiert. Man läßt dann das Nickelsulfat auskrystallisieren oder scheidet es durch Zusatz von Ammoniumsulfat als Doppelsalz ab. Das ausgelaugte Material fällt auf einen Trockenapparat und enthält neben etwas Feuchtigkeit 15—18% Kupfer, 54—55% Nickel, 1—1,6% Eisen. Diese von der Hauptmenge (etwa ²/₃) des Kupfers befreite Matte stellt ein braunes Pulver dar und wird nun reduziert.

c) Reduktion. Die Mischung von Kupfer- und Nickeloxyd in fein verteiltem Zustande wird in Reduktionstürmen bei 300—350⁰ mit wasserstoffreichem 58%igen Wassergas reduziert. Der Reduzierer ist ein eiserner, mit Etagen versehener Turm mit zentraler vertikaler Welle mit horizontalen Rührarmen, die das Gut von Etage zu Etage befördern abwechslungsweise vom Zentrum zur Peripherie, ähnlich wie die HERRESHOF-Röstofen, Bd. VII, 121. Das Gut wird von oben nach unten gefördert und mit dem entgegengesetzt von unten nach oben aufsteigenden Wassergasstrom in innige Berührung gebracht. Jede Etage ist mit einer Heizkammer versehen, die von einer zentralen Heizkammer gespeist wird, worin heiße verbrannte Generatorgase zirkulieren, deren Inhalt genau reguliert werden kann und eine scharfe Kontrolle der Temperatur gestattet; ev. erfolgt Abkühlung mit kalter Luft. Die Reduktion beginnt bei 250^0, vollzieht sich aber bedeutend rascher bei 350^0. Höhere Temperaturen sind zu vermeiden, da das Material dann weniger reaktionsfähig wird und die Verflüchtigung des Nickelcarbonyls erschwert. Zudem backt das feine Pulver leicht zusammen; das Rührwerk bleibt dann stehen, und der Apparat muß gereinigt werden. Die Reduktion erfolgt in einem oder mehreren Türmen so lange, bis fast keine Oxyde mehr vorhanden sind. Das feine schwarze Pulver wird nun vor dem Austritt aus dem Reduzierer auf darin eingebauten wassergekühlten Platten gekühlt und geht in die Verflüchtigungstürme.

c) Verflüchtigung des Nickels mit Kohlenoxyd. Die Behandlung des fein verteilten Nickel-Kupferpulvers erfolgt in Verflüchtigungstürmen, die ganz ähnlich gebaut sind wie die Reduktionstürme, jedoch ohne Heizkammern, an deren Stelle Kühlplatten eingebaut sind. Die beste Temperatur der Nickelcarbonylbildung ist 45—50^0. Das Material wird im Gegenstrom der Einwirkung von kohlenoxydhaltigen Gasgemischen unterworfen. Hierbei wird nicht reines Kohlenoxyd verwendet, sondern die Abgase, die erhalten werden bei der Reduktion mit Wassergas und eine Anreicherung auf etwa 60—65% Kohlenoxydgehalt erfahren haben. Dieses Gas wird im Kreislaufprozeß über das Material geblasen und sättigt sich mehr oder weniger mit Nickelcarbonyl; es enthält nur wenige Prozente hiervon und Spuren von Eisencarbonyl. Kleine Mengen Flugstaub werden durch Tuchfilter zurückgehalten und fallen in den Apparat zurück. Selbstverständlich sind diese Apparate auf Dichte besonders geprüft, da Nickelcarbonyldämpfe außerordentlich giftig sind, deren Entdeckung durch die fast völlige Geruchlosigkeit erschwert ist. Die Verflüchtigung erfolgt unter gewöhnlichem Druck. Wenn die Aktivität gegenüber Kohlenoxyd nach einiger Zeit nachläßt, wird das Material wieder im Wassergasstrom bei 350^0 reduziert. Man bedient sich hierzu sog. Reduzier-Volatilisier-Türme, wobei die obere Hälfte zur Verflüchtigung dient und die untere als Reduzierer; diese Operation wird abwechselnd wiederholt, bis etwa 70% des ursprünglich im Stein vorhandenen Nickelgehalts als Nickelcarbonyl verflüchtigt sind. Durch geeignete Apparatur kann dies in 4—5 Tagen erfolgen. Der Rückstand, welcher ungefähr $^1/_4$ des ursprünglichen Steins ausmacht, wird in eine besondere Kammer befördert und von Spuren von Nickelcarbonyl durch Erhitzen auf 250^0 befreit, um Vergiftungsfälle zu verhindern. Durch die Verflüchtigung des Nickelcarbonyls tritt eine Anreicherung von Kupfer ein, und die Masse reagiert schlechter mit Kohlenoxyd. Sie wird alsdann einem Röstprozeß unterworfen; die Zusammensetzung ist beinahe dieselbe wie die des ursprünglichen Röstgutes, z. B. 35,52% *Ni*, 38,3% *Cu*, 2,0% *Fe*; hierauf wird das Kupfer extrahiert und der Rückstand wieder demselben Prozeß, wie schon beschrieben, unterworfen.

d) Zersetzung des Nickelcarbonyls. Die Konzentration an Nickelcarbonyl im Kohlenoxydgasgemisch hängt von der Gasgeschwindigkeit und von dem benutzten nickelhaltigen Material ab. Die Gase sämtlicher Apparate werden vereinigt, um ein möglichst gleichmäßig zusammengesetztes nickelcarbonylhaltiges Gas zu haben. In allen Fällen wird ein großer Überschuß von Kohlenoxyd angewandt, dies schon aus dem Grunde, weil dann die Zersetzung des Nickelcarbonyls besser erfolgt und keine Kohlenstoffabscheidung auftritt. Die Zersetzung bot im Anfang bedeutende Schwierigkeiten, bis ein Zersetzungsturm gefunden wurde, der allen Anforderungen entsprach. Dieser besteht aus einem 8—10 *m* hohen eisernen Zylinder, der aus verschiedenen Segmenten aufgebaut ist, die alle unabhängig durch Generatorgas geheizt werden können. Die Zersetzung des Nickelcarbonyls beginnt schon über 100⁰ und ist vollständig bei 180—200⁰, welche Temperatur innegehalten wird. Das Nickelcarbonyl enthaltende Gas darf nicht direkt in die leeren Zersetzungsräume eingeblasen werden, weil es sich dann einfach in dünner Schicht auf dem Eisen niederschlagen und in kurzer Zeit den Apparat verstopfen würde (*D. R. P.* 98 643). Der sog. Zersetzer wird mit Nickelgranalien (Schrot) von 2—5 *mm* Größe beschickt, und das Carbonyl wird durch eine durch die Mitte gehende Röhre, die in jedem Segment kleine Öffnungen besitzt, eingeblasen. Die Nickelgranalien werden durch eine mechanische Vorrichtung in ständiger Bewegung gehalten und zudem durch einen Elevator im Kreislauf von unten nach oben befördert. Dies ist notwendig, um ein Verwachsen der Granalien zu verhindern. Das Nickel schlägt sich nun in dünner Schicht auf dem Nickelschrot nieder, der konzentrisch anwächst bis zu einer gewünschten Größe, dann automatisch, ohne Unterbrechung, herausgeworfen wird, sich im unteren Teil des Zersetzers ansammelt und daraus regelmäßig entleert wird. Ein kleiner Teil des Carbonyls zersetzt sich auch in feinen Körnern, die langsam zu den gewünschten Nickelgranalien anwachsen. Durch die ständige Bewegung des Nickels gelingt es, eine gleichmäßige Temperatur in den Zersetzungskammern innezuhalten. Die. vom Nickel beinahe befreiten Gase werden durch wassergekühlte Ringe, um eine nachträgliche Zersetzung und Verstopfung zu vermeiden, geleitet und dann wieder dem Gase, das in den Verflüchtiger geleitet wird, zugeführt. Dieser Kreislaufprozeß dauert kaum eine Minute. Durch ein nicht zu starkes Erhitzen des Zersetzers gelingt es, Abscheidung von Kohlenstoff zu verhindern, auch Spuren von Eisencarbonyl, das sich gebildet, im Kreislaufprozeß zu erhalten, da dieser Körper zur Zersetzung einer etwas höheren Temperatur bedarf als Nickelcarbonyl. Auf diese Weise erhält man ein sehr reines, weißglänzendes Metall. Das sog. Mond-Nickel hat eine äußerst gleichmäßige Zusammensetzung und ist absolut kobaltfrei, wie nebenstehende Analyse zeigt.

Ni	99,68 %
Cu	—
S	0,008 %
Fe	0,280 %
Si	0,001 %
C	0,025 %
	99,994 %

Der ganze, scheinbar komplizierte Prozeß ist durch eine äußerst sinnreiche Apparatur so automatisch gestaltet, daß er nur sehr wenig Arbeiter erfordert.

Der Prozeß ist nicht mit den oben beschriebenen Operationen beendigt, man gelangt schließlich zu einem Rückstand, der selbst nach der Röstung nur ein Material liefert, das bedeutend weniger Nickelcarbonyl liefert als die ursprüngliche Bessemer Matte. Es wird dann im Flammofen, ev. unter Zusatz von Kupfernickelsulfat und Kohle verschmolzen, wobei eine Matte entsteht, die sich besser zur Wiederbehandlung eignet. Diese Matte ist auch besonders wertvoll, da die canadischen Erze bedeutende Mengen von seltenen Metallen enthalten, neben etwas Silber besonders Gold, Platin, Palladium, Iridium, Ruthenium. Der Carbonylprozeß ist zur Anreicherung dieser Metalle besonders geeignet. Sie werden zuerst von noch vorhandenem Kupfer und Nickel durch Behandeln mit heißer *konz.* Schwefelsäure befreit und dann voneinander getrennt; diese seltenen Metalle stellen eine nicht unbeträchtliche Einnahmequelle für das Verfahren dar. Der in großen Mengen anfallende Kupfervitriol wird entweder als solcher verkauft, oder auf Elektrolytkupfer verarbeitet.

Wirtschaftliches. Das Mond-Langer-Verfahren, das nun seit bald 30 Jahren ausgebeutet wird, erreicht gegenwärtig eine Produktion von 10 000—15 000 *t* Nickel pro Jahr, also etwa ¹/₅ der Weltproduktion. Daneben werden etwa 60 000 *t* Kupfersulfat gewonnen.   *E. Naef.*

3. Nickelgewinnung aus arsenhaltigen Erzen und Materialien.

Die selbständige Verarbeitung arsenhaltiger Nickelerze kommt jetzt wegen der geringen Bedeutung dieser Erze für die Nickelerzeugung nur noch vereinzelt in Frage. Wohl aber sind die arsenhaltigen Zwischenprodukte von der Verarbeitung

Nickel und Kobalt enthaltender Bleierze, Kupfererze u. s. w., die Speisen, ein wichtiges Ausgangsmaterial für die Gewinnung von Nickel und Kobalt. Die Speisen sind analog den Steinen, die Gemische verschiedener Metallsulfide ev. mit Metallen und Metalloxyden darstellen, Gemische, u. zw. von Arsenverbindungen und Arsenlegierungen sowie Antimonverbindungen und Antimonlegierungen, denen auch Metalle und Metalloxyde beigemischt sein können.

Ist in den Nickel enthaltenden Erzen neben dem Arsen und Antimon auch noch Schwefel vorhanden, so bildet sich bei ihrem Verschmelzen sowohl Stein als auch Speise. Von den vorhandenen Metallen gehen Nickel und Kobalt in erster Linie in die Speise, während Kupfer und Eisen hauptsächlich in den Stein gehen. Aber die Trennung dieser Metalle in diesen beiden Produkten ist nicht scharf. So gehen natürlich auch Eisen und Kupfer in die Speise und Nickel und Kobalt in den Stein, auch wenn die für die Bindung des Kupfers und Eisens erforderliche Schwefelmenge und die für die Bindung des Nickels und Kobalts erforderliche Arsenmenge vorhanden ist. Blei geht im wesentlichen in den Stein, ebenso Zink, wenn auch beide Metalle in der Speise in beschränktem Maße vorkommen. Von den Edelmetallen geht das Silber infolge der Mischkrystallbildung des Silbersulfides mit Kupfersulfür im wesentlichen in den Stein, während Gold und Platinmetalle mit Vorliebe in die Speise gehen. Daneben enthält natürlich die Speise Silber und der Stein Gold und Platinmetalle. Außerdem tritt, da beide Produkte ineinander löslich sind, eine vollständige Trennung von Stein und Speise in Form von Schichten nur unter ganz günstigen Bedingungen ein. So ist z. B. zu beobachten, daß im Blei- und Kupferhüttenbetriebe bei der Erzarbeit unter Umständen keine Speisebildung zu beobachten ist, während bei der Weiterverarbeitung der erzeugten Steine auf einmal Speisebildung erhalten wird, ein Zeichen dafür, daß die Speise bei der Erzarbeit infolge ihrer Löslichkeit im Stein und der anscheinend für die Trennung von Stein und Speise bei dem Erzverschmelzen nicht günstigen Bedingungen im Stein verbleibt und erst bei der Verarbeitung des Steines unter den jetzt auftretenden wesentlich anderen Bedingungen sich von dem Stein zu trennen vermag. Aus dem Gesagten geht also hervor, daß eine scharfe Trennung des Nickels und Kupfers auf trockenem Wege nicht erfolgen kann, daß man für die Weiterverarbeitung der neben Nickel und Kobalt und Eisen noch andere Metalle enthaltenden Speisen den nassen Weg einschlagen muß.

Die technische Verarbeitung arsenidischer Nickelerze erfolgt, sofern man noch in die Lage kommt, solche Erze für sich zu verhütten, in analoger Weise wie die Verarbeitung sulfidischer Erze: 1. Röstung des Erzes, soweit ein Arsengehalt vorhanden ist, der über den Arseninhalt der zu erzeugenden Rohspeise hinausgeht. 2. Verschmelzen des gerösteten Erzes auf Rohspeise. 3. Rösten der Rohspeise. 4. Verschmelzen der Rohspeise auf *konz.* Speise bzw. eisenfreie Speise. 5. Totrösten der eisenfreien Speise. 6. Reduktion des erhaltenen Nickeloxyduls nach demselben Verfahren, wie die Reduktion des aus dem Feinstein erzeugten Nickeloxyduls erfolgt.

Bei diesem Verfahren bereitet ebenso wie bei der Verarbeitung der im Blei- und Kupferhüttenbetriebe fallenden Speise die Abröstung der arsenhaltigen Materialien große Schwierigkeit. Während bei der Röstung von sulfidischem Material (Blei, Bd. II, 414; Kupfer, Bd. VII, 115) eine vollständige Überführung des Sulfides in Oxyde durch Einhaltung entsprechender Temperatur möglich ist, da die Metallsulfate mit Ausnahme des Sulfates des Bleis und Wismuts bei der Temperatur des Röstofens zerlegbar sind — das Bleisulfat kann man durch einen Zuschlag von Kieselsäure zerlegen —, sind die Metallarseniate, die sich analog, wie die Sulfate aus den Sulfiden, bei der Röstung sulfidischer Materialien aus den Sulfiden, aus den Arseniden bilden, bis auf das Eisenarseniat bei der Temperatur des Röstofens nicht zerlegbar; sie gehen höchstens in die Form basischer Arseniate über. Es läßt sich eine weitgehende Abröstung des Arsens nicht erreichen. Durch einen Reduktionsprozeß, einen Schmelzprozeß, sind die Arseniate wieder in Arsenide überzuführen, worauf der Röstprozeß wieder einen Teil des Arsens entfernt, aber wieder unter gleichzeitiger Bildung erheblicher Mengen Arseniats.

Bei der Röstung ist weiter zu berücksichtigen, daß, wenn auch der Grad der Abröstung von der Temperatur abhängt, also eine Steigerung der Rösttemperatur eine Erhöhung der Austreibung des Arsens mit sich bringt, doch durch die Bildung von Ferriten, Silicaten und Arseniaten, die durch die höhere Rösttemperatur begünstigt wird, der erzielbare Grad der Abröstung wieder herabgesetzt wird. — Einzelheiten s. Blei, Bd. II, 415.

Über die für die Röstung in Frage kommenden Öfen ist hier nichts Wesentliches zu bemerken; es sei auf die entsprechenden Abschnitte unter Arsen, Bd. I, 583, Blei, Bd. II, 418, und Kupfer, Bd. II, 115, hingewiesen.

Was das Verschmelzen der gerösteten Erze auf Rohspeise anbelangt, so ist es ein reduzierendes bei gleichzeitiger Verschlackung der Gangart unter Bildung einer basischen Schlacke, um nach Möglichkeit die Verschlackung von Nickel zu vermeiden, das dann schwer oder gar nicht wieder aus der Schlacke zurückgewonnen werden kann. Man verwendet im allgemeinen eine Singulosilicatschlacke mit möglichst hohem Eisengehalte, die arm an Nickel und Kobalt fällt, sofern die erzeugte Speise noch einen gewissen Eisengehalt — etwa 3–4 % *Fe* — enthält. Als Schmelzöfen kommen in der Regel Schachtöfen in Frage, doch lassen sich auch, namentlich wenn es sich um kleinere Erzmengen handelt, Flammöfen für das Verschmelzen der Erze verwenden. Im übrigen sei auf den Abschnitt Verarbeitung sulfidischer Erze auf Rohstein, S. 113, hingewiesen.

Die Weiterverarbeitung der Rohspeise erfolgt, wie oben angegeben, in analoger Weise wie die Weiterverarbeitung des Nickel- bzw. Nickel-Kupfer-Rohsteins, und man erzielt am Schlusse der angegebenen Prozesse ein Rohnickel wie bei dem Verschmelzen sulfidischer Erze. Enthält die *konz.* Speise Edelmetalle und andere Metalle außer Nickel und Kobalt, so kommt ihre Weiterverarbeitung auf trockenem Wege nur vereinzelt (Kupfer: Oker, Bd. VII, 183, Halsbrücke, Bd. VII, 183) in Frage, und man muß den nassen Weg einschlagen, um die Edelmetalle zu gewinnen und die fremden Metalle, z. B. Kupfer, Kobalt, zu entfernen und für sich auszubringen.

Eine wesentlich bedeutendere Rolle als die Verarbeitung arsenhaltiger Nickelerze spielt für die Gewinnung des Nickels die Verarbeitung der Speise aus den Blei- und Kupferhüttenbetrieben. Sie ist, soweit sie auf trockenem Wege erfolgt, unter Kobalt, Bd. VI, 571, beschrieben.

II. Der nasse Weg der Nickelgewinnung.

Dieser Weg hat den Vorteil, daß man auf ihm aus den unreinen Lösungen, die man durch die Behandlung von Nickelerzen und nickelhaltigen Zwischenprodukten mit Lösungsmitteln erhält, ein reines Nickel erzeugen kann. Für Nickelerze ist dieser Weg nur versucht, nicht aber mit wirtschaftlichem Erfolge in die Praxis eingeführt worden. Vorteilhafter erscheint es dagegen, von einem auf trockenem Wege erzeugten Feinstein, eisenfreiem Nickelstein oder einer *konz.* Nickelspeise auszugehen. Vielfach wird bei diesen Verarbeitungsverfahren das in Lösung gebrachte Nickel nach entsprechender Reinigung der Laugen elektrolytisch gewonnen.

Für sulfidische Erze können, analog den entsprechenden Prozessen der Verarbeitung von Kupfererzen, die Laugerei mit Ferrisalzlösungen, die sulfatisierende Röstung mit anschließender Laugerei und die chlorierende Röstung mit anschließender Laugerei in Frage kommen. Aber die sulfatisierende Röstung läßt sich infolge des geringen Abstandes der Temperatur des Röstbeginnes von der Temperatur des Zerfalls des Nickelsulfates und infolge der Schwerlöslichkeit des neben dem Nickelsulfat entstehenden Nickeloxyduls wirtschaftlich vorteilhaft nicht durchführen, während die in der Natur vorkommenden Erze nicht für die beiden anderen Verfahren in Betracht kommen. Die oxydischen Nickelerze sind zu arm und zu unrein, als daß eine direkte Laugung mit irgend welchen Lösungsmitteln in Frage käme.

Groß ist dagegen die Zahl der Vorschläge der Verarbeitung von Nickelfeinstein auf nassem Wege; doch sind nur wenige Verfahren von einer gewissen Bedeutung für die Praxis. Es sind in diesem Sinne zu erwähnen das Verfahren der ELEKTRO-METALLURGISCHEN GESELLSCHAFT, Papenburg, das Verfahren von HYBINETTE, das von HAGLUND und das von MOHR-HEBERLEIN.

Um das Material, den Feinstein, der in der Regel neben dem Nickel auch Kupfer enthält, in Lösung zu bringen, kann man ihn mit Chlor oder Chlor abgebenden Reagenzien behandeln — Verfahren von HÖPFNER u. s. w. — und die erhaltene Lösung nach entsprechender Reinigung zunächst auf Kupfer und dann auf Nickel elektrolysieren. Ein zweiter Weg des Aufschlusses der Materialien ist der mit Schwefelsäure — Verfahren von HAGLUND. Aus den erhaltenen Lösungen wird das Kupfer durch eine aus dem verwandten Rohmaterial erschmolzene Metallegierung zementiert und die Nickellösung elektrolysiert. Schließlich beruht das Verfahren von HYBINETTE darauf, daß Kupfer und Kupferoxyd in verdünnter Schwefelsäure leichter löslich sind als Nickel und Nickeloxydul und daß das unedlere Nickel das im Vergleich zu ihm edlere Kupfer aus seinen Lösungen ausfällt.

Die Verfahren des Aufschlusses mit Chlor bzw. Chlor abgebenden Reagenzien gehen auf das Verfahren von HÖPFNER (*D. R. P.* 53782 [1888]) zurück, das der Gewinnung von Kupfer aus sulfidischen Kupfererzen diente. HÖPFNER hat analog diesem Verfahren der Laugerei von Kupfererzen mit Hilfe von Kupferchloridlösungen und der Elektrolyse der erhaltenen Kupferchlorürlösungen unter Zurückgewinnung von Kupferchloridlauge, ein Verfahren der Laugerei von Kupfer-Nickel-Steinen mit Kupferchlorid und Natriumchlorid bzw. Calciumchlorid mit anschließender Kupfer- und Nickelelektrolyse, wobei das entstehende Chlor zur Überführung des Cuprochlorids in Cuprichlorid in den Laugen wieder verwendet wurde, versucht. Der Versuch ist aber infolge großer Schwierigkeiten wieder aufgegeben worden.

Aus dem HÖPFNERschen Verfahren ist einerseits das Verfahren von DAVID BROWNE der CANADIAN COPPER CO. und andererseits das Verfahren in Papenburg hervorgegangen.

Das Verfahren der ELEKTROMETALLURGISCHEN GESELLSCHAFT in Papenburg, Verfahren von J. SAVELSBERG — die Anlage ist inzwischen außer Betrieb gesetzt worden — beschreibt WOHLWILL in TAFEL, Lehrbuch der Metallhüttenkunde 2, 571, nach den persönlichen Angaben des Erfinders folgendermaßen:

Der Feinstein (mit einem Gehalte von 50—60% *Ni*, 20—30% *Cu*, 5—10% *Fe*, etwa 15% *S*) wird in einer Kugelmühle staubfein gemahlen und in der Laugerei mit Chlorgas gelöst; die aus den Bädern abfließende Lauge wird durch Tonpumpen in großen Rührwerken dem ebenfalls von den Bädern kommenden, an der Anode entwickelten Chlor entgegengepumpt; es löst sich dabei zunächst das Eisen des Steines zu Eisenchlorid und ein Teil des Kupfers zu Kupferchlorid; die Chloride reduzieren sich in Berührung mit weiteren Mengen Stein oder auch Metall, über das die Lauge hinabrieselt, zu Chlorüren, die durch das Chlor wieder zu Chloriden oxydiert, dann wieder reduziert werden. Zuletzt wird die Lauge außerhalb des Chlorstroms durch neu zugesetzten Stein vollkommen reduziert und dabei gleichzeitig durch Luft das Eisen ausgefällt nach der Gleichung:

$$4 FeCl_2 + 8 CuCl + 3 O_2 + 6 H_2O = 4 Fe(OH)_3 + 8 CuCl_2.$$

Die Lauge darf, da die Stromausbeute für das Cu^--Ion doppelt so hoch ist, wie für das Cu^--Ion, möglichst kein Kupferchlorid, sondern nur Kupferchlorür enthalten, wenn sie in die Kupferbäder eintritt, wo Kupfer mit unlöslichen Anoden aus Graphit an Kathoden aus Kupferblech abgeschieden wird. Die letzten Mengen Kupfer können, damit kein Nickel mitfällt, nicht elektrolytisch gefällt werden. Sie werden durch Eisen als Zementkupfer abgeschieden. Die Lauge wird dann durch Chlorkalk und Calciumcarbonat von Eisen und Kobalt, durch Schwefelwasserstoff von den letzten Spuren Kupfer und anderen Verunreinigungen befreit und gelangt dann in die Nickelbäder, wo ebenfalls mit unlöslichen Anoden das Nickel abgeschieden wird. Die Lauge fließt mit etwa $80-100 g/l$ Ni in die obersten von je 10 in vier Reihen kaskadenförmig hintereinander aufgebauten Bädern ein und aus dem letzten mit $15-20 g/l$ Ni in die Laugerei zurück. Das Chlor sammelt sich an der Anode, die von der Kathode durch ein Diaphragma getrennt ist, unter dichten Tonhauben und wird durch eine Bleileitung zur Laugerei geführt. Die Kupfer- und Nickelbäder sind alle hintereinandergeschaltet; die Stromstärke beträgt 2000 Amp. je 1 m^2, die Spannung richtet sich nach der Belastung. Die Spannung der Kupferbäder ist dabei geringer als die der Nickelbäder, die Ausbeute bei Kupfer etwa 75 %, auf Cu berechnet, bei Nickel 95 %. Die Anlage erzeugt etwa 300 t Kupfer und 700 t Nickel jährlich. Das gewonnene Elektrolytnickel ist sehr rein, 99,80 % $Ni + Co$. Das Kupfer hat eine Reinheit von etwa 99 %.

Das von BROWNE (*Ztschr. Elektrochem.* **1903**, 392; *Trans. Amer. electrochem. Soc.* **2**, 228 [1902]) ausgearbeitete Verfahren, das von der CANADIAN COPPER Co. in Cleveland, Ohio, eine Zeitlang im Betriebe durchgeführt worden ist, geht nicht von dem rohen Nickel-Kupferfeinstein aus, sondern von der aus ihm durch Abrösten und reduzierendes Schmelzen erzeugten Legierung. Diese wird zum Teil zu Anoden vergossen, zum Teil in Granalienform übergeführt.

Die Anoden werden auf Kupfer elektrolysiert, das auf Kupferkathoden niedergeschlagen wird. Der Elektrolyt ist eine Lösung der Chloride des Eisens, Kupfers, Natriums, die durch Behandlung der granulierten Legierung mit dem bei der Nickelelektrolyse anodisch entwickelten Chlorgas, mit Salzsäure, Kochsalz und Wasser in einem Turme erzeugt wird. Aus dem Elektrolyten der Kupferelektrolyse wird mit Hilfe von Schwefelnatrium der Rest des Kupfers gefällt. Dann wird das Eisen durch Chlor in Eisenchlorid übergeführt und als Eisenhydroxyd mit Natronlauge gefällt. Die Lösung wird alsdann in Verdampfapparaten bis zum Abscheiden des Chlornatriums eingeengt, und schließlich wird die erhaltene Nickelchloridlauge unter Verwendung von Graphitanoden und Nickelkathoden auf Elektrolytnickel verarbeitet. Das entstehende Chlor dient zum Lösen der Granalien. Das erhaltene Elektrolytnickel enthielt 99,85 % $Ni + Co$, 0,014 % Cu, 0,085 % Fe, $-C$, $-S$, $-Si$. Der Ausgangsstein enthält $35-40$ % Cu, $35-40$ % Ni, $0,5-1$ % Fe, Rest S, die erschmolzene Legierung 54,3 % Cu, 43,08 % Ni, 1 % Fe. Die Spannung am Bade beträgt $0,25-0,42$ V, die Stromdichte 50 $Amp./m^2$ Anodenfläche, die Stromausbeute $88-95$ %. Der Elektrolyt geht von 4,43 % Cu, 5,56 % Ni, 10 % $NaCl$ auf 0,7 % Cu herunter. Bei der Nickelelektrolyse verwendet man etwas kleinere Bäder als bei der Kupferelektrolyse. Die Kathoden bestehen aus Nickelblechen, die Anoden aus ACHESON-Graphit in Form von Stäben. Die einzelnen Graphitstäbe stecken in Tonröhren, die als Diaphragma wirken. Die Röhren reichen fast bis auf den Boden des Bades und sind unten offen. Dadurch wird erreicht, daß kein Chlor an die Kathode gelangt, während gleichzeitig die Verbindung zwischen Anoden- und Kathodenflüssigkeit nicht vollständig unterbrochen ist. Die Anodenzellen sind oben abgedichtet und mit einem Chlorabzug versehen, der das Gas dem Auflösungsturm zuführt. Die Badspannung beträgt $3,5-3,6$ V, die Stromausbeute 93,5 %.

Das HYBINETTE-Verfahren stand bei der BRITISH-AMERICAN NICKEL Co. in der Raffinerie zu Deschenes, Quebeck bei Ottawa, in Anwendung; es beruht darauf, daß Nickel und Nickeloxydul wesentlich schwerer als Kupfer und Kupferoxyd in verdünnter Schwefelsäure löslich sind und daß metallisches Nickel infolge seiner größeren Lösungstension das Kupfer aus seinen Lösungen ausfällt.

Der granulierte ungeröstete Kupfer-Nickelstein wird mit den sauren Endlaugen der Nickelelektrolyse unter schwachem Erwärmen gelaugt, wobei Nickel gelöst und in der Lauge befindliches Kupfer gefällt wird. Die Laugen gehen zur Nickelelektrolyse. Der Laugereirückstand wird abgeröstet und mit den sauren Endlaugen der Kupferelektrolyse, u. zw. bei einer Temperatur unter 55° gelaugt, um das Lösen des Nickels nach Möglichkeit zu vermeiden. Die Löselauge geht zur Kupferelektrolyse. Um in diesen Laugen eine zuweitgehende Anreicherung im Nickel zu verhindern, wird ständig ein Teil aus dem Kreislaufe des Prozesses herausgenommen, elektrolytisch entkupfert und das Nickel durch Auskrystallisation des Nickelvitriols entfernt, worauf die sauren Laugen in den Kreislauf des Prozesses zurückgegeben werden. Der oxydische Rückstand von der Laugerei des gerösteten Steins wird im elektrischen Ofen auf Anoden verschmolzen, die bei der Nickelelektrolyse verwendet werden.

Die Nickelelektrolyse findet in der HYBINETTE-Zelle statt. Die Kathodenzellen bestehen aus mit Leinen doppelt bespannten Holzrahmen. Diese Leinentücher werden mit Wasserglas getränkt und dann in ihnen durch eine Behandlung mit verdünnter Säure gelatinöse Kieselsäure zur Abscheidung gebracht, wodurch die Durchlässigkeit der Diaphragmen vermindert wird. Der Kathodenraum steht unter Überdruck, so daß die Lösung aus ihm in den Anodenraum übertritt, aber nicht die Lösung des Anodenraums in den Kathodenraum.

Die Nickelanoden befinden sich in grobleinenen Beuteln. Die Kathoden bestehen aus Eisenblechen. Der Elektrolyt wandert von der Kathode zur Anode, wo er Kupfer aufnimmt, und wird dann aus dem Bade abgezogen. Er wird auf 85-90° erwärmt und geht zur Laugerei oder zu der Zementation, wo das Kupfer durch granulierten Stein niedergeschlagen wird, während Nickel in Lösung geht. Schließlich wird der Elektrolyt wieder der Elektrolyse zugeführt.

Das HAGLUND-Verfahren ist eine Abänderung des HYBINETTE-Verfahrens. Der geröstete Kupfer-Nickel-Stein wird nur zum Teil zu Metall reduziert. Der andere Teil des Materiales wird mit Schwefelsäure gelaugt, und das in Lösung gegangene Kupfer wird durch die erhaltene Legierung zementiert.

Beim MOHR-HEBERLEIN-Verfahren wird der abgeröstete Feinstein durch Wassergas vollständig reduziert. Bei Behandlung des erzielten Metalles mit verdünnter Schwefelsäure geht durch die Umsetzung gelösten Kupfersulfats mit feinverteiltem metallischen Nickel nur das Nickel in Lösung, während Kupfer und Edelmetalle im Rückstand verbleiben, der, auf Anoden verschmolzen, elektrolysiert wird. Die nickelhaltige Lösung wird nach erfolgter Reinigung der Nickelelektrolyse zugeführt, deren Endlauge zum Lösen des Metalles zurückgeht.

Die Verarbeitung *konz.* Nickelspeisen auf nassem Wege ist in ihren Grundprinzipien, namentlich unter Berücksichtigung der Frage der Trennung des Nickels und Kobalts von den sie begleitenden Verunreinigungen einerseits und der Trennung von Nickel und Kobalt voneinander andererseits, ausführlich unter Kobalt, Bd. VI, 573, behandelt worden.

Die Reinigung der Nickellaugen (s. auch Kobalt, Bd. VI, 575) spielt bei der Gewinnung des Nickels eine große Rolle. Namentlich ist die Trennung des Nickels vom Kupfer und Kobalt von Wichtigkeit: Kupfer kann in größeren Mengen mit Hilfe der Elektrolyse vom Nickel getrennt werden; in kleineren Mengen fällt man es mit Schwefelwasserstoff, Schwefelnatrium oder Schwefelcalcium. In gleicher Weise erfolgt auch die Abscheidung des Bleies und Wismuts, während die Fällung von Arsen und Antimon durch diese Fällungsmittel Schwierigkeiten bereitet und nicht ohne Erwärmung der Laugen möglich ist. Meist fällt man sie, namentlich das Arsen, gemeinsam mit dem Eisen nach Austreiben des überschüssigen Schwefelwasserstoffs durch Erhitzen. Die Metalle der Eisengruppe werden, sofern sie nicht in dreiwertiger Form vorliegen, durch Oxydation mit Chlor oder Chlorkalk in diese Form übergeführt und dann durch Carbonate, Na_2CO_3, $CaCO_3$, oder Hydroxyde, $Ni(OH)_2$, $Ca(OH)_2$, als Hydroxyde bzw. Carbonate gefällt, wobei die Niederschläge bei richtiger Menge des Fällungsmittels in der Wärme nickelarm ausfallen. Beim Vorhandensein von Schwefelsäure wird man im allgemeinen zur Fällung die Natriumsalze verwenden, während bei Chloridlaugen die Verwendung der billigeren Calciumsalze bevorzugt wird. Vorhandene Sulfate kann man hierbei durch Zusatz von Natriumchlorid oder Salzsäure in die Chloride überführen, während man das gleichzeitig entstehende Natriumsulfat durch Ausfrierenlassen zur Abscheidung bringt.

Mit dem Eisen fällt gleichzeitig in der Lösung noch vorhandenes Arsen durch Adsorption, wenn genügende Mengen Eisen in der Lösung vorhanden sind. Meist ist es möglich, auf diesem Wege vorhandene Mengen Arsen in ziemlich billiger Weise aus den Lösungen zu entfernen. Die Trennung von Kobalt und Nickel erfolgt in der unter Kobalt, Bd. VI, 576, ausführlich angegebenen Weise. Die Ausfällung des Nickels aus den gereinigten Lösungen erfolgt, soweit nicht die Elektrolyse hierzu verwendet wird, durch Soda, Ätznatron oder Kalkmilch als basisches Carbonat, $Ni(OH)_2 \cdot NiCO_3$, oder als Hydroxydul, $Ni(OH)_2$. Die erhaltenen Niederschläge sind möglichst von den Natrium- oder Calciumsalzen, die in den zu fällenden Lösungen enthalten sind und daher leicht die Niederschläge verunreinigen, zu befreien.

III. Die Gewinnung des Nickels mit Hilfe des elektrischen Stromes.

Die Gewinnung des Nickels durch Elektrolyse spielt erst in neuester Zeit eine Rolle, da das elektrochemische Verhalten des Nickels der Verwendung des elektrischen Stromes zur Abscheidung des Nickels aus seinen wässerigen Lösungen gewisse Schwierigkeiten bereitet. Der Potentialwert des Nickels gegen die Wasserstoffelektrode beträgt 0,45; es wird also Wasserstoff aus den Nickellösungen leichter abgeschieden als das Nickel selbst. Demzufolge muß bei der Elektrolyse von Nickellösungen mit erheblichem Säuregehalt mit einer schlechten Stromausbeute gerechnet werden. Man arbeitet daher in annähernd neutralen Lösungen, die natürlich infolge ihres größeren Widerstandes einen größeren Kraftverbrauch bei der Elektrolyse zur Folge haben. Weiter bereitet die fast stets in Betracht kommende Trennung des Kupfers von Nickel gewisse Schwierigkeiten. Während in saurer Lösung das Kupfer vor dem Nickel nahezu vollständig abgeschieden wird, muß die Elektrolyse des Nickels in neutraler Lösung erfolgen; es muß die saure Lösung neutralisiert werden, was sich nur lohnt, wenn größere Mengen Kupfer vorhanden sind. Schließlich spielt die Eigenschaft der Nickelanoden, in wesentlich geringerem Maß, als dem Faradayschen Gesetze entspricht, in Lösung zu gehen, seine Passivität, deren Ursache noch nicht voll geklärt ist, die aber wahrscheinlich auf der Bildung einer unlöslichen Deckschicht und deren Einfluß auf den Zustand des Anodenmateriales beruht, eine Rolle, die zur Einhaltung bestimmter Arbeitsbedingungen bei der Nickelelektrolyse bezüglich Stromdichte, Temperatur und Konzentration des Elektrolyten zwingt. Schließlich hat es Schwierigkeiten bereitet, die Bedingungen zu erforschen, unter denen Kathodenniederschläge von größerer Dicke ohne Gefahr des Abblätterns der Nickelniederschläge entstehen, und der Abscheidung basischer Salze auf der Kathode entgegenzuwirken. Die letztere Erscheinung ist zwar noch nicht geklärt, aber sie scheint mit der Oberflächenbeschaffenheit der Kathoden in einem gewissen Zusammenhange zu stehen. Aus diesen Untersuchungen hat sich ergeben, daß man am besten in einem ganz schwach angesäuerten Elektrolyten einer Nickelchlorid- oder Nickelsulfatlösung bei 50—90° unter Anwendung einer Stromdichte von 200 bis 400 *Amp./m²* arbeiten muß.

Die älteren Verfahren der elektrolytischen Nickelgewinnung, die von Kupfer-Nickelsteinen oder Kupfer-Nickellegierungen ausgingen, schieden das Kupfer aus saurer Lösung aus und gewannen das Nickel entweder als Ammoniumdoppelsalz oder als Sulfat, das man dann durch eine zweite Elektrolyse in Elektrolytnickel überführte. Anders arbeiten die neueren Verfahren, die darauf hinzielen, in einem Kreisprozeß die für den Prozeß benötigten Mengen Chemikalien zurückzugewinnen. In diesem Sinne arbeiten die oben in dem Abschnitte „Nasse Verfahren für die Nickelgewinnung" beschriebenen Verfahren von Hoepfner, Browne, Savelsberg, Haglund, Heberlein und Hybinette.

Balbach-Verfahren. Die direkte Raffination des Nickels unter Verwendung verhältnismäßig reiner Anoden ist zuerst in längerem Großbetriebe von der Balbach Smelting and Refining Co. zu Newark ausgeführt worden. Es wurden Nickelanoden, erschmolzen aus Nickeloxyd der Orford Copper Co. von Kopf- und Bodenschmelzen des Orford-Prozesses (s. S. 116), mit 93,0% *Ni*, 0,7% *Co*, 1,0% *Fe*, 1,5% *Cu*, 1,5% *S*, 0,7% *As*, 0,7% *Sb*, 0,2% *Si*, 0,5% *C* in einem Elektrolyten, der aus einer neutralen Lösung von Nickelsulfat, der man eine gewisse Menge Borsäure zusetzte, bei 40° elektrolysiert. Der Elektrolyt enthielt 40 *g* Nickel und 20 *g* Borsäure in 1 *l*. Die Stromdichte betrug rund 110 *Amp./m²*. Ausgeführt wurde die Elektrolyse in einer behelfsmäßig umgebauten Anlage für elektrolytische Kupferraffination. Das Elektrolytnickel enthielt 0,7—0,8% *Fe*, 0,05—0,10% *Cu*, 0,10—0,15% *As*, 0,05—0,10% *Sb*, Rest *Ni* + *Co*; es war frei von *S, C, Si, H* und wurde im wesentlichen zur Neusilberfabrikation verwendet. Nach mehr als zweijährigem

Betriebe wurde die Elektrolyse wieder aufgegeben, da sich die Kosten der Verarbeitung des angelieferten Materials als zu hoch erwiesen. Das Verfahren ist dann 1905 wieder auf den ORFORD-Werken in Constable Hook und dann zu Port Colbourne in verbesserter Form in Anwendung gebracht worden und eine ziemliche Reihe von Jahren in Betrieb gewesen, aber innerhalb der letzten Jahre schließlich doch wieder aufgegeben worden.

In neuester Zeit ist die elektrolytische Raffination des Nickels in stärkerem Maße weiter entwickelt worden. Veranlaßt wird man zur Einführung dieses Verfahrens durch den immer mehr steigenden Gehalt der Nickelerze an Platin, das man so in einfacher Weise als wertvolles Nebenprodukt gewinnt. Man arbeitet bei der Raffination des Nickels in heißer reiner Nickelsulfatlösung mit etwa 30 g Ni/l, die ganz schwach angesäuert ist. In gewissen Zeitabständen muß man das Eisen und Kobalt, das sich im Elektrolyten ansammelt, aus ihm entfernen. Bei Stromdichten von etwa 150 $Amp.$ erhält man silberhelle glatte Kathodenniederschläge. Es werden auf diesem Wege heute schon große Mengen Elektrolytnickel gewonnen.

Das elektrothermische Verfahren für die Gewinnung von Ferronickel aus oxydischen Erzen wird in neuerer Zeit wieder in Anwendung gebracht. In der Hütte von YATÉ, SOCIÉTÉ LE NICKEL verschmilzt man die oxydischen neucaledonischen Nickelerze in einem 1000-kW-Lichtbogenofen mit Chromitauskleidung unter Zuschlag von basischen Zuschlägen bei einem Stromverbrauch von 1100—1200 kWh und einem Elektrodenverbrauch von 12 kg/t Erz auf ein Ferronickel mit bis zu 90 % Ni.

Die Versuche, die an der Technischen Hochschule zu Aachen bezüglich der Gewinnung von kupferarmem Ferronickel aus Nickel-Kupfer-Eisen-Erzen unternommen worden sind, sind in den Abhandlungen aus dem Institute für Metallhüttenwesen und Elektrometallurgie der Technischen Hochschule zu Aachen beschrieben. Die Ergebnisse dieser Versuche haben, soweit bekanntgeworden, keine praktische Ausnutzung gefunden.

IV. Die Raffination des Nickels.

Für viele Zwecke genügt das auf trockenem Wege erzeugte Handelsnickel, so z. B. für die Herstellung von Legierungen, von Nickelstahl u. s. w. Soll aber das Nickel gewalzt, gepreßt, gezogen werden, dann kommt man mit diesem Materiale nicht aus. Es sind alle die Dehnbarkeit und die Festigkeit herabsetzenden Fremdkörper durch entsprechende Behandlung zu entfernen. Schwefel wirkt schon in sehr geringer Menge — von 0,005 % ab — auf Kalt- und Rotbrüchigkeit des Materiales hin. Der Schwefel ist in dem Nickel in Form eines Eutektikums Schwefelnickel-Nickel enthalten, das sich an den Korngrenzen des Gefüges als dünner Saum abscheidet und so die Festigkeit des Materiales ungünstig beeinflußt. Sauerstoff ist in dem Nickel als Nickeloxydul enthalten, das, im flüssigen Nickel, gelöst als Eutektikum sich im Nickel beim Erstarren fein verteilt ausscheidet. Kohlenstoff kann als Carbid, als Kohlenoxyd und als Cyanid im Nickel enthalten sein; Kohlenoxyd erzeugt porösen Guß; Cyanid macht das Nickel spröde. Gewisse Mengen Silicium als Silicid können in dem Nickel enthalten sein und seine Eigenschaften beeinflussen. Während Eisen und Mangan wegen ihrer geringen Menge im Nickel ohne wesentlichen Einfluß sind, während Kobalt sogar einen günstigen Einfluß auf die Festigkeitseigenschaften des Nickels ausübt und Kupfer für die mechanischen Eigenschaften unschädlich ist, sind Arsen und Antimon von gewissem Nachteil auf die Eigenschaften des Nickels, wenn auch nicht so stark wie der Schwefel. Durch die für das Umschmelzen des Nickels erforderliche hohe Temperatur werden S, As, C, Si, Fe meist in genügender Weise verbrannt und damit entfernt. Durch einen Zusatz von Magnesium oder von Magnesiumlegierungen kann man NiO, S und gelöstes CO entfernen.

Geringe Mengen Magnesium — höchstens 0,125 % — genügen vollständig; sie werden unter einer Schlackendecke eingetragen. Diese Raffination findet am besten in durch Öl, Gas oder den elektrischen Strom geheizten Öfen, die mit basischem Futter versehen sind, oder in mit einer Schicht feuerfesten Tones ausgekleideten Graphittiegeln statt. Über die Raffination des *Ni* durch Elektrolyse s. o. S. 125.

Handelsformen. Das Nickel kommt in folgenden Sorten in den Handel: Würfelnickel in Würfeln von 12,7—6,35 *mm* Kantenlänge.

Rondellennickel in Zylindern von 35—50 *mm* Durchmesser und 25—38 *mm* Höhe, beide Sorten auf trockenem Wege durch Reduktion von Nickeloxydul erhalten.

Mond-Nickel oder Kugelnickel, in Form von Kugeln durch den Mond-Prozeß erhalten. Kathoden- oder Elektrolytnickel in Kathodenform von der Elektrolyse stammend.

Der Normenausschuß der Deutschen Industrie unterscheidet nach seinem Normenblatt Din 1701: Würfelnickel, Kurzwort Wüni, *spez. Gew.* 8.4, Rondellennickel, Kurzwort Roni, *spez. Gew.* 8,4, Plattennickel, Kurzwort Plani, *spez. Gew.* 8,6, Granaliennickel, Kurzwort Grani, *spez. Gew.* 8,4, alle vier Sorten mit einem Mindestgehalt an *Ni* von 98,5 %, und zulässigen Mengen an Beimengungen: 0,15 % *Cu*, 0,50 % *Fe*, 0,20 % *Si*, 0,03 % *As*, 0,03 % *S*, 0,3 %, *C*, Spuren *P*, Spuren *Mn. Sn, Sb.* Kathodennickel, Elektrolytnickel, Kurzwort Kani, *spez. Gew.* 8,9 mit mindestens 99,5 % *Ni* und höchstens 0,10 % *Cu*, 0,30 % *Fe*, Spuren *Si*, Spuren *As*, Spuren *S*, Spuren *C*, Spuren *P*, Spuren *Mn*, *Sn, Sb.* Umgeschmolzenes Nickel in Granalienform, Uni, *spez. Gew.* 8,6, mit mindestens 96,75 % *Ni* und höchstens 0,20 % *Cu* 1,00 % *Fe*, 0,50 % *Si*, 0,03 % *As*, 0,10 % *S*, 1,00 % *C*, Spuren *P*, 0,20 % *Mn*. Außerdem werden noch Blocknickel mit etwa 99,20 % *Ni*, 0,30 % *Cu*, 0,03 % *C*, 0,45 %, *Fe*, 0,03 % *Si*, 0,035 % *S* und Nickelpulver oder Nickelschwamm durch Reduktion von *NiO* bei unter 815° erhalten, mit etwa 97,8 % *Ni*, 0,25 % *Cu*, 0,50 % *C* im Handel geführt.

Verwendung. Nur allmählich hat man die hervorragenden Eigenschaften des Nickels erkannt, und dementsprechend findet es erst seit einigen Jahrzehnten Verwendung. Seitdem man gelernt hat, walz- und schmiedbares Nickel herzustellen, ist sein Anwendungsgebiet immer größer geworden, und es ist jetzt für gewisse Zwecke geradezu unentbehrlich geworden.

Man fertigt aus Nickel Apparate für das Laboratorium und die chemische Industrie — es ist aber hier teilweise durch Chrom verdrängt worden — Hausgeräte (Kochgeschirre, Trinkgefäße, Löffel u. dgl.) u. a. Es dient zur galvanischen Vernicklung (Bd. **V**, 485). Seine Hauptverwendung aber findet Nickel bei der Herstellung von Nickelstahl und Nickelchromstahl (Bd. **IV**, 170, 171, 175, 176, 178 ff.).

Eisen-Nickellegierungen mit 35—45 % *Ni* mit geringer Ausdehung werden für die Herstellung von Uhrenpendeln, genau dimensionierten Rädern für Meßinstrumente, Meßbändern, Wärmemeßgeräten u. s. w., solche mit 50—80 % *Ni* für elektrische Zwecke, Spezial-Transformatoren, Überseekabelpanzer verwandt. Nickelgußeisen mit 0,5—3 % Nickel wird zu Automobilzylindern, Büchsen, Kolben, Kupplungen, Rädern, Maschinenguß u. s. w., solches mit bis zu 6 % *Ni* zu korrosionsbeständigem Guß, solches mit 10—75 % *Ni* zu Gußstücken für elektrische Maschinen verarbeitet. Über seine Verwendung zur Herstellung von anderen Legierungen s. Nickellegierungen.

Fein verteiltes Nickel findet Verwendung als Katalysator zur Reduktion von Fetten und Ölen (Bd. **V**, 170) sowie von Naphthalin (Bd. **VII**, 785) sowie zur Entfernung von *CO* aus Kokereiwasserstoff (Bd. **VI**, 442) in Form von Methan.

Wirtschaftliches. Produktion und Preise. Nach Neumann (s. Literatur) stieg die Weltproduktion in den Jahren 1840—1868 von jährlich 100 *t* auf 300 *t*, wobei der Hauptanteil auf Erz deutschösterreichischen Ursprungs entfiel. Diese führende Rolle hat Deutschland wenig später an Neucaledonien (1877) bzw. Canada (1890) abgeben müssen. Im Jahre 1889 betrug die Weltproduktion etwa 1800 *t*. Der Preis pro *kg* war in den Jahren 1867—1889 von 9 M. auf 5 M. gefallen und verminderte sich in der Folge noch weiter.

Über die Bergwerksproduktion des Nickels in den Jahren 1913, 1920, 1924/1930 und über die Preise des Nickels in den Jahren seit 1890 geben nachstehende Zusammenstellungen nach den statistischen Zusammenstellungen der Metallgesellschaft, Frankfurt a. M., Aufschluß.

Bergwerksproduktion von Nickel in 1000 metrischen *t* Nickelinhalt.

	1913	1920	1923	1924	1925	1926	1927	1928	1929
Deutschland	0,8	1,0	—	—	—	—	—	—	—
Norwegen	0,7	0,4	0,3	—	—	—	0,2	0,5	0,5
Griechenland	—	—	—	—	—	—	0,1	0,6	0,6
Übriges Europa	—	—	—	—	0,2	0,4	0,6	0,4	0,5
Europa	1,5	1,4	0,3	—	0,2	0,4	0,9	1,5	1,6
Canada	22,5	27,8	33,1	36,8	38,7	40,9	39,5	45,5	58,5
Vereinigte Staaten . .	0,2	0,3	0,1	0,1	0,2	0,3	0,7	0,5	0,5
Australien (Neucaledonien)	6,7	3,4	2,7	3,6	3,6	3,8	3,3	4,1	4,1
Asien (Burma)							0,3	0,7	0,7
Weltproduktion	30,9	32,9	36,2	40,5	42,7	45,4	44,7	52,3	65,4

Jahresdurchschnittspreise in Berlin in Nickel 98/99% in Mark das *kg*.

1890 4,50	1913 3,00–3,50	1927 3,46
1895 2,60	1914–18 . . . 4,50 Höchstpreis	1928 3,50
1900 3,00	1924 2,57	1929 3,50
1905 3,00–3,75	1925 3,448	
1910 3,00–3,50	1926 3,45	

Die Gesamtproduktion von Rohnickel als hüttenmännische Produktion ist für die Jahre 1901–1928 aus der nachfolgenden Zusammenstellung ersichtlich.

Produktion von Rohnickel. Hüttenmännische Produktion.

Gesamtproduktion in *t*.

1901 . . . 8 900	1912 . . . 27 500	1917 . . . 39 400	1922 . . . 11 500	1927 . . . 44 700
1904 . . . 12 000	1913 . . . 30 600	1918 . . . 40 500	1923 . . . 36 200	1928 . . . 52 300
1908 . . . 14 600	1914 . . . 30 100	1919 . . . 17 500	1924 . . . 40 500	1929 . . . 65 400
1910 . . . 19 400	1915 . . . 34 600	1920 . . . 32 600	1925 . . . 42 700	
1911 . . . 23 500	1916 . . . 38 500	1921 . . . 11 400	1926 . . . 45 400	

Die INTERNATIONAL NICKEL CO OF CANADA, die im Jahre 1928 aus dem Zusammenschlusse der englischen und der amerikanischen Nickelgruppen der MOND NICKEL CO. und der INTERNATIONAL NICKEL CO. OF NEW JERSEY entstanden ist, ist der Besitzer der Nickelvorkommen der canadischen Provinz Ontario und beherrscht dadurch vollständig den Nickelmarkt, da die übrigen Vorkommen, auch das neucaledonische Nickelvorkommen, das von der französischen SOCIÉTÉ LE NICKEL betrieben wird, diesem gegenüber von geringer Bedeutung sind. Schon vor ihrer Vereinigung haben die beiden Gesellschaften Hand in Hand gearbeitet, was zur Folge hatte, daß der Nickelpreis der einzige Metallpreis ist, der seit Jahren ohne jede Veränderung völlig stabil gehalten werden konnte. An Hütten besitzt die INTERNATIONAL NICKEL CO. die Hütte in Clydach bei Swansea in Wales, die zur Verwendung des MOND-LANGER-Verfahrens aus Konzentrationsprodukte der Nickelschmelze von Coniston in Canada errichtet wurde, sowie die Hütte in Copper Cliff und die Raffinerie von Port Colborne, die beide im Staate Ontario, Canada, liegen.

Der Hauptverbraucher für Nickel sind die Vereinigten Staaten, die etwa die Hälfte der Weltproduktion aufnehmen. Große Importländer für Nickel sind dann noch England, Deutschland und Frankreich. Der Verbrauch von England ist etwa mit 9000 *t*, der von Deutschland mit etwa 4000 *t* anzunehmen.

Literatur: NEUMANN, Die Metalle, Halle 1904. – SCHNABEL, Handbuch der Metallhüttenkunde II, Berlin 1904. – BORCHERS, Hüttenbetriebe II, Halle 1917. – TAFEL, Lehrbuch der Metallhüttenkunde II, Leipzig 1929. – D. M. LIDDELL, Handbook of non-ferrous métallurgy II. Mc Graw-Hill, Book Company 1926. – FÖRSTER, Elektrochemie wässeriger Lösungen, Leipzig 1915. – BORCHERS, Elektrometallurgie, Leipzig 1903. – J. BILLITER, Die elektrochemischen Verfahren der chemischen Großindustrie I, Knapp, Halle 1909. – J. BILLITER, Die neueren Fortschritte der technischen Elektrolyse, Halle 1930. – VICTOR ENGELHARDT, Handbuch der technischen Elektrochemie, Leipzig, I. Bd. 1. T. A. Die technische Elektrometallurgie wässeriger Lösungen 1930. Nickel, von V. HYBINETTE, ins Deutsche übertragen von Dr. G. EGER. – LEDEBUR-BAUER, Die Legierungen in ihrer Anwendung für gewerbliche Zwecke, Krayn, Berlin 1924. – Werkstoffhandbuch. Nichteisenmetalle, herausgegeben von der Deutschen Gesellschaft für Metallkunde im Verein deutscher Ingenieure, BEUTH-Verlag, Berlin 1927. – NICKEL-Handbuch, herausgegeben vom NICKEL-INFORMATIONSBÜRO G. M. B. H., Frankfurt a. M., Leitung Dr. Ing. M. WAEHLERT 1930. – Mitteilungen des NICKEL-INFORMATIONSBÜRO G. M. B. H., Frankfurt a. M., Liebigstraße 16. – The Nickel Bulletin, published monthly by The Bureau of information on nickel, THE MOND NICKEL CO LTD 1928–1930.

R. Hoffmann (E. Günther†).

Nickelbronzen sind Legierungen entweder von der Art der echten Bronzen, also auf der Grundlage Kupfer-Zinn, die noch einen geringen Nickelgehalt zur Verbesserung der physikalischen Eigenschaften erhalten haben, oder auch Legierungen auf der Grundlage Kupfer-Nickel ohne oder mit nur einem geringen Zinngehalt (s. Kupferlegierungen).

E. H. Schulz.

Nickelin ist die Bezeichnung für verschiedene Legierungen, die einen hohen elektrischen Widerstand und einen geringen Temperaturkoeffizienten besitzen und daher zur Herstellung von Widerständen in der Elektrotechnik dienen. Es sind Nickel-Kupfer- oder Zink-Nickel-Kupfer-Legierungen (s. Kupferlegierungen, Bd. VII, 231, und Neusilber, Bd. VIII, 105). *E. H. Schulz.*

Nickelium ist eine Nickel-Aluminium-Legierung mit geringem Nickelgehalt, die sich in Blechform besonders gut zum Ziehen, Pressen u. s. w. eignen soll. Im ausgeglühten Zustande beträgt die Zugfestigkeit 15 kg/mm^2 bei 20% Dehnung. *E. H. Schulz.*

Nickellegierungen. Technisch wichtig sind:

a) Kupfer-Nickel-Legierungen, u. zw. werden auch Legierungen mit stark vorherrschendem Kupfergehalt, die eigentlich zu den Kupferlegierungen zu zählen sind, meist als Nickellegierungen bezeichnet, da infolge der stark färbenden Kraft des Nickels Nickel-Kupfer-Legierungen mit über 12% Nickel schon weiß gefärbt sind, also äußerlich mehr als Abkömmlinge des Nickels wirken. Die Kupfer-Nickel-Legierungen zeichnen sich durch recht gute Festigkeit und Zähigkeit aus. Die größere Festigkeit ist hinsichtlich des Widerstandes gegen eine mechanische Abnutzung von Bedeutung für die sog. Nickelmünzen der weitaus meisten Staaten, die aus Legierungen von Kupfer und Nickel bestehen; z. B. 25% Nickel und 75% Kupfer. Auch der Widerstand der Kupfer-Nickel-Legierungen gegen chemische Einflüsse — insbesondere gegen die Einwirkung von Luft und Feuchtigkeit — ist recht gut und wird praktisch ausgenutzt; zur Herstellung von Gefäßen u. s. w. wird jedoch vielfach aus Rücksicht auf den Preis nicht volles Kupfer-Nickel-Blech benutzt, sondern Flußeisenbleche, die mit einer Plattierung aus Kupfer-Nickel versehen sind (s. Metallüberzüge, Bd. VII, 514). Legierungen höheren Nickelgehalts zeichnen sich durch einen hohen spezifischen elektrischen Widerstand und einen sehr kleinen Temperaturkoeffizienten aus; sie finden daher Verwendung für Widerstandsdrähte; auch für Thermoelemente kommen sie in Betracht (vgl. Kupferlegierungen, Bd. VII, 231). Besonders zu nennen ist noch das Monelmetall (s. Bd. VII, 657; VIII, 115).

Über Festigkeitseigenschaften (weich geglühter Zustand) und Verwendungszweck einer Anzahl Kupfer-Nickel-Legierungen gibt nachstehende Zusammenstellung Aufschluß (nach C. SCHARWÄCHTER):

Ni %	Cu %	Zugfestigkeit kg/mm^2	Dehnung %	Verwendung
15	85	rd. 30	rd. 40	Plattierung von Eisenblech
20	80	„ 31	„ 38	Plattierung von Eisenblech, Münzen
25	75	„ 33	„ 36	Münzen
33	67	„ 42	„ 34	der Korrosion ausgesetzte Teile im Apparatebau, elektrische Widerstände
42—45	58—55	„ 48	„ 38	elektrische Widerstände und Thermoelemente
66,7	33,3	„ 50	35—40	Beizgeräte, Aufbewahrungsbehälter für Lebensmittel, Turbinen-, Pumpen- und Apparatebau

b) Kupfer-Zink-Nickel-Legierungen werden als Neusilber bezeichnet (s. d.).

c) Chrom-Nickel-Legierungen aus 50—90% Nickel und 35—10% Chrom, teilweise noch mit Zusätzen von Eisen (0—25%) sowie einem Zusatz von Molybdän, ergeben säurefeste und hitzebeständige Legierungen (s. d. Bd. VII, 300, 303).

d) Legierungen des Nickels mit Eisen haben meist einen vorherrschenden Eisengehalt und rechnen dann zu den Sonderstählen (Bd. IV, 172). Eine Legierung aus rund 80% Nickel und 20% Eisen, in Amerika als Permalloy bezeichnet, ist als magnetischer Werkstoff wichtig: seine Anfangspermeabilität ist je nach der Wärmebehandlung 6000—10000, seine Maximalpermeabilität 70 000—100 000.

Literatur: Werkstoffhandbuch Nichteisenmetalle, herausgegeben von der Deutschen Gesellschaft für Metallkunde im Verein Deutscher Ingenieure. Berlin 1927. Beuth-Verlag. *E. H. Schulz.*

Nickelverbindungen. Ni ist in den in Wasser löslichen Salzen meist zweiwertig, in NiO_2 ist es vierwertig, in $Ni(CO)_4$ achtwertig. Die Existenz des Ni_2O_3, in dem Nickel dreiwertig wäre, ist nicht sicher; vielleicht ist dieses Oxyd nur ein Gemisch des NiO und NiO_2. Im allgemeinen sind die Nickelsalze im wasserfreien Zustande gelb, mit Krystallwasser grün.

Physiologisches Verhalten. Nickelverbindungen wirken in größeren Mengen brechenerregend. Sehr giftig ist Nickelcarbonyl. In geringen Mengen schaden Nickelverbindungen dem menschlichen Organismus nicht, so daß die Benutzung von Nickelgeschirr unbedenklich ist (Bd. V, 736). Nickelsalze hemmen die Entwicklung von Bakterien, die Gärung und das Pflanzenwachstum.

Analytisches s. Nickel, Bd. VIII, 109.

Nickelacetat s. Bd. IV, 679.

Nickelborate s. Bd. II, 559.

Nickelcarbid s. Bd. III, 102.

Nickelcarbonate. Wasserfreies Nickelcarbonat, $NiCO_3$, bildet blaßgrüne, durchsichtige Rhomboeder, welche bei gelindem Erhitzen an der Luft in Nickeloxyd, Ni_2O_3, übergehen. Es krystallisiert auch mit $6\,H_2O$ in Rhomboedern und Prismen von grünlicher Farbe, welche in Wasser unlöslich sind und leicht einen Teil ihres Krystallwassers verlieren. Es wird technisch hergestellt durch Fällen einer heißen Nickelsulfatlösung mit heißer Sodalösung. Die Fällung wird heiß durch Filterpressen filtriert, mit siedendem Wasser ausgewaschen und langsam getrocknet.

Von basischen Nickelcarbonaten sei das Salz $2\,NiO \cdot NiCO_3 + 6\,H_2O$ erwähnt. Es kommt in der Natur als Nickelsmaragd, Texasit oder Zaratit vor und ist glasglänzend und smaragdgrün. Durch Fällung von Nickelsalzlösungen mit Alkalicarbonaten können je nach den Versuchsbedingungen auch basische Carbonate von verschiedener Zusammensetzung, z. B. $4\,NiO \cdot NiCO_3 + 8\,H_2O$ und $4\,NiO \cdot NiCO_3 + 5\,H_2O$, entstehen.

Nickelcarbonat findet hauptsächlich zur Fetthärtung (Bd. V, 171) Verwendung.

Nickelcarbonyl, Nickelkohlenoxyd, $Ni(CO)_4$, s. Nickel, Bd. VIII, 117.

Nickelchlorat, $Ni(ClO_3)_2 + 6\,H_2O$, s. Bd. III, 299.

Nickelchlorür, $NiCl_2$, bildet sublimiert goldgelbe Krystallschuppen, löslich in Wasser, Alkohol und Glykol, in wässerigem Ammoniak mit blauer Farbe. Man erhält es durch Glühen von fein verteiltem Nickel im Chlorstrom (ROSE, *Poggendorf Ann.* 20, 156 [1830]), Erhitzen des Rückstandes, der beim Eindampfen der wässerigen Lösung bleibt, in trockenem *HCl*-Gas (RICHARDS und CUSHMAN, Proceed. Amer. Acad. 33, 95 [1897], 34, 327 [1899]) oder durch Erhitzen von Nickelchlorürammoniak, bis der Ammoniakgeruch verschwunden ist (SÖRENSEN, *Ztschr. anorgan. Chem.* 5, 364 [1894]).

Es gibt mehrere Hydrate. Das Salz in seiner gebräuchlichsten Form hat die Zusammensetzung $NiCl_2 \cdot 6\,H_2O$. Grasgrüne, körnige, 4seitige Prismen, die sich in Wasser und auch in Alkohol lösen. Das Salz zerfließt in feuchter und verwittert in trockener Luft. Man erhält es durch Auflösen von Nickeloxydul, -hydroxydul oder -carbonat in Salzsäure.

Löslichkeit in Wasser.

Temperatur	0°	10°	20°	40°	60°	100°
g $NiCl_2$ in 100 g Lösung . . :	35,0	37,3	39,1	42,3	45,1	46,7

Verwendung zur galvanischen Vernicklung (Bd. V, 484).

Nickelformiat, $Ni(CHO_2)_2 + 2\,H_2O$, krystallisiert in grünen Nadelbüscheln, leicht löslich in Wasser, die beim Erhitzen gelb werden. $D^{20,2}$ 2,1547. Auf 175° mit Wasser unter Druck erhitzt, zerfällt das Salz unter Abspaltung von Wasserstoff, Kohlendioxyd und wenig Kohlenoxyd (RIBAN, *Bull. Soc. Chim. France* [2] 38, 110).

Verwendung für Fetthärtung, Bd. V, 171.

Nickelnitrat, $Ni(NO_3)_2 + 6\,H_2O$, smaragdgrüne Krystalle. D 1,993. *Schmelzp.* 56,7°. Das Salz verwittert in trockener, zerfließt in feuchter Luft. Die gesättigte Lösung enthält bei 0° 44,32%, bei 20° 49,06%, bei 41° 55,22% und bei 56,7° 62,76% wasserfreies Salz (FUNK, *Ztschr. analyt. Chem.* 28, 469 [1889]). Nickelnitrat ist auch in Alkohol löslich. Beim Erhitzen verliert es zunächst 3 *Mol.* Wasser, dann Säure und hinterläßt mehr oder weniger basische Salze. Es entsteht beim Lösen von Nickelmetall, von Nickeloxydul oder -carbonat in Salpetersäure. Verwendung für braune Farben in der Keramik (Bd. IV, 837).

Nickeloxyde. Nickeloxydul, Nickelmonoxyd, *NiO*, ist als Mineral Bunsenit bekannt (GENTH, *A.* 53, 139). Auf chemischem Wege hergestellt, ist es graugelb-grün, auch olivgrün bis reingrün, *spez. Gew.* 6,6—6,8, je nach der Art der Herstellung. Es löst sich in konzentrierten Säuren sowie in schmelzendem Kaliumbisulfat zu einer tiefbraunen, in der Kälte gelb werdenden Masse, in Ammoniak mit violetter Farbe, die beim Erhitzen hellblau wird.

Das Oxydul kann bis zum heftigsten Glühen im Porzellanofen ohne Zersetzung erhitzt werden. Kohle wirkt ab 450⁰ reduzierend ein, Wasserstoff ab 220⁰, Kohlen-oxyd ab 120⁰. Wasserstoff reduziert leicht zu fein verteiltem pyrophoren Nickel, bei höherer Temperatur zu gesintertem Metall. Nickeloxydul bildet sich durch an-haltendes Glühen von Nickelhydroxyd, -carbonat oder -nitrat, von Nickelmetall mit Salpeter, durch Erhitzen von Ni_2O_3 für sich oder im Wasserstoffstrom auf 190—230⁰. Es scheidet sich bei der Elektrolyse von Nickelsalzlösung, sofern Natriumacetat an der Anode ist, ab. Bei der Gewinnung des technischen Nickelmetalls bildet es ein Zwischenprodukt (s. Nickel, S. 110). Mit einer Reihe von Metalloxyden, so mit den Oxyden von *Al, Mn, Mg, Zn, Sn,* werden krystallisierte Verbindungen von ver-schiedener Zusammensetzung gebildet (HEDVALL, *Ztschr. anorgan. Chem.* 103, 249 [1918]).

Das technische Nickeloxydul enthält hie und da Kupfer-, Eisen-, Kobalt-, Mangan-, Calcium- und Magnesiumoxyd, ferner Kieselsäure und Kohlendioxyd. Seine Reinigung s. ZIMMERMANN, *A.* 232, 341 [1886]. Es wird im EDISON-Akkumu-lator (Bd. I, 189) benutzt und dient als Katalysator (Bd. III, 228). In der Keramik verwendet man es für Aufglasur- und Unterglasurfarben, gelbe Muffelfarben (Bd. IV, 816 ff.), für Emaillen (Bd. IV, 418 ff.) in beträchtlichen Mengen.

Nickelhydroxydul, $Ni(OH)_2 + x H_2O$, ist ein grünes, in Wasser sehr wenig lösliches Pulver, das beim Kochen mit Wasser kein Hydratwasser abgibt. Man erhält es alkali- und säurefrei durch Fällung von Nickelnitratlösung mit reiner Natronlauge und Auswaschen des Niederschlags mit Wasser und sehr verdünntem Ammoniak (TEICHMANN, *A.* 156, 17 [1870]; BONSDORFF, *Ztschr. anorgan. Chem.* 41, 136 [1904]). Darstellung von kolloidalem Nickelhydroxydul s. LEYS und WERNER, *B.* 39, 2179 [1906]; PAAL und BRÜNJES, *B.* 47, 2200 [1914]; O. F. TOWER, *Journ. physical Chem.* 28, 176 [1924]).

Nickeloxyd, Nickelsesquioxyd, Ni_2O_3 (vielleicht nur ein Gemisch von NiO_2 und NiO), stellt ein schwarzes Pulver vom *spez. Gew.* 4,8∙6 dar. Es ist in Salpeter- und Schwefelsäure unter Sauerstoffentwicklung löslich, in Salzsäure unter Chlorentwicklung, in wässerigem Ammoniak unter Stickstoffentbindung und wird durch Wasserstoff bei 190⁰ sowie durch trockenes Ammoniak in der Hitze zu Nickeloxydul reduziert (WÄCHTER, *Journ. prakt. Chem.* 30, 321). Das Oxyd wird durch ein gelindes Erhitzen von Nickelcarbonat oder durch Zersetzung des Nitrats unterhalb der Glühhitze gewonnen. Nickelsesquioxyd gibt Hydrate mit 1, 2 und 3 H_2O, welche schwarze bis braune Pulver darstellen und die Eigenschaften von Superoxyden zeigen. Sie wirken auf organische Körper stark oxydierend ein, führen z. B. Alkohol in Aldehyd über u. s. w.

Nickeldioxyd, NiO_2, enthält je nach der Art der Herstellung mehr oder weniger *NiO* und ist gleichfalls ein schwarzes, dichtes Pulver, entstehend z. B. durch Einwirkung von Alkalihypochlorit auf Nickelhydroxydul.

Nickelsulfat, $NiSO_4$, ist eine hellgelbe Masse, die sich an der Luft unter Wasseraufnahme grün färbt.

100 Tl. Wasser lösen bei: 2⁰ 30,4, 16⁰ 37,4, 20⁰ 39,7, 31⁰ 45,3, 41⁰ 49,1, 50⁰ 52,0, 60⁰ 57,2, 70⁰ 61,9 Tl. Salz.

Das Heptahydrat, natürlich als Morenosit und Nickelvitriol vorkommend, D 1,831 (nach anderen Angaben $D = 1,877$), krystallisiert bei 15—20⁰ aus wässeriger Lösung in dunkelsmaragdgrünen rhombischen Krystallen, die bei 31,5⁰ in das blaue, qua-dratische, bei 53,3⁰ in das grüne monokline Hexahydrat übergehen, bei 98—100⁰ schmelzen, bei etwas höherer Temperatur 6 *Mol.* und bei 180⁰ das letzte Molekül Wasser verlieren. 100 Tl. Wasser lösen bei 0⁰ 27,22, bei 15⁰ 34,19, bei 34⁰ 45,5 g Heptahydrat. Löslichkeit in Methylalkohol s. LOBRY DE BRUYN, *Rec. Trav. Chim. Pays-Bas* 22, 407 [1903]. Das Hexahydrat wird durch Eisessig aus seiner Lösung quantitativ gefällt.

Darstellung. Nickelsulfat kann aus dem Hydroxyd, Carbonat oder Metall durch Lösen in verdünnter Schwefelsäure, in letzterem Falle zweckmäßig unter Zusatz von etwas Salpetersäure, gewonnen werden. Die Hauptmenge Vitriol wird aber durch vorsichtiges Rösten von Nickelstein und Ausziehen mit Wasser bzw. verdünnter H_2SO_4 erhalten. Aus der Lauge wird das Cu mit Ni ausgefällt, Fe als basisches Sulfat durch Einblasen von Luft. Die $NiSO_4$-Lösung muß absolut neutral sein, was durch Neutralisation mit $NiCO_3$ erreicht wird. Die neutrale Lösung wird dann in verbleiten Verdampfern stark konzentriert und langsam innerhalb von 6—7 Tagen an Bleistreifen krystallisieren gelassen, wobei Rhomboeder erhalten werden. Reinigung des käuflichen Salzes, das neben dem Nitrat das gewöhnlichste Salz des Handels darstellt, s. A. TERREIL, *Compt. rend. Acad. Sciences* 79, 1495 [1874].

Nickelsulfat gibt mit Ammoniumsulfat ein Doppelsalz der Formel $NiSO_4 \cdot (NH_4)_2SO_4 + 6 H_2O$. Es bildet blaugrüne säulenförmige Krystalle vom *spez. Gew.* 1,801, fast unlöslich in einer kalten, schwach sauren Lösung von Ammonsulfat. 100 Tl. Wasser lösen bei 10^0 3,2, 30^0 8,3, 50^0 14,4, 68^0 18,8, 85^0 28,6 Tl. wasserfreies Salz. In der Hitze gibt das Salz sein Krystallwasser ab, ohne zu schmelzen. Die Darstellung erfolgt durch Zusammenbringen der Komponenten in konzentrierten Lösungen, die mit $NiCO_3$ neutralisiert und ev. vor der Krystallisation filtriert werden.

Sowohl Nickelsulfat wie sein Doppelsalz mit Ammonsulfat werden viel zur galvanischen Vernicklung (Bd. **V**, 484) gebraucht, ersteres auch für die Herstellung von Nickelcarbonat.

Nickelsulfide. Von diesen ist hauptsächlich das Monosulfid *NiS* von Interesse. Es kommt in der Natur als Millerit vor und kann durch Erhitzen von Nickel und Schwefel oder Einwirkung von Schwefelwasserstoff auf rotglühendes Nickel als bronzegelbe Masse hergestellt werden. Ist unlöslich in HCl und H_2SO_4, löslich in HNO_3 und Königswasser. Chlor und Wasserdampf greifen nur wenig an. *Spez. Gew.* 4,60 (ROSE, *Poggendorf Ann.* 42, 517 [1837]; KENNGOTT, Sitzungsber. WIEN. Akademie 10, 295 [1853]). Nickel-Schwefel-Verbindungen spielen bei der Verhüttung der Nickelerze eine große Rolle (s. S. 111) u. zw. in der Hauptsache als Ni_3S_2, das am beständigsten ist (*Schmelzp.* 787^0), und unter Umständen auch als Ni_2S.   *W. Siegel (Kölliker).*

Nickelweißmetall ist ein Weißlagermetall (s. Lagermetalle), dem aber ein geringer Nickelzusatz beigegeben ist, der sich nach betriebsmäßigen Erfahrungen recht gut bewährt haben soll.   *E. H. Schulz.*

Nicotin s. Tabak und Solanaceenalkaloide.

Nigrosin K, KS (*Ciba*), NB, N BA, NBL, WL Körner, WL Pulver (*I. G.*) sind durch Sulfurieren von spritlöslichem Nigrosin erhaltene wasserlösliche Marken, Bd. **II**, 19. Weitere Handelsmarken sind: G extra, JTL extra Körner, NTL, TA, TS, WLA Körner, WLA Pulver.

Nigrosinbase BB, BT, SRN ist die Bezeichnung für das spritlösliche Nigrosin. Im Handel sind ferner die Marken C, SR, 4322, 51017. Die entsprechenden Marken von *Geigy* heißen Nigrosin wasserlöslich und spritlöslich (oder fettlöslich oder Base).   *Ristenpart.*

Nilblau BX (*I. G.*), vermutlich 1891 von JULIUS erfundener basischer Oxazinfarbstoff, nach den *D. R. P.* 45268, 49844, 74391 und 60922 durch Einwirkung von salzsaurem Nitrosodiäthyl-m-aminophenol auf Benzyl-1-naphthylamin erhalten; löst sich in kaltem Wasser schwer und färbt auf tannierter Baumwolle ein licht-, wasch- und säureechtes Blau, das sich besonders für den Buntätzdruck eignet.   *Ristenpart.*

Niob, *Nb*, in der angloamerikanischen Literatur als Columbite mit dem Symbol *Cb* figurierend, 1801 von HATSCHETT im Columbit entdeckt, Atomgewicht 93,1, *Schmelzp.* 1950^0, *spez. Gew.* 12,7, elektrischer Widerstand eines Meterdrahtes von 1 *mm* Durchmesser 0,1810 Ohm, kommt, hauptsächlich mit Tantal vergesellschaftet, in einer Reihe von Mineralien, meist mit selteneren Bestandteilen, in West-Australien, Schweden, Norwegen, Grönland, Madagaskar, Rhodesien u. s. w. vor. Von allen Mineralien enthält der Pyrochlor, in der Hauptsache ein *Ca*-Niobat, am meisten *Nb*; am wichtigsten als Ausgangsmaterial ist jedoch der Columbit

(Niobit), etwa $(Fe, Mn) O (NbTa_{2}O_5$ mit rund 78% Nb_2O_5. Das Metall kann nach den älteren Methoden z. B. aus dem $NbCl_5$ mit H in der Glühhitze (ROSCOE), aus dem $NbOF_3$ durch Elektrolyse, durch Aluminothermie (vgl. Bd. I, 320), aus dem Nb_2O_5 mit Paraffin bei 1900° nach dem von BOLTON für die Tantaldarstellung angegebenen Verfahren u. s. w. oder nach einem neueren Verfahren der WESTINGHOUSE LAMP Co. durch Reduktion von Nb_2O_5 vermittels äquivalenter Mengen von Ca-Metall mit $CaCl_2$ als Flußmittel in eisernen Gefäßen (unter Zusatz von Alkalimetall zur Luft- und Feuchtigkeitsfernhaltung) bei 900 – 1000° gewonnen werden (A. P. 1 728 941 [1927]). Das hellgrau aussehende Metall ist weniger duktil als Ta, gewalzt ist es härter als Schmiedeeisen, bei Rotglut läßt es sich hämmern. Das von der FAUSTEEL PRODUCTS Co., Chicago, auf der letzten chemischen Ausstellung in New York ausgestellte Niob-Metall hatte (Chem.-Ztg. 1929, 911) ein spez. Gew. von nur 8,3 und war silberartig aussehend. An der Luft ist es beim Erhitzen beständig, da es sich rasch mit einer schützenden Oxydschicht überzieht. Als Pulver oxydiert es sich dagegen in der Hitze rasch. Abgesehen von HF und Alkalien ist es gegen chemische Agenzien beständig. Technische Verwendung hat das Nb bisher nicht gefunden. Es wurde als Legierungsmetall, z. B. zur Herstellung von harten Werkzeugen (W. SCHROBSDORFF, Berlin, E. P. 274 866 [1926]), als gasokkludierendes „Getter" in (Radio-) Hochvakuumröhren u. dgl. vorgeschlagen. 1930 betrug der Weltvorrat an Nb-Blechen, -Barren, -Stäben und -Drähten im ganzen etwa 22,5 lbs. (The Engineer 1930, 511).

Literatur: J. W. MELLOR, A comprehensive Treatise on Inorganic and Theor. Chemistry. Vol. IX, London-New York 1929, S. 837–882. *Max Speter.*

Nirvanol (Heyden), Phenyläthylhydantoin.

Herstellung nach D. R. P. 309 508, indem man auf C-C-Arylalkylcyanacetamid (Phenyläthyl-cyanacetamid) Hypohalogenite, nach D. R. P. 310 426, indem man auf Phenyläthylmalonamid Hypohalogenite wirken läßt.

Man kann auch nach D. R. P. 335 994 auf Phenyläthylmalonitril Hypohalogenite reagieren lassen. Nach D. R. P. 310 427 und D. R. P. 335 993 werden Verbindungen von nebenstehendem Typus mit kondensierenden Mitteln behandelt.

Farblose Krystalle vom Schmelzp. 199–200°, leicht löslich in Alkalien. Besitzt starke schlafmachende Wirkung. Wegen verschiedener Nebenwirkungen wurde das Acetylnirvanol eingeführt, dem geringere Wirkung bei weniger Nebenwirkungen zukommen soll. Tabletten zu 0,3 g. *Dohrn.*

Nitranilfarbstoffe (Ciba)

sind direkt ziehende Baumwollazofarbstoffe, die durch Kuppelung mit Diazo-p-nitranilin waschechte Färbungen ergeben. Hierhin gehören Nitranil-braun B, BR, R, -bordaux B, G, -gelb R, -grün B, G, -orange G, rot- R. *Ristenpart.*

Nitrate s. unter den betreffenden Metallverbindungen.

Nitrazol C (I. G.)

ist nach D. R. P. 97 933 hergestelltes haltbares p-Nitro-diazobenzolsulfat.

p-Nitranilin wird in konz. Schwefelsäure gelöst, mit Natriumnitrit diazotiert, mit calciniertem Glaubersalz in einer der Schwefelsäure äquivalenten Menge versetzt und das feste Gemisch zerkleinert. Für die Verwendung werden 560 g Nitrazol C in 4 l Wasser gelöst, nach $^1/_2$ h filtriert, mit 440 cm^3 Natronlauge 22° Bé. in 1 l Wasser und mit 120 g Natriumacetat abgestumpft und auf 10 l verdünnt. *Ristenpart.*

Nitride

sind Verbindungen einer Reihe von Metallen oder Metalloiden mit Stickstoff, entweder in stöchiometrischen Verhältnissen oder in Form fester Lösungen von variabler Dissoziationsspannung. Die chemische oder physikalische Bindung des reinen oder mit anderen Gasen gemischten Stickstoffs erfolgt durch Mg-, Ca- oder Li-Metall schon bei gewöhnlicher Temperatur in erheblichem Maße; in den meisten anderen Fällen aber ist höhere Temperatur für die Reaktion erforderlich.

Statt der elementaren Metalle oder Metalloide verwendet man häufig deren Oxyde im Gemisch mit Kohle, ev. unter Zusatz von Kohlenwasserstoffen, so z. B. bei dem Verfahren des D. R. P. 357 899 der SOC. GÉNÉRALE DES NITRURES, dem Verfahren von F. UHDE (D. R. P. 423 348 [1921]) und der ANGLO-CALIFORNIA TRUST Co., *A. P.* 1 631 544 [1922]). Diese benutzt das aus Magnesit, Dolomit u. dgl. gewonnene Mg_3N_2 dazu, um es mit *Al, B, Cr, Mo, Si, Ti, W, U, V, Ca, Ba, Fe* oder deren Legierungen auf hohe Temperaturen, ev. im Vakuum, zu erhitzen, wobei die Nitride jener Elemente entstehen sollen und das *Mg* abdestilliert. Auch Sulfide von *B, Ca, Mg, Al* u. s. w. können durch Erhitzen im *N*-Strom in die Nitride verwandelt werden (KAISER, *D. R. P.* 346 122, 346 437 [1920]), ebenso zuweilen Carbide. Über Herstellung und Eigenschaften einer großen Anzahl von Nitriden meist seltener Metalle s. E. FRIEDRICH und L. SITTIG, *Ztschr. anorgan. allg. Chem.* 143, 293.

Die aus pulverförmig-stückigen Rohstoffen gewonnenen Nitride stellen meist weiß bis grau aussehende, amorphe oder krystallinische, hochtemperaturbeständige, elektrisch nichtleitende, magnetisierbare Pulver vor, die sich durch heißes Wasser oder durch Wasserdampf, in allen Fällen aber durch Schmelzen mit Alkali, unter Bildung von Ammoniak zersetzen lassen. In manchen Fällen resultieren die Nitride in Form zusammenhängender Schichten direkt auf den in einer NH_3-Atmosphäre „nitrierten" Ausgangsstoffen, so beim Verfahren von E. PODSZUS (*D. R. P.* 282 748 und 286 992) oder beim KRUPPschen „Nitrierhärtungsverfahren", wo aus Eisen bestehende Werkstücke bei Temperaturen unter 580⁰ der Einwirkung von *N* im Entstehungszustande ausgesetzt werden (vgl. Bd. IV, 151, 174 und KRUPPsche Monatshefte 7, 17 [1926]).

Die Nitride als solche bieten im allgemeinen heute meist kein technisches Interesse, da die früher aussichtsvoll erscheinende Verwendungsmöglichkeit (s. Aluminiumnitrid, Bd. I, 277) als Zwischenglieder der NH_3-Fabrikation durch die Hochdrucksynthese völlig unterbunden wurde. Über ihre Verwendung als Ausgangsstoffe zur Darstellung von Cyaniden im großen s. v. BICHOWSKY, *Chem. metallurg. Engin.* 29, 1098 [1923]; J. C. CLANCY, *A. P.* 1 556 202 [1922], als Katalysatoren s. A. JAKOWKIN und N. FLEISCHER, Trans. State Inst. appl. Chem., Moskau, Lfg. 5, S. 3. Metalle und Legierungen, die reich an Metallnitriden sind, sollen nach R. WALTER (*F. P.* 656 678 [1928/29]) wegen ihrer Härte vornehmlich zu Werkzeugmaterial geeignet sein. Aus demselben Grunde wären Nitride, wie z. B. Bornitrid, als Schleifmittel zu empfehlen (*D. R. P.* 342 047). Um das Festbrennen von Gußstücken in den Formen zu verhindern, überzieht man zweckmäßig die Forminnenwandungen mit Nitriden, z. B. von *Si, Ti, Al, B* u. s. w. (v. BICHOWSKY, *A. P.* 1 570 802 [1924]). Auch als Düngemittel sind gemischte Nitride früher in Vorschlag gebracht worden (O. FRANK, *D. R. P.* 248 697 [1911]). Die Nitride von *Li, Ca* oder *Mg* dienen zur *N*-Bindung bei der Reindarstellung von Argon (Bd. IV, 113). Über die Einführung von Titannitrid als Handelsprodukt und seine Herstellung nach *A. P.* 1 570 802 u. s. w. macht v. BICHOWSKY Angaben (*Chem. metallurg. Engin.* 33, 749). Über die einzelnen Nitride s. Aluminiumnitrid, Bd. I, 277; Bornitrid, Bd. II, 542; Calciumnitrid, Bd. III, 51; Eisennitrid, Bd. IV, 151; Lithiumnitrid, Bd. VII, 374; Magnesiumnitrid, Bd. VII, 430; Molybdänstickstoff, Bd. VII, 652, s. f. Siliciumnitrid, Titannitrid.

Literatur: E. DONATH und A. INDRA, Die Oxydation des Ammoniaks zu Salpetersäure und salpetriger Säure. *Chem. Vorträge*, Bd. XIX. Stuttgart 1913. — DAMMER-F. PETERS, Chemische Technologie der Neuzeit. Stuttgart, 2. Aufl., Bd. III, 107. — A. BRÄUER und J. D'ANS, Fortschritte in der anorganischen Industrie, Bd. I, 1562, Bd. II, 852 und Bd. III, 704. — A. v. ANTROPOFFS und M. v. STACKELBERGs Atlas der Physikalischen und Anorganischen Chemie: Die Nitride. Tafel 19 und S. 55—57. Berlin 1929. — W. MOLDENHAUER, Die Reaktionen des freien Stickstoffs. Berlin 1920.   *Max Speter.*

Nitrieren. Hierunter wird die Einführung der Nitrogruppe $-NO_2$ in organische Verbindungen verstanden. Sie beruht in dem Ersatz eines Wasserstoffatoms durch die Nitro- $-NO_2$- Gruppe. Man bedient sich zu diesem Zweck der Salpetersäure, meistens bei Gegenwart von Schwefelsäure. Auch Stickstofftetroxyd bei Gegenwart von Schwefelsäure gibt gute Resultate.

$$C_6H_6 + N_2O_4 + H_2SO_4 = C_6H_5 \cdot NO_2 + HO \cdot SO_2 \cdot O \cdot NO + H_2O$$

(L. A. PINK, *Journ. Amer. chem. Soc.* 49, 2536; M. BATTEGAY und A. RASUMEJEW, *F. P.* 619 224 [1925]). Die Nitrierung einer organischen Substanz mit Salpetersäure verläuft nach folgender allgemeiner Gleichung:

$$R \cdot H + HO \cdot NO_2 = R \cdot NO_2 + H_2O.$$

Das Bild dieser einfachen Wechselwirkung erfährt aber bei der praktischen Durchführung der Reaktion eine sehr vielseitige Gestaltung, weil die Neigung der

Körper zur Aufnahme von Nitrogruppen sowie ihre Widerstandsfähigkeit gegen unerwünschte Nebenwirkungen der Salpetersäure oft ganz verschieden ist.

Erweist sich bei einer gewissen Reaktion der Angriff der starken Salpetersäure als zu heftig, der verdünnten wässerigen Säure als nicht zweckentsprechend, so führt häufig die Verdünnung der starken Säure durch andere, die Reaktion nicht beeinträchtigende Mittel zum Ziel. Als solches Verdünnungsmittel kommt selten Eisessig, in den meisten Fällen *konz.* Schwefelsäure in Betracht. Die Mischung von Eisessig und *konz.* Salpetersäure enthält, wie A. PICTET (*D. R. P.* 137 100; *B.* **35**, 2526) festgestellt hat, die Diacetylorthosalpetersäure $(CH_3 \cdot CO_2)_2 \, N(OH)_3$. Technische Verwendung hat diese Verbindung nicht gefunden. Die *konz.* Schwefelsäure spielt bei den Nitrierungen eine besonders wichtige Rolle nicht nur als Lösungs- bzw. Verdünnungsmittel, sondern insbesondere wegen ihrer wasserentziehenden Eigenschaft, indem sie das nach obiger Gleichung entstehende Reaktionswasser an sich reißt. Aus diesen Gründen erlaubt die Verwendung von *konz.* Schwefelsäure vielfach auch die Benutzung einer schwächeren, also billigeren Salpetersäure; in manchen Fällen wird sogar erreicht, daß die Nitrierung mit der annähernd berechneten Menge Salpetersäure durchgeführt werden kann. Die Menge der Schwefelsäure wird meist derart gewählt, daß am Schluß der Nitrierung ihre Konzentration etwa durch die Formel $H_2SO_4 + 2\,H_2O$ ausgedrückt werden kann.

Die Konzentration der zur Verwendung gelangenden Salpetersäure schwankt je nach der zu erzielenden Nitrierungsstufe zwischen 72 und 94% HNO_3. Das Gemisch von Salpetersäure und Schwefelsäure heißt Nitriersäure; zu ihrer Darstellung dient entweder *konz.* oder rauchende Schwefelsäure.

In welcher Weise sich Temperatur und Wassergehalt der Mischsäure nach dem zu nitrierenden Produkt zu richten haben, ist aus nachstehender Tabelle für Toluol gut ersichtlich.

	Gehalt der Mischsäure in %			
	H_2SO_4	HNO_3	H_2O	Temperatur
Nitrierung von Toluol . . . 55	55	25	20	30° zu Nitrotoluol
„ der Nitrotoluole . 65	65	30	5	60—90° „ Dinitrotoluol
„ des Dinitrotoluols 80	80	20	—	95—110° „ Trinitrotoluol

Ähnlich liegen die Verhältnisse bei der Nitrierung der Cellulose (Bd. V, 759).

Allgemeine, für die verschiedenen Körperklassen gültige Regeln lassen sich jedoch nicht aufstellen. So gelingt z. B. die Umwandlung der Phenolsulfosäure in Pikrinsäure mit 60%iger Salpetersäure, während die weitere Nitrierung von Dinitrobenzol, selbst unter Verwendung von hochkonzentrierter Salpetersäure und rauchender Schwefelsäure, nur sehr geringe Mengen Trinitrobenzol liefert. Die Einführung von NO_2-Gruppen in aromatische Verbindungen hängt von deren Konstitution ab und insbesondere von der Art der bereits vorhandenen Substituenten.

Die nach beendigter Nitrierung anfallende Schwefelsäure, die noch wechselnde Mengen Salpetersäure enthält, wird zum Teil, nach Zusatz von rauchender Schwefelsäure, wieder in den Kreislauf eingeführt, zum Teil auch in Denitrieranlagen (Bd. III, 588) in ihre Bestandteile getrennt.

Die Nitrierung von aliphatischen Verbindungen wird technisch nur mit einigen Stoffen durchgeführt, u. zw. mit Glykol, Glycerin und Cellulose, wobei keine eigentlichen Nitroverbindungen, sondern die Salpetersäureester genannter Verbindungen entstehen. Bei der Verwendung von Glycerin entsteht das Glycerintrinitrat oder Nitroglycerin (Bd. V, 753). Cellulose liefert die entsprechenden Salpetersäureester der Cellulose, die sog. Nitrocellulosen (Bd. V, 709), die je nach den Reaktionsbedingungen 2—11 $(O \cdot NO_2)$-Gruppen im Nitrocellulosemolekül enthalten. Diese Salpetersäureester zeigen natürlich alle charakteristischen Reaktionen der Ester und lassen sich, zum Unterschied von den aromatischen Nitroverbindungen, leicht verseifen bzw. wieder spalten.

Auf Äthylalkohol wirkt Salpetersäure äußerst energisch oxydierend ein; führt man die Reaktion bei Gegenwart von Quecksilbernitrat durch, so entsteht durch eine komplizierte, noch nicht völlig geklärte Reaktion das Quecksilbersalz der Knallsäure, $Hg(CNO)_2$ (Bd. **V**, 749). Auch auf Zucker wirkt Salpetersäure, besonders bei Gegenwart von Vanadiumverbindungen (*Journ. prakt. Chem.* 75, 146) oder Molybdänoxyd, nur oxydierend ein, indem Oxalsäure entsteht. Das Verfahren (s. Bd. **VIII**, 218) hat aber keine technische Bedeutung.

Die Nitrierung des Benzols ist ausführlich Bd. **II**, 269 beschrieben. Um die Bildung von Dinitrobenzol zu vermeiden, muß mit einem kleinen Überschuß von Benzol gearbeitet werden und die Nitriersäure zum Benzol, und nicht umgekehrt, hinzugefügt werden. Das Nitrobenzol liefert bei der weiteren Nitrierung hauptsächlich m-Dinitrobenzol (Bd. **II**, 275). Das 1,3,5-Trinitrobenzol kann technisch nicht aus dem Dinitrobenzol gewonnen werden, da bei der hohen Reaktionstemperatur ein großer Teil des Ausgangsmaterials oxydiert wird. Über seine Herstellung s. Bd. **II**, 275. Bei der Nitrierung von Chlorbenzol (Bd. **II**, 276) entsteht zuerst ein Gemisch, das etwa 25% der o-Verbindung und 75% p-Chlornitrobenzol enthält. Über 1-Chlor-2,4-dinitrobenzol s. Bd. **II**, 277; seine Umwandlung in Chlor-2,4,6-trinitrobenzol gelingt nur unter Verwendung von rauchender Schwefelsäure (40% SO_3) und bei einer Temperatur von $140-150^0$.

Phenol wird sehr leicht von verdünnter Salpetersäure nitriert, wobei etwa gleiche Teile eines Gemisches von o- und p-Nitrophenol entstehen, aus denen die flüchtige o-Verbindung mit Wasserdampf abgetrieben werden kann. Über ihre Herstellung s. Phenol. Bei der weiteren Nitrierung von o- und p-Nitrophenol mit Salpetersäure von $D\,1{,}37$ entsteht 2,4-Dinitrophenol. Die technische Herstellung des 2,4-Dinitrophenols (s. Phenol) erfolgt durch Erhitzen von 2,4-Dinitro-1-chlorbenzol mit Soda oder Natronlauge. 2,4,6-Trinitrophenol (Pikrinsäure) wird aus Phenolsulfosäure bzw. Phenoldisulfosäure hergestellt, wobei als Zwischenprodukt 2,6-Dinitrophenol-4-sulfosäure entsteht: über die technische Herstellung s. Bd. **IV**, 768. Die Pikrinsäure läßt sich auch nach dem Verfahren von WOLFFENSTEIN und BÖTERS (*B.* 46, 588, *D. R. P.* 194883, 214045) durch Behandeln von Benzol mit Salpetersäure bei Gegenwart von $Hg\,(NO_3)_2$ gut herstellen. Die Nitroverbindungen von Polyoxybenzolen haben kein technisches Interesse.

Besondere Vorsichtsmaßregeln müssen bei der Nitrierung aromatischer Amine, vor allem primärer Amine, getroffen werden. Abgesehen davon, daß diese basischen Körper mit der Salpetersäure außerordentlich heftig reagieren, würde die bei der Nitrierung immer auftretende salpetrige Säure auf die Aminogruppe einwirken, sie in eine Diazoniumgruppe überführen und auf diese Weise zu störenden Nebenreaktionen Veranlassung geben. Um derartige Nebenreaktionen zu vermeiden, muß die Aminogruppe geschützt werden. Dies kann geschehen durch Einführung von Säureresten, wie Acetyl-, Oxalyl-, Benzoyl- und insbesondere Arylsulfosäurerest. Auch die Festlegung der reaktionsfähigen Wasserstoffatome der Aminogruppe durch Umwandlung der Amine in die Benzylidenverbindung mittels Benzaldehyds wurde vorgeschlagen (*Bayer, D. R. P.*72173), hat aber keine technische Verwertung gefunden.

Die Nitrierung von Acetanilid wurde von verschiedenen Autoren eingehend untersucht. Ganz besonders durch NOELTING und COLLIN (*B.* 17, 262 [1884]), welche *konz.* Schwefelsäure als Lösungsmittel benutzten. Hierbei entsteht über 95% p-Nitroacetanilid, das durch Verseifen in das technisch wichtige p-Nitroanilin übergeführt werden kann; die o-Verbindung entsteht nur in geringer Menge. Nimmt man dagegen die Nitrierung des Acetanilids bei Gegenwart von Eisessig und Essigsäureanhydrid vor (WITT und UTERMANN, *B.* 39, 3901 [1906]), so entstehen neben 1 Tl. der para- 3 Tl. der ortho-Verbindung. Die technisch nicht in Betracht kommenden Ester der Salpetersäure, wie Benzoylnitrat und Acetylnitrat (A. PICTET, *B.* 40, 1165 [1907]), liefern dagegen ausschließlich o-Nitroacetanilid. Dies hängt offenbar damit zusammen, daß bei Verwendung der beiden letzteren Nitrierungsmittel primär Phenylacetylnitramin entsteht, welches sich dann umlagert (HOLLEMAN, Die direkte Einführung von Substituenten in den Benzolkern, S. 142, Leipzig 1910). während die Bildung von p-Nitroacetanilid als eine direkte Substitution des Benzolkerns an der p-Stelle aufzufassen ist.

Die Herstellung von p-Nitranilin aus Acetanilid oder Formanilid wurde früher auch technisch ausgeführt (vgl. Bd. **I**, 470). Heute dürfte das Produkt wohl zum großen Teil aus p-Chlornitrobenzol hergestellt werden (Bd. **I**, 470).

Die Verwendung von Oxalsäure als Schutzrest bei der Nitrierung von Anilin ist im *D. R. P.* 65212 beschrieben (vgl. darüber Bd. I, 469 unter o-Nitranilin).

Technisch wichtig ist die in den *D. R. P.* 157859, 163516, 164130 der *Agfa* niedergelegte Beobachtung, daß aromatische Aryl- und Alkylarylsulfamide durch Behandeln mit verdünnter wässeriger Salpetersäure in glatter Weise nitriert werden, u zw. tritt die Nitrogruppe ausschließlich in die p-Stellung zur Arylsulfaminogruppe, wenn diese frei ist. Ist sie besetzt, so tritt Substitution in der o-Stellung ein.

Die Arylsulfaminoverbindungen sind sehr leicht zu erhalten, z. B. aus dem betreffenden aromatischen Amin (o-Toluidin) und dem bei der Saccharinfabrikation als Nebenprodukt abfallenden p-Toluolsulfochlorid. Das entstehende p-Nitro-o-toluidin-p-tolylsulfamid kann dann leicht durch kurzes Erwärmen mit *konz.* Schwefelsäure verseift werden.

Man kann Anilin auch bei Gegenwart von *konz.* Schwefelsäure nitrieren, wobei Gemische der 3 möglichen Nitraniline entstehen. Bei Verwendung der 10fachen Menge Schwefelsäure (BRUNS, *B.* 28, 1954 [1895]) werden aus dem angewandten Anilin 10–15% o- und je 45–50% m- und p-Nitranilin gebildet. Bei Steigerung der Schwefelsäure auf die 50fache Menge vergrößert sich zwar der Anteil an m-Verbindung; jedoch kann das Entstehen der p-Verbindung nicht ganz verhindert werden (NOELTING und COLLIN, *B.* 17, 261 [1884]). Geht man dagegen von einem Amin mit besetzter o-Stellung aus, z. B. dem o-Toluidin, so entsteht in guter Ausbeute 4-Nitro-2-toluidin, das aus der schwefelsauren Lösung durch Zusatz von Eis als schwerlösliches Sulfat abgeschieden werden kann (F. ULLMANN, Organisch-chemisches Praktikum, S. 186, Leipzig 1908). Auch Dimethylanilin läßt sich nach den Angaben von NOELTING und COLLIN (*B.* 17, 268 [1884]) in *konz.* schwefelsaurer Lösung unter Bildung von p-Nitrodimethylanilin gut nitrieren.

Von den Homologen des Benzols wird besonders die Nitrierung des Toluols technisch in großem Maßstabe durchgeführt. Bei Verwendung von Nitriersäure, die 20% Wasser enthält, entsteht ein Gemisch, das hauptsächlich o- und p-Nitrotoluol und nur etwa 3% der m-Verbindung enthält. Über den Einfluß der Nitriertemperatur auf die Zusammensetzung des Nitrierungsgemisches, allerdings unter ausschließlicher Verwendung von Salpetersäure, finden sich bei HOLLEMAN (l. c.) nähere Angaben. Darnach fällt der Gehalt an p-Nitrotoluol von 41,7% auf 38,5%, während die Menge o-Nitrotoluol von 55,6% auf 57,5% ansteigt; das gleiche gilt für die m-Verbindung, deren Menge bei Nitriertemperaturen von 30–60° sich von 2,7% auf 4% erhöht. Die Nitriertemperatur hat also auf die Zusammensetzung des erhaltenen Gemisches der 3 Nitrotoluole keinen großen Einfluß. Bei der weiteren Nitrierung des Gemisches von o- und p-Nitrotoluol entsteht hauptsächlich 2,4-Dinitrotoluol, daneben geringe Mengen 2,6-Dinitrotoluol, und diese beiden Isomeren liefern bei weiterer energischer Nitrierung 2,4,6-Trinitrotoluol. Über die technische Herstellung dieser Verbindungen s. Bd. **V**, 770, sowie Toluol.

Was schließlich die Orientierung der eintretenden Nitrogruppe bei der Nitrierung von substituierten Benzolderivaten anbetrifft, so ist folgendes zu sagen.

Ist im Benzolkern ein Wasserstoffatom durch eines der folgenden Radikale besetzt:

$$-CH_3; \; -CH_2Cl; \; -Cl(Br, J); \; -OH; \; -OCH_3; \; -NH \cdot CO \cdot CH_3; \; -NH \cdot SO_2 \cdot C_6H_5,$$

so tritt die Nitrogruppe meist in o- und p-Stellung oder nur in p-Stellung ein. Hat aber der Ersatz des Wasserstoffatoms durch eines der folgenden Radikale stattgefunden: $-NO_2; \; -COH; \; -CO_2H; \; -SO_3H$, so entstehen bei der Nitrierung hauptsächlich m-Verbindungen und nur in untergeordneter Menge Derivate, welche der o- und p-Reihe angehören.

Naphthalin liefert bei der Nitrierung mit verdünnter Salpetersäure ausschließlich 1-Nitronaphthalin, das bei energischer Nitrierung in ein leicht trennbares Gemisch von 1,5- und 1,8-Dinitronaphthalin übergeht. Über die Herstellung dieser Nitrokörper s. Naphthalinabkömmlinge, Bd. **VII**, 788.

Von Abkömmlingen des Naphthalins wird nur die Nitrierung des α-Naphthols technisch ausgeführt, wobei 2,4-Dinitro-1-naphthol entsteht. Auch hier verläuft, ähnlich wie beim Phenol, die direkte Nitrierung nicht sehr glatt. Man verfährt deshalb derart, daß man 1-Naphthol sulfuriert und das Gemisch von 1,2- und 1,4-Naphtholsulfosäure mit salpetriger Säure nitrosiert. Die wässerige Lösung der isomeren Nitroso-naphthol-sulfosäuren liefert beim Erwärmen mit verdünnter Salpeter-

säure 2,4-Dinitro-1-naphthol (s. Bd. VII, 484). Es findet also hierbei nicht nur ein Ersatz der Sulfogruppe durch den Nitrorest statt, sondern auch gleichzeitig eine Oxydation der Nitrosogruppe zur
Nitrogruppe.

Sulfuriert man Naphthol mit stark rauchender Schwefelsäure, so entsteht 1-Naphthol-2,4,7-
trisulfosäure, die beim Behandeln mit Salpeter-
säure eine 2,4-Dinitro-1-naphthol-7-sulfo-
säure, das Naphtholgelb S, liefert.

Technische Bedeutung haben
ferner noch die nitrierten Anthrachinone, s. Bd. I, 492.   *Ullmann.*

Nitrite s. unter den betreffenden Metallverbindungen.

Nitroaniline s. Bd. I, 469, 470.

Nitrobenzol s. Bd. II, 269.

Nitrocellulose s. Bd. IV, 759.

Nitrofarbstoffe. Durch den Eintritt einer oder mehrerer Nitrogruppen in
das Molekül aromatischer Verbindungen findet fast durchgängig eine Verschiebung
des Absorptionsspektrums nach dem langwelligen Teil statt, und die dadurch bedingte Farbvertiefung bzw. Erhöhung der Intensität gestattet in verschiedenen
Farbstoffgruppen eine praktische Anwendung der Nitroderivate für Färbereizwecke.
So bei den Azofarbstoffen, die entweder als solche nitriert werden können (Azoflavin S,
Citronin, Jasmin, Helianthin [*Geigy*] u. s. w. = nitrierte Diphenylaminorange) oder
unter Verwendung von nitrierten Komponenten aufgebaut werden (Azofarbstoffe,
Bd. II, 24).

Unter der Bezeichnung Nitrofarbstoffe sollen jedoch hier nur die Farbstoffe
zusammengefaßt werden, die außer der Nitrogruppe keine anderen chromophoren
Gruppen enthalten. Da ihre farbvertiefende Wirkung im Vergleich zu anderen
Chromophoren (z. B. $-N{=}N-$) gering ist, werden aus chromophorlosen farblosen
aromatischen Verbindungen, als welche nur Phenole und Amine in Frage kommen,
gelbe bis braune Derivate erhalten, die auch nur dann eine für Färbezwecke genügende Intensität besitzen, wenn sich mehrere NO_2-Gruppen, u. zw. in der o-
und p-Stellung zu OH bzw. NH_2, befinden. Derartige Farbstoffe sind sauer und
als solche zum Färben von Wolle, Seide und Leder verwendbar. Sie weisen aber,
sofern sie keine Sulfogruppen enthalten, ganz ungenügende Echtheiten auf, sind
wasch- und lichtunecht und sublimieren von der Faser.

Die Nitrofarbstoffe gehören zu den ältesten künstlichen Farbstoffen; sie wurden
früher dank ihrer leichten Darstellung und Anwendung viel verwendet, sind aber
heute wegen ihrer Unechtheit von einfachen Azofarbstoffen verdrängt.

Es seien hier erwähnt:

Pikrinsäure, 2,4,6-Trinitrophenol, der älteste künstliche organische Farbstoff überhaupt,
von WOULFE 1771 durch Nitrieren von Indigo erhalten, früher als saurer, grünstichig gelber Woll-
und Seidenfarbstoff viel verwendet, wird heute nur noch als Explosivstoff (Bd. IV, 768) und als
Zwischenprodukt zur Darstellung von Pikraminsäure (Bd. II, 34) durch Trinitrieren der Phenoldisulfosäure dargestellt. – Salicylgelb = nitrierte Bromsalicylsäure, *D. R. P.* 15889. – Aurotin = Tetra-
nitrophenolphthalein. – Safrosin = nitriertes Dibromfluorescein. – Palatinorange = Tetra-
nitrodiphenol, durch Erwärmen von tetrazotierter Benzidinlösung mit Salpetersäure erhältlich (H. CARO,
1869), in der Papierfärberei verwendet. – Aurantia = Hexanitrodiphenylamin, durch Nitrieren von
Dinitrodiphenylaminsulfosäure (aus Dinitrochlorbenzol und Sulfanilsäure) dargestellt, als Farbstoff
wegen seiner Ekzemwirkung auf die Haut außer Gebrauch, gegenwärtig nur als Explosivstoff
(s. Bd. IV, 769) in Verwendung. – Sonnengold, Heliochrysin = Tetranitro-α-naphthol aus nitriertem
α-Bromnaphthalin mit Alkalien nach *D. R. P.* 14954, *Friedländer* 1, 331. – Viktoriaorange,
Safransurrogat, Gemisch dinitrierter o- und p-Kresole, wegen seiner Giftigkeit für das Färben von
Genußmitteln nicht mehr zugelassen; als Antitannin (*I. G.*) (Dinitro-o-kresol-Kalium) als Mittel gegen
Holzschwamm in Gebrauch.

Nur 2 Produkte haben sich vermöge der Reinheit ihrer Nuance und der
Billigkeit behauptet.

Martiusgelb, Naphtholgelb, 2,4-Dinitro-α-naphthol (Bd. VII, 484), von C. MAR-
TIUS 1864 rein dargestellt, findet in beschränktem Maße Verwendung als Gloria-
und Nahrungsmittelfarbstoff.

Wohl noch heute der wichtigste Nitrofarbstoff ist die 2,4-Dinitro-1-naphthol-7-sulfosäure, Naphtholgelb S (*I. G.*) (H. Caro, *D. R. P.* 10785, *Friedländer* 1, 327). Durch die Einführung einer Sulfogruppe in das Molekül des Dinitronaphthols wird die Wasch- und Lichtechtheit der sauren Wollfärbungen etwas verbessert; sie werden sublimationsecht. Der Farbstoff kommt als Natriumsalz in den Handel (Kaliumsalz sehr schwer löslich).

Von isomeren Dinitronaphtholsulfosäuren kam die wesentlich teurere 2,4-Dinitronaphthol-8-sulfosäure aus α-Naphthol-4,8-disulfosäure (*D. R. P.* 40571, Schöllkopf Aniline Co., *Friedländer* 1, 393) vorübergehend als Brillantgelb auf den Markt.

Überraschenderweise sind nun in letzter Zeit auch Nitrofarbstoffe dargestellt worden mit hervorragenden Eigenschaften, sehr guter Licht- und Alkaliechtheit, guter Egalisierfähigkeit. Es sind Kondensationsprodukte von Mono-, Di- und Trinitrohalogenbenzolen und deren Sulfo- oder Carbonsäuren mit den verschiedensten mehrkernigen aromatischen Aminen.

Amidogelb E (*I. G.*), erhalten aus p-Aminodiphenylamin-o-sulfosäure und Dinitrochlorbenzol (*D. R. P.* 263 655, *Friedländer* 11, 366), ist ein gelbbrauner saurer Wollfarbstoff mit sehr guten färberischen Eigenschaften. Ähnliche Farbstoffe sind Erioechtgelb AE (*Geigy*), Amidonaphtholbraun 3 G (*I. G.*). Braune Farbstoffe entstehen auch, wenn man z. B. p-Phenylendiamin mit 2 *Mol.* p-Nitrochlorbenzol-o-sulfosäure kondensiert, reduziert und weiter mit 2 *Mol.* Dinitrochlorbenzol umsetzt (*D. R. P.* 455 033, (*I. G.*), oder wenn man Chloranil (Tetrachlorchinon) mit 2 *Mol.* Dinitroanilido-aminodiphenylamin-2-sulfosäure vereinigt. (*D. R. P.* 414 390, *I. G.*, *Friedländer* 15, 429.)

Als Nitrofarbstoffe sind noch von Interesse die in der Pigmentfarbenindustrie oft gebrauchten Kondensationsprodukte von o-Nitranilinen mit Formaldehyd. Pigmentchlorin GG (I), aus 3-Chlor-6-nitranilin (*D. R. P.* 212 594, *Friedländer* 9, 441), Litholechtgelb GG (II), aus 4-Chlor-6-nitranilin (*D. R. P.* 220 630, *Friedländer*

10, 946), Beide sind sehr gut licht-, öl- und kalkecht und werden nur von dem schönen Hansagelb (Azofarbstoffe, Bd. II, 25) übertroffen. *A. Krebser.*

Nitroglycerin (Bd. VI, 753) wird in 1 %iger absolut alkoholischer Lösung bei Angina pectoris, Asthma und Schrumpfniere verwendet. Auch in Kompretten zu 0,0005 g. *Dohrn.*

Nitron (1,4-Diphenyl-3,5-[phenyl-imino]-triazol-1,2,4-dihydrid-4,5), gelbe Blättchen vom *Schmelzp.* 189°. Nitron bildet mit vielen Säuren auffallend schwer lösliche Salze. Am charakteristischesten ist das Nitrat $C_{20}H_{16}N_4 \cdot HNO_3$. Mit Nitron kann man Salpetersäure noch in einer Verdünnung von 1 : 800 000 bei 0° nachweisen.

Zur Darstellung des Reagens führt man Thiocarbanilid durch Entschweflung in Carbodiphenylimid (I), dieses durch Anlagerung von Phenylhydrazin in Triphenylaminoguanidin (II)

I: $C_6H_5 \cdot N : C : N \cdot C_6H_5$; II: $C_6H_5 \cdot NH \cdot N : C(NH \cdot C_6H_5)_2$

und letzteres schließlich durch Erhitzen mit Ameisensäure in das Triazolderivat über (M. Busch, *B.* 38, 857). Man kann das Triphenylaminoguandin auch mit Formaldehyd zu 1,4-Diphenyl-3-anilido-dihydrotriazol kondensieren und durch Oxydation des letzteren Nitron erhalten (M. Busch und G. Mehrtens, *B.* 38, 4054).

Nitron dient zur gewichtsanalytischen Bestimmung der Salpetersäure, namentlich im Kalium- und Natriumnitrat (M. Busch, *B.* 38, 861; 39, 1401; *Ztschr. angew. Chem.* 19, 1329; *Ztschr. analyt. Chem.* 48, 368). Es kann ferner zur Bestimmung der salpetrigen Säure, nachdem man sie zu Salpetersäure oxydiert hat, zur Bestimmung der Perchlorsäure (O. LOEBICH, *Ztschr. analyt. Chem.* **68**, 34) Verwendung finden sowie zur Feststellung des Stickstoffgehalts der Nitrocellulose.   *F. Ullmann (G. Cohn).*

Nitronaphthalin s. Naphthalinabkömmlinge, Bd. **VII**, 789.

Nitrophenole s. Phenol.

Nitrophenylfarbstoffe (*Geigy*) sind substantive Azo- und Polyazofarbstoffe, die durch Kuppeln mit Diazo-p-nitranilin auf der Faser waschecht befestigt werden. Im Handel sind: Nitrophenyl-blau B, -bordeaux B, G, -braun B, BR, G, NTR, RF, V, VS, -dunkelgrün, -gelb R, -grün, -orange, -rot G, -schwarz NS.   *Ristenpart.*

Nitrosaminrot (*I. G.*) ist das von SCHRAUBE und SCHMIDT entdeckte Nitrosamin des p-Nitranilins; es kommt als Natriumsalz in den Handel.

NO_2—⟨ ⟩—$\overset{N—Na}{\underset{NO}{\vert}}$

Nach *D. R. P.* 78874 wird Diazo-p-nitranilin in überschüssige kalte Natronlauge 24⁰ *Bé.* eingetragen, mit Kochsalz ausgefällt und abgepreßt. Die 25%ige Paste löst sich in Wasser leicht auf, scheidet auf Säurezusatz das schwer lösliche Nitrosamin ab, das sich aber unter allmählicher Rückverwandlung in die Diazoverbindung wieder auflöst. Verwendet wird sie nicht nur zur Erzeugung von Eisrot auf β-naphtholierter Baumwolle, sondern auch zum Kuppeln mit Farbstoffen auf der Faser.   *Ristenpart.*

Nitroscleran (E. TOSSE & Co., Hamburg) ist ein Gemisch von Salzen. Auf 1 *l* Wasser 6 *g* Natriumchlorid, 20 *g* Natriumnitrit, 3,6 *g* Natriumphosphat, 2 *g* Kaliumphosphat. Anwendung gegen erhöhten Blutdruck subcutan oder intravenös.   *Dohrn.*

Nitrosofarbstoffe. Die an Kohlenstoff gebundene Nitrosogruppe ist das stärkste bekannte Chromophor; schon aliphatische Nitrosoverbindungen sind in monomolekularer Form blau und grün.

Von praktischem Interesse als Farbstoffe sind einige o-nitrosierte Phenole, dank ihrer Fähigkeit, mit verschiedenen Schwermetalloxyden, namentlich Eisenoxyd und Chromoxyd, intensiv gefärbte, schwer ionisierbare Komplexsalze (Lacke) zu bilden. Die Nitrosofarbstoffe des Handels, an sich nur schwach gefärbt, besitzen nicht die Konstitution von o-Nitrosophenolen, sondern sind zweifellos o-Chinonoxime, während nach den neueren Arbeiten von HANTZSCH den stark gefärbten Komplexsalzen oder Lacken die Nitrosoform zugrunde liegt (GEORGIEVICS, Farbe und Konstitution, S. 104).

Die Handelsstoffe sind: Dinitrosoresorcin, Solidgrün O en pâte, Dunkelgrün, Elsässergrün, Echtgrün. Man erhält die Verbindung als fein krystallinischen, graugelben, unlöslichen Niederschlag beim Versetzen einer etwa 3%igen, wässerigen, auf 0⁰ abgekühlten und mit der entsprechenden Menge Schwefelsäure versetzten Resorcinlösung mit 2 *Mol.* Natriumnitrit in Lösung. Sie färbt und druckt eisengebeizte Baumwolle in grünen, chromgebeizte in braunen, wasch- und lichtechten Tönen. Über Darstellung und Anwendung vgl. *D. R. P.* 14622; *Friedländer* 1, 563; GRANDMOUGIN, *Rev. gén. mat. col.* **1907**, 191.

Nitroso-β-naphthol ist im Handel als Dampfgrün, mit Eisen verlackt als Pigmentgrün B, als Bisulfitverbindung Echtdruckgrün (*I. G.*, Bd. **IV**, 100), Ferrodruckgrün FL (*Geigy*). Darstellung nach *D. R. P.* 25469 (*Friedländer* 1, 335) durch Einlaufenlassen einer Nitritlösung (1 *Mol.*) in eine angesäuerte Suspension fein verteilten β-Naphthols, wie sie durch Ausfällen desselben aus einer verdünnten kalten Lösung in Natronlauge durch Salzsäure erhalten wird. Das braungelbe, in Natronlauge grün lösliche Pulver geht bei der Behandlung mit Bisulfit in der Kälte in die wasserlösliche Bisulfitverbindung über (FIERZ, Farbenchemie III, 60). (Es sei bemerkt, daß daraus durch Einwirkung von Mineralsäure und SO_2 die wichtige 1, 2, 4-Aminonaphtholsulfosäure dargestellt wird. Siehe Azofarbstoffe Bd. **II**, 32.) Echtdruckgrün, Ferrodruckgrün FL wird noch sehr viel verwendet zum Drucken von Kattun auf Ferrorhodanbeize und vor allem als Lackfarbstoff (Fällen mit Eisen [$FeSO_4$] in Gegenwart von Substraten). Durch Mischen oder Übersetzen dieses mehr oder weniger trüben Lackgrüns mit basischen Farbstoffen lassen sich eine Reihe schöner und lichtechter Nuancen erzielen (*D. R. P.* 356973, 448858, *BASF*).

Naphtholgrün B ist das Eisensalz der 1-Nitroso-2-naphthol-6-sulfosäure. (*D. R. P.* 28065, *Friedländer* 1, 335; *B.* 18, 46). Das Handelsprodukt wird erhalten durch Versetzen einer Lösung von nitrosonaphthol-sulfosaurem Natrium (MELDOLA, *Journ. Soc. chem. Ind.* 1881, 40) mit Eisenchlorid, Ausfällen des überschüssigen Eisens durch Alkali, Filtrieren und Eindampfen des Filtrats zur Trockne. Der Farbstoff färbt Wolle aller Art aus saurem Bade direkt und bei Gegenwart von Eisensalzen ($FeSO_4$) lebhaft und lichtecht grün.

Gambin R, B, Teig, 2-Nitroso-1-naphthol und 1-Nitroso-2,7-dioxynaphthalin, sind kaum mehr von Bedeutung.

Die Gruppe der Nitrosofarbstoffe, lange Zeit als abgeschlossen betrachtet, ist durch zwei neue interessante Erfindungen bereichert worden. Nach *D. R. P.* 467423 (*I. G.*) erhält man blaue, licht- und wasserechte Lacke durch Darstellung der Eisenkomplexverbindungen der Isonitroso-acetessigarylide. Basische Eisenlacke von o-Nitrosoverbindungen der in der Aminogruppe stark basisch substituierten Amino-naphthole schützt das *D. R. P.* 494531 (*Geigy*). Sie ergeben auf Seide und tannierter Baumwolle grüne Töne von hervorragenden Echtheiten. *A. Krebser.*

Nitrotoluol s. Toluol.

Nivea-Präparate (H. P. BEIERSDORF & Co. A. G., Hamburg) s. Bd. VI, 777.

Noctal (*Riedel*), Isopropylbrompropenylbarbitursäure wird hergestellt nach *D. R. P.* 481733, 482841 und 485832 nach den bekannten Methoden zur Darstellung von alkylierten Barbitursäuren (Bd. III, 655). Farblose, schwach bitter schmeckende Krystalle, *Schmelzp.* 178°, schwer löslich in Wasser, leicht löslich in Alkohol, Aceton und Eisessig. Stark wirksames Mittel gegen Schlaflosigkeit. Tabletten zu 0,1 g. *Dohrn.*

Nonin, Nonylaldehyd s. Riechstoffe.

Noppenschwarz (*Geigy*) ist ein Azofarbstoff zum Nachdecken von Baum-wollnoppen in Wollstücken auf kaltem Wege. *Ristenpart.*

Norgine ist das Natrium- bzw. Ammoniumsalz der wenig bekannten Laminar-säure, auch Tangsäure genannt. Das Produkt kommt in Knollen oder Schuppen von brauner (CHEM. FABR. NORGINE, DR. V. STEIN, Aussig a. d. Elbe) und als Pulver von hellgrauer Farbe (A. S. TANGIN, Oslo) in den Handel. Je nach den angewandten Verfahren hat es neutralen bis schwach alkalischen Charakter, ist in kaltem Wasser bereits bis zu 20% kolloidal löslich, nicht jedoch in Säuren, Alkohol oder Äther. In wässerigen Lösungen wird es von Säuren aller Art, von Kalk-, sowie Schwer-metallsalzen als Laminarsäure bzw. deren Salze gefällt (E. SCHMIDT, *Chem.-Ztg.* 34, 1149 [1910]). Mit Bittersalz, Magnesiumchlorid, allen neutralen Kalium- und Natrium-salzen, mit Ölen, Fetten mischt es sich. Die wässerige Lösung hat eine hohe Vis-cosität, ziemliche Klebkraft; 20%ig ist sie bereits steif, gelatiniert jedoch nicht, bleibt lange unverändert und schimmelt auch ohne Zusatz von Desinfektionsmitteln nicht. Die konzentrierte kolloidale Lösung absorbiert Glycerin, mit dem sie sich zu elastischen Massen formen läßt.

Die grundlegenden Forscherarbeiten über Laminarsäuren stammen von E. C. STANFORD (*E. P.* 13433 [1884]) und von AXEL KREFTING (*D. R. P.* 95185). Die Laminarsäure, den Kohlenhydraten nahe-stehend, ist eine farblose, gallertartige Masse, zersetzt sich bei Temperaturen über 60° und verhält sich sonst wie Norgine. Die von A. KREFTING hergestellte Tangsäure enthält weder N noch S und hat eine Zusammensetzung von: C 39%, H 5%, O 56%. Die Laminar- oder Tangsäure findet sich, an Kalk gebunden, in den verschiedenen Algen-, Fucus- und Laminariaarten vor, wie in Fucus vesiculosus, F. serratus, F. nodosus, Laminaria digitata u. s. w. Diese Algen (sea-weed) kommen an der ganzen nordatlantischen Küste Europas, aber auch an der pazifischen Kaliforniens, Japans und Chinas vor. Durch die Frühjahrs- und Herbststürme an Land geworfen, werden sie gesammelt und verarbeitet. Lediglich in Amerika werden sie durch Spezialschiffe gefischt zwecks Erzielung einer besseren Norginequalität bei gleichzeitig höherer Ausbeute.

Die Gewinnung von Norgine erfolgt durch Umsetzung der an Kalk gebundenen Laminarsäure mit Soda bzw. Alkalien in einer entsprechenden Apparatur (*D. R. P.* 101 484, 101 503, 145 916, 155 399). Frische Pflanzen, durch einen Waschprozeß gereinigt, werden gebleicht, in Mischmaschinen mit Alkalien vermengt und passieren über Knetvorrichtungen in kontinuierlichem Prozeß Trockenapparate. Hierauf folgt Mahlung, Sichtung und Verpackung. Meist wird bei diesem Prozeß die Pflanzenfaser nicht entfernt, dient vielmehr als mechanisches Bindemittel, z. B. in der Papier- und Textilindustrie. Nach dem Verfahren der Soc. Franc. Norgine werden Laminarsäure oder deren Salze rein dargestellt, indem man erstere nach Entfernung der Zellfasern aus der alkalischen Lösung mit verdünnter Säure ausfällt, wäscht, preßt und neuerlich an Alkalien bindet. Infolge des eigenartigen Materials bietet die Filterung gewisse technische Schwierigkeiten. Die in den Pflanzen vorhandenen übrigen wasserlöslichen Salze gehen hierbei verloren.

Verwendung: Norgine findet verschiedentliche Anwendung, so in der Textilindustrie als Schlichte und Appreturmittel, zum Beschweren, Verdicken und Stärken und Kleben. Cefenit (Chemische Fabrik Norgine, Aussig) dient als Schlichtmittel für Kunstseide. Gewebe werden mit Norgine wasserdicht. Mit Formaldehyd behandelt, liefert sie sowohl wasser- als auch alkaliunlösliche Produkte (Chem. Fabr. Grünau, Landshoff & Meyer A.-G. und R. May (*D. R. P* 240 832). In der Seifenfabrikation dient Norgine als Füllmittel. Wässerige, mit Norgine versetzte Farbanstriche werden durch Übertünchen mit Kalk wetterfest. In reiner Form als Klärmittel angewandt, dient Norgine in der Medizin zur Herstellung von Kapseln und als Schutzkolloid für *Ag-*, *Hg-* und andere Salze (*D. R. P.* 248 526).   *L. Melzer.*

Normacol (Schering-Kahlbaum A. G., Berlin) ist ein unlöslicher Pflanzenschleim von höchster Quellbarkeit aus der Bassorinreihe. Anwendung als Schiebemittel bei Verstopfung. Diabetiker-Normacol ist zuckerfrei.

Normolactol (C. H. Boehringer Sohn A. G., Niederingelheim) stellt ein Milchsäurepuffergemisch aus Milchsäure und Natriumlactat von einem p_H 3,7 dar. Klare, leicht syrupöse Flüssigkeit. Anwendung zu Vaginalspülungen.

Normosal (Sächsisches Serumwerk, Dresden) ist ein sog. steriles, organisches Serum, ein Salzgemisch, das *Na, K, Mg* und *Ca* als Chloride bzw. Phosphate und Bicarbonate enthält. Die Darstellung geschieht nach *D. R. P.* 329 309 und 339 052. Das Salzgemisch gibt beim Auflösen in sterilem Wasser unter 50° eine klare Lösung, die anstatt der physiologischen Kochsalzlösung Anwendung zu Infusionen und Spülungen findet.

Novalgin (*I. G.*), phenyldimethylpyrazolonmethylaminomethansulfosaures Natrium, wird hergestellt durch Methylierung des 1-Phenyl-2,3-dimethyl-4-aminopyrazolon und Behandlung des erhaltenen 1-Phenyl-2,3-dimethyl-4-methylaminopyrazolon mit Formaldehydbisulfitlösung. Weißes Krystallpulver, leicht löslich in Wasser und Methylalkohol, schwer löslich in Äthylalkohol und Äther. Anwendung als Antipyreticum und Analgeticum wie Pyramidon, vor dem es den Vorzug der Reizlosigkeit bei percutaner Verabreichung hat. Tabletten zu 0,5 *g*, Ampullen zu 1–2 *cm*³ der 50%igen Lösung.

Novargan (*Heyden*) ist eine Silbereiweißverbindung mit 10% Silber. Feines, gelbliches Pulver, sehr leicht löslich in Wasser, unlöslich in organischen Lösungsmitteln. Die wässerige Lösung ist außerordentlich reizlos und von starker Tiefenwirkung bei Gonorrhöe.

Novarial (*Merck*). Durch künstliche Verdauung aus Ovarien von Rindern gewonnenes gelbliches Pulver, das leicht in Wasser löslich ist. Pulver und Tabletten, mit Eisen als Ferronovarialtabletten.

Novasurol (*I. G.*). Verbindung von Oxymercuri-o-chlorphenoxylessigsaurem Natrium und Diäthylmalonylharnstoff, mit 33,9% nicht ionisierbarem Quecksilber.

Die Darstellung erfolgt nach *D. R. P.* 231 092. Weißes, amorphes Pulver, leicht löslich in Wasser. Anwendung als Antilueticum sowie als Diureticum. Ampullen zu 1,2 und 2,2 *cm*³ einer 10%igen Lösung.

Novatophan (SCHERING-KAHLBAUM A. G., Berlin) ist der Methylester der Phenylcinchoninsäure, in bekannter Weise nach *D. R. P.* 270 994 dargestellt, geschmacklos, *Schmelzp.* 58–60°, unlöslich in Wasser. Anwendung wie Atophan.

Dohrn.

Novazolfarbstoffe (*Geigy*) sind saure Azinfarbstoffe für Wolle und Seide. Schwach sauren Charakter haben Novazol-blau B, -halbwollblau B, tiefblau BB und -violett B. Sie sind sehr gut lichtecht, schweißecht, gut wasch- und wasserecht und verhältnismäßig gut walkecht und dienen daher für echte Marineblau in schwach sauren und neutralen Bädern. Ein saurer, gut gleichfärbender Azinfarbstoff für Wolle und Seide ist Novazolsäureblau BL, GL; er ist gut licht- und schweißecht und sehr gut schwefelecht.

Ristenpart.

Noviform (*Heyden*). Tetrabrombrenzcatechinwismut. Herstellung nach *D. R. P.* 207 544. Gelbes, amorphes, geruch- und geschmackfreies Pulver, unlöslich in Wasser; warmes Alkali scheidet Wismuthydroxyd ab. Guter Ersatz für Jodoform in der Wundbehandlung, Streupulver, Salben, Stäbchen, Vaginalkugeln.

Dohrn.

Novocain (*I. G.*), p-Aminobenzoyldiäthylaminoäthanol-chlorhydrat, wird nach

$CO_2 \cdot CH_2 \cdot CH_2 \cdot N(C_2H_5)_2$

$+ HCl$

NH_2

D. R. P. 172 568, 179 627, 180 291/2 hergestellt, indem p-Nitrobenzoyldiäthylaminoäthanol reduziert wird. Weiße Krystalle, *Schmelzp.* 156°, leicht löslich in Wasser. Anwendung zu allen Arten der Lokalanästhesie, erheblich weniger giftig als Cocain, reizlos sowohl in der Augenheilkunde wie in der Laryngologie verwendet. Tabletten zu 0,2 und 0,5 *g*, in Ampullen mit Suprarenin zu verschiedenen Konzentrationen je nach Anwendungsgebiet.

Dohrn.

Novofermasol (DIAMALT-A. G., München) ist ein pulverförmiges, wasserlösliches, aus Bauchspeicheldrüsen (s. Pankreatin) hergestelltes Fermentpräparat (Bd. **V**, 167), das wegen seines Gehaltes an Diastase (Bd. **III**, 653) zum Entschlichten sowie zum Aufschluß bzw. Abbau von Stärke bei der Herstellung von Schlichten, Appreturen (Bd. **I**, 552) und Druckverdickungen verwendet wird.

Literatur: HESSE, Fermente in der Textilindustrie in OPPENHEIMER, Technologie der Fermente, Leipzig 1929.

A. Hesse.

Novojodin (SACCHARINFABRIK A. G., Magdeburg), Hexamethylentetramindijodid. Nach *D. R. P.* 275 974 und 278 885 hergestellt, indem man zu Hexamethylentetramin in wässeriger Lösung Jod in Benzollösung bringt und rührt oder indem man die beiden Komponenten pulverförmig mit wenig Alkohol in der Kugelmühle aufeinander reagieren läßt. Hellbraunes, unlösliches Pulver. Anwendung als Jodoformersatz.

Novonal (*I. G.*), Diäthylallylacetamid, nach *D. R. P.* 412 820, indem Diäthylbromacetonitril mit Allylbromid in Toluollösung bei Gegenwart von metallischem Kupfer gekocht und das entstandene Diäthylallylacetonitril verseift wird. Das gebildete Diäthylallylacetamid, Kp_{10} 115°, *Schmelzp.* 80°, ist in organischen Lösungsmitteln leicht löslich. Als Schlafmittel verwendet in Tabletten zu 0,5 *g*.

Novoprotin (CHEM. WERKE, Grenzach i. B.) ist ein krystallisiertes Pflanzeneiweiß, findet Anwendung zur unspezifischen Reiztherapie. Ampullen 0,2–1 *cm*³ intravenös.

Novotestal (*Merck*) ist ein durch künstliche Verdauung aus Stierhoden erhaltenes, in Wasser lösliches Präparat gegen neurasthenische Impotenz. Tabletten zu 0,3 *g*.

Dohrn.

Novothyral (*Merck*), ein Schilddrüsenpräparat, das durch künstliche Pepsin-Salzsäure-Verdauung von Schilddrüsen hergestellt wird, in Wasser löslich. Bei Dysfunktion der Schilddrüse. Tabletten zu 0,1 *g*.   *Dohrn.*

Novotropon (Troponwerke, Köln-Mülheim) ist ein Nährpräparat mit pflanzlichen und tierischen Eiweißstoffen; enthält außerdem Lipoide, Silicium- und andere Salze, Kohlenhydrate u. s. w., gut resorbierbares Nährmittel.   *Dohrn.*

Nuancierblau RE *konz.* (*I. G.*) ist ein basischer Farbstoff für Marineblau.
                                                                                    Ristenpart.

Nucleogen (Dr. Rosenberg, Freiburg i. Br.). Tabletten mit 0,05 nucleinsaurem Eisen in organischer Bindung und 0,0012 *g* Arsen in Form von Monomethylarsinsäure. Blutbildungsmittel, Ampullen zu 1 *cm³*. Auch Chinin-Nucleogen-Tabletten als allgemeines Tonicum. Über Herstellung der Nucleinsäure s. Bd. **IV**, 359.
                                                                                    Dohrn.

Nujol (Deutsch-Amerik. Petroleum-Ges., Hamburg) ist reines Paraffinöl, als Abführmittel.   *Dohrn.*

Nürnberger Gold ist eine goldfarbige Legierung für kunstgewerbliche Zwecke, die aus 90% Kupfer, 7,5% Aluminium und 2,5% Gold besteht. Der geringe Goldzusatz ist als auf falschen Überlegungen beruhend und wirkungslos zu betrachten.   *E. H. Schulz.*

Nußbraun spritl. (*I. G.*) ist ein basischer Farbstoff.   *Ristenpart.*

Nutschapparate s. Bd. **V**, 367.

O

Oblaten sind dünne blattartige Scheiben, die aus einem Weizenmehlteig in der Hitze zwischen eisernen Platten oder Formen gebacken werden. Sie dienen in der Konditorei als Unterlage und in der Medizin als Einnehmoblaten zur Umhüllung übelschmeckender Arzneien. Durchsichtige Oblaten bestehen aus Gelatine.

Ocenta (CHEM. FABR. PROMONTA A. G., Hamburg) ist ein hormonales Lactagogum und enthält Extrakt aus dem Hypophysenvorderlappen sowie aus der Caruncula placentarum, gemischt mit Kalk, Phosphor, Eisen und Vitaminen, dazu Eiweißstoffe und Kohlenhydrate. *Dohrn.*

Ocker s. Bd. **IV**, 475.

Octin, Octylaldehyd s. Riechstoffe.

Odda (DEUTSCHE NÄHRMITTELWERKE, Berlin und Strehlen), Nährmittel für Kinder, das Casein und Albumin im Verhältnis wie in Muttermilch enthält, neben entfetteter Milch, Eidotter, Kakaobutter, Mehl und Zucker. Auch Odda mit Eisenzusatz ist im Handel. *Dohrn.*

Odol (LINGNERWERKE, Dresden), Mundwasser, in dem Salol, Menthol, Salicylsäure in 80%igem Alkohol nachgewiesen wurde. *Dohrn.*

Öfen, chemische, sind Öfen, die in der chemischen Industrie und Metallurgie benutzt werden und bei denen die Beheizung meist durch unmittelbare Verbrennungsvorgänge erfolgt. Über Öfen, bei denen zur Beheizung der elektrische Strom benutzt wird, s. Öfen, elektrische, Bd. **VIII**, 162.

Allgemeine Gesichtspunkte. Entsprechend den im Ofenraum auftretenden Temperaturen oder den im Brenngut stattfindenden chemischen Umsetzungen ist das *Material* für die Konstruktion der Öfen zu wählen. Bei den nur mehrere 100° betragenden Temperaturen, wie sie für einige Kontaktreaktionen, z. B. Herstellung von SO_3, notwendig sind, verwendet man verhältnismäßig dünnwandige, schmiedeeiserne Apparate, in welchen die hohen Temperaturen der umgesetzten Gase dazu benutzt werden, um mit Hilfe des Gegenstromprinzips die neu in den Kontaktofen eintretenden Gase auf die Reaktionstemperatur zu erwärmen und diese beständig aufrechtzuerhalten. Die Kontaktöfen zur Herstellung von Ammoniak aus seinen Elementen sind aus Spezialstählen hergestellt (Bd. **I**, 400, 403, 423 ff.). Die niedrige Temperatur, welche beim Verbrennen des Schwefels entsteht, gestattet Gußeisen für Schwefelöfen zur Herstellung von Schwefeldioxyd (s. d.) zu verwenden. Eiserne Rußöfen s. Bd. **VI**, 633, Abb. 219.

Eine kleine Zahl von Öfen dient zum Erhitzen von (gewöhnlich eisernen) Apparaten auf verschiedene Temperaturen, während die meisten Öfen zur Durchführung chemischer oder metallurgischer Prozesse bei höheren Temperaturen geeignet sein müssen. Für beide Gruppen finden gemauerte Öfen Verwendung. Je höher die in Betracht kommenden Temperaturen sind, desto mehr gelangen beim Bau der Öfen die allgemeinen Gesichtspunkte, wie sie für die Einmauerung von Feuerungen (Bd. **V**, 288) geschildert sind, in erhöhtem Maße zur Geltung.

Bei der Wahl der Schamottesteine ist zu beachten, daß ihre Qualität derart sein muß, daß sie sowohl einen raschen Temperaturwechsel vertragen wie in der Wärme genügend druckfest sind. Dabei muß ihre Widerstandsfähigkeit gegen die zerstörende Wirkung von Gasen, Schlacken und den zu erhitzenden Materialien entsprechend groß sein. Ihr durch Segerkegel (s. Tonwaren) zu ermittelnder Erweichungspunkt muß erheblich höher liegen als diejenige Temperatur, welche für die Erhitzung in Betracht kommt. Erweichen und Wegschmelzen der Schamottesteine wird nicht allein durch die hohe Temperatur bei der verhältnismäßig geringen Abkühlungsmöglichkeit verursacht, sondern auch dadurch, daß bei chemischen Prozessen entstehende alkalische Dämpfe, schmelzende Alkalien und Metalloxyde als Flußmittel wirken. In vielen Fällen wird das Wegschmelzen der Schamottesteine, namentlich der Gewölbe, durch die Flugasche der Feuerung verursacht, ein Übelstand, der in neuerer Zeit häufig durch die Verwendung gut gereinigter Generatorgase für die Beheizung der Öfen wesentliche Beschränkung erfahren hat. Die beim Mauern gut zu nässenden Schamotte-Normal- und Formsteine sind fugendicht unter Aufeinanderreibung der zu verbindenden Flächen mit zu den Steinen passendem Schamottemörtel zu vermauern, derart, daß man mit der Klinge eines Taschenmessers nicht in die Fuge einzudringen vermag. Für die höchsten Hitzegrade, wie sie bei Glas- und Porzellanöfen sowie Hochöfen und den Feuerherden der Schweißöfen in Betracht kommen, werden Dinassteine (Bd. III, 695; Bd. IV, 209) verwendet, welche aus reinem Quarz mit wenig Bindemittel bestehen. Gegenwart von bleihaltigen und alkalischen Körpern verursacht jedoch ein Schmelzen. Über Ofenbaumaterialien s. Bd. IV, 237, 258. Carborundhaltige Materialien s. Siliciumcarbid und A. P. 1 515 375. Kohlenstoffsteine und Magnesiasteine s. Tonwaren.

Bei der *Konstruktion* der Öfen muß auf die Möglichkeit der Befahrung zwecks Reparatur schadhaft werdender Stellen Rücksicht genommen werden. In gegebenen Fällen muß man sich durch zweckentsprechende Reinigungsöffnungen, die gewöhnlich mit einem durch Schamotteton oder Lehm eingesetzten vorstehenden Stein verschlossen sind, jederzeit leicht über die Reinheit der Züge und Kanäle orientieren können. Zum Beobachten der Vorgänge in Ofenräumen dienen kleine Schaulöcher, die mit herausnehmbaren Schamottesteinpfropfen, manchmal auch mit Asbestplatten, die eine 5—10 *mm* große Öffnung besitzen, verschlossen sind. Bei vielen Öfen, besonders Hochtemperaturöfen, wendet man an Stellen, wo infolge sehr hoher Temperaturen eine rasche Zerstörung des Mauerwerks erfolgen kann, eine Luft- oder Wasserkühlung an (s. Kühler). Erstere besteht in kleinen Luftzirkulationskanälen, welche in entsprechender Weise durch die betreffenden Stellen geführt werden, während bei der Wasserkühlung das Wasser in Röhren oder hohlen Platten, die in der Regel in das Mauerwerk eingelassen sind, fließt. Nicht selten wendet man auch wassergekühlte Metallmäntel an Stelle von Mauerwerk an (s. Schachtöfen, S. 150, und Kraftgas, Bd. VI, 801).

Das dabei erhaltene heiße Wasser kann für Kesselspeisung verwendet oder durch Rückkühlanlagen (s. Kühltürme) abgekühlt werden, derart, daß es alsdann wieder zur Kühlung verwendbar ist und so einem beständigen Kreislauf unterliegt. Auf diese Weise kommen für die Kosten der Kühlung außer der geringen Amortisation nur die Pumpkosten in Betracht.

Besondere Sorgfalt ist auf die Verankerung der Öfen, namentlich an den Widerlagern der Gewölbe, zu verwenden, für welche ⊔- und I-Eisen sowie Bahnschienen benutzt werden. Diese letzteren haben sich als besonders vorteilhaft für die Vertikalverankerung erwiesen. Je gedrängter und je fester die Verankerung durchgeführt ist, desto länger ist die Lebensdauer eines Ofens und namentlich seiner Gewölbe.

Die *Brennstoffe* (feste, flüssige, gasförmige) (s. Bd. II, 627) bedingen vielfach die Konstruktion der Öfen und immer diejenige der Feuerung (Bd. V, 288). Die modernen Bestrebungen zur Verbesserung fast aller nachstehend erörterten Gruppen von Öfen zielen darauf hin, ihre Wärmeausnutzung zu verbessern. Man wendet deshalb der Verwertung der Abwärme von Öfen und Feuerungen in erhöhtem Maße Aufmerksamkeit zu. Die einfachste Verwertung von Abwärme wird bei Erwärmung von Plandarren durch die heißen Abgase von Feuerungen erzielt (s. Trockenapparate). Hier sei auch der Überhitzer und Vorwärmer der Dampfkesselanlagen (Bd. III, 522, 523) erwähnt. Überhitzer s. auch Bd. III, 474, Abb. 134. Über Abhitzeöfen s. Kokerei, Bd. VI, 671, Kupferraffination, Bd. VII, 203.

Die festen Brennstoffe kommen im allgemeinen für kleinere und mittlere, speziell intermittierende Ofenbetriebe in Betracht, da sie nur schwierig eine Kontrolle des Feuerungsprozesses und somit der Ofentemperaturen ermöglichen. Für große Anlagen gewinnen in neuerer Zeit die Kohlenstaubfeuerungen Bedeutung (Bd. II, 580; V, 313). Kohlenstaubzusatzfeuerungen s. Bd. V, 314; *Stahl u. Eisen* 1915, Nr. 24; *Engin-Mining Journ.* 1919, 274, 894; *Ztschr. angew. Chem.* 1920, 107.

Flüssige Brennstoffe sind in Öldistrikten für den Ofenbetrieb von Wichtigkeit, sonst nur dort, wo billige brennbare Öle (Teeröle) als Nebenprodukte abfallen, die unter dem Preis von anderem Brennmaterial stehen (s. auch Bd. V, 315; *Metall u. Erz* 1919, 339, 484, wo auch die Verwendung von Teeröl und Naphthalin als Brennstoffe ausführlich abgehandelt ist; weiter *Zement* 8, 505 f.). Durch Einbau einer Öldüse können viele Rostfeuerungen mit geringen Schwierigkeiten für Ölbetrieb umgeändert werden.

Öfen mit Ölheizung haben gegenüber Kohlenheizung den Vorteil für chemische Anlagen, daß solche damit rascher in Betrieb kommen, leichter reguliert und augenblicklich abgestellt werden können. Andererseits sind bei Mangel an Sorgfalt in Bedienung der Öfen Explosionen und fahrlässige Brennstoffverluste nicht unmöglich. Je besser die Konstruktion der Brenner ist, desto mehr sind Gefahren und Verluste, die durch Nachlässigkeiten in der Bedienung entstehen können, ausgeschlossen.

Die zahlreichen Brennertypen kann man einteilen in solche mit: 1. Düsenzerstäubung, 2. mechanischer Zerstäubung.

1. Der primitivste Typ ist die alte Forsunka, bei welcher durch eine horizontale Schlitzöffnung strömende Luft oder Dampf das über dem Schlitz aus einem entsprechenden Gehäuse austretende Öl zerstäubt.

Der einfachste moderne Typ (Abb. 38) preßt das Öl von unten vor den schlitzartigen Preßluft- oder Dampfaustritt. Kompliziertere Typen arbeiten mit Düsensystemen (Bd. V, 315).

2. Bei den mechanischen Ölbrennern wird dem Öle mit Hilfe einer hohlen Ventilatorachse eine wirbelnde Bewegung erteilt, so daß es infolge von Zentrifugalwirkung in den Ofen in Form eines hohlen Konus an der Brennermündung versprüht (Abb. 39), sich

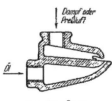

Abb. 38. Öldüse.

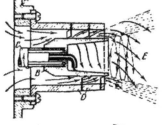

Abb. 39. Mechanischer Ölbrenner. *A* Ventilatorgehäuse; *B* Zerstäuberbahn; *C* rotierende Hohlwelle mit Ölzulauf; *D* Düsenmündung; *E* Öl- und Luftwirbel.

dort mit in ähnlicher Bewegung wirbelnder Luft mischend. Die konische Versprühung hat vor der Injektorverstäubung den Vorteil voraus, daß kein Dampf benötigt wird und die Höchsttemperaturzone größer ist, weshalb die Öfen kürzer gebaut werden können (*Ind. engin. Chem.* **1925**, 5 ff.).

Für größere und größte Ofenanlagen mit kontinuierlichem Betrieb wird, wenn die Ofenkonstruktion dies irgend ermöglicht, Gasfeuerung verwendet, da sie nicht nur eine völlige Ausnutzung des Brennstoffes gestattet, sondern auch gut regulierbar ist und eine vorzügliche Konstanz der Temperaturen erreichen läßt. Dabei ist es möglich, mit der Gasfeuerung die höchsten Temperaturen zu erzielen, welche das Ofenkonstruktionsmaterial überhaupt zuläßt. Über die für die Gasgewinnung gebräuchlichen Generatoren s. Kraftgas (Bd. **VI**, 786 und ferner Bd. **IV**, 268).

Die Anwendung der modernen freistehenden Generatoren (s. Kraftgas, Bd. **VI**, 786 und Bd. **IV**, 268), welche bei zweckentsprechender Anlage und sorgfältigem Betrieb in vielen Fällen um mindestens 30—40% günstiger arbeiten als Rostfeuerungen, gestattet die Gase selbst nach entfernteren Öfen zu leiten, wo ihre Verbrennung mit wirksam vorgewärmter Luft stattfindet. Je sorgfältiger dabei die Reinigung der Generatorgase ist, desto geringer sind die Störungen, die bei den anderen Systemen durch Flugstaub verursacht werden, und desto besser wird eine Korrosion der den höchsten Temperaturen ausgesetzten Ofenkonstruktionsteile verhindert. Bei Konstruktion der Gasbrenner muß berücksichtigt werden, daß vorgewärmte Luft ein beträchtlich größeres Volum hat als solche normaler Temperatur (für 1000° beispielsweise das vierfache). Für sehr hohe Temperaturen ist es, nicht zum mindesten aus diesem Grunde, nötig, die Brenner zu kühlen, wie die Abb. 40 des modernen ringförmigen Brenners erläutert (*Ind. engin. Chem.* **1930**, 180).

Als einfachste Gasbrenner dienen die Eintrittsöffnungen der Schamottekanäle für Gas in den Ofen (Brennerkopf), neben welchen entsprechende Luftzuführungskanäle münden (Abb. 42, 43*b* und 44).

Der TERBECK- ebenso wie der CUMBERLAND-Gasbrenner für Industrieöfen besitzen zwei Luftregulierungen. Eine von ihnen gestattet dem Gase geringe Mengen Luft, kurz bevor es aus der Brennermündung austritt, beizumischen (primäre Luft), während die zweite die an der Brennermündung nötige Verbrennungsluftmenge (Sekundärluft) regeln läßt.

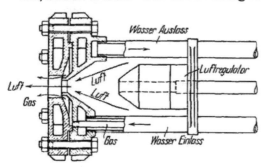

Abb. 40. Ringförmiger Gasbrenner für vorgewärmte Luft und Wasserkühlung.

Vorwärmung der Sekundärluft. Der Bau der mit Gasbeheizung versehenen Öfen ist wesentlich durch das angewandte System der Luftvorwärmung beeinflußt. Für Erreichung der höchsten Temperaturen wird bei großen Öfen mit ununterbrochenem Betrieb das Regenerativsystem benutzt, welches Bd. **IV**, 267 beschrieben ist.

Rekuperatoren. Für Anlagen, welche weniger hohe Temperaturen erstreben, wird die Luft in der Weise vorgewärmt, daß man die heißen Abgase der Feuerung durch geeignet konstruierte Kanäle strömen läßt, an deren Wandungen sie ihre Wärme abgeben (Abb. 41). In entgegengesetzter Richtung zu diesen Abgasen strömt die in den Verbrennungsraum eintretende Luft in besonderen, derart angelegten Kanälen d, daß die Wandungen der Abgaskanäle ihre Wärme an die Sekundärluft abgeben, wodurch diese im Gegenstromprinzip erhitzt wird. Heizgase, Abgase und Sekundärluft bewegen sich nicht wie beim Regenerativsystem in wechselnder, sondern in stets gleichbleibender Richtung, so daß kein Umstellventil nötig ist. Derartige Wärmeaustauscheinrichtungen werden Rekuperatoren genannt. Der einfachste von ihnen ist der Kanalrekuperator (Abb. 41).

a_1 ist der Generator, dessen Gas durch den Kanal a_2 nach der Entzündungsstelle, dem Brenner c, und von dort über den Herd nach den Abzugskanälen b strömt. Durch die Kanäle d

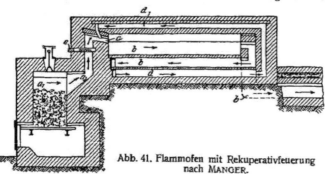

Abb. 41. Flammofen mit Rekuperativfeuerung nach MANGER.

strömt die dem Hüttenraum entstammende warme Außenluft im Sinne der Pfeilrichtung und vereinigt sich nach der Vorwärmung beim Brenner c mit den Generatorgasen; e Verschluß der Öffnung zur Regulierung des Gasschiebers.

Ein besser wirkender Kanalrekuperator ist Bd. **III**, 403, Abb. 119 — 124 beschrieben. MANGER, Dresden, verwendet für seine Rekuperatoren eine große Anzahl durch die Wandung der Feuergasabführungskanäle mit Hilfe besonderer Formsteine durchgeführter Kanäle und erreicht dadurch Kühlwirkung für das Gemäuer einerseits und wirksame Luftvorwärmung andererseits.

Noch weiter als mit den Kanalrekuperatoren läßt sich die Vorwärmung der Sekundärluft mit Röhrenrekuperatoren treiben. Für diese benutzt NEHSE sehr dünnwandige, gasdichte Schamotterohre und erreicht dadurch so hohe Temperaturen, daß sich seine mit diesen Rekuperatoren betriebenen Glaswannenöfen gut eingeführt haben. SKUBALLAS Rekuperator s. *D. R. P.* 316 948.

Bezüglich des Wirkungsgrades einer Ofenanlage gelten die Bd. III, 523 und Bd. V, 312 gegebenen Andeutungen.

Für den *Bau* von Ofenanlagen sind nachfolgende allgemeine Gesichtspunkte beachtenswert:

a) Maßnahmen zur geeigneten örtlichen Anlage des Ofens im Rahmen des Gesamtfabrikationsgangs.

b) Herrichtung der Ausschachtung und Anlage der statisch entsprechenden Gründung, dem Untergrund angepaßt.

c) Sämtliches Baumaterial, Eisenteile, Schamottesteine, Mauerziegel, Mörtel u. s. w., sind auf erforderliche Anzahl und Eignung zu prüfen.

d) Die Eisenteile sind mit den Werkzeichnungen zu vergleichen, und es ist zu untersuchen, ob bewegliche Teile und Dichtungsflächen ihrem Zweck entsprechen. Etwaige Fehler sind sofort abzustellen, da nachträglich, wenn die Teile eingebaut sind, eine Beseitigung von Arbeitsfehlern meist mit Nachteilen verbunden ist oder überhaupt nicht erledigt werden kann. Alle Schrauben und beweglichen Teile sind zwecks Vermeidung von Rostansatz zu schmieren.

e) Das Schamottematerial ist ebenfalls an Hand der Werkzeichnungen zu prüfen. Wichtige Formteile, welche Risse oder Sprünge aufweisen und beim Anschlagen mit einem Hammer Fehler anzeigen, sind von der Einmauerung auszuschließen. Unebene oder nicht passende Flächen der Schamotteteile sind zu bearbeiten, um ein fugenloses gegenseitiges Passen zu ermöglichen.

Das Schamottematerial wird seinen Eigenschaften entsprechend eingeteilt und demgemäß bezeichnet. Jede Schamotteart ist mit dem dazugehörigen Mörtel zu vermauern. Der Mörtel wird von der Schamottefabrik pulverförmig geliefert und ist nur mit Wasser zu einem dünnen Brei gebrauchsfertig anzurühren. Verwechslung sowie Verunreinigung der einzelnen Mörtelsorten sind natürlich zu vermeiden.

f) Das Mauerwerk zur Hintermauerung ist aus gutgeformten, scharfkantigen, hartgebrannten Lehmsteinen herzustellen. Der zur Vermauerung der Mauerziegel zu benutzende Lehmmörtel besteht je nach Beschaffenheit zu 1–2 Tl. aus Lehm und 1–2 Tl. aus Sand. Vor Verwendung ist eine Mörtelluftprobe zu machen. Der angerührte Mörtel ist in dünner Schicht auf einen Ziegel aufzustreichen und an der Luft zu trocknen. Zeigt die Schicht starke Risse, so ist Sand als Magerungsmittel zuzufügen, bei zu großem Sandgehalt Lehm zuzusetzen.

g) Schamottemörtel sowie Lehmmörtel dienen ausschließlich zur Ausgleichung der Unebenheiten der Steine und sind in praktisch dünnster Schicht engfugig aufzugeben. Es ist genau Schicht für Schicht nach der Waage und in gutem Steinverband zu mauern.

Besonders der Mauerung der Gewölbe ist größte Sorgfalt zuzuwenden. Die Wölbsteine müssen mit den vollen Flächen genau aneinander gearbeitet und angepaßt werden. Die Schamotteteile, Form-, Keil- oder Normalsteine werden an ihrer Verwendungsstelle erst trocken eingepaßt, an den Stoßstellen mit Mörtel versehen und vorsichtig (Holz unter den Mauerhammer legen) aneinander geklopft, damit ein völlig dichter Verschluß entsteht.

Vor Inbetriebnahme der Anlage sind sämtliche Ziegel- und Mörtelabfälle aus Öffnungen und Kanälen zu entfernen. Die Gesamtofenanlage ist langsam, mit Holz- oder Koksfeuerung 1 bis 2 Wochen, ev. noch länger, vorsichtig zu trocknen und anzuwärmen. Erst nachdem die Feuchtigkeit vollständig aus dem Mauerwerk entwichen ist, beginnt man mit Kohlen zu heizen, u. zw. die ersten Tage nur mit kleiner Flamme; nach und nach steigert man die Temperatur und Länge der Flamme.

Ofenarten. Man kann die Öfen einteilen in:

A. Öfen mit direkter Einwirkung des Brennmaterials auf die zu verarbeitenden Körper. Man unterscheidet sie in: I. Meileröfen; II. Herdöfen; III. Schachtöfen; IV. Flammöfen: 1. eigentliche Flammöfen, 2. Kammer- und Kanalöfen, 3. rotierende Öfen; V. Konverter.

B. Gefäßöfen mit indirekter Erhitzung, d. h. unter Verwendung eines die zu erhitzenden Körper vor der Berührung mit dem Brennmaterial schützenden Gehäuses: I. Gefäßschachtöfen; II. Tiegelöfen; III. Muffelöfen: 1. mit einfachen Muffeln, 2. mechanische Muffelöfen, 3. Kanal- und Kammermuffelöfen; IV. Retortenöfen; V. Gefäßöfen für Apparate verschiedener Form.

A. Öfen mit direkter Erhitzung.

I. Meileröfen. Die primitivste Form der technischen Öfen sind die meist aus brennbarem Material oder auch aus mit Brennstoff gemischtem Brenngut errichteten Meiler. Man schichtet in große Haufen, welche mit verhältnismäßig kleinen vertikalen Schächten entweder zu Heizzwecken oder auch zum Abziehen der Reaktionsprodukte versehen sind.

Man unterscheidet im wesentlichen die eigentlichen Meiler mit aus Erdmaterial hergestellten beweglichen Decken (Bd. VI, 177, Abb. 52, 53; ferner Bd. VII, 116ff.); Meileröfen (Kilns) mit unbeweglicher, meist festgemauerter Decke (Bd. VI, 179, Abb. 56). Bei letzteren kann die Erhitzung von innen und außen, am vollkommensten mit Rostfeuerung (Bd. VI, 179, Abb. 57 und 58), oder von außen nach innen (Teermeiler, Bd. VI, 183, 184, Abb. 69) erfolgen. Meiler mit gemauerten Seitenwänden, die Stadel, sind Bd. VII, 118, Abb. 52, 53 beschrieben.

II. Herdöfen. Der Typus des Herdes ist der allbekannte, mit seitlichem Gebläsewind betriebene Schmiedeherd. Die auf den gleichen Prinzipien beruhenden metallurgischen Herdöfen haben in neuerer Zeit an Bedeutung verloren, vornehmlich wegen ihres großen Brennmaterialverbrauchs. Nähere Angaben s. unter Blei, Bd. II, 410, 411.

III. Schachtöfen. Sie sind charakterisiert durch einen vertikalen, meist langgestreckten Ofenraum von am besten rundem, aber auch ovalem, seltener viereckigem Querschnitt, dem Schacht. Sein oberes Ende, die Gicht, ist offen oder mit einer Beschickungs- und Gasableitungseinrichtung (s. Bd. IV, 239) versehen. An der Schachtsole sind Einrichtungen vorhanden, um die festen oder flüssigen Reaktionsprodukte in geeigneter Weise zu entfernen (abzustechen). Die Methode, einen innen mit feuerbeständigem Material ausgekleideten Schacht zur Zusammenhaltung der Wärme mit einem verhältnismäßig dicken „Rauhgemäuer" aus Ziegeln zu umgeben, ist heute ganz verlassen. Man errichtet die Schachtöfen freistehend und nur mit geringem Rauhgemäuer, das mit eisernen Ringen und Bändern zusammengehalten oder ganz mit Eisenblech ummantelt ist. Moderne Schachtofenbauten werden mit Hilfe von Stahl und Eisenbeton ausgeführt, manchmal unter Verwendung eiserner wassergekühlter Mäntel an den heißesten Stellen. Durch die moderne Bauweise steigt zwar der Brennstoffverbrauch etwas, jedoch erhöht sich die Haltbarkeit und Betriebsfähigkeit der Öfen infolge besserer Kühlung durch die Außenluft sowie dadurch, daß die Durchführung von Ausbesserungen bequemer ist.

Die Ausnutzung der Wärme des Brennmaterials in den Schachtöfen ist günstiger als bei fast allen übrigen Ofenarten, da die unter der heißesten Zone des Ofens liegende heiße Materialmenge als Rekuperator für die zur ersteren strömende Luft wirkt und das sich nach unten bewegende Arbeits- und Brennmaterial durch die nach oben ziehenden Gase in der wirksamsten Weise im Gegenstrom vorgewärmt wird. Nach B. BLOCK: Das Kalkbrennen, kann infolge dieser günstigen Verhältnisse bis zu 60% der im Brennmaterial verfügbaren Wärme in Kalköfen ausgenutzt werden. Nur der ununterbrochene Betrieb der Schachtöfen ist ökonomisch, weshalb sie fast alle bis auf die primitivsten (mit herausnehmbarem Rost) kontinuierlich betrieben werden.

Die chemischen Vorgänge, welche in Schachtöfen bei Reduktion von Metallen vor sich gehen können, sind Bd. II, 432 und Bd. IV, 216 erörtert. Wie sich aus diesen Ausführungen ergibt, hängt die Bildung des Kohlenoxyds nicht nur von der Temperatur, sondern auch von der Art des Kontakts der entwickelten Gase mit der Kohle ab.

Bei Brennprozessen im Schachtofen findet sich in den entweichenden Gasen nur sehr wenig Kohlenoxyd vor. Beim Brennen von Kalk, wobei mit Leichtigkeit Temperaturen von $1000-1700^0$ in der Verbrennungszone erreicht werden, muß sich in dieser Zone eine bedeutende Menge Kohlenoxyd bilden. Ebenso muß sich beim Vorbeistreichen der Verbrennungsgase an Kohlepartien ein Teil des Kohlendioxyds zu Kohlenoxyd reduzieren. Jedoch findet in den höheren Partien des Ofens durch den überschüssigen Sauerstoff wieder eine Oxydation zu Kohlendioxyd statt. Wichtig für den gleichmäßigen Betrieb der Schachtöfen ist die Verwendung von nicht zu sehr in der Korngröße differierendem Material, was besonders für das Brennmaterial gilt. Als solches verwendet man am vorteilhaftesten, um eine Zerkleinerung und Einstürzen in den Ofen zu vermeiden, harten Zechenkoks. Bei Unregelmäßigkeiten in der Luftzufuhr, wie sie beispielsweise von stellenweisem Verlegen des Zuges im Ofen durch zu kleine Materialstücke vorkommen kann, tritt an einigen Stellen der Brennzone verlangsamte, an anderen beschleunigte Luftzufuhr ein. Dadurch findet ein Abwandern der heißesten Zone teils nach oben, teils nach unten statt, so daß in einer Horizontalschicht verschiedene Brenntemperaturen bestehen. Sind jedoch die Materialstücke in der Nähe der Ofenwandungen größer als im übrigen Querschnitt, so tritt an diesen letzteren, infolge des rascheren Durchgangs der Luft, eine heißere Randzone ein. Diese nimmt die Form eines Ellipsoids an, dessen Äquator sich bis an die Gicht erstreckt. Es kann dabei der Fall eintreten, daß im Zentrum einer derartig gebildeten Flammenzone überhaupt keine Verbrennung stattfindet und das in ihr befindliche Material (Kalk, Zement) mit der Kohle unverbrannt herausgezogen wird.

Bei sehr hohen Schachtöfen können beim Einstürzen ungleich großer Materialstücke infolge ungleichmäßiger Fallgeschwindigkeit der einzelnen Stücke die größeren weiter entfernt von den kleineren auffallen. Dadurch entsteht eine Zone im Schacht, welche die Gase rascher passieren als den übrigen Teil. Infolgedessen bildet sich, wie bei Zement beobachtet wurde, eine schräg geneigte Brennzone. Durch entsprechende Vorbeugungsmaßregeln beim Chargieren oder bei kleineren Schachtöfen durch Bearbeiten des Materials mit Schürstangen, das Stochern, werden derartige Unregelmäßigkeiten meistens beseitigt. Schräge Brennzonen treten bisweilen auch bei Öfen ein, die einseitig an ein Terrain angebaut sind und deren freie Seite einen größeren Wärmeverlust als die angebaute erleidet, sowie beim Eindringen von Luft in Risse des Ofenmauerwerks.

Man unterscheidet: 1. Eigentliche Schachtöfen (mit kurzer Flamme); 2. Schachtflammöfen (mit langer Flamme); 3. mechanische Schachtöfen.

1. Bei den *eigentlichen Schachtöfen* (mit kurzer Flamme) wird das zu erhitzende Material abwechselnd schichtenweise mit Brennmaterial von oben eingefüllt.

Man baut sie: *a)* Mit Rost. Solche sind nur noch selten, meist für kleinere Betriebe in Gebrauch. Die Roststäbe werden auf 2 quer unter ihnen liegenden Schienen aufgelagert, derart, daß sie zum Entleeren herausgenommen werden können. In diese Untergruppe gehören auch die Freiberger Kilns (Bd. VII, 118, Abb. 54, 55) und die Kiesbrenner mit beweglichen Rosten (Bd. VII, 119, Abb. 56).

b) Ohne Rost. Der älteste und einfachste Vertreter dieser Öfen ist der Harzer Schachtofen (für Mörtelgips, Bd. VII, 662). Ein allgemeiner Typ ist der Schachtofen von KHERN (Belgischer Schachtofen; s. Ammoniaksoda, Bd. VIII, 23, ferner Bd. VII, 138, Abb. 70).

c) Mit Gebläseluft betriebene Schachtöfen. Vertreter dieser Gruppe dienen zu Röstzwecken (Bd. VII, 139, Abb. 71, 72), desgleichen die Pyritschmelzöfen. Die größte Vollkommenheit erreichen sie in den Hochöfen (Bd. IV, 236ff.).

Bestrebungen, die Schachtöfen durch Verminderung des Rauhgemäuers bei Verwendung besser feuerbeständiger Innenausfütterung und Heranziehung von Luftkühlung haltbarer zu machen, führten dazu, Teile des Schachtes, u. zw. die heißeste Zone, durch wassergekühlte Metallmäntel zu ersetzen. Die günstige Wirkung des Kühlmantels beruht darauf, daß seine gekühlte Innenwandung jedes Ansetzen von Schlacke verhindert und ein weit höheres Steigen der Innentemperatur erlaubt als bei Verwendung von bestem feuerbeständigen Schamottematerial. Weiteres s. Kupfer, Bd. VII, 135ff., 139, Abb. 73—76, ferner Bd. II, 439ff.

2. *Schachtflammöfen* werden allgemein als Schachtöfen mit langer Flamme bezeichnet und sind mit Außenfeuerung ausgestattet. Ein verbreiteter Typ ist der Rüdersdorfer Ofen, der bei Mörtelstoffe (Bd. VII, 669) eingehend beschrieben ist. Ebenda ist auch der Schachtofen von ECKARDT und HOTOP angeführt. Die Art der Feuerung gestattet eine leichtere Regulierung der Ofentemperatur, als bei den früher beschriebenen Schachtöfen möglich ist, und läßt die Form des Ofens variieren.

Die Schachtflammöfen lassen sich sehr leicht durch Anbringung von Ölbrenndüsen an Stelle von Rostfeuerung mit Ölfeuerung betreiben. Ganz vorzüglich eignen sich die Öfen dieser Gruppe für den Betrieb mit Gasfeuerung. Zur Gaserzeugung lassen sich fast alle Arten der mit Schornsteinzug wie der mit Überdruck arbeitenden Generatoren verwenden.

Druckgasanlagen für Schachtöfen baut die INGENIEURGESELLSCHAFT MANGER, Dresden. Sie versieht auch die Quecksilberschachtöfen von NOVAK und die Quecksilberschüttöfen von CZERMÁK SPIREK (s. Quecksilber) mit derartigen Generatorgasanlagen.

3. *Schachtöfen mit selbsttätiger Entleerung.* Um das zur Erzielung einer horizontalen ununterbrochenen Höchsttemperatur-Brennzone wichtige, völlig gleichmäßige Herabsinken zu erreichen, werden die Schachtöfen zum Vergasen von Kohle sowie zum Brennen und Sintern (Kalk, Magnesit, Zement) mit rotierenden Einrichtungen versehen, ähnlich wie Drehrostgeneratoren (s. Kraftgas). Bei dem Schachtofen von POLYSIUS, Dessau, bestehen diese aus einer kegelförmigen, auf Rollen rotierenden Schüssel, in der ein kräftiger, mit gezähnten Stäben versehener Rost fest gelagert ist. Auf demselben Prinzip beruht der Drehrostofen von C. v. GRUEBER, Berlin, während AMME, GIESECKE & KONEGEN mittels geriffelter Walzen

die zusammengesinterten Materialien in eine Schwinge abführen. Mittels horizontaler schiebender Bewegung arbeitet die Rostvorrichtung von Pfeiffer (Bd. VII, 690, Abb. 293). Die mechanischen Schachtöfen werden mit Gebläsewind betrieben (s. auch *Zement* 1919, 395, 408, 419, 451).

IV. Flammöfen werden im allgemeinen alle Ofenarten genannt, welche eine freie Entfaltung der Flamme derart gestatten, daß sie direkt mit dem Operationsgut in Berührung kommt. Auf dieses findet somit eine direkte und indirekte Einwirkung der Strahlungswärme statt. Je nach der den Feuergasen zugegebenen Luftmenge kann die Flamme oxydierend und reduzierend gehalten werden. Bei den mit Gasfeuerung betriebenen Flammöfen läßt sich der zur Verbrennung erforderliche Luftüberschuß bis auf ein solches Minimum reduzieren, daß man von neutraler Flamme spricht.

1. Eigentliche Flammöfen.

a) Herdflammöfen mit feststehendem Herd. Die einfachste Form der Flammöfen besitzt einen aus feuerbeständigem Material gemauerten Herd, der mit einem Gewölbe überspannt ist. Durch Rostfeuerung wird die Flamme entwickelt und schlägt über eine geeignete Feuerbrücke auf den Herd. Die Abgase ziehen durch die Esse ab (s. Bd. I, 531, Abb. 172; Bd. II, 409, Abb. 135, 136; s. auch Bd. VI, 147; Bd. VII, 147, Abb. 77, 78, ferner 201, Abb. 94). Ein langgestreckter „Fortschaufelungsofen" ist Bd. II, 420, Abb. 142—144, beschrieben.

Flammöfen mit rundem oder ovalem Umfang des Herdes, über welchen Luft geblasen wird, s. Silber (Treibherde für Blei).

Die Verhüttung der Bleierze nach dem englischen Röst-Reaktions-Verfahren findet im Flintshire-Flammofen statt, dessen Herd behufs Kühlung über einem Gewölbe oder einer Schienenträgerkonstruktion errichtet wird und dessen Feuerbrücke mit Luftkühlung versehen ist (s. Bd. II, 407, Abb. 132, 133). Die räumlich sehr groß dimensionierten, meist zur Kupferverhüttung angewandten amerikanischen Flammöfen, welche gut durchkonstruiert und sogar mit wassergekühlten Widerlagern im gewölbten Herd ausgestattet sind, s. Kupfer Bd. VII, 204, Abb. 97. Ein Flammofen, dessen eiserner, mit geeignetem feuerfesten Material ausgekleideter, bisweilen geteilter Herd mit wassergekühltem Rande versehen ist, wird als moderner Puddelofen benutzt (Bd. IV, 288, Abb. 227, bezüglich moderner Flammöfen s. auch *D. R. P.* 315 264).

Für Zwecke der Farbenfabrikation wird in manchen Fällen der Herd des Flammofens mit Schutzwänden versehen, welche eine Trennung der Feuerstelle von dem eigentlichen Operationsherd gestatten, so bei der Herstellung von Bleioxyd (Bd. II, 509, Abb. 195 und 196).

Die den Herd eines Flammofens verlassenden Gase besitzen eine so hohe Temperatur, daß es vorteilhaft ist, diese weiter auszunutzen. Typisch für eine derartige Anlage ist der Soda-Handofen. In gleicher Ausführung finden Ofenanlagen zum Calcinieren von Salzen und zu gleichzeitigem Eindampfen von Lösungen vielfach in der chemischen Industrie Anwendung. Sogar die Herstellung von Salzsäure aus Natriumchlorid und Schwefelsäure geschah früher in ganz ähnlich gebauten Öfen. Der Typ eines mehretagigen Flammofens ist der Maletra-Ofen, Bd. VII, 120, Abb. 58.

Flammofentypen geschilderter Gruppe lassen sich vorteilhaft mit Halbgas- (Bd. VII, 202, Abb. 95), noch besser mit Druckgas- oder Sauggasgeneratoren betreiben. Moderne Anlagen zur Herstellung von Alkali- und Erdalkalisulfiden werden fast ausschließlich mit Gasfeuerung betrieben, in Anlagen, wie eine solche Bd. VIII, 89, Abb. 35, für Natriumsulfid gezeigt ist.

Bei höheren Temperaturen, wie sie z. B. für das Aufschließen von Chromeisenstein nötig sind, werden Flammöfen mit Rekuperatoren angewandt. Ein solcher Ofen mit Kanalrekuperator ist Bd. III, 403, Abb. 119—124 beschrieben. Dieser Ofen besitzt einen abgestuften Herd, welcher durch die Feuerungsgase, nachdem sie über ihn gestrichen sind, nochmals von unten erhitzt wird.

Allgemeine Betrachtungen über metallurgische Flammöfen, die für alle Herdflammöfen gelten, s. Kupfer, Bd. VII, 201 ff., Abb. 94—96, dort auch über
Flammofenbetrieb mit Ölfeuerung.

Zur Erzeugung der höchsten Temperaturen, welche für Flammöfen in Betracht
kommen, wird die Regenerativgasfeuerung verwendet, welche Bd. IV, 269, Abb. 209, 210
für einen SIEMENS-MAR-
TIN-Ofen geschildert ist.

Wannenöfen.
Zum Niederschmelzen
sich verflüssigender
Materialien gibt man
dem Herd der Flamm-
öfen eine vertiefte
Form, durch welche
besonders die Glas-
wannenöfen charakte-
risiert sind (Bd. V,
754, Abb. 358). Für
kleinere Quanten von
Schmelzflüssen, z. B.
in der Emailliertechnik,
baut man die Wannen-
öfen direkt nach dem
Prinzip des einfachen
Flammofens (Bd. IV,
421, Abb. 260), während
sie für rationellere
Betriebe mindestens
mit einem Rekupera-
tor ausgestattet sind.

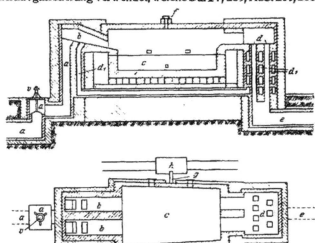

Abb. 42. Wasserglasofen mit Rekuperator der INGENIEURGESELL-
SCHAFT MANGER, Dresden.

a Gaskanal; *v* Gasregulierventil; *b* Brenner; *c* Wanne; *d* Abzugs-
kanäle für die Verbrennungsluft; *d,* Kanäle für die Sekundärluft;
e Fuchs; *f* Einführungsöffnung für den zu schmelzenden Satz;
g Rinne für fertigen Glasfluß; *h* Auffangwagen.

Für den kontinuierlichen Betrieb der Wasserglasfabrikation (s. d.) werden ähn-
liche Wannenöfen benutzt wie für die Glasfabrikation, u. zw. sowohl mit Rekupertiv-
(Abb. 42) wie auch Regenerativ- (Abb. 43) System. Die INGENIEURGESELLSCHAFT
MANGER führt diese Öfen auch mit Ölfeuerung aus.

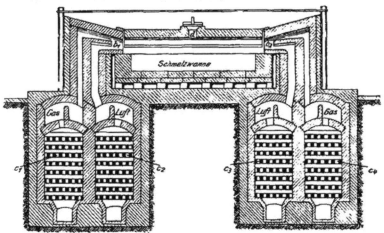

Abb. 43. Wasserglasofen mit Regenerator der INGENIEURGESELLSCHAFT MANGER, Dresden.
b₁ b₂ Brenner; *c₁ c₂ c₃ c₄* Regenerator; *d* Einfüllöffnung.

b) Flammöfen mit beweglichem Herd. Konstruktiv kommen 2 Möglichkeiten in Betracht, da der Herd entweder um eine vertikale (rotierender Herd) oder um eine horizontale Achse (kippbarer Herd) drehbar gestaltet werden kann.

α) Flammöfen mit rotierendem Herd. Bestrebungen, die Dimensionen der Flammöfen bei größerer Leistungsfähigkeit und geringerer Handarbeit zu verkleinern, führten zur Konstruktion von Röstflammöfen mit rotierendem Herd (Tellueröfen) (*Metall u. Erz* 1911, 635 ff., 290 ff.). Das Brenn- oder Röstgut wird bei ihnen auf einem mit feststehender Feuerung verbundenen Herd mittels an einem Arm befestigter Krähler von der Mitte zur Peripherie und umgekehrt fortbewegt, so daß es beim Durchlaufen des Ofens angenähert eine Spirale beschreibt. Der in der Bleiindustrie zum Rösten von sulfidischen Bleierzen bewährte HEBERLEIN-Ofen (Bd. II, 421, Abb. 145, 146) war epochemachend für die Verwendung derartiger Konstruktionen zur Metallverhüttung. Der Ofen kann bei außerordentlicher Zuverlässigkeit mit geringen Anlagekosten errichtet werden. Dabei sind Reparaturen und Kohleverbrauch geringer als bei jedem andern System der Röstung. Der Kraftverbrauch ist gering (für 50 *t* in 2 ^{h} etwa 1 *PS*). Auf dem gleichen Prinzip beruht auch die Tischsintermaschine von SCHLIPPENBACH (Bd. II, 428, Abb. 158, 159).

Von großem Vorteil ist die Verwendung von Flammöfen mit rotierendem Herd bei Aufschließungsprozessen; derartige Typen für Aufschließung von Chromeisenstein sind Bd. III, 405, Abb. 125, 126 geschildert. Auch in der Glasindustrie haben Wannenöfen mit drehbaren Wannen festen Fuß gefaßt (Bd. V, 762).

β) Kippbare Flammöfen, kippbare SIEMENS-MARTIN-Öfen s. Bd. IV, 273, Abb. 211; kippbare Schmelzöfen nach SKUBALLA für Masut- oder Teerfeuerung mit Rekuperator s. *D. R. P.* 314 127; kippbarer Trommelofen für Ölfeuerung s. Legierungen, Bd. VII, 286, Abb. 134, 135.

c) Flammöfen mit bewegten Krählern. Zum Zweck, die bei manchen Arten von Röstgut, speziell beim Abrösten von sulfidischen Erzen, nötige Durcharbeitung von Hand mittels mechanischer Vorrichtungen auszuführen, werden Rührarme (Krählarme) mit schräg gestellten schaufelartigen Zähnen (Krählern, Krätzern) durch das abzuröstende Material geführt. Ein Ofen, bei welchem die Krählarme geradlinig durch einen langgestreckten Ofen mittels Wagen durchgeführt werden, ist der ROPP-Ofen (Bd. II, 422, Abb. 147–151). Die einfachsten Typen von mit Kohlenfeuerung ausgestatteten, für schwefelarmes Röstgut benutzten Röstofen mit rotierenden Krählern sind unter Kupfer, Bd. VII, 125, Abb. 63, und S. 154, Abb. 79 bis 81, beschrieben. Speziell zum Abrösten von Feinkies (Pyrit, Kupferkies) werden zylinderförmige Rundöfen mit rotierenden Krählarmen verwendet. Zur Erreichung des Effekts vollkommener Abröstung werden eine Anzahl Herde etagenförmig übereinander angeordnet (Etagenöfen), von welchen das Erz nacheinander von der höchsten zur niedersten Etage durch den Rührmechanismus kontinuierlich herabbewegt wird, während die Luft, beim untersten Herd eintretend, im Gegenstrom zu dem Erz nach oben aufsteigt. Die Rührarme sind, oft leicht abnehmbar, an einer vertikalen Welle, der Königswelle, befestigt. Da in einigen Etagen, wo beständig Schwefelflammen von beträchtlicher Länge brennen, die Rührarme rascher Zerstörung anheimfallen, müssen sie ebenso wie die Königswelle gekühlt werden, zu welchem Zweck man sie hohl gestaltet und entweder Wasser durchleitet oder Luft durchbläst. Eine Anzahl wichtiger Vertreter dieser Gruppe sind unter Kupfer (Bd. VII, 120ff., Abb. 59–62, ferner S. 163, Abb. 91) und bei Schwefelsäure beschrieben.

Die geringen allgemeinen Betriebskosten im Verein mit der Betriebssicherheit verursachten schon bei den günstigeren wirtschaftlichen Verhältnissen vor dem Kriege ein allgemeines Verschwinden der Handöfen für Feinkiesröstung, und es ist bei den bestehenden hohen Löhnen und Materialkosten abzusehen, daß in Zukunft überhaupt nur noch mechanische Öfen für die Erzabröstung betriebsfähig sein werden.

2. Kammer- und Kanalöfen.

a) Für intermittierenden Betrieb. Kammeröfen. Schärfer als bei den Flammöfen sind Feuerraum und Erhitzungsraum bei den Kammeröfen getrennt. Diese haben runde, ovale oder, weniger gut, eckige Formen und gestatten keine Bearbeitung des in ihnen erhitzten Materials.

α) Öfen mit aufsteigender Flamme sind meist mit mehreren am Umfang des Ofens verteilten Rostfeuerungen versehen, von welchen aus die Gase unten in den Erhitzungsraum, die Kammer, eintreten, um nach deren Passieren durch ein oder mehrere Zuglöcher zur Esse zu entweichen (s. Kohlenstoff, Bd. VI, 629, Abb. 216). Vertreter dieser Gruppe sind auch die Holzverkohlungsöfen von SCHWARZ und LJUNG-BERG (Bd. VI, 179, Abb. 57, 58), ferner die meist 4eckigen, mit 4 Feuerungen betriebenen sog. Altdeutschen Öfen, die für den Kleinbetrieb, in Ziegelbrennereien und Anlagen für geringwertige Steinzeugwaren Verwendung finden (s. Tonwaren). Bei diesen Öfen erhalten die dem Boden zunächst stehenden Brennwaren das schärfste Feuer. Sie können bei unachtsamer Bedienung so stark erhitzt werden, daß sie erweichen und das über ihnen lastende Material nicht mehr tragen können.

β) Öfen mit waagrechter Flammenführung sind ursprünglich für Holz-feuerung berechnet und erfordern langflammigen Brennstoff. Die Urform dieser Öfen ist der liegende Töpferofen (etwa 3 *m* lang, $1\frac{1}{2}$ *m* hoch und $1\frac{1}{4}-2$ *m* breit). Hinter einer an einer Schmalseite angebrachten Feuerung befindet sich eine gitter-förmig durchbrochene Wand, welche die Feuergase gleichmäßig verteilen und Flug-asche abhalten soll. An der zweiten Schmalseite ist der Zug nach dem Schornstein angebracht. Geräumiger dimensioniert und gegen den Schornsteinabzug, dem Flammengang entsprechend, mit in der Grundrißform keilförmig abgerundetem und in der Höhe versenktem Gewölbe ist der Kasseler Ofen, welcher gewöhnlich gepaart an einen Schornstein angeschlossen ist (s. Tonwaren). Das Gewölbe wird der Länge nach mit einer Anzahl Öffnungen versehen, welche dazu dienen, während des Brandes von Waren, um ihn gleichmäßiger zu gestalten, Brennmaterial ein-zuführen.

γ) Öfen mit überschlagender Flamme. Um eine möglichst gleichmäßige Verteilung der Wärme über den ganzen Ofenraum bei hohem Wärmeeffekt zu erzielen, ordnet man um den Erhitzungsraum gleichmäßig eine Anzahl von Feuerungen an, deren Flammen durch vertikale Kanäle so nach oben geführt werden, daß sie an die Decke des Erhitzungsraums anprallen; dabei wird ein Flammenschleier gebildet, der sich nach unten zu gegen die zum Kamin führenden Kanäle unter den Erhitzungs-raum senkt. Der Ofen wird auch mit Ölfeuerung gebaut (MANGER, Dresden). Für Material, das zum Brennen niedrige Temperaturen erfordert, benutzt man rechteckige oder an den Ecken abgerundete Öfen. Da die Wandfläche im Verhältnis zum Inhalt bei runden Öfen geringer ist als bei eckigen oder ovalen, wendet man für die hohen Temperaturen, wie sie die Porzellanindustrie erfordert, runde zylindrische Öfen mit einer Anzahl gleichmäßig in der Peripherie verteilter Feuerungen an. Um die Flamme behufs völliger Ausnutzung der Wärme der Feuergase im Ofen einen möglichst langen Weg zurücklegen zu lassen, baut man, entsprechend dem für aufsteigende Flamme konstruierten Drei-Etagen-Ofen von SÈVRES, diesen Rundofen in 2 oder 3 übereinanderliegenden Etagen, welche gemäß den in den oberen Etagen allmählich niedriger werdenden Temperaturen dort mit Brennwaren beschickt werden, die solche erfordern (s. Tonwaren). Das Abkühlen und Wiederbeschicken des Ofens kann sich auf eine bis mehrere Wochen erstrecken. Dieser Umstand sowie der große Wärme-verlust, der durch das Miterhitzen und Wiederabkühlen des Ofenmassivs entsteht, führte dazu, daß man eine Verbesserung der Wärmewirtschaft durch Kombinieren mehrerer Öfen untereinander erstrebte. Dabei zog man die durch einen abkühlenden Ofen passierende Luft in einen zweiten brennenden Ofen, so daß bei einem System von 4 Öfen 3 in verschiedenen Betriebsstadien sind und der vierte geladen und entleert wird (s. auch *Tonind.-Ztg.* 43, 1108).

b) **Für kontinuierlichen Betrieb.** α) Öfen mit wandernder Brennzone. Ringöfen. Die oben geschilderte Zusammenschaltung von 4 Etagenöfen zum Zweck der Wärmerekuperation ist so kompliziert, daß sie wenig Vorteile vor dem Arbeiten mit einem einzigen Ofen bringt und deshalb größtenteils wieder verlassen ist. Auf ähnlichem Wege wurde verschiedentlich versucht, kontinuierliche Brennöfen zu konstruieren, aber erst F. HOFMANN erreichte mit seinem Ringofen dieses Ziel (1858), u. zw. in so vollkommener Weise, daß dieser in der Ton-, Zement- und Mörtelindustrie außerordentlich verbreitet ist. Der Ofen hat bis jetzt viele Verbesserungen und Variationen erfahren.

Die Ringöfen bestehen aus einem ringförmig in sich selbst zurückkehrenden Ofenkanal (endlosen Kanal, Brennkanal), der durch unverbrennliche oder verbrennbare (Papier-) Schirme in Kanalstücke oder einzelne Kammern abgeteilt werden kann, und in dem die Flamme periodisch von Abteilung zu Abteilung fortschreitet. Der früher rund gebaute Ofen wird heute ausschließlich in oblonger Gestalt ausgeführt (s. Tonwaren).

Für manche Brennzwecke (bessere Steinzeugwaren, Magnesit, Strontianit) verwendet die INGENIEURGESELLSCHAFT MANGER, Dresden, Ringöfensysteme von rechteckigem Grundriß und Kammern mit überschlagender Flamme.

Die Wiedergewinnung der Wärme in den Ringöfen ist infolge des Wanderns der Brennzone, die ein periodisches Erhitzen der Steine des ganzen Ofenmassivs notwendig macht, nicht so vollkommen wie bei Öfen mit konstanter Brennzone (Schachtöfen).

Der Gedanke, den Ringofen mit Gasfeuerung zu betreiben, wurde von ESCHERICH in verwertbarer Form verwirklicht. Er führte unter Beibehaltung der allgemeinen Bauart der Öfen die aus einem Generator entwickelten Gase durch auf dem Ofen verlegbare eiserne Blechröhren mit Hilfe von aus feuerfestem Ton hergestellten durchlochten Röhren, Gaspfeifen, die zwischen das Brenngut im Ofen verteilt sind, in den Ofen ein.

MENDHEIM baut einen mit Gasfeuerung betriebenen Ringofen mit festen Wänden der Kammern und erreicht dabei mit seinem Gaskammerofen eine vorzügliche Gleichmäßigkeit der Temperatur in den einzelnen Kammern, welche durch kleine Kanäle hintereinander verbunden sind (s. Tonwaren sowie Bd. **IV**, 380, Abb. 235).

Der Ofen dient zum Brennen von Magnesit und Strontianit sowie zur Herstellung von elektrischen Kohlen und von besseren Ton- und Steinzeugwaren, für welche Verwendungszwecke er sowohl mit niedergehender Flamme wie mit Ober- oder Sohlfeuer ausgestattet ist. Bezüglich weiterer moderner Verbesserungen der Ringöfen s. Tonwaren.

β) **Öfen mit stationärer Brennzone.** Bei Kanalöfen wird die Absorption einer größeren Wärmemenge durch das ganze Ofenmassiv dadurch vermieden, daß ein langer Kanal nur an einer Stelle in der Mitte erhitzt und so eine feststehende Brennzone geschaffen wird. Die zur Verbrennung nötige Luft strömt an einem Ende des Kanals ein, während an seinem andern Ende die Verbrennungsgase entweichen und gleichzeitig das Brenngut dem Gasstrom entgegengeführt wird. Die fertig gebrannte Ware verläßt den Kanal, sich entgegengesetzt dem eintretenden Luftstrom bewegend, wodurch sie abgekühlt und die Luft vorgewärmt wird. Das durch die feststehende Brennzone wegfallende Erhitzen eines ganzen Ofenmassivs bedeutet einen erheblichen Minderverbrauch an Brennmaterial. Der Kanalumfang erleidet jedoch dadurch eine Beschränkung, daß das Gewicht des einzuführenden Brenngut entsprechend den dafür erforderlichen mechanischen Einrichtungen verhältnismäßig gering ist. Es entsteht deshalb ein dem Umfang des Ofens proportionaler

Strahlungsverlust, während das Gewicht des Materials dem Quadrat des Umfangs proportional ist, d. h. die relativen Wärmeverluste stehen im umgekehrten Verhältnis zu den linearen Dimensionen des Kanals.

Kanalöfen wurden zuerst in der Glasfabrikation zum Abkühlen des Glases verwendet (s. Bd. V, 768, Abb. 368), wofür eine Temperatur von höchstens 500⁰ in Betracht kommt. Der in der keramischen Industrie (Ziegelfabrikation) eingebürgerte Kanalofen von BOCK benutzt zum Transport des Brennguts einen Wagenpark. Rädergestelle und die mit feuerfesten Steinen ausgelegte Plattform der Wagen sind aus Eisen. Die nach unten etwas verlängerten seitlichen Ränder der Plattform laufen in einer Sandrinne (Abb. 44), wodurch das Gestell so vollkommen von den Feuergasen abgeschlossen wird, daß es sogar durch einen kalten Luftstrom gekühlt werden kann.

Zum Brennen der Erzeugnisse der Steinzeugindustrie und der Feinkeramik konstruierte FAUGERON in Montereau (*D. R. P.* 104 241, 119 516; *Keram. Rdsch.* 1909, 50; *Sprechsaal* 1906, 39, 40) einen von ihm Tunnelofen genannten Wagenofen, welcher auch ein Arbeiten mit reduzierender Flamme gestattet. Bei ihm besitzen die Stirnseiten der Wagen

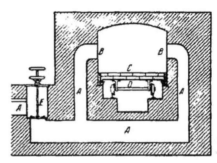

Abb. 44. Feuerstelle eines Kanalofens.
A Gaszuführungskanäle; *B* Brenner; *C* Wagenausmauerung; *D* Wagengestell; *E* Gasventil.

Scheidewände, welche an entsprechenden Vorsprüngen des Kanals ihn vollkommen ausfüllen können. Durch diese Einrichtung werden gewissermaßen ständig wandernde Kammern gebildet, welche durch seitliche Kanäle miteinander in geeigneter Kommunikation stehen. Über die Verwendung von Kanalöfen zur Herstellung von Calciumcyanamid s. Bd. III, 8, Abb. 7.

3. Rotierende Öfen.

Das Bestreben, bei kontinuierlichem Betrieb eine gute Mischung der zu erhitzenden Materialien sowie eine möglichst kurze Brenndauer bei Ausschließung jeder Handarbeit zu erreichen, führten dazu, die Erhitzungsprozesse in rotierenden Brennkammern (Trommeln) vorzunehmen. Die ältesten derartigen Öfen wurden in der Sodafabrikation angewandt. Die für diese heute benutzten Drehöfen s. Natriumcarbonat, Bd. VIII, 10.

Rotierende Trommeln von größerer Länge finden als Drehrohröfen zum Rösten, Aufschließen von Erzen, Glühen und Sintern von nicht backenden Materialien Anwendung. Die Länge der geneigt gelagerten Trommel ist nach dem Verwendungszweck in weiten Grenzen schwankend; sie hält sich meist zwischen 30 und 50 *m*; doch baut man sie für Sonderzwecke bis herab auf 10 *m* und hinauf bis zu 70 und noch mehr. Neuerdings kommt man von übertrieben langen Ausmessungen wieder ab, insbesondere seitdem man dazu übergegangen ist, die Abhitze der Ofengase für Trockenzwecke, Dampferzeugung od. dgl. auszunutzen.

Die üblichsten Durchmesser sind 2—3 *m*, jedoch geht man auch hier über diese Normalien nach oben und unten hinaus. Das Verhältnis von Länge zu Durchmesser hielt man früher stets etwa im Verhältnis von 12—20:1; doch findet man auch dabei jetzt wesentliche Abweichungen. Die Drehtrommeln sind im Innern mit feuerfestem Material ausgemauert. Die Drehbewegung der Trommel erfolgt durch Zahn- oder Schneckenradantrieb.

Längere Öfen laufen gewöhnlich auf 3, auch 4 Laufkränzen, deren Konstruktion, besonders in Bezug auf die Antriebszahnkränze, neuerdings bedeutend verbessert ist.

Gegen wenigstens einen Laufkranz laufen seitlich angebrachte kräftige Druckrollen, die das Abgleiten des Ofens nach oben oder unten aufhalten sollen. Diese
Einrichtung soll aber nur eine Sicherungsmaßnahme sein; die Rollen sollen so
wenig wie möglich mitlaufen und der Bedienung die gute Einstellung zeigen. Der
Antrieb erfolgt gewöhnlich ungefähr in der Mitte des Ofens mit einem zweckmäßig konstruierten Zahnkranz, unabhängig von den Laufrollen.

Die Beschickung geschieht in der Regel an der dem Flammeneintritt entgegengesetzten, höher gelegenen Seite periodisch oder kontinuierlich. Durch die
drehende Bewegung und die leicht geneigte Lage der Trommel wird das zu
brennende Material der heißesten Flammenzone, dem Flammeneintritt, zugeführt,
um am tiefsten liegenden Teil entleert zu werden.

Die Heizung der Drehrohröfen geschah anfangs wohl fast ausschließlich mit
Kohlenstaub. Die Kohlenstaubfeuerung ist wohl auch heute noch die verbreitetste;
jedoch hat sie den Nachteil, daß die sämtlichen Aschenbestandteile in das Brenngut
gelangen. In manchen Fällen kann dies unwesentlich sein; doch verwendet man
den Drehofen jetzt bereits zu so empfindlichen Betrieben, daß man solche Verunreinigungen des Brennguts nicht mehr in Kauf nehmen kann. Generatorgas wird
jetzt schon recht häufig zur Heizung von Drehöfen verwendet, weniger Rohöl.
Auch gemischte Feuerungen, wie gleichzeitig Gas und Kohlenstaub oder Gas und
Öl, finden Verwendung. Die aus dem Drehofen abziehenden Rauchgase enthalten
noch Staub, der durch den Zug mitgerissen wird; man muß daher vor den Schornstein Staubkammern oder Elektrofilter (Bd. **IV**, 388) zwischenschalten. Angaben
über Dimensionen und Anwendbarkeit zur Erzabröstung s. *Chem.-Ztg.* 1927, 483,
666, 708, 727. Verbreitete Anwendung finden Drehrohröfen in der Zementindustrie
(s. Mörtel, Bd. **VII**, 693). Verbesserungen in der Ausgestaltung der erweiterten
Sinterzone sowie der Herstellung eines geeigneten Kohlenstaubs (*Stahl u. Eisen*
1915, Nr. 24) haben im Verein mit der Vervollkommnung der rekuperativen
Wirkung der Kühltrommel den Kohlenverbrauch günstig gestaltet. Trotzdem er
sich in bezug auf gebrannten Zement um rund 5 % höher stellt als für Ringöfen,
ist der Betrieb mit dem Drehrohrofen wirtschaftlich günstiger. Wichtig für rationellen
Kraftverbrauch sowohl als für ruhigen Gang ist ein sehr genaues Rund-
laufen der Trommeln.

In seinem Soloofen (s. Mörtel) vereinigt Polysius, Dessau,
Brenn- und Kühlzone in einem einzigen, mit Schamottesteinen ausgekleideten, gleichfalls schräg gelagerten Drehrohr und erreicht dadurch
eine besonders günstige Wärmeausnutzung und die Lagerung der
Apparatur zu ebener Erde. Drehrohröfen werden auch zum Aufschließen
von Bauxit verwendet (Bd. **I**, 299,
Abb. 101), des ferneren zum Ab-

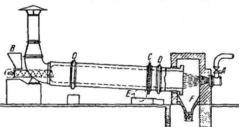

Abb. 45. Drehrohrofen von Benno Schilde, A. G.,
Herfurt.

A Gas- oder Ölbrenner; *B* Einfülltrichter; *C* Laufkranz; *D* Laufringe; *E* Antrieb der Laufkranzschnecke;
F Fangtrichter für das Endprodukt.

rösten von sulfidischen Erzen (s. Kupfer, Bd. **VII**, 126, Abb. 64, vgl. diesbezüglich
Bd. **II**, 423, Absatz 3, und S. 451). Einen Drehtrommelofen, bei welchem von einem
im Innern des Ofens feststehenden Roste aus das Röstgut auf einen Teil des
äußeren Trommelmantels zur Abröstung gelangt, s. Bd. **II**, 427. Ein Drehrohrofen mit Gas- oder Ölfeuerung von B. Schilde, A. G., Herfurt, ist in Abb. 45
dargestellt.

Drehrohrtrockenöfen s. Trockenapparate. Calcinieröfen s. *Ind. engin.
Chem.* 1929, 461 ff.

V. Konverter. Eigenartig in der Wärmeerzeugung und in der Wärmeübertragung sind die in der modernen Metallurgie unentbehrlichen Konverter, meist kippbare Ofenapparate, bei welchen durch Einblasen von Luft in feuerflüssige Massen der Veredlungsprozeß oder Raffinationsgrad erreicht wird. Durch den dabei stattfindenden Oxydationsvorgang entsteht so viel Wärme, daß ihre weitere Zufuhr nicht mehr erfolgt (Näheres s. Bd. II, 424 ff., Abb. 152–154; Bd. IV, 257 ff., Abb. 203; s. auch Kupfer, Bd. VII, 158).

B. Gefäßöfen

besitzen die gemeinschaftliche Eigentümlichkeit, daß zur Erhitzung der Gefäße, welche das der höheren Temperatur auszusetzende Material einschließen, Flammöfen, die sich meist an die schon beschriebenen Konstruktionen anlehnen, oder, in selteneren Fällen, Schachtöfen dienen. Der im Ofenfeuer liegende Teil der Gefäße ist, bis auf die Tiegel, völlig in sich geschlossen und allseits von den Feuergasen umspült. Als Übergangsformen von Flammöfen und Gefäßöfen können die Flammöfen der Kokerei gelten. Über Beheizung von Gefäßöfen mit flammenloser Verbrennung s. Bd. V, 317.

I. Gefäßschachtöfen sind die Schwelöfen, welche speziell in der Braunkohlenindustrie verwendet werden und bezwecken, die Kohle in dünner Schicht allmählich höheren Temperaturgraden zuzuführen. Weitere Angaben s. Braunkohlenschwelerei, Bd. II, 591 ff., Abb. 223, 231–234.

II. Tiegelöfen. Die Tiegel besitzen im allgemeinen die bekannte zylindrische, sich konisch verjüngende, zuweilen gegen den Boden zu etwas eingebogene Form. Sie werden meist mit auflegbarem Deckel, seltener offen oder mit fest verbundenen, einerseits offenen Hauben (Glasfabrikation, Bd. V, 753, Abb. 356) verwendet. Über Gesichtspunkte für Herstellung der Tiegel s. Bd. IV, 280. Die Tiegelöfen werden zum Schmelzen von Metallen, Legierungen (Bd. VII, 286) und Glasflüssen benutzt. Eine wesentliche Einwirkung des Brennstoffs oder der Feuerungsgase auf das Schmelzgut findet nicht statt. Der Brennstoffverbrauch ist wegen der ungünstigen Wärmeübertragung erheblich und der Betrieb wegen des großen Verschleißes der Tiegel ziemlich teuer.

1. Tiegelschachtöfen. Diese sind, wie unter Legierungen und Bd. IV, 422, Abb. 263, angegeben, konstruiert. Der hier angeführte Tiegel ist der Spezialfall des Tropftiegelofens, welcher in der keramischen Farbenindustrie ausgedehnte Verwendung findet (s. Bd. IV, 823, Abb. 399, die eine solche für Gasheizung zeigt). Für höhere Temperaturen werden Gebläsetiegelschachtöfen angewandt. Ein solcher ist auch der Deville-Laboratoriumsschmelzofen. Bei den Tiegelschachtöfen wird der Tiegel zwecks Ausgießens mit Zangen aus dem Ofen genommen. Um diese Arbeit zu umgehen, sind Öfen konstruiert, bei denen der ganze Schacht mit dem Tiegel gekippt wird (Bd. VII, 286, Abb. 134, 135; s. auch Badische Maschinenfabrik, Durlach, *D. R. P.* 143 143). Derartige Öfen lassen sich besonders günstig und verhältnismäßig leicht im Gewicht konstruieren, wenn Gas- oder Ölfeuerung verwendet wird.

2. Tiegelflammöfen. Eine typische Form solcher s. Bd. I, 532, Abb. 173. In Bd. V, 823, Abb. 400, Bd. IV, 280, und Bd. V, 754, Abb. 357, sind mit Gasfeuerungen betriebene Tiegelofenkonstruktionen beschrieben und abgebildet. Die *Scheideanstalt* hat neuerdings einen Hochtemperaturofen für Gasfeuerung herausgebracht, der das Prinzip der Oberflächenverbrennung (Bd. V, 317) in neuartiger Weise anwendet. Er arbeitet mit dem gewöhnlichen Druck des Gasnetzes; als Gebläse genügt ein Niederdruckventilator; er gestattet das Arbeiten in neutraler, oxydierender oder reduzierender Atmosphäre und das Erreichen von Temperaturen bis 2000^0 (E. Ryschkewitsch Chemische Fabrik 1930, 61).

III. Muffelöfen. Die Muffelöfen bezwecken, in einem aus entsprechend feuerbeständigem Material hergestellten, allseits von den Flammengasen umspülten Raum die erhitzten Materialien vor der Einwirkung der Flamme zu schützen, z. B. Ultramarin (s. d.), oder auch das Vermischen der Flammengase mit Gasen, die sich beim Erhitzen eines Materials bilden, zu verhüten (z. B. Salzsäuregase).

1. Öfen mit einfachen Muffeln. Als Typus eines solchen mit Gasabführung sei der mit Abstufung für eine weniger heiße und eine heiße Zone gebaute Sulfatmuffelofen der Salzsäurefabrikation (s. Natriumsulfat) angeführt.

Bei großen Dimensionen der Muffeln wird langflammige Schrägrostfeuerung benutzt. Muffelöfen mit langflammiger Rostfeuerung (Halbgasfeuerung) sowie mit Regenerativgasfeuerung sind Bd. IV, 424, Abb. 265, 266 beschrieben. Die dort geschilderten Muffeln sind Großraummuffeln mit Bodenerhitzung, für deren Bau, wie aus den Zeichnungen gut ersichtlich ist, geformte Platten verwendet werden. Diese besitzen einen dickeren Rand, welcher eine erheblich dünnere Fläche einrahmt, durch die eine gute Wärmeübertragung gesichert wird. Die aufgezeichneten Generatoren empfehlen sich nur bei Verwendung von fast aschefreiem Brennmaterial. An ihrer Stelle lassen sich vorteilhaft alle Arten der unter Kraftgas geschilderten freistehenden Generatoren bei Anwendung einer guten Gasreinigung benutzen. Diese ist wesentlich für den Betrieb der Muffeln, weil in den zahlreichen Zügen um diese leicht durch Ansammlungen von Flugstaub Betriebsstörungen entstehen können und durch den an die Muffelwände anfrittenden Flugstaub ihre unnötig rasche Zerstörung eintritt.

In der Mineralfarbenindustrie benutzt man flachere und längere Muffeln, meist mit Rekuperativfeuerung, deren Flamme so geführt wird, daß sie das Muffelgewölbe zunächst von oben erhitzt und dann erst nach Erhitzung der Bodenflächen in den Rekuperator gelangt, wie dies Bd. II, 510, Abb. 198, angedeutet ist. Diese letztere Zeichnung zeigt auch eine in der Farbenindustrie gebräuchliche Zuführungsvorrichtung für das zu brennende Gut, welches im geschilderten Falle gleichzeitig mit der Gasabführung für sich entwickelnde Gase oder Dämpfe gegabelt ist. Bezüglich ähnlicher Muffelöfen sei auf Natriumsulfat und Salzsäure verwiesen.

Ähnliche zur Erzbröstung dienende Muffelöfen s. unter Kupfer (Bd. VII, 187, Abb. 90). Zu gleichem Zwecke haben mehretagige Muffelöfen große Bedeutung erlangt. Der wichtigste dieser Öfen ist der bekannte RHENANIA-Ofen (Bd. VII, 126, Abb. 66).

Als Muffelöfen können auch die mit überhitztem Dampf beheizten Öfen für sog. „Backprozesse" in der Industrie der organischen Farbstoffe (Sulfanilsäure) sowie die zur Herstellung von Brot benutzten Backofen (Bd. V, 716, Abb. 348, 349) gelten.

2. Mechanische Muffelöfen. Um die Handarbeit bei der Röstung von Erzen in der Muffel zu umgehen, ist eine große Anzahl von mechanischen Muffelöfen konstruiert worden, welche die bei den Flammöfen beschriebenen Funktionen des Durcharbeitens der Erze, speziell von Zinkblende, in der Muffel ausführen (s. Metall u. Erz 1911, 635 ff.; 1912, 281). Eine einwandfreie Wirkung von Telleröfen mit rotierendem Herd der Muffel ließ sich dabei noch nicht erreichen. Bessere Erfolge wurden mit dem HEGELER-Ofen mit sehr langen geraden Muffeln erzielt, bei welchem die Krählarme auf Rädern langsam durch den Ofen geradlinig geführt werden (Ztschr. angew. Chem. 1910, 347 f.).

Die einfachsten Muffelöfen mit rotierenden Krählern dürften die Bd. II, 512, Abb. 200, beschriebenen Pfannenöfen der Mennigefabrikation sein.

Das schwierige Problem, den Sulfatofen für Salzsäureherstellung mechanisch zu betreiben, gelang dem VEREIN CHEMISCHER FABRIKEN, Mannheim (D. R. P. 137 906), bei Verwendung von Natriumbisulfat an Stelle von Schwefelsäure in gußeisernen Muffeln mit horizontal rotierendem Rührwerk (s. Natriumsulfat).

Der Erfolg, den die mehretagigen mechanischen Pyritöfen (s. S. 154) zeitigten, spornte dazu an, nach den bei ihnen bewährten Prinzipien Muffelöfen mit Heizkanälen für die Muffeln zu konstruieren, speziell zur Abröstung von sulfidischen Zinkerzen. Am meisten Erfolg schien der Ofen von O'BRIEN zu versprechen; aber auch dieser erwies sich wie die übrigen in den Dimensionen, wie sie bei Pyriten verwendet werden, als zu wenig leistungsfähig. Bessere Erfolge erzielt man mit den Öfen von MERTON (*E. P.* 13625 [1909], 3843 [1911] und RIEDGE (*E. P.* 3981 [1911]), bei welchen mehrere rotierende Krählarme nebeneinander in einem sehr langgestreckten Herd rotieren, sowie von SPIRLET (*Ztschr. angew. Chem.* **1915**, Ref. 143; s. Zink); s. auch Bd. **VII**, 127. Kombinierter mechanischer Flamm- und Muffelofen der A. G. HUMBOLDT s. Bd. **VII**, 127, Abb. 67.

3. Einen Muffel-Kammer-Ringofen stellt der Bd. **IV**, 380, Abb. 235, erörterte MEISERsche Kammer-Ringofen dar. Bezüglich weiterer Beispiele s. auch Ultramarin. Als Vertreter der Kanalmuffelöfen sei auf den zum Einbrennen von keramischen Farben bewährten, Bd. **IV**, 830, Abb. 401, 402, als Zugmuffel beschriebenen Ofen hingewiesen.

IV. Retortenöfen. Je nach der verschiedenen Art der zum Erhitzen (Destillieren, Glühen) der mannigfachsten Stoffe benutzten Retorten lassen sich Ofenkonstruktionen verwenden, die den Flamm- oder Schachtöfen ähnlich sind. Bei den meisten Konstruktionen ist auf die zweckmäßige Anbringung des die Retorte charakterisierenden Helmes oder des Retortenkopfes sowie auf gute Auswechselbarkeit der Retorten Rücksicht zu nehmen. Für gleiche Verwendungszwecke können die Retorten ganz verschiedene Formen besitzen. Die Öfen für eiserne Retorten sind nach gleicher Art wie für gußeiserne Kessel gemauert, derart, daß die Feuerzüge in Windungen um die Retorte geführt werden. Die horizontalen zylinderförmigen Retorten liegen meist frei im Flammraum einer Rostfeuerung, welche so bemessen sein muß, daß keine Stichflamme an die Retorten gelangen kann (s. *Chem. Ind.* **1901**, 189).

Einzelne stehende Retorten werden mit Rostfeuerung für langflammiges Brennmaterial erhitzt, wobei geeignetenfalls Vorkehrungen getroffen werden, welche gestatten, daß sich entwickelnde gasförmige Produkte mit unter dem Rost verbrannt werden (Bd. **VI**, 181, Abb. 63, 64; s. Holzverkohlung). Die Beheizung der Retorten wird in vielen Fällen vorteilhaft so gestaltet, daß die Flammengase in Kanälen rings um die Retorte geführt werden. Wählt man die Retorte hierbei sehr hoch, so führen die Öfen auch die Bezeichnung Retortenschachtöfen (Bd. **VI**, 182, Abb. 68). Für schmelzende Körper wendet man Retorten mit Querscheidewänden an (s. Bd. **III**, 481, Abb. 136–138).

Eine Anwendung von Gasfeuerung für auf schwache Rotglut zu erhitzendes Material in Stahlretorten bietet der Magnesit-Brennofen von ZAHN (Bd. **VI**, 592, Abb. 205). Zum Destillieren von Metallen dienende horizontale Retorten in Öfen mit Rostfeuerung wie mit Gasfeuerung sind unter Cadmium, Bd. **II**, 725 ff., beschrieben (s. auch Zink). Werden in den Öfen die liegenden Retorten mit ihren Vorlagen in mehreren horizontalen Reihen übereinander angeordnet, so bezeichnet man sie als Galeerenöfen (Bd. **I**, 580, Abb. 188 und 594, Abb. 186 und 190).

Bei Verwendung höherer Temperaturen werden die Retorten aus geeignetem Schamottematerial gefertigt und gruppenweise in einen Ofen entweder horizontal, schrägliegend oder in neuerer Zeit auch vertikal eingebaut. (Über derartige Öfen, Retorten und Retortenmundstücke s. Leuchtgas). Auch vertikale Retorten für kontinuierlichen Betrieb, bei denen die Schwierigkeiten, welche eine völlig gasdichte Ausbildung der Beschickungs- und Entleerungseinrichtungen bereiten, noch nicht völlig überwunden zu sein scheinen, gebraucht man in der Gasfabrikation (Bd. **VII**, 325, Abb. 166–169). Vertikalretorten mit besonderen, an sie angegliederten, luftdicht abgeschlossenen Kühlräumen werden zur Herstellung von Knochenkohle (Bd. **VI**, 624, Abb. 215) verwendet.

Moderne Retortenöfen wurden von Bueb für die Gasgewinnung aus Melasse eingeführt. Bei ihnen werden die aus Retorten entwickelten Produkte der trockenen Destillation durch ein eigenartiges Regenerativsystem auf 1000° erhitzt (Bd. III, 474).

Werden die Retorten zur Erzielung günstigerer Reaktionsbedingungen und besserer Wärmewirtschaft so groß gestaltet, daß sie nicht mehr aus einem Stück, sondern nur aus gefalzten Formsteinen hergestellt werden können, so nennt man sie Retortenkammern (s. Leuchtgas, Bd. VII, 325, und Kokerei, Bd. VI, 678 ff., 684).

Auch die Prinzipien der Ringöfen finden auf Retortenöfen Anwendung, so bei dem Gaskammerofen von Meiser, Nürnberg (Bd. IV, 380, Abb. 235; s. auch D. R. P. 316535).

Nach dem System der Kanalöfen gebaute Retortenöfen sind: der amerikanische Wagenofen für Holzverkohlung (Bd. VI, 181, Abb. 61) und der Röhrenwagenofen (Bd. VI, 182, Abb. 67) sowie der zur Herstellung von Calciumcyanamid in neuester Zeit benutzte Kanalofen (Bd. III, 8, Abb. 6—9; s. auch Tunnelmuffelofen, Bd. IV, 830, Abb. 401 und 402).

V. Gefäßöfen für Apparate verschiedener Form. In die Gruppe der Gefäßöfen fallen auch die Wärmeübertragungseinrichtungen, welche zum Erhitzen offener und geschlossener Apparate, Kessel, Pfannen und Röhren dienen. Für die Konstruktion dieser Beheizungsanlagen kommen im wesentlichen die unter Feuerungsanlagen sowie die unter IV., Retortenöfen, S. 161, erörterten Gesichtspunkte in Betracht. Hervorgehoben sei besonders die Wichtigkeit einer derartigen Flammenführung, daß keine Stichflamme metallene Gefäßwandungen von Apparaten trifft (s. Bd. I, 11 und 12, Abb. 15, 16, 17).

Steht ein Anbacken der zu erhitzenden Materialien an den Wandungen von kesselartigen Gefäßen zu befürchten, so empfiehlt sich außer Anbringung von Rührwerken eine entsprechend angeordnete Flammenumführung, wie sie unter IV., Retortenöfen, Abschnitt 1, angegeben ist. Beispiele dieser Art Bd. II, 603, Abb. 238, und 606, Abb. 241.

Bezüglich Anwendung von Gasfeuerung für erwähnte Apparate sei auf die Ausführung einer solchen für Kessel, Bd. I, 10, Abb. 11—14, verwiesen.

Besonders sorgfältigen Schutz vor Stichflammen und ungeeignet hohen Temperaturen verlangen Metallröhren, in welchen Flüssigkeiten (s. Schwefelsäurekonzentration von Krell und Strzoda) oder Gase erhitzt werden. Bezüglich letzterer Operation sei auf Artikel Schwefelsäure nach dem Kontaktverfahren und auf das Deacon-Verfahren zur Chlorgewinnung, Bd. III, 222, Abb. 54, verwiesen.

Literatur: Le Chatelier, Introduction à l'étude de la métallurgie. Le chauffage industriel. Paris 1912. – Jüptner, Wärmetechnische Grundlagen der Industrieöfen. Leipzig 1927. – Litinsky, Der Industrieofen in Einzeldarstellungen. Leipzig 1926 ff. – Naske, Die Portlandzementfabrikation. Leipzig 1914. – A. Schack, Die industrielle Wärmeübertragung für Praxis und Studium mit grundlegenden Zahlenbeispielen. Düsseldorf 1929. – Schmatolla, Die Brennöfen für Tonwaren, Kalk, Magnesit, Zement u. dgl. Hannover 1909; Gaserzeuger, Gasfeuerungen und Gasöfen. Hannover 1912. – Timm, Wärmetechnische Grundlagen von Drehöfen mit Kohlenstaubfeuerung. Berlin 1906. – Toldt-Wilcke, Regenerativ-Gasöfen. Leipzig 1907. – Heusinger v. Waldegg, Die Ziegel-, Röhren- und Kalkbrennerei. Leipzig 1903. – Tonindustrie, Abteilung A, Versuchs- und Kleinbetriebsöfen. Berlin 1920. *Justus Wolff.*

Öfen, elektrische, sind Apparate, in welchen Elektrizität in Wärme überführt wird. Es ist eine bekannte Tatsache, daß der elektrische Strom beim Durchfließen eines Leiters diesen bis zu einem gewissen Grade erwärmt. Die Ursache zu dieser Erscheinung liegt daran, daß wir keinen vollkommenen, d. h. ganz widerstandslosen Leiter der Elektrizität besitzen. Der elektrische Strom muß also auf seinem Wege die Widerstände überwinden, die ihm hier entgegengesetzt werden. Er hat eine Arbeit zu leisten, die man als Wärme oder durch Temperatursteigerung für chemische Reaktionen nutzbar machen kann, wenn man nur dafür sorgt, daß in geeigneten Apparaten genügend starke Ströme genügend große Widerstände zu überwinden haben.

Geschichtliches. Die Entdeckung des elektrischen Stromes durch ALEXANDER VOLTA im Jahre 1800 war der Ausgangspunkt der Entwicklung der elektrischen Industrie und damit auch des elektrischen Ofens. Die Grundlage der technischen Anwendungsmöglichkeit der Elektrizität zu Heizzwecken war ausschließlich gegeben durch die Ausbildung einer ökonomischen Stromerzeugung, und der Aufstieg der Elektrothermie erfolgte daher auch parallel mit der Entwicklung der elektrischen Stromquellen. So kommt es, daß in der ersten Hälfte des 19. Jahrhunderts, wo der Strom vornehmlich durch chemische Umsetzung gewonnen werden mußte, nur ganz vereinzelte Versuche, die Elektrizität zu thermischen Zwecken auszunutzen, unternommen wurden. HUMPHREY DAVY dürfte wohl der erste gewesen sein, der bei Untersuchungen über die Herstellung von Metallen durch Schmelzflußelektrolyse einen elektrischen Ofen in der Hand gehabt hat. Er entdeckte nämlich 1821 den elektrischen Lichtbogen durch die Beobachtung, daß, wenn man 2 mit den Enden einer Batterie von 2000 Zellen verbundene Kohlenstäbe zuerst zusammenstößt und dann auseinanderzieht, sich eine helleuchtende Flamme zwischen den Kohlenenden bildet, während diese selbst in lebhafte Weißglut geraten. Damit war die wichtigste Entdeckung dieser Periode gemacht. 1849 beschreibt DESPRETZ Versuche, im Kohlenlichtbogen Kieselsäure zu schmelzen, wobei er ein sehr hartes Produkt erhielt, das Rubin und Chromstahl zu ritzen vermochte. Dieses Produkt bestand nach unseren heutigen Kenntnissen aus Siliciumcarbid (Carborundum). 1853 haben JOHNSON und PICHON Proben mit einem Lichtbogenofen zur Reduktion von Eisenerzen ausgeführt und so den ersten Versuch zur elektrothermischen Gewinnung von Eisen direkt aus Erzen unternommen; 1859 erhielt Frau LEFEBRE ein Patent auf die Darstellung von Salpetersäure direkt aus der Luft vermittels elektrischer Funken; sie kann daher als Vorläuferin der Entdeckungen der Chemie der Hochspannungsflamme gelten. Auch ST. CLAIRE-DEVILLE und BUNSEN haben bei ihren elektrolytischen Untersuchungen im Schmelzfluß zum Teil mit elektrischer Erhitzung gearbeitet. In dieser ganzen Zeit konnte jedoch eine größere Entwicklung des elektrischen Ofens, speziell in industrieller Hinsicht, nicht einsetzen, weil die Erzeugung größerer und andauernder elektrischer Ströme zu umständlich und kostspielig war.

Diese Hemmung verschwand sofort mit der Erfindung des dynamoelektrischen Prinzips durch WERNER V. SIEMENS, 1878. Er selbst hatte hierauf in den Jahren 1878–1880 elektrothermische Versuche unternommen, bei denen es ihm unter anderm gelang, in einem elektrischen Ofen 10 kg Stahl zu schmelzen. Mit der Entwicklung des Baues der Dynamomaschinen setzt nun auch die eigentliche Ausbildung des elektrischen Ofens sowohl als Laboratoriumsbehelf zur Erforschung der Chemie hoher Temperaturen wie zur industriellen Verwertung dieser Ergebnisse ein. In den Achtzigerjahren haben die Gebrüder COWLES, dann MINET und HÉROULT durch ihre ausgedehnten Versuche zur Gewinnung von Aluminium (Bd. I, 248) das Gebiet in bezug auf Konstruktion der Öfen wesentlich gefördert. 1888 erschien gleichzeitig von HÉROULT und von HALL das elektrothermisch-elektrolytische Verfahren zur Darstellung von Aluminium aus Tonerde, und damit fand der erste elektrische Ofen Eingang in die chemische Industrie. Jetzt begann auch MOISSAN in dem nach ihm benannten Ofen die Erforschung der verschiedensten Gebiete anorganisch-chemischer Reaktionen systematisch durchzuführen. Ihm gelang dabei mit BULLIER zusammen zum erstenmal 1892–1894 die Darstellung bestimmter Carbide (Bd. III, 90). Gleichzeitig erschien 1893 das erste Carbidverfahren-Patent von TH. L. WILLSON, der seine Erfindung durch die UNION CARBIDE CO. in die Industrie einführte. In diese Zeit fallen auch ausgedehnte Versuche von BORCHERS mit seinem Ofen (Bd. II, 750), und es kommt nun als Folge all dieser Bestrebungen eine ganze Reihe neuer wirtschaftlich wichtiger Produkte des elektrischen Ofens auf. 1891 wird von ACHESON das Carborundum entdeckt und 1892 von demselben Forscher künstlicher Graphit (Bd. VI, 611) im elektrischen Ofen dargestellt. Auch Korund (Bd. IV, 125) als Rubin und Schleifmaterial taucht in dieser Zeit auf, und die Möglichkeit der Herstellung künstlicher Diamanten steigerte die Leidenschaft der Entdecker und Erfinder.

Der elektrische Ofen hätte aber trotz der glänzenden Laboratoriumserfolge und Ausblicke kaum die rasche und ausgedehnte industrielle Verwendung gefunden, wenn nicht gerade zur Zeit der Neuentdeckung gewerblich hochwichtiger Produkte auch die Fernübertragung der Elektrizität durch die Erfindung der Transformatoren gelungen wäre. Dies ermöglichte erst die allgemeine industrielle Verwertung der elektrischen Erhitzungsart, weil die Betriebsstätte von da an nicht unmittelbar an die Kraftquelle gebunden war, und gegen Ende des 19. Jahrhunderts setzt auch diese Bewegung überraschend und zum Teil überstürzt ein. In den Jahren 1896–1899 entsteht eine ganze Reihe von Carbidfabriken. Jetzt erscheint auch eine große Flut von Patenten mit neuen Vorschlägen für Ofenkonstruktionen und Verfahren. Die Carbidfabriken erhalten ein weiteres Absatzgebiet durch die Entdeckung der Stickstoffbindung nach dem Verfahren zur Herstellung von Calciumcyanamid (Bd. III, 1). Ferner kam im Jahre 1900 TAYLORS Vorschlag zur Herstellung von Schwefelkohlenstoff im elektrischen Ofen. Dann wurde 1902 durch VÖLKER und BRONN zum erstenmal Glas elektrisch erschmolzen, woraus sich von 1907 an die Industrie des geschmolzenen Quarzes (s. Quarzglas) entwickelte. Parallel mit der Ausgestaltung der Carbidherstellung ging von 1902 an die Ausbildung der Ferrosiliciumverfahren durch STRAUB, die schließlich bis zur industriellen Gewinnung von Reinsilicium führte. Auch die Eisenverbindungen der Schwermetalle, wie Ferrochrom, Ferrowolfram und Ferromolybdän, treten jetzt auf (Bd. IV, 307).

Neben der industriellen Ausbreitung der Carbid- und Ferrosiliciumbetriebe ging Hand in Hand die Ausbildung der elektrischen Öfen zu großen Einheiten, d. h. die Bewältigung großer Elektrizitätsmengen in einem Aggregat. Schon Anfang 1904 hatte HELFENSTEIN den ersten Dreiphasenofen mit 4000 PS Belastung für Carbid in Betrieb gesetzt, dem er 1906 und 1907 die ersten 10 000-PS-Carbid- und Ferrosiliciumöfen folgen ließ; außerdem regte er die Ausgestaltung der großen Öfen zur Gewinnung von Kohlenoxyd an, und 1910 konnte der erste gedeckte 5000-PS-Carbidofen dem Betrieb übergeben werden.

Neben der Carbid- und Ferrolegierungsindustrie treten beinahe zur selben Zeit die elektrischen Verfahren der direkten Metallgewinnung und Metallraffination auf. 1898 nimmt STASSANO ein Patent auf einen Lichtbogenofen zur Herstellung von Eisen aus Erzen, der dann hauptsächlich zur Stahlraffination in die Technik Eingang findet. 1899 erscheinen das Stahlraffinationsverfahren und der Ofen von HÉROULT, 1902 der Zinkofen von DE LAVAL, 1904—1906 die ersten Versuche mit dem elektrischen Hochofen von GRÖNWALL, LINDBLAD und STALHANE, 1906 der Stahlofen GIROD. In Verbindung mit den Versuchen der Eisenraffinierung wird in dieser Periode ein ganz neues elektrisches Heizverfahren, der elektrische Induktionsofen, eingeführt. Das erste Induktionsofenpatent stammt von DE FERRANTI aus dem Jahre 1897; das Verfahren hat jedoch erst durch den Ofen von KJELLIN im Jahre 1900 technische Bedeutung erlangt. Es folgen dann eine ganze Reihe von Induktionsofenkonstruktionen, deren bekannteste neben der von KJELLIN die von FRICK und HIORTH sind. Einen wesentlichen Fortschritt der Induktionsheizung bedeutet der 1906 eingeführte Ofen von RÖCHLING-RODENHAUSER, der sich dahin entwickelte, daß Induktions- und Widerstandsheizung zusammen angewandt werden.

Die ersten Ansätze, die Energie hochfrequenter Wechselfelder für die Erhitzung von Metallen zu verwenden, gehen auf die Anfänge der Hochfrequenztechnik zurück. Bereits 1905 erwirkte die Soc. SCHNEIDER, Creuzot, ein französisches Patent unter dem Titel: Elektrischer Induktionsofen für hochfrequente Ströme, das eine vollständige Beschreibung eines Hochfrequenzofens enthält. Bei diesem ist die Ofenspule aus einzelnen Kupferringen aufgebaut, die durch ein isolierendes Spannschloß zusammengehalten werden und so gleichzeitig die Armierung des Ofens bewirken. Die Stromleitung erfolgt durch Überbrückungen, welche die Ringenden zu einer fortlaufenden Spirale verbinden. Im gleichen Jahre erhielt O. ZANDER ein schwedisches Patent, in dem vorgeschlagen wird, einen Tiegel unmittelbar in eine Spule zu setzen und den Inhalt durch Wirbelströme zu erhitzen. Dann machte I. HÅRDEN 1906 Versuche zur Erhitzung von Metallen mittels Teslaströme. Schließlich sind italienische Patente von JACOVIELLO aus dem Jahre 1914 zu erwähnen, die sich im wesentlichen mit Verbesserungen der Hochfrequenzerzeugung mittels Löschfunkenstrecke befassen, daneben auch den Gedanken der Erwärmung von Metallen berühren.

A. DEBUCH unternahm in Verbindung mit der C. LORENZ A. G., Berlin-Tempelhof, 1912—1913 umfassendere Schmelzversuche mit Hochfrequenzströmen. Bei diesen Versuchen wurde ein schwingungsfähiges System aus Induktivitäten und Kapazitäten durch einen POULSEN-Lichtbogengenerator zu hochfrequenten Schwingungen angeregt: mit diesem System war der eigentliche Ofenkreis induktiv gekoppelt. Innerhalb der Ofenspule war ein Tiegel gut isoliert aufgestellt, dessen Inhalt von etwa 20 g Zinn oder Zink in weniger als 2′ zum Schmelzen gebracht werden konnte. Im Jahre 1916 nahm E. F. NORTHRUP Schmelzversuche auf, bei denen eine Funkenstrecke zur Erzeugung der erforderlichen hochfrequenten Ströme benutzt wurde. Diese Versuche führten im Verlaufe der nächsten Jahre zur Ausbildung betriebsmäßiger Apparaturen.

Unabhängig von NORTHRUP begann 1920 M. G. RIBAUD in Straßburg mit Versuchen, bei denen eine rotierende Funkenstrecke benutzt wurde. Neben RIBAUD hat sich in Frankreich noch R. DUFOUR mit dem Studium der Hochfrequenz-Induktionsöfen beschäftigt. Praktische Bedeutung erhielt der Hochfrequenzofen in Europa erst, nachdem die Firmen C. LORENZ und SIEMENS Ofenanlagen mit Maschinengeneratoren bauten.

Neben diesen elektrometallurgischen Verfahren treten zu Anfang des 20. Jahrhunderts die Verfahren der Gasreaktionen in der Hochspannungsflamme in den Vordergrund des Interesses. Diese zielten in erster Linie auf die industrielle Darstellung von Salpetersäure aus Luft. 1901 erscheinen das Verfahren und der Ofen von PAULING, 1903 das Verfahren von BIRKELAND und EYDE mit Ausbreitung des Lichtbogens durch rotierende Magnete und 1905 der Ofen von SCHÖNHERR. Diese Verfahren haben in der Folge große industrielle Bedeutung erlangt (s. Salpetersäure).

Eigenschaften der elektrischen Öfen. 1. Die wesentliche Eigentümlichkeit der elektrischen Heizung ist die stofflose Wärmeerzeugung, d. h. es wird zur Wärmebildung im Ofen keinerlei Stoffumsetzung, Verbrennung benötigt. Infolge der stofflosen Heizung läßt sich theoretisch im elektrischen Ofen jede beliebig hohe Temperatur erzielen. Diese ist praktisch nur begrenzt durch die Körper, die sich im Ofen befinden, und deren Reaktionen, und man kann in dieser Hinsicht praktisch etwa 4000° als oberste Temperaturgrenze annehmen. Diese Eigenschaft, höchste Temperaturen in einfacher Weise und in technischem Maßstabe zu erzeugen, hat dem elektrischen Ofen zunächst das Gebiet der Chemie hoher Temperaturen gesichert.

2. Die Heizung kann mittels elektrischer Einrichtungen sehr genau geregelt werden, so daß das Schmelzgut auf jede beliebige Temperatur gebracht und auf dieser gehalten werden kann, je nach den Erfordernissen des gerade durchzuführrenden metallurgischen oder chemischen Arbeitsvorganges.

3. Die Elektrizität bietet uns das denkbar reinste Heizmittel, so daß es möglich ist, jeden ungünstigen Einfluß der Heizkraft zu beseitigen, d. h. der Elektroofen gestattet in beliebiger Atmosphäre zu arbeiten, so daß Reaktionen durch Bestandteile der Luft, der Brennstoffe oder der Verbrennungsprodukte ausgeschlossen sind.

Diese reinliche Temperaturerzeugung im elektrischen Ofen ist neben der erzielbaren höheren Temperatur die Ursache der überlegenen Raffinierungsfähigkeit dieses Erhitzungsprinzips, und in dieser Beziehung ist die Elektrizität von keinem anderen Wärmegenerator zu überbieten, ja auch nur annähernd zu erreichen.

4. Die unter 1—3 erwähnten, in der Anwendung der Elektrizität als Heizkraft begründeten, kennzeichnenden Merkmale der elektrischen Öfen ermöglichen es, die Raffination von Metallbädern beliebig weit zu treiben, so daß auch aus verhältnismäßig unreinem und billigem Einschmelzgut ein hochwertiges Enderzeugnis gewonnen werden kann.

5. Der Elektroofen gestattet, Metalle, Carbide und chemische Produkte in großen Mengen aus billigem Ausgangsmaterial mit wenigen Leuten auf einmal und vollkommen gleichmäßig herzustellen. Außerdem ermöglicht er eine ökonomische Verwendung von Überschußenergie. Diese Überschußenergie von elektrischen Zentralen, speziell die Saisonkraft, wird heute schon zum größten Teil von elektrothermischen Betrieben aufgenommen. Vorzugsweise für intermittierende elektrothermische Verfahren, zu denen hauptsächlich die elektrischen Raffinationsprozesse gehören, werden die temporären Überschußkräfte in der Folge ein weites Arbeitsfeld finden.

Ofenarten. Die praktisch erprobten elektrischen Öfen werden je nach Art der Umsetzung elektrischer Kraft in Wärme, auf welcher ihre Beheizung beruht, im wesentlichen in 3 Gruppen geteilt.

Die Öfen der 1. Gruppe arbeiten mit Elektroden. Die Beheizung erfolgt hier im wesentlichen durch Ausnutzung der Temperatur des elektrischen Lichtbogens. Diese Öfen werden allgemein als Lichtbogenöfen bezeichnet. Zu ihnen gehören auch die Hochspannungsöfen. Als besondere Art wäre noch die dunkle elektrische Entladung zu erwähnen, die keine hohe Wärmetönung hervorbringt, sondern durch Hochspannung direkt elektrochemische Umsetzungen in Gasen bewirkt.

Die 2. Gruppe von Öfen, bei welcher die Anwendung von Kohlenelektroden und die Bildung von Lichtbögen vermieden wird, arbeitet in besonderer Weise nach dem Prinzip der Widerstandsheizung. Auf Grund der besonderen Art dieser Heizung sei diese Gruppe als diejenige der Induktionsöfen bezeichnet.

In der 3. Gruppe, die auch nach dem Prinzip der Widerstandsheizung arbeitet, wird die zugeführte elektrische Energie durch Metall- oder Kohlenwiderstände in Wärme umgewandelt, es sind die indirekten Widerstandsöfen.

Ferner sind für die Gestaltung des Ofens von Einfluß Stromart, Spannung, Stromzuführung und Heizraum.

I. Stromart.

Darnach unterscheidet man: Gleichstrom- und Wechselstromöfen und bei den letzteren Einphasen- und Mehrphasenöfen.

In der Wärmeumsetzung und Temperaturwirkung ist kein merklicher Unterschied zwischen Gleich- und Wechselstromöfen vorhanden. Die Verwendung von Gleichstrom ist begrenzt durch die Unmöglichkeit, den Strom in einfacher und ökonomischer Weise auf beliebige Spannungen zu transformieren. Dagegen beherrscht der Wechselstrom gerade durch die Transformierungsmöglichkeit das Feld, so daß bei weitem mehr Wechselstrom- als Gleichstromöfen in Betrieb sind.

In bezug auf den chemischen Einfluß besteht aber ein tiefgehender Unterschied zwischen beiden Stromarten. Gleichstrom besitzt im Gegensatz zum Wechselstrom die Eigenschaft der elektrolytischen Wirkung, und dies kann für bestimmte Prozesse die Anwendung dieser Stromart direkt ausschließen oder, wie z. B. beim Aluminium, verlangen. Wechselstrom ist mit der unangenehmen Eigenschaft der Phasenverschiebung behaftet, auf die bei der Konstruktion der Öfen und speziell der Anordnung der Stromschleifen Rücksicht genommen werden muß.

Unter Phasenverschiebung versteht man die Eigenschaft der induktiven Beeinflussung der Stromleiter aufeinander. Die Phasenverschiebung bedingt wohl keine direkten Energieverluste, aber sie ist der Grund der mehr oder weniger rationellen Ausnutzung der vorhandenen elektrischen Kraftanlage. Sie hängt ab von Periodenzahl, Stromstärke, Spannung, Länge und Entfernung der einphasig geführten Leiter und von in der Nähe der Stromschleifen sich findenden anderen Elektrizitätsleitern, wie vor allem Eisenmassen. Die Phasenverschiebung wird ganz allgemein umso ungünstiger, je größer die Periodenzahl, je höher die Stromstärke, je niedriger die Spannung, je größer die Länge und Entfernung der einphasig geführten Leiter ist und je näher größere Eisenmassen in und an den Schleifen sich finden. Bei kleinen Öfen mit geringen Stromstärken spielt die Phasenverschiebung keine Rolle; umsomehr ist sie aber bei großen Stromstärken zu berücksichtigen. Bei richtiger Anordnung soll die Phasenverschiebung, ausgedrückt durch den Leistungsfaktor cos φ, selbst bei Öfen mit hoher Stromstärke nicht unter 0,75 sinken.

II. Art der Umsetzung von Elektrizität in Wärme.

Die Umsetzung von Elektrizität in Wärme erfolgt in den elektrischen Öfen ausschließlich durch Widerstand, also Reibung. Wenn der elektrische Strom feste, flüssige oder gasförmige Stoffe durchfließt, so stellen diese dem Strom einen Widerstand entgegen, der sich als mehr oder weniger starke Erwärmung äußert, und diese Wärmebildung wird im elektrischen Ofen durch geeignete Wahl der Widerstände und der Apparatur derart gefördert, daß sie als reine Heizung oder chemisch zur Auswertung gelangen kann.

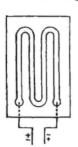

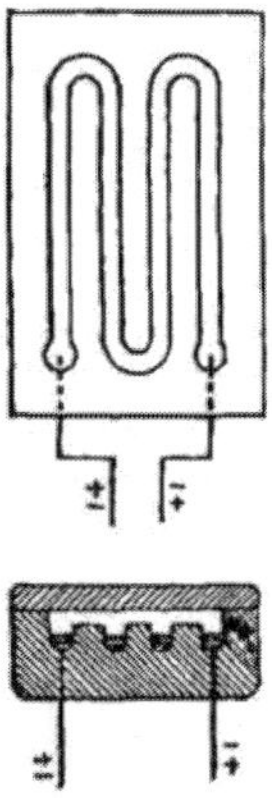

Der elektrische Ofen ist also stets ein Widerstandsofen, und man unterscheidet zunächst zweierlei Arten von Widerstandserhitzung, nämlich: direkte Widerstandserhitzung und indirekte Widerstandserhitzung.

Bei der direkten Widerstandserhitzung bewirkt das zu erhitzende Ofengut selbst die Umsetzung der Elektrizität in Wärme. Das Ofengut ist zwischen den elektrischen Polen als Widerstand eingeschaltet: direkter Widerstandsofen (Abb. 46).

Bei der indirekten Widerstandserhitzung wird das zu erhitzende Ofengut erst durch die Erwärmung der im Ofen sich findenden Hilfswiderstände erhitzt, indem das Ofengut diese Hilfswiderstände umgibt oder selbst durch die Hilfswiderstände umschlossen wird. Öfen dieser Art nennt man indirekte Widerstandsöfen.

Abb. 46.
Schema eines direkten Widerstandsofens.

Die Elektrizität geht beim Durchfließen von Körpern entweder direkt in Wärme über, oder sie wird zunächst zum größten Teil in Licht umgesetzt, und dieses Licht wird dann im Ofenraum sekundär durch Strahlung in Wärme umgewandelt. Darnach unterscheidet man gewöhnliche elektrische Widerstandsöfen und Strahlungs- oder Lichtbogenöfen.

Bei festen wie bei flüssigen Widerständen erfolgt die Umsetzung meist direkt in Wärme, und erst bei sehr hoher Temperatur treten, wohl nicht durch die Elektrizität, sondern durch die Temperatursteigerung, Lichterscheinungen auf. Feste oder flüssige Körper bilden daher ausschließlich die Widerstände bei gewöhnlichen elektrischen Widerstandsöfen. Die Gase dagegen setzen dem Durchgang der Elektrizität einen sehr großen Widerstand entgegen, und die Umsetzung erfolgt bei größeren Elektrizitätsmengen nicht direkt in Wärme, sondern in Licht, welches dann durch Strahlung in Wärme umgewandelt wird. Bei den Strahlungs- oder Lichtbogenöfen nimmt das Gas zwischen den elektrischen Polen nicht oder nur in geringem Maße an der Elektrizitätsleitung teil; der Übergang der Elektrizität in Licht erfolgt als Entladung im Dielektrikum. Den Widerstand bei reinen Lichtbogenöfen bildet also das Dielektrikum. Durch die Erschütterungen infolge des Lichtbogens treten knatternde Geräusche auf, die mit steigender Spannung zunehmen, und die gewöhnlichen Lichtbogen gehen daher nicht über 80 V Spannung hinaus. Daneben gibt es aber eine zweite Art von Lichtbogen. Durch Erhitzen auf hohe Temperatur können auch Gase stromleitend werden, und speziell bei genügend hoher Spannung werden größere Elektrizitätsmengen auch durch Gase gehen ohne knatternde Entladung; in diesem Fall erfolgt auch bei Gasen meist eine direkte Umsetzung der Elektrizität in Wärme, und man spricht dann von der elektrischen Hochspannungsflamme, die gegenüber dem Niederspannungslichtbogen geringere Lichterscheinungen aufweist.

III. Spannung.

Nach der Stromspannung unterscheidet man Niederspannungs- und Hochspannungsöfen. Die Niederspannungsöfen gehen bis etwa 180 *V* Spannung
zwischen 2 Polen. Das Hauptgebiet ihrer praktischen Anwendung ist jedoch wesentlich tiefer und befindet sich zwischen 30 und 140 *V*. Die Hochspannungsöfen gehen
bis zu 10 000 *V* und werden derzeit nur für Gasreaktionen verwendet. Für dunkle
elektrische Entladungen kommen Ladespannungen bis zu 50 000 *V* vor.

IV. Stromzuführung.

A. Lichtbogen- oder Elektrodenöfen. Sie sind dadurch charakterisiert, daß
der Strom durch besondere Organe, Elektroden, dem Arbeitsraum des Ofens
zugeführt wird. Die Elektroden bestehen immer aus Leitern erster Klasse, entweder
aus Metall (wassergekühlt), vornehmlich für Hochspannungsflammenöfen, oder aus
Kohle bzw. Graphit für Niederspannungsöfen. Weitaus vorherrschend sind die
K o h l e n e l e k t r o d e n. Diese werden besonders fabrikmäßig hergestellt (s. Bd. **IV**,
372). Die Güte der Elektroden ist abhängig von der Gleichmäßigkeit des Brennguts,
von der elektrischen Leitfähigkeit und mechanischen Festigkeit. Die Kohlenelektroden
sind im Betrieb infolge mechanischer Zerstäubung und durch chemischen Angriff
einer ständigen Abnützung unterworfen und werden daher auswechselbar angeordnet.
Die Belastung der Elektroden richtet sich nach der zu erzielenden Temperatur
und dem Ofenprozeß. Je höher die zu erzielende Temperatur sein muß, umso höher
soll die Stromdichte in der Elektrode sein. Für gemischte Lichtbogen-Widerstands-
erhitzung beträgt sie 4—6 *Amp.* pro 1 *cm²* Elektrodenquerschnitt. Bei Lichtbogenöfen für Stahlfabrikation geht man auch bis 8 *Amp.* pro 1 *cm²* Querschnitt. Kohlenelektroden werden im Gegensatz zu Graphitelektroden bei dauernder Belastung über
6 *Amp.* rotglühend. Man kann daher bei Graphitelektroden in der Belastung bedeutend höher gehen, etwa bis 15 *Amp.* pro 1 *cm²* Querschnitt. Dagegen besteht
für Graphitelektroden die Schwierigkeit der Herstellung haltbarer größerer Formate,
wie sie vor allem große Öfen unbedingt verlangen.

E l e k t r o d e n f a s s u n g. Der Strom wird der Elektrode durch die Fassung zugeführt. Diese besteht bei kleiner Belastung in der Regel aus Eisen- oder Kupfer-
bändern, bei größeren Belastungen aus
wassergekühlten, gußeisernen Backen, die

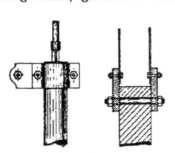

Abb. 47. Verschiedene Arten von
Elektrodenfassungen.

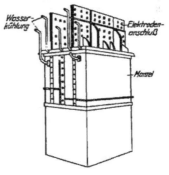

Abb. 48. Ummantelte Elektrodenpakete
für 40 000 *Amp.*

entweder seitlich an die Elektroden angepreßt (Seitenkontakt) oder auf den Kopf
der Elektrode aufgesetzt werden (Kopfkontakt). Abb. 47 zeigt einige gebräuchliche
Arten von Fassungen. Vgl. ferner Bd. **IV**, 384, die Bd. **II**, 768, gemachten Ausführungen, sowie PIRANI, Elektrochemie, S. 48.

Die Elektroden kommen entweder als runde Zylinder oder als rechteckige Prismen zur Anwendung. Runde Elektroden werden heute bis zu 80 *cm* Durchmesser und 2 *m* Höhe hergestellt.
Die Elektroden können durch Nippelverbindung zusammengesetzt werden. Die rechteckigen Elektroden

für Industrieöfen haben die gebräuchlichen Querschnitte 250 × 250, 250 × 350, 350 × 350, 250 × 500, 500 × 500 *mm* und werden bis 2,5 *m* Höhe geliefert. Die Elektroden werden zum Schutz gegen Luftabbrand in der Regel bis auf halbe Höhe mit einem Mantel umhüllt. Er besteht meist aus Asbest oder Asbestzement und wird durch Drahtgitter oder Eisenblech an der Elektrode festgehalten. Für große Belastungen werden die prismatischen Elektroden in Paketen zusammengefaßt. und die größten Pakete können bis zu 40 000 *Amp.* aufnehmen. Abb. 48 zeigt ummantelte Elektrodenpakete mit Kopffassung (40 000 *Amp.* Belastung) für HELFENSTEIN-Öfen.

Eine günstige Lösung zur Herstellung von kontinuierlichen Elektroden bis zu den größten Stromstärken stammt von SÖDERBERG. Das Prinzip ist Bd. II, 770, und Bd. IV, 381, gezeigt.

Elektrodenregulierung. Von größter Wichtigkeit für den Betrieb eines Lichtbogenofens ist das zuverlässige Arbeiten der selbsttätigen Elektrodenregelung. Der Lichtbogen muß ständig auf die gewünschte Stromstärke geregelt werden. Durch den Abbrand der Elektroden, durch das Niederschmelzen von stückigem oder spänigem Einsatz, ferner durch das Aufwallen des flüssigen Schmelzgutes werden ständig Änderungen in der Länge des Lichtbogens und daher in der Stromaufnahme

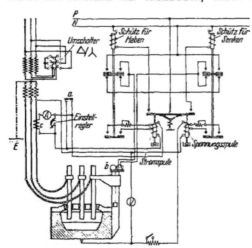

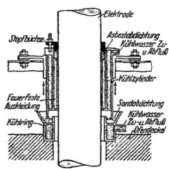

Abb. 49. Schaltbild der Elektrodenregelung der SIEMENS-SCHUCKERT-WERKE, Berlin. *a* Kontakt an der Steuerwalze; *b* Elektroden-Hubmotor; *c* Stromwandler; *A* Amperemeter; *E* Erde; *V* Voltmeter.

Abb. 50. Elektrodenabdichtung der SIEMENS-SCHUCKERT-WERKE. Berlin.

verursacht, welche durch selbsttätige Elektrodenregelung auszugleichen sind. Abb. 49 zeigt das Schaltbild einer neuzeitlichen Elektrodenregelung der SIEMENS-SCHUCKERT-WERKE, Berlin, die diese Übelstände beseitigt.

Elektrodeneinführung und Abdichtung. Die Elektroden werden in den Ofenraum vertikal, horizontal oder in Schrägstellung eingeführt, u. zw. je nach dem besonderen Zweck von oben, von der Seite oder durch den Boden. Es können bei ein und demselben Ofen die verschiedensten Kombinationen dieser Einführungsarten vorkommen. Eine Abdichtung der Elektroden an den SIEMENS-Lichtbogenöfen ist in Abb. 50 dargestellt.

Sie besteht aus einem wassergekühlten Zylinder, der die Elektrode dicht umschließt, mit einer stopfbüchsenartigen Dichtung. Im Innern hat dieser Zylinder eine feuerfeste Auskleidung, damit der bei Elektrodenbruch auftretende Lichtbogen den Kühlzylinder nicht zerstört. Am oberen Ende des Kühlzylinders ist eine Stopfbüchse mit einer Asbestabdichtung. Der untere Teil greift mit einer Zarge in eine sandgefüllte Rinne eines darunter befindlichen Kühlringes, der auf dem Ofengewölbe aufruht. Der Kühlzylinder wird durch eine besondere Tragkonstruktion gehalten, u. zw. derart, daß der Kühlzylinder in der Längsachse der Elektroden verschiebbar ist. Dies ist wichtig, weil das aus Silicasteinen bestehende Ofengewölbe in der Wärme wächst und daher ein Ausweichen des Kühlzylinders möglich sein muß. Auf diese Weise ist eine gute Abdichtung der Elektroden bei genügender Bewegungsfreiheit mit Rücksicht auf die Formänderungen des Gewölbes gewährleistet.

Die Art der Einführung der Elektroden in den Ofen ist sonst bedingt durch die gewünschte Schaltung der Stromkreise.

Schaltung. Die gebräuchlichsten Schaltungen sind:

1. Bei Einphasenwechselstrom- oder -gleichstromöfen:

a) Beide Elektroden (Pole) sind horizontal in den Ofen eingeführt, gewöhnlich fix, also nicht regulierbar, mit Anfahrstift zwischen den Elektroden (Abb. 51).

Dieser Ofen dient hauptsächlich für Versuchszwecke und ist von MOISSAN für seine bahnbrechenden Versuche verwendet und von BORCHERS als Laboratoriumsofen ausgebildet worden.

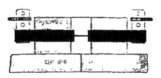
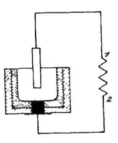
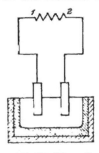

Abb. 51.	Abb. 52.	Abb. 53. Ofen mit
MOISSAN-Ofen mit festen Elektroden.	Ofen mit einem Arbeitsherd. *1—2* Wechselstromspannung.	2 Arbeitsherden, Serienofen. *1—2* Wechselstromspannung.

b) Eine regulierbare Arbeitselektrode steht vertikal, und die andere unregulierbare geht durch den Ofenboden, oder der Ofenboden stellt die zweite Elektrode dar (Abb. 52).

c) Beide Elektroden sind von oben vertikal in den Ofenraum eingeführt, und der Ofenboden oder das Ofengut bilden den gemeinsamen Verbindungsleiter (Abb. 53, HÉROULT-Ofen, Bd. IV, 282). Hierzu gehört der Gesta-Ofen (Abb. 54), der im wesentlichen dadurch gekennzeichnet ist, daß er neben einer Hauptheizung durch Lichtbögen, welche naturgemäß direkt nur auf die Oberfläche des Schmelzgutes einwirken kann, noch mit einer Widerstandsheizung versehen wird.

Diese Widerstandsheizung (in der Abbildung links sichtbar) kommt im Boden und in den Seitenwänden des Herdes zur Wirkung, so daß durch diese Hilfsheizung die den Boden und die Seitenwände berührenden Teile des Schmelzgutes noch besonders geheizt werden und die

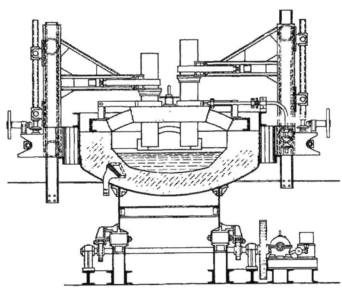

Abb. 54. Gesta-Ofen der GES. F. ELEKTROSTAHLANLAGEN, Siemensstadt-Berlin.

gefürchteten kalten Ecken mit Sicherheit vermieden werden. Zu diesem Zweck werden in dem unteren
Teil des Herdes, also in seinem Boden und in den Seitenwänden, geeignete Platten eingebettet,
welche durch feuerfeste Stampfmassen – u. zw. der Regel nach durch die übliche Zustellungsmasse
– vom Schmelzgut getrennt sind. Werden diese Bodenpolplatten oder Bodenelektroden mit den
Leitungen eines geeigneten Hilfstransformators verbunden, so tritt auf den Stromwegen von Polplatte

Abb. 55. Lichtbogenofen, Bauart BONN, der GES. FÜR ELEKTROSTAHLANLAGEN,
Siemensstadt-Berlin.

zu Polplatte eine Widerstandsheizung ein, so daß vor allem die Wärmeabgabe vom Schmelzgut an
die Herdwände verhindert und darüber hinaus bis zu gewissem Grade auch noch eine mittelbare
Heizung des Schmelzgutes erzielt wird.

    d) Beide Elektroden werden von oben oder von der Seite schräg in den
Ofen eingeführt und sind regulierbar (STASSANO-Ofen, Bd. **IV**, 282, Abb. 217).
Außerdem zeigt die Abb. 55 den Lichtbogenofen, Bauart BONN. Dieser arbeitet
je nach seiner Größe mit Spannungen von $105-135\ V$ und kann
mit Hilfe eines ruhenden Transformators an jede beliebige Wechsel-
oder Drehstromspannung angeschlossen werden.

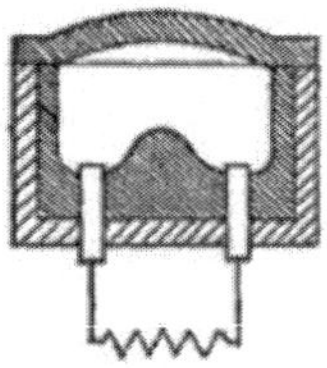

    e) Beide Elektroden werden von unten in den Boden
eingeführt und sind nicht regulierbar. Hauptsächlich bei reiner
Widerstandserhitzung verwendet zur Gewinnung gasförmiger
Produkte (Abb. 56).

    2. Bei Zweiphasenstrom:

Abb. 56.   *a)* Zwei regulierbare Elektroden von oben und eine fixe
Widerstandsofen. Elektrode durch den Ofenboden (Abb. 57).

    b) Vier regulierbare Elektroden (Abb. 58).

    3. Bei Dreiphasenöfen. Die Schaltung der Elektroden erfolgt entweder im
Dreieck oder im Stern. Bei der Sternschaltung kann noch ein Nulleiter zur Fixierung des Nullpunkts vorhanden sein (Abb. 59). Die Zahlen 1, 2, 3 stellen die verschiedenen Pole des Netzes dar.

    a) Zwei regulierbare Arbeitselektroden, eine fixe Bodenelektrode (Abb. 60).

    b) Drei regulierbare Arbeitselektroden (Abb. 61).

    c) Dreiphasenofen mit 3 regulierbaren Elektroden und 3 Bodenelektroden
(s. Abb. 62, auch Bd. **VI**, 283, Abb. 222).

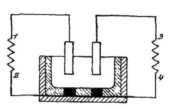

Abb. 57.
Zweiphasenofen mit 2 Arbeitsherden.
1–2, 3–4 Wechselstromspannung.

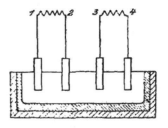

Abb. 58.
Zweiphasenofen mit 4 Arbeitselek-
troden und 4 Arbeitsherden.
1–2, 3–4 Wechselstromspannung.

Abb. 59a.
Dreieck-
schaltung.

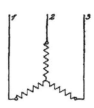

Abb. 59b.
Sternschaltung

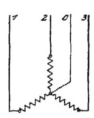

Abb. 59c.
Sternschaltung mit
Nullverbindung.

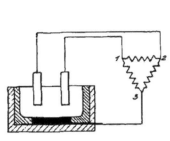

Abb. 60.
Dreiphasenofen mit 2 Arbeitsherden.

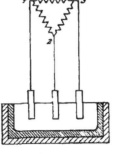

Abb. 61a.
Gewöhnlicher
Dreiphasenofen.

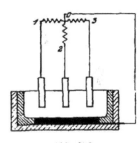

Abb. 61b.
Dreiphasenofen mit
Nullverbindung.

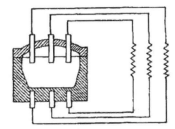

Abb. 62.
Schema des NATHUSIUS-Ofens.

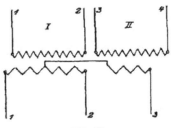

Abb. 63.
SCOTT-Schaltung.

SCOTT-Schaltung. Als Spezialschaltung, um mit Zweiphasenstrom einen Dreiphasenofen oder 3herdigen Ofen zu betreiben, wird die SCOTT-Schaltung angewendet, die sich aus Abb. 63 ergibt.

Bei all diesen Öfen wird ein Pol durch eine Elektrode oder ein Elektrodenbündel in den Ofen eingeführt. Es gibt aber auch Öfen, wo 2 oder mehr Bündel derselben Polarität in einen Ofenraum eingeführt werden (s. Abb. 64).

LANGMUIRsche Fackel: Eine besondere Rolle spielt der Lichtbogen bei dem von J. LANGMUIR erfundenen „Schweißen (s. auch Bd. II, 9) mit atomarem Wasserstoff". Hier dient der Lichtbogen, der im Wasserstoff brennt, nicht allein dazu, das Schweißgut zu erwärmen, sondern es kommt noch eine weitere Erscheinung hinzu. Durch die hohe Temperatur im Bogen werden die Wasserstoffmoleküle teilweise dissoziiert, d. h. in 2 Atome gespalten. Hierzu wird eine recht beträchtliche Energie verbraucht, so daß der Lichtbogen im Wasserstoff bei gleicher Stromstärke eine höhere Spannung braucht als z. B. im Stickstoff. Diese Wasserstoffatome vereinigen sich nun verhältnismäßig selten im Gase, dagegen sehr rasch und vollständig, wenn sie auf ein Metall treffen. Dieses wirkt gewissermaßen als Katalysator. Bei der Wiedervereinigung

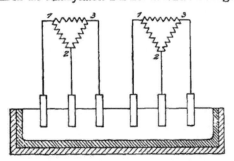

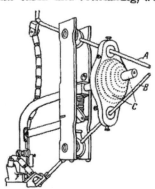

Abb. 64. Doppeldreiphasenofen, jede Phase ist durch 2 Elektroden vertreten.

Abb. 65. Brenner zum Schweißen mit atomarem Wasserstoff.

wird nun die Energie, die zum Zerspalten des Moleküls nötig war, in Form von Wärme frei. Daher gelingt es, mit einem solchen Wasserstofflichtbogen Temperaturen zu erzeugen, die weit über der des Knallgasgebläses liegen. Eine praktische Ausführung einer solchen Schweißvorrichtung zeigt Abb. 65.

Die beiden Elektroden A und B, in diesem Falle Wolfram, sind so in einem Halter befestigt, daß der Bogen durch Berührung gezündet werden kann. Durch eine Düse C wird ein scharfer Wasserstoffstrahl durch den Bogen hindurchgeblasen und trifft, nachdem die Zerspaltung in Atome vor sich gegangen ist, auf das Werkstück, wo die Wiedervereinigung und damit Energieabgabe vor sich geht. Aus einem Kranz feiner Düsen tritt außerdem noch Wasserstoff von geringerer Geschwindigkeit aus und umspült die beiden Elektroden, so daß der Abbrand nur sehr gering ist. Die Ströme bewegen sich je nach der Schweißgut zwischen 20 und 60 Amp., die Spannungen beim Schweißen zwischen 60 und 100 V. Im Augenblick der Zündung, wenn die Elektroden noch kalt sind, wird eine Spannung von etwa 400 V benötigt.

B. Induktionsöfen. Bei dieser zweiten großen Gruppe der elektrischen Schmelzöfen unterscheiden wir die Niederfrequenzöfen, die ungefähr ebenso lange bekannt sind wie die Lichtbogenöfen, und die in den letzten Jahren entstandenen Hochfrequenzöfen.

1. Die Niederfrequenzöfen sind Widerstandsöfen, in denen die zum Schmelzen nötige Wärme im Schmelzgut selbst erzeugt wird. Die dazu erforderlichen starken Ströme werden durch die bekannte Induktionswirkung gewonnen. Den hochgespannten Primärstrom führt man der Primärwicklung des mit dem Ofen fest zusammengebauten Transformators zu; dessen Sekundärwicklung bildet das Schmelzgut selbst.

In Abb. 66 und 67 sowie Bd. IV, 284, Abb. 223 ist der Ofen von KJELLIN, dem Erfinder des ersten praktisch brauchbaren Ofens, schematisch dargestellt. Hier ist die Primärwicklung durch mehrere Windungen angedeutet, die den Transformator-kern umgeben. Die Sekundärwicklung, die nur aus einer einzigen Windung besteht, wird durch das Schmelzgut gebildet, das in einem aus feuerfesten Stoffen herge-stellten ringförmigen Herd untergebracht ist und so die Primärwicklung konzentrisch um-schließt. Schickt man nun Wechselstrom in die Primärwicklung, so erzeugt dieser in dem metallischen Schmelzgut durch Induktion umso stärkere Ströme, je größer die Windungs-zahl der Primärwicklung ist.

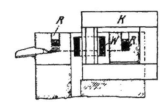

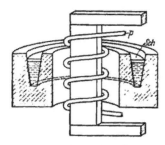

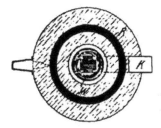

Abb. 66. Schema des KJELLIN-Ofens. *p* primäre Wicklung; *Sch* Schmelzgut.

Abb. 67. Induktionsofen. *K* Trans-formatoreisen; *W* Primärwicklung; *R* Eisenbad als Sekundärstromkreis.

Wir besitzen also in dem Induktionsofen einen in elektrischer Beziehung idealen Widerstandsofen; denn der Induktionsofen ermöglicht durch die Anwendung beliebig starker Sekundärströme die Erzeugung jeder beliebigen Temperatur im Schmelzgut ausschließlich durch Widerstandsheizung. Ähnlich gebaut wie der KJELLIN-Ofen, nur in der Anordnung der Wicklung verschieden, ist der Ofen von FRICK, während die Bauart RÖCHLING-RODENHAUSER (Bd. **IV**, 284, Abb. 224, 225) einen zentralen Arbeitsherd mit 2 oder 3 Rinnen vorsieht, wodurch der Induktionsofen für Raffinationsarbeiten besser geeignet und An-schluß an Drehstrom möglich wird. Bis zu 4 *t* Einsatz werden diese Öfen für Anschluß an 50periodige Netze gebaut, bei größeren Einheiten für Anschluß an 25 Perioden, während bei dem KJELLIN- und FRICK-Ofen mit kleineren Frequenzen gearbeitet werden muß.

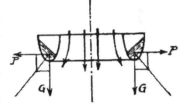

Bei den Induktionsöfen für schmelzflüssige Prozesse tritt die Eigentümlichkeit der motorischen Wirkung des elektromagnetischen Kraftfeldes speziell bei Eisen stark in Erscheinung und ist bei der Konstruktion der Öfen zu berücksichtigen.

Abb. 68. Wirkung des elektromagneti-schen Kraftfeldes bei Induktionsöfen. *G* Schwerkraft; *P* Elektromotorische Kraft.

Infolge dieses Einflusses stellt sich nämlich die Schmelze in den Rinnen nicht horizontal, sondern wird, wie Abb. 68 zeigt, nach außen getrieben (PINCH-Effekt). Es finden also Bewegungen statt, die den Vorteil der Durchmischung ohne mechanische Hilfs-mittel haben.

Die kennzeichnenden Merkmale der Induktionsheizung lassen sich wie folgt zusammenfassen:

a) Allen Induktionsöfen gemeinsam sind die in die Öfen eingebauten Transformatoren und die dadurch bedingten Herdformen.

b) Da die Stromübertragung von der Primärwicklung der Ofentransformatoren zum Schmelzgut durch Induktion erfolgt, wird es möglich, das Schmelzgut durch Widerstandsheizung auf jede belie-bige Temperatur zu erhitzen.

c) Die Heizung erfolgt auf diese Weise im Schmelzgut selbst, u. zw. in allen Teilen gleichmäßig, so daß örtliche Überhitzungen und Temperaturunterschiede innerhalb des Schmelzgutes ausgeschlossen sind.

d) Da die Stärke der Widerstandsheizung bei gegebenen Badquerschnitten nur von der Spannung abhängt, unter der der Strom dem Ofentransformator zugeführt wird, kann die Temperatur im Schmelzgut durch Änderung der Spannung aufs genaueste eingestellt und eingehalten, erhöht und erniedrigt werden.

e) Die Induktionsheizung ist die denkbar reinste elektrische Heizung. Jede Verunreinigung des Schmelzgutes durch sie ist ausgeschlossen.

f) Der Induktionsofen kann vollständig geschlossen gehalten werden, so daß eine Beeinflussung des Schmelzgutes oder der Schlacke durch die Atmosphäre unmöglich ist.

g) Da die Erhitzung des Schmelzgutes im Induktionsofen ausschließlich durch Widerstandsheizung erfolgt, muß die Schlacke vom Schmelzgut aus geheizt werden, während man beim Lichtbogenofen umgekehrt von einer Heizung des Schmelzgutes durch die Schlacke hindurch sprechen kann.

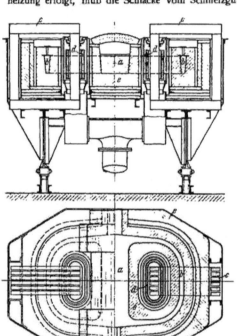

Abb. 69. RÖCHLING-RODENHAUSER-Induktions-ofen. *a* Schmelzherd; *b* Schmelzrinne; *c* Magnetkern und Joch; *d* Primärwicklung; *e* Ofenfutter.

h) Die Heizung durch Induktion im Niederfrequenzofen ist nur möglich, wenn der Herd mit genügenden Eisenmengen gefüllt ist, da diese erst die Bildung so starker Heizströme gestatten, daß sie zum weiteren Schmelzen ausreichen. Der Niederfrequenzofen eignet sich deshalb für festen Einsatz nur, wenn er nach Art des Mischers nicht ganz geleert wird oder nach vollständiger Entleerung bis zu einem gewissen Grade wieder mit flüssigem Einsatze beschickt werden kann, während der Lichtbogenofen bei Verarbeitung festen Einsatzes eine umfassendere Anwendung gestattet.

i) Die Ofentransformatoren elektrischer Induktionsöfen arbeiten mit sehr hohem Wirkungsgrad. Messungen an 3 *t*-Öfen ergaben, daß 97% der zugeführten Energie im Schmelzgut in Wärme umgesetzt werden; auch die Wärmeverluste sind wegen der geschlossenen Bauart der Öfen sehr gering.

Abb. 69 zeigt den bekanntesten und am häufigsten angewandten RÖCHLING-RODENHAUSER-Induktionsofen.

2. Hochfrequenzöfen. Bei den Induktionsöfen im allgemeinen steht die in Wärme umgesetzte Energie im gleichen Verhältnis zu der Feldstärke, der Frequenz und dem Koppelungsgrad. Bei den Niederfrequenzöfen muß nun mit Rücksicht auf die kleine Frequenz das magnetische Feld stark und die Koppelung eng sein, um eine entsprechende Erwärmung zu erzielen, was durch die Magnetisierungsspule mit einem geschlossenen Eisenkern erreicht wird. Würde man bei Verwendung von niederfrequenten Strömen den Eisenkern weglassen, so wäre die gegenseitige Induktion so gering, daß der schwache Sekundärstrom eine nennenswerte Erwärmung des Schmelzgutes nicht hervorrufen könnte.

Verwendet man dagegen eine Stromquelle mit hoher Wechselzahl, so kann auf die Koppelung und das starke magnetische Feld, also auf den geschlossenen Eisenkreis, verzichtet werden. Da nun infolge der vergrößerten Streuung ein großer Teil der Energie zwischen der Stromquelle und der Ofenspule hin und her schwingt, ist es erforderlich, die Ofenspule mit einem Kondensator zusammenzuschalten. Abb. 70 zeigt das Schaltbild eines Hochfrequenzofens. Für die Ausbildung des Hochfrequenzofens ergibt sich der große Vorteil, daß infolge Wegfallens des Eisenkerns auf die ungünstige ringförmige Herdform verzichtet werden kann. Der Hochfrequenzofen besteht demnach aus einem einfachen, feuerfesten Tiegel, welcher von der Ofenspule umgeben ist, die aus einem gekühlten Kupferleiter besteht. Durch die Ofenspule wird ein magnetisches Feld von hoher Wechselzahl erzeugt, welches in dem im Tiegel befindlichen Metall Wirbelströme hervorruft, die es zum Schmelzen bringen. Die Stromaufnahme der Ofenspule wird dann am größten sein, wenn die Kapazität des Kondensators so bemessen wird, daß dieser Schwingungskreis mit der erregenden Frequenz in Resonanz steht. Der Schwingungskreis wird mit dem Hochfrequenzgenerator durch ein Variometer induktiv gekoppelt. Die Abstimmung des Schwingungskreises geschieht durch das Variometer und durch die stufenweise Veränderung der Kapazität.

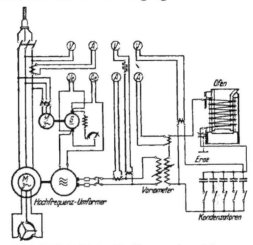

Die Größe der zu verwendenden Kondensatoren richtet sich nach der Art des zu schmelzenden Metalles. Bei ein und demselben Metall bleibt also nach richtiger Wahl des Kondensators dieser unverändert, und die Stromaufnahme des Ofens wird durch das Variometer allein eingestellt, so daß die Bedienung des Ofens sehr einfach ist.

Während man bei den ersten in Amerika entstandenen Anlagen dieser Art Apparate mit Funkenstrecke benutzte, ging man später zu rotierenden Hochfrequenzgeneratoren über, wie sie bereits für die drahtlose Telegraphie verwendet wurden. Abb. 71 zeigt den Hochfrequenzofen von NORTHRUP. Der Hochfrequenzofen von HELLBERGER ist auch zu erwähnen.

Abb. 70. Schaltbild eines Hochfrequenzofens. *A* Amperemeter; *V* Voltmeter; *M* Wechselstrommotoren; *G* Gleichstromgenerator.

C. Indirekte Widerstandsöfen. Die große Bedeutung, die die Wärmebehandlung der Metalle für ihre physikalischen Eigenschaften hat, macht es begreiflich, daß seit der Erzeugung größerer Energiemengen die Elektrizität als Wärmequelle dazu geeignet war, die hier gestellten Forderungen zu lösen. Die für diese Ofenart in Frage kommenden Heizwiderstände, in denen die dem Ofen zugeführte elektrische Energie in Wärme umgewandelt wird, bestehen entweder aus Drahtwendeln oder Rohren hochtemperaturbeständiger Materialien. Bis Temperaturen von 1000° wird in oxydierender Atmosphäre mit Chromnickellegierungen, von 1000° bis 3000° mit Molybdän, Wolfram und Kohle in reduzierender oder indifferenter Atmosphäre(CO, H_2, N_2 oder Formiergas 3 Tl. N_2 + 1 Tl. H_2) und im Vakuum gearbeitet. Bei beliebiger Stromart und Spannung kommt eine Heizwicklung in oder auf keramischen Körpern in Betracht.

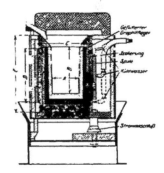

Ist die Möglichkeit gegeben, niedergespannten Strom (10—40 V) zu verwenden, so nimmt man Rohre. Die Variation der Spannung geschieht bei Wechselstrom entweder durch Reguliertransformatoren oder durch Einschalten von Widerstand in die Primärseite des Transformators.

Abb. 71. Hochfrequenzofen nach NORTHRUP.

Ein Glühofen von BROWN-BOVERI für schwere Blöcke, Blechstapel und Stangenbündel ist in Bd. **IV**, 425, Abb. 267, dargestellt.

Die Abb. 72 zeigt einen Rohrofen mit Wolfram- bzw. Molybdändrahtwicklung für Temperaturen bis 1500°, wobei bei *8* das Schutzgas eingeführt wird. Bei dem

Ofen von HERAEUS, Hanau, wird die Schutzatmosphäre durch Methylalkohol-
dampf erzeugt, wodurch die Unbequemlichkeit des Anschlusses an einen Vorrats-

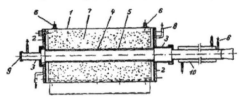

behälter mit reduzierendem Gas (Gaso-
meter, Wasserstoffbombe od. dgl.) vermieden wird.

Temperaturen bis 2200⁰ lassen sich
durch Verwendung von innenbewickelten
Wolframöfen (Abb. 73) und bis 2500⁰
mit Wolframstab und Rohröfen der OSRAM
G. M. B. H. oder Kohlekörneröfen der
AUERGESELLSCHAFT, Berlin (Abb. 74),
erreichen.

Abb. 72. Rohrofen mit Wolframdrahtwicklung.
1 Ofenmantel; *2* Stirnwand; *3* Rohrstutzen;
4 Glührohr; *5* Heizwicklung; *6* Stromanschluß;
7 Füllmasse; *8* Gaszufuhr; *9* Schauglas; *10* Kühler.

Da bei Temperaturen über 2600⁰
keine keramische Masse auf die Dauer
widerstandsfähig ist, können in dem Temperaturbereich zwischen 2600 und 3000⁰
nur freitragende Wolframöfen oder Kohlerohröfen verwendet werden.

V. Ofenkörper und Heizraum.

Durch die Art der Energieumsetzung und die Anordnung ihrer Organe, also
der Widerstände und Elektroden, ist im allgemeinen die Form der elektrischen
Heizzone bestimmt. Die Ofenwandungen bilden die äußere
Begrenzung dieser Wirkungs-
sphäre der Elektrizität.

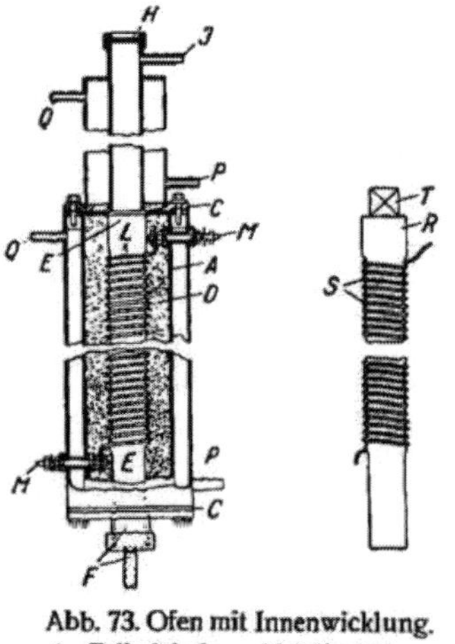

In bezug auf die Form
des Ofenkörpers unterscheidet
man Plattenöfen, Röhrenöfen
(Retorten-, Muffel-, Kanalöfen),
Rinnenöfen, Tiegelöfen und
Schachtöfen. Plattenöfen bestehen aus einfachen Metall-,
Kohlen- oder Klinkerplatten,
die meist direkt im Stromkreis
kurz geschlossen oder durch
eingebettete Widerstandsdrähte
geheizt werden. Röhrenöfen,
entweder Widerstandserhitzung
oder Hochspannungsflamme,
dienen vornehmlich für Gasreaktionen. Rinnenöfen,
ausschließlich für Induktionsheizung charakteristisch. Tiegelöfen, wohl die älteste Form
des elektrischen Ofens, werden sowohl als Widerstandsöfen wie als Lichtbogenöfen
ausgebildet und finden noch
heute als Versuchsöfen in Laboratorien und für Schmelz- und
Raffinierzwecke ausgedehnte

Abb. 73. Ofen mit Innenwicklung.
A Zylindrisches Metallgehäuse;
C Dichtung; *D* Feuerfeste Auskleidung Al_2O_3 oder ZrO_2; *E*
Zylindrische Ofenkammer; *F* An-
schlußstutzen; *H* Beobachtungs-
glas; *J* Gasabfluß; *L* Heizdraht-
wicklung, Wolfram oder Molybdän; *M* Klemmen für die Heiz-
drahtwicklung; *P* Zufluß des
Kühlwassers; *Q* Abfluß des Kühlwassers; *R* Kernkörper; *S* Ge-
windegang; *T* Vierkantkopf.

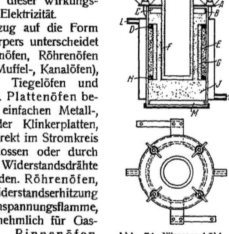

Abb. 74. Wassergekühl-
ter Kohlekörneröfen der
AUERGESELLSCHAFT,
Berlin.

A Eisenplatte; *B* Asbestpappe; *C* Kohlenelek-
trode; *D* Asbest; *E* Iso-
liermasse; *F* und *G* Zir-
konoxydrohre; *H* Eisen-
blech; *J* Kohlengrieß;
K Kühlwasser-Eintritt; *L*
Kühlwasser-Austritt; *M*
Kohlenelektrode.

Anwendung. Schachtöfen werden in Niederschachtöfen und Hochschacht-
öfen unterschieden. Sie kommen hauptsächlich in der elektrometallurgischen Industrie
zur Anwendung, vornehmlich als reine Lichtbogenöfen oder als gemischte Wider-
stands-Lichtbogenöfen (s. Bd. **IV**, 249, Abb. 187). Der Schacht kann oben offen oder

geschlossen sein; je nachdem spricht man von offenen oder geschlossenen Öfen. Die geschlossenen Öfen geben eine gute Ausnutzung der Ofenhitze und werden für die Gewinnung oder Auswertung gasförmiger Ofenprodukte benötigt.

Bewegungsfähigkeit des Ofenkörpers. Darnach unterscheidet man feststehende und bewegliche Öfen. Die stehenden Öfen teilen sich weiter nach Art der Entfernung des Ofengutes in Blocköfen und Abstichöfen. Die beweglichen Öfen teilen sich in Kipp- oder Schaukelöfen und in Drehöfen.

Ofenbaumaterial. Das Ofenbaumaterial hängt von der Temperaturhöhe und Verwendung der erzeugten Wärme ab. Steigt die Temperatur nicht über 500° und wird die Wärme nur zu reinen Heizzwecken verwendet, so besteht die Begrenzung der elektrischen Heizzone aus Metall, vornehmlich Gußeisen. Für Temperaturen von 500—1500° verwendet man die bei gewöhnlicher Feuerungen notwendigen feuerfesten Materialien. Für höhere Temperaturen kommen als Ofenfutter zweierlei Baustoffe in Frage, nämlich: 1. Kohlenelektroden (Graphit), 2. Ofenprodukte, die bei den hohen Temperaturen gebildet werden. Kohlenelektroden bzw. Graphit werden überall dort angewendet, wo die Kohle den Chemismus des Ofenprozesses nicht stört, die Kohle also nicht aufgezehrt wird, und dann nur an den Stellen, wo sie vor Luftabbrand vollständig geschützt werden kann. Dies letztere trifft hauptsächlich beim Boden von Schachtöfen zu. Bei der Verwendung von Elektroden als Baumaterial ist Rücksicht zu nehmen auf die gute Leitfähigkeit der Kohle für Elektrizität, und aus diesem Grunde eignen sich die Kohlenelektroden meist nicht für Schachtwandungen. Sie werden hierfür nur angewendet bei einherdigen Öfen, wo der Stromübergang von der Arbeitselektrode zur Schachtwandung ohne große Schädigung für den Prozeß ist. Werden Kohlenelektroden zum Bau des Ofenbodens oder der Schachtwände verwendet, so können diese auch die Funktion des einen Poles übernehmen. Graphit kommt infolge des hohen Preises und der besseren elektrischen Leitfähigkeit vornehmlich nur für kleinere Öfen, wie Tiegelöfen, in Betracht.

Wo Kohle oder Graphit nicht in Frage kommen, ist oft für hohe Temperaturen das Ofenprodukt als Hauptbaumaterial zu verwenden, sei es, daß von vornherein die Auskleidung des Ofens mit diesem Produkt stattfindet, sei es, daß man durch den Prozeß im Ofen diese Auskleidung erst bewirkt, indem die Ofenbeschickung primär als Baumaterial dient. Diesen Vorgang nennt man Ofenformierung.

Sind weder Kohlen verwendbar noch eine Ofenformierung durch den Prozeß möglich, so hat das zu wählende Baumaterial jedenfalls folgende Bedingungen zu erfüllen: es muß erstens vom Ofenprozeß nicht oder nur sehr wenig angegriffen werden, zweitens weit genug von der elektrischen Heizzone entfernt sein, damit es der Temperatur standhält, und drittens elektrisch schlecht leitend sein. In bezug auf den chemischen Angriff gelten im allgemeinen für das Baumaterial elektrischer Öfen dieselben Grundsätze wie für die gewöhnlichen Erhitzungsarten, also basisches Ofenfutter für basische Prozesse und saures Ofenfutter für saure Prozesse. Als hochfeuerfest bei geringer elektrischer Leitfähigkeit sind Aluminiumnitridziegel (s. Bd. I, 277) vorgeschlagen. Sie haben den Vorteil, daß sie sich den meisten Reaktionen gegenüber neutral verhalten. Auch Carborundum, geschmolzene Tonerde, Zirkonoxyd, Chromeisenstein, Stückquarz und geschmolzener Quarz werden, weil hochfeuerfest, als Ofenfuttermaterial verwendet.

Die günstige Entfernung der Ofenwände von der Hochtemperaturzone ist nur durch Versuche zu ermitteln. Bei großen Öfen hat sich gezeigt, daß ungefähr 50—70 cm im Umkreis der Elektrodenprofile der Erhitzungsbereich der hohen Temperaturen überschritten ist, und wenn man noch berücksichtigt, daß der Elektrodenabstand bei mehrherdigen Öfen, also mit mehreren Polen, 1—2 m nicht übersteigt, so sind durch diese Daten die Ofen-, speziell die Herddimensionen im allgemeinen gegeben. Bei dieser Umgrenzung kann das Ofenfutter aus jedem hochfeuerfesten Material bestehen, insofern es nur dem chemischen Angriff widersteht.

Um das Ofenfutter findet sich, soweit die Elektrodenführung dies gestattet, als äußere Begrenzung ein eiserner Blechmantel, der gleichzeitig die beste Art der Ofenverspannung darstellt. Bei schmelzflüssigen Prozessen sind die Öfen nach unten zur Vermeidung von Ausbrüchen durch eine dicke Gußplatte, die Grundplatte, abgeschlossen. Außerdem werden bei Produkten mit hohem *spez. Gew.* die Ofenböden speziell verankert, sei es, daß von der Grundplatte aus Metallhaken in den Boden eingelassen sind, sei es, daß direkt schwere Metallschichten in den Boden eingebaut werden.

Begichtung. Die Einbringung des zu erhitzenden Ofenguts in den Ofenraum erfolgt in der Regel von oben, und die Einrichtungen unterscheiden sich nicht wesentlich von denjenigen der Öfen mit gewöhnlicher Brennstofferhitzung. Bei kleinen Öfen geschieht die Begichtung von Hand, während für große Öfen und kontinuierliche Prozesse entweder auf den Ofenschacht aufgesetzte Begichtungsrohre oder Vorschächte angeordnet sind. Bei der Konstruktion der Begichtungsanlagen großer Öfen ist darauf Rücksicht zu nehmen, daß die Elektroden möglichst allseitig mit Mischung versehen werden. Die Rohre oder Vorschächte sind daher symmetrisch um das Elektrodenbündel angeordnet. Bd. II, 774, Abb. 304, ist die Gichtansicht eines großen Ofens dargestellt. Bei intermittierenden Prozessen, wie Stahlraffinieröfen, sind mechanische Begichtungseinrichtungen, wie sie z. B. für Martinöfen Verwendung finden, in Gebrauch.

Entfernung der Produkte. Je nach dem Aggregatzustand der Produkte bei Ofentemperatur sind die Einrichtungen verschieden. Feste Produkte werden ausschließlich in Blocköfen gewonnen und hierzu entweder die Ofenwände zur Bloßlegung der Produkte abgebaut oder der Ofen gekippt, um den gebildeten Block abzuwerfen. Flüssige Produkte werden heute bei kontinuierlichen Prozessen ausschließlich durch Abstich gewonnen. Abgestochen wird entweder in fest an den Ofen anliegende Mulden oder in fahrbare Abstichtiegel. Der Abstich erfolgt bei großen Öfen meist durch elektrisches Aufschmelzen des Abstichlochs vermittels einer Hilfselektrode. Für teigartige Massen oder solche, die rasch erstarren, werden große Abstichlöcher mit $20-30\ cm$ Durchmesser gebrannt, und die Abstichvorrichtung ist dann zur besseren Hantierung fahrbar ausgebildet. Bd. II, 775 ff., ist in Abb. 305 und 306 eine fahrbare Abstichvorrichtung sowie der Abstichbetrieb bei der Herstellung von Calciumcarbid dargestellt.

Bei intermittierenden Prozessen mit flüssigem Produkt wird dieses am einfachsten durch Kippen des Ofens entleert. Für die Gewinnung gasförmiger Produkte sind dieselben Einrichtungen üblich wie für gewöhnliche Erhitzungsarten. Die Gase werden durch Schächte, Stutzen oder Rohre aus dem Ofen weg- und ihrem Verwendungszweck zugeführt. Zu erwähnen wären hier noch die für ihren Zweck speziell ausgestatteten Destillieröfen, Vakuumöfen und Öfen, die unter hohem Druck arbeiten. Das letztere Problem ist für große Öfen infolge technischer Schwierigkeiten bis jetzt ungelöst.

VI. Anwendung der elektrischen Öfen.

Nach der gewerblichen Verwendung unterscheidet man: Haushaltungsöfen, Laboratoriumsöfen und Industrieöfen.

A. Haushaltungsöfen. Es sind kleine Heizöfen, bei denen durch Elektrizität Wärme erzeugt wird, um diese an andere Körper durch Wärmeleitung abzugeben, ohne daß direkte chemische Umsetzungen in Frage kommen. Sie gehören daher streng genommen nicht in den Rahmen der vorliegenden Abhandlung; man muß sie aber erwähnen, weil sie das Gebiet der Temperaturen unter 1000⁰ technisch entwickelt haben und somit für Laboratoriumsöfen wie auch für Öfen der chemischen Industrie für diese Temperaturstufe vorbildlich geworden sind. Die als Haushaltungsöfen verwendeten Typen sind ausschließlich reine Widerstandsöfen, die selten mehr als $5 kW$ aufnehmen können. Weitaus am häufigsten kommen für Haus-haltungsöfen Metalldrähte als Widerstände zur Anwendung, u. zw. Legierungen von Metallen, deren Widerstand sich mit der Temperatur wenig ändert, damit die elektrischen Verhältnisse auch bei steigender Temperatur möglichst die gleichen bleiben. Als vorzügliches Widerstandsmaterial in dieser Hinsicht gilt das Kon-stantan (s. Bd. VII, 231) und das Mangarin (Bd. VII, 469). Neben den elek-trischen Zimmeröfen und Kochplatten sind jetzt auch Badeöfen, Dörröfen, Koch-kisten u. s. w. in ausgedehnter praktischer Verwendung. Bei Zimmeröfen und vor allem bei Kochkisten werden statt Heizplatten oft Glühlampen als Heizmittel benutzt.

B. Laboratoriumsöfen. Für Laboratoriumsöfen kommt je nach dem beson-deren Zweck sowohl Widerstands- wie Lichtbogenheizung in Frage. Neben Graphit und Kryptol werden als Widerstände reine Metalldrähte aus Wolfram oder Platin, ferner Speziallegierungen, wie Nichrom, verwendet. Man unterscheidet Öfen für Analysenzwecke und Versuchsöfen für höhere Temperaturen. Die Haupttypen für Analysenbehelfe sind reine Heizplatten, Trockenschränke, Heizrohre, Verbrennungs-öfen, Glühöfen, Tiegelöfen. Für Versuchszwecke bei höheren Temperaturen werden Widerstandsöfen und Lichtbogenöfen verwendet.

C. Industrieöfen und ihre Produkte. Das wirtschaftlich wichtigste Anwendungsgebiet des elektrischen Ofens ist die Herstellung von Industrie-produkten. Es liegt in der Natur der Sache, daß infolge der hohen Temperaturen in erster Linie die anorganische Industrie in Betracht kommt. Schon jetzt liefert der elektrische Ofen bei den Reduktionsprozessen hochkonzentriertes Kohlenoxyd in großen Mengen als Abfallprodukt, das als Ausgangsmaterial für organische Synthesen eine ausgedehnte Anwendung finden könnte, aber bis jetzt noch nicht verwertet wird.

Die Industrieöfen werden entweder nach dem Erfinder oder nach dem Produkt, das in ihnen hergestellt wird, benannt. Es seien im folgenden die Haupt-industrieöfen und ihre Produkte nach der elektrischen Heizungsart aufgezählt.

a) Öfen mit direkter Widerstandserhitzung. Vermittels direkter Wider-standserhitzung werden in technischem Maßstabe erzeugt:

1. Graphit und Siliciumcarbid (Carborundum). Verfahren und Öfen von ACHESON. Zur Anheizung der Öfen, bis die Mischung selbst die Stromleitung übernehmen kann, wird ein Kohle- oder Kokskern als Heizmine (Hilfswiderstand) in die Ofenmischung eingebettet. Als Nebenprodukt der Carborundumfabrikation wird ein niedriggekohltes Silicium, das Silundum, gewonnen. Mit dem gleichen Verfahren und Ofen wird auch eine niedere Oxydationsstufe des Siliciums, das Siloxicon, erhalten.

2. Quarzgegenstände aus geschmolzenem Quarz (s. Quarzglas). Als Heiz-mine dient ein Kohlenstab. Das geschmolzene Quarzgut wird in teigartigem Zustand aus dem Ofen genommen und dann in die geeignete Form gepreßt. Quarzgefäße sind speziell für Säurekonzentration geeignet.

3. Qualitätsstahl. Das zu raffinierende Eisenbad bildet den Heizwiderstand; ausschließlich Induktionsheizung. Die Hauptofentypen sind von KJELLIN (s. Bd. IV, 283, Abb. 223), RÖCHLING-RODENHAUSER (ebenda, Abb. 224, 225), HIORTH und FRICK, NORTHRUP, LORENZ, SIEMENS.

4. Metallegierungen, speziell Ferromangan, durch Induktionsheizung. Tiegel-ofen von HELLBERGER.

5. Aluminium. Das elektrische Bad bildet den Heizwiderstand. Bei der Aluminiumgewinnung besorgt die Elektrizität sowohl die Heizung des Bades wie die Reduktion. Ofen von HÉROULT und von HALL (s. Bd. I, 250).

b) Öfen mit reiner Lichtbogenheizung. Sie werden verwendet für:

1. Qualitätsstahl. Speziell geeignet für geringen Einsatz. Öfen von STASSANO (Bd. IV, 283, Abb. 212), RENNERFELD, MÖNKEMÖLLER, BONN.

2. Metallegierungen. Gleiche Öfen wie für Qualitätsstahl.

3. Zinkraffinierung. Öfen von DE LAVAL (s. Zink).

c) Öfen mit gemischter Lichtbogenwiderstandserhitzung. Sie werden angewendet zur Darstellung von:

1. Carbiden: vor allem Calciumcarbid, Öfen von HARRY, PETERSON (Alby) HELFENSTEIN (s. Calciumcarbid, Bd. II, 760).

2. Ferrolegierungen: Ferrosilicium, Ferrochrom, Ferrowolfram, Ferromolybdän, Ferrovanadium. Große Öfen haben die gleiche Konstruktion wie die Carbidöfen, kleine Öfen sind stehende oder kippbare offene Tiegelöfen (Bd. IV, 307).

3. Metallen: Roheisen aus Erzen; Öfen von GRÖNWALL-LINDBLAD-STÅLHANE (s. Bd. IV, 408, Abb. 180), von HÉROULT, LYON, LORENTZEN-TINFOSS, HELFENSTEIN, Gesta-Ofen.

Zink direkt aus Erzen und durch Raffination; Öfen von DE LAVAL, COTE und PIERRON.

4. Qualitätsstahl; Öfen von KELLER, GIROD, HÉROULT, NATHUSIUS, Gesta-Ofen.

5. Phosphor (s. d.).

6. Kunstkorund (Alundum) als künstlicher Rubin und Schleifmaterial. Stehende oder kippbare offene Tiegelöfen, wie für Metallegierungen (s. Bd. IV, 125).

d) Indirekte Widerstandsöfen finden ihre Verwendung in der Metallindustrie zum Glühen von Eisen und Stahl (BROWN-BOVERI), in der Glühlampenindustrie (PIRANI, FEHSE) und im besonderen auf dem Gebiete der hohen Temperaturen.

e) Öfen für Hochspannungsflamme. Sie wurden industriell angewendet zur Darstellung von Salpetersäure (Luftverbrennung). Verfahren und Öfen von BIRKELAND-EYDE, SCHÖNHERR und PAULING. Beim BIRKELAND-EYDE-Ofen wird die Hochspannungsflamme durch rotierende Magnete in eine Scheibe ausgebreitet. SCHÖNHERR verwendet lange stabile Flammen in engen metallischen Röhren, PAULING benutzt Apparate nach Art der Hörnerblitzableiter (s. Salpetersäure).

f) Öfen für dunkle elektrische Entladungen. Hochspannungsladeapparate, angewendet für die technische Gewinnung von Ozon. Das grundlegende Prinzip ist die Ozonröhre von W. v. SIEMENS mit Stanniolbelegen. Die Ladespannungen gehen bis zu 50 000 *V.* Technische Apparate von SIEMENS & HALSKE mit Glasdielektrikum, von TINDAL ohne Dielektrikum mit vorgeschaltetem Glycerin-Alkohol-Widerstand, ABRAHAM und MARMIER, MARIUS-OTTO (s. Ozon, Bd. VIII, 239).

Wirtschaftliches. Die Industrien des elektrischen Ofens sind überall dort existenzfähig, wo billige Elektrizität zur Verfügung steht. Sie haben sich daher in den Wasserkraftländern zuerst angesiedelt, so vor allem in

	kWh je 1 kg	Welt-erzeugung t
Aluminium	25	206 000
Carbid ohne Kalkstickstoff	3—3,4	610 000
Kalkstickstoff als *N* berechnet . .	11—13	188 000
Salpetersäure[1] als *N* berechnet durch		
Luftverbrennung	68—72	40 000
Ozon	30—60	—
Phosphor	etwa 14	18 000
Ferrosilicium	45% 6 / 75% 11 / 90% 15	200 000
Ferrolegierungen:		
Fe-Cr	5—12	60 000 bis 100 000
Fe-W, Fe-Mo	6—8	
Fe-Mn-Si	6—8	
Fe-Mn	3,5	
Carborund	7,5—11	6—8000
Graphit künstl.	5—8,5	25 000
Korund künstl.	4	40 000
Zink (Elektr.)	3,6—4,8	230 000
Erze auf *Fe-Ni*	1,1	
Elektro-Roheisen	2,2—3	
Elektro-Stahl:		
Flüssiger Einsatz	0,1—0,4	
Schrot-Einsatz	0,6—1,0	
Metalleinschmelzen (Messing, Bronze)	0,25—0,3	in Amerika 675 000
Elektrozement	0,4—0,7	

[1] Inzwischen fast völlig eingestellt.

Frankreich, Norditalien, Norwegen, Schweden, Schweiz, Tirol, Dalmatien, Bayern, Vereinigten Staaten und Canada. Neben den Wasserkräften liefert das Erdgas über Dampfkraft genügend billige Elektrizität für elektrothermische Prozesse. Ausgedehnte Quellen finden sich in den Vereinigten Staaten, in Canada und Siebenbürgen, und sie werden auch dort zum Teil schon heute industriell ausgenutzt. Durch die Leistungsverbesserung der Dampfturbinen in den letzten Jahren ist auch die Braunkohle befähigt, billige Dampfelektrizität zu erzeugen. Braunkohlenlager finden sich in Zentraleuropa, das wasserkraftarm ist, in großer Ausdehnung, in Mitteldeutschland, in Oberschlesien, Polen, der Tschechoslowakei, und diese Gegenden bilden schon jetzt den Sitz großer elekthrothermischer Industrien. In beschränktem Maß kommt neben den genannten Kraftquellen noch Hochofengas zur Erzeugung elektrischer Energie für elektrothermische Zwecke in Betracht.

Je nach den örtlichen Verhältnissen stellt sich die elektrische *PS*-Stunde bei Wasserkraft auf 0,4–1,0 Pf., bei Erdgas auf 1,0–1,6 Pf. und bei Braunkohle auf 1,2–3 Pf. Die Kosten der Elektrizität und die Produktionsleistung des Ofens sind neben den Rohmaterialkosten und Arbeitslöhnen maßgebend dafür, welche Industrie an einem Ort lebensfähig ist, und es seien zur generellen Orientierung die derzeitigen Ausbeuteziffern sowie die erzeugten Mengen für die Hauptindustrieprodukte des elektrischen Ofens angeführt.

Im elektrischen Ofen wurden nach J. HESS (*Chemische Ind.* 52, 2 [1929]) im Jahre 1927 die in der Tabelle, S. 180 unten, angegebenen Produkte erzeugt.

Literatur: Bücher: ASKENASY, Einführung in die technische Elektrochemie. Halle 1910. – BILLITER, Technische Elektrochemie, Bd. IV; Elektrische Öfen. Halle 1928. – BORCHERS, Die elektrischen Öfen. Halle 1907. – CONRAD und PICK, Herstellung von hochprozentigem Ferrosilicium im elektrischen Ofen. Halle 1909. – FEHSE, Elektrische Öfen mit Heizkörpern aus Wolfram. Braunschweig 1928. – FERCHLAND und REHLÄNDER, Die elektrochemischen deutschen Reichspatente. Halle 1906. – HABER, Grundriß der technischen Elektrochemie. Leipzig 1898. – MEYER, Geschichte des Elektroroheisens. Berlin 1914. – MOISSAN, Der elektrische Ofen. Deutsch von ZETTEL. Berlin 1897. – NEUMANN, Elektrometallurgie des Eisens. 1912. – F. OLLENDORF, Die Grundlagen der Hochfrequenztechnik. Berlin 1926. – PIRANI, Elektrothermie. Halle 1930. – RODENHAUSER und SCHÖNAWA, Elektrische Öfen in der Eisenindustrie. Leipzig 1911. – RUSS, Die Elektrostahlöfen. Berlin 1918. – R. TAUSSIG, Die Industrie des Calciumcarbides. Halle 1930. – WOTSCHKE, Die Leistung des Drehstromofens. Berlin 1925. – Zeitschriften: BORCHERS, Jahrbuch für Elektrochemie. Halle. – Journ. du four électrique et de l'electrolyse. Paris. – *Ztschr. Elektrochem.* Halle. – Trans. Am. Electrochem. Soc. South Bethlehem. Pa. – Trans. Faraday Soc. London. – Mitteilungen aus dem SIEMENS-KONZERN, GESELLSCHAFT FÜR ELEKTROSTAHLANLAGEN: Elektroöfen 1927; Der Lichtbogenofen System BONN; Allgemeines über Elektrostahlöfen 1928.   *W. Fehse (Helfenstein †).*

Oldym (RÖHM & HAAS A. G., Darmstadt). Die Oldyme (z. B. folgender Zusammensetzung: 5,0 Extractum Pancreatis, 64,0 Natrium bicarbonicum, 30,0 Natrium biboricum, 1,0 Essentia odorifera) dienen zur Haut- und Haarpflege sowie zur Zahnpflege. Die Wirkung der Präparate (Oldym-Seife, Oldym-Shampoon, Zahn-Oldym) beruht auf ihrem Gehalt an Enzymen der Bauchspeicheldrüse.

Literatur: BERGELL, Enzyme in der pharmazeutischen Industrie in OPPENHEIMER, Technologie der Fermente, Leipzig 1929.   *A. Hesse.*

Öle s. Erdöl, Bd. IV, 495; Fette und Öle, Bd. V, 179; Schmiermittel s. d.

Öle, ätherische s. Riechstoffe.

Olein s. Fettsäuren, Bd. V, 274, und Ölsäure, Bd. VIII, 187.

Olesolschwarz B (*I. G.*) ist ein fettlöslicher Farbstoff.   *Ristenpart.*

Ölfarben s. Bd. VII, 457.

Ölgas ist die Bezeichnung für das früher aus Fetten, jetzt aus Erdölrückständen, Schieferöl, Braunkohlenteer durch geeignete Erhitzung erhaltene Gas.

Die erste technische Darstellung von Ölgas hat TAYLOR ausgearbeitet und 1815 darauf ein *E. P.* genommen. Das Ölgas kam bald stark in Aufnahme; 1823 besaßen schon 11 englische Städte Ölgasanstalten, und 1828 errichteten KNOBLAUCH und SCHIELE die erste deutsche Ölgasanstalt in Frankfurt a. M. Doch bereits nach wenigen Jahren war das Ölgas überall vom Steinkohlengas verdrängt, da als Rohstoff, Pflanzenöl verschiedener Art, zu sehr im Preis schwankte und im Verhältnis zu Steinkohlen viel zu teuer war. Amerikanisches Harz, das man eine Zeitlang statt des Öles vergaste, konnte mit der Steinkohle ebenfalls nicht in Wettbewerb treten. Erst die deutsche Braunkohlenschwelerei, die schottische Schieferschwelerei und die nordamerikanische Erdölindustrie, die sämtlich um die Mitte des 19. Jahrhunderts entstanden, lieferten einen gleichmäßigen, billigen Rohstoff, der die Ölgasbereitung neu aufleben ließ. An einen Wettbewerb mit dem Steinkohlengas war jedoch damals wenigstens in Deutschland schon nicht mehr zu denken; man benutzte daher das Ölgas fast ausschließlich zur Eisenbahnwagen- und Seezeichenbeleuchtung. Auf diesem Gebiet wirkte J. PINTSCH bahnbrechend, während die Ausbildung der Ölgaserzeugung ein Verdienst HEINRICH HIRZELS ist. Das im letzten Jahrzehnt des vorigen Jahrhunderts eingeführte Acetylen hat das Ölgas nicht zu verdrängen vermocht; die elektrische Eisenbahnwagenbeleuchtung wird aber wohl über kurz oder lang allgemein eingeführt werden. Auch hat man seit 1905 umfangreiche Versuche zur Verwendung von Steinkohlengas für den genannten Zweck angestellt; während des Krieges mußte man aus Rohstoffmangel von der Verwendung des Ölgases absehen, kehrte jedoch nach ungünstigen Erfahrungen mit den Steinkohlen seit 1924 in Deutschland wieder zum Ölgas zurück (*Gas- und Wasserfach* 1924, 479; MEYERINGH, ebenda 1924, 555) trotz günstiger Erfahrungen im Ausland (*Gas- und Wasserfach* 1929, 86, 282). Anfangs dieses Jahrhunderts hat der Augsburger Chemiker BLAU ein Verfahren zur Herstellung eines hochwertigen, flüssigen Gases aus Öl ausgearbeitet, das dem Ölgas neue Verwendungsgebiete erschlossen hat (Blaugas).

TAYLOR führte die Erzeugung des Ölgases in eisernen Retorten aus, die, mit Ziegelsteinbrocken gefüllt, zu zweien hintereinander geschaltet waren und von außen beheizt wurden. Später ging man allgemein zur Anwendung leerer Eisenretorten über und benutzte erst eine einzige, später 2 hintereinander geschaltete Retorten, da man den Öldampf möglichst nur durch strahlende Wärme zersetzen wollte. Derartige Retorten sind noch heute allgemein in Gebrauch. 1889 schlug LOWE vor, mit Schamottegitterwerk ausgesetzte Schachtöfen durch Verbrennen von Öl im Innern heißzublasen und dann die aufgespeicherte Wärme zur Zersetzung des Öles zu benutzen. Er wollte das Verfahren also ähnlich wie das Wassergasverfahren (s. d.) in 2 Abschnitte, Aufheizen und Gasmachen, zerlegen. Sein Vorschlag fand damals keinen Anklang, ist jedoch sowohl in Deutschland (PINTSCH) wie in Amerika mit Erfolg ausgeführt worden. Man hat auch schon in den Achtzigerjahren des vorigen Jahrhunderts versucht, die Innenheizung mit der ununterbrochenen Ölgasdarstellung zu vereinigen, indem man durch Einblasen von Luft mit dem Öl mittels der beim Verbrennen eines Teils desselben frei werdenden Wärme die Wärmeverluste deckt.

Rohstoffe. Als Rohstoff für die Ölgasbereitung benutzt man Erdöldestillate, Braunkohlenteer- und Schieferteerdestillate und in tropischen Ländern gelegentlich Ricinusöl. Das aus Erdöl gewonnene Gasöl ist die zwischen 250⁰ und 360⁰ siedende Fraktion (s. Erdöl, Bd. **IV**, 584, 597). (Über das Gasöl aus Braunkohlenteer s. Braunkohlenschwelerei, Bd. **II**, 614.) Das aus den Schwelteeren bituminöser Schiefer erzeugte Gasöl ist dunkelbraun ohne Fluorescenz; *spez. Gew.* 0,86 – 0,875 (s. auch Schieferöl).

Darstellung des Ölgases. Man gewinnt das Ölgas durch Einspritzen des Gasöls in hocherhitzte Gefäße. Es tritt dann zunächst eine Verdampfung des Öles ein, und der Dampf zerfällt unter dem Einfluß der hohen Temperatur in Ölgas, Teer und Koks (TOCHER, *Journ. Chem. Ind.* 1894, 231; *Journ. f. Gasbel.* 1895, 22; MÜLLER, ebenda 1898, 221). Bei 700 – 850⁰ entsteht ein an Kohlenwasserstoffen reiches Gas, das viel Olefine enthält. Mit steigender Temperatur geht der Gehalt an Olefinen und Äthan zurück, während der Wasserstoff- und Methangehalt zunimmt; gleichzeitig fällt die Lichtstärke des Gases. Als Beispiel hierfür seien die Analysen von Ölgasen, nach der Lichtstärke geordnet, wiedergegeben, die GRAEFE (*Journ. f. Gasbel.* 1903, 524) ermittelt hat:

	Lichtstärke in *HK* bei 35 *l* stündlichem Verbrauch					
	16,2	12,6	9,0	7,3	6,5	4,5
Dampfförmige Kohlenwasserstoffe	1,0	0,8	0,8	0,3	0,5	0,1
Olefine, C_nH_m	36,2	29,1	27,1	24,1	21,2	12,5
Äthan, C_2H_6	12,6	11,7	9,8	8,4	5,3	2,3
Methan, CH_4	27,4	38,0	40,4	39,6	42,3	45,9
Wasserstoff, H_2	8,9	10,2	14,1	18,9	20,6	33,7
Kohlenoxyd, CO	2,7	3,7	2,5	2,1	3,3	1,7
Kohlensäure, CO_2	0,4	0,7	0,4	0,6	0,8	0,9
Sauerstoff, O_2	0,3	0,3	0,3	0,3	0,7	0,4
Stickstoff, N_2	6,8	5,5	4,6	5,1	5,3	2,3

Die Zersetzung des Öldampfes geschieht zunächst ohne Wasserstoffabspaltung, aber unter Wasserstoffverschiebung und Zerfall in kleinere Moleküle. Einfache endständige Glieder werden abgesprengt, z. B. $C_6H_{14} = CH_4 + C_5H_{10}$. Der größere Rest erhält dann eine Doppelbindung, sofern er sie vorher noch nicht hatte. Diese Tatsachen sind zuerst von HABER (*Journ. f. Gasbel.* 1896, 377 ff.) festgestellt worden; HEMPEL (ebenda 1910, 53 ff.) hat sie bestätigt gefunden und MÜLLER (ebenda 1898, 221 ff.) auch für aromatische Kohlenwasserstoffe (Kresole) nachgewiesen. Die Spaltungsmöglichkeit wird lediglich durch die Bestandteile des Öles, nicht durch die Temperatur bestimmt. Minderwertige Öle haben geringere Fähigkeit, zwei- und mehrgliedrige Ketten abzuspalten (HEMPEL, a. a. O.).

EISENLOHR (*Journ. f. Gasbel.* 1898, 676) hat bei Vergasungsversuchen gefunden, daß die schwersten Öle, die viel hochmolekulare, ungesättigte Verbindungen enthalten, die schlechtesten Ergebnisse liefern, und warnt davor, leichte und schwere Öle zum Zweck der Vergasung zu mischen. Versuche ergaben ferner, daß der Vergasungswert eines Öles mit dem Gehalt an Paraffin zunahm. ROSZ und LEATHER (*Journ. Chem. Ind.* 1902, 676) wiesen dann nach, daß ein Öl als Gasöl umso besser sei, je mehr Paraffinkohlenwasserstoffe es enthält; an zweiter Stelle stehen Olefine, an dritter cyclische Kohlenwasserstoffe. Von diesen erwiesen sich die wasserstoffreichsten als die besten; doch erreichen sie nie die Güte der Olefin- und Paraffinkohlenwasserstoffe. Einige Zahlen aus Rosz' Ergebnissen mögen dies beweisen; von ihnen ist die „Wertzahl" das Maßgebende, da sie das Produkt aus Gasausbeute und Heizwert darstellt:

Vergaster Kohlenwasserstoff	Siedepunkt Grad	Spez. Gew.	Spezifische Brechung	Wertzahl
Undekan	194	0,746	0,560	18 400
Undecylen	193	0,773	0,560	15 961
Dekahydronaphthalin	172	0,843	0,543	11 373
Tetrahydronaphthalin	205	0,977	0,584	1 829
Hexahydrocymol	161	0,783	0,552	—

SPIEGEL (*Journ. f. Gasbel.* 1907, 45) hat vorgeschlagen, den Wasserstoffgehalt der Gasöle ihrer Bewertung zu grunde zu legen, da bei seinen Untersuchungen die wasserstoffreichsten Öle die besten Ergebnisse lieferten. Das trifft nach dem Gesagten jedoch nur für Öle ähnlicher Konstitution zu. Bei Ölen verschiedener Herkunft fanden ROSZ und LEATHER (Analyst 1907, 241) Abweichungen bis 26% von den nach SPIEGELS Regel zu erwartenden Werten.

Kresole, die vornehmlich in Schwelteerölen vorkommen, drücken den Vergasungswert der Öle herab, indem sie die Olefinausbeute unverhältnismäßig verringern, dafür aber die Ausbeute an Kohlenoxyd und Wasserstoff erhöhen. MÜLLER (*Journ. f. Gasbel.* 1898, 221 ff.) fand bei einer Vergasungstemperatur von etwa 750°:

	Kresolfreies Gasöl	Phenol	Kreosot	50 Tl. Gasöl + 50 Tl. Phenol	50 Tl. Gasöl + 50 Tl. Kreosot
Gas aus 1 *kg*	446,8 *l*	648,08 *l*	603,0 *l*	397,5 *l*	460,01 *l*
Darin: Äthylen	39,6%	1,3%	1,5%	14,9%	16,9%
Methan	49,1%	9,0%	19,1%	35,1%	40,3%
Kohlenoxyd	1,7%	30,8%	29,2%	14,7%	16,9%
Wasserstoff	9,6%	58,9%	50,2%	35,3%	25,9%

Im Ölgas finden sich stets kleine Mengen, bis etwa 1%, aromatische Kohlenwasserstoffe, Benzol, Toluol, Xylol und Naphthalin. Da das Gas für die praktische Verwendung auf 10 *Atm.* verdichtet wird, scheiden sich diese Körper flüssig ab. Man hat daher kein großes Interesse an ihrem Entstehen. SCHEITHAUER (*Ztschr. angew. Chem.* 1897, 574) nimmt an, daß die aromatischen Kohlenwasserstoffe hauptsächlich beim Berühren der glühenden Retortenwände aus dem Öldampf entstehen, während unter dem Einfluß der strahlenden Wärme niedrig siedende Fettkohlenwasserstoffe gebildet werden sollen. Die Vergasung des Öles läßt sich dadurch günstig beeinflussen, daß man sie in einem Strom von Wasserstoff oder wasserstoffreichem Gas vor..immt. LEWES (*Journ. f. Gasbel.* 1893, 479) hat diese Tatsache als erster festgestellt und in einem Fall einen Ausbeutezuwachs von 27% ermittelt. SPIEGEL (ebenda 1907, 45) fand diese Beobachtung bestätigt. Beide führten sie lediglich auf die Verdünnung des Öldampfes zurück. HEMPEL (ebenda 1910, 53 ff.) hat jedoch durch vergleichende Vergasungen im Kohlenoxyd-, Stickstoff- und Wasserstoffstrom nachgewiesen, daß durch die Verdünnung des Öldampfes mit Gasen, die mit letzteren nicht reagieren (CO und N₂), zwar eine Schonung der Olefine und des Äthans stattfindet, dafür aber die Methanbildung zurückgeht. Der Gehalt an Olefinen und Äthan nimmt also zu, der an Methan ab. Diese Verschiebungen in der Zusammensetzung des Gases heben sich jedoch der Wirkung nach auf. Der Wasserstoff lagert sich dagegen an die Spaltungsprodukte an, verhindert jede Wasserstoffabspaltung des Öles und verringert die Teer- und Koksausbeute. Es entsteht zwar weniger Ölgas, doch ist dessen Verbrennungswärme so hoch, daß der Energiezuwachs durchschnittlich 15% beträgt.

Nebenbestandteile. Stickstoffverbindungen kommen in den Ölen in nur kleinen Mengen vor, da man die Basen stets durch Waschen der Öle mit Schwefelsäure entfernt. Sie gehen bei der Vergasung in Ammoniak und freien Stickstoff über; Cyanwasserstoff wird nicht gebildet; im Teer finden sich nur Spuren von Stickstoffbasen. Vom Schwefel des Öles treten etwa 25% als Schwefelwasserstoff im Gas auf, während Schwefelkohlenstoff selten vorkommt (SCHEITHAUER, *Ztschr. angew. Chem.* 1897, 574).

Die Verfahren. In der Praxis vergast man das Öl gewöhnlich in eisernen Retorten, die zu je zweien in einem Ofen übereinander liegen und untereinander verbunden sind. Abb. 75 und 76 zeigen einen derartigen Ofen (J. PINTSCH A. G.) mit 2 solchen Doppelretorten und Planrostfeuerung. Die beiden Teile jeder Doppelretorte sind außerhalb des Ofens miteinander verbunden. Die Feuergase ziehen, wie die Pfeile zeigen, in der Mitte des Ofens hoch und fallen über die Oberretorten weg in den Fuchs, der sie zum Kamin führt. Das Öl fließt vorn in den oberen Teil der Doppelretorte ein und verdampft. Der Dampf zieht durch das Verbindungsstück in den unteren Teil und wird hier zersetzt. Aus dem vorderen Ende des unteren Teiles gelangt das Rohgas in die Vorlage, die es zu den Reinigungs-

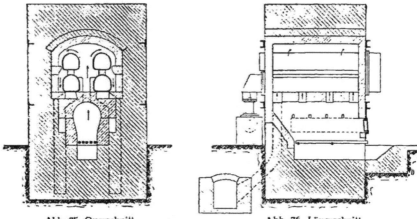

Abb. 75. Querschnitt.   Abb. 76. Längsschnitt.
Abb. 75 und 76. Doppelretorten mit Planrostfeuerung von J. PINTSCH A. G., Berlin.

vorrichtungen leitet. Man führt diese Öfen auch als Generatoröfen aus und versieht sie dann mit einer entsprechenden Winderhitzung (s. Leuchtgas, Bd. VII, 314). Als Brennstoff wird gewöhnlich Koks benutzt. Die Oberretorten sind stets um etwa 100° kälter als die Unterretorten; man hält sie auf 600—700° und die Unterretorten auf 700—800°. Am Öleinlauf beträgt die Temperatur etwa 270°. Temperatur und Ölzulauf werden derart aufeinander eingestellt, daß man ein hellbraunes Rohgas und tiefschwarzen, nicht dickflüssigen Teer vom *spez. Gew.* des Wassers erhält. Weißes Rohgas deutet auf eine mangelhafte, dunkelbraunes auf zu weit gegangene Zersetzung. Wenn der Teer auf Fließpapier schwarze, von durchscheinenden Fetträndern umgebene Flecke gibt, enthält er unzersetztes Öl. Zu weit gehende Zersetzung hat Verstopfung der Retorten durch Ruß zur Folge. Alle 24ʰ müssen die Retorten von der Vorlage abgeschlossen und durch Ausbrennen von Graphit gereinigt werden. Die Ausbeute aus gutem Öl beträgt regelrecht für 100 *kg* 50—60 *m³* Gas von 6—9 *HK* Lichtstärke (bei 35 *l* Stundenverbrauch), 25—30 *kg* Teer und 4—6 *kg* Koks. Die Retortenfläche für 1 *l* Öl stündlich ist 0,147 *m²* (BROWNE, *Journ. f. Gasbel.* 1893, 478).

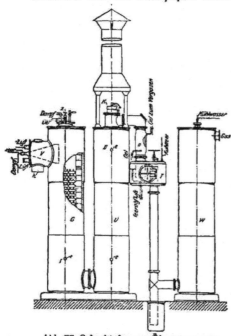

Abb. 77. Schachtofen zur Ölgaserzeugung
von J. PINTSCH A. G., Berlin.

D. R. P. betreffend Ölgasretorten: RICHTER 38478; HIRZEL 45769; KNAPP 51641; MEVER 72650; TATHAM 83383; BOSSELAER 87621; DVORKOWITSCH 88122; HERRING 94856; MACPHERSON 143633; LÜHNE 161068; DEMPSTER 161036; JEREMIAS und SZABADOS 168569, 177868; SPINDLER 168873; KURZER 192120; SUCKOW & Co 202579; CARBURATION Co LTD. 208049.

Statt das Öl in von außen geheizten Retorten und im ununterbrochenen Betrieb zu vergasen, wendet man etwa seit 1908 auch Schachtöfen an, die von innen geheizt werden. Bei ihnen wechseln wie beim Wassergasverfahren Heizung und Vergasung miteinander ab; der Betrieb ist also ein unterbrochener. In Abb. 77 ist ein solcher Schachtofen (J. PINTSCH A. G.) teilweise geöffnet dargestellt.

Er besteht aus dem Verdampfer G und dem Überhitzer $Ü$, die beide mit Gittersteinen lose ausgesetzt und am unteren Ende miteinander verbunden sind. In dem oberen seitlichen Stutzen V des Verdampfers ist eine Hilfsrostfeuerung h angebracht, mittels deren man die Anlage anwärmt und das Oberteil des Verdampfers zur Glut erhitzt. Die Rauchgase durchziehen dabei die ganze Apparatur und entweichen aus der geöffneten Klappe K in den Kamin. Ist die erforderliche Temperatur erreicht, so stäubt man durch Frischdampf Ölteer in V ein, stellt gleichzeitig Gebläseluft an und befeuert G und $Ü$, bis die Temperatur zur Ölzersetzung ausreicht. Teer, Dampf und Luft werden nun abgestellt, die Klappe K geschlossen, das Ventil zur Tauchvorlage T geöffnet und von Z her durch einen spiraligen Verteiler Öl eingespritzt. Dieses verdampft in G und wird in $Ü$ zersetzt. Das Rohgas gelangt durch T zum Wascher W und von dort zur Reinigung. Reicht die Temperatur zur Ölzersetzung nicht mehr aus, so stellt man das Öl ab, verdrängt das Olgas aus den Schächten durch Dampf von Z her, schließt das Ventil bei T, öffnet K und heizt wieder in der beschriebenen Weise auf. Von Zeit zu Zeit werden die Schächte durch Ausbrennen vom abgeschiedenen Kohlenstoff befreit. Die Temperaturen betragen zu Anfang des Gasmachens 750—1000° im Vergaser, 750—850° im Überhitzer und zu Ende des Gasmachens 720—800° im Vergaser und 720—770° im Überhitzer (LANDS-BERGER, *Journ. f. Gasbel.* 1913, 11). Die Gas- und Teerausbeute ist dieselbe wie bei der Retortenvergasung; Koks erhält man naturgemäß nicht. Vom Teer werden für 100 kg Öl 15 kg zum Heizen verbraucht.

D. R. P. betreffend Schachtöfen für Ölvergasung; GARDES 175 841; ELAUGAS 235 474; *Bamag* 239 343, 267 944; SPIEL 250 166.

Um die Teerbildung zu vermeiden, vergasen YOUNG und BELL (*Journ. f. Gasbel.* 1894, 305) nach dem sog. Peeblesverfahren das Öl bei 500—600° und waschen das Rohgas mit dem zu vergasenden Öl; der Teer kommt also von neuem zur Vergasung. Da er infolge der niedrigen Temperatur nur wenig aromatische Kohlenwasserstoffe enthält, zerfällt er bei der Vergasung wie Gasöl. In Deutschland hat das Verfahren zur gewöhnlichen Ölgasdarstellung keine Aufnahme gefunden; dagegen wendet es die DEUTSCHE BLAUGASGESELLSCHAFT zur Erzeugung ihres flüssigen, sog. Blaugases (BLOCK, *Ztschr. f. Sauerstoff u. Stickstoff* 1909, 131) an.

Ein dem Steinkohlengas ähnliches Ölgas wird nach JONES (Gas Age 1913, 58) in Nordamerika derart erzeugt, daß man einen Doppelschachtofen aufheizt, die Rauchgase mit Dampf ausbläst, dann Ölgas einleitet und nun das Öl einspritzt. Das Ölgas dient dabei als wasserstoffhaltiges Schutzgas. Man gewinnt ein Gas von folgender Zusammensetzung: 2% CO_2; 0,1% O_2; 4,8% N_2; 6% C_nH_m; 40,4% CH_4; 5,3% CO; 40,4% H_2. Gasdichte 0,44. Verbrennungswärme 6340 Kcal. Die CALIFORNIAN LIGHT AND FUEL CO., San Francisco (*Journ. f. Gasbel.* 1914, 139), erreicht dasselbe durch Überhitzen von schwerem Ölgas mit Wasserdampf bei einer Gasausbeute von 57—76 m^3 für 100 kg Öl (von 0,88 *spez. Gew.*).

RINKER und WOLTER stellen ein Leuchtgas von etwa 5000 Kcal. her, indem sie in einen Kohlegenerator, der von unten mit Luft heißgeblasen wird, von oben ein Gemisch von $^2/_3$ Gasöl und $^1/_3$ Olgas- bzw. Wassergasteer (s. Wassergas) einführen. Das Gas enthält ungefähr 5% CO und soll billiger als Steinkohlengas sein. Durch sehr starkes Aufheizen des Generators erzielt man ein spezifisch leichtes Gas mit 85% H_2, das sich zum Füllen von Luftballons eignet (*D. R. P.* 223 148; HET GAS 1909, Heft 7; *Journ. f. Gasbel.* 1909, 789); s. ferner die *D. R. P.* WOODS und BYROM 112 191; WINAND 148 648; TEODOROWITSCH 176 236; PAMPE 230 457.

Reinigung. Das Ölgas muß vor der Verwendung von Wasser, Teer und Schwefelverbindungen gereinigt werden. Zu diesem Zweck kühlt man es, wäscht es mit Wasser und führt es durch Gasreinigungsmasse. Die erforderlichen Vorrichtungen sind dieselben wie bei der Reinigung des Steinkohlengases (s. Leuchtgas, Bd. VII, 314). Gassauger braucht man in Ölgasfabriken nicht. Wird mit Schachtöfen gearbeitet, so sammelt man das vorgekühlte Gas in einem Zwischenbehälter, aus dem es den Reinigungsvorrichtungen zuströmt. Man kann dann auch während des Heißblasens reinigen und spart infolgedessen an Apparatenraum. Nach CAVELL (Gas Journ. 158, 92 [1922]) enthält das Waschwasser etwa 1% Ruß, den man abnutschen, bis 10% H_2O trocknen und dann brikettieren kann; die Rußbrikette dienen zur Wassergasherstellung.

Das reine Ölgas. Über die Zusammensetzung des Ölgases s. S. 182. Das *spez. Gew.* ist 0,6—0,9, der Schwefelgehalt 25—30 g in 100 m^3, die Verbrennungswärme 10 000 – 12 000 $Kcal./m^3$. Gemische von Ölgas und Luft sind explosionsfähig, wenn sie 6 – 18 Tl. Luft enthalten. Da das Ölgas fast ausschließlich zum Beleuchten von Eisenbahnwagen dient, wird es auf 10 – 12 $Atm.$ gepreßt und in diesem Zustand in die unter den Eisenbahnwagen befindlichen Stahlbehälter abgefüllt. Man verdichtet es in schnellaufenden wassergekühlten Pumpen; dabei scheiden sich aus 100 m^3 13 – 15 l flüssige Kohlenwasserstoffe ab. BUNTE fand in dieser Abscheidung 70 % Benzol, 15 % Toluol, 5 % höhere aromatische Homologe und 10 % Äthylenhomologe (s. auch BURNELL und DAWE, Gas Journ. 157, 640 [1922]). Das verdichtete Gas wird in geschweißten Stahlblechkesseln aufgespeichert oder bei großen Anlagen durch Hochdruckleitungen verteilt. Einige Berliner Außenbahnhöfe sind z. B. durch zwei 25 km lange, verschraubte Leitungen aus gewalzten Stahlröhren mit der Ölgasanstalt verbunden, die ihnen das Gas unter 12 $Atm.$ zuführt.

Flüssiges Ölgas. Die BLAUGASGESELLSCHAFT in Augsburg stellt ein versandfähiges, flüssiges Ölgas, Blaugas, her, indem sie Gasöl bei 500 – 600° vergast, reinigt und darauf verdichtet. Es wird unter Einspritzen von Wasser in gekühlten Kolbenpumpen auf 20 $Atm.$ gepreßt. Die abgeschiedenen, benzinartigen Kohlenwasserstoffe entfernt man und verdichtet den gasförmigen Rest auf 100 $Atm.$ Das Gas wird dabei flüssig und löst noch einen Teil der sehr niedrig siedenden Gase. Aus 100 kg Gasöl erhält man 30 – 40 kg Blaugas, 5 – 6 kg Benzin, 50 – 55 kg Teer und 5 – 6 kg nicht verdichtete Gase. Das Blaugas ist wasserhell, hat ein $spez. Gew.$ von 0,51 und siedet bei –60°. Zum Gebrauch läßt man es in einem Kessel unter 6 $Atm.$ verdampfen und entnimmt es diesem Kessel. Das Blaugas besteht nach SCHULZ (BLOCK, $Ztschr. f. Sauerstoff u. Stickstoff$ 1909, 131) z. B. aus 47,6 % schweren Kohlenwasserstoffen, 36,2 % Paraffinkohlenwasserstoffen, 6,4 % H_2, 1,8 % CO_2 und 8 % Luft, $spez. Gew.$ 0,8146, Verbrennungswärme 14 800 $Kcal.$, Explosionsgrenzen 4 % Gas : 96 % Luft bis 8 % Gas : 92 % Luft (s. dazu HALLOCK, $Journ. Chem. Ind.$ 1908, 550; $D. R. P.$ 158 198, 175 846, 217 842, 244 688). Blaugas dient neuerdings als Triebgas für die Zeppelin-Luftschiffe ($Chem.-Ztg.$ 1928, 1002), scheint aber bei den Neukonstruktionen nicht mehr verwendet zu werden.

Die SCHWEIZ. FLÜSSIGGASFABRIK erzeugt flüssiges Ölgas durch Lösen des stark verdichteten Gases in Petroleum, das mittels des expandierenden Gases gekühlt wird (s. $D. R. P.$ 218 087, 229 468).

Nebenerzeugnisse. Bei der Darstellung des Ölgases fallen an Nebenerzeugnissen Koks, Teer und Kohlenwasserstoffe (von der Verdichtung) an.

Der Koks wird regelmäßig zur Heizung der Öfen verfeuert, vielfach auch ein Teil des Ölteers. Der letztere stellt im übrigen eine Handelsware dar. SCHULTZ und WÜRTH ($Journ. f. Gasbel.$ 1905, 125) fanden in einem Teer aus Thüringer Gasöl: 1 % Benzol, 2 % Toluol, 1,3 % Xylole, 4,9 % Naphthalin, 0,58 % Rohanthracen, 10 % verharzbare Öle (Siedepunkt unter 150°), 1,5 % Öle (Siedepunkt 150 – 200°), 26,6 % Öle (Siedepunkt 200 – 300°), 12,6 % Öle (Siedepunkt 200 – 360°), 22,0 % Asphalt, 20,5 % freien Kohlenstoff, 0,3 % Phenole, Spur Basen, 4,0 % Wasser.

Man pflegt den Ölteer nur selten zu destillieren; meist wird er verfeuert oder zum Betrieb von Dieselmotoren verwendet. Die Gaswerke benutzen ihn manchmal zum Auswaschen des Naphthalins aus dem Gas, wozu er sich sehr gut eignet (s. Leuchtgas, Bd. VII, 314).

Die bei der Verdichtung des Ölgases anfallenden Kohlenwasserstoffe werden gereinigt und destilliert und zum Betrieb von Benzolkraftmaschinen benutzt. Die Eisenbahnverwaltung nimmt die Aufbereitung und Verwendung meist in eigenem Betrieb vor. Früher dienten die Kohlenwasserstoffe auch zur Aufbesserung des Leuchtgases.

Das Ölgas bildet auch einen wichtigen Bestandteil des heißcarburierten Wassergases (s. dort).

Literatur: BERTELSMANN und SCHUSTER, Technische Behandlung gasförmiger Stoffe. Berlin 1930. – MUHLERT und DREWS, Technische Gase. Leipzig 1928. – SCHEITHAUER, Die Braunkohlenteerprodukte und das Ölgas. Hannover 1907; Die Schwelteere. Leipzig 1911. – STRACHE und ULMANN, Technologie der Brennstoffe. Leipzig und Wien 1927.　　　　W. Bertelsmann und F. Schuster.

Olivenöl s. Bd. V, 235.

Olobintin (*Riedel*) ist eine 10%ige ölige Lösung verschiedener sorgfältig rektifizierter Terpentinöle zur unspezifischen Reiztherapie, bei parenteraler Zufuhr. *Dohrn.*

Ölsäure, Oleinsäure, Elainsäure, Octadecen-(9)-säure-(1), $C_{18}H_{34}O_2$ $CH_3(CH_2)_7CH:CH(CH_2)_7CO_2H$, zersetzt sich bei der Destillation unter gewöhnlichem Luftdruck. $Kp_{100}285,5-286^0$; $Kp_5203-205^0$; Kp_u153^0 (*B.* 22, 819 [1889]); $n_D^{18}1,4620$; $D_4^{24}0,8896$ (*Rec. Trav. Chim. Pays-Bas* 41, 278). Unlöslich in Wasser, mischbar mit Alkohol und Äther. In einem Gemisch von Alkohol, Wasser und Essigsäure ist Ölsäure leichter löslich als Palmitin- und Stearinsäure, so daß mit diesen Lösungsmitteln eine Trennung des Fettsäuregemisches möglich ist (DAVID, *Journ. chem. Soc. London* 34, 1001). Reagiert in alkoholischer Lösung gegen Lackmus neutral. Die Reindarstellung gelingt durch Entbromung des leicht erhältlichen Ölsäuredibromids in alkoholischer Lösung mit Zink und Salzsäure (HOLDE und GORGAS, *Ztschr. angew. Chem.* 1926, 1443).

Umlagerung in die stereoisomere Elaidinsäure (*Schmelzp.* 44,5^0; $Kp_{100}288^0$; Kp_0154^0; $D_{?1}^{??}0,8505$) erfolgt bei Einwirkung geringer Mengen salpetriger Säure, Stickstofftetroxyd, Salpetersäure oder durch Erhitzen mit Natriumbisulfitlösung. Die Reduktion der Ölsäure liefert Stearinsäure; sie erfolgt besonders gut mit Wasserstoff bei Gegenwart von fein verteiltem, auf 280—300^0 erhitztem Nickel (P. SABATIER und A. MAILHE, *Ann. Chim.* [8] 16, 73 [1909]; E. ERDMANN und F. BEDFORD, *B.* 42, 1325 [1909]; *D. R. P.* 211 669), ferner mit elektrischem Strom (*Boehringer, D. R. P.* 187 788). Bei der partiellen katalytischen Reduktion der Ölsäure unter Anwendung von fein verteiltem Nickel, Platin u. s. w. als Katalysatoren entsteht jedoch neben Stearinsäure auch feste Isoölsäure; u. zw. bildet sich ein Gemisch verschiedener Octadecensäuren (HILDITCH, *Proceed. Roy. Soc. London*, A 122, 552). Bei Behandlung mit *konz.* Schwefelsäure erhält man den sauren Schwefelsäureester einer Oxystearinsäure, $CH_3(CH_2)_7CH(O \cdot SO_3H) \cdot (CH_2)_8CO_2H$ (A. SSABANEJEW, *B.* 19, Ref. 239 [1886]; A. SHUKOW und SCHESTAKOW, *Chem. Ztrbl.* 1903, I, 825). Luft oxydiert Ölsäure bei gleichzeitiger Einwirkung des Lichtes allmählich zu Önanthaldehyd, Azelainsäure u. s. w. Die Kalischmelze der Ölsäure führt in fast theoretischer Ausbeute zu Palmitinsäure (EDMED, *Journ. chem. Soc. London* 73, 627).

Die technische Ölsäure, Olein, dessen Darstellung in Bd. V, 274 beschrieben ist, kommt in 2 Qualitäten, als „Saponifikatolein" und „Destillatolein" in den Handel. Ersteres ist dunkler als letzteres gefärbt und enthält als Verunreinigungen etwa 10% Neutralfett und ev. auch feste Fettsäuren. Das Destillatolein enthält neben gewöhnlicher Ölsäure bis zu 25% Isoölsäure. Allerdings sind auch Oleine im Handel anzutreffen, die neben festen Fettsäuren beträchtliche Mengen höher ungesättigter Fettsäuren (Linolsäure) enthalten.

Zur Darstellung reiner Ölsäure, die nicht einfach ist, geht man zweckmäßig von Mandelöl, Olivenöl oder besser Rindertalg oder Schweineschmalz aus, verseift mit Kalilauge und erhitzt die in Freiheit gesetzten Säuren mit Bleioxyd auf dem Wasserbade, um die Bleisalze zu gewinnen. Von diesen ist nur das der Ölsäure in Äther leicht löslich, so daß es durch Ausnutzung dieser Eigenschaft von den Bleisalzen der beigemengten Säuren getrennt werden kann. Das Bleioleat wird dann durch Salzsäure zerlegt und die abgeschiedene Säure durch ihr Bariumsalz, das man aus verdünntem Alkohol umkrystallisiert, weiter gereinigt (E. C. SAUNDERS, *Chem.-Ztg.* 4, 443 [1880]; J. GOTTLIEB, *A.* 57, 40 [1848]). In ähnlicher Weise kann man aus technischer Ölsäure die reine Verbindung isolieren (F. VARRENTRAP, *A.* 35, 199 [1840]; M. BERTHELOT, *Ann. Chim.* [3] 41, 243 [1854]). Läßt man Olivenöl 24^h mit kalter Natronlauge stehen, so bleibt Triolein allein unverseift und ist dann ein gutes Ausgangsmaterial für die Gewinnung der reinen Ölsäure.

Verwendung s. Bd. V, 274. Ölsäure ist ein Bestandteil vieler Putzmittel (s. d.).

Ölsaure Salze. Die Alkalisalze der Ölsäure werden aus der wässerigen Lösung durch *konz.* Alkalilaugen, Kochsalz oder andere lösliche Mineralsalze gefällt. Auf ihr Verhalten bei der Hydrolyse durch Wasser, das aus theoretischen und praktischen Gründen wichtig ist, sei hingewiesen (C. A. ALDER WRIGHT und C. THOMPSON, *Journ. chem. Ind.* 4, 626 [1885]; ROTONDI, ebenda 4, 601 [1885]; F. KRAFFT und Mitarbeiter, *B.* 27, 1747 [1894]; 28, 2566 [1895]; 32, 1594 [1899]; A. KANITZ, *B.* 36, 400 [1903]).

Aluminiumoleat, $Al(C_{18}H_{33}O_2)_3$, ist eine gallertartige Masse, unlöslich in Alkohol, schwerlöslich in heißem Äther und Petroläther (L. SCHÖN, *A.* 244, 267 [1888]). Darstellung durch Umsetzung von 28,4 Tl. Natriumoleat mit 15,6 Tl. Kalialaun, beide in viel Wasser gelöst. Die Verbindung dient in der Technik zum Verdicken von Schmierölen, auf der Faser erzeugt, zum Wasserdichtmachen von Geweben (*A. P.* 1 460 251).

Bariumoleat, $Ba(C_{18}H_{33}O_2)_2$. Krystallinisches Pulver, nicht löslich in Wasser, schwer in kaltem Alkohol, sehr schwer in heißem Benzol, leicht bei Gegenwart einer Spur Wasser (K. FARNSTEINER, *Chem. Ztrbl.* 1899, I, 546). Sintert bei 100^0 zusammen, ohne zu schmelzen. Darstellung durch Fällung eines Alkalisalzes mit Bariumchlorid.

Bleioleat, $Pb(C_{18}H_{33}O_2)_2$. Schmilzt bei etwa 50°; gelbweiße Masse (WHITMORE und LAURO, *Ind. engin. Chem.* 22, 646), löslich in Äther und Petroläther, wenig in absolutem Alkohol (vgl. F. VARRENTRAP, *A.* 35, 197 [1840]), erhalten durch Fällung eines Alkalisalzes mit Bleiacetat. Basisches Bleioleat ist der Hauptbestandteil des sog. Bleipflasters, welches durch Verseifen von Olivenöl oder Erhitzen von Ölsäure mit überschüssiger Bleiglätte dargestellt wird.

Cadmiumoleat, $Cd(C_{18}H_{33}O_2)_2$. Findet Verwendung zur Herstellung durchsichtiger Kautschukmassen (MAC INTOSH & CO., *E. P.* 300 936); für klarbleibende Lacke (*D. R. P.* 448 297, CHEM. FABR. DR. K. ALBERT, G. M. B. H.). Es wurde ferner vorgeschlagen als Imprägniermittel für Gewebe (H. J. BRAUN, *Chem. Ztg.* 1929, 913).

Calciumoleat, $Ca(C_{18}H_{33}O_2)_2$. Schmelzp. 83—84°; in Äther und Alkohol unlöslich, erhalten durch Fällung eines Alkalisalzes mit Calciumchlorid. Es löst sich in heißem Benzin; beim Erkalten erstarrt die Lösung zu einer Gallerte.

Eisenoleat, $Fe(C_{18}H_{33}O_2)_2$. Rotbrauner Niederschlag, unlöslich in Alkohol, leicht löslich in Äther, Benzol und Ligroin; wird durch Fällung von Natriumoleat mit einem Ferrosalz erhalten (SCHÖN, *A.* 244, 266 [1888]).

Kaliumoleat, $KC_{18}H_{33}O_2$. Durchsichtige Gallerte, löslich in 4 Tl. Wasser, 2,15 Tl. Alkohol (0,821) bei 10°, 1 Tl. Alkohol (0,821) bei 50°, 29,1 Tl. kochendem Äther. Wird durch viel Wasser zu saurem Kaliumsalz und Ätzkali hydrolysiert, ist Bestandteil der Schmierseifen und des Seifenspiritus.

Kupferoleat, $Cu(C_{18}H_{33}O_2)_2$. Tiefblaue Masse mit pechartigem Bruch. Schmilzt unter 100° zu einer grünen Flüssigkeit zusammen. Löslich mit grüner Farbe in kaltem Äther unter Bildung flüssiger Krystalle, mit blaugrüner in Alkohol, leicht in Benzol (L. SCHÖN, *A.* 244, 264 [1888]; L. KAHLENBERG, *Chem. Ztrlbl.* 1902, I, 1040; WHITMORE und LAURO, *Ind. engin. Chem.* 22, 646). Darstellung durch Fällung von Natriumoleat mit der gleichen Menge Kupfersulfat, beide Salze in je 500 Tl. Wasser gelöst. Findet in Salbenform therapeutische Verwendung gegen Geschwüre und Granulationen und zur Schädlingsbekämpfung.

Magnesiumoleat, $Mg(C_{18}H_{33}O_2)_2$. Körniger Niederschlag, erhalten durch Fällung von Natriumoleat mit Magnesiumchlorid oder -sulfat. Das rohe Salz findet als „Antibenzinpyrin" in chemischen Wäschereien zur Verhütung von Benzinbränden Verwendung (Bd. I, 517; M. M. RICHTER, *Chem. Ztrlbl.* 1902, I, 786; 1904, II, 1010).

Manganoleat, $Mn(C_{18}H_{33}O_2)_2$. Fleischfarbener Niederschlag, wenig löslich in heißem Alkohol, löslich in Chloroform, Ligroin und Benzol, leicht in Äther (L. SCHÖN, *A.* 244, 266 [1888]).

Natriumoleat, $NaC_{18}H_{33}O_2$. Krystalle aus absolutem Alkohol (F. VARRENTRAP, *A.* 35, 202 [1840]), *Schmelzp.* 232—235° (F. KRAFFT, *B.* 32, 1599 [1899]), löslich in 10 Tl. Wasser von 12°, 20,6 Tl. Alkohol (0,831) bei 13°, in 100 Tl. kochendem Äther. Technisches Salz, durch Verseifung von Olivenöl dargestellt, ist der Sapo medicatus, in Alkohol gelöst Spiritus Saponis.

Quecksilberoleat, $Hg(C_{18}H_{33}O_2)_2$. schmilzt bei 115°; erweicht beim Stehen zu einer gelben Salbenmasse (WHITMORE, LAURO, *Ind. Eng. Chem.* 22, 646), wenig löslich in Äther, leichter in Benzin, vollständig in fetten Ölen. Ist der Hauptbestandteil eines galenischen Präparats, das man durch Erhitzen von 75 Tl. Ölsäure mit 25 Tl. gelbem Quecksilberoxyd und 25 Tl. Alkohol auf etwa 60° und Abdampfen auf 100 Tl. oder durch Fällen von ölsaurem Natrium, versetzt mit freier Ölsäure, mit Sublimat gewinnt. Das Produkt wird als Antisyphiliticum gebraucht.

Zinkoleat, $Zn(C_{18}H_{33}O_2)_2$. Weißer wachsartiger Niederschlag; schmilzt gegen 70°, erhalten durch Fällung von Natriumoleat mit einem löslichen Zinksalz.

Thoriumsalz. Vorgeschlagen als Mottenschutzmittel (KENDALL, *F. P.* 603 552).

Literatur: J. LEWKOWITSCH, Chemische Technologie und Analyse der Öle, Fette und Wachse Braunschweig 1905. — HELLER-UBBELOHDE, Handbuch der Öle und Fette, Bd. I, 2. Aufl., Leipzig. Hirzel. — GRÜN-HALDEN, Analyse der Fette und Wachse, Bd. 2. Berlin 1930. Springer.

H. Schönfeld (G. Cohn).

Olyptol (LABOPHARMA, DR. LABOSCHIN, G. M. B. H., Berlin), ölige Lösung von reinem Terpentinöl mit Eucupin und Eucalyptol. Anwendung in der unspezifischen Reiztherapie.

Dohrn.

Omegachromfarbstoffe (*Sandoz*) sind Nachchromierungsfarbstoffe für Wolle.

Omegachromechtblau B; Omegachrombraun CPM, EB besonders für Artikel, die starkes Walken aushalten müssen, G, P, PB; Omegachromcyanin B entspricht Eriochromblauschwarz B, Bd. IV, 614, die Marke R entspricht Anthracenblauschwarz BE, Bd. I, 465; Omegachromcorinth B; Omegachromgelb K, RR, brauchbar in Mischung mit anderen Beizenfarbstoffen, reservieren Naturseide und Baumwolle; Omegachromgranat reserviert Baumwolle. Omegachromgrün F; Omegachromrot B identisch mit Eriochromrot AW, Bd. IV, 614; Omegachromviolett B ausgezeichnet lichtecht, Nuancierungsfarbstoff; IR, RC lassen Baumwolleffekte weiß; Omegachromschwarz P, PA, S hervorragend lichtecht, ganz besonders pottingecht.

Ristenpart.

Omnadin (*I. G.*) ist eine Immun-Vollvaccine, ein Gemisch reaktiver Eiweißkörper, bestehend aus Stoffwechselendprodukten verschiedener apathogener Spaltpilze, Lipoidgemisch aus Galle und animalischem Fettgemisch. Anwendung bei allen hochfieberhaften Infektionskrankheiten u. s. w.

Dohrn.

Omniafarbstoffe (*Geigy*) dienen in der Kleiderfärberei, da sie im neutralen Bade Mischgewebe aus Wolle, Baumwolle, Kunstseide und Naturseide gleichfarbig färben.   *Ristenpart.*

Opalinscharlach BS, GS, RS (*Ciba*) sind saure Farbstoffe für Wolle, Halbwolle, Jute, Papier und Seide.   *Ristenpart.*

Opiumalkaloide. Opium ist der an der Luft eingetrocknete Milchsaft der unreifen Früchte von Papaver somniferum L. (Mohnkapseln). Es wird von der lebenden Pflanze durch Anschneiden der Mohnkapseln gewonnen (Abb. 78).

Mohn wird von alters her zur Opiumgewinnung in vielen tropischen und subtropischen Gegenden Asiens und Europas angebaut; die unreifen Früchte reifen nach Abnahme des Opiums aus und liefern alkaloidfreie Mohnsamen, die durch ihren Gehalt an Eiweiß und fettem Öl einen beträchtlichen Nährwert haben.

Es ist verschiedentlich versucht worden, aus unreifen Mohnkapseln oder aus den ganzen Pflanzen unmittelbar durch Extraktion Alkaloide zu gewinnen, also den Umweg über das Opium zu sparen. Aber dann waren die Ausbeuten schlechter; der Wundreiz durch Anschneiden der unreifen Mohnköpfe scheint günstig auf die Alkaloidproduktion der lebenden Pflanze einzuwirken (THOMS).

In Ungarn ist z. Z. eine kleine Fabrik im Betriebe, welche die ganzen frischen Mohnpflanzen (ohne Wurzeln) nach der Blüte, jedoch vor der Reife auf Alkaloide verarbeitet (KOPP, Heil- und Gewürzpflanzen 12, 60 [1929]). Über den wirtschaftlichen Erfolg ist noch nichts bekannt; bei normalen Opiumpreisen ist er unwahrscheinlich.

Mohnkultur für Opium ist nur in Gegenden mit ganz billigen Arbeitskräften lohnend. Die Hauptproduktionsgebiete für Opium liegen in China, Indien, Persien, Kleinasien und Südosteuropa (Mazedonien). Für die Alkaloidfabrikation dient vor allem das kleinasiatische Opium (Handelsplätze Smyrna, Stambul und Saloniki) und ein Teil

Abb. 78. Gewinnung von Opium aus angeschnittenen Mohnkapseln nach THOMS.
1, 2 waagrecht, *3* senkrecht angeschnitten; *1* läßt die Striche des Schabeisens erkennen, mit dem Opium abgenommen wurde, *2* läßt die ausgetretenen Opiumtropfen erkennen.

des persischen und indischen Opiums, das aber praktisch nur gewissen englischen Firmen zugänglich ist. Das übrige Opium, besonders das indische (bengalische) und chinesische, wird zu Rauchopium verarbeitet, für das z. B. in Batavia eine große staatliche Fabrik besteht.

Für arzneilichen Gebrauch und für die Alkaloidfabrikation kommt das Opium in Broten von unregelmäßigen Formen im Gewichte von 0,15−1,5 *kg* in den Handel. Diese Opiumbrote sind in Mohnblätter eingewickelt. Sie werden in flachen Holzkisten mit zugelötetem Zinkblecheinsatz versandt; die Zwischenräume sind mit Rumex-Früchten ausgefüllt. Das Opiumgewicht beträgt 70−75 *kg* je Kiste.

Für arzneiliche Zwecke soll das bei 60° getrocknete Opium mindestens 12% Morphin, $C_{17}H_{19}O_3N$, enthalten. Es wird vor dem Versande auf diesen Gehalt eingestellt. Für Fabrikationszwecke wird Opium tel quel nach dem Morphiumgehalt gehandelt, meist nach vereinbarten Analysenmethoden bestimmter Arzneibücher, wie D. A. B. 3 oder 6. Als Schiedsanalysen werden meist die von DR. GILBERT, Hamburg, oder von DR. HARRISON, London, vereinbart.

Die Analysenverfahren von GILBERT und HARRISON sind nicht veröffentlicht. Die Ergebnisse der Schiedsanalysen liegen meist etwas höher als die nach den Pharmakopöen, entsprechen aber den Ausbeuten bei sorgfältiger Fabrikation. Kritik der Methoden zur Morphinbestimmung im Opium vgl. E. STUBER und B. KLJATSCHKINA, *Arch. Pharmaz.* 268, 209 [1930].

Nur Ware letzter Ernte eignet sich bei vollem Preise für die Alkaloidfabrikation. Alte harte ausgetrocknete Ware, die zudem oft innen verschimmelt ist, ist schwerer extrahierbar und oft minderhaltig.

Analyse: Morphinbestimmung im Opium. Als Beispiel für die Gehaltsbestimmung der Arzneibücher sei die Methode des *D. A. B.* 6 wiedergegeben: Man reibt 3,5 *g* mittelfein gepulvertes Opium mit 3,5 *cm³* Wasser an, spült das Gemisch mit Wasser in ein Kölbchen und bringt es durch weiteren Wasserzusatz auf das Gewicht von 31,5 *g*. Das Gemisch läßt man unter häufigem Umschütteln 1ʰ lang stehen, filtriert es durch ein trockenes Faltenfilter von 8 *cm* Durchmesser, setzt zu 21 *g* des Filtrates (= 2,44 *g* Opiumpulver) unter Vermeidung starken Schüttelns 1 *cm³* einer Mischung von 17 *g* 10%iger Ammoniakflüssigkeit und 83 *g* Wasser und filtriert sofort durch ein trockenes Faltenfilter von 8 *cm* Durchmesser in ein Kölbchen. 18 *g* des Filtrates (= 2 *g* Opiumpulver) versetzt man unter Umschwenken mit 5 *cm³* Essigäther und noch 2,5 *cm³* der Ammoniakmischung. Man schüttelt dann das verschlossene Kölbchen 10′ lang, setzt 10 *cm³* Essigäther hinzu und läßt unter zeitweiligem leichten Umschwenken ¼ ʰ lang stehen. Nun bringt man zuerst die Essigätherschicht möglichst vollständig auf ein Filter von 7 *cm* Durchmesser, gibt zur wässerigen Flüssigkeit im Kölbchen nochmals 5 *cm³* Essigäther, bewegt das Gemisch einige Augenblicke lang und bringt zunächst wieder die Essigätherschicht auf das Filter. Nach dem Ablaufen der ätherischen Flüssigkeit läßt man das Filter lufttrocken werden, gießt dann die wässerige Lösung, ohne auf die an den Wänden haftenden Krystalle Rücksicht zu nehmen, auf das Filter und spült dieses sowie das Kölbchen 3mal mit je 2,5 *cm³* mit Äther gesättigtem Wasser nach. Nachdem das Kölbchen gut ausgelaufen und das Filter vollständig abgetropft ist, trocknet man beide bei 100°, löst dann die Morphinkrystalle in 10 *cm³* ⁿ/₁₀-Salzsäure, gießt die Lösung in ein Kölbchen, wäscht Filter und Stopfen sorgfältig mit Wasser nach und verdünnt die Lösung schließlich auf etwa 50 *cm³*. Nach Zusatz von 2 Tropfen Methylrotlösung titriert man mit ⁿ/₁₀-Kalilauge bis zum Farbenumschlag. 1 *cm³* ⁿ/₁₀-Salzsäure entspricht 0,028515 *g* Morphin (wasserfrei).

Opiumpräparate. Als Opium pulveratum (Pulvis opii P. J.) führen die Arzneibücher gemäß internationaler Vereinbarung ein bei höchstens 60° getrocknetes Opiumpulver, das durch Mischen mit einem Gemenge von 6 Tl. Milchzucker und 4 Tl. Reisstärke auf einen Gehalt von 10% Morphin eingestellt ist.

Opium concentratum ist eine mit Morphinchlorhydrat auf einen Gehalt von 48—50% Morphin eingestellte Lösung der salzsauren Gesamtalkaloide des Opiums; Pantopon (Roche) ist angeblich ein solches Präparat. Herstellung vgl. *D. A. 6,* 501.

Opiumalkaloide. Da Opium seit vielen Jahrzehnten fabrikmäßig auf Alkaloide verarbeitet wird, sind auch solche Opiumalkaloide bekannt geworden, die nur in äußerst geringen Mengen vorkommen. Namen und Formeln der 25 z. Z. bekannten Opiumalkaloide sind folgende:

Morphin	$C_{17}H_{19}O_3N$	Kodamin	$C_{20}H_{25}O_4N$
Kodein	$C_{18}H_{21}O_3N$	Pseudopapaverin	$C_{21}H_{21}O_4N$
Neopin	$C_{18}H_{21}O_3N$	Papaveramin	$C_{21}H_{25}O_4N$
Pseudomorphin	$(C_{17}H_{18}O_3N)_2$	Xanthalin (Papaveraldin)	$C_{20}H_{19}O_5N$
Thebain	$C_{19}H_{21}O_3N$	Protopapaverin	$C_{19}H_{29}O_4N$
Narkotin	$C_{22}H_{23}O_7N$	Mekonidin	$C_{21}H_{23}O_4N$
Gnoscopin (rac. Narkotin)	$C_{22}H_{23}O_7N$	Lanthopin	$C_{23}H_{25}O_4N$
Oxynarkotin	$C_{22}H_{23}O_8N$	Protopin	$C_{20}H_{19}O_5N$
Narcein	$C_{23}H_{27}O_8N$	Kryptopin	$C_{21}H_{23}O_5N$
Papaverin	$C_{20}H_{21}O_4N$	Tritopin	$(C_{21}H_{27}O_3N)_2O$
Laudanosin	$C_{21}H_{27}O_4N$	Rhoeadin	$C_{21}H_{21}O_4N$
Laudanin	$C_{20}H_{25}O_4N$	Hydrokotarnin	$C_{12}H_{15}O_3N$
Laudanidin	$C_{20}H_{25}O_4N$		

Für die Trennung der wichtigsten Opiumalkaloide gab F. Chemnitius (*Pharm. Zentralhalle* **68**, 307 [1927]) folgendes Verfahren, das zugleich als Fabrikationsschema dienen kann:

Das in walnußgroße Stücke zerkleinerte Opium wird mit Wasser bei 55° extrahiert und abgepreßt. Der Preßkuchen *(a)* enthält Narkotin und Papaverin; er wird mit 1%iger Salzsäure ausgezogen; aus den filtrierten salzsauren Auszügen werden die Basen mit Soda gefällt. Das wässerige Opiumextrakt *(b)* enthält Morphin, Kodein, Thebain, Narcein, etwas Papaverin und Narkotin an Mekonsäure und Schwefelsäure gebunden. Durch Zusatz von überschüssiger Sodalösung enthält man einen Niederschlag *(c)*, der ausgewaschen wird, bis das Filtrat *(d)* farblos ist. Man schüttelt den Niederschlag *(e)* mit 95%igem Alkohol, saugt ab und wäscht mit Alkohol nach, bis das Filtrat *(f)* nur noch schwach gefärbt ist; auf 1 *kg* Opium ist rund 1 *l* Alkohol nötig. Die alkoholische Lösung *(f)* enthält Kodein, Thebain, Papaverin, Narkotin und Narcein. Sie wird durch Destillation vom Alkohol befreit. Der mit Alkohol extrahierte Rückstand *(e)* gibt an wässerige Essigsäure Morphin ab; es wird aus dem Filtrate mit *NH₃* gefällt (Base *h*) und gereinigt. Der in Essigsäure unlösliche Rückstand *(g)* wird, mit dem Narkotin und Papaverin aus *(a)* vereinigt, mit 300 *cm³* heißem Alkohol in 1 *kg* Opium extrahiert. Nach der Filtration scheidet sich Rohnarkotin ab, das gereinigt wird. Der Eindampfrückstand des alkoholischen Filtrates *(f)* wird auf je 1 *kg* Opium mit 1 *l* 0,5%iger Salzsäure verrührt, die Lösung filtriert und mit überschüssigem Natriumacetat versetzt. Papaverin und Narkotin scheiden sich ab, Thebain, Kodein und Narcein bleiben in Lösung *(k)*. Papaverin und Narkotin werden über die Oxalate gereinigt. Aus der Lösung *(k)* werden mit Soda Thebain und Kodein ausgefällt (Fällung *l*).

Narcein bleibt gelöst *(m)*. Das Filtrat *(m)* wird mit Essigsäure neutralisiert und bis zur Abscheidung von Natriumacetat eingedampft; das Natriumacetat wird mit Wasser herausgelöst und das zurückbleibende Narcein durch Umkrystallisieren gereinigt. Die Fällung *(l)* wird in wässeriger Essigsäure gelöst und mit überschüssiger Weinsäure versetzt; Thebaintartrat krystallisiert aus und wird auf Thebainbase verarbeitet. Dem mit *KOH* alkalisch gemachten Filtrat wird das Kodein mit Benzol entzogen; das Kodein wird als Rhodanid gewonnen und als Base durch Umkrystallisieren gereinigt. Die aus der Morphindarstellung stammende sodaalkalische Endlauge kann auf Mekonsäure verarbeitet werden, indem man mit Chlorcalcium Calciummekonat ausfällt. Ist dieses bräunlich, so wird es mit Natriumhydrosulfit gebleicht. Schematische Darstellung des Trennungsverfahrens:

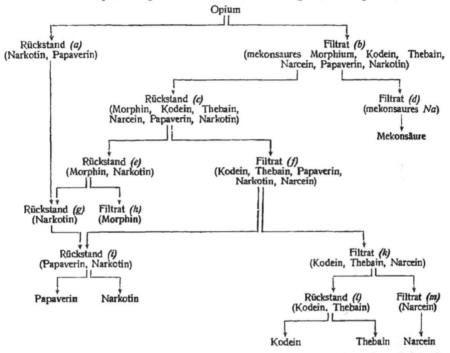

Wegen anderer Trennungsmethoden vgl. N. PATSUKOW, *Russ. P.* 127 [1922]; *Chem. Ztrlbl.* 1928, I, 1070; J. BYLINKIN, *Russ. P.* 3381 [1924]; *Chem. Ztrlbl.* **1928**, I, 1070; S. J. KANEWSKAJA, *Journ. prakt. Chem.* [2] **108**, 247 [1924].

Fabrikation der Opiumalkaloide. Für die Fabrikation ist Morphin das Hauptalkaloid, dann folgt Kodein und in weitem Abstande Narkotin, Papaverin, Thebain und Narcein. Die übrigen Opiumalkaloide sind technisch bedeutungslos. Kenntnis des Morphingehaltes ist in erster Linie wichtig, aber auch die des Gehaltes an Kodein und Narkotin erforderlich.

Über die analytische Bestimmung dieser drei Opiumalkaloide vgl. GSELL und MARSCHALKÓ, *Ztschr. analyt. Chem.* 53, 673 [1914]; ANNELER, *Arch. Pharmaz.* 258, 130 [1920]; ANNETT und BOSE, Analyst 47, 387 [1922]; 48, 53 [1923]. Technische Analysenmethode der Gesamtalkaloide, des Zuckers und des Öles im Opium: J. NATH. RAKSHIT, Analyst 51, 491 [1926]. Kritik der Morphinbestimmungsmethoden: A. JERMSTAD, Dissertation, Basel 1920; LAJOS DAVID, Ber. Ungar. Pharm. Ges. 2, 103 [1926]. Bestimmung des Morphins in Opium und anderen Substraten, darauf beruhend, daß Morphin bei seinem isoelektrischen Punkte (*pH* = 9,1) im Wasser praktisch unlöslich ist, während Narcein gelöst bleibt und die anderen Alkaloide in Benzol übergehen: V. MACRI, *Bull. Soc. chim. France* [4] 67, 129 [1929].

Von den Alkaloiden ist Morphin in allen Opiumsorten in größter Menge vorhanden, zu 3—23% (durchschnittlich 10%), dann folgt Narkotin zu 4—10% (6%), Papaverin 0,5—1% (1%), Kodein 0,2—0,8% (0,3%), Thebain 0,2—0,5% (0,2%) und Narcein 0,1—4% (0,2%). Je südlicher ein Opiumerzeugungsgebiet liegt, umso reicher ist das betreffende Opium an methylierten Alkaloiden. Infolgedessen enthält indisches und persisches Opium beträchtlich mehr Kodein und Thebain als türkisches Opium;

der Gehalt indischen Opiums an Kodein kann bis auf 6 % steigen. Außer Alkaloiden und Feuchtigkeit enthält Opium Gummi, Fett- und Wachssubstanzen, Pektin- und Eiweißstoffe, Säuren, Harze, Farbstoffe u. a. Die Alkaloide sind wasserlöslich an Schwefelsäure, Milchsäure und Mekonsäure (Gehalt des Opiums an Mekonsäure durchschnittlich 4 %) gebunden; jedoch sind Narkotin und Papaverin so schwache Basen, daß ihre Salze in Wasser hydrolytisch gespalten sind, also sich nur zum Teil in Wasser lösen. Morphin als Phenolbase (vgl. Konstitution, S. 199) ist außer in wässerigen Säuren auch in wässerigen Ätzalkalien löslich, wird aber von Ammoniak gefällt. Wie bei anderen Phenolbasen wirkt auch bei Morphin Luft oxydierend auf alkalische Lösungen; durch Eisen wird die Oxydation beschleunigt. Man vermeidet daher bei der Morphinfabrikation möglichst Ätzalkalien und Eisen.

Die Verfahren zur Fabrikation der Alkaloide aus Opium basieren auf den Arbeiten von ROBERTSON, GREGORY (*A.* 7, 262 [1833]), ANDERSON (*A.* 86, 180 [1853]), PLUGGE (*Arch. Pharmaz.* 225, 343 [1887]), KAUDER (*Arch. Pharmaz.* 228, 419 [1890]) und HESSE (*A.* 153, 47 [1870]).

1. Extraktion. Die Opiumbrote werden mit rostfreien, mechanisch angetriebenen Schneidemessern in Scheiben von etwa 50 *g* Gewicht zerlegt, mit wenig warmem Wasser befeuchtet und dann in einer Mischmaschine, z. B. nach WERNER & PFLEIDERER, mit Wasser von 50—60⁰ zu einem gleichmäßigen dünnen Teig angerührt. Auf 1 Tl. Opium werden etwa 3 Tl. Wasser gebraucht. Aus dem Mischer wird der Opiumbrei in ein wärmeisoliertes Druckgefäß mit Rührwerk gebracht und darin noch etwa 3ʰ gerührt. Darauf wird er in eine Holzfilterpresse mit vollkommener Auslaugung gedrückt und mit Wasser von 55—60⁰ ausgelaugt; in älteren Betrieben werden die Preßkuchen noch in hydraulischen Pressen ausgepreßt.

Die *konz.* Laugen werden auf Opiumalkaloide weiterverarbeitet, die dünnen zum Anteigen neuer Mengen Opiums benutzt.

Die Preßkuchen enthalten an Alkaloiden nur noch einen Teil des Narkotins und Papaverins und werden auf Stapel gelegt, um gelegentlich mit den bei der weiteren Fabrikation anfallenden Mengen auf Narkotin und Papaverin verarbeitet zu werden (vgl. Nebenalkaloide).

2. Rohmorphin. Die *konz.* wässerige Opiumlösung enthält Morphin, Kodein und Nebenalkaloide, darunter auch noch etwas Narkotin und Papaverin. Sie wird mit direktem Dampf auf 60—65⁰ gebracht, auf je 100 *kg* eingesetzten Opiums mit 8 *kg* Chlorcalcium in *konz.* Lösung von gleichfalls 60⁰ versetzt, und 2 Tage sich selbst überlassen. In dieser Zeit scheiden sich mekon- und schwefelsaures Calcium sowie färbende Verunreinigungen ab. Man zieht die Lauge klar ab, zentrifugiert das Ausgeschiedene und deckt es mit Wasser, bis es alkaloidfrei ist. Die vereinigten Laugen und Waschwässer werden im Vakuum bei 50—55⁰ auf etwa halb so viel *l* konzentriert, als *kg* Opium eingesetzt wurden. Da die Lösung beim Konzentrieren anfangs heftig schäumt, muß der Vakuumeindampfapparat nicht nur mit Schaumfänger versehen sein, sondern das Eindampfen muß auch gut überwacht werden. Das sirupdicke Konzentrat läßt man 2 Tage an kühlem Orte krystallisieren; ein Gemisch von Morphin- und Kodeinchlorhydrat (GREGORYS Salz) scheidet sich aus. Man trennt durch Zentrifugieren in gummierter eisenfreier Zentrifuge und deckt 2-, höchstens 3mal mit möglichst wenig kaltem Wasser, bis das Ablaufende nicht mehr braun, sondern nur noch gelb gefärbt ist.

Die vereinigten Mutterlaugen und Waschwässer von mehreren Einsätzen werden erneut zur Sirupdicke konzentriert und geben dann eine zweite, aber tiefer gefärbte Krystallisation des GREGORYschen Salzes, die für sich weiterverarbeitet wird. In der Mutterlauge davon bleiben noch etwa 20 % des aus dem Opium extrahierten Morphins und Kodeins, ferner etwas Narkotin und zahlreiche andere Nebenalkaloide. Sie wird als Nebenalkaloidlauge weiter verarbeitet (vgl. Nebenalkaloide). Die dabei gewonnenen Restmengen von Morphin kehren in den Rohmorphin-Betrieb zurück.

Das GREGORYsche Salz enthält auf 100 Tl. Morphin 5—10 Tl. Kodein. Man löst es in der 10fachen Menge Wasser und fällt das Morphin bei 60° im Rührwerk mit 5%iger Ammoniaklösung in gerade hinreichender Menge, indem man nur so viel zusetzt, daß eben bleibende alkalische Reaktion gegen Phenolphthalein erreicht ist. Nach dem Erkalten wird das Morphin abzentrifugiert und mit Wasser gedeckt; Lauge und Waschwässer werden auf Kodein weiterverarbeitet.

Das abzentrifugierte feuchte Rohmorphin wird im doppelten Gewicht destillierten Wassers bei 90° unter Zusatz von so viel reiner eisenfreier Salzsäure gelöst, daß die Lösung schwach sauer gegen Kongo reagiert, $1/_2$ ^{h} lang mit 1% Entfärbungskohle behandelt und noch heiß durch Beutel aus Filtrierfilz filtriert. Man läßt in Emailgefäßen auskrystallisieren und zentrifugiert auf gummierter eisenfreier Zentrifuge. Das fast farblose Morphinchlorhydrat wird auf die handelsüblichen Würfel von Morphinchlorhydrat oder auf Präparate verarbeitet. Aus den Mutterlaugen und Waschwässern wird die Morphinbase mit Ammoniak gefällt, und aus den ammoniakalischen Laugen werden die darin gelösten Mengen Morphin in Schüttel- oder Extrahiergefäßen durch Extraktion mit Benzol oder Toluol-Kresol gewonnen.

Aus den dunklen Laugen des GREGORYschen Salzes scheiden sich beim Verdünnen mit Wasser oft Harze ab. Man beseitigt sie durch Filtration unter Zusatz von Entfärbungskohle und fällt aus den geklärten verdünnten Laugen das Morphin wie oben bei 90° mit Ammoniak aus. Das so gefällte Morphin ist stark gefärbt; durch Extraktion mit Aceton, besser mit Methyläthylketon, entzieht man ihm die Farbstoffe und reinigt weiter durch Krystallisation über das Hydrochlorid. Die Ketonlaugen werden auf Narkotin verarbeitet. Die dunkler gefärbten Partien Morphinbasen werden für sich über Diacetylmorphin gereinigt, falls die Reinigung über das Hydrochlorid nicht mehr ausreicht.

3. Reinigung von Rohmorphin über Diacetylmorphin. Ein dampfheizbares emailliertes Gefäß (300 l) mit Destillationsaufsatz, das an einen Tonkühler angeschlossen ist, beschickt man mit 30 kg feingemahlener, völlig trockener Morphinbase, 75 kg Essigsäureanhydrid und 120 kg wasserfreiem Benzol, rührt mit einem Holzspatel, bis der Ansatz infolge der Selbsterwärmung ins Sieden gerät, verschließt dann den Destillationsaufsatz und destilliert unter Dampfheizung 30—40 l Benzol ab. Über Nacht läßt man erkalten und absitzen, filtriert die Lösung durch Flanell in einen zweiten ähnlichen Destillationsapparat und destilliert das Benzol ab, bis die Destillationstemperatur 110—112° erreicht hat. Darauf läßt man wieder erkalten, und überführt die Lösung in einen mit 300 l Wasser beschickten Kessel von 700 l Inhalt; der mit einem emaillierten Rührwerk von 35—40 Umdrehungen je 1′ versehen ist. Darauf fällt man die Diacetylmorphinbase mit Soda aus, die zuerst in Substanz zugefügt wird, solange die Kohlensäureentwicklung stark ist, dann in gesättigter Lösung. Man fällt aber nicht die ganze Menge Diacetylmorphinbase auf einmal, sondern macht eine Vorfällung von 2—3 kg, die alle Verunreinigungen mitnimmt und für sich getrocknet und umkrystallisiert wird. Die Hauptfällung wird abzentrifugiert und bei gelinder Wärme getrocknet, darauf in Email- oder Aluminiumapparaten aus Aceton, besser aus Methyläthylketon, umkrystallisiert. Dabei werden auf 100 Tl. rohes Diacetylmorphin 340 Tl. Aceton oder Methyläthylketon und 1 Tl. Entfärbungskohle genommen; die heiße Lösung wird durch geschlossene dampfheizbare Beutelfilter filtriert. Die Ketonlaugen werden zum Umkrystallisieren dunkleren Diacetylmorphins benutzt und schließlich so lange konzentriert, als noch Krystallisationen erzielbar sind. Die Endharze werden verworfen.

Man läßt in Emailkesseln krystallisieren, die gut bedeckt werden. Die Krystallisationen werden zentrifugiert und mit Lösungsmittel gedeckt.

4. Reinmorphin. Das so gereinigte Diacetylmorphin wird, wie folgt, in Reinmorphinchlorhydrat verwandelt. Reines Diacetylmorphin und die 10fache Menge destilliertes Wasser werden in einem doppelwandigen Emailgefäß auf 90°

gebracht, mit Salzsäure bis zur stark sauren Reaktion gegen Kongo versetzt und 10—12ʰ auf 85—90⁰ gehalten, wobei das Verdampfende von Zeit zu Zeit durch destilliertes Wasser ersetzt wird. Nach Zusatz von 1 % Entfärbungskohle, bezogen auf eingesetztes Diacetylmorphin, engt man auf dem Dampfbade auf ein Viertel des ursprünglichen Volums ein, filtriert heiß durch ein geheiztes Beutelfilter und läßt in Emailgefäßen krystallisieren. Die Mutterlaugen und Deckwässer, die beim Zentrifugieren anfallen, werden zum Auflösen frischer Mengen des GREGORYschen Salzes vor dem Ausfällen der Morphinbase benutzt.

Die Hauptmenge von Rein-Morphinchlorhydrat wird aber, trotz gegenteiliger Literaturangaben, unmittelbar aus dem GREGORYschen Salze und nicht über Diacetylmorphin erhalten.

5. Reines Morphinchlorhydrat in Würfeln. Für Morphin-chlorhydrat sind Würfel als Handelsform so fest eingebürgert, daß andere Formen so gut wie unverkäuflich sind.

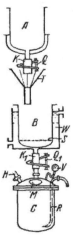

Abb. 79.
Betriebsapparat
für Morphium-
würfel nach
SCHWYZER.

Im dampfgeheizten doppelwandigen Gefäß A von 30 l Inhalt löst man in der Wärme 5 kg Morphinchlorhydrat in 20 l destilliertem Wasser, macht mit reiner Salzsäure schwach sauer gegen Kongo und digeriert ¹/₄ʰ lang mit 30 g metallfreier Entfärbungskohle. Dann filtriert man durch ein Faltenfilter auf Trichter T in das Emailgefäß B, indem man den Zulauf durch den Quetschhahn C am Kautschuk-schlauch K regelt; die Lösung muß farblos sein. Das Emailgefäß B wird durch das Wasserbad W gekühlt, das mit kaltem Wasser gespeist wird. Der Siebboden S in B ist mit einem Filtertuche bespannt. Über ihm scheidet sich das Morphinchlor-hydrat als sehr feinkrystallinischer, voluminöser Brei ab. Die Mutterlauge wird nach beendigter Krystallisation mit Vakuum in das Gefäß C abgesogen, wobei man anfangs nur schwaches Vakuum anwendet und es erst nach Stunden verstärkt. In 1¹/₂ bis 2 Tagen ist die Mutterlauge nach C abgesogen und in B ein leichter zusammenhängender Krystallkuchen übriggeblieben. Die Mutterlauge wird statt Wasser zur Verarbeitung von Morphinbase auf Morphinchlorhydrat benutzt. Man löst dann das Gefäß B aus dem Kautschukschlauch K₁ und dem Wasserbade W und stülpt den Kuchen vorsichtig auf einen Tisch, der mit einem sauberen Tuche bedeckt ist. Der Kuchen wird mit einem großen Küchenmesser aus rostfreiem Stahl in Riegel zerlegt, diese werden auf Horden bei gelinder Wärme getrocknet, dann mit einem rostfreien Messer abgeschabt, wo sie an der Oberfläche nicht ganz weiß sind, und schließlich auf geeigneten Schneidapparaten in Würfel zerlegt. Die Würfel werden in Gläser oder, besonders für größere Mengen, in Weißblechbüchsen verpackt, die mit Papier ausgelegt sind.

Zur Herstellung von Morphinchlorhydrat in Würfeln wird auch so verfahren, daß man eine konz. wässerige Morphinchlorhydratlösung beim Krystallisieren stört und das breiig ausgeschiedene Chlorhydrat auf Nutschen bringt. Nach dem Absaugen bildet Morphinchlorhydrat einen sehr leichten, gut zusammenhängenden Kuchen.

Mehr als 60 % vom Einsatze in Würfelform zu erhalten, ist kaum möglich; der Abfall wird auf Präparate, wie Kodein oder Diacetylmorphin, verarbeitet oder als Chlorhydrat umkrystallisiert.

6. Die Gesamtausbeute an Morphin, berechnet auf den Gehalt des eingesetzten Opiums, beträgt in gut geleiteten Betrieben mindestens 98 %; es gibt aber auch Betriebe, die alljährlich etwas über 100 % erzielen.

Nebenalkaloide. Kodein und Papaverin. Die Mutterlaugen vom GREGORY-schen Salz enthalten neben gelöst gebliebenem Morphin-Kodein-Chlorhydrat haupt-sächlich Papaverin und Narkotin. Man verdünnt sie in einem dampfheizbaren emaillierten Doppelkessel mit etwa gleichen Teilen Wasser, wärmt auf 35—40⁰ an und neutralisiert mit Kalkmilch genau gegen Lackmus. Es fällt ein Gemisch von Papaverin und Narkotin aus, das auf Reinpapaverin verarbeitet wird (vgl. S. 195). Die Laugen werden mit Salzsäure schwach angesäuert, im Rührkessel mit etwa ¹/₄ Chloroform vom Gewichte des eingesetzten Opiums verrührt und mit Ammoniak in starkem Überschusse versetzt. Das Kodein wird vom Chloroform gelöst; das Morphin verteilt sich suspendiert darin und wird durch Filtration abgetrennt. Die wässerigen Laugen werden ein zweites Mal mit Chloroform extrahiert, dann in der Toluol-Kresol-Extraktion (vgl. unten) von den letzten Resten Morphin befreit und schließlich verworfen.

Rohkodein. Das so gewonnene Rohmorphin wandert in den Morphinbetrieb zurück; das Kodein wird zusammen mit dem GREGORYschen Salze gewonnen und in den Kodeinbetrieb gegeben, der die Hauptmenge des Kodeins durch Methylierung von Morphin darstellt (vgl. S. 195).

Nach Abtrennung des Morphins aus GREGORYS Salz bleibt Kodein nämlich in Lösung. Man konzentriert die Laugen im Vakuum und fällt bei 80⁰ mit starker Natronlauge. Man trennt in der Zentrifuge das Rohkodein ab und erschöpft die Laugen mit Chloroform oder Butylalkohol; die extrahierte alkalische Lauge wird verworfen.

Reinkodein aus Opium. Den Chloroformauszügen entzieht man das Kodein mit 10%iger Schwefelsäure, konzentriert, entfärbt bei 90⁰ mit aktiver Kohle und läßt das Kodeinsulfat auskrystallisieren. Die Mutterlaugen werden über freie Base und Sulfat gleichfalls auf Reinkodein verarbeitet; aus 100 *kg* Opium erhält man so im Betriebe etwas über 0,5 *kg* Reinbase.

Reinnarkotin. Narkotin sammelt sich bei der beschriebenen Trennung der Opiumalkaloide zum Teil in den Ketonlaugen (vgl. S. 193) an. Man gewinnt das Keton durch Destillation zurück und krystallisiert das Narkotin nach Abscheidung der harzigen Verunreinigungen aus Aceton oder Methyläthylketon um. Weitere Mengen Narkotin sind in den Opiumpreßkuchen nach der Extraktion mit Wasser enthalten (S. 192). Diese Preßkuchen werden mit der 3—4fachen Menge 0,5%iger Salzsäure in einem Holzbottich aufgeweicht und zu einem dünnen Brei verrührt; die Mischung muß deutlich sauer gegen Kongo reagieren. Der Brei wird durch eine Holzfilterpresse geschickt und mit Wasser völlig ausgesüßt. Aus den Laugen wird das Narkotin mit Soda gefällt; es wird wie oben durch Krystallisation aus Alkohol oder Keton gereinigt. Das Narkotin wird meist auf Kotarnin und Stypticin verarbeitet (vgl. S. 196); hierzu muß es sehr rein sein.

Toluol-Kresol-Extraktion aller Restlaugen. Alle wässerigen Laugen, die bei der Fabrikation nach Ausfällung von Alkaloiden anfallen, enthalten noch etwas Morphin, meist auch Narkotin, und zuweilen Kodein gelöst. Bei der großen Menge dieser Laugen müssen diese Alkaloide gewonnen werden. Das geschieht ähnlich wie bei den Chinalkaloiden (Bd. III, 191) durch kontinuierliche Extraktion, jedoch mit einem Gemische aus 90% Toluol und 10% Kresol. Die extrahierten Alkaloide werden in verdünnter Schwefelsäure aufgenommen. Der saure wässerige Auszug wird durch Destillation mit direktem Dampf vom Toluol, mit indirektem Dampf vom Kresol befreit, dann geklärt und mit aktiver Kohle möglichst entfärbt. Durch Alkalisieren mit Kalkmilch (Phenolphthalein) wird Narkotin, zuweilen mit etwas Papaverin, abgeschieden; aus den Laugen davon fällt Morphin auf Zusatz von Ammoniak aus. Nach Abtrennung des Morphins kann man zuweilen mit Benzol oder Chloroform noch Kodein extrahieren.

Reinpapaverin. Das Gemisch von Rohpapaverin und Narkotin, das an verschiedenen Stellen des Fabrikationsprozesses angefallen ist, wird bei mittlerer Temperatur getrocknet. Reste von Morphin entzieht man ihm durch Digestion mit starker Kali- oder Natronlauge, die abgetrennt wird und nach dem Neutralisieren in die Toluol-Kresol-Extraktion wandert. Der Rückstand wird gut ausgewaschen, in verdünnter Essigsäure gelöst und mit konzentrierter Kaliumbioxalatlösung versetzt. Papaverin scheidet sich als Oxalat ab und wird durch Kochen entweder mit Pottaschelösung in die Base oder mit Calciumchloridlösung in das Chlorhydrat verwandelt. Die Lösung des Chlorhydrates wird mit aktiver Kohle entfärbt und die Base mit Ammoniak gefällt; die Mutterlaugen gehen wieder in die Toluol-Kresol-Extraktion. Zur Darstellung reinen Papaverinchlorhydrats löst man 1 Tl. der Base in 3 Tl. 90%igem Alkohol auf, entfärbt mit aktiver Kohle, filtriert und neutralisiert mit alkoholischer Salzsäure, worauf sich das Chlorhydrat ausscheidet. Aus den mit Wasser verdünnten alkoholischen Mutterlaugen wird der Alkohol durch Abdestillieren, das Papaverin durch Ausfällen mit Ammoniak zurückgewonnen.

Veredelung der Opiumalkaloide. Kodein aus Morphin. Kodein ist identisch mit Morphin bis auf das Phenolhydroxyl, das beim Kodein methyliert, aber beim Morphin frei ist, vgl. Konstitution. Also wird Kodein aus Morphin durch Methylierung hergestellt, u. zw. im großen Maßstabe; man rechnet, daß für Arzneizwecke etwa 3mal soviel Kodein verbraucht wird wie Morphin.

Das beste Methylierungsmittel für diesen Zweck ist Phenyltrimethylammoniumhydroxyd gemäß *D. R. P.* 247180 (C. H. BOEHRINGER SOHN), verbessert von W. RODIONOW (*Bull. Soc. chim. France* [4] **39**, 305 [1926]).

Bei der Fabrikation wird das erforderliche Phenyltrimethylammoniumhydroxyd hergestellt aus Trimethylphenylammoniumchlorid (aus Dimethylanilin und Chlormethyl in methylalkoholischer Lösung bei 4 *Atü* [120⁰]) und Natriumäthylat (aus Natrium und Alkohol), aber nach RODIONOW (s. o.) setzt man statt des Chlorides besser das leicht herstellbare und haltbare Toluolsulfonat des Dimethylanilins in alkoholischer Lösung um und filtriert vom ausgeschiedenen Natrium-toluolsulfonat ab; gibt man zur Lösung der Ammoniumbase eine alkoholische Morphinlösung hinzu, kocht etwa 1ʰ, säuert dann mit Essigsäure an und bläst das Dimethylanilin mit Wasserdampf ab, so erhält man auf Zusatz von Natronlauge zur verbleibenden essigsauren Lösung Kodein mit 94—95% Ausbeute.

Soweit diese Variante der Methylierung noch nicht benutzt wird, verfährt man in der Technik gemäß *D. R. P.* 247150 zur Methylierung von Morphin, wie folgt:

Einen emaillierten dampfheizbaren Rührautoklaven beschickt man mit 10 Tl. trockener Morphinbase und 7 Tl. 96%igem Alkohol, löst unter vorsichtigem Erwärmen und setzt 10 Tl. Natriumäthylat und 6 Tl. Trimethylphenylammoniumchlorid hinzu, rührt, bis alles gelöst ist, verschließt und heizt auf 120⁰ (4 *Atü*). Man beläßt so 1ʰ lang und kühlt dann sehr schnell ab, indem man durch den Dampfmantel Wasser laufen läßt. Der dunkle Autoklaveninhalt wird in einem verbleiten Destillierapparat vom Alkohol befreit, mit 10 Tl. Wasser verdünnt und das Dimethylanilin mit Dampf übergetrieben.

Es verbleibt eine wässerige Lösung von Kodein mit 5—7% Morphinchlorhydrat. In einem verbleiten Schüttelapparat gibt man noch 40 Tl. Benzol hinzu, macht mit Natronlauge alkalisch und nimmt die Kodeinbase in Benzol auf, während Morphin in Lösung bleibt. Der Benzollösung wird das Kodein mit Schwefelsäure entzogen und dann über das Sulfat gereinigt (vgl. S. 195). Die Ausbeute beträgt 91—95% des angewandten Morphins. Das unveränderte Morphin wird aus den alkalischen Laugen durch Ammoniak gefällt und zu einem neuen Methylierungsansatze verwandt. Die Kodeinbase wird hauptsächlich auf Kodeinphosphat verarbeitet, weit weniger auf Chlorhydrat oder krystallisierte freie Base (vgl. Präparate).

Äthylmorphin. Das Äthylmorphin (Dionin, *Merck*) entspricht dem Kodein, nur enthält es statt der Methoxyl- die Äthoxylgruppe. Es wird durch Äthylierung des Morphins mit p-Toluolsulfosäureäthylester hergestellt. Es wird in weit geringerer Menge fabriziert als Kodein.

In einem heizbaren Rühr-Emailkessel mit Rückflußkühler mischt man 3 *kg* Morphinbase, 1 *Mol.* Natriumäthylat in alkoholischer Lösung und 2 *kg* 95%igen Alkohol. Hierzu läßt man unter Rühren 2,1 *kg* p-Toluolsulfosäureäthylester, gelöst in 4 *kg* Alkohol, langsam zufließen. Dann bringt man auf 70—80⁰ und beläßt so unter Rühren 2ʰ lang. Dann destilliert man den größten Teil des Alkohols ab, den Rest, nachdem man vorsichtig mit Wasser verdünnt hat, macht mit Natronlauge alkalisch und trennt vom unveränderten Morphin analog, wie bei Kodein beschrieben.

Apomorphin aus Morphin. Apomorphin ist ein Säureumlagerungsprodukt des Morphins. Es ist kein Schlaf-, sondern ein Brechmittel und wird nur in geringen Mengen gebraucht.

Man erhitzt 1 Tl. Morphin mit 10 Tl. 25%iger Salzsäure im Autoklaven 2—3ʰ lang auf 140—150⁰, versetzt nach dem Erkalten mit Natriumbicarbonat in geringem Überschusse und schüttelt die Flüssigkeit möglichst schnell und unter Luftabschluß mit Äther oder Chloroform aus. Den Auszügen setzt man etwas konzentrierte Salzsäure bis zur sauren Reaktion gegen Kongo zu, worauf sich salzsaures Apomorphin in schönen Krystallen ausscheidet. Sie werden aus Wasser umkrystallisiert; an der Luft färben sie sich leicht grün.

Hydrastinin aus Narkotin; Hydrastinin vgl. auch Bd. **II**, 292.

1. Oxydation von Narkotin zu Kotarnin. Narkotin wird durch Oxydation in Opiansäure und Kotarnin gespalten.

In ein Gemisch aus 265 *kg* Wasser und 89 *kg* reiner Salpetersäure, das auf 46—48⁰ erwärmt ist, wird unter Rühren 40 *kg* reines Narkotin mit der Vorsicht eingetragen, daß jeweils die Lösung des eingetragenen Teiles abgewartet wird. Man rührt dann noch einige Stunden bei 46—48⁰, kühlt am anderen Tage auf 5—6⁰, filtriert durch Glaswolle, neutralisiert mit eisenfreier Soda gegen Lackmus und fällt bei möglichst tiefer Temperatur das Rohkotarnin durch etwa 95 *kg* 20%ige eisenfreie Natronlauge aus. Man zentrifugiert, deckt bis zur Alkalifreiheit mit destilliertem Wasser, führt in das Chlorhydrat über und reinigt durch Krystallisation aus Alkohol-Aceton. Kotarninchlorhydrat wird unter dem Namen Stypticin als blutstillendes Mittel benutzt und dient zur Halbsynthese des Hydrastinins, vgl. auch Berberisalkaloide, Bd. **II**, 292.

2. Hydrokotarnin aus Kotarnin. Kotarnin wird elektrolytisch zu Hydrokotarnin reduziert. Der Kathodenraum wird mit einer Lösung von 4—5 *kg* Kotarnin in 20—25 *kg* 20%iger Schwefelsäure beschickt. Man elektrolysiert bei 20—25° 24 h mit 35—40 *Amp.*, dann mit 20—25 *Amp.* und schließlich mit noch weniger, je nach dem Grade der Wasserstoffentwicklung. Nach etwa 1600 *Amp.-h* (48 h) ist die Elektroreduktion beendet; die Hydrokotarninlösung soll dann farblos, höchstens schwach gelblich sein. Man fällt mit Ammoniak bei 10—15°, zentrifugiert und trocknet im Vakuum bei gewöhnlicher Temperatur.

3. Hydrohydrastinin aus Hydrokotarnin. Die Umwandlung erfolgt durch Reduktion mit Natrium.

Eine Mischung aus 1 *kg* metallischem Natrium und 10 *kg* Paraffin bringt man auf 115° und setzt in kleinen Anteilen eine Lösung von 1 *kg* Hydrokotarnin in 7 *kg* Amylalkohol in dem Tempo zu, daß die Temperatur von 115° erhalten bleibt. Ist alles Natrium verbraucht, so gießt man die Mischung durch ein feines Bronzedrahtnetz in eine Mischung aus 10 *kg* Eis und 10 *kg* Wasser, rührt kräftig durch und läßt über Nacht stehen. Dann trennt man den Amylalkohol ab, der das Hydrohydrastinin enthält, wäscht das Wasser mit etwas Amylalkohol nach und entzieht dem Amylalkohol die Base mit verdünnter Schwefelsäure. Aus dem sauren Auszuge bläst man den Amylalkohol mit Dampf ab, macht alkalisch, nimmt die Base mit Äther auf, trocknet die ätherische Lösung über Chlorcalcium, befreit den Destillationsrückstand im Vakuum von den letzten Spuren Äther und Amylalkohol und läßt in Kältemischung krystallisieren. Man reinigt über das Bromhydrat.

4. Hydrastinin aus Hydrohydrastinin. Durch Oxydation erhält man aus Hydrohydrastinin Hydrastinin, vgl. auch Berberisalkaloide, Bd. II, 292.

Zu einer 80° warmen Lösung von 1,05 *kg* Natriumbichromat in 6,7 *kg* Wasser läßt man unter Umrühren eine Lösung von 500 *g* Hydrohydrastinin in 3,45 *kg* 20%iger Schwefelsäure langsam einlaufen. Nach Beendigung der Oxydation läßt man erkalten, zentrifugiert das ausgeschiedene Sulfat ab, macht daraus mit Natronlauge die Base frei, führt sie in Chloroform über, trocknet die Chloroformlösung mit Chlorcalcium, filtriert und neutralisiert mit alkoholischer Salzsäure gegen Lackmus. Hydrastininchlorhydrat fällt in Krystallen aus, wird abgetrennt und getrocknet.

Außer den im vorstehenden erwähnten Veredlungsprodukten der Opiumalkaloide sind noch eine Anzahl weiterer im Handel, wie Enomorphin (Allylmorphine), Paramorfan (Dihydromorphin), Eukodal (Dihydroxycodeinon, Bd. IV, 703), Dicodid (Dihydrocodeinon, Bd. III, 684), Dilaudid (Dihydromorphin, Bd. III, 691), Parakodin (Dihydrokodeinbitartrat), Paralaudin (Diacetyl-dihydromorphin), Acedicon (Acetyl-dimethylo-dihydrothebain); vgl. HERZOG, *Arch. Pharmaz.* 268, 269 [1929] u. a. Sie sind von untergeordneter Bedeutung. Dagegen wurden eine Zeitlang gewisse Morphinester, wie Dipropionylmorphin, Acetylpropionylmorphin, Benzoylmorphin in großen Mengen für den Rauschgifthandel fabriziert, bis an ihre Stelle infolge veränderter Gesetzesbestimmungen Benzylmorphin trat, zwar ein Äther, wie Kodein, aber leicht spaltbar zu Morphin, also geeignet als Maske für Morphin.

Anwendung der Opiumalkaloide und ihrer Derivate. Morphin ist ein narkotisches Alkaloid mit Wirkung auf alle Organe, hauptsächlich des Zentralnervensystems. Kleine Dosen erregen die Nervenzentren, beschleunigen Atmung und Herzschlag. Größere Dosen lähmen nach einem kürzeren oder längeren Erregungsstadium das Zentralnervensystem, betäuben jede Schmerzempfindung und bringen Schlaf bei herabgesetzter Herztätigkeit. Unvorsichtiger Morphingenuß führt zur Morphiumsucht mit schweren Störungen des Gesamtorganismus. Größte Einzelgabe des Chlorhydrates 0,01 *g*, größte Tagesgabe 0,02 *g*. Apomorphin ist kein Schlaf- sondern ein Brechmittel (Emeticum), schon in Gaben von wenigen *mg* wirksam. Kodein ist ein weit schwächeres und weniger giftiges Hypnoticum und Sedativum als Morphin; es beeinflußt die Bronchialsekretion und unterdrückt den Hustenreiz; Einzelgabe des Phosphates 0,075 *g*, Tagesgabe 0,30 *g*. Thebain ist ein Narkoticum mit stark konvulsivischer Wirkung, ähnlich dem Strychnin. Es ist das giftigste Opiumalkaloid und wird therapeutisch nur wenig benutzt. Papaverin wirkt beruhigend bei Krämpfen der glatten Muskulatur; größte Einzelgabe 0,2 *g*, größte Tagesgabe 0,6 *g*. Narkotin wird gegen spastische Beschwerden und Neuralgien empfohlen, wird aber kaum angewendet; Dosis 0,1—0,25 *g* mehrmals täglich. Narcein hat geringe schmerzstillende Wirkung, wird selten benutzt; Dosis 0,01—0,1 *g*. Diacetylmorphin (Heroin) hat gleichzeitig starke Morphin- und Kodeinwirkung, wird wie Morphin als Rauschgift benutzt, jedoch mit erotischem Hauptzweck. Größte Einzelgabe 0,005 *g*, größte Tagesgabe 0,015 *g*, nach einzelnen Arzneibüchern das Doppelte.

Eigenschaften der Opiumalkaloide.

Morphin, freie Base, $C_{17}H_{19}O_3N$, *Schmelzp.* 254°, aus Alkohol mit 1 H_2O, Löslichkeit verschieden nach den physikalischen Eigenschaften (PRESCOTT, *Journ. Amer. chem. Soc.* 29, 405 [1907]), z. B. in siedendem Alkohol 1 : 30—1 : 36, in kaltem 1 : 210—1 : 300, fast unlöslich in Benzol, in Kalkwasser 1 : 100, leicht löslich in Kali- und Natronlauge, weniger in Ammoniakflüssigkeit (1 : 117 d = 0,97), schwer löslich in Chloroform und Äther. $[\alpha]_D^{23}$—130,9° in Methylalkohol, —70° in überschüssigem Alkali. Einwertige Base; isoelektrischer Punkt $pH = 9,1$ (Bromthymolblau).

Die Morphinsalze krystallisieren gut und sind in wässeriger Lösung neutral gegen Lackmus und Methylorange. — Sulfat, $B_2 \cdot H_2SO_4 \cdot 5\,H_2O$ $[B = C_{17}H_{19}O_3N]$, Zersetzungspunkt etwa 250°, löslich in Wasser, 1 : 15,3 bei 25°, 1 : 0,6 bei 80°, in Alkohol 1 : 465 bei 25°, 1 : 187 bei 60°. $[\alpha]_D^{15}$—100,47°+0,96c in Wasser. — Chlorhydrat, $B \cdot HCl + 3\,H_2O$, löslich in Wasser 1 : 17,2 bei 25°, 1 : 0,5 bei 80° und Alkohol 1 : 42 bei 25°, 1 : 35,5 bei 60°. $[\alpha]_D^{15}$—100,67°+1,14c in Wasser, —111,5 bei 25° in absolutem Alkohol, wasserfrei aus Methylalkohol, $[\alpha]_D^{27}$—95,90 für c = 2,0 in Wasser. Acetat, $B \cdot CH_3 \cdot CO_2H + 2\,H_2O$, Zersetzungspunkt 200°, löslich in Wasser 1 : 21,6 bei 25°, in Chloroform 1 : 480 bei 25°, $[\alpha]_D$—77° in Wasser, —100,4° in absolutem Alkohol.

Apomorphin, freie Base, $C_{17}H_{17}O_2N$, leicht löslich in Chloroform und Äther, weniger in Alkohol, schwer löslich in Wasser, leicht löslich in Ätzalkalien, sehr oxydabel unter Grünfärbung. — Chlorhydrat, $C_{17}H_{17}O_2N \cdot HCl$, löslich in Wasser und Alkohol (90°), 1 : 40 bei 15°. $[\alpha]_D^{20}$—50° in Wasser.

Äthylmorphin-Chlorhydrat (Dionin-*Merck*, D. R. P. 102 634, 107 255, 108 075), $C_{17}H_{17}O(OH)(OC_2H_5)N \cdot HCl, H_2O(2\,H_2O?)$, *Schmelzp.* 122—123°, löslich in Wasser 1 : 12 bei 15°, in Alkohol 1 : 22°, $[\alpha]_D^{20}$—92° für c = 2 in Wasser.

Benzylmorphin-Chlorhydrat (Peronin-*Merck*, D. R. P. 91513), $C_{17}H_{17}O(OH)(OCH_2 \cdot C_6H_5)N \cdot HCl$, löslich in Wasser 1 : 133 bei 15°, kaum löslich in Alkohol. $[\alpha]_D^{20}$—60° in Wasser.

Diacetylmorphin-Chlorhydrat (Heroin-*Merck*, Morphacetin, Diaphorm, Diamorphin), $C_{17}H_{17}ON(O \cdot CO \cdot CH_3)_2 \cdot HCl, H_2O$, *Schmelzp.* 231—233°, löslich in Wasser 1 : 2, in Alkohol (90°) 1 : 11, unlöslich in Äther. $[\alpha]_D^{20}$—150° in Wasser. *Schmelzp.* der freien Base 170°, $[\alpha]_D^{20}$—176° in absolutem Alkohol.

Kodein, freie Base, $C_{18}H_{21}O_3N$, *Schmelzp.* 155°, aus Wasser mit 1 H_2O, löslich in Wasser 1 : 120 bei 25°, 1 : 59 bei 80°, in Ammoniakflüssigkeit 1 : 68 bei 15,5°, in Äther 1 : 12,5 bei 25°, in Alkohol 1 : 1,6 bei 25°, 1 : 0,92 bei 60°, in Chloroform 1 : 0,66 bei 25°, in Anisol 1 : 6,5 bei 16°, in Benzol 1 : 10,4, schwer löslich in Ätzalkalien. $[\alpha]_D$—137,7° in Alkohol, —111,5° in Chloroform. — Chlorhydrat, $B \cdot HCl \cdot 2\,H_2O$, wird wasserfrei bei 120°, löslich 1 : 26 in Wasser bei 15°, $[\alpha]_D^{22,5}$—108,2° in Wasser. — Sulfat, $B_2 \cdot H_2SO_4 \cdot 5\,H_2O$, Zersetzungspunkt 278°, wird wasserfrei bei 100°, löslich in Wasser 1 : 30 bei 25°, in Alkohol 1 : 1,035 bei 25°, $[\alpha]_D^{15}$—101,2° in Wasser. — Phosphat, $B \cdot H_3PO_4 \cdot 1\frac{1}{2}$ oder 2 H_2O, *Schmelzp.* 235° (Zers.), löslich in Wasser 1 : 2,25 bei 25°, 1 : 261 in Alkohol bei 25°.

Thebain, freie Base, $C_{19}H_{21}O_3N$, *Schmelzp.* 193°, leicht löslich in Alkohol, Chloroform, Benzol, weniger in Äther, fast unlöslich in Wasser, etwas löslich in Ammoniak und Kalkwasser, $[\alpha]_D^{15}$—218,6° in Alkohol. — Chlorhydrat, $B \cdot HCl \cdot H_2O$, löslich in Wasser 1 : 15,8 bei 70°, $[\alpha]_D j$—(168,32—2,33 c).

Papaverin, freie Base, $C_{20}H_{21}O_4N$, *Schmelzp.* 147°, unlöslich in Wasser, löslich in heißem Alkohol oder Chloroform, wenig löslich in kaltem Alkohol oder Äther, optisch inaktiv. — Chlorhydrat, $B \cdot HCl$, *Schmelzp.* 231, löslich in Wasser 1 : 37 bei 18°. — Bioxalat, $B \cdot C_2H_2O_4$, *Schmelzp.* 199°, fast unlöslich in Alkohol.

Narkotin, freie Base, $C_{22}H_{23}O_7N$, *Schmelzp.* 176°, fast unlöslich in Wasser, löslich in 85%igen Alkohol 1 : 100, in Äther 1 : 166 bei 16°, leicht löslich in Benzol, Äther und Eisessig, unlöslich in kalten Ätzalkalien oder Ammoniak, löslich in warmen Ätzalkalien und in warmer Kalkmilch, $[\alpha]_D j$—207,35, $[\alpha]_D$—198° in Chloroform, +50° in 1%iger Salzsäure (ANNETT, *Trans. Chem. Soc.* 123, 378 [1923]). Die Salze sind im Wasser hydrolytisch gespalten.

Narkophin (Morphin-Narkotinmekonat, D. A. 6), $[(C_{17}H_{19}O_3N)(C_{22}H_{23}O_7N)]C_7H_4O_7 + 4\,H_2O$, *Schmelzp.* 90—95°, enthält etwa 30% Morphin und etwa 43% Narkotin, löslich in Wasser etwa 1 : 12, in Alkohol etwa 1 : 25. Die Lösungen reagieren sauer gegen Lackmus. Natriumacetat fällt aus der wässerigen Lösung Narkotin als freie Base aus, *Schmelzp.* 174—176°.

Narcein, freie Base, $C_{23}H_{27}O_8N \cdot 3\,H_2O$, *Schmelzp.* 170° oder 140—145° (wasserfrei), löslich in 80%igen Alkohol 1 : 945 bei 15°, in Wasser 1 : 1285 bei 13°, besser in der Wärme, löslich unter Salzbildung in Alkalien und Ammoniak. — Chlorhydrat, $B \cdot HCl \cdot 3$ oder $5\frac{1}{2} H_2O$.

Mekonsäure (3-Oxy-γ-pyrondicarbonsäure, Oxy-chelidonsäure), $C_7O_8H_4 + 1$ oder 3 H_2O, *Schmelzp.* 150° (wasserfrei), löslich in Wasser 1 : 100 bei 15°, 1 : 4 bei 100°, außerordentlich starke Säure, fast so stark wie Schwefelsäure, gibt mit Eisenchlorid eine charakteristische braun- bis blutrote Färbung.

Konstitution der Opiumalkaloide. Nach den älteren Forschungen von VONGERICHTEN, KNORR, PSCHORR und FREUND (Übersicht GULLAND und ROBINSON, Soc. 123, 980 [1923]) sind Morphin und seine nahe verwandten Begleitalkaloide Kodein und Thebain Derivate eines teilweise hydrierten Phenanthrens, dem ein Isochinolinring in schwer zu enträtselnder Form angegliedert ist.

Nach den abschließenden Arbeiten von ROBINSON (Mem. and Proc. Manchester Soc. 1924/25, Nr. 10; Soc. 127, 908 [1926]) und SCHÖPF (A. 452, 211 [1927] und 458, 148 [1927]) haben sie die Konstitution I, wobei gilt für Morphin R und $R' = H$, Kodein $R = CH_3$, $R' = H$, Thebain R und $R' = CH_3$, ferner bei Thebain im Kern III 2 Doppelbindungen 6/7 und 8/14 statt der einen 7,8.

Also ist eines von den 3 Sauerstoffatomen in diesen 3 Opiumalkaloiden als Äthersauerstoff vorhanden, das andere als Phenol- und das dritte als sekundäre Alkohol-Gruppe. Nur im Morphin ist die Phenolgruppe frei, dagegen im Kodein und Thebain methyliert. Im Thebain ist auch der 6-Sauerstoff methyliert, aber im Morphin und Kodein frei.

I. Morphin, Kodein.

Über die Konfiguration dieser 3 eigentlichen Morphiumalkaloide (vgl. SCHÖPF, A. 452, 222 und 254 [1927]; 483, 163 [1931] und EMDE, Helv. chim. Acta 13, 1035 [1930]).

Apomorphin ist das Säureumlagerungsprodukt des Morphins, hat nach PSCHORR die Konstitution II und steht dem Papaverin II! nahe.

II. Apomorphin.   III. Papaverin.

Papaverin ist mehrfach synthetisiert: PICTET und GAMS, Compt. rend. Acad. Sciences 149, 210 [1909]; MANNICH, Arch. Pharmaz. 253, 181 [1915] und 265, 1 [1927]; ROSENMUND, B. 46, 1034 [1913]; aber die Synthese wird technisch nicht ausgeführt, weil die Extraktion aus Opium billiger ist.

Narkotin hat die Konstitution IV, und das ihm nahestehende Narcein die Konstitution V (vgl. ROSER, A. 249, 156 [1888]; 254, 334, 351 [1889]; 272, 221 [1893]).

IV. Narkotin.   V. Narcein.

Mekonsäure hat die Konstitution VI., in ihr kehrt ein Äthersauerstoffatom wie bei den Morphinalkaloiden wieder.

VI. Mekonsäure.

Die Konstitutionsformeln I–V sind nach abfallender Kernkondensation geordnet, und die C-Atome sind in den Formeln korrespondierend numeriert, so daß die konstitutionelle Verwandtschaft der Opiumalkaloide hervortritt.

Statistisches. Die Hauptmenge des Opiums und des Morphins und seiner engeren Derivate wird nicht zu arzneilichen Zwecken, sondern als Rauschgifte verbraucht. Zuverlässige statistische Angaben sind infolgedessen nicht erhältlich. China und die Türkei, die größten Produzenten von Opium, haben es bis jetzt abgelehnt, Angaben über die Produktion zu machen.

Die Expertenkommission der 2. Genfer Opiumkonferenz 1924 schätzte die Welterzeugung auf 8600 t, davon auf China entfallend 5000 t. Nach dem Rapport O. C. 1112 des Völkerbundes vom Dezember 1929 soll der Weltverbrauch für medizinische Zwecke betragen: Medizinalopium 49,6 t, Morphin 9,74 t, Heroin 0,79 t, Kodein 9,74 t. Obwohl die Hauptmenge des in China produzierten Opiums für Rauchzwecke dient, ist aus dem Vergleich der Zahlen ersichtlich, welch große Mengen als Rauschgifte Verwendung finden.

Für die Jahre 1925–1928 ermittelte Anselmino im Auftrage des Völkerbundes (Drucksache C. 356, M. 148; *Chemische Ind.* 54, 179 [1931]) folgende Produktionszahlen in *kg* für Morphin, Diacetyl-morphin und Cocain, also für die 3 hauptsächlichen Rauschgiftalkaloide:

	Morphin[1]				Diacetylmorphin				Cocain			
	1925	1926	1927	1928	1925	1926	1927	1928	1925	1926	1927	1928
Frankreich . .	2 600	3 900	4 000	7 278	1230	1840	1840	3450	552	974	772	1100
Deutschland .	14 000	20 700	12 800	19 120	1100	1800	750	1300	33 00	2400	2500	2344
Großbritannien	6 019	5 180	4 683	3 968	307	280	447	277	–	–	–	129
Indien	57	92	25	61	–	–	–	–	–	–	–	–
Italien				49	–	–	–	10	–	–	–	–
Japan	1 590	1 750	1 508	2 412	128	1009	691	1745	1419	1510	1542	1420
Niederlande .	–	–	17	17	–	–	–	–	680	680	692	668
Schweiz . . .	8 200	8 038	3 757	2 246	4560	3937	3310	952	–	70	59	140
Ver. Staaten .	6 540	7 259	7 292	8 191	–	–	–	–	1023	815	947	952
U. d. S. S. R. .	–	–	–	–	–	–	–	–	–	85	588	935

[1] In den Zahlen sind die Morphinmengen, die für die Gewinnung von Diacetylmorphin dienten, enthalten.

1929 wurden hergestellt: 13 370 *kg* Morphin, 3621 *kg* Diacetylmorphin, 5661 *kg* Cocain.

An Derivaten, die nicht unter die Betäubungsmittelgesetzgebung fallen, wurden 1925–1928 durchschnittlich 20 583 *kg*, dagegen 1929 39 120 *kg* fabriziert, also schätzungsweise 12 000 *kg* über den legitimen Weltbedarf.

Die Preise für Opium mit 11,5 % Morphin waren in sh je Pfund engl. cif europäische Häfen: 1928: sh 18–20, 1929: sh 23–30 und fielen 1931 bis auf etwa 8 sh.

Seit der Opiumkonvention vom 23. Februar 1912 bzw. 4. Oktober 1919, der fast alle Kulturstaaten beigetreten sind, laufen offizielle Bemühungen zur Einschränkung der Verwendung von Opium und Opiumalkaloiden als Rauschgiften, bis jetzt aber mehr ut quid fieri videatur als mit effektiver Wirksamkeit. Denn starke wirtschaftliche Interessen haben bis jetzt verhindert, daß der einzig wirksame Weg beschritten wird, nämlich gleichzeitige kontrollierte Einschränkung der landwirtschaftlichen Opiumproduktion und der industriellen Opiumalkaloidfabrikation. Aber die Entwicklung muß in naher Zukunft zu wirksameren Maßnahmen führen als bisher. In Ägypten z. B. wurden 1929 etwa 50% aller Eigentumsdelikte von Rauschsüchtigen begangen, und in der Türkei z. B. blüht eine parasitäre Alkaloidfabrikation zur Umgehung der jetzigen unzureichenden gesetzlichen Bestimmungen, so sehr auch anzuerkennen ist, wenn die alten guten Alkaloidfirmen sich davon fernhalten. Die Betäubungsmittelgesetzgebung ist bis jetzt mangelhaft, und in den meisten Ländern fehlt noch die wirksame Kontrolle.

Literatur: Tschirch, Handbuch der Pharmakognosie. – R. Millatt, La culture du Pavot et le commerce de l'Opium en Turquie. Paris 1913. – Jermstad, Das Opium. Leipzig 1922. – Henry, Plant Alkaloids. London 1924. – Schwyzer, Fabrikation der Alkaloide. Berlin 1927. – F. Wratschko, Fabrikation der Opiumalkaloide und ihrer wichtigsten Derivate. Pharmaz. Presse Wien **1926**, 190. *Herm. Emde.*

Opolen (Chem. Fabrik Helfenberg A. G., Helfenberg bei Dresden) ist eine Molekülverbindung aus Dimethylaminophenyldimethylpyrazolon und phenylcinchoninsaurem Calcium. Anwendung wie Atophan. Tabletten zu 0,25 *g*.   *Dohrn.*

Opsonogen (Chemische Fabrik Güstrow, Güstrow) ist eine Staphylokokken-vaccine zur Anwendung bei Furunkulose, Acne u. s. w.   *Dohrn.*

Optanin (*Knoll*), basisch gerbsaures Calcium, hergestellt nach *D. R. P.* 306 979 und 307 857, indem man an der Luft getrocknete basisch gerbsaure Calciumverbindung etwa 6[h] bei etwa 140 bis 150° erhitzt, d. h. so lange, bis sie in Säure schwer löslich geworden ist, bzw. indem man Gerbsäurelösungen mit der entsprechenden Menge Calciumhydroxyd erhitzt, bis die Schwerlöslichkeit erreicht ist. Anwendung als Darmdesinficiens. Tabletten zu 0,5 *g*.   *Dohrn.*

Optarson (*I. G.*) ist eine Kombination von Solarson (Ammoniumsalz der Heptinchlorarsinsäure) mit Strychnin, enthaltend in 1 *cm*³ 0,01 *g* Solarson und 0,001 g Strychnin. Anwendung zur Steigerung des Stoffwechsels. Ampullen zu 1 *cm*³.   *Dohrn.*

Optisal (A. C. Dung, G. m. b. H., Freiburg i. Br.), Calcium-Natrium-citrat. Anwendung in der Kalktherapie.   *Dohrn.*

Optochin (*Zimmer*), Äthoxyhydrocuprein, hergestellt nach *D. R. P.* 254 712, indem Hydrocuprein (entmethyliertes Hydrochinin) nach bekannter Methode in die

Äthylverbindung überführt wird (s. auch Bd. **III**, 193, 588). Die Base ist unlöslich in Wasser, leicht löslich in Äther; das Chlorhydrat löst sich leicht in Wasser; Geschmack sehr bitter. Anwendung bei Pneumokokkeninfektion, äußerlich und innerlich. Nebenwirkungen Erbrechen, Taubheit, Sehstörungen. *Dohrn.*

Optone (*Merck*) sind durch Fermentierung oder Hydrolyse nach ABDERHALDEN hergestellte, leicht lösliche Abbauprodukte innersekretorischer Drüsen, s. u. Organpräparate. *Dohrn.*

Orange I (*Durand, Geigy*), S (*I. G.*) ist der 1876 von GRIESS, ROUSSIN und WITT unabhängig voneinander erfundene saure Azofarbstoff aus Sulfanilsäure und α-Naphthol. Der Farbstoff deckt Wolle und Seide gut, ist auch ziemlich lichtecht, aber wenig walkecht und wird nur noch wenig angewendet. *Ristenpart.*

Orange II (*Ciba, Durand, Geigy, I. G., Sandoz*), II RN (*I. G.*) ist gleich Goldorange (Bd. **VI**, 52).

Orange GG in Krystallen (*I. G.*) gleich Echtlichtorange (Bd. **IV**, 101).

Orange MNO (*Ciba*) gleich Metanilgelb (Bd. **VII**, 533).

Orange N (*Ciba*) IV (*Durand, Geigy, I. G.*) ist der 1876 von WITT und ROUSSIN erfundene saure Azofarbstoff aus Sulfanilsäure und Diphenylamin. Er färbt Wolle und Seide gut gleichmäßig, kräftig und ziemlich lichtecht an. Die Marke L ist gleich Chrysolin (Bd. **III**, 434). *Ristenpart.*

Orange R (*Sandoz*) gleich Alizaringelb R (Bd. **I**, 209).

Orange R (*Ciba, Durand*) ist der saure Azofarbstoff aus o-Toluidinmonosulfosäure und β-Naphthol, .ein lebhaftes rötliches Orange von guter Walkechtheit für Wolle und Seide. Weitere Marken der *I. G.* sind GK, RO, II RN.

Orasthin (*I. G.*), uteruswirksames Hormon des Hypophysenhinterlappens, bewirkt Anregung und Vertiefung der Wehentätigkeit, ohne Blutdruck, Darm und Diurese zu beeinflussen. Intramuskulär und subcutan; 1 $cm^3 = 3$ VOIGTLIN-Einheiten, stark 1 $cm^3 = 10$ VOIGTLIN-Einheiten; s. auch u. Organpräparate. *Dohrn.*

Orexin (*I. G.*), Phenyldihydrochinazolin, $C_6H_4\diagdown\genfrac{}{}{0pt}{}{CH_2 \cdot N \cdot C_6H_5}{N = CH}$, wird nach *D. R. P.* 51712 hergestellt, indem Nitrobenzylformanilid unter Ringschluß reduziert wird, oder nach *D. R. P.* 113 163 durch Erhitzen von o-Aminobenzylalkohol mit Ameisensäure und Anilin bei Gegenwart wasserentziehender Mittel, wie Kaliumbisulfat. Das Tannat ist ein gelblichweißes Krystallpulver ohne Geruch und Geschmack, unlöslich in Wasser, wenig löslich in Äther und Alkohol, leicht löslich in sehr verdünnten Säuren. Anwendung bei Appetitlosigkeit durch Steigerung der Magensalzsäureproduktion. Tabletten zu 0,25 *g*.

Organpräparate ist die Bezeichnung für gewisse medizinische Produkte, die meist aus tierischen Organen gewonnen werden. Man benutzt sie meist als Therapeutica, hie und da aber auch als Zusatz zu organtherapeutischen Nährmitteln. Diese Präparate werden durch besondere Methoden aus den Drüsen mit innerer Sekretion oder gewissen Ausscheidungsprodukten gewonnen, einige wenige, deren Konstitution bekannt ist, auch synthetisch hergestellt. Sie dienen hauptsächlich dem Zwecke, dem Körper die zum normalen Funktionsablauf unbedingt notwendigen Hormone von außen zuzuführen, wenn diese wegen Schädigung ihrer Produktionsorte in zu geringer Menge gebildet werden. Sie kommen in den Handel entweder als getrocknete, gereinigte, entsprechend dosierte Gesamtorgane oder in Form klarer, mehr oder weniger eiweißfreier Extrakte der Gesamtdrüsen oder als Zubereitungen der aus den frischen Organen isolierten, durch wiederholte Krystallisation oder Umfällungen gereinigten Hormone, oder als Präparate synthetisch hergestellter Stoffe oder schließlich als Kombinationspräparate mehrerer in der Dosierung aufeinander abgestimmter Hormone.

Hormone (ὁϱμᾶν, anregen) sind vom tierischen oder pflanzlichen Organismus hervorgebrachte Substanzen, welche nach Art der chemischen Katalysatoren und wie diese bereits in minimalen Mengen die normalen Zellvorgänge steigern oder hemmen. Hier interessieren uns allein die im tierischen Organismus entstehenden. Produktionsort der Hormone sind die sog. Drüsen mit innerer Sekretion, d. h. solche, welche ihre Produkte nicht durch einen besonderen Ausführungsgang entleeren (das wäre äußere Sekretion), sondern direkt an das Blut abgeben: die Schilddrüse, Nebenschilddrüsen, Hypophyse (Hirnanhang), Epiphyse (Zirbeldrüse), Thymus, Nebennieren. Außer diesen rein innersekretorischen Organen gibt es noch sog. gemischte Drüsen, die sowohl äußere als auch innere Sekretionen haben: Pankreas (Bauchspeicheldrüse), Hoden, Ovarien. Daneben wird noch einer ganzen Anzahl anderer Organe die Fähigkeit, Hormone zu bilden, zugeschrieben, nämlich dem Uterus, der Placenta, Leber, Milz, Niere, dem Herzmuskel, den Blutgefäßen, der Prostata und den Milchdrüsen (Mammae).

Durch Unter- und Überproduktion von Hormonen werden mannigfache, zum Teil außerordentlich charakteristische Gesundheitsstörungen hervorgerufen. Diese können zum Teil schlagartig behoben werden durch therapeutische Zufuhr des in zu geringer Menge vorhandenen Hormons: so Krämpfe bei Diabetes durch Insulin, Gefäßlähmungen durch Adrenalin. Da sich andererseits die Hormone gegenseitig teils unterstützend, teils hemmend beeinflussen, gelingt es auch durch Zufuhr eines hemmenden Hormons, die Folgen einer Überproduktion des entgegengesetzt wirkenden zu paralysieren. So ist die Hormontherapie zu einem ganz besonders wichtigen Hilfsmittel des Arztes geworden. Die Aufgabe der pharmazeutischen Industrie ist es, die Hormone in möglichst reiner, wirksamer, genau dosierter und haltbarer Form zu liefern.

Die Hormone sind organische Substanzen chemisch aus ganz verschiedenen Gruppen: biogene Amine (z. B. Histamin), aromatische Amine (Adrenalin), jodierte aromatische Amine (Thyroxin), Sterine (Follikulin) u. s. w.

Da ihre chemische Zusammensetzung noch größtenteils unbekannt ist, werden sie fast ausschließlich aus tierischen Organen gewonnen und durch biologische Prüfmethoden charakterisiert und quantitativ bestimmt. Dabei ist es von ganz besonderer Bedeutung, daß die Hormone nicht artspezifisch sind; die tierischen wirken in gleicher Weise beim Menschen und umgekehrt, und die bekannten Hormone der einzelnen Tiergattungen sind chemisch und pharmakologisch identisch.

Darstellung von Hormonpräparaten. Die im Drüsengewebe enthaltenen Hormonmengen sind äußerst gering; so enthält Hypophyse eines Ochsen etwa $1/10$ *mg* Hypophysin, eine menschliche Nebenniere etwa $4-5$ *mg* Adrenalin. Infolgedessen muß das Bestreben bei der fabrikmäßigen Darstellung dahin gehen, aus einem voluminösen Ausgangsmaterial die große Menge eiweiß- und fettartiger Ballaststoffe quantitativ zu entfernen und die geringen Hormonmengen anzureichern.

Als Ausgangsmaterialien dienen die frischen, auf Schlachthöfen gewonnenen Drüsen. Sie werden sofort nach der Schlachtung der Tiere zunächst grob herauspräpariert und in bereitgestellten Gefäßen gesammelt. Da die Weitergabe an die aufkaufende Fabrik immer erst dann erfolgt, wenn ein bestimmtes Quantum zusammengekommen ist, müssen die Organe konserviert werden. Am besten geschieht dies durch sofortiges Gefrieren und Aufbewahren in Kühlräumen. Vielfach werden die Drüsen auch eingepökelt mit einer Mischung von $6-10\%$ Kochsalz und 1% Salpeter und in möglichst dichten Holzgefäßen verschickt, einige Organe können auch in Aceton eingelegt werden. Eine besondere Bedeutung hat als Konservierung die Trocknung der frischen Drüsen bei niedriger Temperatur (manche Hormone werden schon bei gelindem Erwärmen geschädigt) unter vermindertem Druck gewonnen. Pulverisiert sind sie dann bei geeigneter Lagerung und Verpackung sehr haltbar. Alle diese Verfahren stehen aber hinter dem Gefrieren zurück.

Die Preise für frischgefrorene Organe sind 1930 bei Abnahme großer Quantitäten folgende je 1 *kg*: Schilddrüse RM. 6,00, Hypophyse RM. 28,00, Hoden RM. 1,60, Ovar RM. 12,00, Placenta RM. 1,60, Gehirn RM. 1,80, Thymus RM. 8,00, Nebenniere RM. 2,00–3,00.

Die nichtgetrockneten frischen Drüsen müssen sobald als möglich weiterverarbeitet werden, die gefrorenen gleich nach dem Auftauen. Zu diesem Zwecke werden zunächst die anhaftenden unbrauchbaren Gewebestücke (Fett, Fascien, Gefäße, Muskeln, Bindegewebe) mit der Schere entfernt und dann die grob zerkleinerten Organe in einem Fleischwolf zu einem meist sehr dünnflüssigen Brei zermahlen. Es ist besonders darauf zu achten, daß das Gut hier wie bei allen im folgenden noch zu beschreibenden weiteren Methoden möglichst wenig oder gar nicht mit Eisen oder Kupfer in Berührung kommt, da die Extrakte durch Spuren dieser Metalle eine unansehnliche, dunkle Farbe erhalten. Infolgedessen müssen unbedingt alle Metallgefäße gut emailliert oder verzinkt, die Messer u. s. w. am besten aus nichtrostendem Stahl sein. Nach dieser allgemeinen Vorbereitung erfolgt die Weiterverarbeitung auf verschiedenen Wegen, je nach der Art des gewünschten Präparates.

Zur Hormonentherapie werden, wie eingangs erwähnt, hauptsächlich drei Zubereitungsformen gebraucht: Getrocknete, gereinigte Gesamtdrüsen, gereinigte Extrakte sowie isolierte Reinprodukte.

Bei der Herstellung des gebrauchsfähigen Trockenpräparates aus den Gesamtdrüsen werden die im Wolf zerkleinerten Organe in Trockenschränken oder durch andere geeignete Verfahren (z. B. Vakuumzerstäubung) bei möglichst niedriger Temperatur getrocknet. Hierbei verlieren sie durch Wasserabgabe $^4/_5$ bis $^9/_{10}$ ihres Frischgewichtes. Nach dem Trocknen werden die dünnen Lagen, nunmehr von meist dunkelbrauner Farbe, zerbröckelt und in emaillierten oder verzinkten Extraktionsgefäßen mit fettlösenden Mitteln (Petroläther, Aceton u. s. w.) entfettet. Dabei ist allerdings darauf zu achten, daß man diese Art der Entfettung nur bei solchen Organen durchführen darf, deren wirksame Bestandteile in den gebrauchten Lösungsmitteln unlöslich sind (s. speziellen Teil). Bei der Verwendung von pulverisierten Rohtrockenprodukten fällt natürlich der ganze bisher beschriebene Arbeitsgang weg, die Ausgangsmaterialien kommen vielmehr direkt in die Extraktionsapparate. Nach der vollständigen Extraktion werden die nunmehr hellgelben Restbestände in geeigneten Mühlen zu einem feinen Pulver vermahlen. Die so gewonnenen Präparate sind meist stark hygroskopisch; ihrer Aufbewahrung und Lagerung ist daher besondere Sorgfalt zu widmen. Um sie in geeignete Handelsformen zu bringen, werden vielfach verschiedenartige Bindemittel und geschmackverbessernde Stoffe zugesetzt (Zucker, Kakao) oder andere, angeblich die Wirkung verstärkende, wie Salze, Arsen, Blutfarbstoffe u. s. w. So vorbereitet, werden die Präparate direkt in gutverschlossenen Blechbüchsen verpackt oder zuvor tablettiert und nach Bedarf dragiert. In der Regel wird angegeben, welcher Menge frischer Drüse 1 Tablette oder 1 Dragée entspricht.

Diese bisher beschriebenen Präparate werden meistens per os eingenommen. Bei gewissen Hormonen genügt diese Darreichungsform, z. B. bei dem der Thyreoidea. Das Bestreben geht aber ganz allgemein dahin, einerseits auch bei den per os zuzuführenden Organpräparaten außer den Fetten auch die übrigen Ballaststoffe zu entfernen, weil hierdurch die Reinheit erhöht und die genaue Dosierung erleichtert wird, andererseits aber verlangt man heute ganz allgemein gereinigte Hormonlösungen, welche direkt unter die Haut oder in die Venen eingespritzt werden können. Denn die meisten Hormonpräparate werden entweder im Darmkanal zerstört oder ihre therapeutische Wirksamkeit durch die langsame und unkontrollierbare Resorption im Darm abgeschwächt bzw. verzögert (z. B. Adrenalin und Insulin). Bei der Injektion hingegen kommt die ganze dem Körper zugeführte Medikamentmenge zur Wirkung.

Die besondere Zusammensetzung der Ballaststoffe, vor allem der Eiweißkörper, bringt es mit sich, daß die Reinigung der Präparate ganz besondere Schwierigkeiten bereitet. Dazu kommt, daß ganz generell für jedes Hormon auf Grund seiner chemischen Eigenschaften besondere Verfahren notwendig sind.

Abweichend von vorstehenden Methoden werden die Hormoliquite (Testi-, Ovo-, Hepa-, Cardio-, Splenoliquit) der LAPOPHARMA A. G., Charlottenburg, gewonnen. Ihre Herstellung beruht auf dem A. P. 1515976 [1923] von LINA STERN und F. BATELLI. Darnach werden die frisch entnommenen Drüsen in einer Nährflüssigkeit (Blut, physiolog. NaCl- oder RINGER-Lösung) bei etwa 40° mit Sauerstoff während 2—24ʰ behandelt, wobei die Drüsen ihre Hormone in reichlichen Mengen in die Nährflüssigkeit abscheiden.

Spezieller Teil: Gereinigte, isolierte und synthetische Hormone.

Die **Schilddrüse** liegt an der Vorderseite des Halses vor der Luftröhre. Ihr bisher als das wirksamste erkannte Hormon ist das in letzter Zeit auch chemisch identifizierte Thyroxin; es ist aber wahrscheinlich, daß sie außer diesem noch ein oder mehrere andere Hormone produziert.

Funktion: Anregung des Stoffwechsels, namentlich des Eiweißstoffwechsels, Kontrolle des Wasserhaushaltes, des Knochenwachstums, des Haut- und Haarwachstums, der Geschlechtsbildung; hohe Bedeutung für Intelligenz und Gedächtnis. Unterproduktion von Thyreoidea-Hormon erzeugt Myxödem, Kretinismus, Stoffwechselerniedrigung, Überproduktion die BASEDOWsche Krankheit.

Für die Thyreoidea charakteristisch ist ihr Gehalt an Jod, das die Drüse zur Darstellung ihres Haupthormons speichert und verbraucht. Wird dem Organismus das Jod entzogen (wenn er z. B. mit der Nahrung zu wenig Jod aufnimmt, wie dies namentlich in gebirgigen Gegenden der Fall ist), so ist die Synthese des Schildhormons unmöglich, und es kommt zur Kropfbildung oder den oben beschriebenen Erscheinungen der Schilddrüsenunterfunktion. Dabei sind die zum normalen Funktionsablauf erforderlichen Jodmengen äußerst gering. Der Mensch braucht pro Tag nur etwa $^1/_{10}$ mg Jod, also etwa 36 mg pro Jahr.

Darstellung eines Extraktes aus Rinder- oder Hammelschilddrüsen. Präparierung und Zerkleinerung wie oben. Aus dem wässerigen Extrakt lassen sich durch Halbsättigung mit Ammoniumsulfat Thyreoglobuline mit schwankendem, im Durchschnitt etwa 0,15% betragendem Jodgehalt ausfällen. Durch saure Hydrolyse (10% Schwefelsäure) stellte BAUMANN aus diesen das 3—5% Jod enthaltende Jodothyrin her. Beide Fraktionen sind Gemische, keine einheitlichen chemischen Individuen.

β-3,5-Dijod-4-[3',5'-dijod-4'-oxyphenoxy]-
phenyl-α-aminopropionsäure.

KENDALL hat das Thyreoglobulin statt in saurer Lösung mit 5% Natronlauge hydrolysiert und erhielt auf diese Weise eine krystallinische Substanz mit etwa 65% Jodgehalt, das Thyroxin, dessen richtige Formel und Synthese von CH. R. HARINGTON und G. BARGER (*Biochem. Journ.* 20, 293, 300, 21, 169) herrührt. Es ist als ein Tetrajodthyrosin aufzufassen.

Die Wirksamkeit dieses Produktes ist sehr groß: 1 mg = 0,2 g Thyreoglobulin. Es wird jetzt von SCHERING-KAHLBAUM, DR. G. HENNING, Berlin, HOFFMANN-LA ROCHE und anderen synthetisch dargestellt, hat aber bisher die aus Schilddrüsen selbst gewonnenen Präparate keineswegs verdrängen können. Es ist, wie erwähnt, auch anzunehmen, daß neben diesem Thyroxin und neben dem ebenfalls in der Schilddrüse vorkommenden Dijodthyrosin noch andere wirksame Hormone in der Drüse vorhanden sind; denn beide Substanzen machen zusammen nur 22% des Schilddrüsenjods aus; es wird auch die Ansicht vertreten, daß nichtjodhaltige hormonartige Substanzen in der Schilddrüse vorhanden sind. In jüngster Zeit hat die *I. G.* die wirksamen Bestandteile der Drüse als Elityran in haltbarer Form gewonnen. Dieses Präparat soll dem synthetischen Hormon Thyroxin an Wirksamkeit bedeutend überlegen sein.

Die Standardisierung der Extrakte und Trockenpräparate kann durch Bestimmung des Jodgehaltes erfolgen. Das *D. A. B.* 6 schreibt vor, daß getrocknete Schilddrüsen einen Mindestgehalt von 0,18% Jod haben müssen. Die größte Einzelgabe eines solchen Präparates beträgt 0,5 *g*, die größte Tagesgabe 1,0 *g*. Genauere Werte für den Gehalt an wirksamem Hormon geben die biologischen Prüfungen; unter diesen dürfte die von REID HUNT ausgearbeitete Acetonitrilmethode die genaueste sein. Sie beruht darauf, daß Schilddrüsenextrakte die Resistenz von weißen Mäusen gegen den vergiftenden Einfluß von Acetonitril erhöht, u. zw. proportional dem Gehalt an wirksamem Hormon. Eine Schilddrüseneinheit ist die Menge Hormon, welche die Resistenz um 100% erhöht, so daß die Vergiftung der Maus erst bei der doppelten Menge des Giftes als normalerweise eintritt. Gewisse Anhaltspunkte für die Wirksamkeit eines Schilddrüsenpräparates gibt auch die Bestimmung seines Gehaltes an organisch gebundenem Jodes; eine derartige Prüfung von Schilddrüsenpräparaten ist im *D. A. B.* 6, vorgeschrieben.

Beginn mit 3mal täglich 10 Einheiten, vorsichtige Steigerung. Häufig werden auch die Dosen auf frisches Organ bezogen. Gegen Schilddrüsenunterfunktion, Kretinismus, Fettsucht.

Handelsnamen: Thyreoidin, Glandulae Thyreoideae (*Merck*); Thyreoidin (HOFF-MANN-LA ROCHE, DR. HEISLER, *Merck*); Thyraden (*Knoll*); Thyreophorin (SCHERING-KAHL-BAUM, Berlin); Thyrowop (DEGEWOP, Berlin); Thyreototal (LABOPHARMA, Berlin); Thyreoaktiv (DR. G. HENNING, Berlin); Thyreohorma (A. G. HORMONA, Düsseldorf); Thyropurin (CHEM. FABR. A. JAFFÉ, Berlin); Thyreodis (DR. H. A. CUSTODIS, CHEM. FABR., Bielefeld); Inkretan sowie Jodgorgon = 3,5 Dijodthyrosin (PROMONTA, Hamburg).

An beiden Seiten der Schilddrüse finden sich, meist im Gewebe versteckt, je zwei etwa erbsengroße Drüsen mit innerer Sekretion, die sog. *Epithelkörperchen*. Sie regeln den Calciumstoffwechsel; vielleicht haben sie auch eine Bedeutung für die Entgiftung von normalen Stoffwechselzwischenprodukten.

Ihre Entfernung bewirkt nach McCALLUM und VOEGTLIN eine Vermehrung der Kalkausscheidung und Sinken des Blutkalkgehaltes, hierdurch Krämpfe, Störungen im Knochenwachstum und Zahndefekte. Ein angeblich wirksamer Extrakt aus den Drüsen wird folgendermaßen gewonnen: Ganz frische Organe werden mit der gleichen Menge 5%iger Salzsäure auf dem Wasserbad erwärmt; nach der Verdünnung mit der 3fachen Menge Wassers wird das oben schwimmende Fett abgeschöpft und mit Natronlauge auf p_H 8–9 gebracht. Dann wird vorsichtig mit Salzsäure auf p_H 5,5–5,6 angesäuert, abzentrifugiert, der Niederschlag in Alkohol gelöst und diese Fällung und Lösung mehrfach wiederholt.

Indikationen: Sog. Hypothyreoidismus (vgl. oben: Funktionen), namentlich auch Fettsucht. Schilddrüsensubstanz findet sich sehr häufig in den Geheimpräparaten zur Entfettung.

Die *Thymusdrüse* liegt unter dem Brustbein und ist namentlich im intrauterinen Leben, d. h. vor der Geburt und auch kurz nach derselben, am stärksten entwickelt; sie verkümmert dann normalerweise zur Zeit der Pubertät. Ihre Funktion soll in der Entgiftung von toxischen Abbauprodukten liegen, vielleicht auch in einer Regelung des Stoffwechsels und des Wachstums. Es wird von vielen Seiten angenommen, daß ihr Hormon das der Schilddrüse antagonistisch beeinflußt. Ferner soll die Thymusdrüse auch ermüdungshemmend auf die Muskeln wirken.

Da eine Methode zur Wertbestimmung noch nicht existiert, beschränkt man sich auf die Herstellung von Trockenpräparaten aus Gesamtdrüsen (Ausgangsmaterial ist Kalbsbries).

Handelsnamen: Glandulae Thymi sicc., Tabl. Thymi, Thymus-Opton (*Merck*); Thymoglandol (HOFFMANN-LA ROCHE); Thymo-Glandosan (PHARMAGANS, Obertursel); Thymopituitrin (DR. HEISLER, CHEM. FABR., Chrast); Thymototal, Thymo-Hyoretin (LABOPHARMA, Berlin); Thymophysin (CHEMOSAN-UNION & F. PETZOLD A. G., Wien).

Indikationen: Rachitis, Basedow.

Nebennierenpräparate. Die Nebenniere ist ein paariges, über der Niere liegendes Organ. Sie ist zusammengesetzt aus zwei, anscheinend verschiedenartige Hormone produzierenden Abschnitten: der Nebennierenrinde und dem Nebennierenmark. Die Rinde, deren Zellen durch ihren Gehalt an Lipoidtröpfchen und gelbem Pigment ausgezeichnet ist, bildet wahrscheinlich das (noch wenig untersuchte) Hormon, dessen Ausfall die ADDISONsche Krankheit hervorruft. GOLDZIEHER hat das Rindenhormon durch ein der Insulindarstellung angelehntes Verfahren zu extrahieren versucht.

Der zweite wichtige Bestandteil der Nebenniere ist das Mark, dessen Zellen mit Kaliumbichromat eine Braunfärbung (daher: chromaffines Gewebe), mit verdünntem Eisenchlorid eine Grünfärbung geben. Hier wird das Adrenalin gebildet, das erste Hormon, das krystallisiert gewonnen wurde (1901 ALDRICH und TAKAMINE, unabhängig voneinander), und von STOLZ (B. 37, 4149) und DAKIN [1904] synthetisiert (s. u.) werden konnte. Es ist 1-[β-Methylamino-α-oxy-äthyl]-3,4-dioxybenzol (1-Methylamino-aethanol-brenzcatechin).

Die Base ist in Wasser 1:10000 löslich, unlöslich in organischen Lösungsmitteln. Die Salze dagegen sind gut wasserlöslich und bis auf das Borat und Bitartrat sehr hygroskopisch. Da ein asymmetrisches Kohlenstoffatom vorhanden ist, existiert eine l- und eine d-Modifikation, von denen die erstere 12—15mal so wirksam ist als die letztere. Das synthetische Produkt ist rac., kann aber über das weinsaure Salz in die beiden optischen Komponenten zerlegt werden. Pharmazeutische Verwendung findet außer dem synthetischen Produkt die aus den Drüsen extrahierte l-Modifikation in der handelsüblichen Form der Lösung 1:1000. Diese ist sehr empfindlich gegen Luftsauerstoff, Licht und Erwärmung; sie enthält meist ein Konservierungsmittel und muß klar und farblos sein. Rote oder trübe Lösungen sind giftig.

Adrenalin ist das Erregungsmittel des sog. sympathischen Nervensystems, verengert die meistens arteriellen Gefäße und steigert dadurch den Blutdruck, erregt das Herz und hemmt die Darmperistaltik. Es wirkt antagonistisch gegenüber dem Insulin.

Therapeutisch ist es ausgezeichnet gegen Asthma und andere „allergische" Zustände wirksam, besonders in Kombination mit Hypophysin (s. d.) und als Mittel gegen Gefäßkollaps, auch zur Blutstillung. Neben den synthetischen Präparaten (Epinephrin, Suprarenin) wird auch in der Therapie noch vielfach aus den Organen gewonnenes Adrenalin angewendet. Hierbei ist zu beachten, daß dieses natürliche l-Adrenalin wirksamer ist als das synthetische, racemische (s. o.).

Darstellung: Das zerkleinerte Gut wird in der Siedehitze mit der 10fachen Menge verdünnter Essigsäure (etwa $n/_{50}$) versetzt, nach einigen Stunden abgehebert, der Rückstand nochmals mit neuer Säurelösung extrahiert und die vereinigten Flüssigkeiten im Vakuum auf $^1/_{10}$—$^1/_{20}$ des ursprünglichen Volumens eingeengt; das noch in der Lösung befindliche Eiweiß wird mit 96%igem Alkohol (10fache Menge) gefällt und die Lösung wieder im Vakuum eingeengt; darauf wird unter Luftabschluß Ammoniak eingeleitet, worauf das Adrenalin krystallinisch ausfällt; dieses Rohprodukt wird abgenutscht, mit verdünntem Ammoniak und Äther gewaschen und durch Lösen in Salzsäure und Ausfällen mit Ammoniak bis zum konstanten Schmelzp. gereinigt. 100 kg Drüsen geben etwa 110 g reines Adrenalin.

Nach einem anderen, ursprünglich von ABEL angegebenen Verfahren werden die zerkleinerten Nebennieren mit dem gleichen Gewichte einer 3,5%igen Lösung von Trichloressigsäure in 96%igem Alkohol vermischt. Nach 12h filtriert man ab, konzentriert das Filtrat auf $^1/_5$ seines ursprünglichen Volumens, filtriert abermals und fügt konz. Ammoniak hinzu, bis die Flüssigkeit darnach riecht. Die ausgefällte Adrenalinbase wird filtriert, mit Wasser, Alkohol und Äther gewaschen. Die Ausbeute an rohem Adrenalin beträgt $2^0/_{00}$ vom Gewichte der frischen Nebennieren und kann durch Wiederholung vorstehender Operation auf $3^0/_{00}$ gesteigert werden. Das Rohprodukt wird durch Lösen in oxalsäurehaltigem Alkohol und Ausfällen mit Ammoniak gereinigt (H. PAULY, B. 36, 2945 [1903]).

Synthese des Adrenalins. Brenzcatechin wird mit Chloressigsäure zu Chloraceto-brenzcatechin (I) kondensiert, dieses mit Methylamin zu Methylamino-acetobrenzcatechin umgesetzt (II), dieses zu rac. Adrenalin (III) reduziert und letzteres gespalten.

I $CO \cdot CH_2Cl$ II $CO \cdot CH_2 \cdot NH \cdot CH_3$ III $CH(OH) \cdot CH_2 \cdot NH \cdot CH_3$.

Chloraceto-brenzcatechin: 22 g Brenzcatechin, 19 g Chloressigsäure, 10 g Phosphoroxychlorid (frei von Phosphorchloriden) werden mit 100 cm³ trockenem Benzol 24ʰ gekocht. Nach dem Abdampfen des Benzols im Vakuum wird der Rückstand mit Tetrachlorkohlenstoff ausgekocht und das rohe Chloraceto-brenzcatechin durch Krystallisation aus Wasser gereinigt. 19,5 g, *Schmelzp.* 173⁰ (OTT, *B.* 59, 1071 [1926]).

Methylaminoaceto-brenzcatechin: 100 g pulverisiertes Chloraceto-brenzcatechin werden in 50 cm³ Alkohol suspendiert, 200 cm³ einer 40%igen wässerigen Methylaminlösung zugefügt und 24ʰ geschüttelt, filtriert und mit kaltem Alkohol gewaschen. Zur Reinigung wird das Reaktionsprodukt in verdünnter Salzsäure gelöst und mit Ammoniak gefällt (60 g). Zersetzt sich gegen 230⁰ (F. STOLZ, *B.* 37, 4152; *D. R. P. M. L. B.* 152 814).

rac. Adrenalin. Für die Reduktion des Methylaminoaceto-brenzcatechins zu dem entsprechenden Alkohol ist im *D. R. P.* 157 300 von *M. L. B.* aktiviertes Aluminium, Natriumamalgam, elektrolytische Reduktion angegeben, wobei aber Nebenreaktionen auftreten (*B.* 57, 1125). Gute Resultate gibt die katalytische Reduktion mit Palladium und Wasserstoff (*D. R. P.* 254 438, *Bayer*), die aber sehr langsam erfolgt, sowie besonders mit Nickel bei Gegenwart von verdünnter *NaOH* (*Ciba*, *D. R. P.* 512 031). Am raschesten verläuft die Reduktion nach den Angaben von F. ISHIWARA (*B.* 57, 1125 [1924]), der die elektrolytische Reduktion mit der katalytischen kombiniert. Als Apparat dient ein mit 2 Glashähnen versehener Kolben (Schüttelente), in den als Kathode eine *Pd*-Elektrode und als Anode eine *Ni*-Elektrode eingebaut ist, die sich in einer mit verdünntem *HCl* gefüllten Tonzelle befindet. In den Kolben wird eine Lösung von 10 g salzsaurem Methylaminoaceto-brenzcatechin in 200 cm³ *H₂O* sowie 5 cm³ 1,5%iger Palladiumchlorür-Lösung gegeben. Unter Einleiten von Wasserstoff wird ein Strom von 10 *V* bei einer Stromdichte von etwa 6 *Amp.* auf 100 cm² durchgeleitet unter Schütteln. Nach ¹/₂ʰ ist die Reaktion beendet unter Verbrauch von 750 cm³ *H₂*. Ausbeute 7,9 g, d. s. 96% d. Th. Das Chlorhydrat schmilzt bei 140⁰, ist nicht hygroskopisch und wird nach dem *D. R. P.* 388 534 der SOC. CHIMIQUE DES USINES DU RHÔNE erhalten durch Behandeln der Base mit Salzsäure bei niederer Temperatur.

l-Adrenalin. Die Spaltung des synthetisch inaktiven Adrenalins gelang 1908 FLÄCHER, indem er das Bitartrat des *rac.* Gemisches mit Methylalkohol behandelt, wobei die l-Form ungelöst bleibt (*D. R. P.* 222 451 *M. L. B.*). Das anfallende d-Adrenalin kann nach *D. R. P.* 220 355 (*M. L. B.*) durch Behandeln mit verdünntem *HCl* bei 80⁰ wieder in inaktives Adrenalin verwandelt werden. Vgl. ferner *Ciba*, *D. R. P.* 505 460. Über die Spaltung mittels *opt.-akt.* α-Halogencamphersulfosäuren s. *Schweiz. P.* 92 299 der *Ciba*.

Technisches Interesse dürfte ferner ein von O. HINSBERG (*B.* 56, 854 [1923], *D. R. P.* 360 607, 364 046, 373 286) angegebenes Verfahren haben. Darnach werden 1,5 g Brenzcatechin, 2 g Methylaminoacetal mit einer Mischung von 8,5 cm³ *konz.* Salzsäure und 17 cm³ Wasser unter Druck auf 100⁰ während 2—3ʰ erhitzt und der Rückstand im *CO₂*-Strom verdampft. Hierbei wird das Chlorhydrat des Adrenalins in einer Ausbeute von 80% d. Th. erhalten.

Über die Gewinnung aus 3,4-Diacetoxybenzaldehyd und Nitromethan und darauffolgender Reduktion s. W. N. NAGAI, *A. P.* 1 399 144.

Anwendung nur als Injektion, da Adrenalin im Darm zerstört wird. Indikationen: Herzstörungen, Kreislaufstörungen, Asthma und andere allergische Krankheiten, Zusatz zur Lokalanaestheticis als wirksamstes gefäßkontrahierendes Mittel (Blutleere!) Blutstillung u. s. w. Dosis: 1 *mg* des salzsauren Salzes.

Die Auswertung von Extrakten oder Lösungen geschieht auf pharmakologischem Wege: Durch Messung der Blutdruckerhöhung bei Tieren, der Gefäßkontraktion im isolierten Kaninchenohr oder dem Froschgefäßpräparat u. a. Die chemischen Reaktionen sind meist solche des Brenzcatechins, Grünfärbung durch Eisenchlorid in annähernd neutraler Lösung, Reduktion von Calciumbichromat zu braunem *CrO₂*, desgleichen von Silbernitrat zu Silber. Ein sehr feines Reagens ist die Reduktion von Phosphorwolframsäure zu blauen Verbindungen, wobei Adrenalin noch in einer Verdünnung 1 : 200 000 intensive Blaufärbung gibt. Sublimat, Mangansuperoxyd und einige andere Oxydationsmittel geben rote Produkte.

Handelsnamen: Adrenalin (*Ciba*, H. PARKE, DAVIS & CO., London; DR. HEISLER, Crast; SACCHARIN-FABRIK A. G., VORM. FAHLBERG, LIST & CO., Magdeburg); Epinephrin (DR. A. VOSWINKEL, Berlin); Epirenan (BYK-GULDENWERK, Berlin); Suprarenin (*I. G.*); Paranephrin, Glandulae suprarenales sicc. pulv.; Glandulae suprarenales sicc. (*Merck*); Asthmolysin (DR. KADE, Berlin); Interrenin (DR. FREUND & DR. REDLICH, Berlin); Pneumin (DR. SPEIER & VON KARGER, Berlin); Pituitrin-Adrenalin (DR. HEISLER).

Hypophyse (als Ausgangsmaterial dienen Rinder- und Schweinehypophysen). Eine nur 1 bis wenige Gramm schwere Drüse, gestielt am Hirnboden, besteht aus Vorder-, Mittel- und Hinterlappen; bei den Tieren ist der Hinterlappen meist ganz in den Vorderlappen eingebettet, doch durch einen Spalt oder Cysten von diesem getrennt und daher relativ einfach zu isolieren. Der Vorderlappen produziert soweit wir heute vermuten, 3 Hormone; das eine, wachstumfördernde, regelt den Wuchs: Überproduktion desselben erzeugt Riesenwuchs bzw. Akromegalie, frühzeitige Zerstörung der Produktionsorte Zwergwuchs. Das zweite Hormon, Prolan, steht in innigen Beziehungen zu den Geschlechtshormonen; außerdem will man ein drittes, die Milchsekretion förderndes Hormon gefunden haben. Die beiden erstgenannten Vorderlappenhormone werden nach LONG und EVANS folgendermaßen isoliert und getrennt: Rindervorderlappen werden zunächst zur Sterilisierung 10′ lang in 40%igem Alkohol herumgerührt, dann zerkleinert und mit wenig physiologischer Kochsalzlösung versetzt und zentrifugiert. Durch Alkoholfällung (50%iger Alkohol) wird der Extrakt in 2 Komponenten zerlegt: Im Niederschlag befindet sich die wachstumfördernde Fraktion, in der Lösung der auf das Ovar wirkende Anteil, das Prolan.

Da das Prolan während der Schwangerschaft in gewaltigen Mengen produziert und im Harn ausgeschieden wird, kann es mit Erfolg und guter Ausbeute aus dem Urin schwangerer Frauen isoliert werden, während die Darstellung aus dem Hypophysenvorderlappen unlohnend ist. Dieses Hormon ist sehr empfindlich gegen Kochen, Säure und Alkali.

Gewinnung von Prolan aus Harn (nach ZONDEK). Schwangerenurin wird mit Essigsäure schwach angesäuert, im Vakuum bei 40° auf die Hälfte konzentriert und vom Bodensatz abfiltriert. Darauf wird das Filtrat mit lipoidlösenden Mitteln, am besten Äther, ausgeschüttelt, um auf diese Weise das ebenfalls im Harn gelöste Ovarialhormon abzutrennen; dieses ist nämlich, im Gegensatz zum Prolan, ätherlöslich. Der ätherunlösliche Anteil wird nun dialysiert, bis die Harnfarbstoffe in die Dialysierflüssigkeit durchzutreten beginnen; nunmehr wird diese letztere bei niedriger Temperatur zur Trockne gebracht und nochmals mit Äther extrahiert. Das zurückbleibende feine, weißgelbliche und amorphe Pulver ist gut wasserlöslich.

Eine Verbesserung des Verfahrens fand ZONDEK darin, daß unter gewissen Bedingungen das Prolan durch eine Reihe von organischen, mit Wasser mischbaren Lösungsmitteln, wie Alkohole, Acetone u. s. w., ausgefällt wird. Beim Wiederauflösen verbleibt ein unlöslicher, hormonfreier Rückstand. Die Auswertung des Prolans geschieht nach Ratteneinheiten.

Die Hormone des Hypophysenhinterlappens wurden bisher meistens nicht voneinander getrennt, sondern als Gesamtextrakte in den Handel gebracht. Ihre Gewinnung geschieht nach folgendem Verfahren: Die zerkleinerten Hinterlappen werden einige Stunden mit verdünnter Essigsäure mehrfach extrahiert, mit Uranylacetat enteiweißt, überschüssiges Uransalz als Uranylphosphat ausgefällt, die Lösung sterilisiert und (nach der pharmakologischen Prüfung) geeignet verdünnt und abgefüllt.

Aus diesem Gesamtextrakt haben KAMM und Mitarbeiter 2 verschiedenartig wirkende Hormone isolieren können. Das eine wirkt auf den Uterus, das andere ist dagegen frei von Uteruswirkungen, beeinflußt die Wasserausscheidung der Nieren und hat eine stark erregende Wirkung auf die Darmperistaltik.

Die Trennung geschieht folgendermaßen: Der essigsaure Hinterlappenextrakt wird eingeengt und mit Ammoniumsulfat bis zur Sättigung versetzt. Aus dem entstehenden Niederschlag können die wirksamen Hormone mit Eisessig eluiert werden. Nun setzt man das $2\frac{1}{2}$fache *Vol.* Äther bzw. 5fache *Vol.* Petroläther hinzu, wobei die wirksamen Bestandteile ausfallen. Nach Wiederholung der Lösung in Eisessig und Fällung mit Äther bleibt der Hauptanteil des uteruswirksamen Hormons in der Lösung und wird durch Petroläther gefällt, während sich der Rest der uteruswirksamen Substanz und fast die ganze blutdrucksteigernde im Ätherniederschlag befindet.

Die Hypophysenhinterlappenhormone können nur in Form von Injektionen verabfolgt werden; hingegen sollen Hypophysenvorderlappenpräparate auch per os gewisse Hormonwirkungen entfalten.

Die Auswertung des Gesamtextraktes des Hinterlappens geschieht jetzt auf Grund einer internationalen Vereinbarung nach sog. VOEGTLIN-Einheiten. VOEGTLIN hat im Auftrage des Völkerbundes ein Standardpräparat aus dem Hinterlappen dargestellt, das folgendermaßen gewonnen wird:

Sorgfältig auspräparierte Hinterlappen von Kuhhypophysen, welche unmittelbar nach dem Schlachten der Tiere entnommen sind, werden gereinigt und in viel wasserfreies Aceton gebracht.

Hier bleiben sie 3ʰ, werden dann im Exsiccator getrocknet, gepulvert, im SOXHLET-Apparat mit Aceton extrahiert, wieder im Exsiccator getrocknet und schließlich in braune Röhrchen eingeschmolzen. Zur Bereitung eines Extraktes wird eine gewogene Menge mit einigen Tropfen 0,25%iger Essigsäure zu einer Paste verrieben und dann soviel Essigsäure zugefügt, daß $1\,cm^3 = 1\,mg$ Trockenpräparat entspricht. Nach dem Aufkochen wird filtriert. Mit dem Uteruseffekt der so bereiteten Lösungen werden die zu prüfenden Extrakte und gereinigten Produkte im pharmakologischen Experiment am überlebenden Uterus (Abb. 80) verglichen. 1 VOEGTLIN-Einheit = 0,5 mg des Trockenpulvers.

Wertbestimmung der Hypophysenpräparate. Das Verfahren benutzt die Eigenschaft gewisser Organe (Herz, Uterus) von Warmblütern, sofort nach dem Tod in sauerstoffreiche, körperwarme RINGERsche Lösung (8 Tl. NaCl, 0,1 Tl. CaCl₂, 0,075 Tl. KCl, 0,1 Tl. NaHCO₃ auf 1000 Tl. Wasser) gebracht, ihre Reaktionsfähigkeit noch lange Zeit zu behalten. Da der Uterus der Warmblüter schon durch Spuren von Hypophysin zur Kontraktion gebracht wird, bringt man zum überlebenden Uterus die auf ihren Hypophysingehalt zu prüfende Lösung. Durch entsprechende Verdünnung wird eine Konzentration ermittelt, welche mittlere Kontraktionen erzeugt, und deren Größe mit derjenigen des oben beschriebenen Hypophysentestpräparates verglichen. Die Kontraktionen des Uterus werden mittels Hebelübertragung graphisch registriert (Abb. 80).

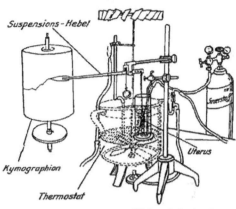

Abb. 80. Bestimmung der Wirksamkeit der Hypophysenpräparate am überlebenden Uterus.

Handelsnamen der Präparate aus Hypophyse, Vorderlappen: Praehypophen (GEHE & CO.); Antuitrin (PARKE, DAVIS & CO.); Anteglandol (HOFFMANN-LA ROCHE); Extract. hypophys. cerebr. p. ant. (SANABO-CHINOIN, Wien); Extract. hypophys. cerebr. p. ant. (Dr. G. HENNING, Berlin); Glandularanteil d. Hypoph. (FREUND & REDLICH, Berlin); Tabl. Hypophysis p. a. und Extr. Hypophysis p. a. (Dr. HEISLER); Hypolantin (LABOPHARMA, Berlin); Prolan A und B (I. G.); Praephyson (PROMONTA, Hamburg).

Hypophyse, Hinterlappen: Hypophysin, Orasthin, Tonephin (I. G.); Pituitrin, Pitressin, Pitocin (PARKE, DAVIS & CO., London); Infundin (WELLCOME); Pituitrin (Dr. R. HEISLER, Chrast); Hypophen (GEHE & CO., A. G., Dresden); Pituisan (CHINOIN, Wien); Pituglandol (HOFFMANN-LA ROCHE); Glandosan (PHARMAGANS, Berlin); Hypophysen-Extrakt „Schering" = Pitraphorin (SCHERING-KAHLBAUM); Hypophysen-Extrakt „Ingelheim" (BOEHRINGER & SOHN, Hamburg); Pituigan (Dr. G. HENNING, Berlin); Glanduitrin (RICHTER, Budapest); Hypoglandin (KOSMOS A. G., Budapest); Physhormon (PROMONTA, Hamburg); Metropitrin und Pressopitrin (Dr. HEISLER).

Hypophyse, gesamt: Hypophysis cerebr. sicc. pulv., Hypophysis-Opton (Merck); Hypototal (LABOPHARMA, Berlin).

Testes (Hoden). Bisher wurden zumeist Trockenpräparate aus den Gesamtdrüsen hergestellt; die Extrakte sind jedoch, wenn überhaupt, so nur von geringer Wirkung, wahrscheinlich deshalb, weil sie nicht konzentriert genug sind. Erst in der letzten Zeit ist man zu der Erkenntnis gekommen, daß man zu den Prüfungen immer zu wenig Ausgangsmaterial angewendet hatte. Nachdem LOEWE und VOSS ein schnelles und einfaches biologisches Prüfverfahren ausgearbeitet haben, ist zu erwarten, daß in Bälde wirksame Hormone hergestellt werden. Darstellung von Hodenhormon nach GALLAGHER und KOCH (*Journ. of biol. Chem.* 84, 495 [1929]).

Zerkleinerte Stierhoden werden mit 96%igem Alkohol extrahiert, der filtrierte Extrakt im Vakuum eingeengt, dann mit Benzol extrahiert. Der benzollösliche Anteil wird nunmehr bei −10° mit Aceton extrahiert, der acetonlösliche Anteil in Hexan gelöst und mit 70%igem Alkohol ausgeschüttelt. Der in den Alkohol gehende Anteil wird nach Entfernung des Alkohols mit Äther aufgenommen, mit 10% NaOH durchgeschüttelt und mehrfach mit frischem Äther nachgewaschen. Die Ätherlösung wird wiederholt mit frischem Wasser ausgeschüttelt. Der ätherlösliche Anteil enthält das Hormon, von dem aber viel bei der Herstellung verlorengeht. Die wirksame Minimaldosis beträgt 0,01 −0,03 mg Trockensubstanz.

Eine Methode von MARTINS u. ROCHA & SILVA (C. r. Soc. biol. Paris 102, 485, [1929]) gewinnt das Hormon aus dem Benzolextrakt durch Verseifung mit Ammoniak.

Über die chemische Natur der wirksamen Substanz kann nichts ausgesagt werden. Die Prüfung erfolgt entweder am Hahnenkamm oder der Samenblase der

Maus. Beide Organe degenerieren nach der Kastration und können durch wirksame Hodenextrakte wieder zur normalen Größe gebracht werden.

Handelsnamen: Testes-Opton, Testes sicc. pulv., Novotestal (*Merck*); Testiphorin (SCHERING-KAHLBAUM); Protestin (CHEM. FABR. G. RICHTER, Budapest); Testasa (ORGANO-THERAP. WERKE OSNABRÜCK); Testowop (DEGEWOP, Berlin); Juvenin (*I. G.*); Testiglandol (HOFFMANN-LA ROCHE); Testo-Glandosan (PHARMAGANS A. G., Oberursel); Tabl. und Inj. Testis (Dr. HEISLER); Hormin (W. NATTERER, München); Rejuven-Testitotal (LABOPHARMA, Berlin); Testohorma (A. G. HORMONA, Düsseldorf); Testimbin (Dr. S. MEYER & CO., Berlin); Testocalcodis-Tabl., Testodis (Dr. H. CUSTODIS, Bielefeld; Testofructoid (CURTA & CO., Berlin); Euandryl (SICCO A. G., Berlin); Okasa (FABR. CHEM.-PHARM. PRÄP., Berlin); Testifortan (PROMONTA, Hamburg); dieses Präparat ist das erste (und bisher einzige), bei welchem der Gehalt an wirksamen Testishormonen nach dem LOEWE-VOSSschen Testverfahren eingestellt wird.

Ovarien (Eierstöcke). Bei der Besprechung des Prolans, eines Hormons des Hypophysenvorderlappens, ist darauf hingewiesen worden, daß aus dem Schwangerenurin in die Ätherfraktion ein Ovarialhormon übergeht: Dieses wird im follikulären Apparat des reifen Eierstockes (in dem Anteil, in welchem die Eierentwicklung stattfindet) während der Schwangerschaft in großen Mengen gebildet, ins Blut abgegeben und mit dem Urin ausgeschieden. Dieses Hormon nennt ZONDEK: Follikulin, STEINACH: Progynon, LOEWE: Telekinin, PARKES: Oestrin, DOISY: Pheelin. Es ist spezifisch weiblich und wirkt, dem männlichen Organismus einverleibt, antimaskulin; im Gegensatz dazu ist das Sexualhormon „Prolan" unspezifisch und bei beiden Geschlechtern gleich wirksam!

DOISY sowie BUTENANDT, ferner LAQUEUR und Mitarbeiter sowie WIELAND und Mitarbeiter haben das Hormon krystallinisch erhalten. Die Darstellung des Ovarialhormons geschieht heute fast ausschließlich aus Schwangerenurin, der pro 1 l in den letzten Monaten der Schwangerschaft 10 000—20 000 Mäuse-Einheiten enthält. Der Urin trächtiger Pferde enthält das Mehrfache davon.

Darstellung (vgl. Prolandarstellung, S. 208): Aus der Ätherfraktion wird das Hormon als Rohöl ausgeschieden; die Weiterreinigung besteht nach BUTENANDT in Entfernung von Begleitstoffen durch Ausschütteln der alkoholisch-wässerigen Hormonlösung mit Petroläther; hierdurch wird eine alkalilösliche Fraktion gewonnen, die im Hochvakuum fraktioniert wird. Die Substanz krystallisiert, ist in vielen organischen Lösungsmitteln leicht löslich, *Schmelzp.* bei 250—251°; Bruttoformel nach BUTENANDT $C_{18}H_{22}O_2$ (*Naturwiss.* 17, 879; *B.* 63, 659 [1930]; *Ztschr. physiol. Chem.* 191, 140 [1930]). 100 cm^3 H_2O lösen 1,5 mg.

Die Standardisierung geschieht im Mäuseversuch durch die Erzeugung von Brunst bei kastrierten weiblichen Tieren. Quantitative Auswertung nach sog. Mäuse-Einheiten.

Handelsnamen der Präparate: Follikulin, Menformon, Ovowop (DEGEWOP A. G., Berlin); Novarial, Ovaria sicc. pulv. (Ovarial) (*Merck*); Hormovar (Unden) (*I. G.*); Oophorin (Ovariin), (FREUND & REDLICH, Berlin); Progynon (SCHERING-KAHLBAUM); Prokliman, (*Ciba*); Ovotransannon (GEHE & CO., Dresden); Ovoglandol (HOFFMANN-LA ROCHE); Glanduovin (S. RICHTER, Budapest); Ovario-Glandosan (PHARMAGANS, Oberursel); Fontanon (SÄCHSISCHES SERUMWERK, Dresden); Menogen (LECINWERK DR. LAWES, Hannover); Hogival (CHEM. PHARM. A. G., Bad Homburg); Rejuven-Oototal (LABOPHARMA, Berlin); Ovaraden (*Knoll*), Ovohorma (A. G. HORMONA, Düsseldorf); Ovocalcodis-Tabl., Ovodis-Extr. u. -Tabl., Ovoferrodis-Tabl. (DR. H. CUSTODIS, CHEM. FABR., Bielefeld); Ovosex (OMNI-G. M. B. H., Dresden); Tabl. und Inj. Ovarii (Dr. HEISLER), Oestrophan (Dr. HEISLER).

Corpus luteum ist die Bezeichnung für ein Entwicklungsstadium des GRAAFschen Follikels, in welchem nach dem Austritt des Eies eine Wucherung fettreicher, von einem gelben Farbstoff erfüllter Zellen einsetzt. 100 Ovarien von Kühen im Gewicht von etwa 1 kg enthalten etwa 400 g Corpora lutea. Die anscheinend wirksamen Substanzen sind in Aceton löslich. Sie bewirken (im Tierversuch; klinische Erfahrungen liegen noch nicht vor) die vor der Schwangerschaft eintretenden Veränderungen der Uterusschleimhaut und üben gewisse Schutzfunktionen auf den graviden Uterus aus; Entfernung des Corpus luteum hat die Rückbildung der Schwangerschaft zur Folge. Die Wirksamkeit der heutigen Handelspräpaparate ist sehr problematisch.

Nach PIANESE, (Fol. med. [Napoli] 15, 1326 [1929]) soll das Corpus-luteum-Hormon ein Glucoproteid sein.

Darstellung nach FRANK, GUSTAVSON, McQUEEN, GOLDBERG (Amer. Journ. Physiol. 90, 727 [1929]): 610 g Schweine-Corpus-luteum werden fein zerrieben und 24^h lang mit saurem Alkohol extrahiert. Hieraus lassen sich 2 Fraktionen gewinnen, eine ätherlösliche, welche die Brunstreaktion nach ALLEN DOISY auslöst, und eine wasserlösliche, welche auf die Genitalorgane hyperämisierend wirkt.

Andere Darstellungsmethode nach GLEY (Journ. Physiol. et Path. gén. 27, 528 [1929]): Die gelben Körper werden zerrieben und mit dem doppelten Gewicht 1%iger wässeriger Weinsäure-lösung (rac.!) versetzt. Nach 24stündigem Stehen in der Kälte wird filtriert, das Filtrat mit NaOH neutralisiert und mit 10%igem Bleiacetat versetzt, bis kein Niederschlag mehr entsteht. Nach dem Filtrieren wird das überschüssige Blei der klaren Lösung mit H_2S entfernt, der H_2S mit Luft vertrieben. Nunmehr Zusatz von $^1/_{10}$ Volumen FEHLINGscher Lösung (mit rac. Weinsäure!) und $^1/_{10}$ Volumen NaOH. Nach 24stündigem Stehen wird dekantiert, zentrifugiert. Der Niederschlag wird mit wenig Salzsäure gerade gelöst, dann H_2S und Luft durchgeleitet. Die Lösung enthält das wirksame Hormon.

Vorzügliche Resultate gibt angeblich die Darstellungsmethode nach CORNER (Amer. Journ. Physiol. 86 [1928], 88 [1929]). Von ganz frischen Schweineovarien werden diejenigen mit Corpora lutea in Blüte ausgesucht. Diese werden ausgeschält herausgeschnitten und sofort durch eine feine Fleischhack-maschine zerkleinert. Der Brei wird mit der doppelten Menge 96%igen Alkohols versetzt und stehen gelassen, bis nach täglichem Hinzufügen neuer Quanten mit entsprechenden Mengen Alkohol etwa 1000 g Gewebe zur Verfügung stehen. Es wird dann durch Gazebeutel filtriert und der Konservierungs-alkohol zuächst beiseite gestellt. Der Rückstand wird mit heißem Alkohol fünfmal extrahiert, wobei nach Möglichkeit nur die Dämpfe des nicht über den Kp erhitzten Alkohols zur Wirkung kommen sollen. Die zusammengegossenen Heißextrakt-Alkoholmengen und der vorher beiseite gestellte Konservierungsalkohol werden jedes getrennt abdestilliert, wobei die Temperatur mit Hilfe eines guten Vakuums nie über 60° hinausgehen darf. Die zusammengebrachten Reststoffe vom Konservierungs-und Extraktalkohol werden in mehreren Phasen ausgiebig mit absolut reinem Äther extrahiert und die darauf zusammengebrachten Ätherlösungen durch Vakuumdestillation auf etwa 100 cm^3 reduziert. Durch Hinzufügen der mehrfachen Menge Aceton entsteht ein hauptsächlich aus Phosphorlipoiden bestehender Niederschlag, der unter nachfolgendem jedesmaligem erneuten Ausfällen durch Aceton noch viermal wieder in Äther gelöst wird. Die Aceton-Äther-Lösungen werden zusammengegossen, und es folgt nunmehr eine abermalige Destillation im Vakuum, wobei über eine Temperatur von 60° nicht hinausgegangen werden darf. Das zurückbleibende dicke, braune Öl wird in Äther aufgelöst und zentrifugiert. Aus der abgegossenen Ätherlösung wird der Äther mit Hilfe eines warmen Luft-stromes abgedampft. Der zurückbleibende fertige Extrakt wird zu seiner Verwendung erwärmt und eventuell mit einem Lösungsmittel versetzt.

Handelsnamen: Corpus-luteum-Opton (Merck); Lutophorin (SCHERING-KAHLBAUM); Luteo-Transannon (GEHE & CO., A. G., Dresden); Luteoglandol (HOFFMANN-LA ROCHE, Basel); Luteohorma (HORMONA A. G., Düsseldorf); Glanlutin (SCHWEIZ. SERUM- U. IMPFINST., Bern); Haemolutin, Stypolutin (Dr. HEISLER).

Das *Pankreas* (Bauchspeicheldrüse) ist eine längliche, hinter dem Magen gelegene Drüse; ihr innersekretorischer Abschnitt wird gebildet durch die LANGERHANSSCHEN Inseln. Obwohl man schon längst (MINKOWSKI) wußte, daß diese Drüse den Zuckerstoff-wechsel reguliert, ihre Erkrankung Ursache der Zuckerkrankheit ist, gelang die Iso-lierung des wirksamen Hormons erst im Jahre 1923 BANTING und BEST in Toronto; sie nannten das Hormon Insulin (*D. R. P.* 433 101). Der Grund der früheren Miß-erfolge lag darin, daß das Hormon bei den Isolierungsversuchen durch die äußeren Sekrete des Pankreas, die tryptischen Fermente (s. Pankreatin), zerstört wurde. Die Gewinnungsmethoden müssen also darauf hinzielen, diese in der Drüse anwesenden Sekrete zu zerstören bzw. unwirksam zu halten.

Insulin. Es sind verschiedene Darstellungsmethoden ausgearbeitet worden, von denen folgende angeführt werden:

1. Herstellung nach SOMOGYI, DOISY und SHAFFER (nach STAUB, Insulin). Die Methode lehnt sich an die COLLIPsche an und ist in kurzer Zeit vielfach vereinfacht und ertragreicher gestaltet worden.

Frisches Rinderpankreas wird durch die Hackmaschine getrieben. Zu jedem kg Gehacktem werden 20—30 cm^3 10fach $n-H_2SO_4$ zugefügt, gut durchgemischt und die Mischung noch ein zweites Mal zerkleinert. Darauf bringt man zu jedem kg des Breies 1500 cm^3 95%igen Alkohol, mischt gut durch und läßt unter gelegentlichem Umschütteln 4—12^h bei Zimmertemperatur stehen. Die Mischung wird jetzt ohne vorhergehende Neutralisation durch große Filter über Nacht filtriert. Der Rückstand wird ausgepreßt und der Preßsaft zum ersten Filtrat filtriert. Der Preßrückstand kann nochmals mit 60—70%igem Alkohol extrahiert werden. Die vereinigten Filtrate — etwa 2100 cm^3 je 1 kg Pankreas — werden in weiten, flachen Gefäßen durch einen Luftstrom von 40—45° verdampft. Ist die Flüssigkeit auf etwa $^1/_{10}$ eingeengt, so wird sie zur Entfernung des Fettes filtriert, Tröge und Filter nachgespült, bis pro 1 kg Pankreas etwa 200 cm^3 klares Filtrat vorhanden sind. Zu diesem Filtrat werden jetzt für je 100 cm^3 40 g Ammoniumsulfat zugefügt und einige Stunden im Eisschrank stehen gelassen. Es bildet sich ein brauner, gummiartiger Niederschlag, von dem die Flüssigkeit sorgfältig abdekantiert wird. Man löst den Niederschlag in so viel Wasser, daß etwa auf 1 kg ursprüngliches Pankreasgewebe 100 cm^3 kommen. Durch Zufügen von $^2/_3$ des Volumens gesättigter Ammonsulfatlösung wird nochmals ausgefällt, wieder einige Stunden in der Kälte stehen gelassen und die überstehende Flüssigkeit abgegossen. Der Niederschlag, der die aktive Substanz enthält, wird in Wasser gelöst und die Reaktion durch Zusatz von 0,1 n-Ammoniak genau auf deutlich gelb gegen Methylrot (pH 6–8) gebracht. Das Insulinprotein wird auf diese Weise gelöst, die Lösung wird zentrifugiert und vom dunkelgefärbten Niederschlag abgegossen. Der Niederschlag wird nochmals mit Wasser ausgewaschen. Die vereinigten Lösungen werden auf ungefähr 100 cm^3 für jedes kg Pankreas verdünnt und mit verdünnter Essigsäure bis zu ungefähr pH 5 versetzt. Ein flockiger Niederschlag, der jetzt ausfällt, wird nach einigen Stunden Stehen abzentrifugiert, mit schwacher Säure von pH 5 gewaschen und in einem geringen Überschuß von $^n/_{10}$-HCl gelöst. Aus der Mutterlauge fällt nach einigen Tagen Stehen im Eisschrank und Zufügen von Essigsäure noch mehr aktive Substanz aus, die nach Abzentrifugieren und Lösen mit dem Hauptquantum weiterverarbeitet werden kann.

Die weitere Reinigung kann so vorgenommen werden, daß man die Essigsäurefällung durch Zufügen von Wasser und Zentrifugieren wiederholt wäscht, um die Sulfate zu entfernen. Der Niederschlag wird darauf in 5–10 cm^3 $^n/_{10}$-Essigsäure (pro 1 kg Pankreas) gelöst und genau 20% vom Äquivalent an $NaOH$ zugefügt, d. h. die Essigsäure $^1/_5$ neutralisiert. Auf diese Weise wird ein pH 4 hergestellt und das „Insulinprotein" gelöst, während das „acid protein" ausfällt. Nach einigen Stunden Stehen in der Kälte wird der Niederschlag abzentrifugiert, mit Wasser gewaschen und zu den vereinigten Waschwässern $NaOH$, entsprechend genau der Hälfte der zugefügten Essigsäure, zugegeben. Die Essigsäure ist jetzt zu $^7/_{10}$ neutralisiert (pH 5). Bei dieser Reaktion scheidet sich das wirksame Insulinprotein ab und wird nach mehrtägigem Stehen im Eisschrank durch Abzentrifugieren und Waschen mit destilliertem Wasser gewonnen und in schwach salzsaurem Wasser gelöst.

0,02–0,033 mg Substanz entsprechen einer klinischen Einheit. Aus 1 kg Pankreas werden 1500–2500 klinische Einheiten gewonnen.

2. Die Methode der wässerigen Extraktion nach ALLEN, CLOUGH, KIMBALL, MURLIN und PIPER (nach STAUB).

CLOUGH, ALLEN, MURLIN und ihre Mitarbeiter haben gezeigt, daß auch durch wässerige Extraktionen wirksame Insulinpräparate erhalten werden können. Die Methode ist in langen Versuchsreihen weiter ausgearbeitet worden und zeigt in ihrer jetzigen Form eine Ausbeute, die den größten, durch alkoholische Extraktion erhaltenen Erträgen gleichkommt.

Die Methode stützt sich auf die Tatsachen; daß durch Sieden in $^n/_5$-HCl das wirksame Prinzip nicht zerstört wird, daß Erhitzen eines sauren wässerigen Pankreasextraktes auf 75–80° die Wirksamkeit erhöht und daß aus 80%iger äthylalkoholischer Lösung das Insulin durch Sättigung mit $NaCl$ oder mit Methyl-, Propyl-, Butyl- oder Amylalkohol vollständig ausgefällt wird.

Ochsen- oder Schweinepankreas, welches von Bindegewebe befreit ist, wird im Schlachthaus sofort in $^n/_5$-HCl gebracht, auf 0° abgekühlt und so ins Laboratorium transportiert. Im Laboratorium wird die HCl abgeschüttet, die Pankreasdrüsen gehackt und der Brei sofort mit 4 $Vol.$ $^n/_5$-HCl versetzt. Die Mischung wird dann für kurze Zeit auf 75° gebracht und unter dem Wasserhahn auf 20° oder niedriger abgekühlt, um das Fett zum Erstarren zu bringen. Das Material wird nachher durch ein Tuch geseiht, mit n-$NaOH$ auf pH 4,1 gebracht und über Nacht durch ein gewöhnliches Filter filtriert. Der Rückstand auf dem Filter wird noch mehrmals mit verdünnter HCl, pH 2,0, extrahiert, wodurch noch weiter mehr als das Doppelte an wirksamer Substanz im Vergleich zum Gehalt des ersten Filtrats gewonnen wird. Ausbeute: 3000 klin. Einheiten Rohinsulin aus 1 kg Schweinepankreas.

Reinigung des Rohinsulins nach ALLEN, KIMBALL, MURLIN (Journ. biol. Chem. 58, 321 [1924]).

Die Filtrate der Säurefällung und Extraktion des Rückstandes werden vereinigt, $^1/_2$–1 $Vol.$ 95%iger Alkohol zugefügt und im Vakuum bei 34–40° auf $^1/_{10}$ $Vol.$ eingeengt. Die Lösung wird auf pH 6,0 gebracht und der entstehende Niederschlag abfiltriert. Das Filtrat wird nunmehr 4ʰ gegen Leitungswasser dialysiert. Zur weiteren Reinigung wird das Filtrat nochmals mit 4 $Vol.$ 95%igem Alkohol versetzt und nach 24ʰ filtriert, das Filtrat auf $^1/_{40}$ des ursprünglich nach der ersten Neutralisation vorhandenen Volums eingeengt. Zur Konservierung wird nunmehr 0,1–0,2% Trikresol zugefügt. Es ist wichtig, bei allen Manipulationen den pH-Bereich 4,3–5,7 zu vermeiden, da hier Insulin spontan ausfällt.

Insulindarstellung nach BEČKA (Biol. Spisy vysoké školy svěrolék 6, 1 [1927]).

Pankreas wird mit 10%iger Eisenchlorürlösung zerrieben, das Insulin mit 70%igem Spiritus oder Methylalkohol bei pH 2,0 extrahiert. Nach der Neutralisation mit $NaHCO_3$ bis pH 4–5 reißt das ausfallende Ferrocarbonat alles Insulin mit. Es kann aus dem Niederschlag mit Aceton-Salzsäure extrahiert und mit der 15–20fachen Menge Aceton koaguliert werden. Nach dem Abdampfen des Acetons bleibt das Insulin als nichthygroskopisches Pulver zurück, nur wenig mit Kochsalz und Eisen verunreinigt. Wirksamkeit 8–12 klin. Einheiten pro mg.

ABEL (Proc. of the nat. acad. of sciences [U. S. A.] 12, 132 [1926]) ist es gelungen, das Insulin krystallinisch zu erhalten. Das Prinzip der Darstellung des krystallinischen Produktes besteht darin, daß durch Pufferung mit Brucinacetat in einer Insulinlösung ein scharf umrissener pH-Bereich von 5,55—5,65 hergestellt wird, in dem das Insulin ausfällt. Nach ABELS Mitarbeitern DU VIGNEAUD, JENSEN, und WINTERSTEINER (Journ. of pharm. a. exp. Therap. 32, 367 [1928]) hat sich im allgemeinen folgendes Verfahren bewährt:

1 g Insulinpulver wird in 10 cm³ (ev. auch etwas weniger) 10%iger Essigsäure gelöst. Diese Lösung wird mit 40 cm³ einer Brucinlösung versetzt, die 5,5% Brucin in $^n/_6$ Essigsäure enthält. Dann fügt man 20 cm³ einer 13,5%igen Pyridinlösung hinzu. Die so entstandene Fällung wird abzentrifugiert. Die überstehende Flüssigkeit versetzt man unter Rühren mit 20 cm³ einer 0,85%igen Ammoniaklösung. Nach Abzentrifugieren des Ammoniakniederschlages krystallisiert aus der überstehenden Flüssigkeit nach kürzerem oder längerem Stehen, das von der Reinheit des Ausgangsmaterials abhängig ist, Insulin aus. Durch wiederholten Zusatz von NH_3 zur Mutterlauge, wobei immer wieder eine milchige Trübung auftritt, kann die einmal begonnene Krystallisation vergrößert werden. Die noch insulinhaltigen Niederschläge der Pyridin- und Ammoniakfällung können durch Wiederauflösen in einer gerade ausreichenden Menge Essigsäure und entsprechende Weiterbehandlung ebenfalls krystallinisch gewonnen werden. Man erhält aus gereinigtem Insulin etwa $^1/_5$ des Ausgangsmaterials an krystallinischer Substanz von einer Wirksamkeit von 40 Einheiten pro mg.

Das Insulin ist ein weißes Pulver, das weder Salze noch Lipoide noch Eiweiß enthält, aber alle Eiweißreaktionen gibt. Nach ABEL soll es die Formel $C_{45}H_{69}O_{14}N_{11}S + 3 H_2O$ haben. Es ist in Wasser leicht löslich, auch in 80%igem Alkohol, und linksdrehend. Mol.-Gew. etwa 1000. Durch Alkali wird es rasch zerstört, hingegen ist es in Säure haltbar und kann auch auf diese Weise im Wasserbad sterilisiert werden. Insulin wird intravenös injiziert und setzt nicht nur den Blutzucker beim Diabetiker herab, sondern beseitigt auch Aceton und Acetessigsäure.

Die Standardisierung erfolgt nach Einheiten: 1 Toronto-Einheit ist diejenige Menge Insulin, welche bei einem 2 kg schweren Kaninchen eine Senkung des Blutzuckers auf 0,045 und dadurch Krämpfe hervorruft. 1 klinische Einheit = $^1/_3$-Toronto-Einheit. Heute sind 140 neue klinische Einheiten = 100 alte klinische Einheiten. Handelsprodukte zwischen 5 und 20 Einheiten pro 1 mg Trockensubstanz, bzw. 100—500 Einheiten in 5 cm³ Wasser, unterer Säuretest bis pH 3.

(Man hat auch in Pflanzen und Bakterien Substanzen gefunden, welche den Blutzucker herabsetzen; diese Stoffe haben aber anscheinend mit dem Insulin nichts zu tun.)

Handelsnamen: 1. Insulinpräparate: Insulin „AB" Brand (ALLEN & HANBURYS LTD., London); Insulin „Boots" Brand (BOOTS PURE DRUG CO., Nottingham); Insulin „Degewop" (DEGEWOP, Berlin); Insulin-Fornet-Pillen und -Salbe (INSTITUT FÜR MIKROBIOLOGIE, Saarbrücken); Insulin Gamma (APOTH.-BEDARFS-CONTOR, Berlin); Insulin Gans (PHARMAGANS A. G., Obersursel); Insulin Hoechst (I. G.); Insulin Leo (LOVENS CHEM. FABR., Kopenhagen); Insulin „Lilly" (ELY LILLY & CO. Indianapolis U.S.A.); Insulin Sandoz (Sandoz); Insulin-Tabletten (DR. FRAENKEL & DR. LANDAU, Berlin); Insulin Wellcome (BURROUGHS, WELLCOME & CO., London). 2. Andere Pankreaspräparate: Enzypan (PHARM. WERKE „NOROINE" A. G., Prag und Aussig a. d. Elbe); Intestinol (DR. GEORG HENNING, Berlin); Pancrazym (RÖHM & HAAS, Darmstadt); Pankrophorin (SCHERING-KAHLBAUM); Pancreolan (DR. HEISLER), Pankreon (RHENANIA).

Über *Kallikrein*, das vermutlich ebenfalls in der Bauchspeicheldrüse gebildet wird, s. Bd. VI, 383.

Die *Zirbeldrüse* sitzt am Boden des Mittelhirns und beeinflußt durch ihr Sekret das Längenwachstum, den Haarwuchs und die sexuellen Funktionen. Da eine Wertbestimmung noch nicht bekannt ist, konnte bisher auch das Hormon noch nicht isoliert werden; es ist infolgedessen nicht zu entscheiden, ob die aus ihr gewonnenen Extrakte biologisch wirksam sind.

Aus der *Leber* sind erst in jüngster Zeit hochgradig wirksame Produkte gewonnen worden; die hohe Wirksamkeit geringer Mengen der *konz.* Extrakte hat zu der Annahme geführt, daß es sich auch hier um Hormone handelt. Man kennt von ihnen zwar keinerlei physiologische Wirkung, wohl aber den spezifischen Heileffekt bei der perniziösen Anämie. Die von den amerikanischen Forschern MINOT und MURPHY entdeckte Wirksamkeit der Leber bei diesen Krankheiten wird durch Kochen, Braten u. s. f. nicht aufgehoben. Bei der Behandlung der perniziösen Anämie ist es oft erforderlich, über viele Wochen und Monate, täglich große Mengen Leber (bis 1 kg pro Tag) zu geben. Meist ist es trotz abwechslungsreicher Zubereitung den Patienten unmöglich, dies durchzuführen, da sie einen Widerwillen gegen Leber bekommen. Daher war man bestrebt, konzentrierte Extrakte aus Leber zu gewinnen.

Leberextrakt. Eine Vorschrift zur Herstellung eines wirksamen Leberpräparates wurde vom Committee of Pernicious Anemia of the Harvard University herausgegeben und lautet folgendermaßen: Die Leber wird in Wasser suspendiert und die Extraktion im isoelektrischen Punkt ausgeführt (ungefähr pH 5 bis pH 6). Dann wird die Mischung erhitzt, um das Eiweiß auszufällen (etwa 80°), und nach 30′ filtriert. Das Filtrat wird im Vakuum auf ein kleineres Volumen reduziert und dann 95%iger Alkohol zugefügt, bis eine 70%ige alkoholische Lösung resultiert. Der Niederschlag, der sich hierbei bildet, wird abfiltriert und das Filtrat auf ein kleines Volumen gebracht. Nach Zusatz von absolutem Alkohol wird der Niederschlag getrennt, im Vakuum getrocknet und pulverisiert. Das Extrakt stellt ein gelbliches Pulver dar von leidlich angenehmem Geschmack, fast ganz in Wasser löslich. Es läßt sich aus der wässerigen Lösung durch Alkohol sowie durch Aceton ausfällen und ist unlöslich in Äther.

In Anlehnung an dieses Verfahren werden die meisten Präparate des Handels hergestellt. Gut wirksame Extrakte, wie z. B. Hepatopson (Promonta) entsprechen der 10fachen Menge Frischleber. Es ist in neuester Zeit gelungen, ein injizierbares Leberpräparat herzustellen (Campolan, *I. G.*). Auch Leberpulver, d. h. getrocknete Leber, befindet sich vielfach im Handel, meist mit geschmackverbessernden Zusätzen.

Handelsnamen: Hepatopson liquidum und Cachets (Chemische Fabrik Promonta, Hamburg); Hepatrat liquidum, herb u. s. w. (Nordmarkwerke, Hamburg); Hepracton, Leberpulver (*Merck*), Procythol liquidum und siccum (Sanabo-Chinoin, Wien); Martol (J. E. Stroschein, Berlin); Degewop (Degewop, Berlin); Intisan (Hageda, Berlin); Blandogen (Dr. Henning, Berlin); Heparglandol (Hofmann-La Roche); Lilly-Leberextrakt (Ely Lilly & Co., Indianapolis, U. S. A.); Leberextrakt (Parke, Davis & Co., London); Wellcome-Leberextrakt (Burroughs Wellcome & Co., London); B. D. H. Leberextrakt (The British Drug Houses Ltd., London); Boots-Leberextrakt (Boots Pure Drug Co. Ltd., Nottingham, England); B. O. C. flüssiger Leberextrakt, Opocaps (The British Organotherapy Co. Ltd., London); Hepatex (Evans Biological Instit. Runcorn); Pernaemon (Organon-Lab., Oss, Holland); Liveroid (Oxo Limited, London); Glanoid *konz.* (Armour & Co., London); Heparnucleate (Harrower-Lab., Watford [England]); Exhepa sicc., Ido-Hepa (Danske Chemo Therapeutisk Selskab, Kopenhagen).

Wie in der Leber, so hat man auch in der Magenschleimhaut ein bei perniziöser Anämie besonders wirksames Präparat gefunden, das bisher nur in Form getrockneter Magenschleimhaut in den Handel gebracht wird. (Mucotrat, Nordmarkwerke, Hamburg).

Die übrigen Hormone mit bekannter Wirkung haben weniger praktisches Interesse. Das Cholin (Bd. III, 377), das Erregungsmittel des Darmes, das als quaternäre Ammoniumbase ähnliche Wirkungen hat wie das Pfeilgift Curare, ist in vieler Hinsicht der Antagonist des Adrenalins. Möglicherweise ist es (wie andere „biogene Amine", so z. B. Tyramin, Histamin u. s. f.) ein aus dem Abbau des Eiweiß stammendes giftiges Stoffwechselprodukt, das der Organismus durch Kuppelung an Lecithin entgiftet.

Auch das Sekretin, ein Hormon aus der Duodenalschleimhaut, welches die äußere Sekretion des Pankreas vom Blute aus anregt, wird im Verhältnis zu den oben besprochenen Hormonen nur wenig medizinisch verwendet.

Anwendung der Hormone. Bei der Analyse der Wirkungen der einzelnen Hormone wurden im vorhergehenden hauptsächlich ihre spezifischen Wirkungen an ihren sog. Erfolgsorganen besprochen; verschiedentlich ist allerdings schon davon die Rede gewesen, daß sich manche Hormone teils positiv, synergistisch, teils negativ, antagonistisch, beeinflussen. Das ganze System der inneren Sekretion ist in seinem physiologischen Mechanismus „abgestimmt", d. h. die normale Produktion der sich gegenseitig teils unterstützenden, teils hemmenden Hormone so geregelt, daß im Gesamteffekt ein Gleichgewicht gewährleistet ist; bis zu einem gewissen Grade kann der Überproduktion eines bestimmten Hormons durch Mehrausschüttung des entgegengesetzt wirkenden begegnet werden. Auf der anderen Seite wird aber der Ausfall einer Drüse, also Unterproduktion eines Hormons, nicht nur zu einer Dysfunktion des von ihr geregelten Organsystems führen, sondern kann dann dem antagonistisch wirkenden das Übergewicht verleihen. Vielfach ist auch bei bestimmten Erkrankungen des innersekretorischen Systems nicht nur eine Drüse betroffen, sondern es befinden sich häufig gleichzeitig mehrere in pathologischem Zustande. Und da es sich hierbei zumeist um Minderleistungen der Drüsen und infolgedessen um gleichzeitigen Mangel verschiedener Hormone handelt, ist es oft erwünscht, zur Behandlung gewisser Erkrankungen gleichzeitig verschiedene Hormone kombiniert zu verabfolgen. Das ist ein besonders schwieriges Unterfangen; denn wenn man auch die gegenseitige Beeinflussung der Hormone in vieler Hinsicht kennt, so ist die Frage nach den quantitativen Verhältnissen besonders schwer zu lösen, d. h. schwer zu entscheiden, wieviel man bei der Kombination mehrere Hormone von den einzelnen geben soll bzw. kann. Man hilft sich in der Regel empirisch, indem man die gewünschte Kombination so wählt, daß sich in dem Endgemisch etwa quantitativ gleich wirksame Dosen befinden.

Antagonistisch wirken: Adrenalin und Cholin, Adrenalin und Insulin, Thymushormon und Thyreoidea, Thyreoidea und Pankreas.

Synergistisch: Thyreoideahormon und Adrenalin, Adrenalin und Hypophysenhinterlappenhormon, Prolan und Follikulin.

Je nach dem therapeutischen Gesichtspunkt wird man synergistische und antagonistische Hormone in bestimmter Auswahl kombinieren, muß sich aber nach dem oben Gesagten darüber klar sein, daß man sich auf sehr stark empirische, wenig gesicherte Basis stellt.

Im Handel befinden sich sehr zahlreiche Hormonkombinationspräparate, aus 2, 3, 4 und mehr verschiedenen Hormonen bestehend.

Andere Organpräparate. Außer den besprochenen Hormonpräparaten werden noch zahlreiche Organpräparate hergestellt, deren Wirksamkeit zum Teil sehr umstritten ist: das sind Organextrakte aus allen möglichen Geweben: aus Milz, Leber, Knochenmark, Arterien, Herz, Nerven u. s. f. In manchen Fällen mag die Wirkung eine sog. unspezifische Reizkörperwirkung sein, wie sie heute mit allen möglichen Eiweißabbauprodukten vielfach angestrebt wird; die wissenschaftliche Forschung wird zu klären haben, wo hierbei unspezifische Wirkung aufhört und spezifische Hormonwirkung beginnt.

Auf anderer Grundlage stehen, wie es scheint, gewisse Organpräparate, die aus Lipoiden (Bd. VII, 364), zusammengesetzt sind; hierbei handelt es sich um Lipoidextrakte, namentlich aus Gehirn und Rückenmark, welche zweifelsohne einen deutlichen Einfluß auf Abnutzungserkrankungen nervöser Natur, allgemeine Schwäche u. s. f. haben. Diese Präparate werden aus dem genannten tierischen Gewebe durch Extraktionen mit fettlösenden Mitteln gewonnen und mit verschiedenen roborierenden und geschmackverbessernden Zusätzen versehen. (Promonta, CHEM. FABR. PROMONTA, Hamburg; Soluga, NORDMARKWERKE, Hamburg, u. a.)

Zusammenfassende Literatur: P. TRENDELENBURG, Die Hormone. Springer, Berlin 1929. — H. STAUB, Insulin. Springer, Berlin 1925. — L. LICHTWITZ, Klinische Chemie. Springer, Berlin 1930. — R. ORTHNER, Chem.-Katalyt. Vorgänge im Lebensprozeß. (Über die Herstellung, Prüfung und klinische Verwendung organotherapeutischer Präparate.) F. Enke, Stuttgart 1928. — ERICH KNAFFL-LENZ, Memoranda on Cardiac Drugs, Thyroid Preparations Insulin etc. Publ. by the Permanent commission on Standardisation of Sera. Geneva: Publ. Departement of the League of Nations 1928. — FRITZ LAQUER, Hormone und innere Sekretion. Th. Steinkopff, Dresden 1928. — Derselbe, Über den gegenwärtigen Stand der Hormonforschung. *Ztschr. angew. Chem.* 41, 1028 [1928]. — C. OPPENHEIMER, Handbuch d. Biochemie. Bd. 2 u. 9. Fischer, Jena 1925. — L. ASCHER u. K. SPIRO, Ergebnisse der Physiologie. Bergmann, München. BAILY (Hypophyse), Bd. 20, 162 [1922]; JACOBSON (Nebenschilddrüse), Bd. 23, 180 [1924]; ABELIN und SCHEINFINCKEL (Schilddrüse) 24, 690 [1925]; BOOTHBV, SANDIFORD u. SLOSSE (Schilddrüse) 24, 728 [1925]; TRENDELENBURG (Hypophyse) 25, 364 [1926]; BARCROFT (Milz) 25, 818 [1926]; BARGER (Chemie der Hormone) 28, 780 [1929]; ANDERSON (Insulin) 29 [1929]. — C. H. BEST, Darstellung und Wertbestimmung von Insulin in E. ABDERHALDENS Handbuch der biolog. Arbeitsmethoden, Abt. V, Tl. 3 B, H. 4, Lief. 238, [1927]. *R. L. Mayer.*

Oriol (*Geigy*) ist gleich Baumwollgelb R, Bd. II, 159. *Ristenpart.*

Ormicet (ALB. MENDEL A. G., Berlin-Schöneberg), Lösung von basischem Aluminiumformiat. Herstellung nach *D. R. P.* 386 520, indem molekulare Mengen von Aluminiumsulfat und ameisensaurem Natrium in bestimmter Weise entwässert werden, worauf die Materialien nach dem Zusammenmischen ein haltbares Produkt geben, das in Wasser eine klare Lösung von ameisensaurer Tonerde gibt. (Vgl. Bd. V, 428.) Anwendung als Wundpasta und Wundpuder. Ormicetten sind Tabletten zu 1 g. *Dohrn.*

Oropon (RÖHM & HAAS A. G., Darmstadt), aus Bauchspeicheldrüsen hergestelltes, Ammoniumsalze enthaltendes Präparat (*D. R. P.* 200 519, 203 889, 217 934, 281 717), das in der Lederindustrie (Bd. **V**, 623) beim Beizen von Häuten Verwendung findet. Dabei handelt es sich hauptsächlich um eine durch das Trypsin (s. d.) bewirkte Lockerung der Elastinfasern und Entfernung der Keratosen (d. i. der ersten Proteolysenprodukte des Keratins aus Epidermis und Haaren) sowie einen geringen Angriff des Kollagens. Außerdem wirkt die Pankreaslipase auf die in den Häuten vorkommenden Fette emulgierend und verseifend. Im Handel sind verschiedene Sorten von Oropon mit verschiedenem Gehalt an Enzymen und Entkalkungsmitteln zur Herstellung verschiedener Ledersorten.

Literatur: GERNGROSS, Fermente in der Lederindustrie in OPPENHEIMER, Technologie der Fermente, Leipzig 1929.   *A. Hesse.*

Orthoform (*I. G.*) (Orthoform-neu), m-Amino-p-oxybenzoësäuremethylester, wird durch Veresterung von m-Nitro-p-benzoësäure und Reduktion des erhaltenen Methylesters nach *D. R. P.* 111 932 hergestellt. Krystallinisches Pulver, *Schmelzp.* 143°, schwer löslich in Wasser, leicht löslich in organischen Lösungsmitteln, geschmackfrei. Anwendung als örtliches Anästhetikum.

Ortizon (*I. G.*), Harnstoff-Wasserstoffsuperoxyd, $CO(NH_2)_2 + 2 H_2O_2$ (etwa 36% H_2O_2), in Wasser leicht lösliches Pulver, das stark desinfizierend durch nascierenden Sauerstoff wirkt und daher in Form von Mundwasserkugeln zur hygienischen Mundpflege dient. Herstellung nach *D. R. P.* 293 125 durch Zusammenbringen von Harnstoff mit Wasserstoffsuperoxyd bei gewöhnlicher Temperatur und Abkühlen.

Orypan (*Ciba*), Vitaminpräparat aus Reiskleie gegen Beri-Beri, hergestellt nach *D. R. P.* 311 074 und 359 878.   *Dohrn.*

Osmium s. Platinmetalle.

Osmose ist der Vorgang des Konzentrationsausgleiches von Lösungen durch halbdurchlässige Membranen, die wohl das Lösungsmittel, nicht aber die gelösten Stoffe durchtreten lassen.

Wie Gase einen möglichst großen Raum einnehmen wollen, so streben Lösungen sich auszudehnen durch Verdünnung. Den Vorgang, durch welchen Lösungsmittel in die Lösung „gestoßen" wird, bezeichnet man als Osmose (vom griechischen othein, stoßen); dem Gasdruck entspricht der osmotische Druck. PFEFFER konnte ihn als der erste messen, indem er eine Zuckerlösung in eine Tonzelle sperrte, in deren Wandung er eine „halbdurchlässige" Haut von Kupferferrocyanid eingelagert hatte, und die Zelle in ein Gefäß mit reinem Wasser stellte. Diese Membran gestattete wohl dem Wasser, nicht aber den großen Zuckermolekülen den Durchtritt. Ein auf die Zelle gesetztes Manometer stieg, indem Wasser von außen eindrang, so lange an, bis der Druck innen dem osmotischen Druck der Lösung das Gleichgewicht hielt. VAN'T HOFF zeigte auf Grund der PFEFFERschen Messungen, daß dieser Druck ebenso groß ist, wie ihn die Zuckermoleküle im gleichen Raum als Gas ausüben würden. Der große Unterschied im osmotischen Druck von hochmolekularen oder gar kolloiden Stoffen und Stoffen von niedrigem Molekulargewicht wird zu Trennungen verwertet (s. Dialyse, Bd. **III**, 644).   *K. Arndt.*

Ossin (J. F. STROSCHEIN A. G., Berlin) ist ein vitaminhaltiger Eierlebertran aus Eigelb und Dorschlebertran, dazu phosphorhaltige und milchsaure Calciumsalze. Anwendung bei Rachitis und Skrofulose.

Otreon (LUITPOLD-WERK, München), enthält Papaverin, Magnesiumcarbonat, Wismutcarbonat. Anwendung bei Hyperacidität des Magens. Tabletten zu 0,25 *g*.

Ovarienpräparate s. Organpräparate, Bd. **VIII**, 210.

Ovogal (*Riedel*), gallensaures Eiweiß, nach *D. R. P.* 176 945 hergestellt durch Fällen von angesäuerter Eiweißlösung mit einer schwach angesäuerten Lösung tierischer Galle. Grüngelbes Pulver, unlöslich in Wasser, löslich in verdünnter Lauge unter Aufspaltung. Anwendung bei Gallensteinleiden. Kapseln zu 0,5 *g*.   *Dohrn.*

Ovomaltine (DR. WANDER, Osthofen), Trockenpräparat aus Malzextrakt, Eiern, Milch und Kakao.   *Dohrn.*

Oxalsäure, Äthandisäure, $HO_2C \cdot CO_2H$, die einfachste organische Dicarbonsäure, krystallisiert mit 2 *Mol.* Wasser in monoklinen Säulen, die bei 101,5⁰ schmelzen. $D^{18,5}$ 1,653. 100 Tl. Wasser lösen bei:

0⁰	10⁰	20⁰	30⁰	40⁰	50⁰	60⁰	70⁰	80⁰	90⁰
3,52	6,08	9,52	14,23	21,52	31,46	44,32	61,09	84,69	120,24 Tl.

Oxalsäure (auf wasserfreie Säure berechnet). 100 Tl. 90 volumprozentiger Alkohol lösen bei 15⁰ 14,70 Tl., 100 Tl. absoluter Alkohol 23,73 Tl.; 100 Tl. absoluter Äther 1,47 Tl. wasserhaltige und 23,59 Tl. wasserfreie Oxalsäure. Beim Erhitzen im trockenen Luftstrom auf 100⁰ verliert sie ihr Krystallwasser und geht in die wasserfreie Säure über, die bei 189,5⁰ schmilzt und bei vorsichtigem Erhitzen auf 150⁰ unzersetzt sublimiert.

Die wasserfreie Säure, welche auch durch Behandlung der wasserhaltigen Verbindung mit hochprozentiger Schwefelsäure oder Salpetersäure oder durch Destillation mit Toluol (*Journ. chem. Soc. London* 1930, 1510) gewonnen werden kann, krystallisiert in rhombischen Oktaedern. Beim raschen Erhitzen und ebenso beim Erhitzen mit *konz.* Schwefelsäure zerfällt Oxalsäure in Kohlendioxyd, Kohlenoxyd und Wasser. Diese Zersetzlichkeit bedingt eine starke Reduktionswirkung.

Oxalsäure ist eine sehr starke Säure. Ihre wässerige Lösung reagiert sauer. Sie zerlegt die Alkalisalze von Mineralsäuren, wie $NaCl$, KCl, NH_4Cl, KNO_3, Na_2SO_4, unter Abscheidung eines schwer löslichen sauren Alkalioxalats und treibt beim Erhitzen mit Kochsalz allen Chlorwasserstoff aus diesem aus. In größeren Gaben ist die Verbindung gleich ihren Salzen für den tierischen und pflanzlichen Organismus giftig (s. auch Bd. **V**, 736). Sie wirkt in einer gewissen Konzentration auch auf die Entwicklung vieler Mikroorganismen giftig, kann ihnen aber unter anderen Bedingungen auch als Nährstoff dienen.

Geschichtliches. Schon Anfang des 17. Jahrhunderts beobachtete man das Vorkommen des sauren Kaliumoxalats im Sauerklee (Oxalis acetosella) und im Sauerampfer (Rumex acetosa). 1773 isolierte SAVARY die Säure („Kleesäure") aus dem Kleesalz, Sal acetosellae, nachdem sie von BERGMANN durch Oxydation von Zucker mit Salpetersäure erhalten worden war („Zuckersäure"). SCHEELE wies 1876 die Identität von Kleesäure und Zuckersäure nach. BERZELIUS und DÖBEREINER stellen ihre Zusammensetzung fest. GAY-LUSSAC fand 1829 die Bildung von Oxalsäure beim Verschmelzen verschiedener organischer Verbindungen mit Ätzkalien, und die Firma ROBERTS, DALE & PRITCHARD gewann sie seit 1856 fabrikmäßig durch Alkalischmelze aus Sägemehl (s. *Dinglers polytechn. Journ.* 145, 239). KOLBE und DRECHSEL fanden 1868 die Synthese des Natriumoxalats aus Kohlendioxyd und Natrium. Schon aus dem Jahre 1840 stammt die Beobachtung, daß Alkaliformiat beim Erhitzen in Alkalioxalat übergeht (J. DUMAS und J. S. STAS, *Ann. Chim.* [2] 73, 123; E. PÉLIGOT, ebenda [2] 73, 220). Diese Reaktion (s. auch ERLENMEYER und GÜTSCHOW, *Chem. Ztrlbl.* 1868, 420) wurde später besonders von MERZ und WEITH (*B.* 13, 720; 15, 1509) genauer erforscht und Gegenstand zahlreicher patentierter Verfahren, nachdem die Synthese des Natriumformiats aus Ätznatron und Kohlenoxyd in ökonomischer Weise ausgestaltet worden war. Zurzeit wird fast alle Oxalsäure nach dem Formiatverfahren dargestellt.

Vorkommen. Im Mineralreich findet sich Calciumoxalat als Whewellit; Ferrooxalat kommt in Braunkohlenlagern als Humboldtit oder Oxalit vor. Im Pflanzenreich beobachtet man Oxalsäure fast stets in Form von Salzen, so das Natriumsalz in Salicornia- und Salsoe-Arten, das saure Kaliumoxalat vor allem in Rumex- und Oxalisarten, das Magnesiumsalz in den Blättern einiger Gramineen. Calciumoxalat ist als krystallinische Ausscheidung weit verbreitet in Blättern, Wurzeln, Rinden, Zellmembranen und in den Zellkernen, in Algen, Pilzen, Flechten, Farnen und in zahlreichen höheren Pflanzen. Im Tierreich findet sich Ammoniumoxalat im Guano, Calciumoxalat in Harnsedimenten, Blasen- und Nierensteinen. Die Säure ist ein normaler Bestandteil des menschlichen Harnes; in größeren Mengen wird sie in pathologischen Fällen ausgeschieden („Oxalurie"). Sie kommt weiter in der Rindergalle, Kalbs- und Rinderleber, Milz, Thymusdrüse u. s. w. vor.

Bildungsweisen. Oxalsäure entsteht in geringer Menge durch Oxydation von Kohlenstoff mit Chromsäure (BERTHELOT, *Bull. Soc. chim. France* [2] 14, 116), durch Oxydation von Ameisensäure mit Salpetersäure (BALLO, *B.* 17, 9), durch Verseifung ihres Nitrils, des Cyans (WÖHLER, *Poggendorf Ann.* 3, 177), aus Hexachloräthan durch Erhitzen mit alkoholischem Kali auf 100⁰ (BERTHELOT, *Ann. Chim.* [3] 54, 89), durch Oxydation von Äthylen, Acetylen (BERTHELOT, ebenda [4] 15, 346, 343) und Glykol (WURTZ, ebenda [3] 55, 415, 417).

Sie entsteht ferner aus zahlreichen höheren Kohlenstoffverbindungen, besonders durch Einwirkung von Salpetersäure, als Endprodukt der Oxydation, z. B. aus Zucker, Stärke, Dextrin, Gummi, Leim u. s. w., desgleichen durch Alkalischmelze aus vielen Substanzen, z. B. Bernsteinsäure, Weinsäure, Citronensäure, Schleimsäure, Kohlenhydraten u. a. m.

Technische Darstellungsverfahren. Die Synthese des Natriumoxalats aus Natriummetall und Kohlendioxyd, sowie die Oxydation von ungesättigten Kohlenwasserstoffen oder Kohlenhydraten mit Salpetersäure zu Oxalsäure haben bislang keine nennenswerte Bedeutung erlangt. Das gleiche gilt von den neuerdings bekanntgewordenen Herstellungsweisen aus Holz durch holzzerstörende Pilze von R. Falk (*D. R. P.* 419911) oder durch Extraktion von Rinden bestimmter Pflanzenarten (Bophal Produce Trust; *E. P.* 207 489). Wichtiger erscheint ein Verfahren der American Cyanamid Co. (*D. R. P.* 468807), das durch Erhitzen eines Gemisches von Calciumcyanamid nnd Calciumcyanid unter Druck oxalsaures Calcium gewinnt.

Zur technischen Darstellung von Oxalsäure wurde von 1856 bis Ende der Neunzigerjahre ausschließlich das Verfahren durch Verschmelzen von Sägespänen mit Alkali angewandt; bedeutende Mengen wurden auf diese Weise hergestellt. Erst seit Anfang dieses Jahrhunderts wurde das Sägemehlverfahren durch die synthetische Bildungsweise, Erhitzen von ameisensaurem Alkali, aus der Technik verdrängt.

1. Darstellung von Oxalsäure aus Kohlendioxyd und Natrium.

Die Darstellung von oxalsaurem Natrium durch unmittelbare Vereinigung von Natrium und Kohlendioxyd — $2 Na + 2 CO_2 = (CO_2Na)_2$ — gehört, wie erwähnt, zu den ältesten Bildungsweisen. P. Drechsel (*A.* 146, 14 [1868]) untersuchte auf H. Kolbes Veranlassung die Reaktion. Er erhitzte ein Gemisch von Natrium und Sand im CO_2-Strom auf ca. 360°. Die Ausbeute war sehr gering, soll aber bei Ersatz des Natriummetalls durch 2%iges Kaliumamalgam besser werden. Eine quantitative Ausnutzung des Natriums gelang K. Haupt (*D. R. P.* 286 461) dadurch, daß er geschmolzenes metallisches Natrium, welches er durch Petroleumdämpfe vor Oxydation schützte, mittels Zerstäubers in wasserfreies, auf 300–400° erhitztes Kohlendioxyd einführte. Trotzdem das Verfahren anscheinend nur einer sehr einfachen Apparatur bedarf, scheint seine Einführung in die Technik ausgeschlossen zu sein, weil das als Ausgangsmaterial dienende Natrium im Verhältnis zum Wert des Endprodukts zu teuer sein dürfte.

2. Darstellung durch Oxydation von Kohlenhydraten.

Diese älteste Darstellungsmethode hat sich bisher nicht in die Technik einführen können. Ausgangsmaterialien sind einerseits Zucker, Stärke, Dextrin, zweckmäßiger Sirup oder Melasse oder mit Schwefelsäure vorbehandelte Cellulose, andererseits Salpetersäure (1,20–1,27), von der man ca. die 8fache Menge braucht, als Oxydationsmittel. Im Großbetrieb kann man bei einer Oxydationstemperatur von etwa 80° aus 100 Tl. Zucker höchstens 125 Tl. Oxalsäure erhalten — Angaben über höhere Ausbeuten sind unzutreffend. Eine Neubelebung erfuhr die Methode durch die *D. R. P.* 183 022 und 208 999 von A. Naumann, L. Moeser und E. Lindenbaum. Diesen gelang es, durch Verwendung von Vanadinpentoxyd als Katalysator die Ausbeute auf 140 % des angewandten Zuckers zu steigern; die Reaktion braucht zudem nur $^1/_3$ der sonst notwendigen Zeit und verläuft bei gewöhnlicher Temperatur sowie anscheinend ohne Bildung von Zwischenprodukten (Humussäuren, Zuckersäure u. s. w.). Eine nach dem Verfahren arbeitende Fabrik konnte sich nur kurze Zeit halten. Valentiner & Schwarz G. m. b. H., Leipzig, verwenden ein Gemisch von HNO_3 und verdünnter H_2SO_4 nebst Katalysatoren wie Vd-, Mo- oder Mn-Salzen. 100 Tl. Rohrzucker sollen 142 Tl. Oxalsäure liefern. Die Hauptschwierigkeit aller mit Salpetersäure arbeitenden Verfahren liegt in dem Wiedernutzbarmachen der in großen Mengen gebildeten nitrosen Gase. Solange dieses Problem nicht restlos gelöst ist, muß die Methode unrentabel bleiben. Aus dieser Erkenntnis heraus versuchen auch wohl Kinzlberger & Co. (*D. R. P.* 310 923) eine Verwertung der Stickoxyde, indem sie sie zu einer Voroxydation der Kohlenhydrate benutzen bei gleichzeitiger Verwendung von katalytisch wirkender Substanzen. Der Zucker verwandelt sich bei Behandlung mit den Stickoxyden in eine weiche bis flüssige Masse; die Wärmeentwicklung bei der Oxydation wird gemildert und auf einen längeren Zeitraum verteilt. Dann folgt die Hauptoxydation. Von anderen Verfahren, die auf der Oxydation von Kohlenhydraten beruhen, seien noch folgende erwähnt: Dr. Alexander Wacker (*D. R. P.* 409 948) läßt auf Cellulose oder cellulosehaltige Materialien in Gegenwart starker Schwefelsäure ein Gemisch von Sauerstoff und Stickoxyden mit oder ohne Verwendung von Katalysatoren einwirken. Die BASF (*D. R. P.* 370 972, 393 551) behandelt Holz, Zellpech aus der Sulfitcellulose-Lauge mit nitrosen Gasen in einer Lösung von $Fe(NO_3)_3$ oder anderen Katalysatoren in verdünnter Salpetersäure. Von größerem Interesse dürften dagegen die Verfahren sein, die auf der Oxydation von Acetylen beruhen. Die *Scheideanstalt* hat sich mit *D. R. P.* 377 119 ein Verfahren schützen lassen, das darauf beruht, daß man Acetylen in quecksilberhaltige *konz.* Salpetersäure einleitet. In analoger Weise will Dr. Alexander Wacker (*D. R. P.* 409 947) Oxalsäure durch Einleiten von Acetylen in quecksilberhaltige Schwefelsäure bei Gegenwart von NO_2 bzw. Stickoxyden und Sauerstoff gewinnen. Die Ausbeute soll 83% betragen. In dem *D. R. P.* 409 948 der gleichen Firma werden Buchenholzspäne mit 70%iger Schwefelsäure unter Zusatz von V_2O_5 als Katalysator mit Sauerstoff und Stickoxyden bei 50° behandelt, wobei Lösung erfolgt. Beim Abkühlen scheidet sich Oxalsäure in sehr guter Ausbeute (920–980 *g* Oxalsäure aus 1 *kg* Buchenholz) aus. Nach dem *D. P. a.* K 100 241 von R. Koepp & Co. werden nach diesem Verfahren unter Verwendung von Glucose und Anwendung von 8 *Atm.* Druck innerhalb $^1/_2$h aus 1 kg Glucose 1,2 kg Oxalsäure erhalten. Durch Oxydation ungesättigter Kohlenwasserstoffe wollen die Chemische Fabrik Kalk und H. Oehme (*D. R. P.* 384 107, 414 376) Oxalsäure darstellen. Die

Nitrierungsprodukte ungesättigter Kohlenwasserstoffe werden mit heißem Wasser oder mit Dampf behandelt, die entstandene wässerige Lösung konzentriert und die mehr als 10% Salpetersäure enthaltende abdestillierte Sa'petersäure so lange im Kreislauf zugleich mit einem Luftstrom zu dem Oxydationsprodukt zugefügt, bis dieses in Oxalsäure übergeführt ist. CHARLES O. YOUNG (*A. P.* 1 509 575) läßt auf Glykol in wässeriger Lösung ein Gemisch von Stickoxyd und Sauerstoff im Kreislauf einwirken. Die Ausbeute an Oxalsäure soll 70−80% betragen. In ähnlicher Weise geht THE CALIFORNIA CAP COMP. (*Can. P.* 235 148) von Glykolsäure aus, ein Verfahren, das sicher ohne Interesse ist.

3. Darstellung aus Sägemehl durch Alkalischmelze.

Bei der Einwirkung von Ätzalkalien auf Stärke, Kleie, Sägemehl u. s. w. zeigt sich wie in vielen anderen Fällen ein charakteristischer Unterschied des Kalium- und Natriumhydroxyds, wie POSSOZ (*Dinglers polytechn. Journ.* 150, 127, 382) in eingehenden Untersuchungen nachwies. Aus Substanzen, die mit Ätzkali reichliche Mengen von Oxalsäure liefern, entstehen mit Atznatron wesentlich geringere, häufig nur minimale Quantitäten, dagegen viel Carbonat, während ein Gemisch von ca. $^2/_3$ Ätzkali und $^1/_3$ Ätznatron eine größere Ausbeute als Ätzkali allein ergibt. Nach dem *D. R. P.* 84230 von CAPITAINE und HERTLINGS soll die Umsetzung von Ätznatron und Sägemehl schon bei 200° glatt verlaufen, wenn der Schmelze schwere Kohlenwasserstoffe wie Paraffinöl hinzugefügt werden. Die Patentangaben sind aber unzutreffend.

Genau erforscht wurde die Alkalischmelze des Sägemehls durch THORN (*Dinglers polytechn. Journ.* 210, 24; *Journ. prakt. Chem.* [2] 8, 182). Er fand, daß man die Schmelze zweckmäßig in dünnen Schichten vornimmt, weil sie dann durch das Eindringen von Luft erheblich gefördert wird. Verschmilzt man mit einem Gemisch von 20% *KOH* und 80% *NaOH* bei 240−250°, so erhält man ca. 75% Ausbeute an Oxalsäure. Bei Verwendung von 40% *KOH* und 60% *NaOH* steigt die Ausbeute auf ca. 80−81% und bleibt auch konstant, wenn man das Ätznatron mehr und mehr und schließlich ganz durch Ätzkali ersetzt. Sägespäne aus Tannen, Föhren, Pappeln, Buchen und Eichen geben fast dieselbe Ausbeute. Zum gleichen Ergebnis kommt neuerdings W. QVIST (*Chem. Ztrbl.* 1925, I, 1587).

Im großen arbeitete man ausschließlich mit reiner Kalilauge von ca. 48° *Bé.* Getrocknetes oder keinesfalls über 40% Wasser enthaltendes Sägemehl wird in die Lauge, die in gußeisernen Schalen auf etwa 180° erhitzt ist, eingetragen. Man rechnet etwa 100 Tl. Sägemehl auf 200 Tl. Lauge. Die Temperatur steigt unter lebhaftem Brodeln. Die Masse bleibt anfangs dünnflüssig, wird aber bald steifer und blasig und nimmt eine schwarzbraune Farbe an. Durch Eintragen von Sägemehl und Rühren kann die Temperatur, die im wesentlichen durch Selbsterhitzung auf etwa 285° steigen und gehalten werden soll, geregelt werden. Sobald die gewünschte Temperatur erreicht und die Masse steif geworden ist, wird sie in die Trockenpfannen übergeschöpft. Die Trockenpfannen sind untermauerte, heizbare, flache eiserne Pfannen von etwa 5 *m* Durchmesser und 0,5 *m* Höhe. Der Boden besteht aus einer Anzahl zusammengeflanschter gußeiserner Sektoren von etwa 3 *cm* Stärke, auf die der schmiedeiserne Rand aufgenietet ist. Die Pfannen sind mit einem kräftigen eisernen Rührwerk versehen, deren Schaufeln die ganze Bodenfläche bestreichen.

In den Trockenpfannen wird die Temperatur der Masse durch Rühren und Zugabe heißer Lauge so lange auf etwa 285° gehalten, bis die schwarze Farbe der lockeren, allmählich zu Pulver zerfallenden Schmelze in eine weiße hellgelbe übergegangen ist. Dann läßt man die trockene Masse auf etwa 150° erkalten und löst sie in heißem Wasser auf. Sie enthält etwa 45−50% oxalsaures Kalium; der Rest besteht größtenteils aus Pottasche. Aus der aufgelösten heißen Oxalatschmelze krystallisiert das oxalsaure Kalium beim Erkalten aus. Das Salz wird auf eisernen Nutschen abfiltriert, gewaschen und mit Kalkmilch umgesetzt. Ebenso wird das Filtrat, die etwa 50° *Bé* starke Pottaschelauge, kaustiziert und gemeinsam mit der Kalilauge aus dem oxalsauren Kalium in Vakuumverdampfapparaten eingedampft und in den Kreislauf der Fabrikation zurückgeführt. Das gewonnene oxalsaure Calcium wird mit Schwefelsäure umgesetzt (s. u.).

Nach dem *D. R. P.* 303 166 von A. MENSEN, Neustadt, soll bei 220° unter gleichzeitiger Einwirkung von Luft und Wasserdampf gearbeitet werden. Aus 300 Tl. *KOH* und 100 Tl. Cellulose sollen 142 Tl. krystallisierte Oxalsäure erhalten werden.

4. Darstellung aus Natriumformiat.

Seitdem die Synthese des Natriumformiats aus Ätznatron und Kohlenoxyd im Großbetrieb ausgeführt wurde (s. Bd. I, 339), konnte daran gedacht werden, die von DUMAS und STAS, PÉLIGOT, ERLENMEYER und GÜTSCHOW beobachtete Umwandlung von Natriumformiat in Natriumoxalat technisch auszunutzen. MERZ und WEITH (*B.* 15, 1507 [1882]) hatten die Bedeutung des Problems klar erkannt. Sie stellten fest, daß Natriumformiat bei schnellem Erhitzen auf etwa 420° beträchtliche Mengen Oxalat − bis 70% des Ausgangsmaterials − liefert, während es bei einer wesentlich niedrigeren Temperatur größtenteils in Natriumcarbonat übergeht. Im ersten Falle bildet sich neben Oxalat ausschließlich Wasserstoff (I), im zweiten außer diesem auch Kohlenoxyd (II).

I. $2\,NaHCO_2 = NaO_2C \cdot CO_2Na + H_2$; II. $2\,NaHCO_2 = Na_2CO_3 + CO + H_2$.

Die Umwandlung des Formiats in Oxalat verläuft unter lebhafter Wärmeentwicklung außerordentlich stürmisch und unregulierbar, so daß es naheliegt, sie durch Zusatz indifferenter Stoffe zu mildern. Zuerst gelang dies M. GOLDSCHMIDT, Köpenick, 1897 (*D. R. P.* 111 078). Er erhielt durch Erhitzen eines Gemisches von 4 Tl. Alkaliformiat mit 5 Tl. Alkalicarbonat Ausbeuten, die jedenfalls die Aussicht auf eine technische Verwertung des Problems bedeutend näherrückten. Er stellte fest, daß durch die starke Verdünnung des Formiats mit Carbonat die Umsetzung in Oxalat bereits bei etwa 360° vor sich geht, also gerade bei der Temperatur, bei welcher MERZ und WEITH vorwiegend Soda (56,5%) und relativ sehr wenig Oxalat (20,8%) erhielten.

Das Verfahren hat aber den großen Fehler, daß es eine nicht einfache Trennung von Soda und Oxalat erforderlich macht. Diesen vermeiden die ELEKTROCHEMISCHEN WERKE, Bitterfeld, in ihrem *D. R. P.* 144 150. Sie verdünnen das Formiat mit fertigem Oxalat im Verhältnis von 3 : 1. Indem sie eine Temperatur von 420° innehalten, bei welcher die Reaktion in $^1/_2-1^h$ vollendet ist, erzielen sie Ausbeuten von 90—99% und ersparen jedwede Trennung. Sowohl das GOLDSCHMIDTsche wie das Bitterfelder Verfahren ist technisch ausgeführt worden, ohne jedoch dem Sägemehlverfahren Abbruch tun zu können.

Es bedurfte erst der Erfindung, die im *D. R. P.* 161 512 von RUDOLPH KOEPP & CO., Oestrich, beschrieben ist, um das Problem der synthetischen Oxalsäuredarstellung in technisch brauchbarer und wirtschaftlich überlegener Weise zu lösen. Die Erfindung wurde von grundlegender Bedeutung. Sie beruht darauf, daß Alkaliformiate in Gegenwart von 1% oder weniger freiem oder während der Erhitzung frei werdendem Alkali erhitzt werden. Das Alkali versetzt die Formiate schnell in einen dünnflüssigen Zustand und wirkt anscheinend auch katalytisch, indem es die Wasserstoffabspaltung erleichtert. Die Umsetzung beginnt bereits bei 290°, verläuft äußerst rasch und stürmisch und ist bei 360° vollkommen durchgeführt. Der große technische Fortschritt besteht vor allem darin, daß es nicht mehr nötig ist, zusammen mit dem Formiat bedeutende Mengen inerter Stoffe zu erhitzen. Die Zeit und Kosten des Erhitzens sind hierdurch erheblich vermindert. Besonders ist auch die Weiterverarbeitung der Reaktionsmasse, die aus technisch reinem Oxalat besteht, bedeutend vereinfacht und für die Formiatherstellung selbst von wirtschaftlich weittragender Bedeutung (s. weiter unten). Das *D. R. P.* 229 853 von *Boehringer* verwendet an Stelle von Alkali Natriumborat und will zu gleichen Resultaten gelangen. Eine Verbesserung bringt das Verfahren nicht. Im Gegenteil bedeutet die Einführung eines Fremdkörpers einen entschiedenen Rückschritt.

Während die erwähnten Arbeitsweisen unter gewöhnlichem Druck arbeiten, erhitzen nach *D. R. P.* 204 895 die ELEKTROCHEMISCHEN WERKE, Bitterfeld, die Alkaliformiate im luftverdünnten Raum (Verfahren von A. HEMPEL, 1906). Als besondere Vorzüge des Verfahrens wird angeführt, daß keinerlei Zuschlag zum Formiat notwendig ist, daß die Reaktion bei Temperaturen unter 360° verläuft und daß schließlich der abgesaugte Wasserstoff wieder nutzbar gemacht werden kann. Ob die erwähnten Vorzüge gegenüber dem KOEPPschen Verfahren tatsächlich als solche anzusprechen sind, erscheint zweifelhaft. Die geringe Menge Ätznatron, die das KOEPPsche Verfahren bedingt, braucht nicht erst zugeschlagen zu werden, da man selbstverständlich vom technischen Formiat ausgeht. Dieses enthält aber immer freies Ätznatron (Bd. I, 340); ein mehr oder weniger hängt von dem jeweiligen Verwendungszweck ab. Das Verfahren KOEPP erwähnt ferner, daß die Reaktion bei 290° beginnt und bei 360° durchgeführt ist. Es kann also auch in der Temperaturerniedrigung unter 360° im luftverdünnten Raum kein nennenswerter Vorteil erblickt werden. Dagegen dürfte die Anwendung des Vakuums, besonders wenn man noch die Gewinnung des Wasserstoffs berücksichtigen will, eine komplizierte und kostspielige Apparatur erfordern, die für Anlagen mittlerer Produktion nicht empfehlenswert sein dürfte.

Neuere Versuche haben indessen die Angaben von MERZ und WEITH bestätigt, daß die Luft unbedingt einen schädlichen Einfluß auf die Oxalatbildung ausübt.

Es hat sich nämlich gezeigt, daß die Reaktionstemperatur auf etwa 260° herabgedrückt werden kann, wenn man das Verfahren von KOEPP dahin abändert, daß man in Gegenwart eines indifferenten Gases, beispielsweise unter einer Wasserstoffatmosphäre, arbeitet und jede Luftzufuhr peinlichst fernhält. KOEPP behauptet zwar in seinem Patent, daß es für den Verlauf der Reaktion und die Ausbeute ohne Einfluß ist, ob man mit oder ohne Luftabschluß arbeitet; tatsächlich aber arbeitet er unter Wasserstoff. Die Reaktion tritt so plötzlich auf und verläuft so schnell, daß die gesamte freiwerdende Wasserstoffmenge in verhältnismäßig ganz kurzer Zeit entbunden und die Luft ebenso plötzlich aus der Apparatur verdrängt wird. Gerade hierin liegt der besondere Vorteil des Verfahrens sowohl für die Reaktion selbst wie für den Ausschluß von Knallgasexplosionen. Die Entzündungstemperatur von Wasserstoff-Luft-Gemischen liegt bei 590°, also weit oberhalb der Temperatur, die zur Oxalatbildung notwendig ist. Explosionen sollten daher bei der Reaktionstemperatur bis 360° nicht zu erwarten sein und am wenigsten bei dem Vakuumverfahren, bei dem der Wasserstoff ständig entfernt wird. Die Betriebserfahrungen haben aber genau das Gegenteil gezeigt; sowohl bei dem KOEPPschen wie bei dem Vakuumverfahren sind Explosionen nicht ausgeschlossen. Sie treten in beiden Fällen ausschließlich gegen Ende der Reaktion auf, wenn das feste Oxalat wieder mit Luft in Berührung gebracht wird. Der eigenartige Vorgang läßt sich vielleicht auf folgende Weise erklären. Das synthetische Oxalat ist physikalisch grundverschieden von dem aus Oxalsäure selbst hergestellten Salz. Es bildet sich aus dem Formiatpulver plötzlich und unter mehr als 5facher Volumvermehrung. Das synthetische Natriumoxalat stellt ein außerordentlich poröses und leichtes Produkt vor. Beispielsweise hat 87 % iges technisches Natriumoxalat ein *Vol.-Gew.* von nur 0,21. Es verhält sich zum gefällten ähnlich wie Holzkohle zu Kohlenstoff. Es schließt viel Wasserstoff ein. Beim Öffnen der Apparatur scheint die eintretende Luft begierig adsorbiert zu werden und das Oxalat infolge seiner porösen Beschaffenheit und Inklusionen katalytisch die Vereinigung des Wasserstoffs mit dem Luftsauerstoff zu bewirken. Selbstverständlich läßt sich der eingeschlossene Wasserstoff auch durch Vakuum nicht entfernen; dagegen können Explosionen vermieden werden, wenn man das feste Oxalat noch unter Luftabschluß in Wasser aufschlämmt.

Außer den geschilderten Oxalatdarstellungsweisen sind noch eine Anzahl Verfahren durch *D. R. P.* 240 937 (*Ciba*), 250 304 (A. HEMPEL) und 269 833 (CH. F. GRÜNAU LANDSHOFF & MEYER, E. FRANKE und W. KIRCHNER) bekanntgeworden, die gleichfalls von Alkaliformiat ausgehen, aber keinerlei nennenswerte Neuerung bringen. Sie dürften wohl mehr patentrechtlich-taktischen als technischen Wert haben.

Technische Gewinnung. Es wird stets zunächst Calciumoxalat dargestellt, aus dem man dann die Oxalsäure freimacht.

a) Gewinnung des Calciumoxalats. Ausgangsmaterial ist Natriumformiat, dessen Fabrikation unter Ameisensäure beschrieben ist (Bd. I, 330). Für die Oxalsäurefabrikation hat sich das dem *D. R. P.* 209 417, 212 641, 229 216 und 365 012 (Bd. I, 341) zugrunde liegende Verfahren von R. KOEPP & CO. als das wirtschaftlichste erwiesen. Es besteht darin, daß man das als Zwischenprodukt der Fabrikation erhaltene oxalsaure Natrium in ein und demselben Arbeitsvorgang mittels Kalks kaustiziert und die neben Calciumoxalat entstandene Natronlauge durch Einwirkung von Kohlenoxyd in ameisensaures Natrium überführt: $Na_2C_2O_4 + Ca(OH)_2 + 2 CO = 2 NaHCO_2 + CaC_2O_4$. Die Vorteile des Verfahrens liegen auf der Hand. Man erspart zunächst den getrennten Kaustifikationsprozeß des oxalsauren Natriums; außerdem aber vermeidet man sowohl den lästigen Zerkleinerungsprozeß des Ätznatrons, da man in Lösung arbeitet (Bd. I, 341), als auch das kostspielige Eindampfen der Lauge zur Trocknis, und der Prozeß verläuft kontinuierlich.

Zur Ausführung des Verfahrens wird das auf Nutschen sodafrei gewaschene oxalsaure Natrium in eiserne Behälter, die mit Rührwerk und Heizschlange versehen sind, eingetragen und mit heißem Wasser aufgeschlämmt. In die heiße Suspension wird Kalkmilch eingeführt. Man wendet so viel Wasser zur Suspension des Natriumoxalats an, daß nach der beabsichtigten Kaustifikation eine Natronlauge von etwa 20° *Bé* resultieren würde. Die Arbeitsweise ist die gleiche wie die unter Ameisensäure (Bd. **I**, 341) beschriebene.

Zu Beginn der Fabrikation, wenn noch kein oxalsaures Natrium vorhanden ist, werden die Autoklaven mit Soda bzw. Natriumsulfatlösung und Kalkmilch beschickt. Es bildet sich dann Natriumformiat neben Gips.

I. $Na_2SO_4 + Ca(OH)_2 + 2\,CO = 2\,NaHCO_2 + CaSO_4$;   II. $2\,NaHCO_2 = Na_2C_2O_4 + H_2$;
III. $Na_2C_2O_4 + Ca(OH)_2 = 2\,NaOH + CaC_2O_4$.

Das Natriumformiat wird dann in Natriumoxalat übergeführt und letzteres, wie angegeben, mit Ätzkalk und Kohlenoxyd zu Calciumoxalat und Natriumformiat

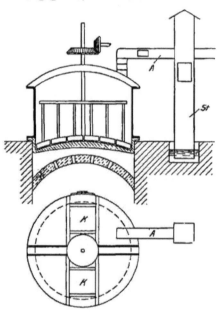

Abb. 81. Oxalatpfannen.

umgesetzt. Man kann aber das gebildete Natriumoxalat auch nur mit Kalk umsetzen und neben Calciumoxalat Natronlauge gewinnen.

Diese letzte Arbeitsweise bietet besonders wirtschaftliche Vorteile, da, wie leicht ersichtlich, aus dem billigen Ausgangsmaterial Natriumsulfat und Kalk neben der Oxalsäure noch Ätznatron im Nebenbetrieb gewonnen werden kann. Das Verfahren wird bereits seit 1907 im Großbetrieb ausgeübt und erlaubt also eine indirekte Umwandlung von Natriumsulfat in Ätznatron in wässeriger Lösung, eine Umsetzung, die bekanntlich nicht mit Kalk allein durchführbar ist (s. Bd. **VIII**, 67).

Die Formiatlauge läuft aus den Autoklaven zusammen mit dem Calciumoxalat in große eiserne Klärgefäße, in denen sich das Calciumsalz sehr bald absetzt, so daß die klare Lauge abgehebert werden kann. Die Trennung der restierenden Lauge von dem Calciumsalz erfolgt in gewöhnlichen eisernen Nutschen oder vorteilhafter in KELLY-Pressen (Bd. **V**, 364), die neben den bekannten Vorteilen ein besonders trockenes Produkt liefern. Die gut abgeklärte, besonders auch von nicht umgesetztem Natriumoxalat befreite Formiatlauge wird in eisernen Verdampfapparaten konzentriert. Man arbeitet am besten mit 3 Verdampfstufen, in denen die Lauge auf 40° *Bé* gebracht wird, um dann in einem Fertigverdampfer weiter eingedickt zu werden. Aus dem Fertigverdampfer, der ebenso wie der dritte Körper mit Salzabscheider versehen ist, fällt das wasserfreie Formiat aus. In Zentrifugen wird es von den letzten Resten anhaftender Lauge befreit und trocken geschleudert, ein Arbeitsvorgang, der technisch und wirtschaftlich bedeutend vorteilhafter ist als der umständliche Eindampf- und Schmelzprozeß des Ätznatrons beim trockenen Formiatverfahren. Aus den Zentrifugen gelangt das trockene Natriumformiat, das durchschnittlich bis zu 1% Ätznatron enthält, zur Umsetzung in die Oxalatpfannen (Abb. 81).

Die Oxalatpfannen sind zylindrische Gefäße von etwa 1500 *mm* Durchmesser und 1000 *mm* Höhe. Sie bestehen aus einer flachen, etwa 100 *mm* hohen gußeisernen Pfanne, deren Boden nach innen etwas gewölbt und am Rande durch Flansch mit einem schmiedeeisernen Kranz versehen ist. Nur die gußeiserne Pfanne ist eingemauert und wird im direkten Feuer erhitzt. In den Apparat ist ein Rührwerk eingebaut, dessen schräggestellte Rührarme die ganze Bodenfläche bestreichen und

nach Beendigung der Reaktion das Oxalat durch eine seitlich angebrachte Schiebetür nach außen
fördern. Der Antrieb der doppelt gelagerten Rührwerkswelle erfolgt durch konische Räder. Über
den Apparat laufen Schienen, auf denen mit Scharnieren Klappdeckel *K* befestigt sind, die die Pfanne
lose verschließen. Zwischen den Schienen ist ferner ein Abzugsrohr *A* befestigt, das in einen neben
dem Apparat stehenden, mit Wasserverschluß versehenen Kamin *St* mündet und als Staubfänger dient.
Das Abzugrohr ist ebenfalls mit Klappdeckeln versehen, die im Fall einer Explosion nach oben auf-
klappen und sich von selbst wieder schließen. An Stelle zylindrischer Gefäße sind auch liegende
eiserne Mulden mit horizontal gelagertem Rührwerk im Gebrauch.

Der Apparat wird mit so viel Natriumformiat beschickt, daß die Bodenfläche
mit einer Schicht von 3—5 *cm* Höhe — das entspricht etwa 50 *kg* Formiat — bedeckt ist. Nach wenigen Minuten ist das Formiat geschmolzen, und nach weiteren
15′ erfolgt unter bedeutender Volumvermehrung die augenblickliche Umsetzung
in Oxalat. Das Ende der Reaktion ist ohne weiteres an der grauweißen Farbe der

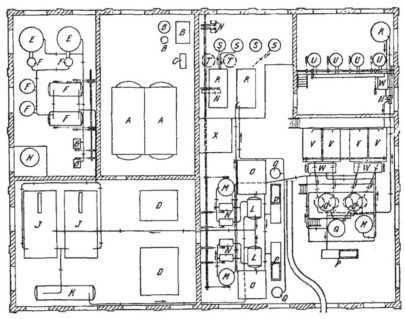

Abb. 82. Schema einer Oxalsäurefabrik (Alkaliabteilung) für eine Produktion von etwa
5000 *kg* in 24 h (Maßstab 1 : 300).

A Dampfkessel; *B* Wasserreinigung; *C* Speisepumpe; *D* Kraftmaschine; *E* Generator;
F Gasreinigung; *G* Hochdruckgebläse; *H* Kalklöscher; *I* Kompressor; *K* Windkessel; *L* Auto-
klavenbatterie; *M* Ansauggefäß; *N* Pumpen; *O* Ablaufkasten; *P* Filterpresse; *Q* Montejus;
R Laugebehälter; *S* Verdampfanlage; *T* Zentrifugen; *U* Oxalatpfanne; *V* Filter; *W* Anrührgefäß; *X* Wasserresevoir.

Oxalatmasse und an dem spezifisch brenzlichen Geruch, der nach der Reaktion auftritt, zu erkennen. Das fertige Natriumoxalat wird mittels einer Förderschnecke, die
unmittelbar an den Apparat angeschlossen ist, in ein eisernes Rührwerk übergeführt
und in Wasser suspendiert. Von hier wird es direkt auf die oben angeführten
Nutschen gepumpt und sodafrei gewaschen. Das Waschwasser — Sodalauge —
wird, wenn es genügend angereichert, meist aber mit frischer calcinierter Soda, die
die unvermeidlichen mechanischen Natronverluste ersetzen muß, versetzt ist, kaustiziert
und durch die Autoklaven gepumpt. Abb. 82 zeigt die Herstellung des Natriumoxalats nach dem eben geschilderten Verfahren in schematischer Darstellung.

Außer nach dem beschriebenen Verfahren wird Oxalat auch nach dem HEMPEL-
schen *D. R. P.* 204 895 gewonnen, nach welchem man, wie erwähnt, das Umsetzen
von Formiat im luftverdünnten Raum vornimmt. Zum Erhitzen dienen FREDERKINGsche

Rührwerkkessel, die auf 300° vorgeheizt und nach dem Beschicken unter Vakuum gesetzt werden. Das Formiat schmilzt nach kaum $\frac{1}{2}^h$. Die Wasserstoffentwicklung dauert etwa 20'. Je nach Größe des Kessels kann man $250-1000\,kg$ Formiat in $2-3^h$ quantitativ in Oxalat überführen. Auch dieses Verfahren soll sich in der Praxis bewährt haben.

b) Gewinnung der freien Oxalsäure. Das Calciumoxalat wird mit Schwefelsäure zersetzt. Es soll natronfrei sein und möglichst nicht über 50% Wasser enthalten. Zu Beginn des Betriebs wird es in heißes Wasser eingetragen und so lange verrührt, bis eine homogene Mischung entstanden ist. Später wendet man zum Anrühren anstatt Wasser die Mutterlauge der Rohsäurekrystallisation an. Als Anrührgefäß dient eine schmiedeiserne, mit Blei oder Kupferblech ausgekleidete Mulde, die mit horizontal gelagertem Rührwerk versehen ist. Aus den Anrührgefäßen wird die Suspension in die eigentlichen Zersetzer gepumpt und unter Zugabe von Schwefelsäure erhitzt. Die Umsetzung ist beendet, wenn in dem ausgewaschenen Gips keine Oxalsäure mehr nachweisbar ist. Die Zersetzer sind Rührwerke in gleicher Form und Ausführung wie Anrührwerke, nur entsprechend größer dimensioniert. Vielfach sind auch verbleite Holzbottiche mit vertikal gelagertem Rührwerk in Gebrauch. Durch eingebaute Dampfrohre erfolgt die Erhitzung.

Ist die Zersetzung des Oxalats durchgeführt, so wird der Gips möglichst schnell von der heißen Lösung getrennt. Dies erfolgt entweder in mit Blei ausgekleideten Filternutschen oder in Zentrifugen. Der krystallinisch ausgefallene Gips wird mit heißem Wasser säurefrei gewaschen. Die Waschwässer werden getrennt aufgefangen, die ersten mit der Oxalsäure vereinigt, während die dünnen Waschwässer zum nächsten Waschprozeß verwendet werden.

Die schwefelsaure Oxalsäurelösung wird nun so weit konzentriert, daß die Oxalsäure auskrystallisiert. Die Konzentration erfolgt in Vakuumverdampfapparaten, in die die gut geklärte Lösung eingesaugt wird. Die Verdampfungstemperatur soll 70° nicht überschreiten, da bei stärkerem Erhitzen der Lösung Zersetzung eintritt. Bei der Wahl des Eindampfapparates ist zu berücksichtigen, daß sich neben den Säuren Gips in Lösung befindet, der sich während der Konzentration ausscheidet und in außerordentlich spröder Form an den Wandungen, besonders der Rohre, ablagert. Die Entfernung dieser Inkrustation kann nur auf mechanischem Wege durch Abklopfen vorgenommen werden (s. Natriumchlorid Bd. **VIII**, 53).

Sobald die Oxalsäurelösung die gewünschte Konzentration erreicht hat, wird sie in die Rohsäurekrystallisierpfannen abgelassen. Dies sind große, etwa 30 *cm* hohe, innen verbleite Holzkästen, die mit Ablaufrinnen versehen sind. Aus der erkalteten Lösung krystallisiert die Rohsäure ziemlich grob krystallinisch aus. An Stelle der Krystallisierpfannen kann man auch sog. Kaltrührer zum Ausscheiden der Rohsäure benutzen. Es sind dies mit Doppelmantel versehene kupferne oder verbleite Gefäße, in denen sich je nach der Aufstellung ein vertikal oder horizontal gelagertes Rührwerk bewegt. Durch den Doppelmantel wird zur Kühlung der Lösung kaltes Wasser geleitet, das die Abscheidung der Rohsäurekrystalle aus der Lösung beschleunigt. Die Rohsäure wird durch Zentrifugieren von der Mutterlauge, die, wie beschrieben, zum Anrühren des Calciumoxalats dient, getrennt. Die abgeschleuderte Rohsäure ist gelblichweiß gefärbt und stark schwefelsäurehaltig. Zur Darstellung einer reinen Handelsware muß sie daher nochmals umkrystallisiert werden. Die Umlösung erfolgt in Wasser bzw. in Mutterlauge der Reinsäurekrystallisation. Als Lösegefäß dient ein Rührwerk in gleicher Form und Ausführung wie die Zersetzer. Man löst so viel Rohsäure auf, daß die Lösung eine Stärke von einigen 30% Oxalsäure zeigt. Dann läßt man sie kurze Zeit klären, damit sich der Gips, der in der Rohsäure eingeschlossen war, abscheiden kann, und zieht die vollkommen klare Lösung in die Reinsäurekrystallisierpfannen, die den Rohsäurepfannen entsprechen, ab. Nach dem Erkalten wird die auskrystallisierte Reinsäure ebenfalls durch Zentrifugieren von der Mutterlauge getrennt und mit Wasser nachgewaschen.

Um die Krystalle von der letzten anhaftenden Feuchtigkeit zu befreien, ist es notwendig, sie noch einem Trockenprozeß zu unterziehen. Das Trocknen kann in Trockenkammern, in denen die Säure auf verbleiten Holzhorden in einer Schichthöhe von etwa $2-3\,cm$ ausgebreitet ist, erfolgen. Die Trockentemperatur soll 40^0 möglichst nicht überschreiten, da die Krystalle sonst leicht verwittern. Aus demselben Grunde ist ein häufigeres Wenden der Schichten notwendig. Ein viel einfacherer und rationellerer Trockenprozeß wird mit den für kontinuierlichen Betrieb eingerichteten Trockenmaschinen erzielt, wie sie von F. H. STOLLBERG, Offenbach a. M., gebaut werden (Abb. 83).

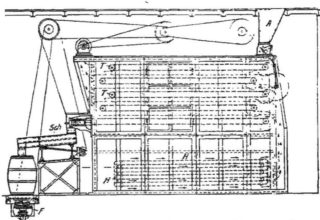

In dem Trockenapparat laufen eine Anzahl endloser Transporttücher. Die Säure wird auf das oberste Tuch geschichtet, das sie bei jeder Wendung auf das nächst untere abgibt, bis das unterste Tuch die trockene Säure aus dem Apparat herausfallen läßt. Der Heizkörper befindet sich im unteren Teil des Apparats, so daß die Trocknung nach dem Gegenstromprinzip erfolgt.

Abb. 83. Trockenapparat F. H. STOLLBERG, Offenbach a. M.
A Fülltrichter; *F* Faßpackmaschine; *H* Heizkörper; *Sch* Schüttelsieb.

Abb. 84 stellt die Zersetzung des oxalsauren Calciums und die Reinigung und Trocknung der Oxalsäure in schematischer Weise dar. Über die Herstellung von Oxalsäure aus Natriumoxalat unter gleichzeitiger Gewinnung von Na_2SO_4 s. D. R. P. 297846 der A. B. KVÄFVEINDUSTRIE, Gothenburg.

Analytisches. Die Handelsware ist 99—100%ig. Die Verunreinigungen bestehen aus geringen Mengen Alkali- und Calciumsalzen und etwas Schwefelsäure. Der Glührückstand beträgt 0,1—0,3%, Feuchtigkeit ebensoviel. Die quantitative Bestimmung erfolgt nach 2 ungefähr gleichwertigen Methoden,

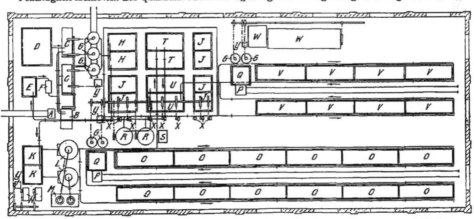

Abb. 84. Schema einer Oxalsäurefabrik (Säureabteilung) für eine Produktion von etwa 5000 *kg* in 24 Stunden (Maßstab 1:300).

A Waage; *B* Anrührgefäß; *C* Zersetzer; *D* Schwefelsäurereservoir; *E* Rohsäure-Mutterlaugereservoir; *F* Vorwärmer; *G* Zentrifuge; *H* Zersetzungsreservoir; *I* Waschlaugereservoir; *K* Klärkasten; *L* Eindampfapparate; *M* Kondensator; *N* Vakuumpumpe; *O* Rohsäurekrystallisierapparate; *P* Aufzug; *Q* Oxalsäurebehälter; *R* Rohsäurelösekasten; *S* Schlammkasten; *T* Rohsäure-Laugereservoir; *U* Reinsäure-Laugereservoir; *V* Reinsäure-Krystallisationskasten; *W* Trockenanlage; *X* Säurepumpen; *Y* Motor.

durch Titration mit n-Natronlauge oder $n/_{10}$-Permanganatlösung: 5 g Oxalsäure werden in Wasser zu 100 cm^3 gelöst, davon 25 cm^3 mit n-Natronlauge und Phenolphthalein titriert. 1 g reine Oxalsäure verbraucht 15,85 cm^3 n-Natronlauge; 1 cm^3 n-Natronlauge entspricht 0,06302 g Oxalsäure. 1 g Oxalsäure wird in 250 cm^3 Wasser gelöst, davon 50 cm^3 nach Erwärmen auf etwa 60° und Zusatz von Schwefelsäure mit $n/_{10}$-Permanganatlösung titriert. 1 cm^3 $n/_{10}$-Permanganatlösung entspricht 0,006302 g Oxalsäure. Gasvolumetrische Bestimmung s. H. KUX, *Ztschr. analyt. Chem.* 32, 144 [1893]. Den Gehalt wässeriger Oxalsäurelösungen kann man aus ihrem *spez. Gew.* ersehen, was für manche Verbrauchszwecke am bequemsten ist. Tabellen hierfür s. B. FRANZ, *Journ. prakt. Chem.* 113, 301; G. TH. GERLACH, *Ztschr. analyt. Chem.* 27, 305 [1888].

Verwendung. Die Oxalsäure findet technische Verwendung hauptsächlich in der Zeugdruckerei, speziell beim Ätzen von Indigodrucken (Bd. III, 809), in der Färberei (Bd. V, 35, 37), als Bleichmittel für Holz, Kork, Baumwollinters und besonders für Strohgeflechte; geringe Mengen werden benutzt zum Entfärben von Glycerin (*Schw. P.* 88 192), zur Fabrikation von Tinten und Metallputzmitteln, als Fällungsmittel für seltene Erden (Bd. IV, 443), bei der Gewinnung von Naphthionsäure sowie schließlich bei der Darstellung verschiedener Farbstoffe (Aurin, Diaminoacridin, Safranin, Malachitgrün), zur Herstellung von Chlordioxyd (Bd. III, 374), von Desinfektionsmitteln (Bd. III, 573, 580), für Feuerlöschapparate (Bd. V, 286), zum Waschen gelagerter Anthrazitkohle (*Chemische Ind.* 1929, 1172), für Klebemittel aus Stärke (CASEIN CO. OF AMERICA, *D. R. P.* 322 936), zum Entfernen von Manganacetat aus synthetischer Essigsäure (*D. R. P.* 455 582, *Consortium*). Oxalsäure findet ferner Verwendung zur Herstellung der Oxalsäureester. Diäthyloxalat (WAHL, *Bull. Soc. chim. France* 35, 305, 37, 703) kann zur Herstellung von Oxalessigester Verwendung finden, der zur Gewinnung von Pyrazolonen (s. d.) dient. Dibutyloxalat, Diisobutyloxalat, Diisoamyloxalat werden von der HOLZVERKOHLUNGS-INDUSTRIE A. G., Konstanz, als Lösungsmittel für Nitrocellulose, Celluloid und einige Harze in den Handel gebracht und finden in der Lackindustrie Verwendung. Durch elektrolytische Reduktion gewinnt man aus Oxalsäure Glykolsäure (s. Bd. V, 831) und Glyoxylsäure (Bd. V, 835).

Statistik. Bis etwa 1914 war Deutschland der Hauptproduzent von Oxalsäure, u. zw. die ELEKTROCHEMISCHEN WERKE, Bitterfeld, und R. KOEPP & Co., Oestrich. Zur Zeit ist die letztere Firma der Hauptproduzent, etwa 7000 t im Jahre; daneben werden von der NITRITFABRIK KÖPENICK noch geringe Mengen hergestellt. Der größte Teil wurde ausgeführt, in früheren Jahren nach den Vereinigten Staaten. Nach *Chemische Ind.* 1929, 1172, ist der Verbrauch an Oxalsäure von den Vereinigten Staaten etwa 3600 t, der jetzt von den zwei daselbst bestehenden Fabriken wohl gedeckt werden dürfte. 50% der Säure werden in den Wäschereien benutzt (*Chemische Ind.* 1926, 889).

Jahr	Ausfuhr				Einfuhr	
	t	Davon Vereinigte Staaten	Großbritannien	Einheitswert pro dz	t	Einheitswert pro dz
1913 . . .	5693	2606	950	50	27	50
1928	4812,5	441,4	550,02	61	24	54
1929	4774,2	595,4	496	62	1,6	—

Oxalsaure Salze (Oxalate). Oxalsäure bildet neutrale und saure Salze, ferner Doppelverbindungen der sauren Oxalate mit Oxalsäure (übersaure Salze) sowie zahlreiche, gut krystallisierende Komplexverbindungen.

1. Aluminiumoxalate. Das neutrale Salz $Al_2(C_2O_4)_3$ erhält man durch Fällung einer neutralen Lösung des Ammonsalzes mit einem Aluminiumsalz als unlöslichen Niederschlag. Löst man aber Aluminiumhydroxyd in wässeriger Oxalsäure und dampft zur Trockne, so hinterbleibt eine durchsichtige, amorphe, zerfließliche Masse unbekannter Zusammensetzung, wahrscheinlich ein saures Salz. Verwendung in der Kattundruckerei.

2. Ammoniumoxalate. Das neutrale Salz $(NH_4)_2C_2O_4 + H_2O$ krystallisiert in rhombischen bis sphenoidischen Säulen, löslich in 23,69 Tl. Wasser bei 15°, in ca. 50 Tl. bei 0°. D 1,51. Gibt bei 100° das Krystallwasser ab und geht bei weiterem Erhitzen in Oxamid über. Darstellung durch Sättigen von Oxalsäure mit Ammoniak. Direkte Gewinnung durch Erhitzen von Ammoniumformiat (vgl. *D. R. P.* 111 078, 144 150, 161 512) ist unzweckmäßig. Verwendung bei der Fabrikation von Sicherheitssprengstoffen (Bd. IV, 786) sowie zum Entschweren von Seidenabfällen (E. BEISENHERZ, *D. R. P.* 319 112/3).

Das saure Salz $(NH_4)HC_2O_4 + H_2O$ oder $^1/_2 H_2O$ löst sich bei 11,5° in 15,97 Tl. Wasser.

3. Antimonoxalate. Das Antimonyloxalat, $OSb \cdot O \cdot C_2O_2 \cdot OH$, bildet sich, wenn man eine kalte Oxalsäurelösung mit salzsaurer Antimonchlorürlösung versetzt. Technisch wichtig ist sein Doppelsalz mit Kaliumoxalat, $Sb(C_2O_4K)_3 + 6H_2O$, das im Handel als Antimonoxalat oder Antimonsalz bezeichnet wird. Es krystallisiert in Büscheln mikroskopischer Säulen und löst sich unzersetzt in Wasser. Wenig Mineralsäure fällt Antimonyloxalat aus, mehr Mineralsäure spaltet Oxalsäure ab. Zur Darstellung trägt man frisch gefälltes Antimonoxyd in eine kochende Lösung von saurem Kaliumoxalat bis zur Sättigung ein. Verwendung in der Druckerei (Bd. III, 773) und Färberei (Bd. V, 11, 54) als Ersatz des Brechweinsteins.

4. Bleioxalat, PbC_2O_4, weißer, krystallinischer Niederschlag, in Wasser und verdünnter Essigsäure unlöslich. Zerfällt bei Luftabschluß auf 300° erhitzt, in Kohlenoxyd, Kohlendioxyd und Bleisuboxyd. Darstellung durch Fällung einer Bleisalzlösung mit Oxalsäure.

5. Calciumoxalat, CaC_2O_4, natürlich mit 1 *Mol. H_2O* als Whewellit vorkommend, ist, künstlich dargestellt, ein weißer krystallinischer Niederschlag, der je nach den Versuchsbedingungen 1 oder 3 *Mol.* Krystallwasser enthält, praktisch unlöslich in Wasser und verdünnter Essigsäure. Die Darstellung bei der Fabrikation der Oxalsäure ist oben beschrieben. Chemisch rein gewinnt man das Salz durch Fällung einer ammoniakalischen oder essigsauren Calciumsalzlösung mit Oxalsäure- oder Oxalatlösung. Dient in der analytischen Chemie zum Nachweis und zur Bestimmung sowohl von Calcium wie von Oxalsäure.

6. Eisenoxalate. Ferrooxalat, $FeC_2O_4 + 2H_2O$, ist ein gelbes Pulver, löslich in ca. 5000 Tl. Wasser von 15°, weit leichter bei Anwesenheit von Ferrioxalat. Es krystallisiert aus heißer verdünnter Schwefelsäure unverändert aus. Es ist selbst in feuchtem Zustande licht- und luftbeständig, oxydiert sich aber sehr leicht, wenn es mit etwas Alkalioxalatlösung befeuchtet wird. Beim Erhitzen an der Luft zersetzt es sich unter Hinterlassung von rein verteiltem Eisenoxyd (Polierpulver). Die Verbindung scheidet sich aus Ferrioxalatlösung bei Belichtung ab. Man stellt sie durch Fällung von Ferrosulfatlösung mit Oxalsäure dar.

Ferrioxalat, $Fe_2(C_2O_4)_3$, durch Lösen von Ferrihydroxyd in Oxalsäure herstellbar, leicht löslich in Wasser, findet Verwendung für Blaupausenreproduktion (s. Photographische Papiere).

Ferrokaliumoxalat, $FeK_3(C_2O_4)_3 + H_2O$, besteht aus kleinen goldgelben Krystallen, die sich in Wasser unter teilweiser Spaltung in ihre Komponenten, in überschüssiger Kaliumoxalatlösung aber ohne Zersetzung lösen. In trockenem Zustande ziemlich luftbeständig, feucht sehr leicht oxydierbar. Darstellung durch Kochen der Einzelbestandteile in Kohlendioxydatmosphäre mit Wasser bzw. durch Vermischen von Lösungen von Kaliumoxalat und Ferrosulfat. Verwendung als photographischer Entwickler von Bromsilbergelatinebildern (EDER, *Chem.Ztrlbl.* 1880, 526, sowie Photographie), ferner zur Herstellung von Negativpauspapieren (*Merck*, *D. R. P.* 331 745).

7. Kaliumoxalate. Neutrales Kaliumoxalat, $K_2C_2O_4 + H_2O$, bildet farblose monokline Krystalle, die erst bei 160° ihr Krystallwasser verlieren, löslich in 3 Tl. Wasser. *D* 2,080. Zur Darstellung neutralisiert man Oxalsäurelösung mit Pottasche.

Kaliumbioxalat, KHC_2O_4, krystallisiert aus Wasser oberhalb 15° monoklin aus, bei niedrigerer Temperatur mit 1 *Mol. H_2O* rhombisch-bipyramidal. 100 Tl. Wasser lösen bei 20° 5,2 Tl., bei 100° 51,5 Tl. Salz. Zur Darstellung neutralisiert man Oxalsäurelösung mit Pottasche, gibt die gleiche Menge Oxalsäurelösung hinzu, kocht auf und läßt erkalten. Es hat eine geringe technische Bedeutung.

Kaliumtetraoxalat, $KH_3(C_2O_4)_2 + 2H_2O$, im Handel als Kleesalz bezeichnet, große Krystalle, löslich in 55,25 Tl. Wasser von 8°. Verliert bei 128° das Krystallwasser. Das Salz hält sich unverändert an der Luft. Durch absoluten Alkohol wird es in Oxalsäure und Kaliumbioxalat gespalten (BISCHOFF, *B.* 16, 1347). Zur Darstellung verwendet man entweder Pottasche oder die beim Sägemehlverfahren entstehenden Mutterlaugen des neutralen Kaliumsalzes, indem man – in verbleiten Gefäßen – die berechnete Menge Oxalsäure zugibt. Die Lösung soll hierbei nur 6–7° Bé stark werden. Aus der Lösung, die man in hohen ausgebleiten Holzkästen erkalten läßt, krystallisiert das Salz in großen triklinen Krystallen aus. Es ist das technisch wichtigste Oxalat. Die Verbindung findet vielfach gleiche Verwendung wie Oxalsäure selbst. Bekannt ist ihr Gebrauch zur Entfernung von Tinte- und Rostflecken. Hierbei bildet sich das leicht lösliche Ferrikaliumoxalat.

8. Kupferoxalate s. Bd. VII, 236.

9. Manganoxalat s. Bd. VIII, 471.

10. Natriumoxalate. Das neutrale Oxalat, $Na_2C_2O_4$, ist ein Krystallpulver, löslich in 31,1 Tl. Wasser bei 15,5° und in 15,8 Tl. siedendem Wasser. Darstellung s. Oxalsäure. Verwendung unter anderm in der Feuerwerkerei und als Zusatz zu Artilleriemunition zur Herabsetzung des Mündungsfeuers.

Natriumbioxalat, $NaHC_2O_4 + H_2O$, trikline, harte, luftbeständige Krystalle, löslich in 60,3 Tl. Wasser bei 15,5°, in 4,7 Tl. bei Siedetemperatur. Verbindung verliert ihr Krystallwasser nicht über Schwefelsäure, wohl aber bei 100°. Sie gibt leicht übersättigte Lösungen. Darstellung aus dem neutralen Salz durch Zusatz der äquivalenten Menge Oxalsäure.

11. Strontiumoxalat, $SrC_2O_4 + 2\frac{1}{2}H_2O$, ist ein weißes Krystallpulver, löslich in 12 000 Tl. kaltem Wasser, viel leichter bei Anwesenheit von Ammonsalzen. Man erhält es durch Fällung eines löslichen Strontiumsalzes mit Oxalsäure in der Kälte. Heiß gefällt, enthält es nur 1 *Mol.* Krystallwasser, das bei 150° entweicht. Verwendung in der Feuerwerkerei zur Flammenfärbung.

12. Titankaliumoxalat s. Titanverbindungen.

13. Zinnoxalate. Stannooxalat, SnC_2O_4, ist ein weißes Krystallpulver, sehr wenig löslich in kaltem und heißem Wasser, leicht in warmen Säuren. D^{18} 3,558. Hält, obwohl wasserfrei, hartnäckig hygroskopisches Wasser fest. Wird durch Fällung von Zinnchlorürlösung mit Oxalsäure erhalten. Gibt mit Kaliumoxalat ein schön krystallisierendes Doppelsalz, $SnK_2(C_2O_4)_2 + H_2O$, das sich unzersetzt in Wasser löst und einen eigentümlich süßen Geschmack besitzt. Darstellung durch Kochen von Stannooxalat mit Kaliumoxalatlösung. Verwendung in Färberei und Druckerei. *Schloß.*

Oxalylchlorid, $ClOC \cdot COCl$, bildet eine farblose Flüssigkeit, deren Dämpfe die Atmungsorgane stark angreifen. *Schmelzp.* -12^0; Kp_{763} 63,5—64^0.

Darstellung. 90 g wasserfreie Oxalsäure werden mit 400 g PCl_5 gemischt, erst unter Eiskühlung, dann bei gewöhnlicher Temperatur 2—3 Tage stehen gelassen und die flüssig gewordene Masse fraktioniert destilliert. Ausbeute 50—55% d. Th. (STAUDINGER, *B.* **41**, 3563). Mit Wasser zersetzt sich die Verbindung zu HCl, CO und CO_2. Mit Benzol und $AlCl_3$ entsteht zuerst Benzoylchlorid, dann Benzophenon. Aus Anthracen, Oxalylchlorid und $AlCl_3$ bildet sich Anthracen-chinon (LIEBERMANN, ZSUFFA, *B.* **44**, 209).

Von technischer Bedeutung sind folgende Reaktionen, die auf Arbeiten von STOLLÉ zurückzuführen sind.

Durch Kondensation von Oxalylchlorid mit Diphenylamin (STOLLÉ, *B.* **46**, 3915; *D. R. P.* 281 046) entsteht N-Phenylisatin; *Bayer* (*D. R. P.* 282 490) stellt unter Verwendung von Phenylamino-anthrachinon das N-Anthrachinonylisatin her, das in Anthrachinonacridon (*D. R. P.* 286 095) umgewandelt werden kann. Die *I. G.* hat in ihrem *E. P.* 265 244 [1927] gezeigt, daß sich aus Oxalylchlorid und z. B. Toluolsulfo-p-toluid das Toluolsulfo-methylisatin herstellen läßt, das durch Verseifung Methylisatin liefert. Das Chlorhydrat von β-Naphthylamin dagegen läßt sich nach dem *D. R. P.* 463 140 der *I. G.* in β-Naphthyloxaminsäurechlorid verwandeln, das nach dem *D. R. P.* 448 946 der *I. G.* mittels $AlCl_3$ in das technisch wichtige 2,1-Naphthisatin übergeführt wird. Aus Thiophenol und Oxalylchlorid entsteht das 2,3-Diketo-dihydrothionaphthen (STOLLÉ, *B.* **47**, 1130, *D. R. P.* 291 759), und das Diketodihydronaphthothiophen stellt die *Ciba* (*D. R. P.* 402 994) nach der gleichen Reaktion aus β-Thionaphthol her. Es ist ein wichtiges Ausgangsmaterial für indigoïde Küpenfarbstoffe (Bd. **VI**, 253; *Ciba, D. R. P.* 455 280) sowie für die Herstellung von Naphthooxythiophen (*Ciba, D. R. P.* 439 290). *Ullmann.*

Oxan (*I. G.*), Aspirin-Schnupfpulver mit Pfefferminzölzusatz. *Dohrn.*

Oxaminfarbstoffe (*I. G.*) sind substantive Azofarbstoffe für Baumwolle und Halbwolle.

Oxaminblau B ist der 1893 von BERNTHSEN und JULIUS erfundene Disazofarbstoff aus Dianisidin und je 1 *Mol.* 1-Amino-5-naphthol-7-sulfosäure und 1-Naphthol-4-sulfosäure nach *D. R. P.* 82572. Wasch- und lichtechtes Indigoblau. BG und 3 B, 1909. BG wird durch Nachchromen und Nachkupfern licht- und waschechter und eignet sich auch für Wolle.

Oxaminbordeaux B, 1907, direkter Baumwollfarbstoff.

Oxaminbraun GX, 1904. Oxamindunkelbraun G und R, 1906.

Oxamingrün BX gleich Benzogrün C (Bd. **II**, 258).

Oxaminrot ist der 1893 von BERNTHSEN und JULIUS erfundene Disazofarbstoff aus Benzidin und je 1 *Mol.* Salicylsäure und 2-Amino-5-naphthol-7-sulfosäure nach *D. R. P.* 93276.

Bläuliches Rot, das nachgekupfert oder mit Diazo-p-nitranilin entwickelt werden kann. Die Marke 3 B ist noch blauer.

Oxaminviolett ist gleich Benzoviolett O (Bd. II, 260).   *Ristenpart.*

Oxazinfarbstoffe leiten sich ab von den 3 Grundkörpern Phenoxazin I, Naphthophenoxazin II und Dinaphthoxazin III.

Diese Verbindungen sind nur schwach gefärbt, erhalten aber durch Eintritt von chromophoren Gruppen (wie OH und NH_2 und deren Alkyl- und Aryl-derivaten) in p-Stellung zum Ring-Stickstoffatom und nachträgliche Oxydation Farb-stoffcharakter. Die Oxazine wurden früher als eine besondere Klasse von Chinon-imidfarbstoffen (Bd. III, 205) betrachtet, durch die Arbeiten von KEHRMANN aber bald als Analoge der Azine erkannt. Ihre eigentliche Konstitution ist bis heute noch nicht sichergestellt. Nach KEHRMANN sind alle Oxazine, die in p-Stellung zum Azinstickstoff substituiert sind, parachinoid, alle übrigen orthochinoid, oft sind beide chinoide Formen in bestimmtem Gleichgewicht vorhanden. Um auch die Ionisation des Säurerestes zu berücksichtigen, schreibt er sie in chinoider Komplexform. Neuerdings nimmt P. PFEIFFER für Oxazine und ähnliche Farbstoffsalze eine im Sinne der WERNERschen Theorie koordinativ komplexe Konstitution an (*Ztschr. angew. Chem.* **1929**, 910). Der Einfachheit halber sei hier ganz allgemein die ortho-chinoide Schreibweise angewendet.

Zur Darstellung von Oxazinfarbstoffen kennt man eine große Zahl von Bildungsweisen; in A. WINTHER, Zusammenstellung der Patente, Bd. II, 396, sind deren 9 beschrieben. Technisch wichtig sind einerseits die Kondensation von Nitroso-dialkylaminen mit Dialkyl-m-aminophenolen, Resorcin, Gallussäure und Derivaten, β-Naphthol und andererseits diejenige von Nitrosodialkyl-m-aminophenolen mit aro-matischen Mono- und Diaminen, α-Naphthylamin. Die Reaktionen verlaufen ganz allgemein im Sinne folgender Gleichung:

Als Zwischenstufe bildet sich ein Indamin (I) bzw. Indophenol, das infolge der großen Reaktionsfähigkeit der zum chinoiden Stickstoff o-ständigen Hydroxylgruppe leicht in den Oxazinkomplex übergeht, unter Reduktion des Nitrosokörpers zum ent-sprechenden Aminoderivat oder des bereits gebildeten Farbstoffes zur Leukoverbindung.

Die Darstellung der Farbstoffe wird meist in der Weise vorgenommen, daß man die salzsaure Nitrosoverbindung in die methyl- oder äthylalkoholische Lösung oder Suspension der zweiten Kom-ponente in einem mit Rückfluß versehenen emaillierten Kessel unter Erwärmen und Rühren einträgt. Nach Beendigung der lebhaften Reaktion scheidet sich entweder der Farbstoff als salzsaures Salz ab, oder er wird mit Zinkchlorid als Chlorzinkdoppelsalz isoliert.

Eigenschaften. Die Oxazinfarbstoffe lassen sich wie die Azine durch Re-duktionsmittel in Leukoderivate überführen, aus denen die ursprünglichen Farb-stoffe außerordentlich leicht, schon durch den Sauerstoff der Luft, wieder regeneriert

werden. Daher die Möglichkeit der Verwendung verschiedener Leukoderivate als
solcher zu Färbezwecken und die Verwendung der Farbstoffe zum Illuminieren von
Reduktionsätzen im Kattundruck. Sie besitzen ferner die Fähigkeit, mit Aminen
und Phenolen unter Bildung neuer Leukoderivate zu reagieren. Die Anlagerung
erfolgt nur in p-Stellung zum dreiwertigen Azinstickstoff, wenn diese frei oder durch
einen reaktionsfähigen Substituenten wie *OH* besetzt ist. (Analog den Isorosindulinen,
Azinfarbstoffe, Bd. II, 14.)

Die färberischen Eigenschaften werden in erster Linie durch die Natur und
die Zahl der substituierenden Gruppen bedingt. Oxazine, die sich von der Gallussäure und deren Derivaten ableiten, sind wichtige Beizenfarbstoffe, deren Verwendung auch nach 40jähriger Lebensdauer kaum abgenommen hat. Die basischen
Repräsentanten (für Tannin-Antimon-Beizen) haben hier wie in anderen Gruppen
von ihrer früheren Bedeutung verloren.

I. Basische Oxazinfarbstoffe. a) Phenoxazine. Der wichtigste Farbstoff
dieser Reihe, der basischen Oxazine überhaupt, ist das von BENDER 1890 durch
Umsetzung von Nitrosodimethylanilin mit Diäthyl-m-aminokresol dargestellte Capriblau GON (*I. G.*) (I) (Bd. III, 85), ein schönes, sehr reines Grünblau für Seide
und Baumwolle. Diäthyl- und Benzylderivate ergeben ähnliche Farbstoffe, Capriblau V, Caprigrün 2 GN (*I. G.*) (Bd. III, 85).

I

II

Brillantkresylblau 2 B (*I. G.*) (Bd. II, 664), Kresylblau 2 RN, 2 BS (II) sind die
Kondensationsprodukte von Nitrosodiäthyl(dimethyl)-m-aminophenol mit aromatischen
m- oder p-Diaminen. Sie gleichen in Eigenschaften und Anwendung dem Capriblau.

b) Naphthophenoxazine. Den ersten Oxazinfarbstoff, das auch jetzt noch
viel gebrauchte Meldolablau, Baumwollblau R (*I. G.*) (Bd. II, 125), Neublau R
(*Ciba*), erhielt R. MELDOLA 1879 durch Einwirkung von salzsaurem Nitrosodimethylanilin in der Hitze auf β-Naphthol in alkoholischer Lösung, aus der nach Beendigung der Reaktion der Farbstoff als salzsaures Salz auskrystallisiert oder durch
Chlorzink als Chlorzinkdoppelsalz ausgefällt wird. (In analoger Weise entsteht aus
2,7-Dioxynaphthalin das etwas blaustichigere Oxyderivat, das als Muscarin
[*Durand*] in den Handel kommt.) Als β-Naphthochinonderivat hat der Farbstoff die
bereits erwähnte Fähigkeit, in der zum 3-wertigen Azinstickstoff noch freien p-Stellung
alle möglichen Komponenten anzulagern; es entstehen disubstituierte Naphthophenoxazine, von O. N. WITT auch als Cyanamine bezeichnet. Bringt man Meldolablau mit Dimethylamin zur Reaktion, so entsteht nach *D. R. P.* 56722 (*Friedländer* 3,
374) das Neumethylenblau GG (*Cassella*) (I), mit p-Aminodimethylanilin das
Baumwollblau BB (*I. G.*) (II) (Bd. II, 125), Neublau B (*Ciba*), mit Tetramethyl-
diaminobenzhydrol das Neuechtblau F, Neuindigblau R (*Bayer, D. R. P.* 68381,
Friedländer 3, 137).

I

II

Neublau B kann auch direkt aus β-Naphthol und einem Überschuß von Nitrosodimethylanilin
erhalten werden; das dabei durch Reduktion entstehende Aminodimethylanilin lagert sich direkt an
den fertigen Farbstoff an.

Muscarin, mit Anilin kondensiert, ergibt nach der gleichen Reaktion Echt-grün M (*Durand*).

Ähnliche Farbstoffe lassen sich auch darstellen durch Umsetzung von Nitroso-diäthyl-m-aminophenol mit α-Naphthylamin, Nilblau A (I) (*BASF, D. R. P.* 45268, *Friedländer* 2, 173), oder mit Benzyl-α-naphthylamin, Nilblau 2 B (II) (*BASF, D. R. P.* 60922, *Friedländer* 2, 173). Beides sind außerordentlich reine Blau für Seide und tannierte Baumwolle.

$(C_2H_5)_2N$ ⎯ O ⎯ NH_2 Cl I $(C_2H_5)_2N$ ⎯ O ⎯ $NH \cdot CH_2 \cdot C_6H_5$ Cl II

2. Beizenfärbende Phenoxazine, nach dem ersten Vertreter auch Gallo-cyaninfarbstoffe genannt, sind Farbstoffe aus Gallussäure und ihren Derivaten. Als o-Dioxyverbindungen besitzen sie alle die Fähigkeit zur Lackbildung mit Chrom-salzen auf der Faser. Sie sind heute noch die wichtigste Gruppe der violetten bis blauen Druckfarbstoffe, dank ihren guten Echtheiten und der Schönheit ihrer Nuancen. Handelsprodukte sind folgende: Gallocyanin (Bd. V, 467). Zur Darstellung des 1881 von H. KOECHLIN entdeckten Farbstoffs werden nach *D. R. P.* 19580 (*Friedländer* 1, 269) 75 *kg* Gallussäure in der 10fachen Menge Methylalkohol unter allmählichem Zusatz von 115 *kg* salzsaurem Nitrosodimethylanilin (Überschuß) 3—4^h bis zum Verschwinden des letzteren unter Rückfluß gekocht. Der Farbstoff kommt als schwerlösliche krystallinische grüne Paste in den Handel oder als leichtlös-liche Bisulfitverbindung, Gallocyanin BS. Seine Chromdrucke und Wollfärbungen auf Chromsud sind blauviolett. Zur Erzielung besserer Eigenschaften und anderer Nuancen wurden zahlreiche Derivate des Gallocyanins dargestellt, für welche nament-lich folgende Komponenten zur Anwendung kommen:

Ersatz der Gallussäure durch Gallussäuremethylester führt zu dem leichter löslichen rotstichigeren Prune (KERN 1886, *D. R. P.* 45786, *Friedländer* 2, 157).

Aus Nitrosodimethylanilin und Gallaminsäure entsteht nach *D. R. P.* 48996 (*Friedländer* 2, 169) Gallaminblau (*Geigy*) (Bd. V, 465); Cölestinblau B. (*I. G.*) (Bd. III, 457) ist das analoge Amid aus Nitrosodiäthylanilin (das mit Gallussäure eine ungenügende Ausbeute liefert) (*D. R. P.* 76937, *Friedländer* 4, 485).

Das entsprechende Produkt aus Gallanilid (*D. R. P.* 50998, *Friedländer* 2, 169) ist Gallanilviolett R, B, als Bisulfitverbindung Gallanilviolett BS (*Durand*).

Von großer Bedeutung war die Beobachtung, daß die aus Gallocyaninfarb-stoffen durch Reduktion, z. B. mit H_2S, erhaltenen Leukoderivate schönere und echtere Drucke ergeben als diese selbst, da sie bedeutend leichter löslich und ihre Chromlacke auf der Faser beim Dämpfen rasch wiederum oxydiert werden. Leuko-gallaminblau = Modernviolett (*Durand*, DE LA HARPE, *D. R. P.* 108 550, 201 149, 205 215; *Friedländer* 5, 338; 9, 243) ist der meistgebrauchte violettblaue Druck-farbstoff.

Sowohl Gallocyanin wie namentlich sein Leukoderivat verlieren beim Erhitzen mit Acetaten oder schwachem Alkali die Carboxylgruppe und gehen in den ent-sprechenden Pyrogallolfarbstoff über, der sich durch Unlöslichkeit in Soda, größere Löslichkeit in Wasser und rötere Nuance unterscheidet.

In zahlreichen Fällen reagieren Gallocyaninfarbstoffe wie Chinone und addieren (an die doppelte Bindung des Gallussäurerestes) fette, aromatische oder fettaromati-sche Amine unter Bildung von (Hydro-) Chinonaminen, -aryliden u. s. w., ferner Phenole wie Resorcin unter Bildung von Phenoläthern oder Bisulfit (SO_2). Die Entstehung dieser Verbindungen ist mit einer Reduktion des Moleküls verbunden, der durch gleichzeitige Einwirkung von Luft, Zusatz von Oxydationsmitteln zur Reaktionsmasse u. s. w. begegnet werden kann.

So entstehen aus Gallocyaninfarbstoffen und Sulfiten leicht lösliche Leuko-gallocyaninsulfosäuren, in denen je nach den Versuchsbedingungen die Carboxyl-gruppe der Gallussäure noch intakt vorhanden sein kann oder eliminiert wird (Blau PRC, Chromocyanine, *D. R. P.* 104 625; *Friedländer* 8, 501).

Bei Einwirkung von Resorcin bilden sich leicht lösliche Leukoderivate, die (ev. durch Nachbehandlung mit Sulfit) als Phenocyanine, Ultracyanin B, R (*Sandoz*) in den Handel kommen (*D. R. P.* 77452, *Friedländer* 4, 495; MÖHLAU, KLIMMER, *Ztschr. Farbenind.* 1, 65). Auch hier scheint der Resorcinrest sowohl die Stelle der freien Carboxylgruppe (bei Gallocyanin) wie die eines Wasserstoffatoms (bei Prune) einnehmen zu können. Von analoger Konstitution sind wohl die weniger wichtigen Anlagerungsprodukte von 2,6-Naphtholsulfosäure (Gallazine).

Die Umsetzung von (aromatischen) Aminen mit Gallocyaninen scheint eben-falls verschieden zu verlaufen, je nachdem die Carboxylgruppe leicht abspaltbar und substituierbar vorliegt oder durch Veresterung und Amidierung geschützt ist. So dürfte Gallocyaninanilid den Anilinrest an anderer Stelle enthalten als Pruneanilid. Von derartigen Derivaten sind (in Form ihrer Sulfosäuren) namentlich in Gebrauch: Brillantdelphinblau B (*Sandoz*), Delphinblau B (Bd. II, 661), verschiedene Marken von Chromazurinen und Coreinen, Gallanilblau und Gallanilindigo (aus Gallaminblau und Anilin), Chromacetinblau S (*Durand*) (Bd. III, 398) u. a. m.

Wie die Chinonanilide sind auch häufig die Anilide u. s. w. der Gallocyanin-reihe der Hydrolyse zugänglich, d. h. sie spalten beim Erwärmen mit Mineralsäuren Anilin u. s. w. ab und gehen in leichter lösliche Oxygallocyaninfarbstoffe über, die von einem Tetraoxybenzol abgeleitet gedacht werden können (Modern Azurin, *D. R. P.* 198 181; *Friedländer* 11, 236).

Mit den vorstehend skizzierten Reaktionen ist die Umwandlungsfähigkeit der Gallocyaninfarbstoffe nicht erschöpft. Sie reagieren vielmehr noch mit zahlreichen anderen Verbindungen, bei welchen der Reaktionsverlauf sich meist nicht klar übersehen läßt. So entsteht bei der Einwirkung von Formaldehyd auf Gallocyanin ein Produkt (*D. R. P.* 167 805; *Friedländer* 8, 501), das als Modernblau (*Durand*) in den Handel kommt u. a. m. Für zahlreiche Handelsfarbstoffe dieser Gruppe lassen sich Formeln nicht aufstellen. Um den technischen Ausbau dieses Gebiets haben sich namentlich die Firmen *Durand* und *Bayer* verdient gemacht.

Die *I. G.* bringt neuerdings die Farbstoffe dieser Gruppe als Gallo-Farbstoffe in den Handel (s. Bd. V, 467).

Neben den Gallocyaninen spielen einige andere hydroxylhaltige Oxazinfarb-stoffe nur eine untergeordnete Rolle.

Der Farbstoff Nitrosoblau MR kann auf der Faser erzeugt und fixiert werden, indem man die Komponenten Resorcin und Nitrosodimethylanilin zusammen mit Oxalsäure und Tannin aufdruckt und dämpft. Das auf diese Weise erzeugte Nitroso-blau (*M. L. B.*, *D. R. P.* 103 921; *Friedländer* 5, 332) besitzt einen indigoblauen Ton und gute Echtheitseigenschaften. Nitrosodimethyl(äthyl)anilin kommt als Nitrosobase M und A (50% Teig), die Mischung Resorcin+Tannin als Tann-oxyphenol (*D. R. P.* 119 902; *Friedländer* 6, 492) in den Handel.

Oxazinfarbstoffe des Resorcins sind ferner die 1890 von WESELSKY und R. BENEDIKT aus Resorcin mit salpetriger Säure und nachträglicher Einwirkung von Schwefelsäure erhaltenen Ver-bindungen, das Resazurin und Resorufin, letzteres durch prachtvoll zinnoberrote Fluorescenz seiner blauen alkalischen Lösung ausgezeichnet. Es bildet sich glatt durch Oxydation gleichmolekularer Mengen m-Aminophenol und Resorcin (NIETZKI, *B.* 22, 3020) und liefert mit Brom ein Tetrabrom-derivat, das eine Zeitlang als Resorcinblau, Bleu fluorescent, Irisblau in der Seidenfärberei zur Her-stellung blauer, stark braun fluorescierender Färbungen benutzt wurde.

Einer abweichenden Reaktion verdanken die kaum mehr gebrauchten sauren Oxazinfarbstoffe Alizaringrün G und B (*D. R. P.* 82740; *Friedländer* 4, 500) ihre

Entstehung. Sie werden durch Umsetzung von 1,2-Naphthochinon-4-sulfosäure mit 1,2- bzw. 2,1-Aminonaphtholsulfosäuren in sodaalkalischer Lösung erhalten, sind also Dinaphthoxazine.

Literatur: KEHRMANN, Gesammelte Abhandlungen. – WINTHER, Zusammenstellung der Patente, Bd. II: Einführung in die Oxazinfarbstoffe. – *Fierz.*   *A. Krebser (Friedländer †).*

Oxural (DR. WEIL, Frankfurt a. M.), Chenopodiumölemulsion als Wurmmittel in Kapseln.   *Dohrn.*

Oxyanthrachinone s. Bd. I, 498; **Oxybenzoesäuren** s. Bd. II, 235 ff.

Oxydation und Reduktion. Unter Oxydation im engeren Sinne wird die Erhöhung des Sauerstoffgehalts in einem chemischen Stoffe verstanden, z. B. die Überführung von *Fe* in *FeO* und ferner in Fe_2O_3 bzw. die Wegnahme von H_2, z. B. Umwandlung von $C_2H_5 \cdot OH$ in $CH_3 \cdot COH$. W. OSTWALD erweiterte im Rahmen der Ionentheorie den Begriff Oxydation auf alle Vorgänge, bei denen positive Ladungen aufgenommen oder negative Ladungen abgegeben werden, z. B. die Auflösung von Zink in Säure: $Zn + 2\oplus \rightarrow Zn^{\cdots}$ oder die Entwicklung von Chlor aus Salzsäure etwa durch Braunstein: $2\,Cl' - 2\ominus \rightarrow Cl_2$. Der umgekehrte Vorgang, die Reduktion, ursprünglich die Entziehung von Sauerstoff oder Anlagerung von Wasserstoff, bedeutet im OSTWALDschen Sinne die Abgabe von positiven oder Aufnahme von negativen Ladungen.

Als ein Maß für die Stärke eines Oxydationsmittels kann das Potential angesehen werden, welches eine von dem betreffenden Oxydationsmittel umgebene Platinelektrode gegen die Normalwasserstoffelektrode zeigt. Vgl. darüber: J. EGGERT, Lehrbuch der physikalischen Chemie, Leipzig 1929, S. 411 ff. Über die katalytischen Einflüsse bei Oxydations- und Reduktionsvorgängen s. Katalyse, Bd. VI, 454, 455, 469, 479, über gekoppelte Reaktionen ebenda S. 488.   *K. Arndt.*

Oxydiaminfarbstoffe (*I. G.*) sind wenig lichtechte, aber gut waschechte, substantive Baumwollfarbstoffe. Hierhin gehören:

Oxydiaminbraun G, 1900; 3 G, RN, 1904; KBS; lassen sich auch mit Diazo-p-nitranilin kuppeln.

Oxydiamincarbon JEI, wird durch Nachbehandeln mit Diazo-p-nitranilin oder Formaldehyd noch waschechter.

Oxydiamingelb TZ gleich Mimosa, Bd. VII, 138.

Oxydiaminschwarz-Marken FFCX, JB *konz.*, SOOO; JB *konz.* wird auch mit Diazo-p-nitranilin gekuppelt. SOOO wird durch Nachchromen waschechter; mit Nitrazol gekuppelt, gibt SOOO ein waschechtes Braun; JB ist auch für Formaldehydnachbehandlung geeignet.

Oxydiaminviolett BF gleich Benzoviolett O (Bd. II, 260).   *Ristenpart.*

Oxydiaminogen (*I. G.*) sind schwarze Diazotierungsfarbstoffe, deren an sich gute Lichtechtheit durch Nachkupfern noch erhöht wird. Die Marken OB und OT werden für billige Stapelartikel und in der Druckerei für die Herstellung des Ätzartikels stark gebraucht. ZV ist eine neue Marke.   *Ristenpart.*

Oxydieren. Im folgenden sollen ausschließlich die in der Technik gebräuchlichen Oxydationsverfahren organischer Verbindungen geschildert werden. Unter Oxydieren versteht man diejenigen chemischen Operationen, mittels deren man einer Verbindung Sauerstoff zuführt (eigentliche Oxydation) oder Wasserstoff entzieht (Dehydrogenisation) oder beides gleichzeitig bewirkt.

Eine Zufuhr von Sauerstoff findet beispielsweise statt, wenn man einen Aldehyd zur entsprechenden Säure oxydiert: $C_6H_5 \cdot CHO \rightarrow C_6H_5 \cdot CO_2H$, ein Triphenylmethanderivat zum Carbinol: $(C_6H_5)_3CH \rightarrow (C_6H_5)_3C \cdot OH$, ein Sulfid in das Sulfon: $(CH_3)_2C(S \cdot C_2H_5)_2 \rightarrow (CH_3)_2C(SO_2 \cdot C_2H_5)_2$ verwandelt.

Entziehung von Wasserstoff findet statt, wenn man einen Alkohol zum zugehörigen Aldehyd oxydiert: $CH_3 \cdot OH \rightarrow CH_2 : O$, Hydrochinon zum Chinon, ein Toluolderivat zum Stilbenderivat. Hierher gehört weiter die Umwandlung der Ameisensäure zur Oxalsäure, des Isoborneols zu Campher, des Indoxyls zum Indigo, des Hydrazobenzols zum Azobenzol, des Phenylhydroxylamins zum Nitrosobenzol.

Gleichzeitige Zufuhr von Sauerstoff und Entziehung von Wasserstoff, d. h. Ersatz von Wasserstoff durch Sauerstoff, beobachtet man, wenn man z. B. Toluol in Benzaldehyd, Benzylalkohol in Benzoesäure verwandelt.

Wir unterscheiden direkte und indirekte Oxydationen. Erstere stellen den üblichen Fall vor; doch werden auch letztere oft und in großem Maßstabe in der Technik vorgenommen, so wenn man Toluol über Benzotrichlorid in Benzoesäure überführt oder Benzol über seine Sulfosäure in Phenol verwandelt. Aus Trinitrotoluol erhält man mit Nitrosodimethylanilin ein Azomethinderivat, das durch Säuren zu Trinitrobenzaldehyd (und p-Aminodimethylanilin) aufgespalten wird u. s. w.

Oft findet Oxydation und Reduktion gleichzeitig statt, so wenn Benzaldehyd bei der Behandlung mit Alkalilauge in Benzylalkohol und Benzoesäure übergeht oder Glyoxal in Glykolsäure (CANNIZZAROsche Reaktion). o-Nitrotoluol wird durch Kochen mit Alkalilauge in Anthranilsäure umgelagert, p-Nitrotoluol durch Erwärmen mit Schwefel und Natronlauge in p-Aminobenzaldehyd übergeführt (Bd. II, 211). Aus Chinon gewinnt man durch Einwirkung von Essigsäureanhydrid bei Gegenwart von etwas *konz.* Schwefelsäure Oxyhydrochinontriacetat. Auch die Herstellung gewisser Stilbenfarbstoffe (Sonnengelb, Mikadoorange) aus p-Nitrotoluolsulfosäure gehört hierher. In den meisten der genannten Fälle findet der Prozeß intramolekular statt.

Die Oxydationsverfahren sind mannigfachster Art. Am meisten werden naturgemäß rein chemische Oxydationsmittel angewandt, doch wird neuerdings in vielen Fällen die Oxydation mit Luft oder Sauerstoff bei Gegenwart von Katalysatoren durchgeführt (s. u.). Die Lebenstätigkeit gewisser Pilze oder Bakterien für Oxydationszwecke (biologische Verfahren) wird ausgenutzt bei der Umwandlung des Alkohols in Essig (Bd. IV, 616); ferner ist hier zu nennen der oxydative Abbau von Kohlehydraten zur Milchsäure (Bd. VII, 129), Buttersäure (Bd. III, 705) und Citronensäure (Bd. III, 446). Manchmal führt man die Dehydrierung durch bloßes Erhitzen aus (pyrogenes Verfahren). Als Beispiel sei hier die Umwandlung von Natriumformiat in -oxalat (Bd. VIII, 219) anzuführen. Häufig ist es angebracht, die Oxydation durch katalytisch wirkende Substanzen zu beschleunigen (Campher aus Isoborneol, Bd. III, 79, Formaldehyd aus Methanol, Bd. V, 516). Den gleichen Erfolg kann man manchmal durch Bestrahlung mit ultraviolettem Licht erzielen (Anisaldehyd aus Anethol, Vanilin aus Isoeugenol).

Die Oxydation ist einer der wichtigsten Prozesse der organischen Großindustrie, sie findet aber auch ausgedehnte Anwendung beim Färben von Schwefel- und besonders Küpenfarbstoffen, bei der Erzeugung von Anilinschwarz auf der Faser u. s. w. Oxydationsmittel werden in der Bleicherei (Bd. II, 479 ff.) gebraucht. Die Anwendung der Haarfärbemittel (Bd. VI, 782) beruht auf Prozessen, die denen der Färberei vielfach nachgebildet sind. Indirekt wirken Oxydationsmittel bei der Sterilisation von Wasser und Luft mittels Ozons.

Nach ihrer Verwendungsart teilen wir die Oxydationsmittel in neutrale, saure und alkalische ein.

1. Neutrale Oxydationsmittel,

Sauerstoff. Das billigste und leichtest zugängliche Oxydationsmittel ist der Sauerstoff der atmosphärischen Luft. Mit Luft wird Hydrazobenzol zu Azobenzol (Bd. II, 20) oxydiert, Indigo aus der Indoxylschmelze (Bd. VI, 240) gewonnen, Alkohol in Essig (Bd. IV, 616) übergeführt. 2-Methylanthrachinon kann in wässeriger Suspension bei Gegenwart von Alkalien durch Erhitzen mit Sauerstoff unter Druck in Anthrachinon-2-carbonsäure verwandelt werden (*I. G.*, *E. P.* 321 916 [1928]). Große technische Bedeutung haben die Verfahren, bei denen bei der Luftoxydation Katalysatoren Verwendung finden. Es seien hier erwähnt die Gewinnung von Anthrachinon aus Anthracen (Bd. I, 387) nach WOHL, die Umwandlung von Naphthalin in Phthalsäure (s. d.), bzw. Benzoesäure (Bd. II, 228), die Herstellung von Essigsäure aus Acetaldehyd (Bd. III, 650), die Umwandlung von Methanol in Formaldehyd (Bd. V, 516), die Oxydation von Benzol zu Maleinsäure (Bd. VII, 438). Über Katalysatoren, welche die Oxydation begünstigen, s. Katalyse (Bd. VI, 454).

Ozon liefert mit ungesättigten organischen Verbindungen Ozonide, indem sich O_3 an die Doppelbindung anlagert (s. Ozon, Bd. VIII, 239, wo auch seine Verwendung beschrieben).

Bleioxyd dient als Oxydationsmittel, z. B. bei der Gewinnung von Anthragelb (Bd. I, 515) aus β-Methylanthrachinon. Hier werden 2 *Mol.* des Ausgangsmaterials miteinander kondensiert, indem die beiden CH_3-Gruppen sich zu dem Komplex $-CH=CH-$ vereinigen. Man braucht Bleioxyd ferner zur Überführung von Kaliumcyanid in Kaliumcyanat. Da es nur bei höherer Temperatur zur Reaktion gebracht werden kann, so ist seine Verwendung auf die Darstellung ziemlich hitzebeständiger Verbindungen beschränkt.

Kupferchlorid, $CuCl_2$, dient zur Fabrikation des Methylvioletts (Genthiaviolett, Bd. V, 603) aus Dimethylanilin als Oxydationsmittel. Es geht hierbei in Kupferchlorür über. Der Carbinkohlenstoff entstammt einer der Methylgruppen.

Nitrobenzol dient hie und da als Oxydationsmittel. Zu erwähnen ist seine Verwendung beim Fuchsinprozeß (Bd. V, 436) und zur Herstellung von Alizarinblau (Bd. I, 206). Auch die GRAEBE-SKRAUPsche Chinolinsynthese benutzt Nitrobenzol u. s. w. zur Oxydation (Bd. III, 198). Hingewiesen sei ferner auf die Herstellung von Aminoanthrachinonen durch Umsetzung der Anthrachinonsulfosäuren mit NH_3 bei Gegenwart von Nitrobenzolsulfosäure (Bd. I, 495); letztere wirkt oxydierend auf das bei der Reaktion gebildete Sulfit. An Stelle von Nitrobenzolsulfosäure können auch andere Oxydationsmittel, wie Braunstein, Arsensäure, Verwendung finden.

Nitrosodimethylanilin ist (F. ULLMANN und B. FREY, *B.* **37**, 858 [1904]) als Oxydationsmittel zur Darstellung von p-Dimethylaminobenzaldehyd aus Dimethylanilin und Formaldehyd benutzt worden. Es bildet sich aus diesen beiden Komponenten intermediär p-Dimethylaminobenzylalkohol, der sich mit der Nitrosoverbindung zu p-Dimethylaminobenzyliden-p-aminodimethylanilin vereinigt. Letzteres wird dann in seine Bestandteile gespalten (Bd. II, 212). Darstellung von 2,4-Dinitrobenzaldehyd aus 2,4-Dinitrotoluol mit Nitrosodimethylanilin s. Bd. II, 211.

2. Saure Oxydationsmittel.

Chromsäure wird selten als solche direkt verwendet. Fast stets bedient man sich einer Mischung der Alkalichromate mit Schwefelsäure. Die Lösung von 60 Tl. Kaliumbichromat in 80 Tl. *konz.* Schwefelsäure (4 *Mol.*) und 270 Tl. Wasser führt den Namen BECKMANNsche Mischung (*A.* **250**, 325 [1889]), die Lösung von 60 Tl. Natriumbichromat mit obigen Mengen Schwefelsäure und Wasser die Benennung KILIANIsche Mischung (*B.* **34**, 3564 [1901]). Das Natriumsalz ist billiger als das Kaliumsalz, ist in Wasser leicht löslich und wird auch von Eisessig in reichlicher Menge aufgenommen. Da 2 *Mol.* Chromsäure, indem sie in Cr_2O_3 übergehen, 3 Atome Sauerstoff abgeben, so enthalten die oben genannten Oxydationsgemische in 100 Tl. etwa 24 Tl. wirksamen Sauerstoff. Die anfallende Chromilauge kann entweder elektrolytisch regeneriert (Bd. I, 200) oder, wie Bd. IV, 430 ff. angegeben, auf chemischem Wege aufgearbeitet werden.

Die Chromsäure fand große Verwendung bei der Herstellung von Anthrachinon aus Anthracen (Bd. I, 199) und von Campher aus Camphen bzw. Isoborneol (Bd. III, 78); jedoch benutzt man hierfür jetzt meist katalytische Methoden. Sie dient zur Herstellung von Phenanthrenchinon aus Phenanthren, Acenaphthenchinon aus Acenaphthen (Bd. I, 95), Chinon aus Anilin (Bd. III, 204). Aus o-Nitrobenzylanilinsulfosäure gewinnt man o-Nitrobenzylidenanilinsulfosäure, aus der man o-Nitrobenzaldehyd mit Säuren abspalten kann (Bd. II, 210).

Zur Herstellung von Farbstoffen selbst finden die Bichromate ausgedehnteste Anwendung, besonders zur Erzeugung von Anilinschwarz auf der Faser (Bd. V, 55). Auch zur Darstellung von Methylenblau (Bd. VII, 551), von Safranin wird Natriumbichromat benutzt.

Die Riechstofftechnik stellt namentlich Aldehyde durch Oxydation mit Bichromatmischung dar. So oxydiert man z. B. Anisöl zu Anisaldehyd. Analog erhält man Heliotropin aus Isosafrol. Auch zur Darstellung des Vanillins aus verschiedenen Isoeugenolderivaten bedient man sich meist der Bichromatmischung, ferner zur Umwandlung von Benzylchlorid bzw. Benzylalkohol in Benzaldehyd (Bd. II, 207), zur Gewinnung von Heptylsäure aus Önanthol (Bd. VI, 135), deren Ester als Riechstoffe Verwendung finden.

Salpetersäure wird in der Technik selten als Oxydationsmittel gebraucht. Sie führt Isoborneol in Campher (Bd. III, 79) über, 1-Amino-2-naphthol-4-sulfosäure in Naphthochinonsulfosäure (Bd. VII, 854), Weinsäure in Dioxyweinsäure (Bd. III, 696), wobei als Zwischenprodukt der Salpetersäureester der Weinsäure entsteht. Vielfach wurde versucht, die Darstellung von Oxalsäure aus Kohlenhydraten mit Salpetersäure und Katalysatoren durchzuführen, jedoch ohne technischen Erfolg (Bd. VIII, 218).

Nitrose Gase wurden zur Oxydation des Anthracens zu Anthrachinon vorgeschlagen (Bd. I, 487). Salpetrige Säure wird weiter bei der Darstellung von Blauholzextrakt gebraucht, u. zw. in Form von Natriumnitrit und Schwefelsäure (Bd. V, 123). In einem äußerst originellen Verfahren (SANDMEYER) benutzt man sie ferner bei der Darstellung gewisser Triphenylmethanfarbstoffe, die besonders von *Geigy* fabriziert werden.

Zu einer Lösung von 4 *kg* $NaNO_2$ in 80 *kg* H_2SO_4 trägt man bei 10° 12 *kg* Salicylsäure ein und dann bei 5° innerhalb 3–4ʰ die berechnete Menge Formaldehyd. Hierbei entsteht zuerst Dioxydiphenylmethan-dicarbonsäure, die mit der Nitrosylschwefelsäure und einem weiteren *Mol.* Salicylsäure zum Chromviolett (Bd. III, 399) oxydiert wird.

Auch Eriochromazurol, Eriochromcyanin (Bd. IV, 614) werden durch Oxydation der entsprechenden Triphenylmethanderivate mittelst Nitrosylschwefelsäure erhalten.

Schwefelsäure und Schwefelsäureanhydrid liefern beim Oxydationsprozeß Schwefeldioxyd. In großem Maßstabe dient rauchende Schwefelsäure bei Gegenwart von *Hg* zur Oxydation des Naphthalins zu Phthalsäure (s. d.). Das Verfahren dürfte aber jetzt verlassen sein.

Bedeutung hat die rauchende Schwefelsäure zur Einführung von Hydroxylgruppen in das Anthrachinon und in Oxyanthrachinone erlangt, worüber Bd. I, 507 ff. schon ausführlich berichtet und wodurch die Herstellung einer Reihe von wichtigen Alizarinfarbstoffen ermöglicht wurde.

Die Sulfomonopersäure, CAROsche Säure, $HO \cdot O \cdot SO_3H$, ist ein starkes Oxydationsmittel; über Herstellung und Verwendung s. Bd. III, 109.

Ammoniumpersulfat, $(NH_4)_2S_2O_8$, in schwefelsaurer Lösung oxydiert Aminoanthrachinone zu Nitroanthrachinonen (E. KOPETSCHNI, *D. R. P.* 363 930).

Natriumchlorat wird zur Entwicklung von Anilinschwarz („Oxydationsschwarz") auf der Faser benutzt, wobei Kupfersulfid, Vanadate vorteilhaft als Katalysatoren benutzt werden (Bd. I, 477).

Arsensäure geht beim Oxydationsprozeß in Arsentrioxyd über. Sie wird bei der Herstellung von Chinolinen aus aromatischen Aminen als Ersatz des Nitrobenzols mit Erfolg gebraucht und liefert häufig bessere Ausbeuten als die Nitroverbindung (Bd. III, 199; CH. A. KNÜPPEL, *B.* 29, 703 [1896]). Im großen verwendete man früher Arsensäure beim Fuchsinprozeß (Bd. V, 436).

Mangansuperoxyd, MnO_2, ist teils in gefällter Form, teils als natürlicher Braunstein ein seiner Billigkeit wegen viel verwendetes Oxydationsmittel. Es wird stets mit Schwefelsäure zusammen gebraucht und geht bei dem Prozeß in Mangansulfat über. Man bedient sich des Mangansuperoxyds zur Umwandlung von Methylgruppen in die Aldehydgruppe. Ein großer Teil des technischen Benzaldehyds wird aus Toluol mit gefälltem MnO_2 dargestellt (Bd. II, 207 ff.). Chloriert man 2-Methylanthrachinon bei Gegenwart von Jod in schwefelsaurer Lösung, verdünnt dann die Masse auf einen Gehalt von 80% H_2SO_4 und fügt Braunstein hinzu, so oxydiert diese das gebildete 1-Chlor-2-methylanthrachinon zur Anthrachinon-1-chlor-2-carbonsäure (SCOTTISH DYES LTD., D. R. P. 434 731). Salicylaldehyd entsteht aus o-Kresol, dessen Hydroxyl man durch die Gruppe $C_6H_5 \cdot SO_2$ geschützt hat, nach genanntem Verfahren in beträchtlicher Menge (BASF, D. R. P. 162 322; Bd. II, 214).

Mit Mangansuperoxyd und Schwefelsäure wird auch die Einführung von Hydroxylgruppen in Oxyanthrachinone ermöglicht, die zum Teil schon mit rauchender Schwefelsäure allein vor sich geht, wie oben gezeigt wurde. Alizarinbordeaux gibt Alizarincyanin, eine Hydroxylgruppe aufnehmend, wenn man es in der 20fachen Menge 66grädiger Schwefelsäure löst und bei 25° die gleiche Menge MnO_2 (88%ig) einträgt (R. E. SCHMIDT; Bayer, D. R. P. 66153, 62018). Auch hier bildet sich als Zwischenprodukt ein Schwefelsäureester, der bei Aufarbeitung verseift wird.

Erwähnt sei noch, daß man durch dasselbe Verfahren unter Umständen auch 2 Mol. eines Benzolderivats zu einem Benzidinderivat verkuppeln kann, so Benzolazonaphthionsäure zu Kongorot (BASF, D. R. P. 84893, 88595). Doch wird die Reaktion technisch nicht ausgeführt. Auch zur Oxydation von Leukokörpern der Triphenylmethanreihe zu den entsprechenden Farbstoffen kann Mangansuperoxyd dienen, wird aber in vielen Fällen vorteilhaft durch Bleisuperoxyd ersetzt.

Manganisulfat, $Mn_2(SO_4)_3$, ist in Form seines Ammoniumalauns gleichfalls ein gutes Oxydationsmittel. Es wird aus Mangano-ammonsulfat, $MnSO_4 \cdot 1/2 (NH_4)_2SO_4$, in verdünnter Schwefelsäure durch elektrolytische Oxydation hergestellt und führt Toluol mit bester Ausbeute in Benzaldehyd über (LANG, D. R. P. 189 178 sowie Bd. II, 208). Über die Herstellung und Verwendung von Mangandioxydsulfat $Mn(SO_4)_2$ der BASF s. D. R. P. 163 813, 175 295.

Bleisuperoxyd, PbO_2, gibt bei Gegenwart von Schwefelsäure, Salzsäure oder Essigsäure 1 Atom Sauerstoff ab, in Bleisulfat, -chlorid oder -acetat übergehend. Es muß in möglichst fein verteilter Form zur Anwendung kommen und wird zu diesem Zweck am besten mit Chlorkalk oder Natriumhypochlorit aus einem Bleisalz, meist Bleinitrat, ausgefällt. Es wird hauptsächlich zur Oxydation von Leukoverbindungen der Triphenylmethanreihe zu den entsprechenden Farbstoffen benutzt.

Darstellung von Malachitgrün nach *Fierz.* 16,5 g (¹/₂₀ Mol.) Tetramethyldiaminotriphenylmethan werden in 300 cm³ Wasser und 20 g konz. Salzsäure gelöst und mit Eis auf 400 cm³ und 0° gestellt. Zu der stark bewegten Lösung gibt man auf einmal eine Bleisuperoxydpaste aus genau ¹/₂₀ Mol. Bleinitrat (= 15,5 g). Nach 2ʰ versetzt man mit einer Lösung von 25 g Glaubersalz und filtriert das Bleisulfat ab. Die Farbbase wird mit 15 g calc. Soda ausgefällt, filtriert und in das Oxalat übergeführt.

Eisenchlorid, $FeCl_3$, von dem 2 Mol. 1 Atom O liefern, indem sich Eisenchlorür bildet, ist ein gelinde wirkendes Oxydationsmittel, das Hydrochinon in Chinon, Naphthole in Dinaphthole überführt. Es findet bei der Fabrikation von Acridinfarbstoffen Verwendung (Bd. II, 170); zur Gewinnung von Helvetiablau (Bd. VI, 133).

3. Alkalische Oxydationsmittel.

Kaliumpermanganat, $KMnO_4$, wirkt gemäß der Gleichung

$$2 KMnO_4 + H_2O = 2 KOH + 2 MnO_2 + 3 O.$$

Durch das freiwerdende Alkali wird die Flüssigkeit alkalisch. Ist eine Störung des Reaktionsverlaufs bzw. eine Einwirkung auf die Reaktionsprodukte durch das Alkali zu befürchten, so kann man es durch Einleiten von Kohlendioxyd in Carbonat verwandeln oder durch Zusatz von Magnesiumsulfat binden, wobei sich neben neutralem Kaliumsulfat unlösliches Magnesiumoxyd bildet. Permanganat kommt fast stets in stark verdünnter wässeriger Lösung bei der Oxydation von Toluol und seinen Derivaten zur Verwendung. Den Endpunkt der Einwirkung erkennt man an der völligen Entfärbung der Lösung. Ein Überschuß des Reagens kann durch Zusatz von Alkohol oder einem andern Reduktionsmittel beseitigt werden. Hydroxyl- und Aminogruppen müssen geschützt werden, um eine völlige Verbrennung der Verbindungen zu vermeiden, erstere zweckmäßig durch Alkylierung, letztere durch Acylierung. Ein großer Übelstand ist die Schwerlöslichkeit des Permanganats; doch haben sich das leichtlösliche Natrium- und Calciumsalz im Großbetrieb nicht eingeführt, wohl deshalb, weil gerade ihre Leichtlöslichkeit auch ihre Reindarstellung erschwert. Dabei hat das Calciumsalz vor den anderen Permanganaten noch den Vorzug, daß es ausschließlich in unlösliche Produkte übergeht; denn das freiwerdende Calciumoxyd verbindet sich mit 1 *Mol.* des Mangandioxyds zu unlöslichem Calciummanganit, $CaO \cdot MnO_2$, was die Isolierung der Oxydationsprodukte natürlich sehr erleichtert (F. ULLMANN und J. B. UZBACHIAN, *B.* 36, 1797 [1903]). Aceton löst zwar Kaliumpermanganat in ziemlicher Menge, ohne von ihm angegriffen zu werden (F. SACHS, *B.* 39, 497 [1906]), kommt aber seines hohen Preises wegen und aus anderen Gründen nur für präparative Zwecke in Betracht.

Im großen wird Permanganat vor allem zur Oxydation von o-Toluolsulfonamid, dem Ausgangsmaterial des Saccharins, benutzt (Bd. II, 252). Ferner verwendet man Permanganat bei der Herstellung des Sulfonals, Trionals und Tetronals aus:

$$(CH_3)_2C(S \cdot C_2H_5)_2 \ \text{bzw.} \ (CH_3)(C_2H_5)C(S \cdot C_2H_5)_2 \ \text{bzw.} \ (C_2H_5)_2C(S \cdot C_2H_5)_2,$$

wobei der Sulfidschwefel zu Sulfon oxydiert wird (E. BAUMANN, *B.* 19, 2808 [1886]).

Die Alkalischmelze wird zu den mannigfachsten Oxydationsprozessen benutzt. Sie kommt ohne oder mit Zusatz besonderer Oxydationsmittel zur Ausführung. Große Bedeutung hat die reine Alkalischmelze für die Darstellung von Küpenfarbstoffen der Anthrachinonreihe erlangt. So entsteht beim Verschmelzen von β-Aminoanthrachinon mit Ätzkali das von BOHN entdeckte Indanthrenblau RS (Bd. VI, 227), ferner das von BALLY aufgefundene Indanthrendunkelblau BO aus Benzanthron und Ätzkali (Bd. VI, 228).

Während bei vorstehenden Beispielen die Alkalien kondensierend und dehydrierend wirken, hat ein Gemisch von Ätznatron und Salpeter oxydierende Eigenschaft. Das wichtigste Beispiel eines derartigen Verfahrens ist die in Bd. I, 203 beschriebene Darstellung des Alizarins aus anthrachinon-β-sulfosaurem Natrium. Auf analoge Weise lassen sich die Anthrachinon-2,6-disulfosäure in Flavopurpurin und desgleichen Anthrapurpurin aus Anthrachinon-2,7-disulfosäure herstellen. In den beiden letztgenannten Fällen tritt ein Hydroxyl in das *Mol.* ein, während gleichzeitig die beiden Sulfogruppen durch Hydroxyle ersetzt werden.

Unterchlorige Säure wird in Form ihrer Alkalisalze zum Oxydieren benutzt. So entsteht das einfachste Indophenol,

$$HO-\langle\bigcirc\rangle + NH_2-\langle\bigcirc\rangle-OH + 2\,NaOCl \ = \ O=\langle\bigcirc\rangle=N-\langle\bigcirc\rangle-OH,$$

indem man eine wässerige Lösung von Phenol und p-Aminophenol auf -10^0 abkühlt und die berechnete Menge alkalischer Natriumhypochloritlösung auf einmal hinzufügt, wobei sich das Natriumsalz des Indophenols ausscheidet. Anthranilsäure entsteht durch Behandeln von Phthalimid mit Natriumhypochlorit (Bd. I, 233).

Chlor wird zur Herstellung von Pariserblau (Bd. III, 494) benutzt. Phenol wird nach M. HEIMBERG durch Behandeln mit Chlor bei Gegenwart von Chlorsulfonsäure und Ferrichlorid in Chloranil verwandelt.

Ferricyankalium, $K_3Fe(CN)_6$, ist ein selten gebrauchtes Oxydationsmittel. 658 Tl. Salz geben nur 16 Tl. Sauerstoff ab, wobei Ferrocyankalium entsteht, das häufig nur schwer von den Oxydationsprodukten zu trennen ist. Die Verbindung ist zur Oxydation des Oxythionaphthens zu Thioindigo (*BASF, D. R. P.* 197 162) vorgeschlagen worden.

Natriumsuperoxyd hat als Oxydationsmittel für organische Verbindungen nur geringe Bedeutung. Nach den Angaben der RÜTGERSWERKE A.-G. läßt sich Phenanthrenchinon in wässeriger Aufschwemmung mit Natriumsuperoxyd sehr glatt in Diphensäure verwandeln.   *F. Ullmann (G. Cohn).*

Oxylax (OXYLAX-LABORATORIUM, Halle a. d. S.), Tabletten mit 0,15 *g* Tubera Jalapae und 0,1 *g* Phenolphthalein.   *Dohrn.*

Oxyphenin A, B, GG, R (*Ciba*) ist gleich Chloramingelb, Bd. III, 276.

Ozokerit s. Bd. IV, 603.

Ozon ist unter normalen Druck- und Temperaturverhältnissen ein Gas von eigenartigem Geruch. In dünnen Schichten ist es farblos; in dicken Schichten erscheint es blau.

Physikalische Eigenschaften. Sein *spez. Gew.* ist 1,5, bezogen auf Sauerstoff = 1, bzw. 1,62, bezogen auf Luft = 1. 1 *l* Ozon wiegt bei 0⁰ und 760 *mm* Druck 2,1445 *g*; umgekehrt ist das Volumen von 1 *g* Ozon unter denselben Verhältnissen 466,3 *cm³*. Ozon ist eine endotherme Verbindung; seine Bildungswärme wurde von JAHN mittels der zersetzenden Wirkung von Natronkalk auf Ozon zu 34 500 *Cal.* bestimmt. Das *Mol.-Gew.* des Ozons, das besonders von LADENBURG sehr eingehend bestimmt ist, beträgt 48, entsprechend der Formel O_3. HARRIES hat aus chemischen Gründen außer dem *Mol.* O_3 noch ein *Mol.* O_4 angenommen, dem er den Namen Oxozon beilegt. Diese Annahme konnte jedoch durch sehr exakte Arbeiten von RIESENFELD und seinen Mitarbeitern nicht bestätigt werden. Durch Tiefkühlung kann Ozon verflüssigt werden. Dies ist zuerst HAUTEFEUILLE CHAPPUIS gelungen; später hat sich LADENBURG und in jüngster Zeit RIESENFELD eingehend mit der Ozonverflüssigung beschäftigt. Flüssiges Ozon ist eine ölige, schwarzblaue Flüssigkeit vom *spez. Gew.* 1,71 (Wasser = 1) bei −183⁰. Der *Kp* liegt bei Atmosphärendruck bei −112,3⁰, der *Schmelzp.* bei −251,4⁰, die kritische Temperatur bei −5⁰ (RIESENFELD). Flüssiges Ozon ist, wie RIESENFELD gezeigt hat, nicht in jedem Verhältnisse mit flüssigem Sauerstoff mischbar. Die kritische Lösungstemperatur beträgt −158⁰. Zu erwähnen ist, daß sowohl flüssiges Ozon als auch sehr hoch konzentriertes gasförmiges Ozon stark explosibel ist.

Im Wasser ist Ozon löslich. Der Löslichkeitskoeffizient beträgt bei 1⁰ 0,635−0,834. Die Löslichkeit nimmt mit steigendem Druck zu und mit steigender Temperatur ab. Ozon hat ein charakteristisches Absorptionsspektrum. Gewisse Linien im Absorptionsspektrum der Luft werden dem Ozon zugeschrieben, ebenso wie von manchen Autoren die blaue Farbe der Atmo-phäre auf den Ozongehalt der oberen Schichten der Atmosphäre zurückgeführt wird. Die Absorption im Ultraviolett wird von KRÜGER und MÖLLER benutzt, um die Ozonkonzentration in Ozon-Luft- bzw. Ozon-Sauerstoff-Gemischen zu bestimmen.

Chemisches Verhalten. In chemischer Beziehung ist für das Ozon seine außerordentliche Oxydationskraft bezeichnend. Diese kann auf dreierlei Weise zum Ausdruck kommen: 1. Das Ozon lagert sich als Ganzes an zu oxydierenden Verbindungen an; 2. es zerfällt bei der Oxydation nach der Gleichung $O_3 = 3\,O$; 3. es zerfällt nach der Gleichung $O_3 = O_2 + O$.

Zur quantitativen Bestimmung des Ozons werden Reaktionen benutzt, die nach dem unter 3 angeführten Schema verlaufen, z. B. seine Einwirkung auf Lösungen von Jodkalium oder arseniger Säure. Die erste Reaktion findet nach der Gleichung $2\,KJ + O_3 + H_2O = 2\,KOH + J_2 + O_2$ statt, während für die zweite das Schema $As_2O_3 + 2\,O_3 = As_2O_5 + 2\,O_2$ gilt. Bei der Oxydation von Schwefeldioxyd wirken alle 3 Sauerstoffatome oxydierend. Der Vorgang verläuft nach dem Schema $3\,SO_2 + O_3 = 3\,SO_3$ (BORCHERS).

Die meisten Metalle werden durch Ozon oxydiert. Quecksilber verliert seine Beweglichkeit und bleibt am Glase haften. Silber schwärzt sich, wenn man es vor der Behandlung mit Ozon auf etwa 150−200⁰ anwärmt. Die Alkalihydroxyde, insbesondere Kaliumhydroxyd, geben mit Ozon eigenartige, noch nicht genau definierte Verbindungen.

Organische Verbindungen werden von Ozon stark angegriffen, so z. B. werden Gummischläuche schon durch Spuren von Ozon zerstört. Zum Teil entstehen bei der Einwirkung von Ozon auf organische Verbindungen charakteristische Färbungen, die zum Nachweis des Gases benutzt werden können, wenn die Anwesenheit anderer oxydierender Verbindungen, wie Stickoxyde, Wasserstoffsuperoxyd u. s. w., ausgeschlossen ist. Ungesättigte organische Verbindungen lagern Ozon direkt an und bilden eigenartige Verbindungen, die von HARRIES als Ozonide bezeichnet werden und die von ihm und seinen Mitarbeitern in einer Reihe umfangreicher Arbeiten charakterisiert sind. Hierbei wurde gefunden, daß 2 Arten von Ozoniden entstehen können, solche, die das *Mol.* O_3 anlagern, und solche, deren Zusammensetzung einer Anlagerung des *Mol.* O_4 entspricht. Hierdurch wurde HARRIES zu der Annahme zweier verschiedener Ozonmodifikationen geführt. Wissenschaftliche Bedeutung haben die Ozonide beim Abbau des Kautschuks erhalten. Die verschiedenen Kautschukarten bilden charakteristische Ozonide, durch die sie voneinander unterschieden bzw. identifiziert werden können.

Physiologische Eigenschaften. Erwähnt wurde bereits der eigenartige, etwas an Chlor erinnernde Geruch. Ozon kann durch den Geruch noch in einer Verdünnung von 1 : 500 000 wahrgenommen werden. In höherer Konzentration wirkt Ozon stark reizend auf die Schleimhäute. Insekten und andere kleine Tiere, z. B. Mäuse, können von sehr starkem Ozon getötet werden. Kleine Konzentrationen, die 1−2 *mg* in 1 *m³* nicht überschreiten, werden jedoch ohne Schädigung des Organismus vertragen. Über die medizinische Wirkung des Ozons sind die Versuche noch nicht abgeschlossen. Es ist an verschiedenen Stellen ein günstiger Einfluß von Ozon auf Lungenkranke beobachtet worden. Wieweit diese Wirkungen als physiologischer Art sind, steht noch nicht fest. In umfangreichen Arbeiten ist von OHLMÜLLER u. a. die Einwirkung von Ozon auf Bakterien untersucht und dabei festgestellt worden, daß in Wasser verteilte Bakterien durch Ozon leicht und sicher abgetötet werden können, während Ozon auf trockene Bakterien nicht einwirkt. Diese Arbeiten sind neuerdings von HEISE ergänzt worden, der zeigen konnte, daß Ozon selbst in sehr großen Verdünnungen trockene Bakterien abtöten kann, wenn diese noch nicht zu Kolonien ausgewachsen sind. Auch die Einwirkung auf den Nährboden spielt dabei eine Rolle.

Geschichtliches. Das an seinem eigenartigen Geruch selbst in großen Verdünnungen leicht erkennbare Gas wurde zuerst von VAN MARUM 1785 beim Durchschlagen elektrischer Funken durch die Luft beobachtet und untersucht. Der beim Einschlagen des Blitzes auftretende sog. „schweflige" Geruch ist schon im Altertum bekannt (vgl. Ilias VIII, 135 und XIV, 415 und Odyssee XII, 417, XIV, 307). Denselben Geruch beobachtete 1801 CRUIKSHANK bei der Elektrolyse von Wasser und unabhängig von ihm SCHÖNBEIN im Jahre 1839. Mit SCHÖNBEIN, der diesem Gase wegen seines eigentümlichen Geruchs den Namen „Ozon" gab (von ὄζειν = riechen), beginnt die eigentliche wissenschaftliche Geschichte des Ozons.

SCHÖNBEIN und, an seine Arbeiten anschließend, eine Reihe anderer Forscher, von denen DE LA RIVE, MARIGNAC und WILLIAMSON genannt seien, befaßten sich in eingehenden Arbeiten mit der Theorie des Ozons, ohne daß es zunächst gelang, das Wesen des Gases völlig aufzuklären. Man nahm zuerst eine stickstoffhaltige Verbindung an, sodann einen dem Wasserstoffsuperoxyd verwandten Körper, bis DE LA RIVE und MARIGNAC zeigten, daß Ozon auch dann entsteht, wenn man elektrische Funken durch reinen, trockenen Sauerstoff schlagen läßt. Damit war bewiesen, daß es sich um ein nur aus Sauerstoff bestehendes Gas, um eine Modifikation des Sauerstoffs handelte.

Die bei der Einwirkung von *konz.* Schwefelsäure auf Bariumsuperoxyd (HOUZEAU), Kaliumpermanganat (BÖTTGER), Silbersuperoxyd (SCHÖNBEIN) beobachtete Entstehung von Ozon führte zur Aufstellung der Ozon- und Antozontheorie durch SCHÖNBEIN. Er unterschied 3 Modifikationen: 1. Gewöhnlichen Sauerstoff (inaktiv und unelektrisch), 2. aktiven Sauerstoff, Ozon (elektrisch negativ), 3. aktiven Sauerstoff, Antozon (elektrisch positiv).

Ozon und Antozon sollten gemeinsam entstehen bei der Einwirkung elektrischer Entladungen auf Sauerstoff; getrennt sollte man sie erhalten durch Einwirkung von Schwefelsäure auf Metallsuperoxyde, u. zw. sollten Blei, Nickel, Mangan, Chrom u. s. w. Ozon entwickeln, Kalium, Barium, Strontium u. s. w. sowie Wasserstoffsuperoxyd Antozon. Die entsprechenden Metallverbindungen wurden demgemäß als Ozonide und Antozonide bezeichnet. Wir erwähnen diese Theorie etwas ausführlicher, weil sie sich am längsten erhalten hat. HELMHOLTZ und RICHARTZ glaubten noch 1890, Antozon nachweisen zu können, obwohl schon eine größere Reihe von Arbeiten, so von V. BABO, MEISSNER, WELTZIEN, ENGLER und NASSE, vorlagen, die zu beweisen suchten, daß das Antozon nicht existiere. Erst 1896 konnten ENGLER und WILD die Behauptung von dem Vorhandensein des Antozons endgültig widerlegen.

Vorkommen. Ozon kommt unter gewissen Bedingungen in der Atmosphäre vor. Seinen Ursprung verdankt es elektrischen Entladungen sowie den ultravioletten Sonnenstrahlen in höheren Luftschichten. Die Angaben über die vorhandene Konzentration weichen sehr erheblich voneinander ab. Dies erklärt sich daraus, daß Ozon durch organische Bestandteile der Atmosphäre sehr leicht zerstört wird. Daher wird über großen Städten sowie in Industriegegenden kein Ozon in der Atmosphäre gefunden. In Gegenden mit verhältnismäßig reiner Atmosphäre ist Ozon, das aus höheren Schichten in die unteren Schichten der Atmosphäre gelangt ist, oder das sich in den unteren Schichten durch elektrische Entladungen, möglicherweise auch bei der Sauerstoffatmung der Pflanzen gebildet hat, länger beständig. Die Ozonkonzentration in der Luft wird von SCHÖNBEIN zu 0,043 *mg* im 1 m^3 Luft angegeben. Andere Beobachter haben teils beträchtlich höhere, teils beträchtlich geringere Konzentrationen gefunden. Diese Unterschiede sind begründet durch die verschiedene Lage der Entnahmestellen sowie auch durch die Fehlerquellen bei der chemischen Untersuchung, die bei diesen geringen Konzentrationen sehr stark ins Gewicht fallen. In größeren Bergeshöhen nimmt der Ozongehalt der Luft zu. In einer neueren Untersuchung von PRING wird die Ozonkonzentration in den Alpen (2000–3600 *m* Höhe) mit $4,7 \times 10^{-6}$ *Vol.-%* angegeben. Über den Ozongehalt der Atmosphäre existiert eine umfangreiche Literatur, über die eingehend von ENGLER (s. Literatur) und FONROBERT (s. Literatur) berichtet wird. Auf die Literaturangaben von FONROBERT sei auch bezüglich des sonstigen Vorkommens in der Natur verwiesen.

Bildung. Ozon ist eine aktive Sauerstoffmodifikation mit größerem Energieinhalt als gewöhnlicher Sauerstoff. Es entsteht daher, wenn gewöhnlichem Sauerstoff Energie in irgend einer Form zugeführt wird. Dies geschieht in verschiedener Weise:

1. Durch Wärme. Ozon bildet sich bei sehr hohen Temperaturen, z. B. im elektrischen Lichtbogen oder an einem glühenden NERNST-Stift. Da jedoch seine Zerfallsgeschwindigkeit bei hohen Temperaturen außerordentlich groß ist, so kann auf diese Weise Ozon nur in äußerst geringen Konzentrationen erhalten werden. Die an einem NERNST-Stift beobachteten Ozonkonzentrationen sind wesentlich höher, als der theoretisch berechenbaren Konzentration entspricht. Beim NERNST-Stift sind daher noch andere ozonbildende Ursachen anzunehmen, z. B. Ozonbildung durch Elekronen-Emission. Die in Flammen beobachtete Ozonbildung (MANCHOT) ist auf primär gebildetes Wasserstoffsuperoxyd zurückzuführen, durch dessen Zersetzung Ozon entsteht. (Von WARTENBERG, RIESENFELD, GÜNDEL, GURJAN.)

2. Durch elektrische Energie, indem man entweder durch den zu ozonisierenden Sauerstoff elektrische Funken schlagen läßt — hierbei wird wohl im wesentlichen die hohe Temperatur des Funkens ausgenutzt; diese Entstehungsart ist also zurückzuführen auf Ozonbildung durch Wärme –, oder indem man das zu ozonisierende Gas stillen elektrischen Entladungen aussetzt. Dabei wird der Sauerstoff zum Teil in Ozon umgewandelt. Besonders geeignet für diese Darstellungsweise ist die von WERNER VON SIEMENS 1857 angegebene Ozonröhre (s. Abb. 85), bei der hochgespannter Wechselstrom zur Erzeugung der stillen Entladung benutzt wird. Mit dieser Einrichtung gelingt es, größere Mengen Ozon von verhältnismäßig hohen Konzentrationen zu erzeugen. Die Wirkung der stillen Entladung ist noch nicht geklärt. Eine Temperaturwirkung, wie sie von BICHAT und GUNTZ angenommen wurde, kommt nicht in Frage. WARBURG und LEITHÄUSER vermuteten die Ursache der ozonbildenden Wirkung der stillen elektrischen Entladung in den gleichzeitig entstehenden ultravioletten Strahlen. Diese von WARBURG und LEITHÄUSER nur unter Vorbehalt gemachte Annahme ist dann

in die Literatur übergegangen, so daß die ultravioletten Strahlen, die bei der stillen Entladung auftreten, als Ursache der Ozonbildung angesehen wurden. In dieser bestimmten Form ist die Theorie von WARBURG und LEITHÄUSER jedoch nicht aufgestellt worden. Dieser Annahme widerspricht auch die Tatsache, daß bei Energiequellen, die sehr viel ultraviolettes Licht aussenden, nur verhältnismäßig geringe Ozonkonzentrationen entstehen, die weit unterhalb der Konzentration liegen, die man durch stille Entladungen erhalten kann. Neuerdings haben KRÜGER und MÖLLER wahrscheinlich gemacht, daß die Ozonbildung auf Zertrümmerung von Sauerstoffmolekülen durch Elektronen zurückzuführen ist. Die Anzahl der dabei gebildeten Ozonmoleküle steht in einfacher Beziehung zur Zahl der durch die Primärstrahlung gebildeten sekundären Ionen.

In diesem Zusammenhang ist auch die Ozonbildung bei der Elektrolyse von Wasser zu nennen, mit der sich besonders F. FISCHER u. a. befaßt haben. Wichtig für die Ozonbildung hierbei sind große Stromdichte und gute Kühlung der Elektroden. Zusatz oxydierender Substanzen, wie Chromsäure, Kaliumpermanganat u. s. w., befördern die Ozonbildung. Die erreichten Ozonkonzentrationen können hierbei sehr hoch sein; sie betragen bis zu 40%.

3. Durch kurzwellige Strahlen. Durch Einwirkung ultravioletter Strahlen, Röntgenstrahlen u. s w. entsteht aus Sauerstoff Ozon. Die Wirkung ultravioletter Strahlen wurde 1900 von LENARD beobachtet. Quantitativ studiert wurde diese Art der Ozonbildung durch F. FISCHER und BRÄHMER an einer Quarzquecksilberlampe. Im ultravioletten Licht stellt sich ein stationärer Zustand ein; d. h. die Ozonkonzentration geht bis zu einer gewissen Grenze. Bestrahlt man hochkonzentriertes Ozon, das z. B. durch stille elektrische Entladungen erhalten ist, mit ultraviolettem Licht, so findet Rückzersetzung des Ozons statt bis zu derselben Grenze, die von der Lichtstärke abhängig ist (WARBURG und REGENER, V. BAHR, RUSS u. a.). Ähnlich wie ultraviolette Strahlen verhalten sich Röntgenstrahlen und radioaktive Strahlen.

4. Chemische Energie. Zur Ozonbildung kann auch die bei chemischen Umsetzungen auftretende chemische Energie benutzt werden. Hierzu gehört die Ozonbildung durch Oxydation von feuchtem Phosphor. Diese Bildungsweise, mit deren Hilfe das Ozon von SCHÖNBEIN entdeckt wurde, war lange Zeit die einzige Möglichkeit, Ozon in größeren Mengen herzustellen, bis sie durch die Darstellung mit Hilfe der elektrischen Entladungen verdrängt wurde.

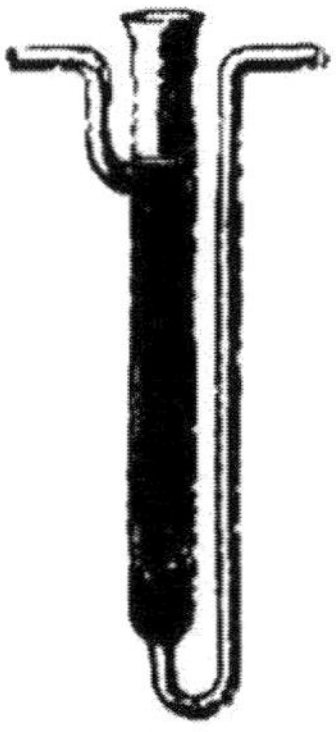

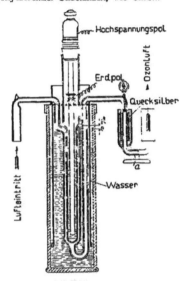

Abb. 85.
SIEMENS-Ozonröhre.

Abb. 86.
Schnitt durch ein SIEMENS-Ozonelement.

Von MOISSAN wurde die Ozonbildung bei der Einwirkung von Fluor auf Wasser beobachtet. Hierher gehört ferner die bereits erwähnte Ozonbildung durch Schwefelsäure und Bariumsuperoxyd, Kaliumpermanganat u. s. w. Diese Art der Ozonbildung beruht auf der primären Bildung von Wasserstoffsuperoxyd, durch dessen Zersetzung Ozon entsteht.

Schließlich kann sich Ozon immer dann bilden, wenn freier Sauerstoff entsteht, wenn sich also mehrere Sauerstoffatome zu einem Molekül zusammenschließen (Elektrolyse und Assimilation der Pflanzen).   *H. Becker.*

Darstellung. Für die Herstellung des Ozons scheiden, wenn es sich um mittlere Mengen zu Laboratoriumsversuchen oder um größere Mengen für industrielle Anlagen oder Zwecke der Trinkwassersterilisation zentraler Wasserwerke handelt, die unter dem Abschnitt Ozonbildung erwähnten chemischen, elektrolytischen, thermischen und photochemischen Methoden wegen ihrer geringen Ausbeute und schlechten Ökonomie aus. Hierfür kommt nur die stille Entladung in Frage, die mit Hilfe hochgespannter Wechselströme beliebiger Frequenz in Apparaten erzeugt wird, die nach dem Prinzip der SIEMENSschen Ozonröhre gebaut werden. In ihrer einfachsten Form besteht die SIEMENS-Ozonröhre (s. Abb. 85 und 86) aus 2 konzentrisch ineinander gesetzten Glasröhren, zwischen denen ein enger, ringförmiger Zwischenraum gebildet wird, durch den die zu ozonisierende Luft bzw. der zu ozonisierende Sauerstoff strömt. Die Außenwandung des äußeren Rohres und die Innenwandung des unten geschlossenen inneren Rohres ist mit Stanniol belegt, das mit den Hochspannungsklemmen eines Transformators verbunden wird. Die Stanniolbelegungen wurden später durch Wasser ersetzt, das gleichzeitig

zum Kühlen der Röhre dient (KOLBE). Beim Anlegen einer Wechselstrom-
hochspannung an die Belegungen der Röhre entstehen in dem engeren Gasraum stille elektrische Entladungen. Dadurch wird unter Energieverbrauch ein Teil
des durch den Entladungsraum strömenden gewöhnlichen 2atomigen Sauerstoffs
in den 3atomigen aktiven Sauerstoff, das Ozon, übergeführt.

Bei den Ozonapparaten sind zu unterscheiden: kleinere Apparate für die
Laboratoriumspraxis und große technische Ozonapparate, die in der ozontechnischen

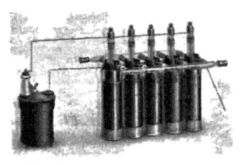

Abb. 87. Laboratoriums-Ozonapparat mit 5 SIEMENS-
Röhren von SIEMENS & HALSKE A.-G., Berlin.

Literatur auch Ozonisatoren oder
Ozoniseure benannt werden. Unter
den vielen Laboratoriumsapparaten
(vgl. die Zusammenstellung darüber
bei ENGLER) ist der bekannteste und
in Deutschland meist übliche Typ der
SIEMENSsche Glasröhrenapparat
mit 1—10 Röhren, der unter der Bezeichnung OZ-1- bzw. OZ-10-Apparat
in den Handel kommt.

Abb. 87 stellt einen 5-Röhren-
Apparat dar, während Abb. 86 die
Konstruktion und Schaltung eines
Ozonapparats mit einer Röhre wieder-
gibt. Er besteht aus einer SIEMENS-

schen Glasozonröhre, die in einem Standglas in Wasser steht und deren innere
Röhre bis nahe zur Ansatzstelle des seitlichen Luftzuleitungsrohrs mit Wasser
gefüllt ist, so daß das Wasser als Belegung und Stromzuleitung für die Glas-
entladungsflächen dient. Das Wasser, in dem die Ozonröhre steht, und damit
auch das Gefäß selbst ist geerdet; der andere Pol der Hochspannung liegt,
wie aus Abb. 86 ersichtlich, mit Hilfe eines Metallstabs am Wasser der Innenröhre,
also an der Innenelektrode. In Abb. 87 arbeiten die Ozonröhren in bezug auf den
Luftstrom in Parallelschaltung, d. h. der Sauerstoff oder die zu ozonisierende Luft
gehen von einer Verteilungsleitung aus in gleichen Mengen durch die Röhren und
werden hinter den Röhren in gemeinsamer Leitung vereinigt und an die Ver-

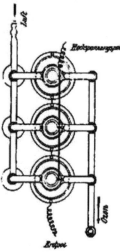

Abb. 88.
Parallelschaltung von
Ozonröhren.

brauchsstelle geführt (vgl. auch
das Schema Abb. 88). Werden
die Röhren, um höhere Ozonkonzentrationen zu erhalten, in bezug
auf den Luftstrom hintereinandergeschaltet, so geschieht dies im
Sinne der Abb. 89. Es hat sich in
der Praxis erwiesen, daß die Hintereinanderschaltung von mehr als
3 Röhren keinen besonderen Vorteil bezüglich der Ozonkonzentration bietet, weil mit 3 Röhren bereits
die Höchstkonzentration erreicht
wird. Als bewegliche Verbindungs-
stücke der Röhren kommen bei
hohen Konzentrationen in der
Ozonableitung, da Gummi- und
Korkverbindungen zerstört werden,
die in Abb. 86 bei a dargestellten,
mit Quecksilber gefüllten Glas-
verbindungen in Frage, die mit

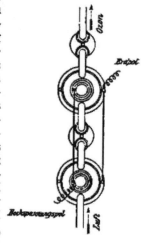

Abb. 89.
Hintereinanderschaltung
von Ozonröhren.

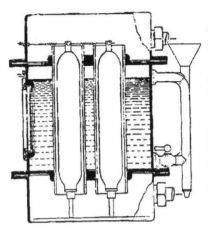

Abb. 90.
Ozonapparat System Siemens
& Halske A.-G., Berlin.

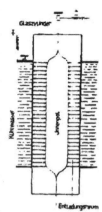

Abb. 91.
Entladungsschema
zum Siemensschen
Ozonapparat.

Hilfe von mit Federn versehenen Aluminiumreitern an Glasvorsprüngen der Röhren befestigt werden. Für geringe Konzentrationen und billige Apparaturen verwendet man neuerdings besonders ausgebildete Aluminiumverschraubungen zur Verbindung der Glasteile, muß aber dabei den mehr oder weniger häufigen Ersatz der Dichtungsringe in Kauf nehmen.

Die vorstehend beschriebenen Glasapparate werden bei Wechselstrom von 50 Perioden — wie er gewöhnlich bei Anschluß an Wechselstromzentralen vorliegt — mit 8000 V Arbeitsspannung betrieben. Bei der Verwendung von Sauerstoff gibt ein Apparat des Typs OZ 1 bei einem Energieverbrauch von 3 W 0,3 g Ozon pro 1[h] bei einer durchgeleiteten stündlichen Sauerstoffmenge von etwa 20 l. Ein OZ 10 gibt daher bei Parallelschaltung 3 g Ozon pro 1[h]. Bei Verwendung von Luft an Stelle von Sauerstoff wird nur rund $^1/_3$ der vorgenannten Ausbeute erreicht. Die Kurven Abb. 92 zeigen die Ozonkonzentration, die Stunden- und die Kilowattstundenausbeute einer Ozonröhre in Abhängigkeit von der durchgeleiteten Sauerstoffmenge.

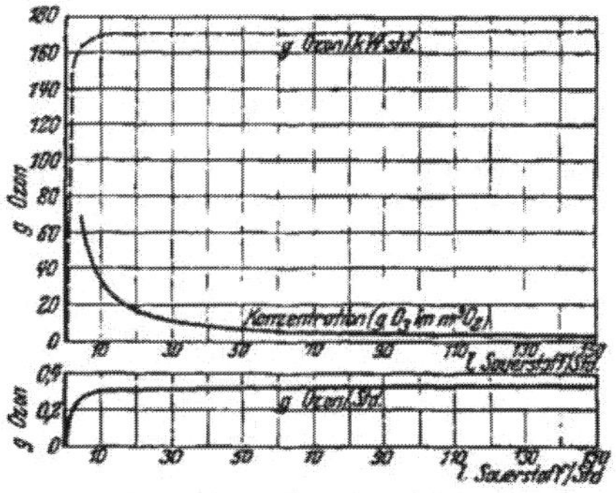

Ist eine Wechselstromnetzspannung mit höherer Periodenzahl vorhanden, was in der Praxis aber nur äußerst selten vorkommt, so nehmen die Röhren im allgemeinen eine mit der Periodenzahl steigende Energiemenge auf und liefern entsprechend größere Ozonmengen. Die höhere Periodenzahl hat außerdem den Vorteil, daß man niedrigere Spannungen anwenden kann. Ein Apparat, der bei 50 Perioden eine Spannung von 8000 V erfordert, arbeitet bei 500 Perioden schon mit einer Spannung von 5000—6000 V. Bei 10 000 Perioden ist die Spannung bei gleicher Entladungsintensität noch niedriger zu halten.

Abb. 92. Ozonausbeute und Konzentration einer Siemens-Röhre bei Betrieb mit Sauerstoff und Wechselstrom von 8000 V und 50 Perioden.

Von den technischen Ozonapparaten, welche die Feuerprobe eines langjährigen Betriebs in größeren Ozonwerken bestanden haben, kommen in Betracht die Konstruktionen von: I. Siemens & Halske; II. Tindal-Schneller; III. Abraham-Marmier; IV. Marius Otto.

I. Ozonapparate Siemens & Halske. Die elektrische Glimmentladung wird zwischen Aluminium- und Glaszylindern eingeleitet. Je ein Aluminiumzylinder und ein an seiner Außenwand durch Wasser gekühlter Glaszylinder bilden ein selbständig arbeitendes Ozonröhrenelement, deren gewöhnlich 6 oder 8 in einem gußeisernen Kasten zu einer größeren Apparateneinheit vereinigt sind. Der Aluminiumzylinder ist der innere, der Glaszylinder der äußere Pol eines solchen Elements.

Abb. 93 zeigt einen solchen Kasten älterer Konstruktion, in dessen mittlerem, von Kühlwasser durchflossenem Teil die Ozonröhrenelemente parallel nebeneinanderstehend angebracht sind, während der untere leere Teil den Raum für Zutritt der zu ozonisierenden Luft, der obere den für Aufnahme und Abführung der Ozonluft bildet. Die Betriebsspannung beträgt je nach der Periodenzahl des benutzten Wechselstroms 6000—8000 V. Ein Pol der Hochspannung, nämlich der an den Glasröhren liegende, ist durch das Kühlwasser und den Gußeisenkasten geerdet (vgl. das Entladungsschema in Abb. 91), so daß der Ozonapparat an seinen äußeren zugänglichen Stellen trotz des Hochspannungsbetriebs ohne irgendwelche Gefahr für das Betriebspersonal berührt werden kann. Die Ozonkastenapparate wurden früher in vertikaler, heute in horizontaler Anordnung ausgeführt.

In letzter Zeit sind von SIEMENS & HALSKE neue technische Apparate ganz aus Glas konstruiert, die sich eng an die SIEMENSschen Laboratoriumsapparate anschließen und eigentlich nur SIEMENS-Röhren mit vergrößerter Entladungsfläche darstellen. Entsprechend der größeren Energieaufnahme bzw. Energiedichte sind die Röhren mit Wasserkühlung beider Elektroden versehen; mehrere, im allgemeinen 6 solcher Röhren werden in einem Kasten zu einem Ozonapparat vereinigt. In der Abb. 93 ist ein solcher Apparat dargestellt. Zur Vermeidung eines direkten Stromüberganges von der gekühlten Hochspannungselektrode zur Wasserleitung und

Abb. 93. Neuer technischer Ozonapparat für hohe Konzentrationen der SIEMENS & HALSKE A.-G., Berlin.

damit zur Erde müssen Unterbrechungen in den Kühlwasserstrom eingeschaltet werden, die bei früheren Apparaten als Brausen ausgebildet waren, die man aber jetzt aus Gründen der Vereinfachung und der Betriebssicherheit als Stromunterbrecher nach D. R. P. 414256 baut. In ihnen muß das Kühlwasser sowohl beim Eintritt als auch beim Austritt aus dem Apparat eine 15—20 cm hohe Öl- oder Petroleumschicht in Tropfenform passieren, und dadurch vermeidet man selbst bei den für diesen Apparat erforderlichen Betriebsspannungen von 9000 bis 11000 V jeden unerwünschten Stromabfluß durch das Kühlwasser.

Per/sec.	Stündlich erzeugte Ozonmenge in g	Aufgenommene Energie in W am Transformator gemessen	Ausbeute in g je kWh etwa
50	14	250	56
150	30	500	60
500	70	1200	58
10000	600	12000	58

Die nebenstehende Tabelle zeigt die mit der Periodenzahl wachsende Energieaufnahme und Ozonausbeute des in Abb. 93 dargestellten Ozonapparates bei der Ozonisierung gut getrockneter Luft.

Man erkennt daraus, daß bei Betrieb mit 50 Perioden erst etwa 43 Apparate die gleiche Ozonmenge erzeugen, die ein einziger Apparat liefert, wenn man ihn mit 10000 Perioden speist, und sieht die wirtschaftlichen und betriebstechnischen Vorteile höherer Frequenzen leicht ein.

II. Ozonapparate TINDAL-SCHNELLER. Die Glimmentladung findet von Metall zu Metall statt, u. zw. von einer Metallrinne zu einer oder mehreren Metallscheiben, die senkrecht zur Längsachse der Rinne stehen. Die gußeiserne Metallrinne hat eine Doppelwand, durch die Kühlwasser fließt, und ist oben durch Glasplatten luftdicht abgedeckt, in welchen die Zuleitungen zu dem nicht geerdeten Hochspannungspol — also den Metallscheiben — isoliert angebracht sind. In den Stromkreis sind vor den nicht geerdeten Pol außerhalb des Ozonapparats Widerstände von großer Ohmzahl in Form von glyceringefüllten dünnen Glasröhren eingeschaltet, welche Funkenentladungen und störende Kurzschlüsse verhindern sollen. Da in der Metallrinne eine Reihe parallel zueinander stehender Entladungsplatten angebracht ist, bilden die außenliegenden vorgeschalteten Glycerinwiderstände eine Art Gitter über dem Ozonapparat (s. Abb. 94 und das Entladungsschema in Abb. 95).

III. Ozonapparate ABRAHAM-MARMIER. Die Entladung findet bei 12 000 bis 15 000 *V* zwischen 2 quadratmetergroßen Glasplatten statt, die an den beiden Außenseiten durch anliegende Metallkästen, durch welche Wasser fließt, gekühlt werden.

Um Kurzschluß zwischen den Hochspannungspolen zu vermeiden, ist der Kühlwasserstrom zwischen der ge-

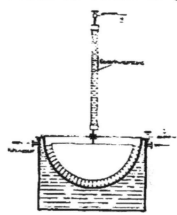

| Abb. 94. Ozonapparat von TINDAL-SCHNELLER. | Abb. 95. Entladungsschema zum Ozonapparat TINDAL-SCHNELLER. |

meinsamen Wasserleitung und den Kühlkörpern durch einen Regenfall unterbrochen. In luftdicht geschlossenen Kästen werden eine Reihe von Entladungsplatten, die senkrecht zum Kastenboden stehen, zu einer größeren Apparateneinheit vereinigt. Die Luft tritt axial im Sinne der Pfeile der Abb. 96 in den Entladungsraum (Entladungsschema Abb. 97).

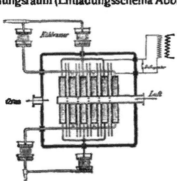

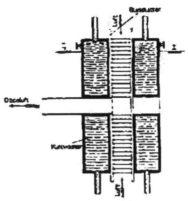

| Abb. 96. Ozonapparat ABRAHAM-MARMIER. | Abb. 97. Entladungsschema zum Ozonapparat ABRAHAM-MARMIER. |

IV. Ozonapparate MARIUS OTTO. Die elektrische Hochspannung von 11 000—15 000 *V* entlädt sich zwischen einem äußeren feststehenden Eisenzylinder und einer Reihe von runden Aluminiumscheiben, die auf einer zentral im Eisenzylinder liegenden rotierenden Achse befestigt sind (Abb. 98).

Ganz allgemein ist über den Betrieb und die Arbeitsweise aller Ozonapparate noch folgendes zu sagen:

Die einzelnen Konstruktionen der Ozonapparate unterscheiden sich nur dadurch voneinander, daß bei den einen die Glimmentladung zwischen Glaswänden, bei

anderen zwischen Metallwänden und bei wieder anderen zwischen Metall- und Glaswänden hervorgerufen wird. Je nachdem nun dicke oder dünne Glaszylinder oder
Glasplatten, breite oder schmale Entladungsräume genommen werden, also je nachdem
die vom Strom zu überwindenden Durchgangswiderstände größer oder kleiner sind,
sind die anzuwendenden Spannungen größer oder kleiner, wenn auf der Einheit der
Entladungsfläche die gleiche Strommenge durchgehen, d. h. die gleiche Stromdichte

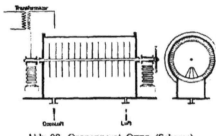

Abb. 98. Ozonapparat OTTO (Schema).

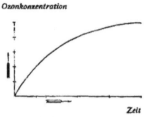

Abb. 99. Zunahme der Ozonkonzentration mit der Zeit.

erreicht werden soll. Und daher kommt es auch, daß die Betriebsspannungen je
nach der Beschaffenheit und Anordnung der Elektroden bei den einzelnen Typen
der industriellen Ozonapparate verschieden hoch sind und zwischen 6000, 8000,
15 000 V und mehr schwanken. Entsprechend der Verschiedenartigkeit des Elek-
trodenmaterials und der Elektrodenform sind bei den einzelnen industriellen Ozonapparaten weiter noch die Kühlvorrichtungen verschieden, die mit Wasser oder Luft
arbeiten und den Zweck haben, eine zu
hohe Erwärmung der Elektroden im Dauerbetrieb zu verhindern.

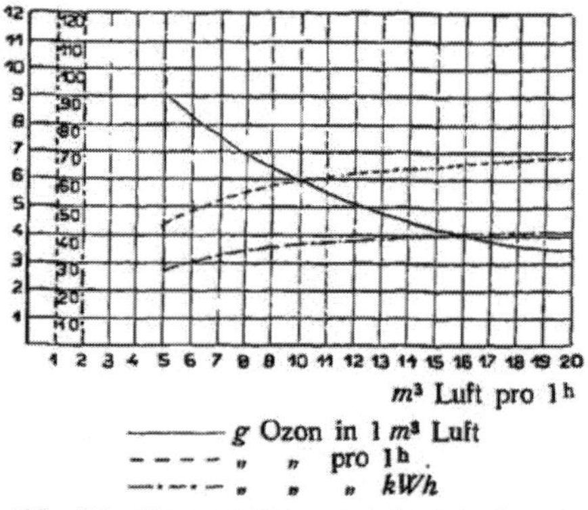

In bezug auf die Ozonbildung und
Ausbeute an Ozon in den technischen
Ozonapparaten ist zunächst erläuternd zu
bemerken, daß mit Hilfe der stillen Entladung nicht beliebig hohe Ozonkonzentrationen erzielt werden können. Setzt
man Luft oder Sauerstoff verschieden
lange Zeiten der Einwirkung der stillen
Entladung aus und trägt die nach verschiedenen Zeiten erhaltenen Konzentrationen als Ordinaten in ein Koordinatensystem ein, auf dessen Abszissenachse
man die Reaktionszeiten angibt, so
stellen sich die Versuchsergebnisse in
einer Kurve dar, wie sie in der Abb. 99

Abb. 100. Konzentrations- und Ausbeutekurven
(Charakteristik) eines technischen Ozonapparats
nach SIEMENS.

g Ozon in 1 m^3 Luft
„ „ pro 1 h
„ „ „ kWh

wiedergegeben ist. Die Kurve zeigt, daß mit wachsender Einwirkungsdauer
der Entladung die Ozonkonzentration erst schnell und sodann immer langsamer zunimmt, bis sie von einer bestimmten Zeit an überhaupt nicht mehr steigt,
auch wenn man die Luft beliebig lange der Entladung aussetzt. Mit anderen Worten,
die Reaktion $3 O_2 = 2 O_3$ führt unter der Wirkung der stillen Entladung zu einem
stationären Zustand. Die höchste erreichbare Konzentration, die sog. „Grenzkonzen-
tration", ist abhängig von den jeweils gewählten Versuchsbedingungen.

Bei der Ozonbildung durch stille Entladungen handelt es sich nicht um eine
elektrolytische Wirkung des Stromes. (Als Strom wirkt dabei nur der die Luft des
Entladungsraums durchfließende Leitungsstrom und nicht der Ladestrom, der zur
Aufladung und Umladung der als Kondensatorflächen zu betrachtenden Elektroden

nötig ist.) In der Tat findet die Ozonbildung auch nicht nach dem FARADAYschen Gesetz statt, sondern es entsteht zu Anfang der Reaktion viel mehr Ozon, als nach diesem Gesetz zu erwarten wäre, während gegen Ende der Reaktion bedeutend weniger Ozon entsteht, als das FARADAYsche Gesetz verlangt. Die Angaben über Ozonausbeuten müssen daher stets in Verbindung mit der Konzentration gemacht werden; im andern Fall beziehen sich solche Angaben — wie sie übrigens häufig in der technischen Literatur vorkommen — auf die Nullausbeute, d. h. auf Ozon von sehr geringer Konzentration, das infolge seiner großen Verdünnung für Oxydationsprozesse keine praktische Bedeutung besitzt.

Am zuverlässigsten für die Bewertung der Apparatenleistung ist der Weg der graphischen Darstellung, wie er z. B. in Abb. 100 zur Charakteristik eines in Wasserwerken angewandten Ozonapparats gewählt ist. In diesen für die Zwecke der Technik konstruierten Kurven wird aus praktischen Gründen als Abszisse nicht die Reaktionszeit aufgetragen, sondern ihr reziproker Wert, d. h. die in der Stunde durch den Apparat hindurchgeleitete Luftmenge. Dementsprechend nimmt die Konzentrationskurve einen fallenden Verlauf (hohe Konzentration bei kleiner Luftgeschwindigkeit, niedere Konzentration bei großer Luftgeschwindigkeit). Es kommen in diesen Diagrammen, in denen die Kurven der Ausbeuten und die Konzentrationskurve entgegengesetzt verlaufen, die Beziehungen zwischen Konzentration, durchgeleiteter Luftmenge und Ozonausbeute klar zum Ausdruck.

Um einwandfreies Arbeiten und gute Ausbeute der Ozonapparate, die in größeren technischen Anlagen zu sog. Ozonbatterien vereinigt werden, zu gewährleisten, ist es erforderlich, daß die Luft, bevor sie in die Ozonbatterie tritt, möglichst weitgehend getrocknet wird. Dies geschieht entweder, indem man die Luft über Chlorcalcium oder andere Feuchtigkeit aufnehmende Körper streichen läßt oder indem man sie durch Abkühlen von ihrem Feuchtigkeitsgehalt befreit. In größeren Wasserwerken oder industriellen Anlagen werden zu dem Zwecke besondere Kühlmaschinen vorgesehen.

Verwendung. Die Verwendung des Ozons in der Industrie hängt in erster Linie von dem Gestehungspreis ab. Dieser ist, wie im letzten Abschnitt auseinandergesetzt wird, ziemlich hoch. Das Ozon hat deshalb in der chemischen Industrie die gewöhnlichen Oxydationsprozesse bisher nicht verdrängen können, obwohl es sehr bequem wäre, weil es in vielen Fällen störende Zerfallsprodukte nicht bildet.

Eine vorübergehend technische Bedeutung hat nur das Verfahren der Vanillinherstellung aus Isoeugenol mit Hilfe von Ozon nach VERLEY, OTTO und TRILLAT (D. R. P. 97620) erlangt, ist aber später verlassen worden. Auch die im Jahre 1925/26 für den gleichen Zweck gebaute bisher größte Ozonanlage in Hamburg (10 kg Ozon/h) mußte 1929 wegen schlechter Rentabilität stillgelegt werden. Jedoch wird Ozon in den Vereinigten Staaten neuerdings wieder zur Herstellung von Vanillin benutzt (Chem.-Ztg. 1930, 818). All die vielen in der Patentliteratur und wissenschaftlichen Literatur beschriebenen Verfahren zur Verwendung von Ozon für chemische Zwecke, wie Herstellung von künstlichem Campher aus Borneol und Isoborneol (Bd. III, 79), Herstellung von Permanganat aus Manganatlösung (Bd. VII, 480) sowie insbesondere auch seine Verwendung zur Oxydation von Leinöl zu Firnis, haben bis jetzt eine technische Bedeutung nicht erlangt trotz gegenteiliger, auch in der Literatur vorhandener Angaben. Ebensowenig haben sich die Hoffnungen erfüllt, die man auf das Ozon bei der Bleiche für Leinengarne und -tuche als Ersatz der Rasenbleichung durch Sonnenlicht setzte, obwohl umfangreiche Versuche angestellt und auch größere technische Anlagen zu dem Zweck in Betrieb gesetzt wurden (s. Bd. II, 484). Jedoch scheint es neuerdings (M. OTTO, Bull. de la Soc. Française des Électriciens 9, 142 [1929] in Crespi (Italien) benutzt zu werden. Des weiteren ist schon in den Neunzigerjahren Ozonluft zur Alterung von Holz vorgeschlagen und versucht worden. Ein jüngeres Verfahren von MARIUS OTTO, Paris (D. R. P. 356995 und F. P. 490934), bei dem während einer Dauer von 44 Tagen abwechselnd Ozonluft und gut getrocknete, von 20—45° angewärmte gewöhnliche Luft auf das in Kammern untergebrachte Holz wirken und das im Sägewerk Seregno-Mailand zur Anwendung kam (vgl. l'Echo de Bois 39, Nr. 31 [1922]), hat sich dort aus ökonomischen Gründen gegenüber den bisherigen Methoden der Trocknung mit warmer Luft nicht durchsetzen können. Nach Angaben von OTTO (s. o.) wurde das Verfahren in Frankreich 1917 zum Trocknen des Holzes für Flugzeugpropeller benutzt und ist auch z. T. in der SOCIÉTÉ DES BOIS SECS, Moulin-Neuf bei Persan, in Benutzung. Auch ein Verfahren von HARRIES, KÖTZSCHAU und FONROBERT (Chem.-Ztg. 1917, 117; ferner B. 1919, 65), künstliche Seifen aus Braunkohlenteerölen herzustellen, ergab nur unter den stark verschobenen Materialpreisen der Inflationszeit eine Rentabilität und hat daher heute keine wirtschaftliche Bedeutung mehr. Das Verfahren beruht darauf, daß die in den einzelnen Braunkohlenteerölen enthaltenen ungesättigten Kohlenwasserstoffe in Ozonide (s. S. 239) übergeführt werden. Diese Ozonide werden durch Wasserdampf in eine Fettsäure und Aldehyd oder Keton zersetzt. Die so erhaltenen Fettsäuren können mit Hilfe von Alkali in die entsprechenden Seifen umgewandelt werden. Auch die Herstellung von Glyoxal durch Einwirkung von Ozon auf Acetylen (Bd. V, 834) ist bis jetzt nicht in den Großbetrieb übertragen.

Luftozonisierung für Ozonlüftung. Der schon seit langem bekannten desodorisierenden und oxydierenden Wirkung des Ozons hat sich die Lüftungsindustrie in den letzten 20 Jahren in solchen Fällen mit Erfolg bedient, in welchen es sich darum handelte, aus Räumen Gerüche rasch zu entfernen, die nach großen Menschenansammlungen auftreten oder die, wie Tabakrauch und Speisengerüche, zäh an Möbeln, Gardinen, Polsterstoffen und Wänden festhaften. Es hat sich in der Praxis gezeigt, daß unangenehme Gerüche (sog. Menschengerüche), wie sie z. B. sehr störend in Theatern mit Nachmittags- und Abendvorstellungen auftreten, in befriedigender Weise beseitigt werden können, sei es durch oxydierende Zersetzung oder nachhaltige Überdeckung des Geruchs, wenn die Raumluft in der Zeit zwischen Nachmittags- und Abendvorstellung kräftig ozonisiert wird. Auch hat sich die Zumischung von Ozonluft zur Frischluft, wenn es sich um Lüftung von mit Menschen gefüllten Sälen handelt, die wegen Gefahr eines zu großen Zuges nicht durch Frischluft genügend erneuert werden kann, als erfrischend und nützlich erwiesen. Die weitaus größte Verbreitung und Bedeutung hat die Ozonlüftung aber in Schlachthof- und Kühlhausbetrieben für die Konservierung von Fleischwaren und anderen Nahrungsmitteln gefunden.

Abb. 101. Ozonapparat mit luftgekühlter plattenförmiger Elektrode der SIEMENS & HALSKE A.-G., Berlin.

Das Ozon hat, selbst in großer Verdünnung mit Frischluft, im Zusammenwirken mit der niedrigen Temperatur, die gewöhnlich auf 1—3° gehalten wird, die Eigenschaft, die Bildung von Bakterienkolonien auf der Fleischoberfläche zu verhindern. Es wird daher durch die Ozonlüftung des gekühlten Fleisches das Feuchtwerden oder Nässen und Kahmigwerden, das meist mit Auftreten schlechter Gerüche verbunden ist, vermieden und eine große Gefahr des Kühlhausbetriebs ausgeschaltet. Gleichzeitig kann, wenn die Ozonlüftung genügend lange eingeschaltet bleibt, die Nacht über ein Teil der Kühlmaschinen außer Betrieb gesetzt werden, wobei eine wesentliche Betriebsersparnis erzielt wird. Obwohl diese Wirkung des Ozons in der Praxis der Kühlhausbetriebe schon länger bekannt war und benutzt wurde, wurde sie doch erst durch die umfangreichen Versuche des KAISERLICHEN GESUNDHEITSAMTES (HEISE, s. Literatur) in chemisch-bakteriologischer Beziehung wissenschaftlich erhärtet und sichergestellt. HEISE kommt auf Grund seiner Versuche zu folgendem Ergebnis: „Bei der Ozonanwendung im Kühlhaus ist nach den Ergebnissen dieser Untersuchung eine nur teilweise Vernichtung der dem Fleisch anhaftenden Mikroorganismen zu erwarten. Dieser Anteil reicht indessen, wie die Erfahrungen in der Praxis zeigen, im allgemeinen aus, um durch die Ozonisierung eine wesentliche Verlängerung der Haltbarkeit des Fleisches in den Kühlräumen herbeizuführen. Die Ozonisierung der Kühlhäuser einschließlich der Vorkühlhalle ist daher zu empfehlen". Eingehende auf wissenschaftlicher Grundlage aufgebaute Versuche hat DIESTELOW 1925 in der Praxis an der seit 1909 im Schlachthof Potsdam in Betrieb befindlichen Ozonanlage ausgeführt (Deutsche Schlachtzeitung 1925, H. 17/18) Das Ergebnis dieser praktischen Untersuchungen stimmt mit den Laboratoriumsversuchen des REICHSGESUNDHEITSAMTES vollkommen überein und legt zahlenmäßig fest, daß 93% und mehr der Kühlhausbakterien selbst durch die praktisch angewandte geringe Ozonkonzentration von etwa 0,3 mg Ozon in 1 m³ Kühlhausluft vernichtet werden.

In der Technik kommen 3 Verfahren der Luftozonisierung zur Anwendung:

1. Der gesamten durch Ventilatoren bewegten Raumluft wird eine geringe Menge hochkonzentrierter Ozonluft zugeführt und mit ihr vermischt. Dieses Verfahren ist am gebräuchlichsten und kommt für größere zentrale Lüftungsanlagen und für Kühlhallen in Frage.

2. Den Räumen selbst wird hochkonzentrierte Ozonluft zugeführt und in ihnen durch eine Rohrleitung gleichmäßig verteilt. Die Verteilung bzw. die Mischung des Ozons mit der Raumluft erfolgt entweder durch Diffusion oder durch kleine, an den Austrittsstellen angeordnete Verteilungsventilatoren. Das Verfahren muß da an-

gewandt werden, wo zentrale Lüftungsanlagen fehlen, beispielsweise in Kühlhallen mit Eiskühlung ohne besondere Luftumwälzung.

3. Die gesamte Frischluft wird durch Ozonapparate besonderer Bauart (sog. Gitterozonisatoren) gesaugt oder gedrückt.

Der Energieaufwand für die Ozonisierung im Falle 1 und 2 einschließlich der Luftbewegung durch den Ozonapparat beträgt bei einer Frischluftmenge von stündlich 5000 m^3 350 bzw. 400 Watt und bei einer Frischluftmenge von 120 000 m^3 900 bzw. 1000 Watt, je nachdem die Ozonanlage an ein Wechselstromnetz angeschlossen werden kann oder der Wechselstrom erst durch einen Umformer erzeugt werden muß, der gleichzeitig das Gebläse für die Luftbewegung durch den Ozonapparat treibt. Im Falle 3 beträgt der Energieaufwand für die Ozonisierung einer Frischluftmenge von stündlich 5000 m^3 nur etwa 150 Watt, da die Energie für Luftbewegung durch den Ozonisator fortfällt.

Abb. 101 zeigt einen für Lüftungszwecke praktisch viel benutzten Ozonapparat mit luftgekühlter plattenförmiger Elektrode nach *D. R. P.* 347 483, der zur Ozonisierung von 7500 m^3 Luft stündlich ausreicht.

Abb. 102 zeigt eine Reihe von Gitterozonapparaten, die in den Hauptluftschacht einer größeren Lüftungsanlage eingebaut sind.

Bei den SIEMENSschen Gitterapparaten, die nur für die besonderen Zwecke der Ozonlüftung, nicht aber für die technische Herstellung von Ozon geeignet sind, findet die Entladung zwischen einem von einem Glasrohr umgebenen Metallstab von 5–10 *mm* Durchmesser und einer in geringem Abstande parallel zum Stab angebrachten schmalen Metallplatte statt. Mehrere solcher aus Stab und Platte bestehender Elemente (bis zu 50) werden in einem gemeinsamen Rahmen zu einem Gitter vereinigt. Der Rahmen mit den Metallstäben wird geerdet, während die Metallplatten mit dem Hochspannungspol des Transformators verbunden werden.

Die zu Ventilationszwecken benutzte Ozonluft enthält nur äußerst geringe Ozonmengen, u. zw. je nach der Verwendungsart 0,1–0,3 *mg* O_3 in 1 m^3, also Mengen, welche die an manchen Stellen im Freien vorkommenden Ozonmengen der Luft nicht übersteigen und daher für die menschlichen Atmungsorgane ganz unge-

Abb. 102 Gitter-Ozonapparat von SIEMENS & HALSKE A.-G., Berlin, in einen Lüftungsschacht eingebaut.

fährlich sind. Eine große Anzahl von Hotels, Konzert- und Versammlungssälen, Banken, Bürohäusern, Theatern, Badeanstalten und Ozeandampfern haben sich der Ozonlüftung zu obgenannten Zwecken bedient, und außerdem haben fast alle größeren Städte ihre Schlachthäuser und Fleischkühlhallen und die meisten größeren Kriegsschiffe und Passagierdampfer ihre Fleischkühl- und Provianträume mit bestem Erfolge mit Ozonlüftungsanlagen versehen.

Trinkwassersterilisation. Die größte Bedeutung und ausgedehnte Verwendung hat das Ozon zur Sterilisation von Trinkwasser solcher zentraler Trinkwasserwerke erlangt, die — aus Mangel an bakterienfreiem Grund- oder Tiefbrunnenwasser — bakterienhaltiges und daher infektionsverdächtiges Oberflächenwasser aus Flüssen, Seen oder Talsperren zur Wasserversorgung benutzen müssen. Im Gegensatz zu anderen Oxydations- und Desinfektionsmitteln besitzt das Ozon auf diesem hygienischen Spezialgebiet den großen Vorzug, daß es nach seiner Wirkung keine den Geschmack des Wassers störenden Zerfallsprodukte hinterläßt und selbst bei Anwendung eines großen Überschusses in sehr kurzer Zeit aus dem Wasser durch Oxydation organischer Substanzen oder durch freiwilligen Zerfall restlos verschwindet und daher den Wassergeschmack und -geruch nicht beeinträchtigt.

Das Ozon tötet, wenn es mit Wasser in Riesel- oder anderen Mischtürmen in Berührung und dadurch in Lösung gebracht wird, mit Sicherheit, selbst in äußerst keimreichen Wässern, alle pathogenen Keime, z. B. der Cholera, des Typhus, der Ruhr und alle nichtpathogenen Keime bis auf einige wenige sporenbildende harmlose Bakterien. Die zu manchen Jahreszeiten mitunter trotz der Ozonbehandlung zurückbleibenden harmlosen Sporenbildner überschreiten selten die Anzahl 10 pro 1 cm^3, eine Zahl, die also, ganz abgesehen von der Harmlosigkeit der Keime, die von KOCH als Betriebskontrolle der Wasserwerke angegebene Gefahrenzahl 100, d. h. 100 Keime pro 1 cm^3, weit unterschreitet. Nach den langjährigen Versuchen, die das PASTEURsche INSTITUT, das REICHSGESUNDHEITSAMT und das KOCHsche INSTITUT in Laboratoriumsversuchen in Mittelbetrieben und großen Ozonwasserwerken angestellt haben — es wurden über 400 000 pathogene Keime pro 1 cm^3 angewandt — u. zw. bei außergewöhnlich hohen Zusätzen virulenter Kulturen der Cholera, des Typhus und der Ruhr, ist einwandfrei festgestellt worden, daß das Ozon selbst bei den bakteriologisch denkbar ungünstigen Wasserverhältnissen ein zuverlässiges hygienisches Hilfsmittel zur Verhütung von Seuchen ist, die durch Keime des Wassers erzeugt und übertragen werden (OHLMÜLLER, PROSKAUER, SCHÜDER u. a.). Neben seiner bakterientötenden Wirkung oxydiert das Ozon gleichzeitig auch noch einen Teil der im Wasser vorhandenen organischen Substanz und verringert dadurch den Oxydationsgrad des Wassers um 15–20 %. Aus diesem Grunde ist die zur Sterilisation erforderliche Ozonmenge nach dem Oxydationsgrad des Wassers einzustellen. Durch die Ozonisierung des Wassers werden auch die im Wasserwerksbetrieb zuweilen für das Rohrnetz äußerst unbequemen und störenden Verbindungen des Eisens und Mangans in filtrierbarer Form ausgefällt. Auch werden in Fällen, in welchen das zur Behandlung gelangende Wasser trotz Vorfilterung durch Schnellfilter infolge gelöster Huminsubstanzen gelblich gefärbt ist oder einen mulmigen Geruch hat, Farbe und Geruch durch die Ozonisierung entfernt. Durch die Ozonisierung gelangt nichts in das Wasser, was nicht schon als natürlicher Bestandteil in ihm enthalten wäre. Es steigt nur infolge der Durchlüftung und Zersetzung des gelösten Ozons der Sauerstoffgehalt des behandelten Wassers um 15–20 %. Das aus den Sterilisationsapparaten abfließende Wasser enthält nur sehr geringe Mengen Ozon, die aber schon während des sehr kurzen Aufenthalts im Reinwasserbehälter, also vor dem Eintritt des Wassers in das städtische Rohrnetz, restlos verschwinden.

Um zu gewährleisten, daß auch wirklich nur mit Ozon behandeltes Wasser in das Rohrnetz gelangt, sind in jedem Ozonwasserwerk Sicherheitsvorrichtungen vorgesehen, welche beim Aufhören oder Geringerwerden der Luftförderung durch die Ozonapparate und Sterilisatoren sowie beim Nachlassen des Stromes in den Ozonapparaten automatisch den Wasserzufluß zum Reinwasserbehälter absperren sowie optische und akustische Alarmzeichen für das Personal geben.

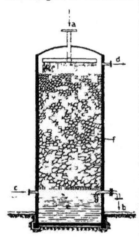

Abb. 103. Sterilisationsturm von SIEMENS & HALSKE.

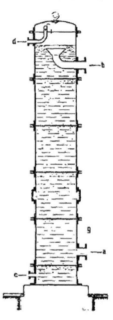

Abb. 104. Sterilisationsturm nach TINDAL-DE FRISE.

In die Technik der Ozontrinkwassersterilisation haben die nachstehenden Sterilisationssysteme von SIEMENS & HALSKE, ABRAHAM-MARMIER, TINDAL-DE FRISE und MARIUS OTTO Eingang gefunden. Zum allgemeineren Verständnis sei an dieser Stelle bemerkt, daß man in der Ozonwassertechnik unter einem Sterilisationssystem die Kombination einer Ozonapparatur (Ozonisatoren) mit einer Sterilisationsapparatur (Sterilisatoren) versteht. Die zu den einzelnen Sterilisationssystemen gehörigen Ozonapparate (Ozonisatoren) sind schon im Kapitel „Ozonherstellung" erwähnt und beschrieben worden.

Die Sterilisatoren der genannten Systeme, in welchen also das Ozon mit Wasser in innige Berührung und dadurch in Lösung gebracht wird, unterscheiden sich voneinander dadurch, daß SIEMENS & HALSKE und ABRAHAM-MARMIER Rieseltürme (Skrubber) benutzen, die mit taubeneigroßen Steinen als Verteilungsmaterial gefüllt sind (Abb. 103), während TINDAL-DE FRISE Wasservolltürme mit eingebauten Verteilungssieben anwenden, durch welche der Ozonluftstrom geblasen wird (Abb. 104). und MARIUS OTTO einen nach dem Prinzip der Wasserstrahlpumpen arbeitenden Ejektor (sog. Emulseur) zum Mischen von Ozonluft mit Wasser (Abb. 105) nimmt. In einzelnen Fällen sind aus technischen und ökonomischen Gründen 2 Sterilisatorkonstruktionen derart zu einer Einheit vereinigt, daß z. B. ein Emulseur nach OTTO auf einem Vollturm oder Rieselturm aufgebaut ist und sein mit Ozonluft emulgiertes Wasser nochmals durch den Vollturm oder den von Ozon durchströmten Rieselturm fließen läßt (Abb. 106 und 107). Die erste Kombination hat in den größten zentralen Ozonwasserwerken der Städte Petersburg, Paris, Braila, Spezia, Nizza, die zweite in Werken anderer Städte Anwendung gefunden. In den Abb. 103–107 bedeutet a den Rohwassereinlauf, b den Reinwasserablauf, c den Eintritt der Ozonluft, d den Austritt der Luft, e das Reinwasserbassin in den Sterilisatoren,

f die Steinfüllung zur Wasserverteilung in den Rieseltürmen und *g* die Verteilungssiebe für die ein-
gepreßte Ozonluft in den Volltürmen. Sie geben in schematischer Darstellung eine Übersicht über
das Prinzip und die Arbeitsweise der verschiedenen Sterilisationssysteme.

Eine der Hauptvorbedingungen bei der Trinkwasserozonisierung
ist die, daß das Rohwasser. falls es Schwebesubstanzen und Trübungen
enthält, durch eine Vorfiltration gereinigt und geklärt wird, da das

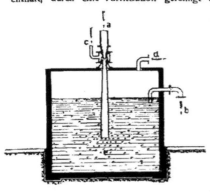

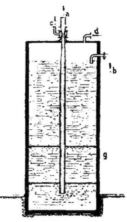

Ozon, wie auch alle übri-
gen Sterilisationsmittel, auf
die im Innern der Schwebe-
körper eingeschlossenen
Bakterien nur schwer wirken
kann. Diese Vorfiltration
geschieht in der Praxis mit
Hilfe von Schnellfiltern,
die — mit Grobsand arbei-
tend — das Wasser nur
von Schwebesubstanzen,
aber nicht von Bakterien
zu befreien brauchen und
mit der großen Filterge-
schwindigkeit von 5–6 m^3
pro 1 h und 1 m^2 Filterfläche arbeiten können, im
Gegensatz zu den bekannten
Bakterienlangsamfiltern der
Wasserwerke, die nur eine
Filtergeschwindigkeit von
1–2 m^3 pro 1 m^2 und Tag
besitzen und die Aufgabe

Abb. 105. Sterilisationsapparat von Otto
(Emulseur).

Abb. 106. Kombinierter
Sterilisationsapparat von
Otto-De Frise.

haben. das Wasser nicht nur zu klären, sondern auch noch mit Hilfe ihrer
vom Wasserschmutz erzeugten, für Bakterien schwer durchlässigen Filterhaut den größten Teil der
Wasserbakterien zurückzuhalten. Ein großes Ozonzentralwasserwerk, das Oberflächenwasser zu verarbeiten hat, wie z. B. das der Stadt Petersburg (Abb. 103), besteht aus einer Schnellfilteranlage und
der aus Ozonapparaten und Sterilisationstürmen bestehenden Sterili-
sationsanlage. Die Abbildung enthält nur das eigentliche Ozonwasserwerk. Die eigene Kraftzentrale, die den für den Betrieb der Ozonapparate erforderlichen Wechselstrom von 500 Perioden liefert, ist
nicht dargestellt. Die Abbildung zeigt, wie das — zu manchen
Jahreszeiten sehr schmutzige und trübe — Newawasser in den Absatz-
behälter gehoben wird, wie es von hier aus nach einer Koagulierung
mittels schwacher Aluminiumsulfatlösung in das etwa 2 m mit Grobsand gefüllte und mit Rührwerken versehene mechanische Schnellfilter des Systems Jewell, dann gereinigt weiter in den Emulseur
und den darunterliegenden Sterilisationsvollturm fließt und schließlich über eine Entlüftungskaskade in das das städtische Netz speisende
Reinwasserbassin gelangt.

Die Ozonmengen, die zur Sterilisation von 1 m^3
vorgeklärten Rohwassers erforderlich sind, schwanken je
nach dem Oxydationsgrad des Wassers zwischen 0,5–2 g.
Die Kosten der Ozonisierung von 1 m^3 betragen je nach
dem Ozonverbrauch und dem lokalen Preise der kWh
zwischen 0,75–3 Pf. Die beim Betrieb der Ozonwasserwerke angewandte Ozonluft hat die Konzentration 1–2, d. h. sie enthält in 1 m^3 1 bzw. 2 g Ozon.
Die Kosten der Schnellfiltration betragen etwa 0,5–1 Pf.
pro 1 m^3.

Neben den ganz großen Ozonwerken in Petersburg
(mit einer stündlichen Wassermenge von 2000 m^3) und
Paris (mit einer stündlichen Wassermenge von 4000 m^3)
sind mittlere und kleine Anlagen in einer großen
Reihe von Städten errichtet, von denen hier Nizza,
Braila, Konstanza, Paderborn, Chemnitz, Florenz,
Madrid, Soerabaja, Bilbao und Yawata genannt seien.

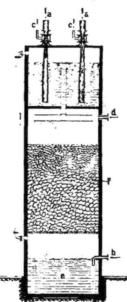

Abb. 107. Kombinierter Sterilisationsapparat Siemens-
Otto.

Wirtschaftliches. Die im Abschnitt über Ozondarstellung gemachten Angaben über den
Kraftbedarf bzw. die Ausbeute von Ozonapparaten beziehen sich, ebenso wie die Angaben der
Firmen, die Ozonapparate herstellen, auf Messungen, die an den Klemmen des Transformators gemacht

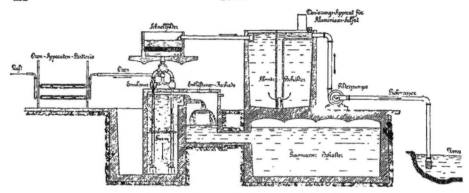

Abb. 108. Ozonwasserwerk Petersburg (Schema).

sind. Diese Angaben sind richtig für den Fall, daß es sich darum handelt, die Leistungen zweier verschiedener Ozonapparate zu vergleichen. Für solche Vergleichsmessungen müssen natürlich Zufälligkeiten, die z. B. in ungünstigen Wirkungsgraden von Umformeraggregaten und Transformatoren bestehen, ausscheiden. Für die Betrachtung der Wirtschaftlichkeit der Ozonherstellung muß jedoch diejenige Energie in Rechnung gestellt werden, die am Zähler des Schaltbrettes gemessen wird. Diese ist aber wesentlich größer als die am Transformator gemessene, da zu der reinen Ozonisierungsleistung der Wirkungsgrad der Umformer sowie der Kraftbedarf der Lufttrocknungs- und Luftförderungsanlagen hinzukommt. Bei der Berechnung des Energiebedarfs einer Ozonanlage ist dieser Mehrbedarf unter Berücksichtigung normaler Maschinen in der für die Anlage richtigen Größe in Rechnung zu stellen.

Bei Apparaten guter Bauart sind im allgemeinen zur Herstellung von 1 *kg* Ozon mit Hilfe der stillen elektrischen Entladung bei Verwendung von Luft und bei Ozonkonzentrationen von 2–4 rund 17–25 *kWh* bzw. 23–33 *PSh* und bei Verwendung von Sauerstoff und bei wesentlich höheren Konzentrationen nur ⅓ der Kraft erforderlich, gemessen an den Klemmen des Transformators. Zu diesem Betrage kommen noch die Verluste in den Dynamos und die Kraft für Luftbewegung, die noch zuschlägig etwa 20% betragen, so daß in der Praxis mit rund 30 bzw. 10 *kWh* pro 1 *kg* Ozon zu rechnen ist. Außerdem müssen zu den Energiekosten noch gewisse Beträge für Amortisation und Verzinsung der Anlage sowie für Löhne hinzugerechnet werden. Bei Berücksichtigung dieser Faktoren und unter Annahme eines Preises von 3 Pf. für die *kWh* betragen die Kosten von 1 *kg* Ozon 2–3 M. bei Verwendung von Luft und 1–1,50 M. bei Verwendung von Sauerstoff ausschließlich des unter Umständen im Kreislauf wieder verwendbaren Sauerstoffs.

Da das Ozon bei den meisten Oxydationsprozessen nur mit einem seiner 3 Sauerstoffatome reagiert, so kostet das *kg* aktiven Sauerstoffs in Ozon bei Luft-Ozon 6–9 M. und bei Sauerstoff-Ozon 3–4,5 M. (ohne Berechnung des Sauerstoffs).

Literatur: ANDREOLI, Ozone, its commercial Production, its Application. 1893. — HANS BECKER, Über die Extrapolation und Berechnung der Konzentration von Ozonapparaten. Wissenschaftl. Veröffentlichungen aus dem SIEMENS-Konzern, Bd. 1, H. 1, S. 76–106 [1920]. — DE LA COUX, L'Ozone et ses Applications industrielles. Paris 1910. — DIESTELOW, Über Einfluß der Ozonisierung der Kühlhausluft auf ihren Keimgehalt. Deutsche Schlachthofzeitung 1925, H. 17/18. — ENGLER, Historisch-kritische Studien über das Ozon. Leopoldina, H. 15, 1879. — ERLWEIN, Über Trinkwasserreinigung durch Ozon und Ozonwasserwerke. F. Leineweber Leipzig 1904. — ERLWEIN, Herstellung und Verwendung des Ozons. Leipzig 1911. — ERLWEIN, Trinkwasserreinigung durch Ozon. Fortschritte der naturwissenschaftlichen Forschung. X, H. 15, 1914. — FONROBERT, Das Ozon. Stuttgart 1916. — FOX, Ozone and Antozone. London 1873. — O. FRÖHLICH, Über das Ozon, dessen Herstellung auf elektrischem Wege und dessen technische Anwendungen. *Elektrotechn. Ztschr.* XII, 340 [1891]. — HARRIES, Untersuchungen über das Ozon und seine Wirkung auf organische Verbindungen. Berlin 1916. — HEISE, Über die Einwirkung von Ozon auf Mikroorganismen und künstliche Nährsubstrate, als Beitrag zur Kenntnis der Ozonwirkung in Fleischkühlhallen. *Arbb. Gesundheitsamt*, Bd. L, S. 204, 418. — KÖNIG und LEITHÄUSER, Die Erzeugung von Ozon. In ASKENASY, Einführung in die technische Elektrochemie, Bd. I, Braunschweig 1910. — MÖLLER, Das Ozon. Braunschweig 1921. — OHLMÜLLER, Über die Einwirkung des Ozons auf Bakterien. *Arbb. Gesundheitsamt*, Bd. VIII, S. 229 [1891]. — OHLMÜLLER und PRALL, Die Behandlung des Trinkwassers mit Ozon. *Arbb. Gesundheitsamt*, Bd. XVIII, S. 417 [1902]. — OTTO, L'Ozone. Paris. — RIDEAL, Ozone. London 1920. — E. RIESENFELD, *Ztschr. angew. Chem.* 42, 729 [1929]. — WARBURG, Über chemische Reaktionen, welche durch die stille Entladung in gasförmigen Körpern herbeigeführt werden. Jahrbuch der Radioaktivität und Elektronik, Bd. VI, H. 2. — VOSMAER, Ozone, its Manufacture, Properties and Uses. London 1916.

Die vorstehende Zusammenstellung enthält nur die wichtigsten Werke und Arbeiten über Ozon. Ausführliche Literaturangaben finden sich bei ENGLER, FONROBERT, HEISE, MÖLLER, RIESENFELD und WARBURG.

Gg. Erlwein.

P

p$_H$ ist ein Maß der Säurestufe einer Lösung. Sie ist der Zehnerlogarithmus der Wasserstoffionenkonzentration mit umgekehrtem Vorzeichen.

Für *n-HCl* (unter der Annahme vollständiger elektrolytischer Dissoziation) ist die Konzentration der Wasserstoffionen = 1, also der Logarithmus dieser Konzentration = 0. Für $^1/_{10}$ *n-HCl* und für $^1/_{1000}$ *n-HCl* sind dagegen diese Konzentrationen 0,1 und 0,001, oder anders geschrieben $1 \cdot 10^{-1}$ und $1 \cdot 10^{-3}$, also die zugehörigen Logarithmen -1 und -3; für reines Wasser wäre dieser Logarithmus -7 und für *n-NaOH* -14. Weil er nun für die allermeisten Lösungen negatives Vorzeichen hat, so befreite man kurz entschlossen *pH* von diesem unbequemen Vorzeichen, so daß also jetzt z. B. $pH = 4,3$ die Konzentration $1 \cdot 10^{-4,3}$ der Wasserstoffionen bedeutet.

Der Name Säurestufe ist von A. THIEL 1924 vorgeschlagen, während die Bezeichnung Wasserstoffexponent von SÖRENSEN 1903 eingeführt wurde. Vom Standpunkte der heutigen Ionentheorie sagt man vorsichtiger Wasserstoffionen-„Aktivität" oder „aktuelle Acidität", weil man mit Grund annimmt, daß nur ein Teil der in der Lösung vorhandenen Wasserstoffionen wirkt.

Diese aktuelle Acidität ist nicht zu verwechseln mit der Titrieracidität, welche das Basenverbindungsvermögen darstellt.

Gemessen wird *p$_H$* gemäß der NERNSTschen Gleichung für galvanische Konzentrationsketten durch den Unterschied, welchen eine in die betreffende Lösung tauchende Wasserstoffelektrode gegen die Normal-Wasserstoffelektrode zeigt. Die Normal-Wasserstoffelektrode wird gebildet durch eine platinierte Platinelektrode, welche in eine Lösung von der Wasserstoffionenkonzentration 1 taucht (2 *n-H$_2$SO$_4$*) und von Wasserstoffgas unter Atmosphärendruck umspült wird. Für je 0,058 *V* Potentialunterschied unterscheidet sich das unbekannte *p$_H$* um eine Einheit von Null. Statt der Normal-Wasserstoffelektrode kann man andere Elektroden verwenden, deren Potentialunterschied gegen jene genau festgelegt ist.

Bequem ist die Chinhydronelektrode: Chinhydron (Bd. III, 204) löst sich in Wasser zu einer etwa 0,005 normalen Lösung und verleiht einer blanken Platin- oder Goldelektrode rasch ein Potential, das um 0,70 *V* positiver ist als das Potential, welches eine von Wasserstoff umspülte Elektrode in einer Lösung von gleicher Säurestufe aufweist. Um nun in einer zu untersuchenden Flüssigkeit *pH* zu bestimmen, schüttelt man sie mit festem Chinhydron, taucht den schwach ausgeglühten Platindraht hinein, verbindet durch einen elektrolytischen Leiter mit der Vergleichselektrode und mißt die Spannung der so gebildeten galvanischen Kette. Am bequemsten arbeitet man mit einem „Potentiometer", welches alle zur Spannungmessung nötigen Dinge in einem Kasten zusammengebaut enthält. Derartige Apparate werden z. B. hergestellt von VEREINIGTE FABRIKEN FÜR LABORATORIUMSBEDARF, Berlin; F. & M. LAUTENSCHLÄGER G. M. B. H., München; M. E. C. J. METALLURGISCHE UND ELEKTROCHEMISCHE INSTRUMENTE, Düsseldorf; F. HELLIGE & CO., Freiburg i. Br.; STRÖHLEIN & CO. G. M. B. H., Düsseldorf.

Für alkalische Flüssigkeiten eignet sich die Chinhydronelektrode nicht. Ferner ist zu beachten, daß ein höherer Gehalt an Elektrolyten (mehr als 0,1 molar) die Bestimmung um einige Millivolt ungenau macht. Diesen „Salzfehler" kann man jedoch durch einen Überschuß von Chinon oder Hydrochinon beseitigen. Ebenso ist zu beachten, daß die Wasserstoffelektrode durch alle Stoffe verändert wird, welche durch Oxydation oder Reduktion ihr Potential beeinflussen oder welche das Platin vergiften (z. B. Blausäure).

Schätzen kann man *p$_H$* mit ziemlicher Genauigkeit, indem man geeignete Farbstoffe zusetzt und den Farbton mit einer in gleicher Weise behandelten Lösung von bekanntem *p$_H$* vergleicht. Solche geeigneten Indikatoren sind z. B. von FR. MÜLLER (*Ztschr. angew. Chem.* **39**, 1370 [1926]) in Tabelle Seite 254 zusammengestellt.

Verschiedene Zusammenstellungen solcher Indicatorreihen sind im Handel zu haben. Ebenso gibt es Gemische mit einem sehr großen *p$_H$*-Bereich. Bei einiger Übung kann man *p$_H$* meist bis auf 0,1 genau schätzen. Wenn die zu prüfende Lösung an sich gefärbt ist, so kann man öfters diese Eigenfarbe durch Verwendung

eines Doppelkeilkolori-
meters unschädlich ma-
chen. Unangenehm ist
die Gegenwart von
Kolloiden, welche den
Farbstoff an sich reißen,
z. B. Eiweißstoffen. Auch
Neutralsalze können
den Farbton verschie-
ben, u. zw. bei sauren
Indicatoren nach der

Indicator	Umschlag-spanne p_H	Umschlag	
		sauer	alkalisch
Thymolsulfonphthalein .	1,2–3,8	rot	gelb
Methylorange	3,1–4,4	rot	orangegelb
Methylrot	4,2–6,3	rot	gelb
Neutralrot	6,8–8,0	rot	gelb
Thymolblau	8,0–9,6	gelb	blau
Phenolphthalein	8,2–10,0	farblos	rot
Thymolphthalein	9,3–10,5	farblos	blau
Tropäolin 0	11,0–13,0	gelb	orangebraun

alkalischen Seite und umgekehrt bei alkalischen; man erklärt diesen „Neutralsalzfehler"
dadurch, daß die Aktivität der Wasserstoffionen von der gesamten Ionenkonzen-
tration abhängt. Indicatoren, welche selber eine Säure oder Base sind, ändern
natürlich das p_H der zu prüfenden Lösung; diesen „Säurefehler" bekämpft man
mit Erfolg, indem man einen wirksamen Puffer (s. S. 542) zusetzt. Auch die Konzentration
des Indicators beeinflußt den Farbton, wie ja aus der Maßanalyse bekannt ist.

Literatur: OSTWALD-LUTHER, Hand- und Hilfsbuch zur Ausführung physikochemischer
Messungen. 5. Aufl. Leipzig 1931. — L. MICHAELIS, Die Wasserstoffelektrode. Berlin 1927. —
E. MISLOWITZER, Die Bestimmung der Wasserstoffionenkonzentration von Flüssigkeiten. Berlin 1928.
— KOLTHOFF, Der Gebrauch von Farbindicatoren. Berlin 1923. — S. LEHMANN, Die Wasserstoff-
ionenmessung. Leipzig 1928. — H. MAGNUS, Kontrolle der p_H in verschiedenen Industriezweigen.
— FR. MÜLLER, Entwicklung und Bedeutung des p_H-Begriffes. Ztschr. angew. Chem. 39, 1368 [1826],
mit vielen Literaturangaben. — E. MÜLLER, Fortschritte in der potentiometrischen Maßanalyse. Ztschr.
angew. Chem. 41, 1153 [1928].   K. Arndt.

Packungen werden in der Technik die Dichtungen (Bd. III, 677) genannt,
die zum Zweck der Abdichtung in die Berührungsflächen der Apparatteile eingepreßt werden. Während bei den Flanschverbindungen die Abdichtung durch
Zusammenpressen, also Ortsveränderung der Flansche, bewirkt wird, das Dichtungsmittel aber vorher eingelegt wird, wird bei der Packung der gegenseitige Abstand
der Dichtflächen nicht verändert, aber das Packungsmittel so fest eingedrückt, daß
vollkommener Abschluß gesichert ist. Hieraus geht hervor, daß die Dichtfläche
möglichst große Tiefe (in der Richtung von außen nach innen) aufweisen muß,
während die Breite nicht so wesentlich ist. Für viele Zwecke kann es sich empfehlen,
sie gering zu wählen, damit die Abdichtungsmasse besseren Halt gewinnt. Wird
sie dagegen so schmal, daß das Hineinpressen nicht mehr möglich ist, so verwendet man Kitte und Klebemittel (Bd. VI, 551, 556), mit denen die Fugen bestrichen oder durch Gas- oder hydraulischen Druck angefüllt werden. Öffnungen
in dünnen Wandungen werden mit einer zylindrischen Büchse, z. B. einer Stopfbüchse, versehen oder mit einem der Gestalt der Wandung sich anpassenden Deckel
bedeckt, der, gegen Loslösung mit Bolzen oder in anderer Weise gesichert, das
Einpressen des Dichtungsmittels gestattet. Sollen stumpf aufeinanderstoßende Rohre
verbunden werden, so wird das eine an der Berührungsstelle mit einer Erweiterung,
einer Muffe, versehen, die das andere Rohrende umgibt, und der Zwischenraum
mit dem Packungsmittel angefüllt. Man kann auch eine lose Muffe über die zu-
sammenstoßenden Rohrenden stülpen, also beide Rohrenden gegen die Muffe ab-
dichten. Wird die Muffe mit einer besonderen Vorkehrung zum Festhalten oder
Zusammenpressen der Dichtungsmasse ausgestattet, so erhält man eine Stopfbüchse.
Die Muffe dient gewöhnlich zur starren Verbindung von Rohrenden; daher werden
die Dichtungsflächen meist mit Riefen, Rillen, Rauhungen u. dgl. versehen, die
einen besseren Halt für das Dichtungsmittel ergeben. Sie werden ferner vorteilhaft
etwas konisch, d. h. im Durchmesser nach außen hin abnehmend, gehalten, damit durch
den Leitungsdruck kein Herausdrücken stattfindet; selbstverständlich müssen sie für
die Abdichtung bequem zugänglich sein. Die Stopfbüchsen enthalten besondere
Ringe, die das Packungsmaterial gegen die Dichtungsflächen pressen, besonders

gegen die Innenfläche, wenn sie mit nach außen hin abgeschrägten Preßrändern ausgestattet sind. Der Abdichtungsdruck wirkt also in radialer Richtung, während bei den Flanschen die axiale Richtung in Frage kommt. Wird die Packung in vollkommen gleichmäßiger Weise ausgeführt, so können selbst ziemlich dünnwandige Rohre durchaus sicher abgedichtet werden. Die Stopfbüchsen dienen hauptsächlich zur Abdichtung von Apparatteilen, die gegeneinander verschiebbar sind, wie Kolben, Achsen, sei es in axialer, tangentialer oder spiraliger Richtung. Hierbei ist besondere Aufmerksamkeit der Verminderung der Reibung zu widmen, die im engsten Zusammenhang mit der Pressung steht. Abgesehen von der Schaffung glatter Reibflächen setzt man dem Packmaterial Substanzen zu, die die Reibung verkleinern, wie Schmiermittel. Die Packung aneinander gleitender Maschinenteile bezeichnet man als Liderung.

Die Packungsmittel hängen von dem Verwendungszweck ab. Für starr miteinander verbundene Apparatteile, wie Muffendichtungen, für die Abdichtung von Spalten, Löchern, Öffnungen, wenn besondere Deckel zum Abdecken benutzt werden, kann man außer den Kitten, die nur bei schmalen Zwischenräumen in Frage kommen, in der Hitze flüssige Substanzen verwenden, wie Wachs, Paraffin, Pech, Schwefel, Blei, WOODsche Legierung, ferner Brei von Lehm, Gips, Schwerspat, Lösungen von Salzen und sonstigen festen Substanzen, oder pulverige oder faserige Materialien, letztere als solche oder zu Stricken, Zöpfen, Geweben, Geflechten verarbeitet. Oft werden diese Materialien mit den flüssigen getränkt, wodurch bessere Abdichtung bei geringer Pressung erreicht wird. Bei geschmolzenen Packungsmitteln müssen die Dichtungsflächen vollständig gesäubert werden, damit sich eine innige Verbindung herstellt. So ist z. B. vorgeschlagen worden, für die Ausgießung mit Blei die Flächen vorher zu verzinnen, was umständlich und teuer ist. Dagegen erzielt das Einstemmen von Bleifaser, z. B. Bleiwolle von A. BÜHNE & Co., Freiburg i. B., einwandfreie Abdichtung. Das Anfüllen mit gießbaren Substanzen verlangt zur gleichmäßigen Ausfüllung die senkrechte Aufstellung der Abdichtung, z. B. der Muffe, was oft große Schwierigkeiten verursacht. Andernfalls behilft man sich mit provisorischen, leicht abnehmbaren Abdichtungen gegen das Auslaufen des Dichtungsmittels. Verwendet man feste Substanzen, die mit dem geschmolzenen Material getränkt sind, so muß die Muffe so heiß gehalten werden, daß die Masse im flüssigen Zustande verbleibt, bis sie ihre endgültige Lagerung eingenommen hat. Die Füllmittel dienen dazu, bei der Erstarrung etwa eintretende Sprünge und Risse unschädlich zu machen, also die Starrheit des Dichtungsmittels in gewissem Sinne zu mildern. Doch empfiehlt es sich, zu diesem Zweck faseriges Material von einiger Reißfestigkeit zu nehmen, wie Hanf, Jute, Asbest, die aber durch zu hohe Schmelztemperatur in ihrer Festigkeit nicht verändert werden dürfen. Bei Breien oder Lösungen, die nur die gewöhnliche Temperatur erfordern, bestehen solche Bedenken nicht; so kann man selbst Haare, Borsten, Papierstreifen verwenden. Sehr wesentlich ist es, die Abdichtung der Muffen und sonstigen Öffnungen schichtenweise vorzunehmen, d. h. nach jeder Schichtung die Masse festzupressen, um alle Unebenheiten auszufüllen. Geflochtene oder gedrehte Packstricke aus Hanf, Jute, Baumwolle, Wolle, Asbest, Drahtseil müssen mit aufgereifelten oder abgeschrägten Enden eingelegt werden, um möglichst gleichmäßige Verteilung innerhalb der Muffe zu erreichen, was weiterhin durch Flüssigkeitstränkung begünstigt wird. Um die Schnüre elastischer zu machen, werden sie vielfach mit Gummiseele oder mit nachgiebigen Füllmitteln, wie Korkpulver, versehen. Auch wird Weichgummi eingepreßt, der dann den Abdichtungsraum vollkommen ausfüllt. Besonders beliebt sind lappenartige Gewebe, mit harziger oder teeriger Substanz getränkt, da sie infolge ihrer Weichheit sich gut anschmiegen und die einmal erlangte Gestalt ständig beibehalten. Ein ähnlicher Effekt wird durch Bleifaser erreicht, die mit Graphit und Fett getränkt ist. Anstatt Blei kann auch ein anderes weiches Metall genommen werden. So schlägt die J. G. (D. R. P. 469 189) Celluloseester mit Campherzusatz vor, um dauernde Elastizität zu sichern.

Während man für Wasserleitungen Hanfstricke mit Teer und Bleipackung benutzt und in ähnlicher Weise auch bei Leuchtgasleitungen verfährt, muß man bei höheren Temperaturen von Blei absehen und dafür Zement oder ein anderes, keramisches Material wählen, das selbst hohen Drücken widersteht.

Gegen ätzende Gase wie Salzsäure und Salpetersäure wird mit Asbest und Asphalt (Teer) oder Paraffin abgedichtet; letzteres ist sogar gegen Schwefelsäuregase widerstandsfähig. Für Salzsäure läßt sich Gummischnur oder mit Gummistoff getränktes Gewebe gut benutzen, für saure Gase sieht man öfter von einer Tränkung der Asbestfaser ganz ab.

Nicht starr werdende Packungsmittel können während des Betriebes wiederholt nachgepreßt und ergänzt, aus Schmelzfluß erstarrte nachgeschmolzen werden, soweit die in etwaige Undichtigkeiten eingedrungenen Substanzen dies zulassen. Andernfalls müssen sie bei Reparaturen vollständig entfernt und ersetzt werden, was mit Betriebsunterbrechung verknüpft ist. Man verwendet daher, wo irgend möglich, nachstemmbare Packungsmittel, also elastische oder nachgiebige Substanzen wie Fasern und ihre Verarbeitungen, und weiche Metalle und Harze (Pech). Auch Gummischnüre und -streifen dienen mit Vorteil dem gleichen Zweck.

Die Packungsmittel für nachgiebige Apparatteile, wofür sich Stopfbüchsen besonders eignen, da sie leicht gefüllt, ersetzt und geleert werden können, sind zu trennen in solche, bei denen die miteinander abgedichteten Teile ständig in gleicher Stellung zueinander bleiben oder eine gleitende Bewegung zueinander ausführen. Im ersten Fall wird ein zusammendrückbares, elastisches Material benutzt, wie es zum Teil bereits für die Muffenpackung angegeben ist, also Fasern, Gewebe, Geflechte, Schnüre, Stricke, Zöpfe, Streifen, Lappen, Formstücke aus Gummi, Asbest, Holz, Pappe, Papier, entweder für sich oder mit wässerigen oder fettigen Stoffen wie Talk, Öl, Paraffin getränkt. Das

Packmaterial darf seine elastische Form während des Gebrauches nicht einbüßen, also nicht hart werden; es wird meist noch mit festen, schmierbaren Substanzen versetzt, wie Graphit, Talk, um möglichst gleichmäßige Zusammenpressung zu ergeben. Schmiermittelzusatz ist besonders dann notwendig, wenn die Loslösung erleichtert oder eine gewisse, wenn auch nur geringe axiale Bewegung ermöglicht werden soll, z. B. bei Dampf- oder sonstigen Ausgleichrohren infolge Temperaturveränderung. Das Schmiermittel verbessert auch die Abdichtung.

Für Wasserstandsrohre benötigt man kein Schmiermittel. Selbst ziemlich dünnwandige Glasrohre können mit Stopfbüchsen montiert werden, doch muß darauf geachtet werden, daß der radiale Druck vollständig gleichmäßig ausgeübt wird. Dies setzt voraus, daß die Stopfbüchse durchaus gleichmäßig angezogen wird, was bei nicht zu großen Durchmessern am einfachsten durch zentrische Verschraubung zu erreichen ist. Natürlich darf hierbei die Lagerung des Packmaterials nicht beschädigt werden.

Im Gegensatz zur Muffe wird bei der Stopfbüchse die Montage und Demontage vereinfacht, weil nur Verschraubungen zu lösen sind. Aus dem gleichen Grunde können Undichtigkeiten durch einfaches Anziehen oder Nachpacken beseitigt werden, was keinerlei Betriebsstörung beansprucht. *D. R. P.* 352 615 (TAUSCH) führt das Packmaterial als knetbare Masse tangential ein.

Der volle Wert der Stopfbüchsen kommt aber erst bei der L i d e r u n g zur Geltung, wenn also der eine — meist der innere — Teil an dem andern entlang gleiten soll. So muß z. B. der Kolben der Dampfmaschine oder der Pumpe sich ständig in axialer Richtung verschieben, bei der Zentrifugalpumpe die Achse in Rotation versetzt werden, beim Ventil die Spindel sich in einer Spiralkurve heben und senken. Ähnliche Bewegung müssen die Schieberstangen vollführen, die von außen betätigten Schaltungen von geschlossenen Gefäßen, die Rührwerksachsen von Autoklaven, Druckfässern u. s. w. Wenn auch vielfach die bereits für die feststehenden Apparatteile besprochenen Packmittel Verwendung finden, so müssen sie doch den Bewegungsanforderungen insofern angepaßt werden, daß sie möglichst reibungslos arbeiten, dabei aber die volle Gewähr für Dichtigkeit geben, andererseits aber sich möglichst wenig abnützen, also nicht zu oft nachgezogen werden. Es ist ohne weiteres einleuchtend, daß durch zu starkes Anpressen die gesamte Leistungsfähigkeit auf ein Minimum herabgedrückt, also der wirtschaftliche Effekt der Apparatur aufgehoben wird, während durch Undichtigkeiten infolge ungenügenden Abschlusses Teile des mehr oder weniger wertvollen Inhalts verlorengehen oder Belästigungen hervorrufen können. Diese Schwierigkeiten kommen besonders zur Geltung bei hohem Temperatur, erhöhter Druck und schädlichen Gasen und Flüssigkeiten, um nur einige Fälle aufzuführen. Bei Pumpen und Wasserakkumulatoren haben sich Vulkanfiber und Manschetten aus Gummi oder Leder gut bewährt, die sich durch den Druck an die Dichtungsflächen anpressen; für gleichzeitige Anwendung von Schmiermitteln eignet sich Leder besser, besonders im Vakuum geöltes Chromleder.

Im übrigen sind gute Hilfsmittel die verschiedenen Schnüre, Stricke und Zöpfe aus Fasern von Hanf, Jute, die mit Graphit und Fett getränkt sind, wie die „Marinepackung", bestehend aus Asbestschnur, Talk und Graphit, die sich sogar für Säuren eignet. Dem gleichen Zweck können Asbestschnüre mit Paraffin dienen. Doch muß möglichst zähes, kein pulveriges Material genommen werden, das auch beim Anpressen die Elastizität beibehält, z. B. knetbare Pasten mit Graphitzusatz. Auf gute Schmierung ist besonderer Wert zu legen, namentlich wenn es sich um große Geschwindigkeiten der hin- und hergehenden Bewegung handelt. Aber auch bei Rotationsapparaten, wie Zentrifugalpumpen, muß die Reibungsverminderung nach Möglichkeit erstrebt werden, da sonst leicht „Festfressen" eintritt mit seinen unheilvollen Folgen. Gut bewährt haben sich an den Übergangsstufen der Zentrifugalgebläse nichtrostende metallische Dichtungskugeln, mit Öl durchtränkt, die wie Labyrinthdichtung wirken. Für hohen Druck füllen SCHERING-KAHLBAUM (*D. R. P.* 507 010) den Zwischenraum zwischen 2 Packungen mit einer Sperrflüssigkeit, z. B. Öl, aus.

Die Erhöhung der Temperatur bringt beträchtliche Erschwerungen in der Verpackungsfrage, da die meisten Verpackungsmittel organischer Beschaffenheit unbrauchbar werden, aber auch die Schmiermittel zum großen Teil versagen. Bei abnorm niedrigen Temperaturen, wie sie bei Kühlmaschinen herrschen, spielt die Schmierfrage eine große Rolle. Natürlich können nur solche Schmiermittel verwendet werden, die bei der betreffenden Temperatur geeignet sind, wie z. B. für überhitzten Dampf bei gewöhnlicher Temperatur dickflüssige Öle oder für niedrige Temperaturen das sonst dünnflüssige Pentan. Je besser das Schmiermittel, umso geringer kann der Druck der Stopfbüchse gehalten werden. Beimengungen von Graphit (s. d. Bd. VI, 611), u. zw. möglichst feinem, wie er z. B. nach *D. R. P.* 66275 (SIEMENS & CO.) durch Behandeln mit Säuren und Glühen erhalten wird wobei die Masse eine schaumige Struktur annimmt und leicht geknetet werden kann, oder von Talk ersparen beträchtlich Schmiermaterial, können es bei hoher Temperatur sogar völlig entbehren. Die schädlichen Gase und Flüssigkeiten greifen vielfach die gewöhnlichen Dichtungsmaterialien an oder richten beim Austritt in die Atmosphäre Schaden in der Umgebung an. Saure Gase und Flüssigkeiten werden meist durch Asbestschnüre abgedichtet, die mit Paraffin, hochsiedenden Kohlenwasserstoffen, Graphit, Talk, od. dgl. versetzt werden. Oder es wird, wie z. B. bei Salzsäure, guter Paragummi verwendet, oder damit überzogene Gewebe und Fasern, auch anorganische Fasern allein, bei Salpetersäure, Chlor und Schwefelsäure gewöhnlich Asbest, der auch höheren Temperaturen gegenüber standhält. Für Schwefelsäure hat sich außer der „Marinepackung" und Asbest ohne Zusätze Bleifaser gut bewährt, die mit Paraffin und ev. noch mit Graphit vermischt ist. Die vielen mehr oder weniger geheimnisvollen Packungsmittel müssen mit größter Vorsicht behandelt werden, namentlich wenn sie mit großer Reklame angepriesen werden.

Bei Zentrifugalpumpen für Säuren kommt es ganz besonders darauf an, ein genügend elastisches, aber auch durchaus widerstandsfähiges Packungsmittel in den Stopfbüchsen zu verwenden. Da aber auf die Dauer absolutes Dichthalten noch nicht gelungen ist, wird zweckmäßig der der Stopfbüchse benachbarte Raum unter geringem Unterdruck gehalten, um eher Luft einzusaugen, als Säure austreten zu lassen.

Geringere Anforderungen werden an Stopfbüchsen gestellt, die die Betätigungsstangen von Hähnen, Ventilen oder Schiebern abzudichten haben. Denn die Bewegungen finden verhältnismäßig selten statt, auf den Kraftaufwand bei der Bedienung kommt es nur wenig an, Nachdichtung läßt sich ohne große Unbequemlichkeiten erreichen.

Schwieriger liegen die Verhältnisse bei Anzeigevorrichtungen, z. B. Indicatoren, Dampfmessern (Bd. III, 537), selbsttätigen Reglern u. s. w., wo jegliche Reibung Unzuverlässigkeiten hervorruft. Man behilft sich hier vielfach mit zylindrischen Schliffen, Labyrinthdichtungen (Bd. III, 683), flachkonischen und Scheibendichtungen oder verwendet so dünne Drähte, daß sie keine wesentliche Reibung in den Stopfbüchsen ergeben.

Da die Stopfbüchsen, ihrer Zugänglichkeit wegen, außerhalb der Apparate angebracht werden müssen, kann man eine selbsttätige Abdichtung wie bei den konischen Dichtungen durch den Innendruck allein nicht erzielen, wohl aber ist sie bei Vakuumapparaten möglich, wenn elastische Materialien, wie Gummimanschetten oder -stopfen, verwendet werden, die sich an die Spindel anlegen.

Metallische Packungen sind bereits oben erwähnt worden, nämlich Fasern aus Blei oder anderen weichen Metallen, Drähte, Geflechte und Gewebe u. s. w. Diese lassen sich als solche oder in Gestalt von Ringen mit oder ohne Zusatz von organischen oder Asbestfasern oder von aus diesen hergestellten Produkten verwenden. Man will hierdurch eine größere Elastizität erzielen und die Abnutzung, die bei hin- und hergehenden Bewegungen, namentlich bei größeren Drücken, ziemlich beträchtlich ist, verringern. Die Vereinigung der Metalldrähte mit den biegsamen Fasern wird am sichersten durch Zusammenverweben oder Verflechten erreicht; auch Umklöppelung oder einfache Umwicklung ist vorgeschlagen worden. Man hat sogar eine elastische Verbindung durch Gummi oder Harz zu schaffen versucht, auch mechanisches Aufpressen weicher Metalle, wie Blei auf Hanf oder abwechselnd weiches und hartes Metall. Es kommt aber vor allen Dingen darauf an, welche Form dem Packungsmaterial gegeben wird. Denn der Zusammenhang wird umso eher gelöst, je schärferen Knickungen das Ganze ausgesetzt wird. Man sucht daher durch Formung von Ringen, Scheiben, Sektoren, konischen Stücken u. s. w. die feste Vereinigung zu sichern und die gleichmäßige Lagerung zu gewährleisten. Hierbei werden die Fugen gegeneinander versetzt und die Ringe möglichst abwechselnd gegen die innere und gegen die äußere Wandung gelegt, mitunter durch besondere Federn angepreßt. Konische Formstücke werden nach den gleichen Grundsätzen gelegt. Diese Vorschriften haben sich bei den massiven Formstücken gut bewährt, die gewöhnlich aus Weißmetall (15% Antimon, 20% Zinn, 65% Blei) angefertigt werden. Sie haben die Form von Ringen mit glatten oder konischen Flächen, die meist Sektorenteilung besitzen, um den Aufbau zu erleichtern, ferner erhalten Schmiernuten erhalten und entweder für sich allein oder in Verbindung mit weichen Materialien Verwendung finden. Bekannt ist die HOWALDTsche Stopfbüchse, bei der die Packungsteile aus einzelnen konischen Ringen bestehen, die abwechselnd gegen die innere und die äußere Wandung drücken.

Zur Erzielung einer größeren Elastizität hat man auch die Einzelteile mit Biegungen und Winkelungen versehen und in den Zwischenräumen andere weiche elastische Stoffe untergebracht, die gleichzeitig zur Aufspeicherung des Öles dienen. Besonders einfach gestaltet sich der Aufbau mittels Metallringe, die konische Form besitzen und entweder kompakt oder mit radialen Schlitzen versehen sind. Übereinandergelegt füllen sie durch den Stopfbüchsendruck den gesamten Raum vollständig aus und passen sich jeder Unebenheit des Kolbens leicht an. Die Elastizität wird noch weiter gesteigert durch konische entgegengesetzte Gestaltung der oberen und der unteren Ringfläche, wodurch auch die Flächenabdichtung begünstigt wird. Mit konischen Flächen versieht man auch ferner Metallpapier, d. i. galvanisch oder nach SCHOOPschem Spritzverfahren (Bd. VII, 529) überzogenes Papier, und bringt es in ähnlicher Weise in die Stopfbüchsen hinein wie die konischen Blechringe. Die Kreisflächen dienen dann als Dichtungen. Übrigens hat man mit Lederringen und -sektoren ähnlich gute Erfahrungen gemacht. An Stelle von konisch geformten Blechringen sind auch mehr oder weniger kreisförmig gebogene verwendet worden, u. zw. abwechselnd am inneren und am äußeren Rande gebogen, um möglichst große Elastizität zu erzielen. Einen guten Effekt erhält man durch Verlegung der Krümmung in die Mittelringlinie, wodurch die Anpressung und Abdichtung erleichtert wird.

Für speziell chemische Apparate, wie Retorten, Autoklaven, Druckfässer, Dampffässer und andere Behälter, müssen natürlich die Druck-, Temperatur- und Reaktionsverhältnisse in erster Reihe berücksichtigt werden; doch dürften für die meisten Fälle die angegebenen Hinweise genügen, um die geeignetsten Packungen ausfindig zu machen. *H. Rabe.*

Pacyl (CHEM. FABRIK DR. J. WIERNIK & CO., A. G., Berlin-Waidmannslust) ist ein Cholinderivat unbekannter Art, krystallinisch, nicht hygroskopisch und nicht zersetzlich. Anwendung bei arteriellem Hochdruck, peroral wirksam; auch der Blutzucker wird herabgesetzt. Tabletten zu 0,5 *mg.* *Dohrn.*

Palatinchromfarbstoffe (*I. G.*) sind echte Chromierungsfarbstoffe für Wolle. Hierhin gehören:

Palatinchromblau BB, 1904, eine Mischung von Palatinchromschwarz mit Säureviolett; Palatinchrombraun, 1893 von ERDMANN und BERGMANN erhalten aus o-Aminophenol-p-sulfosäure und m-Phenylendiamin, *D. R. P.* 78409 [1893] (*Friedländer* 4, 785), sehr licht-, schwefel-, wasser-, wasch-, soda- und walkechtes Braun auf Wolle, mit Bichromat entwickelt. Neuere Marken sind 3 GX und RX (1906).

Palatinchromrot RX gleich Enochromrot PE, Bd. **IV**, 615.
Palatinchromschwarz CSB und CST.

Palatinechtfarbstoffe (*I. G.*) sind saure chromhaltige Wollfarbstoffe, teils Azo- wie die Ergan-, teils Anthrachinonsulfosäurefarbstoffe wie die Erganonfarbstoffe (Bd. **IV**, 613). Das Chrom ist in komplexer Bindung. *D. R. P.* 280 505, 282 987, 282 647, *Friedländer* **11**, 1199/1202; E. NOELTING, *Ztschr. f. ges. Textilind.* **1929**, 561. Die Herstellung chromhaltiger Farbstoffe mit Chromformiat ist im *D. R. P.* 455 277 beschrieben. Diese Farbstoffe geben in einfacher Färbeweise mit viel (5 – 10 %) Schwefelsäure von handwarm bis kochend klare Töne, die, abgesehen von der geringeren Pottingechtheit, so echt wie Beizenfärbungen sind (*D. R. P.* 416 379); s. auch Bd. **II**, 35, und Neolanfarbstoffe, Bd. **VIII**, 103.

Im Handel sind:

Palatinecht-blau BN, BR, G, GGN, GR, RR; -bordeaux RN; -braun BRRN, RN 1929; -gelb 3 GN, GRN; -grau B; -grün RL *konz.*, G; -dunkelgrün BN; -marineblau RNO und REN, 1929; -orange GN, R; -rosa B, BN 1928, G; -rot RN; -schwarz GG und -violett R und 3 RN.

Palatinfarbstoffe (*I. G.*) sind saure Azofarbstoffe für Wolle. Hierhin gehören:
Palatinlichtgelb R, 1910, ein gut lichtecht und gleich färbendes Goldgelb.
Palatinscharlach A gleich Brillantcochenille (Bd. **II**, 661); die Marke 3 R enthält statt Xylidin β-Naphthylamin als Diazokomponente.

Palatinschwarz 4 B, SF der 1891 von BÜLOW erfundene Disazofarbstoff aus Sulfanilsäure-azo-1,8-aminonaphthol-4-sulfosäure, gekuppelt mit Diazo-α-naphthylamin nach *D. R. P.* 71 199 und 91 855.   *Ristenpart.*

Palladium s. Platinmetalle.

Palmitinsäure, $CH_3 \cdot (CH_2)_{14} \cdot CO_2H$, krystallisiert aus Weingeist in farblosen, geruch- und geschmacklosen, glänzenden Schüppchen vom *Schmelzp.* 62,6°. Kp_{100} 268,5°; Kp_{15} 215°; $D_4^{75,8}$ 0,8465. Sie ist in Wasser unlöslich und nur mit überhitztem Wasserdampf flüchtig. Ihr Glycerid – Palmitin – wurde in fast allen natürlichen Fetten, meist neben Stearin und Olein, aufgefunden; in größerer Menge ist es im Palmöl, Japanwachs und Myrtenwachs enthalten. Der Cetylester bildet den Hauptbestandteil des Walrats; der Myricylester findet sich im Bienenwachs. Das Stearin des Handels ist ein Gemisch aus freier Stearin- und Palmitinsäure neben sehr wenig Ölsäure, aus dem sich die Palmitinsäure jedoch nur schwer isolieren läßt. Nach RAKUSIN ist Palmitinsäure neben Stearinsäure die Muttersubstanz der festen Erdölparaffine; beim Behandeln mit wasserfreiem Aluminiumchlorid liefert Palmitin- und Stearinsäure über 60 % Paraffine vom *Schmelzp.* 79 – 80° (*Petroleum* **24**, 1519).

Zur Darstellung eignet sich Palmöl oder besser chinesischer Talg (Stillingia-Talg), dessen feste Bestandteile vorwiegend aus Palmitinsäure bestehen. Die Fettsäuren des Stillingia-Talgs werden zur Entfernung der Ölsäure kalt gepreßt. Der Kuchen wird umgeschmolzen und dann nochmals warm gepreßt, wodurch man ein Produkt mit 98 % Palmitinsäure und 2 % Ölsäure erhält. Dieser Kuchen wird mit dem gleichen Volumen 90 %igem Alkohol gelöst, in etwa 3 *cm* dicke Kuchen gegossen und erstarren gelassen. Nach nochmaligem Kalt- und Warmpressen wird der Alkohol verdampft; der Rückstand ist reine Palmitinsäure (DUBOWITZ, *Chem.-Ztg.* **1930**, 814). Durch Einleiten von SO_3 in geschmolzene Palmitinsäure erhält man ein in Wasser lösliches Sulfurierungsprodukt, welches Seifeneigenschaften besitzt (*I. G., F. P.* 632 155).

Salze. Die neutralen Alkalisalze sind in Alkohol oder wenig Wasser leicht löslich. Sie werden durch Kochsalz aus der wässerigen Lösung „ausgesalzen". In Gegenwart von viel Wasser erfolgt hydrolytische Spaltung in freies Alkali und Palmitinsäure; letztere vereinigt sich mit einem zweiten Molekül des neutralen Salzes zu saurem Palmitat, das in Wasser nur wenig löslich ist. Auf der Schaumfähigkeit einer solchen Flüssigkeit und ihrem Vermögen, die Fett- und Schmutzteilchen emulsionsartig zu lösen bzw. zu umhüllen, beruht die Verwendung von Seife (s. d.) zu Reinigungszwecken.

Die übrigen Salze der Palmitinsäure sind in Wasser unlöslich, lösen sich aber teilweise in heißem Alkohol. Calcium-, Magnesium-, Aluminium-, Blei- und Zinkverbindung sind im Handel. Sie enthalten alle noch mehr oder weniger ölsaures Salz. Zu ihrer Darstellung verseift man Palmölfettsäure mit Alkali und setzt die kochende Seifenlösung um mit einer wässerigen Lösung von

Chlorcalcium, Chlormagnesium, Aluminiumsulfat, Bleinitrat oder Zinksulfat bzw. Schwermetallacetat. Je nachdem man die sorgfältig ausgewaschenen Niederschläge bei gelinder Wärme trocknet oder sie weiter bis zum Schmelzen erhitzt, erhält man „technisch gefällte" oder „geschmolzene" Ware. Diese Produkte sind in Benzin, Terpentinöl und Mineralölen löslich. Sie finden daher Anwendung bei der Herstellung konsistenter Fette, z. B. die Kalkseife, seltener die Magnesium- und die Bleiverbindung (Galenaöle). Ferner dienen sie zur Erhöhung der Viscosität von Schmierölen (Aluminiumpalmitat) und zur Herstellung der „solidifizierten Öle" (Mischungen der wasserfreien Natron-, Kalk- oder Tonerdeseifen mit Mineralschmierölen) sowie zum Wasserdichtmachen von Geweben (Aluminium-Casein-Seife). Eine Lösung von palmitinsaurer Tonerde in Benzin oder Terpentinöl wird auch als Lacküberzug verwendet auf Gegenständen, die höherer Temperatur ausgesetzt werden sollen (sog. Palmitatfirnis). Das Zink- und Cadmiumsalz soll bei der Darstellung durchsichtiger Kautschukgegenstände (E. P. 300 936), das Kupfer- und Kobaltsalz zur Befestigung von Kautschuk auf Metalloberflächen (GOODYEAR TIRE & RUBBER CO., E. P. 307 056) Verwendung finden. *Schönfeld (Szameitat).*

Pandigal (BEIERSDORF & CO., A. G., Hamburg), Digitalispräparat, das die gesamten wirksamen Digitalisstoffe enthält, frei von Saponin und sonstigen Begleitstoffen.

Hergestellt nach *D. R. P.* 383 480, indem aus 30–50%igem alkoholischem Digitalisauszuge erst das Chlorophyll mit Bleiessig ausgefällt wird und nach Filtration auf weiteren Zusatz von Bleiessig die wirksamen Bestandteile. Nach Entbleien des Niederschlags wird das Filtrat im Vakuum neutral eingedampft und aus Alkohol umkrystallisiert.

1 *mg* = 200 Tropfeinheiten. Tabletten und Ampullen. *Dohrn.*

Panflavin-Pastillen (*I. G.*) enthalten je 0,3 *mg* Trypaflavin (Diamino-methyl-acridiniumchlorid, Bd. I, 170). Anwendung zur Desinfektion von Mund- und Rachenhöhle und Prophylakticum. *Dohrn.*

Pankreatin ist die Bezeichnung für Präparate, welche aus der Bauchspeicheldrüse (s. Bd. VIII, 211) von Tieren hergestellt sind und die Fermente des Pankreas in haltbarer Form enthalten. Im gleichen Sinne werden auch Bezeichnungen wie Pankreaspräparate und Pankreaspulver gebraucht. Die technich wichtigen Fermente des Pankreatins sind Trypsin (Tryptase), Amylase (Diastase) und Lipase.

Trypsin (s. Bd. V, 164). Das in den technischen Präparaten vorhandene Enzymgemisch wirkt optimal bei $pH = 8,2–10,2$, je nach dem Substrat. Das Temperaturoptimum ist stark abhängig vom pH; bei $pH = 8$ soll das Optimum etwa 55° betragen.

Amylase (Diastase, Bd. III, 653) baut die Stärke rasch ab zu Maltose und Dextrinen. Die Spaltung geht nur bis zu 75% der theoretisch möglichen Maltosebildung. Die Wirkung wird durch Kochsalz (0,3% in der Lösung) gefördert. Über die Verwendung der tierischen Amylase zur Entschlichtung in Gegenwart von Neutralsalzen und Gallensalzen s. *D. R. P.* 359 597. Die Stärkespaltung durch Pankreasdiastase erfolgt in Gegenwart von *NaCl* und Gallensalzen optimal bei $pH = 6,8$ (37°).

Lipase (Bd. V, 162) spaltet Fette in Glycerin und Fettsäuren. Ihre Wirkung wird unter anderm durch Gallensalze und *Ca*-Salze gefördert. Optimale Wirkung wird im alkalischen Gebiet beobachtet; die Lage des pH-Optimums ist stark abhängig von Aktivatoren, Begleitstoffen und Substrat. Temperaturoptimum 40°.

Herstellung (nach L. KRALL). Als Ausgangsmaterial dient die Bauchspeicheldrüse der Schweine (Gewicht etwa 100 *g*) bzw. der Rinder (Gewicht etwa 250 *g*). Die offizinellen Präparate werden aus Schweinedrüsen hergestellt, da Rinderpankreas weniger wirksam ist. Hierzu werden die zerhackten Drüsen mit Chloroformwasser angeteigt, abgepreßt und der Preßsaft mit Alkohol oder Aceton gefällt. Der abzentrifugierte Niederschlag wird bei 40° (Luftstrom, besser Vakuum) getrocknet. Ausbeute: 5–6% vom Gewicht der frischen Drüse. Das erhaltene Produkt, welches die Enzyme neben viel Verunreinigungen enthält, ist ein gelbliches, in Wasser unvollkommen lösliches Pulver. Wasserlösliche Produkte erhält man durch Suspendieren in Wasser, Filtrieren und Trocknen mit Gummi arabicum (s. HAGERS Handb. d. pharmazeut. Praxis II, 384 [1927]).

Technische Produkte werden nach KRALL folgendermaßen hergestellt: Gesalzene oder frische Drüsen werden mit Wasser angesetzt, abgepreßt und das Filtrat bei 45° im scharfen Luftstrom oder im Vakuum getrocknet; für Gerbereizwecke wird der Saft vorher mit Holzmehl in Mischmaschinen gemischt.

Technische Verwendung. In der Gerberei (Bd. V, 623) finden die tryptischen und lipatischen Enzyme der Bauchspeicheldrüse beim Weichen, Äschern (Ara-Äscher der RÖHM & HAAS A. G.; s. auch *D. R. P.* 268 873, 298 322, 386 017, 389 354, 416 407) und Beizen (Oropon, Bd. VIII, 212; Polyzime, Bd. VIII, 507;

17*

Pankreatin-Trypsin von F. WITTE) der Häute Verwendung. Bei Herstellung von Gelatine und Leim soll nach *D. R. P.* 303 184, über dessen praktische Anwendung nichts bekannt ist, die Vorbereitung von Hautabfällen mittels Pankreatins erfolgen können. In der Textilindustrie werden diastatische Pankreaspräparate (Novofermasol, Bd. **VIII**, 143; Degomma, Bd. **III**, 550) zum Aufschluß bzw. Abbau von Stärke beim Entschlichten sowie bei der Herstellung von Schlichten, Appreturen (Bd. **I**, 552) und Druckverdickungen (s. auch *D. R. P.* 359 597) verwendet. Auch liegen Patente (*D. R. P.* 297 394, 297 786; 316 098, 316 995) über die Verwendung von Pankreasenzymen beim Entbasten von Seide und für die Behandlung von Rohbaumwolle vor. In der Wäscherei werden Pankreaspräparate (Burnus, Bd. **II**, 702) zum Entfernen von Stärke angewendet.

Als technische Hilfsstoffe finden Pankreaspräparate Verwendung neben anderen proteolytischen Enzymen bei der Herstellung von Peptonen (Bd. **VIII**, 319), als Klärungsmittel und zum Abbau von Eiweißstoffen in den Zuckersäften der Rübenzuckerfabrikation.

Medizinische Verwendung finden Pankreasenzyme innerlich bei Verdauungsstörungen oder mangelnder Funktion der Bauchspeicheldrüse als Pankreatin, Pankreas-Dispert, Pankreon (s. u.), Trypsin (s. d.) u. s. w. Äußerlich werden Pankreasenzyme zur Wundbehandlung bei eiternden und schwer heilenden Wunden, ferner zur Erweichung von Schwellungen, zur Behandlung verschiedener Hautkrankheiten empfohlen: Pankreas-Dispert-Salbe, Wundsalbe und Wundstreupulver DR. RÖHM u. s. w. Zur Haut-, Kopf- und Zahnpflege dienen die Oldym-Präparate (Bd. **VIII**, 181).

Untersuchung. Amylase. Von den zahlreichen bekannten Bestimmungsmethoden werden für technische Zwecke vielfach angewendet die Methode von POLLAK-EOLOFFSTEIN (*Ztschr. ges. Brauw.* 26, 333 [1903]; s. auch HESSE, Enzymat. Technologie der Gärungsindustrien. Leipzig 1929, § 195 ff.), welche die Bestimmung von Verflüssigungskraft und Verzuckerungskraft ermöglicht sowie die Bestimmung der Verzuckerungskraft (Maltosebildung) nach LINTNER (*Ztschr. ges. Brauw.* 31, 421 [1908]; s. HESSE, l. c., § 198). Für wissenschaftliche Zwecke wird die Verzuckerungskraft meist nach WILLSTÄTTER, WALDSCHMIDT-LEITZ und HESSE (*Ztschr. physiol. Chem.* 126, 143 [1923]; C. OPPENHEIMER, Die Fermente u. s. w., Bd. 1, 377) ermittelt. Bei allen Methoden muß die Aktivierbarkeit der Pankreas-Amylase durch Kochsalz berücksichtigt werden.

Trypsin. Für technische Untersuchungen verwendet man meist die Methode von FULD-GROSS, eine Reihenmethode, die darauf beruht, daß gelöstes Casein, solange es von Trypsin nicht angegriffen ist, durch alkoholische Essigsäure gefällt wird, während die Abbauprodukte des Caseins gelöst bleiben. Diese Methode ist vor allem für die Untersuchung der Gerbereibeizen ausgebildet (vgl. GERNGROSS, in OPPENHEIMER, Die Fermente u. s. w., Bd. 4, 120 ff.). Wissenschaftliche Methoden, die auf der Titration der gebildeten Aminosäuren in alkoholischer Lösung (in der die sauren Gruppen der Aminosäuren mit Lauge titrierbar sind) beruhen, sind von WILLSTÄTTER und Mitarbeitern für Gelatineabbau (*Ztschr. physiol. Chem.* 142, 245 [1925]) und Caseinabbau (*Ztschr. physiol. Chem.* 161, 191 [1926]) angegeben.

Lipase. Untersucht wird die Spaltung von Olivenöl nach WILLSTÄTTER und Mitarbeitern (*Ztschr. physiol. Chem.* 125, 115 [1923]) durch Titration der freigesetzten Fettsäuren.

Pankreasdispert (KRAUSE-MEDICO G. M. B. H, München) ist nach dem KRAUSE-Zerstäubungsverfahren (*D. R. P.* 297 388 und 378 713) hergestelltes Pankreatin. Es enthält die Verdauungsfermente des Pankreas: Amylase, Lipase und Trypsin. Die Dosierung erfolgt nach dem Lipasegehalt (s. u.). Tabletten als Verdauungsmittel, ferner als Salbe (2 %ige Verreibung in reinster Vaseline) zur Behandlung von eitrigen Prozessen der Haut und als Pflaster zur Behandlung von Furunkeln und zur Narbenkosmetik.

Pankreon, KALI-CHEMIE A. G., Berlin. Es bildet ein bräunliches, in Wasser fast unlösliches Pulver von schwach säuerlichem Geschmack. Zur Herstellung wird nach *D. R. P.* 128 419 und 183 713 Pankreatin aus wässeriger oder *NaCl*-haltiger Lösung mit Gerbsäure gefällt. Das etwa 10 % Tannin enthaltende Produkt passiert den sauren Magensaft unverändert und gelangt erst im Darmsaft zur Wirkung. Verwendung bei Verdauungs- und Stoffwechselstörungen.

Literatur: C. OPPENHEIMER, Die Fermente und ihre Wirkungen. Leipzig 1925. — C. OPPENHEIMER, Technologie der Fermente. Leipzig 1929 (Artikel von BERGELL (Pharmaz. Industrie), GERNGROSS (Gerberei) und HESSE (Textilindustrie u. s. w.). — W. GRASSMANN, Proteasen in OPPENHEIMERS Handbuch der Biochemie, Erg.-Bd. 1930, S. 175 — Vgl. auch diese Enzyklopädie, Bd. **V**, 152. *A. Hesse.*

Panthesin (Sandoz A. G., Nürnberg), Methansulfosaures Salz des p-Amino-benzoyl-N-diäthylleucinols, $NH_2 \cdot C_6H_4 \cdot CO \cdot O \cdot CH_2 \cdot CH[N(C_2H_5)_2] \cdot CH_2 \cdot CH(CH_3)_2$. *Schmelzp.* 157–159⁰. Leicht lösliches Pulver, das zur allgemeinen Anästhesie dient.
Dohrn.

Pantocain (2593) (*I. G.*), Chlorhydrat des 4-Butylamino-1-benzoësäure-di-methylaminoäthanolesters, $CH_3 \cdot CH_2 \cdot CH_2 \cdot NH \cdot C_6H_4 \cdot CO \cdot O \cdot CH_2 \cdot CH_2 \cdot N(CH_3)_2$. Krystallinisch, leicht löslich in Wasser. Der Ester schmilzt bei 146–147⁰. Anwendung zur allgemeinen Anästhesie.
Dohrn.

Pantopon (Chemische Werke, A. G., Grenzach), Extrakt aus Opium, das alle Alkaloide als Chlorhydrate enthält. Hergestellt nach *D. R. P.* 229905 und *D. R. P.* 299996 als hellgraues Pulver, in Wasser löslich, mit 50–52% Gehalt an Morphin und etwa 40% an Nebenalkaloiden, dient als Ersatz des Opiums und Morphiums innerlich oder subcutan bei Schmerzen, Erregungszuständen und Diarrhöen. Für Zwecke der Narkose wird Pantopon mit Scopolamin kombiniert. Ampullen mit 0,04 *g* Pantopon und 0,6 *mg* Scopolamin.
Dohrn.

Pantosept (Pantosept, G. m. b. H., Ehrenstein b. Ulm), Benzoldichlor-sulfamid-p-carbonsaures Natrium. Die Säure wird nach *D. R. P.* 318899 hergestellt, indem p-Benzoesäuresulfamid in Alkalihypochloritlösung eingetragen und mit Essig-säure ausgefällt wird. Die Säure schmilzt bei 203⁰. Weißes, wasserlösliches Pulver, leicht löslich. Anwendung zur Bereitung Dakinscher Lösung, zu Wundverbänden, Spülungen und Händedesinfektion. Pastillen und zahlreiche sonstige Anwendungs-formen.
Dohrn.

Papain (*Merck*, F. Witte, Rostock), auch Papayotin oder Succus Caricae Papayae genannt, ist ein aus dem Milchsaft des Melonenbaumes (Carica Papaya L.) erhältliches proteolytisch wirksames Produkt (vgl. Fermente, Bd. V, 164).

Das in Wasser unvollständig lösliche, gelbliche Pulver vermag genuine Eiweißkörper zu spalten. Die in dem Produkt enthaltene Protease stellt den Prototyp der pflanzlichen Proteasen dar (Ambros und Harteneck, *Ztschr. physiol. Chem.* 184, 93 [1929]). Die optimale Wirksamkeit findet man bei 65–70⁰; das p_H-Optimum variiert mit dem Substrat und fällt mit dem isoelektrischen Punkt des betreffenden Proteins zusammen (für Gelatine $p_H = 5$, für Fibrin $p_H = 7,1–7,3$). Die Wirkung auf genuines Eiweiß wird durch 1–2stündige Vorbehandlung des Enzyms mit Blausäure verstärkt; das so aktivierte Papain vermag im Gegensatz zum nichtaktivierten Papain auch Protamine und Peptone zu spalten. In gleicher Weise aktivieren Schwefelwasserstoff, Cystein und Glutathion. Die Aktivier-barkeit käuflicher Präparate kann fehlen, wenn das Enzym durch im Zellsaft vorkommende natür-liche Aktivatoren, z. B. Sulfhydrylverbindungen, bereits zu voller Leistungsfähigkeit aktiviert ist.

Papainpräparate finden bei Magenleiden und Verdauungsstörungen als Ersatz für Pepsin Verwendung. Ferner wurde seine Verwendung bei der Herstellung von Peptonen (*D. R. P.* 58996, 79341, 117953) und Peptonisierung von Fleisch (vgl. auch Bromelin, Bd. II, 677) empfohlen.

Im Handel sind: Papainum absolutum, von dem 0,1 *g* in 1ʰ 20 *g* Gelatine ($p_H = 5$) bei 60–70⁰ verdaut; Papainum (Papayotinum) 1:200, von dem 1,0 *g* in 2ʰ 20 *g* Gelatine ($p_H = 5$) bei 65–70⁰ verdaut, sowie Papainum (Papayotinum) 1:80, von dem 2,0 *g* in 4ʰ 20 *g* Gelatine ($p_H = 5$) bei 65–70⁰ verdauen.

Literatur: E. Merck, Papayotin (Mercks wissenschaftliche Abhandlungen. H. 32). – R. Will-stätter, Untersuchungen über Enzyme. Berlin 1928. – W. Grassmann, Proteasen in Oppen-heimers Handbuch der Biochemie. Ergänzungsband 1930.
A. Hesse.

Papaverin s. Opiumalkaloide, Bd. VIII, 189. Das Chlorhydrat ist in Wasser löslich. Anwendung als Antispasmolyticum, bei Krämpfen der glatten Muskulatur.

Panitrin, neu (Ch. Boehringer, Hamburg), saures, weinsaures Papaverin, wasserlösliches Pulver, das wegen seiner gefäßerweiternden Wirkung in der Ohren-heilkunde Verwendung findet.

Papavydrin (Chem. Fabr. Dr. R. u. Dr. O. Weil, Frankfurt a. M.) enthält 0,5 *mg* Eumydrin und 40 *mg* Papaverinsalz. Bei Magen- und Darmkolik. *Dohrn.*

Papier ist ein vorwiegend nur nach 2 Dimensionen, nach Länge und Breite, nicht aber nach der 3. Dimension, der Dicke, entwickeltes blattartiges Gebilde aus vorwiegend pflanzlichen Fasern, ein Faserfilz. Dicke Papiere, die pro 1 m^2 150 bis

200 g wiegen und etwa 0,2—0,3 mm dick sind, werden als Kartons oder Karton-papiere bezeichnet. Pappen sind Papiere von noch größerer Dicke mit einem m^2-Gewicht von 200 g aufwärts.

Geschichtliches. Vorläufer des eigentlichen Papiers in Europa sind Papyrus und Pergament. Der Papyrusschreibstoff wurde aus den kreuzweis übereinander- und aneinandergeklebten Stengellängsschnitten der Papyrusstaude hergestellt, Pergament aus dünnen Tierhäuten durch Schaben, Schleifen u. s. w. präpariert. Das Papier im neuzeitlichen Sinne war in China schon vor etwa 2000 Jahren bekannt. Man verstand dort, durch Verfilzung von Bastfasern, späterhin auch von Baumwoll-Spinn-faser-Abfällen (Hadern, Lumpen) Papiere herzustellen, die sogar schon eine Leimung vermittels Stärke aufwiesen. Über Zentralasien (Samarkand 751 n. Chr.) gelangte die Papiermacherkunst nach dem Westen. Die Araber waren vorzugsweise die Verbreiter; im 11. Jahrhundert übten sie die Papier-macherei in Spanien aus. Nach Deutschland wurde die Papiermacherei wahrscheinlich im 13. Jahr-hundert aus Italien eingeführt. Im 14. und 15. Jahrhundert wurde allmählich Papyrus und Pergament durch Papier fast vollständig verdrängt. Durch die Erfindung der Buchdruckerkunst breitete sich das neue Gewerbe über ganz Europa aus und gewann, insbesondere nach Ersatz der Stampfwerke durch die Holländer, rasch an Umfang. Nach der chemischen Seite hin bedeutet die Entdeckung der Harz-leimung durch Illig in Ebersbach bei Darmstadt (1807) einen ganz außerordentlichen Fortschritt. Um die Mitte des 19. Jahrhunderts reichten die Rohmaterialien, die im Mittelalter ausschließlich Spinnfaserstoffabfälle (Hadern, Lumpen) waren, nicht mehr aus. Man suchte und fand Ersatzfasern im Holzschliff (1845), im Natronholzzellstoff (1857) und im Sulfitholzzellstoff (1863—1874). Durch die Einbürgerung dieser Surrogate einerseits und infolge der Erfindung der Langsiebpapiermaschine durch Robert, Fourdrinier und Donkin (1800—1804) andererseits konnte sich die Papiermacherei aus handwerksmäßigem Betrieb zur Großindustrie entwickeln.

Faserrohstoffe. In Sonderaufsätzen sind die wichtigsten Faserrohstoffe für Papier, die Holzzellstoffe (Bd. **VI**, 191) aus Fichten-, Tannen-, Kiefern-, Aspen-(Pappel-) Holz und der Holzstoff (Bd. **VI**, 165) ebenfalls aus Fichte, Tanne, Kiefer, Aspe, bereits der Herstellung nach geschildert. Außer diesen Rohmaterialien kommen die nach ähnlichen Verfahren bereiteten Strohzellstoffasern in Betracht, deren Her-stellung unter Strohzellstoffe beschrieben wird. Zu den Strohzellstoffasern wird man in erster Linie die Fasern des Getreidestrohs, in zweiter Linie die des Espartos, Reisstrohs, in Zukunft auch Bambus zu rechnen haben. Für die Papierherstellung sind ferner die Bastfasern, insbesondere Flachs (Bd. **V**, 381) und Hanf (Bd. **VI**, 101), ganz vorzüglich geeignet, im allgemeinen jedoch im frischen Zustande zu kost-spielig für die Papierbereitung, so daß man fast durchweg nur die Abfälle von gebrauchten und ungebrauchten Geweben, also die Abfälle der Textil- und der Bekleidungsindustrie, zu verwenden pflegt. Außer Flachs und Hanf haben Jute und Manilahanf erhebliche Bedeutung; auch Ramie gelangt zur Verarbeitung, und in Ostindien (Japan und China) spielen die Fasern des Papiermaulbeerbaums eine erhebliche Rolle. Von den Samenhaaren hat nur die Baumwolle Bedeutung; sie findet im großen Maßstab in der Form von Hadern oder Abschnitten neuer Gewebe zur Herstellung feinerer Papiere Verwendung. Man ist bemüht, die Zahl der Roh-materialien für Papier möglichst zu erhöhen. Von Samenhaaren nutzt man neuer-dings auch die am Baumwollsamen haftenden kurzen Fasern, die Linters „Virgo-fasern", aus. Außer den Bastfasern versucht man, die in sehr großen Mengen ent-stehenden holzigen Abfälle der Bastfasergewinnung, die Scheben oder Schewen, für die Papierindustrie brauchbar zu machen, ein schwieriges Problem insofern, als es sich um sehr kurze Fasern handelt, die noch dazu unter der Aufschließung stark leiden, so daß die Ausbeuten verhältnismäßig gering sind.

An ein Rohmaterial für Papierherstellung müssen eine ganze Reihe von An-forderungen gestellt werden. In erster Linie muß die Ausbeute aus 1 ha Land möglichst groß sein; das Fasermaterial muß sich ferner ohne große Kosten sammeln, transportieren und stapeln lassen, darf also nicht zu sperrig sein, und aus dem Rohmaterial muß eine hohe Ausbeute an brauchbaren Fasern ohne große Auf-wendung an Arbeit, Chemikalien und Apparaten abscheidbar sein. Diesen Anforde-rungen entsprechen nur recht wenige Rohstoffe, am besten noch die Hölzer und Gräser, unter denen Bambus wohl in Zukunft eine bedeutsame Rolle spielen wird.

In nachstehender Übersicht sind die wichtigsten Faserrohstoffe zusammen-gestellt:

Altpapier verschiedenster Art.

Spinnfaserabfälle von Baumwolle, Flachs, Hanf, Jute, Manila (Hadern, Lumpen).

Strohstoffe: Strohzellstoff, Gelbstrohstoff, Espartozellstoff.

Holzzellstoffe: Natron-, Sulfat-, Kraft-, Sulfit-, MITSCHERLICH-, RITTER- KELLNER-, Holzzellstoff.

Holzstoff aus Fichte, Tanne, Kiefer, Aspe: Weiß- und Braunschliff.

Die Umwandlung der Rohfaserstoffe in Faserbrei. Die Papierbildung erfolgt durch eine Verfilzung kleiner Fäserchen auf nassem Wege; es ist daher notwendig, die Rohstoffe zunächst in einen Faserbrei umzuwandeln. Soweit die verschiedenen Arten der Rohstoffe dieser Aufschließung einen wesentlich verschiedenen Widerstand entgegensetzen, ist es notwendig, sie einzeln für sich dieser Vorbereitung zu unterwerfen. Sie erfolgt in 2 Abschnitten; zuerst wird der Halbstoff bereitet, ein Brei von noch gröberen Fasern; daran schließt sich die weitere Verfeinerung zu Ganzstoff. Die Unterbrechung der Zerfaserung ist deshalb zweckmäßig, weil der gröbere Halb-

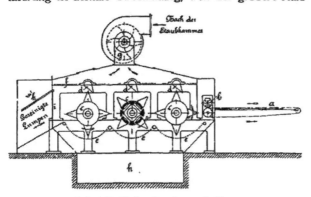

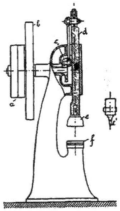

Abb. 109. Haderndrescher nach VOITH.

a Transportgurte; *b* Transportwalze; *c* Schlagtrommel; *d* Stifte; *e*, *f* Siebböden; *g* Ventilator; *h* Behälter für den groben Abfall; *i* Auslaßöffnung für die gereinigten Lumpen; *k* Auslaßtür.

(Aus DALÉN, Chemische Technologie des Papiers. Leipzig 1911.)

Abb. 110. Hadernschneider nach VOITH.

c Kurbel; *d* Messerhalter; *e*, *e'* Messer; *f* Widerlager.

(Aus DALÉN.)

stoff die geeignetste Form für die Bleichung der Fasern und für die Mischung der aus verschiedenen Rohstoffen erhaltenen Fasermassen darbietet. Während manche Rohstoffe, wie die verschiedenen Zellstoffarten, unmittelbar als Halbstoff vorliegen, erfordern andere, wie namentlich die Lumpen, eine besonders umständliche Vorbehandlung zwecks Umwandlung in Halbstoff.

Hadern- (Halbstoff-) Verarbeitung. Die erwähnten Abfälle der Textil- und Bekleidungsindustrie, die Hadern oder Lumpen, sind großenteils verschmutzt und bedürfen einer sorgfältigen Reinigung von Staub, ferner einer ausgiebigen Sortierung, die teilweise schon von besonderen Großhändlern in Sortierungsanstalten bewirkt wird. In den Papierfabriken findet zunächst eine Entstäubung der Hadern mittels der Haderndrescher (Abb. 109) statt. Durch Absaugen des Staubes mittels eines Exhaustors wird der gröbste Schmutz von den Hadern entfernt, worauf die feinere Sortierung erfolgen kann, die nach den Bedürfnissen der die Hadern verarbeitenden Papierfabriken vorgenommen wird. Im allgemeinen wird eine Sortierung in 30 Sorten Lumpen vorgenommen unter dem Gesichtspunkte der Grob- oder Feinfädigkeit, der gebleichten oder ungebleichten, der hell oder dunkel gefärbten Lumpen. Bei der Sortierung wird das Material auch gleich von Fremdkörpern, wie Knöpfen, Ösen, Nägeln, befreit, hierauf in einem Hadernschneider in Stücke von 5—10 *cm* im Quadrat zerkleinert. Die Hadernschneider arbeiten entweder nach dem Konstruktionsprinzip der Stanzapparate (Abb. 110), oder es wird eine mit Messern besetzte Walze (Abb. 111), die einer Schneidkante anliegt, in schnelle Rotation versetzt, so daß durch Scherenschnitt das Hadernmaterial zerkleinert wird.

Nach der Zerkleinerung wird das Hadernmaterial noch einmal entstäubt und der beim Schneiden gebildete Faserstaub im Hadernstauber entfernt. Die Hadern erfordern nunmehr eine Kochung mit alkalischen Flüssigkeiten. Diese Operation ist an die Stelle des im Mittelalter üblichen Faulens der Hadern getreten. Damals überließ man der Bakterientätigkeit die Auflockerung des Fasernmaterials und die Vernichtung der Fremdkörper. Durch das Kochen sollen die Hadern von Schmutz, Schweiß und Fett befreit werden. Bei dem groben, ungebleichten Hadernmaterial soll außerdem die Kochung eine Aufschließung von Faserbündeln und eine Lösung von Inkrusten bewirken. Ein sehr wichtiger Teil dieser Aufschließarbeit ist die Verseifung von Fettstoffen, mit deren Hilfe hauptsächlich der Schmutz auf den Hadern festsitzt. Man kocht mit Ätzkalk, Ätznatron, Soda oder mit Gemengen der genannten Chemikalien in drehbaren kugelförmigen Autoklaven, den sog. Lumpenkochern. Die Kochzeit beträgt $1/2 - 18^h$ bei einem Druck von $3 - 5$ *Atm.*; Ätzkalk wird in einer ungefähren Menge von $9 - 18\%$ vom Gewicht des Fasermaterials

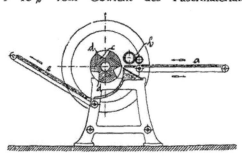 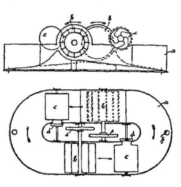

Abb. 111. Hadernschneider amerikanischer Bauart. *a* Transportgurte; *b* Zuführungswalze; *c* Messertrommel; *d* Messer; *e* Transportgurte für geschnittene Hadern. (Aus DALÉN.)

Abb. 112. Waschholländer. *a* Trog; *b* Schaufelrad; *c* Waschtrommel; *d* Auslaß für Waschwasser; *e* Antrieb; *f* Ablaßventil. (Aus DALÉN.)

angewendet, Ätznatron in etwa 1%iger Lösung, $2 - 5\%$ vom Fasergewicht. Die während der Kochung stattfindende Verseifung von Fett führt bei Anwendung von Ätzkalk zur Bildung von wasserunlöslichen oder wasserschwerlöslichen Kalkseifen, die heiß im geschmolzenen Zustande vom Schmutz aufgesogen werden, so daß sie samt diesem im grobkörnigen Zustande verhältnismäßig leicht auswaschbar sind, während bei der Kochung mit Ätznatron der Schmutz in Emulsion vorhanden ist, sich nach Beendigung der Kochung bei Entfernung der Lauge zum Teil auf dem Fasermaterial festsetzt und ziemlich schwer auswaschbar ist, so daß man im allgemeinen, wo irgend angängig, sich mit der Kochung mit Kalk begnügt. Die anzuwendenden Drucke und Zeiten schwanken je nach der Faserart.

Bei der Kochung wird fast nur der Druck geprüft, obwohl dieser durch Entwicklung von Ammoniak nicht der Temperatur im Kocherinnern entspricht. Nach beendeter Kochung wird das fertige Material im Kocher etwas gewaschen und noch heiß entleert; es gelangt nach einigem Abtropfen in den Waschholländer (Abb. 112), ein ovales Gefäß aus Zement oder Gußeisen, das durch eine senkrecht in der Mitte stehende Scheidewand in eine Art ringförmig geschlossenen Kanal verwandelt ist; in diesem wird durch ein Schaufelrad *b* oder eine mit stumpfen Messern besetzte Walze, die über ebenfalls stumpfen in den Boden eingesetzten Messern rotiert, eine kreisende Bewegung des eingetragenen Materials erzielt. Die Messerwalze ist senkrecht zu der erwähnten Scheidewand angeordnet. In gleicher Stellung zu dieser befindet sich auch noch eine mit feinem Drahtsieb überspannte Trommel *c*, durch welche Wasser aus dem Holländer abfließen kann, ohne Fasermaterial mitzunehmen. Wird für beständigen Zufluß von Wasser gesorgt, so kann man mit Hilfe dieser Einrichtung eine wirksame Wäsche der Hadern vornehmen. Nach dem Waschen müssen die Hadern eine Zerkleinerung erfahren, die in Apparaten genau der gleichen Konstruktion, in den sog. Halbzeugholländern, vorgenommen wird. Der Zweck der Zerkleinerung ist Lösung der Fäden aus dem Gewebsverband, Auflösen der Fäden bis zu den Einzelfasern, Zerkleinern der zu langen Fasern bis zu einer Durchschnittslänge von etwa 4 *mm* und weniger. Das Mahlen in den Halbzeugholländern ersetzt die im Mittelalter gebrauchten Stampfgeschirre, bei denen durch herabfallende, mit stumpfen Messern besetzte Stempel eine Lockerung und Zerkleinerung des Hadernmaterials erreicht wurde. Von den Halbzeugholländern gibt es zahlreiche Konstruktionen; bei allen jedoch ist die Messerwalze nebst Grundwerk als charakteristisches Werkzeug beibehalten. Die notwendige Bewegung in den ringförmigen Räumen wird dadurch erreicht, daß der Boden des Holländers vor der Messerwalze erst sanft ansteigt und dann hinter der Walze nach weiterem Ansteigen im sog. Sattel oder Kropf scharf abfällt. Der Stoff gelangt teils durch die Bewegung der Messerwalze, teils durch die Höhenunterschiede des Bodens im Holländer in die gewünschte kreisende Bewegung. Damit durch die schnell sich umdrehende Messerwalze der Stoff aus dem Holländer nicht herausgeschleudert werden kann, ist sie mit einer Haube aus Blech oder Holz überdeckt. Die Stoffkonzentrationen im Holländer bewegen sich durchschnittlich zwischen 3 und 8%.

Nach beendeter Zerkleinerung im Halbzeugholländer, welche mit einer nochmaligen Wäsche verbunden sein kann, wird das Material in die Abtropfkästen entleert. Es sind dies zementierte oder mit Kacheln ausgelegte, meist 4eckige Gefäße, welche einen Boden aus gelochten Filtersteinen besitzen. Das Wasser fließt durch die Löcher ab, der Stoffbrei bleibt im Abtropfkasten zurück. Soll das Halbstoffmaterial zum Versand gelangen, so wird es über Entwässerungsmaschinen geleitet, wie solche schon bei Holzstoff, Bd. VI, 168, Abb. 48, erwähnt und beschrieben sind. Falls das Fasermaterial aus ungebleichten Gewebstücken stammt, ist meist eine Bleiche erforderlich, die in besonderen Bleichholländern (s. Bd. III, 133, Abb. 35) erfolgt, bei welchen die Bewegung des zu bleichenden Faserbreies entweder durch die Messerwalze oder durch besondere Propeller, Pumpen oder Schaufelräder bewirkt wird. Da die Bleichlösung die meisten Metalle stark angreift, muß man die Bewegungsorgane entweder aus Holz oder Bronze oder Hartgummi konstruieren. Die Bleichholländer sind entweder aus Zement oder mit Porzellanfliesen ausgelegt. Das Bleichmittel ist vorwiegend Chlorkalklösung, auch sog. „flüssiger Chlorkalk"; da, wo es der Preis erlaubt, auch Natriumhypochloritlösung (s. Bd. III, 308).

Bei der Bleiche von Flachs- und Hanffasern ist auch noch die Gasbleiche in einigem Gebrauch. Das Fasermaterial wird in mit Zement verputzten oder ausgebleiten Kammern auf Hürden ausgebreitet und ein Chlorstrom eingeleitet. Nach genügend langer Einwirkung wird gewaschen und mit einer Chlorkalklösung nachgebleicht. Durch die Gasbehandlung werden die Holzsplitter, die sich häufig in Flachs- und Hanfgeweben vorfinden, derart aufgeschlossen, daß sie bei der Nachbleiche mit Chlorkalk verschwinden.

Die Hypochloritbleiche beruht auf der Abspaltung von Sauerstoff aus den Bleichmitteln. Die Bleichwirkung wird beschleunigt durch die lebhafte Bewegung im Bleichholländer, durch welche das Kohlendioxyd der Luft auf die Bleichflüssigkeit einzuwirken vermag. Durch das Kohlendioxyd der Luft wird zunächst die bleichverzögernd wirkende, alkalische Reaktion der Bleichflüssigkeit vernichtet; es werden aber auch gewisse Mengen von unterchloriger Säure freigemacht. Um die Bleiche zu beschleunigen, setzt man Mineralsäuren zu, vorzugsweise auch zu dem Zweck, die anfangs alkalische Reaktion, welche den Bleichvorgang verzögert, zu beseitigen. Zur Beschleunigung der Bleiche trägt auch eine mäßige Temperaturerhöhung bei. Man erhitzt gewöhnlich nicht höher als 35⁰ und geht nur in Ausnahmefällen auf Temperaturen von ungefähr 60—70⁰ hinauf. Vom Bleichmittel sind sehr verschiedene Mengen, etwa 2—20% Chlorkalk vom Gewicht der Faser, erforderlich. Die Bleichflüssigkeit wird gewöhnlich in Gestalt einer etwa 4—10⁰ Bé oder 20—40 g in 1 l enthaltenden Lösung dem Faserbrei zugegeben. Die Konzentration im Holländer in bezug auf Chlor beträgt etwa 0,5—1%. Nach beendeter Bleiche wird das Material mehr oder weniger ausgewaschen und gelangt dann in Abtropfkästen der schon geschilderten Art, in denen eine Nachbleiche stattfindet. Vor weiterer Verarbeitung des Materials müssen Reste und Reaktionsprodukte des Bleichmittels sorgfältig ausgewaschen werden, da sie zu der gefürchteten Vergilbung der schon gebleichten Stoffe beitragen können. Bei der Bleiche kommt es darauf an, die Verunreinigungen rascher zu oxydieren als die Cellulose selbst, die als Oxycellulose ebenfalls zu der Vergilbung beitragen kann. Um etwa überschüssig zugesetzte Bleichmittel zu zerstören, wendet man Sulfite, Bisulfite oder Natriumthiosulfat an. Andere, noch besser geeignete Zusätze, wie Ammoniak und Wasserstoffsuperoxyd, sind meist zu teuer.

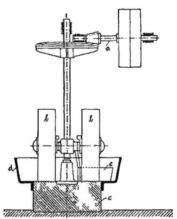

Abb. 113. Kollergang.
a Antrieb; b Läufersteine; c Bodenstein; d Trog; e Streichblech.

Holzzellstoff-Verarbeitung. Herstellung und Bleiche s. Bd. VI, 199.

Altpapierverarbeitung. Außer den Abfällen der Textilindustrie und den Holzzellstoffen hat als Rohmaterial für die Papierherstellung das Altpapier eine sehr erhebliche Bedeutung. Es ergeben sich schon in der Papierfabrik selbst viele Fabrikationsabfälle, sog. „Ausschuß". Große Mengen von Abfällen liefern ferner die Papier verarbeitenden Industrien; endlich hat man auch angefangen, gebrauchtes Papier in immer steigenden Mengen zu sammeln und in besonderen Sortieranstalten nach den einzelnen Sorten zu sondern und den Papierfabriken wieder zuzuführen. Der Zusatz von Altpapier zur neuen Papiermasse, gewissermaßen die Streckung dieser mit Altpapier, erhöht häufig in durchaus erwünschter Weise die Güte des herzustellenden Papiers. Die Vorbereitung des Altpapiers besteht meist nur im Einweichen, nur bei sehr festem Material empfiehlt sich eine Vorkochung in den Kugelkochern. Das Einweichen bzw. die Zerfaserung wird meist im Kollergang vorgenommen oder in ähnlich wirkenden Maschinen wie den Zerfaserern, welch letztere nach dem Prinzip der Knetmaschinen arbeiten. Die Kollergänge (Abb. 113) bestehen aus einer runden Schale, in welcher 2 Läufersteine durch eine in der Mitte stehende, senkrechte Achse in kreisender Bewegung, gleichzeitig umlaufend, erhalten werden. Diese zerquetschen durch ihr Gewicht die Faserbündel und lockern den Zusammenhalt der verfilzten Fasermassen. Durch Schaber vermag man das geknetete und gequetschte Material stets wieder vor die Laufflächen der Mahlsteine zu bringen. Diese Mahlsteine, häufig auch die Bodenplatte, bestehen aus Granit oder Lava.

Vorzugsweise wird nur unbedrucktes Papier der Wiederverarbeitung unterzogen. Die Benutzung von bedrucktem Papier ist vielfach daran gescheitert, daß sich die Druckerschwärze nicht völlig entfernen ließ und der Papierstoff infolgedessen eine unansehnliche grauschwarze Farbe aufwies. Die Anwendung scharfer Chemikalien zur Entfernung der Druckerschwärze schaffte insofern neue Schwierigkeiten, als der in dem bedruckten Papier, insbesondere in Zeitungen, häufig enthaltene Holzschliff

durch Alkali gelb gefärbt wird, so daß eine unansehnliche, gelbgraue Papierstoff-
masse erhalten wurde. Es hat sich jedoch herausgestellt, daß man durch starke
Beschränkung der Menge von Chemikalien, Alkali, Bicarbonat u. s. w. den ver-
dickten Firnis der Druckerschwärze, welcher die Haftung dieser an den Papierfasern
bewirkt, genügend erweichen und emulgieren kann, so daß es bei einer kräftigen
Behandlung mit womöglich heißem Wasser, welches auf den auf einem Sieb liegenden Faserbrei gespritzt wird, gelingt, die Druckerschwärze vollkommen aus Druck-
und Zeitungspapier zu entfernen, wodurch erhebliche Mengen von Papier der
Wiederverwendung nutzbar gemacht werden können. (Vgl. auch E. BERL und
P. PFANNMÜLLER, *Ztschr. angew. Chem.* **1925**, 887.) Im allgemeinen ist bis jetzt
jedoch die Reinigung des Druckpapiers von Druckerschwärze nicht lohnend. Die
Reinigungsarbeiten verteuern den gewonnenen Stoff so sehr, daß es meist billiger ist,
frische Faserstoffe zu kaufen. Zudem gibt es für das bedruckte Papier eine gute
Absatzquelle in den Pappenfabriken, welche aus diesem Material Pappen der verschiedensten Art herstellen, bei denen es auf eine weiße Farbe häufig nicht ankommt,
so daß die Druckerschwärze nicht störend wirkt.

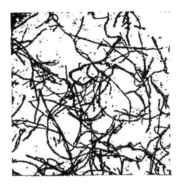 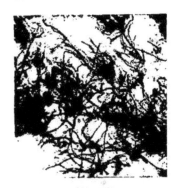

Abb. 114.
Rösch gemahlene Baumwollfaser nach
POSSANNER V. EHRENTHAL.

Abb. 115.
Schmierig gemahlene Baumwollfaser
nach POSSANNER V. EHRENTHAL.

Ganzstoffbereitung. Das zerfaserte Material muß für die Zwecke der Papierbereitung noch eine weitere Mahlung erfahren, deren Zweck es ist, die Fasern selbst,
wenn möglich, an den Enden zu Fibrillen aufzulösen, wodurch eine bessere Verfilzung gewährleistet wird. Im gleichen Sinne wirkt auch ein Quetschen der Fasern;
endlich ist auch eine noch weitergehende Zerkleinerung häufig notwendig. Bei der
Mahlung im Ganzholländer, der in seiner Konstruktion den erwähnten Halbzeugholländern im wesentlichen entspricht und gewöhnlich 100—500 *kg* trocken
gedachten Papierstoff fassen kann, unterscheidet man je nach der Art der herzustellenden Papiere eine „rösche“ und eine „schmierige“ Mahlung. Bei der röschen
Mahlung (Abb. 114), die dann vorgenommen wird, wenn es sich um die Herstellung
von Filter-, Lösch- oder stark saugendem Druckpapier handelt, läßt man die Faser-
struktur ziemlich unverändert. Man sorgt dafür, daß durch scharfes Aufsetzen der
Messerwalze auf das Grundwerk die Messer vorwiegend schneidende Wirkung ausüben können. Man erhält dann einen mehr oder weniger wolligen Stoff, der das
Wasser rasch abfließen läßt und andererseits im trockenen Zustande Wasser rasch
aufsaugt. Im Gegensatz zu dieser Art der Mahlung steht die schmierige Mahlung
(Abb. 115), bei der man darauf ausgeht, eine mehr quetschende Wirkung der Mahl-
organe hervorzurufen, mehr oder weniger große Anteile des Fasermaterials in Schleim
zu verwandeln und die Menge der Fibrillen nach Möglichkeit zu erhöhen. Derartiger
Stoff fühlt sich schleimig an, hält das Wasser sehr fest und entwässert sich deshalb

schwer. Die daraus hergestellten Papiere haben glasigen Charakter und scheinen mehr oder weniger durch. Eine solche schmierige Mahlung ist insbesondere notwendig für die Schleim- oder sog. Pergamynpapiere, welche zum Einwickeln von insbesondere fetthaltigen Nahrungsmitteln in starker Verwendung stehen. Die schmierige Mahlung wird durch stumpfe Bemesserung der Messerwalze gefördert. Man hat an Stelle der Stahl- oder Bronzemesser auch solche aus Lava angewendet, da es lediglich auf quetschende und nicht auf schneidende Wirkung ankommt. Für rösche Mahlung ist verhältnismäßig dünnflüssiger Eintrag zweckmäßig, für schmierige Mahlung empfiehlt es sich, den Papierstoff möglichst dick in den Ganzzeugholländer einzutragen. Die Mahldauer richtet sich ganz nach der Festigkeit der zu mahlenden Fasern; demgemäß erfordern Flachs- und Hanffasern eine sehr lange, etwa 10—20-stündige Mahldauer.

Man faßt den Mahlvorgang als eine physikalisch-chemische Hydratisierung auf, bei welcher die Faser Wasser außerordentlich fest adsorbiert, wobei sie erheblich aufquillt. In den äußeren Schichten der Fasern geht diese Quellung bis zur Ausbildung von Faserschleim, so daß man sich die Einzelfaser als von einer Schleimhaut umkleidet vorstellen kann. An den Enden der Faser ist diese selbst zu Fibrillen aufgelöst, die sich besonders reichlich bei den besten Rohstoffen für Papier, bei den Haderzellstoffen, ausbilden, während es schwieriger ist, eine gute Fibrillisierung bei den Holzzellstoffen zu erreichen. Zellstoffschleim und die Schleimhülle der Fasern tragen wesentlich zur Verfilzung der Einzelfasern im späteren Papierblatt bei. Der Zellstoffschleim kann bis zu einem gewissen Grade eine verklebende, leimende Wirkung auf die Fasern ausüben.

Füllstoffe. Der Faserbrei erhält für die Papierherstellung noch gewisse Zusätze, z. B. Füllstoffe, wie Kaolin (China clay, Pfeifenton), Talk, Asbestine, Gips (Annaline, Lenzin), Blanc fixe (Bariumsulfat), Magnesiumcarbonat. Die Füllstoffe dienen in erster Linie zur Ausfüllung der Unebenheiten des Papierblattes; sie machen es gleichmäßiger und tragen so z. B. zur Erhöhung der Bedruckbarkeit bei. Bei dünnen Papieren mindern sie das Durchscheinen — Dünndruckpapier —, bei den sog. Federleicht- oder Dickdruckpapieren machen sie das Papierblatt voluminös. Sie geben dem Papier auch einen gewissen Griff; unter Umständen machen sie es weich, was beispielsweise bei Musikprogrammpapieren erwünscht ist, die beim Umblättern nicht rascheln sollen. Auch die Farbe der Papiere kann durch die Füllstoffe erheblich beeinflußt werden; insbesondere können sie eine wesentliche Verbesserung der weißen Farbe hervorrufen. In dieser Hinsicht wirkt besonders das hochweiße Blanc fixe. Bei der Verwendung von Füllstoffen spielen auch Preisrücksichten eine erhebliche Rolle, da Füllstoffe billiger als Faserstoffe sind. Die Füllstoffe werden in feingeschlämmtem Zustande, sandfrei, angewendet. Ihre Bindung durch die Faser gelingt teilweise durch die adsorbierenden Kräfte der Faserstoffe, besonders im schleimig gemahlenen Zustande. Zweckmäßig ist aber auch ein Zusatz von leimenden Stoffen, die das Haftvermögen erhöhen und so verhüten, daß nicht beim späteren Papierbildungsvorgang die Hauptmenge der Füllstoffe mit dem Siebwasser wieder aus dem Papierblatt herausgesogen wird, wie dies z. B. leicht bei dem spezifisch schweren Blanc fixe geschehen kann.

Färben des Papierstoffs. Weitere fast nie fehlende Zusätze zum Papierbrei sind die Farbstoffe. Selbst bei hochgebleichten Faserstoffen ist für Erzielung rein weißer Farbtöne ein allerdings sehr geringer Zusatz von blauen oder roten Farbstoffen nötig, um den meist gelblichen Farbton der gebleichten Faserstoffe zu verdecken und ein dem Auge rein erscheinendes Weiß zu erzielen. Bei ungebleichten Faserstoffen kann man die Farbstoffe benutzen, um die unansehnlichen gelben, braunen und grauen Naturfarben der Fasern zu verdecken. Zur Erzielung sehr reiner und klarer Farbtöne muß man aber auch von hochgebleichten Faserstoffen ausgehen.

Als Farbstoffe kommen Erdfarben, vor allem aber künstliche, organische (Teer-) Farbstoffe in Betracht, während die ehemals viel verwendeten natürlichen Farbstoffe mehr und mehr verschwinden. Unter den Erdfarben spielen die verschiedenen in der Natur vorkommenden Eisenoxyde (Ocker, Eisenrot s. Bd. IV, 475) noch eine gewisse Rolle, da sie sehr echte und billige Färbungen gestatten. Für braune Farbtöne sind neben Terra di Siena, Umbra u. dgl. die Saftbraun- oder Casselerbraunsorten (Bd. IV, 479) in Gebrauch, die insofern nicht mehr eigentliche Erdfarben darstellen, als sie zunächst nicht in Form wasserunlöslicher Pigmente angewendet werden, sondern als wasserlösliche Natriumsalze von natürlich vorkommenden Humussäuren, die mit Aluminiumsulfat nach gehöriger Vermischung mit Stoffbrei ausgefällt werden.

Für blaue Farbtöne kommen das Berlinerblau oder Pariserblau (Bd. III, 494) in erster Linie in Frage. Handelt es sich nur um die Tönung von weißen Papieren, so wird Ultramarin verwendet, das für die Papierfabrikation, insbesondere wegen des sauer reagierenden Aluminiumsulfats, in säurebeständigen Marken hergestellt wird. In neuester Zeit wird für diesen Zweck bei besseren Papieren vielfach das allerdings ziemlich teure Indanthrenblau (Bd. VI, 227) verwendet, das aber vor dem Ultramarin den Vorzug hat, völlig säure- bzw. aluminiumsulfatbeständig zu sein.

Von den Teerfarbstoffen können die sauren nur bei geleimten Papieren Verwendung finden. Man schlägt sie mit Hilfe von Tonerdesalzen und Leim im Stoffbrei nieder und befestigt sie durch diese Hilfsstoffe auf der Faser, der sie ziemlich echte Färbungen erteilen. Die basischen Farbstoffe sind bei holzhaltigen Papieren ohne Beize verwendbar, neigen aber zu wolkigen Färbungen, weshalb es zweckmäßig ist, vor der Zugabe dieser Farbstoffe dem Stoffbrei etwas Tonerdesulfat zuzusetzen, weil dann das Melieren nicht so stark auftritt. Die Echtheitseigenschaften der basischen Farbstoffe sind gering, aber die Farbtöne sehr leuchtend und ausgiebig und daher billig. Eine gewisse Echtheit kann durch Tanninbeize, aber auf Kosten der Leuchtkraft, erzielt werden. Die substantiven Farbstoffe lassen sich bei ihrer Verwandtschaft zur Pflanzenfaser verhältnismäßig leicht ohne Beize auf der Faser befestigen; doch ist, wie bei der Anwendung der substantiven Farbstoffe in der Färberei, ein Zusatz von Kochsalz oder Glaubersalz zweckmäßig, damit der Farbstoff aus der Lösung auf die Faser getrieben wird. Die Echtheitseigenschaften der substantiven Farbstoffe sind recht gut. Da sie ohne Leimstoffe bzw. Beizen auf der Faser befestigt werden können, kann man mit ihrer Hilfe stark saugende Löschpapiere färben. Auch wasserunlösliche, als Pigment wirkende Teerfarbstoffe finden zur Papierfärberei Anwendung, wenn es sich um Herstellung sehr lichtechter Farben handelt. So werden z. B. die Schwefelfarbstoffe durch Schwefelnatrium vorübergehend in Lösung gebracht, dem Papierbrei zugeteilt und durch Luftsauerstoff wieder in und auf der Faser als Pigment ausgefällt. Es ist aber in vielen Fällen nicht einmal nötig, diese Farbstoffe vorübergehend in Lösung überzuführen; man kann sie auch direkt im unlöslichen Zustande als Paste verwenden. Diese mit Wasser angeteigten Pasten enthalten die Farbteilchen in feinster Vermahlung oder Fällung, z. B. findet das oben erwähnte Indanthrenblau in Pastenform Anwendung. Die Färbung des Papiers braucht übrigens nicht schon im Stoffbrei vorgenommen zu werden, man kann auch die Farblösungen auf die in Bildung begriffene feuchte Papierbahn auf der gleich zu besprechenden Papiermaschine aufbringen und so mannigfaltige Farbwirkungen, insbesondere Marmorierungen und Schattierungen hervorbringen. Endlich kann man auch die fertige Papierbahn durch Tauchen in Farblösungen und Hindurchziehen durch sie färben. (Ausführliche Angaben über Papierfärberei s. Bd. V, 72.)

Leimstoffe. Häufig ist es notwendig, dem Papierblatt die wassersaugenden Eigenschaften der Faser und der Faserzwischenräume, der Kapillaren, zu nehmen. Dies ist vor allem erforderlich bei Schreibpapieren, die mit Tinte beschrieben werden sollen, und in minderem Grade auch bei Druckpapieren. Die Tinten- bzw. Leimfestigkeit erhält man durch Zusätze von kolloiden oder von wasserabstoßenden Stoffen. Diese Leimstoffe verringern nicht nur das Wassersaugvermögen in erheblichem Maße, sondern tragen auch zur Erhöhung der Festigkeit des Papierblattes bei, indem sie die Fasern miteinander verkleben und so die leichte Trennbarkeit der Fasern verringern. Der wichtigste Leimstoff ist das Harz, daneben sind aber auch Tierleim, Casein, Pflanzenschleime wie Norgine (s. Bd. VIII, 141), Stärke u. a. m. in Gebrauch.

Um Harz als Leimstoff anwenden zu können, muß man es in feine Verteilung bringen. Man löst das vorwiegend Harzsäuren enthaltende Kiefernharz oder Kolophonium mit Hilfe von Alkalien (Soda) und setzt die Harzseife dem Stoffbrei zu. Es ist dabei nicht nötig, ja nicht einmal nützlich, die ganze zur Verseifung des Harzes erforderliche Menge Alkali hinzuzusetzen; man kann dessen Menge weitgehend einschränken, so daß eine Emulsion von kolloid gelösten, also sehr fein verteilten Harzsäuren in Harzseife vorliegt. Die so erhältlichen Freiharzleime enthalten oft bis zu 70% des Gesamtharzes in freiem Zustande. Bei einem Freiharzgehalt von 40% und mehr lassen sich allerdings solche Freiharzleime nicht mehr ohne weiteres in Wasser auflösen. Man muß sie durch Dampf oder heißes Wasser zerstäuben und den Flüssigkeitsstaub in kaltes Wasser eintreten lassen, damit eine Wiedervereinigung der feinen Harzteilchen zu gröberen Teilen vermieden werden kann. Es kommt vor allem darauf an, die Harzteilchen möglichst klein zu machen und gleichmäßig im Stoffbrei zu verteilen, also jedes Zusammenballen zu verhüten. Zu diesem Zwecke ist auch ein Zusatz von anderen kolloiden Stoffen organischer oder anorganischer Natur, wie Tierleim, Stärke und Wasserglas, vorteilhaft (Kolloidleime). Die Befestigung der Harzteilchen auf und zwischen den Fasern geschieht durch deren Ausfällung mittels Aluminiumsulfats, das die Harzseife zersetzt. Es bildet sich zum Teil harzsaure Tonerde, der man neuerdings wieder die Hauptwirkung der Leimung zuschreibt, während nach der Wursterschen Theorie die freie Harzsäure selbst das leimende Agens ist. Wie dem auch sei, jedenfalls lehrt die Erfahrung, daß man das Aluminiumsulfat nicht mit bleibendem Erfolge durch Säuren, die auch Harzseife zersetzen können, ersetzen darf. Demnach spielt das Aluminiumsalz eine ausschlaggebende Rolle. Man kann sich vorstellen, daß diese Umhüllung der Harzteilchen mit kolloiden Hydroxyden vor Autoxydation des Harzes schützt, die zum Spröde- und Krystallinischmachen Anlaß gibt. Zur Verseifung des Harzes werden durchschnittlich 10—12% Soda angewendet; bei sehr harzreichen Leimen geht man auch bis auf 8% Soda zurück. Die Kochung der Harzseife erfordert vielstündiges Erhitzen unter Ersatz des verdampfenden Wassers; die Verseifung verläuft unter starkem Aufschäumen (Kohlendioxydentwicklung). Die Harzseifenlösung kommt gewöhnlich in einer Konzentration von $20-50\,g$ Harz in $1\,l$ zur Anwendung. An Tonerdesulfat wird nach einer alten Faustregel die gleiche Menge angewendet, obwohl nach stöchiometrischen Gesetzen eine weit geringere Menge genügen würde. Der Überschuß ist in erster Linie notwendig, weil das Tonerdesulfat auch mit den fast nie im Fabrikationswasser fehlenden Härtebildnern (Calciumbicarbonat, Magnesiumbicarbonat) reagiert und so erhebliche, oftmals bei Wechsel der Wasserbeschaffenheit stark schwankende Mengen von Aluminiumsulfat verbraucht werden und es daher möglich ist, daß die zugesetzte Menge nicht zur Zersetzung der Harzseife ausreicht. Die Erfahrung hat gelehrt, daß es zweckmäßig ist, Aluminiumsulfat bis zur sauren Reaktion des Stoffbreies zuzusetzen.

Tierleim als Leimmittel allein kann wegen seiner Wasserlöslichkeit nicht gut dem Stoffbrei zugesetzt werden; er würde größtenteils ungenützt mit dem Siebwasser nach Bildung des Papierblattes verschwinden. Will man also Tierleim für sich allein anwenden, so muß dies durch Eintauchen des fertigen Papierblattes in eine Leimlösung geschehen. Diese dringt nur in die äußeren Schichten des Papierblattes ein, woher es kommt, daß Papier mit tierischer Leimung, z. B. Zeichenpapier, nicht radierfest ist. Wird die äußere Leimschicht verletzt, so gelangt die Tusche oder Farbe zu den ungeleimten, inneren, wassersaugenden Schichten des Papierblattes. Will man also die Radierfestigkeit erhalten, so muß, wie es vielfach geschieht, die Harzleimung und Tierleimung zusammen angewendet werden.

Herstellung des Papierblattes. Der fertiggemahlene, gegebenenfalls mit Leim-, Füll- und Farbstoffen versehene Papierbrei wird von den Ganzzeugholländern oder den Mischholländern den Stoffbütten zugeführt, in denen eine weitere Verdünnung des Stoffbreies auf etwa 1% und darunter vollzogen wird. Diese Stoffbütten sind mit Rühreinrichtungen versehen, die beständig in Bewegung gehalten werden und mit ihren Rührflügeln dafür sorgen, daß die Faser- und Füllstoffteilchen nicht absinken und der Faserbrei sich nicht entmischen kann. Der Faserbrei wird nunmehr entweder durch Handarbeit zu Büttenpapier (s. S. 284) in Bogenform oder auf besonderen Papiermaschinen zu endlosen Papierbahnen geformt.

Man hat Maschinen konstruiert, welche die Arbeit des Schöpfens einzelner Bogen nachahmen, aber erhöhte Erzeugung gestatten. Der Menge nach spielt aber weder die eigentliche Handpapierfabrikation, noch deren maschinelle Nachahmung eine wesentliche Rolle bei der Papiererzeugung. Der weitaus größte Teil der Papiere wird auf den Papiermaschinen hergestellt, von denen die erste wirklich brauchbare von den Brüdern FOURDRINIER in Paris aufgestellt worden ist. Man unterscheidet verschiedene Typen der Papiermaschinen, von denen derjenige der Langsiebpapiermaschinen (Abb. 116) der verbreitetste ist.

Diese Maschinen ähneln sehr den Langsieb-Entwässerungsmaschinen, die in dem Abschnitt Holzschliff (Bd. VI, 168, Abb. 48) erwähnt worden sind. Sie bestehen aus 3 Hauptteilen, Sieb-, Preß- und Trockenpartie. Bevor der Papierbrei die Siebpartie der Papiermaschine erreicht, muß er noch, von den Stoffbütten kommend, die Sandfänge und Knotenfänge durchlaufen. Erstere sollen, indem man den Stoffbrei zwingt, einen langen flachen Kanal zu durchfließen, dessen Boden mit niederen Querrippen ausgestattet ist, grobe schwere Fremdkörper, Sand z. B., zurückhalten. Die Knotenfänge sind dazu bestimmt, die leichteren, zu groben, ungleichmäßigen Faserknoten, die in dem Holländer der Zerkleinerung entgangen sind oder sich erst neu gebildet haben, zu beseitigen. Bei den Planknotenfängern wird dies auf horizontalen Siebtischen erreicht. Diese tragen Kupferbleche, die mit einer sehr großen Zahl sehr feiner Schlitze versehen sind und durch maschinellen Antrieb in lebhafte Schüttelbewegung versetzt werden. Von dem auffließenden Faserbrei vermögen nur völlig aufgeschlossene Fasern die Schlitze zu passieren; Faserknoten werden zurückgehalten. Bei den Drehknotenfängern fließt der Stoffbrei an einen sich drehenden Siebzylinder, der aus solchen geschlitzten Blechen gebildet ist; nur die gut aufgeschlossenen Fasern können ins Innere dringen und werden von dort durch eine besondere Leitung abgeführt, während die Knoten außen zurückbleiben.

Der so gereinigte Stoffbrei fließt nunmehr (Abb. 116), von *1* kommend, auf ein endloses, in Bewegung befindliches Sieb *2* auf; der Faserbrei entwässert sich durch dieses Sieb hindurch, durch dessen Bewegung ein endloses Band von nassem Faserfilz gebildet wird. Seine seitliche Begrenzung erhält dieser Faserfilz durch die Deckelriemen *3*, dicke, wie das Sieb endlose Kautschukbänder, die auf dem Sieb laufen und an den beiden Längsseiten begrenzen. Das Sieb ist auf Federn gelagert und erhält durch einen Antrieb eine schüttelnde Bewegung. Am Ende der mehrere *m* langen Siebpartie sind unter dem Sieb Saugkästen *7* angeordnet, die mit einer Luftpumpe in Verbindung stehen. Infolge der erzeugten Luftleere findet an diesen Stellen eine weitgehende Entwässerung des Faserfilzes statt. Am Ende der Siebpartie wird der Faserfilz (die Stoffbahn) von der sog. Gautschpresse *9* und *10* erfaßt und ausgepreßt. Die Siebbahn ist um die untere Walze dieser Presse geführt und kehrt von dieser zum Ausgangspunkt zurück. Die obere Walze ist mit einem Wollfilz bespannt und preßt durch ihr Gewicht, das noch durch beschwerte Hebelarme verstärkt werden kann, Wasser aus dem Faserfilz aus.

An einer Stelle der Siebpartie liegt auf dem sich noch bildenden Faserfilz eine Siebwalze lose auf, durch welche die Oberfläche des Faserfilzes die gleiche Struktur erhalten soll, wie sie

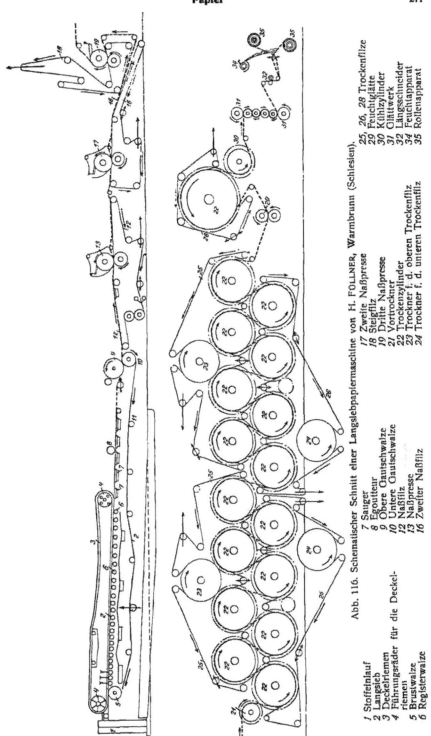

Abb. 116. Schematischer Schnitt einer Langsiebpapiermaschine von H. FÖLLNER, Warmbrunn (Schlesien).

1 Stoffeinlauf
2 Langsieb
3 Deckelriemen
4 Führungsräder für die Deckelriemen
5 Brustwalze
6 Registerwalze

7 Sauger
8 Egoutteur
9 Obere Gautschwalze
10 Untere Gautschwalze
12 Naßfilz
13 Naßpresse
16 Zweiter Naßfilz

17 Zweite Naßpresse
18 Steigfilz
19 Dritte Naßpresse
21 Vortrockner
22 Trockenzylinder
23 Trockner f. d. oberen Trockenfilz
24 Trockner f. d. unteren Trockenfilz

25, 26, 28 Trockenfilze
29 Feuchtglätte
30 Kühlzylinder
31 Glättwerk
32 Längsschneider
34 Feuchtapparat
35 Rollenapparat

die Unterseite durch das Hauptsieb erhält. Diese Vordruckwalze oder der Egoutteur 8 ist, wie die Siebbahn, aus feinen Drahtgeweben gefertigt und preßt und entwässert die oberen Faserschichten. Hat man dem Egoutteur eine Zeichnung in erhabenen, auf der Oberfläche hervortretenden Drähten aufgeheftet (Abb. 117), so pressen sich diese im nassen Faserfilz ab und erzeugen so auf dem Maschinenpapier ein Wasserzeichen.

Die oben erwähnte Gautschpresse ist in neuerer Zeit mit vielfachem Erfolg durch eine in Amerika von MILLSPAUOH konstruierte Saugwalze ersetzt worden. Das endlose Sieb ist um diese Walze herumgeführt. Da in ihr durch starke Luftpumpen eine erhebliche Luftleere erzeugt wird, findet kräftige Aussaugung der darüberlaufenden Stoffbahn statt, und diese wird so besser entwässert, als es im allgemeinen in der Gautschpresse geschieht.

Die nasse Papierbahn ist durch Saugen und Pressen nun so weit verdichtet, daß sie vom Sieb gelöst und, allerdings nur eine kurze Strecke von wenigen cm, frei schwebend zu den Naßpressen 13 geführt werden kann. Die unteren Walzen dieser Presse sind mit endlosen Filztüchern bespannt; die oberen Walzen aus blankem Metall oder Stein pressen die Stoffbahn aus. Durch geeignete Füh-

Abb. 117. Metalltuch für Wasserzeichen von G. HEERBRANDT, Raguhn (Anhalt).

rung der Stoffbahn und entsprechende Anordnung der Walzen und Filze ist dafür gesorgt, daß nicht nur die Unterseite, sondern auch die Oberseite der Papierbahn mit dem Filz in Berührung kommt. Es erhalten so beide Seiten der Papierbahn gleiche Struktur. Nach Passieren der 3 Naßpressen 13, 17, 19 hat die Papierbahn noch einen Wassergehalt von $40-50\%$, der in der sog. Trockenpartie auf den normalen Feuchtigkeitsgehalt von etwa 12% herabgesetzt werden muß. Die Trockenpartie besteht aus einer Anzahl von sich drehenden abgeschliffenen Gußzylindern 22, die mit gespanntem Dampf geheizt werden. Die feuchte Papierbahn wird mit Hilfe von Leitfilzen an diese Zylinder mit glatten Oberflächen angepreßt, so daß eine Verdampfung des Wassers erfolgen kann. Bei großen Papiermaschinen sind 30 Trockenzylinder und mehr notwendig, um bei großer Geschwindigkeit des Papiermaschinenlaufs die nasse Bahn zu trocknen. Solche großen Papiermaschinen lassen eine $3-4$ m breite Papierbahn entstehen; sie laufen mit einer Geschwindigkeit bis zu 200 m in der Minute; sie erzeugen daher in der Stunde 12, in 24 h 288 km Papier mit einem Durchschnittsgewicht von 70 g pro 1 m²; im Gewicht also 700 t Papier in 24 h. In neuester Zeit sind noch gewaltigere Maschinen mit größerer Siebbreite und Geschwindigkeit, insbesondere in den Vereinigten Staaten, gebaut worden. Der Trockenpartie auf der Papiermaschine sind häufig noch eine Anzahl Glättwalzen 31 angeschlossen, sowie auch Schneidvorrichtungen 32, die vermittels zugeschärfter Stahlscheiben, der sog. Tellermesser, die Papierbahn der Länge nach beschneiden und nach Bedarf durch Querschneider auch halbieren oder teilen.

Außer den Langsiebpapiermaschinen sind auch Rundsiebmaschinen vielfach in Gebrauch, die sich in ihrer Konstruktion den unter „Holzstoff" (Bd. VI, 168, Abb. 48) beschriebenen Rundsieb-Entwässerungsmaschinen sehr nähern, so daß hier von ihrer Beschreibung abgesehen werden kann.

Das Papierblatt erhält auf der Papiermaschine schon ein gewisses Maß von Glätte an den Trockenzylindern oder durch die angeschlossenen Glättwalzen. Diese Glätte reicht aber vielfach nicht aus, ist häufig auch nur einseitig, nämlich dann, wenn nur eine Seite der Papierbahn mit den glatt polierten Trockenzylindern in Berührung gekommen ist. Häufig ist es deshalb erforderlich, noch weitere Glättung zur Erzielung gleichartigen Aussehens auf beiden Seiten oder zu weiterer Erhöhung des Glanzes vorzunehmen. Diese Glättung oder Satinage wird durch die Kalander hervorgerufen, die aus einer größeren Anzahl übereinandergelagerter Walzen bestehen. Das Material der Walze ist zum Teil Stahl, zum Teil Papier. Zur Herstellung der Papierwalzen werden auf einen Stahldorn runde Papierscheiben aufgezogen, auf das stärkste hydraulisch gepreßt und dann zur genauen Walzenform abgedreht. Stahl- und Papierwalzen werden abwechselnd übereinandergelagert und die Drehzapfen mit Gewichten belastet; dadurch wird erreicht, daß gefeuchtete Papiere, die zwischen den in Drehung versetzten Walzen durchgezogen werden, einem außerordentlich starken Druck ausgesetzt sind. Durch Heizung der Stahlwalzen läßt sich die Wirkung der Satinage noch verstärken. Laufen die Walzen mit verschiedener Geschwindigkeit, wie dies in den Friktionskalandern der Fall ist, so wird gewissermaßen ein Verstreichen der Unebenheiten des Papierblattes erreicht.

Die satinierten oder nicht satinierten Papiere werden darauf mit Längs- und Querschneidern in die verlangten Formate geschnitten; soweit sie nicht in Rollenform, z. B. für Druckzwecke, Verwendung finden.

Abwässer. Bei der Herstellung des Papiers sind die Fasermassen bis zum Blattbildungsprozeß mit sehr großen Wassermengen in Berührung. Das den Waschholländern entströmende Waschwasser enthält nicht nur den zu entfernenden Schmutz, sondern auch feine Fasern und Fasertrümmer, deren Fortführung einen Verlust bedeutet, auch Verstopfung von Abflußleitungen bedingt und in den die Abwässer aufnehmenden Flußläufen Fäulnisprozesse hervorrufen kann, wenn nicht durch eine Reinigung die Fasern vor Einleitung in die Abflußleitung beseitigt werden. Gleiches gilt von den Waschwässern der Ganzzeugwaschholländer. Auch auf der Papiermaschine gehen unter der Wirkung der Sauger erhebliche Fasermengen verloren. Man macht diese nutzbar, indem man einen Teil des Wassers den Stoffbütten als Verdünnungswasser zupumpt, so daß dieses Wasser einen Kreislauf beschreibt. Eine völlige Wasserwiedergewinnung ist jedoch nicht möglich; überall da, wo Gefahr vorliegt, daß das Abwasser durch Öl und Schmutz von Maschinenteilen verunreinigt ist, muß man auf Wiederverwendung verzichten oder diese Fasern Verwendungszwecken zuführen, für welche Verunreinigungen der angedeuteten Art in mäßiger Menge belanglos sind, also für geringe Papiersorten. Das Abfangen der Fasern aus solchen Wässern, die Gewinnung des sog. Fangstoffs, kann mit Hilfe eines Trommelfilters, z. B. des FÜLLNER-Filters, bewerkstelligt werden. Neben diesem weitverbreiteten Apparat sind andere im Gebrauch, die Stoffänger in Trichterform, welche das Abwasser so langsam durchströmt, daß die Faserteilchen samt Füllstoffen zu Boden sinken, während am weiteren Ende des Trichters das geklärte Abwasser abfließt. Zweckmäßig ist eine Vereinigung von beiden Arten der Stoffwiedergewinnung.

Papiereigenschaften. Das fertige Papier hat eine Reihe von charakteristischen Eigenschaften, unter denen Volumveränderung bei der Feuchtung, Wärmeleitung, Isolierfähigkeit gegen elektrische Ströme, Saugfähigkeit für Flüssigkeiten, insbesondere für Wasser und Buchdruckerfirnis, Leimfestigkeit, Glätte, Farbe, vor allem aber Zerreißfestigkeit, Dehnung und Falzwiderstand von besonderer technischer Wichtigkeit sind, Eigenschaften, deren Ermittlung zum Teil im Abschnitt „Papierprüfung" noch näher besprochen wird. Die Eigenschaften eines Papiers können sich mit dem Alter erheblich ändern. Papiere können brüchig werden oder vergilben. Derartige schädliche Änderungen treten besonders stark bei greller Belichtung (Sonnenbestrahlung) und bei Erhitzung auf; aber auch durch Feuchtigkeit kann Papier Zersetzung erleiden, indem es dann zum Nährboden von Mikroorganismen wird. Die Widerstandsfähigkeit gegen die genannten Einflüsse hängt in erster Linie von der Art der verwendeten Fasern ab. Verholzte Fasern bedingen unter allen Umständen eine gewisse Minderwertigkeit der Papiere.

Einteilung der Papiere. Bei dieser ist die Zusammensetzung, die Faserart, ein besonders wichtiges Unterscheidungsmerkmal. Bei der Bewertung der Papiere durch die zuständige Behörde, in Preußen das Staatliche Materialprüfungsamt in Berlin-Dahlem, werden die Papiere in Stoff- und Festigkeitsklassen eingeordnet. Die von den Staatsbehörden verwendeten Normalpapiere sind in 4 Stoffklassen geteilt. Für Stoffklasse I dürfen nur Hadern-, Hanf-, Baumwoll- und Leinenfasern, für Klasse II dürfen nur Hadern der eben genannten Art und ein Zusatz von höchstens 25% Zellstoffen, insbesondere Holzzellstoffen, jedoch nicht verholzte Fasern, verwendet werden. Für Papiere der Stoffklasse III sind beliebige Zellstoffsorten, nicht aber verholzte Fasern zugelassen. Für Papiere der Stoffklasse IV dürfen beliebige Rohmaterialien, also auch verholzte Fasern (Holzschliff), Anwendung finden. In die Festigkeitsklasse I gehören Papiere, die eine mittlere „Reißlänge" von 6000 *m* besitzen und 190 „Doppelfalzungen" aushalten. Es sind dies Begriffe, die im Abschnitt „Papierprüfung" noch näher erläutert werden. In den weiteren Festigkeitsklassen sind entsprechend geringere Anforderungen gestellt; in der letzten und 6. Klasse genügen schon 1000 *m* Reißlänge und 3 Doppelfalzungen den behördlichen Ansprüchen. Für diese Ansprüche ausschlaggebend ist naturgemäß der Verwendungszweck. Die Behörden unterscheiden 8 Verwendungsklassen mit zahlreichen Unterklassen.

Zur Kennzeichnung der Papiere nach ihrer Güte dienen die Wasserzeichen, die auf dem Papiermaschinensieb – nicht etwa durch nachträgliches Einpressen – hergestellt werden müssen. Die Wasserzeichen müssen die Firma des Fabrikanten, das Wort „Normal" und das Zeichen für die Verwendungsklasse enthalten.

Über Einteilung der Papiere s. auch Papiersorten, Bd. VIII, 277.

Handelsbräuche. Papier wird nach Ballen, Buch und Ries gehandelt. Bei Schreibpapieren umfaßt das Buch 24, bei Druckpapieren 25 Bogen; 20 Buch bilden das Ries, 10 Ries den Ballen. Neuerdings bürgert sich aber auch die Zählung nach 1000 Bogen allmählich ein. Für den Handel innerhalb der einzelnen Länder existieren sehr mannigfaltige Gebräuche, die von den Fachvereinigungen der verschiedenen Länder festgelegt worden sind. In Deutschland von dem Verein Deutscher Papierfabrikanten.

Papierprüfung. Für die Papierprüfung ist die Feststellung der Festigkeitseigenschaften, des m^2-Gewichts und der Dicke von besonderer Wichtigkeit. Für die Feststellung der letztgenannten Größe sind eine ganze Reihe von Sonderapparaten konstruiert worden, die sehr feine Messungen bis auf $1/_{1000}$ *mm* gestatten.

Die Dicke und Dichte der Papiere ist zum Teil abhängig von dem Gefüge des Faserfilzes. Aus Dicke und m^2-Gewicht kann man die sog. Räumigkeit eines Papiers berechnen. Drückt man die Dicke des Papiers durch D in *mm* aus, durch Q das m^2-Gewicht in *g*, so ist das scheinbare Raumgewicht – das Gewicht von einer Raumeinheit von 1 *l* in *kg* ausgedrückt – $\frac{Q}{D} 1000$ *kg*. Die Werte für das scheinbare Raumgewicht schwanken natürlicherweise in sehr weiten Grenzen. Nicht nur sind die *spez. Gew.* der Faserarten etwas verschieden voneinander, von besonderem Einfluß ist vielmehr die bei den meisten Papieren üblichen Zusätze von Füllstoffen, die spezifisch schwerer sind als die unbeschwerten Papiere. So kann beispielsweise bei einem Löschpapier, welches ohne Beschwerung gearbeitet ist, ein Raumgewicht von 0,33 *kg*, bei einem dichten Pergamynpapier ein solches von 1,35 *kg* gefunden werden, obwohl bei letzterem noch nicht einmal der Einfluß von Füllstoffen ins Gewicht fällt. Bei der Messung der Dicke des Papiers werden die mit Luft gefüllten Hohlräume mitgemessen; es kann also auch nur ein scheinbares Raumgewicht bestimmt werden. Zur Ermittlung des wirklichen Raumgewichts muß das Gewicht des Papiers in Luft und Öl bestimmt und hieraus das wirkliche Raumgewicht berechnet werde. Aus dem wirklichen und scheinbaren Einheitsgewicht kann man den Porositätsgrad des Papiers bestimmen, der angibt, in welchem Maße das Papier als Fläche mit Papierstoff angefüllt ist.

Zur Bestimmung des erwähnten m^2-Gewichts ermittelt man das Gewicht einer größeren Zahl von Bogen in normaler Größe, meist auf Waagen, die für den Sonderzweck gebaut sind und häufig eine Skala tragen, an der man ohne weiteres das m^2-Gewicht ablesen kann.

Die Gleichmäßigkeit der Verfilzung des ganzen Papierblatts gibt sich zu erkennen, wenn man das zu prüfende Papier gegen das Licht hält. Erblickt man im durchfallenden Licht Wolken, so ist das Papierblatt an den wolkigen Stellen dicker als an den durchscheinenden oder enthält wenigstens mehr stärker zusammengepreßtes Fasermaterial. Bei den geschilderten Prüfungen sieht man auch, ob das Papier frei von Flecken, Splittern, Faserknoten ist, eine Prüfung, die auch im auffallenden Licht vorgenommen wird. Die Ergründung der Ursache störender und wertvermindernder Flecke ist häufig recht schwierig und verlangt große Erfahrung.

Bei der Bestimmung der Festigkeitseigenschaften ist es von großer Bedeutung, die sog. Maschinenlaufrichtung der Papiere zu kennen. In dieser Richtung ist nämlich der Widerstand gegen das Zerreißen weit größer als in der Querrichtung. Bei der Bildung des Papierblatts auf dem Papiermaschinensieb lagern sich die Fasern hauptsächlich parallel zur Laufrichtung des Siebes ab. Die Verfilzung erfolgt vorwiegend auch in dieser Richtung, was höhere Festigkeit in dieser bedingt. Auch bei den echten Büttenpapieren sind die Festigkeitseigenschaften des Papierblatts in verschiedenen Richtungen, aber lange nicht in dem Maße wie bei den Maschinenpapieren, verschieden.

Die einfachste Probe zur Erkennung der Laufrichtung besteht im Eintauchen des zu prüfenden Papiers in Wasser mit einer Kante etwa 1 *cm* tief. Zieht man das Papierblatt nach einigen Augenblicken heraus, so bleibt die Kante glatt, wenn es in der Laufrichtung eingetaucht wird, wellig wird sie, falls das Papier in der Querrichtung in das Wasser eingesenkt worden ist.

Die Zerreißfestigkeit eines Papiers wird bedingt durch die Festigkeit der Fasern selbst und den Grad ihrer Verfilzung. Je geringer diese, umso höher die Reibung, je größer diese, umso mehr Kraft ist erforderlich, um die Fasern voneinander abzuziehen. Reibungsvergrößerung kann

Abb. 118. Festigkeitsprüfer von L. SCHOPPER, Leipzig.

Abb. 119. SCHOPPERS Falzer.

durch die Gegenwart von Leim oder Zellstoffschleim hervorgerufen werden. Die Zerreißfestigkeit kann man in rohester Form bestimmen durch Belastung des einen Endes eines Papierstreifens mit Gewichten bis zum Bruch. Weit genauer arbeiten Apparate (Abb. 118), bei welchen ein in Klemmbacken eingespannter Papierstreifen durch einen Belastungshebel bis zum Zerreißen gespannt wird. Im Augenblick des Zerreißens wird der Hebel automatisch arretiert. Der Hebel spielt über einer Skala, auf welcher das im Augenblick des Zerreißens auf den Papierstreifen wirkende Gewicht abgelesen werden kann.

Bevor ein Papier zerreißt, streckt sich das Papierblatt in der Zugrichtung; es erfährt eine gewisse Dehnung, deren Grad durch ein Hebelsystem ebenfalls auf einer Skala sichtbar gemacht werden kann. Die weit verbreiteten SCHOPPERschen Festigkeitsprüfer (Abb. 118) gestatten die gleichzeitige Ablesung beider Größen, sowohl der Zerreißfestigkeit wie auch der Dehnung.

Die Zerreißfestigkeit wird als Reißlänge berechnet, um von der Breite und Dicke des Probestreifens unabhängig zu werden. Reißlänge ist diejenige Länge eines Papierstreifens von beliebiger, aber gleichbleibender Breite und Dicke, bei welcher er, an einem Ende aufgehängt gedacht, infolge der eigenen Schwere am Aufhängepunkt abreißen würde. Kennt man die im Festigkeitsprüfer ermittelte Bruchlast des Papiers und das Gewicht des Streifens oder das Quadratgewicht, so läßt sich die Reißlänge beispielsweise nach der HARTIGschen Formel $x = \dfrac{0.18}{g} K$ km leicht berechnen. In dieser Formel gibt die Zahl 0,18 *m* die Länge des eingespannten Probestreifens an; *g* ist das Gewicht dieses Streifens in *g*, *K* die Bruchlast in *kg*.

Bei der Berechnung nach der HOYERschen Formel $R = \dfrac{p}{g b} 1000$ km muß man das m^2-Gewicht des Papiers *g* in *g* kennen. *p* ist die Bruchlast in *kg*, *b* die Breite des zerrissenen Streifens in *mm*. Man braucht also bei der Benutzung dieser Formel die Streifen nicht auszuwägen.

Vor Anstellung der Festigkeitsprüfungen muß man das zu untersuchende Papier auf Normalfeuchtigkeit bringen. 65% Luftfeuchtigkeit gelten als normal. Man sorgt daher durch stundenlanges Auslegen der zu untersuchenden Papiers im Prüfungsraum, der die Luftfeuchtigkeit von 65% besitzen soll, was man durch Hygrometer ständig kontrolliert, dafür, daß auch in dem zu untersuchenden Papier der etwaige Ausgleich abweichenden Feuchtigkeitsgehalts vor sich geht. Von dem so vorbereiteten Papier werden in Schneidvorrichtungen durch scharfen Scherenschnitt 15 *mm* breite Streifen geschnitten, die im SCHOPPERschen Festigkeitsprüfer eingespannt werden, dessen Klemmbacken 180 *mm* auseinander liegen, so daß ein Streifen von 180 *mm* Länge zur Zerreißung gelangt. Für schnelle Prüfung der Festigkeit von Papieren auf Reisen gibt es kleine, leicht tragbare Schnellpapierprüfer, bei welchen die Zerreißung nicht durch belastete Hebel, sondern durch Federkraft erfolgt. Die für diesen Apparat erforderlichen Papierstreifen brauchen nur eine Länge von 50 *mm* und 10 *mm* Breite zu haben.

Papier wird häufig, z. B. beim Einwickeln, gegen Zerknittern beansprucht. Ein festes Papier darf dabei nicht etwa in den Faltkanten brechen, sondern muß mehrfache Faltung aushalten können. Um den Widerstand gegen das Zerknittern in Zahlen angeben zu können, wendet man in Deutschland die Prüfung im SCHOPPERschen Falzapparat (Abb. 119) an. In diesem Apparat wird der Papierstreifen durch Federn gespannt erhalten und erfährt durch ein geschlitztes Metallblech eine vielmals wiederholte Faltung stets an derselben Stelle bis zum Bruch des Papierstreifens in der Faltkante. Die Zahl der „Doppelfalzungen" gibt das Maß für die Widerstandsfähigkeit des Papiers.

In England und den Vereinigten Staaten zieht man es vor, an Stelle der vorgeschriebenen Festigkeitsprüfungen den Widerstand gegen das „Durchdrücken" zu messen. Durch hydraulische Pressung wird eine gespannte Papierscheibe, z. B. im Mullen-Tester, eingedrückt. Der erforderliche Druck wird im Augenblick des Zerreißens gemessen. Diese Berstdruckprüfung führt sich neuestens auch in Deutschland ein.

Außer den Festigkeitseigenschaften eines Papiers interessiert vor allem seine Faserzusammensetzung. Man will zur Beurteilung der Güte des Papiers wissen, ob es beispielsweise frei von den die Haltbarkeit verringernden verholzten Fasern ist, oder ob es lediglich die edelsten Papierfasern, Baumwolle oder Leinen, oder deren Ersatzstoffe, die Holzzellstoffe, enthält. Zur Feststellung der Faserart ist mikroskopische Untersuchung bei mäßiger Vergrößerung erforderlich. Zur leichteren Erkennung der charakteristischen Faserarten ist es üblich, das mikroskopische Präparat anzufärben; zur Färbung dient vorzugsweise eine Jodjodkaliumlösung oder eine Chlorzinkjodlösung.

Die Jodjodkaliumlösung wird aus 20 *cm³* Wasser, 2 *g* Jodkalium, 1,15 *g* Jod und 2 *cm³* Glycerin zusammengemischt. Zur Herstellung der Chlorzinkjodlösung werden zunächst 20 *g* Chlorzink in 10 *cm³* Wasser, ferner gesondert 2,1 *g* Jodkalium und 0,1 *g* Jod in 5 *cm³* Wasser gelöst; die letztere Lösung wird zur ersteren hinzugefügt. Nach dem Absetzen eines Niederschlags wird die klare Lösung abgegossen und nach Zusatz eines Blättchens Jod zu Ausfärbungen verwendet.

In der Jodlösung zeigen verholzte Fasern gelbbraune, Zellstoffe graue, Lumpenfasern braune Farbtöne. In der Chlorzinkjodlösung färbt sich die verholzte Faser gelb, Zellstoff blau bis blauviolett, Lumpenfaser weinrot. Natürlich müssen außer den Färbungen auch noch Gestaltformen der Fasern berücksichtigt werden. Die Holzzellen kann man meist an Tüpfeln oder behöften Poren beispielsweise leicht erkennen. Bei Strohzellstoffen sind fast stets charakteristische dickwandige Oberhautzellen mit wellenförmig gebogenen Rändern vorhanden.

Die Betrachtung des mikroskopischen Bildes gestattet geübten Fachleuten, mit ziemlicher Genauigkeit das Mengenverhältnis der einzelnen Faserarten abzuschätzen. Der Betrachtung unter dem Mikroskop muß eine Auffaserung des zu untersuchenden Papiers vorausgehen, die man durch Erwärmen mit 5%iger Natronlauge vorzunehmen pflegt, worauf man noch ein Aufkochen mit viel Wasser folgen läßt. Der entstehende Faserbrei wird an einem kleinen Sieb ausgewaschen und die völlige Zerfaserung in einer Schüttelflasche nach Zusatz von Glasperlen zu Ende geführt. Bei vegetabilischem Pergamentpapier ist eine Entfaserung auf die angegebene Weise nicht durchführbar. Man kann sie jedoch mit Hilfe von Schwefelsäure bewerkstelligen, die man aus 1 Raumteil *konz.* Säure und 1 Raumteil Wasser zusammenmischt. Diese Schwefelsäure löst die verklebten Fasern voneinander; noch besser geeignet soll eine gesättigte Kaliumpermanganatlösung sein.

Der Nachweis der Verholzung kann mit Hilfe von Phloroglucin-Salzsäure schon makroskopisch sichtbar gemacht werden. Bei Anwendung verholzter Faser entsteht eine prächtige Rotfärbung, aus deren Tiefe man übrigens auch die Menge der verholzten Faser abschätzen kann. Genauer ist freilich die Abschätzung der ausgefärbten Faser im mikroskopischen Bilde. Bei gefärbten Papieren kann eine Rotfärbung auch durch Farbenumschlag der im Papier vorhandenen Farbstoffe hervorgerufen werden. Im Zweifelsfall kann man aber leicht durch Betupfen mit Säure allein und mit dem Phloroglucinreagens feststellen, ob die Färbung von verholzter Faser oder von Teerfarbstoffen herrührt. Das Phloroglucinreagens wird bereitet, indem man 1 *g* Phloroglucin in 50 *cm³* Alkohol löst und 25 *cm³* *konz.* Salzsäure unmittelbar vor der Prüfung hinzugibt.

Zur Prüfung auf den Füllstoffgehalt eines Papiers wird die Aschenprobe vorgenommen. Die Faserrohstoffe haben einen Durchschnittsaschengehalt von 1 %. Findet man also bei der Veraschung einen höheren Wert als 1 %, so liegt eine Beschwerung des Papiers mit Füllstoffen vor. Für die Veraschung sind eine Anzahl handlicher Apparate gebaut worden. Sehr gebräuchlich ist z. B., das zu veraschende Papier zusammengerollt in eine Hülse aus Platindraht zu stecken und darin zu veraschen. Das Platindrahtgewebe verhütet ein vorzeitiges Verstauben der Asche vor der Wägung; natürlich kann man aber auch im Platintiegel oder im Porzellantiegel veraschen.

Die Art der Füllstoffe kann man meist durch mikroskopische Prüfung leicht ermitteln. Im Zweifelsfall wird man nach den Regeln der chemischen Analyse die Asche auf Säuren und Basen zu untersuchen haben.

Zur Prüfung auf Leimgehalt der Papiere bringt man häufig einen Tropfen geschmolzenen Stearins, der von einem brennenden Lichte abtropft, auf das Papier. Bei Harzleimung dringt das geschmolzene Stearin durch das Papierblatt, bei Tierleim nicht. Das Harz selbst erkennt man leicht durch die Ätherprobe. Man tropft etwas Äther auf das zu untersuchende Papierblatt; nach dem Verdunsten des Äthers entsteht bei Gegenwart von Harzleim ein deutlicher Harzrand. Als beste Probe für Tierleim gilt die SCHMIDTsche Ammonmolybdatprobe. Der wässerige Auszug des Papiers, mit diesem Reagens und mit etwas verdünnter Salpetersäure versetzt, scheidet einen flockigen, weißen Niederschlag aus. Bei vermuteter Gegenwart von Casein prüft man erst mit Salpetersäure allein; Casein gibt in diesem Falle eine Fällung.

Die quantitative Feststellung des Tierleims geschieht am besten durch eine Stickstoffbestimmung nach KJELDAHL. Harzleim bestimmt man durch Ausziehen des Papiers nach vorheriger Säurebehandlung mit Äther und Wägen des Ätherrückstands.

Zur Prüfung des Grades der Leimfestigkeit eines Papiers, die für die Schreibpapiere von Wichtigkeit ist, werden gewöhnlich mit einer Ziehfeder oder Schreibfeder verschieden breite, sich kreuzende Striche auf dem Papier gezogen. Aus dem mehr oder weniger starken Auslaufen der Tintenstriche, gegebenenfalls auch aus dem Durchschlagen der Tintenstriche auf der Rückseite des Papierblatts, kann der Grad der Tintenfestigkeit beurteilt werden. Zur Beurteilung der Gleichmäßigkeit der Leimung ist eine Ergänzung dieser Prüfung durch die Tintenschwimmethode nach KLEMM zweckmäßig. Man läßt das zu untersuchende Papierblatt etwa 10′ auf Tinte schwimmen und prüft, ob und an wievielen Stellen die Tinte nach der Rückseite des Papierblatts durchgeschlagen ist.

Für viele Papiere, welche zum Einwickeln von fetthaltigen Nahrungsmitteln, insbesondere von Butter, zu dienen haben, ist eine Bestimmung der Fettdichtigkeit der Papiere von Interesse. In den meisten Fällen ist die sog. Blasenprobe ausreichend. Man läßt die Flamme eines brennenden Streichholzes auf das Papier einwirken; wenn es fettdicht ist, so entstehen im Innern des Papierblatts Blasen, weil der im Innern des Papierblatts sich entwickelnde Wasserdampf infolge der dichten Oberflächenbeschaffenheit nur schwer entweichen kann. Sicherer als die Blasenprobe ist diejenige mit Terpentin, besser noch mit Schweineschmalz. Man verreibt Öl oder Fett auf dem zu prüfenden Papierblatt und stellt fest, ob das Fett auf ein unterlegtes Schreibpapier beim Verreiben durchschlägt.

Bei vielen Papieren ist von Bedeutung die Feststellung der Vergilbungsneigung. Durch Einwirkung von Licht, Luft und Wärme, insbesondere von Licht und Wärme, kann eine Vergilbung eintreten. Sie zeigt sich besonders bei Papieren, die verholzte Fasern, also vorzugsweise Holzschliff, enthalten. Der Grad der Vergilbung steigt mit der Menge des vorhandenen Holzschliffs. Will man die Vergilbungsneigung prüfen, so ist es am besten, die Papiere dem direkten Sonnenlicht auszusetzen. An Stelle des Sonnenlichts kann eine Belichtung mit elektrischem Bogenlicht oder anderen künstlichen Lichtquellen (Quecksilberquarzlampe) treten, die jedoch nur als Notbehelf zu gelten hat. Empfohlen wird auch eine Erhitzung der Papiere auf 95°. Nach KLEMM ist die Ursache des Vergilbens bei holzfreiem Papier in dem Vorkommen seifenartiger Verbindungen des Eisens mit Harz- und Fettkörpern zu suchen. Man kann diese seifenartigen Stoffe mit einer Mischung von Äther und Alkohol aus dem Papier herauslösen, den Äther verdampfen und im Rückstand, der mit Salpetersäure aufgenommen wird, das Eisen colorimetrisch bestimmen.

Die Papiere, welche zum Einwickeln von Metallen bestimmt sind, müssen völlig frei von Chlor und freier Säure sein, damit nicht eine Veränderung der Metallwaren eintritt. Man prüft den wässerigen Auszug derartiger Papiere mit Jodkaliumstärke auf freies Chlor, das Blaufärbung hervorruft, auf freie Säure mit Kongorotlösung, die bei Anwesenheit einigermaßen erheblicher Säuremengen einen Farbenumschlag nach Blau zeigt. Ein gutes Prüfungsverfahren besteht auch darin, daß man zwischen die zu prüfenden Papierblätter unechtes Blattgold (s. Bd. II, 396) legt und im Thermostaten auf 40° erwärmt. Ein Fleckigwerden des Blattgolds zeigt die Gegenwart von schädlichen Substanzen an.

Die Löschpapiere müssen nach ihrer Saugfähigkeit bewertet werden. Man prüft diese, indem man die Höhe mißt, bis zu welcher Wasser in 10′ in dem senkrecht aufgehängten und in Wasser tauchenden Papier aufsteigt. Gewöhnlich schneidet man das zu prüfende Papier in Streifen von den Abmessungen, wie man sie für die Festigkeitsbestimmung verwendet, nämlich 15 *mm* breit und 180 *mm* lang. Bezüglich neuerer Vorrichtungen zur Gütebestimmung von Löschpapier vergleiche man die Sonderliteratur.

Saugfähige Papiere werden vielfach als Filtrierpapiere verwendet. Es ist von Interesse, die Filtergeschwindigkeit der Papiere zu messen. In einem zu diesem Zweck von HERZBERG konstruierten Apparat wird die Zeit in Sekunden gemessen, die bei Druckhöhe von 50 *mm* erforderlich ist, um bei einem Querschnitt von 10 *cm²* 100 *cm³* Wasser durchlaufen zu lassen.

Bei Druckpapieren, Briefumschlag- und Pergamynpapieren ist die Bestimmung der Lichtdurchlässigkeit zweckmäßig. Man stellt nach KLEMM fest, wie schwer und dick ein Papier sein muß, damit Licht von bestimmter Stärke nicht mehr durchdringen kann. Bei einem von KLEMM konstruierten Apparat schaltet man zwischen ein Beobachtungs- und ein Beleuchtungsrohr, welch letzteres eine HEFNER-ALTENECKsche Amylacetatlampe von Normalkerzenstärke enthält, nacheinander soviel Papierblättchen ein, bis das Licht der Lampe nicht mehr wahrgenommen wird. Der absolute Duchlässigkeitswert des Papiers wird als ein Bruch angegeben, der den Zähler 1 hat und die Anzahl der Blättchen als Nenner.

Bei Hüllpapieren, die zum Verpacken von stark riechenden Stoffen, wie Tee, Kakao, Tabak, bestimmt sind, ist sehr von Wichtigkeit, daß sie wenig luftdurchlässig sind. Für die Bestimmung der Luftdurchlässigkeit ist von DALÉN ein Apparat angegeben worden. Man saugt Luft durch ein gespanntes Papierblatt und liest an einem Manometer den Druck ab, der auf dem Papier lastet.

Wirtschaftliches. Das Papier wird vorwiegend aus Holzstoff (Holzschliff) und Holzzellstoff zu etwa 90% der Gesamterzeugung hergestellt. Die Jahreserzeugung an Papier in Deutschland kann auf 1,78 Million. *t*, diejenige der Welt auf 14,6 Million. *t* veranschlagt werden.

Literatur: *A.* Einzelwerke. DALÉN, Chemische Technologie des Papiers. Leipzig 1921. — HERZBERG, Papierprüfung Berlin 1927. — C. HOFMANN, Praktisches Handbuch der Papierfabrikation. 2 Bde. 1886—1897. — E. KIRCHNER, Technologie der Papierfabrikation. Günter-Staib, Biberach a. d. Riß; Technik und Praxis der Papierfabrikation. Verlag von Elsner. Berlin 1923—1929. Im Erscheinen. — P. KLEMM, Handbuch der Papierkunde. 2. Aufl. Leipzig 1910. — P. KLEMM, Papierindustriekalender. Mit Literaturübersichten; erscheint alljährlich. — E. MÜLLER, Die Praxis der Papierfabrikation. 2. Aufl.

Berlin 1919. — F. MÜLLER, Die Papierfabrikation und deren Maschinen. Biberach-Riss 1926. — B. POSSANNER V. EHRENTHAL, Technologie des Papiers. Leipzig 1923. — R. W. SINDALL, Paper Technology. London 1906.

B. Zeitschriften. „Papierfabrikant", „Papierzeitung", „Zellstoff und Papier", „Wochenblatt für Papierfabrikation", „Holzstoffzeitung", „Schriften des Vereins der Zellstoff- und Papierchemiker", „Auszüge aus der Literatur der Zellstoff- und Papierfabrikation", chemischer Teil, bis zum Jahre 1922 verfaßt von CARL G. SCHWALBE, dann herausgegeben von E. HEUSER; mechanischer Teil verfaßt von P. GEISSLER; erscheint vierteljährlich in der „Papierzeitung" und im „Wochenblatt für Papierfabrikation" und außerdem als Sonderdruck, „Le papier" (Paris), „World papers trade review" (London), „Paper Trade Journal" (New York), „Pulp and Paper Magazine" (Canada), „Svensk Pappers-Tidning" (Stockholm) u. a. m.   *Carl G. Schwalbe.*

Papiersorten. Die besonderen Eigenschaften der verschiedenen Papiersorten entstehen: 1. durch geeignete Maßnahmen unmittelbar bei Herstellung des Papiers; 2. durch Nachbehandlung (Veredlung).

Schon bei der Herstellung des Papiers in der Papierfabrik lassen sich seine Eigenschaften durch die Auswahl der Rohstoffe, ihre chemische und mechanische Behandlung sowie durch die Arbeit auf der Papiermaschine in weitgehendem Maße beeinflussen. Holzzellstoff (s. Bd. **VI**, 191) z. B. liefert ohne jede Nachbehandlung einerseits die in ihrer Weichheit und Saugfähigkeit an Baumwolle erinnernde Zellstoffwatte (s. Bd. **VIII**, 295), andererseits das feste, hornartige, für Wasser, Alkohol und Fett fast undurchlässige Pergamentersatzpapier (s. Bd. **VIII**, 291). Bei der Nachbehandlung und Veredlung, für die vielfach besondere Industriezweige sich entwickelt haben, wird entweder durch vorwiegend mechanische Mittel nur die Oberfläche oder die Farbe verändert, wie z. B. beim Glätten oder bei Herstellung von Buntpapier, Kunstdruckpapier, Kreppapier, oder es findet eine Tränkung statt, wie bei Paraffinpapier, Ölpapier, Wachspapier, Bakelitpapier, oder das Papier erleidet durch chemische Einwirkung eine durchgreifende Veränderung, so bei Herstellung von Pergamentpapier, Vulkanfiber. Diese chemische Einwirkung kann sogar so weit gehen, daß das Papier seine Form aufgibt und die Faser völlig in Lösung geht, z. B. bei Herstellung von Celluloid, Film, Kunstseide (s. Bd. **VII**, 20).

Der Einfachheit halber sind hier die wichtigsten Papiersorten dem Alphabet nach aufgeführt unter kurzer Angabe der Herstellungsweise und Verwendung[1]. Wegen weiterer Einzelheiten sei auf Papier (s. Bd. **VIII**, 261) und auf die hier am Schlusse angegebene Literatur verwiesen. Bei verschiedenen Bezeichnungen für eine Sorte ist auf das am meisten gebrauchte Wort verwiesen. Weniger wichtige Sorten sind unter einem Sammelbegriff mitbehandelt.

Abziehbilderpapier. Ein wenig oder gar nicht geleimtes, glattes Papier wird mit einer Lösung von arabischem Gummi einseitig bestrichen und die so erhaltene, für Druckfirnis undurchlässige Schicht mit lithographischen Bildern bedruckt. Legt man das Papier mit der Bildseite auf die zu verzierende, mit Lack bestrichene Fläche und feuchtet das Papier von der Rückseite mit Wasser an, so weicht die Gummischicht auf, und beim Abheben des Papiers bleibt das Bild auf der Unterlage haften. Dieses Verfahren (Metachromotypie) dient hauptsächlich zur Verzierung unebener Flächen in der Blechindustrie, der Spielwarenindustrie und in der Keramik. Zuerst erwähnt in dem *F. P.* 817 vom 10. Juli 1807 der Gebrüder GIRARD.

Literatur: ANDÉS, Papier-Spezialitäten. Wien und Leipzig; ferner LANGER, Die Herstellung der Abziehbilder. Wien und Leipzig.

Aktendeckel. Feine Pappe im Gewicht zwischen 250 und 500 g/m^2, Größe 36×45 und 36×47 *cm*. Dient als Umschlag zum Schutz und zur Aufbewahrung von Akten.

Alfapapier. Alfa (Stipa tenacissima) und Esparto (Lygeum spartum), zwei in getrocknetem Zustande sehr ähnliche Gräser, finden sich in Marokko, Algier,

---

[1] Für die Formate, Gewichte, Stoffmischungen und Festigkeitseigenschaften der verschiedenen Papiersorten hat der Deutsche Normenausschuß in Zusammenarbeit mit Industrie und Behörden Normen aufgestellt. Die Normblätter sind zu beziehen durch BEUTH-VERLAG, Berlin S 14. Ebenda erschien 1930: PORSTMANN, „Normformate, ihr Nutzen für Handel, Industrie und Staat".

Tripolis und im südwestlichen Spanien. Die Verarbeitung auf Papierstoff erfolgt, ähnlich wie bei der Bereitung von Strohzellstoff, durch alkalische Kochung der langen, nicht gehäckselten Halme. Die Hauptmenge wird in England verbraucht, um daraus feine, räumige Papiere von guter Durchsicht und schön ebener Oberfläche herzustellen, die vorwiegend für feine Drucksachen, Illustrationsdrucke, Chromolithographien u. dgl. Verwendung finden.

Asbestpapier, Asbestpappe, s. Bd. I, 634.

Asphaltpapier. Mit Asphaltlösung bestrichenes Papier zum wasserdichten Verpacken von Waren, die empfindlich gegen Feuchtigkeit oder für die Ausfuhr bestimmt sind (s. auch Bd. I, 645).

Autographiepapier. Auf einem mit Gelatine überzogenen Papier wird geschrieben oder gezeichnet mit einer Tinte, die sich durch einfaches Aufpressen des Papiers auf den lithographischen Stein übertragen läßt, worauf von diesem in gewöhnlicher Weise gedruckt wird.

Bakelitpapier. Eine alkoholische Lösung von Bakelit A (Bd. II, 62) wird auf das Papier aufgetragen und die übereinander geschichteten Papierlagen durch heißes Pressen verbunden; daran schließt sich eine Behandlung in einem Druckgefäß unter Erhitzung, wobei Bakelit in seine unlösliche und unschmelzbare Form übergeht. Das Bakelitpapier (Isola-, Pertinax-, Rebellit- u. s. w. Papier) hat hohe elektrische Isolierfähigkeit, ist beständig gegen Öl und findet umfangreiche Verwendung in der Elektrotechnik als Isolier- und Baustoff in Form von Platten, Röhren, Preßkörpern u. s. w., die sich auch sägen, stanzen, bohren, fräsen, hobeln und drehen lassen. Zum Schutz gegen Feuchtigkeit werden die Körper sorgfältig lackiert.

Banknotenpapier. Die Sicherheit einer Banknote gegen Fälschungen liegt teils im Aufdruck, teils im Papier. In Deutschland benutzt die Reichsbank Papier mit Wasserzeichen und „lokalisierten Fasern" nach dem Vorschlag von WILLCOX, indem man an bestimmten Teilen der Banknote Fasern einbettet, die anders gefärbt sind als das Papier und sich mit einer Nadel aus diesem herausheben lassen, also nicht aufgedruckt oder oberflächlich aufgeklebt werden. Diese Einbettung der Fasern im Papier ist nur während seiner Herstellung möglich. Andere Banken, z. B. die Bank von England, verwenden Handpapier mit einem sehr klaren, künstlerischen, schwer nachzuahmenden Wasserzeichen und geben die nach der Bank zurückgelangenden Noten nicht wieder in den Verkehr. Außer der Sicherheit gegen Fälschung wird vom Banknotenpapier hohe Festigkeit, insbesondere gegen Einreißen, Reiben, Falzen und Kniffen, verlangt, eine Forderung, die oft nur schwer mit den weiteren Forderungen vereinbar ist, daß das Papier sich auch gut bedrucken lassen und undurchsichtig sein soll. Man hat deshalb z. B. in Schweden, Rußland, Italien auch Banknotenpapiere aus 2 Schichten verwendet, deren eine das klare Wasserzeichen liefert, während die andere dem Papier die Festigkeit gibt. Für Banknotenpapier kommen nur allerbeste Fasern, insbesondere Flachs, Hanf, Baumwolle, in Betracht. Weitere Sicherungen bestehen darin, daß man leichtes Seidengewebe in das Papier einbettet.

Blumenpapier s. **Seidenpapier.**

Braunholzpapier und **Braunholzpappe.** Hergestellt aus Braunschliff (s. Bd. VI, 169). Während man aus weißem, also ungedämpftem, Holzschliff nur Pappen, keine Papiere herstellt, weil diese zu wenig Festigkeit haben würden, lassen sich aus Braunschliff hübsche naturbraune Papiere erzeugen, die genügend fest sind und guten Absatz finden.

Bromsilberpapier s. **Photographische Papiere.**

Buntpapier. Gefärbte Papiere (s. auch Bd. V, 72), die in ihrer einfachsten Form durch gleichmäßiges Auftragen von Farbmischungen (Farbe, Füllstoff und Bindemittel) auf fertiges Papier entstehen. Zuerst hergestellt durch Bestreichen von Bogen mit der Hand, jetzt durch maschinelles Auftragen und Verreiben der Farbe auf Rollenpapier, das dann — auf langsam wandernden Stäben in Schleifen aufgehängt — an der Luft getrocknet wird. Außer Farben verschiedenster Art werden auch Farblacke (s. Bd. V, 78) verwendet. Durch Aufstreuen von Metallstaub, Gold-, Aluminiumbronze (Bd. III, 692) auf mit geeigneten Bindemitteln (Tierleim, Casein, Stärkekleister, Gummi arabicum) bestrichenes Papier entstehen Gold-, Bronze- und Silberpapiere. Eine Klasse für sich bilden die Marmorpapiere, eigenartig gemusterte Papiere. Aus Tragantgummi, Carraghenmoos u. dgl. wird durch Kochen mit Wasser der „Grund", eine schleimige Flüssigkeit, hergestellt (z. B. 300 *g* Moos und 24 *l* Wasser). Auf den Grund läßt man hintereinander verschiedene, fettige Farbflüssigkeiten auftropfen, die — auf dem Schleim schwimmend — Tupfen und Adern von einer gewissen Regelmäßigkeit und doch unendlich wechselnder, reizvoller Mannigfaltigkeit bilden. Durch kurzes Auflegen von Bogen erhält man einen Abklatsch des Musters auf Papier. Beläßt man die Tupfen in ihrer natürlichen Anordnung, so erhält man „Naturmarmor", verschiebt man die Tupfen durch kammartige Werkzeuge, so ergibt sich der „gezogene" Marmor. Zum Unterschied von diesen „echten" Marmorpapieren werden Nachahmungen in der Weise hergestellt, daß man flüssige Farben auf mit dünner Farbe oder schwacher Leimlösung gestrichenes, noch nasses Papier aufspritzt (Achatmarmor, Carraramarmor u. s. w.). Fast alle diese Papiere sind nur auf einer Seite bestrichen und werden nach dem Trocknen einseitig mit Hochglanz versehen; bei gleichmäßig gefärbten Papieren wird die Fläche durch Prägungen belebt. Verwendungszwecke: Bekleben von Büchern und Schachteln, feinere Packungen, Spielsachen u. s. w.; s. auch Lederpapier.

Literatur: WEICHELT, Buntpapierfabrikation. Berlin 1927.

Büttenpapier s. Handpapier.

Butterpapier s. Pergamentersatzpapier und Einwickelpapier.

Chinesische Papiere. China erzeugt einen Teil seines Papierbedarfs selbst als Handpapier, z. B. aus Bambus, der nach einem umständlichen Verfahren mit Ätzkalk und Reisstrohasche maceriert wird. Auch Altpapier wird von Hand auf neues Papier verarbeitet. Weiter gibt es in China einige wenige moderne Papierfabriken, die Bambus, Reisstroh und Altpapier verarbeiten. Der Rest des Papierbedarfs wird durch Einfuhr gedeckt, an der auch europäische Papierfabriken (Deutschland, Österreich, Skandinavien) stark beteiligt sind. Der Chinese schreibt im allgemeinen nicht mit Feder und Tinte, sondern mit Pinsel und Tusche. Hierzu dient ein schwach geleimtes, dünnes Papier, das nur auf einer Seite mit dem Pinsel „beschrieben" wird. Das für diesen Zweck aus Europa eingeführte Papier, im Handel als „absorbing paper" bekannt, wird „einseitig glatt" (s. d.) verlangt und auf der glatten Seite beschrieben. Das gleiche Papier wird auch für Druckzwecke verwendet. Eine andere Sorte dünnes Papier wird in China einseitig mit tiefroter Farbe bestrichen, die dabei nicht durchschlagen darf, so daß das Papier also sehr gut geleimt sein muß; dieses rot gefärbte Papier soll zu einer Art Besuchskarten Verwendung finden.

Das chinesische Reispapier ist kein Papier in landläufigem Sinne, sondern besteht aus dem spiralförmig mit einem scharfen Messer geschnittenen Mark der Aralia papyrifera. Die Chinesen stellen auf diesem „Reispapier" hübsche Malereien her, die auf dem matten, weißen Grund ganz eigenartig wirken.

Chlor- und säurefreies Papier s. Einwickelpapier.

Dachpappe s. Bd. III, 519.

Diaphaniepapier. Festes Papier wird mit bunten lithographischen Bildern oder auch Mustern, etwa in Form von Butzenscheiben, bedruckt und dann durch Firnis oder Lacke durchsichtig gemacht. Neuerdings wird auch Pergamyn (s. d.) verwendet, das ja an sich schon durchscheinend ist. Es dient zum Bekleben von Fensterscheiben, um diese undurchsichtig zu machen und auch um eine an Glasmalerei erinnernde Wirkung zu erreichen.

Druckpapier umfaßt Papiere verschiedenster Art; denn es muß in seinen Eigenschaften (Leimung, Weichheit, Oberflächenbeschaffenheit) dem Druckverfahren angepaßt sein, dem es dienen soll. Am leichtesten findet sich der Buchdruck (Typendruck) mit den verschiedenen Papieren ab, wenn er auch für erstklassige Druckleistungen eine gewisse Weichheit und Elastizität sowie gleichmäßige Oberfläche voraussetzt. Soweit 2seitiger Druck in Frage kommt, wird ferner verlangt, daß der Druck nicht nach der andern Seite durchscheint. Der verbrauchten Menge nach an erster Stelle steht das Zeitungsdruckpapier (Rotationsdruck). Dieses besteht aus etwa 20—25% ungebleichtem Sulfitzellstoff (s. Bd. **VI**, 194), 80—75% Holzschliff (s. Bd. **VI**, 165) und einer gewissen Menge Kaolin (Porzellanerde), letztere teils zur Beschwerung, teils zur Aufhellung der Farbe und zur Erhöhung der Druckfähigkeit. Die frühere Leimung mit Harzzeife und schwefelsaurer Tonerde ist heute wohl überall durch die sog. mineralische Leimung ersetzt, z. B. mit Wasserglas und schwefelsaurer Tonerde, oder auch durch letztere allein. Die Festigkeit, welche hauptsächlich auf dem Holzzellstoff beruht, braucht nicht größer zu sein, als daß das Papier den Zug auf der Rotationsdruckmaschine aushält. Als Glätte genügt die sog. Maschinenglätte, d. h. man läßt das Papier auf der Papiermaschine selbst, nachdem es genügend getrocknet ist, zwischen Hartgußwalzen durchlaufen, um die Oberfläche einigermaßen einzuebnen. Die von der Papiermaschine kommenden Rollen werden umgerollt, wobei mit Hilfe von Druckrollen eine so harte Wicklung erzielt wird, daß die versandfertige Rolle beim Anschlagen mit einem harten Gegenstande wie Holz klingt; gleichzeitig wird die Länge der auf der Rolle aufgewickelten Papierbahn durch einen an dem Umrollapparat sitzenden Zähler gemessen (sie beträgt meist 10—15 km) und auf der Stirnseite der Rolle mit Stempeln bedruckt. Zeitungen mit kleiner Auflage benutzen in Bogen geschnittenes Druckpapier, weil sich für sie die teure Rotationsdruckpresse nicht lohnt. Hierher gehören auch die Papiere für Maueranschläge (Affichen) und die Prospektpapiere, die meist etwas bessere Stoffmischung haben als Zeitungsdruckpapier und im Stoff mehr oder weniger bunt gefärbt sind. Für den Buchdruck im engeren Sinne, besonders wenn die Bücher mit Bildern oder Zeichnungen versehen werden sollen, gibt man dem Papier meist eine gewisse Glätte, indem man es durch den Kalander schickt, und verbessert auch die Faserzusammensetzung, indem man den Holzschliffzusatz verringert oder ganz wegläßt, den Zellstoff bleicht und für feine Bücher Zellstoff mit Lumpen vermischt oder auch letztere allein verwendet. Wo auf gute Wiedergabe von Bildern Wert gelegt wird, muß schon bei dem noch weichen Papier auf sorgfältige Einebnung der Oberfläche geachtet werden; insbesondere sind Abdrücke des Metalltuchs, der Filze oder gar Wasserzeichen von dem Papier fernzuhalten. Am sichersten wird eine gute Druckfläche, z. B. für den Druck feiner Raster (Autotypie) oder für feine Steindruckbilder, erreicht durch einen Aufstrich von Bariumsulfat (Blanc fixe), Porzellanerde (Kaolin) und anderen mineralischen Stoffen unter Zusatz von Bindemitteln, wie Tierleim, Casein, Stärke u. s. w. (Kunstdruckpapier). Der Aufstrich erfolgt in endlosen Rollen, wie bei Buntpapier, jedoch auf beiden Seiten zugleich, und das Papier muß daher eine Strecke weit freitragend in einem senkrechten Schacht oder einem waagrechten Kanal unter Zufuhr warmer Luft weiterbewegt werden, bis der Aufstrich so weit getrocknet ist, daß er mit Walzen in Berührung kommen kann, ohne zu leiden. Von da an erfolgt die Trocknung durch ein maschinelles Aufhängen der Bahn in Schleifen auf wandernden Stäben und Aufrollen am Ende des „Gehänges". Auch dieser Aufstrich bedarf jedoch meist noch einer Glättung im Kalander, wenn man neuerdings auch dazu neigt, starken Glanz bei Kunstdruckpapier zu vermeiden.

Auch beim lithographischen Papier werden an die Oberfläche hinsichtlich Gleichmäßigkeit und Leimungsgrad bestimmte Anforderungen gestellt. Dazu kommt die Forderung, daß das Papier, wenn es bei mehrfarbigem Druck wiederholt durch die Presse geht, sich nur ganz wenig dehne, weil sonst die verschiedenen Farben nicht übereinander „passen". Deshalb schreiben viele Steindrucker vor, daß das Papier in der gleichen Richtung über die Papiermaschine läuft, in der es dann durch die Steindruckpresse geht. Oft wird auch für diese Zwecke Papier und Karton mit einem mineralischen Aufstrich (Chromopapier) verwendet, der meist etwas dicker gehalten wird als bei Kunstdruckpapier. Vielfach wird für Chromopapier geringer Rohstoff verwendet; wird dann noch mit sehr zähen Farben gedruckt, so tritt leicht das sog. „Rupfen" ein, d. h. der Aufstrich löst sich stellenweise vom Papier und bleibt am Stein hängen, so daß der ganze Druck unbrauchbar wird.

Beim Tiefdruckpapier kommt der Druck dadurch zustande, daß Bilder in eine Druckplatte, z. B. aus Kupfer, gestochen sind, daß die so entstandenen Vertiefungen mit Farbe ausgefüllt werden, und daß man dann Papier auf die Platte preßt, um die Farbe gewissermaßen aus den Vertiefungen herauszuholen. Das für solche Zwecke verwendete Papier muß weich und saugfähig sein, auch wird höchste Reinheit verlangt, da sich in den Bildern, wenn sie jahrelang, dem Licht ausgesetzt, an der Wand hängen, auch um kleinste Metallteilchen herum störende Flecke bilden.

Für Dünndruckpapier (Bibeldruckpapier, Oxford-India-Papier) wird verlangt: geringe Dicke (250 Blatt sind knapp 1 *cm* dick), geringes Gewicht, Nichtdurchscheinen des Druckes, matte Glätte, Festigkeit und ein gewisses, an Zinnfolien erinnerndes Rascheln beim Bewegen des Papiers. Man verwendet als Rohstoff allerbestes Leinen und Hanf, bleicht nur wenig und mahlt den Stoff ähnlich wie bei Zigarettenpapier. Die Undurchsichtigkeit beruht hauptsächlich auf einem hohen Gehalt an Füllstoffen, insbesondere kohlensaurem Kalk (15—20 % Asche). Das Papier wurde in England zuerst für Bibeln verwendet, u. zw. von der Oxford University Press, die im Jahre 1875 die erste auf solchem Papier gedruckte Auflage herausgab. Hergestellt wurde dieses Papier von den nahe bei Oxford gelegenen Wolvercote mills. Später diente das Papier auch vielfach zu feinen, weich gebundenen Taschenausgaben der Klassiker, und deutsche, österreichische und italienische Fabriken lernten es in guter Ausführung herstellen.

Das Dickdruckpapier (Federleicht- oder Daunendruckpapier) ist besonders weich und schwammig gearbeitet, so daß die aus ihm hergestellten Bücher, meist Reiselektüre, dick aussehen, leicht in der Hand liegen, dafür aber auch doppelt soviel Raum in der Bücherei einnehmen wie ein normales Werkdruckpapier. Dazu kommt eine geringe Festigkeit. Hergestellt wird Dickdruck am besten aus Espartozellstoff und aus Aspenzellstoff, der nach dem Natronverfahren gekocht ist. Füllstoffe werden nicht oder nur in geringen Mengen verwendet. Auf der Papiermaschine gibt man dem Papier eine grobe Rippung, d. h. man läßt auf der noch breiförmigen Papierbahn eine Drahtwalze laufen, deren Drähte sich in das Papier eindrücken, so daß dünne und dicke Streifchen im Papier nebeneinander laufen; zwischen den Fingern fühlt man nur die dickeren Streifen, so daß das Papier dadurch noch bauschiger erscheint. Für Rasterdruck (Autotypie) ist das Papier nicht geeignet, da es nicht geglättet wird, um sein Volumen nicht zu verringern. Geleimt wird $\frac{1}{2}$—$\frac{3}{4}$, d. h. man setzt 50—75 % der für Volleimung nötigen Stoffe zu.

Duplexpapier. Papiere aus 2 verschieden gefärbten Lagen. Solche Papiere können hergestellt sein 1. durch Zusammenkleben zweier verschiedenfarbiger Papiere, 2. durch Zusammengautschen, d. h. durch Zusammenpressen zweier noch weicher Papierschichten sofort nach ihrer Entstehung, 3. nach dem Dianaverfahren (Dianapapiere) (*D. R. P.* 47590) durch Auflaufenlassen von andersgefärbtem Stoffbrei auf die noch weiche, vom Sieb getragene Papierschicht, wobei beide Schichten unter dem Einfluß der Sauger und Pressen (s. Papiermaschine, Bd. **VIII**, 271, Abb. 116) eine innige Verbindung eingehen. Solche Papiere dienen hauptsächlich als Umschlag für kleinere Druckschriften, als Tapetenpapiere u. s. w.

Durchschreibpapier s. Kohlepapier.

Einseitig glattes Papier. Die noch stark feuchte Papierbahn wird auf der Papiermaschine durch kräftigen Walzendruck an einen polierten Trockenzylinder von großem (bis zu $3\,m$) Durchmesser gepreßt und darauf fertiggetrocknet, also gewissermaßen geplättet, wobei die auf dem Zylinder liegende Seite eine eigenartige Glätte bekommt.

Einwickelpapier. Zum Verpacken von Nahrungsmitteln im Kleinhandel, z. B. von Butter, Käse, Wurst, werden meist sog. fettdichte Papiere verwendet. Papiere zum Einwickeln von Gegenständen aus blanken Stahlwaren, Nadeln, echtem Silber, Kupfer und Kupferlegierungen, Trockenplatten, photographischen Papieren u. s. w. dürfen keine chemisch wirksamen Stoffe enthalten, welche den eingewickelten Waren durch Rostigwerden, Anlaufen, Flecke u. s. w. gefährlich werden.

Der chemische Nachweis dieser Stoffe — es kann sich um freie Schwefel- oder Salzsäure, freies Chlor, Schwefel und schweflige Säure aus der Zellstoffkochung, Säure abspaltende Salze von der Leimung, Sulfide, Sulfate oder Thiosulfate aus der Färberei und Bleicherei handeln — ist bei den geringen in Betracht kommenden Mengen schwierig, und man behilft sich allgemein mit praktischen Versuchen, indem man die blanken Stahlwaren u. s. w. einmal in das zu prüfende Papier und dann in ein bereits bewährtes Papier einwickelt. Zum Abkürzen des Versuchs lagert man die Proben unter Glasglocken bei künstlich erhöhter Luftfeuchtigkeit oder in Trockenschränken bei erhöhter Temperatur. Nicht immer ist das Papier der „schuldige Teil", z. B. kann durch starken Wechsel der Temperatur und der Luftfeuchtigkeit oder durch von der Gasbeleuchtung stammende schweflige Säure in der Luft ein Rosten oder Anlaufen der Metalle eintreten, auch wenn sie in chemisch reines Filtrierpapier oder in anderwärts bewährtes Papier eingewickelt sind.

Siehe auch Packpapier, Paraffinpapier, Pergamentpapier, Pergamentersatzpapier, Pergamyn.

Elektrotechnische Papiere. Hauptsächlich in Betracht kommen die sog. Kabelpapiere; diese dienen zum Isolieren der Kabeldrähte, u. zw. wird das Papier in Streifen von $5-70\,mm$ Breite geschnitten, mit denen man durch besondere Maschinen die Drähte bewickelt. Für Schwachstrom genügt im allgemeinen Papier aus Holzzellstoff; für Starkstrom- und Seekabel wird meist reines Manilapapier vorgeschrieben, einmal wegen der höheren mechanischen Beanspruchung und dann, weil bis jetzt keine Erfahrungen darüber vorliegen, ob Zellstoff sich auf die Dauer ebensogut verhält wie Manila. Meist wird von den Kabelfabriken oder den beteiligten Behörden eine bestimmte Festigkeit und Dehnung des Kabelpapiers vorgeschrieben. Ferner wird außer gutem Isolationsvermögen möglichst geringe Induktionsfähigkeit verlangt. Bei Schwachstromkabeln, z. B. Telephonkabeln, überläßt man dem Papier an sich die Isolierung; bei Starkstrom- und Seekabeln wird das ganze Kabel nach der Papierwicklung mit Harzöl u. dgl. getränkt. Von größter Bedeutung für die elektrische Isolierung ist, daß das Papier dauernd so trocken wie möglich ist; deshalb wird auch das Schwachstromkabel nach dem Bewickeln mit Papier scharf getrocknet und mit einer Bleihülle umpreßt. Starkstrom- und Seekabel werden nach der Bewicklung mit dem Papier ebenfalls scharf getrocknet (zum Teil unter Vakuum) und kommen dann sofort in das heiße Harzöl, wobei ebenfalls Vakuum angewendet werden kann, um die Luft herauszuholen und das Isoliermittel besser eindringen zu lassen. Es folgt dann der Bleibelag und darüber die übliche Eisenarmierung u. s. w.

Für Kondensatoren in der Fernsprechtechnik dient sog. **Kondensatorpapier**, ein sehr dünnes Papier aus schleimig gemahlenem Zellstoff, das mit sog. festen Ricinusöl getränkt und abwechselnd mit Staniolelektroden verlegt wird. Das Papier muß chemisch inaktiv sein sowie hohe Durchschlagspannung (Isolierwiderstand) haben; s. auch Bakelitpapier.

Elfenbeinpapier, -karton. Aus mehreren Schichten meist mit Stärkekleister zusammengeklebtes Papier oder Karton von feiner, gelblichweißer Farbe, meist für Besuchskarten benutzt.

Espartopapier s. Alfapapier.

Farbige Papiere s. Papier, ferner Buntpapiere, gemusterte Papiere.

Fettdichtes Papier s. Pergamentersatzpapier.

Filtermasse wird zum Filtrieren von Bier, Wein, Likör, Zuckerlösungen u. s. w. benutzt. Als Rohstoff dienten früher fast ausschließlich Baumwollumpen, die in der aus der Papierfabrikation bekannten Weise trocken gereinigt, sortiert, gekocht, gewaschen, gebleicht und gemahlen wurden. Heute wird vielfach auch Holzzellstoff verwendet. Der Faserbrei wird von Hand in etwa 1 cm dicke Kuchen geschöpft (s. Handpapier), leicht ausgepreßt und bei niedriger Temperatur getrocknet. Gute Filtermasse muß weiß, weich, geschmack- und geruchlos sein, keine Knoten enthalten, sich in Wasser leicht zerteilen lassen und natürlich vor allem gutes Filtriervermögen besitzen.

Filtrierpapier. Bei den groben Sorten für die Haushaltung und die Industrie wird in erster Linie Wert auf raschen Durchgang des Filtrats gelegt; bei den Filtern für chemische Analyse wird vor allem chemische Reinheit und restloses Zurückhalten der Niederschläge verlangt. Als Rohstoff dienen bis jetzt fast ausschließlich Baumwollumpen; doch wurde festgestellt, daß auch Filtrierpapiere aus Holzzellstoff bei sorgfältiger Herstellung und Reinigung für die Zwecke der analytischen Chemie gut geeignet sind. Die Hauptmenge der Filtrierpapiere wird auf der Papiermaschine hergestellt, die feineren Sorten jedoch von Hand geschöpft und im Winter nach dem Schöpfen und Pressen zum Gefrieren aufgehängt; dadurch ergibt sich eine besonders feinporige Struktur, der das Papier bei guter Festigkeit und Filtriergeschwindigkeit ein sicheres Zurückhalten der feinsten Niederschläge verdankt. In HERZBERGS Papierprüfung, 4. Aufl., S. 214, wird beschrieben, wie man in bestimmter Weise ausgefälltes Bariumsulfat als Maßstab für die Scheidungsfähigkeit eines Filtrierpapiers benutzen kann. Weiter wäscht man die feinsten Sorten mit Salz- und Flußsäure, um sie „chemisch rein und aschefrei" zu machen. Sog. gehärtetes Papier für Saugfilter ergibt sich durch Befeuchten mit Salpetersäure von 1,42 spez. Gew., Auswaschen mit 0,5 %iger Ammoniaklösung und Trocknen; gegebenenfalls wird der Vorgang wiederholt; man erhält dabei ein Papier, das auch in feuchtem Zustande zäh und fest ist. Feste, gut filtrierende Papiere werden auch in der Weise hergestellt, daß man zwischen 2 Lagen Filtrierpapier sofort nach deren Herstellung ein weitmaschiges, zartes Gewebe einbettet. Weiter hat man neuerdings schwarzes Filtrierpapier hergestellt, von dem sich hellfarbige Niederschläge besser abheben und so sicherer abspülen lassen.

Filzpappe ist ähnlich wie Rohdachpappe hergestellt (s. Dachpappe, Bd. III, 519), nur dicker herausgearbeitet.

Flammsichere Papiere. Dem Papier sind hygroskopische Salze einverleibt oder solche, die beim Erhitzen unbrennbare Gase entwickeln, oder Salze, die den Fasern einen schwer brennbaren Überzug geben. Eine brauchbare Mischung solcher Salze besteht aus 40% phosphorsaurem Ammonium, 40% schwefelsaurem Ammonium, 10% Chlorammonium, 10% Chlormagnesium; vgl. Bd. V, 387, 391. „Flammsicherheit" ist nicht „Feuersicherheit"; auch die flammsicheren Papiere werden schließlich verkohlt, wenn die Hitze lange genug einwirkt; doch glimmt das Papier nicht weiter und entwickelt keine Flamme.

Fliegenpapier. Löschpapier wird mit einer Lösung von Arsenik und Zucker oder Koloquinten getränkt und getrocknet. Eine ungiftige, wenn auch natürlich weniger wirksame Tränkflüssigkeit besteht aus 10 g Kaliumbichromat, 30 g Zucker, 2 g ätherischem Pfefferöl, 20 g Alkohol, 120 g destilliertem Wasser.

Fließpapier s. Löschpapier. Gelatinepapier s. lichtempfindliche Papiere.

Gemusterte Papiere. Unter Buntpapier ist die Herstellung von farbigen Mustern auf fertigem Papier beschrieben. Hier sollen noch die vom Stoffbrei oder halbfertigen Papier ausgehenden Verfahren gestreift werden. Marmorartige oder wolkige Wirkungen entstehen, wenn man Farblösungen oder gefärbten Papierbrei in den auf das Langsieb auflaufenden Papierbrei tropfen läßt. Reliefartige Papiere ergeben sich, wenn man das noch höckerige Papier kurz nach seiner Entstehung auf dem Langsieb seitlich aus Düsen mit Farbstofflösungen anbläst. Eigenartige Muster entstehen ferner durch Verdrängen des Papierstoffs an bestimmten Stellen mit Hilfe von Vordruckwalzen, die auf dem noch weichen Stoff rollen, und scharfes Kalandern des Papiers; da, wo die Vordruckwalze den Stoffbrei teilweise verdrängt hat, ist das Papier dünner, erhält also beim Kalandern weniger Druck und bleibt deshalb heller. Besonders Einwickel- und Umschlagpapiere lassen sich auf diese einfache Weise mit zarten, Ton in Ton erscheinenden Mustern beleben. Weitere Einzelheiten sind zu ersehen aus E. Heuser, „Färben des Papiers auf der Papiermaschine", Berlin.

Glaspapier s. Schleifpapier. Goldpapier s. Buntpapier.

Graupack, auch Schrenzpapier genannt. Hergestellt aus unsortierten Papierabfällen; bestand früher aus Schrenz, d. h. den beim Sortieren der Lumpen entstehenden Abfällen, die alle möglichen Farben und Faserarten enthalten, und ein weiches, billiges, infolge Mischung vieler Farben stets graues Packpapier liefern. Das gleiche gilt für Graupappe (Schrenzpappe).

Gummiertes Papier. Für manche Verwendungszwecke, z. B. Postfreimarken, Etiketten u. s. w., streicht man die Rückseite des Papiers mit einem Klebstoff, am besten Gummi arabicum; für billige Sorten wird auch Dextrin verwendet.

Der Klebstoff wird mit einer Walze aufgetragen, gegen die eine in den Klebstoff tauchende Walze anliegt. Die Herstellung erfolgt am besten in endlosen Rollen, wobei das Papier sofort nach dem Auftragen des Klebstoffs über einen Trockenzylinder geht. Das beim Trocknen des Aufstrichs eintretende Rollen des Papiers beseitigt man, indem man die Gummischicht bricht, d. h. man zieht das Papier über scharfe Kanten oder prägt es zwischen gravierten Walzen. Streifen aus gummiertem Papier dienen neuerdings zum Verschließen von Paketen und Versandschachteln an Stelle von Schnur.

Handpapier (Büttenpapier). Die Schöpfform, ein mit feinem Drahtsieb bespannter Rahmen mit einem ringsum laufenden, erhöhten, abnehmbaren Wulst, Deckel genannt, wird in den Papierbrei eingetaucht, wobei sich eine gleichmäßige Faserschicht auf dem Sieb niederschlägt, die nach Abnehmen des Deckels auf einen nassen Filz abgeklatscht wird. Darüber kommt ein weiterer Filz, auf den wieder ein Bogen geklatscht wird, u. s. w. Nachdem ein genügend hoher Stoß (Pausch) entstanden ist, kommt er unter die Presse, worauf die Bogen vom Filz abgehoben und zum Trocknen aufgehängt werden. Die getrockneten Bogen werden in eine schwache Leimlösung getaucht, die — je nach der Beschaffenheit des Papiers und der verlangten Härte und Leimfestigkeit — 2—5 kg Tierleim in 100 l Wasser enthält. Darauf wird wieder gepreßt, getrocknet und geglättet. Handpapier dient nur noch für besondere Zwecke, wo ein entsprechender Preis bezahlt werden kann.

Hektographenpapier. Anstatt die Hektographenmasse (meist aus Leim und Glycerin bestehend) in eine Blechwanne zu gießen, wird sie warm auf Papier aufgetragen und getrocknet. Man schreibt wie gewöhnlich mit Hektographentinte auf gut geleimtem Papier, drückt dieses auf das Hektographenpapier und macht davon in bekannter Weise Abzüge.

Holzpappe. Man versteht darunter die aus weißem Holzschliff (s. Bd. **VI**, 165) hergestellte Pappe, die zwar hübsch weiß, dafür aber auch weniger fest und zäh ist als die aus gedämpftem Holzschliff hergestellte Braunholzpappe (s. auch Pappe).

Hülsenpapier. In den Spinnereien setzt man auf die Spindeln konische Papierröhrchen (Hülsen), um das Garn besser auf der Spindel haften zu lassen und um das daraufgewickelte Garn dann leichter von der Spindel abziehen zu können. Diese Hülsenpapiere werden in verschiedenen Farben verlangt, weil man durch die Farbe der Hülsen die verschiedenen Spinnpartien kennzeichnen will.

Jacquardpappe. Feine, zähe, dem Preßspan ähnliche Pappe, die, mit Löchern in bestimmter Anordnung versehen, im Jacquardwebstuhl Verwendung findet.

Japanisches Papier. Einige japanische Handpapiere (die nach europäischer Art maschinell hergestellten Papiere scheiden hier aus) zeigen eine Zähigkeit, Weichheit und Geschmeidigkeit, die auf dem vorzüglichen Rohstoff und der schonenden Behandlung des Papierbreis beruhen.

Hauptsächlich verwendet wird Broussonetia papyrifera, japanisch Kodsu (Papiermaulbeerbaum), Wickstroemia canescens (Gampi), Edgeworthia papyrifera, japanisch Mitsumata, eine Seidelbastart. Von den Schößlingen wird die Rinde mit dem Bast abgezogen, in warmem Wasser geweicht, und die Rinde mit einem stumpfen Messer abgeschabt. Der verbleibende Bast wird mit Aschenlauge, Natronlauge oder Kalk gekocht und in steinernen Mörsern mit hölzernen Stampfhämmern, die teilweise auch durch Wasserkraft bewegt sind, in Papierbrei verwandelt. Dieser wird, wie unter Handpapier beschrieben, zu Papier verarbeitet.

Durch Tränken des so erzeugten Papiers mit bestimmten, in Japan gewonnenen Ölen und Lacken entstehen Öl- und Lederpapiere von hervorragender Geschmeidigkeit, Festigkeit und Haltbarkeit, die für Fenster, Regenschirmbezüge, Kleidungsstücke, Hüte u. s. w. dienen. Bekannt sind ferner die feinen, geschmeidigen japanischen Seidenpapiere, die insbesondere als Kopierseidenpapier und für Servietten auch in Europa viel Verwendung finden. Sehr beliebt sind weiter die japanischen Druckpapiere wegen ihrer weichen, gleichmäßigen Druckfläche, insbesondere für Holzschnitte, Kupferstiche und Radierungen.

Kabelpapier s. Elektrotechnische Papiere.

Kalanderwalzenpapier. Die Papierwalzen des Kalanders (s. Bd. VIII, 272) bestehen aus einem Stahlkern, auf den Papierscheiben gesteckt, zwischen den Endscheiben hydraulisch gepreßt und dann abgedreht werden. Das dafür verwendete Papier wird meist aus Halbwolle weich und locker hergestellt und in viereckige Stücke geschnitten; diese werden dann in der Mitte mit einem Loch zum Aufschieben auf den Kern versehen. Die Blätter werden so auf den Kern geschoben, daß sie gegeneinander um 180° versetzt liegen, um die Unterschiede in der Lauf- und Querrichtung des Papiers auszugleichen. Dann wird hydraulisch scharf gepreßt, die Endscheibe aufgesetzt und der Papierbelag auf der Drehbank abgedreht.

Karton. Bezeichnung für einen Übergang in der Dicke zwischen Papier und Pappe, etwa 150—500 g/m^2 wiegend. Bis etwa 300 g/m^2 wird Karton aus einem Guß auf der Papiermaschine hergestellt, darüber hinaus werden 2—8 Lagen mit Stärkekleister zusammengeklebt, und man spricht von 2fachem Karton u. s. w. (Geklebter Karton spaltet sich beim Einlegen in heißes Wasser, oder wenn man ihn an der Kante anbrennt.) Bei 3 und mehr Lagen wird die mittlere Schicht (die Einlage) der Billigkeit wegen mitunter aus geringerem Papier genommen als die 2 Außenschichten. Bei Elfenbeinkarton, wo eine helle, leicht gelbliche Färbung und leichtes Durchscheinen verlangt wird, kommt natürlich eine geringere Einlage nicht in Betracht. Zweifarbige Kartone entstehen durch Aufeinanderkleben verschiedenfarbiger Papiere. Außer durch Kleben kann man mehrlagigen Karton auch in der Weise herstellen, daß man z. B. auf Rundsieben mehrere Lagen Papier erzeugt und in noch nassem Zustande durch einfachen Druck, also ohne Klebstoff, vereinigt. Auch hier können die einzelnen Schichten aus Stoff von verschiedener Farbe oder Güte bestehen.

Klosettpapiere sind meist aus Zellstoff und Holzschliff hergestellt, mitunter auch gekreppt. Aufmachung meist in Rollen mit querlaufender Perforierung.

Kohlepapier. Festes, dünnes Papier wird auf einer Seite mit einer Paste bestrichen, die aus feinen Körperfarben, wie Lampenruß, Elfenbeinschwarz, Ultramarin, Pariserblau und grüner Seife zusammengerieben ist. Kohlepapier wird hauptsächlich gebraucht, um beim Schreiben gleichzeitig ein Doppel der Schrift herzustellen, indem man zwischen 2 Bogen das Kohlepapier legt, mit der Farbseite nach unten. Schreibt man nun auf dem oberen Bogen mit einem harten Bleistift, so färbt das Kohlepapier an den beschriebenen Stellen auf den unteren Bogen ab, so daß auf diesem eine genaue Durchschrift des oberen erscheint. Ebenso werden Durchschläge auf der Schreibmaschine hergestellt, indem man mehrere Bogen mit zwischenliegendem Kohlepapier in die Maschine spannt.

Kopierpapier. Man versteht darunter teils Seidenpapier, wie es zum Abklatschen von Tintenschrift dient (s. Seidenpapier), teils Kohlepapier (s. d.), schließlich auch Photographische Papiere und Lichtpauspapiere (s. Lichtempfindliche Papiere).

Kraftpapier wird hergestellt aus Holzzellstoff, der nach dem Sulfatverfahren (s. Bd. VI, 192) gewonnen und dabei nicht völlig gar gekocht ist. Derartiger Zellstoff liefert hübsche braune Papiere von besonderer Festigkeit und Zähigkeit.

Kreppapier. Die Kreppfalten werden entweder gleich auf der Papiermaschine oder nachträglich auf besonderen Maschinen erzeugt. Im ersten Falle läßt man das auf die obere Naßpreßwalze gepreßte, nasse Papier gegen den Schaber dieser Walze laufen, wobei es zusammengestaucht und gefältelt wird. Dünnere Papiere werden auch auf dem Trockenzylinder gekreppt, indem man sie durch die Hitze auf dem Trockenzylinder (Servietten, Handtücher, Klosett-, Blumenpapier) festbacken läßt, so daß sie beim Anlaufen gegen den Schaber des Trockenzylinders gestaucht und gefältelt werden. Schließlich wird bei kleineren Aufträgen noch in der Weise gearbeitet, daß man fertiges, dünnes Papier durch eine schwache Kleisterlösung führt und dann auf einen Trockenzylinder preßt, an dessen Schaber es gekreppt wird; durch Beimischung von Farben zu der Kleisterlösung kann man gleichzeitig das Papier in einfacher Weise färben. Verwendungszweck: Servietten, Tischtücher, Taschentücher, Handtücher, Blumenseidenpapier, Lampenschirme, Klosettpapier, Sackpapier. Japanische Papiere sind von Hand in der Weise gekreppt, daß man das feuchte Papier auf einen Stock rollt und auf diesem mit Hilfe eines gelochten Brettes zusammenstaucht. Dies wird unter erneutem Aufrollen und Drehen des Papiers vielmals wiederholt.

Landkartendruckpapier. Landkarten werden meist auf der Steindruckpresse hergestellt; es gelten also für Landkartenpapier dieselben Forderungen, wie unter Druckpapier (Lithographie) beschrieben. Dazu kommt, daß für Karten, die im Felde oder auf See gebraucht werden, hohe Festigkeit und Widerstand gegen Falzen sowie eine möglichst große Reibfähigkeit, auch in feuchtem Zustande, verlangt werden; dabei wird für militärische und Marinezwecke verlangt, daß die Karten beschreibbar bleiben sollen. Ölen und Lackieren ist daher ausgeschlossen, und man muß trachten, die geforderten Eigenschaften durch beste Rohstoffe, Sorgfalt bei Mahlung, Leimung und Herausarbeitung des Faserstoffs zu erreichen.

Lederpapier. Ein zähes Papier wird wie Buntpapier bestrichen, jedoch mit Farbe, der feuchthaltende Mittel, wie Glycerin, beigegeben sind; dann wird das Papier durch Prägung mit einer Ledernarbe versehen, die ebenfalls zur Weichheit und Geschmeidigkeit beiträgt, und schließlich an der Oberfläche mit Lack oder Schellacklösung bestrichen. Mitunter wird Lederpapier auch gleichbedeutend mit Braunholzpapier gebraucht (s. auch Japanische Papiere und Kreppapiere).

Lederpappe, auch Braunholzpappe genannt, wird hergestellt aus Braunholzschliff (Bd. VI, 169). Diese Pappe ist wesentlich zäher und fester als die aus ungedämpftem Holzschliff erzeugte, hat eine je nach der Dauer der Dämpfung des Holzes und der dabei eingehaltenen Temperatur mehr oder weniger tiefe Braunfärbung und wird in großen Mengen hergestellt. Lederabfälle, die allerdings versuchsweise schon zugesetzt wurden, enthalten diese Pappen nicht.

Lichtempfindliche Papiere. Darunter fallen: Lichtpauspapiere und Photographische Papiere, s. d. Bd. VIII, 444.

Lithographiepapier s. Druckpapier.

Löschpapier. Feine Sorten bestanden früher nur aus weichen, mürben Baumwollumpen, die mit calcinierter Soda oder Ätznatron vorsichtig gekocht und ebenso vorsichtig gebleicht wurden. Auch gab man den Lumpen durch Gärung oder Gefrierenlassen besondere Weichheit. Heute versteht man, auch aus Aspen- und Pappelholzzellstoff Papiere von hoher Saugfähigkeit herzustellen. Bei der Mahlung im Holländer ist der Brei dünn zu halten; die Messer der Walze sollen außen nur 2—4 mm stark sein, und die Walze soll stark auf den Grundwerkmessern aufliegen.

Auf der Papiermaschine darf das Papier nur ganz wenig gepreßt werden, damit es recht schwammig bleibt. Die Güte von Löschpapier wird ausgedrückt durch die Saughöhe, d. h. man läßt einen 15 *mm* breiten Streifen mit einem Ende in Wasser tauchen und beobachtet, wie hoch das Wasser in 10' steigt. Die Saughöhe beträgt bei feinen Löschpapieren bis 120 *mm*, vereinzelt auch bis 200 *mm*, bei Schullöschpapieren, die vielfach auch Holzschliff enthalten, nur 20—40 *mm*.

Manilapapier. Manilahanf, Bastfasern von Musa textilis und anderen Musaceen, liefern ein besonders festes und zähes, braunes Packpapier. Die Bezeichnung Manila ist häufig mißbräuchlich verwendet worden. Wenn man ein aus Hanftauen hergestelltes Papier so nennt, mag das noch hingehen; aber es ist vorgekommen, daß auch braungefärbte Zellstoffpapiere unter dieser Bezeichnung gehen.

Maschinenglattes Papier. Zwischen den Trockenzylindern der Papiermaschine sind gegen das Ende der Trockenpartie Hartguß-Walzenpressen eingebaut, durch die das Papier mit einem geringen Feuchtigkeitsgehalt geführt wird, um die gröbsten Unebenheiten niederzupressen und eine matte Glätte, die sog. Maschinenglätte, auf dem Papier hervorzurufen. So ist z. B. alles Zeitungsdruckpapier „maschinenglatt", im Gegensatz zum „einseitig glatten" und „satinierten" Papier (s. d.).

Matrizenpappe (Stereotypiepappe) ist eine sehr weiche, dabei zähe Pappe und dient in der Buchdruckerei dazu, von dem Satz einen scharfen, vertieften Abdruck zu machen; diese Matrize des Satzes wird dann mit Letternmetall ausgegossen, und die so erhaltenen Druckplatten werden um die Druckzylinder der Rotationspressen herumgelegt. Früher benutzte man solche Pappen oder auch viele nacheinander auf den Satz gepreßte, mit Klebstoff erweichte Seidenpapierlagen, um durch Ausgießen der aufbewahrten Matrize den abgelegten Satz bei Bedarf neu erstehen zu lassen.

Melierte Papiere. Manchen Papieren, wie Umschlag-, Konzept- oder Löschpapieren, gibt man dadurch eine Verzierung, daß man dem Stoffbrei, sei es im Holländer oder auf der Papiermaschine, andersgefärbte Fasern zusetzt. Diese Färbung muß natürlich „echt" sein, so daß die Melierfasern nicht auf die übrigen Fasern abfärben (bluten). Eine Art Melierung stellen auch die „lokalisierten Fasern" auf unseren Banknoten dar (s. d.).

Mottenpapier. Saugfähiges Papier wird, auf einer warmen Platte liegend, mit einer geschmolzenen Mischung aus 50 Tl. Naphthalin, 25 Tl. Phenol und 25 Tl. Ceresin bestrichen. Zum Gebrauch legt man es einfach zwischen die vor den Motten zu schützenden Kleidungsstücke.

Nadelpapier s. Einwickelpapier.

Nitrierpapier. Um Baumwollumpen und Holzzellstoff für das Nitrieren (s. Bd. III, 128) in eine gleichmäßige, fein verteilte Form zu bekommen, hat man die Fasern nach dem Kochen und Bleichen auf dünnes Papier verarbeitet und dabei meist gekreppt. Die Papierrollen werden dann maschinell in kleine Fetzen zerissen und nitriert, um daraus Sprengstoffe, Celluloid u. s. w. herzustellen.

Notendruckpapier wird lithographisch bedruckt und muß daher die bei Lithographiepapier üblichen Eigenschaften aufweisen (s. auch unter Druckpapier).

Notenrollenpapier. Apparate zum mechanischen Klavierspiel werden dadurch betätigt, daß ein Streifen aus zähem, festem Karton, welcher in bestimmter, den Noten entsprechender Anordnung Löcher trägt, durch den Apparat rollt. Jede Abnutzung der Lochkanten oder ihre Verschiebung durch Längenänderung im Papier ist natürlich störend für die genaue Wiedergabe des Musikstücks und muß deshalb durch Verwendung vorzüglich fester Rohstoffe und durch eine gewisse Dicke des Papiers verhindert werden. Am besten sind Papiere mit Oberflächenleimung (Tierleim) oder sonstiger Nachimprägnierung.

Notenschreibpapier. Gut geleimtes, glattes, festes Schreibpapier mit Notenliniatur.

Ölpauspapier s. Pauspapier.

Packpapier. Unter Einwickelpapier sind einige Spezialpackpapiere beschrieben, an die ganz bestimmte Anforderungen gestellt werden. Zu den Packpapieren gehören ferner Paraffinpapier, Pergamentpapier, Pergamentersatzpapier, Pergamyn, die unten erwähnt sind. Die übrigen Packpapiere allgemeiner Art verdanken ihre Eigenschaften, wie Farbe, Festigkeit u. s. w., vorwiegend dem Rohstoff, aus dem sie bestehen und der meist auf möglichst einfache Weise zu Papier verarbeitet wird. Papiere dieser Art sind Graupack- oder Schrenzpapier (s. d.), Braunholzpapier (s. d.), Strohpapier (s. d.), Zellstoffpapier, letzteres meist in der hellen Naturfarbe des ungebleichten Sulfitzellstoffs oder der kaffeebraunen des Natronkraftzellstoffs (s. Kraftpapier). Diese Kraftpapiere erreichen ganz ansehnliche Festigkeiten und werden darin nur von den echten Hanf- und Manilapapieren übertroffen, die allerdings als Packpapier ihres hohen Preises wegen nur wenig in Betracht kommen, sondern für besondere Zwecke, z. B. Kabelbewicklung, Papiersäcke, Verwendung finden. Neuerdings verwendet man Packpapier in Rollen, von denen man sich je nach dem zu verpackenden Gegenstand eine bestimmte Länge abreißt mit Hilfe eines Lineals, das sich federnd an die Rolle anlegt.

Papierfässer. Die PAPYROPLASTWERKE, Penig in Sachsen (ausgehend von den Patenten MAUERSBERGER), sowie andere Firmen haben Verfahren entwickelt und Maschinen herausgebracht, die fast ohne Nachhilfe durch Menschenhand aus Altpapier feste, klangharte, konische Fässer mit „angegossenem" Boden und dazu passendem Deckel herstellen. Auch Verpackungsmaterial, Milchflaschen u. s. w. werden in großem Umfange aus Holzzellstoff hergestellt.

Papiergarn s. Bd. VIII, 296.

Papiermaché (wörtlich gekautes Papier). Aus Papier oder Pappe oder aus Papierbrei geformte, hydraulisch gepreßte und meist mit Lack überzogene Gegenstände, wie Eimer, Waschbecken, Servierbretter, photographische Schalen. Vor dem Lackieren behandelt man die Gegenstände mit Lösungen oder Emulsionen von Tierleim, Harz, Kautschuk, Ölen, Fetten oder setzt solche Stoffe auch schon in der Masse zu, weil sonst bei Beschädigung der Lackschicht Wasser in die darunterliegende Masse eindringen und sie aufweichen kann. (Vgl. auch *Kunststoffe* 1928, 6, 9.)

Papiersäcke. Schon vor dem Weltkriege hat man in Amerika aus Papier geklebte Säcke für Zement, Mehl u. dgl. verwendet. In Europa hat erst der Krieg dazu geführt, Zement, gelöschten Kalk, Düngemittel, Futtermittel u. s. w. in Papiersäcken zu verfrachten. Insbesondere hat man Säcke aus gekrepptem Papier und solche aus mehrfachen Papierlagen verwendet, auch die Verschlußfrage befriedigend gelöst. Vorteile bei Verwendung von Papiersäcken sind: Mehl, Zement u. s. w. stauben nicht nach außen durch und sind gegen Luftfeuchtigkeit besser geschützt als in Textilsäcken; auch bleibt beim Entleeren weniger darin hängen; die Rücksendung der leeren Säcke entfällt, ebenso die Kontrolle und das Flicken der leeren Säcke.

Pappe. Wurde ursprünglich, wie schon der Name sagt, durch Zusammenkleben (Pappen) mehrerer Lagen Papier hergestellt. Später lernte man große Dicken durch Zusammenpressen noch feuchter Papierschichten zu erzeugen (Zusammengautschen); so entsteht 1. die Handpappe (Wickelpappe) ohne Klebstoff durch Herumwickeln der vom Rundsieb kommenden nassen Schicht um die Formatwalze, bis die gewünschte Dicke erreicht ist, worauf der Belag aufgeschnitten, hydraulisch gepreßt und getrocknet wird. 2. Bei mehreren zu einer Pappmaschine vereinigten Rundsieben werden so viele Lagen, als Rundsiebe vorhanden sind, durch Druck vereinigt, wobei auch doppelfarbige Pappen und solche mit billigen Mittelschichten ohne weiteres herzustellen sind; hier wird also die Pappe nicht absatzweise, sondern in fortlaufendem Arbeitsgang gebildet, auf Trockenzylindern getrocknet, zwischen Hartgußkalandern geglättet und auch sofort auf Format geschnitten, so daß hier mit weniger Handarbeit eine weit höhere Mengenleistung herauskommt als bei der Wickelpappe.

Für Pappen gilt als normale Größe 70 × 100 cm; die Nummer der Pappen, z. B. 100er-Pappe, bedeutet, daß auf 50 kg 100 Pappen 70 × 100 cm gehen. Für Maschinenpappen gilt Nr. 80—200 (etwa 900—350 g/m²), für Handpappe Nr. 50—150 (etwa 1425—475 g/m²) als normal; für dickere und dünnere Sorten wird ein entsprechender Mehrpreis berechnet. Weitere Einzelheiten s. unter Braunholzpappe, Graupappe, Jacquardpappe, Matrizenpappe, Preßspan, Strohpappe.

Papyrolin. Papier, mit Gewebe (Gaze, Schirting) zusammengeklebt, für Wertbriefumschläge, Ausweispapiere, Anhängetiketten, Musterbeutel u. dgl. Je nach dem Verwendungszweck liegt das Gewebe entweder obenauf, oder es ist zwischen 2 Papierlagen eingebettet. Das Zusammenkleben erfolgt entweder von Hand in Bogenform, oder maschinell in endlosen Rollen, die durch Auftragwalzen mit Klebstoff versehen, zwischen Preßwalzen vereinigt und auf Trockenzylindern getrocknet werden.

Paraffinpapier. Das mit Paraffin, Wachs oder Ceresin zu tränkende Papier wird, meist in Rollenform, durch die geschmolzene Masse gezogen, der Überschuß durch Schaber abgestrichen, die Bahn zur Abkühlung in einigen Windungen auf- und abgeführt und dann wieder aufgewickelt. Paraffinpapier dient zur luft- und wasserdichten Verpackung von Keksen, Schokolade, wasseranziehenden Salzen, zur Herstellung von Papierbechern u. dgl. m.

Patronenpapier dient zum Wickeln der Hülsen von Schrotpatronen. Das Papier muß zähe und elastisch sein, um eine gewisse Ausdehnung beim Schuß zu ertragen. Ferner muß die Dicke des Papiers genau nach Vorschrift ausfallen, weil sonst die Hülse bei einer bestimmten Anzahl von Wicklungen entweder zu dick wird und sich nicht ins Gewehr einführen läßt, oder zu kleinen Durchmesser bekommt und deshalb beim Schuß platzt, ehe die Innenwand des Laufs den Druck der Pulvergase aufnehmen kann.

Pauspapier. Ölpauspapier besteht aus gut geglättetem Papier, das mit Öl, meist Leinöl, getränkt ist, um es durchsichtig zu machen. Naturpauspapier ist nicht getränkt, sondern verdankt seine Durchsichtigkeit der „schmierigen", d. h. lange fortgesetzten Mahlung des aus Hanf, Flachs oder Holzzellstoff bestehenden Papierbreies. Dieses Papier ist fester als Ölpauspapier und hat vor letzterem den Vorzug, Bleistift, Tusche und Tinte besser anzunehmen und nicht so leicht zu vergilben.

Pergament wird aus tierischen Häuten bereitet; meist wird Schafshaut benutzt, die man zunächst wie in der Gerberei einkalkt und enthaart. Dann wird die Haut gut gewaschen und feucht in einen Rahmen gespannt. Dieses Spannen erfolgt durch Schnüre, die in den Rand der Haut eingesetzt sind und um Wirbel laufen, wie die Saiten der Violine; starkes Spannen ist nötig, wenn die Haut schön weiß werden soll. Dann werden die Fleischreste mit einem stumpfen, halbrunden Messer abgeschabt und auch die andere Seite der Haut geschabt. Für gewöhnliche Sorten genügt es dann, beide Seiten mit gelöschtem Kalk einzureiben und auf dem Rahmen im Schatten zu trocknen. Dann beschneidet man die Ränder, schüttelt den Kalk ab und hat nun ein für gewöhnliche Zwecke, z. B. für Bucheinband, geeignetes Pergament. Zum Beschreiben bestimmtes Pergament muß außerdem, solange es noch auf dem Rahmen sitzt, mit Bimsstein abgerieben werden, wird dann — auf einem nicht enthaarten, gespannten Kalbfell liegend — nochmals abgekratzt, um zum Schluß dann nochmals eingespannt und mit Bimsstein behandelt zu werden. Eine ganz besonders sorgfältige Behandlung erfordert das zum Bemalen dienende Pergament, um eine ganz gleichmäßige, samtartige Oberfläche zu erzielen.   *Lutz.*

Pergamentpapier. Echtes vegetabilisches Pergament, zum Unterschied von dem nur noch selten verwendeten tierischen Pergament, ist ein durch chemische Behandlung von Papier erzeugtes, durchscheinendes, ziemlich wasserbeständiges blattartiges Gebilde von erheblicher Festigkeit, in welchem durch Zellstoffschleimbildung eine ziemlich weitgehende Verklebung der Fasern eingetreten ist.

Geschichtliches. Die Herstellung des vegetabilischen Pergaments fußt auf einer Beobachtung von POUMARÈDE und FIQUIER, die fanden, daß besonders das ungeleimte Papier durch Eintauchen in starke Schwefelsäure in eine hornartige Masse verwandelt wird, die der tierischen Membran in ihrem Verhalten recht ähnlich ist. Die günstigsten Entstehungsbedingungen für das Papyrine benannte Erzeugnis legte GAINES im Jahres 1853 fest. Die Mitteilung seiner Versuchsergebnisse in der „Royal Society" in London im Jahre 1857 gab A. W. HOFMANN Veranlassung, die Fabrikation der hornartigen Substanz warm zu empfehlen. Diese Empfehlung hatte die Gründung der ersten Pergamentpapierfabrik durch WARREN DE LA RUE im Jahre 1861 zur Folge.

Rohmaterial für Pergament ist in erster Linie Baumwollpapier von größter Saugfähigkeit ohne jeden Zusatz. Für geringere Sorten werden auch viel Holzzellstoffe, insbesondere Natron- und Sulfitholzzellstoffe, ja selbst Strohzellstoffe, verwendet. Die Papiere werden durchschnittlich in der Dicke von 0,1 – 0,2 mm angewendet. Will man sehr dicke Pergamentpapiere erzeugen, so muß dies durch Vereinigung von mehreren dünnen Pergamentbahnen geschehen. Die Papiere für Pergament müssen sehr locker und schwammig gearbeitet sein, damit die Säure rasch und leicht eindringt. Die Konzentration der verwendeten Säure hängt bis zu einem gewissen Grade von den Rohstoffen des Papiers ab; im allgemeinen ist eine Konzentration von 58° Bé. zweckmäßig. Da bei der Behandlung des Papiers mit der Säure Wärme entsteht, ist an und für sich Kühlung der Säure vorteilhaft. Vielfach wird die sog. Kammersäure der Schwefelsäurefabriken von 60° Bé verwendet. Die Einwirkungsdauer der Säure muß sehr kurz bemessen werden, 5 – 20''; längere Einwirkung kann schon zum Zerfall des Papierblatts unter Gallertbildung führen. Die Temperatur von 15° soll zweckmäßigerweise nicht überschritten werden; eine tiefere Temperatur ist von Vorteil. Damit eine zu weitgehende Einwirkung der Säure vermieden wird, muß sofort durch Wasserzufuhr die Säure verdünnt, es muß sofort ausgewaschen werden. Der sich abspielende chemisch-physikalische Vorgang besteht in einer Quellung der äußeren Papierschicht, begleitet oder gefolgt von einer Hydrolyse, die spurenweise bis zum Traubenzucker gehen kann, aber bei normaler Fabrikation im Stadium der Cellulosedextrine haltmacht. Das entstehende gallertartige Produkt wird als „Amyloid" angesprochen, weil es mit Jodlösung blaue Farbtöne wie Stärke selbst gibt.

Die Fabrikation von Pergamentpapier erfordert als Apparatur eine Anzahl von Trögen, die zum Schutz gegen die Schwefelsäure mit Bleiblech ausgeschlagen sind. Im ersten Troge wird das von einer Rolle abgewickelte Papier durch Leitwalzen aus Glas oder Hartgummi unter der Säureoberfläche durchgeführt und durch Abpressen zwischen Walzen von der überschüssigen Säure befreit. In den 2 Spültrögen wird durch Spülrohre, bzw. durch frisches kaltes Wasser eine möglichst intensive Spülung bewirkt. Es muß dafür gesorgt werden, daß jede unnötige Verdünnung der Säure vermieden wird, weil die ausgebrauchte, verdünnte Säure (etwa 20 %ige Säure) durch Eindampfen erneut nutzbar gemacht werden kann oder durch Zusatz von rauchender Schwefelsäure wieder auf die richtige Stärke gebracht werden muß. Nach dem Auswaschen wird die Papierbahn zwischen Kautschukwalzen nochmals ausgepreßt und zweckmäßig vorher noch durch einen Trog mit alkalisiertem (z. B. mit Ammoniak) Wasser geführt, um die letzten Säurespuren zu entfernen. Bleibt Säure im Papier zurück, so ist das Papier nicht lagerbeständig, da schon Spuren von Säure beim Lagern Hydrocellulosebildung und damit Zermürbung hervorrufen. Die nasse Papierbahn wird auf dampfgeheizten Trockentrommeln getrocknet, wobei Schrumpfung der Papierbahn eintritt, die durch Breithalter nach Möglichkeit verringert und gleichmäßig gemacht werden muß. Durch Kalanderwalzen muß das getrocknete Blatt einer Glättung unterzogen werden.

Durch die Pergamentisierung wird insbesondere die Dicke der Papierbahn erheblich, um 30 – 40 %, verringert; es stellt sich eine beträchtliche Erhöhung der Hygroskopizität ein, und der Aschengehalt geht zurück. Erheblich ist auch die Erhöhung der Festigkeit um das 3 – 4fache. Charakteristisch für vegetabilisches Pergament ist im Gegensatz zum Ausgangsmaterial die hohe Festigkeit, die auch im nassen Zustande noch sehr erheblich ist.

Die Umwandlung der Fasern in Zellstoffschleim tritt nur in den äußeren Schichten des Papiers ein. Deshalb kann man auch nicht Pergamentpapier von beliebiger Dicke erzeugen. Wie schon erwähnt, werden dicke Papiere aus mehreren (3—4) Bahnen erzeugt, wobei man die Klebefähigkeit der noch schwefelsäurefeuchten Papierbahnen benutzt. Man läßt also vor der Spülung die einzelnen Papierbahnen zusammenlaufen, preßt sie aufeinander und spült erst dann.

Das im trockenen Zustande durchscheinende, steife, hornige Pergamentpapier wird durch Zusätze geschmeidig gemacht. Grundsätzlich können alle wasseranziehenden Stoffe Verwendung finden; in der Praxis benutzt man Glycerin, Invertzucker, Calciumchlorid, Magnesiumchlorid. Die Anwendung von Magnesiumchlorid kann durch Spaltung beim Lagern zur Bildung von Salzsäure und damit zum Mürbewerden führen. Glycerin und vor allem Invertzucker können zur Ansiedlung von Schimmelpilzen Anlaß geben. Dem Pergamentpapier können durch Anilinfarben, insbesondere durch basische Farbstoffe, alle gewünschten Farbtöne verliehen werden. Das Pergamentpapier wird schließlich einer Glättung auf Kalandern unterzogen und gelangt in Rollenform in den Handel. Schwierig ist es, Pergament — etwa zur Herstellung von Tüten — durch Klebmittel zu vereinigen. Das beste Klebmittel ist Chromleim, ein Tierleim, dem man Kaliumbichromat (Bd. VI, 560) beigefügt hat, wodurch er bei Belichtung wasserunlöslich wird.

Verwendung. Zur Herstellung von Buchhüllen, für osmotische Zwecke. Sein Gebrauch als Verschlußmittel für Einmachgläser, Hüllpapier für fett- oder wasserhaltige Nahrungsmittel ist infolge Verwendung von Cellulosehydratfolien (Bd. VIII, 157) bzw. Pergamentersatzpapieren (s. u.) sehr zurückgegangen. Schließlich benutzt man es auch für Dokumente an Stelle von tierischem Pergament sowie als Pauspapier. Für letzteren Zweck wird es der besseren Beschreibbarkeit wegen mit Aluminiumsulfatlösung behandelt und dann auf Trockenzylindern getrocknet.

Altpergament kann, wenn auch schwierig und mit geringem wirtschaftlichem Erfolg, durch Schwefelsäure oder Chlorzink oder Sodabehandlung zerfasert und so wieder für die Herstellung von Papier nutzbar gemacht werden. Neuerdings wird die Behandlung mit Chlorkalk empfohlen (BARTSCH und LUTZ, D. R. P. 288 640).

Untersuchung. Pergamentpapier läßt sich leicht am faserlosen, zackigen Bruch beim Einreißen einer Probe erkennen; im feuchten Zustande bewahrt es in erheblichem Grade seine Festigkeit; es kann durch kochendes Wasser nicht in Faserbrei übergeführt werden, zum Unterschied von Pergamentersatz. Enthält es Sulfitzellstoff, so wird es durch Kalkwasser gelb gefärbt. Zweckmäßig ist Betrachtung unter dem Mikroskop, wobei man die erforderliche Zerfaserung mit Schwefelsäure bewirkt, die aus gleichen Raumteilen *konz.* Schwefelsäure und Wasser bereitet wird, oder besser noch mit Kaliumpermanganat erreicht. Bei der Untersuchung des Pergaments ist ferner wichtig die Feststellung des Aschengehalts, da zur Fälschung Beschwerungsmittel (z. B. Schwerspat) zugesetzt werden. Es wurden Aschengehalte zwischen 0,23—17% beobachtet. Von Wichtigkeit ist in Rücksicht auf die bereits erwähnte Imprägnierung mit wasseranziehenden Stoffen die Bestimmung der wasserlöslichen Anteile (beobachtete Werte 0,05—31%). Zuckergehalt kommt bis zu 26% vor. An salzsäureunlöslichen Mineralstoffen können bis zu 9% vorhanden sein. Die Pergamentpapiere dürfen Säurereste nicht mehr enthalten, weil sonst beim Lagern ein Brüchigwerden des Papiers eintreten kann.

Pergamentpapier kann von sog. Pergamentersatz (s. u.) durch die Jodreaktion unterschieden werden. Jodlösung erzeugt auf Pergamentpapier einen braunschwarzen Fleck, der beim Auswässern tiefblau wird und längere Zeit dem Spülen widersteht, während ein Fleck auf Pergamentersatzpapier sehr rasch beim Auswässern verschwindet.   *Carl G. Schwalbe.*

Pergamentersatzpapier. Diese Bezeichnung hat sich eingebürgert für ein aus Holzzellstoff (Sulfitverfahren) hergestelltes, nicht satiniertes Papier, dessen hornige, leicht durchscheinende Beschaffenheit auf sehr „schmieriger" Mahlung im Holländer beruht. Der Holländer ist hierbei mit sehr breiten Messern ausgerüstet, die hauptsächlich quetschende Wirkung ausüben. Das Papier dient besonders zur Verpackung von Butter und anderen fettigen Stoffen, muß also fettdicht sein. Diese Eigenschaft wird festgestellt, indem man auf dem Papier einige Tropfen Terpentinöl verreibt; als fettdicht gelten diejenigen Papiere, welche das Terpentinöl nicht oder nur an ganz vereinzelten Punkten durchschlagen lassen; um das Durchschlagen deutlicher zu machen, legt man weißes Schreibpapier unter. Die Blasenprobe, nach der fettdichtes Papier, wenn man ein Streichholz oder eine Bunsenflamme darunter hält, kräftige Blasen werfen soll, ist weniger sicher. Pergamentersatz wird manchmal auch unter dem Namen Butterpapier gehandelt. Als Butterpapier bezeichnete man übrigens früher auch ein etwa $200\,g/m^2$ wiegendes, gewöhnliches, weißes, stark beschwertes Papier, das im Kleinverkauf zum Einwickeln von Butter diente und dabei mitgewogen wurde; heute verwendet man als Butterpapier vorwiegend das fettdichte Papier. „Imitiertes Pergament" enthält außer Holzzellstoff meist auch Holzschliff und ist nicht ganz fettdicht. Wegen Unterscheidung zwischen Pergament, Pergamentersatzpapier und Pergamentpapier s. S. 291.

Pergamentrohstoff dient zur Herstellung von Pergamentpapier. Man ging früher stets von Baumwollumpen aus, heute bei dünneren Sorten auch von Holzzellstoff. Die Verarbeitung im Holländer und auf der Papiermaschine ist die gleiche wie bei Löschpapier (s. d.). Das Papier wird in Rollen behandelt, wie unter Pergamentpapier beschrieben.

Pergamyn. Die Herstellung ist zunächst die gleiche wie bei Pergamentersatzpapier (s. d.); doch wird es meist dünner hergestellt als dieses, stark gefeuchtet und auf schweren Kalandern mit geheizten Stahlwalzen und scharfem Druck satiniert, wobei es hochglänzend und glasartig durchsichtig wird. Gleichzeitig wird die etwa im Stoff gegebene Färbung wesentlich satter. Verwendungszweck: feine Packungen, Pauspapier, Photographiehüllen, Diaphanien u. dgl. m.

Photographische Papiere s. d.

Preßspan, eine zähe, hochglänzende, meist rötlichbraun gefärbte Pappe. Früher wurde beste Ware nur aus leinenen Lumpen hergestellt, heute meist je zur Hälfte aus Lumpen und ungebleichtem Zellstoff unter Zusatz von Altpapier. Billigere Sorten bestehen auch aus Zellstoff und Altpapier. In jedem Fall erfordert der Stoff besonders „schmierige" Mahlung, gute Leimung und mehrmaliges Glätten mit dem Achatstein, der unter scharfem Druck maschinell über die Pappe hin und her geführt wird. Verwendung: in der Tuchfabrikation als Zwischenlage beim Glattpressen von Tuch, in der Elektrotechnik als Isoliermaterial.

Puderpapier. Dünnes, saugfähiges Papier ist mit rosa gefärbtem, parfümiertem Puder bestrichen und in kleine Büchelchen gebunden, die sich leicht in der Tasche mitführen lassen, und aus denen man Blättchen nach Bedarf ausreißt; dient zum Abwischen von Schweiß und zu gleichzeitigem Pudern.

Putzpapier. An Stelle von Putzlappen und Putzwolle wird Seidenpapier oder auch gekrepptes, saugfähiges Papier (Zellstoffwatte) verwendet. Eine besondere Ausführung besteht nach $D.\,R.\,P.$ 196180 darin, aufgerollte schmale Streifen Krepppapier zu verwenden, die sich beim Abziehen leicht zu einem Knäuel zusammenballen lassen.

Räucherpapier. Saugfähiges Papier wird mit Salpeterlösung getränkt und getrocknet. Dann wird eine alkoholische Lösung von Stoffen aufgepinselt, unter denen Benzoe, Weihrauch, Perubalsam, Moschustinktur, Rosenöl u. s. w. eine Rolle spielen. Angezündet oder auf den heißen Ofen gelegt oder über eine Lampe gehalten, verbreitet das Papier angenehmen Duft.

Reagenspapiere. Chemisch reines Filtrierpapier wird mit Lösungen von Reagenzien, z. B. Lackmus, Curcuma, Stärke, Kaliumjodidstärke u. s. w. getränkt und getrocknet.

Reispapier s. Chinesische Papiere. Rotationsdruckpapier s. Druckpapier. Sackpapier s. Papiersäcke. Sandpapier s. Schleifpapier.

Satiniertes Papier, beiderseitig glattes Papier; offenbar vom englischen und französischen „satin" = Seidenatlas. Das Papier wird entweder auf der Papiermaschine oder nachher auf einem besonderen Apparat gefeuchtet und gelagert, um dann durch den Kalander zu gehen, d. h. „satiniert" zu werden.

Seidenpapier. Dünne Papiere, unter $30\ g/m^2$ bis herunter auf $10\ g/m^2$. Meist aus guten Lumpenfasern unter vorsichtigem, langem Mahlen hergestellt, findet Verwendung vor allem als Zigarettenpapier; dieses soll möglichst undurchsichtig sein, damit der Tabak nicht durchscheint, muß frei sein von Stoffen, die beim Verbrennen schlecht riechen oder schmecken, soll ebenso rasch wie der Tabak und mit rein weißer Asche verbrennen. Zigarettenpapier enthält fast stets Zusätze von Calcium- und Magnesiumcarbonat, manchmal auch Magnesiumsuperoxyd und Salpeter, die den Zweck haben, durch erhöhte Porosität oder durch Sauerstoffabgabe die Brennbarkeit zu verbessern. Kopierpapier soll in feuchtem Zustande die Tintenschrift oder Kopierbandschreibmaschinenschrift deutlich auf die andere Seite durchschlagen lassen, ohne auszulaufen. Um das Anfeuchten des Kopierpapiers zu umgehen und Verklatschen des Originals zu verhüten, hat man auch sog. Trockenkopierpapier in den Handel gebracht, das durch Zusätze von Glycerin u. dgl. dauernd eine gewisse Feuchtigkeit behält. Im übrigen dient Seidenpapier zum Verpacken feiner und leichtzerbrechlicher Waren, ferner als Zwischenlage für feine Drucke, als Ersatz für Servietten u. dgl. m. Buntfarbige (im Stoffbrei oder nachträglich durch „Tauchen" gefärbte) Seidenpapiere werden zur Herstellung künstlicher Blumen verwendet. Besonders weich und geschmeidig sind die aus japanischen Fasern hergestellten Seidenpapiere.

Sicherheitspapier. Für Scheckformulare, Wechsel, Wertpapiere u. dgl. benutzt man vielfach Papiere, die auf irgend eine Weise etwaige Fälschungen erkennen lassen, sei es, daß solche durch Schaben oder chemische Mittel versucht werden. Dies wird erreicht einmal durch Verwendung eines nicht voll geleimten Papiers, in welches die Tinte fast bis zur Rückseite eindringt, dann durch Aufdruck vieler feiner Linien oder Ornamente, die beim Schaben eine weiße Stelle erscheinen lassen, oder durch Farben oder andere Zusätze, welche bei chemischen Eingriffen (Chlorwasser, Säuren u. dgl.) einen deutlichen, auf Entfärbung oder auf Neubildung farbiger Verbindungen beruhenden Fleck hervorrufen. Auch Duplexpapiere (s. d.) sind vorgeschlagen worden; beim Schaben auf der beschriebenen, sehr dünnen Schicht schimmert die darunterliegende, andersfarbige durch. Über Papier mit Wasserzeichen, eingestreuten Fasern u. dgl. s. unter Banknotenpapier.

Schablonenpapier. Ein dickes, zähes Hanfpapier oder Kraftpapier, aus dem Schablonen für Tüncher ausgeschnitten werden. Der Stoffbrei darf nicht zu „schmierig" gemahlen sein, weil sonst das Papier beim einseitigen Aufstreichen der Farbe nicht flach liegen bleibt. Auch empfiehlt sich eine Tränkung der fertig ausgeschnittenen Schablone mit Öl.

Schleifpapier (Schmirgelpapier, Glaspapier, Sandpapier, Flintpapier, Bimspapier). Das rohe Papier muß, da es beim Gebrauch sehr stark beansprucht wird, besonders fest und zäh, am besten aus Hanf oder Manila hergestellt sein und darf keine Knoten zeigen. Es bekommt zunächst, wie Buntpapier, durch Walzen einen Aufstrich von gutem Tischlerleim, geht dann unter der Aufstreuvorrichtung weg und gelangt dann auf eine Wärmeplatte, auf der die Glasteilchen u. s. w. teilweise in den Leim einsinken. Dann wird an der Luft getrocknet, wobei das Papier, wie unter Buntpapier beschrieben, in Schleifen hängend wandert. Am meisten gebraucht werden Glaspapier und Sandpapier, u. zw. in der Holzverarbeitung, wo sie Schmirgel gegenüber den Vorteil haben, besser anzugreifen und keine dunklen Spuren zu hinterlassen. Schmirgel wird auf Papier weniger verwendet, sondern mehr auf Leinwand, da in der Metallbearbeitung sehr hohe Ansprüche an den Träger des Schleifmittels gestellt werden.

Schreibpapier. Hauptsächlich wird verlangt: gute Glätte, damit die Feder leicht über das Papier geht, Tintenfestigkeit (Leimfestigkeit), d. h. die Tinte soll weder auslaufen, noch durchschlagen, schließlich eine gewisse Festigkeit, je nach der voraussichtlichen Dauer der Aufbewahrung. Für die Behördenpapiere bestehen hinsichtlich der Stoffzusammensetzung und Festigkeit Normalien, deren Einhaltung vom Materialprüfungsamt Berlin-Lichterfelde-West überwacht wird (s. HERZBERG,

Papierprüfung, 4. Aufl., S. 239—246). Zu den Schreibpapieren zählen: Privatbriefpapier in verschiedenen Größen, Postpapier, das für Geschäftsbriefe meist in der Größe 21×29,5 cm und — mit Rücksicht auf das Porto — dünn gewählt wird, Schreibmaschinendurchschlagpapier in gleicher Größe wie Postpapier, jedoch noch dünner, um gleichzeitig mehrere Durchschläge zu ermöglichen, Kanzleipapier, 21×33 cm messend und in verschiedenen Dicken, Urkundenpapier, wie Standesamtsregister, Grundbuchpapier u. dgl. m., die meist in besonderen Formaten und Dicken verlangt werden.

Schrenzpapier und -pappe s. Graupack. Spinnpapier s. Papiergarn. Stereotypiepappe s. Matrizenpappe. Streichpapier s. Buntpapier, Druckpapier.

Strohpapier, Strohpappe. Stroh, meist Roggenstroh, wird gehäckselt, mit Kalkmilch unter 3—4 *Atm.* Druck im langsam rotierenden Kugelkocher etwa 1 ʰ gekocht, im Kollergang gequetscht, im Holländer leicht gemahlen und dann auf bekannte Weise zu einem groben, gelblichen Papier (Pappe) verarbeitet. Für feine, weiße Papiere wird Stroh mit Ätznatron gekocht, gebleicht und als Strohzellstoff zusammen mit anderen Stoffen, wie Holzzellstoff, Lumpenhalbstoff u. s. w., verarbeitet.

Tabakpapier. Man hat mehrfach versucht, Papier aus Tabakabfällen, Stengeln u. s. w. herzustellen oder solche Abfälle zusammen mit anderen Fasern zu verarbeiten, z. B. für Zigarettenpapier. Eingeführt haben sich solche Papiere bis jetzt nicht. Weiter versteht man im Handel unter Tabakpapier ein derbes, meist ungeglättetes Papier, wie es zum Herstellen der kleinen Tabakpakete dient.

Tapetenpapier wird, ähnlich wie Zeitungsdruckpapier, in endlosen, klanghart gewickelten Rollen hergestellt, durch Musterwalzen mit Leimfarben endlos bedruckt, und, in Schleifen hängend, wie Buntpapier getrocknet. Das Papier besteht meist aus Zellstoff und Holzschliff. Die besseren Tapeten erhalten vor dem Aufdruck der Muster einen zartgetonten Grundstrich mit den für Buntpapier gebräuchlichen Maschinen. Sehr beliebt sind Tapetenpapiere aus 2 Papierlagen, deren obere mit kurzen Wollfasern gemischt ist und sich deshalb rauh und wollig anfühlt (Ingrain); gedruckt wird hier mit Lasurfarben, um den wolligen Untergrund nicht zu verdecken. Eine neuerdings herausgebrachte Art Ingrain beruht auf Zusätzen von Holzmehl, sei es in einer Oberschicht oder schon im Stoffbrei, wodurch das Papier gleichfalls eine rauhe Oberfläche bekommt und „meliert" erscheint, da die rohen Holzfasern bei geeigneter Auswahl der Farben sich wenig oder gar nicht anfärben.

Teerpapier. Gutes Packpapier wird auf der Streichmaschine einseitig mit Teer bestrichen und dient für Verpackungszwecke (Postpakete, Exportpackungen u. s. w.).

Trockenkopierpapier s. Kopierpapier. Trockenplattenpapier s. Einwickelpapier. Übertragungspapiere s. Kohlepapier, Abziehbilderpapier, Umdruckpapier.

Umdruckpapier. Das Papier erhält einen Aufstrich von Stärkekleister, Gelatine und Glycerin, damit, ähnlich wie beim Abziehpapier (s. d.), der Druck nicht eindringt und sich vom Papier durch Anpressen und Anfeuchten der Rückseite auf den lithographischen Stein übertragen läßt. Der Steindrucker benutzt das Umdruckpapier z. B., wenn er ein und dieselbe kleine Zeichnung, etwa eine Garnrollenetikette, oftmals nebeneinander auf den Stein zu bringen hat, indem er die Etikette nur einmal auf einen kleinen Stein zeichnet, davon viele Abzüge auf Umdruckpapier herstellt und diese nebeneinander auf den großen Stein preßt. Nach Anfeuchten der Rückseite und Abheben der einzelnen Stückchen Umdruckpapier muß dann die Zeichnung auf dem großen Stein sitzen, so daß jeder Druck eine entsprechende Anzahl Etiketten liefert.

Umschlagpapiere. Farbige, meist dickere Papiere oder Duplexpapiere (s. d.), die als Umschlag für Druckschriften, Kataloge, Preislisten u. s. w. dienen.

Vulkanfiber. Eine feste, zähe, dauerhafte Masse, meist in Pappenform, die auch in Wasser, Öl, Säuren ihre Festigkeit nicht wesentlich verändert und sich schneiden, sägen, drehen, bohren und stanzen läßt. Störend ist das Verziehen bei Feuchtigkeit oder hohen Temperaturen. Hergestellt wird Vulkanfiber aus dünnem, ungeleimtem Baumwollpapier, das durch annähernd gesättigte Lösungen von Chlorzink gezogen wird, dabei klebrig-plastisch wird und sich durch Hitze und Druck zu einer aus vielen Lagen bestehenden Pappe vereinigen läßt. Das Chlorzink muß dann unter Einhaltung bestimmter Regeln sorgfältig ausgewaschen werden, was bei dicken Pappen Wochen dauern kann. Verwendung: für elektrische Isolierung, für Reisekoffer, Zahnräder, Handgriffe, Bandagen für Wagenrollen, Bremsklötze, Flanschendichtungen (auch bei sauren oder alkalischen Flüssigkeiten). Vulkanfiber ist auch für Sohlen und Absätze vorgeschlagen worden, wobei es durch hygroskopische Stoffe schmiegsam und mit Ölemulsionen wasserabstoßend gemacht wurde. (H. POSTL, *Papierfabrikant* 23, 709 [1925].)

Wachspapier s. Paraffinpapier.

Wasserzeichenpapier. Man unterscheidet natürliche und künstliche Wasserzeichen; erstere entstehen während der Herstellung des Papiers durch Beiseiteschieben von Fasern in dem noch weichen Papier (s. Papier S. 272), letztere durch nachträgliche Pressung des gefeuchteten Papiers an den betreffenden Stellen. Legt man Wasserzeichenpapier in Natronlauge, so verschwindet das Wasserzeichen, wenn es sich um ein künstliches handelt, während ein natürliches bleibt (HERZBERG, Papierprüfung, 4. Aufl., S. 233/34).

Wertpapier s. Sicherheitspapier.

Zeichenpapiere. Gutes Zeichenpapier soll sich mit Gummi und Messer radieren lassen, ohne daß die Oberfläche sich wesentlich verändert, fasert, Tinte auslaufen läßt u. dgl. Ferner sollen sich ganze Flächen mit Farbe gleichmäßig anlegen lassen. Oberflächenleimung mit Tierleim scheint hier günstig zu wirken. Erwünscht ist eine gewisse Rauhigkeit, besonders für Bleistift- oder Buntstiftzeichnungen. Vielfach gibt man dem Papier nachträglich durch Prägen mit gravierten Walzen ein bestimmtes „Korn", besonders für künstlerische Zeichnungen. Künstler benutzen auch farbige Zeichenpapiere (Tonzeichenpapiere), die mit weißen oder bunten Kreidestiften bemalt werden, um eigenartige Wirkungen zu erzielen.

Zeitungsdruckpapier s. Druckpapier. Zellstoffgarn s. Papiergarn.

Zellstoffwatte. Weicher, gebleichter Holzzellstoff wird im Holländer wenig gemahlen, auf dem Langsieb der Papiermaschine in ein ganz dünnes Vlies gebracht und dann durch einen Filz nach dem Trockenzylinder übertragen, an den es durch eine Walze fest angeklatscht wird. Kurz vor dem Verlassen des Trockenzylinders stößt es gegen einen Schaber, wodurch es eine feine Fältelung erhält (s. auch Kreppapier). Die Bahn läuft dann in mehreren Lagen um einen Haspel und wird nach Erreichen der gewünschten Dicke abgeschnitten; die einzelnen, durch das Kreppen faserig gewordenen Lagen bleiben infolge einer Art Verfilzung aneinander hängen. Verwendung: für Verbandzwecke, für feine Packungen, für chemische Weiterbehandlung des Zellstoffs, z. B. zur Herstellung von Nitrocellulose u. s. w.

Ziehpappe. Man versteht unter dem „Ziehen" der Pappe, daß eine flache Pappenscheibe auf einen Dorn gelegt und dann durch eine geheizte Gegenform, welche sich allmählich über den Dorn schiebt, an diesen dicht herangestrichen wird, wobei das überschüssige Material sich in Falten zusammenlegt und ebenfalls glatt angepreßt wird. Natürlich muß die Pappe sehr zäh und fest sein, wenn sie eine derart starke Zerrung und Prägung aushalten soll, ohne zu reißen. Hauptsächlich werden auf diese Weise Deckel und Böden für zylindrische Kartonagen hergestellt.

Zigarettenpapier s. Seidenpapier.

Zuckerpapier, ein zum Einwickeln von Zuckerhüten dienendes blaues, stark beschwertes Papier.

Literatur: ANDÉS, Papierspezialitäten. Wien-Leipzig. — DALÉN, Chemische Technologie des Papiers. Leipzig 1911. — HERZBERG, Papierprüfung. Berlin 1915. — HOFMANN, Handbuch der Papierfabrikation. 2. Aufl., Berlin 1897. — KLEMM, Handbuch der Papierkunde. Leipzig 1904. — MÜLLER, Die Papierfabrikation und deren Maschinen. Biberach-Riss (Württemberg) 1926. — WEICHELT, Buntpapierfabrikation. Berlin 1927.   *Alfred Lutz.*

Papierfarbstoffe (*Ciba, Geigy, I. G.*) eignen sich besonders zum Färben von Papier in der Masse. Hierhin gehören von der *Ciba*: Papierblau C III, R, 5 R, RSP, sulfurierte Rosanilinblaus; von *Geigy*: Papierscharlach G, R, WEG, Azofarbstoffe; von der *I. G.*: Papierblau LY 000; Papiergelb A, F hochkonz., 3 GX, L extra; Papierrot A extra; Papierschwarz EW, EW extra, RW, RW extra, T gleich Baumwollschwarz RW extra, Bd. II, 160, und T extra; Papiertiefschwarz GX, RX.   *Ristenpart.*

Papiergarne sind aus fertigen Papierstreifen hergestellte Garne. Verwandt mit ihnen sind die Papierstoffgarne, bei denen der Papierstoff z. B. auf der Papiermaschine in Streifen geteilt und unmittelbar zu Garn verarbeitet wird.

Die Geschichte des Papiergarns läßt sich bis 100 Jahre zurück verfolgen. Damals wurden schon in Japan flache, gefalzte und gedrehte Streifen aus einem besonders zähen und geschmeidigen Bastfasernpapier verflochten und verwebt. Später ist die Papiergarnerzeugung in Amerika aufgenommen worden, 1862 von A. ROBINSON (*A. P.* 30484), 1864 von J. P. TIZE (*A. P.* 43864), 1865 von E. B. BINGHAM (*A. P.* 46208 für das Wasserfestmachen von Papiergarnen) und 1881 von J. N. PERKINS (*A. P.* 245 395 für das Umspinnen von Textilfäden mit Papierbändern). Die Herstellung von starken Bindfäden, besonders Garbenbindschnur, haben die *A. P.* 500 627 und 568 299 von STEWARD aus dem Jahre 1893 zum Gegenstande. Unabhängig davon hat in Deutschland 1895 EMIL CLAVIEZ, Besitzer der Kunstweberei CLAVIEZ & Co., Leipzig, sein vom fertigen Papier ausgehendes Verfahren gefunden. Das nach *D. R. P.* 93324 erhaltene Papiergarn nannte er Xylolin (Holzleinen). Das Verweben zu Säcken, Teppichen und Wandstoffen konnte er bereits auf der Sächsisch-Thüringischen Industrieausstellung in Leipzig 1897 vorführen. Er verbesserte sein Verfahren 1897 durch Einführung der jetzt allgemein gebräuchlichen Tellerspindel nach *D. R. P.* 101 034 und 1904 durch Anbringung der Streifenrolle oder Scheibenspule nach *D. R. P.* 181 585. 1908 erfand er die Textilosegarne, die nach *D. R. P.* 224 420 durch ein- oder beiderseitige Auflage von Textilfasern auf das Papier und nachheriges Zusammendrehen der daraus erhaltenen Streifen hergestellt werden.

Die scheinbar einfachere, in Wirklichkeit weit mühseligere Gewinnung von Papierstoffgarnen ist eine unbestritten deutsche Erfindung. Die ersten Versuche rühren von MITSCHERLICH, Freiburg i. Br., 1890, her. Die nach dem Sulfit- oder Sulfatverfahren aufgeschlossene Holzfaser sollte nach seinem *D. R. P.* 60653 nach gewöhnlicher Art zu Garn versponnen werden. Weitere Versuche machte dann KELLNER 1891, indem er nach *D. R. P.* 73601 den Papierstoff auf dem Siebe der Papiermaschine in Streifen abteilte. Praktisch durchgeführt hat das Verfahren zuerst TÜRK 1892 in Lend-Gastein nach *D. R. P.* 79272 durch Einrollung und Rundung der nassen Papierbreistreifen durch Nitscheln zwischen flach laufenden Gummihosen. Das Verfahren wurde von der PATENT-SPINNEREI ALTDAMM bei Stettin gekauft und von Jahr zu Jahr verbessert (*D. R. P.* 142 678, 149 444, 193 049 von KRON, 185 133, 185 893 und 187 673 von KELLNER, 209 952 von KÖNIG, 140 011, 262 112, 278 994 und 294 180 von TÜRK). KRON nannte sein Erzeugnis Silvalin (Waldleinen). Heute nennt man Papierstoffgarne Cellulon-, Cello-, Zell- oder Zellstoffgarne.

Das CLAVIEZsche Verfahren ist örtlich unabhängig von der Papierfabrik. Jede Spinnerei kann leicht darauf umgestellt werden. Die Zellstoffgarnerzeugung dagegen erspart das Trocknen des Papiers und das weiterhin nötige Anfeuchten und Schneiden. Das CLAVIEZsche Verfahren hat sich aber bis jetzt als überlegen erwiesen.

Die Papiergarnherstellung läßt sich in 2 Abschnitte zerlegen: das Schneiden und das Verspinnen der Papierstreifen. Das Schneiden der Papierstreifen, das für die Herstellung der Telegraphenbänder schon lange bekannt war, muß für die Papiergarnerzeugung besonders sorgfältig geschehen. Man benutzt Kreisscheibenmesser, die in die Ringspuren einer Unterwalze eintreten, mit dieser also gleichsam Scheren bilden. Die Messer sitzen auf einer Achse mit Zwischenringen von der Breite der gewünschten Streifen (2–10 *mm*). Zwischen diesem Walzenpaar wird die Papierbahn hindurchgeführt (*D. R. P.* 75245, 87283, 95387, 97201 und 108 893 der GANDENBERGERschen MASCHINENFABRIK G. GÖBEL, Darmstadt, und 215 842 von VOITH, Heidenheim).

Das Verspinnen bedingt ein vorheriges Anfeuchten des Papiers, damit es geschmeidig genug wird, um ein rundes, volles Garn zu ergeben. Damit andererseits die Festigkeit nicht zu sehr leidet, soll die Feuchtigkeit etwa 40 % nicht übersteigen.

Spinnereien, die sich die Streifen selber schneiden, feuchten vor dem Schneiden an, indem die Papierbahn besprüht, genetzt oder unter Wasser geleitet wird, oder nach dem Schneiden (*D. R. P.* 269 283, 270 921, 279 241, 293 491 und 302 449 der JAGENBERG-WERKE A. G. in Düsseldorf). Für eine dritte Art der Anfeuchtung, nämlich erst auf der Spinnmaschine selber zwischen Lieferwalze und Spindel, sind ebenfalls viele Vorrichtungen patentiert worden, z. B. *D. R. P.* 232 266 und 253 208 von KLEIN, HUNDT & CO., Düsseldorf. Der zu einer Rolle, „Teller", aufgewickelte feuchte Papierstreifen wird entweder auf den in der Baumwollspinnerei üblichen Flügel- und Ringspinnmaschinen oder auf der von CLAVIEZ eigens für Papiergarne erfundenen Tellerspinnmaschine zum Faden gedreht. Bei den Tellerspinnmaschinen ist die drahterteilende Spindel als Teller geformt. Sie nimmt die Papierstreifenrollen auf. Das Band wird entweder von außen ab nach *D. R. P.* 194 761 von C. HAMEL A. G., Schönau bei Chemnitz, oder von innen heraus aus dem Teller gezogen und den Abzugwalzen zugeführt.

Den durch das Verdrehen erhaltenen Papierrundgarnen stehen die ebenfalls als Kett- oder Schußfaden verwobenen Papierflachgarne gegenüber. Hier wird der Papierstreifen nicht gedreht, sondern nur gefalzt (*E. P.* 16022 [1889] von DEERING und *D. R. P.* 294 080 von A. und J. FUNKE, Goslar). Papierflachgarn verringert bei gleicher Festigkeit das Flächengewicht eines Gewebes. Das „Textilin" von KRON ist 4fach gefalztes Papierband (*D. R. P.* 295 802). Zwecks Faltung wird das Papierband durch einen entsprechend geformten Trichter geführt.

Die Güte des Garnes hängt von dem verwandten Ausgangsstoff ab; je fester das Papier, umso fester auch das Garn. Natronpapier mit einer Reißlänge von $11-12\ km$ ist dem Sulfitpapier mit $9\ km$ vorzuziehen, ebenso aus skandinavischem Fichtenholz hergestelltes „Kraftpapier" dem einheimischen. Andererseits läßt sich Sulfitpapier besser bleichen.

Die Spinnerei liefert das Garn in Form von Kreuzspulen mit einem Wassergehalt von 25—40, ja noch mehr Prozent. Zur Berechnung des Handelsgewichts werden zum Trockengewicht, das durch Trocknen und Wiegen bei 105⁰ ermittelt wird, 15% hinzugeschlagen. Der zu hohe Feuchtigkeitsgehalt ist aber der Haltbarkeit der Papiergarne nachteilig, indem sie leicht schimmeln[1]. Wo daher nicht eine baldige Verarbeitung des Garnes vorgesehen ist, müssen die Spulen künstlich getrocknet werden. Die Garnnummer gibt an, wieviel m auf 1 g Handelsgewicht des Garnes gehen.

In Form der Kreuzspule wird das Papiergarn auch gebleicht und gefärbt, entweder in entsprechenden Apparaten nach dem Pack- oder Aufstecksystem (Bd. V, 13) oder im Schaum (Bd. V, 20). Dieses Verfahren hat den Vorzug der Einfachheit und besseren Durchfärbung. Als schaumbildendes Mittel empfiehlt die *BASF* ihr Solvenol O. 60—80 kg Spulen werden in ein Lattengestell verpackt und mit diesem in die Schaumzone eingehängt. Die Färbedauer hängt von der Festigkeit der Spulenwicklung ab. 2ʰ dürften durchschnittlich genügen. Man verwendet vornehmlich substantive und Schwefelfarbstoffe.

Gebleicht wird in Anlehnung an die Baumwollbleiche folgendermaßen: Man kocht mit Soda ab, spült, bleicht mit Chlorkalk (2—4⁰ *Bé*) lauwarm, säuert ab, spült gut und gibt 2—5 g Blankit auf 1 l lauwarm. Die Stärke der Bäder richtet sich nach der Reinheit der Rohware. Eine gute Aufhellung erzielt man auch durch bloßes ½stündiges Kochen mit 4—5 g Decrolin und 3 g Ameisensäure auf 1 l, wovon man besonders für Gewebe Gebrauch macht.

Die Behandlung von Papiergarnen in Strähnform wird durch die starke Ringelung beim Einbringen in das Bad erschwert. Das Garn läßt sich nicht umziehen und wird auch ungleichmäßig. Man hat versucht, dem Ringeln vorzubeugen, indem man die Strähne auf Holzhorden legt und diese mit einem genügenden Abstande von der Dampfheizschlange übereinanderschichtet. Auf Strähn kann man auch basische Farbstoffe verwenden, wenn lebhafte Töne verlangt werden. Vorheriges Tannieren ist überflüssig. Gewebe färbt und bleicht man auf dem Jigger (Bd. V, 25) oder der Klotzmaschine (Bd. IV, 760).

Die Druckerei bedient sich im allgemeinen der im Kattundruck üblichen Verfahren.

Mit dem Färben, Bleichen und Drucken ist häufig das Weichmachen, Wasserdichtmachen und Festermachen verknüpft. Das Weichmachen bezweckt, den Papiergeweben und -gewirken den unangenehmen harten Griff zu nehmen. Dieser wird hauptsächlich durch die Gegenwart des Leimes bewirkt. Die Entleimung ist eine Grundbedingung für das Weichmachen. Weiter kann man in das letzte Behandlungsbad Seifenlösungen geben, denen man noch Fette, Türkischrotöl u. dgl. beigemischt hat. Von gutem Erfolg ist auch die mechanische Behandlung auf der Brechmaschine und dem Kalander (Bd. II, 563 und 565).

Das Wasserdichtmachen wird nach den in Bd. VI, 222 beschriebenen Verfahren vorgenommen.

Das Festermachen beruht auf einer Leim-Gerbstoff- oder Leim-Formaldehyd-Nachbehandlung. So empfahlen *Cassella* für Sackstoffe, das trockene Gewebe bei 50⁰ mit einer Lösung von 10 g

---

[1] Zur Vermeidung der Schimmelbildung empfiehlt die *BASF*, dem Spinnwasser 1,5 g β-Naphthol, mit 1 g Natronlauge (40⁰ *Bé*) gelöst auf 100 l, zuzusetzen.

Leim, $1\frac{1}{2}$ g Tannin und $1\frac{1}{2}$ g Wasserglas (37° $B\acute{e}$) in 1 l zu tränken; meist folgt unmittelbar ohne vorherige Trocknung ein Bad in 6° $B\acute{e}$ starker Lösung von basischem Aluminiumformiat, um gleichzeitig wasserabstoßend zu machen.

Den klassischen Gespinstfasern gegenüber steht das Papiergarn an Festigkeit und noch mehr an Dehnbarkeit nach. Es hat während des Krieges in Deutschland zur Herstellung von Säcken, in der Bekleidungsindustrie, für Dekorationszwecke und Teppiche eine gewisse Rolle gespielt. Heute werden die feinen Papiergarne für Isolationszwecke in der Elektrotechnik benutzt. Papiergarnbindfäden sind unentbehrlich zum Unterbinden von Wollsträhnen und Kammzug, große Mengen werden zum Einbinden der Wollvliese in Argentinien und Australien gebraucht.

Literatur: ELBERS, Die Cellulose des Holzes als Ersatzfaser. Westf. Verlagsanstalt, Dohanys Erben, Hagen 1918. – HEINKE, Handbuch der Papiergarnspinnerei und -weberei. Berg & Schoch, Berlin 1917. – HEINKE & RASSER, Handbuch der Papier-Textilindustrie. O. Hörisch, Dresden 1919. – ROHN, Papiergarn, seine Herstellung und Verarbeitung. Theodor Martins Textilverlag 1918.

E. Ristenpart.

Paracodin (*Knoll*), Dihydrokodeinchlorhydrat bzw. -bitartrat. Herstellung nach *D. R. P.* 230724 durch Hydrierung von Kodein mit Palladium in Gegenwart eines Schutzkolloids. Die Base schmilzt bei 110°, wasserfrei. Wirkt als Narkoticum, besonders zur Hustenstillung. Tabletten zu 0,01 g. Paracodin-Sirup. *Dohrn.*

Parafarbstoffe (*I. G.*) sind substantive Baumwollfarbstoffe, die durch Kuppeln mit Diazo-p-nitranilin auf der Faser waschecht werden und mit Rongalit C weiß ätzbar sind. Hierhin gehören:

Parablau 2 RX, 1909; Parabraun R, RK, 1909, 3 G, GK, V extra, 1910, von denen GK und RK auch kalt auf der Klotzmaschine gefärbt werden können. Paragelb R, 1910, Paraorange G, 1909; Paraschwarz R, 1908 (s. Formel) ist der Disazofarbstoff aus p-Phenylendiamin und je 1 *Mol.* 1, 8, 4-Aminonaphtholsulfosäure und m-Phenylendiamin. Das braunschwarze Pulver löst sich in Wasser mit dunkelveiler Farbe; Salzsäure erzeugt einen braunen Niederschlag, Lauge Umschlag nach veil.

Ristenpart.

Paraffin s. Bd. **II**, 611; Bd. **IV**, 573.

Paraffinal (DR. R. U. DR. O. WEIL, Frankfurt a. M.). Paraffinemulsion mit Menthol bei Verstopfung. *Dohrn.*

Paranephrin (*Merck*) s. Adrenalin, Bd. **VIII**, 206.

Paranitranilinfarbstoffe (*Ciba*) sind neuere, echtere Nitranilfarbstoffe, Bd. **VIII**, 133, z. B. Paranitranilinbraun BW, 2 GW, R, 3 RW und SW. *Ristenpart.*

Paranoval (*I. G.*), Kombination gleicher Teile von Veronalnatrium und Dinatriumphosphat, die nach *D. R. P.* 391770 zusammen gelöst und eingedampft werden, wodurch der bitter laugige Geschmack aufgehoben wird. Anwendung als Schlafmittel, Sedativum. Tabletten zu 0,5 g. *Dohrn.*

Paraplaste (BEIERSDORF & CO., A. G., Hamburg). Pflaster mit Kautschuk, Wollfett, Kolophonium und Dammarharz als Grundlage. *Dohrn.*

Parasulfonbraun G und V (*Sandoz*), 1912, sind Diazo-p-nitranilin-Kupplungsfarbstoffe, waschecht und ätzbar. *Ristenpart.*

Paratotal (LABOPHARMA, Berlin) enthält die Totalsubstanz der Epithelkörper, s. d. Bd. **VIII**, 205. *Dohrn.*

Paretten (*I. G.*), Röhrchen mit 10%iger Silbernitratlösung zur Prophylaxe der Augenblennorrhöe. *Dohrn.*

Parfümerien, im deutschen Zolltarif Riechmittel genannt, sind Riechstoffmischungen, die gebrauchsfertig für den Konsum hergerichtet sind. Das Hauptkontingent der Parfümerien bilden die Extraits oder Taschentuchparfüms; eine untergeordnete Rolle spielen Riechsalze, Riechpulver, Riechstifte, Riechtabletten, Räuchermittel, Toilettewässer und Zimmerparfüms. Haarwässer, Hautcremes, Toiletteessige und ähnliche Produkte, die im allgemeinen Sprachgebrauch häufig auch als Parfümerien bezeichnet werden, gehören nicht dazu, da sie keine eigentlichen Riechmittel sind, sondern parfümierte Präparate; sie sind unter Kosmetik (Bd. VI, 774) abgehandelt.

Geschichtliches. Der Gebrauch von Riechmitteln ist nach der Überlieferung in allen alten vorchristlichen Kulturen bekannt gewesen. Im allgemeinen sind sie zunächst für kultische Zwecke verwendet worden. Opfergaben von wohlriechenden Salben und Harzen sowie Räucherungen waren in den Riten der meisten Völker üblich. Mit steigender Kultur ist durchgängig eine immer breitere Verwendung für profane Zwecke festzustellen, und es wird schließlich in den Glanzzeiten ein ungeheurer Luxus mit Parfümerien getrieben. Von den östlichen Völkern wurden die Griechen und Römer mit Parfüms und Salben bekannt gemacht. Besonders die Römer zeigten eine große Schwäche für die Verwendung von Parfümerien. Ein Einfuhrverbot, das 565 v. Chr. erlassen wurde, blieb wirkungslos. In der Kaiserzeit wurde dann ein geradezu phantastischer Luxus mit Parfümerien getrieben. Durch die Völkerwanderung ging die Parfümeriekunst in Europa vollkommen verloren. Bei den Arabern wurde sie aber weiter gepflegt und erheblich entwickelt. Es wurde die Gewinnung der ätherischen Öle mit Wasserdampf und die Lösung von Harzen und Ölen in Alkohol erfunden. Durch die Kreuzzüge wurden die arabischen Parfümerien wieder nach Europa gebracht, und in der Renaissance erlebt die Parfümeriekunst eine neue Blütezeit. Unter LUDWIG XII. (um 1500) beginnt die französische Parfümeriekunst international bekannt zu werden. In Deutschland waren Parfüms im 14. Jahrhundert unter den herrschenden Schichten allgemein verbreitet. Man bevorzugte Extrakte aus heimischen würzigen Kräutern, wie das Ungarwasser (Rosmarinöl mit etwas Rosenwasser) und Karmelitergeist (Melissenwasser mit Lavendel). Um 1700 wurde durch einen zugewanderten Italiener FARINA in Köln das Eau de Cologne eingeführt, das sich im 17. Jahrhundert allgemein verbreitet und sich bis zum heutigen Tage großer Beliebtheit erfreut.

Durch die verbesserte Gewinnung der ätherischen Öle und Blütenöle wird die Parfümeriekunst in den nächsten beiden Jahrhunderten, besonders in Frankreich, außerordentlich stark ausgebaut. Einen neuen Auftrieb erhielt sie Ende des 19. Jahrhunderts durch die Herstellung synthetischer Riechstoffe. Beim Aufkommen der synthetischen Riechstoffe setzte seitens der Blütenölfabrikanten Südfrankreichs ein heftiger Kampf gegen diese neuen gefürchteten Konkurrenten ein. Mit den Jahren aber legte sich dieser Streit, da die Parfümeure nicht nur die echten Blütenöle in gleichem Maße weiter gebrauchten, sondern der Bedarf an ihnen auch noch stieg. In der Tat hob sich durch gleichzeitige Verwendung von synthetischen Riechstoffen und die dadurch bewirkte Verbilligung der Parfüms der Konsum an diesen Erzeugnissen ganz wesentlich.

Die Rohstoffe. 1. Riechstoffe. An Riechstoffen steht dem Parfümeur ein außerordentlich umfangreiches Material zur Verfügung, und zwar: Ätherische Öle, terpenfreie ätherische Öle, Blütenöle, Blütenpomaden, animalische Riechstoffe, vegetabilische Drogen, synthetische Riechstoffe.

Die beiden wichtigsten Prüfungen, die der Parfümeur zur Beurteilung eines Riechstoffes vornimmt, sind die Geruchsprobe und die Bestimmung der Löslichkeit.

Für die Geruchsprobe wird eine kleine Menge des Öls oder Riechstoffs in geruchsreinem Alkohol gelöst. Beim Verdunsten der Lösung auf Streifen von Filtrierpapier werden die einzelnen Bestandteile bzw. Verunreinigungen deutlicher erkennbar, da sie sich verschieden schnell verflüchtigen. Man kann so die Zusammensetzung, die Intensität und die Dauerhaftigkeit des betreffenden Materials studieren und auch Verunreinigungen feststellen. Zum Vergleich stellt man sich eine gleich starke Lösung eines Standardmusters her, da man feine Unterschiede auch bei großer Erfahrung nur durch Vergleichen erkennen kann.

Die Untersuchung auf Löslichkeit wird in der Weise vorgenommen, daß eine bestimmte Menge des Materials in ein mit Stöpsel versehenes graduiertes Gläschen eingewogen und dann so viel Alkohol zugegeben wird, daß gerade Lösung eintritt. Wenn der Geruch eines Riechstoffs und die Löslichkeit in Alkohol für den Parfümeur in der Praxis auch am wichtigsten sind, so darf doch eine genauere chemische Untersuchung nicht unterbleiben. Es gibt insbesondere bei Blütenölen und ätherischen Ölen zahlreiche Verfälschungen, die selbst beim Vergleichen mit einem Standardmuster durch den Geruch nicht sicher festzustellen sind. Die physikalischen Konstanten und chemischen Eigenschaften der Riechstoffe sowie die Untersuchungsmethoden werden unter Riechstoffe abgehandelt. Über häufig vorkommende Verfälschungen ist in den Berichten von SCHIMMEL & Co. Material enthalten.

2. Die Fixateure sind schwer flüchtige Substanzen mit gutem Lösungsvermögen, die die Dampftension der Riechstoffe herabsetzen und ein zu schnelles Verfliegen des Geruchs verhindern. Der Geruch wird „fixiert". Die Naturprodukte, die für diesen Zweck benutzt werden, sind Harze, Resinoide und tierische Sekrete. Unter den Harzen werden am meisten verwendet: Benzoe-, Copaiva-, Tolubalsam, Labdanum, Eichenmoos, Olibanum-, Opopanax- und Storaxharz. Resinoide sind die harzigen Rückstände bei der Dampfdestillation der ätherischen Öle. Sie enthalten gewöhnlich noch geringe Mengen von ätherischem Öl, das ihnen einen zarten Geruch verleiht. Besonders erwähnt seien Iris-, Nelken-, Patschuli- und Vetiver-

resinoide. Von den Fixateuren tierischer Herkunft finden Moschus und Zibeth die weiteste Anwendung, seltener werden Ambra und Bibergeil verwertet.

Bei der steigenden Bedeutung der Fixateure für die Parfümerie sind natürlich auch eine große Anzahl von synthetischen organischen Verbindungen für diesen Zweck vorgeschlagen und zum Teil auch patentiert worden. Als Beispiele seien genannt: Salicylsäurebenzylester (*D. R. P.* 144 002, *Agfa*); substituierte Glykolsäureester (*D. R. P.* 221 854, DR. SCHMITZ, Düsseldorf); Acetylsalicylsäureester (*D. R. P.* 288 952, SACHSE); Gerbsäure (*D. R. P.* 314 829, BRAEMER, Hamburg); Verseifungsprodukte der teilweise hydrierten Sperm- und Döglingsöle (*D. R. P.* 441 630, *Riedel*); Benzoesäure- und Phthalsäureester des Cyclohexanols, *D. R. P.* 415 237; Benzoesäure- und Phthalsäureester der hydrierten Kresole, *D. R. P.* 406 106 (FINOW METALL UND CHEM. FABRIKEN); Adipinsäureester (*D. R. P.* 373 219, TETRALINGESELLSCHAFT); Ester von Dicarbonsäuren, die bei der Oxydation substituierter Cyclohexanole entstehen (*D. R. P.* 455 824, DEUTSCHE HYDRIERWERKE); ferner Benzylbenzoat, Phthalsäurebenzylester, Zimtsäureester, Hydrochinondimethyläther, Benzylisoeugenol. In neuerer Zeit werden von vielen Fabriken auch künstliche Harzauflösungen mit Zusätzen von synthetischen Fixateuren und Riechstoffen in den Handel gebracht, die recht gute Eigenschaften haben.

Für die Untersuchung der Fixateure gilt dasselbe, was für die Riechstoffe gesagt ist. LEDERER hat eine Methode ausgearbeitet, mit der die fixierende Wirkung eines Stoffes geprüft werden kann. Sie besteht darin, daß man die Dampftension eines flüchtigen Stoffes (z. B. Limonen) bei verschiedenen Temperaturen ohne und mit dem betreffenden Fixiermittel mißt (Deutsche Parfümerie-Ztg. 1927, 80).

3. Lösungsmittel. Als Lösungsmittel wird fast ausschließlich Äthylalkohol benutzt. Methanol ist aus gesundheitlichen Gründen abzulehnen. Auch stört der Eigengeruch des Methanols bei feinen Extraits. Isopropylalkohol, der eine Zeitlang sehr viel empfohlen wurde, soll nach einem Gutachten des Reichsgesundheitsamts aus gesundheitlichen Gründen für kosmetische Zwecke gleichfalls nicht zu empfehlen sein (Deutsche Parfümerie-Ztg. 1928, 567; vgl. dagegen Propylalkohol, Bd. **VIII**, 540). Außerhalb Deutschlands wird er aber mit gutem Erfolg zu gewissen Kosmetica viel benutzt.

An die Geruchsreinheit des Alkohols werden hohe Anforderungen gestellt. Man prüft ihn, indem man eine Probe in heißes Wasser schüttet; hierbei treten Nebengerüche von Fuselöl u. s. w. besonders stark hervor, so daß man auch Spuren geruchlich wahrnehmen kann. Im Bedarfsfalle wird der Alkohol durch Filtrieren über Adsorptionsmittel und durch sorgfältige Rektifizierung mit Zusätzen, wie reinem Hexan, gereinigt. In Frankreich ist es vielfach üblich, den Alkohol über Blumen zu destillieren.

Herstellung der Parfümerien. Extraits oder Taschentuchparfüms. Zur Herstellung eines Extraits werden zunächst die Lösungen der einzelnen Bestandteile bereitet. Diese Lösungen sind sozusagen die Halbfabrikate des Parfümeriebetriebs. Das Lösen der ätherischen Öle und Blütenöle geht in der Kälte leicht vonstatten, da die verwendeten Lösungen im allgemeinen noch nicht an den Sättigungspunkt herankommen. Harze werden zerkleinert und mit Hilfe eines Rührwerks in Lösung gebracht. Von unlöslichen Bestandteilen und Unreinlichkeiten wird dann filtriert. Moschuskörner müssen längere Zeit mit Alkohol digeriert werden. Zibeth löst man zweckmäßig in warmem Alkohol. Das Blütenöl der Blumenpomaden wird in der Weise extrahiert, daß die feinzerkleinerten Pomaden in einem Rührkessel längere Zeit mit Alkohol gerührt werden. Man rechnet auf 1 *kg* Pomade 1,25 Tl. Alkohol. Nach Beendigung der Extraktion wird der Alkohol abgegossen und die Pomade von dem zurückgebliebenen Alkohol vorsichtig abgepreßt. In der gleichen Weise wird die Pomade noch 2mal mit Alkohol ausgewaschen. Bei dieser Auswaschung gehen außer dem Blütenöl auch Fettsäuren und geringe Mengen Fett in Lösung, die den Geruch stark beeinträchtigen. Durch starkes anhaltendes Unterkühlen gelingt es, den größten Teil dieser Nebenbestandteile wieder zur Abscheidung zu bringen. Die meisten Parfümerien befassen sich heute nicht mehr mit dem Auswaschen der Pomade, sondern beziehen die fertigen Lösungen von den Riechstoffabriken, die die Auswaschungen in großem Maßstabe viel rationeller vornehmen können.

Die Grundlage aller Extraits bilden die Blumengerüche. Durch geeignete Kombination verschiedener natürlicher und künstlicher Blütenöle und synthetischer Riechstoffe kann jeder Blumengeruch fast naturgetreu wiedergegeben werden. Sehr wichtig ist, die zu einem Geruch gehörenden Komponenten so zusammenzugeben, daß die einzelnen Produkte im umgekehrten Verhältnis ihrer Geruchsintensitäten miteinander gemischt sind. Je stärker ein Komponent riecht, desto weniger darf man von ihm in eine Mischung geben, anderenfalls der betreffende Geruch durchdringt und das Gemisch als nicht abgerundet erscheinen läßt. Ferner ist von großer Wichtigkeit, die Siedepunkte bzw. Dampfspannungen der einzelnen synthetischen und isolierten Komponenten zu berücksichtigen, da eine Harmonie des Geruches nur erreicht wird, wenn die einzelnen Bestandteile einer Komposition nicht zu große Siedepunktsintervalle aufweisen. Das „Abrunden" eines Parfüms geschieht durch die Zugabe von solchen Komponenten, die eine Brücke zwischen 2 Bestandteilen mit zu entfernt liegenden Siedepunkten bilden können.

Neben den klassischen Blumengerüchen, wie z. B. Rosen, Maiglöckchen, Flieder, Veilchen, die stets verlangt werden, werden Phantasiegerüche zusammengestellt, deren Grundcharakter der augenblicklichen Modeströmung angepaßt werden muß. Ist die Blumengeruchgrundlage fertiggestellt, so wird ein Fixateur hinzugegeben, um ein zu schnelles Verfliegen der Duftstoffe zu verhindern und auch die Entwicklung des Buketts zu beeinflussen. Nun wird die Grundkomposition nochmals geprüft und der Nachgeruch, der nach dem Verfliegen des Blütenduftes zurückbleibt, im Bedarfsfalle durch Zusatz eines anhaftenden Geruchs, wie Geranium, Labdanum, Patschuli oder Vetiver, geändert. Diese Stoffe dürfen den Blumenduft nicht übertönen, sie sind aber doch als besondere Note erkennbar und geben der Komposition eine gute Rundung, so daß der Geruch einheitlicher wirkt. Zum Schluß wird der Komposition die sog. Kopfnote zugegeben, ein frischer leichter Geruch, der beim ersten Eindruck besonders bemerkbar ist und den Alkoholgeruch verdeckt. Hierzu eignen sich in hervorragender Weise Bergamotteöl, Petitgrainöl, Ylangöl und Neroliöl. Das fertiggestellte Extrait braucht einige Zeit zur Entwicklung. Man muß daher auch neue Versuchskompositionen einige Zeit reifen lassen, ehe man die letzte Prüfung vornimmt. Um eine Versuchskomposition stets genau reproduzieren zu können, arbeitet man mit gemessenen Mengen von Lösungen bekannter Konzentration. Praktisch sind die Kompositionsröhren, wie sie A. MÜLLER in der Deutschen Parfümerie-Ztg. 1926, 176, beschreibt. Es sind dies oben mit Stopfen versehene Büretten, aus denen man exakt gemessene Mengen der 1—5 %igen Riechstofflösungen abzapfen kann.

Nach der allgemeinen Schilderung der Herstellung von Parfümkompositionen seien noch einige Hinweise für die Zusammenstellung der verbreitetsten Extraits gegeben.

Für Flieder benutzt man Jasminöl, als Zutaten Maiglöckchenöl, Terpineol, Phenylacetaldehyd, Anisaldehyd und Rosenöl. Die Grundlage des Maiglöckchenparfüms bildet das Hydroxycitronellal, das auch die Basis für Linde, Flieder und Cyklamen bildet. Diese synthetisch hergestellte chemisch einheitliche Verbindung zeichnet sich durch einen ausgesprochen blumigen und vollen Geruch vor allen synthetischen Riechstoffen aus. Sie ist lange, bevor sie als Verbindung bekannt war, von einigen Fabriken nach Geheimverfahren hergestellt worden und mit einigen Zusätzen als künstliches Maiglöckchenöl in den Handel gebracht worden. Zu feinsten Rosenextraits nimmt man natürliches Rosenöl. Doch sind auch die künstlichen Rosenöle, die auf den Rosenalkoholen Phenyläthylalkohol, Geraniol,

Nerol und Citronellol aufgebaut wurden, von ausgezeichneter Qualität. Für Veilchen-extraits stehen die Veilcheninfusionen und die auf Jonongrundlage aufgebauten künstlichen Veilchenöle zur Verfügung, die mit Cassie, Iris-, Orangen-, Rosen- und Ylangöl kombiniert werden. Die folgenden Beispiele geben ein Bild von der ungefähren prozentualen Zusammensetzung derartiger Kompositionen.

1. Weißer Flieder (nach DURVELLE):

Jasmininfusion I	6,125 *l*
Tuberoseninfusion I	1,950 "
Cassieinfusion I	0,300 "
Terpineol	175 *g*
Hydroxycitronellal	100 "
Ylangöl	15 "
Moschusinfusion	75 "
Benzoeinfusion	150 "

2. Maiglöckchen:

Hydroxycitronellal	0,400 *kg*
Phenyläthylalkohol	0,100 "
Jonon	0,040 "
Benzylacetat	0,060 "
Terpineol	0,100 "
Citronellol	0,100 "
Benzylbenzoat	0,200 "
Alkohol	20 *l*

3. Weiße Rose (nach MANN):

Rosentinktur	6000 *g*
Patschuliöl	3 "
Geraniumöl	10 "
Rosenöl, künstlich	15 "
Linalool rosé	5 "
Bergamotteöl, synthetisch	10 "
Benzoeinfusion	100 "

4. Veilchen (nach SCHIMMEL & CO.):

Deutscher Rosenextrakt	50,0 *g*
Cassieblütenextrakt	50,0 "
Moschusinfusion (15 : 10 000)	15,0 "
Jasminöl	1,0 "
Veilchenblätterextrakt	1,0 "
Vanillin	0,3 "
Iriswurzelöl	1,0 "
Geraniumöl, spanisch	0,5 "
Jonon	6,0 "
Solvarom (*I. G.*)	50,0 "
Spiritus	860,0 "

Eine besondere Klasse von Taschentuchparfüms sind die „Kölnischen Wässer". Sie werden aus den sog. Messinenser Essenzen seit über 2 Jahrhunderten hergestellt und erfreuen sich allgemeiner Beliebtheit bei sämtlichen Kulturvölkern. Kein anderes Parfüm hat eine auch nur annähernd gleich große Produktion aufzuweisen. In der Ausfuhr Deutschlands an Riech- und Schönheitsmitteln entfällt auf Eau de Cologne ein ganzes Drittel.

Nachstehend seien 2 Kompositionsvorschriften für Kölnischwasser angegeben, die angeblich den beiden bekanntesten deutschen Marken entsprechen.

Kölnischwasser FARINA nach DUFOUR

Neroliöl	3,5 *g*
Petitgrainöl	3,5 "
Portugalöl	3,5 "
Citronenöl	3,5 "
Bergamotteöl	7,0 "
Rosmarinöl	1,0 "
Lavendelöl	0,5 "
Alkohol	1 *l*

4711

Neroliöl	2,5 *g*
Bergamotteöl	5,5 "
Petitgrainöl	3,0 "
Citronenöl	4,5 "
Geraniumöl	1,0 "
Rosenöl	0,1 "
Lavendelöl	1,0 "
Jasmin liquid	0,02 "
Alkohol	1 *l*

Eine genaue Vorschrift für die Herstellung von Kölnischwasser und seine Fixierung findet man in Deutsche Parfümerie-Ztg. **1927**, 301, 324. Neben den einfachen Kölnischen Wässern werden auch solche mit Zusätzen von Blütenölen, sog. Blumen-Eau de Cologne, hergestellt, ferner Phantasie-Eau de Cologne, russisches Eau de Cologne, die englischen Atkinson-Cologne u. s. w.

Neben den Taschentuchparfüms haben 2 Spezialparfüms eine gewisse Bedeutung: Zimmerparfüms und Toilettewässer. Zimmerparfüms werden mit Zerstäubern zur Verbesserung der Zimmerluft zerstäubt. Toilettewässer werden dem Wasch- und Badewasser zugesetzt. Man wählt für beide Parfümgattungen frische, belebende Gerüche, wie Eau de Cologne, Lavendel, Tannenduft. Die Alkoholkonzentration und dementsprechend die Riechstoffkonzentration ist geringer als bei den Taschentuchparfüms.

Für den Export nach Ländern, die aus religiösen Gründen den Alkohol ablehnen oder einen hohen Einfuhrzoll auf alkoholhaltige Parfüms erheben, werden auch alkoholfreie Parfüms hergestellt. Für gute Qualitäten nimmt man als Grundlage ein Blütenwasser, wie Orangenwasser und Rosenwasser. In der Wahl der Riechstoffe ist man natürlich auf diejenigen mit ausreichender Wasserlöslichkeit beschränkt. Wertvolle Dienste leisten für diese Zwecke die terpenfreien ätherischen Öle, wie Patschuliöl, Iriswurzelöl. Auch synthetische Riechstoffe, wie Phenyläthylalkohol (2:100), Jonon (5:1000) lassen sich zu Wasserparfüms verwenden. Zur Vermeidung von Schimmelbildung setzt man 0,2 % Salicylsäure zu. Man kann auch zweckmäßig an Stelle der Blütenwässer alkoholfreie Lösungsmittel, wie Benzylbenzoat, benutzen und nennt die so hergestellten Blumenparfüms alkoholfreie Blütentropfen oder Blütenöle.

Trockenparfüms werden hergestellt, indem man die Riechstoffmischung mit einem festen Träger innig mischt oder zusammenschmilzt.

Die Riechpulver bestehen in ihren besseren Qualitäten aus getrockneten, fein gemahlenen, wohlriechenden Pflanzenteilen, die mit Riechstoffen besprengt werden, z. B. Cassieblüten, Lavendel, Rosenblätter, Rosenholz, Patschulikraut. Billigere Qualitäten enthalten Zusätze von Sägemehl, Talkum und Kartoffelmehl. Das parfümierte Pulver wird zwischen 2 Watteschichten gestreut und dann in einen Umschlag getan.

Bei Riechtabletten wählt man als Grundmasse Stärkepuder oder Magnesiumcarbonat. Um eine ausreichende Festigkeit zu erreichen, werden die beim Tablettieren üblichen Zusätze gemacht, wie Zucker u. s. w.

Für Riechstifte benutzte man früher Ceresin, jetzt vielfach krystallisierte, schwach riechende Riechstoffe und besonders Zimtsäure. Die Riechstoffmischung wird mit dem Träger zusammengeschmolzen und dann in Formen gegossen.

Riechsalze enthalten meist Ammoniumcarbonat, das in Würfel geschnitten und in weithalsigen, mit eingeschliffenen Stopfen versehenen Flaschen mit Ammoniak und Essenzen übergossen wird.

Wirtschaftliches. Genaue Produktionszahlen für Parfümerien sind nicht erhältlich, da die Produktionsstatistiken kosmetische Artikel und Feinseifen mit den Parfümerien zusammenfassen. Der Verbrauch an Parfümerien ist in den letzten Jahrzehnten zweifellos in allen zivilisierten Ländern stark gestiegen. Das Hauptproduktionsland ist Frankreich. Die deutsche Parfümerieindustrie hat in bezug auf Qualität wie auch auf Produktionsumfang in den letzten 20 Jahren große Fortschritte gemacht. Der Export weist eine steigende Entwicklung auf.

Ausfuhr in Kölnischwasser:			Ausfuhr in Riech- und Schönheitsmitteln:		
1925	2,467 Million. *dz* im Werte v. 1,364 Million. M.		7,091 Million. *dz* im Werte von 3,687 Million. M.		
1926	2,798 ″ ″ ″ ″ 1,484 ″ ″		6.521 ″ ″ ″ ″ 3,436 ″ ″		
1927	3,382 ″ ″ ″ ″ 1,781 ″ ″		8,274 ″ ″ ″ ″ 3,754 ″ ″		

Literatur: A. M. BURGER, Leitfaden der modernen Parfümerie. 1930. — H. MANN, Die moderne Parfümerie. Augsburg 1924. — Derselbe, Die Schule des modernen Parfümeurs. 1924. — FRED WINTER, Handbuch der gesamten Parfümerie und Kosmetik. Berlin 1927. — A. WAGNER, Die Parfümerieindustrie. 1928. — O. W. ASKINSON, Die Parfümeriefabrikation. A. Neu bearbeitet von F. WINTER. 1920. — Zusammenstellung der in- und ausländischen Literatur in MANN, Parfümerie. *P. Dangschat.*

Parisol (BENSE & EICKE, Einbeck) ist eine sprithaltige Kaliseifenlösung mit etwa 10 % Formaldehyd, außerdem Phenol, Menthol. Äußerliches Desinfektionsmittel, Para-Parisol in der Veterinärpraxis. *Dohrn.*

Parkers Legierung ist ein chromhaltiges Neusilber (Bd. VIII, 105). *E. H. Schulz.*

Parme sol. (*Geigy*) ist ein saurer Triphenylmethanfarbstoff, ein rötliches Wasserblau.

Partagon-Stäbchen (*Sandoz*), Urethralstäbchen aus quellbarer Grundmasse, die kolloidales Chlorsilber mit Kochsalz enthalten. Behandlung von weiblicher Gonorrhöe. *Dohrn.*

Pastellfarben s. Malerfarben, Bd. VII, 461.

Pasteurisieren von Bier s. Bd. II, 383, von Konserven s. Bd. VI, 738, von Milch s. Bd. VII, 557.

Patentblau A und V (*I. G.*) sind gleich Brillantsäureblau A und V (Bd. II, 666), V mit Säureviolett N gemischt heißt Patentblau B. *Ristenpart.*

Patentgesetze s. Rechtsschutz, gewerblicher.

Patentmarineblau LE, LER (*I. G.*) sind mit Violett gemischte Patentblau.
Ristenpart.

Patentnickel ist ein Widerstandsmaterial für elektrische Meßinstrumente, ähnlich Konstantan (Bd. **VII**, 231) und Manganin (Bd. **VII**, 469).   *E. H. Schulz.*

Patentphosphin G, GG, M, R, SM (*Ciba*) sind alkylierte Phosphine (s. Canelle, Bd. **III**, 85; F. ULLMANN, *B.* **33**, 2470).   *Ristenpart.*

Patentreinblau O und Patentwollblau GGR, SL (*I. G.*) gehören zu der Patentblaugruppe für die Wollstückfärberei.   *Ristenpart.*

Patina s. Metallfärbung, Bd. **VII**, 505 ff.

Pavon (*Ciba*), Opiumpräparat mit 25 % Morphin. Herstellung nach *D. R. P.* 308 150 und 326 081. Tabletten und Ampullen.   *Dohrn.*

Pebeco (BEIERSDORF & Co., A. G., Hamburg). Kaliumchlorat-Zahnpasta nach UNNA.   *Dohrn.*

Peche sind die festen, weich- bis hartasphaltartigen Destillationsrückstände natürlicher oder künstlich hergestellter organischer Stoffe. Größtenteils werden sie als Nebenprodukt einer verschiedenartig ausgeführten Destillation bestimmter Körperklassen und nur selten direkt als Hauptprodukt erzeugt. Je nach der Art des Ausgangsmaterials, das entweder ein bereits durch einen Destillationsprozeß gewonnener Teer oder ein noch nicht destillierter Rohstoff sein kann, lassen sich die beiden Haupttypen der Peche: Teerpeche und Immediatpeche, unterscheiden. Erstere gliedern sich weiter in Teerpeche aus Kohlen-, Schiefer-, Torf-, Holz-, Knochenteer, Öl- und Wassergasteer sowie einigen anderen weniger bekannten Teerarten. Immediatpeche bleiben bei der Destillation von Harzen, Fetten, fetten Ölen, Wachsen, Teerölen u. s. w. unmittelbar in der Blase zurück. Außer den Teer- und Immediatpechen gibt es noch mehrere Gattungen pechähnlicher Produkte, die bei der Behandlung von Teeren, Teerölen, Pechen, Asphalten u. s. w. mit verschiedenen Chemikalien oder chemischen Agenzien entstehen und als Pixoide (Chemopeche bzw. Chemoasphalte) bezeichnet werden.

Die Farbe der eigentlichen Peche ist meist schwarz oder tiefbraun, in einigen Fällen hellbraun oder bräunlichgrau, ihre Konsistenz hart, spröde, leicht zersplitternd, von muscheligem Bruch, mittelhart, bienenwachsartig knetbar oder teigartig weich, je nachdem in dem Destillationsrückstande noch mehr oder weniger schwer flüchtige Öle verblieben sind. Manche Pecharten nähern sich in ihrer äußeren Beschaffenheit den Harzen, Wachsen oder geschmolzener Guttapercha. Der Geruch vieler Pecharten ist oft charakteristisch und tritt namentlich beim Erwärmen oder Schmelzen deutlich hervor. Alle Teerpeche besitzen infolge ihres Gehalts an Phenolen und deren Derivaten einen phenol- oder kreosotähnlichen Geruch, der z. B. bei Steinkohlenteerpech wesentlich anderer Art als bei Holzteer- oder Knochenteerpech ist. Auch die Immediatpeche zeigen beim Erwärmen deutlich, je nach ihrer Art, einen typischen Geruch nach Fett, Harz u. s. w. Der *Schmelzp.* (Erweichungspunkt) der Pecharten richtet sich nach ihrer Konsistenz und schwankt innerhalb weiter Grenzen, etwa zwischen 30 und 120⁰ und darüber. Die Dichte der Peche liegt gewöhnlich zwischen 0,9 und 1,3 bei 20⁰. Gegen atmosphärische Einflüsse sowie verdünnte Säuren, Salzlösungen sind viele Pecharten im Gegensatz zu den ihnen äußerlich nahestehenden Natur- und Erdölasphalten nur wenig beständig; dies gilt besonders von den Teerpechen, die, z. B. einer feuchten Atmosphäre dauernd ausgesetzt, bei Temperaturveränderungen „auswettern" und dann an Wasser reichliche Mengen löslicher Bestandteile abgeben. Alkalische Flüssigkeiten, besonders wässerige Alkalilaugen, entziehen, namentlich beim Erwärmen, vielen Pecharten Anteile der verseifbaren Bestandteile (freie Säuren, Phenole, Harzkörper u. s. w.). Halogene und

I. Teerpeche.

Pechart	Erw.-Pkt. nach Kr.-S.	Zusammensetzung	Löslichkeit bei etwa 18°	Verwendung	Bemerkungen
Normales Steinkohlenteerpech (hart)	69°	Kohlenwasserstoffe, viel neutrale Teerharze, Phenole, neutrale Öle, viel freier Kohlenstoff.	Löslich in CS₂, Chloroform, Benzol, Anilin und Phenylsenföl bis auf den freien Kohlenstoff. In Methyl-, Äthylalkohol, Petroleumäther nur sehr wenig, in Aceton teilweise löslich.	In allen Härtegraden zum Straßenbau und für andere Zwecke des Tiefbaues, ferner zur Fabrikation von Lacken und Anstrichmitteln, Kitten, Isoliermassen, Dachbedeckungsmassen; mittelhartes Pech dient als Bindemittel für Briketts (Brikettpech), Generatorpech nach D. R. P. 313 922 zu Riemenadhäsionsmitteln.	Arten des normalen Steinkohlenteerpechs sind: Gasteerpech (in mehreren Arten), Kokereiteerpech, Generatorteerpech, Mondgasteerpech und Hochofenteerpech. Ferner unterscheidet man noch Steinkohlenurteerpech (mit höherem Paraffingehalt) und Steinkohlenvakuumteerpech.
Normales Steinkohlenteerpech (weich)	46°	desgl.	In CS₂, Chloroform, Benzol, Anilin, Phenylsenföl und Tetrachlorkohlenstoff löslich. In Methyl- und Äthylalkohol sowie Petroleumäther sehr wenig löslich.	Weiches Steinkohlenteerpech wird besonders als Bindemittel für Straßenbaustoffe, zur Herstellung von Pflasterkitten, Abdichtungsmassen im Tiefbau und in der Lack- und Anstrichmittelfabrikation benutzt.	
Braunkohlenteerpech (Ölpech)	44°	Asphaltene, Teerharze, Phenole, reichlich ölige, paraffinhaltige Anteile; ohne kohlige Stoffe.	Löslich in Tetrachlorkohlenstoff, Chloroform, CS₂, Benzol, Äthylenchlorid, Phenylsenföl, sehr wenig löslich in Isoamylalkohol und Nitromethan.	Für die Herstellung von Isolierungen im Tiefbau, Abdichtungsmassen, Pechkitten, Lacken, Anstrich-, Rostschutzmitteln u. s. w., als Bindemittel für Briketts.	Arten des Braunkohlenteerpechs sind: Schwelteerpech, Generatorteerpech, Braunkohlenteerölpech, Braunkohlencrackgasteerpech.
Torfteerpech	53°	Asphaltene, Teerharze, Phenole; Kohlenwasserstoffe; kohlige Stoffe.	Löslich in CS₂, Tetrachlorkohlenstoff, Benzol, Anilin, sehr wenig löslich in Methylrhodanid und Nitromethan.	Es dient den gleichen Zwecken wie das Braunkohlenteerpech.	Arten des Torfteerpechs sind: Hochmoor-Torfteerpech, Mondgasgenerator-Torfteerpech, Torfurteerpech.

Pechart	Erw.-Pkt. nach Kr.-S.	Zusammensetzung	Löslichkeit bei etwa 18°	Verwendung	Bemerkungen
Buchenholzteerpech	76°	Harzsäuren, Fettsäuren, Oxysäuren, Phenole, asphaltartige Stoffe.	Löslich in Aceton, Anilin, Benzonitril, Methylrhodanid; sehr wenig in Petroleumäther und Tetrachlorkohlenstoff löslich.	Holzteerpeche dienen besonders zur Herstellung von Anstrichmitteln, als Farbenbindemittel, in Mischungen mit anderen Pechen und bituminösen Produkten auch für Isolierungs- und Abdichtungszwecke im Bauwesen.	Außer Buchenholzteerpech kommt von anderen Laubholzteerpechen meist noch das Birkenholzteerpech für technische Zwecke in Betracht.
Kienteerpech (Nadelholzteerpech)	62°	Harzsäuren, Oxysäuren, Fettsäuren, Phenole, Teerharze, asphaltartige Stoffe.	Löslich in Aceton, Anilin, Amylalkohol, Benzonitril, Methylrhodanid; sehr wenig in Petroleumäther und Tetrachlorkohlenstoff löslich.	Nach *D.R.P.* 282712 werden mittels Holzteerpechs Aus kleidungs- und Überzugsmassen für Behälter hergestellt, die mit Petroleum in Berührung kommen. Zu Imprägnier- und Isolierzwecken dienende Massen werden nach *Ö. P.* 98975 [1924] erzeugt.	Von den Nadelholzteerpechen ist das Kienteerpech das wichtigste.
Knochenteerpech	51°	Das tiefschwarze, unangenehm nach Knochenteer riechende Pech enthält Pyridin- und Chinolinbasen, Pyrrol und Pyrrolderivate, Fettsäuren, asphaltartige Stoffe u. s. w.	Löslich in Anilin, Tetralin, Phenylsentöl, teilweise löslich in Äthyl- und Isoamylalkohol, sehr wenig löslich in Petroleumäther.	Hartes Knochenteerpech wird besonders zur Bereitung harter Lacke, z. B. für Fahrräder, Maschinengestelle, auch zu Anstrichmassen verwendet.	Zur Herstellung des Knochenteerpechs gelangen nicht nur Knochen, sondern auch Hufe, Hörner, Sehnen, Knorpel u. s. w. zur Verwendung.
Ölgasteerpech (mittelhart) Andere, weniger wichtige Teerpeche sind z.B. Lignitteerpech, Korkteerpech, Stubbenteerpech, Sapropelitteerpech, Melasse- und Bagasseteerpech sowie Wassergasteerpech.	48°	Kohlenwasserstoffe, Teerharze, neutrale Öle, frei von Phenolen und kohligen Stoffen.	Löslich in Tetrachlorkohlenstoff, Chloroform, Anilin, sehr wenig löslich in Isoamylalkohol.	Wird namentlich zur Herstellung elektrotechnischer Isoliermittel, Isolierlacke und Anstrichmittel verwendet.	

II. Immediatpeche.

Pechart	Erw.-Pkt nach Kr.-S.	Zusammensetzung	Löslichkeit bei etwa 18°	Verwendung	Bemerkungen
Montanpech	69°	Das tiefschwarze, etwas wachsartige Pech enthält Asphaltene, Ketone, harzige Stoffe, Kohlenwasserstoffe, kleine Mengen freie Säuren.	Löslich in Tetrachlorkohlenstoff und Phenylsenföl, sehr wenig löslich in Anilin, Aceton und Isoamylalkohol.	Dient zur Bereitung von Abdichtungsmassen, Kitten, Kabelisoliermassen, Schuhcreme u. s. w.	Montanpech wird bei der Destillation des Rohmontanwachses zum Zwecke der Herstellung von raffiniertem Wachs als Rückstand gewonnen.
Harzpech	78°	Harzsäuren, Säureanhydride, Kohlenwasserstoffe und andere Verbindungen.	Löslich in Methylal, Methylrhodanid, teilweise löslich in Aceton, Anilin, Tetrachlorkohlenstoff, Tetralin, sehr wenig löslich in Isoamylalkohol.	Harzpech findet Verwendung bei der Herstellung von Brauerpech, Bürstenpech, Isoliermassen für die Elektrotechnik, Lacken, Emulsionen, Bindemitteln für Briketts, Farben u. s. w.	Harzpech (Kolophoniumpech) verbleibt als Destillationsrückstand des Kolophoniums meist als hell- bis dunkelbrauner, seltener schwarzbrauner, spröder Körper.
Naphtholpech	105°	Kondensationsprodukte von Naphtholen, Kohlenwasserstoffe, sulfonierte und harzartige Stoffe, freies Naphthiol.	Löslich in Chloroform, Pyridin, fast löslich in Benzol, sehr wenig löslich in Alkohol.	Es dient hauptsächlich zur Kabelisolation und Lackfabrikation. Nach D. R. P. 367364 kann das Pech gehärtet und sein Klebepunkt erhöht werden.	Verbleibt in Mengen von etwa 5% als Rückstand bei der Destillation des Rohnaphthols.
Stearinpech (hart)	72°	Erdölartige Kohlenwasserstoffe, viel Asphaltene, Fettsäuren, Oxyfettsäuren, Lactone und andere innere Anhydride, Neutralfette, Ketone, kleine Mengen von Metallseifen.	Löslich in Tetrachlorkohlenstoff, Benzol, Benzin, Terpentinöl, Tetralin, sehr wenig löslich in Anilin, Isoamylalkohol.	Stearinpech findet viel Verwendung zur Herstellung harter Emaille- und Isolierlacke, zu Abdichtungs- und Überzugsmassen für Tiefbauzwecke, zu Kabelisolierungen und Tränkmassen, wasserdichten Anstrichmassen u. s. w. Vgl. D. R. P. 277 643, F. P. 509 556, A. P. 1 574 771, 1 574 842, 1 596 760.	Stearinpech verbleibt als Rückstand bei der Destillation der aus tierischem Talg gewonnenen technischen Fettsäuren. Es kommt in verschiedenen Härtegraden, von knetbar weich bis springhart, in den Handel.

Pechart	Erw.-Pkt. nach Kr.-S.	Zusammensetzung	Löslichkeit bei etwa 180	Verwendung	Bemerkungen
Wollfettpech	38°	Fettsäuren, Oxyfettsäuren, Lactone und andere innere Anhydride, Cholesterin, Kohlenwasserstoffe.	Löslich in Petroleumäther, Benzol, Phenylsenföl, sehr wenig löslich in Isoamylalkohol, Anilin, Aceton, Methylrhodanid.	Wollfettpech dient besonders zur Bereitung von Schmiermitteln für Heißwalzen, Heißpreßwerke, Walzwerke u. s. w., ferner von Isolier-, Abdichtungsmassen und Dachbedeckungen.	Wollfettpech ist der Rückstand von der Destillation des Rohwollfetts mit überhitztem Wasserdampf.
Cottonölpech (Baumwollsamenölpech) Andere, weniger wichtige Immediatpeche sind: Erdwachspech, Glycerinpech, Cumaronpech, Tallölpech, Carbolpech (Phenolpech) u. a.	48°	Fettsäuren, Oxyfettsäuren, Lactone, Neutralfette, asphaltartige Stoffe, Kohlenwasserstoffe.	Löslich in Aceton, Tetrachlorkohlenstoff, Isoamylalkohol, sehr wenig löslich in Petroleumäther und Terpentinöl.	Dieses Pech dient fast denselben Zwecken wie das Stearinpech.	Wird aus Cottonölfettsäuren bei ihrer Destillation gewonnen.

Halogen-, Schwefel- oder Phosphorverbindungen sowie starke Mineralsäuren greifen die meisten Peche mehr oder weniger stark an. Beim Erhitzen mit Schwefel entstehen aus ihnen Produkte mit zum Teil veränderten Eigenschaften und von anderer Zusammensetzung. In bezug auf ihre Löslichkeit in organischen Lösungsmitteln zeigen die Pecharten mancherlei Unterschiede. Mit wenigen Ausnahmen werden die Teerpeche von Schwefelkohlenstoff, Benzol und Chloroform schon in der Kälte völlig oder fast völlig gelöst. Für diese Pecharten sind auch Anilin, Pyridin, Benzaldehyd und Phenylsenföl gute und charakteristische Lösungsmittel. Methyl- und Äthylalkohol, auch Aceton lösen auch beim Erwärmen nur geringe Anteile aus den Teerpechen mit dunkel gelber bis hellbrauner Färbung des Lösungsmittels heraus. Ausnahmen bilden die Holzteerpeche und das Knochenteerpech, die von den letztgenannten Lösungsmitteln nahezu vollständig gelöst werden.

Die Zusammensetzung der Peche ist sehr kompliziert und bis jetzt nur teilweise nach Gruppenbestandteilen erforscht. Teerpeche enthalten als charakteristische Bestandteile stets kleinere Mengen höherer Phenole, deren Äther und andere Derivate, höhere Kohlenwasserstoffe verschiedener Reihen, geschwefelte Kohlenwasserstoffe oder andere schwefelhaltige Verbindungen, Teerharze, Teersäuren und noch andere Verbindungen von unbekannter Konstitution. Lactone, Oxysäuren und weitere Oxyverbindungen finden sich außer den genannten Stoffen in den ihrer Zusammensetzung nach meist noch weniger gekannten Immediatpechen. Eine zusammenfassende kurze Charakteristik der wichtigeren Pecharten ist in der Übersicht S. 305—308 enthalten.

Die früher als Petroleum- oder Erdölpech bezeichneten asphaltartigen Rückstände der meist schonend ausgeführten Destillation des rohen Erdöls oder einiger seiner Destillate sind darin nicht aufgenommen, da sie in ihren Eigenschaften und Zusammensetzung den Naturasphalten sehr nahe stehen und daher als Petroleumasphalte bei den Asphalten (Bd. **I**, 641) besprochen sind.

III. Pixoide (Chemopeche und Chemoasphalte).

Werden flüssige oder feste Bitumina oder aus diesen gewonnene Produkte, Teere, Peche, Teeröle, auch Harze, Harzöle, ferner natürliche oder künstliche Asphalte und andere organische Produkte, teils zum Zwecke ihrer Reinigung, Befreiung von harz- oder asphaltartigen Begleitstoffen, mit Säuren, Alkalien oder anderen Chemikalien, teils zur Erzeugung elastischer, geschmeidiger und widerstandsfähiger Produkte mit Sauerstoff oder Luft behandelt oder mit Schwefel verschmolzen oder in anderer Weise behandelt, so entstehen pech- oder asphaltähnliche Massen von abweichender Zusammensetzung und veränderten Eigenschaften. Technisch wichtig sind besonders die beim „Blasen", Behandeln mit Luft unter Erhitzung, aus asphaltischen Roherdölen sich bildenden Kunstasphalte, die unter mancherlei Bezeichnungen, wie Bitumen, Mineralgummi u. s. w., in den Handel kommen und namentlich für den Straßenbau und andere Zwecke des Tiefbaus für Isolierungszwecke Verwendung finden. Einige wichtigere Verfahren zur Herstellung dieser elastischen pech- oder asphaltartigen Massen werden durch die *D. R. P.* 431742, 437192, *E. P.* 149979 [1920] und *A. P.* 1513133 mitgeteilt. Weiterhin sind von technischer Bedeutung die aus der Abfallschwefelsäure vom Reinigen der Mineral- und Teeröle abgeschiedenen sog. Säureharze, Säurepeche oder Säureasphalte, die nach gründlicher Befreiung von anhängender freier Säure hauptsächlich zur Herstellung von Lacken, Pechkitten und Dachbedeckungsmassen und als Brikettbindemittel Verwertung finden. In diesen Säurepechen finden sich nach MARCUSSON hauptsächlich Öle, benzinunlösliche Schwefelsäureoxoniumverbindungen, Erdölharze, organische Säuren und unlösliche Kalkverbindungen. Ihre äußeren Eigenschaften nähern sich denen der Erdölasphalte oder Braunkohlenteerpeche, doch ist ihre Elastizität, Geschmeidigkeit und Wetterbeständigkeit erheblich geringer. In den *D. R. P.* 291775, 372108, 395597, 412822 und *A. P.* 1568261 sind einige Säureharz-Aufbereitungsverfahren beschrieben. Andere Chemopeche und Chemoasphalte gewinnt man durch Verschmelzen von Pechen oder Teeren bzw. Asphalten mit Schwefel, wodurch teils härtere, teils elastischere und besonders widerstandsfähige Körper entstehen. Beispiele hierfür bieten die *D. R. P.* 332888, *E. P.* 188354 [1921]. Durch Behandeln von Asphalten, Pechen oder Teeren mit Chlor oder chlorabgebenden Stoffen entstehen gleichfalls härtere und höher schmelzende Produkte, z. B. nach *D. R. P.* 406689, 410012 und *E. P.* 186861 [1921].

Literatur: E. J. FISCHER, Die künstlichen Peche und Asphalte, *Kunststoffe* 1 [1911]. – H. KÖHLER, Chemie und Technologie der natürlichen und künstlichen Asphalte. 2. Aufl. 1913. – J. MARCUSSON, Die natürlichen und künstlichen Asphalte. Leipzig 1921. – E. J. FISCHER, Die natürlichen und künstlichen Asphalte und Peche. Dresden und Leipzig 1928.   *E. J. Fischer.*

Pegamoid s. Bd. VII, 275.

Pegnin (*I. G.*) ist ein an Milchzucker gebundenes Labferment, das aus Kälbermagen gewonnen wird. Weißes, feines Pulver, das zur besseren Verdauung der Milch dient, indem die Kuhmilch in äußerst feinen Flöckchen zur Gerinnung gebracht wird. Auf 1 *l* Milch 10 *g* Pegnin. Gläser mit 50 und 100 *g*.   *Dohrn.*

Pegubraun G, 1897 (*I. G.*), substantiver Azofarbstoff von guter Licht-, Wasch-, Schwefel- und Säureechtheit für Baumwolle, Wolle und Seide in direkter Färbung.
Ristenpart.

Pektin. Pektinstoffe (früher Protopektin, Pektose) sind eine Gruppe den Kohlenhydraten nahestehender charakteristischer hochmolekularer Substanzen, die in der Pflanzenwelt weitverbreitet vorkommen. Als ständige Begleiter der Cellulose bilden sie einen integrierenden Bestandteil des Zellgerüstes und der Stützsubstanz des frischen Nährgewebes der Pflanzen, besonders in fleischigen Früchten und Wurzeln, aber auch in den Blättern und grünen Stengelteilen.

Das Pektin wurde 1825 von BRACONNOT in Fruchtsäften entdeckt und erhielt wegen seiner Fähigkeit zur Gelatinierung seinen vom griechischen πηκτός, „festgefügt, erstarrt", hergeleiteten Namen (*Ann. Chim.* 28, 173; 30, 96). Die Zugehörigkeit des Pektins zur Gruppe der Kohlenhydrate bewies zuerst C. SCHEIBLER durch Isolierung der l-Arabinose daraus (*B.* 1, 58, 108 [1868]; 6, 612 [1873]).

Die große Ähnlichkeit und Verwandtschaft der Pektinstoffe mit anderen Pflanzenschleimen, Gummiarten und mit den Pentosanen, Hexosanen und Hemicellulosen ergab sich aus den Arbeiten von v. LIPPMANN (*B.* 17, 2238 [1884]; 20, 1001 [1887]; 23, 3564 [1890]), WOHL und v. NIESSEN (Ztschr. Ver. Deutsch. Zuckerind. 1889, 924), A. HERZFELD (ebenda 1889, 1027; 1890, 680, 771; 1891, 295, 667; 1893, 173) sowie von B. TOLLENS und TROMP DE HAAS (*A.* 286, 278, 292 [1895]), die auch wahrscheinlich machten, daß im Pektinmolekül außer Pentosen noch säureartige Komplexe und Schleimsäure bildende Gruppen vorhanden seien. Bei seinen Untersuchungen der Tresterweine aus Obstfrüchten fand dann später v. FELLENBERG als wesentlichen Bestandteil des Pektins den Methylalkohol, der dann esterartig mit einer Säure, der „Pektinsäure", verbunden vorkommt und aus dieser Verbindung durch Verseifen mit kalten Laugen oder durch ein Ferment, die Pektase, abspaltbar ist (Mitteil. Schweizer Gesundheitsamt 5, 172, 225 [1914]; *Biochem. Ztschr.* 85, 45, 118 [1918]). Über die ältere, zum großen Teil jetzt nicht mehr zutreffende Pektinliteratur vergleiche hier sowie bei v. LIPPMANN, Chemie der Zuckerarten; B. TOLLENS, Handbuch der Kohlenhydrate; CZAPEK, Biochemie der Pflanzen; C. VAN WISSELINGH, Die Zellmembran, im Handbuch der Pflanzenanatomie von K. LINSBAUER, Bd. III, 2, Berlin 1924; R. SUCHAŘIPA, Die Pektinstoffe, Braunschweig 1925; G. A. NORMAN, The biochemistry of pectin, Science progress No. 94, 163 [1929]; A. C. SLOEP, Onderzoekingen over Pectinestoffen en have enzymatische outleding, Doktordissertation, Delft 1928.

Die endgültige Aufklärung des chemischen Aufbaus der Pektinstoffe erbrachten im wesentlichen die eingehenden Untersuchungen von FELIX EHRLICH und seinen Mitarbeitern (F. EHRLICH, *Chem.-Ztg.* 41, 197 [1917]; *Dtsch. Zuckerind.* 49, 1046 [1924]; *Chem. Ztrlbl.* 1924, II, 2797; *Ztschr. angew. Chem.* 1927, 1305; Cellulosechemie 11, 140, 161 [1930]; Beitrag in KLEIN, Handbuch der Pflanzenanalyse [1931]; F. EHRLICH und R. V. SOMMERFELD, *Biochem. Ztschr.* 168, 263 [1926]; F. EHRLICH und F. SCHUBERT, ebenda 169, 13 [1926]; 203, 343 [1928]; *B.* 62, 1974 [1929]; F. EHRLICH und A. KOSMAHLY, *Biochem. Ztschr.* 212, 162 [1929]).

Diese an Pflanzenmaterial der verschiedensten Herkunft ausgeführten Untersuchungen ergaben, daß das Kernstück und der Hauptbestandteil aller Pektinstoffe eine aus 4 Molekülen aufgebaute Komplexverbindung einer Kohlenhydratsäure, der d-Galakturonsäure $C_6H_{10}O_7$, bildet, auf die der Säurecharakter des Pektins und seiner Abbauprodukte zurückzuführen ist und mit der die eigentümlichen Eigenschaften der Pektinstoffe, besonders ihre typische Art der Gelbildung, in engstem Zusammenhange stehen. Die d-Galakturonsäure, $COH \cdot (CH \cdot OH)_4 \cdot CO_2H$, die bei dieser Gelegenheit zuerst entdeckt und als eine mit dem Pektin weitverbreitete Pflanzensäure erkannt wurde, ist eine Aldehydcarbonsäure und steht in nahen chemischen Beziehungen zu ihrem Isomeren, der d-Glykuronsäure, die in der Tierphysiologie wichtig ist und neuerdings auch als Bestandteil von Saponinen sowie von arabischem Gummi und Kirschgummi erkannt wurde (F. EHRLICH und K. REHORST, *B.* 58, 1989 [1925]; 62, 628 [1929]; K. REHORST, ebenda 62, 519 [1929]; F. WEINMANN, ebenda 62, 1637 [1929]; L. H. CRETCHER und C. L. BUTLER, Science 68, 116 [1928]; *Chem. Ztrlbl.* 1928, II, 2566; *Journ. Amer. chem. Soc.* 51, 1519 [1929]).

Außer der d-Galakturonsäure, die den Hauptbestandteil des Pektinmoleküls bildet, sind regelmäßige Bausteine der Pektinstoffe die l-Arabinose, die d-Galaktose, der Methylalkohol und die Essigsäure (F. EHRLICH).

Die Pektinstoffe kommen in den Pflanzen im wesentlichen in 4 durch ihre Löslichkeit und ihre Zusammensetzung verschiedenen Formen vor:

1. In den Pflanzensäften gelöstes Pektin. Es findet sich besonders in den Säften von Beerenfrüchten (Johannisbeeren, Erdbeeren u. s. w.) angereichert und neigt stark zur Gelbildung. Es besteht aus verschiedenen Abbauprodukten, die aus dem ursprünglichen Pektin durch Fermentwirkung hervorgegangen sind. Aus den Preßsäften der Früchte ist es durch Alkohol in Gallertform niederzuschlagen.

2. In heißem Wasser leicht lösliches Pektin. Es ist aus dem vom Saft befreiten Fruchtfleisch oder aus anderen abgepreßten oder mit Alkohol ausgekochten Pflanzenteilen durch kurzes Kochen mit Wasser oder durch länger dauerndes Erwärmen mit Wasser von 80—90° zu extrahieren und aus den Extrakten mit Alkohol fällbar. Auch hier handelt es sich um fermentativ partiell abgebautes, stark gelierendes Pektin von wechselnder Zusammensetzung, das, einmal isoliert, reversibel in kaltem Wasser löslich ist.

3. Eigentliches genuines wandständiges Pektin der Mittellamelle. Es findet sich nach Entfernung aller anderen löslichen Pektinarten in einer in kaltem Wasser vollständig unlöslichen Form als Gerüst- und Stützsubstanz fleischiger Früchte und Wurzeln sowie grüner Blatt- und Stengelteile. Dieses Pektin ist in seiner ursprünglichen Form nicht aus den Pflanzen zu isolieren. Es besteht wahrscheinlich aus einer Verbindung des Arabans mit pektinsauren Salzen. Es

geht durch kochendes Wasser allmählich nach längerer Zeit, schneller unter Druck, in Lösung, wobei unter hydrolytischer Spaltung eine chemisch veränderte Form, das **Hydrato-Pektin**, entsteht, ein Substanzgemisch, das in kaltem Wasser quellbar und darin reversibel leicht löslich ist. Es ist durch Alkohol zum großen Teil fällbar.

4. **Intercellular wandständige Pektin-Lignin-Verbindungen.** Es handelt sich hier um Übergangsformen von Pektin in Lignin, die sich in verholzten Stengelteilen z. B. im Flachs und in geringen Mengen auch im Holz finden. Sie sind in Wasser unlöslich und gehen durch kochendes Wasser, am besten unter Druck, in wasserlösliche Verbindungen von der Art des Hydrato-Pektins über, die nur etwa zur Hälfte mit Alkohol fällbar sind. Sie liefern bei der Hydrolyse mit Säuren die Spaltprodukte des normalen Pektins, aber in anderen Mengenverhältnissen, darunter stets eine Substanz, die in ihren Eigenschaften und Reaktionen dem Lignin sehr ähnlich ist. Offenbar liegen hier partielle Umwandlungsprodukte des Pektins in Lignin vor, die sich bei dem Verholzungsprozeß in den Pflanzen gebildet haben und noch den Zusammenhang der Ursprungs- und Endsubstanz erkennen lassen.

Auf Grund vieler pflanzenphysiologischer und chemischer Tatsachen und Überlegungen nimmt F. EHRLICH an, daß während des Wachstums und des Alterns der Pflanzen durch chemische und enzymatische Vorgänge infolge einer Anhydrisierung und Reduktion das Pektin allmählich in Lignin übergeht (*Ztschr. angew. Chemie* 1927, 1312; Jahresber. Ver. Zellstoff- und Papier-Chem. u. Ing. 1929, 70; Cellulosechemie 11, 140, 161 [1930]. Vgl. auch W. FUCHS, Die Chemie des Lignins, Berlin 1926.)

Gewinnung. Für die Darstellung von Pektinpräparaten kommen als **Ausgangsmaterialien** hauptsächlich in Betracht Zucker- und Futterrüben, ausgelaugte Rübenschnitzel der Zuckerfabriken (Trockenschnitzel), Apfelsinen-, Orangen- und Citronenschalen, Äpfel, Birnen, Kürbis, Melonen, Pflaumen, Kirschen, Johannisbeeren, Erdbeeren, Rhabarberstengel, Flachsstengel u. s. w.

Die Pektinstoffe sind aus den Pflanzen meist nur in denaturierter Form in Gemischen zum Teil abgebauter und verschieden löslicher Verbindungen zu isolieren. Infolge ihres kolloidalen Charakters adsorbieren sie bei der Fällung aus Pflanzensäften oder -extrakten häufig hartnäckig Farbstoffe und andere Verunreinigungen, die nur schwer von ihnen abtrennbar sind. Noch am schonendsten gelingt die Isolierung der Pektinstoffe durch langdauerndes Auskochen der Pflanzenteile mit reinem Wasser. Erhitzen mit Wasser unter Druck wirkt beschleunigend auf die Extraktion, wobei aber bereits das ursprünglich in Lösung gegangene Pektin merkbar abgebaut wird. Wesentlich schneller geht das Pektin beim Erhitzen mit verdünnten Säuren in Lösung; doch wirken selbst organische Säuren hierbei schon stark spaltend auf die Ursprungssubstanz.

Die zerkleinerten, zerriebenen oder zermahlenen Pflanzenteile werden zunächst durch scharfes Auspressen möglichst vom Saft befreit, nachdem zuvor leicht abtrennbare pektinfreie Anteile, wie Kerne, Kerngehäuse, harte Schalen u. s. w., durch Auslesen entfernt sind. Aus den Preßsäften kann nach dem Kolieren und Klären mit Kieselgur etwa gelöstes Pektin durch Fällung mit Alkohol niedergeschlagen werden. Zur Entfernung von löslichen Saftbestandteilen, wie Farbstoffen, Ölen, Zucker, Säuren u. s. w., kocht man dann die Preßrückstände wiederholt mit Alkohol und schließlich mit Äther aus oder extrahiert sie erschöpfend mit Wasser von 50 bis 55°. Das so vorbereitete Material dient zur Gewinnung der Hauptmenge des Pektins. Es wird daraus durch 5—6maliges Auskochen je 1—2^h lang mit der 10—20fachen Menge Wasser in Lösung gebracht, worauf die gesammelten, kolierten und mit Kieselgur klar filtrierten Extrakte direkt auf dem Wasserbade oder im Vakuum zur Trocknung verdampft werden. Man erhält dabei das Pektin in Form hellbrauner gelatineartiger Blätter als **Hydrato-Pektin**, d. h. als Gemisch von **Araban** und dem **Ca-Mg-Salz der Pektinsäure**, aus dem durch weitere Verarbeitung alle Bestandteile des Pektins gewonnen werden können (F. EHRLICH). Nach älteren Verfahren wird das mit Alkohol genügend extrahierte Pflanzenmaterial mit Wasser im Autoklaven unter Druck auf 110—125° erhitzt und die filtrierte Lösung mit Alkohol unter Zusatz von Salzsäure gefällt (BOURQUELOT und HÉRISSEY, Journ. Pharmac. Chim. 7, 473 [1898]; BRIDEL, ebenda 26, 536 [1907]). Hierbei erhält man gewöhnlich wenig gefärbte, mehr oder minder aschehaltige amorphe Pulver, die im wesentlichen nur aus **Pektinsäure** wechselnder Zusammensetzung oder ihren Salzen bestehen.

An Ausbeuten werden beispielsweise erhalten: Aus Äpfeln 0,26% Pektin-säure (v. FELLENBERG, *Biochem. Ztschr.* 85, 118 [1918]); Orangen 1,3% Pektinsäure (v. FELLENBERG); Zuckerrübenmark (lufttrocken) 47,6% Hydrato-Pektin (F. EHRLICH und v. SOMMERFELD, *Biochem. Ztschr.* 168, 286 [1926]); Zucker-rüben-Trockenschnitzeln 27—28% Hydrato-Pektin (F. EHRLICH und F. SCHUBERT, *B.* 62, 1990 [1929]); Orangenschalen (lufttrocken mit 12% Wasser) 36,3% Hydrato-Pektin (F. EHRLICH und KOSMAHLY, *Biochem. Ztschr.* 212, 162 [1929]); Johannisbeeren (frisch) 0,75% Hydrato-Pektin (F. EHRLICH und KOSMAHLY); Gartenerdbeeren (frisch, ohne Stiele) 1,15% Hydrato-Pektin (F. EHRLICH und KOSMAHLY); Strohflachs (lufttrocken) 16,14% Hydrato-Pektin (F. EHRLICH und F. SCHUBERT, *Biochem. Ztschr.* 169, 34 [1926]).

Die auf diese Weise hergestellten Präparate enthalten stets ein Gemisch von chemisch ver-schieden zusammengesetzten Pektinsubstanzen verschiedener Löslichkeitsgrade. Verbindungen mit mehr einheitlichem Bau werden gewonnen, wenn man die Extraktion des Pektins fraktioniert durch-führt und die einzeln erzielten Extrakte für sich weiter aufarbeitet, etwa in der Weise, daß man zunächst aus den kalt hergestellten Preßsäften mit Alkohol pektinsaures Salz niederschlägt, dann die Preßrückstände erst mit Wasser von 50—55°, darauf mit Wasser von 80—90° und schließlich mit kochendem Wasser wiederholt, aber auch hier wieder in einzeln gesonderten Anteilen, erschöpfend auszieht (F. EHRLICH und KOSMAHLY, F. EHRLICH, Cellulosechemie 11, 140 [1930]). Die einzelnen Extrakte werden durch Verdampfen zu Hydrato-Pektin verarbeitet oder mit Alkohol pektinsaure Salze daraus gefällt. Das im Rückstand noch verbleibende Pektin kann durch Erhitzen mit Wasser im Autoklaven bei 120° (1 *Atü.*) und weiterhin bei 135° (2 *Atü.*) herausgelöst werden. Etwaige unlösliche Pektinreste sind endlich durch heiße verdünnte Mineralsäuren in abgebautem Zustande zu isolieren. Auch nach diesem Verfahren ist es indes nur in begrenztem Maße möglich, die Gemische der fermentativ veränderten ursprünglichen Pektinstoffe der Pflanzen, die sich in ihrer Löslichkeit und ihrem chemischen Verhalten nur wenig unterscheiden, voneinander zu trennen und chemische Individuen einheitlicher Zusammensetzung daraus darzustellen. Man muß sich daher im allgemeinen damit begnügen, aus dem natürlichen Material möglichst wenig denaturierte Abbau-und Spaltprodukte zu isolieren, die in ihrer chemischen Konstitution dem ursprünglichen Pektin nahestehen.

Technische Gewinnung von Pektinpräparaten. Diese schließt sich eng an das vorstehende Verfahren an. Die meisten der bisher bekannten Methoden be-treffen die Herstellung von gut gelierenden Pektinextrakten und Pektin-pulvern aus den Preßrückständen (Pülpe) von Citronen, Citrusfrüchten und Äpfeln. Wesentlich dabei ist, durch eine kurzdauernde Heißwasserhydrolyse der Obstmasse das sich leicht lösende Hydrato-Pektin von hoher Gelierkraft in möglichst wenig veränderter Form zu gewinnen, während das nur schwer hydrolysierbare wand-ständige Pektin des Obstmarkes, da es, in Lösung gebracht, nur schlecht oder gar nicht geliert, für die Praxis der Geleebereitung unbrauchbar ist. Zu diesem Zwecke wird die zerkleinerte Obstpülpe, nachdem sie zuvor durch Auspressen vom Frucht-saft möglichst befreit und getrocknet ist, wiederholt mit kochendem Wasser aus-gezogen, ein Prozeß, der unter Umständen durch Erhitzen mit Wasser im Auto-klaven unter Druck wesentlich beschleunigt werden kann. Die in der Obstmasse bereits vorhandenen Säuren, besonders die Citronensäure, wirken ebenfalls be-schleunigend auf den Lösungsprozeß des Pektins. Häufig wird außerdem dem Extraktionswasser eine geringe Menge von Säure, meistens Citronen-, Weinsäure, Milchsäure oder Essigsäure, mitunter auch Salzsäure oder Schwefelsäure, in minimalen Quantitäten zugesetzt. Doch können solche Säurezusätze bei der Extraktion, wenn sie zu stark sind oder zu lange oder zu hoch erhitzt wird, in beträchtlichem Maße schädigend auf die Qualität des Pektins wirken, da sie das Pektin weitergehend abbauen und dadurch seine Gelierkraft wesentlich herabmindern. Statt der sauren wird bisweilen auch eine alkalische Extraktion des Pektins empfohlen; auch Zucker-lösung kommt dafür zur Anwendung. Die Weiterbehandlung der erhaltenen Pektin-extrakte wird gewöhnlich so vorgenommen, daß man die trüben Lösungen mit Kieselgur und Kohle klärt und dann direkt im Vakuum verdampft. Die flüssigen oder sirupösen, mehr oder minder dunkelfarbigen Pektinpräparate des Handels ent-halten zumeist 10—15% Trockensubstanz, die vorwiegend aus Zucker, Mineral-stoffen und löslichen Saftbestandteilen der ursprünglich verarbeiteten Früchte besteht.

Eigentliches Pektin in Form von Gemischen verschieden zusammengesetzter Pektinsäuren und ihrer Salze ist darin nur in Mengen von durchschnittlich 1—5% vorhanden.

Zur weiteren Reinigung der Pektinlösungen und zu ihrer Überführung in trockene Ware sind eine ganze Reihe von Verfahren empfohlen worden. Nach dem Verfahren von C. P. Wilson wird der aus Citrusfrüchten mit verdünnter Schwefelsäure erhaltene Pektinextrakt zur Ausfällung des Pektins mit kolloidalem Aluminiumhydroxyd und einer geringen Menge eines löslichen Aluminiumsalzes behandelt, worauf man den von der Mutterlauge getrennten Niederschlag nach dem Trocknen mit einer alkoholischen Säurelösung neutralisiert, mit Wasser auswäscht, bis alle *Al*-Salze entfernt sind, und dann nochmals trocknet. Hierbei soll sich ein von allen Verunreinigungen befreites Pektin von hohem Gelatinierungsvermögen ergeben. Das üblichste Verfahren zur Herstellung von trockenem, gereinigtem Pektin besteht wohl darin, daß man die konzentrierten geklärten Pektinextrakte mit Alkohol fällt, die ausgefallene Pektingallerte wiederholt mit gewöhnlichem oder salzsäurehaltigem Alkohol zur Entfernung von Aschesubstanzen, Farb- und Bitterstoffen wäscht, wieder in Wasser löst, nochmals mit Alkohol niederschlägt und schließlich die gereinigte Masse trocknet und zu Pulver zermahlt. Durch Fällen mit Aceton soll sich ein besonders reines Pektin ergeben. Das Trocknen geschieht häufig, indem man die konzentrierten Pektinsirupe über heiße Walzen schickt oder ihnen durch Zerstäubung das Wasser entzieht. Über weitere Modifikationen der Pektinherstellungsverfahren vgl. bei R. Sucháripa, Die Pektinstoffe. Nachstehend seien noch die in den letzten 18 Jahren für die Fabrikation von Pektin und Gelees erteilten Patente verzeichnet, deren Hauptprinzipien meist aus früheren Arbeiten längst bekannt waren und die wohl nur zum kleinen Teil in der Praxis Verwertung erfahren haben:

Douglas Pectin Corporation, *E. P.* 6497 [1915]; *A. P.* 1 235 666 [1917]. J. L. Jefferies, *A. P.* 1 045 849 [1912]. P. R. Boyles, *A. P.* 1 067 714 [1913]. H. C. Whiteaker, *A. P.* 1 182 517 [1916]. B. T. P. Barker, *E. P.* 125 330 [1918]. M. O. Johnson, *A. P.* 1 362 869 [1920]. R. H. McKee, *A. P.* 1 380 572 [1921]. J. G. Beylik, *A. P.* 1 393 660. P. C. Wadsworth, *A. P.* 1 400 191 [1921]. O. Bielmann, *A. P.* 1 429 832 [1922]. F. W. Huber, *A. P.* 1 410 920 [1922]. H. M. Leo, *A. P.* 1 513 615 [1924]. St. L. Crarford, *A. P.* 1 507 338 [1924]. Grande Cidrerie de Lorient, *F. P.* 576 401 [1924]. Gl. Davidson, *A. P.* 1 528 469 [1925]. J. F. Laucks, *A. P.* 1 528 469 [1925]. Distillerie des Deux-Sèvres, *F. P.* 595 349 [1925]. A. E. A. Prosper Liot und Louis A. Macé, *F. P.* 604 529 [1926]. Roger Paul, *F. P.* 602 336 [1926]. California Fruit Growers Exchange, *A. P.* 1 497 884 [1924]; *D. R. P.* 465 721 [1928]. Douglas Pectin Corp., *D. R. P.* 438 737 [1926]. Roger Paul und R. H. Grandseigne, *F. P.* 614 882 [1926]; *D. R. P.* 513 275 [1930].

Zur Gewinnung von Pektinklebstoffen werden ausgelaugte Rübenschnitzel der Zuckerfabriken langdauernd mit heißem Wasser ausgekocht oder mit wenig Wasser unter Druck erhitzt und die geklärten Extrakte im Vakuum zum Sirup verdampft (F. Ehrlich und Kutzner, *D. R. P.* 384 772 [1923]). Nach diesem Verfahren werden aus Trockenschnitzeln etwa 60% eines dunkelbraunen Pektinleims von 26° *Bé* (Peko) erhalten. Beim Zerstäuben der Pektinlösungen nach dem KrauseVerfahren ergeben sich wenig gefärbte Pektinpulver, ähnlich dem Dextrin und Gummi arabicum, die sich leicht lösen und gut kleben.

Das oben erwähnte Hydrato-Pektin läßt sich durch Behandeln mit 70%igem Alkohol in der Kälte in das lösliche Araban (30%) und in das unlösliche *Ca-Mg*-Salz der Pektinsäure (70%) zerlegen.

Die Pektinsäure von der Formel $C_{41}H_{60}O_{36}$, die als Hauptbestandteil des nur in kochendem Wasser löslichen wandständigen Pektins mit fast vollkommen gleicher Zusammensetzung sowohl aus Zuckerrübenwurzeln wie aus Orangenschalen isoliert werden konnte (F. Ehrlich und A. Kosmahly, *Biochem. Ztschr.* 212, 162 [1929]; F. Ehrlich, *Cellulosechemie* 11, 140 [1930]), zerfällt bei der Totalhydrolyse mittels Säuren:

$$C_{41}H_{60}O_{36} + 9 H_2O = 4 C_6H_{10}O_7 + 2 CH_3OH + 2 CH_3 \cdot CO_2H + C_5H_{10}O_5 + C_6H_{12}O_6$$

| Pektinsäure | d-Galakturonsäure | Methylalkohol | Essigsäure | l-Arabinose | d-Galaktose |

Diese „primäre" Pektinsäure ist demnach als eine Dimethoxy-diacetyl-arabinogalakto-tetragalakturonsäure aufzufassen. Die folgende Tabelle zeigt die prozentische Zusammensetzung und sonstige Analysendaten zweier aus verschiedenem Pflanzenmaterial isolierter Verbindungen, verglichen mit den theoretisch errechneten Werten:

Primäre Pektinsäure des wandständigen Pektins.

Aus	Spec. Drehung $[\alpha]_D$	Galakturonsäure %	Methylalkohol %	Essigsäure %	Arabinose %	Galaktose %	Mol. Gew.	1 g neutral. cm^3 $n/_{10}$ NaOH	Asche %	C %	H %
Zuckerrüben	+ 132,1°	67,5	5,5	10,4	13,1	14,8	1166	14,3	0,31	43,5	5,2
Orangenschalen	+ 175,3°	67,3	6,0	10,9	14,2	15,6	1350	12,8	0,33	43,4	5,3
theor. berech. für $C_{41}H_{60}O_{36}$	—	67,9	5,7	10.6	13,3	15,9	1128	17,3	—	43,6	5,3

Tetragalakturonsäuren. Während es nur schwer möglich ist, aus dem Pektin einheitlich zusammengesetzte Pektinsäuren zu isolieren, gelingt es durch eine besonders durchgeführte milde Säurespaltung leicht, das nur aus Galakturonsäure-Molekeln bestehende Kernstück, den Hauptkomplex der Pektinsäure und damit auch des Pektins selbst, herauszusprengen, u. zw. unter Erhaltung seines ursprünglichen Strukturbaues. Die auf diese Weise sich ergebenden polymeren Anhydride der d-Galakturonsäure von der allgemeinen Formel $(C_6H_{10}O_7 - H_2O)x = (C_6H_8O_6)x$, die Polygalakturonsäuren, bilden eine besondere Gruppe natürlich vorkommender, für die Pektinstoffe charakteristischer Kohlenhydratverbindungen, die man als Polysaccharidsäuren oder auch als carboxylierte Pentosane bezeichnen kann. Nach den bisherigen Untersuchungen (F. EHRLICH und F. SCHUBERT, B. 62, 1974 [1929]) ist als Grundform des ursprünglichen Pektins eine daraus unversehrt abspaltbare Tetragalakturonsäure von der Formel $4 C_6H_{10}O_7 - 4 H_2O = C_{24}H_{32}O_{24}$ oder $C_{20}H_{28}O_{16}(CO_2H)_4$ anzusehen. Sie ist eine 4basische Säure mit 4 freien Carboxylgruppen, in der 4 Mol. Galakturonsäure in Form eines geschlossenen Ringes aneinandergekettet sind, wobei die maskierten Aldehydgruppen sich in saccharidartiger Bindung mit Hydroxylgruppen befinden. Weitergehende Hydrolysen, die zu einer Sprengung oder Zerstörung des Ringes des ursprünglichen Tetragalakturonsäurekomplexes führen, haben stets eine Herabminderung oder das vollständige Verschwinden der Gelbildung des Pektins zur Folge. Aus der Praxis der Bereitung von Obstgelees ist bekannt, daß ein zu langes Einkochen der Obstsäfte schädlich wirkt, da das anfangs sich bildende Gelee in der Hitze allmählich zerfällt und sich nicht wiedergewinnen läßt. Die Ursache hierfür ist darin zu suchen, daß bei dem lange dauernden Kochen der sauren Obstsäfte eine mit der Konzentrierung der Masse sich steigernde Hydrolyse der Pektinstoffe oder des Hydrato-Pektins durch die Fruchtsäuren einsetzt, wobei eine Absprengung verschiedener Gruppen, besonders auch von Methoxyl, und schließlich eine Aufspaltung des Ringes der Tetragalakturonsäure erfolgt.

Im Gegensatz zu dem im kalten Wasser unlöslichen, nur durch langes Kochen auslaugbaren wandständigen Pektin enthalten die Pektinpräparate, die aus leichter löslichen Pektinfraktionen und aus dem bereits gelösten Pektin der Fruchtsäfte zu gewinnen sind, die ursprünglich primäre Pektinsäure stets im Gemisch mit teilweise abgebauter Pektinsäure, die schon in der Pflanze durch die Einwirkung gewisser Enzyme eine partielle Hydrolyse erfahren hat. Hierbei sind Anteile der Arabinose, Galaktose und auch der Essigsäure aus dem Verbande des Komplexes der Pektinsäure herausgesprengt, und dementsprechend hat der Prozentgehalt der Galakturonsäure und des Methylalkohols, die relativ viel schwerer abspaltbar sind, ebenso wie die spezifische Drehung proportional eine Steigerung erfahren. Ähnlich zusammengesetzte Gemische von partiell abgebauten Pektinsäuren, aus denen einzelne Gruppen abgesprengt sind, enthalten Pektinpräparate, die durch Extraktion mittels heißer Säuren oder durch Erhitzen mit Wasser unter Druck gewonnen sind, wie dies häufig zu technischen Zwecken geschieht (F. EHRLICH und KOSMAHLY, F. EHRLICH, Cellulosechemie 11, 140 [1930]).

Partiell abgebaute Pektinsäuren leichtlöslicher Pektinfraktionen.

Aus	Spez. Drehung $[\alpha]_D$	Galakturonsäure %	Methylalkohol %	Essigsäure %	Arabinose %	Galaktose %	Mol.-Gew.	1 g neutral. cm^3 $n/_{10}$ NaOH	Asche %	C %	H %
Zuckerrüben	+189,7⁰	78,1	6,8	8,5	11,3	9,4	1006	16,6	0,40	43,6	5,3
Orangenschalen . .	+197,5⁰	77,7	7,3	12,1	10,6	13,1	1206	13,8	0,28	43,1	5,2
Johannisbeersaft . .	+223,0⁰	71,9	12,5								
Johannisbeeren (Fruchtfleisch) . .	+208,9⁰	78,5	10,1	10,7	14,9		1303	16,4	0,42	43,7	5,4
Erdbeersaft	+213,0⁰	79,3	9,7					18,3			
Erdbeeren (Fruchtfleisch)	+192,6⁰	79,7	9,7	10,5	6,5		1280	12,0	0,53	43,3	5,2
Lemon-Pektin (techn.)	+240,2⁰	94,2	10,0	0,24	6,9	1,6	1274	12,8	0,30	42,9	5,2

In leicht gelierenden Früchten wie Johannisbeeren und Erdbeeren sind 50–60% der Gesamtmenge des Pektins in einer bereits im Safte gelösten Form vorhanden. Das Pektin solcher Früchte enthält Pektinsäuren, deren Gehalt an Methylalkohol durchschnittlich 10%, aber auch bis zu 12,5% betragen kann, während in dem wandständigen Pektin von Zuckerrüben und Orangenschalen fast immer nur Pektinsäuren mit einem Gehalt an Methylalkohol von etwa 5,7% oder in den leichter löslichen Anteilen von höchstens 7,5% beobachtet werden. Das in den Obstfrüchten gelöste oder kolloidal verteilte Pektin scheint außer der partiell abgebauten Pektinsäure stets noch gewisse Mengen von Tri- oder Tetramethylester einer Tetragalakturonsäure zu enthalten. Durch diesen hohen Gehalt an hochmethoxylierten Estern, der ihre besondere Gelierfähigkeit bedingt, unterscheiden sich die Obstpektine sehr charakteristisch von dem Pektin anderer Pflanzen und Pflanzenteile.

Aus Pektin, Hydrato-Pektin und den Tetragalakturonsäuren läßt sich durch weitgehende Hydrolyse leicht die d-Galakturonsäure $C_6H_{10}O_7 \cdot H_2O$ vom Schmelzp. 156–159⁰ und $[\alpha]_D = +50 \cdot 9^0$ (F. EHRLICH und SCHUBERT, B. 62, 2012 [1929]) gewinnen, die somit in beliebigen Mengen leicht zugänglich ist.

Technische Bedeutung des Pektins. Die Pektinstoffe spielen bei vielen technischen Vorgängen der Pflanzenverarbeitung eine Rolle. In der Zuckerindustrie gehen sie bei der Diffusion zum Teil in die Säfte über und beeinflussen durch die Bildung kolloidaler Niederschläge den Prozeß der Scheidung und der Saturation sowie später die Melassebildung infolge der Zersetzungsprodukte, die sich bei ihrem alkalischen Abbau bilden. Die stark wechselnde optische Aktivität der Spaltprodukte des Pektins verursacht viele Fehler bei der polarimetrischen Bestimmung des Zuckers in der Rübe sowie in den Zuckersäften und -abläufen (F. EHRLICH, *Dtsch. Zuckerind.* **49**, 1046 [1924]; *Ztrbl. Zuckerind.* **38**, Nr. 27 [1930]). Die abfallenden Rübentrockenschnitzel, die zur Viehfütterung dienen, enthalten Pektin als hauptsächliches Nährsubstrat und können als ergiebiges Ausgangsmaterial für die Gewinnung dieser Substanz dienen.

Bei der **Aufbereitung von Flachs und Hanf** sowie von anderen Pflanzenfasern wird durch den Vorgang der Röste die Lockerung und Freilegung der Bastfaser von der pektinhaltigen inkrustierenden Intercellularsubstanz erreicht (s. Bd. **V**, 382). Durch ähnliche Fäulnisvorgänge werden häufig **Kaffeefrüchte** von dem viel Pektin enthaltenden Fruchtfleisch befreit (s. Bd. **VI**, 300). Auch bei dem **Fermentieren des Tabaks** (s. d.) spielt die biologische und chemische Umwandlung der Pektinstoffe der Blätter eine allerdings noch wenig geklärte Rolle.

Bei der **Bereitung von Fruchtkonserven** (s. auch Bd. **VI**, 752), wie Marmeladen, Jams, Gelees, ist der **Gehalt der Obstfrüchte an leichtlöslichem Pektin** für die Güte des Fabrikates von entscheidender Bedeutung. Zur Erhöhung der Gelierfähigkeit der Obstsäfte und zur Ersparnis von Zucker beim Geleekochen werden **Zusätze von festen oder flüssigen Pektinpräparaten** (Lemonpektin, Citruspektin, Pomosin, Frutapekt, Opekta u. s. w.) gemacht, deren technische Herstellung in den letzten Jahren einen großen Aufschwung genommen hat.

Die Pektinfabrikation wird vor allem in Nordamerika in bedeutendem Umfange betrieben. Namentlich in den obstreichen Gegenden von Kalifornien werden in großen Fabriken hauptsächlich aus Citronen (Lemonen), Orangen (Citrus), Grapefruits und Äpfeln neben Fruchtsäften, Fruchtsäuren und aromatischen Ölen besonders Pektinpräparate der mannigfachsten Art gewonnen, die in beträchtlichen Mengen nach Europa exportiert und hier vorwiegend in Konservenfabriken, Konditoreien und anderen Betrieben der Nahrungsmittelindustrie verwertet werden. Die bedeutendsten amerikanischen Pektinfabriken gehören der CALIFORNIA FRUIT GROWERS EXCHANGE, Ontario, Calif., der DOUGLAS PECTIN CORP., Rochester, N. Y., der NATIONAL PECTIN PRODUCTS CO., Chicago, der SPEAS MFG. CO., Kansas City, Mo. u. s. w. Fabriken ähnlicher Art verarbeiten die Citronenabfälle in Süditalien und Sizilien, wo die von MONTECATINI kontrollierte Arenella-Anlage in Palermo der größte Betrieb ist. In Deutschland existieren seit längerer Zeit in der Rhein- und Maingegend mehrere Fabriken (POMOSIN-WERKE in Frankfurt a. M. und Raunheim a. M.), die aus den Preßrückständen der Apfelmostbereitung Pektin in größerem Maßstabe gewinnen. Über die Verhältnisse der Pektinindustrie vgl. bei R. SUCHÁRIPA, Die Pektinstoffe, Braunschweig 1925; W. H. DORE, *Ind. engin. Chem.* **16**, 1042 [1924]; MILO R. DAUGHTERS, Canning Age **1926**, 110, 357; C. P. WILSON, *Ind. engin. Chem.* **17**, 1065 [1925]; **20**, 1302 [1928]; H. ECKART, *Konserven-Ind.* **12**, 119, 487 [1925]; Ztschr. medicin. Chem. **5**, 17 [1927]; G. ROMEO und N. SCIACCA, *Giorn. Chim. ind. appl.* **12**, 77 [1930].

Pektinstoffe sind vielfach auch zur **Herstellung von Klebstoffen** als Ersatz für Dextrin verwendet worden (s. S. 313). Die starke Klebewirkung dieser Produkte beruht zum Teil auf der Anwesenheit von Araban und Saponin (F. EHRLICH, *Dtsch. Zuckerind.* **49**, 1046 [1924]).

Für **pharmazeutische Zwecke** kann das Pektin infolge seiner starken Quellbarkeit und Wasseraufnahmefähigkeit als Emulgierungsmittel, als Salbengrundlage, zur Herstellung von Puder, Tabletten und anderen Medikamenten benutzt werden. Auch als Blutstillungsmittel kommt es in Frage (W. PEYER und H. IMHOF, *Apoth.-Ztg.* **1928**, Nr. 41).

Manche der im Handel vorkommenden „Pektin"-Präparate bestehen chemisch nicht aus eigentlichem Pektin, sondern aus sich physikalisch ähnlich verhaltenden stark quellenden Pflanzenschleimen, die aus verschiedenen anderen Rohstoffen, besonders auch aus gewissen Algen, herstellbar sind.

Nachweis und Bestimmung des Pektins. Ein allgemein anwendbares Reagens auf Pektin gibt es nicht. Ein genaues Bild über die Menge und Zusammensetzung der Pektinstoffe, das als wesentliches Kriterium für die Bewertung des Pektins gelten kann, liefert nur die exakte **Ermittlung der einzelnen Pektinkomponenten** nach zweckentsprechend modifizierten Verfahren (F. EHRLICH und F. SCHUBERT, *B.* **62**, 1974 [1929]; F. EHRLICH und A. KOSMAHLY, *Biochem. Ztschr.* **212**, 162 [1929]). Die Menge der **Galakturonsäure** ($C_6H_{10}O_7$) wird aus der durch Erhitzen mit 12%iger Salzsäure nach TOLLENS und LEFÈVRE abgespaltenen Menge CO_2 (mit dem Faktor 4,4 multipliziert) bestimmt. **Methylalkohol** bzw. **Methoxyl** wird nach der Methode von ZEISEL-STRITAR-FANTO mittels *konz. HJ* in CH_3J und dieses weiter in AgJ übergeführt. Auch die colorimetrische Methode von V. FELLENBERG (*Biochem. Ztschr.* **85**, 45, 118 [1918]) ist hierfür gut anwendbar. Die Menge im Pektin gebundener **Essigsäure** bzw. von **Acetyl** wird durch Verseifung mit Alkali, Wasserdampfdestillation der angesäuerten Lösung, am besten im Vakuum und Titration des Destillats mit $n/_{10}$-Lauge gefunden. Aus der Gesamtmenge Furfurolphloroglucid, die sich bei der Destillation mit HCl nach der Methode von TOLLENS-KRÜGER-KRÖBER ergibt, kann man unter Berücksichtigung des aus der Galakturonsäure herrührenden Anteils Furfurol (1 Tl. Furfurolphloroglucid entspricht 2,64 Tl. Galakturonsäure) quantitativ auf die Menge der im Pektin oder in der Pektinsäure gebundenen **Arabinose** schließen. Die **Galaktose** wird endlich nach totaler Abspaltung durch Säurehydrolyse des Pektins in der neutralisierten Lösung durch Vergärung mittels Lactose-Hefe bestimmt.

Für die Bewertung des Pektins in Hinsicht auf seine Gelierfähigkeit ist vor allem sein Gehalt an Galakturonsäure und Methylalkohol maßgebend. Die Bedingungen für die Gelbildung des Pektins sind umso günstiger, je höher die in ihm enthaltene ringförmige Tetragalakturonsäure methoxyliert ist. Pektine von Obstfrüchten wie Johannisbeeren, Citronen u. s. w., deren Pektinsäuren auf 70—95% Galakturonsäure 9—12,5% Methylalkohol enthalten, demnach also viel Tri- und vielleicht auch Tetramethylester der Tetragalakturonsäure in ihrem Bau einschließen, liefern schon in relativ geringen Mengen sehr feste und steife Gelees. Dagegen geliert Hydrato-Pektin von Zuckerrüben, dessen Pektinsäure nur den Dimethylester der Tetragalakturonsäure in ihrem *Mol.* aufweist, überhaupt nicht (F. EHRLICH). Im allgemeinen nimmt die Gelierfähigkeit der Pektine, beginnend von etwa 7,3% Methoxyl-Gehalt der Pektinsäuren, rasch zu. Die bestgelierenden Pektine bestehen aus Pektinsäuren mit einem Methoxyl-Gehalt von 11—12%. Außer von der Methoxylzahl ist das Zustandekommen eines guten Gelees noch abhängig von der Konzentration an Pektin, die zwischen 0,2—1% betragen kann, von der Zuckerkonzentration (Optimum zwischen 60—65%), von der Wasserstoffionenkonzentration, die optimal auf etwa $pH = 3,0$ meist mittels Weinsäurezusatzes eingestellt wird, und schließlich von der Art des Einkochens, die nicht zu weit getrieben werden darf (G. WENDELMUTH, *Kolloidchem. Beih.* 19, 115 [1924]; H. LÜERS und K. LOCHMÜLLER, *Kolloid-Ztschr.* 42, 154 [1927]; J. LINDEMAN, Bidrag til Fruksafters Kolloidkjemi, Oslo 1927). Für die Ermittlung der Gelierkraft der Pektine und der Güte und Festigkeit der daraus gewonnenen Gelees existieren verschiedene Methoden. WENDELMUTH bedient sich des viscosimetrischen Verfahrens. SUCHÁRIPA (a. a. O. S. 79—81) hat einen dynamischen Gelmesser zur Untersuchung der Festigkeit und Elastizität der Gelees konstruiert. LÜERS und LOCHMÜLLER messen die Gelierfähigkeit eines Pektins in einem besonderen Apparat durch Prüfung der Zerreißfähigkeit und Elastizität eines unter bestimmten Normen hergestellten Pektin-Zucker-Gelees.

In Amerika ist es handelsüblich, den Geliergrad« oder „Geliertest" eines Pektins anzugeben, d. h. die Gewichtsteile Zucker, die unter normalem Zusatz von Wasser und Säure von einem Gewichtsteil Pektin in ein festes 65% Zucker enthaltendes Gelee verwandelt werden. Der Geliergrad der amerikanischen trockenen Peptinpräparate schwankt im allgemeinen zwischen 80—250.

Nach Analysen von E. SCHWEMER im Institut für Biochemie und landwirtschaftliche Technologie der Universität Breslau war ein im Jahre 1929 von der CALIFORNIA FRUIT GROWERS EXCHANGE, Ontario, Californien, hergestelltes fast farbloses pulverförmiges „Citrus-Pektin" vom Geliergrad 185 folgendermaßen zusammengesetzt: Wasser 8,67%, Asche 8,30%, Galakturonsäure 62,89%, Methylalkohol 7,33%, Essigsäure 0,35%, Arabinose 7,25%, Galaktose 0,26%. 1 g des Pektins neutralisierte gegen Phenolphthalein 8,5 cm^3 $n/_{10}$-$NaOH$; in 0,25%iger Lösung war sein $pH = 4,5$. Die spezifische Drehung hatte den Wert $[\alpha]_D = +129,5^0$. Von dem Pektin waren 6% in heißem 70%igem Alkohol löslich. Der alkoholische Extrakt enthielt stark linksdrehendes Araban. Auf 100 Galakturonsäure bezogen, berechnet sich der Gehalt an Methylalkohol auf 11,7%. Das Pektin war also reich an hochmethoxylierter Tetragalakturonsäure und besaß entsprechend große Gelierkraft.   *Felix Ehrlich.*

Pelargonaldehyd, Pelargonsäure s. Riechstoffe.

Pelletierin, Alkaloidbase aus der Rinde von Punica Granatum. Findet Anwendung als Bandwurmmittel.   *Dohrn.*

Pelzfärberei s. Bd. **V**, 71, und **Pelzgerberei** s. Bd. **V**, 654.

Pentaerythrit, Tetramethylol-methan $C(CH_2 \cdot OH)_4$ (*I. G.*). Krystalle. *Schmelzp.* gegen 253°, löslich in 18 Tl. H_2O von 15°.

Darstellung: Nach TOLLENS, WIGAND (*A.* 265, 319) wird Formaldehyd mit Acetaldehyd durch 1—2 monatiges Stehen mit Kalkmilch kondensiert, mit Oxalsäure ausgefällt und das Filtrat eingedampft. Im *D. R. P.* 390622 der RHEINISCH-WESTFÄLISCHEN SPRENGSTOFF A. G. wird die Kondensation bei höheren Temperaturen in wässeriger Lösung mit Kalk oder Magnesia in einigen Stunden durchgeführt. Ausbeute 60%. Vgl. *A. P.* 1716110 [1927] *Du Pont*; *A. P.* 1678623 [1923] H. AARONSON. Neuerdings ist es J. MEISSNER, Burbach, gelungen, Pentaerythrit mit einer Ausbeute von 85% d. Th. im kontinuierlichen Betrieb herzustellen.

Pentaerythrit ist als Glycerinersatz (Bd. **V**, 822) vorgeschlagen. Durch Erhitzen mit Phthalsäureanhydrid (HERZ, *E. P.* 301429 [1928]; *I. G.*, *F. P.* 671208 [1929]) entstehen Kunstharze von der Art des Glyptals (Bd. **VII**, 11). Durch Nitrieren mit HNO_3 von 98% entsteht Pentaerythrittetranitrat $C(CH_2 \cdot O \cdot NO_2)_4$, *Schmelzp.* 138 bis 140°, das sehr beständig, nach STETTBACHER (*Ztschr. angew. Chem.* 41, 716) brisanter als Nitroglycerin ist und sich vorzüglich für Geschoßfüllungen eignen soll. Es findet z. Z. zur Herstellung von detonierenden Zündschnüren (Bd. **V**, 344) Verwendung.

Ullmann.

Pepsin (s. auch Fermente, Bd. **V**, 153ff.) ist die Bezeichnung für die 1834 von SCHWANN in der Magenschleimhaut aufgefundene Protease. Ähnliche eiweißspaltende Fermente wurden später bei allen Tieren und bei fleischverdauenden Pflanzen festgestellt. — Über die Sekretion des Pepsins s. bei A. BICKEL im Handb. d. Biochemie, 2. Aufl. (Jena 1924), Bd. IV, S. 510. — Die Frage des Vorkommens eines „Pepsinogens" ist noch vollkommen ungeklärt.

Eigenschaften. Typisch für Pepsin und es von anderen Proteasen unterscheidend sind folgende Eigenschaften. Pepsin wirkt noch bei einer Acidität, bei der alle anderen Proteasen bereits unwirksam sind; es greift allem Anschein nach nur genuine Eiweißkörper (Casein, Fibrin, Gelatine u. s. w.) an, wobei (nach WALD-SCHMIDT-LEITZ und SIMONS, *Ztschr. physiol. Chem.* 156, 114 [1925], unter Aufspaltung von $-NH-CO-$Bindungen) nicht eine vollständige Spaltung zu Aminosäuren, sondern nur eine Spaltung bis höchstens zu Polypeptiden erfolgt. Das Temperaturoptimum ist nach der Dauer der Einwirkung verschieden. Bei kurzer Einwirkung liegt es höher, z. B. $50-60^0$ bei $1'$ Einwirkung; für 1stündige Einwirkung wird von EGE (*Ztschr. physiol. Chem.* 143, 159 [1925]) $45-50^0$ angegeben. Die beste Wirkung wird je nach dem Substrat bei p_H $1,4-2,5$ beobachtet. Die stark saure Lösung aktiver Pepsinlösungen schließt Fäulnis aus, so daß Zusätze von Desinfektionsmitteln überflüssig sind. Sonderbarerweise schädigen stark eiweißfällende Antiseptica, wie Formaldehyd, selbst in 5%iger Lösung nicht. Anhäufung der Verdauungsprodukte in der Lösung bringt die Pepsinwirkung zum Stillstande. Alkalien sowie Erhitzen der Lösungen über $65-70^0$ zerstören Pepsin rasch. Trocken kann es ohne Schädigung über 100^0 erhitzt werden.

Pepsin liefert bedeutend basischere Abbauprodukte als Trypsin. Nach SIEGFRIED banden Pepsinpeptone $10-12\%$ Barium gegenüber $20-22\%$ bei Trypsinpeptonen. Kollagen, Leim, glatte und gestreifte Muskeln sowie Organe werden von Pepsin rasch verdaut. Knochen, Knorpel und elastische Gewebe (wie Sehnen) greift es schwer an. Nucleoalbumine und Nucleoproteide spaltet es teilweise und läßt einen Teil (Nuclein) ungelöst. Keratin greift es gar nicht an.

Die käuflichen Pepsinpräparate enthalten neben Pepsin meist noch geringe Mengen einer im schwach sauren Gebiet wirksamen Protease: Kathepsin (WILL-STÄTTER, BAMANN, *Ztschr. physiol. Chem.* 180, 127 [1929]). Dieses aus der Magenschleimhaut stammende (nicht sezernierte) Enzym zeigt ein Wirkungsoptimum bei p_H $3,5-4,0$.

Herstellung. Man gewinnt Pepsin fast ausschließlich aus der Schleimhaut von Schweinemagen (Gewicht etwa $600\,g$, Schleimhaut davon etwa $200\,g$), seltener aus den Labmagen der Rinder (Gewicht $2,5\,kg$, enthaltend etwa $1,2\,kg$ Schleimhaut). Der Mittelteil des Magenschlauchs, der Fundus, der durch seine borkige Beschaffenheit erkennbar ist und durch die Ausführungsgänge der zahllosen Magendrüsen wie punktiert erscheint, enthält das meiste Pepsin; Cardia und Pylorus enthalten weniger, der Pylorusteil enthält nur etwa $^1/_5$ des im Fundus vorhandenen Pepsins (s. Lab, Bd. VII, 245, Abb. 110). Der Magen wird der Länge nach aufgeschnitten, vom Speiseinhalt durch Waschen befreit und aufgehängt. Die Schleimhaut, die nur durch Nerven und Gefäße mit der Muskelschicht zusammenhängt, wird mit einem Messer losgetrennt. Diese Handarbeit wird von F. WITTE, welche Firma Pepsin seit 1873 herstellt, neuerdings vermieden (vgl. OPPENHEIMER, Technologie der Fermente, 2. Halbbd., Seite 240). Die Muskelschicht des Magens wird auf Peptone verarbeitet.

Die Schleimhaut läßt man eine Fleischhackmaschine passieren. Aus dem Brei kann man 1. einen Infus herstellen, indem man ihn mehrere Stunden bei gewöhnlicher Temperatur mit 5%igem Alkohol (oder auch mit Glycerin) extrahiert, oder er wird 2. verdaut, indem er mit der 3fachen Menge 0,5%iger Salzsäure oder 1%iger Phosphorsäurelösung versetzt und unter Rühren $1-2$ Tage bei 40^0 belassen wird. Der nach 1 erhaltene Auszug wird durch Roßhaarsiebe passiert und der Rückstand in einer hydraulischen Presse ausgepreßt. Nach Filtration werden die vereinigten Filtrate bei 45^0 im Vakuum getrocknet. Die Ausbeute an Rohpepsin ist etwa 8% des Gewichts der Schleimhaut; es hat eine Wirksamkeit von 1:800 bei 2stündiger Einwirkung auf koaguliertes Eiweiß (Eier). Das nach 2 dargestellte Produkt wird nach dem Erkalten mit Äther oder Terpentinöl in einer Schüttelblase geschüttelt. Die Pepsineiweißlösung trennt sich scharf von der Lecithin-Fett-Äther-Schicht und wird abgelassen. Nach Filtration wird sie in Porzellanschalen bei 45^0 im Vakuum getrocknet. Ausbeute an stark mit Peptonen verunreinigtem Rohpepsin etwa 12% vom Gewicht der Schleimhaut.

Reinigen der Lösungen. Statt die nach 1 oder 2 erhaltenen Produkte zu trocknen, kann man sie durch Ausfällen reinigen, was nach 4 Methoden geschehen kann.

a) Das Pepsin wird durch unlösliche Kolloide mitgerissen Als solche unspezifische Adsorbentien wurden Aluminiumhydroxyd, Kaolin, Fettsäuren (aus Seifen), Nitrocellulosen (durch Zufügen von Kollodium), Calciumphosphat, Bleicarbonat, Campher, Salicylsäure, Safranin, Cholesterin oder Lecithin (die beiden letzten durch Zufügen ihrer ätherischen Lösungen) nebst vielen anderen vorgeschlagen. Im Niederschlag wird dann das Fällungskolloid durch Säuren oder Lösungsmittel entfernt und die Lösung durch Dialyse (Pepsin ist nicht dialysierbar) weiter gereinigt. Die Verfahren sind unökonomisch, da immer nur ein Bruchteil des Pepsins mitgerissen wird.

b) Man fällt mit Neutralsalzen (Sättigen mit Kochsalz oder Magnesiumsulfat oder Halbsättigung mit Ammoniumsulfat). Nachfolgende Dialyse des erhaltenen Rohpepsins. Auch diese Verfahren sind nicht rentabel.

c) Ausfällen durch Versetzen mit Alkohol oder Aceton. 20 *kg* Schleimhaut geben hierbei 200—300 *g* Rohpepsin, das in 2ʰ das 800—1000fache seines Gewichts koagulierten Eialbumins verdaut. Bei Fällung mit Alkohol soll jedoch nach F. WITTE die Aktivität des Pepsins geschädigt werden. Durch Aceton soll Pepsin nach PÉNAU (Bull. Soc. chim. Biol. 10, 779 [1928]) nur bei p_H 2,5 nicht geschädigt werden; bei allen anderen Aciditäten ist die Schädigung erheblich.

d) Reinigen nur durch Dialyse. Diese Methode ergibt reine aktive Produkte.

Pepsin kann auch nach dem KRAUSE-Zerstäubungsverfahren (*D. R. P.* 297 388 und 378 713) (s. Trockenapparate) hergestellt werden.

Die Lösungen sind meist mit schwer zu entfernendem Schleim (Mucin) verunreinigt. Nach *D. R. P.* 45210 kann dieser mittels Kohlensäure bei 5 *Atm.* Druck niedergeschlagen werden.

Das Reinigen des Rohpepsins geschieht durch Dialyse; Peptone und Salze treten aus, während Pepsin zurückbleibt. Zur Dialyse (Bd. **III**, 644) bedient man sich langer Dialysierschläuche oder der Kammerdialysatoren, das sind Filterpressen (Bd. **V**, 362, Abb. 216), bei denen anstatt Filtertücher Pergamentpapier verwendet wird. Das filtrierte Endprodukt wird allein oder unter Zusatz von Gummi auf Glasplatten oder nach Mischung mit Lactose auf Porzellanschalen bei 45⁰ getrocknet.

Eine klare Lösung von Pepsin in Wasser, Wein u. s. w. wird nach *D. R. P.* 463 658 durch Zusatz von 1—2% Salzen der Citronen- oder Weinsäure erzielt.

Anwendung. Gegen Verdauungsstörungen, bei ungenügender Magensaftabsonderung, in appetitanregenden Weinen u. s. w. Entsprechend den Arzneibüchern der verschiedenen Länder kommen die verschiedenen Pepsinsorten rein oder mit Lactose gemischt in den Handel (s. auch Acidolpepsin, Bd. **I**, 165). Über die technische Verwendung bei der Herstellung von Peptonen s. Bd. **VIII**, 319.

Die Wirksamkeit wird in der von 1 *g* Pepsin verdauten Menge Hühnereiweiß angegeben; dabei weichen die Untersuchungsvorschriften der einzelnen Arzneibücher von einander ab (Vorschrift des *D. A. B. 6* s. u.). Im Handel sind Präparate mit einer Stärke bis zu 1:10 000. Pepsinum *D. A. B. 6* ist ein mit Lactosezusatz hergestelltes Präparat 1:100.

Pepsinwein ist eine mit etwas *HCl* und Glycerin versetzte Lösung von Pepsin in Xereswein oder halbsüßem Südwein.

Prüfung. Qualitativ. Fibrin wird mit Kongorot (0,5%) 5′ bei 80⁰ gefärbt und gründlich ausgewaschen. Wirksamkeit einer untersuchten Pepsinlösung dokumentiert sich durch Blaufärbung nach Zufügen einer Kongofibrinflocke (ROAF, Biochemical Journal 3, 188).

Quantitativ. Prüfung nach *D. A. B. 6* auf Wirksamkeit 1 : 100 in 3ʰ. Ein Ei wird 10′ lang gekocht. Das isolierte Weiße wird dann durch ein Sieb von 16 Maschen in 1 *cm²* gedrückt. 10 *g* davon werden in eine Lösung von 0,1 *g* Pepsin in 100 *cm³* 3%iger Salzsäure gegeben und 3ʰ auf 45⁰ gehalten. Nach dieser Zeit soll das Eiweiß gelöst sein. Durch Abänderung läßt sich die Methode leicht für andere Konzentrationen gebrauchen. Dauer der Einwirkung, Kochzeit des Eies, Säuregrad und Temperatur sind von großem Einfluß auf das erhaltene Resultat.

Wissenschaftlich genaue Methoden, namentlich für klinische Zwecke, sind von FULD in OPPENHEIMER, Die Fermente, Bd. III, S. 1508ff., ferner KLEINMANN (ebenda S. 1050 und 1552) sowie WALDSCHMIDT-LEITZ (ebenda, S. 1044) zusammengestellt. Vgl. hierzu auch GROSS, Klin. Wochschr. 9, 831 [1930].

Literatur: ELLENBERGER-BAUM, Vgl. Anatomie der Haustiere. Berlin 1915. — ELLENBERGER-SCHEUNERT, Vgl. Physiologie der Haustiere. Berlin 1910. — GAMGEE, Physiologische Chemie der Verdauung. Leipzig 1897. — W. GRASSMANN, Proteasen in OPPENHEIMERS Handb. der Biochemie. Erg. Bd. 1930, 175. — MICHAELIS, Wasserstoffionenkonzentration. Berlin — PECKELHAARING, *Ztschr. physiol. Chem.* 22, 333. — SIEGFRIED, Partielle Eiweißhydrolyse. Berlin 1916. — C. OPPENHEIMER, Die Fermente und ihre Wirkungen. Leipzig 1928. — Derselbe, Technologie der Fermente. Leipzig 1929. — R. WILLSTÄTTER, Untersuchungen über Enzyme, Berlin 1928. — R. V. D. VELDEN-P. WOLFF, Einführung in die Pharmakotherapie. Leipzig 19⁵5.   *A. Hesse (L. Krall †)*.

Peptone (s. auch Bd. **IV**, 350 ff.) sind Eiweißabbauprodukte, die noch einen Teil der Eiweißreaktionen geben. Die Handelsprodukte, weiße bis rötlichweiße wasserlösliche Pulver, die luftbeständig bis stark hygroskopisch sein können, werden durch Hydrolyse von vegetabilischen (Lupinen, Kleber, Aleuron) und animalischen Eiweißkörpern (Eialbumin, Blutserum und Fibrin, Muskeln, Organen, Haut, Gelatine, Fleischmehl der Fleischextraktfabrikation, Fischfleisch, Muscheln, Casein, Milch, Seide) hergestellt. Ebenso verschiedenartig wie die Rohprodukte sind die Methoden der Hydrolyse: überhitzter Dampf, anorganische und organische Säuren, Ammoniak, Kalk, Alkalien, ferner Fermente wie Pepsin, Trypsin (Pankreas), Papain, Takadiastase wurden hierzu vorgeschlagen und angewendet. Hierdurch können Unmengen verschiedener Peptonsorten entstehen; kaum wird daher ein Handelspräparat einem andern völlig gleichen. Echte Peptone mit anscheinend konstanten Eigenschaften sollen nach SIEGFRIED (vgl. ZIMMERMANN in ABDERHALDENS Handb. der biolog. Arbeitsmethoden, Abt. I, Teil 17, S. 807 [1923]) erhalten werden können.

Eigenschaften. Die Peptone sind amorphe, in Wasser lösliche Pulver. Die Lösungen gerinnen nicht beim Kochen. Im Gegensatz zu den Eiweißkörpern werden sie aus den wässerigen Lösungen weder durch Neutralsalze (auch nicht bei saurer Reaktion) noch durch Ferrocyankalium-Essigsäure oder HNO_3 ausgefällt. Sie geben dagegen gewisse Farbreaktionen (Biuret) und sind fällbar durch Phosphorwolframsäure, Kaliumquecksilberjodid $+ HCl$, ammoniakalischen Bleiessig. Die höheren Abbauprodukte, die sog. Albumosen, zeigen Fällungsreaktionen wie Eiweiß; sie sind z. B. mit $(NH_4)_2SO_4$ oder Zinksulfat aussalzbar. Hiernach glaubte man früher „Albumosen" und Peptone unterscheiden zu können. Die neuere Forschung hat gezeigt, daß man weder Albumosen noch Peptone als wohl charakterisierte Zwischenprodukte des Eiweißabbaues ansehen kann. Für die Kennzeichnung der Peptone, die als Gemische verschieden weit abgebauter Produkte anzusehen sind, werden Abbauversuche mit Enzymen gute Dienste leisten (vgl. WALDSCHMIDT-LEITZ, z. B. *Ztschr. physiol. Chem.* **188**, 17 [1930] und frühere Arbeiten, sowie GRASSMANN in OPPENHEIMER, Die Fermente, III, 336). WITTE-Pepton enthält nach Angaben des Herstellers z. B. 14,2% *N*, 8,8% Wasser und 1,94% Asche.

Die käuflichen Pepsin-Peptone werden von Trypsin ohne Mitwirkung der Enterokinase, dagegen nicht von Darmerepsin gespalten. Wird die Eiweißspaltung mit Pepsin bis zum völligen Stillstand fortgesetzt, so entstehen nach WALDSCHMIDT-LEITZ (*Ztschr. physiol. Chem.* **166**, 247 [1927]) sog. Teleopeptone; dies sind Peptide, welche durch Erepsin (aus dem Darm) spaltbar sind.

Allgemeine Grundlinien der Darstellung. Über das Rohmaterial entscheidet meist die Preisfrage. Häufig wird das billige Blutfibrin angewendet, das durch Spülen in fließendem Wasser leicht weiß erhalten werden kann. Auch Fleischmehl, Casein und Hefe (letztere enthält viel Nucleinsubstanzen) werden im allgemeinen rentabel sein. Ferner Hautabfälle und Gelatine; diese beiden sind jedoch keine eigentlichen Eiweißkörper, und die aus ihnen entstehenden Aminosäuren können im Organismus das Stickstoffgleichgewicht nur teilweise aufrecht erhalten.

Beim Abbau ist schwache Alkaliwirkung der Säurewirkung vorzuziehen, besonders zur Herstellung von Nährpräparaten. Säuren ergeben immer hygroskopische, bitter schmeckende Peptone. Alkalien bauen milder ab und führen die Eiweißkörper zunächst in „Albumosen" von angenehmem Geschmack über. Man kann sich hierzu der Rührautoklaven bedienen; doch sind Drucke über 3 *Atm.* und Temperaturen über 120—130° zu vermeiden, da sie zur Bildung bitter schmeckender Produkte führen würden. Pepsin (Bd. **VIII**, 316) und besonders Papain (Bd. **VIII**, 261) liefern, wenn sie nicht allzulange einwirken, wenig abgebaute und daher mäßig hygroskopische Produkte. Pankreas (meist als frische Drüse verwendet) und das in „Takadiastase" (s. d.) vorhandene proteolytische Enzym bauen intensiv ab und liefern äußerst hygroskopische, wirkliche Peptone. Die durch Fermentwirkung erhaltenen Peptone haben häufig einen angenehmen, nicht bitteren Geschmack.

Die nach einer der erwähnten Methoden erhaltenen Peptonlösungen werden neutralisiert, durch Stoff filtriert, ev. mit Kolloiden geklärt, in offenen Rührkesseln (besser im Vakuum) konzentriert, nochmals neutralisiert und filtriert und schließlich bei 100° im Vakuum auf Porzellanschalen getrocknet. Es entsteht eine gelbe, schaumige Masse, die in geschlossenen Porzellanmühlen mittels Porzellankugeln pulverisiert wird. Zur Herstellung salzfreier Peptone (Peptonum siccum sine sale) müssen die durch Säure- bzw. Alkaliabbau entstandenen Produkte der Dialyse unterworfen werden.

Einige typische Beispiele. 1. Säurepepton. Seidenabfälle (oder auch Organe) werden 5 Tage lang bei Zimmertemperatur mit der 5fachen Menge Schwefelsäure von 70% stehengelassen. Unter Abkühlen wird nachher mit Wasser verdünnt, genau mit Baryt neutralisiert, filtriert und im Vakuum getrocknet (vgl. ABDERHALDEN, *Ztschr. physiol. Chem.* 68, 312 [1910]).

2. Alkaliabbau. 100 Tl. Casein werden im Rührautoklaven mit der 4fachen Menge 0,8%iger Natronlauge langsam angesetzt und während eines Tages auf 120° erhitzt. Filtrieren, Eindampfen, Filtrieren, im Vakuum bei 100° trocknen. Ausbeute 75—80% an Albumosen vom Gewicht des Caseins.

3. Pepsinpepton. Fleischabfälle werden mit verdünnter Phosphorsäurelösung und Pepsin 1—2 Tage bei 40° unter stetigem Rühren verdaut. Wenn völlige Lösung eingetreten, wird mit Kalk neutralisiert, aufgekocht, filtriert und im Vakuum getrocknet. Das ausfallende Calciumphosphat wirkt klärend auf die Peptonlösungen, und das resultierende Gemisch von Albumose und Pepton ist von schöner Farbe. Ausbeute etwa 15%, auf das nicht getrocknete Fleisch berechnet.

4. Trypsinpeptone. Gelatine wird mit der 5fachen Menge kochenden Wassers übergossen und bis zum Lösen gerührt. Ist die Lösung sauer, so wird schwach alkalisiert. Bei 45° wird stark aktives Pankreatin zugefügt, sowie Chloroform und Toluol zur Verhütung von Fäulnis. Unter Rühren wird bei 40—45° verdaut. Eine Probe soll beim Abkühlen nicht mehr erstarren und mit Salpetersäure keine Fällung (von Albumose) mehr geben. Dann wird filtriert und getrocknet. Trypsinpeptone sind wirkliche Peptone und daher stark hygroskopisch, aber von angenehmem Geschmack. Die Ausbeute ist nahezu quantitativ.

Angaben über Fabrikation von Peptonen sind enthalten in: *Chem.-Ztg.* 31, 593 [1907]; *Ztschr. angew. Chem.* 28, II, 329 [1925]; *Pharmaz. Ztg.* 1916, 285. Ferner sei auf folgende Patentschriften hingewiesen: Herstellung von Peptonen: *D. R. P.* 29714, 35724, 54587, 70281, 79341, 107528, 117953, 122167, 124985, 156399, 170520, 188005, 192840, 321382, 364444, 406963; *A. P.* 1403892. — Goldverbindungen des Peptons: *D. R. P.* 335159. — Eisenrhodanid enthaltendes Pepton: *D. R. P.* 166361. — Haltbarmachen von Pepton mit Hexamethylentetramin: *D. R. P.* 478167. — Peptone bei Herstellung von kolloidalen Metallösungen: *D. R. P.* 320796. — Reinigung der Peptone: *D. R. P.* 47704.

Anwendungen. Peptone werden therapeutisch sowie als leicht assimilierbare Nahrungsmittel verwendet, ferner zur Herstellung von Nährböden in der Bakteriologie, zur Darstellung von Verbindungen mit Eisen, Mangan, Kupfer, Silber (Protargol), Quecksilber und schließlich als Schutzkolloide. Besondere Bedeutung hat in den letzten Jahren die perorale Anwendung von Peptonum siccum (WITTE) bei Erkrankungen der Gallenblase und des Magens sowie bei Diarrhöen und die parenterale Anwendung von Pepton pro injectione (5%ige Lösung in Ampullen) für die unspezifische Reizkörpertherapie bei schweren Diarrhöen, Lungentuberkulose mit Haemoptoe, Asthma bronchiale, Heufieber gewonnen. Die Bedeutung der Peptone als Nährmittel wird neuerdings von einigen Autoren (HAGER; RÜHLE im Erg.-Werk zu MUSPRATTS Enzyklopäd. Handbuch IV, 765; s. auch MÜLLER, *Dtsch. med. Wchschr.* 48, 1133 [1922]) auf Grund der Untersuchungen von ABDERHALDEN bezweifelt, da die Peptone erst zu Aminosäuren abgebaut werden müssen und daher Verabreichung von Aminosäuren vorzuziehen sei.

Handelsprodukte. Diese sind meist nicht reine Peptone, sondern Gemische von „Albumosen", Peptonen und tieferen Abbauprodukten. Das bekannteste ist das seit 1877 hergestellte Pepton WITTE (ein weißes Pulver mit 14,2% Gesamt-N). Die Literatur bezeichnet es als durch nacheinanderfolgende Pepsin- und Trypsinwirkung abgebautes Blutfibrin. Nach KRALL soll es durch schwache Säurewirkung unter Druck dargestellt sein, was jedoch von der Herstellerin als unzutreffend bezeichnet wird. Nach anderen Angaben ist das Ausgangsmaterial Fleisch. Es besteht aus Albumosen und Peptonen. Somatose (*I. G.*), wahrscheinlich durch Einwirkung von Kalk auf Fleischmehl und nachfolgende Neutralisierung mit Oxalsäure erhalten, besteht größtenteils aus Albumosen und wird als Kräftigungsmittel verwendet.

Ferner seien genannt: Riba (RIBAWERKE, Bremen), aus Fischfleisch hergestellt; Erepton (*I. G.*), weit abgebautes Produkt, bräunliches, hygroskopisches Pulver, aus Fleisch hergestellt; Pepton ANTWEILER soll mit Hilfe von Papain hergestellt sein; Pepton CORNELIS, Pepton *Merck* (aus Fleisch); Pepton „Roche" (aus Seide) und Seidenpepton Höchst (entsprechen dem nach 1 gewonnenen Produkt).

Optone (*Merck*). Völlig abgebaute Organe, deren Lösungen injizierbar sind Corpora lutea, Thymus, Hypophysen, Ovarien, die wahrscheinlich nach Methode 1 oder 4 hydrolysiert sind, nach Angaben von ABDERHALDEN. In der Frauenheilkunde und gegen Carcinom angewendet (*Mercks* Berichte **1916**, 421 und **1919**, 210).

Organopeptone (*I. G.*) dienen zur Serodiagnostik nach ABDERHALDEN (Bd **IV**, 352). Sie werden erhalten aus Augenlinsen, Hoden, Nebennieren, Ovarien Placenta (des Menschen, für Schwangerschaftsdiagnose), Schilddrüse, Thymusdrüse.

Eigonpräparate (HELFENBERG) sind jodierte und bromierte Peptone.

Eisen-, Mangan-, Quecksilberpeptone. Sie finden Verwendung in der Pharmazie. Als Beispiel sei die Herstellung von Eisenpeptonat angeführt.

10 *g* Eialbumin werden in 1 *l* Wasser gelöst und 18 *g* 25%ige Salzsäure nebst 0,5 *g* Pepsin zugefügt. Es wird so lange bei 40° verdaut, bis mit Salpetersäure nur noch eine schwache Trübung entsteht. Man neutralisiert genau mit Natronlauge, filtriert und versetzt mit 120 *g* Eisenoxychlorid (flüssig Ph. G.) und 1 *l* Wasser. Hierauf wird sehr genau mit $n/_{10}$-Natronlauge neutralisiert, der entstandene Niederschlag durch Dekantierung gewaschen und auf einem Tuch abtropfen gelassen. Er wird mit 1,5 *g* Salzsäure (25%ig) vermischt, die Masse auf Platten gestrichen und getrocknet. Man erhält braune Lamellen, die sich leicht in heißem Wasser lösen und 25% Eisen enthalten.

Prüfung. Sie ist sehr heikel und wird sich wohl kaum auf Untersuchung der zusammensetzenden Aminosäuren ausdehnen, die allein ein Urteil über das verwendete Rohmaterial erlaubt. Meist genügt Bestimmung von Stickstoff, Asche und Feuchtigkeit. Für „Peptonum siccum sine sale" gibt THOMS an, daß die wässerige Lösung (1 + 20) hellgelb und klar oder fast klar sein soll; mit Silbernitrat soll die Lösung 0,1 + 10 höchstens eine schwache Trübung geben; die Lösung (0,5 + 10) darf nach Zusatz von 5 Tropfen Salpetersäure auch beim Erwärmen keine Trübung zeigen.

Literatur: BYLA, Les produits biologiques médicinaux. Paris 1912. – CHITTENDEN, FRANK, Meara. Journal of Physiology 1894, 15. – KESTNER, Chemie der Eiweißkörper. Braunschweig 1925. – EFFRONT, Les Catalyseurs biochimiques. Paris 1914. - EMMERLING, *B.* **35**, 695. – HAGER, Handbuch der pharm. Praxis. Bd. II, 1927, S. 397. – HARI, Lehrbuch der physiologischen Chemie. Berlin 1918. – J. KLEEBERG und H. BEHRENDT, Die Nährpräparate mit bes. Berücksichtigung der Sauermilcharten. Stuttgart 1930. – KOSSEL, *Ztschr. physiol. Chem.* **173**, 278 [1928]. – MUNCK, Therapeutische Monatshefte 1888, 286. – NEUMEISTER, *Ztschr. Biol.* 1890, 56. – SALKOWSKI, ebenda 1897, 140. – H. THOMS, Handbuch der prakt. und wissenschaftl. Pharmazie, Bd. III, IV, VI. Berlin-Wien 1925–1928. – Über WITTE-Peptone sind Broschüren der Firma F. WITTE, Rostock, mit zahlreichen Literaturangaben erschienen. *A. Hesse (L. Kroll †)*.

Perborate s. Bd. II, 561.

Percain (*Ciba*). Chlorhydrat des α-Butyl-oxycinchoninsäure-diäthyläthylen-diamids. Farblose Krystalle, die bei 90° sintern

$CO \cdot NH \cdot CH_2 \cdot CH_2 \cdot N(C_2H_5)_2$

und bei 97° schmelzen, leicht löslich in Wasser und Alkohol. Lösungen verschiedenwertigen Gehalts je nach Art der betreffenden Anästhesie. *Dohrn.*

$-O \cdot C_4H_9$

Percarbonate. Die Per- oder Überkohlensäure, $H_2C_2O_6$, ein Säuresuperoxyd, ist im freien Zustande nicht beständig, wohl aber in Form ihrer Salze, der sog. echten Percarbonate. Zu den Percarbonaten rechnet man aber auch Additionsverbindungen von Alkalicarbonaten mit Wasserstoffsuperoxyd in wechselnden Verhältnissen. Als charakteristisches Unterscheidungsmerkmal der stöchiometrisch- bzw. additiv-zusammengesetzten Percarbonate gilt die von RIESENFELD und REINHOLD (*B.* **42**, 4377 [1909]) angegebene Prüfung mit neutraler 33%iger *KJ*-Lösung, wonach definierte Percarbonate sofort *J* ausscheiden, ohne *O* zu entwickeln, dagegen Additiv-Percarbonate aus solcher neutraler *KJ*-Lösung umgekehrt *O* entwickeln, ohne *J* abzuscheiden.

Die Darstellung der Percarbonate erfolgt entweder durch elektrolytische Oxydation oder durch Anlagerung von CO_2 bzw. Carbonat an Alkalisuperoxyd oder durch Addierung von H_2O_2 an Carbonat oder durch Umsetzung von Alkalicarbonat mit Erdalkalisuperoxyd. Ob die zu Percarbonaten führende Oxydationswirkung von Fluorgas auf Alkalicarbonate (FR. FICHTER, *Ztschr. Elektrochem.* **33**, 513 [1927]; N. C. JONES, *Journ. physical Chem.* **33**, 801 [1929]) für die Praxis verwertbar ist, steht noch dahin. Die Percarbonate sind nicht so lagerbeständig wie etwa das Perborat, was auf katalytisch-zersetzende Beimengungen in dem Ausgangsmaterial zurückzuführen ist. Durch gleichzeitige oder spätere Einverleibung von antikatalytisch wirkenden Stabilisatoren, wie *Na-* oder *Mg*-Silicat u. dgl., kann man jedoch die Zersetzlichkeit der Percarbonate nicht unerheblich verringern. Die Percarbonate finden überall dort Verwendung, wo es auf Oxydationswirkung in mildalkalischer Lösung ankommt, vornehmlich als Wäschebleichpulver u. dgl. Ihrer allgemeinen Anwendung steht jedoch z. Z. noch der etwas hohe Gestehungspreis entgegen. Von den Percarbonaten haben bisher nur das Kalium- und Natrium-Percarbonat einige technische Bedeutung erlangt.

Kaliumpercarbonat, $K_2C_2O_6$, im feuchten Zustande hellblaues, an der Luft weißtrocknendes und so beständiges Pulver, zersetzt sich feucht oder in Lösung rasch und zerfällt beim Erhitzen langsam, bei $200-300^0$ quantitativ in O, CO_2 und K_2CO_3. Es gibt mit H_2SO_4 oder verdünntem *KOH* Wasserstoffsuperoxyd, bläut *KJ*-Stärke erst beim Ansäuern, entfärbt Indigoblau, reduziert PbO_2 und MnO_2 und oxydiert andererseits *PbS* zu $PbSO_4$.

Die Darstellung erfolgt durch Elektrolyse einer tunlichst *konz.* Lösung von K_2CO_3 bei -10^0 im Kathodenraum einer Tonzelle, unter Benutzung eines *Ni*-Bleches als Kathode und eines *Pt*-Drahtes als Anode. Die Konzentration der K_2CO_3-Lösung ist möglichst konstant zu halten (E. F. CONSTAM und A. v. HANSEN, *Ztschr. Elektrochem.* 3, 137 [1896/97]; v. HANSEN, ebenda 3, 445; E. H. RIESENFELD und B. REINHOLD, *B.* 42, 4377 [1910]; R. WOLFFENSTEIN, *B.* 43, 639 [1911]). Das erzielte technische Handelsprodukt ist höchstens 60%ig. Bei dem elektrolytischen Verfahren der *I. G.* (*F. P.* 633 360 [1927]), das in gleichzeitigem Anoden- wie Kathodenprozeß Aktivsauerstoffverbindungen ergibt, bildet sich Percarbonat in der Anodenkammer des durch ein Tondiaphragma geteilten elektrolytischen Elementes. Über Additionsprodukte von H_2O_2 mit K_2CO_3 s. TANATAR, *B.* 32, 1545 [1899]; P. KASANETZKY, Ztschr. russ. phys.-chem. Ges. 34, 388 [1902] und 35, 59 [1903]). Das $K_2C_2O_6$ kann nach TREADWELL (*Chem.-Ztg.* 25, 1008) in der analytischen Praxis an Stelle von H_2O_2 verwendet werden.

Natriumpercarbonat, technisch wichtiger, wird fast nur auf rein chemischem Wege hergestellt. BAUER (*D. R. P.* 145 746 [1903]) stellt es aus dem Oktohydrat von Na_2O_2 durch Vermischen mit flüssigem oder festem CO_2 dar. Die Bildung erfolgt nach der Gleichung: $Na_2O_2 \cdot 8\,H_2O + CO_2 = CO_4Na_2 + 8\,H_2O$. SCHWEDES (*D. R. P.* 324 869 [1918]) leitet CO_2-Gas bei $10-12^0$ zu dem in Äthyl- oder Methylalkohol aufgeschlämmten Na_2O_2 und erhält eine Masse mit 7% akt. *O.* Additionsverbindungen mit 31,6% H_2O_2 gewinnen HENKEL & CO., Düsseldorf, nach *D. R. P.* 303 556 [1915] aus Na_2CO_3 in wässeriger Lösung mit H_2O_2 im Verhältnis von 2 *Mol.* Na_2CO_3 auf 3 *Mol.* H_2O_2 bzw. aus $Na_2O_2 + H_2SO_4$ und $NaHCO_3$ in entsprechenden Mengenverhältnissen. A. KLOPFER (*D. R. P.* 297 797 [1914]) verwendet als Ausgangsstoff Soda mit nur 5 *Mol.* H_2O oder ein dieser Hydratationsstufe entsprechendes Gemisch von calcinierter Soda und Krystallsoda bzw. von Soda und Bicarbonat. *Merck* (*D. R. P.* 213 457 [1907]) erzielt Alkalipercarbonate durch Umsetzen von Superoxyden oder Superoxydhydraten der Erdalkalien mit sauren Alkalicarbonaten, etwa nach der Gleichung:

$$Ba(OH)_4 + 2\,NaHCO_3 = Na_2CO_4 + BaCO_3 + 3\,H_2O.$$

Die Ausbeute erhöht die *Scheideanstalt* bei ihrem Verfahren gemäß *D. R. P.* 342 046 [1921] durch Zugabe von aussalzenden Stoffen zu dem Lösungsgemisch des $Na_2CO_3 + H_2O_2$, z. B. von *NaCl.* Die ohne *NaCl*-Zusatz 60% betragende Ausbeute erhöht sich beim Aussalzen mit 10% *NaCl* auf 80% und bei 20% *NaCl* auf 90% Percarbonat. Als Mittel zur Erhöhung der Beständigkeit des Produktes schlägt die *Scheideanstalt* vor, entweder das Alkali vorher auf jeweils geeignete höhere Temperatur zu erhitzen, um die schädlichen *O*-Katalysatoren, wie *Fe-, Mn-, Cu-* und *Pb*-Salze, zu „zersetzen", oder dem Ausgangsstoff, während oder nach der Reaktion, geeignete Antikatalysatoren, wie *Na-, Mg*-Silicat, $MgCl_2$, Gummi arabicum od. dgl., zuzusetzen (*D. R. P.* 347 693 [1915]). Die Zugabe solcher Schutzstoffe empfiehlt auch das *D. R. P.* 425 598 [1915] derselben Firma. NOLL-Benrath hält es (*D. R. P.* 423 754 [1922]) für besser, diese Antikatalysatoren einige Tage vorher auf das Alkali einwirken zu lassen, damit deren Abscheidung völlig sicher erfolgt; am günstigsten antikatalytisch soll Alkalidisilicat wirken.

Literatur: GMELIN, 7. Aufl., I, 3, 682, 686 [1911]; II, 164, [1906] und 8. Aufl., Syst. Nr. 21 773 [1928].   *Max Speter.*

Perchlorate s. Bd. III, 278 ff.

Perdolat (HEYL & CO., A. G., Berlin). Tabletten mit 50% Dimethylamino-phenyldimethylpyrazolon, 40% Phenylcinchoninsäure und 10% Coffein; zur Schmerz-stillung.

Perfibrin (HEYL & CO., A. G., Berlin). Perfibrin BERGELL ist getrocknetes, reines Fibrin aus Blut. Anwendung als Pulver zur Blutstillung und Wundheilung.

Dohrn

Pergament, Pergamentpapier s. Bd. VIII, 289.

Pergenol (BYK-GULDENWERKE, A. G., Berlin), festes Wasserstoffsuperoxyd, Natriumperborat-Natriumbitartrat. Herstellung nach *D. R. P.* 243 368 und 245 221 durch Mischen von Natriumbitartrat mit wasserfreiem Natriumperborat. Weißes, krystallinisches Pulver, das sich beim Lösen in Wasser in Wasserstoffsuperoxyd und Natriumborotartrat umsetzt, worauf die Wirkung bei Spülungen beruht. Pergenol medicinale, Pulver und Tabletten zu 0,5 *g*, Pergenol-Pastillen, Pergenol-Mundwasser-tabletten.

Perhydrit (*Merck*) ist Wasserstoffsuperoxyd-Harnstoff (36% H_2O_2), s. auch Ortizon (Bd. VIII, 216), in Wasser leicht lösliches Pulver, auch als Wundstift. Her-stellung nach *D. R. P.* 275 499 aus den Komponenten.

Perhydrol (*Merck*), Wasserstoffsuperoxyd (s. d.) von besonderer Reinheit. Wasserhelle Flüssigkeit, die konzentriert ätzt und zum Gebrauch mit 10—30 Tl. Wasser verdünnt werden muß. Handelsform in mit Paraffin ausgekleideten Original-flaschen.

Perichol (BOEHRINGER SOHN, Niederingelheim). Kombination von Cadechol (Bd. II, 721) mit Papaverin. Herstellung nach *D. R. P.* 317 211. Gegen Angina.

Peristaltin (*Ciba*), Glucosidgemisch aus Cortex Rhamni Purshinae. Dar-stellung nach *D. R. P.* 207 550 durch Reinigung wässeriger oder alkoholischer Auszüge durch Fällung mit Bleisalzen. Enthält keine freien, sondern gluosidisch gebundene Anthrachinonderivate. Gelbbraunes, hygroskopisches, bitteres Pulver, das sich leicht in Wasser löst und als Abführmittel dient. Tabletten zu 0,1 *g*, auch Ampullen zu 0,15 *g* in 1·5 *cm³*. *Dohrn.*

Periwollblau B (*I. G.*) sind 1901 erfundene saure Azofarbstoffe aus Nitro-aminophenolen und Periabkömmlingen des Naphthalins. Sie färben Wollstücke licht-echt an und lassen Baumwolleffekte weiß. *Ristenpart.*

Perlen, künstliche, werden heute fast ausschließlich aus Glaskugeln her-gestellt, die mit Fischschuppenessenz überzogen sind, während man früher in hohlen Glaskugeln Perlenessenz mittels Gelatine festklebte.

Fischschuppenessenz (Perlenessenz). Als Ausgangsmaterial dienen meist die Schuppen des Weißfisches (Alburnus lucidus). Sie enthalten nach den Untersuchungen von BETHE (*Ztschr. physiol. Chem.* 20, 472) geringe Mengen Guanin, Kalk und Eiweißsubstanzen (POMMEREHNE, *Arch. Pharmaz.* 236, 105). Zur Gewinnung der Perlenessenz werden die Fischschuppen (neuerdings werden auch die Schuppen von Heringen, Sardinen, die Schwimmblase von Argentina Sphyraena benutzt) gewaschen und dann unter Zusatz von sehr verdünntem Ammoniak mittels Bürsten auf Sieben, die mit Leinwand bespannt sind, verrieben, wobei die silbrige Substanz losgelöst und durch die Lein-wand hindurchgeht. Die Suspension wird zentrifugiert und der Rückstand behufs Entfernung von Fett und Eiweißsubstanzen mit ammoniakalischer Seifenlösung aufgerührt, zentrifugiert und ge-waschen. Man kann auch nach dem *D. R. P.* 459 591 [1921] von J. PAISSEAU mittels Seifenlösung und Fermente wie Pepsin oder Pankreatin (vgl. auch *E. P.* 308 362 [1929] der BRITISH CELANESE LTD.) das Protoplasma, welches die silbrige Substanz einhüllt, emulgieren bzw. lösen. Hierauf muß das Wasser eliminiert werden, was durch Waschen mit Alkohol oder Amylacetat erfolgen kann. Auch das *F. P.* 563 922 [1922] von FABRE, wonach man die zentrifugierte Masse mit Türkischrotöl ver-mischt und eintrocknet, soll gut gehen.

Glasperlen. Diese werden durch Aufschmelzen von Bleiglas auf ein dünnes gezogenes Kupferrohr, dessen Durchmesser der lichten Weite der Bohrung der Perle entspricht, in bekannter Weise hergestellt. Das mit 3—6 Perlen besetzte Rohr wird dann zerschnitten und das *Cu* mit *HNO₃* herausgelöst. Die gewaschenen und getrockneten Glasperlen werden dann auf langen Stahlnadeln befestigt und diese reihenweise in ein Brett oder in eine Wachsplatte gesteckt.

Überziehen der Glasperlen. Die wasserfreie Perlenessenz wird mit einer Lösung von Nitrocellulose in Äther-Alkohol oder Amylacetat gemischt, und in diese Suspension taucht man die auf dem Brett befestigten Perlen ein, kehrt das Brett um und läßt das Lösungsmittel an der Luft verdunsten. Die Tauchung wird bis zu 12 Mal wiederholt. Will man irisierende Perlen herstellen, so wird die Perle mit einem weichen Leder und basischem Wismutnitrat poliert und dann in eine Lösung von Acetylcellulose getaucht.

Will man gefärbte Perlen herstellen, so setzt man zur Nitrocelluloselösung Chrysoidin, Methylengrau, Malachitgrün u. s. w. hinzu.

Das Überziehen von Glasperlen mit Lüsterfarben (Bd. VII, 409), z. B. mittels Titanchlorids (Titanperlen), wird kaum noch benutzt.

Die japanischen Perlen werden hergestellt, indem man die Perlmuschel etwas öffnet und auf das Innere der Schale einen Fremdkörper (Perlmutterkügelchen) bringt. Die Muschel wird dann wieder ins Wasser gegeben, wonach im Lauf von Jahren sich der Fremdkörper mit Perlmutter überzieht. Die so gewonnenen Perlen sind an der Innenseite der Muschel festgewachsen und haben natürlich nie eine Kugelform. Die gezüchteten japanischen Perlen dagegen sind rund. Zu ihrer Gewinnung wird die Muschel trepaniert und ein Kügelchen aus Perlmutter, das mit Gewebeteilen, herrührend aus einer anderen Perlmuschel, umwickelt ist, an einer bestimmten Stelle des Tieres eingefügt. Im Laufe von Jahren findet dann auch hier ein Überziehen des Kügelchens mit Perlmuttersubstanz statt. (H. MICHAEL, *Umschau* 30, 819).

Literatur: La fabrication moderne des perles imitation, La Nature Nr. 2710, S. 161 vom 13. III. 1926. – A. v. UNRUH, Perlenersatz. *Kunststoffe* 1918, 49 ff. – Derselbe, Perlmutterersatzstoffe. Ebenda 1918, 136 ff. – O. PARKERT, Die Fabrikation künstlicher Perlen. *Kunststoffe* 1921, 177. – Derselbe, Über die Herstellung künstlicher Fischsilbers. Ebenda 1921, 185. – W. OBST, Perlenessenz und künstliche Perlmutter. *Kunststoffe* 1927, 80, 1930, 169. – M. DE KEGHEL, Falsche Perlen. *Kunststoffe* 1925, 216. – JORISSE, Revue générale des Matières Plastiques. 1928, 657.   *F. Ullmann.*

Permanentfarbstoffe (*I. G.*) werden zu Farblacken verarbeitet. Sie bedürfen keines Fällungsmittels, sondern werden mit dem Substrat (Schwerspat, Tonerdehydrat, Zinkweiß, Lithopone) bei gewöhnlicher Temperatur verrührt, getrocknet und gemahlen. Sie sind säure- und alkali- sowie lichtecht, ferner bis zu Temperaturen von 140–150⁰ beständig. Sie eignen sich als Ölfarben für Anstrich und Kunstmalerei, als Wasserfarben für Dekorationsmalerei, als Buch- und Steindruckfarben sowie als Tapeten- und Buntpapierfarben. Hierhin gehören:

Permanent-bordeaux FRR und FRRR extra Pulver, R extra Stücke; -braun FG extra Pulver; -orange G extra Pulver; -rot 6 B Teig, B extra Pulver; FR, FRL, FRR, F 4 R, F 4 RH, F 5 R, F 6 R, R und 6 R extra Pulver; -rubin FBH extra Pulver und -violett FR extra Pulver.
                                                                                            Ristenpart.

Permanganate s. Bd. VII, 475.

Permutite ist die Bezeichnung für die von GANS künstlich hergestellten austauschfähigen zeolithischen Verbindungen, die von der PERMUTIT A. G., Berlin, zur Reinigung von Wasser in den Handel gebracht werden.

Nach den Untersuchungen von GANS (s. Literatur) bestehen die natürlichen austauschfähigen Zeolithe zum größten Teil aus Gemischen von Tonerdedoppelsilicaten und Aluminatsilicaten. Die ersteren enthalten die Basen an die Kieselsäure gebunden und tauschen sie schwierig aus, während in letzteren die Alkalien und alkalischen Erden in der Hauptsache an die Tonerde gebunden sind und in kurzer Zeit fast vollständig ausgetauscht werden. Zu den Aluminatsilicaten gehört z. B. der Natriumchabasit: $(HO)_3Si \cdot O \cdot Si(OH)_2 \cdot O \cdot Al(OH) \cdot ONa$, der z. B. durch Behandeln mit Magnesiumsulfatlösung in Magnesiumchabasit und Natriumsulfat übergeht. Die Magnesiumverbindung kann wieder durch Behandeln mit Natriumchloridlösung in Natriumchabasit und Magnesiumchlorid umgewandelt werden. GANS hat nun diese leicht austauschfähigen Aluminatsilicate künstlich hergestellt, und ihr rascher Basenaustausch wird zur Enthärtung des Wassers ausgenutzt.

Darstellung. Nach den *D. R. P.* 186 630 und 237 231 erhält man wasserhaltige Aluminatsilicate mit 2, 3, 4, 6 oder mehr *Mol.* Kieselsäure auf 1 *Mol.* Tonerde und 1 *Mol.* Natron durch Zusammenschmelzen von Quarz, Tonerdesilicaten und Alkalicarbonaten. Man schmilzt z. B. 3 Tl. Kaolin, 6 Tl. Quarz, 12 Tl. Natriumcarbonat in Glasöfen (Wannenöfen). Bei richtig verlaufenem Schmelzprozeß erhält man ein schwach grünlich gefärbtes Glas von der Zusammensetzung: $Al_2O_3 + 10 SiO_2 + 10 Na_2O$, das nach genügender Körnung mit Wasser behandelt wird, wobei es unter Aufnahme der Bestandteile des Wassers in eine zeolithische Verbindung übergeht, die etwa folgende Zusammensetzung hat: 46% SiO_2, 22% Al_2O_3, 13,6% Na_2O, 18,4% H_2O. Das Wasser entzieht der Schmelze ferner das als Nebenprodukt auftretende Alkalisilicat und hinterläßt den Permutit als krystallartige, blätterige oder körnige, kompakte, gelblichweiße Masse, die infolge ihrer Porosität sehr durchlässig ist. Die empirische Zusammensetzung der Aluminatsilicate kann durch die Formel: x $Mol.$ SiO_2, 1 $Mol.$ Al_2O_3, 1 $Mol.$ Na_2O, x $Mol.$ H_2O zum Ausdruck gelangen. Das Handelsprodukt wird durch Waschen und Schleudern von den alkalischen Endlaugen befreit.

Die Herstellung des Permutits kann auch auf nassem Wege erfolgen, indem eine alkalische Aluminatlösung mit Natriumsilicat in Gegenwart von Neutralsalzen erwärmt wird (*D. R. P.* 270324).

Eine Verbesserung des Verfahrens ist in dem *D. R. P.* 295623 und 302638 erreicht worden. Letzteres Verfahren hat sich zur Herstellung einer Reihe anderer Permutite verwenden lassen, die auf dem Schmelzweg nicht erhalten werden konnten, so z. B. Natriumchromitsilicat (*D. R. P.* 300209), das durch seine Widerstandsfähigkeit gegen verdünnte Säuren ausgezeichnet ist. Permutite, in denen die Tonerde durch B_2O_3, V_2O_3, Mn_2O_3, Fe_2O_3, Co_2O_3 und die Kieselsäure durch TiO_2 und SnO_2 ersetzt wurden, sind in großer Anzahl auf dem Schmelzweg erhalten worden.

Über weitere Verfahren zur Herstellung von Permutiten s. *Bräuer-D'Ans* I, 3333, II, 1474, III, 1011, daselbst auch zahlreiche Literatur.

Neben dem auf dem Wege des Schmelzens oder Fällens als Gel erzeugten Permutit verwendet die PERMUTIT A. G., Berlin, neuerdings auch *Neo-Permutit*, der infolge seiner an der Oberfläche stattfindenden Reaktion eine wesentlich größere Reaktionsgeschwindigkeit und damit einen schnelleren Austausch besitzt. Neo-Permutit bietet den weiteren Vorteil, daß er in 20' bis 1ᵇ regeneriert werden kann, wobei der Salzbedarf hierfür nur etwa halb so groß ist wie bei den früher gebrauchten Permutiten. Er ist auch gegen Kohlensäure praktisch unempfindlich; auch geringe Eisenmengen in dem zu permutierenden Wasser beeinträchtigen bei entsprechend stärkerer Auflockerung (Spülung) des Materials vor der Regeneration den Effekt nicht. Dabei ist er momentan stark überlastungsfähig, ohne daß die Härtefreiheit des Wassers beeinträchtigt würde.

Verwendung. Die hauptsächlichste Verwendung findet der Permutit in der Wasserreinigungstechnik zur vollkommenen Enthärtung des Wassers für alle wirtschaftlichen und industriellen Zwecke (*D. R. P.* 197111).

Als Härte des Wassers bezeichnet man bekanntlich seinen Gehalt an löslichen Calcium- und Magnesiumsalzen, von denen sich einige beim Erhitzen des Wassers, z. B. im Dampfkessel als Kesselstein, abscheiden; aber auch in einer Reihe von Betrieben, die Seife verwenden, macht sich ein hartes Wasser sehr unliebsam geltend, da die in einem gewöhnlichen Wasser nie fehlenden Calcium- und Magnesiumsalze beim Zusammentreffen mit Seifenlösung unlösliche Kalk- und Magnesiaseifen bilden. 1⁰ deutsche Härte vernichtet pro 1 m^3 Wasser etwa 166 g Seife, d. h. bei einem Wasser von mittlerer Härte, z. B. 18⁰, pro 1 m^3 3 kg Seife.

Die gesamte Härte wird dem Wasser entzogen, wenn es über Permutit filtriert wird. Der Vorgang findet seinen Ausdruck durch folgende Gleichung, worin P den Permutitrest bezeichnet:
$$P \cdot Na_2 + Ca(HCO_3)_2 = 2\,NaHCO_3 + P \cdot Ca; \quad P \cdot Na_2 + CaSO_4 = Na_2SO_4 + P \cdot Ca.$$
Analog erfolgt auch die Entfernung des Magnesiums. Die Filtration des Wassers erfolgt von oben nach unten mit einer Geschwindigkeit von 2–10 m pro Stunde je nach der Härte des Wassers. Schichthöhe, Filtrationsgeschwindigkeit und Gesamthärte stehen also für jedes Wasser in einem bestimmten Verhältnis und bilden die Grundlage für das entsprechende Filter. Sobald das Filter erschöpft ist, d. h. im ablaufenden Wasser Härte auftritt, muß der Permutit regeneriert werden, was überraschend leicht erfolgt, indem eine Kochsalzlösung darüber filtriert wird, wobei das aufgenommene Calcium und Magnesium gegen Natrium ausgetauscht und das Filter wieder zur Erhärtung gebrauchsfähig wird: $P \cdot Ca + 2\,NaCl = CaCl_2 + P \cdot Na_2$. In der Praxis verwendet man das 4- bis 5fache der theoretischen Menge an Salz. Die Regeneration wird in einer Betriebspause vorgenommen, z. B. während der Nacht. Es fließt dann langsam automatisch die erforderliche Salzmenge in 10%iger Lösung über den zuvor von unten nach oben gespülten Permutit. Diese Rückspülung ist erforderlich, um den Permutit zu lockern und die im Filter angesammelte Luft zu entfernen. Zur Vermeidung eines Spülverlustes hierbei sind in den Konstruktionen oberhalb der Permutitschicht Spülräume vorgesehen, die ihrerseits durch Siebe und Kiesauflage begrenzt sind (Abb. 120). Die Vorrichtung für den Abfluß der Salzlösung ist derart reguliert, daß der Rest der Lösung etwa 0,5 – 1ᵇ mit dem Permutit in Berührung bleibt. Vor Betriebsanfang wird dieser Rest der Salzlösung durch Wasser ausgewaschen, und das Filter liefert wieder härtefreies Wasser. Der Permutit läßt sich beliebig oft verwenden und wieder regenerieren, ohne in irgend einer Weise sich zu verändern. Jegliche Nachreaktion im Kesselwasser ist ausgeschlossen, so daß auch keine Schlammbildung zu erwarten ist. Die Anreicherung von Natriumsulfat und -carbonat im Kesselwasser, welche durch die Umsetzung des Permutits mit den Calcium- und Magnesiumsalzen des Wassers entstehen, wird durch periodisches Abblasen verhindert. Eine ständige Kontrolle des Speisewassers kommt bei dem Permutit-

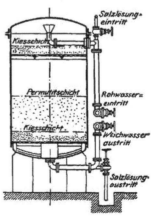

Abb. 120. Geschlossenes Permutit-filter.

vcrfahren in Wegfall. Die Filter arbeiten völlig selbständig und sind in ihrer Leistung von geringen, selten ausbleibenden Schwankungen der Härte des Wassers unabhängig.

Das härtefreie »permutierte« Wasser verhindert die Bildung von Kalkseifen in allen Textilprozessen, bei denen Seife verwendet wird, so daß nicht nur eine Ersparnis an Seife erzielt, sondern auch das Absondern von Kalkseife in den Faserstoffen verhindert wird. Auch die Hauswäsche wird aus gleicher Ursache zweckmäßig mit in Permutitfiltern enthärtetem Wasser gewaschen und besonders auch gespült. Auf diese Weise erzielt man weiche und weiße Wäsche, die starkes Aufsaugungsvermögen für Schweiß hat, daher hygienisch ist, auch bei längerem Lagern keinen ranzigen Geruch nach zersetzter Kalkseife annimmt.

Außer der Härte macht sich im Wasser noch ein Gehalt an Eisen und Mangan sehr störend bemerkbar; insbesondere ist ein eisen- und manganhaltiges Wasser in Papierfabriken, Wäschereien und Färbereien unbrauchbar, weil schon Bruchteile eines Milligramms an Mangan in 1 l recht unangenehme Gelbfärbungen hervorrufen. Die restlose Entfernung des Mangans aus dem Wasser läßt sich nur mit dem Permutiverfahren des D. R. P. 211 118 erreichen, wobei dessen Form und Art ganz gleichgültig ist. Man verwendet hierbei nicht direkt die austauschende Wirkung des Permutits, sondern die oxydierende Wirkung eines Manganoxydpermutits, der aus Natriumpermutit durch Umsetzung mit einem Mangansalz und nachträgliche Behandlung mit Kaliumpermanganat hervorgegangen ist. Die Permanganatlösung oxydiert das Mangan des durch Austausch erhaltenen Manganpermutits zu einer sehr sauerstoffreichen, in Wasser unlöslichen Manganoxydverbindung, die infolge ihrer feinen Verteilung eine besonders intensive Oxydation der im Wasser enthaltenen Manganverbindungen bewirkt, wodurch sie ausgeschieden werden. Der Vorgang spielt sich außerordentlich rasch ab, so daß große Filtrationsgeschwindigkeiten eingehalten werden können. Sobald der Sauerstoffvorrat des Manganpermutits erschöpft ist, wird das Filter durch Filtrieren einer 1–2%igen Lösung von Kaliumpermanganat regeneriert, womit gleichzeitig eine Sterilisation des Materials verbunden ist. Die Regeneration erfordert nur 2–3^h, um das Filter nach dem Spülen wieder betriebsfertig zu haben, und vollzieht sich ziemlich genau nach dem Verhältnis: 3 $MnO : 2 KMnO_4 = 213 : 316$.

Die bei der Ausfällung des Mangans freiwerdende Säure wird durch die Base des Permutits gebunden, die ihrerseits wieder durch die Base des Permanganats ersetzt wird. Die Betriebskosten betragen bei einem Erstehungspreis von 90 Pf. pro 1 kg $KMnO_4$ 0,13 Pf. für 1 g ausgeschiedenes MnO. Die Permutitfilter zur Entfernung von Eisen und Mangan sind mit Rührwerk ausgestattet, um den abgeschiedenen Eisen- bzw. Manganschlamm aufzuwirbeln und beim Spülen zu entfernen.

Weitere Permutitsalze lassen sich durch Umsetzung mit wässerigen Lösungen aller Salze herstellen, von denen z. B. der Kobalt- und Nickelpermutit durch Einwirkung von Chlorkalklösung in sauerstoffreicheren, schwarzen Kobalt- bzw. Nickeloxydpermutit umgewandelt wird, die sich ihrerseits wieder als wirksame Kontaktkörper eignen; so läßt sich z. B. eine Chlorkalklösung durch Kobaltoxydpermutit völlig in Sauerstoff und Calciumchlorid zersetzen (vgl. ferner D. R. P. 299 283).

Nach dem D. R. P. 284 635 wird der Sauerstoff des Wassers durch Zusatz von Natriumsulfit entfernt. Mit der berechneten Menge Sulfit beansprucht die Reaktion längere Zeit. Nach dem Verfahren des D. R. P. 288 488 kann diese Reaktion aber sofort ausgelöst werden, indem das Wasser nach Zusatz des Sulfits über Kobaltipermutit filtriert wird.

Literatur: GANS, Zeolithe und ähnliche Verbindungen, ihre Konstitution und Bedeutung für Technik und Landwirtschaft. Jahrbuch der Kgl. Preuß. geolog. Landesanstalt **26**, 179 [1905]; Konstitution der Zeolithe, ihre Herstellung und techn. Verwendung. Ebenda **27**, 63 [1906]; Über die chemische oder physikalische Natur der kolloidalen wasserhaltigen Tonerdesilicate. Ebenda **34**, 242 [1913]; Zentralblatt für Mineralogie **1913**, 699, 728; **1914**, 273, 2,9, 365. — GÜNTHER-SCHULZE, Die Ionendiffusion im Permutit und Natrolith. Ztschr. physikal. Chem. **89**, 168 [1914/15]. — ILSE ZOCH, Über den Basenaustausch krystallisierter Zeolithe gegen neutrale Salzlösungen. Diss. Berlin 1915, Gust. Fischer, Jena. — E. RAMANN, Austausch der Alkalien und des Ammon von wasserhaltigen Tonerde-Alkalisilicaten (Permutiten). Ztschr. anorgan. Chem. **95**, 115 [1916]; **105**, 81 [1918]. — W. MECKLENBURG, Der Basenaustausch der Silicate. Naturwissenschaftl. Wochenschrift **1917**, N. F. **16**, 441. — ROTHMUND und G. KORNFELD, Der Basenaustausch im Permutit. Ztschr. anorgan. allg. Chem. **103**, 129 [1918]; **108**, 215 [1919]. — GG. WIEGNER, Zum Basenaustausch der Ackererde. Journal für Landwirtschaft **60**, 111. — GG. WIEGNER, Über die chemische oder physikalische Natur der kolloiden wasserhaltigen Tonerdesilicate. Zentralblatt für Mineralogie **1914**, 262. — P. SIEDLER, Über künstliche Zeolithe. Ztschr. angew. Chem. **22**, 1, 1019 [1909]. — A. KOLB, Über die Reinigung und Enthärtung des Wassers durch Permutit. C hem.-Ztg. **35**, 1393, 1410, 1419 [1911]. — LÜHRIG, Chem.-Ztg. **1908**, 532. — F. SINGER, Über künstliche Zeolithe und ihren konstitutionellen Zusammenhang mit anderen Silicaten. Diss. Berlin, techn. Hochschule 1910. — VOGTHERR, Ztschr. angew. Chem. **33**, 241 [1920]. — F. W. HISSCHEMÖLLER, Permutitgleichgewichte. Rec. Trav. Chim. Pays-Bas. **40**, 304 [1921]. — A. GÜNTHER-SCHULZE, Ztschr. Elektrochem. **28**, 85, 189, 387 [1921]. — Deutsches Wäscherei- und Plätterei-Gewerbe **33**, Nr. 52, 13 [1930]. — Deutsche Wäschereizeitung **1924**, Nr. 53, 1. — Zeitschrift für die gesamte Textilindustrie **15**, Nr. 38 [1912].   *A. Kolb.*

Pernocton (*Riedel*), sek.-butyl-β-brompropenylbarbitursaures Natrium. Herstellung aus C, C-Butyl-β-brompropenylbarbitursäure in bekannter Weise (Bd. **III**, 655) nach D. R. P. 445 670, 481 733, 482 841, 485 832. Die klare Lösung des Salzes wird als stark wirkendes Narkoticum nur parenteral angewendet. Ampullen zu 2,2 cm^3.

$$CO \left\langle \begin{array}{l} NH-CO \\ NH-CO \end{array} \right\rangle C \left\langle \begin{array}{l} CH(CH_3) \cdot C_2H_5 \\ CH_2 \cdot CBr = CH_2 \end{array} \right.$$

Dohrn.

Perprotasin (TROPONWERK, Köln-Mülheim) dient zur unspezifischen Reiztherapie in der Augenheilkunde. Ampullen mit Strychninnitrat oder -kakodylat.

Dohrn.

Perschwefelsäure und ihre Salze. Die Perschwefelsäure,

$$HO \cdot SO_2 \cdot O \cdot O \cdot SO_2 \cdot OH,$$

welche 2 Sulfogruppen durch die für das Wasserstoffsuperoxyd charakteristische Peroxydgruppe $- O \cdot O -$ verbunden enthält, ist nahe verwandt der Sulfomonopersäure (CAROsche Säure, Bd. III, 109), $HO \cdot SO_2 \cdot O \cdot OH$.

Über die Konstitution der Säure und ihrer Salze s. R. LÖWENHERZ, *Chem.-Ztg.* 16, 838 [1892]; *Ztschr. physikal. Chem.* 18, 70 [1895]; M. BERTHELOT, *Compt. rend. Acad. Sciences* 114, 836 [1892]; G. BREDIG, *Ztschr. physikal. Chem.* 12, 230 [1893]; M. TRAUBE, *B.* 25, 95 [1802]; WILLSTAETTER und HAUENSTEIN, *B.* 42, 1839 [1909].

Die freie Perschwefelsäure, eine weiße krystallinische Substanz, schmilzt unter Zersetzung bei 60°. Ihre verdünnte Lösung ist bei niedriger Temperatur ziemlich beständig; bei höherer Temperatur zerfällt sie leicht, zumal bei Gegenwart von Schwefelsäure, in Schwefelsäure und Wasserstoffsuperoxyd, ev. Wasser und Sauerstoff (K. ELBS, *Ztschr. angew. Chem.* 10, 195 [1897]), wobei als Zwischenprodukt Sulfomonopersäure auftritt (A. BAEYER und V. VILLIGER, *B.* 34, 856 [1901]). Sie wirkt demgemäß stark oxydierend, macht aus Salzsäure und Kochsalz Chlor frei, führt Chromisalze in Chromate über und scheidet aus Manganosalzen Mangandioxyd ab, entfärbt aber zum Unterschied vom Wasserstoffsuperoxyd Permanganat nicht und gibt mit Titandioxyd und Schwefelsäure keine Gelbfärbung (vgl. A. BACH, *B.* 34, 1520 [1901]). Perschwefelsäure setzt im Gegensatz zum Kaliumjodid kein Jod frei, wohl aber die CAROsche Säure. Die Jodausscheidung in einer Perschwefelsäurelösung ist somit ein Hinweiß auf die Bildung CAROscher Säure und dient zu deren Bestimmung neben der Perschwefelsäure (R. WOLFFENSTEIN und V. MAKOW, *B.* 36, 1768 [1923]). Sie entfärbt Indigolösung (K. ELBS, *Ztschr. angew. Chem.* 10, 195 [1897]), oxydiert Alkohol zu Aldehyd und führt Anilin in schwefelsaurer Lösung in Anilinschwarz über (N. CARO, ebenda 11, 845 [1898]). Das Bariumsalz der Persäure ist leicht löslich; man kann also Schwefelsäure durch Ausfällen mit Bariumsalzen abtrennen.

Bildung. Perschwefelsäure entsteht in reinster Form durch Einwirkung von Chlorsulfonsäure auf Wasserstoffsuperoxyd (J. D'ANS und W. FRIEDERICH, *B.* 43, 1880 [1910]; J. D'ANS, *D. R. P.* 228 665 [1910]; J. D'ANS und W. FRIEDERICH, *D. R. P.* 236 768 [1910]), durch vorsichtigen Zusatz von Wasserstoffsuperoxyd zu Schwefelsäure geeigneter Konzentration (M. BERTHELOT, *Ann. Chim.* [5] 14, 345 [1878]). Durch Einleiten von Fluorgas in die Lösung von Schwefelsäure oder des sauren Kalium- bzw. Ammoniumsulfats entstehen die Persäure oder die Persulfate (F. FICHTER, K. HUMPERT, *Helv. chim. Acta* 6, 640 [1923]; 9, 417, 521 [1926]; N. C. JONES, *Journ. physical Chem.* 33, 801 [1929]). Nach DEVILAINE (*F. P.* 423 893 [1910]) sollen Persulfatverbindungen durch Einwirkung ultravioletter Strahlen auf die Lösungen hergestellt werden.

Darstellung. Praktisch wird die Säure (wie auch die Salze) aber stets durch Elektrolyse von Schwefelsäure mittlerer Konzentration dargestellt (BERTHELOT, a. a. O.). Sie entsteht dann durch Vereinigung zweier HSO_4-Ionen (F. RICHARZ, *B.* 21, 1669 [1888]; K. ELBS und O. SCHÖNHERR, *Ztschr. Elektrochem.* 1, 473 [1894/95]). Deshalb vergrößert sich die Ausbeute mit der Menge der an der Anode befindlichen HSO_4-Ionen, die ihrerseits durch große Stromdichte und hohe Konzentration begünstigt wird. Niedrige Temperatur ist ebenfalls vorteilhaft, weil dann die schädliche Bildung der CAROschen Säure unterbleibt (H. MARSHALL, *Journ. Soc. chem. Ind.* 16, 396 [1897]). Die günstigsten Darstellungsbedingungen sind studiert worden von ELBS und SCHÖNHERR (a. a. O.), MÜLLER und SCHELLHAAS, *Ztschr. Elektrochem.* 13, 256 [1907]; MÜLLER und EMSLANDER, ebenda 18, 752 [1912]; K. ANDERS, Diss., Dresden 1913; V. MAKOW, Diss., Berlin 1923; SKIRROW und STEIN, *Trans. Amer. electrochem. Soc.* 32, 209. K. ELBS und O. SCHÖNHERR (a. a. O.), z. B. arbeiten mit Diaphragma, Bleikathode, Platinanode; Stromstärke 2 *Amp.*, Stromdichte 500 *Amp./dm²*; Spannung 4 *V*; Temperatur 5–6°; *D* der Schwefelsäure 1,35–1,5; Ausbeute 67,5%. Verwendung von verdünnterer oder stärkerer Schwefelsäure vermindert die Ausbeute. Geringe Mengen von *konz.* Salzsäure, Ammonsulfat, Kalium- oder Aluminiumsulfat wirken sehr günstig, nicht aber Natriumsulfat. Die Elektroden sollen glatte Oberflächen haben. Wichtig ist, daß man ohne Einbuße an Ausbeute auch bei höherer Temperatur arbeiten kann, wenn man die Anode selbst kühlt, indem man sie als Rohr ausbildet, das von kaltem Wasser durchströmt wird (*Consortium, D. R. P.* 237 764 [1909]). Dieses Verfahren gestattet, mit 50% Stromausbeute Lösungen von mehr als 40% Perschwefelsäure zu gewinnen und mit etwas geringerer Ausbeute solche von 50–60%. Wichtig für die Ausbeuten sind auch Art und Beschaffenheit der Elektroden, u. zw. in gleicher Weise bei der Herstellung der Persäure wie der Persulfate. Als Material für die Anode kommt nur Platin in Betracht, ev. in Verbindung mit Tantal, das lediglich den Strom zum Platin führt. Um die Ausbildung der notwendigen Überspannung zu ermöglichen, müssen die Anoden glatte Oberflächen haben. Zur Erzielung einer großen Oberfläche pro Gewichtseinheit werden sie in Form einer großen Anzahl von Spitzen oder Fäden ausgebildet. Besondere Anodenkonstruktionen s. z. B. BLUMER, *Ztschr. Elektrochem.* 17, 965 [1911], LIEBKNECHT (*A. P.* 1 470 577 [1923]), LÖWENHERZ (*Journ. Soc. chem. Ind.* 1897, 398). Als Kathodenmaterial wird in der Regel Blei verwendet. Doch steigt nach BLUMER (l. c.) die Ausbeute erheblich bei Verwendung von Nickel- oder Kupferkathoden. Nach *D. R. P.* 271 642 und 276 985 [1913] von *Bayer* arbeitet man bei den Salzen vorteilhaft mit Kathoden aus Zinn oder Aluminium und deren Legierungen.

Perschwefelsäure hat hauptsächlich Bedeutung als Zwischenprodukt bei der elektrolytischen Herstellung von Wasserstoffsuperoxyd. Weitere Angaben s. d.

Salze der Perschwefelsäure, $Me_2S_2O_8$, zeigen dieselben Oxydationswirkungen wie die Säure selbst (s. z. B. H. MARSHALL, *Chem. News* 83, 76 [1901]; H. D. DAKIN, *Journ. Soc. chem. Ind.* 21, 848 [1902]; M. DITTRICH, *B.* 36, 3385 [1903].

Sie geben charakteristische Farbreaktionen mit p-Phenylendiamin, p-Aminophenol und 2,4-Diaminophenol, mit α-Naphthol in alkalischer Lösung eine dunkelviolette, mit β-Naphthol eine gelbliche Färbung. In nicht völlig reinem Zustande zeigen die Lösungen der Salze eine blauviolette Fluorescenz (D. VITALI, *Chem. Ztrlbl.* 1903, II, 312). Die wichtigsten Persulfate sind Ammonium-, Kalium- und Natriumsalz; diese krystallisieren wasserfrei. In völlig trockenem Zustande sind diese Salze bei gewöhnlicher Temperatur beständig, in feuchtem zersetzen sie sich langsam unter Ozonentwicklung. Beim Erhitzen tritt Zerfall ein, z. B. bei 125⁰ nach der Gleichung: $K_2S_2O_8 = K_2SO_4 + SO_3 + O$. Beim Ammoniumsalz beginnt die Zersetzung schon bei 80⁰.

Nur das Kaliumsalz ist schwer löslich; die übrigen Salze, besonders das Natriumsalz, sind leicht löslich. Die Lösungen zersetzen sich langsam auch bei gewöhnlicher, schneller bei steigender Temperatur. Das Natriumsalz ist in Lösung etwas stabiler als das Kalium- und das Ammoniumsalz. Durch Zusatz von Natriumsulfat wird die Zersetzungsgeschwindigkeit verringert, und man ist so in der Lage, die Oxydation zu regulieren. Auch geringe Mengen von Ammoniumphosphat sollen in gleicher Weise wirken. Umgekehrt verläuft die Zersetzung schneller in Gegenwart von freier Schwefelsäure. Beim Lösen der Persulfate in verdünnter Schwefelsäure bildet sich zuerst freie Perschwefelsäure, die in der Kälte langsam, in der Hitze rasch in Schwefelsäure und Sauerstoff, der großenteils als Ozon entweicht, zerfällt. Mit konz. Schwefelsäure entsteht bei 0⁰ zunächst Sulfomonopersäure, die allmählich zu Schwefelsäure und Wasserstoffsuperoxyd hydrolysiert wird (A. BAEYER und V. VILLIGER, *B.* 33. 124 [1900]; 34. 853 [1901]; vgl. A. BACH, *B.* 34, 1520 [1901]). Mit Salzsäure entsteht Chlor, mit Salpetersäure werden Sauerstoff, Ozon und Stickstoff entwickelt. Mit Ammoniak in Gegenwart von Kupfer wird Ammoniumnitrit gebildet und dieses weiterhin unter Stickstoffentwicklung zersetzt. Eine Zusammenstellung weiterer Reaktionen s. *Chem. Trade Journ.* 82, 269 [1928].

Die Darstellung des Ammonsalzes und der Alkalisalze erfolgt durch Elektrolyse saurer Sulfatlösungen (H. MARSHALL, *Journ. Soc. chem. Ind.* 59, 771 [1891]) bzw. aus dem Ammonsalz durch Umsetzung mit Alkalicarbonaten (R. LÖWENHERZ, *D. R. P.* 77340). Ursprünglich wurde die Elektrolyse mit Diaphragma durchgeführt; erst später bildete man diaphragmalose Verfahren aus, indem man eine spezifisch leichtere Kathodenflüssigkeit über eine schwerere Anodenflüssigkeit schichtete (F. DEISSLER, *D. R. P.* 105008; E. MÜLLER und O. FRIEDBERGER, *Ztschr. Elektrochem.* 8, 230 [1902]; M. G. LEVI, ebenda 9, 427 [1903]).

Ammoniumpersulfat, $(NH_4)_2S_2O_8$, bildet weiße, monokline Krystalle. 100 *g* Wasser lösen bei 0⁰ 58 Tl., bei Zimmertemperatur 65 Tl. Es ist das leichtest darstellbare Persulfat. Mit Diaphragma erhält man es mühelos durch Elektrolyse einer gesättigten Lösung von Ammonsulfat in verdünnter Schwefelsäure (8 *Vol.* Wasser und 1 *Vol. konz.* Schwefelsäure) als Anodenflüssigkeit, während ein Gemisch gleicher *Vol.* Wasser und Schwefelsäure die Kathodenflüssigkeit bildet. Kathode Blei, Anode Platin, Stromstärke 2—3 *Amp.*, Spannung 8 *V*, Temperatur 10—20⁰. Die Anodenflüssigkeit wird nach Entfernung des ausgeschiedenen Persulfats wieder mit Ammonsulfat gesättigt und ab und zu mit Ammoniak abgestumpft, um dann weiter elektro lysiert zu werden, während die Kathodenflüssigkeit ab und zu durch Zusatz von Schwefelsäure aufgefrischt werden muß (K. ELBS, *Journ. prakt. Chem.* [2] 48, 186 [1893]). Zur Theorie der Bildung von Ammoniumpersulfat vgl. O. A. ESSIN (*Ztschr. Elektrochem.* 32, 267 [1926]; 33, 111 [1927]; 34, 758 [1928]). Darnach ist bei Stromstärken von mehr als 2 *Amp./cm²* und zwischen 10⁰ und 30⁰ die Stromausbeute unabhängig von Stromdichte und Temperatur. Nach A. PIETZSCH und G. ADOLPH (*D. R. P.* 257276 [1911]) arbeitet man in saurer Lösung mit einer Kohlekathode, um die (mit der Wirkung eines Diaphragmas) eine Asbestschnur in dichten Windungen gewickelt ist. Günstig auf die Stromausbeute wirkt nach A. MAZZUCCHELLI (*Gazz. Chim. Ital.* 54, 1010 [1924]) Zusatz von Überchlorsäure oder ihren Salzen, wobei das Perchlorat-Ion nicht zu *HCl* reduziert wird, also nur katalytisch wirkt.

Ohne Diaphragma geht die Elektrolyse unter gewissen Bedingungen in neutraler Lösung bei etwa 7—8⁰ bei Zusatz von etwas Chromat vor sich. Letzteres überzieht die Kathode mit einer Schutzschicht von Chromhydroxyd (E. MÜLLER und O. FRIEDBERGER, *Ztschr. Elektrochem.* 8, 230 [1902]). Doch hat sich diese im Großbetrieb als nicht genügend haltbar erwiesen. Dagegen verläuft der Prozeß in saurer Lösung glatt und sicher, wenn man die kathodische Stromdichte genügend erhöht, z. B. auf mindestens 20 *Amp.* pro 1 *dm²*, womöglich aber darüber hinaus. Die Stromausbeute beträgt bei 50 *Amp.* schon etwa 50%, bei 150 *Amp.* etwa 60%, bei 300 *Amp.* etwa 70% (*Consortium, D. R. P.* 195 811 [1907]).

Die Reinigung des technischen Salzes kann erfolgen, indem man es schnell in warmem Wasser löst, neutralisiert, filtriert und aus der Lösung das Persulfat mit Alkohol ausfällt. Das krystallisierte Salz wird mit Alkohol gewaschen und mit Luft getrocknet.

Natriumpersulfat, $Na_2S_2O_8$, bildet Krystalle, die sich äußerst leicht in Wasser lösen. Man erhält das Salz durch Eintragen von Ammonpersulfat in *konz.* Natronlauge und Eintrocknen der Lösung im Vakuum oder durch Zusammenreiben von Ammonpersulfat mit Krystallsoda (R. Löwenherz, *D. R. P.* 77340 [1894]). Die elektrolytische Darstellung ist wegen der großen Löslichkeit des Salzes erheblich schwieriger als die des Ammonsalzes. Löwenherz erhielt es zuerst — durch Elektrolyse mit Diaphragma — in festem Zustande. Natriumsulfat und Schwefelsäure bildeten den positiven, Schwefelsäure den negativen Elektrolyten. Vgl. auch das *D. R. P.* 81404 von R. Löwenherz. Wichtiger sind die diaphragmenlosen Verfahren geworden. Hier kommt es darauf an, durch bestimmte Kunstgriffe einerseits die Stromausbeute zu steigern, andererseits die Löslichkeit des Salzes herabzusetzen. Ersteres gelingt durch gewisse Zusätze, welche durch Verzögerung der elektrolytischen Sauerstoffentwicklung das Anodenpotential über normale Werte ansteigen lassen, z. B. Flußsäure (*Consortium* und E. Müller, *D. R. P.* 155 805), ferner Salzsäure, Natriumperchlorat (*Consortium* und E. Müller, *D. R. P.* 170 311) u. s. w. Besonders vorteilhaft ist ein Zusatz von Cyaniden, Ferrocyaniden, Rhodaniden, Cyanaten u. s. w. des Kaliums, ferner auch von Natriumcyanamid (Vereinigte Chem. Werke Akt.-Ges., *D. R. P.* 205 067, 205 068, 205 069). Um die während der Elektrolyse entstehende Carosche Säure zu zerstören, wird laufend eine geringe Menge HCl, $NaCl$, Na_2SO_3 oder $NaHSO_3$ zugefügt (*Consortium* und E. Müller, *D. R. P.* 173 977 [1905]). Die Löslichkeit kann man durch Schwefelsäure wesentlich erniedrigen. Ein Gemisch von 150 *g* Natriumsulfat + 10 H_2O und 70 *g konz.* Schwefelsäure löst nur etwa 6% Natriumpersulfat auf. Bei der Elektrolyse einer solchen Mischung kann die kathodische Reduktion besonders bei Anwendung hoher Stromdichte keinen hohen Wert erreichen. Die Stromdichte wird auf 0,2 *Amp.* pro *cm²* an der Anode und etwa 4 *Amp.* pro *cm²* an der Kathode gehalten, die Temperatur auf 17° (*Consortium* und E. Müller, *D. R. P.* 172 508).

Kaliumpersulfat bildet große tafelförmige Krystalle oder lange Prismen. 100 Tl. Wasser lösen bei 0° 1,76, bei Zimmertemperatur etwa 5 Tl. Salz.

Die Darstellung kann, da das Salz schwer löslich ist, außer auf elektrochemischem Wege auch durch doppelte Umsetzung von Ammoniumpersulfat mit Kaliumsalzen erfolgen. Anstatt die Umsetzung mit Pottasche vorzunehmen und aus der resultierenden Lösung von Ammoniumcarbonat mit Schwefelsäure wieder Ammoniumsulfat zu gewinnen, soll man nach A. Pietzsch und G. Adolph (*D. R. P.* 243 366) das Ammoniumpersulfat mit Kaliumsulfat oder Kaliumbisulfat umsetzen, wobei die für die neue Elektrolyse erforderliche Lösung von neutralem oder saurem Ammoniumsulfat unmittelbar erhalten wird. Für die elektrolytische Darstellung wird Anwendung hoher Stromdichte (0,5 bis 2 *Amp./cm²*) empfohlen, als Zusätze die auch bei der Säure und den anderen Salzen genannten; vgl. *D. R. P.* 155 805, 170 311, 172 508, 205 067, 205 068. Die gleichen Vorteile wie mit diesen Zusätzen ohne die Nachteile der Verunreinigung des Produkts erreicht man nach Oskar Neher & Co. und Dr. Otto Nydegger (*D. R. P.* 306 194 [1917]), wenn man eine Lösung elektrolysiert, die neben saurem Kaliumsulfat erhebliche Mengen von Sulfaten oder Bisulfaten des Natriums oder Ammoniums oder gleichzeitig beide enthält. Als Kathodenmaterial sind auch Zinn und Aluminium empfohlen worden (*Bayer, D. R. P.* 371 642).

Analytisches. Zum Nachweis von Perschwefelsäure bzw. Persulfat dienen die Oxydationsreaktionen der Verbindungen, so die Oxydation von Mangan-, Kobalt-, Nickel- und Bleisalzen, die bei Gegenwart von Alkali schwarze Niederschläge geben. Neutrales Bleiacetat gibt in neutraler Lösung eine Fällung, das Filtrat beim Erhitzen erneut einen Niederschlag. Guajactinktur wird gebläut; Schwefel-wasserstoff gibt eine Trübung u. s. w. Eigenartig ist das Verhalten einer neutralen Persulfatlösung zu 2%iger Anilinsulfatlösung. Es entsteht ein brauner Niederschlag, der sich in Salzsäure mit gelber Farbe löst, die beim Erhitzen violett wird (H. CARO, *Ztschr. angew. Chem.* **11**, 845 [1898]; *BASF*, *D. R. P.* 110 249, 105 857). Besonders charakteristisch ist aber das Strychninsalz der Perschwefelsäure: $H_2S_2O_8(C_{21}H_{22}O_2N_2)_2H_2O$, von dem (wasserfrei) nur 0,04 g in 100 cm³ Wasser bei 17° löslich sind. Es erscheint noch in einer Lösung von 1 : 100 000 als Trübung (D. VITALI, *Chem. Ztrlbl.* **1903**, II, 312). Die unterscheidenden Reaktionen der Persulfate und des Wasserstoffsuperoxyds sind schon oben hervorgehoben worden. In Gegenwart von Perchloraten werden die Persulfate nachgewiesen durch einen blauen Ring, der beim Überschichten der blauen Lösung mit einer alkoholischen Benzidinlösung entsteht.

Quantitativ kann man Perschwefelsäure als Bariumsulfat bestimmen. Man reduziert mit Schwefel-dioxyd: $H_2S_2O_8 + SO_2 + 2 H_2O = 3 H_2SO_4$ und fällt dann mit Bariumchlorid. ¹/₃ des erhaltenen Bariumsulfats entspricht dem aktiven Sauerstoff (A. WOLFF und R. WOLFFENSTEIN, *B.* **37**, 3213 [1904]). Auch die Fällung als Strychninsulfat ist zur Bestimmung genau genug, wenn man dessen geringe Löslichkeit noch in Rechnung zieht. Volumetrisch bestimmt man ein Persulfat, indem man es mit überschüssiger Ferrosulfatlösung bei 60—80° reduziert: $H_2S_2O_8 + 2 FeSO_4 = Fe_2(SO_4)_3 + H_2SO_4$ und den Überschuß des Ferrosulfats mit Permanganat zurücktitriert (M. LE BLANC und M. ECKHARDT, *Ztschr. Elektrochem.* **5**, 355 [1898/99]; vgl. C. A. PETERS und S. E. MOODY, *Chem. Ztrlbl.* **1901**, II, 1267).

Neuere Arbeiten über die jodometrische Bestimmung: L. V. ZOMBORY, *Ztschr. analyt. Chem.* **73**, 217 [1928]; A. SCHWICKER, ebenda **74**, 433, 1928; G. LJUBARSKI, M. DIKOWA, *Journ. Russ. phys.-chem. Ges.* **60**, 735 [1928]; *Chem. Ztrbl.* **1928**, II, 1238. Elektrometrische Bestimmung: A. RIUS (*Trans. Amer. elektrochem. Soc.* **54**, 347, 1928).

Anwendung finden die Persulfate wegen ihrer oxydierenden und bleichen-den Wirkungen in der Bleicherei (Bd. **II**, 483), wo allerdings ihr relativ hoher Preis einer allgemeinen Anwendung noch im Wege steht. (Über Anwendung in der Baum-wollbleicherei s. z. B. KIND, *Melliands Textilber.* **1921**, 325, BENEDIX, *D. R. P.* 279 865 [1912], über Bleichen von Leim, Dextrin und Gelatine WAGNER, *Farben-Ztg.* **1924**, 29.) Auch zum Bleichen von Seife (Bd. **II**, 492), von Mehl (Peroxol-Kaliumpersulfat von CHEM. WERKE KIRCHHOFF & NEIRATH, G. M. B. H., Berlin), zur Erhöhung der Back-fähigkeit von Mehl (Bd. **V**, 722) kommen die Persulfate in Betracht. Verwendung zur Entfernung von Fixiersalz in photographischen Platten s. *Schering, D. R. P.* 79009, als photographische Abschwächer s. E. STENGER und H. HELLER, *Chem. Ztrlbl.* **1911**, I, 3; I, 195; II, 831, 1900; in der Metallfärbung (Bd. **VII**, 505, 506). *W. Siegel (G. Cohn).*

Pertax (HENKEL & CIE. A. G., Düsseldorf) ist ein Wasserglaspräparat, das zum Imprägnieren von Zementfußböden dient und das Stauben verhindern soll.

Ullmann.

Perthisal (DR. WIERNIK & CO. A. G., Berlin-Waidmannslust) ist eine Salbe mit lipoidgelöstem Schwefel bei rheumatischen Gelenkerkrankungen.

Pertussin (TÄSCHNER A. G., Potsdam), Thymianextrakt gegen Keuchhusten.

Perubalsam s. Bd. **II**, 86. *Dohrn.*

Peruol (*I. G.*) enthält in neutralem Öl 25 % Benzoesäurebenzylester gegen Krätze.

Peruscabin ist Benzoesäurebenzylester. *Dohrn.*

Perylen, Peri-dinaphthylen, $C_{20}H_{12}$, von R. SCHOLL, SEER und WEITZENBÖCK 1910 entdeckt (*B.* **43**, 2202), kann auch in Analogie zum Benzanthron (Bd II, 216) als ein 9,10-Dihydroanthracenderivat aufgefaßt werden. Perylen krystallisiert in gelben, bronzeglänzenden Blättchen, *Schmelzp.* 264—265°, Sublimation bei 350—400°, leicht löslich in Chloroform, Schwefelkohlenstoff, schwer in Benzol, Eisessig, sehr schwer in Alkohol, Äther und Aceton, mit gelber Farbe und schön blauer Fluorescenz. Die Lösung in *konz.* Schwefelsäure ist tief rotviolett.

Die 3,4,9- und 10-Stellungen der Verbindung sind besonders reaktionsfähig. Durch Nitrierung erhält man je nach den Bedingungen Di-, Tri- und Tetranitroperylen (F. BENSA, *D. R. P.* 468 453, A. ZINKE, *Monatsh. Chem.* **40**, 406; **51**, 208), durch Chlorierung Di- bis Oktachlorperylen (F. BENSA, *D. R. P.* 498 039, *Ciba, D. R. P.* 487 597, A. ZINKE, *B.* **58**, 330, *Monatsh. Chem.* **48**, 741). Schwefel-säure bei 140° gibt Perylendisulfosäure (*Kalle, D. R. P.* 432 178). Die Oxydation mit 5%iger wässeriger Chromsäure liefert Perylen-3,10-chinon (A. ZINKE, *Monatsh. Chem.* **40**, 405); dieses entsteht auch aus 3,10-Disubstitutionsprodukten beim Erhitzen mit Schwefelsäure (F. BENSA, *E. P.* 281 281, A. ZINKE, *A. P.* 1 590 661, *Monatsh. Chem.* **52**, 1). Es läßt sich nitrieren (F. BENSA, *D. R. P.* 451 123) und halo-genieren (F. BENSA, *D. R. P.* 495 658, 498 039). Neben dem 3,10-Chinon sind dargestellt worden das

3,9- und 1,12-Chinon sowie das 3,4,9,10-Dichinon (A. ZINKE, *B.* 58. 2236; *Monatsh. Chem.* 43, 125; 52, 1). Sowohl die Chinone wie ihre Derivate haben Küpenfarbstoffcharakter, sind aber ohne technische Bedeutung. Wichtiger sind die Carbonsäuren, vor allem die 3,4,9,10-Perylentetracarbonsäure. Sie ist die Grundsubstanz einer Reihe von Küpenfarbstoffen.

Darstellung: Perylen wurde erstmals dargestellt von SCHOLL und Mitarbeitern aus 1,1-Dinaphthyl durch Erhitzen mit Aluminiumchlorid auf 140°. Die Ausbeute betrug nur wenige Prozente. An Stelle von Dinaphthyl läßt sich Naphthalin, 1,8-Dijodnaphthalin, 1-Bromnaphthalin u. a. m. verwenden (*B.* 43, 2202; 46, 1994). Bessere Methoden fanden ZINKE und Mitarbeiter. Sie gehen aus von 1,12-Dioxyperylen bzw. β,β-Dinaphthol, vgl. F. HANSGIRG, *D. R. P.* 386040; H. PEREIRA, *D. R. P.* 390619, 391825, 394437; C. MARSCHALK, *A. P.* 1593982, *Bull. Soc. chim. France* [4] 43, 1388; s. auch *Nationale, D. R. P.* 469553; A. ZINKE, *Monatsh. Chem.* 40, 403; 43, 125; A. CORBELLINI, *Giorn. Chim. chim. appl.* 10, 196.

1,12-Dioxyperylen. 600 Tl. rohes β,β-Dinaphthol werden in einer etwas unteräquivalenten Menge Natronlauge gelöst, mit einem Bleisalz gefällt, filtriert und das getrocknete gelbe Blei-β,β-dinaphtholat $C_{20}H_{12}O_2Pb$ mit der gleichen Menge $AlCl_3$ verrieben und auf 140° erwärmt. Die dunkelviolette Masse liefert beim Zersetzen mit H_2O und HCl 505 g reines 1,12-Dioxyperylen (*D. P. a.* T 28657 TREIBACHER CHEMISCHE WERKE G. m. B. H.; *Friedländer* 15, 774). Nach *D. R. P.* 394437 von H. PEREIRA werden 1 Tl. β,β-Dinaphthol, 3 Tl. $AlCl_3$, 0,4 Tl. Na_2CO_3 während ¹/₂ʰ auf 170° erhitzt.

Perylen. Nach *D. R. P.* 386040 von F. HANSGIRG wird 1 *kg* β,β-Dinaphthol mit 1 *kg* phosphoriger Säure und 1 *kg* PCl_3 rasch auf 500° erhitzt, wobei Phosphorwasserstoff entweicht. Das Reaktionsprodukt wird fraktioniert destilliert und dadurch von Dinaphthylenoxyd getrennt. Ausbeute 48% umkristallisiertes Perylen. Nach *D. R. P.* 428240 von F. BENSA werden 2 Tl. Dioxyperylen mit 3 Tl. Zinkstaub, 3 Tl. $CaCl_2$, 1 Tl. H_2O vermischt und erhitzt, wobei das Perylen überdestilliert. Ausbeute 75%.

Ein zweites Verfahren geht aus von den Perylentetracarbonsäurediimiden (KARDOSsche Küpenfarbstoffe). Diese werden durch Erhitzen mit Schwefelsäure auf 200° in Perylentetracarbonsäure übergeführt (*Kalle, D. R. P.* 394794), letztere als Calciumsalz trocken destilliert (*I. G., D. R. P.* 486491), oder direkt mit Schwefelsäure entcarboxyliert (*Kalle, D. R. P.* 394794, 411217).

Perylenfarbstoffe. Perylen ist die Grundsubstanz einer Anzahl hochkondensierter iso- und heterocyclischer Systeme, die längst bekannte, wichtige Handelsküpenfarbstoffe sind, z. B. Indanthrendunkelblau BO, BT, Indanthrenviolett R extra u. a. m. (s. Bd. II, 217, Bd. I, 512). Sie werden dargestellt aus Benzanthron und Derivaten und darum allgemein als Benzanthronfarbstoffe bezeichnet. Vgl. auch die ausgezeichnete Arbeit von A. LÜTTRINGHAUS und H. NERESHEIMER, Zur Kenntnis des Benzanthrons, *A.* 473, 259. Ihre Synthese gelingt aber auch ausgehend von Perylen.

So erhält man Indanthrenviolett R extra aus 3,9-Dibenzoylperylen (*B.* 43, 2202) durch Backen mit Aluminiumchlorid (A. ZINKE, *B.* 58, 323, 799, 2222; *Monatsh. Chem.* 56, 153; *I. G. R. P.* 436077; vgl. F. BENSA, *D. R. P.* 445219; *National*, *F. P.* 589643, 605633; *D. R. P.* 475298; R. SCHOLL, *A.* 394, 129).

Die eigentlichen Perylenfarbstoffe aber leiten sich ab von der Perylentetracarbonsäure oder vom Perylen bzw. dem 3,10-Chinon. Die ersten Vertreter waren die von KARDOS durch Kalischmelze von Naphthalsäureimiden erhaltenen Perylentetracarbonsäurediimide (I), rote bis bordeauxrote Küpenfarbstoffe (*D. R. P.* 276357, 276956; vgl. *Kalle, D. R. P.* 413942). Sie lassen sich halogenieren (*BASF, D. R. P.* 280880; *BASF, D. R. P.* 441587) und nitrieren (KARDOS, *D. R. P.* 276358). Die gleichen oder ähnliche Farbstoffe entstehen bei der Kalischmelze von Acenaphthenchinonoximen und -hydrazonen (KARDOS, *D. R. P.* 276357, 286098), von Perinaphthindenon, Naphthindandion und Perinaphthindon (*BASF, D. R. P.* 283066, 283365, *Kalle, D. R. P.* 384982). Sie alle haben kaum technische Bedeutung. Dagegen hat *Kalle* von dieser Gruppe neuartige Farbstoffe dargestellt durch Kondensation von Perylentetracarbonsäureimiden bzw. deren Halogenderivaten mit Formaldehyd in *konz.* Schwefelsäure, mit Benzoylchlorid, aromatischen Aminen, Phenolen. Sie färben Baumwolle aus der Küpe rot bis blau (*D. R. P.* 406041, 414025, 414026, 412122, 415711, 386057). Zum Beispiel ist der Farbstoff II ein schönes Küpenviolett, das daraus mit Phenol und Kalilauge erhaltene phenoxylierte Produkt ein sehr echtes Küpenblau.

Die neuerdings gefundene, technisch durchführbare Synthese des Perylens gestattet auch dessen Verwendung zur Herstellung von Küpenfarbstoffen. Durch Backen von Perylen-3,10-chinon mit Aluminiumchlorid entsteht ein grüner Farbstoff (F. BENSA, *D. R. P.* 508 404), aus Dinitroperylen mit Aluminiumchlorid ein olivgrüner (F. BENSA, *D. R. P.* 450 821), aus Aminoperylenchinon durch Benzoylierung ein lachsroter Farbstoff (F. BENSA, *D. R. P.* 505 522). Dem erst in den letzten Jahren erschlossenen Gebiet der Perylenfarbstoffe war bis heute kein großer technischer Erfolg beschieden; doch ist nicht zu bezweifeln, daß bei der gegenwärtigen intensiven Bearbeitung dieser Farbstoffgruppe noch neue wertvolle Produkte gefunden werden.

Literatur: J. HOUBEN, Das Anthracen und die Anthrachinone. Leipzig 1929.   *A. Krebser.*

Petroleum s. Erdöl, Bd. **IV**, 495.

Pfaublau A (*I. G.*) ist eine Mischung von Malachitgrün mit Methylviolett.
                                                                                           Ristenpart.

Pfefferminzöl s. Riechstoffe.

Pflanzenalbumin s. Eiweiß, Bd. **IV**, 367.

Pflanzenfarbstoffe s. Farbstoffe, pflanzliche, Bd. **V**, 114.

Pflanzenleime s. Klebemittel, Bd. **VI**, 562.

Pflanzenschutzmittel s. Schädlingsbekämpfung.

Pflaster s. Galenische Präparate, Bd. **V**, 463.

Phanodorm (*I. G., Merck*), Cyclohexenyl-äthyl-barbitursäure wird nach *D. R. P.* 442 655 aus Cyclohexenyl-äthyl-aminomalonsäure und Harnstoff hergestellt. Die Säure bildet ein farbloses, bitteres Pulver, schwer löslich in kaltem Wasser. *Schmelzp.* 171–173°. Schlafmittel, Tabletten zu 0,2 *g*.   *Dohrn.*

Phasenregel. Phasen nennt man die heterogenen Teile eines Systems, die sich durch natürliche Trennungsflächen voneinander abgrenzen und auf mechanischem Wege scheiden lassen. Bestandteile eines Systems sind die Stoffe, aus denen man alle beteiligten Phasen zusammensetzen kann. (Dabei kann der Bestandteil einer Phase in einer andern fehlen.) Die äußeren Bedingungen für das Bestehen eines Systems sind durch die Phasenregel gegeben, welche von W. GIBBS 1876 aus eingehenden thermodynamischen Überlegungen hergeleitet und ein Jahrzehnt später von W. OSTWALD dem allgemeinen Verständnis erschlossen wurde. Nach dieser Regel ist die Zahl der Freiheiten, d. h. der Bedingungen, welche man ändern kann, ohne das System zu zerstören (Druck, Temperatur, Zusammensetzung einer Phase), wenn F die Zahl der Freiheiten, B die der Bestandteile, P die der Phasen bedeutet, durch die Formel gegeben: $F = B + 2 - P$.

Einige Beispiele: Im System Wasser und Wasserdampf haben wir 1 Bestandteil und 2 Phasen; also gibt die Formel $F = 1 + 2 - 2 = 1$, d. h. eine Freiheit: man darf entweder den Druck ändern oder die Temperatur. Ist eine von beiden Größen gegeben, so ist es auch die andere, und alle Umstände des Systems sind bestimmt. Dagegen ist das System „Eis, Wasser, Dampf" 1 Bestandteil in 3 Phasen. Die Formel gibt hier $F = 1 + 2 - 3 = 0$. Das System enthält also keine Freiheit mehr; es ist nur bei einer bestimmten Temperatur unter bestimmtem Druck ($+ 0,0074°$ und 4,57 *mm* Quecksilber) existenzfähig. Das System „festes Natriumchlorid, seine Lösung in Wasser, Dampf" hat 2 Bestandteile (*NaCl* und *H₂O*) und 3 Phasen (1 feste, 1 flüssige und die gasförmige Phase; weil sich die Gase in allen Verhältnissen mischen, kann in einem System niemals mehr als 1 Gasphase sein), also $2 + 2 - 3 = 1$ Freiheit, d. h. es kann entweder die Temperatur oder der Druck oder die Konzentration der Salzlösung geändert werden.

Für die Berechnung von F kommt es auf dasselbe heraus, ob man die Gasphase mitzählt oder den Druck, unter dem das System steht, gewöhnlich als Atmosphärendruck festlegt, also damit 1 Freiheit vorwegnimmt. Sehr nützlich erweist sich die Phasenregel als Wegweiser für das Studium der Lösungen, im besonderen, wenn als Bodenkörper Doppelsalze auftreten können.

Literatur: ARNDT. Grundbegriffe der physikalischen Chemie, S. 22 ff. – J. EGGERT, Lehrbuch der physikalischen Chemie. – A. FINDLAY, Einführung in die Phasenlehre. – NERNST, Theoretische Chemie. – OSTWALD, Verwandtschaftslehre, 1. Teil, Lehrbuch der allgemeinen Chemie.

                                                                                           K. Arndt.

Phenacetin, Acet-p-phenetidid, bildet weiße, geruch- und fast geschmacklose Blättchen vom *Schmelzp.* 135°, löslich in 1500 Tl. kaltem und 80 Tl. siedendem Wasser, in etwa 16 Tl. kaltem und 2 Tl. kochendem Weingeist. Beim Kochen mit Säuren oder Alkalien gibt die Verbindung p-Phenetidin. Sie entsteht bei der Acetylierung dieser Base oder auch durch Äthylierung von p-Acetaminophenol (O. HINSBERG, *A.* **305**, 278 [1899]; E. TÄUBER, *D. R. P.* 85988). Im großen wird stets das erste Verfahren eingeschlagen.

Darstellung. Man erhitzt in einer im Ölbad stehenden Steingutbirne 60 *kg* p-Phenetidin und 60 *kg* Eisessig 12ʰ auf etwa 115° am Rückflußkühler. Dann entleert man die warme, noch flüssige Masse unter gutem Rühren in 200 *l* Wasser, schleudert die abgeschiedene Verbindung und wäscht aus. Ausbeute 115 *kg*. An die Reinheit des Produkts werden hohe Anforderungen gestellt; deshalb muß auf das Umkrystallisieren große Sorgfalt verwendet werden. Man löst 25 *kg* in einem Pitchpinefaß in 1200 *l* Wasser, das durch eine verzinnte kupferne Heizschlange erhitzt wird, neutralisiert mit etwas eisenfreier Soda oder besser Natriumbicarbonat und leitet Schwefeldioxyd ein, bis die Flüssigkeit wieder schwach sauer reagiert, kocht und filtriert durch ein Tuchfilter in verbleite Kühlschiffe. Das Phenacetin fällt, noch etwas rosa gefärbt, aus. Ausbeute 20 *kg*. Das Filtrat wird zum Umkrystallisieren einer neuen Portion gebraucht. Zur 2. Krystallisation verwendet man auf 50 *kg* des aus Wasser umgelösten Produkts 75 *kg* 90%igen Alkohol, ev. unter Zusatz von etwas eisenfreier Tierkohle. Zum Lösen dienen ein verzinnter kupferner Extraktionsapparat, zum Auskrystallisieren Steinguttöpfe. Ausbeute 36 *kg*. Schließlich folgt eine 3. Krystallisation aus der 3fachen Menge 60%igem Sprit unter Zugabe einer kleinen Menge Blutkohle. Der filtrierten Lösung fügt man etwas schweflige Säure zu. Die Krystallisation wird anfänglich durch Umrühren gestört. Die nach 24ʰ abgeschleuderte Ware wird mit etwas Sprit und Wasser gewaschen, auf Horden im Trockenschrank getrocknet und schließlich durch ein weitmaschiges Messingsieb gedrückt, um sie zu egalisieren. Ausbeute aus 50 *kg* 43 *kg*. Die alkoholischen Laugen werden nach Wiedergewinnung des Alkohols auf Rohphenacetin verarbeitet. Die Gesamtausbeute beträgt 83–85% d. Th. Vgl. auch D. H. RICHARDSON, *Journ. Soc. chem. Ind.* **45**, T. 200.

Phenacetin ist ein Antipyreticum, aufgefunden von O. HINSBERG (*Ztschr. angew. Chem.* **1913**, I, 158), das in Gaben von 0,5–1 *g* sicher Entfieberung bewirkt, ohne nennenswerte Nebenwirkungen auszulösen. Es ist ein Specificum bei Neuralgien verschiedener Art, wie Migräne, und eines der am meisten gebrauchten synthetischen Arzneimittel.

Es ist ferner ein Bestandteil der Cachet FAIVRE, Corydalon (Bd. III, 459), Phenacodin (Bd. VIII, 333), TREUPELschen Tabletten, Phenapyrin (Bd. VIII, 334), Neuramag (Bd. VIII, 105), Eu-med-Tabletten (Bd. IV, 703), Quadronal, Kephaldol (Bd. VI, 543) u. s. w. Vgl. auch S. FRÄNKEL, Die Arzneimittelsynthese. Berlin 1927.   *F. Ullmann (Knecht* und *G. Cohn).*

Phenacodin (W. NATTERER, München), Tabletten mit 0,5 *g* Phenacetin, 0,06 *g* Coffein, 0,02 *g* Codein, als Antineuralgicum und Antipyreticum.   *Dohrn.*

Phenanthren, $C_{14}H_{10}$, entdeckt von C. GRAEBE (*B.* **6**, 861 [1873]; *A.* **167**, 131 [1873]) und R. FITTIG und E. OSTERMAYER (*A.* **166**, 361 [1873]), krystallisiert aus Alkohol in farblosen. leicht sublimierbaren Blättchen vom *Schmelzp.* 101°. *Kp* 340°; *D* 1,182. Oxydationsmittel liefern erst Phenanthrenchinon, dann Diphensäure.

100 Tl. absoluter Alkohol lösen bei 16° 2,62 Tl., beim Kochen 10,08 Tl. Es enthalten bei 25° 100 Tl. gesättigte Lösung von Alkohol 4,91 Tl., Benzol 59,5 Tl., Schwefelkohlenstoff 80,3 Tl., Tetrachlorkohlenstoff 26,3 Tl., Äther 42,9 Tl., Hexan 9,15 Tl. Vgl. auch J. M. CLARK (*Journ. Ind. engin. Chem.* **11**, 206 [1919]). Die Lösungen zeigen sehr schwach blaue Fluorescenz.

Phenanthren bildet das Skelett wichtiger Alkaloide, des Morphins, Kodeins, Thebains. Es findet sich neben Anthracen, Carbazol und vielen anderen Verbindungen in den bei 270–400° übergehenden Anteilen des Steinkohlenteers, dem sog. Anthracenöl, und ist deshalb ein wesentlicher Bestandteil des Rohanthracens. Es findet sich auch im Braunkohlenteer (G. SCHULTZ und K. WÜRTH, *Chem. Ztrbl.* **1905**, I, 1444) und im Stuppfett (E. OSTERMAYER, *B.* **7**, 1089 [1874]; G. GOLDSCHMIDT und M. v. SCHMIDT, *Monatsh. Chem.* **2**, 1 [1881]).

Beim Nachweis von Phenanthren handelt es sich stets um seine Anwesenheit im Anthracen. Oxydiert man das Untersuchungsmaterial zu Chinon und behandelt dieses mit Bisulfitlösung, so bleibt Anthrachinon ungelöst, während Phenanthrenchinon in Lösung geht und aus dieser mit Säure wieder ausgefällt werden kann. Die quantitative Bestimmung des Phenanthrens in Rohanthracen erfolgt nach G. KRAEMER und A. SPILKER als Pikrat.

Für Phenanthren fehlt eine technische Verwendung, es verbleibt im Anthracenöl, das zur Herstellung von Ruß und Treibölen Verwendung findet.

Phenanthrenchinon krystallisiert in orangegelben Nadeln vom *Schmelzp.* 206,5

bis 207,5⁰, die über 360⁰ unzersetzt destillieren und in orangeroten Tafeln sublimieren können. Es ist etwas löslich in heißem Wasser, besser in Alkohol, leichter in Eisessig. Charakteristisch für das Chinon ist seine Löslichkeit in warmer Natriumbisulfitlösung, wobei die Verbindung $C_{14}H_8O_2 + NaHSO_3 + 2H_2O$ entsteht, aus der Säuren oder Alkalien das Phenanthrenchinon wieder freimachen (Trennung von Anthrachinon). Die Oxydation liefert Diphensäure.

Phenanthrenchinon entsteht durch Erhitzen von Benzil mit $AlCl_3$ (R. SCHOLL und G. SCHWARZER, B. 55, 324). Es wird hergestellt durch Oxydation von Phenanthren. Die verschiedensten Oxydationsmittel führen zum Ziel, so Bichromatmischung (R. ANSCHÜTZ und G. SCHULTZ, A. 196, 38, [1879]; vgl. C. GRAEBE, A. 167, 140 [1873]), Manganisalze (W. LANG, D. R. P. 189 178), Natriumchlorat und Essigsäure bei Gegenwart von Rutheniumsalzen (BASF, D. R. P. 275 518), elektrolytische Oxydation bei Gegenwart von Ceroverbindungen (M. L. B., D. R. P. 152 063).

Darstellung. Man löst am zweckmäßigsten 3 Tl. Natriumbichromat in 4 Tl. heißem Wasser gibt 3½ Tl. kaltes Wasser und 3 Tl. *konz.* Schwefelsäure hinzu und fügt ¼ Tl. Phenanthren hinzu. Sobald die unter heftigem Aufschäumen verlaufende Reaktion nachgelassen hat, gibt man 1½ Tl. *konz.* Schwefelsäure hinzu und kocht noch kurze Zeit. Das Chinon wird abgenutscht und mit Wasser gut gewaschen. Bei Verwendung unreinen Ausgangsmaterials tut man gut, es mittels Bisulfits zu reinigen.

Auf der Reaktion mit o-Diaminen beruht die Verwendung des Phenanthrenchinons. Auch Phenanthrenchinon hat keine technische Verwendung. Das Kondensationsprodukt mit o-Aminodiphenylamin, das Flavinduliu O (BASF, D. R. P. 79570), ist nicht mehr im Handel.

F. Ullmann (G. Cohn).

Phenapyrin (TEMMLERWERKE, Berlin-Johannistal), Tabletten mit 0,25 *g* Phenacetin, 0,15 *g* Antipyrin, 0,05 *g* Coffein.

Phenocoll (SCHERING-KAHLBAUM A. G., Berlin), Chlorhydrat des p-Aminoacetphenetidins, Glykokoll-p-phenetidid $C_6H_4(OC_2H_5)NH \cdot CO \cdot CH_2 \cdot NH_2$. Herstellung nach *D. R. P.* 59121 durch Einwirkung von Ammoniak auf Chloracet-p-phenetidid. Weißes Pulver, leicht löslich in heißem Wasser und Alkohol. Anwendung ähnlich wie Phenacetin als Antipyreticum, Antineuralgicum. Tabletten zu 0,5 *g*. *Dohrn.*

Phenocyanin VS (*Durand*) ist der 1893 von DE LA HARPE durch Kondensation von Gallocyaninen (Cölestinblau) mit

z. B.:

Resorcin nach *D. R. P.* 77452 und 79839 erhaltene beizenfärbende Oxazinfarbstoff bzw. seine Leukoverbindung. Die Marke R ist aus Gallocyanin hergestellt. Die Phenocyanine kommen als Teig in den Handel.

Sie liefern, mit Chromacetat auf Baumwolle gedruckt, rotstichige bis grünstichige Blautöne von guter Lichtechtheit. Sie fixieren sich auch gut auf mit β-Naphthol präparierter Ware. R ist die rötere, VS die grünstichigere Marke. *Ristenpart.*

Phenol, Oxybenzol, $C_6H_5 \cdot OH$, wurde von RUNGE 1834 (*Poggendorf Ann.* 31,

69; 32, 308) im Steinkohlenteer entdeckt und Carbolsäure genannt, von A. LAURENT 1841 krystallisiert erhalten, in der Zusammensetzung erkannt und Phenolsäure bezeichnet, von GERHARDT Phenol benannt. Phenol krystallisiert in farblosen Prismen. *Schmelzp.* 42,5 – 43⁰. E_p 40,9⁰. Kp_{700} 181,3⁰; Kp_{500} 167⁰; Kp_{100} 120,2⁰; Kp_{10} 73,5⁰. D_4^{15} 1,0545. Der Geruch ist höchst charakteristisch, tritt aber bei der völlig reinen, synthetisch erhaltenen Verbindung weit weniger als bei einem aus Teer erhaltenen Präparat auf. Chemisch reines Phenol zerfließt nicht und bleibt an der Luft dauernd farblos (WEGER, *Ztschr. angew. Chem.* 22, 393). Molare Verbrennungswärme bei konstantem Druck 768,76 *Kcal.* An Licht und Luft, besonders bei Gegenwart von Feuchtigkeit, färbt sich das Phenol des Handels häufig rosa, wobei unter anderm Brenzcatechin, Chinon auftreten; NH_3, Spuren von *Cu, Fe* beschleunigen die Rötung. Durch Zusatz von reduzierenden Substanzen, wie Schwefeldioxyd oder Zinnchlorür, kann das Eintreten der Färbung verhindert werden (L. REUTER, *Chem. Ztrlbl.* 1905, I, 1012). Durch Feuchtigkeit, die Phenol aus der Luft anzieht, wird der *Schmelzp.*

erheblich erniedrigt. Bei Zusatz von etwas mehr Wasser bildet sich ein bei $17,2^0$ schmelzendes Hydrat $C_6H_5 \cdot OH + H_2O$ (ALLEN, The Analyst **3**, 319). Phenol verflüssigt sich, wenn es bei Zimmertemperatur mit Wasser versetzt wird, gibt mit mehr Wasser 2 miteinander nicht mischbare Flüssigkeiten — einerseits eine Lösung von Wasser in Phenol, andererseits eine Lösung von Phenol in Wasser — und schließlich eine klare Lösung. 8,4 Tl. Phenol lösen sich bei 20^0 in 100 Tl. Wasser, während 100 Tl. Phenol bei 15^0 37,4 Tl. Wasser aufnehmen. Oberhalb $63,5^0$ ist Phenol und H_2O in jedem Verhältnis mischbar. Leicht löslich in flüssigem NH_3 und mit gelber Farbe in flüssigem SO_2. Es mischt sich ferner mit Alkohol, Äther, Eisessig, Benzol und Glycerin, dagegen braucht es bei 16^0 etwa 40 Tl. Ligroin zur Lösung, bei 43^0 1 Tl. (O. SCHWEISSINGER, *Pharmaz. Ztg.* **1885**, 259). Aus seiner Lösung in Ammoniak oder Alkalien wird es durch Kohlendioxyd ausgefällt.

Die Einwirkung von Chlor auf Phenol führt zu o- und p-Chlorphenol, 2,4-Dichlor- und 2,4,6-Trichlorphenol (s. S. 304). Analog wirkt Brom. Die Sulfurierung (s. S. 350) liefert zunächst o- und p-Phenolsulfosäure, dann Phenol-2,4-di- und -2,4,6-trisulfosäure; die Nitrierung (s. S. 341) gibt entsprechend o- und p-Nitrophenol, 2,4-Di- und 2,4,6-Trinitrophenol. Mit salpetriger Säure erhält man p-Nitrosophenol (s. S. 341). Auch Diazoverbindungen greifen unter den üblichen Bedingungen in p-Stellung zum Hydroxyl ein (Bd. II, 24); doch gelingt es auch, 2 und 3 Benzolazogruppen in das Molekül einzuführen, so daß 2,4-Bisbenzolazo- und 2,4,6-Trisbenzolazophenol gebildet werden (E. GRANDMOUGIN und H. FREIMAREN, *B.* **40**, 2663 [1907]; K. J. P. ORTON und R. W. EVERATT, *Journ. chem. Soc. London* **93**, 1012 [1908]; G. HELLER und W. E. GALLEH, *Journ. prakt. Chem.* [2] **81**, 184 [1910]). Bei Behandlung von Phenol mit Quecksilberacetat gewinnt man o- und p-Oxyphenylquecksilberacetat, $HO \cdot C_6H_4 \cdot Hg \cdot O \cdot CO \cdot CH_3$, und Oxyphenyl-2,4-bisquecksilberacetat, $HO \cdot C_6H_3$ $(Hg \cdot O \cdot CO \cdot CH_3)_2$ (O. DIMROTH, *B.* **31**, 2154 [1898]; **32**, 761 [1899]; **35**, 2853 [1902]; *Chem. Ztrlbl.* **1901**, I, 449). Die Einwirkung von Chloroform und Alkalilauge auf Phenol liefert o- und p-Oxybenzaldehyd (Bd. II, 213). Durch Behandeln von Natriumphenolat mit CO_2 entsteht Salicylsäure, Kaliumphenolat liefert p-Oxybenzoesäure (Bd. II, 244). Formaldehyd kondensiert sich mit Phenol bei Gegenwart bestimmter Kondensationsmittel zu Saligenin und p-Oxybenzylalkohol (O. MANASSE, *B.* **27**, 2411 [1894]; L. LEDERER, *Journ. prakt. Chem.* [2] **50**, 225 [1894]; *D. R. P.* 85588), während sich unter anderen Versuchsbedingungen die technisch wichtigen Kunstharze Bakelit und ähnliche Produkte (Bd. II, 58; VII, 4ff.) bilden; mit Phthalsäureanhydrid kondensiert es sich zu Phenolphthalein (s. S. 352). Die Reduktion mit molekularem Wasserstoff bei Gegenwart von Nickel ergibt Cyclohexanol (Bd. III, 510), während bei Anwesenheit von Platinschwarz die Hydrierung bis zum Cyclohexan geht (R. WILLSTÄTTER und D. HATT, *B.* **45**, 1475 [1912]).

Phenol bildet Salze mit Alkalien und Erdalkalien u. s. w., die durch Kohlendioxyd zerlegt werden, z. B. $C_6H_5 \cdot ONa$, $(C_6H_5 \cdot O)_2Ba + 2 H_2O$, $(C_6H_5 \cdot O)_2Ca$, das beim Erwärmen mit Wasser auf 70^0 in $C_6H_5 \cdot O \cdot Ca \cdot OH$ und Phenol zerfällt (CHEM. FABR. LADENBURG, *D. R. P.* 147 999), $(C_6H_5 \cdot O)_3Al$ u. s. w. Das Hydroxyl des Phenols kann leicht veräthert und verestert werden. So erhält man mit Dimethylsulfat bei Gegenwart von Natronlauge Anisol (s. S. 339), mit Phosphortrichlorid Triphenylphosphit, mit Phosphoroxychlorid Triphenylphosphat (s. d.), mit Essigsäureanhydrid Phenolacetat, mit Phosgen Diphenylcarbonat und mit Salicylsäure den Salicylsäureester (Salol). Durch Erhitzen von Phenolnatrium mit Brombenzol und etwas Kupfer gewinnt man Diphenyläther (s. S. 340).

Phenol hat beißenden, in sehr verdünnter Lösung süßen Geschmack. Es koaguliert Eiweiß. Die Epidermis färbt es unter Verätzung weiß und verschorft sie. Innerlich angewandt wirkt es, von der Verätzung abgesehen, zentral auf Gehirn und Rückenmark, so daß bei Tieren erst eine heftige Reizung, dann Lähmung eintritt, während beim Menschen das letztere Stadium sehr in den Vordergrund tritt. Bei chronischer Vergiftung beobachtet man oft auch Degeneration der Niere und Leber sowie Marasmus (s. auch Bd. V, 736). Die Ausscheidung aus dem Organismus erfolgt durch den Harn als gepaarte Schwefelsäure und Glykuronsäure sowie zum Teil durch die Lungen. Die beiden Phenolderivate finden sich auch im Harn des normalen und kranken Organismus (vgl. ABDERHALDEN, Biochemisches Handlexikon, Bd. I, 531 [Berlin 1911]). Bei Einführung in Wundhöhlen kann schon 1 g Phenol rasch töten; bei innerlicher Verabreichung dürften etwa 8 g als minimale tödliche Menge zu betrachten sein. Als Gegenmittel bei Vergiftungen gibt man Zuckerkalk. Auch Natriumsulfit hat sich bei Tierversuchen als wirksam erwiesen. Über die Desinfektionswirkung von Phenol und seinen Derivaten s. Bd. III, 582.

Vorkommen und Bildung. Phenol tritt als Stoffwechselprodukt im tierischen Organismus bei der Fäulnis von Eiweiß auf und entsteht bei vielen pyrogenetischen Zersetzungen. Es ist in geringen Mengen im Holz- und Braunkohlenteer, im Schieferöl und besonders im Steinkohlenteer enthalten, aus dem es von RUNGE (s. o.) isoliert wurde.

Vom Benzol ausgehend, kann man Phenol auf verschiedene Weise synthetisch darstellen. Interessant ist die direkte Oxydation des Benzols zu Phenol beim Schütteln mit Palladiumwasserstoff, Luft und Wasser (F. HOPPE-SEYLER, *B.* **12**, 1551 [1879]), bei Einwirkung von Wasserstoffsuperoxyd (A. R. LEEDS, *B.* **14**, 976 [1881]; C. F. CROSS,

E. J. Bevan und T. Heiberg, *B.* **33**, 2018 [1900]) neben 40% Brenzcatechin; beim Einleiten von Sauerstoff in Gegenwart von Aluminiumchlorid (C. Friedel und J. M. Crafts, *Bull. Soc. chim. France* [2] **31**, 463 [1879]; *Ann. Chim.* [6] **14**, 435 [1888]). Aus Chlorbenzol erhält man glatt Phenol durch Erhitzen mit Alkalilauge auf 300° (Dusart und Bardy, *Compt. rend. Acad. Sciences* **74**, 1051 [1872]). Über die technische Ausführung s. S. 338. über neuere Verfahren von Hale, der *I. G.* s. S. 338 (K. Meyer und F. Bergius, *B.* **47**, 3155 [1914]). Aus benzolsulfosaurem Natrium gewinnt man Phenol durch Alkalischmelze (A. Kekulé, *Z. f. Chem.* **1867**, 300; A. Wurtz, *Compt. rend. Acad. Sciences* **64**, 747 [1869]; *A.* **144**, 121): $C_6H_5 \cdot SO_3Na + 2NaOH = C_6H_5 \cdot ONa + Na_2SO_3 + H_2O$. Das Verfahren wurde von P. Degener (*Journ. prakt. Chem.* [2] **17**, 390 [1878]) genauer studiert. Neuerdings haben Rhodes, Jayne und Bivins (*Ind. engin. Chem.* **19**, 804) angegeben, daß beim Verschmelzen von benzolsulfosaurem Natrium mit $NaOH$ (15% Überschuß) bei 350° unter Abhalten von Luft (Überleiten von erhitztem Wasserdampf über die Schmelze) 96% Phenol erhalten werden können. Tritt Luft zu, so sinkt die Ausbeute auf 87%, und es entstehen durch Oxydation o- und p-Diphenole. Bei Mangel an $NaOH$ entstehen Diphenyläther und Thiophenol. Ein Gehalt von 10% Na_2SO_4 im Sulfonat schadet nichts. Aus Anilin gewinnt man Phenol durch Verkochen der Diazolösung (Bd. III, 669).

Technische Gewinnung. Über die Geschichte der Phenolsynthese und ihre technische Entwicklung s. Raschig, *Chem. Ztg.* **50**, 1003 [1926]. Bei weitem das meiste Phenol dürfte in Europa aus **Steinkohlenteer** (s. d.) gewonnen werden. In den Vereinigten Staaten dagegen werden gegenwärtig 80% des verbrauchten Phenols synthetisch gewonnen. Dieses wird sowohl durch **Verschmelzen von benzolsulfosaurem Natrium** als auch **aus Chlorbenzol und Ätznatron** nach dem Hale-Briton-Verfahren hergestellt.

1. Herstellung aus benzolsulfosaurem Natrium.

Die Sulfurierung des Benzols und die Abscheidung des benzolsulfosauren Natriums aus dem Reaktionsprodukt ist bereits Bd. II, 279, behandelt worden. Hingewiesen sei auf die Patente von G. Wendt, *D. R. P.* 71556, W. Miersch, *D. R. P.* 199959, 201971, W. Uhlmann, *D. R. P.* 229537, die ohne technische Bedeutung sind. Die Sulfurierung des **Benzols** wird entgegen den Bd. II, 279, gemachten Angaben meist mit etwa 100%iger H_2SO_4 und nicht mit schwach rauchender H_2SO_4 durchgeführt, da mit letzterer sich Sulfobenzid bilden kann. Gemäß den Angaben: Synthetic Phenol and Picric Acid Technical Records of Explosiv Supply No. 6 published by H. M. Stationery Office[1] wurde auf 1 Tl. Benzol gebraucht:

	Teile von H_2SO_4	Gehalt an H_2SO_4 in %	Temperatur in °	Zeit in Stunden
Frankreich	2,21	100	120	5—6
Amerika	2,20	99	110	8
British Dyes Ltd.	2,49	100	90—95	8—12
Brunner Mond Co.	2,85	95,3	86	7—8
Grasser Monsanto Chem. Works	2,14	99	110	12
South Metropolitan Gas Co.	2,63	95—96	110	16

Das Sulfurierungsgemisch wird mit H_2O verdünnt, mit Kalkmilch neutralisiert, das $CaSO_4 \cdot 2H_2O$ durch Trommelfilter (Bd. V, 367) filtriert oder mittels Dorr-Eindicker (Bd. I, 780) abgetrennt, das benzolsulfosaure Calcium mit Soda umgesetzt. Das ausgeschiedene $CaCO_3$ wird zur Neutralisation des Sulfurierungsgemisches wieder benutzt, was den Vorteil hat, daß das $CaCO_3$ nicht völlig ausgewaschen werden muß.

Brunner Mond Co. hat etwas abweichend gearbeitet. Ein Teil des Sulfurierungsgemisches wird bei erhöhter Temperatur mit $NaCl$ umgesetzt, wobei HCl entweicht und $NaHSO_4$ und $C_6H_5 \cdot SO_3Na$ entstehen. Die Masse wird in Wasser gelöst und mit einer Lösung von benzolsulfosaurem Ca, die aus dem anderen Teil des Sulfurierungsgemisches hergestellt wird, vermischt, wobei unter Ausscheidung

---

[1] Vgl. auch P. Schotz, Synthetic organic Compoundy, London 1925.

von Gips sich benzolsulfosaures Natrium bildet. Man muß dann nur etwas Na_2CO_3 zur Neutralisation und Umsetzung des in Lösung befindlichen $CaSO_4$ zusetzen, spart also gegen das bekannte Verfahren an Na_2CO_3.

Die SOUTH METROPOLITAN GAS CO. arbeitete nach dem *A. P.* 1 207 798 von SACHS und BYRON, indem sie das Sulfurierungsgemisch mit $Ca(OH)_2$ und Na_2SO_4 umsetzte. Das Na_2SO_4 gewann sie durch Zersetzung des Natriumphenolates mit H_2SO_4.

Das Verschmelzen des Sulfonats mit Ätznatron (25—30% Überschuß) wird in eisernen, mit kräftigen Rührwerken versehenen, meist direkt beheizten Kesseln bei etwa 340° vorgenommen. 320° ist die Temperatur, bei der die Umsetzung energisch vor sich geht. Es resultiert eine hellbraun gefärbte Masse, welche in so viel Wasser gelöst wird, daß die Hauptmenge des entstandenen Natriumsulfits ungelöst bleibt, während das Natriumphenolat in Lösung geht. Etwa 10% Sulfit verbleiben in dieser Lösung. Das Sulfit wird mit wenig Wasser phenolfrei gewaschen oder — in amerikanischen Fabriken — zur völligen Zersetzung des anhaftenden Phenolats mit Schwefeldioxyd behandelt. Eine Durchschnittsanalyse von Sulfit zeigt, daß es etwa 24,20% Feuchtigkeit, 7,12% Na_2SO_4, 62,3% Na_2SO_3, 0,46% Unlösliches und etwa 0,6% Natriumphenolat enthält. Das Sulfit kann zur Überführung des Calciumsulfonats in Natriumsulfonat dienen, ferner zur Gewinnung von SO_2 zur Abscheidung des Phenols. In Frankreich wurde es während des Krieges auf die Halde gebracht und später anscheinend für minderwertige Gläser bzw. für Sulfatzellstoff benutzt. Aus der Lösung, die etwa 16% Phenol enthält, macht man dieses durch Einleiten von Schwefeldioxyd (aus Sulfit) oder durch Zusatz von Schwefelsäure frei, trennt die rohe Carbolsäure von der Salzlösung und schüttelt letztere ev. mit Benzol aus, um das gelöste Phenol zu gewinnen.

In Amerika zersetzt man die auf eine Reihe von Tanks verteilte Phenolatlösung auch mit Kohlendioxyd. Die hierfür günstigste Temperatur ist 50°. Ein Überschuß von Kohlendioxyd wird vermieden, weil Bildung von schwerlöslichem Natriumbicarbonat zu Unzuträglichkeiten führen würde. Es haben sich jetzt 2 Schichten gebildet. Die eine besteht aus rohem Phenol, das noch etwa 10% Natriumphenolat in Lösung hält, die andere aus Wasser mit einem Phenolgehalt von etwa 2%. Letztere wird durch einen Dampfstrom von Phenol befreit, das als etwa 4%iges Destillat erhalten wird. Erstere wird durch erneute Behandlung mit Kohlendioxyd völlig zersetzt, wobei das ausfallende Natriumcarbonat gleichzeitig einen beträchtlichen Teil des vorhandenen Wassers bindet. Der Wassergehalt wird beispielsweise von 30% auf 14% reduziert.

Es folgt schließlich die Destillation der rohen Carbolsäure aus einfachen Blasenapparaten. Zuerst geht bis 125° H_2O mit wenig Phenol, das in Florentiner Flaschen abgetrennt wird, dann bis 180° Phenol mit wenig H_2O über. Dann folgt bei 185° die Carbolsäure, die nach nochmaliger Rektifikation im Vakuum bei 40,6° schmilzt, also von vorzüglicher Reinheit ist. Die Vorlagen müssen mit Heizvorrichtungen ausgestattet sein, um ein vorzeitiges Erstarren des Phenols zu vermeiden. Die Ausbeute an Phenol bei der Schmelze beträgt im Maximum 90—92% d. Th., die Gesamtausbeute, auf Benzol berechnet, höchstens 75—80%.

Vorschläge, den großen Überschuß an Schwefelsäure, wie er beim beschriebenen Verfahren nötig ist, herabzusetzen und so Material, Dampf und Arbeit bei der Herstellung des Natriumsulfonats zu sparen, sind beschrieben: DENNIS, *A. P.* 1 212 612, 1 211 923, 1 227 894, 1 228 414, 1 229 593; H. BULL, *A. P.* 1 247 499, 1 260 852, 1 208 632. Das Verfahren soll von der BARRET COMPANY ausgeführt worden sein. Es beruht auf der Beobachtung, daß Benzol aus einem Gemisch von Schwefelsäure und Benzolsulfosäure letztere herauszulösen vermag. Man läßt das Benzol bei etwa 60° eine größere Anzahl mit Sulfurierungsgemisch beschickter Gefäße durchstreichen. Während in dem längsten behandelten Gefäß allmählich eine vollständige Extraktion der Benzolsulfosäure stattfindet, so daß eine etwa 77%ige H_2SO_4 resultiert, findet in dem letzten Gefäß die Sulfurierung des Benzols mit 98%iger Schwefelsäure statt. Die gelöste Benzolsulfosäure wird kontinuierlich in einer Anzahl Waschapparate an Wasser abgegeben und die erhaltene Lösung mit Soda oder Natriumsulfit neutralisiert. Das so gewonnene Natriumsalz enthält etwa 5—6% Natriumsulfat (vgl. auch A. GUYOT, *Chem. Ztrlbl.* 1920, I, 565).

Eine zweite Verbesserung betrifft den Schmelzprozeß. A. G. PETERKIN (*Journ. Engin. Chem.* 10, 738 [1918]) sowie E. E. HOTSON (*Met. and Chem. Eng.* 19, 540 [1918]) verwenden kein festes Natriumsulfonat, sondern eine sehr *konz.* Lösung, die man direkt in das geschmolzene, auf Reaktionstemperatur erhitzte Ätznatron fließen läßt. Die Ausbeute schwankt zwischen 86—90%. Beim Erhitzen von benzolsulfosaurem Natrium mit 10%iger Natronlauge unter Druck auf 320° während 72^h werden nur 60% unreines Phenol erhalten (F. WILSON und K. H. MEYER, *B.* 47, 3160 [1914]).

Nach *A. P.* 1 667 480 von KOKATNUR sollen 100 Tl. benzolsulfosaures *Na*, 44—50 Tl. *NaOH* und 600 Tl. einer Erdölfraktion vom *Kp* 330—360° 2—4^h unter Rühren auf 340° verschmolzen werden, was sicherlich keine Verbesserung darstellt.

2. Aus Chlorbenzol und Natronlauge.

Die Bildung von Phenol aus vorstehenden Substanzen wurde 1871 von Dusart und Bardy (s. S. 336) aufgefunden, aber nicht geglaubt. Erst Kurt H. Meyer und F. Bergius (*B.* **47**, 3155 [1914]; *A. P.* 1 062 351[1] [1912]) zeigten, daß die Angaben richtig sind und daß sich Chlorbenzol durch verdünnte Natronlauge (5 *Mol.*) unter Druck bei 300⁰ glatt in Phenol verwandeln läßt, wobei in einer Reaktionsdauer von 20ʰ Ausbeuten von 94% d. Th. erzielt werden konnten. Als Zwischenprodukt bildet sich Diphenyläther, den man unter Umständen in beträchtlicher Menge isolieren kann. Er entsteht zweifellos durch Einwirkung von Chlorbenzol auf das zunächst gebildete Phenolnatrium und wird bei weiterem Erhitzen mit der Lauge gespalten. Bei 200—230⁰ gelingt die Umsetzung des Chlorbenzols, wenn man es mit Methylalkohol und *NaOH* 45ʰ erhitzt (Ausbeute 90% d. Th., Ch. Werke Ichendorf G. m. b. H., *D. R. P.* 281 175). Auch durch 30stündiges Erhitzen von Chlorbenzol mit Kalkhydrat bei Zusatz von Kaliumjodid auf 240⁰ im Kupferkessel gewinnt man reines Phenol (*Boehringer, D. R. P.* 288 116).

Im *A. P.* 1 213 142 [1917] zeigte Aylsworth, daß die Umsetzung von Chlorbenzol mit Natronlauge kontinuierlich durchgeführt werden kann, wenn man das Gemisch durch Röhren unter Druck (2000—4000 lbs. pro Quadratzoll) bei 340—390⁰ leitet, bei Temperaturen also, die der kritischen Temperatur von H_2O (372⁰) und C_6H_5Cl (362⁰) nahe sind. Unter diesen Bedingungen soll die Umsetzung in etwa 1ʰ beendet sein. W. J. Hale und E. C. Britton (*Ind. engin. Chem.* **20**, 114 [1928]) haben die Umsetzung von Chlorbenzol mit Natronlauge außerordentlich eingehend untersucht und folgendes festgestellt: Beim Arbeiten mit Natronlauge von 8% entstehen bei 295—370⁰ konstant 90—92% Phenol, daneben 6—10% Diphenyloxyd und etwas Teer. Die Umsetzung ist eine reine Wasserhydrolyse, *Cu* und *CuO* wirken besonders bei niederer Temperatur katalysierend. Fügt man dem Ansatz 12% vom Chlorbenzol Diphenyloxyd hinzu, so gelingt quantitative Umsetzung des Phenols. Na_2CO_3, Na_2HPO_4, $Na_2B_4O_7$ wirken besonders bei Gegenwart von *Cu* auf Chlorbenzol, und es entsteht in quantitativer Ausbeute freies Phenol (Dow Chemical Co., übertr. von Hale und Britton, *A. P.* 1 737 841 [1923]; *A. P.* 1 737 842 [1927]; *A. P.* 1 744 961 [1926]; *A. P.* 1 756 110 [1923]). Wenn es gelingt, diese Umsetzung mittels Na_2CO_3 kontinuierlich durchzuführen, so dürfte sie das billigste Phenol-Verfahren darstellen.

Die technische Durchführung dieses sehr schönen Verfahrens[2], das in sehr großem Maßstabe ausgeführt wird, erfolgt nach Mitteilung von Herrn W. J. Hale gemäß dem *A. P.* 1 607 616 [1926]. Ein Gemisch von 1 *Mol.* Chlorbenzol und 2¼ *Mol.* *NaOH* in 18%iger Lösung wird zusammen mit 6—8% Diphenyloxyd gemäß dem *A. P.* 1 213 142 [1917] von Aylsworth durch ein Röhrensystem von etwa 1609 *m* Länge, 25,4 *mm* innerem und 53,5 *mm* äußerem Durchmesser gepumpt. Die Röhren werden in einem Bade von geschmolzenem Natriumnitrit auf 370—380⁰ erhitzt, und der Druck beträgt 4500—5000 lbs. je Quadratzoll, also etwa 315—350 *kg/cm²*. Die Mischung durchläuft in 30—35′ die 1,6 *km* lange Rohrleitung. Als Nebenprodukt entsteht im Großbetrieb 5% Oxybiphenyl (25% p- und 75% o-Verbindung), daneben nur Spuren von Teer und Äther von höheren Phenolen. Die Bildung von Oxybiphenyl ist wahrscheinlich darauf zurückzuführen, daß Phenol in seiner

tautomeren Form reagiert. Bei höherer Temperatur über 390⁰ können 15—20% Oxybiphenyl erhalten werden. p-Oxybiphenyl wird für Kunstharze benutzt, während

---

[1] Das Patent ging im Kriege in den Besitz der Chemical Foundation über.
[2] Die Gesamtproduktion von Phenol in den Vereinigten Staaten beträgt z. Z. etwa 7000 *t*, davon werden etwa 4500—5000 *t* synthetisch hergestellt, u. zw. die Hauptmenge aus Chlorbenzol.

o-Oxybiphenyl als Desinfektionsmittel unter dem Namen Diphen Verwendung findet. Seine antiseptische Wirkung ist 38mal so stark wie die des Phenols, und es soll schon in größerem Maßstabe zum Waschen der Schafe, zur Verhütung der Schimmelbildung von Kleister u. s. w. benutzt werden.

Im *D. R. P.* 485 310 beschreibt die *I. G.* das Überleiten von Chlorbenzol und H_2O-Dampf über Kieselgel, wobei unter Austritt von *HCl* Phenol entsteht. Im *E. P.* 308 220 werden dem Katalysator noch *Cu*, *Ni* hinzugefügt. Vgl. auch *A. P.* 1 735 327 [1925] der FEDERAL PHOSPHORUS Co. Das Verfahren dürfte ohne technisches Interesse sein.

Das gleiche gilt wohl für das im *D. R. P.* 420 393 der *I. G.* beschriebene Verfahren, wonach aus o-Kresol und H_2 durch Überleiten über Bimsstein und *Ni*-Chromat bei 400° unter Abspaltung von CH_4 Phenol in guter Ausbeute entsteht.

Aussichtsreicher erscheint dagegen die Oxydation von Benzol zu Phenol. Nach dem *A. P.* 1 595 299 [1924] von HALE und DOW CHEMICAL Co. läßt sich Benzol durch Erhitzen mit Natronlauge von 20% und Luft bei Gegenwart von Uranoxyd auf 300—400° im Autoklaven in Phenol verwandeln. Störend wirkt hierbei der Umstand, daß das gebildete Alkaliphenolat sehr leicht weiter oxydiert wird. Nach dem *D. R. P.* 501 467 [1927] der *I. G.* wird ein Gemisch von Benzoldampf, Wasserdampf und mit Stickstoff verdünnter Luft bei 350—370° über einen Mehrstoffkatalysator (Molybdänsäure, Wolframsäure, Urantrioxyd, basisches Kupfercarbonat) in raschem Tempo im Kreislauf geleitet und das gebildete Phenol jeweilig mit Natronlauge ausgewaschen. Ausbeute 88% des umgesetzten Benzols. Technische Anwendung haben diese Oxydationsverfahren bis jetzt nicht gewonnen.

Analytisches. Nachweis. Die sicherste Reaktion auf Phenol bei Abwesenheit von Kresolen ist die von H. LANDOLT (*B.* 4, 770 [1871]) angegebene mit Bromwasser, das einen Niederschlag von Tribromphenolbromid gibt. Eine Lösung von 1 : 50 000 gibt mit dem Reagens noch sofort eine deutliche Fällung, eine Lösung 1 : 100 000 innerhalb 24ʰ noch eine Trübung. Behandelt man den Niederschlag mit Natriumamalgam und säuert die Flüssigkeit an, so erhält man Phenolgeruch. Noch schärfer (1 : 200 000) ist der Nachweis mit MILLONS Reagens, einer Auflösung von 1 Tl. Quecksilber in 1 Tl. rauchender, mit 2 Tl. Wasser verdünnter Salpetersäure, die außer Mercuronitrat und freier Salpetersäure Stickoxyd und Stickstoffdioxyd enthält. Es liefert einen gelben Niederschlag, in Salpetersäure mit tiefroter Farbe löslich (W. VAUBEL, *Ztschr. angew. Chem.* 13, 1125 [1900]).

Prüfung auf Reinheit. Der Erstarrungspunkt im SHUKOWschen Apparat (Bd. II, 624) soll 40,5° sein. Phenol muß mit 15 Tl. H_2O sowie mit 10%iger Natronlauge eine klare Lösung geben.

Quantitative Bestimmung. Am meisten verbreitet ist die Bestimmung des Phenols nach W. F. KOPPESCHAAR (*Ztschr. analyt. Chem.* 15, 233 [1876]), u. zw. in einer von H. BECKURTS (*Arch. Pharmaz.* 224, 561 [1886]) angegebenen Modifikation. Sie beruht auf der Bildung von Tribromphenolbromid durch Einwirkung von nascierendem Brom auf Phenol. Dieses Bromid macht aus Kaliumjodid 2 Atome Jod frei, die mit Thiosulfat titriert werden. Die Methode ist absolut genau (L. V. REDMANN und E. O. RHODES, *Ind. engin. Chem.* 4, 655).

Das jodometrische Verfahren von J. MESSINGER und G. VORTMANN (*B.* 23, 2753 [1890]) beruht auf der Beobachtung, daß 1 *Mol.* Phenol in alkalischer Lösung 6 Atome Jod verbraucht; überschüssiges Jod wird nach dem Ansäuern zurücktitriert. Beide Methoden sind natürlich nur bei Vorliegen reinen Phenols anwendbar, nicht aber, wenn Gemische mit den Kresolen, wie in roher Carbolsäure, zu bestimmen sind. Phenol läßt sich auch auf 0,5% genau mit *NaOH* und Mimosa als Indicator titrieren.

Verwendung. Die Hauptmenge von Phenol wird z. Z. auf Salicylsäure, Bd. II, 235 (Acetylsalicylsäure, Salicylsäuremethylester, Salol), Kunstharze (Bd. VII, 1) von der Art des Bakelits (Bd. II, 58) und Pikrinsäure (Bd. IV, 768) verarbeitet. Der Verbrauch für Desinfektionszwecke (Bd. III, 582) ist in steter Abnahme. Phenol dient zur Herstellung von Phenolphthalein (Bd. VIII, 352), für Triphenylphosphat (s. d. und Bd. VII, 380), für künstliche Gerbstoffe (Bd. V, 686), für Cyclohexanol (Bd. III, 510), für Katanole (Bd. VI, 491; vgl. auch *E. P.* 325 388 [1929] von *Sandoz* über die Schwefelung von Phenol bei Gegenwart von Calciumhydroxyd), als Gelbentwickler in der Färberei (Bd. V, 45) und als Rohstoff für eine Anzahl von chlorierten, nitrierten und sulfurierten Phenolderivaten, für Anisol u. s. w.

In einer großen Anzahl organischer Farbstoffe wird Phenol als Komponente verwendet, so im Aurophosphin (Bd. I, 807), Benzogrün (Bd. II, 258), Brillantgelb (Bd. II, 662), Chloramingrün B (Bd. III, 277), Diamingelb (Bd. III, 647), Diamingoldgelb (Bd. III, 648), Diaminscharlach (Bd. III, 649), Kolumbiagrün (Bd. VI, 728), Kongoorange (Bd. VI, 734), Korallin (Bd. VI, 770), Polarfarbstoffen (Bd. VIII, 505).

Phenolmethyläther, Anisol, $C_6H_5 \cdot OCH_3$, ist eine angenehm riechende Flüssigkeit. *Schmelzp.* —37,8°; *Kp* 153,9°; D_{15}^{15} 0,9988. Entsteht in sehr guter Ausbeute, wenn man die Dämpfe von 1 *Vol.* Phenol und 1,5 *Vol.* Methylalkohol über Tonerde bei 390—420° leitet (P. SABATIER und A. MAILHE, *Compt. rend. Acad. Sciences* 151, 359 [1910]) sowie durch Methylierung von Phenol mit Methylalkohol und Kaliumbisulfat bei 150—160° (*Agfa, D. R. P.* 23775). Sehr leicht gelingt die Methylierung auch mit Dimethylsulfat und Natronlauge (Bd. I, 239). Anisol wird als Lösungsmittel gebraucht und findet als Riechstoff geringe Verwendung.

Phenoläthyläther, Phenetol, $C_6H_5 \cdot OC_2H_5$. *Schmelzp.* — 33,5°; $Kp_{762,4}$ 171,5—172,5°; D_{25}^{25} 0,9629. Entsteht analog wie Anisol, wenn man Phenol- und Alkoholdämpfe über Tonerde bei 420° leitet (s. o.), durch Erhitzen von Phenolkalium mit Äthylchlorid, etwas Natriumjodid und Alkohol auf 100° (A. WOHL, *B.* 39, 1953 [1906]), am besten durch Äthylierung von Phenolnatrium mit Äthylbromid oder äthylschwefelsaurem Natrium (H. KOLBE, *Journ. prakt. Chem.* [2] 27, 424 [1883]).

Diphenyläther, Diphenyloxyd, $C_6H_5 \cdot O \cdot C_6H_5$. Geraniumartig riechende Substanz. *Schmelzp.* 28°; *Kp* 252 bis 253°; Kp_7 115—116°. Entsteht leicht beim Erhitzen von Phenolkalium mit Brombenzol und fein verteiltem Kupfer auf 210° (F. ULLMANN und P. SPONAGEL, *B.* 38, 2211 [1905]; *A.* 350, 83 [1906]) oder mit Chlorbenzol bei 10—12stündigem Erhitzen auf 200—220° (FRITZSCHE & CO., *D. R. P.* 269543) in guter Ausbeute. Auch bei der Darstellung von Phenol durch Verseifung von Chlorbenzol mit Natronlauge erhält man die Verbindung als Nebenprodukt (s. S. 338). Entsteht ferner durch Destillation von Kaliumphenolat mit benzolsulfosaurem Kalium bzw. Natrium (Ausbeute 50%) nach NOLLAN und DANIELS (*Journ. Americ. chem. Soc.* 36, 1885; JOHLIN, *A. P.* 1 372 434). Die Verbindung wird als Riechstoff in der Parfümerie verwendet und ist als Betriebsstoff für Zweistoffkraftmaschinen anstatt *Hg* von DOW vorgeschlagen (K. RUSS, *Chem. Ztrlbl.* 1927, I, 781).

Halogenphenole. Nach den Untersuchungen von HOLLEMANN und RINKES (*Chem. Ztrlbl.* 1910, II, 304) entstehen bei der Chlorierung von Phenol gleiche Teile o- und p-Chlorphenol, u. zw. unabhängig von der Temperatur; bei der weiteren Chlorierung entsteht 2,4- und 2,6-Dichlorphenol und schließlich 2,4,6-Trichlorphenol. Versetzt man das Rohprodukt mit 1 *Mol. NaOH*, so destillieren mit Dampf nur o- und p-Chlorphenol über.

o-Chlorphenol ist eine Flüssigkeit von unangenehmem, anhaftendem Geruch. *Schmelzp.* 70°; Kp_{741} 171—172°. Löst sich in Sodalösung und wird durch Kohlendioxyd ausgefällt. Die Darstellung durch Chlorierung von Phenol ist in dem *D. R. P.* 76597 (*Merck*), *D. R. P.* 155631 von LOSSEN beschrieben, jedoch entsteht hierbei immer auch die p-Verbindung. HAZARD-FLAMMAND (*D. R. P.* 141751) chloriert Phenol-p-sulfosäure zu 2-Chlorphenol-4-sulfosäure und spaltet aus der wässerigen Lösung des *Na*-Salzes die Sulfogruppe durch Erhitzen auf 180—200° unter Druck ab. Zweckmäßiger scheint das von TAKAGI und LUTANI (*Chem. Ztrlbl.* 1926, I; 182) angegebene Verfahren zu sein: 800 *g* Phenol und 2800 *g konz. H₂SO₄* werden 3ʰ auf 100° erhitzt, wobei Phenol-2,4-disulfosäure entsteht. Man gibt 750 *g H₂O* hinzu und sättigt bei Zimmertemperatur mit *Cl*, wobei die Lösung zu einem Brei von 6-Chlorphenol-2,4-disulfosäure erstarrt. Man erhitzt auf etwa 120° behufs Abspaltung der Sulfogruppen, treibt das gebildete o-Chlorphenol mit Dampf ab und salzt aus. Ausbeute 81% Rohprodukt. Schließlich kann man auch das o-Dichlorbenzol in o-Chlorphenol überführen, u. zw. durch Erhitzen mit Alkalien und Kupfersalzen unter starkem Druck (*Boehringer, D. R. P.* 284533, 286266; s. auch CH. WERKE ICHENDORF G. M. B. H., *D. R. P.* 281175).

o-Chlorphenol wird zur Gewinnung von Brenzcatechin (Bd. II, 656) verwendet. Das Oxyquecksilber-o-chlorphenolnatrium $HO \cdot Hg \cdot C_6H_3Cl \cdot ONa$ wird in Form von Seife als Desinfektionsmittel (Upsalan) und mit Na_2SO_4 und einem Teerfarbstoff gemischt als Saatgutbeize (Upsulan) von der *I. G.* hergestellt. Glycerinäther des o-Chlorphenols s. LES ETABLISSEMENTS POULENC FRÈRES und FOURNEAU, *D. R. P.* 219325.

p-Chlorphenol. Krystalle vom *Schmelzp.* 37°; *Kp* 217°. Geruch äußerst anhaftend und unangenehm, bildet sich bei der Chlorierung des Phenols als Nebenprodukt und kann durch Einwirkung von Sulfurylchlorid auf Phenol dargestellt (E. DUBOIS, Ztschr. f. Chemie 1866, 705; A. PERATONER und G. B. CONDORELLI, *Gazz. Chim. Ital.* 28, I, 210 [1898]) werden. Aus p-Dichlorbenzol erhält man es durch Erhitzen mit methylalkoholischer Natronlauge auf 190—195° in einer Ausbeute von 90% d. Th. (CH. WERKE ICHENDORF G. M. B. H., *D. R. P.* 281175).

p-Chlorphenol liefert beim Erhitzen mit Methylamin in Gegenwart von Kupferverbindungen Methyl-p-aminophenol (*Agfa, D. R. P.* 205415). Mit Phthalsäureanhydrid, Borsäure und Schwefelsäure erhitzt, gibt es Chinizarin (Bd. I, 500). Es kann durch Erhitzen mit Alkalihydroxyden u. s. w. in Hydrochinon übergeführt werden (*Bayer, D. R. P.* 249939; *Boehringer, D. R. P.* 269544), ein Verfahren, das aber im großen nicht ausgeführt wird. Glycerinäther s. *D. R. P.* 219325.

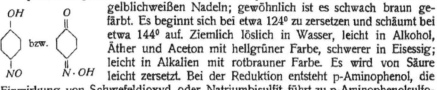

2,4,6-Tribromphenol kristallisiert in haarfeinen Nadeln oder monoklinen Prismen, die bei 95—96° schmelzen, leicht sublimieren und sehr leicht in Alkohol löslich sind. Technisch gewinnt man es, indem man in eine Lösung von 20 *kg* Phenol und 60 *kg* Sprit (etwa 80grädig) unter Kühlung 100 *kg* Brom einfließen läßt. Man läßt die Mischung über Nacht stehen, entfernt den kleinen Überschuß von Brom mit etwas schwefliger Säure, versetzt dann mit 100 *l* Wasser und zentrifugiert das Produkt. Die Spritlauge wird mit Kalilauge neutralisiert und nach Abdestillieren des Alkohols auf Kaliumbromid verarbeitet. Ausbeute 66 *kg* Tribromphenol und 58 *kg* Kaliumbromid. Sein Wismutsalz ist das Xeroform (*Heyden*, D. R. P. 78889), das als Wundantisepticum dient.

p-Nitrosophenol bzw. Chinonoxim kristallisiert aus Aceton + Benzol in gelblichweißen Nadeln; gewöhnlich ist es schwach braun gefärbt. Es beginnt sich bei etwa 124° zu zersetzen und schäumt bei etwa 144° auf. Ziemlich löslich in Wasser, leicht in Alkohol, Äther und Aceton mit hellgrüner Farbe, schwerer in Eisessig; leicht in Alkalien mit rotbrauner Farbe. Es wird von Säure leicht zersetzt. Bei der Reduktion entsteht p-Aminophenol, die Einwirkung von Schwefeldioxyd oder Natriumbisulfit führt zu p-Aminophenolsulfosäure (*Geigy*, D. R. P. 71368). Bei der Chlorierung entsteht Chloranil (HOLLIDAY & CO., E. P. 244 700 [1926]).

Zur Darstellung löst man 60 Tl. Phenol, 27 Tl. Natriumhydroxyd und 54 Tl. Natriumnitrit in 1500 Tl. Wasser und läßt in die kalt gehaltene Lösung ein Gemisch von 150 Tl. Schwefelsäure und 400 Tl. Wasser einfließen (J. L. BRIDGE, *A.* 277, 85 [1893]; vgl. J. STENHOUSE und C. E. GROVES, *A.* 188, 360 [1877]; E. TER MEER, *B.* 8, 623 [1875]). F. BOVINI (*Chem. Ztrlbl.* 1928, I, 1025) fügt der H_2SO_4 noch $NaHSO_3$-Lösung in kleinen Anteilen zu, arbeitet bei —5° bis +4° und will 75% Ausbeute erhalten. Vgl. auch VEIBEL (*B.* 63, 1577) sowie GULINOW (*Chem. Ztrlbl.* 1930, I, 972), der die Nitrosierung mittels Nitrits und $Al_2(SO_4)$, vornimmt, wobei das Al-Nitrosophenolat entsteht. Als Nebenprodukt erhält man die Verbindung bei der Zersetzung von Nitrosodimethylanilin mit kochender Natronlauge, wobei sich gleichzeitig Dimethylamin bildet (Bd. I, 234).

Nitrosophenol dient zur Darstellung der wichtigen Hydronfarbstoffe, besonders des Hydronblaus (Bd. **VI**, 211, sowie KARPUCHIN, *Chem. Ztrlbl.* **1927**, I, 649), Indocarbon, zur Fabrikation von p-Aminophenol und dessen Sulfosäure.

Nitrophenole. Phenol wird außerordentlich leicht von Salpetersäure bei niederer Temperatur nitriert, wobei ein Gemisch von etwa gleichen Teilen o- und p-Nitrophenol entsteht (s. auch VEIBEL, *B.* 63, 1582). Die Ausbeute wird durch Harzbildung herabgedrückt, die anscheinend auf die Bildung von Indophenol-N-oxyd $HO \cdot C_6H_4 \cdot N(\cdot O) : C_6H_4 : O$ (K. K. MEYER und ELBERS, *B.* 54, 339) zurückzuführen ist. Läßt man auf Phenol dagegen NO_2 einwirken, so erhält man ohne Harzbildung die Nitrophenole in sehr guter Ausbeute (H. WIELAND, *B.* 54, 1780), jedoch ist das Verfahren nicht technisch. Phenol kann durch energischere Nitrierung in 2,4-Dinitrophenol und weiterhin in Pikrinsäure verwandelt werden, jedoch wird ersteres zweckmäßig aus 2,4-Dinitrochlorbenzol und die Pikrinsäure aus Phenoldisulfosäure hergestellt.

o-Nitrophenol bildet gelbe rhombische Nadeln von durchdringendem Geruch. Schmelzp. 45,1°; Kp 214°; D^{14} 1,484. Es ist mit Wasserdampf leicht flüchtig, wenig löslich in kaltem Wasser, leicht in heißem Alkohol und Äther. Das rote Natriumsalz kristallisiert in Prismen.

o-Nitrophenol bildet sich z. B. bei mehrtägigem Erhitzen von o-Chlornitrobenzol mit Sodalösung und Ätznatron unter Druck auf 130° (Ztschr. f. Chemie 1870, 231), durch Einwirkung von Ätzkali auf Nitrobenzol (A. WOHL, D. R. P. 116 790; *B.* 32, 3486 [1899]). Im großen wird es aber aus Phenol durch Nitrierung dargestellt (A. W. HOFMANN, *A.* 103, 347; J. FRITZSCHE, *A.* 110, 150; HART, *Journ. Amer. chem. Soc.* 32, 1105), wobei sich gleichzeitig p-Nitrophenol bildet.

Nach FIERZ, Grundlegende Operationen der Farbenchemie, arbeitet man, wie folgt: Zu einer Lösung von 150 *g* Natronsalpeter in 400 *cm³* H_2O und 250 *g* konz. H_2SO_4 läßt man unter starkem Rühren ein verflüssigtes Gemisch von 93 *g* Phenol und 20 *cm³* H_2O langsam bei 15—20° zutropfen und rührt dann noch 2ʰ. Die überstehende Säure wird nun von der roten Harzmasse möglichst getrennt, 500 *cm³* H_2O und so viel Kreide hinzugefügt, daß die Flüssigkeit gegen Lackmus neutral reagiert, die Lösung abgegossen und der Rückstand nochmals mit Eiswasser gewaschen. Der Rückstand wird mit Dampf destilliert, wobei 40 *g* reines o-Nitrophenol übergehen. Das zurückbleibende harzige p-Nitrophenol wird nach dem völligen Erkalten filtriert und durch Lösen in 1 *l* 2 % iger heißer *HCl* gereinigt (40 *g*). Er kann auch in Soda gelöst und durch das gut krystallisierende Natriumsalz gereinigt werden. BEAUCOURT und HÄMMERLE (*Journ. prakt. Chem.* **120**, 187) lassen zu 80 *cm³ HNO₃* (*D* 1,35) bei höchstens 8° 50 *g* mit *H₂O* verflüssigtes Phenol innerhalb 1¹/₂ʰ unter starkem Rühren langsam zutropfen, kühlen dann die Reaktionsmasse stark ab, wobei sie krystallinisch erstarrt; hierauf wird bei niederer Temperatur filtriert und mit Eiswasser gewaschen. Die Aufarbeitung erfolgt wie oben. Ausbeute 30 *g* o-Nitrophenol und 25–30 *g* p-Nitrophenol.

o-Nitrophenol dient zur Darstellung von o-Aminophenol, o-Nitranisol, o-Phenetidin, 2-Aminophenylbenzyläthern (*M. L. B., D. R. P.* 142 899).

o-Nitrophenolmethyläther, o-Nitranisol. *Schmelzp.* 9,4°; *Kp* 273°; *Kp₁₉* 150,5–151°; *D₄²⁰* 1,2540. Es wird technisch durch Erhitzen von o-Chlornitrobenzol mit methylalkoholischer Natronlauge gewonnen. Über die Umsetzung macht BLOM (*Helv. chim. Acta* **4**, 247, 1029) eingehende Angaben. Auch nach der für das o-Nitrophenetol gegebenen Vorschrift von RICHARDSON sowie nach dem *D. R. P.* 453 429 des *Verein* (s. p-Nitrophenetol) dürfte sich diese Verbindung gut herstellen lassen. Das *A. P.* 1 578 943 [1920] von *Du Pont* verwendet *NaOH*, gelöst in Methylalkohol von 80–90 %, und erhitzt auf 105–110° unter Druck, wobei die Umsetzung in 5ʰ beendet sein soll; ob dabei Nebenreaktionen vermieden werden, scheint zweifelhaft. Siehe auch *E. P.* 239 320 [1924] der NATIONAL ANILINE & CHEM. CO. INC. Die von K. BRAND (*Journ. prakt. Chem.* **67**, 155 [1903]) und A. F. HOLLEMAN (*Rec. Trav. Chim. Pays-Bas* **35**, 17 [1916]) angegebenen Arbeitsweisen liefern unbefriedigende Ausbeuten. o-Nitranisol kann aber auch aus o-Nitrophenol mit Dimethylsulfat (F. ULLMANN und P. WENNER, *A.* **327**, 115) oder mittels Methylchlorids (L. PAUL, *Ztschr. angew. Chem.* **9**, 588) erhalten werden.

Im letzteren Falle bringt man 50 Tl. o-Nitrophenol, 15 Tl. Ätznatron, 100 Tl. Wasser und 250 Tl. denaturierten Alkohol in einen Digestor, leitet Methylchlorid ein, bis der Druck 3–4 *Atm.* erreicht hat, und erhitzt 15ʰ auf 100°. Dann destilliert man den Alkohol ab und reinigt das o-Nitranisol durch Destillation mit Wasserdampf (Ausbeute 83 % d. Th.). Einzelheiten über die technische Durchführung s. FIERZ, Grundlegende Operationen der Farbenchemie.

o-Nitranisol dient zur Darstellung von o-Anisidin und Dianisidin (Bd. **II**, 223).

o-Nitrophenoläthyläther, o-Nitrophenetol, *Kp₇₅₇* 267–268°, kann ähnlich wie o-Nitroanisol aus o-Nitrophenol und *C₂H₅Cl* (s. auch GROLL, *Journ. prakt. Chem.* [2] **12**, 207) bzw. o-Chlornitrobenzol, Äthylalkohol und *KOH* erhalten werden.

134 *g* o-Nitrophenol, 40 *g NaOH*, 80 *g Na₂CO₃* werden in einem Rührautoklaven in 400 *cm³* *H₂O* gelöst, 500 *cm³* Äthylalkohol (90 %) hinzugegeben, auf 10° abgekühlt, 120 *g* Äthylchlorid eingefüllt und während 8ʰ bei 4–5 *Atm.* auf 100° erwärmt. Man verdünnt mit *H₂O*, trennt Nitrophenetol ab und wäscht mit wenig Lauge aus (FIERZ, s. o.).

Nach RICHARDSON (*Journ. chem. Soc. London* **1926**, 522) wird o-Chlornitrobenzol mit einer *n/₂*-Lösung von Ätzkali in Äthylalkohol während 140ʰ auf 60° erhitzt. (Ausbeute 90 % d. Th.) Falls der Alkohol Acetaldehyd enthält, die Temperatur oder die Alkalimenge erhöht wird, so sinkt die Ausbeute unter Bildung von Dichlorazoxybenzol.

o-Nitrophenetol dient zur Gewinnung von o-Phenetidin.

4-Chlor-2-nitrophenol, *Schmelzp.* 86°, flüchtig mit Wasserdampf, leicht löslich in organischen Lösungsmitteln. *Na*-salz + 1*H₂O*, rote Nadeln, Löslichkeit in Wasser 2,7/100 bei 25°. Darstellung aus p-Dichlornitrobenzol mit alkoholischer Natronlauge (LAUBENHEIMER, *B.* **7**, 1600). Verwendung zur Darstellung von 4-Chlor-2-aminophenol, 4-Chlor-2-aminophenylbenzyläther (Bd. **II**, 45) (*M. L. B., D. R. P.* 142 899).

4-Chlor-2-nitroanisol, schwachgelbe Nadeln aus Alkohol, *Schmelzp.* 97,5°, flüchtig mit Wasserdampf. Darstellung aus Nitro-p-dichlorbenzol mit methylalkoholischem Natron (*Agfa*, *D. R. P.* 137 956, *BASF*, *D. R. P.* 140 133, vgl. FAUST, *A.* Spl. 7, 195). Verwendung für 4-Chlor-o-aminophenolmethyläther (m-Chlor-o-anisidin).

p-Nitrophenol. Geruchlose farblose Krystalle. *Schmelzp.* 114°. Es siedet fast unzersetzt, ist mit Wasserdampf nicht flüchtig und ziemlich löslich in heißem Wasser, sehr leicht in Alkohol. Das in Wasser leicht lösliche *Na*-Salz bildet gelbe Nadeln.

p-Nitrophenol entsteht in guter Ausbeute z. B. bei der Oxydation von p-Nitrosophenol mit Salpetersäure (W. ROBERTSON, *Journ. chem. Soc. London* **81**, 1477 [1902]). Im großen stellt man es wohl ausschließlich aus Phenol dar, wie bei o-Nitrophenol beschrieben wurde.

Verwendung zur Herstellung von p-Aminophenol, p-Nitro-phenetol bzw. -anisol, für Salophen (s. d.). Es wird ferner viel als Indicator verwendet.

p-Nitrophenolmethyläther, p-Nitroanisol. Rhombische Säulen vom *Schmelzp.* 54°; *Kp* 258—260°; D^{15} 1,379. Wird aus p-Nitrophenol oder p-Chlornitrobenzol wie p-Nitrophenetol gewonnen (vgl. auch obiges *A. P.* 1578943 von *Du Pont* und *E. P.* 239320). Verwendung für p-Anisidin.

p-Nitrophenoläthyläther, p-Nitrophenetol. Monokline Säulen vom *Schmelzp.* 58°; Kp_{758} 283°; D^{15} 1,18.

Zur Darstellung versetzt man in einem mit Rührwerk ausgestatteten Autoklaven von etwa 300 *l* Inhalt 60 *kg* p-Nitrophenol mit 50 *kg* Sprit und 42 *kg* 50%iger Natronlauge, läßt über Nacht abkühlen und gibt dann 30 *kg* Äthylchlorid, gelöst in etwa 60 *kg* Sprit, hinzu. Man erhitzt etwa 10ʰ auf 100°, drückt nach dem Erkalten den Inhalt des Autoklaven mittels Luft in Krystallisiergefäße und saugt das auskrystallisierte p-Nitrophenetol ab. Die Lauge wird durch Destillation von Alkohol befreit und der Rückstand mit wenig Wasser unter Zusatz von etwas Natronlauge behandelt, um p-Nitrophenol in Lösung zu bringen und den Rest des p-Nitrophenetols zu gewinnen. Ausbeute etwa 65 *kg* (theoretisch 72 *kg*). Über die Herstellung mittels Bromäthyls s. PAUL, *Ztschr. angew. Chem.* 9, 595 [1896].

Nach RICHARDSON (*Journ. Soc. chem. Ind.* 45, 200 T [1926]) werden 57,2 *kg* p-Chlornitrobenzol (0,8 *Mol.*) mit einer Lösung von 18,2 *kg* *NaOH* in 900 *l* Äthylalkohol von 95% während 140ʰ unter Rühren auf 60° erhitzt. Man neutralisiert mit H_2SO_4, destilliert den Alkohol ab und behandelt den Rückstand mit Sodalösung zur Entfernung geringer Mengen von Nitrophenol. Ausbeute 55,84 *kg* p-Nitrophenetol, *Schmelzp.* 56—57°. Der Alkohol muß absolut frei von Acetaldehyd sein und wird behufs Reinigung unter Zusatz von 0,2% salzsaurem-m-Phenylendiamin destilliert. Nach dem *D. R. P.* 453429 (*Verein*) werden 250 *kg* p-Chlornitrobenzol mit 25 *kg* Cu_2Cl_2, 10 *kg* Glycerin, 100 *kg* *NaOH* und 2500 *l* Alkohol in einem eisernen Autoklaven bis zur Beendigung der Reaktion auf 100° erhitzt, wobei die komplexe *Cu*-Verbindung katalytisch wirkt.

Verwendung zur Darstellung von p-Phenetidin.

2,4-Dinitrophenol. Hellgelbe Krystalle, *Schmelzp.* 113,1°. D^{24} 1,683. Löslich in 21 Tl. kochendem Wasser, 197 Tl. bei 18°, 7260 Tl. bei 0°. Bei 19,5° lösen 100 Tl. Methylalkohol 6,13 Tl., 100 Tl. Alkohol 3,9 Tl.; leicht löslich in heißem Alkohol, Äther und Benzol. Die Salze sind in trockenem Zustand explosiv. Zur Herstellung kann man Phenol direkt nitrieren, jedoch erhält man bestens nur 75% d. Th. (MARQUEYROL und LORIETTE, *Bull. Soc. chim. France* [4] 25, 375). Technisch wird 2,4-Dinitrophenol ausschließlich aus 1-Chlor-2,4-dinitrobenzol (Bd. **II**, 277) hergestellt, wobei quantitative Ausbeuten erhalten werden.

Nach FIERZ (s. o.) werden 120 *cm³* H_2O und 70 *g* Chlordinitrobenzol unter Rühren auf 90° erhitzt und innerhalb 2ʰ 108 *g* Natronlauge von 35% hinzugegeben, wobei die Reaktion nie stark alkalisch sein soll, ev. kann auch mit Soda gearbeitet werden. Wenn eine Probe in Wasser völlig löslich ist, wird das Dinitrophenol mit Säure ausgefällt, gewaschen und getrocknet.

Nach dem Verfahren von WOLFFENSTEIN und BÖTERS (*B.* 46, 588) entsteht durch Behandeln von Benzol mit HNO_3 bei Gegenwart von Quecksilbernitrat ebenfalls Dinitrophenol neben Pikrinsäure.

Dinitrophenol ist wichtig als Ausgangsmaterial für Schwefelfarbstoffe, insbesondere Schwefelschwarz T extra TV, 2B (*Agfa*, *D. R. P.* 127835), für Nitroaminophenol, Diaminophenol (s. Bd. **VIII**, 350) und dient zur Holzkonservierung (Bd. **VI**, 160).

2,4,6-Trinitrophenol, wegen seines intensiv bitteren Geschmacks von J. DUMAS (*A.* 39, 350 [1841]) Pikrinsäure (πικρός = bitter) genannt, wurde schon 1771 von WOULFE durch Einwirkung von Salpetersäure auf Indigo erhalten, von LAURENT 1842 (*A.* 43, 219) durch Nitrierung von Phenol, Dinitrophenol, Phenolsulfosäuren dargestellt und von GUINON 1849 in die Seidenfärberei eingeführt. SPRENGEL beobachtete 1871 die Detonierbarkeit der Pikrinsäure bei Verwendung einer Knallquecksilbersprengkapsel als Initialimpuls; aber erst TURPIN verwandte Pikrinsäure (1886) als Granatfüllung.

Pikrinsäure krystallisiert in gelben, rhombischen Säulen (aus Äther) oder dünnen Blättern (aus Wasser). *Schmelzp.* 122,5°; D^{19} 1,767. Sublimiert bei vorsichtigem Erhitzen unzersetzt, verpufft bei raschem Erhitzen. 100 Tl. Wasser lösen bei 5° 0,626 Tl.; bei 15° 1,161, bei 77° 3,89 Tl. 100 Tl. abs. Alkohol lösen bei 20° 6,23, beim Kochen 66,22 Tl. 1 Tl. Pikrinsäure löst sich bei 15° in 18,53 Tl. Äther, der bei 15° mit Wasser gesättigt ist (*Chem. Ztrlbl.* **1906**, I, 833). 100 Tl. Benzol lösen bei 20° 5,27, beim *Kp* 12,34 Tl. Pikrinsäure färbt Wolle, Seide und die menschliche Haut intensiv gelb. Die Hautfärbung kann durch Waschmittel, denen Chlorkalk zugefügt ist, beseitigt werden (J. KLEMENZ, *D. R. P.* 312 772). Die Lösungen in nicht dissoziierenden Medien (Ligroin) sind farblos (W. MARCKWALD, *B.* 33, 1128 [1900]).

Ammoniumsalz $C_6H_2(NO_2)_3O \cdot NH_4$ (leicht löslich in Wasser, schwer in Alkohol); Natriumsalz (löslich in 10—14 Tl. Wasser bei 15°, in 80 Tl. kaltem Alkohol von 98—99%); Kaliumsalz $C_6H_2(NO_2)_3OK$ (löslich in 340,5 Tl. Wasser bei 6°, in 228,2 Tl. bei 15°, in 2500 Tl. abs. Alkohol, in 1138 Tl. 90%igem Alkohol bei 0°). Alle Salze sind sehr explosiv.

Pikrinsäure ist giftig (Bd. V, 736), wird aber doch in relativ großen Mengen (1 g z. B. ohne Störung) vom Menschen vertragen (H. ILZHÖFER, *Archiv Hyg.* 87, 212; M. MURAT und J. DURAND, Journal Pharm. Chie. [7] 13, 18 [1915]). Sie erzeugt beim Menschen die äußeren Erscheinungen der Gelbsucht in ausgesprochenem Maße und verläßt den Körper sehr langsam, so daß 1 g erst in etwa 12 Tagen ausgeschieden ist.

Darstellung. Diese ist bereits Bd. IV, 768, beschrieben. Hingewiesen sei auf die Herstellung aus Benzol durch Behandlung mit rauchender Salpetersäure bei Gegenwart von Quecksilber (R. WOLFFENSTEIN und O. BOETERS, *D. R. P.* 214 045). Die Reaktion ist von VIGNON (*Bull. Soc. Chim. France* [4] 27, 547) und DESVERGNES *Chim. et Ind.* 22, 451) eingehend untersucht worden. Es entsteht zuerst Diphenyl-quecksilber $(C_6H_5)_2Hg$, das dann zur Tetraverbindung nitriert wird. Diese geht unter dem Einfluß von H_2O und HNO_3 in Dinitrophenol über, das weiter zu Pikrinsäure nitriert wird. Das Verfahren dürfte nach Ansicht von DESVERGNES im Großbetriebe gute Resultate geben.

Über Untersuchung Bd. IV, 770.

Über die Verwendung als Sprengstoff s. Bd. IV, 770. Pikrinsäure dient zur Herstellung von Pikraminsäure (s. S. 346) und Chlorpikrin (Bd. VI, 426).

Aminophenole. *o-Aminophenol* bildet farblose Schuppen, die sich an der Luft braunrot färben infolge Bildung von Amino- und Oxy-phenoxazin (F. KEHRMANN und MATTISON, *B.* 39, 135), vom *Schmelzp.* 174°, sublimierbar, löslich in 59 Tl. Wasser von 0°, 23 Tl. Alkohol, viel leichter in Äther.

o-Aminophenol gibt mit Eisenchlorid eine Rotfärbung, die bei Zusatz von Zinnchlorür in Blau und Grün übergeht (E. DIEPOLDER, *B.* 35, 2819 [1902]). Das Chlorhydrat der Base, $C_6H_4(OH) \cdot NH_2 \cdot HCl$, krystallisiert in Nadeln, bei 0° in 1,25 Tl. Wasser und in 2,36 Tl. Alkohol löslich.

o-Aminophenol entsteht aus o-Nitrophenol mit den üblichen Reduktionsmitteln.

40 Tl. krystallisiertes Natriumsulfid werden in einem weithalsigen Kolben im Ölbad geschmolzen, bei 125° unter Rühren 10 Tl. o-Nitrophenol langsam eingetragen und die Temperatur allmählich auf 140° erhöht, wobei die anfangs rote Schmelze hellbraun wird. Man verdünnt dann mit Wasser und fällt aus der schwach braunen, filtrierten Lösung das o-Aminophenol mit Natriumbicarbonat aus (6,1 Tl. = 78% d. Th.). Das käufliche Produkt enthält viel Aminophenoxazin (E. DIEPOLDER, *B.* 35, 2820 Anm. [1902]).

o-Aminophenol findet Verwendung zur Darstellung von 5-Nitro-2-aminophenol, ferner als Ursol GG in der Pelz- und Haarfärberei.

Methyl-o-aminophenol. Blättchen vom *Schmelzp.* 98—99°, wird durch Methylierung von Carbonyl-o-aminophenol und Spaltung des Reaktionsprodukts mit Salzsäure gewonnen (J. H. RANSOM, *Amer. Chem. Journ.* 23, 34). Es ist ein Bestandteil des Haarfärbemittels Aureol (Bd. VI, 783). Die Verbindung von 2 *Mol.* Methyl-o-aminophenol mit 1 *Mol.* Hydrochinon findet als photographischer Entwickler (Ortol) Verwendung.

o-Aminophenolmethyläther, o-Anisidin, ist bei gewöhnlicher Temperatur flüssig. *Schmelzp.* 52°; *Kp* 225°; D_4^{15} 1,0978. *Schmelzp.* der Acetyl-verbindung 87—88°. Verbindung entsteht durch Reduktion von o-Nitranisol mit alkoholischem Natriumdisulfid (J. J. BLANKSMA, *Rec. Trav. Chim. Pays-Bas* 28, 107 [1909]) und wird technisch durch Reduktion von Nitranisol mit Eisen und Salzsäure hergestellt.

100 g H_2O, 100 g Eisenspäne, 10 g *konz.* HCl werden gemischt und bei 60° 80 g Nitroanisol unter intensivem Rühren hinzugefügt und bei dieser Temperatur bis zur völligen Umsetzung weiter

gerührt. Hierauf wird mit Soda alkalisch gemacht und das o-Anisidin mit Dampf abgeblasen. Ausbeute 62 g, d. s. 96% d. Th.

Die Verbindung dient zur Herstellung von Guajacol (Bd. II, 657), von Azofarbstoffen, wie z. B. Benzolichtgelb (Bd. II, 36), Diazobrillantscharlach (Bd. III, 658), Benzoechtscharlach 8 BMS, Direktscharlachmarken, rote Fettfarbstoffe, Croceinscharlach 10 B (Bd. III, 460), ferner für 2-Methoxy-4-aminodiphenylamin-2-sulfosäure und damit für Wollechtblau GL und Nerol und ist als Echtrotbase BB (Bd. II, 45) im Handel.

o-Aminophenoläthyläther, o-Phenetidin, Öl vom Kp_{156} 229⁰. Herstellung aus o-Nitrophenetol. *Schmelzp.* der Acetylverbindung 79⁰. Geringe Verwendung unter anderm für Echtschwarzbase LB (Bd. II, 45).

4-Chlor-2-aminophenol, farblose Blättchen, *Schmelzp.* 139⁰. Darstellung aus p-Dichlornitrobenzol mit Natronlauge und Reduktion mit Na_2S (FAUST, *A.* Spl. 7, 173). Verwendung für Echtbeizenblau B, Chromviolettmarken. Durch Sulfurierung nach *F. P.* 301 530 erhält man die 6-Sulfosäure. Sie findet Verwendung zur Darstellung von Säurechromgelb 2GL, Chromrotmarken, Chromblauschwarz G.

4-Chlor-2-aminoanisol, m-Chlor-o-anisidin, krystallisiert in farblosen Nadeln, *Schmelzp.* 82⁰, flüchtig mit Wasserdampf, Acetylderivat *Schmelzp.* 104⁰. Darstellung aus Chlornitroanisol (S. 342) durch Reduktion mit Eisen und Salzsäure (*Agfa, D. R. P.* 137 956, *BASF, D. R. P.* 140 133, vgl. REVERDIN, *B.* 32, 2623). Verwendung als Echtrot-R-Base (Bd. II, 45), Chloranisidinsalz M.

4-Chlor-2-aminophenylbenzyläther, Chlorhydrat *Schmelzp.* 170–173⁰. Darstellung aus 4-Chlor-2-nitrophenol-Natrium und Benzylchlorid in alkoholischer Lösung (*M. L. B., D. R. P.* 142 899). Verwendung für Polarbrillantrot 3B.

4-Chlor-2-aminodiphenyläther, *Schmelzp.* 45⁰. Darstellung aus Nitro-p-dichlorbenzol und Phenolnatrium (*Bayer, D. R. P.* 214 496, 216 642). Verwendung als Echtrot-Base (Bd. II, 45).

4-Nitro-2-aminophenol krystallisiert mit 1 H_2O in orangefarbigen Prismen, die wasserfrei bei 142–143⁰ schmelzen, wenig löslich in kaltem Wasser, leicht in Alkohol.

Zur Herstellung wird das fein verteilte Natriumsalz des 2,4-Dinitrophenols, wie es gemäß S. 343 aus Dinitrochlorbenzol erhalten wird, mit Ammoniak versetzt und bei 60⁰ durch Einleiten der berechneten Menge H_2S reduziert (vgl. auch die weniger guten Vorschriften *A.* 75, 68; 205, 72; *B.* 30, 995), genau neutralisiert und das Nitroaminophenol aus H_2O umkrystallisiert (FIERZ, s. o.). Nach dem *A. P.* 1 689 014 [1926] der NATIONAL ANILINE CHEMICAL CO. erfolgt die Reduktion des Dinitrophenolnatriums mit FeS, das aus $FeSO_4$-Lösung und Na_2S hergestellt wird, durch Erhitzen auf 40–80⁰ während ½–2ʰ. Aus der filtrierten Lösung wird durch Säure das Nitroaminophenol ausgeschieden.

Verwendung zur Herstellung von Anthracenchromatbraun (Bd. II, 34), Diamantschwarz Pg und Eriochromgrün (bzw. den damit identischen Farbstoffen, Bd. IV, 614), Säurealizarinblau R.

4-Nitro-2-aminophenolmethyläther, m-Nitro-o-anisidin, krystallisiert aus Wasser in orangefarbenen Nadeln. *Schmelzp.* 118⁰. *Schmelzp.* der Acetylverbindung 174–175⁰. Man erhält es technisch aus 2,4-Dinitro-1-chlorbenzol durch Umsetzung mit methylalkoholischem Natron und partielle Reduktion des erhaltenen Dinitroanisols mit Schwefelammonium oder Na_2S_2 (vgl. CAHOURS, *A.* 74, 391; BLANKSMA, *Chem. Ztrlbl.* 1908, II, 1826; WILLGERODT, *B.* 12, 763; VERMEULEN, *Rec. Trav. Chim. Pays-Bas* 25, 13). Es entsteht auch als Nebenprodukt bei der Nitrierung von o-Acetanisidin (s. u.).

m-Nitro-anisidin ist im Handel als Echtscharlach-R-Base (Bd. II, 45), Tuscalinrotbase (Bd. III, 798).

5-Nitro-2-aminophenol, gelbe Krystalle, *Schmelzp.* 201—202⁰. Darstellung durch Nitrierung von Äthenyl-o-aminophenol bzw. 2-Methylbenzoxazol in Monohydrat mit Mischsäure bei 0⁰ und Verseifen (*Agfa, D. R. P.* 165 650; vgl. LADENBURG, *B.* **9**, 1525; MELDOLA, *Journ. chem. Soc. London* **69**, 1325). Verwendung für Chlorantinlichtviolettmarken (Bd. **II**, 39), Neolanfarbstoffe.

5-Nitro-2-amino-phenolmethyläther, p-Nitro-o-anisidin. *Schmelzp.* 139 bis 140⁰. Darstellung: Durch Nitrieren von o-Acetanisidin neben der 4-Nitroverbindung und darauffolgende Verseifung und Trennung der Isomeren (FABR. DE PROD. CHIM. DE THANN ET DE MULHOUSE, *D. R. P.* 98 637; O. MÜHLHAUSEN, *A.* **207**, 242; *Griesheim, D. R. P.* 228 357). Besser nach *D. R. P.* 157 859 der *Agfa* durch Nitrieren von Toluolsulfo-o-anisidin.

263 Tl. Toluolsulfo-o-anisidin, 2200 Tl. H_2O, 150 Tl. HNO_3 40—41⁰ *Bé* werden unter Rühren auf dem Dampfbade so lange erhitzt, bis die weißen Krystalle sich in gelbe Flocken verwandelt haben und bei 175⁰ schmelzen. Durch Lösen in *konz.* Schwefelsäure, Zugabe von wenig H_2O und kurzes Erwärmen erfolgt Verseifung zu p-Nitroanisidin. Vgl. auch *D. R. P.* 163 516.

Als Echtrot-B-Base (Bd. **II**, 45) im Handel. Verwendung in der Druckerei (Bd. **III**, 795, 797) und Färberei (Bd. **V**, 58).

4,6-Dinitro-2-aminophenol, Pikraminsäure, rote Krystalle. *Schmelzp.* 168 bis 169⁰. 100 Tl. Wasser lösen bei 22⁰ 0,14 Tl. Ziemlich schwer löslich in Äther, leicht in Benzol und Eisessig. Wird von Natronlauge mit rotbrauner Farbe aufgenommen, von Salzsäure fast farblos gelöst (H. KAUFFMANN und A. BEISSWENGER, *B.* **36**, 569 [1903]). Ist giftiger als Pikrinsäure (WALKO, Arch. f. experim. Path. u. Pharm. **46**, 189).

Pikraminsäure entsteht durch partielle Reduktion von Pikrinsäure mit Natriumhydrosulfid, wobei nach K. BRAND (*Journ. prakt. Chem.* [2] **74**, 472 [1906]) eine Ausbeute von 84% d. Th. erzielt wird. Nach LYONS, SMITH (*B.* **60**, 181 [1927]) lassen sich quantitative Ausbeuten erzielen, wenn man die Reduktion mit *Fe* und sehr dünner Kochsalzlösung bei 80—85⁰ vornimmt. In der Technik erfolgt die Reduktion nach FIERZ (s. o.), wie folgt:

10 g Pikrinsäure und 10 g Natronlauge von 35% werden in 600 cm^3 H_2O gelöst, auf 55⁰ erwärmt und unter kräftigem Rühren innerhalb 10′ eine Lösung von 40 g kryst. Na_2S in 100 cm^3 H_2O hinzugefügt. Hierauf trägt man teelöffelweise 127,5 g pulverisierte Pikrinsäure ein und läßt gleichzeitig noch eine Lösung von 220 g $Na_2S \cdot 9 H_2O$ innerhalb 10′ einlaufen. Pikrinsäure und Na_2S sollen zu gleicher Zeit fertig eingetragen sein. Wenn die Temperatur über 65⁰ steigt, muß Eis zugegeben werden. Nach beendigter Reaktion wird noch 10′ gerührt und dann auf einmal 400 g Eis hinzugefügt, wodurch das pikraminsäure Na vollständig ausfällt, das nach 10ʰ abfiltriert und mit 10%iger $NaCl$ Lösung gewaschen wird. Das Salz wird dann mit 500 cm^3 H_2O auf 80⁰ erwärmt und mit verdünnter H_2SO_4 versetzt, bis Kongopapier eben gebläut wird. Nach 24ʰ wird filtriert und mit Eiswasser gewaschen. Ausbeute 100 g.

Pikraminsäure dient zur Herstellung von Metachrom-braun, -bordeaux, -olive, -schwarz (Bd. **VII**, 492), Säureanthracenbraun (Bd. **II**, 34), verschiedenen Chrombraun (*Fierz* 174).

m-Aminophenol. Krystallisiert aus Wasser in harten, fast weißen Krystallen vom *Schmelzp.* 122—123⁰, leicht löslich in Äther und Alkohol, ziemlich löslich in heißem Wasser, schwer in Benzol, wenig in Ligroin. Es ist völlig luftbeständig. *Schmelzp.* des Chlorhydrates 229⁰. Die *N*-Acetylverbindung schmilzt bei 148—149⁰.

Die technische Darstellung erfolgt durch Erhitzen von Resorcin mit Ammoniak, wobei nur eine Hydroxylgruppe gegen Amid ausgetauscht wird (*Leonhardt, D. R. P.* 49060; M. IKUTA, *Amer. chem. Journ.* **15**, 40 [1893]), oder durch Verschmelzen von Metanilsäure mit Ätznatron (*Ciba, D. R. P.* 44792; C. KUSSMAUL, *A. P.* 190 096).

Man erhitzt 10 *kg* Resorcin mit 6 *kg* Salmiak und 20 *kg* 10%igem Ammoniak 12ʰ im Autoklaven auf 200⁰. Nach dem Erkalten säuert man mit Salzsäure an und entfernt durch Ausäthern unverändertes Resorcin. Dann versetzt man die Lösung mit so viel Sodalösung, daß nur die harzigen Verunreinigungen ausgefällt werden, filtriert und neutralisiert völlig. Der größte Teil der Base krystallisiert aus, der Rest wird durch Ausäthern gewonnen (*D. R. P.* 49060).

In einem gußeisernen Kessel schmilzt man 20 *kg* Ätznatron mit 4 *kg* Wasser zusammen, erhitzt auf 270⁰ und trägt 10 *kg* scharfgetrocknetes metanilsaures Natrium ein. Man erhitzt 1ʰ auf 280—290⁰, löst die Schmelze in Wasser, säuert mit Salzsäure an, filtriert vom Harz ab und macht die Base mit Soda oder Natriumbicarbonat frei (*D. R. P.* 44792).

m-Aminophenol dient als „Fuscamin G" in der Druckerei (Bd. III, 813), Fuscamin D für Pelzfärberei und für Chrombordeaux RG (*D. R. P.* 169579).

Dimethyl-m-aminophenol krystallisiert aus Benzol in Nadeln, *Schmelzp.* 87⁰; *Kp* 265—268⁰; *Kp*₁₀₀ 206⁰; *Kp*₁₅ 133⁰. Fast unlöslich in Wasser, leicht löslich in Alkohol, Äther, Benzol und Aceton. Wird aus alkalischer Lösung durch Kohlendioxyd und Essigsäure, aus mineralsaurer durch Soda oder Natriumacetat gefällt.

Die Darstellungsverfahren entsprechen denen des m-Aminophenols. Man erhitzt 55 *kg* Resorcin mit 40 *kg* salzsaurem Dimethylamin und 200 *kg* 10%iger Dimethylaminlösung 12ʰ im Autoklaven auf 200⁰ (*Leonhardt, D. R. P.* 49060), oder man erwärmt 10 *kg* Dimethylanilin mit 65 *kg* rauchender Schwefelsäure (30% *SO*₃) auf 55—60⁰, bis sich eine Probe in alkalischem Wasser klar löst, isoliert das dimethylmetanilsaure Natrium in bekannter Weise und verschmilzt 10 *kg* desselben mit 10 *kg* Ätznatron und 2 *kg* Wasser ³/₄—1ʰ bei 300⁰ (*Ciba, D. R. P.* 44792). Zweckmäßig ist es, die Base durch Vakuumdestillation zu reinigen (F. V. MEYENBURG, *B.* **29**, 502 [1896]).

Dimethyl-m-aminophenol dient für Irisamin G (Bd. VI, 266) und früher für einige Rhodamin-G-Marken.

Äthyl-m-aminophenol, federförmige Krystalle aus Benzol-Ligroin. *Schmelzp.* 62⁰; *Kp*₁₂ 176⁰, löslich in heißem Wasser, Alkohol, Benzol, Chloroform. Darstellung durch Verschmelzen von äthylmetanilsaurem Natrium mit Ätzkali (*BASF, D. R. P.* 48151) oder durch Erhitzen von Resorcin mit Äthylaminlösung auf 190—195⁰ (*D. R. P.* 49060; R. GNEHM und TH. SCHEUTZ (*Journ. prakt. Chem.* [2] **63**, 423 [1901]). Verwendung für Rhodamin 6 G, 6 G extra.

Diäthyl-m-aminophenol. Krystalle vom *Schmelzp.* 78⁰; *Kp* 276—280⁰; *Kp*₂₅ 201⁰; *Kp*₁₅ 170⁰.

Darstellung nach *D. R. P.* 44792 (*Ciba*). Man läßt 240 *kg* Diäthylanilin zu 240 *kg* konz. Schwefelsäure fließen und gibt zu dem gebildeten Sulfat 700 *kg* rauchende Schwefelsäure (40% *SO*₃). Die Temperatur steigt auf 125⁰ und wird 4ʰ lang durch Erwärmen unterhalten. Das Reaktionsgemisch wird in 2 Portionen verarbeitet, indem man jede mit 3000—3200 *l* Wasser verdünnt und mit 400 *kg* gelöschtem Kalk und 60 *kg* Soda in üblicher Weise in das Natriumsalz der Sulfosäure überführt. Die konz. Lösung des Salzes wird mit 175 *kg* Ätznatron so weit eingedampft, bis die Temperatur auf 160—170⁰ gestiegen ist. Dann wird das Gemisch in Portionen von je 25 *kg* in gußeisernen Schmelzröhren, deren je 20 in einem Ofen vereinigt sind, langsam auf 300⁰ erhitzt. Die Schmelze wird mit Schwefelsäure angesäuert, Schwefeldioxyd durch Kochen verjagt und mit Sodalösung öliges Diäthyl-m-aminophenolsulfat abgeschieden. Dieses wird mit Sodalösung völlig zerlegt, die Laugen mit Äther extrahiert und das gesamte Rohphenol mit ⅕ seines Gewichts Toluol zusammengeschmolzen, um die Base durch Krystallisation rein zu erhalten (A. WOLFRUM, Chemisches Praktikum, Leipzig 1903, Bd. II, S. 326). Darstellung aus Resorcin s. *Leonhardt, D. R. P.* 49060.

Verwendung für Rhodamin B, B extra; Rhodamin G, G extra, 3 B, 3 B extra, Xylenrot B.

Die Nitrosoverbindung (rote Prismen aus Alkohol, *Schmelzp.* 84⁰, leicht löslich in heißem Wasser, Alkohol und Äther; R. MÖHLAU, *B.* **25**, 1060 [1892]), in bekannter Weise dargestellt, dient zur Gewinnung von Nilblau (Bd. VIII, 132), Brillantkresylblau (Bd. II. 664).

Äthylbenzyl-m-aminophenol, *Schmelzp.* 68⁰. Darstellung aus Äthylbenzylmetanilsäure durch Kalischmelze bei 240⁰ wie die Analogen (*BASF, D. R. P.* 59996; GNEHM, *Journ. prakt. Chem.* [2] **63**, 423; BÜLOW, *B.* **41**, 489). Verwendung für Säurerhodamine.

p-Aminophenol. Blättchen vom *Schmelzp.* 184⁰, löslich in 90 Tl. Wasser von 0⁰ und 22 Tl. Alkohol von 0⁰. Die Verbindung ist sehr oxydabel. Die farblose Lösung in Alkalien färbt sich an der Luft schnell violett. Oxydationsmittel wie Chromsäure oder Bleisuperoxyd und verdünnte Schwefelsäure liefern Chinon. Das Chlorhydrat, $C_6H_4(OH)\cdot NH_2\cdot HCl$, ist löslich bei 0⁰ in 14 Tl. Wasser und 10 Tl. absolutem Alkohol.

Von charakteristischen Bildungsweisen des p-Aminophenols sei die durch Umlagerung von β-Phenylhydroxylamin mit Säuren erwähnt, $C_6H_5\cdot NH\cdot OH \rightarrow NH_2\cdot C_6H_4\cdot OH$ (*B.* **27**, 1552; *D. R. P.* 83433). Man erhält es ferner aus p-Chlorphenol durch Erhitzen mit Ammoniak bei Gegenwart von Kupferverbindungen (*Agfa, D. R. P.* 205415) sowie durch elektrolytische Reduktion einer Lösung von Nitrobenzol in Schwefelsäure, wobei β-Phenylhydroxylamin als Zwischenprodukt anzunehmen ist (L. GATTERMANN, *B.* 26, 1847 [1893]). Für die technische Herstellung kommt neben dem Verfahren von GATTERMANN die Reduktion von Nitrosophenol und p-Nitrophenol in Betracht.

$$2 NO \cdot C_6H_4 \cdot OH + 2 Na_2S + H_2O = 2 NH_2 \cdot C_6H_4 \cdot ONa + Na_2S_2O_3.$$

a) Aus Nitrosophenol (A. PORAI-KOSCHITZ, *Chem.-Ztg.* 49, 595). Zu einer Lösung von 11 Tl. $Na_2S \cdot 9 H_2O$ in 20 Tl. H_2O gibt man 8 Tl. scharf abgesaugtes Nitrosophenol (s. S. 341) unter Rühren hinzu, wobei die Temperatur auf 45—50⁰ gehalten wird; nach erfolgter Lösung .fügt man eine Lösung von 11 Tl. $(NH_4)_2SO_4$ in 16,5 Tl. H_2O hinzu, wobei sich p-Aminophenol ausscheidet, das nach dem Erkalten filtriert und gewaschen wird (Ausbeute 90—93% d. Th. *Schmelzp.* 178—180⁰). Man kann Nitrosophenol auch in der 10fachen Menge Ammoniak (*D* 0,94) lösen und mit H_2S rasch bei 45—50⁰ sättigen, wobei sich direkt sehr reines p-Aminophenol (80% d. Th., *Schmelzp.* 182—183⁰) ausscheidet. Die Mutterlauge kann noch 2—3mal benutzt werden. Das im *D. R. P.* 269542 angegebene Verfahren mittels *Fe* und viel *HCl* dürfte weniger zu empfehlen sein.

b) Aus p-Nitrophenol (PAUL, *Ztschr. angew. Chem.* 10, 172). Man erhitzt 250 Tl. p-Nitrophenol mit 45 Tl. Salzsäure (20⁰ *Bé*) und 500 Tl. Wasser in einem eisernen, mit Rückflußkühler und Rührwerk ausgestatteten Kessel auf 98⁰, trägt 15—20 Tl. Eisenspäne ein und gibt, sobald die heftige Reaktion eingesetzt hat, weiter portionsweise Eisen zu, bis im ganzen etwa 400 Tl. gebraucht sind. Dann kocht man auf, fügt noch 50 Tl. Eisen hinzu und kocht $^1/_2{}^h$. Man verdünnt dann mit 2000 Tl. Wasser unter Zusatz von 25—30 Tl. Soda und läßt aus der kochenden Lösung das p-Aminophenol auskrystallisieren. Die Mutterlauge wird zum erneuten Auskochen des Rückstandes benutzt. Ausbeute 140 Tl. = 71% d. Th. Quantitative Ausbeute erzielen LYONS und SMITH (*B.* 60, 180 [1926]) durch Reduktion von 25 *g* Nitrophenol mit 28 *g* *Fe*, 100 *cm³* H_2O und 1,5 *g* *NaCl* bei 100⁰.

c) Aus Nitrobenzol elektrolytisch. Die Übertragung der von GATTERMANN (*D. R. P.* 75260, *Bayer*) aufgefundenen Methode in den technischen Maßstab bereitete große Schwierigkeiten wegen des Apparatematerials, der Kathoden u. s. w., wie aus den *D. R. P.* 77806, 78829, 79865, 80978, 81621, 81625, 82445 (*Bayer*), 150 800 (DARMSTÄDTER) hervorgeht. Eine technisch brauchbare Lösung wurde durch die *Ciba* (*D. R. P.* 295 841) gefunden, indem sie Metallkathoden (*Cu*) verwendet und in den Kathodenraum Bleistäbe einhängt oder geringe Mengen von *Bi* hinzufügt. Auf diese Weise wird die Bildung von Anilin stark zurückgedrängt, und es werden 50% p-Aminophenol und 15—20% Anilin vom angewandten Nitrobenzol erhalten. Nach dem *D. R. P.* 437 002 der CHEMISCHEN FABRIK GRÜNAU werden noch höhere Ausbeuten erhalten durch allmähliche Zugabe des Nitrobenzols und Hinzufügung von kolloiden Substanzen. In einem Bleigefäß, das als Anode dient und H_2SO_4 von 30⁰ *Bé* enthält, steht ein Diaphragma, das die Kathodenschwefelsäure, Leimlösung, eine *Cu*-Kathode und ein Rührwerk enthält. Man elektrolysiert bei 3—3,5 *V* Spannung, 15 *Amp./dcm²* Stromdichte bei 80—90⁰ und läßt gleichzeitig Nitrobenzol langsam zulaufen. Nach beendigter Reduktion neutralisiert man die Kathodenflüssigkeit mit Kalkmilch, treibt das gebildete Anilin mit Dampf ab, filtriert vom Gips und dampft die Lösung ein, wobei das p-Aminophenol (4 *kg* aus 7 *kg* Nitrobenzol) auskrystallisiert. Hingewiesen sei noch auf das *A. P.* 1 501 472 und *F. P.* 540 572, die nichts Neues bringen, sowie auf die Arbeit von CALSER (*Trans. Amer. elektrochem. Soc.* 52), der eine Stoffausbeute von 41% und eine Stromausbeute von 39% erzielt.

p-Aminophenol ist eine wertvolle Farbstoffkomponente. Man braucht es zur Herstellung von Azochromin (Bd. II, 34), Arnicagelb (Bd. II, 43), Polargelb (Bd. II, 31), für Immedialschwarz (Bd. II, 277), Immedialblau (Bd. VI, 221), Immedialindone (Bd. VI, 222), für photographische Entwickler (Bd. VI, 210), als Haarfärbemittel (Bd. VI, 783) und in der Pelzfärberei (Bd. V, 477).

Methyl-p-aminophenol. Nädelchen aus Benzol, *Schmelzp.* 86⁰, leicht löslich

$HO-\langle\bigcirc\rangle-NH \cdot CH_3$ in Alkohol und Benzol, gibt bei der Oxydation Chinon. Die Verbindung bildet sich beim Erhitzen von p-Oxyphenylglycin auf 240—250⁰ unter Abspaltung von CO_2 (L. PAUL, *Ztschr. angew. Chem.* 10, 174 [1897]), ein Verfahren, das unbefriedigende Ausbeuten liefert. Auch die Umsetzung von Hydrochinon mit Methylaminlösung unter Druck (*Merck, D.R.P.* 260234; ROLLA N. HARGER, *Journ. Amer. chem. Soc.* 41, 270) gibt nur etwa 60% Ausbeute. Durch direkte Methylierung des p-Aminophenols ist die methylierte Base anscheinend nur schwer rein zu erhalten. Gut scheint die Reduktion von *N*-Methylenaminophenol und das Verfahren des *F. P.* 614 887 zu gehen. Die Einwirkung von p-Chlorphenol auf Methylamin bei Anwesenheit von Kupferverbindungen (*Agfa, D. R. P.* 205415) verläuft nicht gut.

1. Man erhitzt z. B. 55 Tl. Hydrochinon mit 55 *Vol.*-Tl. 33$^1/_3$%iger Methylaminlösung 6^h im Autoklaven auf 200⁰, gießt die berechnete Menge verdünnter Schwefelsäure zu, kocht, verdünnt, äthert nach dem Erkalten unverändertes Hydrochinon aus und dampft zur Krystallisation ein.

2. Aus N-Methylen-p-aminophenol. 3 Tl. p-Nitrosophenol werden in 60 Tl. Alkohol gelöst und in Gegenwart von Palladiumkieselgur mit H_2 behandelt. Nach Entfärbung der Lösung wird die berechnete Menge 40%iger wässeriger Formaldehydlösung zugegeben und mit H_2 bis zur völligen Reduktion behandelt. Zu dem Filtrat wird 1 *Mol.* H_2SO_4 hinzugefügt, wobei sich das in

Alkohol schwer lösliche Sulfat des N-Methyl-p-aminophenols in technisch reiner Form auscheidet (*D. P. a.* C 35810, SCHERING-KAHLBAUM A.-G.). Das gleiche Verfahren ist im *D. R. P.* 437 975 von *Merck* beschrieben, wo vom fertigen N-Methylen-p-aminophenol ausgegangen wird, das man in 7%iger alkoholischer Lösung mit *Pd*-Kohle reduziert. *Riedel* (*D. R. P.* 406 533 [1922]) verreibt 100 Tl. p-Aminophenol mit der berechneten Menge wässeriger Formaldehydlösung, löst nach dem Verschwinden des Formaldehydgeruches in Methylalkohol und reduziert mit 50 Tl. aktiviertem Aluminium.

3. Nach dem *F. P.* 614 887 [1926] der CHEMISCHEN FABRIK GRÜNAU wird N-Methylphenacetin mit verdünnter H_2SO_4, enthaltend 3 Äquivalente H_2SO_4, langsam auf 146° erhitzt und die Lösung 4½ h bei dieser Temperatur gehalten. Hierbei wird der Acetylrest quantitativ und der O-Alkylrest zu 90% abgespalten. Die freie H_2SO_4 wird mit $Ca(OH)_2$ neutralisiert; aus der eingeengten filtrierten Lösung krystallisiert reines Sulfat des Methyl-p-aminophenols aus. Fast das gleiche Verfahren ist im *E. P.* 293 792 [1928] der *I. G.* beschrieben, wonach durch Erhitzen von N-Methylphenetidin mit H_2SO_4 von 75% auf 160° Methyl-p-aminophenol erhalten wird.

Zweckmäßiger dürfte es sein, p-Anisidin mit Toluolsulfochlorid zu kondensieren, das N-Toluolsulf-p-anisidin in alkalischer Lösung mit Dimethylsulfat in N-Toluolsulf-p-methylanisidin zu verwandeln und dieses zu verseifen. Auch die Verseifung von $C_7H_7 \cdot SO_2 \cdot N(CH_3) \cdot C_6H_4 \cdot O \cdot SO_2 \cdot C_7H_7$ dürfte leicht reines Methylaminophenol liefern.

Das erhaltene Sulfat $2\ C_6H_4(OH) \cdot NH \cdot CH_3 + H_2SO_4$ bildet Nadeln vom *Schmelzp.* 250—260°, löslich in 20 Tl. Wasser bei 25°, in 6 Tl. bei Siedehitze. Das technische Sulfat enthält 8—10% p-Aminophenol. Man |kann letzteres durch Behandlung mit Benzaldehyd entfernen; dieser liefert mit p-Aminophenol eine unlösliche Benzylidenverbindung. Aus dem Filtrat erhält man dann das reine Methylaminophenol (*Schering, D. R. P.* 208 434).

Das Methyl-p-aminophenolsulfat dient unter dem Namen Metol (S'atrapol) als photographischer Entwickler. Ein Additionsprodukt des Hydrochinons mit 2 *Mol.* Methyl-p-aminophenol wird als Metachinon, eine analoge Verbindung mit Chlorhydrochinon als Chloranol (unter Zusatz von Natriumsulfit) zu gleichem Zweck benutzt (A. und L. LUMIÈRE und A. SEYEWETZ, *Rev. gén. Chim. pure appl.* 16, 299). Gleich dem p-Aminophenol gibt auch die Methylverbindung ein loses Additionsprodukt mit Schwefeldioxyd (*D. R. P.* 198 497). Verwendung des Methyl-p-aminophenols zum Färben von Federn und Haaren s. H. ERDMANN, *D. R. P.* 80814.

Dimethyl-p-aminophenol. Krystalle vom *Schmelzp.* 47—76°, Kp_{30} 165°. Entsteht durch Methylierung von p-Aminophenol (vgl. H. V. PECHMANN, *B.* 32, 3682 [1899]) und wird zweckmäßig als Ferrocyanhydrat aus dem Reaktionsprodukt isoliert (*Sandoz, D. R. P.* 278779). Wurde als Entwickler empfohlen.

Benzyl-p-aminophenol. Blättchen vom *Schmelzp.* 89—90°. Das Chlorhydrat krystallisiert in Nadeln, die bei etwa 130°, wasserfrei bei 172° schmelzen. Es

$HO-\langle\ \rangle-NH \cdot CH_2 \cdot C_6H_5$

ist unzersetzt flüchtig, leicht löslich in Wasser und Alkohol, fast unlöslich in Äther. Man stellt die Verbindung durch Erhitzen von p-Aminophenol mit Benzylchlorid und Alkohol dar (M. BAKUNIN, *Gazz. Chim. Ital.* 36, II, 218 [1906]). Das Bromhydrat (Duratol) ist ein energischer Entwickler.

p-Oxyphenylglycin. Blättchen aus Wasser, schwer löslich in Wasser und Alkohol, unlöslich in Äther. Wird durch Eisenchlorid

$HO-\langle\ \rangle-NH \cdot CH_2 \cdot CO_2H$

blutrot gefärbt. Das in Wasser sehr leicht lösliche Natriumsalz $NaC_8H_8O_3N$ krystallisiert in Blättchen. Zur Darstellung kocht man 50 Tl. p-Aminophenol mit 22 Tl. Chloressigsäure und 1 l Wasser. Ausbeute 60% d. Th. (H. VATER, *Journ. prakt. Chem.*[2] 29, 291 [1884]). Findet als Entwickler (Glycin) Verwendung.

p-Aminophenolmethyläther, p-Anisidin. Rhombische Tafeln vom *Schmelzp.* 57,2°, Kp 243°. Gibt eine sehr beständige Diazoverbindung. Das Chlorhydrat $C_6H_4(OCH_3) \cdot NH_2 \cdot HCl$ krystallisiert in Blättchen oder Nadeln und färbt sich mit Eisenchlorid violett. Darstellung aus p-Nitranisol durch Reduktion. Verwendung für Anthosin 5 B. Durch Backen des Sulfates entsteht die p-Anisidin-o-sulfosäure, die für Permanentrot 6 B (*D. R. P.* 146 655 *Agfa*) Verwendung findet.

p-Aminophenoläthyläther, p-Phenetidin, ist eine Flüssigkeit, die nach dem Erstarren bei 2,4° schmilzt. Kp_{760} 254,2—254,7°; D^{15} 1,0613. Gibt eine sehr beständige Diazoverbindung. Das Chlorhydrat $C_6H_4(O \cdot C_2H_5) \cdot NH_2 \cdot HCl$, in Wasser leicht löslich, schmilzt bei 234° und ist sublimierbar. Die Base entsteht, wenn man die Benzylidenverbindung des p-Aminophenols in üblicher Weise äthyliert und den Äther mit Salzsäure spaltet (*M. L. B., D. R. P.* 69006), oder wenn man den aus p-Phenetidin selbst und Phenol erhaltenen Azofarbstoff äthyliert und der reduzierenden Spaltung unterwirft (*Riedel, D. R. P.* 48543). Im großen geht man von p-Nitrophenetol aus und reduziert dieses mit Eisen und Salzsäure.

In 100 *kg* Wasser von etwa 60° trägt man langsam ein Gemisch von 50 *kg* p-Nitrophenetol und 50 *kg* Eisenspäne ein, während man gleichzeitig 7 *kg* rohe Salzsäure zufließen läßt. Bei Beginn der Operation gibt man einige Tropfen einer 10%igen Platinchloridlösung zu, welche, katalytisch wirkend, die Reaktion energisch in Gang bringt. Diese ist im Lauf von 10ʰ beendet. Eine Probe darf dann an Äther kein Nitrophenetol mehr abgeben. Man macht jetzt mit Soda die Base frei, läßt einige Stunden absitzen, hebert das Wasser ab, mischt den mit Phenetidin getränkten Eisenschlamm mit Sägespänen und extrahiert die Masse 3mal mit Toluol. Durch Fraktionierung der Lösung, zuletzt im Vakuum, gewinnt man das p-Phenetidin in einer Ausbeute von 80% d. Th.

RICHARDSON (*Journ. Soc. chem. Ind.* 45 T, 200) mischt 1 *kg* p-Nitrophenetol mit 2 *l* H_2O und 120 *cm³* konz. *HCl*, fügt bei 60° unter Rühren das Eisen innerhalb 12ʰ hinzu und arbeitet wie vorstehend auf. Ausbeute 75% d. Th. Auch durch Kochen von 200 *g* p-Nitrophenetol mit 600 *g* kryst. Na_2S während 6ʰ unter Rückfluß, Ausziehen mit Benzol, Reinigung durch Destillation im Vakuum oder über das Sulfat kann die Base hergestellt werden.

p-Phenetidin findet als Phenylierungsmittel für Triphenylmethan- und saure Anthrachinonfarbstoffe, für Echtsäureblau (Bd. IV, 102) und Alizaringelb 5 G (Bd. II, 34) Verwendung, ferner für den Süßstoff Dulcin (Bd. IV, 24, VI, 115). Die Hauptbedeutung des p-Phenetidins liegt aber auf therapeutischem Gebiet, u. zw. für die Herstellung von Phenacetin und Präparaten, die dieses enthalten (Bd. VIII, 333), ferner für Citrophen (Bd. III, 450) und Lactophenin (Bd. VII, 266).

2,4-Diaminophenol. Blättchen vom *Schmelzp.* 78—80° (A. LUMIÈRE und A. SEYEWETZ, *Compt. rend. Acad. Sciences* 116, 1202 [1893]), die sich an der Luft schnell braunschwarz färben. Die Lösung in Alkalilauge nimmt an der Luft eine blaue Färbung an. Eisenchlorid oder Bichromat färben die Lösung der Salze tiefrot (F. KEHRMANN und H. PRAGER, *B.* 39, 3438 [1906]). Die Base entsteht z. B. durch Elektrolyse von m-Dinitrobenzol oder m-Nitranilin in *konz.* Schwefelsäure (L. GATTERMANN, *B.* 26, 1848 [1893]; *Bayer, D. R. P.* 75260, 78829). Man stellt sie am besten durch Reduktion von 2,4-Dinitrophenol mit Eisen und überschüssiger Salzsäure dar (H. POMERANZ, *D. R. P.* 269542).

100 *g* 2,4-Dinitrophenol werden mit 1000 *cm³* *HCl* von 30% auf 40—50° erwärmt und 225 *g* Eisenspäne in kleinen Anteilen unter Rühren ohne Kühlung zugegeben. Das *Fe* löst sich unter heftiger Reaktion fast völlig auf, und beim Erkalten krystallisiert reines salzsaures Diaminophenol aus (*D. R. P.* 269542).

Verwendung als photographischer Entwickler (Amidol = Sulfat, Diamol = Chlorhydrat), zum Färben von Pelzen und Haaren (H. ERDMANN, *D. R. P.* 80814).

Phenolsulfosäuren. Bei der Sulfurierung des Phenols mit *konz.* Schwefelsäure oder Monohydrat bei Zimmertemperatur oder sehr gelinder Wärme entstehen etwa 2 Tl. o-Phenolsulfosäure und 3 Tl. p-Phenolsulfosäure. Beim Erwärmen tritt eine Wanderung der Sulfogruppe von der o- zur p-Stellung ein, derart, daß man bei längerem Erhitzen auf 90—100° praktisch nur p-Sulfosäure gewinnt (A. KEKULÉ, *A.* 2, 330 [1832]; J. POST, *A.* 205, 64 [1880]). Auch die o-Sulfosäure selbst lagert sich beim Erwärmen in die p-Verbindung um. Mithin ist nur die o-Verbindung, die ohne technisches Interesse ist, schwer zu isolieren. Über ihre Herstellung s. OBERMILLER, *D. R. P.* 202168; *B.* 40, 3637; 41, 698; *A.* 381, 114; G. SCHULTZ und ICHENHÄUSER, *Journ. prakt. Chem.* [2] 77, 113.

m-Phenolsulfosäure wird dargestellt aus Benzol-m-disulfosäure durch Alkalischmelze bei 190°. (Vgl. BARTH, *B.* 9, 969). Sie findet Verwendung zur Darstellung von Diphenyläthersulfosäuren.

p-Phenolsulfosäure bildet sehr zerfließliche Krystallnadeln, gibt mit Eisenchlorid Violettfärbung. Das Natriumsalz krystallisiert monoklin mit 2 H_2O. Die Säure entsteht z. B. beim Verkochen von p-Diazobenzolsulfosäure (R. SCHMITT, *A.* 120, 148 [1861]) oder aus p-Chlorbenzolsulfosäure durch Erhitzen mit Kalkhydrat, Wasser und etwas Kupfersulfat auf 240° (*Boehringer, D. R. P.* 288116), wird aber zweckmäßig stets aus Phenol dargestellt.

Man mischt in einem eisernen, innen ausgebleiten und mit Rührwerk versehenen Kessel 25 *kg* Phenol mit 28 *kg* 66grädiger Schwefelsäure, wobei die Temperatur auf etwa 90° steigt, und erhitzt dann 24ʰ auf 90—100°. Trägt man die Masse in 150 *kg* Salzwasser ein, so fällt das Natriumsalz der Sulfosäure (= 76 *kg*) aus. Es liefert beim Umkrystallisieren aus 30 *kg* Wasser 31 *kg* reines Salz, d. s. 62% d. Th., braucht aber für viele Zwecke nicht gereinigt zu werden (L. PAUL, *Ztschr. angew. Chem.* 9, 590 [1896]; s. auch M. HAZARD-FLAMAUD, *D. R. P.* 141 751).

p-Phenolsulfosäure gibt bei der Chlorierung 2-Chlorphenol-4-sulfosäure (*D. R. P.* 141 751); sie dient zur Herstellung von o-Äthoxybenzidin (Bd. II, 225), ferner für künstliche Gerbstoffe (Bd. V, 686), für 2,6-Dijodphenol-4-sulfosäure, 2-Nitrophenol-4-sulfosäure, 2,6-Dinitrophenol-4-sulfosäure und deren Reduktionsprodukte (s. u.), weiter zur Darstellung einiger Salze und Derivate, die als Heilmittel beschränkte Verwendung finden (Bd. I, 464; III, 582).

Phenol-2,4-disulfosäure. Warzig gruppierte, zerfließliche Nadeln, äußerst leicht löslich in Wasser und Alkohol. Gibt mit Eisenchlorid eine rubinrote Färbung. Salpetersäure gibt schon in der Kälte Pikrinsäure. Über Darstellung s. A. KEKULÉ, *Z. f. Chem.* 1866, 693; A. ENGELHARDT und P. LATSCHINOW, ebenda 1868, 270; OBERMILLER, *B.* 40, 3641, und Bd. IV, 768. Aus dem Sulfurierungsgemisch erhält man wie üblich durch Kalken und Soden das Natriumsalz der Disulfosäure. Zwischenprodukt bei der Herstellung von Pikrinsäure.

2,6-Dijodphenol-4-sulfosäure, krystallisiert mit 3 H_2O in Nadeln, leicht löslich in Wasser, Alkohol und Äther. Das Natriumsalz, 2 *Mol.* H_2O enthaltend, löst sich in 12 Tl. Wasser oder Glycerin, das Kaliumsalz, gleichfalls mit 2 H_2O krystallisierend, erst in 70 Tl. Wasser. Es gibt mit Eisenchlorid eine veilchenblaue Färbung. Das Zinksalz mit 6 H_2O bildet Nadeln, löslich in 25 Tl. Wasser und auch in Alkohol. Die Quecksilberverbindung ist ein gelbes Pulver, löslich in 500 Tl. Wasser, leicht in Kochsalzlösung. Man erhält die Säure aus p-Phenolsulfosäure mittels Chlorjod-Salzsäure (H. TROMMSDORF, *D. R. P.* 45226; F. KEHRMANN, *Journ. prakt. Chem.* [2] 37, 334 [1888]). Die Salze der Säure haben als Heilmittel eine gewisse Bedeutung erlangt. Das Natriumsalz, Sozojodol genannt, ist ein Jodoformersatz (E. OBERMAYER, *Journ. prakt. Chem.* [2] 37, 215 [1888]), die Quecksilberverbindung (E. RUPP und A. HERRMANN, *Arch. Pharmaz.* 254, 488 [1916]; *Chem. Ztrlbl.* 1917, I, 10; TROMMSDORF, *D. R. P.* 245 534) ein Antisyphiliticum (Merjodin), das Zinksalz ein Antisepticum und Adstringens. Auch Kalium-, Lithium-, Silber- und Aluminiumsalz werden verwendet.

2-Nitrophenol-4-sulfosäure krystallisiert mit 3 H_2O aus Wasser in Nadeln, welche bei 51,5°. wasserfrei bei 141–142° schmelzen, leicht löslich in Wasser und Alkohol, nach dem Entwässern auch in Essigester und Äther leicht löslich (R. GNEHM und O. KNECHT, *Journ. prakt. Chem.* [2] 73, 523 [1906]). Zur Darstellung nitriert man p-phenolsulfosaures Natrium (L. PAUL, *Ztschr. angew. Chem.* 9, 590 [1896]). Technisch wird diese Verbindung aus Chlornitrobenzolsulfosäure und Alkali hergestellt werden (MINEWITCH, *Chem. Ztrlbl.* 1922, IV, 439). Verwendung zur Darstellung von 2-Aminophenol-4-sulfosäure.

2,6-Dinitrophenol-4-sulfosäure. Monokline, grünlichgefärbte Prismen mit 3 H_2O, leicht löslich in Wasser, weniger in Alkohol und Äther. Das Monokaliumsalz $C_6H_3N_2SO_8K$ + + ½ H_2O krystallisiert in gelben Prismen, leicht löslich in Wasser, wenig in starkem Alkohol, das Dikaliumsalz $C_6H_2N_2SO_8K_2$ + 2 H_2O in roten, rhombischen Prismen, leicht in Wasser, schwer in kaltem Alkohol löslich.

Man kocht z. B. 100 *kg* p-phenolsulfosaures Kalium mit 168 *kg* Salpetersäure, 200 *kg* Schwefelsäure und 500 *l* Wasser (LEIPZIGER ANILINFABRIK BEYER & KEGEL, *D. R. P.* 27271), oder man sulfuriert 10 Tl. Phenol mit 13 Tl. 66grädiger Schwefelsäure, gießt die Mischung nach dem Erkalten in 100 *l* Wasser, fügt 40 *kg* Salpetersäure (40° *Bé*) hinzu und kocht. Die abgekühlte Flüssigkeit saugt man vom ausgeschiedenen 2,4-Dinitrophenol ab und fällt aus dem Filtrat mit 10 Tl. Pottasche das Kaliumsalz der Sulfosäure aus (BASF, *D. R. P.* 121 427). Durch Kochen von 100 *kg* 2-nitrophenol-4-sulfosaurem Kalium mit 100 *kg* Salpetersäure, 100 *kg* Schwefelsäure und 500 *l* Wasser erhält man dasselbe Salz (*D. R. P* 27271).

Verbindung dient zur Darstellung von 6-Nitro-2-aminophenol-4-sulfosäure und 2,6-Diaminophenolsulfosäure (s. u.).

2-Aminophenol-4-sulfosäure. Monokline Säulen mit ½ H_2O, löslich in etwa 100 Tl. Wasser bei 14°, unschmelzbar. Die Verbindung kann aus o-Aminophenol durch Behandlung mit rauchender Schwefelsäure gewonnen werden, besser aber durch Reduktion der 2-Nitrophenol-4-sulfosäure (vgl. J. POST, *A.* 205, 51 [1880]). Die wenig untersuchte Säure wird als wichtige Farbstoffkomponente für nachchromierte Azofarbstoffe gebraucht, insbesondere für Anthracenchromviolett (Bd. I, 485), Diamantschwarz PV (Bd. III, 645), Palatinchrombraun (Bd. VIII, 257), Säurealizarinbraun (Bd. II, 34), Anthracenchromblau. Sie ist ferner ein Bestandteil des Haarfärbemittels Eugatol (Bd. VI, 783).

2,6-Diaminophenol-4-sulfosäure. Weiße Krystallblätter, deren Lösung durch Oxydation an der Luft bald tief braun wird. Gibt eine gelbe Tetrazoverbindung. Man gewinnt die Aminosäure durch Reduktion von 2,6-Dinitrophenol-4-sulfosäure mit Zinkstaub und Salzsäure und verarbeitet die Lösung direkt auf Azofarbstoffe, kann aber aus ihr auch durch Zusatz von Natriumacetat und Kochsalz das Natriumsalz der Säure ausfällen. Verwendung für Säurealizarinschwarz SE und SN (*M. L. B.*, *D. R. P.* 147 880, 148 212; BASF, *D. R. P.* 150 373).

6-Nitro-2-aminophenol-4-sulfosäure. Prismen, schwer löslich in kaltem Wasser, leicht in heißem Wasser mit rotgelber Farbe. Die sehr beständige Diazoverbindung ist in Wasser leicht mit tiefgelber Farbe löslich. Das Kaliumsalz ist in kaltem Wasser wenig, in heißem leicht löslich. Die Säure hat die charakteristische Eigenschaft, Baumwolle orange, mit Eisen oder Chrom gebeizte Baumwolle ockerfarben anzufärben (R. MÖHLAU und F. STEIMMIG, *Chem. Ztrlbl.* **1904**, II, 1352).

Man erhält die Verbindung aus o-Aminophenol durch Sulfurierung in der Wärme und nachfolgende Nitrierung (*Ciba, D. R. P.* 93443). Besser reduziert man 30 Tl. 2,6-dinitrophenol-4-sulfosaures Kalium, gelöst in der 10fachen Menge heißen Wassers, mit 200 Tl. gelbem Schwefelammon, eine Operation, die ohne weitere Wärmezufuhr in 2–3ʰ beendet ist (*BASF, D. R. P.* 121 427). Auch Schwefelnatrium ist ein praktisches Reduktionsmittel (*M. L. B., D. R. P.* 148 213).

Verwendung für Säurealizarinschwarz R.   *F. Ullmann (G. Cohn).*

Phenolphthalein, das Anhydrid der 4', 4''-Dioxytriphenylcarbinol-

$$C_6H_4-C=(C_6H_4 \cdot OH)_2$$
$$CO-O$$

carbonsäure-(2), ist ein weißes, krystallinisches Pulver vom *Schmelzp.* 259—260⁰, leicht löslich in heißem Alkohol, wenig löslich in Wasser. Es ist im Vakuum sublimierbar. Es löst sich in Alkalien und Alkalicarbonaten, nicht aber in Bicarbonaten, mit roter Farbe, die bei starker Verdünnung in violett übergeht. Überschüssiges Alkali entfärbt die Flüssigkeit. Beim Erhitzen mit *konz.* Schwefelsäure auf etwa 200⁰ geht es in Oxyanthrachinon über.

Für die Darstellung aus Phenol und Phthalsäureanhydrid kann man Aluminiumchlorid (WARD, *Journ. Chem. Soc. London* **119**, 850), Zinntetrachlorid (Rohausbeute 75%; SPITALSKI und LUBASCHEWITSCH, *Chem. Ztrlbl.* **1926**, II, 753), Schwefelsäure (A. BAEYER, *A.* **202**, 69 [1880]) als Kondensationsmittel verwenden. Sehr gute Ausbeuten geben Zinkchlorid (W. HERZOG, *Chem.-Ztg.* **1927**, 84) und Toluolsulfosäure (MONSANTO CHEMICAL WORKS, *D. R. P.* 360 691 [1920]).

1. Mit Zinkchlorid. 416 g kryst. Phenol, 296 g Phthalsäureanhydrid, 210 g frisch geschmolzenes und zerkleinertes *ZnCl₂* werden unter Rühren 40ʰ auf 115—120⁰ erhitzt. Die Schmelze wird mit 10 *l* *H₂O* unter Zusatz von ¼ *l konz.* Salzsäure 2mal ausgekocht, das Rohprodukt bei 40⁰ in 2 *l* 5%iger Natronlauge gelöst, 15—20 g unlösliches Fluoran abfiltriert und Phenolphthalein mit 15%iger Salzsäure unter Rühren gefällt, gewaschen und getrocknet (470 g). Das Rohprodukt wird aus 1700 *cm³* Alkohol von 85% unter Zusatz von 40 g Entfärbungskohle umgelöst und das Phenolphthalein aus dem Filtrat ausgerührt (225 g). Aus der Mutterlauge erhält man durch Konzentration noch 165 g und nach dem Eindampfen auf 300 *cm³* 20 g gelblich gefärbtes Produkt. *Schmelzp.* des rein weißen Produkts 250—254⁰. Ausbeute 65% d. Th.

2. Mit Toluolsulfosäure. 50 g Phthalsäureanhydrid, 100 g Phenol werden auf 80⁰ erhitzt, 125 g Toluolsulfosäure hinzugefügt, unter Rühren 12ʰ auf 120⁰ erhitzt und die Schmelze wie oben aufgearbeitet. Ausbeute 97,5 g umkrystallisiertes Phenolphthalein, d. s. 90,5% d. Th.; zurückgewonnen werden 27 g Phenol.

Anstatt Äthylalkohol soll auch Methylalkohol zur Krystallisation benutzt werden können. Nach *A. P.* 1 711 048 [1927]) von PAYNE und ANDERSON soll ein Verreiben des Rohproduktes mit Butyl- oder Amylalkohol direkt ein Produkt vom *Schmelzp.* 256⁰ liefern. Der harzige Rückstand, der aus den alkoholischen Mutterlaugen gewonnen wird, soll nach dem *A. P.* 1 681 361 [1925]) von PFIZER & CO. mit Äther gereinigt werden und ein Laxativ liefern, das 20–30mal stärker wirkt als Phenolphthalein.

PUTT beschreibt in den *A. P.* 1 574 934, 1 693 666 die Fällung einer alkalischen Phenolphthalein-lösung mit Essigsäure bei Gegenwart von Gummi arabicum, wodurch ein sehr feines weißes Pulver von 3–6 μ Teilchengröße entsteht.

Verwendung. Es dient als Indikator im Umschlagsgebiet p_H 8,3—10. Die Hauptverwendung findet es aber als Abführmittel, 0,1—0,2 g für Erwachsene, 0,05—0,1 g für Kinder. Es wirkt im Dickdarm durch das gebildete Natriumsalz, das schwer diffundierbar ist, daher Wasseransammlung im Darm und Verflüssigung des Kotes. Selten Nebenwirkungen, wie Übelkeit, Herzklopfen, Kollapserscheinungen. Phenolphthalein ist in zahlreichen Spezialitäten, wie Analax, Laxan, Laxanin, Laxin (Bd. VII, 270), Novolax, Purgen (Bd. VIII, 568) und vielen anderen enthalten.

Derivate des Phenolphthaleins sind die Indikatoren Phenolrot (Phenol-phthaleinsulfosäure) sowie Kresolrot (o-Kresol-phthaleinsulfosäure), Umschlaggebiet p_H 7,2—8,8.

Tetrahalogenderivate des Phenolphthaleins kommen als Tetragnoste in den Handel und dienen als schattenbildende Substanzen für die Röntgendarstellung der Gallenblase (Brom- und Jodtetragnost, durch Tetrabromierung bzw. Jodierung von Phenolphthalein erhalten), während das aus Tetrachlorphthalsäure und Phenol erhaltene Phthalein zur Prüfung der Leberfunktion dient.

Literatur: A. THIEL und R. DIEHL, Über Phenolphthalein und Derivate (Beitrag zur systematischen Indicatorenkunde). Berlin 1927. *F. Ullmann.*

Phenolrot ist Phenolsulfophthalein und dient als Indicator in 0,02 %iger Lösung für das Umschlagsgebiet $p_H = 6,8 - 8,4 =$ gelb-rot.

Phenylaminschwarz 4 B, T (*I. G.*) sind saure Azofarbstoffe für Wolle, licht-, wasch-, dekatur- und schwefelecht; auch für Kammzugdruck und Seide. *Ristenpart.*

Phenyläthylalkohol s. Riechstoffe.

Phenyldimethylpyrazolon ist Antipyrin (Bd. **I**, 549).

Phenylendiamine, Diaminobenzole. Von den 3 Isomeren haben nur die m- und p-Verbindung großes technisches Interesse.

o-Phenylendiamin krystallisiert aus Wasser in Blättchen, *Schmelzp.* 102–103°; *Kp* 256 bis 258°. Die Base wird durch Eisenchlorid in salzsaurer Lösung vorwiegend zu Aminooxyphenazin, in essigsaurer zu Diaminophenazin oxydiert (F. ULLMANN und F. MAUTHNER, *B.* 35, 4303). Charakteristisch ist für sie die Neigung zu Kondensationen unter Bildung neuer Ringsysteme. Beispielsweise entstehen bei Einwirkung von o-Diketonen Chinoxalinoder Azinkörper. Die Darstellung durch Reduktion von o-Nitranilin gelingt gut nach der von O. HINSBERG und F. KÖNIG (*B.* 28, 2947) angegebenen Methode mittels Natronlauge und Zinkstaubs. Man hat die Base zum Färben von Pelzwerk, Haaren, Federn u. s. w. empfohlen (*M. L. B., D. R. P.* 213 581), zur Darstellung von Küpenfarbstoffen der Perylenreihe (*I. G., D. R. P.* 430 632, s. auch Perylen, Bd. **VIII**, 330). Im übrigen beansprucht sie kein technisches Interesse.

Phenyl-o-phenylendiamin, o-Aminodiphenylamin, krystallisiert aus Wasser in Nadeln vom *Schmelzp.* 79–80°. Zur technischen Darstellung kondensiert man o-Chlornitrobenzol mit Anilin zu o-Nitrodiphenylamin und reduziert dieses (F. KEHRMANN und E. HAVAS, *B.* 46, 341 [1913]). Diente zur Herstellung von Flavindulin Bd. **II**, 20.

m-Phenylendiamin bildet rhombische Krystalle vom *Schmelzp.* 63°; *Kp* 287°; D_{15} 1,1389. Leicht löslich in Wasser, Alkohol und Äther. Das Dichlorhydrat bildet feine, in Wasser leicht lösliche Nadeln. *Schmelzp.* des Monacetylderivats 87°, des Diacetylderivats 191°.

Für diese Base ist ihr Verhalten gegen salpetrige Säure charakteristisch. Mit überschüssigem Nitrit läßt sie sich in stark salzsaurer Lösung zu einer Tetrazoverbindung diazotieren (P. GRIESS, *B.* 19, 317 [1886]). Läßt man aber ohne diese Vorsichtsmaßregeln Nitrit zu einer verdünnten salzsauren Lösung des Diamins treten, so entstehen braune Azofarbstoffe, bekannt als Bismarckbraun (Bd. **II**, 395). Unter modifizierten Bedingungen — raschem Eingießen der Nitritlösung in die saure Lösung des Diamins — bildet sich neben dem braunen Farbstoff auch bis 20 % 4-Nitroso-1,3-phenylendiamin (E. TÄUBER und F. WALDER, *B.* 33, 2116 [1899]; *D. R. P.* 123 375). Mit diazotierten Aminen, z. B. Anilin, kuppelt m-Phenylendiamin in üblicher Weise zu Benzolazo-m-phenylendiamin, d. i. Chrysoidin (Bd. **III**, 434). m-Phenylendiamin ist giftig (s. Bd. **VI**, 734).

Zur Darstellung dient m-Dinitrobenzol (Bd. **II**, 275) als Ausgangsmaterial. Nach FIERZ, Grundlegende Operationen der Farbenchemie, werden in den mit Rührwerk versehenen Reduzierkessel 1,5 l H_2O, 300 g feine Eisenspäne, 20 cm^3 konz. *HCl* während 5′ zum Sieden erhitzt und unter Rühren 168 g m-Nitroanilin in Portionen von je 2 g innerhalb 40′ hinzugefügt, wobei unter heftigem Aufschäumen Reduktion eintritt. Vor jeder erneuten Zugabe muß ein Tropfen der Masse einen farblosen Auslauf auf Filterpapier geben. Nach beendigter Umsetzung wird unter Ersatz des verdampfenden Wassers noch 5′ gekocht und dann in kleinen Anteilen mit etwa 10 g Na_2CO_3 versetzt, bis Lackmus deutlich blau wird. Wenn nach weiteren 5′ ein Tropfen auf Filterpapier beim Betupfen mit verdünnter Na_2S-Lösung keine schwarze Zone mehr erzeugt (ev. fällt man die Spuren von Eisen durch Zusatz von wenig Schwefelammonium aus), so wird heiß filtriert, das klare Filtrat mit *HCl* so weit neutralisiert, daß Lackmus schwach gerötet wird, und die ziemlich haltbare Lösung auf Azofarbstoffe weiter verarbeitet. Zweckmäßiger ist es jedoch, die wässerige Lösung im Vakuum bis auf einen Gehalt von etwa 40 % Base einzudampfen und dann im Vakuum zu destillieren bzw. durch Abkühlen auf 0° das m-Phenylendiamin auszukrystallisieren. Es scheidet sich in Form weißer haltbarer Prismen mit $^1/_2$ Mol H_2O ab. In der Mutterlauge verbleibt dann die o- und p-Verbindung, durch welche die technische Brühe so leicht oxydierbar wird. Wendet man bei der Reduktion sehr viel überschüssige Salzsäure an, so kann man aus der Lösung salzsaures m-Phenylendiamin direkt zum Auskrystallisieren bringen (H. POMERANZ, *D. R. P.* 269542), was im Großbetrieb sicher unzweckmäßig ist. Elektrolytische Reduktion von m-Dinitrobenzol s. *Boehringer, D. R. P.* 116942. Darstellung der Base aus m-Nitranilin (s. z. B. *Boehringer, D. R. P.* 130742; K. ELBS und K. BRAND, *Ztschr. Elektrochem.* 8, 788 [1902]) hat nur präparativen Wert.

Verwendung. m-Phenylendiamin selbst wird in der Färberei und Druckerei unter den Namen „Entwickler H" oder „Diamin CJ" gebraucht (Bd. III, 276, 658; V, 45), ferner für Oxydationsfarben (Bd. III, 794, 813). Bei weitem die größte Menge der Base wird aber auf Azofarbstoffe verarbeitet. Zu diesen gehören: Anthracensäurebraun (Bd. I, 486), Palatinchrombraun (Bd. VIII, 257), Paraschwarz (Bd. VIII, 298), Plutoschwarz (Bd. VIII, 505), Benzochrombraun (Bd. II, 256), Baumwollschwarz (Bd. II, 160), Benzaminbraun (Bd. II, 216), Bismarckbraun (Bd. II, 395), Chloraminechtschwarz (Bd. III, 276), Chrysoidin (Bd. III, 434), Diaminbronze (Bd. III, 647), Dianilbraun 3 GN (Bd. III, 651), Kolumbiaschwarz FF, Direkttiefschwarz (Bd. III,703), Baumwollschwarz E (Bd. II, 160), Schwefelgelb u. a. m. Der sonstige Gebrauch von m-Phenylendiamin ist gering. Es dient zum Nachweis von salpetriger Säure, von der man noch $\frac{1}{10}$ *mg* in 1 *l* durch die Farbreaktion zu erkennen vermag (vgl. LETTS und REA, *Journ. chem. Soc. London* 105, 1157 [1914]), schließlich auch zum Nachweis von Aldehyden im Spiritus (Bd. I, 730).

4-Chlor-1,3-phenylendiamin: Rhombische Nadeln, *Schmelzp.* 91⁰, leicht löslich in Alkohol, schwer in Wasser. Chlorhydrat, Nadeln, leicht löslich in Wasser. Diacetylderivat *Schmelzp.* 242⁰. Gibt ebenfalls Phenylenbraunreaktion. Die angesäuerte Lösung färbt sich mit Eisenchlorid rot. Darstellung aus 2,4-Dinitro-1-chlorbenzol durch Reduktion mit Eisen und Salzsäure, vgl. MORGAN, *Journ. chem. Soc. London* 77, 1206. Verwendung für Metachrombraun B, Chrombraun und Direktschwarzmarken.

4-Nitro-1,3-phenylendiamin krystallisiert aus Wasser oder Alkohol in gelbroten Prismen vom *Schmelzp.* 161⁰. Zur Darstellung nitriert man die Diacetylverbindung des m-Phenylendiamins, gelöst in Eisessig, mit rauchender Salpetersäure oder in konz. Schwefelsäure mit gewöhnlicher Salpetersäure bei niedriger Temperatur (G. A. BARBAGLIA, *B.* 7, 1257 [1874]; G. T. MORGAN und W. O. WOOTTON, *Journ. chem. Soc. London* 87, 941 [1905]) und verseift die Acetylverbindung mit kalter Natronlauge. Auch durch Erhitzen von p-Nitranilin-m-sulfosäure mit der 4fachen Menge 25%igem Ammoniak auf 170—180⁰ gelangt man zum Nitrophenylendiamin (*Agfa, D. R. P.* 130438), indem die Sulfogruppe gegen NH_2 ausgetauscht wird.

Verbindung dient zur Darstellung von Pyraminorange, ferner von Toluylengelb (OEHLER, *D. R. P.* 86940).

1,3-Phenylendiamin-4-sulfosäure: Dimorph, bräunliche monokline Tafeln oder trikline Prismen, wenig löslich in kaltem Wasser. Gibt Phenylenbraunreaktion. Läßt sich in wässeriger Lösung mit Essigsäureanhydrid monoacetylieren. Darstellung: 202 Tl. 2,4-Dinitro-1-chlorbenzol, 500 Tl. Alkohol werden mit 80 Tl. SO_2 in Form von Natriumsulfit (aus Bisulfit und Natronlauge) 5ʰ rückfließend zum Sieden erhitzt. Man kühlt, filtriert, preßt und reduziert mit 300 Tl. Eisenspäne und 20 Tl. konz. Salzsäure innerhalb 2ʰ. Ausbeute: 125 Tl. m-Phenylendiaminsulfosäure, 66% der Theorie (FIERZ, Farbenchemie III, 58, vgl. H. ERDMANN, *D. R. P.* 65240). Verwendung: für Säureanthracenbraun R und verschiedene andere Chrombraunmarken, ferner für Direktfarbstoffe.

1,3-Phenylendiamin-4,6-disulfosäure ist ein fast farbloses Krystallpulver, in kaltem Wasser schwer, in heißem leicht löslich. Mit mehr als 2 *Mol.* Nitrit behandelt, gibt die Säure eine Tetrazophenoldisulfosäure (*M. L. B., D. R. P.* 158532). Darstellung. 1 Tl. salzsaures m-Phenylendiamin wird in 5 Tl. rauchende Schwefelsäure (40% SO_3) unter Kühlung eingetragen; dann erhitzt man einige Stunden auf 100⁰, geht langsam auf 120⁰ und erhält 6—10ʰ auf dieser Temperatur, bis eine Probe, mit der Diazoverbindung des Primulins in alkalischer Lösung gekuppelt, einen Farbstoff gibt, der Baumwolle orangegelb anfärbt. Dann folgt Kalken und Soden wie üblich. Aus dem Natriumsalz kann man mit Salzsäure die freie Phenylendiamindisulfosäure ausfällen (*BASF, D. R. P.* 78834). Verwendung. Zur Darstellung von Baumwollorange (Bd. II, 159) und Pyraminorange 3 G (s. d. und *BASF, D. R. P.* 105349).

m,m'-Diamino-diphenylharnstoff s. Bd. VI, 115.

m-Aminophenyltrimethylammoniumhydroxyd. Das Chlorid der nicht näher beschriebenen Base bildet farblose, rhombische, in Wasser und Alkohol leicht lösliche Tafeln, sein Zinkchloriddoppelsalz große farblose Prismen, wenig löslich in kaltem, sehr leicht in heißem Wasser. Zur Darstellung geht man von m-Nitrophenyltrimethylammoniumsalzen aus. Das Bromid entsteht durch 8 — 10stündiges Erwärmen von m-Nitranilinbromhydrat mit 3 *Mol.-Gew.* Methylalkohol auf dem Wasserbad (W. STÄDEL und H. BAUER, *B.* 19, 1940 [1886]), das methylschwefelsaure Salz aus m-Nitrodimethylanilin mit Dimethylsulfat. Doch kann man auch Phenyl-trimethylammoniumsulfat mit Salpeterschwefelsäure in die Nitroverbindung überführen (M. L. B., D. R. P. 87997). Zur Reduktion nimmt man Zink und Salzsäure, weil man dann das gut krystallisierende Zinkchloriddoppelsalz erhält (D. R. P. 87997). Man löst 20 kg m-Nitrophenyltrimethylammonchlorid in 50 l Wasser und 50 kg konz. Salzsäure und trägt allmählich 20 kg Zinkspäne ein. Beim Konzentrieren der Lösung krystallisiert das Doppelsalz aus. Auch Zinkstaub allein bewirkt die Reduktion sehr glatt. Aus dem Salz gewinnt man durch Zusatz der berechneten Menge Soda, Eindampfen der filtrierten Lösung und Extraktion mit Alkohol das Chlorid der Base (s. auch M. L. B., D. R. P. 88557).

Verwendung für die sog. Janusfarben, Bd. VI, 276.

p-Phenylendiamin krystallisiert aus Wasser in Blättchen. Schmelzp. 147°; NH_2 Kp 267°; Kp_{13} 150°. Leicht löslich in Alkohol und Äther, etwas weniger in Wasser. Bildet mit $2\,H_2O$ ein Hydrat, das in Tafeln krystallisiert und bei 80° schmilzt.

p-Phenylendiamin gibt mit Oxydationsmitteln Chinon bzw. Chloranil (Bd. III, 204, 205). Mit Chlorkalklösung entsteht Chinondichlorimid, $ClN = C_6H_4 = NCl$ (A. KRAUSE, B. 12, 52 NH_2 [1879]). Diazotiert man in üblicher Weise, so entsteht ein Gemisch der Di- und Tetrazo-verbindung (R. NIETZKI, B. 17, 1352 [1884]; P. GRIESS, B. 19, 319 [1886]). Beim Kochen mit Eisessig liefert die Base die über 295° schmelzende Diacetylverbindung (R. BIEDERMANN und LEDOUX, B. 7, 1531 [1874]), während die Monoacetylverbindung, das p-Aminoacetanilid, besser auf Umwegen dargestellt wird (s. u.).

Löst man das salzsaure Salz in viel Schwefelwasserstoffwasser und setzt vorsichtig Eisenchlorid hinzu, so erhält man das sog. LAUTHsche Violett (LAUTH, Compt. rend. Acad. Sciences 82, 1442 [1876]), den ältesten Thiazinfarbstoff. Oxydiert man ein Gemisch gleichmolekularer Mengen des Diamins und Anilins in neutraler, wässeriger Lösung, so entsteht das einfachste Indamin, $NH = C_6H_4 = = N - C_6H_4 - NH_2$, das Phenylenblau, während die gemeinsame Oxydation mit 2 Mol.-Gew. Anilin in der Wärme das einfachste Safranin, das Phenosafranin (Bd. II, 15), erzeugt. Die Einwirkung von Natriumthiosulfat und Bichromat auf p-Phenylendiamin liefert p-Phenylendiaminthiosulfosäure, $(NH_2)_2C_6H_3 \cdot S \cdot SO_3H$ (A. BERNTHSEN, A. 251, 63 [1889]), eine Dithiosulfosäure $(NH_2)_2C_6H_2(S \cdot SO_3H)_2$ und eine Tetrathiosulfosäure (THE CLAYTON ANILINE CO., D. R. P. 120 560, 127 850).

Das Dichlorhydrat der Base bildet trikline Tafeln, leicht löslich in Wasser, schwerer in Alkohol, fast unlöslich in Salzsäure. Das saure Sulfat ist leicht löslich, während das neutrale Sulfat sich bei 15° erst in 714 Tl. Wasser löst (L. VIGNON, Bull. Soc. chim. France [2] 50, 153 [1888]). Das neutrale Oxalat löst sich in 666 Tl. Wasser bei 15° (VIGNON). Eine Verbindung von p-Phenylendiamin mit schwefliger Säure bildet luftbeständige Krystalle vom Schmelzp. 137°, löslich in Wasser bei 15° zu 19,5% (LUMIÈRE und SEYEWETZ, Bull. Soc. chim. France [3] 35, 1206 [1906]; SOC. ANONYME A. LUMIÈRE ET SES FILS, D. R. P. 198 497).

p-Phenylendiamin ist giftig; es erzeugt empfindliche Hautausschläge (vgl. Bd. V, 734; E. ERD-MANN, Ztschr. angew. Chem. 19, 1053 [1906]; s. auch Chem. Ztrlbl. 1912, II, 735, 1783; 1919, III, 937; 1923, I, 1377).

Darstellung. p-Phenylendiamin entsteht aus p-Nitranilin durch Reduktions-mittel, aus p-Chloranilin oder p-Dichlorbenzol durch Erhitzen mit Ammoniak bei Gegenwart von Kupfersulfat (Agfa, D. R. P. 204 848, 202 170; W. M. GROSVENAR, A. P. 1 445 637). Auch das letzte, glatt verlaufende Verfahren wird im großen nicht ausgeführt. Die technische Herstellung erfolgt ausschließlich durch Reduktion von p-Nitranilin mit Fe und wenig HCl nach der S. 353 angegebenen Methode (vgl. auch R. JANSEN, Ztschr. Farbenind. 12, 197 [1913]). Die von L. PAUL (Ztschr. angew. Chem. 1, 149 [1897]) angegebene Reduktion von p-Aminoazobenol (Bd. II, 20) ist wegen der Wiedergewinnung des hierbei entstehenden Anilins teurer.

Verwendung. Die Base selbst wird in der Färberei und Druckerei zur Er-zeugung brauner und namentlich schwarzer Oxydationsfarben gebraucht (Bd. III, 792, 794, 813; Bd. V, 57) und dient auch zum Färben von Pelzen (Bd. V, 57, 72; s. auch D. R. P. 204 514, 208 518, 226 790). Sie kommt unter den Namen Furrein D (Ciba, Bd. V, 447) und Ursol D (I. G.) in den Handel. Vor der Verwendung als Haarfärbemittel ist zu warnen, da die Base Vergiftungen mit Schwellung der Kopf-und Gesichtshaut hervorruft (vgl. E. ERDMANN, Ztschr. angew. Chem. 18, 1377; HEIDUSCHKA und GOLDSTEIN, Arch. Pharmaz. 254, 584; GIBBS, Chem. Ztrlbl. 1923, I, 1377). Von Farbstoffen seien erwähnt: Auronalschwarz (Bd. I, 807), Azoalizarinbordeaux (Bd. II, 20), Chloraminechtschwarz (Bd. III, 276), eine Anzahl Diphenylfarbstoffe (Bd. III, 698, 699) u. s. w. (Kolumbiaschwarz FB, FF extra; D. R. P. 131 986).

Andere Verwendungsarten: Papier, mit essigsaurer Lösung von p-Phenylendiamin getränkt, wird durch Ozon grünlich bis braun gefärbt, während Wasserstoffsuperoxyd rotviolette, Chlor oder Brom blauviolette, salpetrige Säure blaue Färbung hervorrufen. Rohe Milch wird durch p-Diamin violett gefärbt, während auf über 80° erhitzte Milch farblos bleibt (s. Bd. VII, 582).

Acetyl-p-phenylendiamin, p-Aminoacetanilid, krystallisiert aus Wasser in Nadeln vom *Schmelzp.* 162⁰ und läßt sich in normaler Weise diazotieren und kuppeln. Die Verbindung kann aus p-Phenylendiamin-dichlorhydrat durch Kochen mit Natriumacetat und wenig Wasser erhalten werden (H. SCHIFF und A. OSTROGOWICH, *A.* 293, 373 [1896]). Doch entsteht hierbei stets die Diacetylverbindung gleichzeitig. Deshalb geht man besser vom p-Nitroacetanilid aus. Dieses wird mit Eisen und 10% der theoretisch notwendigen Menge Essigsäure in üblicher Weise reduziert, am besten in eisernen Gefäßen. Man fällt nach Beendigung der Reduktion das Eisen mit der gerade erforderlichen Menge Soda aus und extrahiert das p-Aminoacetanilid durch kochendes Wasser. Es krystallisiert leicht aus der erhaltenen Lösung aus (R. NIETZKI, *B.* 17, 343 [1884]; C. BÜLOW, *B.* 33, 191 [1900]; F. SACHS und M. GOLDMANN, *B.* 35, 3341 [1902]).

Verwendung als wichtige Azofarbstoffkomponente, besonders wertvoll, weil man nach der Kupplung die Acetylgruppe leicht durch Verseifung eliminieren kann und so glatt Monoazofarbstoffe des p-Phenylendiamins gewinnt (vgl. Bd. II, 30). Zu erwähnen sind: Aminonaphtholrot (Bd. I, 348), Azogrenadin (Bd. II, 47, identisch mit Sorbinrot), Chromotrop 6 B (Bd. III, 400), Eriocarmin 2 B (mit Chromotropsäure gekuppelt), Kitonrot 6 B (mit Acetyl-H-Säure gekuppelt), Oxydiaminschwarz A u. a. m.

p,p'-Diaminodiphenylharnstoff s. Bd. VI, 115. — p,p'-Diaminodiphenylharnstoff-m,m'-disulfosäure s. Bd. VI, 115.

p-Phenylendiaminsulfosäure. Leicht löslich in Wasser, wenig in Alkohol. Gibt wie p-Phenylendiamin Indaminreaktion. Läßt sich in wässeriger Lösung leicht monoacetylieren (*M. L. B., D. R. P.* 129 0L0). Darstellung aus p-Nitranilinsulfosäure durch Reduktion mit Eisen, vgl. auch die Darstellung aus p-Phenylendiamin, Natriumsulfit und Oxydationsmitteln (O. N. WITT, *D. R. P.* 64908), aus 1,4-Dichlorbenzol-2-sulfosäure, Chloranilinsulfosäure, mit Ammoniak und Kupfersalzen bei 170⁰ im Autoklaven (*Agfa, D. R. P.* 202 564, 202 565, 204 972). Verwendung für Wollechtviolett B, die acetylierte Säure für Guineaechtrot BL, Aminorot BL, Erioechtphloxin 3 BL.

p-Phenylendiamin läßt sich mit p-Toluolsulfinsäure in Gegenwart von Oxydationsmitteln zum p-Phenylendiamintolylsulfon kondensieren (GEIGY, *D. R. P.* 282 214). Verwendung monoacetyliert für Kitonlichtrot 4 BL (*Ciba, D. R. P.* 365 617).

Asymm. Dimethyl-p-phenylendiamin, p-Aminodimethylanilin, krystallisiert aus Benzol-Ligroin in Nadeln vom *Schmelzp.* 41⁰; *Kp* 263,3⁰ (korr.); *Kp* 158—159⁰; *D¹⁵* 1,0415. Löslich in Wasser, schwer flüchtig mit Wasserdampf, verursacht auf der Haut unerträgliches Brennen und ist giftig. Das Dichlorhydrat bildet sehr zerfließliche Blättchen, das neutrale Sulfat ist in Alkohol schwer, das saure Sulfat leicht löslich.

Die Base ist an zahlreichen charakteristischen Reaktionen leicht zu erkennen. Durch Braunstein und Schwefelsäure wird sie zu Chinon oxydiert. Oxydiert man ihre mit Schwefelwasserstoff behandelte Lösung mit Eisenchlorid, so erhält man Methylenblau (A. BERNTHSEN, *A.* 251, 19 [1889]). Oxydiert man Dimethylphenylendiamin mit 2 *Mol.-Gew.* Anilin oder Dimethylanilin zusammen, so liefert es Safranine. Mit Natriumthiosulfat und Oxydationsmitteln erhält man Aminodimethylanilinthiosulfosäure, $(CH_3)_2N \cdot C_6H_3(NH_2)S \cdot SO_3H$ (A. BERNTHSEN, *A.*251, 50 [1889]) und Aminodimethylanilin-bisthiosulfosäure (A. G. GREEN und A. G. PERKIN, *Journ. chem. Soc. London* 83, 1212 [1903]). Die erste dieser Säuren ist ein Zwischenprodukt beim Methylenblauprozeß.

Darstellung. Man kann die Verbindung durch Reduktion von Helianthin mit Schwefelammon erhalten (E. FISCHER, *B.* 16, 2234 [1883]). Im großen geht man von p-Nitrosodimethylanilin aus, das nicht isoliert zu sein braucht, und reduziert es (C. WURSTER, *B.* 12, 523, 530 [1878]; C. SCHRAUBE, *B.* 8, 619 [1879]; *BASF, D. R. P.* 1886; *M. L. B., D. R. P.* 168 273). Auch diese Base wird meist nicht isoliert, sondern sofort in Lösung auf Farbstoffe verarbeitet. In eine kalte Auflösung von 10 *kg* Dimethylanilin in 30 *kg konz.* Salzsäure und 200 *l* Wasser läßt man eine Lösung von 5,7 *kg* Nitrit in 200 *l* Wasser einfließen und gibt langsam unter stetem Rühren Zinkstaub bis zur Entfärbung hinzu. Von reinem salzsauren Nitrosodimethylanilin suspendiert man 10 *kg* in 700 *l* Wasser und reduziert mit etwa 10 *kg* Zinkstaub bei etwa 40⁰ ohne weiteren Zusatz von Säure (H. HIRSCH, *D. R. P.* 61504). Man kann ferner die Reduktion auch mit Natriumsulfid oder *Fe* ausführen (FIERZ, Farbenchemie III, 189). In alkoholischer Lösung, wie L. PAUL (*Ztschr. angew. Chem.* 10, 22 [1897]) empfiehlt, wird in der Praxis nicht gearbeitet. Will man die Base selbst darstellen, so muß man die Lösung stark alkalisch machen und mit Benzol ausschütteln u. s. w.

Verwendung. Für Methylenblau (Bd. VII, 551), Äthylsäureblau (Bd. I, 759), Baumwollblau R (Bd. II, 25), Azosäureblau (Bd. II, 30) Brillantalizarinblau (Bd. II, 660), Clematin (Safranin MN, Giroflé; Bd. III, 450), Diphenblau R (Metaphenylenblau R; Bd. II, 16), Echtgrau (Bd. IV, 101), Indophenol (Bd. VI, 259), Methylviolett (Bd. II, 16), Moderncyanine (*Durand, D. R. P.* 189 940, 189 941; Bd. VII, 631), Thioninblau, für einige Chinonimidfarbstoffe (Bd. III, 205), zur Herstellung des BB-Beschleunigers (Bd. VI, 519).

Mehrere dieser Farbstoffe (Thioninblau, Brillantalizarinblaumarken, Uraniablau) werden mit Hilfe von Aminodimethylanilinthiosulfosäure, die schon oben erwähnt wurde, dargestellt. Man kann diese Säure, wenn man das neutrale Sulfat des p-Aminodimethylanilins in wässeriger Lösung bei Zusatz von Essigsäure und Kaliumbichromat oxydiert und zu dem erhaltenen Krystallbrei des roten Oxydationsprodukts eine Lösung von Natriumthiosulfat und Aluminiumsulfat hinzufügt (A. BERNTHSEN, *A.* 251, 50 [1889]; *BASF, D. R. P.* 45839), oder auch aus p-Nitrosodimethylanilin durch Behandlung mit Natriumthiosulfat und schwachen Säuren (*Bayer, D. R. P.* 84849). Die Säure krystallisiert in Tafeln oder Prismen, die bei 193—204⁰ unter Zersetzung schmelzen und in 270 Tl. kaltem sowie 25—30 Tl. heißem Wasser löslich sind. Die Lösung wird durch Spuren von Jod, Eisenchlorid oder Bichromat purpurrot gefärbt.

Von sonstigen Verwendungen des Dimethyl-p-phenylendiamins sei die zum Nachweis von Schwefelwasserstoff erwähnt; sie beruht auf der Bildung von Methylenblau (E. FISCHER, *B.* 16, 2243

[1883]). Man kann durch etwas Sulfat der Base und Zusatz von Eisenchloridlösung noch 0,0000182 g H_2S in 1 l nachweisen. Verholzte Pflanzenfasern werden durch Dimethylphenylendiamin tiefrot gefärbt (Nachweis von Holzschliff, s. Bd. VI, 146). Die Base dient auch für die Herstellung von Vulkanisationsbeschleunigern, Bd. II, 719.

Tetramethyl-p-phenylendiamin. Blätter aus Ligroin oder verdünntem Alkohol. *Schmelzp.*
51°; *Kp* 260° (korr.). Erzeugt heftiges Brennen auf der Haut. Darstellung durch Erhitzen
$N(CH_3)_2$ von p-Phenylendiaminchlorhydrat mit Methylalkohol auf 170–220° (R. MEYER, *B.* 36,
2979 [1903]) oder aus Dimethyl-p-phenylendiamin durch Methylierung (J. PINNOW, *B.* 32,
1405 [1899]). Die Base wird durch Ozon (aber auch andere Oxydationsmittel) violettblau
gefärbt und dient deshalb, auf Papier gebracht („Tetrapapier"), zum Nachweis desselben.

Diäthyl-p-phenylendiamin, p-Aminodiäthylanilin. Flüssigkeit von *Kp* 260
bis 262°, gibt mit Eisenchlorid erst eine rote Färbung, dann eine Fällung, mit Kalium-
$N(CH_3)_2$ chromat eine violette Färbung. Darstellung durch Reduktion von p-Nitrosodiäthylanilin
(*BASF, D. R. P.* 47374) mit Zinkstaub und Salzsäure. Verwendung für Amethystviolett, Irisviolett
(Bd. II, 16) und Moderncyanine (*Durand, D. R. P.* 189 940, 189 941; Bd. VII, 631).

Phenyl-p-phenylendiamin, p-Aminodiphenylamin, krystallisiert aus Ligroin in Blättchen vom *Schmelzp.* 75°, die im trockenen Zustande sehr haltbar sind. *Kp* 354°; Kp_{30}
$NH \cdot C_6H_5$ etwa 270°; $Kp_{0,026}$ 155°. In kaltem Wasser fast unlöslich. Das Chlorhydrat, in Wasser
sehr leicht, in Salzsäure und Kochsalzlösung kaum löslich, gibt mit Eisenchlorid oder
anderen Oxydationsmitteln einen grünschwarzen Niederschlag von Emeraldin (W. NOVER,
B. 40, 293 [1907]; R. WILLSTÄTTER und A. DOROGI, *B.* 42, 2151 [1909]). Das Sulfat
$(C_{12}H_{12}N_2)_2H_2SO_4$ krystallisiert in Blättchen, die in Wasser sehr schwer löslich sind,
die Acetylverbindung in Blättchen oder Nadeln vom *Schmelzp.* 158°.
NH_2 Darstellung. Die Base entsteht z. B. durch Reduktion von p-Nitrosodiphenyl-
amin (M. IKUTA, *A.* 243, 280 [1886]; C. HENCKE, *A.* 255, 188 [1889]). Im großen stellt man sie am
zweckmäßigsten durch Reduktion von Orange IV, d. i. das Natriumsalz von Sulfanilsäure-azo-
diphenylamin (Phenylaminoazobenzolsulfosäure) $C_6H_5 \cdot NH \cdot C_6H_4 \cdot N_2 \cdot C_6H_4 \cdot SO_3Na$ dar. Diese
Reduktion geht zwar mit Zinkstaub in alkalischer Lösung ganz gut vonstatten, wird aber am besten
mit Schwefelnatrium vorgenommen (A. COBENZL, *Chem.-Ztg.* 39, 859 [1915]). In einem eisernen, mit
Rührwerk versehenen Kessel rührt man 125 *kg* Orange IV als Preßkuchen (etwa 62% reinen Farbstoff enthaltend) mit 600 l Wasser an und fügt eine Lösung von 12 *kg* Schwefelblumen und 70 *kg*
krystallisiertem Schwefelnatrium in 120 l heißem Wasser hinzu. Dann kocht man unter Rühren 6 h
lang bei 2 *Atm.* Druck, jagt die heiße Lösung durch eine Filterpresse und wäscht mit heißem Wasser
nach. Die Base scheidet sich beim Erkalten pulvrig ab, wird unter Wasser zusammengeschmolzen
und im Vakuum destilliert. Ausbeute etwa 90% d. Th.

Ein anderes Verfahren beruht auf der Reduktion von p-Nitrodiphenylamin (F. ULLMANN und
R. DAHMEN, *B.* 41, 3746 [1908], *D. R. P.* 193 448, 193 351). Man gewinnt durch Kondensation von
p-chlornitrobenzol-sulfosaurem Natrium und Anilin die p-Nitrodiphenylamin-o-sulfosäure, die beim
Erhitzen mit Salzsäure in p-Nitrodiphenylamin (orangefarbene Blättchen, *Schmelzp.* 133°, leicht löslich
in Alkohol und Eisessig) übergeht. Dieses wird in üblicher Weise reduziert. Die Ausbeuten bei allen
diesen Operationen sind fast theoretisch.

Verwendung für einige Farbstoffe: Rosolan (*M. L. B., D. R. P.* 4985.). Zur Herstellung von
Lichtpauspapieren (Ozalid-Papier, *Kalle*, s. Photographische Papiere). Wichtiger ist die Base zur
Erzeugung eines unvergrünlichen Schwarz auf der Faser geworden. Sie kommt für diesen Zweck als
„Diphenylschwarzbase I oder P" in den Handel und ein Gemisch mit 3 Tl. Anilin als „Diphenyl-
schwarzöl D" (Bd. III, 794). Ferner wird sie als Entwickler („Entwickler AD") in der Färberei gebraucht
(Bd. V, 45). Verwendung zum Schwarzfärben von Pelzen und Haaren s. E. ERDMANN, *D. R. P.* 92006;
Agfa, D. R. P. 187 681. Base ist ein Bestandteil des Haarfärbemittels Aureol (Bd. VI, 783).

p-Aminodiphenylaminsulfosäure krystallisiert aus heißem Wasser, in dem sie schwer
löslich ist, in Nadeln. Die Lösung gibt mit Eisenchlorid eine violette, später dunkel-
$NH \cdot C_6H_5$ blaue Färbung und schließlich einen blauschwarzen Niederschlag. Beim Kochen mit
Salzsäure wird die Sulfogruppe abgespalten. Darstellung durch Reduktion der oben-
SO_3H erwähnten p-Nitrodiphenylamin-o-sulfosäure mit Eisen und Salzsäure (F. ULLMANN
und DAHMEN, *B.* 41, 4748 [1908]; *Bayer, D. R. P.* 198 137). Sie dient zur Darstellung
von Nerol (Bd. VIII, 103). Wollechtblau BL, Säurecyaninen.
NH_2 Eine andere Sulfosäure unbekannter Konstitution entsteht durch Sulfurierung
von p-Aminodiphenylamin (H. ERDMANN, *D. R. P.* 181 179; A. COBENZL, *Chem.-Ztg.*
39, 859 [1915]). Man trägt 1 Tl. Base in 3 Tl. *konz.* Schwefelsäure, die durch Anhydrid auf 100 %
H_2SO_4 gebracht ist, unter Rühren und Kühlung ein und erhitzt dann im Ölbad 2–3 h auf 125°, bis
sich eine Probe klar in Sodawasser löst. Beim Eingießen der Lösung in 4 Tl. kaltes Wasser fällt die
Sulfosäure krystallinisch aus. Sie wird in Sodalösung aufgenommen und mit Salzsäure wieder ausgefällt. Nadelbüschel, löslich in 130,9 Tl. kochendem Wasser; gibt mit Eisenchlorid eine rotgelbe
Färbung. Diese Sulfosäure ist ein Bestandteil des Haarfärbemittels Eugatol (Bd. VI, 783).

p, p'-Diaminodiphenylamin krystallisiert aus Wasser in Blättchen vom *Schmelzp.* 158°, die
nicht unzersetzt flüchtig sind. Die wässerige Lösung wird durch Oxydations-
NH—NH_2 mittel (CrO_3, $FeCl_3$) tief dunkelgrün gefärbt. Das Sulfat $C_{12}H_{13}N_3 \cdot H_2SO_4$
bildet in Wasser sehr schwer lösliche Nadeln. Zur Herstellung stellt man
gewöhnlich durch gemeinsame Oxydation von salzsaurem p-Phenylendiamin
und Anilin mit Bichromat in eiskalter Lösung das Indamin $NH = C_6H_4 =$
$N-C_6H_4-NH_2$ dar und reduziert dieses mit Zinkstaub und Salzsäure
(R. NIETZKI, *B.* 16, 474 [1883]). Ein anderes Verfahren geht vom p-Amino-
NH_2 azobenzol aus, das man mit schwefliger Säure und Zinkstaub zum Hydrazokörper

reduziert: $C_6H_5 - N_2 - C_6H_4 - NH_2 \rightarrow C_6H_5 - NH - NH - C_6H_4 - NH_2$, den man dann durch Kochen mit Schwefelsäure in bekannter Weise umlagert (PH. BARBIER und P. SISLEY, *Bull. Soc. chim. France* [3] **33**, 1233 [1905]). Siehe auch *M. L. B. D. R. P.* 156388. Man kann auch p-Chlornitrobenzol-o-sulfosäure mit p-Nitroanilin oder p-Phenylendiamin kondensieren, die Sulfogruppe abspalten und dann reduzieren.

Verwendung zum Färben von Haaren und Pelzwerk (Bd. **V**, 72), Ursol D (*Agfa*, *D. R. P.* 187322). Zur Herstellung von Baumwollschwarz (Bd. **II**, 160), Diamintiefschwarz (Bd. **III**, 650), in der Druckerei (Bd. **III**, 795).   *F. Ullmann (G. Cohn).*

Phenylessigsäure s. Riechstoffe.

Phenylhydrazin s. Bd. **VI**, 207.

Philoninsalbe (PROMONTA, Hamburg) enthält je 0,1 *g* Silbersulfid und jod-o-oxychinolinsulfosaures Kupfer, ferner Borsäure, Perubalsam und bestrahltes Cholesterin. Anwendung als Antisepticum und Adstringens in der Chirurgie und Dermatologie.   *Dohrn.*

Phloroglucin, 1,3,5-Trioxybenzol, krystallisiert mit $2H_2O$ in Tafeln, die süßlich schmecken, vom *Schmelzp.* 113–116°, wasserfrei *Schmelzp.* 217–219°, löslich in 118 Tl. H_2O bei 15°, leicht löslich in Alkohol und Äther. Phloroglucin reduziert FEHLINGsche Lösung. Es reagiert häufig in seiner desmotropen Form, als Triketohexamethylen, so bei der Alkylierung, bei der Einwirkung von Hydroxylamin u. s. w.

Mit Eisenchlorid gibt es eine violette Färbung. Mit Formaldehyd liefert es bei Gegenwart von 15%iger Salzsäure das Methylenbisphloroglucin neben höheren Kondensationsprodukten (R. BÖHM, *A.* **329**, 270 [1903]; vgl. M. NIERENSTEIN und T. A. WEBSTER, *B.* **41**, 81 [1903]).

Darstellung. Am vorteilhaftesten erhält man es durch Kochen der salzsauren Salze von 1,3,5-Triaminobenzol oder 2,4,6-Triaminobenzoesäure mit Wasser (*Cassella, D. R. P.* 102358; E. FLESCH, *M.* **18**, 758 [1897]; H. WEIDEL und J. POLLAK, *M.* **21**, 20 [1900]). Hierbei ist es überflüssig, reines Triaminobenzolchlorhydrat zu verwenden. Am besten reduziert man 1,2 *kg* 1,3,5-Trinitrobenzol mit 55 *kg* Zinn und etwa 12 *l* Wasser, dampft bis zur Bildung einer Krystallhaut ein, verdünnt auf etwa 10 *l*, setzt so viel Natronlauge hinzu, daß das Doppelsalz $C_6H_3(NH_2 \cdot HCl)_3 \cdot 3\,SnCl_2$ in Lösung bleibt, verdünnt auf 28 *l*, kocht 20ʰ, dampft zur Krystallisation ein und extrahiert nach Absaugen des Krystallguts den in Lösung gebliebenen Teil mit Amylalkohol. Ausbeute 90% d. Th.

Verwendung. Phloroglucin dient zur Herstellung von Lichtpauspapieren (s. Bd. **VIII**, 468). Weiter findet es Verwendung für analytische Zwecke. Man braucht es besonders zur quantitativen Bestimmung von Pentosen, indem man es mit dem aus ihnen durch Kochen mit Salzsäure abgespaltenen Furfurol (Methylfurol) zu dem unlöslichen Kondensationsprodukt vereinigt. Die ausgedehnte Literatur hierüber s. in B. TOLLENS, ABDERHALDENs Handbuch der biochemischen Arbeitsmethoden, Bd. II, S. 130, 154. Berlin-Wien 1910. Weiter benutzt man Phloroglucin zum Nachweis von Holzschliff, indem es bei Anwesenheit von Salzsäure eine purpurrote Färbung gibt, deren Tiefe eine ungefähre Abschätzung der in einem Papier enthaltenen Holzschliffmenge gestattet (s. Bd. **VI**, 146; Bd. **VIII**, 275).
                              F. Ullmann (G. Cohn).

Phloxin (*Geigy*) ist der 1882 von ONEHM erfundene saure Pyroninfarbstoff; er entsteht nach *D. R. P.* 32564, 50177 (*Friedländer* **1**, 318; **2**, 93) durch Bromieren von Tetrachlorfluorescein in alkoholischer Lösung. Das ziegelrote Pulver löst sich in Wasser blaurot mit schwacher grüner und in Alkohol blaurot mit ziegelroter Fluorescenz. Die lebhaft rote Färbung auf Wolle und Seide aus essigsaurem Bade ist nicht lichtecht, die auf Baumwolle aus 4–5° *Bé* starkem Kochsalzbade ist ganz waschunecht.   *Ristenpart.*

Phobrol (SCHÜLTE & MAYR, A. G., Hamburg), Lösung von p-Chlor-m-kresol in ricinolsaurem Kalium. Schwach riechende, in Wasser und Alkohol lösliche Flüssigkeit. Desinfektionsmittel. Anwendung in 0,5–2,0%iger Lösung; zur Händedesinfektion in 1%iger alkoholischer Lösung.   *Dohrn.*

Phosgen s. Bd. **III**, 351.

Phosphin E (*I. G.*) gleich Canelle OF (Bd. **III**, 85). Weitere Marken sind AL, 3R, 5R.   *Ristenpart.*

Phosphor, *P,* Atomgewicht 31,04, existiert in 2 allotropen Modifikationen, die als farbloser und roter Phosphor unterschieden werden. Der gewöhnliche, farblose Phosphor ist eine durchsichtige Masse, die sich bei Zimmertemperatur wie Wachs schneiden läßt. Er krystallisiert beim Eindunsten seiner Schwefelkohlenstofflösung in regulären Krystallen, meist Rhombendodekaedern. Über Herstellung s. I. Wolf und K. Ristan (*Ztschr. anorgan. allg. Chem.* **149**, 403 [1925]). *Schmelzp.* 44,5°; *Kp* 290°; *D⁰* 1,83676; *D²⁰* 1,82321. Schmelzwärme 5,034 *Kcal.* Phosphor verdampft schon bei gewöhnlicher Temperatur in wahrnehmbarer Weise und ist mit Wasserdampf mäßig leicht flüchtig (E. Noelting und W. Feuerstein, *B.* **33**, 2985 [1900]). In Wasser ist er nur spurenweise löslich, wenig in Alkohol, Glycerin und Eisessig, reichlicher in Äther, Benzol, Terpentinöl und fetten Ölen, sehr leicht in Chlorschwefel, Phosphortrichlorid, Phosphortribromid und namentlich in Schwefelkohlenstoff, der etwa 18 Tl. aufzunehmen vermag. Charakteristisch für das Element ist seine leichte Entzündlichkeit. Schon bei 60° entflammt Phosphor, dabei mit gelblichweißer Flamme zu Phosphorpentoxyd verbrennend. Das Licht ist im Vergleich zu dem des Magnesiums und Aluminiums photographisch nur wenig wirksam. Abspritzende Teilchen des brennenden Phosphors rufen, auf der Haut weiterbrennend, tiefgehende und schmerzhafte Brandwunden hervor, die aber nicht schwerer als andere Brandwunden heilen. Fein verteilt, z. B. durch Verdunsten der Schwefelkohlenstofflösung auf Filtrierpapier erhalten, entzündet sich der Phosphor von selbst an der Luft. Es ist Regel, ihn stets unter Wasser aufzubewahren und zu zerschneiden.

Weiter ist die Erscheinung des Leuchtens beim Verdampfen eine besonders hervorstechende Eigenschaft des Elements. Sie kann im Dunkeln, wenn man zu dem mit Wasser teilweise bedeckten Phosphor Luft hinzutreten läßt oder wenn man ihn an irgend einem Material reibt, leicht beobachtet werden. Hierbei entsteht Ozon (W. Ostwald, *Ztschr. physikal. Chem.* **34**, 248 [1900]). Die Erscheinung ist ein Fall von sog. Triboluminescenz, bei der die von der langsamen Oxydation herrührende chemische Energie nicht in Wärme, sondern größtenteils in Licht umgewandelt wird. Das Leuchten hört in reinem Sauerstoff auf, wird aber sowohl durch Druckverminderung wie durch Verdünnung des Gases mit indifferenten Gasen wieder hervorgerufen.

Bei der langsamen Oxydation des Phosphors an der Luft entstehen vorwiegend phosphorige Säure H_3PO_3 und Unterphosphorsäure $H_4P_2O_6$, bei der Verbrennung Phosphorpentoxyd P_2O_5. Phosphor scheidet Gold, Silber, Kupfer und Blei aus ihren Salzen ab. Er wird durch Hypochlorite, Salpetersäure, Chromsäure u. s. w. zu Phosphorsäure H_3PO_4 oxydiert. Mit Chlor und Brom verbindet er sich leicht zu Phosphortri- und -pentachlorid PCl_3 und PCl_5 bzw. Phosphortri- und -pentabromid, während mit Jod die Verbindungen PJ_3 und P_2J_4 entstehen. In Kalilauge löst sich Phosphor unter Entwicklung von Phosphorwasserstoff PH_3 zu Kaliumhypophosphit: $4P + 3KOH + 3H_2O = PH_3 + 3H_2PO_2K$. Mit vielen Metallen, wie Aluminium, Zink, Cadmium, Eisen und Kupfer, vereinigt er sich direkt zu wohlcharakterisierten Verbindungen. Bei der Synthese von Ammoniak und Schwefeltrioxyd aus den Elementen wirkt er als Kontaktgift.

Der farblose Phosphor ist eines der stärksten Gifte. 0,1 *g,* fein verteilt, tötet einen erwachsenen Menschen. Doch können einerseits unter Umständen auch schon 0,05 *g* tödlich wirken, während andererseits sehr viel größere Dosen, wenn die Substanz in gröberen Stücken in den Körper gelangt, den Tod nicht herbeizuführen brauchen (s. auch Gifte, gewerbliche, Bd. V, 736).

Der „rote" Phosphor, rot bis violett, auch braun gefärbt, nach hohem Erhitzen violettschwarz, ist geruch- und geschmacklos; *spez. Gew.* 2,106. Er entsteht aus gewöhnlichem Phosphor bei der Aufbewahrung im Sonnenlicht sowie durch Erhitzen. Die näheren Bedingungen wurden 1845 von Schrötter eingehend untersucht. Er ist seit 1848 im Handel. Er wurde früher als amorph bezeichnet, enthält aber stets doppelbrechende, also krystallinische Teile. Er schmilzt unter Druck bei etwa 630°, indem er in gewöhnlichen Phosphor übergeht (D. L. Chapman, *Proceed. Chem. Soc.* **15**, 102 [1899]); entzündet sich gegen 260°. An der Luft hält er sich unverändert, falls er völlig frei von farblosem Phosphor ist. Die Handelsware enthält aber immer noch sehr geringe Mengen davon, und deswegen wird der gewöhnliche Phosphor beim Lagern feucht (Bildung von Phosphorsäure). Durch Behandeln mit Alkohol kann dieser feuchte Phosphor völlig gereinigt werden. Er leuchtet nicht im Dunkeln und entzündet sich nicht beim Reiben und Stoßen. Er ist unlöslich in Schwefelkohlenstoff, Alkohol, Äther und Phosphortrichlorid, spurenweise löslich in Phosphortribromid. In chemischer Beziehung verhält er sich wie der farblose Phosphor, fällt aber Metalle nicht aus ihren Salzlösungen aus. Mit Halogenen und Schwefel reagiert er langsamer bzw. erst bei höherer Temperatur als der farblose Phosphor. Dagegen wird er von Salpetersäure infolge seiner feinen Verteilung wesentlich rascher oxydiert. Hocherhitzte Schwefelsäure reduziert er zu Schwefeldioxyd. Mit Sulfurylchlorid gibt er schon bei Zimmertemperatur Schwefeldioxyd und Phosphortrichlorid. Beim Verreiben mit Kaliumchlorat verpufft er unter Lichterscheinung. Kaliumbichromat, Kaliumnitrat, Mangansuperoxyd und Kupferoxyd bewirken beim Erhitzen ruhiges Abbrennen. Roter Phosphor ist völlig ungiftig.

Der sog. metallische Phosphor (W. HITTORF, *Poggendorf Ann.* 126, 193 [1865]; G. LINCK, *B.* 32, 887 [1899]; J. W. RETGERS, *Ztschr. anorgan. Chem.* 5, 211 [1894]; W. MUTHMANN, ebenda, 303 [1893]) ist eine besonders reine Form des roten Phosphors. Man erhält ihn, wenn man letzteren aus geschmolzenem Blei auskrystallisieren läßt. Stark metallglänzende, schwarze, in sehr dünnen Blättern gelbrot erscheinende durchsichtige Rhomboeder des hexagonalen oder monoklinen Systems ($D^{15,5}$ 2,34), die den Namen metallisch nicht verdienen, da sie den elektrischen Strom nicht leiten.

Der sog. hellrote Phosphor (R. SCHENCK, *B.* 35, 351 [1902]; 36, 979, 4203 [1903]; *Ztschr. Elektrochem.* 11, 117 [1905]) ist nicht wesensverschieden von dem roten Phosphor, sondern nur eine feinverteilte Form von ihm. Man erhält ihn in unreiner Form, wenn man gewöhnlichen Phosphor mit Phosphortribromid kocht oder durch Behandlung von Phosphortribromid mit metallischem Quecksilber. D^{24} 1,876. Unlöslich in Schwefelkohlenstoff. Der hellrote Phosphor leuchtet nicht an der Luft, wohl aber, u. zw. mit hellem Glanz, wenn man Ozon über ihn leitet. Chemischen Einflüssen gegenüber nimmt er eine Mittelstellung zwischen gewöhnlichem und rotem Phosphor ein. Er reagiert mit verdünnter Salpetersäure viel schneller als letzterer und löst sich in Alkalilauge unter stürmischer Entwicklung von selbstentzündlichem Phosphorwasserstoff zu Hypophosphiten (R. SCHENCK, *B.* 36, 982 [1903]). Er schlägt aus Kupfersulfatlösung das Metall nieder und entfärbt Indigolösung beim Kochen. Auch dieser Phosphor ist völlig ungiftig (H. MEYER, s. R. SCHENCK, *B.* 36, 981 [1903]).

Über kolloidalen Phosphor s. THE SVEDBERG, *B.* 39, 1714 [1906]; A. MÜLLER, *B.* 37, 14 [1904]. Über purpurfarbigen und schwarzen Phosphor s. W. IPATJEW und W. NIKOLAJEW, *B.* 59, 597, 1424.

Das Molekül des Phosphors entspricht bei 500—1000⁰ der Formel P_4. Bei 1200⁰ ist schon mehr als die Hälfte der Moleküle zerfallen: $P_4 \rightarrow 2\,P_2$. Roter Phosphor, bei 530⁰ verdampft, bildet gleichfalls in überwiegender Zahl P_4-Moleküle, scheint aber auch Moleküle von rotem Phosphor (vielleicht P_6) zu enthalten.

Geschichtliches. Der Hamburger Chemikalienhändler und Alchemist HENNIG BRAND entdeckte 1669 den Phosphor, als er in der Absicht, den Stein der Weisen herzustellen, eingedampften Harn bei Luftabschluß stärkster Hitze aussetzte. Anscheinend verkaufte der Entdecker das Darstellungsverfahren an den Dresdner Chemiker KRAFFT (oder KRAFT), von dem es weiter der kurfürstliche Kammerdiener und Chemiker KUNCKEL erfuhr. Letzterer behauptete in einer 1678 erschienenen Schrift („vom Phosphoro mirabili und dessen leuchtenden Wunderpillen"), den Phosphor selbständig entdeckt zu haben. KRAFFT konnte den merkwürdigen Stoff 1676 am Hof des Großen Kurfürsten FRIEDRICH WILHELM VON BRANDENBURG vorführen, wo sich unter den Zuschauern auch der Leibarzt des Kurfürsten ELSHOLZ befand, der dem Körper seinen Namen (von φῶς, Licht und φέρω, tragen = Lichtträger) verlieh. BRAND hingegen zeigte den Phosphor 1677 am Hof KARLS II. von England. Hier sah ihn der Chemiker BOYLE, der ihn bald darauf, ohne über die Darstellung von anderer Seite orientiert zu sein, gleichfalls aus Harn gewann und aërial Noctiluca nannte. BOYLE stellte dann zusammen mit einem in London lebenden Deutschen, G. HANKWITZ, gemeinsam Phosphor dar. Letzterer erwarb sich mit dem Verkauf des Produkts allmählich ein beträchtliches Vermögen — 1 Unze kostete damals 16 Dukaten —, während BRAND, KRAFFT und KUNCKEL das Rezept jedermann für wenig Geld mitteilten.

Die erste Veröffentlichung über Phosphor erschien 1677 im Pariser „Journal des Savants", veranlaßt von dem Philosophen LEIBNIZ, der einem Vortrag von KRAFFT am Hof des Herzogs JOHANN FRIEDRICH VON HANNOVER beigewohnt hatte und später den Kurfürsten bewog, BRAND an seinen Hof zu ziehen und mit der Herstellung von Phosphor zu beschäftigen. KRAFFT machte 1683 die Phosphorbereitung im „Merkur" bekannt; HOMBERG publizierte 1692 in den „Mémoires de l'Académie des sciences" das KUNCKELsche und HOOK 1726 im „Recueil expérimentel" das BRANDsche Darstellungsverfahren. GMELIN hat ausscheinend schon 1715 das Verfahren, das er in Schweden eingeführt hatte, veröffentlicht. Im wesentlichen bestand der Prozeß darin, den beim Abdampfen des Harns verbleibenden Rückstand, mit Kohle und Sand gemischt, zu destillieren. Aus dem Phosphorsalz des Harns $Na(NH_4)HPO_4 + 4\,H_2O$ entsteht Natriummetaphosphat $NaPO_3$, das dann durch die Kohle zu Phosphor reduziert wird. Natürlich war die Ausbeute minimal.

Ein besseres Verfahren konnte erst ausfindig gemacht werden, nachdem A. S. MARGGRAF 1740 die Existenz der Phosphorsäure, ihre Darstellung durch Verbrennen des Phosphors oder Oxydation mit Salpetersäure und ihre Rückverwandlung in das Element durch Erhitzen mit brennbaren Stoffen gelehrt und GAHN 1769 weiterhin den Nachweis geführt hatte, daß das anorganische Material der Knochen aus Calciumphosphat bestand. Jetzt konnte nach K. W. SCHEELES Vorgang der Phosphor bequemer und billiger aus Knochen und sonstigen Phosphaten gewonnen und seine fabrikmäßige Darstellung angebahnt werden. Diese nahm bald größeren Umfang an, als man die Verwendung des Phosphors zur Zündholzfabrikation kennengelernt hatte. Das Verfahren, beruhend auf der Reduktion von Calciummetaphosphat mit Kohle, ist von N. PELLETIER ausgearbeitet und von L. FRANCK (*Chem.-Ztg.* 22, 240 [1898]), J. B. READMANN (*Journ. Soc. chem. Ind.* 1890, 163, 473; *Ztschr. angew. Chem.* 3, 369, 443 [1890]) eingehend beschrieben worden. Als Ausgangsmaterial diente Knochenasche, die durch Behandeln mit verdünnter H_2SO_4 in primäres Calciumphosphat umgewandelt wird. Beim Eindampfen der vom Gips getrennten Lösung und Glühen mit Holzkohle entsteht zunächst Calciummetaphosphat, das sich bei Weißglut mit der Kohle zu Phosphor, Tricalciumphosphat und Kohlenoxyd umsetzt:

$$Ca_3(PO_4)_2 + 2 H_2SO_4 = 2 CaSO_4 + Ca(H_2PO_4)_2; \quad Ca(H_2PO_4)_2 = 2 H_2O + Ca(FO_3)_2;$$
$$3 Ca(PO_3)_2 + 10 C = Ca_3(PO_4)_2 + 4 P + 10 CO.$$

Wie aus den Gleichungen ersichtlich, werden theoretisch nur $^2/_3$ des im Rohmaterial enthaltenen P gewonnen, zudem ist der Verbrauch an H_2SO_4, Feuerungsmaterial, Retorten u. s. w. sehr groß, da die Reaktion bei 740° beginnt, bei 960° im Gange ist, um bei 1170° ihr Ende zu erreichen.

Die Gesamtmenge des in den Phosphoriten vorhandenen P läßt sich aber gewinnen, wenn man nach F. WÖHLER (*Poggendorf Ann.* 17, 179 [1806]) ein Gemisch von Phosphoriten und Kohle mit Kieselsäure (Sand) erhitzt.

$$2 Ca_3(PO_4)_2 + 6 SiO_2 + 10 C = 6 CaSiO_3 + 10 CO + 4 P.$$

Die Reaktion beginnt nach W. HEMPEL (*Ztschr. angew. Chem.* 18, 132 [1905]) bei 1200°, ist bei 1300° im Gange und bei 1450° beendet. Das SiO_2 treibt also bei der hohen Reaktionstemperatur die Phosphorsäure aus. Das WÖHLERsche Verfahren gelangte aber erst zu technischer Bedeutung, als es 1890 READMANN (*Ztschr. angew. Chem.* 4, 654 [1891]; 5, 151 [1892]) gemeinsam mit der COWLES Co. im elektrischen Ofen durchführte. Während bis etwa 1920 der Phosphor zur Herstellung von rotem Phosphor, Phosphorsäure für die Nahrungsmittelindustrie, Phosphorsesquisulfid und Phosphorchloriden diente, werden jetzt auch große Mengen von P auf Phosphorsäure und diese weiter auf Düngemittel verarbeitet. Während bis etwa 1920 nur kleine elektrische Öfen zur Herstellung von Phosphor in Benutzung waren, die etwa 500 kW aufnehmen, verwendet die *I. G.* in Piesteritz gewaltige 12 000-kW-Öfen mit einer Jahresproduktion von etwa 15 000 t, also etwa 5mal soviel wie früher die Weltproduktion war.

Vorkommen. Phosphor kann seiner Eigenschaften wegen nicht in freiem Zustande in der Natur vorkommen. In Verbindungen gehört er aber zu den verbreitetsten Elementen, u. zw. kommt er im wesentlichen in Form phosphorsaurer Salze vor.

Die Pflanze bedarf vom ersten Entwicklungsstadium an zum Aufbau ihres Eiweißes des Phosphors, der sich besonders in den Samen anhäuft. Durch Verwitterung des Apatits gelangt der Phosphor in die Wald- und Ackerkrume, aus der er von der Pflanze aufgenommen wird (Bd. IV, 25). Das Knochengerüst der Tiere besteht im wesentlichen aus tertiärem Calciumphosphat. Die Zähne enthalten etwa 70%, der Zahnschmelz 70—89% derselben Verbindung. Phosphorsaure Salze (des Calciums, Ammoniums, Magnesiums, Kaliums und Natriums) finden sich in kleinen Mengen in den Haaren, Nägeln, Klauen, in Nieren- und Harnsteinen, in allen tierischen Flüssigkeiten (Blutserum, Harn der Fleischfresser) in den Faeces. Die Asche von Ochsenfleisch enthält 5,6% Phosphorsäure, von Menschenharn 11,2%, menschlichen Faeces 36%, Hundeexkrementen 40%. Die Guanos, deren Vorkommen und Entstehen bereits Bd. IV, 28 ausführlich geschildert wurde, sind Ausscheidungen von Seevögeln. Zum Teil ist der Phosphor in Tier- und Pflanzenprodukten auch an organische Komplexe gebunden, so im Lecithin (Bd. VII, 271). Auch die zu Eiweißabkömmlingen zu rechnenden Nucleine sowie die Cerebrinsubstanzen enthalten organisch gebundenen Phosphor.

Im Mineralreich finden sich folgende wichtigere Phosphate:

Apatit, Phosphorite, zu 96% aus Tricalciumphosphat bestehend, verunreinigt durch Calciumfluorid(chlorid), wichtigstes Phosphormineral, Muttersubstanz aller anderen phosphorhaltigen Mineralien (Bd. IV, 27 ff., daselbst auch Literatur über Vorkommen u. s. w.). Erwähnt seien auch die neuerdings erschlossenen Apatitlager auf der Halbinsel Kola (Murmanküste), die sog. Kola- oder Chibiner Phosphate (72—75% $Ca_3(PO_4)_2$, 5% Al_2O_3, 1,5% Fe_2O_3).

Talkapatit, zersetzter Apatit, in dem das Calcium zum Teil durch Magnesium ersetzt ist, verunreinigt durch Chlor, Fluor und Schwefelsäure, krystallisiert und erdig.

Eisenapatit, Zwieselit, Tripit, Eisenmanganphosphat, eine braune, fettglänzende Masse.

Wawellit, Aluminiumphosphat, $4 Al(PO_4) + 2 Al(OH)_3 + 9 H_2O$, rhombische Krystalle oder halbkugelige, nierenförmige Aggregate in großen Ablagerungen zu Mt. Holly Springs in Chester-County in Pennsylvanien, Saldanha Bai, Kapkolonie (17—25% Al_2O_3).

Redondaphosphat, Redondit, ist eisenhaltiges Aluminiumphosphat in Westindien. Vivianit, Blaueisenerz, Ferrophosphat, $Fe_3(PO_4)_2 + 8 H_2O$, zum Teil mit Eisenoxyd, blaßblau bis dunkelblaugrün, erdig oder in kleinen, schiefen, rhombischen Säulen. Grünbleierz, Polymorphit, Bleichloridphosphat, $3 Pb_3(PO_4)_2 + PbCl_2$, Aggregate (Bd. II, 401). Triphyllin, Lithiophyllit, Amblygonit sind lithiumhaltige Aluminiumphosphate (Bd. VII, 371). Libethenit, Phosphorochalcit, Pseudolibethenit sind Kupferphosphate (Bd. VII, 238). Monazit besteht aus Phosphaten der seltenen Erden (Ce, La, Di)PO_4 (Bd. IV, 441). Raseneisenerz, Sumpferz, Wiesenerz ist phosphorsäurehaltiges Eisenoxydhydrat und Manganoxyd, mit Sand und organischen Stoffen gemischt.

Braune, fettglänzende Masse, in Niederungen unter Wiesen und Mooren. Struvit, Ammonium-magnesiumphosphat, $Mg(NH_4)PO_4 + 6\,H_2O$, lichtgrau, rhombisch krystallisiert, bei der Verwesung tierischer Stoffe entstanden, deshalb in manchen Guanosorten vorkommend.

Darstellung. *a) Gewinnung des farblosen Phosphors.* Die technische Herstellung des Phosphors erfolgt heute ausschließlich nach dem von WÖHLER (s. u.) angegebenen Verfahren durch Erhitzen von Phosphoriten mit Koks und Quarz. Die Umsetzung wird in den meisten Fabriken im elektrischen Ofen vorgenommen; nur in Amerika wird hierfür auch der Hochofen benutzt (s. S. 367). Ein kleiner Versuchsofen, der ebenfalls zur Herstellung von P dient, steht in Givors (Frankreich).

Es erübrigt sich, auf die älteren, jetzt völlig verlassenen Ofenkonstruktionen näher einzugehen, und es dürfte genügen, auf die diesbezügliche Literatur zu verweisen, insbesondere auf C. HERRMANN, *Elektrochem. Ztschr.* 17, 91, 125 [1910]; E. HART, *Ztschr. angew. Chem.* 4, 654 [1891], 5, 151 [1892]; G. W. STONE, *Chem.-Ztg.* 32, 839 [1908]; *D. R. P.* 55700, 106 493, 107 736, 112 832.

Über die Gewinnung von P aus Phosphorsäure im elektrischen Ofen s. *D. R. P.* 105 049 W. HEMPEL, *Ztschr. angew. Chem.* 18, 132, 401; M. NEUMANN, ebenda 18, 289 [1905]; C. HERRMANN, *Elektrochem. Ztschr.* 17, 95, 125 [1910/11]. – Das Verfahren ist ohne Interesse.

Sehr bestechend erscheint auf den ersten Blick ein Verfahren, Phosphate mit einem Überschuß von Kohle im elektrischen Ofen zu reduzieren, so daß neben Phosphor noch das wertvolle Calcium-carbid entsteht: $Ca_3(PO_4)_2 + 14\,C = 2\,P + 8\,CO + 3\,CaC_2$ (H. HILBERT und A. FRANK, *D. R. P.* 92838; BRADLEY und JACOBS, *E. P.* 10290 [1898]; *Ztschr. Elektrochem.* 5, 332 [1899]; vgl. auch BILLANDOT, *E. P.* 15977 [1896]). Nach JOURDRAIN (*Ztschr. Ele'trochem.* 3, 551 [1896/97]) soll die Ausbeute 80% betragen. Doch wurde eine Anlage, welche die COMPAGNIE ELECTRIQUE DU PHOSPHORE, Paris, in Chatelaine bei Genf errichtet hatte, um das HILBERT-FRANKSCHE Verfahren auszunutzen, bald wieder außer Betrieb gesetzt, so daß man annehmen muß, daß das Verfahren den Erwartungen nicht entsprochen hat. Der Grund dürfte wohl sein, daß das so hergestellte Calciumcarbid Phosphor-calcium enthält und das daraus entwickelte Acetylen zuviel Phosphorwasserstoff enthält. Vgl. auch *F. P.* 658 770 [1928] der SOC. DES PHOSPHATES TUNISIENS

Die nachstehende Beschreibung stützt sich auf technische Erfahrungen unter Verwendung eines $500-600\text{-}kW$-Ofens.

Rohmaterialien. Zur Anwendung gelangt neben hochwertigem Koks mit geringem Aschengehalt und reinem Quarz Tricalciumphosphat meist in Form amerikanischer Pebbles mit 70% Phosphat = 14% P oder Hardrocks mit 77% Phosphat = 15,4% P von etwa folgender Zusammensetzung: 77% $Ca_3(PO_4)_2$, 1% $Al(PO_4)$, 0,5% Fe_2O_3, 1,5% CaF_2, 20,0% $CaCO_3$, SiO_2. Dieses Ausgangsmaterial kommt in hasel- bis walnußgroßen Stücken zur Verwendung. Es hat den Vorteil, daß es meist nur sehr geringe Mengen Gangmaterial sowie Eisenerze enthält, also später beim Schmelzprozeß keine nennenswerten Mengen von Ferrophosphor ergibt. Die Bildung des Ferrophosphors bringt den Nachteil mit sich, daß entsprechend der Menge des Eisens Phosphorverluste eintreten. Auch sammelt sich Ferrophosphor, wenn es in größeren Mengen vorhanden ist, am Boden des Ofens. Abgesehen von Stromverlusten bricht es sich dann durch Zerfressen der Bodenelektrode und Zerstörung der Ofenwand nach außen hin Bahn, wenn es nicht von Zeit zu Zeit abgestochen wird.

Der elektrische Ofen, wie er in Abb. 121 für kleine Leistungen von $500-600\,kW$ dargestellt ist, besteht aus einem Eisenmantel von etwa 8 *mm* Wandstärke *a*. Der äußere Durchmesser ist etwa 2 *m*, die Höhe etwa 4,0 *m*. Der Boden *b* ist ausgefüllt mit gestampfter Elektrodenmasse (Koks mit Pech) oder wird aus gebrannten Elektroden hergestellt, die dicht aneinandergesetzt und deren Zwischenräume mit Elektrodenmasse ausgefüllt werden; seine Höhe beträgt etwa $60-80\,cm$. Der Ofenmantel wird ausgemauert mit feuerfesten Steinen *c*, in seinem unteren Teil etwa bis 1 *m* über die Bodenelektrode mit Elektrodenblöcken *d* von etwa 30 *cm* Wandstärke. Geschlossen wird der Ofen durch einen eisernen Deckel *e*, der mit dem Ofen direkt verschraubt wird und gegen den Ofenmantel durch eine Asbestpackung *f* isoliert ist; desgleichen werden die Schrauben durch übergestülpte Steatitrohre gegen den Mantel isoliert. Der Deckel trägt einen Helm *g*, durch den ein starkwandiges kupfernes Rohr *h* von etwa 8 *cm* äußerem Durchmesser geführt wird;

dieses wird durch eine geeignete Packung und Verschraubung in Form einer Stopfbüchse gegen den Ofen abgedichtet. Am unteren Teil des Kupferrohres befindet sich der eiserne Elektrodenkopf i, der mit einem Nippel mit der Elektrode k verschraubt ist. Die Elektrode hat einen Durchmesser von $50-60\ cm$ und ist mit Elektrodenmasse, die während des Betriebes festbrennt, mit dem Nippel und der Bodenfläche des Elektrodenkopfes gut leitend verbunden. Elektrodenkopf und Kupferrohr werden während des Betriebes vom Wasser durchströmt und gekühlt. Wasserzuführung l, Gummischläuche m. Der Strom wird der Bodenelektrode bei n und der Elektrode bei o durch flexible Kupferseile zugeführt; diese Zuführung o wird mit der Abnutzung und beim Nachregulieren der Elektrode gelöst und nachgeschoben. Das Gegengewicht p dient zum Ausbalancieren der Elektrode. Bei q befindet sich das etwa $2-3''$ große Abstichloch, durch das die Schlacke über eine Ablaufschnauze r in die gußeisernen Pfannen s gelangt. Auf dem Deckel bei t befindet sich die Füllvorrichtung; diese besteht aus einem Behälter, der durch einen Deckel, der aufklappbar ist, dicht verschlossen werden kann; am Boden befindet sich eine Vorrichtung, die durch Hebel von außen bedient wird. Nach dem Einfüllen der Mischung, $80-100\ kg$, wird der Deckel geschlossen. Durch Bewegen des Hebels wird der Bodenverschluß gehoben und die Mischung dem Ofen zugeführt. Bei u befindet sich ein etwa $10\ cm$ großes Schauloch. Die Phosphordämpfe ziehen bei v ab.

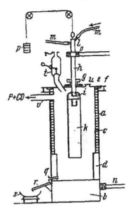

Abb. 121. Elektrischer Ofen zur Herstellung von Phosphor.

a Eisenmantel; b Boden; c feuerfeste Mauerung; d Elektrodenblöcke; e Deckel; f Asbestdichtung; g Helm und Stopfbüchse; h wasserdurchflossenes Kupferrohr; i Elektrodenkopf und Nippel; k Elektrode; l Wasserzuführung; m Gummischläuche; n, o Stromzuführung; p Gegengewicht; q Abstichöffnung; r Ablaufschnauze; s Pfanne; t Füllvorrichtung; u Schauloch; v Abzugsrohr.

Zum Betrieb eines solchen Ofens wird das Material vorbereitet und innigst gemischt, wenn nötig auch noch getrocknet. Das Mischungsverhältnis von Phosphat, Koks und Quarz ist etwa $100:18:28$. Es ändert sich je nach dem zur Verwendung gelangenden Ausgangsmaterial, was ja selbstverständlich ist, und auch nach der Beschaffenheit der Abstichschlacke und ihrem Gehalt an Phosphor. Beim Anfahren des elektrischen Ofens wird eine Lage Koks zwischen Bodenelektrode und Elektrode gebracht und der Ofen kurz geschlossen, so daß der Koks durch eigenen Widerstand zum Glühen gebracht wird. Die Spannung eines solchen Ofens beträgt etwa $60-90\ V$, wobei man zu ihrer Erreichung zweckmäßig einen Stufentransformator benutzt. Bei einer Spannung von $75\ V$ und $400\ kW$ gehen sekundär etwa $4800\ Amp.$ durch den Ofen. Nachdem der Koks gut durchgeglüht ist, beginnt man mit der Füllung durch den Fülltrichter. Man füllt etwa alle $30-45'$ nach. Wann nachgefüllt werden muß, ersieht man aus dem Höhenstand der Elektrode, die mit ihrem unteren Ende etwa $1/2-1/3\ m$ über der Bodenelektrode stehen soll. Ein $400\ kW$-Ofen erfordert eine Beschickung von etwa $4000\ kg$ Phosphat in 24^h, wobei etwa $475-500\ kg\ P$ erzeugt werden, was einer direkten Ausbeute von $85-90\%$ entspricht und einem Stromverbrauch von $18-20\ kWh$ pro $1\ kg$ Phosphor; der Rest des Phosphors findet sich teils in der Schlacke, teils als Ferrosphosphor, teils als Phosphorschlamm in den Kondensationsgefäßen, woraus von Zeit zu Zeit abgelassen und später gesondert verarbeitet wird.

Der Abstich der Schlacke geschieht etwa alle Stunde. Zu diesem Zwecke wird das mit Lehm verklebte Abstichloch mit einer Eisenstange durchstoßen, die Schlacke in Pfannen abgelassen. Das Abstichloch wird in dem Augenblick durch einen nassen Lehmpfropfen geschlossen, wo Phosphordämpfe aus dem Ofen mit ins Freie gelangen.

Um möglichst weitgehende Reduktion des Phosphates zu erzielen, gibt man meist 5% Koks im Überschuß. Die Schlacke soll weder dünn- noch dickflüssig sein; ihre Beschaffenheit soll so sein, daß sie noch gut aus dem Ofen fließt. Ihr Gehalt an Phosphor soll $0{,}5-0{,}7\%$ nicht überschreiten. Je mehr Kieselsäure die Schlacke enthält, desto weniger leichtfließend wird sie. Es gibt eine Formel, die den Sauerstoffgehalt der Basen und der Säuren in der Schlacke in Bezug zueinander bringt. So errechnet sich aus einer Schlacke von der Zusammensetzung $Al_2O_3 \cdot 7\,CaO \cdot 3{,}5\,SiO_2$ der Sauerstoffgehalt zu $0{,}180 : 0{,}123$. Das Verhältnis ist $3 : 2 = 1{,}5$. Eine Schlacke von solcher Zusammensetzung zeigt erfahrungsgemäß gute Flüssigkeit; sie hatte neben Eisenoxyd 27,6% SiO_2, 15,1% Al_2O_3, 49,6% CaO und 0,55% P als $Ca_3(PO_4)_2$.

Die zur Verwendung gelangende Phosphat-Koks-Quarz-Mischung wird in haselnußgroßen Stücken verwandt, damit die abziehenden Phosphor- und Kohlenoxydgase die Mischung bzw. die Zwischenräume gut durchstreichen können und somit das Material weitgehendst vorwärmen (Energieersparnis) und vortrocknen. Verwendet man zu feines Material, so stößt der Ofen.

Die abziehenden Phosphordämpfe werden zuerst durch eine direkt an dem Ofen angebrachte Staubkammer a der Abb. 122, die etwa 1 m breit, 4 m lang und

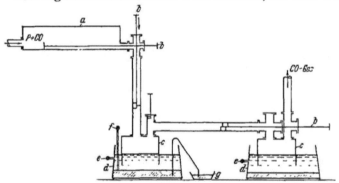

0,75 m hoch ist, geleitet. Hier setzt sich der Flugstaub ab. Sodann werden die Gase durch eine aus $5-7$ Gefäßen bestehende Kondensationseinrichtung geleitet, die mit Wasser gefüllt ist und in der sich der Phosphor und Phosphorschlamm absetzt. Die austretenden, nur noch geringe Mengen Phosphor enthaltenden Gase, etwa 1%

Abb. 122. Kondensation des Phosphors.
a Staubkammer; b Kratzer; c verbleite Glocken; d eiserne Kondensationsgefäße; e Wasserumlauf; f Dampfrohr; g Auffanggefäß für Phosphor.

der Produktion, werden weitergeleitet und zum Heizen von Kesseln oder der Schlammtrommel benutzt. Sämtliche Rohrleitungen, desgleichen auch die Staubkammer, werden alle $\frac{1}{2}-1^h$ durch Kratzer durchstoßen, da sich in ihnen Phosphor, vermischt mit Staubteilen, festsetzt, was zur Querschnittsverminderung bzw. zu Verstopfungen Anlaß gibt. Die Kratzer b sind so eingerichtet, daß das Gas während dieser Arbeit durch in ihnen befindliche Öffnungen passieren kann.

Die Hauptmenge des Phosphors sammelt sich in den ersten beiden Kondensationsgefäßen d. Ihr Inhalt an Phosphor wird täglich, der des 3. bis 7. Gefäßes nur alle $3-5$ Tage abgehebert. Der Phosphor wird in Kuchenformen in Mengen von etwa 20 kg abgehebert und sodann unter Wasser aufbewahrt.

In dem Kondensationsgefäß setzt sich ferner noch Phosphorschlamm über dem geschmolzenen Phosphor ab. Es ist dies reiner Phosphor, vermischt mit Staubteilchen aus dem Ofen, der infolge des Dazwischentretens dieser Teilchen nicht zusammengeflossen ist. Analyse des Schlamms: 96,5% P, 2,8% SiO_2, 0,4% Al_2O_3, 0,08% Fe_2O_3. Die Menge des in diesem Schlamm enthaltenen Phosphors beträgt $5-10\%$ der Produktion, eine Menge, die es sich lohnt weiter zu verarbeiten. Dies geschieht in der Schlammtrommel. Die Schlammtrommel (Abb. 123) besteht aus einem eisernen Zylinder a, in dem ein Rührwerk mit Schabern b, durch Motor angetrieben, bewegt wird. Der Schlamm wird eingefüllt und die Trommel mit den

Kohlenoxydabgasen aus dem Phosphorofen geheizt. Nach dem Verdampfen des Wassers destilliert der Phosphor bei f in ein Kondensationsgefäß über.

Zur Reinigung wird der Phosphor zweckmäßig filtriert, um sämtlichen Flugstaub, der bei der Destillation aus dem elektrischen Ofen mitgerissen wird, zu entfernen. Zu diesem Zweck wird er unter warmem Wasser geschmolzen; in die Schmelze führt man einen mit einem dicken Tuch bespannten Trichter ein und saugt den geschmolzenen Phosphor unter Vakuum in ein zweites Gefäß.

Bei den Großanlagen der *I. G.* wird gemäß *D. R. P.* 435387 zur Entfernung der festen Verunreinigungen (Flugstaub) das Gemisch von CO- und P-Dampf, das aus dem elektrischen Ofen entweicht, oberhalb des Phosphortaupunktes in einer Flugstaubkammer elektrisch entstaubt (Bd. **IV**, 388), der gemäß *D. R. P.* 443285 noch eine Filterkammer vorgeschaltet wird, die mit den gleichen Stoffen zu füllen ist, die zur Beschickung des P-Ofens dienen.

Sehr oft ist es noch notwendig, den Phosphor zu bleichen. Zu diesem Zweck wird er unter Wasser mit einer verdünnten Chromsäurelösung, hergestellt aus Schwefelsäure und Natriumbichromat, behandelt. In den Handel kommt er in Form von Stangen, zu deren schneller Herstellung mittels Glas- oder Messingröhren man geeignete Apparate konstruiert hat, oder in Form von keilförmigen Stücken, deren 6—8 zu einer Scheibe oder einem Brot zusammengelegt werden. Das Fertigprodukt wird mit Wasser übergossen und in verlöteten Blechdosen verschickt.

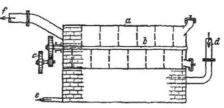

Abb. 123. Schlammtrommel.
a Trommel; *b* Schaber; *c* Vorgelege; *d* Eintritt der CO-Gase; *e* Austritt der Rauchgase; *f* Austritt der Phosphordämpfe zu der Kondensation.

Die FEDERAL PHOSPHORUS Co., eine Tochtergesellschaft der SWANN CORPORATION, Anniston (V. St. A.), hat seit 1922 5000 *kW*-Öfen im Betriebe und die *I. G.* seit 1926 20 *m* hohe geschlossene Dreiphasenöfen, die 12000 *kW* aufnehmen. Der P wird mittels elektrischer Gasreinigung (Bd. **IV**, 388) niedergeschlagen. Der Stromverbrauch soll 10—13 *kWh/kg* P betragen (*Bräuer-D'Ans* 3, III, 717).

Nach der Gleichung:

$$Ca_3(PO_4)_2 + 3\,SiO_2 + 5\,C = 3\,CaSiO_3 + 5\,CO + 2\,P - 282\,Cal.$$

errechnet sich nach BERR (s. Literatur) ein theoretischer Stromverbrauch von 5,3 *kWh/kg* P; aber die Vorwärmung der Charge, der Verlust an Wärme und elektrischer Energie bedingen den hohen Stromverbrauch, und es scheint, daß sich dieser trotz der großen Ofeneinheiten nicht weiter reduzieren läßt.

Zur Verbilligung der Gestehungskosten des Phosphors bleiben daher zwei Möglichkeiten: 1. Verwendung des Kohlenoxydes, 2. Nutzbarmachung der anfallenden Schlacke.

1. Verwendung des Kohlenoxydes. Die FEDERAL PHOSPHORUS CO. verbrennt das Gemisch von P und CO beim Austritt aus dem Ofen zu CO_2 und P_2O_5 und benutzt die freiwerdende Wärme zur Vorheizung der Charge, wodurch bei ihren 5000-*kW*-Öfen der *kW*-Verbrauch auf 12—14 *kWh/kg* P erniedrigt wird. Die austretenden Gase werden gekühlt, das darin enthaltene P_2O_5 durch fein zerstäubtes Wasser in Phosphorsäure verwandelt und der Rest durch eine COTTRELL-Anlage (Bd. **IV**, 388) kondensiert. Vgl. auch Phosphorsäure, Bd. **VIII**, 377. Die *I. G.* dagegen scheint die Gase, welche nach Abscheidung des Phosphors verbleiben, unter dem Dampfkessel oder zu Beheizungszwecken zu verbrennen, also ähnlich zu verwerten, wie S. 364 beschrieben.

2. Nutzbarmachung der Schlacke. Gemäß der auf S. 361 angegebenen Gleichung entstehen pro 1 *kg* P etwa 5,6 *kg* Calciumsilicat, das in der anfallenden

Form eine glasige, völlig wertlose Schlacke darstellt. Diese soll nach *E. P.* 263 124 [1926] der *I. G.* durch Zusatz von kalk- oder tonerdehaltigem Stoff und Schmelzen in Portland- oder Aluminiumzement verwandelt werden, was aber wohl nicht gelingen dürfte. Es ist in den letzten Jahren versucht worden, durch Zusatz von Bauxit zur Charge eine Schlacke zu erhalten, die latente hydraulische Eigenschaften besitzt und, mit Portlandzementklinker vermahlen, Hochofenzement gibt (*I. G., D. R. P.* 495 874, *E. P.* 285 055 [1928]. Im *F. P.* 659 743 [1928] der *I. G.* wird Aluminiumphosphat für den gleichen Zweck benutzt). Die Verfahren erscheinen bei dem niedrigen Preise der sicher gleichwertigen Hochofenschlacken wenig aussichtsreich. Wichtiger erscheint dagegen ein von BRITZKE aufgefundenes und durch das *E. P.* 256 622 [1926] von W. KYBER bekannt gewordenes Verfahren zu sein, wonach Phosphorite mit Kohle unter Zusatz von Al_2O_3-haltigen Stoffen niedergeschmolzen werden, wobei *P* entweicht und eine Schlacke entsteht, die zementartige Eigenschaften hat. Diesem Verfahren liegt also die Beobachtung zugrunde, daß Al_2O_3 in der Lage ist, ähnlich dem SiO_2 die Phosphorsäure aus den Phosphaten bei hoher Temperatur auszutreiben. Die technische Durchprüfung dieses Verfahrens hat folgendes ergeben: Die Rohmaterialien müssen derart gemischt werden, daß der SiO_2-Gehalt des Zementes 8 % SiO_2 nicht übersteigt. Infolgedessen kommen nur kieselsäurearme Phosphate, rote Bauxite und aschenarmer Koks in Frage. Infolge des Eisengehaltes der roten Bauxite wird 20—40 % des anfallenden Phosphors als Ferrophosphor gewonnen. Der Kraftverbrauch beträgt etwa 15 *kWh/kg P*; der anfallende Zement enthält Spuren von Carbiden und Phosphiden und kann nach dem *D. R. P.* 509 593 [1928] der Soc. D'ÉTUDES CHIMIQUES POUR L'INDUSTRIE, Genf, durch Zugabe von Braunstein davon befreit werden. Er stellt dann einen ausgezeichneten Schmelzzement dar. Auf 1 *kg P* entstehen etwa 10 *kg* Schmelzzement. Der anfallende Ferrophosphor kann in vorzüglicher Ausbeute auf Trinatriumphosphat oder Trikaliumphosphat bzw. *K-P*-haltige Mischdünger verarbeitet werden. Das Verfahren ist natürlich auch durchführbar mit Aluminiumphosphaten (KYBER, *D. R. P.* 495 436 [1926]) an Stelle von Bauxit. Falls es gelingt, die anfallenden Mengen Schmelzzement preiswert abzusetzen, so dürfte das geschilderte Verfahren wohl das bis jetzt benutzte WÖHLER-Verfahren verdrängen.

Da in den kieselsäurearmen Bauxiten immer sehr viel Eisenoxyd enthalten ist, das, wie oben geschildert, bei der Gewinnung von *P* in Ferrophosphor übergeführt wird, so hat man verschiedentlich versucht, das Eisen aus dem Bauxit abzuscheiden. Die verschiedenartigsten Verfahren der Aufbereitung (Flotation, magnetische Aufbereitung) führen nicht zum Ziel. Es gelingt aber sehr gut nach dem Verfahren von HALL durch Reduktion mit Kohle (Bd. I, 282). Die *I. G.* (*E. P.* 287 036, *Poln. P.* 10863 [1928]) schmilzt den roten Bauxit (65 % Al_2O_3, 20 % Fe_2O_3, 2 % SiO_2) erst mit Kalk und Kohle nieder im Verhältnis von 100 : 17 : 10, wodurch sich Eisen als Regulus abscheidet und eine calciumaluminathaltige Schlacke entsteht. Diese enthält 80 % Al_2O_3, 19 % CaO, 1 % SiO_2 und wird mit Hardrock-Phosphat (35 % P_2O_5, 51 % CaO) im Verhältnis 2 : 1 in Gegenwart von Kohle erhitzt. Der *P* destilliert ab, und es entsteht eine Schlacke mit etwa 48 % CaO, 48 % Al_2O_3 und 4 % SiO_2, die einen Tonerdezement normaler Zusammensetzung darstellt. Da das Verfahren von HALL im Lichtbogen arbeitet, das Verfahren der *I. G.* dagegen Widerstandserhitzung benutzt, so ist als sicher anzunehmen, daß der Stromverbrauch geringer ist. Jedoch dürfte er immer noch sehr beträchtlich sein, da das Verfahren nicht kontinuierlich ist und erst Calciumaluminat hergestellt werden muß, das dann von neuem mit den Phosphoriten im elektrischen Ofen erhitzt werden muß. Es ist wohl mit einem Verbrauch von 22—25 *kW/kg P* zu rechnen. Vgl. auch *E. P.* 659 743 [1928] der *I. G.*

Da heute der größte Teil des farblosen Phosphors auf Phosphorsäure verarbeitet wird, die für Düngemittel Verwendung findet, so sollen auch Verfahren Erwähnung finden, die gestatten, indirekt den Gestehungspreis des Phosphors dadurch zu verbilligen, daß man ihn nicht, wie dies bisher üblich war, an der Luft zu P_2O_5 verbrennt, sondern nach LILJENROTH durch Behandeln mit Wasserdampf

$$2 P + 5 H_2O = P_2O_5 + 5 H_2$$

unter gleichzeitiger Gewinnung von Wasserstoff in Phosphorsäure verwandelt. Das Prinzip des Verfahrens wurde von G. F. LILJENROTH gefunden und von der *I. G.* praktisch ausgearbeitet. Nach dem *D. R. P.* 406 411 wird das aus dem Phosphorofen kommende Gasgemisch (*P*-Dampf und *CO*) bei etwa 1000° mit überhitztem Wasserdampf über Schamotte, Bauxit od. dgl. geleitet, wobei dann die Oxydation des P zu P_2O_5 unter Freiwerden der entsprechenden Menge Wasserstoff erfolgt. Die Umsetzung geht, wie LILJENROTH weiter im *D. R. P.* 409 344 gezeigt hat, schon bei 550—700⁰ vor sich, wenn man an Stelle von Schamotte Katalysatoren, wie z. B. Kupfer, Nickel u. s. w., bzw. die entsprechenden Oxyde verwendet. (Vgl. auch J. M. BRAHAM, *Chem. Ztrlbl.* **1925**, II, 2081; E. W. BRITZKE und Mitarbeiter, *Chem. Ztrlbl.* **1929**, II, 2235; ebenda **1930**, I, 1021; die *D. R. P.* 431 504, 447 837, 438 178, 446 399, 444 797, 456 996 der *I. G.*, das *E. P.* 278 578 [1927] von E. URBAIN, sowie B. SCHÄTZEL s. Literatur.) Hingewiesen sei ferner auf das *D. R. P.* 453 833 der *I. G.*, wonach P mit CO_2 zu P_2O_5 verbrannt und das gebildete CO auf bekannte Weise (Bd. I, 377) mit Wasserdampf in CO_2 und Wasserstoff verwandelt werden soll.

Die technische Durchführung des schönen Verfahrens von LILJENROTH ist anscheinend daran gescheitert, daß es bis jetzt nicht gelungen ist, den Wasserstoff frei von Katalysatorgiften (P-Verbindungen) zu gewinnen.

Gewinnung von Phosphor bzw. P_2O_5 im Hochofen. Bringt man in einen Wassermantelofen ein brikettiertes Gemisch von Phosphoriten, Koks und Sand (100 : 18 : 28), fügt weiterhin zur Erzielung der nötigen Reaktionstemperatur etwa die gleiche Menge Koks hinzu und bläst überhitzte Luft von etwa 400⁰ ein, so wird P in Freiheit gesetzt. Dieser wird in den kälteren Teilen des Ofens von der gleichfalls gebildeten Kohlensäure zu P_2O_5 oxydiert. Die entweichenden Gase, die beim Verlassen des Ofens 350—400⁰ haben, enthalten etwa 30 % CO, P_2O_5 und N. Sie dienen erst zum Vorwärmen der Gebläseluft, werden dann in eine Staubkammer geleitet und schließlich mit verdünnter Phosphorsäure berieselt, wobei eine Phosphorsäure von etwa 40—50⁰ *Bé* erhalten wird. Die Schlacke wird genau wie beim Hochofenbetrieb zeitweilig abgestochen. Das Verfahren ist bei den VICTOR CHEMICAL WORKS bei Nashville, Tennesse, etwa seit 1920 in Betrieb und soll z. Z. 30 t P_2O_5 in 24ʰ in einem Ofen liefern. Vgl. auch z. B. *E. P.* 264 520 der *I. G.*, die Angaben von WAGGAMANN und Mitarbeitern im Bull. No. 1179, s. Literatur, *D. R. P.* 449 585, 450 072 von KYBER u. s. w.

Versuche, die unternommen wurden, um in einem derartigen Ofen Schmelzzement herzustellen, verliefen ergebnislos. Dies ist auch leicht begreiflich, wenn man berücksichtigt, daß brauchbarer Schmelzzement höchstens 8 % SiO_2 enthalten darf und trotz Verwendung kieselsäurearmer Rohmaterialien durch die großen Mengen von Koks notgedrungen mehr SiO_2 eingeführt wird, als obigen Anforderungen entspricht. Die Herstellung eines brauchbaren Schmelzzementes wäre daher nur unter Verwendung von Ölfeuerung möglich. Zudem erscheint es nach den Berechnungen von BERR (s. Literatur) fraglich, ob die Verwendung eines Hochofens an Stelle des elektrischen Ofens Vorteile bietet; denn abgesehen davon, daß etwa 4 kg Koks für je 1 kg P_2O_5 verbraucht werden, beträgt die Ausbeute nur etwa 75 % d. Th. gegen etwa 90 % bei Verwendung des elektrischen Ofens und 92—93 % bei der Zersetzung der Phosphorite mit H_2SO_4.

Nicht sehr aussichtsreich erscheinen auch die Vorschläge, Phosphorite mit Kohle und Kalifeldspat, Leucit anstatt Kieselsäure zu zersetzen, um neben P auch Kali zu verflüchtigen, wobei dann durch Verbrennen u. s. w. direkt Kaliummetaphosphat gewonnen wird (*E. P.* 13 134 [1898]; C. MATIGNON, *Chim. et Ind.* **1929**, 860). Die Beschickung soll bestehen aus 18 Tl. Phosphorit mit 35 % P_2O_5, 20 Tl. Feldspat mit 10 % K_2O, 18 Tl. Kalk, 44 Tl. Koks. Vgl. auch R. D. PIKE (*Ind. engin. Chem.* 22, 242, 344, 349), der auch Betriebsberechnung angibt und mit einer an O_2 angereicherten Gebläseluft arbeitet. Ferner *A. P.* 1 598 259 [1924], 1 701 286 [1924]; DUTOIT und URBAIN, *F. P.* 688 246 [1929].

b) Gewinnung des roten Phosphors. Die Umwandlung des weißen Phosphors (vgl. A. v. SCHRÖTTER, Sitzber. d. Kais. Akad. d. Wissenschaften 1, 25, 48; **4**, 59, 156) in die rote Modifikation ist ein Vorgang, der genauestens beobachtet werden muß und Erfahrungen voraussetzt, da er bei Außerachtlassen gegebener

Vorschriften für Bedienung und Apparatur größte Gefahren auslösen kann. Die Umwandlung in die rote Form ist mit einer erheblichen Wärmeentwicklung verbunden; die Umwandlung eines Mols läßt 3,7 *Kcal.* frei werden. Da die Umwandlung bei höheren Temperaturen durch die frei werdende Wärme stürmisch verlaufen kann, muß man die Reaktionsgeschwindigkeit der Umwandlung so leiten, daß sie langsam erfolgen und in einer größeren Zeitspanne vor sich gehen kann. Bei der spez. Wärme des Phosphors von etwa 0,205 *Kcal/kg* und seiner Umwandlungswärme von 3,7 *Kcal.*/Mol würde, wenn die Umwandlung bei Zimmertemperatur plötzlich verliefe, eine Temperatursteigerung bis zu 600° erreicht werden können, also eine Temperatur, bei der der Dampfdruck des Phosphors viele *Atm.* beträgt. Da die Umwandlung aber erst bei 250° beginnt, könnten somit erheblich höhere Temperaturen und Drucke erzielt werden, wobei die Dissoziation der Phosphormolekel noch gar nicht berücksichtigt ist.

Die Umwandlung einer Charge weißen Phosphors in roten erstreckt sich über eine Zeit von 20—30^h. Sie wird in eisernen Autoklaven (Abb. 124) mit Mengen von 200—250 *kg* vorgenommen. Der untere Teil der Autoklaven sitzt in einem zweiten eisernen Gefäß *b*, der Zwischenraum ist mit einer Legierung von Blei und Zinn zur gleichmäßigen Verteilung der Wärme ausgefüllt. Die Heizung *g* in der Abb. 124 geschieht durch Kohle, besser durch elektrische Luftheizung, die leichter und gleichmäßiger zu regulieren ist. Nach dem Füllen wird der Deckel dicht aufgeschraubt und mit Manometer *c* und Thermometer *d* versehen. Zweckmäßig wird auch die Temperatur der Blei-Zinn-Legierung kontrolliert. Der Autoklav wird ferner durch ein Rohr mit einer mit Wasser gefüllten Vorlage *f* verbunden. Der Autoklav wird nunmehr bis zu einer Temperatur von 230° erhitzt, eine Maßnahme, die unbedenklich ist, da die Umwandlung erst bei 240—250° beginnt und bei dieser Temperatur auch noch langsam verläuft. Anhaftendes Wasser destilliert dabei in die Vorlage. Man erhitzt den Inhalt des Autoklaven nunmehr weitere 3—4^h auf 240°,

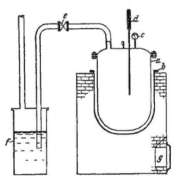

Abb. 124. Vorrichtung zur Herstellung von rotem Phosphor.
a Autoklav; *b* Kessel mit Blei-Zinn-Legierung; *c* Manometer; *d* Thermometer; *e* Verschlußhahn; *f* wassergekühlte Vorlage; *g* Feuerung.

dann weitere 2—3^h auf 240—260°. Man hält den Inhalt etwa 6^h bei der Temperatur von 260° und steigert dann in den nächsten 6^h die Temperatur nur langsam auf 280°. Man muß die Temperatur im Gebiet von 260—280°, wenn auch langsam, steigern, da die Umwandlungsgeschwindigkeit ständig infolge der stetigen Bildung des roten Phosphors geringer wird, also auch die eine Reaktionskomponente, der weiße Phosphor, in seiner Konzentration zurückgeht. Infolge der Umwandlung verliert die Masse ihre flüssige Beschaffenheit, sie wird teigig und wird, wenn etwa 50% roter Phosphor gebildet sind, fest, wobei in der festen Masse die Reaktionsgeschwindigkeit an sich schon kleiner wird und die Umwandlung störend beeinflußt. Man steigert dann in weiteren 4^h die Temperatur auf 300°. Nach dieser Zeit wird der Hahn *e* zur Vorlage geschlossen und der Inhalt innerhalb weiterer 4—5^h auf 350° gebracht, wobei der Druck, wenn die Reaktion richtig verlaufen ist, nicht höher als auf 1,5—2,5 *Atm.* steigen soll. Zweckmäßiger arbeitet man wohl, wenn man die Reaktion ohne Schließen des Autoklaven vor sich gehen läßt. Man destilliert dann einen Teil des weißen Phosphors in die Vorlage und hat etwas schlechtere direkte Ausbeuten, aber diese Arbeitsweise ist weniger gefahrvoll. Der Autoklav kühlt dann 24^h ab. Nach dieser Zeit wird die Masse herausgenommen und weiterverarbeitet.

Die Umwandlung wird durch Jod beschleunigt (TOTDENHAUPT, *D. R. P.* 171 364), weil von ihm 1 Atomgewicht genügt, um 400 Atomgewichte Phosphor umzuwandeln, wobei die Temperaturen auch niedriger gehalten werden können. Diese Arbeitsweise ist jedoch nicht zu empfehlen, da, wie oben gesagt, man kein Interesse an allzu rascher Umwandlung haben kann, da die enorme Wärmeentwicklung ja auch bei diesem Verfahren entsteht und man sich durch eine solche Arbeitsweise nur in das Gefahrengebiet begibt. Das Arbeiten mit Jod und eine zu schnelle Umwandlung hat den weiteren Nachteil, daß der Phosphor hellrot anfällt; erwünscht ist aber eine Ware von tiefroter Färbung.

Nach dem Erkalten werden die Phosphorkuchen aus dem Autoklaven herausgeholt und in einer Naßmühle, die mit Rauchgasen oder Kohlensäure gespült wird, gemahlen. Sodann wird die Masse unter Zugabe von Soda, zweckmäßiger von Ätznatron, mehrere Stunden lang gekocht, um die in dem roten Phosphor noch enthaltenen geringen Mengen weißen Phosphors zu zerstören. Ist die Umwandlung gut verlaufen, so enthält der rote Phosphor nur höchstens 1—1,5% weißen Phosphors. Die Reaktion verläuft nach der Gleichung $2P + NaOH + H_2O = FH_3 + NaPO_2$. Die Natronlauge wird nur in Mengen von 2—3 *kg* in Abständen zugesetzt, und es genügen für eine Charge von 200—250 *kg* Phosphor etwa 12—20 *kg NaOH*. Das Kochen mit Natronlauge wird so lange fortgesetzt, bis keine Spur weißen Phosphors mehr nachzuweisen ist. Zu diesem Zwecke wird von Zeit zu Zeit eine Probe der feuchten Masse, etwa 2 *g*, mit wenigen Tropfen Natronlauge versetzt und in einem ERLENMEYER-Kolben, der mit einem aufgesetzten etwa 80 *cm* langen Glasrohr versehen ist, gekocht. Erreichen die aufsteigenden Dämpfe das Glasrohr, so entsteht bei Anwesenheit von weißem Phosphor eine phosphoreszierende Flamme durch die Gegenwart von Spuren selbstentzündlicher Phosphorwasserstoffe. Fällt diese Probe negativ aus, so wird die Weiterverarbeitung der Charge vorgenommen. Die Masse wird aufgerührt und durch Druckpumpen einer Filterpresse mit absoluter Auslaugung zugeführt. Hier werden die Filterkuchen so lange gewaschen, bis in dem ablaufenden Wasser keine Reaktion auf Natronlauge und Phosphor mehr nachzuweisen ist. Die Filterkuchen werden sodann in einem Vakuumtrockenschrank getrocknet. Nach dem Abkühlen und Herausnehmen werden sie gemahlen, gesiebt und in Blechdosen von 5—10 *kg* Inhalt verpackt. Das erhaltene Produkt ist von tiefroter Farbe und hat einen Gehalt von 98,5—99,5% *P*. Der Rückstand besteht aus Resten der Flugasche, also aus CaO, SiO_2 und Fe_2O_3. Übersteigt er 1,5%, so wird der weiße Phosphor vor seiner Einfüllung in den Autoklaven zweckmäßig nochmals filtriert.

Wesentlich schneller gelingt die Umwandlung des farblosen Phosphors in roten, wenn das Erhitzen unter Vaselinöl (*D* 0,89), von dem man die 5fache Menge des Phosphors braucht, in einem mit Abzugsrohr, Sicherheitsventil und Thermometer versehenen Kessel vornimmt (VOURNASOS, *D. R. P.* 247 905). Bei 350° ist dann die Reaktion gefahrlos in etwa 30—40′ vor sich gegangen. Ein Nachteil dieses Verfahrens ist nur, daß das dem Fertigprodukt anhaftende Vaselin mit Benzin herausgewaschen werden muß.

Analytisches. *a*) Farbloser Phosphor. Prüfung. Der farblose Phosphor enthält als Verunreinigung etwas roten *P*, *CaO*, SiO_2, selten *As*. Zum Nachweis der Verunreinigungen oxydiert man den Phosphor mit Salpetersäure und untersucht die so erhaltene Lösung in bekannter Weise (C. WINKLER, *B.* 33, 1694 [1900]).

Nachweis. Vergiftungen zufälliger, gewerbsmäßiger oder absichtlicher Art sind, wie erwähnt, eine Seltenheit geworden. Im Speisebrei oder Mageninhalt, deren Untersuchung zumeist von dem Gerichtschemiker verlangt wird, verrät sich Phosphor häufig durch den Geruch nach Ozon oder Phosphorwasserstoff. Hängt man über die Probe einen mit Silbernitrat und einen mit alkalischer Bleilösung befeuchteten Papierstreifen und wird der erstere allein geschwärzt, so liegt Phosphor vor. Werden beide Streifen gefärbt, so kann auch Schwefelwasserstoff die Ursache sein. Destilliert man (MITSCHERLICH) die mit etwas Schwefelsäure angesäuerte Probe mit Wasserdampf, so verrät sich der Phosphor durch sein Leuchten im Dunkeln, wodurch man noch 0,00001 Tl. in der Substanz nachweisen kann. Hierbei ist zu berücksichtigen, daß viele Stoffe (Alkohol, Äther, Terpentinöl u. s. w.) das Leuchten schwächen oder aufheben. Man muß dann den überdestillierten Phosphor (bzw. die phosphorige Säure) mit Chlorwasser u. s. w. zu Phosphorsäure oxydieren, die als Ammonium-magnesiumphosphat nachgewiesen wird.

Quantitative Bestimmung. Sie erfolgt nach Oxydation zu Phosphorsäure mit Ammonmolybdat, das den bekannten gelben Niederschlag von Am_3PO_4, $12 Mo_2O_3$ gibt, oder mit Magnesiamixtur, das Ammoniummagnesiumphosphat fällt, welches als Magnesiumpyrophosphat $Mg_2P_2O_7$ zur Wägung gebracht wird.

b) Roter Phosphor. Enthält als Verunreinigungen öfters etwas gewöhnlichen Phosphor, phosphorige Säure, Phosphorsäure, Wasser u. a. m. Phosphorsäure verrät sich schon äußerlich durch die feuchte Beschaffenheit des Produkts. Farblosen Phosphor weist man in einem Benzolextrakt mit ammoniakalischer Silberlösung nach, in Zündholzfabriken mittels der Leuchtprobe, phosphorige Säure im wässerigen Auszug mit Quecksilberchlorid (H. ROSE, *Poggendorf Ann.* 110, 529 [1860]), Gesamtphosphorsäuren im wässerigen Auszug durch Oxydation mit Salpetersäure und Fällung mit Magnesiamixtur. Zur Bestimmung des Gesamtphosphors (R. FRESENIUS und E. LUCK, *Ztschr. analyt. Chem.* 11, 63 [1872]) oxydiert man den sorgfältig ausgewaschenen Phosphor mit Salpetersäure, die man in bekannter Weise mit Magnesiamixtur bestimmt, während man eine andere Probe mit Schwefelkohlenstoff von farblosem Phosphor befreit, um dann den ungelöst gebliebenen roten Phosphor zur Wägung zu bringen. Siehe auch TOLKATSCHEW und PORTNOW, *Chem. Ztrlbl.* 1930, II, 3318.

Verwendung. Die weitaus größte Menge des weißen Phosphors wird durch Verbrennen in Phosphorsäure verwandelt, die auf Düngemittel verarbeitet wird. Des weiteren dient er zur Herstellung von rotem Phosphor und Phosphorverbindungen, insbesondere Phosphorsesquisulfid, Phosphortri- und oxychlorid. In der Metallindustrie benutzt man relativ große Mengen zur Herstellung von Phosphorkupfer und Phosphorzinn (Bd. VIII, 373). Er dient ferner zur Raucherzeugung (Bd. VI, 431 ff.) für Leuchtspurmunition, als Rattengift und für pharmazeutische Produkte. In der Gasanalyse braucht man Phosphor zur Absorption von Sauerstoff.

Der rote Phosphor wird für die Reibfläche der Zündholzschachteln benutzt, s. Zündwaren, ferner für Verneblungszwecke (Phosphormunition). Weitere geringfügige Verwendung in der Feuerwerkerei (Bd. V, 340, 341), bei der Herstellung von Glühlampen (Bd. VI, 794) u. s. w. In der Präparatenindustrie braucht man roten Phosphor für die Gewinnung von Phosphorchloriden (s. d.), ferner auch bei der Herstellung verschiedener Produkte wie Brom- und Jodwasserstoffsäure, Alkylbromide, Alkyljodide.

Wirtschaftliches. Seit 1900 wird in Deutschland Phosphor von *Griesheim* (jetzt *I. G.*) in Bitterfeld sowie von der *I. G.* in Piesteritz hergestellt; ferner von J. ALBRIGHT & WILSON, Wadnesfield (Oldbury) in England, COIGNET FILS, Lyon, MORRO PHILLIPS, Philadelphia, OLDBURY ELECTRIC CHEMICAL Co., Niagara-Falls, AMERICAN PHOSPHORUS Co., Philadelphia, sowie Fabriken in Sowjetrußland, Jugoslawien und Italien, die z. Z. im Bau sind. Die Weltproduktion wird auf etwa 15 000 *t* geschätzt, wovon etwa 12 000 *t* auf Düngemittel verarbeitet werden. 1930 wurden 374 *t* P aus Deutschland ausgeführt im Werte von 872 000 RM.

Die derzeitigen Weltmarktpreise inklusive Verpackung zu 1000 *kg* sind:

Phosphor, gelb, in Stangen oder Keilen . . . £	80—85
Phosphor, rot, amorph . . . . »	120—130
Phosphorsesquisulfid . . . . »	110—115

Literatur: R. BERR, L'évolution de l'industrie des engrais chimiques. *Ind. chimique* 17, 390, No. 197 [1930]. — E. BRITZKE und N. PESTOW, Thermische Herstellung von Phosphorsäure und hochprozentigen Phosphaten; Russisch. *Chem. Ztrlbl.* 1929, I, 1495, 1609; II, 2235, enthält zahlreiche Literaturangaben und Versuche über die Gewinnung von *P* im elektrischen und Schachtofen, Oxydation von *P* nach LILJENROTH u. s. w. — W. FRIEDBERG, Die Verwertung der Knochen. Wien 1884. — GUTBIER in GMELIN-KRAUT, Handbuch der anorganischen Chemie, Hd. I, Tl. 3. — K. D. JACOB, Phosphorsäureherstellung nach Verflüchtigungsmethoden. *Chem. Ztrlbl.* 1926, I, 199. — K. D. JACOB und D. S. REYNOLDS, Nebenprodukte bei der Herstellung von Phosphorsäure im Schmelzofen. Americ. Fertilizer 70, No. 6, 19 [1929]. — O. KAUSCH, Phosphor, Phosphorsäure und Phosphate. Berlin 1929 (enthält die gesamte Patent- und sonstige Literatur). — B. SCHÄTZEL, Umsetzung von Phosphor mit Wasserdampf zu Phosphorsäure und Wasserstoff. Berlin 1929. — W. H. WAGGAMANN, H. W. EASTERWOVA, TH. B. TURLEY, Investigations of the manufacture of phosphoric acid by the volatilization process. United States Departement of Agriculture Depart. Bull. No. 1179. Washington. December 1923; mit ausführlichen Angaben über die Ergebnisse im elektrischen Ofen und in mit Öl geheizten Hochofen. — W. H. WAGGAMANN, Phosphoric acid. Phosphates and Phosphatic Fertilizers. New York 1927. — B. WAESER, Elektrische Phosphorsäuregewinnung. Metallbörse 17, 1099 [1927].

F. Jost und *F. Ullmann.*

Phosphorbronze s. Bd. II, 700, Bd. VII, 288.

Phosphorsäurehaltige Düngemittel s. Düngemittel, Bd. IV, 27.

Phosphorverbindungen. Behandelt werden hier die wichtigsten Verbindungen mit Halogenen, Metallen, Sauerstoff, Schwefel und Wasserstoff. Die organischen Phosphorverbindungen, welche technische Bedeutung haben, s. unter Phosphorsäureester (S. 388), Glycerinphosphorsäure (Bd. V, 823), Lipoide (Bd. VII, 364).

Halogenverbindungen.

Bekannt sind Tri- und Pentahalogenide sowie halogenärmere und halogenreichere Verbindungen. Sie entstehen durch direkte Vereinigung des Halogens mit Phosphor, u. zw. die halogenärmeren Verbindungen bei Überschuß an Phosphor, die halogenreicheren bei Überschuß an Halogen. Die Reaktionen sind meist von Feuererscheinung begleitet. Von Wasser werden sämtliche Verbindungen hydrolytisch gespalten, wobei teilweise Oxychloride entstehen, unter Bildung von Halogenwasserstoffsäure; daher rauchen alle an der Luft. Bei tiefer Temperatur sind sie additionsfähig, z. B. für Ammoniak und Stickoxyde.

Phosphortrichlorid. PCl_3, 1808 von GAY-LUSSAC und THÉNARD entdeckt, ist eine wasserhelle, zu Tränen reizende, an der Luft rauchende Flüssigkeit. Bleibt bei -115^0 noch flüssig. Kp_{760} $75,95^0$, D^{20} 1,5774. Mischbar mit Äther, Benzol, Schwefelkohlenstoff. Zerfällt bei allmählichem Zutritt von Wasser in Salzsäure und phosphorige Säure: $PCl_3 + 3 H_2O = 3 HCl + H_3PO_3$. Mit Ozon, Chloraten, Perchloraten entsteht $POCl_3$, mit Ammoniak die Verbindung $PCl_3(NH_3)_5$.

Zur Darstellung im kleinen arbeitet man zweckmäßig nach den Angaben von GRAEBE (*B.* **34**, 650) bzw. F. MITOBEDZKI und F. FRIEDMANN (*Chem. Ztrlbl.* **1918**, I, 993).

150 g roter P werden mit 150 g PCl_3 übergossen und unter Rückfluß bis nahe zum Sieden, etwa 75^0, erhitzt. Man leitet nun einen raschen Chlorstrom ein, wobei das Einleitungsrohr nur in das PCl_3 tauchen, aber den P nicht berühren soll. Die Umsetzung ist in $2^1/_2{}^h$ beendet. Wenn man mit gelbem P arbeitet, muß man die Luft vorher durch CO_2 verdrängen.

Für die Darstellung im großen verwendet man Retorten aus Eisen, Kupfer, Phosphorbronze, Messing oder Nickel, die nicht angegriffen werden, solange Phosphor im Überschuß vorhanden ist (FAHLBERG, LIST & CO., *D. R. P.* 44832). PCl_3 ist auch darstellbar aus Ferrophosphor und Chlor, wobei PCl_3 abdestilliert (URBAIN, *F. P.* 669 099), jedoch hat diese Methode keinerlei technisches Interesse. Das Rohprodukt wird immer durch Destillation gereinigt.

Verwendung zur Darstellung von Phosphoroxychlorid und -pentachlorid (Krystallviolett, Bd. **VI**, 833) und Säurechloriden.

Phosphorpentachlorid, PCl_5, 1810 von DAVY entdeckt, ist ein weißes, krystallinisches Pulver von eigenartigem, die Schleimhäute heftig reizendem Geruch. Sublimiert über 140^0, ohne zu schmelzen, während es unter Druck bei 148^0 schmilzt. Zerfällt bei etwa 300^0 vollständig in Phosphortrichlorid und Chlor. Gibt mit vielen Metallen die entsprechenden Chloride und vermag mit diesen Doppelverbindungen zu geben, z. B. $2 PCl_5 \cdot Fe_2Cl_6$, unzersetzt schmelzbar (WEBER, *Journ. prakt. Chem.* **76**, 410). Mit Wasser entsteht erst $POCl_3$, dann daraus H_3PO_4.

Zur Darstellung läßt man in einen Kolben, durch den trockenes Chlor streicht, Phosphortrichlorid langsam eintropfen oder zerstäubt zweckmäßiger PCl_3 in einer Chloratmosphäre, wobei sich festes Pentachlorid bildet. Da das PCl_5 leicht unverändertes PCl_3 einschließt, so beläßt man das Reaktionsprodukt während längerer Zeit in der Chloratmosphäre, am besten unter Rühren. Die Umsetzung kann auch in eisernen Gefäßen vorgenommen werden (MANOJEW und MASEL, *Chem. Ztrlbl.* **1930**, II, 1510).

Die Gewinnung durch Einwirkung von Kieselsäure auf ein Gemisch von Calciumphosphat und Natriumchlorid bei 1100 1400^0 erscheint fraglich (MINES, *A. P.* 1 688 503). Das Verfahren des *D. R. P.* 276 024 von S. PEACOCK, wonach Calciumphosphat mit KCl durch Erhitzen im Vakuum auf 1100^0 nach der Gleichung $Ca_3(PO_4)_2 + 10 KCl = 3 CaO + 5 K_2O + 2 PCl_5$ mit 98%iger Ausbeute reagieren soll, geht überhaupt nicht.

PCl_5 dient zur laboratoriumsmäßigen Herstellung von Säurechloriden (Bd. **III**, 330), von Fluoresceinchlorid u. s. w.

Phosphoroxychlorid, $POCl_3$, eine farblose, stark lichtbrechende Flüssigkeit von stechendem, die Atmungsorgane angreifendem Geruch. *Schmelzp.* $1,2^0$, Kp_{760} $107,2^0$, D^0 1,7116. Wird von Wasser gespalten in Orthophosphorsäure und Chlorwasserstoff: $POCl_3 + 3 H_2O = H_3PO_4 + 3 HCl$, wobei als Zwischenprodukt die Dichlorphosphorsäure $POCl_2 \cdot OH$ entsteht (MEERWEIN, *B.* **62**, 1952). Nach dem *D. R. P.* 492 061 der *I. G.* wird es durch Behandeln mit CO und Cl_2 oberhalb 400⁰ bei Gegenwart von Holzkohle in PCl_3 bzw. PCl_5 verwandelt. Wird von Phosphortrichlorid dadurch unterschieden, daß mit Zink und Wasser selbstentzündlicher Phosphorwasserstoff entsteht, während PCl_3 ohne Einwirkung bleibt (DENIGÈS; *Lunge-Berl*, III, 891).

Die Darstellung geschieht aus Phosphortrichlorid durch Oxydation mit Kaliumchlorat nach ULLMANN (*B.* 34, 2172 [1901]), indem man 16 Tl. fein gepulvertes, vollkommen trockenes Kaliumchlorat mit 20 Tl. Phosphoroxychlorid übergießt und dann 50 Tl. Phosphortrichlorid unter Verwendung eines Rückflußkühlers zutropfen läßt: $3\,PCl_3 + KClO_3 = 3\,POCl_3 + KCl$. Bildet sich auch durch Erhitzen von Phosphorpentachlorid mit wasserfreier Oxalsäure, krystallisierter Borsäure oder Phosphorpentoxyd. Zweckmäßig ist auch das im *D. R. P.* 415 312 (*Heyden*) angegebene Verfahren aus PCl_3 und Sulfurylchlorid: $PCl_3 + SO_2Cl_2 = POCl_3 + SOCl_2$, wobei das wertvolle Thionylchlorid als Nebenprodukt entsteht. Bildet sich ferner durch Behandeln von Calciummeta- oder -orthophosphat in Gegenwart von Kohle mit Chlor bei hoher Temperatur (ERDMANN, *D. R. P.* 138 392). Ist ein Abfallprodukt bei der Herstellung von organischen Säurechloriden mit Phosphorpentachlorid und kann durch Rektifikation oder Ausfrieren gereinigt werden.

Verwendung zur Darstellung von Säurechloriden, Anhydriden und Triphenylmethanfarbstoffen sowie besonders Phosphorsäureestern, wie Triphenyl- und Trikresylphosphat (s. S. 388).

Phosphortribromid, PBr_3, wasserhelle, stark ätzende Flüssigkeit. *Schmelzp.* -40^0, Kp_{760} 172,9⁰, D^{15} 2,85. Löslich in vielen organischen Lösungsmitteln. Darstellung s. Bd. II, 689. Dient zur Herstellung von Bromwasserstoff in Gasform (Bd. II, 689) sowie von Alkylbromiden. Wird als Lösungsmittel für weißen Phosphor benutzt, der beim Kochen, z. B. in 10%iger Lösung, in fein verteilten hellroten Phosphor übergeht; nach Beendigung der Reaktion wird das Phosphortribromid durch Erhöhung der Temperatur abgetrieben (SCHENCK, *B.* 36, 979 [1903]).

Technisch ohne Bedeutung sind die krystallinen Verbindungen Phosphorpentabromid, PBr_5, Phosphoroxybromid, $POBr_3$, sowie die flüssigen Phosphortrifluorid, PF_3, Phosphorpentafluorid, PF_5, und Phosphoroxyfluorid, POF_3. Ferner Phosphorbijodid, P_2J_4, orangegelbe Krystalle, *Schmelzp.* 110⁰. Darstellung aus den Elementen in berechneten Mengen in Schwefelkohlenstofflösung, ähnlich der von Phosphortribromid. Kann zur Herstellung von Jodwasserstoff Verwendung finden: $3\,P_2J_4 + 12\,H_2O = P_2 + 4\,H_3PO_3 + 12\,HJ$.

Durch Zersetzung mit wenig Wasser bilden sich phosphorige Säure, Phosphorwasserstoff und Jodwasserstoff, die sich zu Jodphosphonium, PH_4J, vereinigen (s. S. 391).

Phosphortrijodid, PJ_3. Tiefrote Säulen. *Schmelzp.* 61⁰. Darstellung analog dem Phosphortribromid. Findet Verwendung zur Darstellung von Jodwasserstoff in Gasform.

Metall-Phosphor-Verbindungen.

Phosphor verbindet sich mit den meisten Metallen zu teils gut definierbaren Verbindungen. Technisch wichtig sind Phosphoreisen (Ferrophosphor), Phosphorkupfer und Phosphorzinn. Von geringerer Bedeutung ist Phosphorcalcium. Phosphorbronze enthält keinen *P*, sondern ist Bronze, die mit *P* oder Phosphorkupfer desoxydiert ist (Bd. II, 700).

Phosphorcalcium, Calciumphosphid, Ca_3P_2, bildet braunrote Stücke, die mit Wasser selbstentzündlichen Phosphorwasserstoff liefern. Zur Darstellung erhitzt man Ätzkalk in einem Tiegel zum Glühen und führt durch ein eisernes Rohr an die tiefste Stelle weißen Phosphor in Stangen ein (MOISSAN, *Compt. rend. Acad. Sciences* 128, 787; RENAULT, ebenda 128, 883 [1891]). Ungefährlicher in der Handhabung ist die Herstellung aus rotem Phosphor, der in verschließbaren Tiegeln oder Muffeln aus feuerfestem Material mit Ätzkalkstücken in Wechsellagen übereinander geschichtet und der Rotglut ausgesetzt wird (CHEMISCHE FABRIK VAHRENWALD G. M. B. H., *D. R. P.* 240 189). Calciumphosphid entsteht oberhalb 1550⁰ bei der Reduktion von Calciumphosphat mit Kohle im elektrischen Ofen, ferner mit Magnesium oder Calcium, und ist ein Zwischenprodukt im Reaktionsverlauf der thermischen Gewinnung von Phosphor (H. H. FRANCK, *Ztschr. angew. Chem.* 43, 553 [1930]). Es wird wohl am zweckmäßigsten hergestellt nach dem *D. R. P.* 359 301 von *Griesheim.*

1000 Tl. Calciumcarbid werden mit 600 Tl. P_2O_5 gemischt, in einen Tiegel gebracht und die Reaktion an einer Stelle durch Erhitzen auf 400—500⁰ eingeleitet, die sich dann durch die ganze Masse fortpflanzt: $3\ CaC_2 + P_2O_5 = Ca_3P_2 + 5\ CO + C$.

Verwendung. Da sich Ca_3P_2 mit Wasser unter Bildung von selbstentzündlichem Phosphorwasserstoff zersetzt, benutzt man es als Leuchtzeichen zum Aufsuchen abgeschossener Torpedos und im Gemisch mit Calciumcarbid als Füllung von Leuchtbojen.

Phosphoreisen. Aus P und Fe lassen sich nach LE CHATELIER und WOLOGDINE, *Compt. rend. Acad. Sciences* **149**, 709 [1909], erhalten: Fe_3P (15,6% P, *Schmelzp.* 1110⁰), Fe_2P (21,8% P, *Schmelzp.* 1290⁰), FeP (35,7% P). Vgl. auch Bd. IV, 144. Die Verbindung Fe_2P entsteht leicht im Hochofen, während im elektrischen Ofen auch Ferrophosphor mit bis 26% P erhalten wird. Die Arbeitsweise ist die gleiche wie für die Herstellung von P (Bd. VIII, 362), nur muß der Beschickung die berechnete Menge Eisenschrot oder Erz und Koks zugefügt werden.

J. A. BARR (Trans. Amer. Inst. Mining and Metallurg. Engin. 1924, 1380) beschreibt die Herstellung von Ferrophosphor mit 18—22% P, 76—80% Fe, 0,2% O, 0,3% S, 0,7% Si, 0,1% C und 0,2% Mn unter Verwendung von Eisenerz und Phosphoriten mit 76—78% $Ca_3(PO_4)_2$ und Zuschlägen von Koks und Sand im Hochofen im ununterbrochenen Betrieb. Die anfallende Schlacke hat etwa 44% SiO_2, 35% CaO, 5% FeO, 5% Al_2O_3, 7% P_2O_5 und 1% S. Die Reduktion soll nach MEYER (*Chem. Ztrlbl.* 1928, I, 572) im Hochofen bei 1050⁰ erfolgen. Nach TH. SWANN (*Iron Age* 114, 1469) kann man Ferrophosphor mit bis 20% P im MARTIN-Ofen herstellen, während man im elektrischen Ofen bis zu 26% P gelangt. Vgl. auch Trans. Amer. Inst. Mining and Metallurg. Engin. 1924, 1383. Ersetzt man in der gewöhnlichen, aus Phosphoriten, Koks, Sand und Eisen bestehenden Charge den Sand durch kieselsäurearmen Bauxit, so erhält man sowohl im elektrischen Ofen wie im Hochofen Ferrophosphor neben Schmelzzement als wertvolles Nebenprodukt (KYBER, E. P. 267 518; F. P. 630 089 [1927]). Das D. R. P. 111 639 [1898] von WIECZORECK, wonach aus phosphorhaltigen Eisenschlacken Ferrophosphor und Carbid hergestellt werden soll, und D. R. P. 156 087 [1904] von GIN, der Calciumphosphat, Kieselsäure, Fe und als Reduktionsmittel Pyrit im elektrischen Ofen auf Ferrophosphor verschmilzt, sind ohne technisches Interesse.

Verwendung. Phosphoreisen dient hauptsächlich als Zusatz zu Gußeisen, um es dünnflüssig zu machen (Kunstguß, s. auch Bd. IV, 187), sowie neuerdings in der Stahlindustrie, da P-haltige Blöcke bei tieferer Temperatur gewalzt werden können (TH. SWANN, *Iron Age* 114, 1469). Sehr aussichtsreich erscheint ferner auch seine Verwendung zur Herstellung von Trinatriumphosphat (s. S. 387) und Trikaliumphosphat (s. S. 384). Ohne technisches Interesse ist die Umwandlung von Ferrophosphor mit Si in Ferrosilicium und P (POKORNY, D. R. P. 466 438), sowie seine Zersetzung mit Wasserdampf und Sauerstoff, wobei P_2O_5 und Wasserstoff entsteht (I. G., D. R. P. 446 399). Über die Umwandlung in P_2S_5 s. S. 391.

Phosphorkupfer, existierend als Cu_3P_2 mit 24,5% P, Cu_2P mit 19,6% P und Cu_3P, *Schmelzp.* 1025⁰, mit 13,95% P. Eine spröde, graue Substanz, die von Wasser nicht angegriffen wird. Die Darstellung erfolgt durch Glühen von Kupfer in Phosphordämpfen bei 600—800⁰ oder von Kupferspänen mit rotem Phosphor in bedeckten Tiegeln bei 700⁰ (HEYN und BAUER, *Ztschr. anorgan. allg. Chem.* 52, 129 [1907]). Auch kann man 4 Tl. Monocalciumphosphat mit 1 Tl. Kohle, etwas SiO_2 und 2 Tl. gekörntem Cu zusammenschmelzen.

Die Umsetzung von Calciumphosphat mit Kupferchlorid und Reduktion mittels Kohle in der Glühhitze (GULTAT, D. R. P. 21902), das Verschmelzen eines Gemisches von Calciumphosphat, Kupferoxyd und Kohle zwischen indifferenten Elektroden aus Carbiden oder Ferrosilicium (MEYER, D. R. P. 105 834), das Zusammenschmelzen von Alkaliphosphaten mit Kupfer, Kieselsäure und Kohle (MELLMANN, D. R. P. 45175) sind ohne technisches Interesse. Phosphorkupfer kommt in gekerbten Platten mit 5, 10, 15% P in den Handel. Es dient als Desoxydationsmittel für Bronzen (Bd. VII, 288); meist werden 2,5—3,5% 10%iges Phosphorkupfer hierfür benutzt.

Phosphorzinn, in reiner Form isoliert als Sn_4P_3 und SnP_3 (JOLIBOIS, *Compt. rend. Acad. Sciences* **148**, 636 [1909]), verliert beim Glühen Phosphor, bis als beständigste Verbindung Sn_9P mit dem *Schmelzp.* 370⁰ übrigbleibt. Ist im Handel in dunkelgrauen Blöcken von krystallinem Bruch und hat einen Gehalt von 5—10% P. Die Darstellung geschieht durch Lösen von P in geschmolzenem Sn. Wird als Desoxydationsmittel bei der Herstellung von Bronzen und von Neusilberlegierungen verwendet.

Phosphor-Sauerstoff-Verbindungen und ihre Hydrate.

Unterphosphorige Säure, H_3PO_2, $H_2PO(OH)$, 1816 von DULONG entdeckt, von H. ROSE in ihrer Zusammensetzung erkannt, deren Salze zuerst von WURZ und RAMMELSBERG untersucht wurden, ist eine weiße, in großen Blättern krystallisierende, in Wasser sehr leicht lösliche Masse vom *Schmelzp.* 17,4°. Nur ein Wasserstoffatom ist durch Metalle ersetzbar. Beim Erhitzen zerfällt die wasserfreie Säure in Phosphorwasserstoff und Phosphorsäure: $2\,H_3PO_2 = PH_3 + H_3PO_4$; bei der Oxydation bildet sich zunächst phosphorige Säure und dann Phosphorsäure. Durch Wasserstoff im Entstehungszustande wird Phosphorwasserstoff entwickelt. Die Verbindung wirkt äußerst stark reduzierend.

Zur Darstellung läßt man auf das Bariumsalz die berechnete Menge verdünnter Schwefelsäure einwirken und dampft die erhaltene wäss-erige Säure im Vakuum ein (THOMSEN, *B.* 7, 994 [1874]); oder das Calciumsalz wird mit 1 Mol Ammoniumoxalat versetzt, das gebildete Ammoniumsalz mit Bariumcarbonat bis zum völligen Verschwinden des NH_3 gekocht und schließlich das Bariumsalz mit der äquivalenten Menge Schwefelsäure zerlegt (G. HEIKEL, Amer. Journ. Pharm. 80, 581 [1908]). Die käufliche, kalkhaltige wässerige Lösung der Säure wird durch Ausfällen des Kalkes mit Alkohol-Äther gereinigt (MICHAELIS und v. AREND, *A.* 314, 265 [1901]).

Von den Hypophosphiten sind das Calcium- und Bariumsalz die wichtigsten, die durch Kochen der wässerigen Lösungen von $Ca(OH)_2$ und $Ba(OH)_2$ mit P erhalten werden (H. ROSE, *Poggendorf Ann.* 9, 364 [1827]; 12, 79 [1828]; J. A. KENDALL, *E. P.* 20392, *Journ. Soc. chem. Ind.* 9, 1129 [1890]). Calciumhypophosphit bildet ein weißes krystallinisches Pulver, ist luftbeständig, geruchlos, schmeckt schwach laugenartig und ist in etwa 8 Tl. H_2O löslich. Die technische Herstellung des Calciumsalzes erfolgt zweckmäßig nach dem *D. R. P.* 442 210 von *Merck* durch Behandeln mit Erdalkalihydroxyden mit P in geschlossenen Gefäßen. In einem 200-*l*-Autoklaven werden aus 18 *kg* Kalk und 100 *l* H_2O Kalkmilch hergestellt, 14 *kg* P und 40 *l* H_2O hinzugefügt, die Luft durch N verdrängt und nach dem Schließen der Hähne unter Rühren auf 50—55° erwärmt, wobei durch die Reaktion die Temperatur auf 70° und der Druck auf 5 *Atm.* steigt. Der gebildete PH_3 wird abgelassen und in Röhren aus Ton durch Zufügen von Luft verbrannt und das P_2O_5 in Türmen, die mit RASCHIG-Ringen gefüllt sind, durch Auftropfen von H_2O absorbiert (13 *kg* H_3PO_4, *spez. Gew.* 1,7). Der Kessel wird mit N ausgespült, der Inhalt filtriert und die klare Lösung von Calciumhypophosphit nach dem Fällen mit CO_2 vom $CaCO_3$ filtriert und eingedampft (16 *kg*). Der Filterrückstand besteht aus Kalk und Calciumphosphit (durch Zersetzung von Hypophosphit entstanden). Er wird in Salzsäure gelöst, filtriert und mit Natronlauge gefällt, wobei 15 *kg* Calciumhypophosphit erhalten werden. Es dient als appetitanregendes Mittel und ist ein Bestandteil der Emulsion SCOTT.

Das Bariumhypophosphit, $Ba(H_2PO_2)_2 \cdot H_2O$, bildet glänzende Nadeln, die in etwa 3 Tl. heißem oder kaltem H_2O löslich sind: $8\,P + 3\,Ca(OH)_2 + 6\,H_2O = 3\,Ca(H_2PO_2)_2 + 2\,PH_3$.

Die Alkalisalze werden durch doppelte Umsetzung aus dem Barium- oder Calciumsalz mit den entsprechenden Alkalicarbonaten oder Sulfaten erhalten (BERLANDT, *Arch. Pharmaz.* 122, 237 [1865]). Natriumhypophosphit, $NaH_2PO_2 + H_2O$, bildet tafelförmige, sehr hygroskopische Krystalle, die in 30 Tl. kaltem und in 1 Tl. kochendem Alkohol löslich sind, und wird als Reagens auf Arsen benutzt.

Das Eisenhypophosphit, $Fe(H_2PO_2)_2 + H_2O$, bildet hellgraue Oktaeder, das Ferrihypophosphit, $Fe(H_2PO_2)_3$, ein weißes Pulver, das Manganhypophosphit, $Mn(H_2PO_2)_2 \cdot H_2O$, hellrosa Säulen.

Phosphorige Säure, H_3PO_3, $HPO(OH)_2$, 1812 von DAVY entdeckt, von DULONG 1816 näher beschrieben, wird erhalten durch Auflösen von P_4O_6 in kaltem Wasser (THORPE und TUTTON, *Journ. chem. Soc. London* 57, 545 [1890]), dargestellt durch Einleiten von PCl_3-Dämpfen in H_2O bei 0°: $PCl_3 + 3\,H_2O = H_3PO_3 + 3\,HCl$ (GROSHEINTZ, *Bull. Soc. chim. France* [2] 27, 433 [1877]) oder durch Zersetzen des PCl_3 mit Oxalsäure: $PCl_3 + 3\,C_2O_4H_2 = H_3PO_3 + 3\,CO_2 + 3\,CO + 3\,HCl$ (HURTZIG und GEUTHER, *A.* 111, 170 [1859]). Zweckmäßig scheint auch die Zersetzung mit *konz. HCl* zu sein, wobei die Reaktion ruhig verläuft (MILOBEDZKI und FRIEDMANN, *Chem. Ztrbl.* 1918, I, 993). Die Säure bildet farblose zerfließliche Krystalle vom *Schmelzp.* 74°, zerfällt beim Erhitzen in Phosphorsäure und Phosphorwasserstoff: $4\,H_3PO_3 = 3\,H_3PO_4 + PH_3$. Nur 2 Wasserstoffatome können durch Metalle ersetzt werden (MICHAELIS und Mitarbeiter, *B.* 7, 1688 [1874]; 8, 504 [1875]; *A.* 181, 312 [1876]; *B.* 30, 1003 [1897]). Nur die Alkaliphosphite und das Calciumphosphit sind in Wasser, die übrigen Salze in Säuren löslich.

Nachweis – durch Reduktion zu PH_3: SCHERER (*A.* 112, 214 [1859]), HERZOG (*Arch. Pharmaz.* [2] 101, 138 [1859]) – neben H_3PO_4: H. HAGER (*Pharmaz. Zentralhalle* 11, 489 [1872]). Bestimmung: KRAUT und PRECHT (*A.* 177, 274 [1875]), MARIE und LUCAS (*Compt. renu. Acad. Sciences* 145, 60 [1907]); neben $H_4P_2O_6$, H_3PO_2 und H_3PO_4: A. ROSENHEIN und J. PINSKER (*Ztschr. anorgan. Chem.* 64, 327 [1909]), neben H_3PO_4 (*Chem. Ztrbl.* 23, IV, 183).

Phosphortrioxyd, Phosphorigsäureanhydrid, P_2O_6, nach molekularer Zusammensetzung P_4O_6, bildet wachsähnliche, weiche, schneeweiße monokline Krystalle vom *Schmelzp.* 22,5°, *Kp* 173,1°. In kaltem Wasser löst es sich langsam auf und bildet phosphorige Säure, mit heißem Wasser und *konz.* Alkalilauge findet sehr heftige Umsetzung in Phosphor, Phosphorwasserstoff und Phosphorsäure statt. Es oxydiert an der Luft rasch zu Phosphorpentoxyd (vgl. MILTER, *Journ. chem. Soc. London* 1928, 1847).

Darstellung durch Verbrennen von P in einem trockenen, zur vollen Oxydation nicht ausreichendem Luftstrom (THORPE und TUTTON, *Chem. News.* 61, 212 [1890]; *Journ. chem. Soc. London* 57, 545 [1890]; L. WOLFF, *D. R. P.* 444 664 [1926]). Das Trioxyd ist fast so giftig wie der gelbe Phosphor. Technische Verwendung dürfte es kaum gefunden haben.

Phosphorpentoxyd, P_2O_5, ist eine weiße, schneeartige, geruchlose Masse von stark saurem Geschmack, die nach Belichtung grün phosphoresciert. Das bei niederer Temperatur entstandene Pentoxyd ist voluminös ohne Krystallstruktur, sublimiert bei 250°, ohne vorher zu schmelzen. Durch Überhitzen auf 440° wird es krystallinisch und schmilzt dann bei Rotglut zu einer glasigen Masse, die weniger flüchtig und weniger hygroskopisch ist. Im Dampfzustand bei 1400° entspricht das Oxyd der Formel P_4O_{10} (HAUTEFEUILLE und PERREY, *Compt. rend. Acad. Sciences* **99**, 33 [1884]). Es ist stark hygroskopisch und bildet durch Addition von Wasser zunächst Metaphosphorsäure, welche dann in Orthophosphorsäure übergeht:

$$P_2O_5 + H_2O = 2\,HPO_3;\ 2\,HPO_3 + 2\,H_2O = 2\,H_3PO_4.$$

Die Begierde des P_2O_5, Wasser aufzunehmen, ist so stark, daß sogar Salpetersäure und Schwefelsäure von ihm in ihre Anhydride übergeführt werden. Es wird von glühender Kohle unter Bildung von CO zu Phosphor reduziert.

Die **Darstellung** erfolgt z. Z. ausschließlich durch Verbrennung von Phosphor. Die Umsetzung von P mit Wasserdampf nach LILJENROTH ist S. 366, 377, die Verfahren, bei denen P_2O_5 nur als Zwischenprodukt erhalten wird, sind unter Phosphorsäure (s. S. 377) beschrieben.

Die Verbrennung von gelbem Phosphor geht, bei an sich sehr niedrigem Entflammungspunkt, mit so großer Wärmeentwicklung ($4P + 5O_2 = 2P_2O_5 + 369,9\,Kcal.$) vor sich, daß sie explosionsartig verläuft, wenn man nicht geeignete Vorrichtungen benutzt. Das wesentliche Erfordernis zur Erzielung einer hohen Ausbeute und einer vollständigen Verbrennung des P ist eine geeignete Dosierung des Phosphors und Zufuhr von reichlichen Mengen Luft oder Sauerstoff, die vollkommen trocken sein müssen. Die primitivste Art ist die Verbrennung in jeweils kleinen Mengen in einem heißen kupfernen Löffel, den GRABOWSKI (*A.* **136**, 119 [1865]) in eine Weißblechtrommel mit Schornstein einführte. Als einfaches Hilfsmittel benutzte GOLD-SCHMIDT (*D. R. P.* 110 174) einen Docht, der in geschmolzenen Phosphor eintauchte. Diese Maßnahmen erlaubten jedoch keine hohen Leistungen. Diese erzielte die *I. G.* (*D. R. P.* 441 807), indem sie geschmolzenen Phosphor unter Zerstäubung in die Verbrennungskammer einführt. Die Verbrennungsluft wird durch eine Mischung von 5—20% P_2O_5 in 100%iger H_3PO_4 getrocknet und die entstandene Wärme zur Heizung von Dampfkesseln verwertet (*I. G.*, *D. R. P.* 426 388). Will man das dem Phosphorofen entströmende Gemisch von P-Dampf und CO direkt verbrennen, so vermischt man es nach vorhergehender Abscheidung des Flugstaubes (s. S. 364) mit der nur für die Verbrennung des Phosphors erforderlichen Luftmenge (*Gries-heim*, *D. R. P.* 408 925; KLUGH, FEDERAL PHOSPHORUS COMPANY, *A. P.* 1 463 959 und 1 497 727), wobei CO unangegriffen bleibt, das zur Beheizung von Kesseln u. s. w. verwendet werden kann. Nach den Angaben von KLUGH, gestützt auf die in Amerika und Frankreich im Großbetrieb gewonnenen Erfahrungen, hält sich die Temperatur der Verbrennungsprodukte auf 1500—1750° (*Chem. Ztg.* **54**, 59 [1930]). Die Oxydation von Kohlenoxyd findet, solange Phosphordämpfe vorhanden sind, nicht statt. Es ist sogar möglich, Phosphordampf mit Kohlendioxyd zu oxydieren: $2P + 5CO_2 = P_2O_5 + 5CO$ (*I. G.*, *D. R. P.* 453 833).

Erwähnt seien ferner eine Anzahl Ofenkonstruktionen, die nach Angabe der Patentschriften es gestatten sollen, direkt P_2O_5 aus Phosphaten, Kohle und Sand herzustellen. Bei dem *D. R. P.* 464 252 von MEHNER erfolgt Reduktion und Verbrennung des gebildeten Phosphors in einer Art Muffelofen, wobei durch die hohe Verbrennungstemperatur des P die einmal eingeleitete Reaktion ohne äußere Wärmezufuhr weitergehen soll und also nur die Reduktionskohle benötigt wird. Die STETTINER SCHAMOTTE-FABRIK verwendet in ihrem *D. R. P.* 473 410 eine Art Herdofen und nützt die Verbrennungswärme des P in einem damit verbundenen Rekuperator zur Vorwärmung der Beschickung aus. K. NIEDENZU (*D. R. P.* 459 254) führt die Reduktion der Phosphate mit C und SiO_2 im Drehrohrofen durch und will das P_2O_5 aus den Gasen mit H_2O auswaschen.

Technische Anwendung haben diese Verfahren bis jetzt nicht gefunden. Über weitere Vorschläge, die besonders in der amerikanischen Patentliteratur sich finden, s. KAUSCH (Literatur).

Verwendung. Die weitaus größte Menge P_2O_5 wird nicht als solche gewonnen, sondern direkt weiter auf Phosphorsäure (s. S. 377) verarbeitet. Es dient zum Trocknen von Gasen; Briketts von P_2O_5 werden im *D. R. P.* 470 430 [1928] von

STOCKHOLMS SUPERPHOSPHAT FABRIKS zur Konzentration von HNO_3 vorgeschlagen. Acetamid wird durch P_2O_5 in Acetonitril, Malonsäure in Kohlensuboxyd (C_3O_2) verwandelt.

Phosphorsäure, Orthophosphorsäure, $H_3PO_4 = PO(OH)_3$, wurde zuerst 1740 von MARKGRAF aus den im Urin enthaltenen Salzen isoliert und später 1769 von SCHEELE aus den Knochen gewonnen. LAVOISIER wies 1777 zum erstenmal nach, daß Phosphorsäure aus P und O besteht. Reine Orthophosphorsäure bildet bei gewöhnlicher Temperatur wasserhelle, klare, spröde Krystalle, die bei 38,6° schmelzen und in jedem Verhältnis in Wasser löslich sind. Ihre 3 Wasserstoffatome sind durch Metalle ersetzbar. Deshalb gibt es 3 Reihen von Salzen, die nach der Anzahl der durch Metalle ersetzten Wasserstoffatome als primäre, sekundäre und tertiäre Salze bezeichnet werden, z. B. Mono- (primäres) Natriumphosphat, Di- (sekundäres) Natriumphosphat und Tri- (tertiäres) Natriumphosphat.

Beim Erwärmen von Phosphorsäure auf 149° geht kein Wasser weg, bei 160° sehr langsam, und bei 213° ist sie größtenteils in $H_4P_2O_7$ (Pyrophosphorsäure) umgewandelt. Selbst bei mehrstündigem Erwärmen auf 230—235° wird sie nicht vollständig zu $H_4P_2O_7$ entwässert, und bei dieser Temperatur wird auch H_3PO_4 nicht verflüchtigt. Erhitzt man stärker, u. zw. in einem Goldtiegel, so entsteht die Metaphosphorsäure $(HPO_3)_n$. Im Verlaufe der Dehydratation der H_3PO_4 treten Gleichgewichtszustände ein, bei denen die 3 Säuren nebeneinander existieren. Wenn der Punkt, welcher der Bildung der $H_4P_2O_7$ entspricht, überschritten ist, genügt ein Zusatz von Wasser nicht, um einen identischen Zustand wieder herzustellen. Wird die Dehydratation über die Bildung der $H_4P_2O_7$ hinaus fortgesetzt, so werden die Erscheinungen wegen der teilweise erfolgenden Polymerisation der Metaphosphorsäure noch viel verwickelter. Die Metaphosphorsäure entsteht auch, wenn P_2O_5 an feuchter Luft zu einem Sirup zerfließt, oder wenn es sich in wenig kaltem Wasser auflöst. Tertiäre Phosphate bleiben beim Glühen unverändert, aus den sekundären entstehen Pyrophosphate, aus den primären Metaphosphate. H_3PO_4 ist eine schwächere Säure als Schwefel- und Salzsäure, treibt aber dennoch wegen ihrer geringen Flüchtigkeit diese beiden Säuren aus ihren Salzen in der Hitze aus. Durch den elektrischen Strom wird sie nicht zerlegt, wird auch durch nascierenden Wasserstoff nicht reduziert. In der Kälte verkohlt sie weder Zucker noch Cellulose, löst aber letztere unter hydrolytischem Abbau. Weniger als 0,5% Phosphorsäure verhindern die Fäulnis vollkommen, Schimmelwachstum ist jedoch selbst bei Anwesenheit von 1% H_3PO_4 nicht zu verhindern.

Vol.-Gew. und Prozentgehalt wässeriger Lösungen von Phosphorsäure.

spez. Gew.	% H_3PO_4	% P_2O_5	spez. Gew.	% H_3PO_4	% P_2O_5	spez. Gew.	% H_3PO_4	% P_2O_5
1,1472	25	18,1	1,3328	50	36,2	1,6192	80	57,9
1,1808	30	21,7	1,3757	55	39,8	1,6763	85	61,5
1,2160	35	25,3	1,4208	60	43,4	1,7001	87	62,9
1,2530	40	28,9	1,4674	65	47,0	1,766	90	65,5
1,2921	45	32,5	1,5155	70	50,6	1,809	93,6	68,0
			1,5660	75	54,3			

Über die *spez. Gew.* von H_3PO_4 von 85—100% s. W. H. ROSS und R. M. JONES (*Ind. engin. Chem.* 17, 1170).

Darstellung. Reine Phosphorsäure wird ausschließlich aus Phosphor bzw. P_2O_5 gewonnen, technische Säure aus Calciumphosphat. Ihre Entstehung durch Zersetzung von Phosphorpenta- und oxychlorid wurde bereits erwähnt.

I. Darstellung aus Phosphor, Phosphorpentoxyd.

Die Oxydation von P mit Salpetersäure wird wohl nicht mehr ausgeführt, große technische Bedeutung hat dagegen die Herstellung aus P_2O_5.

a) Darstellung aus Phosphor. Um reine Phosphorsäure im kleinen zu gewinnen, erhitzt man roten oder farblosen Phosphor mit Salpetersäure vom *spez. Gew.* 1,20; dabei bildet sich unter Entwicklung von NO teils H_3PO_4, teils H_3PO_3. Hierauf dampft man die Flüssigkeit ab, wobei die entstandene H_3PO_3 durch die noch vorhandene HNO_3 zu H_3PO_4 oxydiert wird. Dieser Vorgang ist beendet, wenn auf weiteren Zusatz von HNO_3 kein NO mehr gebildet wird, worauf man die unzersetzt zurückgebliebene HNO_3 abdampft. Durch den Zusatz einer Spur Jod (0,3—0,6%) geht die Oxydation des P zu H_3PO_4 wesentlich rascher und glatter vonstatten (HORN, The Pharmazeutical Journ. and Transact. London [3] **10**, 468 [1879]; ZIEGLER, *Pharmaz. Zentralh.* **26**, 421). Nach vollständiger Auflösung des P dampft man am besten in Platinschalen ab, da die *konz.* Säure Porzellan und alle Silicate angreift. Ist der verwendete Phosphor arsenhaltig, so muß man das Arsen aus der dünnen Säure durch längere Behandlung mit Schwefelwasserstoff als Arsensulfid ausfällen und dann erst konzentrieren.

b) Herstellung aus Phosphorpentoxyd. Dies kann natürlich durch Lösen von festem P_2O_5 in Wasser erfolgen. Die Absorption von P_2O_5-Nebeln, wie solche bei der Verbrennung von P mit Luft (s. S. 375) entstehen, gelingt dagegen durch kaltes Wasser außerordentlich schlecht; sie erfolgt aber leicht, wenn man heiße Phosphorsäurelösungen mittlerer Konzentration benutzt (*I. G., D. R. P.* 445 822 [1924]). Zur technischen Durchführung läßt man die Phosphorflamme in einen Turm hineinbrennen, der Füllkörper enthält und von oben mit Phosphorsäurelösung von etwa 50% berieselt ist. Hierbei wird auch gleichzeitig die Verbrennungswärme des P ausgenutzt; es entweicht oben aus dem Turm nur Wasserdampf mit geringen Spuren von P_2O_5, und man gewinnt H_3PO_4 von 80—90%. Vgl. auch *D. R. P.* 423 275 [1925] von *Griesheim.* Ein ähnliches Verfahren verwendet URBAIN (*F. P.* 269 908 [1927]), der die aus dem elektrischen oder Hochofen entweichenden Gase (P, CO und N) in einer Kammer mit Luft verbrennt, die 900—1100° heißen Gase in einen GAILLARD-Turm leitet, der mit dünner H_3PO_4-Lösung berieselt wird, und die mit 200—280° austretenden Gase mit H_2O wäscht. Das Verfahren arbeitet gut.

Die GEWERKSCHAFT MONT CENIS (*D. R. P.* 473 843 [1926]) kondensiert P_2O_5-Nebel mit überhitztem Wasserdampf zu H_3PO_4. Das Niederschlagen der P_2O_5-Nebel kann auch durch Elektrofilter (Bd. **IV**, 388; vgl. auch *D. R. P.* 396 186 [1922] der FEDERAL PHOSPHORUS CO.) erfolgen, besonders leicht, wenn Wasser zugegen ist. Nach ROSS und Mitarbeitern (*Journ. Ind. engin. Chem.* **9**, 26 [1917]) steigt mit der Temperatur des COTTRELL-Apparates auch die Konzentration der erhaltenen H_3PO_4. Bei 30° wird eine Säure von 64%, bei 100° bis 95%ige Säure erhalten. ROSS zeigt weiter (ebenda **17**, 1081 [1925]), daß eine derart hergestellte Säure vom *spez. Gew.* 1,83 beim Abkühlen krystallisiert und so gereinigt werden kann.

Das Verfahren von BRITZKE (*D. R. P.* 408 865 [1924]), der die Verdichtung der H_3PO_4-Nebel mit aktiver Kohle durchführt, dürfte ohne technische Bedeutung sein. Das gleiche gilt für die *D. R. P.* 449 585, 434 922, 450 072 von KYBER, der aus den Gasen der Phosphoröfen H_3PO_4 und hochwertige Generatorgase u. s. w. erzeugen will.

Die direkte Herstellung von Phosphorsäure im elektrischen oder Hochofen schließt sich eng an die diesbezüglichen unter Phosphor (S. 362) beschriebenen Methoden an, da naturgemäß immer erst P gebildet wird, der außerhalb des Ofens verbrannt wird. Ausführliche technische Angaben finden sich in dem auf S. 370 angeführten Buch von WAGGAMANN und den Arbeiten von BRITZKE, JACOB, die Patent- und sonstige Literatur im Buch von KAUSCH.

c) Herstellung aus Phosphor nach LILJENROTH, *I. G.,* ist bereits S. 366 abgehandelt. Eine Abänderung der Methode von LILJENROTH ist von W. N. IPATIEFF aufgefunden und im *E. P.* 308 598 [1929] der BAYRISCHEN STICKSTOFFWERKE angegeben, wonach P und H_2O unter Druck bis auf 600° und bis auf 600 *Atm.* behufs Gewinnung von H_2 und H_3PO_4 erhitzt werden sollen. Vgl. ferner die *D. R. P.* 506 543, 514 173, 514 890 der BAYRISCHEN STICKSTOFFWERKE sowie BRÄUER und REITSTÖTTER (*Ztschr. angew. Chem.* 1931, 407).

2. Darstellung aus Calciumphosphat und Säuren.

Als Ausgangsmaterial diente früher Knochenasche; heute werden meist hochprozentige natürliche Phosphate verwendet, die mit Schwefelsäure zersetzt werden.

$$Ca_3(PO_4)_2 + 3 H_2SO_4 + 6 H_2O = 3 CaSO_4 \cdot 2 H_2O + 2 H_3PO_4$$

Man gewann, weil man mit verdünnter Schwefelsäure arbeitete, eine dünne Phosphorsäure von 8% P_2O_5, die durch Eindampfen konzentriert werden mußte, was infolge der aggressiven Wirkung der Säure auf Metalle meist mittels Heizgase geschah. Heute gelingt es durch Dekantation der H_3PO_4 von dem Gips nach den Verfahren von DORR, direkt eine Säure von 22% P_2O_5 und noch höher herzustellen. Der anfallende

Gips kann sehr gut mittels Ammoniaks und CO_2 in Ammoniumsulfat (Bd. I, 452 sowie WOLFKOWITSCH, *Chem. Ztrlbl.* 1929, II, 3048) verwandelt werden.

a) Alte Filtrationsverfahren. Infolge des Gehaltes der für die Superphosphatherstellung nicht geeigneten natürlichen Phosphate an Fe- und Al-Phosphat muß man für ihre Verarbeitung auf H_3PO_4 mit dünner, etwa 5%iger H_2SO_4 bei relativ niederer Temperatur arbeiten, wobei letztere nur wenig angegriffen werden. Eine Beschreibung der Arbeitsweise gibt TH. MEYER (*Ztschr. angew. Chem.* 18, 382 [1905]). 1000–2000 *kg* fein gemahlenes etwa 50%iges $Ca_3(PO_4)_2$ (= 23% P_2O_5) werden in großen Holzbottichen mit H_2O und 50%iger Schwefelsäure übergossen, wobei 40° nicht überschritten werden soll. Bei stetem Rühren ist die Umsetzung in 20′ beendet; die Brühe von 16° Bé wird durch Filter geschickt und der Gips mit H_2O gewaschen. Die Waschwässer von 3° Bé werden bei einem neuen Ansatz mitverwendet. Die Lösung der Phosphorsäure (12° Bé) enthält 8% P_2O_5, 0,2% SO_3, 0,1% CaO, 0,3% $Fe_2O_3 + Al_2O_3$; sie wird in Bleipfannen (16,5 *m* Länge, 5,5 *m* Breite, 36 *m³* Fassungsvermögen), die innen und außen mit säurefesten Schamottesteinen bekleidet sind, durch Generatorgase konzentriert, wobei 54%ige H_3PO_4 erhalten wird. Die Säure enthält etwa 1,5% $Al_2O_3 + Fe_2O_3$, 0,5–0,8 *g* $CaSO_4$, Arsenik, CaF_2 u. s. w. Sie kann zur Herstellung von Doppelsuperphosphat Verwendung finden.

Man hat auch vorgeschlagen, die Phosphate mit *konz.* H_2SO_4 bis 60° Bé aufzuschließen und die H_2PO_4 mit H_2O auszulaugen. Gemäß dem *D. R. P.* 340 361 [1920] von W. N. HIRSCHEL und AMSTERDAMSCHE SUPERFOSFATFABRIEK soll das Phosphat mit so viel H_2SO_4 von z. B. 42° Bé in den gewöhnlichen Aufschlußkammern zersetzt werden, daß die vorhandene Wassermenge für die Bildung von $CaSO_4 + 2 H_2O$ ausreicht. Die Masse wird dann mit den üblichen Ausbringvorrichtungen aus den Aufschlußkammern herausgeschafft und in SHANK-Kästen (Bd. VIII, 11) ausgelaugt.

b) Dekantationsverfahren. Große Verbreitung hat das von der DORR Co., Berlin (*D. R. P.* 402 096 [1922]) ausgearbeitete Dekantationsverfahren für die Herstellung von Phosphorsäure gefunden, weil es die Herstellung einer Säure von 22% P_2O_5 im stetigen Betrieb gewährleistet. Nach dem DORR-Verfahren wird feingemahlenes Rohphosphat mit H_2SO_4 und Waschwasser angeteigt und beim Durchgang durch eine Anzahl von Rührwerken umgesetzt. Die breiige Masse gelangt dann in den ersten DORR-Eindicker, worin der sich am Boden absetzende Gipsschlamm durch ein Krählwerk stetig in eine Austragöffnung gebracht wird, während stetig eine 30%ige H_3PO_4 abläuft. Der Schlamm wandert dann im Gegenstrom zum Waschwasser mittels DORRCO-Pumpen durch eine Anzahl Dekantier-

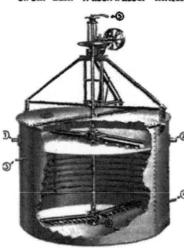

gefäße und wird am Ende des Systems, vollständig ausgewaschen, durch eine Pumpe ausgetragen. Das im letzten Eindicker aufgegebene Wasser reichert sich dagegen an H_3PO_4 ständig an und dient zum Anteigen der Rohphosphate. Man kann nach dem Dekantationsverfahren sämtliche Rohphosphate mit gleich gutem Erfolg verarbeiten. Ebenso kann sowohl Kammerschwefelsäure von 50–54° Bé als auch höher konzentrierte Säure Verwendung finden. Die technische Durchführung des Verfahrens findet, wie folgt, statt.

Das Rohphosphat wird aus einem Vorratsbunker kontinuierlich mittels einer Dosiervorrichtung ausgetragen und zusammen mit einem Teil der aus dem Waschprozeß des Gipses anfallenden verdünnten Phosphorsäure einer säurefesten Naßrohrmühle zugeführt. Genügend feine Phosphate, wie Marokko-, Gafsaphosphat, bedürfen keiner Zerkleinerung, während z. B. Florida, Hardrock auf eine maximale Korngröße von einigen Millimetern vorgebrochen werden muß.

Abb. 125. DORR-Rührwerk der DORR G. M. B. H. *1* Eintrag; *2* Austrag; *3* Dampfzuführung; *4* Dampfaustritt; *5* Preßluftzuführung; *6* Ablaßrohr.

Die Feinmahlung findet in einer Naßrohrmühle statt, welche eine Gummiauskleidung und über dieser eine säurefeste Steinauskleidung besitzt. Als Mahlkörper finden Flintsteine Verwendung. Die Naßvermahlung besitzt gegenüber der Trockenvermahlung neben geringerer Abnutzung vor allem den Vorteil wesentlicher Kraftersparnis. Da bei dem Vermahlen in verdünnter Phosphorsäure bereits eine teilweise Umsetzung des Phosphates zu Monocalciumphosphat eintritt, zerfallen die Phosphatteile bis zu einem gewissen Grade, so daß der Kraftverbrauch auf etwa 50% des bei der Trockenvermahlung erforderlichen herabgesetzt wird. Das aus der Mühle ausgetragene Schlammgemisch wird nun in 2 kleinen Anteigrührwerken mit dem Rest der Waschsäure und der Schwefelsäure gemischt, worauf es weiter kontinuierlich in eine Serie von 3 hintereinandergeschalteten

DORR-Rührwerken (Abb. 125) gelangt, in denen die Umsetzung vollendet wird. Die DORR-Rührwerke arbeiten mit mechanischer und Luftrührung. Die mit einigen Umdrehungen pro Minute rotierenden Krählwerke schaffen den auf dem Boden sich absetzenden Schlamm nach der Mitte. Von hier wird er durch Preßluft in der hohlen Welle gehoben und durch zwei Verteilerarme wieder über den Flüssigkeitspiegel verteilt. Die festen Teilchen wandern so in vertikaler Richtung durch die Flüssigkeit, während andererseits durch die Krählarme eine horizontale Rührung erfolgt.

Das Reaktionsgemisch, das nunmehr aus Phosphorsäure mit einem sehr geringen Überschuß freier Schwefelsäure und aus Gips mit einem ganz geringen Anteil unaufgeschlossenem Tricalciumphosphat besteht, fließt aus dem dritten DORR-Rührwerk in den ersten einer Serie von 6 DORR-Eindickern (Bd. I, 781). Dieser erste Apparat dekantiert kontinuierlich die fertige Phosphorsäure, während der Dickschlamm kontinuierlich durch die übrigen 5 Apparate im Gegenstrom zu Waschwasser hindurch geführt wird. Der Gipsschlamm wird so ausgewaschen, während das Wasser sich immer mehr mit Phosphorsäure anreichert und schließlich als Waschsäure zur Umsetzung zurück gelangt.

Bei der Verarbeitung von 100 t Rohphosphat (33,06% P_2O_5), 92,5 t H_2SO_4 60° Bé und 216 t Wasser werden erhalten 147 t H_3PO_4-Lösung mit 32,47 t P_2O_5, während im anfallenden Gipsschlamm (112,5 t) nur noch 0,586 t P_2O_5 enthalten sind. Das Verfahren ermöglicht die Herstellung einer Phosphorsäure mit 22,5 Gew.-% P_2O_5 bei einer Gesamtausbeute von mindestens 93% des im Rohphosphat enthaltenen P_2O_5. Die Betriebskosten sind äußerst niedrig. Zur Bedienung der größten Anlagen sind 2—3 Mann pro Schicht völlig ausreichend. Der Kraftbedarf ist ebenfalls sehr gering und beträgt z. B. bei einer Anlage, die 100 t Rohphosphat in 24^h verarbeitet, 90/100 PS einschließlich der Vermahlung. Die Aufwendungen für Reparaturen an Maschinen sind sehr niedrig, da die langsam laufenden Maschinen einer sehr geringen Abnutzung unterworfen sind.

$c)$ Moderne Intensivverfahren mit Filtration. Das Dekantationsprinzip bei der Herstellung von Phosphorsäure benötigt infolge der großen Dimensionen der Absetzbehälter große Anlagen und umfangreichen Raum; zudem ist es infolge der Mengenverhältnisse bei der Gegenstromauswaschung beim Dekantationsverfahren nicht möglich, höhere Phosphorsäurekonzentrationen als die oben angegebenen zu erreichen.

Eine Verkleinerung und damit verbundene Verbilligung der Anlagen und eine Erhöhung der Phosphorsäurekonzentration, die für viele Zwecke, wie z. B. die Herstellung von Doppelsuperphosphat, Ammoniumphosphat u. s. w., erwünscht ist, läßt sich nur auf dem Wege der Filtration des Aufschlußschlammes erreichen. Man erstrebte daher das Ziel, bei der Umsetzung des Rohphosphates mit der Schwefelsäure ein leichter filtrierbares Calciumsulfat zu erzeugen, als es bisher möglich war.

Dieser Weg gelang zuerst durch das Verfahren von SVEN NORDENGREN, das in den Patenten der A.-B. KEMISKA PATENTER, Landskrona, vom 7. Juli 1928 beschrieben ist (s. unter anderm folgende Patentvorschriften: F. P. 672846, 672847; E. P. 314976, 314977 und A. P. 1776595). Nach diesem Verfahren, das bereits seit längerer Zeit in die Technik eingeführt und dessen Vertrieb die LURGI GES. FÜR CHEMIE UND HÜTTENWESEN M. B. H., Frankfurt a. M., übernommen hat, schließt man Rohphosphat mit Schwefelsäure bestimmter Konzentration und unter Anwesenheit einer gewissen Phosphorsäuremenge bei erhöhter Temperatur im Autoklaven auf. Die zum Aufschluß benutzte Schwefelsäure soll wenigstens 0,1 Mol. H_2SO_4 auf 1 Mol. H_2O enthalten und die Temperatur der Mischung während des Aufschlusses mindestens 100° erreichen.

Unter den Aufschlußbedingungen des NORDENGREN-Verfahrens entsteht Calciumsulfat, das auf 1 Mol. $CaSO_4$ nicht mehr als $\frac{1}{2}$ Mol. H_2O (in der Praxis durchweg weniger) enthält. In dieser Form ist das Calciumsulfat außerordentlich leicht filtrierbar und ändert seine Filtrationsfähigkeit während der Abtrennung von der Phosphorsäure nicht. Man benötigt infolge der leichten Filtrierbarkeit nur kleine Filterapparate und geringe Mengen von Waschlauge und erhält daher verhältnismäßig hochkonzentrierte Phosphorsäure, deren Gehalt je nach dem Ausgangsmaterial und der angewendeten Schwefelsäure zwischen 30—40 Gew.-% P_2O_5 liegt. Die Säure bedarf wegen ihrer hohen Konzentration keiner oder nur verringerter Eindampf-Konzentrierung und kann direkt für die Herstellung von Düngemitteln dienen. Infolge des intensiven Aufschlusses in geschlossenen Gefäßen erzielt das NORDENGREN-Verfahren hohe Ausbeuten an P_2O_5, die bis 98—99% betragen. Das Verfahren hat ferner den Vorzug geringer Anlagekosten und eines beschränkten Raumbedarfes, da die gesamte Aufschlußoperation nur in dem Druckgefäß vor sich geht. Die Herstellungskosten der Phosphorsäure sind daher niedrig.

Die DORR-GESELLSCHAFT hat in neuerer Zeit ebenfalls ein Verfahren ausgearbeitet und in die Praxis eingeführt, bei dem eine Phosphorsäure mit $32-38\%$ P_2O_5 je nach Gehalt des Rohphosphates und der Schwefelsäure erhalten wird. Das ganze Verfahren arbeitet ebenfalls kontinuierlich. Das Rohphosphat wird in einer säurefesten Naßrohrmühle in starker Phosphorsäure vermahlen. Der Mühlenaustrag gelangt in eine Serie von Rührwerken, in denen das teilweise zu Monocalciumphosphat aufgeschlossene Material mit der 9—10fachen Menge von zirkuliertem fertigen Schlamm gemischt wird, welcher aus einer Suspension von Calciumsulfatsemihydrat $(CaSO_4 \cdot \frac{1}{2} H_2O)$ in starker Phosphorsäure besteht. Im ersten Rührwerk wird das eingeführte und teilweise aufgeschlossene Rohphosphat vollständig in Monocalciumphosphat übergeführt. In den folgenden Rührwerken wird die Masse gründlichst mit Schwefelsäure gemischt, welche mit der Waschlauge von der Anlage, welche etwa 25% P_2O_5 enthält, verdünnt wird. Die von der Reaktion zwischen Monocalciumphosphat und Schwefelsäure entwickelte Wärme reicht zum Ausgleich der Strahlungsverluste aus. Infolge der Anwesenheit einer großen Menge von $CaSO_4 \cdot \frac{1}{2} H_2O$-Krystallen fällt das neu gefällte Semihydrat auf bereits gebildeten Krystallen aus, so daß ein gröberes Krystallkorn entsteht, während ohne diese Maßnahme eine feine Fällung erhalten wird. Der Austrag des letzten Rührwerks wird hierauf auf dem ersten von 2 DORRCO-Filtern filtriert und das Semihydrat mit dem ersten Filtrat des zweiten Filters gewaschen. Dieses Semihydrat ist vollkommen stabil in der Phosphorsäurelösung und bindet nicht ab, wenn es nicht für längere Zeit in Ruhe bleibt. Der Filterkuchen von Semihydrat wird hierauf in einer Maische innerhalb des Filters mit verdünnter Phosphorsäure vom zweiten Filter wieder aufgerührt und in den 2 folgenden DORR-Rührwerken zu Gips $(CaSO_4 + 2 H_2O)$ hydratisiert, wobei durch den Impfeffekt des bereits in den Rührwerken befindlichen Gipses ein gut filtrierbarer Schlamm erhalten wird. Dieser Gips wird schließlich auf dem zweiten DORRCO-Filter filtriert und mit Wasser unter Zusatz von etwas Schwefelsäure völlig ausgewaschen.

Das Verfahren hat den Vorteil niedrigerer Anlagekosten gegenüber dem Dekantationsverfahren. Die Betriebskosten stellen sich naturgemäß höher, da Filtrieren teurer ist als Dekantieren. Als Gegenwert ergibt sich die Ersparnis an Eindampfungskosten. Die Ausbeute an P_2O_5 liegt etwa gleich oder um ein geringes höher.

Die *I. G.* nimmt in ihrem *F. P.* 659 006 (1928) die Zersetzung von Phosphoriten mit H_2SO_4 im Überschuß derart vor, daß zu 8,273 l H_2SO_4 von 65% 12,5 *kg* Phosphat in 5 Portionen von je 2,5 *kg* hinzugefügt und der Gips jedesmal abfiltriert und das Filtrat für die nächste Portion benutzt wird. Man soll eine H_3PO_4 von 65% in einer Ausbeute von 99% d. Th. erhalten (s. auch STOLLENWERK, *Ztschr. angew. Chem.* 1927, 616). Nach dem *D. R. P.* 484 336 [1927] wird die Zersetzung von Rohphosphaten mit H_2SO_4 in Gegenwart geringer Mengen von Metaphosphorsäure vorgenommen.

Aufschluß mit anderen Säuren. Nach dem *D. R. P.* 479 827 [1926] von KERSTEN wird die Zersetzung von $Ca_3(PO_4)_2$ mit HCl bei Rotglut behufs Herstellung von H_3PO_4 vorgenommen. Ein gewisses Interesse beansprucht das Verfahren der ODDA SMELTEVERK AKT. und JOHNSON (*F. P.* 682 423 [1929]), wonach 80 Tl. Calciumphosphat (35% P_2O_5), in 200 Tl. 50%iger HNO_3 gelöst und aus der Lösung durch Abkühlen auf -10^0 130 Tl. $Ca(NO_3)_2 \cdot 4 H_2O$, d. s. über 80% d. Th., abgeschieden werden. In der Lösung sind $27,6\%$ H_3PO_4, $11,7\%$ HNO_3 und 16% $Ca(NO_3)_2$. Sie kann durch Neutralisation mit NH_3 in ein Düngemittel verwandelt werden. Nach dem *D. R. P.* 337 154 [1919] der *BASF* werden Phosphate mit HNO_3 von 80% aufgeschlossen, das $Ca(NO_3)_2$ mit überschüssiger HNO_3 abgeschieden und aus dem Filtrat die HNO_3 abdestilliert, wobei H_3PO_4 von 90% zurückbleibt. Die Durchführung dieses Verfahrens dürfte wohl an der Materialfrage scheitern.

Reinigung. Die mittels H_2SO_4 hergestellte H_3PO_4 enthält meist Arsen, das durch Behandeln mit H_2S oder durch Erhitzen auf 200^0 entfernt werden kann. Nach dem *D. R. P.* 413 377 (*Merck*) erfolgt die Abscheidung zweckmäßiger mit PH_3. Nach *D. R. P.* 420 173 der A.-G. F. CHEM. PRODUKTE VORM. SCHEIDEMANDEL sollen aus der technischen H_3PO_4 die Verunreinigungen (*Al, Fe, Mg, Cu*) mit NH_3 gefällt und aus dem Filtrat durch Erhitzen das NH_3 ausgetrieben werden, wobei Metaphosphorsäure zurückbleibt.

Verwendung. Die reine H_3PO_4, die neuerdings in der Hauptsache über P hergestellt wird, findet in England und Amerika zur Säuerung von Limonaden anstatt Citronensäure Verwendung; sie dient ferner für pharmazeutische Präparate (Sirup, Glycerinphosphorsäure [Bd. V, 823] u. s. w.), für Zahnzement, Porzellankitte, Rostschutzmittel (s. S. 382), zur Herstellung aktiver Kohle (Bd. VI, 622) u. s. w. Die technische Phosphorsäure wird auf Doppelsuperphosphat (Bd. IV, 52), Nitrophoska (Bd. IV, 75) und phosphorsaure Salze (s. d.) verarbeitet.

Prüfung. Phosphorsäure darf sich mit Natriumhypophosphitlösung beim Erwärmen nicht dunkel färben (As), mit $AgNO_3$-Lösung auch beim Erwärmen sich nicht verändern (HCl, HPO_3), mit NH_3 bzw. Na_2S-Lösung keinen Niederschlag (Ca-, Mg-, Schwermetallsalze) geben.

Phosphorsaure Salze (Phosphate) und Ester.

Aluminiumphosphate, in der Natur als Wavelit, s. Bd. VIII, 361, durch Kupferoxyd und Eisenphosphat gefärbt als Türkis vorkommend, entsteht als weißer gelatinöser Niederschlag von wechselnder Zusammensetzung aus löslichen Aluminiumsalzen mit Natriumphosphat, leicht löslich in Mineralsäuren und Alkalien, unlöslich in Essigsäure und Ammoniak, dient als Substrat für Farblacke, Bd. V, 79.

Ammoniumphosphate. Neutralisiert man H_3PO_4 mit NH_3, bis Methylorange umschlägt, so gewinnt man beim Eindampfen Monoammoniumphosphat. Diammoniumphosphat kann auch aus stark ammoniakalischen Lösungen durch Abdampfen nicht gewonnen werden, da es leicht NH_3 abspaltet, sondern nur durch Einleiten von NH_3 in hochkonzentrierte Ammonphosphatlösung. Triammoniumphosphat bildet sich aus $(NH_4)_2HPO_4$ und gasförmigem NH_3 zweckmäßig unter Druck. Nach WARREN (*Journ. Amer. chem. Soc.* 49 [1904]) ist der Dissoziationsdruck von

$NH_4H_2PO_4$ zwischen 80° und 125° weniger als 0,05 *mm.*
$(NH_4)_2HPO_4$ bei 80°: 1,4 *mm*, bei 125°: 30 *mm.*
$(NH_4)_3PO_4$ bei 110°: 730 *mm*, bei 125°: 1125 *mm.*

Monoammoniumphosphat, $NH_4H_2PO_4$ (Ammoniumbiphosphat), bildet nadelförmige Krystalle, die in 4 Tl. H_2O bei 15° löslich sind. Es wird aus H_3PO_4 und NH_3 hergestellt. Vgl. auch D. R. P. 292530 [1914] von H. HILBERT; A. P. 1142068; D. R. P. 420173 [1922] von SCHEIDEMANDEL. Nach dem Verfahren der CHEM. FABRIK BUDENHEIM (D. R. P. 313964 [1917]) wird in das Gemisch $CaSO_4$ und H_3PO_4, das beim Aufschluß der Rohphosphate mit H_2SO_4 entsteht, direkt NH_3 eingeleitet, bis eine Probe gegen Methylorange alkalisch reagiert. Hierauf wird vom $CaSO_4$ und den ausgeschiedenen Phosphaten von Ca, Fe, Al filtriert, auf 35° Bé konzentriert und krystallisieren lassen. Verwendung als Hefenährmittel im Gärungsgewerbe, zum Imprägnieren von Geweben (Feuerschutz), zur Zuckerreinigung, zur Verhütung des Nachglimmens von Kerzendochten, in der Backpulverindustrie, als Lötmittel für Hartlot, Herstellung von Diammonphosphat, in den Vereinigten Staaten als Düngemittel, gemischt mit Ammonsalzen (Ammo-Phos; Bd. IV, 69).

Das technische reine Biphosphat hat 99,9% $(NH_4)H_2PO_4$, kein Pb, S, As und etwa 0,1% Ca, Ba, HCl. Das technische Biphosphat enthält mindestens 99,5% $(NH_4)H_2PO_4$ und höchstens 0,5% Ca, Ba, SO_4, HCl.

Diammoniumphosphat, $(NH_4)_2HPO_4$, weiße Krystalle, in 4 Tl. H_2O bei 15° löslich. Die wässerige alkalisch reagierende Lösung gibt beim Kochen NH_3 ab. Zu den Bd. I, 439, IV, 69, angegebenen Methoden der Darstellung ist noch folgendes nachzutragen.

Da Mono- und Triammoniumphosphat in H_2O schwerer löslich sind als Diammoniumphosphat, so verfährt die I. G. gemäß D. R. P. 440446, wie folgt. Zu einer bei gewöhnlicher Temperatur gesättigten Lösung von $(NH_4)_2HPO_4$, die 630 kg Salz/m^3 enthält, läßt man 260 kg H_3PO_4, 66%ig, einlaufen, bis Umschlag gegen Bromkresolpurpur erfolgt. Hierauf werden gleichzeitig 150 kg NH_3-Gas und 880 kg H_3PO_4 im Molverhältnis 1,5 : 1 eingeführt, wobei durch die Reaktion sich die Lösung auf 80—100° erwärmt und H_2O-Dampf entweicht. Während des Abkühlens auf gewöhnliche Temperatur werden noch etwa 105 kg NH_3 eingeleitet, bis Kresolrot wieder umschlägt, wobei sich technisch reines grobkrystallinisches Diammonphosphat ausscheidet. Die Mutterlauge geht in den Betrieb zurück.

Im E. P. 284322 [1928] der AMERICAN CYANAMID CO. wird $(NH_4)H_2PO_4$ bei 60—150° unter Druck mit NH_3 in Triammoniumphosphat verwandelt; dann wird evakuiert, wobei NH_3 entweicht und $(NH_4)_2HPO_4$ zurückbleibt. Nach dem A. P. 1716415 [1924] der gleichen Firma wird in heiße

H_3PO_4-Lösung NH_3 eingeleitet, wobei beim Abkühlen auf 90° sich $(NH_4)_2HPO_4$ ausscheidet. Die *I. G.* löst gemäß *E. P.* 303 455 [1927] Rohphosphate in HNO_3; die Lösung wird mit gefälltem $Ca_3(PO_4)_2$ umgesetzt und das ausgeschiedene $CaH_4(PO_4)_2$ bzw. $CaHPO_4$ mit NH_3 oder NH_4F und CO_2 zu Ammoniumphosphat und $Ca_3(PO_4)_2$ verwandelt, das wieder wie oben zersetzt wird (s. auch *I. G., E. P.* 299 796 [1927]). Über die Gewinnung s. auch BRITZKE, *Chem. Ztrlbl.* 1928, II, 1807; 1929, I, 1600.

Verwendung. Diammonphosphat wird in Düngemitteln (Bd. **IV**, 69), als Flammschutzmittel (Bd. **V**, 389) und als Nährsalz für Wein- und Preßhefe (arsenfrei) verwendet.

Berylliumphosphate, Bd. II, 300, finden nach STEENBOCK (*D. R. P.* 162 671 und 174 558) als Zahnzemente Verwendung.

Bleiphosphate, Bd. II, 527, werden erhalten durch Mischen von Bleiglätte und $(NH_4)H_2PO_4$ und Erhitzen des Gemisches zwecks Austreibung des Wassers und Ammoniaks; dabei bildet sich $Pb_3(PO_4)_2$. *A. P.* 1 617 093.

Calciumphosphate. a) Primäres Calciumphosphat, Monocalciumphosphat, Calciumbiphosphat, zweifach saurer oder auch saurer phosphorsaurer Kalk genannt, $CaH_4(PO_4)_2 + H_2O$, s. Bd. **III**, 53. Zersetzt sich schon in 1,3%igen wässerigen Lösungen unter Bildung von Dicalciumphosphat und freier Phosphorsäure; die Zersetzung steigt regelmäßig mit der Konzentration ohne Grenzwert. Die Darstellung erfolgt durch Eintragen von Calciumhydroxyd, Calciumcarbonat oder 2- bzw. 3basischen Calciumphosphaten in Phosphorsäure im berechneten Verhältnis unter nachfolgender Trocknung des Ansatzgemisches. Bestandteil vieler Backpulver (s. Bd. **II**, 50) und des Superphosphates (Bd. **IV**, 27).

b) Sekundäres Calciumphosphat, Dicalciumphosphat, 2basisches Calciumphosphat, Knochenpräcipitat, $CaHPO_4 + 2H_2O$. Technische Darstellung s. Calciumverbindungen, Bd. **III**, 43, Düngemittel (Bd. **IV**, 56) und Gelatine (Bd. **V**, 585).

c) Tertiäres Calciumphosphat, Tricalciumphosphat $Ca_3(PO_4)_2$, s. Bd. **III**, 54. Die wichtigste Rohstoffquelle für alle Phosphorsäuren und löslichen Phosphate. Über Vorkommen, Entstehung in der Natur s. Düngemittel (Bd. **IV**, 25).

Entsteht durch Fällen von löslichen Calciumsalzen mit Dinatriumphosphatlösungen bei Gegenwart von Ammoniak in wechselnder Zusammensetzung. Leicht löslich in verdünnten Mineralsäuren und in Essigsäure. Das Verhältnis von $CaO : P_2O_5$ soll nach der theoretischen Zusammensetzung 3 : 1 sein, wird jedoch in den Handelspräparaten mit 2,8 bis 3,1 : 1 gefunden. Beim Auswaschen der schleimigen Niederschläge wird die Fällung immer alkalischer, weil ein saureres Calciumsalz in Lösung geht (RINDELL, *Compt. rend. Acad. Sciences* 131, 112 [1901]; Untersuchung über die Löslichkeit einiger Kalksalze, Akad. Abh. Helsingfors 1899). Infolge der Unbeständigkeit gegen Wasser läßt sich daher ein Tricalciumphosphat in der theoretischen Zusammensetzung nur schwer herstellen. Ein richtig zusammengesetzter Niederschlag wird erhalten, wenn man eine Lösung mit 10—15 g Monocalciumphosphat, $CaH_4(PO_4)_2$, pro 1 l mit so viel 1%igem kohlensäurefreien Ammoniak versetzt, daß völlige Neutralisation erreicht wird (DANNEEL und FRÖHLICH, *Ztschr. Elektrochem.* 36, 302 [1930]).

Eisenphosphate. a) Primäres Ferrophosphat, $FeH_4(PO_4)_2 \cdot 2H_2O$. Spielt in der Behandlung von Eisen zum Zwecke der Erzielung eines Rostschutzüberzuges eine erhebliche Rolle. Bereits früher verfuhr man so, daß die zu schützenden Eisenteile direkt in Phosphorsäure eingetaucht wurden, wobei Eisen in Lösung ging. Später stellte man an der Fabrikationsstätte besondere Bäder her (COSLETT, *D. R. P.* 209 805), indem Eisenfeilspäne in verdünnter Phosphorsäure gelöst wurden. Erst die PARKER RUST PROOF CO., Detroit (*D. R. P.* 463 778), ging dazu über, das saure Ferrophosphat in fester Form zu gewinnen. Zu diesem Zwecke wird Phosphorsäure von 60—75% H_3PO_4 auf 100° erhitzt, in welche nunmehr Eisenfeilspäne im Verhältnis 1 Tl. Eisen auf 10 Tl. 65%ige Phosphorsäure eingetragen werden. $Fe + 2H_3PO_4 = FeH_4(PO_4)_2 + H_2$. Dabei entweichen Wasserstoff und infolge der an die Siedegrenze reichenden Temperatur auch Wasserdampf, welche der Luft den Zutritt verwehren, so daß keine Oxydation zu unlöslichen Ferrisalzen stattfindet. Nach einer Filtration zur Abtrennung von Kohle aus dem Eisen und ungelösten Eisenteilen wird das primäre Ferrophosphat durch Krystallisation ausgeschieden und durch Zentrifugieren von der Mutterlauge getrennt, die in den Auflösungskessel zurückgeht (vgl. auch deren *D. R. P.* 460 866) Da feuchtes Ferrophosphat an der Luft rasch in Ferrisalz übergeht, wird es zur Stabilisierung getrocknet, was leicht durchführbar ist, weil schon von 60° ab das Krystallwasser weggeht.

Wird nun die wässerige Lösung eines solchen Salzes gekocht, so bildet sich unter Freiwerden von Phosphorsäure das 2basische Ferrophosphat gemäß: $FeH_4(PO_4)_2 \rightleftarrows FeHPO_4 + H_3PO_4$, ein Gleichgewicht, das von der Konzentration der Lösung weitgehend unabhängig ist. Beim Eintauchen von Eisen in eine solche Lösung entstehen unter Wasserstoffentwicklung die höher gesättigten Phosphate auf der Oberfläche des Eisens:

$$FeH_4(PO_4)_2 + Fe = 2\,FeHPO_4 + H_2 \text{ bzw. } 2\,FeHPO_4 + Fe = Fe_3(PO_4)_2 + H_2.$$

Das Gemisch aus 2- und 3basischen Ferrophosphaten bildet den rostschützenden Überzug, bei dessen Herstellung nach dem PARKER-Verfahren die Gegenstände eher eine Gewichtszunahme erfahren (s. auch Manganphosphate, S. 384).

b) **Tertiäres Ferrophosphat**, $Fe_3(PO_4)_2 + 8\,H_2O$. In der Natur vorkommend als Vivianit (s. S. 361). Entsteht bei der Einwirkung von Eisen auf Phosphorsäure bzw. auf Lösungen von primären Ferrophosphaten. Wird nach *D. A. 6* als graublaues, in Wasser unlösliches Pulver gewonnen, indem eine Lösung von 3 Tl. Ferrosulfat in 18 Tl. Wasser in eine Lösung von 4 Tl. Dinatriumphosphat in 16 Tl. Wasser eingetragen wird, wobei ein Niederschlag entsteht, der nach dem Auswaschen bei höchstens 25° getrocknet wird. Beim Digerieren des feuchten Niederschlages mit der überstehenden Flüssigkeit während 8 Tage bei 60—80° nimmt das Ferrophosphat krystallinischen Charakter wie Vivianit an (DEBRAY, *Compt. rend. Acad. Sciences* **59**, 40 [1864]).

Der natürlich vorkommende Vivianit (etwa 21 % P_2O_5 enthaltend) läßt sich ebenso wie die Manganphosphate durch Erhitzen mit Alkalicarbonaten und nacnfolgendes Auslaugen in 3basische Alkaliphosphate überführen (RHENANIA, *D. R. P.* 330 840), ein Prozeß, der heute nicht mehr lohnend sein dürfte. D. e *I. G.* (*D. R. P.* 480 198 [1927]) löst eisenreiche Rohphosphate in *HCl* und neutralisiert mit *Fe* oder Eisenverbindungen, wobei sich Eisenphosphat ausscheidet. Dieses wird mit NH_3 und CO_2 in Ammoniumphosphat übergeführt. Vgl. auch *D. R. P.* 17 168 von DREVERMANN, der das Eisenphosphat mit Alkalisulfidlösungen unter Druck zersetzt.

c) **Tertiäres Ferriphosphat**, $FePO_4 + 4\,H_2O$. In der Natur vorkommend im Raseneisenstein, in den Phosphoriten und als basische Verbindung in der Ackererde. Wird hergestellt durch Zusammengießen einer Lösung von Dinatriumphosphat und einer solchen von Ferrichlorid. Gelblichweißes Pulver, unlöslich in Wasser, löslich in verdünnten Mineralsäuren. Es sind zahlreiche basische wie saure Eisenphosphate beschrieben worden, deren Herstellung an bestimmte Arbeitsvorschriften gebunden ist. Der aus Natriumphosphat und Eisenchloridlösungen entstandene Niederschlag verliert beim Waschen mit Wasser Phosphorsäure: $FePO_4 + 3\,H_2O \rightleftarrows Fe(OH)_3 + H_3PO_4$ (LACHOWICZ, *Monatsh. Chem.* **13**, 357 [1892]). Auch zwischen überschüssiger Phosphorsäure und Eisenphosphat bestehen umkehrbare Gleichgewichte (CAMERON, *Chem. Ztrbl.* 1907, II, 966). Es handelt sich um feste Lösungen der festen Phasen (E. MÜLLER, Das Eisen und seine Verbindungen, Dresden 1917). Ferriphosphate zeigen Neigung zur Bildung von Doppelsalzen (WEINLAND und ENSGRABER, *Ztschr. anorgan. Chem.* **84**, 340 [1913]).

d) **Eisenpyrophosphat**, $Fe_4(P_2O_7)_3 + 9\,H_2O$. Wird gewonnen durch allmähliches Eingießen einer Lösung von Natriumpyrophosphat in eine Ferrichloridlösung. Der Niederschlag wird ausgewaschen und bei gewöhnlicher Temperatur getrocknet. Weißes, geruch- und fast geschmackloses Pulver, sehr wenig löslich in Wasser, langsam löslich in Lösungen von Natriumpyrophosphat zu Natriumferripyrophosphat, $2\,Na_4P_2O_7 \cdot Fe_4(P_2O_7)_3 + 14\,H_2O$, das durch Alkoholzusatz aus der Lösung ausgeschieden wird. In Wasser vollständig wieder löslich. Ist in Nähr- und Kräftigungsmitteln enthalten.

Kaliumphosphate. Primäres Kaliumphosphat, Monokaliumphosphat, Kaliumbiphosphat, KH_2PO_4, rein erhalten durch Sättigen von 100 Tl. 25 %iger Phosphorsäure mit 17,6 Tl. Pottasche, krystallisiert in tetragonalen Prismen, ist in Wasser mit schwach saurer Reaktion leicht löslich, in Alkohol unlöslich, schmilzt beim Erhitzen und geht bei 264° sofort in Kaliummetaphosphat (KPO_3) über ohne Bildung von saurem Pyrophosphat als Zwischenprodukt. Über die Bildung aus Phosphoriten, Kalifeldspat, Kohle s. Phosphor S. 367.

Nach H. und E. ALBERT (*D. R. P.* 69491; s. auch *Ztschr. angew. Chem.* 18, 390) wird das Salz dargestellt durch Einwirkung von H_3PO_4 auf Kaliumsulfat in Gegenwart von Calciumcarbonat oder kreidehaltigem Phosphat zwecks Ausscheidung des sich bildenden Gipses in leicht filtrierbarer Form. Das erhaltene Filtrat wird zu einem dicken Brei eingedampft und bei 70—80° getrocknet. So entsteht ein wasserlösliches Kaliumphosphat mit 38—40 % P_2O_5 und 31—33 % K_2O. Nach dem *D. R. P.* 66976 des SALZBERGWERKS NEUSTASSFURT werden Chlorkalium und Phosphorsäure einem Schmelzprozeß unterworfen, wobei *HCl* entweicht. Durch plötzliche Abkühlung soll das sich bildende, in Wasser unlösliche Metaphosphat wasserlöslich werden. Durch Erhitzen mit H_2O unter Druck oder in wässeriger Lösung mit H_3PO_4 soll Monokaliumphosphat entstehen. Nach dem *F. P.* 659 360 [1928] der *I. G.* wird ein Gemenge von 1 Mol *KCl* und 2 Mol H_3PO_4 unter Durchblasen von

H_2O-Dampf auf 180° erhitzt, wobei 98,7% des Cl als HCl gewonnen werden, während sich aus dem Rückstand $KH_2PO_4 \cdot H_3PO_4$ abscheidet (s. auch Askenasy und Nessler, *Ztschr. anorgan. allg. Chem.* **189**, 305). Ohne Interesse ist das Verfahren der Stassfurter Chem. Fabrik (D. R. P. 84954), wonach $CaH_4(PO_4)_2$-Lösung mit Na_2SO_4 umgesetzt und das gebildete NaH_2PO_4 mit K_2SO_4 zu KH_2PO_4 konvertiert wird.

Nach einem weiteren Verfahren werden Gemische von Mineralphosphat, Kaliumsilikat und Kohle in reduzierender Atmosphäre bei 1300° erhitzt. Die Phosphor und Kali enthaltenden Dämpfe werden durch Verbrennung oxydiert und als Kaliumphosphat abgeschieden (Ross, Jones, Mehring, A. P. 1 598 259). Über die gleiche Reaktion unter Verwendung von Kalifeldspat s. Phosphor S. 367.

Sekundäres Kaliumphosphat, Dikaliumphosphat, K_2HPO_4, entsteht durch Sättigen von 100 Tl. 25%iger H_3PO_4 mit 35,5 Tl. Pottasche. Das Salz krystallisiert sehr schwer in langen Nadeln mit $3 H_2O$ und ist in Wasser und Alkohol sehr leicht löslich (P. Askenasy und Fr. Nessler, *Ztschr. anorg. allg. Chem.* **189**, 323 [1930]).

Tertiäres Kaliumphosphat, Trikaliumphosphat, K_3PO_4, aus Dikaliumphosphat und überschüssiger Kalilauge, ist in Wasser außerordentlich leicht löslich und krystallisiert sehr schwer. Es wird erhalten aus 100 Tl. K_2HPO_4 und 35 Tl. KOH oder durch Eindampfen und Glühen von 100 Tl. 25%iger Phosphorsäure mit 53 Tl. Kaliumcarbonat, bis die Kohlensäureentwicklung aufhört. Nach D. R. P. 466 110 [1926] der I. G. scheidet es sich als festes Salz mit 8 Mol H_2O aus konzentrierten Lösungen beim Einleiten von Ammoniak aus.

Trikaliumphosphat kann ferner vorteilhaft hergestellt werden durch Erhitzen von Ferrophosphor mit K_2SO_4 nach der bei Trinatriumphosphat S. 387 angegebenen Methode. Durch Behandeln mit 2 Mol HNO_3 entsteht daraus ein Gemisch von 2 Mol KNO_3 und 1 Mol KH_2PO_4, das nach den Angaben des D. R. P. 438 229 [1926] der I. G. durch Krystallisation getrennt werden kann.

Kobaltphosphat s. Kobaltviolett, Bd. VI, 582. Das im Handel mit PKO bezeichnete Kobaltoxydulphosphat $Co_3P_2O_8$ (Kobaltrosa, Kobaltrot), dargestellt aus einer Kobaltoxydulsalzlösung und Natriumphosphat, ist ein krystallinisches Pulver, wird zum Färben von Glas und in der Porzellanmalerei zur Erzeugung hellblauer Farben benutzt (Bd. V, 822, 833, 836, 837).

Kupferphosphate s. Bd. VII, 238.

Lithiumphosphat, $Li_3PO_4 \cdot H_2O$, weißes, krystallinisches Pulver, im Gegensatz zu den übrigen Alkaliphosphaten in Wasser fast unlöslich, löslich in Säuren.

Magnesiumphosphat, phosphorsaure Magnesia, $Mg_3(PO_4)_2$, s. Bd. VII, 434. Über Gewinnung durch Erhitzen von natürlichen Calciumphosphaten mit $MgCl_2$ und HCl s. D. R. P. 447 393, 449 288 [1925] des *Verein*.

Manganphosphate. Primäres Manganphosphat, $MnH_4(PO_4)_2 + 2 H_2O$, rötlichweiße Krystalle, die für die Herstellung von Rostschutzbädern große Bedeutung erlangt haben. Richards (D. R. P. 265 249) beließ die Eisenteile in einer Phosphorsäure, in welche Mangansuperoxyd eingetragen worden war. Die Parker Rust Proof Company (D. R. P. 460 866 und 463 778; s. auch Eisenphosphate) löst Ferromangan in Phosphorsäure und stellt durch Krystallisation ein beständiges Mischsalz von einbasischem Eisen- und Manganphosphat her, das unter der Bezeichnung Parker-Salz als trockenes, leicht und billig zu transportierendes Salz zum Ansetzen von Rostschutzbädern dient. Um ein manganreicheres Bad herstellen zu können, wird nach D. R. P. 504 568 der gleichen Gesellschaft das Mischsalz an der Luft getrocknet, damit unlösliches Ferriphosphat gebildet wird. Die zu parkerisierenden Gegenstände, wie Bau- und Maschinenteile, werden durch Sandstrahlgebläse, Benzin oder Säuren metallrein und fettfrei gemacht und etwa 1^h in eine 3%ige Parker-Salzlösung, die fast auf Siedetemperatur erhitzt ist, einzeln oder in drehbaren Trommeln eingehängt. Dabei bilden sich unter Wasserstoffentwicklung auf der Oberfläche unlösliche Deckschichten von sekundären und tertiären Eisenmanganphosphaten, die in einer feiner krystallinischen und daher dichteren Beschaffenheit auftreten als bei Verwendung von Eisenphosphat allein (Liebreich, *Ztschr. angew. Chem.* **43**, 769 [1930]). Das Bad wird nach Feststellung durch Titration durch Hinzulösen von Parker-Salz aufgefrischt. Zur Erhöhung der mechanischen Widerstandsfähigkeit werden die Schutzschichten durch Öle, Fette oder Lacke, die von den

Phosphaten fest adsorbiert werden, sich also nicht abwischen lassen, fixiert, wobei sich die graue Farbe in Schwarz verwandelt. Formgebung, Schweißen und Löten muß vor der Parkerisierung vorgenommen werden. Pro 1 m^2 Eisenoberfläche werden $80-100\ g$ PARKER-Salz gebraucht. Das Verfahren hat sich als Massenfabrikation zuerst in Amerika, wo täglich 12 t Salz umgesetzt werden, dann in Frankreich, neuerdings auch in Deutschland eingebürgert. Die Schutzwirkung hört natürlich dort auf, wo die Schutzschicht selbst angegriffen wird, wie z. B. in stärkeren Säuren und Laugen. Jedoch ist nach den Untersuchungen von COURNOT der Phosphatüberzug dem Mennige-Anstrich und den Überzügen durch Zinn, Zink und Nickel selbst in Seewasser und verdünnten Alkali-, Säure- und Salzlösungen mindestens gleichwertig, häufig überlegen (RACKWITZ, *Korrosion u. Metallschutz*, Beiheft über Vorträge **1929**, 29).

Sekundäres Manganphosphat, $Mn_2H_2(PO_4)_2 + 6\ H_2O$ und tertiäres Manganphosphat, $Mn_3(PO_4)_2 + 7\ H_2O$, beide krystallinisch, haben nur ev. als Ausgangsmaterial für das primäre Salz Interesse. Das tertiäre Manganphosphat wird als weißer Niederschlag gewonnen, wenn Mangansulfatlösungen mit überschüssiger Natriumphosphatlösung versetzt werden. Löslich in Essigsäure und in Mineralsäuren. Kochende Alkalilaugen bilden daraus $Mn(OH)_2$ und Trialkaliphosphat.

Natriumphosphate. Heute besitzen die drei möglichen Natriumphosphate technische Bedeutung, während früher nur das Dinatriumphosphat Verwendung fand.

Primäres Natriumphosphat, Mononatriumphosphat, Natriumbiphosphat, $NaH_2PO_4 \cdot 2\ H_2O$ und $NaH_2PO_4 \cdot H_2O$. Das reine Salz entsteht durch Absättigen von 100 Tl. 25 % iger technischer Phosphorsäure mit 13,5 Tl. kalzinierter Soda. Die Lösung wird von ausgeschiedenen Verunreinigungen abfiltriert, stark eingedampft und krystallisieren lassen. Nach dem Verfahren der CHEM. FABRIK BUDENHEIM (*D. R. P.* 313 964) wird dem fertigen Aufschluß des Rohphosphates mit H_2SO_4 Natronlauge oder Soda zugesetzt, bis die Reaktion gegen Methylorange alkalisch ist, filtriert, auf 35° *Bé* eingedampft, zwecks Entfärbung etwas Tierkohle zugesetzt, nochmals filtriert und die klare Lauge auskrystallisieren lassen. Nach dem *E. P.* 298 436 [1928] von BENCKISER und DRAISBACH enthält die so gewonnene Lösung noch Calciumphosphate, die durch Zusatz von Dinatriumphosphat und Erhitzen unter Druck auf $150-200°$ in leicht abfiltrierbarer Form abgeschieden werden.

Die Darstellung erfolgt ferner durch Zusatz von Phosphorsäure (MITSCHERLICH, *Ann. Chem. Phys.* [2] **19**, 407 [1821]) oder durch Einwirken von Salpetersäure (SCHWARZENBERG, *A.* **65**, 140 [1848]) oder Salzsäure (*Bayer, D. R. P.* 330 342 und 330 343) auf Dinatriumphosphat.

Aus einer Lösung, die heiß bis zu einer Dichte von 1,5 eingedampft wird, entsteht das $NaH_2PO_4 \cdot 2\ H_2O$. Dagegen scheidet sich aus einer stärker eingeengten Lösung das Salz $NaH_2PO_4 \cdot H_2O$ aus (MITSCHERLICH, s. o.). An der Luft ist das oktaedrisch krystallisierte $NaH_2PO_4 \cdot 2\ H_2O$ beständig; es beginnt bei 60° zu schmelzen. Dagegen wird $NaH_2PO_4 \cdot H_2O$ an der Luft undurchsichtig (JOLY, DUFET, *Compt. rend. Acad. Sciences* **102**, 1391 [1886]). Mononatriumphosphat reagiert in wässeriger Lösung schwach sauer. Bei 100° verliert es sein Krystallwasser und geht beim Erhitzen auf $190-205°$ über in

Saures Natriumpyrophosphat, Dinatriumpyrophosphat, $Na_2H_2P_2O_7$ (GRAHAM, *Philos. Trans. Roy. Soc. London* **123**, 253 [1833]; *Poggendorf Ann.* **32**, 33 [1834]). Technisch erhält man es durch Erhitzen äquivalenter Mengen von $NH_4H_2PO_4$ mit $NaOH$ oder Na_2CO_3; $2\ NH_4H_2PO_4 + Na_2CO_3 = Na_2H_2P_2O_7 + 2\ H_2O + 2\ NH_3 + CO_2$ (CHEM. FABRIK BUDENHEIM, *D. R. P.* 302 672), oder an Stelle von $NaOH$ oder Na_2CO_3 erhitzt man 115 Tl. $NH_4H_2PO_4$ mit 83 Tl. Natriumacetat, bis die Essigsäure ausgetrieben ist, und hält dann die Temperatur noch einige Zeit auf 220° (CHEM. FABRIK BUDENHEIM, *D. R. P.* 342 209).

Ferner erhält man durch Umsetzen von Na_2HPO_4-Lösung mit Chlorcalcium $CaHPO_4$ als weißen Niederschlag, während die Verunreinigungen in Lösung bleiben. Das abfiltrierte und gut ausgewaschene Calciumphosphat liefert mit Natriumbisulfat Gips und NaH_2PO_4: $CaHPO_4 + NaHSO_4 = NaH_2PO_4 + CaSO_4$, den man durch

Filtration entfernt. Die Lauge dampft man ein und erhitzt das sich ausscheidende Salz auf 200—220° (CHEM. FABRIK BUDENHEIM, *D. R. P.* 342 207). Nach dem *D. R. P.* 410 098 der CHEM. FABRIK BENCKISER erhitzt man primäres Ammoniumphosphat mit neutralem Natriumpyrophosphat oder sekundärem Natriumphosphat auf 200—240°:

$$Na_4P_2O_7 + 2\,NH_4H_2PO_4 = 2\,Na_2H_2P_2O_7 + 2\,NH_3 + H_2O;$$
$$Na_2HPO_4 + NH_4H_2PO_4 = Na_2H_2P_2O_7 + NH_3 + H_2O.$$

Beim Erhitzen auf etwa 280° gibt $Na_2H_2P_2O_7$ eine klare Schmelze, die beim Abkühlen zu einer glasartigen Masse von Natriummetaphosphat, $NaPO_3$, erstarrt. Nach dem *D. R. P.* 506 435 (1929) der METALLGESELLSCHAFT A. G. werden 15 l H_3PO_4, enthaltend 3300 g P_2O_5, mit 2760 g $NaCl$ unter Rühren in einem Vakuumapparat eingedampft und allmählich auf 200° erhitzt. Der dickflüssige Rückstand erstarrt in der Kälte zu reinem Dinatriumpyrophosphat, während der HCl völlig entweichen soll.

Verwendung findet das Salz als saurer Backpulverbestandteil, zum Konservieren von Eiern, zum Imprägnieren von Geweben (Flammschutzmittel) und als Stabilisierungsmittel für Peroxyde.

Sekundäres Natriumphosphat, Dinatriumphosphat. 2basisches Natriumphosphat, auch Natriumphosphat schlechthin genannt, $Na_2HPO_4 \cdot 12\,H_2O$, wird rein dargestellt aus 25 %iger Phosphorsäure durch Zusatz von Soda bis zur stark alkalischen Reaktion und Auskrystallisierenlassen, technisch durch Neutralisieren von verdünnter technischer Phosphorsäure mit Soda, bis eine Probe Lackmuspapier blau färbt. Dann scheidet sich je nach den Verunreinigungen der Säure ein feiner, flockiger, grauer bis brauner Niederschlag aus, bestehend aus Phosphaten des Mg, Ca, Al, Fe aus SiO_2 und Na_2SiF_6, den man abfiltriert; das Filtrat dampft man in einer mit Blei ausgekleideten Pfanne direkt oder im Vakuum auf 30° $Bé$ ein.

Die *konz.* Natriumphosphatlösung läßt man je nach der gewünschten Größe der Krystalle in hölzernen Bottichen mit oder ohne Rührwerk, in Krystallisierwiegen (Bd. **VI**, 827) u. s. w. krystallisieren. (Vgl. auch A. VOSS, *Chem.-Ztg.* **1922**, 608.)

100 Tl. H_2O lösen:

	bei	0°	10°	20°	30°	40°	50°	60°	70°	99°	105°	106,4°
Tl.	Na_2HPO_4	2,5	3,9	9,3	24,1	63,9	82,5	91,6	95	98,8	82,5	79,2

Dinatriumphosphat krystallisiert aus der wässerigen Lösung unterhalb 30° stets mit 12-, oberhalb 35° mit 7- und oberhalb 48° mit 2 Mol H_2O (THOMSEN, Thermochem. Untersuchungen, Leipzig, Bd. 3, 119—120 [1863]). $Na_2HPO_4 \cdot 12\,H_2O$ verwittert leicht an der Luft und geht dabei in $Na_2HPO_4 \cdot 7\,H_2O$ über; bei 60° schmilzt es, verliert bei 100° das gesamte Krystallwasser und geht bei 250° in Natriumpyrophosphat über.

Nach „Genormte Chemikalien", Verlag Metallbörse 1928, sind an die Handelsware folgende Anforderungen zu stellen:

Technisch krystallisiert	19,4 % P_2O_5	0,002 % As	0,5 % Sulfate bzw. als Na_2SO_4
„ entwässert	48,0 % „	0,005 % „	1,2 % „ „ „ „
„ geschmolzen	25,9 % „	0,0027 % „	0,67 % „ „ „ „
„ rein krystallisiert	19,6 % „	0,001 % „	0,10 % „ „ „ „
„ entwässert	49,1 % „	0,0025 % „	0,25 % „ „ „ „

Verwendung findet das Salz hauptsächlich zur Seidenbeschwerung, ferner zum Imprägnieren von Geweben (Flammenschutz), für feuersichere Stärke, zur Herstellung von Türkischrotöllack, zur Erzeugung von Glasuren, beim Löten und Schweißen von Eisen, als Zusatz zu optischen Gläsern, in der Gerberei zum Neutralisieren des Leders nach dem Gerben mit Cr-Salzen, in der Galvanotechnik, als Nährmittel für Essigbakterien, bei der Schmelzkäseherstellung, zu pharmazeutischen Präparaten u. s. w.

In den Vereinigten Staaten wurden 1926 24 500 t im Werte von 1,8 Mill. $ hergestellt, in Frankreich etwa 5000 t.

Natriumpyrophosphat, $Na_4P_2O_7$, wird durch Erhitzen von Na_2HPO_4 auf etwa 200° erhalten. Um ein rein weißes Produkt zu bekommen, setzt man Oxydationsmittel zu, z. B. HNO_3, oder solche mit flüchtigen Basen, z. B. NH_4NO_3 (CHEM. FABRIK BUDENHEIM, D. R. P. 379295), damit der Pyrophosphatgehalt theoretisch bleibt. Diese Methode bewährt sich auch bei der Herstellung von saurem Natriumpyrophosphat.

Das wasserfreie Salz zieht aus der Luft 10 Mol Wasser an. Aus wässeriger Lösung krystallisiert $Na_4P_2O_7 \cdot 10\,H_2O$ in monoklinen, an der Luft beständigen Prismen.

Verwendung findet es in der Strohbleicherei, in der Textilindustrie, in der Galvanotechnik, zur Darstellung anderer Pyrophosphate (Eisenpyrophosphat u. s. w.).

Tertiäres Natriumphosphat, Trinatriumphosphat, $Na_3PO_4 \cdot 12\,H_2O$, wird dargestellt aus *konz.* Na_2HPO_4-Lösung und überschüssiger Natronlauge. Beim Eindampfen der Lösung bis zur Bildung einer Salzhaut krystallisiert das Salz in Prismen vom *Schmelzp.* $70,75^0$ aus, die in etwa 5 Tl. H_2O bei $15,5^0$ löslich sind. Die Mutterlauge, die das $NaOH$ noch enthält, geht in den Betrieb zurück.

IMPERATORI (D. R. P. 35666 [1885]), HOLVERSCHEIT (D. R. P. 82460 [1894]) glühen natürliche Phosphate mit Na_2SO_4 und Kohle, wonach beim Auslaugen Na_3PO_4 und Na_2S in Lösung gehen. Die GENERAL CHEMICAL CO. (A. P. 1 727 551 [1927]) erhitzen Phosphorsäure mit Na_2SO_4 und Kohle zum Schmelzen, wobei 95% d. Th. an Na_3PO_4 entsteht. Die METALLGESELLSCHAFT A. G. (D. R. P. 518 203 [1928]) läßt P_2O_5 auf geschmolzenes $NaCl$ bei Gegenwart von Wasserdampf einwirken, wobei HCl entweicht. Technische Bedeutung kommt diesen Verfahren nicht zu.

Wichtig dürfte dagegen ein von ROCOUR (D. R. P. 25258 [1883]) bzw. von IMPERATORI (D. R. P. 34412 [1885]) angegebenes Verfahren werden, wonach Ferrophosphor mit Alkalisulfaten (mit oder ohne Zusatz von Kohle) verschmolzen wird. Die METALLGESELLSCHAFT A. G. (D. R. P. 502 039 [1929]) schlägt hierfür elektrische Widerstandserhitzung vor. Nach ihrem D. R. P. 516 382 [1929] kann man auch derart verfahren, daß in geschmolzenes Na_2SO_4 der Ferrophosphor eingetragen wird, wobei ohne weitere Wärmezufuhr die Umsetzung unter Entwicklung von SO_2 erfolgen soll. Die Darstellung geht, wie die SOC. D'ETUDES CHIMIQUES (F. P. 675 013 [1929]) gezeigt hat, besonders gut bei Gegenwart von Kohle, bei etwa 1000^0, wobei nur zum Einleiten der Reaktion ein Erhitzen notwendig ist. Die Umsetzung verläuft vielleicht nach der Gleichung:

$$2\,Fe_2P + 3\,Na_2SO_4 + 4\,C = 2\,Na_3PO_4 + 3\,FeS + Fe + 4\,CO.$$

Das gebildete Na_3PO_4 wird mit H_2O ausgelaugt, der Rückstand von FeS kann abgeröstet oder an der Luft oxydiert und der gebildete S extrahiert werden.

Auch unter Verwendung von Soda verläuft die Umsetzung von Ferrophosphor sehr gut, wobei Fe als Nebenprodukt entsteht: $2\,Fe_2P + 3\,Na_2CO_3 = 2\,Na_3PO_4 + CO + 4\,Fe + 2\,C$. Die METALLGESELLSCHAFT A. G. (F. P. 684 296 [1929]) nimmt die Umsetzung im Drehrohrofen bei Luftüberschuß vor, wobei natürlich $2\,Fe_2O_3 + 3\,CO$ entstehen.

Röstet man Ferrophosphor bei Gegenwart geringer Mengen von $NaCl$, so entsteht Eisenphosphat (METALLGESELLSCHAFT A. G., D. R. P. 518 315 [1929]), das nach ihrem D. R. P. 514 246 [1929] durch Erhitzen mit Sodalösung unter Druck auf 200^0 Trinatriumphosphat liefert. Über die Herstellung von Trinatriumphosphat aus $NaCl$, FeS, natürlichen Phosphaten im Kreisprozeß s. D. R. P. 518 513 der METALLGESELLSCHAFT A. G.

Trinatriumphosphat schmeckt alkalisch und ist im trockenen Zustande an der Luft beständig (GRAHAM, Phil. Trans. **123**, 137 [1833]; *Poggendorf Ann.* **32**, 33 [1834]), verliert 11 Mol Krystallwasser bei 100^0, der Rest geht erst bei Erhitzen über 200^0 weg, wird aber begierig von dem geglühten Salz wieder aufgenommen (GERHARDT, Journ. Pharm. Chem. [3] **12**, 63 [1847]). In wässeriger Lösung reagiert das Salz infolge von Hydrolyse stark alkalisch und absorbiert Kohlensäure. Dabei werden etwa 55% des Salzes in NaH_2PO_4 und $NaHCO_3$ übergeführt (CHRISTOFF, *Ztschr. physikal. Chem.* **53**, 339 [1905]). Das technische Produkt wird in Amerika in Trommeltrocknern mit heißen Verbrennungsgasen getrocknet, wodurch die kleinen Krystalle oberflächlich mit einer Schicht von Soda überzogen und haltbar werden (*Chem.-Ztg.* **1929**, 812). Trinatriumphosphat findet seit einigen Jahren in den Vereinigten Staaten sehr große Verwendung und wird seit kurzem auch in Deutschland hergestellt. Die Hauptmenge wird in Amerika für Haushaltungszwecke zum Waschen von Geschirr, Milchflaschen u. s. w. an Stelle von Soda benutzt. Die Produktion betrug 1926 über 50 000 t im Werte von 3,9 Million. $ (*Chem. Ind.* **1928**, 1335; **1929**, 309). Da es Ca- und Mg-Salze quantitativ fällt, so wird es ferner benutzt zur Wasserenthärtung, besonders in Wäschereien, und zur Kesselsteinverhütung (*Chem.-Ztg.* **54**, 157, 354, 776, 1008 [1930]; **55**, 58 [1931]), zur Reinigung von Salzsole (D. R. P. 55976); wegen der vorzüglichen emulgierenden Wirkung auf Fette und Öle ist es der wichtigste Bestandteil von

Reinigungsmitteln für den Haushalt und für ölige Maschinenteile (P_3 und Jm I, *Chem. Ztg.* **54**, 354 [1930] sowie Bd. **VII**, 510). Es dient als Lösungsmittel für Casein in der Papierindustrie.

Natriumammoniumphosphat, Phosphorsalz, $NH_4NaHPO_4 + 4H_2O$, bildet sich beim Auflösen von 30 Tl. krystallisiertem Natriumphosphat und 5 Tl. Salmiak in 10 Tl. heißem Wasser in farblosen, monoklinen Krystallen. Das noch etwas kochsalzhaltige Salz wird durch Umkrystallisieren gereinigt. Verwendung in der analytischen Chemie zur Herstellung der Phosphorsalzperle.

Natriumperphosphate. Die Natriumsalze der Ortho-, Pyro- und Metaphosphorsäure addieren Wasserstoffsuperoxyd, wobei jedoch keine echten Perphosphate entstehen, da die für Persalze typischen Reaktionen fehlen. Das Wasserstoffsuperoxyd tritt vielmehr an Stelle des Krystallwassers ein. Zur Darstellung wird ein Alkaliphosphat in Wasserstoffsuperoxyd gelöst oder suspendiert, wonach das Reaktionsprodukt mit Alkohol ausgefällt (RUDENKO, *Chem. Ztrlbl.* **1912**, II, 1893) oder im Vakuum eingetrocknet wird (CHEM. WERKE VORM. DR. HEINRICH BYK, *D. R. P.* 287588; *Ciba, D. R. P.* 293786). Auch durch Zusammenbringen von Phosphorsäure oder ungesättigten Alkaliphosphaten mit Natriumsuperoxyd in wässeriger Lösung lassen sich die Perphosphate herstellen (ASCHKENASI, *D. R. P.* 296796, 299300), s. auch Wasserstoffsuperoxyd.

Zinkphosphate. *a)* Primäres Zinkphosphat, $ZnH_4(PO_4)_2 + 2H_2O$, darstellbar durch Auflösen von Zink, Zinkcarbonat oder tertiärem Zinkphosphat in überschüssiger Phosphorsäure. Dabei bildet sich eine sirupartige Masse, die langsam krystallisiert. Zersetzlich in wässerigen Lösungen. Ist der wirksame Bestandteil verschiedener Rostschutzverfahren, z. B. nach COSLETT (*D. R. P.* 248856), SCHMIDDING (*D. R. P.* 313578) und PARKER RUST PROOF COMPANY (*D. R. P.* 463778). COSLETT wie SCHMIDDING stellen das Bad, in welches die zu schützenden Eisenteile eingetaucht werden sollen, am Orte des Verbrauches her, indem Zink in Phosphorsäure aufgelöst wird. Die PARKER-COMPANY gewinnt dagegen saures Zinkphosphat in fester Form durch Auskrystallisierenlassen in starker Phosphorsäure (s. Eisenphosphate). *Schmelzp.* unterhalb 60⁰.

b) Tertiäres Zinkphosphat, $Zn_3(PO_4)_2 + 4H_2O$, darstellbar durch Eingießen von Lösungen der Alkaliphosphate in solche von Zinksalzen. Beim Arbeiten in der Kälte entsteht zunächst ein gallertiger Niederschlag, der aber bald krystallinisch wird, beim Fällen in der Hitze sofort das krystallinische Zinkphosphat. Unlöslich in Essigsäure. Zinkphosphate spielen als Bestandteile von Zahnfüllungsmaterialien (s. d.) eine wichtige Rolle.

Von sonstigen Phosphaten haben einige in der Analyse Bedeutung, wie das Ammonsalz der Phosphormolybdänsäure, 12 $MoO_3 \cdot (NH_4)_3 \cdot PO_4$, das Uranylphosphat, $(UO_2)HPO_4$, das Manganpyrophosphat, $Mn_2P_2O_7$, andere in geringem Umfang in der Technik (s. Chromfarben, Bd. III, 396; Farben, keramische, Bd. IV, 830).

Phosphorsäureester[1], $(RO)_3PO$, worin R ein Alkyl- bzw. Arylrest sein kann, werden technisch durch Umsetzung von $POCl_3$ mit Alkoholen oder Phenolen hergestellt.

Trialkylphosphate. EVANS, DAVIES und JONES (*Journ. chem. Soc. London* **1930**, 1310) haben nach der von LIMBRICHT (*A.* **134**, 347) angegebenen Methode Trialkylphosphate durch Einwirkung von $POCl_3$ auf Na-Alkoholate dargestellt und ihre physikalischen Konstanten bestimmt:

Trimethylphosphat, $(CH_3O)_3PO$, Kp_{760} 196⁰; D_4^{25} 1,2052;
Triäthylphosphat, $(C_2H_5O)_3PO$, Kp_{760} 215⁰; D_4^{25} 1,0637;
Tri-n-propylphosphat, $(C_3H_7O)_3PO$, Kp_{760} 252⁰; D_4^{25} 1,0023;
Tri-n-butylphosphat, $(C_4H_9O)_3PO$, Kp_{760} 289⁰ (Zers.); D_4^{25} 0,9727;
Triisobutylphosphat, $(C_4H_9O)_3PO$, Kp_{760} 264⁰; D_4^{25} 0,9617;
Tri-n-amylphosphat, $(C_5H_{11}O)_3PO$, Kp_{50} 225⁰; D_4^{25} 0,9497.

Die Ester sind in allen Verhältnissen mit Alkohol, Äther, Benzol mischbar, die Methyl- und Äthylester auch mit Wasser. Der Methylester hat butterartigen, der Äthylester scharf apfelartigen, die übrigen Ester angenehmen, aber muffigen Geruch.

Die technische Herstellung dürfte wohl nach den von der *I. G.* (*E. P.* 300044 [1928], 328963, 330228 [1929]) angegebenen Verfahren erfolgen. Danach wird der Alkohol mit $POCl_3$ bei niederer Temperatur, −15⁰ bis 4⁰, gemischt, der gebildete HCl stetig durch Vakuum entfernt und die Reaktion bei etwa 40⁰ und 80 *mm* zu Ende geführt. Nach diesem Verfahren können auch gemischte

---

[1] Bearbeitet von F. ULLMANN.

Ester, wie z. B. Diisoamylbutylphosphat oder das Dibutylphenylphosphat, Kp_4 161°, hergestellt werden. Das Reaktionsprodukt wird gewaschen und rektifiziert. Die Ausbeute beträgt z. B. bei n-Butylalkohol 85% d. Th.

Triarylphosphate. Die technische Herstellung dieser Verbindungen geht auf Beobachtungen von SCHIAPARELLI (Gazz. Chim. Ital. 11, 69 [1881]) zurück, der zeigte, daß Phenol und $POCl_3$ sich bei Gegenwart von geschmolzenem $ZnCl_2$ kondensieren, während R. HEIM (B. 16, 1765 [1883]) fand, daß die Umsetzung auch ohne Katalysator durchgeführt werden kann.

Triphenylphosphat, $(C_6H_5O)_3PO$, krystallisiert aus Alkohol in farblosen Prismen vom Schmelzp. 49—49,5°; Kp_{11} 245°; F_p 223°. Es ist in Äther, Aceton, Fettsäureestern und Benzol leicht löslich, schwerer in Alkohol und Petroläther. In Wasser löst es sich nicht auf und krystallisiert unverändert aus konz. Schwefelsäure.

Darstellung. HEIM (s. o.) erhitzt 1 Mol. $POCl_3$ mit etwas mehr als 3 Mol. Phenol 16^h bis zur Beendigung der Entwicklung des HCl zum Sieden und wäscht die Masse mit Natronlauge. Ausbeute 95% d. Th.

Nach dem D. R. P. 367 954 [1920] von Griesheim werden 282 Tl. Phenol mit 1,5 Tl. $AlCl_3$ oder Mg versetzt, bei 65—70° 153 Tl. $POCl_3$ hinzugefügt und zur Beendigung der Reaktion auf 110° erhitzt. Die IMPERIAL CHEMICAL INDUSTRIES LTD. (E. P. 322.036 [1928]) verwenden Dimethylanilin oder Pyridin als Katalysator, wobei aber auf 200° erhitzt werden muß.

Die Agfa führt im D. R. P. 246 871 [1911] die Umsetzung derart durch, daß 94 Tl. Phenol, 600 Tl. Xylol und 100 Tl. Natronlauge von 40% so lange destilliert werden, bis alles H_2O übergegangen ist; nach dem Abkühlen auf 20° versetzt man mit 51 Tl. $POCl_3$ und führt durch 1—2stündiges Erhitzen auf 70—80° die Umsetzung zu Ende. Die Reinigung kann durch Destillation oder Krystallisation erfolgen bzw. nach den bei o-Trikresylphosphat angegebenen Methoden.

o-Trikresylphosphat, Schmelzp. 11°, Kp über 400°, D_4^{20} 1,792. Nach HEIM (B. 16, 1767) entstehen durch Erhitzen von 28 g $POCl_3$ mit 67 g o-Kresol 65 g Trikresylphosphat (96,5% d. Th.). Für seine technische Verwendung ist es notwendig, die letzten Spuren von Kresol zu entfernen, weil sonst die damit hergestellten Lacke oder Filme stark riechen und leicht brüchig werden.

Reinigung. Durch Destillation gelingt die Trennung unvollständig. Zweckmäßig verrührt man das Rohprodukt bei 50—55° intensiv wiederholt mit 3%iger Natronlauge, bis in der Waschlauge mit Diazobenzolchlorid kein Kresol mehr nachweisbar ist (D. R. P. 396 784 [1922] der BASF). Man kann auch nach dem D. R. P. 401 872 [1922] der BASF das so gereinigte Produkt zur Entfernung von riechenden Verunreinigungen mit aktiver Kohle erwärmen. Nach dem E. P. 322 057 [1928] der IMPERIAL CHEMICAL INDUSTRIES LTD. kann die Reinigung auch durch Behandeln mit geringen Mengen rauchender H_2SO_4 von 20% SO_3 erfolgen.

Verwendung. Von den Trialkylphosphaten wird das Tributylphosphat von der I. G. als sehr lichtbeständiges Weichmachungsmittel für Acetyl- und Nitrocellulose empfohlen. Triphenyl- und besonders o-Trikresylphosphat werden als Weichmachungsmittel für Nitrocelluloseesterlacke (Bd. VII, 259) meist in Mischung mit Campher, Ricinusöl u. s. w. viel benutzt. Sie besitzen ein gutes Gelatinierungsvermögen für Nitrocellulose, und besonders das Kresylderivat krystallisiert und schwitzt aus den Lackschichten nicht aus. Über ihre Verwendung bei der Verarbeitung von Acetylcellulose s. Bd. I, 131. Ein Zusatz von 1% Trikresylphospat zu Tetrachlorkohlenstoff soll die Bildung von Phosgen bei der Verwendung von CCl_4 als Feuerlöschmittel (s. Bd. V, 284) verhindern (I. G., E. P. 317 843, 319 320 [1929]). Trikresylphosphat wird von der DR. C. OTTO & CO., G. M. B. H., Bochum, im großen Maßstabe zur Gewinnung von Phenol aus den NH_3-haltigen Abwässern der Kokereien benutzt (I. G., E. P. 328 388 [1929]). Nach dem F. P. 624 450 [1929] der I. G. sollen die Trikresylphosphate zum Auswaschen flüchtiger Lösungsmittel aus Gasen Verwendung finden und nach dem A. P. 1 721 295 [1928] von DOERFLINGER als Dielektrikum für Transformatoren.

Literatur. A. BRESSER, Phosphorsäureester als Campherersatzmittel. Kunststoffe 1930, 99.

Schwefelverbindungen.

Sie sind sämtlich feste Körper, die sich aus den Elementen in berechneter Menge herstellen lassen. Die dabei auftretende Wärmeentwicklung ist sehr stark und kann sich bei Anwendung von farblosem Phosphor zu Explosionen steigern.

Phosphortrisulfid, P_2S_3, eine krystalline Masse von gelber Farbe, löslich in Schwefelkohlenstoff. *Schmelzp.* gegen 290⁰, *Kp* 490⁰. Wird von Wasser, Alkalien und Ammoniak unter Bildung von Schwefelwasserstoff und phosphoriger Säure zersetzt. Darstellung aus den Elementen durch Zusammenschmelzen im Kohlensäurestrom (KEKULÉ, *A.* **90**, 399 [1854]), Reinigung durch Destillation im Vakuum (KRAFFT und NEUMANN, *B.* **34**, 567). Verwendung zur Herstellung organischer Verbindungen, wie z. B. Thiophen.

Phosphorsesquisulfid, Tetraphosphortrisulfid, auch anderthalb Schwefelphosphor genannt, P_4S_3, ist ein gelbes, krystallinisches Produkt, das aus Schwefelkohlenstoff in schwachgelben rhombischen Prismen krystallisiert und in dieser reinen Form bei 172,5⁰ schmilzt. *Kp* 407—408⁰. Alkohol und Äther wirken nicht ein, heißes Wasser entwickelt Schwefelwasserstoff. Zur Gewinnung kann roter Phosphor mit Schwefel in berechneten Mengen im Kohlensäurestrom zusammengeschmolzen werden (RAMME, *B.* **12**, 940, 1350 [1879]); die Temperatur soll nicht unter 330⁰ liegen, da sich sonst die Masse schwer mahlen läßt (MAI und SCHAFFER, *B.* **36**, 780 [1903]; *A.* **265**, 192 [1891]). Nach *D. R. P.* 247 905 von VOURNASOS soll die Umsetzung von 55 Tl. gelbem *P* mit 44 Tl. *S* bei 180⁰ in Vaselinöl vorgenommen werden; jedoch ist das Verfahren wegen der Entfernung des Vaselinöls unzweckmäßig.

Die technische Herstellung[1] erfolgt durch Einwirkung von gelbem *P* auf geschmolzenen Schwefel.

Die Reaktion verläuft nach der Gleichung:

$$4\,P + 3\,S = P_4S_3 + 77{,}53\,W.\,E.$$

Würde man beide Reaktionskomponenten auf einmal zusammenführen und reagieren lassen, so würde unter Berücksichtigung der *spez.* Wärme der Einzelstoffe es möglich sein, eine Temperatur von etwa 1500⁰ zu erreichen. Man ersieht daraus, daß bei der Herstellung des P_4S_3 sehr vorsichtig verfahren werden muß.

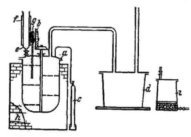

Abb. 126. Herstellung von Phosphorsesquisulfid. *a* Autoklav; *b* Rührwerk; *c* Kohlensäureflasche; *d* Vorlage; *e* Eintraggefäß; *f* Dampfmantel; *g* Thermometer; *h* Feuerung; *i* Auskochgefäß.

Die Herstellung des Phosphorsesquisulfids wird in einem eisernen Autoklaven (Abb. 126) von etwa 600—700 *mm* Durchmesser und 800 *mm* Höhe durchgeführt. Der Autoklav ist mit einem Deckel, der 4 Öffnungen hat, versehen, desgleichen mit einem Rührwerke *b*, das etwa 20—25 Touren in der Minute macht. Die Öffnungen im Deckel dienen zum Einfüllen des Phosphors, zur Destillation in die Vorlage *d*, für Thermometer *g* und Manometer und zur Einleitung von Kohlensäure. Der Autoklav wird mit 200 *kg* Blockschwefel gefüllt, die Temperatur auf 150⁰ gebracht und somit der Schwefel geschmolzen. Das Rührwerk wird dann angestellt, desgleichen die Kohlensäurespülung des Autoklaven mittels der Kohlensäureflasche *c* vorgenommen. Die ganze Apparatur, also Autoklav und Vorlage, werden während der Dauer des Prozesses langsam von einem CO_2-Strom durchspült. Wenn die Temperatur 150⁰ erreicht hat, beginnt man mit dem Eintragen des Phosphors, u. zw. werden insgesamt 249 *kg* Phosphor in kleinen Portionen und gewissen Zeitabständen zugesetzt. Es werden jeweils 5—6 *kg* Phosphor in das mit einem Heizmantel *f* versehene Eintraggefäß *e* gebracht, geschmolzen und in langsamem Strom dem flüssigen Schwefel zugeführt. Infolge der starken Verbindungswärme steigt die Temperatur stark an, und man verfolgt am Thermometer, ebenso bei den späteren Einbringen, die jeweilige Beendigung der Reaktion. Erst dann setzt man die nächste Portion Phosphor zu, läßt bei zu starkem Steigen der Temperatur auch zeitweise den Autoklaven etwas abkühlen. Die Temperatursteigerung ist das beste Zeichen, um festzustellen, ob die beiden Substanzen zur Reaktion gelangt sind. Fällt dann die Temperatur, so ist die Reaktion für die jeweilige Charge beendet. Während des Prozesses hält man den Autoklaven auf kleinem Feuer, und heizt nur dann, wenn etwa die Temperatur zu stark gefallen ist. Wenn etwa ⅓ des Phosphors = etwa 80 *kg* eingetragen sind, soll die Temperatur etwa 220—250⁰ betragen, am Ende des nächsten Drittels 300—320⁰ und nach Eintragen des letzten Drittels etwa 370—380⁰. Das Einbringen des Phosphors geschieht in einem Zeitraum von 12—15 h. Steigt die Temperatur zu schnell, so hört man mit dem Einbringen von Phosphor auf. Man hat es in der Hand, den Prozeß mit seiner Wärmeentwicklung zu meistern und ihm jedes Gefahrmoment zu nehmen. Nachdem sämtlicher Phosphor eingetragen ist, hält man die Temperatur noch 2h unter ständigem Rühren auf 380⁰. Sodann wird die Feuerung verstärkt. Bei 410—414⁰ destilliert

[1] Bearbeitet von FR. JOST.

dann das Phosphorsesquisulfid in die Vorlage, u. zw. innerhalb einer Zeitspanne von 3—4^h. Der Autoklav wird nach jeder 4. bis 5. Destillation geöffnet und von Rückständen befreit.

Das erzeugte Sesquisulfid bleibt 15—20^h in der Vorlage bis zum völligen Erkalten. Es ist vor allem in der Wärme durch seinen Gehalt an weißem Phosphor entzündlich. Sodann wird es unter Luftabschluß in einer Perplexmühle gemahlen und die Masse in Bottichen unter Wasser zur Weiterverarbeitung aufbewahrt.

Infolge Anwesenheit geringer Mengen weißen Phosphors, der wie beim roten Phosphor auf alle Fälle entfernt werden muß, ist der *Schmelzp.* des Rohsesquisulfids 167—170⁰. Um diesen weißen Phosphor zu zerstören, wird das gemahlene Sesquisulfid in einem Steinzeugbehälter *l* mit Dampf behandelt. Durch diesen Prozeß wird die Masse auf 100⁰ erhitzt, wobei der weiße Phosphor durch die stets mitgerissene Luft in Phosphorsäure verwandelt wird, die durch das sich kondensierende Wasser ausgewaschen und entfernt wird. Der zur Verwendung gelangende Steinzeugbehälter ist etwa 1—1,20 *m* hoch. Der Boden ist mit groben Kieselsteinen, auf denen eine Filterplatte angeordnet ist, versehen. Das sich kondensierende Wasser läuft am Boden durch einen Hahn ab. Das Auskochen dauert etwa 8—12^h. Das Entfernen des Phosphors wird wie bei roter Phosphor durch die Kochprobe kontrolliert und verfolgt; auch wird der *Schmelzp.* des Sesquisulfids bestimmt. Er muß bei zwei in Abständen von 2^h genommenen Proben konstant sein, u. zw. soll er 170,5⁰ betragen. Das Sesquisulfid wird nunmehr in einem Vakuumtrockenschrank getrocknet und nach dem Trocknen in einer Mühle (Fabrikat ZAISER) unter Kohlensäure vermahlen und gesiebt. Es wird dann in 5—10-*kg*-Blechdosen verpackt. Das technische Produkt ist gelblichgrün, luftbeständig, *spez. Gew.* 2,03, *Schmelzp.* 170,5⁰. Lösungen in Benzol und Schwefelkohlenstoff trüben sich an der Luft sofort, ohne Luftzufuhr nicht. Bei Abwesenheit von Sauerstoff und Feuchtigkeit ist die Verbindung bis über 700⁰ beständig.

Phosphorsesquisulfid ist als Ersatz für gelben Phosphor neben Kaliumchlorat und reibungserhöhenden Füllstoffen wie Quarz und Glaspulver der Hauptbestandteil der Zündmasse für überall entzündliche Hölzer. BALS (*D. R. P.* 89700) schlug bereits vor, roten Phosphor mit Schwefel zusammenzuschmelzen. SÉVÈNE und CAHEN haben diese Methode neu aufgenommen und durchgebildet (*D. R. P.* 101 736). Über Giftigkeit s. Bd. **V**, 736.

Phosphorpentasulfid, $(P_2S_5)_n$, gelbe Krystalle, die in Schwefelkohlenstoff löslich sind. *Schmelzp.* 290⁰, Kp_{760} 513—515⁰. Wird von Wasser unter Bildung von Schwefelwasserstoff und Orthophosphorsäure zersetzt: $P_2S_5 + 8 H_2O = 2 H_3PO_4 + 5 H_2S$. Löst sich mit blaßgelber Farbe in Alkalien und Ammoniak zu Salzen der Thiophosphorsäure; Säuren fällen aus der Lösung Schwefel unter Entwicklung von Schwefelwasserstoff. Die Darstellung erfolgt aus den Elementen in berechneten Mengen ähnlich der des Sesquisulfids. Eine kleine Menge Jod beschleunigt die Reaktion (STOCK und v. SCHÖNTHAN, *B.* 38, 2720 [1905]). Nach dem *D. R. P.* 487 722 [1928] von DUTOIT entsteht P_4S_{10} durch Erhitzen von Ferrophosphor mit Pyrit (2 $Fe_2P + 9 FeS_2 = 2 P_2S_5 + 13 FeS$), wobei P_2S_5 überdestilliert. Durch Verbrennen des P_2S_5 ließen sich P_2O_5 und SO_2 herstellen, was aber technisch ohne Interesse sein dürfte. Wird in der organischen Chemie zum Austausch von Sauerstoff gegen Schwefel verwendet. Ein Reaktionsprodukt aus Phenol und Pentasulfid dient als Flotationsmittel (*Chem. Ztrlbl.* 1927, II, 2706).

Wasserstoffverbindungen.

Im Gegensatz zu Sauerstoff, Halogenen, Schwefel und Metallen vereinigen sich Phosphor und Wasserstoff nicht direkt miteinander. Die Herstellung geschieht vielmehr auf Umwegen, wobei der gasförmige und der flüssige Phosphorwasserstoff meist gleichzeitig entstehen.

Gasförmiger Phosphorwasserstoff, Phosphin, PH_3, ein sehr giftiges, farbloses Gas von widrigem Geruch. *Schmelzp.* —132,5⁰, Kp_{760} —87,4⁰. Die Darstellung geschieht durch Zersetzung von Jodphosphonium mit Wasser oder Natronlauge: $PH_4J + NaOH = PH_3 + NaJ + H_2O$ (A. W. HOFMANN, *B.* 4, 200 [1871]; MESSINGER und ENGELS, *B.* 21, 326 [1888]; LEPSIUS, *B.* 23, 1646 [1890]). Entsteht auch aus Phosphor und alkoholischer Kali- oder Natronlauge, wobei der Alkohol den selbstentzündlichen Phosphorwasserstoff zurückhält: $3 KOH + 4 P + 3 H_2O = 3 KH_2PO_2 + PH_3$. Bei der Reduktion der niederen Oxydationsstufen des Phosphors mit nascierendem Wasserstoff oder durch Erhitzen der niederen Oxydationsstufen ohne Zusätze entsteht ebenfalls Phosphorwasserstoff, während Orthophosphorsäure unverändert bleibt, was für toxikologische Untersuchungen wichtig ist. Gemische von Phosphorwasserstoff und Sauerstoff sind explosiv. Bei der Verbrennung entsteht Orthophosphorsäure, durch starke Oxydationsmittel, wie Chlor, unter Lichterscheinung Phosphorpentachlorid: $PH_3 + 4 Cl_2 = PCl_5 + 3 HCl$. Phosphorwasserstoff hat schwach basische Eigenschaften, addiert besonders lebhaft Jodwasserstoff, schwächer Brom- und Chlorwasserstoff.

Jodphosphonium, PH_4J, eine Flüssigkeit, Kp gegen 80⁰, wird erhalten aus Phosphorbijodid (s. S. 372) (400 *g* P, 600 *g* J) mit 240 *g* H_2O; ist ein kräftiges Reduktionsmittel.

Der gasförmige Phosphorwasserstoff entsteht auch durch Zersetzung von Metallphosphiden, z. B. Ca_3P_2, durch Wasser neben flüssigem Phosphorwasserstoff. Da Calciumcarbid Spuren von Calciumphosphid enthält, führt auch das Acetylen Spuren von Phosphorwasserstoff, der aber durch Bromwasser, Chlorkalk oder Alkalihypochlorit, Chromsäure quantitativ daraus absorbiert wird (Bd. I, 153). Der empfindlichste Indicator ist Silbernitrat (*Chem. Ztrlbl.* 1927, II, 1375).

Flüssiger Phosphorwasserstoff, P_2H_4. Stark lichtbrechende Flüssigkeit, unlöslich in Wasser. Kp_{735} 57—58⁰. Wird dargestellt aus Phosphorcalcium und Wasser oder Säure sowie aus gelbem

Phosphor und wässeriger Kalilauge oder Erdalkalihydroxyden (s. S. 359) unter Erwärmen, wobei sich das austretende Gas selbst entzündet. Wird das Gasgemisch vor dem Austritt an die Luft gekühlt, oder durch Alkohol, Äther oder starke Salzsäure oder über Kohle oder Schwefel geleitet oder vom Sonnenlichte bestrahlt, so entweicht nur der gasförmige, nicht selbstentzündliche Phosphorwasserstoff. Phosphorwasserstoff wurde bereits 1783 von Gengembre und 1784 von Kirwan beobachtet, 1812 von Davy untersucht, die Unterscheidung von gasförmigem, flüssigem und festem aber erst 1845 von Thénard (*Ann. chim. Phys.* [3] 14, 5) gemacht. Den flüssigen Phosphorwasserstoff untersuchten Gattermann und Hausknecht (*B.* 23, 1174 [1899]).

Über die Anwendung s. Phosphorcalcium (S. 373).

Fester Phosphorwasserstoff, P_2H, wahrscheinlich $P_{12}H_6$, ein gelbes flockiges Pulver, unlöslich in Wasser. Entzündet sich erst gegen 200° an der Luft. Zur Herstellung läßt man Wasser auf Phosphorcalcium im Kohlensäurestrom auftropfen und leitet das Gas in konz. Salzsäure (Schenck, *B.* 36, 990, 4202 [1903]).

Literatur: Gmelin-Krauts Handbuch der anorgan. Chemie. Bd. I, Teil 3, 1911; Bd. Natrium, 1928. – L. Schucht, Die Fabrikation des Superphosphates. 1926, sowie die unter Phosphor S. 370 angegebene Literatur.   *G. Hedrich* und *J. Weismantel*.

Phosrachit (Dr. Korte & Co., Hamburg) ist durch Zusatz von 1 % Limonen haltbar gemachter Lebertran.   *Dohrn*

Photographie ist die Bezeichnung für sämtliche Verfahren, die zur Herstellung von Lichtbildern dienen. Lichtbilder werden in der Weise erzeugt, daß man strahlende Energie in Form von Licht auf Flächen fallen läßt, welche mit Stoffen präpariert sind, die unter der Einwirkung des Lichtes eine entweder von vornherein sichtbare oder erst durch eine nachfolgende physikalische oder chemische Behandlung sichtbar zu machende Veränderung erfahren. Die eingetretene Veränderung gibt ein Maß für die Intensität und unter Umständen auch für die Farbe des eingestrahlten Lichtes. Wenn eine lichtempfindliche Fläche nicht auf ihrer ganzen Ausdehnung mit gleichmäßiger Intensität belichtet wird, sondern wenn man auf verschiedene Flächenteile verschiedene Intensitäten einwirken läßt, so zeigt die durch die Belichtung hervorgerufene Veränderung der lichtempfindlichen Stoffe eine bildmäßige Abstufung, welche die auf den einzelnen Flächenteilen stattgefundene verschiedene Belichtung erkennen läßt. Es gelingt also, durch selektive Belichtung einer lichtempfindlichen Fläche ein bestimmtes Bild in ihr hervorzurufen.

Die Photographie bedient sich einerseits solcher lichtempfindlichen Verbindungen, die im unbelichteten Zustande nur schwach gefärbt oder praktisch farblos sind und unter der Einwirkung des Lichtes eine mehr oder weniger starke Färbung annehmen, wobei die Intensität der eingetretenen Färbung der Stärke und gegebenenfalls der Farbe des einwirkenden Lichtes entspricht. Umgekehrt werden auch stark gefärbte lichtempfindliche Körper verwendet, die unter dem Einfluß des Lichtes und entsprechend seiner Intensität und Farbe verändert werden. Andererseits dienen für die photographischen Verfahren vornehmlich solche Substanzen, die, wie z. B. Silberbromid, bei kurzen Belichtungen eine praktisch kaum wahrnehmbare Veränderung erfahren und erst beim Behandeln mit sog. Entwicklern eine Farbenänderung, Schwärzung, durch Reduktion zu metallischem Silber, entsprechend dem aufgefallenen Licht, erleiden. Schließlich kann man auch Stoffe benutzen, die unter dem Einfluß des Lichtes Produkte liefern, welche durch sekundäre Reaktionen intensive Färbungen annehmen.

Geschichtliches. Die Eigenschaft der Silberverbindungen, sich am Licht dunkel zu färben, war lange bekannt, ehe der deutsche Arzt J. H. Schultze, Halle, im Jahre 1727 ein durch Fällung einer Silbernitratlösung mit Kreide erhaltenes Silbersalz zur Herstellung von Abbildungen verwendete. Nicephore Niepce (1765–1833) gelang es im Jahre 1816, durch Anwendung einer Auflösung von Asphalt in Lavendelöl fixierbare Bilder herzustellen. Er überzog Metallplatten mit einer derartigen Lösung und belichtete sie stundenlang in der von Porta im 16. Jahrhundert beschriebenen Camera obscura. Bei der nachfolgenden Behandlung mit ätherischen Ölen blieben die vom Licht getroffenen Stellen unlöslich, wodurch sich ein Bild ergab. Im Jahre 1826 kopierte Niepce mit Asphalt überzogene Kupferplatten unter einer Strichzeichnung. Bei der folgenden Entwicklung der Kopie in Terpentinöl lösten sich die Asphaltstellen, die den Strichen entsprachen, auf; beim Ätzen einer solchen Platte mit Säure wurden die asphaltfreien, blanken Striche eingeätzt. Die vertieften Striche ließen sich mit fetter Farbe abdrucken, und auf diese Weise erhielt Niepce seine »Heliographien«. Mit Niepce gilt L. J. M. Daguerre (1787–1851) als Erfinder der Photographie. Letzterer stellte 1838 Bilder mit Hilfe des Jodsilbers her; zu dem Zweck setzte er blank polierte Silberplatten Joddämpfen aus, exponierte sie in der Camera obscura und entwickelte sie mit Quecksilberdämpfen (Daguerrotypie). Das Verfahren wurde dadurch verbessert, daß GODDARD (1840) die Silberplatten bromierte und CLAUDET (1841) sie chlorierte, wodurch die Empfindlichkeit gesteigert und die Expositionszeit abgekürzt wurde. Trotz der relativ leichten Bildherstellung haftete den Daguerrotypien der Mangel an, daß man sie nicht vervielfältigen konnte. FOX TALBOT gelang es 1841, Papierkopien in der Weise herzustellen, daß er Papier zuerst auf Jodkalium-, dann auf Silberlösung schwimmen ließ; dieses mit Jodsilber imprägnierte Papier belichtete er kurze Zeit in der Camera und erhielt einen unsichtbaren Bildeindruck (latentes Bild), den er mit einer Mischung von Gallussäure und Silbersalz entwickelte. An den belichteten Stellen schied sich schwarzes, fein verteiltes metallisches Silber ab; eine neuerliche Aufnahme dieses negativen Bildes, das die Schatten des Originals hell und die Lichter schwarz zeigte, ergab ein positives Bild, bei dem aber die rauhe Textur des Papiers störend wirkte. TALBOT kopierte auch Kupferstiche auf dieses Papier und konnte von dem erhaltenen Negativ eine beliebige Anzahl von Kopien herstellen. Dieses Verfahren stellt die Grundlage der noch heute verwendeten Lichtpausprozesse dar.

Ein Neffe von NIEPCE, NIEPCE DE ST. VICTOR, wendete im Jahre 1847 statt des Papiers Glasplatten als Träger der lichtempfindlichen Schicht an, die aus einer jodkaliumhaltigen Eiweißschicht bestand, die dann in einer Silbernitratlösung lichtempfindlich gemacht wurde. Nach diesem Verfahren konnten sehr zarte Bilder erzielt werden. Doch krankte es an der leichten Zersetzlichkeit der Eiweißschicht. Eine Lösung der von SCHÖNBEIN (1846) erfundenen Schießbaumwolle in Äther-Alkohol, Kollodium genannt, wurde von LE GRAY 1849 als Schichtkörper empfohlen, aber erst von SCOTT ARCHER 1851 mit vollem Erfolg angewendet. Er übergoß Plangläser mit jodsalzhaltigem Kollodium, sensibilisierte sie hierauf in einer Silberlösung und erhielt ein homogenes, haltbares, lichtempfindliches Kollodiumhäutchen, das, im nassen Zustand exponiert, ein scharfes und zartes Negativ lieferte.

An die Stelle der nassen Kollodiumplatten traten hierauf die Gelatinetrockenplatten. POITEVIN (1850) erzielte anfangs mit der Anwendung von Gelatine keine Erfolge, da er das unempfindliche Jodsilber und ungeeignete Entwicklerpräparate verwendete; erst J. MADDOX, ein englischer Arzt, stellte im Jahre 1871 die ersten brauchbaren Bromsilbergelatine-Trockenplatten her.

Von weitesttragender Bedeutung war die Entdeckung H. W. VOGELS, daß gewisse organische Farbstoffe die geringe Empfindlichkeit der Platten in den roten, gelben und grünen Spektralbezirken bedeutend erhöhen; diese Erkenntnis führte zur Begründung der ortho- und panchromatischen Photographie (1873), die, durch E. ALBERT auf den Kollodiumprozeß angewendet, auch hier die Farbenempfindlichkeit in hohem Grade verbesserte. Eine große Anzahl von natürlichen und künstlichen Farbstoffen wurde von J. M. EDER, E. VALENTA und E. KÖNIG auf ihre sensibilisierende Wirkung geprüft und in die Photographie eingeführt.

Gleichen Schritt mit der chemisch-technischen Vervollkommnung der Bildherstellung hielt auch die optische Verbesserung der Aufnahmeapparate und die Erforschung der chemisch-physikalischen Vorgänge in der Photographie. ANDRESEN, EDER, die Gebrüder LUMIÈRE und SEYEWETZ haben die Bedingungen für den Entwicklungsprozeß festgelegt, CAREY LEA, LÜPPO-CRAMER u. a. eine kolloidchemische Erklärung der Entstehung des latenten Bildes gegeben.

In den letzten 40 Jahren bildete das Problem der Photographie in natürlichen Farben ein interessantes Forschungsgebiet für Chemiker und Physiker. Auf Grund der Versuche BECQUERELS, POITEVINS und ZENKERS stellte GABRIEL LIPPMANN im Jahre 1891 die ersten Photochromien des Sonnenspektrums unter Anwendung des Prinzips der Interferenz stehender Wellen dar. Seine Erfindung wurde von E. VALENTA und H. LEHMANN verbessert. Andere Versuche mit Photographien in natürlichen Farben stammen von E. VALLOT, K. WOREL und NEUHAUSZ; sie führten zur Körperfarbenphotographie durch Farbenanpassung, auch Ausbleichverfahren genannt, das positive naturfarbige Papierbilder liefert. Die Bildherstellung mittels des Dreifarbenverfahrens, welche durch 3 Aufnahmen hinter in den Grundfarben gefärbten Filtern erfolgt, bildete die Grundlage der Erfindung der Autochromplatten durch die Gebrüder LUMIÈRE im Jahre 1908. Schon JOLLY (1894) bemühte sich, an Stelle der 3 Teilaufnahmen mit den verschiedenen Lichtfiltern eine einzige Aufnahme vorzunehmen, um ein farbiges Bild zu erhalten. Dies gelang aber erst den Gebrüdern LUMIÈRE, die, durch einen Raster aus blau, grün und rot gefärbten Stärkekörnern photographierend, Diapositive mit naturgetreuer Farbenwiedergabe herstellen konnten. Die Priorität auf dem Gebiet der Zwei- und Dreifarbenphotographie mit mehreren gleichzeitig oder nacheinander belichteten, verschieden sensibilisierten Schichten oder mit Farbrastern gebührt allerdings DUCOS DU HAURON, der bereits 1862 in einer der Académie des Sciences in Paris eingereichten Arbeit „Solution physique du problème de la réproduction des couleurs par la photographie" das Prinzip dieser Verfahren erörterte. Die Arbeit wurde von der Akademie nicht angenommen und daher erst 1897 veröffentlicht.

Gewisse Erfolge waren auch verschiedenen Versuchen beschieden, an Stelle der teuren Silbersalze billigere Substanzen zu verwenden. BUSSY verwendete 1838 das Eisenoxalat zur Herstellung von Cyanotypien, NIEPCE DE ST. VICTOR und BURNETT Uransalze; besonders fruchtbringend, insbesondere für die Reproduktionstechnik, war die Entdeckung der Lichtempfindlichkeit der Chromate in Gegenwart organischer Substanzen durch FOX TALBOT; mittels einer Kaliumbichromat-Gelatinemischung schuf POITEVIN im Jahre 1855 die Grundlage des Pigmentdruckverfahrens. Der Platindruck (entdeckt von WILLIS 1873) ist wegen seiner bequemen Handhabung ein sehr geschätztes Positivverfahren. PONTON, GARNIER und NEGRÉ SALMON führten die Chromateiweißlösung für verschiedene Verfahren in die Photographie ein.

In Verbindung mit den verschiedenen Druckverfahren leistet die Photographie auf dem Gebiet der Reproduktionstechnik (s. d.) die wertvollste Hilfe.

Allgemeines. Das einfachste Verfahren zur Erzeugung eines Lichtbildes besteht darin, daß man eine lichtempfindliche Fläche mit Hilfe einer Schablone teilweise abdeckt und dann belichtet. Man erhält dabei, je nach dem Charakter der lichtempfindlichen Fläche, ein negatives oder positives Lichtbild der zur Abdeckung verwendeten Schablone. Dieses Verfahren stellt die Grundform der sog. photographischen Kopierverfahren dar, welche weiter unten besprochen werden.

Um von räumlichen Gegenständen Lichtbilder zu erzeugen, benötigt man eine optische Vorrichtung, welche als Kamera bezeichnet wird. In der einfachsten Form besteht dieser photographische Aufnahmeapparat aus einem allseitig geschlossenen, innen geschwärzten Kasten in Gestalt eines Würfels oder eines Rechtkantes. In der Mitte der einen Wand befindet sich eine winzige kreisförmige Öffnung, während auf der Innenseite der gegenüberliegenden Wand die lichtempfindliche Fläche in einer Kassette angeordnet wird. Die von dem photographisch aufzunehmenden räumlichen Objekt ausgehenden Lichtstrahlen fallen durch die Öffnung auf die lichtempfindliche Fläche und entwerfen dort ein auf dem Kopf stehendes Bild des Aufnahmegegenstandes. Bei der weiteren Entwicklung des Aufnahmeapparates wurde die winzige Belichtungsöffnung der sog. Lochkamera ersetzt durch eine Glaslinse oder ein System von Glaslinsen, das sog. Objektiv, welches eine scharfe Abbildung des Aufnahmegegenstandes ermöglicht und infolge seines größeren Durchmessers größere Lichtintensitäten auf die lichtempfindliche Schicht gelangen läßt. Schließlich wurde auch die starre Kastenform der Camera obscura verlassen, indem man deren Seitenwände verstellbar machte, um eine Einstellung des Aufnahmeapparates auf verschiedene Entfernungen zu erreichen. Man gelangte so zu den modernen photographischen Aufnahmeapparaten mit einfach oder doppelt ausziehbaren Lederbalgen und lichtstarken Objektiven.

Die ersten Schichtträger, welche in der Photographie verwendet wurden, waren, wie oben erwähnt wurde, Metallplatten. An ihre Stelle traten bald Glasplatten, welche auch heute noch verwendet werden. In den letzten Jahrzehnten hat sich jedoch sowohl in der Amateur- wie in der Berufsphotographie gegenüber den Platten der Film (Bd. V, 345) als Schichtträger in immer mehr zunehmendem Maße eingebürgert. Dieses Schichtträgermaterial, welches zuerst von GOODWIN vorgeschlagen worden ist, hat gegenüber den Glasplatten den Vorzug der Unzerbrechlichkeit und des geringeren Gewichtes. Sein Nachteil, sich in den Behandlungsflüssigkeiten und beim Trocknen infolge der verschiedenen Wasserempfindlichkeit von Film und Emulsionsschicht zu krümmen, wurde von EASTMAN durch Anbringung einer Gelatineschicht auf der Rückseite des Schichtträgers behoben (»noncurling«-Schicht). Da sich selbstverständlich alle Typen von Emulsionsschichten auf Film in derselben Weise wie auf Glasplatten anbringen lassen, ist zu erwarten, daß der Film in Form von Rollfilmen und Filmpacks in absehbarer Zeit die Glasplatte fast vollständig aus der Photographie verdrängen wird. Die Kinematographie wäre ohne dieses Schichtträgermaterial überhaupt nicht möglich gewesen.

Die Rollfilme und Filmpacks machen den Liebhaberphotographen unabhängig von der Dunkelkammer, soweit die Beschickung des Aufnahmeapparates mit lichtempfindlichem Material in Frage kommt. Der Rollfilm, der jetzt am meisten verwendet wird, besteht aus einer Holz- oder Metallspule, auf welche ein Filmstreifen zusammen mit einem noch längeren lichtundurchlässigen Papierstreifen aufgewickelt ist.

Der Rollfilm wird bei Tageslicht in den Apparat eingesetzt, wobei der Anfang des Schutzpapierstreifens an einer leeren Aufwickelspule befestigt wird. Nach Schließen des Apparates wird der Filmstreifen durch Drehen der Aufwickelspule in Belichtungsstellung gebracht. Auf dem Schutzpapier aufgedruckte Zahlen, die durch ein rotes Fenster in der Apparaterückseite sichtbar sind, zeigen an, wie weit für jede neue Aufnahme gedreht werden muß. Es gibt Rollfilme für 4—12 Aufnahmen. In neuerer Zeit werden Rollfilme, auch mit Perforation, für 16—32 oder noch mehr Aufnahmen kleinsten Formats in besonderen Aufnahmeapparaten (Leica-, Memo-Kamera u. ä.) verarbeitet. Die erhaltenen Bilder werden dann auf Postkartenformat vergrößert.

Die Filmpacks enthalten in einem lichtdichten Gehäuse aus Blech oder Pappe 6—12 Einzelfilme, die durch angeklebte Papierlaschen nacheinander in Aufnahmestellung gebracht werden. Sie werden in den Plattenkassetten im Prinzip ähnelnden Filmpackkassetten verarbeitet, die ebenfalls im Tageslicht geladen werden können.

Die positiven Bilder werden außer in der Kinematographie im allgemeinen auf Papierschichtträgern hergestellt (s. »Photographische Papiere«, Bd. VIII, 444).

Man hat auch verschiedene andere Schichtträger, z. B. Leinwand, Seide und sonstige Stoffe, Elfenbein, keramisches Material u. dgl., für besondere Zwecke verwendet. Im Prinzip kann jedes Material als photographischer Schichtträger verwendet werden, welches keinen schädigenden Einfluß auf die lichtempfindlichen Schichten ausübt oder durch eine isolierende Zwischenschicht an einer Schädigung der photographischen Schicht gehindert wird.

Die meisten Lichtbilder werden in Schichten erzeugt, welche lichtempfindliche Silbersalze enthalten. Der gebräuchlichste Weg zur Erzeugung von Lichtbildern mit derartigen Schichten ist folgender:

In der lichtempfindlichen Schicht, welche sich auf einem Schichtträger in Form einer Glasplatte, eines Films aus Celluloid, Celluloseacetat oder einem anderen Cellulose-derivat oder eines Papierblattes, gegebenenfalls auch einer Stoffbahn od. dgl., befindet, werden durch die bei der Belichtung auffallenden und den Aufnahme-gegenstand abbildenden Lichtstrahlen Veränderungen hervorgerufen, welche jedoch für das Auge nicht erkennbar sind (latentes Bild). Um das latente Bild in ein sichtbares umzuwandeln, setzt man die belichtete Schicht der Einwirkung geeigneter Reduktionsmittel, sog. Entwickler, aus. Dabei wird an den vom Licht getroffenen Stellen entsprechend der Anzahl absorbierter Lichtquanten metallisches Silber aus-geschieden. Die Farbe des entwickelten Silbers ist bei den üblichen photographischen Trockenplatten und Filmen im allgemeinen schwarz, kann aber durch die Art der Entwicklung in einem gewissen Umfang beeinflußt werden (für Positiv-zwecke). Das in der belichteten Schicht entstandene Bild ist ein Negativ, d. h. die hellen Tonwerte des Aufnahmegegenstandes erscheinen schwarz, die dunklen Ton-werte dagegen hell. Das bei der Entwicklung erhaltene Negativ ist noch nicht haltbar, da es neben dem durch die Entwicklung ausgeschiedenen Silber noch un-verändertes lichtempfindliches Silbersalz enthält, welches durch einen besonderen Prozeß, den Fixierprozeß, entfernt werden muß. Man spült zu diesem Zweck nach dem Entwickeln die Platte mit Wasser gut ab und läßt sie dann einige Minuten im Fixierbad liegen, welches ein Lösungsmittel für das Silbersalz enthält. Durch nochmaliges gründliches Wässern der Schicht, am besten in fließendem Wasser, werden die Reste des Fixierbades entfernt.

Falls die Belichtung bei der Aufnahme unzureichend war, erhält man ein Negativ, welches den Aufnahmegegenstand nur in Gestalt eines sehr dünnen Silber-bildes zeigt. In diesem Fall muß das Negativ verstärkt werden. Dies geschieht in der Weise, daß man durch eine chemische Umsetzung die das Bild bildenden Silberkörner vergrößert. War dagegen die Belichtung bei der Aufnahme zu reichlich bemessen, so erhält man ein dichtes Negativ, bei dem auch die dünnsten Stellen noch einen sehr dichten Silberniederschlag aufweisen. Hier muß eine Ab-schwächung des Negativs vorgenommen werden, indem durch Behandlung mit einem Silberlösungsmittel ein Teil des Silbers auf der ganzen Fläche der Schicht herausgelöst wird.

Nach dem Trocknen und nachdem gegebenenfalls eine Verstärkung oder Abschwächung stattgefunden hat, ist das Negativ zur weiteren Verwendung, d. h. zum Kopierprozeß, fertig. Legt man das Negativ zu diesem Zweck auf ein Stück Chlorsilberauskopierpapier (Schicht auf Schicht) und läßt dann durch das Negativ hindurch längere Zeit Tageslicht einwirken, so wird an den Stellen, wo das Negativ kein oder wenig Silber enthält, das Kopierpapier dunkel gefärbt, indem das Licht das Chlorsilber chemisch verändert. Es entsteht dabei ein Positiv, dessen Schatten bzw. Lichter den Lichtern bzw. Schatten des Negativs entsprechen, und welches selbst ein Licht und Schatten des Aufnahmegegenstandes wiedergebendes Schwarz-weißbild darstellt. Auch die Positivkopie muß man nach dem Belichten in ein Fixierbad bringen, um das unveränderte Chlorsilber herauszulösen. Da das durch Belichtung des Chlorsilbers entstehende Bild einen für das Auge wenig angenehm wirkenden Farbenton besitzt, ändert man den Ton im sog. Tonungsverfahren durch Behandeln der Kopie mit geeigneten Salzlösungen. Der Tonungsprozeß wird meist gleichzeitig mit dem Fixieren durchgeführt. Die hierfür verwendeten Lösungen heißen Tonfixierbäder.

Statt der Tageslichtkopierpapiere, welche vorwiegend Chlorsilber als sich bei der Belichtung sichtbar verändernden lichtempfindlicher Stoff enthalten, haben sich weitgehend die sog. Kunstlichtpapiere eingeführt, welche dieselben lichtempfindlichen Stoffe wie das photographische Negativmaterial, nämlich Bromsilber und Jodsilber, zusammen mit Chlorsilber enthalten. Sie haben vor den Tageslichtpapieren den Vorzug, daß sie wesentlich kürzere Kopierzeiten benötigen und daß als Kopierlichtquelle auch künstliches Licht (Gas- oder elektrische Lampe) genügt. Die Kunstlichtpapiere ergeben, ebenso wie das entsprechende Negativmaterial, latente Bilder, die erst durch ein Entwicklungsverfahren sichtbar gemacht werden.

Für den Positivprozeß dienen ferner die Lichtpausverfahren, Pigmentdruck, Gummidruck, Öldruck, Bromöldruck, Platindruck u. s. w. *Mediger.*

Optisches. Zum Photographieren gebraucht man das Objektiv, welches die Wirkung einer Sammellinse besitzt und aus einer oder zumeist einem System mehrerer Glaslinsen besteht, von denen einzelne verkittet sein können. Diese Linsen sind in ein Metallrohr gefaßt, das durch einen Schraubring mit dem Gehäuse des Aufnahmeapparates, der Kamera, verbunden ist (sog. Normalfassung), und das bei Objektiven kürzerer Brennweite häufig noch eine Schneckengangführung mit aufgravierter Metereinteilung zur Entfernungseinstellung des Objektivs ohne Benutzung der Mattscheibe (sog. Einstellfassung) besitzt. Am Objektiv ist ferner eine Blendvorrichtung zum Verkleinern der Linsenöffnung angebracht (Irisblende, Steckblende u. s. w.).

Die Objektive liefern von Gegenständen, die weiter als die Brennweite entfernt sind, wirkliche umgekehrte Bilder. Zwischen der Entfernung a des Gegenstandes von einer Linse, der Bildweite b und der Brennweite f besteht die Beziehung $\frac{1}{a} + \frac{1}{b} = \frac{1}{f}$. Die Größen a und b sind dabei nicht von den Linsenflächen ab gerechnet, sondern vom (optischen) Mittelpunkt der Linse bzw. bei einem System von Linsen von dem vorderen bzw. hinteren Hauptpunkte des Objektives. Die Hauptpunkte liegen zumeist innerhalb des Systems, gelegentlich (z. B. bei Teleobjektiven, um kürzere Kameraauszüge zu erzielen) auch außerhalb.

Bezeichnet man die Größe des Gegenstandes mit G und die Bildgröße mit B, so besteht die Beziehung $G : B = a : b$; aus dieser und der oberen Gleichung läßt sich Bildweite und Bildgröße berechnen.

Die Objektivkonstanten: Die Brennweite (f) ist die Entfernung des Brennpunktes vom zugehörigen Hauptpunkt; die wirksame Öffnung (d) ist der Durchmesser des Lichtkreises, der aus dem Objektiv kommt, wenn sich die Lichtquelle im Brennpunkt befindet; sie ist angenähert gegeben durch den Durchmesser der Blende oder der vordersten Linse; die relative Öffnung ist das Verhältnis der wirksamen Öffnung zur Brennweite ($d : f$). Sie gilt als Maß für die Lichtstärke eines Objektives. Die Lichtstärken zweier Objektive f und f' oder die Lichtstärken bei verschiedenen Blenden verhalten sich wie die Quadrate der relativen Öffnungen; die entsprechenden Belichtungszeiten verhalten sich umgekehrt proportional. Ist z. B. $\frac{d}{f} = \frac{1}{5}$ und $\frac{d'}{f'} = \frac{1}{10}$, so ist $J : J' = \left(\frac{1}{5}\right)^2 : \left(\frac{1}{10}\right)^2 = 4 : 1$, d. h. das erste Instrument ist 4mal so lichtstark wie das zweite und braucht daher nur $^1/_4$ der Expositionszeit des anderen.

Die Blendenbezeichnung der Objektive ist diesen Gesetzen entsprechend gewählt, um einen bequemen Anhalt für die erforderlichen Belichtungszeiten bei verschiedenen Blenden zu geben. Während früher eine Anzahl verschiedener Blendensysteme in Anwendung waren, findet sich heute ausschließlich die Bezeichnung nach der relativen Öffnung in der nachstehenden Blendenreihe, denen die darunter stehende relative Belichtungszeit entspricht.

Relative Öffnung	f : 1	1,4	2	2,8	4	5,6	8	11,3	16	22,6	32	45
Relative Belichtungszeit	1	2	4	8	16	32	64	128	256	512	1024	2048

Das brauchbare Bildfeld ist der Durchmesser des gesamten, scharf abgebildeten, kreisförmigen Bildes, das von einer Linse entworfen wird.

Der brauchbare Bildfeldwinkel kann mit Hilfe des Durchmessers des brauchbaren Bildfeldes und der Brennweite leicht berechnet werden. — Der Bildfeldwinkel beträgt bei den heutigen Objektiven bei voller Öffnung etwa 55⁰—60⁰ und steigt bei Abblendung bis auf etwa 80⁰. Ist der Bildfeldwinkel bei starker Abblendung größer als 80⁰, so spricht man von einem Weitwinkelobjektiv.

Eine Linse liefert Bilder, die durch eine Reihe von Fehlern beeinträchtigt werden. Die wichtigsten dieser Linsenfehler sind kurz folgende:

Die sphärische Aberration oder der Kugelgestaltsfehler auf der Achse. – Dadurch, daß die nahe dem Rande einer Linse auffallenden Strahlen stärker gebrochen werden als die in der Linsenmitte auftreffenden Strahlen, entsteht eine allgemeine Unschärfe des Bildes. Auch kann es geschehen, daß nach erfolgter Scharfeinstellung mit voller Öffnung bei Abblendung das Bild unschärfer wird bzw. die Lage des scharfen Bildes sich verändert (sog. Einstelldifferenz).

Die chromatische Aberration oder die Fokusdifferenz. – Bei jeder Lichtbrechung werden die kurzwelligen, blauen Lichtstrahlen stärker gebrochen als die Strahlen der längeren Wellen. Da nun das Auge für die gelben Strahlen am empfindlichsten ist, die photographische Platte dagegen für die blauen, so fällt das mit dem Auge scharf eingestellte Bild nicht mit dem photographisch wirksamen in einer Ebene zusammen, und man erhält trotz scharfer Einstellung keine scharfe Aufnahme, wenn man nicht eine Korrektur der Einstellung vornimmt.

Der Astigmatismus. – Schief auf die Linse auffallende Lichtstrahlen, die von einem leuchtenden Punkte herkommen, werden im allgemeinen überhaupt nicht mehr zu einem Bildpunkt hinter der Linse vereinigt, sondern erleiden eine eigentümliche Deformation, wobei man an Stelle eines scharfen Bildpunktes auf der Mattscheibe zwei Einstellungen geringster Unschärfe, zwischen denen eine Zone größerer Unschärfe liegt, beobachtet. Die Unschärfe tritt besonders gegen den Rand des Bildfeldes in stärkerem Maße auf. Ist gegenüber der Scharfeinstellung auf der Mitte der Mattscheibe eine Verschiebung der Einstellung zur Scharfeinstellung gegen den Rand hin erforderlich, so spricht man von einer Bildfeldwölbung, die meist mit dem Astigmatismus verbunden ist.

Koma nennt man die sphärischen Aberrationen schief auffallender Strahlen; im Gegensatz zur sphärischen Aberration auf der Achse entsteht dabei hinter der Linse ein unsymmetrischer Strahlenverlauf, durch die ein Lichtpunkt zu einem gegen die Bildmitte hin oder von ihr weg gerichteten Strahlenbüschel auseinandergezogen erscheint, wodurch die Brillanz der Abbildung stark leidet.

Distorsion oder Verzeichnung zeigt sich darin, daß gerade Linien am Rande des Bildfeldes gekrümmt wiedergegeben werden. Während der Fehler bei Landschaftsbildern oder Porträts kaum in Erscheinung tritt, ist seine Beseitigung vor allem für kartographische Zwecke und Reproduktionen erforderlich.

Die Beseitigung der einzelnen Fehler hat zu einer Reihe von Objektivtypen geführt deren hauptsächlichste Formen heute folgende sind:

Der Meniskus, eine durchgebogene, einfache Sammellinse, ist bei einfachsten Kameras mit einer Öffnung von etwa f:18 in Anwendung. Die Bildfehler sind nur in sehr geringem Maße behoben;

die achromatische oder Landschaftslinse, gebildet durch Verkittung einer Sammellinse mit einer Zerstreuungslinse aus Glassorten von verschiedener Farbzerstreuung, wodurch das optische und das photographische Bild zusammenfallen. Bei geeigneter Wahl der Krümmungen wird gleichzeitig die sphärische Aberration ausreichend beseitigt. Landschaftslinsen liefern brauchbare Bilder bei einer Öffnung f:16 bis höchstens f:12;

die symmetrischen Objektive, nämlich das Periskop, eine Vereinigung zweier Menisken, und das Aplanat, eine Vereinigung zweier Achromate. Bei beiden sind Verzeichnung und Koma beseitigt, das Aplanat ist außerdem frei von Farbenfehlern. Sie werden mit einer Öffnung von etwa f:10 bis f:8 für Handkameras verwendet, für Porträtzwecke kann man etwa bis zu einer Öffnung von f:6,3 heraufgehen;

das Anastigmat, welches von sämtlichen Bildfehlern weitgehend frei ist. Anastigmate kommen in symmetrischer Form als Doppelanastigmat, zu denen z. B. die Objektive „Dagor" und „Helostar" zählen, wie auch in unsymmetrischer Form zur Ausführung; zu den letzteren gehören das „Tessar", das „Solinear", das „Xenar" u. a. m. Die Lichtstärke dieser Objektive ist von der Öffnung f:4,5 in den letzten Jahren vor allem für Kinoaufnahmezwecke bis zu Öffnungen von f:1,8 und f:1,4 gestiegen. *v. Kujawa.*

Die photographischen Emulsionen. a) Allgemeines. Unter einer photographischen Emulsion versteht man ganz allgemein eine Suspension eines lichtempfindlichen Körpers in einem Kolloid, hergestellt zu dem Zwecke, die lichtempfindliche Substanz in zusammenhängender Form auf einen Schichtträger aufzutragen, so daß seine Verwendung für Zwecke der Photographie möglich ist.

Die weitaus größte Bedeutung für die Photographie haben Emulsionen aus Silberhalogeniden in Gelatine erlangt; für spezielle Zwecke werden die Halogenide auch in Kollodium emulgiert. Von untergeordneter Bedeutung sind Emulsionen mit anderen lichtempfindlichen Verbindungen, wie Metallsalzen, Diazoverbindungen und Farbstoffen. Für Aufnahmezwecke, d. h. für die Herstellung der Negative in der Kamera, werden hochempfindliche Emulsionen aus Bromsilber bzw. Jodbromsilber in Gelatine verwendet, während für die Erzeugung des positiven Papierbildes solche aus Chlorbromsilber und Chlorsilber, letzteres teilweise in Kollodium emulgiert (Celloidinpapier), in Frage kommen.

Die Herstellung der Emulsion geschieht durch doppelte Umsetzung von Silbernitrat und Halogensalzen in geschmolzener Gelatinelösung. Die Fällung im kolloiden Medium führt zunächst zu sehr kleinen Halogensilberkörnern von geringer Lichtempfindlichkeit, die durch einen nachfolgenden Reifungsprozeß bei höherer Temperatur oder unter Zusatz von Ammoniak erheblich gesteigert wird. Nach dem Erstarren der Emulsionsgallerte werden die gleichzeitig entstandenen Alkalinitrate und etwaige Überschüsse von Halogensalzen durch einen Waschprozeß entfernt. Die Emulsion wird sodann im geschmolzenen Zustande auf einen Schichtträger, eine Glasplatte, Film oder Papier, aufgetragen, in warmer Luft getrocknet und kommt in dieser Form nach entsprechender Zurichtung zur Verwendung.

Diese Zurichtung, Aufarbeitung oder Konfektionierung genannt, umfaßt das Aufschneiden in die gewünschten Formate, das Perforieren, Wickeln zu Rollen oder Verpacken in Filmpacks und das Einpacken in die Versandhüllen. Auch diese viele Sorgfalt erfordernden Arbeiten gehen in Dunkelräumen vor sich.

Die Qualität der Bromsilbergelatine-Emulsion ist von zahlreichen Faktoren abhängig, die teils erst durch langwierige empirische Arbeiten erkannt wurden, teils in ihren Ursachen und Auswirkungen noch nicht vollkommen geklärt sind. Wenn auch in den letzten 10 Jahren durch umfangreiche Arbeiten auf diesen Gebieten, insbesondere auf dem Gelatinegebiete, unsere Erkenntnis ganz erheblich gefördert wurde, hält man bei der fabrikationsmäßigen Herstellung von Emulsionen im allgemeinen an altbewährten Vorschriften fest.

Silbernitrat. Es ist das fast ausschließlich zur Emulsionsbereitung verwendete Silbersalz. Wichtig ist das Freisein von Verunreinigungen durch Schwermetallsalze, insbesondere Kupfer und Blei, die die Empfindlichkeit und Klarheit der Emulsionen stark beeinflussen.

Bromkalium (s. Bd. II, 683). An die Reinheit des Kaliumbromids werden besonders hohe Anforderungen gestellt.

J. M. EDER (Phot. Korr. 17, 82 [1880]) wies schon auf die Wichtigkeit dieser Forderung hin, und ein sorgfältig gereinigtes Bromkalium für photographische Zwecke führt noch heute die Handelsbezeichnung „nach DR. EDER". Die normalen Analysenmethoden zur Feststellung der Verunreinigungen versagen hier oft, da der photographische Prozeß ein empfindlicheres Reagens ist als manche analytische Methoden; geringe Spuren von analytisch nicht mehr feststellbaren reduzierenden oder Schwefel enthaltenden Substanzen können die Empfindlichkeit und Klarheit stark beeinflussen, so daß als sicheres Kriterium für die Verwendbarkeit im Emulsionsprozeß nur die Herstellung einer Probeemulsion gelten kann.

Auch an die übrigen Halogensalze: Bromnatrium, Bromammonium, Jodkalium, Chlorammonium, Chlornatrium werden hohe Anforderungen in bezug auf Reinheit gestellt.

Eine besondere Bedeutung für die Qualität der photographischen Emulsion kommt der Gelatine zu. Eine ungeeignete Gelatine kann das Erreichen höchster Empfindlichkeit verhindern; ebenso kann sie Schleierbildung hervorrufen, worunter man eine bei der Entwicklung der unbelichteten photographischen Platte auftretende gleichmäßige Schwärzung der Schicht versteht. Die Ursache kann in einem geringen Gehalt an reduzierenden Substanzen liegen, die aus dem Silbersalz metallisches Silber abscheiden. Ebenso kann diese Schleierbildung auf einem zu hohen Gehalt der Gelatine an „Reifungssubstanz" beruhen. Als Reifung bezeichnet man eine in der Emulsion sich allmählich vollziehende Vergrößerung der Bromsilberteilchen, die durch gewisse Bestandteile der Gelatine, durch Zusatz von Chemikalien oder durch Digestion in der Wärme bzw. durch mehrere dieser Faktoren gleichzeitig, hervorgerufen bzw. befördert wird und eine Zunahme der Lichtempfindlichkeit bedingt. Irgend ein Kriterium für den Reifungscharakter der Gelatinen gibt es nicht; man ist auch hier auf die Herstellung von Probeemulsionen angewiesen. Zwar hatte die jahrzehntelange Erfahrung der Gelatinefabriken zu gewissen Verfahren geführt, um möglichst gut reifende Gelatinen zu erzeugen bzw. schlecht reifende durch Abmischen mit besser reifenden Qualitäten zu verbessern, aber alles blieb reine Empirie. Über das Wesen der das Reifungsvermögen bedingenden Bestandteile der Gelatine herrschten sehr widersprechende Ansichten.

Eingehende Arbeiten auf diesem Gebiete, die unabhängig voneinander unter anderem in den wissenschaftlichen Laboratorien der KODAK-Gesellschaft und der Agfa (I. G.) ausgeführt wurden, brachten Klarheit über das Wesen der Reifungssubstanz. L. S. E. SHEPPARD (Photographic Journal 65, 8, 380 [1925]) veröffentlichte eine Zusammenstellung der im KODAK-Laboratorium ausgeführten Arbeiten, die zu einem Verfahren führten, aus Eiweißstoffen isolierte Senföle als Reifungssubstanz zur regelbaren Beeinflussung der reifenden Eigenschaften der Gelatine zu verwenden. Der Weg zu dieser Erkenntnis führte über eine Reihe von Patenten:

So extrahierte PUNNETT (A. P. 1 600 736) tierische Haut, Gelatine u. s. w. mit Wasser und gewann durch Eindampfen einen Extrakt der Eiweißkörper, der, in einem beliebigen Stadium bei der Emulsionsherstellung zugesetzt, eine Steigerung der Empfindlichkeit bewirkte; er soll insbesondere in Ammoniakemulsionen wirksam sein, sich leicht kolloid in Wasser lösen und weder von Säuren noch Alkalien zersetzt werden.

Ferner wurden von SHEPPARD tierische und pflanzliche Rohstoffe (A. P. 1 574 943), insbesondere Senfsamen, in zerkleinerter Form mit Ligroin extrahiert; die erhaltene Lösung ergab nach dem Eindampfen und Auflösen in Alkohol eine Substanz, die ähnlich wie die Eiweißextrakte aus tierischem Gewebe auf die Empfindlichkeit photographischer Emulsionen wirkte. Von demselben Autor wurden (A. P. 1 574 944, 1 602 591, 1 602 592) zwecks Erhöhung der Allgemeinempfindlichkeit Zusätze wohl definierter Körper vorgeschlagen, welche ein zweiwertiges S-, Se- oder Te-Atom in doppelter Bindung an einem Metalloid enthalten, welches noch mit mindestens einer weiteren Atomgruppe verbunden ist. Genannt werden unter anderen Thiosinamin, Thiosemicarbazid, Natriumthiosulfat. Die Wirksamkeit dieser Körper wird auf ihr reifendes in wässeriger Lösung zurückgeführt; sie spalten langsam S, Se oder Te ab, welche auf den Bromsilberkörnern einzelne ultramikroskopische Keime von Ag_2S, Ag_2Se, Ag_2Te bilden. Diese Keime zerfallen bei der Belichtung besonders leicht und führen bei der späteren Entwicklung zur intensiven Reduktion des Bromsilbers.

Weitere Vorschläge SHEPPARDs beziehen sich darauf, einer Gelatine jegliche Reifungssubstanzen zu entziehen, um ihr dann durch Zusatz der erwähnten Körper willkürlich ein bestimmtes Reifungsvermögen zu erteilen.

Der Zusatz der reifenden Substanzen wurde schließlich von SHEPPARD noch dahingehend modifiziert, daß er z. B. Allylsenföl in Form des Glucosids, wie es aus Senfsamen isoliert wird, der Emulsion zusetzte und es später durch Enzyme spaltete (A. P. 1 591 499). Hieraus ergibt sich gleichzeitig, daß die obenerwähnten Substanzen mit S, Se und Te in doppelter Bindung auch aus pflanzlichen und tierischen Rohstoffen erhalten werden können.

Die Arbeiten der Agfa (I. G.), die sich ebenfalls die willkürliche Beeinflussung der reifenden Eigenschaften der Gelatine zur Aufgabe machte, führten im Jahre 1925 ebenfalls zu einer Reihe von Patenten. Anfangs wurden pflanzliche und tierische Proteine durch alkalische (D. R. P. 464 450), saure (D. R. P. 468 171) oder fermentative Hydrolyse unter teilweiser Oxydation abgebaut; die neutralisierten Hydrolysate wurden unmittelbar oder nach Anreicherung der Emulsion zur Steigerung der Emfindlichkeit zugesetzt. Ebenfalls wurde die Verbesserung photographischer Gelatinen (D. R. P. 448 775 und 468 604) durch Zusatz der durch alkalische, saure oder fermentative Hydrolyse erhaltenen Produkte durch Patentnahme geschützt. Analog konnten auch durch Elektrodialyse (D. R. P. 437 900) aus Proteinen reifende Körper erhalten werden; es schieden sich diese sowohl an der Anode als auch an der Kathode ab. Als Resultat weiterer Arbeiten wurden als reifungsfördernde Körper wasserlösliche Salze (D. R. P. 463 879) erkannt, die mindestens 3 S-, Se- oder Te-Atome im Anion enthalten und schwerlösliche, sich allmählich unter Bildung von Ag_2S, Ag_2Se und Ag_2Te zersetzende Silberverbindungen bilden, ebenso auch organische Verbindungen (D. R. P. 458 286) mit einem oder mehreren S-Atomen in einfacher Bindung und der gleichen Eigenschaft, schwer lösliche Silbersalze zu bilden. Analog den Patentanmeldungen der KODAK-Gesellschaft wird auch hier die reifungssteigernde Eigenschaft der Bildung von Schwefelsilberkeimen zugeschrieben. Schließlich bezieht sich das D. R. P. 463 879 auf ein Verfahren, Gelatine durch Behandlung mit Schwefel oder Schwefelverbindungen, die an sich zur Reifung von Emulsionen geeignet sind, insbesondere Natriumsulfid und Schwefelkohlenstoff, in ihren Reifungseigenschaften zu verbessern.

Im Verlauf der sich an diese Veröffentlichungen anschließenden Diskussion (KNOCHE, Kinotechnik 1925, 512 und Phot. Ind. 1926, 433 und 1016; H. H. SCHMIDT, Phot. Ind. 1925, 1192 und 1415; HENRY, Revue Française de Photographie 1925, 292; KÖGEL und STEIGMANN, Phot. Ind. 1925, 1387; 1926, 433; SHEPPARD, Phot. Ind. 1925, 1414; Kinotechnik 1926, 9; Phot. Ind. 1926, 280) wurde bekannt, daß LUMIÈRE und SEYEWETZ (Revue Française de Photographie 1925, 291) bereits im Jahre 1906 durch Extraktion von Gelatine mit kaltem Wasser und Eindampfen eine Substanz erhielten, die es gestattete, unempfindliche Gelatine in ihrem Reifungsvermögen zu verbessern. Im Jahre 1910 haben sie als Reifungssubstanzen unter anderen Thiocarbamid und Guanidinsulfocyanat benutzt. Eine Veröffentlichung erfolgte damals nicht, da die Körper fabrikatorisch verwertet wurden (vgl. dazu auch R. LUTHER, Phot. Ind. 1927, 494).

Die wertvollen Eigenschaften einer Gelatine für den Emulsionierungsprozeß bestehen nicht ausschließlich in der richtigen Dosierung der Reifungssubstanz; man muß aus dem Verhalten vieler sowohl natürlicher als auch künstlich mit Reifungssubstanz versetzter Gelatinen schließen, daß auch reifungsverhindernde Körper in der Gelatine enthalten sind und bei der Erzielung höchster Empfindlichkeit unter Wahrung guter Klarheit eine wesentliche Rolle spielen.

Anfänge, diese Verhältnisse zu klären, sind ebenfalls durch Arbeiten der Agfa (I. G.) gemacht, die sich damit befaßten, die Schleierneigung gewisser Gelatinesorten zu bekämpfen. Es werden zu diesem Zwecke Zusätze von Thiazolgelb (D. R. P. 301 291) oder auch Imidazolen (D. R. P. 445 753) gemacht. SHEPPARD (Photogr. Journal 1929, 37) nimmt an, daß diese Körper mit dem Halogensilber

Komplexverbindungen, zunächst an den Grenzflächen Silbersulfid-Halogensilber, bilden und so die Entwicklung hemmen. STEIGMANN vermutet, daß die schleierwidrigen Stoffe infolge ihrer Eigenschaft als Wasserstoffacceptoren wirksam sind (Phot. Ind. 1927, 970).

Abgesehen von den chemischen und kolloidchemischen Eigenschaften einer Gelatine spielen auch die physikalischen Eigenschaften bei der Herstellung der Bromsilbergelatineemulsion eine bedeutsame Rolle.

Wenn auch die photographische Prüfung der Emulsionsgelatine den Ausschlag bei der Bewertung gibt, so sind doch die physikalischen Daten wesentlich und bestimmend für das mechanische Verhalten der Emulsion, was einerseits für die Herstellung und andererseits für die Festigkeit verschiedener Emulsionsschichten gegen Verletzungen und das Verhalten in den Bädern und bei der Weiterverarbeitung bedeutungsvoll ist. Man prüft im allgemeinen die Viscosität ihrer Lösungen, Gallertfestigkeit, Schmelz- und Erstarrungspunkt, pH-Wert, Einfluß von Härtungsmitteln (Chromalaun), Salz- und Aschengehalt (vgl. Bd. $\bar{V}$, 601).

b) Technik der Emulsionsherstellung. Versucht man nach einfachen stöchiometrischen Verhältnissen eine Emulsion aus einer Silbernitratlösung einerseits und einer Bromkaliumlösung andererseits unter Zusatz von Gelatine durch Zusammengießen der Lösungen herzustellen, so ist das Resultat ganz verschieden, je nachdem ob man 1. die Silbernitratlösung in die bromkaliumhaltige Gelatinelösung gießt, oder 2. umgekehrt verfährt, oder ob man die Mischung schnell oder langsam oder bei niedriger oder hoher Temperatur vornimmt. Verfährt man nach 1., so bildet sich das Bromsilber bei einem Überschuß von Bromkalium; das Bromsilber enthält Bromion adsorbiert („Bromkörper") und ist befähigt, bei der Reifung hochempfindliche und klare Emulsionen zu liefern. Arbeitet man dagegen nach 2., so entsteht das Bromsilber bei einem Silberüberschuß; es bildet sich ein $AgBr$-Korn, das Ag-Ionen adsorbiert enthält („Silberkörper"), und das bei der späteren Reifung zwar sehr feinkörnige (EDER III, 1, S. 95, Anm. 1), aber unempfindliche und zu Schleier neigende Emulsionen gibt. Die Wirkung eines Jodkaliumzusatzes äußert sich im allgemeinen durch Steigerung der Empfindlichkeit (EDER II, 1, S. 548). Die hier geschilderten Bedingungen haben im großen und ganzen für sämtliche vorkommenden Bromsilbergelatine-Emulsionen Gültigkeit.

Die Technik der Emulsionsbereitung erfordert verhältnismäßig wenig apparative Einrichtung, und die nachfolgende Beschreibung ist meist J. M. EDER und F. WENTZEL, Ausführliches Handbuch der Photographie, 3. Aufl., III, 1, Halle 1930, entnommen. Das Ansetzen erfolgt in einem Porzellan- oder Steinzeugtopf, der in einem Wasserbade steht, das entsprechend temperiert werden kann und ein Rührwerk zum guten Durchmischen der Reaktionsflüssigkeit besitzt.

Die Lösung des Silbernitrats erfolgt in destilliertem Wasser in einem besonderen Gefäß, meist Glaskolben oder zylindrischen Glasgefäßen mit Bodenentleerung. Diese Lösung wird bei Siedeemulsionen unmittelbar, bei Ammoniakemulsionen nach Zusatz einer zum Auflösen des ausfallenden Silberoxyds ausreichenden Menge Ammoniak, der im Ansatztopf befindlichen Bromkalium-Gelatinelösung zugesetzt. Die Bromkaliumlösung wird im allgemeinen mit einem verhältnismäßig geringen Teil der Gesamtmenge an Gelatine angesetzt, da hierdurch die Reifung unterstützt wird und die Hauptmenge, die kurz vor Schluß des Prozesses zugesetzt wird, vor den schädlichen Einflüssen der Hitze und des Ammoniaks geschützt ist. Hierbei muß jedoch vermieden werden, daß infolge zu geringer Gelatinemenge Bromsilber sedimentiert, da hierdurch Verluste eintreten. (Vgl. EDER, III, 1, S. 93 ff.)

Der Zusatz der Silbernitratlösung zur Bromkaliumlösung kann in sehr verschiedener Weise vorgenommen werden. Die Konzentration der Teillösungen, ihre Zusammensetzung, insbesondere bezüglich Gelatine, die Mischtemperatur und die Art des Einlaufes, ob kontinuierlich oder mit kürzeren oder längeren Pausen, sind von Einfluß auf das endgültige Resultat. Es ist dem erfahrenen Emulsionstechniker ohne weiteres möglich, allein durch Variation der Konzentrationen und Mischbedingungen Empfindlichkeit, Korngröße, Gradation u. s. w. der Emulsion nach jeder gewünschten Richtung zu beeinflussen.

Die Bildung des Bromsilberkorns beim Mischen der Emulsion ist einer der kompliziertesten Vorgänge bei der ganzen Emulsionsherstellung. Die Wechselwirkung der Überschüsse, sowohl an Silbernitrat als auch an Bromkalium, an verschiedenen Stellen des Reaktionsgefäßes, die örtlichen Überhitzungen und der Einfluß von Zusätzen anderer Halogensalze, insbesondere Jodkalium und Chlornatrium, geben dem Korn ganz bestimmte Eigenschaften. Hieraus erklärt sich, daß zur Erzielung gleichmäßiger Resultate größte Genauigkeit bei Ausführung der Mischungsoperationen gefordert werden muß.

Bei der fabrikationsmäßigen Herstellung von Emulsionen, die in großen Ansätzen bis 100 *kg* und mehr erfolgt, stehen vollkommene Rührwerke mit hölzernen Rührern, meist für 2 Geschwindigkeiten, Wasserbäder mit automatischer Temperaturregulierung zur Verfügung; ebenfalls werden die Teillösungen genauestens temperiert, und das Ansetzen erfolgt unter genauester Temperatur- und Zeitbeobachtung. Es erübrigt sich, noch besonders darauf hinzuweisen, daß sämtliche Arbeiten von Beginn der Mischung ab bei rotem Licht vorgenommen werden müssen.

Beim Reifungsprozeß von Ammoniakemulsionen durchläuft das Korn verschiedene Reifungsstadien bis zum groben Korn mit höchster Empfindlichkeit. Es werden jedoch innerhalb einer Emulsion Körner verschiedenster Größe beobachtet, was sich daraus erklärt, daß das anfangs entstehende Bromsilber bei einem höheren Überschuß gebildet, also gröber ist, während zum Schluß der nur geringe Überschuß feineres Korn bedingt. Ebenso erzeugt örtliche Überhitzung an den Gefäßwandungen anderes Korn als die normalen Bedingungen im Innern des Gefäßes. Absichtlich werden auch die Mischbedingungen so geleitet, um Korn verschiedenster Größe in ganz bestimmtem Verhältnis zu erzeugen, weil hiervon Auflösungsvermögen und Gradation in weitgehendem Maße abhängig sind; ein einfacherer Weg zur Erzielung guter Kornverteilung, wie sie für Negativemulsionen mit umfangreicher Gradationsskala nötig ist, ist das Abmischen von Emulsionen mit verschiedener Korngröße. Für besondere Zwecke werden sehr feinkörnige Emulsionen hergestellt (Feinkornfilm, Leica-Film). Nach der heutigen Vorstellung wird die Empfindlichkeitssteigerung bei der Reifung durch die Bildung von Reifungskeimen am Bromsilberkorn erzeugt, an denen sich bei der späteren Belichtung die Entwicklungszentren bilden.

Bei der praktischen Emulsionsherstellung wird die Reifung je nach Art der Emulsion verschieden geleitet. Teils wird durch längere Digestion bei höherer Temperatur die Reifung in einem Arbeitsgang zu Ende geführt, teils unterbricht man den Prozeß und reift nach dem Auswässern der Emulsion bei niedriger Temperatur längere Zeit weiter, wobei nach Erreichen der notwendigen Empfindlichkeit, die man durch Probegüsse feststellt, der Prozeß unterbrochen wird. Kurz nach dem Mischen der Emulsion wird meistens ein Zusatz von Gelatine vorgenommen, damit die Gallerte beim nachfolgenden Wässern genügende Festigkeit hat und die Wasseraufnahme möglichst herabgesetzt wird. Dann wird die Emulsion durch Ausgießen in Porzellanschalen, die auf Eis stehen, zum Erstarren gebracht. Wichtig ist hierbei, daß die Abkühlung rasch erfolgt, damit der Reifungsprozeß möglichst schnell unterbrochen wird. Die maximale Festigkeit der Emulsionsgallerte wird erst nach längerer Zeit erreicht. Man läßt allgemein die Emulsion über Nacht im Kühlraum oder in Eisschränken erstarren und nimmt die Weiterverarbeitung erst am anderen Morgen vor. Im Großbetrieb wird zur Abkürzung der Zeit das Erstarren auf versilberten Metallschalen mit doppeltem Boden, die durch Sole gekühlt werden, bewirkt. Die Weiterverarbeitung ist dann nach etwa 2—3 Stunden möglich.

Das Waschen der Emulsion erfolgt zu dem Zwecke, freies Ammoniak, ebenso das bei der Umsetzung der Halogensalze mit Silbernitrat entstandene Nitrat (Kalium- oder Ammoniumnitrat) und etwaige Überschüsse von Brom- oder Chlorkalium zu entfernen. Zurückbleibende Salze würden beim Trocknen der Platte auskrystallisieren und durch die eisblumenartige Struktur der Schicht die Verwendung unmöglich machen; ferner beeinträchtigen Spuren von Ammoniak die Haltbarkeit der Emulsion. Die damit hergestellten Platten würden vorzeitig schleiern.

Um den Waschprozeß zu beschleunigen, wird die Emulsionsgallerte zerkleinert. Dies erfolgt bei kleineren Mengen mit einem gut emaillierten Fleischwolf oder auch mit einer Schneidplatte aus kreuzweise zusammengefügten, angeschärften Nickelstreifen. Die Emulsionskuchen werden von Hand durch das Sieb gedrückt. Im Fabrikationsbetrieb werden zum Zerkleinern größerer Emulsionsmengen sog. Nudelpressen, teils mit Hand-, teils mit hydraulischem Antrieb, benutzt. Sie bestehen aus einem Zylinder aus versilberter Bronze oder Nickel, an dessen Boden die obenerwähnte Schneidplatte angebracht ist, und in dem ein Kolben mittels Spindel und Handrades oder hydraulisch auf und ab bewegt werden kann (s. Abb. 127). Die Maschenweite der Schneidplatte beträgt etwa 5—7 *mm*. Der Zylinder wird mit der Gallerte gefüllt, die dann mit Hilfe des Kolbens durch die Schneidplatte ge-

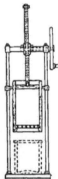

drückt wird. Die erhaltenen Nudeln werden in Waschapparaten gewässert, die in Fabrikbetrieben aus Holz- oder Steinzeugbottichen mit zylindrischen Siebeinsätzen bestehen. Die Emulsionsnudeln werden in den Siebeinsatz gefüllt und durch ein Holzrührwerk in ständiger Bewegung gehalten. Der Wasserzufluß erfolgt von oben, das mit Salz angereicherte Wasser wird am Boden abgezogen. Für kleinere Emulsionsmengen genügt es, die Nudeln in Stoffbeuteln in Gefäße, die mit Wasser-Zu- und Ablauf versehen sind, einzuhängen (Abb. 128).

An das zum Auswaschen der Salze verwendete Betriebswasser werden erhöhte Anforderungen an Reinheit gestellt, da schon geringe Mengen gewisser Salze die Empfindlichkeit, die Haltbarkeit und das Aussehen der Emulsionen ungünstig beeinflussen können (Kalkschleier).

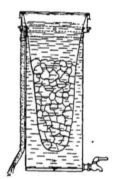

Der Einfluß der Qualität des Betriebswassers ist im allgemeinen größer, als gewöhnlich angenommen wird. Man wird daher die fabrikatorische Herstellung von Emulsionen nur da vornehmen, wo geeignetes Wasser vorhanden ist. Außerdem muß die Reinigung des Wassers mit besonderer Sorgfalt vorgenommen und ständig überwacht werden. Ferner soll das Wasser möglichst keimfrei sein, da die Emulsion einen sehr guten Nährboden für allerhand Bakterien darstellt und Infektionen zu schnellem Verderben der Emulsion führen. Als zweckmäßig hat sich die Verwendung von BERKEFELD-Filtern bewährt (Bd. V, 371).

Der Waschprozeß wird so lange fortgeführt, bis eine Prüfung der Nudeln die Abwesenheit freien Ammoniaks oder Halogensalzes anzeigt. Die hierfür früher verwendeten Methoden mit NESSLERS Reagens bzw. mit Silbernitratlösung sind neuerdings durch Messung der Leitfähigkeit der Nudeln verdrängt. Der Grad der Auswässerung ist abhängig von dem späteren Verwendungszweck der Emulsion. In der Regel wird die Wässerung möglichst weit getrieben, etwa bis zu einem Bromkaliumgehalt von 0,015%. Das Ammoniak ist dann praktisch bis auf einen unschädlichen Rest entfernt. Um ein frühzeitiges Schleiern der Emulsionen zu vermeiden, wird dann entweder vor der Nachreifung oder vor dem Gießen der Gehalt an Bromkalium je nach Bedarf eingestellt. Kinepositivemulsionen des Handels enthalten etwa 0,020% *KBr*, Kinenegativemulsionen 0,030% *KBr*. Je nach der Größe der Emulsionsnudeln und der Wirksamkeit der Waschapparate ist die Wässerung in etwa 2—4^h beendet.

Die durch gutes Abtropfenlassen möglichst von mechanisch anhaftendem Wasser befreiten Emulsionsnudeln enthalten je nach Verlauf der Wässerung und Temperatur des Wassers mehr oder weniger Quellungswasser. Sie werden nun im sog. Nachreifungsprozeß unter Zusatz berechneter Mengen Gelatine zur Einstellung eines gleichen Silber- und Trockengehaltes bei etwa 45° aufgeschmolzen und längere Zeit digeriert. Das Fortschreiten der Reifung wird durch sensitometrische Prüfung von Probegüssen auf Glasplatten kontrolliert. Die fertig gereifte Emulsion wird ebenfalls, wie vor der Wässerung, in Nudeln geschnitten und bis zum Vergießen in Kühlräumen bei +2 bis 4° aufbewahrt.

Da die Gelatine im Verlauf der Emulsionsherstellung durch die Wirkung des Ammoniaks oder der hohen Temperatur beim Siedeverfahren einen teilweisen Abbau erfahren hat, und da die Emulsionsgallerte als guter Nährboden das Wachstum von allerhand Bakterien begünstigt, ist die Emulsion, die infolge der höheren Erhitzung und der Gegenwart von Silbersalzen an sich keimfrei ist, bei der nachfolgenden Wässerung je nach Temperatur des Waschwassers und bei der späteren Aufbewahrung einer starken bakteriellen Infektion ausgesetzt. Hieraus erhellt die Wichtigkeit, mit möglichst kaltem und keimfreiem Wasser zu wässern. Bei der späteren Aufbewahrung in Kühlräumen wird der bakterielle Zerfall der Emulsion entsprechend verzögert, so daß eine Gefährdung der Gußfähigkeit durch Veränderung der Viscosität und des Erstarrungspunktes im allgemeinen nicht eintritt, vorausgesetzt, daß die Emulsion vor dem Vergießen nicht zu lange lagert.

Im Fabrikbetrieb kann man jedoch eine Desinfektion der Nudeln nicht entbehren. Man hat zu diesem Zweck in früherer Zeit die Emulsion unter Methyl- oder Äthylalkohol gelagert. Abgesehen davon, daß diese Methode im Fabrikbetrieb zu kostspielig ist, wird die Emulsion durch die wasserentziehende Wirkung des Alkohols in ihrer Zusammensetzung verändert; bei längerer Lagerung erhält sie eine lederartige Beschaffenheit und kann durch späteren Wasserzusatz vor dem Verguß nur schwer wieder auf die notwendige Homogenität eingestellt werden. Vorgeschlagen wurde von HOMOLKA (EDERS Jahrbuch d. Phot. 20, 15 [1906]) die Lagerung unter Benzol in Kühlräumen, eine Methode, die wohl im Laboratorium ausgezeichnet ist, aber für Fabrikbetriebe wegen der schädlichen physiologischen Wirkungen des Benzols kaum ausgeführt werden kann.

Durch Verwendung der bekannten Desinfektionsmittel Phenol, Thymol und der neuerdings für diesen Zweck empfohlenen Ester carbocyclischer Säuren (Solbrol der *I. G.*, Nipagin, Nipakombin) (Phot. Ind. 27, 427 [1929]), die der nachgereiften Emulsion vor dem Erstarren in entsprechender Menge zugesetzt werden, ist eine auch für fabrikatorische Zwecke ausreichende Desinfektion möglich.

Die für verschiedene Zwecke der Photographie hergestellten Emulsionen sind recht verschiedener Art. Man unterscheidet nach dem Herstellungsverfahren die 2 Hauptgruppen:

1. Silberoxydammoniakemulsionen, 2. Siedeemulsionen.

Jede dieser Gruppen umfaßt sowohl höchstempfindliche Negativemulsionen und Feinkornemulsionen als auch mittelempfindliche Diapositivemulsionen für Kinepositivzwecke und unempfindliche Papieremulsionen.

Als dritte Gruppe kommt hinzu: 3. Kollodiumemulsionen mit geringer Empfindlichkeit für photomechanische Zwecke und Auskopierpapiere.

1. Nach der Silberoxydammoniakmethode werden hauptsächlich hochempfindliche Emulsionen für Aufnahmezwecke hergestellt. Die Silbernitratlösung wird hierbei mit so viel *konz.* Ammoniak versetzt, bis der hierbei entstehende braungelbe Niederschlag von Silberoxyd wieder aufgelöst wird. Das Mischen mit der Bromkaliumlösung erfolgt bei einer Temperatur von etwa 40°; eine Steigerung über 50° ist zu vermeiden, da Schleier auftritt. Die Bromkaliumlösung wird meist mit einem Bromsalzüberschuß von 10—15% angesetzt. Die Menge der Ansatzgelatine schwankt von etwa 20% bis 60% der Gesamtmenge. Es existiert eine große Anzahl recht verschiedener Vorschriften für die Herstellung von Ammoniakemulsionen. Sie können bei richtiger Ausführung alle zum gleichen Ziele führen, ohne daß dieses Resultat aus der Verschiedenheit der Rezepte von vornherein ersichtlich ist. Jedes dieser Verfahren erfordert eine Gelatine mit bestimmter Eigenschaft, auf der das Verfahren in langwieriger, an Mißerfolgen und Rückschlägen reicher Arbeit aufgebaut wird.

Nachstehende Vorschrift aus EDERS Handbuch, Bd. III, 1, S. 163, möge aus der Fülle der vorhandenen angeführt werden:

α) 16 g Gelatine werden in 120 *cm³* Wasser gelöst und 7 g Bromammonium und 3 *cm³* 10%ige Jodkaliumlösung zugegeben.

β) 10 g Silbernitrat werden in 50 *cm³* Wasser gelöst und Ammoniak (0,91) bis zur Klärung zugefügt. Verwendung dieser Lösung bei Zimmertemperatur.

Lösung β wird in 2 gleiche Teile geteilt und die eine Hälfte ziemlich rasch, d. h. innerhalb 1', zu der 42—44⁰ warmen Lösung α gegeben und 45' bei 43—44⁰ gehalten. Sodann gibt man die zweite Hälfte der Silberlösung zu. Nach weiteren 5' trägt man 10 g trockene Gelatine unter gutem Rühren in die Emulsion ein und stellt diese nach erfolgter Lösung der Gelatine in den Eisschrank zum Erstarren.

Diese Emulsion erfordert nach erfolgtem Waschen eine weitere Nachreifung; will man eine höhere Empfindlichkeit schon ohne diese erzielen, so kann man den ersten Digestionsprozeß (vor dem Waschen) noch etwa 30′ länger ausdehnen.

Erwähnt sei noch eine von EDER angegebene Vorschrift mit halbem Ammoniakgehalt, die zu Emulsionen geringerer Empfindlichkeit für Positivzwecke führt.

Die Hälfte des zur Emulsionsbereitung dienenden Silbernitrats wird durch Zusatz von Ammoniak in Silberoxydammoniak übergeführt, und die andere Hälfte ohne Ammoniak, getrennt von der ersteren, der Bromkalium-Gelatine-Lösung zugesetzt.

α) Destilliertes Wasser 250 cm^3, Gelatine 40 g, Bromammonium 20—30 g, Jodkaliumlösung 1 : 10 3 cm^3 werden gelöst und im Wasserbade auf die Temperatur von 40—60° gebracht, dann mit der folgenden Lösung:

β) Silbernitrat 15 g, destilliertes Wasser 125 cm^3, Ammoniak bis zum Wiederauflösen des anfangs entstandenen braunen Niederschlags, rasch gemischt und schließlich in unmittelbarer Folge die auf Zimmertemperatur gebrachte Lösung:

γ) Silbernitrat 15 g, destilliertes Wasser ohne NH_3 125 cm^3, zugesetzt.

Die Emulsion wird bei etwa 35—40° etwa $^3/_4$ h digeriert und in gekühlte Schalen ausgegossen.

Nach der Wässerung ist die Emulsion gebrauchsfertig. Sie hat eine mittlere Empfindlichkeit, die durch Nachdigestion noch etwas gesteigert werden kann.

Nach einer alten Vorschrift von EDER können Silbernitratlösungen mit halbem Ammoniakgehalt hergestellt werden, wenn man zur Silbernitratlösung vor dem Zusatz des Ammoniaks so viel Ammoniumnitrat zusetzt, daß ein Ausfallen von Silberoxyd nicht mehr erfolgt.

2. Bei Siedeemulsionen wird die Silbernitratlösung ohne Ammoniak angesetzt. Der Überschuß von Bromsalz ist meistens geringer als bei Ammoniakemulsionen. Er beträgt etwa 2—5%. Gleichzeitig geht man mit der Gelatinekonzentration in der Bromkaliumlösung auf etwa 10—20% der Gesamtmenge zurück. Das Mischen erfolgt bei höherer Temperatur (60—80°) in der bereits geschilderten Art. Nach Zusatz der restlichen Gelatinemenge schließt sich eine längere Reifung bei erhöhter Temperatur an. Oft werden bei der Digestion noch geringe Zusätze von Ammoniak oder Soda gemacht, um das Reifen zu beschleunigen. Je nach Variation der Mischbedingungen und Konzentrationsverhältnisse entsteht eine hochempfindliche Negativemulsion oder eine für Kinepositivzwecke oder Gaslichtpapier verwendbare geringere bis unempfindliche Emulsion. Ebenfalls kann, wie bei Ammoniakemulsion, nach dem Waschen ein Nachdigestionsprozeß angeschlossen werden, der auch hier hohe Empfindlichkeit erreichen läßt.

Auf Grund älterer Verfahren, die im allgemeinen nur unempfindliche Emulsionen ergeben, hat EDER ein einfaches und sicheres Verfahren ausgearbeitet, das — geeignete Gelatinen vorausgesetzt — eine Empfindlichkeit von 86—90° Eder-Hecht erzielen läßt:

α) Gelatine 1 g, Bromkaliumlösung 10%ig 48 cm^3, Jodkaliumlösung 10%ig 2,5 cm^3, destilliertes Wasser 15 cm^3,

β) destilliertes Wasser 100 cm^3, Silbernitrat 6,5 g,

γ) destilliertes Wasser 45 cm^3, Gelatine 15 g.

Lösung α, β und γ werden auf 80° gebracht und in einem Wasserbad dauernd auf 80° gehalten. Die Silberlösung wird in gleichmäßigen Portionen in die Bromkaliumlösung gegeben, derart, daß die Mischung in etwa 15′ beendet ist. Sodann wird die Emulsion in die sehr dickflüssige Gelatinelösung γ gegossen und das Ganze noch etwa 15—20′ bei 80° gehalten. Nach dem Erstarren erfolgt das Nudeln und Waschen, wie bereits angeführt. Noch höhere Empfindlichkeiten erzielt man, wenn man die Emulsion noch einem mehrstündigen Nachreifprozeß bei 45—50° unterwirft.

Nach WENTZEL (EDERs Handbuch, Bd. III, 1, S. 405) wird eine Bromsilberemulsion für Entwicklungspapiere nach dem Siedeverfahren folgendermaßen angesetzt: α) 4 l Wasser, 250 g Gelatine, 200 g Kaliumbromid, 2 g Kaliumjodid; β) 2 l Wasser, 250 g Silbernitrat; γ) 2 l Wasser, 350 g Gelatine.

Mischung von α und β in 5′ bei etwa 59—60°. Gesamtdigestion: 60′ bei 60°. Zusatz von γ nach 45′. Digestion bei etwa 60°. Ausgießen und Erstarren. Wässern: etwa 2 h in fließendem Wasser bei etwa 8—12° und ständigem Rühren.

3. Bromsilberkollodium-Emulsion. Durch Emulgierung von Bromsilber in Kollodium (2—4%ige Lösung einer Nitrocellulose mit einem Stickstoffgehalt von 11—12% in gleichen Tl. Äther und Alkohol) erhält man eine Emulsion, die weniger lichtempfindlich ist als die Bromsilbergelatine-Emulsion, aber Negative von zartester Feinheit und Klarheit liefert. Sie wird mit Farbstofflösungen sensibilisiert, zur Reproduktion von farbigen Halbtonbildern, für Rasteraufnahmen und Dreifarben-autotypien verwendet.

Eine gute Vorschrift zur Herstellung von Bromsilberkollodium-Emulsion wurde von CHARDON angegeben:

6 g Nitrocellulose und 6 g Zinkbromid werden in 200 cm^3 Alkohol und 400 cm^3 Äther gelöst; 100 cm^3 dieser Mischung werden unter fortwährendem Schütteln mit folgender Lösung versetzt: 3,15 g Silbernitrat, in wenigen Tropfen Wasser gelöst, und 25 cm^3 Alkohol. Die so erhaltene sahnige

Emulsion, die einen Überschuß von Silbernitrat aufweist, wird unter häufigerem Schütteln 36ʰ nachreifen gelassen, hierauf der Silberüberschuß durch Zusatz von 3 *cm³* einer alkoholischen Kobaltchloridlösung (1 : 8) gefällt und nach kräftigem Durchmischen 10ʰ ruhen gelassen. Zur Entfernung der durch die Umsetzung entstandenen löslichen Salze wird die Emulsion in dünnem Strahl in Wasser geschüttet, das öfter gewechselt werden muß. Die ausgefällte Emulsion wird getrocknet aufbewahrt. Zum Plattenguß werden 3,5–4 *g* der trockenen Emulsion und 0,2 *g* Chininsulfat in 50 *cm³* Alkohol und 50 *cm³* Äther gelöst. Nach einiger Zeit wird filtriert und auf tadellos gereinigte Spiegelglasplatten, die mit einer 5%igen Kautschukbenzinlösung vorpräpariert sind, gegossen. Die Trocknung erfolgt bei mäßiger Wärme.

c) Das Vergießen der Emulsionen. Die nach einem der oben angeführten Verfahren hergestellten Gelatineemulsionen werden bei 45⁰ aufgeschmolzen, wobei die erforderlichen Zusätze gemacht werden; hier sind in erster Linie Härtungsmittel zu erwähnen (Chromalaun, Formaldehyd), die der Gelatineschicht eine größere Widerstandsfähigkeit in den Bädern verleihen; ferner Saponin, Alborit und Amylalkohol, um ein gleichmäßiges, schaumfreies Benetzen der Glasplatte oder Filmbahn zu erreichen. Vor Auftrag wird die gußfertige Emulsion filtriert, um etwaige Fasern und sonstige Verunreinigungen zurückzuhalten.

In Abb. 129 ist eine der gebräuchlichsten Apparaturen abgebildet, welche die Emulsion durch Leder oder Barchent zu pressen gestattet.

Das Auftragen der Emulsion wird in den Fabriken mittels Gießmaschinen auf vorpräparierte Glasplatten vorgenommen. Die von der RADEBEULER MASCHINENFABRIK gebaute Maschine (Abb. 130) besitzt folgende Einrichtungen:

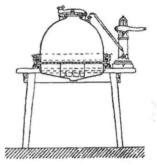

Abb. 129. Filtrierapparat der RADEBEULER MASCHINENFABRIK A. KOEBIG G. M. B. H., Radebeul.

Mehrere Gummiwalzen, von einer gemeinsamen Längswelle angetrieben, sind zu einem vollkommen ebenen Walzentisch *a* (Anlegetisch) ausgeglichen. Die Platten werden auf dem Anlegetisch *a* angelegt, passieren unter dem Gießer *g* die beiden Messerwalzen und erhalten hier den Emulsionsüberzug. Die Messerwalzen sind kleine Walzen, welche auf ihrer Länge einzelne Scheiben aus Nickel besitzen, so daß die Platten nur von den schmalen Schneiden dieser Scheiben getragen werden (daher der Name Messerwalzen). Unter diesen zwei Walzen befindet sich eine kleine Nickelmulde, welche etwaige überlaufende Emulsion auffangen soll. Die frische, auf 45⁰ erwärmte Emulsion befindet sich in dem Gießgefäß *b* und wird vermittels eines Schlauches *s* in den Gießer *g* geleitet. Hiernach wandern die Platten über die Waschpartie, d. s. eine Anzahl von Gummiwalzen *d*, welche mit ihrer unteren Seite in warmem Wasser laufen. Infolge der Adhäsion an den Walzen wird das warme Wasser nach oben befördert, und demzufolge werden etwaige Unreinlichkeiten auf der unteren Plattenseite abgewaschen. Die so vorbehandelten Platten kommen nun auf das Kühltuch, auf dem die Emulsion zur Erstarrung gebracht wird. Es wird nach oben durch den Kühlkasten abgedeckt, damit ein möglichst geringer Kälteverlust entsteht. Das Kühltuch wird vermittels einer Zugwalze *v* über die Walzen gezogen und auf seinem Rückweg bei *f* in einer sackartigen Vergrößerung des Wasserkastens *w*, in welche frisches Wasser bzw. Eiswasser durch die Pumpe *p* eingepumpt wird, vollkommen mit frischem Wasser durchtränkt und beginnt von hier wieder seinen Vorlauf. Am Ende des Kühltuchs kommen die Platten dann auf ein Trockentuch (Filz) *h*, welches das vom Kühltuch herrührende, auf der einen Seite der Platte anhaftende Wasser absaugen soll. Durch Abpreßwalzen wird der Filz stets trocken gehalten. Am Schluß des Trockentuchs werden die Platten dann von dem bedienenden Arbeiter abgenommen und zum Trocknen in besonderer Vorrichtung aufgestellt. Der Antrieb der ungefähr 8 *m* langen Maschine erfolgt mittels Transmission oder Elektromotors.

Gießmaschienen ähnlicher Bauart stammen von LUMIÈRE, EDWARDS und SMITH.

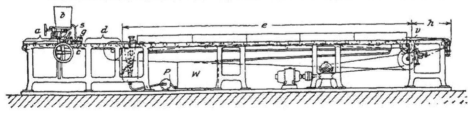

Abb. 130. Trockenplatten-Gießmaschine der RADEBEULER MASCHINENFABRIK A. KOEBIG G. M. B. H., Radebeul.

Die auf diese Weise präparierten Platten gelangen in die Trockenräume, in denen sie auf Gestelle aus Holzleisten gestellt werden. Diese gänzlich verfinsterten Kammern werden durch filtrierte Luft von 20—30⁰ erwärmt. Nach dem Trocknen werden die Platten auf Schneidetischen auf die gewünschte Größe gebracht, wobei das Einritzen mittels eines Diamanten auf der Glasseite erfolgt. Über das Vergießen der Emulsion auf Filme bzw. Papier s. Bd. V, 354. *Fricke.*

Beeinflussung der Farbenempfindlichkeit von photographischen Emulsionen. Unter optischen Sensibilisatoren versteht man Substanzen, deren Lichtabsorptionsgebiet von demjenigen des ursprünglichen Systems abweicht, und die ihm daher Lichtempfindlichkeit für neue Spektralbezirke verleihen. Die optischen Sensibilisatoren des photographischen Prozesses, zunächst für grünes Licht, wurden von H. W. VOGEL (1873) aufgefunden. Er zeigte, daß die „Sensibilisierung" durch gewisse Farbstoffe verursacht wird, die man der photographischen Emulsion zusetzt.

Chemische Sensibilisatoren dagegen beteiligen sich nicht bzw. nicht wesentlich an der Lichtabsorption, sondern lediglich an dem der primären photochemischen Reaktion folgenden Sekundärprozeß, indem sie mit den ersten Reaktionsprodukten als „Acceptoren" reagieren; sie verhindern auf diese Weise die „Regression" d. h. die dem Primärprozeß rückläufige Reaktion, und steigern so die photochemische Ausbeute. Als typischer chemischer Sensibilisator (exakter als „Halogenacceptor" bezeichnet) ist seit langem das Silberion bekannt. Es vermag (angewendet als Silbernitrat, Silberoxydammoniak, Chlorsilberammoniak) das freie Halogen (Brom), welches bei der Belichtung in äquivalenter Menge wie Silber entsteht, zu binden bzw. dessen Bindung durch die Gelatine der Emulsion zu erleichtern. Dementsprechend erweist sich Halogensilber, welches als „Silberkörper" vorliegt, d. h. überschüssiges Silberion adsorbiert enthält, als „empfindlicher" als ein „Halogenkörper", welcher überschüssiges Bromid oder Chlorid enthält.

In der gleichen Richtung wirksam ist das Hydroxylion. Alle Alkalien erhöhen die Allgemeinempfindlichkeit der Halogensilberemulsion mehr oder weniger stark. Die Empfindlichkeitssteigerung durch Ammoniak ist seit langem bekannt.

Für sich allein besitzen die chemischen Sensibilisatoren (Halogen-Acceptoren) im allgemeinen nur geringen Wert. In Verbindung mit den optischen Sensibilisatoren jedoch vermögen sie die Wirkung der letzteren ganz erheblich zu steigern. Wie weit die Anwendung der Halogen-Acceptoren in der Praxis Bedeutung gewonnen hat, wird in dem Abschnitt „Übersensibilisierung" besprochen werden.

a) Allgemeines über den Charakter der Sensibilisierungsfarbstoffe. Die optischen Sensibilisatoren sind sämtlich farbige Substanzen, da sie ja in dem Spektralgebiet oberhalb 4800 Å ein Absorptionsgebiet zur Aufnahme der vom Halogensilber nicht wesentlich aufgenommenen Energie besitzen müssen. Und zwar gibt es unter diesen Stoffen solche, die nur für einen kleinen Bereich des Spektrums sensibilisieren, und solche, welche ein größeres Gebiet umfassen. Die Sensibilisierungsfarbstoffe werden der Emulsion entweder vor dem Vergießen („Gießzusatz") zugesetzt oder durch Baden der fertigen Platte oder des Films in einer verdünnten Lösung des Farbstoffs einverleibt. In jedem Fall wird der Farbstoff an der Oberfläche des Halogensilberkristalles adsorbiert, wobei er eine Änderung seines Absorptionsgebietes erleidet. Das Sensibilisierungsmaximum eines Sensibilisators ist nämlich gegen das Absorptionsmaximum des reinen Farbstoffes immer um einen gewissen Betrag nach Rot verschoben. Das anschaulichste Beispiel für diese Erscheinung gibt das Erythrosin (Bd. IV, 616). Der Farbstoff selbst ist gelbrot, das „angefärbte" Halogensilber rotviolett.

Nachdem das Prinzip der optischen Sensibilisierung entdeckt war, wurde unter den im Handel befindlichen Teerfarbstoffen im Laufe der Zeit eine große Zahl von Sensibilisatoren aufgefunden. Diese wurden fast alle verlassen, als es der systematischen Forschung gelungen war, weit wirksamere Sensibilisatoren aufzubauen.

Es ist für die Theorie der Sensibilisierung bemerkenswert, daß alle neueren hochwertigen Sensibilisatoren eine Eigenschaft gemein haben: die Lichtunechtheit. Durch diese Eigenschaft ist auch die Tatsache erklärt, daß die wirksamsten Sensibilisatoren sich in Klassen finden, die für färbereitechnische Zwecke ungeeignet sind. Im Prinzip ist es möglich, jede Halogensilberemulsion zu sensibilisieren. Die Intensität der Sensibilisierung, also das Verhältnis der Empfindlichkeit für die betreffende Spektralfarbe zur Empfindlichkeit für Blau, hängt jedoch in weitestem Maße von dem Charakter der Ausgangsemulsion ab.

Der chemischen Natur nach sind die optischen Sensibilisatoren teils saure, teils basische Farbstoffe. Die gebräuchlichen Sensibilisatoren sind in wässeriger Lösung mehr oder weniger ionisiert. Die Frage, welchen chemischen Charakter ein Farbstoff besitzen muß, um ein Sensibilisator zu sein, kann noch nicht erschöpfend beantwortet werden. Der Forscher auf diesem Gebiete ist immer noch in der Hauptsache auf den Versuch angewiesen. Als sicher kann angenommen werden, daß es sich beim Sensibilisierungsvorgang nicht lediglich um einen Adsorptionsvorgang handelt, vielmehr bilden sich an der Oberfläche der Silberbromidkörner salzartige Verbindungen: Silberbromid-Farbstoffbromid bzw. Silberbromid-Silberfarbstoffsalz.

Die Zahl der überhaupt sensibilisierenden Farbstoffe ist ungeheuer groß. Die höchstwertigen Sensibilisatoren finden sich jedoch im wesentlichen in 2 großen Hauptklassen. Die Phthaleine liefern die sauren Farbstoffe, die Cyanine (Bd. III, 200) die wertvollsten basischen Farbstoffe.

Zu den Phthaleinen gehören die z. Z. besten Sensibilisatoren für Grün und Gelbgrün, die Eosine (Bd. IV, 436), von denen die praktisch wichtigsten später mit ihren Hauptvertretern aufzuführen sein werden. Unter den Cyaninen (s. Näheres S. 408) finden sich Sensibilisatoren für jeden Bereich des Spektrums vom Blau bis zum Infrarot. Wohl alle Emulsionen des Handels, die für Licht größerer Wellenlängen als Gelb sensibilisiert sind, insbesondere die panchromatischen (für alle Farben empfindlichen) Schichten, enthalten Farbstoffe aus der Klasse der Cyanine.

Grundsätzlich dürfen zum Sensibilisieren nur absolut reine Farbstoffe zur Verwendung kommen. Der Reinheitsgrad der photographischen Farbstoffe ist höher als der, welcher für irgend eine andere Anwendungsart der Farbstoffe verlangt wird. Aus diesem Grunde sind die Preise für photographische Sensibilisatoren sehr hoch.

b) Anwendung der Sensibilisatoren. Die Mengen Farbstoff, welche die optimale Sensibilisierung ergeben, sind äußerst gering. Ein Überschuß an Sensibilisator setzt die Allgemeinempfindlichkeit, meist auch die Farbenempfindlichkeit, wieder herab.

Von den Farbstoffen stellt man eine Vorratslösung in Alkohol 1:1000 bis 1:4000 (bei den Cyaninen) bzw. in Wasser 1:500 (bei den Eosinen) her und bewahrt diese Lösungen im Dunkeln auf. Für Badeplatten wird die Vorratslösung mit reinem Wasser, bei einigen Vorschriften mit einem Gemisch von Wasser und Alkohol verdünnt.

1. Sensibilisierung durch Baden der fertigen Schichten. Die Badevorschriften sind für die verschiedenen Farbstoffe zwar ähnlich, aber keineswegs gleich. Aus diesem Grunde werden im folgenden nur wenige charakteristische und bewährte Vorschriften gegeben werden.

Saure Farbstoffe (Eosine). Farbstoffbad: 1000 cm^3 Wasser, 20 cm^3 Erythrosinlösung 1:500 (in Wasser); die Konzentration ist dann 1:25000. Badedauer: 2'; Trocknung: ohne abzuspülen oder nach kurzem Spülen in kaltem Wasser. Zur Steigerung der Sensibilisierung wird der Badelösung Ammoniak zugesetzt, u. zw. bis zu 10 cm^3 (etwa 20%ige Lösung). Der Zusatz kann umso höher bemessen werden, je größer die Klarheit der Uremulsion ist. Wenn nicht gespült wird, muß die Rückseite (die Glasseite) abgewischt werden. Filme, welche eine Rückschicht besitzen, werden in Leitungswasser einige Sekunden bis 1' abgespült. Die Temperatur der Bäder soll etwa 15° betragen, jedenfalls nicht über 18°. Die Trocknung erfolgt in einem gut ventilierten, sauberen und trockenen Raum. Die angetrocknete Schicht kann in der Nähe oder über einer Dampfheizung schnell zu Ende getrocknet werden. Werden regelmäßig größere Mengen von Platten sensibilisiert, so erfolgt die Trocknung zweckmäßig in einem besonderen Trockenschrank.

Basische Farbstoffe (Cyanine). Farbstoffbad: 1000 cm^3 Wasser, 10—15 cm^3 Lösung des Cyaninfarbstoffes in Alkohol 1:1000. Die Konzentration ist dann 1:100000 bis 1:67000. Badedauer: 2—3' in völliger Dunkelheit; hierauf Waschen 2—3' in fließendem oder mehrfach gewechseltem Wasser; die Trocknung soll möglichst schnell erfolgen.

Für manche basischen Farbstoffe, z. B. Pinacyanolblau, Dicyanine, ferner Infrarotsensibilisatoren ist die Konzentration 1:100000 zu hoch. Für solche Sensibilisatoren werden von der herstellenden Industrie spezielle Vorschriften gegeben.

Besonders zweckmäßig ist eine von E. KÖNIG (Die Farbenphotographie, Berlin 1921, 44) angegebene Methode. Sie beruht darauf, daß die Platten bei gewöhnlichem roten Dunkelkammerlicht in einer rein alkoholischen Farbstofflösung von z. B. 1:25000 gebadet werden. Hierbei tritt eine oberflächliche Beladung der Schicht mit Farbstoff, aber noch keine Sensibilisierung ein; solche Platten lassen sich im Vorrat herstellen, da sie haltbar sind. Zum Zwecke der Sensibilisierung werden die dergestalt vorbereiteten Platten im Dunkeln einfach in Wasser gebadet. Hierbei tritt erst die Anfärbung des Halogensilberkornes ein.

2. Sensibilisierung in der Emulsion. α) Halogensilbergelatine-Emulsion. Auf 1 kg Emulsion werden von Farbstoffen der Eosinklasse 10—20 mg als wässerige Lösung 1:500, von Farbstoffen der Cyaninklasse 2—10 mg als alkoholische Lösung 1:1000 zugefügt.

β) Kollodiumemulsion. Auf 1 *l* Emulsion werden von Farbstoffen der Eosinklasse 1–40 *mg*, von Farbstoffen der Cyaninklasse 5–20 *mg* als alkoholische Lösung zugefügt.

Die Lösungen von Bromsilberkollodium in Alkohol-Äther werden beim Zusatz der Farbstofflösung nur wenig farbenempfindlich und erhalten ihre hohe Farbenempfindlichkeit erst nach dem Baden in Wasser.

c) Einteilung der Sensibilisatoren. 1. Nach chemischen Körperklassen: Phthaleine. Zu dieser Klasse gehören die Farbstoffe Fluorescein, Monobrom-, Dibrom-, Tetrabrom-, Dijod-, Tetrajod-, Tetrajoddichlor-Fluorescein. Diese Eosine (Bd. **IV**, 436) kommen als freie Säuren (alkohollöslich, für Kollodiumemulsionen) und als Natriumsalze (wasserlöslich, für Gelatineemulsionen) in den Handel.

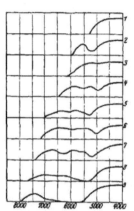

Abb. 131. Photographische Wirkung einiger Sensibilisatoren und ihre Absorptionsgebiete. Abszisse: Wellenlänge in Å; Ordinate: log Belichtungsintensität (Basis 2). Die Kurven wurden mit einem Spektrographen unter Benutzung einer gasgefüllten Metallfadenlampe von 300 Watt gewonnen, die ersten 8 Aufnahmen wurden gleich lange, die letzte etwa 10mal so lange exponiert. Zur Aufnahme diente ein sog. Stufenspalt, d. h. ein Spalt, dessen Breite sich in der Längsrichtung staffelartig um den Faktor 2 ändert.

1 Unsensibilisiert; *2* Erythrosin; *3* Pinaflavol (Holochrome); *4* Orthochrom, Pinaverdol, Pinachrom; *5* Pinachromviolett; *6* Pinacyanol; *7* Pinacyanolblau; *8* Dicyanin, Dicyanin A; *9* Rubrocyanin.

Cyaninfarbstoffe s. Bd. **III**, 200. Neben den dort angegebenen Farbstoffen sind noch zu erwähnen: Thiazolpurpur, ein Thiocyaninfarbstoff (Bd. **III**, 201), die Selenocyanine und die Styrol-Farbstoffe aus α-Picolinjodäthylat und p-Dimethylaminobenzaldehyd (*D. R. P.* 394 744, *M. L. B.*), ferner aus p-Dimethylaminochinaldinjodäthylat und p-Dimethylaminobenzaldehyd, die als Pinaflavol und Pantochrom im Handel sind.

2. Nach Spektralgebieten: Im folgenden Abschnitt werden für jeden Spektralbezirk die z. Z. praktisch wichtigsten Farbstoffe genannt (Absorptionsgebiete s. Abb. 131). Eine Reihe von neueren Farbstoffen, welche in der Literatur zwar als Sensibilisatoren erwähnt sind, über deren Anwendung aber Arbeiten noch nicht erschienen sind, wird nur kurz aufgezählt.

Sensibilisatoren für Blaugrün und Grün (4800–5100 Å). Von den Eosinen haben nur noch das Tetrabromfluorescein und Dijodfluorescein (als Natriumsalze) beschränkte Bedeutung. Als z. Z. bester Blaugrünsensibilisator für Bromsilbergelatine gilt das Pinaflavol (*Agfa, I. G.*, s. o.). Das Pinaflavol ergibt mit Pinacyanol (Bd. **III**, 201) zusammen ausgezeichnete panchromatische Schichten.

Für orthochromatische Platten haben die Blaugrünsensibilisatoren keine Bedeutung erlangen können. Für Kollodiumemulsionen finden die Eosine in Form der freien Farbsäuren ausgedehnte Anwendung. Am meisten verwendet werden: Dibromfluorescein, Tetrabromfluorescein, Dijodfluorescein. Die Auflösung der Farbstoffe erfolgt für Kollodiumemulsion in reinem Alkohol.

Sensibilisatoren für Grün und Gelbgrün (5100–5700 Å). Für diesen Bereich dienen hauptsächlich Farbstoffe der Eosinklasse. Die ausgedehnteste Anwendung findet das von J. M. EDER eingeführte Erythrosin (Tetrajodfluorescein, Bd. **IV**, 616). Das Erythrosin gilt heute noch als intensivster Sensibilisator für Gelbgrün. Die „orthochromatischen Schichten" des Handels sind fast ausschließlich mit Erythrosin sensibilisiert. Die Anwendung für Bromsilbergelatineemulsion erfolgt in Form der wasserlöslichen Natriumsalze.

Um beim Zusatz zur Emulsion möglichst hohe Sensibilisierung zu erzielen, wird außer dem Farbstoff noch eine kleine Menge Silbersalz mit oder ohne Ammoniak zugesetzt. Das Silbersalz hat die Aufgabe, das von der Herstellung der Emulsion noch vorhandene überschüssige Halogensalz, in der Hauptsache Kaliumbromid bzw. Ammoniumbromid, durch Überführung in Bromsilber zum größten Teil zu entfernen. Das Ammoniak begünstigt, vermutlich durch „Anlösen" des Bromsilberkornes, den Sensibilisierungsvorgang und beseitigt etwa vorhandene saure Reaktion der Emulsionen. Die Haltbarkeit derart hochsensibilisierter Emulsionen ist umso geringer, je höher die zugesetzte Menge von Silbersalz und Ammoniak war. Aus diesem Grunde besitzen die hochorthochromatischen Emulsionen des Handels meist geringere Haltbarkeit als die nichtsensibilisierten. Für Kollodiumemulsionen finden die meisten Eosine (als freie Säuren) Anwendung.

Sensibilisatoren für Gelb und Orange (5800–6200 Å). Die Sensibilisatoren für dieses Gebiet finden sich als basische Farbstoffe vornehmlich in der Klasse der Isocyanine. Der erste Sensibilisator aus dieser Gruppe ist das von SPALTEHOLZ (*B.* 16, 1851 [1883]) entdeckte Äthylrot (Bd. **III**, 200). Dieser Farbstoff, der von A. MIETHE und A. TRAUBE (*D. R. P.* 142 926; *B.* 37, 2008 [1904]) in die Photographie eingeführt wurde, sensibilisiert kräftig von Gelbgrün bis zum dunklen Orange. Intensiver und etwas weiter gegen Rot reichend sind die Homologen des Äthylrots, das Orthochrom T (Bd. III, 200) und das Pinaverdol (Bd. III, 200). Das englische Sensitol-Green und das Olochrome entsprechen dem deutschen Pinaverdol. Die angeführten Farbstoffe sind auch für Kollodiumemulsionen geeignet.

Sensibilisatoren für Gelb bis Hellrot (5800—6500 Å). Die ältesten Sensibilisatoren für diesen Spektralbereich gehören den Cyaninen (Bd. III, 200) an. Chinolinblau (aus Amyljodid, Chinolin, Lepidin und Ätzkali) wurde schon frühzeitig als Sensibilisator erkannt. Die Klasse ist verlassen, weil die neu aufgefundenen Sensibilisatoren viel klarer arbeitende Schichten liefern.

Aus der Klasse der Isocyanine bringt die *Agfa* (*I. G.*) die (neben einer großen Zahl von weiteren Sensibilisatoren) von E. KOENIG entdeckten Farbstoffe Pinachrom (Bd. III, 200) und Pinachromviolett in den Handel. Pinachromviolett ist ein intensiver Sensibilisator für Rot. Es hat den Vorzug, mit anderen Isocyaninen (z. B. Orthochrom T, Bd. III, 201) zusammen Emulsionen von guter Grün- und Rotempfindlichkeit zu geben.

Das Pinachrom galt lange Zeit als der beste „panchromatische" Sensibilisator. Seine Anwendung erfolgt meist zusammen mit Pinachromviolett. Bezüglich der Rotempfindlichkeit ist es vom Pinacyanol (Bd. III, 201) übertroffen.

Der Sensibilisator Pantochrom (GEBR. LUMIÈRE) nimmt seiner Sensibilisierungskurve nach eine Ausnahmestellung ein. Er besitzt nicht die ausgeprägten Maxima und Minima wie die weitaus meisten anderen Sensibilisatoren, sondern ein fast geschlossenes Band vom Blaugrün bis zum Hellrot. Der Farbstoff ist konstitutionell dem Pinaflavol (s. S. 408) verwandt. Auch diese Farbstoffe sind sowohl für Halogensilbergelatine wie für Kollodiumemulsion verwendbar.

Sensibilisatoren für Orange und Rot (5900—7500 Å). Als z. Z. bester Sensibilisator für diesen Bereich, speziell für Rot, gilt das Pinacyanol (*Agfa, I. G.*; Bd. III, 201). Für Kollodiumemulsion ist das Pinacyanol sehr geeignet und in weitem Umfange angewendet worden. Wo es nur auf Rotempfindlichkeit ankommt, ist es durch Pinacyanblau und Rubrocyanin verdrängt worden.

Sensibilisatoren für Rot und Dunkelrot (6200—7500 Å). Aus der Klasse der Pinacyanole werden das Pinachromblau und das Pinacyanolblau (*Agfa, I. G.*) in den Handel gebracht. Letzterem entspricht das von der EASTMAN KODAK COMP. beschriebene Naphthocyanol. Das Arbeiten mit diesen Farbstoffen wird durch ihre sehr geringe Wasserlöslichkeit sehr erschwert.

Aus der ebenfalls von *M. L. B.* entdeckten Klasse der Dicyanine werden Dicyanin und Dicyanin A (Bd. II, 201) von der *Agfa* (*I. G.*) in den Handel gebracht. Die Dicyanine sind kräftige Sensibilisatoren für Dunkelrot. Bei langer Belichtung reicht ihre sensibilisierende Wirkung bis ins erste Infrarot.

Sensibilisatoren für Infrarot (über 7500 Å). Die ersten Infrarotsensibilisatoren wurden von der EASTMAN KODAK COMP. in den Handel gebracht. Das Kryptocyanin (Bd. III, 201) ist im langwelligen Gebiet von mehrfach intensiverer Wirkung als Dicyanin und Dicyanin A. (6400—7900 Å, Maximum: 7350 Å). Das Neocyanin (Formel s. F. M. HAMER, *Chem. Ztrlbl.* 1828, II, 896) wurde einige Jahre später entdeckt (6900—9100 Å, Maximum 8300 Å). Das Rubrocyanin (*Agfa, I. G.*) entspricht dem Kryptocyanin von KODAK. Das Allocyanin (*Agfa, I. G.*) ist identisch mit dem Neocyanin von KODAK. Beide Farbstoffe sind von sehr intensiver Wirkung und kommen daher in erheblich geringerer Konzentration zur Verwendung als andere Sensibilisatoren. Das Rubrocyanin (Kryptocyanin) (Bd. III, 201) hat ausgedehnte Verwendung zur Sensibilisierung von Kollodiumemulsionen gefunden. Es übertrifft in der Wirkung das Pinachromblau um das 4- bis 8fache und gilt z. Z. als intensivster Sensibilisator für Rot bei Kollodiumemulsion. Auf 1 *l* Kollodiumemulsion werden 10—20 *mg* Rubrocyanin zugesetzt.

Für Halogensilbergelatine-Emulsion haben Rubrocyanin und Kryptocyanin beschränkte, aber wichtige Verwendung gefunden. Der KODAK-K-Film und der *Agfa*-R-Film sind mit diesen bzw. ähnlich wirkenden Farbstoffen sensibilisiert. Beide Filme dienen zur Herstellung von „Nachtaufnahmen" bei hellem Sonnenlicht[1].

Sensibilisierung mit Farbstoffmischungen. Ein Farbstoff, der für sich allein vom Blau bis zum Rot gleichmäßig sensibilisiert, ist nicht bekannt; am nächsten kommt das Pantochrom; doch reicht seine Sensibilisierung nicht so weit ins Rot wie bei den wertvollsten Rotsensibilisatoren.

Die meisten Farbstoffe, in Mischung angewandt, stören sich gegenseitig, besonders gut lassen sich dagegen die Isocyanine kombinieren.

A. v. HÜBL empfiehlt für eine derartige Sensibilisierung nach dem Badeverfahren folgendes Farbstoffbad: 300 *cm³* Wasser, 50 *cm³* Alkohol, 3 *cm³* Orthochrom 1 : 1000, 3 *cm³* Pinachromviolett 1 : 1000, 3 *cm³* gesättigte (etwa 2 % ige) Boraxlösung. An Stelle des Orthochroms können auch Äthylrot, Pinaverdol oder Pinachrom genommen werden.

Zur Sensibilisierung in der Emulsion wird 1 *kg* Halogensilbergelatine-Emulsion versetzt mit gleichen Teilen Pinachromviolett und Orthochrom, z. B. je 5—8 *cm³* Lösung 1 : 1000.

Für viele Zwecke ist es einfacher, von den panchromatisch-höchstempfindlichen Schichten des Handels auszugehen und für das Gebiet nachzusensibilisieren bzw. überzusensibilisieren, welches den Forderungen noch nicht ganz entspricht.

---

[1] Ausführliche Angaben über das Gebiet der Infrarot-Photographie finden sich in Photogr. Korrespondenz 1930, 309 (W. DIETERLE).

Zum Beispiel können panchromatische Platten des Handels, welche eine ausgeprägte Lücke im Blaugrün besitzen, mit Pinaflavol derart sensibilisiert werden, daß das Spektrum als fast geschlossenes Band abgebildet wird.

Um panchromatische Platten außer für Rot auch noch für Infrarot zu sensibilisieren, wird ein Sensibilisierungsbad von Rubrocyanin oder Kryptocyanin (s. d.) angewendet.

In manchen Fällen empfiehlt es sich auch, die gewünschte gleichmäßige Empfindlichkeit durch passende Filterkombination herbeizuführen.

d) Übersensibilisierung[1] (auch mit „Hypersensibilisierung" und „Ultrasensibilisierung" bezeichnet) nennt man ein Verfahren, durch welches die Empfindlichkeit fertiger Emulsionsschichten für einen bestimmten Spektralbereich oder für „weißes" Licht unter Verzicht auf die Forderung nach Haltbarkeit auf das höchstmögliche Maß gesteigert wird. Die Übersensibilisierung ist gekennzeichnet durch die Verwendung eines „chemischen" Sensibilisators (Acceptors). Diese Acceptoren vermögen, wie eingangs erwähnt, die Wirkung der optischen Sensibilisatoren außerordentlich zu steigern. Wenn die Schicht nicht von vornherein farbenempfindlich war, muß gleichzeitig oder auch vorher ein optischer Sensibilisator zur Wirkung gelangen. Es sei ausdrücklich darauf hingewiesen, daß eine Übersensibilisierung in bezug auf die Blauempfindlichkeit („Eigenempfindlichkeit") nur in ganz untergeordnetem Maße erzielt werden kann. Alle derzeitigen Verfahren der Übersensibilisierung beruhen darauf, daß die Schichten für langwelliges Licht (Gelb, Rot, Dunkelrot) so empfindlich wie möglich gemacht werden. Solche („warme") Lichtquellen sind: Petroleum- und Kerzenlicht, Nitralicht, Effektkohlenlicht, Gasglühlicht. Weiterhin sind viele Gestirne, ferner das Tageslicht am späten Abend reich an langwelligen Strahlen.

Aus diesem Grunde sind die Verfahren zur Übersensibilisierung nur von Wert, wo es sich um Aufnahmen bei Licht mit einem hohen Gehalt an langwelligen Strahlen handelt. In den letzten Jahren ist die Übersensibilisierung für die Herstellung von Aufnahmen bei künstlichem Licht, vor allem in der Filmtechnik, von großer Bedeutung geworden. Die herstellende Industrie liefert übersensibilisierte Kinofilme mit einer Haltbarkeit von mehreren Wochen. So stellt die Agfa (I. G.) den Superpan-Film her, welcher für alle Farben bis zu einer Wellenlänge von 7300 Å (also bis Dunkelrot) sensibilisiert ist; seine Empfindlichkeit für Nitralicht beträgt das etwa Zwei- bis Dreifache der gewöhnlichen höchstempfindlichen panchromatischen Filme. Der „Superpan S" ist 3—4mal empfindlicher als der gewöhnliche panchromatische Film und ist etwa 8 Tage haltbar. ZEISS-IKON stellt einen hochorthochromatischen Nox-Film her.

Jede Emulsionsschicht des Handels enthält von der Herstellung her eine kleine Menge von Alkalibromid oder Ammoniumbromid, welche der Sensibilisierung entgegenwirkt, aber wegen der Forderung nach Haltbarkeit nicht fehlen darf. Aus diesem Grunde wird die Farbenempfindlichkeit einer sensibilisierten Schicht schon durch kurzes Waschen in Wasser erheblich gesteigert, da der größte Teil der Halogensalze schon nach wenigen Minuten aus der Emulsionsschicht herausdiffundiert ist. Durch Zusatz einer kleinen Menge eines löslichen Silbersalzes zum Wasser wird die Entfernung der Halogensalze beschleunigt bzw. vervollständigt, da die Silberionen mit den noch vorhandenen Brom- (Chlor-) Ionen unter Bildung von Halogensilber reagieren. Wird schließlich dem Bade noch eine gewisse Menge Alkali — fast immer Ammoniak — zugesetzt, so wird der Grad der Übersensibilisierung weiter gesteigert. Die Trocknung nach der Übersensibilisierung hat möglichst schnell zu erfolgen. Mißerfolge sind in den meisten Fällen einer zu langsamen Trocknung zuzuschreiben.

Beispiele von Vorschriften für die Übersensibilisierung:
1. Für nicht panchromatische Handelsplatten: „Silberlösung": 2 g Chlorsilber[2] (frisch gefällt) in 100 cm^3 Ammoniak (konz.). Badelösung: 400 cm^3 Wasser, 400 cm^3 Alkohol (90 % ig), 40 cm^3 alkoholische Lösung des Sensibilisators (1 : 1000), 10 cm^3 der „Silberlösung". Dieses Verfahren ist für die meisten Sensibilisatoren geeignet. Badedauer 5—10', Temperatur nicht über 18⁰ (Photogr. Chronik 1927, 309).

---

[1] EDER, Handb. d. Photogr. III (5. Aufl.), 62—63, 1903.
[2] An Stelle von Chlorsilber kann bei allen Vorschriften einfacher und mit der gleich guten Wirkung die entsprechende Menge Silbernitrat genommen werden.

2. Für orthochromatische und panchromatische Platten des Handels: „Silberlösung": 20 g Silbernitrat, 500 cm³ Ammoniak (konz.), Wasser bis auf 1000 cm³. Badelösung: 100 cm³ „Silberlösung", 900 cm³ Wasser. Badedauer 3'. Spülbad: Methanol; 2mal je 30" spülen (Kinotechnik 1928, 105).

3. Für nicht sensibilisierten Kinofilm: „Silberlösung": 0,8 g Chlorsilber in 100 cm³ Ammoniak (konz.). Badelösung: 500 cm³ Wasser, 250 cm³ Alkohol, 7 cm³ Pinachromviolett 1 : 1000, 7 cm³ Pinachrom 1 : 1000, 22,5 cm³ „Silberlösung". Badedauer 2', Badetemperatur 15°.

4. Für panchromatischen Film des Handels: „Silberlösung": 0,6 g Chlorsilber in 100 cm³ Ammoniak. Badelösung: 500 cm³ Wasser, 20 cm³ „Silberlösung". Badedauer 3', Badetemperatur 15°.

Ammoniakalische Silberlösungen dürfen nicht älter als einige Tage werden, da sich sonst explosive Verbindungen bilden. Beim Arbeiten mit diesen Lösungen ist also Vorsicht geboten (s. auch Bd. V, 775).

Über den Zuwachs an Empfindlichkeit durch die Übersensibilisierung lassen sich bei der großen Verschiedenheit der im Handel befindlichen Emulsionen keine allgemeinen Zahlen geben. Ebenso können sich Emulsionen in bezug auf die Haltbarkeit nach der Übersensibilisierung verschieden verhalten. Im allgemeinen kann bei höchstempfindlichen Schichten nach kräftiger Übersensibilisierung nur eine sehr beschränkte Haltbarkeit erwartet werden.

Die Übersensibilisierung hat in der allerletzten Zeit in Wissenschaft und Praxis erhebliche Bedeutung erlangt. Als Anwendungsbeispiele seien genannt: wissenschaftliche Spektralaufnahmen; Luftaufnahmen; Aufnahmen von Straßenszenen bei Nacht; medizinische kinematographische Aufnahmen; Farbenphotographie und Farbenkinematographie.

e) Das Arbeiten mit sensibilisierten Schichten. Die Entwicklung der farbenempfindlichen Emulsionen erfolgt mit denselben Hervorrufern wie bei den gewöhnlichen Emulsionen. Selbstverständlich wird man besonders bei hochsensibilisierten Schichten solche Entwickler bevorzugen, welche sehr klar arbeiten.

Für sensibilisierte Schichten kommen solche Lichtarten als Dunkelkammerbeleuchtung zur Verwendung, welche bei möglichst großer physiologischer Helligkeit eine möglichst geringe „Aktinität" gegenüber der betreffenden Schicht besitzen. Das Dunkelkammerlicht fällt durchaus nicht immer genau mit der Sensibilisierungslücke zusammen. Ausführliches hierüber s. H. ARENS und J. EGGERT (*Ztschr. wiss. Photogr.* 24, 7, 229 [1926]). Im allgemeinen werden Emulsionen, die für Gelbgrün und Grün sensibilisiert sind, bei rotem Licht, solche, die mit Isocyaninen oder Pinacyanol sensibilisiert sind, bei dunkelgrünem Licht verarbeitet. Infrarotempfindliche Schichten (Sensibilisierung mit Dicyanin oder Rubrocyanin bzw. Kryptocyanin) gestatten die Verwendung eines ziemlich hellen grünen Lichtes, Schichten mit Allocyanin oder Neocyanin erfordern ein blaugrünes Licht, welches mittels eines Filters aus Berlinerblau von den infraroten Strahlen von 7000—10 000 Å völlig gereinigt ist.

Die panchromatischen Emulsionen des Handels besitzen fast alle im Blaugrün ein Minimum. Das Licht dieser Wellenlänge besitzt eine hohe physiologische Wirksamkeit; aus diesem Grunde ist für diese dunkelgrünes Licht in der Dunkelkammer anzuwenden. In jedem Falle zweckmäßig und bequem ist für panchromatische Schichten bei der Entwicklung die Anwendung der Desensibilisierung (vgl. S. 414). Die Platten oder Filme werden 2—3' in einer Lösung von Pinakryptolgrün 1 : 10 000 oder Pinakryptolgelb 1 : 3000 in voller Dunkelheit oder bei der für das betreffende Material sicheren Beleuchtung gebadet. Die Entwicklung kann dann bei ziemlich hellem rotem oder noch besser grünem Licht vorgenommen werden. Eine Bestrahlung mit rotem Licht vor der Entwicklung ist wegen der Gefahr des Ausbleichens des Bildes tunlichst zu vermeiden. *Dieterle.*

Entwicklersubstanzen. Das bei der Belichtung entstandene Photohaloid vermag fein verteiltes Silber in statu nascendi anzulagern. Diese sog. physikalische Entwicklung wird heute noch im nassen Kollodiumverfahren angewendet. Bei diesem Verfahren ist Silbernitrat im Überschuß auf der Platte vorhanden, so daß zum Entwickeln des latenten Bildes eine saure Eisenvitriollösung genügt, um das Silber auf dem Silberkeim abzuscheiden.

Für Bromsilbergelatine-Trockenplatten und Filme ist heute nur die chemische Entwicklung in Gebrauch; als reduzierende Körper werden organische Präparate der Benzol- und Naphthalinreihe verwendet. Eine Ausnahme macht der von J. M. EDER im Jahre 1879 angegebene Eisenoxalatentwickler, der als langsam arbeitender Normalentwickler bei der sensitometrischen Plattenprüfung auch heute noch angewendet wird.

Nach den grundlegenden Untersuchungen von M. ANDRESENS, den Gebrüdern A. u. L. LUMIÈRE und A. SEYEWETZ u. a. ergab sich eine Reihe von Gesetzmäßigkeiten zwischen der Konstitution und dem Entwicklungsvermögen der aromatischen Substanzen[1]. Es wurde gefunden, daß im Molekül der Verbindung mindestens 2 der als wirksam erkannten Gruppen OH oder NH₂ enthalten sein müssen, die in der o- oder p-Stellung stehen; die m-Verbindungen sind keine Entwickler. Der Grund dafür ist darin zu suchen, daß für die m-Verbindungen die entsprechenden Oxydationsprodukte fehlen; z. B. können Hydrochinon und Brenzcatechin zu Chinonen oxydiert werden, während sich für das Resorcin keine entsprechende Verbindung konstruieren läßt (s. Dissertation W. MEIDINGER, Berlin 1924). Durch Einführung einer dritten wirksamen Gruppe in den Kern einer Entwicklersubstanz wird das Entwicklungsvermögen gehoben. Im Naphthalinkern können sich die beiden wirksamen Gruppen auf beide Ringe verteilen. Andere eingeführte Atome und Atomgruppen, wie die Halogene, können die Rapidität des Entwicklers steigern, wieder andere, wie die Sulfo- und Carboxylgruppe, drücken das Entwicklungsvermögen der Muttersubstanz herab; diese Erscheinungen sind besonders bei den Benzolderivaten ausgeprägt. Bezüglich der Substitutionen innerhalb der wirksamen Gruppen wurde gefunden, daß ein Ersatz des Wasserstoffatoms einer für die entwickelnden Eigenschaften wesentlichen Hydroxylgruppe durch ein Alkyl das Entwicklungsvermögen jener Substanzen zerstört, die der Benzolreihe angehören und nur 2 OH-Gruppen oder eine OH- und eine NH₂-Gruppe besitzen. Der Ersatz der Wasserstoffatome der Aminogruppe beeinträchtigt das Entwicklungsvermögen nicht; ist der Substituent ein Alkyl, so tritt eine Steigerung der entwickelnden Kraft der Substanz ein.

Die Bedingungen für die Wirksamkeit und die praktische Brauchbarkeit organischer Entwicklersubstanzen wurden von M. ANDRESEN (EDER, Handbuch der Photographie III, 2, S. 19) folgendermaßen festgelegt:

1. Als Entwickler wird ein Körper bezeichnet, der belichtetes Halogensilber bis zur Entwicklungsschwelle zu reduzieren vermag, ohne gleichzeitig auf das nichtbelichtete Halogensilber einzuwirken.

2. Entwicklersubstanzen müssen in Wasser löslich sein; sollte dies bei der Muttersubstanz nicht der Fall sein, so kann durch Einführung einer neuen Gruppe (Sulfo- bzw. Carboxylgruppe) oder durch Halogenierung im Kern sowie durch Bildung von Glycinen mittels Chloressigsäure eine Löslichkeit in Wasser herbeigeführt werden.

3. Ein Entwickler muß haltbar sein. Die leichte Oxydation der alkalischen Lösungen in Berührung mit Luft wird durch Zusatz reduzierender Stoffe vermieden. Die geeignetsten Chemikalien für diesen Zweck sind das Natriumsulfit und das Kaliummetabisulfit (Kaliumpyrosulfit), $K_2S_2O_5$.

Um die volle entwickelnde Kraft eines Präparates zu entfalten, bedarf es des Zusatzes eines Alkalis; nur das Amidol bildet eine Ausnahme von dieser Regel. Als alkalische Zusätze kommen in Betracht: Natrium- und Kaliumcarbonat, Ätzalkalien, Natriumorthophosphat und Borax. In wenigen Fällen verwendet man auch Ammoniak. Als gelegentlicher Zusatz für Entwickler ist noch das Kaliumbromid, das verzögernd und klärend wirkt, zu erwähnen.

Über den Einfluß der Entwicklerzusammensetzung auf die Entwicklungsgeschwindigkeit findet sich Näheres bei S. E. SHEPPARD und C. E. K. MEES, Theorie des photographischen Prozesses, bei A. H. NIETZ, Theory of Development, sowie bei MEIDINGER (a. a. O.). Wird die Konzentration des Reduktionsmittels, z. B. des p-Methylaminophenolsulfats, erhöht, so erhalten wir für die Entwicklungsgeschwindigkeit eine Kurve, die ein Maximum durchläuft, dessen Lage von der OH-Ionenkonzentration abhängt. Die Entwicklungsgeschwindigkeit sinkt, wenn keine freien OH-Ionen mehr vorhanden sind, die durch die SO_4-Ionen des p-Methylaminophenolsulfats abgesättigt werden. Die Konzentration des Alkalisulfits ist bei Überschuß von OH-Ionen ohne Einfluß. Die Konzentration des Alkalis ist von größter Bedeutung: die Entwicklungsgeschwindigkeit steigt mit zunehmender OH-Ionenkonzentration. Die verzögernde Wirkung des Kaliumbromids steigt bis zu einem maximalen Grenzwert. Zusatz von Jodionen verhindert die Entwicklung ganz, während Zusatz von Chlorionen praktisch ohne Einwirkung bleibt.

Ferner ist die Entwicklung auch von Einfluß auf die Gradation, d. h. die Abstufung der Dichten im fertigen Negativ. Manche Entwickler (z. B. das p-Methylaminophenolsulfat) bringen das Bild rasch und oberflächlich zum Erscheinen (Oberflächenentwickler) und kräftigen das Negativ erst allmählich in der Tiefe. Andere Entwickler wirken langsam und holen das Bild mehr von Innern der Schicht heraus, wie z. B. Pyrogallol, Glycin, saurer Amidolentwickler. Der Zusatz von Bromkalium wirkt kontrastverschärfend; sodann kann die Temperatur der Entwicklerlösung und vor allem

---

[1] M. ANDRESEN, Chemie der organischen Entwicklersubstanzen, in EDER, Handbuch der Photographie III, 2, S. 1ff.

die Entwicklungsdauer die Kontraste vergrößern oder verkleinern. Auch die Verstärkungs- und Abschwächungsbäder (s. u.) üben ähnliche Wirkungen aus. Von besonderer Bedeutung für sensitometrische Zwecke ist die Einwirkung der Entwicklungsdauer auf die Gradation; die charakteristische Kurve wird um so steiler, je länger die Entwicklung dauert.

Die Entwicklung wird in der Dunkelkammer bei geeigneter Beleuchtung (s. S. 424) durchgeführt; in kleineren Betrieben und Reproduktionsanstalten geschieht die Entwicklung und weitere Verarbeitung in Schalen aus Steingut, in größeren, beim Photohändler und in Röntgenbetrieben, werden die Platten in Tröge, die mit der Entwickler- oder sonstigen Flüssigkeit gefüllt sind, gesetzt, die Rollfilme hineingehängt und die Kinefilme, auf Rahmen gespannt, hineingetaucht oder, auf Trommeln gewickelt, in den Trögen rotieren gelassen. Im Großbetrieb, den Kopieranstalten, die den Kinefilm entwickeln und kopieren, sind Entwicklungsmaschinen in Betrieb; der Film wird mit Hilfe von Walzen ohne Unterbrechung durch die verschiedenen Bäder, die sich in Trögen befinden, hindurchgeführt (s. S. 428).

Die Menge des reduzierten Silbers steigt mit der Entwicklungsdauer bis zu einem Grenzwert; doch ist zu beachten, daß mit der Entwicklungsdauer auch der Schleier, d. h. die Entwicklung unbelichteter Stellen, zunimmt.

Der erste organische Entwickler, der entdeckt wurde, war eine alkalische Lösung von Pyrogallol; die benachbarte Stellung der 3 wirksamen Hydroxylgruppen bedingt das Entwicklungsvermögen. Er wird auch heute noch in Fachkreisen wegen seiner Billigkeit und Beständigkeit gern verwendet; doch erzeugt er leicht gelbe Flecke auf der Haut. Das 1880 von EDER und TOTH vorgeschlagene Brenzcatechin (Bd. II, 655) wird ebenfalls gelegentlich noch als Entwickler verwendet, besonders bei der Standentwicklung, da es sehr langsam und klar arbeitet.

Eines der kräftigsten Entwicklerpräparate bringen die *Agfa* (*I. G.*) und HAUFF-LEONAR unter dem Namen Metol und *Schering* als Satrapol in den Handel. Es ist das Sulfat des p-Methylaminophenols, $HO \cdot C_6H_4 \cdot NH \cdot CH_3 + \frac{1}{2} H_2SO_4$ (s. Bd. VIII, 348).

Während das p-Methylaminophenolsulfat ausgesprochen weich arbeitet, gibt das Hydrochinon (Bd. VI, 208) leicht harte Bilder; es wird aber ebenso wie das Chlorhydrochinon (Adurol, HAUFF) und das Bromhydrochinon (Adurol, *Schering*, Bd. VI, 210) vielfach benutzt. Die ausgedehnteste Verwendung als Entwickler, insbesondere für Kinefilmnegative und -positive, findet heutzutage ein Gemisch von p-Methylaminophenolsulfat und Hydrochinon; es dient ebenfalls als Universalentwickler für Platten, Filme, Diapositive und Entwicklungspapiere. Der KODAK-p-Methylaminophenolsulfat-Hydrochinon-Entwickler für die Trogentwicklung von Kinenegativfilm (I) und der Negativentwickler für die Entwicklung auf der Trommel (II, nach I. I. CRABTREE) haben folgende Zusammensetzung:

	p-Methyl-amino-phenolsulfat	Natrium-sulfit (wasserfrei)	Hydro-chinon	Natrium-carbonat (wasserfrei)	Kalium-carbonat	Kalium-bromid	Wasser auffüllen bis
	g	g	g	g	g	g	l
I	2,0	19	0,5	12½	—	0,75	1
II	2,5	100	10	—	50	5	1

Temperatur 18—21°. — Entwicklungsdauer 6—12′.

Die *Agfa* gibt folgende Vorschrift:

	Wasser	Metol (*Agfa*)	Hydro-chinon	Natrium-sulfit (kryst.)	Pottasche	Soda (kryst.)	Kalium-bromid
	l	g	g	g	g	g	g
Agfa-Negativfilm ...	10	50	60	300	400	—	20
Agfa-Positivfilm	10	20	40	500	—	500	20

L. und A. LUMIÈRE und A. SEYEWETZ erhielten durch Einwirkung von Natrium-sulfit auf p-Methylaminophenolsulfat und Hydrochinon eine salzartige Verbindung, das Metochinon (Bd. VI, 210), $2\,CH_3 \cdot NH \cdot C_6H_4 \cdot OH + C_6H_4(OH)_2$, das energischer entwickelt als ein Gemenge der erwähnten Substanzen; LUMIÈRE[1] empfiehlt das Metochinon zur Entwicklung seiner Autochromplatten.

Unter dem Namen Rodinal bringt die *Agfa* (*I. G.*) einen Entwickler in den Handel, dessen wirksamer Bestandteil p-Aminophenol ist.

Konzentrierter Rodinalentwickler wird unter Anwendung von gut ausgekochtem und wieder erkaltetem destilliertem Wasser hergestellt: Wasser 625 *cm³*, salzsaures p-Aminophenol 50 *g*, Kalium-metabisulfit 150 *g*. Zu dieser Lösung wird unter Umrühren eine Lösung von: Ätznatron (in Stangen) 215 *g*, Wasser 500 *cm³* gegossen, bis der anfangs entstandene Niederschlag von p-Aminophenol (freie Base) sich wieder aufgelöst hat; dazu sind 340–350 *cm³* der Ätznatronlösung erforderlich. Dann wird so viel Wasser zugesetzt, bis das Gesamtvolumen 1000 *cm³* beträgt; man darf keinen Überschuß von Ätznatronlösung verwenden, sondern soll lieber eine kleine Menge des Niederschlags ungelöst lassen. Er ist besonders beliebt aus dem Grunde, weil er je nach dem Grade der Verdünnung schnell und kontrastreich oder langsam und weich arbeitet.

Das 2,4-Diamino-phenol (Bd. VIII, 350) erscheint im Handel unter dem Namen Amidol. Es gibt beim bloßen Zusatz von Natriumsulfit einen Entwickler; wird es mit Bisulfit angesäuert, so entwickelt es langsam, aber sehr klar, was namentlich bei etwas schleierigen panchromatischen Platten günstig zur Geltung kommt.

HAUFF-LEONAR verwendet die Glycine von Aminophenolen als Entwicklersubstanzen; das Glycin des Handels ist das p-Oxyphenylglycin, $HO \cdot C_6H_4 \cdot NH \cdot CH_2 \cdot CO_2H$. Da es sehr langsam und klar entwickelt und sich leicht abstimmen läßt, wird es besonders für die Standentwicklung ver-wendet. Bei der Standentwicklung werden die Platten in vertikaler Stellung in Trögen mit stark ver-dünnter Entwicklerflüssigkeit behandelt; die Entwicklung verläuft demzufolge sehr langsam und gestattet einen Ausgleich verschieden starker Belichtungen (Ausgleichentwicklung), wie bei Moment-aufnahmen mit starken Beleuchtungskontrasten, und liefert Negative von feinem Korn (Feinkorn-entwicklung); ein feines Korn wird erzielt, wenn der Entwickler bromsilberlösende Eigenschaften besitzt oder ihm solche Stoffe, die Bromsilber zu lösen imstande sind, wie z. B. Natriumsulfit, in reichlichen Mengen zugesetzt sind. Das gelöste Bromsilber wird reduziert, und das entstandene Silber scheidet sich in feiner Form an den Silberkeimen ab. Je langsamer die Entwicklung erfolgt, desto mehr tritt die bromsilberlösende Wirkung des Entwicklers hervor.

Als Ausgleichentwickler dienen auch verdünnter Brenzcatechin- und p-Methylaminophenolsulfat-Entwickler; außerdem sind der Tetenal- (TETENAL-PHOTOWERK) und der Satrap- (*Schering*-) Aus-gleichentwickler im Handel zu haben. Als Feinkornentwickler empfiehlt LUMIÈRE einen p-Phenylen-diamin-Entwickler; die *Agfa* (*I. G.*). GEVAERT, KODAK und PERUTZ bringen verschiedene Feinkorn-entwickler in den Handel. Bekannt ist ferner der M.-Q.-Borax-Entwickler von KODAK, der zweck-mäßig nach folgender Vorschrift hergestellt wird (S. HEERING, Camera [Luzern] 8, 208 [1929/30]): Lösung I: 2 *g* p-Methylaminophenolsulfat in 200 *cm³* Wasser von 5° gelöst. Lösung II: 25 *g* Natriumsulfit, wasserfrei, in 200 *cm³* Wasser von 50° gelöst; dazu 5 *g* Hydrochinon. Lösung I und II werden zusammengegeben. Lösung III: 75 *g* Natriumsulfit, wasserfrei, in 50 *cm³* Wasser von 70° gelöst; dazu 2 *g* Borax. Lösung III wird zu dem Lösungsgemisch zugegeben. Nach dem Abkühlen werden noch 100 *cm³* Wasser hinzugefügt.

Die *Agfa* (*I. G.*) gibt für ihren feinkörnigen Film ein besonderes Feinkornrezept an: Metol 4,5 *g*. Natriumsulfit, kryst. 170 *g*, Soda, kryst. 2,7 *g*, Bromkalium 0,5 *g*. Entwicklungsdauer bei 18° 15 bis 20′.

Tropenentwickler. Liegt die Entwicklertemperatur über 18° bis 20°, so ist es zweckmäßig, dem Entwickler Natriumsulfat bzw. Chromalaun zuzusetzen. KODAK (CRABTREE) empfiehlt einen Zusatz von Natriumsulfat zum Entwickler und nach dem Auswaschen eine Behandlung mit einer Lösung von Chromalaun und Natriumsulfat in Wasser; der von der *Agfa* angegebene Tropenentwickler ent-hält Natriumsulfat und reichlich Bromkalium.

Die gleichen Entwickler werden für Platten, Filme und Papiere verwendet, für Papier aller-dings in stärkerer Verdünnung. Ein brauchbares Entwicklerrezept für Entwicklungspapiere ist z. B. folgendes: Wasser 1000 *g*, p-Methylaminophenolsulfat 1 *g*, Hydrochinon 3 *g*, Natriumsulfit, kryst. 25 *g*, Natriumcarbonat, kryst. 70 *g*, Bromkalium 1 *g*. Entwicklungsdauer bei 18° 1 bis 1½′.

Tageslichtentwickler enthalten eine gefärbte Substanz; sie wirken infolgedessen als Licht-filter und können den Zutritt wirksamer Lichtstrahlen zur Emulsionsschicht verhindern. BINDER (*D. R. P.* 430 986 und 433 259) empfiehlt als Entwickler komplexe Eisenphenolverbindungen, z. B. tribrenzcatechinferrisaures Kalium in alkalischer Lösung. Auch der Zusatz von Juterot der SOC. ANON. MAT. COL., St. Dénis, das in wässeriger Lösung eine orangerote Färbung aufweist, übt eine Schirm-wirkung aus (EDER und KUCHINKA, EDER, Jahrb. f. Photogr. 1921–1927, S. 658).   *Zipfel.*

Desensibilisierung. Ausgehend von der Erkenntnis, daß die Oxydations-produkte der Entwickler die Lichtempfindlichkeit der Emulsionen herabsetzen, ver-suchte LÜPPO-CRAMER eine ähnliche „desensibilisierende" Wirkung bewußt durch

---

[1] EDER, Jahrbuch für Photographie und Reproduktionstechnik 1910, S. 178.

Behandlung der Emulsionsschichten mit geeigneten Stoffen vor der Entwicklung zu erreichen. Dies gelang ihm zuerst mit Safraninfarbstoffen, insbesondere Phenosafranin, auf die er durch KÖNIG aufmerksam gemacht wurde. Die Platten werden vor der Entwicklung 1−2′ im Dunkeln in einer verdünnten Farbstofflösung gebadet und können dann bei gelbem oder hellrotem Licht entwickelt werden, je nachdem, ob es sich um orthochromatisches oder panchromatisches Material handelt. Auch der Entwicklerlösung kann der Desensibilisator zugesetzt werden (Schweizer Zeitschrift „Die Photographie", 1920, Heft 10 und 11).

Später ist auch vorgeschlagen worden, den Desensibilisator bereits vor der Aufnahme mit dem photographischen Material zu vereinigen, so daß beim Einlegen in den gewöhnlichen Entwickler ohne weiteres die Desensibilisierung einsetzt (Gebr.-M. 820 565; D. R. P. 350 658, 354 432).

LÜPPO-CRAMER beschrieb später auch einige saure Desensibilisatoren, z. B. Rosindulin (Photogr. Industrie 1921, 313). Ferner empfahl er das Pinakryptolgrün (Photogr. Industrie 1922, 377), welches sich gegenüber den Safraninfarbstoffen durch geringere Anfärbung der Emulsion auszeichnet. KÖNIG und SCHULOFF konnten in einer Körperklasse sowohl Sensibilisatoren wie Desensibilisatoren herstellen, welche neben einer gemeinsamen wirksamen Atomgruppierung verschiedene Substituenten besitzen (Photogr. Korrespondenz 1922, 43).

Gut lösliche grünliche Desensibilisatoren erhielt HOMOLKA durch Einwirkung von 2-Aminophenanthrenchinon auf o-Aminodiphenylamin (D. R. P. 436 161). Infolge ihrer nur schwach gelblichen Färbung noch besser geeignete und ebenfalls gut lösliche Farbstoffe entstehen bei der Kondensation von Alkylsulfaten eines p-Alkyloxychinaldins mit m-Nitrobenzaldehyd (I. G. und SCHULOFF, A. P. 1 653 314).

Als Desensibilisatoren sind ferner vorgeschlagen worden Aurantia (Bull. Soc. Franç. Photographie 1921, 8, 216), Basisch Scharlach N (Brit. Journ. Photography 1925, 10), Mercurisalze (Photogr. Industrie 1922, 449, 861; D. R. P. 454 089). *Mediger.*

Fixier- und Tonfixierbäder. Die Fixiermittel haben den Zweck, das unbelichtete Halogensilber aus der Schicht der photographischen Platte oder des Films zu entfernen. Zum Fixieren von Gelatinetrockenplatten und -filmen verwendet man ausschließlich das Natriumthiosulfat in 10−20%iger wässeriger Lösung. Seine Wirkung beruht darauf, daß es das Halogensilber unter Bildung von Doppelsalzen zu lösen vermag; bei einem Überschuß an Fixiermittel gehen folgende Reaktionen stufenweise vor sich:

$$AgBr + Na_2S_2O_3 = NaAg(S_2O_3) + NaBr. \quad 2\,NaAg(S_2O_3) + Na_2S_2O_3 = Na_4Ag_2(S_2O_3)_3.$$

Das lösliche Doppelsalz zersetzt sich beim langen Stehen unter Abscheidung von Schwefelsilber.

Beim Fixieren von Platten und Filmen ist darauf zu achten, daß der in die Schicht eingedrungene Entwickler ausgewaschen wird, bevor die Platte in das Fixierbad gegeben wird. Der Entwickler hemmt die Wirkung des Thiosulfats; es findet eine allgemeine Reduktion des Bromsilbers statt, die die Ursache für das Auftreten eines grünlichgrauen Schleiers, des sog. dichroitischen Schleiers, ist. Solche Schleier können durch Baden in einer Kaliumpermanganatlösung (1:1000) und nachherige Behandlung mit einer 10%igen Natriumbisulfitlösung, welche das gebildete Mangansuperoxyd löst, leicht entfernt werden.

Im Fixierbade werden die entwickelten Platten nicht nur so lange belassen, bis auf der Rückseite keine Spur des gelben Bromsilbers mehr wahrnehmbar ist, sondern es empfiehlt sich, die Platten nach der vollständigen Lösung des Bromsilbers noch einige Minuten zu baden. Hierauf werden sie unter einer Brause gut abgespült und mindestens 1ʰ im fließenden Wasser gewaschen.

Zwecks rascherer Verdrängung des Fixiernatrons legt man die bereits gut gewaschenen Negative in eine schwache Lösung von Natriumcarbonat oder Bicarbonat; diese verdrängt rasch die letzten Spuren des Fixiernatrons, und darauffolgendes Waschen mit reinem Wasser bewirkt die völlige Beseitigung. Zurückgebliebene Spuren des löslichen Silbernatriumthiosulfats zersetzen sich bei der Einwirkung des atmosphärischen Kohlendioxyds unter Bildung von Schwefelsilber, das eine stellenweise Gelbfärbung der Schicht bewirkt. Um diese letzten Spuren des Fixiermittels zu entfernen, sind mehrere Mittel vorgeschlagen worden; solche sind: Kaliumpersulfat (Antion), Kaliumpercarbonat

(Anthypo), Hypochlorite, sehr schwache Permanganatlösungen u. s. w. Sie können schon nach einigen Minuten Wässern angewendet werden und erfordern Nachwaschen, werden aber in der Praxis wenig benutzt, da sie bei unvorsichtiger Handhabung das Bild angreifen.

Eine Gelbfärbung der Bildschicht wird auf jeden Fall bei Verwendung eines sauren Fixierbades vermieden. Außer diesem Vorteil hat das saure Fixierbad noch den weiteren, daß es die Wirkung des gewöhnlichen alkalisch reagierenden Entwicklers sofort zum Stillstand bringt und die Gelatine etwas härtet. Für die Herstellung eines solches Bades sind Zusätze von Mineralsäuren nicht zu verwenden, da sie Schwefelabscheidung bewirken; das Ansäuern geschieht durch einen Zusatz von saurer Natriumsulfitlösung, der sog. Bisulfitlauge des Handels.

Man mischt 1 l 20%ige Natriumthiosulfatlösung mit 50–100 cm^3 Bisulfitlauge; in Ermanglung der sauren Sulfitlauge löst man 50 g krystall. Natriumsulfit in 1 l Wasser, fügt 6 cm^3 konz. Schwefelsäure (oder 15 g Weinsäure) und schließlich 200 g Fixiernatron hinzu. Die *Agfa (I. G.)* bringt saures Fixiersalz in Patronenform auf den Markt. Durch Zusatz von Chlorammonium zur Fixiernatronlösung bildet sich Ammoniumthiosulfat, das rascher fixiert und leichter auszuwaschen ist (*Agfa*-Schnellfixiersalz).

Manchmal wird zwecks Härtung der Gelatine dem Bad Kalialaun zugesetzt; noch wirksamer ist ein saures Fixierbad mit Chromalaunzusatz. Dieser gerbt die Gelatine derart, daß man mit Wasser von 30–40° arbeiten kann, ohne ein Loslösen der Schicht befürchten zu müssen, was große Vorteile für die Photographie in den Tropen bietet.

Natriumthiosulfatlösung wird auch als Fixiermittel für Auskopierpapiere verwendet, die nach dem Fixieren noch getont werden. An Stelle der getrennten Tonung und Fixierung des Positivs kann man aber auch mit Hilfe von Tonfixierbädern beide Prozesse zu gleicher Zeit durchführen. Die Tonfixierbäder enthalten genügende Mengen von Fixiermitteln und Goldsalz; sie dürfen aber nicht rascher tonen als fixieren, sondern müssen so zusammengesetzt sein, daß beide Prozesse in der geichen Zeit beendet sind.

Schöne sepiabraune Töne erhält man bei Anwendung des folgenden Tonfixierbades: 100 cm^3 Wasser, 100 g Natriumthiosulfat, 100 g Ammonacetat, 30 cm^3 Goldchloridlösung 1:100.

Rhodanlösungen fällen aus einer Aurichloridlösung rotes Aurirhodanid, $Au(CNS)_3$, das sich im Überschuß des Fällungsmittels zu einem Doppelsalz, $Au(CNS)_3$-$KCNS$, löst. Diese Lösung vermag eine Kopie zuerst zu fixieren und hierauf zu tonen, wobei das Bild nacheinander sepia, purpur, purpurviolett und schwarzviolett gefärbt wird.

Unter Umständen enthalten die Tonfixierbäder an Stelle von Gold Präparate, die eine Schwefeltonung einzuleiten oder zu begünstigen vermögen, wie z. B. Alaun; dieser wirkt in der Kälte auf das Natriumthiosulfat langsam unter Bildung von Natriumbisulfit, Natriumsulfit und Schwefel ein, die Anlaß zur sog. Schwefeltonung geben.

Sehr schönen violettbraunen Ton erhält man durch die heiße Schwefeltonung; die Kopien werden zunächst fixiert, in einem Formalinbad gehärtet und dann in einem Alaunfixierbad auf 60° erwärmt, bis der gewünschte Ton erreicht ist.

Abschwächung und Verstärkung des Silberbildes. Das Abschwächen eines photographischen Silberbildes wird vorgenommen, wenn überexponierte, verschleierte oder zu dichte Negative vorliegen, also in jenen Fällen, wo eine unerwünscht starke Silberabscheidung eingetreten ist. Der Abschwächungsprozeß besteht in einem allmählichen Auflösen der metallischen Silberteilchen. Einige abschwächend wirkende Präparate lösen die Silberpartikelchen auf der ganzen Plattenoberfläche gleichmäßig auf; nur ein einziger Abschwächer, das Ammoniumpersulfat (GEBR. LUMIÈRE u. SEYEWETZ, 1891), löst zuerst das Silber der dichtesten Stellen, so daß bei rechtzeitiger Unterbrechung die zarten Halbtöne bestehen bleiben. Der von FARMER im Jahre 1883 eingeführte Blutlaugensalzabschwächer ist heute noch der gebräuchlichste.

Er wird durch Auflösen von 5 g rotem Blutlaugensalz in 100 g Wasser (Lösung A) und 5 g Fixiernatron in 100 g Wasser (Lösung B) hergestellt. Vor dem Gebrauch mischt man 100 cm^3 der Lösung B mit 10–30 cm^3 der Lösung A. Seine Wirksamkeit besteht in der Bildung von Ferrocyansilber, das sich im überschüssigen Fixiernatron auflöst. Ein anderes Abschwächungsbad besteht aus einer Mischung von Kaliumferrioxalat- und Fixiernatronlösung.

Ein sehr zarter Abschwächer für Negative oder Diapositive ist die Kaliumpermanganat-lösung (1 : 400). Die fixierten, gut gewaschenen Negative werden hierin einige Minuten lang gebadet; sie werden gelblich, und die Schwächung des Silberbildes ist zunächst wenig merklich. Beim Eintauchen in saures Fixierbad verschwindet die Gelbfärbung, und die volle Abschwächung wird erkennbar. Ferner wirkt eine saure Kaliumbichromatlösung als langsamer und leicht zu überwachender Abschwächer für Bromsilbergelatine-Negative.

Eine 2%ige wässerige Ammonpersulfatlösung, der man einige Tropfen einer 1%igen Kochsalzlösung zusetzt, wirkt überaus günstig; nur darf man den Prozeß nicht ganz zu Ende führen, da die Abschwächung im Waschwasser noch etwas fortschreitet. Diese Nachwirkung kann durch kurzes Baden in einer Lösung von Natriumsulfit (1 : 10), welche das vorhandene Ammonpersulfat durch Reduktion zerstört, gehemmt werden. Die Wirkung des Ammoniumpersulfats ist in folgender Reaktion begründet: $(NH_4)_2S_2O_8 + 2 Ag = (NH_4)_2SO_4 + Ag_2SO_4$.

Negative, die infolge unrichtiger Exposition oder zu schwacher Entwicklung zwar alle Einzelheiten zeigen, aber eine zu dünne, wenig deckende Silberschicht besitzen, können durch Verstärkung in der Weise verbessert werden, daß auf den vorhandenen Silberteilchen noch lichtundurchlässige Niederschläge, meist Queck-silber-, selten Kupfer- oder Uranverbindungen, abgeschieden werden.

Bei der Quecksilberbromidverstärkung wird das gut ausfixierte und sorgfältig gewässerte Negativ in einer Mercurichlorid-Kaliumbromid-Lösung gebadet; das Negativ bleibt so lange darin, bis es völlig weiß geworden ist. Hierbei spielt sich folgende Reaktion ab: $Ag_2 + 2 HgBr_2 = Hg_2Br_2 + 2 AgBr$. Um diesen weißen Belag zu schwärzen, wird die Platte nach sorgfältigem Abwaschen in eine Natriumsulfitlösung gebracht: $4 AgBr + 2 Hg_2Br_2 + 7 Na_2SO_3 + xNa_2SO_3 = Ag_2 + Hg + Ag_2SO_3 xNa_2SO_3 + 3 HgNa_2(SO_3)_2 + 8 NaBr$. Bei der Quecksilberchloridverstärkung bleicht man zunächst die Platte mit einer 2%igen Sublimatlösung, wobei das Silber in Silberchlorid und das Quecksilber in Mercurochlorid verwandelt werden. Die gebleichte Platte wird abgewaschen und mit verdünntem Ammoniak geschwärzt, d. h. es findet Bildung von schwarzem Mercuroammoniumchlorid statt. Bei der Quecksilberjodidverstärkung badet man in einer Mercurijodid-Kaliumjodid-Lösung, wäscht gründlich in fließendem Wasser und legt in p-Methylaminophenol-sulfat-Hydrochinon-Entwickler, bis die ausgebleichte Schicht wieder dunkel geworden ist. Der Agfa-Verstärker besteht aus Doppelsalzen von Mercurirhodanid mit den Rhodaniden der Alkalimetalle.

Weniger verwendet wird die Kupferverstärkung für Gelatineplatten. Besonders von Amateuren wird bei Trockenplatten häufig die Uranverstärkung angewendet, die auch für Diapositive wegen des warmen Tones sehr beliebt ist; die Verstärkung erfolgt hier durch Anlagerung von rotem Ferrocyanuran.   *Zipfel.*

Sensitometrie behandelt die für die photographischen Aufnahme- und Kopiermaterialien überaus wichtigen Bestimmungen des Empfindlichkeitsgrades und der Art der Tonabstufung (Gradation).

a) Allgemeines. Eine Platte wird im allgemeinen als um so empfindlicher (s. S. 398) bezeichnet, je geringer die Lichtmenge ist, welche einen nach der Entwicklung eben sichtbaren Eindruck auf der Platte hervorruft. Gemessen wird bei der Sensitometrie photographischer Materialien ferner die unter den jeweiligen Belichtungs- und Entwicklungsbedingungen erzielte Schwärzung derselben.

Der Schwärzungsgrad photographischer Platten wird durch folgende Größen bestimmt: Wenn I_0 die auf eine photographische Silberschicht (geschwärzte Platte) auffallende, I die durch-gelassene Lichtintensität ist, so bezeichnet das Verhältnis $\frac{I}{I_0}$ die Transparenz (T). Der reziproke Wert von T ist die Opazität O, nach der Definition $O = \frac{I_0}{I}$. Die Dichte oder Schwärzung einer photo-graphischen Schicht (s) ist der dekadische Logarithmus der Opazität $s = \log O = \log \frac{I_0}{I}$. Bei der Messung photographischer Papiere oder anderer photographischer Materialien mit undurchsichtiger Unterlage ist die Schwärzung in der Aufsicht zu bestimmen. Bezeichnet man die Intensität des auf-fallenden Lichtes mit I_0 und die des zurückgeworfenen mit I, so gilt ebenfalls $s = \log \frac{I_0}{I}$.

Für den photographischen Prozeß gilt innerhalb gewisser Grenzen das Gesetz von BUNSEN-ROSCOE, wonach den gleichen Produkten aus Lichtintensität und Belichtungszeit die gleichen photo-chemischen Wirkungen entsprechen. Die wirkende Lichtmenge ist also durch das Produkt $i \cdot t$ (Intensität des Lichtes $\times$ Zeit) charakterisiert. Sie wird genauer durch das Produkt $i \cdot t^p$ angezeigt, in welchem der Exponent p (der Schwarzschildexponent) eine für ein einzelnes Material innerhalb gewisser Grenzen konstante Größe ist (ihr absoluter Wert beträgt 0,8–1,3). Es tritt gleiche photo-graphische Wirkung (Schwärzung) ein, wenn das Produkt $i \cdot t^p$ (bei steigender Lichtintensität und sinkender Belichtungszeit und umgekehrt) gleich ist. Aber auch diese Formel hat nur einen beschränkten Geltungsbereich, da bei sehr kleinen und sehr hohen Intensitäten eine systematische Ver-änderlichkeit des Exponenten p hervortritt. Eine übersichtliche Darstellung der komplizierten Verhält-nisse geben EGGERT und ARENS (Ztschr. wiss. Phot. 26, 111 [1928]).

Als Lichteinheit für Zwecke der Photometrie und Sensitometrie wird in Deutsch-land und Österreich die HEFNER-Kerze (HK) verwendet. Die Lichtmenge wird in

Luxsec. angegeben (s. auch Bd. **II**, 165). In Amerika und England gilt als Einheit die englische Kerze. Nach EDERS Vorschlag (1919) wird brennendes Magnesium verwendet, von welchem 2 *mg* im Abstand von 3 *m* vor dem Sensitometer mittels einer Weingeistlampe abgebrannt werden; die photographische Wirkung dieser Lampe im Abstand von 3 *m* entspricht bei unsensibilisierten Bromsilbergelatineplatten etwa jener einer HEFNER-Kerze im Abstand von 1 *m* mit 1 Minute Belichtungszeit.

Hierbei ist folgendes zu berücksichtigen: Vergleicht man unsensibilisierte Aufnahmematerialien bei *Mg*- und Kerzenlicht, so kommt für diese nur der kurzwellige Anteil des Spektrums der beiden Lichtquellen in Betracht. Bei EDERS Vorschlag ist also der blaue und ultraviolette Anteil der HK-Beleuchtung in 1 *m* Entfernung nach 1' Belichtungszeit gleich der Gesamtmenge an blauem und ultraviolettem Licht, welches durch 2 *mg* Magnesium in 3 *m* Entfernung auf die Platte gestrahlt wird. Für sensibilisierte Materialien kommt aber auch der grüne bzw. gelbe und rote Anteil des Spektrums in Betracht. Hierin ist aber die Beleuchtung einer HK in 1 *m* Abstand derjenigen von 2 *mg* Magnesium in 3 *m* Abstand stark überlegen. Wir erhalten also, wenn wir nach EDERS Vorschlag verfahren, bei sensibilisierten Aufnahmematerialien niedrigere Werte als mit der HK.

Infolge der Abhängigkeit der Ergebnisse von der Lichtfarbe ist man verschiedentlich bemüht, an Stelle der HEFNER-Kerze eine mehr der praktischen Aufnahmebeleuchtung entsprechende Standardlichtquelle ausfindig zu machen. Eine Lichtquelle, welche in ihrer spektralen Zusammensetzung dem mittleren Sonnenlicht entspricht, haben DAVIS und GIBSON dem VII. Internationalen Photographischen Kongreß London 1928 vorgeschlagen. Man läßt das Licht einer derartigen Standardlichtquelle, bestimmt abgestuft, auf die zu prüfende photographische Schicht einwirken. Diese Abstufung kann so erfolgen, daß man eine Reihe von Belichtungen mit verschieden langer Zeit ausführt oder die Zeit konstant hält und das Licht verschieden abschwächt (z. B. durch Graufilter). Diesem Zwecke dienen die S e n s i t o m e t e r , die in solche mit Zeitskala und solche mit Intensitätsskala unterteilt werden. Zur Messung der erzielten Schwärzungen dienen die S c h w ä r z u n g s m e s s e r (oder Densitometer).

b) Sensitometer. 1. Sensitometer mit Zeitskala. Das Sensitometer von SCHEINER (s. Abb. 132) gehört zu den ältesten Sensitometern. Auch heute gibt man noch die Empfindlichkeit von Platten und Filmen in Graden SCHEINER an.

Der Apparat besteht aus einer vertikal drehbaren Scheibe, hinter welcher eine Kassette mit der zu prüfenden Platte angebracht ist. Gegenüber der Mitte der photographischen Platte befindet sich in einem Abstand von 1 *m* eine Benzinleuchte, deren Flamme durch eine 1 *mm* breite Spaltblende

abgeblendet wird; die Flammenhöhe wird durch einen Metallring bezeichnet. Ein roter Glaszylinder, der bei der Blende einen runden Ausschnitt aufweist, umgibt die Flamme. Die Blechscheibe besitzt zwei gezackte Ausschnitte mit 23 Zähnen, deren gesetzmäßige Anordnung eine regelmäßige Abstufung des Lichtstroms (in geometrischer Progression) bewirkt. Die bei der Rotation auftretenden Lichtmengen umfassen die Werte 1—200. In der Kassette befindet sich vor der Platte ein Schieber mit rechteckigen Aussparungen, an deren Seite die Bezeichnung *a, b, c* und die Zahlen 1—20 ausgestanzt sind. Die ersten Felder empfangen das meiste Licht, da sie den größten Ausschnitten der Scheibe zukommen. Bei gewöhnlichen Prüfungen beträgt die Anzahl der Umdrehungen 400—800 in der Minute und die

Abb. 132. SCHEINERs Sensitometer.

Belichtungsdauer 1'. Die Platten werden mit einem der gebräuchlichen photographischen Entwickler entwickelt und wie üblich behandelt. Die letzte auf der Platte eben noch ablesbare Nummer dient als Empfindlichkeitsmaß (Schwellenwert). Hochempfindliche Bromsilbergelatineplatten besitzen z. Z. 17—20° SCHEINER und darüber. Diapositivplatten zeigen etwa 6° SCHEINER. — Über die Gradationskurve, welche ebenfalls aus den Aufnahmen bestimmt werden kann, s. u. S. 421.

Zu beanstanden ist beim SCHEINER-System vor allem die Lichtquelle, die sich in ihrer spektralen Zusammensetzung zu stark vom Tageslicht entfernt, ferner die intermittierende Belichtung, die nach Untersuchungen verschiedener Autoren (vgl. z. B. HAY, Handb. der wiss. u. angew. Phot., IV, 4, S. 191) andere Ergebnisse liefert als eine ununterbrochene, schließlich die Auswertung (vgl. S. 421).

Das HURTER- und DRIFFIELD-System. Die Belichtung erfolgt in der gleichen Weise wie bei SCHEINER, jedoch ist die Lichtquelle selbst eine andere, nämlich eine Walratkerze. Ferner ist die Abstufung der Ausschnitte im Rad eine andere (1:2). Vollkommen anders als bei SCHEINER gestaltet sich die Auswertung, die weiter unten (S. 421) näher beschrieben wird.

Auch das HURTER- und DRIFFIELD-System arbeitet also mit intermittierender Belichtung. Ein Sensitometer mit Zeitskala, welches diesen Fehler ausschaltet, schlagen unter andern A. JONES und G. A. CHAMBERS (Kinotechnik **1928**, S. 490) vor.

2. Sensitometer mit Intensitätsskala. Graukeilsensitometer. Bei diesem Sensitometer wird wie unter einer gewöhnlichen Kopiervorlage die zu prüfende Schicht unter einem „Graukeil" belichtet. Dieser enthält in regelmäßiger und kontinuierlicher Abstufung die Schwärzungen (vgl. S. 417) $s = 0$ bis z. B. $s = 4{,}0$. Die obere Grenze ist bei den einzelnen Instrumenten verschieden. Der Anstieg ist immer linear in bezug

Abb. 133. Graukeilsensitometer von EDER-HECHT in Verbindung mit der HEFNER-Normallampe.

auf die Schwärzungen (d. h. also logarithmisch in bezug auf die durchgelassenen Lichtmengen; zum Verständnis dessen vgl. S. 417). Die Steilheit des Anstieges ist bei den einzelnen Instrumenten verschieden.

Ein derartiger Keil wurde zum ersten Male von STOLZE 1883 hergestellt. Die Einführung in die photographische Praxis erfolgte erst durch GOLDBERG 1911, der auch die Herstellung (vgl. hierüber den Abschnitt Lichtfilter S. 424) verbesserte. GOLDBERG selbst verwendet einen Graukeil ohne jede Skala, indem er die unter ihm belichtete und entwickelte Schicht in einem eigens dazu konstruierten Apparat in der Weise halbautomatisch mißt, daß die fertige Messung ihm direkt die charakteristische Kurve (S. 421) liefert. Da die Lichtquelle beliebig gewählt werden kann, macht dieses System nicht den Anspruch eines Standardsystems. Zu einem solchen haben EDER und HECHT die Graukeilsensitometrie ausgebildet.

Das EDER-HECHTsche Graukeilsensitometer ist in Abb. 133 abgebildet. Es enthält einen auf Spiegelglas hergestellten Graukeil im Format $9 \times 12\,cm$ mit einer durchschnittlichen Keilkonstante von 0,4 pro cm, d. h. der Logarithmus des durchfallenden Lichtes nimmt pro cm um 0,4 ab. Die zarte graue Gelatineschicht ist mit Zaponlack geschützt und trägt ein Deckblatt von Celluloid, worauf die Skala mit schwarzer Farbe gedruckt ist. Die Sensitometerskala hat eine Millimeterteilung; sie steigt um je 2 Teilstriche ($= 2\,mm$) an, was für je $2\,mm$ eine um das 1,203fache zunehmende Empfindlichkeitsanzeige ergibt.

Die Belichtung erfolgt mit der HEFNER-Kerze in $1\,m$ Abstand und 1' Belichtungszeit oder mit 2 mg brennendem Magnesiumband, wie oben angegeben (S. 418), in Entfernung von $3\,m$. Die belichteten Platten werden mit p-Methylaminophenolsulfat-Hydrochinon-Entwickler 5—7' bei 15° entwickelt. Der letzte noch sichtbare Skalenteilstrich der fixierten, gegen weißes Papier gehaltenen Platte gibt den Schwellenwert als Empfindlichkeitsziffer an. Die Befunde sind, je nachdem, welche der beiden Lichtquellen verwendet wurde, verschieden; es ist also den sensitometrischen Angaben diejenige der Lichtquellen hinzuzufügen.

Die Empfindlichkeit von Bromsilbergelatineplatten des Handels schwankt zwischen ungefähr 80—100° E.-H. Gewöhnliche Bromsilbergelatinepapiere besitzen ungefähr $^{1}/_{100}$ der Lichtempfindlichkeit von Rapidplatten, Gaslichtpapiere $^{1}/_{1000}$ derselben und noch weniger. Zur Bestimmung der Farbenempfindlichkeit sind die EDER-HECHT-Sensitometer mit Lichtfiltern verschiedener Farben versehen (S. 422).

Ferner seien als Sensitometer mit Intensitätsvariation noch erwähnt das WARNERKE-Sensitometer und der „Plate Tester" von CHAPMAN JONES (vgl. EDER, Handb. III. Aufl. 1930, III, 4, S. 4 ff.).

Bei den bisher beschriebenen Sensitometern mit Intensitätsvariation wird diese erreicht durch Schwächung des Lichtes mittels Graufilters. Auf andere Weise wird die Lichtintensität variiert beim EDERschen Röhrenphotometer.

Dieses Instrument dient zur Bestimmung der Lichtempfindlichkeit der photographischen Platten gegen Tageslicht. Es besteht aus einem Kasten, in dem 3 Serien von je 20 Röhren (10 cm lang) eingebaut sind. Diese Röhren sind vorn mit einer durchlochten Platte versehen; rückwärts sind sie offen. Das durch die Löcher eintretende Licht ist diffus, entweder durch Einschalten einer Milchglasscheibe oder indem als Beleuchtungseinrichtung ein gleichmäßig helles weißes Papier verwendet wird. Infolgedessen wird die Platte, welche auf der anderen Seite der Röhren sich befindet, stets über den ganzen Röhrenschnitt hin gleichmäßig beleuchtet. Je eine Serie von 20 Röhren besitzt verschiedene Bohrungen, welche analog wie beim SCHEINER-Sensitometer Lichtmengen durchlassen, die in einer geometrischen Progression zunehmen. Die geringste Lichtmenge erzeugt ein Bohrloch von 0,5 mm Durchmesser; die hellste Röhre besitzt 25 Bohrlöcher von 1 mm Durchmesser, so daß die Helligkeitsgrenzen der 20 Röhren zwischen 1 und 100 liegen.

c) Instrumente zur Dichtemessung (Densitometer).

1. Messung in der Durchsicht.

Polarisationsdensitometer. Zu den gebräuchlichsten Dichtemessern zählt das Polarisationsphotometer von MARTENS. Man vergleicht das durch die geschwärzte Schicht durchtretende Licht nach dem Prinzip des Halbschattens mit dem Licht einer Vergleichslichtquelle, welche durch 2 Nicols (Polarisator und Analysator) in definierter Weise geschwächt worden ist. Man stellt auf gleiche Helligkeit ein und liest den Winkel, den die Nicols miteinander bilden, ab. Eine Tabelle gibt dann für

jeden Winkel die entsprechende Schwärzung in $\log \frac{I_0}{I}$ (vgl. S. 417) an.

Keildensitometer. Das gebräuchlichste Instrument dieser Art ist das von GOLDBERG. Man vergleicht das Licht, welches durch die geschwärzte Schicht durchtritt, mittels eines LUMMER-BRODHUN-Würfels mit dem Licht, welches durch eine bestimmte Stelle eines Vergleichskeils hindurchtritt. Man kann somit jede beliebige Dichte zum Vergleich wählen. Bei der Messung verschiebt man also den Vergleichskeil so lange, bis der LUMMER-BRODHUN-Würfel gleiche Helligkeit zeigt. Die Verschiebung des Keils wird im GOLDBERGschen Instrument registriert, u. zw. derart, daß das Diagramm direkt die charakteristische Kurve des betreffenden photographischen Materials ergibt (vgl. S. 421 über die charakteristische Kurve).

Einen Vergleichskeil verwendet auch das HARTMANNsche Mikrophotometer, ebenfalls mit LUMMER-BRODHUN-Würfel. Dieses Instrument gestattet, im Gegensatz zu den gewöhnlichen Densitometern, auch sehr kleine Flächen auszumessen. Wichtig ist diese Möglichkeit für die Ausmessung z. B. der üblichen Negative, ganz besonders aber der Spektralaufnahmen, bei denen die Intensität der einzelnen Spektrallinien festgestellt werden soll.

Densitometer mit Photozelle oder Thermoelement. Die durch die geschwärzte Schicht hindurchtretende Lichtmenge fällt auf eine Photozelle oder ein Thermoelement, die je nach der Transparenz der Schicht mit mehr oder weniger starken Ausschlägen eines Elektrometers bzw. Galvanometers reagieren. Jedem Ausschlag entspricht eine bestimmte Schwärzung der Schicht. Derartige Instrumente werden vor allem als Mikrodensitometer gebaut (ZEISS, KIPP und ZONEN); als erster, der ein solches konstruierte, ist P. P. KOCH (vgl. GEHRKE, Handb. d. phys. Optik, Leipzig 1927, I, S. 67) zu nennen.

2. Messung in der Aufsicht.

Als Beispiel eines derartigen Instrumentes sei der Farbmesser von BLOCH (SCHMIDT & HÄNSCH) erwähnt. Die geschwärzte und eine weiße Vergleichsfläche werden mit diffusem Licht beleuchtet. Das Licht, welches auf die Vergleichsfläche fällt, wird durch eine Blende in meßbarer Weise abgeschwächt bis zur gleichen Flächenhelligkeit mit der zu prüfenden Fläche. Wie der Name Farbmesser sagt, wird das Instrument vornehmlich für andere Zwecke verwendet.

Sehr einfach kann zur Messung der Aufsichtsschwärzung auch das oben beschriebene Polarisationsinstrument nach entsprechendem Umbau verwendet werden.

d) Die Auswertung der Sensitometerangaben.
Die einzelnen sensitometrischen Messungen geben die Schwärzung (vgl. S. 417) in Abhängigkeit von der eingestrahlten Lichtmenge. Trägt man diese Angaben in ein Koordinatennetz ein, u. zw. derart, daß als Abszisse der Logarithmus der eingestrahlten Lichtmenge (etwa in log Luxsec), als Ordinate die Schwärzung aufgetragen wird, so erhält man die sog. „charakteristische Kurve", auch Gradations- oder Schwärzungskurve genannt, vgl. Abb. 134.

Aus ihr kann für die praktische Aufnahme eines Gegenstandes folgendes entnommen werden:
1. Die photographische Schicht muß von irgend einer Stelle des Objekts einen Mindestlichteindruck empfangen (in unserem Falle etwa 0,005 Luxsec), damit diese einen sichtbaren Eindruck auf der Platte hinterläßt. Man bezeichnet diesen Punkt, an welchem sich die Gradationskurve über den Schleier erhebt, als die Schwelle.

2. Von diesem Punkt an steigt die Schwärzung mit den Lichtmengen an, in unserem Beispiel etwa bis zur Schwärzung 2,5; geht man zu noch höheren Lichtmengen über (in Abb. 134 ist dieser Teil der Kurve nicht mehr verzeichnet), dann ist mit weiterer Steigerung der Lichtmenge keine Steigerung der Schwärzung mehr verbunden. Das bedeutet, daß für sehr helle Stellen des Objektes Unterschiede in der Helligkeit nicht mehr registriert werden. In unserm Falle tritt dies ein für Lichtmengen über 500 Luxsec.

3. Die photographische Schicht besitzt also einen bestimmten „Umfang" der Gradation (in unserm Falle 0,005 : 500 Luxsec), innerhalb dessen sie ausgenutzt werden kann, ohne daß Details völlig verlorengehen.

4. Die „Detailwiedergabe" ist in den einzelnen Teilen der Kurve um so besser, je steiler die Neigung der Kurve ist. Es muß darauf hingewiesen werden, daß für die Detailwiedergabe des fertigen Bildes natürlich die Gradation des Positivs ebenso wie die des Negativs zu berücksichtigen ist.

Für die naturgetreue Wiedergabe gilt nach GOLDBERG für jede einzelne Bildstelle die Beziehung $n_N \cdot n_P = 1$, wobei n_N die Neigung (z. B. tg α in Abb. 134) an einem beliebigen Punkt der Negativ-Gradationskurve, n_P diejenige der Positiv-Kurve an dem entsprechenden Punkt bedeutet. (Vgl. GOLDBERG, Aufbau d. phot. Bildes, 1925, S. 64.)

5. Im unteren Teil der Gradationskurve wird die Neigung so flach, die Detailwiedergabe so schlecht, daß man diesen Teil der Kurve für eine gute Aufnahme nicht ausnutzen kann. Man wählt deshalb die Exposition so, daß die dunkelsten Stellen des Objekts, welche in Details wiedergegeben werden sollen, auf die Platte eine Lichtmenge werfen, die etwas höher als diejenige der Schwelle liegt. Ebenso ist auch der oberste Teil der Gradationskurve nicht mehr ausnutz-

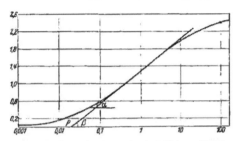

Abb. 134. Gradationskurve der *Agfa*-Extrarapidplatte. Abszisse: Lichtmenge in Luxsec. Lichtquelle: Nitralampe. Expositionszeit: 1". Ordinate: Schwärzung.

bar. Der in unserem Beispiel angegebene Umfang von 1 : 100 000 erniedrigt sich dadurch auf etwa 1 : 10 000.

Der Helligkeitsumfang der Naturobjekte beträgt nach GOLDBERG zwischen 1 : 4 (z. B. offene Landschaft) bis über 1 : 1000 (z. B. Porträts). Wenn leuchtende Gegenstände photographiert werden, kann der Objektumfang wesentlich höher sein.

Wie erwähnt, gibt man als Empfindlichkeit der Schicht im SCHEINER- und EDER-HECHT-System die Schwelle an. Aus den unter 5. behandelten Gründen ist dieses Verfahren aber nicht einwandfrei, und es ist deshalb verschiedentlich vorgeschlagen worden, einen anderen Punkt der Gradationskurve, der etwas über der Schwelle liegt, der Empfindlichkeitsangabe zugrunde zu legen, z. B. denjenigen Punkt, an dem die Kurve eine bestimmte Mindestneigung (α in der Abb. 134) erreicht.

Bei dem englischen System von HURTER und DRIFFIELD (vgl. S. 419) legt man eine Gerade durch den geradlinigen Teil der Kurve und bestimmt den Punkt, in welchem diese Gerade die Abszisse schneidet. Wie ersichtlich, ist diese Angabe von dem Verlauf des untersten Kurvenastes unabhängig. Ein weiterer Vorteil liegt darin, daß dieser Punkt für die einzelnen Entwicklungszeiten konstant bleibt oder sich wenigstens schwächer ändert als die Schwelle selber. In vielen Fällen ist allerdings die Kurve ausgeprägt S-förmig, so daß ein geradliniger Teil nur mit einiger Willkür konstruiert werden kann. In solchen Fällen werden die Angaben nach HURTER und DRIFFIELD nicht nur willkürlich, sondern es kann auch die Lage dieses kurzen geradlinigen Teiles der Kurve nicht mehr als Charakteristik derselben dienen.

Die Gradation ist von der Entwicklung stark abhängig. Angaben, welche sich auf die Gradation beziehen, müssen daher stets die Art der Entwicklung mit enthalten. Im System von HURTER und DRIFFIELD wird die Gradation gemessen durch den Winkel, welchen der geradlinige Teil der Kurve mit der Abszisse bildet (vgl. Abb. 134, Winkel β). Man bezeichnet den Tangens dieses Winkels allgemein mit γ (in Abb. 134 γ = tg β).

Abb. 135. Stufenspalt (vergr.)

e) Bestimmung der Farbenempfindlichkeit. Zur Bestimmung der Farbenempfindlichkeit photographischer Schichten dienen folgende Methoden: Spektralaufnahme, Belichten hinter Filtern, Farbentafelaufnahme.

1. Die Spektralaufnahme. Entwirft man das Spektrum einer Lichtquelle auf einer photographischen Schicht, so wird man, je nach der Sensibilisierung der Schicht, an den einzelnen Stellen des Spektrums eine mehr oder weniger intensive Schwärzung bzw. gar keine erhalten. Um die Wellenlänge, bei der die Schicht ein Maximum ihrer Empfindlichkeit besitzt, genauer zu erfassen, wählt man vielfach eine gestaffelte Exposition, d. h. man nimmt mehrmals mit verschiedenen Belichtungszeiten auf, oder man verwendet einen sog. Stufenspalt (Abb. 135). Jedes Feld desselben läßt z. B. die doppelte Lichtmenge des vorhergehenden durch. Eine derartige Spektralaufnahme zeigt die Abb. 136. Man kann selbstverständlich auch ein anderes Verhältnis wählen.

Aus den Aufnahmen können die Sensibilisierungsgebiete, ihre Grenzen, ferner die sog. Sensibilisierungsmaxima abgelesen werden (z. B. liegt in Abb. 136 die langwellige Grenze bei

585 $m\mu$ [1], das Maximum im Grünen bei 555 $m\mu$). Es muß berücksichtigt werden, daß die Angabe des Maximums von der Natur der Lichtquelle etwas abhängig ist; die der Grenzen verändert sich außerdem noch mit der Spaltbreite sowie mit der Belichtungszeit. Aus demselben Grunde können keine absoluten Angaben über das Verhältnis der Empfindlichkeiten für 2 verschiedene Wellenlängen abgelesen werden. Ein relativer Vergleich ist also auf diese Weise möglich, aber keine absolute Bestimmung der Farbenempfindlichkeit. Um zu einer solchen zu gelangen, beschreiben ARENS und EGGERT [2] eine Anordnung, bei der die einzelnen Spektrallichter so gegeneinander abgestimmt werden, daß sie entweder gleiche Energie [3] oder gleiche Helligkeiten besitzen.

Von einer völlig naturgetreuen photographischen Wiedergabe (d. h. einer naturgetreuen Übersetzung der Farben in Grauwerte) muß nämlich verlangt werden, daß sie gleichhelle Farben auch gleichhell wiedergibt. Das bedeutet, daß eine völlig farbentreu wiedergebende Schicht, geprüft in der Anordnung von ARENS und EGGERT [4], bei welcher die einzelnen Spektrallichter gleiche Helligkeit besitzen, in allen Teilen des Spektrums die gleiche Schwärzung erhält. Es läßt sich auf diese Weise also unmittelbar feststellen, wie weit etwa sich eine Schicht von dieser idealen Wiedergabe entfernt.

Abb. 136. *Agfa*-Packfilm (orthochromatisch). Aufnahme von Nitralicht im Gitterspektrographen.

2. Die Belichtung hinter Filtern. Das oben beschriebene EDER-HECHT-Sensitometer (Abb. 133) trägt zur Bestimmung der Farbenempfindlichkeit spektrographisch wohl definierte rote, grüne, gelbe und blaue Lichtfilter (Gelatinefolien) in Kombination mit dem Graukeil. Man liest die Sensitometerfelder ab und bestimmt die Empfindlichkeitsrelation Blau zu Gelb bzw. Blau : Grün und Blau : Rot. Auch hier handelt es sich nicht um eine absolute Bestimmung, da jede Lichtquelle andere Relationen ergibt. Zu berücksichtigen ist ferner, daß durch Lichtfilter niemals monochromatisches Licht zu erzielen ist.

HÜBL zerlegt das gesamte Spektrum in 3 Bezirke: rot, grün und blau, und ermittelt die relative Empfindlichkeit der Schicht für diese Bezirke. Als Lichtquelle verwendet er Tageslicht oder das ähnliche Magnesiumlicht. Der Unterschied zur oben angegebenen Methode der Lichtfilter ist der, daß letztere nicht in der Lage sind, die 3 Bezirke scharf herauszufiltern; HÜBL muß deshalb bestimmte Rechnungen anstellen und erhält dann das Verhältnis $\dfrac{\text{Rotempfindlichkeit}}{\text{Blauempfindlichkeit}}$ bzw. $\dfrac{\text{Grünempfindlichkeit}}{\text{Blauempfindlichkeit}}$. HÜBL bezeichnet diese als ν_r bzw. ν_g. Sie sollen zur erschöpfenden Charakteristik der Farbenempfindlichkeit genügen.

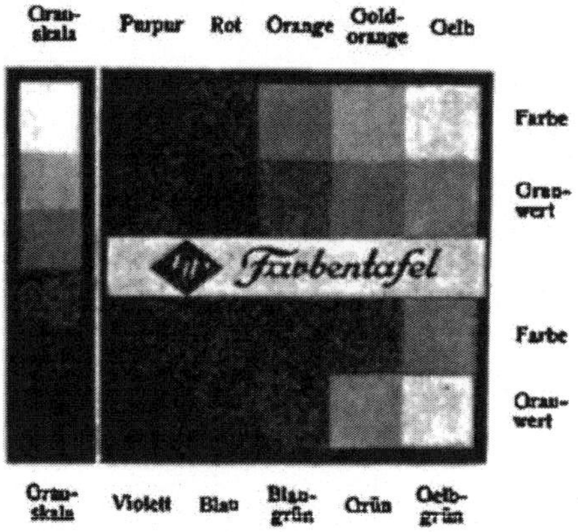

3. Die Farbentafelaufnahme. Die Farbentafel, wie sie in den letzten Jahren entwickelt wurde, enthält eine Reihe von farbigen Feldern, neben denen graue Felder angebracht sind; von diesen besitzt jedes einzelne die gleiche visuelle Helligkeit wie das zugehörige farbige Feld (z. B. *Agfa*-Farbentafel, Farbentafel von Dr. MATTHAEI, ILFORD TEST CHART u. a.). Von einer völlig naturgetreuen Farbwiedergabe muß verlangt werden, daß die Farben ebenso hell wiedergegeben werden wie die den Farben gleich hellen grauen Felder.

Abb. 137 enthält die Photographie der *Agfa*-Farbentafel, auf einer panchromatischen Platte mit Nitralicht aufgenommen; die Abbildung stellt das Positiv dar, entsprechend der gewöhnlichen photographischen Aufnahme. Man sieht, daß Gelb und Gelbgrün ungefähr richtig, Rot zu hell wiedergegeben wird. Man kann also ohne weiteres der Farbentafel entnehmen, wie weit bei einer gewöhnlichen Aufnahme die Farben naturgetreu wiedergegeben werden. Darin besteht der Vorzug dieser Methode vor den beiden oben skizzierten, die ihrerseits wieder mehr Anschluß haben (besonders die erste) an die physikalisch-chemische Seite des Sensibilisationsproblems.

Abb. 137. *Agfa*-Farbentafel auf *Agfa*-Filmpack (panchromatisch).

Eine Vervollkommnung des Farbentafelprinzips bedeutet die Farbentafel von v. LAGORIO und die *Agfa*-Stufenfarbentafel. Beide enthalten neben den Farben nicht nur das entsprechende gleichhelle Grau, sondern eine Grauskala, die es ermöglicht, die Abweichung von der helligkeitsrichtigen Wiedergabe quantitativ zu ermitteln. Während LAGORIO 24 verschiedene Farben verwendet, wählt

[1] $m\mu$ ist die neuere Schreibweise (Bd. VII, 486) für das früher gebrauchte $\mu\mu$.

[2] Veröff. d. Wiss. Zentr. Lab. d. Photogr. Abt. der *I. G.* (*Agfa*), Bd. 1, 25 [1930].

[3] Eine ähnliche, den Schwarzschild-Exponenten aber nicht ganz ausschaltende Einrichtung beschreibt U. SCHMIESCHEK, Phot. Ind. 26, 1086 [1928].

[4] Vgl. ferner L. A. JONES und J. J. CRABTREE, die ähnliche Überlegungen angestellt haben. Trans. Mot. Pict. Eng. 10, 131 [1927].

die *Agfa* 4 Farben: rot, gelb, grün und blau, da nach ihren Untersuchungen die Wiedergabe dieser Farben die photographische Schicht auch bezüglich aller übrigen Farben (von Spektralfarben abgesehen) vollständig charakterisiert. Die *Agfa*-Farbentafel bestimmt die Farbenwiedergabe dementsprechend mit 4 Zahlen, während v. LAGORIO sie kurvenmäßig darstellt. *Heisenberg.*

Belichtungsmessung. Die Belichtungszeit ist abhängig von der Beleuchtung und Farbe des aufzunehmenden Gegenstandes, von der Lichtstärke des Objektivs und von der Empfindlichkeit des photographischen Aufnahmematerials. Zur Berechnung der Expositionszeit dienen zunächst die Belichtungstabellen. EDER gibt folgende Tabelle:

Brennweite im Verhältnis zur Objektivöffnung	See und Himmel	Landschaften			Innenaufnahmen		Porträts		
		Offene Landschaft	Landschaft mit dichtem Laubwerk im Vordergrund	Unter Bäumen bis zu	Hell von	Dunkel bis	bei hellem, zerstreutem Licht im Freien	bei gutem Atelierlicht	im Zimmer
5,6	$1/400''$	$1/120''$	$1/20''$	$4''$	$4''$	$1'$	$1/12''$	$3/8''$	$1 1/2''$
8	$1/200''$	$1/60''$	$1/10''$	$8''$	$8''$	$2'$	$1/6''$	$3/4''$	$3''$
11,3	$1/100''$	$1/30''$	$1/5''$	$16''$	$16''$	$4'$	$1/3''$	$1 1/2''$	$6''$
16	$1/50''$	$1/15''$	$2/5''$	$32''$	$32''$	$8'$	$2/3''$	$3''$	$12''$
22,6	$1/25''$	$1/8''$	$4/5''$	$1' 4''$	$1' 4''$	$16'$	$1 1/3''$	$6''$	$24''$
32	$1/12''$	$1/4''$	$1 1/2$	$2' 8''$	$2' 8''$	$32'$	$2 2/3''$	$12''$	
45	$1/6''$	$1/2''$	$3''$	$4' 16''$	$4' 16''$	1^h	$5''$	$24''$	
64	$1/3''$	$1''$	$6''$	$8' 32''$	$8' 32''$	2^h	$10''$		

Die Zahlen gelten für Bromsilbergelatineplatten von der Empfindlichkeit von $10-12°$ SCHEINER und sind für hochempfindliches Material von $17°$ SCHEINER durch 4 zu dividieren.

Zum Gebrauch der Tabelle gibt EDER an: „Diese Belichtungszeiten gelten für ein helles Licht (bei Sonnenschein), von 9 bis 3 Uhr während der Monate April, Mai, Juni, Juli, August; von Sonnenaufgang bis 9 Uhr und nach 3 Uhr bis zu Sonnenuntergang muß die Belichtungszeit verlängert werden. Im März und September von 10 bis 2 Uhr belichtet man $1\frac{1}{2}$mal länger, als in der Tabelle angegeben ist, und während der übrigen Monate beträgt die Belichtung durchschnittlich das Doppelte; ausgenommen sind Schneelandschaften, für welche die Belichtungszeit nur halb so lang wie die in der Tabelle angegebene Zahl ist (zwischen 10 bis 2 Uhr). Im allgemeinen belichtet man in zerstreutem Tageslicht doppelt so lange wie bei Sonnenschein."

Einen Fortschritt gegenüber derartigen Belichtungstabellen bedeuten die Belichtungstabellen mit Schiebern. Als Beispiel sei an die bekannte *Agfa*-Belichtungstabelle erinnert. Zur Theorie dieser Belichtungstabellen sei bemerkt, daß sie auf dem Prinzip des Rechenschiebers beruhen. Bei der Konstruktion einer solchen Tabelle zerlegt man die Belichtungszeit Z in eine Reihe von Faktoren,

$$\text{etwa } Z = \frac{1}{H \cdot E \cdot K \cdot B};$$

hierbei ist H die herrschende Helligkeit, E die Empfindlichkeit des Photomaterials in einem arithmetischen Maßsystem (z. B. HURTER und DRIFFIELD), K ein Faktor, der durch die Natur des Objekts gegeben ist, B die Blendenöffnung.

Anstatt eine derartige Tabelle zu benutzen, kann man die Helligkeit des Aufnahmeobjekts messen und auf Grund dieser Bestimmung die Expositionszeit berechnen. Zu solcher Messung dienen die optischen und chemischen „Expositionsmesser" oder „Belichtungsmesser".

Zu den optischen Expositionsmessern gehören die Photometer von DECONDUN, GOERZ und HESEKIEL, das Aktinophotometer von HEYDE, das Justophot (DEUTSCHE DREMGESELLSCHAFT) und das Diaphot (ZEISS IKON). Es sind Instrumente, mit deren Hilfe man die Helligkeit des Aufnahmeobjekts selbst mit dem Auge abschätzt und hierauf die Expositionszeit aus einer Tabelle abliest. Beim Aktinophotometer von HEYDE z. B. wird ein blauer Glaskeil von seiner hellsten Stelle an vor dem Auge vorbeigeführt, bis der beobachtete Ton im Schatten unsichtbar geworden ist. Die Stellung des Keiles ergibt eine Zahl, mit deren Hilfe in einer beigegebenen Tabelle die Belichtungszeit gefunden wird. Der blaue Keil wird gewählt, weil ausschlaggebend für die Belichtung der photographischen Schicht der blaue Anteil des Spektrums ist. Dies gilt, wenn man ohne Aufnahmefilter arbeitet, bis zu einem gewissen Grade selbst noch bei gutsensibiliertem Material.

Bei den chemischen Expositionsmessern wird die photochemische Wirkung des Lichtes auf photographischem Wege durch Färbung eines lichtempfindlichen Papiers gemessen. Zu diesen Photometern gehören z. B. WYNNES Infallible Exposuremeter. Besonders bekannt ist z. Z. in Deutschland das HAKA-Expometer. *Heisenberg.*

Lichtfilter. *a)* Allgemeines. Lichtfilter haben den Zweck, einen Teil des von einer natürlichen oder einer künstlichen Lichtquelle aufgestrahlten Lichtes hindurchzulassen, den anderen Teil zu verschlucken. Die Lichtfilter für photographische Zwecke können eingeteilt werden nach dem Material, aus dem sie bestehen (Flüssigkeitsfilter, Glasfilter, Gelatinefilter), nach der Art des von ihnen hindurchgelassenen Lichtes (Infrarotfilter, Rot-, Grün-, Blau-, Ultraviolettfilter u. s. w.), nach ihrem Verwendungszwecke (monochromatische Filter, Beleuchtungs- und

Dunkelkammerfilter, Korrektionsfilter, Selektionsfilter). Man unterscheidet Paß- und Sperrfilter, je nachdem ob die Filter für die betreffenden Strahlen durchlässig oder undurchlässig sind.

Man bezeichnet als Transparenz T eines Filters für eine Spektralfarbe das Verhältnis der Intensität des das Filter passierenden Lichtes zu der des auf das Filter auffallenden Lichtes der betreffenden Spektralfarbe. Der Logarithmus des reziproken Wertes der Transparenz heißt Extinktion (Schwärzung) E. Es gilt also $E = \log \frac{1}{T}$. Die Abhängigkeit der Filtertransparenz oder der Extinktion von der Wellenlänge (Farbe) des auffallenden Lichtes (d. h. die Absorptions- oder die Extinktionskurve des Filters) wird in sehr bequemer Weise mit dem GOLDBERGschen Spektrodensographen von ZEISS IKON gemessen.

Flüssigkeitsfilter sind am leichtesten herzustellen und haben bei Verwendung von Trögen aus planparallelem Glase eine völlig homogene Schicht, kommen aber wegen ihrer wenig bequemen Handhabung fast nur für wissenschaftliche Zwecke und für Reproduktionsanstalten in Frage. Filter aus farbigem Glase sind jetzt ebenfalls in guter Qualität auf dem Markte (Bezugsquelle: SCHOTT & GEN., Jena). Die im Handel befindlichen Filter für photographische Zwecke bestehen aber immer noch vorwiegend aus Glasplatten, die mit einer gefärbten Gelatineschicht überzogen sind. Die Selbstherstellung solcher Filter verlangt große Sorgfalt. Vorschriften sind in dem Buche „Die Lichtfilter" von A. HÜBL, 3. Aufl. 1927, zu finden.

Als Träger für die Gelatineschicht eignen sich nur dünne — etwa 1,5 mm dicke — farblose Spiegelglasplatten. Die Platten werden mit einer Mischung von Alkohol und Ammoniak geputzt und hierauf sorgfältig abgestaubt. So gereinigt werden sie auf eine mittels Libelle nivellierte Spiegelglasplatte gelegt und mit der Farbstoffgelatinelösung derart übergossen, daß auf 100 cm² Plattenfläche 7 cm³ Flüssigkeit gelangen. Die Lösung soll 6% Gelatine enthalten und eine Temperatur von 40–50° besitzen. Die Flüssigkeit wird mit einem stumpfwinkelig gebogenen Glasstabe verteilt; Luftblasen entfernt man durch leise Berührung mit dem angefeuchteten Finger. Nach völligem Erstarren der Schicht werden die Filter an staubfreiem Orte getrocknet. Da trotz sorgfältigen Arbeitens Schlieren und Unterschiede in der Dicke der Schicht auftreten können, empfiehlt es sich, zwei Filter mit der halben Farbstoffmenge zu gießen und die beiden Filter mit den Schichtseiten mit Canadabalsam zusammenzukitten. Wünscht man Gelatinefilter ohne Unterlage herzustellen, so muß man das Glas mit einer Ölschicht überziehen, die das Abziehen der Folie ermöglicht.

Die von HÜBL definierte Farbstoffdichte dient als Konzentrationsmaß für die Gelatinefilter. Man versteht darunter die in g angegebene Menge des Farbstoffes pro 1 m² Filteroberfläche. Da auf 1 m² Plattenoberfläche 700 cm³ Gelatinelösung ausgegossen werden (s. o.), muß man also z. B. zur Herstellung eines Filters, das für einen Farbstoff A die Dichte 1, für einen Farbstoff B die Dichte 2 besitzt, eine an Farbstoff A 0,143%ige und an Farbstoff B 0,286%ige Gelatinelösung verwenden.

Schließlich können Gelatinefilter auch durch Baden gelatinierter Glasplatten in Farbstofflösungen gewonnen werden.

b) Besondere Lichtfilter. Monochromatische Filter lassen nur enge Spektralbezirke von einheitlicher Farbe hindurch und werden für wissenschaftliche Zwecke, z. B. für Mikro- und Astrophotographie, verwendet.

Beleuchtungs- und Dunkelkammerfilter haben die Aufgabe, Licht einer gewünschten spektralen Zusammensetzung hindurchzulassen. Im besonderen haben die Dunkelkammerfilter die Aufgabe, photographische Schichten vor der Einwirkung schädlicher Lichtstrahlen zu schützen.

Korrektionsfilter dienen zur willkürlichen Abstimmung der Schwärzungen, die durch die verschiedenen Farben des Aufnahmeobjektes auf der photographischen Schicht hervorgerufen werden. Insbesondere benutzt man sie zur Erzielung „tonrichtiger" Aufnahmen, also solcher Aufnahmen, die die Helligkeitsabstufungen der farbigen Objekte annähernd ebenso wiedergeben, wie sie das menschliche Auge sieht.

Selektionsfilter trennen gewisse Farbengruppen des Aufnahmeobjektes von anderen. Sie werden zur Gewinnung der Teilnegative für den Dreifarbendruck und die Dreifarbenprojektion verwandt (vgl. S. 429).   *Biltz.*

Die künstlichen Lichtquellen in der Photographie. In der photographischen Praxis wie auch vor allem in der Kinematographie ist man vielfach auf künstliche Beleuchtung angewiesen. Meist wird elektrisches Licht verwendet, u. zw. in Gestalt der Hochleistungsglühlampe, der Bogenlampe und der Quecksilberdampflampe (Bd. II, 193); für die Aufnahme von Innenräumen und Personengruppen wird auch Magnesium- und Aluminiumlicht benutzt. Die allgemeinste Anwendung findet die Glühlampe; insbesondere zeichnet sich die gasgefüllte Wolfram-Glühlampe durch hohe Aktinität aus und eignet sich daher vorzüglich zur Aufnahme farbiger Gegenstände auf sensibilisierten Schichten und Farbrasterplatten.

In der Kinematographie, die weit höhere Lichtstärken verlangt als die Photographie, wird hauptsächlich mit Bogenlampen gearbeitet, u. zw. kommen Reinkohlen- und Effektbogenlampen mit offenem oder eingeschlossenem Lichtbogen zur Verwendung. Die Reinkohlenbogenlampen sind reich an blauen und ultravioletten Strahlen und eignen sich besonders zur Verarbeitung von unsensibilisiertem Material; seit der Einführung von panchromatischen Schichten in die Kinematographie ist man zur Verwendung von Effektbogenlampen übergegangen, deren Kohlen mit Leuchtsalzen getränkt sind und unter Umständen ein rein weißes, dem Tageslicht sehr ähnliches Licht liefern.

Bei der Aufnahme von Tonfilmen macht sich das Geräusch der Bogenlampe unangenehm bemerkbar; das Bestreben geht deshalb dahin, einerseits geräuschlose Bogenlampen zu konstruieren und andererseits auch für kinematographische Zwecke Glühlampen zu verwenden.

Es werden neuerdings hochkerzige, gasgefüllte Metalldrahtglühlampen in den Handel gebracht, die den Bedingungen für eine farbtonrichtige Wiedergabe bei der Aufnahme vorzüglich entsprechen (O. REEB, Die Nitralampe im Kinoatelier. Kinotechnik **10**, 13, 346 [1928]). Für Amateurarbeiten bringt die *Agfa* (*I. G.*) die *Agfa-Jupiter-Heimlampe* in den Handel.

Die Quecksilberdampflampe (Bd. II, 197) ist reich an ultravioletten Strahlen, die aber weniger zur Geltung kommen, da bei der Aufnahme stets optische Systeme aus Glas verwendet werden, die also diese Strahlen absorbieren; bedeutungsvoller ist ihr Reichtum an violetten, blauen und vor allem grünen und gelben Strahlen. Unter den Quecksilberdampflampen ist die COOPER-HEWITT-Röhre zu nennen; um diese auch für rotempfindliches Material verwenden zu können, wird sie mit Neongasfüllung versehen.

Magnesium und Aluminium werden als Band-, Blitz- und Zeitlicht verwendet. Das bandförmige Magnesium wird als abgemessenes Stück oder in Lampen verbrannt, bei denen das Magnesium durch Handantrieb oder durch ein Uhrwerk zur Verbrennungsstelle nachgeliefert wird. Um dem brennenden Magnesium eine größere Oberfläche zu geben, bringt man es in Pulverform; für möglichst kurze Belichtungen mischt man dem Magnesiumpulver sauerstoffabgebende Chemikalien bei (Blitzlichtgemische)[1], wodurch eine höhere Verbrennungsgeschwindigkeit erzielt wird. Solche Chemikalien sind gewisse Oxyde und Peroxyde, z. B. SeO_2 und MnO_2, Sulfate, z. B. $CuSO_4$, Ferriammoniumsulfat, Nitrate, Nitrite, Chlorate, Perchlorate und Permanganate. Die Haltbarkeit der fertig gemischten Nitratblitzpulver ist gering, weil die Nitrate hygroskopisch sind. Die Substanzen werden daher erst kurz vor dem Gebrauch gemischt. Das Blitzlichtpulver wird in Häufchen oder gefüllten offenen Beuteln entweder durch Zündung mittels Salpeterpapieres oder in Blitzlichtlampen verbrannt. Die Entzündung erfolgt bei letzteren durch pyrophores Metall oder durch elektrische Zündung. Zur Vermeidung von starker Rauchbildung verbindet man ev. die Lampe mit einem Rauchsack, der sich über der Flamme befindet und sofort nach dem Verlöschen mit Hilfe einer Schlinge geschlossen werden kann. Bei dem HAUFFschen Vakublitz wird Aluminiumfolie in einer mit Sauerstoff von etwa 0,2 *Atm.* gefüllten Glasbirne elektrisch entzündet.

Durch Zusatz von schwer zersetzlichen oder indifferenten Verbindungen zum Magnesiumpulver erhält man Zündsätze, deren Verbrennungsgeschwindigkeit relativ geringer ist als beim Blitzlicht (Zeitlichtgemenge). Diese enthalten als indifferente Substanzen Calciumcarbonat, Strontiumcarbonat, Magnesiumcarbonat, Kiesel- oder Borsäure, oft auch Alaun.

Blitzlichtgemisch[2]. Man mischt unmittelbar vor dem Gebrauch 2 Tl. Magnesiumpulver mit 1 Tl. trockenem, gepulvertem Thoriumnitrat. (Das stark hygroskopische Thoriumnitrat muß in

---

[1] M. ANDRESEN, Das Magnesium als künstliche Lichtquelle in der Photographie, S. 38, aus A. HAY, Hand. d. wiss. u. angew. Photographie IV. Wien 1930.
[2] EDER, Rezepte, Tabellen und Arbeitsvorschriften. Halle 1927, S. 219/20.

gut verschlossener Flasche aufbewahrt und gegebenenfalls vor dem Mischen nochmals getrocknet werden.) Das Gemisch brennt rasch mit hellem weißem Licht und geringer Rauchentwicklung ab. Die Verbrennungsdauer beträgt für 1 g Magnesium ungefähr $^1/_4 - ^1/_{10}''$.

Zeitlichtgemisch[1]. Man mischt 5 g Magnesiumpulver mit 3 g wasserfreiem Cerinitrat und 2 g Strontiumcarbonat. Das Gemisch wird in eine Hülse aus Pergamynpapier gefüllt und mit Hilfe einer Papierlunte entzündet. Brenndauer etwa 5''.

Die Verbrennungsgeschwindigkeit des Blitzlichtes wird am zweckmäßigsten nach einem von O. HRUZA angegebenen und später unabhängig von H. BECK und J. EGGERT ausgearbeiteten Verfahren festgestellt (*Ztschr. wiss. Photogr.* 24, 368 [1927]). Für 1 g *Agfa*-Blitzlichtpulver in 1 m Entfernung ergeben sich z. B. folgende Werte: Maximale akt. Lichtstärke $1,2 \cdot 10^6$ HK act., akt. Lichtmenge $6,9 \cdot 10^4$ Lumsec. (beides gegenüber hochempfindlichem Kinonegativfilm). Totale Brenndauer 0,18'', Praktische Brenndauer 0,10''.

Arens.

Kinematographie. Ein besonderes Verwendungsgebiet der Photographie stellt die Kinematographie dar, welche jetzt, nach dem Wert der verbrauchten Materialien berechnet, bei weitem alle anderen Gebiete der Photographie übertrifft. Bei der Kinematographie werden in schneller Reihenfolge hintereinander eine große Anzahl von Momentaufnahmen von bewegten Aufnahmegegenständen hergestellt. Die so aufgenommenen Bilder werden nacheinander so auf eine Fläche projiziert, daß beim Betrachter der Eindruck einer bewegten Szene entsteht.

Auch die Kinematographie ist in ihrem Prinzip verhältnismäßig alt. Im Jahre 1832 erfanden ungefähr gleichzeitig und unabhängig voneinander PLATEAU in Genf und STAMPFER in Wien das sog. Stroboskop oder Lebensrad. Dieser einfachste kinematographische Apparat besteht in einer verbesserten Form aus zwei auf einer gemeinsamen Achse in einem gewissen Abstand hintereinander angeordneten Scheiben. Die eine Scheibe besitzt in gleichmäßigen Abständen einen Kranz von radial gerichteten schlitzförmigen Ausschnitten, während die andere Scheibe auf ihrer der Schlitzscheibe zugekehrten Seite eine Anzahl von in derselben Weise wie die Spalte der Schlitzscheibe angeordneten Bildern trägt. Die Bilder stellen aufeinanderfolgende Phasen einer Bewegung dar. Wenn man durch einen der Ausschnitte der Schlitzscheibe blickt und gleichzeitig die beiden Scheiben um ihre Achsen, u. zw. vorteilhaft gegenläufig, rotieren läßt, so erblickt man nur ein einziges Bild der Bilderscheibe, und dieses scheint sich zu bewegen. Die aufeinanderfolgenden Einzelbilder müssen dabei zeitlich möglichst kurz hintereinanderliegenden Bewegungsphasen entsprechen und sich bei der Vorführung mit einer gewissen Mindestgeschwindigkeit folgen, damit die Nachbildwirkung oder Verschmelzung erreicht wird. Bekanntlich erlischt die Empfindung eines Lichtreizes im Auge nicht sofort mit dem Aufhören des Reizes, sondern sie klingt langsam ab. Wenn nun diskontinuierliche Lichtreize so rasch hintereinander auf die Netzhaut des Auges gelangen, daß der nächste Lichtreiz bereits eintritt, ehe die Empfindung des vorhergehenden abgeklungen ist, so werden im Bewußtsein die Einzelbilder miteinander verschmolzen und als kontinuierlich empfunden.

MUYBRIDGE stellte 1877 erstmalig auf photographischem Wege eine Reihe von Bildern aufeinanderfolgender Bewegungsphasen dar. Er untersuchte in erster Linie die Bewegungen laufender Tiere und arbeitete mit einer großen Anzahl von hintereinander aufgestellten photographischen Aufnahmeapparaten, welche nacheinander in Tätigkeit gesetzt wurden, sobald das aufzunehmende Tier die optische Achse der einzelnen Apparate durchschritt. Eine wesentliche Verbesserung dieser Aufnahmeapparatur stellte die sog. photographische Flinte von MAREY dar, mit der in der Sekunde 12 Aufnahmen auf einer ruckweise mit Hilfe eines sog. Malteserkreuzrades bewegten kreisförmigen Platte hergestellt werden konnten. Im Jahre 1888 ersetzte MAREY die lichtempfindliche kreisförmige Platte durch ein zu einer Rolle aufgewickeltes Band von mit lichtempfindlicher Emulsion beschichtetem Papier. 1889 benutzte FRIESE-GREEN erstmalig statt dessen den Celluloidfilm, der noch heute in der Kinematographie üblich ist.

Nachdem bereits im Jahre 1845 UCHATIUS einen Projektionsapparat zur Vorführung von Reihenbildern gebaut und EDISON 1891 das Kinetoskop entwickelt hatte, konstruierten 1894 C. F. JENKINS in Nordamerika und R. W. PAUL in England, 1895 L. LUMIÈRE in Frankreich und M. SKLADANOWSKY in Deutschland die ersten Vorführungsapparate für eine größere Anzahl von Zuschauern (G. SEEBER und K. WOLTER, Filmtechnik 6, 23, 2, 1930). Die Bezeichnung Kinematograph stammt von LUMIÈRE. In Deutschland hat sich vor allem MESSTER große Verdienste um die Einführung und Verbreitung der Kinematographie erworben. In den letzten 30 Jahren hat sich die Kinematographie zu einem bedeutungsvollen Industriezweig entwickelt, infolge ihrer weiten Verbreitung in den Lichtspielhäusern erhebliche kulturelle Bedeutung gewonnen und in wirtschaftlicher Hinsicht die Photographie bei weitem überholt.

Die Vereinigten Staaten von Nordamerika sind das Land, welches die meisten kinematographischen Spielfilme herstellt und verbraucht. In weitem Abstand kommen nach ihnen Deutschland, England, Frankreich und Rußland als Erzeuger und Verbraucher.

Das Filmmaterial für die Zwecke der Kinematographie ist ein Celluloidfilm von 35 mm Breite, der im allgemeinen in Rollen von 120 bis 300 m Länge geliefert wird. Der Film trägt an beiden Längsseiten je eine Reihe von Perforationslöchern, in welche die Fortschaltungsorgane der Aufnahme- und Vorführungsapparate, die sog. Greifer, eingreifen.

---

[1] EDER, Rezepte, Tabellen und Arbeitsvorschriften. Halle 1927, S. 219/20.

Der Greifer ist heutzutage die am häufigsten verwendete Schaltvorrichtung. Andere Schaltvorrichtungen sind der Schläger, ein exzentrisch auf einer rotierenden Scheibe befestigter Stift, der in regelmäßigen Abständen gegen das Filmband schlägt und dabei eine Schleife in ihm bildet, und das Malteserkreuz, eine fest mit einer Zahntrommel verbundene Scheibe in Form des bekannten Malteserkreuzes, die so mit einer mit einem exzentrischen Stift versehenen zweiten Scheibe zusammenarbeitet, daß sie sich in regelmäßigen Abständen zusammen mit der Zahntrommel um ¼ ihres Umfanges dreht und dadurch den Film fortschaltet.

Die Perforationslöcher haben annähernd rechteckige Gestalt und eine Größe von $1,9-2,0 \times 2,8\,mm$; der Abstand zweier aufeinanderfolgender Perforationslöcher beträgt $4,75\,mm$. Die Größe der auf diesem Film aufgenommenen Teilbilder beträgt $18 \times 24\,mm$. Die angegebenen Abmessungen des sog. Normalfilms sind international vereinbart.

Bis jetzt wird der Normalfilm vorwiegend mit Celluloidschichtträger hergestellt, da das Celluloid sich durch verhältnismäßig geringe Schrumpfung und hohe mechanische Festigkeit auszeichnet, die bei der ruckweisen Fortschaltung ($16-24$ Bildwechsel in der Sekunde) des Films besonders wichtig ist. Das Celluloid hat jedoch den Nachteil der Brennbarkeit, so daß infolge unsachgemäßer Handhabung und unzweckmäßiger Bauart der Vorführungsräume wiederholt Brände vorgekommen sind. Mit Rücksicht hierauf ist man bestrebt, den Celluloidfilm durch einen Sicherheitsfilm aus einem weniger leicht brennbaren Material, dem Celluloseacetat (Bd. I, 138), zu ersetzen. Die Bestrebungen sind bisher ohne wesentlichen Erfolg geblieben, da der Film aus Celluloseacetat bezüglich seiner mechanischen Eigenschaften dem Celluloidfilm nachsteht.

Bei der notwendigen raschen Bewegung im Aufnahmeapparat erhält der kinematographische Film häufig, da das Celluloid ein schlechter Leiter ist, statische Aufladungen, welche sich unter Umständen in Form von Funken ausgleichen und dabei auf der Emulsion störende Schwärzungen, die sog. Blitze, hervorrufen. Zur Vermeidung dieser Erscheinung werden dem Schichtträger selbst oder den auf diesem befindlichen besonderen Rückschichten hygroskopische Substanzen einverleibt, oder der Schichtträger wird aus mehreren Schichten von verschiedenen Cellulosederivaten, welche im entgegengesetzten Sinne elektrisch erregbar sind, aufgebaut.

In den Aufnahmeapparaten wird der Film mit Hilfe von Transporttrommeln und einem Schaltmechanismus, der bei den meisten Aufnahmeapparaten aus einer Greiferschaltung (s. o.) besteht, durch das Bildfenster geführt; ein weiterer wichtiger Teil des Apparates ist die Umlaufblende, die während der Fortschaltperioden den Strahlengang abblendet.

Die Projektionsapparate unterscheiden sich von den Aufnahmeapparaten vor allem durch den Schaltmechanismus; nur die einfacheren Apparate besitzen Greiferschaltung, die meisten sind mit Malteserkreuzschaltung versehen. Außerdem gibt es Projektoren mit optischem Ausgleich, bei denen die Filmbilder vom kontinuierlich laufenden Filmband projiziert werden und die Optik beweglich ist. Bekannte Aufnahmeapparate sind die ASKANIA-, BELL- und HOWELL-, DEBRIE-, ECLAIR-, FEARLESS- und MITCHELL-Kamera. Zur Aufnahme von bis zu 250 Bildern pro Sec. dienen der THUNsche Zeitdehner, die Zeitlupe der ZEISS-IKON-WERKE, die BELL- und HOWELL-Rapidkamera und die Grande-Vitesse-Kamera von DEBRIE. Projektionsapparate für die Theatervorführung sind z. B. der *A. E. G.*-Projektor, die BAUER-, GAUMONT-, PATHÉ-, ROSS- und SIMPLEX-Maschine und die ERNEMANN- und HAHN-Projektoren der ZEISS IKON A.-G. Unter den Projektoren mit optischem Ausgleich haben sich nur der MECHAU-Projektor und ein Apparat der Firma CONTINSOUZA und COMBES bewährt.

Da die Vorführung der kinematographischen Aufnahmen mit Hilfe des Projektionsapparates erfolgt, so muß auch das kinematographische Positiv als Diapositiv, d. h. auf Filmstreifen, hergestellt werden. Das kinematographische Filmmaterial zerfällt daher in 2 große Gruppen: Negativfilm und Positivfilm. Die Negativemulsion zeichnet sich durch möglichst hohe Empfindlichkeit bei ausreichendem Belichtungs-spielraum aus und ist heute meist farbenempfindlich. In neuerer Zeit werden in steigendem Maße orthochromatisch und besonders panchromatisch sensibili-sierte Emulsionen verarbeitet, um eine ton- und helligkeitsrichtige Wiedergabe der Aufnahmeobjekte zu erreichen (vgl. dazu S. 406). Für die Emulsion des Positiv-films sind die wichtigsten Erfordernisse außerordentliche Feinkörnigkeit und vor-zügliches Auflösungsvermögen, da bei der Projektion in einem normalen Licht-spieltheater das positive Bild eine 100- bis 150fache Vergrößerung erfährt. Außerdem soll das Bild in der Projektion „brillant" erscheinen, d. h. eine gute Helligkeitsabstufung von Weiß zu Schwarz aufweisen. Die Positivemulsion muß daher eine im Vergleich zur Negativemulsion verhältnismäßig steile Gradation be-sitzen. Der Positivfilm wird nicht nur mit klar durchsichtigem, sondern auch mit in verschiedenen Farben angefärbtem Schichtträger geliefert.

Die Entwicklung der Negativfilmbänder geschah anfangs auf Rahmen, auf die der Film aufgewickelt wird. Die mit dem Film bewickelten Rahmen werden in Entwicklertröge gehängt und nach dem Prinzip der Standentwicklung unter möglichster Vermeidung der Oxydation des Entwicklers durch den Luftsauerstoff entwickelt. Dann wird in üblicher Weise fixiert und getrocknet. Die einzelnen Szenen des getrockneten Negativs werden auf die Lichtmenge, welche sie voraussichtlich zum Kopieren brauchen, beurteilt, worauf der endgültige Film durch Aneinander-kleben der verschiedenen Szenennegative zusammengestellt und in dieser Form kopiert wird. Die für jede einzelne Szene erforderliche Lichtmenge wird beim ersten Bild der Szene durch eine Marke am Filmrand bezeichnet. Diese Marken dienen zur selbsttätigen Einstellung der erforderlichen Lichtintensitäten in der Kopier-maschine. Der Film läuft ohne Unterbrechung durch diese Maschine, welche auto-matisch für jede Szene die durch die Marke gekennzeichnete Lichtintensität ein-stellt. Man arbeitet im allgemeinen mit einer Reihe von 10—20 solcher Marken und ebensoviel verschiedenen Lichtintensitäten der Kopierlampen.

Die bekanntesten Kopiermaschinen werden hergestellt von den Firmen GEYER, ARNOLD und RICHTER („Arri"), DEBRIE, BELL und HOWELL sowie DEPUE und VANCE.

Der kopierte positive Film wird im allgemeinen nicht auf Rahmen, sondern in Entwicklungsmaschinen entwickelt. Diese Maschinen bestehen aus einer Anzahl von hintereinander angeordneten schmalen und tiefen Trögen mit Entwickler-lösung, Fixierbad, Wasser und anderen Behandlungslösungen, durch welche der Film über Rollen läuft. Die Einwirkungsdauer der Bäder wird durch die Geschwindigkeit des Filmlaufs oder durch die Eintauchtiefe des Films in den einzelnen Trögen variiert.

In den letzten Jahren hat die Kinematographie auch in Amateurkreisen Ein-gang gefunden. Es werden hierbei sog. Schmalfilme mit kleineren Bildformaten benutzt, da die Heimprojektion keine so starke Vergrößerung wie in einem Licht-spieltheater notwendig macht.

Die Schmalfilmapparate, die im allgemeinen Federwerkantrieb besitzen, lassen sich in 2 Gruppen unterteilen. Die eine Gruppe arbeitet mit Filmkassetten, in denen die Filmrollen zusammen mit der Aufwickelspule lichtdicht eingeschlossen sind. Der Filmstreifen tritt, von der Filmrolle ab-laufend, durch einen mit der üblichen Abdichtung lichtsicher gemachten Schlitz aus der Kassette heraus, gelangt zum Bildfenster, wo er belichtet wird, um von da durch einen zweiten Schlitz wieder in das Kasseteninnere und zur Aufwickelspule befördert zu werden. Die andere Gruppe von Schmal-filmapparaten arbeitet mit sog. Tageslichtladungsspulen, welche eine etwas geringere Lichtsicherheit als die Filmkassetten bieten. Die Tageslichtladungsspulen bestehen aus einem Kern, der auf beiden Seiten mit zwei breiten Flanschen versehen ist. Der Filmstreifen, welcher am Anfang und am Ende je einen Führungsstreifen aus schwarzrotem, ebenfalls perforiertem Papier besitzt, wird auf den Kern aufgewickelt. Der Schutz vor Belichtung wird dabei einesteils durch den äußeren Papierführungs-streifen, welcher in mehreren Windungen den lichtempfindlichen Film umschließt, andererseits durch die seitlichen Flanschen erreicht. Neuerdings ist man dazu übergegangen, die Papierführungsstreifen wegzulassen und dafür die beiden Enden des Filmstreifens oder auch die ganze Rückseite des Schicht-trägers mit einem inaktinischen, d. h. für die lichtempfindliche Schicht beeinflussende Strahlen un-durchlässigen Farbstoff anzufärben. Wenn der Schichtträger auf der ganzen Fläche eine derartige Anfärbung erhält, muß der Farbstoff so gewählt werden, daß er sich in den photographischen Behand-lungsflüssigkeiten entfärbt; wenn nur der Anfang und das Ende angefärbt werden, ist dies nicht notwendig.

Die bekanntesten Aufnahmeapparate für Schmalfilm sind *Agfa*-Movex, Cine Kodak B, Ciné-Nizo 16, Filmo (BELL & HOWELL), Kinamo S 10 (ZEISS IKON) und der QRS DE VRY-Apparat (für 16 *mm*-Film), Ciné-Nizo 9¹/₂ und PATHÉ BÉBÉ (für 9¹/₂ *mm*-Film), die bekanntesten Projektoren *Agfa*-Movector und Kodascope A und C (16 *mm*) und PATHÉ-Kinlein (9¹/₂ *mm*).

Die belichteten Schmalfilmrollen, deren Länge zwischen 10 und 30 *m* schwankt, werden vom Amateur an die Filmfabriken geschickt, welche sie nach einem Umkehrverfahren entwickeln. Dieses Verfahren entspricht im Prinzip dem Entwickeln der Farbrasterplatten (vgl. S. 432) und hat den Vorteil, daß man die Kosten für den Positivfilm spart. Der Film wird in der üblichen Weise entwickelt, aber nicht ausfixiert, sondern in ein Bad gebracht, welches das metallische Silber herauslöst oder ausbleicht. Dann wird die Schicht einer allgemeinen diffusen Belichtung ausgesetzt, worauf in einer zweiten Entwicklung das bei der Aufnahme nicht veränderte Halogensilber entwickelt wird, welches ein Positiv des Aufnahmeobjektes ergibt. Gegebenenfalls wird nach der ersten Entwicklung noch ein Klärbad eingeschaltet, mit dessen Hilfe ein Teil des unbelichteten Halogensilbers herausgelöst wird, wenn zu befürchten ist, daß das Umkehrpositiv sonst zu dicht werden würde. Das Umkehrverfahren, welches besonders feinkörnige Emulsionen verwendet, hat den Nachteil, daß man nur ein einziges Positiv erhält. Ein Teil der Verbraucher zieht es daher vor, Schmalfilm mit normaler Negativemulsion zu verarbeiten, welcher in der üblichen Weise zu einem Negativ entwickelt und dann kopiert wird.

Neuerdings hat EASTMAN KODAK auch eine Schmalfilmapparatur für Farbenkinematographie auf den Markt gebracht (Kodacolor).   *Mediger.*

Farbenphotographie und -kinematographie. Die wichtigsten Verfahren der Farbenphotographie bauen sich auf der Tatsache auf, daß es möglich ist, mit Hilfe von Farbenfiltern auf photographischen Schichten, die für die Hauptbereiche des sichtbaren Spektrums sensibilisiert sind, Farbauszüge herzustellen, die den Farbgehalt des Objektes in den Filterfarben als Helligkeitswerte wiedergeben (J. C. MAXWELL, 1861; vgl. H. FARMER, CLERK MAXWELL's Gifts to Photography, Brit. Journ. Phot. 1902). Durch Umsetzung dieser Helligkeitswerte in die entsprechenden Farbwerte und Kombination der erhaltenen Farbenteilbilder wird die farbige Wiedergabe des Objekts erreicht. Gewöhnlich arbeitet man mit 3 Farbauszügen (Rot-, Grün-, Blauauszug); für beschränkte Farbenwiedergabe genügen 2 (Orange- und Blaugrünauszug). Nach der additiven Synthese werden die Diapositive der Farbauszüge mit farbigen Lichtern, die dem jeweiligen Aufnahmefilter entsprechen, durchleuchtet und aufeinanderprojiziert. Nach der subtraktiven Synthese werden von den Auszügen Farbstoffbilder in den zu den Aufnahmefiltern komplementären Farben, also Blaugrün, Purpur und Gelb bzw. Blaugrün und Orange aufeinandergedruckt oder aufeinandergelegt. Dieses Verfahren ist besonders in der Reproduktionstechnik bei der Herstellung von Mehrfarbendrucken zu vielseitiger Anwendung gelangt. Für die Projektion werden die Drucke in vorwiegend transparenten Farben hergestellt und mit weißem Licht durchleuchtet.

Das Weiß entsteht „additiv" durch das Vorhandensein sämtlicher gefärbter Lichter, „subtraktiv" durch die Abwesenheit sämtlicher Farbe, so daß die weiße Druckunterlage oder Projektionsfläche ungehindert zu reflektieren vermag. Die Wiedergabe des Schwarz erfolgt in umgekehrter Weise.

Die Zwischenfarben entstehen bei den Drei- und Mehrfarbenverfahren durch additive bzw. subtraktive Mischung. So entsteht „additiv" aus rotem und grünem Licht ein gelbes Bild; überwiegt das rote Licht, erhält man ein Orangebild bzw. im umgekehrten Fall ein Gelbgrünbild. Durch Hinzutritt der dritten Komponente — Blau — wird lediglich der Weißgehalt geregelt, während die zwischen Blau und Grün bzw. zwischen Blau und Rot liegenden Mischfarben durch diese Komponenten dargestellt werden und der jeweilige Weißgehalt dieser Mischungen durch die dritte Komponente — Rot bzw. Grün — geregelt wird. Die Schwarzwerte sind durch die Helligkeit der Teilbilder bestimmt. „Subtraktiv" entsteht aus dem Purpurbild und dem Gelbbild ein Rotbild; durch Hinzutritt des dritten Teilbildes (Blaugrün) wird der Schwarzgehalt geregelt, während die Weißwerte durch die Helligkeit der Teilbilder bestimmt sind.

Bei dem Zweifarbenverfahren können theoretisch nur die Schattierungen der Einzelfarben mit Weiß bzw. Schwarz wiedergegeben werden. Tatsächlich werden jedoch auch Zwischenfarben beobachtet, die zum Teil auf Abweichung von dem Komplementärverhältnis der gewählten Farben, zum Teil auf Verschiebung der Absorptionskurven bei Konzentrationsänderungen, zum Teil auf subjektive Kontrastwirkung zurückzuführen sind (E. LEHMANN und A. KOFES, Kinotechnik **1927**, 397).

Um die gleiche Helligkeit bei der Wiedergabe zu erhalten, benötigt man bei additiver Mischung eine größere primäre Lichtmenge als bei subtraktiver, da das Licht geteilt und durch Farbfilter farbig gemacht werden muß, wodurch mindestens $^2/_3$ der aufgestrahlten Lichtenergie verlorengehen. Diesem Vorteil der subtraktiven Methode steht jedoch eine gewisse Ungleichmäßigkeit der Farbenwiedergabe gegenüber, da es schwierig ist, Farbstoffbilder von gleicher Intensität bzw. qualitativ gleicher Absorption bei verschiedener Anfärbungstiefe herzustellen. Bei der additiven Synthese erfolgt die Farbgebung zwangläufig mittels farbiger Lichter auf optischem Wege, wodurch nicht nur Gleichmäßigkeit der Wiedergabe, sondern auch deren Korrektur durch Änderung der Farbfilter auf einfachem Wege ermöglicht wird.

Im übrigen ist die Güte der Farbwiedergabe von der Strenge der Aufnahmefilter, der Sensibilisierung der Emulsion und in gewissem Sinne auch von der Farbe der Lichtquelle abhängig. Die Filterfarbstoffe sollen möglichst steil ansteigende Absorptionskurven bei möglichst hoher Durchlässigkeit in dem betreffenden Spektralbereich, die Emulsionen eine über das ganze Spektrum sich erstreckende, möglichst gleichmäßige panchromatische Sensibilisierung aufweisen. Bei Änderung der Zusammensetzung des beleuchtenden Lichtes tritt objektiv eine Änderung der Farbe des Objekts ein. Das Auge vermag diese jedoch erfahrungsgemäß nicht in gleichem Maße zu registrieren, sondern stellt die Empfindung auf Erinnerungswerte ein, so daß eine „natürliche" Farbenempfindung zustande kommt. Bei idealer Form der Absorptionskurven der Filter und der Sensibilisierungskurve der Emulsion wäre es möglich, eine objektiv richtige Farbenwiedergabe auch bei verschiedenen Lichtquellen zu erhalten, ohne allerdings dem psychologischen Effekt Rechnung zu tragen. Um dies zu erzielen und die Fehler von Filter und Emulsion zu kompensieren, ist es notwendig, die Auszugsfilter dem vorherrschenden Licht und der Sensibilisierungskurve der Emulsion anzupassen. Außerdem dienen hierzu noch besondere Vorsatzfilter (s. später). In der Drucktechnik wendet man überdies noch eine manuelle Retusche der erhaltenen Teilnegative an.

Die den einzelnen Farbauszügen entsprechenden Teilbilder sollen die gleiche Gradation und identische Konturen aufweisen. Wenn ersteres nicht zutrifft, werden die im Original vorhandenen Grauwerte farbig wiedergegeben, und man erhält Farbdominanten in den Halbtönen; bei Nichteinhaltung der zweiten Bedingung treten Farbsäume auf.

Aufnahmeverfahren. Die Herstellung der Farbauszüge erfolgt in einfachster Weise durch aufeinanderfolgende Aufnahmen des stillstehenden Objekts mit demselben Objektiv hinter entsprechenden Aufnahmefiltern auf panchromatische Platten.

Die zweckmäßigsten Durchlässigkeitsbereiche der einzelnen Filter wären für Rot 7000—5800 Å, für Grün 5800—5300 Å, für Blau 5300—4000 Å, bei Zweifarbenauszügen für Rot 7000—5750 Å und für Grün 5750—4000 Å (GEIGER & SCHEEL, Handbuch der Physik 19, Farbenphotographie von J. Eggert und W. Rahts 586. Mit Rücksicht auf die zur Verfügung stehenden Filterfarbstoffe werden die Filter jedoch meist so gewählt, daß sich ihre Durchlässigkeitsbereiche überschneiden, z. B. Rotfilter 7000—5500 Å, Grünfilter 5850—4650 Å, Blaufilter 4950—4100 Å.

Bei gleichzeitiger Aufnahme mit nebeneinanderliegenden Objektiven würden räumliche Parallaxe und hierdurch Konturenungleichheit der Auszüge auftreten.

Geeignete Aufnahmeapparate werden von W. BERMPOHL, Berlin, Kesselstraße 9, und von den THOWE-KAMERAWERKEN, Freital, Dresden u. a. gebaut, bei welchen die mit 3 nebeneinanderliegenden Platten beschickte Kassette sich in einer Gleitschiene befindet und automatisch um eine Plattenbreite nach jeder Belichtung verschoben wird. Gleichzeitig wird das Filter selbsttätig gewechselt. Ganz automatisch arbeitet die MROZ-Farbenkamera (Kinotechnik 1928, S. 163). Als Aufnahmematerial dient hierbei panchromatischer Kinefilm von 70 *mm* Breite, welcher mittels Handkurbel oder Federzugs vorgeschaltet und hinter den 3 Filtern belichtet wird. Die Bildgröße ist 6×6 *cm*. Im günstigsten Fall beträgt die Gesamtbelichtungszeit $^1/_{20}''$, so daß Momentaufnahmen bei sehr gutem Licht und einer lichtstarken Optik möglich sind. Allerdings ist bei rasch bewegten Objekten mit Farbsäumen zu rechnen, da die Konturen der Einzelbilder sich in diesem Falle nicht völlig decken (zeitliche Parallaxe).

Eine völlige Identität der Konturen bei Aufnahme bewegter Objekte ist lediglich durch jene Verfahren gesichert, bei welchen die Teilnegative zu gleicher Zeit mittels einer Lichteintrittsöffnung belichtet werden. Für die Zwecke der Amateur- und Fachphotographie wurde von der JOS-PE FARBENPHOTO G. M. B. H., Hamburg, eine derartige Kamera hergestellt (Phot. Chronik, **1925**, 228).

In den Strahlengang eines lichtstarken Spezialobjektivs der Öffnung $F/3$, dessen hintere Objektivfassung strahlenbegrenzend wirkt, sind nach den Patenten PILOTY ($D. R. P.$ 420 458, 420 787 u. a.) im ersten und letzten Drittel der letzten Linsenfläche 2 Spiegel S_1, S_2 eingesetzt, die je $^1/_3$ des Strahlenbündels a', a'' seitlich reflektieren und auf die in Brennweite angeordneten Platten p werfen, während das letzte Drittel des Strahlenbündels von dem mittleren Teil des Objektivs auf die dritte Platte geworfen wird (Abb. 138). Die Lichtstärke der Gesamtanordnung entspricht derjenigen eines Objektivs mit der Öffnung $F/12$.

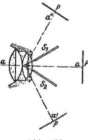

In der Kinematographie werden optische Systeme angewendet, die mit Hilfe von halbdurchlässigen Spiegeln oder Prismen den eintretenden Lichtstrahl teilen und nach Passieren der entsprechenden Filter einwirken lassen. Die Teilbilder können auf demselben Film untereinander oder nebeneinander entworfen werden; im ersten Fall ist der Film bei Zweifarbenaufnahmen um 2 Bildhöhen jeweils zu transportieren (doppelter Bildzug). Im zweiten Fall haben die Teilbilder nur die halbe Größe des Normalbildes (s. Farbenverfahren der BUSCH A.-G., S. 434).

Abb. 138.
Strahlenteilung
nach PILOTY.

Die beste Ausnutzung des zur Verfügung stehenden Lichtes bei einfachster Handhabung ergeben die „subtraktiven" Aufnahmemethoden, die darin bestehen, daß 2 oder 3 für die einzelnen Spektralzonen sensibilisierten Schichten unter ev. Zwischenschaltung von Filterschichten möglichst ohne Zwischenraum aufeinandergelegt und mittels einer Belichtung gleichzeitig belichtet werden (Zwei- und Dreipack). Sie haben den Nachteil, daß durch Nichtanliegen der Schichten, Lichtstreuung und Absorption die auf den unteren Schichten entstehenden Teilnegative unscharf werden können. Außerdem ist es sehr schwierig, die nötigen Emulsionen mit abgestimmter Empfindlichkeit und identischer Gradation in den verschiedenen Spektralbereichen herzustellen. Der Belichtungsspielraum ist infolge der zur Anwendung kommenden dünnen Emulsionsschichten gering. Die gebräuchlichste Anordnung ist aus Abb. 139 ersichtlich.

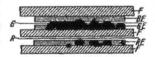

Derartige Schichtenanordnungen bringt die COLOUR PHOTOGRAPHS LTD. auf Filmunterlage in den Handel. (Brit. Journ. Phot.; Col. Supl. **1928**, 44.)

Nach dem Vorschlag TARBINS ($E. P.$ 283 765), der allerdings infolge einer Vorveröffentlichung des Prinzips in „History of Three-Colour-Photography" von C. J. WALL, S. 164, der Neuheit entbehrt, brachte die COLORSNAPSHOT LTD. (Brit. Journ. Phot.; Col. Supl. **1928**, 33) Dreipackmaterial in den Handel, bei welchem die blauempfindliche Schicht am weitesten von dem Objektiv entfernt angeordnet ist. Hierdurch wird neben einer hohen Aufnahmeempfindlichkeit erreicht, daß der die Schärfe des Bildes bedingende Rotauszug nach vorn gelegt werden kann. Die Richtigkeit der Farbauszüge wird hierdurch erheblich beeinträchtigt.

Abb. 139. Schichtenanordnung eines Dreipacks.

F Filmunterlage; G Gelbfilter; R Rotfilter; BE blauempfindliche Emulsion; GE gelbempfindliche Emulsion; RE rotempfindliche Emulsion.

Eine größere Verbreitung fanden die Dreipackaufnahmemethoden bisher nicht.
Farbenwiedergabe mit additiver Farbensynthese. Diese führt nur zu Projektions- oder Durchsichtsbildern. Der Einzelbetrachtung dient das ZINK'sche Chromoskop, das mit halbdurchlässigen Spiegeln ausgerüstet ist; für die Projektion eignet sich besonders der von A. MIETHE angegebene Dreifarbenprojektionsapparat. (A. MIETHE, Dreifarbenphotographie, Halle 1908.)

Eine in der Praxis besonders erfolgreiche Modifikation der additiven Synthese ist die Farbrasterphotographie. Diese beruht darauf, daß die Farbwerte jedes Bildelementes mittels sehr kleiner, nebeneinander angeordneter Filter (Farbraster) auf einer Platte registriert werden. Die Mischfarben kommen bei der Betrachtung dadurch zustande, daß die von benachbarten Filterelementen kommenden farbigen Strahlen mit freiem Auge nicht getrennt wahrgenommen werden (ähnlich der Maltechnik der Pointillisten). Dem Farbraster liegt die lichtempfindliche Schicht möglichst eng an, um auch bei seitlicher Betrachtung Deckung der Filterpartikelchen durch die zugehörigen Silberkörner zu erzielen. Die Bildentstehung geht auf folgende Weise vor sich: Das durch den Raster auf die Schicht geworfene farbige Bild kann nur hinter den das betreffende Licht hindurchlassenden Filterelementen die Bromsilberschicht reduzieren; bei der Entwicklung wird das Silber an dieser Stelle geschwärzt, während an den Stellen, welche durch solche Filterelemente bedeckt sind, die das betreffende Licht nicht hindurchlassen, die Bromsilberschicht unverändert bleibt. Nach dem Fixieren würden nunmehr die Stellen, die früher für die betreffende Farbe undurchlässig waren, durchsichtig werden, während die der ursprünglichen Farbe gleichen Filterelemente gedeckt und daher undurchlässig bleiben würden. In der Durchsicht käme demnach ein negatives Bild in den Komplementärfarben zum Vorschein. Um zu einem positiven Durchsichtsbild zu gelangen, verfährt man so, daß die Originalaufnahme direkt zu einem farbenrichtigen Positiv umgewandelt wird, indem das entwickelte, unfixierte negative Silberbild durch Oxydationsmittel entfernt und hierauf das bei der Aufnahme unbelichtet gebliebene Bromsilber geschwärzt wird (Umkehrentwicklung).

Die Farbraster können aus unregelmäßig verteilten, verschieden großen Teilchen (Kornraster) oder aus regelmäßig angeordneten Linien oder Punkten bestehen (Linien- und Punktraster). Während die Form der Teilchen keine Rolle spielt, ist deren Größe durch das Auflösungsvermögen des Auges begrenzt; ihr Durchmesser bzw. ihre Breite darf etwa 0,02 *mm* nicht wesentlich übersteigen, ohne Unruhe in das Bild zu bringen. Die Anfärbung der Filterelemente erfolgt in geringerer Intensität, als den früher genannten theoretischen Forderungen entsprechen würde, um Durchsichtsbilder genügender Transparenz zu erhalten. Hierdurch wird allerdings die Farbenwiedergabe beeinträchtigt und der Belichtungsspielraum eingeschränkt. Die verwendete panchromatische Emulsion ist möglichst feinkörnig, um eine genaue Deckung der Filterteilchen zu ermöglichen, wozu auch die geringe Dicke der verwendeten silberreichen Emulsion (gewöhnlich etwa 10 μ) beiträgt. Um die Blauempfindlichkeit der panchromatischen Emulsion zu dämpfen und deren Sensibilisierungskurve mit den Farbfilterkurven in Einklang zu bringen, ist die Anwendung von Kompensationsfiltern notwendig, die auf die vorherrschende Lichtart oder die benutzte Lichtquelle abgestimmt sind.

Die geringe Lichtdurchlässigkeit des Rasters und die geringere Empfindlichkeit der zur Verwendung kommenden Spezialemulsion erfordern eine erhebliche Verlängerung der Belichtungszeit. Bei der *Agfa*-Farbenplatte beträgt der Verlängerungsfaktor bei Tageslicht gegenüber einer Schwarzweißaufnahme auf einer *Agfa*-Extrarapidplatte das 60fache. Dagegen sind die für Aufnahmen bei Blitzlicht nötigen Blitzlichtmengen erheblich niedriger, als dem Verlängerungsfaktor entsprechen würde.

Der Belichtungsspielraum bei den farbenphotographischen Verfahren ist geringer als bei gewöhnlichen Aufnahmen. Zur genauen Festsetzung der Belichtungszeit verwendet man daher zweckmäßig einen Belichtungsmesser (s. S. 423).

Der Vorgang bei einer Farbrasteraufnahme ist kurz folgender: 1. Einlegen der Platte in die Kassette, mit der Glasseite dem Schieber zugekehrt, bei grünem Licht (*Agfa*-Filter Nr. 103) oder in völliger Dunkelheit. 2. Exposition unter Vorschaltung eines geeigneten Kompensationsfilters. 3. Entwicklung der Platte in einem ammoniakalischen Hydrochinon-p-Methylaminophenolsulfat-Entwickler. 4. Auflösung des reduzierten Silbers in einem sauren Oxydationsmittel. 5. Umkehrung des Bildes durch Schwärzung des unangegriffenen, nochmals belichteten Bromsilbers.

Die Betrachtung der fertigen Rasterbilder soll bei Tageslicht erfolgen. Bei künstlichem Licht sind Betrachtungsfilter vorzuschalten. Die Leistungsfähigkeit der Rasterplatte hinsichtlich der Farbenwiedergabe natürlicher Objekte kann als gut bezeichnet werden; dagegen werden reine Spektralfarben bzw. das Spektrum naturgemäß nur unvollständig wiedergegeben.

Über die Herstellung der technisch wichtigsten Farbraster sei folgendes bemerkt. Kornraster weisen auf: 1. Die Autochromplatte der Gebr. LUMIÈRE, Lyon (*D. R. P.* 172851). Der Farbraster besteht aus eng aneinanderliegenden, gefärbten Stärkekörnern, deren Durchmesser 0,01–0,015 *mm* beträgt. 2. Die Agfa-Farbenplatte der *Agfa (I. G.)*. Der Raster besteht aus Dextrin- oder Gerbsäurepartikelchen, die mit basischen Farbstoffen entsprechend angefärbt sind. Auf den Raster wird in bekannter Weise eine Lackschutzschicht aufgebracht, welche die 0,01 *mm* dicke Emulsionsschicht trägt. 3. Der Naturfarbenfilm der inzwischen in der *Agfa (I. G.)* aufgegangenen LIGNOSEFILM G. M. B. H. Die Rasterherstellung (Phot. Ind. 1927, 439 ff.) erfolgt in der Weise, daß in den drei Grundfarben gefärbter feiner Bakelitstaub auf die mit einer Klebeschicht versehene Trägerfolie aufgebracht wird.

Die Filterelemente der bisher besprochenen Verfahren weisen folgende Durchlässigkeitsgebiete auf:

	LUMIÈRE	*Agfa*	LIGNOSE
Rot	$> 560\ m\mu$ mit einem Durchlässigkeitsmaxim. $> 630\ m\mu$	$> 560\ m\mu$ mit D_{max} $> 660\ m\mu$	$> 580\ m\mu$ mit D_{max} $> 640\ m\mu$
Grün	$600–470\ m\mu$ mit D_{max} bei etwa $530\ m\mu$	$610–480\ m\mu$ mit D_{max} bei $530\ m\mu$	$600–500\ m\mu$ mit D_{max} bei $550\ m\mu$
Blau	$530–450\ m\mu$ mit D_{max} $< 450\ m\mu$	$525–400\ m\mu$ D_{max} $< 430\ m\mu$	$520–400\ m\mu$ mit D_{max} bei $470\ m\mu$

Die zur Herstellung unregelmäßiger Kornraster außerdem vorgeschlagenen Stoffe, z. B. Sporen von Algen, Flechten, Moosen (G. CLEMENT), Bakterien; Hefezellen, fein zerschnittene Seidenfäden, Gelatinepulver, Glasstaub, Celluloid, Umwandlungsprodukte von Stärke und deren Derivate, Magnesia u. a., konnten zu praktischer Bedeutung nicht gelangen.

Gegenüber dem Kornrasterverfahren fanden die mittels mechanischer Druckmethoden oder durch Belichtung hergestellten regelmäßigen Linien- oder Kreuzfarbenraster nur untergeordnete Anwendung. Die Hauptschwierigkeit liegt hierbei in der Erzielung einer genügenden Feinheit — auf mechanischem Wege sind nur Linien von etwa 0,06 *mm* herstellbar — und in der Ungleichmäßigkeit der Anfärbung; der Hauptnachteil besteht in der durch das wiederholte Drucken bedingten Umständlichkeit. Zu erwähnen sind folgende Fabrikate:

Die Omnicolorplatte (*D. R. P.* 218323) von JOUGLA-LUMIÈRE, die einen Kreuzraster aufweist, der in der Weise entsteht, daß auf die Celluloidlackschicht einer Platte ein System von dunkelblauen Linien mit fetter Firnißfarbe aufgedruckt wird. Die freibleibende Lackschicht wird gelb gefärbt; hierauf wird senkrecht zu den ersten blauen, die halbe Fläche bedeckenden parallelen Linien ein zweites System blauer Linien aufgedruckt. Schließlich werden die von der Firnißschicht freigebliebenen Stellen rot gefärbt.

Nach dem KRAYNschen *D. R. P.* 221 727 wurde der Film der DEUTSCHEN FARBRASTERFILM GES. erzeugt, dessen Raster durch wiederholten Aufdruck von Fettfarbenlinien auf einen mit einer dünnen Gelatineschicht versehenen Film, Anfärbung der ungeschützten Stellen mit wässerigen Farbstofflösungen, Fixierung mittels Eisenchlorid und Entfernung der Fettfarbe mittels Terpentin hergestellt wird.

Zu den Linienrasterplatten gehört DUFAYS Dioptichromplatte, deren Raster durch eine Gelatineschicht mit parallel gefärbten Linien gebildet wird, ferner die WARNER-POWRIE-Platte. Nach dem gleichen Verfahren ist die von C. BAKER neuerdings auf den Markt gebrachte Duplexplatte hergestellt (Brit. Journ. Phot.; Col. Supl. 1926, 22).

Nach dem Verfahren der FINLAY PHOTOGRAPHIC PROCESSES LTD., die Rasterplatten mit regelmäßig angeordneten, rechteckigen Filterelementen nach den Patenten C. FINLAYs herstellt — ursprünglich wurden diese als PAGET-Platten in den Handel gebracht —, erfolgt die Aufnahme hinter dem vorgeschalteten Aufnahmeraster auf einer panchromatischen Platte. Das hiervon angefertigte Diapositiv wird mit dem etwas anders angefärbten Betrachtungsraster, welcher jedoch geometrisch mit dem Aufnahmeraster kongruent ist, zur Deckung gebracht.

Die Rasterverfahren finden nur Anwendung zur Herstellung von Durchsichtsbildern. Ihrer Verwendung für Papieraufsichtsbilder steht die geringe Transparenz der Raster, die an den silberfreien Stellen durchschnittlich 15% beträgt, entgegen. Bei der Aufsicht tritt das Licht 2mal durch den Raster, es werden also höchstens 2–3% der eingestrahlten Lichtmenge zurückgestrahlt. Die nur von dem Raster bedeckte Fläche muß demnach bereits grau erscheinen. Die Verringerung der Anfärbungstiefe führt, soweit sie im Hinblick auf die Farbselektion überhaupt zulässig ist, kaum zu einer wesentlichen Verbesserung.

In neuester Zeit kündigt PILLER Papierrasterbilder an. Die Aufnahme erfolgt hinter einem nicht fest mit der Platte vereinigten Linienraster. Man entwickelt zum Negativ und kopiert dieses auf eine orthochromatische Emulsion, die auf einen auf Papier gedruckten Linienraster gegossen ist, der, da er nur zur Betrachtung, nicht aber zur Farbenselektion dient, dünne Farben enthalten kann. Die Schwierigkeit liegt im einwandfreien Zurdeckungbringen des Negativs mit dem Papierraster.

Sehr vielseitig ist die Verwendung der additiven Verfahren in der Kinematographie.

Das Kinemacolorverfahren nach G. A. SMITH (*D. R. P.* 200 128) bedient sich bei Aufnahme und Wiedergabe einer vor dem Objektiv rotierenden Scheibe, die einen Rot- und Grünsektor und dazwischen jeweils einen undurchsichtigen Sektor aufweist. Bei der Wiedergabe treten infolge zeitlicher Parallaxe an den bewegten

Stellen des Objektivs Farbsäume auf; außerdem tritt, wie bei allen Methoden, bei welchen die einzelnen Teilbilder nacheinander projiziert werden, sehr rasch eine Ermüdung der Augen ein (Flimmern). Zu deren Vermeidung wäre eine Frequenz von 60 Bildern in der Sekunde nötig, die jedoch weder bei der Aufnahme noch bei der Projektion im Hinblick auf die mechanischen Eigenschaften des Films zulässig ist.

Nach dem Verfahren der EMIL BUSCH A.-G. (Kinotechnik **1926**, 386 und **1929**, 99) werden diese Nachteile vermieden. Die Aufnahme erfolgt mittels einer strahlungsteilenden Optik in der Weise, daß die beiden verkleinerten Teilbilder mittels halbspiegelnder Prismenflächen in einem normalen Bildfeld in Hochkantstellung nebeneinander gleichzeitig erzeugt werden. Bei der Projektion werden die beiden Teilbilder mit Hilfe eines Vorsatzprismensystems aufgerichtet und aufeinander projiziert. Das Verfahren findet besonders für medizinische Aufnahmen Verwendung.

Nach einem besonderen Rasterverfahren arbeitet das Kodacolorverfahren von EASTMAN KODAK (Brit. Journ. Phot.; Col. Supl. **1928**, 34). Es handelt sich um einen regelmäßigen Dreifarbenlinienraster, der auf optischem Wege nach einem von R. BERTHON (*D. R. P.* 223 236) angegebenen Prinzip, das später von KELLER-DORIAN (Soc. Techn. Phot. **3**, 12 [1923]) weiter ausgebildet wurde, zustande kommt. Im Gegensatz

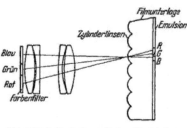

Abb. 140. Aufnahme nach dem Kodacolor-verfahren.

zu den sonstigen Rasterverfahren ist der Raster selbst, welcher am Film angebracht ist, hier nicht aus farbigen Teilelementen zusammengesetzt, sondern die Farben entstehen optisch durch Zusammenwirken eines vor dem Objektiv angeordneten Mehrfarbenfilters mit dem farblosen Linsenraster des Films. Die Rückseite des mit einer panchromatischen Emulsion beschichteten Films ist mit eng aneinanderstoßenden, etwa 0,05 *mm* breiten Zylinderlinsen bedeckt, deren Brennweite gleich der Filmdicke ist. Sie werden mit Hilfe von geriffelten Walzen in den plastisch gemachten Film eingeprägt. Durch die Zylinderlinsen wird ein Farbenfilter, das sich in der Blendenebene des Objektivs oder außerhalb seiner befindet und aus Filterstreifen in den 3 Grundfarben besteht, zugleich mit dem Objekt in der lichtempfindlichen Schicht abgebildet (Abb. 140). Die Belichtung erfolgt wie bei allen Rasterverfahren durch den Raster hindurch. Wenn die Filterstreifen parallel zu der Prägung angeordnet sind, so werden hinter jedem Linsenelement die aneinanderstoßenden Einzelbilder der Filterstreifen in einer Breite von etwa 0,015 *mm* abgebildet, die demnach den Dimensionen der Filterelemente der früher besprochenen Rasterverfahren entsprechen und wie diese bei der Aufnahme wirken. Durch Umkehrentwicklung erhält man ein Positiv, das bei der Projektion mittels einer der Aufnahmeoptik analogen Projektionsoptik, die ebenfalls mit einem Streifenfilter ausgestattet ist, ein Bild in den natürlichen Farben ergibt. Der Nachteil des an sich sehr eleganten Verfahrens liegt, wie bei allen additiven Verfahren, in der geringen Helligkeit des projizierten Bildes. Für das Kopieren, das bei diesem Verfahren besonders schwierig ist, sind eine Reihe von Verfahren patentiert worden (vgl. J. EGGERT und H. MEDIGER, *Ztschr. angew. Chem.* **1929**, 701 ff.).

Die Farbenrasterverfahren mit unregelmäßigem Rasterkorn sind für die Kinematographie nicht verwendbar, da durch die sprunghafte Änderung der Lage der einzelnen Rasterteilchen oder ihrer Aggregierungen dem Bilde eine unerträgliche Unruhe mitgeteilt wird.

Farbenwiedergabe mit subtraktiver Farbensynthese. Im Gegensatz zu den vorerwähnten Verfahren eignet sich die subtraktive Synthese sowohl für Durchsichts- wie für Aufsichtsbilder. Die Übereinanderschichtung der einzelnen nach dem Pigmentgelatineverfahren hergestellten Teilbilder, die erstmalig L. DUCOS DU

HAURON anwandte, führt zu brauchbaren Aufsichtsbildern, während sie für Projektions-
bilder weniger geeignet ist.

Eine Abart des Pigmentverfahrens bildet der besonders in England geübte
Carbrodruck, auch Raydex-Prozeß genannt (J. BRAND, Brit. Journ. Phot.; Col.
Supl. **1914**, 5, 8), wonach Pigmentgelatineschichten, die mit einer Lösung von
Kaliumbichromat, Kaliumferricyanid und Kaliumbromid (Bleichgerbebad) getränkt
sind, mit Bromsilberkopien der Teilnegative zusammengequetscht werden, wobei
die Pigmentgelatineschichten entsprechend der Silberdichte gehärtet und in warmem
Wasser zu Reliefs entwickelt werden. An Stelle der Pigmentgelatine kann auch mit
transparenten Farben versetzte Gelatine verwendet werden. Die Einzelbilder werden
auf dieselbe Unterlage übertragen.

Weniger umständlich ist die Diachromie von TRAUBE (TRAUBE, Phot. Korr.
1908, 276). Danach wird das Silber der Teildiapositive mittels Jodjodkaliumlösung
in Jodsilber übergeführt, das mit gewissen basischen Farbstoffen (z. B. Methylenblau, Auramingelb, Rhodamin B) leicht anfärbbar ist. Zur Betrachtung oder Projektion werden die Einzelbilder aufeinandergelegt.

Transparentere Bilder liefert die Uvachromie, die ebenfalls von TRAUBE ausgearbeitet wurde. Hierbei wird das Silber mittels Kupfersulfats und Ferricyankaliums
in ein Ferricyanid des Silbers und Kupfers übergeführt, das als kräftige Beize für
basische Farbstoffe bekannt ist. Es genügen sehr dünne Silberbilder, so daß transparente, intensiv gefärbte Farbbilder entstehen. Geeignete Farbstoffe sind Diazinblau,
Pyroninrot und Acridingelb (J. M. EDER, Handbuch IV, 2).

<small>Nach J. H. CHRISTENSEN (E. GRAUAUG, Phot. Korr. 60, 7 [1924]) wird das Silber in ein
Rhodanid des Silbers und Kupfers umgewandelt, das besonders transparente Bilder ergibt.</small>

Die früher erwähnte COLOUR PHOTOGRAPHS LTD. stellt die farbigen Teilbilder
in Cellophanfolien (Bd. **III**, 157) her, die in nassem Zustande aufeinandergepaßt
und so getrocknet werden. Das blaue Teilbild wird mit Hilfe des Eisenblau-
verfahrens, das rote mit Alloxanverbindungen das gelbe mit Silberlactat erzeugt
(Brit. Journ. Phot.; Col. Supl. **1928**, 44, und **1931**, 5).

Die bisher beschriebenen Methoden liefern getrennte Teilbilder, die durch
Aufeinanderquetschen oder -legen zu einem Farbenbild vereinigt werden. Dagegen
wird bei den folgenden Absaugeverfahren das farbige Bild in einer Schicht
erzeugt.

Nach der von DIDIER (*F. P.* 337 054) angegebenen und von E. KÖNIG weiter
ausgearbeiteten Pinatypie werden von den Teilnegativen Diapositive hergestellt,
die auf Bichromatgelatineschichten kopiert werden. Man erhält durch Wässern
Quellreliefs, die in den entsprechenden Pinatypiefarbstofflösungen [*Agfa* (*I. G.*)]
gebadet werden, wobei nur die vom Licht nicht getroffenen Stellen den Farbstoff
annehmen. Die angefärbten Quellreliefs werden nacheinander auf ein und dieselbe
Gelatineschicht, die für die Aufsichtsbilder auf Papier, für Durchsichtsbilder auf
Film oder Glas aufgebracht ist, aufgequetscht. Hierbei werden die Farbstoffe von
der Gelatineschicht entsprechend ihrer Intensität abgesaugt, wodurch ein völlig
transparentes farbiges Bild entsteht. Eine genaue Beschreibung des Verfahrens befindet sich in EDERS Handb. d. Photographie IV, 2, Photographie mit Pigment-
schichten, sowie im Pina-Handbuch der *Agfa* (*I. G.*).

<small>Von den Gelatinesilberbildern (Negativen) gelangt man zu direkt anfärbbaren Quellreliefs durch
Behandlung mit einer Bleichgerbelösung (W. WEISSERMEL. Phot. Rundschau 1912, 263).</small>

Bei dem Auswaschreliefverfahren erfolgt die Herstellung der Druckmatrizen
durch direktes Kopieren der Teilnegative auf Bichromatgelatine- oder Silberhalogenid-
schichten, wobei die Belichtung durch den Schichtträger hindurch erfolgen muß.
Im ersten Fall wird sofort mit heißem Wasser ausgewaschen, wodurch ein Gelatine-
auswaschrelief nach Art des Pigmentdruckes gebildet wird, das nach Anfärbung
mit geeigneten Farbstoffen absaugfähig ist (E. SANGER-SPEPHARD u. BARTLETT,

D. R. P. 161519). Im zweiten Fall wird entweder mit gerbenden Entwicklern, z. B. Pyrogallol-Ammoniak (erstmalig von L. WARNECKE 1881 beschrieben, vgl. auch das KOPPMAN-Verfahren [Phot. Ind. **1922**, 357; **1923**, 321]), entwickelt, wodurch an den Bildstellen die Gelatine entsprechend der Belichtung direkt gehärtet wird, oder man behandelt gemäß den Angaben E. H. FARMERS das Silberbild nach der Entwicklung mit einer Kaliumbichromatlösung, wodurch die Härtung der Gelatineschicht entsprechend dem Silberniederschlag herbeigeführt wird. Das Auswaschen der löslich gebliebenen Gelatine und die weitere Verarbeitung zur Druckmatrize erfolgt wie im ersten Fall. Nach diesem Verfahren arbeitet die COLOUR SNAPSHOT LTD., verwendet jedoch optisch kopierte Druckmatrizen.

Die auf der Lichtempfindlichkeit organischer Verbindungen (Leukobasen, Diazoanhydride u. s. w.) beruhenden Verfahren zur Herstellung farbiger Bilder wurden für die Mehrfarbenphotographie ebenfalls vorgeschlagen, fanden jedoch bisher keinen Eingang in die Praxis, wohl werden sie aber zur Herstellung von Lichtpauspapieren (s. Bd. VIII, 465) benutzt.

In der Kinematographie haben die subtraktiven Verfahren infolge der guten Lichtausbeute erhebliche Bedeutung gewonnen und werden in verschiedenen Kombinationen angewendet. Die Mehrzahl sind Zweifarbenverfahren.

Nach dem Kodachromverfahren von J. G. CAPSTAFF (*D. R. P.* 297802; The American Annual of Photography 1930) werden mit Hilfe einer strahlenteilenden Optik Zweifarbenauszüge auf panchromatischem Film gleichzeitig hergestellt und hiervon Positive gedruckt, die auf die beiden Seiten eines doppelseitig beschichteten Films mit genauer Konturendeckung kopiert werden. Die erhaltenen Duplikatnegative werden in einem Bleichgerbebad gebleicht, wobei die Gelatineschicht je nach dem Silberniederschlag gehärtet wird. Die beiden Seiten des Films werden nun in zu den Aufnahmefiltern komplementären Farben angefärbt (Pinatypiefarbstoffe), wobei lediglich die ungehärteten Stellen die Farbe annehmen, so daß ein transparentes farbiges Positiv entsteht.

Sehr groß ist die Zahl derjenigen Verfahren, bei welchen die Farbenauszüge auf einem Filmstreifen mittels strahlenteilender Optik untereinander hergestellt und dann in optischen Kopierapparaten auf die beiden Seiten eines doppeltbeschichteten Positivfilms gleichzeitig kopiert werden. Die Silberbilder werden in Beizfarbenbilder übergeführt. In dieser Weise sind die Farbenfilme der SIRIUS-KLEUREN-FILM-MAATSCHAPPIJ, der POLYCHROMIDE LTD., der PHOTOCOLOR-CORPORATION u. a. hergestellt (Kinotechnik **1928**, 562; Phot. Ind. **1927**, 1285).

Nach dem Verfahren der ZOECHROME LTD. werden die Teilfarbennegative nacheinander auf denselben Film kopiert, auf den vor jedesmaligem Kopieren eine neue Emulsionsschicht aufgetragen wird, die nachher in den entsprechenden Farben eingefärbt wird (Kinemat. Weekly **1929**, 145, 69).

Das Splendicolorverfahren (Brit. Journ. Phot.; Col. Supl. **1929**, 31) ist ein Dreifarbenverfahren. Zwei Teilnegative werden mittels strahlenteilender Optik, das dritte, das für das Gelbbild verwendet wird, durch ein separat angeordnetes Objektiv erzeugt. Die auftretende räumliche Parallaxe stört in diesem Falle weniger, weil die Konturen des Gelbbildes nicht so deutlich hervortreten. Kopiert wird auf einen Film, der auf der einen Seite eine Emulsionsschicht, auf der anderen eine Gelatineschicht trägt. Das Silberbild der Emulsionsschicht wird mittels Eisenblautonung blaugrün getont; hierauf werden beide Schichten mit Kaliumbichromat sensibilisiert, auf die eine das Purpurbild, auf die andere das Gelbbild mittels der entsprechenden Positive registerrichtig kopiert, ausgewaschen und mit Pinatypiefarbstoffen angefärbt.

Bei dem Multicolorverfahren (Kinotechnik **1929**, 579) erfolgt die Aufnahme auf 2 mit der Schicht aufeinanderliegenden Filmen gleichzeitig in einem Apparat mit normaler Optik (Zweipack). Der vordere Film ist orthochromatisch sensibilisiert und trägt auf seiner Oberfläche eine orange gefärbte Gelatineschicht, die als Filter für den darunterliegenden panchromatischen Film dient. Die Teilauszüge werden

auf einem doppelseitig beschichteten Film registerrichtig kopiert; das eine Silberbild wird durch Tonung in ein Eisenblaubad übergeführt, das andere durch Beizverstärker in ein Orangebild umgewandelt (Brit. Journ. Phot.; Col. Supl. 1931, 15).

Das TECHNICOLOR-Verfahren, nach welchem gegenwärtig die meisten Farbenfilme hergestellt werden, bedient sich zur Aufnahme einer strahlenteilenden Optik
(A. P. 1 280 667 von D. F. COMSTOCK). Das Positivverfahren ist auf einem Absaugeverfahren von Gelatineauswaschreliefs aufgebaut (Filmtechnik 1926, 369). Die verwendeten Farbstoffe werden durch Fällung mit Albumin einer besonderen Reinigung
unterzogen (Kinotechnik 1929, 132). Zur Zeit arbeitet TECHNICOLOR nach dem Zwei-
farbenprinzip.

Der Vollständigkeit halber sei hier noch das PATHÉ-Verfahren, obwohl es eigentlich kein rein
photographisches Verfahren ist, erwähnt (Phot. Ind. 1925, 367), nach welchem der Positivfilm mittels
Schablonen, die aus anderen Positiven mit Hilfe besonderer Schneideeinrichtungen hergestellt werden,
und eines Farbwerkes koloriert wird.

Interferenz-Verfahren. Eine interessante und physikalisch einwandfreie
Lösung des Problems der photographischen Farbenwiedergabe ist das LIPPMANN-
Verfahren. Dieses beruht nach den Untersuchungen ZENKERS und O. WIENERS
darauf, daß das von einem Spiegel reflektierte Licht mit dem direkt einstrahlenden
Licht durch Interferenz stehende Wellen erzeugt, welche an den Orten ihrer Schwin-
gungsmaxima leuchten und an diesen Stellen chemische Wirkungen auszuüben
imstande sind, während an den Knotenpunkten Dunkelheit herrscht, die eine
chemische Veränderung an diesen Stellen nicht auslösen kann. Der Abstand zweier
Wirkungszentren entspricht der halben Wellenlänge des einstrahlenden Lichtes.
Wird nach dem Vorgang LIPPMANNS eine kornlose, nahezu durchsichtige Bromsilberschicht mit einer spiegelnden Quecksilberschicht in innigen Kontakt gebracht und mittels Lichtes wohldefinierter Wellenlänge, etwa eines Spektrums,
belichtet, so werden jeweils in Abständen von halben Wellenlängen Bromsilber-
reduktionen erzeugt, die durch die Entwicklung in dünne Silberspiegel übergeführt
werden. Das tatsächliche Vorhandensein derartiger übereinander angeordneter Silber-
lamellen in LIPPMANNschen Photochromien wurde durch NEUHAUS mikroskopisch
nachgewiesen. Bei der Reflexion von weißem Licht an diesen Lamellensäulen wird
nun von jeder Säule das Licht derjenigen Wellenlänge ungeschwächt zurückgestrahlt,
die gleich dem doppelten Abstand zweier Lamellen, also gleich demjenigen des
ursprünglichen Lichtes ist, während das Licht anderer Wellenlängen durch Interferenz geschwächt bzw. ganz vernichtet wird. Nach WIENER sind hierzu mindestens
10 Lamellenschichten notwendig. Tatsächlich ist deren Zahl erheblich größer, so
daß ausgezeichnete Farbenselektion möglich ist. Nach den Untersuchungen von
ARON (Ztschr. wiss. Photogr. 1915, 15) ist es beispielsweise möglich, die Wiedergabe des Quecksilberliniendubletts (5790 und 5799 Å) spektral in 2 getrennte Linien
aufzulösen. Da das bei der Aufnahme entstehende Silberbild als Aufsichtsbild betrachtet wird, gelangt man direkt zu einem farbigen Positiv.

Für die Aufnahmen bedient man sich zweckmäßig der von H. LEHMANN angegebenen und
von CARL ZEISS, Jena, gebauten Apparate, Filter und Kassetten. Die Anfertigung geeigneter Emulsionen beschrieb E. VALENTA (Phot. Korr. 1893, 577; 1894, 169), A. und L. LUMIÈRE (Bull. soc.
franç. Phot. 1893, 249) und R. JAHR (Phot. Ind. 1925, 1013). Brauchbare Platten werden von den
Firmen R. JAHR, Dresden, KRANSEDER & CO., München, und EASTMAN KODAK, Rochester, in den
Handel gebracht. Die Entwicklung erfolgt nach E. VALENTA (s. Literatur) in einem Pyrogallol-
Ammoniakentwickler, das Fixieren in einem Cyankaliumbade. Einflüsse, durch welche der Lamellen-
abstand geändert wird, bedingen auch eine Änderung der Farbenwiedergabe; so tritt beispiels-
weise bereits durch Veränderung des Feuchtigkeitsgehalts der Gelatineschicht eine Verschiebung der
Farbtöne ein.

Die Betrachtung der rückseitig geschwärzten Platte erfolgt bei schräger Beleuchtung, um
das von der Oberfläche direkt reflektierte Licht möglichst auszuschalten, in einer mit Benzol gefüllten
Küvette oder nach Aufkitten eines Prismas mit einem brechenden Winkel von 10⁰ auf die Bildschicht.
Bequeme Betrachtungsapparate liefert CARL ZEISS, Jena, desgleichen Vorrichtungen, um mittels gewöhnlicher Projektionsapparate Photochromien nach LIPPMANN vorzuführen.

Durch die allgemeine Verbreitung des Rasterverfahrens hat das LIPPMANN-Verfahren an Interesse
verloren; für bestimmte Zwecke, Aufnahmen von Spektren u. dgl., wo es sich um Wiedergabe mono-
chromatischer Lichter handelt, ist es jedoch bisher unerreicht geblieben.

Die praktisch ausgeübten farbenphotographischen Verfahren lassen sich übersichtlich folgendermaßen zusammenfassen:

A. Aufnahmeverfahren. Herstellung von Teilauszügen: 1. durch aufeinanderfolgende Aufnahmen von stillstehenden Objekten bei entsprechendem Filterwechsel; 2. durch gleichzeitig erfolgende Aufnahmen mit Hilfe strahlenteilender Optik und entsprechender Filter; 3. durch einmalige Aufnahme auf einem Material, das durch nebeneinander liegende kleinste Farbenfilter gerastert ist. Der Farbraster kann bestehen aus: *a)* körperlichen Filterelementen (Korn- und Linienraster), *b)* optisch erzeugten Filterelementen (Linsenraster); 4. durch gleichzeitige Belichtung mehrerer hintereinander liegender Schichten, die für besondere Spektralbereiche sensibilisiert und mit entsprechenden Filtern versehen sind (Zwei- und Dreipackverfahren).

B. Wiedergabeverfahren. I. Nach der additiven Synthese: 1. durch Aufeinanderprojektion der mit farbigem Licht beleuchteten Teildiapositive (Dreifarbenprojektion von MIETHE); 2. mittels Farbraster (wie unter *A* 3). II. Nach der subtraktiven Synthese: Herstellung der Teilfarbenbilder: 1. nach dem Pigment- oder einem damit verwandten Verfahren; 2. nach dem Absauge- (Imbibitions-) Verfahren oder durch direkte Anfärbung: *a)* von Gelatinequellreliefs, *b)* von Gelatineauswaschreliefs; 3. durch Umwandlung von Silberbildern in Farbstoffbilder: *a)* durch chemische Tonung (Uran-, Eisenblautonung), *b)* durch Beizverstärker (Diachromie, Uvachromie).

v. Biehler.

Das Farbstoff-Ausbleichverfahren. Mit Rücksicht auf seine Verwendung zur Herstellung farbiger Aufsichtsbilder nach farbigen Diapositiven, z. B. Farbrasterplatten, sei noch das mit sonst nicht verwendeten lichtempfindlichen Körpern arbeitende Ausbleichverfahren genannt.

Das Ausbleichverfahren ist ein Auskopierverfahren. Es beruht darauf, daß lichtempfindliche (lichtunechte) Farbstoffe nur im Licht derjenigen Wellenlängen ausbleichen, die von den Farbstoffen absorbiert werden. So bleicht z. B. ein Purpurfarbstoff im grünen Licht aus, während er im roten und blauen beständig ist. Wird eine Schicht, die aus einer Mischung lichtempfindlicher Farbstoffe der Farben Gelb, Blaugrün und Purpur besteht, die also schwarz gefärbt erscheint, unter einem farbigen Diapositiv dem Licht ausgesetzt, so entsteht durch den Ausbleichvorgang ein Bild in den Farben des Diapositivs.

Die theoretischen Grundlagen dieses vom chemischen und optischen Standpunkt aus interessanten Verfahrens wurden 1895 von O. WIENER (Ann. Physik und Chemie 55, 225) ausführlich erörtert, nachdem schon einige Jahre früher LIESEGANG (Phot. Arch. 1889, 328) erstmalig auf das Prinzip des Verfahrens hingewiesen hatte. E. VALLOT (Moniteur de la photographie 1895, 328) und die GEBRÜDER LUMIÈRE (Association belge 1896, 300) stellten die ersten praktischen Versuche an. VALLOT verwandte hierzu eine Schicht aus Anilinpurpur, Viktoriablau und Curcuma, während die GEBRÜDER LUMIÈRE Cyanin, Chinolinrot und Curcuma benutzten. Ihre Versuche scheiterten jedoch an der geringen und ungleichen Empfindlichkeit der Farbstoffe und an der mangelnden Fixierbarkeit der damit erhaltenen Bilder.

Einen wesentlichen Fortschritt bedeutete WORELS (Sitzungsberichte der k. k. Akad. d. Wissensch., Wien, 13. III. 1902) Entdeckung der Sensibilisatoren für den Ausbleichprozeß. Er beobachtete, daß Anethol, Hauptbestandteil des Anisöls, den Ausbleichvorgang beschleunigt. Im gleichen Jahre fand NEUHAUS (Phot. Rundschau 1902, 1, 229; EDER, Jahrbuch der Photographie 1902, 20), daß manche Farbstoffe durch Wasserstoffperoxyd bzw. Ammoniumpersulfat „sensibilisiert" werden. Wesentlich Neues brachten die Arbeiten von SMITH, der im Thiosinamin einen erheblich stärkeren Sensibilisator entdeckte (*D. R. P.* 224 611). Auf dieser Beobachtung baute JUST weiter, der sich die Verwendung von *N*-substituierten Thiosinaminderivaten (*D. R. P.* 256 186) schützen ließ. Hierzu gehört das Diäthylthiosinamin, das auch jetzt noch für die meisten Farbstoffe als der kräftigste Sensibilisator gilt (MUDROVČIČ, Ztschr. wiss. Phot. 26, 171 [1929]). Fast ebenso wirksam ist Dimethylthiosinamin, während Dipropylthiosinamin und Dibutylthiosinamin geringere Wirksamkeit aufweisen. Substitution am Schwefel (Isothioharnstoffe) beseitigt die Wirksamkeit.

In chemischer Hinsicht war in den untersuchten Fällen der Ausbleichvorgang bei Abwesenheit von Sensibilisatoren eine Oxydation (GEBHARD, *B.* 43, 751; *Ztschr. angew. Chem.* 22, 2484; 23, 820; vgl. A. BEYER, *Chem. Ztrlb.* 1926, II, 955), bei Sensibilisierung durch Thioharnstoffe eine Reduktion (KÖGEL und STEIGMANN, Ztschr. wiss. Phot. 24, 18 [1927]). In beiden Fällen scheinen Schwellenwerte der Lichtintensität zu existieren, unterhalb deren ein Ausbleichen überhaupt nicht stattfindet.

Die Reduktion durch Thioharnstoffe im Licht geht bei manchen Farbstoffen (z. B. Thiazinen) überwiegend nur bis zur Leukoverbindung, so daß die ursprüngliche Färbung im Dunkeln durch Luftsauerstoff ganz oder teilweise wiederkehrt; meist aber findet eine weitergehende Zerstörung des Farbstoffmoleküls statt. Bei Anwendung anderer Sensibilisatoren können sich aber die gleichen Farbstoffe verschieden verhalten. So ist z. B. die Ausbleichung von Tetramethyldiamino-phenoxazoniumchlorid mit Diäthylthiosinamin reversibel, mit Thiocarbohydrazid aber irreversibel. Die Reaktionsprodukte sind in keinem Falle näher untersucht.

Farbstoffe, die für das Ausbleichverfahren geeignet sind, müssen folgende Bedingungen erfüllen: Sie müssen die richtige Nuance, d. h. richtiges Absorptionsspektrum, haben, ohne Sensibilisator lichtbeständig, in Gegenwart des Sensibilisators im Dunkeln beständig, im Licht aber von hoher Empfindlichkeit sein, farblos ausbleichen und fixierbar, d. h. vom Sensibilisator trennbar sein. Ferner werden für Dreifarbenschichten noch gleiche Empfindlichkeit, Ausbleichgeschwindigkeit und Gradation der drei nach obigen Gesichtspunkten ausgewählten Farbstoffe verlangt.

Sensibilisierbare Farbstoffe findet man außer bei den weniger geeigneten Alizarinfarbstoffen, Triphenylmethanfarbstoffen und sauren Fluoresceinderivaten besonders in den Klassen solcher Farbstoffe, die vierwertigen Sauerstoff (Oxazine, Blütenfarbstoffe, Carboxoniumfarbstoffe (*D. R. P.* 503 314 der *I. G.*), Schwefel, Selen (Thiazine, Thiopyronine, Selenopyronine, *D. R. P.* 518 065) oder fünfwertigen Stickstoff (Flavinduline, Rosinduline, Safranine und, weniger empfindlich, Acridiniumfarbstoffe) in ringförmiger Bindung enthalten. Auch die entsprechenden sauren Farbstoffe dieser Gruppen (Rosindulinsulfosäuren, Sulfosäuren der Oxazine) sind gut sensibilisierbar. Erwähnt seien noch die Fulgide von STOBBE (*A.* 359, 1; *Ztschr. Elektrochem.* 14, 473 [1908]), deren Lichtoxydationsprodukte genau untersucht sind und die im Gegensatz zu dem Obigen durch oxydierend wirkende Körper, wie Nitrobenzol, Kollodium, sensibilisiert werden können (*D. R. P.* 209 993). Interessante Beobachtungen über den Einfluß von Substituenten auf die Sensibilisierbarkeit von Ausbleichfarbstoffen liegen dem *D. R. P.* 500 202 der *I. G.* zugrunde.

Während man anfangs Papier (Aquarellpapier) direkt mit der Farbstofflösung tränkte, brachte man später Farbstoff und Sensibilisator in einem besonderen Bindemittel (Gelatine, Kollodium) auf Papier auf. SZCZEPANIK ließ sich (*D. R. P.* 146 785 und 148 293) Ausbleichschichten schützen, in denen die drei Farbstoffe entweder in Form eines Rasters nebeneinander oder in drei Schichten übereinander angeordnet sind. Dies geschieht, um eine gegenseitige Beeinflussung der Farbstoffe zu vermeiden, bzw. um die Farbstoffe durch verschiedene Sensibilisatoren aufeinander abzustimmen (s. auch MUDROVČIČ, l. c.).

Die Fixierverfahren für Ausbleichschichten beruhen entweder auf einer Zerstörung des Sensibilisators (*D. R. P.* 262 492, 506 100) oder auf einem Herauslösen des Sensibilisators aus der Schicht. Die Schwierigkeit, dies ohne Farbstoffverlust zu bewerkstelligen, vermeidet man (*D. R. P.* 498 028) durch Verwendung von Bindemittelgemischen besonderer Zusammensetzung. Für das Fixieren basischer Farbstoffe wird von WENDT und BINCER Natriumborfluorid vorgeschlagen (*D. R. P.* 497 946), da die Farbstoffsalze der Borfluorwasserstoffsäure besonders in Wasser und bei Gegenwart von etwas Borfluoridüberschuß unlöslich sind. Außerdem sind die üblichen Mittel, die Farbstoffe selbst lichtechter zu machen, wie Kupfersulfat, Tannin, Brechweinstein, herangezogen worden.

SMITH brachte 1905 ein zweischichtiges Ausbleichpapier unter dem Namen Utopapier in den Handel. Die grüne Kollodiumschicht war mit Anethol sensibilisiert, während die rote (Erythrosin) Gelatineschicht vom Verbraucher durch Wasserstoffsuperoxyd sensibilisiert werden mußte. Einige Jahre später erschien eine Utocolorpapier genannte verbesserte Art des SMITHschen Papiers (LIMMER, Phot. Ind. **1910**, 954). Dieses einschichtige Papier war wahrscheinlich mit Thiosinamin sensibilisiert. Die Angaben über die Brauchbarkeit des Papiers gehen sehr auseinander, jedenfalls scheint es den praktischen Anforderungen nicht genügt zu haben, da es sich nicht auf dem Markt behaupten konnte. SZCZEPANIK gibt (*D. R. P.* 149 627) ein interessantes Verfahren zur Herstellung von farbigen Bildern an, nach dem von Teilnegativen hergestellte Teilpositive unter entsprechenden Filtern nacheinander auf Dreifarbenausbleichpapier kopiert werden.

Wendt.

Tonfilmverfahren. In neuester Zeit hat als besonderer Zweig der Kine-matographie die Schallaufzeichnung erhöhte Bedeutung erlangt. Das sämtlichen Verfahren der Schallaufzeichnung zugrunde liegende Prinzip ist folgendes:

Durch die Schallwellen wird ein Mikrophon in Schwingungen versetzt, welches im gleichen Rhythmus elektrische Stromstöße veranlaßt, die einen Licht-strahl entweder in seiner Intensität oder in seiner Breite beeinflussen. Auf einem im Wege dieses Lichtstrahls angeordneten und gleichmäßig fortgeschalteten kine-matographischen Film entstehen im ersten Fall gleich breite, aber verschieden starke und verschieden dichte Streifen (Intensitäts- oder Dichte-Schrift), im zweiten Fall gleich dichte, aber verschieden breite Schwärzungen (Transversal-Schrift). Bei der Wiedergabe wird der so aufgenommene Film von der einen Seite von einer konstanten Lichtquelle durchleuchtet, während auf der gegenüberliegenden Seite eine lichtelektrische Zelle angeordnet ist. Je nach der wechselnden Dichte oder Breite der Schwärzung des Films erhält dieses Organ dabei eine stärkere oder geringere Belichtung und beeinflußt seinerseits in entsprechender Weise einen elektrischen Stromkreis und die von diesem gesteuerte Schallwiedergabevorrichtung.

Im Prinzip geht die Schallaufzeichnung auf Film auf RUHMER (Phys. Ztschr. [2] 34, 498 [1900/1]) zurück, der bereits im Jahre 1900 Schallaufzeichnungen in Dichte-Schrift herstellte, ohne daß sein Verfahren Bedeutung gewinnen konnte. Im Jahre 1916 stellte v. MIHALY in Ungarn die ersten Ton-aufnahmen auf dem Rande des Bildfilms, und zwar ebenfalls in Dichte-Schrift, her. 1923 wurde erstmalig ein Triergon-Film von VOGT, ENGL und MASOLLE (Phot. Ind. 1922, 922) vorgeführt. Eine Transversal-Tonaufzeichnung, bei der außerdem die Dichte der Schwärzung verändert wird, schlägt "KÜCHENMEISTERS Internationale Maatschappij voor sprekende Films" vor (F. P. 684 336). Ein bereits 1902 von POETZL (D. R. P. 144 595) gemachter Vorschlag, die Töne in Form einer gleich-mäßig breiten Zickzack- oder Wellenlinie aufzuzeichnen und den Wiedergabelichtstrahl durch einen quer zu dieser Aufzeichnung angeordneten Graukeil fallen zu lassen, wurde in neuerer Zeit von HORTON und der WESTERN ELECTRIC CO. wieder aufgenommen (A. P. 1 570 490). Weitere Verfahren wurden von BERGLUND (D. R. P. 241 808, 282 778, 415 879), POULSEN und PETERSEN (D. R. P. 426 998), LEE DE FOREST (D. R. P. 400 399, 405 983, 424 560, 439 205), der FOX CASE CORP. (MOVIETONE) (SPONABLE, Trans. Soc. Mot. Pict. Eng. 11, 458 [1927]), H. KÜCHENMEISTER, der KLANGFILM G. m. b. H. und dem DEUTSCHEN TONBILD SYNDIKAT (TOBIS) entwickelt. Die Verfahren unterscheiden sich, abgesehen von dem obenerwähnten Prinzip der Tonaufzeichnung, vor allem apparativ, und zwar in der Art der Steuerung des Lichtstrahles durch die Schallwellen, dem Typ der lichtelektrischen Zelle und der Lautverstärkung bei der Wiedergabe.

Bild- und Tonaufzeichnung können auf demselben Filmstreifen aufgenommen werden; doch ist es vorteilhafter, sie getrennt aufzunehmen, da dann das Material und seine Verarbeitung dem besonderen Zweck angepaßt werden kann[1]. Die AEG (Ö. P. 111 956) empfiehlt, um ein möglichst hohes Auflösungsvermögen zu erreichen, die Verwendung von besonders feinkörnigem Film zur Tonaufnahme, der aber für die Bildaufzeichnung zu unempfindlich ist; auch die Entwicklung ist getrennt vor-zunehmen. Beide Negative werden dann gemeinsam auf feinkörnigen Positivfilm kopiert (A. P. 1 756 863 [AEG], E. P. 281 615 [THE BRITISH THOMSON-HOUSTON CO.]).

Neben den eigentlichen Tonfilmverfahren stehen die sog. Nadeltonfilm-verfahren. Bei ihnen wird bei der Aufnahme der Ton nicht photographisch, son-dern in der üblichen Weise auf einer Grammophonplatte aufgenommen, welche für die Vorführung mit dem gleichzeitig aufgenommenen Bildfilm in mehr oder weniger vollkommener Weise synchronisiert wird. Solche Verfahren sind bereits in den Anfangszeiten der Kinematographie bekanntgeworden (MESSTER). Unter Synchroni-sierung versteht man eine solche Regelung der beiderseitigen Vorführungsgeschwindig-keiten, daß die zu jedem Bild gehörenden Schallvorgänge gleichzeitig mit der Pro-jektion des betreffenden Bildes wiedergegeben werden. In neuerer Zeit werden häufig Spielfilme nicht nur als Lichttonfilme, sondern gleichzeitig auch als Nadeltonfilme, d. h. als gewöhnliche Bildfilme mit zugehörigen synchronisierten Schallplatten, hergestellt.

---

[1] J. EGGERT und R. SCHMIDT, Die photographischen Erfordernisse des Tonfilms, aus: Ver-öffentlichungen des Wiss. Zentrallaboratoriums der photogr. Abteilung der *Agfa*, Bd. I, 75.

Um die Verwendung einer Grammophonplatte zu vermeiden, kann die Nadel-Tonaufzeichnung auch auf einem Filmstreifen und insbesondere auf einer der beiden Seiten des vorzuführenden Bildfilmstreifens angebracht werden. Zu diesem Zweck wird die Filmoberfläche meist durch Anwendung von Wärme oder Lösungsmitteln oberflächlich erweicht, worauf in üblicher Weise die Tonaufzeichnung in BERLINER- oder EDISON-Schrift erfolgt (z. B. PETIT, DE PINEAUD, DEDIEU, JOHNSON und FAUCON, NOLL, *A. P.* 708 828; *A. P.* 710 299; *F. P.* 514 038; *F. P.* 676 391; *D. R. P.* 363 749, 405 806).

Schließlich wurde auch vorgeschlagen, die zu einem Bildfilm gehörenden Schallvorgänge auf elektromagnetischem Wege in einem dünnen Stahldraht aufzuzeichnen. In diesem wird durch die Schallschwingungen entsprechende elektromagnetische Felder permanenter Magnetismus erzeugt, der bei der Wiedergabe in einer geeigneten Apparatur wieder elektromagnetische Felder und die entsprechenden Schallschwingungen hervorruft. Es wurde auch versucht, einen magnetisierbaren Metallstreifen in einen Celluloidfilm einzubetten (*D. R. P.* 319 575; *E. P.* 324 099). *Mediger.*

Photographie und Kinematographie in der Wissenschaft.

Die Photographie hat sich als ein außerordentlich wertvolles Hilfsmittel für die wissenschaftliche Forschung auf den verschiedensten Gebieten bewährt. Man kann mit Hilfe des photographischen Prozesses schwache Lichterscheinungen, die für das menschliche Auge entweder überhaupt nicht erkennbar oder für die Beobachtung zu lichtschwach, zu rasch vergänglich oder zu langsam verlaufend sind, über nahezu beliebig lange Zeiten aufzeichnen und summieren. Zu diesem Zweck dient die Photographie besonders in der Astronomie und der Spektralphotographie. Man kann ferner vergängliche Objekte und schnell vorübergehende Ereignisse mit Hilfe der Photographie festhalten sowie rasch verlaufende Vorgänge registrieren und auf Grund der hergestellten photographischen Aufnahmen analysieren. In diesem Sinne wird die Photographie in allen naturwissenschaftlichen Disziplinen, z. B. zur Herstellung von medizinischen und mikroskopischen Aufnahmen, verwendet.

Schnell ablaufende Vorgänge werden mit Hilfe der Zeitlupe aufgenommen, d. h. es werden in der Zeiteinheit sehr viele Einzelbilder hergestellt, die bei der Vorführung wesentlich langsamer betrachtet werden. Man hat Aufnahmeapparaturen gebaut, welche bis zu 10^6 Bilder in 1" liefern, und mit denen es gelang, Geschosse im Flug aufzunehmen[1].

Wenn es sich umgekehrt darum handelt, Veränderungen, die sehr langsam vor sich gehen, z. B. Wachstumserscheinungen von Pflanzen, so aufzunehmen, daß sie bei der Vorführung deutlich wahrnehmbar sind, so arbeitet man nach dem Zeitrafferprinzip. Man stellt dabei die Aufnahmeapparat fest vor dem aufzunehmenden Objekt auf und macht in sehr langen regelmäßigen Zeitabständen einige Aufnahmen, welche bei der Vorführung mit der üblichen Vorführungsgeschwindigkeit der Kinematographie projiziert werden und daher dem Betrachter einen deutlichen Eindruck der in Wirklichkeit infolge ihrer zeitlichen Ausdehnung kaum wahrnehmbaren Vorgänge vermittelt.

Erwähnt seien noch die zahlreichen photographischen Registrierverfahren, z. B. Oszillographie (Kardiographie), Photogrammetrie (photographische Landesvermessung). Zur Herstellung chirurgischer Lehrfilme arbeiteten v. SCHUBERT (Die Umschau 30, 210 [1926]), v. ROTHE (Kinotechnik 1921, 408) und KLAPP (Kinotechnik 1929, 99) Aufnahmeapparaturen aus, die mit den üblichen kinematographischen Apparaten keine Ähnlichkeit mehr haben. Die Kamera ist kugelig gestaltet und befindet sich oberhalb des Operationstisches an einem senkrechten Rohrstutzen, der von der Decke in den Operationsraum hineinragt. Es werden Kassetten für 600 *m* Film verwendet. In neuester Zeit wird auch das Zweifarbenverfahren von BUSCH (Photogr. Korr. 1927, 12) (vgl. S. 434) für die kinematographische Aufnahme von Operationen benutzt, da die im Schwarzweißbild schwer zu unterscheidenden Einzelheiten des Operationsfeldes im farbigen Bild sehr deutlich hervortreten. Die in dieser Weise hergestellten Filme stellen ein außerordentlich wertvolles Lehrmittel für den medizinischen Unterricht dar. *Mediger.*

Röntgenphotographie.

Ein besonderer Zweig der wissenschaftlichen Photographie ist die Röntgenphotographie, die insbesondere für medizinische Zwecke dient. Hier wirken auf die lichtempfindlichen Bromsilberschichten statt der Strahlen des sichtbaren Spektrums die Röntgenstrahlen ein. Die Röntgenstrahlen machen in ähnlicher Weise wie die Lichtstrahlen die von ihnen getroffenen Bromsilberkörner entwickelbar. Da sie jedoch im Gegensatz zu den Lichtstrahlen nicht mit Hilfe von Glaslinsen gebrochen werden können, arbeitet man bei der Röntgenphotographie ohne Objektive und kann daher nur Bilder in natürlicher Größe nach Art von Schattenbildern herstellen. Genau genommen ist also die Röntgenphotographie als ein Kopierverfahren anzusehen. Der Aufnahmegegenstand, z. B. der menschliche Körper, besteht aus Teilen, welche sich durch ihre verschiedene Durchlässigkeit für Röntgenstrahlen auszeichnen. Während die Weichteile die Röntgenstrahlen nahezu ungeschwächt durchtreten lassen, schirmen die Knochenteile die Röntgenstrahlen mehr oder weniger ab. Wenn man nun eine Röntgenröhre auf einen Körperteil richtet und hinter diesem Körperteil in Richtung der Röntgenstrahlen eine lichtempfindliche Schicht anordnet, so gelangen die Röntgenstrahlen nicht

---

[1] CRANZ und GLATZEL, Verhandl. Dtsch. physikal. Ges. 1912, 525; B. GLATZEL, Elektrische Methoden der Momentphotographie. Braunschweig 1916; ABRAHAM und BULL, British Journ. of Phot. 1920, 541; Phot. Ind. 1920, 482.

über die ganze Fläche der lichtempfindlichen Schicht gleichmäßig zur Einwirkung, sondern sie erzeugen an den Stellen, wo sie durch die für Röntgenstrahlen undurchlässigen Teile abgeschirmt werden, nur eine sehr geringe oder überhaupt keine Schwärzung. Man erhält so eine Kopie des betreffenden Körperteiles in natürlicher Größe (oder in ganz schwacher Vergrößerung), in welcher die geschwärzten Teile den für Röntgenstrahlen durchlässigen, die nicht geschwärzten Teile den für Röntgenstrahlen undurchlässigen Teilen entsprechen.

Die Einwirkung der Röntgenstrahlen auf die photographische Schicht entspricht nicht völlig derjenigen der Lichtstrahlen. Die Empfindlichkeit einer Schicht gegenüber Lichtstrahlen ist keineswegs immer derjenigen gegenüber Röntgenstrahlen gleich. Ein weiterer Unterschied zwischen den beiden Strahlengattungen besteht hinsichtlich ihrer Absorption in der photographischen Schicht. Während die Lichtstrahlen nur wenige hintereinander angeordnete Emulsionsschichten zu durchdringen vermögen, wirken die Röntgenstrahlen erheblich mehr in die Tiefe. Während eine einzelne von den Lichtstrahlen getroffene Emulsionsschicht die größte Menge der Silberkörner nur in der Nähe der Schichtoberfläche enthält, sind bei einer von Röntgenstrahlen beeinflußten Emulsionsschicht die Silberkörner gleichmäßig durch die ganze Schichtdicke verteilt. Mit Rücksicht auf diese Besonderheit der Röntgenstrahlen wurde für die Röntgenphotographie ein besonderer Typ von photographischem Material entwickelt, nämlich der auf beiden Seiten mit einer stark silberhaltigen Emulsion beschichtete Doppelfilm. Bei gleicher Exposition zeigt der Doppelfilm gegenüber einem nur einseitig beschichteten Film in der Durchsicht einen doppelt so starken Kontrast, welcher durch die Verwendung besonders silberreicher Emulsionen noch weiter verstärkt wird.

Um die durch die Röntgenstrahlen bewirkte Schwärzung zu verstärken, bedeckt man ferner die lichtempfindliche Schicht auf einer oder beiden Seiten mit sog. Verstärkungsfolien. Diese sind mit einer unter der Einwirkung der Röntgenstrahlen fluoreszierenden Substanz, z. B. Calciumwolframat, bedeckt. Bei ihrer Verwendung wird die durch die Röntgenstrahlen an sich hervorgerufene Schwärzung verstärkt durch die zusätzliche Schwärzung, welche das Fluoreszenzlicht der entsprechend der aufgefallenen Menge von Röntgenstrahlen erregten Verstärkungsfolien bewirkt. Allerdings wird durch die Folien eine gewisse Unschärfe des Bildes bedingt.

Störend wirkt bei den röntgenphotographischen Aufnahmen die sog. Streu- oder Sekundärstrahlung. An jedem Körper, der von Röntgenstrahlen getroffen wird, findet eine Streuung der Strahlen statt, die sich im Gegensatz zu der primären Strahlung nach allen Richtungen ausbreitet. Infolgedessen besitzt das photographische Schattenbild nicht die der Absorption tatsächlich entsprechenden Kontraste, sondern es ist infolge der Streustrahlung verschleiert und daher weniger kontrastreich. Die Streustrahlung ist prozentual besonders stark bei Anwendung harter Röntgenstrahlen. Um die aus dem Untersuchungskörper austretenden und eine allgemeine Verschleierung der lichtempfindlichen Schicht bewirkende Streustrahlung zu beseitigen, benutzt man die sog. Streustrahlenblenden, welche zuerst von BUCKY konstruiert wurden (D. R. P. 284 371, 376 963, 397 702). Diese Blenden bestehen aus feinen Lamellengittern aus für Röntgenstrahlen undurchlässigem Metall. Sie werden mit Hilfe von Pendelvorrichtungen od. dgl. über dem Aufnahmegegenstand hin und her bewegt. Die Blenden wirken in der Weise, daß sie die nicht in der Hauptstrahlenrichtung auftretenden Strahlen an den Wänden ihrer Lamellen abfangen.

Neuerdings findet die Röntgenphotographie auch auf dem Gebiet der Materialuntersuchung Anwendung. Zunächst handelt es sich um die Materialdurchleuchtung, bei der hochwertige Roh- oder Halbfabrikate, z. B. Edelstähle, auf Fehleinschlüsse, oder fertige Werkstücke, z. B. Zahnräder, Radachsen od. dgl., auf

Lunker, Brüche und Sprünge untersucht werden. Das Vorhandensein von Fehlern dieser Art wird auf der photographischen Schicht durch Unregelmäßigkeiten in der Schwärzung erkennbar. Diesen Prüfmethoden sind gewisse Grenzen hinsichtlich der Dicke der zu untersuchenden Schicht gesetzt, welche für Aluminium bei etwa 40 *cm*, für Stahl bei etwa 8,5 *cm*, für Kupfer bei 5,5 *cm* Dicke liegen (R. BERTHOLD, Grundlagen der technischen Röntgenstrahlung, Leipzig 1930).

Auch für die Herstellung kinematographischer Aufnahmen mit Hilfe der Röntgenstrahlen sind verschiedene Vorschläge gemacht worden, die zum Teil bereits zu ziemlich befriedigenden Ergebnissen führten. Die Schwierigkeit liegt darin, daß die Röntgenbilder stets in mindestens natürlicher Größe entstehen, und daß man daher zum Teil sehr große Formate für die Aufnahmen benötigt. In der einfachsten Form verfährt man in der Weise, daß eine Reihe von mit lichtempfindlichem photographischem Material beschickten Kassetten in rascher Folge nacheinander in die Strahlenrichtung der Röntgenröhre gebracht werden. Nach einem anderen Verfahren verwendet man als lichtempfindliches Material einen Filmstreifen von entsprechender Größe, der in der gleichen Weise wie der kinematographische Film vor der Röntgenröhre vorbeigeschaltet wird, wobei man der Verstärkungsfolie vorteilhaft die Form eines endlosen Bandes gibt, welches gleichzeitig mit dem lichtempfindlichen Film weitergeschaltet wird, um Störungen durch das Nachleuchten der Folie auszuschließen. Endlich hat man vorgeschlagen, das auf dem Verstärkungsschirm jeweils entstehende Fluoreszenzbild kinematographisch aufzunehmen. Dies hat den Vorzug, daß man mit den üblichen photographischen Objektiven, also unter Verkleinerung, arbeiten kann, da das Fluoreszenzbild sichtbare Strahlen aussendet.

STUMPF (*D. R. P.* 480 252) schlug mit seinem Kymoskop einen neuartigen Weg zur Herstellung bewegter Bilder mit Hilfe der Röntgenstrahlen vor. Bei diesem Apparat ist vor der lichtempfindlichen Schicht ein Röntgenstrahlenraster mit zahlreichen waagrechten, parallel verlaufenden Schlitzen angeordnet. Während der Aufnahme wird entweder der Raster oder die lichtempfindliche Schicht gleichmäßig um eine Schlitzbreite bewegt. Zur Wiedergabe wird das erhaltene Negativ von hinten beleuchtet und durch einen in gleicher Weise wie bei der Aufnahme hin und herbewegten Raster betrachtet. Dabei sieht man immer nur diejenigen Schlitzbilder, welche bei der Aufnahme gemeinsam registriert wurden. Um die Rastrierung weniger sichtbar werden zu lassen, kann vor das Auge des Betrachters noch ein rotierendes Würfelprisma geschaltet werden. Das Verfahren eignet sich besonders zur Untersuchung von pulsierenden Organen, z. B. Herz, Magen u. s. w.

DAUVILLIER (Fortschr. Röntgenstr. 40, 4, 638, 1929) entwickelte den Radiophot-Apparat, bei dem die aus der Fernsehtechnik bekannte NIPKOWsche Scheibe als Aufnahmeorgan benutzt wird. Die Aufnahme erfolgt dabei auf einem hinter der Scheibe vorbeigleitenden kinematographischen Film, der in der üblichen Weise fortgeschaltet wird.

Mit Rücksicht auf die gefährliche Einwirkung der Röntgenstrahlen auf den menschlichen Organismus können auch bei der kinematographischen Aufnahme nur verhältnismäßig wenig Einzelbilder hintereirander hergestellt werden. Man hilft sich damit, daß man die wenigen Einzelbilder zur Projektion in mehrfacher Wiederholung hintereinander auf einen Positivfilm kopiert, um das Bild des aufgenommenen Vorganges während einer längeren Zeitdauer betrachten zu können. *Mediger.*

Literatur: Photographie und Kinematographie allgemein: L. DAVID, Photographisches Praktikum. 4. Aufl., Halle 1929. — J. M. EDER, Ausführl. Handb. d. Photogr., 3. u. 4. bzw. 6. Aufl. — Derselbe, Jahrb. f. Photogr. u. Reproduktionstechn., 1887—1927. — Derselbe, Rezepte u. Tabellen f. Photogr. u. Reproduktionstechn. Halle 1921. — J. EGGERT und H. MEDIGER, Fortschritte in der Photographie in den letzten 10 Jahren. *Ztschr. angew. Chem.* 42, 653, 684, 700 [1929]. — C. FORCH, Der Kinematograph. Wien-Leipzig 1913. — F. W. FRERK, Der Kinoamateur. Berlin 1926. — A. HAY, Handb. d. wiss. u. angew Photogr. Bd. II, III, IV, VII, VIII, Wien 1929, 1930 u. 1931. — F. P. LIESEGANG und G. SEEBER, Handb. d. prakt. Kinematographie. Halle 1928. — F. SCHMIDT, Kompendium d. prakt. Photogr. 15. Aufl., Leipzig 1929. — H. SCHMIDT, Kinotaschenbuch. Berlin 1926. — H. W. VOGEL, Handb. d. Photogr. Neu herausgegeben von Prof. Dr. LEHMANN, Berlin. — Geschichte der Photographie und Kinematographie: J. M. EDER, Geschichte der Photographie. Ausführl. Handb. d. Photogr., 3. Aufl. I, 1, Halle 1905. — H. LEHMANN, Die Kinematographie. Leipzig u. Berlin 1919. — E. STENGER, Geschichte der Photographie. Berlin 1929. — Optisches: J. M. EDER, Die photographischen Objektive. Ausführl. Handb. d. Photogr., 3. Aufl., I, 4, Halle 1911. — A. HARTING, Die photographische Optik. Handb. d. Photogr. II, 1, Berlin 1925. — Lichtempfindliche Schichten: W. DIETERLE, Die Photographie im Infrarot. Phot. Korr. 1930, 12, 309. — J. M. EDER und LÜPPO-CRAMER, Die Grundlagen der photographischen Negativverfahren. Ausführl. Handb. d. Photogr., 3. Aufl. II, 1, Halle 1927. — J. M. EDER und F. WENTZEL, Die Fabrikation der photographischen Platten, Filme und Papiere und ihre maschinelle Verarbeitung. Ausführl. Handb. d. Photogr., 3. Aufl. III, 1, Halle 1930. — J. M. EDER, Die Photographie mit dem Kollodiumverfahren. Ausführl. Handb. d. Photogr., 3. Aufl. II, 2, Halle 1927. — Derselbe, Das Pigmentverfahren. Ausführl. Handb. d. Photogr., 4. Aufl. IV, 2, Halle 1926. — J. M. EDER und A. TRUMM, Die Lichtpausverfahren, die Platinotypie und verschiedene Kopierverfahren ohne Silbersalze. Ausführl. Handb. d. Photogr., 3. Aufl. IV, 4, Halle 1929. — R. JAHR, Die Fabrikation photographischer Trockenplatten, aus A. HAY, Handb. d. wiss. u. angew. Photogr., Bd. IV, Erzeugung und Prüfung lichtempfindlicher Schichten, Lichtquellen. — E. J. WALL, Photographic Emulsions. London 1929. — Entwicklersubstanzen,

Fixier- und Tonfixierbäder: J. M. EDER und LÜPPO-CRAMER, Die Verarbeitung der photographischen Platten, Filme und Papiere. Ausführl. Handb. d. Photogr., 6. Aufl. III, 2, Halle 1930. – Sensitometrie und Belichtungsmesser: J. M. EDER, Die Sensitometrie, photographische Photometrie und Spektrographie. Ausführl. Handb. d. Photogr., 3. Aufl. III, 4, Halle 1930. – W. B. FERGUSON, The photographic researches of F. HURTER and V. C. DRIFFIELD. London 1920. – W. GOLDBERG, Aufbau des phot. Bildes. Halle 1925. – R. H. BLOCHMANN, Die Belichtungsmesser der phot Praxis. Halle 1925. – Lichtquellen, Blitzlicht u. s. w.: M. ANDRESEN, Das Magnesium als künstliche Lichtquelle, aus A. HAY, Handb. d. wiss. u. angew. Photogr., Bd. IV, Erzeugung und Prüfung lichtempfindlicher Schichten, Lichtquellen. – J. M. EDER, Photographie bei künstlichem Licht, Spektrumphotographie, Aktinometrie und die chemischen Wirkungen d. farb. Lichtes. Ausführl. Handb. d. Photogr., 3. Aufl. I, 3, Halle 1912. – HÜBL, Die Lichtfilter. 3. Aufl., 1927. – Farbenphotographie und -kinematographie: A. HÜBL, Theorie und Praxis der Farbenphotographie. Halle 1921. – Derselbe, Die Dreifarbenphotographie. Halle 1921. – E. VALENTA, Photographie in natürlichen Farben. Halle 1912. – R. NEUHAUS, Farbenphotographie, das LIPPMANN-Verfahren. Halle 1898. – E. J. WALL. History of Three-color Photography. Boston, Mass. 1925. – Derselbe, Practical Color Photography, Boston, Mass. 1922. – Ausbleichverfahren: F. LIMMER, Das Ausbleichverfahren (Farbenanpassungsverf.). Halle 1911. – Tonfilm: J. R. CAMERON, Motion pictures with sound. Manhattan Beach 1929. – J. EGGERT und R. SCHMIDT, Photographische Erfordernisse des Tonfilms. Aus: Veröffentlichungen des wissenschaftlichen Zentrallaboratoriums der photographischen Abteilung der I. G. (Agfa), Bd. I, Leipzig 1930. – J. ENGL, Der tönende Film. Braunschweig 1927. – R. MIEHLING, Sound projection. New York 1929. – D. V. MIHALY, Der sprechende Film. Berlin 1928. – H. UMBEHR und H. WOLLENBERG, Der Tonfilm. Berlin 1930. – Technik des Spielfilms: U. GAD, Der Film. Berlin 1921. – Röntgenphotographie: J. EGGERT, Einführung in die Röntgenphotographie. 3. Aufl., Berlin 1928. – R. HERZ, Die photographischen Grundlagen des Röntgenbildes.

Mit Mitarbeitern H. ARENS, A. V. BIEHLER, M. BILTZ, W. DIETERLE, H. FRICKE, E. HEISENBERG, G. V. KUJAWA, H. MEDIGER, B. WENDT, CH. ZIPFEL. *J. Eggert.*

Photographische Papiere (Photopapiere) sind lichtempfindliche, zur Herstellung positiver Bilder von Negativen geeignete Papiere. Die meisten verdanken ihre Lichtempfindlichkeit der bekannten Lichtempfindlichkeit der Halogensilbersalze. Auch mit Eisensalzen organischer Säuren kann man lichtempfindliche Papiere herstellen; aber diese finden nicht in der Photographie, sondern fast ausnahmslos nur als Lichtpauspapiere zur Vervielfältigung von Zeichnungen Verwendung. Dasselbe gilt für die interessanten lichtempfindlichen Papiere, die unter dem Namen Diazopapiere, Ozalidpapiere u. ä. den Verbrauch von Eisenpapieren schon stark einengen. Gewisse Diazoverbindungen sind sehr lichtempfindlich, im Dunkeln aber gut beständig. Durch die Belichtung verlieren sie die Fähigkeit, mit Phenolen Farbstoffe zu bilden, und darauf baut sich die Bildgebung auf. Solche Lichtpauspapiere finden deshalb keine eigentliche photographische Verwendung, weil die Wiedergabe der Helligkeitsabstufungen – die Gradation – unbefriedigend ist und auch weil die Bildsubstanz gegen chemische Einflüsse viel weniger widerstandsfähig ist als das metallische Silber der eigentlichen photographischen Bilder. Die Salze der Chromsäure sind bei Gegenwart organischer Kolloide sehr lichtempfindlich. Die darauf beruhenden photographischen Verfahren gehören photographisch zu den vollkommensten, die man kennt. Das zugehörige Pigmentpapier findet aber fast nur noch Verwendung bei der Übertragung photographischer Bilder im Kupfertiefdruck.

Man teilt die eigentlichen Photopapiere auch heute noch in 2, übrigens nicht ganz streng getrennte Gruppen ein, in *A* die Entwicklungspapiere und *B* die Auskopierpapiere. Die ersten beruhen auf der Eigenschaft der Halogensilbersalze, durch verhältnismäßig geringe Lichtmengen so beeinflußt zu werden, daß sie bei der Behandlung mit gewissen, milden Reduktionsmitteln, den sog. Entwicklern, nur nach Maßgabe dieser Lichtmengen zu metallischem Silber reduziert werden. Bei den Auskopierpapieren wird dagegen die Eigenschaft der Halogensilbersalze, insbesondere des Chlorsilbers, bei Gegenwart von Acceptoren unter dem Einfluß des Lichts unmittelbar dunkel gefärbtes Silber auszuscheiden, zur Bildgestaltung benutzt (s. Photographie, Bd. **VIII**, 392).

Die Fabrikation der Photopapiere zerfällt in 2 durchaus verschiedene technische Prozesse, die in den meisten Fällen ihrer Verschiedenheit wegen auch räumlich und geschäftlich völlig getrennt ausgeführt werden, in die Herstellung der Papierunterlage und in die Aufbringung der lichtempfindlichen Schicht mit Einschluß der Ausrüstung des fertigen, lichtempfindlichen Papiers.

Rohpapierfabrikation. Diese ist eine Form der Papierherstellung und unter Papier, Bd. VIII, 261, ausführlich beschrieben. Es soll deshalb nur die Rohpapierfabrikation kurz in Parallele zur Feinpapierherstellung gesetzt und auf ihre Besonderheiten hingewiesen werden. Die stoffliche Zusammensetzur.g der Photorohpapiere ist eine ähnliche wie die der Zeichenpapiere oder feiner Schreibpapiere. Wie bei diesen schwankt sie nach dem Verwendungszweck erheblich. Gute Sulfitzellstoffe, u. zw. Nadelholzzellstoffe, sind heute das Hauptmaterial; daneben finden in geringerem Umfang auch Aspenholzzellstoff und Strohzellstoff Verwendung. Nur die feineren Sorten, die sog. Ia-Rohpapiere, bestehen noch in der Hauptsache aus Hadern, u. zw. sowohl aus Leinenwie aus Baumwollhadern, während bei den Rohpapieren für die Massenphotographie, für Ansichtspostkarten und für technische Zwecke der Gehalt an Hadern gering ist oder ganz fehlt. Die Leimung ist Harzleimung, jedoch unter Zugabe von viel Stärke, um die Papiere dicht zu machen. Außerdem haben fast alle Photorohpapiere noch eine Außenleimung mit tierischem Leim, die übrigens auch bei anderen Feinpapieren vorkommt. Die Außenleimung kann nicht unmittelbar auf der Papiermaschine vorgenommen werden, sondern erfordert eine Nachleimmaschine und einen besonderen Arbeitsprozeß.

Die Anforderungen an das Photorohpapier sind sehr hoch. Man verlangt nicht nur das gleiche äußere Ansehen, die gleiche Ebenheit des Blattes, die gleiche mechanische Festigkeit wie bei anderen Feinpapieren im trockenen Zustand, sondern die Anforderungen werden sehr verschärft dadurch, daß das Rohpapier bei der Verarbeitung zum Photopapier und beim Gebrauch dieses einer mehrfachen nassen, chemischen Behandlung ausgesetzt ist und diese ohne erkennbaren äußeren und inneren Schaden überstehen muß. Zwar sind die chemischen Mittel im wesentlichen milde Agenzien, aber von so verschiedener chemischer Natur — KOH, Na_2S, $K_3Fe(CN)_6$, $CuSO_4$, $HgCl_2$, organische Entwickler u. a. m. —, daß sie doch die Herstellung des Rohpapiers sehr komplizieren. Man hat in gleicher Weise den Einfluß solcher Agenzien auf die mechanische Festigkeit wie auch auf die chemische Natur des Rohstoffs zu berücksichtigen.

An und für sich scheint festzustehen, daß reine Cellulose auf die Halogensalze des Silbers weder reduzierend noch oxydierend einwirkt, wenigstens nicht, wenn diese Salze in ein Substrat, Gelatine oder Kollodium, eingebettet sind, wie es bei Photopapieren fast ausnahmslos der Fall ist. Aber die Cellulose in den Hadern und noch mehr in den Holzzellstoffen ist nicht rein, wie ihre großtechnische Herstellung auch erwarten läßt. In ihren Inkrustenresten und in ihren Abbauprodukten sind reduzierende Substanzen enthalten, und außerdem ist sie von ihrer Bereitung her mit anorganischen Verunreinigungen durchsetzt. So enthalten alle Zellstoffe z. B. Eisen und Kupfer, häufig auch noch andere Schwermetalle, sowohl in der Form mehr oder weniger feiner unregelmäßig verteilter Körnchen als auch in gleichmäßiger Verteilung in der Form an der Faser adsorbierter Salze. Im allgemeinen liegen im Zellstoff und damit auch im fertigen Rohpapier die Schwermetalle nicht metallisch vor, sondern als mehr oder weniger schwerlösliche Sauerstoffverbindungen oder als schwerlösliche Salze. Aber alle Metalle, welche in verschiedenen Wertigkeiten in ihren Verbindungen auftreten, können in den niedrigen Wertigkeitsstufen auf Halogensilber reduzierend und in den hohen Stufen oxydierend wirken, wobei sie die Gleichförmigkeit der Lichtempfindlichkeit des Halogensilbers sehr empfindlich stören. Man hat in der Literatur die Forderung aufgestellt, die Photorohpapiere müßten absolut frei von Schwermetallspuren sein. Das ist eine Forderung, die streng genommen von keinem Photorohpapier erfüllt wird. Es hat sich praktisch als unmöglich erwiesen, die Schwermetallverbindungen der Zellstoffe auf mechanischem und chemischem Wege vollkommen zu entfernen. Sandfang und Stoffschleuder versagen gegenüber den feinsten Teilchen; dasselbe gilt für den Magnetscheider den Eisenteilchen gegenüber. Chemische Mittel, z. B. Säuren, zerstören viel früher die Faser, ehe sie die letzten Spuren der metallischen Verunreinigungen herausgelöst haben. Die Photorohpapierherstellung hilft sich durch eine sorgfältige Auswahl der Rohstoffe und betrachtet es dann als ihre Hauptaufgabe, den Herstellungsprozeß so zu leiten, daß die nicht entfernbaren Verunreinigungen unschädlich gemacht — maskiert — werden. Diese Maskierung besteht im wesentlichen darin, insbesondere die metallischen Verunreinigungen in einen solchen Zustand überzuführen, daß sie in der Emulsion unlöslich bleiben. Dabei ist zu berücksichtigen, daß diese Emulsionen, wie die lichtempfindlichen Überzüge der Photopapiere sowohl in nassem, halbfertigem Zustand als auch im fertigen trockenen Zustand heißen, eine recht verschiedene chemische Natur haben können. Das ist dann die Ursache, daß Rohpapiere für eine Emulsionsart praktisch völlig rein sein können, während sie für eine andere unrein sind. Die Arbeitsverfahren der Rohpapierherstellung sind wie die der Emulsionsherstellung allermeist noch durchaus empirischer Art, auf die man durch eine sehr kostspielige Erfahrung gekommen ist; erst allmählich bereitet sich die Anwendung wissenschaftlich begründeter Verfahren vor.

Die gesamte Anlage der Rohpapierherstellung und sinngemäß auch die Anlagen zur Weiterverarbeitung müssen so ausgestaltet und betrieben werden, daß die Erzeugung metallischen Staubes jeder Art oder das unbeabsichtigte Hineinkommen von Schwermetallverbindungen in das Papier unbedingt ausgeschlossen ist. Deshalb werden neuerdings Maschinen und Apparatenteile, welche mechanischer Beanspruchung bei gleichzeitiger Berührung mit der Papiermasse ausgesetzt sind oder die mit dem Papier in reibende Berührung kommen, nicht mehr aus Bronze oder gewöhnlichem Stahl, sondern aus den neuen, mechanisch und chemisch widerstandsfähigen Stählen (V2A u. s. w.) hergestellt. Die photographische Emulsion reagiert auf Verunreinigungen, insbesondere solche metallischer Art, in vielen Fällen noch viel feiner als die üblichen Reagenzien zum Nachweis der Verunreinigungen. Die sich aus dieser Sachlage ergebenden Schwierigkeiten sind der hauptsächliche Grund, warum sich die Herstellung von Photorohpapieren auf einige ganz wenige Fabriken in Deutschland, Belgien, Frankreich, England und Nordamerika beschränkt. Photorohpapiere werden auch nicht im Papierhandel gehandelt, sondern der Verkauf erfolgt mit wenigen Ausnahmen direkt vom Hersteller an den Abnehmer, weil das Zusammenarbeiten beider notwendig ist.

Photorohpapiere sind bislang noch nicht genormt, so wünschenswert dies wäre, doch ist eine gewisse Stabilisierung der Breiten und Quadratmetergewichte eingetreten. Man kann Rohpapiere nicht auf den ganz modernen schnellaufenden Papiermaschinen mit großer Arbeitsbreite herstellen, sondern es werden dazu allgemein noch Maschinen verwendet, die eine Papierbreite von 136 bis höchstens 170 cm liefern und die in 24ʰ nicht mehr als 6000 kg Papier im Mittel erzeugen lassen. Photorohpapiere werden nach Gewicht gehandelt. Die Einzelrollen sollen ein Gewicht von 50 kg nicht überschreiten. Der Versand erfolgt einzeln oder paarweise in starken Holzkisten, in denen die Rollen (oder Ballen, wie sie auch genannt werden) an ihren hölzernen Wickelhülsen von 10 cm Durchmesser mit eisenarmierten Enden frei aufgehängt sind. Rohpapierrollen dürfen niemals aufeinandergeschichtet, sondern immer nur freihängend oder freistehend auf trockenem, luftigem Lager gelagert werden. Schon geringe Feuchtigkeitsgrade heben die Maskierung der Verunreinigungen auf, sie „aktivieren" diese, d. h. sie bringen sie zur späteren chemischen Wirksamkeit auf die Emulsion. Gängige Rollenbreiten sind 68 cm, 104 cm und 136 cm. Zwischenbreiten bedingen meist einen Preisaufschlag wegen ungenügender Ausnutzung der Maschine. Die Quadratmetergewichte schwanken zwischen 70 g und 330 g; doch sind 110 g, 135 g und 250 g, letztere insbesondere für photographische Ansichtspostkarten, die am häufigsten angewendeten Gewichte. Im allgemeinen unterscheidet man 3 Qualitäten, die im wesentlichen mit der Stoffzusammensetzung, insbesondere dem Gehalt an Hadern, zusammenhängen. Bei gleicher Qualitätsbezeichnung sind häufig auch die schweren Gewichte, die als Karton bezeichnet werden, in der Stoffzusammensetzung anders als die dünneren Papiere. Karton ist deshalb nicht nur eine Dicken-, sondern auch eine Qualitätsbezeichnung; es gibt deshalb z. B. 135grammige Rohpapiere und 110grammige Rohkartons. Auch die Bezeichnung Halbkarton ist als Qualitätsbezeichnung gebräuchlich.

Die Färbung der Rohpapiere ist zum allergrößten Teil rein weiß, wobei dieses Weiß je nach der Qualität einen Schwarzgehalt von etwa 8% bis zu 25%

haben kann. Daneben ist noch ein helles Ockergelb in vielfachem Gebrauch unter den Bezeichnungen chamois, antik oder creme. Die zur Abtönung des Weiß und zur Erzeugung der Chamoisfärbung dienenden Farbstoffe müssen hochgradige Echtheitseigenschaften haben und selbst chemisch tunlichst indifferent sein. Indanthrenfarbstoffe und ihre Verwandten erfüllen im allgemeinen die Anforderungen, störend ist nur ihr hoher Schwarzgehalt, der sich in mangelhafter Leuchtkraft ausdrückt.

Die große Masse der Rohpapiere ist maschinenglatt. Da diese Glätte sich nicht durch nachträgliches Kalandern erzielen läßt — Kalanderglätte ist nicht wasserbeständig genug —, ist der Ausbildung der Zwischenglättwerke der Papiermaschine selbst besondere Beachtung geschenkt. Hauptsorten: neben der glatten sind ein ganz feinkörniges Rauh unter der Bezeichnung „Velvet", ein etwas gröberes Rauh unter der Bezeichnung „feinrauh" und ein ganz grobes, whatmanpapierartiges Rauh unter der Bezeichnung „grobrauh". Diese Oberflächen werden schon in der Papiermaschine durch Strukturfilze erzeugt. Andere Oberflächen mit regelmäßiger Struktur werden nachträglich in Prägekalandern mit gravierten Walzen erhalten; Leinenstruktur und Rasterkorn u. ä. werden so erzeugt.

Die Prüfungsmethoden der Photorohpapiere sind die der Feinpapiere, insbesondere was die mechanischen Eigenschaften anbetrifft. Sie werden höchstens noch ergänzt durch Festigkeitsprüfungen am nassen Papier. Für trockene Rohpapiere liegen die Reißlängen zwischen 3500 und 4500 m in der Längsrichtung und zwischen 2300 und 3000 m in der Querrichtung. Die Reißdehnungen sind längs etwa 2% und quer 4,5%. Die Falzwerte überschreiten 10 Doppelfalzungen selten; nur für Dokumentenrohstoffe werden sehr hohe Falzzahlen, bis zu 1000, verlangt und erreicht. Die Eignung für die photographischen Prozesse selbst wird, da chemische Methoden dafür kaum bekannt sind, praktisch ermittelt. Deshalb hat jede Photorohpapierfabrik einen photographischen Versuchsbetrieb, in dem rein praktisch, an nicht zu kleinen Längen, das mechanische Verhalten der Rohpapiere bei der Verarbeitung zu Photopapieren und das chemische Verhalten gegen die verschiedenen Emulsionen geprüft werden.

Barytpapierfabrikation. Nur ein kleiner Teil der Photopapiere trägt die lichtempfindliche Schicht unmittelbar auf der Rohpapieroberfläche. Schon der Ausdruck „Rohpapier" deutet an, daß solches Papier nicht unmittelbar Verwendung findet. Einige ganz einfache technische photographische Papiere einerseits und einige besonders hochwertige Porträtpapiere andererseits haben die Emulsion unmittelbar auf der natürlichen Rohpapieroberfläche, im ersten Falle hauptsächlich aus Ersparnisgründen, im zweiten, um die Feinheit der Papierkörnung zur Geltung zu bringen. Aber die Erzeuger solcher Porträtpapiere liegen in einem beständigen Kampf mit der durch die unmittelbare Berührung der Emulsion mit der Papiermasse gefährdeten Haltbarkeit und Lagerfähigkeit der Erzeugnisse. Deshalb ist man schon sehr bald dazu übergegangen, zwischen die Emulsion und die Papieroberfläche eine Art Schutzschicht zu legen. Diese besteht fast ausnahmslos aus einer leimgebundenen Bariumsulfatschicht. Die zahlreichen anderen Materialien, die bei der Herstellung anderer sog. gestrichener Papiere, insbesondere für den Illustrationsdruck, Verwendung finden, insbesondere China clay (Kaolin) und Satinweiß (eine durch Fällung von Aluminiumsulfat mit Calciumhydroxyd erzeugte Mischung von Aluminiumhydroxyd und Calciumsulfat), werden höchstens für Sondererzeugnisse gelegentlich verwendet. Die Schutzwirkung dieser Barytschicht ist übrigens nur recht bedingt. Im allgemeinen hebt sie die Wirkung etwaiger metallischer oder anderer Verunreinigungen der Rohpapierunterlage nicht völlig auf, sondern verzögert nur die Einwirkung. Da die Barytschicht naß aufgebracht wird und selbst chemisch nicht indifferent ist, kann sie eine Wirkung dieser Verunreinigungen sogar erst hervorrufen, indem sie die gelungene Maskierung dieser wieder aufhebt. Es ist nicht leicht, einen guten, indifferenten Barytstrich herzustellen. Seine Hauptaufgabe ist auch nicht die Schutzwirkung, sondern die Erzielung einer rein weißen oder getönten, die Papierstruktur mehr oder weniger verdeckenden, gleichmäßigen Schicht. Nur auf einer hochglänzenden Barytoberfläche kann man eine hochglänzende Emulsionsoberfläche erhalten.

Blanc fixe, Bariumsulfat (s. Bd. **II**, 119), das für Streichzwecke Verwendung findet, muß völlig frei von Sulfiden sein und darf auch nur einen minimalen Gehalt an Chloriden (0,04 %) haben; es muß neutral reagieren und besonders auch eisenfrei und rein weiß sein. Für glänzende und hochglänzende Baryt-papiere überschreitet die Korngröße 1 μ nicht. Für halbmatte und matte Papiere werden matte Blanc-fixe-Sorten angefertigt, die entweder aus Mischungen von obigem Glanz-Blanc-fixe mit gemahlenem, eisenfreiem Schwerspat bestehen oder Bariumsulfatfällungen gröberen Kornes sind. Die Korngröße ergibt sich aus der Fallgeschwindigkeit in wässeriger Suspension.

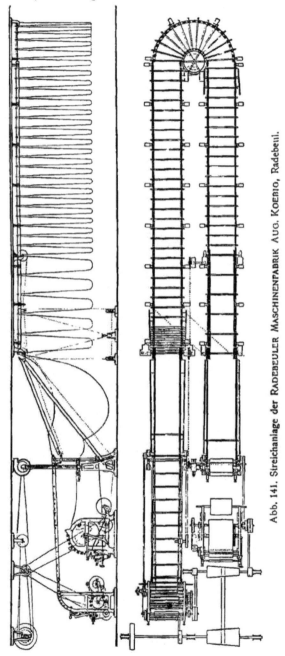

Abb. 141. Streichanlage der RADEBEULER MASCHINENFABRIK AUG. KOEBIG, Radebeul.

Der Leim für die Streichmasse ist ein guter, heller Hautleim, der auf photographische Indifferenz vorgeprüft wird. Er muß fettfrei sein. Eine 5%ige Lösung desselben erstarrt bei 18—20° zur Gallerte; er steht also den Gelatinen viel näher als den eigentlichen Leimen. Eine Streichmasse besteht z. B. aus 300 *kg* Glanz-Blanc-fixe und einer dickflüssigen Leimlösung aus 15 *kg* Leim. Man knetet beide in einer Knetmaschine (vgl. Bd. **V**, 712) zu einer homogenen Masse zusammen, verdünnt diese mit Wasser zur Konsistenz dicker Sahne und schickt sie in einer Siebmaschine durch ein Seidensieb mit etwa 500 Maschen auf das *cm²*. Mit Milch verbessert man die Streichfähigkeit und vermeidet das Schäumen der Masse; kleine Mengen Phenol dienen zur Konservierung, und ein Zusatz von Chromalaunlösung macht die Barytschicht genügend wasserfest. Die notwendigen hellen Farbtöne werden durch lichtechte, indifferente Farblacke, z. B. Krapplack, und durch Indanthrenfarbstoffe, die man in wässeriger Aufschwemmung in die Streichmasse einrührt, erzielt. Die Barytage erfordert trotz ihrer anscheinenden Einfachheit viel Erfahrung.

Die Barytstreichereien sind entweder den Rohpapierfabriken angegliedert oder Bestandteile der Photopapierfabriken selbst. Letzteres ist vorteilhaft, wenn der Bedarf groß ist — über 10 000 m^2/Tag — durch die Möglichkeit schneller Anpassung an die Wünsche der Abnehmer in bezug auf die Färbung und die Oberflächenbeschaffenheit. Im allgemeinen können aber die Streichereien der Rohpapierfabriken infolge ihres größeren Absatzes gleichmäßigere und auch billigere Barytage liefern. Eine Barytstreicherei gliedert sich in die Farbküche (zum Ansetzen der Streichmassen), den Streichraum, den Kalander- und Umrollraum und in verschiedene Lager- und Packräume. Vorteilhaft schließt sich ein Betriebslaboratorium an. Bei größeren Anlagen legt man die schweren Kalander und die Lagerräume ins Erdgeschoß und ordnet die Streichmaschinen paarweise in den oberen Geschossen an. Alle Räume bedürfen ausreichender Beleuchtung, da der Fabrikationsvorgang durch Besehen kontrolliert wird.

Die Farbküche enthält neben dem Kneter den Leimkocher, den Leimfilter, die Mischmaschine, die Siebmaschine und meist auch noch eine Bürstenwaschmaschine und dazu ein großes Wasserbad mit Dampfheizung zum Bereiten von reinem, warmem Wasser und zum Warmhalten der Streichmassen. Die Gerätschaften sind soweit wie möglich aus Reinnickel oder aus Aluminiumlegierungen; auch V2A-Stahl hat sich bewährt.

Die Streichanlage selbst ist schematisch wiedergegeben in der Abb. 141. Das Rohpapier durchläuft eine Zylinderfärbemaschine. Aus einer erwärmten Wanne wird die Streichmasse über eine Metallwalze auf einen endlosen Filz (Manchon) und von diesem auf das Papier aufgetragen. Abb. 142 zeigt das Farbwerk allein, schematisch. Die ziemlich ungleichförmige Farbschicht wird durch feste und hin und her gehende weiche und harte Bürsten ganz gleichmäßig verstrichen. Über einen pneumatischen

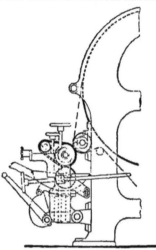

Abb. 142. Farbwerk einer Barytstreichmaschine.

Zugtisch gelangt die feuchte Papierbahn in den selbsttätigen Aufhängeapparat, der sie in Schleifen von 5—7 m Länge durch den Trockensaal führt. Die Art des Trocknens ist sehr mannigfaltig. Für geringe Produktion liegen unter der Schleifenbahn mit Niederdruckdampf beheizte Rippenrohre. Irgendwo in einer Saalecke wird die feuchte Luft durch einen Ventilator abgesogen. Die Frischluft strömt durch Türen und Fenster ein. Wo aber mehrere Streichmaschinen mit einer Produktion von je etwa 15 000 m^2 Strich je 8^h stehen, muß man sich aller Errungenschaften der Heiz- und Lüftungstechnik bedienen. Die Luft wird vorgewärmt, durch Taschenfilter, Wasser- oder Ölfilter sorgfältig von Staub befreit und durch Rohrleitungen und Ausblasstutzen von unten, von der Seite oder von oben in die Papierschleifen (Gehänge genannt) geblasen. Umlufteinrichtungen unter Wiederverwendung der nur unvollkommen mit Feuchtigkeit gesättigten Luft gestatten eine rationelle Wärmewirtschaft. Die verbrauchte Luft entweicht unter ihrem Überdruck durch Dachentlüfter. Man rechnet für die Stunde und Arbeitsmaschine bis zu 10 000 m^3 Luft von 50°. Die Laufgeschwindigkeit der Färbmaschine beträgt zwischen 30 und 60 m in der Minute. Die Papierbreite kann bis 136 cm betragen; doch geht man ungern über 112 cm hinaus. Das getrocknete Papier wird auf einem Rollstuhl wieder zur festen Rolle aufgerollt. Dabei kann es durch Kreismesser bekantet und auch geteilt werden. Zu diesem Zweck besitzt der Rollstuhl 2 Aufwickelwellen. Ein einziger Barytauftrag wird nur selten angewendet. Man kann mit einem einzigen Strich vorteilhaft nicht mehr als 25 g trocken gedachte Streichmasse auf 1 m^2 auftragen. Photobarytpapiere haben aber Strichschweren (-dicken) bis zu 70 g. Man kann diese nur durch mehrmaliges Streichen erzielen, wobei das Papier nach jedem Strich trocknen muß. Vorteilhaft liegen sogar zwischen den einzelnen Strichen Zeiträume von wenigstens 24^h. 4 Striche sind für glänzende Papiere keine Seltenheit.

Das fertig gestrichene Papier wandert in den Kalandersaal. Die Kalander für Photopapiere sind verhältnismäßig kleine Rollenkalander; man geht selten über 5 Walzen hinaus. Von diesen sind 3 hochglanzpolierte Stahlwalzen; 2 sind Papierwalzen. Die Stahlwalzen sind durch Dampf heizbar. Für besonders hohen Glanz läßt man das gestrichene Papier vor dem Kalandern eine Feuchtmaschine durchlaufen, in der eine Spritzbürste oder eine Düsenreihe einen Wassernebel gegen die gestrichene Oberfläche richtet und sie so mäßig befeuchtet. Für hohen Glanz kalandert man mehrfach und unter hohem Walzendruck. Durch Gauffrierkalander (Zweiwalzenkalander mit gravierter Stahlwalze) kann man die gestrichene Papieroberfläche auch mit einer regelmäßigen Struktur, z. B. Leinenstruktur oder jetzt häufiger mit einer Rasterstruktur aus kreisförmigen, erhabenen Punkten versehen (Seidenrasterpapiere).

Das Lager für Barytpapiere soll luftig, trocken und kühl sein. Betriebsräume sollen zum längeren Lagern von Barytpapier nicht verwendet werden. Barytpapiere werden nach Längen gehandelt und nicht nach Gewicht. Diese Längen werden auf Umrollmaschinen durch Zählräder, die unmittelbar auf dem Papier laufen, gemessen. Druckzähler drucken die Maßzahlen auf die Papierkante auch auf. Der Versand der Barytpapiere geschieht in der gleichen Weise wie der Versand der Rohpapiere.

Photopapiere. Der Träger der Silberhalogensalze ist heute fast ausschließlich die Gelatine. Eiweiß, Casein, Pflanzeneiweiß und ähnliche Bildträger spielen praktisch gar keine Rolle mehr. Nur das Kollodium findet noch in geringem Umfang Verwendung. Alle 3 in Frage kommenden Halogensilbersalze sind praktisch in Wasser oder organischen Lösungsmitteln völlig unlöslich. Sie bilden mit dem noch flüssigen Bildträger eine Suspension, die ganz allgemein, wenn auch nicht völlig richtig, „Emulsion" genannt wird.

Emulsionsgelatine ist reine Haut- oder seltener Knochengelatine (Bd. **V**, 580). Neben Blattgelatine wird heute auch viel gemahlene Gelatine verwendet. Die Art der Gelatine ist von großem Einfluß auf den photographischen Charakter der Emulsion. Das Rohmaterial, aber auch die Herstellungsweise bedingen, daß Gelatinen verschiedener Herkunft, aber auch die einzelnen Sude des gleichen Herstellers, sich verschieden verhalten. Es gibt Gelatinen, mit denen leicht sehr hohe Lichtempfindlichkeit der Emulsion erreicht werden kann, andere, die besonders hohen Kontrast geben, solche, bei denen das fertige Bild zu warmer Bildfarbe Neigung hat, während andere wieder ein kaltschwarzes Bild begünstigen. Neben der Emulsionsrezeptur spielt deshalb die Auswahl der Gelatine, die nach einer Vorprüfung der zur Verfügung stehenden Sude getroffen wird, eine wichtige Rolle für die photographischen Eigenschaften der Photopapiere. Die eigentliche chemische Ursache dieser Verschiedenheit ist noch nicht völlig erkannt. Tatsache ist auf jeden Fall, daß eine aus reinem Glutin bestehende Gelatine, also die chemisch reinste Gelatine, photographisch nur einen beschränkten Wert besitzt. Man darf nach den Arbeiten des KODAK RESEARCH-LABORATORIUMS, Rochester, N. Y., annehmen, daß insbesondere der Abbau oder die Umlagerung der schwefelhaltigen Bestandteile der Gelatine diese Unterschiede bedingen. Dieser Abbau findet schon bei der Gelatineherstellung statt, setzt sich aber auch noch bei der Emulsionsherstellung, je nach der Art dieser, weiter fort. Wegen der Theorie der Emulsionsbereitung, der Reifung u. s. w. sei auf den Aufsatz „Photographie" verwiesen.

Als Halogensalze kommen für die Emulsionsbereitung insbesondere die Alkalisalze zur Anwendung. Sie können sich nicht etwa einfach nach ihren stöchiometrischen Verhältnissen ersetzen. Insbesondere die Ammoniumsalze haben eine gewisse Sonderwirkung, die wahrscheinlich mit dem verhältnismäßig hohen Lösungsvermögen für die Halogensalze des Silbers in Verbindung steht. Schwermetallsalze werden selten angewendet; doch schreibt man z. B. den Cadmiumsalzen eine besonders günstige Wirkung auf den Kontrast im Bilde zu. Als Silbersalz kommt bei der Herstellung der Emulsionen so gut wie ausnahmslos das Silbernitrat zur Anwendung. Die Umsetzung mit den Halogensalzen erfolgt niemals in stöchiometrischen Verhältnissen. Entweder ist das Halogensalz in erheblichem Überschuß oder das Silbernitrat. Im ersten Falle bildet sich durch die Belichtung kein direkt brauchbares photographisches Bild genügender Intensität; aber das Silberhaloid hat die Eigenschaft, von gewissen milden Reduktionsmitteln, den Entwicklern, nach Maßgabe der vorangegangenen verhältnismäßig geringen Belichtung zu intensiv dunklem Silber reduziert zu werden. Man gelangt so zu den Entwicklungspapieren. Ist das Silbernitrat im Überschuß, so wirkt dieses als Acceptor für das bei der Belichtung frei werdende Halogen, was zur Folge hat, daß die Umsetzung des Halogensilbers so vollständig wird, daß ein intensives Bild entsteht. So gelangt man zu den technisch nicht mehr sehr wichtigen Auskopierpapieren. Gibt man zu einer etwa 10%igen Gelatinelösung Halogenalkali und fügt dann eine Lösung von Silbernitrat in zur völligen Umsetzung ungenügender Menge hinzu, so erhält man eine feine Suspension (die Teilchengröße schwankt zwischen ultramikroskopisch klein und etwa 3 µ) von Halogensilber neben Alkalinitrat und übriggebliebenem Halogensalz. Man kann eine solche Mischung als ungewaschene Emulsion auf Papier auftragen. Chlorsilberemulsionen z. B. können ungewaschen verarbeitet werden. Normalerweise aber läßt man die Emulsion zu einer Gallerte erstarren, zerkleinert diese und wäscht sie mit kaltem Wasser so lange aus, bis der größte Teil der löslichen Salze entfernt ist — gewaschene Emulsionen.

Eine Photopapierfabrik gliedert sich in Räume zur Herstellung der Emulsionen, zum Auftragen der Emulsionen auf das Papier mit anschließender Trocknung und in Schneid- und Sortierräume mit Nebenräumen zur Lagerung der Rohmaterialien und der fertigen Waren. Die Mehrzahl dieser Räume bedarf der künstlichen Beleuchtung, die ihrer Farbe nach der spektralen Lichtempfindlichkeit der Emulsionen angepaßt ist. Wo angängig, beleuchtet man durch reflektiertes, indirektes Licht, das für die Augen der Arbeiter angenehmer und für die Fabrikation sicherer ist. Da die Maschinen zur Herstellung der Emulsionspapiere weder schwer noch besonders schnellaufend sind, kann man ein mehrstöckiges Gebäude leichter Bauart verwenden, bei dessen Einteilung man darauf sieht, daß Rücktransporte vermieden werden. Die Auftragräume sind lange, schmale Räume (70:3:4 m), die künstlich belüftet werden und keiner Fenster bedürfen. Es hat sich bewährt, auch alle anderen Dunkelräume fensterlos zu lassen und mit temperierter Luft künstlich zu belüften. Die Fensterlosigkeit erleichtert die Temperaturgleichheit und Wärmeökonomie auch bei leichter Bauweise. Es müssen alle Vorkehrungen getroffen werden, die peinliche Sauberkeit und Ordnung ermöglichen. Die Wände sollen abwaschbar sein, die Böden dicht gefugt (Steinholz, Linoleum, in nassen Räumen Asphalt) und nicht staubend sein. Wandplättchenbelag ist oft auf die Dauer billiger als Anstrich. Im Gegensatz zu früheren Gepflogenheiten hält man auch die Dunkelräume in hellem, ja sogar weißem Farbton, was die allgemeine Orientierung in einem solchen Raum auch bei sehr herabgesetzter farbiger Beleuchtung ermöglicht, ohne die lichtempfindlichen Papiere irgendwie zu gefährden. Die Haupteinrichtungsgegenstände der Ansatzräume sind große Wasserbäder, am besten aus Holz und verschraubt. Sie werden durch eine eingelegte Dampfschlange geheizt. Automatische Temperaturregelung ist möglich, wird aber selten angetroffen. Ansatztöpfe und Gerätschaften für die Emulsionsbereitung bestehen aus Emailblech ohne Falze (sog. Schaleshafen), aus Reinnickel, aus Monelmetall oder, soweit es sich um einfache Formen handelt, aus V2A-Stahl. Wo keine Erwärmung in Frage kommt, sind auch Steinguttöpfe in vielfacher Verwendung, zu Vorratsgefäßen für Lösungen auch brauner Feuerton.

Um sie waschen zu können, müssen die Emulsionen zu Gallerten erstarren; dazu bringt man sie in Kühlräume, nachdem sie in Schalen ausgegossen wurden. Diese Kühlräume haben entweder automatisch arbeitende Kleinkühlmaschinen von etwa 1000 *Kcal./*ʰ, durch welche eine Temperatur von 7⁰ annähernd eingehalten wird, oder bei größeren Emulsionsmengen sind die Kühlräume an die große Kühlmaschine angeschlossen, die in unserem Klima noch für jede Auftragmaschine etwa 6000 *Kcal.* in der Stunde zu leisten hat. Ammoniak-Kompressionskältemaschinen oder auch Abdampfkältemaschinen werden meist angewendet. Die Emulsionsgallerten werden vor dem Waschen zu 4kantigen Nudeln von 3 — 7 *mm* Kantenlänge geschnitten oder gepreßt. Die Abb. 143 zeigt eine solche Nudelpresse. Am Boden des Preßzylinders befindet sich eine aus hochkantgestellten Nickelblechen, die sich rechtwinklig kreuzen,

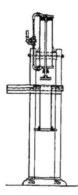

gebildete Schneidplatte. Der Preßzylinder wird mit Emulsionsstücken gefüllt, worauf der Preßkolben, durch Wasserkraft in den Zylinder hineingetrieben, die Emulsion zu Nudeln schneidet, die unter der Maschine in kaltem Wasser aufgefangen werden. Man kennt mannigfache Konstruktionen von Waschapparaten für Emulsionsnudeln. Eine häufige Form ist Bd. **VIII**, 402, Abb. 128 dargestellt. Sie besteht aus einem Feuertongefäß von 200 *l* Fassungsvermögen. Dieses wird zu ³/₄ mit kaltem Wasser gefüllt. Die Emulsion befindet sich in einem kleineren Gefäß mit Siebboden, das in das große eingehängt wird. Durch eine Brause über den Nudeln läßt man dauernd kaltes Wasser nachfließen, das nach dem Passieren der Emulsion durch ein Heberrohr wieder abfließt. Die Waschdauer schwankt zwischen 2 und 24ʰ; es bleiben immer nachweisbare Mengen von löslichen Salzen in der gewaschenen Emulsion zurück. Die Nudeln werden im Wasserbad wieder aufgeschmolzen, oft mit neuen Mengen frischer Gelatine

Abb. 143.
Emulsions-
Nudelpresse von
AUG. KOEBIG,
Radebeul.

vermischt. Es erfolgen Zusätze von Netzmitteln, Konservierungsmitteln und insbesondere von Härtemitteln — Chromalaun oder Formaldehyd —, die die Emulsionsschicht nach dem Trocknen mehr oder weniger wasserfest machen. Vor dem Auftragen — dem Gießen — wird die Emulsion noch filtriert, wozu Beutel aus Molton, aus Filz u. ä. dienen. Neuerdings führt sich die Filtration durch grobes Filtrierpapier in Apparaten mit mäßigem Unterdruck auch für Papieremulsionen immer mehr ein.

Der Emulsionauftrag erfolgt in der Weise, daß das barytierte Papier unter Spannung um eine Walze geführt wird, die zu ¹/₃ in den Trog mit der 35⁰ warmen Emulsion eintaucht (Tauchsystem), oder so, daß eine rotierende nackte Walze aus Hartgummi in die Emulsion eintaucht und die an ihrer Oberfläche mitgeführte Emulsion auf das an ihr vorbeigeführte Papier überträgt (Anspülsystem). Die so gleichmäßig mit der Emulsion überzogene Papierbahn wird rasch abgekühlt, damit die Emulsion erstarrt. Das geschieht mit wassergekühlten Kühlwalzen oder durch mit Eis gefüllte Kühlkästen, die über der Papierbahn aufgestellt sind. Die Abb. 144, die eine moderne Auftragmaschine zeigt, hat beide Kühlvorrichtungen. Die Kühlkästen können durch von kalter Sole durchflossene Kühlrohre ersetzt werden; auch verwendet man über die Papierbahn geblasene gekühlte Luft. Die Bahn mit der erstarrten Emulsion gelangt in einen selbsttätigen Aufhängeapparat, wie er bei der Barytpapierherstellung geschildert worden ist. Man zieht es beim Emulsionsauftrag heute vor, die dort gezeigte Umkehr wegzulassen und die Gehänge von 5—6 *m* Länge, die sich in Abständen von 40 *cm* folgen, durch einen langen Saal gerade zu führen und an seinem Ende aufzurollen. Doch findet man noch viele Anlagen, die nicht nur eine, sondern sogar mehrere Umkehren haben. Der Emulsionsauftrag für Photopapiere hat größte Ähnlichkeit mit dem Filmemulsionsauftrag, wie er in Bd. V, 355, geschildert worden ist. Da der Emulsionsauftrag auf Papieren aber dünner ist als bei Filmen, genügt eine geringere Saallänge. Die Kühlzonen und Trockenzonen, der Luftbedarf, die Maschinengeschwindigkeit und die Arbeitsweise entsprechen sonst vollständig denen der Filmherstellung. Die Photopapierfabrikation ist nur dadurch erleichtert, daß infolge der im allgemeinen viel geringeren Lichtempfindlichkeit der Emulsionen mit hellerer Beleuchtung gearbeitet werden kann. Auskopieremulsionen kann man bei weißem Glühlicht auftragen und weiterbehandeln; für die Entwicklungsemulsionen genügt gelbes, orangefarbiges oder hellrotes Licht, und nur einige Spezialfabrikate bedürfen ähnlicher Beleuchtung wie die Filmherstellung. Die Emulsionsmenge schwankt zwischen 150 und 250 g/m^2. Auf das m^2 kommen zwischen 1,5 und 3,5 g Halogensilber und etwa 15 g Gelatine.

Die Menge Emulsion, welche eine Papierbahn mitnimmt, ist in erster Linie von der Geschwindigkeit der Auftragmaschine abhängig; je schneller diese läuft,

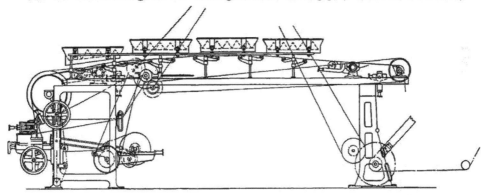

Abb. 144. Emulsionsauftragmaschine der RADEBEULER MASCHINENFABRIK AUG. KOEBIG, Radebeul.

umsomehr Emulsion bleibt auf dem Papier. In zweiter Linie kommt die Benetzungsfähigkeit der Papierbahn und das Benetzungsvermögen der Emulsion in Frage während die Viscosität der Emulsion von geringerer Bedeutung für die Auftragmenge ist. Doch sind diese Vorgänge noch viel zu wenig geklärt, so wichtig sie sind.

Glänzende Entwicklungspapiere sind heute zumeist doppelschichtig, d. h. auf die lichtempfindliche Schicht wird eine etwa 0,002 mm dicke Schicht von reiner, gehärteter Gelatine — die Schutzschicht — aufgebracht. Sie dient dazu, das Papier vor dem sog. Druckschleier zu bewahren, der durch mechanische Einwirkung auf die lichtempfindliche Schicht beim Rollen, Schneiden und Verarbeiten des Papiers entsteht. Zum Aufbringen dieser Schutzschicht läßt man entweder das fertige, trockene Papier die Auftragmaschine zum zweiten Male durchlaufen, während der Emulsionstrog mit einer dünnen, mit Chromalaun versetzten Gelatinelösung versehen ist, oder man verwendet von vornherein eine Schutzschichtgießmaschine. Bei dieser wird das Papier nach dem Erstarren der Emulsion durch einen 2. Auftragtrog geführt, der unmittelbar die Schutzschichtlösung aufträgt. Dieses interessante Arbeitsverfahren ist besonders in England entwickelt worden und hat sich von dort immer mehr verbreitet.

Ein größerer Teil der Photopapiere geht in Rollen von 500—1000 m Länge bei 64 und 67 cm Breite für den photographischen Maschinendruck direkt an den Verbraucher. Der Hauptteil wird in kürzere Rollenlängen und in Formate verschnitten. Zwischen 4,5 : 6 cm und 50 : 60 cm gibt es zahlreiche Zwischengrößen. Direkt aus den Rollen gewinnt sie der Längs- und Querschneider. Dieser schneidet eingestellte Längen bis 800 mm (mit Duplikator bis 1600 mm). Kreismesser teilen gleichzeitig in Streifen beliebiger Breite. Die Schnittzahl beträgt wenigstens 25 in der Minute für

Schnitte quer zur Bahn. Man kann alle Formate von 13 : 18 *cm* an damit direkt erhalten; aber es ist zweckmäßiger, größere Bogen zu schneiden, diese einer Durchsicht nach Fehlstellen zu unterwerfen und die Bogen auf Ries-Schneidern in ganz genaue kleinere Formate zu zerlegen. Man kann so viel Sortierarbeit sparen und viel Abfall vermeiden. Zum Schneiden von Postkartengrößen – die photographische Postkarte hat noch das alte Format 9 : 14 *cm* – aus Bogen verwendet man auch Planschneider mit Kreismessern, die häufig so ausgebildet sind, daß sie einen sog. imitierten Büttenrand schneiden. Zum Bedrucken der Adreßseite der Postkarten dienen für kleinere Mengen Tiegeldruckpressen. Für größere Mengen verwendet man den Steindruck und druckt in großen Bogen, die erst nachträglich zerschnitten werden. Zum Bedrucken dienen Spezialfarben, die terpentinölfrei sein müssen, da die geringsten Mengen Terpentinöl eine Wiedergabe des Druckes auf der Bildseite in Form einer Aufhellung verursachen. Das Sortieren der Formate findet auf langen Sortiertischen statt. Diese sind durch Zwischenwände so abgeteilt, daß jede Sortiererin ihren eigenen Arbeitsplatz hat. Sie betrachtet die Papieroberfläche jedes Blattes so kurz wie möglich in großflächigem, farbigem Licht. Wo kein gelbes oder orangefarbiges Licht angewendet werden kann, zieht man es oft vor, ein sehr schwaches, fahlgrünes Licht zu verwenden, von der Tatsache ausgehend, daß das Empfindlichkeitsmaximum des Auges für solches Licht trotzdem eine verschwindend geringe photochemische Einwirkung erlaubt. Die Formate werden, mit der Schichtseite gegen die Schichtseite gelegt, 10 stückweis, 100 stückweis, auch dutzendweis und grosweis, in weißes oder rotes paraffiniertes Pergaminpapier eingeschlagen und so in schwarze Papiertaschen eingesteckt oder in passende Schachteln aus Strohpappe eingelegt. Den Aufdrucken auf den Außenpackungen gibt man oft durch Buntfarbigkeit oder phantastische Gestaltung eine werbende Kraft. Sie gehen so entweder unmittelbar an die Verbraucher oder an eine der zahlreichen Photohandlungen zum Vertrieb in kleinen und kleinsten Mengen. Ganze Rollen werden, gut lichtdicht und feuchtigkeitsdicht eingeschlagen, in der gleichen Weise versandt wie Roh- oder Barytpapierrollen. Die Mehrzahl der deutschen Photopapierhersteller ist in einer Konvention zusammengeschlossen. Auch für die Photorohpapiere besteht eine Konvention, die nicht nur Deutschland, sondern auch die wichtigsten anderen europäischen Fabriken umfaßt.

Entwicklungspapiere werden in sehr vielen Emulsionsarten fabriziert. Dabei wird jede Emulsionsart noch auf Papieren verschiedener Schwere, Oberfläche und Tönung geliefert, so daß jede Photopapierfabrik eine sehr große – zu große – Zahl von Sorten herstellt. Man teilt sie auch heute noch gewöhnlich in Gaslichtpapiere und in Bromsilberpapiere ein. Diese waren früher durch einen großen Empfindlichkeitssprung und ganz anderen photographischen Charakter getrennt; heute gehen sie ganz allmählich ineinander über. Chemisch könnte man sie trennen in Chlorsilber-, Chlorbromsilber- und Bromsilberpapiere, wobei gleichzeitig die Steigerung der Empfindlichkeit eingehalten ist. Bis vor kurzem waren die Herstellungsverfahren, insbesondere auch die Rezepturen für die Emulsionen streng geheim gehaltene Dinge, und für die Qualitätspapiere sind sie das auch heute noch. Doch besteht neuerdings eine größere Literatur darüber. Die wenigsten der Arbeitsverfahren verdanken systematischen Studien und chemischen Erwägungen ihre Entstehung, sondern sie sind rein empirisch gefunden und durch langjährige Erfahrung ausgebaut und gesichert. Ganz geringfügige Änderungen in der chemischen Gestaltung können außerordentliche Änderungen in den photographischen Eigenschaften hervorrufen. Es bahnt sich aber jetzt die Zeit an, die viele dieser empirischen Befunde auf eine sichere, wissenschaftliche Basis stellt oder bei der eine richtige chemische Kontrolle ein empirisch gefundenes Ergebnis dauernd gleichmäßig festzuhalten gestattet. Patentverfahren spielen bei der Herstellung von Photopapieren nur eine geringe Rolle.

Chlorsilberpapiere. 5000 *g* Emulsionsgelatine werden in 50 *l* Wasser eingeweicht und dann bei 50⁰ im Wasserbad aufgeschmolzen. 315 *g* Chlornatrium und 100 *g* Citronensäure werden in 3000 *cm³* Wasser gelöst und die filtrierte Lösung der warmen Gelatinelösung beigefügt. Unter Einhaltung der Temperatur von 50⁰ rührt man in das Gemisch bei gelbem Licht eine warme Lösung von 625 *g* Silbernitrat in 6000 *cm³* destilliertem Wasser langsam ein. Nach Zusatz der Silbersalzlösung erhält man eine erst opalescente, bald milchweiß werdende Emulsion, die man noch 2ʰ auf 50⁰ hält. Als Härtungsmittel gibt man 250 *cm³* einer 10%igen, kalt dargestellten (violetten) Chromalaunlösung rasch hinzu. 1,5 *l* Äthylalkohol befördern das gute Fließen der Emulsion, und mit warmem Wasser füllt man auf ein Volumen von 75 *l* auf. Mit einer Temperatur von 35⁰ trägt man auf glänzendes Barytpapier auf und erhält etwa 500 *m²* eines glänzenden Gaslichtpapiers. Will man eine matte Oberfläche haben, so fügt man der gußfertigen Emulsion eine Verrührung von 1000 *g* Reisstärke in kaltem Wasser zu; außerdem verwendet man mattgestrichenes Barytpapier. Die aus der Oberfläche der getrockneten Emulsionsschicht herausragenden Stärkekörner verleihen dieser ein feines, ziemlich widerstandsfähiges Matt. Eine solche reine Chlorsilberemulsion gibt mit einem energischen, alkalireichen Entwickler ein blauschwarzes Bild. Alkaliarme und verdünnte Entwickler entwickeln langsam ein warmbraunes bis rostbraunes Bild. Die Gradation (s. S. 420) ist abhängig von der angewendeten Gelatine und von der Reifezeit, die hier mit 2^h eine mittlere war. Auch die Lichtempfindlichkeit hängt von diesen beiden Faktoren ab; sie beträgt im Mittel etwa den viertausendsten Teil der Empfindlichkeit einer Trockenplatte und den hundersten Teil der Empfindlichkeit eines sehr hoch empfindlichen Entwicklungspapieres, z. B. eines Bromsilberpapiers. Derartige Gaslichtpapiere mit ungewaschenen Emulsionen bilden aber die technische Grundlage der Papiere, auf denen heute in Photohandlungen und Kopieranstalten die große Menge der Amateurbilder hergestellt werden. Ihre Verarbeitbarkeit bei gelbem Licht und ihre Brillanz macht sie dafür besonders geeignet. Man erhält mit ihnen auch von mangelhaften Negativen noch brauchbare Bilder. Wenn man die Emulsion nach der Silbersalzzugabe oder der Reifung erstarren läßt, nudelt und wäscht, so gelangt man zu gewaschenen Gaslichtemulsionen, die mit Formalinhärtung an Stelle der Alaunhärtung das Trocknen der Bilder in der Hitze erlauben. Das unbelichtete Korn der Chlorsilberpapiere ist ultramikroskopisch fein, und auch das schwarz entwickelte liegt an der Grenze des Auflösungsvermögens unserer Mikroskope (etwa 0,2 μ). 675 g Silbernitrat bedürfen zur Bildung von Chlorsilber nur 230 g Chlornatrium; in obiger Emulsion ist also ein fast 50 % iger Chlorsalzüberschuß. Fast jede Photopapierfabrik stellt solche reine Chlorsilberentwicklungspapiere her, u. zw. in den Gradationen extrahart, hart, normal und weich, tunlichst alle mit der gleichen Empfindlichkeit, um sie gleichzeitig, nur dem Negativ angepaßt, gleichartig verarbeiten zu können. Die Fabrikate haben Phantasienamen, wie Labo, Lupex, Pala, Sunotyp, Velox u. a.

Chlorbromsilberpapiere. Ersetzt man in der oben gegebenen Formel das Chlorsalz allmählich durch ein Bromsalz, z. B. durch das meist angewendete Bromkalium, so tritt sehr schnell ein Ansteigen der Lichtempfindlichkeit und ein Flachwerden der Gradation ein. Fällt man ein Gemisch von Bromsalz und Chlorsalz mit Silbernitrat, so tritt theoretisch eine Bildung von Chlorsilber erst dann ein, wenn alles Bromsalz als Bromsilber ausgefällt ist. Bei der Emulsionsbereitung ist der Vorgang komplizierter. Durch die großen reagierenden Mengen, die sich nicht momentan mischen, und die Anwesenheit der Gelatine bilden sich Brom-Chlorsilberkomplexe, von deren Ausbildung man wichtige Eigenschaften der fertigen Emulsion ableitet. Es kommen fast alle Verhältnisse des Chlorsilbers zum Bromsilber in der Praxis vor, von einer fast spurenhaften Zumischung des Bromsilbers zu Chlorsilber bis zu einem ganz geringen Prozentsatz von Chlorsilber neben dem Bromsilber. Die letzteren Emulsionen nähern sich in ihren photographischen Eigenschaften schon sehr den reinen Bromsilberemulsionen. Die Analyse fertiger Emulsionsschichten auf Papier ist schwierig. Man kann aber an dem Verhalten darauf gefertigter Bilder gegen Lösungen von Selennatriumsulfid oder besser gegen Lösungen von Alkaliselenosulfat einigermaßen erkennen, ob eine bromsilberreiche oder eine chlorsilberreiche Emulsion vorgelegen hat. Die ersteren nehmen, unter Umbildung des metallischen Silbers in Selensilber, einen mehr braunen, die letzteren einen rotbraunen Ton an. Die Mannigfaltigkeit des Mischungsverhältnisses bedingt, daß fast jede Fabrik ein ganz besonderes Spezialfabrikat hat, das nur sie selbst fertig bringt. Die Chlorbromsilberemulsionen bieten in der Tat die Möglichkeit, alle Anforderungen an vollkommene und vornehme Bildgestaltung, soweit dabei der Erfüllung von Anforderungen an die Gradation und an die Bildfarbe mitspricht, zu erfüllen, Anforderungen, die früher nur von den Auskopierpapieren, vom Platindruck und vom Pigmentdruck erfüllt werden konnten. Artura, Ergo,

Kodura, Senvela, Tuma und Velotyp sind einige der Phantasienamen, unter denen solche Chlorbromsilberemulsionen im Handel sind. Neben Deutschland und Belgien haben besonders Amerika und England diese Art von hochwertigen Entwicklungspapieren ausgearbeitet. Außer dem Mischungsverhältnis der Silberhalogenide haben auch Zusätze bei der Emulsionsbereitung, wie auch die Art und die Menge der Gelatine beim Mischen, Reifetemperatur und Reifezeit großen Einfluß auf das Ergebnis. Als Zusätze spielen insbesondere das Ammoniumhydroxyd und Ammoniumsalze eine große Rolle; es ist nicht gleichgültig, ob man Bromkalium oder die äquivalente Menge Bromammonium verwendet. Chlorbromsilberemulsionen sind in den meisten Fällen gewaschene Emulsionen. Die Korngröße bleibt meist unter 0,5 μ. Die meisten Chlorbromsilberemulsionen können bei gelbem oder orangem Licht hergestellt und verarbeitet werden. Während das Spektrogramm des Nitralichts auf einer Chlorsilberemulsium ein schmales Band der Schwärzung mit dem Wellenlängenschwerpunkt 385 μμ, also im äußersten Violett, aufweist, liegt der Schwerpunkt des verbreiterten Bands bei gleichen Teilen Chlor- und Bromsilber bei 410 μμ, und die Empfindlichkeit erstreckt sich nicht über das Violett hinaus.

Bromsilberpapiere. Man weicht 2000 g Gelatine in 20 l einer Lösung ein, die 800 g Bromkalium und 6 g Jodkalium enthält. Man bringt sie auf eine Temperatur von 60⁰ und hält auf dieser, während eine Lösung einläuft, die auf 10 000 cm^3 gerade 1000 g Silbernitrat enthält. Nach Zufluß des Silbersalzes läßt man erstarren, nudelt und wäscht, um nach dem Wiederaufschmelzen die hellgelbe Emulsion 1—3ʰ auf 60⁰ zu halten. Man kann diese Reifezeit, in der die Emulsion erst ihre richtige Empfindlichkeit und Kraft erhält, wesentlich abkürzen, indem man das p_H der Emulsion durch kleine Mengen Ammoniak, Natriumcarbonat oder Natriumsulfit auf 6,8—7 bringt. Emulsionen, welche man durch höhere Temperatur allein reift, nennt man (unbeschadet geringer Mengen von Reifungszusätzen) Siede- oder Kochemulsionen, wenn man sie auch effektiv nie auf Kochtemperatur erhitzt. Um die Emulsion gußfertig zu machen, fügt man ihr weitere 2 kg Gelatine, vorher in Wasser geweicht, Zusatzgelatine genannt, hinzu, härtet mit Chromalaun und versetzt mit einem Mittel, das die Oberflächenspannung etwas herabsetzt (Saponin, Quillajaextrakt, Alborit) und füllt zu einem Volumen von 55 l mit Wasser auf. Eine solche Emulsion gibt 350 m^2 eines hochempfindlichen Bromsilberpapiers, wie es insbesondere zur Herstellung von Vergrößerungen gebraucht wird. Die Empfindlichkeit beträgt $^1/_{50}$—$^1/_{100}$ einer Trockenplatte. Das Maximum der Lichtempfindlichkeit liegt in einem breiten Band bei der Wellenlänge 460. Die Herstellung und Verarbeitung kann nur bei rotem Licht geschehen. 1000 g Silbernitrat brauchen nur 700 g Bromkalium zum Umsatz; es ist also auch hier zuerst ein beträchtlicher Bromsalzüberschuß vorhanden. Das Jodkalium veranlaßt zuerst die Bildung von Jodsilber-Bromsilberkomplexen, die hier besonders zum Klarhalten der Emulsion Veranlassung geben. Unter Klarhalten versteht man die Vermeidung von Halogensilberteilchen, die auch ohne vorherige Belichtung im Entwickler reduziert werden und den Grauschleier bilden. Neben Siedeemulsionen kommen für Bromsilberpapiere auch die sog. Ammoniakemulsionen, wie bei der Trockenplattenherstellung, vielfältig zur Verwendung. Bei diesen wird die Silbernitratlösung vor der Zugabe zum Bromsalzgelatinegemisch mit Ammoniumhydroxyd in eine klare Lösung von Silbernitrat-Ammoniak, $AgNO_3 \cdot 2 NH_3$, verwandelt. Beim Umsatz mit dem Bromsalz wird das Ammoniumhydroxyd wieder frei, beeinflußt außerordentlich die Kornbildung und die Reifung. Später wird es durch Waschen der Emulsion wieder entfernt und durch Zugabe geringer Mengen von organischen Säuren das p_H der Emulsion wieder auf 6,5 gebracht.

Unter den Bromsilberpapieren gibt es eine wichtige Spezialität, das Photostat-, Aktographen- oder Dokumentenpapier. Auf einen 80—120grammigen, besonders zähen Rohstoff wird eine silberreiche Bromsilberemulsion unmittelbar aufgetragen, die in der Gradation ganz besonders steil, also kontrastreich, gehalten wird und tiefe Schwärzen gibt. Durch Zugabe kleiner Mengen von Erythrosin wird die Emulsion optisch für Gelbgrün (560 µµ) sensibilisiert. Das Papier dient zur Reproduktion von Schriftstücken, Rechnungen, Patentschriften, Plänen in besonders konstruierten, mit künstlicher Beleuchtung arbeitenden Aufnahmeapparaten (Kontophot, Rektigraph) bei Behörden, Banken, Patentämtern. Das Papier kann auch zweiseitig mit Emulsion überzogen geliefert werden. Die Bilder zeigen im allgemeinen im Original schwarze Schrift hell auf dunklem Grunde. Durch Umkopieren, aber auch durch photochemische Umkehrverfahren kann auch schwarze Schrift auf weißem Grunde erhalten werden. Bei einer interessanten Abart dieses Papiers, dem photomechanischen Papier der MIMOSA A. G., trägt die Papierunterlage zuunterst eine stark gegerbte, wenig empfindliche Emulsion, die von einer ungegerbten, hochempfindlichen überlagert wird. Das erste, negative Bild entsteht auf der oberen Schicht. Durch eine zweite, gleichmäßige und starke Belichtung kopiert man dieses Negativ auf die darunter befindliche, von der ersten Belichtung und Entwicklung unbeeinflußt gebliebene Emulsionsschicht. Hiernach wird das negative Bild durch Abweichen mit warmem Wasser entfernt.

Negativpapiere. Diese sind ihrer Emulsion nach den Aktographenpapieren sehr ähnlich; auch mit mäßig empfindlichen Aufnahmefilmen, für die sie ja einen billigen Ersatz darstellen sollen, können sie emulsionstechnisch verglichen werden. Von den Aktographenpapieren unterscheiden sie sich insbesondere durch den viel besseren Rohstoff. Da die Negative in der Durchsicht betrachtet und vervielfältigt werden, so muß die Papierunterlage ganz besonders gleichmäßig transparent sein, was sich nur bei feinen Hadernrohpapieren erzielen läßt. Die Zeit, wo Negativpapiere als ernsthafter Ersatz von Platten und Filmen für alle Aufnahmezwecke gedacht waren, ist endgültig vorbei. Sehr hochempfindliche Negativemulsionen werden durch die Harzleimung des Unterlagepapiers rasch schleierig und unbrauchbar, und bei Negativpapieren mit Schutzschichten und bei abziehbaren Negativpapieren wiegen die Umständlichkeiten die sonst billigere Herstellung mehr als auf. Heute werden Negativpapiere in der Hauptsache nur noch für vergrößerte Negative zum Zwecke des Kohledrucks oder des Gummidrucks, also an sich schon selten angewendeter Verfahren, gebraucht. Die Haltbarkeit der Entwicklungspapiere ist gut. Man darf an sie die Forderung stellen, daß sie ein Jahr lang nach der Herstellung vollkommen gut sind und daß sie dann noch mehrere Jahre brauchbar bleiben. Allmählich nimmt die Kraft in den Tiefen ab und die Lichter belegen sich, die Halbtöne werden unruhig, und es bilden sich helle und dunkle Punkte im Bildfeld aus, bis zuletzt solche Erscheinungen die Unbrauchbarkeit herbeiführen. Doch kennt man Fälle, daß sowohl Gaslichtpapiere als auch Bromsilberpapiere noch nach 10 Jahren brauchbar geblieben sind. Die Haltbarkeit ist abhängig von der Beschaffenheit des Rohstoffs und der Barytage und von der chemischen Natur der Emulsion. Die 3 Schichten wirken gegenseitig aufeinander ein. Gutes, trockenes und kühles Lager verzögert diese Einwirkung. Spuren von Kohlenoxyd, Acetylen, Schwefelwasserstoffgas und von Leuchtgas verderben photographische Papiere rasch, besonders bei Gegenwart von Feuchtigkeit. Photographische Papiere dürfen auch nicht mit einer ganzen Anzahl von anderen Handelswaren zusammen gelagert werden.

Registrierpapiere sind aktographenpapierähnliche, hochempfindliche, dünne Bromsilberpapiere mit gelatinearmer, silberreicher Schicht. Sie dienen zum Aufzeichnen der Ergebnisse von Meßinstrumenten durch den gewichts- und reibungslosen Lichtstrahl. Sie werden in telegraphenpapierähnlichen, schmalen Rollen verschiedener Breite und Länge angefertigt, natürlich aus breiten Papierbahnen geschnitten.

Auskopierpapiere. Salzpapiere, Albuminpapiere, auch die fabrikmäßig hergestellten derartigen Papiere, wie das Alboidinpapier der NEUEN PHOTOGRAPHISCHEN GES. und das Mattalbuminpapier der TRAPP & MÜNCH A.-G., gehören heute

der Geschichte der Photographie an. Eine beschränkte wirtschaftliche Bedeutung
haben heute nur noch 2 Auskopierpapiere mit Silbersalzen, das Aristopapier und
das Celloidinpapier. Höchstens 5% der Photopapiere mögen noch Auskopierpapiere sein. Ihre Herstellung ist nicht mehr wirtschaftlich. Sie bedürfen der hadern-
reichsten, allerbesten Rohstoffe, und auch die übrigen Ausgangsmaterialien sind
meist teurer als bei den Entwicklungspapieren; dabei läßt sich kaum ein höherer
Preis dafür erzielen als für diese.

 Aristopapier. Chlorsilbergelatinepapier. Man gibt zu einer Gelatinelösung Chlornatrium (Chlorammonium), Kaliumcitrat (Ammoniumcitrat, Ammonium-
tartrat) und Citronensäure (Weinsäure) und läßt Silbernitratlösung im Überschuß
einfließen. Es bildet sich eine opalescente Emulsion, die nicht gewaschen wird.
Man gießt sie auf den gleichen Maschinen wie für Entwicklungspapiere auf meist
bläulich getönte Barytpapiere und trocknet sie in Gehängen. Die lichtempfindliche
Substanz ist das Chlorsilber; aber auch das Silbercitrat oder -tartrat betätigt sich
nicht nur als Acceptor für das bei der Belichtung abgespaltene Chlor, sondern ist
auch an der Bildgebung direkt beteiligt. Das im Tageslicht in etwa 1^h erhaltene
Bild ist braunrot. Das Silberkorn ist ultramikroskopisch; das Auflösevermögen (das
Wiedergabevermögen für sehr feine Details) ist sehr groß, die Gradation ist vortrefflich. Bringt man das Bild in eine Natriumthiosulfatlösung, so wird es häßlich
gelbbraun. Durch vorherige Behandlung mit Aurosalzlösungen (Goldtonbädern)
geht die Bildfarbe in ein schönes Violettbraun, den sog. Photographieton, über.
Man kann das Goldsalz auch zur Emulsion geben und erhält so sog. selbsttonende
Aristopapiere, die beim Einlegen in eine Chlornatriumlösung vergolden und dann
fixiert werden. Aristopapiere haben eine Haltbarkeit bis zu einem Jahr, wenn man
zwischen die Schicht gegen Schicht gelegten Blattpaare gelbes Strohpapier legt.
Aristopapiere verderben durch Vergilben — Reduktion des Silbersalzes durch die
Gelatine und die Papierfaser.

 Celloidinpapiere. Kollodiumpapiere. Im Gegensatz zu allen bisher beschriebenen Photopapieren ist das Bildsubstrat nicht Gelatine, sondern Kollodium.
Celloidin oder Celloidinkollodium ist der Name für ein von der SCHERING-KAHL-
BAUM A.-G. in den Handel gebrachtes, für die Herstellung von Kollodiumpapier
besonders geeignetes Kollodium. Als Lösungsmittel dient Äther-Alkohol. Das Kollodium wird meist in 6%iger Lösung in Blechflaschen bezogen. Damit es bei
der Emulsionsbereitung nicht ausgefällt wird, müssen
alle Salze in Alkohol gelöst werden. An Stelle von
Chlornatrium verwendet man das gut alkohollösliche

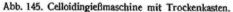
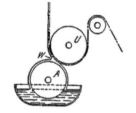

Abb. 145. Celloidingießmaschine mit Trockenkasten. Abb. 146. Zweiwalzenauftrag.

Lithiumchlorid oder das Strontiumchlorid. Die Auftragmaschinen ähneln denen der
Entwicklungspapiere, d. h. man kann die Emulsion auch mit der Tauchwalze (Abb. 146)
auftragen. Aber die Erstarrungseinrichtungen (Kühltrommel, Kühlgefäße) fallen weg,
und an ihre Stelle treten Heizkörper (Abb. 145), die unter der Papierbahn liegen
und das Trocknen der mit Emulsion überzogenen Bahn sofort, also nicht erst
in den Gehängen, einleiten. Kollodiumemulsion erstarrt durch Verdunstung und
nicht durch Abkühlung. Das völlige Trocknen erfolgt in Gehängen mit warmer
Luft. Der Trockenraumbedarf ist sehr viel geringer als bei den Gelatinepapieren.
Es ist schon oft vorgeschlagen und auch versucht worden, den verdunstenden

Alkohol-Äther wieder zu gewinnen. Z. B. nach dem Boecler-Verfahren der Firma Martini & Hüneke A.-G. würde dies wahrscheinlich auch gelingen; es ist aber fraglich, ob wirklich irgendwo eine derartige Anlage bei der Celloidinpapier-fabrikation in Gebrauch ist. Im allgemeinen sind die Mengen zu gering, um eine Wiedergewinnung rentabel zu machen. Ein großer Teil der Celloidinpapiere wird als selbsttonend mit Goldgehalt (Aurotyp, Cellofix) in den Handel gebracht (*D. R. P.* 135 318, 176 323). Auch durch Zusatz von *S*, *Se* oder *Te* hat man versucht, selbst-tonende Papiere herzustellen (*D. R. P.* 337 820). Zur Erzielung großer Kontraste im Bild, also einer steilen Gradation, fügt man der Emulsion entweder Chromate — Rembrandt-Papiere — (*D. R. P.* 85121) oder Vanadinsalze (*D. R. P.* 203 373) zu. Celloidinpapiere kopieren rascher als Aristopapiere. Soweit sie nicht goldhaltig sind, werden sie meist im Tonfixierbad getont, in welchem die Tonänderung zum Teil unter Schwefelsilberbildung neben der Goldablagerung verläuft. Celloidin-papiere bedürfen ebenfalls der Strohpapierzwischenlagen in der Verpackung zur Erzielung ausreichender Haltbarkeit. Die zur Verwendung kommenden Barytpapiere müssen eine alkohol-äther-undurchlässige Barytschicht haben. Matte Oberfläche der Schicht wird nicht mittels Mattierungsmittel, wie Stärke, sondern durch Verwen-dung besonders matter Barytpapiere erreicht. Die Raumbeleuchtung bei der Her-stellung von Auskopierpapieren ist gewöhnliches Glühlicht, für Celloidinpapier mit explosionssicheren Schaltern und Lampenfassungen. Verarbeitet werden Auskopier-papiere bei gedämpftem Tageslicht.

Zahllose andere Auskopierverfahren sind ausgearbeitet worden; manche haben eine Blütezeit erlebt, aber alle sind dem Streben nach raschem und billigem Arbeiten, wie es die Entwicklungs-papiere ermöglichen, zum Opfer gefallen. Erwähnt sei das Platinpapier, da dieses sowohl in Deutschland wie in England und Amerika vor dem Kriege fabrikmäßig hergestellt wurde. Überzieht man sehr reines Rohpapier mit einer Lösung von Ferrioxalat und belichtet im Tageslicht, so wird an den belichteten Stellen das Ferrioxalat zu Ferrooxalat reduziert. Behandelt man das nur schwach sichtbare Bild mit Lösungen von Edelmetallsalzen, Silbernitrat, Aurosulfat, Kaliumplatinchlorür, Kaliumpalladiumchlorür u. s. w., so wird an den Bildstellen Edelmetall niedergeschlagen. Das un-belichtete Ferrisalz wird durch angesäuertes Wasser entfernt. Platinkaliumchlorür kann man auch direkt dem Ferrisalz zumischen und erhält so ein bräunliches Bild, das in einer warmen oder kalten Lösung von Kaliumoxalat sich zu einem sehr schönen blauschwarzen Bild entwickelt. Wenn man Alkalioxalate der Präparation zufügt, so erhält man direkt kopierende Platinpapiere. Eines der hier skizzierten Verfahren, u. zw. das mit Silbersalzen in der Ferricitratpräparation, wird unter dem Namen Sepiablitzpapier bei den Lichtpauspapieren beschrieben, wo es auch heute noch eine wichtige Stellung einnimmt. Trotz aller Bemühungen reichen seine photographischen Qualitäten für ein eigentliches photographisches Papier doch nicht aus.

Chromatpapier. Gelatine, Gummi arabicum und andere organische Kolloide geben, mit Chromaten versetzt, ein lichtempfindliches Gemisch. Das Chromat wird bei der Belichtung zu Chromichromat reduziert. Es zerfällt in Wasser durch Hydrolyse, und das entstehende Chromihydroxyd härtet (gerbt) die organischen Kolloide in bekannter Weise. Behandelt man ein unter einem Negativ auf einer solchen Schicht belichtetes Bild mit warmem Wasser, so wird das unbelichtete Kolloid weggelöst, und es bleibt ein Kolloidrelief zurück, dessen Höhen der jeweiligen Belichtung entsprechen. War daher das Kolloid vorher mit Pigment gefüllt oder wasserecht angefärbt, so erhält man ein Bild in der Farbe des Pigments — Pigmentpapier. Der vollkommenen Gradation und Haltbarkeit der Bilder wegen findet Pigment-papier auch heute noch photographische Verwendung. Man trägt mit Auftrag-maschinen, ähnlich denen für Entwicklungspapiere, eine dickflüssige Pigmentmasse, eine Mischung aus Gelatine von niedrigem *Schmelzp.* (Pigmentdruckgelatine) und einer feinen Verreibung von Gasruß oder Caput mortuum oder Farblacken in Glycerin, unter Zusatz von Zucker und etwas Natronseife auf ein Rohpapier auf, an das kaum chemische, sondern nur mechanische Anforderungen gestellt werden. Das mit der Pigmentmasse überzogene Papier ist noch nicht lichtempfindlich. Es wird erst vom Verbraucher durch Baden in einer Ammoniumchromatlösung (mit etwas Ammoniak versetzter Lösung von Ammoniumdichromat) und Trocknen sensi-bilisiert. Nach der Belichtung, etwa im Ausmaße wie für ein Celloidinpapier, ist das Bild noch nicht sichtbar. Man quetscht das Pigmentpapier naß auf ein Papier, das mit einer gehärteten Gelatineschicht überzogen ist. Das ursprüngliche Papier und die unbelichtete Gelatine oder vielmehr Pigmentmasse wird mit warmem Wasser entfernt. Auf dem „einfachen Übertragpapier" steht dann ein schönes, aber seitenverkehrtes Bild. Darf das Bild nicht seitenverkehrt sein, so entwickelt man es auf einem mit einer dünnen Kautschukschicht oder Harzwachsschicht überzogenen Papier, dem sog. doppelten Übertragpapier. Nach der Entwicklung wird es dann endgültig auf die mit gehärteter Gelatine überzogene Papierunterlage übertragen. Berühmt sind z. B. die Bilder des HANFSTÄNGL-Verlags in München. Diese Anstalt fertigt vorzügliche Pigmentpapiere dazu selbst an. Das meiste Pigmentpapier wird aber nicht zu photographischen Bildern, sondern zum Übertragen von photographischen Aufnahmen im Kupfertiefdruck, der als Illustrationsdruck ja die größte Rolle spielt, gebraucht. Übrigens findet die Lichtempfindlichkeit von Chromatkolloidschichten, insbesondere auch von Eiweißschichten, bei photomechanischen Prozessen eine ausgedehnte Verwendung (s. Reproduktionsverfahren, Bd. VIII, 694).

Öldruckpapier. Ein gutes festes Rohpapier wird mit einer reinen Gelatinelösung überzogen. Durch Behandeln mit einer alkoholisch-wässerigen Lösung von Ammoniumbichromat wird die Gelatineschicht lichtempfindlich gemacht. Nach dem Kopieren wird das schwach bräunliche Bild nur mit kaltem Wasser ausgewaschen. Die belichteten Stellen des feuchten Bildes nehmen nach Maßgabe der Belichtung fette Farbe an, die unbelichteten stoßen sie völlig ab. Das Bild aus fetter Farbe kann in Pressen auf andere Papierunterlagen übertragen werden; die Matrize kann mehrmals verwendet werden.

Bromöldruckpapier. Bei diesem findet nicht die Lichtempfindlichkeit eines Chromatkolloids Anwendung. Bromöldruckpapier ist ein normales Bromsilberpapier, dessen Schicht aber bei der Herstellung keine oder nur eine sehr mäßige Härtung erfahren hat. Das fertige Bild wird mit einer Mischung aus Kaliumdichromat-Kupfersulfat- und Bromkaliumlösung behandelt. Unter Verwandlung des Silbers des Bildes in Bromsilber bleicht das Bild aus, während gleichzeitig an den Bildstellen das Chromat zu Chromichromat bzw. Chromioxyd reduziert wird. Dieses verbindet sich sofort mit der Gelatine und gerbt sie. Nach dem Entfernen des Bromsilbers mittels Natriumthiosulfats und dem Auswaschen bleibt ein schwaches Gelatinerelief zurück, das sich vollkommen so verhält wie das beim Öldruckpapier geschilderte, d. h. es nimmt fette Farbe nur an den Bildstellen an. Bromöldruckbilder sind von hoher photographischer Qualität, viel höher als die zugrunde liegenden Bromsilberbilder; sie sind auch auf andere Papierunterlagen übertragbar. Fast alle Photopapierfabriken verfertigen Bromsilberpapiere, die sich zum Bromöldruck besonders eignen.

Prüfung photographischer Papiere. Beim Verbraucher besteht die Prüfung fast ausnahmslos in der rein praktischen Herstellung von wirklichen photographischen Bildern. Dagegen wird in den Photopapierfabriken selbst sorgfältig geprüft. Allerdings besteht für Photopapiere noch kein einheitliches System der Empfindlichkeitsprüfung. Meist wird mit Keilphotometern und beliebigen Lichtquellen in nicht streng reproduzierbarer Weise die Lichtempfindlichkeit und die Gradation bestimmt. Gut verwendbar, nur für umfangreichen Gebrauch zu langsam arbeitend, ist das Prüfungsverfahren mit dem GOLDBERG-Keil und dem zugehörigen GOLDBERG-Densographen. Die Keilverfahren leiden alle daran, daß man nur langsam mit ihnen arbeiten kann; es ist auch unzweckmäßig, unmittelbar auf die lichtempfindliche Schicht ein nur schwierig optisch homogen zu haltendes Medium aufzulegen. Schneller arbeitet man mit Sektorsensitometern nach dem Prinzip des SCHEINER-Sensitometers. Die Abb. 147 zeigt das FERD. SCHOELLERsche Mehrfachsensitometer, bei dem 8 einzelne Streifen der Photopapiere gleichzeitig unter einem Sektor belichtet werden. Die Lichtquelle ist eine durch Nitralicht von 2800° K beleuchtete regulierbare Blende, so daß Papiere jeder Lichtempfindlichkeit damit geprüft und in ihrer Lichtempfindlichkeit aufeinander bezogen werden können. An den Sensitometerstreifen kann man nach der Entwicklung auch die Gradation klar erkennen, oder sie mit einem Schwärzungsmesser (SCHMIDT & HAENSCH) genau ausmessen und in ein Koordinatensystem eintragen. Vgl. Bd. VIII, 421, Abb. 134. Die Tangente an die Kurve ergibt als tangens ihres Winkels mit der Abscisse (die hier die Sensitometergrade darstellt): „Gamma" als Ausdruck der Steilheit. Man bezeichnet Papiere mit einem Gamma kleiner als 1 oder = 1 als sehr weich, mit einem Gamma bis 1,4 als weich, bis 2 als normal, zwischen 2 und 3 als hart und, was darüber ist, als sehr hart. An den

Sensitometerstreifen und auch an größeren, durch Belichtung und Entwicklung gleichmäßig grau angelaufenen größeren Papierstücken beobachtet man die Freiheit von hellen und dunklen Flecken und von der gefürchteten, maserigen Zersetzung u. s. w. Den Glanz mißt man mit einem Glanzmesser (ASKANIAWERKE; SCHMIDT & HAENSCH) oder mit dem OSTWALDschen Halbschattenphotometer (FERD. SCHOELLER) und drückt ihn in empirischen Glanzgraden oder besser in den KLUGHARDTschen Glanzzahlen aus. Papierkorn und Färbung vergleicht man mit Typenmustern. Die Prüfung wird nach bestimmten Zeiträumen wiederholt, um Erfahrungen über die Haltbarkeit der Papiere zu sammeln. Um die Lagerzeit dabei abzukürzen, verbringt man die Proben in den sog. Inkubator (HERAEUS, Hanau), einen Wärmschrank, in dem die Papierproben einer erhöhten Temperatur und Feuchtigkeit für einige Tage ausgesetzt werden. So kann man auch Anhaltspunkte für die Haltbarkeit der Photopapiere in den Tropen bekommen, doch sind die Inkubatorergebnisse vorsichtig zu bewerten.

Die Verarbeitung photographischer Papiere. Ein großer Teil der Photopapiere wird noch in kleinsten Mengen und mit primitiven Mitteln (Kopierrahmen, Schalen) verarbeitet. Es gibt aber auch Verarbeitungsstätten, Kopieranstalten, Photohändler und Großverbraucher, bei denen, von Amerika ausgehend, maschinelle Hilfsmittel zur Anwendung kommen. Zwar wird auch dann noch meist das Entwickeln der Bilder einzeln oder in geringer Anzahl in Schalen vorgenommen; aber schon zum Fixieren kommen Fixierapparate zur Verwendung, welche die fixierten Bilder automatisch der Auswässerung zuführen, die automatisch weiterbetrieben wird. Insbesondere das Auswaschen fand schon frühzeitig in Waschapparaten statt. Die neueren Formen sind den Trommelwaschmaschinen für Wäsche nachgebildet. Der Antrieb der Trommel erfolgt durch ein Wasserrad, dessen Abwasser in den Waschapparat geleitet wird, so daß der Antrieb selbst kostenlos ist. Früher machte das Trocknen einer großen Zahl von Bildern erhebliche Mühe; man trocknete auf Hürden mit Gazebespannung. Heute herrscht die Trockenmaschine. Eine Metalltrommel von 60—80 *cm* Durchmesser und einer Breite bis zu 1 *m* wird mit Gas oder Elektrizität so stark ge-

Abb. 147. Mehrfachsensitometer von FERD. SCHOELLER, Köln-Lindenthal.

heizt, daß die durch ein endloses Tuch dagegen gepreßten Bilder nach einer Rotation der Trommel in wenigen Minuten vollkommen getrocknet abfallen. Für diese Trocknungsart wurde eine besonders starke Härtung der Schicht der photographischen Papiere notwendig. Neuerdings macht man die Mantelfläche des Trockenzylinders hochglänzend und verchromt sie, so daß die Bilder gleichzeitig mit Hochglanz versehen werden. Die fertigen Bilder werden nicht mehr mit der Schere, sondern mit Schneidapparaten beschnitten, die zum Teil mit Fußbetrieb arbeiten und einen beliebig breiten weißen Rand um das Bild stehen lassen. Kartenpressen halten die Bilder flach. Das Aufkleben auf Kartons wird nicht mehr mit Kleister, sondern mit Klebefolien vorgenommen. Diese sind mit Harz imprägnierte Seidenpapiere, die zwischen Bild und Unterlage eingelegt werden; die Vereinigung erfolgt durch warmes Pressen. Solche Bilder liegen dauernd flach. Das Kopieren erfolgt in Kopierapparaten, die mit Belichtungsuhren (HAUCK, Feldkirchen) zur automatischen Begrenzung der einmal richtig befundenen Belichtungszeit versehen sind. Verstellbare Stahlbänder gestatten eine beliebige Wahl der Bildgröße. Solche Kopierapparate können mit Einzelblättern arbeiten, oder man arbeitet von der Rolle. Eine Sonderausführung (Bromograph) vereinigt den Belichtungsapparat mit der Entwicklungs-, Wasch-, Fixier- und Waschvorrichtung mit kontinuierlicher Arbeitsweise. Dieser Apparat leitet schon zum photographischen Maschinendruck über. Neuerdings baut die Firma SIEMENS einen Reproduktionsautomaten, besonders zur Reproduktion von Schriftstücken und Zeichnungen, der nach einmaliger Einstellung des Objektes und der Belichtungszeit in etwa 10′ völlig automatisch ein positives Bild bezw. eine beliebige Anzahl solcher fix und fertig erzeugt. Nach der Entwicklung wird dabei durch ein Umkehrverfahren das ursprünglich erhaltene negative Bild in ein positives Bild verwandelt. Auch die Photomatonapparate arbeiten in der gleichen Weise. Das Papier zu diesen Apparaten trägt zur Vermeidung der Wasseraufnahme auf der Rückseite und unter der Bildschicht einen lackartigen Überzug aus Nitrocellulose.

Photographischer Maschinendruck und maschinelle Photographie[1] ist ein Verfahren zur Herstellung von Photographien in Massenauflagen auf maschinellem Wege. Die maschinelle Einrichtung umfaßt die Belichtungsmaschine, die Entwicklungsmaschine und den Trockenapparat nebst Roller.

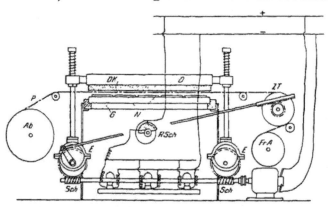

Abb. 148. Schematische Darstellung einer Belichtungsmaschine.

Verarbeitet werden fast ausschließlich hochempfindliche Bromsilberpapiere, kartonstark, für Bromsilberpostkarten, Plakate, Reklame- und geringere Kunstblätter, Zigarettenbildchen, Schmuckbildchen für Kartonagenindustrie u. s. w.

Die für Belichtung von Bromsilberpapier hergestellten Belichtungsmaschinen (Abb. 148) bestehen aus einem Kasten, in dem Glühlampen eingeschlossen sind. Dieser Lichtkasten wird oben durch eine starke Glasplatte G abgeschlossen, auf der die Negative N liegen. Ein starker Deckel aus gehobeltem Eisen D, meist mit dickem Filz DK belegt, preßt das photographische lichtempfindliche Papier P an die Negative an. Die Lichtquelle wird durch einen Rotationsschalter RSch ein- und ausgeschaltet. Die maschinellen Teile der Belichtungsmaschine bestehen aus der Abrollvorrichtung Ab der Bromsilberpapierrollen mit Bremse auf der einen Seite der Maschine, auf der andern Seite aus der Abzugstrommel ZT, die, von einer Zahnstange mit Freilauf nach jeder Belichtung angetrieben, ein stets gleiches, in der Länge einstellbares Stück Papier vorzieht. Ferner finden wir an 2 Wellen 4 Kurbeln oder Exzenter E, die den Deckel heben und senken. Der Kreislauf der Tätigkeiten der Maschine umfaßt also: 1. Anpressen des Papiers an die Negative durch Senken des Deckels; 2. Einschalten der Lichtquelle; 3. Ausschalten derselben nach einstellbarer Belichtungszeit; 4. Heben des Deckels; 5. Vorschub eines neuen Stückes Bromsilberpapier. Das belichtete Papier wird entweder sofort auf Trommeln aufgerollt oder direkt in die Entwicklungsmaschine geleitet. Die Entwicklungsmaschine enthält einen Trog mit dem Entwickler, jetzt fast ausschließlich Metol-Hydrochinon, ein Waschbad, Behälter für Fixiernatron und weitere Waschbäder. Die Länge der Anlage richtet sich nach der gewünschten Leistung. Rechnet man, wie üblich, mit etwa 4 m pro 1′ bei 2′ höchstens für Entwicklung, 5′ Fixieren, 40′ Waschen, so ergibt sich, daß gleichzeitig im Entwicklungsbade 8 m, im Fixierbade 20 m und im Waschbade 160 m Papier liegen, d. h. insgesamt müssen in der Anlage rund 190—200 m Papier untergebracht werden können. Um dies technisch möglich zu machen, wird das Papier in Falten, früher über Walzen, jetzt fast ausschließlich in freien Falten, die durch einen Haspel eingelegt werden, durch die Bäder geführt.

Abb. 149 zeigt eine moderne Entwicklungsanlage der RADEBEULER MASCHINENFABRIK A. KOEBIG, Radebeul, mit der NAUCKschen Haspeleinrichtung. Die Entwicklungströge sind mit einer durch einen Exzenter angetriebenen Schaukelvorrichtung versehen. Die das Papier im Entwicklungstrog führenden Walzen sind auf einer Seite an einer Führung beweglich angeordnet, so daß man durch Annähern oder Entfernen der Walzen den Weg im Entwicklungstrog und damit die Zeit der Einwirkung beliebig verändern kann. Die Haspeln legen das entwickelte Papier in freien Falten in die Bäder, u. zw. nehmen die etwa 1,5 m langen Tröge je bis 30 m Papier auf. Dementsprechend werden die Anlagen bei Anwendung des Haspelsystems sehr kurz, bzw. es kann ohne übermäßig lange

---

[1] Bearbeitet von W. NAUCK.

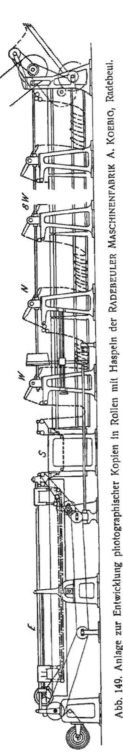

Abb. 149. Anlage zur Entwicklung photographischer Kopien in Rollen mit Haspeln der RADEBEULER MASCHINENFABRIK A. KOEBIG, Radebeul.

Maschinen das Bromsilberpapier zugunsten der Haltbarkeit gründlich gewässert werden. Die Entwicklungsschale *E* mit dem Essigsäurebade *S* und dem Wasservorbade *W*, dem Bottich mit dem Fixiernatron *N* befinden sich in einer Dunkelkammer; alle übrigen Teile der Entwicklungsanlage, also das zweite Fixierbad, die Wasserbäder *8W* und die Aufhängeapparate, werden in Tageslichträumen untergebracht. Die Trockenvorrichtungen müssen verhältnismäßig umfangreich sein; denn das Papier nimmt in den Wasserbädern etwa sein eigenes Gewicht an Wasser auf, auch wenn es zwischen Walzen gut von anhaftendem Wasser befreit wird. Hierzu eignen sich am besten Gummiwalzen, die mit etwa 4—6 Lagen Flanell umwickelt sind. Die getrockneten, aber nicht übertrockneten, also noch geschmeidigen Bildbänder werden auf Rollern zu festen Rollen gewickelt und bleiben einige Zeit unter Spannung stehen. Dann werden die Rollen zu Bogen auf Handschneidemaschinen zerschnitten, weiter auf Blockschneidemaschinen aufgeteilt, und die fertigen Bilder gehen durch den Sortier- und Packraum in das Lager.

Große Sorgfalt erfordert das Montieren der Negative auf den Druckrahmen. Die auf richtiges Format geschnittenen Negative werden nach der Dicke des Glases sortiert, auf nicht zu dicke Spiegelglasplatten mit schwarzen Papierstreifen aufgeklebt und dann von der Rückseite ausgeglichen. Das Ausgleichen geschieht in der Weise, daß die zarten Negative durch untergelegte Bogen feinen

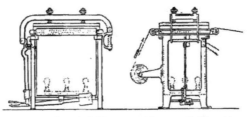

Abb. 150. Handbelichtungsmaschine von A. KOEBIG, Radebeul.

Seidenpapiers so abgedunkelt werden, daß auf einem Probedruck in der Handbelichtungsmaschine (Abb. 150) oder in den neuerdings von A. KOEBIG gebauten kleineren Belichtungsmaschinen alle Negative mit gleicher Kraft erscheinen. Dann werden die einzelnen Negative nochmals besonders vorgenommen, zu dunkle Stellen durch aufgelegtes Papier oder durch Schwärzung mit dem Bleistift aufgehellt, zu helle Stellen durch Fortnahme von Seidenpapier transparenter gemacht. Auf diese an sich einfache, aber sehr große Geschicklichkeit erfordernde Art werden sehr schöne Effekte erzielt und selbst aus dichten, harten Negativen Einzelheiten herausgeholt, die ohne diese Zurichtung in den Tiefen versinken oder in kreidigen hellen Stellen nicht herauskommen würden.

Die Herstellung der Negative, falls nicht die Originale verwendet werden, nach eingesandten oder erworbenen Papierbildern oder Glasdiapositiven erfordert ebenfalls große Übung. Meistens werden die Papierbilder in Kästen von einem Kranz von Glühbirnen beleuchtet und durch einen Ausschnitt vorn mit orthochromatischen Platten photographiert, möglichst unter Ausschluß des Allgemeinlichtes. Das allseitig belichtete Papierkorn kommt dadurch nicht zur Wirkung; durch Verwendung des gelben Glühlampenlichtes kann ohne Gelbscheibe gearbeitet werden, und durch Fortfall der von vorn einfallenden Strahlen wird die auf der blanken Papierfläche sehr störende Spiegelung vermieden.

Das Anbringen von Schrift erfordert eine Reihe von Kunstgriffen. Kleine Fabrikmarken werden reihenweise auf abziehbare Platten photographiert; dann zieht man die Schicht ab, schneidet die kleinen Plättchen mit den Bezeichnungen auseinander und klebt sie auf transparente Stellen des Negativs auf. Sind solche auf dem gewünschten Teil des Negativs nicht vorhanden, so reibt man ein Stückchen Stanniol mit einem Loch von geeigneter Größe auf der betreffenden Stelle des Negativs fest, betupft die vom Stanniol nicht bedeckte Stelle mit FARMERschem Abschwächer bzw. erst mit rotem Blutlaugensalz und dann nach Auswaschen desselben mit Fixiernatron, wäscht nochmals, trocknet und klebt das Häutchen mit der Bezeichnung nun auf der jetzt transparenten Stelle fest. Längere Beschriftungen kann man mit fetter Steindruckfarbe auf Umdruckpapier in der Buchdruckpresse aufdrucken, dann auf dem Negativ abziehen und durch Einstauben mit Aluminiumbronze, die auf der fetten Farbe klebt, für durchfallendes Licht undurchlässig machen.

Fast alle photographischen Maschinendruckereien haben Einrichtungen zum Erzeugen von Hochglanz. Diesen stellt man her durch Einweichen des Bromsilberpapiers in Wasser, das mit Ochsengalle versetzt ist, und Aufquetschen auf eine Spiegelglasplatte. Matte Bromsilberpapiere erhalten dadurch schönen Emailleglanz. Um den Verkaufswert zu erhöhen, werden die Bilder oft noch koloriert.

Das Kolorieren erfolgt mit Schablonen aus dünnem Zinkblech mittels Anilinfarben, die in Wasser gelöst sind. Meist werden 6—8 Farben aufgetragen und dann noch durch Aufsetzen von Deckweiß Spitzlichter eingesetzt, ferner mit Goldbronze besondere Effekte erzielt, oder Glasstaub und Perlen werden mit Klebstoff auf geeigneten Stellen des Bildes befestigt. Feine Karten erhalten noch Goldschnitt. Das Kolorieren erhielt durch Verwendung von Spritzapparaten besonderen Aufschwung. Die fein zerstäubten Farben ergeben neue Effekte, und die Mannigfaltigkeit der Muster wächst ins Unendliche. Die Kolorits wirken besonders schön auf braun getönten Photographien, da sich Schwarz niemals mit den Farben verbindet. Die braunen Töne erhalten Bromsilberphotographien fast nur durch Schwefeltonung. Man verwendete früher das warme Verfahren, bei dem die in Alaun gehärteten Bilder in ein etwa 50^0 warmes Bad von Fixiernatron und Alaun gelegt wurden. Beim kalten Verfahren bleicht man die gut gewässerten Bilder mit rotem Blutlaugensalz und verwandelt dann das Ferrocyansilber des Bildes durch Einlegen in ein Sulfidbad (meist Natrium- oder Ammoniummonosulfid) in ein sehr haltbares Schwefelsilberbild. Leider ist die Farbe des Schwefelsilberbildes, das stets schwächer ist als das ursprüngliche schwarze Silberbild, oft lehmfarben und unschön. Zum Schwefeln eignen sich feinkörnige Bromsilberemulsionen nicht, daher auch nicht Gaslichtpapiere. Die Fabrikanten der jetzt hergestellten Spezial-Maschinendruckpapiere tragen diesem Umstande Rechnung. Die Schwefeltonung wird heute meist maschinell bewirkt. Die besonders gut vom Fixiernatron befreiten Bildbänder durchlaufen zuerst das Bad mit rotem Blutlaugensalz und bleichen in diesem sofort. An dieses Bad schließen sich meist 2 Waschbäder, und nun taucht man das Papier in das Sulfidbad, das zweckmäßig von einer kräftig ventilierten Haube zum Entfernen des Schwefelwasserstoffgeruchs überdeckt ist. Nach weiterem Auswaschen gelangen die Bildbänder wieder auf den Aufhängeapparat und Roller. Zuweilen ist sogar die Entwicklungs- und Schwefeltonungsanlage kombiniert, um den besonderen Aufhängeapparat zu sparen.

Auch die Kinematographie ist bis in die kleinsten Einzelheiten Maschinenphotographie und bedient sich zum Aufnehmen, zum Kopieren und zum Entwickeln ihrer Reihenbilder feinmechanischer Apparate von höchster Vollendung, die aber in ihren Grundzügen den vorstehend beschriebenen Maschinen für photographische Papiere entsprechen. Vgl. darüber Bd. VIII, 426 ff.

Lichtpauspapiere sind lichtempfindliche, technische Papiere zur Vervielfältigung von Zeichnungen. Da Halbtöne nicht wiederzugeben sind, ihr Erscheinen sogar unerwünscht ist, sind die Anforderungen an die Gradation gering; diese muß nur kurz sein. Seit HERSCHEL im Jahre 1842 das erste auf der Lichtempfindlichkeit der Eisenoxydsalze beruhende Lichtpausverfahren auffand, sind zahllose Lichtpausverfahren beschrieben worden. Nachstehend sollen nur die technisch wichtigen Verfahren abgehandelt werden.

Das Verfahren von HERSCHEL, das unter dem Namen Blaunegativ oder Blaupauspapier immer noch viel verwendet wird und seiner Einfachheit und Billigkeit wegen auch noch lange in Benutzung bleiben wird. Man kann annehmen, daß allein 500 000 Rollen von 10 m Länge und 1 m Breite von den deutschen Lichtpauspapierfabriken jährlich angefertigt und abgesetzt werden. Auch das zweite noch vielgebrauchte Verfahren, das Eisengallus- oder Positiv-Lichtpausverfahren, ist in seinen Prinzipien sehr alt; es geht auf die Arbeiten POITEVINs aus dem Jahre 1859 zurück. Etwa 300 000 Rollen davon werden in Deutschland noch angefertigt. Wichtig ist auch noch das Sepiaverfahren, das in der Form des Sepia-Blitz-Pauspapiers auf ARNDT und TROST aus dem Jahre 1894 zurückgeht. Man kann seine Erzeugung auf 50 000 Rollen in Deutschland schätzen. Auf ganz anderer chemischer Grundlage beruhen die modernen Lichtpausverfahren, die Diazotypieverfahren. Schon im *D. R. P.* 56606 war ein Verfahren beschrieben, das auf der Lichtempfindlichkeit des Diazoprimulins beruhte, und ein anderes im *D. R. P.* 53455, das sich der Lichtempfindlichkeit der diazosulfosauren Salze bediente; beide kamen ihrem Wesen nach den modernen Verfahren schon recht nahe. Das *D. R. P.* 82239 der *Agfa* beschrieb ein weiteres Diazoverfahren, das sich aber wie die beiden vorhergehenden in der Folge doch nicht als lebensfähig erwies. Erst der Befund von G. KÖGEL, daß Diazoanhydride im Dunkeln auf Papier sehr gut haltbar, aber trotzdem sehr lichtempfindlich sind, ermöglichte eine lebensfähige und lebenskräftige Form der Diazotypie-Lichtpausverfahren, die insbesondere durch die Firma *Kalle* ausgearbeitet und verbreitet wurden bzw. noch werden. In raschem Aufschwung haben hier und im Ausland, insbesondere auch in England, dem Vaterland des alten Primulinprozesses von GREEN, CROSS und BEVAN, die Diazotypielichtpauspapiere sich einen großen Markt erobert. Es ist zwar alles noch im Fluß; aber man kann heute schon übersehen, daß den neuen Verfahren die Zukunft gehört, wenn sie auch das Blaunegativ seiner Einfachheit und Billigkeit wegen und das Sepiaverfahren seiner Schönheit und Echtheit wegen, das es insbesondere für Dokumente geeignet macht, in absehbarer Zeit nicht ganz verdrängen werden.

Das Rohpapier für die Lichtpausverfahren ist viel billiger und einfacher als das Rohpapier für die eigentlichen photographischen Papiere. Aber die Ansprüche an die Festigkeit sind höher, da Lichtpauspapiere zu Maschinen-Werkzeichnungen und zu Bauplänen verwendet werden. Es werden hohe Falzzahlen — wenigstens 50 Doppelfalzungen — verlangt. Wichtig ist ein geringes Maß von Dehnung beim Feuchten und von Schwinden beim Trocknen, doch gibt es keine Rohpapiere ohne Maßänderung im Handel. Da Halbtonbilder im allgemeinen nicht angefertigt werden, ist die völlige Freiheit von Metallsalzspuren oder von feinen Metallteilchen nicht erforderlich; doch sind auch hier bestimmte Anforderungen an die chemischen Eigenschaften des Rohstoffs zu erfüllen. Ferricyansalze z. B. dürfen nur sehr langsam zu Ferrosalzen reduziert werden, da davon die Haltbarkeit der Lichtpauspapiere abhängt. Für die Negativ-Lichtpauspapiere ist die Leimung reine Harzleimung, da sich die Ferrisalze der Präparation mit tierischer Leimung verbinden würden und unauswaschbar würden. Als Rohmaterial finden nur gebleichte Holzcellulosen und Strohstoff Anwendung. Für das Negativverfahren und das Sepiaverfahren wird die Faser rösch gemahlen, da dabei die Schicht in gewissem Maße in das Papier eingesaugt werden muß. Man leimt deshalb auch nicht voll und vermeidet auch Stärkezusatz. Für das Eisengallusverfahren wird dagegen schmierig gemahlen, voll geleimt und Stärke zugesetzt, da hier die Präparation oben auf der Papieroberfläche liegen soll. Für diesen Prozeß, aber auch für das Diazotypieverfahren, werden auch transparent gemachte Papiere, Pausleinen, ja sogar Cellulosehydratfolien (Bd. III, 157) als Bildträger benutzt. Das Quadratmetergewicht der Lichtpausrohstoffe ist normalerweise 100—110 g, die Breite 75 und 100 cm. Barytierung oder sonstige körperhafte Auftragungen vor dem lichtempfindlichen Auftrag sind nicht üblich; nur bei mangelhaften, zu stark saugenden Rohpapieren wird manchmal eine Vorpräparation unmittelbar vor dem Auftrag der lichtempfindlichen Flüssigkeit vorgenommen. Lichtpausrohpapiere werden von einer größeren Zahl von Feinpapierfabriken hergestellt, u. zw. auch von solchen, die keine Photorohpapiere machen.

Lichtpauspapiere werden heute sowohl in einigen wenigen Großbetrieben hergestellt (RENKER-BELIPA in Düren und Berlin, *Kalle* in Biebrich), welche im Tage wenigstens 1000 Rollen zu 10 m herstellen, als auch in mittleren, kleinen und Zwergbetrieben. Ja es gibt Maschinenfabriken, welche sich ihren Eigenbedarf selbst herstellen.

Die Auftragmaschine, von der die Abb. 151 eine Gesamtansicht zeigt, hat einen viel geringeren Raumbedarf als die Auftragvorrichtungen der Photopapiere, da die Trockeneinrichtung nicht ein langer Hängegang ist, sondern eine Intensivtrocknung mittels Heizung unmittelbar nach dem Auftrag, so daß die Gesamtraumeinnahme kaum größer ist als bei der Auftragmaschine für Emulsionen allein.

Abb. 151. Lichtpauspapier-Präpariermaschine der RADEBEULER MASCHINENFABRIK AUG. KOEBIG, Radebeul-Dresden.

Von einer gebremsten Abrollung kommt die Papierbahn in direkte Berührung mit der aus Hartgummi bestehenden Auftragwalze, die unmittelbar in die Präparation taucht. Das Papier übersättigt sich bei dieser Berührung mit Präparation. Der Überschuß wird durch verstellbare Glasschaber wieder abgestreift. Je nach der Saugfähigkeit des Papiers sind diese Schaber dem Auftrag näher oder entfernter. Eine pneumatische Zugtrommel oder eine Zugwalze führt die Papierbahn in den meist horizontalen, bis zu 7 m langen Trockenschlot. Geheizt wird dieser noch meist mit aus zahlreichen Luftmischdüsen brennendem Gas. Dieses gibt seine Wärme an ein Eisenblech ab, das es gegen die sich mit etwa 6 m Geschwindigkeit vorbeibewegende Papierbahn strahlt. In einer Minute muß die Trocknung praktisch beendet sein. In größeren Fabriken werden die Auftragapparate mit Dampf geheizt. Durch eine angetriebene Zugwalze wird das Papier dem Roller zugeführt und durch Friktion aufgerollt. Es gibt auch Vorrichtungen, welche die Papierbahn unmittelbar in fertige 10-m-Röllchen verwandelt. Sonst fällt diese Aufgabe besonderen Meß- und Rolltischen zu. Der Antrieb erfolgt am besten durch variablen Elektromotor, der die alten Deckenvorgelege und Riemen auf ein Minimum beschränkt. Manche Auftragmaschinen haben eine Einrichtung, um eine Vorpräparation unmittelbar vor dem Hauptauftrag aufbringen und trocknen zu können. Die Auftragräume haben Raumventilation und sind mit gelbem Licht beleuchtet. Fertige Lichtpauspapiere benötigen ein ganz trockenes und kühles Lager. Sie sind wohlverpackt zu lagern, da sie sonst rasch verderben. So kann man mit einer mehrmonatigen Haltbarkeit rechnen.

Blaunegativ. Die Präparation besteht aus einer Lösung von braunem Ferriammoniumcitrat, Citronensäure und Ferricyankalium in Wasser. Man rechnet 15 l Präparation für 1000 m² Papier. Diese enthalten etwa 500 g Ferricyankalium, 850 g Ferriammoniumcitrat und 250 g Citronensäure. Die Citronensäure erhöht die Lichtempfindlichkeit. Durch Zusatz von Oxalsäure bzw. durch Verwendung von Ferrioxalat an Stelle von Ferricitrat kann man auf Kosten der Haltbarkeit die Lichtempfindlichkeit noch beträchtlicher erhöhen. Durch einen Überschuß an neutralem oder saurem Alkalioxalat verbessert man wieder die Haltbarkeit und vertieft die Bildfarbe (D. R. P. 331 745, 354 388). Auch Zusätze von Kaliumbichromat als Klarhalter werden angewendet. Die Lichtempfindlichkeit entspricht im Mittel etwa der eines Celloidinpapieres. Die gelben oder gelbgrünen Papiere kopieren mit blaugrauer Farbe, die beim darauffolgenden Wässern tiefblau wird, während durch Herauswaschen des Ferrisalzes und Ferricyankaliums an den unbelichteten Stellen rein weiße Linien entstehen. Eine interessante Anwendung hat das Blaunegativverfahren im Fotoldruck, *D. R. P.* 201 968, von TELLKAMPF und A. TRAUBE erfunden. Quetscht man einen belichteten Negativblaudruck auf eine feuchte, mit etwas Ferrosulfat versetzte Gelatineoberfläche, so verändern die nichtbelichteten ferrisalzhaltigen Stellen die Gelatine so, daß sie Fettfarbe annimmt. Ferrisalze gerben Gelatine. Man erhält beim Abziehen mit Papier schöne positive Drucke. Die Matrize hält bis zu 50 Abzüge aus. Das schon lang bekannte Verfahren wird neuerdings viel verwendet.

Positivlichtpauspapier, Eisengalluspapier. Eine Mischung aus Ferrichlorid, Ferrisulfat, Weinsäure und Gelatine (WANDROWSKY empfiehlt 800 g Ferrichlorid, 200 g Ferrisulfat, 150 g Weinsäure und 500 g Emulsionsgelatine auf insgesamt 10 l Präparationsflüssigkeit) wird ganz dünn auf Papier aufgetragen. Es dauert 8 Tage, bis das Papier gebraucht werden kann. Bei der Belichtung wird das gelbe Papier entfärbt, da das Ferrichlorid in Ferrochlorid übergeht. Sofort nach der Belichtung muß man in einer gesättigten Lösung von Gallussäure in Wasser (7,5 g Gallussäure auf 1 l Wasser) entwickeln. Die unbelichteten Bildteile erscheinen in blauschwarzer Farbe (Tintenfarbe), da sich Ferrisalze und Gallussäure zu blauschwarzem Ferrigallat verbinden. Der Gallussäure gibt man eine geringe Menge Oxalsäure als Klarhalter zu. Aber nur an wenigen Orten arbeitet man so, merkwürdigerweise z. B. in Berlin. Sonst kauft man das Papier fertig mit Gallussäure versehen, so daß es beim Eintauchen in Wasser entwickelt. Dazu hat der Hersteller das Papier nach der Präparation eine Gallussäureeinreibemaschine passieren lassen, in der staubfeine Gallussäure mittels Filzreiber auf die lichtempfindliche Oberfläche fest eingerieben wird. Der Überschuß wird abgeklopft und abgesaugt. Die Gallussäure hindert den Kopierprozeß nicht. Man sieht auch sehr schönes Eisengallus-Pausleinen.

Sepiapapier, Sepiablitzpapier. WANDROWSKY empfiehlt hier 260 g braunes Ferriammoniumcitrat und 92 g Citronensäure oder 320 g Ferriammoniumoxalat und 64 g Oxalsäure in Wasser zu lösen und auf 1 l aufzufüllen. Man mischt mit einer Lösung von 100 g Silbernitrat in 1 l Wasser. Es wird so aufgetragen, daß 0,2—0,5 g Silbernitrat auf 1 m^2 kommen; man trocknet scharf. Das negative Bild erscheint mehrmals schneller als bei Blaunegativpapier, in bräunlicher Farbe. Durch Eintauchen in Wasser werden die belichteten Stellen tief schokoladebraun und die unbelichteten rein weiß. Es empfiehlt sich eine Nachbehandlung mit einer 5 %igen Natriumthiosulfatlösung und nachfolgendes Auswaschen. Die Pausen sehen so sehr schön aus. Wenn man sie auf dünnem, transparentem Papier anfertigt, so dienen sie als treffliche Negative, die z. B. mit Blaunegativpapier blaue Linien auf weißem Grunde ergeben. Das Verfahren braucht noch nicht den zehnten Teil an Silbersalz, den wirkliche Photopapiere zu ähnlichen Zwecken, insbesondere also Aktographenpapiere, benötigen. Die Pausen sind gut haltbar.

Diazotypie-Papiere. Das Verfahren beruht auf der Beobachtung, daß in gewissen beständigen Diazoverbindungen (z. B. 1,2-Diazonaphthol-4-sulfosäure, $ZnCl_2$-Komplexsalz des p-Diazo-diphenylamins) unter dem Einfluß des Lichtes und Mitwirkung von Wasser (Feuchtigkeit des Papiers) die Diazogruppen durch $-OH$ ersetzt werden (vgl. J. SCHMIDT und W. MAIER, *B.* **64**, 767 [1931]). Bestreicht man z. B. ein Blatt Lichtpausrohstoff mit einer Lösung von $^1/_2$ g 1,2-Diazonaphthol-4-sulfosäure in 200 cm^3 Wasser, so ist das trockene Papier dauernd haltbar und etwa so lichtempfindlich wie Blaunegativ. Badet man das kopierte Bild in einer alkalischen Lösung eines Phenols, so bildet sich an den unbelichteten Stellen, an denen die Diazoverbindung unverändert geblieben ist, der haltbare Azofarbstoff. Man erhält also von einem Positiv wieder ein Positiv. Einen bemerkenswerten Fortschritt stellte der im *D. R. P.* 386 433 [1921] von KÖGEL niedergelegte Befund dar, daß man den Diazoverbindungen (Diazoanhydriden) das kuppelnde Phenol schon auf dem Papier beigeben kann. Die in dem *D. R. P.* 386 433 genannten Diazoverbindungen lassen sich zum Teil ohne Zufügung von Säuren auftragen und bleiben hinreichend lange haltbar. Dazu kommt noch, daß ein darauf kopiertes Bild gar nicht eines Entwicklungsbades, etwa einer Sodalösung, bedarf, sondern sich durch gasförmiges Ammoniak, also praktisch trocken, entwickeln läßt. Es sind eine ganze Anzahl von Diazoverbindungen in diesem und in späteren Patenten, insbesondere auch im *D. R. P.* 422 972 [1924], beschrieben worden, die sich für das Verfahren eignen, und auch die Zahl der als brauchbar erkannten Phenole (Resorcin, β-Naphthol-3,6-disulfosäure, Phloroglucin u. s. w.) hat sich immer mehr erhöht. *D. R. P.* 386 433 und Zusatzpatente geben die Verwendung von Schwermetallsalzen an, um die Nuance des Azofarbstoffs zu verbessern und seine Echtheitseigenschaften zu erhöhen. Zuerst zeigten die Ozalidpapiere, unter welchem Namen *Kalle* diese Diazopapiere herstellte, nur einen wenig schönen, roten Ton. Aber heute gibt es Ozalidpapiere, welche tiefbraune und violettschwarze, schöne Töne geben. Auch auf Pausleinen und sogar auf Cellulosehydratfolien wird die Ozalidpräparation aufgetragen. Ihre nähere Zusammensetzung ist nicht bekannt. Ein gewisser Mißstand ist es, daß das fertige Bild noch beladen ist mit allen Substanzen, die zu seiner Herstellung dienten, was häufig zur Vergilbung des Bildgrundes führt.

Im *E. P.* 294 972 [1928] der Firma VAN DER GRINTEN ist die Herstellung tiefschwarzer Bilder unter Verwendung von p-Diazophenyldialkylaminen und Phloroglucin beschrieben. Im *D. R. P.* 514 084 [1927] von VAN DER GRINTEN ist die Verwendung des aus Phloroglucin und Hydroxylamin entstehenden Ketoxims geschützt, das beim Entwickeln mit Alkali erst das kuppelnde Phloroglucin abspaltet. Gegen die spätere Vergilbung setzt er reduzierende Mittel, wie z. B. aliphatische Aminoverbindungen, zu. E. GAY, Lyon (*Schwz. P.* 122 999, 125 635), verwendet Acetylderivate von Phenolen, Naphtholen, Naphtholsulfosäuren u. s. w. als Azokomponenten, die erst bei der Entwicklung im alkalischen Bade, bzw. Ammoniakdämpfen, verseift werden und dann kuppeln. FRANGIALLI, Paris, schlägt Sultone als Azokomponenten vor.

Neuerdings nehmen die Halbtrockenverfahren eine wichtige Stelle ein, die gleichzeitig an verschiedenen Orten entstanden sind. Ein solches Halbtrockenverfahren ist z. B. das Safirverfahren der RENKER-BELIPA, Düren, das Primulinpapier von VAN DER GRINTEN. Das Papier selbst enthält nur die lichtempfindliche Diazoverbindung, wie dies bei den alten bekannten Verfahren der Fall ist, wohl unter Zusätzen, welche ihre Haltbarkeit erhöhen, und von Antivergilbungsmitteln. Das fertigkopierte Bild wird nun durch einen kompendiösen Entwicklungsapparat in 2—3″ durchgedreht, in welchem die Bildoberfläche mit einer sodaalkalischen Lösung eines Phenols gerade nur ausreichend benetzt wird. Das Bild verläßt den Apparat fast trocken, so daß Trockenvorrichtungen nicht mehr notwendig sind. Man muß schnellkuppelnde Diazoverbindungen benutzen, da der Entwicklungsvorgang ja nur Sekunden dauern darf. Resorcin als Entwickler gibt ein gelbbraunes Bild, Phloroglucin ein violettschwarzes u. s. w.

Durch das Ozalidverfahren und das Safirverfahren u. ä. ist die Lichtpauserei sehr vereinfacht worden. Man benötigt nur noch den mit starken Bogenlampen ausgestatteten, automatischen Kopierapparat, der in etwa je 30″ eine belichtete Kopie gibt, und einen Ammoniakräucherkasten zur Entwicklung der Ozalidpapiere bzw. einen Entwicklungsapparat für die Safirpapiere oder andere Papiere nach dem Halbtrockenverfahren.

Wirtschaftliches. Die volkswirtschaftliche Bedeutung der Photopapiere. Genaue Statistiken über die Menge der fabrizierten Photopapiere gibt es nicht. Man kann aber mit einiger Sicherheit schätzen, daß etwa 100 Million. *m²* eigentlicher Photopapiere im Jahre hergestellt werden. Mit der Entwicklung der Photographie als Hilfsmittel fast aller Gewerbe und Industrien ist mit einem ständigen Anwachsen dieser Ziffer noch zu rechnen.

Literatur: FRITZ WENTZEL, Die photographisch-chemische Industrie. Technische Fortschrittsberichte B. 10. Dresden 1926. — Derselbe, Die Fabrikation der photographischen Platten, Filme und Papiere und ihre maschinelle Verarbeitung. Halle a. d. S. 1930. — W. NAUCK und ERICH LEHMANN, Fabrikation und Prüfung der photographischen Materialien. Berlin 1928. — E. J. WALL, Photographic Emulsions. American Photographic Publishing Co. Boston 1929.

Literatur über Lichtpausverfahren: H. WANDROWSKY, Die Lichtpausverfahren. Verlag der Papierzeitung. Berlin 1920. — EDERS Handbuch der Photographie. Bd. IV, 2. Teil, 4. Aufl., 1927. *K. Kieser.*

Phthalsäure, entdeckt von LAURENT 1836, bildet rhombische Krystalle, die sich bei 196—199⁰ unter Aufschäumen und unter Bildung von Phthal-säureanhydrid zersetzen. Der *Schmelzp.* schwankt je nach der Art des Erhitzens beträchtlich. D 1,585—1,593. 100 Tl. Wasser lösen bei 14⁰ 0,54 Tl., bei 99⁰ 18 Tl.; 100 Tl. absoluter Alkohol lösen bei 15⁰ 10,1 Tl.

Phthalsäureanhydrid kommt in krystallinischen Stücken oder in sublimierter Form in den Handel. In letzterer bildet es lange, weiße, biegsame Krystallnadeln. *Schmelzp.* 128⁰; Kp_{760} 284,5⁰; D^4 1,527. Löslich in der Siedehitze in Benzol, Chlor-benzol, leicht in Nitrobenzol. Beim Kochen mit Wasser entsteht Phthalsäure. Das Anhydrid gibt beim Kochen mit Alkoholen die entsprechenden sauren Ester, die zur Isolierung von höheren primären Alkoholen aus ätherischen Ölen benutzt werden (s. Riechstoffe). Löslichkeit in Wasser s. VAN DE STADT, *Ztschr. physikal. Chem.* 31, 250 [1899]. Das Anhydrid gibt bei der Chlorierung, in rauchender Schwefel-säure gelöst, ein Gemisch von 3,6-, 3,4- und 4,5-Dichlorphthalsäureanhydrid (C. GRAEBE, *B.* 33, 2019 [1900]; V. VILLIGER, *B.* 42, 3533 [1909]; A. W. CROSSLEY und H. R. LE SUEUR, *Journ. chem. Soc. London* 81, 1536 [1902]), während bei erschöpfender Behand-lung mit Chlor Tetrachlorphthalsäureanhydrid entsteht (N. JUVALTA, *D. R. P.* 50177). Die Nitrierung liefert ein Gemisch von je 50% 3-Nitro- und 4-Nitrophthalsäure (O. MILLER, *A.* 208, 224 [1880]; J. HUISINGA, *R.* 27, 277 [1908]). Einwirkung von trockenem Ammoniak gibt Phthalimid, Bd. VI, 238, von Phosphorpentachlorid Phthalylchloride, die in den beiden tautomeren Formeln reagieren können. Wasser-stoff in Gegenwart von fein verteiltem Nickel bei 200⁰ gibt quantitativ Phthalid,

$$C_6H_4 \overset{CH_2}{\underset{CO}{\diagdown \diagup}} O$$ (M. GODCHOT, *Bull. Soc. chim. France* [4] 1, 829 [1907]; s. auch *D. R. P.* 368 414 von *M. L. B.*). Durch Kondensation von Phthalsäureanhydrid mit aromatischen Kohlenwasserstoffen, z. B. Benzol, mittels Aluminiumchlorids erhält man o-Benzoyl-benzoesäure, die durch *konz.* Schwefelsäure in Anthrachinon übergeführt wird (Bd. I, 488). Auch Phenole lassen sich, besonders unter Verwendung von Acetylen-tetrachlorid als Lösungsmittel, durch $AlCl_3$ kondensieren (F. ULLMANN, *B.* 52, 2098 [1919]; *B.* 53, 826 [1920]). Mit anderen Kondensationsmitteln (Zinkchlorid, Schwefel-säure) entsteht bei Verwendung von Phenol das Phenolphthalein Bd. VIII, 352, mit Resorcin das Fluorescein (Bd. V, 492), mit alkylierten Aminophenolen die Rhodamin-farbstoffe (s. d.). p-Chlorphenol liefert Chinizarin (Bd. I, 500), α-Naphthol gibt Oxy-naphthacenchinon (DEICHLER und CH. WEIZMANN, *B.* 36, 349 [1903]). Mit Chinaldin vereinigt sich Phthalsäureanhydrid zum Chinolingelb (Bd. III, 202).

Bildung. Phthalsäure entsteht bei der Oxydation des Naphthalins unter den verschiedensten Bedingungen, so mit Salpetersäure (A. LAURENT, *A.* 19, 42 [1836]; CH. MARIGNAC, *A.* 42, 219 [1842]), mit Luft bei Gegenwart von Kohle (M. DENNSTEDT und F. HASSLER, *D. R. P.* 203 848), mit Kalium-permanganat neben Phthalonsäure (TSCHERNIAC, *D. R. P.* 79693; GRAEBE, *B.* 29, 2806; 31, 369), mit Calciumpermanganat (F. ULLMANN und J. B. UZBACHIAN, *B.* 36, 1805 [1903]), mit *konz.* Schwefel-säure bei Anwesenheit seltener Erden (DITZ, *Chem.-Ztg.* 29, 581 [1905]), durch elektrolytische Oxy-dation bei Zusatz von Cerverbindungen (*M. L. B.*, *D. R. P.* 152 063) u. s. w. Sie wird aus zahl-reichen Naphthalinderivaten (Naphthalintetrachlorid, α-Nitronaphthalin, Naphthole, Nitrosonaphthalin, Naphthylamin, Naphthalinsulfosäuren) durch oxydativen Abbau erhalten (s. z. B. die *D. R. P.* 139 956, 136 410, 138 790, 140 999 der BASLER CHEMISCHEN FABRIK).

Eine Zusammenstellung über die Herstellungsmethoden gibt H. D. GIBBS, *Journ. Ind. engin. Chem.* 11, 1031; 12, 1017; 14, 120.

Technische Herstellung. Diese erfolgte zuerst 1880 durch Oxydation von Naphthalintetrachlorid mit HNO_3 nach dem Verfahren von LAURENT (GRAEBE, *B.* 29, 2806).

1. Oxydation mit Chromsäure. Die Oxydation von Naphthalin mittels Bichromats und Schwefelsäure wurde anscheinend zuerst von der *BASF* großtechnisch durchgeführt; über die Arbeitsweise und die dabei erzielten Ausbeuten s. HELLER, *B.* 45, 674. Nach *Fierz*, S. 438, scheint das Verfahren von der *Ciba* noch ausgeführt zu werden, wobei die anfallende Chromlauge elektrolytisch oxydiert wird. Es handelt

sich hierbei anscheinend um das von F. DARMSTÄDTER (*D. R. P.* 109012; *Elektrochem. Ztschr.* **7**, 131 [1899]) angegebene Verfahren, wonach Naphthalin direkt im Elektrolysiergefäß oxydiert wird.

2. Oxydation mit Schwefelsäure bei Gegenwart von *Hg*. Bei den Versuchen, Naphthalin auf billigere Weise als nach 1. zu oxydieren, beobachtete SAPPER (BRUNCK, *B.* **33**, Sonderheft S. LXXX), daß die Oxydation mit hochkonzentrierter Schwefelsäure bei Gegenwart von *Hg*, das zufällig durch eine *Hg* enthaltende Glashülse in den Ansatz gelangte, gut durchführbar ist (*D. R. P.* 91202, *BASF*). Die technische Durchführung beschreibt F. WINTELER (*Chem.-Ztg.* **32**, 692 [1902]), wie folgt:

Man löst 350 *kg* Naphthalin in 3675 *kg* Schwefelsäure (66° *Bé*) und 1050 *kg* Oleum (23% *SO₃*) durch 3stündiges Erhitzen. Der Oxydationskessel ist eine eiserne, im Mauerwerk sitzende, mit Gas beheizte Pfanne, mit Rührwerk, Manometer, Kühler und Vakuumleitung versehen. Er wird beschickt mit 4 *kg Hg* und 120 *kg* Monohydrat und erhitzt, bis das *Hg* gelöst und die *H₂SO₄* abdestilliert ist. Zu dem rückständigen *HgSO₄* läßt man die Lösung der Naphthalinsulfosäuren in Portionen von je 22 *l* derart zufließen, daß diese Menge in etwa 15' abdestilliert. Sobald der *CO₂*-Gehalt der entweichenden Gase 0,6—0,8% erreicht, füge man *konz. H₂SO₄* hinzu, dann wieder Naphthalinsulfosäurelösung u. s. f. Das überdestillierte Phthalsäureanhydrid wird zentrifugiert, gewaschen, getrocknet und destilliert. Das gebildete *SO₂* geht in den Betrieb zur Herstellung von rauchender Schwefelsäure.

Nach *Fierz*, S. 437, soll die Ausbeute 20—25% d. Th. betragen. Die Apparatur ist einfach, jedoch kann das Verfahren nur in Anlehnung an eine Schwefelsäurefabrik ausgeübt werden. Der Einstandspreis des Phthalsäureanhydrids war unter 1 M.

3. Oxydation mittels Luft bei Gegenwart von Katalysatoren. Das außerordentlich elegante, technisch in sehr großem Maßstabe durchgeführte Verfahren hat A. WOHL zuerst aufgefunden und in seinem *D. R. P.* 379822 vom 29. Juni 1916 (ausgel. 14. Juli 1921, ert. 18. Juni 1923) niedergelegt. Unabhängig von ihm haben H. G. GIBBS und CONOVER im *A. P.* 1284888 [1918] und 1245117 [1918] unter Verwendung von *V*- bzw. *Mo*-Oxyd das gleiche Verfahren beschrieben. Es beruht auf der Beobachtung, daß ein Gemisch von Naphthalindampf und Luft oder sauerstoffhaltigen Gasen, unterhalb Rotglut (300—580°) über Katalysatoren geleitet, Phthalsäureanhydrid, *CO₂*, und Wasser liefert. In seinem *D. R. P.* 379822 gibt WOHL die Herstellung des Katalysators aus Vanadinsäure oder Ammoniumvanadat an. Er beschreibt ferner die Arbeitsweise, wonach 6—8 *l* Luft über Naphthalin, das auf 100—110° erhitzt ist, pro 1ʰ geleitet werden, wobei 0,85 *g* Naphthalin mitgeführt werden, die durch Überleiten über einen *V₂O₅*-Katalysator, der 0,2 *g V₂O₅* enthält, bei 370° etwa 0,55—0,6 *g* Phthalsäure liefern. Über die technische Durchführung dieses Verfahrens, das in Deutschland von der *I. G.* ausgeführt wird, sind keine Einzelheiten bekanntgeworden, aber aus ausländischen wissenschaftlichen Veröffentlichungen und zahlreichen Patenten ist ungefähr ersichtlich, wie im Großbetrieb gearbeitet wird. Etwas prinzipiell Neues bringen aber diese Publikationen nicht.

Katalysatoren. WOHL gibt im *D. R. P.* 379822 Katalysatoren an, die bei der Oxydation keinerlei flüchtige Produkte liefern, und erwähnt Vanadium- und Molybdänoxyd. C. CONOVER und H. D. GIBBS (*Journ. Ind. engin. Chem.* **14**, 120 [1921]) benutzen *V₂O₅* in Stücken und geben an, daß *Na*-Verbindungen schädlich sind; dagegen wirken *As₂O₃* und *SO₂* eher günstig auf die Ausbeute. Sie machen sehr ausführliche Angaben über die benutzte Versuchsapparatur, in der pro 1ʰ etwa 1,2 *g* Phthalsäure gewonnen werden kann, und über die Wirksamkeit der verschiedenen Katalysatoren, von denen *V₂O₅* und *Mo*-Oxyd am besten wirken und das erstere etwa 80—85% Ausbeute liefert. 11—20% Naphthalin bleiben unverändert. BRITISH DYESTUFFS CO. LTD. (*E. P.* 164785) verwendet dampfförmiges *VOCl₃* (1 *g* auf 100 *l* Luft), das natürlich im Laufe der Reaktion in *V₂O₅* übergeht. E. B. MAXTED und B. E. COKE (*E. P.* 228771 [1924]) geben an, daß *Sn*-Vanadat bei 290—310°, *Bi*-Vanadat bei 300—450° benutzt werden kann. Die Ausbeute soll mit *Sn*-Vanadat 80% d. Th. betragen (*Journ. Soc. chem. Ind.* **47**, T 101). SELDEN CO. (*E. P.* 280712 [1926]) benutzt einen Katalysator aus 100 Tl. Kieselgur, 10 Tl. *Ag*-Vanadat, 24 Tl. *V₂SO₄*, der bei 340—420° arbeitet. Die gleiche Firma verwendet im *A. P.* 1692126 [1926] *V*-Zeolithe, über die man bei 380—450° ein Naphthalin-Luft-Gemisch (1:10 bzw. 1:15) leitet, wobei fast theoretische Ausbeuten an Phthalsäure erzielt werden sollen (*F. P.* 649292 [1927]; *E. P.* 296071 [1927]). BORRET CO., New Jersey (*A. P.* 1489741 [1922]) benutzt ein Gemenge von 65 Tl. *V₂O₅* und 35 Tl. *Mo₂O₅*. ETABL. KUHLMANN beschreiben im *F. P.* 646263 [1927] die Herstellung eines Katalysators mittels Vanadyloxalats und im *F. P.* 646264 [1927] das Überziehen von Aluminiumkörnern mit dem Vanadyloxalat. Ausbeuten von 83,5% d. Th. erhält der *Verein* nach *D. R. P.* 478192. Der Katalysator besteht aus blankem Aluminiumblech oder Blech aus einer *Al-V*-Legierung, das in Form von Schnitzeln durch Eintauchen in geschmolzenes *V₂O₅* und *V₂O₃* mit 3% dieser Verbindungen überzogen wird. Der Katalysator (1,5 *kg*) wird in ein Rohr von *Al-V* gefüllt und bei 460—470⁰ 126 *m³* Luft, die 5,04 *kg* Naphthalin enthalten, mit einer Geschwindigkeit von 3,5 *m³/h* geleitet, wobei 4,87 *kg* reine Phthalsäure erhalten werden. Sehr gute Ausbeuten werden auch nach dem *D. R. P.* 441 163 der *I. G.* erzielt. Darnach wird das Naphthalin-Luft-Gemisch bei 320⁰ über Metallkörper geleitet, die mit Vanadinsäure überzogen sind, und die Gase dann über einen stückigen Katalysator aus Kieselgur und V_2O_5 bei 350 bis 410⁰ geführt. Im *A. P.* 1 374 722 [1920] schlägt Ch. R. Downs Al_2O_3 als Katalysator vor, das aber nur 12,5% Phthalsäure neben 5 Tl. Naphthochinon liefert, also technisch nicht in Frage kommt.

T. Kusama (*Chem. Ztrlbl.* 1929, I, 752) hat den Reaktionsmechanismus der Oxydation von Naphthalin untersucht. Die hierbei auftretende große Reaktionswärme muß abgeführt werden. Hierzu sind geeignet: Drähte, Bleche, Eintauchen der Katalysatorröhren in geeignete Bäder (vgl. *A. P.* 1 599 228 [1920] von *Du Pont*, der hierfür eine Schmelze von KNO_2 und $NaNO_2$, oder *A. P.* 1 689 860 [1922] von Selden Co., die eine bei 400⁰ siedende Legierung von 75% *Hg* und 25% *Cd* benutzen, oder Volumvergrößerung des Katalysators durch geeignete Unterlagen (Metallkörner [s. o.], Bimsstein u. s. w.). Der Katalysator entartet nach einiger Zeit durch Übergang von V_2O_5 in niedere Oxyde bis *VO*, die basisch sind, sich mit der Phthalsäure verbinden und diese verbrennen. Durch geeignete Zusätze, z. B. der sauren Oxyde von *Mo, W, Ce, Cr, U*, zum Katalysator oder SO_2, das der Luft beigemischt wird (Feststellung, die schon C. Conover und Gibbs [s. o.] gemacht haben), kann die Entartung verhindert werden. Auch der Zusatz von Wasserdampf ist günstig (*E. P.* 249 973, A. E. Green), begünstigt aber die Bildung von Benzoesäure.

Kontaktapparate. Sie bestehen aus Röhren, die anscheinend durch ein Bad von geschmolzenen Salzen oder Legierungen (s. o.) geheizt werden. Diese Badflüssigkeit dient, da die Reaktion exotherm ist, späterhin zur Abführung der Wärme und zum Vorwärmen des Naphthalin-Luft-Gemisches. Das Naphthalin muß völlig rein und frei von *S*-Verbindungen sein (vgl. Naphthalin, Bd. VII, 781). Die Katalysatorräume sind sehr groß, und die Ausbeute ist proportional der Menge des verwendeten Katalysators.

Reinigung. Die nach vorstehender Methode erhältliche Phthalsäure ist etwa 98%ig; sie enthält fast stets Naphthochinon und hie und da auch Benzoesäure und Naphthalin. Für ihre Reinigung schlägt Selden Co. im *D. R. P.* 406 203 eine besondere Sublimationskammer vor, im *F. P.* 647 880 Erhitzen unter Rückfluß unter Zusatz von *A*-Kohle, $ZnCl_2$, $AlCl_3$. Die *I. G.* leitet die heißen Gase aus dem Kontaktofen in heiße H_2SO_4 oder $SnCl_2$ und kühlt sie dann ab, wobei sich reines Phthalsäureanhydrid ausscheidet und Verunreinigungen gelöst bleiben. *Du Pont* (*A. P.* 1 728 225 [1922]) erhitzt das Rohprodukt mit 0,25% *NaOH* auf 284⁰ und destilliert hierauf, während die Etablissements Kuhlmann (*F. P.* 648 163 [1927]) das Rohprodukt erst destillieren und dann aus der halben Gewichtsmenge Toluol, Solventnaphtha umlösen, was entschieden das zweckmäßigste sein dürfte.

In Amerika wurde das Wohl-Gibbssche Verfahren zuerst in den Mon Santos Chemical Works, St. Louis, ausgeführt. Die Produktion in den Vereinigten Staaten betrug 1929 4136 *t*, der Absatz 3353 *t* im Werte von 1 148 000 $; davon wurde über die Hälfte in Phthalsäurebutylester (s. u.) verwandelt (*Chemische Ind.* 1930, 1309).

Verwendung. Phthalsäureanhydrid diente früher hauptsächlich zur Herstellung von Indigo (Bd. VI, 238), jedoch ist dieses Verfahren jetzt aufgegeben. Es wird benutzt zur Herstellung von Anthrachinon (Bd. I, 488), besonders in Amerika, in beträchtlichen Mengen für 2-Methylanthrachinon (Ausgangsmaterial für das wichtige Indanthrengoldorange [Bd. VI, 229]). Geringe Mengen werden für Anthranilsäure (Bd. II, 233), Hydrongelb G (Bd. III, 90), Fluorescein, Eosine, Rhodamine, Chinolingelb und Phenolphthalein gebraucht. Neuerdings dürfte Benzoesäure aus Phthalsäure gewonnen werden (Bd. II, 228). Auch zur Herstellung von Glyptal (Bd. VII, 11 sowie *D. R. P.* 401 485 [*AEG*]) findet es Verwendung. Die Hauptmenge des Phthalsäureanhydrids dient aber zur Gewinnung der Phthalsäureester (s. u.).

Phthalsäuredialkylester. Die Herstellung dieser Ester kann nach den bekannten Methoden durch Erhitzen von Phthalsäureanhydrid mit der 5fachen Menge absoluten Alkohols, der 3% *HCl* enthält (E. Fischer und Speier, *B.* 28, 3255), erfolgen. Auch bei Gegenwart von wasserfreiem $CuSO_4$ erfolgt Esterifizierung (*B.* 38, 3351).

Zweckmäßiger arbeitet man im großen aber nach dem *E. P.* 259 204 [1926] der *I. G.* Darnach werden molekulare Mengen von Alkohol und Phthalsäureanhydrid in einem mit einer Destillationskolonne versehenen Autoklaven auf 15—20 *Atm.* erhitzt und kontinuierlich Benzol eingeleitet, das mit dem Reaktionswasser abdestilliert. Sobald mit dem Benzol kein H_2O mehr übergeht, wird der Phthalsäureester abdestilliert.

Phthalsäure-dimethylester (Palatinol M [*I. G.*], Solveol), $C_6H_4(CO_2 \cdot CH_3)_2$, flüssig. *Kp* 282⁰; F_p 132⁰. Phthalsäure-diäthylester (Palatinol A [*I. G.*], Solvarom), $C_6H_4(CO_2 \cdot C_2H_5)_2$, flüssig. *Kp* 295⁰; Kp_{12} 172⁰; F_p 140⁰.

Phthalsäure-diisobutylester (Palatinol IC [*I. G.*]), $C_6H_4(CO_2 \cdot CH_2 \cdot CH[CH_3]_2)_2$, flüssig, Kp_{20} 191–201⁰ (techn. Produkt).

Phthalsäure-dibutylester (Palatinol C [*I. G.*]), $C_6H_4(CO_2 \cdot [CH]_3 \cdot CH_3)_2$, flüssig, Kp 312, Kp_{20} 200–216⁰ (techn. Produkt).

Phthalsäure-diamylester, $C_6H_4(CO_2 \cdot C_5H_{11})_2$, flüssig, Kp 336⁰.

Phthalsäure-dibenzylester s. Bd. II, 289.

Phthalsäure-dicyclohexylester s. Bd. III, 512.

Phthalsäure-dimethylglykolester s. Bd. I, 756, VII, 379.

Verwendung. Der Phthalsäurediäthylester findet als Fixiermittel in der Riechstoffindustrie Verwendung (A. HESSE, *D. P. P.* 227 667, 251 237); er wurde als Heizflüssigkeit vorgeschlagen (*Agfa, D. R. P.* 302 581) und wird als Vergällungsmittel für Spiritus benutzt. Der Butylester soll als Mottenbekämpfungsmittel dienen (*I. G., D. R. P.* 442 901). Der wichtigste Verwendungszweck aller angeführten Ester beruht aber auf ihrem ausgezeichneten Lösungsvermögen für Nitrocellulose, und sie sind daher ein hervorragendes **Weichmachungsmittel für Nitrocelluloselacke** (Bd. VII, 259, 264, 276, 377). In den Vereinigten Staaten wurden im Jahre 1929 etwa 2000 *t* Phthalsäurebutylester im Werte von 1 074 000 $ verbraucht.

Dichlorphthalsäureanhydride. Die 3,6-, 3,4- und 4,5-Verbindung werden zweckmäßig nach den Angaben von V. VILLIGER, *B.* 42, 3547 [1909] hergestellt. Sie entstehen nebeneinander, wenn man in eine Lösung von Phthalsäureanhydrid in rauchender Schwefelsäure unter Rühren Chlor einleitet. Man destilliert die gebildete Chlorsulfonsäure ab und fällt das Gemisch der Anhydride durch Zusatz von Eis aus. Etwa die Hälfte ist das 3,6-Dichlorphthalsäureanhydrid; von der 3,4-Verbindung sind 30–35%, von der 4,5-Verbindung 15–20% entstanden (s. auch D. S. PRATT und G. A. PERKINS, *Journ. Amer. chem. Soc.* 40, 214 [1918]). In der Technik verzichtet man aber auf die Isolierung der reinen Verbindungen, weil sie als Farbstoffkomponenten im wesentlichen gleiche Ergebnisse liefern. Das technische Dichlorphthalsäureanhydrid dient zur Gewinnung von Erythrosin, Bd. IV, 616, Bengalrosa B, Bd. II, 205.

Tetrachlorphthalsäureanhydrid sublimiert in Prismen oder Nadeln vom *Schmelzp.* 255–257⁰, unlöslich in kaltem Wasser, schwerlöslich in Äther. Die Darstellung nach N. JUVALTA, *D. R. P.* 50177: Man mischt in einem gußeisernen Kessel 10 *kg* Phthalsäureanhydrid mit 30 *kg* rauchender Schwefelsäure (50–60% SO_3) und 0,5 *kg* Jod, erwärmt auf 50–60⁰ und steigert unter Einleiten von trockenem Chlor die Temperatur allmählich auf 200⁰. Die Reaktion ist beendet, wenn alles Jod als Chlorjod entwichen ist. Die Chlorsulfonsäure, welche als Nebenprodukt entsteht, ist gleichzeitig zum größten Teil abdestilliert. Man fällt das Anhydrid mit Eis aus, wäscht und trocknet es. Verwendung wie Dichlorphthalsäureanhydrid für Resorcinfarbstoffe.   *F. Ullmann.*

Physostigmin (Eserin), $C_{15}H_{21}O_2N_3$, ist das Hauptalkaloid der Calabarbohne von Physostigma venenosum, Westafrika. An Nebenalkaloiden enthält die Droge: Eseridin, $C_{15}H_{23}O_3N_3$, Eseramin, Isophysostigmin und Geneserin. Physostigmin soll nach M. POLONOWSKI ein Indolderivat sein und wird durch Alkalien in Methylamin, Kohlensäure und Eserolin zerlegt.

Die freie Base krystallisiert in 2 Formen vom *Schmelzp.* 86–87⁰ und 105–106⁰, von denen die höherschmelzende die stabilere ist; $[\alpha]_D$ −76⁰ in Chloroform.

Darstellung. Physostigmin wird gewonnen, indem man ein alkoholisches Extrakt der Droge in Gegenwart überschüssiger Soda mit Äther schüttelt, die Alkaloide mit verdünnter Schwefelsäure ausschüttelt, wobei aber ein Überschuß vermieden wird, und die Sulfatlösung mit Natriumsalicylat fällt. Aus dem Salicylat gewinnt man die Base, indem man die wässerige Lösung mit Soda alkalisch macht und mit Äther extrahiert.

Von den Salzen sind das Hydrobromid, $C_{15}H_{21}O_2N_3 \cdot 2 HBr$, *Schmelzp.* 224–226⁰, das hygroskopische Sulfat $C_{15}H_{21}O_2N_3 \cdot H_2SO_4$ und das Salicylat $C_{15}H_{21}O_2N_3 \cdot C_7H_6O_3$ im Handel. Sie sind sehr giftig und werden hauptsächlich in der Augenpraxis wegen der pupillenverengernden Wirkung benutzt; größte Einzelgabe 0,001 *g*, größte Tagesgabe 0,003 *g*. In der Veterinärmedizin wird Physostigmin gegen Pferdekolik angewandt.

Das Nebenalkaloid Geneserin ist das Aminoxyd des Physostigmins. Eseramin, $C_{16}H_{25}O_3N_4$, läßt sich aus den Mutterlaugen des Physostigmins isolieren; es wirkt schwach physostigminartig und wird in untergeordnetem Maße wie dieses angewandt.

Der Weltjahresverbrauch an Physostigmin wird auf 25 *kg* geschätzt.   *Herm. Emde.*

Physostol (*Riedel*), 1%ige sterile Lösung der Physostigminbase in Olivenöl.

Dohrn.

Phytin (*Ciba*), Calcium-Magnesiumsalz der Inosithexaphosphorsäure. Darstellung aus Ölkuchen durch Ausziehen mit verdünnter *HCl*, Ausfällen des *Cu*-Salzes mit Natriumacetat und Kupferacetat, Zersetzung des *Cu*-Salzes mit H_2S nach *D. R. P.* 147968, 147969, 155798, 159749, 160470, 164298. Weißes Pulver, löslich in Wasser, 22,8% Phosphor. Die freie Inositphosphorsäure ist eine dicke, gelbliche Flüssigkeit, leicht löslich in Wasser. Anwendung bei Skrofulose, Anämie u. s. w. Handelsform in Tabletten zu 0,25 *g*, auch als Phytin liquidum, Chininphytin.

Dohrn.

Piassavabraun R 4N/37997 IV und 23954 (*I. G.*) sind saure Farbstoffe.

Pigmente sind farbige Körper, welche mit Klebstoffen als Bindemittel auf den Oberflächen zu färbender Körper befestigt werden, mithin diese selbst nicht durchdringen, während dies bei den Farbstoffen z. B. gegenüber den Textilfasern der Fall ist.

Da die Pigmente früher ausschließlich dem Mineralreich angehörten, hat man sie im Gegensatz zu den organischen Farbstoffen auch schlechtweg als Mineralfarben bezeichnet, während dieser Name heute vorzugsweise einer bestimmten Gruppe der Pigmente zukommt. Man unterscheidet:
A. Mineralische Farbkörper *a)* natürlichen Ursprungs: Erdfarben (s. Bd. IV, 465); *b)* künstlichen Ursprungs: 1. Mineralfarben (Bd. VII, 596), 2. Bronzefarben (Bd. II, 692).
B. Farblacke, deren Färbung auf der Anwesenheit von Farbstoffen beruht (Bd. V, 78). Vgl. ferner Malerfarben, Bd. VII, 439. *F. Spitzer.*

Pigmentfarbstoffe (*I. G.*) werden zu Farblacken (s. Bd. V, 78) verarbeitet. Hierher gehören: Pigmentgrün B Pulver, BP, 3 B und 3 BP Teig; -grünsalz G, -lackrot LC Pulver, -rot B Pulver gleich Autolrot BL (Bd. II, 10); TD; -scharlach 3 B, der von Gulbransson 1902 erfundene Barytlack des Azofarbstoffs aus Anthranilsäure und 2-Naphthol-3,6-disulfosäure (s. Eriochromrot PE, Bd. IV, 615) nach *D. R. P.* 141357; -schwarz extra 50, für Druck in Teig, Teig für Papier, *konz.* Pulver, T extra Pulver; -tiefschwarz R. *Rislenpart.*

Pikrinsäure s. Explosivstoffe, Bd. IV, 768, und Phenol, Bd. VIII, 343.

Pilocarpin, $C_{11}H_{16}O_2N_2$, ist ein Glyoxalinderivat (Pinner, *B* 33, 1424, 2357 [1900]; 34, 727 [1901]; 35, 204, 2443 [1902];

$$CH_3 \cdot CH_2 \cdot CH\text{------}CH \cdot CH_2 \cdot C\text{---}N \cdot CH_3$$
$$| \qquad\qquad\qquad |\!\!\searrow\!CH$$
$$CO\text{---}O\text{---}CH_2 \qquad CH\text{---}N$$

38, 2560 [1905]; Jowett, *Journ. chem. Soc. London* 83, 451 [1903]), das Hauptalkaloid der südamerikanischen Jaborandiblätter von Pilocarpus Jaborandi und microphyllus, seltener von Pilocarpus microphyllus und trachylophus. An Nebenalkaloiden sind in der Droge nachgewiesen: Jaborin, $C_{22}H_{32}O_4N_4$, Pilocarpidin, $C_{10}H_{14}O_2N_2$, Pilosin, $C_{16}H_{18}O_3N_2$, und Isomere davon.

Pilocarpinbase ist ein farbloses Öl, $[\alpha]_D + 100,5°$, Kp_5 260°, leicht löslich in Wasser, Alkohol oder Chloroform.

Zur Darstellung des Pilocarpins extrahiert man die feingepulverten Jaborandiblätter mit 1%iger alkoholischer Salzsäure, nimmt den Destillationsrückstand der Auszüge mit Wasser auf, filtriert, neutralisiert genau mit Ammoniak, läßt harzartige Verunreinigungen sich absetzen, engt die klare Flüssigkeit auf ein kleines *Vol.* ein, macht die Alkaloide mit überschüssigem Ammoniak frei, nimmt sie in Chloroform auf und neutralisiert den Destillationsrückstand der Chloroformauszüge mit verdünnter Salpetersäure; die Nitrate des Pilocarpins und Isopilocarpins krystallisieren aus und werden durch Krystallisation aus Alkohol getrennt.

Nur Pilocarpin wird als Nitrat und Chlorhydrat medizinisch als stark schweiß- und speicheltreibendes Mittel angewandt; größte Einzelgabe 0,02 *g*, größte Tagesgabe 0,04 *g*.

Nitrat, $C_{11}H_{16}O_2N_2$, HNO_3, *Schmelzp.* 178°, $[\alpha]_D + 82,9°$; löslich in 6,4 Tl. Wasser von 20° oder 146 Tl. 95%iger Alkohole bei 15°.
Chlorhydrat, *Schmelzp.* 204–205°, $[\alpha]_D + 91,74°$, leicht löslich in Wasser. *Herm. Emde.*

Pinafarbstoffe sind als Sensibilisatoren dienende Chinolinfarbstoffe (Bd. III, 200, 201).

Pinksalz s. Zinnverbindungen.

Piperazin, Diäthylendiamin, Äthylenimin, ist in wasserfreiem Zustande eine weiße Krystallmasse, *Schmelzp.* 104⁰, *Kp* 145—146⁰. An der Luft zieht es leicht Wasser und Kohlensäure an; ein krystallisiertes Hydrat, $C_4H_{10}N_2 + 6H_2O$, ist als 50%iges Piperazin im Handel. Piperazin ist sehr leicht löslich in Wasser; die Lösung reagiert stark alkalisch. Charakteristisch für Piperazin ist die scharlachrote krystallinische Fällung des Jodwismutdoppelsalzes.

Die früher übliche technische Herstellung aus Äthylenbromid oder Äthylenchlorid und Ammoniak ist unvorteilhaft, weil als Nebenprodukt Äthylendiamin und hochsiedende Basen, wie Diäthylentriamin, entstehen; immerhin werden nach diesem Verfahren noch gewisse Mengen Piperazin als Nebenprodukt des Äthylendiamins gewonnen.

Nach der jetzt üblichen Methode setzt man Anilin mit Äthylenbromid zu Diphenylpiperazin um, sulfuriert dieses zu Diphenylpiperazintetrasulfosäure und verwandelt diese durch Natronschmelze in Piperazin.

In einem Kupferkessel mit Rührwerk und 'Luftbad werden 30,5 *kg* entwässerte Soda mit 54 *kg* Anilin und 26 *kg* Äthylenbromid unter Rühren auf 110—120⁰ erhitzt. Es entwickelt sich lebhaft Kohlensäure, was man an einer vorgelegten Kluckerflasche mit Wasser beobachtet. Läßt die Entwicklung nach, so fügt man langsam noch 5,6 *kg* Anilin und 13,5 *kg* Äthylenbromid hinzu und steigert schließlich die Temperatur auf 180⁰. Das Ende der Reaktion ist daran kenntlich, daß sich kaum noch Kohlensäure entwickelt. Hat sich das Gemisch etwas abgekühlt, so bläst man mit Wasserdampf ab und gewinnt so 3—4 *kg* Äthylenbromid zurück. Der Rückstand wird durch Auskochen mit Wasser und offenem Dampf vom Bromnatrium befreit und dann getrocknet; Ausbeute etwa 14 *kg* Diphenylpiperazin. Aus den bromnatriumhaltigen Auskochungen lassen sich höhermolekulare Nebenprodukte gewinnen, die durch Kochen mit *konz.* Pottaschelösung zu Diphenylpiperazin aufgespalten werden.

In ein Gemisch aus gleichen Teilen feingepulvertem Diphenylpiperazin und Diatomit leitet man bei 40—60⁰ die 3fache Menge Schwefelsäureanhydrid ein, kalkt nach dem Erkalten und verwandelt in das Natriumsalz. Ausbeute an Sulfosäure etwa das 3fache Gewicht des Diphenylpiperazins.

Die Natronschmelze wird so ausgeführt, daß man in entsprechender eiserner Apparatur die bei etwa 50⁰ gesättigte wässerige Lösung des Natriumsalzes (3 Tl.) auf eine 250—270⁰ warme Schmelze aus Ätznatron (4 Tl.) in wenig Wasser laufen läßt, wobei gut gerührt wird. Piperazin destilliert mit Wasserdämpfen ab; die letzten Anteile werden mit Wasserdampf abgeblasen. Das wässerige Destillat wird mit Mineralsäure angesäuert und eingedampft. Die dickliche Salzlösung läßt man in einer Destillationsapparatur auf Ätznatron laufen; bei 120—140⁰ siedet Piperazin über, während Ammoniak vorher entweicht.

Das Destillat wird in eisenfreier Apparatur zur Krystallisation gebracht.

Für Herstellung von Piperazin in kleinerem Maßstabe nitrosiert man Diphenylpiperazin und spaltet die Dinitrosoverbindung mit Natriumbisulfitlösung, dann mit Salzsäure (vgl. PRATT und YOUNG, *Journ. Amer. chem. Soc.* 40, 1428 [1918]; C. 1919, I, 655).

Verwendung. Piperazin löst Harnsäure schon in der Kälte und wurde daher eine Zeitlang gegen Gicht medizinisch angewendet. Seit die Wertlosigkeit harnsäurelösender Mittel für die Gichtbekämpfung erkannt wurde, ist der Verbrauch für diesen Zweck geringer geworden. Dagegen werden jetzt erhebliche Mengen für Vulkanisationsbeschleuniger in der Kautschukindustrie (Bd. **VI**, 519, 520) gebraucht. *Herm. Emde.*

Piperidin, Hexahydropyridin, ist eine farblose, stark lichtbrechende Flüssigkeit von aminartigem Geruch, erstarrt bei —13⁰, Kp_{757} 106,2⁰, D_4^{0} 0,861. Es ist stärker basisch als Pyridin und ähnelt den aliphatischen Aminen mittleren Kohlenstoffgehaltes. Es ist mit Wasser mischbar und reduziert ammoniakalische Silbernitratlösung. Gegen Oxydationsmittel ist es in der Kälte ziemlich beständig, wird aber in der Hitze langsam angegriffen und je nach den Bedingungen abgebaut zu β-Aminopropionsäure, γ-Aminobuttersäure oder, als *N*-Benzoylderivat oxydiert, zu *N*-Benzoyl-δ-aminovaleriansäure. Es kommt in der Natur vor als Bestandteil des Piperins (s. S. 475), und viele Alkaloide leiten sich von ihm ab, wie Coniin, Conhydrin, Nicotin, Tropin, Cocain u. a.

Darstellung. Piperidin wird technisch gewonnen durch Reduktion von Pyridin mit Natrium und Alkohol (LADENBURG, *A.* 247, 51 [1888]), vorteilhafter durch katalytische Reduktion mit Platinmetallen (SKITA und Mitarbeiter, *B.* 45, 3572 [1912]; *B* 49, 1598 [1916]) oder Nickel als Katalysator (z. B. *E. P.* 304 640 der SELDEN Co., Pittsburgh [1928], oder *E. P.* 309 300 der TECHNICAL RESEARCH WORKS LTD., London [1929]). Die früher vorgeschlagene elektrolytische Reduktion von Pyridin zu

Piperidin (*Merck*, D. R. P. 90308, 104664; G. ZERBES, *Ztschr. Elektrochem.* 28, 624, 632 [1912]; C. MARIE und G. LEJEUNE, *Journ. Chim. physique* 22, 59) wird technisch nicht benutzt.

Verwendung. Medizinisch ist Piperidin in verschiedenen Formen empfohlen worden, z. B. als harnsäurelösendes Mittel, wird aber kaum benutzt. Dagegen hat es sich in der organisch-chemischen Synthese zur Unterstützung von Kondensationsreaktionen als sehr brauchbar erwiesen (KNOEVE-NAGEL, *A.* 281, 29 [1894]) und wird in verschiedenen Derivaten in großen Mengen als Vulkanisationsbeschleuniger (s. Bd. VI, 519, 520) in der Kautschukindustrie gebraucht.   *Herm. Emde.*

Piperin, Piperinsäurepiperidid, das Hauptalkaloid verschiedener Pfefferarten (Bd. III, 732), krystallisiert aus Alkohol in monoklinen Nadeln. *Schmelzp.* 128–129,5⁰, schwer löslich in Wasser (1:30), besser in

$$CH_2 \overset{CH_2 \cdot CH_2}{\underset{CH_2 \cdot CH_2}{\Big\langle}} N - CO \cdot CH : CH \cdot CH : CH - \overset{O}{\underset{O \diagdown CH_2}{\diagup}}$$

Alkohol (1:1 bei Siedetemperatur), Äther und Chloroform. Die alkoholische Lösung schmeckt pfefferähnlich. Piperinlösungen reagieren nicht alkalisch, und Piperin liefert nur mit starken Säuren Salze.

Konz. Schwefelsäure löst Piperin mit roter Farbe, und Salpetersäure verwandelt es beim Erwärmen in ein Harz, das sich in wässeriger Kaliumcarbonatlösung mit tiefroter Farbe löst. Perjodid, $C_{17}H_{19}O_3N \cdot HJ \cdot J_2$, stahlblaue Nadeln (*Schmelzp.* 145⁰) aus Alkohol. Durch alkalische oder saure Hydrolyse zerfällt Piperin in Piperidin (s. Bd. VIII, 474) und Piperinsäure.

Schwarzer und weißer Pfeffer des Handels enthalten 5–9% Piperin, und die quantitative Bestimmung des Piperins gibt Auskunft über die Qualität des Pfeffers. Zur ungefähren Bestimmung mischt man eine gewogene Menge gemahlenen Pfeffers mit gelöschtem Kalk und Wasser zu einer steifen Paste, trocknet das Gemisch bei 100⁰ und extrahiert es im SOXHLET-Apparat mit Äther. Der Destillationsrückstand wird als Piperin gewogen.

Darstellung: Feingemahlener Pfeffer wird mit 95%igem Alkohol extrahiert, der Destillationsrückstand des alkoholischen Auszuges durch Schütteln mit Sodalösung von Harz befreit und das darin Unlösliche unter Entfärbung mit aktiver Kohle aus siedendem 95%igen Alkohol umkrystallisiert.

Wird Piperidin in Benzollösung mit Piperinsäurechlorid behandelt, so entsteht Piperin (RÜG-HEIMER, *B.* 15, 1390). Diese Synthese ist im Kriege in Deutschland industriell von der RHEINISCHEN CAMPHERFABRIK, Oberkassel, zur Fabrikation künstlichen Pfeffers ausgeführt worden; Nußschalenmehl oder andere geeignete pflanzliche Pulver wurden mit dem synthetischen Piperin imprägniert.

Medizinisch wird Piperin in geringer Menge als Ersatz für Chinin angewandt; die Wirkung gegen Malaria ist unsicher.

Im Pfefferharz findet sich ein zweiter pfefferähnlich schmeckender Stoff, der Chavicin, das Piperidid der unbeständigen Chavicinsäure, die sich leicht in die isomere Isochavicinsäure umlagert.   *Herm. Emde.*

Piperonal s. Riechstoffe.

Pittylen (LINGNERWERKE A. G., Dresden), Verbindung aus Nadelholzteer und Formaldehyd nach *D. R. P.* 161939 und 233329. Leichtes, hellbraunes, amorphes Pulver, das gegen Ekzeme als Streupulver benutzt wird; auch als Salben, Seifen im Handel.   *Dohrn.*

Pixavon (LINGNERWERKE A. G., Dresden), ein Gemisch von Pittylen und Kaliseife, flüssige Teerseife zum Waschen der Kopfhaut.   *Dohrn.*

Plantafluid (LOEBINGER & CO., G. M. B. H., Berlin-Schöneberg), Extrakt von Kamillen und Salbei mit Traubenzucker und Milchsäure, zu Spülungen bei fluor albus.   *Dohrn.*

Plantisin (ORGANO-THERAPEUTISCHE WERKE, Osnabrück), Tabletten mit Chlorophyll, anorganischem Eisen und Natriumphosphat. Gegen Anämie.   *Dohrn.*

Plasmochin (*I. G.*), N-Diäthylamino-8-isopentylamino-6-methoxychinolin. Die Herstellung erfolgt nach *D. R. P.* 486079, indem 6-Methoxy-8-aminochinolin mit 1-Diäthylamino-4-chlorpentan in Reaktion gebracht wird.

$$CH_3O - \text{(Chinolinringsystem)} \diagdown N$$

$$HN - CH(CH_3) \cdot (CH_2)_3 \cdot N(C_2H_5)_2$$

Geschmackloses, gelbes Pulver, löslich in Alkohol, in Wasser von 20⁰ zu 0,03% löslich. Spezifisches Mittel gegen Malaria, Tabletten zu 0,02 g. Plasmochin-compositum ist eine Kombination mit Chinin, Tabletten zu 0,01 g Plasmochin und 0,125 g Chinin.   *Dohrn.*

Plasmon (PLASMON-GES., Neubrandenburg), SIEBOLDS Milcheiweiß, aus Mager-milch gewonnenes Caseincalcium. Wasserlösliches Pulver von 72 % Eiweiß. *Dohrn.*

Plastifizierungsmittel sind Weichmachungsmittel, die bei der Verarbeitung von Acetylcellulose (Bd. I, 131), von Nitrocellulose auf Celluloid (Bd. III, 83, 125), bei der Herstellung von Celluloselacken (Bd. VII, 257) sowie bei anderen plastischen Massen (s. den folgenden Artikel) Verwendung finden. Die technisch wichtigen Produkte sind auch unter Lösungsmittel (Bd. VII, 376) abgehandelt. *Ullmann.*

Plastische Massen ist die Bezeichnung für relativ harte und dabei mehr oder weniger elastische Kunstprodukte, die während ihrer Herstellung, völlig oder nur in einer bestimmten Arbeitsphase, in formbarem, weichem Zustande sich befinden.

Die zur Herstellung plastischer Massen benutzten sehr verschiedenartigen Materialien bilden 2 Gruppen: Allgemeine, zu verschiedenen Fabrikationen dienende Rohstoffe und Abfallstoffe verschiedener Industriezweige. Rohstoffe der 1. Gruppe sind z. B. Leim, Gelatine, Agar-Agar und ähnliche Gelatinierungs-mittel, ferner Holzfasern, Holzmehl, Torf, Korkmehl, Cellulose, Papierbrei, Um-wandlungsprodukte und Verbindungen der Cellulose, wie Nitrocellulosen, Acetyl-cellulosen, Viscose und andere Celluloseester, Celluloseäther, ferner Stärke, Getreide-mehl, Eiweiß und eiweißhaltige Produkte, Kleber, Blut, Casein, keratinhaltige Stoffe, natürliche sowie künstliche Harze, Harzseifen, Harzester, Kautschuk, Guttapercha, Balata, Fette, fette Öle, Metallseifen, Mineralöle, Asphalte, Peche, Teere und andere bitumenhaltige Massen, ferner anorganische Füllstoffe, wie Gesteins- und Mineralien-mehle, künstlich hergestellte pulvrige Mineralstoffe, anorganische Chemikalien zur Kunststeinfabrikation, Erd- und Mineralfarben. Unter den Rohstoffen der 2. Gruppe befinden sich: Abfälle der Knochen-, Horn-, Elfenbein-, Hartgummiverarbeitung, Haut-, Leder-, Haar- und Textilabfälle, Celluloid- und Galalithabfälle, Getreide- und sonstige Abfälle der Müllerei, fett-, öl- und eiweißhaltige Nebenerzeugnisse ver-schiedener Fabrikationszweige, Abfälle von der Holzverarbeitung, Zellstoff- und Papierfabrikation, Gerberlohe, Steinnußabfälle u. s. w.

Die Herstellung plastischer Massen erfolgt je nach der Art der verwendeten Rohstoffe in verschiedener Weise; meist wird das durch Erwärmen erweichte oder von Natur aus breiige Gemisch in Formen unter Anwendung eines mehr oder weniger starken Druckes gepreßt, in anderen Fällen wird die Masse zwischen Walzen hindurchgezogen. Kalte Mischungen werden häufig mittels geheizter Pressen oder Walzen geformt. Oberflächenverzierungen, Überzüge und plastische Wirkungen werden gewöhnlich nach dem Spritzverfahren ausgeführt, bei dem die Knetmasse durch Preßluft oder Dampf auf die Oberfläche des Arbeitstücks geschleudert wird. Bei der Herstellung von Massen, die im Bindemittel größere Wassermengen ent-halten, ist es erforderlich, die Menge des Wassers durch inniges Mischen, Kneten oder Walzen der Masse auf das geringste Maß herabzusetzen, da das rasche, völlige Trocknen wasserreicher Massen oft nur schwierig gelingt und auf die äußere Beschaffenheit des Formstücks nachteilig wirkt. Bei Massen, deren Bestandteile trockene pulverförmige Materialien bilden, darf nur so viel Bindemittel zugesetzt werden, wie gerade zur Vereinigung der trockenen Stoffe nötig ist, da ein Über-schuß die Erhärtung beeinträchtigt. Das Färben der Kunstmassen geschieht ent-weder schon bei der Herstellung der Masse durch Zusatz von Erdfarben, Farblacken oder Teerfarbstoffen oder durch Überziehen, Anstreichen, Tauchen, Spritzen oder Lackieren der fertigen Gegenstände mit Farbstofflösungen. Dichte plastische Massen, Kunststeinmaterial u. s. w., können auch durch Umsetzung gewisser Bestandteile mittels Metallsalzlösungen Durchfärbung erhalten.

Die zur Fabrikation plastischer Massen dienenden Apparate und Vor-richtungen gehören folgenden Gruppen an: Zerkleinerungsvorrichtungen (s. d.),

Mischmaschinen (s. d. Bd. **VII**, 611), Erhitzungs- und Schmelzapparate, Trennvorrichtungen zur Trennung fester Körper ·von Flüssigkeiten (s. Filter, Bd. **V**, 358), Trockenvorrichtungen (s. d.) und Formpressen.

Die Zerkleinerungsapparate richten sich nach der Art des zu verarbeitenden Materials und sind Vorbrecher, Kugel-, Schlag- und Glockenmühlen, Holländer (für Papiermasse). Zum Vermahlen bis zur kolloiden Feinheit benutzt man die Kolloidmühle von PLAUSON-BLOCK (Bd. **VI**, 725, Abb. 268). Als Mischmaschinen dienen für breiartige Teige Farbenreibmaschinen, für kittartige Massen Knetmaschinen (Bd. **VII**, 618). Erhitzungsapparate werden zur Herstellung der Bindemittel, zum Schmelzen von Harzen, Kautschuk, Pechen, Asphalten u. s. w. verwendet. Gewöhnlich benutzt man umkippbare Doppelwandkessel mit hochziehbarem Rührwerk, die mit Dampf beheizt werden. Für höher als 100° schmelzende Stoffe gebraucht man meist emaillierte Eisenkessel mit direkter Feuerung, für säurehaltiges Material säurefeste Eisenlegierungen.

Zur Bereitung plastischer Massen, deren Bildung sich unter Überdruck vollzieht, sind Autoklaven oder andere Druckapparate in Gebrauch. Als Vorrichtungen zum Trennen fester Massen von Flüssigkeiten wendet man teils Dekantiertöpfe aus Steinzeug, teils Filterpressen, Zentrifugen, Nutschenfilter und ähnliche Apparate an. Zum Trocknen der Arbeitsstücke dienen poröse Unterlagen aus Ton, Gips oder porösem Kunststein, Trockenschränke oder Trockenkammern mit Heißluft- oder Heißwasserheitzung, für besonders temperaturempfindliche Gegenstände Vakuumtrockenapparate. Zum Trocknen lackierter oder mit Farbanstrichen versehener Formmassen, z. B. Papiermachéwaren, verwendet man gewöhnliche Lackieröfen. Als Pressen kommen je nach der Art des Materials einfache Spindel-, Balancier-, auch hydraulische Pressen, für Papiermassen die Pressen von CHRISTENSEN zur Verwendung. Zum Auspressen von Verzierungen, Leisten sowie zur Herstellung von durchlöcherten, profilierten Gegenständen, Hohlkörpern u. s. w. sind Spezialmaschinen in Gebrauch. Die Formen sind für Massen von gewöhnlicher Temperatur Gips-, Holzoder elastische Leimformen; für solche, die höheren Temperaturen oder während des Pressens einem Druck ausgesetzt werden müssen, Metallformen verschiedener Konstruktion. Viele plastische Massen lassen sich nur zu ganz einfachen Formstücken, zu Platten oder Stäben verpressen, die dann weiterer Formgebung durch Ausschneiden, Bohren, Drehen u. s. w. unterliegen.

Der Arbeitsgang ist für jede Art plastischer Masse verschieden. HÖFER unterscheidet folgende 6 Arbeitsphasen: 1. Bereitung des Bindemittels, wo ein solches in flüssiger Form zur Anwendung gelangt; 2. Mischen der verschiedenen Bestandteile mit dem flüssigen, flüssig gemachten oder festen Bindemittel; 3. Formen, Drucken, Gießen, Pressen mit oder ohne Anwendung von Hitze und hohem Druck; 4. Trocknen der fertigen Gegenstände, sofern sie ein solches Bindemittel aufweisen, aus dem nach dem Formen ein Teil verflüchtigt werden muß; 5. Entfernen der Guß- oder Formränder oder Nähte, Ausbessern fehlerhafter Stellen; 6. Vollenden durch Anstrich, Beizen, Schleifen, Polieren, Vergolden u. s. w.

In der nachstehenden Übersicht sind die plastischen Massen nach ihren hauptsächlichen Eigenschaften, ihren Bestandteilen und Verwendungsgebieten kurz zusammengefaßt, in Anlehnung an die Einteilung von BLÜCHER.

1. Aus *Gelatine* und *Leim*. Bestandteile: Gelatine oder Leim, Glycerinleim oder mit Chromat gehärteter Leim (Chromatleim), ferner Casein, Harz, Leinöl; Füllstoffe: Kreide, Gips, Kieselgur, Ton, Schiefermehl, Asbest, Sägemehl, Bleiglätte, Magnesia. Schwierig austrocknend, gut form- und dekorierbar, leicht zerbrechlich, nicht oder wenig wasserbeständig, von verdünnten Säuren und Alkalien mehr oder weniger leicht angreifbar. Verwendung: Bilderrahmen, Zierleisten, Spielsachen, Flitter, Massen für Globen. Vgl. auch Bd. **V**, 600, sowie die Zusammenstellung über die diesbezüglichen Patente von F. MARSCHALK, *Kunststoffe* 7, 136 [1917].

2. Aus *Holz, Torf, Kork* u. s. w.: Bestandteile: Holzmehl, Holzwolle, Torfmull, Korkmehl mit Leim, Eiweiß, Blut, Harz, Casein, Nitrocelluloselösungen, Wasserglas; Füllstoffe: Kaolin, Magnesia, Zinkoxyd. Vom Aussehen des Holzes, in bezug auf Wiedergabe feinster Eindrücke und Reliefwirkungen oft Holz übertreffend, hart und gut bearbeitbar. Die Korkmassen dem Naturkork ähnlich, leicht und elastisch. Verwendung: Als Ersatz des Holzes bei Täfelungen, Schnitzarbeiten, Bilderrahmen. Über Korkmassen s. Bd. **VI**, 772, ferner Steinholz sowie O. KAUSCH, *Kunststoffe* 3, 328 [1913]; O. WARD, *Seifensieder-Ztg.* 42, 519 [1915].

3. Aus *Cellulose*. Hierher gehört Papiermaché (Bd. **VIII**, 288, sowie O. PARKERT, *Kunststoffe* 8, 207 [1918]; HACKER, ebenda 18, 9 [1928]) und Vulkanfiber (Bd. **VIII**, 295, sowie HALLE, *Kunststoffe* 7, 1, 19, 32 [1917]; **9**, 1 [1919]).

4. Aus *Nitrocellulose* s. Celluloid, Bd. III, 120; Pegamoid, Bd. VII, 272; Prisma, Bd. VII, 363.

5. Aus *Acetylcellulose* s. Bd. I, 116; Cellon, Lonarit, Trolit, Bd. I, 138, 139.

6. Aus *Cellulosehydrat* s. Bd. III, 157, Cellulosehydratfolien (Cellophan, Transparit, Brolonkapseln).

7. Aus *Stärke*. Bestandteile: Verkleisterte Stärke, Kartoffelmehl, Casein, Leim, Zinkoxyd, Gips, Wasserglas, Kieselgur. Neigen leicht zu Rissen und Sprüngen, lassen sich wasserdicht machen, färben, polieren. Verwendung: Spielwaren, Platten u. s. w. Vgl. *D. R. P.* 12999, 186997, 221080; *A. P.* 1664600/1, 1665186.

8. Aus *Blut*. Bestandteile: Außer Blut Sägemehl, Korkpulver, Zement, Schiefermehl, Kieselgur, Kalk. Die Massen aus Blut, soweit sie Kalk enthalten, sind hart, haltbar und lassen sich gut bearbeiten, empfindlich gegen Feuchtigkeit und alkalische Flüssigkeiten. Verwendung zu Preßgegenständen, Knöpfen, Messerschalen. Vgl. auch Bd. IV, 363, und besonders K. J. BREUER, *Kunststoffe* 1925, 1.

9. Aus *Casein* s. Galalith, Bd. V, 448. Vergl. auch O. MANFRED, *Ztschr. angew. Chem.* 1930, 688.

10. Aus *Hefeeiweiß*. Ernolith, mit Formaldehyd gehärtete Hefe mit ev. Zusätzen von Blut, Teeröl, Pech, Leim, Magnesia, Erdfarben. Die Kondensationsprodukte werden bei etwa 90° verpreßt. Mechanisch leicht bearbeitbar, lagert sich fest an Metallteile an, wenn damit verpreßt. Verwendung: Preßgegenstände aller Art, wie Knöpfe, Türklinken, Wandplatten, Druckstöcke. H. BLÜCHER und E. KRAUSE, *D. R. P.* 275857, 289597, 294856, 295238, 302930/1, 303133, 314544, 314728 sowie H. BLÜCHER, *Kunststoffe* 1919, 17.

11. Aus *Naturharzen*. Bestandteile: Harte Harze, wie Kopale, Bernstein, Dammar, ferner Schellack, Kolophonium, Metallresinate, fette Öle, Asbest, Glimmer, Schiefermehl, Erdfarben. Ambroid s. Bd. II, 92; Ambroin aus Kopalen, Asbest und Glimmer; säure- und bis 300° hitzebeständiges Isoliermaterial von großer Härte, s. Bd. VI, 541, daselbst auch weitere ähnliche Produkte.

12. Aus *Kunstharzen* s. d. Bd. VII, 1, sowie Bd. VI, 541.

13. Aus *Asphalt, Teeren* und *Pechen*, enthalten außer diesen Bestandteilen auch Harze, fette Öle, Kautschuk, Guttapercha und Mineralstoffe. Sie sind gewöhnlich von ziemlicher Härte, gegen Temperatur- und Witterungseinflüsse, gegen Säuren und Laugen beständig. Lackverdünnungsmittel und Schmieröle lösen die bituminösen Bestandteile heraus. Verwendung als Isoliermaterialien in der Elektrotechnik und zu säurebeständigen Auskleidungen.

14. Aus *Kautschuk* s. Ebonit, Hartkautschuk, Bd. VI, 511.

15. *Spezielle plastische Massen* sind z. B. Elfenbein-, Horn- und Fischbeinersatzmassen. Erstere dienen zur Nachahmung des natürlichen Elfenbeins und bestehen aus Gemengen von ammoniakalischer Lösung gebleichten Schellacks und Zinkoxyd, aus Leim, Cellulosebrei und Alabaster sowie aus anderen Mischungen (E. J. FISCHER, *Kunststoffe* 6, 101, 116 [1916]). Als Ersatzmassen für Horn kommen Kunstmassen zur Verwendung, die teils aus verschiedenartig präparierten Naturhornspänen durch Zusammenpressen, teils aus Abfällen hornähnlicher Kunstprodukte unter Zusatz von geeigneten Bindemitteln in Preßformen hergestellt werden. Nach den *D. R. P.* 109737, 120017, 168360, 216214 und 245726 lassen sich z. B. einige derartige Kunsthornmassen erzeugen (F. MARSCHALK, *Kunststoffe* 7, 185, 203 [1917]). Massen für künstliches Fischbein werden beispielsweise aus der Haut von Walen durch aufeinanderfolgendes Einlegen in Kalkwasser und Pottasche, Zerschneiden, Trocknen und Pressen oder aus Gemischen von Kautschuk, Schellack, Magnesia, Goldschwefel und Schwefel durch Heißpressen gewonnen (Balenit). Fischbeinmassen z. B. nach *D. R. P.* 244566 und 293103 (P. HOFFMANN, *Kunststoffe* 1, 187 [1911]).

Literatur: H. BLÜCHER, Plastische Massen. Leipzig 1924. — J. HÖFER, Die Fabrikation künstlicher plastischer Massen. 4. Aufl., Wien und Leipzig 1921. — S. LEHNER, Die Imitationen. 4. Aufl., Wien und Leipzig 1926. — O. MANFRED, Plastische Massen in R. E. LIESEGANG, Kolloidchemische Technologie. Dresden und Leipzig 1931. — P. KRAIS, Werkstoffe. II, 682 (G. BUGGE), Plast. Massen. — L. E. ANDÉS, Die Fabrikation des Papiermachés und der Papierstoffwaren. Wien und Leipzig 1900. — A. HULIN, Moderne plastische Massen. *Kunststoffe* 1925, 127, enthält zahlreiche Angaben über Benennung und Zusammensetzung ausländischer Produkte.

Zeitschriften. *Kunststoffe.* — Revue générale des Matières Plastiques, Paris. — British Plastics, London.   *E. J. Fischer.*

Platin, *Pt,* Atomgewicht 195,2, ist ein Metall von grauweißer Farbe; das geschmolzene und gefeilte Platin ist weißer als gewöhnliches; dünne, durch Kathodenzerstäubung dargestellte Platinschichten sehen im durchscheinenden Licht graublau aus. Das *spez. Gew.* von reinem, stark gehämmertem Platin ist 21,463, von geschmiedetem und gewalztem oder zu Draht gezogenem 21,4; Platinschwamm hat ein *spez. Gew.* von 21,16. Die Härte beträgt nach MOHS' Skala 4—5, also etwa die des Kupfers. Aus dem Schmelzfluß erstarrtes Platin ist sehr weich, streckbar und duktil, äußerst leicht ritzbar; es wird durch Hämmern, Walzen und Strecken merklich härter, dann aber durch geeignetes Glühen wiederum weich. Man unterscheidet 4 Sorten von Platinmetall, nämlich sog. physikalisch reines Platin, entsprechend dem 4. Reinheitsgrad nach MYLIUS, mit einer Verunreinigung von höchstens 0,01 %, dann chemisch reines Platin vom MYLIUSschen Reinheitsgrad 3 mit höchstens 0,1 % Verunreinigung, ferner Geräteplatin, das außer Platinoiden keine anderen, insbesondere unedle, Verunreinigungen aufweist, und endlich technisch reines Platin, mit 99,5—99,8 % Platin und Platinoiden.

Nach Gold und Silber ist Platin das duktilste Metall; es läßt sich zu äußerst feinem Draht ziehen — H. W. WOLLASTON zog (1813) *Pt*-Drähte bis zu einer kaum noch sichtbaren Feinheit aus, indem er einen dicken *Pt*-Draht in einer zylindrischen Form mit Silbermetall umgoß, das Ganze zu Draht auszog und den gezogenen Draht mit HNO_3 behandelte, worauf der *Pt*-Draht, in einer Feinheit bis nahezu von $^1/_{1000}$ *mm*, allein zurückblieb, übrigens eine Kombination, die heute noch als „WOLLASTON-Draht" im Handel ist — und zu Folien (etwa 0,0025 *mm*) auswalzen; jedoch ist es schon bei einer Foliendicke von 0,05 *mm* an schwierig, größere Flächen absolut porenfrei herzustellen (W. C. HERAEUS liefert übrigens auch WOLLASTON-Blech, d. h. eine Platinfolie von 0,001 *mm* Stärke, zwischen Silber ausgewalzt, welch letzteres dann wie bei dem WOLLASTON-Draht mit HNO_3 vor dem Gebrauch weggelöst wird); ein geringer Gehalt an Iridium erhöht die Härte und vermindert die Duktilität. Eine Härte-Verbesserung von *Pt* erfolgt auch durch Zusatz äußerst geringer Mengen von Lithiummetall. Die *Li*-Zulegierung kann dabei als Mischung im flüssigen oder feinverteilten Zustande erfolgen, ebenso auch durch Aufbrennen u. dgl. (*D. R. P.* 396 377 [1922] von P. G. EHRHARDT, Frankfurt a. M.). Das Platin besitzt eine größere Festigkeit als Gold, eine geringere als Kupfer. In der Glühhitze wird es von Wasserstoff durchdrungen, wobei wahrscheinlich intermediäre Platin-Wasserstoff-Verbindungen gebildet werden. Die Diffusionsgeschwindigkeit nimmt mit Steigerung der Temperatur schnell zu. Im Gegensatz zu Wasserstoff durchdringen Sauerstoff, Stickstoff, Chlor, Chlorwasserstoff, Kohlendioxyd, Kohlenoxyd, Methan, Acetylen, Wasserdampf, Schwefelwasserstoff und Ammoniak das glühende Platin nicht; die beiden letzteren werden bei dieser Temperatur jedoch zersetzt, so daß dann deren Wasserstoff diffundiert. Die spezifische Wärme des Platins von +17 bis 100⁰ ist 0,0326. Die Ausdehnung durch die Wärme für einen Platinstab von 483,55 *mm* Länge bei 0⁰ beträgt bei 250⁰ 1,114, bei 500⁰ 2,309, bei 1000⁰ 4,909 *mm*. Platin schmilzt bei 1755⁰. Ganz dünner Platindraht, $^1/_{40}$ *mm* stark, schmilzt schon in der Kerzenflamme; beim Schmelzen eines Drahtes im Bunsenbrenner erstarrt die dabei entstehende Perle. Elektrolytisch abgeschiedenes *Pt* (auch *Pd, Ag, Cu* und *Fe* übrigens!) zeigt die Eigentümlichkeit, schon bei 650—850⁰ zu sintern, also bei Temperaturen, die weit unter dem eigentlichen Metallschmelzpunkt liegen. Dieses Verhalten dürfte von wesentlicher Bedeutung für die Optimal-Temperatur der katalytischen Wirkung des Metalls sein (R. WRIGHT und CH. SMITH, *Journ. chem. Soc. London* 119, 1683). Die latente Schmelzwärme beträgt 27,18 *W.-E./kg.* 400 g Platin lassen sich im elektrischen Ofen mit 450 *Amp.* und 60 *V* leicht zum Sieden bringen (H. MOISSAN, *Compt. rend. Acad. Sciences* 116, 1431 [1893]); im Kathodenvakuum läßt es sich schon bei 540⁰, also in Glasgefäßen, verdampfen (A. KNOCKE, *B.* 42, 208 [1909]). Platin ist physikalisch das beständigste und unveränderlichste aller bekannten Metalle; es ist auch bei längerem Erhitzen auf etwa 900⁰ nicht flüchtig; nach 2stündigem Erhitzen auf 1300⁰ im elektrischen Widerstandsofen erfährt es einen Gewichtsverlust von 0,019 %, der nach 30stündigem Erhitzen auf 0,245 % anwächst und auf Sublimation zurückzuführen ist (W. CROOKES, *Proceed Roy. Soc. London* 86, 461). Die Gewichtsabnahme von *Pt* beim Glühen ist schon lange bekannt (F. HILLEBRAND, *Chem.-Ztg.* 47, 243 [1923]). Im Knallgasgebläse ist es schmelzbar, aber nicht flüchtig; in der nicht reduzierenden Bunsenflamme bedeckt sich Platin mit einer grauen Schicht, ohne aber an Gewicht zu verlieren oder zuzunehmen; die graue Schicht ist also wohl auf eine molekulare Änderung des Platins zurückzuführen (ERDMANN, *Journ. prakt. Chem.* 79, 117 [1860]). Es wird beim Durchleiten von Elektrizität durch die Erwärmung zerstäubt; das Zerstäuben in der Luft ist durch deren Gehalt an Sauerstoff bedingt (W. STENART,

Wied. Ann. **66**, 90 [1898]). In Wasserdampf oder in Kohlendioxyd ist bis 1300° eine Zerstäubung nicht wahrzunehmen. Die elektrische Leitfähigkeit beträgt 10,6. bezogen auf Silber = 100 (vgl. hierzu die Untersuchungen von A. T. GRIGORJEW, Leningrad, „Über einige physikalische Eigenschaften des Platins", *Ztschr. anorgan. Chem.* **178**, 213 [1929]).

Chemisches Verhalten. Metallisches Platin wird beim Erhitzen mit Sauerstoff nicht verändert, während fein verteilter Platinmohr sich oxydiert. Fluor greift *Pt* nur im Gemisch mit Flußsäuredämpfen an; während Chlor leicht auf erhitzten Platinschwamm, schwer auf kompaktes Platin einwirkt, reagieren Brom und Jod mit *Pt* fast gar nicht. Rußende Flammen von Steinkohlengas oder Acetylen wirken nach den Angaben von F. MYLIUS und C. HÜTTNER (*Ztschr. anorgan. allg. Chem.* **95**, 257 [1916]) auf technisches Platinblech schon bei 600° zerstörend ein, indem eine metallhaltige Rußschicht entsteht, welche bei nachheriger Verbrennung das Metall grau und porös-brüchig hinterläßt. Die Rußbildung wird durch Verunreinigungen des Platins, besonders Eisen und Rhodium, verstärkt. Bei der Einwirkung von Gasflammen mit reichlichem Luftzutritt (Bunsen- und Gebläseflamme) ist der korrodierende Angriff geringer. Ein kleiner Gehalt des Platins an Iridium ist unschädlich, Rhodiumgehalt ist nachteilig. Für die Erhaltung der Platingeräte beim Erhitzen mit Leuchtgasbrennern ist somit ausreichende Luftzufuhr zur Flamme sowie Vermeidung eines größeren Schwefelgehalts im Gase von Bedeutung.

Heiße *konz.* Schwefelsäure löst Platin, u. zw. umso stärker, je konzentrierter und je heißer die Säure ist. Im Gegensatz dazu greift schmelzendes Kaliumbisulfat *Pt* nicht an, wovon man zum Reinigen von *Pt*-Gefäßen Gebrauch machen kann (C. GOODRICH, Chemist Analyst **17**, Nr. 4, 18 [1928]; *Chem. Ztrlbl.* 1929, I, 773). Auch Ammonsulfat korrodiert im Schmelzen das *Pt* nicht, allerdings nur, wenn *NH₄*- oder *K*-Bromid abwesend sind. Nach C. W. HERAEUS (*Ztschr. angew. Chem.* **16**, 1201 [1903]) löst sich bei der Konzentrierung von Schwefelsäure in Platinapparaten pro 1 *t* Säure von 94% 0,6 *g*, von 97% 2 *g*, um auf 1 *kg* Platin pro 1 *t* bei rauchender Schwefelsäure zu steigen. Bei Verwendung von Platin-Gold-Apparaten beträgt der Verlust an Platin bei dauernder Herstellung von 97—98%iger Säure dagegen nur noch 0,2 *g* Platin pro 1 *t*. Salzsäure und Salpetersäure sind ohne Einwirkung, während Königswasser Platinchloridwasserstoffsäure *H₂PtCl₆* bildet. Platin verbindet sich leicht beim Erhitzen mit Schwefel sowie mit Phosphor, wird von den Dämpfen der Alkalimetalle sehr leicht angegriffen und legiert sich mit Arsen und den meisten Metallen. Beim Glühen mit Ätzalkalien oder Pottasche oxydiert es sich langsam unter Bildung von Kaliumplatinoxyd. Salpeter, Sulfide, Thiosulfate, Cyankalium greifen ebenfalls an, ebenso in Anwesenheit von Kohle auch Phosphate und Silicate. Silicium und viele Metalle bilden bei Rotglut mit Platin Eutektica, die zum raschen Durchschmelzen der betreffenden Platingeräte führen. Auch die Chloride von Lithium und Magnesium greifen Platingefäße in der Schmelzhitze stark an (vgl. hierzu übrigens auch die Druckschrift von G. SIEBERT, Hanau, über „Praktische Hinweise für die Behandlung von Laboratoriumsgeräten aus Platin [Tiegel, Schalen u. s. w.]").

Geschichtliches. Das Platin ist Mitte des 16. Jahrhunderts von SCALIGER in den Bergwerken von Dariens (Neu-Granada) beobachtet worden. Die erste sichere Nachricht von dem Metall findet sich in einer Reisebeschreibung von DON ANTONIO DA ULLOA, welcher im Jahre 1735 an der französischen Gradmessung in Peru teilnahm. In seinen Berichten über die Goldbergwerke von Choco (Kolumbien) sagt er unter anderm: „Manchmal werden hier Goldfunde gemacht, die man nicht verarbeitet wegen des Platinas in demselben (eines Minerals von solcher Widerstandsfähigkeit, daß es nicht leicht zu zerbrechen oder auf einem Amboß zu zertrümmern ist), denn diese Substanz kann weder durch Röstung noch durch irgend welche Extraktionsmittel, es sei denn mit viel Mühe und Kosten, beseitigt werden." Die Metallurgen Südamerikas waren indessen schon lange mit dem Platin bekannt und hatten ihm auch seinen Namen (Diminutivum vom spanischen Wort „plata", Silber) gegeben; sie hielten es jedoch für völlig wertlos und betrachteten es als einen lästigen Begleiter des Goldes. Im Jahre 1741 brachte CHARLES WOOD ein Quantum Platin aus Kolumbien mit, welches dann von WILLIAM WATSON in einer wissenschaftlichen Abhandlung beschrieben wurde.

Auch der schwedische Münzprobierer SCHEFFER hatte Platin aus dem goldführenden Sand des Flusses Pinto in Südamerika erhalten. Er teilte im Jahre 1752 der Stockholmer Akademie das Ergebnis seiner Untersuchung mit, wonach er gefunden hatte, daß Platin in Scheidewasser unlöslich sei, sich aber in Königswasser löse, daß es im stärksten Ofenfeuer unschmelzbar sei und sich mit Arsen und anderen Metallen legiere. SCHEFFER schon bemerkte (1752), daß dieses neue, als „weißes Gold" bezeichnete Platin-Metall „unter allen Metallen das geschickteste zu den Spiegeln in Spiegelteleskopen" sei, und 1787 verfertigte der Bürger ROCHON in Paris einen Spiegel aus Platinmetall zu einem Teleskop von 5½ Fuß, der vortrefflich gelang (MOLLS Jahrbb. d. Berg- und Hüttenkunde, Bd. III, 321 [1799]). Sehr eingehende Studien über das Platin wurden von LEWIS in den Philosophical Transactions 1754—1755 veröffentlicht. Im Jahre 1757 berichtete MARGGRAF in den Schriften der Berliner Akademie über die Fällbarkeit des Platins mit Kalium- und Ammoniumsalzen und erwähnt zuerst die Darstellung von Platinschwamm. Ein Jahr später machten MACQUER und BAUMÉ auf die Schmelzbarkeit des Platins im Fokus eines Brennspiegels aufmerksam, und 1772 erkannte v. SICKINGEN, kurpfälzischer Gesandter in Paris, seine Schweißbarkeit und stellte zuerst Platinblech und Platindraht her; 1778 teilte er seine Versuche der französischen Akademie mit; die Publikation in den Abhandlungen der auswärtigen Gelehrten zog sich aber in die Länge; erst 1782 erschien eine von SUCKOW besorgte deutsche Übersetzung davon, unter dem Titel „Versuche über die Platina". Auch über die Löslichkeit des mit Silber legierten Platins in Salpetersäure berichtete 1779 schon (und nicht erst 1784, wie allgemein angegeben ist) ACHARD (Mem. Akad. Berlin 1779) in einem Aufsatz über eine „Leichte Methode, Gefäße aus Platin zu bereiten"; wonach er dann als erster Pt-Tiegel herstellte, indem er Platin mit Arsen zusammenschmolz, die Legierung formte und durch starkes Erhitzen das Arsen daraus verflüchtigte. Nach derselben Methode arbeiteten dann CHABANNEAU und JEANNETY, bis KNIGHT die Darstellung schmiedbaren Platins aus zusammengepreßtem Platin lehrte, wodurch er auch den Grund zur Platinindustrie legte; KNIGHT löste das Platinerz, fällte mit Salmiak, glühte den Platinsalmiak und stampfte den Niederschlag in einer Form zusammen. Bald darauf wurde dieses Verfahren von THOMAS COCK, einem Angestellten von PERCIVAL NORTON JOHNSON, des Begründers der englischen Pt-Firma JOHNSON, MATTHEY & CO., praktisch durchgeführt (THORPE, Dictionary of applied Chem. V, S. 327, Sp. 2 [1924]) und 1828 von WOLLASTON veröffentlicht. Nach dieser Methode wurde bereits im Jahre 1809 von obgenannter Firma eine Platinretorte von 13 kg Gewicht angefertigt, welche zur Schwefelsäurekonzentrierung diente. Einen großen Fortschritt bedeutete für die Platinindustrie die Anwendung des Knallgasgebläses zum Schmelzen größerer Mengen des Metalls, welches 1847 von HARE eingeführt und später von DEVILLE und DEBRAY verbessert wurde.

Kolumbien blieb die einzige Fundstelle für das Metall, bis die Lagerstätten im Ural im Jahre 1819 entdeckt wurden; sehr bald erwies sich dieser Fundort weit wichtiger als die bis dahin bekannten Platinfundorte Südamerikas. Von 1828–1830 verwendete sie die russische Regierung zur Prägung von Münzen, mußte jedoch, da einerseits die Prägungskosten sehr hoch waren und es andererseits schwierig war, bei der völligen Unsicherheit der Platinpreise im Handel einen konstanten Münzwert festzusetzen, diese Münzen bereits 1845 wieder einziehen. Obzwar in Rußland 2 Platinraffinier- und -verarbeitungswerke bestanden (das 1875 gegründete Laboratorium von KOLBE und LINDFORS und die 1879 angegliederte Pt-Raffinierabteilung der TENTELEW-Werke), erfolgte in der Vorkriegszeit die Raffinierung der russischen Pt-Erze und die Verarbeitung des Pt-Metalls fast ausschließlich im europäischen Westen und vornehmlich bei der Londoner Firma JOHNSON, MATTHEY & CO. Auch die organisatorische Zusammenfassung der russischen Erzförderung erfolgte nicht in Rußland, sondern in Paris, 1898, als COMPAGNIE INDUSTRIELLE DU PLATINE". In demselben Jahre schloß sich überdies diese Gesellschaft mit den Platinverarbeitungsfirmen JOHNSON, MATTEY & CO. in London, DESMOUTIS, LEMAIRE ET CIE. in Paris, C. W. HERAEUS in Hanau und BAKER & CO. in New York zu einem Syndikat zusammen. Über die seitherige Entwicklung der russischen Platinindustrie, besonders unter dem Druck des Materials aus den neuerdings entdeckten südafrikanischen Platinlagerstätten u. s. w., s. Näheres unter Wirtschaftliches, S. 493.

Neuere Literatur zur Geschichte des Pt: A. J. J. VANDEVELDE, im Bull. Soc. chim. Belg. 29. 331; H. RABE, Vortrag über „Platin und die TENTELEWsche Chemische Fabrik" in Ztschr. angew. Chem. 39, 1405 [1926]; KRUSCH, „Gewerbefleiß" 105, 213 [1926]; H. FRITZMANN, B. MENSCHUTKIN, N. STEPANOW, O. SWJAGINZEW in russischen Aufsätzen der Annalen des russischen Platin-Instituts 5, 5 [1926]; G. H. STANLEY, Journ. South Afr. chem. Inst. 10, 3 [1927].

Rohstoffe. Vorkommen. Das Platin kommt meist im gediegenen Zustande vor. Das Metall war bis 1889 das einzig bekannte Platinmineral. In diesem Jahre hatte H. L. WELLS (*Am. Journ. Science-Silliman* [3] 37 [1889], 67) ein metallisch glänzendes Mineral zur Untersuchung vorliegen, das er als $PtAs_2$ bestimmte und nach dem Einsender des Minerals, SPERRY, Sperrylith benannte. Es findet sich in den reichen Kupfer- und Nickelerzlagerstätten des Sudburydistrikts in Kanada, u. zw. als Begleiter des Nickels mit 52–56% Pt, eingesprengt in Dunit und Norit. Seine Menge ist jedoch so gering, daß sich dort eine Aufarbeitung des Materials behufs Platingewinnung nicht lohnen würde. Wohl aber wird es bei der Reindarstellung des Nickels zusammen mit Gold und Palladium abgeschieden und aus den Schlämmen in neuerer Zeit isoliert (s. Nickel, Bd. VIII, 120). Über die wichtigen neuerdings erschlossenen Vorkommen in Südafrika s. S. 482. Als gediegenes Platin ist es mit den Platinoiden, d. h. Iridium, Rhodium, Palladium, Osmium und Ruthenium, sowie ferner auch mit Eisen und Kupfer legiert und findet sich so meist in Gestalt von Körnern oder Blättchen.

Die wichtigsten Lagerstätten des gediegenen Platins finden sich im mittleren Ural, nördlich von Jekaterinburg, zwischen 58 und 60° nördlicher Breite. Diese uralischen Lagerstätten sind etwa konzentrische Schalen aus verschiedenen Gesteinen, mit einem massiven Pt-führenden Dunit-Napf in der Mitte (E. HERLINGER, *Ztschr. angew. Chem.* 40, 653 [1927]). Dieses Pt-Muttergestein Dunit (97–99% olivinhaltig) weist eine mittlere Zusammensetzung von $Fe_2SiO_4 \cdot 8\ Mg_2SiO_4$ bis $Fe_2SiO_4 \cdot 11\ Mg_2SiO_4$ auf. Jedoch sind diese ursprünglichen Gebirge teilweise schon abgetragen, und das Platin findet sich daher in Anschwemmungen von Flüssen, die aus derartigem Eruptivgestein stammen. Die platinführende Schicht in diesen Alluvien ist gewöhnlich $^3/_4 - ^1/_2$ m mächtig und liegt zuunterst, unmittelbar auf dem Primärgestein. Über der platinhaltigen Schicht liegt taubes Geröll, Sand, Lehm, Humus, im Durchschnitt 1–3 m, manchmal auch bis zu 30 m mächtig. Die Feinheit der Verteilung des Platins in Alluvien hängt von dem Wege ab, den das Material zurückgelegt hat. Außer Körnern und Blättchen kommen bisweilen auch größere Klumpen vor. Im DEMIDOFF-Museum in Petersburg werden Platinklumpen von 2–10 kg aufbewahrt. Das Aussehen des Platinerzes ist sehr verschieden:

im Quellgebiet der Flüsse erscheint es unansehnlich schwarz, herrührend von einem dünnen Überzug von Chromeisenstein. Dieser Überzug wird beim weiteren Transport des Materials durch die Flüsse allmählich abgerollt, so daß das Erz umso weißer aussieht, je weiter entfernt von seiner ursprünglichen Lagerstätte es sich findet.

Der älteste russische Fundort des Platins ist der Bezirk von Nischni-Tagilsk. Tagilsk war lange der Hauptproduktionsort und lieferte bis 1891 77 % der gesamten Platinausbeute; es sind daselbst seit 1825 etwa 100 *t* Platin gewonnen worden. Jetzt sind die Lager stark erschöpft, und man ist dazu übergegangen, die bereits gewaschenen Sande nochmals durchzuarbeiten.

Nördlich von Tagilsk liegen die Bezirke von Bissersk und Goroblagodat. Über neuere, ·von L. DUPARC im Ural entdeckte Platinvorkommen und deren Zusammensetzung s. *Helv. Chim. Acta* 2, 324 (*Chem. Ztrlbl.* **1919**, IV, 715). Von Bedeutung sind auch die Vorkommen in der Provinz Choco (Kolumbien), wo Platin und Gold zusammen vorkommen. Ferner findet man Platin in Brasilien, auf Borneo, im Altai, in Sibirien, in Japan, in Algier, in Kanada, in Mexico, in Peru; in den Goldsanden von Kalifornien findet sich ebenfalls etwas Platin; ebenso soll der Goldstaub von Klondyke platinhaltig sein. In Europa soll der Rheinsand angeblich 0,0004 % Platin enthalten; ferner beobachtet man das Metall in den französischen Alpen, auf Jersey, in Lappland, in Norwegen, in Spanien und in Ungarn. Man kann wohl im allgemeinen annehmen, daß sich kleine Mengen Platin in allen Olivin und Serpentin führenden Gesteinsschichten finden. Über Geologie und Vorkommen der Platinerzlager im Ural, Tulameendistrikt, Britisch-Columbia, Tasmanien, Kalifornien, in den *Ni*-Erzlagern in Sudbury, Ontario, Kanada, in einem Schieferton in Lancaster County, Pa u. s. w. macht W. L. UGLOW Mitteilungen (*Chem. Ztrlbl.* **1920**, I, 68, nach *Engin-Mining Journ.* 108, 352). Über Vorkommen von *Pt* im Similkameendistrikt von Britisch-Kolumbien macht C. M. CAMPBELL (*Engin-Mining Journ.* **111**, 702), über Vorkommen und Gewinnung von *Pt* und *Au* in Schwarzsandlager auf der Westseite der zu Chile gehörenden Insel Chiloe, F. MELLA Angaben (ebenda, S. 497). Aus den seit 1917 in Dauerbetrieb genommenen, hauptsächlich Kupfersulfide (Bornit) enthaltenden Erzmineralien der SALT-CHUCK PALLADIUM-Kupfergrube auf Prince of Wales Island, Alaska, wird neben *Cu*, *Au*, *Ag*, *Pd* auch *Pt* gewonnen (J. B. MERTIE JR., *Engin-Mining Journ.* 110, 17; *Chem. Ztrlbl.* **1920**, III, 538). Eine wesentliche Verbreiterung der Rohstoffbasis für Platin erbrachte die seit 1923 einsetzende Schürfung neuer *Pt*-Lagerstätten in Südafrika, an denen unter andern auch der preußische Bergassessor HANS MERENSKY wesentlich beteiligt ist. Nach diesem sind dort zwei wesensverschiedene Lagerstättentypen zu unterscheiden, nämlich eine ähnlich den Diamantschloten in Südafrika röhrenartig in die Tiefe gehende, aus Olivinfelsen bestehende Gesteinsart von sekundärer Bedeutung, in der das *Pt* gediegen in Körnern und Krystallen vorkommt, und ein wichtigeres flözartiges Vorkommen von Sperrylith, in feiner Verteilung zwischen sulfidischen Erzen des *Ni* und *Cu*. Die Entdeckung der Lagerstätten erfolgte im Waterbergdistrikt (1923) durch ERASMUS, im Lydenburgdistrikt (1924) durch A. F. LOMBARD, auf der Farm Onverwacht durch W. F. BLAINE, woran sich dann (1925) die Erkennung des MERENSKY-Reefs und (1927) der *Pt*-Fund im Rustenbergdistrikt anschloß (J. SCHLENZIG in Metallbörse **19**, 1098, 1153 [1929]). Über diese neuentdeckten *Pt*-Lagerstätten berichten u. a.: P. A. WAGNER und T. G. TREVOR im South Afric. Journ. of Industries 6, 577 [1923] und 7, 312 [1924]; dieselben in Industries Bulletin Nr. 101, woraus JAS. LEW. HOWE in seinem Aufsatze in der *Science* 59, 510 schöpfte; A. W. NEWBERRY und J. F. KEMP, *Engin-Mining Journ.-Press* 121, 717; H. MERENSKY, Ztschr. D. Geol. Ges., Abt. A. 78, 296, und *Metall u. Erz* 23, 519; G. BERG in Metall-Wirtschaft 7, 409 [1918].

Die geochemischen Verhältnisse der *Pt*- und Platinoid-Lagerstätten in Südafrika (im Ural, in Kanada u. s. w.) lassen erkennen, daß die meisten *Pt*-Erzlager an stark basische Gesteine gebunden sind, die aus einer magmatischen Spaltung, unter Hinterlassung saurer Gesteine, hervorgegangen sind. Im Sinne der Theorie von V. M. GOLDSCHMIDT sind die Platinmetalle siderophile Elemente (E. HERLINGER, *Ztschr. angew. Chem.* 40, 649 [1927]). Erzmikroskopische und spektrographische Untersuchungen von platinführenden Nickelmagnetkiesgesteinen des Bushveld Igneous Complex in Transvaal lassen erkennen, daß die *Pt*-Metalle in der 2. Phase, während des Erstarrens des flüssigen Schmelzrestes, vorwiegend im *Ni*-Pyrit und Magnetkies, zur Ausscheidung gelangten, daß sie dann in der 3. pneumatolytischen Phase in den Gittern der Sulfide keinen Platz mehr fanden, weshalb sie sich als individuelle Mineralien, wie Sperrylith, Stibiopalladinit, neben den *Fe*-, *Ni*-Sulfiden stabilisierten, und daß sich die *Pt*-Metalle in der hydrothermalen Phase wahrscheinlich feinstverteilt gediegen ausschieden, um so bei der Verwitterung zurückzubleiben (H. SCHNEIDERHÖHN, Chemie der Erde 4, 452).

Aufbereitung. Die Verarbeitung des Platinsandes erfolgt auf ähnliche Weise wie bei Gold (Bd. **VI**, 6), d. h. durch einen Waschprozeß. Die Behandlung des angereicherten Sandes erfolgt auf Setzmaschinen und Schüttelherden (Bd. **I**, 787). Bei dem Waschprozeß sind Verluste jedoch unvermeidlich, weil das staubförmige Platin sich nicht rasch genug zu Boden setzt.

Es wurde deshalb von ZACHERT (*Chem.-Ztg.* **1919**, Nr. 81, 156) vorgeschlagen, die platinhaltigen Sande mit Kupfersulfat und Schwefelsäure zu behandeln, das Platin also mit einer Kupferschicht zu überziehen und es dann über gewöhnliche, in der Goldextraktion gebräuchliche Amalgamierpfannen zu schicken. Wegen des Verbrauches an Kupfer u. s. w. dürfte das Verfahren wohl keine Anwendung finden. Das ENZLIN-EKLUNDsche (*Pt*- und *Au*-) Amalgamationsverfahren (*Engin-Mining Journ.* 126, 621 [1928]), das mit Zn-Amalgam in Gegenwart eines Aktivators (ZnCl₂, HCl, Cl u. s. w.) arbeitet, gestattet die Metallgewinnung direkt aus den Erzen oder aus deren Konzentraten. Die bei der aktivatorischen Amalgamierung stattfindenden Umsetzungen sind kompliziert und ziemlich ungeklärt. Das resultierende edelmetallhaltige Amalgam wird auf eine *Fe*- oder *Ni*-Fläche aufgestrichen. Über diese Flächen läßt man benutzte saure Aktivatorenflüssigkeit fließen, wobei das

Edelmetall zurückbleibt und sich der Aktivator seinerseits teilweise regeneriert. Die Kombination von naßmechanischer Aufbereitung mit Elektroamalgamation, in Gegenwart von naszierendem Wasserstoff, wie er z. B. elektrolytisch entwickelbar ist, ergibt leichte Amalgamierbarkeit vorhandenen Pt-Metalls in der Erzaufbereitung und relativ hohes Ausbringen daraus. Sperrylith und ähnliche Verbindungen lassen sich jedoch in keinerlei Weise amalgamieren (T. KAPP, Johannesburg, in Metallbörse 17, 397 [1927]). Aus dem gewaschenen Platinerz wird das Gold durch Verreiben mit Quecksilber entfernt und Eisenerz durch Magnete ausgezogen. Über die Aufbereitung der russischen Erze s. ferner ERNST, *Berg-Hütten Ztg.* 51, 406 [1892]; Anonymus, *Journ. Chem. Ind.* 13, 995 [1894]; sowie die sehr ausführliche Beschreibung von H. LOUIS, *Mineral Industry* 6, 545 [1898]. Seit Beginn dieses Jahrhunderts sind im Ural auch Schwimmbagger (Draga) im Gebrauch, auf denen sich auch die üblichen Waschherde befinden. Der Bagger soll $51-57\%$ an Kosten sparen; jedoch ist er nicht imstande, den Grund der Seife, also die reichste platinführende Schicht, reinlich auszuheben. Über den in Kolumbien verwendeten Platinbagger s. *Chem. Ztrlbl.* 1909, II, 827. Interessant, aber technisch wohl kaum durchführbar, ist der im *D. R. P.* 93178 von H. FRASCH gemachte Vorschlag, in platinführende Sandschichten mit sehr geringem Gehalt an Platin, Chlorwasser zu drücken, das das Platin lösen soll.

Der durch den gewöhnlichen Waschprozeß gewonnene Sand wird unter dem Namen Rohplatin, Platinerz (auch Polixen) in den Handel gebracht; es ist noch keineswegs reines Metall, enthält vielmehr nur durchschnittlich $75-85\%$ reines Platin, $4-5\%$ sog. Platinoide (Iridium, Osmium, Palladium, Ruthenium und Rhodium), während die übrigen Beimengungen meist aus Eisen, Kupfer, Gold und Quarzsand bestehen.

Die moderne Flotations-Aufbereitung (s. Bd. I, 793) ist auch für die Platinerze, besonders in den neuentdeckten Platinfeldern Südafrikas, in Anwendung gekommen (vgl. über diese Aufbereitungsart die Arbeiten von T. K. PRENTICE und R. MURDOCH im Journ. chem. metall. mining South Africa 29, 157 [1929], ebenda S. 269 den Aufsatz von T. K. PRENTICE, worin eine Erzaufbereitungs-Stammbaumtafel über die Verarbeitung des Sulfid-Norits vom Lydenburger Distrikt den Gang zeigt. Andere Erzaufbereitungs-Stammbaumtafeln, mit Schemas der ganzen Anlagen, sind in demselben südafrikanischen Journal von 1929 zwischen den Seiten 158/159 u. ff. und auf S. 278 zu finden.) Insbesondere für oxydische und sulfidische u. dgl. Erze (Sperrylith) kommt das Ölschwimmverfahren zur Aufbereitung in Frage. Solche Pt-Flotations-Konzentrate repräsentieren etwa 5% des Ausgangserzes mit wahrscheinlich 90% des ursprünglichen Pt-Gehaltes (GRAHAM, Metal Ind., London, 33, 498 [1928]).

Zu dem Abschnitt über Gewinnung des Platins führen bereits sulfidische oder reduzierende Aufbereitungsverfahren über. Rohplatin z. B. aus Sperrylith enthält nach Abrösten des As 98,3% Pt, nur 1% $Jr+Os$, 0,3% Rh, 0,4% Pd und gar kein Fe (G. BERO in Metall-Wirtschaft 7, 409). C. SCHLESINGER & TRIER in Berlin (JOSEF SAVELSBERO) reduzieren in nichtoxydierender Atmosphäre bei heller Rotglut und scheiden das in jener Atmosphäre erkaltete Gut magnetisch (*A. P.* 1 723 444 [1926]), wodurch Pt und ev. Ni sich anreichern. S. C. SMITH, London (*E. P.* 306 566 [1927]), verarbeitet Ni-, Cu- und Pt-haltende Erze auf einen sulfidischen Stein, bessemert diesen gegebenenfalls, röstet ihn, entkupfert ihn teilweise in Säure und reduziert dann mit Kohle oder reduzierenden Gasen zu nem Metallschwamm, aus dem die unedlen Metalle mittels Säuren herausgelöst werden.

Von den Platinmetallen finden sich Osmium und Iridium nur im Platinerz. Sie sind meist verbunden zu Osmiridium und verbleiben auch nach der Behandlung des Platinerzes mit Königswasser im Platinrückstande. Die Färbung des Rohplatins läßt auf die Höhe des Gehalts schließen; es ist umso gehaltreicher, je heller es ist; das Tagilsker Rohplatin z. B. ist grau und ärmer als das hochgradige lichte vom nördlichen Ural.

Die Zusammensetzung von Rohplatin verschiedenen Vorkommens ergibt sich aus nachstehender Tabelle:

	1	2	3	4	5	6
Pt	82,17	88,98	88,87	81,91	72,07	78,63
Pd	0,26	0,99	1,30	0,22	0,19	0,20
Rh	—	} 3,51	4,44	—	2,57	} 2,79
Ir	—		0,06	0,33	1,14	
Ru	—	—	—	—	—	—
Os	—	—	Spur	—	—	—
Os-Ir	3,70	0,33	0,11	3,20	10,51	0,46
Au	0,22	—	—	0,16	—	—
Fe	—	7,03	10,32	—	8,59	15,57
Cu	—	0,08	—	—	3,39	1,66
Sand	—	—	—	—	—	—
Verlust	—	—	—	—	—	—

1. Mittelwerte von 65 Analysen russischer Pt-Erze (W. ADOLPHI in *Chem.-Ztg.* 50, 233 [1926].)
2. Vom Gussenafluß (Ural) aus Pyroxenit (L. DUPARC, *Arch. Sciences physiques nat.*, Genève [4] 31, 456 [1911]).

3. Von Nischny-Tagilsk (P. KRUSCH, Die Untersuchung und Bewertung von Erzlagerstätten, Stuttgart 1911, 388).

4. Effektives Affinageergebnis bei der genauen Erzaufarbeitung von Nr. 1 (W. ADOLPHI, a. a. O., S. 232).

5. Von Granite Creek (Canada), einschließlich 1,69% Ganggestein (HOFFMANN, Trans. Soc. Canada 5, 17 [1887]).

6. Vom Tschauchfluß (Ural) aus Dunit (L. DUPARC).

Daß übrigens aus sämtlichem altem Gold mehr oder weniger Platin ausbringbar ist, dürfte den Affinierwerken heute wohl allgemein bekannt sein (H. RABE, *Ztschr. angew. Chem.* 39, 1406 [1926]).

Gewinnung des Platins. Die Verarbeitung des Platinerzes kann auf trockenem oder nassem Wege vorgenommen werden. Der erstere ist von SAINTE CLAIRE-DEVILLE und DEBRAY (vgl. SAINTE CLAIRE-DEVILLE und DEBRAY, Das Platin und die dasselbe begleitenden Metalle, übersetzt aus dem Französischen von CH. H. SCHMIDT, Quedlinburg 1861), angegeben worden. Diese beiden Forscher lehrten durch Einführung des Knallgasgebläseofens, das Platin in größeren Mengen zu schmelzen. Sie zeigten, daß man durch Schmelzen von Platinerzen und Altplatin in einem aus Kalk geformten Ofen, ev. unter Zusatz von Kalk (s. u.), relativ reines Platin erhält, welches nur noch Iridium und Rhodium enthält. Bei der hohen Schmelztemperatur gehen Verunreinigungen des Platins in den Kalk oder verflüchtigen sich. Sie zeigten ferner, daß Platinerze durch Verschmelzen mit Blei (Bleiglanz) verarbeitet werden können; hierbei bildet sich eine Blei-Platin-Legierung, aus der das Platin leicht gewonnen werden kann, während das Osmium-Iridium sich nicht mit dem Blei legiert und mechanisch entfernbar wird.

Die vorstehenden Schmelzverfahren werden aber jetzt nicht mehr in dieser Form im Großbetrieb angewandt, da Iridium und Rhodium hierbei von Platin nicht vollständig zu trennen sind und in den wechselnd zusammengesetzten Legierungen die Eigenschaften des Platins in unbestimmter Weise verändern.

Zwischen den trockenen und den folgenden nassen stehen die als trocken-naß zu bezeichnenden Verfahren des trockenchlorierenden oder ähnlichen Aufschlusses mit anschließender nasser Weiterbehandlung.

Auf nassem Wege sind zahlreiche Methoden zur Trennung des Platins von seinen Begleitern vorhanden. Sie sind alle mehr oder weniger den rein analytischen Methoden nachgebildet. Während in der älteren Literatur sich zahlreiche Angaben über die damals in der Technik angewendeten Methoden vorfinden, werden die Verbesserungen, die gegenwärtig in den Trennungsverfahren eingeführt worden sind, von den Fabriken streng geheimgehalten, so daß man über die Finessen der jetzt gebräuchlichen technischen Methoden keine sehr genauen Angaben machen kann. Das trifft besonders zu für die Aufarbeitung der bei der Herstellung des Platinsalmiaks abfallenden Mutterlaugen, die noch Platin und Platinmetalle enthalten. Die Verfahren laufen aber meistens darauf hinaus, das Rohplatin in Königswasser zu lösen und die erhaltene Platinchloridlösung unter Einhaltung gewisser Vorsichtsmaßregeln durch Zusatz von Ammoniumchlorid als Platinsalmiak $(NH_4)_2PtCl_6$ zu fällen; dieser geht beim Glühen in Platinschwamm über, der entweder nochmals gereinigt oder, nach dem von WOLLASTON schon im Jahre 1803 angegebenen Verfahren, stark zusammengepreßt und dann in Kalktiegeln eingeschmolzen wird.

Endlich werden elektrolytische Verfahren zur Scheidung von Platin und Gold u. s. w. angewandt. Auch ist eine Trennung des Platins von Iridium und Rhodium bei geringer Stromdichte unter Verwendung von saurer Platinchloridlösung möglich u. dgl.

1. Gewinnung des Platins auf trockenem Wege.

Das Schmelzen des Platins im Knallgasgebläse war sehr wichtig für die Entwicklung der Platinindustrie. Der erste, welcher das Knallgasgebläse anwandte, um größere Mengen Platin zu schmelzen, war HARE (Phil. Mag. 1847, 356). DEVILLE gab 1852 die Konstruktion eines Gebläseofens an, in welchem er (vgl. auch *Berg-Hütten Ztg.* 1888, 470; 1894, 178), um eine Verunreinigung des Platins durch fremde

Substanzen zu verhindern, Platin in Kalktiegeln schmolz. Aber erst durch die Arbeiten von DEVILLE und DEBRAY (*Ann. Physik* [3] **56**, 385; *Dinglers polytechn. Journ.* **154**, 130) wurde das Verfahren so vervollkommnet, daß es für den fabrikmäßigen Betrieb geeignet wurde.

Den von ihnen angewandten Ofen zeigt Abb. 152, die ohne weiteres die Wirkungsweise erkennen läßt.

Handelt es sich um das Verschmelzen von größeren Mengen (10—12 *kg*) Platin, so wird aus einzelnen, durch eine Form aus Eisenblech zusammengehaltenen Kalkstücken ein entsprechend größerer Ofen zusammengesetzt, der zum Kippen eingerichtet ist. Mit einem solchen Ofen wurden z. B. 12 *kg* Platin in 42′ eingeschmolzen; der Sauerstoffverbrauch zum Schmelzen und Affinieren betrug etwa 100 *l* pro 1 *kg* Platin.

a) Direktes Verschmelzen der Platinerze mit Kalkzuschlag. Das Erz wird behufs Verschlackung von Eisen, Kieselsäure u. s. w. mit einem Kalkzuschlag versehen und in einem Ofen aus Kalk eingeschmolzen. Der Ofen ist ähnlich gebaut wie der in Abb. 152 wiedergegebene, jedoch noch mit einer verschließbaren Öffnung zum Nachfüllen von Erz und Zuschlag versehen. Das Platin muß zur völligen Entfernung des Osmiums 2—3mal umgeschmolzen werden. Aus einem Erz mit 86,2% *Pt*, 0,85% *Ir*, 1,85% *Rh*, 0,5% *Pd*, 1% *Au*, 0,6% *Cu*, 8% *Fe*, 0,95% *Os-Ir*, 0,95% Sand wird ein *Pt* gewonnen mit 96,10% *Pt*, 2,40% *Ir*, 1,50% *Rh*.

b) Verschmelzen der Platinerze mit Zuschlägen von Blei. Dieses Verfahren von DEVILLE und DEBRAY (*Ann. Chim.* [3] **56**, 385; **61**, 5) besteht darin, daß Platinerz mit metallischem Blei, oder besser Bleiglanz und Eisen, oder Bleiglätte zu schmelzen, wobei nach erfolgtem Fluß des Osmiumiridium sich zu Boden setzt und von der Blei-Platin-Legierung mechanisch getrennt werden kann. Das Eutektikum der *Pt-Pb*-Legierung hält bei 290⁰ Schmelzp. etwa 5% *Pt* und zeigt auf der *Pb*-Seite verschiedene Umwandlungsprodukte (V. TAFEL, Lehrbuch der Metallhüttenkunde, Bd. II, Leipzig 1929, S. 35). Die *Pt-Pb*-Legierung spielt eine nicht unerhebliche Rolle bei der Bildung u. s. w. der sog. „Platin-Speiß" der südafrikanischen Platinschmelzhütten. Platin-Speiß (soll wohl Platin-Speise heißen) hat nach H. RUSDEN und J. HENDERSON (Journ. chem. metallurg. mining Soc. South Africa **28**, 181 [1928], ferner in Diskussion mit STANLEY und mit H. A. WHITE in demselben Journal **29**, 98) die Zusammensetzung *As* 19,5%, *Fe* 56,0%, *Cu* 8,1%, *Ni* 8,5%, *Pb* 3,3%, *S* 4,1% und Unlösliches 0,7%. Diese „Speiß", in der sich die *Pt*-Metalle bis zu 100 Unzen pro 1 *t* (neben 33 Unzen *Au* pro 1 *t*) ansammeln, setzt sich beim Bleischmelzen über dem *Pb* und unter der „matte" in der Schlacke ab, ist gut abstechbar, metallisch-grau aussehend und leicht zu zerkleinern. Die Elektrolyse solcher Speiß-Platten als Anoden in H_2SO_4 ergab Anreicherung der

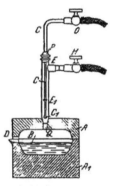

Abb. 152. DEVILLE DEBRAYscher Schmelzofen für Platin.

Pt-Metalle im Anodenschlamm, der geröstet mit *PbO* und Schlacke verschmolzen und nach Behandeln des gebildeten *Pb*-Regulus mit HNO_3 und nochmaliger Elektrolyse einen Schlamm mit 3,369% *Pt*-Metallen (und 5,369% *Au*) ausbrachte. Es wurde hiebei übrigens noch die Feststellung gemacht, daß die *Pt*-Metalle sich beim Schmelzen mit *PbO* in der oberen Schicht des *Pb* und in dem *PbO* in der Kapelle anreichern, während sie sonst in reinem *Pb* zu Boden sinken. Bei der Aufarbeitung von *Pt-*, *Au-* und *Ag*-haltigen Rückständen mit *PbO*, Koks u. s. w. kann man nach dem *F. P.* 640 110 [1927] des ÉTABLISSEMENT MÉTALLURGIQUE DE VIENNE (Isère) und G. A. LOUIS, R. COLLARD so verfahren, daß man der Masse Kupfer zusetzt, worauf sich beim Erkalten der Schmelze 2 Schichten bilden, von denen die obere das gesamte *Pt* (neben der Hauptmenge des *Cu*, etwas *Ag* und *Au*) enthält, die zwecks Entfernung des *Cu* wiederholt über *Pb* abgetrieben wird, und schließlich in üblicher Weise auf reines *Pt* verarbeitbar ist.

Beim Arbeiten im kleinen benutzt man einen Tiegel, in dem man gleiche Teile Platinerz und Bleiglanz einschmilzt. Beim fortgesetzten Umrühren mit einem Eisenstab wird der Bleiglanz vom Eisen des Erzes und des Stabes reduziert unter Bildung von Schwefeleisen und Ausscheidung von Blei, welch letzteres sich mit dem Platin legiert. Hierauf setzt man etwas leicht schmelzbares Glas und, bei gesteigerter Hitze, Bleiglätte zu und erhitzt bis zum Aufhören der SO_2-Entwicklung. Man läßt nun langsam erkalten, trennt die bleireiche Platinlegierung von dem zu Boden gegangenen Osmiridium ab (gewöhnlich durch Abseigern des unteren Teiles), fügt sie einer neuen Charge zu und unterwirft die Bleilegierung dem Abtreibeprozeß. Nach der Kuppellation enthält das Platin noch 6—7% Blei. Behufs weiterer Reinigung wird diese Masse in einem Kalktiegel (s. Abb. 152) eingeschmolzen und affiniert; dabei werden die meisten Fremdstoffe entweder verflüchtigt oder vom Kalk verschlackt und absorbiert. Rhodium und Iridium bleiben beim Platin. Beim Arbeiten im großen wurde das Verschmelzen in einem Flammofen vorgenommen. Nach dem Ablassen der Schlacke wird die Blei-Platin-Legierung mit eisernen Löffeln abgeschöpft, wobei sich im unteren Teil der Metallmasse dann das Osmiumiridium so anreichert, daß es schließlich auf Iridium bzw. Osmium verarbeitet werden kann. Auch dieses Verfahren wird so nicht mehr ausgeführt. In etwas abgeänderter Weise verfährt J. W. MELLOR in Stoke-on-Trent (*E. P.* 282 543 [1926]), der das fein-pulverisierte *Pt*-Erz mit geschmolzenem, ev. geringe Mengen eines Alkali- oder Erdalkalimetalls enthaltenden *Pb* verrührt oder es umgekehrt in das geschmolzene *Pb* vermittels oxydfreier Gase einbläst, wobei Gangart und andere nichtschmelzende Anteile sich an der Oberfläche der Schmelze abschöpfbar sammeln, worauf aus der Schmelze das *Pt* durch Abtreiben des *Pb* gewonnen werden kann.

2. Trocken-nasse Extraktion des Platins (samt Begleitern).

Dazu gehört in erster Linie das Chlorverfahren, wie es neuerdings in den südafrikanischen Platinminen zum Teil ausgeübt wird. Die Waterbergerze z. B., deren Aufschließung durch Flotation, Lösungsextrahierung mit *HCl, FeCl*$_3$ und *Cl*-Gas, *NaCl-Cl*-Lösung u. dgl. nicht befriedigend gelang, ergaben, wenn sie auf 550⁰ erhitzt und mit feuchtem *Cl*-Gas behandelt werden, beim nachfolgenden Extrahieren 80 %, bei Zusatz von 1 % *NaCl* sogar bis 90 % Ausbeute. Aus Konzentraten oxydischer Erze wurde nach diesem Verfahren bis 88 % Ausbeute erzielt (R. A. COOPER und F. W. WATSON, Journ. chem. metall. mining Soc. South Africa 29, 220 [1929]). J. L. HOWE schildert (Science 68, 488 [1928], nach dem South African Mining and Eng. Journ. vom 8. und 15. September 1928) das aus dem FERREIRA-Laboratorium der metall. Abt. der südafrikanischen Randminen stammende Verfahren zur Aufarbeitung der sulfidischen Noriterze Südafrikas, das ebenfalls auf der Chlorierung der Erze und der nachträglichen Fällung des *Cu* aus der Extraktionslösung beruht. Die vermahlenen und durch Flotation auf 50 % iges Konzentrat gebrachten, neben *Pt, Au* die *Cu*- und *Ni*-Sulfide enthaltenden Erze werden zwecks Abtreibung des *S* geröstet, mit *NaCl* gemischt und bei Darüberleiten von *Cl*-Gas (100 — 120 lbs. pro 1 *t*) auf etwa 540⁰ erhitzt, wodurch die *Pt*-Metalle in die sehr leicht löslichen Doppelchloridsalze mit *NaCl, Cu* und *Ni* umgewandelt werden (während *Au* intakt zurückbleibt). Die mit schwach angesäuertem Wasser gewonnene Lösung läßt auf Zusatz von fein pulverisiertem Kalkstein das *Cu* als Carbonat und im Filtrat davon mit *Zn*-Staub die *Pt*-Metalle fallen. Nach den Angaben von K. GRAHAM (Metal Ind. London 33, 498 [1928]) wird die (5stündige) Chlorierung des mit Salz gemischten Röstrückstandes der *Pt*-Erze bei 500—600⁰ ausgeführt. Die Ausbeute beträgt nach ihm bei diesem Verfahren 85—90⁰ der *Pt*-Metalle aus dem Konzentrat oder 75—80 % derselben aus dem Erz.

S. C. SMITH behandelt (*E. P.* 289 220 [1927]) Edelmetall-Sulfiderze nach Rösten und Erhitzen auf 500⁰ und nach Extraktion mit *H*$_2$*SO*$_4$ od. dgl. mit einem Gemisch von *HCl* und *Cl*$_2$ oder mit einem aus *HCl* chlorentwickelnden Stoff, wie *MnO*$_2$, *NaOCl, NaClO*$_3$ od. dgl. und schlägt aus der so erzielten Chloridlösung die Edelmetalle nieder. Früher schon hatte E. KOMMER, Hanau (*D. R. P.* 297 767), vorgeschlagen, platinhaltige Erze, Gekrätz, Sand u. s. w. bei erhöhter Temperatur (mindestens 300⁰) mit Chlor zu behandeln und hierauf mit Chlorwasser, ev. unter Zusatz eines Oxydationsmittels, wie Brom, Salpetersäure, auszuziehen. Durch die Behandlung mit Chlor bei erhöhter Temperatur entstehen Platinchlorür bzw. Rhodium- und Iridiumchlorür, welche sich zum Teil wieder zu Metall zersetzen. Jedoch entstehen hierbei schwammförmige Metalle, die von Chlorwasser gut gelöst werden. B. STREIT, Düsseldorf, erhitzt die Erze mit einem Gemisch von Magnesiumchlorid und Salpeter auf etwa 330⁰, was Erze mit nur 5 *g Pt* pro 1 *t* angeblich noch verarbeitungswert machen soll. Von einer technischen Anwendung dieses Verfahrens (*D. R. P.* 293 104) ist nichts bekannt geworden. W. GÜNTHER, Kassel, will gemäß *D. R. P.* 444 219 [1925] die *Pt*-Metalle durch Überführung vermittels halogenisierter *C*-Verbindungen, insbesondere Phosgen, in flüchtige *Pt-C*-Verbindungen überführen, wobei die Einwirkung der Agentien unter Druck, die Verflüchtigung der gebildeten *Pt-C*-Verbindungen dagegen unter Druckverminderung stattfinden solle. Das Verfahren dürfte für die Praxis schon wegen der Gefährlichkeit des Phosgens kaum in Betracht kommen. Ähnlich will L. D. HOOPER, Malvern, nach dem *E. P.* 250 726 [1925] vermittels *CO* aus dem *Pt*-Gut zunächst das *Fe* u. s. w. entfernen und aus dem Rückstand dann, in Gegenwart geeigneter Katalysatoren, wie *Cl*$_2$, *COCl*$_2$ od. dgl., die Carbonyle der *Pt*-Metalle gewinnen. CH. BENNEJEANT, Clermont-Ferrand, chloriert bei hoher Temperatur, so daß die resultierenden Chloride der gewöhnlichen Metalle sich verflüchtigen, während die Edelmetalle in reiner Form zurückbleiben sollen (*F. P.* 537 492 [1920] und *D. R. P.* 355 886 [1921]).

3. Gewinnung des Platins auf nassem Wege.

Aufschließen mit Königswasser. Nach diesem Verfahren wird heute hauptsächlich gearbeitet.

Nach VAUQUELIN wird das gereinigte und getrocknete Erz in einer Retorte mit 4 Tl. Königswasser (aus 75 Tl. Salzsäure von 22⁰ *Bé* und 25 Tl. Salpetersäure von 44⁰ *Bé*) zuerst gelinde, dann stärker erwärmt. Oder besser man übergießt mit Salzsäure und fügt in Anteilen die Salpetersäure hinzu. DEVILLE und DEBRAY empfahlen zum Lösen Zylinder von Platiniridium (mit 25–30% Iridium), die sie nach dem ersten Angriff durch die Säure und darauffolgendem Hämmern mit einer durch Königswasser völlig unangreifbaren Legierung von Platiniridium bekleideten, so daß in diesen Gefäßen das Lösen unter 1–2 m Wasserdruck viel leichter erfolgte (DULLO, *Journ. prakt. Chem.* 78, 398 und *Jahrber. Chem.* 1859, 256). Das Verfahren wird wohl nirgends im großen durchgeführt. Auch der von WAGNER (*Chem. Ztrlbl.* 1875, 713) gemachte Vorschlag, das Rohplatin in Brom-Salpetersäure aufzulösen, dürfte ebenfalls kaum technische Anwendung gefunden haben.

Von einigen Autoren wird das Aufschließen in 2 Operationen, zuerst mit verdünntem und dann mit konz. Königswasser, empfohlen; denn eine der größten Schwierigkeiten bei der Verarbeitung der Platinerze liegt in ihrer schweren Löslichkeit im Königswasser; der Aufschluß erfordert daher viel Zeit und Säure. Um diesen Übelstand teilweise zu vermeiden, empfehlen DESCOTILS und HESS (*Journ. prakt. Chem.* 40, 498 [1874]) folgende Methode. 4–5 Tl. metallisches Zink werden im Tiegel zum Schmelzen gebracht, worauf 1 Tl. Platinerz allmählich eingetragen und das Ganze während $1\frac{1}{2}$ h stark erhitzt wird. Nach dem Erkalten pulverisiert man die spröde Metallmasse und digeriert sie so lange mit verdünnter Schwefelsäure, bis diese nichts mehr löst. Ein Teil so behandeltes Platinerz erfordert zur Lösung viel weniger Königswasser, so daß dadurch die doppelte bis 3fache Menge Säure gespart werden soll.

In englischen und französischen Fabriken benutzt man (DUPARC) zum Lösen Porzellanbecher von etwa 30 l Inhalt, die mit aufgeschliffenem Deckel versehen sind, der Einfüllöffnung und Gasableitungsrohr trägt. In den russischen Fabriken sind die Becher 35 cm breit und 55 cm hoch, und der Deckel enthält außerdem noch weitere Öffnungen für Rührer und Thermometer. Die Porzellanbecher werden im Luftbade erhitzt, sind in Serien angeordnet, und die Ableitungsröhren münden in einen gemeinsamen Kanal.

Nach DUPARC werden auf 1 kg Mineral 4 l Königswasser benutzt (3 *Vol.* Salzsäure von 20° *Bé* und 1 *Vol.* Salpetersäure von 35° *Be*); die Einwirkung erfolgt bei 80°. Man kann in dem englischen Modell 3 kg, in dem russischen 5–6 kg Mineral verarbeiten. Der Aufschluß dauert etwa 24^h; dann wird die klare Flüssigkeit abgegossen, zum Rückstand neues Mineral hinzugefügt und dieses Verfahren 2mal wiederholt. Die hierbei verbleibenden Rückstände werden gesammelt und noch 1–2mal ausgezogen. Sie enthalten dann, außer Sand, Chromeisen, Titaneisen und Zirkon, Metallkörner von Osmium-Iridium, ferner Rhodium und hie und da noch einige Prozente Platin. Der Königswasserauszug, welcher die Chloride von Platin, Iridium, Palladium und Rhodium enthält, wird unter Hinzugabe von Salzsäure zur Verjagung der Salpetersäure in Porzellanschalen über freier Flamme eingedampft. Der sirupartige Rückstand wird dann während einiger Stunden auf 140–150° erhitzt, um das $IrCl_4$ völlig in Ir_2Cl_6 überzuführen. Der Rückstand wird nun in Wasser aufgenommen, von Spuren von Gold ev. getrennt, die Lösung auf 30 *Bé* verdünnt und mit Ammoniumchloridlösung unter Rühren in kleinen Anteilen versetzt, wobei sich der Platinsalmiak abscheidet. Auf 1 l Flüssigkeit werden 2 l 30%iger Salmiaklösung benutzt. Nach 3–4^h wird die überstehende Flüssigkeit abgezogen, der Rückstand wiederholt mit Ammoniumchloridlösung (30 l pro kg Platin) durch Dekantation gewaschen, abgesaugt, bis zum Verschwinden der Eisenreaktion [$K_4Fe(CN)_6$] mit Salmiaklösung gewaschen und gut abgepreßt. Die Mutterlauge enthält neben etwas Platin die anderen Platinmetalle. Die Aufarbeitung dieser Platinoide ist weiter unten (Bd. **VIII**, 494) beschrieben. Der Platinsalmiak wird hierauf in Ton- oder besser Quarztiegeln von 30 cm Höhe und 20 cm Durchmesser während 8^h auf 700–800° erhitzt. Der hierbei entstehende Platinschwamm wird pulverisiert, gesiebt und durch Behandeln mit Salzsäure von Eisenspuren befreit. Bei stärkerem Erhitzen sintert der Platinschwamm zusammen und bildet einen Block, der z. B. direkt ausgeschmiedet werden kann. Die Methode ist ähnlich der in der Petersburger Münze (POGGENDORFF, *A.* 23, 90; 40, 209) früher ausgeübten und im wesentlichen identisch mit dem Verfahren von HERAEUS, Hanau (Amtl. Ber. über die Wiener Weltausstell. i. J. 1873, Bd. III, 999; vgl. auch H. LOUIS, *Mineral Industry* 6, 551 [1898]).

Das so gewonnene Platin enthält geringe Mengen (0,2–1%) Iridium. Dieses bleibt beim Behandeln des Platinschwamms mit verdünntem Königswasser ungelöst, und aus der Lösung wird nach obiger Methode wieder Platinsalmiak und daraus Platin gewonnen, das einen höheren Reinheitsgrad besitzt. Die Mutterlaugen vom Platinsalmiak enthalten stets auch noch gewisse Mengen von Platin, dessen Abscheidung bei den Platinoiden angegeben ist.

Für die Herstellung von chemisch reinem Platin bzw. reinem Platin, wie es für verschiedene Zwecke benötigt wird, kommen folgende Methoden in Betracht.

Am zweckmäßigsten ist die von SAINTE CLAIRE-DEVILLE und DEBRAY ausgearbeitete, von STAS nachgeprüfte (Procès verbaux du Comité international des poids et mesures 1878) und als sehr exakt befundene Methode, die der quantitativen Bestimmungsmethode dieses Metalls nachgebildet ist. Sie wurde von F. MYLIUS und F. FÖRSTER (*B.* 25, 665 [1892]) ausführlich beschrieben und geringfügig abgeändert. Ebenda ist auch die in Betracht kommende Literatur angeführt.

1. Nach diesem DEVILLE-Verfahren wird rohes Platin, wie es etwa nach vorstehender Methode gewonnen wird, mit der 10fachen Menge Blei zusammengeschmolzen und während 4–5^h auf 1000° erhitzt. Die Legierung wird ev. granuliert und mit sehr verdünnter Salpetersäure in der Wärme behandelt, wobei die Hauptmenge des Bleies, alles Palladium und Kupfer sowie kleine Mengen von Platin, Rhodium und Eisen in Lösung gehen. Der unlösliche Rückstand wird mit verdünntem Königswasser (2 Tl. HNO_3, 8 Tl. HCl und 90 Tl. H_2O) wiederholt behandelt, wobei das Platin und das noch vorhandene Blei und Rhodium in Lösung gehen, während alles Iridium und Ruthenium zurückbleiben. Aus der Lösung fällt man das Blei durch Schwefelsäure aus, läßt zur Trockne abdampfen, löst den Rückstand in Salzsäure, gießt die Flüssigkeit in eine kalt gesättigte Salmiaklösung, wärmt auf und läßt erkalten. Der schwach rhodiumhaltige Platinsalmiak wird filtriert, mit Salmiaklösung gewaschen und bei niederer Temperatur zu Platinschwamm im Leuchtgasstrom reduziert. Der erhaltene Metallschwamm wird wiederholt mit Kaliumbisulfat geschmolzen, bis sich dieses nicht mehr färbt. Das zurückbleibende Platin wird nach dem Waschen mit Wasser durch sukzessives Behandeln mit Ammoniumcarbonat und Salpetersäure von Spuren von Blei befreit.

MATHEY (*Berg-Hütten Ztg.* 39, 28 [1830]) wendet im wesentlichen das gleiche Verfahren an, nimmt jedoch die Fällung des Platinsalmiaks bei Gegenwart von Natriumchlorid vor, wodurch die Hauptmenge des Rhodiums als Natriumchlorrhodinat in Lösung bleiben soll (s. auch JOHNSON und MATTHEY, *Chem. News* 39, 175; *Jahrber. Chem.* 1879, 1100).

2. Das von W. v. SCHNEIDER (*A. Spl.* 5, 261 [1867]; *Dinglers polytechn. Journ.* 190, 118) angegebene, von SEUBERT (*A.* 207, 8 [1881]) etwas modifizierte Verfahren, welches reines Platin liefert, beruht auf der Beobachtung, daß die Tetrachloride aller Platinmetalle mit Ausnahme des Platins beim Erwärmen mit überschüssiger Natronlauge unter Bildung von Natriumhypochlorit in niedere Chlorverbindungen übergehen, die durch Ammoniumchlorid nicht gefällt werden. v. SCHNEIDER löst das Platinerz in bekannter Weise in Königswasser auf, dampft zur Vertreibung aller Stickoxyde die Lösung unter Zusatz von Salzsäure wiederholt ab und versetzt die mit Wasser verdünnte Flüssigkeit in der Siedehitze mit Natronlauge und dann mit etwas Alkohol behufs Zerstörung des gebildeten Hypochlorits. Die braune trübe Flüssigkeit wird dann mit Salzsäure etwas angesäuert, von dem olivgrünen unlöslichen Iridiumsesquioxyd durch Filtration getrennt und das Filtrat in bekannter Weise mit Salmiak gefällt. Durch schwaches Glühen wird der Platinsalmiak in Platinschwamm verwandelt und dieser nach dem Auskochen mit Salzsäure und Auswaschen nochmals mit Königswasser behandelt, wobei geringe Mengen von Platinoiden (Iridium) ungelöst zurückbleiben. Aus der Lösung wird dann wieder Platinsalmiak und daraus Platinschwamm gewonnen. Aus den verschiedenen Mutterlaugen werden durch Einhängen von Kupferblech die Platinoide und das noch darin vorhandene Platin in bekannter Weise abgeschieden.

Vorzügliche Resultate gibt folgende einfache Methode:

3. Nach F. MYLIUS und F. FÖRSTER (*B.* 25, 684 [1892]) löst man technisch gereinigtes Platin in Königswasser, befreit die Lösung von Stickstoffoxyden, dampft mit der berechneten Menge von eisenfreiem Natriumchlorid stark ein, saugt die Mutterlauge, welche Iridium, Eisen, Kupfer enthält, ab, löst die orangeroten Krystalle nach dem Waschen mit *konz.* Natriumchloridlösung in wässeriger 1%iger Natriumchloratlösung, filtriert von geringen Mengen eines dunklen iridiumhaltigen Niederschlages ab und krystallisiert in derselben Weise wiederholt aus verdünnter Natriumcarbonatlösung um. Die Krystalle werden dann bei 120° entwässert und zu Platinschwarz im Wasserstoffstrom reduziert. Dieses wird gewaschen, geglüht und abermals mit Wasser, verdünnter Salzsäure, Flußsäure und Wasser gewaschen. Der Gehalt des gewonnenen Platins soll 99,99% betragen.

4. W. LEBEDINSKY und W. CHLOPIN (Annales de l'Institut de platine 4, 317; *Chem. Ztrlbl.* 1926, II, 1627) gewinnen reines Platin aus Platinerzen in folgender Weise: Je 100 *g* Erz werden bei 70–80°, dann beim Siedepunkt portionenweise mit 1–1,2 *l* eines Säuregemisches von 1 *Vol.* HNO_3 (1,4) + 3 *Vol.* HCl (1,19) + 4 *Vol.* H_2O versetzt, wobei man dauernd für Unterdruck von 30 *mm Hg* sorgt. Dann fügt man 160–165 *g* H_2SO_4 zu, läßt auf dem Wasser-, später auf dem Sandbade abdampfen (Temperatur der Lösung 140–142°), bis der HCl-Geruch verschwunden ist, verdünnt nach Abkühlen mit 500–600 *cm³* Wasser, erhitzt $\frac{1}{2}$^{h} wieder auf dem Wasserbad zwecks Vertreibung der Stickoxyde, filtriert, versetzt mit 150 *g* festem NH_4Cl und hebert nach 1^h ab. Im Niederschlag hat man reines $(NH_4)_2PtCl_6$, da $(NH_4)_2IrPtCl_6$ später auskrystallisiert. Das $(NH_4)_2PtCl_6$ wird mit gesättigter Salmiaklösung, dann mit Eiswasser und Alkohol ausgewaschen.

5. Hauptsächlich von Iridium reinigt man mit günstiger Ausbeute auf folgende Weise: Man löst das Platin in Königswasser, läßt abdampfen, löst in Wasser, gibt Cyanwasserstoff hinzu, leitet auf dem Wasserbad schweflige Säure ein, vertreibt den Überschuß von schwefliger Säure durch einen

Luftstrom, fügt Bariumhydroxyd bis zur alkalischen Reaktion hinzu, dampft etwas ein, versetzt mit Cyanwasserstoff, bis die Flüssigkeit deutlich darnach riecht, filtriert vom Bariumsulfat ab und läßt durch Abkühlung das Barium-Platincyanür, $BaPt(CN)_4 \cdot 4 H_2O$, sich abscheiden; nach 3maliger Krystallisation erhält man ein reines Salz, welches nach der Reduktion iridiumfreies Platin ergibt. Ausbeute 75 % des Ausgangsmaterials (P. BERGSØE, *Ztschr. anorg. Chem.* **19**, 324 [1899]).

6. PRIWOZNIK beschreibt ein Verfahren zur Scheidung des Platins von Gold (*Österr. Ztschr. Berg-Hütten* 1899) durch Digerieren mit kaltem Königswasser; nach mehrmaliger Wiederholung der Behandlung wird das Gold gelöst, und es hinterbleibt reines Platin.

Die Trennung des Platins vom Gold auf elektrolytischem Wege (die Bd. VI, 49, besprochen ist; vgl. auch *D. R. P.* 90276, 90511 sowie 107525, das *E. P.* 157 785 [1921]. ferner das elektrolytische „Vorscheide"-Verfahren von R. CARL in der *Österr. Chemiker-Ztg.* [N. F.] 46, 43 [1923], bzw. FR. W. STEINMETZ in *Chem.-Ztg.* 49, 807 [1925]) wird zur Scheidung des Platins und der Platinmetalle aus den Legierungen mit Gold angewandt. Auch ist bei geringer Stromdichte eine Trennung des Platins von Iridium und Rhodium aus saurer Platinchloridlösung möglich. Die elektrolytische Abscheidung von *Pt* und auch von *Pd* aus ihren Lösungen kann gemäß dem *Ö. P.* 94843 (1922) FR. HOFWIMMERS, Marchtrenk, unter Zusatz von Hydrazin als Depolarisator, in kompakter Form erfolgen, wobei vorhandenes *Ir* und *Rh* in der Lösung verbleiben; die Hydrazinsalzmenge ist hierbei so zu bemessen, daß sie der zur chemischen Reduktion des *Pt*- oder *Pd*-Salzes erforderlichen Quantität entspricht.

Endlich ist noch erwähnenswert die originelle (an das s. Z. zur Wolframdrahtherstellung benutzte Dampfverfahren erinnernde) Herstellung von reinem Platin durch Glühen von Drähten aus Platin (oder irgend welchen anderen Metallen) im *PtCOCl₂*-Dampf, wobei sich dieses Platincarbonylchlorid unter Abscheidung von reinem Platinmetall auf dem glühenden Draht zersetzt (E. H. REERINK, *Ztschr. anorg. allg. Chem.* **173**, 45 [1928]; *D. R. P.* 201 664).

Die Zusammensetzung des gereinigten Platins ist aus nachstehender Tabelle ersichtlich:

	Pt	Ir	Rh	Pd	Ru	Fe	Cu	Ag
Platin nach DEVILLE und DEBRAY (Bleiverfahren)	96,90	2,56	0,20	Spuren	0 02	0,20	—	—
Gereinigtes Platin	99,23	0,32	0,13	—	0,04	0,06	0,07	—
Reines Platin nach HERAEUS	99,99	—	—	—	0,001	—	—	
„ „ „ JOHNSON, MATTHEY & CO.	99,98	—	0,01	—	—	—	—	0,01

Schmelzen des Platins.

Das Schmelzen des zusammengepreßten Platinschwamms erfolgt in Kalktiegeln mittels des Knallgasgebläses (s. o. Abb. 152). Bei der Darstellung von reinem *Pt* scheint der als Schmelzgrund dienende Kalk im Verein mit dem Reduktionsstand der benutzten Knallgasflamme von wesentlicher Bedeutung zu sein, insofern, als bei mangelndem O_2 eine Reduktion des *CaO* zu *Ca* und eine Legierung dieses *Ca* mit dem *Pt* eintritt. In *MgO*-Tiegeln (mit oder ohne Zusatz von CaF_2 als Bindemittel) schmilzt das *Pt* zu einem außerordentlich harten und spröden Regulus, der bis zu 3 % *Mg* enthält, eine Folge der bei hohen Temperaturen eintretenden Reduktion des *MgO* zu *Mg* und dessen Legierung mit dem *Pt* (*Journ. Amer. chem. Soc.* **43**, 1268 [1922]). Diese Reduktion des *CaO*- (oder *MgO*-) Schmelzgrundes ist vollkommen vermeidbar bei Verwendung eines elektrischen Induktionsofens, der ein *Pt* z. B. mit nur 0,0001 % *Ca* ausbringen läßt (TAFEL, Lehrb. d. Metallhüttenk., Bd. I, 159 [1927]). Bei dem Einschmelzen ist ferner zu berücksichtigen, daß das Platin, ähnlich dem Silber, Sauerstoff absorbiert; man muß daher gegen Ende der Operation einen kleinen Überschuß von Wasserstoff geben, damit der im Platin gelöste Sauerstoff verbrennt. Nach DUPARC rechnet man bei größeren Öfen mit einem Verbrauch von 60—70 l Sauerstoff (12—15 cm Hg Überdruck) auf je 1 kg Platin. Zum Gießen des Platins dienen Formen aus Graphit oder Eisen. Letztere sind oberflächlich oxydiert und mit Graphit eingerieben; zweckmäßiger jedoch ist es, die eiserne Form, gemäß einem Vorschlag von HERAEUS, mit einer Platinfolie von 1 mm Stärke auszukleiden, um eine Verunreinigung des Platins durch Eisen zu verhindern.

Aufarbeitung von Platinrückständen.

Hierfür kommen in Betracht: 1. die bei dem Lösen der Erze zurückbleibenden unlöslichen Rückstände; 2. die Mutterlauge des Platinsalmiaks; 3. sonstige Rückstände, herrührend von der Kaliumbestimmung, aus photographischen Prozessen (Platinbädern, Platinotyppapieren), Altplatin (Gebissen u. s. w.), platiniertem Asbest, Platinkatalysatoren, Schlämme, herrührend von der Herstellung von Kupfervitriol (Bd. VII, 185) und elektrolytischer *Cu*-Raffinierung (Bd. VII, 219) u. s. w.

Die Aufarbeitung von 1 und 2 s. unter **Platinoide**. Hier bleibt nur die Vergütung der unter 3 genannten Rückstände zu erörtern.

Aus dem bei der quantitativen Bestimmung des Kaliums entstehenden **Kaliumplatinchlorid** sowie aus den alkoholischen, platinhaltigen Waschlaugen wird das Platin zweckmäßig durch Reduktion wieder gewonnen. Man erhitzt die mit Wasser verdünnte alkoholische Lauge auf dem Wasserbad unter Zusatz von Soda und trägt das Kaliumplatinchlorid allmählich in die im Reduzieren befindliche Flüssigkeit ein. Wenn die Lösung nur noch schwach gelb erscheint, wird der ausgeschiedene **Platinmohr** filtriert, mit Salzsäure behandelt, gewaschen, getrocknet, ausgeglüht und nochmals mit Salpetersäure ausgekocht. An Stelle von Alkohol und Soda kann natürlich auch Zink, Aluminium u. s. w. bei Gegenwart von Säuren zur Reduktion benutzt werden.

Platinhaltige **Papierreste** (photographische Papiere u. s. w.) werden nach dem Befeuchten mit Ammoniumnitrat verascht; der Rückstand davon wird in Königswasser gelöst und das Platin mit Metallen oder alkalischen Reduktionsmitteln in bekannter Weise ausgefällt. Man kann das Platin auch als Platinsulfid mit Schwefelwasserstoff fällen, dieses durch Behandeln mit Königswasser in Lösung bringen und die Flüssigkeit wie oben aufarbeiten.

Aus alkalischen **photographischen Entwicklungsbädern** wird das Platin durch Zusatz von Zinkstaub ausgefällt; kaliumoxalathaltige saure Bäder werden auf 60⁰ erwärmt und mit Ferrosulfatlösung versetzt, wobei das Platin als fein verteilter schwarzer Niederschlag sich abscheidet.

Platinhaltige **Legierungen**, **Zahngebisse**, Legierungen von Silber und Platin, wie sie für zahnärztliche Zwecke benutzt werden, glüht man zur Zerstörung der organischen Bestandteile. Hierauf werden sie mit Salpetersäure (1,33) erwärmt, wodurch Silber und ein Teil des Platins in Lösung gehen. Aus der salpetersauren Lösung werden die Metalle durch Kupfer wieder ausgefällt, und das Silber wird wieder dem Gemisch mit Salpetersäure entzogen. Zurück bleibt Platin, das mit der Hauptmenge des Ungelösten vereinigt wird.

Unwirksame **Platinkontaktmassen** werden nach dem *D. R. P.* 193457 von *Bayer* mit einem feuchten, gasförmigen Gemisch von Chlor und Salzsäure behandelt; die gebildete Platinchloridchlorwasserstoffsäure wird dann mit Wasser ausgelaugt, zur Ausfällung der Schwefelsäure mit Bariumchlorid versetzt und in bekannter Weise auf Platinsalmiak verarbeitet.

Platinmohr (Platinschwarz) ist die Bezeichnung für sehr fein verteiltes Platin, wie es aus seinen Lösungen meist durch organische Substanzen abgeschieden wird. Als Reduktionsmittel sind vorgeschlagen: Zink, Aluminium und Salzsäure, ferner Alkohol, Zucker, Formaldehyd, Glycerin, Natriumformiat bei Gegenwart von Soda oder Natronlauge. Das wirksamste Produkt wird nach O. Loew (*B. 23*, 289 [1890]) unter Verwendung von Formaldehyd hergestellt, gemäß der von R. Willstätter und E. Waldschmidt-Leitz angegebenen Modifikation (*B. 54*, 122 [1921]).

80 *cm³* einer etwas salzsäurehaltigen Lösung von Platinchlorwasserstoffsäure aus 20 *g* Platin werden mit 150 *cm³* 33%igen Formaldehyds vermischt und nach Abkühlen auf − 10⁰ unter Rühren tropfenweise mit 420 *g* 50%iger Kalilauge versetzt, wobei die Temperatur nie über 4—6⁰ ansteigen darf. Die Mischung wird dann auf 55—60⁰ erwärmt; durch Dekantieren mit Wasser in einem hohen Zylinder wird so lange ausgewaschen, bis die Chlorreaktion verschwindet und das Platin eine kolloidale, dunkel gefärbte Lösung zu bilden beginnt. Hierauf wird es abgesaugt und im Vakuumexsiccator aufbewahrt. Es zeigt noch nach 6—8 Wochen gute Wirksamkeit. Den Nachteil der kolloidalen Auflösung eines Teiles des *Pt*-Mohrs, die beim Auswaschen auftritt, kann man nach R. Feulgen (*B. 54*, 360/61 [1921]) vermeiden, wenn man den feinen *Pt*-Niederschlag durch kräftiges Schütteln mit Wasserzusatz gröber flockt und, nach nochmaligem Dekantieren, mit Essigsäure stark ansäuert.

Der Platinmohr bildet ein schwarzes, schweres Pulver, das durch Druck eine grauweiße Farbe und Metallglanz annimmt. Er enthält Sauerstoff, löst sich in Salzsäure, scheidet aus Jodkalium Jod ab; er verwandelt Ozon in Sauerstoff, feuchtes Knallgas in Wasser; beim Überleiten eines Gemisches von Ammoniak und Luft über Platinmohr entstehen Stickoxyde (Ostwald, *Chem.-Ztg.* 27, Rep. 457 [1903]), während andererseits reine Luft, über Platinmohr geleitet, N_2O_3 liefert. Er vereinigt schweflige Säure und Sauerstoff zu Schwefelsäureanhydrid, zersetzt Wasserstoffsuperoxyd in Wasser und Sauerstoff. Organische Substanzen können mit Hilfe von Platinmohr entweder oxydiert oder reduziert werden. Schon 1820 beobachtete Davy, daß Platinmohr, mit Alkohol befeuchtet, an der Luft zu erglühen beginnt (vgl. auch Trillat, Über die katalytische Oxydation der Alkohole, *Bull. Soc. chim. France* [3] 29, 35 [1903]). Wichtiger ist jedoch seine katalytische Wirkung bei der Reduktion ungesättigter Verbindungen, die zuerst von Fokin (*Chem. ZtrlbL* 1906, II, 758; 1907, II, 1324; 1908, II, 1995, 2039; 1910, II, 1743; 1912, II, 2058) festgestellt wurde. Er beobachtete, daß Oleinsäure und andere ungesättigte Säuren unter dem katalytischen Einfluß des Platinschwarz durch Wasserstoff bei gewöhnlicher Temperatur leicht reduziert werden. Willstätter (*B. 43*, 1177 [1910]; 44, 3426 [1911] und 45, 1472 [1912]) konnte unter Verwendung obigen Platinmohrs sogar ungesättigte cyclische Verbindungen, wie Benzol zu Cyclohexan, reduzieren. Eine erschöpfende Zusammenstellung über das Verhalten von Platinmohr findet sich in Gmelin-Krauts Handbuch der anorganischen Chemie 5, Abt. 3, ferner vgl. R. Willstätter, *B. 54*, 113 [1921]. Über den wesentlich verschiedenen Einfluß von sauerstoffarmen bzw. -reichem *Pt*-Mohr auf die katalytische Hydrierung u. s. w. s. Willstätter und F. Seitz, *B. 56*, 1407. Daß die Sorption von Wasserstoff durch Platinmohr abhängig ist von dessen Vorbehandlung (Entgasungstemperatur des Mohrs u. dgl.), zeigen die messenden Versuche von A. Sieverts und H. Brüning („Die Aufnahme von Wasserstoff durch Platinmohr"; Festschrift zum 70. Geburtstag von W. Heraeus, Hanau 1930, 97).

Über die Herstellung von **kolloidalem Platin** s. Kolloide, Bd. VI, 719. Das unter Verwendung von Schutzkolloiden, insbesondere Lysalbin- und Protalbinsäure von Paal (*B. 37*, 124

[1902]), hergestellte Produkt ist als Katalysator bei Reduktionen vorgeschlagen, wird aber durch das kolloidale Palladium (s. Bd. VIII, 496) in seinen Leistungen übertroffen.

Verwendung. Die ältesten Verwendungsarten des Platins beruhen auf seiner Widerstandsfähigkeit gegen chemische Einflüsse; man verarbeitet es daher zu Geräten für chemische Laboratorien, wie Tiegel, Schalen, Draht, Folien. Die erste Anwendung in der Technik fand das Platin zur Konzentrierung der Schwefelsäure; da jedoch in hochkonzentrierter Säure, besonders in der Wärme, das Platin sich nicht unerheblich löst, das Gold sich aber hierbei als widerstandsfähiger erweist, so benutzte man später (s. Schwefelsäure) für die Konzentrierung die von HERAEUS eingeführten Platin-Gold-Doublé-Kessel. In der elektrischen Industrie dient Platin, allein oder mit anderen Edelmetallen legiert, zur Herstellung von Nieten und Kontakten bei Induktionsapparaten, elektrischen Klingeln u. s. w. (H. ALTERTHUM, Metallwirtschaft 7, 914 [1928]). Seine Widerstandsfähigkeit gegen Chemikalien macht Platin zu einem vorzüglichen Elektrodenmaterial, besonders in der Industrie der Chloralkalielektrolyse, der Chlorbleichlauge, der Chlorate und Persulfate. Platin- und Platiniridiumdrähte dienen zur Herstellung von Pyrometerthermoelementen. Über die Bedeutung des Platins und des Platinrhodiums für die Sicherung der Temperaturskala stellen F. HENNING und H. MOSER in ihrem Beitrag zu der 1930 in Hanau erschienenen Festschrift HERAEUS (S. 52—68) Betrachtungen an. Benutzt wird Platin ferner zur Herstellung der Zündspitzen in Explosionsmotoren (Zündkerzen) sowie für die Spitzen der Blitzableiter. Legierungen für Goldfederspitzen enthalten z. B. 40—60% *Ru*, 35—50% *Os*, 5—15% *Pt* (W. C. HERAEUS, *D. R. P.* 437 173). Da Platin zum Unterschied von anderen Metallen den gleichen Ausdehnungskoeffizienten wie Glas besitzt, so dient Platindraht zur Stromzuführung bei Röntgenröhren, Radiosenderöhren u. dgl., absolut hermetisch beanspruchten Glaseinschmelzgefäßen. In der Glühlampenindustrie ist der *Pt*-Einschmelzdraht durch die wesentlich billigeren Nickel-Eisen-Legierungsdrähte u. dgl. Ersatz völlig verdrängt (Bd. V, 795).

Eine bedeutende Zunahme hat in den letzten Jahren der Verbrauch von Platin in der Bijouterie erfahren. Hier dient es zur Fassung der Brillanten, wird aber auch zur Herstellung von Schmuckgegenständen, Ketten u. s. w. benutzt, obwohl seine Farbe grauer als die des Silbers ist. Juwelenplatin von rein weißer Farbe wird erzielt durch Zulegierung von Palladium, z. B. von 10% *Pd* zu 90% *Pt*. Je nach den Zusätzen von Platinoiden und von dem in manchen Ländern als Zusatz erlaubten Kupfer unterscheidet man etwa 7 Qualitäten von Bijouterieplatin; so enthält z. B. die Qualität V 96% *Pt* und 4% *Pd*, Qualität IV aber schon 4% Kupfer auf 96% *Pt*. Auch die Industrie der künstlichen Zähne verwendet Platin, da es denselben Ausdehnungskoeffizienten besitzt wie die Zahnmasse. Die künstlichen Zähne werden hergestellt durch Brennen der Zahnmasse bei hoher Temperatur; jeder Zahn wird dann mit 2 Platinstiften versehen, welche zu seiner Befestigung dienen. Der Verbrauch an Platin für die Zahntechnik beträgt $\frac{1}{3}$ der jährlichen Gesamtproduktion, also etwa 1200 *kg* im Jahr; jedoch ist nach DUPARC der Gesamtverbrauch erheblich größer, da jährlich etwa 2000 *kg* Altplatin aus verbrauchten Zähnen umgearbeitet werden. Zu *Pt*-Zahnplomben werden Legierungen von 1 Tl. *Au* + 2 Tl. *Pt*, 9 Tl. *Au* + 1 Tl. *Pt* u. s. w. genommen (I. GHERSI, Leghe Metalliche ecc. Milano 1898, 197). Immerhin dürfte dieser große Verbrauch etwas zurückgehen, da man in Amerika für diese Zwecke gewisse Metallegierungen von ähnlichen physikalischen Eigenschaften verwendet. Große Bedeutung hat die Verwendung von Platin zur Auslösung von katalytischen Reaktionen gefunden. Schwefelsäureanhydrid wird durch Vereinigung von Schwefeldioxyd mit dem Sauerstoff der Luft nach dem Kontaktverfahren mittels Platinasbests gewonnen, und die Verbrennung von Ammoniak zu Salpetersäure findet am Platindrahtnetz (mit 1024—3600 Maschen pro 1 cm^2 in Bahnbreiten bis zu etwa 2 *m*) oder -band statt. Hierfür wird entweder chemisch reines Platin oder, gemäß den Patentanmeldungen der Firmen BAKER-DUPONT, Platin-Rhodium-Legierung, besonders mit 10% Rh, von HERAEUS, Hanau, als Generallizenzfirma geliefert. Jedoch ist für beide Verwendungszwecke Pt durch andere Katalysatoren ersetzbar. Auch für Gasselbstzünder wird Platin gebraucht. Platiniridiumdüsen wurden bisher als Spinndüsen für die Kunstseidefabrikation verwendet, doch werden sie jetzt durch die billigeren und gleich gut sich bewährenden Platin-Gold-Palladium- oder Gold-Palladium-Düsen ersetzt. Ein Teil der Pt-Produktion wird auf Salze verarbeitet (s. Platinverbindungen, S. 503).

Analytisches. Für die raschen und dabei genauesten Untersuchungen der Reinheit von Platinmetall sind die rein physikalischen Methoden, wie Messung des elektrischen Widerstandes oder der thermoelektrischen Prüfung, genauer als die chemischen. Man schmelzt z. B. zwei kleine Enden reinen Pt-Drahtes an zwei verschiedenen Stellen des zu prüfenden Pt-Tiegels oder -Blechs an und vergleicht die Thermoelektrizität dieser Stellen mit Standardwerten (BURGESS und SALE, J. of the Wash. Acad. of Sc. 4, 282 [1914]; 5, 378 [1915]).

Eine Unterscheidung von Körnern oder Flittern aus Pt oder Platinoiden ist mit Hilfe der pyrogenetischen Reaktion vor dem Lötrohr möglich, indem Pt vor dem Lötrohr unschmelzbar bleibt, sich mit Pb legiert und nach Verschlacken als graue, schwammige Masse zurückbleibt, während die Platinoide hierbei sich anders verhalten (AD. BRALY, Bull. Soc. Franc. Minéral 49, 141 [1926]).

Qualitativer Nachweis. Platin löst sich nur in Königswasser unter Bildung von Platinichlorwasserstoffsäure $(PtCl_6)H_2$; Platinlegierungen, die reich an Silber sind, lösen sich dagegen in Salpetersäure. Ammoniumchlorid und Kaliumchlorid erzeugen in konz. Lösungen von Platinichlorwasserstoffsäure gelbe krystallinische Fällungen $(PtCl_6)(NH_4)_2$ bzw. $(PtCl_6)K_2$. Diese Salze sind in Wasser sehr schwer löslich, in 75%igem Alkohol und in konz. Lösungen von Kalium- bzw. Ammoniumchlorid unlöslich. Letztere Eigenschaft verwertet man zur qualitativen und quantitativen Bestimmung des Platins und zur Trennung von den übrigen Metallen. Alkalijodide färben Platinichlorwasserstoffsäure dunkelbraun, $(PtJ_6)K_2$. Bei einem Gehalt von $0,01\ g\ Pt$ in $1\ l$ tritt nach einigen Minuten noch eine rosenrote Färbung auf. Schwefelwasserstoff fällt in der Hitze dunkelbraunes Platindisulfid, PtS_2. Nach W. N. IWANOW (*Journ. Russ. phys.-chem. Ges.* 54, 694; *Chem. Ztrlbl.* 1924, I, 887) tritt beim Versetzen einer Pt-Lösung mit Rhodan-Ion bei Zimmertemperatur keine sichtbare Reaktion ein, die Lösung enthält aber Platinrhodanid $Pt(CNS)_2$, welches als dem Ferrihydroxyd ähnelnder Niederschlag ausgesalzen werden kann. In der Siedehitze dagegen erhält man mit der Rhodanlösung aus der Pt-Lösung einen schwarzen Niederschlag. Die Reaktion ist quantitativ. Pd und Rh geben analoge Niederschläge, Ir reagiert hierbei kaum, Os und Ru gar nicht. Ferrosalze und Oxalsäure fällen saure Lösung von Platinichlorwasserstoffsäure nicht (Unterschied von Gold). Quantitative Bestimmung. Diese erfolgt durch Fällung der Platinichlorwasserstofflösung mit Salmiak, Umwandlung des Platinsalmiaks durch Glühen in metallisches Platin, Wägen und Behandeln des Metalls mit Königswasser, welches das Iridium ungelöst läßt.

Für die Bestimmung des Platins in Erzen ist eine größere Anzahl von Verfahren angegeben, die sich eng an die Gewinnungsmethoden des Platins selbst anschließen. Zunächst muß man in richtiger Weise Proben des zur Untersuchung stehenden Erzquantums zu nehmen verstehen, worüber W. ADOLPHI (*Chem.-Ztg.* 50, 232/33 [1926]) praktische Anhaltspunkte gibt. Das trockene Verfahren von DEVILLE und DEBRAY (*Ann. chim.* 56, 385) wird, ähnlich wie es S. 488 geschildert ist, unter Verwendung von 50 g Erz, 75 g Blei, 50 g Bleiglanz, 15 g Borax und 50 g Bleiglätte ausgeführt, wobei die Gesamtmenge an Platin und Platinoiden bestimmt wird. Zur Bestimmung des Pt u. s. w. in Proben empfiehlt G. H. STANLEY die Kupellation nach E. A. SCHMITH (*Engin-Mining Journ.* 120, 972). Nach dem nassen Verfahren würden die Erze in bekannter Weise in Königswasser (1 *Vol. HNO*$_3$ 1,34 und 3 *Vol.* HCl 1,18) gelöst und aus der eingedampften Lösung durch Zusatz von Salmiak das Platin und etwas Iridium als Platinsalmiak gefällt, der Niederschlag filtriert, mit Alkohol gewaschen, getrocknet und geglüht werden. Durch Behandeln mit verdünntem Königswasser (1:4—5) wird bei 40° dem Platinschwamm das Platin entzogen. Aus der Differenz zwischen dem Gewicht des iridiumhaltigen Platinschwamms und des Iridiums wird das Gewicht des reinen Platins berechnet. Behufs leichterer Angreifbarkeit des Platinerzes durch Königswasser verschmilzt HESZ (*Dinglers polytechn. Journ.* 133, 270) das Erz mit der 4fachen Menge Zink, pulverisiert die erhaltene Legierung, löst dann das Zink mit Schwefelsäure, das Kupfer und Eisen mit Salpetersäure heraus, behandelt schließlich den Rückstand mit Königswasser und verfährt weiter, wie oben angegeben. Ausführliche Angaben über die bekannten Untersuchungsmethoden der Platinerze und über neuere praktischere Vorschläge hat L. DUPARC (*Chem. Ztrlbl.* 1919, IV, 715) gemacht, worauf verwiesen sei.

Einen genauen quantitativen Analysengang, der offiziell-maßgebliche Bedeutung gewonnen hat, haben MYLIUS und MAZZUCCHELI (*Ztschr. anorgan. Chem.* 89, 1 [1914]; *Ztschr. analyt. Chem.* 55, 278 [1916]) ausgearbeitet. Eine neuere quantitative Trennungsmethode Pt/Pd rührt von C. W. DAVIS her, der vermittels Dimethylglyoximlösung das Pd als gelben Niederschlag ausfällt (Journ. Frankl. Inst. 194, 113). Platin von Iridium trennt quantitativ SH. AOYAMA (*Ztschr. anorgan. allg. Chem.* 133, 230) durch Reduktion der Chlormetallate vermittels Cu in genauer H-Konzentration. Reduziert man nämlich H_2PtCl_6/H_2IrCl_6 in 0,6 n-Azidität mit Cu, so fällt Pt völlig und Ir zu 1—3% aus. Glüht man dann diese Fällung im H-Strom, so wird das Ir unlöslich und bleibt beim Extrahieren mit Königswasser unlöslich zurück. Im Filtrat fällt man mit Mg. Eine 2malige Wiederholung dieser Operationen genügt zur völligen Trennung des Pt von Ir. Bei allen Abfall-Lösungen, aus denen die Edelmetalle ausgefällt wurden, ist vor deren Beseitigung sorgfältigst zu prüfen, ob nicht noch Pt darin enthalten ist, da insbesondere Amminlösungen den Eintritt der üblichen Pt-Reaktionen verhindern. Man muß also (durch Eindampfen eines Teiles solcher *Pt*-verdächtiger Endlaugen zur Trockne und Glühen dieses Abdampfrückstandes) die Ammine zerstören und den Rückstand in üblicher Weise auf *Pt* prüfen (J. O. WHITELEY und C. DIETZ, Trans. Amer. Inst. Mining metallurg. Engineers 76, 635).

Wirtschaftliches. Da das im 17. Jahrhundert in Südamerika gefundene Platin zur Verfälschung der Goldmünzen benutzt wurde, so ließ es die spanische Regierung ins Meer werfen. Auf Befehl des spanischen Königs mußte dann das Metall an die Krone abgeliefert werden zum Preise von 1 Dollar für das spanische *fl*. Im ganzen sollen bis 1778 3820 *fl* Platin erzeugt worden sein (NEUMANN, Die Metalle). Der Finder des ersten Platins in Rußland erhielt 25 M. für 1 *kg* im Jahre 1819. Die Firma JOHNSON, MATTHEY & CO. bezahlte 1867—1877 210 M., nach 1877 315 M., 1895/96 958 M. für 1 *kg* Platinerz.

Die Platinerzproduktion in Rußland stieg von 1824—1843 von 33 auf 3503 *kg*, fiel 1846 auf 19 *kg*, stieg dann allmählich, zeitweise fallend, 1901 auf 6486 *kg*, fiel 1921 auf 227 *kg*, um 1927 wieder 3110 *kg* zu erreichen (Amtliche Statistik nach VYSOTZKI in G. MÜNZER, Das Platin, Leipzig 1929, S. 66.). 1921 faßten die Sowjets Rußlands den gesamten Ural-Platinbetrieb in einen Monopol-Trust „URALPLATINA" zusammen, dem in Swerdlowsk eine Affinieranstalt und in Moskau eine Platinverarbeitungsfabrik angegliedert wurde. Zu diesem Trust steht unter andern das Platininstitut in Leningrad in Beziehung. Mit der Londoner Firma JOHNSON, MATTHEY & CO. wurde ein *Pt*-Lieferungsvertrag getätigt, der März 1927 ablief. Die Sowjetregierung trat von da ab auch als selbständiger Verkäufer auf dem Weltmarkt auf, ihre in Berlin domizilierende Edelmetall-Vertriebsgesellschaft „RUSPLATINA" tätigt ihre Abschlüsse unmittelbar mit den Großabnehmern, außerdem versorgt sie von hier aus auch alle Importländer für den Kleinverbrauch (*Chem. Ind.* 1928, 655, und G. MÜNZER, Das Platin, S. 45 ff. und Anhang S. 129 ff.). Der durch das Auffinden der südafrikanischen Platinlagerstätten (s. den Abschnitt über Rohstoffe, S. 481) seit 1925 einsetzende „Platin-boom" blieb naturgemäß nicht ohne Rückwirkung auf die monopolartige Stellung des Sowjet-Platins, wozu auch noch die infolge der hohen Preislage für das Metall gesteigerte kolumbianische Produktion beitrug. Dieser katastrophalen Lage suchte die Sowjetregierung mit einem Dumping großzügigster Art auf lange Sicht zu begegnen (Handelszeitung des Berliner Tageblatts 1929, Nr. 324, 2. Beiblatt). Es gelang ihr zwar, das kolumbianische Platin unter die Rentabilitätsgrenze herabzudrücken, nicht aber, trotz des relativ sehr niedrigen Preises, das Absatzvolumen zu erhöhen, da das Platin aus der chemischen Großtechnik durch eine Reihe von billigen und billigsten Ersatzstoffen nicht unwesentlich verdrängt wird. Ferner ist zu berücksichtigen, daß die *Pt*-Produktion in Kanada, woselbst es als Nebenprodukt bei der Herstellung von *Ni* (s. Bd. VIII, 120) gewonnen wird, stetig zunimmt; sie betrug 1930 etwa 1240 *kg*, so daß die Versuche der Russen, wieder eine Monopolstellung zu gewinnen, wohl kaum Erfolg haben dürften (Berl. Tageblatt 1931, Nr. 198).

Die Produktion in Kolumbien betrug 1911 370, 1921 1000, 1923 1500, 1927 1500, 1930 1021 *kg* Platin. Die bisherige, auf 2 englische Gesellschaften entfallende Gesamtproduktion Columbiens wird auf rund 52 000 *kg Pt* geschätzt (*Chem. Ind.* 1927, 420). Das kolumbianische Rohplatin wird fast ausnahmslos von den Vereinigten Staaten aufgenommen. Die Rentabilität des kolumbianischen Ausbringens wird durch die Platinmarkt-Depression im allgemeinen und durch die russische Dumpingpolitik (s. o.) nicht unerheblich beeinträchtigt.

Die für die Produktion an metallischem Platin nötigen Erze kamen bis etwa 1913 zu etwa 85% aus Rußland, der Rest aus Amerika. Nach VYSOTZKI (G. MÜNZER, Das Platin, 1929, S. 80) betrug die Welt-Platinproduktion in *kg* und %:

Land	1913		1922		1923		1924		1925		1926	
	kg	%	kg	%	kg	%	kg	%	kg	%	kg	%
Rußland .	7775,0	92,8	846,0	32,1	1182	34,5	2079	44,3	2948	50,3	2883	47,6
Kolumbien	467	5,6	1245	47,3	1504	43,9	1602	34,1	1742	29,7	1711	28,2
Kanada . .	20,7	0,2	367,1	13,9	486,3	14,2	571,2	12,2	527,2	9,0	608	10,0
Vereinigte Staaten .	32,1	0,4	105	4,0	107,9	3,2	226,5	4,8	348,6	5,9	347,2	5,7
Südafrika .	—		—		—		—		—		212,2	3,5

Nach Angaben von G. SIEBERTS (Prometheus 1902, 612) verteilt sich der Platinverbrauch auf einzelne Industrien, wie folgt: Zahnindustrie 50%, chemische Industrie und Elektrochemie 30%, Elektrotechnik und Bijouterie 20%. Den Verbrauch in den Vereinigten Staaten in den Jahren 1923—1927 in den verschiedenen Verwendungsgebieten zeigt die folgende Tabelle (nach *Chem. Ind.* 1927, 572):

Jahr	Total	Bijouterie	Elektrot.	Dental	Chemie	Diversa
1923 . . .	4937,0	66%	12%	11%	8%	3%
1924 . . .	4058,5	67%	13%	9%	8%	3%
1925 . . .	4271,4	62%	13%	14%	8%	3%
1926 . . .	—	57%	13%	11%	6%	13%
1927 . . .	—	63%	13%	13%	8%	3%

1929 war der Verbrauch in Unzen (nach *Chem. Ind.* 1930, 1105):

1929 . . .	145 330	84 039	20 746	13 051	20 620	2 234

(Über den Platinverbrauch sehe man auch G. MÜNZER, Das Platin 1929, 116—123.)

Der Platinpreis, der 1880 noch 600 M. betrug, 1890 auf 2400 M. emporschnellte, um 1892 auf etwa 650 M. zu fallen, stieg im Laufe der folgenden 14 Jahre bis auf 5000 M., fiel innerhalb 1½ Jahre auf den ungefähren Stand vom Jahre 1890, um von da ab fast senkrecht bis zum Stand von rund 6000 M. pro 1 kg im Jahre 1914 emporzugehen. Er stieg dann fast stetig bis Ende 1919 auf 20 240 M., fiel Mitte 1921 auf 9000 M., betrug Ende 1923 etwa 16 500, fiel im Jahre 1927 von 14 500 M. auf 9100 M. innerhalb weniger Monate, stieg im März 1928 auf 11 000 M., um von da ab stetig bis Mai 1931 auf den Preis des Goldes, d. h. etwa 2784 M., zu fallen.

Die bedeutendsten Platin-Affinerien sind: JOHNSON, MATTHEY & CO. LTD. in London, W. C. HERAEUS, Hanau a. M., G. SIEBERT, Hanau a. M., COMPAGNIE INTERNATIONALE DU PLATINE, ·ENGELHARDT, New York, OHNVERWACHT PLATINUM CO., Johannesburg, Südafrika, wozu noch eine Reihe Firmen zu zählen sind, die LUMB (The Platinum Metals, 1920, S. 7/8) zusammengestellt hat.

Literatur: B. NEUMANN, Die Metalle, Halle 1904. — GMELIN-KRAUT-FRIEDHEIM, Handb. d. anorg. Chemie, 7. Aufl., Heidelberg, Bd. V, Abt. 3, 1915—1916. — K. WAGENMANN, Metallurgische Studien über deutsche Platin-Vorkommen, Halle 1919. — L. DUPARC und M. N. TIKONOWITSCH, Le platine et les gîtes platinifères de l'oural et du monde, Genève 1920. — JAS. LEWIS HOWE and H. C. HOLTZ, Bibliographie 1748—1917, erschienen als Bulletin 694 der U. S. GEOLOGICAL SURVEY, Washington. — Beitrag ARTHUR WEBBS von der Fa. JOHNSON, MATTHEY & CO. in London in E. THORPE: Dictionary of applied Chemistry, Vol. V, London 1924, S. 325. — E. A. SMITH, Platinum Metals, London 1925. — TAFEL, Metallhüttenkunde, Bd. I, S. 148—160 [1927]. — LIDDEL, Handbook of Non-Ferrous Metallurgy, New York, Bd. II, S. 998/99 und S. 1413 [1926]. — P. TROTZIG, Über Aufbereitungsmöglichkeiten südafrikanischer Platinerze und eine für den Betrieb anwendbare Methode. Freiberg i. Sa. 1927. — G. MÜNZER, Das Platin, Leipzig 1929. — Festschrift HERAEUS, Hanau 1930. — HERAEUS' Platin-Kalender 1931. — P. A. WAGNER, The Platinum Deposits and Mines of South Africa. Edinburgh 1929.   *Max Speter.*

Platinmetalle oder **Platinoide** nennt man die das Platin im Naturvorkommen begleitenden und ihm in physikalischer und chemischer Hinsicht mehr oder weniger ähnlichen 5 Elemente: Palladium, Iridium, Rhodium, Osmium und Ruthenium.

Sie bilden eine Familie, die zusammen mit Eisen, Nickel und Kobalt in der 8. Gruppe des periodischen Systems ihren Platz hat. Die Gesamtheit von 6 Platinmetalle gruppiert sich in leichte und schwere, mit einem *spez. Gew.* um 12 bzw. um 22 herum; in chemischer Hinsicht heben sich aber 3 Untergruppen ab, *Pt-Pd, Ir-Rh* und *Os-Ru.* Als wesentliche Unterschiede in ihrem Verhalten gegenüber Säuren ist hervorzuheben, daß Königswasser nur *Pt-Pd,* nicht aber die übrigen 4 Metalle aufzulösen vermag, daß kochende Salpetersäure von allen Platinmetallen nur das *Pd* leicht in Lösung bringt und daß kochende Schwefelsäure wiederum nur das *Pt* leicht angreift. Gegenüber Mineralsäuren verhält sich also die Gruppe *Pt-Pd* relativ als am wenigsten beständig. Auch stark alkalische Substanzen (kaustische Alkalien und alkalische Cyanide) greifen bei Rotglut die *Pt*-Metalle insgesamt an. Von den Halogenen *Cl, I* und *F* werden *Ir, Os, Rh* und *Ru* wenig oder gar nicht angegriffen, dagegen *Pt* und *Pd* von *Cl, Pd* von *I* und *Pt* von *F* bei Rotglut. Die nachfolgende Tabelle (E. R. THEWS, Die chem. Fabrik 1930, 50) gibt einen Überblick über die relative Resistenz der 6 Platinmetalle (und des Goldes) gegenüber den hauptsächlich in Frage kommenden Chemikalien. Die Wertungsziffern 1, 2, 3, 4 bedeuten hierbei: 1 = unempfindlich, 2 = wenig angegriffen, 3 = stark angegriffen, 4 = wird aufgelöst. Die Horizontal-Schlußreihe gibt die Angreifbarkeit in Verhältniszahlen zueinander.

Substanz	Zustand	Pt	Pd	Ir	Rh	Os	Ru	Au
Schwefelsäure, *konz.*	kalt	1	1	1	1	1	1	1
" "	heiß	2	3	1	1	1	1	1
Salzsäure, *konz.*	kalt	1	1	1	1	1	1	1
" "	heiß	1	1	1	1	1	1	1
Salpetersäure, *konz.*	kalt	1	3	1	1	1	1	1
" "	heiß	1	4	1	1	1	1	1
Königswasser, "	kalt	4	4	1	1	1	1	4
" "	heiß	4	4	1	2	1	1	4
Flußsäure		1	1	1	1	1	1	1
Ätznatron	Schmelze	2	1	1	2	3	2	1
Natriumperoxyd	"	4	4	3	2	3	3	4
Soda	"	2	1	1	2	2	1	1
Kaliumbisulfat	-	2	1	1	3	2	1	1
Alkalische Nitrate	"	1	3	1	1	4	1	1
Alkalische Cyanide	"	2	2	1	1	1	1	4
Verhältniszahlen		29	35	17	27	24	18	27

Aus dieser Tabelle erhellt, daß *Ir* am korrosionsfestesten und somit als edelstes der Edelmetalle anzusehen ist. Im Anschluß an das *Ir* lassen sich die Edelmetalle in folgender Reihe, mit abnehmender Korrosionsfestigkeit, anordnen: *Ir, Ru, Rh, Os, Au, Pt* und *Pd.* Also auch hier sind *Pt* und *Pd* am wenigsten „edel"!

Alle Platinmetalle sind schwer schmelzbar. Ihre Verbindungen neigen zur Komplexbildung und geben deshalb vielfach nicht die üblichen Ionenreaktionen. Außer den Metallen selbst haben nur wenige ihrer Verbindungen technisches Interesse. Das Iridium wurde bereits Bd. VI, 261, das Platin Bd. VIII, 479 behandelt.

Eigenschaften. Über die Schmelzpunkte der Platinmetalle vgl. W. GUERTLER und M. PIRANI, *Ztschr. Metallkunde* 11, 1; *Chem. Ztrlbl.* 1919, III, 911. Bei den Untersuchungen im BUREAU OF STANDARDS dienten zum Erschmelzen der *Pt*-Metalle Tiegel aus ThO_2 und aus ZrO_2 (E. WICHERS und L. JORDAN, *Trans. Amer. electrochem. Soc.* 43, 385 [1923]), die durch Brennen in einer Form von Wolframmetall erhalten wurden (P. NEVILLE, ebenda 43, 371). Osmium ist am leichtesten flüchtig. Setzt man den Verdampfungsgrad dieses leichtest verdampfbaren Platinoids = 1000, so wären die Verdampfungsgrade der übrigen Mitglieder der Platingruppe etwa: $Ru = 200$, $Ir = 60$, $Pd = 6$, $Pt = 2$ und $Rh = 1$ (E. R. THEWS, *Chem. Fabrik* 1930, 49). Alle Platinmetalle lösen im flüssigen Zustande Kohlenstoff auf und scheiden ihn beim Erkalten als Graphit wieder ab. Natriumsuperoxyd oxydiert sie in der Hitze (LEIDIÉ und QUENNESSEN, *Bull. Soc. chim. France* [3] 27, 179). Über katalytische Wirkungen der Platinmetalle s. C. PAAL und Mitarbeiter, *B.* 40, 2801, 2209; 47, 2202; über Aktivierung von Chloratlösungen durch Platinmetalle vgl. K. A. HOFMANN und O. SCHNEIDER, *B.* 48, 1585.

Osmium, Os, Atomgewicht 190,9, von TENNANT (Phil. Trans. 1804) entdeckt, hat seinen Namen von seinem charakteristisch riechenden Tetroxyd (ὀσμή = Geruch). Es hat bläulichweißen Metallglanz, ähnlich wie Zink, und schmilzt bei etwa 2500⁰. Mit seinem *spez. Gew.* 22,5 ist es der schwerste aller bekannten Stoffe. Es kann in kleinen Krystallen erhalten werden. Es läßt sich weder zu Blech noch zu Draht verarbeiten und wird nur in Form von Pulver oder von geschmolzenen Perlen seitens der *Pt*-Firmen geliefert. Es ritzt Glas. In fein verteilter Form ist es ein schwarzes amorphes Pulver (O. RUFF und H. RATHSBURG, *B.* 50, 484), das nach den üblichen Methoden (*B.* 40, 1392) auch in kolloidaler Form gewonnen werden kann. Mit verschiedenen Metallen legiert es sich. Die wichtigste Legierung ist das natürlich-vorkommende Osmiumiridium. Platinlegierungen mit 1−10% Osmium sind sehr hart, dehnbar und durch hohen elektrischen Widerstand ausgezeichnet (F. ZIMMERMANN, *Chem. News* 110, 62).

Fein verteiltes Osmium oxydiert sich leicht an der Luft und verbrennt beim Erhitzen zu Osmiumtetroxyd, OsO_4, das sich schnell verflüchtigt (H. SAINTE CLAIRE-DEVILLE und H. DEBRAY, *Ann. Chim.* [3] 56, 392; *Compt. rend. Acad. Sciences* 87, 441; O. SULC, *Ztschr. anorgan. Chem.* 19, 332; M. VÈZES, ebenda 20, 230). Über Verflüchtigung von OsO_4 mit nitrosem Gas, wie Stickstoffdioxyd, bei 275⁰ s. L. WÖHLER und L. METZ (*Ztschr. anorgan. allg. Chem.* 149, 300 [1925]). Im Stickoxyd entsteht aus *Os* bei 520⁰ das sonst schwer darstellbare OsO_2. Über die Gewinnung von OsO_4 aus *Os*-Rückständen s. E. FRITZMANN, *Ztschr. anorgan. allg. Chem.* 163, 165 [1927]. Diese charakteristischste Verbindung des Metalls kann aus ihm auch durch Oxydation mit Salpetersäure oder Königswasser gewonnen werden. Sie bildet eine weiße bis blaßgelbliche, bei 40⁰ schmelzende, bei 100⁰ siedende, schon bei gewöhnlicher Temperatur flüchtige Masse, die nach Chlor riecht. Die Dämpfe sind äußerst giftig und erzeugen namentlich schwere, bis zur Erblindung führende Augenentzündungen (Abzüge, Gesichts-, Atem- und Handschutz!). In Wasser löst sich das Tetroxyd allmählich ohne saure Reaktion auf. Mit Alkalien erhält man bei Gegenwart von Alkohol als Reduktionsmittel Alkaliosmiat, z. B. $K_2OsO_4 + 2H_2O$. Das Tetroxyd ist einerseits ein starkes Oxydationsmittel; andererseits wird es aus niedrigeren Oxyden (z. B. OsO_2) sowohl durch Sauerstoff wie durch Chloratlösung schnell regeneriert. Auf dieser Eigenschaft beruht seine Fähigkeit, Lösungen von Chlorsäure und Chloraten für Oxydationszwecke zu aktivieren.

Eine Lösung von Kaliumchlorat ist z. B. ohne nennenswerte Einwirkung auf Arsenik, unterphosphorige Säure, Indigosulfosäure, Anilinsalz, Benzidin, Hydrochinon u. s. w., wirkt aber sehr energisch oxydierend, wenn man ihr eine Spur Osmium oder Osmiumdioxyd zufügt. Sie führt dann arsenige Säure in Arsensäure über, Anilin in Emeraldin, Hydrochinon in Chinhydion, Anthracen in Anthrachinon, Kohle in Mellithsäure und entfärbt Indigolösung (K. A. HOFMANN, B. 45, 3329; D. R. P. 267906; B. 46, 1657; 47, 1991).

Auf der Bildung von Osmiumjodid, OsJ_2, beruht die für den analytischen Nachweis wichtige grüne Färbung, die das Tetroxyd mit angesäuerter Kaliumjodidlösung gibt.

Palladium, *Pd*, Atomgewicht 106,7, von WOLLASTON 1803 (Phil. Transact. **1804**, 419) entdeckt, wurde nach dem kurz zuvor aufgefundenen Planeten Pallas benannt. Es ist ein silberweißes Metall von starkem Glanz, dessen *Schmelzp.* bei etwa 1553,1 ± 0,7⁰ (*Chem. Ztrlbl.* **1929**, II, 703) liegt. Im Vakuum verflüchtigt es sich schon von 735⁰ ab (A. KNOCKE, B. 42, 206). Das *spez. Gew.* ist 11,9—12,16. Das Metall ist weicher, dehnbarer und leichter schweißbar als Platin. Es kann leicht zu Blech gewalzt und zu Draht ausgezogen werden. An der Luft erhitzt, läuft es in den Spektralfarben an. In fein verteilter schwammiger Form, erhalten durch Reduktion einer Palladiumchlorürlösung mit Ameisensäure, sieht es grau aus. In kolloidaler Form, Protalbinsäure als Schutzkolloid enthaltend, bildet Palladium schwarze, glänzende Lamellen, leicht löslich in Wasser. Die Gewinnung ist die übliche (Bd. **VI**, 714 ff. und 720). Von allen *Pt*-Metallen wird nur *Pd* von kalter und besonders von heißer HNO_3 angegriffen. Ist es jedoch zu 25% mit *Pt* (75%) legiert, so löst es sich in der HNO_3 nicht.

Die hervorragendste Eigenschaft des Metalls ist seine von GRAHAM (Philos. Mag. [4] **32**, 516) entdeckte Adsorptionsfähigkeit für Wasserstoff, den es gleichzeitig aktiviert.

Selbst blankes Metall, auf 100⁰ erhitzt und dann wieder abgekühlt, nimmt etwa das 600fache Volumen des Gases auf, ohne sein metallisches Aussehen zu ändern. Besonders schnell und bequem gelingt die Sättigung des Palladiums mit Wasserstoff, wenn man es als Kathode bei der Elektrolyse von verdünnter Schwefelsäure verwendet, wobei es sein Volumen nicht unbeträchtlich vergrößert. Palladiumschwamm adsorbiert etwa 582 *Vol.*, Palladiumschwarz 873 *Vol.* Wasserstoff bei 15⁰ und normalem Druck. In wässeriger Suspension adsorbiert Palladiumschwarz etwa 1200 *Vol.*, in kolloidaler Lösung etwa 3000 *Vol.* Bei Erniedrigung der Temperatur steigt zwar die Adsorptionskraft noch; doch wird beim Erwärmen dann eine entsprechende Menge des Gases wieder abgegeben. Schon bei 40—50⁰ entweicht der größte Teil des Wasserstoffs; doch gehen letzte Reste erst bei schwacher Rotglut weg. Im Vakuum entweichen etwa 92% des okkludierten Gases, der Rest aber erst bei 440⁰. Pulvriger oder sonst fein verteilter Palladiumwasserstoff ist pyrophor und verbrennt an der Luft unter glänzender Feuererscheinung. Auch Legierungen des Palladiums mit Silber (bis 40%) nehmen Wasserstoff auf, u. zw. fast ebenso leicht wie das reine Metall.

Erwähnt sei noch, daß Wasserstoff zwischen 700 und 100 *mm* Druck und bei 100—300⁰ durch Palladium diffundiert.

Palladiummohr enthält etwa 1,65%, d. s. 130 *Vol.*, Sauerstoff, der nicht durch Erhitzen im Vakuum ausgetrieben werden kann, wohl aber durch Erwärmen im Wasserstoffstrom. Erhitzt man Palladiummohr im Sauerstoffstrom, so verschluckt er etwa 1000 *Vol.* des Gases und geht in eine braunschwarze Substanz über, die wahrscheinlich *PdO* enthält (L. MOND, W. RAMSAY und J. SHIELDS, *Proceed. Roy. Soc. London* 62, 290; *Ztschr. physikal. Chem.* 26, 109). Auch Acetylen wird von fein verteiltem oder kolloidalem Metall in beträchtlicher Menge adsorbiert (C. PAAL und CH. HOHENEGGER, *B.* 43, 2684, 2692; 46, 128). Mit Kohlenoxyd gibt Palladium Verbindungen von ziemlicher Stabilität, die erst bei 250⁰ das Gas, u. zw. plötzlich, freigeben (E. HARBECK und G LUNGE, *Ztschr. anorgan. Chem.* 16, 56).

Von Verbindungen sei das Palladiumchlorür, $PdCl_2 + 2H_2O$, als wichtigste genannt. Es bildet rotbraune Krystalle, erhalten durch Auflösen von Palladiumschwamm in Salzsäure, wobei man durch Einleiten von Chlor den Prozeß beschleunigt. Die wasserfreie Verbindung, durch direkte Vereinigung der Elemente gewonnen, ist granatrot. Mit Alkalisalzen liefert Palladiumchlorür Doppelsalze der Form $PdCl_2 \cdot 2MeCl$.

Palladiumjodür, *PdJ₂*, wird aus Palladosalzlösungen durch Kaliumjodid als charakteristischer, schwarzer Niederschlag ausgefällt, unlöslich in Wasser und Alkalien, leicht löslich in brauner Farbe in überschüssiger Kaliumjodidlösung.

Palladiumhydroxyd, *Pd(OH)₂*, aus der Chlorürlösung mit Soda ausgefällt, ist ein braunes, amorphes, in Säuren leicht lösliches Pulver.

Palladiumcyanid, *Pa(CN)₂*, gelblichweißer, amorpher Niederschlag, unlöslich in Wasser, leicht löslich in Ammoniak, dargestellt durch Fällung der Chloridlösung mit Quecksilbercyanid.

Palladosamminchlorid, *Pd(NH₃)₂Cl₂*, in kaltem Wasser fast unlöslich, wird aus einer ammoniakalischen Palladolösung durch Salzsäure ausgefällt. Es gibt beim Glühen *Pd*-Metallschwamm.

Rhodium, *Rh*, Atomgewicht 102,9, von WOLLASTON 1804 (*Philos. Trans. Roy. Soc. London* 1805, 316) entdeckt, erhielt seinen Namen von der rosenroten ($\acute{\varrho}\acute{o}\delta\epsilon o\varsigma$) Farbe seiner Chlorosalze. Es ist ein glänzend silberweißes, sehr dehnbares und hämmerbares Metall vom *Schmelzp.* 1970⁰ und dem *spez. Gew.* 12,6. Im reinsten Zustande läßt es sich wohl walzen (zu Folien bis 0,01 *mm* und Draht bis 0,6 *mm*), aber nicht zu Draht ziehen. In reinem Zustande wird Rhodium von keiner Säure, auch von Königswasser, nicht gelöst. Diesem widersteht auch seine Legierung mit 70% Platin sowie mit Gold; dagegen wird es, mit Blei, Zink, Kupfer, Wismut u. s. w. legiert, von Königswasser ganz oder zum Teil gelöst. Über das Verhalten des Metalls in Edelmetallegierungen s. ferner H. RÖSTLER, *Chem.-Ztg.* 24, 733. Seine härtende Wirkung auf *Pt* steht etwa in der Mitte zwischen dem schwächeren Härten des *Pd* und dem stärkeren des *Ir*. Das bekannte LE CHATELIERsche Thermoelement enthält 10% *Rh* auf 90% *Pt* in den zweckmäßig 0,6 *mm* haltenden Widerstandsdrähten. Dieses *Rh-Pt*-Element hat gegenüber dem einer Legierung von *Pt-Ir* den Vorteil, daß es sich auch bei längerer Benutzung um 1600⁰ nicht verändert und auch keinen Gewichtsverlust erleidet.

Wasserstoff ist zwischen 420 und 1020⁰ nicht meßbar löslich in Rhodium (A. SIEVERTS und E. JURISCH. *B.* 45, 221); feinst verteiltes, tiefschwarzes Metall adsorbiert aber bei 0⁰ etwa das 206fache Volumen des Gases, also viel weniger als Palladium (A. GUTBIER und O. MAISCH, *B* 52, 2275). Beim Glühen in Sauerstoff nimmt Rhodium diesen auf, das tiefschwarze Oxyd Rh_2O_3 bildend (A. GUTBIER, A. HÜTTLINGER und O MAISCH, *Ztschr. anorgan. Chem.* 95, 225). Rhodium kann katalytisch Wasserstoff und Sauerstoff zu Wasser vereinigen sowie andere Reaktionen beschleunigen (L. QUENNESSEN, *Compt. rend. Acad. Sciences* 139, 795; DEVILLE und DEBRAY, ebenda 78, 1782). Chlor wirkt erst über 250⁰ ein und bildet das Chlorid $RhCl_3$ (A. GUTBIER und A. HÜTTLINGER, *Ztschr. anorgan. Chem.* 95, 247). Mit Kochsalz zusammen der Chlorierung ausgesetzt, liefert Rhodium das rote Doppelsalz $RhNa_3Cl_6 + 12 H_2O$. Erhitzt man das Metall mit Brom und Salzsäure im Druckrohr auf 80–100⁰, so erhält man $RhBr_3 + 2 H_2O$. Über die Einwirkung von Brom s. ferner A. GUTBIER und A. HÜTTLINGER, a. a. O., sowie *B.* 41, 216. Kaliumbisulfat wirkt kräftig auf Rhodium ein; es entsteht gelbes Kaliumrhodiumsulfat. *Rh* bildet beim Schmelzen mit Natron das normale 3-Oxyd Rh_2O_3. Dieses Rh_2O_3 ist ebenso wie das IrO_2 selbst in kochender HNO_3 unlöslich. Die Unlöslichkeit von Na_3RhCl_6 in Aceton-Äther gestattet eine Trennung von *Rh/Ir*. (L. WÖHLER und L. METZ, *Ztschr. anorgan. allg. Chem.* 149, 306. [1925]).

Ruthenium, *Ru*, Atomgewicht 101,7, von CLAUS 1844 entdeckt, nach Rußland (Ruthenenland) benannt, das seltenste der *Pt*-Metallgruppe, ist ein graues und sprödes, hartes Metall. Es läßt sich darum ebensowenig wie Osmium zu Blech oder Draht verarbeiten, und es wird darum von den Herstellerfirmen nur in Form von Pulver oder von geschmolzenen Perlen geliefert. *Schmelzp.* etwa 2450⁰ und *spez. Gew.* 12,26 bei 0⁰. Es wirkt ähnlich dem *Ir* härtend auf *Pt* (s. auch *D. R. P.* 437 173). Setzt man z. B. 8% *Ru* (oder *Os*) zu einer Legierung mit den übrigen *Pt*-Metallen, so entspricht das in bezug auf Härtewirkung etwa einem *Ir*-Zusatz von 20%. Die Analogie mit OsO_4 zeigt sich auch in der Giftigkeit des RuO_4. Allerdings ist die Verdampfungsgeschwindigkeit und als Folge davon der Gewichtsverlust des RuO_4 geringer als beim OsO_4. Der Glühverlust einer Legierung von *Pt-Ru* mit 8% *Ru* läßt nach einer Stunde nur einen Glühverlust von 0,026% erkennen. Ruthenium wird in reinem Zustande von Königswasser kaum gelöst (zu $RuCl_3$), leicht dagegen in Legierung mit *Pt*. Es läßt sich aktivieren und passivieren (W. MUTHMANN und F. FRAUNBERGER, *Chem. Ztrbl.* 1904, II, 974).

In der oxydierenden Knallgasflamme verbrennt Ruthenium unter Funkensprühen zu dem Dioxyd RuO_2. Beim Schmelzen mit Ätzkali und Salpeter oder Kaliumchlorat oder Na_2O_2 entsteht das ähnlich dem Kaliumpermanganat sich verhaltende Kaliumruthenat, $K_2RuO_4 + H_2O$ (rote Krystalle mit grünem Oberflächenglanz), das beim Erhitzen im Chlorstrom das leichtflüssige Tetroxyd RuO_4 liefert. Einfacher noch erreicht man dies direkt, ohne vorherige Schmelze des *Ru* mit Kali-Salpeter oder Na_2O_2, indem man zu dem in $^n/_2$-Natronlauge befindlichen feinverteilten *Ru*-Metall in der Wärme *Cl* zuleitet, im Effekt also mit Hypochlorit erhitzt (L. WÖHLER und L. METZ, *Ztschr. anorgan. allg. Chem.* 143, 313 [1925]. Die dem OsO_4 analog zusammengesetzte und sehr ähnliche Verbindung krystallisiert in gelben, rhombischen, bei 40–50⁰ schmelzenden Prismen, die ozonähnlich riechen, bei etwas über 100⁰ sieden und auf die Schleimhäute reizend wirken (J. L. HOWE, *Chem. News* 78, 269; A. GUTBIER, H. ZWICKER und F. FALIO, *Ztschr. anorgan. Chem.* 22, 497; G. C. TRENKNER, ebenda 45, 260).

Rutheniumtrichlorid, $RuCl_3$, ist wasserhaltig eine gelbe, glänzende, etwas hygroskopische, in Wasser und Alkohol sehr leicht mit orangegelber Farbe lösliche Masse. Schon bei 50⁰ dissoziiert die wässerige Lösung in Salzsäure und Rutheniumoxydhydrat. Das Chlorid entsteht aus dem Tetroxyd beim Eindampfen mit *konz.* Salpetersäure (GUTBIER und TRENKNER, *Ztschr. anorgan. Chem.* 45, 174). Das wasserfreie Trichlorid ist ein dunkelbraunes, in Wasser und Säuren unlösliches Pulver.

Vorkommen. Über das Vorkommen der Platinoide ist bei Platin (S. 481) und Iridium (Bd. **VI**, 262) bereits das Wesentliche gesagt worden. Einen umfassenden Überblick über ihr Vorkommen u. s. w. gibt JACQUES S. NEGRU in der Revue univ. Metallurgie, Travaux publiées [7] 157; vgl. auch *Chem. Trade Journ.* 1920.

Ein weiteres Rohmaterial für *Pt* und Platinoide ist der bei der Gewinnung von *Ni* nach dem MOND-Verfahren (s. Nickel, Bd. **VIII**, 120) nach der Behandlung mit *CO* hinterbleibende Rückstand. Über dessen Zusammensetzung s. Bd. **VI**, 264.

Häufig findet man Platinmetalle im Münzgold, dessen Eigenschaften sie höchst ungünstig beeinflussen, so daß Gold mit höherem Gehalt an Platinmetallen von den Münzen nicht gekauft wird, wohl aber von den großen Scheideanstalten. Sämtliches alte Gold enthält mehr oder weniger *Pt*-Metalle (H. RABE, *Ztschr. angew. Chem.* 39 1406 [1926]).

Gewinnung. Trennung und Reindarstellung der Platinoide machen bei ihrer schwierigen Angreifbarkeit und der Ähnlichkeit im chemischen Verhalten naturgemäß große Schwierigkeiten. Im folgenden seien die gangbaren Trennungsverfahren erörtert.

Bei der Gewinnung des Platins wurde bereits erwähnt (Bd. **VIII**, 486), daß bei Behandlung der Erze mit Königswasser ein unlöslicher Rückstand bleibt, welcher im wesentlichen Osmiumiridium, sowie Ruthenium, Rhodium und etwas Platin, ferner Sand, Chromeisen, Titaneisen u. s. w. enthält, während aus der Lösung durch Salmiak die Hauptmenge des Platins zur Ausscheidung gelangt. Das salmiakhaltige Filtrat enthält, neben etwas Platin, Iridium, Palladium und Rhodium.

1. **Verarbeitung des Filtrats.** Man versetzt es mit etwas verdünnter Schwefelsäure und gibt einige Barren weichen Eisens oder, wenn man schneller zum Ziel kommen will, Zink hinzu. Es werden sämtliche Platinmetalle metallisch ausgefällt. Man wäscht sie mit heißem Wasser, trocknet sie in starker Hitze, behandelt sie dann mit verdünnter Schwefelsäure, um etwas Kupfer herauszulösen, und darauf mit verdünntem Königswasser. Hierbei bleiben Rhodium und Iridium ungelöst, in Lösung gehen etwas Platin, das Palladium, sowie Spuren Rhodium und Iridium.

Aus der Lösung wird das Platin in üblicher Weise durch Ammoniumchlorid ausgefällt; aus der Mutterlauge fällt man durch Eisen unter Schwefelsäurezusatz das mit Rhodium und Iridium verunreinigte Palladium. Es wird zunächst durch verdünnte Salzsäure von anhaftendem Eisen befreit und dann mit verdünntem Königswasser in Lösung gebracht, wobei Rhodium und Iridium ungelöst bleiben. Die palladiumhaltige Flüssigkeit wird zu Sirup eingedampft und mit Ammoniak versetzt, um Eisen und Aluminium als Hydroxyde abzuscheiden. Die ammoniakalische Palladiumchlorürlösung gibt beim Ansäuern mit Salzsäure einen gelben, fast unlöslichen Niederschlag von Palladosamminchlorid $Pd(NH_3)_2Cl_2$, der beim Rösten das Palladium als Schwamm hinterläßt.

Die vom Königswasser nicht angegriffenen Metalle (Rhodium, Iridium) werden zunächst mit der 3fachen Menge Bariumsuperoxyd 5—6^h bei hoher Hitze behandelt. Man löst die Masse in einem Gemisch von Salzsäure und Salpetersäure (15 *Vol. HCl* und 2 *Vol. HNO₃*); ein Rückstand muß ev. nochmals mit Bariumsuperoxyd aufgeschlossen werden. Auf 1 *kg* Metall braucht man 4 *l* obigen Säuregemisches. Die schwach rot gefärbte Lösung wird im Sandbad eingedampft und der Rückstand schließlich stark erhitzt, um Kieselsäure, die dem Tiegel entstammt, in unlösliche Form überzuführen. Dann löst man den Rückstand unter Zusatz von etwas Salpetersäure-Salzsäure-Mischung in Wasser, filtriert Kieselsäure ab, fällt aus dem Filtrat durch Schwefelsäure das Barium aus, konzentriert die Lösung und fällt durch Ammonchlorid das Iridium als schwarzviolett gefärbten Iridiumsalmiak aus.

Er wird durch zuerst vorsichtiges, später stärkeres Erhitzen in Iridium übergeführt. Aus dem Filtrat des Iridiumsalmiaks isoliert man durch Behandlung mit Eisen und Schwefelsäure metallisches Rhodium.

2. Verarbeitung des Rückstands. Die in Königswasser unlöslichen Rückstände der Platinerze müssen vor der Weiterverarbeitung in feinstmögliche Verteilung gebracht werden. Man schmelzt sie zu diesem Zweck mit der 4—5fachen Menge Zink im Koksofen zusammen, indem man zunächst schwach erhitzt, um die Edelmetalle im Zink zu lösen, und dann auf helle Rotglut geht, um das Zink zu verflüchtigen. Der hinterbleibende Metallschwamm kann nunmehr feinst gepulvert werden und wird dann mit der 3fachen Menge Bariumsuperoxyd 2—3^h in einem flachen Tiegel in einer Muffel erhitzt. Die Masse wird nach dem Erkalten gepulvert und mit heißem Wasser gewaschen. Das Unlösliche wird wieder getrocknet. Das Osmium läßt sich daraus durch Überführung in das flüchtige Osmiumtetroxyd entfernen.

10 *kg* des Materials bringt man in ein wasserbadgeheiztes Steinzeuggefäß von etwa 40 *l* Inhalt, das an seiner oberen Fläche 3 Öffnungen hat. Die erste steht durch ein Glasrohr mit einem Kupfergefäß in Verbindung, das zur Entwicklung von Wasserdampf dient. Durch die zweite läßt man allmählich ein Gemisch von 15 *l* Salzsäure und 2 *l* Salpetersäure zufließen. Durch die dritte Öffnung werden die Osmiumtetroxyddämpfe abgeleitet. Sie passieren eine Reihe von aneinandergeschalteten WOULFFschen Flaschen, von denen die ersten beiden die Hauptmenge des Tetroxyds neben Salzsäure und Salpetersäure kondensieren, während der Rest in der folgenden, halb mit Wasser gefüllten Flasche aufgefangen wird. Die letzten beiden Vorlagen enthalten Natronlauge bzw. Natriumsulfidlösung, um die letzten Spuren des Tetroxyds zu binden. Die Reaktion beginnt sofort beim Zufluß des Säuregemisches und Einleiten von Dampf. Sie ist in 5—6^h vollendet, so daß man an einem Tage 2 Chargen bewältigen kann.

Aus dem Inhalt der Vorlagen fällt man mit Natronlauge und Natriumsulfid das Osmium als Sulfid aus und führt letzteres durch Glühen in Metall über. Die im Steinzeuggefäß verbleibende Iridiumlösung wird mit Ammoniumchlorid versetzt und 2^h lang erwärmt. Der Niederschlag von rohem Iridiumsalmiak wird geglüht und das Metall mit verdünntem (1 : 3) Königswasser behandelt. Hierbei gehen Platin und Palladium in Lösung, während Iridium und Ruthenium nicht angegriffen werden. Die beiden ersten Metalle werden in üblicher Weise durch Salmiak getrennt; das mit mehr oder weniger Ruthenium verunreinigte Iridium wird häufig als „Iridium" verkauft.

Die vom Platinsalmiak getrennte Mutterlauge enthält außer dem Palladium noch besonders Rhodium und Gold. Man isoliert die Edelmetalle durch Fällung mit Eisen und behandelt sie mit verdünntem Königswasser, wobei Rhodium ungelöst bleibt. Die Lösung wird eingedampft, um alle Salpetersäure zu verjagen, der Rückstand in Wasser gelöst und in die Flüssigkeit Schwefeldioxyd eingeleitet. Gold fällt aus, Palladium wird mit Zink und Schwefelsäure aus dem Filtrat ausgeschieden.

Das durch Ruthenium verunreinigte „Iridium" muß einer Reinigung unterzogen werden, wenn man es mit Platin legieren will, da das Ruthenium einer solchen Legierung unerwünschte Eigenschaften verleihen würde. Zur Trennung der beiden Metalle trägt man das „Iridium" in ein geschmolzenes Gemisch von 3 Tl. Ätzkali und 1 Tl. Salpeter ein, das in einem silbernen, besser goldenen Tiegel 1$^1/_2$—2^h auf dunkle Rotglut erhitzt wird. Das Ruthenium wird hierbei in Kaliumruthenat übergeführt, das bei Behandlung der Schmelze mit Wasser in Lösung geht. Das ungelöst gebliebene Kaliumiridat wird mit verdünnter Natriumhypochloritlösung und sehr verdünnter Salzsäure gewaschen und dann geglüht. Das metallische Iridium wird mit Wasser und Salzsäure ausgewaschen, um das anhaftende Ätzkali zu lösen. Aus der Kaliumruthenatlösung läßt sich dann das Ruthenium durch Zink und Schwefelsäure ausscheiden.

Eine andere Trennungsmethode beruht auf der Eigenschaft des Rutheniums, flüchtiges Tetroxyd zu bilden. Man bringt die Ätzkali-Salpeter-Schmelze (s. o.) mit Wasser in einen Steinzeugapparat und behandelt sie erst in der Kälte, dann bei 70—80° mit Chlor. Das Rutheniumtetroxyd destilliert in die Vorlage, die mit 800 Tl.

Wasser, 20 Tl. Salzsäure und 180 Tl. Alkohol beschickt ist, und löst sich zu Rutheniumtrichlorid. Zuletzt erhitzt man bis zum Kochen. Aus der Rutheniumchlorid-lösung fällt man das R u t h e n i u m durch Zink aus, oder man dampft sie ein und erhitzt den Rückstand im Leuchtgasstrom, um das Metall zu gewinnen. Aus der im Destillationsgefäß zurückgebliebenen Iridiumlösung wird das I r i d i u m isoliert.

Außer im obigen beschriebenen Aufarbeitung des „unlöslichen Rückstandes" wird manch-mal noch ein anderes Verfahren eingeschlagen, das eine Kombination der von DEVILLE und DEBRAY angegebenen Bleimethode mit dem nassen Verfahren darstellt. Die Rückstände werden mit der 2- bis 3fachen Menge Blei und 3 – 4fachen Menge Bleiglätte bei Rotglut in einem Tiegel unter Rühren ver-schmolzen. Der Bleiregulus wird zur Entfernung des Bleioxyds mit Essigsäure behandelt und hierauf mit Salpetersäure bei 100⁰ digeriert, wobei das rohe Osmiumiridium unlöslich bleibt. Die salpeter-saure Mutterlauge wird zur Fällung des Bleies mit Schwefelsäure versetzt, eingedampft und der Rück-stand mit Wasser ausgezogen. Aus dieser Lösung wird durch Zusatz von Kaliumcyanid das Palladium-cyanid gefällt und dieses durch Glühen in P a l l a d i u m übergeführt. Das rohe Osmiumiridium wird mit Königswasser behandelt, wobei reines O s m i u m i r i d i u m zurückbleibt, während Platin, Rhodium und etwas Iridium in Lösung gehen. P l a t i n wird als Platinsalmiak abgeschieden. Beim Konzentrieren der abfallenden Mutterlauge scheidet sich ein Gemisch von Platin- und Iridiumsalmiak aus, das durch Glühen in die Metalle übergeführt wird. Behandelt man dieses Gemisch bei 40⁰ mit ver-dünntem Königswasser, so geht Platin in Lösung und I r i d i u m bleibt zurück. Das Rhodium endlich gewinnt man aus der vom Platiniridiumsalmiak herrührenden Mutterlauge. Sie wird eingedampft, mit Schwefelammonium befeuchtet, mit Schwefel vermischt und im Kohletiegel stark geglüht. Es hinterbleibt R h o d i u m, das durch Behandeln mit Säuren gereinigt wird.

Bei einer hoch *Pd*-haltigen Legierung ist die Ausscheidung des *Pd* vor der des *Pt* empfehlenswert; ist *Au* in der Legierung, muß dieses in jedem Falle zuerst (mit *SO₂*) entfernt werden, wobei man durch Zusatz von *HCl* und *H₂SO₄* dafür sorgt, daß die *Pt*-Metalle nicht mit dem *Au* mitausfallen (J. O. WHITELEY und C. DIETZ, Trans. Amer. Inst. Min. metallurg. Engineers 76, 635 – 643 [1928]). Ausführliche Vorschriften zur Fällung und Trennung der 6 *Pt*-Metalle geben ED. WICHERS, RAL. GILCHRIST und WM. H. SWANGER (in den eben angeführten Trans. 76, 2814/15 [1928]). Über die Wiedergewinnung von *Pt, Pd, Ir, Au, Ag* aus Rückständen von Juwelierarbeiten hat das BUREAU OF MINES der Vereinigten Staaten 20 ver-schiedene Analysengänge angegeben (vgl. C. W. DAVIS, *Chem. Ztrlbl.* 1925, I, 435).

Über die D a r s t e l l u n g der Platinoide vgl. ferner unter I r i d i u m, Bd. **VI**, 263. Über die Aufarbeitung kohlenstoffhaltiger O s m i u m r ü c k s t ä n d e vgl. A. GUTBIER, *Chem. Ztg.* 37, 857.

Analytisches. N a c h w e i s. Saugt man von einer Platinmetallsalzlösung etwas mit sehr dünnem Asbestpapier auf, trocknet, erhitzt zur Rotglut und hält das Papier nach dem Erkalten in den Gasstrom eines Bunsenbrenners, so fängt es an zu glühen. Die so auffindbare Menge von Platin beträgt 0,002 *mg*, von Palladium 0,0005 *mg*, von Iridium 0,005 *mg*, von Rhodium 0,0009 *mg*, während Osmium und Ruthenium keine Reaktion geben.

O s m i u m gibt in der Oxydationsflamme oder beim Erhitzen mit Chromsäure in *konz.* Schwefel-säure Osmiumtetroxyd, erkenntlich an seinem intensiven, charakteristischen Geruch. Eine 1%ige, mit Phosphorsäure angesäuerte Kaliumjodidlösung gibt mit Osmiumsäure eine Grünfärbung, deren Träger *OsJ₂* in Äther löslich ist. Die Reaktion ist noch bei Anwesenheit von 0,005 *mg* Osmiumsäure deutlich. Fett wird durch Osmiumtetroxyd sofort tiefschwarz.

P a l l a d i u m salzlösung gibt mit Quecksilbercyanid einen weißen, gelatinösen Niederschlag von *Pd(CN)₂*, mit Kaliumjodidlösung schwarzbraunes Palladiumjodür, das vom Überschuß des Reagens leicht mit brauner Farbe aufgenommen wird. Mit α-Nitroso-β-naphthol erhält man einen rotbraunen Niederschlag (empfindliche Reaktion). Rote Alkannatinktur wird durch etwas Palladiumchlorür erst orangegelb, dann stahlgrau und schließlich grün, ein Vorgang, der spektroskopisch gut verfolgbar und für das Metall charakteristisch ist. Zum Nachweis von *Pd* neben anderen Metallen der *Pt*-Gruppe bedienen sich F. FEIGL und KRUMHOLZ (*B*. 63, 1917 [1930]) der Einwirkung des *CO* auf *Pd*-Lösungen in Gegenwart von Phosphormolybdat. Man versetzt 1 *cm³* der *ⁿ/₁₀* bis *ⁿ/₂* sauren Lösung mit 5 Tropfen einer 5%igen Phosphormolybdänsäurelösung und leitet einen raschen *CO*-Strom hindurch, worauf je nach dem *Pd*-Gehalt sogleich oder erst nach einer Weile Blau- bis Grünfärbung eintritt. Die Empfindlichkeit beträgt 0,025 γ *Pd* im *cm³* (γ = 0,000001 *g*); erkennbar sind 0,5 γ *Pd* neben der 1000fachen Menge *Ru*, 0,25 γ *Pd* neben der 4000fachen Quantität von *Os* und neben der 8000fachen von *Ir*.

Eine R h o d i u m chloridlösung gibt mit Kalilauge keine Fällung, auf Zusatz von Alkohol aber einen schwarzbraunen Niederschlag von Rhodiumhydroxyd. Kaliumnitrit liefert mit Natriumrhodium-chloridlösung eine orangegelbe Fällung. Versetzt man eine neutrale oder schwach saure Rhodium-salzlösung mit Natriumhypochloritlösung, kühlt ab und tropft Essigsäure hinzu, so entsteht eine orangerote Lösung, die schnell unter Bildung eines grauen Niederschlages verblaßt und schließlich blau wird. Durch diese Reaktion ist noch 0,1 *mg* Ammoniumrhodiumchlorid in 3 *cm³* Lösung zu erkennen.

Rutheniumtrichloridlösung gibt mit Schwefelwasserstoff zunächst keine Fällung; nach einiger Zeit wird die Lösung blau, und es schlägt sich braunes Sulfid nieder. Die orangegelbe Lösung des Ruthenium-Kaliumchlorids wird, wenn auch noch so verdünnt, beim Erhitzen schwarz wie Tinte und scheidet schließlich einen schwarzen voluminösen Niederschlag ab. Rhodankalium gibt rote, beim Erhitzen violette, Natriumthiosulfat bei Gegenwart von Ammoniak eine rosenrote, in Carminrot übergehende Färbung. Alle diese Reaktionen sind von äußerster Empfindlichkeit und für das Metall charakteristisch.

Eine Reihe von Farbreaktionen der *Pt*-Metalle mit organischen Verbindungen behandelt S. C. OGBURN JUN. (Journ. chem. Education 5, 1731 [1928]).

Quantitativ scheidet man Osmium als Sulfid ab oder fällt es mit Quecksilber. Aus einer Osmiumtetroxydlösung wird durch Alkohol oder andere Reduktionsmittel Osmiumdioxyd gefällt, das im Wasserstoffstrom zu Metall reduzierbar ist. Aus Kaliumjodidlösung macht das Tetroxyd Jod frei, das man mit Thiosulfat titriert.

Palladium wird als Cyanür, Jodür, Sulfid, ferner durch Acetylen, Kohlenoxyd, Dimethylglyoxim, α-Nitroso-β-naphthol, Hydrazin oder elektrolytisch gefällt.

Rhodium und Ruthenium, die fast immer nur als Lösungen ihrer Sesquioxyde oder Chloride bei den Untersuchungen in Betracht kommen, werden rein chemisch oder elektrolytisch als Metall gefällt.

Hat man die 6 Platinmetalle nebst Gold und Quecksilber als Chloride in Lösung, so eignet sich zur ersten Orientierung, wenn auch nicht zur quantitativen Trennung, ein von F. MYLIUS und DIETZ (*B.* 31, 3187) angegebener Analysengang. Hat man Iridium, Ruthenium, Rhodium, Palladium, Platin, Eisen, Kupfer, Silber und Gold als Chloride in Lösung, so verfährt man zur Analyse nach Angaben von MYLIUS und MAZZUCCHELLI (*Ztschr. anorgan. Chem.* 89, 1).

Eine kritische Prüfung von 4 Methoden der Erzprobierung der *Pt*-Metalle durch Schmelzen und Abtreiben teilt H. R. ADAM (Journ. chem. metallurg. mining Society South-Africa 29, 106) mit.

Analyse von Platinerzen s. MYLIUS und FÖRSTER, *B.* 25, 665.

Ein weiterer Analysengang rührt von DEVILLE und DEBRAY (*Ann. Chim.* [3] 56, 439) her und ist von WUNDER und THÜRINGER (*Ztschr. analyt. Chem.* 52, 740) modifiziert worden.

Einen auf der Verflüchtigung des *Os* durch nitroses Gas und Verschmelzen des unlöslichen Rückstandes mit Wismutmetall beruhenden Trennungsgang der *Pt*-Metallgruppe beschreiben L. WÖHLER und L. METZ (*Ztschr. anorgan. allgem. Chem.* 149, 320 [1925]). Vgl. auch B. KARPOW, *Chem. Ztrlbl.* 1928, II, 2271.

Verwendung. Alle *Pt*-Metalle, mit Ausnahme von *Os*, sind Hydrogenisations- und Dehydrogenisations-Katalysatoren (ZELINSKY, *B.* 58, 1298).

Osmium war das erste Metall, das zur Fabrikation von elektrischen Metallfadenlampen benutzt (Bd. V, 787), von HABER als Katalysator für die synthetische Herstellung von Ammoniak (Bd. I, 371) und von K. A. HOFMANN für die Aktivierung von Chloratlösungen (Bd. VIII, 495) vorgeschlagen wurde. Vgl. ferner R. WILLSTÄTTER und E. SOMMERFELD, *B.* 46, 2952. Alle diese Vorschläge sind aber ohne technische Bedeutung geblieben. *Os* findet nur in Form von Legierungen eine beschränkte Verwendung. Legierungen mit 1—20% Platin werden zur Anfertigung wissenschaftlicher Geräte gebraucht (W. C. HERAEUS, G. M. B. H., *D. R. P.* 239 704). Eine Legierung von *Os-Ir* findet wegen ihrer großen Härte für Goldfederspitzen (W. C. HERAEUS, G. M. B. H., Hanau, *D. R. P.* 350 703) Verwendung (E. R. THEWS, Chem. Fabrik 1930, 52). Der härtende Einfluß des *Os* auf *Ir* ist etwa 2½ mal so groß wie der des *Ir* auf *Pt*. Nach dem *D. R. P.* 437 173 von HERAEUS soll eine Legierung von 40—60% *Ru*, 35—50% *Os*, 5—15% *Pt* für Federspitzen und Kompaßpinnen Verwendung finden.

Osmiumtetroxyd wird durch Fette zu schwarzem Dioxyd reduziert und deshalb zum mikroskopischen Nachweis von Fett gebraucht; es wird auch zum Härten mikroskopischer Präparate benutzt (O. SCHULTZE, *Chem. Ztrlbl.* 1911, I, 1376).

Der Osmiumpreis betrug für die Troy-Unze in den Vereinigten Staaten 1914: 44, 1915: 56, 1916: 67, 1917: 110 und 1929: 55—65 $ (*Chemische Ind.* 1930, 1104).

Palladium. Auf der Fähigkeit des Metalls, Wasserstoff zu absorbieren und zu aktivieren, beruht seine Verwendung für die Reduktion und Hydrierung organischer Verbindungen (s. Reduzieren); jedoch dürfte es für diesen Zweck nur für die Reduktion weniger Alkaloide Verwendung finden. Palladium ist einer der besten Katalysatoren, um die Vereinigung von Schwefeldioxyd mit Sauerstoff zu Schwefeltrioxyd herbeizuführen (L. WÖHLER, A. FOSS und E. PLÜDDEMANN, *B.* 39, 3538). Die hierfür benutzten Kontaktmassen aus Ton- und Schamotteringen sind meist mit 8—10% *Pd*-Metall imprägniert. *Pd*-Asbest, der bis zu 50% Metall enthält, wird technisch hergestellt und findet ebenso Verwendung als Kontaktmasse. Andere

Oxydationsprozesse, die durch Palladium beschleunigt werden, s. bei H.§WIELAND, *B.* 45, 484, 679; 46, 3327; vgl. C. PAAL, *B.* 49, 548. Die Hauptverwendung aber dürfte *Pd* in Legierungen finden. Vgl. F. A. SCHULZE, *Physikal. Ztschr.* 12, 1028; R. RUER, *Ztschr. anorgan. Chem.* 51, 315; W. GEITEL, ebenda 69, 68. Für die Spinndüsen in der Kunstseidefabrikation haben sich an Stelle der *Pt-Ir*-Düsen zu hunderttausenden solche aus *Au-Pd* oder aus *Pd-Au-Pt* (Palplator-Düsen) eingeführt. Palometall ist eine Legierung aus 70 % *Au* und 30 % *Pd*, aus der Tiegel für analytische Arbeiten hergestellt werden (*Chem. Ztrlbl.* 1925, I, 2581). Nichtrostende Uhrenteile enthalten 80 % *Au* und 20 % *Pd*. *Pd* findet ferner Verwendung für Zahnplomben. Da das *Pd* um fast 10 £/Unze (31,6 g) billiger als *Pt* ist, wird das *Pd* in dem Juweliergewerbe sehr viel an Stelle des *Pt* verwendet. Da es dasselbe Aussehen und fast dieselben mechanischen Eigenschaften wie das *Pt* hat, so erfüllt es in diesem Gewerbe fast denselben Zweck. Auch der mehr als die Hälfte des *spez. Gew.* vom *Pt* ausmachende Unterschied fällt für die Verwertung des *Pd* bei Bijouterien materiell erheblich ins Gewicht.

Die Preisspanne zwischen *Pd* und *Pt*, die im Kriege sehr geringfügig war, da *Pt* beschlagnahmt war, ist jetzt erheblich (*Chemische Ind.* 1927, 355). Palladium kostete Anfang 1928 56 $/Unze, sank in Jahresfrist bis auf 42 bis 44 $, um Ende 1929 höchst 50, niedrigst 31 und als Jahresdurchschnitt 39 $/Unze zu notieren (*Chem.-Ztg.* 1929, 293, und *Chemische Ind.* 1930, 1104). Der *Pd*-Verbrauch (*Chemische Ind.* 1928, 876) in den Vereinigten Staaten verteilte sich auf die einzelnen Verbrauchergruppen in den Jahren 1926 und 1927 wie folgt (*kg*):

	Juwellere	Dentisten	Elektrotechnik	Chemische Industrie	Diversa	Total
1926	241,6	344,1	109,1	6,6	67,8	769,2
1927	115,3	379,2	77,4	5,7	9,7	587,3

Palladiumchlorür dient als empfindlichstes Reagens auf Kohlenoxyd, durch das es zu schwarzem Metall reduziert wird (O. BRUNCK, *Ztschr. angew. Chem.* 25, 2479, sowie Bd. VI, 588).

Palladiumchlorür wird ferner gebraucht, um Metalle galvanisch mit einem Überzug von Palladium zu versehen (Bd. V, 505), namentlich versilberte Metallwaren. Der Überzug schützt das Silber vor Schwärzung durch Schwefelwasserstoff, ohne seine Schönheit zu beeinträchtigen.

Rhodium. Das Metall wird zu Tiegeln verarbeitet, die gegen Königswasser, Ätzkali, Kupfer, Zink, Zinkchlorid ebenso widerstandsfähig wie Irididiumtiegel, aber leichter und billiger sind (W. CROOKES, *Proceed. Roy. Soc. London* 80, 535), ferner zu Anoden (J. B. WESTHAVER, *Ztschr. physikal. Chem.* 51, 65). Als Kontaktsubstanz für die Ammoniakverbrennung haben sich Netze mit 10 % Rhodium (auf 90 % *Pt*) nach dem von den Firmen BAKER-DUPONT angemeldeten Verfahren bewährt. In dem Thermoelement von LE CHATELIER besteht der eine Draht aus Platin, der andere, positive Schenkeldraht aus einer Legierung von Platin und 10 % Rhodium, die erst bei 1830⁰ schmilzt (H. v. WARTENBERG, *Chem. Ztrlbl.* 1910, I, 1099; R. B. LOSMAN, ebenda 1910, II, 1110). Kolloidales Rhodium hat bactericide und therapeutische Eigenschaften (A. LANCIEN, *Compt. rend. Acad. Sciences* 153, 1088).

Rhodiumchlorid und -sulfat finden zur Herstellung keramischer Farben (Bd. IV, 837) geringfügige Verwendung.

Rhodiummetall kostete in den Vereinigten Staaten von Amerika Anfang 1929 40—55, zum Schluß 45—55 $ per Unze (*Chemische Ind.* 1930, 1104).

Ruthenium ist nebst seinen Verbindungen (Halogeniden, Oxyd, Kaliumruthenat) ein außerordentlich guter Sauerstoffüberträger. Auf Asbest niedergeschlagen, vermag es schon bei 120⁰ Methylalkohol im Luftstrom zu Formaldehyd zu oxydieren (*BASF, D. R. P.* 275 518). Bei 450⁰ und 80 *Atm.* Druck soll es den Stickstoff mit Wasserstoff zu Ammoniak vereinigen (*D. R. P.* 252 997) können. Jedoch trifft diese Angabe nicht zu, da die katalytische Wirkung nicht durch reines Ruthenium, sondern erst durch die Gegenwart gewisser Fremdkörper ausgelöst wird. *Pt-Ru*-Drähte (mit 8 % *Ru*) dienen mit Vorteil als Thermoelementdrähte zur Temperaturmessung über 1600 bis 2100⁰ (E. R. THEWS, *Chem. Fabrik* 1930, 52).

Eine ammoniakalische Rutheniumtrichloridlösung (Rutheniumrot) dient zur Unterscheidung natürlicher Faserstoffe und künstlicher Seiden. Die Lösung färbt Wolle und Seide nicht, rohe ungebleichte Baumwolle schwach rosa, Flachs, Ramie, Hanf und Jute stark rot, Nitrocellulose deutlich rot, Viscoseseide rosa, Kupferoxydammoniakseide fast gar nicht, Acetatseide ungleichmäßig, zum Teil gar nicht, zum Teil rosa (J. G. BELTZER, *Moniteur* [5] **1**, 633). In der Mikroskopie findet die Lösung zum Färben von Sehnen, Knorpeln, Glykogen u. s. w. Verwendung (M. HEIDENHEIM, Ztschr. f. wissensch. Mikrosk. **30**, 161; F. TOBLER, ebenda **23**, 182; *Chem. Ztrlbt.* **1913**, II, 2163; **1906**, II, 1020).

In den Vereinigten Staaten betrug der Preis für 1 Unze Rutheniummetall (1929) 42–55 $ (*Chemische Ind.* **1930**, 1104).

Literatur: L. DUPARC und M. TIKONOWITSCH, Le platine et les gîtes platinifères de l'oural et du monde. Genf 1920. – A. RÜDISÜLE, Nachweis, Bestimmung und Trennung der chemischen Elemente, Bd. IV. Bern 1916. – Ferner Literatur Platin, S. 494. *M. Speter (G. Cohn).*

Platinverbindungen. Von den zahlreichen Verbindungen des Platins haben nur wenige technische Bedeutung.

Platinchlorid, Platintetrachlorid, $PtCl_4$, krystallisiert in rotbraunen, unregelmäßigen, bis zu 360° beständigen Tafeln, die an der Luft erst 1, dann 5 *Mol.* Wasser aufnehmen und sich in Wasser leicht mit stark saurer Reaktion und unter Wärmeentwicklung lösen; sie sind auch in Aceton leicht löslich, unlöslich aber in Äther.

Man erhält das wasserfreie Chlorid durch Erhitzen von Platindraht im Chlorstrom oder besser aus Platinchloridchlorwasserstoffsäure (s. u.) durch Erhitzen (L. WÖHLER und F. MARTIN, *Ztschr. Elektrochem.* **15**, 770 [1909]), am besten im Chlorstrom bei 275–360° (A. ROSENHEIM und W. LÖWEN-STAMM, *Ztschr. anorgan. Chem.* **37**, 403 [1903]; L. PIGEON, *Ann. Chim.* [7] **2**, 441 [1894]).

Platinchloridchlorwasserstoffsäure, Chloroplatinsäure, $H_2PtCl_6 + 6H_2O$, ist, wie aus ihrem chemischen und elektrochemischen Verhalten hervorgeht, kein einfaches Additionsprodukt von Chlorwasserstoff und Platinchlorid, sondern eine komplexe Verbindung (P. KLASON, *B.* **28**, 1484 [1895]). Sie wird gewöhnlich kurz Platinchlorid genannt. Braunrote, sehr zerfließliche Prismen, sehr beständig, in Wasser mit tiefgelber Farbe und saurer Reaktion leicht löslich, auch in Alkohol und Äther löslich. Beim Erhitzen im Chlorstrom auf 350–370° gibt die Verbindung das rostbraune $PtCl_4$, bei 435° das schwarzgrüne $PtCl_3$ und bei 580° das braungrüne $PtCl_2$. Das *spez. Gew.* der wässerigen Lösung beträgt bei einem Gehalt von 1% $PtCl_4$ 1,004, bei 10% 1,097, 20% 1,214, 30% 1,362, 40% 1,546, 50% 1,785 (H. PRECHT, *Ztschr. analyt. Chem.* **18**, 512 [1878]). Silbernitrat fällt aus der Lösung das Silbersalz, Ag_2PtCl_6 (kein Chlorsilber!). Zink, Eisen und andere unedle Metalle fällen schwarzes, pulvriges Platin aus; Formaldehyd oder Hydrazin liefern in alkalischer Lösung zunächst braunes, kolloidales Metall. Beim Schmelzen der H_2PtCl_6 mit $NaNO_3$ bei 500° entsteht das in Königswasser, *konz. HNO_3* und *konz. HCl* unlösliche (in SO_2-haltiger *HBr* und *HCl* jedoch lösliche) $PtO_2 \cdot H_2O$, das Alkohole zu Aldehyden oxydiert, u. s. w. (R. ADAMS und R. L. SHRINER, *Journ. Amer. chem. Soc.* **45**, 2171, 3029).

Man stellt die Verbindung aus feinverteiltem Platin dar, indem man es in Königswasser löst. Die Flüssigkeit wird unter Einleiten von Chlor wiederholt mit Salzsäure abgedampft (J. B. TINGLE und A. TINGLE, *Journ. Chem. Ind.* **35**, 77; K. SEUBERT, *A.* **207**, 8 [1881]). Auch durch Behandlung von Platinschwamm mit Chlor und Salzsäure sowie aus Platinsalmiak durch längeres Erhitzen mit Königswasser und Abdampfen mit Salzsäure (FR. STOBLA, *Chem. Ztrlbt.* **1888**, 1024) sowie auf elektrochemischem Wege (H. C. P. WEBER, *Journ. Amer. chem. Soc.* **30**, 29 [2908]) erhält man die Platinchloridchlorwasserstoffsäure. Nach P. RUDNICK (*Journ. Amer. chem. Soc.* **43**, 2575) kann man aus *Pt* (wie es sich z. B. in den von der Bestimmung des *Pt* als K_2PtCl_6 anfallenden Rückständen befindet), das in *konz.* Wasserstoffsuperoxyd suspendiert ist, unter gleichzeitigem Durchleiten von *HCl*-Gas Platinchlorwasserstoffsäure gewinnen. Das Platinchlorid des Handels enthält häufig Eisenchlorid. Zur Reinigung muß man dann das Platin mit Salmiak unter Zusatz von Alkohol ausfällen, den Platinsalmiak in Metall überführen und dieses wieder, wie angegeben, in Lösung bringen (J. BROWN, *Ztschr. anorgan. Chem.* **47**, 315 [1905]).

Von den Salzen ist das Ammonsalz, gewöhnlich Platinsalmiak genannt, $(NH_4)_2PtCl_6$, das bekannteste. Gelbes krystallinisches Pulver; ein rötlicher Stich weist auf Anwesenheit von Palladium oder Rhodium hin; *D* 4,034–3,065. Löslich in 150 Tl. kaltem und 80 Tl. kochendem Wasser. 1 Tl. Substanz färbt noch 20 000 Tl. Wasser deutlich gelb. Von absolutem Alkohol erfordert 1 Tl. Salz 26 535 Tl. zur Lösung, von 76%igem 1406 Tl., von 55%igem 605 Tl. Unlöslich in Äther, kaum löslich in *konz.* Salmiaklösung. Krystallisiert aus heißer Salzsäure, Salpetersäure und Schwefelsäure unverändert aus. Zur Darstellung fällt man Platinchloridlösung mit Salmiak und wäscht den Niederschlag mit Wasser und Alkohol (s. auch E. H. ARCHIBALD, *Ztschr anorgan. Chem.* **60**, 180 [1919]; K. SEUBERT, *A.* 207, 11 [1881]) aus. Darstellung bei der Platingewinnung s. Platin, Bd. VIII, 487.

Das Kaliumsalz, K_2PtCl_6, durch Fällung des Platinchlorids mit Kaliumchlorid erhalten, ist ein gelbes Krystallpulver. D_{14}^{21} 3,499. 100 Tl. Wasser lösen bei 16° 0,672 Tl., bei 48° 1,745, bei 92° 4,484 Tl. (E. H. ARCHIBALD, W. G. WILCOX und B. G. BUCKLEY, *Journ. Amer. chem. Soc.* **30**, 750 [1908]), unlöslich in Äther, fast unlöslich in Alkohol.

Das Natriumsalz, $Na_2PtCl_6 + 6\,H_2O$, orange bis rosa gefärbte trikline Prismen, D 2,50, ist in kochendem Wasser fast in jedem Verhältnis löslich, auch in Alkohol leicht löslich, u. zw. in absolutem leichter als in 96 %igem, dagegen unlöslich in Äther.

Platinchlorid wird als Reagens auf Kalium, Ammonium, organische Basen und Eiweiß benutzt. In der Photographie verwendet man Platinchlorid zur Anfertigung sog. Platinotypien (Bd. VIII, 459); in der Galvanotechnik dient es gleich dem Platinsalmiak zur Verplatinierung (Bd. V, 505). Es wird zur Gewinnung von Platinmohr (Bd. VIII, 490) und hauptsächlich für Platinkontaktmasse gebraucht (Bd. VIII, 491). Asbest z. B. wird bei der Verwendung zur katalytischen Gewinnung von Schwefelsäureanhydrid je nach dem Zweck mit so viel Platinchlorid getränkt, daß 6—8 % *Pt*-Metall resultieren. Die Kontakt-Öfchen, in denen Benzin ohne Flamme verbrennt, die zur Warmhaltung von Autos u. s. w. dienen, haben Asbest-Platin mit 0,25—2½ % *Pt*. Über Katalysatorenniederschläge von Natriumchloroplatinat und von Platinchlorwasserstoffsäure in porösen Stoffen machen H. N. HOLMES und R. C. WILLIAMS (Colloid Symposium Monograph 6, 283 [1928]), über platinierte Kieselsäurerege H. N. HOLMES, J. RAMSAY und A. L. ELDER (*Ind. engin. Chem.* **21**, 850) Mitteilungen. Verwendung für Lösungsfarben auf Porzellan s. Bd. IV, 837.

Platincyanürcyanwasserstoffsäure, Cyanoplatosäure, $H_2Pt(CN)_4$, ist gleich der Chloroplatinsäure eine komplexe Verbindung. Ihr Kaliumsalz, $K_2Pt(CN)_4 + 3\,H_2O$, krystallisiert in Rhomben, die in durchfallendem und quer auf die Säulenachse treffenden Licht gelb, bei in der Richtung der Achse auffallendem Licht lebhaft blau erscheinen. Noch schöner zeigt sich dieser Pleochroismus bei dem Bariumsalz, $BaPt(CN)_4 + 4\,H_2O$. Es bildet tiefcitronengelbe, durchsichtige Krystalle, die auf der Prismenfläche violettblau schimmern, in der Achsenrichtung aber mit gelbgrüner Farbe durchsichtig sind. Die Verbindung existiert in 2 chemisch und krystallographisch identischen Modifikationen: α-Form, gelb, D 2,076; β-Form, grün, D 2,085 (L. A. LEVY, *Chem. Ztrlbl.* 1908, I, 1382), die sich leicht ineinander überführen lassen. Löslich in 33 Tl. kaltem Wasser, sehr leicht in kochendem. Zur Darstellung gibt man die berechnete Menge Bariumhydroxyd und Blausäure zu einer Lösung von Platinchloridchlorwasserstoffsäure, leitet unter Erwärmen Schwefeldioxyd ein, bis die Lösung farblos geworden ist, und dampft zur Krystallisation ein (P. BERGSÖE, *Ztschr. anorgan. Chem.* 19, 319 [1899]). Zweckmäßig ist auch die Gewinnung durch Elektrolyse einer Bariumcyanidlösung zwischen Platinelektroden mit Wechselstrom von 20 A und 5 V (A. BROCHET und J. PETIT, *Compt. rend. Acad. Sciences* 138, 1097 [1904]; *Bull. Soc. chim. France* [3] **31**, 741, 1265 [1904]). Das Salz wird, auf steifen Karton aufgetragen, benutzt, um Kanalstrahlen, Röntgenstrahlen und die α-Strahlen der radioaktiven Stoffe als gelbgrünes Fluorescenzlicht sichtbar zu machen (F. GIESEL, *B.* 36, 729 [1903]; s. auch *Chem. Ztrlbl.* 1912, II, 417). Durch ständige Einwirkung von Radiumstrahlen wird es zersetzt (G. T. BEILLY, *Proceed. Roy. Soc. London* 74, 506 [1905]). Darstellung von reinem Platin mittels des Salzes s. P. BERGSÖE, *Ztschr. anorgan. Chem.* 19, 318 [1899].

M. Speter *(G. Cohn).*

Plattieren s. Metallische Überzüge, Bd. VII, 514.

Plattierungsmetall, auch als Benediktnickel oder Blankonickel bezeichnet, ist eine Legierung aus etwa 80 % Kupfer und 20 % Nickel, von weißer Farbe, die durch einen Walzprozeß auf Flußeisen aufgebracht wird und so das plattierte Flußeisen ergibt.

E. H. Schulz.

Plexigum (RÖHM & HAAS, Darmstadt) besteht im wesentlichen aus polymerem Acrylsäureester. Glasklare feste elastische Masse, die sich auf das 10—12fache dehnen läßt, beständig gegen Temperaturen bis etwas über 100°, unlöslich in Wasser, Benzin, Alkohol, wird weder durch Licht noch sonstige Witterungseinflüssse verändert. Dient zur Herstellung von Lacken, Klebstoffen, Filmen und besonders als Zwichenschicht für splittersicheres Glas (Luglas).

Ullmann.

Pluto-Farbstoffe (*I. G.*) sind substantive Baumwollfarbstoffe.

Plutobraun GG und NB, 1899, R, 1898, werden direkt gefärbt oder auch mit Diazo-p-nitranilin gekuppelt und sind dann waschechter.

Plutoformschwarz BL, 1912, Trisazofarbstoff aus p,p'-Diaminodiphenylamin,

gekuppelt mit m-Aminophenylglycin und γ-Säure, dann abermals mit m-Aminophenylglycin gekuppelt; auch mit Formaldehyd nachzubehandeln und dann waschechter; mit Rongalit weiß ätzbar.

Plutoorange G gleich Dianilorange N, Bd. **III**, 652.

Plutoschwarz A, 1902, BS, 1899, und TG extra, 1903, und Plutowalkschwarz B,

1907, sind Trisazofarbstoffe
aus p,p'-Diaminodiphenyl-
amin, gekuppelt mit γ-Säure
und m - Phenylendiamin,
dann abermals mit γ-Säure
gekuppelt. Sie sind gut
säureecht, daher in der Halb-

wollfärberei zu verwenden zum Decken der Baumwolle in der Walke. Durch Nachbehandeln mit Formaldehyd werden sie waschechter.   *Ristenpart.*

Pneumarol (CHEM. FABRIK HELFENBERG, Helfenberg), Kapseln und Zäpfchen,
enthaltend Theobromin, Theophyllin, Coffein, Papaverin, Adrenalin, Uzaron, Bella-
donnaextrakt, Lobeliaextrakt, Digitalis, Strophantus, Antipyrin, Phenacetin, Barbitur-
säurederivate. Anwendung bei Asthma.

Pneumin (KRIPKE, SPEIER & CO., Berlin), Verbindung aus Kreosot und
Formaldehyd. Geschmackloses Pulver bei Tuberkulose und Erkrankung der Atmungsorgane.   *Dohrn.*

Podophyllin ist das Harz der Wurzel von Podophyllum peltatum, einer
nordamerikanischen Berberidee. Es wird ähnlich wie Jalapenharz durch Fällen eines
konz. alkoholischen Auszuges mit salzsäurehaltigem Wasser hergestellt. Ausbeute
2,5—4%.

Nach *D. A. B.* 6 bildet Podophyllin ein gelbes Pulver oder eine lockere, leicht zerreibliche amorphe Masse von gelblicher bis gelbbrauner Farbe. Bei 100° wird es langsam
dunkler, ohne zu schmelzen. Es ist in 100 Tl. 10%igem wässerigen Ammoniak und in 10 Tl.
90%igem Alkohol löslich, aber fast unlöslich in Wasser. Beim Schütteln mit Wasser entsteht ein
fast farbloses, neutral reagierendes, bitter schmeckendes Filtrat, das von Ferrichlorid braun, von
Bleiessig gelb gefärbt wird, in letzterem Falle schwach opalisiert und nach einigen Stunden braune
Flocken abscheidet.

Hauptbestandteil und Hauptträger der physiologischen Wirkung ist das Podophyllotoxin,
$C_{20}H_{15}O_6(OCH_3)_2 + 2 H_2O$ (*Schmelzp.* 94° nach KÜRSTEN), $C_{15}H_{14}O_6 + 2 H_2O$ (*Schmelzp.* 117° nach
DUNSTAN und HENRY), aber außer ihm bedingen auch andere Substanzen die Wirksamkeit. Es wird
dargestellt, indem man die Droge mit Chloroform extrahiert und das Extrakt mit Benzol auskocht.
Über die chemische Konstitution ist kaum etwas bekannt.

Zur Wertbestimmung vgl. WARREN, Journ. Assoc. official. agricult. Chemist **13**, 117 [1930]).
Ein gutes Bild vom Werte eines Podophyllins gibt die Bestimmung von Feuchtigkeit, Asche, alkohol-
unlöslichem Anteil und Gesamtharz; dagegen ist die Bestimmung des in Äther und in Chloroform
löslichen Anteiles von geringem Werte.

Podophyllin wirkt abführend, größte Einzelgabe 0,1 *g*, größte Tagesgabe 0,3 *g*.
Das Pulver reizt die Schleimhäute stark, so daß die Atemorgane beim Manipulieren
damit geschützt werden müssen.   *Herm. Emde.*

Polar-Farbstoffe (*Geigy*) sind 1912/14 von BERNH. RICHARD aufgefundene,
schwach saure Azofarbstoffe von vorzüglicher Lichtechtheit, sehr guter Schweiß-,
Wasser-, Wasch- und Walkechtheit für die Wollen- und Seidenechtfärberei. Die Echtheit
erreicht fast die der Beizenfarbstoffe, die erzielten Färbungen sind aber viel lebhafter.
Im Handel sind: Polarblau G *konz.*, 1929, Polargelb G, der nach *D. R. P.* 261 047

erhaltene Disazofarbstoff aus m-Tolidin, gekuppelt mit 1-Sulfophenylmethylpyrazolon,
2 G:

$C_7H_7 \cdot SO_2 \cdot O-$ 〈...〉$-N=N-C$ ... N 〈...〉$-SO_3Na$ ... OH ... $CH_3-C=N$

weiter gekuppelt mit Phenol und schließlich mit einem Arylsulfochlorid (z.B. p-Toluolsulfochlorid) verestert (*Fierz* 77). Die Marke 2 G ist p-Aminophenol-azo-sulfophenylmethylpyrazolon, verestert mit p-Toluolsulfochlorid (*D. R. P.* 270 831, 286 091). Die Marke 5 G ist ebenso zusammengesetzt; nur enthält sie statt des p-Sulfophenyl- das p-Chlor-m-sulfophenyl-pyrazolon. Die Marke R ist besonders ausgiebig.

Polargrau grünlich liefert eine vorzügliche Abendfarbe.

Polarorange GS, der mit p-Toluolsulfosäure veresterte Farbstoff m-Tolidin-1 → 2,6,8-Naphtholdisulfosäure 2 → Phenol; die Marke R ist mit p-Toluolsulfosäure verestertes (anstatt äthyliertes) Kongoorange G (Bd. VI, 734).

Polarrot B, 3 B (mit p-Toluolsulfochlorid verestertes, statt äthyliertes Diamin-

SO_3Na- 〈...〉 $OH\ OH$ 〈...〉$-N=N-$ 〈...〉 〈...〉$-N=N-$ 〈...〉$-O-SO_2 \cdot C_7H_7$ ... $-SO_3Na$ ... $CH_3\ \ CH_3$

scharlach 3 B). Die Marke G entsteht ebenso aus Diaminscharlach B (Bd. III, 649; *Fierz* 191).

Weitere Marken sind R, RS, GRS, die lebhaften Polarbrillantrot B und 3 B und Polarrotbraun V.

Polarisation heißt jede durch ein Geschehen erzeugte Kraft, die sich dem Geschehen entgegenstemmt, speziell die durch magnetische oder elektrische Vorgänge erzeugten magnetischen und elektrischen Gegenkräfte.

Galvanische Polarisation nennt man diejenigen chemischen Gegenkräfte, die sich dem Stromdurchgang durch einen Elektrolyten widersetzen, die also mit der Ladung, Entladung oder Umladung der Atome und Ionen zusammenhängen und durch die freie Energie solcher elektrolytischer Reaktionen bestimmt sind. Die beiden sich wie Plus und Minus gegenüberstehenden Kräfte „elektrolytische Lösungstension" und „Haftintensität der Ionen" müssen überwunden werden, wenn die oben genannten Ladungsänderungen durch von außen einwirkende elektrische Spannung erzwungen werden sollen, d. h. wenn elektrolytische Reaktionen eintreten sollen. Bei der Elektrolyse einer Lösung von *HCl* stemmt sich die positive Haftintensität des H^+-Ions der Entladung, d. i. Aufnahme eines Elektrons unter Atombildung, entgegen, umsomehr, je stärker die Elektrodenoberfläche schon mit Wasserstoff belegt ist, und umso stärker, je verdünnter die Lösung in bezug auf H^+-Ion ist. In analoger Weise wehrt sich das Cl^--Ion gegen die Abgabe seines Elektrons. Die obige Definition besagt, daß die Polarisation nicht größer sein kann, als die sie hervorrufende elektromotorische Kraft (EK); da ihre Ausbildung aber Zeit erfordert, kann sie kleiner sein. Die zu dieser Ausbildung nötige Strommenge heißt die Polarisationskapazität der Elektrode. Erst wenn die wirkende EK größer wird als die Summe der Potentiale der an beiden Elektroden entstehenden Produkte, tritt flotte Elektrolyse ein. Diese EK heißt Zersetzungsspannung; sie beträgt beispielsweise bei einer *HCl*-Lösung 1,36 *V*, bei $AgNO_3$ 0,8 *V*, bei den Lösungen, die H_2 und O_2 ergeben, 1,67 *V*. Erst oberhalb dieser Spannung gehorcht der Strom dem OHMschen Gesetz; er ist, wenn ε die Polarisation ist, $i \cdot w = \text{EK} - ε$. Außer durch die Änderung der Elektroden kann Polarisation auch durch Konzentrationsänderungen im Elektrolyten auftreten. Depolarisation heißen Vorgänge, die die Polarisation schwächen. Sie tritt z. B. ein, wenn die Elektrolysenprodukte von den Elektroden fortdiffundieren. Die Stromstärke, die nötig ist, die Polarisation trotzdem aufrecht zu erhalten, heißt Reststrom. Auch Stoffe, wie Oxydationsmittel an der Kathode oder Reduktionsmittel an der Anode, z. B. Ferri- bzw. Ferrosalze, überhaupt solche, die durch chemische Reaktion mit den Elektrolysenprodukten die Polarisation schwächen oder verhindern, nennt man Depolarisatoren. Unpolarisierende Elektroden nennt man solche, bei denen derartige Vorgänge ein Auftreten der Polarisation gänzlich verhindern. Bei lebhaftem Stromdurchgang oberhalb der Zersetzungsspannung ist die Polarisation stets höher als diese. Eine solche anomale Polarisation kann vorgetäuscht werden durch elektrische Widerstände, z. B. schlechtleitende Häute auf den Elektroden, oder durch langsamen Verlauf der Elektrodenvorgänge. Im ersten Falle spricht man von mechanischer Polarisation, im zweiten von chemischer. Bei Gasen könnte dies die Umwandlung von Atom zu Molekül, $2H \rightarrow H_2$, sein. In diesem Falle nennt man sie Überspannung, die je nach der Natur des Metalles der Elektrode und ihrer Oberflächenbeschaffenheit verschieden groß ist und mit der Stromdichte steigt. Bei der Abscheidung von Metallen auf der Kathode ist sie, besonders z. B. bei Eisenmetallen, unter Umständen sehr hoch, kleiner bei höherer Temperatur.　　　　　　　　　　*H. Danneel.*

Pollantin (SCHIMMEL & CO., Leipzig), Heufieberserum. *Dohrn.*

Polonium s. Radioaktivität.

Polychromin A (*Geigy*) ist der von GREEN 1887 entdeckte substantive Thiazolfarbstoff. Er entsteht durch

Erhitzen von 2 *Mol.* p-Toluidin mit 4–5 Atomen Schwefel auf 200–280⁰ und Sulfurieren der entstandenen Primulinbase (*D. R. P.* 47102 und 50525). Das schmutziggelbe Pulver löst sich in viel Wasser mit blauer Fluorescenz. Das direkt gefärbte Gelb auf Baumwolle ist wegen seiner Lichtunechtheit nicht verwendbar. Etwas lichtechter und vor allen Dingen waschecht sind die durch Diazotierung und Entwicklung auf der Faser hergestellten Farben. So erhält man mit β-Naphthol Rot, Resorcin Orange, Phenol Gelb, Äthyl-β-naphthylamin Bordeaux, R-Salz Marron, α-Naphtholsulfosäure NW Carmin und mit m-Phenylendiamin Braun. Die Diazoverbindung ist so lichtempfindlich, daß GREEN, CROSS und BEVAN sie zu einem photographischen Kopierverfahren benutzten (*D. R. P.* 56606). Mit Chlorkalk auf der Faser entwickelt, gibt sie ein wasch- und chlorechtes rötliches Gelb.

Polyphenyl-Farbstoffe (*Geigy*) sind substantive Baumwollfarbstoffe. Polyphenylblau G, 1900, ist gleich Chloraminblau 3 G, Bd. **III**, 276; -gelb R gleich Dianildirektgelb SE, Bd. **III**, 651; -grün BD, der von O. MÜLLER 1901 erfundene substantive Trisazofarbstoff. Nach *D. R. P.* 153557 wird Tetrazobenzidin zunächst sauer mit 1 *Mol.* H-Säure, dann alkalisch diese mit Diazobenzol und schließlich das Benzidin mit 1 *Mol.* Phenol gekuppelt. Graues Pulver; Polyphenylorange R gleich Chloraminorange G, Bd. **III**, 277; SP, ein Pyrazolfarbstoff; -schwarz FB, FF, säureechte Azofarbstoffe. *Ristenpart.*

Polyphlogin (HEYL & CO., Berlin), identisch mit Atophan (Bd. **I**, 760). *Dohrn.*

Polytexfarbstoffe (*Ciba*) sind Direktfarbstoffe, teilweise mit Säurefarbstoffen gemischt und so zusammengestellt, daß Baumwolle, Wolle und Seide in Mischgeweben in gleicher Farbe angefärbt werden.

Im Handel sind: Polytex-beige AF; -blau DS; -bordeaux DBF; -braun AFS, FB, 3 GH; -dunkelblau DS; -dunkelbraun TN; -gelb CHG, -grau BWS; -grün DGB, GG; -rot BF; -scharlach R; -schwarz LE; -violett DNH, RSF. *Ristenpart.*

Polyzime (DIAMALT A. G., München) enthält eiweißabbauende und fettspaltende Fermente sowie Ammoniumsalze und dient in der Gerberei (Bd. **V**, 623) zum „Beizen" der Häute, ähnlich wie Oropon (Bd. **VIII**, 216). *A. Hesse.*

Ponceau-Farbstoffe sind rote saure Azofarbstoffe aus einem diazotierten Amin und einer Naphtholsulfosäure. Sie wurden von BAUM 1878 entdeckt und von *M. L. B.* zuerst in den Handel gebracht. Sie sind durch eine große Anzahl von Marken vertreten: B extra (*I. G.*), BS (*Geigy*) = Biebricher Scharlach R extrafein, Bd. **II**, 303; G für Lack, GR II, 2 R (*I. G., Sandoz*), 2 RE (*Geigy*), gleich Brillantponceau G (Bd. **II**, 664); 3 R (*I. G.*) ist der Azofarbstoff aus Pseudocumidin und 2-Naphthol-

3,6-disulfosäure; 6R (*Ciba*) ist hauptsächlich Ausfuhrware wegen seiner glänzenden Krystalle; S für Seide (*Ciba*); Ponceau acide (*Sandoz*) ist gleich Echtsäureponceau, Bd. **IV**, 102. *Ristenpart.*

Ponndorfscher Impfstoff, ein Tuberkulinpräparat. *Dohrn.*

Poröse Metalle. Erhitzt man eine Legierung aus 2 Metallen, die im flüssigen Zustande vollständige gegenseitige Löslichkeit, im festen Zustande gegenseitige Unlöslichkeit zeigen (s. Legierungen, Bd. **VII**, 278), so schmilzt bei einer bestimmten Temperatur bekanntlich zunächst das Eutektikum, während die in diesem eingebetteten Krystalle aus dem einen oder andern Metall erst bei weiter steigender Temperatur sich in dem flüssigen Eutektikum auflösen. Diese Erscheinung benutzte HANNOVER (Ztrlbl. d. Hütten- und Walzwerke 1912, Nr. 19) zur Herstellung seiner sog. porösen Metalle, die er für verschiedene technische Verwendungen, insbesondere als poröses Blei für Akkumulatorenplatten, vorschlug. So erhitzte er z. B. Platten aus einer Legierung von Blei und Antimon mit überschießendem Bleigehalt auf eine Temperatur wenig oberhalb der eutektischen und entfernte das flüssig gewordene Eutektikum auf mechanischem Wege (durch Herauspressen mit Öl oder durch Zentrifugieren). Er erhielt so ein Skelett aus Bleikrystallen, das vollkommen porös, aber doch stabil war.   *E. H. Schulz.*

Portlandzement s. Mörtelstoffe, Bd. VII, 685.

Porzellan s. Tonwaren. **Porzellanfarben** s. Farben, keramische, Bd. IV, 815.

Pottasche s. Kaliindustrie, Bd. VI, 365.

Pottingchromschwarz (*Ciba*) sind sehr echte Beizenfarbstoffe für Wolle nach dem Nachchromungsverfahren oder auf Chromsud, nicht nach dem Chromatverfahren. Die Marken B, 3 B, B III, C, CL, PVN *konz.* und R gehören zur Gruppe des Eriochromschwarz A und T, Bd. IV, 615, und werden essigsauer gefärbt. Die etwas kalkempfindlichen B, 3 B und R eignen sich für die Stückfärberei; sie färben Baumwolleffekte nicht an. Die nicht kalkempfindlichen B III, C, Cl und PVN *konz.* werden hauptsächlich für lose Wolle und Kammzug gebraucht. Die Marken PV und PVB gehören zur Gruppe des Diamantschwarz PV, Bd. III, 645; sie färben besser gleich und können sogar schwefelsauer gefärbt werden. Weil sie aber weniger vollständig ausziehen, wird oft in zwei Bädern gefärbt.

Präcipitat ist die Bezeichnung sowohl für das als Düngemittel (s. d. Bd. IV, 56) benutzte Dicalciumphosphat als auch für gewisse Quecksilberverbindungen (s. d.).

Präpariersalz ist zinnsaures Natrium; s. Zinnverbindungen.

Praseodym s. Erden, seltene, Bd. IV, 449.

Preglsche Jodlösung, Pressojod (CHEMISCHE FABRIK Dr. J. WIERNIK & CO. A. G., Berlin-Waidmannslust), ist ein „wässeriges Lösungsgemenge von etwa 0,035—0,04 g freien Jods und verschiedenen Jodverbindungen". Anwendung zur Wundbehandlung, in der Zahnheilkunde in entsprechender Verdünnung. Die 10fach verstärkte Form ist Septojod, für intravenöse Injektionen im Sinne der sog. Reiztherapie.   *Dohrn.*

Preßhefe ist im Handel die Bezeichnung für die in besonderen Verfahren neben Alkohol fabrikmäßig aus verschiedenen stärke- oder zuckerhaltigen Rohstoffen gewonnene obergärige Hefe, die zur Lockerung von Backwaren dient und zur besseren Versendbarkeit und Erhöhung ihrer Haltbarkeit so weit von der ihr von der Gewinnung her anhaftenden Gärflüssigkeit befreit (abgepreßt) ist, daß eine etwa 75% Wasser enthaltende Ware verbleibt. Sie darf in Deutschland nur für sich, nicht vermischt mit Bierhefe und Stärkemehl, in den Verkehr gebracht werden.

Geschichtliches. Die eigentliche fabrikmäßige Gewinnung von Preßhefe beginnt etwa um die Mitte des vorigen Jahrhunderts. Gewiß wurde schon vorher in verschiedenen Betrieben Preßhefe, wenn auch lange Zeit nur in flüssiger Form, wie sie aus der Arbeit anfällt, erzeugt und in der nächsten Umgebung in den Handel gebracht. Jedoch liegen genauere Angaben über diese frühere Zeit hinsichtlich der Entwicklung der Preßhefenindustrie nicht vor. Jedenfalls hat sie sich aus der Getreidebrennerei, der Verarbeitung von Getreide auf Spiritus (Trinkbranntwein, Korn!), entwickelt, nachdem sich gezeigt hatte, daß die dabei während der Gärung sich oben ansammelnde Hefe zu Backzwecken viel besser geeignet war als die Bierhefe, die man vorher benutzt hatte. Das Bedürfnis nach einer zu Backzwecken besonders geeigneten Hefe scheint verschiedentlich, besonders wo man auf bessere Beschaffenheit des Gebäcks die Aufmerksamkeit lenkte, sehr fühlbar geworden zu sein. Dies erhellt aus verschiedenen Preisausschreiben, die um das Jahr 1839 und 1845, z. B. in Berlin und Wien, veröffentlicht wurden.

Etwa um 1800 taucht die Bezeichnung „Preßhefe" auf zugleich mit Nachrichten über ein holländisches Verfahren aus Schiedam. So geheimnisvoll diese noch waren, so scheint es doch, als ob wir darin die Anfänge des Verfahrens zu suchen hätten, wie es bis in neuester Zeit in Holland üblich war. Etwas später (1817) verlautet durch DONNDORF, es sei schon 1781 in Holland, ähnlich wie von Schiedam 1800 erwähnt, gearbeitet worden. Tatsächlich ergibt sich aus einer lokalhistorischen Studie „Der Brennereibetrieb in Schiedam", daß nicht nur um 1750 herum die Brauereien sich über den wachsenden Verbrauch an Brennereihefe beklagen und auch vom Staat den erbetenen Schutz erlangen, sondern auch, daß trotzdem (1785) der Verbrauch an Brennereihefe so zugenommen hatte, daß die Brauer selbst den Sieg der Brennereihefe voraussagten. Erst um 1800 herum treten auch in Deutschland Klagen aus Brauereikreisen auf, daß die Bierhefe immer schlechter zu verkaufen sei, was wohl auf Angebot besonderer Bäckereihefe zurückzuführen ist oder sein könnte.

Als erster Deutscher trat etwa 1810 TEBBENHOFF auf, der Sohn eines Branntweinbrenners, der, auf dem holländischen Verfahren fußend, weiterbaute und 1825 vermittels einer Hebelpresse es verstand, die flüssige Hefe in feste Versandform zu bringen. Er verwendete auch erstmalig urkundlich sog. Kühlschiffe, um die Maische auf Gärtemperatur zu bringen, und Schlempe an Stelle von Wasser bei der Hefebereitung.

GUTSMUTHS gab um diese Zeit in einer Schrift schon Mitteilungen über ein holländisches Verfahren. Darnach wird schon — ein großer Fortschritt — mit richtigeren Temperaturen gearbeitet: Abmaischtemperatur 50–52° R, Anstelltemperatur zur Gärung 20–22°. Es wird Schlempe verwendet, von der er aber schon weiß, daß man sie nicht öfter als 8–10mal hintereinander verwenden darf, wenn die Hefe nicht Schaden leiden soll. Die abgenommene Hefe tut er in kaltes Wasser, nähert sich also mit seiner Arbeitsweise schon sehr der des kommenden alten Verfahrens. Von Zeit zu Zeit nimmt er frische obergärige Bierhefe oder Branntweinhefe zum Anstellen seiner Gärungen, aus denen er inzwischen gärende Maische (Mutterhefe) als Aussaat für kommende Gärungen entnimmt (dies taten schon die niederländischen Brenner zwischen 1760 und 1780, da sie wegen des Bezugs fremder Hefe amtliche Schwierigkeiten zu überwinden hatten, obwohl die „fremde" Hefe nur aus anderen niederländischen Provinzen stammte!). Er verstand es auch schon, auf Löschpapier getrocknete Hefe sich als Aussaat für besondere Fälle bereitzuhalten.

Um 1830 herum gründet HELBING in Wandsbeck bei Hamburg das Unternehmen, das sich zu großer Blüte erheben sollte und heute zu den größten deutschen Hefefabriken zählt. Der Gründer soll seine Kenntnisse von Kopenhagen mitgebracht haben. Sein Sohn CHR. H. HELBING war es aber, der den Betrieb zum Großbetriebe machte. Um die gleiche Zeit entstanden in Hamburg noch andere derartige Unternehmen, die, wie PETERS, SOHST, sogar Hefe ausführten, u. zw. in ansehnlichen Mengen.

SCHWARZE verwirft um diese Zeit erstmals alle Zusätze, wie Pottasche, Salmiak, nimmt etwa 1% des verwendeten Rohstoffs als Stellhefe, stellt Ansprüche für gute Backhefe auf: gelblichweiße Farbe, geistigwürzigen Geruch und muscheligen Bruch.

In Österreich regte es sich auch zu dieser Zeit schon allerorten. 1822 verschickt BURKA, Groß-Engersdorf bei Wien, getrocknete Hefe in Paketen; 1823 bringt GIRZEK ein an das holländische erinnerndes Verfahren; 1845 stellt KARL FRIEDENTHAL, Brennereibesitzer in Preußisch-Schlesien und Pächter einer Brennerei in Rutzendorf im Marchfeld, eine Hefe her, die das Interesse der niederösterreichischen Gewerbevereine fand, wenn auch nicht ganz befriedigte. 1846 wird die Forderung nach größeren Mengen guter Backhefe immer lauter, da die Bierhefe fast ganz zur Arbeit mit Unterhefe übergegangen war. Ersatz findet ein Bäcker WIMMER laut einem Vortrag 1846 im Verein zur Förderung des Gewerbefleißes in einer Hefe, die er von DURSTHOFF, Dresden, gut, aber teuer bezog. Dieser ist der Gründer der heute noch blühenden Dresdener Kornspiritus- und Preßhefenfabrik von J. L. BRAMSCH, der sie 1840 von DURSTHOFF erworben und 1860 in Teplitz eine zweite bekannte Fabrik in Gang gebracht hat.

Oben genannter WIMMER beantragte ein Preisausschreiben, dessen ersten Preis AD. IGN. MAUTNER in Wien erhielt. Erst Kartoffelbrenner, dann Brauer, wandte er sich der Hefegewinnung zu, worin er bald Bedeutendes leistete. Er führte 1849 den Mais als Rohstoff ein statt des teuren Roggens und brachte mit Hilfe zweier Mitarbeiter, Gebrüder REININGHAUS, das Unternehmen bald zu guten Leistungen. JULIUS REININGHAUS, Chemiker, der zuvor in einigen chemischen Betrieben tätig gewesen war, hatte sich der Preßhefenfabrikation zugewendet und war bei MAUTNER eingetreten. Er versprach laut einem Tagebuch, das noch im Besitze der Familie ist, eine Mindestausbeute von 40 österreichischen ℔ befriedigender Hefe aus 346 ℔ Schrott und daneben 36 Maß Alkohol zu 80%. Dies bedeutete, auf kg und l umgerechnet, daß er aus 194 kg Rohstoff (Schrott) 22,4 kg = 11,56% Hefe und 40,74 l = 21,00% Alkohol erzielen wollte. Er erreichte diese Zahlen nicht nur, sondern überbot sie noch etwas und wurde von MAUTNER dann als Teilhaber aufgenommen. J. REININGHAUS hat auch die günstigsten Bedingungen für die Verzuckerung und die Säuerung der Ansatzhefe festgestellt. An der Verarbeitung von Mais gebührt ihm auch der Löwenanteil an dem darin liegenden Fortschritte. Er ist der eigentliche Begründer des zu Weltruhm gekommenen Wiener Verfahrens. Daß MAUTNER seine Fähigkeiten erkannte, ist sein großes Verdienst. Einer dieser REININGHAUS gründete später eine Fabrik in Graz. Nacheinander tauchen nun die Namen KUFFNER, SPRINGER auf, die in der Preßhefenindustrie mit MAUTNER bald eine führende Rolle spielen sollten. SPRINGER gründete bald darnach auch in Frankreich, Maison Alfort bei Paris, eine Fabrik, die zu einer der größten wurde.

Etwa 1850 lernte man das diastatisch wirksamere Grünmalz verarbeiten. 1870 erst traten statt der bedenklichen Kühlschiffe Kühler auf, die es gestatteten, die Maische rasch auf Gärungstemperatur zu bringen. 1867 schenkte DEHNE, Halle, der Industrie die Filterpresse, die nun die alte Hebelpresse rasch verdrängte. Zuerst wandten sie 1867 ALTHEN und MENDE, Halle, und 1869 HELBING, Wandsbeck bei Hamburg, an. Um diese Zeit entstanden nun weitere Betriebe, die es bald zu bedeutender Größe bringen sollten: WULF, Werl (Westfalen), und G. SINNER, Grünwinkel bei Karlsruhe in Baden, beide heute noch unter den führenden Betrieben der Preßhefenindustrie. Um die Zeit der Gründung dieser Fabriken kostete 1 Pfund Hefe 30—32 Kreuzer süddeutscher Währung = etwa 90—96 Pfennig Reichswährung bei einer Ausbeute an Hefe von 6—7% und an Spiritus von 24—25%. Man sieht, welchen Vorsprung REININGHAUS schon viel früher gehabt hatte.

Mit Anfang der Achtzigerjahre nun treten wir in die technisch und wissenschaftlich bedeutendste Periode der Preßhefenindustrie. MAERCKER, Halle, und sein Schüler DELBRÜCK mit HAYDUCK zusammen leisteten Arbeit von großem Wert. Jetzt erst begann das Mikroskop seine wichtige Rolle zu spielen. DURST fand Beziehungen zwischen dem mikroskopischen Bild der Zellen und der „Reife“ der Hefe im Ansatz: Zerfall der Sproßverbände und Vergärung des vorhandenen Zuckers auf die Hälfte. HAYDUCK studierte den Einfluß der Säuren auf die Tätigkeit und Vermehrung der Hefe; DELBRÜCK stellte die Milchsäurebildung und damit den Brennereibetrieb auf feste Grundlage. 1879 wollten MARQUARDT und 1881 UEKERMANN Hefe aus Würze durch Einblasen von Luft gewinnen; keines der beiden Verfahren, die das künftige Lufthefeverfahren bargen, kam technisch zur Geltung. Unterdessen hatte das Berliner Institut seine wichtigen Arbeiten über die Ernährungsbedingungen der Hefe und deren Eiweißbedarf veröffentlicht.

Hatte bis jetzt das alte Hefegewinnungsverfahren den Platz behauptet und war gerade im Begriff, hinsichtlich Ausbeute und Beschaffenheit des Erzeugnisses an Hand der Ergebnisse der gärungswissenschaftlichen Forschungen Fortschritte zu machen, da trat um 1880 herum ein neues Hefebereitungsverfahren auf, das sich zur Erhöhung der Hefenausbeute des Einblasens von Luft in die gärende Flüssigkeit bediente. Diese selbst, Würze genannt, war nach dem Vorbilde der Brauerei gewonnen durch Trennung der festen Bestandteile von der Flüssigkeit, durch „Läuterung“. Diese Würze wurde unmittelbar mit Hefe angestellt und während der Gärung belüftet. Nach neuesten Forschungen, die der frühere Generaldirektor der großen weltbekannten Preßhefefabrik Delft in Holland angestellt hatte und auf die Aussage eines noch lebenden Verwandten und Mitarbeiters des Erfinders stützen konnte, kommt als solcher nur der Däne EUSEBIUS BRUUN in Betracht. HOUMAN (nicht HOWMAN) hat das Verfahren bei BRUUN kennengelernt und unter seinem Namen weiterverbreitet. Dabei hatte er das Verdienst, sich von dem Vorbild der Brauerei freier gemacht und zuerst die wertvollen Malzkeime als Nährstoff und Läutermittel benutzt zu haben. BRUUN hat den wunderbaren Aufstieg seines Verfahrens nicht mehr erlebt, von dem der Verfasser dieser Zeilen eine authentische Niederschrift besaß, die aus den Jahren 1879/1880 stammt und von dem blinden, damals in Svendberg lebenden Erfinder BRUUN diktiert war, was sich bei Nachforschungen in Dänemark herausgestellt hat. Von Dänemark war durch BRUUN selbst das Verfahren nach England und Schweden und von da durch WITTLER nach Deutschland und den anderen Staaten gekommen. Bei seiner Einführung haben sich RIESE (Hamburg), FRANCKE, NYCANDER, GENGE SEN. sehr bewährt.

Doch mußte viel Lehrgeld bezahlt werden, bis das neue Verfahren befriedigende Ergebnisse zeitigte; erst von etwa 1895 an nahm es seinen Siegeslauf, bei dem es das alte Verfahren sehr ins Hintertreffen drängte, das fast nur noch der Gewinnung von Stellhefe für das neue Verfahren und von zu Trinkbranntwein geeignetem Rohspiritus diente.

Wurde die Ausbeutesteigerung durch das neue Verfahren — das alte brachte höchstens 14—15% Hefe bei 30—32% Alkohol — auf 20—22% Hefe bei 20% Alkohol schon als etwas Besonderes betrachtet, so wurden die Ausbeuten fast für unmöglich gehalten, die ein von BRAASCH (Neumünster) 1909 zum Patent angemeldetes Verfahren bringen sollte: 40% und darüber an Hefe bei allerdings stark verminderter Alkoholausbeute. BRAASCH erhielt kein Patent, hatte aber doch der Preßhefenerzeugung neue Wege gewiesen, auf denen tatsächlich ungeahnte Ausbeuten an guter Hefe zu erzielen waren.

Da kam der Weltkrieg und entzog der Preßhefenindustrie rasch die gewohnten Rohstoffe. Zuerst, als noch Zucker genug da war, galt es, Zucker (Rohzucker) mit Malzkeimen zu verarbeiten, was nach kurzer Zeit des Übergangs sehr gut ging. Als aber der Zucker auch knapp wurde und die Keime wegen mangelnder Malzbereitung ebenfalls seltener, außerdem auch für die Viehwirtschaft gefordert wurden, kam die Reihe an die Melasse, die den Rohzucker und das fehlende Getreide nebst Kartoffeln ersetzen mußte. Etwas Gerste wurde noch zugestanden, die aber den Stickstoffbedarf der wachsenden Hefe nicht decken konnte. So griff man zurück auf PASTEURS Entdeckung, daß Hefe imstande ist, sich aus anorganischem Stickstoff (Ammoniaksalzen) die nötigen Bausteine zu verschaffen für die Erzeugung ihrer Tochterzellen. Dies führte zu dem zuerst vielumstrittenen D. R. P. 310 580 von WOHL, das den Ersatz von organischem Stickstoff durch anorganischen, zumal in dem Gebiete 10—50%, unter Patentschutz stellte. Zu alldem kam das sog. Zulauf-Verfahren, das etwa gleichzeitig in Deutschland und Dänemark aufgefunden wurde, das heute die ganze Preßhefenindustrie beherrscht und die Ausbeuten an Hefe bis gegen 100% und teilweise darüber steigern ließ, natürlich unter Ausschaltung jeglicher Alkoholgewinnung. All das vollzog sich seit etwa 10 Jahren unter fast alleiniger Benutzung von Melasse als Rohstoff, die wohl bis auf weiteres das Feld behaupten wird.

Rohstoffe. Wie sich die Preßhefenindustrie aus der Getreidebrennerei entwickelt hat, so hat sie auch zunächst deren Rohstoffe übernommen. Gerste wurde als Malz (Darrmalz, später als Grünmalz) verwendet, daneben als wichtiger Eiweißträger Roggen. Hafer und Weizen fanden auch Verwendung, wo sie billig und leicht zu haben waren, also nur ausnahmsweise. Dagegen spielte Mais, nachdem ihn MAUTNER, Wien, in die Preßhefefabrikation eingeführt hatte, bis um 1914 eine große Rolle.

Kartoffeln waren, seitdem das Lüftungsverfahren im Gang ist, auch ein beliebter Rohstoff, da sie eine schöne triebkräftige Hefe geben, wenn sie auch, je nach der Art der Vorbereitung, beim Läutern Schwierigkeiten bereiten wegen der in ihnen enthaltenen schleimigen Pektinstoffe. Auch in Form des Trockenguts, als Trockenkartoffeln, wurden sie gelegentlich verarbeitet, wenn auch weniger gut und gern als frische Kartoffeln. Reis wurde im Ausland als Rohfrucht, wo er oft billig zu haben ist, gerne verwendet. Das gleiche gilt für Hirse, Dari, Manioka. Buchweizen spielte früher, da er noch mehr gebaut wurde, im alten Verfahren eine wichtige Rolle. Er ist stark eiweißhaltig und enthält unter seinen Eiweißstoffen solche, die die Hefe gut aufzunehmen vermag. Doch ist sein Verbrauch sehr zurückgegangen, da sein Anbau auch mehr oder weniger fallen gelassen wurde. Zuckerrüben wurden ebenfalls, teilweise auch die minder zuckerhaltigen Runkel- und Futterrüben, verarbeitet. Melasse, die vor dem Kriege wohl im Ausland reichlich auch auf Hefe, in Deutschland so gut wie nur auf Spiritus verarbeitet wurde, ist während des Krieges und nun auf lange Zeit wohl der ausschließliche Rohstoff geworden. Malzkeime wurden ursprünglich im Lüftungsverfahren als sog. Läuterstoff zugemaischt. Sie sollten die Treberschicht lockern, durch die das Abziehen der klaren Würze erfolgt. Bald erkannte man, daß ihnen eine ungleich wichtigere Rolle zukommt und daß sie sehr viele niedermolekulare Eiweißstoffe enthalten, die den Aminosäuren nahestehen und infolgedessen für die Hefe fast unmittelbar aufnahmefähig sind. Malzkeime fallen bei der Reinigung des gedarrten Malzes ab (Bd. II, 338). Sie enthalten im Durchschnitt:

Wasser 9,00%, Eiweißstoffe 23,60%, Fett 2,30%, Stickstofffreie Extraktstoffe 42,20%, Holzfaser 15,90%, Asche 7,00%.

Bemerkt sei noch, daß neuerdings die Ablauge der Sulfitzellstoffabrikation (Bd. I, 711; Bd. VI, 198) auch als Ausgangsstoff zur Erzeugung von Lufthefe verwendet wird.

Im nachstehenden sei bei den in Betracht kommenden Rohstoffen nur kurz dann etwas bemerkt, wenn für die Preßhefenindustrie andere Gesichtspunkte maßgebend sind.

I. Stärkemehlhaltige Rohstoffe. Sie kommen eigentlich nur noch für das alte Wiener Verfahren in Frage, soweit dieses selbst noch ausgeübt wird. Dann aber beschränkt es sich fast ganz auf Gerste (Malz), Roggen, Weizen und Hafer. Über ihre Zusammensetzung s. Äthylalkohol, Bd. I, 658 ff.

II. Zuckerhaltige Rohstoffe. Zu nennen sind Zuckerrüben. Melasse aus Rüben und aus Zuckerrohr. Über die Zusammensetzung s. Äthylalkohol (Bd. I, 661 ff.). Die Tatsache, daß die Melasse die Alleinherrschaft als Rohstoff sich verschafft hat, zwang zu weitergehender Kenntnis ihres Gehaltes an den wichtigen Bestandteilen, wie assimilierbarem Stickstoff und Phosphorsäure, in dem Maße, als zugleich der Bedarf der zu bildenden Hefe an Stickstoff fast ganz durch anorganischen gedeckt wurde. Man kann in der Durchschnittsmelasse mit einem Mindestgehalt von 0,4% assimilierbaren Stickstoffs rechnen. Meist liegt er aber höher, bei etwa 0,6%. Die Tatsache, daß man aus Melasse ohne irgend welche Zugabe von Nährstoffen bis zu 50% guter Hefe gewinnen kann, setzt sogar viel größeren Gehalt an assimilierbarem Stickstoff voraus! Den Phosphorsäuregehalt der Rübenmelassen übergeht man einfach, da er zu unbedeutend ist, um bei der Berechnung der übrigen Gaben berücksichtigt zu werden.

III. Chemische Stoffe. Schwefelsäure, Salzsäure, Superphosphat, Diammonphosphat, Ammonsulfat.

IV. Wasser. Auch für die Hefenfabrikation kann das unter Äthylalkohol (Bd. I, 665) Gesagte gelten. Möglichste Freiheit von Eisen und Kleinlebewesen ist daneben eine wichtige Voraussetzung. Außerdem sei hier bemerkt, daß der Wasserbedarf der Hefenfabriken, jetzt fast ausschließlich Lufthefefabriken, natürlich ungleich größer ist als der der Brennereien. Man arbeitet ja jetzt in stärkerer Verdünnung der Nährlösungen. Nichts macht sich gewöhnlich unliebsamer geltend, als ungenügende Versorgung mit Wasser, die dazu zwingt, die Arbeitsweise dieser anzupassen. Deshalb sollte bei Anlage von Hefenfabriken stets dafür gesorgt werden, daß Wasser von genügender Reinheit so reichlich zu Gebote steht, daß alle Teile des Betriebes unabhängig voneinander sind.

Als Mindestlieferung der Wasseranlage wäre etwa das 100fache der täglichen Rohstoffverarbeitung anzusehen. Wenn auch durch den Wegfall der Läuterung weniger Heißwasser gebraucht wird, so sollte davon doch zu Reinigungszwecken genügend zur Verfügung stehen. Wo noch Spiritus gewonnen wird, kann die entgeistete Würze zur Gewinnung von Heißwasser benutzt werden. Man beschaffe sich genügend große Behälter für Kalt- und Heißwasser. Kondenswasser ist dem Kessel zuzuführen, für den ja Heißwasser bestimmt ist, das je nach Art des Wassers einer Reinigung zu unterziehen ist. Je nachdem das Betriebswasser Mangel an wichtigen Stoffen für die Hefebildung hat (Kalk, Magnesium u. s. w.), ist dieser durch Zugabe von Ersatzmengen bei der Fabrikation auszugleichen.

V. Schlempe. Unter dieser Bezeichnung versteht man die entgeistete, vergorene Maische des alten Verfahrens oder überhaupt die den Destillierapparat verlassende, vom Alkohol befreite Flüssigkeit. Sie ist kein Rohstoff im landläufigen Sinne des Wortes, dient aber im alten Verfahren zur

Bereitung der Hauptmaische, in der sie fast ganz oder teilweise das Frischwasser ersetzt. Die Schlempe enthält alle Stoffe, die sich der Gärung entzogen haben, also vor a. ler: das nicht assimilierte Eiweiß, die Fette und die Mineralbestandteile aus den verarbeiteten Rohstoffen neben geringen Mengen Kohlenhydraten, die sich der Verzuckerung entzogen haben oder – wie die Pentosen – von der Hefe nicht aufgenommen werden können.

Man erkannte früh den Nährwert der Schlempe, deren Rückstände ja noch einen großen Futterwert besitzen, zumal für die Milchwirtschaft.

Daß in ihr noch vergärbare Kohlenhydrate vorhanden sind, erklärt sich daraus, daß der Vorbereitungs- und Verzuckerungsvorgang nicht restlos verlaufen. Durch die Verwendung der Schlempe an Stelle von Wasser werden diese Verluste weitgehend vermieden.

Nun kann man wohl die Schlempe, wie sie den Apparat verläßt, verwenden, aber nicht mit vollem Erfolge. Nach kurzer Zeit, nach wenigen Tagen, leidet die Gärung, die zuerst unter ihrem Einfluß sich hob. Außerdem klärt sich die Schlempe nicht gut; man würde also mit ihr stets wieder Ballast den Maischen zuführen. Deshalb unterzieht man sie einer Kochung unter Druck, der nicht über 2 *Atm.* zu gehen braucht, nach der sie sich leicht und völlig klärt. Aber diese Kochung bringt viel weiter gehende Vorteile. Sie schließt mit Hilfe der von der Vorarbeit stammenden Säure die noch vorhandenen Kohlenhydrate restlos auf, macht sie also der Diastase und der Hefe unmittelbar zugänglich. Eine ähnliche Beeinflussung erfahren die Eiweißstoffe, die dabei in niedermolekulare stickstoffhaltige Verbindungen zerfallen, die die Hefe leicht aufnimmt. Die so gewonnenen Kohlenhydrate kommen der Bildung von Alkohol, die Eiweißstoffe der von Hefe zugute.

1 *l* Schlempe enthält im Mittel (nach vielen Untersuchungen) etwa: Eiweiß 7,0 *g*, Zucker 4,0 *g*, Dextrin 10,0 *g*, Mineralstoffe 2,4 *g*, stickstofffreie Stoffe 12,8 *g*, unlösliche Stoffe 27,0 *g*.

Von den 7,0 *g* Eiweiß allerdings wird nicht alles in Form leicht aufnehmbarer Körper gewonnen; doch gehen etwa 60–70% davon in Lösung.

Wird die erhitzte Schlempe einige Stunden in hohen geschlossenen Holzbottichen stehen gelassen, so setzt sich alles Unlösliche gut ab und erlaubt das Abziehen der klaren Schlempe, während der Rest der Verwendung als Viehfutter oder – zu Zeiten, wo dies erschwert ist – den Trockenapparaten zugeführt wird, die ihn in eine lagerfeste Form, Trockenschlempe, überführen. In dieser kann sie bis zu günstiger Verwendung längere Zeit gut gelagert werden. Die Schlempe ist ein Spiegelbild der vorhergegangenen Arbeit. Ihre günstige Wirkung wird gesteigert oder vermindert durch besonders gute oder mangelhafte Arbeit in den vorhergegangenen Stufen der Fabrikation und steht insbesondere in Beziehung zu der Reinheit der Milchsäurebildung in den Ansätzen (Hefemaischen). So erklärt sich, daß manche Betriebe die Arbeit mit Schlempe nie so recht ausnutzen konnten, sondern sich mit kleinen Mengen bei dem Ersatz des Wassers durch sie begnügen mußten, die dann weniger die Ausbeuten als die Triebkraft der Hefe beeinflußten. Je nach der Art der verwendeten Rohstoffe verträgt auch die Schlempe mehr oder minder hohe Drucke beim Kochen. Je eiweißreicher die Rohstoffe sind, desto mehr kann sich der Kochungsdruck 2 *Atm.* nähern.

Die Gärung, ihre Helfer und Feinde. I. Die Hefenpilze.
Die Hefengewinnung beruht wie die Spirituserzeugung auf dem Vorgang der Gärung (Bd. V, 519), sucht aber dabei die tätige Hefe zur Vermehrung, zur Bildung von neuen Zellen auf Kosten der von Alkohol anzuregen.

Neueste Verfahren verstehen es, die Hefe den sich bildenden Alkohol sozusagen in statu nascendi als Kohlenstoffquelle benutzen zu lassen.

In der Preßhefeerzeugung sucht man also nicht so sehr die Hefe hinsichtlich ihrer Bildung von Alkohol aus Zucker zu beeinflussen, sondern hinsichtlich ihrer eigenen Vermehrung. Man versucht daher, die Gärhefe in eine Wuchshefe umzuwandeln. Zu gesteigertem Wachstum, zu einer großzügigen Neubildung von Zellen, bedarf die Hefe jedoch auch der nötigen Bausteine für die Zelleiber der neu zu bildenden Zellen, deren Hauptbestandteil das Protoplasma ist, ihr Zellinhalt. Dieser besteht zur Hälfte etwa aus eiweißartigen Stoffen, bedarf also zu seiner Entstehung neben dem Zucker noch solcher Stoffe, die Stickstoff enthalten. Preßhefemaischen sind also nicht nur dünner, mit geringem Extrakt- (Zucker-) Gehalt zu wählen, sondern auch mit möglichst viel Eiweiß auszustatten, das für die Hefe zugänglich ist.

Über die Gärung und ihre Erreger, die Hefepilze, finden sich nähere Darlegungen unter Gärung (Bd. V, 519), unter Mykologie, technische (Bd. VII, 751) und unter Bier (Bd. II, 357 ff.). Nur handelt es sich in unserem Falle um eine obergärige Hefe, eine Kulturhefe, wie die in der Brauerei fast ausschließlich tätige untergärige Hefe.

Die Bedingungen, unter denen die Hefe neben der Bildung von Alkohol auch die eigene Vermehrung weitergehend vollziehen kann, wurden natürlich, langsam wie die Wissenschaft in die Gärungsindustrie eindrang, zuerst erfahrungsgemäß festgestellt. So kam es auch, daß die Gewinnung von Preßhefe erst von dem Zeitpunkt an erfolgreich durchgeführt werden konnte, da die Lebensbedingungen der Hefe genauer erforscht und erkannt waren. Zuerst allerdings hatte die Brauerei Nutzen davon, die HANSEN 1883 auf sicherere Grundlagen stellte. MAERCKER, DELBRÜCK und ihre Mitarbeiter und Schüler verstanden es, diesen Fortschritt auf das Gebiet der Brennerei- und damit auch der Preßhefenindustrie zu übertragen. Gleichzeitig war es das von DELBRÜCK eingeführte und aufgestellte System der natürlichen Reinzucht, das neben der von HANSEN gelehrten künstlichen Reinzucht (Bier, Bd. II, 357 ff.) der Gärungsführung in Brennerei- und Preßhefenindustrie glatte Bahn schuf. Die genaue Kenntnis über die Hefenzelle und ihre Erfordernisse zu erfolgreicher Arbeit führte dann in stetem Fortschritt dazu, von der Hefe ungeahnte Leistungen zu erringen. Die Brennerei lernte Ausbeuten an Alkohol erzielen, die sich der theoretischen sehr näherten. Die Preßhefenindustrie trieb die Leistungen ihrer Betriebe auch langsam, aber stetig höher.

II. Die Helfer. Die Hefe braucht bestimmte bedingende Verhältnisse, wenn sie wunschgemäße Arbeit leisten soll. Sie hat zu viele Feinde, als daß sie sich ihrer allein erwehren könnte, zumal viele von ihnen ähnliche günstige Lebensbedingungen verlangen wie sie selbst. Die Forschung lehrte uns aber die günstige Wirkung von Säuren auf die Hefentätigkeit, die nicht so sehr in einer Anregung des enzymatischen Vermögens beruht als in einer Schädigung der Feinde der Hefe. Neben Schwefelsäure und Salzsäure ist es die Milchsäure (Bd. VII, 583), von der die Hefe große Gaben ohne besondere Anpassung erträgt, die ihre Feinde lähmen. Ihre Gewinnung erfolgt im Betriebe durch Züchtung des Kulturmilchsäurebacillus (Bacillus Delbrücki) und ist bei Aussaat von guten Kulturen und bei Einhaltung der Temperaturen ziemlich gesichert. Dieser Bacillus bedarf zur Bildung dieses seines Stoffwechselerzeugnisses besonders des Zuckers, aber auch des Eiweißes. Es scheint, als ob sie dabei das hochmolekulare Eiweiß in Formen spalten kann, die für die Hefe leicht zugänglich sind. Die Milchsäure wäre demnach nicht nur ein angenehmes Reizmittel für die Hefentätigkeit und ein kräftiger Schutz gegen die Feinde der Hefe, sondern auch ein mittelbarer Förderer des Eiweißabbaues und damit der Zellbildung. Jedoch könnte man sie auch mit Erfolg durch Schwefelsäure ersetzen, sowohl im alten Wiener, wie auch im Lufthefeverfahren. Die Milchsäure ist in diesem so gut wie ausgeschaltet und völlig durch Mineralsäure ersetzt.

III. Die Feinde. Zu den Gegnern der Hefe zählen vor allem die Säureerreger, die ihr unangenehme Stoffe, Säuren, bilden. Dazu gehören die sog. wilden Milchsäurebakterien, die Essigsäurebilder und die Bakterien, die Buttersäure als Stoffwechselerzeugnis liefern (s. Mykologie, technische, Bd. VII. 751). Von Belang sind eigentlich nur die wilden Milchsäurebakterien, die meistens die gleichen Lebensbedingungen haben wie der Kulturmilchsäurebacillus, aber neben Milchsäure auch Essigsäure bilden. Essigsäure und Buttersäure dürfen heute in einem Betrieb nicht mehr aufkommen, weshalb sie hier übergangen werden können.

Unter den wilden Milchsäurebacillen ist es besonders der von HENNEBERG gefundene und erforschte Flockenmilchsäurebacillus. Er tritt meist gänzlich unerwartet auf, häufig am Schluß der Gärung und bewirkt ein Aneinanderkleben der Zellen, die sich infolgedessen zu größeren Klümpchen zusammenballen und rasch setzen. Diese „Flockung" der Hefe bringt viele Unannehmlichkeiten mit sich, besonders die, daß sich die Hefe nicht trocken pressen läßt und an ihrer Haltbarkeit sehr leidet. Der Flockenmilchsäurebacillus tritt auch bei der Verarbeitung von Melasse auf. Möglicherweise ist er schon in ihr unter ihrem sonstigen Riesenbestand an Kleinlebewesen enthalten. Jedenfalls tritt dieser Schädling aber stets nur dann auf, wenn in der sonst richtigen Arbeit eine Lücke entstanden ist, und besonders, wenn die Milchsäureaussaat unrein, also auch die Säurebildung mangelhaft war. Da der Flockenmilchsäurebacillus nach HENNEBERG, was auch mit der Erfahrung übereinstimmt, in bereits rein gesäuerten Maischen nicht gedeiht, so ist seine Entwicklung eigentlich nur möglich, wenn die gewollte Säuerung zu spät oder gar nicht einsetzt. Doch tritt die Flockung auch gelegentlich bei reiner Schwefelsäure-Arbeit ein. Ist er aber einmal in der Gärung am Werk, dann helfen auch selbst größere Schwefelsäuregaben nichts mehr, wenigstens nicht solche, die die Hefe ohne Schädigung ihrer Haltbarkeit ertragen könnte.

Im mikroskopischen Präparat lösen sich auf Zusatz von etwas Natronlauge die zusammengeklebten Hefezellen voneinander. Es dürfte also der schädliche Tätigkeit dieser Erreger wohl darin liegen, daß sie als Stoffwechselerzeugnis diesen klebrigen Stoff ausscheiden, der die Zellen zusammenhält. Doch ist nicht ausgeschlossen, daß es sich um eine Störung des Eiweißabbaues handelt, bei der der Flockenmilchsäurebacillus beteiligt ist, um eine Störung, bei der ein großer Teil des vorhandenen Eiweißes nicht so weit abgebaut wird, daß seine Spaltungskörper die Zellwand durchdringen können, sondern sich vor ihr ansammeln und die Flockenmilchsäurebacillen festhalten. Sicher sind sie die größten Schädlinge bei der Säuerung und nachfolgenden Gärung, nach denen scharf gefahndet werden muß.

Es sei bei dieser Gelegenheit darauf aufmerksam gemacht, daß es eine Art obergäriger „Flockhefe" gibt, die meist aus englischen Fabriken stammt und die Eigentümlichkeit besitzt, in gesundem Zustande sich zusammenzuballen und fast nach Art der untergärigen Bierhefe rasch abzusetzen. Diese flockige Art Preßhefe wurde da und dort in Lufthefefabriken als Aussaathefe benutzt, besonders weil die Arbeit damit die Benutzung der Hefenseparatoren unnötig macht. Da sich diese Hefen leicht und rasch absetzen, lassen sie sich auch gut waschen, wenn dies nötig sein sollte. Diese flockigen Preßhefen verhalten sich gegen den Säuregrad der Würzen gewöhnlich insofern anders als die üblichen staubigen Hefen, als sie bei höheren Säuregraden ihre Flockigkeit mehr oder minder und damit ihre guten Eigenschaften einbüßen. Sie pressen sich dann schlechter und sind dann auch weniger haltbar. Die Flockigkeit bringt es aber mit sich, daß bei der Lüftung der gärenden Würzen größere Luftmengen nötig sind, um darin bei den riesigen Verdünnungen der Nährstoffe die tätige Hefe gleichmäßig verteilt zu erhalten. Die Flockigkeit dieser Art Preßhefe, die mit dem weiter oben erwähnten Flockenmilchsäurebacillus gar nichts zu tun hat, beruht wohl auf einem besonderen Zustande der Zellwand, der das Zusammenkleben der einzelnen Zellen begünstigt. Bei entsprechender Arbeit sind bei diesen „gesunden" Flockhefen Preßbarkeit, Haltbarkeit und die übrigen Eigenschaften gleich gut wie bei den staubigen Preßhefen. Die Arbeit mit solcher Flockhefe ist aber so gut wie ganz aufgegeben.

Gewinnung und Verarbeitung von Preßhefe.

Im folgenden sei das früher allgemein gebräuchliche Wiener Verfahren (Abschöpfverfahren) und das neue Lufthefeverfahren (Lüftungsverfahren) behandelt.

I. Das alte Wiener oder Abschöpfverfahren.

Dieses die Hefenindustrie zuerst beherrschende Verfahren ist schon seit längerer Zeit fast ganz verlassen und eigentlich nur noch in solchen Betrieben zu finden, die in erster Reihe einen guten Branntwein und daneben noch etwas Hefe gewinnen wollen. Hierin liegt eben die Eingrenzung der Ausübung dieser Methode, die aber an sich noch interessant genug und wertvoll genug ist, um besprochen zu werden.

Ganz große Betriebe der Lufthefe-Industrie haben teilweise noch ihre Abteilung dieses Verfahrens, in der Hauptsache wohl als Stellhefe-Lieferant.

Eine Anlage nach dieser Arbeitsweise ist schematisch in Abb. 153 wiedergegeben.

In dieser kommt der obergärige Charakter der Hefe deutlich zum Ausdruck: sie sammelt sich auf der gärenden Maische als Schaumdecke an, die abgenommen und nach ihrer Trennung von Treber- und Maischeteilchen gewaschen und gepreßt wird.

Die Arbeit zerfällt in folgende Stufen: *a)* Bereitung der Vormaische (süßen Maische); *b)* Bereitung des Hefenguts (Ansatz, Satzmaische); *c)* Bereitung der Schlempe; *d)* Bereitung der Hauptmaische; *e)* Abnahme des Hefenschaums; *f)* Reinigung des Hefenschaums; *g)* Pressen der gewaschenen Hefe; *h)* Aufbereitung der gepreßten Hefe.

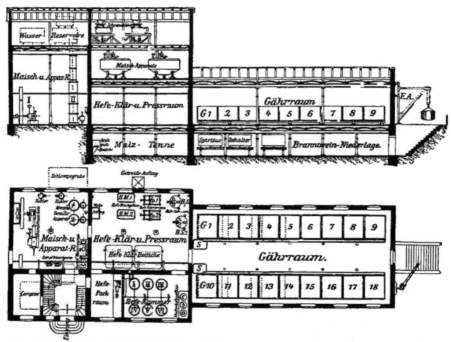

Abb. 153. Hefefabrik nach dem alten Wiener Verfahren der Maschinenbau A.-G. Golzern-Grimma, Grimma.
G 1—18 Gärbottiche; *F. A.* Faßaufzug; *S* Sammelgefäß.

a) Bereitung der Vor- oder Süßmaische. Die Art der Gewinnung der Hefe bei diesem Verfahren bringt es mit sich, daß der Wahl der Rohstoffe Grenzen gezogen sind. Da der Spiritus den weitaus größten Teil der Ausbeute beansprucht (30—32% gegen 12—15% Hefe) und gut verwertet werden muß, um nutzbringend arbeiten zu können, so muß auch die Wahl der Rohstoffe mit Rücksicht auf Güte des Alkohols vorgenommen werden. So kommen auch, soweit dieses Verfahren noch ausgeübt wird, als hauptsächliche Rohstoffe in Betracht: Gerste als Grünmalz (Bd. I, 668) oder Darrmalz (Bd. I, 671); Roggen (Hafer, Weizen) und Mais in Gaben, die 30% der Rohstoffmenge nicht übersteigen (Hirse, Dari und ähnliche Früchte).

Darrmalz wird gern verwendet wegen der besseren Beschaffenheit des dann gewonnenen Rohspiritus. In diesem Falle wird es wie für die Brauerei oder Brennerei in geeigneten Mahlvorrichtungen »geschroten«, d. h. nicht ganz fein gemahlen, sondern nur so weit zerkleinert, daß der Mehlkörper wohl fein und möglichst für sich vorliegt, die Schalen aber nur zerschlissen sind (Bd. I, 672, Abb. 207). Wird Gerste als Grünmalz verarbeitet, dann ist dieses unter Beigabe von Wasser zu einem feinen Brei zu vermahlen, damit die Schalen (Hülsen) mit den Wurzelkeimen nicht eine allzu dicke Decke bilden können, wenn sie durch das aufstrebende Kohlendioxyd mit nach oben getragen werden und sich dort so dicht ansammeln, daß sie die gärende Maische nicht durchbrechen kann.

Roggen wird wie Darrmalz geschroten, u. zw. ziemlich fein, da seine Schale ohnehin sehr dünn ist und für die Deckenbildung wenig in Betracht kommt.

Hafer und Weizen kommen eigentlich nur in den Anbaugebieten und bei reichlicher Ernte in Betracht, werden aber dann entweder gemälzt wie Grünmalz oder meistens als Rohfrucht wie Roggen vorbereitet und verarbeitet. Mais ist seit seiner Einführung durch REININGHAUS-MAUTNER ein beliebter Zusatzrohstoff geworden. Wohl hat man auch versucht, ihn grob geschroten unter Hochdruck zu dämpfen, darf dann aber nicht über 2,5 Atm. Druck gehen, wenn die Qualität des Branntweins nicht leiden soll. Meistens verwendet man ihn fein gemahlen, was etwas mehr Apparate und Kraft beansprucht als das Mahlen von Darrmalz und Roggen. Der Mais hat eine harte Schale und wird deshalb zuerst über sog. „Vorbrecher" geleitet und von diesen in vorzerkleinertem Zustande zu den Walzenstühlen oder Steinen, die aus ihm Feingut machen sollen.

Da aber im alten Verfahren fast ausschließlich Malz, Roggen und Mais verarbeitet werden, u. zw. am besten im Verhältnis 35 : 35 : 30, sei das Weitere unter diesem Gesichtspunkt behandelt.

Der gebräuchliche Vormaischer findet sich abgebildet in Bd. I, 681, 682 und 683. Er erfüllt auch für größere Betriebe bei entsprechender Ausführung bestens seinen Zweck.

In den Vormaischer bringt man zuerst das nötige Maischwasser und läßt darnach bei laufendem Rührwerk den vorher zubereiteten Mais einlaufen. Man kann ihn auch statt in einem besonderen Kochgefäß, das mit Rührwerk versehen ist, in dem Vormaischer selbst einteigen, u. zw. mit dem 3½—4fachen seines Gewichts an Wasser. Zweckmäßigerweise kann man dabei etwas mit Schwefelsäure ansäuern, wodurch der aufgequellte Mais etwas dünnflüssiger wird, während kleine Malzzusätze nur zur Wirkung kommen können, wenn beim Maiskochen die Temperaturgrade von 55—75⁰ langsam überschritten werden. Mit Dampf bringt man die Masse auf Siedetemperatur und läßt dann wenigstens ¼—½ʰ, besser länger, stehen, damit der Maisschrot sich besser aufschließt. Darnach läßt man zu dem im Vormaischer eingeteigten Maisschrot, bei gut gehendem Rührwerk, wieder die gleiche Menge Wasser, wie zu seiner Aufschließung verwendet wurde, einlaufen und gibt, wenn die Mischtemperatur etwa 75⁰ beträgt, eine kleine Menge Malz zu, die in diesem Fall nur verflüssigend wirken kann. Wird die Vorbereitung des Maises in einem besonderen Gefäß vorgenommen, dann läßt man den aufgeschlossenen Mais in den Vormaischer bei gehendem Rührwerk einlaufen, nachdem man vorher in diesen die nötige Wassermenge hineingetan hat, zugleich mit einer kleinen Menge Malz, etwa ¹/₁₅ der gesamten verwendeten Malzmenge. Diese kleine Malzgabe vermag mit ihrem Diastasegehalt (s. Fermente, Bd. V, 167, Äthylalkohol, Bd. I, 663) in dem Maße, wie die Temperatur der Mischung steigt, auf den verkleisterten Mais einzuwirken und dessen Stärke weitgehend zu verflüssigen. Nun wird die Masse auf 55⁰ abgekühlt, worauf man das übrige Getreide als Schrot (Malzschrot, Roggenschrot) abwechselnd zugibt. Hierauf läßt man die Masse etwa ½ʰ gut in Bewegung (gut „maischen"), wobei enzymatische Vorgänge ausgelöst werden. Die Malzpeptase tritt bei dieser Temperatur in Tätigkeit, und die Diastase geht in Lösung.

Wird statt Darrmalz Grünmalz verwendet, so wird dieses, wie weiter oben erwähnt, durch die Bd. I, 672, erwähnten Maschinen unter Zulauf von Wasser fein zerrieben und als „Malzmilch" zugesetzt. Der aufgeschlossene Mais wird durch eine kleine Wassergabe auf etwa 80—85⁰ gebracht, worauf man die Malzmilch zugibt; oder man pumpt die Malzmilch zuerst in den Vormaischer und läßt dann den gekochten Mais langsam zulaufen, so daß die Temperatur nach Beendigung des Maiszulaufs etwa 55⁰ beträgt. Dann wird langsam der Roggenschrot zugegeben und ½ʰ gut durchgerührt.

Ist so alles im Vormaischer eingeteigt und etwa ½ʰ gut gerührt, dann wärmt man durch Dampf langsam auf 62½⁰ zur Verzuckerung der vorhandenen Stärke durch die Diastase des Malzes. Man wählt zuerst die niedrigere Temperatur, geht erst nach Verlauf von 1ʰ auf 63¾⁰ und läßt wieder 1ʰ stehen. Die Verzuckerung sollte so lange durchgeführt werden, bis mit Jod keine Stärke mehr nachzuweisen ist. Ist dies der Fall, dann sollte die nun fertige süße Vormaische auf Extraktgehalt und Säure untersucht werden. Jener soll etwa 18—20⁰ BALLING betragen. Der Säuregehalt entspricht meist etwa 2,0 cm³ n-Natronlauge auf 100 cm³ der Maische. Nun braucht die Vormaische nur auf den geeigneten Temperaturgrad abgekühlt zu werden, damit sie in die Hauptgärbottiche heruntergelassen werden kann.

An manchen Orten unterbrach man diese Abkühlung bei etwa 55—57⁰ und ließ bei dieser Temperatur 1—2ʰ stehen. Man wollte eine Milchsäurebildung einleiten und durch sie einen Abbau der Eiweißstoffe bewirken, hätte aber nicht genügend Zeit dazu gehabt und dadurch höchstens die Diastase geschädigt, die für die Nachgärung wichtig ist, und Nebenerscheinungen ungünstiger Art heraufbeschworen. Die süße Maische steht also nun zur Abkühlung für die Hauptmaische bereit.

b) Bereitung des Hefenguts (Satzmaische). Die Bedeutung dieses Teils der Arbeit ist unter Äthylalkohol (Bd. I, 683) dargetan und ihr Zweck erläutert.

Die Hefe im alten Verfahren soll nicht nur fast ebensoviel Alkohol wie in der reinen Brennerei erzeugen, sondern daneben sich noch soweit als möglich vermehren. Sie bedarf daher besonderer Eigenschaften, die ihr für den fabrikmäßigen Dauerbetrieb erhalten bleiben sollen. Da die Hauptmaische aber dünner, zuckerärmer gewählt werden muß, um die Hefenbildung zu ermöglichen, so muß dieser Ansatz, das Hefengut, zuckerreicher eingestellt werden. Man wählt kleine Maischen von etwa 25—28⁰ BALLING, mindestens aber von 20⁰. In ihnen bildet sich bei der Vergärung so viel Alkohol, daß fremde Hefen neben der alkoholstarken Hefe kaum aufkommen können und Nebenvorgänge, wie Bildung von Säuren, unterdrückt werden.

Nun bestehen diese Ansätze des alten Verfahrens etwa aus $\frac{2}{5}$ Malz und $\frac{3}{5}$ Roggen. Neben dem Malzzucker aus der Stärke des Getreides kommt also viel hochmolekulares Eiweiß in die Maische, das der Hefe schwer zugänglich ist. Man rechnet im Roggen nur mit etwa 0,6—0,75% assimilierbarem Stickstoff, ebenso in Malz, was zur möglichen Hefebildung vollauf genügt. Außerdem bedarf die Hefe wieder eines Säureschutzes, für den man früher fast allgemein die Milchsäure wählte, wogegen sich die Benutzung von Schwefelsäure später doch als gleichwertig herausgestellt hat. Benutzt man eiweißreichen und eiweißarmen Roggen, so sollte man jenen für die Ansätze (das Hefengut), diesen für die Hauptmaische wählen.

Die Bereitung dieses Hefenguts geschieht in größeren Betrieben in geeigneten Apparaten (s. Bd. I, 685), in kleineren von Hand, wenn es sich nur um 1—2 Stück täglich handelt.

Man gibt zuerst heißes Wasser von etwa 72—75° in den vorher gut ausgedämpften Apparat oder in die Hefengutgefäße (Holzbottiche mit einem Inhalt von rund $\frac{1}{10}$ der Hauptgärbottiche) und darnach etwas Darrmalzschrot oder gequetschtes Grünmalz zu, mischt gut, läßt darauf den Roggenschrot zulaufen und zum Schluß den Rest des Malzes. Nun läßt man die Masse so lange in Bewegung, bis die Temperatur auf 63$\frac{1}{2}$° gesunken ist. Daran schließt sich eine mindestens 2stündige Verzuckerung, wobei, falls von Hand gemaischt wird, gut abgedeckt wird. Darnach kühlt man auf 55—56° ab und setzt dann entweder **Milchsäurereinzucht** oder etwas **gesäuerte Maische** aus einem vorhergegangenen Ansatz als Milchsäureaussaat zu. Nach gutem Durchmischen füllt man die fertige Satzmaische in die hölzernen Satzmaischgefäße (wenn diese nicht darin selbst bereitet wurde) und stellt diese in der Säurekammer (Wärmekammer, Bd. I, 686) beiseite, je nach dem zu erzielenden Säuregrad 24—36^h lang. Da in unserem Fall nicht nur Alkohol, wie in der Brennerei, sondern noch Hefe gebildet werden soll, so erhöht man den Säureschutz gegenüber der reinen Brennerei und geht mit Vorteil bis auf 15—18° Säure, was dann etwa 36^h beansprucht.

Bei reiner Arbeit bleibt die Decke auf der Satzmaische rein; es zeigen sich keine Bläschen. Unter 50° darf die Temperatur in den säuernden Ansätzen nicht sinken, weshalb die Wärme- oder Säurekammer entsprechend warm, am Boden auf wenigstens 52—53° gehalten werden muß. Ist der gewünschte Säuregehalt erreicht, so nimmt man das Hefengut — die Satzmaischgefäße — aus der Kammer, rührt gut durch, entnimmt einige l der gesäuerten Maische als Aussaat in andere Satzmaischen und kühlt **rasch** auf 22—23° ab. Je rascher es geschieht, desto **sicherer** vor Nebensäuerungen überschreitet man die für deren Erreger günstige Temperatur. Bei 20° gibt man 1% der angewandten Gesamtmenge der Rohstoffe an Stellhefe zu; 10% der Rohstoffe werden jeweils zum Hefengut verwendet.

Als Stellhefe verwendet man gepreßte Hefe aus einer vorhergegangenen Einmaischung, mit deren Verarbeitung man zufrieden war. Die Stellhefe macht ja auch bei der nach ihrer Aussaat folgenden Gärung eine durchdringende Auslese ihrer Zellen unter der Wirkung des reichlich gebildeten Alkohols und der Milchsäure durch. Deshalb ist im alten Verfahren, wenn nicht Säuerungsstörungen vorliegen, ein Wechsel der Stellhefe mit fremder Hefe oder Reinzucht nur selten nötig.

Manche Betriebe verwenden statt gepreßter Hefe zum Anstellen der gesäuerten Satzmaische $\frac{1}{5}$—$\frac{1}{6}$ einer nahezu vergorenen Satzmaische, entnehmen ihr also, wie man zu sagen pflegt, $\frac{1}{5}$—$\frac{1}{6}$ ihrer Menge als **Mutterhefe**. Diese wird dann statt gepreßter Hefe einer neuen gesäuerten Satzmaische zugegeben. Auf diese Weise führt man stets „angepaßte" Hefe wieder in den Betrieb ein, was sehr zu beachten ist.

Die aus einer gesäuerten Satzmaische entnommene „Impfmaische" wie auch die „Mutterhefe" wird in fließendem Wasser abgekühlt und bis zur Verwendung aufbewahrt. Während der Vergärung des Hefenguts achtet man darauf, daß die Temperatur nicht über 30° steigt, was mit einem einsetzbaren Kühler (Bd. I, 686, Abb. 220) geregelt wird. Viel einfacher, aber ebenso sicher ersetzt man die Milchsäuerung durch eine entsprechende Menge Schwefelsäure. Doch wird dann der Säuregrad mit etwa 6° (6 cm^3 n-Natronlauge auf 100 cm^3) gewählt. Die Schwefelsäure gibt man unter gutem Rühren (mit Wasser wenigstens 1:5 verdünnt) in die heiße, gerade fertig verzuckerte Ansatzmaische zu. Diese behandelt man weiter wie die mit Milchsäure bereitete. Man gewinnt so 24—36^h der Säuerungszeit.

Die Herstellung der Satzmaische erfolgt zeitlich so, daß ihre „Reife" ungefähr eintritt oder eingetreten ist, wenn sie zur Herstellung der Hauptmaische benötigt wird. Die „Reife" ist erfahrungsgemäß eingetreten, wenn $\frac{2}{3}$ der ursprünglichen Saccharometeranzeige vergoren sind, theoretisch dann, wenn die Hefe nicht mehr in Sproßverbänden sich unter dem Mikroskop zeigt, sondern in einzeln liegenden Zellen. Ist dieser Zeitpunkt eingetreten, dann ist das Hefengut bereit für die Herstellung der Hauptmaische.

c) Bereitung der Schlempe. Wie unter „Rohstoffe" dargetan, ist „Schlempe" die vergorene Maische, wie sie den Apparat bei der Destillation auf Alkohol verläßt. Um die in ihr enthaltenen Nährstoffe noch auszunutzen, verwendet man sie an Stelle von Frischwasser bei der Hauptmaische. Vorher wird sie in Kochern nach Art der Bd. I, 676, abgebildeten unter Druck gekocht, u. zw. so, daß man sie darin zuerst bei geöffnetem Entlüftungsventil zum Kochen bringt, dann bei schwach geöffnetem Luftventil je nach ihrem Eiweißreichtum unter 1,5—2,0 *Atm.* Druck setzt und dann bei noch schwächer geöffnetem, kaum blasendem Luftventil $^{1}/_{4}$—$^{1}/_{2}^{h}$ weiter kocht, so daß der gewünschte Höchstdruck erhalten bleibt. Man erreicht bei dieser Kochung eine Entfernung etwa vorhandener flüchtiger Säuren und ein gutes Durchkochen des Inhalts. Ist dieses vollendet, so bläst man die Schlempe in höher oder nebenan gelegene hohe Holzbottiche, die mit Deckel versehen und so groß sind, daß sie die Schlempemenge für eine Hauptmaische fassen; denn wenn die klar abgesetzte Schlempe abgezogen wird, soll sie rasch nacheinander verwendet werden können.

Bei 2500 *kg* Gesamteinmaischung sollte je 1 Bottich bei 3 *m* Höhe 200 *hl* fassen.

Die Klärung, das Absetzen der Treberteile und der beim Kochen gebildeten Ausscheidungen, dauert wenigstens 10—12^{h}. Die Schlempeklärbottiche, die wie die anderen in Betracht kommenden Holzgefäße aus gutem harzreichen Holz hergestellt werden sollen, sind mit einem Schwenk- oder Eintauchrohr versehen, dessen Öffnung beiderseits einen Schwimmer trägt, um zu verhindern, daß es weiter als stets etwa 2—3 *cm* in die Schlempe eintaucht. Diese Eintauchrohre sind an einer nach oben über eine kleine Rolle am Bottichrand laufenden Kette befestigt, an der sie langsam eingelassen werden können, um ein Mit- reißen von Schlamm zu ver- meiden. Die noch sehr heiße klare Schlempe bedarf der Kühlung auf wenigstens 25°, um in die Hauptmaische ge- lassen zu werden. Es wird also ein Kühler zwischengeschaltet, u. zw. am besten ein sog. Röhrenkühler; er ist leicht zu reinigen und auszudämpfen, was auch öfters zu geschehen hat. Sehr gebräuchlich ist auch noch der Spiralkühler der MA- SCHINENBAU A.-G. GOLZERN- GRIMMA, Grimma (Abb. 154).

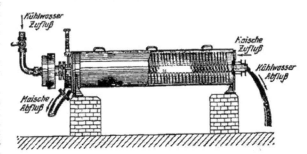

Abb. 154. Spiralkühler (Vorderansicht teilweise im Schnitt) der MASCHINENBAU A.-G. GOLZERN-GRIMMA, Grimma.

d) Bereitung der Hauptmaische. Diese besteht aus der süßen Maische (Vormaische), dem Hefegut (vergorener Satzmaische), Schlempe und je nachdem Frischwasser. Beginnt die Erzeugung von Preßhefe von neuem, so hat man natürlich keine Schlempe zur Verfügung und muß einige Tage nur Wasser verwenden, „Wasserbottiche" anstellen. Zunächst sei bemerkt, daß bei der Wahl der Form der Hauptgärbottiche zu berücksichtigen ist, daß wohl zuerst die Hefe abgelassen werden kann, der größte Teil aber von Hand abgezogen werden muß; die Grundfläche sollte also nicht zu groß gewählt werden und außerdem nicht rund, sondern schwach oval oder viereckig mit abgerundeten Ecken. Für eine Einmaischung von 2500 *kg* auf einmal z. B. wählt man zweckmäßig 3 Bottiche, die schwach konisch sind, etwa 2000 *mm* mittleren kleinen und 2500 *mm* mittleren größeren Durchmessers bei 1400 *mm* Höhe. An Bottichen dieser Abmessung kann der Arbeiter noch bequem seiner Aufgabe nachkommen. In diese 3 Gärbottiche verteilt man nun möglichst gut alles, was zur Bereitung einer Hauptmaische dient. Den Ausnahmefall der Arbeit mit „Wasserbottichen" umgehen wir und beschreiben die Bereitung einer Haupt- maische mit Schlempe. Zunächst läßt man in die Gärbottiche so viel geklärte Schlempe aus einer verarbeiteten Maischung durch den Kühler einlaufen, wie es erfahrungsgemäß der Betrieb erträgt (etwa $^{3}/_{4}$ des nötigen Wassers), und wählt dabei die mit dem Kühler erzielbare niedrigste Temperatur. Da die süße Maische etwa 20° BALLING hat, die Hauptmaische nur 9—10° BALLING haben soll, so ist etwa eben-

soviel Wasser +Schlempe oder Schlempe allein in die Gärbottiche zu geben, wie
süße Maische bereitet ist. Wird das Wasser nicht völlig durch Schlempe ersetzt,
so erhält die Schlempe noch einen Zusatz von Wasser (bei den „Wasserbottichen"
wird nur Wasser genommen). Nun bestimmt man die Temperatur der Schlempe
oder der mit Wasser verdünnten Schlempe, da darnach die Temperatur gewählt
wird, mit der die süße Maische herab- oder eingelassen werden muß, um die
„Anstelltemperatur", die Anfangswärme der Hauptmaische, die im Sommer je nach
der Lage des Gärraums 23—24°, im Winter bis 26° betragen soll, zu regeln. Da
es sich um etwa gleiche Teile Schlempe und Vormaische handelt, so gehört die
Erfahrung einiger Tage dazu, um unter Berücksichtigung der Abkühlung auf dem
Wege durch die Leitungen das Richtige zu treffen.

Ist die Vormaische in die Schlempe nahezu eingelaufen, so setzt man das
„reife" Hefegut zu und mischt dann erst gründlich durch. Dazu empfiehlt es sich,
Luft zu verwenden, die durch ein bewegliches Lüftungskreuz eingeblasen werden
kann. Man erzielt so auch eine Sättigung der Hefe mit Sauerstoff und später eine
rascher verlaufende Gärung. Man kann die Lüftung bis auf etwa 6—8^h ausdehnen
und auf 100 kg Rohstoff der Einmaischung 3—4 m^3 Luft pro Stunde rechnen, wenn
die Güte des Rohspiritus nicht beeinträchtigt werden soll. Um die Wirkung der
Milchsäure zu unterstützen, erfolgt meist noch ein Zusatz von einigen l Schwefelsäure, in dem erwähnten Falle der Einmaischung von 2500 kg Rohstoff etwa 3—4 l
von 66° $Bé$. Ist die Hauptmaische fertig zusammengestellt (etwa 140—150 hl aus
2500 kg), dann entnimmt man eine Probe zur Bestimmung des Extraktgehalts (Grade
BALLING) und der Säure. Sie soll etwa 9—10° BALLING haben, bei einem Säuregrad
von etwa 3,0—3,5 in 100 cm^3 (1 Säuregrad = 1 cm^3 n-Natronlaugebedarf zur Neutralisierung von 100 cm^3) und von 2,0 bis höchstens 2,2 bei Arbeit mit Schwefelsäure.

Die süße Maische zeigt gewöhnlich 20° BALLING, 2,0° Säure, die Schlempe unverdünnt 3,0°
BALLING, 3,0—3,5° Säure, der vergorene Ansatz (Hefegut) 9—11° BALLING, 15—20° Säure. Der vergorene Ansatz weist während der Gärung eine Säurezunahme auf, die umso kleiner ist, je reiner die
vorangegangene Milchsäurebildung war. Diese Zunahme beträgt günstigstenfalls auf 100 cm^3 1,5°,
kann aber auch 2,5° Säure erreichen. Das gleiche gilt für die gärende Hauptmaische, bei der infolge
ihrer geringeren Dichte und infolgedessen schwächeren Alkoholbildung die in gewissen Grenzen
unvermeidlichen Nebensäuerungen mehr zur Geltung kommen können.

Ist die Lüftung nach 6—8^h abgestellt, dann nehmen die Kohlendioxydbläschen die Treberteilchen der Maische mit nach oben, so daß diese eine dicke Decke bilden. Diese spannt sich immer mehr
unter dem Druck der steigenden Entwicklung von Kohlendioxyd, dessen Entweichen durch die Decke
etwas gehindert ist. Etwas — denn über der Decke lagert bald eine dicke Schicht von Kohlendioxyd.
Ist alles in Ordnung, dann zerreißt die Decke nach etwa $^1/_2$—1^h, nicht auf einmal und an der ganzen
Oberfläche, sondern nur stellenweise. Die nachdrängende Maische schiebt, die Öffnung vergrößernd,
die Decke zur Seite, spritzt oft hoch in die Höhe, fließt in die Spalte zurück, die nun stetig größer
wird. Bald wiederholt sich dieses Schauspiel immer öfter, bis die Decke in der gärenden Maische
immer mehr verschwindet und an ihre Stelle ein noch unreiner, treberhaltiger Schaum tritt. Dieser
wird immer heller, steigt auf, die Treberteilchen, die Maische entschwinden dem Auge, der Schaum
wird immer höher und weißer. In ihm findet eine Sättigung der nach oben gerissenen Hefe mit
Sauerstoff statt, die dann wieder in die Maische zu weiterer Arbeit zurücksinkt. Allmählich läßt das
Steigen des Schaumes nach; die ihn ausmachende Hefe reift in der mit ihr hochgekommenen Maische
aus, der Schaum beginnt dann — nach etwa 12^h — zu fallen.

Die Lüftung vermag, wenn ihre Dauer noch etwas verlängert und die Maische
noch etwas dünner gewählt wird, die Ausbeute an Hefe bis auf ·16—18 % zu erhöhen,
aber nicht ohne daß deren Charakter einbüßt und mit ihm die Güte des gleichzeitig
gewonnenen Alkohols. Betriebe, die z. B. nur Roggen, Malz, Hafer, Weizen oder
Buchweizen verarbeiten und gute trinkfähige Ware erzeugen wollen, gehen nicht
über 13—14 % Hefe hinaus und lüften etwa 6, höchstens 8^h.

Die Reife des Schaumes fällt ungefähr zusammen mit der Vergärung von
$^2/_3$ des vorhandenen Zuckers, die einem Alkoholgehalt von 2,5—3,0 % in der
gärenden Maische entspricht. Dieser genügt aber schon sehr, um der Hefevermehrung Schranken zu setzen. Beginnt also der Schaum zu fallen, dann ist es
Zeit, ihn abzunehmen.

e) **Abnahme des Hefenschaumes.** Früher geschah dies ganz von Hand. Seit neuerer Zeit läßt man ihn zu Anfang, da er ziemlich hoch über der Maische steht, durch eine mit verstellbarem Schieber versehene Öffnung einfach in eine vorgelagerte, kupferne, verzinnte Rinne auslaufen, bis Gefahr besteht, daß Maische mit abläuft. Diese Rinne ist am besten so hergestellt, daß sie jederzeit vor den betreffenden Bottichen zusammengesetzt werden kann. Sie mündet in einen Sammelbehälter, am besten aus Eisen, über dem ein Berieselungskühler (s. Bd. VI, 412, Abb. 151) steht. Über diesen fließt der abgekühlte Hefenschaum in den Sammelbehälter, den man zu Beginn des Schaumabnehmens mit etwas kaltem reinen Wasser füllt. Die reife Hefe im Schaum muß sofort in den Ruhezustand kommen, durch Einlaufen in kaltes Wasser über den Kühler so weit abgekühlt werden, daß sie zu arbeiten aufhört. Denn sie soll „reif" auf dem technisch wichtigen Höhepunkt ihrer Tätigkeit abgenommen und erhalten werden. Der Kühler darf deshalb nicht zu klein bemessen werden. Die Wassergabe zu Beginn soll so sein, daß sie die Hefe in dem zuerst selbst abfließenden Schaum genügend verdünnt. Denn wenn der Schaum bis zur Maische abgelaufen ist, muß die vom Auftrieb weiter emporgehobene Hefe von Hand abgenommen werden. Um eine große Weiterbildung von Hefe kann es sich bei dem in der Maische bereits vorhandenen Alkoholgehalt nicht mehr handeln, wohl aber um das Gewinnen der noch in ihr verteilten Hefe, zu deren restlosem Auftrieb die langsam gewordene Kohlendioxydentwicklung schlecht ausreicht.

Wohl entweicht bei Abnahme der Schaumdecke wieder mehr Kohlendioxyd und nimmt die Hefe wieder nach oben, aber nicht in dem Maß, daß man sie einfach abfließen lassen kann. Man muß sie mit einem dünnen, etwa 10 cm breiten Brettchen gegen den Auslauf zu abziehen und dort festhalten, indem man das Brettchen festspreizt. Das geht auch nur kurze Zeit. Dann muß man entweder lüften oder von Zeit zu Zeit gut rühren, um die Hefe als Schaum nach oben zu ziehen. Schließlich ist dieser aber so gering, daß man ihn nicht mehr ablaufen lassen kann, sondern mit flachen Blechlöffeln sorgsam abnehmen muß, nachdem man ihn mit dem Brettchen, der Streichlatte, zum Auslauf hin zusammengezogen hat. Dessen Unterkante muß dann höher liegen als der Maischespiegel. Nach längstens 6ʰ ist – zum Schluß wird nur alle ¼–⅓ʰ wieder gerührt und abgenommen – die Abnahme beendet. Das Rühren kann auch durch periodisches schwaches Lüften ersetzt werden. Es ist natürlich, daß dies, so gut wie möglich vorgenommen, nicht geschehen kann, ohne Treber- und Maischeteilchen mitzunehmen. Deshalb ist es nötig, die abgenommene Hefe nicht nur von jenen, sondern auch von der Maische zu befreien, in der sie, mit Wasser verdünnt, im Sammelbehälter sich befindet. Die darin befindliche Hefe hat also noch eine Reinigung durchzumachen. Denn sie ließe sich so durchaus nicht pressen, da die sie noch einhüllende Maische viel zu schleimig ist.

f) **Die Reinigung des Hefenschaums.** Zuerst gilt es, aus ihm die gröberen und dann die feineren Treber- und Maischeteilchen zu entfernen. Zu diesem Zweck pumpt man aus dem Sammelbehälter die wässerige Hefesuspension über eine Vorreinigungsmaschine (Abb. 155), die zuerst in Giesmannsdorf, wo FREUDENTHAL früh eine jetzt noch blühende Hefenfabrik gegründet hat, erdacht und ausgeführt wurde. Später übernahm deren Herstellung die Firma RAUPACH in Görlitz. Die Hefe läuft durch eine hohle Achse auf ein daruntergespanntes Messingdrahtsieb, über das 3 hölzerne, mit Tuch überzogene Konusse laufen, die die Hefe durch das Sieb pressen und zu gleicher Zeit die zurückbleibenden Treber ausdrücken und nach außen in einen vertieft liegenden Kanal werfen. In diesem kreisen 3 Schaufeln, die sie zu einer Öffnung hinausfallen lassen. Sie kommen wieder in den von der Hefe befreiten Bottich, da sie immerhin noch etwas Maische und natürlich, wenn auch nur wenig, Hefe enthalten. Die vorgereinigte Hefe läuft nun auf eine zweite Maschine, die mit sehr feiner Seidengaze oder sehr feinem Metallsieb bespannte, sich drehende, zylindrische Holzrahmen (Zylindersiebe) oder in schüttelnder Bewegung befindliche

Abb. 155. Hefensiebmaschine von R. RAUPACH, G. M. B. H., Görlitz.

flache Rahmen (Schüttelsiebe) enthält. Auf diesen Apparaten wird die Hefe von den feinsten Verunreinigungen befreit, während gleichzeitig Wasser aufgespritzt wird, um die Treber vor Verlassen des Apparats völlig von Hefe zu trennen. Auch erfährt die wässerige Maische, in der die Hefe verteilt ist, eine weitere Verdünnung.

Die nun von allen gröberen und feineren Verunreinigungen befreite Hefe bedarf aber noch der möglichsten Beseitigung der ihr anhaftenden Maische. Zu diesem Zweck pumpt oder leitet man sie in hölzerne sog. Absetz- oder Abwässerungsbottiche. Darin wird sie verschiedentlich mit frischem Wasser behandelt, gewaschen. Das erste und zweite Wasser, die mittels Schwenk- oder Eintauchrohre von der abgelagerten Hefe abgezogen werden, laufen in Sammelbehälter, da sie aus der übernommenen Maische Alkohol enthalten. Dieses „Hefenwasser" wird auf den Brennapparaten für sich auf Spiritus verarbeitet.

Die zur Ruhe gekommene Hefe hat das Bestreben, sich zu Boden zu setzen, kann dies aber erst, wenn die Flüssigkeit, in der sie verteilt ist, nicht viel schwerer als Wasser ist. Deshalb bedarf es meistens eines dritten Waschwassers, welches die Maischstoffe so weit auslaugt, daß die Hefe sich gut absetzen kann. Manchmal tritt dabei eine dunkelfarbige Schicht von „Grauhefe" auf (Unreinigkeiten und wilde Hefe aus der Maische). Diese muß dann mit ganz flachen Blechlöffeln sauber abgenommen werden.

Die so verbleibende Hefe ist nun fertig zum Pressen.

g) Das Pressen der Hefe. Wenn der Hefekühler genügend groß ist und die Waschung gut geleitet wird, dann stellt die von der Grauhefe befreite Hefe eine weißliche, milchige Masse dar, die umso dicklicher ist, je länger man die Hefe im letzten Waschwasser sich absetzen lassen konnte. Nun gilt es noch, diese wässerige Reinhefe-Aufschlämmung von dem Wasser so weit zu befreien, daß eine Masse, Preßhefe, von etwa 75 % Wassergehalt zurückbleibt. Zu diesem Zweck wird sie in Kammerpressen (Bd. V, 362, Abb. 216) gepumpt und unter dem hydraulischen Druck ihres Waschwassers trocken gepreßt. Die zu den Pressen gehörigen Pumpen, sog. Plungerpumpen (s. Pumpen, Bd. VIII, 549), sind mit regulierbarem Hub ausgestattet. Denn zuerst wird der Hub voll beansprucht, um die Hohlräume der Presse, die Kammern, zu füllen. Dies gilt auch noch, bis die Kammern einen dicklichen Brei von Hefe enthalten und an den Ausläufen noch ziemlich viel Hefewasser abläuft. Läßt dieses Auslaufen nach, dann stellt man die Presse durch Vorrücken des Gewichts am Sicherheitsventil auf höheren Druck ein und verringert im gleichen Maße den Hub der Pumpe, da die Presse immer weniger Hefe aufzunehmen vermag, also der größte Teil der eingedrückten Hefe durch das Überschußrohr des Sicherheitsventils die Presse wieder verläßt.

Wichtig für die richtige Preßarbeit ist das Preßtuch, mit dem die einzelnen Kammern behängt und gegeneinander abgedichtet werden. Da die Hefezellen nur 0,3–0,4 µ (1 µ = 1 Mikron = 0,001 mm) groß sind, so muß ein dichtes starkes Gewebe vorliegen, wenn es die Hefe zurückhalten und dem zu ihrer Trockenpressung nötigen Druck widerstehen soll. Denn dieser beträgt doch gewöhnlich bis zu 6 Atm. und steigt unter Umständen im Lüftungsverfahren, wenn schwer preßbare Hefe vorliegt, allerdings mit Gefährdung der Hefe, auf 10 Atm. Die Pressung ist fertig, wenn bei völliger Belastung des Sicherheitsventils das Hefenwasser nur noch tropfenweise die Ausläufe der Kammern verläßt. Dann lüftet man – nach Abstellen der Pumpe – das Sicherheitsventil, öffnet den Entleerungshahn an der Schlußplatte der Presse, um die flüssige Hefe aus dem Zuleitungskanal zu entfernen, und kann dann nach Entspannen der Presse die einzelnen Kammern von der Hefe befreien.

Sie stellt so weißliche bis weißgelbliche Kuchen dar und wird nun entweder sofort verpfundet, verpackt und versandt oder in hölzerne Gefäße eingestampft. Dies muß schichtenweise unter möglichster Vermeidung von Lufteinschlüssen geschehen und, wenn die Hefe sehr trocken gepreßt ist, unter Besprengung mit frischem Wasser. Denn an der Luft fängt die Hefe sofort an zu „atmen", erhitzt sich, da ihr der Nährstoff fehlt, und verdirbt. Dabei findet ein Vorgang statt, den man Autolyse, Selbstauflösung, nennt und der zur Herstellung sog. Hefenextrakte, die als Hefenährstoff dienen, benutzt wird.

h) Aufbereitung der Hefe. Die Preßkuchen sind von verschiedenem Wassergehalt, weshalb sie zuerst in sog. Mischmaschinen kommen, um eine Masse von gleichem Feuchtigkeitsgehalt verarbeiten und verschicken zu können. Diese Mischmaschine muß ihren Zweck erfüllen, ohne der Hefe zu schaden. Dies ist keine so leichte Sache. Sehr bewährt haben sich die Mischmaschinen, deren eine unter Abb. 156 wiedergegeben ist. Die darin gleichmäßig durchknetete, meistens noch mit Wasser zu besprengende Hefenmasse wird nun in sog. Pfundmaschinen in längliche vierkantige Stücke geformt, die $^1/_2$ kg wiegen (s. Abb. 157). Diese Stücke werden noch in dünnes, feines Papier, sog. Pergamynpapier, eingeschlagen und mit einem weiteren

Umschlag aus gröberem Papier versehen, auf dem der Fabrikstempel u. s. w. aufgedruckt ist. Die einzelnen Pfundstücke erhalten einen Tagesstempel, um dem Abnehmer einen Maßstab für die Frische der Hefe zu geben und um bei Beschwerden dem Erzeuger selbst auch wichtige Fingerzeige zu geben. Dieses Verpacken besorgen im Anschluß an die Teilungs- (Auspfund-) Maschinen völlig selbsttätig die Einwickelmaschinen, wie sie z. B. die Firma JAGENBERG in Düsseldorf herstellt. Eine der SVENSKA JÄSTFABRIKS A.-B. in Stockholm geschützte derartige Maschine soll hier nicht unerwähnt bleiben.

Wird die Hefe nicht in Pfunden, sondern in Mengen von 25 kg und darüber verkauft, dann tritt meist der Versand in Holzfässern oder Jutebeuteln in Kraft oder in Behältern aus Aluminium, z. B. mit gut schließenden Deckeln. Richtig eingestampft, hält sie sich gut. Bei dem Versand in Holz- oder Metallgefäßen sollte zwischen Hefe und Deckel fast kein Luftraum sein, so daß sie an der Oberfläche nicht losbröckeln, warm werden und verderben kann. Auch bei dem Versand in Beuteln ist Vorsicht nötig. Sind sie gut „gestopft", dann muß ihre Pressung in einer einfachen Plattenpresse noch dafür sorgen, daß keine Hohlräume mehr vorhanden sind. Ein kurzes Eintauchen des fertigen Beutels in kaltes Wasser schließt die Gewebeporen mit Hefe und hindert so längere Zeit das Eindringen von Luft. Früher war der Versand der Pfundstücke in Kistchen üblich, hat aber jetzt dem in Pappkartons Platz gemacht.

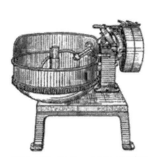

Abb. 156. Hefenmischmaschine von C. O. BOHM, Fredersdorf.

Abb. 157. Hefe-Form- und Teilmaschine von O. RAAKE, Ülzen in Hannover.

Am Schlusse der Beschreibung der Preßhefengewinnung sei noch besonders der Wichtigkeit der peinlichsten Sauberkeit im Betrieb gedacht. Diese wird in Leitungen und geschlossenen Gefäßen am sichersten durch Ausdämpfen gewährleistet bei folgendem Nachspülen mit heißem und kaltem Wasser. Bei den geschlossenen Gefäßen hat eine gründliche Reinigung von Hand mit der Bürste vorherzugehen, die auch für alle nicht ausdämpfbaren Gefäße gilt, welche der Gärung mittelbar oder unmittelbar dienen. Als keimtötendes Mittel empfiehlt sich eine dünne Kalkmilch aus gelöschtem Kalk, mit der die Flächen und Fugen tüchtig abgebürstet werden, worauf man sie mit warmem Wasser abspült. Das in der Gärungsindustrie vielfach verwendete Desinfektionsmittel „Montanin" (Bd. V, 411) läßt sich statt Kalkmilch auch gut verwenden. Die Wände der Räume sollten öfters getüncht werden, wodurch die dort haftenden Kleinlebewesen wenigstens zeitweise abgetötet werden. Luft und Licht, wo irgend angängig, sollten bei gärungstechnischen Anlagen besonders berücksichtigt werden. Nur die mittelbar zugehörige Mälzerei hat ein Interesse an der Abhaltung des Lichtes, die in den Trommeln der Trommelmälzerei ohnehin gegeben ist.

Nebenerzeugnisse.

Der Alkohol. Wenn man beachtet, daß in diesem alten Hefengewinnungsverfahren die Ausbeute an Alkohol mehr als doppelt so hoch wie an Hefe ist, so könnte es gewagt erscheinen, ihn als Nebenerzeugnis zu besprechen. Tatsächlich aber war beim Einführen und Ausarbeiten dieses Verfahrens die Gewinnung von Preßhefe die Hauptsache, die — wenn man die Arbeitsweise nicht grundsätzlich verschieben will — eben aus physiologischen Gründen nicht zu höheren Ausbeuten gesteigert werden kann. Auch im Verkaufspreis drückte sich stets die Hauptstellung der Hefe gegenüber dem Alkohol aus, wenigstens, solange das alte Wiener Verfahren überall den Markt mit Backhefe versorgte. Später allerdings verlor die Hefe des alten Verfahrens ihre Machtstellung, die sie an die billigere Lufthefe abgeben mußte. Wo aber heute das alte Wiener Verfahren noch geübt wird, ist das Hauptziel ein zu Trinkbranntwein geeigneter Rohspiritus. Daher die Wahl der Rohstoffe, die diesem Ziel dienlich und meist — wie in Deutschland — gesetzlich bevorzugt sind.

Bei Abnahme der Hefe sind etwa $^2/_3$ der Saccharometeranzeige vergoren. Es gilt also. nach technisch völliger Enthefung der Maische diese noch so weit wie möglich zu vergären in der „Nachgärung“. Man versteht darunter besonders die Vergärung des Teiles der Kohlenhydrate der Rohstoffe, die bei bestem Verlauf der Verzuckeruug mit Malz nicht in Maltose übergeführt werden konnten, da bei diesem Vorgang ein Gleichgewichtszustand eintritt, so daß selten mehr als 80% Maltose neben 20% Dextrin gebildet werden. Diese Dextrinanteile aus der Verzuckerung hilft die Diastase gewinnen, die aus der süßen Maische unbeschädigt in die Hauptmaische kam und somit noch in der entheften Maische vorhanden ist. Sie tritt wieder in Wirksamkeit, wenn der Gleichgewichtszustand zwischen Maltose und Dextrin gestört, die Maltose nahezu in Alkohol und Kohlensäure gespalten ist. Dann führt sie langsam, wie es die Gärung, die schwindende Maltose erfordert, die Dextrine in Malzzucker über, den die Hefe in üblicher Weise spaltet und vergärt. So wird der Teil der Stärke, der der Maltosebildung bei der Verzuckerung entging, nachträglich hydrolysiert und in Malzzucker übergeführt. Die dann völlig vergorene Maische — sie braucht dazu noch etwa 24^h von der Hefeentnahme an — spindelt meist 1,5—1,8° BALLING und zeigt bei guter Arbeit 4,5—4,8° Säure, bei Schwefelsäurearbeit 3,5—3,8°. also eine Säurezunahme von 1,5—1,8 auf 100 cm^2. Im Sommer kann diese gelegentlich auch 2,5 betragen. Bei erreichter Endgärung soll die vergorene Maische sofort dem Brennapparat zugeführt werden, um aus ihr, ehe weitere Säurebildung eintritt, den gebildeten Alkohol auszutreiben. Denn ist dies geschehen, fällt sie dem Betrieb wieder als Schlempe zu, der das größte Interesse daran hat, einwandfreie Schlempe zur Verarbeitung und später in die Arbeit zu bekommen.

Die Gewinnung des gebildeten Alkohols vollzieht sich in den Apparaten, wie sie zur Destillation der Maischen der Getreidebrennereien dienen und unter Äthylalkohol (Bd. I, 721 ff.) beschrieben sind. Auch die dort beschriebenen Meßapparate und steuerlichen Maßnahmen treten in vollem Umfange hier in Kraft. Wo man aber — und das ist fast stets der Fall, wo man nach alten Verfahren gearbeitet wird — durch geeignete Wahl der Rohstoffe auf trinkfähigen Branntwein abzielt, hat man wohl die alten Blasenapparate (PISTORIUS-Apparate, Bd. I, 721) verlassen. gewinnt aber mit dem kontinuierlichen Apparat zuerst einen Rohspiritus von 80—85 $Vol.$-%, den man dann so weit rektifiziert, daß je nach dem Geschmack des Käufers ein Feindestillat mit mehr oder minder stark ausgeprägtem, z. B. „Korncharakter“, anfällt. Teilweise benutzt man aber einfache Brennapparate zur Gewinnung von „Rohbrand“ und „Feinbrand“ von 20—30 und 60—65 $Vol.$-%.

Die Schlempe. Sie ist das Abfallerzeugnis des alten Verfahrens, soweit sie nicht nach der Kochung wieder in den Betrieb als „klare Schlempe“ fließt, besteht also aus dem Rückstand in den Klärbottichen. Dieser Rückstand ist immer noch ein sehr wertvolles Futtermittel, das bei einigermaßen reichlichen Gaben die Leistung der Milchwirtschaft um die Hälfte steigern kann. Nur im Frühjahr, wenn genügend Frischfutter zu haben ist, begeht der Verbraucher den Fehler, die Schlempe zu übergehen, deren Vorteile ihre Kosten mehrfach aufwiegen. Dann bleibt nichts übrig, als die Schlempe in lagerfeste Form, in Trockenschlempe (Bd. I, 737) überzuführen. Alles Hierhergehörige findet man unter Äthylalkohol (Bd. I, 735 ff.), worauf verwiesen werden muß.

Abwässer. Als solche kommen neben den Wasch- und Spülwässern noch die entheften Würzen des Lufthefeverfahrens und die Hefenwässer des alten Verfahrens in Frage, die — aus der Hefenwaschung stammend — noch Alkohol enthalten und deshalb abgebrannt werden; sie enthalten ja die Grauhefe neben Maische- und feinsten Treberteilchen und mitgerissenen Kulturhefenzellen. Der Gehalt an Grauhefe und Kulturhefe wird beim Durchlaufen des Brennapparats verkocht. Deren Zellinhalt geht dabei in das Hefenwasser über, das deshalb beim Verlassen des Brennapparats mit dem Gehalt an Maische- und Treberteilchen einen richtigen Nährboden für allerlei Pflänzchen und Pilze darstellt. Diese Abwässer verlangten also eine Verdünnung durch einen mächtigen Vorfluter, wenn sie nicht zu unliebsamen Wucherungen Anlaß geben sollen. Nun sind aber die wenigsten Betriebe so gelegen, daß ein nahe vorbeifließendes großes Gewässer ihre Abwässer anstandslos aufnehmen kann, und sie haben deshalb mit den Ortsbehörden und der Gewerbeaufsicht vielerlei Kämpfe wegen Verunreinigung der öffentlichen Gewässer auszufechten. Dazu kommt, daß die Reinigung dieser Abwässer eine noch nicht restlos gelöste Frage darstellt und es deshalb den Betrieben schwer möglich ist, selbst mit großen Kosten etwas Ersprießliches zu leisten. Das Wichtigste ist vor allem die Trennung der reinen Abwässer, wie Kühlwasser u. s. w., von den eigentlichen Schmutzwässern. Letztere können nach dem biologischen Verfahren (s. Bd. I, 68 ff.) gereinigt werden. Großbetriebe des alten Verfahrens kommen nicht mehr in Frage, eigentlich nur noch kleine und kleinste Betriebe, für deren Abwassermengen leicht Abhilfe zu schaffen ist.

II. Das Lufthefe- oder Lüftungsverfahren.

Eine schematische Darstellung eines solchen Betriebs, wie er bis zum Jahre 1914 etwa üblich gewesen und für Getreideverarbeitung bestimmt ist, ist in Abb. 158 wiedergegeben.

Gerade um die Zeit, da auf Grund der gärungswissenschaftlichen Forschungen das alte Verfahren anfing, deren Ergebnisse sich zunutze zu machen und besondere Erfolge hinsichtlich der Hefenausbeute zu erzielen, setzte, besonders in Deutschland, zum Teil auch im Ausland, eine stärkere

Belastung der Branntweinerzeugung ein, die besonders die gewerblichen Brennereien und darunter zumal die Preßhefenfabriken traf. Diese mußten deshalb darnach trachten, im Verhältnis zum Alkohol mehr Hefe zu erzeugen; denn die Alkoholgewinnung wurde für die gesamte Brennerei begrenzt. Der über die erlaubte Menge erzeugte Alkohol erfuhr eine Sonderbelastung, die man möglichst zu umgehen gezwungen war.

Nun tauchte um das Jahr 1890 ein neues Verfahren auf, das versprach, diesem Umstande Rechnung zu tragen. Man sollte nicht mehr die Maische, die vorbereitete Malzzucker-Eiweiß-Lösung mit den Trebern, vergären, sondern nur die klare, von Trebern befreite Würze, die ähnlich wie in

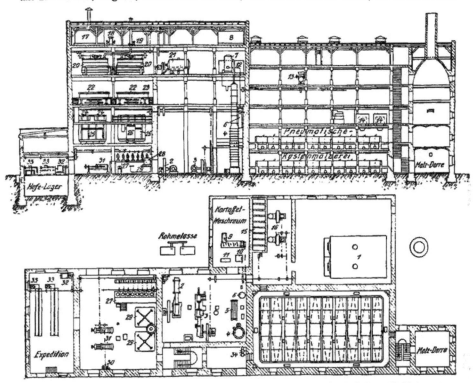

Abb. 158. Anlage einer Lufthefefabrik für Getreide-, Kartoffel- und Melasseverarbeitung derMASCHINEN-BAU A.-G. GOLZERN-GRIMMA, Grimma.

1 Dampfkessel	*12* Warmwasserbehälter	*24* Vorgärbottiche
2 Dampfmaschine	*13* Putzmaschine	*25* Hauptgärbottiche
3 Dampfluftkompressor	*14* Gerste- und Roggenweichen	*26* Luftwaschapparat
4 Destillierapparat	*15* Kühlturm	*27* Hefeseparatoren
5 Vorwärmer	*16* Ventilator	*28* Hefekühler
6 Spiritus-Schlangenkühler	*17* Melassekochbottich	*29* Hefesammelgefäß
7 Kondensator	*18* Malzquetsche	*30* Filterpreßpumpe
8 Würzebehälter	*19* Exhaustor	*31* Filterpressen
9 Kartoffelwäsche	*20* Maischbottiche	*32* Hefemischmaschine
10 Kartoffelreibe mit Sammel-	*21* Dämpfer	*33* Hefeform- und -teilmaschinen
gefäß	*22* Läuterbottiche	*34* Grünmalz-u. Getreideelevator
11 Pumpe für geriebene Kartoffeln	*23* Würzekühler	

den Brauereien gewonnen werden sollte. Gleichzeitig sollte während der Gärung Luft eingeblasen werden um das Kohlendioxyd, das sich entwickelt, zu entfernen und der Hefe Sauerstoff zuzuführen. Man war sich auch darüber klar, daß die Dichte der zu vergärenden Würze geringer sein müsse als bei der Maische des alten Verfahrens, damit der sich bildende Alkohol nicht wie bei diesem die Hefenvermehrung frühzeitig begrenzen könne. Nur sehr langsam konnte sich die Industrie zu Versuchen mit diesem neuen Verfahren entschließen. Sie tat es auch nur, weil die branntweinsteuerlichen Verhältnisse zu einer Vermehrung der Hefeausbeute drängten, die ja natürlich ein Sinken der Alkoholausbeute zur Folge haben mußte. So wagten sich auch zuerst nur einzelne Betriebe zaghaft und vorsichtig an das neue Verfahren. Neue Betriebe aber, wie der von KAHLKE in Königsberg, richteten ihre neue Anlage ganz auf das neue Verfahren ein, das aber erst nach reichlich bezahltem Lehrgeld technisch brauchbare Form annahm.

Erst Mitte der Neunzigerjahre des vorigen Jahrhunderts konnte von einem brauchbaren „Verfahren" gesprochen werden, das nun rasch überall Aufnahme fand und schneller, als erwartet, das alte Verfahren zu seinem Diener machte, der ihm die Stellhefe zu liefern hatte. An Stelle von 15% Hefe und 30% Alkohol brachte das neue je 20% Hefe und Alkohol! Statt der Hälfte konnte nun auf die bisherige Alkoholmenge die gleiche Anzahl *kg* Hefe erzeugt werden. Dies befreite die steuerlich eingeschränkte Preßhefenindustrie von einer drückenden Fessel und führte zu einer bedeutenden Steigerung der Hefeerzeugung.

So blieben die Verhältnisse bis um das Jahr 1910, als BRAASCH ein Verfahren zum Patent anmeldete, nach dem er die Hefeausbeute bis aufs Doppelte steigerte, auf 40% und darüber, unter gleichzeitiger weiterer Verringerung der Alkoholbildung. Er verdünnte seine Würzen noch mehr als bisher, beseitigte so die Grenze, die der sich bildende Alkohol der Hefevermehrung noch ziehen konnte, und blies noch mehr Luft als bisher üblich ein. BRAASCH erhielt kein Patent. Das Gewerbe fußte aber auf seiner Neuerung und führte sie mit kleinen Abänderungen in den Großbetrieb ein. Mit dem Jahr 1914 trat dann aber ein Mangel an den üblichen Rohstoffen ein; sie wurden durch einen Rohstoff ersetzt, der bis dahin wohl im Ausland, nicht aber in Deutschland zur Gewinnung von Preßhefe benutzt worden war, durch Melasse. Deren Vorbehandlung zur Gewinnung von Hefe üblich heller Farbe und guter Haltbarkeit ist eine Sache der Erfahrung und verursachte des öfteren Schwierigkeiten, die aber bald überwunden waren. Zu dem neuen Rohstoff kam die Arbeit mit Nährsalzen, da die bisherigen Stickstoffquellen versiegten. Der organische Stickstoff in dem Getreide, den Malzkeimen u. s. w., mußte durch anorganischen in Form von Ammoniumsalzen ersetzt werden, wobei das *D. R. P.* 310 580 (WOHL und SCHERDEL) neue Bahnen wies, das während der Kriegsjahre (ab Januar 1915) patentiert, am 5. Februar 1919 veröffentlicht wurde und nunmehr die Grundlage der Arbeit mit Melasse und Nährsalzen bildete. Mit Gültigkeit vom 17. März 1915 wurde dem VEREIN DER SPIRITUSFABRIKANTEN IN DEUTSCHLAND, Berlin, das *D. R. P.* 300 662 erteilt, das auch erst nach dem Krieg, am 12. November 1919 ausgegeben wurde. Es stellte ein Verfahren unter Patentschutz, das gegenüber den bis dahin üblichen den gerade entgegengesetzten Weg ging. Man hatte früher die Gärungen mit hoher Konzentration begonnen, die sich dann im Verlauf der Arbeit durch die zufließenden Waschwasser bei Getreidemaischen oder durch zugegebenes Wasser und zugleich durch den Nährstoffverbrauch der Hefe bis zum Endvergärungsgrad senkte. Die Aussaathefe befand sich also zu Anfang im Überfluß, zum Schlusse in nährstoffarmen Würzen, so daß die letzten Generationen schlechter als die ersten ernährt wurden. Das neue Verfahren nach *D. R. P.* 300 662, das gleichzeitig auch in Dänemark erfunden und als Nr. 28507 am 14. September 1921, gültig vom 5. Juli 1919 an, der A/S DANSK GAERINGS-INDUSTRI (Erfinder SÖREN SAK) in Kopenhagen und ihr später fast in allen Kulturstaaten patentiert wurde, geht von schwachen Konzentrationen aus, die der Hefebildung günstig sind, und gibt den weiteren Nährstoff etwa nur in dem Maße zu, wie es der Verbrauch der Hefe erfordert. Das Verfahren des deutschen Patentes wurde zuerst benutzt und erprobt zur Gewinnung von Futterhefe während des Krieges, wobei es sich grundsätzlich als bedeutender Fortschritt erwies, wenn es auch damals aus anderen bestimmenden Gründen hinsichtlich Versorgung mit hochwertigem Futtermittel versagte. Nach dem Kriege hat es — wie sein dänischer Nebenbuhler — die Hefefabrikation von Grund auf umgestellt und als „Zulaufverfahren" Ausbeuten an bester Hefe ermöglicht, die man vorher für unmöglich gehalten hätte. Waren Ausbeuten von bis 60% bis dahin als sehr hoch und die Qualität der Hefe dabei nicht immer als gut, sicher nicht als sehr gut zu bezeichnen, so gaben die beiden Zulaufverfahren die Möglichkeit, bis zu 100% bester Hefe und darüber zu erzielen. Der leitende erfinderische Gedanke des Zulaufes ist beiden Verfahren gemeinsam. Das *D. R. P.* 300 662 lenkt den Zulauf doch so, daß der sich bei der Gärung bildende Alkohol gewissermaßen im Augenblicke des Entstehens von der Hefe aufgenommen und als Kohlenstoffquelle benutzt wird. Nach dem dänischen Patent 28507 wird der Zulauf so geleitet, daß in der Hauptgärung beträchtliche Mengen Alkohol gebildet werden, der dann während des Gärungsverlaufs von der Hefe assimiliert wird. Heute ist Hefefabrikation ohne das WOHLsche *D. R. P.* 310 580 und das Zulaufverfahren nicht mehr denkbar. Wohl hat sich seit etwa 10 Jahren eine Flut von Patenten über die Hefeindustrie ergossen; alle aber fußen auf diesen grundlegenden Patenten gewissermaßen als Varianten. Man hat so auch den Gedanken des Zulaufverfahrens zum kontinuierlichen erweitert oder erweitern wollen, indem man am Ende der einen Gärung Würze abzog, enthefte und dafür wieder im „Zulauf" frische Würze zugab. Doch hat erfahrungsgemäß diese Arbeitsweise enge Grenzen. Über 24—30ʰ fortdauernder Zulaufgärung, wenn man nicht vor allem die Qualität der Hefe ernstlich gefährden will, kann man nicht hinauskommen.

So steht trotz aller neuen Patente die Hefeindustrie noch immer auf dem Boden der beiden Zulaufpatente und des WOHLschen Verfahrens. Was das Zulaufpatent leistet, ist von allen Neuerungen nicht erreicht oder gar übertroffen worden.

Zu dem die Arbeitsweisen in der Hefenindustrie umstürzenden Zulaufverfahren und der Vollausnutzung des WOHLschen Verfahrens kamen noch betriebstechnische Neuerungen einschneidender Art. Die so lange übliche Kontrolle durch Bestimmung des Säuregrades hatte sich schon bei der Futterhefeerzeugung als unsicher erwiesen und dies ganz besonders im Verfolge der Herstellungsverfahren von Glycerin (Bd. V, 803) auf gärungstechnischem Wege. Die Arbeit der Hefe in Gegenwart von schwefliger Säure suchte nach einer Erklärung. Diese fand sich, als Arbeiten des verdienstvollen Leiters des Carlsberg-Laboratoriums SÖRENSENS in Kopenhagen auf dem Gebiet der Messung der Wasserstoffionenkonzentration in allen möglichen Prozessen ergeben hatten, daß diese Bestimmung der *pH* gerade für die Gärungstechnik von ganz besonderer Bedeutung ist. Er stellte auch bald Vergleichslösungen zusammen, mit denen die *pH*-Bestimmung colorimetrisch möglich wurde in einer betriebstechnisch einfachen, genügend genauen Weise. Man bekam so bald einen Einblick in das, was die Zahlen der Säuretitration bedeuteten, die nur einen geringen Kontrollwert besaßen und besitzen konnten. Auf seine Anregung hin wurde die Betriebskontrolle durch *pH*-Bestimmung schon um 1920 in der dänischen Fabrik eingeführt, aus der das dänische Zulaufverfahren stammte. Dies ermöglichte auch, die Stickstoffaufnahme der Hefe aus Ammoniumsalzen in besonderer Weise zu regeln, was für die Haltbarkeit und Ausbeute an Hefe wichtig ist. Dazu kam weiter die sog. „Formoltitration", die wir gleichfalls SÖRENSEN verdanken, die in technisch einfacher Form der Betriebskontrolle die Möglichkeit gibt, den jeweiligen Stand des assimilierbaren Stickstoffs in der gärenden Würze zu kennen und an Hand der pH-Bestimmung günstigst zu dosieren. Man kann so den Betrieb ganz im Sinne einer Stickstoffdiät für die tätige Hefe führen und im Rahmen einer zielweisenden Stickstoffbilanz. Man denke z. B. nur an die freiwerdende Schwefelsäure aus dem Sulfat, wenn die Hefe das Ammoniak wegnimmt, um es zu Protoplasma umzuwandeln. Die pH-Bestimmung gibt die Möglichkeit, im richtigen Augenblick eine schädliche Wirkung der Schwefelsäure durch Gaben von Ammoniakwasser hintanzuhalten. Denn die willkürlichen Ammoniakgaben würden unter Umständen eine sicher, wenn auch nur vorübergehend ungünstige pH schaffen, die sich nicht schnell und leicht in ihren Folgen gutmachen läßt. Wohl besitzen die Gärungsflüssigkeiten, besonders die der Melasseverarbeitung, die Fähigkeit der „Pufferung", die Fähigkeit, auftretende Verschiebungen der pH durch Bindung der Schwefelsäure z. B. zu umgehen. Deshalb sind Ammoniakgaben eben nach der pH-Bestimmung und der Angabe der Formoltitration zu bemessen. So steht heute die Hefefabrikation nach einer riesigen Entwicklung ihrer technischen Leistungen auf einem Boden, aus dem auf Jahre hinaus noch viel errungen werden kann im Banne eben des Zulaufverfahrens und des WOHLschen Verfahrens.

Vorbereitung der Rohstoffe.

In das neue Verfahren wurden die üblichen Rohstoffe so gut wie nicht mehr übernommen. Melasse allein bestreitet die Rohstofflieferung. Neben ihr dienen als Hilfsmittel nur noch die Nährsalze, wie besonders Ammoniumsulfat, Diammoniumphosphat, Ammoniakwasser, Superphosphat, Magnesiumsulfat.

Superphosphat wird weniger verwendet, da man die Phosphorsäurezufuhr für die Hefe heute fast ganz mit Diammoniumphosphat regelt, wobei gleichzeitig anorganischer Stickstoff zugeführt wird. Außerdem sind die Mengen von Phosphorsäure, die man aus dem Superphosphat in die Gärung bringt, nicht sicher zu bestimmen. Auch verwendet man es immer weniger bei der Melassevorbehandlung, wo es beim Abstumpfen der sauren Melasseverdünnung mit Kalk zur Vermehrung der Ausscheidungen beitragen sollte, die die Farbstoffe u. s. w. völlig mit zu Boden reißen sollten. Die dabei auftretenden Verluste an Phosphorsäure sowohl, wie die Erkenntnis, daß die Klärung der Melasse auch ohne Superphosphat geht, lassen das Superphosphat immer mehr dem Diammoniumphosphat Platz machen, das der gärenden Würze direkt zugegeben wird. Magnesiumsulfat ist ja nur dann nötig, wenn dessen Mangel in den Rohstoffen erwiesen ist. Die Salze stellt man vielfach in Lösungen in Gefäßen bereit, die mit Flüssigkeitsstandanzeiger versehen oder sonstwie ausgerüstet sind, um die Zugaben genau ablesen und dosieren zu können. Da aber die pH- und Formolgradkontrolle erlaubt, genau festzustellen, wann und wieviel Stickstoff nötig ist, so wird diese Zugabe vielfach auch in fester Form vorgenommen; das ev. nötige Magnesiumsulfat wird der zu klärenden Melasse zugegeben. Eine schematische, gewissermaßen kontinuierliche Zugabe der übrigen Nährstoffe ist nicht mehr zeitgemäß und häufig vom Übel; sie hat nach Bedarf alle Stunden, in der wichtigsten Zeit halbstündlich zu erfolgen.

Malz, Roggen oder Keime kommen nur in kleinen Mengen in Betracht bei der ersten Stufe der Stellhefezüchtung und werden selbst da nur vereinzelt benutzt.

„Melasse." Über Eigenschaften und Zusammensetzung s. Äthylalkohol (Bd. I, 703) und Zucker. So wie die Melasse im Handel zu haben ist, stellt sie nichts weniger als ein auch nur einigermaßen gleichmäßiges Rohmaterial dar. Man hat deshalb große Sammelbehälter, die die Menge für 3—4 Monate fassen. Aber die Melassen mischen sich schlecht, jedenfalls sehr langsam. Daher kommt es, daß in ein und derselben Fabrik bei der Verarbeitung von Melasse zeitweise die Notwendigkeit eintritt, die Vorbehandlung der Melasse zu ändern. Es gibt ja auch keine Arbeitsweise, die in allen Fällen für jede Melasse gilt. — Ging man früher ziemlich umständlich vor bei der Behandlung der Melasse vor ihrer Verarbeitung in der Gärung, säuerte stark an, kochte lange und lüftete stark dabei, so ist man heute von diesem Weg weit abgekommen. Die Tatsache allein, daß Zucker gegen

Säure bei 100⁰ schon bei längerer Einwirkung empfindlich ist, drängte zur Benutzung von Temperaturen, die weit unter 100⁰ liegen. Ja man kam bis auf die sog. Kaltklärverfahren, bei denen man etwa bei Zimmertemperatur arbeitet. Die Säuregrade, die man dabei benutzt, liegen kaum über denen der früher üblichen Heißklärungen; man verdünnt ja auch bei der Vorbehandlung mehr gegen früher.

Die Vorbehandlung der Melasse beruht also in der Hauptsache in einer Verdünnung auf etwa 15⁰ BALLING, wobei dem Wasser so viel Schwefelsäure zugesetzt wird, daß ein Säuregrad von etwa 2 (2 cm^3 n-Natronlauge auf 100 cm^3) entsteht. Bei diesem Säuregrad empfiehlt es sich, das Ganze auf etwa 65⁰ zu erwärmen und etwa $1/2-1^h$ dabei zu belassen. Gelüftet wird nicht. Der für die Vorbehandlung der Melasse dienende Holzbottich ist nur mit Dampfzuführung und einem langsam gehenden Rührwerk (aus Gußeisen) versehen. Vom Deckel aus geht ein Dunstabzug ins Freie (s. Abb. 158 und 159).

Wenn man den Säuregrad erhöht, kann man mit der Temperatur heruntergehen und nähert sich dann dem Schutzbereich einiger Patente. Aber ein Säuregrad von etwa 2⁰ mit der angegebenen Digestionstemperatur von 65⁰ während $1/2-1^h$ genügt, um die Melasse für die heutigen Verfahren der Hefeerzeugung brauchbar zu machen. Manche Betriebe wählen zuerst 4⁰ Säure und stumpfen nach der $1/2-1$stündigen Einwirkungsdauer der Schwefelsäure mit Kalk auf etwa 2⁰ Säure ab. So treten etwas mehr Ausscheidungen auf, in der Hauptsache Calciumsalze. Alle Weiterungen in der Melassevorbehandlung, wie Zusätze von Alaun z. B., sind fast überall verlassen. Die Hauptsache ist, daß die vorbehandelte Melasse wenigstens 6^h stehen bleiben kann, damit die gebildeten Ausscheidungen sich gut absetzen können. Dies erfolgt meist so gut, daß die geklärte Melasse unmittelbar mit Eintauchrohr klar in den Zwischenbehälter abgezogen werden kann. Vielfach drückt man die Melasse durch eines der üblichen Filter (SEITZ-Filter, Bd. V, 219, mit Asbest befüllt). Das Durchlaufenlassen durch Malzkeime ist aus Sicherheitsgründen auch verlassen.

Da man, wie dargetan, nur noch niedere Temperaturen bei der Vorbehandlung verwendet, bei 2—4⁰ Säure etwa 65⁰, so ist es zweckmäßig, die klare Melasse nicht zu lange stehen zu lassen, sie so zu bereiten, daß sie bald in den Gärbottich kommt. Übrigens sei bei dieser Gelegenheit erwähnt, daß es gelingt, Melasse, die auf 15⁰ BALLING verdünnt und $1/2-1^h$ bei 65⁰ gehalten ist, gut filtriert zur Gärung zu verwenden, umsomehr als bei sehr gesteigerter Hefeausbeute, also bei gut geleiteter Gärung, die Hefe gar manche Stoffe aus der Melasse als Kohlenstoffquelle zu benutzen vermag. Die Melasse bringt je 100 kg allermindestens 0,4% direkt assimilierbaren Stickstoff in die Gärung, man kann sogar ohne Gefahr mit 0,6% rechnen. Denn da in Gegenwart von organischem Stickstoff die Hefe mit Vorliebe zuerst den anorganischen Stickstoff verzehrt, so kann man dessen Dosierung so leiten, daß auch der organische gut ausgenutzt wird. Die Formoltitration gibt ja den Weg an, ob und wieviel nötig ist, die Bestimmung der p_H, in welcher Form.

Das ältere Lufthefeverfahren.

Aus Getreide wird durch Verzuckerung mit nachträglicher Milchsäurebildung eine Maische hergestellt und geläutert, nachdem am Ende der Milchsäuerung (bis 6⁰ Säure) kurz zur Sterilisierung auf 65—70⁰ aufgekocht ist. Das Läutern besteht in einer Trennung der klaren „Würze" von den Trebern. Was zuerst abfließt, ist die Stammwürze. Sie hatte meist 12⁰ BALLING und lief durch einen Röhrenkühler mit etwa 22⁰ in den Gärbottich. Man setzte 2—5% des Rohstoffs an Stellhefe (eigener oder bezogener Hefe) zu und lüftete. Nach Ablauf der Stammwürze berieselte man die Treber im Läuterbottich so lange mit heißem Wasser, bis diese auf fast 0⁰ BALLING ausgelaugt waren (etwa 6^h). Wenn die „Waschwasser" zu laufen beginnen, läßt man die Gärungstemperatur langsam steigen, so daß diese am Schlusse des Läuterns 25—26⁰ beträgt. Unter guter Lüftung vergärt man so lange, bis keine Zuckerabnahme mehr stattfindet, und läßt dann noch bei halber Luft „ausreifen", gibt der letzten Generation Gelegenheit, soweit es die vorhandenen Nährstoffe erlauben, auszuwachsen. Der Säuregrad, der natürlich durch die allmähliche Verdünnung der Würze abnimmt, soll nicht unter 1,0—1,25 fallen, ist andernfalls durch Säuregaben zu ergänzen. Bis gegen 1910 läuterte man so lange, bis auf 100 kg Rohstoff 1000—1200 l Gesamtwürze im Gärbottich waren, und lüftete auf etwa 30 m^3 Luft je 1^h und 100 kg Rohstoff. Nach 1910 wendete man die von BRAASCH angegebenen größeren

Verdünnungen an, nicht aber die abwechselnd höheren und tieferen Temperaturen. Man arbeitete bis zu 40facher Verdünnung, d. h. so, daß auf 100 *kg* Rohstoff bis 4000 *l* Würze durch Läutern und direkte Wassergaben erzielt wurden. Dabei stieg natürlich der Luftbedarf, der sich dann, richtiger auf 1 m^3 Würze berechnet, je 1^h auf bis 80 m^3 belief. Damit kam man von den 20—22% Hefe und Spiritus der älteren Arbeitsweise auf gegen 50—60% Hefe neben 12—14% Spiritus. Ziemlich gut erwies es sich, wenn die Stammwürze 1^h unter Lüften gegoren hatte, die Würzemenge möglichst in 1^h auf die gewünschte Verdünnung zu bringen, so daß von da an die Hefe einigermaßen unter gleichen Bedingungen aufwachsen konnte. — Nach dem kurz vorher erwähnten Verfahren arbeitet man in der Stellhefezüchtung oft in der „Anstellgärung", die der eigentlichen, die Stellhefe liefernden Gärung vorausgeht. Jene wird, wie früher üblich, mit mehr BALLING-Graden „abgestellt"[1] Es wird dann etwas mehr Spiritus gebildet, was der Qualität der Stellhefe dienlich ist.

Sonst ist das ältere Lufthefeverfahren völlig verschwunden und durch das Melasse Nährsalz-Zulaufverfahren ersetzt.

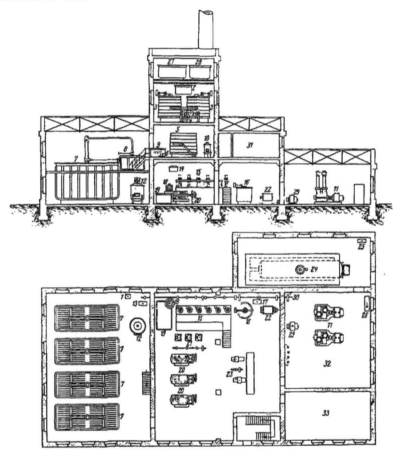

Abb. 159. Hefefabrik nach dem Melasse-Nährsalz-Verfahren der MASCHINENBAU-A.-G. GOLZERN-GRIMMA, Grimma.

1 Pumpe für die Förderung von Rohmelasse
2 Meßbehälter für Rohmelasse
3 Melassekoch- u. -klärbottiche
4 Melassefilterpresse
5 Würzebehälter
6 Würzekühler
7 Gärbottiche
8 Vorgärbottiche
9 Anstellgärbottiche
10 Hefereinzuchtanlage
11 Turbinengebläse

12 Luft-Wasch-und-Kühlapparat
13 Rotationspumpe für das Überpumpen der Würze
14 Hefesiebkasten
15 Hefeseparatoren
16 Hefewaschbottich
17 Rotationspumpe für das Überpumpen der gewaschenen Hefe
18 Hefeberieselungskühler
19 Hefesammelgefäß

20 Rahmenfilterpressen
21 Preßpumpen
22 Hefemischmaschine
23 Hefeform- und -teilmaschinen
24 Dampfkessel
25 Speisevorrichtung zum Dampfkessel
26 Wasserpumpe
27 Kaltwasserbehälter
28 Warmwasserbehälter
29 Antriebsmotoren
30 Transmissionen

Das neue sog. Zulaufverfahren.

Wie schon vorher erwähnt, baut sich dieses Verfahren ganz auf die Verarbeitung von Melasse mit Nährsalzen auf. Gegenüber den Getreideverfahren oder den Verfahren mit sonstigen stärkehaltigen Rohstoffen bedeutet es grundsätzlich eine ganz bedeutende Vereinfachung. Getreide ist nicht zu schroten, Mais nicht zu kochen, der Vormaischer mit seiner nicht einfachen Tätigkeit ist durch den einfachen Melasseklärbottich ersetzt; jegliche bakterielle Säuerung fällt fort. Der Läuterbottich ist verschwunden. Vom Melasseklärbottich fließt die Klarmelasse in den Zwischenbehälter, aus dem der Zulauf geregelt wird. Der Gärbottich ist geblieben und hat in seiner Inneneinrichtung eine Verbesserung der Lüftungseinrichtung erfahren.

Die Lüftung. In Anbetracht der großen Luftmengen, die sich bei der Arbeit mit Melasse und Salzen als nötig erwiesen hatten, versuchte man auf verschiedenste Weise eine möglichst feine Verteilung der eingepreßten Luft herbeizuführen. Das ist nur zum Teil geglückt, weil es nicht auch gelungen ist, zu verhindern, daß die feinsten Luftteilchen sich beim Emporsteigen in der Würze erweitern und sich vereinigen. So kommt die Feinstverteilung der Luft stets nur der Würzeschicht zugute, die gerade über der Luftverteilung liegt. Sicher ist nur das eine, daß, wenn auch der Vorgang der Protoplasmabildung aus Zucker und anorganischem Stickstoff viel Luft bzw. Sauerstoff benötigt, auch noch andere Gründe das gleiche verlangen. Die ständige Feinstverteilung der tätigen Hefe in der gärenden Würze ist es, die den größten Teil der Lüftungsleistung beansprucht. Deshalb sind auch die Versuche ebenso alt wie nie unterlassen, einen Teil der Lüftung durch mechanisches starkes Durchrühren zu ersetzen. Wir wissen heute, daß dies geht, u. zw. in beträchtlichem Maße — in verhältnismäßig kleinen Versuchsgefäßen. Die Umsetzung in die Arbeit des Großbetriebs wird aber noch mitzusprechen haben, ehe man hier von einem Erfolg für den Betrieb sprechen kann. Die großen Verdünnungen hat man im Reiche des Zulaufverfahrens längst verlassen, und man begnügt sich mit solchen, die nicht weit über denen des frühesten Lüftungsverfahrens liegen. Da aber die Würzemenge, die sich während der Hauptgärung im Gärbottich befindet und der Lüftung harrt, den Luftverbrauch diktiert, so kann schon durch Benutzung eines möglichst schwachen, nicht über 20fachen Verdünnungsgrades der Luftverbrauch sehr gedrückt werden. Dies gelingt auch, wenn man zu Beginn und zum Schluß der Arbeit nicht unnötig Luft einbläst.

Die Feinstverteilung der Luft ist nun tatsächlich so weit gefördert, daß an Luft gespart werden kann. Wo noch neben Hefe Spiritus gewonnen wird, tritt dabei eine höhere Ausbeute daran ein. Aber ob nicht diese Anlagen für Feinstverteilung dem Reinhaltungsbedürfnis unserer Industrie Schwierigkeit machen und so Infektionen herbeiführen helfen, ist noch abzuwarten. Deren Reinhaltung ist jedenfalls dringend im Auge zu behalten. Da außerdem ja keine Anlage gerade ausreichend bemessen sein soll, sondern auch einem ev. Mehrbedarf genügen können muß, so bemißt man auch einstweilen die Luftzuführung so, daß sie auf alle Fälle genügt. In 1 m^3 Würze sollte man mit mindestens 80 m^3 Preßluft rechnen, da die Luft nur als solche in Wirkung tritt. Besser ist es, die Anlage noch leistungsfähiger zu wählen und besonders darauf zu achten, daß sie nicht ungenügend wird, wenn etwa 2 Gärungen, gleichzeitig oder kurz hintereinander laufend, bedient werden sollen.

Die Hilfsmittel der Betriebskontrolle. Ehe wir den Gärungsverlauf einer Melasse-Nährsalz-Gärung nach dem Zulaufverfahren schildern, ist es empfehlenswert, kurz die Neuerungen zu besprechen, die die neuartige Arbeitsweise erst so recht ermöglichen, weil sie sie sicherstellen.

Die Formol-Titration. Sie ist vor über 20 Jahren von SÖRENSEN (Carlsberg-Laboratorium, Kopenhagen) angegeben worden. Sie gibt durch die ihr zugrunde liegende Reaktion die Möglichkeit, den Gehalt von Würze an Aminosäuren festzustellen. Dies ist wichtig, da sie fast alle leicht assimilierbar für die Hefe sind. Obwohl organische Säuren die charakteristische CO_2H (Carboxyl-Gruppe) enthalten, sind sie doch als solche nach üblicher Weise nicht zu erkennen, da ihr

Säurecharakter durch die Aminogruppe (NH_2) verdeckt wird. SÖRENSEN fand das Mittel, diese Schwierigkeit zu beseitigen, im Formaldehyd (Formol). Er verbindet sich mit der Aminogruppe zu $-N=CH_2$, nimmt ihr also ihren basischen Charakter, so daß die Säuregruppe zur Geltung kommt und titriert werden kann. Da Formaldehyd meist schwach sauer ist, ist es vor dem Gebrauch bis zu schwacher Rötung von Phenolphthalein zu neutralisieren.

Dabei wird öfters die sog. Stufentitration benutzt, die die ganze Kontrolle aber, weil umständlich, sehr erschwert. Technisch einfach und sicher im Ergebnis vollzieht sich nach SÖRENSEN die Titration, wie folgt: 100 cm^3 der Würze, bei der verdünnten Melasse u. s. w. werden mit etwas Bariumchlorid versetzt, 1 cm^3 einer 0,5%igen alkoholischen Lösung von Phenolphthalein zugefügt und mit n-Natronlauge bis zur deutlichen Rotfärbung titriert. Man kann natürlich in der gleichen Probe zuerst mit Lackmuspapier den Säuregrad bestimmen, dann das Bariumchlorid und 1 cm^3 Phenolphthaleinlösung zugeben und mit n-Natronlauge auf deutlich rot titrieren. Dann gibt man 10 cm^3 einer käuflichen (30–40%igen) Formaldehydlösung zu. Wenn Aminostickstoff da ist, tritt Entfärbung ein, weil der Formaldehyd die Aminogruppe bindet und die Säuregruppe freimacht. Man titriert nun wieder bis auf den gleichen Rotton in der Würze. Das $^1/_{10}$ cm^3 verbrauchte n-Natronlauge bezeichnet man als „Formolgrad". Dieser gibt jeweils genauestens an, ob die Hefe noch genug Stickstoff zur Verfügung hat oder neue Gaben erhalten muß. Wichtig ist es z. B., um dies vorwegzunehmen, den Formolgrad der geklärten Melasse zu kennen, wie man auch deren pH kennen sollte. Bei ganz gleicher Arbeit ist pH meistens etwas verschieden. Das gleiche gilt für den Formolgrad der Melasse, wie sie in den Gärbottich eingelassen wird. Er kann zwischen 0,8–1,6° schwanken bei sonst gleicher Arbeit und wird umso gleichmäßiger, je einfacher sich die Klärung der Melasse vollzieht. Allzu große Kunst bei der Absicht, möglichst alle sog. Farbstoffe zu entfernen, schädigt die Eiweißstoffe, wie eben viel Säure bei höheren Temperaturen den Zucker. Während der Gärung hält man die Stickstoffgaben so, daß, wenn der Formolgrad auf 0,2–0,15 zurückgegangen ist, durch die Zugabe der Formolgrad nicht über 0,7–0,8° steigt. Am Schlusse der Gärung soll der Formolgrad bei 0° liegen.

Das pH, die Wasserstoffionenkonzentration (s. Bd. VIII, 253 sowie Bd. I, 165), spielt bei der Durchführung des Zulaufverfahrens eine wichtige Rolle. Zu ihrer Bestimmung wird sowohl die von SÖRENSEN-MICHAELIS ausgearbeitete Indicatorenmethode als auch das Foliencalorimeter von WULFF im Betriebe benutzt.

Die Maischen bzw. Würzen der Preßhefenindustrie sind pufferreich – können sie doch die $^3/_4$ des verwendeten Ammonsulfats betragende, bei der Ammoniakwegnahme freiwerdende Schwefelsäure so „puffern", d. h. mittels der in ihnen vorhandenen namentlich phosphorsauren Salze die Schwefelsäure binden, daß sie der Hefe keinen Schaden zufügen kann. Auch Eiweißstoffe und andere organische Stoffe können „puffernd" wirken, wie dies ausführlich unter Bier (Bd. II, 306) erörtert wurde. Die Melassen sind durchweg gut puffernder Rohstoff. Gebildete freie Mineralsäure kann also erst auftreten, wenn die Pufferungsfähigkeit überschritten ist.

In der Hefenindustrie kannte man nun seit langen Zeiten Säuregrade, die für die Hefe gut erträglich und zur Verhinderung von Nebengärungen und sonstigen unerwünschten Vorgängen nützlich waren. Man wußte so auch schon lange, daß Schwefelsäure gegenüber z. B. Milchsäure viel stärker wirkt, fand aber die genaue Erklärung erst, als man die verschiedenen pH bei verschiedenen Säuren, z. B. bei gleichen Säuregraden, feststellte. So hatte auch die Futterhefefabrikation, Vorläuferin des Zulaufverfahrens, zunächst Schwierigkeiten, bis für die neue Arbeit mit Melasse und Salzen die neuen Säuregrade gefunden waren und dabei die wichtige Beobachtung gemacht war, daß zu Beginn der Gärung die Hefe in fast oder ganz neutralem Medium sich befinden müsse. Wenn die Ammoniakaufnahme aus dem zugesetzten Ammonsulfat beginnt, sorgt die freiwerdende Schwefelsäure schon für Säuregrade, deren Steigen man zunächst mit Mitteln, wie z. B. Schlämmkreide, verhinderte. Der Einzug des Zulaufverfahrens in die Hefenindustrie fast der ganzen Welt forderte bald zu seiner richtigen Durchführung besonders die genauere Kontrolle des üblichen Säuregrades, der ja in den gut puffernden Melassewürzen selbst bei gleichen Zahlen oft etwas ganz anderes bedeuten konnte.

Unzeitige Gaben von Ammoniak, wenn z. B. der Säuregrad stieg, erwiesen sich als ungünstig; die Bestimmung des pH ergab, daß sie sich nicht verändert hatte. So fand man bald für die Hefe die günstige pH-Zahl oder besser das pH-Gebiet, in dem sie liegt. Sie ist für die einzelnen Betriebe nicht gleich, ebenso nicht für verschiedene Melassen; das für die günstige Hefevermehrungstätigkeit in Betracht kommende Gebiet liegt zwischen etwa 3,9–4,6, wenn auch in manchen Betrieben etwas höhere Zahlen, z. B. 4,7–5,1, im Gebrauch sind. Es ist nun einleuchtend, daß die für die Gärung benutzte Klarmelasse auch am besten einen Säuregrad hat, der einem günstigen pH entspricht, wie sie die Hefe erfordert, damit nicht allein durch unnötige Schwefelsäure- oder überhaupt Säuremengen der pH-Stand ständig schwankt. Das pH in der Klarmelasse soll am besten ungefähr bei dem mittleren pH der Gärung liegen, also etwa bei 4,3 pH. Doch bringt Klarmelasse mit 1,0° S. und ungefähr 5° pH da und dort keine Gefahren. Zu empfehlen ist jedenfalls, wenn irgend möglich, in der Klarmelasse vor der Verwendung jeweils eine Probe zu nehmen, BALLING-Grad, Säuregrad, pH und Formolgrad zu bestimmen.

Das Zulaufverfahren mit Melasse und Nährsalzen. Wir nehmen an, daß eine Hefe von 1,9% Gehalt an Stickstoff und von 0,8% an Phosphorsäure gewonnen werden soll. Für beste Versandhefe sind dies Mittelzahlen. Kennt man die Ausbeute, die man erstrebt — sie ist ja abhängig von dem Umstande, ob die Fabrik mit Brennrecht arbeitet, also zugleich noch Spiritus erzeugen will, oder nicht —, so läßt sich leicht die Menge Salze berechnen, deren man bedarf. Das Ammonsulfat enthält rund 21% Stickstoff; das käufliche Ammoniakwasser ungefähr ebensoviel, so daß man 1 *l* Ammoniakwasser = 1 *kg* Ammonsulfat setzen kann. Diammonphosphat enthält auch rund 21% Stickstoff zugleich mit rund 54% Phosphorsäure. Der Gehalt an Phosphorsäure bei der Melasse (etwa 0,03–0,05%) kann außer acht gelassen werden. Nicht so der Stickstoffgehalt der Melasse. Der assimiiierbare Stickstoff beträgt mindestens 0,4%, liegt aber häufig bei 0,6%, in manchen Melassen noch höher. Außerdem kommt ja neuerdings kein Superphosphat in die Melasse. Man setzt die Phosphorsäure jetzt sicherer und besser direkt als Diammonphosphat der Gärung zu. Der Stickstoff wird nach Bedarf zugegeben; ebenso wird das Diammonphosphat errechnet; doch findet seine Zugabe meist kontinuierlich statt, wobei aber sein Stickstoffgehalt bei der Formoltitration erfaßt wird.

Der Zulauf selbst erstreckt sich in der Hauptsache auf die Melassezugabe. Mit ihr kann man die Art der Gärung regeln. Je schneller der Zulauf, desto größer die Bildung von Alkohol. Im Zulaufverfahren liegt also eine Art Regulator. Wird der Zulauf ausgedehnt, so wird wohl auch Alkohol gebildet, aber auch wieder von der Hefe aufgenommen. Die Zulaufgärungen mit um 80% herum liegenden Ausbeuten sind alkoholfrei. Wohl während der Hauptgärungsstunden, nicht aber am Schlusse der Gärung, ist Alkohol nachzuweisen.

Gewöhnlich geht man so vor, daß man etwa $^1/_8$ der Gesamtklarmelasse als „Vorlage" benutzt, d. h. mit diesem Achtel die Gärung beginnt. Man läßt den achten Teil der Melasse in den Gärbottich fließen und verdünnt mit Wasser auf etwa 1,5° BALLING. Die Temperatur soll etwa 24–26° betragen. Man gibt unter schwachem Lüften $^1/_8$ des nötigen Stickstoffs als Ammonsulfat zu und, wenn dieses gelöst ist, etwa $^1/_{10}$ des Diammonphosphats (auch $^1/_8$) und dann 15–20% der Gesamtmelasse an Stellhefe. Durch die Zugabe des Ammonsulfats und des Diammonphosphats steigt der Formolgrad von etwa 0,2 auf 1,0–1,2°. Der Säuregrad in dem auf 1,5° BALLING verdünnten $^1/_8$ der Melasse wird, da er durch die Verdünnung fast = 0 geworden ist, durch etwas Schwefelsäure auf etwa 0,15 bis 0,2° gebracht (= 4,7–4,8 p_H), stets auf 100 cm^3 bezogen. In einer nach 1^h entnommenen Probe finden wir p_H und BALLING-Grad etwas gefallen, die Hefe hat Zucker und Stickstoff aufgenommen, die Schwefelsäure ist etwas gepuffert. Der Formolgrad ist auf 0,7–0,8° gefallen, der Säuregrad gestiegen, p_H daher etwas gefallen. Aus dem Formolgrad sieht man, daß die Hefe noch genug Nahrung hat, zumal auch die BALLING-Grade wenig gefallen sind. Man lüftet weiter und prüft nach einer weiteren Stunde wieder auf BALLING, Säuregrad, p_H und Formolgrad. Ist dieser z. B. auf 0,2° heruntergegangen, so erfolgt eine Stickstoffgabe, u. zw. als Ammonsulfat, wenn das p_H nicht Neigung zeigte, weiter gegen 4 zu fallen. Nach der zweiten Stunde beginnt der Zulauf der Melasse, der gewöhnlich auf 10–12^h verteilt wird. In den ersten 3–4^h gibt man — bei 12stündigem Zulauf — etwa 6% der $^7/_8$ der Melasse, dann langsam stündlich steigend 8, 9, 10%, dann 4^h 11% und die letzte Stunde 5%; bei 10stündigem Zulauf ist dieses Vorgehen entsprechend zu ändern. Stündlich werden Proben entnommen und wie üblich untersucht. Zeigt der Formolgrad etwa 0,15–0,2, dann ist eine Ammoniakgabe nötig, wenn p_H noch bei 4,3–4,4 liegt, als Sulfat, andernfalls als Sulfat und als Ammoniakwasser. Das Diammonphosphat läuft ja, in entsprechender Menge, um bei der gewünschten Ausbeute etwa 0,8% Phosphorsäure in der Preßhefe zu erzielen, von der zweiten Stunde an in 10–11^h oder auch in kürzerer Zeit fortlaufend zu. Die Temperatur läßt man während der Gärung langsam auf 30° ansteigen, so daß diese Temperatur etwa in den 2 letzten Stunden erreicht ist. Geht das p_H gegen den Schluß der Gärung über 4,5 hinauf, so ist durch eine Säuregabe für ein p_H von etwa 4,4 zu sorgen. Betrachtet man bei solchen Gärungen die stündlich gefundenen Zahlen für Säuregrad und p_H, so sieht man, daß nicht jeder höhere Säuregrad einem fallenden p_H entspricht, daß also für einen modernen Preßhefebetrieb gerade deshalb nur die wirkliche Kontrolle der Aciditätsverhältnisse, die Bestimmung des p_H, maßgebend sein kann. Nur sie schützt davor, daß man zu unpassender Zeit Ammoniakwasser statt Sulfat gibt und Störung in den Stickstoffumsatz bringt. Hand in Hand mit der Bestimmung des p_H muß die des laufend während der Gärung vorhandenen Aminstickstoffs gehen, die stete Kenntnis des Formolgrades. Es ist bewunderungswürdig, in wie schnellem Tempo die Hefe, wenn sie bei richtigem p_H gehalten wird, selbst große Gaben von Ammoniakwasser oder Ammonsulfat verschwinden läßt und zu stickstoffhaltigem Protoplasma umbaut. Dabei kann man, solange p_H bei 4,3—4,5 liegt, unbedenklich mit Ammonsulfat die Hefe bedienen, wird aber sofort einen Teil durch Ammoniakwasser ersetzen, wenn p_H gegen 4,0 Fall-Neigung zeigt. Formolgrade von 0,15—0,2 bedeuten in der eigentlichen Gärung stets Bedürfnis nach Stickstoff. In der letzten Melasse-Zulaufs-Stunde sollte keine Stickstoffabgabe mehr nötig sein, wenn vorher die Gärung richtig geführt wurde. In der ersten Stunde der jeweiligen Gärungen lüftet man etwa mit $1/3$ — $2/5$ der Menge, die während der Hauptgärungsstunden nötig ist, ungefähr 80 (besser 100) m^3 Luft je 1 m^3 Würze. In der letzten halben Stunde geht man auch wieder auf $1/3$ Luft zurück. Die Stickstoffgaben erfolgen entweder in Form einer Lösung des Sulfats oder in Form des Salzes (Ammonsulfat) selbst. Die riesige Lüftung bewirkt schnellste Lösung und Verteilung. Ebenso kann das Ammoniakwasser nach Bedarf jeweils in der betreffenden Menge als solches zugegeben werden. Die Mischung erfolgt schnellstens in der Würze.

Der Zwischenbehälter für die Klarmelasse braucht einen Flüssigkeitsstandanzeiger, der leicht gestattet, die stündlich nötigen Mengen der Gärung zufließen zu lassen. Gibt man in den ersten Stunden zu viel, dann leidet die Hefebildung, weil mehr Alkohol entsteht, als schnell von der Hefe verzehrt werden kann. Deshalb läßt man die Zulaufmenge ansteigen, geht aber in der letzten Stunde auf die Menge der ersten Stunden zurück, damit die tätige Hefe noch Zucker genug hat, um die letzten Mengen anorganischen Stickstoffs in der Würze zu verarbeiten Denn bei richtig geführter Gärung fällt der Formolgrad gegen 0^0, darf nicht höher als bei 0,05—0,1 liegen. Ammoniak soll in der vergorenen Würze nicht nachweisbar sein, p_H der vergorenen Würze soll bei 4,4 liegen und ist allenfalls durch Säuregabe dahin zu bringen vor der Enthefung der Würze.

Zur Trennung der Hefe aus der vergorenen Würze stehen heute Separatoren (Zentrifugen) von größtem Ausmaß zur Verfügung. Noch vor nicht langer Zeit betrug die Leistung 2500 l stündlich, jetzt stehen solche Maschinen mit rund 20 000 l stündlich zur Verfügung, so. daß selbst große Gärungen mit einigen dieser Zentrifugen bewältigt werden können. Der Hauptanstoß für die Vergrößerung der Leistung lag in der Notwendigkeit einer gründlichen Waschung der Hefe. Bedenkt man, daß $1/4$ des Melassegewichts aus Salzen besteht, so kann man die Notwendigkeit dieser Waschung leicht einsehen. Die heutige Zulaufsgärung entnimmt der Melassewürze viel mehr organische Stoffe als bei den vor 15 Jahren noch üblichen Verfahren mit höchstens 30—40% Ausbeute an Hefe. Da auch der Verdünnungsgrad der Würze kein so weitgehender mehr ist, wäre die separierte und sofort gepreßte Hefe in ein stark salzhaltiges Medium eingebettet. Dies wäre nicht gerade günstig. Die separierte Hefe kommt deshalb sofort in einen Zwischenbehälter, in dem sich bereits wenigstens ebensoviel Frischwasser befindet, wie dicker Hefebrei von den Zentrifugen sich ergibt (rund $1/8$ — $1/10$ der Gesamtwürzemenge). Dieser Zwischenbehälter ist entweder mit einem Rührwerk oder mit Lüftungsvorrichtung versehen, damit das Ganze gut gemischt werden kann, ehe man es wieder den Separatoren zuführt. Auf die erste Waschung folgt stets noch eine zweite. Dabei ist dafür zu sorgen, daß p_H der Waschwasser + Hefe ungefähr wieder 4,4 zeigt, mindestens also das p_H vom Schluß der Gärung. Wo die Mischung des Hefebreis mit Frischwasser durch Luft geschieht, setzt man dem Waschwasser gerne noch sehr geringe Mengen von Nährstoffen zu, was ihren backtechnischen Eigenschaften gut tut. Der von den Separatoren jeweilig fließende Hefebrei wird stets über einen wirksamen Kühler geleitet. Da ja das

Frischwasser in unseren Klimaten gewöhnlich höchstens $10-12^0$ hat, so kommt die Hefe schon sehr kühl in die Pressen. Von da gelangt sie ja, wenn sie nicht sofort versandt werden muß, in Kühlräume, die aber nicht unter 4^0 haben sollten.

Die Stellhefe. Es hatte sich schon, als das BRAASCH-Verfahren mit seinen Verdünnungen die Hefenausbeuten stark gehoben hatte, also um $1910-1914$ herum, gezeigt, daß nicht mehr wie bisher die Betriebshefe-Versandhefe als Anstellhefe benutzt werden konnte, da ja durch die starke Verdünnung der wenn auch geringe Alkoholschutz verschwunden war. Als dann das Zulaufverfahren die Ausbeute an bester Hefe bis gegen 100% und darüber gesteigert hatte, erwies sich die Züchtung einer besonders geeigneten Stellhefe erst recht als nötig. Sie fußt auf der Einführung einer „regenerierten" Hefe in den Betrieb, die natürlich vorher an das Milieu, die Melasse, wieder gewöhnt worden war. Besonderes Gewicht ist auf die Stellhefegewinnung dann zu legen, wenn es sich um die Herstellung sog. Stark- oder Schnellhefen daraus handelt mit erhöhten backtechnischen Eigenschaften.

Eigene Betriebshefe wird in einer auf etwa 13^0 BALLING verdünnten Klarmelasse ausgesät (Regenerationsstufe a) und darin ohne Luft so lange belassen, als sie noch Zucker vergärt. Den Säuregrad hält man zu Beginn neben den 13^0 BALLING auf etwa $2,2^0$ Säure. Die Gärung beginnt bei $26-27^0$. Diese Erneuerungsgärung wird alles in allem zum Anstellen der nächsten Stufe der Stellhefegärungen b benutzt. Die Würze enthält schon eine kleine Ammonsulfatgabe. Diese Stufe beruht auf dem älteren Lufthefeverfahren, hat schwache Lüftung und etwa $4,5^0$ BALLING Anfangskonzentration. Man kann sie auch zunächst etwas höher wählen und nach 1^h Angärung auf $4-4,5^0$ BALLING stellen. Als Säuregrad wählt man $1,0-1,4^0$ zu Beginn. Am Schlusse der Gärung soll der Säuregrad ebenfalls — während der Gärung steigt er und fällt zum Schlusse — noch etwa $1,0-1,4^0$ betragen. Als Temperatur wählt man zu Beginn etwa $25-26^0$ und läßt gegen 30^0 steigen. Statt der Regenerationsgärung kann man auch eine entsprechende Menge Reinkultur in die eben besprochene Stellhefe-Züchtungsstufe b aussäen. Die Hefenausbeute dieser Gärung soll bei etwa $25-30\%$ liegen. Die vergorene Würze wird separiert. Der Hefebrei aus b dient nun vielfach als Stellhefe für eine „Stellhefegärung" c, ganz so verlaufend wie eine übliche Hauptgärung für Versandhefe. Meistens aber benutzt man den erwähnten Hefebrei zuerst noch einmal zum Anstellen einer weiteren Stufe b_1, bei der die Bedingungen so gewählt werden, daß bei Lüftung mit etwa $^2/_3$ der für Hauptgärungen üblichen eine Ausbeute an Hefe von $50-60\%$ erzielt wird. Dann erhält die Würze schon etwas Diammonphosphat und Ammonsulfat, zur einstündigen Angärung etwa $4,5^0$ BALLING Konzentration, die man nach 1^h schnell auf etwa $3,0^0$ heruntersetzt. Die Temperatur ist zu Anfang wieder $25-26^0$ und steigt langsam auf 30^0. Die Säure hält man zu Beginn bei $0,75-0,8^0$. Die Regenerationsstufe a (ohne Lüftung) kann sich z. B. aus $2100\ l$ Gesamtwürze aus $300\ kg$ Klarmelasse zusammensetzen. Die nächste Stufe b, angestellt mit der ganzen Regenerations(Auffrischungs-)gärung a, beträgt dann etwa $18\,000\ l$, die andere b_1 $30\,000\ l$ Gesamtwürze, aus jeweils $1500\ kg$ Klarmelasse hergestellt.

Man kann also die separierte Hefe aus b entweder schon zum Anstellen einer Betriebs-Stellhefe-Gärung c benutzen, die unter dem oben geschilderten Verlauf einer „Hauptgärung nach dem Zulaufverfahren" sich vollzieht, oder sie zuvor noch zu einer weiteren Vorstufe b_1 verwenden. Jedoch können hierin auch allerlei Änderungen entsprechend der Besonderheit der Betriebe eintreten. Es genüge, den grundsätzlichen Aufbau der Stellhefezüchtung darzutun, weil damit schon der Wege genug gezeigt sind. Interessant ist es auch, in den Gärungen a, b, c (wie in den großen Gärungen) den Verlauf an Hand der Bestimmung von p_H und Formolgrad zu kontrollieren, was stets tiefere Einblicke gewährt in die Verschiedenheiten, die trotz gleicher Arbeit möglich sind. Da und dort — dies sei hier noch kurz erwähnt — pflegt man die Stufe b unter Benutzung von Malzkeimen zu vollziehen. Dies setzt natürlich einen kleinen Läuterbottich voraus, was außerhalb des Rahmens des sonst so einfachen Verfahrens fällt.

Jedenfalls aber — wie zu Beginn des Kapitels Lufthefe schon gesagt — kommt in der ganzen Welt als Rohstoff für die Hefenerzeugung nur noch Melasse in Betracht, verarbeitet im Sinne des Zulaufverfahrens mit anorganischen Nährsalzen, so daß jedes weitere Eingehen auf früher übliche Verfahren unnötig ist. Natürlich, wird man, wo Kolonial- (Rohrzucker-) Melasse billig zu haben ist, auch sie als Rohstoff heranziehen. Dabei ist zu berücksichtigen, daß sie fast keinen assimilierbaren Stickstoff und gar keine Phosphorsäure enthält. Man wird auch bei der Vorbehandlung von Rohrzuckermelasse etwas höhere Temperaturen oder höhere Säuregrade anwenden, um eine Sterilisierung dieser Melassen zu erreichen und damit einwandfreie Arbeit auf gute Hefe. Der sog. „Klärung" bedarf die Rohrzuckermelasse so gut wie gar nicht.

Neuerdings hat man als Rohstoff für Hefegewinnung die Ablauge der Sulfatzellstoffabrikation wieder in den Vordergrund gerückt, nachdem DELBRÜCK schon 1915/16 gezeigt hatte, daß man schöne und brauchbare Hefe aus diesem Rohstoff gewinnen kann. Allerdings benutzt man bei den neueren Verfahren neben der Ablauge noch Zusätze von Melasse, um die Arbeit rentabler und einfacher zu gestalten. Es ist sehr zu bezweifeln, daß diese Arbeit in geldlicher Hinsicht Erfolge zeitigt, wenn nicht die betreffende Zellstoffabrik den Wert der Ablauge mit Null einsetzt. Dies aber wäre ein unbegreiflicher Fehler. Im übrigen ist die Methode der Hefegewinnung aus Ablauge für jeden Fachmann von selbst gegeben, so daß die darauf bezüglichen Patente merkwürdig anmuten. Natürlich bedarf die Ablauge des Zusatzes von Stickstoff und Phosphorsäure, wenn sie entsprechend neutralisiert und gärfähig gemacht ist.

Nicht unerwähnt möchte ich lassen, daß, wenn nicht höhere Ausbeuten als gegen 50 % Hefe gewünscht werden, also neben ansehnlichen Ausbeuten an Alkohol, dann die ältere Arbeit mit z. B. 60 Tl. Melasse und 40 Tl. Keimen durchführbar ist, entweder mit Schwefelsäurearbeit oder solcher mit bakterieller Milchsäurebildung. Doch gibt ja das Zulaufverfahren gerade die Möglichkeit, ganz nach Bedarf das Verhältnis Ausbeute Hefe : Spiritus zu regeln, so daß alle älteren Wege nicht mehr begangen zu werden brauchen.

Das moderne Zulaufverfahren gestattet deshalb auch, die Alkoholbildung ganz auszuschalten und nur Hefe zu gewinnen. Alkoholerzeugung kommt nur noch bei den Stellhefegärungen in Frage, wie etwa oben bei den unter *a, b, c* geschilderten Stufen. Sonst kennt der moderne Hefenbetrieb mit neuzeitlichen hohen Ausbeuten an Hefe keine Alkoholgewinnung aus der vergorenen Würze mehr.

Was die Menge der in die Hauptgärung auszusäenden Stellhefe angeht, so sind daran, je nachdem man hohe bis höchste Ausbeuten erzielen will, wenigstens 15, besser 20 % des Gesamtrohstoffes nötig. Damit kann man schon sehr hohe Ausbeuten erzielen, zumal wenn die Stellhefe zu 20 % des Rohstoffs bemessen wird.

Die Ausreifungsperiode ist bei der modernen Zulaufmethode nicht mehr wichtig. Man beginnt bei einer für die Hefebildung günstigen geringen Konzentration und hält diese gewissermaßen bis zum Schlusse der Arbeit aufrecht, so daß die letzten Generationen der Hefeneubildungen doch sozusagen genau so ernährt werden wie die ersten.

Man reiht aber eine „Ausreifungsstunde" an, um der Hefe Gelegenheit zu geben, wenn alle Melasse und Nährsalze zugegeben sind, die für sie brauchbaren Bestandteile restlos aufzunehmen, so daß eine separierte Würze nach richtig geleiteter Gärung so gut wie zucker- und stickstofffrei ist. Aufmerksam möchte ich noch machen auf die Zunahme der BALLING-Grade während der Gärung infolge der durch das enorme Hefewachstum stark steigenden Dichtigkeit. Mit einiger Übung läßt sich aus der Zunahme der BALLING-Grade vom Beginn der Gärung bis zu ihrem Ende ein Schluß auf die zu erwartende Ausbeute ziehen, abgesehen davon, daß man dies mit entsprechenden Laboratoriumszentrifugen und graduierten Reagensröhrchen deutlicher und schneller erkennen kann. Zu erwähnen ist noch das Auftreten dichten, reichlichen Schaumes, dessen Beseitigung bzw. Bekämpfung selbst während der gesteigertsten Vermehrungstätigkeit der Hefe durch das altbewährte Hilfsmittel „Fett" gut möglich ist. Jedenfalls läßt er sich soweit dämpfen, daß ein Übergehen der Gärung ausgeschlossen ist. Außerdem gibt es ja Schaumdämpfungsapparate, patentierte und nichtpatentierte, die nach Wunsch und Bedarf zu Gebote stehen. Im übrigen ist das Auftreten dichten, reichlichen Schaumes angesichts des großen Stickstoffumsatzes im Protoplasma leicht verständlich, ebenso selbstverständlich wie die Notwendigkeit seiner Beseitigung oder Dämpfung, um die Ansiedlung besonders luftliebender unerwünschter Hefearten zu umgehen.

Eines sei wiederholt festgestellt: noch nie hat bisher der Betriebsleiter die richtige Gärungsführung so in der Hand gehabt wie jetzt durch die Formoltitration und die Bestimmung des p_H. Man kann mit großer Sicherheit auf eine Hefe mit bestimmter Zusammensetzung hinarbeiten. Dazu kommt, daß die Qualität der Hefe des richtig geleiteten Zulaufverfahrens sowohl in bezug auf Haltbarkeit als auch auf Gärkraft (also auf ihre bäckereiwichtigen Eigenschaften) durch die grundsätzlich gleichmäßige Ernährung der wachsenden Hefe gewissermaßen gewährleistet ist. Dabei hat man es in der Hand, die Stickstoff- bzw. Phosphorsäurebilanz von vornherein so aufzustellen, daß eine Hefe mit günstigerem Gehalt an diesen wichtigen Bestandteilen sich ergibt.

Die Nebenerzeugnisse.

Da ist Alkohol zu nennen, meist nur noch soweit Stellhefegärungen in Frage kommen; weiterhin Treber — wenn zu irgend einer Zeit etwa Malzkeime verwendet wurden; dies wird aber immer mehr unterlassen. Will man bei der Stellhefeerzeugung ohne anorganischen Stickstoff arbeiten, so macht das der Gehalt der Melasse von mindestens 0,4 % (meist bis 0,6 %) an assimilierbarem Stickstoff gut möglich ohne Zugabe von Keimen. Als Nebenerzeugnis tritt also Alkohol nur in geringem Maße auf, ebenso wie Treber so gut wie nicht in Betracht kommen.

Es müßte denn sein, daß eine Fabrik Melasse nur schwer und teuer, dagegen Getreide leicht und billig haben kann. Da hierbei stets die Notwendigkeit einer Mälzerei in den Vordergrund gerückt wird, die Getreiderohstoffe der Vorbereitung in der Mühle oder wie bei Mais durch Kochung bedürfen, so dürfte selbst dieser Fall angesichts der maschinellen und technischen Einfachheit des Melassezulaufverfahrens fast als ausgeschlossen gelten. Die Arbeit mit Getreide schlösse auch die rationelle Arbeit mit höchsten Ausbeuten aus — denn ohne Mitverwendung von anorganischem Stickstoff sind sie bei dem geringen Gehalt der Getreidemaischen an assimilierbarem Stickstoff nicht möglich. Dann aber läßt die Hefe den organischen Stickstoff ungenützt, so daß „rationelle", gewinnbringende Rohstoffausnützung nicht gegeben ist.

Abwasser. Die enthefte Würze enthält natürlich noch geringe Mengen von organischen Nichtzuckerstoffen und die Salze aus der Melasse, die darin etwa 30 % betragen. Wo also nicht ausreichende Vorfluter vorhanden sind, die diese unter Umständen großen Mengen Abwässer (selbst ohne Kühlwasser u. s. w.) aufnehmen und hinreichend verdünnen und unschädlich machen können, sind Schwierigkeiten mit Gemeinden, Anliegern u. s. w. unausbleiblich. Dies umsomehr, als der Übergang fast der ganzen Hefeindustrie zum Lufthefeverfahren mit Melasse und Nährsalzen die Abwasserfrage in andere Bahnen geführt hat. Es soll deshalb hier auf ein Verfahren aufmerksam gemacht werden, das der A. S. DANSK GAERINGS-INDUSTRI in Kopenhagen gehört und in einer der größeren Preßhefefabriken in Dänemark angewendet wird, die in ausgedehntem Maße Melasse verarbeitet. Natürlich trennt man zuerst das reine Wasser, wie Kühlwasser z. B., von dem verunreinigten Wasser, verarbeitet dieses für sich, was die Größe der Reinigungsanlage wesentlich beschränkt. In der erwähnten Anlage stehen die biologischen Prozesse derart unter Kontrolle, daß günstigste Verhältnisse durchgehalten werden können. Die Anlage besteht gewissermaßen aus 3 Teilen, nämlich zunächst aus der Vorgärungsabteilung, in der das Abwasser mit Hilfe besonders gezüchteter und ausgesäter Bakterien anaërober Spaltung unterworfen wird, wobei optimale Verhältnisse innegehalten werden. Bei diesem Zersetzungsvorgang, der sich äußerst lebhaft abspielt, bilden sich reichliche Mengen Methan, das einen Brennwert hat, der über dem des üblichen Leucht- und Heizgases liegt. Bei dieser anaëroben Arbeit der besonderen

Bakterien der Vorgärungsabteilung wird der vorhandene organische Stickstoff so gut wie ganz in Ammoniakstickstoff übergeführt. Ein großer Teil des Kohlenstoffs geht mit dem Methan als Kohlensäure gasförmig weg. Sie macht etwa $^1/_5$ der gesamten entbundenen Gasmenge aus. Teilweise wird sie als Carbonat zurückgehalten. In der nun folgenden Abteilung werden die anaëroben Vorgänge in aërobe übergeführt. In der letzten Abteilung verläuft der biologische Arbeitsgang aërob, wobei der Rest der organischen Stoffe oxydiert und der Ammoniakstickstoff in weitestem Maße nitrifiziert wird. Nach dieser durchgreifenden, eingehenden Behandlung kann das gereinigte Abwasser ganz beliebig weitergeleitet werden, da es keinerlei Schaden mehr anrichten kann. Ein besonderer Vorteil dieses Verfahrens liegt in der geringen entstehenden Schlamm-Menge, die sonst bei vielen biologischen Methoden reichlicher ist. Daher kommt es, daß nur sehr selten der Schlamm beseitigt werden muß. Allerdings hat das die anaërobe „Vorgärung" verlassende Abwasser einen unangenehmen Geruch, ganz besonders dann, wenn bei der Fabrikationsarbeit reichlich Schwefelsäure, Ammonsulfat reichlich verwendet werden. Werden diese Hilfsstoffe durch sulfationfreie, nämlich Salzsäure, Ammoniumchlorid ersetzt, so kann DANSK GAERINOS-INDUSTRI die Reinigungsmethode derart führen, daß sie trotz der teilweise anaëroben Arbeit keinerlei Belästigung für die Anwohnerschaft oder Umgebung mehr mit sich bringt, weil dann eben die Bildung der übelriechenden schwefelhaltigen Verbindungen weitgehend eingeschränkt ist.

Verwendung der Preßhefe. Sie dient hauptsächlich in der Weißbrotbäckerei, auch in den Konditoreien (Kuchenbäckerei) zum Lockern des Teiges durch die Gärung. Im Mehl sind stets kleinere Mengen vergärbaren Zuckers vorhanden und bilden sich beim Einteigen des Mehles noch in genügendem Maße. Das bei der Spaltung dieses Zuckers sich bildende Kohlendioxyd — natürlich entsteht auch Alkohol in kleinen Mengen, der größtenteils beim Backen entweicht, daher im frischen Brot nur spurenweise noch enthalten ist — ist es, das die gewünschte Lockerung bewirkt, da dieses Gas in dem zähen Teig zurückgehalten wird und erst im heißen Ofen beim Backen entweicht und dabei die Lockerung hervorruft (s. auch Getreide und seine Verarbeitung, Bd. V, 714). Die lockernde Wirkung liegt aber noch in einer anderen Tätigkeit der Hefe. Sie vermag dem vorhandenen Eiweiß im Mehl beizukommen und es mit Hilfe ihrer proteolytischen — eiweißlösenden — Enzyme etwas abzubauen, verdaulicher zu machen. Dieser Umstand ist mindestens so wichtig, wie der der unmittelbaren Lockerung durch das sich bildende Kohlendioxyd. Weiterhin kommt in Betracht, daß das abgebaute Eiweiß von der Hefe doch zum Bau ihrer Tochterzellen benutzt wird, die sich bei der Gärung des Teiges bilden und mit ihrem stickstoffreichen Zellinhalt (Protoplasma) abgetötet im fertigen Brot verbleiben.

Wohl wird — wie bereits LIEBIG erkannte — etwa $1-1^1/_4\%$ des Mehles der Gärung geopfert; der Lockerungsvorgang ist also nicht umsonst errungen. Für anderes Brot als das aus Weißmehl — Weizenmehl — hergestellte wird heute noch vielfach Sauerteig genommen, also die seit uralten Zeiten geübte Arbeitsweise verwendet (s. Bd. V, 714). Hierbei sind Säuerungsvorgänge nicht zu vermeiden, die dem Sauerteig seinen Namen gaben. Wird er lange genug „fortgezogen", so enthält er mehr Säuerungserreger als Hefezellen und gibt infolgedessen ein immer minderwertigeres Brot. Der Sauerteig für die dunkleren Brote sollte öfters ganz erneuert und dazu noch öfters durch Zusatz von Preßhefe aufgefrischt werden. Dies geschieht in manchen Gegenden Deutschlands, wo man dann auch entsprechend gutes Schwarzbrot erhält. Wird die Arbeit mit Sauerteig im eben erwähnten Sinne vollzogen, dann wird der Gärungsverlust unter 1% herabgedrückt; dieser aber wird dann mehr als ausgeglichen durch die Aufschließung des Eiweißes und die Bereicherung des Teiges mit dem Zellinhalt der tätig gewesenen Hefe und ein Brot gewonnen, das selbst für empfindliche Magen erträglich ist, was bei mit Sauerteig allein hergestelltem Brot nicht der Fall ist. Dieses riecht meist schon säuerlich und schmeckt auch so. Die Auffrischung des Sauerteigs mit Hefe wäre allerorts, wo sie noch nicht üblich ist, anzustreben. Die in Eiweißspaltung geübte Lufthefe gibt auch die Möglichkeit, mit dunklerem Mehl ohne Sauerteig gutes Gebäck herzustellen. Erwähnt sei, daß Versuche im Gange sind, die Sauerteigarbeit derart umzugestalten, daß Frischteig mit reiner Milchsäure schwach angesäuert und nach kurzem Stehen mit Hefe versetzt wird.

Das Brot — wohl die wichtigste Nahrung für den Menschen — verdient es, so zweckmäßig wie möglich zubereitet zu werden! Jedenfalls soll die gesamte Brotbereitung weitestgehend auf eine mit Preßhefe, einer auch auf Eiweißspaltung erzogenen Backhefe, eingeleitete Gärung gestützt werden, weil dadurch außer besonders wertvollen Vorgängen im Teig selbst auch der Gärungsverlust bedeutend, besonders gegenüber der alten Arbeit mit Sauerteig, herabgemindert würde.

Untersuchung der Hefe. Sie bedarf eigentlich noch der richtigen und allgemein anerkannten Lösung. Der „Hefenverband" hat aber — dies ist ein entschiedenes Verdienst — als erster Bestimmungen erlassen, nach denen die Beschaffenheit der Hefe untersucht und begutachtet wird. Er hat auch die früher üblich gewesenen Prüfungsmethoden — mit Recht — verlassen, bei denen die Triebkraft der Hefe in Zuckerlösungen festgestellt wurde, teils ohne, teils unter Zusatz von Nährsalzen. Der Verband setzte an Stelle dieser wenig sagenden Untersuchungsweisen eine solche, die der Verwendung der Hefe in der Bäckerei angepaßt ist. Sie ist jetzt noch fast in allen Ländern im Gebrauch, wenn sie auch da und dort den Verhältnissen entsprechende Änderungen erfahren hat.

Aus dem gleichen, stets für längere Zeit zur Verfügung stehenden Mehl wird unter Verwendung bestimmter Mengen von Wasser, Salz und wenig Zucker in vorgeschriebener Zeit ein Teig bereitet, der bei gleichbleibender Temperatur in gleichen Formen der Gärung überlassen wird. Dabei wird festgestellt, innerhalb welcher Zeit der Teig ein quer über der Form liegendes Meßstäbchen erreicht. Man kann aber auch die Luftverdrängung durch den gehenden Teig messen, wie man dann auch das fertige Gebäck — bei stets gleicher Backform — messen kann. Die „Gärzeit", die Zeit, in der der Teig das Stäbchen berührt oder eine bestimmte Menge Luft verdrängt hat, gilt als Maßstab für die Beurteilung der Hefe. Eine in jeder Hinsicht vollauf befriedigende Hefeprüfung auf ihre backtechnischen Eigenschaften hin gibt es leider noch nicht. Aber jede Probe, die wenigstens vom Verhalten der Hefe im Teig ausgeht, also der Praxis der Bäckerei nahekommt, ist zu gebrauchen, weil ihre Ergebniszahlen unter sich natürlich vergleichbar sind. Wo man aber von „Gärzeit" spricht, bezieht sich diese auf die Teigprobe, wie sie seinerzeit der Hefeverband eingeführt hat, wenn auch da und dort die Ausführung sich etwas geändert haben mag. Gärzeiten, die unter 60' liegen, sind als gute, solche bei 50' und darunter als sehr gute zu bezeichnen und sind für Stark- oder Schnellhefen charakteristisch!

Die mikroskopische Prüfung erfolgt, um die Anwesenheit wilder Hefen, wie Torula und Kahmhefe, und den physiologischen Zustand der Zellen festzustellen, etwaige Beimischung von Streckungsmitteln, wie Stärke, zu finden, und hat sich auch auf die Möglichkeit der Mischung mit Bierhefe zu erstrecken, die jetzt gesetzlich verboten ist. Dazu kann die Tröpfchen- oder Strichkultur nach LINDNER und die Probe nach BAU mit Melitrioselösung dienen. Stärke ist leicht mit Jodlösung festzustellen. Rein äußerliche Merkmale guter Preßhefe sind: glatte Oberfläche der Pfundstücke, die lose im Umschlag liegen sollen, also Neigung zum Austrocknen; Nichtweichwerden beim Aufbewahren bei etwa 35⁰ im Thermostaten während mindestens 3 Tagen; je nach den Rohstoffen von heller oder dunkler gelblicher Farbe, die nicht nachdunkeln soll; angenehmer Geruch, der von den Alkoholestern der Milchsäure und der anderen während der Gärung verwendeten Säuren herrührt und besonders der guten Hefe alten Verfahrens anhaftet; muscheliger Bruch der Pfundstücke; ihr Verhalten bei der Wurf- oder Schlagprobe. Eine Handvoll Preßhefe, für sich einige Male scharf zu Boden geworfen oder in ein Stück Tuch gewickelt, einige Male stark auf eine Tischplatte aufgeschlagen, soll nicht „nachlassen", weicher werden, also beim Betrachten unter dem Miskroskop wenig beschädigte tote Zellen aufweisen. Diese lassen sich allerdings nach neueren Arbeiten nicht ganz sicher mit dünnen Methylenblau- oder Gentianaviolettlösungen feststellen, aus denen sie den Farbstoff aufnehmen. Dem geübten Auge verraten sie sich aber auch an ihrem veränderten Aussehen, das deutlich bei der Zellwand und dem Zellinhalt zutage tritt. Was den Gehalt von Preßhefe an Torula, Kahmhefe anlangt, so sind die Akten über die Frage, ob sie den Wert der Hefe vermindern, noch nicht geschlossen. Häufig wird eine günstige symbiotische Wirkung festgestellt, wie auch Torula neuerdings in sehr gärkräftigen Formen gezüchtet wurde.

Die Betriebsuntersuchungen erstrecken sich auf die Zusammensetzung der Rohstoffe, des Wassers, Saccharometer- und Säuregehalts der Maischen und Würzen, Feststellung der „Reife" der Hefe, Bestimmung des Alkohols in der vergorenen Maische oder Würze durch kleine Probedestillationen, um die Alkoholmenge in der Gesamtmaische oder -würze errechnen zu können zur Kontrolle der Arbeit der Brennapparate, und gegebenenfalls Bestimmung der Verunreinigungen des gewonnenen Rohspiritus, alles Dinge, die auch unter Äthylalkohol besprochen sind. Bei dem neuesten Melasse-Lüftungs-Verfahren kommen als Betriebsuntersuchungen noch in Betracht: Untersuchung der Melassen auf Zucker, Stickstoff, Bestimmung des Formolgrades und des pH bei Beginn und im Verlauf der Gärung; Kontrolle des N- und P_2O_5- (Stickstoff- und Phosphorsäure-) Gehaltes der Versandhefe und der Stellhefe, die beide wichtig wegen des enzymatischen Verhaltens und wegen der Haltbarkeit sind.

Besteuerung. Einer Besteuerung unterliegt die Preßhefe in Deutschland bis jetzt nicht. Im Ausland ist eine solche vielfach im Gebrauch als sog. Banderolensteuer.

Wirtschaftliches. Wirtschaftlich wichtig ist die Preßhefenfabrikation nach altem Verfahren wegen des Futterwertes der Schlempe und der gleichzeitigen Lieferung von steuerpflichtigem Alkohol. Dieser, meist aus den gesetzlich vorgeschriebenen Rohstoffen erzeugt, geht als „Korn" in den Handel. Die Lufthefefabrikation kommt als Spirituslieferantin nur in Frage, soweit sie Brennrecht hat. Da dies gewöhnlich nicht allzugroß ist, kann der Hauptteil Preßhefe ohne Alkohol gewonnen werden. Der Lufthefespiritus wandert völlig als „vergällter" Weingeist in den Handel oder die Industrie. Im alten Verfahren gelten jetzt, da es sich ja nicht mehr im Großbetrieb abspielt, sondern unter Verwendung bestimmter Rohstoffe die Gewinnung guten Branntweins im Auge hat, wohl 10—12% Hefe bei 28—30% Spiritus als gangbare Ausbeuten, bei Arbeit mit Schlempe liegt die Spiritusausbeute bei 29—31%. Das moderne Lufthefeverfahren, das eigentlich ohne Alkoholgewinnung arbeitet, kennt Ausbeuten an bester Hefe von 70—100% und darüber. Wo neben Hefe noch Spiritus im Brennrecht erzeugt wird, richtet sich darnach die Hefenausbeute, die bei 60% noch etwa 12% Spiritus zu gewinnen gestattet.

Nährhefe. Darunter versteht man getrocknete Bier- oder Preßhefe, die zu menschlichen Ernährungszwecken bestimmt ist. In erster Reihe kam und kommt Bierhefe in Frage. Sie wurde getrocknet und als Viehfutter verwendet. Da sie sich als solches (Futterhefe) sehr gut bewährte, lag der Gedanke nahe, sie auch in entsprechender Vor- und Zubereitung der menschlichen Ernährung zugänglich zu machen. Der Trockengehalt der Hefe besteht fast zur Hälfte aus stickstoffhaltigen Stoffen, die der Verdauungsapparat des Menschen leicht aufzunehmen vermag. Allerdings sind dabei Grenzen gezogen, insofern, als manche Menschen schon nach kurzer Zeit oder sofort die Nährhefe nicht vertragen oder — wenn schon — nur in täglich begrenzten kleinen Mengen.

Die Verarbeitung von Bierhefe zu Nährhefe setzt eine Entbitterung voraus. Da das Wasser, in dem die Bierhefe der Trocknung zugeführt wird, noch Alkohol enthält, dessen Gewinnung sich lohnt, je mehr Bierhefe so verarbeitet wird, so stellen solche Bierhefetrocknereien (meist von etlichen Brauereien gemeinsam betrieben) Brennapparate auf, um den Bierhefebrei beim Durchlaufen zu entgeisten. Natürlich werden hierbei die Hefezellen zerstört. Dies ist ja bei der üblichen Trocknerei auch der Fall. Verwendet werden Walzentrockner. Die Trocknung verläuft rasch, so daß die Hefe sozusagen nur eine Wasserentziehung erleidet, eine Stillegung der Enzyme.

Die Entbitterung von Bierhefe für die Herstellung von Nährhefe ist schon früh Gegenstand patentierter Verfahren gewesen, so bei den *D. R. P.* 248561 und 245038 der VERSUCHS- UND LEHR-BRAUEREI. Auch sonstige Vorschläge liegen vor, wiewohl viele Verfahren einfach geheimgehalten werden. Neuerdings ist OHLHAVER wieder der Sache in *F. P.* 680847 und *E. P.* 318155 näher-getreten. Er wäscht die Hefe unter Zusatz geringer Mengen Alkali oder Borax und schließt daran eine Behandlung der gewaschenen Bierhefe mit Alkalicarbonat – oder Bicarbonat neben Zucker – in Zusätzen von z. B. 0,2 bzw. 0,6%, wobei bei Temperaturen von $6-8^0$ $16-18^h$ gelüftet wird, um den Peptasegehalt herunterzudrücken und das Eiweiß in Fett zu verwandeln (?).

Ob es zweckdienlicher ist, bei Nährhefe von „Preßhefe" auszugehen, steht noch nicht fest. Teilweise ist eine Preisfrage, teilweise eine medizinisch-therapeutische Frage. Angaben über Herstellung und Verkauf von Nährhefe sind schwer erhältlich. Bei der begrenzten Aufnahmefähigkeit seitens des menschlichen Organismus kann es sich um irgendwelche größere Mengen nicht handeln. Über verschiedene Hefepräparate vgl. auch Mykologie, technische, Bd. VII. 751. Zu bevorzugen wäre bei Herstellung von Nährhefe aus Preßhefe die Trocknung bei niederer Temperatur ev. im Vakuum bis zu einem Wassergehalt von etwa 14–15%.

Futterhefe. Als in Deutschland im Verlauf des Krieges der Bestand und der Anfall an Kraftviehfuttermitteln – denn Bierhefe war auch fast nicht mehr zu haben – sehr nachließ und zur Einschränkung der Aufzucht von Vieh zwang, war es DELBRÜCK, der, zurückgreifend auf PASTEURS Entdeckung, auf Grund von Versuchen zeigte, daß diese technisch verwertbar ist. Es gelang ihm, aus Zucker (Melasse) mit Hilfe von Nährsalzen, Ammonsulfat, Superphosphat u. a. in sehr verdünnten Lösungen unter sehr starker Lüftung Hefe in ungeahnten Mengen zu gewinnen, die nach ihrer Trocknung als eiweißreiches Futtermittel, wie die aus Bierhefe hergestellte Futterhefe, erfolgreich verwendet werden kann.

So einfach die Sache aussah, so schwierig war ihre technische Durchführung. Diese betraf nicht nur die Gewinnung der Hefe selbst, sondern auch ihre Absonderung aus den Riesenmengen Gärflüssigkeit in einer Form, in der sie von den Walzentrocknern aufgenommen und verarbeitet werden konnte. Im Gegensatz zu den bisherigen Erfahrungen verlangte die Hefe zu dem gewünschten Wachstum einen kaum merklichen Säuregrad der zu vergärenden Flüssigkeit. Außerdem war der Umstand in Betracht zu ziehen, daß aus dem Ammonsulfat nach Wegnahme des Ammoniaks durch die Hefe große Mengen Schwefelsäure frei wurden, die in statu nascendi die Hefe schwer schädigen konnten und deshalb durch geeignete Zusätze, wie z. B. Schlämmkreide, zu beseitigen waren. Die Ausscheidung der gebildeten Hefe aus den Riesenmengen Flüssigkeit gelang durch schwache Alkalisierung der vergorenen Flüssigkeit, aus der sich dann die Hefe rasch als dicker Brei abschied. Wohl litt darunter die gebildete Hefe, was aber belanglos war, da sie doch getrocknet und somit abgetötet werden sollte. Das Verfahren wurde nie im Großbetrieb durchgeführt.

Es wurde nachgewiesen, daß es hinsichtlich des Futterwerts der erzeugten Hefe gegenüber dem der unmittelbar verwendeten Melasse und Salze mit einer Unterbilanz arbeitet, wozu noch die riesigen Erzeugungskosten kamen. Ob es möglich sein wird, daß der durch Verzuckerung von Cellulose erhältliche Holzzucker – sei es nach BERGIUS, PRODOR (Bd. I, 709) oder SCHÖLLER (Bd. VI, 144) – so billig gewonnen werden kann, daß der Futterhefebetrieb wieder entstehen kann, das kann erst die Zukunft lehren. Einstweilen befinden sich alle 3 Verzuckerungsverfahren noch im Versuchsstadium.

Fetthefe wollte P. LINDNER unter Benutzung des aus Birkenflußvegetation gezüchteten Endomyces vernalis Ludwig herstellen. Dieser erzeugt keine Gärung, also auch keinen Alkohol, sondern bei seiner weiteren Züchtung Fett. Nach den vorgenommenen Züchtungsversuchen hätten als Richtlinien für die Massenvermehrung dieses Pilzes zu gelten: dünne Flüssigkeitsschicht, reichlicher Luftzutritt. Damit war seine Züchtung im großen aber schon als aussichtslos anzusehen; denn der Versuch, ihn in hohen Gefäßen unter starker Lüftung seiner Nährflüssigkeit zu züchten, war gänzlich erfolglos. Die Fettquelle hat deshalb nie zu fließen begonnen. Es verlautete auch später kaum mehr etwas über „Fetthefe".

Über *Trockenhefe* s. *Chem.-Ztg.* **1915**, 601; **1918**, 617 und 622. Sie spielt bei der Versorgung der tropischen Gebiete mit Backhefe (Preßhefe) eine bedeutende Rolle und ist ein gesuchter Exportartikel. Doch hat die Errichtung von Hefefabriken auch in tropischem Klima auch diesen Export beschränkt.

Statistik. Gemäß ihrer Entwicklung aus der Brennereiindustrie, die früher allerorten in kleinerem und kleinstem Maßstabe betrieben wurde und erst ungefähr seit 1850 größere Betriebe aufweist, bestand auch die Preßhefenindustrie, die damals recht betriebsmäßig sich entwickelt hatte, zunächst aus vielen kleineren Betrieben. Noch 1891/1892 waren es 1108 Hefebrennereien – damals noch so gut wie alle nach dem alten Wiener Verfahren arbeitend – und 1900/1901, als das neue Lüftungsverfahren bereits die bedeutendere Rolle spielte, noch 904. 1912/1913 hatten wir noch 502 Hefebrennereien, die 1925/1926 auf 58 zurückgegangen waren. Das alte Verfahren hatte den Todesstoß bekommen. Nach ihm arbeiteten 1925/1926 noch 3 Betriebe mit einer kaum in Betracht kommenden Hefeerzeugung.

Die Hefeerzeugung betrug in Deutschland 1912/1913 487095 *dz*, 1919/1920 259878 *dz*, 1920/1921 367382 *dz*, 1921/1922 349512 *dz*, 1922/1923 264000 *dz*, 1923/1924 339023 *dz*, 1924/1925 461497 *dz*, 1925/1926 516830 *dz*, 1926/1927 572498 *dz*, 1927.1928 597750 *dz*, 1928/1929 616306 *dz*.

Der Verbrauch stand also in Deutschland vor dem Kriege zurück hinter dem anderer Staaten des Kontinents, bei denen er je Kopf und Jahr rund 1 *kg* betrug. Deutschland hätte damals also schon etwa 600000 *dz* verbrauchen sollen. Wie hoch z. Z. die Erzeugung an Hefe ist, ist genauer nicht bekannt. Das Gewerbe ist seit 1924 nicht mehr syndiziert, so daß es natürlich schwer ist, über die Gesamtleistung der Betriebe seit 1924 etwas Genaues zu wissen. Da aber der Hefepreis sehr niedrig ist infolge des scharfen Wettbewerbs und der Weißbrotkonsum zugenommen hat, so ist wohl als ziemlich sicher anzunehmen, daß der Verbrauch je Jahr sich um 600000 *dz* herum bewegt. Die Branntweinerzeugung der Hefebetriebe betrug 1902/1903 436207 *hl*, 1912/1913 307380 *hl* und, da über die Kriegsjahre Angaben fehlen, 1919/1920 112891 *hl*, 1920/1921 143622 *hl*, 1921/1922 96982 *hl*, 1922/1923 120549 *hl*, 1923/1924 161483 *hl*, 1924/1925 189116 *hl*, 1925/1926 178840 *hl*, 1926/1927 192297 *hl*, 1927/1928 277039 *hl*, 1928/1929 280779 *hl*, 1929/1930 233446 *hl*.

Diese Erzeugungen stehen im Zusammenhang damit, daß die meisten Hefebetriebe ein „Brennrecht" haben, das immerhin einen Vermögenswert darstellt und deshalb abgearbeitet wird. Die moderne Hefenerzeugung ist auf die Gewinnung von Spiritus neben Hefe nicht mehr angewiesen. Da aber z. Z. bei dem freien Wettbewerb im Hefengewerbe die sehr niedrigen Hefepreise gegenüber dem Spirituspreise sozusagen ungünstig abschließen, so liegt in Deutschland z. B. stets ein Reiz darin, die Arbeit auf Erzeugung von Hefe und Spiritus einzustellen.

Literatur: M. DELBRÜCK, Natürliche Hefenreinzucht. *Wochenschr. Brauerei* 1895. — M. DELBRÜCK, Die natürliche Hefenreinzucht in der Praxis. Vortrag aus *Wochenschr. Brauerei* 1895. — M. DELBRÜCK, MAX MAERCKERS Handbuch der Spiritusfabrikation. 9. Aufl. 1908. — DELBRÜCK-SCHROHE, Hefe, Gärung, Fäulnis. Parey, Berlin. — W. HENNEBERG, Gärungsbakteriologisches Praktikum, Betriebsuntersuchungen und Pilzkunde. Parey, Berlin 1909. — W. KIBY, Handbuch der Preßhefenfabrikation. Braunschweig 1912. — P. LINDNER, Mikroskopische Betriebskontrolle in den Gärungsgewerben. 5. Aufl. Parey, Berlin 1909; Comptes rendus du Laboratoire de Carlsberg. — L. MICHAELIS, Wasserstoffionenkonzentration. *W. Kiby.*

Preußischblau ist eine Bezeichnung für Berlinerblau (s. d. Bd. **III**, 494).

Primazinorange G (*I. G.*) ist ein sekundärer Disazofarbstoff. Er ist in Wasser löslich und dient als Lackfarbstoff. *Ristenpart.*

Primulatum (TOSSE & CO., Hamburg), Fluidextrakt aus den Wurzeln der Primel und des Veilchens, 0,49 % Emetin und 0,42 % Saponin, als Expectorans. *Dohrn.*

Primulin ist gleich Polychromin (Bd. **VIII**, 507). *Ristenpart.*

Probilinpillen (GOEDECKE & CO., A. G., Leipzig) enthalten ölsaures Natrium, Salicylsäure, Phenolphthalein und Menthol. Anwendung bei Gallensteinkolik. *Dohrn.*

Prodorit (PRODORIT G. M. B. H., Mannheim-Rheinau) ist ein Material, das die vollkommene Säurebeständigkeit und Undurchlässigkeit des Steinzeugs mit der mechanischen Festigkeit von Eisenbeton und dessen fast beliebig großer Möglichkeit der Formgebung verbindet. Zu seiner Herstellung (*D. R. P.* 434779, 479219; PRODORIT G. M. B. H., Mannheim-Rheinau) werden Quarzbestandteile ausgewählter Korngröße und ein eigens dazu erzeugtes Hartpech bei hohen Temperaturen zu einem steifen Brei innig gemischt und dieser in geeignete Eisenformen gegossen. Beim Erkalten erstarrt darin die Prodoritmasse in kurzer Zeit zu harten, festen, porenfreien Formstücken, den Prodoritwaren.

Die mechanische Festigkeit von Prodorit ist 1½ fach so groß wie die von Zementbeton. Etwa beschädigte Prodoritwaren kann man durch Verschweißen mit neuer Prodoritmasse reparieren. Prodorit isoliert den elektrischen Strom fast so gut wie Porzellan und ist vollkommen flüssigkeitsdicht.

Prodorit ist beständig gegen nahezu alle anorganischen Chemikalien, wie saure und neutrale Salzlösungen, Bleichlaugen u. s. w., gegen starke Säuren, z. B. Salzsäure jeder Konzentration, Schwefelsäure bis 75 % und Salpetersäure bis 50 %. 10 %ige Alkalilaugen greifen Prodorit nicht an. Bei organischen Verbindungen ist die Beständigkeit gewährleistet, wenn diese keine ausgesprochenen Lösungsmittel sind; für Benzol, Benzin, Eisessig, Alkohol z. B. darf er also nicht verwendet werden.

Aus Prodorit werden in Großfabrikation laufend hergestellt: Behälter zum Stapeln von Säuren, besonders *konz.* Salzsäure, und anderen aggresiven Lösungen und zum Durchführen chemischer und elektrolytischer Verfahren, u. zw. bis zu 5 *m³* Inhalt einstückig und fugenlos, bis zu 25 *m³* Inhalt aus wenigen Stücken zusammengesetzt und zu fugenloser Einheit verschweißt; Behälterauskleidungen mit ½ *m²* großen, fugensparenden Nut- und Federplatten und fugenfreien Winkel- und Eckstücken. Hydraulisch gepreßte, harte Prodorit-Bodenplatten geben, in nicht reißende, undurchlässige Prodoritkittschicht eingebettet, einen säurebeständigen, mechanisch widerstandsfähigen Bodenbelag. Ferner werden aus Prodorit hergestellt: Kanalisationsartikel, wie Röhren in den üblichen Dimensionen und Formen, Schalen und Seitenplatten, außerdem Absorptionsanlagen, Schornsteine, Baukonstruktionsteile, Apparateteile und Formstücke vieler Art. Prodorit in weicheren Qualitäten eignet sich besonders für Säureschutzschichten und Säureschutzanstriche. *Ullmann.*

Progil (PROGIL, Lyon) ist ein in der Gerberei verwendetes Enthaarungsmittel, welches die proteolytischen Fermente von Bakterien (Bac. subtilis, Bac. mesentericus, Bac. liquefaciens) enthält (vgl. *F. P.* 640112, PROGIL, Lyon, sowie Fermente Bd. **V**, 168).

A. Hesse.

Progynon, Prokliman, Prolan s. Organpräparate (Bd. **VIII**, 201).

Propäsin (FRITZSCHE & Co., Hamburg), p-Aminobenzoesäurepropylester. Herstellung nach *D. R. P.* 213459 durch Reduktion des entsprechenden Nitroesters. Weiße, leicht bitter schmeckende Krystalle, in Wasser wenig löslich. *Schmelzp.* 73—74°. Dient zur Anästhesie der Magenschleimhaut; auch in Salbe und Streupulver brauchbar.

Dohrn.

Propionsäure, Äthancarbonsäure, Propansäure, $CH_3 \cdot CH_2 \cdot CO_2H$, von J. GOTTLIEB (*A.* **52**, 121) 1844 entdeckt, ist eine stechend riechende Flüssigkeit, die nach dem Erstarren bei −24,5° schmilzt. Kp_{760} 141,05°. D_{15}^{15} 0,9977. Sie mischt sich in allen Verhältnissen mit Wasser.

Propionsäure bildet sich bei der trockenen Destillation des Holzes und ist deshalb im Graukalk des Handels enthalten. Synthetisch entsteht sie durch Verseifung von Äthylcyanid mit mäßig verdünnter Schwefelsäure (E. LINNEMANN, *A.* **148**, 251 [1868]; H. BECKURTS und R. OTTO, *B.* **10**, 262 [1877]), durch Oxydation von Propylalkohol mit Bichromatmischung (J. PIERRE und E. PUCHOT, *Ann. Chim.* [4] **28**, 75 [1873]).

Sie entsteht meist neben Essigsäure bei der Vergärung von Milchzucker oder Lactaten durch Bac. acidi propionici bei Gegenwart von Kreide (THE PEOPLE OF THE UNITED STATES, *A. P.* 1470885 [1923]; vgl. auch FITZ, *B.* 11, 1896; 12, 479), ferner neben NH_3, Essig- und Buttersäure bei Vergärung von Melasse nach dem Verfahren von EFFRONT (*Moniteur* [4] 22, II 429; *Compt. rend. Acad. Sciences* 146, 780; 148, 239; *D. R. P.* 215531).

Durch Einwirkung von CO auf Natriumalkoholat bei 190° entstehen namhafte Mengen von Propionsäure neben Ameisen- und Essigsäure (FRÖLICH, *A.* 202, 290). Nach dem *E. P.* 320457 [1928] der *I. G.* bildet sich beim Überleiten eines Gemisches von Alkohol und CO über Ca- und Al-Metaphosphat mit 0,5—1% freier Säure unter Druck und erhöhter Temperatur ein Gemisch von Propionsäure und ihrem Ester. Vgl. auch *E. P.* 323513 [1928] der *I. G.* Nach dem *F. P.* 671241 [1928] der *I. G.* entsteht Propionsäure aus Äthylchlorid, CO und $AlCl_3$ bei 50° und 120 *Atm.* bzw. aus Äthyläther, CO und BF_3 bei 150° und 150 *Atm.*

Die technische Herstellung erfolgt z. Z. ausschließlich aus roher Essigsäure durch Destillation (Bd. IV, 655). Die rohe Propionsäure wird wahrscheinlich über den Äthylester oder über Salze gereinigt. Charakteristisch ist das basische Bleisalz $3\,Pb(C_3H_5O_2)_2 + 4\,PbO$, das sich bei 14° in 8—10 Tl. Wasser löst und beim Kochen der Lösung sich krystallinisch ausscheidet (LINNEMANN, *A.* 160, 222).

Propionsäure dient zur Herstellung von Estern, die von der HOLZVERKOHLUNGS-INDUSTRIE A. G., Konstanz, als Lösungsmittel für Nitrocellulose, Celluloid, Harze, Albertol-Kunstharze in den Handel gebracht werden.

Methylester, $C_2H_5 \cdot CO_2 \cdot CH_3$. Kp_{760} 79,9°. D_4^{15} 0,917.
Äthylester, $C_2H_5 \cdot CO_2 \cdot C_2H_5$. Kp 98,8°; D^{20} 0,8907. Techn. Prod. Kp 92—99°, F_p +15°, Verdunstungszahl (V.-Z.) 4,3.
Propylester, $C_2H_5 \cdot CO_2 \cdot C_3H_5$. Kp_{760} 122,20°; D^{13} 0,8885. Techn. Prod. Kp 118—125°; F_p +40°. V.-Z. 18,6.
Butylester, techn. Prod. Kp 130—143°; D 0,88; F_p +45°; V.-Z. 28,5.
Isobutylester, techn. Prod. Kp 130—140°; D 0,87; F_p +51°; V.-Z. 12,4.
Isoamylester, $C_2H_5 \cdot CO_2 \cdot C_5H_{11}$. Kp_{760} 160,2°; $D_4^?$ 0,8877. Techn. Prod. Kp 150—160°; F_p +63°; V.-Z. 64,3.
Über die geruchlichen Eigenschaften vorstehender und höherer Ester s. A. MÜLLER, Dtsch. Parfümerieztg. 17, 30 [1931].

F. Ullmann.

Propylalkohole. *a) n-Propylalkohol*, α-Oxypropan, Äthylcarbinol, Propanol, $CH_3 \cdot CH_2 \cdot CH_2 \cdot OH$, zuerst von CHANCEL (*A.* 151, 298 [1869]) als Nebenprodukt bei der alkoholischen Gärung beobachtet, ist eine stark alkoholisch riechende Flüssigkeit, die mit leuchtender Flamme brennbar ist. Kp_{760} 97,41°; D^{20} 0,8044. Er ist mit Wasser in allen Verhältnissen mischbar. Bei der Oxydation liefert er Propionsäure und Propionaldehyd. Er entsteht in sehr geringer Menge aus CO und H_2 (MITTASCH, *B.* **1926**, 30; Bd. **II**, 717). Er wird aus dem Rohspiritusfuselöl durch sorgfältig fraktionierte Destillation abgeschieden und technisch gewonnen (R. C. SCHÜPPHAUS,

Journ. Amer. Chem. Soc. 14, 53 [1892]; G. KRÄMER und A. PINNER, *B.* 3, 77 [1870]).
Über den Gehalt der Fuselöle an Propylalkohol s. Bd. I, 458. In pharmakologischer
Beziehung wirkt Propylalkohol qualitativ wie Äthylalkohol, quantitativ aber stärker.
so z. B. als Narkoticum. Er kann den gewöhnlichen Alkohol bei der Herstellung
kosmetischer Präparate, ferner bei der Händedesinfektion (s. auch Bd. III, 579) ersetzen, während seine interne Verabreichung Bedenken hat, weil man über sein
Verhalten im Organismus nicht ausreichend informiert ist (*Apoth. Ztg.* 34, 361
[1919]). Weiter wird Propylalkohol zur Darstellung von Propäsin (Bd. VIII,
539) benutzt.

b) Isopropylalkohol, β-Oxypropan, Dimethylcarbinol, Propanol-(2) $(CH_3)_2 \cdot$
$CH \cdot OH$ (Avantin, Petrohol, Persprit). 1855 von BERTHELOT entdeckt. Kp_{760}
82,85⁰, $D_4^?$ 0,789. Entsteht in geringer Menge neben Butylalkohol bei der Gärung
(EASTERN ALCOHOL CORP., *A. P.* 1 725 083; DEUTSCHE HYDRIERWERKE A.-G., *E. P.*
243 015 [1928]). Er wird technisch hergestellt in den Vereinigten Staaten aus Crackgasen, in Deutschland und England aus Aceton.

1. Aus Crackgasen. Die verwertbaren Bestandteile der Crackgase sind Äthylen,
Propylen, Butylen und Amylen, und ihre Verarbeitung ist Bd. II, 715 ff. beschrieben.
Eingehendere Angaben, speziell über die Gewinnung von Isopropylalkohol, werden
im *F. P.* 612 329 [1926] der PETROLEUM CHEM. CORP. gemacht.

Die von Amylen und Butylen durch Waschen mit Benzin befreiten Gase, die Äthylen und
Propylen enthalten, werden in bekannter Weise erst durch Eisenoxyd und dann mittels Natronlauge
von H_2S befreit und im Gegenstrom mit 75—85%iger H_2SO_4 gewaschen, um H_2O und leicht reaktions-
fähige Olefine zu entfernen. Hierauf wird das Gas in 93%ige H_2SO_4 geleitet, wobei Isopropyl-
schwefelsäure entsteht, während Äthylen nicht angegriffen wird. Die schwefelsaure Lösung wird dann
mit H_2O verdünnt und destilliert, wobei bei 80,4⁰ ein azeotropisches Gemisch von 88 Tl. Isopropylalkohol und 12 Tl. H_2O übergeht.
S. B. HUNT (*D. R. P.* 417 411 [1920]) scheidet die kondensierbaren Anteile der Crackgase
durch Kompression auf 12 *Atm.* ab und nimmt die Absorption mit H_2SO_4 vom *spez. Gew.* 1,8 bei
Gegenwart von raffiniertem Petroleum unter Rühren bei etwa 15⁰ vor, wodurch eine rasche Umsetzung erzielt wird. Auch unter diesen Versuchsbedingungen bleibt Äthylen unangegriffen. Die *I. G.*
(*F. P.* 662 968 [1926]) läßt Propylen bei Gegenwart von Katalysatoren (*Bi-, Cu-, Ag-*Salze) bei 180⁰
und 20 *Atm.* auf verdünnte Säuren (H_2SO_4, H_3PO_4, Toluolsulfosäure) einwirken. Die IMPERIAL
CHEMICAL IND. LTD. nimmt die Absorption von Propylen oder Ölgas mit einem Gemisch von
H_2SO_4 und Essigsäure vor (reagiert nicht mit Äthylen) und erhält bei der Verarbeitung Isopropyl-
acetat neben Isopropylalkohol (*E. P.* 334 228 [1929]). Detaillierte Angaben über die Umwandlung
von Crackgasen in Isopropylalkohol machten auch PILAT und Mitarbeiter, *Chem. Ztrlbl.* 1929, II, 2849,
2850, 3162.
Der Isopropylalkohol, der anscheinend infolge von *S*-Verbindungen schlecht riecht, kann mit
aktiver Kohle und *FeCl₃*, mit Hypochloriten, Braunstein, *KMnO₄* (*A. P.* 1 498 229, 1 491 916, 1 518 339,
1 657 505, 1 601 404) gereinigt werden. Das Produkt wird von der STANDARD OIL CO. als Petrohol
(90%ig) in den Handel gebracht.
Hingewiesen sei auch auf die Kokereigase als Ausgangsmaterial, die 2% schwere Kohlenwasserstoffe enthalten (Bd. VI, 706).

2. Aus Aceton. Die Reduktion von Aceton zu Isopropylalkohol (C. FRIEDEL,
A. 124, 324 [1862]; E. LINNEMANN, *A.* 136, 38 [1865]; SABATIER, SENDERENS, *Compt.*
rend. Acad. Sciences 137, 302 [Nickel]; *Merck, D. R. P.* 113 719 [elektrolytisch]) gewann
erst technische Bedeutung, als man Mehrstoffkatalysatoren benutzte.

Gemäß den Angaben von *Riedel* (*D. R. P.* 444 665 [1919]) reduziert ein Katalysator, der 60% *Ni*,
30% *Co*, 10% *Cu* enthält (Ausfällen einer wässerigen Lösung von 286 Tl. *NiSO₄*, 136 Tl. *CoSO₄*
und 40 Tl. *CuSO₄* mit 300 Tl. *Na₂CO₃*, Filtrieren, Waschen, Reduzieren), bei etwa 100⁰ in 3ʰ unter
15 *Atm.* Druck Aceton glatt zu Isopropylalkohol, der abdestilliert wird. Der im Autoklav verbleibende
Katalysator kann viele Male wieder benutzt werden. Nach dem *D. R. P.* 408 811 [1923] der *I. G.* läßt
sich mit einem *Cu-Mg-*Katalysator Aceton schon bei 90—100⁰ mit *H₂* reduzieren. Der Alkohol ist
100%ig zum Unterschied von Petrohol. Das Verfahren wird von den DEUTSCHEN HYDRIERWERKEN
und der *I. G.* im großen Maßstabe ausgeführt.

Verwendung als Ersatzmittel für Äthylalkohol (da er billiger als versteuerter
Alkohol ist), für kosmetische Präparate (Mund- und Zahnwässer), Haarwässer, bil-
lige Parfümerien (Brillantine), aber nicht für Arzneimittel und für Lebensmittel
(Reichs-Gesundheits-Bl. 1926, 810). Als Lösungsmittel für Fette, Harze, Öle, für
Transparentseifen, Herstellung von Estern (Bd. IV, 687), für synthetisches Cymol
und zur Herstellung von Netzmitteln wie Nekal (Bd. VII, 798), von Alypin (Bd. I,

330), Pernocton (Bd. VIII, 326), Sedormid (s. d.). Hingewiesen sei auch auf die Umwandlung von Isopropylalkohol in Aceton (Bd. I, 113; VI, 447), die anscheinend in den Vereinigten Staaten technisch ausgeübt wird. Vgl. auch *E. P.* 337 566, 339 401 [1929].

Analyse. Durch Oxydation mit $K_2Cr_2O_7$ und H_2SO_4 entsteht Aceton, das mittels Jodoforms nachgewiesen wird. Mit m-Nitrobenzaldehyd in *konz.* H_2SO_4 entsteht ein karminroter Ring (vgl. auch BOEHM und BODENDORF, *Ber. Dtsch. pharmaz. Ges.* 1930, 249). *F. Ullmann.*

Protalbinsäure. Über Herstellung s. Bd. IV, 350, vgl. auch Lysalbinsäure, Bd. VI. 413.

Protargol (*I. G.*), Albumosesilber, wird nach *D. R. P.* 105 866 gewonnen als braungelbes, in Wasser lösliches Pulver mit 8% Ag-Gehalt. Eingehende Angaben über Herstellung s. CHEMNITIUS, *Chem.-Ztg.* 1926, 960; J. SCHWYZER, *Pharmaz. Ztg.* 1928, 1549, 1568. Gibt mit Eiweißlösungen, Säuren und Alkalien keine Fällung. Protargol-Granulat. Reizloses Antigonorrhoicum mit besonderer Tiefenwirkung. Gemisch aus Protargol und Harnstoff mit $33^{1}/_{3}$% Protargol zur Herstellung von frischen Lösungen. Protargol-Wundsalbe besteht aus 10% Protargol und 30% Cycloform (Bd. III, 510). *Dohrn.*

Proteasen sind eiweißabbauende Fermente, s. d. Bd. V, 162; über neuere Forschungen s. W. GRASSMANN, Proteasen, in OPPENHEIMERS Handbuch der Biochemie. Ergänzungsband 1930. *A. Hesse.*

Protoferrol (*Heyden*) ist ein kolloidales Eisenpräparat mit $0,01 g$ Eisen pro Tablette.

Providoform (PROVIDOL G. M. B. H., Berlin), Tribrom-β-naphthol, durch Einwirkung von Brom auf β-Naphthol hergestellt. Gelbliches, geruchloses Pulver, als Wundstreupulver verwendbar. *Dohrn.*

Prune pure (*Sandoz, Ciba*) ist der 1886 von KERN erfundene, nach *D. R. P.* 45786 durch Einwirkung von salzsaurem Nitrosodimethylanilin auf Gallussäuremethylester erhaltene basische Oxazinfarbstoff. Er färbt tannierte Baumwolle violett; hauptsächlich wird er aber im Kattundruck auf chromgebeizte Baumwolle angewandt. Die B-Marke enthält $^3/_{10}$ Delphinblaupaste. *Ristenpart.*

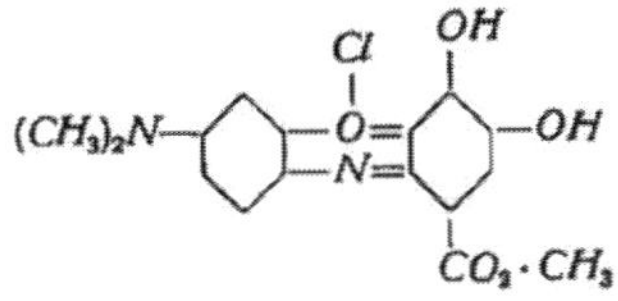

Pseudocumol, 1,2,4-Trimethylbenzol, ist eine farblose Flüssigkeit vom *Kp* 168,2° (korr.) und D_{15}^{15} 0,8747.

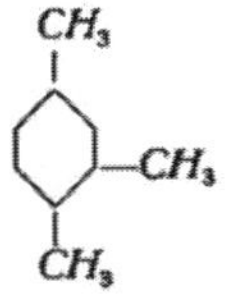

Es findet sich neben Mesitylen (Bd. VII, 488) und Hemellitol (1,2,3-Trimethylbenzol) in der bei 170-200° siedenden Fraktion der neutralen Steinkohlenteeröle (Teercumol), deren Anteil an Trimethylbenzolen etwa 15% beträgt (K. E. SCHULZE, *B.* 20, 409 [1887]). Auch in verschiedenen Petroleumsorten kommt der Kohlenwasserstoff vor (C. ENGLER, *B.* 18, 2234 [1885]). Die Trennung von dem isomeren Mesitylen kann mittels der gut krystallisierenden Pseudocumol-5-sulfosäure geschehen, aus der durch überhitzten Wasserdampf der reine Kohlenwasserstoff erhalten wird. (O. JACOBSEN, *B.* 9, 256 [1876]; *A.* 184, 199 [1876]; G. SCHULTZ und E. HERZFELD, *B.* 42, 3602 [1909]). Ohne technische Verwendung.

Pseudocumidin, Ψ-Cumidin, 1-Amino-2,4,5-cumol. *Schmelzp.* 68°, *Kp* 234°, leicht löslich in Alkohol. *Schmelzp.* des Acetylderivats 161°. Pseudocumidin wird nicht durch Nitrieren u. s. w. von Pseudocumol gewonnen, sondern durch Erhitzen von 1,2,4-Xylidin mit Methanol und Salzsäure. Es dient zur Herstellung von Ponceau 3 R (s. Bd. VIII, 507).

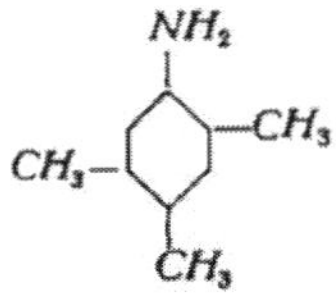

Darstellung. 10 Tl. rohes Xylidin, 9 Tl. *HCl*, 2 Tl. Methanol werden 6^h auf 250° unter Druck erhitzt, das Reaktionsgemisch mit Kalk neutralisiert, das abgeschiedene Öl destilliert und das Destillat mit verdünnter Salpetersäure versetzt, wobei sich das schwer lösliche Nitrat des Ψ-Cumidins abscheidet, während Mesidin und andere Basen in Lösung bleiben (*Agfa, D. R. P.* 22 265). *F. Ullmann (G. Cohn).*

Puder s. Bd. VI, 778; über Formpuder s. Bd. VII, 412.

Pufferung bezweckt das Verhüten unerwünschter Änderung der Säurestufe p_H. Man setzt der zu sichernden Lösung ein „Puffergemisch" hinzu; solche Puffergemische sind aus schwachen Säuren oder Basen und ihren Alkalisalzen zusammengesetzt, z. B. aus äquivalenten Mengen Essigsäure und Natriumacetat. Ein solches Gemisch ist ziemlich unempfindlich gegen Zusatz von geringen Mengen Alkali oder Säure, und auch beim Verdünnen ändert sich sein p_H nur wenig. Wenn man etwa einen Tropfen Salzsäure zufügt, so verschiebt sich zwar gemäß dem Massenwirkungsgesetz das Gleichgewicht zwischen Säure und Salz zugunsten der Säure; weil aber die Essigsäure nur schwach dissoziiert ist, so wird dadurch die Konzentration der Wasserstoffionen kaum geändert. Auf diese Weise kann man vor allem den bei fast neutralen Flüssigkeiten sonst recht störenden Einfluß der Kohlensäure aus der Luft beseitigen. Mit Hilfe von Puffergemischen kann man sich Vergleichselektroden von bekanntem p_H für die potentiometrische p_H-Bestimmung herstellen (s. Bd. **VIII**, 253).

Schon seit langer Zeit benutzt man oft die Pufferung, ohne daß man sich der wissenschaftlichen Begründung recht bewußt ist, z. B. in der analytischen Chemie, wenn man Eisen und Aluminium von Zink und Mangan nach dem Acetatverfahren trennt (man setzt eine reichliche Menge Natriumacetat hinzu), und in der Galvanotechnik, indem man dem Vernickelungsbade Borsäure zugibt. In neuerer Zeit beachten besonders die Biochemiker den Einfluß von p_H und seiner Konstanthaltung bei den Vorgängen in der belebten Natur. So ist beim Magensaft die Regelung von p_H wichtig; man puffert hier etwa durch citronensaures Natrium, und die Yoghurtmilch ist eins der am besten puffernden Nahrungsmittel. Für das Gärungsgewerbe ist die Pufferung wichtig, weil die Hefe (s. Preßhefe, Bd. **VIII**, 529 ff.) die Gegenwart puffernder Eiweißstoffe bei der Gärung verlangt; mangeln sie, so wird die Flüssigkeit zu sauer, und die Hefe stirbt. Der Wohlgeschmack des Bieres hängt von einem genügenden Gehalt an puffernden Eiweißstoffen ab (vgl. auch Bd. **II**, 306 ff.). Stärke und Dextrin puffern nicht; ein guter Puffer ist dagegen Malzauszug. Humusböden enthalten genügend Pufferstoffe, um künstlichen Stickstoffdünger zu vertragen; Mineralböden verlangen dagegen den stark puffernden Naturdünger, damit die Pflanzen gedeihen.

Literatur: V. BERMANN, Pufferung als biologisches Prinzip (*Ztschr. angew. Chem.* 41, 153 [1928]). — FR. MÜLLER, Entwicklung und Bedeutung des p_H-Begriffes (*Ztschr. angew. Chem.* 39, 1368 [1926]).　　　　　　　　　　　　　　　　　　　　　　　　　　　　　　　　*K. Arndt.*

Pulsometer, auch Druckluftheber, Druckheber, Dampfheber, Sauglaftheber, Saugheber, Hebeautomat, Säureautomat, selbsttätiges Montejus, selbsttätiges Druckfaß, Flüssigkeitsautomat genannt, heißen in der chemischen Technik die selbsttätig betriebenen **Druckfässer** (Bd. **IV**, 1), die in regelmäßiger Abwechslung Flüssigkeit ansaugen und fortdrücken und hierzu die Zufuhr der Druckluft und die Abfuhr der Abluft regeln. Sie machen mithin die Bedienung der Druckfässer unnötig, aber sie verbilligen auch weiterhin den Betrieb, da sie Ersparnis an Druckluft herbeiführen und mit kleineren Zwischengefäßen zu arbeiten gestatten. Während nämlich bei den Druckfässern möglichst großes Fassungsvermögen erstrebt wird, um die Bedienung zu vermindern, was wiederum entsprechende Auffanggefäße bedingt, kommt bei den Pulsometern allein die Leistungsfähigkeit in Frage, d. h. die Förderungsmenge pro Zeiteinheit, z. B. pro Stunde. Diese hängt in erster Reihe von der Zeitdauer des Einlaufs ab, sodann aber von dem Luftdruck und der Weite der Leitungen. Der Einlauf wiederum wird umsomehr beschleunigt, je größer der Fall vom Speisegefäß aus und je weiter die Einlaufleitung ist; die Zufuhr der Druckluft und die Förderung der Flüssigkeit dürfen durch Verengungen oder Ventile nicht in unrationeller Weise beschränkt werden. Man kann bei jeder Pulsometerhebung 3 Perioden unterscheiden: 1. die Füllung, 2. die Hebung, 3. das Ausblasen der verbrauchten Druckluft. Bei der Füllung passiert die einlaufende Flüssigkeit ein Rückschlagventil, dessen Widerstand möglichst gering ist; die Luft des Pulsometers wird durch die Ausblasöffnung hindurch verdrängt. Daran schließt sich die Hebung an. Das Rück-schlagventil der Einflußleitung schließt sich, die Druckluft wird hineingelassen und zwingt die Flüssigkeit, in die Hebeleitung hinüberzutreten und ein darin etwa ein-geschaltetes Rückschlagventil zu öffnen. Ist sämtliche Flüssigkeit hinausbefördert, so tritt die Ausblasperiode ein, indem die Druckluft abgesperrt wird, die noch ver-bliebene Druckluft entweicht, das Rückschlagventil der Steigeleitung sich schließt und das der Einlaufleitung sich öffnet, worauf die neue Füllung beginnt.

Das Pulsometer steht also unter wechselndem Druck, bald unter dem gewöhn-lichen Atmosphärendruck, bald unter dem der Druckluft, und muß daher den Anforde-rungen des höchsten Druckes genügen, aber auch auf die wechselseitige Be-anspruchung Rücksicht nehmen, wie später gezeigt wird. Nicht minder muß auch die Hebeleitung sich dem Wechsel der Drücke anpassen können. Auch die Luft-zuführung muß auf die stoßweise Beanspruchung eingestellt sein.

Während die Zu- und Abführung der Flüssigkeit allein von dem im Pulso-meter herrschenden Druck abhängig ist, also bei gewöhnlichem Druck die Flüssig-keit zuläuft, bei erhöhtem weiterbefördert wird, wird die Schaltung der Druckluft durch den Stand der Flüssigkeit innerhalb des Pulsometers bedingt, u. zw. in der Weise, daß die Druckluft erst dann eingelassen wird, wenn die Flüssigkeit das Pulsometer vollständig anfüllt, und wieder abgestellt wird, wenn sie vollständig hinausbefördert ist. Man ersieht hier, daß nicht allein der Flüssigkeitsstand für die Druckluftführung entscheidend ist. Denn bei halber Füllung z. B. ist die Druckluft während der Füllperiode geschlossen und während der Hebeperiode geöffnet. Es muß also außer dem Flüssigkeitsstande noch ein zweites Moment für die selbsttätige Umschaltung herangezogen werden. Man bedient sich hierfür gewöhnlich eines Hebers oder eines Schwimmers.

Heberpulsometer. Der Heber hat bekanntlich die Eigenschaft, sowie die Flüssigkeitshöhe seinen Scheitel überschreitet, selbsttätig anzulaufen und so lange in Tätigkeit zu bleiben, bis die Flüssigkeit unter den Eintritt gesunken ist. Der Heber reißt dann ab, wie man sagt. Dieses Prinzip nutzt LAURENT in der Weise aus, daß er einen kopfstehenden Heber an das Heberohr anschließt und die Druckluft ständig in das Pulsometer einführt. Sie entweicht dann während der Füllung ständig in das Heberohr durch den Heber, bis dieser sich mit der Flüssigkeit anfüllt. Von diesem Zeitpunkt ab ist die Druckluft nach außen hin abgesperrt und drückt die Flüssig-keit in die Hebeleitung so lange, bis ihr Niveau auf den Scheitel, d. h. in diesem Fall auf den tiefsten Punkt des Hebers, gesunken ist. Man kann hier also von Einschaltung der Druckluft nicht sprechen, da diese ständig gleichmäßig zum Pulsometer hinzuströmt, mag Flüssigkeit gefördert werden oder nicht. Doch tritt sehr wohl eine Umschaltung selbsttätig ein, insofern die sonst nutzlos entweichende Druckluft auf die Hebeperiode hin umgestellt wird.

Die Pulsometer nach diesem Prinzip haben keinerlei bewegliche Teile, daher keine Reibung zu überwinden und funktionieren daher anstandslos, solange Druckluft und Flüssigkeit zur Verfügung stehen. Die verbrauchte Druckluft entweicht mit den letzten Resten der Flüssigkeit durch die Hebe-leitung, welche keinen zu großen Querschnitt besitzen darf, damit nicht wesentliche Mengen in das Pulsometer zurücklaufen und von neuem fortgedrückt werden müssen. Allerdings Voraussetzung des glatten Funktionierens ist, daß der Heber sofort in Tätigkeit tritt, sowie der oberste Flüssigkeitsstand erreicht ist, also nicht etwa die Druckluft blasenweise zusammen mit etwas Flüssigkeit durch das Heberohr entweicht. Gegen diesen Übelstand schützt man sich durch Verengung der Pulsometer-oberfläche im oberen Teil, wodurch das Ansteigen des Niveaus beschleunigt wird. Auch kann die Öffnung des Hebers an der kritischen Stelle etwas abgeflacht werden, wie denn überhaupt sämt-liche Kunstgriffe, die bei Überlaufhebern angewendet werden, hier von Nutzen sind. Größere Schwierigkeiten macht die Sicherung der Zuführung der Druckluft. Da diese ständig, also auch dann, wenn keine Flüssigkeit gehoben wird, in das Pulsometer einströmt, so wird sie, um unnötige Verluste zu vermeiden, nur gering gehalten und meist durch eine feine Öffnung in einer Flansch-scheibe geregelt, die leicht zu kontrollieren ist. Regulierhähne versagen gewöhnlich bei der mehr oder weniger feuchten und ölhaltigen Luft. Andererseits muß aber doch die Zufuhr so groß sein, daß die Hebeperiode möglichst abgekürzt wird, da hiervon die Leistungsfähigkeit abhängt. Man hat daher Vorrichtungen geschaffen, die die Luftmenge den einzelnen Perioden der Hebung anpassen, indem man den Druckunterschied berücksichtigt, der an der Luftaustrittsstelle einmal herrscht, wenn die Luft frei in das Pulsometer einströmt, und ein andermal, wenn sie durch die Flüssigkeit nach außen hin abgesperrt ist. Wird z. B. ein Manometer mit einem elektrischen Kontakt verbunden, der die Luftzufuhr vergrößert, so hat man es in der Hand, die Hebeperiode beliebig schnell zu vollziehen, ohne in der Zwischenzeit Luft zu verschwenden. Auf rein mechanischem Wege verfährt ASBRAND (*D. R. P.* 310 377), indem er ein Differentialventil in Wirksamkeit treten läßt, das die Luftmenge einstellt.

Die **Schwimmerpulsometer** wirken gewöhnlich in der Weise, daß der Schwimmer die Luftauslaßöffnung verschließt und so lange geschlossen hält, bis sämtliche Flüssigkeit ausgedrückt ist. Der Schwimmer kann ein oben offener Zylinder, ein vollständig geschlossener Topf, auch ein mittels Gegengewichts ausbalancierter Tauchkörper sein; er kann zylindrische, kugel- oder linsenförmige Gestalt haben; er kann aus mehreren Teilen, die übereinander angeordnet sind, zusammengesetzt sein; er kann fest aufgehängt sein oder an einer Stange, Draht oder in einem Käfig gleiten; er kann sogar mit den Ventilen fest verbunden oder mit ihnen kombiniert sein; er kann ferner je nach der Hebeperiode gefüllt oder leer sein. In allen diesen Fällen ist er aber nur mit den Luftventilen verbunden, während die Flüssigkeiten durch Rückschlagventile geregelt werden. Während *D. R. P* 14974 (HONIGMANN), ähnlich dem Heberpulsometer, die Druckluft ständig zuströmen läßt und nur die Luftauslaßöffnung durch den Schwimmer regelt, indem der durch die Füllung angehobene Schwimmer den Auslaß verschließt und so lange geschlossen hält, bis völlige Leerung stattgefunden hat, verschließt *D. R. P.* 67474 (KESTNER) durch das Schwimmergewicht auch das Lufteinlaßventil so lange, bis die aufsteigende Flüssigkeit den Schwimmer anhebt und damit zugleich den Luftauslaß verschließt. Der als oben geschlossene und unten offene Glocke ausgebildete Schwimmer ist in den späteren Patenten KESTNERS (*D. R. P.* 84690, 106 380) durch einen Topf oder Zylinder mit äußerem Gegengewicht ersetzt worden, dessen Gestänge mit den Ventilen für Luftzu- und -abfuhr fest verbunden ist, u. zw. so, daß entweder dieses geöffnet und jenes geschlossen ist oder umgekehrt. Als einfachste Ausführung ergab sich die axiale Anordnung der Ventile und des Gestänges und, was nicht unwesentlich ist, der Verschluß des Lufteinlaßventils von außen und des Luftauslaßventils von innen. Es kehren also beide Ventile ihre offene Seite einander zu. Das Ventilgehäuse wird so hoch angeordnet, daß es selbst beim höchsten Flüssigkeitsstande nicht erreicht wird.

Bei der heute gebräuchlichen Ausführung der KESTNERschen Pulsometer ist der Bügel in das Schaltungsgehäuse hineinverlegt und sämtliche Ventilschaltungen mit Schneiden versehen, die die geringste Reibung verursachen. Nach Lösung der Kappe sind alle Teile leicht zugänglich und können gereinigt und nachgestellt werden. Auch ist die Empfindlichkeit gegenüber Druckschwankungen so gut wie aufgehoben. Dagegen sind Erschütterungen der Hebeleitung infolge des gleichzeitigen Durchströmens von Flüssigkeit und Druckluft am Ende der Hebeperiode nicht zu vermeiden. Die Hebeleitung muß daher möglichst mit konstanter Steigung angelegt sein und darf keine Knickungen enthalten, die zu Luft- oder Flüssigkeitssäcken führen können.

Dieser Übelstand ist bei den SCHÜTZEschen Pulsometern (*D. R. P.* 155 880, 177 320) behoben infolge der Anwendung von 2 übereinander angeordneten Schwimmern, von denen der obere die Funktionen des KESTNERschen Schwimmers übernimmt, während der untere verhütet, daß Luft in die Hebeleitung eindringt. Durch ein besonderes Rückschlagventil wird das Zurückfallen der Flüssigkeitssäule aus der Hebeleitung in das Pulsometer verhindert. Die Leitungen können mit beliebigem Fall oder im Zickzack verlegt werden ähnlich den gewöhnlichen Flüssigkeitsrohren. Auch kann man die Flüssigkeiten in geschlossene Behälter, ja selbst unter Druck stehende, führen, zu Filtern, Streudüsen, in Bahnzisternen, auf beliebig weite Strecken.

Zwischen beiden Pulsometern steht das **Pulsometer** RABE. Wie das KESTNERsche besitzt es einen durch Gegengewicht ausbalancierten Tauchkörper, u. zw. aus 2 Teilen bestehend, die ähnliche Funktionen wie die beiden Schwimmer SCHÜTZES erfüllen. Doch sind die Luftventile nicht übereinander angeordnet, sondern seitlich voneinander, aber das Einlaßventil höher als daß Auslaßventil, damit niemals Flüssigkeit in jenes übertreten kann. Zur Beschleunigung der Umschaltung dient die Öffnung des Lufteintrittsventils gegen die Stromrichtung, wodurch selbst bei langsamer Füllung plötzliche Umschaltung gewährleistet ist. Die Verwendung ist, da keine Druckluft in die Hebeleitung eintreten kann, die gleiche wie bei den SCHÜTZEschen Pulsometern, denen es in der Luftsparsamkeit mindestens gleichkommt.

Eine überaus einfache Konstruktion stellt der SECURIUS-Automat der *D. T. S.* dar, nämlich einen geschlossenen Schwimmer mit darauf ruhendem Doppelventil für Luftzu- und -abführung. Das Doppelventil wird so stark belastet, daß es erst, wenn Abluft in die Steigleitung eindringt, umschaltet.

Von der gleichen Firma wird der Reform-Säureautomat PLATH (*D. R. P.* 159 079, 212 231, 215 586) hergestellt. Bei ihm dient die Schwimmerkugel gleichzeitig als Abschluß der Luftzuführung und der Abluft; doch ist diese durch eine besondere Steigleitung mit der Hebeleitung verbunden. Hebt sich die Kugel infolge der Flüssigkeit, so wird die Ablaufleitung geschlossen und die Flüssigkeit in die Hebeleitung gedrückt, wobei sie die obengenannte, besondere Steigleitung mit anfüllt und dadurch die Schwimmkugel mitbelastet. Diese reißt aber erst dann vom oberen Sitz ab, wenn die Abluft in die Hebeleitung eindringt und somit den Pulsometerdruck vermindert. Bei der allerneuesten Vervollkommnung (Abb. 167) schließt die Schwimmerkugel auch noch die Zuflußleitung während der Hebung ab, so daß ein besonderes Rückschlagventil fortfällt (*D. R. P.* 506 101). TRÜMPENER (*D. R. P.* 381 988) bringt den Schwimmer in einem Seitenteile des Pulsometertopfes an, um diesen zugänglich zu halten, ohne die Regulierteile auseinanderzunehmen.

Die mannigfachen Schwierigkeiten, die die direkte Betätigung der Luftventile durch die Flüssigkeiten verursacht, haben verschiedene Vorschläge der indirekten Übertragung hervorgerufen. SCHIFF und STERN (*D. R. P.* 492 480) steuern ein Lufthilfsventil und übertragen den Effekt mittels Gleitkolbens auf das Hauptventil. Besonders geeignet erscheint die Zusammenpressung einer durch die ansteigende Flüssigkeitssäule abgeschlossenen Luftmenge. So wirft STEGMEYER (*D. R. P.* 286 777) durch die abgeschlossene Luft eine Steuerkugel um, die die Ventile verstellt, sieht im *D. R. P.* 288 180 einen besonderen Steuerapparat für die Abluft vor und benutzt im *D. R. P.* 295 795 eine Haupt- und Vorsteuerung. Es sind auch elektrische Steuerungen vorgeschlagen worden, z. B. von der *D. T. S.*, bei denen die Umschaltorgane völlig aus dem Bereich der Druckflüssigkeiten gebracht sind, ferner Zeitschaltungen von GEBR. KÖRTING, welche, durch Wasserkippvorrichtungen betätigt, gleichzeitig beliebig viele Druckfässer auf Füllen und Drücken umschalten. Doch mögen solche Vorrichtungen wohl auf ganz bestimmte Fälle beschränkt worden sein. Denn der leichten Übersichtlichkeit stehen verschiedene Betriebsbedenken gegenüber.

Die Pulsometer sind durchaus nicht auf chemische Betriebe beschränkt. Sie werden, wenn auch nicht gerade mit dieser Bezeichnung, vielfach zur Wasserversorgung von Privathäusern, zur Ableitung von Abwässern, zur Förderung von bleihaltigen Flüssigkeiten benutzt, und sie ähneln in ihrer Ausführung den mannigfachen Dampfwasserrückleitern, wie sie denn anstatt mit Druckluft auch mit komprimierten Gasen, z. B. für Benzin und andere feuergefährliche Flüssigkeiten mit Kohlendioxyd oder gereinigten Verbrennungsgasen, für Äther, Alkohol mit Dampf betrieben werden können, was den großen Vorzug hat, daß bei der Kondensation kein Verlust der Flüssigkeit eintritt, auch Feuersgefahr vermieden wird.

Über die Vorzüge der Pulsometer gegenüber den Pumpen (Bd. **VIII**, 549) macht RABE (*Ztschr. angew. Chem.* **1925**, 387) ausführliche Angaben. Die Pulsometer erfordern geringen Raumbedarf, einfache Montage, keine besondere Wartung, keine Antriebsmaschinen (außer für Druckluft) und passen sich vor allen Dingen in ihrer Leistung den Betriebserfordernissen an. Sie sind unempfindlich gegen die chemische Fabrikatmosphäre. Sie können in einfachster Weise mit Zählapparaten in Verbindung gebracht werden, die jeden Hub zählen und damit die Fördermenge, wie sie durch Einführen in ein Meßgefäß leicht ein für allemal festzustellen ist. Die Hubzähler können rein mechanisch mit dem Gestänge verbunden sein oder pneumatisch, indem eine besondere Luftleitung den bei jeder Hebung eintretenden Druckzustand registriert. Die Förderungsmessung ist also durch die einzelnen

Druckstöße bedingt, im Gegensatz zu den Mammutpumpen (Bd. VIII, 557) mit gleichförmiger Förderung.

Man hat auch, namentlich für große Flüssigkeitsmengen, vorgeschlagen, 2 oder mehrere Pulsometer miteinander so zu koppeln, daß die Flüssigkeit in ständigem Strom gefördert wird, indem man zwangsläufig die einzelnen Steuerorgane verbunden hat. Doch kommen für die chemische Technik solche Apparate kaum in Frage. Dagegen werden vielfach gewöhnliche Druckfässer mit Pulsometerumschaltungen versehen, was aber die Vorzüge der Pulsometer nicht immer erschöpft.

Für manche Zwecke ist es vorzuziehen, die Pulsometer statt mit Druckluft mit Saugluft zu betreiben. Die Pulsometer werden oberhalb eines Behälters, der gefüllt werden soll, aufgestellt und das Luftauslaßventil mit der Saugleitung, das Lufteinlaßventil mit der Außenluft verbunden. Sowie sich durch die Saugleitung — bei geschlossener Außenluftabführung — das Pulsometer anfüllt, hebt sich der Schwimmer, bis die Saugleitung abgeschlossen und die Außenluftleitung geöffnet wird. Dann beginnt die Flüssigkeit durch ein vorher geschlossenes Rückschlagventil in das Auffanggefäß sich zu leeren, während die Flüssigkeitsansaugleitung sich durch ein anderes Rückschlagventil schließt. Ist endlich die Flüssigkeit so tief gesunken, daß das Schwimmergewicht überwiegt, so schalten sich die beiden Luftventile um, und die Saugperiode beginnt von neuem. Wie man leicht einsieht, sind für Ansaugung nur die Pulsometer zu verwenden, bei denen keine Luft in die Hebeleitung eindringt.

Die Ausführungsmaterialien richten sich nach dem Verwendungszweck. Während für Wasser und sonstige indifferente Flüssigkeiten Schmiede- und Gußeisen in geschütztem oder ungeschütztem Zustande verwendet werden, muß man für Säuren, Salze, Alkalien zu Siliciumeisen, V2A-Legierungen u. dgl., oder Schutz durch Überzüge, wie Kupfer, Nickel, Silber, Blei, Zinn, Weich-, Hartgummi, Steinzeug, greifen oder diese Materialien ev. für sich allein anwenden. Handelt es sich um ein weiches Material, wie Blei, so ist die einfache Auslegung mit Bleiblech auf die Dauer unbrauchbar, da der stete Wechsel von gewöhnlichem und Überdruck das Blei mehr oder weniger von der Unterlage abhebt und an den Auflagerändern zum Reißen bringt. Wird jedoch der Außenluft Zutritt zum Zwischenraum zwischen Blei und Wandung gestattet, so ist das Abheben nicht zu befürchten. Am besten wird die Wandung an einigen Stellen mit feinen Bohrungen versehen, die aber unter Kontrolle bleiben müssen. Aus dem gleichen Grunde müssen Ausmauerungen ohne Höhlungen ausgeführt werden. Natürlich läßt sich durch homogene Verbleiung, die aber sehr teuer ist, Luft völlig ausschließen.

Wie bereits oben angegeben wurde, hängt das gute Funktionieren der Pulsometer von der einwandfreien Beschaffenheit der Druckluft ab. Da diese gewöhnlich keine weitere Reinigung durchmacht, sondern aus der Umgebung des Maschinenraums angesaugt wird, so enthält sie alle daselbst vorhandenen Unreinigkeiten, also Staub, Feuchtigkeit, Dämpfe, die sich in den Drucksammlern, großen Zylindern zur Ausgleichung des Druckes, nicht genügend ablagern.

Es empfiehlt sich daher, die Druckluft durch physikalische und chemische Behandlung zu reinigen. Besonders hat sich nach FORSTER die Feuchtigkeit als schädlich erwiesen, da sie die Umschaltteile in Verbindung mit den sauren Gasen stark angreift, so bei der Förderung von Schwefel-, Salz- und Salpetersäure. Man hat daher Drucklufttrockner konstruiert, bestehend aus stehenden Zylindern mit mehreren Siebeinsätzen, die mit Chlorcalcium beschickt werden. Dieses braucht je nach dem Feuchtigkeitsgehalt der Druckluft erst nach Wochen erneuert zu werden, was übrigens in einigen Minuten erfolgen kann. Es braucht nicht besonders erwähnt zu werden, daß mit der Trocknung auch Ölspritzer, Staub und andere Unreinigkeiten entfernt werden und daß auch die Frostgefahr im Winter beseitigt wird. Das abgenutzte Chlorcalcium kann durch einfaches Eindampfen wieder gebrauchsfähig gemacht werden.

Ausführungsformen. Anschließend an die allgemeinen Erörterungen mögen einzelne Ausführungen an Hand von Abbildungen näher erläutert werden.

Das LAURENTsche Pulsometer ist in Abb. 160 dargestellt. Es besteht aus einem Topf *b* mit Deckel *a* und Flansch *c*, durch den das Heberohr *d* und das Druckluftrohr *e* hindurchgehen. Seitlich an das Heberohr setzt sich ein umgekehrt stehender Heber *k n f m* an, dessen Scheitel also unten liegt. Wird der Pulsometertopf aus dem Kasten *h* über das Rückschlagventil *i* und das Eintauchrohr *g* gefüllt, so kann die ununterbrochen durch *e* in geringer Menge eintretende Druckluft so lange unbehindert durch das Heberohr *m n f k* in die Hebeleitung *d* entweichen, bis die Flüssigkeit den Heberrand *m* erreicht. Von da ab wird der Luftaustritt durch den Heber verschlossen, und die Druckluft hebt die Flüssigkeit in die Hebeleitung *d*. Erst wenn die Flüssigkeit bis zum Heberscheitel *n* gesunken ist, tritt Druckluft hindurch zur Hebeleitung, und die Hebeperiode schließt ab. Der Speise-kasten *h* muß etwas höher stehen, um einen Gegendruck auszuüben, wenn das Heberrohr nicht voll-kommen geleert wird. Die Druckluftmenge muß einer Regelung unterworfen werden, um einerseits Luft zu sparen, andererseits aber den Hebeprozeß zu beschleunigen. Das Heberrohr darf einen gewissen Durchmesser nicht überschreiten.

Die einfache Bauart der LAURENTschen Pulsometer, der Fortfall jeglicher Bewegungsteile — ab-gesehen vom Rückschlagventil —, wird noch übertroffen von der Ausführung der *D. T. S.*, die einen

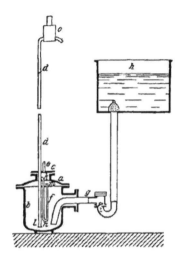

Abb. 160. LAURENTsches Pulsometer.

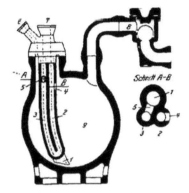

Abb. 161. LAURENTsches Pulsometer der
D. T. S.

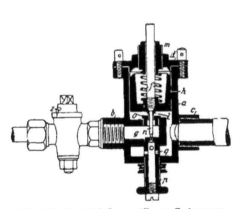

Abb. 162. Druckluft-Sparventil von E. ASBRAND,
Hannover-Linden.

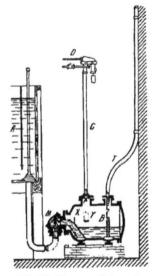

Abb. 163. KESTNER-Pulsometer.

mit Heber kombinierten Heberohrstutzen laut Abb. 161 verwenden, der, wie der Querschnitt erweist, eine kompakte Masse bildet. An das Hebeeintauchrohr *1* setzt sich der Heber *4 2 3 5* an, wovon *4* mit dem Topfinnern, *5* mit dem Hebetauchrohr in Verbindung steht. Stutzen *6* dient für den Eintritt der Druckluft, Stutzen *7* zum Anschluß des Heberohrs. Das Rückschlagventil *8* vervollständigt den Aufbau des Pulsometertopfes *9*. Die für Steinzeug gezeichnete Ausführung kann nicht nur für Salz- und Salpetersäure gebraucht werden, sondern für alle Säuren und Flüssigkeiten.

Das LAURENTsche Pulsometer erfordert einen ständigen Strom von Druckluft, mag die Flüssigkeit langsam oder schnell zufließen. Das Druckluft-Sparventil von ASBRAND (Abb. 162) ist dazu bestimmt, die Druckluftmenge in der Weise zu regeln, daß während der Füllung nur geringe Mengen, dagegen beträchtliche während des Hebens zugeführt werden. Hierzu dient in einem zylindrischen Gehäuse *a* ein mit Feder *f* belasteter eingeschliffener Kolben *h*, der an seiner geschlossenen Unter-seite eine Konusfläche *l* mit Nadel *n* trägt. Erstere dichtet auf einer Konusöffnung *o*, letztere auf einer feinen Öffnung der gegenüberliegenden Seite des Lufteintrittsstutzens *g* ab. Unterhalb der durch

35*

die Nadelspitze gebildeten Ringöffnung gestattet eine verstellbare Spindel p mit Durchtrittsöffnungen q, die Verbindung mit dem Austrittsstutzen c herzustellen. Dieser ist ebenfalls mit dem Raum unter dem Kolben h verbunden. Die Wirkungsweise ist folgende. Wird durch den Regulierhahn z, der mit Zeigerkontrolle z versehen ist, die Luftzuführung zum Pulsometer hergestellt, so kann die Druckluft nur durch den Ringkanal der Nadelspitze n und durch die Öffnungen q in die Luftleitung c übertreten, und da man durch die Spindel p die Durchtrittsmenge begrenzen kann, so kann man die Luftmenge beliebig vermindern. Der Durchtritt zwischen den Konusflächen o und l ist dagegen nicht möglich, da der Kolben k durch die von außen mit der Schraube m eingestellte Feder f fest angedrückt wird. Steigt nun die Flüssigkeit im Pulsometer an, bis sie den freien Durchtritt der Druckluft versperrt, so tritt eine Druckzunahme ein, die sich auf den Kolben k überträgt und ihn entgegen der Federbelastung nach oben zurückdrückt. Dadurch wird der Weg zwischen o und l freigelegt und die Durchtrittsmenge vergrößert. Nimmt am Ende der Hebeperiode der Druck wieder ab, so senkt sich der Kolben k, und mit ihm bleibt der Luftdurchgang allein auf den Nadeldurchgang beschränkt.

Das ASBRANDsche Nadelventil bedeutet eine rationelle Verbesserung der LAURENTschen Pulsometer. Mit dem Sparventil kann ein Zählwerk verbunden werden, das die Fördermenge mißt.

Das KESTNER-Pulsometer ist in seiner liegenden Bauart – die stehende bildet ein Topf – in Abb. 163 dargestellt, zugleich auch, wie er montiert wird. Der liegende, allseitig geschlossene Zylinder B weist 3 Stutzen auf. einen seitlichen für das Rückschlagventil M, welches von dem Kasten A durch

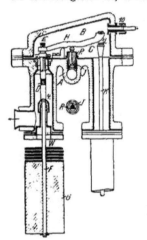

einen Verschlußkonus oder auch durch ein besonderes Hebergefäß gespeist wird, und 2 obere, von denen der rechte die Hebeleitung T trägt, die an der Wand oder an einer Führungsleiste gut gesichert wird, und der linke den Umschaltmechanismus enthält. Dieser besteht aus dem Schwimmer Y, einem oben offenen Zylinder, der mit der Hebeflüssigkeit angefüllt wird und an einer Stange K hängt, die innerhalb eines geschlossenen Rohres mit dem Luftverteilungskasten D in Verbindung steht. Dieser ist in Abb. 164 besonders dargestellt. Die Schwimmerstange K hängt mit der Öse L am Bügel C, der, um die Spitze H sich drehend, auf der einen Seite den Ventilkegel J des Lufteintrittsventils R, auf der anderen Seite das Luftauslaßventil E

Abb. 164. Querschnitt durch den Druckverteilungskasten des KESTNER-Pulsometers.

betätigt, das sich in die Stange D fortsetzt, welche mit ihrer Ver-

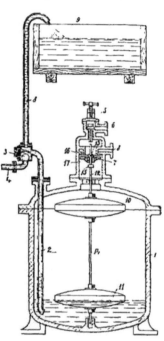

Abb. 165. SCHÜTZE-Pulsometer.

längerung F das Gegengewicht G trägt. Ein besonderer Schutz 4 verhindert, daß Spritzer auf das Gewicht G übertreten; demselben Zweck dient die Kappe W. In der gezeichneten Stellung ist das Lufteinlaßventil geschlossen, das Abluftventil geöffnet. Hat sich das Pulsometer mit Flüssigkeit angefüllt, so heben sich der Schwimmer und mit ihm die Stange K und der Bügel C, und somit öffnet sich das Lufteinlaßventil R und schließt sich das Luftauslaßventil E. Das Pulsometer „zieht an". Die Druckluft drückt die Flüssigkeit in die Hebeleitung, zum Schluß fallen der Schwimmer und die Stange herab; das Lufteintrittsventil schließt sich und das Luftaustrittsventil öffnet sich. Das Pulsometer „bläst ab". Eine Leitung 10 dient zur Betätigung eines Hubzählers, der jeden einzelnen Druckstoß aufzeichnet. Die Kappe B kann zur Montage bzw. Kontrolle der Umschaltung abgenommen werden. Das Gegengewicht G kann durch Platten vermehrt oder vermindert werden. Für Salpetersäure wird die Stange K durch Platindraht ersetzt; im übrigen werden die mit den Säuren und den Gasen in Berührung kommenden Teile durch Steinzeug ersetzt; soweit nicht Blei- oder anderer Metallschutz genommen werden kann. Die einzelnen Hebeperioden dauern nur kurze Zeit; sie können bei günstigen Betriebsverhältnissen bis auf eine halbe Minute abgekürzt werden. Ein Pulsometergefäß von 35 l Inhalt kann also bis 3 m^3 Flüssigkeit stündlich fördern. Die KESTNER-Pulsometer sind sehr verbreitet für alle möglichen Flüssigkeiten, namentlich Säuren.

Das SCHÜTZE-Pulsometer (Abb. 165) besitzt wie das Pulsometer RABE einen Doppelschwimmer 10, 14, 11, aber einen vollkommen geschlossenen, benötigt daher kein Gegengewicht. Lufteinlaß-5 und Luftauslaßventil 17 sind nicht starr miteinander verbunden; vielmehr ruht dieses zwischen 2 Bünden 13 und 15 der Schwimmerstange 12 derart, daß es beim Anheben und Anpressen auf den Sitz 16 wohl das Lufteinlaßventil 5 aufstößt, aber beim Sinken, während es durch den Innendruck gegen den Sitz 16 gepreßt ist, den Bund 13 und mit ihm den Doppelschwimmer trägt. Während dieser Zeit expandiert die eingeschlossene Druckluft und nützt somit ihren Druck, soweit möglich, aus.

Erst wenn beim weiteren Sinken des Schwimmers dessen Gewicht den Gegendruck bei *16* überwindet, fällt der Doppelschwimmer und öffnet das Luftauslaßventil. Der Eintritt von Abluft in die Hebeleitung ist hierfür nicht erforderlich. Der Umschaltmechanismus liegt im Gegensatz zur Abbildung so hoch über dem Pulsometertopf, daß er selbst beim höchsten Stand des Speisegefäßes nicht erreicht wird.

Die SCHÜTZE-Pulsometer arbeiten so zuverlässig und ergeben keine Erschütterung der Hebeleitung. Da sie selbst in unter Druck stehende Leitungen fördern können, ist von SCHÜTZE eine Kombination mit einem geschlossenen Druckgefäß geschaffen worden, welches, unterhalb des Pulsometers aufgestellt, die diesem zufließende Flüssigkeit weiterfördert, sobald zwischen beiden Druckausgleich hergestellt ist. Durch Einstellung eines Abführungsventils an Hand eines Flüssigkeitsstandes kann man einen konstanten Flüssigkeitsstrom einstellen.

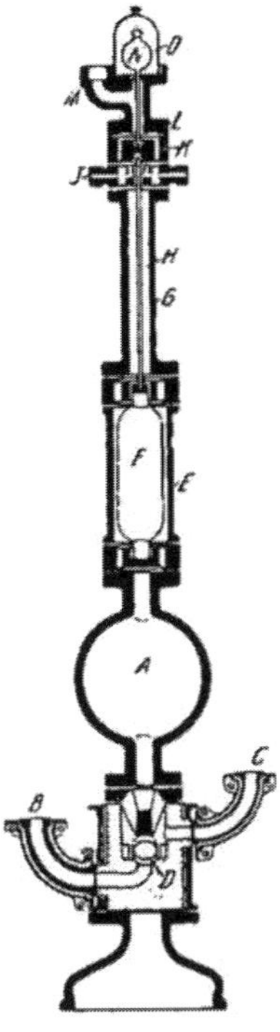

Der SECURIUS-Automat (Abb. 166) wird in Steinzeug und Glas ausgeführt; sein Spiel ist beständig sichtbar und infolge besonderer Ausbildung des Schwimmers unabhängig vom *spez. Gew.* Er besteht aus einem Kugelkörper *A*, in der kleinsten Ausführung von 8 *l* Inhalt, das mit 2 Leitungsstutzen versehen ist, dem Einfluß *B* mit dem Rückschlagventil *D* und dem Ausfluß *C*. Auf den Kugelkörper *A* setzt sich ein Glasrohr *E* auf, in welchem ein allseitig geschlossener Schwimmer *F* mit Verbindungsstange *H* im Rohr *G* spielt. Letztere trägt eine oben und unten plan geschliffene Scheibe *K*, die nach unten die Lufteinführung *J*, nach oben die Luftabführung *L* abwechselnd verschließt. An letztere schließt sich der Austritt *M* an. Die Scheibe *K* wird durch ein Glasgefäß *N* beschwert, das in einer Glasglocke *O* ruht. Der Apparat arbeitet in folgender Weise: Die in *A* und *E* aufsteigende Flüssigkeit hebt den Schwimmer *F* und mit ihm die Scheibe *K*, öffnet dadurch das Luftzuführungsventil *J* und schließt das Luftauslaßventil *L*. Infolgedessen wird die Flüssigkeit durch den Stutzen *C* fortgedrückt, bis der Schwimmer *F* mit der Belastung *N K H* herabfällt, das Lufteintrittsventil *J* schließt und das Luftaustrittsventil *L* öffnet. Die Abluft entweicht nunmehr vollkommen, nachdem ein Teil bereits durch die Hebeleitung ausgetreten ist. Der Mechanismus ist also sehr einfach; das Spiel wiederholt sich sehr schnell hintereinander, so daß bei 8 *l* Inhalt in der Stunde bis 1 *m³* Flüssigkeit gefördert werden kann, also etwa alle *¹/₂'* eine Förderung stattfindet. Diese Apparate stehen in zahlreichem Gebrauch für alle Säuren, besonders aber für Schwefelsäure aller Stärken.

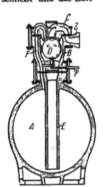

Abb. 166. SECURIUS-Pulsometer.

Der Charlottenburger selbsttätige Druck luftheber DTS 1505 bedeutet vom eine weitere Vereinfachung und Verbesserung des Reform-Säureautomaten PLATH der *D. T. S.*, indem er die Schwimmkugel auch zum selbsttätigen Absperren des Flüssigkeitszulaufs verwendet (Abb. 167). Die oberhalb des Fördertopfes *A* angeordnete Schwimmkugel *D* verschließt in der abgebildeten Stellung die Preßluftleitung *P*, läßt dagegen die Luftleitung *F*, die unten mit dem Fördertopf *A* und oben mit der Steigleitung in Verbindung steht, offen, desgleichen offen den Flüssigkeitszulauf *ZC*. Die Schwimmkugel *D* liegt in der Verstellungskammer *B*, in deren oberen Teil die Steigleitung (punktiert gezeichnet) mündet. Die bei der Füllung des Fördertopfes *A* verdrängte Luft entweicht durch die Leitung *F* in die Verstellungskammer *B* und von dort in die Steigleitung. Erreicht jedoch die Flüssigkeit die Schwimmkugel *D*, so hebt sie sich, verschließt die Luftleitung *F* und die Flüssigkeitsleitung *ZC* und entweicht durch den unterhalb der Kugel sichtbaren linken waagrechten Kanal zur Leitung *F* und von dort in den Fördertopf *A*. Infolgedessen steigt die Flüssigkeit in das Eintauchrohr *E*, in die Verstellungskammer *B* und in die Steigleitung über, bis die nachdringende Druckluft die Schwimmkugel *D* erreicht. Hierdurch senkt sich die Kugel, verschließt die Druckluft und öffnet die Leitungen *F* und *CZ*. Das Spiel beginnt dann von neuem. Der Automat wird durch Schwankungen des *spez. Gew.* der Flüssigkeit und des Preßluftdrucks in keiner Weise beeinflußt. Er wird in Größen von 20—350 *l* hergestellt bei einer Fördermenge von 1—10 *m³/h*. Baumaterial ist säurefestes Steinzeug. Höchster Druck ist 6 *Atm.* bei 60 *l* Inhalt, bei den größeren Ausführungen nur die Hälfte.   *H. Rabe.*

Abb. 167. Charlottenburger selbsttätiger Druckheber DTS 1505 der *D. T. S.*

Pulver s. Explosivstoffe, Bd. **IV**, 709.

Pulverfuchsin A (*I. G.*) ist gleich Neufuchsin 90 (Bd. **VIII**, 104).

Pumpen. Nach der Art des geförderten Mediums unterscheidet man Flüssigkeitspumpen und Luftpumpen bzw. Pumpen für Gase.

A. Flüssigkeitspumpen.

Flüssigkeitspumpen im weitesten Sinne sind Maschinen, welche zur Beförderung von Flüssigkeiten dienen. Man unterscheidet: I. Schöpf- oder Becherwerke; II. Kettenpumpen; III. Pumpen im engeren Sinne, u. zw. 1. Kolbenpumpen, 2. Membranpumpen, 3. Flügelpumpen, 4. Kapselpumpen, 5. Zentrifugalpumpen; IV. Druckluftflüssigkeitsheber; V. Strahlapparate; VI. Dampf- und Gasdruckpumpen; VII. hydraulische Widder.

I. Schöpf- oder Becherwerke bestehen aus einer Anzahl von Gefäßen, Bechern, die auf endlosen Bändern oder Ketten befestigt sind, welche über 2 mehr oder weniger hoch übereinander angebrachte Laufrollen gleiten, wobei die Becher unten die zu fördernde Flüssigkeit aufschöpfen und oben in Rinnen oder Leitungen entleeren. Sie sind besonders für unreine Flüssigkeiten geeignet.

II. Kettenpumpen bestehen ebenfalls aus endlosen Ketten, die oben über eine Treibrolle laufen, dagegen unten frei in das zu fördernde Gut hängen und senkrecht durch Rohre geführt werden. Der aufwärtsgehende Teil der Kette nimmt die zu fördernde Flüssigkeit mit, welche wieder nach unten zu laufen sucht. Sie eignet sich deshalb nur zur Förderung dickbreiiger zäher Stoffe, wie z. B. in den Portlandzementfabriken, Kreideschlämmereien, für mit Krystallen durchsetzte Füllmassen, Sirupe, Fäkalien u. dgl. Trotz schlechten Wirkungsgrads arbeiten sie hier doch nützlich, weil einfach, betriebssicher, billig, unverwüstlich, gegen Schlamm, Fasern und gröbere Verunreinigungen unempfindlich. Zur Erhöhung der Wirkung bringt man häufig in Abständen von $0,5-1,0\ m$ Scheiben an, die kolbenartig in dem Steigrohr geführt werden; bei Sirupen erschweren diese Scheiben aber oben das Abstreifen. Hubhöhe $3-5\ m$, Kettengeschwindigkeit $0,5-1,2\ m$/Sekunden.

III. Eigentliche Pumpen. 1. Kolbenpumpen bestehen aus einem Hohlzylinder, in welchem ein Kolben periodisch hin und her bewegt wird. Während der Saugperiode wird die Flüssigkeit angesaugt, d. h. durch den Druck der Atmosphäre in den Raum hineingetrieben. In der Druckperiode drückt der Kolben die Flüssigkeit unter gleichzeitigem Schließen des Saugventils und Öffnen des Druckventils in die Druckleitung.

Ist v das Hubvolumen des Arbeitszylinders, n die Zahl der Hübe in $1'$, so wäre bei einer idealen Pumpe das in $1'$ geförderte Flüssigkeitsquantum $Q = nv$. Tatsächlich ist infolge der schädlichen Räume, die durch Undichtigkeiten des Kolbens wie durch zu späten Ventilschluß bedingt sind, wodurch bereits gesaugte oder gehobene Flüssigkeit wieder zurückfließt, die bei jedem Hub geförderte Menge kleiner als v. Den Bruchteil von v, der die bei jedem Hub wirklich geförderte Menge angibt, bezeichnet man als den volumetrischen Wirkungsgrad oder Lieferungsgrad der Pumpe. Er beträgt bei guten Konstruktionen $\lambda = 0,9-0,97$; er wird verringert durch große Widerstände in der Saugleitung, undichte Kolben, Ventile, durch undichte Stopfbüchsen, Flanschen, Saugrohre, angesaugte Luft und Abscheidung von Gasen und Dämpfen aus der Flüssigkeit. Es ist demnach die Lieferung pro $1'$ $Q = nv\lambda$ in l. Für v ist zu setzen der wirksame Kolbenquerschnitt mal der Hubhöhe; also ist $v = \dfrac{\pi d^2}{4} \cdot h$, wobei d den Kolbendurchmesser in dm, h die Hubhöhe in dm bezeichnet. Dies gilt für einfach wirkende Pumpen, bei denen der Kolben während einer Kurbelumdrehung nur einmal ansaugt und fortdrückt; es sind dies Pumpen mit außenliegendem Plunger. Pumpen mit Innenplunger und solche mit Scheibenkolben fördern bei jeder Umdrehung 2mal, so daß die Förderleistung Q doppelt so groß wird.

Der sekundliche Arbeitsbedarf einer Pumpe, die die Gewichtsmenge $\dfrac{G}{60} = \dfrac{Q \cdot \sigma}{60}$ pro $1''$ um $H_1\ m$ hebt, wenn σ das *spez. Gew.* der Flüssigkeit ist, ist gleich der Summe von Hebearbeit $A_1 = \dfrac{QH_1\sigma}{60}$ und der Arbeit A_2, die zur Überwindung der Bewegungswiderstände erforderlich ist.

Diese setzen sich im wesentlichen zusammen aus der Arbeit, die zur Beschleunigung der Flüssigkeitsmassen erforderlich ist, aus dem Reibungswiderstand der Leitung, den Widerständen, die bei Richtungs- und Querschnittsänderungen der Leitung auftreten. Der Arbeitsbedarf zur Überwindung dieser Bewegungswiderstände ist proportional dem Flüssigkeitsgewicht $G = Q \cdot \sigma$. Demnach kann die Arbeitsleistung als Produkt aus $Q \cdot \sigma$ und einer Größe H_2, die die Summe der Bewegungswiderstände enthält, geschrieben werden, also $A_2 = \dfrac{QH_2\sigma}{60}$, wobei man H_2 dann die Bedeutung einer Höhe beilegen kann. Der Gesamtarbeitsbedarf einer idealen Pumpe ergibt sich dann $A_i = \dfrac{Q(H_1 + H_2)\sigma}{60}$; H_2 wird auch als Widerstandshöhe bezeichnet und gibt die Höhe der Wassersäule an, die den zur Überwindung aller in der Leitung enthaltenen Widerstände erforderlichen Druck hervorzurufen imstande ist. Sie kann rechnerisch ermittelt werden (s. z. B. Hütte, Des Ingenieurs Taschenbuch). Bei widerstandsloser Leitung würde also die Pumpe bei gleicher Arbeitsleistung das Wasser auf die Höhe $H = (H_1 + H_2)$ heben. In Wirklichkeit ist die benötigte Arbeitszufuhr größer. Das Verhältnis der nutzbaren Arbeit A_i zu der aufgewendeten Arbeit A, nämlich $\eta = \dfrac{A_i}{A}$, wird als der mechanische Wirkungsgrad oder einfach Wirkungsgrad der Pumpe bezeichnet. Es ist demnach $A = \dfrac{QH}{60\eta} \, kgm/$Sekunden oder $A = \dfrac{60 \cdot 75}{QH\eta} \, PS$. Der mechanische Wirkungsgrad kann bei gut ausgeführten Pumpen $0{,}9-0{,}93$ betragen. Meist bleibt er jedoch bei $0{,}8-0{,}85$.

Verschiedene Arten der Kolbenpumpen. Man unterscheidet Saug- und Druckpumpen. Bei ersteren ist das Austrittsventil im Kolben, bei letzteren am Pumpenkörper selbst angebracht. Die Saug- oder Hubpumpen benutzen die Druckperiode nur dazu, die in der Saugperiode in den Zylinder getretene Flüssigkeit durch das Kolbenventil auf die andere Seite des Kolbens treten zu lassen. Erst bei der nächsten Saugperiode wird dieses Wasser weiterbefördert, so daß die Arbeitsleistung nur während der Saugperiode erfolgt. Infolgedessen ist der Gang sehr ungleichmäßig, weshalb sie für mechanischen Antrieb wenig geeignet sind und vornehmlich als kleine Pumpen zum Handbetrieb Verwendung finden. Überdies eignen sie sich ausschließlich für kleine Förderhöhen.

Da der Luftdruck bei 76 cm Barometerstand und 0^0 eine Wassersäule von höchstens 10,33 m zu tragen vermag, so ergibt sich $H = H_1 + H_2 = 10{,}33 \, m$. Setzt man die Widerstandshöhe H_2 mit nur 3 m an, so ergibt sich als höchst zulässige Saughöhe (gemessen vom tiefsten Wasserspiegel bis zum höchsten Punkte des Pumpenzylinders) im günstigen Fall für Wasser $H_1 = 7{,}3 \, m$. Bei Flüssigkeiten mit höherem *spez. Gew.* muß die Zahl durch dieses dividiert werden.

Die höchstmögliche Saughöhe wird von der Meereshöhe nach folgender Zahlenreihe beeinflußt:

Höhe über dem Meeresspiegel . .	0	200	500	1000	1500	2000	3000 m
Luftdruck bei 0^0	760	742	716	674	635	598	530 mm Quecksilbersäule
Höchste Steighöhe H_3 bei 0^0 . .	10,33	10,09	9,74	9,17	8,64	7,87	7,21 m WS
$H_4 = H - H_3$	0,0	0,24	0,59	1,16	1,69	2,46	3,12 m

In einem Ort, welcher 2000 m über dem Meer liegt, wird unter den vorgenannten, sonst gleichen Bedingungen die Pumpe nicht 7,3 sondern nur noch $H_1 = H_3 - H_2 = 7{,}87 - 3{,}00 = 4{,}87 \, m$ hoch saugen können. Ebenso wird die Saughöhe einer Pumpe vermindert, wenn sie aus Gefäßen saugen muß, in denen eine gewisse Luftleere herrscht. Diese Luftleere wird fast immer in cm Quecksilbersäule gemessen, die einer Wassersäule H_5 entsprechen, nach folgender Zahlenreihe:

Luftleere im zu entleerenden Gefäß . . .	± 0	10	20	30	40	50	60	70	76 cm Hg
entsprechend einer Wassersäule H_5 . .	0,00	1,36	2,72	4,08	5,44	6,80	8,16	9,52	10,33 m

Um diese Wassersäule H_5 wird die erreichbare Saughöhe vermindert auf $\dfrac{H_1}{\sigma} = H - H_2 - H_4 - H_5$.

Diese Saughöhen gelten bei Flüssigkeitstemperatur von 0^0. Je wärmer die zu fördernde Flüssigkeit ist, umso größer ist ihre Dampfspannung, die als Gegendruck die größtmögliche Saughöhe entsprechend herunterdrückt. Diese Dampfspannung muß wieder in m Wassersäule ausgedrückt werden, als H_6, und beträgt z. B.

Flüssigkeitstemperatur		0	20	40	60	80	100^0
Dampfspannung H_6 für	Wasser	0,00	0,24	0,74	2,02	4,81	10,33 m WS
	Alkohol	0,17	0,62	1,82	4,76	—	„ „
	Äther	2,5	5,75	—	—	—	— „ „

Die entsprechend verminderte erreichbare Saughöhe ist dann nur noch:

$$\frac{H_1}{\sigma} = H - H_2 - H_4 - H_5 - H_6.$$

Beispiel: Wasser von 60^0, *spez. Gew.* $\sigma = 0{,}98$, soll aus einem Gefäß, in dem 60 cm Luftleere herrschen, an einen Ort, der 1000 m über dem Meer liegt, gepumpt werden; der Gesamtwiderstand sei wieder $H_2 = 3 \, m$. Dann ist:

$$\frac{H_1}{\sigma} = H - H_2 - H_4 - H_5 - H_6 = 10{,}33 - 3 - 1{,}16 - 8{,}16 - 2{,}02; \quad H_1 = (10{,}33 - 14{,}34) \, \sigma = -4{,}01 \cdot 0{,}98 = -3{,}93 \, m.$$

Die Saughöhe wird negativ ($-3{,}93 \, m$), das Wasser muß deshalb der Pumpe mit diesem Druck zulaufen, sonst wird sie wirkungslos. Die Pumpe muß 3,93 m unter dem Flüssigkeitsspiegel, den die Flüssigkeit in dem betreffenden Gefäß einnimmt, sein. Durch Undichtigkeiten, größere Widerstände u. dgl. wird diese erforderliche Druckhöhe oft betriebsstörend noch erhöht. Um dann der Pumpe das Absaugen zu erleichtern, sieht man eine Druckausgleichleitung vor, die den Gefäßraum über dem Flüssigkeitsspiegel mit dem Saugstutzen der Pumpe oder noch besser mit dem Pumpenzylinder verbindet. Im ersten Falle läuft die Flüssigkeit mit eigenem Gefälle bis zum Pumpenstutzen und muß dann die Pumpe noch die eigene Widerstandshöhe überwinden. Beim Ausgleichanschluß an den Zylinder läuft die Flüssigkeit tatsächlich mit eigenem Gefälle bis in die Pumpe; aber Flüssigkeit wird in diese Leitung gedrückt, die diese unter Umständen verstopft.

Bei der Druckpumpe wird die in der Saugperiode eingeströmte Flüssigkeit beim Rückgang des Kolbens in die Druckleitung getrieben und kann auf beliebige Höhen befördert werden. Bei großen Pressungen sollte man möglichst Saughöhen

H, vermeiden, sondern die Flüssigkeit mit Gefälle zulaufen lassen. Man unterscheidet die Plungerpumpen von den gewöhnlichen Kolbenpumpen. Bei den letzteren kommt ein Scheibenkolben mit Federringen oder Lederstulpen, die sich eng an den Zylinder schmiegen, zur Anwendung, aber brauchbar nur für reine Flüssigkeiten. Sie erfordern infolgedessen eine Bearbeitung des Zylinderinnern und werden aus diesem Grunde für größere Pumpen nicht angewandt. Dagegen ermöglichen sie einen gedrungenen Bau der Pumpe und eine Ersparnis an Stopfbüchsen. Sie werden meist als doppelwirkende Pumpen gebaut, wobei der Zylinderraum vor und hinter dem Kolben ausgenützt wird. Beliebter und in allen Dimensionen ausführbar sind die Plungerpumpen. Brauchbar für unreine Flüssigkeiten; stehende Bauart dafür dann besser als liegende. Sie enthalten einen Tauchkolben oder Plunger, der gewöhnlich als einfacher, geschlossener Hohlgußkörper ausgeführt wird. Der wesentliche Unterschied von dem Scheibenkolben besteht darin, daß der Plungerkolben keine Dichtung („Liderung") zwischen seiner Lauffläche und dem Pumpenzylinder erhält. Infolgedessen braucht das Zylinderinnere nicht bearbeitet zu werden. Die Dichtung erfolgt lediglich durch die Stopfbüchse, welche die Antriebsstange oder den Plunger selbst umgibt. Gute Führung des Plungers und dessen leichte Zugänglichkeit sind für sicheren Betrieb notwendig.

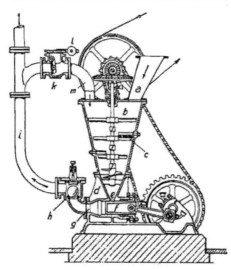

Abb. 168. Brei-Preßpumpe von E. PASSBURG und BERTHOLD BLOCK, G. M. B. H., Berlin-Charlottenburg.

Die wichtigsten und empfindlichsten Teile der Pumpe sind die Ventile, die ihrer Form nach eingeteilt werden in Klappenventile (für untergeordnete Zwecke), Tellerventile mit und ohne Tellerbelastung (allgemeinere Verwendung), Ringventile (nur für reine Flüssigkeiten, sonst Dichtung unmöglich), Kegelventile (für langsam laufende Pumpen, allgemeine Zwecke), Kugelventile (für schmutzige, schlammige, breiige Flüssigkeiten). Ihre Auswahl und die Wahl der dazu verwendeten Materialien hat mit Rücksicht auf die zu fördernde Flüssigkeit zu erfolgen. Für die meisten chemischen Zwecke ist das bei Wasserpumpen vielverwendete Leder zu vermeiden. Für organische Flüssigkeiten verwendet man Metall, für Säuren Steinzeugkugeln ev. mit Gummiüberzug. Bei sehr zähen Flüssigkeiten oder hoher Luftleere (aus der die Pumpe saugen muß) vermeidet man oft die Saugventile, um den Zulauf zu sichern; man bringt im Zylinder Saugschlitze an, die vom Kolben oder Plunger abwechselnd geöffnet und geschlossen werden.

Pumpen mit Saugschlitzen in der Zylinderwandung besitzen geringen Widerstand in der Saugleitung und finden deshalb überall dort Verwendung, wo zähflüssige Lösungen, Brei, Schnitzel, Pülpe, Krystallmischung u. dgl. gefördert werden sollen oder wo Flüssigkeiten aus Apparaten mit höherer Luftleere abgesaugt werden sollen (z. B. Kondensatpumpen, eingedickte Lösungen aus Vakuumverdampfern; s. Abdampfen Bd. I, 24).

Die in der Kunstseideindustrie benutzten diesbezüglichen Vorrichtungen sind Bd. VII, 30, beschrieben.

Die Abb. 168 zeigt eine Pumpe mit Saugschlitzen zum Fördern breiiger Stoffe. Der Brei fällt durch die Schurre *a* in den Sammeltrichter *b*, der mit einem Rührwerk *c* ausgestattet ist. Dieses Rührwerk sorgt für gleichmäßige Durchmischung und dient auch gleichzeitig als Sammelraum, um Schwankungen in der Zufuhr des Breies auszugleichen. Von dem Sammeltrichter *b* gelangt der Brei in den Zylinder *d* durch den Schlitz *e*, wenn sich der Plunger *f* im rechten Totpunkt befindet; dann wird der Schlitz freigegeben. Geht nun der Plunger *f* nach links zurück, dann sperrt er den Schlitz *e* ab und drückt beim Weitergang bis zum linken Totpunkt den Brei durch den Austrittsstutzen *g* über das Kugelventil *h* in die Druckleitung. Beim Rückgang schließt sich das Kugelventil *h*, und der Plunger *f* erzeugt in dem Stutzen *g* und dem Zylinder *d* einen gewissen Unterdruck, welcher beim Freigeben des Schlitzes *e* ein starkes Ansaugen des Breies aus dem Sammeltrichter *b* bewirkt. In die

Druckleitung *i* ist noch ein Überdruckventil *k* einzuschalten, dessen Klappe durch das Gewicht *l* verschlossen gehalten wird. Entsteht in der Druckleitung ein zu hoher Druck, indem die Pumpe mehr fördert als am Verwendungsort verbraucht wird, so läßt dieses Ventil *k* den überschüssigen Brei durch die Rohrleitung *m* zurück in den Sammeltrichter *b* strömen. Man erreicht hierdurch eine Regulierung der Fördermenge.

Zum Ausgleich der durch die Kolbenbewegung hervorgerufenen stoßweisen Flüssigkeitsbewegung werden die Pumpen vielfach mit Windkesseln ausgerüstet, die eine gleichförmige Bewegung der Flüssigkeiten in den Rohrleitungen aufrecht erhalten. Saugwindkesselinhalt mindestens 5facher Hubraum der einfachwirkenden Pumpe; Druckwindkesselinhalt mindestens 10fach. Windkessel erhalten Lufthahn, Vakuum- bzw. Manometer, Anfüllvorrichtung, Sicherheitsventil auf Druckwindkessel. Heiße Flüssigkeiten absorbieren allmählich die im Windkessel unter Druck stehende Luft; sie verschwindet und damit das die Stöße auffangende Polster; die Pumpe schlägt dann, Filtrationen z. B. werden gestört. Bei Hochdruckpumpen, z. B. hydraulischen Preßpumpen, erreicht man eine gleichmäßige Arbeitsweise durch Vereinigung

mehrerer Zylinder. Am günstigsten stellen sich in bezug auf Gleichförmigkeit die Drillingspumpen, die mit 3 auf einer Achse sitzenden und unter 120⁰ versetzten Kurbeln betätigt werden (Abb. 169). Für hohe Drucke benutzt man mehrstufige Pumpen. Bei Kolbenpumpen kann man die Leistung nicht durch Verengen der Druckleitung (Regulierschieber) einstellen, weil die Pumpe dauernd gleiche Mengen fördert und dadurch den Druck immer mehr erhöht, bis Zerstörungen eintreten. Drosseln der Saugleitung verursacht unruhigen, stoßenden Gang. Große Pumpen werden in der Leistung deshalb reguliert durch Veränderung der Umlaufzahl (unmittelbar angetriebene Dampfpumpen, Elektromotor mit Regulierwiderstand). Kleinere Leistungen werden durch Umlaufhahn geregelt,

Abb. 169. Drillings-Preßpumpe, 200 *PS* Kraftbedarf, von WEGELIN & HÜBNER, Halle.

indem man die überschüssig geförderte Flüssigkeitsmenge durch diesen Hahn von der Druckleitung zum Zylinder zurücklaufen läßt. Ebenso Einschaltung eines Sicherheitsventils in die Druckleitung, das den Überdruck abblasen läßt (s. Abb. 168). Werden heiße, in der Kälte erstarrende oder Krystalle ausscheidende Flüssigkeiten gefördert, dann müssen die Pumpen gegen Abkühlungsverluste durch Wärmeschutz oder äußere Beheizung geschützt werden; sonst treten Verstopfungen und starker Verschleiß ein.

Von besonderer Wichtigkeit für die chemische Industrie sind die Säurepumpen, bei denen alle mit Säure in Berührung kommenden Teile mit Blei oder Hartgummi ausgefüttert, ganz aus Steinzeug, Thermisilid (AMAG-HILPERT-PEGNITZHÜTTE, Nürnberg; *Chem. Apparatur* 1926, 105) oder Quarzgut (Vitreosil) gefertigt werden.

Abb. 170 stellt einen Schnitt durch eine Zweizylinderpumpe mit Innenteilen aus Steinzeug der *D. T. S.* dar. *a* ist der Steinzeugzylinder, in dem der Steinzeugkolben *b* mittels eines Kurbelantriebes auf und ab bewegt wird. Die Saugventile *c* sind mit der Saugleitung *e* durch das Kreuzstück *f* und die Abzweigrohre *g* verbunden. *d* sind die Druckventile, die in gleicher Weise an die Druckleitung *k* angeschlossen sind. Der Eisenpanzer *h* ist mit Zement *i* auf den Zylinder *a* gekittet.

2. *Membranpumpen und Pumpen mit Schutzflüssigkeiten* vermeiden die Berührung des Kolbens und seiner Stopfbüchsen mit der korrodierenden Flüssigkeit. Bei ersteren wird eine elastische Platte (Gummi) entweder direkt

durch eine Stange oder durch einen besonderen wassergefüllten Treibzylinder mit
Plungerkolben auf und ab gebogen. Dadurch wird das Volumen des Pumpen-
körpers periodisch vergrößert und verkleinert, so daß unter Mitwirkung der Ventile
Flüssigkeit angesaugt bzw. ausgestoßen wird. Die Membranpumpen werden ent-

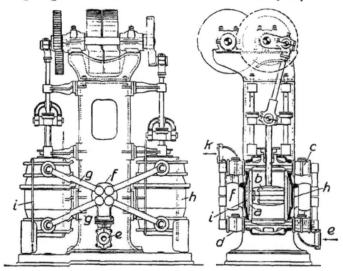

Abb. 170. Zweizylinderpumpe mit Innenteilen aus Steinzeug der *D. T. S.*

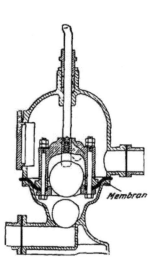

Abb. 171. Diaphragmasaugpumpe
von HAMMELRATH & SCHWENZER,
Düsseldorf.

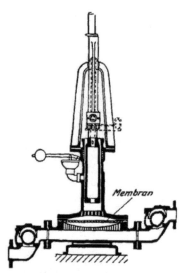

Abb. 172. Membrandruckpumpe von
A. L. G. DEHNE, Halle a. d. S.

weder als einfache Saugpumpen ausgeführt, wobei die Membran ringförmig gestaltet
ist und das Auslaßventil in der Mitte trägt (Abb. 171), oder auch als Druckpumpen
(Abb. 172). Jedoch geht die zulässige Druckhöhe im allgemeinen nicht über 10 *m*.
Die Membranpumpen eignen sich besonders zur Förderung korrodierender, stark
verunreinigter, Schlamm oder feste Bestandteile enthaltender Flüssigkeiten.

Bei der FERRARIS-Säurepumpe wird als schützende Hilfsflüssigkeit ein spezifisch leichteres Öl verwendet, welches im Pumpenkörper über der spezifisch schwereren Säure schwimmt und so die Kolbenteile schützt (s. Korrosion 1926, 33).

Bei Heißwasserhochdruckheizung wird die den Umlauf bewirkende Pumpe so tief gestellt, daß in der Pumpe selbst nur kaltes, spezifisch schwereres Wasser verbleibt (D. R. P. 251 565; s. auch *Chem. Apparatur* 1928, 194).

3. Flügelpumpen bestehen aus einem Hohlzylinder, welcher an Stelle des hin und her gehenden Kolbens einen axial gelagerten, mit 2 oder mehreren Flügeln versehenen Bewegungskörper enthält, der um diese Achse in hin und her schwingende Bewegungen versetzt wird. Die Flügelpumpen kommen nur für untergeordnete Zwecke in Betracht, sind infolge ihres geringen Gewichts leicht transportabel und eignen sich zum Entleeren von Öl-, Petroleumfässern u. s. w.

4. Kapsel-, Rotations-, Kreiskolben- oder Zahnradpumpen. Die ersten bestehen aus einer zylindrischen Kapsel, in welcher 2 oder 3 Flügelwalzen so umlaufen, daß die Flügel auf der einen Seite eine gewisse Flüssigkeitsmenge abgreifen und auf die andere (Druck-) Seite hinüberfördern.

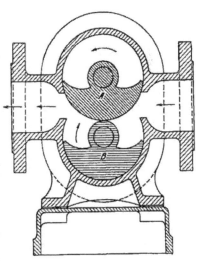

Die von verschiedenen Firmen hergestellten Pumpen unterscheiden sich sowohl durch Zahl wie durch Form der Rotationskolben voneinander. Eine einfache und doch vollkommene Ausführung ist die durch Abb. 173 im Schnitt dargestellte rotierende Pumpe von J. E. M. NAEHER, Chemnitz.

Die beiden Flügelwalzen *A* und *B* kreisen mit gleicher Geschwindigkeit in dem entsprechend geformten Gehäuse, wobei sie einander stets an einer Stelle berühren. Während ihrer durch Pfeilstriche angegebenen Drehungen wird auf der rechten Seite Wasser in die Aussparungen hineingesaugt, durch die Walzen auf die linke Seite hinübergefördert und hier durch die infolge der Abrollung der Walzen aufeinander eintretende Verkleinerung der Hohlräume in die Druckleitung hinausgefördert.

Zahnradpumpen finden für höhere Drucke Anwendung und zum gleichmäßigen Fördern zäher Flüssigkeiten, z. B. Schmieröl für Druckschmierungen, für Viscose als Spinn-

Abb. 173. Schnitt durch eine Rotationspumpe von J. E. NAEHER, Chemnitz.

pumpen für Kunstseide (s. Bd. **VII**, 31, sowie E. WURTZ, *Chem. Apparatur* 1927, 61). Mit Rotationspumpen lassen sich nur mäßige Drucke bis 50 *m WS* überwinden. Ihre Vorteile liegen vor allem in der gleichmäßigen Wasserlieferung, im Wegfall aller Ventile und in dem geringen Platzbedarf. Einstellung der Leistungsmenge erfordert Umlaufleitung zwischen Druck- und Saugleitung wie bei Kolbenpumpen und Sicherheitsventil gegen Drucküberstegung bei Absperrung der Druckleitung. Sie ist nur bei reinen Flüssigkeiten brauchbar; sonst tritt starker Verschleiß der Drehkolben und Sinken der Leistung ein. Heiße Flüssigkeiten müssen zulaufen, sonst werden durch die Widerstände beim Saugen jeweils Dämpfe frei, die dann wieder verdichtet werden und schnatternden, unruhigen Lauf bewirken.

5. Zentrifugalpumpen, Schleuder- oder Kreiselpumpen bestehen aus einem von einem Gehäuse umgebenen Schaufelrad, welches die Flüssigkeit erfaßt und in rasche Rotation versetzt (Abb. 174). Die dabei auftretende Zentrifugalkraft treibt die Flüssigkeit nach der Peripherie, wo sie in die Druckleitung eintritt.

Bei den einfachsten Zentrifugalpumpen tritt das Wasser aus dem Flügelrad direkt in den äußeren Ringkanal des Gehäuses, welcher sich erweitert und in das tangential angesetzte Druckrohr übergeht. Der Eintritt des Wassers erfolgt in der Nähe der Achse entweder einseitig oder auf beiden Seiten.

In anderen Fällen sind die Zentrifugalpumpen mit einem Leitapparat versehen. Die Flüssigkeit tritt aus dem Laufrad zunächst in ein Leitrad über, welches mit nach außen zu sich erweiternden Kanälen versehen ist. Hier findet die Umwandlung der Flüssigkeitsgeschwindigkeit in Druck statt. Diese Art der Zentrifugalpumpen stellt also die Umkehrung einer Turbine dar und wird deshalb auch als Turbopumpe bezeichnet.

Die Zentrifugalpumpen ohne Leitapparat (die gegen Unreinigkeiten, Schlamm, Sand weniger empfindlich sind) werden allgemein als Niederdruckpumpen, die mit Leitapparat (sehr empfindlich gegen Unreinigkeiten) als Hochdruckpumpen ausgeführt. Jedoch ist diese Unterscheidung nicht streng durchzuführen, da auch Zentrifugalpumpen ohne Leitapparat für Drucke bis zu 150 m WS gebaut worden sind, während im allgemeinen die Niederdruckpumpen nur Förderhöhen von $21-25\ m$ Höhen besitzen. Durch Vereinigung mehrerer Laufräder, die nacheinander die Flüssigkeit ergreifen, lassen sich sehr hohe Drucke erreichen. Während anfangs Zentrifugalpumpen nur für Zwecke der Wasserhaltung verwendet wurden, haben sie in neuerer Zeit in den verschiedensten industriellen Betrieben Eingang gefunden, so daß sie ernsthafte Wettbewerber der Kolbenpumpen geworden sind durch geringeren Platzbedarf, kleineres Gewicht, billigeren Preis, stoßfreien Betrieb, leichtere Fundamente, einfache Wartung. Nicht zweckmäßig für große Förderhöhen, kleine Fördermengen, schwankende Leistung und dort, wo gleichmäßige Förderleistung bei schwankendem Druck notwendig ist. Empfindlich gegen Änderungen der Drehzahl des Antriebsmotors. Zum Teil ist die gesteigerte Verwendung der Kreiselpumpen auf die Entwicklung der schnell laufenden Antriebsmaschinen, wie Elektromotoren, Dampfturbinen, schnell laufender Verbrennungsmotoren, mit denen die Pumpen unmittelbar gekuppelt werden können, zurückzuführen. Im allgemeinen wächst der Nutzeffekt der Zentrifugalpumpen mit der Rotationsgeschwindigkeit; jedoch ist für große Pumpen und geringe Förderhöhen auch mit niedriger Drehzahl ein wirtschaftlicher Betrieb möglich, so daß direkte Kupplung mit Dieselmotoren angewendet werden kann.

Abb. 174. Klappdeckel-Zentrifugalpumpe von J. E. NAEHER, Chemnitz.

Um einen guten Wirkungsgrad zu erzielen, ist es notwendig, daß der Bau der Pumpe bezüglich Stufenzahl, Größe, Form der Flügel und Leiträder den Verhältnissen, für die die Pumpe in Anwendung kommen soll, angepaßt ist. In günstigen Fällen wird ein Wirkungsgrad von etwa 0,8 und darüber erreicht. Gewöhnlich kann man aber nur mit $\lambda = 0,6$ rechnen. Die Pumpen bleiben in dieser Hinsicht also hinter den Kolbenpumpen zurück; dagegen haben sie alle Vorteile, die die rein rotierende Bewegung mit sich bringt, wie gleichmäßige Förderung, stoßfreien Gang und geringe Betriebsgeräusche. Sie erlauben die Verwendung geschlossener Leitungsnetze ohne Reservoir. Die ungewöhnlich hohe Betriebsgeschwindigkeit gestattet, große Leistungen mit kleinen Pumpen zu erzielen. Der Klappdeckel nach Abb. 174 gestattet leichtes Entfernen von Verstopfungen. Allerdings muß beim Beginn des Pumpens die Pumpe zunächst mit Flüssigkeit gefüllt werden, was entweder durch einfaches Eingießen oder Ansaugen mit Hilfe eines kleinen Injektors (s. S. 557) ausgeführt werden kann.

Baustoff im allgemeinen Gußeisen, Stahlguß oder Bronze. Für chemische Zwecke werden Kreiselpumpen auch aus Hartblei, Siliciumeisen, Thermisilid (*Chem. Apparatur* 1925, 85; 1926, 139; *Korrosion u. Metallschutz* 1930, 31), Eisen mit Gummiüberzug oder Steinzeug ausgeführt; ein auswechselbares Stahlfutter dient zum Fördern von Flüssigkeiten mit harten, schleifenden Beimengungen (s. *Chem. Apparatur* 1925, 62).

Die Stopfbüchsen bereiten bei der Säureförderung besondere Schwierigkeiten; die Packungen werden schnell zerstört und die Pumpen werden undicht. Hier verwendet man stopfbüchslose Kreiselpumpen (s. *Chem. Apparatur* 1924, 193; 1926, 139; 1929, 250).

IV. Druckluftflüssigkeitsheber. Dazu sind in erster Linie die in der chemischen Industrie angewendeten Druckfässer (Druckbirnen, Montejus) zu rechnen (Bd. IV, 1) und die sog. Kondenswasser-Rückleiter. Ferner gehört hierher die

Mammutpumpe, welche von A. Borsig, Berlin-Tegel, angefertigt wird. Sie wird in erster Linie zur Hebung von Wasser benutzt, was in der Weise geschieht, daß in das Förderrohr unterhalb des Wasserspiegels Druckluft eingeblasen wird, wodurch die Wassersäule, mit Luftblasen durchsetzt, nach oben gehoben wird, wo das mit Luft vermischte Wasser austritt. Trotz des ungünstigen Wirkungsgrades, der zwischen 0,36—0,5 liegt, werden Mammutpumpen gern wegen ihrer einfachen und bequemen Anlage zum Heben von Sole aus Bohrlöchern, Schmutzwasser, Zementschlamm, Zuckerrüben gemeinsam mit dem Schwemmwasser, Salzkrystallbrei, Säuren und Laugen benutzt.

V. Strahlapparate beruhen auf der mitreißenden Wirkung, die ein Wasser- oder Dampfstrahl auf die umgebende Flüssigkeit ausübt, wobei sich die lebendige Kraft des Strahles der letzteren mitteilt.

Wasser- und Dampfstrahl-Elevatoren kommen in erster Linie zur Reinigung von Brunnen, zum Heben von Kohlenschlamm, ferner bei Tiefbauarbeiten u. s. w. in Betracht. Sie zeichnen sich durch ihre Einfachheit und Billigkeit sowie Betriebssicherheit und einfache Bedienung aus, worin sie von keinem anderen System übertroffen werden, so daß sie trotz des ungünstigen mechanischen Wirkungsgrades von $\eta = 0,15—0,30$ außerordentlich viel angewendet werden.

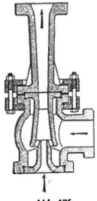

Abb. 175 stellt einen Dampfstrahl-Elevator dar; durch das Rohr D tritt in Benutzung bei einer Kohlenwäsche der Dampf ein, durch S fließt das Fördergut ab.

Damit die für die Bewegung der Flüssigkeit erforderliche Dampfgeschwindigkeit entstehen kann, muß der Dampf sich in der Flüssigkeit kondensieren können; diese soll also genügend kalt sein; bei einfachen Elevatoren nicht über 40°, bei besseren bis höchstens 60—65°. Dabei wird die Flüssigkeit auf 70—90° erwärmt und entsprechend durch den kondensierenden Dampf verdünnt.

Der Dampfverbrauch ist sehr groß. Die Anwendung für die Förderung größerer Mengen ist nur dann wirtschaftlich, wenn die der

Abb. 175.
Dampfstrahl-Schlammelevator von
GEBR. KÖRTING A.-G., Hannover.

Abb. 176.
Ejektor der *D. T. S.*

geförderten Flüssigkeit zugeführte Wärme nützlich verwertet und in anderer Weise (z.B. durch Röhrenvorwärmer mit Abwärme) nicht billiger zugeführt werden kann. Dann übertrifft aber der Elevator durch seine Einfachheit und Betriebssicherheit, besonders durch den Fortfall aller beweglichen Teile, jede andere Pumpenart. Er ist nützlich als Reservepumpe, bei der die kurze Zeit aufzuwendenden höheren Betriebskosten meistens keine Rolle spielen gegenüber den geringen Anschaffungs- und Unterhaltungskosten. Die Dampfleitungen sind reichlich zu bemessen, um am Elevator den vollen Dampfdruck, der geringeren Dampfverbrauch bedingt, zur Verfügung zu haben.

Der Elevator leidet wenig durch Unreinigkeit; deshalb ist er nützlich als Zirkulationspumpe (Bd. I, 13, Abb. 23) an Extrakteuren, an Farbkesseln (Bd. V, 15, Abb. 3), Lösekesseln u. dgl., wo die Dampfwärme gleich die erforderliche Lösungswärme abgibt. Er kann aus jedem Baustoff, wie es die Widerstandsfähigkeit gegen Angriffe fordert, angefertigt werden. Abb. 176 zeigt einen Elevator (Ejektor) aus Steinzeug der *D. T. S.*

Injektoren dienen zur Kesselspeisung, wobei die Erwärmung des Wassers durch den Dampf vorteilhaft ausgenutzt werden kann. Hier ist ihr schlechter mechanischer Wirkungsgrad belanglos, weil ihr thermischer über 90% beträgt.

VI. Dampf- und Gasdruckpumpen. Bei den Pulsometern (s. Bd. VIII, 542) wirkt der Dampfdruck direkt auf die Oberfläche des in 2 Kammern befindlichen

Wassers, wodurch dieses herausgedrückt wird, während bei der gleich darauf erfolgenden Kondensation des Dampfes neue Flüssigkeit angesaugt wird. Vorteile sind geringer Raumbedarf, keine Fundamente, Aufhängung an Ketten, Förderung unreiner Flüssigkeiten, geringe Wartung; Nachteile: beschränkte Druckhöhe, Erwärmung und Verdünnung der Flüssigkeit durch das kondensierende Treibmittel und ungünstiger Wirkungsgrad.

Die HUMPHREY-Pumpe ist eine Explosionsgaspumpe, in der Kraft- und Arbeitsmaschine vereinigt sind. Ihre Wirkungsweise ist wie die eines Gasmotors, bei dem die zu fördernde Flüssigkeit direkt die Rolle des Kolbens spielt. Näheres s. R. SCHRÖDER, *Journ. f. Gasbel.* **1912**, 6; LORENZ, *Ztschr. Ver. Dtsch. Ing.* **1911**, 1852; O. H. MUELLER, ebenda **1913**, 885; HÜTTE, d. Ing. Taschenbuch II, **1926**, S. 587.

VII. Der hydraulische Widder (Stoßheber, MONTGOLFIERsche Wasserhebemaschine, Hydropulsator) ist eine Stoßpumpe, welche bei einem kleinen Gefälle (1,5—8 *m*) einen Teil des ihr zufließenden Wassers auf eine größere Höhe (5—10 mal Gefällshöhe) selbsttätig fördert. Ihre Wirkung beruht auf dem Übergang der lebendigen Kraft einer strömenden Wassersäule in Druck bei der plötzlichen Absperrung des Wassers. Die Fördermenge der hydraulischen Widder beträgt durchschnittlich den zehnten Teil der Betriebswassermenge, und ihr Nutzeffekt ist 50—70%.

VIII. Rohrleitungen. Saugleitungen sollen luftdicht sein und möglichst kurz; alle Leitungen ständig ansteigend verlegen, Luftsäcke vermeiden. — Rohrleitungsquerschnitt reichlich bemessen, nicht nur nach der lichten Weite der Pumpen-Anschlußstutzen; Flüssigkeitsgeschwindigkeit für kaltes Wasser in der Saugleitung 1—2,5 *m*/sek., in der Druckleitung 1—3 *m*; bei zäheren Flüssigkeiten entsprechend geringer. — Schlanke Bogen, keine scharfen Kniee, keine senkrechten T-Anschlüsse, keine einquellenden Dichtungsringe.

B. Luftpumpen.

Luftpumpen im allgemeinsten Sinne sind Maschinen, die zur Ortsveränderung gasförmiger Körper dienen. Nach dem besonderen Zweck unterscheidet man:

I. Kompressionspumpen, Kompressoren, dienen zur Verdichtung von Gasen; s. unter Ammoniak, Bd. I, 370, 378, 379; SULZER-Gaspresser für die Herstellung synthetischen Ammoniaks (*Chem. Apparatur* **1929**, 257), Einrichtungen für Hochdruckreaktionen (ebenda **1927**, 85) s. „Gase, verdichtete und verflüssigte", Bd. V, 528, und „Kälteerzeugung und Kälteverwendung", Bd. VI, 395 sowie Sauerstoff.

II. Luftverdünnungspumpen sind Vorrichtungen, die dazu dienen, aus Apparaten, Gefäßen u. s. w. die Luft mehr oder weniger zu entfernen.

III. Gebläse dienen zur Erzeugung von gepreßter Luftströmung.

IV. Exhaustoren dienen zur Bewegung der Luft ohne merkliche Druckveränderung; s. unter „Exhaustoren", Bd. IV, 704.

Luftverdünnungs-, Vakuum- oder *Luftpumpen.* Die zu entlüftenden Räume, Rezipienten, werden mit Hilfe einer Rohrleitung mit der Luftpumpe verbunden, welche die Luft der Gefäße ansaugt und entweder direkt an die Außenluft oder an ein Vorvakuum abgibt.

1. Kolbenluftpumpen bestehen aus einem Hohlraum, Zylinder oder Stiefel, der mit 2 Öffnungen zum Luftansaugen und -ausstoßen versehen ist, und einem darin beweglichen Kolben. Dieser bewegt sich periodisch in dem Zylinder hin und her, wobei der Luftinhalt des letzteren jedesmal durch die Ausstoßöffnung hinausgedrängt wird und die Luft des Rezipienten durch die Ansaugeöffnung angesaugt wird. Bei jedem Hub dehnt sich die Luft des Rezipienten um das Volumen V_z des Pumpenzylinders aus, und der Druck sinkt entsprechend.

Die wirtschaftliche Höhe der Luftleere richtet sich nach dem Endzweck und ist verschieden hoch. Die Vorteile hoher Luftverdünnung für die chemische Industrie bestehen besonders in der

Erniedrigung des Siedepunktes, so daß die Stoffe bei niedrigeren Temperaturen verdampfen (Bd. I, 1) oder destillieren (Bd. III, 609). Durch Verbesserung der Luftleere lassen sich deshalb die Verdampfungstemperaturen schnell herabziehen. Andererseits sind in der Praxis aus folgenden Gründen für das Vakuum Grenzen gesetzt. Einmal nimmt vielfach die Zähigkeit (Viscosität) der Flüssigkeiten zu mit abnehmender Temperatur, so daß man z. B. Rübenzuckersäfte bei Temperatur von nicht unter 50⁰ eindampft, weil sonst die Lösung zu zähe wird und die Wärmeübertragung zu langsam vor sich geht. Zum andern steigt mit der Höhe der einzuhaltenden Luftleere der Arbeitsbedarf der Luftpumpe beträchtlich. Die aus den Apparaten angesaugte Luft muß in der Luftpumpe auf den Druck der atmosphärischen Luft gebracht werden, um dorthin abströmen zu können. Durch die für die Druckerhöhung aufgewendete Arbeit werden die Gase verdichtet und diese Arbeit in Wärme umgesetzt, was sich durch die Erwärmung der verdichteten Gase bemerkbar macht (s. Bd. V, 525). Hiermit hängt eine Ausdehnung der Gase zusammen, und die aufzuwendende Verdichtungsarbeit wird größer. Das Kompressionsverhältnis (s. Bd. V, 528) ist bei Luftpumpen gewöhnlich sehr hoch; z. B. bei 20 *mm* absolutem Quecksilberdruck beträgt es das $\frac{760}{20} = 38$fache, wobei die Endtemperatur bei adiabatischer Kompression (Bd. V, 525) auf etwa 250⁰ steigen würde (s. auch Bd. V, 528, Tabelle VII). Bei größeren Pumpenleistungen muß diese schädliche Temperatursteigerung durch Kühlung vermindert werden, weil die Ableitung der Wärme durch die Pumpenteile ungenügend ist. Vermindert wird die Endtemperatur auch durch Zwischenkühlung, indem die Gase stufenweise verdichtet werden.

Als leicht zu benutzende Regel für allgemeine Fälle der Technik gilt für Schieberluftpumpen: Ist die Luftpumpensaugleistung in der Minute gleich dem Inhalt des leerzupumpenden Gefäßes, so sind zur Erzielung einer Luftleere von 70 *cm Hg* ungefähr 7½' erforderlich.

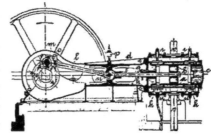

Abb. 177. Liegende Ventilluftpumpe.
a Luftzylinder mit Kühlmantel; *b* Kolben mit Kolbenringen; *c* hinterer Zylinderdeckel mit Kühlung; *d* Gabelgestellbalken mit Gradführung; *e* Kurbelwellenlager; *f* Kreuzkopf; *g* Stopfbüchse; *h* Kolbenstange; *i* Druckventile; *k* Saugventile; *l* Pleuelstange; *m* Kurbelzapfen; *n* Kreuzkopfzapfen; *o* Zentrifugalschmierung; *p* Kreuzkopfschmierung; *u* Ausschaltvorrichtung; *v* Saugleitung; *w* Druckleitung.

Kolbenluftpumpen im engeren Sinne, d. h. solche mit hin und her gehenden Kolben, sind für die Zwecke der chemischen Technik, bei denen es auf ein gutes Vakuum ankommt, besonders geeignet. Sie finden in steigendem Maße Verwendung bei der Vakuumdestillation hochsiedender oder leicht zersetzlicher Substanzen, ferner zum Evakuieren von Trockenschränken und Verdampfungsapparaten sowie als Vorpumpe zu Hochvakuumölpumpen. Anwendung finden sowohl trockene als auch nasse Luftpumpen. Der Unterschied beruht darauf, daß die trockenen Luftpumpen nur Luft oder unkondensierbare Gase abzusaugen vermögen (deshalb Vorschaltung eines trockenen Oberflächen- oder Einspritzkondensators, s. Bd. VI, 728), wogegen die Naßluftpumpen zur gleichzeitigen Förderung von Luft und Kondensat sowie auch des Einspritzkühlwassers dienen, welches sich mit dem Kondensat vermischt. Dort, wo diese Vermischung zwecks Wiedergewinnung des aus den abgesogenen Dämpfen entstehenden Kondensats notwendig ist (Alkohol, Äther, destilliertes Wasser), werden zwischen Apparat und trockener Luftpumpe Oberflächenkondensatoren eingeschaltet. In diesen werden die Dämpfe gekühlt, kondensiert und so auch die Volumenmenge, die die Luftpumpe absaugen muß, vermindert.

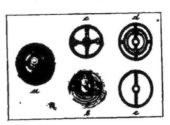

Abb. 178. Einzelheiten der Ventilklappe.
a Zusammengesetztes Ventil; *b* Ventilsitz; *c* Ventilfänger mit Pufferfedern; *d* Ventilplatte; *e* Polsterplatte.

Man unterscheidet Ventil- und Schieberluftpumpen. Bei den ersten findet die abwechselnde Öffnung und Schließung der Saug- und Ausstoßöffnung durch leichtbewegliche Ventile aus Gummi, Leder oder dünnen Metallamellen statt. Bei den Schieberluftpumpen wird dasselbe durch einen Schieber bewirkt, der mittels eines auf der Antriebsachse sitzenden Exzenters in Bewegung gesetzt wird. Die Ventile oder Schieber bilden die empfindlichsten Teile der Pumpe und sollen leicht zugänglich sein. Als Antriebsmittel können alle gebräuchlichen Kraftmaschinen

Anwendung finden. Für Dauerbetrieb bestimmte Pumpen müssen mit Kühlvorrichtungen versehen sein, um die Verdichtungswärme für die Zylinder und Steuerorgane unschädlich zu machen und dadurch die Aufrechterhaltung der Schmierfähigkeit des Öles zu erreichen.

Die Abb. 177 zeigt eine Ventilpumpe und die Abb. 178 Einzelheiten der leichten, wenig Widerstand erzeugenden Stahlplattenventile. Durch die Mantelkühlung erreicht man nicht nur eine längere Lebensdauer des Luftzylinders, sondern man erspart auch noch 5–8% an Verdichtungsarbeit, weil die Verdichtung nicht mehr nach der Adiabate, sondern nach einer Polytrope stattfindet. Starke, wirksame Kühlung und Erniedrigung des Kompressionsverhältnisses $\frac{\text{Anfangsdruck}}{\text{Enddruck}}$ ist besonders dann nötig, wenn von der Luftpumpe auch brennbare Gase abgesogen werden, die durch die Kompressionswärme erhitzt und zur Verbrennung oder Explosion gebracht werden, wodurch die Pumpen leiden.

Abb. 179 stellt eine einstufige Saugluftpumpe der Maschinenfabrik KLEIN, SCHANZLIN & BECKER A.-G., Frankenthal, dar. Die innere Einrichtung des Zylinders mit Schieber geht aus Abb. 180 hervor. Die Pumpe ist doppelt wirkend, d. h. es wird der Zylinderraum vor und hinter dem Kolben ausgenutzt. Die Schieberluftpumpe nach Abb. 180 zeigt auf dem Schieber eine Rückschlagklappe, die bei allen Schieberluftpumpen notwendig ist, um das frühe Rückströmen der Außenluft in den Zylinder

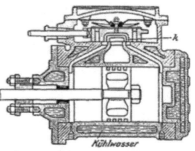

Abb. 179. Einstufige Schieber-Saugluftpumpe der Maschinenfabrik KLEIN, SCHANZLIN & BECKER A.-G., Frankenthal.

Abb. 180. Schnitt durch den Zylinder einer einstufigen Schieber-Saugluftpumpe der Maschinenfabrik KLEIN, SCHANZLIN & BECKER A.-G., Frankenthal.

und den damit zusammenhängenden größeren Kraftverbrauch zu vermindern. Bei z. B. 70 cm Luftleere steigt der Kraftverbrauch ohne Rückschlagklappe um über 100%. Ein besonderer Vorteil wird bei dieser Pumpe dadurch erreicht, daß kurz vor dem Ende eines jeden Hubes die beiden Zylinderseiten durch den in dem Schieber befindlichen Kanal K in Verbindung gesetzt werden. Dadurch wird die im schädlichen Raum enthaltene Luft verdünnt; infolgedessen steigt der erreichbare Verdünnungsgrad. Während eine gewöhnliche Ventilpumpe mit einem schädlichen Raum von 5% eine maximale Verdünnung von $p_{min} = 760 \frac{5}{100} = 38\,mm$ gibt, kommt man bei diesen Pumpen mit Druckausgleichschieber bis auf 4 mm herab.

Höheres Vakuum läßt sich in einer Stufe nicht erzielen. In Fällen, wo das Vakuum von 4 mm nicht genügt, benutzt man 2stufige Pumpen, d. h. Pumpen mit 2 hintereinander geschalteten Zylindern, bei denen der eine die Vorpumpe zum andern bildet; hierbei kommt man bis zu einem Vakuum von 0,5 mm. – Die Abb. 181 zeigt eine 2stufige Drehschieber-Vakuumpumpe für Riemenantrieb.

Abb. 181. Verbundluftpumpe mit Umschaltvorrichtung.

Die Pumpe ist mit Wechselventil a ausgestattet, um sowohl für Verbund- als auch Zwillingswirkung verwendet werden zu können, wenn es sich um die schnelle Entleerung großer Gefäße handelt, die auf hohe Luftleere gebracht werden sollen. Hierbei schaltet man zuerst auf Zwillingswirkung, indem jeder Zylinder für sich die Luft durch b und c ansaugt und durch d (über das Rohr e und Wechselventil a) bzw. f auspufft; durch die doppelte Leistung wird schnell eine Luftleere von etwa 70 cm Hg erreicht. Dann wird auf Verbundwirkung umgeschaltet, indem nur der hintere Zylinder durch Stutzen *b* die Gase aus dem Gefäß ansaugt und über *c*, *a* und die Leitung *h* in den Saugstutzen *h* des zweiten Zylinders drückt (*c* ist durch ein Ventil geschlossen). Der zweite Zylinder pufft dann durch *f* aus. Durch die 2stufige Verdichtung wird die Ableitung der Verdichtungswärme erleichtert, die Pumpen arbeiten betriebsicherer.

Die von der A. B. FRIBERG'S HÖGVACUUMPUMP, Stockholm, gebaute Vakuumpumpe (*Chem. Apparatur.* **1928**, 55) ist so konstruiert, daß ein sog. schädlicher Raum praktisch gar nicht vorhanden ist. Es wird dadurch ein Vakuum von 99,7—99,9% erzeugt. Das Wesentliche ist der als Druckventil ausgebildete bewegliche Zylinderdeckel, ferner die Möglichkeit, daß sowohl dieser Deckel als auch das in diesem angeordnete Saugventil zwangläufig gesteuert werden können. Die Steuerung erfolgt durch eine Nockenwelle, welche durch Kettenübertragung gleiche Umdrehungszahl wie die Pumpe hat.

Häufig ist es notwendig, die Gefäße und die darin befindlichen Gegenstände zu entlüften und dann Gegendruck darauf zu setzen, um z. B. Flüssigkeiten in die Gegenstände zu drücken; vgl. Holzkonservierung, Bd. VI, 157, Abb. 39.

Die Abb. 182 zeigt eine Pumpe, die gleichzeitig als Luftpumpe sowie als Kompressor wirken kann. Auf dem stehenden Zylinder *a* ist der Ventilkasten *b* angeordnet, auf dem oben das Wechselventil *c* auf dem Saugstutzen, dagegen das Absperrventil *d* seitlich am Druckstutzen angebracht ist. Soll das Gefäß, welches an dem Stutzen *h* angeschlossen ist, luftleer gepumpt werden, dann wird das Wechselventil *c* so gestellt, daß der Kompressor *a* durch die Leitung *h* über das Ventil *c* die Gase aus dem Gefäß ansaugt und durch den hinteren Stutzen *l* des Wechselventils *d* frei auspufft. Nach Erreichung der gewünschten Luftleere werden die Wechselventile *c* und *d* umgestellt, so daß nun die Pumpe als Kompressor durch den Saugkorb *e* Luft ansaugt und durch das Ventil *d* über

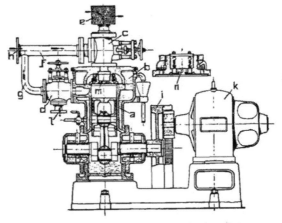

Abb. 182. Stehender Kompressor mit Umschaltvorrichtung für Vakuum und Druck.

das Bogenrohr *g* durch die Leitung *h* in den Apparat drückt. Auf diese Weise kann man erst eine Luftleere von z. B. 70 *cm* erzeugen und später einen Preßdruck von 7 *Atm.* Der Antrieb erfolgt durch das Schwungrad *i*, welches mit einem inneren Zahnkranz versehen ist, in welchen das Zahnrad des Elektromotors *k* unmittelbar eingreift.

Um Verluste an wertvollen Stoffen und Zerstörungen der Pumpen zu vermeiden, werden in die Saugleitungen Staubfänger eingeschaltet. Meistens verwendet man Staubfänger, die teilweise mit Wasser angefüllt sind, durch welches die Gase oder Dämpfe treten, dabei gewaschen werden und den Staub in dem Wasser zurücklassen; der abgesaugte Staub kann dann als Schlamm zum Betrieb zurück geleitet werden. Enthalten die abgesaugten Dämpfe Stoffe oder Gase, welche die Konstruktionsteile der Pumpe chemisch angreifen würden, so wird die Waschfläche mit solchen Flüssigkeiten angefüllt, die diese schädlichen Beimengungen aufnehmen (s. Bd. VI, 730). Der Eintritt von explosionsfähigem Staub in trockene Luftpumpen ist besonders sorgfältig durch Staubfänger zu verhindern, z. B. würde Kaliumchloratstaub mit dem Schmieröl ein Gemisch ergeben, welches durch die Reibung des Kolbens im Zylinder zur Explosion gebracht und die Pumpe zersprengen würde.

Die Naßluftpumpen werden stehend und liegend ausgeführt. Die Abb. 183 zeigt eine stehende Naßluftpumpe für Riemenantrieb. Die Brüdendämpfe treten in die als Mischkondensator ausgebildete Tragsäule der Pumpe und werden durch das einspritzende Kühlwasser kondensiert. Es erfolgt also eine Mischung mit dem Kondensat, welches von der Pumpe angesaugt und als Fallwasser ausgestoßen wird. Diese Pumpen sind einfach und übersichtlich. Sie sind in der Lage, ihr Kühlwasser

je nach der Temperatur 5—6 m tief anzu-
saugen, so daß häufig besondere Pumpen
zur Förderung des Kühlwassers nicht notwendig sind. Sie finden aber nur bei
kleineren Brüdenmengen vorteilhafte Anwendung von höchstens 1000—2000 kg
Stundenleistung in Verbindung mit Vakuumapparaten. Bei größeren Leistungen sind
die Einspritzkondensatoren mit barometri-
schem Fallrohr in Verbindung mit trockener
Luftpumpe meistens wirtschaftlicher. Die
Naßluftpumpen können auch das Fallwasser
einige Meter hoch drücken, also unmittelbar über die Rückkühlanlage (s. Bd. VI, 835),
so daß das Wasser sofort gekühlt werden
und, von der Pumpe angesaugt, einen ununterbrochenen Kreislauf ausführen kann.
Die erreichbare Luftleere in den Apparaten
beträgt 65—72 cm Hg bei 76 cm Barometerstand. Die beim Zusammenpressen der
Luft entstehende Verdichtungswärme wird
bei den Naßluftpumpen unmittelbar von
dem mitgeförderten Kühlwasser aufge-

Abb. 183. Stehende Naßluftpumpe mit
Riemenantrieb.

nommen; sie sind deshalb gegen explosible Gase und Staubgemische unempfindlich.
Abb. 184 zeigt eine liegende Naßluftpumpe, die in einer VALENTINER-Anlage
(s. Salpetersäure) die erforderliche Luftleere aufrecht erhalten soll. Dabei werden salpetrig-
säurehaltige Dämpfe mit
abgesogen, die in der
Pumpe zu Anfressun-
gen Veranlassung geben
können. Um dies zu
vermeiden, ist die Pum-
pe mit Kalkeinspritzung
versehen.

Der Zylinder a hat die
Kreuzkopfführung b mit dem
Kurbellager c der Schwung-
radriemenscheibe d, die von
einem Elektromotor durch
Riemen angetrieben wird. Auf
dem Pumpenkörper befindet
sich der Ventilkasten e. Die
unkondensierbaren Gase werden aus der VALENTINER-
Anlage durch die Rohrlei-
tung f von der Naßluftpumpe
angesaugt, indem gleichzeitig
durch das Ventil g Kalk-
wasser in den Pumpenkörper
eingespritzt wird. Dadurch
werden die Dämpfe neutralisiert und das Fallwasser mit
den Gasen durch die Leitung h
in den Kasten i ausgestoßen.
Das ausgestoßene Wasser geht
durch eine Kalkschicht, welche
sich in dem Mittelraum k
befindet, wird neutralisiert,
mit Kalk übersättigt und im
Filter l von Unreinigkeiten

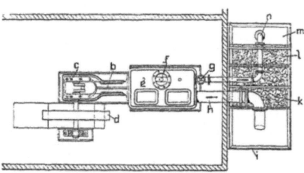

Abb. 184. Naßluftpumpe mit Kalkeinspritzung für VALENTINER-
Salpetersäure-Anlagen.

befreit. Aus dem Sammelraum *m* wird dann durch das Rohr *n* das kalkhaltige Wasser wieder in den Pumpenkörper über das Ventil *g* abgezogen.

Über die Kohlensäuregaspumpen zum Absaugen der Gase aus dem Kalkofen und zum Fördern an die weiteren Verwendungsstellen s. BERTH. BLOCK, Das Kalkbrennen, 1924, 348. *B. Block.*

2. Rotierende Luftpumpen. Von den eigentlichen Kolbenpumpen nur der Form nach verschieden, in der Wirkungsweise gleichartig, sind die rotierenden Luftpumpen. Als Beispiel einer solchen sei die rotierende Kapselpumpe nach GAEDE der Firma LEYBOLDS NACHF., Köln, angeführt.

Abb. 185 zeigt einen Durchschnitt senkrecht zur Rotationsachse. Der Zylinder *A* trägt 2 gehärtete Stahlschieber *S*, welche radial verschiebbar sind und durch Federn so auseinandergedrückt werden, daß sie sich dicht an die Innenwand des Rotgußgehäuses *G* anlegen. Der Zylinder *A* ist mittels einer gut durch Öl gedichteten Welle exzentrisch in dem Gehäuse *G* drehbar gelagert, so daß zwischen Zylinder und Gehäuse ein Hohlraum von mondförmigem Querschnitt übrig bleibt; bei der Drehung des Zylinders in der Pfeilrichtung wird die in diesem Zwischenraum enthaltene Luft durch die Schieber zum Ausblaseventil *D* hinausbefördert, während durch die Ansaugeöffnung *C* die Luft aus dem Rezipienten eintritt. Um eine Verschmutzung des Pumpeninnern zu vermeiden, ist in der Saugdüse *C* ein engmaschiges Sieb *l* angebracht, welches alle festen Bestandteile zurückhält. Die von der Pumpe angesaugte Luft wird durch das Ausblaseventil *D* hinausgedrückt, dessen Körper *a* durch die Feder auf den Ventilschlitz niedergedrückt wird. Das Pumpenvolumen beträgt 110 *cm³*. Angetrieben wird sie zweckmäßig durch einen $^1/_{10}$-PS-Elektromotor. Sie entleert ein 6 *l* haltendes Gefäß nach Angabe der Firma in 1' auf 3 *mm*, in 2' auf 0,4 *mm*, in 10' auf 0,01 *mm* und in 15' auf 0,006 *mm*.

Längere Zeit gebrauchte Pumpen gehen in ihrer Leistung erfahrungsgemäß erheblich zurück, so daß das erreichbare Vakuum nicht wesentlich unter 1 *mm* geht.

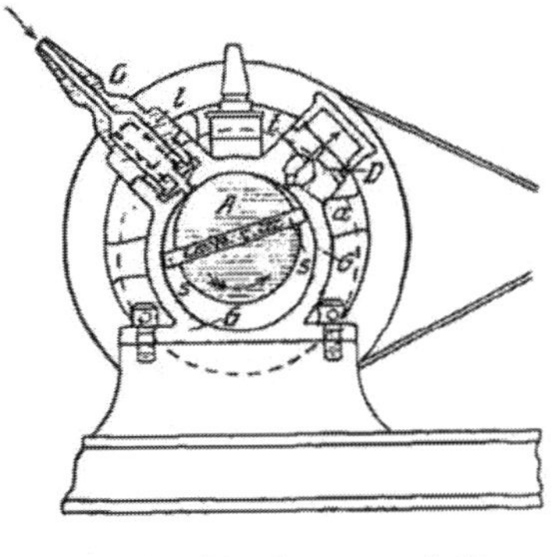

Rotierende Pumpen mit größeren Leistungen für technische Zwecke werden von verschiedenen Firmen (z. B. BORSIG, Berlin-Tegel, KNORR-BREMSE A. G., Berlin, welche die Ibra-Pumpe herstellt, BRAND & GRASSMANN, Gotha, ADRIAN & BUSCH, Oberursel a. T.) angefertigt. Ihre Vorzüge

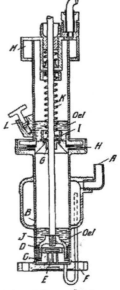

Abb. 185. Kapselpumpe nach GAEDE von LEYBOLDS NACHF., Köln.

Abb. 186. GERYK-Ölluftpumpe von A. PFEIFFER, Wetzlar.

liegen in der rein rotierenden Bewegung, die einen gleichmäßigen, erschütterungsfreien Gang und nur geringe Geräusche mit sich bringt. Die beträchtliche Betriebsgeschwindigkeit äußert sich vorteilhaft in geringem Raumbedarf bei verhältnismäßig hoher Leistung. Demgegenüber stehen als Nachteile das leichte Warmlaufen der Pumpe bei Dauerbetrieb und das im Vergleich zu Kolbenpumpen geringere Vakuum.

3. Ölpumpen sind Pumpen nach demselben Prinzip wie die genannten Kolbenpumpen oder rotierenden Pumpen, bei denen der schädliche Raum vermieden wird dadurch, daß etwas Öl in die Pumpe eingefüllt wird, welches die Luft aus dem Raum zwischen Kolben und Ventilen völlig hinausdrängt. Abb. 186 stellt einen Zylinderschnitt durch eine 2stieflige GERYK-Ölluftpumpe von ARTUR PFEIFFER, Wetzlar, dar.

Durch das Saugrohr *A* tritt die anzusaugende Luft in einen Luftkessel, der die Mitte des Stiefels umgibt. Durch die Öffnung *B* kommuniziert das Innere des Luftkessels mit dem Pumpenstiefel. In dem letzteren bewegt sich der Kolben. Dieser besteht in seinem abdichtenden Teil aus einer Lederstulpe *C*, deren unterer Rand durch eine Schraube an den Kolben gepreßt ist. Zwischen der Lederstulpe *C* und dem Metallteil des Kolbens bleibt ein Raum *D* frei, welcher sich mit dem über dem Kolben befindlichen Öl *J* anfüllt. Dieses Öl drückt die Stulpe dicht gegen die Wände des Stiefels, so daß der Kolben zwar dicht, aber leicht beweglich ist. Beim Aufwärtsgang des Kolbens wird die Luft aus Rezipient und Luftkessel durch das Rohr *F* in den Unterteil des Stiefels gesaugt. Beim

Abwärtsgang des Kolbens unter die Öffnung *B* wird die Luft im unteren Teil des Stiefels komprimiert und durch das Kolbenventil *E* auf die andere Kolbenseite gedrückt. Hat der Kolben die Öffnung *B* beim Aufwärtsgang passiert, so drängt er die Luft nach dem oberen Teil des Stiefels gegen den Deckel desselben. In diesem befindet sich das Ventil *G*, welches mit Hilfe einer Lederljderung *I* und eines auf diese gesetzten Gewichts den Stiefeldeckel so schließt, daß eine gewisse Ölmenge *K*, welche in den Oberteil des Stiefels gegossen wird, nach unten nicht durchdringen kann. Kommt der Kolben in seine höchste Stellung, so hebt er zwangläufig das Ventil *G*, so daß die beiden Ölmengen im oberen und im unteren Teil des Stiefels zusammenfließen können. Hierbei steigt die Luft aus dem unteren Teil des Stiefels in den oberen. Geht der Kolben wieder abwärts, so schließt sich das Ventil *G* wieder, nachdem eine bestimmte Ölmenge *J* über dem Kolben sich angesammelt hat.

Eine einstieflige Geryk-Pumpe liefert Verdünnungsgrade bis auf $1/4$ *mm*, mit 2 hintereinandergeschalteten Stiefeln kommt man bis auf 0,0002 herunter.

Die rotierenden Ölluftpumpen sind im wesentlichen so konstruiert wie die trockenen Kapselpumpen, von denen sie sich durch die Ölfüllung unterscheiden. Sie können wegen ihrer schnelleren Betriebsmöglichkeit höhere quantitative Leistungen als die Geryk-Pumpen geben. Solche rotierenden Luftpumpen, wie z. B. die Siemens-Schuckert-Pumpe sowie die Kapselölpumpen von A. Pfeiffer, zeichnen sich durch besonders ruhigen Gang und geringe Abnutzung aus. Der Vorteil der rotierenden Ölpumpen vor den rotierenden trockenen Pumpen besteht darin, daß infolge der geringeren Reibung auch bei schneller Rotation keine Erwärmung eintritt, wodurch sie besonders für Dauerbetrieb sehr geeignet sind.

Neuerdings baut Leybolds Nachf., Köln-Bayental, eine kleine rotierende Ölluftpumpe, die besonders für die Bedürfnisse der chemischen Laboratorien geschaffen ist. Sie gibt ein Vakuum von 0,1 *mm* bei einer Leistung von 0,9 m^3/h. Die Ölmenge beträgt nur 25 cm^3. Zur Reinigung kann sie leicht auseinandergenommen und mit frischem Öl gefüllt werden.

Die Verdünnungsgrenze der Ölpumpen wird einmal bedingt durch den Dampfdruck des Öles. Es darf deshalb nur Öl von sehr geringer Dampftension verwendet werden. Ferner ist die Grenze gegeben durch die Löslichkeit der Luft in dem Öl. Beim Zusammendrücken der angesaugten Luft wird stets ein kleiner Teil im Öl gelöst. Diese gelöste Menge entspricht dem schädlichen Raum, da sie beim Rückgang des Kolbens wieder abgegeben wird. Bei Verwendung eines Vorvakuums ist die gelöste Menge geringer als bei Atmosphärendruck. Man erreicht dann mit guten Ölpumpen Vakua von einigen Zehntausendstel *mm*, was für viele technische Zwecke, bei denen Hochvakuum gebraucht wird, ausreicht. Infolgedessen werden die rotierenden Ölpumpen mit Vorpumpen vielfach zur Hochvakuumerzeugung benutzt (z. B. Glühlampenfabrikation). In den letzten Jahren ist man allerdings in manchen technischen Betrieben schon zu den mehrstufigen Quecksilberdampfpumpen (s. d.) übergegangen.

Sehr bequem, insbesondere auch für Demonstrationszwecke, sind 2stufige Ölluftpumpen, bei denen die erste Stufe das Vorvakuum für die zweite liefert. Die 2stufige Röntgen-Öl-Luftpumpe von A. Pfeiffer, Wetzlar, z. B. liefert ein Endvakuum von 0,000015 *mm Hg*; desgl. die gleichartige Pumpe der Firma Leybolds Nachf.

Die Quecksilberluftpumpen können in 2 Klassen eingeteilt werden, in Hub- und Tropfpumpen. Die Hubpumpen sind in ihrer Wirkungsweise den Kolbenpumpen vergleichbar. Der Kolben wird dabei durch Quecksilber ersetzt, welches durch Heben und Senken eines Niveaugefäßes abwechselnd in den Hohlraum der Pumpe hinein- und herausgeschafft wird. An Stelle der in älterer Zeit zum Öffnen und Schließen der Saug- und Ausstoßöffnungen benutzten Hähne wird bei der Töplerschen Pumpe im Saugrohr ein Ventil angebracht, welches beim Hochsteigen des Quecksilbers durch dieses gehoben wird und das Rohr schließt, beim Sinken des Quecksilbers sich von selbst wieder öffnet, während das Austrittsrohr in einem Barometerverschluß besteht, d. h. einem etwa 90 *cm* langen senkrechten Glasrohr, dessen unteres Ende in Quecksilber taucht und nur den Austritt der Luft aus der Pumpe, nicht aber den Eintritt gestattet. Das erreichbare Vakuum hängt sehr von der richtigen Konstruktion und der Sauberkeit der Pumpe ab. Tatsächlich ist der schädliche Raum nicht null, wie meist angegeben wird; vielmehr bleiben vornehmlich an nicht ganz glatten Anschmelzstellen kleine Luftbläschen hängen, und auch bei präzisester Ausführung wird etwas Gas von den Glaswandungen adsorbiert, dessen Volumen die Rolle des schädlichen Raumes spielt und den Verdünnungsgrad begrenzt. Während die TÖPLER-Pumpe als Vorrichtung zum bloßen Evakuieren von Gefäßen von anderen Pumpen längst überholt ist, bildet sie noch den geeignetsten Apparat für solche Versuche, bei denen das abgepumpte Gas ohne Verlust und ohne Luftbeimischung wieder gesammelt werden soll.

Für diese Aufgabe kann auch die SPRENGELsche Tropfpumpe benutzt werden. Sie besteht aus einem längeren Fallrohr, in welches Quecksilber hineintropft und die Luft dabei mitreißt, die durch ein am oberen Ende angeschmolzenes Rohr vom Rezipienten her eintritt. Sie ist ihrer Wirkungsweise nach auch zu den Kolbenpumpen zu rechnen, wobei die Quecksilbertropfen den sich stets erneuernden Kolben bilden, der die Luft in dem Rohrstück zwischen Eintropfstelle und vorhergehendem Tropfen (Stiefel) abschließt, worauf dieses Luftvolumen durch das Gewicht der nachfolgenden Tropfen nach unten gedrückt und ins Freie geschafft wird. Auch hier ist der schädliche Raum nicht gleich null, da Luftbläschen, deren Querschnitt geringer ist als der Querschnitt des Fallrohrs, nicht mehr mitgeführt werden.

Sowohl die TÖPLER- wie die SPRENGEL-Pumpen können, wenn auf das Sammeln der ausgepumpten Gase verzichtet wird, mit Vorpumpen kombiniert werden. Unter den Pumpen nach dem SPRENGELschen Prinzip haben eine Zeitlang die Pumpen von KAHLBAUM, von BEUTEL und von BOLTWOOD Bedeutung gehabt. Bei diesen Pumpen wird das aus dem Fallrohr unten austretende Quecksilber in das mit dem Vorvakuum verbundene Sammelgefäß durch den Druck der atmosphärischen Luft nach dem Prinzip der Mammutpumpen (s. S. 557) gehoben. Die hervorragendste Rolle haben im Laboratorium und technischen Betrieb eine Zeitlang die rotierenden Quecksilberluftpumpen, vor allem die GAEDE-Pumpe (Abb. 187), gespielt.

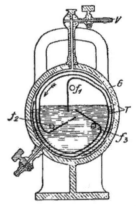

Abb. 187. GAEDE-Pumpe.

Diese besteht aus einem gußeisernen Gehäuse G, welches zur Hälfte mit Quecksilber gefüllt ist. In ihm dreht sich eine Porzellantrommel T, welche aus 3 voneinander unabhängigen Kammern besteht. Wird die Trommel bei dem Vorvakuumdruck von etwa 10 mm in langsame Rotation versetzt, so wird beim Eintauchen der Kammer in das Quecksilber die Luft verdrängt und ans Vorvakuum bei V abgegeben. Beim Auftauchen bleibt das Quecksilber infolge seiner Schwere unten, und die Kammer entleert sich. Durch eine besondere Einrichtung wird selbsttätig jedesmal die entleerte Kammer mit dem Rezipienten bei f in Verbindung gesetzt, aus dem die Luft nachströmt, während beim Untertauchen der Kammer die Verbindung unterbrochen wird (f_2 und f_3). Da bei dieser Pumpe das Volumen der Kammern sehr groß ist und die Füllungen und Entleerungen schnell aufeinander folgen, so übertrifft sie in quantitativer Hinsicht alle anderen Quecksilberluftpumpen. Auch in bezug auf die Höhe des Vakuums stand sie bis vor kurzem an erster Stelle, was darauf zurückzuführen ist, daß einmal ein Vorvakuum zur Anwendung kommt, zum andern der schädliche Raum außerordentlich klein ist. Jetzt sind die rotierenden Quecksilberpumpen völlig verdrängt durch die rotierenden Ölpumpen für mäßiges Hochvakuum und durch die Quecksilberdampfstrahlpumpen für extremes Vakuum.

4. Strahlpumpen. Die Apparate beruhen auf dem Mitreißen der Luft durch einen schnellen Flüssigkeits- oder Dampfstrahl.

Wasserstrahlpumpen. Aus einer Düse tritt ein Wasserstrahl in ein weiteres Rohr. Die Luft wird durch Reibung an der Oberfläche mitgeführt, teils in das Innere des zersprühenden Strahles hineingerissen und fortgeführt. Die Beschaffenheit des austretenden Strahles ist deshalb von ausschlaggebender Bedeutung für die Wirksamkeit der Pumpe. Die Verdünnungsgrenze ist bei den Wasserstrahlpumpen durch den Dampfdruck des Wassers gegeben und liegt bei etwa 8—15 mm je nach der Temperatur des Wassers. In quantitativer Hinsicht stehen die Wasserstrahlpumpen hinter den mechanischen Luftpumpen; trotzdem erfreuen sie sich vor allem im Laboratorium wegen ihrer Kleinheit, Billigkeit und Unempfindlichkeit gegen Säuredämpfe allgemeiner Beliebtheit. Unter günstigen äußeren

Bedingungen finden Wasserstrahlpumpen auch für größere Anlagen Anwendung, trotz des geringen mechanischen Wirkungsgrades. Weite Anwendung finden die KÖRTINGschen Strahlluftpumpen zum Abnutschen, Rühren, Entlüften von Saug- und Heberleitungen. Für den Betrieb einer Strahlluftpumpe ist Vorraussetzung, daß Wasser unter gewissem Druck (möglichst nicht unter 3 *Atm.*) zur Verfügung steht. Da dies nicht überall der Fall ist, so hat man eine Schleuderpumpe (s. S. 555) mit dem Strahlapparat zu einer Schleuderluftpumpe vereinigt. Trotz ihres höheren Kraftverbrauches findet sie z. B. Anwendung zur Kondensation bei Dampfturbinen, weil die hohen Umdrehungszahlen günstige Antriebsverhältnisse gestatten.

Dampfstrahlluftsauger, wie sie für technische Zwecke von GEBR. KÖRTING, Körtingsdorf bei Hannover, angefertigt werden, können nur geringe Verdünnungsgrade bis etwa 80 *mm* Quecksilbersäule liefern. Sie sind für Zwecke, wo diese Verdünnung ausreicht, wegen ihrer Einfachheit, Billigkeit und Betriebssicherheit sehr bequem. Solche Zwecke sind z. B. Durchsaugen von Luft durch Flüssigkeiten, Filtrieren mit Unterdruck; dagegen genügt die Verdünnung im allgemeinen nicht zu Vakuumdestillationen.

5. Die Quecksilberdampfhochvakuumpumpen (Diffusionspumpen), welche in der Hochvakuumtechnik für alle Zwecke der Forschung und in einschlägigen Betrieben den ersten Platz einnehmen, beruhen auf einem neuen Prinzip, welches von W. GAEDE 1915 mitgeteilt wurde. Ein Strom von Quecksilberdampf wird an einem Diffusionsdiaphragma (beispielsweise einer Wand mit einem oder mehreren Löchern oder Spalten), welches die Saugleitung abschließt, vorübergeleitet und dann durch Kühlung kondensiert. Wenn dafür gesorgt wird, und das ist der springende Punkt, daß die Öffnungen des Diaphragmas nicht merklich größer sind als die freie Weglänge der Moleküle, so diffundieren aus der Saugleitung die Gasmoleküle unbegrenzt in den gasfreien Dampf und werden weggeführt. Der entgegengesetzt diffundierende Quecksilberdampf wird durch Kühlung niedergeschlagen, und es entsteht auf der dem Strom abgewandten Seite des Diaphragmas ein unbegrenzt hohes Vakuum.

Die ersten GAEDEschen Konstruktionen, die so ausgebildet waren, daß die „Diffusionsbedingung" gleich bei Beginn des Pumpens erfüllt war, haben keine praktische Bedeutung erlangt. Die entscheidende Verbesserung, die zuerst von LANGMUIR angegeben wurde, besteht äußerlich in einem Zurückgreifen auf die bekannten Anordnungen der Dampfstrahlsauger. Da das Vorvakuum, welches die Pumpen benötigen, aber schon $^1/_{10}$ *mm* beträgt, so ist die freie Weglänge der Moleküle bereits so groß, daß man von einem eigentlichen Dampfstrahl nicht mehr sprechen kann. Vielmehr ist es richtiger, mit LANGMUIR den in der Pumpe sich abspielenden Vorgang molekularkinetisch aufzufassen. Zur Erläuterung des Vorganges diene die schematische Abb. 188.

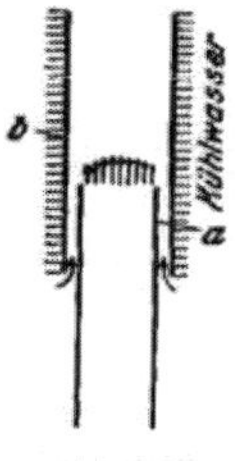

Abb. 188.

Schema der Wirkungsweise der LANGMUIR-Pumpe.

Aus dem Rohr *a* treten die Quecksilbermoleküle mit einer Vorzugsrichtung im Sinne der Pfeile in das weitere Rohr *b* aus, welches oben an das Vorvakuum angeschlossen ist und unten mit dem Rezipienten in Verbindung steht. Die Luftmoleküle, welche durch den Zwischenraum zwischen den Rohren *a* und *b* an die Mündung *a* gelangen, erhalten Stöße durch die Quecksilbermoleküle, die den Gasmolekülen nun ebenfalls eine Vorzugsrichtung (nach oben) geben. Weiter oben kondensiert sich der Quecksilberdampf und gibt dabei die Luft an das Vorvakuum ab, während das Quecksilber in das Siedegefäß zurückfließt. Das Rohr *b* muß direkt an der Mündung von *a* und in der nächsten Umgebung gut gekühlt werden. Diese Kühlung ist Bedingung für das Arbeiten der Pumpe und bildet den prinzipiellen Unterschied zwischen den Dampfstrahlhochvakuumpumpen und den alten Dampfstrahlapparaten. Findet die Kühlung nicht statt, so gelangen die Quecksilberdampfmoleküle zwischen die heißen Rohre *a* und *b* und bilden hier ein Polster, welches den Luftmolekülen den Weg versperrt. Ist aber *b* gekühlt, so werden die rückwärts gelangenden Quecksilbermoleküle sofort bei ihrem Anprall an die Wandung festgehalten und zu Tröpfchen kondensiert, während der Zwischenraum frei bleibt für die hindurchtretende Luft. Wegen der ausschlaggebenden Bedeutung der Kühlung bezeichnet LANGMUIR seine Pumpen als Kondensationspumpen. Den altbekannten Dampfstrahlsaugern noch näher stehen die Quecksilberdampfstrahlpumpen von M. VOLMER, die bei Vorvakuumdrucken von 20—40 *mm* arbeiten. Der wesentliche Unterschied von jenen liegt aber in der auch hier notwendigen Kühlung der Diffusorwand.

Diese Pumpen machen alle Gebrauch von der GAEDEschen Erfindung, insofern als sie von einem bestimmten Entlüftungsgrad an als Diffusionspumpen im GAEDEschen Sinne arbeiten. Zu Beginn wirken alle diese Pumpen als Strahlpumpen, die die Luft aus dem Absaugespalt mitreißen. Die freie Weglänge der Moleküle nimmt damit zu. Die Saugleistung durch diese Strahlwirkung würde bald auf Null heruntergehen; aber durch geeignete Dimensionierung der Absaugespalte und Kühlung ihrer Wände wird erreicht, daß sie vorher die Funktion des GAEDEschen Diffusionsdiaphragmas übernehmen. Die geeigneten Spaltweiten richten sich wesentlich nach dem Vorvakuum, bei dem die Pumpen gebraucht werden sollen, und sind empirisch gefunden. Eine einfache Beziehung zwischen Spaltweite und Vorvakuumdruck, wie bei GAEDES erster Diffusionspumpe, besteht nicht. Ihre Weite beträgt etwa das 100fache der freien Weglänge der Moleküle im Vorvakuum. Um im hohen Vakuum große Leistungen zu erzielen, ist ein hohes Vorvakuum geboten, damit recht weite Absaugespalte angewendet

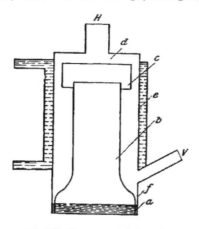

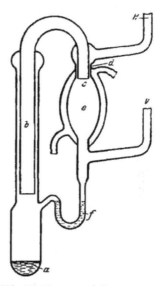

Abb. 189. Pumpe nach LANGMUIR.   Abb. 190. Pumpe nach LANGMUIR.

werden können. Man ist daher zu mehrstufigen Pumpen mit ansteigenden Spaltweiten übergegangen, wenn es sich um Überwindung größerer Druckdifferenzen handelt (VOLMER 1918).

Abb. 189 und 190 zeigen 2 Pumpen nach LANGMUIR aus Eisen und Glas, an denen die Wirkungsweise erläutert werden soll. Bei V wird das Vorvakuum angeschlossen, bei H das Hochvakuum.

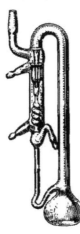

Im Gefäß a befindet sich Quecksilber, welches beim Druck des Vorvakuums ($^1/_{10}$ mm) zum Sieden gebracht wird. Der Dampf strömt in dem Rohr b in die Höhe, tritt zu der Düse c aus und nimmt aus dem Raum d die Luft mit. Die Kondensation des Quecksilbers findet an den gekühlten Wänden von e statt, und es gelangt beim Hinabfließen durch das Rohr f ins Siedegefäß zurück. Die Pumpen dieser Art übertreffen alle bisher bekannten Hochvakuumpumpen in bezug auf Schnelligkeit und Höhe des erreichbaren Vakuums. Letztere geht bis unter 10^{-8} mm. Natürlich muß der Quecksilberdampf durch besondere Kühlung mittels Äther-Kohlensäure oder besser flüssiger Luft entfernt werden.

Abb. 191 zeigt eine Glaspumpe von HANFF & BUEST, Berlin, Abb. 192 den Schnitt durch eine Stahlpumpe von E. LEYBOLDS NACHF. A. G., Köln. Die inneren Teile (Düsen) sind leicht zu entfernen, so daß sowohl sie wie das Innere des Stahlrohrs ausgewischt werden können. Die gleiche Firma baute derartige Pumpen mit einer Höchstleistung von 130 l/Sekunde, die bei Höchstvakuumdestillationen im technischen Ausmaß Verwendung finden können.

6. *Verschiedene andere Vorrichtungen zum Evakuieren.* Die Fähigkeit der Holzkohle, bei tiefen Temperaturen (flüssige Luft) Gase ungemein heftig zu adsorbieren, war früher das einzige Mittel, um extrem hohe Vaka zu erzeugen. Zu dem Zweck wurde an den Rezipienten ein Rohr mit Holzkohle (besser aktive Kohle) angeschlossen, die in gutem

Abb. 191.
Hg-Dampfhochvakuumpumpe von HANFF & BUEST, Berlin.

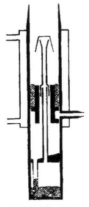

Abb. 192. Schnitt durch eine *Hg*-Dampfhochvakuumpumpe von C. LEYBOLDS NACHF. A. G., Köln.

Vakuum ($^1/_{100} - ^1/_{1000}\ mm$) ausgeglüht wurde und dann, nachdem die Verbindung mit der Pumpe unterbrochen war, in ein Gefäß mit flüssiger Luft eingetaucht. Auch diesem Verfahren sind die Quecksilberdampfpumpen überlegen.

Literatur: Dr. A. GOETZ, Physik und Technik des Hochvakuums. Braunschweig 1922. — Dr. ANDREAS MARTOS, Hochvakuum in der Technik. *Chem. Apparatur* 1931, S. 85.

Die Gebläse teilt man ein: 1. in Blasebälge, 2. Kolbengebläse, 3. rotierende Gebläse, 4. Schraubengebläse, 5. Zentrifugalgebläse, 6. Strahlgebläse.

Blasebälge werden nur noch für kleinere Zwecke benutzt, zum Anfachen von Schmiedefeuern und zum Anblasen der Glasbläserlampen. Zum Ausgleich der Luftstöße sind sie mit einem besonderen Lederbalg versehen, der als Windregulator dient.

Kolbengebläse werden in den verschiedensten Größen ausgeführt und dienen zur Lieferung von Strömen gepreßter Luft. Sie bestehen aus einem Zylinder, in dem sich ein luftdicht abschließender Kolben geradlinig hin und her bewegt, der mittels einer nach außen geführten Kolbenstange von irgend einer Kraftmaschine angetrieben wird. Hierbei wird von außen durch Saugventile oder Klappen, die entweder in den Zylinderdecken oder in besonderen Kammern, die in den Zylinder eingebaut sind, Luft eingesaugt, dann zusammengepreßt und schließlich durch ebenso angeordnete Druckventile aus dem Zylinder hinausgepreßt. Die Kolbengebläse sind zum Teil mit Windregulatoren versehen, die in Räumen vom 40—60fachen Zylinderinhalt bestehen. Besondere Bedeutung besitzen die Gebläsemaschinen, die im Hüttenbetrieb verwendet werden, zur Winderzeugung bei den Hochöfen (Bd. **IV**, 245) und Windfrischverfahren (Bd. **IV**, 255). Diese Maschinen haben zum Teil gewaltige Dimensionen und liefern 20—40 000 m^3 Luft pro Stunde. Die Zylinder stehen entweder senkrecht oder waagrecht und besitzen eine Länge von 12—25 m bei einem Durchmesser von 2—3 m. Sie werden 1-, 2-, selten 3zylindrisch ausgeführt. Am gebräuchlichsten sind Zwillingsmaschinen. Der Kraftbedarf der Hochofengebläse beträgt pro m^3 Luft von atmosphärischem Druck und Minute 0,8—0,93 *PS*, der der Bessemergebläse 4—4,3 *PS*. Der Wirkungsgrad, d. h. das Verhältnis von nutzbringender zu aufgewendeter Arbeit, liegt zwischen 0,7 und 0,86.

Die rotierenden Gebläse, auch Kapselgebläse oder ROOTS-Gebläse (Blower) genannt, bestehen aus 2 oder mehreren Rotationskolben, die sich in einer

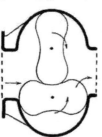

entsprechend geformten Kapsel drehen. Die Wirkungsweise ist aus der Schnittzeichnung (Abb. 193) ersichtlich. Bei der gleichzeitigen Drehung der beiden im Schnitt etwa lemniskatenförmigen Flügelwalzen wird die Luft in der durch die Pfeile angedeuteten Richtung befördert. Ähnlich gebaut sind die JAEGERschen Kreiskolbengebläse von C. H. JAEGER & CO., Leipzig-Plagwitz. Vorzüglich arbeiten inbesondere die Pharos-Gebläse der PHAROS-FEUERSTÄTTEN G. M. B. H., Hamburg, Fruchthof.

Abb. 193. Schnitt durch ein Kapselgebläse.

Der Wirkungsgrad der rotierenden Gebläse ist 0,75—0,85. Die Verluste sind auf die trotz sorgfältiger Ausführung unvermeidlichen Undichtigkeiten an den Schleifflächen zurückzuführen. Die Gebläse liefern nur geringe Überdrucke, etwa 2—3 m *WS*. Sie sind infolge ihrer guten quantitativen Leistung, ihrer geringen Anschaffungskosten, ihres geringen Raumbedarfs und der Gleichmäßigkeit des Luftstroms ohne Regulator für viele mittlere und kleinere Zwecke in Gießereien zum Anfachen von Schmiedeessen, Schmelz- und Kupolöfen in Glasbläsereien, ferner zur Gasförderung in Kokereien, Gasanstalten sehr geeignet. Über die Strahlgebläse s. Exhaustoren, Bd. **IV**, 704, Abb. 347, 348; über Zentrifugalgebläse ebenda, Bd. **IV**, 705 ff., unter Ventilatoren.   *B. Block, M. Volmer.*

Purgen (H. GOETZ, Frankfurt a. M.), Tabletten mit 0,05 g, 0,1 g und 0,5 g Phenolphthalein.

Dohrn.

Purinabkömmlinge. Zu den Abkömmlingen des Purins (I) gehört eine Reihe von Alkaloiden, die in stimulierenden Genußmitteln wie Tee, Kaffee, Kakao, Cola, Guarana, Mate u. a. vorkommen: Coffein, $C_8H_{10}O_2N_4$, in Tee, Kaffee, Cola, Mate und Guarana; Theobromin, $C_7H_8O_2N_4$, in Kakao; Theophyllin, $C_7H_8O_2N_4$, in Tee; Xanthin, $C_5H_4O_2N_4$, in Tee; Hypoxanthin, $C_5H_4ON_4$, in schwarzem Pfeffer, als Glucosid Inosin (Pentosid) in der Hefe und Zuckerrübe; Guanin, $C_5H_5ON_5$, in Guano und Leguminosenkeimlingen, als Glucosid Vernin (Pentosid) in Wickenkeimlingen.

Hiervon haben Coffein (V), Theobromin (IV) und Theophyllin (III) technische Bedeutung. Sie stehen in naher Beziehung zur Harnsäure (II), dem Endprodukt des N-Stoffwechsels von Vögeln und Amphibien und Hauptbestandteil des Guanos:

I. Purin

II. Harnsäure
(2,6,8-Trioxypurin)

III. Theophyllin
(1,3-Dimethyl-2,6-dioxypurin)

IV. Theobromin
(3,7-Dimethyl-2,6-dioxypurin)

V. Coffein
(1,3,7-Trimethyl-2,6-dioxypurin)

Coffein (Thein), $C_8H_{10}O_2N_4$, Formel (V), ist bei weitem der meistbenutzte Purinabkömmling; die Produktion wird in 1930 auf etwa 350 000 kg im Werte von etwa 4 200 000 M. geschätzt.

Es ist das Hauptalkaloid von Tee (1—4,8%), Kaffee (1—1,5%), Colanüssen (2,7—3,6%, Westafrika), Mate (1,25—2%, Südamerika), Guaranapaste (3,1—5%, Südamerika) und kommt in geringen Mengen auch im Kakao vor, u. zw. in allen oben aufgezählten Fällen frei oder zusammen mit Kalium an Chlorogensäure gebunden; Chlorogensäure ist ein Depsid aus je 1 *Mol.* Kaffeesäure und Chinasäure, $[\alpha]_D = -33,1°$ in Wasser:

Coffein wird aus Teeabfall und Teestaub (Dust) fabriziert, indem man mit siedendem Wasser extrahiert, die *konz.* wässerigen Auszüge mit Bleiglätte oder Magnesia von Gerbsäure befreit und das neutralisierte Filtrat zur Krystallisation eindampft. Das auskrystallisierte Rohcoffein wird durch Umkrystallisieren aus siedendem Wasser gereinigt; es kommt meist in Form langer seidenglänzender Nadeln mit 1 *Mol.* H_2O in den Handel.

Ätzende Alkalien müssen bei Fabrikation und Analyse des Coffeins vermieden werden; schon bei längerem Stehen mit kalter verdünnter Natronlauge wird es fast vollständig in Coffeidin-carbonsäure verwandelt:

$$C_8H_{10}O_2N_4 + H_2O \rightarrow C_8H_{12}O_3N_4,$$

die beim Kochen in wässeriger Lösung in Kohlensäure und Coffeidin, $C_7H_{12}ON_4$, zerfällt. Coffeidin entsteht auch unmittelbar aus Coffein beim Kochen mit Barytwasser und wird bei längerem Kochen mit Barytwasser in Ammoniak, Methylamin, Sarkosin, Kohlensäure und Ameisensäure zerlegt.

Als Nebenprodukt wird Coffein technisch bei der Fabrikation von coffein-freiem Kaffee (Bd. **VI**, 302) gewonnen. Dabei werden die Kaffeebohnen zuerst mit Wasserdampf aufgeschlossen, wobei das Coffein frei wird, und dann mit Benzol oder anderen niedrig siedenden Lösungsmitteln extrahiert, welche das Coffein auf-nehmen. Durch erneutes Dämpfen wird der Rest des Benzols aus dem Kaffee ent-fernt; dann wird er wie gewöhnlicher Kaffee getrocknet und geröstet.

Neuerdings werden erhebliche Mengen Coffein auch durch Methylieren von Theobromin (Formel IV) technisch hergestellt. Aus den Schalen der Kakaobohnen, einem früher wertlosen Abfallprodukt der Kakao- und Schokoladefabrikation, extrahiert man zuerst mit Leichtbenzin das Kakaofett, dämpft, und extrahiert mit Benzol oder Toluol das Theobromin, das übrigens stets coffeinhaltig ist. Die Methylierung des Theobromins zu Coffein erfolgt sehr glatt beim Schütteln einer alkalischen Lösung mit Dimethylsulfat (H. BILTZ und DAMM, A. 413, 190 [1916]). Nach *Chemische Ind.* **1930**, 1414 sind 1929 in den Vereinigten Staaten etwa 300000 lbs. Coffein aus Theo-bromin und nur 90000 lbs. aus Tee- bzw. Kaffeeabfällen gewonnen worden.

Gegenüber diesen Fabrikationsmethoden aus pflanzlichem Ausgangsmaterial ist die fabrikmäßige Synthese des Coffeins aus Harnsäure (*D. R. P.* 151 333, *Boehringer*) in den Hintergrund getreten; bei ihr diente 8-Methylxanthin (XI) als Zwischenprodukt.

Für die quantitative Bestimmung des Coffeins in Kaffee, Tee und anderem pflanzlichen Material sind außerordentlich viele Methoden vorgeschlagen worden. Eine der einfachsten und zugleich zuverlässigsten Methoden ist die folgende (ALLEN, commercial organic analysis, VII, S. 335, 5. Aufl.): Man läßt 5 g fein gepulverten Tee in einem Literkolben am Rückflußkühler mit etwa 350 *cm*³ Wasser 2–3ʰ sieden und filtriert dann an der Pumpe durch eine mit Asbest (nicht mit Papier) beschickte Porzellan-nutsche, bringt das Volumen des erkalteten Filtrates auf 500 *cm*³ und erhitzt es in einem trockenen Kolben am Rückflußkühler zum Sieden, fügt 3 g gepulvertes Bleiacetat hinzu und läßt 10′ lang sieden. Nach dem Abkühlen werden 400 *cm*³ des Filtrates (= 4 g Tee) auf etwa 50 *cm*³ eingedampft und mit 20 *cm*³ verdünnter Schwefelsäure (1:6) 30′ lang erhitzt, um Saponine zu zerstören. Dann filtriert man vom ausgeschiedenen Bleisulfat ab in einen Scheidetrichter und extrahiert das Coffein mit 25, 20, 15, 15 und 10 *cm*³ Chloroform. Man schüttelt die vereinigten Chloroformauszüge mit 5 *cm*³ 1%iger Natronlauge, diese 2mal mit je 10 *cm*³ Chloroform, verdampft die vereinigten Chloroformauszüge in einem tarierten Kolben, trocknet 30′ lang bei 100° und wägt. So erhält man in der Regel farbloses Coffein, dessen Reinheit man durch KJELDAHL-Bestimmung kontrollieren mag; Faktor 3,464.

Eigenschaften. Aus Wasser krystallisiert Coffein mit 1 *Mol.* Wasser, aus Alkohol wasserfrei in leichten seidigen Nadeln; es wird bei 100° wasserfrei, sublimiert bei 176° und schmilzt bei 234–235°. Bei 25° löst sich 1 Tl. Coffein in 45,6 Tl. Wasser, 53,2 Alkohol, 375 Äther, 8 Chloroform, und bei Siedetemperatur in 339 Tl. Äther, 23,9 Essigester, 18,9 Benzol, 6,4 Chloroform. Coffein schmeckt bitter. Es ist eine schwache Base, reagiert neutral gegen Lackmus und liefert nur unbeständige Salze mit Säuren, dagegen beständigere Kombinationen mit Alkalisalzen schwacher Säuren, von denen Coffein-Natriumbenzoat und -salicylat neben Coffeincitrat arzneilich benutzt werden; größte Einzelgabe 0,75 *g*, größte Tagesgabe 2,5 *g* für das Citrat, 1,0 bzw. 3,0 *g* für die Alkalisalz-Verbindungen.

Jedoch sind die arzneilich angewandten Mengen gering gegenüber den großen Mengen, die in sehr verschiedenartiger Zubereitung in Getränken, Pralinees, Bonbons, Konfitüren, Kautabak als Stimulantien besonders in alkoholfreien Ländern und beim Sport verbraucht werden; hierzu wird fast ausschließlich Coffein als freie Base verwandt.

Coffein ist ein Erregungsmittel für das gesamte Zentralnervensystem, erregt die Herztätigkeit und die Muskelleistung und befördert die Diurese; größte Einzel-gabe 1,0 *g*, größte Tagesgabe 3,0 *g*.

Wie Theobromin und Theophyllin gibt Coffein die Murexidreaktion. Eine geringe Menge, mit Salpetersäure oder Salzsäure und chlorsaurem Kalium auf dem Wasserbade zur Trockne verdampft, gibt mit Ammoniak eine prächtige Purpurfärbung, die auf Zusatz von Ätzalkalien zerstört wird.

Theobromin, $C_7H_8O_2N_4$, Formel IV, ist das Hauptalkaloid der Kakaobohnen. Ungeröstete Kakaobohnen enthalten 1,5–1,8%, geröstete nur 0,6–1,4% Theobromin vor der Fermentation scheint das Theobromin in gebundener Form in den Kakao-bohnen enthalten zu sein, hinterher in freiem Zustande. Kleine Mengen von Theo-bromin (0,2%) sind auch in den Colanüssen enthalten.

Ehe die fabrikmäßige Darstellung von Theobromin aus Kakaoschalen (s. S. 570 unter Coffein) aufkam, wurde Theobromin aus Harnsäure synthetisch im großen gewonnen (*D. R. P.* 97 577, *Boehringer*), wobei 8-Methylxanthin (XI) als Zwischenprodukt benutzt wurde.

Aus Wasser oder verdünntem Alkohol scheidet sich Theobromin wasserfrei als weißes krystallinisches Pulver ab, *Schmelzp.* 351°, Sublimation von 290° an. Es löst sich in rund 3300 Tl. Wasser von 18°, etwa 140 Tl. Wasser von 100° und in rund 5400 Tl. 90%igen Alkohols von 17°. Gegen Lackmus reagiert es neutral, besitzt aber etwas stärkere basische Eigenschaften als Coffein, wenn auch die Salze mit Säuren in Wasser hydrolytisch gespalten sind. Auch mit Alkalien liefert Theobromin Salze, indem es in eine Endolform übergeht; diese sind weniger hydrolytisch gespalten als die mit Säuren. Theobromin-Natrium bildet mit Natriumacetat (Agurin, Bd. I, 182), -formiat, -benzoat oder -salicylat (Diuretin, Bd. III, 706) in Wasser leicht lösliche Verbindungen, die medizinisch benutzt werden.

Die erregende Wirkung auf das Zentralnervensystem ist beim Theobromin viel schwächer als beim Coffein; dagegen tritt die diuretische Wirkung auf die Nieren stärker hervor; größte Einzelgabe 0,75 *g*, größte Tagesgabe 3,0 *g*.

Theophyllin (Theocin), $C_7H_8O_2N_4$, Formel III, kommt in geringen Mengen im Tee vor, wird aber technisch daraus nicht hergestellt, sondern synthetisch gewonnen, u. zw. nach der Methode von TRAUBE (*B.* 33, 1371, 3035 [1900]; *Bayer, D. R. P.* 138 444), die auch als Beispiel für die zahlreichen Methoden der Coffeinsynthese dienen mag (vgl. E. FISCHER und ACH, *B.* 28, 3135 [1895]).

Harnstoff gibt mit Cyanessigsäure in Gegenwart von Phosphoroxychlorid Cyanacetylcarbamid (VI); dieses liefert bei der Behandlung mit Natriumhydroxyd und dann mit Essigsäure 4-Amino-2,6-dioxypyrimidin (VII). Dessen Isonitrosoverbindung gibt bei der Reduktion 4,5-Diamino-2,6-dioxypyrimidin (VIII) und dieses bei der Kondensation mit Ameisensäure ein Formylderivat (IX), das beim Erhitzen auf 200—220° in Xanthin (X) übergeht:

Durch analoge Reaktionsfolge erhält man vom Dimethylharnstoff aus Theophyllin (III), das durch Methylieren in Coffein (V) überführbar ist. Auch aus Harnsäure wird Theophyllin fabrikmäßig gewonnen, nämlich über 8-Methylxanthin (*D. R. P.* 151 133, *Boehringer*), u. zw. entsteht durch Erhitzen von Harnsäure (II) mit Essigsäureanhydrid 8-Methylxanthin (XI), hieraus durch Methylierung 8-Methylcoffein = 1,3,7,8-Tetramethylxanthin (XII), aus diesem durch Chlorieren Trichlor- und Tetrachlortetramethylxanthin (XIII, XIV). Hiervon spaltet die Trichlorverbindung die chlorierte Gruppe leicht unter Bildung von Coffein (V) und die Tetrachlorverbindung beide chlorierte Gruppen unter Bildung von Theophyllin (III) ab, während aus 8-Trichlormethyltheobromin Theobromin (IV) entsteht.

XI. 8-Methylxanthin

XII. Tetramethylxanthin

XIII. Trichlor-8-methyl-coffein Trichlor-tetramethylxanthin

XIV. Tetrachlor-tetramethylxanthin

Aus Wasser scheidet sich Theophyllin in farblosen Tafeln mit 1 *Mol. H_2O* ab; es wird bei 110° wasserfrei, *Schmelzp.* 268°, ist in kaltem Wasser schwer, in warmem Wasser und sehr verdünntem Ammoniak leicht löslich und reagiert neutral.

Theophyllin (Wortmarke T h e o c i n) ist ein noch wirksameres Diureticum als Coffein und Theobromin und wird angewandt bei Herzaffektionen mit Störungs- erscheinungen; größte Einzelgabe 0,5 *g*, größte Tagesgabe 1,5 *g*. Die Wirkung auf das Zentralnervensystem ist ähnlich wie die des Coffeins. Es wird auch als Theo- phyllin-Natrium-Natriumacetat benutzt, das erheblich leichter wasserlöslich ist als Theophyllin selbst.

D. R. P. seit 1900, betreffend die Herstellung von Purinabkömmlingen.

Nummer	Name des Patentnehmers	Inhalt
115 253	W. Traube	Guanidin- und Pyrimidinderivate
121 224	*Boehringer*	Homologe des Xanthins mit Alkylradikal am *C*-Atom
126 797	„	4,5-Diacetyldiaminouracil
128 212	„	Homologe des Xanthins, z. B. 8-Methylxanthin durch Er- hitzen von Harnsäure mit Essigsäureanhydrid
134 984	W. Traube	Pyrimidinderivat
138 444	*Bayer*	Theophyllin aus Formyluracil mit Alkali
146 714	*Boehringer*	8-Mono-, Di- und Trichlormethylxanthine
146 715	„	Tetrachlorcoffein
148 208	*Bayer*	Monoformyl-1,3-dimethyl-4,5-diamino-2,6-dioxypyrimidin
153 121	*Boehringer*	Trimethylxanthincarbonsäure
151 133	„	Xanthinderivate
161 493	*Merck*	4,5-Diamino-2,6-dioxypyrimidine
165 561 165 562 }	„	Cyclische Harnstoffe (Pyrimidine)
166 267	„	4,5-Diamino-2,6-dioxypyrimidine
255 899	K. H. Wimmer	Coffein und andere Alkaloide aus wässerigen Auszügen, welche diese Basen enthalten
281 008	*Bayer*	Glucoside der Purinreihe und deren Derivate
352 980	*Merck*, O. Wolfes, E. Kornick	Carbonsäuren der Purinreihe
374 097	*Agfa*	In Wasser leicht lösliche Doppelverbindungen von Coffein
386 935	*Merck* und H. Mayen	Großkrystallisiertes Theobromin
399 903	*Knoll* und H. Vieth	Salze der Dimethylxanthine mit organischen Säuren
406 211	Chemosan A. G.	Leicht lösliche Doppelsalze von Monomethyl-, Dimethyl- und Trimethylxanthinen

Herm. Emde.

Purostrophan (Chemische Fabrik Güstrow) ist reines g-Strophanthin (Thoms), als Herzmittel in Tabletten zu 0,5 *mg* und zu 1,0 *mg*; Ampullen zu 0,25 *mg* und zu 0,5 *mg*.   *Dohrn.*

Purpurin ist gleich Alizarin Nr. 6 (Bd. **I**, 197).   *Ristenpart.*

Putzmittel s. Bd. **VII**, 506.

Pyocyanase (Sächsische Serumwerke, Dresden) ist eine aus Bac. pyocyaneus gewonnene Flüssigkeit, die antagonistisch auf das Wachstum mancher Bacillen wirkt. Anwendung in der Veterinärpraxis durch Einblasen in Nasen- und Rachenraum.

Pyoktanin (*Merck*), g e l b e s Pyoktanin ist Auramin, b l a u e s Pyoktanin Methyl- violett. Antiseptica zu äußerlicher Anwendung in Form von Streupulver und Stiften, besonders in der Veterinärpraxis.

Pyotropin (Lupisan G. m. b. H., Altona), Mischung von Calciumcarbonat, Phenolkalium mit Phenol in Alkohol, ferner P y o t r o p i n s a l b e, bestehend aus Salicyl- säure, Natriumsalicylat, Glycerin, Walrat und Wasser. Anwendung gegen Lupus.

Dohrn.

Pyramidon (*I. G.*), Dimethylaminophenyldimethylpyrazolon, Dimethylaminoantipyrin. Darstellung nach *D.R.P.* 90959, 144393, indem man Aminophenyldimethylpyrazolon methyliert oder statt Methylierungsmittel Chloressigsäure anwendet und aus der erhaltenen Säure CO_2 abspaltet. Farblose, leicht bitter schmeckende Krystalle, schwer löslich in kaltem Wasser, leicht löslich in Alkohol, Chloroform, Benzol, schmilzt bei 108°. Besitzt stärkere analgetische Wirkung als Antipyrin, wirkt stark antipyretisch. Tabletten zu 0,1 *g* und zu 0,3 *g*. Salicylat, Tabletten zu 0,25 *g*. *Dohrn.*

Pyraminorange (*I. G.*) sind substantive Disazofarbstoffe für Baumwolle, Wolle, Halbwolle und Halbseide. Die Marke 3 G ist der 1898 von BERNTHSEN und JULIUS erfundene Disazofarbstoff aus Benzidin und je 1 *Mol.* m-Phenylendiamindisulfosäure und Nitro-m-phenylendiamin nach *D. R. P.* 105349.

Die Marke R ist der 1893 von BERNTHSEN und JULIUS erfundene Disazofarbstoff aus Benzidindisulfosäure und je 2 *Mol.* Nitro-m-phenylendiamin nach *D. R. P.* 80973.

Die Marke 2 R ist der 1899 von BERNTHSEN und JULIUS erfundene Disazofarbstoff aus Benzidin und je 1 *Mol.* 2-Aminonaphthalin-3,6-disulfosäure und Nitro-m-phenylendiamin nach *D. R. P.* 107731.

Die Marke RT ist gleich Direktorange R (Bd. III, 702).

Pyrazingelb GG (*Ciba*), hauptsächlich als Lackfarbstoff gebraucht. *Ristenpart.*

Pyrazolone sind Verbindungen, die sich von dem Ringsystem bzw. der tautomeren Form ableiten. Sie wurden entdeckt von L. KNORR, der zuerst das 1-Phenyl-3-methylpyrazolon herstellte (*B.* **16**, 2597 [1883]; **17**, 546, 2032 [1884]; *A.* **238**, 147 [1887]).

Diese Verbindung reagiert je nach den einwirkenden Reagenzien in 3 desmotropen Formen:

die als Methylen- (I), Hydroxyl- (II) und Imino- oder Antipyrin- (III) Form unterschieden werden. Bei der Methylierung (L. KNORR, *B.* **28**, 706 [1895]; H. O. PECHMANN, *B.* **28**, 1626 [1895]; E. GRANDMOUGIN, E. HAVAS und O. GUYOT, *Chem.-Ztg.* **37**, 813 [1913]) des 1-Phenyl-3-methylpyrazolons, des sog. technischen Pyrazolons, entstehen Abkömmlinge aller 3 Formen, von denen das Derivat der Iminform, das 1-Phenyl-2,3-dimethylpyrazolon, das Antipyrin (Bd. I, 549), das wichtigste ist. Die Acetylierung des Pyrazolons kettet die Acetylgruppe an den Kohlenstoff und den Sauerstoff. In einer größeren Zahl von Umsetzungen reagiert Pyrazolon gleich dem Acetessigester, dem es entstammt (Bd. I, 102), in der Methylenform. So liefert es eine Isonitrosoverbindung, eine Benzylidenverbindung, gibt bei gelinder Oxydation ein Bis-phenylmethylpyrazolon und bei energischer Oxydation einen indigoiden Farbstoff, das Pyrazolblau (KNORR, *A.* **238**, 155, 171 [1877]; KNORR und P. DUDEN, *B.* **25**, 765 [1892]).

Von der Hydroxylform leiten sich schließlich die aus dem Pyrazolon entstehenden Azofarbstoffe ab. Das 4-Benzolazo-1-phenyl-3-methylpyrazolon, über dessen Konstitution lange gestritten wurde, ist nicht als Phenylhydrazon eines Ketopyrazolons, sondern als wahre Oxyazoverbindung (IV) zu betrachten. Das Pyrazolon reagiert also bei der Kupplung mit Diazoniumverbindungen wie ein Phenol, das die Azogruppe in o-Stellung aufnimmt. Aus letzterem Umstand erklären sich die hervorragenden Färbeeigenschaften der Pyrazolonfarbstoffe und insbesondere ihre Eignung zur Bildung von Pigmentfarben.

Von Darstellungsverfahren der Pyrazolone kommt fast ausschließlich die Kondensation des Acetessigesters mit Arylhydrazinen in Betracht. Aus dem Ester entsteht bei Einwirkung von Phenylhydrazin das technische Pyrazolon (Bd. I, 549). Als Zwischenprodukt tritt das Phenylhydrazon des Acetessigesters auf. Es bildet sich schon in der Kälte und geht beim Erwärmen unter Abspaltung von Alkohol in das Ringgebilde über. Die analogen Pyrazolone werden ausschließlich durch Variierung der Hydrazinkomponente erhalten, während der Acetessigester stets das zweite Ausgangsmaterial bildet. Aus diesen Pyrazolonen entstehen dann durch Alkylierung die Verbindungen vom Typus des Antipyrins und durch Kupplung mit Diazoniumsalzen die Pyrazolonazofarbstoffe (Bd. II, 30). Ein einziger Pyrazolonfarbstoff, das von J. H. ZIEGLER 1884 (J. H. ZIEGLER und M. LOCHER, B. 20, 834 [1887]; D. R. P. 34294) entdeckte Tartrazin, wird in abweichender Weise gewonnen, nämlich durch Einwirkung von Phenylhydrazin-p-sulfosäure auf dioxyweinsaures Natrium. Über den Reaktionsverlauf s. Bd. II, 3. Über die Herstellung aus Oxalessigester s. R. ANSCHÜTZ, A. 294, 232; 306, 1.

Die technische Bedeutung der Pyrazolone liegt auf dem Gebiete der Heilmittel und Farbstoffe. Das wichtigste Pyrazolon ist das 1-Phenyl-3-methylpyrazolon, dessen Darstellung bereits Bd. I, 550 beschrieben wurde. Es schmilzt bei 127⁰ und siedet unter 107 *mm* Druck bei 191⁰. Es ist in kaltem Wasser, Äther und Ligroin fast unlöslich, leicht löslich in Alkohol. Mit Eisenchlorid liefert es Pyrazolblau (s. o.), das in Chloroform löslich ist und den Nachweis des Pyrazolons noch in einer Verdünnung von 1:10 000 gestattet. Pyrazolon gibt bei der Methylierung Antipyrin (Bd. I, 548). Wichtig sind Derivate des Aminoantipyrins (1-Phenyl-2,3-dimethyl-4-aminopyrazolon). Man erhält diese Base, wenn man Antipyrin mit salpetriger Säure behandelt und das entstandene Nitrosoantipyrin reduziert (L. KNORR, B. 17, 2039 [1884]; A. 238, 212 [1887]; L. KNORR und STOLZ, A. 293, 59 [1896]; M. L. B., D. R. P. 71261, 97332), in hellgelben Krystallen vom *Schmelzp.* 109⁰. Sie gibt bei der Methylierung das 1-Phenyl-2,3-dimethyl-4-dimethylaminopyrazolon, d. i. Pyramidon (L. KNORR und STOLZ, A. 293, 66 [1896]; M. L. B., D. R. P. 90959), das auch aus Bromopyrin durch Erhitzen mit Dimethylamin gewonnen werden kann (M. L. B., D. R. P. 145603). Pyramidon übertrifft an antipyretischer Kraft das Antipyrin um das 3fache. Eine Verbindung mit Butylchloralhydrat vom *Schmelzp.* 85⁰ hat als Antineuralgicum Trigemin (s. d.) Verwendung gefunden (M. L. B., D. R. P. 150799). Über Melubrin s. Bd. VII, 487, sowie M. L. B., D. R. P. 254711, 259503, 259577.

Wichtig ist ferner die Verwendung des Phenylmethylpyrazolons als Farbstoffkomponente zum Aufbau von Azofarbstoffen, wie Benzolichtbraun (Bd. II, 258), Eriochromrot (Bd. IV, 614), Hansagelb R (Bd. VI, 104) u. s. w., sowie als Entwickler (Entwickler Z, Gelbentwickler, Bd. V, 603) in der Färberei (Bd. V, 45); s. auch Diazanilfarbstoffe (Bd. III, 658) und Diazolichtfarbstoffe (Bd. III, 659).

1-p-Sulfophenyl-3-methyl-5-pyrazolon krystallisiert aus heißem Wasser mit 1 H_2O in Nadeln, die sich bei 320⁰ zersetzen, schwer löslich in kaltem Wasser, sehr wenig in Alkohol. Eisenchlorid färbt die warme Lösung rot, Natriumnitrit nach Zusatz von Säure gelb. Die Verbindung entsteht am besten durch 3stündiges Kochen von Phenylhydrazin-p-sulfosäure mit Acetessigester, gelöst in 50%iger Essigsäure, oder durch Erhitzen von technischem Pyrazolon mit der 4—5fachen Menge rauchender Schwefelsäure (30% SO_3) auf dem Wasserbade. Sie fällt aus der erhaltenen Lösung beim Eingießen in Wasser krystallinisch aus (M. L. B., D. R. P. 176954; C. MÖLLENHOFF, B. 25, 1941 [1892]). Dieses Pyrazolon liefert bei der Kupplung mit Anilin Echtlichtgelb (Bd. IV, 101), mit Primulinsulfosäure Dianilgelb 2 R (Bd. III, 65). Über weitere derartige Farbstoffe s. Bd. II, 31.

1-p-Sulfophenyl-3-carbonsäure-5-pyrazolon bildet ein mit 2 *Mol.* H_2O krystallisierendes saures Natriumsalz, leicht löslich in heißem, fast unlöslich in kaltem Wasser, das mit Eisenchlorid eine violette Färbung gibt. Die Verbindung entsteht durch Verseifung ihres Esters mit Natronlauge. Letztere wird durch Erhitzen von 95 Tl. p-Phenylhydrazinsulfosäure mit 94 Tl. Oxalessigester, 75 Tl. Natriumacetat und 500 Tl. Wasser zum Kochen gewonnen

(R. Anschütz, *A.* 294, 282 [1897]). Durch Kupplung mit Anilin gibt dieses Pyrazolon das Flavazin S (Bd. **V**, 400), mit Sulfanilsäure das Tartrazin (R. Anschütz, *A.* 294, 232 [1897]; 306, 1 [1899]; A. Berntthsen. *Chem.-Ztg.* 22, 456 [1898]; s. auch *M. L. B., D. R. P.* 117 575, 134 162).

Literatur: G. Cohn, Tabellarische Übersicht der Pyrazolderivate. Braunschweig 1897. – Die Pyrazolfarbstoffe. Stuttgart 1910.   *F. Ullmann (G. Cohn).*

Pyrazolorange G, R, RR (*Sandoz*), 1909/10, sind lichtechte ätzbare substantive Pyrazolonfarbstoffe für Baumwolle, Wolle und Seide sowie Mischgewebe. *Ristenpart.*

Pyrenol (Goedecke & Co., Berlin-Charlottenburg), Schmelzprodukt aus etwa gleichen Teilen Natriumbenzoat und Natriumsalicylat mit etwa 2% eines Gemisches von Benzoesäure und Thymol. Wirkt als Antipyreticum und Antineuralgicum, in Wasser lösliche Tabletten zu 0,5 *g.*   *Dohrn.*

Pyridin und Pyridinbasen. Th. Anderson entdeckte 1851 (*A.* 80, 54 [1851]) im Knochenteeröl (Teeröl, Bd. **VI**, 624) Pyridin, C_5H_5N, als Anfangsglied einer Reihe homologer Basen (Pyridinbasen), nachdem er das nächste Homologe, Picolin, C_6H_7N, schon 1846 (*A.* 60, 86 [1846]) im Steinkohlenteer gefunden hatte. G. Williams (*Jahrber. Chem.* 1855, 552) wies Pyridin im Steinkohlenteer nach. Körner (*A.* 155. 282 [1870]) und Dewar (Ztschr. für Chem. 1871, 117) stellten unabhängig voneinander die nebenstehende Konstitutionsformel für Pyridin auf.

Pyridin ist eine farblose, auch an der Luft sich nicht färbende Flüssigkeit von eigentümlichem scharfen Geruch. Völlig trocken erstarrt es bei starker Abkühlung zu Nadeln, *Schmelzp.* — 38,2°, Kp_{760} 115,1°, D_4^{25} 0,978. Mit Wasser ist es in jedem Verhältnisse unter Hydratbildung mischbar; eine Mischung von der ungefähren Zusammensetzung $C_5H_5N + 3 H_2O$ siedet konstant bei 92–93°. Völlig trocken erhält man es durch Destillation über Bariumoxyd, mit dem es mehrere Tage gestanden hat. Es ist ein gutes Lösungsmittel für organische Verbindungen und für viele anorganische Salze [$CuCl$, $CuCl_2$, $ZnCl_2$, $HgCl_2$, $AgNO_3$, $Pb(NO_3)_2$], die darin ionisiert sind. Pyridin ist eine schwache Base. Es bläut Lackmuspapier nicht. Die einfachen Salze des Pyridins mit den Mineralsäuren sind leicht wasserlöslich, das Hydrochlorid, $C_5H_5N \cdot HCl$, und Hydrobromid sind zerfließlich. Pyridin ist chemisch sehr beständig; es wird selbst beim Kochen mit *konz.* Salpetersäure oder Chromsäure nicht zersetzt, während Kaliumpermanganat und Kaliumpersulfat in saurer Lösung es vollständig oxydieren. Durch Natrium in Alkohol wird es zu Piperidin (Bd. **VIII**, 474) hydriert, aber Wasserstoff in Gegenwart von Nickel läßt es bei 180—250° größtenteils unverändert. Halogenalkyl addiert Pyridin zu quartären Ammoniumsalzen, die gegen Alkalien unbeständig sind. Überhaupt sind Pyridinderivate mit fünfwertigem Stickstoff häufig labil; auch teilweise hydrierte Pyridinderivate, besonders Dihydroderivate, sind unbeständig.

Die homologen Pyridinbasen sind dem Pyridin so ähnlich, daß zu ihrer Charakterisierung einige physikalische Konstanten genügen; in heißem Wasser sind die Pyridinbasen meist schwerer löslich als in kaltem.

Unter den Monomethylpyridinen des Steinkohlenteers überwiegt das α-Picolin (2-Methylpyridin), $Kp_{·60}$ 129°; D^{15} 0,950 (H. Goldschmidt und E. J. Constam, *B.* 16, 2979 [1883]). β-Picolin (3-Methylpyridin) Kp_{760} 143°; D_4^{15} 0,961 (J. Mohler, *B.* 21, 1007 [1888]). γ-Picolin (4-Methylpyridin) ist am schwersten zugänglich, Kp 145°.

2,4-Dimethylpyridin, α, γ-Lutidin, Kp 159 – 159,5°. 2,5-Dimethylpyridin, α,β'-Lutidin, Kp 162–163°. 2,6-Dimethylpyridin, α,α'-Lutidin, Kp 143°. 3,4-Dimethylpyridin, β,γ-Lutidin, Kp 163,5–164,5°. 3,5-Dimethylpyridin, β,β'-Lutidin, Kp 169–170°.

3-Äthylpyridin, β-Äthylpyridin, Kp 165°, D_0^0 0,959.

2,4,5-Trimethylpyridin, Kp 165–168°. 2,4,6-Trimethylpyridin, symm. Kollidin, Kp_{745} 170,5°; D^{15} 0,917.

Pyridin und die homologen Pyridinbasen sind außer im Knochenteeröl, im Steinkohlenteer und Urteer in pyrogenen Ölen verschiedener Herkunft enthalten, so z. B. im Holzteer, in Ölen aus bituminösen Schiefern, im Kaffeeöl. Pyridinbasen sind ständige Begleiter des Leuchtgases (F. B. Ahrens und M. Dennstedt, *B.* 27,

601 [1894]); sie sind bis 0,1 % im 50er Benzol und bis 0,25 % in dem daraus hergestellten Toluol enthalten, finden sich in geringen Mengen in technischem Ammoniak, wenn er aus pyrogenen Prozessen stammt, und in manchen Sorten technischen Amylalkohols (A. v. Asbóth, *Chem.-Ztg.* **13**, 871 [1889]).

Im Steinkohlenteer finden sich 0,05–0,1 % Pyridinbasen, nämlich außer Pyridin an Homologen des Pyridins nur Methylderivate (Oparina, *B.* **64**, 562 [1931]), von Chinolinbasen das Chinolin selbst (Bd. III, 198), das Isochinolin (Bd. VI, 271) sowie methylierte Chinoline. Auch im Braunkohlenteer (H. Frese, *Ztschr. angew. Chem.* **16**, 11 [1903]; H. Ihlder, ebenda **17**, 523 [1904]; Th. Rosenthal, *Chem.-Ztg.* **14**, 870 [1890]) und Teer bituminöser Schiefer (F. C. Garret und J. A. Smythe, *Journ. Chem. Soc. London* **81**, 449 [1902]; **83**, 763 [1903]) finden sich nur methylierte Pyridine, dagegen ist im Knochenteeröl außer ihnen auch ein Methyl-äthyl-pyridin nachgewiesen worden (Th. Anderson, *A.* **70**, 32, 38 [1849]; **80**, 44, 47 [1851]; **94**, 358 [1855]). Im Urteer findet sich Anilin neben Pyridinbasen (Schütz, *B.* **56**, 1972 [1923]); die Gesamtmenge der Pyridinbasen beträgt im Urteer 1%.

Das käufliche Pyridin stammt aus dem Leicht- und Mittelöl des Steinkohlenteers. Diese Fraktionen werden mit verdünnter Schwefelsäure gewaschen, aus der Reinigungssäure die Basen abgeschieden und letztere durch Destillation gereinigt (s. Steinkohlenteer). Hierbei werden Pyridin rein, dagegen die Picoline und Kollidine des Handels als Gemische erhalten. Durch fraktionierte Krystallisation von Zinkchlorid- und Quecksilberchloriddoppelsalzen wurden früher die Gemische in die Einzelbestandteile zerlegt; jetzt werden sie durch Extraktion mittels Benzins, durch fraktionierte Wasserdampfdestillation oder durch Natriumcarbonat getrennt (A. Ab-der-Halden, *Chim. et Ind.* **21**, 705 [1929]). Über Reinigung des Pyridins mittels des Perchlorates s. Arndt, *B.* **59**, 448; *D. R. P.* 451 956.

Sowohl für Pyridin wie für seine Homologen sind eine Anzahl von Synthesen bekannt (Maier-Bode, Pyridinchemie, *Ztschr. angew. Chem.* **44**, 49 [1931]; Oparina, *B.* **64**, 569 [1921]), aber sie werden bis jetzt in der Technik nicht benutzt, weil kaum für die als Nebenprodukte anfallenden pyrogenen Pyridinbasen genügend Bedarf vorhanden ist. Angeführt seien von neueren katalytischen Methoden:

Nach dem *D. R. P.* 477 049, 479 351, 479 502 der *I. G.* werden Pyridinhomologe aus Acetylen und Ammoniak bei erhöhter Temperatur z. B. mit einem Katalysator aus Kieselsäuregel hergestellt, das mit $Al(NO_3)_3$ und $Cd(NO_3)_2$ getränkt und darauf mit Wasserstoff bei 400° reduziert wird (*E. P.* 658 614); auch stückiger Pyrit für sich oder gemischt mit Kieselsäuregel, oder Diatomit-Eisenrhodanid kann als Katalysator dienen. Leitet man z. B. 10 Tl. Acetylen, 10 Tl. Ammoniak und 50 Tl. Wasserstoff bei 340° über Cadmium-Silicagel, dann in 2 Stufen, zuerst bei 150°, dann bei 250°, über Nickel, so erhält man aus 100 l Acetylen 100 cm^3 eines Produktes, das zur Hälfte aus Pyridin besteht, der Rest sind Kollidin, Picolin, Lutidin sowie Amine und Nitrile der aliphatischen Reihe (*F. P.* 681 839).

Verwendung. Praktische Verwendung findet ein aus Steinkohlenteer hergestelltes Gemisch von Pyridin mit niederen Homologen, von dem 50 % bis 140° und 90 % bis 160° übergehen sollen, als Vergällungsmittel für Alkohol (Bd. I, 742), das folgenden Bedingungen genügen muß (*Chem.-Ztg.* **37**, 1035 [1912]):

Die Farbe soll nicht dunkler sein als die einer Lösung von 2 cm^3 $n/_{10}$-Jodlösung in 1 l Wasser. 10 cm^3 einer Lösung von 1 cm^3 Basen in 10 cm^3 Wasser sollen mit 5 cm^3 einer 5 %igen Cadmiumchloridlösung innerhalb 10′ einen reichlichen krystallinischen Niederschlag liefern; 10 cm^3 der Lösung sollen mit 5 cm^3 Nesslerschem Reagens einen weißen Niederschlag geben. Von 100 cm^3 Basen sollen bis 140° mindestens 50 cm^3, bis 190° mindestens 90 cm^3 bei 760 mm Druck übergehen, wobei bestimmte Versuchsbedingungen einzuhalten sind. Beim Schütteln mit 20 cm^3 Natronlauge (1,4) sollen sich mindestens 18,5 cm^3 Basen abscheiden. 1 cm^3 der Basen, gelöst in 10 cm^3 Wasser, soll gegen Kongo mindestens 9,5 cm^3 n-Schwefelsäure verbrauchen. Die Vorschriften gelten außer für Deutschland auch für die Vereinigten Staaten.

Zum Nachweise von mit Pyridinbasen denaturiertem Spiritus im Trinkbranntwein dampft man 1 l mit 1 cm^3 konz. Schwefelsäure auf 15 cm^3 ab und setzt 3 g festes Ätzkali hinzu. Es tritt dann sofort oder bei gelindem Erwärmen der Pyridingeruch auf. Mit Kaliumquecksilberjodid liefert die schwefelsaure Lösung eine gelbliche krystallinische Fällung (*Chemische Ind.* **1900**, 25).

Pyridin ist das Ausgangsmaterial für Piperidin (Bd. VIII, 474), wird als Lösungsmittel nicht nur bei analytischen und präparativen Laboratoriumsarbeiten benützt, z. B. zur Bestimmung des freien Kohlenstoffs im Teer, der löslichen Bestandteile der Steinkohle, sondern auch in der Technik, z. B. zur Trennung von 1,5- und 1,8-Dinitronaphthalin (Bd. VII, 790) und zur Reinigung des Anthracens (Bd. I, 481).

Es ist ferner zur Schädlingsbekämpfung vorgeschlagen worden im Gemisch mit Naphthensäuren (*M. L. B., D. R. P.* 417 04!), gegen Blutläuse (A. MÜLLER, *Chem. Ztrlbl.* **1926**, II, 2446). Es dient als Kondensationsmittel bei der Herstellung von Bakelit (Bd. **II**, 59), zur Verbesserung der Netzfähigkeit von Baumwolle (FREIBERGER, *D. R. P.* 393 781), um mercerisierte Baumwolle transparent zu machen (HEBERLEIN & Co. A. G., *E. P.* 196 298 [1923]; s. auch Bd. **II**, 158). Immungarn (Bd. **II**, 133) liefert mit Pyridin ein Amingarn (s. ebenda) mit 0,8% *N*, das sich sehr gut anfärben läßt (KARRER und WEHRLE, *Helv. chim. Acta* **9**, 951).

Vom Pyridin leiten sich zahlreiche Alkaloide (Bd. **I**, 214; **III**, 183) ab, deren therapeutische Wirkung in den letzten Jahren den Anstoß zu umfangreichen synthetischen Arbeiten über Pyridinderivate gegeben hat. Von solchen arzneilich benutzten Pyridinderivaten seien erwähnt: Cesol (Bd. **III**, 181), Coramin (Bd. **III**, 459), Pyridium (s. u.), Neotropin (Bd. **VIII**, 103), Selektan und Uroselektan.

Selektan ist das Natriumsalz (I) des 2-Oxy-5-jodpyridins und wird gegen tierische Infektionen mit pathogenen Kokken benutzt.

Uroselektan, das Derivat (II) des Selektans, dient als Kontrastmittel bei Röntgenaufnahmen der Nieren und Harnwege (BINZ, RÄTH, v. LICHTENBERG, *Ztschr. angew. Chem.* **43**, 452 [1930]; *A.* **453**, 248; **455**, 127; **467**, 1, Tierärztl. Rundschau 1928, Nr. 48, S. 3; *Scheideanstalt; Ö. P.* 112,127 [1925]). Das Bestreben, mit möglichst kleinen Mengen auszukommen, veranlaßte die Herstellung eines Uroselektan B (III), des Dinatriumsalzes der *N*-Methyl-dijodchelidamsäure, dessen weiterer Vorteil auch darin besteht, daß es gebrauchsfertig in den Verkehr kommt.

Ausgangsmaterial für eine Anzahl vorstehender Produkte ist das 2-Aminopyridin, das nach den Angaben von TSCHITSCHIBABIN (*Chem. Ztrlbl.* **1915**, I, 1064, *D. R. P.* 374 291), durch Behandeln von Pyridin mit *NaNH₂* bei Gegenwart von Toluol hergestellt werden kann. *Schmelzp.* 57,5°. *Kp* 204°. Nach *D. R. P.* 362 446 (*Schering*) wird 2-Aminopyridin dadurch erhalten, daß man auf 1 *Mol.* Pyridin mehr als 1 *Mol. NaNH₂* bei Temperaturen unter 150° einwirken läßt. Nach *D. R. P.* 398 204 (*Schering*) werden Homologe des 2-Aminopyridins dadurch erhalten, daß Pyridinhomologe in Gegenwart von hochsiedenden indifferenten Verdünnungsmitteln bei Temperaturen über 150° amidiert werden. J. P. WIBANT und E. DINGEMANSE (*Chem. Ztrlbl.* **1923**, III, 1364) haben nach diesem Verfahren aus 100 *g* Pyridin 55–56 *g* 2-Aminopyridin erhalten. Nach *D. R. P.* 358 397 (*Schering*) kann man auch bei 80–130° anstatt *NaNH₂*, *NH₃* auf eine Aufschwemmung von *Na* in Pyridin und einem indifferenten Lösungsmittel einwirken lassen. Läßt man überschüssiges *NaNH₂* auf Pyridin bei höherer Temperatur einwirken, so entsteht 2,6-Diaminopyridin (TSCHITSCHIBABIN, *D. R. P.* 374 291); *Schering* (*D. R. P.* 399 902) verwendet Cumol als Verdünnungsmittel und arbeitet bei 130–190°. *Schmelzp.* 121°; *Kp* 148–150°. Vgl. auch *D. R. P.* 400 638, *Schering*. Das Diaminopyridin dient für die Herstellung von Pyridium und Neotropin.

Die Pyridin-3-carbonsäure (Nicotinsäure), *Schmelzp.* 229°, dürfte wohl am zweckmäßigsten durch Erhitzen der Pyridin-2,3-dicarbonsäure (Chinolinsäure) herstellbar sein (HOOGEWERFF und VAN DORP, *Rec. Trav. Chim. Pays-Bas* **1**, 121), nachdem die Chinolinsäure in vorzüglicher Ausbeute durch Oxydation von Chinolin mit *KMnO₄* bei Gegenwart von *Ca(OH)₂* oder *CaCO₃* erhältlich ist (*Merck, D. R. P.* 414 072). Die Pyridin-3-carbonsäure dient zur Herstellung von Coramin und Cesol. Die 2-Oxypyridin-5-carbonsäure entsteht durch Behandeln von 2-Oxypyridin mit *CO₂* und *K₂CO₃* unter Druck bei 200° (TSCHITSCHIBABIN, *D. R. P.* 436 443) oder durch Verseifen von 2-Chlor-5-cyanpyridin (RÄTH, *D. R. P.* 447 303).

Literatur: CALM-V. BUCHKA, Chemie des Pyridins. Braunschweig 1889–1891. — H. MAIER-BODE, Pyridin-Chemie. *Ztschr. angew. Chem.* **44**, 49 [1931]. — HORSTERS-HORSTERS, Lieferung 339 von ABDERHALDENs Handbuch der biologischen Arbeitsmethoden: Neuere Synthesen biologisch wichtiger Pyridinkörper. — MEYER-JACOBSON, Organische Chemie, II, 3. Teil, 1920. *Herm. Emde.*

Pyridium (*Boehringer*), Phenylazodiaminopyridin, hergestellt durch Kuppeln von Phenyldiazoniumchlorid mit 2,6-Diaminopyridin (*A.P.* 1 680 109), *Schmelzp.* etwa 137°. Ockergelbe Nadeln, schwer löslich in Wasser, leichter löslich in Salzsäure. Anwendung bei bakterieller Erkrankung der Harnwege. Tabletten zu 0,1 *g* Hydrochlorid. *Dohrn.*

Pyrifer (PHYSIOLOG. CHEM. LABOR. HUGO ROSENBERG, Freiburg i. Br.) ist eine Lösung von Eiweißstoffen aus nichtpathogenen Bakterien; zur Fiebererzeugung als Ersatz für Malariabehandlung bei Lues, Gonorrhöe, Paralyse und Tabes. *Dohrn.*

Pyrogallol, Pyrogallussäure, 1,2,3-Trioxybenzol, von SCHEELE 1786 zuerst (aus Gallussäure) erhalten, krystallisiert in dünnen Blättern oder Nadeln. *Schmelzp.* 132,5–133⁰, Kp_{12} 171,5⁰, Kp_{760} 309⁰, leicht sublimierbar. Löslich bei 15⁰ in 1,7 Tl. H_2O, 1,2 Tl. Äther, 1 Tl. Alkohol. Die Lösung in Alkalien absorbiert unter Braunwerden energisch Sauerstoff aus der Luft. Pyrogallol ist giftig und schmeckt bitter.

Pyrogallol reduziert Gold-, Silber- und Quecksilbersalze. Mit Eisenoxydulsalzen gibt es eine weiße Trübung; enthält die Eisenlösung aber Eisenoxyd, so entsteht eine blaue Färbung, die rasch in Braunrot übergeht, aber durch etwas Alkali wieder regeneriert wird. Überschüssiges Eisenoxydsalz liefert Purpurogallin.

Pyrogallol ist ein konstitutioneller Bestandteil einiger wichtiger natürlicher Farbstoffe, so des Hämatoxylins und der Ellagsäure. Sein Dimethyläther $C_6H_3(OCH_3)_2(OH)$ findet sich im Buchenholzkreosot (A. W. HOFMANN, *B.* **11**, 333). Man erhält Pyrogallol aus Gallussäure, d. i. Pyrogallolcarbonsäure (Bd. **V**, 467), durch trockene Destillation (H. BRACONNOT, *A.* **1**, 26, J. PELOUZE, *A.* **10**, 159), durch Erhitzen mit Bimsstein (J. v. LIEBIG, *A.* **101**, 48), Glycerin (THORPE, *Jahrber. Chem.* **1881**, 558) oder mit Wasser auf 200–210⁰ (DE LUYNES, ESPERNANDIEU, *Ann. Chim.* [4] **12**, 120). Sehr gute Resultate soll das *D. R. P.* 335 153 der Nitritfabrik A. G., Cöpenick, geben, wonach Tannin oder Gallussäure mit Wasser und Metalloxyden wie z. B. *MgO* unter Druck auf 180–200⁰ während 1–2ʰ erhitzt werden. Synthetisch kann man Pyrogallol erhalten, indem man 2,6-Dichlorphenol-4-sulfosäure durch Erhitzen mit Ätzkali auf 150–160⁰ in Pyrogallol-5-sulfosäure überführt und durch Erhitzen mit Mineralsäure unter Druck die Sulfogruppe abspaltet (*Agfa, D. R. P.* 207 374). Bei der Darstellung im großen ist aber stets Gallussäure das Ausgangsmaterial.

Darstellung. Man erhitzt Gallussäure des Handels mit der gleichen Gewichtsmenge Wasser im Autoklaven, bis der Druck auf 12 *Atm.* gestiegen ist und das Thermometer 200⁰ zeigt. Das Sicherheitsventil muß bei 12 *Atm.* abblasen. Wasserdampf und Kohlendioxyd werden nach einem Kühler abgelassen. Es soll nur so viel Wasser abdestillieren, daß das gebildete Pyrogallol noch in dem vorhandenen Wasser gelöst bleibt. Die Umsetzung ist beendet, wenn in den entweichenden Dämpfen kein CO_2 mehr enthalten ist. Man entspannt dann so weit, daß der verbleibende Druck ausreicht, um die Pyrogallollösung aus dem Autoklaven durch ein Steigrohr in eine doppelwandige Verdampfschale abzudrücken. Hier wird die Lösung eingedampft, bis eine Probe beim Abkühlen fest wird. Man schöpft dann die flüssige Masse in flache kupferne Kästen, wo sie erstarrt. Das rohe Pyrogallol wird in Stücke zerschlagen und gegebenenfalls in einer Porzellankugelmühle gemahlen. Aus 100 *kg* technischer Gallussäure erhält man durchschnittlich 70–71 *kg* Rohpyrogallol mit 4–5% H_2O.

Die weitere Verarbeitung richtet sich danach, ob man derb krystallisiertes Pyrogallol darstellen will oder das spezifisch leichtere Produkt, das für photographische und medizinische Zwecke bevorzugt wird. Im ersten Fall findet eine Destillation des Pyrogallols statt, im zweiten eine Sublimation.

a) Destillation des Pyrogallols. Die Apparatur besteht aus 4 kupfernen Blasen, die hintereinander geschaltet sind. Die Destillationsblase *1* ist mit ringsumlaufenden Heizröhren versehen und wird mit überhitztem Dampf oder besser noch durch überhitztes Wasser geheizt. Um den Destillationsaufsatz ist ebenfalls eine Heizschlange gewunden, die zugleich auch an Kühlwasser angeschlossen ist. Das Destillationsrohr *2* ist aus Silber und von einem Heizmantel umgeben, der dazu dient, etwaiges im Silberrohr sich ansetzendes Sublimat wegzuschmelzen. Das Silberrohr ist mit einem Glasvorstoß *3* in die verzinnte Vorlage, Blase *4*, eingedichtet, damit man durch das Glas den Gang der Destillation beobachten kann. Der Dreiweghahn *7* bezweckt, das Silberrohr abzuschließen und Vor- und Nachlauf wie auch größere Mengen gefärbtes Destillat durch das Rohr *6* nach Blase *5* laufen zu lassen. Die Blase *4* steht in einem Wasserbad *8*, welches auf etwa 80⁰ erhalten wird. Das Übersteigrohr *10* von Blase *4* nach Blase *5* wird, wie in der Abb. 194 angedeutet, zweckmäßigerweise durch einen Dampfmantel heiß gehalten. Die

Blase *II* ist mit einer senkrechten Scheidewand versehen, welche die darin befindliche Wasserschicht gerade berührt. Die Vorrichtung soll verhindern, daß mitgerissene Pyrogallussäure in die Luftpumpe gelangt.

Die ganze Destillation muß unter bestem Vakuum ausgeführt werden. In die Blase *I* werden 50—70 *kg* rohe Pyrogallussäure eingetragen, die Luftpumpe wird angestellt und die Blase angeheizt. Die Pyrogallussäure geht bei 190° über. Da eine Sublimation der Destillation vorausgeht, muß man den Deckel der Blase und alle Verbindungteile heiß halten. Die Pyrogallussäure destilliert in klaren

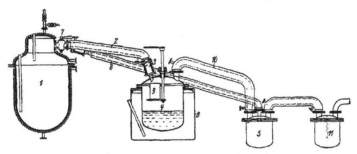

Abb. 194. Apparat zur Herstellung von Pyrogallol kryst.

Tropfen in die Blase *4*. Ein Teil des Destillats in der Blase *4* wird wieder sublimieren. Sobald man im Glasvorstoß *3* beobachtet, daß sich die übergehenden Tropfen färben, fängt man das Destillat in dem drehbaren Becher *9* auf und gibt die Öffnung erst dann wieder frei, wenn das Destillat rein abläuft. Die Destillation ist in 5—7^h beendet. Die Blase *I* wird geöffnet und von dem darin verbliebenen Rückstand gereinigt. Der Inhalt von Blase *5* wird der nächsten Füllung von Blase *I* zugesetzt. Nach dem Erkalten wird Blase *4* aufgeschraubt und das Destillat in Form eines Kuchens herausgehoben. Der Bruch soll hellgelb sein. Die gefärbten Stellen werden fortgeschabt, das Ganze zerstoßen und durch ein Sieb von 3 *mm* Maschen gerieben. Die Krystalle erscheinen dann weiß. Die

Krystalle werden 8 Tage über Kalk und Schwefelsäure getrocknet und kommen dann in den Handel.

b) Sublimation des Pyrogallols. Je nach der Art und Weise, wie man diese durchführt, erhält man ein leichtes und voluminöses Produkt oder etwas schwerere, sehr gut ausgebildete Nadeln (Pyrogallol-Krystallisat).

Leichtes voluminöses Pyrogallol. In der Abb. 195 bedeutet *a* den Ofen, dessen Rost mit Braunkohle oder Steinkohle beschickt wird. Ein durchbrochenes Gewölbe aus Schamottesteinen sorgt für gleichmäßige Verteilung der Heizgase. An entsprechender Stelle unter der gußeisernen Pfanne *b* ist ein Pyrometer zur genauen Kontrolle der Temperatur eingesetzt. Die Pfanne *b* ist als Ölbad ausgebildet und besitzt Stutzen für die Einführung des Öles und für ein Thermometer, ferner einen Luftstutzen. Die Sublimierpfanne *c* ist in die Schale *b* fest eingefügt und trägt, luftdicht anschließend, die Sublimationsvorlage *d*. In dieser sind einige Blechböden *e e¹* eingebaut, welche durch Streben miteinander verbunden sind. Beide Böden werden durch ein Blech *f* mit halbkreisförmigen Ausschnitten an der Vorlage *d* luftdicht befestigt. Die Ausschnitte *g g¹ g²* dienen zum Beobachten und sind mit Gaze bezogen. Zur Füllung der Sublimierpfanne *c* wird die Vorlage *d* an einem leichten Flaschenzug hochgezogen, nach der Füllung herabgelassen und die Flanschen *i* und *h* miteinander

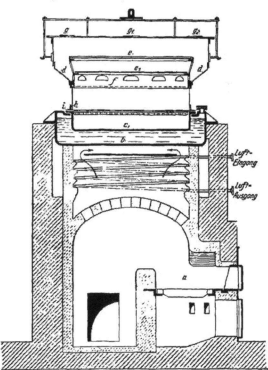

Abb. 195. Sublimationsanlage für Pyrogallol nach P. HADAMOVSKY, Berlin.

verbunden. Das Anheizen des Ölbades in der Schale *b* muß sehr langsam erfolgen. Ist die Temperatur im Ölbad auf etwa 220° gestiegen, so beginnt die Sublimation. Das Sublimationsprodukt setzt sich in feinen, weißen Nadeln auf den Böden *e* und *e¹* ab und bedeckt sie in ziemlich gleichmäßiger Schicht. Die Luft wird durch die Ausschnitte *g g¹ g²* abgeführt. Durch Beobachtung ist festzustellen, wann die Böden *e* und *e¹* mit sublimiertem Produkt angefüllt sind. Dann wird die Heizung eingestellt; nach Erkalten des Ölbades wird die Vorlage *d* abgehoben und die leichte Säure sofort in Gläser verpackt. Die geringe Menge verkokten Rückstandes, die in der Sublimationspfanne verbleibt, wird verbrannt. Nach Entleerung der Pfanne kann die neue Operation beginnen. Bei primitiveren Anlagen wird an Stelle des Ölbades ein Sandbad benutzt.

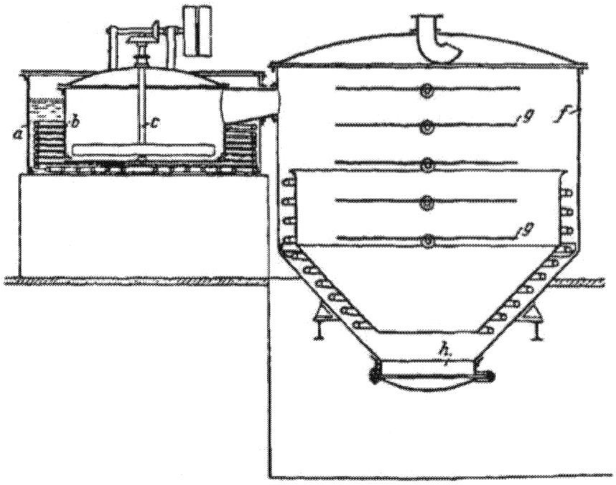

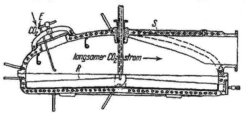

Abb. 196. Sublimierapparat für die Herstellung von Pyrogallol-Krystallisat nach P. HADAMOVSKY, Berlin.

Schweres Sublimat (Pyrogallol-Krystallisat). In den Behälter *a* der Abb. 196, der den Wärmeübertrager aufnimmt und der durch überhitztes Druckwasser oder direktes Feuer geheizt wird, befindet sich die Sublimierblase *b* mit dem Rührwerk *c*. In der Vorlage *f* befinden sich, von außen drehbar, horizontale Bleche *g* übereinander angeordnet, auf denen sich das sublimierte Pyrogallol ablagert. Nach beendigter Sublimation, welche im Vakuum erfolgt, werden die Bleche in Schräglage gedreht und dadurch das Sublimat in den untersten Teil *h* der Vorlage *f* entleert.

Man kann die Sublimation auch in einer CO_2-Atmosphäre vornehmen unter Benutzung der in Abb. 197 dargestellten Apparatur. Diese besteht aus der mit überhitztem Wasser von 220° geheizten Sublimierschale *S* mit dem langsam laufenden Rührer *R* und dem Einleitungsrohr *E* für CO_2. An S_2schließt sich ein in der Abbildung nicht angegebenes wassergekühltes Rohr an, das eine drehbare Schnecke enthält, und daran ein Stutzen, der in das Abfüllgefäß mündet.

Analytisches. Zum Nachweis von Pyrogallol dienen die angegebenen Farbreaktionen und besonders die Überführung in Gallein, das spektroskopisch in alkalischer Lösung untersucht wird, sowie Überführung in 1,2,3-Trioxyanthrachinon durch Erhitzen mit Phthalsäureanhydrid und überschüssiger Schwefelsäure. Das Trioxyanthrachinon wird in schwefelsaurer Lösung spektroskopisch geprüft (J. FORMANEK und J. KNOP, *Ztschr. analyt. Chem.* 56, 291 [1917]). Quantitativ bestimmt man Pyrogallol durch Oxydation mit Permanganatlösung, deren Überschuß benutzt wird, um aus Kaliumjodid Jod freizumachen, das dann mit Thiosulfat titriert wird. Die Methode ergibt genaue Resultate (C. M. PENCE, *Journ. Ind. engin. Chem.* 5, 218 [1913]).

Verwendung. Pyrogallol findet seiner reduzierenden Eigenschaften wegen ausgedehnte Anwendung als **photographischer Entwickler** (Bd. **VIII**, 413). Es wird ferner gebraucht in der **Haarfärberei** (Bd. **V**, 72; **VI**, 182, 783) und zur Herstellung von Azochromin (*Geigy*,

Abb. 197. Mit überhitztem Wasser heizbare Sublimierschale nach OPITZ & KLOTZ, Leipzig.

D. R. P. 81109, Bd. **II**, 34). In der **Analyse** braucht man Pyrogallol zur Entfernung von Sauerstoff aus Gasgemischen. In der **Medizin** benutzt man es äußerlich zur Behandlung von Hautkrankheiten (Psoriasis) und syphilitischen Geschwüren. Zu ersterem Zweck dient ferner das Pyrogallolmonoacetat, das, mit Aceton verdünnt, als Eugallol (Bd. **IV**, 702) im Handel ist, und das Pyrogalloltriacetat, Lenigallol (Bd. **VII**, 305), das in Salbenform verwendet wird.   *A. Wirsing (Cohn, Hadamovsky, Palek).*

Pyrogen-Farbstoffe (*Ciba*) sind Schwefelfarbstoffe, ähnlich den Auronalfarbstoffen (Bd. **I**, 806), für alle Zwecke der Baumwollfärberei, z. B. insbesondere auch Kochechtheit. Einzelne Marken müssen nach dem Färben vor dem Waschen oxydiert werden; sie sind nachstehend durch ein (o) hervorgehoben.

Im Handel sind folgende Marken: Pyrogenblau R, 2 RN; -direktblau grünlich, RL, -grau B, G, R, 1900 von BERTSCHMANN erfunden, nach *D. R. P.* 132 424 durch Schwefelung von Dinitrooxy-diphenylamin bzw. Indophenolen in alkoholischen Lösungen mit Polysulfiden unter Druck erhalten; Pyrogenblaugrün B (o) (die gelbe Leukoverbindung oxydiert sich schon an der Luft); -braun DS, G, 5 G, GX, 4 R extra (o), V; -catechu B, 2 G, 2 R extra; -dunkelgrün B (o), 3 B (o) und -grün B (o), G (o). 2 G (o), 3 G (o), GK (o). nach *D. R. P.* 148 024 und 162 156 durch Schwefeln von p-Aminophenol und substituierten p-Aminophenolen bei Gegenwart von Kupfer erhalten, mit blauer, an der Luft sich oxydierender Leukoverbindung; -echtbraun RB; -gelbbraun RS; -gelb G, GG, M, O, ORR, R, 3 R (o) und -olive G (o), 3 G (o) nach *D. R. P.* 135 335 durch Schwefelung von Methylenamino-, Nitro-, Amino- und Oxy-benzylamino- sowie Nitro-, Amino- und Oxy-benzyliden-aminoverbindungen erhalten; -indigo (o), 5 G (o), GK (o), GW (o), RR (o); nach *D. R. P.* 150 553 durch Schwefeln von p-Arylamino-p-oxydiarylaminen erhalten (die gelbe Leukoverbindung oxydiert sich an der Luft); -orange G, O, R; -reinblau G (o), 3 GL (o), GGS (o), 2 RL (o); -schwarz-braun BS, R; -tiefblau B extra *konz.* (o); tiefschwarz B, D.   *Ristenpart.*

Pyrometer s. Temperaturmessungen.

Pyrophore Legierungen s. Bd. III, 164.

Pyrotechnik s. Feuerwerkerei, Bd. V, 332.

Pyrrol

hat seinen Namen von der dunkelroten Färbung erhalten, welche seine Dämpfe einem mit Salzsäure befeuchteten Fichtenspan erteilen. RUNGE erkannte es 1834 an dieser Reaktion im Steinkohlenteer, aber erst TH. ANDERSON (*A.* 105, 349 [1858]) isolierte es in reiner Form — aus Knochenöl — und stellte seine Zusammensetzung fest. Es ist eine sich schnell verfärbende Flüssigkeit, leicht löslich in Alkohol und Äther.

Kp_{761} 130—131°; D_4^{20} 0,984. Mit Isatin und Schwefelsäure gibt Pyrrol einen blauen Farbstoff. Säuren verharzen es.

Pyrrol findet sich in hydrierter Form als Pyrrolidin in mehreren Alkaloiden, im Stachhydrin, Betonicin, Hygrin. Die Tabakalkaloide Nicotin und Nicotein enthalten neben einem Pyridinkern einen Pyrrolkern, die Solaneen- und Cocaalkaloide einen Pyrrolidinkern, kondensiert mit dem des Piperidins. Bei der Hydrolyse der meisten Proteinstoffe entstehen Carboxylderivate des hydrierten Pyrrols (Prolin = Pyrrolidin-α-carbonsäure, Oxyprolin = γ-Oxypyrrolidin-α-carbonsäure. Auch der Blutfarbstoff Hämoglobin und der Blattfarbstoff Chlorophyll haben konstitutionelle Beziehungen zum Pyrrol.

Darstellung: Über die Gewinnung aus Knochenöl s. G. CIAMICIAN und M. DENNSTEDT, *B.* 19, 173 [1886]; J. MICHELMANN (*Ind. engin. Chem.* 17, 247, 471; *A. P.* 1 572 552 [1924]) gewinnt Pyrrol durch Destillation von Lederabfällen. A. CH. RAY und S. DUTT (*Chem. Ztrlbl.* 1928, I, 2370) aus Succinimid und akt. Al (Ausbeute 17%). Bequemer wird es aber synthetisch durch Erhitzen von schleimsaurem Ammon in Gegenwart von Glycerin dargestellt (H. SCHWANERT, *A.* 116, 278 [1860]; M. GOLDSCHMIDT, Z f. Chem. 1867, 280; E. KHOTINSKY, *B.* 42, 2506 [1909]; BLICKE und POWERS, *Journ. Ind. engin. Chem.* 19, [1334]), wobei Ausbeuten bis 25% d. Th. erhalten werden.

$$HO \cdot CH \cdot CH(OH) \cdot CO_2 \cdot NH_4 \qquad \rightarrow$$
$$HO \cdot CH \cdot CH(OH) \cdot CO_2 \cdot NH_4$$

Pyrrol ist zur Schädlingsbekämpfung vorgeschlagen, findet aber anscheinend keine technische Verwendung. Dagegen ist sein Tetrajodderivat (*Kalle, D. R. P.* 35130; G. CIAMICIAN und P. SILBER, *B.* 18, 1766 [1885]) als Jodoformersatz (Jodol, Bd. VI, 288) in Gebrauch.

Literatur: J. SCHMIDT, Die Chemie des Pyrrols und seiner Derivate. Stuttgart 1904. — G. CIAMICIAN, Die Entwicklung der Pyrrolchemie, *B.* 37, 4200 [1904].   *F. Ullmann (G. Cohn).*

Q

Quadronal (ASTA-WERKE A. G., Brackwede), Tabletten mit je 0,3 g Antipyrin, 0,3 g Phenacetin, 0,1 g Coffein, 0,1 g Lactophenin und Weizenstärke. Anwendung als Antineuralgicum und Antirheumaticum.

Dohrn.

Quarz s. Siliciumverbindungen.

Quarzglas wird durch Schmelzen von reinem krystallinischen Quarz (Bergkrystall) erhalten, *Quarzgut* (Vitreosil, Dekuge, Dioxsil [JENAER GLASWERK, SCHOTT & GEN.], Siloxyd, Sidio, Firmazit u. s. w.) aus Quarzsand dargestellt.

Da die Schmelztemperatur der Kieselsäure etwa $1720^0 \pm 5^0$ (Verdampfung ist schon wenige Grad über dem *Schmelzp.* lebhaft [STEIN, *Ztschr angew. Chem.* 55, 159]) beträgt, so ist die Herstellung des Quarzglases erst mit der Entwicklung der Technik der hohen Temperaturen möglich geworden.

Geschichtliches. Bis zur Entdeckung des Knallgases wurde Quarz für unschmelzbar gehalten. GAUDIN hat zuerst im Jahre 1839 Bergkrystall im Gebläse zu dünnen Fäden geschmolzen und dabei seine Eigenschaft, nach dem Erkalten die Doppelbrechung zu verlieren und in den amorphen Zustand überzugehen, erkannt (*Compt. rend. Acad. Sciences* 8, 678, 711 [1839]). Erst 30 Jahre später (1865—1869) gelang es GAUTIER, auf dieselbe Art aus geschmolzenem Quarz Kapillaren und Thermometerkugeln herzustellen (ebenda 130, 816). Die Benutzung des Knallgasgebläses verfolgten weiter in Frankreich DUFOUR, VILLARD, LE CHATELIER (ebenda 130, 1701), der den geringen Ausdehnungskoeffizienten des geschmolzenen Quarzes erkannte, BOYS, SHENSTONE in England, HERAEUS und SIEBERT & KÜHN in Deutschland. Bei den Versuchen mit dem elektrischen Lichtbogenofen gelang es im Jahre 1893 MOISSAN, auch Quarz in größeren Mengen zu schmelzen. Der Lichtbogenofen wurde weiter von LAKE, SILICA SYNDICATE LTD., *Verein* u. a. für diesen Zweck ausgebaut. Ihn benutzten zuerst auch HUTTON, BOTTOMLEY und PAGET, BOLLE & CO., VÖLKER u. a. Sie gingen jedoch später zum Widerstandsofen über und brachten das sog. Quarzgut auf den Markt. Der hohe Preis und die wertvollen Eigenschaften des Quarzglases, wie hoher *Schmelzp.*, Unempfindlichkeit gegen schroffen Temperaturwechsel, Säurebeständigkeit, Durchlässigkeit für ultraviolette Strahlen, spornten immer von neuem zur Ausarbeitung besserer Arbeitsmethoden an, und so ist die rege Erfindertätigkeit auf diesem Gebiete erklärlich. Die meisten Vorschläge sind wertlos; deshalb können hier nur die z. Z. ausgeübten Verfahren erörtert werden.

Darstellung. Von allen Erfindergedanken, die ihren Niederschlag in über 60 deutschen Patentschriften gefunden haben, haben sich in der Praxis bloß die Verfahren von HERAEUS (Hanau), SILICA SYNDICATE LTD. und BOTTOMLEY und PAGET (DEUTSCH-ENGLISCHE QUARZSCHMELZE, Pankow) bewährt und erhalten.

HERAEUS in Hanau, der hauptsächlich durchsichtige Gegenstände herstellt (daher die unkorrekte Bezeichnung „Quarzglas", obwohl es reines SiO_2 und kein Silicat ist), verarbeitet Bergkrystallstücke vor dem Gebläse zu Röhren, Kolben u. s. w.

Der Vorgang ist nach *D. R. P.* 175 385 folgender: Langsam auf über 600^0 erhitzte Bergkrystallstücke werden mittels einer vorgewärmten Zange unter Vermeidung von Abkühlung der zur Verglasung nötigen Temperatur ausgesetzt und aus dem elektrischen Ofen oder Gebläse erst nach dem Eintritt vollkommener Verglasung entfernt. Die verglasten Stücke werden nach Bedarf vor dem Gebläse weiterverarbeitet. Die Verglasung kann auch in Gefäßen aus einem Material, welches der Bergkrystall nicht angreift, vorgenommen werden, z. B. in Iridiumgefäßen oder nach *D. R. P.* 179 570 in solchen aus Zirkon- oder Thorerde.

Diese Art der Verarbeitung wird immer kostspielig bleiben, da dabei nur geringe Quantitäten Bergkrystall mit großen Hitzeverlusten auf einmal verglast werden können und die weitere Verarbeitung geübte Glasbläser erfordert. Der Größe sowie Wandstärke der erzeugten Gefäße sind durch die Herstellungsart Grenzen gezogen; im allgemeinen können nur solche von etwa 1 l Inhalt und etwa 3 mm Wandstärke erhalten werden.

Ein der Fabrikation künstlicher Edelsteine von VERNEUIL ähnliches Verfahren (Bd. **IV**, 127) benutzt SILICA SYNDICATE LTD. in England zur Herstellung von Bergkrystallrohren (*D. R. P.* 241 260).

Ein Rohr wird unter ständiger Bewegung im Lichtbogen oder Gebläse erhitzt. Aus der Richtung der Hitzequelle fällt fortwährend frisches Material auf das erhitzte Rohr und verschmilzt mit dem Kern zu einem dickwandigeren; dieses wird allmählich auseinandergezogen, so daß das Rohr sich bei gleichbleibender Wandstärke verlängert. Auch bei diesem Verfahren, welches durch die Hitzeverluste kostspielig ist, ist man an sehr enge Grenzen in bezug auf die Größe der erzeugten Gegenstände gebunden.

Inzwischen wurde der Lichtbogenofen sowie der von DESPRETZ zuerst gebaute und von BORCHERS ausgebildete Widerstandsofen mit indirekter Heizung zur Schmelzung des Quarzes herangezogen. Die zur praktischen Anwendung nicht gelangten Methoden der Lichtbogenschmelzung von LAKE, ASKENASY, HUTTON, HART (*Öst. Verein, D. R. P.* 310 831) können wir hier übergehen. Die Einführung des Widerstandsofens erlaubte die Fehler des Lichtbogens zu vermeiden und verhalf der Quarzgutindustrie zu einem ungeahnten Aufschwung, der die kühnsten Hoffnungen übertraf. Die ersten Pioniere dieser Richtung, STEINMETZ, LAKE, RUHSTRAHT, stellten sich die Aufgabe, Platten und Rohre herzustellen. Zu diesem Zweck lagerten sie Quarzpulver um einen Heizkern aus Kohle, dessen Bau der inneren Form des herzustellenden Gegenstands entsprach. Nach erfolgter Schmelzung ließen sie den Ofen abkühlen und entfernten den Kohlekern auf mechanischem Wege. Eine regelmäßige äußere Form konnte auf diese Art nicht erzielt werden, und die Erzeugnisse dieses Verfahrens bedurften einer mühseligen äußeren Bearbeitung durch Schleifen u. s. w.

Das Verdienst, aus den nach den Methoden ihrer Vorgänger erzeugten Schmelzen innerlich und äußerlich formvollendete Gegenstände hergestellt zu haben, gebührt den Engländern BOTTOMLEY und PAGET (*D. R. P.* 169 958, 170 234, 174 509). Das von ihnen befolgte Prinzip besteht in der Verknüpfung des Prozesses der Schmelzung durch elektrische Widerstandsheizung mit dem Prozeß der Formgebung durch Aufblasen der Schmelze in einer außerhalb des Ofens befindlichen Form. Sie erkannten zuerst, daß der rohe Schmelzling noch kurze Zeit nach dem Abstellen des Stromes so weit bildsam ist, daß er, wie Glas in einer Form ausgeblasen, sich an diese anschmiegt und die Konturen der Form wiedergibt. Durch diese Erfindung ist es ermöglicht worden, der chemischen Industrie Gefäße und Türme bis 500 *mm* Durchmesser, Rohre von 2,5 *m* Länge u. s. w. zu liefern. Das auf diese Weise erschmolzene Erzeugnis ist undurchsichtig, von zahlreichen Luftbläschen, die beim Formen verzerrt werden, durchsetzt und wird zum Unterschied von dem vollkommen durchsichtigen Quarzglas Quarzgut genannt. Von der Durchsichtigkeit abgesehen, sind die Eigenschaften des Quarzgutes und des Quarzglases (geschmolzener Bergkrystall) gleich. Die Arbeitsweise nach dem Verfahren von BOTTOMLEY und PAGET ist folgende:

Ein eiserner Kasten *a* (Abb. 198) ist auf dem Blockgestell *b* um 2 Zapfen horizontal drehbar. Der Kasten *a* hat 2 bewegliche Stirnwände c_1 und c_2, in welchen die Elektroden f_1 und f_2 isoliert fest gelagert sind. Die Elektroden erhalten durch die Kabel d_1 und d_2 den elektrischen Strom zugeführt. Zwischen den Elektroden f_1 und f_2 wird der als Widerstand dienende Graphitstab *g* eingespannt. Nunmehr wird der Kasten *a* mit Quarzsand bis zum oberen Rande gefüllt, mit dem Deckel *e* geschlossen und der Strom eingeschaltet, wobei der Quarz sintert. Der Ofen wird nun in die vertikale

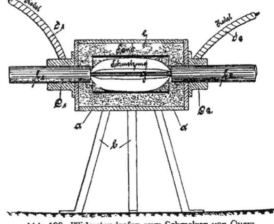

Abb. 198. Widerstandsofen zum Schmelzen von Quarz.

Lage gedreht, um eine Sackung der teigigen Masse zu verhindern und eine konzentrischere Lagerung des geschmolzenen Quarzzylinders um den Graphitstab zu erzielen. Nach vollendeter Schmelzung wird der Ofen wieder in die horizontale Lage zurückgedreht, der Strom abgestellt, der Kastendeckel *e* geöffnet, die Stirnseiten vom Kasten *a* entfernt und der Graphitstab aus dem geschmolzenen Quarzzylinder herausgezogen.

Jetzt beginnt die Verarbeitung des erschmolzenen Quarzzylinders. Zuerst wird durch Zusammenquetschen der luftdichte Abschluß eines offenen Endes des Zylinders erzielt. Dann wird das andere Ende in die Düsenzange (Abb. 199) hineingepreßt. Mit der größtmöglichen Beschleunigung wird der noch immer teigige Quarzzylinder aus dem Ofen entfernt und in eine bereitgestellte Form *x* gesteckt. Die Düsenzange *u* ist mit einer beweglichen Preßluftleitung *w* verbunden; durch diese wird nach Bedarf Preßluft in den bildsamen Quarzzylinder eingeblasen, wodurch die teigartige Quarzmasse *y* sich ausdehnt und an die Form in allen Teilen anschmiegt. Abb. 199 zeigt die Düsenzange mit dem in der Form aufgeblasenen Quarzformling.

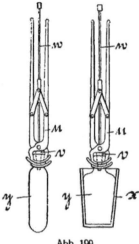

Abb. 199.
Formen des Quarzgutes.

Ähnlich, wie beschrieben, werden Schalen, Kolben, große Muffenrohre und kantige Kästen geformt, während lange Rohre ohne Anwendung von Formen unter stetigem Aufblasen frei in der Luft gezogen werden. Je nach der Ziehgeschwindigkeit und Zufuhr von Druckluft gelingt es, Rohre von kleinerem oder größerem Durchmesser herzustellen. Doch können Rohre unter 10 *mm* Durchmesser nicht erhalten werden.

Für die Herstellung klein dimensionierter Rohre (1—10 *mm*) wird durch Einsetzen eines Kohlemantels in den oben beschriebenen Ofen die erhöhte Schmelzwirkung auf den zwischen Graphit und Kohlemantel lagernden Quarzsand beschränkt, wodurch eine intensivere Verglasung und ein weicherer Zustand der Quarzglasmasse erzielt wird. Nach erfolgter Schmelzung wird der Kohlemantel mit Inhalt aus dem Ofen herausgenommen und die Quarzmasse gleichfalls unter Anwendung von Preßluft zu Rohren gezogen. Diese Rohre sind außen glatt und zeigen starken Silberglanz, während die ohne Kohlemantel geschmolzenen Rohre und Formlinge eine rauhe Oberfläche besitzen und von einer dicken, locker angesinterten Sandschicht umgeben sind. Diese wird nach dem Erkalten durch Abblasen mit dem Sandstrahlgebläse, Abschleifen u. s. w. entfernt.

Der verwendete Quarzsand darf keine Verunreinigungen enthalten und muß einen Kieselsäuregehalt von mindestens 99,7 % besitzen. Bezüglich der Korngröße werden auch besondere Anforderungen gestellt. Die Schmelzung geht bei etwa 1725° vor sich. Die verwendeten Widerstände dürfen keine Aschenbestandteile an die Masse abgeben und müssen hochgebrannt sein. Spannung und Stromstärke variieren von 15—60 *Volt* und 1000—3000 *Amp.*, die Dauer der Schmelzung von ½ bis über 3ʰ; sie ist abhängig von dem Gewicht der herzustellenden Gegenstände. Es ist nach diesem Verfahren möglich, Schmelzen im Gewicht von über 100 *kg* herzustellen. Nach der beschriebenen Methode hergestellte Körper, die an verschiedenen Stellen verschiedene Umfänge besitzen, können nicht überall die gleiche Wandstärke haben, da der Schmelzling auf seiner ganzen Länge gleichmäßig stark ist. Infolgedessen sinkt die Wandstärke mit dem Wachsen des Querschnitts der Form und umgekehrt.

THOMSON hat bei seinen Versuchen festgestellt, daß bei Erhitzung des mit Sand umgebenen Widerstands sich Gase bilden, die den geschmolzenen Quarz von dem Kohlewiderstand abdrängen, so daß im Kohlestab Löcher angebracht werden mußten, um den Gasen freien Abzug zu gewähren. BOTTOMLEY und PAGET legten das Hauptgewicht auf Bildung dieser Gasschicht, da sie den Heizwiderstand von der geschmolzenen Masse lockert, so daß er später leicht zu entfernen ist. Dabei darf die Erhitzung nur bis zur Plastizität der Masse getrieben werden, da bei ungenügender Erhitzung die Gasbildung ausbleibt, bei zu hoher Teile der Schmelze am Stab ankleben und in beiden Fällen eine Entfernung des Widerstands nicht leicht möglich ist.

Abb. 200a zeigt den Sinterungszustand, bei dem der Heizkern von der Quarzmasse dicht umgeben ist und eine Gasbildung nicht oder nur minimal eingetreten ist. Abb. 200b stellt den normalen Zustand dar. Man erkennt deutlich die gleichmäßige Gasschicht, welche zwischen Heizkern und teigiger Masse gelagert ist. Abb. 200c veranschaulicht den teilweisen Verflüssigungszustand und die ungleichmäßige wellige Innenfläche des Schmelzprodukts infolge Übererhitzung.

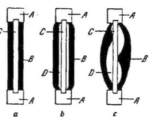

ASKENASY erklärt den Vorgang des Schmelzens und Aufblähens folgendermaßen:

Der Kohlekern kommt bei der hohen Belastung durch den Heizstrom in wenigen Sekunden auf außerordentlich hohe Temperaturen und bringt den benachbarten Quarz zum Schmelzen. Die anliegenden Quarzkörner sintern zu einem porösen Rohr zusammen. Jetzt findet einerseits eine Reaktion zwischen dem geschmolzenen Quarz und der Kohle unter Entwicklung von Kohlenoxyd statt, welches durch die Öffnungen des eben entstandenen porösen Rohres hindurch noch entweichen kann; andererseits aber beginnt sofort auch ein Verdampfen bzw. Sublimieren des Quarzes. Durch verschiedene Beobachtungen, z. B. von TAMMANN und seinen Schülern, ist festgestellt worden, daß Quarz unmittelbar über seinem *Schmelzp.* rapid verdampft. Die verdampfte und sublimierte Kieselsäure gelangt durch die Löcher des porösen Quarzrohrs hindurch in die weiter nach außen gelegenen Partien der umhüllenden Quarzglasmasse, dabei die äußeren und inneren kapillaren Zwischenräume

Abb. 200 a – c. Schematische Darstellung der Vorgänge im Ofen beim Schmelzen von Quarz.
A Elektrode; B Geschmolzene Quarzmasse; C Heizstab; D Gasschicht.

zwischen dem Quarzkern allmählich verengend, vor allem aber eine große Wärmemenge mit sich fortführend und sie vom Heizkern aus auf die äußeren Schichten der Hülle übertragend. Diese Destillation des Quarzes von innen nach außen findet statt, solange Quarz – wenigstens an einigen Stellen – in unmittelbarer Berührung mit dem Heizkern sich befindet. Sobald durch Verstopfung der kapillaren Öffnungen des ursprünglichen porösen Rohres das weitere Entweichen von Kohlenoxyd verhindert ist, löst sich durch die Aufblähung der Quarzglasmasse aller Quarz von dem Heizkern ab, und die weitere Erhitzung erfolgt nunmehr durch Strahlung vom Heizkern aus auf die Wand des umgebenden Quarzzylinders und von ihr aus durch Leitung nach den benachbarten Quarzmassen. Auf diese Weise scheint sich am besten die Tatsache zu erklären, daß ein so erstaunlich dicker Quarzzylinder von über seinen ganzen Querschnitt zunächst gleichbleibender Bildsamkeit über einem Gasraum sich ausbilden kann. Wäre es allein die Strahlung, welche gleich nach Beginn des Anheizens dem Quarz Wärme zuführt, so müßte bei der nicht erheblichen Wärmeleitung des Quarzes die Innenfläche des Zylinders rasch so hoch erhitzt werden, daß sie sehr dünnflüssig wird, wobei ein wohlausgebildeter Zylinder sich kaum mehr längere Zeit erhalten könnte. Der Wärmetransport geschieht jedoch, wie gesagt, größtenteils durch Wanderung beträchtlicher Quarzmengen, welche von den heißen nach den kühleren Stellen hindestillieren. Begnügt man sich mit der Annahme, daß der Quarzzylinder über seine ganze Länge hin eine genügend dichte Wand bilde, um das Entweichen von Kohlenoxyd oder Quarzdampf zu verhindern, sobald einmal der Quarz vom Heizkern abgerückt ist, so muß man sich damit auch zufrieden geben, daß der Druck des einmal entstandenen Kohlenoxyds zusammen mit den aus dem Heizkern ausgetriebenen Gasen ausreicht, um den Zylinder dauernd aufgebläht zu erhalten.

Das Problem der Herstellung durchsichtiger Gegenstände aus Sand oder feinkörnigem Bergkrystall hat auch viele Erfinder beschäftigt. Einige glaubten, die Frage durch Läuterung der Schmelze nach Art des Glases lösen zu können (MEHNER, VÖLKER, INDUSTRIEWERKE JOKSDORF, BREDEL). Bei der Läuterung des Glases wird dieses um etwa 400° über den zähflüssigen, zur Verarbeitung brauchbaren Zustand erhitzt. Die Kieselsäure wird erst bei 1600 – 1650° genügend plastisch, um geformt werden zu können; wenn man noch die Läuterungstemperatur der Gläser mit hohem Kieselsäuregehalt in Betracht zieht, bei denen der dünnflüssige Läuterungszustand vom zähflüssigen weiter entfernt ist als bei Gläsern mit niedrigem Kieselsäuregehalt, so müßte die Temperatur der Läuterung des geschmolzenen Quarzes sehr hoch über seiner Schmelztemperatur, jedoch unter seiner Verdampfungstemperatur liegen. Da diese jedoch beinahe zusammenfallen, erscheint eine Läuterung der Schmelze auf diesem Wege unmöglich.

Andere versuchten dieses Ziel auf dem Wege des Schmelzens im Überschuß von Wasserstoff, durch Bearbeitung mit Flußsäure, Schleifen, mehrmaliges Durchschmelzen u. s. w. zu erreichen (BREDEL, WOLF-BURCKHARDT, VÖLKER u. a.); GENERAL ELECTRIC CY. (*E. P.* 415 [1913]) schlägt vor, Quarz unter Druck zu schmelzen, während H. J. SAND (*D. R. P.* 322 956) das Durchsichtigwerden von der Evakuierung während des Schmelzens erhofft. Bislang ist es jedoch nicht gelungen, dieses Problem befriedigend zu lösen (vgl. auch *D. R. P.* 456 555).

Eigenschaften. Das Quarzglas (geschmolzener Bergkrystall ohne Lufteinschlüsse) ist vollkommen durchsichtig, wie Glas, und hat ein *spez. Gew.* von 2,20. Das Quarzgut ist undurchsichtig, silberweiß mit eigenartigem Glanz auf der einen Seite und rauhweiß vom anhängenden angesinterten Sand auf der andern. Der eigenartige Glanz des Quarzgutes hat zur Benennung Kieselsilber Anlaß gegeben. Geschliffen und poliert, erinnert das Quarzgut an Perlmutter, durch Hervortreten in verschiedenen Richtungen das Licht brechender Partien (Druck und Zerrung bei der Herstellung). Erst in dünnen Schichten beim nochmaligen Durchschmelzen wird es durchscheinend (doppelt verglastes Quarzgut). Außer der Durchlässigkeit für sichtbare Strahlen sind zwischen Quarzglas und Quarzgut keine Unterschiede vorhanden (*Ztschr. angew. Chem.* **20**, 1372 [1907]). Geschmolzener Quarz ist nicht hygroskopisch, und es kondensiert sich auf seiner Oberfläche keine Feuchtigkeit. Nachstehende Tabelle gibt eine Übersicht über die physikalischen Eigenschaften von geschmolzenem Quarz, Glas und Porzellan.

Werkstoffe	Quarzgut	Glas	Porzellan
Spez. Gew.[1] . . . . s.	2,21	2,2 — 3,8	2,424
Druckfestigkeit . . . . *kg/cm²*	19 800	6000 — 12600	etwa 5000
Zugfestigkeit . . . . . . *kg/cm²*	über 700	über 350	160 — 360
Biegefestigkeit . . . . . *kg/cm²*	700	—	855
Elastizitätsmodul . . . . *kg/cm²*	7200	4700 — 8000	etwa 8000
Torsionsfestigkeit . . . . . *kg/cm²*	300	etwa 900	etwa 500
Härte nach MOHS	4,9	5 — 7	7 — 8
Schmelzp. . . . . °	1720	1000 — 1500	1650 — 1700
Erweichungstemperatur unter Belastung	1500	—	—
Linearer Ausdehnungskoeffizient zwischen 0 — 1000°	$0{,}55 \times 10^{-6}$	$3{,}66 — 11{,}2 \times 10^{-6}$	$3 — 4 \times 10^{-6}$
Wärmekapazität, spezifische Wärme zwischen 17 und 100°	0,18	0,018 — 0,232	0,2
Thermischer Widerstandskoeffizient .	145,7	1,2 — 9,8	6,24
Wärmeleitfähigkeit *kcal.* m⁻¹. h⁻¹.°⁻¹	0,72	0,39 — 1,0	0,9
Temperatur- $= \frac{\text{Wärmeleitfähigkeit}}{\text{Dichte} \times \text{spez. Wärme}}$ leitfähigkeit	3,161	—	1,4 — 1,5
Oberflächenleitfähigkeit[2] . *Amp./cm*	$2{,}1 \times 10^{-11}$	—	—
Dielektrizitätskonstante	3,5 — 3,6	4,0 — 16,97	5 — 6
Dielektrischer Verlust	$0{,}57 — 0{,}94 \times 10^{-4}$	—	—
Dielektrischer Leistungsfaktor 1000 Per.	$1{,}5 \times 10^{-4}$	—	—
Isolationswiderstand in *Megohm/cm³* $= 1\,000\,000 \; Ohm/cm³$	400	—	1,70
Durchschlagsfestigkeit	25000 *V.* pro 1 *mm*	—	—

[1] Schwankt zwischen 2,0 und 2,21, je nach der Menge der eingeschlossenen Blasen. Die BRINELL-Härte beträgt 223 *kg* pro 1 *mm²*.
[2] T = 25°; 500 *V* Gleichstrom; 1 *cm* Elektrodenabstand; 50 % Luftfeuchtigkeit.

Optische Eigenschaften. Wie bereits anfangs erwähnt, verliert der Quarz beim Übergang in den amorphen Zustand die Doppelbrechung. Die Brechungsexponenten sind kleiner als die des krystallinischen Quarzes. Nach SHENSTONE und GIFFORD (*Proc. R. Soc.* **73**, 201 [1904]) sind die optischen Konstanten für Quarzglas die folgenden: Brechungsindex $u_D = 1{,}45848$, Brechungsvermögen $u_D = 0{,}45848$, mittlere Dispersion $u_F - M_e = 0{,}00675$, Dispersionsvermögen $\frac{u_F - M_e}{u_D - 1} = 0{,}01472$, relative Dispersion $\nu = \frac{M_D - 1}{u_F - u^c} = 67{,}92$. Temperaturkoeffizient der Lichtbrechung für 1° = 0,00 000 346.

Die Durchlässigkeit des Quarzglases für ultraviolette Strahlen ist geringer als die des ungeschmolzenen Bergkrystalls. Das Quarzglas läßt sämtliche Strahlen bis 229 μμ Wellenlänge leicht durch; von 220 — 193 μμ ist der Durchgang erschwert, und unterhalb 193 μμ hört die Durchlässigkeit vollständig auf.

Thermische Eigenschaften. Geschmolzener Quarz besitzt den kleinsten Ausdehnungskoeffizienten von allen bekannten Körpern (vgl. obige Tabelle). Die Ausdehnung ist bis 1000° vollkommen gleichmäßig. Nach CALLENDAR verringert sich oberhalb 1000° die Dehnung und geht bei 1200° in eine Zusammenziehung über. Kühlt man geschmolzenen Quarz von 1500° auf 1200° ab, so dehnt er sich dabei aus. Der niedrige Ausdehnungskoeffizient in Verbindung mit der ziemlich hohen Bruchfestigkeit erklärt die hoch geschätzte Unempfindlichkeit des Quarzglases gegenüber schroffem Temperaturwechsel. Man kann z. B. rotglühende kleinere Gegenstände aus geschmolzenem Quarz ohne Gefahr des Springens in flüssige Luft eintauchen. Für die größeren Erzeugnisse der Quarzindustrie sind die Abschreckungsgrenzen natürlich kleiner, so daß größere starkwandige Gegenstände örtlichen Wirkungen von sehr hohen Temperaturen (Stichflammen) nicht ausgesetzt werden dürfen.

Die geringe Ausdehnung sowie hohe Schmelztemperatur bringen den Nachteil mit sich, daß geschmolzener Quarz mit anderem Material bloß mit Hilfe von Schliffen verbunden werden kann. So kann man z. B. Platin in Quarz direkt nicht einschmelzen. Verfahren, welche dies ermöglichen

(z. B. *D. R. P.* 290 606, 293 963), sehen immer eine Reihe Zwischenstufen aus Gläsern mit sinkendem Kieselsäuregehalt und dementsprechend größerer Dehnung vor bis zu einem Glas mit dem Ausdehnungskoeffizienten des einzuschmelzenden Metalls. Dieser Weg ist aber unsicher, und es werden deshalb z. B. sämtliche Elektroden der Quarzlampen in Deutschland trotz der Kompliziertheit dieses Verfahrens eingeschliffen und mit Quecksilber abgedichtet. Metalle und Salze, die in Quarzgefäßen geschmolzen werden, sprengen aus demselben Grunde oft beim Erstarren das Gefäß. Deshalb ist die Schmelze möglichst sofort nach dem Schmelzen aus dem Gefäß zu entfernen, oder man muß z. B. durch Rühren dafür Sorge tragen, daß die Schmelze im Gefäß nicht zu einer zusammenhängenden Masse erstarrt (BAXTER, *Ztschr. anorgan. Chem.* **43**, 14). Bei Thermometern mit fester Metallfüllung hat KÜCH vorgeschlagen, die inneren Wandungen des Gefäßes mit einem pufferartig wirkenden Überzug, z. B. aus Kohle, zu versehen (*D. R. P.* 170 874).

Entglasung. Beim Erhitzen des Quarzes auf höhere Temperaturen geht er in verschiedene Modifikationen über, die sich voneinander durch *spez. Gew.*, Kristallform, Art und Größe der Lichtbrechung und einige spezielle Eigenschaften unterscheiden. Geräte aus geschmolzenem Quarz erleiden daher bei längerer Erhitzung auf hohe Temperatur eine Umwandlung in den kristallinischen Zustand. Diese kristallinische Modifikation wurde zuerst für Tridymit (HAHN, DAY) gehalten und erst neuerdings mit Cristobalit identifiziert (LACROIX, WRIGHT). Diese Erscheinung der sog. Entglasung ist noch bei etwa 1250° unbedeutend, so daß Quarzglasrohre längere Zeit diese Temperatur aushalten können. Bei zunehmender Temperatur vollzieht sich die Entglasung schneller. Da nach RIEKE und ENDELL die eigentliche Zerstörung der zum Teil entglasten Gegenstände erst bei der Umwandlung von β-Cristobalit in α-Cristobalit bei etwa 230° stattfindet, ist es möglich, die Lebensdauer des geschmolzenen Quarzes zu erhöhen, indem man von der ersten Verwendung des Gegenstandes an eine Abkühlung desselben unter etwa 300° vermeidet. Die Entglasung scheint auch durch oberflächliche Silicatbildung durch Teilchen anderer keramischer Massen, Ätzalkalien, Metalloxyde, Kohle, Staub u. s. w. beschleunigt bzw. die Entglasungstemperatur erniedrigt zu werden. Da das Produkt der Umwandlung ein spezifisch schwereres ist, wird das Gefüge des Gegenstandes bei der Entglasung gelockert. Bei der örtlichen Umwandlung der höher erhitzten Stellen eines Quarzgegenstands entsteht ein Kontakt zweier Quarzarten mit verschiedenen Ausdehnungskoeffizienten. Die Spannungen, als Folge des Zusammenziehens während des Abkühlens, genügen, um den Bruch an dieser Stelle herbeizuführen. Der Verlust an mechanischer Festigkeit durch die Entglasung ist bei 1180° selbst nach 8stündiger Erhitzung kaum bemerkbar; eine 4stündige Erhitzung bei 1350° ergab einen Festigkeitsverlust von etwa 40–50%. Nach RIEKE und ENDELL (Silicat-Ztschr. **1913**, 6) entglast Quarzglas aus Bergkrystall weniger leicht als Quarzgut aus Sand. Dies ist vielleicht durch Spuren von Verunreinigungen, die als Kristallisationszentren wirken könnten, zu erklären. Vorübergehend kann man Quarzglas und Quarzgut bis zu 1600° erhitzen. Von N. BORCHERS und WOLF-BURCKHARDT wurde vorgeschlagen, dem Quarzsand geringe Mengen anderer hochschmelzender saurer Oxyde, wie z. B. Zirkonoxyd, Titanoxyd, Thoroxyd, Vanadiumoxyd u. s. w., zuzuführen (*Ö. P.* 55846; *E. P.* 18053 [1911], 2176 [1913]). Dieses Material wurde unter dem Namen Zirkonglas, Titanglas, Siloxyd „T" und Siloxyd „Z" von der ZIRKONGLAS-GESELLSCHAFT M. B. H., Frankfurt, in den Handel gebracht. Diese Mischungen erfüllten nicht die in sie gesetzten Hoffnungen und entglasten unter gleichen Bedingungen eher noch früher als Quarzgut aus reinem Quarzsand.

Chemische Eigenschaften. Im allgemeinen widersteht geschmolzener Quarz der Einwirkung vieler Reagenzien. Flußsäure, Phosphorsäure, Alkalien und alkalisch reagierende Salze bei höherer Temperatur greifen ihn an, Wasser auch in der Siedehitze nicht. Kochen von Wasser in Quarzglasgefäßen vermindert durch Austreiben des Kohlendioxyds die Leitfähigkeit. Schwefelsäure, Salpetersäure, Salzsäure und Chlor greifen Quarzglas auch bei höherer Temperatur nicht an. Calcium-, Barium-, Magnesium-, Kupfer- und Bleioxyd verbinden sich mit Quarz bei etwa 960°. Silbersalze üben beim Schmelzen keine Wirkung auf Quarzglas aus. Schweiß und Staub veranlassen beim Erhitzen des geschmolzenen Quarzes auf Rotglut Korrosion, und daher ist die peinlichste Reinlichkeit bei seinem Gebrauch geboten. Gelegentlich werden Quarzgeräte nach Veraschungen fleckig. Die Flecke lassen sich leicht durch Schmelzen mit Kaliumbisulfat entfernen. Von oxydfreien Metallen wird Quarzglas auch bei der höchsten in Betracht kommenden Temperatur nicht angegriffen. In der Skala der wasserbeständigen Gläser nimmt verglaster Quarz den ersten Platz ein.

Flüssigkeiten neigen beim Kochen in Quarzgeräten zum Siedeverzug. Zur Verhinderung der Erscheinung ist es angebracht, das Gefäß mit Scherben oder Kapillarröhrchen aus demselben Material oder aus Glas zu versehen. Bei Reaktionen in Quarzgefäßen muß man die ev. erhöhte Reaktionsgeschwindigkeit durch den Einfluß ultravioletter Strahlen in Betracht ziehen. So erhielt z. B. RUSS (*Monatsh. Chem.* **26**, 642 [1905]) bei Chlorierung von Benzol im Quarzgefäß etwa 7mal mehr Chlorbenzol als in der gleichen Zeit in einem Glasgefäß.

Verwendung. Im chemischen Laboratorium wird der geschmolzene Quarz in Form von Tiegeln, Kolben, Bechergläsern, Röhren, Quecksilberdampfstrahlpumpen (s. Bd. **VIII**, 566) benutzt. Als Platten, Muffeln, Kästen wird er zu Sandbädern, Thermostaten, Trockenschränken, Verbrennungsmuffeln, Laboratoriumsöfen u. s. w. verwendet. Speziell die Herstellung der Thermometer aus Quarzglas wurde von SIEBERT & KÜHN in Deutschland vervollkommnet (vgl. KÜHN, *Chem.-Ztg.* **34**, 339 [1910]).

In der optischen Industrie wird geschmolzener Quarz zusammen mit ungeschmolzenem zur Herstellung von Objektiven (D. R. G. M. 589 975) verwendet. Ferner dient geschmolzener Quarz zur Herstellung von Mikrowaagen, Kompensationspendeln für Präzisionsuhren. Als Material für den Bau von elektrischen Laboratoriumsöfen hat sich Quarz fest eingebürgert und wird in Form von Quarzrohren und Quarzmuffeln verwendet.

In noch höherem Maße ist das Quarzgut für den chemischen Großbetrieb wichtig geworden. Aus Quarzgut lassen sich Apparate für die Gewinnung *konz.* Säuren herstellen, die die teuren Platinapparate vollständig ersetzen. Besonders ausgearbeitet und in großem Maßstabe benutzt werden die kontinuierlich arbeitenden Anlagen zur Herstellung *konz.* Schwefelsäure nach dem Kaskadensystem. Vor den Gefäßen aus Porzellan, das früher für diesen Zweck benutzt wurde, haben die dabei in Anwendung kommenden Pfannen, Schalen und Töpfe aus Quarzgut den Vorzug, daß letztere gefahrlos ohne besonderen Feuerschutz der Wirkung der freien Flamme ausgesetzt werden dürfen und neben dem geringeren Bruch den Vorteil der besseren Wärmeausnutzung haben (s. Schwefelsäure). Außerdem kommt Quarzgut für Salpetertopfrohre, Lippen und Rinnen für die Glovertürme, Siphonrohre, Kalotten verschiedener Form für KESSLER-Apparate, Säurekonzentrationskolben, Kühlschlangen, Heber, Kühler u. s. w. in Frage. Auch bei der Salpetersäureherstellung sowie Denitrierung der Restsäuren hat das Quarzgut eine wichtige Stellung erworben. Allerdings können Einzelteile bestehender Anlagen durch Quarz nicht ersetzt werden, da die Herstellung so großer Teile noch nicht gelungen ist. Bei Neuanlagen, speziell zur Denitrierung, wird dem Quarzgut der Vorzug gegeben, da es die Benutzung überhitzten Dampfes erlaubt. Die Anwendung der Quarzgutrohre und Apparate ist auch für die Salzsäurefabrikation von großem Vorteil, da Quarzgut nicht porös ist und daher nicht schwitzt. Insbesondere haben sich Quarzgutteile für die Fabrikation von Chlorwasserstoff aus den Elementen bewährt.

Zur Verkittung von Einzelteilen aus Quarzgut wurden verschiedene Kitte vorgeschlagen. Als starrer Kitt hat sich eine Mischung aus Quarzgutmehl, Asbestpulver und schwacher (1 : 10) wässeriger Wasserglaslösung bewährt. Von der ZIRKONGLAS-GESELLSCHAFT wurden für plastische, feuer- und säurebeständige Kittungen feingemahlene Schamotte mit dickflüssigem Zylinderöl, bei 150—200⁰ bis zur nötigen Konsistenz angerührt und auf Kollergängen gut verarbeitet, vorgeschlagen. An Stelle der Schamotte kann auch bei 100⁰ getrockneter Lehm genommen werden. In England und Frankreich sollen sich Mischungen aus 40 Tl. Asbestpulver, 8 Tl. Asbestfasern, 20 Tl. Bariumsulfat oder Kaolin (China Clay), 2,5 Tl. Talg und 21 Tl. gekochtem Leinöl bewährt haben. Nach Angaben soll dieser Kitt nicht erhärten, geringste Ausdehnung besitzen und unter dem Einfluß der Hitze die ursprüngliche Plastizität bewahren. Dabei ist er säurebeständig. Es empfiehlt sich, alle Muffenverkittungen, insbesondere starre, nach Abb. 201 und 202 auszuführen, damit die ev. auftretenden Dehnungen des Kittes frei erfolgen könnten und die Rohrmuffe nicht gesprengt wird. Um die Rohre und andere Apparatteile gegen mechanische Beschädigungen widerstandsfähiger zu gestalten, wurde von VÖLKER vorgeschlagen,

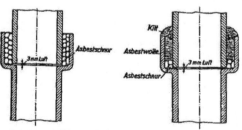

die Teile in Formen mit Eisendrahtnetzen als Einlage zu blasen. Das Quarzgut füllt beim Formen die Maschen des Gewebes aus und wird auf diese Weise durch das Netz geschützt. Denselben Zweck verfolgen die *D. R. P.* 176 512 von BOTTOMLEY und 224 398 von HENSZ. Während nach dem ersten Patent fertige Gegenstände aus Quarzgut mit Flanschen u. s. w. aus Metall umgossen werden, soll nach dem zweiten die zweckdienlich vorher erwärmte, z. B. eiserne Form selbst als Schutz den Quarzgegenstand umgeben.

Abb. 201. Heiß ohne Kitt. Abb. 202. Kalt mit Kitt.
Abb. 201 und 202. Abdichtung von Vitreosilmuffen.

In nicht geringerem Maße als die chemische macht die elektro-

technische Industrie das Quarzgut ihren Zwecken dienstbar. Man findet es hier in
Form von Isolatoren zum Aufhängen von Hochspannungs-Leitungsdrähten, für die bei
hoher Temperatur arbeitenden Gasentstaubungsanlagen (Bd. **IV**, 388) nach COTTRELL
(D. R. G. M. 641 168), Schutzmuffen für Einführungen, als Isolation für Quecksilber-
dampfgleichrichter, Dielektrikum, elektrische Kondensatoren (*D. R. P.* 317 095), Teile
von Entladungsröhren u. a. m. Als Material für Rohre der elektrischen Öfen zur
Sinterung von Wolfram und Molybdän sowie für die Hämmeröfen hat Quarzgut sich
fest eingebürgert, ebenso als Schutzmantel für Widerstandsthermometer und Pyrometer nach LE CHATELIER.

Elektrische Heizapparate und Öfen für Raumbeheizung werden mit in
Quarzrohren oder Schalen verlegten Heizelementen (Spiralen) angefertigt. Bei der Quecksilberdampflampe (Bd. **II**, 197) wird als Material für den Mantel geschmolzener
Bergkrystall (Quarzglas) verwendet. Jedoch ist in Fällen, wo es auf die Wahrnehmung
der sichtbaren Strahlen nicht ankommt, die Verwendung durchscheinender Rohre aus
Quarzgut möglich, da sie für die chemisch wirksamen, kurzen dunklen Strahlen
genügend durchlässig sind. Auch zur Herstellung von Lackleder (Bd. **V**, 648) wird
die Ultraviolettbestrahlung mit Quarzglaslampen anstatt der Sonnenbestrahlung mit
Erfolg angewendet. Quarzgut dient ferner als Isolationsmaterial der Zündkerzen.
Auch in der Heilkunde hat das Quarzglas Anwendung gefunden. Abgesehen von
den Quarzlampen (Höhensonne) zur Behandlung von Hautkrankheiten ist Quarzglas
seiner bequemen Sterilisierbarkeit wegen zur Herstellung von Spritzen, Spiegeln,
Spateln u. s. w. geeignet. Der aus einem Stück bestehende Destillationsapparat
(*D. R. P.* 292 113) zur Herstellung chemisch reinen Wassers arbeitet kontinuierlich
und leistet etwa 50 cm^3 in 4'. Nach EHRLICH ist dieser Apparat besonders zur Herstellung von sterilem Wasser am Krankenbett zu Lösungen für intravenöse Injektionen (z. B. Salvarsannatrium) geeignet. Unter dem Namen „Kieselsilber" werden
kunstgewerbliche Gegenstände, wie Aschenbecher, Schmuckschalen aus Quarzgut mit silbrigglänzender Oberfläche hergestellt (*D. R. P.* 255 594 und D. R. G. M.
510 945). Poliert sieht das Quarzgut ähnlich der Perlmutter aus und kann zu
Mosaikarbeiten, Wandbekleidungen als Marmorersatz u. s. w. verwendet werden.

Literatur: B. ALEXANDER-KATZ, Quarzglas und Quarzgut. Braunschweig 1919. — J. BRONN,
Der elektrische Ofen im Dienste der keramischen Gewerbe und der Glas- und Quarzglaserzeugung.
Halle a. d. S. 1910. — LE CHATELIER, Kieselsäure und Silicate. Leipzig 1920. — DOELTERS Hand-
buch der Mineralchemie, Artikel über Quarzglas von HERSCHKOWITSCH. — H. GEORGE, Das Kiesel-
glas, *Bull. Soc. Encour. Ind. Nationale* 127, 373. — P. GÜNTHER, Quarzglas. Springer, Berlin 1911.
— V. HEYGENDORFF, *Ztschr. angew. Chem.* 33, 243 [1920]. — A. POHL, Bericht des Vereins deutscher
Fabriken feuerfester Produkte 1912. — POLE, Die Quarzlampe. Berlin 1914. — F. SINGER, Die
Keramik im Dienste von Industrie u. s. w. Braunschweig 1923. — F. SINGER, Geschmolzener Quarz
in M. PIRANI, Elektrothermie. Berlin 1930. — F. SKAUPY, *Elektrotechn. Ztschr.* 51, 1745 ff. [1930]. —
SOSMAN, The Properties of Silica. New York 1927. — VOLKMANN, *Ztschr. angew. Chem.* 25, 1845
[1912]. — H. L. WATSON, Some properties of fused Quartz. J. Am. Cer. Soc. 19, 511 ff. [1926].

Z. v. Hirschberg.

Quecksilber, *Hg,* Atomgewicht 200,61, ist das einzige Metall, welches bei
gewöhnlicher Temperatur flüssig ist. Im reinen Zustande bildet es beim Fließen über
eine geneigte glatte Fläche runde Tropfen; in unreinem Zustande dagegen gibt es
längliche Tropfen und hinterläßt graue Spuren. Es ist silber- bis zinnweiß und besitzt
starken Metallglanz. Bei —38,9° wird es fest; es ist dann hämmerbar und dehnbar und
so weich, daß es sich mit dem Messer schneiden läßt. Im Vakuum des grünen
Kathodenlichtes siedet es bei 195 *mm* Steighöhe der Dämpfe bei 174°; Kp_{720} 354,3°,
Kp_{760} 357,25°, Kp_{780} 358,8°. Das *spez. Gew.* beträgt bei 0° 13,5954, bei 10° 13,5708,
bei 20° 13,5462, bei —38,85° im flüssigen Zustande 13,6902, im festen Zustande
14,193. Die mittlere spezifische Wärme des flüssigen Quecksilbers ist bei 0° 0,03336,
bei 140° 0,03239; die des festen ist nach POLITZER bei — 41° 0,0335. Die Verdampfungs-
wärme beträgt pro *g*-Atom *Hg* bei 0° 6,26 *Kcal.,* bei 20° 6,34 *Kcal.,* bei 358,4° 13,6 *Kcal.*
Das absolute Leitungsvermögen des Quecksilbers für Wärme ist zwischen 0° und
34° nach WEBER 0,0197, für Elektrizität bei 0° nach DEWAR und FLEMING 1,063×10⁴.

Setzt man das Wärmeleitungsvermögen des Silbers gleich 1000, so ist das des Quecksilbers nach CALVERT und JOHNSON 677. Quecksilber ist schon bei gewöhnlicher Temperatur in starkem Maße flüchtig.

Seine Dampfspannung beträgt in *mm Hg* nach HERTZ: bei 0^0 0,00019, bei 10^0 0,00050, bei 20^0 0,00130, bei 100^0 0,28500. Darnach sind in 1 m^3 Luft im Sättigungszustande enthalten nach HERTZ: bei 0^0 0,00226 g Hg, bei 10^0 0,00569 g Hg, bei 20^0 0,01430 g Hg, bei 100^0 2,47700 g Hg. Nach RENK befanden sich bei einer Temperatur von 10^0 über einer Fläche von 0,5 m^2 Quecksilber in 1 m^3 Luft in einer Höhe von 5 cm darüber 1,86 mg, 50 cm darüber 1,26 mg und 1 m darüber 0,85 mg.

Wegen der gesundheitsschädlichen Wirkung der Quecksilberdämpfe auf den menschlichen Organismus sind bei allen Arbeiten, bei welchen sich Quecksilberdämpfe entwickeln, also insbesondere auch bei der Quecksilbergewinnung, besondere Vorsichtsmaßregeln notwendig. Die Quecksilberdämpfe rufen je nach der Stärke oder Dauer der Einwirkung zunächst eine kupferfarbene Rötung der Mundschleimhäute hervor, bewirken bei stärkerer oder längerer Einwirkung eine Anschwellung des Zahnfleisches, Speichelfluß, Geschwürbildung in der Mundhöhle, Magen- und Darmbeschwerden, ev. Durchfälle, Schmerzen in den Gliedern und Gelenken und Störungen des Nervensystems, welche sich durch Zittern der Hände und des Kopfes äußern (Tremor mercurialis). Schwererkrankte magern ab und zeigen öfters auffallende Blässe. Bei den selten vorkommenden schwersten Fällen stellen sich fortschreitender Kräfteverfall, Delirien und Halluzinationen und schließlich der Tod ein. Ähnlich wie die Dämpfe wirkt auch metallisches Quecksilber, wenn es durch die Haut in den menschlichen Organismus gelangt. Ungefährlich in dieser Hinsicht ist Schwefelquecksilber (Zinnober). Über die Gefährlichkeit des Quecksilberdampfes s. STOCK, *Ztschr. angew. Chem.* 1926, 461, 790 ff. Über die Bestimmung sehr kleiner *Hg*-Mengen in Luft und physiologischen Flüssigkeiten ebenda 1926, 466, 791. Mittels Diphenylcarbazids läßt sich noch 1 Tl. *Hg* in 4 000 000 Tl. H_2O erkennen.

Reines Quecksilber oxydiert sich in trockener Luft bei gewöhnlicher Temperatur nicht. Längere Zeit nahe auf die Siedetemperatur (bis 350^0) erhitzt, oxydiert es sich zu Quecksilberoxyd, welches sich aber schon im Sonnenlicht allmählich, beim Glühen in kurzer Zeit wieder zerlegt. Beim Abkühlen der so gebildeten Dämpfe wird jedoch immer etwas Quecksilberoxyd zurückgebildet. In feuchter Luft oxydiert sich auch reines Quecksilber allmählich zu Oxydul, welches das Metall mit einer dünnen Schicht überzieht. Unreines Quecksilber bildet ein solches Oxydhäutchen schon in trockener Luft. Oxyde machen das Quecksilber zähflüssig. Kleine Mengen von Blei oder Zinn verringern die Flüchtigkeit des Quecksilbers, Platin dagegen vergrößert sie. Durch starkes Schütteln wird unreines Quecksilber zu einem schwarzen Pulver zerstäubt. Auch durch Verreiben mit Fett oder Zucker läßt es sich fein zerstäuben (graue Salbe). In verdünnter Salzsäure oder Schwefelsäure ist Quecksilber unlöslich, in verdünnter Salpetersäure, in kochender *konz*. Schwefelsäure sowie in Königswasser ist es löslich. Je nachdem, ob die Salpeter- oder Schwefelsäure oder das Quecksilber im Überschuß vorhanden ist, bilden sich beim Lösen Oxyd- oder Oxydulsalze des Quecksilbers. Chlorgas oder in Wasser gelöstes Chlor greifen das Quecksilber unter Bildung von Quecksilberchlorür und einem grauen Pulver von Quecksilber an. Kochendes Quecksilber verbrennt in Chlorgas zu Chlorür und Chlorid.

Mit der Mehrzahl der Metalle vereinigt sich Quecksilber zu Legierungen, welche als Amalgame bezeichnet werden und beim Erhitzen das Quecksilber verdampfen lassen. Leicht legiert es sich mit Gold, Silber, Zink, Cadmium, Zinn, Wismut, Blei und fein verteiltem Kupfer, unter Luftabschluß mit Natrium und Kalium, schwierig dagegen mit Kupfer in dichten Stücken, Arsen, Antimon und Platin, gar nicht mit Eisen, Mangan, Nickel, Kobalt, Aluminium, Barium. Es können zwar Amalgame dieser Metalle indirekt durch Einwirkung von Quecksilber oder seinen Verbindungen oder Amalgamen anderer Metalle auf Verbindungen dieser Metalle entstehen, besonders unter Zuhilfenahme der Elektrolyse; die entstandenen Amalgame sind jedoch wenig beständig (s. auch Quecksilberlegierungen).

Geschichtliches. Quecksilber war schon im Altertum bekannt, wenn auch später als Gold, Silber, Kupfer, Zinn, Blei und Eisen. Die Griechen und Römer nannten es, je nachdem es im natürlichen Zustande gefunden oder aus Zinnober künstlich dargestellt wurde, Argentum vivum (fusum) oder Hydrargyrum. Die ersten Nachrichten über Zinnober und Quecksilber sind von THEOPHRAST (300 v. Chr.), welcher vom spanischen Zinnober spricht, dessen Aufbereitung der Athener CALLIAS 415 v. Chr. erfunden habe und aus welchem durch Verreiben unter Zusatz von Essig in einem Mörser aus Bronze Quecksilber dargestellt werden könne. DIOSKORIDES (100 v. Chr.) und PLINIUS führen als zweite Gewinnungsmethode das Erhitzen des Zinnobers in einer eisernen Schale, welche mit einer Tonschale bedeckt war, an. VITRUVIUS spricht von der Gewinnung des

Quecksilbers durch Destillation in Öfen. Zu PLINIUS' Zeiten war schon bekannt, daß alle Metalle außer Gold auf dem Quecksilber schwimmen und daß Gold und Silber von Quecksilber aufgelöst werden. Diese Eigenschaft wurde zur Wiedergewinnung des Goldes aus Geweben benutzt, u. zw. in der Weise, daß man entweder die Gewebe direkt oder ihre durch Verbrennen gewonnene Asche mit Quecksilber behandelte. Die Anwendung des Quecksilbers zur Amalgamation der Golderze wurde nach BECKMANN erst gegen Ende des 6. Jahrhunderts erfunden. Über die Amalgamation anderer Metalle durch Quecksilber berichtet erst im 8. Jahrhundert GEBER in der Schrift „Summa perfectionis magisterii", obzwar schon früher die Eigenschaft des Quecksilbers, metallene Gefäße zu zerstören, von ISIDORUS (Anfang des 7. Jahrhunderts) angeführt wird. BASILIUS VALENTINUS (15. Jahrhundert) und AGRICOLA (16. Jahrhundert) zählen es zu den Metallen, LIBAVIUS (1606), BRANDT (1735), MAQUER (1778) und andere Schriftsteller hielten es für ein Halbmetall.

Die ersten Nachrichten über Zinnober- und Quecksilberfunde beziehen sich auf das Vorkommen von Almadén in Spanien. Zur Zeit der Römer durften die Erze nicht an Ort und Stelle verarbeitet werden, sondern mußten zur Verarbeitung nach Rom geführt werden. Später setzten die Mauren den Bergwerksbetrieb in Spanien fort und produzierten anscheinend größere Mengen Quecksilber. Nach Vertreibung der Mauren wurde die Quecksilbergewinnung teils vom Staat, teils von privaten Unternehmern betrieben und kam besonders in der Zeit von 1525–1645, in welcher die Gruben von Almadén von der Familie FUGGER betrieben wurden, in großen Aufschwung. Dieser Aufschwung hängt mit der im Jahre 1557 von BARTOLOMÄUS DE MEDINA in Mexico eingeführten Amalgamation der Silbererze zusammen, welche Ende des 16. Jahrhunderts bis 75 t jährlich benötigte. In den letzten Jahren dieser Periode betrug die Produktion Almadéns 184 t Quecksilber jährlich. Vom Jahre 1645 blieben die Gruben fast fortwährend in den Händen der spanischen Regierung und erhalten sich mit wechselnder Ergiebigkeit bis zur Gegenwart.

Das zweitälteste Quecksilberbergwerk Europas ist das von Idria in Krain, welches nach BANZER im Jahre 1490, nach VALVASOR im Jahre 1497 von einem Böttcher entdeckt wurde. Der Betrieb wurde von einer von dem Landsknecht CANCIAN ANDERLE gegründeten Gesellschaft aufgenommen. Allmählich gingen die Gruben in den landesfürstlichen Besitz über; gegenwärtig sind sie italienischer Staatsbesitz. Die Quecksilberproduktion in Idria überstieg zwar in manchen Jahren die von Almadén; im großen ganzen war und ist aber die jährliche Produktion Almadéns bedeutend (3–6mal) größer als die von Idria. In den Jahren 1564–1800 produzierte Almadén etwa 60 000 t, Idria von 1525–1800 etwa 24 000 t Quecksilber. Von 1801–1900 betrug die Produktion von Almadén 100 330 t, die von Idria 27 271 t.

Gleich alt wie der Bergbau in Idria ist der in der Rheinpfalz (Landsberg, Stahlberg, Lemberg, Potzberg, Königsberg, Moisfeld, Kirchheim und Erzweiler), jedoch bei weitem nicht so ausgiebig, wenn auch in manchen Jahren die Produktion die von Idria überstieg. Seit 1830 hat die Quecksilberproduktion dort aufgehört. Historisches Interesse haben noch die Vorkommen in Böhmen bei Beraun und Hořovic (Gittberg), deren Anfänge ins 15. und 16. Jahrhundert fallen, die bis etwa 1820 ausgebeutet wurden. Vorübergehend waren im 18. Jahrhundert die Gruben von Valalta (Venetien) in Betrieb.

Die von 1846 neuerlich in Betrieb gekommenen Gruben des Monte Amiata (Toskana) wurden schon von den Etruskern ausgebeutet. Den Anfang der gegenwärtigen Betriebsperiode bildete die Eröffnung der Grube von Siele 1846; mehrere andere Betriebe folgten, 1897 die heute nach Almadén bedeutendste Grube von Abbadia San Salvatore. Von 1900 ab beginnt der Aufschwung des Amiatagebietes zur zweitgrößten Produktionsstätte der Gegenwart.

In Peru war den Inkas lange vor Ankunft der Spanier Zinnober bekannt, welchen sie unter dem Namen Limpi als Farbe benutzten. Die berühmtesten Gruben waren in Huancavelica im Gebirge Santa Barbara.

Die mexikanischen und californischen Quecksilbergruben wurden erst im 19. Jahrhundert eröffnet, u. zw. die Huitzucogruben (Guerrere, Mexico) im Jahre 1874, von den californischen New-Almadén 1845, New-Idria 1858, Redington 1862, Sulphur Bank 1874.

Vorkommen. Für die Quecksilbergewinnung kommt als Erz ausschließlich Zinnober, *HgS*, in Betracht, welcher im reinen Zustande 86,21 % Quecksilber enthält. Zinnober krystallisiert rhomboedrisch, kommt jedoch gewöhnlich derb eingesprengt oder als Anflug vor. Sein *spez. Gew.* schwankt zwischen 6,7–8,2, seine Härte zwischen 2–2,5. Er ist von cochenilleroter bis scharlachroter Farbe mit Diamantglanz, rotem Strich, unebenem, splittrigem Bruch, körnig, faserig oder dicht. Seine schwarze, nicht krystallinische Modifikation von geringerem *spez. Gew.*, welche in Californien häufig, in Idria selten vorkommt, ist der Metacinabarit (Metazinnober). Ein Gemenge von Zinnober, Idrialin ($C_{80}H_{54}O_2$) und Bitumen kommt als Quecksilberlebererz oder in einer phosphorreichen, muscheligen Abart als Korallenerz besonders in Idria vor. Ein inniges Gemenge von Zinnober, Idrialin, Ton, Gips und Schwefelkies ist als Idrialit bekannt. Für die Gewinnung von Quecksilber ist aber nur Zinnober von Bedeutung.

In größeren Mengen, welche wirtschaftlich gewonnen werden können, findet sich Zinnober nur an verhältnismäßig wenigen Orten. Solche Fundstätten sind Almadén in Spanien, Idria in Krain, Monte Amiata (Siele, Cornacchino, Solforate,

Selvena, Bagnore, Montebuono, Abbadia-San-Salvatore, Bagni San Filippo, Pereta) in Italien, Nikitówka am Donez in Rußland, in Nordamerika in Californien (New-Almadén, New-Idria, Oceanic, Knoxville, Redington, Cloverdale, La Joya, Oat Hill, Aetna, Sulphur Bank u. a.), in Nevada (Steamboat Springs), Texas (Terlingua Chisos-gruben), Oregon (Blackbutte), Washington (Morton), Mexico (Huitzuco, Quadalcazar, Quadalupana).

Außer diesen Hauptvorkommen seien folgende von geringerer Bedeutung genannt: In Spanien Provinz Oviedo, Mieres und La Creu, Provinz Teruel, Tormon, Provinz Granada, Casteras und Timar; in Deutschösterreich Dellach (Kärnten); in Jugoslawien Neumarktl und Littai (Krain); in der Tschechoslowakei Vranow; in Rumänien Zalatna (Siebenbürgen); in Algier Ras el Ma; in der Türkei Karaburnu, Halikoi (Wilajet Smyrna) und Konia. — In neuester Zeit sind Schürf-arbeiten in Canada im Zug der californischen Vorkommen und auf der Insel Vancouver ausgeführt worden, ferner auf Neuseeland (North-Auckland) und in Japan. Über die Erfolge ist noch wenig bekannt geworden. — Verschiedene Vorkommen in Asiatisch-Rußland, in Persien und China (Kwei Chan und Wan Shan Chang) sind hinsichtlich Art und Bedeutung unbekannt.

Die Zinnoberlagerstätten sind als Imprägnationslagerstätten anzusehen, welche durch Absetzen aus Thermen entstanden sind. Sie treten großenteils in Verknüpfung mit jungen Eruptivgesteinen in nicht großen Tiefen auf. Einen Beweis für diese Entstehungsweise liefert das noch gegenwärtig statt-findende Absetzen von Zinnober aus den Thermen von Sulphur Bank in Californien und von Steam-boat Springs in Nevada. Nach BECKER ist der Zinnober in diesen Thermen als Quecksilber-Natrium-sulfid ($HgS \cdot n Na_2S$) gelöst und wird nach Verdünnung der Lösung durch Oxydation, durch Zer-störung von Schwefelnatrium unter Schwefelwasserstoffentwicklung oder durch reduzierende Wirkung von Kohlenwasserstoffen zur Abscheidung gebracht. Gewöhnlich füllt Zinnober die Hohlräume von Sandsteinen, Quarziten oder Konglomeraten (Almadén, Pfalz, Monte Amiata, Nikitówka, Huancavelica, zum Teil auch Californien) oder Klüfte im Kalkstein oder Dolomit (Idria) aus; selten sind es mächtige Spaltenausfüllungen (Californien). Dem geologischen Alter nach gehören die Lagerstätten verschiedenen Formationen, meist den jüngeren, an. Das größte Erzvorkommen, das von Almadén, findet sich in silurischen Schiefern, Quarziten und Sandsteinen; die von Idria, Valalta, Kärnten, Steiermark und Bosnien gehören der Triasformation, die vom Monte Amiata dem Lias bis Pliocän, das von Nikitówka und der Rheinpfalz dem Carbon an. In Californien findet sich der Zinnober zwischen Serpentinen und Sandsteinen auf der Grenze der Kreide- und Tertiärformation; die peruani-schen Lagerstätten (Huancavelica) gehören zur Juraformation. Selten nur begleiten den Zinnober andere Erzmineralien (Antimon); dagegen treten häufig Bitumen auf. Als Gangart erscheinen Quarz, Kalkstein, Sandstein und Dolomit.

Der Gehalt der Erze ist in der Regel sehr gering. Den größten Durchschnitts-gehalt von gegenwärtig 5—8% weist Almadén auf; in früheren Betriebsperioden sind Durchschnittsgehalte bis zu 14% *Hg* vorgekommen. Bei allen übrigen bau-würdigen Vorkommen liegt der Durchschnittsgehalt der Roherze in der Regel zwischen 0,3—1%. Die Vorkommen in den Vereinigten Staaten erreichen im Ge-samtdurchschnitt nicht 0,3%. Die Grenze zwischen armen und normalen Erzen kann man nach europäischen Verhältnissen bei 0,5% ansetzen. Bei Verhüttung höherwertiger Erze können auch solche unter 0,3% zugesetzt werden. Das unregel-mäßige Auftreten reicher Derberze kann zeitweise den Durchschnittsgehalt mehr oder weniger günstig beeinflussen. In den letzten Jahren betrugen die Durch-schnittsgehalte in Idria zwischen 0,6 und 0,74%, in Abbadia San Salvatore 0,8—1%, bei den kleineren europäischen Gruben 0,3—0,8%. In der Mehrzahl der Vorkommen nimmt der Gehalt bei zunehmender Tiefe ab; in Idria ist er bei der erschlossenen Tiefe ziemlich unveränderlich; in Almadén waren die Erze bei 170—260 *m* Teufe am reichsten.

Gesamtquecksilbergewinnung der Hauptproduktionsgebiete in den letzten 4 Jahrhunderten.
(in metrischen *t*)

Almadén	1564—1929	. . . .	195 000	Huancavelica (Peru)	1564—1850	52 000
Idria	1525—1929	. . .	90 000	Californien und Verein. Staaten		
Amiata	1900—1929	. . .	29 000		1850—1929	86 000
Nikitówka	1886—1911	. . . .	6 500	Mexiko	1886—1929	6 000
Europa	. . . .		320 500	Amerika	. . . .	144 000

Von der hiernach erfaßten Gesamtproduktion von 464 500 *t* entfallen rund 260 000 *t* auf die Neuzeit seit 1850. Der überragende Anteil der spanischen Produktion kennzeichnet seit jeher den Quecksilberbergbau und sichert der europäischen Produktion das Übergewicht; nur vorübergehend in einzelnen Jahren, als die Vorkommen von Peru und darnach von Californien bei Aufnahme der Gewinnung noch reiche Erze lieferten, war die amerikanische Produktion der europäischen überlegen. Weitere Angaben und Literatur s. S. 618.

In Begleitung des Zinnobers kommt häufig gediegenes Quecksilber vor, aber nur in kleineren Mengen, so daß das quecksilberführende Gestein mit dem Zinnobererz gewöhnlich mitverhüttet wird.

Auch manche Fahlerze enthalten Quecksilber in verschiedenen Mengen bis zu 18%, welches bei der Röstung dieser Erze verflüchtigt wird und sich im Flugstaub von der Röstung ansammelt. Dieser Flugstaub dient dann als Ausgangsprodukt für die Quecksilbergewinnung. Solche Vorkommen sind in der Slowakei (früher Nordungarn) in Altwasser, Dobschau, Rosenau, Szlana, Kotterbach, Igló und Gölnitz, in Maškara in Bosnien, in Schwaz in Tirol und in Val di Castello und Val di Angina in Italien. Hüttenmännisch wird Quecksilber aus Fahlerzen nur in Maškara und Kotterbach gewonnen. Einige deutsche Zinkblenden enthalten geringe Mengen Quecksilber, welches sich im Flugstaub der Zinkblenderöstöfen ansammelt und aus diesem gewonnen wird. Sonstige Quecksilber enthaltende Mineralien, welche jedoch für die Gewinnung keine Bedeutung haben, sind die am Harz vorkommenden Quecksilberhornerz ($HgCl$), Selenquecksilber ($HgSe$) oder Tiemannit, Selenquecksilberblei, Selenquecksilberkupfer, weiter Onofrit ($4\,HgS + HgSe$), welcher zu St. Onofre in Mexiko und am Harz vorkommt, und Coccinit (HgJ) von Mexiko.

Bestimmung des Quecksilbers in Erzen und Produkten. Für Erze wird gegenwärtig fast ausschließlich die Probe von ESCHKA (*Österr. Ztschr. Berg-Hütten* **20**, 67 [1872]) in verschiedenen Modifikationen angewendet. Sie beruht auf der Zersetzbarkeit des Zinnobers durch metallisches Eisen und Auffangen der Quecksilberdämpfe auf einem mit Wasser gekühlten Golddeckel. Weil die Erze und Zwischenprodukte gewöhnlich Bitumen enthalten und deren Zersetzungsprodukte das niedergeschlagene Amalgam mit Flecken, bei größerer Menge mit einer grünlichen, öligen Schicht bedecken, welche mit Alkohol oder Äther weggelöst werden muß, wurde die ursprüngliche Ausführung der Probe in Idria verschieden abgeändert.

KROUPA (*Berg-Hütten Jahrb.* **37**, 386 [1889]) modifizierte die Probe in der Weise, daß anstatt Eisenfeile durch Ausglühen von Fett befreiter Eisenhammerschlag und als Decke Zinkweiß angewendet wird. Die Probe wird in der Weise durchgeführt, daß von ärmeren Erzen 10 g, von reicheren 2 g und von den reichsten Erzen oder Stupp 0,5 g in einen etwa 45 mm hohen, oben 48 mm weiten Porzellantiegel eingewogen, mit Eisenhammerschlag gemengt, mit einer Decke von solchem und obenauf von Zinkoxyd bedeckt werden. Die oberste Schicht wird mit dem Löffel sanft angedrückt und geebnet. Auf den beschickten Tiegel wird der genau ausgewogene Golddeckel so aufgelegt, daß er überall am Rande des Tiegels gut aufliegt; in die Höhlung des Deckels wird zur Kühlung Wasser vorgelegt und der Tiegel mindestens 10′ über einem Brenner so erhitzt, daß nur der Boden von der Flamme umspült wird. Zur Vermeidung einer zu hohen Erwärmung des Deckels kann eine Asbestplatte angewendet werden, in deren kreisrunden Ausschnitt der Tiegel gesetzt wird. Nach 10′ wird die Flamme gelöscht, der Deckel auf dem Tiegel erkalten lassen, das Wasser ausgeschüttet und der Deckel in einem Wasserbade nach vorherigem Abtrocknen des oberen Teiles mittels eines Tuches während 2—3′ getrocknet und gewogen. Die Gewichtszunahme gibt den Quecksilberinhalt der Probe an. Der Gesamtinhalt der Probe an Quecksilber soll 0,2 g nicht übersteigen. Die Probe ergibt bei einem Durchschnittsgehalt der Erze von etwa 0,6% Hg einen um 1% des Gehalts niedrigeren Wert. Für Probe und Gegenprobe gelten in Idria folgende Gleichsdifferenzen:

Bei einem Gehalt von	Prozent des Gehalts	Bei einem Gehalt von	Prozent des Gehalts
0 — 0,4%	10	3 — 5%	4
0,4 — 0,7%	8,6	5 — 10%	2,5
0,7 — 1,0%	8,0	10 — 20%	1,75
1,0 — 3,0%	5,0	20 — 30%	1,50

Die ESCHKA-Probe dient in Idria auch zur qualitativen Bestimmung des Hg in den ausgebrannten Rückständen, zu welchem Zwecke anstatt des Golddeckels ein auf der Außenseite blau emailliertes Eisenschälchen dient. Schon bei kleinen Quecksilbermengen zeigt sich ein grauer Anflug.

Für flüchtige Quecksilbersalze (Sulfate, Chloride), welche sich unzerlegt verflüchtigen können, wird vorteilhafter das Verfahren von H. ROSE angewendet. Die Probe wird in einer 30 bis 45 cm langen, 10—15 mm weiten, an einem Ende zugeschmolzenen Verbrennungsröhre aus schwer schmelzbarem Glase durchgeführt. Die Röhre wird zunächst mit einer 25—50 mm starken Schicht grob gepulverten Magnesits, dann mit der Mischung von Erz und Ätzkalk und zum Schluß mit einer Schicht Ätzkalk und einem Asbestpfropfen beschickt, das offene Ende zu einer Spitze ausgezogen und umgebogen, damit es in ein Kölbchen mit Wasser getaucht werden kann. Man erhitzt zunächst den Ätzkalk, dann die Mischung von Erz und Ätzkalk und schließlich den Magnesit. Die verflüchtigten Salze zerlegen sich im erhitzten Ätzkalk, und der Rest der Quecksilberdämpfe wird durch das aus dem Magnesit entwickelte Kohlendioxyd verdrängt. In Amalgamen wird das Quecksilber nach der Gewichtsabnahme des erhitzten Amalgams bestimmt. (Bei Cadmiumamalgamen wegen der Flüchtigkeit des Cadmiums nicht durchführbar.) Von nassen Proben kommen nur elektrolytische in Betracht, bei welchen das Quecksilber aus salpetersauren oder cyankalischen Lösungen metallisch ausgeschieden wird. In Kondensationswässern gelöstes Quecksilber kann in der Weise bestimmt werden, daß man es nach Zugabe von Salzsäure durch phosphorige Säure als Chlorür fällt, dieses samt der etwa abgesetzten Stupp abfiltriert und den Niederschlag der ESCHKA-Probe unterwirft.

Gewinnung des Quecksilbers.

Das Quecksilber wird, wie schon angeführt wurde, nur aus Zinnober, u. zw. auf trockenem Wege, gewonnen. Der nasse oder elektrolytische Weg wäre zwar besonders aus hygienischen Rücksichten erwünscht und ist auch mehrfach versucht worden, doch noch nirgends in größerem Maßstabe zur Ausführung gelangt, weil der trockene Weg viel einfacher und billiger ist und nach den jetzigen Erfahrungen auch mit verhältnismäßig kleinen Verlusten und, bei Innehaltung entsprechender Vorsichtsmaßregeln, stark herabgeminderter Gesundheitsschädlichkeit durchführbar ist.

Der trockene Weg beruht darauf, daß das Schwefelquecksilber entweder unter Einwirkung von Luft oder gebranntem ¦Kalk oder metallischem Eisen bei einer 400⁰ übersteigenden Temperatur zerlegt und das Quecksiiber verflüchtigt wird. Die Quecksilberdämpfe werden dann in entsprechenden Kondensationsvorrichtungen niedergeschlagen und das Quecksilber zum Teil direkt metallisch, zum Teil in Zwischenprodukten, das ist mit Staub, Destillationsprodukten des Brennstoffs und des im Erz enthaltenen Bitumens verunreinigt (Stupp), gewonnen.

Die Reaktionen bei der Zerlegung des Zinnobers können folgende sein:

a) $HgS + O_2 = Hg + SO_2$; *b)* $4 HgS + 4 CaO = 4 Hg + 3 CaS + CaSO_4$; *c)* $HgS + Fe = Hg + FeS$.

Theoretisch kann angenommen werden, daß die Zerlegung durch den Sauerstoff der Luft nach *a*, das ist durch Röstung, ähnlich wie bei anderen Metallen ursprünglich nach der Gleichung $HgS + 3 O = HgO + SO_2$ stattfindet, das gebildete *HgO* jedoch sich infolge seiner bei der herrschenden Temperatur von mindestens 500⁰ schon sehr hohen Sauerstofftension, welche nach PÉLABON (*Compt. rend. Acad. Sciences* **128**, 825 [1899]) bei 500⁰ 985 *mm* Quecksilbersäule beträgt, in *Hg* und *O* zerlegt, wobei die Zersetzung durch die Anwesenheit von sauerstoffbindenden Stoffen (*S*, *SO_2* und ungesättigten Kohlenstoffverbindungen) unterstützt und die Rückbildung von *HgO* erschwert wird. Die Vorgänge bei der Zersetzung nach *b* und *c* können mit der Niederschlagsarbeit bei der Gewinnung des Bleies verglichen werden.

Die Kondensation der Quecksilberdämpfe erfolgt durch Abkühlung. Es ist natürlich, daß sie umso rascher und gründlicher gelingen wird, je weniger die Quecksilberdämpfe durch Wasserdampf und Gase verdünnt sind. In dieser Beziehung würde die Zerlegung durch *CaO* oder Eisen vorteilhafter sein, weil außer den Quecksilberdämpfen nur feste Produkte entstehen und durch Abschließen des Zerlegungsgefäßes der Zutritt von Luft oder anderen Gasen vermieden werden kann. Das bedingt dann aber eine unmittelbare, also mit größerem Brennstoffaufwand verbundene Erhitzung. Der Arbeitsaufwand ist aber bei Anwendung von Luft kleiner, weil die Leistungsfähigkeit der Öfen größer ist, und schließlich können die festen Zuschläge nicht kostenlos erworben werden, wogegen die Luft durch einen auch bei festen Zuschlägen nötigen Ventilator angesaugt wird. Dies alles führte dazu, daß nur bei reichen Erzen feste Zuschläge Anwendung fanden. Da aber dabei das Entweichen von Quecksilberdämpfen nicht ganz vermieden werden konnte, diese Dämpfe bei ihrer starken Konzentration sehr gesundheitsschädlich wirkten und verhältnismäßig große Verluste verursachten, werden gegenwärtig feste Zuschläge nur in seltenen Ausnahmefällen angewendet.

Bei der Kondensation des Quecksilbers werden auch Destillationsprodukte des Brennstoffs oder der bituminösen Bestandteile der Erze sowie Erz- und Brennstoffstaub niedergeschlagen, welche das Quecksilber in feinverteilter Form und als Verbindungen zurückhalten und mit dem Namen „Stupp" (in Amerika Soot) bezeichnet werden. Bei der Verarbeitung der Stupp wird, wenn möglich, zunächst mechanisch durch das sog. „Pressen" ein Teil des Quecksilbers abgeschieden, der Rest durch Erhitzung der Stupp gewonnen.

Verlustquellen. Bei der Zerlegung des Zinnobers und Verflüchtigung des Quecksilbers wie auch bei der Verarbeitung der Stupp sind die Verluste nur gering, während die Verluste bei der Kondensation der Quecksilberdämpfe den Hauptanteil am Gesamtverlust haben.

Bei einem durchschnittlichen Quecksilbergehalt der Erze von 0,645 % und einem Gesamtverlust von 4,52 % des Quecksilberaufbringens konnte für die Jahre 1901—1903 in Idria der Verlust durch Zurückbleiben von Quecksilber in den Rückständen — also infolge mangelhafter Verflüchtigung — auf höchstens 0,67 %, der Verlust beim Verarbeiten der Stupp auf 0,6 % geschätzt werden, so daß für die Verluste bei der Kondensation 3,25 % verbleiben (*Berghütten-Jahrb.* **58**, 247 [1910]). Es geht daraus hervor, daß bei der Quecksilbergewinnung die Kondensation den schwierigsten Teil des Gewinnungsprozesses bildet. Sie ist jedoch nicht nur von der Konstruktion der Kondensationsvorrichtungen, sondern auch von den Einrichtungen bei der Verflüchtigung und den dabei stattfindenden Vorgängen abhängig, da je nach der Verdünnung der Quecksilberdämpfe und je nach der Menge der gebildeten Stupp die Verhältnisse bei der Kondensation verschieden sind.

Will man die bei der Quecksilbergewinnung stattfindenden Verluste und den Einfluß verschiedener Änderungen des Gewinnungsprozesses richtig beurteilen, so muß man zunächst berücksichtigen, daß bei den gewöhnlich sehr niedrigen Gehalten der Quecksilbererze — bei der großen Masse unter 1 % Hg — und bei den großen zur Verarbeitung gelangenden Erzmengen eine einwandfreie Bestimmung des Quecksilberaufbringens (d. h. der im Erz vorhandenen Quecksilbermenge) nicht leicht möglich ist. Schon kleine Fehler in der Gehaltsbestimmung der Erze, welche durch Fehler in der Probenahme und bei der Quecksilberbestimmung selbst entstehen können, bedingen große Fehler im aufgebrachten Quecksilber.

Die Verluste im Ofen selbst sind durchwegs gering und können verhältnismäßig leicht vermieden werden, insofern es sich nicht um sehr reiche Gase von Gefäßöfen und vom Brennen sehr reicher Erze handelt. Das Entweichen von Gichtgasen kann durch gute, gasdichte Verschlüsse und genügenden Zug vermieden werden. In Idria wurde dieser Verlust in den Schachtöfen bei Erzen mit 0,322 % Quecksilber auf 0,11 %, in den Schüttöfen bei Erzen mit 0,557 % Quecksilber auf 0,09 % des Quecksilberaufbringens geschätzt. Das Eindringen des Quecksilbers in die Ofenfundamente, welches bedeutend sein kann, kann durch entsprechende Panzerung der Öfen vermieden werden; das in das Ofenmauerwerk eingedrungene Quecksilber bedeutet nur einen vorübergehenden Verlust, da es beim Abreißen des Ofens wieder gewonnen wird. Da dieses Eindringen in größerem Maße nur bei der Außerbetriebsetzung des Ofens stattfindet, sind diese Quecksilbermengen im Verhältnis zum Aufbringen nur klein. Der Verlust durch die Rückstände wurde in Idria mit nur 0,67 % des Aufbringens, in New-Almadén von CHRISTY (Österr. Ztschr. Berg-Hütten 37, 69 [1889]) bei 1,51 % Quecksilber enthaltenden Erzen mit 0,66 %, bei Erzen mit 2,976 % Quecksilber mit 0,328 % des Aufbringens geschätzt. In Almadén sollen den Gehalt der Erze von 11 % Quecksilber die Rückstände von den BUSTAMENTE-Öfen 0,012 % Quecksilber enthalten, was annähernd 0,11 % vom Ausbringen betragen würde (RAINER, Österr. Ztschr. Berg-Hütten 62, 532 [1914]). Die Herabsetzung dieses Verlustes wäre wahrscheinlich nur mit einer Erniedrigung der Leistungsfähigkeit der Öfen und Steigerung der Kosten möglich, welche zum Preise des mehrgewonnenen Quecksilbers kaum im richtigen Verhältnis wäre.

Die Verluste bei den Kondensationsvorrichtungen sind, wie schon angeführt wurde, die größten und die am schwersten zu beseitigenden, außerdem auch die gesundheitsschädlichsten. Der durch Eindringen von Quecksilber in das Material der Kondensationsvorrichtungen verursachte Verlust ist so wie beim Ofenmaterial nur vorübergehend. Größere Werte erreicht die Menge des eingedrungenen Quecksilbers nur bei Holz und Mauerwerk, wogegen bei Anwendung von Eisen, Zement, Beton, Steinzeug oder Glas diese Mengen verhältnismäßig gering sind. Das Durchdringen von metallischem Quecksilber ist zwar nur schwer zu vermeiden; es kann aber zum Teil unschädlich gemacht werden, wenn die Kondensationsvorrichtungen so aufgestellt werden, daß sie überall zugänglich sind, und wenn man den Boden unter ihnen glatt zementiert und dachförmig anordnet, damit etwa durchgedrungenes Quecksilber sofort beobachtet werden kann. Die Verzettelungsverluste können durch vorsichtiges Arbeiten und durch nicht zu oft stattfindende Reinigungen der Kondensatoren herabgesetzt werden. Wo auf Verringerung dieser Verluste nicht sorgfältig gesehen wird, können sie ungeahnte Höhen erreichen.

Die abfließenden Kondensationswässer verursachen Verluste dadurch, daß sie Quecksilber einesteils in gelöster Form, anderenteils in der im Wasser suspendierten Stupp forttragen. Es kann sogar beobachtet werden, daß fein zerschlagenes Quecksilber mit dem Wasser fortgetragen wird. Der Verlust kann somit vermindert werden, wenn man die Wassermenge vermindert, was einesteils durch Trocknung der Erze, andernteils durch Anwendung von möglichst trockenem, bei der Verbrennung wenig Wasserdampf bildendem Brennstoff oder schließlich durch völlige Trennung der Verbrennungsgase von den Röstgasen, also Anwendung von Gefäßöfen, erzielt werden kann. Eine weitere Verminderung erfährt dieser Verlust durch Anlegung von Klärsümpfen, in welchen sich die Stupp absetzen kann. Das gelöste Quecksilber könnte nur dann durch Abstumpfung der Säuren im Wasser durch Kalk und dadurch bewirkte teilweise Fällung zurückgewonnen werden, wenn die Wassermengen klein, ihr Quecksilbergehalt aber groß wäre. Bei größeren Wassermengen, die in der Einheit wenig Quecksilber gelöst enthalten, wäre die Zurückgewinnung zu teuer. Bei den Schachtöfen in Idria war der Gesamtgehalt an Quecksilber — in der Stupp und gelöst — in 1000 cm³ bei einer Wassermenge von 0,22 m³ 0,36 g, bei 5,443 m³ 0,037 g, bei den Schüttöfen bei 0,112 m³ 0,002 g, bei 0,818 m³ 0,025 g, bei 2,08 m³ 0,004 g; eine Fällung könnte sich folglich höchstens für 0,36 g Hg in 1 l lohnen.

Die Verluste, welche durch Entweichen von Quecksilberdämpfen bei undichten Stellen der Kondensatoren verursacht werden, können bei genügendem Zug, wenn in den Kondensatoren Depression herrscht und sie gut überwacht werden, auf ein sehr kleines Maß herabgedrückt werden. Ist jedoch der Zug gering, so daß in den ersten Kondensatoren hinter dem Ofen Kompression herrscht, und sind zahlreiche Verbindungsstellen am Kondensator vorhanden (Aludeln), so kann der Verlust eine große Höhe erreichen.

Der Verlust durch die Esse kann dadurch bewirkt werden, daß die Essengase Quecksilber in der Stupp als Salz oder metallisch und in Dampfform entführen. Die in der entführten Stupp vorhandene Quecksilbermenge ist bei genügend großen Kondensationsräumen nur gering; bedeutender kann das in Dampfform entführte Quecksilbergewicht sein.

Zum Schlusse müssen noch die Verluste bei der Verarbeitung der Stupp angeführt werden. Zum Teil läßt sich das Quecksilber aus der reicheren Stupp mechanisch, durch Durchrühren derselben und gleichzeitige Verseifung des sog. Stuppfetts, gewinnen. Die Rückstände von dieser Verarbeitung und weniger reiche Stupp müssen jedoch von neuem gebrannt werden, wobei ähnliche Verluste wie beim Brennen der Erze entstehen können. Die Verluste bei der Stuppverarbeitung sind zwar nicht groß – in Idria schwanken sie je nach der Reichhaltigkeit der Erze zwischen 0,05 und 0,42%; im Mittel betragen sie 0,15% vom Quecksilbergehalt der aufgebrachten Erze –, sie wirken aber in hygienischer Hinsicht schädlich, weil sie eine Manipulation mit metallischem, fein verteiltem Quecksilber bedingen. Schon aus diesem Grunde wäre demnach die Einschränkung der Stuppbildung wünschenswert.

Öfen und Kondensation. Die älteren Öfen werden intermittierend, die neueren kontinuierlich betrieben. Die Kondensation ist ein integrierender Bestandteil bei den älteren Öfen, während die verschiedenen neueren Ofen- und Kondensationssysteme nach Wahl kombiniert werden können.

Von zahlreichen Konstruktionen haben heute in Europa nur 2 Typen Verbreitung gefunden: der Schachtofen (nach LANGER, NOVÁK, ŠPIREK) für gröberes Korn (Stückerze) und der Schüttröstofen von ČERMÁK-ŠPIREK für Feinkorn (kleinstückige Erze), beide mit Kondensation von ČERMÁK-ŠPIREK. In den Vereinigten Staaten von Amerika dagegen hat sich ein Schüttröstofen von einfacherer Konstruktion nach HÜBNER-SCOTT durchgesetzt und ist in den letzten 2 Jahrzehnten mehr und mehr durch den Drehrohrofen verdrängt worden. Alle anderen Öfen, sowohl ältere als neuere Konstruktionen, sind nur vereinzelt im Gebrauch.

Da in Europa 80% der Quecksilberproduktion gewonnen werden, kommt dieser Anteil in der Hauptsache auf Schacht- und ŠPIREK-Öfen, der Rest auf SCOTT- und Drehrohröfen. Infolge des ärmeren Gehaltes der amerikanischen Erze ist aber deren Förderung ungefähr gleich der europäischen, so daß also in SCOTT- und Drehrohröfen ungefähr dieselben Erzmengen verhüttet werden wie in Schacht- und ŠPIREK-Öfen.

Ältere Öfen.

Die älteste Art der Quecksilbergewinnung war die durch Brennen der Erze in Haufen, wobei das Erz durch eingeschichteten Brennstoff erhitzt und das ausgeschiedene Quecksilber in den oberen Schichten und in der aus Erzklein bestehenden Decke des Haufens aufgefangen und daraus durch Verwaschen gewonnen wurde. Ähnlich war die Gewinnung in Stadeln, welche beispielsweise zu Stephanshütte in Göllnitz in Oberungarn (Slowakei) zur Verarbeitung von quecksilberhaltigen Fahlerzen diente. Daß bei dieser primitiven Gewinnungsart Verluste bis über 50% des Aufbringens sich ergaben, ist einleuchtend, da sowohl das Ausbrennen der Erze wie auch die Kondensation ungenügend war und die Quecksilberdämpfe leicht ins Freie entweichen konnten. Auch beim Verwaschen der Quecksilber enthaltenden Rückstände dürften die Verluste bedeutend gewesen sein. Vorkommende Angaben über kleine Verluste bei dieser Gewinnungsmethode können nur auf mangelhaftes Probieren der Erze zurückgeführt werden.

Eine ebenfalls veraltete, aber in Spanien noch angewandte Gewinnungsart ist die in intermittierend betriebenen Schachtflammöfen. Zu diesen gehören der BUSTAMENTE- oder Aludelofen, erfunden im Jahre 1633 von LOPEZ SAAVEDRA BARBA in Huancavelica, eingeführt in Almadén von BUSTAMENTE, und der Idrianerofen von LEITHNER, im Jahre 1787 in Idria erbaut, im Jahre 1806 von LARRAÑOA in Almadén eingeführt, mit seinen Abarten FRANZ- und LEOPOLDI-Ofen. Alle diese Öfen unterscheiden sich voneinander nur durch Einzelheiten in der Konstruktion der Öfen selbst, hauptsächlich aber in der Einrichtung der Kondensation. Diese Ofen stehen noch bis zur Gegenwart in fast ungeänderter Form in Almadén im Betrieb (*Österr. Ztschr. Berg-Hütten* **62**, 532 [1914]).

Sie bestehen aus einem 6–9,5 m hohen Schacht von kreisrundem, 1,3–2 m im Durchmesser messendem (BUSTAMENTE-Ofen) oder quadratischem Querschnitt von 3 m Seitenlänge (Idrianer Ofen). Bei den FRANZ-Öfen sind 2, bei den LEOPOLDI-Öfen 4 Schächte in einem Ofenmassiv. Im unteren Teil des Schachtes befindet sich der Feuerungsraum, welcher durch ein durchbrochenes Gewölbe von dem mit dem Erz ausgefüllten Destillationsraum abgetrennt ist. Im Destillationsraum selbst befinden sich manchmal noch 1–2 durchbrochene Gewölbe zur Aufnahme von Schalen mit kleinstückigem Erz oder Stupp bzw. zur Entlastung des untersten Gewölbes. Als Kondensationsvorrichtung dienen beim BUSTAMENTE-Ofen tönerne, ausgebauchte, einem Tonkrug mit fehlendem Boden ähnliche Gefäße, die Aludeln oder cañons, von 40–45 cm Länge, 12–15 cm Durchmesser an den Enden und 20–25 cm Durchmesser in der Mitte, welche zu 40–45 Stück ineinandergesteckt einen Strang bilden. Aus 1 Ofen führen 12 solche Stränge. Sie liegen auf einem zementierten Aludelplan, welcher vom Ofen gegen die Mitte abfällt, von der Mitte dann wieder ansteigt, auf diese Weise in der Mitte eine Rinne bildend. Je 6 der Aludelstränge münden in eine gemauerte Kammer. Die Gase aus dem Ofen durchstreichen die Aludelstränge, kühlen sich dort ab, so daß Quecksilber kondensiert und zum Teil durch eine kleine Öffnung im Bauch des Aludels auf den Plan ausfließt. Die nicht kondensierten Gase streichen noch durch eine Kammer und treten durch die Esse ins Freie. Wegen des porösen Materials der Aludel, der zahlreichen Undichtheiten bei den Verbindungsstellen und der Ausflußöffnungen in den Aludeln sind die Verluste bei dieser Kondensation sehr groß. Die einzige Kammer vermag ebenfalls nicht alles in den Gasen noch vorhandene Quecksilber zurückzuhalten. Im Sommer, wo die

Kondensation wegen der großen Hitze in den nicht durch Wasser gekühlten Aludeln sehr mangelhaft wäre, werden die Öfen überhaupt nicht betrieben. Bei den Idrianer Öfen besteht die Kondensation aus 6—8 gemauerten, inwendig mit Zement überzogenen Kammern.

Der Betrieb dieser Öfen ist intermittierend, d. h. nach dem Ausbrennen der Ofenfüllung wird der ganze Ofen entleert (bei dem BUSTAMENTE-Ofen auch die Aludeln gereinigt), der Ofen von neuem gefüllt und in Brand gesteckt. Ein Ofenbrand dauert je nach der Größe des Einsatzes 3 bis 6 Tage, die Ofenleistung beträgt 3,4—6 t in 24^h. Der intermittierende Betrieb wirkt nachteilig nicht nur in bezug auf die Verarbeitungskosten, sondern auch in bezug auf die Verluste, da der Quecksilbergehalt der Röstgase während des Ofenbrandes stark wechselt. Nachdem er eine gewisse Zeit nach Beginn des Brandes ein Maximum erreicht hat, sinkt er mit fortschreitendem Ausbrennen der Erze, und es kann vorkommen, besonders dort, wo die Kondensation nur durch Kammern bewirkt wird, daß die späteren, quecksilberärmeren Gase bereits niedergeschlagenes Quecksilber wieder verdampfen, auf diese Weise die Kondensation auf einen größeren Raum ausdehnen und dadurch zur Vergrößerung der Verluste beitragen.

Aus diesem Grunde bedeuten die kontinuierlich betriebenen Öfen einen Fortschritt nicht nur für Verbilligung des Betriebs, sondern auch zur Verringerung der Verluste. Zu solchen Öfen gehören die Öfen von KNOX, EXELI und LANGER, aus denen die Schachtöfen für Stückerze mit eingeschichtetem Brennstoff (besonders Holzkohle, aber auch Braunkohle und Steinkohle) unter besserer Ausnutzung der Wärme und Verringerung der Verluste sich entwickelt haben (Abb. 203 und 204).

Zur Verarbeitung von Stupp und von reichen Quecksilbererzen, welche im Interesse des guten Ausbrennens zerkleinert wurden, dienten früher allgemein Gefäßöfen. Die Erze oder die Stupp wurden mit Kalk oder seltener mit Eisenspänen oder Hammerschlag gemischt. Zunächst wurden kleine tönerne Retorten (von 0,3 m Länge, 0,1 bis 0,05 m Durchmesser) angewendet, über deren Hals eine Vorlage (von 0,1 m Länge, 0,07 m Durchmesser) gestülpt und mit Lehm luttiert wurde. Diese Gefäße wurden in meilerartigen Haufen, mit der Vorlage nach unten gelegt, dem Brennprozeß ausgesetzt. In der Umgebung von Idria sind in den Wäldern noch Brandstätten mit ganzen Scherbenhaufen zu finden, auf welchen diebische Knappen das gestohlene Erz zwischen den Jahren 1680—1780 zugute brachten (GRUND, Österr. Ztschr. Berg-Hütten 59, 457 [1911]). Später wurden die Retorten, welche entweder birnenförmig oder glockenförmig waren oder die Gestalt von Leuchtgasretorten (röhrenförmig) hatten und aus Ton oder später aus Gußeisen hergestellt waren, in Öfen in mehreren Reihen eingesetzt. Anstatt der Zerlegung des Zinnobers durch Kalk kann auch Luft verwendet werden, indem man auf der Hinterseite der Gefäße durch kleine Öffnungen Luft eintreten läßt. Die Gase aus den Gefäßen werden in tönerne, später gußeiserne, gekühlte Röhren geführt, das Quecksilber unter Wasser gesammelt und die nicht kondensierbaren Gase in Kammern und in die Esse geleitet. Gefäßöfen waren in Idria, Littai, in der

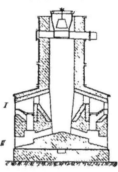

Abb. 203. Schachtofen von EXELI 1872.

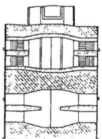

Abb. 204. Schachtofen von LANGER 1879.

Rheinpfalz, in Böhmen, am Monte Amiata und in Californien in Anwendung, sind jedoch überall für dauernden Betrieb aufgelassen worden, weil der Betrieb teuer und gesundheitsschädlich ist und auch bezüglich der Verluste keine nennenswerten Vorteile bietet. Wegen der geringen Anlagekosten werden die Muffelöfen gegenwärtig noch bei Eröffnung von neuen Quecksilberfundstätten für den ersten Betrieb, besonders in Amerika, angewendet. Nach erwiesener Ergiebigkeit der Fundstätte und Steigerung der Verarbeitung werden sie durch billiger arbeitende Öfen ersetzt (Österr. Ztschr. Berg-Hütten 55, 180 [1907]; nach Mineral Industry 14, 506 [1906]).

Beispiel: Die Muffel eines EXELI-Doppelofens in Idria hatte im Grundriß 2,24 $\times$ 0,69 m bei 0,34 m Höhe, 0,525 m^3 Rauminhalt und 0,135 t Fassung; Leistung in 24^h 1,08—1,62 t Erz (10%) mit Kalkzusatz oder 1—1,54 t Erz für 1 m^3; Brennstoffverbrauch 1,67—1,1 m^3 Holz und 0,33—0,22 t Braunkohle.

Kondensationsvorrichtungen.

Bei der alten Gewinnungsart in Haufen oder Stadeln diente nur die oberste, aus Erzklein bestehende Schicht zur Kondensation der Quecksilberdämpfe. Es ist einleuchtend, daß diese Kondensation sehr mangelhaft war. Bei der späteren Gewinnung in tönernen Retorten mit Hilfe von gebranntem Kalk dienten zur Kondensation tönerne Vorlagen, welche über den Hals der Retorten gestülpt waren. Ähnlich waren auch die Kondensationsvorlagen bei den alten Retortenöfen in der bayrischen Rheinpfalz; nur waren sie nicht aus Ton, sondern wie die Retorten aus Eisen hergestellt. Bei diesen Einrichtungen bilden die Retorte und die Vorlage einen geschlossenen Raum, in dessen wärmerem Teile das Quecksilber verflüchtigt wird, um sich in dem kühleren Teil zu kondensieren. Da die Abkühlung nicht groß sein konnte und die hochgespannten Quecksilberdämpfe bei der Luttierung entweichen konnten, waren auch da die Verluste groß und wurden noch dazu durch das mangelhafte Ausbrennen der Erze vergrößert.

Bei den späteren Öfen dieser Art wurden die Röhren zur besseren Abkühlung mit Wasser von außen gekühlt und mittels eines Abzugsrohrs mit der Esse verbunden. Zwischen Esse und Kondensator wurden manchmal noch Flugstaubkammern eingeschaltet. Die Röhren waren eng, 0,16–0,33 m im Durchmesser, standen entweder in hölzernen, mit Wasser gefüllten Kästen (EXELI, Littai) oder wurden mit Wasser berieselt. Das Quecksilber konnte aus ihnen selbsttätig durch unter Wasser befindliche Öffnungen ausfließen und wurde in Sammelgefäßen aufgefangen. Solche Kondensationsvorrichtungen eignen sich für Retortenöfen, in welchen verhältnismäßig kleine Mengen reicher Erze unter Kalkzusatz verarbeitet werden, wo also stark *konz.* Quecksilberdämpfe durchströmen.

Für die Verarbeitung größerer Mengen armer Erze unter Einwirkung von Luft, wo große Mengen quecksilberarmer, Schwefeldioxyd enthaltender Gase gebildet werden, müssen solche Kondensatoren eine beträchtliche Länge haben und aus mehreren Strängen bestehen. Infolge der größeren Abmessungen bildeten sich dann, wie weiter unten angeführt wird, auch bei demselben Kondensationsprinzip andere Ausführungsformen aus. Im ersten Anfang ging jedoch bei den größeren Öfen mit Ausnahme der Kondensation in Aludeln die Entwicklung der Kondensationsvorrichtungen in anderen Richtungen vor sich. Die aus Ton hergestellten, nur durch Luft gekühlten Aludeln des BUSTAMENTE-Ofens sind eigentlich nur eine Aneinanderreihung der ursprünglichen Vorlagen. Da infolge mangelhafter Kühlung die Gase beim Austritt aus den Aludeln noch stark quecksilberhaltig waren und infolge der großen Geschwindigkeit noch Stupp mitführten, wurde hinter ihnen vor der Esse noch eine gemauerte Kammer eingeschaltet. Sonst wendete man das System großer Kammern an, in welchen sich infolge der langsamen Gasbewegung sowohl Quecksilber wie auch quecksilberhaltige Stupp absetzen sollte. Dieses Prinzip findet man fast bei allen älteren Öfen. Es hat den Nachteil, daß die Abkühlung sehr langsam vorschreitet und, wenn sie genügend sein soll, einen langen Weg benötigt. Darum ist bei reiner Kammerkondensation die Fläche, auf welcher sich Quecksilber kondensiert, sehr ausgedehnt und gibt Veranlassung zu großen Verlusten. Die ersten angewendeten Kammern waren gemauert, später mit Zement verputzt oder auch mit eisernen Böden versehen. Zur besseren Kühlung werden sie manchmal mit eisernen, von Wasser berieselten Platten bedeckt, oder es werden in die Kammern selbst Trockentürme für zu nasse Erze eingebaut (Ofen zu Redington und von HÜTTNER und SCOTT). Beim Ofen von HÜTTNER und SCOTT, welcher von den neueren Öfen der einzige ist, der mit Kammern für die erste Kondensation arbeitet, sind in den ersten Kammern Wasserkästen (water-box) eingebaut. Das sind gußeiserne Kästen von etwa 1 m Länge, 0,4 m Höhe und 0,35 m Breite, mit einer Scheidewand, durch welche Wasser zwecks Kühlung der Gase zirkuliert. Die Böden der Kammern sind gegen die Mitte und gegen eine Seite geneigt, so daß eine Rinne gebildet wird, in welcher das kondensierte Quecksilber ausfließen kann.

Gemauerte Kammern haben den Nachteil, daß das Mauerwerk ein schlechter Wärmeleiter ist, durch die sauren Gase und Wässer stark angegriffen wird und viel Quecksilber in sich aufnimmt. Zement widersteht zwar besser, löst sich jedoch leicht vom Mauerwerk ab. Auch Eisen wird ziemlich stark angegriffen, besonders in der Kälte. Darum ging man zum Holz als Material für den Kammerausbau über. Dieses hat zwar auch den Nachteil, daß es ein schlechter Wärmeleiter ist und Quecksilber aufnimmt, widersteht aber besser der Einwirkung saurer Gase und Wässer. Holzböden müssen jedoch mit einem Zementüberzug versehen werden. Die Holzkammern bestehen aus einem Balkengerüst, welches mit Brettern, die mit Feder und Nut aneinandergefügt sind, beschlagen ist, u. zw. so, daß das Gerüst sich außen befindet und innen die Wände glatt sind. Die Befestigung geschieht mit hölzernen Nägeln. Dichte Fugen zwischen den einzelnen Brettern werden auch erhalten, wenn man auf den glatt gehobelten Stößen der Bretter die Holzfaser mit einem besonders geformten Hammer zerstört. Kommt ein solches Brett mit Wasser in Berührung, so quillt die zerstörte Faser auf und bildet eine Dichtung in der Fuge. In den kühleren Kammern verwendet man sowohl für gemauerte wie auch für hölzerne Kammern Asphalt- und Teeranstriche. In Californien wird als Kammer-

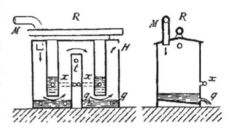

Abb. 205. Kondensator nach FIEDLER.

material für kühlere Kammern auch Glas in Verbindung mit Holz angewendet, in der Weise, daß in die Wände der Holzkasten eine große Zahl Glasscheiben ohne Glaserkitt eingesetzt wird. Die Verbindung der einzelnen Kammern bilden gemauerte Kanäle oder aus Holz hergestellte Lutten, welche manchmal einige hundert Meter lang sind (Idria). Trotz aller eine raschere Abkühlung bewirkenden Einrichtungen bleibt beim Kammersystem der schon erwähnte Nachteil, daß durch die große Kondensationsfläche Anlaß zu Verlusten gegeben wird.

Einen Übergang von dem Kammer- zum Röhrensystem bilden die in Californien eingeführten Kondensatoren von FIEDLER und KNOX-OSBORNE.

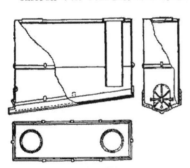

Abb. 206.
Kondensator nach KNOX-OSBORNE.

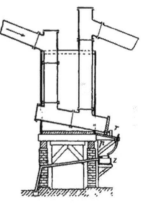

Abb. 207.
Röhrenkondensator.

Der FIEDLERsche Kondensator (Abb. 205) ist ein rechteckiger, gußeiserner Kasten von 3,2 m Länge, 1,68 m Höhe und Breite, welcher durch 3 hohle Eisenwände in 4 Abteilungen geteilt ist. In den hohlen Wänden zirkuliert Wasser, welches durch R in die 2 äußeren Wände einfließt, durch die Röhrchen x in die mittlere gelangt und von dort durch die Öffnung t ausfließt. Die Gase treten bei M ein und bei H aus, die Kondensationsprodukte werden bei q ausgetragen. Dieser Kondensator wurde beim EXELI-Ofen in Californien im Jahre 1847 eingeführt.

Der KNOX-OSBORNE-Kondensator (Abb. 206) ist 2,4 m lang, 0,75 m breit, an einer Seite 1,5 m, an der andern 1,8 m hoch und besitzt einen geneigten Boden. Durch ein nahe zum Boden reichendes Rohr treten die quecksilberhaltigen Gase ein und ziehen durch ein zweites, an der Decke angebrachtes, dann 2mal knieförmig gebogenes Rohr in einen zweiten Kondensator derselben Art. Die Kühlung wird dadurch bewirkt, daß Wasser auf die Decke geleitet wird und über die Wände herunterfließt. Die dem Ofen nächsten, wärmsten Kondensatoren sind aus Eisen, die kühleren aus Holz. Sie waren zuerst beim Ofen von KNOX im Jahre 1874 eingeführt.

Den bei den Gefäßöfen angewendeten Röhrenkondensatoren sehr ähnlich sind die in Californien zuerst eingeführten Kondensatoren (Abb. 207). Sie bestehen aus 2 stehenden, gußeisernen Röhren von 0,558 m Durchmesser und 19 mm Dicke, welche unten durch ein ebenso weites geneigtes Rohr verbunden sind. Das Ganze steht in einem hölzernen Kasten, durch welchen Wasser durchfließt. Die Rohrenden sind mit abnehmbaren Deckeln versehen, damit die Röhren von der Stupp gereinigt werden können. Am untersten Ende des geneigten Rohres befindet sich ein Röhrchen r, durch welches kondensiertes Quecksilber abgelassen werden kann. Dieses fließt zuerst auf die Kautschukplatte p, wo die Stupp zurückgehalten wird, und von da nach z. Diese Röhrenkondensatoren wurden beim Ofen von EXELI eingeführt, u. zw. bildeten sie dort die Verbindung zwischen den ersten, gleich hinter dem Ofen befindlichen und den weiteren Kammern. Beim Ofen von LANGER wurden diese Röhren in Californien als erste, gleich hinter dem Ofen befindliche Kondensationsvorrichtung benutzt.

In Idria wurden von EXELI gleichzeitig mit seinem Ofen im Jahre 1872 die ersten aus gußeisernen Schenkelröhren bestehenden Kondensatoren eingeführt. Diese bestehen aus spitzwinkeligen Knieröhren, welche im Knie mit einem offenen Ansatz versehen sind. Der Ansatz der unteren Röhren taucht in einen mit Wasser gefüllten Kasten, der Ansatz der oberen Röhren wird mit einem Deckel geschlossen. Dieser Kondensator bildet den Ursprung des gegenwärtig am häufigsten angewandten Röhrenkondensators von ČERMÁK-ŠPIREK. ČERMÁK verbesserte im Jahre 1878 den Kondensator von EXELI in der Weise, daß er anstatt runder elliptische Röhren anwendete, diese senkrecht stellte und mit Wasser berieselte (Abb. 208). Das Kühlwasser wird durch flache, über den einzelnen Röhrensträngen befindliche Holzlutten zugeführt und durch zahlreiche Löcher auf die Röhren tröpfeln gelassen.

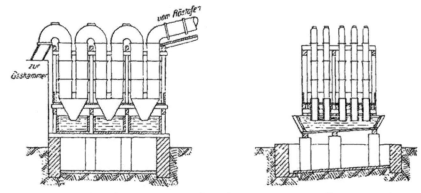

Abb. 208. Längsschnitt und Querschnitt durch den Röhrenkondensator von ČERMÁK nach OSCHATZ.

Am Monte Amiata wird die Berieselung durch Streudüsen bewerkstelligt. Damit das Kühlwasser nicht in die für die Aufnahme des aus den Röhren abtröpfelnden Quecksilbers und der abfallenden Stupp dienenden Stuppkästen gelangt, wird auf dem hölzernen Traggerüst des Kondensators ein Bretterboden (Kondensatortisch) errichtet, durch welchen die unteren Schenkelrohre wasserdicht durchgeführt werden und auf welchem das Kühlwasser aufgefangen wird, um durch eine seitlich angebrachte Rinne abgeleitet zu werden. Bei den in Idria befindlichen ursprünglichen Kondensatoren sind die Stuppkästen so angeordnet, daß in ein und denselben die 3 Stutzen desselben Rohrstrangs eintauchen. Die in Abb. 208 dargestellte Anordordnung, bei welcher in einem Kasten die ersten Stutzen aller Stränge (in der Zeichnung 5 Stränge) eintauchen, ist von ŠPIREK eingeführt worden und ist vorteilhafter, weil sich dabei im ersten Stuppkasten die reichste, in den weiteren schon minder reiche Stupp ansammelt und die ersten Rohrschenkel unabhängig von den anderen gekehrt werden können. Bei der ursprünglichen Anordnung dagegen mischen sich die verschieden reichen Stuppe im Stuppkasten. Die Röhren waren ursprünglich aus Gußeisen und mit Zement ausgelegt; sie haben einen elliptischen Querschnitt von $0,5:0,25\,m$ ($0,11\,m^2$ Querschnitt) und sind einseitig mit einer Muffe versehen. Ein Röhrenkondensator besteht aus 4—10 Rohrsträngen, jeder Strang aus 6—8 stehenden Röhren. Die einzelnen Röhrenstränge sind mit Schiebern zur Regelung des Zuges versehen. Die gußeisernen Röhren hielten, besonders im kühleren Teile der Kondensatoren, nur $1-1\frac{1}{2}$ Jahre und wurden später von MITTER (*Österr. Ztschr. Berg-Hütten* 38, 333 [1890]) durch außen und innen glasierte Steinzeugröhren, deren Preis nur $\frac{1}{3}$ der gußeisernen betrug, ersetzt. Die ersten, gleich beim Ofen befindlichen heißen Röhren werden jedoch auch jetzt noch aus Gußeisen hergestellt, weil sie von den heißen Gasen nicht so stark angegriffen werden und den schroffen Temperaturunterschied (innen und außen) besser vertragen als die Steinzeugröhren. Es sind auch glasierte Tonröhren und Zementröhren in Anwendung. Die unteren Verbindungsröhren sind beim Kondensator in Idria ebenfalls aus Steinzeug, am Monte Amiata aus Holz (Abb. 208), welches jedoch besonders im ersten Stuppkasten durch Verkohlung einem starken Verschleiß ausgesetzt ist.

Neuerdings verwendet man in den Vereinigten Staaten von Amerika für die Röhrenkondensatoren in der Nähe der Öfen, wo eine Kondensation von Wasser noch nicht zu erwarten ist, auch Flußeisen, Monelmetall oder Duriron und in den kälteren Teilen Röhren aus glasiertem Steinzeug. Die Rohre sind je nach den örtlichen Verhältnissen entweder gegen die Horizontale schwach geneigt oder haben die Form eines verkehrten V oder U, unten durch Stuppkästen aus Beton verbunden. Gemauerte Kammern werden in der eigentlichen Kondensation fast gar nicht mehr eingebaut, wohl aber vor der Esse, zur Herabminderung der Geschwindigkeit der Gase, wodurch der Verlust auf das theoretische Minimum herabgedrückt werden kann. Einspritzen von Wasser zum Kühlen der Gase vermehrt stark die Stuppbildung und ist nur insofern wirksam, als Wärme durch das abfließende Wasser abtransportiert wird. (*Metall u. Erz* **1930**, 595 f.)

Die Stuppsammelkästen sind entweder aus Holz oder Gußeisen oder Beton hergestellt, ihr Boden zu einer Seite geneigt und an der tiefsten Stelle mit einer verschließbaren Öffnung zum Ablassen von metallischem Quecksilber versehen.

Bei allen diesen Kondensationsvorrichtungen wird mit einer gewissen Stuppbildung gerechnet. Die Vereinigung des Röhren- und Kammersystems bietet den Vorteil, daß reichere Stupp und zusammenfließendes Quecksilber nur in den Röhrenkondensatoren, also auf einer verhältnismäßig kleinen Grundfläche, erhalten wird, welche gut überwacht werden kann und bei welcher etwa vorkommende Undichtheiten und dadurch verursachte Verluste durch durchsickerndes Quecksilber leicht beobachtet werden können. Zu diesem Zweck stehen die Sammelkästen für Stupp und Quecksilber etwas über dem Boden, welcher glatt zementiert und geneigt hergestellt wird. In den Kammern selbst setzt sich bei Vorschaltung der Röhrenkondensatoren nur noch ärmere Stupp ab; höchstens in den ersten Abteilungen der Kammern wird noch so reiche Stupp erhalten, daß sich aus ihr mechanisch Quecksilber ausscheiden läßt. Auch bei den Kammern ist es vorteilhaft, wenn sie über dem glatt zementierten Hüttenboden liegen und von unten zugänglich sind, damit Undichtheiten beobachtet werden können. In dieser Hinsicht haben Holzkammern den Vorzug.

Der Boden unter den Kondensatoren und zwischen ihnen soll mit Rinnen versehen sein, welche die Wässer, mit denen die bei der Reinigung der Kondensatoren verzettelte Stupp und Quecksilberkügelchen abgespritzt werden, zu Sümpfen führen, in welchen sich die quecksilberhaltigen Substanzen absetzen können. Diese Sümpfe sollen sich an zugänglichen Stellen befinden. Die früher in Idria und gegenwärtig auch an manchen Orten übliche Unterbringung solcher Sümpfe unter den Kondensatoren und Kammern ist nicht zweckmäßig, weil die Sümpfe, ohne daß man es beobachtet, rissig werden und dadurch Verluste entstehen können. In den Kammern selbst werden behufs Förderung des Absetzens der Stupp Scheidewände eingebaut, welche den Gasstrom zur Änderung der Bewegungsrichtung zwingen, oder Jalousien angeordnet, welche die Reibung der Gase erhöhen. Zu scharfe Änderung der Bewegungsrichtung und zu enge Jalousien stören jedoch zu stark den Zug; bei Verwendung von Jalousien ist außerdem die an und für sich schwierige und gesundheitsschädliche Reinigung der Kammern erschwert. In dieser

Hinsicht wäre, wie schon erwähnt wurde, eine gründliche Vermeidung der Stuppbildung wünschenswert, da dann die Einschaltung von Vorrichtungen, welche die Reibung der Gase erhöhen, ohne besondere Gefahr der Verstopfung und ohne größere Erschwerung der Reinigung möglich wäre. In einzelnen Fällen ist zum Schluß eine Filtration der Gase durch Holzkohle oder Koks versucht worden, wegen zu starker Zughinderung jedoch wieder aufgegeben worden. Bei weitgehender Stuppverminderung wäre dagegen vielleicht diese Art der Kondensation möglich. Richtige Zugverhältnisse sind überhaupt von größter Wichtigkeit für die Quecksilbergewinnung. Die Geschwindigkeit im Röhrenkondensator soll möglichst unter 0,5, höchstens bis 0,75 m betragen. Bei größerer Geschwindigkeit wird zwar eine größere Depression im Ofen erzielt, aber mehr Quecksilber in die Kammern getragen; bei zu kleiner Geschwindigkeit ist die Depression im Ofen zu gering. Vergrößert man den Kondensatorquerschnitt, so ist wieder die Abkühlung mangelhaft und müßte der Kondensator länger gebaut werden. Die Gase treten aus den Öfen je nach dem Ofensystem mit einer Temperatur von 120–300⁰, in Ausnahmefällen bis 360⁰, in den Kondensator und verlassen ihn mit einer Temperatur von 20–50⁰. In den Kammern selbst erfolgt somit nur noch eine sehr mäßige Abkühlung. Unter 100⁰ soll die Temperatur beim Austritt aus dem Ofen nicht sinken, da sich dann Quecksilber schon im kühlsten Teil des Ofens kondensieren kann.

Die Reinigung der Röhrenkondensatoren geschieht auf die Weise, daß einzelne Röhrenstränge beim gemäßigten Ofenbetrieb vom Ofen abgesperrt, die Verschlüsse der oberen Öffnungen abgenommen werden und die an den Röhren anhaftende Stupp mittels Besen in den Stuppsammelkasten abgekehrt wird. Solche Kehrungen finden je nach der Reichhaltigkeit der Erze und je nach der Größe der Stuppbildung in 2–8 wöchentlichen Zeitabschnitten statt. Im Stuppkasten sammelt sich am Boden metallisches Quecksilber an, welches durch ein am tiefsten Punkt befindliches Röhrchen in einen gußeisernen Kessel abgelassen wird. Um möglichst viel Quecksilber abzapfen zu können, wird der Inhalt des Stuppkastens gründlich durchgerührt, nachdem man das über der Stupp stehende Wasser abgeschöpft hat. Dann wird die Stupp herausgehoben und in eisernen Gefäßen zur weiteren Verarbeitung aufbewahrt.

Werden als erste Kondensationsräume Kammern angewendet, so müssen sie derart eingerichtet sein, daß aus ihnen in kürzeren Zeitabschnitten, manchmal wöchentlich, das Quecksilber und die reiche Stupp entfernt werden können. Zu diesem Zweck ist der Boden der Kammern geneigt und bildet eine Rinne, durch welche das Quecksilber abfließen kann. In den Wänden befinden sich Öffnungen, welche während des Betriebs mit eisernen oder hölzernen Deckeln (nach Art der Mannlochverschlüsse bei Dampfkesseln) verschlossen sind. Durch diese Öffnungen wird die Stupp mit hölzernen Krücken oder mit Wischern, die zur Schonung des Bodens aus Tuchlappen verfertigt sind, herausgezogen. Ein- oder zweimal im Jahre wird der Betrieb behufs gründlicher Reinigung aller Kondensationsräume ganz eingestellt. Dabei steigen nach guter Durchlüftung die Arbeiter in die Kammern und kehren die Stupp auch von den Wänden der Kammern herunter, wobei zum Aufsaugen der Wässer gebrannter Kalk benutzt wird. Die in den weiter vom Ofen entfernten Kammern gewonnene Stupp ist .gewöhnlich schon so arm, daß sich mechanisch aus ihr kein Quecksilber mehr gewinnen läßt. Sie wird gleich den Rückständen von der mechanischen Verarbeitung wieder gebrannt, nachdem sie entweder etwas ausgetrocknet oder mit feinerem Erz gemischt worden ist.

Die Größe der Kondensationsräume ist manchmal bedeutend. Bei den alten Idrianer Öfen umfaßte der Kammerraum für einen Ofen 800–900 m^3, beim HÜTTNER- und SCOTT-Ofen gegen 1000 m^3. In Idria, wo die Gase zuerst in Röhrenkondensatoren treten, betrug das Kammervolumen für 10 Schachtöfen 1316 m^3, für 3 große ČERMÁK-ŠPIREK-Schüttröstöfen 1370 m^3 und für 6 Fortschaufelungsöfen 2328 m^3.

Bei Öfen, bei welchen infolge indirekter Heizung die Gasmenge und Stuppbildung stark vermindert würde, wie z. B. bei dem später zu erwähnenden, von KROUPA vorgeschlagenen Schlitzofen, dürfte es möglich sein, die Kondensation der Quecksilberdämpfe auf einen sehr kleinen Raum zu beschränken und dadurch die Verluste stark zu vermindern. KROUPA (*Berg-Hütten Ztg.* 5, 169 [1919]) schlägt zu diesem Zweck Türme aus säurefestem Material vor, welche mit einem Material von großer Oberflächenentwicklung (z. B. RASCHIG-Ringen aus Porzellan) ausgefüllt sind. Das Füllmaterial würde auf gelochten Platten liegen und mit Wasser berieselt werden. Tiefer unten wäre ein Teller mit einer durch eine Decke überdachten, zentralen Öffnung angebracht, welcher das Kühl- und Kondensationswasser wie auch das kondensierte Quecksilber auffängt. Dieses würde sich an den tiefsten Stellen des Tellers sammeln und von dort durch Heberröhrchen abfließen, wogegen die Wässer mit vorhandener Stupp und Staub über den aufgebogenen Rand der Zentralöffnung in Klärsümpfe abfließen würden. Es ist nicht ausgeschlossen, daß 2—3 solche Türme von 1,5 m Durchmesser und 1 m ausgelegter Höhe mit je 400 *m²* innerer Kühlfläche die ganze Kondensation ersetzen könnten. Voraussetzung einer guten Funktion eines solchen Kondensators wäre, daß die Wässer nicht viel Quecksilber mitführen.

Bei allen neueren Öfen wird künstlicher Zug angewendet. Mittels Ventilatoren werden die Gase aus den Öfen durch die Kondensationsvorrichtungen angesaugt und durch Kanäle zur Esse gedrückt. Als Ventilatoren werden verschiedene Konstruktionen angewendet. ROOT-Gebläse und ähnliche, welche beim Stillstand den Gasweg ganz versperren, eignen sich weniger gut. Große Schwierigkeiten verursacht die Wahl des Materials, weil die Ventilatoren durch die kalten Schwefel- und Schwefeldioxyd enthaltenden Gase stark angegriffen werden. Aus diesem Grunde eignet sich besonders Eisen nicht. Besser sind Holz, Kupfer, Bronze und besonders Steinzeug. Die Depressionen sollen, wie schon angeführt wurde, nicht zu groß und nicht zu klein sein.

In Idria betrugen die mit KÖNIGschen Differentialmanometern (*Berg-Hütten Jahrb.* 54, 69 [1906]) gemessenen Depressionen: im Schachtofen 0,162 *mm* Wasser, im Schüttofen 0,3 *mm* Wasser, in der Schüttofenkammer 0,622 *mm* Wasser, in der Kammer der Fortschaufelungsöfen 0,98 *mm* Wasser, vor dem Ventilator 7,58 *mm* Wasser, der Druck hinter dem Ventilator im Essenkanal 4,9 *mm* Wasser.

Neuere Öfen.

Öfen für Stückerze. Für Stückerze werden gegenwärtig hauptsächlich Schachtöfen mit eingeschichtetem Brennstoff und kontinuierlichem Betrieb verwendet. Die Schachtflammöfen sind fast vollständig verdrängt worden, weil sie keine so gute Ausnützung der Wärme gestatten und besondere Bedienung der Feuerungen benötigen. Wahrscheinlich würden mit Generatorgas betriebene Schachtflammöfen für Stückerze ähnlich günstige Ergebnisse wie die für Feinerze ergeben. In Almadén werden zwar noch alte Schachtflammöfen (BUSTAMENTE- und Idrianer Öfen) betrieben (*Österr. Ztschr. Berg-Hütten* 1914, 62); diese können aber nur als abschreckendes Beispiel wirken.

Zu den gegenwärtig angewandten Schachtöfen für Stückerze gehören die Öfen von NOVÁK, ŠPIREK und die durch Abmauern der Feuerungen aus den Schachtflammöfen entstandenen Öfen von EXELI und LANGER (*Mineral Industry* 1902, 559).

Die Öfen von NOVÁK (Abb. 209) und ŠPIREK (Abb. 210) haben rechteckigen Querschnitt und können in beliebiger Zahl nebeneinander aufgebaut werden. (Die Abmessungen und Betriebsergebnisse s. Zahlentafel 1.) Als Gichtverschluß dienen beim Ofen von NOVÁK ein Konus und ein Gichtdeckel, beim Ofen von ŠPIREK ein besonderer von ŠPIREK konstruierter Verschluß (Abb. 211) (*Mineral Industry* 1902, 560; *Glückauf* 54, 549 [1918]). Der Ofen von NOVÁK ist gepanzert und mit Sohlplatten zum Auffangen von etwa durchdringendem Quecksilber versehen; der Ofen von ŠPIREK ist nicht gepanzert und steht auf 0,7 *m* hohen Pfeilern, unter welchen sich Blechplatten mit umgebördelten Rändern befinden. Der Ofen von NOVÁK (Abb. 209) hat je 2 Ziehöffnungen *a a* an den langen Seiten des Ofens und in der Mitte einen Blechkonus *b*, durch welchen Luft eingeführt werden kann. (Später wurde dieser

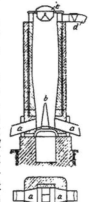

Abb. 209.
NOVÁK-Ofen.

Blechkonus weggelassen.) Beim Ofen von Špirek ruhen die Erze auf einem geneigten Rost. Bei den Novák-Öfen in Idria treten die Gase bei d aus dem Ofen in 4 Röhrenstränge eines Čermák-Špirekschen Röhrenkondensators, von dem jeder Strang 6 stehende Röhren besitzt. Aus diesem Kondensator gelangen sie zunächst in hölzerne Kammern und aus diesen durch eine hölzerne Lutte in eine gemauerte unterirdische Kondensationskammer und von da zur Esse. Der Ofen von Špirek ist ebenfalls mit einem Čermák-Špirekschen Röhrenkondensator ausgerüstet; nur werden die Gase, den kleineren Ofendimensionen entsprechend, durch 2 Röhrenstränge abgeführt. Die Schachtöfen werden in Zeiträumen von 2^h beschickt und in denselben Zeiträumen unten die Rückstände gezogen. Der Brennstoffverbrauch beträgt bei Anwendung von Holzkohle $1{,}6-2\%$. In Idria war im Jahre 1899 der Stuppfall (naß) $0{,}428\%$, (trocken) $0{,}389\%$ vom Erzaufbringen.

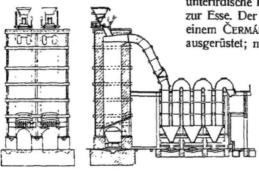

Abb. 210. Špirek-Ofen.

Das Verhältnis, in welchem sich der Röhrenkondensator und die Kammern am Quecksilberausbringen in den Jahren 1901–1903 in Idria beteiligten, ist aus folgender Zusammenstellung ersichtlich:

Vom Quecksilberausbringen wurden an Quecksilber erhalten:

	Aus dem Röhrenkondensator	Aus den Kammern	Summe
Metall, direkt gehoben oder ausgepreßt . . .	68,38%	2,80%	71,18%
In den Preßrückständen	18,00%	1,68%	19,68%
In nicht preßwürdiger Stupp	–	0,35%	0,35%
	86,38%	4,83%	91,21%

Dazu sei bemerkt, daß ein Teil des Quecksilbers direkt aus den Stuppsammelkästen unter den Kondensatoren metallisch ausgehoben, ein Teil durch mechanische Verarbeitung der reicheren, „preßwürdigen" Stupp gewonnen wird. Diese mechanische Verarbeitung wird in Idria „Pressen" genannt, obwohl es eher ein Rühren ist. Die Rückstände davon, die „Preßrückstände", enthalten immer noch $14-40\%$ Quecksilber und werden in Idria gewöhnlich in Fortschaufelungsöfen gebrannt. Die ärmere, nicht preßwürdige Stupp mit etwa $3-30\%$ Quecksilber wird, entweder für sich oder mit feinen armen Erzen gemischt, gebrannt.

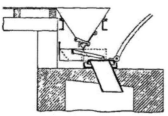

Abb. 211. Begichtungsvorrichtung nach Špirek.

Das Gesamtausbringen der Schachtöfen in Idria in den Jahren 1901–1903 betrug nach der Differenz zwischen Quecksilber-Auf- und -Ausbringen berechnet $89{,}41\%$, der Verlust $10{,}59\%$. Unter Berücksichtigung der bei der Bestimmung begangenen Fehler kann der Verlust auf $3{,}68-6{,}42\%$, im Mittel auf $5{,}05\%$ geschätzt werden.

Zahlentafel 1. Schachtöfen mit eingeschichtetem Brennstoff für kontinuierlichen Betrieb.

Lauf. Nr.	Ofen	Abmessungen (m) Höhe	Breite Durchmesser	Länge	Raum- inhalt m^3	Leistung in 24 Std. t	Brennstoff- verbrauch pro 1 t Erz	Leistung (t) für 1 m^3 und 24 Std.	Hg- Gehalt der Erze %	Hg- Ver- lust %	Kondensation
1	zu St. Annatal (bei Neumarktl)	9,25	1,25	1,25	14,45	7,36	für 1 m^3 0,156 m^3	0,51	0,8	—	Röhren und Kammern
2	von Novák	8,6	(o. 1,3) m. 2 (u. 1,3)	2,4	21,67	15	Holz- kohle 0,1 m^3	0,7	0,32	7,63	Čermák-Spirek- Kondensator
3	von Špirek	5,1	1,2	1,2	7,34	6–7,5	0,02	0,817	—	—	dto.

Schlitzofen von KROUPA. Durch die Erkenntnis geleitet, daß die Quecksilberverluste durch die Verdünnung der Quecksilberdämpfe in den Ofengasen stark beeinflußt werden, konstruierte G. KROUPA (*Ö. P.* 62517; *Österr. Ztschr. Berg-Hütten* 62, 380, 570 [1914]) einen mit Gas geheizten, kontinuierlich arbeitenden Muffelofen für Stückerze.

Wie Abb. 212 zeigt, besteht dieser Ofen aus 8 engen Schächten (Schlitzen) von 0,5 *m* Breite, 7,35 *m* Länge und 6 *m* Höhe, deren jeder durch eine 0,37 *m* dicke Zwischenmauer in 2 symmetrische

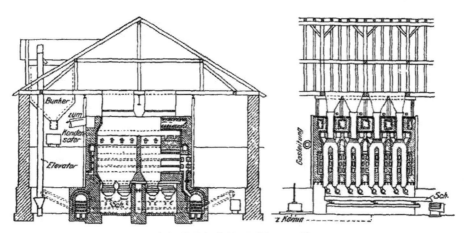

Abb. 212. Muffel- (Schlitz-) Ofen von KROUPA.

Hälften geteilt ist. Das Erz wird aus einem Vorratsbunker durch eine je 2 Schlitzen gemeinsame Eintragsöffnung aufgegeben und kontinuierlich durch Schüttelrinnen *Sch* abgezogen, so daß der Betrieb, bei welchem die Erze in fortwährender Bewegung begriffen sind, vollkommen ununterbrochen sein soll. Die Beheizung erfolgt durch Generatorgas, welches in Kanälen, die in den Längswänden der Schächte eingebaut sind, durch in Wärmespeichern vorgewärmte Luft verbrannt wird. Diese Kanäle sind in einer Höhe von 1,2 *m* eingebaut und erstrecken sich auf eine Höhe von 1,5 *m*. Die in den Schlitzen zur Oxydation des Zinnobers nötige Luft zieht durch die Austragsöffnungen ein und wärmt sich an den ausgebrannten Rückständen vor. Die Wärmespeicher liegen quer zu den Längswänden der Schächte und werden durch die abziehenden Verbrennungsgase beheizt. Der ganze Ofen bildet einen Würfel von 9,27 *m*.

Öfen für kleinstückige Erze. Feinerze können nur bis zu einem gewissen Anteil mit Stückerzen im Schachtofen mit verhüttet werden, sonst hindern sie zu stark das Aufsteigen der Gase im Ofen, wie auch in der Hitze leicht zerfallende Erze den Zug der Schachtöfen hindern. Man hat darum für Feinerze besondere Öfen, u. zw. sog. Schüttröstöfen, angewendet, d. h. Schachtflammöfen mit eingebauten Rutschflächen.

Eine alte, nur in Idria in Betrieb stehende Konstruktion ist der von SPIREK abgeänderte Fortschaufelungsofen von ČERMÁK (Abb. 213; *Berg-Hütten Jahrb.* 42, 136 [1894]). Er ist ein Herdflammofen, als Doppelofen ausgebildet, und dient noch heute zur Verhüttung von Stupp und von reichen Erzen, auch in Form von Staub; doch sucht man den Betrieb möglichst einzuschränken, da er teuer ist.

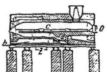

Das tägliche Aufbringen in einem Ofen beträgt 7 *t* armer Erze oder 3,5 *t* reicher Erze oder Stupp bei einem Holzverbrauch von 3 *m³*. Vom Quecksilberausbringen wurden in Idria in den Jahren 1901 bis 1903 (l. c.) direkt gehoben oder aus der Stupp ausgepreßt 80,3%, durch Brennen der Stupp gewonnen 9,51%, so daß der Verlust 10,19% betrug. Unter Berücksichtigung aller Fehler bei der Probenahme und -durchführung kann der Verlust zwischen 2,70–4,15%, im Mittel mit 3,42% geschätzt werden.

Etwas anders ist der zu Thagit in Algier für quecksilberhaltige Bleierze benutzte Ofen von SPIREK konstruiert, bei welchem mit Rücksicht auf die Bleierze eine Sohlenheizung vermieden werden mußte.

Ofen von LIVERMORE. Er bildet einen Übergang von den Herdflammöfen zu den Schüttöfen und befindet sich auf der Redingtongrube bei Knoxville in Californien (Abb. 214). Er besteht aus 10–20 um 50⁰ geneigten Kanälen *S* von 9–10,5 *m* Länge, 0,17 *m* Breite und 0,3 *m* Höhe, von

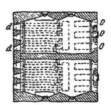

Abb. 213.
Fortschaufelungsofen
nach ČERMÁK-SPIREK.

welchen 10—11 von einem Rost R aus beheizt werden. Etwa in der Hälfte der Höhe zwischen Sohle und Decke des Ofens sind Mauergurten v gespannt, welche den Zweck haben, das Erz an allzu raschem Herunterrutschen zu hindern. Mauervorsprünge im Gewölbe zwingen wieder die heißen Gase, die Erzoberfläche zu berühren. Das bei w aufgegebene Erz wird durch u in eine Kühlkammer B gezogen, welche mit den Kondensationskammern T in Verbindung steht. Die Sohle des Ofens kann auch durch P geheizt werden. Die Leistung ist aus Zahlentafel 2 ersichtlich.

Schüttröstöfen von Hüttner und Scott und von Čermák und Špirek.

Der Ofen von Hüttner und Scott (Abb. 215 und 216) besteht aus 2—6 engen rechteckigen Schächten, in welchen das Erz auf geneigten, abwechselnd auf den beiden Längsseiten des Ofens

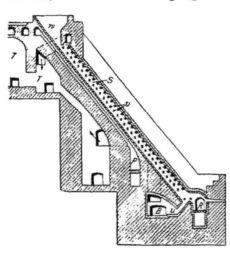

angebrachten Platten in einem schlangenförmigen Wege herabrutscht. Unter jeder Platte sind in den kurzen Wänden des Schachtes Öffnungen vorgesehen, welche in je einen hinter den kurzen Seiten der Schächte angebrachten Kanal führen und dadurch die Verbindung der einzelnen Räume unter den Platten herstellen. In dem einen dieser Seitenkanäle (in Abb. 215 in dem linken, in Abb. 216 in dem rechten) befindet sich die Rostfeuerung unter W bei Abb. 216 etwas über dem Austragsende der Schächte. Etwa in $^1/_3$ der Höhe des ganzen Ofens ist der Seitenkanal über der Feuerung abgemauert, so daß die Gase gezwungen sind, durch die Öffnungen in der Seitenmauer unter die Platten und von dort in den zweiten Seitenkanal zu ziehen. Dieser ist wieder in $^2/_3$ der Ofenhöhe abgemauert, so daß die Gase wieder gezwungen sind, unter den höher liegenden Platten in den ersten Seitenkanal oberhalb der Abmauerung zu ziehen. Von dort ziehen sie unter den obersten Platten zum Abzug aus dem Ofen und bei r zur Kondensationsvorrichtung. Diese Öfen wurden in New-Almadén in Californien im Jahre 1875 eingeführt, u. zw. in 2 Ausführungstypen, nämlich in einer für die Verarbeitung gröberer Erze (Granzitaofen) mit Ausziehen der Rückstände von Hand aus und in einer für feinere Erze

Abb. 214. Livermore-Ofen.

(Tierrasofen) mit Ausziehen der Rückstände in kürzeren Zeitabschnitten mittels Rüttelplatten.

Der Granzitaofen (Abb. 216) hat 2—4 Schächte von 8,22—8,38 m Höhe, 3,5 m Länge und 0,66—0,76 m Breite, welche auf jeder langen Seite je 10 um 45^0 geneigte Platten trägt. Der Abstand der Enden der einzelnen Platten von der nächst unteren beträgt 0,177—0,203 m. Das Erz ruht unten auf der Sohle der Ausziehöffnung h auf und bildet eine geschlossene Säule bis hinauf; unter den Platten ziehen die Feuergase im Schlangenweg aufwärts. Die Scheidewand zwischen 2 Schächten führt nicht bis zur Ofendecke. Über ihr befindet sich der für beide Schächte gemeinsame Eintrag a für die Erze, über welchen ein Sieb zur Abhaltung zu großer Erzstücke angeordnet ist: Der Eintragstrichter wird mit einem Kegel geschlossen gehalten.

Die Rückstände werden alle 40' gezogen, aus jedem Schacht 0,25 t. Gleich nach dem Ziehen wird frisches Erz aufgegeben. Die Bedienung besteht aus 3 Mann für einen Ofen.

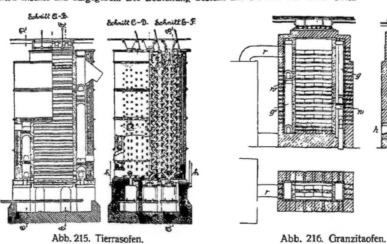

Abb. 215. Tierrasofen.   Abb. 216. Granzitaofen.

Der Tierrasofen (Abb. 215) ist ähnlich eingerichtet, besitzt 4–6 Schächte mit je 16 Platten auf jeder langen Seite und unterscheidet sich vom Granzitaofen durch die etwas anderen Abmessungen (s. Zahlentafel 2), durch einen schmäleren Spalt zwischen den Platten (0,127–0,076 m) sowie durch die Austragsvorrichtung. Es werden da 2 benachbarte Schächte nicht nur oben durch eine gemeinsame Eintragsöffnung gefüllt, sondern auch unten durch eine gemeinsame Austragsöffnung entleert. Das Ziehen der Rückstände erfolgt in Zwischenräumen von 10–15' durch gußeiserne, auf Rädern verschiebbare Rüttelplatten, welche bei ihrer hin- und hergehenden Bewegung die untere Schachtöffnung schließen oder öffnen und so die Rückstände aus dem Ofen rutschen lassen. In Zeitabständen von 1ʰ erfolgt die Nachfüllung der Schächte. Zur Bedienung von 4 Schächten sind 2 Mann nötig.

Dasselbe Prinzip wie durch den HÜTTNER-SCOTT-Ofen wird durch den Schüttröstofen von ČERMÁK und ŠPIREK (Abb. 217) verfolgt; nur die Ausführung ist eine andere. Kleinstückigere Erze würden in einem Schacht zu dicht liegen; darum müssen in der Beschickung Kanäle gebildet werden, durch welche die Gase durchziehen können. Beim Ofen von HÜTTNER und SCOTT werden die Kanäle durch die

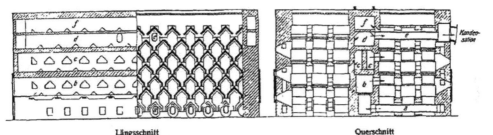

Längsschnitt   Querschnitt

Abb. 217. ČERMÁK-ŠPIREK-Schüttofen nach OSCHATZ.

Platten, eine Seitenwand des Ofens und das Erz, beim Ofen von ČERMÁK und ŠPIREK durch dachartige Steine und das Erz (Abb. 218) gebildet. Infolgedessen können die Schächte breiter gemacht werden. Breite Schächte würden einen komplizierten Gichtverschluß erfordern. Das Fehlen eines Gichtverschlusses, die große offene Gicht, ist der wundeste Punkt dieses Ofens, besonders in hygienischer Hinsicht und bei zu nassen und zu feinen Erzen. In betriebstechnischer Hinsicht ist die offene Gicht jedenfalls günstig. Bei der heutigen Ausführung und bei zweckentsprechender Beschaffenheit der Erze ist der Nachteil behoben, da eine genügend hohe Erzschicht oberhalb der obersten Dachreihen den Ofen gut abschließt (Abb. 218).

Der Ofen besitzt 2–4 rechteckige Schächte von z. B. je 3,44 m Länge, 1,66 m Breite und 2,2–3,5 m Höhe, in welchen sich 4–7 Dachreihen übereinander befinden. Die Dächer haben je nach dem Schachtquerschnitt verschiedene Abmessungen. Die Dächer werden durch besonders geformte, mit Öffnungen versehene Tragsteine getragen, welche die Seitenwände der Schächte und eine Zwischenwand im Schacht bilden. Zwischen den langen Seitenmauern der Schächte und den langen Umfassungsmauern des Ofens werden Kanäle für die Heizgase gebildet, desgleichen zwischen je 2 benachbarten Schächten, welche wie beim Ofen von HÜTTNER und SCOTT zur Zuführung der Gase unter die Dächer dienen. Die Beheizung geschieht durch 2 in der Mitte der kurzen Ofenseiten befindliche Rost- oder Generatorfeuerungen b. Die Feuergase treten von beiden Feuerungen in einen gemeinsamen Kanal b und ziehen von da durch die untersten 2 Dachreihen zur Peripherie des Ofens in die beiden Seitenkanäle, welche über den dritten Dachreihen abgemauert sind, so daß die Gase unter diesen Dachreihen wieder gegen die Mitte in die Kanäle c c ziehen müssen. Von dort werden sie wieder unter den

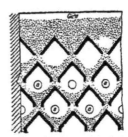

Abb. 218. Gichtverschluß und Zellenbildung durch die Ofenfüllung im ČERMÁK-ŠPIREK-Ofen nach OSCHATZ.

vierten Dachreihen nach außen und unter den fünften wieder gegen die Mitte in den Sammelkanal d und durch das Abzugsrohr e zu den Kondensatoren geführt.

Bei den älteren Öfen waren nur diese 5 Dachreihen. Die Wasserdämpfe, welche sich aus dem frischen Erz bilden, dringen teilweise in die oberhalb der fünften Dachreihe liegenden Erze und kondensieren sich dort, so daß sie den Feuchtigkeitsgehalt der Erze dort bedeutend erhöhen. Rutscht beim Ziehen der Erze dann dieses feuchte Erz hinunter und kommt es in Berührung mit den heißen Dächern der fünften oder vierten Reihe, so backt es dort an und bildet Knollen, welche sich dann im Durchgang zwischen den Dächern festklemmen. Das verursacht einesteils Verstopfungen, welche den Durchgang der Erze hindern, kann aber auch einen Kurzschluß für die Gase von einer Reihe zur nächst höheren veranlassen und dadurch ein Entweichen der Gase an der Gicht verursachen. Solche Klemmungen müssen mit Eisenstangen von der Gicht durchgestoßen werden. Weil dabei die Dächer leicht beschädigt werden und infolge der Berührung mit den nassen Erzen springen können, sind die obersten Dächer aus Gußeisen hergestellt, wogegen die tieferen, höheren Temperaturen ausgesetzten aus Schamotte sind. Dieser Übelstand wurde durch Einführung einer sechsten Dachreihe behoben. Der freie Raum unter diesen Dächern wird nicht mit dem Kanal

Zahlentafel 2. Schachtflammöfen.

Nr.	Ofen	Abmessungen eines Schachtes (m)				Anzahl der Schächte	Leistung des Ofens		Brennstoffverbrauch für 1 t Erz	Quecksilbergehalt der Erze %	Quecksilberverlust %	Erze
		Höhe	Breite, Durchmesser	Länge	Rauminhalt m³		in 24 h t	für 1 m³ und 24 h				
1	HÜTTNER und SCOTT, New-Almadén	8,38	0,76	3,5	21,3	2	18	0,42	0,148 m³ Holz	2,0	—	Gröberes Erz (Granzita)
2	HÜTTNER und SCOTT, New-Almadén	8,223	0,66	3,5	19,0	4	36	0,47	0,148 m³ Holz	0,75—1	—	Gröberes Erz (Granzita)
3	HÜTTNER und SCOTT, von New-comb zu Oathill (Californien)	11,277	ca.0,8	2,743	24,75	4	50	0,50	0,178 m³ Holz	—	5	Gröberes Erz (Granzita)
4	HÜTTNER und SCOTT, Tierrasofen	9,44	0,584	2,74	15,10	6	36	0,40	0,178 m³ Holz	1,29	—	Feinerze (Tierras)
5	Schüttröstofen von ČERMÁK-ŠPIREK, Idria (alter)	3,00	1,66	3,44	17,13	4	44	0,64	0,21 m³ Holz	0,6	{14,4[1] / (4,1)}	Armer Erzgrieß 1 bis 20 mm
6	Schüttröstofen von ČERMÁK-ŠPIREK, Idria (neuer), mit Gasheizung	3,00	1,66	3,44	17,13	4	80	1,17	0,148 m³ Holz	0,6	—	Armer Erzgrieß 1 bis 20 mm
7	Schüttröstofen von ČERMÁK-ŠPIREK, Idria (neuester), Gasheizung, Prinzip DENNIS	4,00	1,66	3,44	22,84	4	140	1,53	—	0,6	—	Armer Erzgrieß 1 bis 20 mm
8	Schüttröstofen ČERMÁK-ŠPIREK, Idria	2,2	1,0	1,8	3,96	2	6—7,2	0,75—0,9	0,43 m³ Holz	6,1	{6,0[1] / (1,5)}	Reiche Erze bis 4 mm
9	LIVERMORE-Ofen	9—10,5	0,17	Höhe 0,304	0,465—0,543	10—12	17,5	3,76—3,22	0,21 m³ Holz	—	—	—

[1] Siehe S. 612.

für die Röstgase und dem Kondensator verbunden, sondern mit einem besonderen, unter größerer Depression stehenden Abzugsrohr. Die oberhalb der fünften Dachreihe sich entwickelnden Wasserdämpfe werden dadurch abgesaugt und können sich nicht am Erz kondensieren; das Erz bleibt trocken und neigt nicht mehr zur Knollenbildung. Auf diese Weise kann eine fast vollkommen gas- und rauchfreie Gicht und ein ungestörter Niedergang der Erze erreicht werden. Um Störungen, z. B. durch beschädigte oder gebrochene Dächer, in den tieferen Dachreihen beobachten und kleinere gegebenenfalls beseitigen zu können, sind in den gepanzerten Ofenwandungen verschließbare Schauöffnungen gegenüber jeder Dachreihe angebracht. Unter der untersten Dachreihe befindet sich ein Rückstandsraum, durch welchen elliptische eiserne Rohre a gezogen sind, welche eine Verbindung der Außenluft mit einem unter dem Feuerkanal befindlichen Kanal vermitteln. Durch diese Rohre wird die Außenluft angesaugt und in vorgewärmtem Zustande den Feuerungen zugeführt. Bei einigen Öfen in Idria sind diese Rohre weggelassen worden. Die Öfen sind gepanzert, stehen auf einer genieteten Blechunterlage und auf Mauersäulen, zwischen welchen Geleise für die Abfuhr der Rückstände führen. In Abbadia werden die Rückstände aus Kanälen unter den Öfen durch einen Wasserstrom entfernt.

Im untersten Teil der Ofenschächte sind Schlitze angebracht, welche durch Schieber verschlossen sind, auf denen die Erzsäule im Ofen ruht. Werden diese Schieber gezogen, so fallen die Rückstände in die untergestellten Wagen (oder in den Wasserstrom), und die im Ofen befindlichen Erze rutschen abwärts. Oben werden dann frische Erze nachgefüllt. Die Bewegung der Erze im Ofen erfolgt ruckweise. Ein gleichmäßigeres Ausbrennen kann durch kontinuierliches Austragen der Erze, z. B. durch eine Förderschnecke, erzielt werden. Eine solche Austragsvorrichtung soll in Idria in den letzten Jahren eingeführt worden sein und sich gut bewährt haben.

Gleichzeitig ist in Idria anstatt der Rostfeuerung Gasheizung eingeführt worden. Der Ofen besitzt 10 Dachreihen bei gleicher Schachthöhe; das tägliche Aufbringen beträgt 85 t in 24^h bei einem Brennholzverbrauch von 0,14 m^3 für 1 t Erz. Im Jahre 1913 ist ein Schüttröstofen mit einer Schachthöhe von 3,2 m und 12 Dachreihen übereinander in Betrieb genommen worden, welcher nach dem Prinzip des DENNIS-Ofens mit Gas beheizt wird. Das tägliche Aufbringen soll 140 t betragen (*Österr. Ztschr. Berg-Hütten* **62**, 566 [1914]). Der Stuppfall soll sich bei der Gasheizung wesentlich geringer stellen, und es soll die Hälfte des ausgebrachten Quecksilbers metallisch aus den Stuppkästen der Röhrenkondensatoren gehoben werden können. Auch in Abbadia ist die Einführung der Gasheizung in den letzten Jahren bei allen 6 Schüttröstöfen durchgeführt.

Die Einrichtung der verschiedenen Schüttröstöfen von ČERMÁK und ŠPIREK ist je nach den örtlichen Verhältnissen sehr verschieden, besonders was die Abmessungen und Ofenleistungen betrifft (s. Zahlentafel 2, S. 608).

Von dem bei den Schüttöfen aufgebrachten Quecksilber wurde in Idria in den Jahren 1901 bis 1903 erhalten bei der Verarbeitung von armen Erzen:

	Aus dem Röhrenkondensator	Aus den Kammern	Summe
Metall, direkt gehoben oder ausgepreßt	69,57	2,76	72,33
In den Preßrückständen	8,37	1,31	9,68
In der nicht preßwürdigen Stupp	–	3,35	3,35
	77,94	7,42	85,36

Bei der Verarbeitung reicher Erze:

	Aus dem Röhrenkondensator	Aus den Kammern	Summe
Metall, direkt gehoben oder ausgepreßt	80,64	1,44	82,08
In den Preßrückständen	7,26	1,28	8,54
In der nicht preßwürdigen Stupp	–	1,24	1,24
	87,90	3,96	91,86

Zu den Schüttröstöfen gehört weiter der in Blackbutte, Oregon, von W. B. DENNIS (*Engin-Mining Journ.* 68, 112 [1909]; *Österr. Ztschr. Berg-Hütten* 58, 253 [1910]) erbaute Ofen, bei welchem durch besondere Gasführung die Röstzeit von 24—36ʰ auf nur 4ʰ abgekürzt werden soll. Über die Konstruktion des Ofens ist nichts Näheres bekanntgeworden; wie aber aus Abb. 219 ersichtlich ist, sind im Schacht dachförmige Träger eingebaut, zwischen deren Spalten das Erz in die tieferen Abteilungen des Ofens rutscht: also bezüglich der Erzbewegung dasselbe Prinzip wie beim ČERMÁK-ŠPIREK-Ofen. Die Beheizung geschieht durch Generatorgas, welches in einem am Ofen angebauten Generator erzeugt wird. Im Gegensatz zu allen anderen ähnlichen Öfen geschieht hier die Bewegung der Gase abwärts, so daß die Erhitzung des Erzes im Gleichstrom erfolgt. An beiden Seiten des Röstschachtes

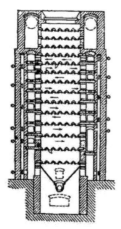

Abb. 219. DENNIS-Ofen.

sind Verbrennungskammern angebracht, welche alle mit Luftzufuhr, jede zweite aber auch mit Generatorgaszufuhr, versehen sind. Auf diese Weise wird immer die Gasmenge und die Temperatur in jeder tieferen Abteilung gegen die der nächsthöheren etwas gesteigert, so daß das Temperaturgefälle zwischen Gas und Erz möglichst auf derselben Höhe, d. i. etwa 170—190⁰, gehalten wird. Die obersten 6 Abteilungen bilden einen Trocknungsraum; in den nächsten 5 Abteilungen wird das Erz bis auf 570⁰ erwärmt, und in der nun folgenden sechsten Abteilung findet die eigentliche Abröstung und Verflüchtigung statt. Die letzten 3 Abteilungen dienen als Kühlräume. Aus der untersten wird das Erz kontinuierlich ausgetragen. Die Erze haben Eigröße und enthalten 33% Erzklein, welches durch ein Sieb mit 4 Maschen pro englischen Zoll durchgeht. Ein solcher Ofen soll bis 400 *t* Erz täglich verarbeiten können.

Nach dem Prinzip des Schlitzofens für Groberze schlägt KROUPA auch einen Ofen für Kleinerz vor (*Ö. P.* 72405; Bergbau und Hütte 5, 167 [1919]). Von dem Ofen für Groberz unterscheidet er sich nur dadurch, daß in den Schächten horizontale Schamottehohlkörper auf Traggurten derart aufgelegt sind, daß unter ihnen im Erz Kanäle gebildet werden, welche in besondere, in den kurzen Begrenzungsmauern der Schächte befindliche Oxydationsräume führen. Der Vorgang ist so gedacht, daß der Zinnober durch die Hitze bei Luftmangel in den Schächten sublimiert und in den Oxydationsräumen durch zugeführte heiße Luft oxydiert wird. Die heiße Luft kann entweder dem Regenerator entnommen werden, oder es kann die durch die Austragsöffnung einziehende Luft, welche sich an den Rückständen vorwärmt, benutzt werden. Auch dieser Ofen ist so wie der für Groberze erst im Projekt vorhanden. Interessant ist dabei der Gedanke, die vor der Zersetzung stattfindende Sublimation des Zinnobers, welche bei den jetzigen Öfen nur als Nebenerscheinung vor sich geht, zum Hauptvorgang auszubilden.

Am Monte Amiata in der Hütte Abbadia wurde im Jahre 1913 zur Verhüttung der getrockneten, sehr staubenden Feinerze unter 5 *mm* Korngröße ein Drehrohrofen von MÖLLER & PFEIFER, Berlin, in Betrieb gesetzt (OSCHATZ, *Glückauf* 54, 596 [1918]).

Dieser Drehrohrofen (Abb. 220) besitzt eine Länge von 16 *m*, einen Durchmesser von 1,25 im Lichten (1,65 *m* außen) und besteht aus einem mehrteiligen Eisenrohr, welches mit feuerfesten Steinen ausgemauert ist. Die Beschickung wird mittels einer Transportschnecke von dem Vorratstrichter *d*, in welchen sie durch ein Becherwerk *c* gehoben wird, durch die am Eintragsende des Ofens befindliche Staubkammer *a* zugeführt und rutscht infolge der pendelnden Bewegung und der Neigung der Trommel (1 : 20) gegen das Austragsende. Ursprünglich war eine Drehbewegung der Trommel gedacht; wegen der durch die Beschaffenheit der Erze bedingten Staubbildung mußte jedoch die pendelnde Bewegung eingeführt werden: eine Drittelumdrehung in dem einen und daran anschließend eine Drittelumdrehung in dem anderen Sinne. Das abgeröstete Erz fällt in die Austragskammer *b*, aus welcher es durch eine Förderschnecke kontinuierlich ausgetragen wird. Das Gas tritt durch einen ziemlich weit in die Trommel ragenden Brenner ein. An die Staubkammer hinter dem Ofen ist ein Röhrenkondensator, System ČERMÁK-ŠPIREK, mit 8 Röhrensträngen angeschlossen. Die durchschnittliche Leistung des Ofens beträgt 30 *t* in 24ʰ bei einem Brennstoffverbrauch von 0,135 *t* Reisigholz (2500 *W. E.*) für 1 *t* Erz. Die Leistung für 1 *m³* Fassungsraum und 24ʰ stellt sich somit auf 1,52 *t* bei einem Gehalt der Erze von 1,2% Quecksilber. Die Bedienung besteht aus 3 Mann für die Schicht.

Die Quellen für Quecksilberverluste sind beim Drehrohrofen geringer als bei den anderen Ofentypen. Der Rohrofen hat sich in Abbadia-San Salvatore für staubfeine Erze, welche in Schüttröstöfen Schwierigkeiten bereiten, nach Überwindung der Staubplage bewährt, sonst aber bisher in europäischen Quecksilberhütten keinen Eingang gefunden. Ein Drehrohrofen von H. & F. AUHAGEN, Wien, ist 1930 in Ras el Ma (Algier) aufgestellt worden. Ein weiterer Drehrohrofen soll 1930 in Japan errichtet werden (Yamata Suiginzan Kogyosko in Osawa). Auf den Hütten

der Vereinigten Staaten hat sich im letzten Jahrzehnt der Drehrohrofen schnell. eingeführt und die Schüttröstöfen immer mehr verdrängt. Daneben wird vereinzelt ein anderer mechanischer Röstofen angewandt, wie z. B. der HERRESHOFF-Ofen, der sonst für Kiese (s. Bd. VII, 121) gebräuchlich ist.

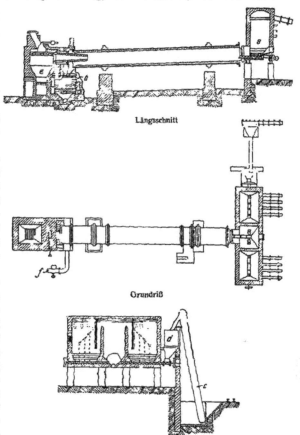

Längsschnitt

Grundriß

Querschnitt durch Staubkammer und Aufgabevorrichtung .

Abb. 220. Rösttrommelanlage nach K. OSCHATZ.
a Staubkammer; b Ausfall; c Becherwerk; d Füllrumpf;
e Generator; f Ventilator.

Im Vergleich zum Schachtofen und Schüttröstofen setzt jeder mechanische Ofen das Vorhandensein von Kraft voraus, ferner eine Zerkleinerung auf mindestens 6 bis 8 Maschen und eine tägliche Durchsatzmenge von möglichst über 50 t.

Der bei den mechanischen Röstöfen, vor allem bei den Drehrohröfen auftretenden Staubentwicklung wird durch Staubabscheider (Zyklone) und elektrische Gasreinigung (Bd. II, 464; IV, 388) wirksam entgegengetreten. Letztere soll den sehr feinen Staub bei einer oberhalb des Kondensationspunktes des Hg liegenden Temperatur weitgehend aus dem Gasstrom abscheiden (Engin - Mining Journ. 128, 503, 732 [1929]).

Über mechanische Öfen zur Zinnoberverhüttung in den Vereinigten Staaten von Amerika machen L. H. DUSCHAK und CH. G. MAIER Ausführungen, denen die folgenden Angaben entnommen sind (Techn. Publ. Nr. 264 A. I. M. E., Oktober-Versammlung 1929, San Francisco, Auszug in Metall u. Erz 1930, 595 f.).

Trommelöfen: Äußere Abmessungen 12—21 m Länge, 0,91—1,52 m Durchmesser. Auskleidung 114—165 mm stark, je nachdem, ob zwischen Mantel und feuerfestem Futter noch eine wärmeisolierende Schicht vorhanden ist oder nicht. Lebensdauer der Auskleidung bis zu 2 Jahren, bei stark schleifendem Gut 6—4 Monate. Ofenneigung 4—6%, Umdrehungsgeschwindigkeit 1—2'. Das Gut verweilt etwa 1h im Ofen. Leistung in 24h 36—90 t, je nach Charakter, Korngröße und Feuchtigkeitsgehalt des Erzes. Heizölverbrauch 29 kg/t bei 40—45 t Durchsatz eines Erzes, das einen besonders hohen Brennstoffaufwand braucht. (Ofen 21×1,20 m). Gewöhnlicher Zerkleinerungsgrad 50 mm. Das Staubproblem kann neuerdings als überwunden gelten. Staubmenge 0,5—5%, gewöhnlich 1—2% des Durchsatzes; besonders hoch, wenn die Ofenwand Risse und Vertiefungen besitzt. Der Staub verursacht Verstopfung und Verringerung der Kühlwirkung der Kondensation, er erhöht die Stuppmenge. Elektrische Gasreinigung' hat sich bewährt, Wirkungsgrad 93%; sie verringert auf 0,05 %, Staub, bezogen auf das Vorlaufen an Erz. Zur Vorreinigung werden auch Zyklone in Spezialausführung verwendet, deren Wirkung wesentlich erhöht wird, wenn man die Stäube vorher in einem Röhren-COTTRELL elektrisch auflädt.

HERRESHOFF-Ofen. Beispiel eines achtherdigen Ofens: Durchmesser 4,57 m. Ölbrenner für den 4. und 6. Herd. Heizölverbrauch 21 kg/t Erz. Durchsatz mindestens 82 $t/24^h$. Ein anderer, mit Holz beheizter 5,50-m-Ofen mit 6 Herden (außer dem Trockenherd) setzt in 24^h 36–54 t Erz durch. Korngröße $^1/_2$ bis $^3/_4$". Durchgangszeit 1^h 20' bis 2^h 40'. Brennholzverbrauch 0,12–0,14 m^3/t Erz. Als Vorteil vor dem Trommelofen wird die Vermeidung von Dampfverlusten angegeben, wie sie am oberen Ende des Trommelofens fast unvermeidlich (?) ist.

Gang der Verarbeitung der Erze auf den Hütten von Idria, Abbadia-San Salvatore und Almadén.

Bei der Förderung der Zinnobererze findet zunächst nur eine Scheidung zwischen reichen (über 2 % Quecksilber) und armen Erzen statt. Eine Anreicherung durch nasse Aufbereitung ist nicht zweckdienlich, da die dabei erfolgenden Verluste zu groß sind und auch sehr arme Erze (unter 0,3 % Quecksilber) sich noch gewinnbringend verarbeiten lassen.

Versuche einer naß-mechanischen Aufbereitung haben ein ungünstiges Ausbringen ergeben. Ein Flotationsversuch der ERZ- UND KOHLEFLOTATION G. M. B. H., Bochum, mit einem quarzitischen Erz mit 0,5 % Hg ergab ein Metallausbringen von 93,2 %, wobei 1,5 % Gewichtsanteil des Ausgangsmaterials als 31,3 %iges Konzentrat gewonnen wurde. Bei einem Versuch der FRIEDR. KRUPP A. G., GRUSONWERK, konnten aus Erzen mit 0,3–1 % Hg Konzentrate von 35–50 % Hg und Abgänge von 0,01–0,05 % Hg durch Flotation erzielt werden, entsprechend einem Ausbringen von gleichfalls über 90 %. Die Ergebnisse sind nicht ungünstig, zeigen aber doch, daß man bei der Aufbereitung einen Verlust in Kauf nehmen mußte, welcher größer als der unvermeidbare Hüttenverlust ist.

Darum werden die Zinnobererze nur nach der Korngröße sortiert und die einzelnen Korngrößen bestimmten Ofensystemen zugewiesen. Unbeabsichtigt gesellt sich zu dieser Sortierung nach Korngröße auch eine Klassierung nach dem Gehalt, weil die Erze bei der Gewinnung und ev. Zerkleinerung nach den weicheren Zinnoberäderchen zerfallen und folglich an kleineren Stücken mehr Zinnober ist als an den größeren. Es sind darum die Sorten von kleinerer Korngröße stets die reicheren.

In Idria werden die Erze schon in der Grube in reiche und arme Erze getrennt. Die Grenze bildet ein Gehalt von 2 % Quecksilber. Die reichen Erze werden zwecks besseren Ausbrennens auf ein Korn von 4 mm abwärts vermahlen, um entweder in einem kleinen Schüttofen von ČERMÁK-ŠPIREK mit 2 Schächten oder in Fortschaufelungsöfen verarbeitet zu werden. Die armen Erze von 40–90 mm Korngröße mit etwa 0,3 % Hg werden in Schachtöfen von LANGER-NOVÁK, die unter 40 mm mit 0,4–0,6 % Hg in Schütttröstöfen von ČERMÁK-ŠPIREK verarbeitet. Von 11 vorhandenen Schachtöfen sind 8–9 in Betrieb, dazu 2 große ŠPIREK-Öfen mit Gasfeuerung und 2 kleinere mit Holz- oder Braunkohle beheizte. Außerdem ist während 6 Monate ein Fortschaufelungs-Doppelofen (S. 605) in Betrieb.

Die Leistungen der einzelnen Ofensysteme sind aus den Zahlentafeln ersichtlich.

Insgesamt wurden im Jahre 1927 83 678 t Erz verhüttet und 499 t Quecksilber erzeugt, entsprechend 6 kg aus 1 t Erz.

Der Quecksilberverlust, aus der Differenz zwischen Auf- und Ausbringen berechnet, betrug im Durchschnitt der Jahre 1901–1903 bei den Schachtöfen 8,99 %, bei den Schüttöfen 14,40 %, bei den Fortschaufelungsöfen 9,05 %, bei der Verarbeitung der reichen Erze in einem kleinen Schüttofen 6,02 %. Nach der Größe der Verlustquellen geschätzt, würde sie aber betragen:

bei den Schachtöfen	zwischen	3,68	und	6,42 %,	im Mittel	5,05 %
" " Schüttöfen	"	3,11	"	5,10 %,	"	4,10 %
" " Fortschauflern	"	2,70	"	4,15 %,	"	3,42 %
beim kleinen Schüttofen	"	1,27	"	1,69 %,	"	1,48 %

In Abbadia-San Salvatore wird alles Erz auf einen Rost von 8 × 12 cm Lochweite gestürzt; die durchfallenden Stücke gelangen in eine Trockentrommel von MÖLLER & PFEIFER (Stundenleistung 6 t, vorhanden 3 Apparate) und fallen nach 30' Durchgang auf Siebe, die der Trommel angeschlossen sind und in Korn über und unter 40 mm sortieren. Das Feinkorn, $^2/_3$ bis $^3/_5$ der Förderung, wird in 6 ŠPIREK-Öfen verschiedener Größe verhüttet, das Grobkorn wird in 18 Schachtöfen von 6–7,6 t Leistung/24^h mit Holzkohle aufgegeben. Die Stücke über 8 × 12 cm werden zerschlagen und gehen zum Schachtofen oder zur Halde.

Die Röstdauer beträgt bei den Schachtöfen 32^h, bei den Špirek-Öfen 36, mit reichem Erz 72^h. Nach Einführung der Gasfeuerung bei den Špirek-Öfen ist die Röstdauer erheblich herabgesetzt und der Durchsatz entsprechend gesteigert worden. Betriebszahlen sind nicht bekannt. Die Ofenrückstände sind metallfrei. Der Gehalt der Essengase ist bei einer täglichen Metallproduktion von 2300 kg mit weniger als 1 kg ermittelt worden. Die Verluste in Öfen und Kondensation sind nur zu schätzen. Der Gesamtverlust wird mit 6—8% des Metallinhalts angenommen. Auch die gründlichsten Versuche und Verlustbestimmungen können den Gesamtverlust nur unter Annahme von Schätzungen ermitteln.

Der ziffernmäßige Anteil der Einzelwerke an der Produktion des Amiatagebietes ist nicht bekannt. Insgesamt wurden hier im Jahre 1927 154 000 t getrocknetes Erz (entsprechend 166 000 t Fördererz) verhüttet und 1497 t Hg erzeugt, entsprechend 9 kg aus 1 t Erz.

In Almadén in Spanien werden die Erze auf großen Sortierungsplätzen durch Ausklauben, dann mittels eiserner Rechen und Durchwerfens durch Siebe von 5 cm Maschenweite in 3 Sorten geteilt, u. zw.:

I. Klasse (das ausgeklaubte): metal mit etwa 22% Hg; II. Klasse (mittlere Größe): china mit etwa 9% Hg; III. Klasse (die gröbste): solera mit etwa 3% Hg. Außerdem erhält man noch eine Sorte feinen Erzes, welches 5—7% Hg enthält und vasisco genannt wird. Vom ganzen Aufbringen der Hütte entfallen auf „metal" etwa 13%, auf „china" 38%, auf „solera" 34%, auf „vasisco" 15%. Die Klassen I und II (im Jahre 1927/28 37% der Förderung) werden in Bustamente-Öfen verhüttet, wobei größere Stücke der Klasse III zur Abdeckung des Rostes dienen. Die Vasisco-Sorte wird in Schüttröstöfen von Špirek (42%), die Klasse III in Schachtöfen verarbeitet (21% der Förderung 1927/28). Die Bustamente-Öfen verarbeiten den größten Teil der 3 erwähnten Erzklassen und einen Teil mit „vasisco" gemischter Stupp. Der Einsatz im Bustamente-Ofen beträgt 19 t Erz, der Brennstoffverbrauch 1,8 t Steinkohle. Von den Schüttröstöfen, welche vasisco verarbeiten, setzen 2 Öfen je 8 t, 1 Ofen 4 t täglich durch. Ein Doppelschachtofen verarbeitet täglich 28 t solera mit einem Brennstoffverbrauch von 0,023 t Koks für je 1 t Erz.

Nähere Werkbeschreibungen: R. Pilz, Überblick über den Quecksilberbergbau und Hüttenbetrieb von Idria (1908), Rainer über Almadén, Monte Amiata und Idria (*Österr. Ztschr. Berg-Hütten* 62, 529, 563 [1914]) und Oschatz über Monte Amiata (*Glückauf* 54, 513 [1918]); ferner *Engin-Mining Journ.* 128, 503, 732 [1929] über amerikanische Werke; desgleichen zusammenfassende Darstellung von Duschak und Schuette, The Metallurgy of Quicksilver, Bureau of Mines, Bull. 222. — Troegel, Überblick über Vorkommen und Verhüttung des Zinnobers (*Metall u. Erz* 1930, 253).

Die Kosten der Quecksilbergewinnung auf den einzelnen Werken, bezogen auf 1 t Erz (Gewinnung und Verhüttung bis zum versandfertigen Metall, einschließlich allgemeine Unkosten, ausschließlich Amortisation und Verzinsung), sind nicht allzu verschieden und lagen 1914 in der Regel zwischen 0,8 bis 1,3 £ mit Ausnahme von Almadén, wo sie bei 5—6 £ lagen. Gegenwärtig werden sie in Europa in den meisten Fällen an 2 £, in Almadén an 5 £ herankommen. Die Kosten für 1 Flasche Quecksilber sind je nach dem Gehalt der Erze und der Höhe der Metallverluste bei der Verhüttung verschieden und dürften heute in Almadén bei 3 £, in Abbadia-San Salvatore bei 9 £ liegen. Bei den amerikanischen Werken dürften die Kosten in der Regel für 1 t Erz um 1,5 £ und für 1 Flasche Quecksilber um 18 £ durchschnittlich sich bewegen.

Der Verminderung der Hüttenverluste ist größte Sorgfalt zu widmen, da sie wirtschaftlich einer Erhöhung des Gehaltes der Erze und damit einer Herabdrückung der Selbstkosten je Flasche gleichkommt und auch im Interesse der Gesundheit der Belegschaft erforderlich ist.

Eine sachgemäße Betriebsleitung der Hütte hat folgende allgemeinen Grundsätze zu beachten: Es ist Röstgut möglichst gleicher Korngröße aufzugeben, welches die gleiche Röstzeit verlangt; die Zugverhältnisse in der Kondensation sind durch künstliche Ventilation auf den günstigsten Grad zu bringen und dauernd zu überwachen; die wirtschaftlich günstigste Temperatur der Gase beim Eintritt in die Kondensation und vor dem Ventilator ist zu ermitteln und zu überwachen.

Verarbeitung der Stupp. Die Stupp besteht aus einem Gemenge von Destillationsprodukten des Brennstoffs und des im Erz enthaltenen Bitumens, Ruß und Flugstaub, welches bis 80 % *Hg* als Metall oder in Verbindungen enthält.

Als Beispiel der Zusammensetzung einer Stupp aus der Kondensationskammer der Schachtöfen von Idria (1892) diene folgende von JANDA (*Österr. Ztschr. Berg-Hütten* 42, 268 [1894]) angegebene Analyse:

Metallisches Quecksilber	.65,04 % mit 65,04 % *Hg*	Eisenoxyd ⎱			
Schwefelquecksilber . . .	6,97 % „ 6,00 % „	Tonerde ⎰			1,11 %
Basisch schwefelsaures		Einfaches Schwefeleisen			0,94 %
Quecksilberoxyd	0,20 % „ 0,16 % „	Calciumoxyd			9,57 %
Schwefelsaures Quecksilber-		Magnesiumoxyd			0,40 %
oxyd	0,12 % „ 0,08 % „	Schwefeltrioxyd			9,10 %
Quecksilberchlorid	0,08 % „ 0,06 % „	Ammoniak ⎱			
Quecksilberchlorür	0,05 % „ 0,04 % „	Kohlenwasserstoffe ⎰			2,19 %
	71,38 % *Hg*	Siliciumdioxyd			1,20 %

Die Form, in welcher das *Hg* sich in Idria in den verschiedenen Stuppen vorfindet, sowie der Nässegehalt ist ersichtlich aus folgenden, ebenfalls von JANDA (l. c.) angegebenen Zahlen:

		Nässe	Quecksilber			Zusammen
			als Salz	als *HgS*	metallisch	
1	Stupp aus dem Kanal der Schachtöfen .	14,8 %	0,2 %	18,83 %	43,17 %	62,20 %
2	Stupp aus der Kondensationskammer der Schüttöfen	—	3,04 %	6,75 %	22,01 %	31,80 %
3	Stupp aus der Kondensationskammer der Schüttöfen	85,8 %	Spuren	4,00 %	18,00 %	22,00 %
4	Stupp aus dem Kanal hinter diesem Schütt-ofen	—	0,16 %	6,40 %	21,80 %	28,20 %
5	Stupp aus dem Kanal vor dem Ventilator	—	0,16 %	9,68 %	3,76 %	13,60 %
6	„ „ „ „ „ „	—	0,75 %	9,24 %	4,16 %	14,15 %
7	Stupp aus der Zentralesse	35,0 %	0,69 %	13,75 %	0,86 %	15,30 %
8	„ „ „ „	65,9 %	0,16 %	9,35 %	3,49 %	13,00 %

Andere Analysen sind angegeben in: *Österr. Ztschr. Berg-Hütten* 25, 123 [1877]; 42, 268 [1894]; 57, 637 [1899]; *Berg-Hütten Jahrb.* 27, 81 [1879]; *Dinglers polytechn. Journ.* 225, 214 [1877].

Das metallische Quecksilber befindet sich in der Stupp in feinverteiltem Zustande, und nur bei einem größeren Quecksilbergehalt fließt ein Teil desselben zusammen; sonst werden jedoch die Quecksilberkügelchen an der Vereinigung durch anhaftende Salze und hauptsächlich durch die öligen Substanzen gehindert. Durch Rühren kann ein weiterer Teil des Quecksilbers abgeschieden werden. Noch mehr Quecksilber scheidet man aus, wenn man während des Rührens entweder gebrannten Kalk oder Holzasche oder Säuren zugibt. Es tritt da nämlich eine Ver-seifung der öligen Substanzen ein bzw. eine Absorption der Feuchtigkeit durch den Kalk bzw. die Holzasche, und es können sich dann weitere Quecksilberkügelchen vereinigen und aus der Stupp ausfließen.

Hierauf gründet sich die **mechanische Verarbeitung der Stupp.** Ur-sprünglich geschah sie nur durch Handarbeit, indem die Stupp auf einer glatten, geneigten Holzfläche mit Holzkrücken unter Zugabe von Kalk durchgerührt wurde bzw. noch wird (Almadén), bis kein Quecksilber mehr ausfließt. Diese primitive Arbeit ist sehr ungesund und wurde fast überall durch maschinelle Arbeit ersetzt. Im Prinzip ist die Verarbeitung überall gleich. In einem gußeisernen Gefäß, welches mit rotierenden Rührarmen versehen ist, wird die Stupp mit einem Zusatz von Holzasche (bis 50 %) oder Kalk (17—30 %) so lange durchgerührt, bis kein Queck-silber mehr ausfließt.

Die in Idria hierzu angewandte Einrichtung, die **Stupp-Presse von EXELI,** ist aus Abb. 221 ersichtlich.

Sie besteht aus einem gußeisernen Zylinder von 1,26 *m* Durchmesser und 0,44 *m* Höhe mit einem rinnenförmigen Boden, in welchem sich an der tiefsten Stelle 25 Öffnungen von 10 *mm* Durch-messer befinden. Durch die Mitte des Zylinders führt von unten eine stehende Welle, auf welcher 4 Querarme *a* mit je 4 Messern *z* befestigt sind. Am Boden des Kessels sind 8 Messer *o* in 2 Diagonalen so befestigt, daß die beweglichen Messer bei der Bewegung sich nahe an den feststehenden bewegen und so die in den Zylinder eingefüllte Stupp zerschneiden und durchrühren. Der ganze Zylinder steht über einem zweiten Zylinder g, welcher zum Auffangen des abgeschiedenen Quecksilbers dient. Die Presse ist mit einem Blechdeckel versehen, aus welchem durch ein Rohr der Kalkstaub und die Quecksilberdämpfe abgesaugt werden. In dem Deckel befinden sich aufklappbare Türen, durch welche die Bedienung ermöglicht wird. Der Betrieb erfolgt in der Weise, daß bei stillstehenden Rührern 20–50 *kg* Stupp (je nach dem Nässegehalt) mit etwas Kalk eingefüllt und die Rührarme in Bewegung gesetzt werden. Zunächst werden die Rührarme nur mit etwa 12 Umdrehungen pro Minute gedreht; später steigt die Geschwindigkeit bis auf 40 Umdrehungen in der Minute. Je nach Bedarf wird weiterer Kalk zugegeben. Die ganze Kalkmenge beträgt bis

30% vom Gewicht der Stupp. Die Bedienung besteht nur in einem Loskratzen der sich etwa am Boden ansetzenden Stupp und im Durchstechen der sich verstopfenden Bodenlöcher. Das Quecksilber fließt in den unteren Zylinder und aus diesem durch ein Röhrchen in einen untergestellten Kessel. Die Verarbeitung eines Einsatzes dauert 1²/₃ bis 1³/₅ ʰ. Durch dieses Pressen wird jedoch nicht alles Quecksilber abgeschieden; die Preßrückstände, welche in Form von Kügelchen erscheinen, enthalten noch 14 bis 40% *Hg* und werden dem Röstprozeß unterworfen.

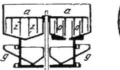

Abb. 221. Stupp-Presse in Idria.

Die aus dem von dem Ofen weiter entfernten Kondensatoren stammende Stupp enthält schon weniger Quecksilber, so daß es auch beim Rühren mit Kalk nicht zusammenfließt oder nur in einem solchen Maß, daß sich das Pressen nicht mehr lohnt. Solche Stuppe, welche 3–40% *Hg* enthalten können, werden ähnlich wie die Preßrückstände oder, wenn sie viel Wasser enthalten, mit feinem Erz gemischt, in den zum Brennen der Erze dienenden Öfen gebrannt.

In Idria wird von dem gesamten aufgebrachten Quecksilber gewonnen:

durch direktes Heben des metallischen Quecksilbers aus den Kondensatoren etwa	9%
„ Pressen	73%
„ Brennen der Preßrückstände	15%
„ Brennen der nicht preßwürdigen Stupp	3%

In Idria schwankte die Menge der Preßrückstände vom Stupp-Pressen und der nicht preßwürdigen Stupp, welche gebrannt wurde, in den Jahren 1892–1896 bei einer Quecksilbergewinnung von 512–560 *t* zwischen 700–1000 *t*; in späteren Jahren betrug sie nur mehr die Hälfte bei größerer Quecksilberproduktion. Mit der fallenden Stuppmenge vergrößerte sich jedoch der Quecksilbergehalt. So enthielten die Preßrückstände im Jahre 1899 bei 557 *t* Gewicht durchschnittlich 18% *Hg*, im Jahre 1908 bei 322 *t* Gewicht 24,4% *Hg*. Die nicht preßwürdige Stupp enthielt im Jahre 1899 10,6% *Hg* bei einem Gewicht von 176 *t*, im Jahre 1908 jedoch 20,3% *Hg* durchschnittlich bei 89 *t*. Bei den Preßrückständen ist das so zu erklären, daß die Stupp mehr von schwieriger verbrennlichen Destillaten enthält, sozusagen fetter ist und folglich das Quecksilber schwieriger freigibt. Bei den nicht preßwürdigen Stuppen bedeutet es, daß sich bei weniger Stupp das Quecksilber weiter vom Ofen niederschlägt. Diese Tatsache würde die Ansicht SPIREKS bestätigen, daß eine Stuppbildung bis zu einer gewissen Grenze günstig wirkt. Sie bestätigt aber auch die Ansicht, daß bei Änderungen im Ofenbetrieb auch eine Änderung in der Einrichtung der Kondensation eintreten muß.

Andere Arten der Verarbeitung der Stupp sind zwar versucht worden, haben sich jedoch gegenüber dem einfachen „Pressen" nicht eingeführt. Versuche mit Zentrifugieren der Stupp haben ergeben, daß sich die Stupp dabei zu einer harten Masse zusammenpreßt und kein Quecksilber freiläßt. Behandelt man sie vorher mit heißer Salzsäure, so tritt eine Säureverseifung der Destillationsprodukte ein, und kann dann das Quecksilber aus der so behandelten Stupp herausgeschleudert werden. Diese Art der Verarbeitung dürfte jedoch zu teuer sein. Es wurde auch versucht, die Stupp mit Brom zu behandeln und aus der erhaltenen Lösung das Quecksilber durch Elektrolyse unter Regenerierung des Broms zu gewinnen; aber auch diese Versuche haben trotz ihrer theoretischen Erfolge nicht zur Einführung des Verfahrens im Großbetrieb geführt.

Gewinnung des Quecksilbers als Nebenprodukt. Als Nebenprodukt wird das Quecksilber beim Rösten der Spat- und Brauneisenerze, welche quecksilberführende Fahlerze enthalten und durchschnittlich einen Gehalt von 0,05 % *Hg* aufweisen, in Kotterbach (Slowakei) gewonnen (SCHEFER und ARLT, *Glückauf* 46, 489 [1910]). Die Erze werden in Röstöfen, welche den Siegerländer Eisenerzröstöfen ähnlich sind und nur zum Ableiten der quecksilberhaltigen Gase mit Deckeln und Gasableitungen versehen sind, abgeröstet. In den Röhren hinter den Röstöfen kondensiert sich ein 80 % *Hg* haltender Schlamm, welcher in Stupppressen behandelt wird. Die Gase werden dann weiter in Türme geführt, in welchen dem Gasstrom entgegen Wasser über Kalkstein herunterrieselt. Dadurch werden nicht nur das Quecksilber, sondern auch Arsen und Antimonverbindungen niedergeschlagen und das Schwefeldioxyd der Gase unschädlich gemacht. Der hier gewonnene und der aus den Wässern in Koksfiltern erhaltene Schlamm wird mit quecksilberhaltenden Fahlerzen in 2 ČERMÁK-ŠPIREKschen Schüttröstöfen so wie Quecksilbererz verarbeitet. Die jährliche Produktion beträgt bis 80 *t Hg*. In Deutschösterreich findet gegenwärtig die einzige Quecksilbergewinnung aus Kupferfahlerzen in Schwaz in Tirol statt. Jahresproduktion 5,5−6 *t Hg* (*Metall u. Erz* **1928**, 212).

Gewinnung des Quecksilbers auf nassem oder elektrolytischem Wege. Auf diese Weise wird das Quecksilber im Großbetrieb nicht gewonnen, wohl wurde es aber versucht. So versuchte z. B. SIEVEKING (*Berg-Hütten Ztg.* **1876**, 189), Quecksilbererze mit einer Kupferchlorür-Chlornatrium-Lösung bei Anwesenheit einer Kupfer-Zink-Legierung zu behandeln, wobei das nach der Gleichung $Cu_2Cl_2 + HgS = CuCl_2 + CuS + Hg$ freiwerdende Quecksilber sich mit der Kupfer-Zink-Legierung amalgamiert und aus diesem Amalgam durch Destillation gewonnen wird. Dies ist also eher ein Anreicherungsverfahren.

Zur elektrolytischen Gewinnung schlug A. v. SIEMENS (*E. P.* 7123 [1896]) vor, eine Auflösung von Quecksilbersulfid in Sulfhydraten der Erdalkalien zu elektrolysieren. Dabei wird Quecksilber metallisch niedergeschlagen, und es werden die Rohstoffe zur Gewinnung neuer Sulfhydrate gewonnen. Angewandt wurde das Verfahren nicht. Die Benutzung von Brom in Verbindung mit der Elektrolyse zur Stuppverarbeitung wurde bereits erwähnt.

Das Verfahren des *D. R. P.* 480 713 [1927] von ITALO CAVALLI bezweckt, das Quecksilber nach vorheriger Konzentration durch Schlämmen der feingepulverten Roherze durch eine Natriumhypochloritlösung in Lösung zu bringen und daraus *Hg* auszufällen oder elektrolytisch abzuscheiden. Auch dieses Verfahren wird schwerlich Eingang in die Praxis finden.

Ferner sei erwähnt: *A. P.* 1 718 103 [1929]. Behandeln des Erzes mit der Lösung eines Alkalisalzes und eines Alkalihydroxydes, Ausfällen des gelösten *Hg* durch den elektrischen Strom (W. CH. BAXTER, BERKELEY, Californien). *A. P.* 1 718 491. Das feingemahlene Erz wird mit einer Lösung eines Sulfides und eines Sulfhydrates behandelt (F. M. SCHAD, New York). Dieses Verfahren deckt sich also mit dem erwähnten Vorschlag A. v. SIEMENS'.

Reinigung des Quecksilbers. Das auf den Hütten gewonnene Quecksilber enthält in der Regel keine Fremdmetalle und ist nur mit geringen Mengen Fett und Staub verunreinigt, welche sich auf der Oberfläche ansammeln. Um diese Verunreinigungen beim Einfüllen in die Versandflaschen zurückzuhalten, genügt es in den meisten Fällen, das in einem Vorratskessel befindliche Quecksilber rein abzustreifen und einen eisernen Ring aufzulegen, welcher auf dem Quecksilber schwimmt. Das einzufüllende Quecksilber wird dann aus der Mitte des Ringes rein abgeschöpft. Auch kann in das in einem Kessel befindliche Quecksilber ein zweiter, etwas kleinerer Kessel mit einer verschließbaren Öffnung am Boden eingetaucht werden. Läßt man die Öffnung, wenn sie sich schon etwas unter der Oberfläche des Quecksilbers befindet, frei, so fließt nur reines Quecksilber ein, wogegen die Verunreinigungen im Zwischenraum zwischen beiden Kesseln bleiben. Das Ausschöpfen des Quecksilbers aus offenen Kesseln ist jedoch wegen der Verdampfung des Quecksilbers ungesund und findet deswegen nur selten statt. In Abbadia-San Salvatore, wo das Quecksilber stark mit Staub verunreinigt ist, reinigt man das Quecksilber auf die Weise, daß man es durch eine Batterie von 10 Flaschen fließen läßt. Die Flaschen haben nahe am Boden 2 Ansätze zur Aufnahme von kurzen Gummischläuchen, mittels deren sie miteinander verbunden sind. Das Quecksilber durchfließt diese Flaschen, die Verunreinigungen steigen in den Flaschen empor und können durch die breiten Hälse entfernt werden (*Glückauf* **54**, 633 [1918]).

In kleineren Mengen kann man mechanisch stark verunreinigtes Quecksilber reinigen, wenn man es in einem dünnen Strahl in heiße verdünnte Natronlauge fließen läßt, dann mit Wasser auswäscht, in einer Porzellanschale mit Handtüchern abtrocknet und dann durch ein Filter mit einer kleinen Öffnung in der Spitze bis auf einen kleinen Rest durchfließen läßt. Bildet ein so gereinigtes Quecksilber längliche Tropfen und hinterläßt es, über Papier oder sonst eine glatte Fläche fließend, einen „Schweif", d. i. dunkle Streifen, so ist das Quecksilber durch andere Metalle, wie Blei, Kupfer, Zink, Wismut, Zinn, Cadmium u. s. w., verunreinigt. Ein solches Quecksilber kann durch Schütteln mit Säuren, einer salpetersauren Lösung von Mercuronitrat oder nach FINKENER mit einer Mischung von gewöhnlicher Salzsäure und einer *konz.* Lösung von Eisenchlorid gereinigt werden. Für 5 *kg* Quecksilber werden 250 *cm³* Salzsäure und 75 *cm³* oder mehr Eisenchloridlösung verwendet und das Quecksilber damit durch 3—6 Tage häufig geschüttelt. Das Quecksilber wird dabei infolge Bildung von Kalomel in zahlreiche Tropfen zerteilt und das Eisenchlorid in Chlorür umgewandelt. Dann wird das Quecksilber mit heißem salzsauren Wasser auf einer Porzellanschale mehrmals durch Aufrühren und Dekantieren gewaschen und auf einem Wasserbade mit einer salzsauren Zinnchlorürlösung (200 *g*) unter Umrühren erwärmt. Nachdem das Quecksilber wieder zusammengelaufen ist, wird es mit Wasser gewaschen, getrocknet und durch ein Papierfilter mit durchstoßener Spitze durchlaufen gelassen. Eine solche Reinigung kommt aber bei den Hütten selbst nicht in Betracht.

Hingewiesen sei ferner auf die Gegenwart von Spuren von Gold im *Hg*, das sich nur durch sehr vorsichtige Destillation im Vakuum abtrennen läßt (E. TIEDE, A. SCHLEEDE und F. GOLDSCHMIDT, *Naturwiss.* 13, 745). Die von A. MIETHE (*Naturwiss.* 13, 635) beobachtete Umwandlung von Quecksilber in Gold durch Elektrizität erwies sich als falsch.

Verpackung des Quecksilbers. Das Quecksilber wird von den Hütten in eisernen Flaschen, welche 34,5 *kg Hg* fassen und mit einer Schraube verschlossen sind, versandt. In Californien betrug das Gewicht einer Flaschenfüllung bis zum 1. Juni 1904 76,5 Pfund (zu 0,4563 *kg*, d. i. 34,7 *kg*), von da an 75 Pfund (34,05 *kg*). Die Flaschen sind von zylindrischer Gestalt, von 2,7 *l* Inhalt (Höhe etwa 30 *cm*, Durchmesser etwa 10 *cm* außen). Sie sind entweder aus einem Stück gepreßt, oder der Boden und Deckel sind angeschweißt. Leer wiegen sie zwischen 4,5—6 *kg*, gewöhnlich zwischen 4,5—5 *kg*.

In Idria geschieht das Abwiegen des Quecksilbers in einem zylindrischen Tontopf mit konischem Boden, welcher am Boden mit einem eisernen Hahn und Kautschukschlauch zum Entleeren versehen ist. Um die Gesundheit der beschäftigten Personen zu schützen, wird das Quecksilber in das Wägegefäß aus einem bedeckten eisernen Sammelkessel, der am Boden ein verschließbares Ablaufrohr trägt, gefüllt. Dabei wird auch eine Reinigung von Fett und Staub erzielt, da sich diese Verunreinigungen an der Oberfläche des Quecksilbers im Sammelkessel ansammeln (*Österr. Ztschr. Berg-Hütten* 62, 570 [1914]).

In den Hütten am Monte Amiata wird nach dem Vorschlag von AMMANN (*Österr. Ztschr. Berg-Hütten* 62, 541 [1914]; *Glückauf* 54, 634 [1918]) das Quecksilber nach dem Volumen unter Berücksichtigung der Temperatur gemessen. Beim Einfüllen werden die Flaschen auf die Dichtigkeit des Verschlusses dadurch geprüft, daß sie auf 24ʰ mit der Verschlußschraube nach unten über eine Blechtasse gestellt werden. Dann werden sie plombiert. In Idria wird ein kleiner Teil der Erzeugung in Lederbeutel verpackt. Ein Beutel faßt 25,08 *kg* (0,08 *kg* Aufwaage), und 2 Beutel werden in ein Holzlägel verpackt.

Analytisches. Zur qualitativen Untersuchung des Quecksilbers auf Verunreinigungen verjüngt man zunächst die Quecksilbermenge durch Destillation, z. B. von 20 *g* auf 1 *g*, und untersucht diesen Rückstand, in welchem sich die Verunreinigungen angereichert haben. Bezüglich der langwierigen quantitativen Analyse des Quecksilbers nach dem Verfahren von FRESENIUS (*Ztschr. angew. Chem.* 2, 343 [1863]) muß auf die Spezialliteratur verwiesen werden.

Verwendung. Das Quecksilber wird sowohl in metallischem Zustande wie auch in Form seiner chemischen Verbindungen verwendet. In metallischem Zustande wird es häufig bei wissenschaftlichen Apparaten (als Absperrflüssigkeit, Luftpumpen, elektrischer Kontakt, Temperaturmessung, Barometer u. s. w.) verwendet. Wegen seiner Fähigkeit, andere Metalle aufzulösen und mit ihnen Amalgame zu bilden, wird es bei der Gold- und Silbergewinnung (Bd. VI, 1), beim Feuervergolden, Spiegelbelegen, in der Zahntechnik u. s. w. angewendet. Diese Art der Verwendung ist aber gegen früher stark zurückgetreten. Bei der Gold- und Silbergewinnung (besonders bei der letzteren) ist das Quecksilber zum größten Teil durch die wirtschaftlicher arbeitende Cyanidlaugerei ersetzt worden; das Spiegelbelegen mit Hilfe von Quecksilber (Bd. V, 774), welches ebenso wie das Feuervergolden sehr gesundheitsschädlich ist, ist dem Silberspiegelbelag gewichen. In Form von chemischen Verbindungen findet Quecksilber Anwendung zur Farbenfabrikation (Zinnober), zu medizinischen Zwecken, für Mittel zur Schädlingsbekämpfung (s. d.), als Katalysator bei der Herstellung von Acetaldehyd (Bd. I, 95), Anthrachinon-1-sulfosäure, Phthalsäure, zur Herstellung von Knallquecksilber (Bd. IV, 749), als Beize in den Hasenhaarschneidereien und bei der Huterzeugung (salpetersaures Quecksilber) u. s. w. Etwa 1000 *t* werden zur Fabrikation von Zinnober (Vermillon, davon 700 *t* in China) verwendet.

Erstmalig ist in den Vereinigten Staaten (*Mining and Metallurgy* **10**, 556 [1929]) die Verwendung von Quecksilber statistisch erfaßt worden. Danach entfallen von einem Gesamtverbrauch von 30 000 Flaschen je 34,5 *kg* auf Arzneimittel und Chemikalien 32,2%, Zündsätze 18,4%, Zinnober 11,9%, Oxyde 11,4%, elektrische Apparate 10,3%, Filzfabrikation 6,4%, Gold- und Silbergewinnung 3,2%, Instrumente 2,4%, Verschiedenes 3,8%.

Statistisches. Vgl. S. 512, Gesamtquecksilbergewinnung.

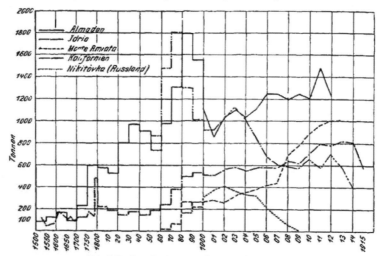

Abb. 222. Quecksilberproduktion in Tonnen.

Eine Zusammenstellung für einzelne Jahre und eine graphische Darstellung der Erzeugungsmengen der 5 Haupterzeugungsgebiete für die Jahre 1860—1901 findet sich in NEUMANN, die Metalle (S. 280).

Zahlentafel 3.

Statistisch erfaßte Weltproduktion nach den Zusammenstellungen der METALLGESELLSCHAFT, Frankfurt a. M. in metr. *t.*

.	1913	1924	1925	1926	1927	1928	1929
Spanien	1246	899	1277	1594	2492	2195	2467
Italien	1004	1641	1834	1871	1996	1988	1998
Tschechoslowakei	—	78	73	82	55	72	70[2]
Rußland	—	65	10	127	74	70[2]	80[2]
Österreich	908[1]	5	6	6	6	5	5
Übriges Europa	14	6	9	8	10	9	9
Europa	3172	2693	3209	3688	4633	4339	4629
Afrika	—	3	2	3	1	2[2]	2[2]
Vereinigte Staaten	688	369	312	260	384	616	816
Mexiko	166	37	39	45	81	85	83
Amerika	854	406	351	305	465	701	899
Australien	—	—	—	—	1	—	—
Gesamtproduktion	4026	3103	3562	3996	5100	5042	5530

[1] Österreich-Ungarn. [2] geschätzt.

Die Produktion Österreichs stammt seit 1924 vollständig, die der Tschechoslowakei fast ganz aus Fahlerzen bzw. Spateisenstein.

Über die asiatische Produktion fehlen auch nur annähernd zuverlässige Angaben.

Abgesehen von Schwankungen in den Erzeugungsgebieten ist die Gesamtproduktion auch während des Weltkrieges auffallend stabil geblieben. Sie betrug in 1000 *t* 1914 = 3,8, 1915 = 3,9, 1916 = 3,8, 1917 = 4,0, 1918 = 3,7. In den folgenden 3 Jahren jedoch ist sie bis 2100 *t* zurückgegangen, bis 1922 langsam ein Ansteigen beginnt. Die neueste Entwicklung steht unter dem Einfluß der 1928 erfolgten Bildung des Europäischen Quecksilbersyndikates und seiner Preispolitik. Sie hat zu einer den Verbrauch übersteigenden Produktion geführt und vor allem in den Vereinigten Staaten zur Aufnahme neuer Betriebe angeregt.

Die annähernden jährlichen Durchschnittspreise für 1000 *kg* in M. sind im Diagramm (Abb. 223) graphisch dargestellt, u. zw. bis zum Jahre 1850 die Preise in Idria, von da an die Londoner Preise (bis 1902 nach NEUMANN, Die Metalle, S. 282), die weiteren nach verschiedenen Angaben, z. B. aus der *Chem.-Ztg.* und hauptsächlich nach den Statistischen Zusammenstellungen der METALLGESELLSCHAFT A. G.

Wie die Preiskurve in Abb. 223 erkennen läßt, war der Markt von 1880 ab keinen allzu großen Schwankungen unterworfen. Das Haus ROTHSCHILD in London hatte schon seit 1835 auf Grund langfristiger Verträge den Verkauf des spanischen Quecksilbers übernommen und damit zur Regelung des Marktes wesentlich beigetragen. Als der letzte Vertrag nach dem Weltkrieg nicht wieder erneuert wurde, trat zunächst ein Zustand größerer Unsicherheit ein, bis nach langwierigen Verhandlungen die europäischen Haupterzeuger zu einem Syndikat zusammentraten, welches bei rund 80% Anteil an der Weltproduktion den Markt gegenwärtig vollkommen beherrscht und im Oktober 1928 die offizielle Preisnotierung mit £ 21 15/— je 1 Flasche frei spanische oder italienische Grenze aufnahm. Dieser Preis ist bis heute geblieben (Metallwirtschaft **1930**, 392). Der vertragliche Kontingentierungsanteil des spanischen und des italienischen Absatzes ist in den ersten 3 Jahren mit 55:45, später mit 60:40 festgesetzt.

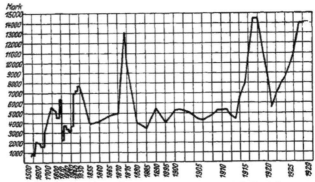

Abb. 223. Preiskurve des Quecksilbers in Mark für 1 *t*.

Zahlentafel 4.

Preisgestaltung für Quecksilber 1913–1929 nach den Veröffentlichungen der METALLGESELLSCHAFT A. G., Frankfurt a. M., Londoner Notierung in Pfund Sterling für 1 Flasche von 34,5 *kg*. Preise von San Francisco in Dollars für 1 Standardflasche von 75 lbs.

	1913	1924	1925	1926	1927	1928	1929
Durchschnittspreis je 1 Flasche . £	7 9/2	11 19/8	13 17/1	15 13/6	21 7/11	22 9/8	226,10
$	39,54	69,76	83,13	91,96	118,16	123,51	122,15
je 1 *kg* $	1,16	2,05	2,44	2,70	3,43	3,58	3,54
Wert der Gesamtproduktion in Million. $	4,6	0,3	8,9	10,6	17,6	17,7	19,6

Die Einfuhr von Quecksilber nach Deutschland betrug in runden Zahlen:

1912 . . 990 *t* im Werte von 4 949 000 M.   1927 . . 700 *t* im Werte von 8 900 000 M.
1913 . . 961 *t* „ „ „ 4 134 000 „   1928 . . 1300 *t* „ „ „ 17 700 000 „
1926 . . 800 *t* „ „ „ 7 300 000 „   1929 . . 348 *t* „ „ „ 4 239 000 „

in der Hauptsache heute aus Spanien und Italien und früher Österreich in wechselndem Anteilsverhältnis.

Literatur: BEYSCHLAG, KRUSCH, VOGT, Die Lagerstätten der nutzbaren Mineralien und Gesteine. Bd. I. Stuttgart 1910. — EGLESTON, The metallurgy of silver, gold and mercury in the United States, Bd. II. London und New York 1890. — HAENIG, Der Erz- und Metallmarkt. Stuttgart 1910. — MEISNER, Weltmontanstatistik. II. Berlin 1929. — LAUNAY, Gîtes minéraux et métallifères. Paris und Lüttich 1913. — NEUMANN, Die Metalle. Halle a. d. S. — PROST, Cours de Métallurgie des métaux autres que le fer. Paris und Lüttich 1912. — SCHNABEL, Handbuch der Metallhüttenkunde. Bd. II. Berlin 1904. — TAFEL, Lehrbuch der Metallhüttenkunde. II. Leipzig 1929. — SCHIFFNER, Einführung in die Probierkunde. Halle a. d. S. 1912. — DUSCHAK und SCHUETTE, The Metallurgy of Quicksilver, Bureau of Mines, Bull. 222. — TELEKY, Die gewerbliche Quecksilbervergiftung. Berlin 1912.   *H. Troegel (Cástek †).*

Quecksilberlegierungen. Lösungen von Metallen in Quecksilber nennt man Amalgame. Die Amalgambildung findet zum Teil unter Wärmeentwicklung statt, die z. B. bei Natrium und Kalium bis zur Entzündung führt. Mit anderen Metallen ist die Wärmeentwicklung gering, z. B. mit Gold, Zinn und Zink; wieder andere amalgamieren sich nur in sehr fein verteiltem Zustande und bei Gegenwart von Säure oder von Salzen, z. B. Kupfer (Entfernung von Oxydschichten); bei einigen ist die Amalgamation nur auf Umwegen, z. B. bei Nickel mit Hilfe von Natriumamalgam, möglich. Eisen amalgamiert sich überhaupt nicht, und nur durch oberflächliches Überziehen mit Kupfer und Bildung einer Schicht von Kupferamalgam läßt sich eine Pseudoamalgamation erreichen. Durch Erhitzen läßt sich aus den Amalgamen das Quecksilber wieder austreiben.

Die technisch verwerteten Amalgame sind meist keine stöchiometrischen Verbindungen, sondern Gemische solcher Verbindungen mit freiem Quecksilber. Zumal im Entstehungszustande sind sie oft weich und bilden homogene plastische Massen; nach einiger Zeit erstarren sie, nicht etwa durch Quecksilberverdunstung, sondern durch Krystallisation eines quecksilberärmeren festen Anteils, in dem sich der Rest des Quecksilbers eingeschlossen vorfindet. Erwärmt man solche Amalgame, so schmelzen sie, erstarren aber beim Erkalten schnell wieder, noch schneller nach wiederholtem Erwärmen. Zerreibt man aber das erwärmte Amalgam intensiv im Mörser und zerstört dadurch die Krystallkeime weitgehend, dann tritt das Wiedererstarren erst nach einiger Zeit ein. Die Plastizität der Amalgame, die gestattet, sie in die feinsten Höhlungen zu pressen, und die nachfolgende Erhärtung macht sie besonders geeignet, als Zahnfüllungen zu dienen. Die aus solchen Füllungen durch den Kauakt oder Verdunstung in den Körper gelangenden Quecksilbermengen sind sehr gering und liegen innerhalb der physiologischen, d. h. oft auch im gesunden Körper mit von Amalgamfüllungen freien Zähnen gefundenen Grenzen.

Kupferamalgam wird aus Kupferschwamm und *Hg* bei Gegenwart von Säure dargestellt.

Herstellung. Krystallisiertes Kupfersulfat wird in der 10—20fachen Menge Wasser heiß gelöst und mit der berechneten Menge Zinkblech oder Eisenblech umgesetzt. Das abgeschiedene feinschlammige Kupfer wird mehrfach mit Wasser dekantiert und in einem Porzellangefäß mit so viel Quecksilber vermischt, daß auf 1 Tl. Kupfer 2 Tl. Quecksilber kommen. Dazu fügt man eine reichliche Menge *konz.* Schwefelsäure und verreibt kräftig. Das mit dem Fortgang der Amalgamation sich abscheidende Wasser wird abgegossen; nach Verschwinden des roten Kupfers wird das gebildete Amalgam unter dauerndem Kneten mit viel Wasser gewaschen, bis das Wasser klar abläuft, und schließlich mit nicht fasernden Leintüchern getrocknet. Das Amalgam ist nun butterweich und silberglänzend. Es läßt sich in diesem Zustande leicht auf einer Glastafel ausrollen und mit einem Messer in kleine Stücke einteilen; die Schnittstellen fließen zwar am Grunde zusammen, brechen aber nach dem Erstarren, das nach mehreren Stunden erfolgt, leicht. Beim Erstarren verliert das Amalgam seinen Glanz und wird matt, behält aber seine silberweiße Farbe.

Das Kupferamalgam ist das am meisten verwendete Zahnfüllungsmaterial und das einzige, das antiseptisch wirkt und das Fortschreiten der Caries hindert. Deshalb und wegen seiner leichten Verarbeitbarkeit, seiner Haltbarkeit und seiner Billigkeit wird es seit nunmehr fast 100 Jahren benutzt. Selbst bei starkem Schwund durch Abkauen bleibt der Anschluß der Füllung an die Zahnwand stets ein vollkommener. Sein Nachteil ist eigene Verfärbung und Verfärbung der gefüllten Zähne durch Kupfersulfid, die die Verwendung für Vorderzähne ausschließt. Zusatz von 1—2% Zinn zum Kupferamalgam beschleunigt die Erhärtung.

Silber-Zinn-Amalgam dient als sog. Edelamalgam ebenfalls zur Zahnfüllung. Im Gegensatz zu Kupferamalgam kommen die Edelmetallegierungen nicht als fertige Amalgame in den Handel, sondern stets ohne Quecksilber. Das letztere mischt der Zahnarzt erst kurz vor der Verarbeitung der fein geraspelten Legierung zu, das Verhältnis von Quecksilber zu Legierung ist etwa 60 zu 100. Die quecksilberfreien Legierungen werden trotzdem im Handel stets „Amalgame" genannt. Die reinen Amalgame mit Gold, Silber oder Platin sind als Zahnfüllungsmittel unbrauchbar, Goldamalgam dehnt sich beim Erstarren stark aus, Silberamalgam und Platinamalgam erstarren zu langsam; nur bestimmte Legierungen aus Silber und Zinn mit Quecksilber expandieren weder, noch kontrahieren sich, erstarren in der gewünschten Zeit und werden fest genug. Der Silbergehalt kann zwischen 70% und 45% schwanken, entsprechend der Zinngehalt; daneben enthalten die Edelamalgame meist noch Zink, Kupfer und Cadmium in geringen Mengen. Zusatz von Gold und Platin in Mengen bis 2% verbessern die Eigenschaften der Amalgame als Zahnfüllmittel. Merkwürdigerweise zeigen Gemische aus für sich allein hergestelltem Silberamalgam und Zinnamalgam ganz andere Eigenschaften wie das aus der Vorlegierung von Silber mit Zinn hergestellte Amalgam (WITZEL, Das Füllen der Zähne mit Amalgam, 1899, S. 34). Selbst frisch legierte und geraspelte sollen sich von abgelagerten unterscheiden; die letzteren sollen weniger Quecksilber brauchen und dadurch formbeständigere Füllungen geben. Viele Edelamalgame zeigen nach Jahren das Bestreben, eine gewölbte Oberfläche anzunehmen, und ziehen sich dadurch vom Rande der Füllung ab. Zusatz von Kupfer bis 5% vermindert diesen Fehler. WITZEL verlangt für den sicheren Nachweis der Brauchbarkeit eines Amalgams für Zahnfüllungen eine Beobachtungszeit von 5 Jahren (ebenda, S. 5).

Natriumamalgam ist mit 1% Natrium dickflüssig, mit 1,25% breiartig und von 1,5% an fest. Es dient als Reduktionsmittel (Bd. II, 222) und ist Zwischenprodukt bei der Herstellung von Ätzalkalien (Bd. III, 268).

Zinnamalgam mit 75–80% Quecksilber wurde früher als Glasspiegelbelag verwendet. Ein Amalgam aus 5 Tl. *Sn*, 6 Tl. *Hg* und 8 Tl. Schlämmkreide dient als „Mützenpulver" zum Metallischweißmachen von Messing und Kupfer (Amalgama cretaceum, Pulvis albificans).

Cadmiumamalgam, Cadmium-Zinn- und Cadmium-Zinn-Wismut-Amalgame, auch Kupferamalgam, sind als Kitte vorgeschlagen; jedoch besitzen sie kein eigentliches Haftvermögen, sondern sitzen nur an unterschnittenen Stellen fest.

Zinkamalgam. Die Zinkplatten galvanischer Elemente werden gleichmäßiger angegriffen, wenn sie äußerlich amalgamiert sind. Das Amalgamieren geschieht durch Eintauchen der mit Schwefelsäure angeätzten Zinkteile in *Hg* oder durch Reiben mit einem Brei von Mercurisulfat und verdünnter Schwefelsäure.

Zinn-Zink-Amalgam. Mit einem Amalgam aus 1 Tl. *Zn*, 1 Tl. *Sn* und 2 Tl. *Hg* bestreicht man die Platten oder Lappen an Reibungselektrisiermaschinen.

Gold- und Silberamalgam wurde zum Überziehen von Kupfer, Messing, Bronze mit *Au* bzw. *Ag* gebraucht. Das Amalgam wurde auf die zu vergoldenden Gegenstände aufgerieben und dann das Quecksilber durch Erhitzen vertrieben (Feuervergoldung [Bd. VII, 528], zum Unterschied von elektrolytischer Vergoldung). Aus gold- und silberhaltenden Erzen und Schlämmen wird das Edelmetall als Amalgam durch Quecksilber ausgezogen und durch Erhitzen die Metalle gewonnen (s. Gold, Bd. VI, 9, und Silber).

Literatur: A. FENCHEL, Untersuchungs-, Verarbeitungs- und Herstellungsmethoden der Amalgame. Berlin 1920. – Werkstoff-Handbuch Nichteisenmetalle, herausgegeben von der DEUTSCHEN GES. FÜR METALLKUNDE im VEREIN DEUTSCHER INGENIEURE. Berlin 1927. – WITZEL, Das Füllen der Zähne mit Amalgam. 1899. – SPEIER-PINKUS, Rezeptarium für Zahnheilkunde und Zahntechnik. 1930. – L. STERNER-RAINER, Edelmetallegierungen und Amalgame in der Zahnheilkunde. Berlin 1930.   *G. Pinkus.*

Quecksilberverbindungen. An dieser Stelle sollen die wichtigsten technischen Quecksilberverbindungen behandelt werden. Die hier nicht erwähnten zahlreichen organischen Derivate des Quecksilbers, welche therapeutische Verwendung finden, sind unter den betreffenden Stichworten angegeben. Es sei auch auf das betreffende Kapitel in S. FRÄNKEL, Arzneimittelsynthese, 6. Aufl., Berlin 1927, hingewiesen, sowie auf FRANK C. WHITMORE: Organic Compounds of Mercury, New York 1921 (Am. Chem. Soc. Monograph Series). Die *Hg*-haltigen Produkte, die zur Schädlingsbekämpfung Verwendung finden, s. d.

Quecksilber bildet 2 Klassen von Verbindungen. In den Mercurisalzen, HgX_2, ist es 2wertig. Die Salze dieser Verbindungsstufe haben eine gewisse Ähnlichkeit mit denen des Cadmiums und Zinks. Abweichend von den Schwestermetallen bildet Quecksilber aber auch Verbindungen, in denen es einwertig erscheint, Mercuroverbindungen der Form HgX, die in ihrer Zusammensetzung an die analogen Derivate des Kupfers und Silbers erinnern. Diese Oxydulverbindungen wurden früher sämtlich mit der verdoppelten Formel geschrieben, z. B. Hg_2Cl_2. Nach neueren Untersuchungen ist die einfache Formel gleichberechtigt. Nur das Chlorid scheint doppelmolekular zu sein. Seine Dampfdichte entspricht bei 448° der Formel Hg_2Cl_2; auch in mäßig verdünnter Lösung hat diese Verbindung die Formel Hg_2Cl_2, während ihr in stärkerer Verdünnung die Formel $HgCl$ zukommt. Das chemische Verhalten steht mit der Formel Hg_2Cl_2 im Einklang.

Quecksilberacetat s. Bd. IV, 679.

Quecksilberbenzoat, Mercuribenzoat, $Hg(C_7H_5O_2)_2 + H_2O$. Farblose Krystallnadeln. Krystallisiert aus Chloroform wasserfrei in Nädelchen vom *Schmelzp.* 165°. In kaltem Wasser fast unlöslich, leicht löslich in Kochsalzlösung und in kaltem Alkohol, in letzterem unter Zerfall in basisches Salz und Benzoesäure. Geht beim Erhitzen auf 170° in o-Oxymercuribenzoesäureanhydrid über (O. DIMROTH, *Chem. Ztrlbl.* 1901, I, 454). Darstellung durch Fällung von Sublimatlösung mit Alkalibenzoat oder durch Erwärmen von frisch aus 27 Tl. Sublimat dargestelltem Quecksilberoxyd mit 22–23 Tl. Benzoesäure und viel Wasser bis nahezu zum Kochen. Verwendung als Antilueticum, zur Behandlung eiternder Wunden u. s. w.

Quecksilberbromide. a) Quecksilberbromür, Mercurobromid, *HgBr.* Weiße, faserige Masse oder Krystallpulver, geruch- und geschmacklos, schmelz- und sublimierbar. Unlöslich in Wasser, Alkohol und Äther, löslich in H_2SO_4. Man stellt die Verbindung durch Sublimation von 5 Tl. Quecksilber mit 9 Tl. Quecksilberbromid dar, oder man löst 100 Tl. krystallisiertes Mercuronitrat mit Hilfe von 25 Tl. 25%iger Salpetersäure in 800 Tl. Wasser und gießt die Flüssigkeit in eine Lösung von 50 Tl. Kaliumbromid in 300 Tl. Wasser. Der Niederschlag wird mit Wasser und Alkohol gewaschen und bei 30—40⁰ getrocknet. Ausbeute 100 Tl. (R. VARET, *Ann. Chim.* [7] 8, 94 [1896]; H. SAHA und K. CHOUDHURI, *Ztschr. anorgan. Chem.* 77, 42 [1912]). Wird therapeutisch wie Kalomel verwendet.

b) Quecksilberbromid, Mercuribromid, $HgBr_2$. Weiße, rhombische Prismen aus Alkohol, Blättchen aus Wasser. *Schmelzp.* 236,5⁰; Kp_{760} 318⁰; D 6,064. Löslich in 94 Tl. Wasser bei 9⁰, 4—5 Tl. bei 100⁰. In 100 g gesättigter alkoholischer Lösung sind bei 0⁰ 13,2 g enthalten, bei 25⁰ 16,53 g, bei 50⁰ 22,63 g (W. REINDERS, *Ztschr. physikal. Chem.* 32, 496 [1900]); ist auch in Äther, Aceton und Methylacetat löslich. Die wässerige Lösung scheidet im Sonnenlicht Quecksilberbromür ab. Darstellung durch Überleiten eines mit Brom beladenen Luftstroms über Quecksilber bei 300⁰ und nachfolgende Destillation (E. W. EASLEY und B. F. BRAUN, *Journ. Amer. chem. Soc.* 34, 138 [1912]), durch Schütteln von 8,5 Tl. Brom mit 10 Tl. Metall und 120 Tl. Wasser (W. REINDERS, a. a. O.), ferner durch Lösen von Quecksilberoxyd in Bromwasserstoffsäure oder Fällung von Mercuriacetatlösung mit Kaliumbromid. Reinigung nötigenfalls durch Sublimation (W. REINDERS; W. L. HARDIN, *Journ. Amer. chem. Soc.* 18, 1008 [1896]). Medizinisch wird das Produkt innerlich und äußerlich wie Quecksilberchlorid verwendet, am besten mit Hilfe von 2 *Mol.-Gew.* Natriumbromid in Wasser gelöst. Dient ferner in der Photographie als Bildverstärker (Bd. VIII, 417) und als Bromüberträger.

Quecksilberchloride. a) Quecksilberchlorür, Mercurochlorid, Kalomel, *HgCl.* Die schon im 16. Jahrhundert als Heilmittel benutzte Verbindung führt ihren Namen Kalomel (καλόμελας) von der schwarzen Färbung, die sie mit Ammoniak gibt. In der Natur kommt sie als Quecksilberhornerz, selten, vor. Durch Sublimation gewonnen, bildet sie weiße, glänzende, derbe Stücke von krystallinischem Gefüge, radial faserigem Bruch und gelbem Strich, durch Dampf niedergeschlagen, ein völlig weißes Pulver, das beim Erhitzen oder Reiben gelblich wird. *Schmelzp.* 543⁰ (RUFF, *Ztschr. anorgan. allg. Chem.* 170, 42). Die feinste Verteilung zeigt das auf nassem Wege erzeugte Präparat. D 6,56—7,41. Löslichkeit in *mg* auf 1 *l*: 1,4 bei 0,5⁰, 2,1 bei 18⁰, 2,8 bei 24,6⁰, 7 bei 43⁰ (F. KOHLRAUSCH, *Ztschr. physikal. Chem.* 64, 129 [1908]). Alkohol, Äther und Aceton lösen nur Spuren, Aceton gar nichts. Am Licht färbt sich Quecksilberchlorür gelblich. In Tablettenform geht es ganz allmählich, namentlich bei Gegenwart von Zucker, in Quecksilberchlorid über, desgleichen in wässeriger Lösung, besonders wenn sie Kochsalz, Zucker, Citronensäure u. s. w. enthält. Alkalihydroxyd gibt in der Wärme schwarzes Quecksilberoxydul, Ammoniak liefert schwarzes Aminoquecksilberchlorür, NH_2Hg_2Cl, Jod erzeugt Quecksilberjodid und -chlorid.

Darstellung. Quecksilberchlorür bildet sich bei Behandlung von überschüssigem Quecksilber mit Chlor, beim Zusammenreiben oder Erhitzen von Quecksilberchlorid mit dem Metall (O. WOLFF, *Chem.-Ztg.* 36, 1039 [1912]), durch Reduktion von Quecksilberchlorid in wässeriger Lösung mit Schwefeldioxyd u. s. w. (A. VOGEL, *Journ. prakt. Chem.* 29, 273 [1843]).

Zur Gewinnung des sublimierten Produkts verreibt man 4 Tl. Quecksilberchlorid mit 3 Tl. Quecksilber unter Befeuchtung mit Wasser auf das feinste, so daß das Auge keine Metallkügelchen mehr wahrnimmt, trocknet die graue Masse völlig und erhitzt sie in einem eisernen, mit gut schließendem Deckel versehenen Kessel, bis die Umsetzung erfolgt ist. Nach einiger Zeit entfernt man den Deckel, an dem sich etwas Quecksilber in Tropfen verdichtet hat, und ersetzt ihn durch den unteren, abgesprengten Teil eines Schwefelsäureballons, der dicht aufgekittet wird. Er ist mit einer kleinen, nur lose verstopften Öffnung versehen, um die Luft beim Erwärmen entweichen lassen zu können. Jetzt erhitzt man so stark — fast bis zum Glühen des Bodens des Apparats —, daß das Quecksilberchlorür sich verflüchtigt und im Glasballon ansammelt, aus dem es beim Erkalten leicht entfernt werden kann. Es kommt in Stücken oder fein gemahlen („lävigiert") in den Handel. Das Mahlen wird in Kollergängen unter Zusatz von Wasser vorgenommen, das feine Pulver vom gröberen durch Schlämmen getrennt, gut gewaschen und getrocknet.

In manchen Fabriken sublimiert man auch ein Gemisch von Mercurisulfat, Quecksilber und Kochsalz ($HgSO_4 + 2\,NaCl + Hg = 2\,HgCl + Na_2SO_4$) und erspart dadurch die eine Sublimation, die mit der Gewinnung des Quecksilberchlorids verbunden ist. Läßt man die Kalomeldämpfe mit Wasserdampf in einem geräumigen Kondensationsraum zusammentreffen oder treibt sie durch einen Luftstrom über, so gewinnt man das Produkt direkt in fein verteilter Form, umgeht also das Zerkleinern. Darstellung auf nassem Wege: Man löst 1 Tl. Quecksilberchlorid in 30 Tl. warmem Wasser, filtriert, sättigt mit Schwefeldioxyd und läßt einige Zeit bei 70—80⁰ stehen, oder man fällt eine mit etwas Salpetersäure angesäuerte Mercuronitratlösung mit sehr verdünnter Salzsäure.

Prüfung. 0,2—0,3 g müssen sich beim Erhitzen ohne wahrnehmbaren Rückstand verflüchtigen. 1 g, mit 10 g Wasser geschüttelt, muß ein Filtrat geben, das weder durch Schwefelwasserstoff noch durch Silbernitrat verändert wird ($HgCl_2$).

Verwendung. Hauptsächlich in der Therapie, äußerlich zum Ätzen von Kondylomen, Behandlung von syphilitischen Geschwüren, Hornhauttrübungen u. s. w., innerlich als Abführmittel (0,1—1 g) und Diureticum. Die Präparate wirken je nach dem Feinheitsgrade verschieden stark. Kinder vertragen Kalomel besser als Erwachsene. Verwendung in der Feuerwerkerei (Bd. **V**, 336, 337), als Depolarisator für Braunsteinelemente (B. Harte, D. R. P. 319 196).

b) Quecksilberchlorid, Mercurichlorid, Sublimat, $HgCl_2$, krystallisiert in farblosen, rhombisch-bipyramidalen Krystallen und wird durch Sublimation als weiße, durchscheinende, strahlig krystallinische Masse erhalten, die beim Zerreiben ein rein weißes Pulver gibt. Geruchlos, von widerlich scharfem Metallgeschmack. Sublimiert leichter als Kalomel und ist auch mit Wasserdampf flüchtig. *Schmelzp.* 278⁰; *Kp* 303—307⁰; *D* 5,41. 100 Tl. Wasser lösen bei 0⁰ 4,3, bei 10⁰ 6,57, bei 20⁰ 7,39, bei 30⁰ 8,43, bei 40⁰ 9,62, bei 100⁰ 55 Tl. Salz. In Salzsäure ist Sublimat leichter löslich als in reinem Wasser, noch leichter in Salmiaklösung. 100 Tl. Methylalkohol lösen bei 19,5⁰ 9 Tl., bei 25⁰ 66,9 Tl., 100 Tl. Alkohol bei 25⁰ 49,5 Tl. $HgCl_2$. Löslich in 4 Tl. Äther, leichter bei Gegenwart von Wasser, in 14 Tl. Glycerin, kaum in Chloroform. Von Fetten und Ölen wird Quecksilberchlorid nicht aufgenommen, wohl aber, wenn man es vorher in wasserfreiem Äther oder Aceton gelöst hatte (G. Glock, D. R. P. 246 507). Gegen Licht ist festes Sublimat beständig, während es in verdünnter Lösung allmählich Kalomel abscheidet. Auch organische Substanzen, wie Kork, Gummi, Fette, Harze, Zucker u. s. w., zersetzen in gleicher Weise, während Kochsalz oder Salzsäure die Zersetzung verzögern. Alkalihydroxyde geben, in ungenügender Menge einer Sublimatlösung zugesetzt, Mercurioxychlorid, im Überschuß angewandt, gelbes Quecksilberoxyd; in Gegenwart von Alkalichloriden kann man aber mit Natronlauge alkalisch machen, ohne eine Fällung zu bewirken. Ammoniak gibt einen weißen Niederschlag von Mercurichloramid, überschüssiger Schwefelwasserstoff fällt schwarzes Sulfid, unterschüssiger H_2S dagegen gelbes, bald weiß werdendes Mercurisulfochlorid. Zinnchlorür fällt erst Mercurochlorid, dann Quecksilber aus. Kaliumbromid gibt Quecksilberbromid, Kaliumjodid Quecksilberjodid, Kaliumcyanid Quecksilbercyanid. Mit Eiweiß liefert Sublimat unlösliche Verbindungen. Deshalb wirkt es ätzend, während andererseits Eiweiß als Gegenmittel bei Sublimatvergiftungen benutzt wird. Quecksilberchlorid ist außerordentlich giftig. 0,2—0,4 g töten einen erwachsenen Menschen.

Darstellung: Sie erfolgt auf trockenem oder meist auf nassem Wege. Man sublimiert ein inniges Gemisch von Mercurisulfat mit Kochsalz ($HgSO_4 + 2\,NaCl = HgCl_2 + Na_2SO_4$), wie bei Kalomel beschrieben. Zweckmäßig ist es, der Mischung etwas Braunstein zuzusetzen, um die Bildung von Quecksilberchlorür zu vermeiden. Die Sublimation wird auch in Tonretorten vorgenommen, die im Sandbade erhitzt werden. Vorsichtige Regulierung des Feuers ist zum guten Gelingen der Operation unerläßlich. Als voluminöses Krystallpulver erhält man Sublimat, wenn man einen

Chlorstrom auf Quecksilber in Quarzglasretorten bei andauerndem Zufluß des Metalls einwirken läßt und die Dämpfe in einer Kondensationskammer mit kalter Luft abschreckt (FAHLBERG, LIST & Co., *D. R. P.* 258 432). Die Einwirkung des Chlors auf Quecksilber kann auch bei gewöhnlicher Temperatur in Gegenwart von Wasser beim Schütteln unter geringem Druck vorgenommen werden (E. TRUTZER, *D. R. P.* 262 184). E. SCHULTZ (*D. R. P.* 336 614 [1919]) führt die Herstellung in einem rotierenden Faß durch, das im Innern Mitnehmer für das *Hg* besitzt. Chlor wird unter einem Druck von $^1/_2$ *Atm.* eingeleitet. 150 *l* $HgCl_2$-Mutterlauge aus früheren Darstellungen können mit 50 *kg Hg* in Reaktion gebracht werden. *Bayer* (*D.R.P.*379 493) läßt Chlor auf *Hg* bei Gegenwart von geringen Mengen unterchloriger Säure einwirken, wobei letztere immer wieder regeneriert wird. So werden z. B. 1000 Tl. *Hg* mit einer Lösung von 20 *g* Soda in 1500 Tl. Wasser verrührt und bei 80—90° Chlor eingeleitet, bis die breiige Masse rein weiß geworden ist. Nach dem Abnutschen und Trocknen erhält man 1250 Tl. $HgCl_2$. Ferner gewinnt man Quecksilberchlorid durch Auflösen von Quecksilberoxyd in Salzsäure. Man erhitzt $3^1/_2$ Tl. Salzsäure (1,124) mit der doppelten Menge Wasser bis nahe zum Kochen und trägt eine wässerige Suspension von 10 Tl. Quecksilberoxyd ein. Nach Entfernung des auskrystallisierten Salzes fügt man zur Lauge wieder 10 Tl. Salzsäure und 7 Tl. Oxyd. Den in Lösung verbliebenen Anteil erhält man durch Eindampfen, oder man verarbeitet die Lauge durch Fällung mit Ammoniak auf weißes Präcipitat.

Eine andere Darstellung, die wenig gebräuchlich ist, s. W. SIEVERS, *B.* **24**, 649 [1888] u. s. w.

Prüfung. Quecksilberchlorid muß sich beim Erhitzen rückstandslos verflüchtigen. Auch die mit Schwefelwasserstoff entmetallisierte Lösung darf beim Eindampfen keinen Rückstand hinterlassen. Kalomel, eine häufige Verunreinigung, wird durch seine Unlöslichkeit in Alkohol und Äther nachgewiesen. Auch auf Arsen muß in bekannter Weise geprüft werden.

Verwendung: Quecksilberchlorid ist Ausgangsmaterial für Kalomel und für viele andere Quecksilberverbindungen. Hauptverwendung findet es in der Therapie als Antisepticum und Desinfektionsmittel. Siehe hierüber Bd. **III** 572. Es wird vielfach in mit Eosin rotgefärbten Pastillen à 1 *g*, die Kochsalz enthalten, in den Handel gebracht. Eine Pastille wird zum Gebrauch in 1 *l* Wasser gelöst. Größte Einzelgabe 0,02 *g*, größte Tagesgabe 0,06 *g*. Intoxikationen können auch bei äußerlicher Anwendung auftreten. Mit Ammonchlorid bildet Quecksilberchlorid ein Doppelsalz (Alembrothsalz) der Zusammensetzung $HgCl_2 + 2 NH_4Cl + H_2O$, farblose rhombische Säulen, *D* 2,84, löslich in 0,66 Tl. Wasser bei 10°, das gleichfalls medizinische Verwendung findet. Quecksilberchlorid dient ferner zum Ätzen und Brünieren von Stahl, als Bildverstärker in der Photographie (Bd. **VIII**, 417), in bedeutender Menge zur Holzkonservierung (Bd. **VI**, 153 ff.), zum Beizen von Hasen- und Biberhaaren in der Hutmacherei, zur Amalgamierung von Aluminium und Magnesium für Reduktionen.

c) Aminoquecksilberchlorid, Mercurichloramid, unschmelzbarer „weißer Präcipitat", NH_2HgCl. Über seine Konstitution s. K. A. HOFMANN und E. C. MARBURG, *A.* **305**, 194 [1899]; *Ztschr. anorgan. Chem.* **23**, 134 [1900]; L. PESCI, ebenda 21, 363 [1899]. Weißes Pulver, in Wasser und Weingeist fast unlöslich, klar löslich in verdünnter Salpetersäure, verflüchtigt sich beim Erhitzen, ohne zu schmelzen, unter Zerfall in Kalomel, Ammoniak und Stickstoff. Salzsäure löst die Verbindung unter Zersetzung zu Quecksilberchlorid und Ammoniumchlorid. Zur Darstellung gießt man in eine kalte Lösung von 2 Tl. Quecksilberchlorid in 40 Tl. Wasser allmählich 3 Tl. 10%iges Ammoniak, saugt ab und wäscht den Niederschlag mit 18 Tl. kaltem Wasser. Ausbeute 1,8 Tl. (K. A. HOFMANN und E. C. MARBURG, a. a. O.; J. SEN, *Ztschr. anorgan. Chem.* **33**, 197 [1903]; D. STRÖMHOLM, ebenda 57, 84 [1908]). Anwendung in Salbenform gegen Scabies, Flechten, Hornhautgeschwüre.

Quecksilbercyanide. *a)* Quecksilbercyanid, Mercuricyanid, $Hg(CN)_2$, von SCHEELE entdeckt und von GAY-LUSSAC 1815 genauer untersucht, bildet farb- und geruchlose Säulen von ekelhaft metallischem Geschmack.

1 Tl. löst sich in 13. Tl. kaltem und 3 Tl. heißem Wasser, 15 Tl. kaltem und 4—5 Tl. heißem Weingeist, leicht in Methylalkohol, wenig in Äther, kaum in Benzol. In wässeriger Lösung wird das Salz durch Alkalien nicht gefällt. Ist äußerst giftig, bactericid. Am besten erhält man die Verbindung

durch Auflösen von Quecksilberoxyd in wässeriger Blausäure, von der man einen sehr geringen Überschuß nimmt (W. L. HARDIN, *Journ. Amer. chem. Soc.* 18, 1000 [1896]). Auch durch Zusatz von 90 Tl. Quecksilbersulfat zu 39 Tl. Natriumcyanid, gelöst in 50 Tl. Wasser, und Extraktion mit 95%igem heißen Alkohol erzielt man leicht eine Ausbeute von 85–90% (E. RUPP und S. GOY, *Apoth. Ztg.* 23, 374 [1908]; vgl. E. RUPP, *Chem.-Ztg.* 32, 1078 [1908]; H. MORAWITZ, *Ztschr. anorgan. Chem.* 60, 456 [1908]). Weniger zweckmäßig ist die Gewinnung durch Kochen von Quecksilberoxyd und Wasser mit Kaliumferro- oder -ferricyanid oder mit Berlinerblau. Verwendung innerlich, selten bei Diphtherie und Syphilis; wird vielfach in der Homöopathie gebraucht. Äußerlich in Lösung und in Seifen (P. LAMI, *Chem. Ztrlbl.* 1904, I, 830) zum Sterilisieren chirurgischer Instrumente, häufig unter Zusatz von Verbindungen (Borax, Alkali), die die Löslichkeit erhöhen und gleichzeitig die Korrodierung der Instrumente verhindern (M. EMMEL, *D. R. P.* 121 656). Über Zusatz von Alkali und weinsauren Salzen s. M. EMMEL, *D. R. P.* 257 315.

Gleiche Verwendung wie Quecksilbercyanid findet sein Doppelsalz mit 2 *Mol.* Kaliumcyanid (W. R. DUNSTAN, *Journ. chem. Soc. London* 61, 667 [1892]). Das sog. Quecksilberzinkcyanid, zur Imprägnierung von Verbandstoffen gebraucht, von LISTER 1889 als Antisepticum empfohlen, ist keine einheitliche chemische Verbindung.

b) Quecksilberoxycyanid, $Hg(CN)_2 \cdot HgO$. Weiße Nadelbüschel oder farbloses, krystallinisches Pulver, das sich beim Erhitzen unter Verpuffung zersetzt. 1000 Tl. Wasser lösen 1,35 *g*, aber viel mehr in der Hitze oder in Anwesenheit von Quecksilbercyanid; fast unlöslich in Alkohol, Äther und Benzol. Die wässerige Lösung reagiert alkalisch. D^{19} 4,43. Zur Darstellung kocht man 100 Tl. Quecksilbercyanid mit 70 Tl. Quecksilberoxyd und 1000 Tl. Wasser (K. HOLDERMANN, *Arch. Pharmaz.* 242, 32 [1904]; 243, 606 [1905]; E. RUPP und W. F. SCHIRMER, *Pharmaz. Ztg.* 53, 928 [1908]). Ausbeute 80% der Theorie. Ein Zusatz von Natronlauge erleichtert die Gewinnung: man verreibt 22,2 Tl. gelbes Quecksilberoxyd mit 60 Tl. Wasser, 4 Tl. offizineller Natronlauge und 27 Tl. Quecksilbercyanid und erhitzt nach 24^h kurze Zeit auf dem Wasserbade (E. RUPP und S. GOY, *Arch. Pharmaz.* 246, 369 [1908]). Ausbeute 94%. Die Handelsprodukte enthalten auch in Tablettenform wechselnde Mengen Quecksilbercyanid, meist 66% $Hg(CN)_2$, und sind deshalb in Wasser leichter löslich als die reine Verbindung (RUPP und GOY, *Arch. Pharmaz.* 250, 288 [1912]). Quecksilberoxycyanid übertrifft an antiseptischer Kraft wesentlich das Quecksilbercyanid. Es ist weniger reizend als das Cyanid und greift Metallinstrumente nicht an. Seine Löslichkeit kann durch Alkalien und Alkalicarbonate erheblich gesteigert werden (EMMEL, *D. R. P.* 121 656, 157 663). Verwendung zur Sterilisation von Instrumenten (Bd. III, 577), äußerlich bei Hautkrankheiten, subcutan bei Syphilis. Größte Einzelgabe 0,01 *g*.

Quecksilberfulminat, Knallquecksilber s. Bd. IV, 749.

Quecksilberjodide s. Bd. VI, 295.

Quecksilbernitrate. *a)* Quecksilberoxydulnitrat, Mercuronitrat, $HgNO_3 + H_2O$. Wasserhelle, monoklin-prismatische Säulen, die das Krystallwasser an der Luft, schneller im Vakuum über Schwefelsäure verlieren und bei 70° unter teilweiser Zersetzung schmelzen. Das Salz ist in wenig Wasser völlig löslich, während es durch viel Wasser zersetzt wird, in saures Salz, das gelöst bleibt, und in basische Salze, die ausfallen. In mit Salpetersäure angesäuertem Wasser löst es sich glatt. Es färbt die Haut am Licht anfänglich purpurrot und zuletzt schwarz. Zur Darstellung behandelt man 10 Tl. Quecksilber mit 1,5 Tl. 25%iger Salpetersäure erst bei gewöhnlicher Temperatur, dann bei gelinder Wärme (C. MARIGNAC, *Ann. Chim.* [3] 27, 321 [1849]; vgl. R. VARET, ebenda [7] 8, 127 [1896]; P. C. RAY, *Journ. chem. Soc. London* 87, 174 [1905]).

Prüfung. Das Salz soll ungefärbt oder höchstens schwach gelblich sein. 1 *g* soll sich in der gleichen Menge Wasser bei Zusatz von 3 Tropfen 25%iger Salpetersäure glatt lösen (Abwesenheit basischer Salze!). Verreibt man 1 *g* mit 1 *g* Kochsalz und 10 *g* Wasser, so soll der Rückstand weder grau noch gelb erscheinen (basisches Salz!), und das Filtrat darf weder durch Zinnchlorür noch Ammoniak noch Schwefelwasserstoff verändert werden (Mercurinitrat!).

Verwendung als Antilueticum, Antisepticum, Causticum. Ferner zur Feuervergoldung, zur Erzeugung eines schwarzen Überzugs auf Messing, zur Herstellung von fein verteiltem Gold (für Glasurfarben) (Bd. IV, 831), zum Beizen von Haaren in der Hutfabrikation.

b) Quecksilberoxydnitrat, Mercurinitrat. $Hg(NO_3)_2$, bildet mit $^1/_2$ H_2O durchsichtige, zerfließliche Krystalle, mit 2 H_2O einen Sirup, mit 8 H_2O Tafeln, die schon bei 6–7° im Krystallwasser schmelzen. Wird durch viel Wasser völlig dissoziiert. Färbt die Haut am Licht schwarzrot. Darstellung durch Kochen von Quecksilber oder Mercuronitrat mit überschüssiger Salpetersäure, bis keine nitrosen Gase mehr entweichen, und Eindampfen der Lösung (E. MILLON, *Ann. Chim.* [3] 18, 361 [1846]) oder durch Lösen von 1 Tl. Quecksilberoxyd in 2$^1/_2$ Tl 25%iger Salpetersäure. Verwendung: Als Zwischenprodukt für die Herstellung von *HgO* s. S. 626, für die Herstellung von Knallquecksilber Bd. IV, 749. Als Katalysator bei der Herstellung von Pikrinsäure aus Benzol (WOLFFENSTEIN und BOETERS, *D. R. P.* 214 045).

Quecksilberoxyde. *a)* Quecksilberoxydul, Mercurooxyd, Hg_2O. Schwarzes, geruch- und geschmackloses Pulver, das beim Aufbewahren, schneller im Licht und beim Erwärmen auf 100^0, in Quecksilber und Quecksilberoxyd zerfällt, beim Glühen dagegen in Metall und Sauerstoff. Nur spurenweise in warmem Wasser löslich. Darstellung durch Zersetzung von Mercuronitrat mit Kalilauge.

b) Quecksilberoxyd, Mercurioxyd, HgO, kommt in der Natur als Montroydit in Terlingua vor. Es existiert in 2 Modifikationen, einer krystallinischen roten und einer amorphen gelben, die sich wohl nur durch ihre Korngröße voneinander unterscheiden. $D^{25,5}$ 11,03. Löslichkeit in Wasser bei 25^0 1:19300 (gelbes Oxyd), 1:19500 (rotes Oxyd) und bei 100^0 1:2400 bzw. 1:2600 (K. SCHICK, *Ztschr. physikal. Chem.* 42, 172 [1902]). Bei andauerndem Zerreiben geht die rote Farbe in Gelb über. Die gelbe Verbindung färbt sich beim Erhitzen mit Wasser rot, um beim Abkühlen wieder die ursprüngliche Farbe anzunehmen (vgl. aber auch E. P. SCHOCH, *Journ. Amerc. chem. Soc.* 29, 319 [1903]). Das rote Oxyd wird beim Erhitzen violettschwarz, beim Abkühlen wieder rot. Quecksilberoxyd schwärzt sich allmählich am Sonnenlicht, unter teilweisem Zerfall in Quecksilber und Sauerstoff. Beim Erhitzen auf 400^0 tritt diese Zersetzung quantitativ ein. Reduktionsmittel, organische Substanzen, wie Fette, Milchzucker u. s. w., reduzieren das Oxyd zu Metall. In Säuren löst sich Quecksilberoxyd leicht zu den entsprechenden Salzen. Mit Chlor liefert es unterchlorige Säure. Es ist ein gutes Oxydationsmittel für viele organische Substanzen.

Darstellung: Das rote Oxyd entsteht durch anhaltendes Erhitzen von Quecksilber bei Luftzutritt, was schon den alten Alchimisten bekannt war. Man stellt es im großen durch Erhitzen von Quecksilberoxydul- und -oxydnitrat her, indem man diese so lange erwärmt, als noch nitrose Gase entweichen. Es ist nicht nötig, reine Nitrate zu verwenden, sondern es genügt, das aus 1 Tl. Metall und 1½ Tl. Salpetersäure (D 1,2) gewonnene Krystallprodukt der Zersetzung zu unterwerfen. Um die oxydierende Kraft der nitrosen Gase auszunutzen, empfiehlt es sich, der Krystallmasse die halbe bis sechste Menge Metall, wie zu ihrer Herstellung gedient hat, zuzumischen. Über Vorrichtungen zur Zersetzung des Quecksilbernitrates s. u. G. BRUSA und DRES V. BORELLI & Co., Turin, *D. R. P.* 344500 [1900], und F. HILDEBRANDT und FR. HESEMANN, *D. R. P.* 413241. Um das Produkt für therapeutische Zwecke brauchbar zu machen, muß man ihm Spuren anhaftender Säure durch Digestion mit alkalischem Wasser entziehen. Darstellung auf nassem Wege: man fügt 100 *Vol.*-Tl. einer heißen Lösung von Quecksilberchlorid (1:2) allmählich zu 500 *Vol*-Tl. einer heißen Lösung von Kalilauge (1:2) und kocht 5 Stunden am Rückflußkühler (E. P. SCHOCH, *Journ. Amer. chem. Soc.* 29, 321 [1903]); man kann die Fällung aber auch mit Pottaschelösung ausführen (E. DUFAU, *Chem. Ztrbl.* 1902, II, 1519). Über die elektrolytische Herstellung von Quecksilberoxyd aus *Hg* s. *D. R. P.* 311113 von H. DANNEEL und ELEKTRIZITÄTSWERKE LONZA A.-G., Basel. In den *D. R. P.* 315656 und 356507 ist die elektrolytische Oxydation des *Hg* in Sodalösung bei Gegenwart von Leim, Natriumchlorid, im *D. R. P.* 315657 die Reinigung des so hergestellten Oxydes von *Hg* durch Behandeln mit Schutzkolloiden beschrieben. Diese Reinigung kann nach *D. R. P.* 370028 der ELEKTRIZITÄTSWERKE LONZA A.-G., Basel, auch durch Erhitzen auf 500^0 ev. unter Einleiten von Sauerstoff erfolgen. Weitere Verfahren s. Bd. I, 96.

Das gelbe Oxyd muß stets auf nassem Wege dargestellt werden. Man gießt eine verdünnte Quecksilberchloridlösung in 30^0 warme, überschüssige Natronlauge, läßt einige Zeit bei gelinder Wärme stehen und wäscht durch Dekantieren aus.

Prüfung. Das pharmazeutischen Zwecken dienende Quecksilberoxyd darf beim Erhitzen nur Spuren eines nichtflüchtigen Rückstands geben, der aus dem angewandten Metall stammt. Es darf, in wässeriger Suspension mit Schwefelsäure und Ferrosulfat geschichtet, keine gefärbte Zone geben (Salpetersäure!). Die verdünnte Lösung in Salpetersäure sei klar und gebe mit Silbernitrat nur eine Opalescenz (Chlor, von den Spuren erlaubt sind).

Verwendung: Quecksilberoxyd ist das Ausgangsmaterial für viele andere Quecksilberverbindungen. Es dient als Katalysator bei der Herstellung von Acetaldehyd aus Acetylen (Bd. I, 96ff), wobei es teilweise in *Hg* übergeht. Über die Regenerierung s. die daselbst gemachten Angaben. In der Medizin braucht man Quecksilberoxyd in Form von Salben (Bd. V, 462) und als Streupulver zur Behandlung eiternder Geschwüre und gegen die Entzündung der Augenlidränder (Blepharitis). Das gelbe Oxyd wirkt, seiner feinen Verteilung wegen, energischer und weniger reizend als das rote.

Quecksilberrhodanid, Mercurirhodanid, $Hg(SCN)_2$. Farblose Nadeln (aus kochendem Wasser oder Alkohol) oder weißes krystallinisches Pulver, nicht zerfließlich. Es hat die charakteristische Eigenschaft, beim Anzünden unter starker Aufblähung der Asche zu verbrennen ("Pharaoschlangen«) (O. Hermes, *Journ. prakt. Chem.* 97, 477 [1866]; Helbig, *Pharmaz. Zentralhalle* 45, 51, 235 [1904]). 1000 cm^3 der gesättigten Lösung enthalten bei 25⁰ 0,096 g Substanz; in kochendem Wasser ist es etwas leichter löslich, ziemlich leicht in Alkohol, etwas in Äther. Die Verbindung wird am besten durch Fällung von Mercuriacetatlösung mit Kaliumrhodanid erhalten (W. Peters, *B.* 41, 3180 [1908]; *Ztschr. anorgan. Chem.* 77, 157 [1912]) oder aus Mercurinitrat, wobei ein Überschuß von Kaliumrhodanid zu vermeiden ist (J. Philip, *Poggendorff Ann.* 131, 88 [1867]). Verwendung in der Photographie als Bildverstärker, ebenso wie die der Doppelsalze mit Alkalirhodaniden (*Agfo, D. R. P.* 109 860, 110 357; Bd. **VIII**, 417), und zu Pharaoschlangen.

Quecksilbersalicylat s. Bd. II, 243.

Quecksilbersulfate. *a)* Quecksilberoxydulsulfat, Mercurosulfat, Hg_2SO_4. Monokline Prismen oder weißes Krystallmehl. D^{15} 7,121. Wird am Licht bald grau unter Bildung von Metall und Mercurisalz, zersetzt sich mit Wasser unter Abscheidung basischer Salze. Zur Darstellung erhitzt man 1 Tl. Quecksilber mit $1/2$–1 Tl. Schwefelsäure, bis etwas mehr als die Hälfte des Metalls in festes Salz übergegangen ist (F. E. Smith, El. Engin. [2] 36, 275 [1905]; vgl. E. Divers und T. Shimidzu, *Journ. chem. Soc. London* 47, 639 [1885], oder fällt Mercuronitrat mit Schwefelsäure (Natriumsulfat) (R. Varet, *Compt. rend. Acad. Sciences* 120, 997 [1895]; *Bull. Soc. chim. France* [3] 13, 759 [1895]; *Ann. Chim.* [7] 8, 117 [1896]) oder reibt 18 Tl. Mercurisulfat mit 11 Tl. Quecksilber und 6 Tl. Wasser zusammen (Planche, *Ann. Chim.* 66, 168 [1808]). Sehr rein gewinnt man das Salz durch Elektrolyse von Schwefelsäure an einer Quecksilberanode (G. A. Hulett, Phys. Rev. 33, 263 [1911]; H. S. Carchart und G. A. Hulett, *Chem. News* 90, 226 [1904]; *Ztschr. angew. Chem.* 17, 1107 [1904]). Verwendung: Als Katalysator bei der Herstellung von Anthrachinon-α-sulfosäure (Bd. **I**, 489), im Weston-Element (Bd. **V**, 474).

b) Quecksilberoxydsulfat, Mercurisulfat, $HgSO_4$. Weiße krystallinische Masse oder sternförmig gruppierte rhombische Krystallblättchen mit 1 H_2O, farblose harte, rhombische Säulen, löslich in wenig Wasser, während größere Mengen Wasser basische Salze abscheiden. Die Verbindung färbt sich beim Erhitzen erst gelb, dann braun, nimmt aber beim Erkalten die ursprüngliche Farbe wieder an; bei Rotglut zerfällt sie völlig in Quecksilber, Schwefeldioxyd und Sauerstoff.

Zur Darstellung kann man 1 Tl. Quecksilber und $1^1/_2$ Tl. *konz.* Schwefelsäure zum Sieden erhitzen (wobei Schwefeldioxyd entweicht) und schließlich zur völligen Trockne bringen. Zweckmäßiger ist es aber, Salpetersäure als Oxydationsmittel zu verwenden. Man erwärmt 18 Tl. Metall mit 10 Tl. *konz.* Schwefelsäure, 3 Tl. Wasser und 4 Tl. 25%iger Salpetersäure, solange noch nitrose Gase entweichen, und dampft schließlich in Porzellanschalen ein (R. Varet, *Ann. Chim.* [7] 8, 105 [1896]); A. J. Cox, *Ztschr. anorgan. Chem.* 40, 165 [1904]. Nach dem *F. P.* 156 213 [1921] der Chem. Fabriken Worms A. G., Frankfurt a. M., kann man neben rauchender Salpetersäure noch Sauerstoff beim Lösen in H_2SO_4 einleiten. Noch bequemer ist es, 108 Tl. Quecksilberoxyd in 194.4 Tl. Schwefelsäure und 540 Tl. Wasser zu lösen und die Flüssigkeit einzudampfen. Ausbeute 149 Tl.

Verwendung: Zur Darstellung anderer Quecksilbersalze, wie Kalomel und Sublimat, wichtig bei der Umwandlung von Acetylen in Acetaldehyd als Katalysator (Bd. **I**, 95), bei der Herstellung von Anthrachinon-1- bez. -1,5- und -1,8-sulfosäuren (Bd. **I**, 489, 490), bei der Oxydation von Naphthalin mit rauchender Schwefelsäure zu Phthalsäure (Bd. **VIII**, 470); als Katalysator bei der Herstellung von Cumarin aus Cumarsäure (*I. G., D. R. P.* 440 341). Eine Verbindung mit Äthylendiamin $HgSO_4 \cdot 2 C_2H_8N_2 + 2 H_2O$ ist als „Sublamin" in rotgefärbten Tabletten im Handel (*Schering, D. R. P.* 74634; Bd. **III**, 696), um als Sublimatersatz zu dienen. Ein basisches Salz, $HgSO_4 \cdot 2 HgO$ (Turpethum minerale), gelbes Pulver, D 6,44, spurenweise in Wasser löslich, durch Zersetzung von Mercurisulfat mit heißem Wasser oder durch Umsetzung von Mercurinitratlösung mit heißer Natriumsulfatlösung erhalten, diente früher viel als Purgans, Antilueticum, wird aber jetzt kaum noch gebraucht.

Quecksilbersulfid, Mercurisulfid, HgS. Existiert in 2 Formen, einer schwarzen und einer roten, dem Zinnober. *a)* Schwarze Form. Kommt als Metacinnabarit vor (s. Bd. **VIII**, 591). Sie stellt die labile Form des Quecksilbersulfids vor. In amorpher Form künstlich erhalten, ist Quecksilbersulfid ein tiefschwarzes, feines Pulver, unlöslich in Wasser, Alkohol, Salzsäure und Salpetersäure; $D^{18,3}$ 7,6242 (W. S. Spring, *Ztschr. anorgan. Chem.* 7, 377, 380 [1894]). Amorphes Quecksilbersulfid gibt bei der Sublimation oder bei Einwirkung von Alkalipolysulfidlösung rotes Quecksilbersulfid, u. zw. umso leichter, je höher die Einwirkungstemperatur ist und je mehr überschüssiger Schwefel vorhanden ist. Das schwarze Sulfid löst sich ziemlich leicht in Alkalisulfidlösung unter Bildung salzartiger Verbindungen, wie: $K_2S \cdot HgS \cdot 5 K_2O$ und $K_2S \cdot 5 HgS \cdot 5 K_2O$.

Chemisch verhält es sich im übrigen genau so wie rotes Sulfid, nur im allgemeinen leichter reagierend.

Darstellung: In krystallisierter Form kann man das schwarze Sulfid durch Sublimation bei 12 *cm* Druck unter 400⁰ erhalten (KEMPF, *Journ. prakt. Chem.* [2] 78, 201 [1908]). Das amorphe Präparat fällt beim Einleiten von Schwefelwasserstoff in Mercurisalzlösungen (oder, mit Quecksilber zusammen, aus Mercurosalzen) aus. Hierbei entstehen zunächst Zwischenprodukte, z. B. $2 HgS \cdot HgCl_2$, die erst bei längerer Behandlung mit Schwefelwasserstoff völlig in Sulfid übergehen. Auch durch inniges Verreiben von 1 Tl. Schwefel mit 3—5 Tl. Metall, wobei sich Wärme entwickelt, erhält man das Sulfid (*Poggendorff Ann.* 34, 453 [1835]). Im großen gewinnt man das schwarze Quecksilbersulfid, „Mohr" genannt, nach dem sog. „holländischen" Verfahren, indem man 100 Tl. Quecksilber allmählich in 18 Tl. geschmolzenen Schwefels in einem eisernen Kessel einträgt. Hierbei können zeitweilig kleinere Explosionen eintreten. Die Temperatur soll so niedrig gehalten werden, daß der Schwefel noch gerade die zum Mischen geeignete Konsistenz hat. Die schwarze Masse wird nach dem Erkalten sorgfältig gepulvert. Nach dem „irischen" Verfahren mischt man 20 Tl. Schwefel mit 105 Tl. Quecksilber in Rollfässern, die etwa 50—60 Umdrehungen in der Minute machen. In etwa 3 ᵇ hat man dann eine völlig homogene Masse erhalten. Bei dieser Operation ist besonders auf den Feinheitsgrad des Schwefels zu achten. Er darf weder zu grob- noch zu feinpulvrig sein, wenn die Vereinigung mit dem Metall glatt von statten gehen soll.

Verwendung: Das schwarze, in der letztbeschriebenen Weise hergestellte Quecksilbersulfid dient zur Fabrikation von Zinnober. Man verwendet es ferner in statu nascendi zum Färben von Horngegenständen, indem man diese erst mit Mercurinitratlösung und dann mit Alkalisulfidlösung behandelt. Therapeutischen Zwecken dient es in kolloidaler Form. Haltbare kolloidale Produkte gewinnt man mit Eiweißkörpern als Schutzkolloiden. (*Heyden, D. R. P.* 229 706), mit Gummi arabicum (J. LEFORT und P. THIBAULT, *Journ. Pharmaz. Chem.* [5], 6, 169 [1882]) und Gelatine (J. HAUSMANN, *Ztschr. anorgan. Chem.* 40, 122 [1904], sowie Bd. VI, 715, 720, Kolloide).

b) Rote Form, Zinnober, Patentrot, Chinesischrot, Vermillon, Cinnabar, ist eine cochenille- bis scharlachrote Masse, die schönste hochrote Mineralfarbe. Berührung mit Kupfer oder Messing verschlechtert den Farbton (K. HEUMANN, *B.* 7, 1486 [1874]). Wird beim Erhitzen auf 250⁰ bräunlich, bei etwa 320⁰ schwarz, beim Abkühlen wieder scharlachrot. Am Licht dunkelt Zinnober, zumal im Anstrich, nach und wird zuletzt völlig schwarz. Die auf nassem Wege dargestellten Marken waren bis vor kurzem viel lichtempfindlicher als die durch Sublimation erhaltenen. Manche Sorten widerstehen jahrelang der Lichteinwirkung. Es ist noch unentschieden, ob die Veränderung auf einer Umwandlung der krystallinischen in die amorphe schwarze Form beruht oder auf einer Reduktion zu Mercurosulfid (vgl. Bd. VII, 422, M. ROLOFF, *Ztschr. physikal. Chem.* 26, 343 [1898]). $D^{21,6}$ 8,1289 (gefällt), D^{18} 8,1464 (sublimiert). Zinnober sublimiert im Kathodenvakuum bei etwa 400⁰ (F. DEMM und F. KRAFFT, *B.* 40, 4777 [1907]). Vorkommen s. unter Quecksilber, Bd. VIII, 591.

Darstellung: Der natürliche Zinnober findet als Farbmaterial keine nennenswerte Verwendung, weil seine Farbe den Ansprüchen nicht genügt. Die Farbe wird z. Z. künstlich hergestellt, u. zw. auf trockenem oder — in weitaus größerer Menge — auf nassem Wege.

Die Umwandlung des schwarzen Quecksilbersulfides in Zinnober erfolgt durch Sublimation in birnförmigen Kolben aus Ton oder Gußeisen; letztere sind mit Vorlagen aus Ton versehen. Der sublimierte Zinnober wird gemahlen, geschlämmt und einem Raffinierungsprozeß unterworfen, indem man ihn mit 10—12⁰ *Bé* starker Pottaschelösung etwa 10′ in einem eisernen Kessel kocht. Man bringt dadurch Schwefel und schwarzes Sulfid in Lösung, was den Ton wesentlich verschönert.

Nach dem nassen Verfahren gewonnener Zinnober ist stets von weit lebhafterer Nuance als das Sublimationsprodukt. Man arbeitet nach dem DÖBEREINERschen Verfahren. Quecksilber wird bei 40—50⁰ in eisernen Kesseln mit einer *konz.* Lösung von Kaliumpentasulfid längere Zeit behandelt. Die Reaktion verläuft nach der Gleichung: $K_2S_5 + Hg = HgS + K_2S_4$. Zu starkes Erhitzen ist sehr schädlich, da das Produkt eine braunrote Färbung annimmt. Die Ausbeute beträgt 110% des Metalls. Auf die Reinheit des letzteren, namentlich Freisein von anderen Metallen, ist größter Wert zu legen. Die abgehobene Sulfidlösung kann durch Kochen mit Schwefel regeneriert werden. A. EIBNER (*D. R. P.* 263 472, 453 523) modifizierte das Verfahren derart, daß 20 *g* Hg und 3,2 *g* Schwefelblumen in einer Flasche mit einer Lösung von 1 : 1 von 43 *g* Kaliummonosulfid in Portionen auf der Maschine bei gewöhnlicher Temperatur geschüttelt werden, wobei nach einiger Zeit eine schwach gelbe Lösung der auf S. 627 erwähnten salzartigen Verbindung entsteht. Aus dieser Lösung wird dann durch Zusatz einer frisch bereiteten Lösung von Schwefel in Kaliumpolysulfid homogen-schwarzes Sulfid gefällt und dieses durch Erwärmen mit der überstehenden Lösung auf dem Wasserbad in lichtechten Zinnober verwandelt. Der Zinnober wird dann ev. durch Behandeln mit frischer Schwefelleberlösung von Schwefel und durch Behandeln mit heißem Wasser von Kalium-thiosulfat befreit und bei 100° getrocknet. Auf diese Weise wird ein einheitliches, lichtechtes Produkt erhalten, das frei von *Hg* ist.

Verwendung: Zinnober als Malerfarbe (Bd. VII, 439). Er gehört zu den stärkstdeckenden Farben, braucht wenig Bindemittel (Firnis), scheidet sich aber leicht aus diesem wieder ab und trocknet auch schlecht. Carminzinnober nennt man im Handel eine mit Englischrot gemischte Sorte. Verfälschungen mit Eisen-oxyd, Schwerspat u. s. w. erkennt man an ihrer Nichtflüchtigkeit in der Hitze. Reiner Zinnober darf beim Erhitzen höchstens 0,4 % Asche hinterlassen. Bemerkt sei noch, daß ein Zusatz von Antimonverbindungen (etwa 1 %) bei der Darstellung von günstigem Einfluß auf den Farbton ist. Zinnober wird ferner als Schminke gebraucht; therapeutisch soll er wirkungslos sein, jedoch wird es in Salbenform gegen Flechten benutzt.

Literatur. F. PETERS und W. LOEWENSTEIN in GMELIN-KRAUTS Handbuch der anorganischen Chemie, herausgegeben von C. FRIEDHEIM (†) und F. PETERS, Bd. V, Abt. 2, S. 333. Heidelberg 1914. G. ZERR und R. RÜBENCAMP, Handbuch der Farbenfabrikation, 4. Auflage. Berlin 1930.

F. Ullmann (G. Cohn).

Quercitronextrakt (*Geigy*) s. Farbstoffe, pflanzliche, Bd. V, 142. *Ristenpart.*

Quinisal (*Boehringer*). Chininum bisalicylosalicylicum. Leicht bitter schmecken-des, weißes Pulver, schwer löslich in Wasser, zerfällt mit Säuren und Alkalien in die Komponenten Chinin und Diplosal. Anwendung bei Neuralgien, Rheumatismus. Tabletten zu 0,25 *g*. *Dohrn.*

R

Racedrin (*I. G.*) ist racemisches Ephedrin, s. d. Bd. **IV**, 439.   *Dohrn.*

Radioaktivität. Hierunter versteht man die Eigenschaft gewisser Grundstoffe, regelmäßig und ohne Einwirkung von außen gewisse Strahlen auszusenden. Diese Eigenschaft ist mit einer materiellen Veränderung des Atoms des radioaktiven Elements verknüpft.

Entdeckung. Die Radioaktivität wurde im Jahre 1896 von H. BECQUEREL (*Compt. rend. Acad. Sciences* 122, 420) am U r a n entdeckt. Er fand, daß dieses Element und alle seine Verbindungen die Fähigkeit haben, durch opake Schichten hindurch die photographische Platte ähnlich den kurz zuvor entdeckten Röntgenstrahlen zu schwärzen. Die Wirkung hängt lediglich von der Menge des Urans ab und ist unabhängig von der Art der Verbindung, also eine Eigenschaft des Uranatoms. Dies ließ sich quantitativ durch die Eigenschaft der Strahlung, die sie mit den Kathoden-, Kanal- und Röntgenstrahlen teilt, die Luft zu ionisieren, d. h. für Elektrizität leitend zu machen, feststellen. Wenn man eine gewogene Menge einer Uranverbindung, in äußerst dünner Schicht auf einer geerdeten Metallplatte verteilt, einer mit einem geladenen Elektrometer verbundenen Metallplatte in einer sog. Ionisierungskammer gegenüberstellt, so gibt die Geschwindigkeit, mit der die Spannung im Elektrometer abfällt, ein Maß für ·das Strahlungsvermögen der Uranverbindung. Von allen zur Zeit dieser Entdeckung bekannten Elementen erwies sich nur das Thorium (C. G. SCHMIDT, Wied. Ann. 64, 720) neben dem Uran als radioaktiv.

Radioaktive Elemente. Die Untersuchung des Strahlungsvermögens der Uranmineralien führte P. und M. CURIE zu dem Ergebnis, daß diese viel stärker radioaktiv sind, als ihrem Urangehalt entspricht. Die Aktivität reiner Pechblenden übertrifft die Aktivität des Urans um das 4fache. Daraus schlossen die Autoren, daß in den Uranerzen noch unbekannte, stark radioaktive Stoffe enthalten sein müßten. Es gelang ihnen zunächst festzustellen, daß das aus der Pechblende abgeschiedene Wismut ein etwa 60mal so großes Strahlungsvermögen aufweist als das Uranmetall. Als Ursache dieser Aktivität vermuteten sie ein dem Wismut ähnliches Element, das sie Polonium nannten (*Compt. rend. Acad. Sciences* 127, 175). Ferner erwies sich das aus der Pechblende abgeschiedene Barium als stark aktiv. Den Träger dieser Aktivität nannten sie Radium (*Compt. rend. Acad. Sciences* 127, 1215). Das Radium konnte Frau CURIE selbst später vom Barium der Pechblende abtrennen. Die Abscheidung des Poloniums vom Wismut und Tellur gelang MARCKWALD. Außer diesen beiden Elementen wurde noch eine Reihe anderer später in der Pechblende aufgefunden, so das Aktinium (DEBIERNE, GIESEL), die Radiumemanation, eine Zeitlang auch Niton genannt (DORN, RUTHERFORD), das Ionium (BOLTWOOD, MARCKWALD und KEETMAN).

In den Thoriumerzen wurden ebenfalls hochaktive Elemente aufgefunden, von denen hier zunächst nur das Mesothorium und das Radiothorium (HAHN) genannt seien.

Strahlen. Die von den radioaktiven Stoffen ausgehenden Strahlen zerfallen in 3 Arten, die als α-, β- und γ-Strahlen bezeichnet werden. Die α-Strahlen sind wenig durchdringend. Die durchdringendsten von ihnen werden von Luft unter Atmosphärendruck in einer Schicht von 8,6 *cm* völlig absorbiert, von festen Körpern entsprechend ihrer Dichte, so z. B. von Aluminiumfolie von 0,05 *mm* Dicke. Sie haben sich als positiv geladene Heliumatome erwiesen, die mit $^{1}/_{15} - ^{1}/_{20}$ Lichtgeschwindigkeit von den Atomen der α-strahlenden Elemente ausgesandt werden. Jedes α-strahlende Element sendet nur Strahlen von einer ganz bestimmten Reichweite aus, die immer in Schichtdicken von Luft bei 15⁰ und normalem Druck angegeben wird. Die Reichweite der vom Polonium ausgehenden α-Strahlen beträgt beispielsweise 3,92 cm. Nur in ganz wenigen, später zu erörternden Fällen sendet ein Stoff neben α-Strahlen auch β-Strahlen aus. Da die α-Strahlen von Gasen sehr stark absorbiert werden, ist begreiflicherweise auch das Ionisierungsvermögen dieser Strahlen für Gase sehr groß. Ein einziges α-Teilchen erzeugt auf seiner Bahn je nach seiner Reichweite etwa 100 000—300 000 Ionen. Darauf beruht die außerordentliche Empfindlichkeit des Nachweises radioaktiver Stoffe mittels des Elektroskops.

Die β-Strahlen sind negativ geladene Elektronen, die annähernd Lichtgeschwindigkeit besitzen. Sie sind also Kathodenstrahlen von großer Geschwindigkeit und demgemäß hohem Durchdringungsvermögen. Ihr Ionisationsvermögen für Gase beträgt nur etwa $1/_{100}$ von dem der α-Strahlen.

Die Absorption der β-Strahlen erfolgt nach einem Exponentialgesetz: $I/I_0 = e^{-\mu d}$, wobei I_0 die Intensität der Strahlung bei Schichtdicke o, I die Intensität nach Durchdringung des Materials von der Dicke d in cm bedeutet; μ nennt man den für jenen β-Strahler charakteristischen Absorptionskoeffizienten. Für Aluminium schwankt er etwa zwischen 10 und 5000 bei den verschiedenen β-strahlenden Elementen.

Die γ-Strahlen sind Wellenstrahlen, ähnlich wie die Röntgenstrahlen, aber von einer viel größeren Durchdringbarkeit, so daß sie noch hinter dezimeterdicken Bleiplatten nachzuweisen sind.

Allen diesen Strahlenarten gemeinsam ist ihr Vermögen, Gase zu ionisieren, wovon nicht nur zu ihrem Nachweis, sondern auch zu ihrer Messung Gebrauch gemacht wird, ferner die photochemische Wirkung auf die photographische Platte, die Erregung von Phosphorescenz bei hierzu geeigneten Stoffen, wie Bariumplatincyanür, Calciumwolframat, Zinkblende u. a. m. Von chemischen Wirkungen seien noch angeführt die Färbung von Gläsern je nach ihrer Zusammensetzung, die Färbung von Edelsteinen, von Kalium- und Natriumsalzen, die Ozonisierung von Sauerstoff, die Zersetzung von Wasser in die Elemente, die Bildung von Chlorwasserstoff aus den Elementen, die Zerstörung gewisser organischer Stoffe, besonders auch lebender Zellen.

Theorie. Sehr bald nach der Entdeckung der Radioaktivität drängte sich die Frage auf, wie sich die Erscheinungen mit dem Gesetz von der Erhaltung der Energie in Einklang bringen lassen. Es ist das Verdienst RUTHERFORDS, diese Frage in Gemeinschaft mit SODDY durch die Theorie vom Atomzerfall der radioaktiven Elemente (Phil. Mag. 4, 370 [1902]) in befriedigender und höchst überraschender Weise beantwortet zu haben. Diese Hypothese hat seitdem auf die Erforschung der radioaktiven Erscheinungen dermaßen befruchtend eingewirkt, daß es sich empfiehlt, die weitere Entwicklung der Forschung an der Hand dieser Hypothese zu erörtern.

Wenn man krystallwasserhaltiges Urannitrat in Äthyläther löst, so erhält man neben der ätherischen Lösung des wasserfreien Nitrats eine wässerige Schicht, die nur Spuren von Salz gelöst enthält. Trennt man die beiden Lösungen und läßt jede für sich verdunsten, so hinterläßt die ätherische Lösung das gesamte Urannitrat. Dieses unterscheidet sich aber von dem ursprünglichen dadurch, daß es zwar unvermindert α-Strahlen, aber nicht mehr β- und γ-Strahlen aussendet. Die wässerige Lösung andererseits hinterläßt nur einen unwägbaren Rückstand; dieser aber ist der Träger der gesamten β- und γ-Strahlung. Daraus folgt, daß dem ursprünglichen Urannitrat durch die geschilderte Behandlung eine äußerst geringe Beimengung entzogen worden ist, der allein das Vermögen zukommt, β- und γ-Strahlen auszusenden. Diesen Stoff hat man Uran X genannt. Man kann diesen Stoff auch durch mancherlei andere Mittel vom Uran trennen. Wenn man nun aber die beiden Bestandteile des Urans aufbewahrt und ihr Strahlungsvermögen beobachtet, so zeigt sich, daß die α-Strahlung der Hauptmasse unverändert bleibt, daß dagegen die β- und γ-Strahlung des Uran X sich ganz gesetzmäßig mit der Zeit vermindert,

u. zw. erfolgt die Abklingung nach dem Gesetz für monomolekulare Reaktionen, also in einer geometrischen Progression, so daß die Anfangsaktivität in ungefähr 24 Tagen auf die Hälfte, in 48 Tagen auf $1/_4$, in 72 Tagen auf $1/_8$ u. s. f. sinkt. In dem gleichen Maße aber, in dem das β-Strahlungsvermögen des Uran X abklingt, nimmt das zugehörige Urannitrat wieder das Vermögen an, β- und γ-Strahlen auszusenden. Die Kurven (Abb. 224) illustrieren das Gesetz, nach dem die Abklingung bzw. das Ansteigen der Strahlung verläuft. Bezeichnet man die ursprüngliche

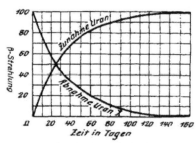

β-Strahlung des Uran X mit I_o, die Aktivität nach der Zeit t (in Sekunden) mit I_t, so gilt die Gleichung $I_t = I_o \cdot e^{-\lambda t}$, in der e die Basis der natürlichen Logarithmen und λ eine Konstante, die sog. Zerfallskonstante, ist. Ihr Wert beträgt im vorliegenden Falle annähernd $3{,}2 \cdot 10^{-7}$. Diejenige Zeit, in der die Hälfte der Strahlung abklingt, nennt man die Halbwertszeit.

Abb. 224. Zerfallkurve für Uran X.

Die eben geschilderten Tatsachen deuteten RUTHERFORD und SODDY sehr einleuchtend durch die Annahme, daß das Uran selbst unter Abgabe von α-Partikeln regelmäßig Uran-X-Atome bildet, welche ihrerseits unter Aussendung von β-Teilchen eine weitergehende, viel schneller verlaufende Veränderung erfahren. Wenn die Umwandlung des Urans im Vergleich zu derjenigen des Uran X so langsam erfolgt, daß sich die Menge der überhaupt vorhandenen Uranatome nicht merklich in derselben Zeit vermindert, in welcher die in einem gegebenen Augenblick vorhandene Zahl von Uran-X-Atomen sich vollständig weiter umgewandelt hat, so muß augenscheinlich das Uran, nachdem es vom Uran X getrennt worden ist, innerhalb dieser Zeit die gleiche Anzahl von Uran-X-Atomen wieder nachliefern und also sein ursprüngliches Strahlungsvermögen wieder erlangen. Es befindet sich dann mit seinem Zerfallsprodukt im radioaktiven Gleichgewicht.

Analoge Erscheinungen wie beim Uran zeigten sich nun auch bei anderen radioaktiven Stoffen, und so kamen RUTHERFORD und SODDY zu der Vorstellung, daß alle radioaktiven Elemente solche seien, die sich in Umwandlung befinden. Die Zerfallskonstante gibt dann den Bruchteil der in 1″ sich umwandelnden Atome an. Sie hat sich als völlig unabhängig von äußeren Verhältnissen, insbesondere von der Temperatur erwiesen. Die Umwandlung der radioaktiven Stoffe kann also bisher durch keinerlei Mittel verzögert oder beschleunigt werden.

Abkömmlinge des Radiums. Die Atomzerfallstheorie brachte in erster Linie die Aufklärung für eine Beobachtung, die schon die Entdecker des Radiums bei ihren Versuchen, diesen Stoff durch Umkrystallisieren des Chlorids vom Bariumchlorid zu trennen, gemacht hatten. Wenn man ein mehrere Wochen trocken aufbewahrtes Radiumsalz in Wasser löst, die Lösung eindampft und das Strahlungsvermögen des Rückstandes mißt, so findet man die α-Strahlung auf etwa $1/_4$ vermindert; die β- und γ-Strahlung ist völlig verschwunden. Im Verlauf von 4 Wochen stellt sich dann nach dem oben erörterten Exponentialgesetz der ursprüngliche Zustand wieder ein. Man sieht, daß die äußere Erscheinung ganz analog derjenigen ist, die sich nach der Abtrennung des Uran X beim Uran zeigt. In der Tat erfolgt auch beim Auflösen des Radiumsalzes in Wasser die Abtrennung eines radioaktiven Stoffes. Nur bedarf es in diesem Falle keiner weiteren Manipulationen, um die Abtrennung zu bewirken, weil das Zerfallsprodukt des Radiums beim Auflösen des Salzes gasförmig entweicht. Man nennt diesen Stoff daher die Radiumemanation. Sie hat eine Halbwertszeit von 3,83 Tagen. In den trockenen Radiumsalzen bleibt dieses Gas nahezu vollständig okkludiert. Es sammelt sich darin also bis zum Eintritt des radioaktiven Gleichgewichts an. Beim Lösen des Salzes aber entweicht das in Wasser nur wenig lösliche Gas in die Atmosphäre. Auch durch Erhitzen des trockenen Salzes kann es ausgetrieben werden. Es ist chemisch indifferent wie die sog. Edelgase. Trotzdem es naturgemäß nur in äußerst geringen Mengen zugänglich ist — die mit 1 g Radium im Gleichgewicht befindliche Menge Emanation nimmt nach der Abtrennung bei 0^0 und 760 mm Druck nur 0,6 mm^3 ein —, so hat RAMSAY es doch verflüssigen, seine Dampfdichte, Kp und andere physikalische Eigenschaften bestimmen können. Das Atomgewicht ergab sich aus der Dampfdichte zu 222,4, in guter Übereinstimmung mit dem Werte 222, der entsprechend der Bildung aus Radium (226) unter α-Strahlung gefolgert werden muß. Der Kp unter Atmosphärendruck liegt bei -65^0.

Die Radiumemanation sendet ebenso wie das Radium selbst nur α-Strahlen aus. Sammelt man sie an, so bedecken sich die Gefäßwände sehr schnell mit einem festen, natürlich unsichtbaren, radioaktiven Stoff, dem Umwandlungsprodukt dieser Emanation. Dieses wird Radium A genannt, ist gleichfalls ein α-Strahler und hat eine Halbwertszeit von nur 3'. Sein Zerfallsprodukt, Radium B, das nur schwache β-Strahlung zeigt, wandelt sich mit einer Halbwertszeit von 27' in Radium C um. Es zerfällt in 19' zur Hälfte unter Bildung von α-, β- und γ-Strahlung.

Die Bildung aller 3 Strahlenarten beim Zerfall des Radium C bildet eine interessante Ausnahme von der Regel, da beim radioaktiven Atomzerfall nur α- oder β- und γ-Strahlung auftritt. Sie erklärt sich dadurch, daß in diesem und einigen anderen Fällen die radioaktiven Atome in 2 Richtungen zerfallen. Man bezeichnet jetzt das Umwandlungsprodukt von Radium B als Radium C. Es zerfällt nahezu vollständig unter β- und γ-Strahlung in das äußerst kurzlebige Radium C' (Halbwertszeit 10^{-8}''), einen α-Strahler, und nur 0,04 % seiner Atome zerfallen unter α-Strahlung in das β-strahlende, ebenfalls kurzlebige Radium C'' (Halbwertszeit 1,3'). Aus diesen beiden Zerfallsprodukten des Radium C entsteht nun wiederum dasselbe Umwandlungsprodukt, Radium D, ein schwach β-strahlendes Element mit der verhältnismäßig langen Halbwertszeit von 20 Jahren.

Aus dieser Darlegung ergibt sich, daß die Wirkung der Radiumemanation in einer Ionisierungskammer infolge der Bildung kurzlebiger, ebenfalls strahlender Zerfallsprodukte sehr schnell ansteigen muß, bis sie sich mit diesen Zerfallsprodukten in etwa 4 Stunden ins Gleichgewicht gesetzt hat. Die Wirkung des Radium D und seiner weiteren Zerfallsprodukte macht sich wegen des geringen Strahlungsvermögens des ersten Stoffes und seiner langen Lebensdauer praktisch nicht bemerkbar.

Von Emanation befreites Radiumsalz wird sich, da die Emanation eine Halbwertszeit von 3,83 Tagen besitzt, in etwa 4 Wochen mit dieser und ihren kurzlebigen Zerfallsprodukten ins Gleichgewicht setzen, so daß also ein solches Salz innerhalb dieser Frist an Strahlungsvermögen zunimmt, dann aber praktisch konstant bleibt. ST. MEYER und HESS haben die von einem solchen Radiumsalz ausgesandte Energie dadurch gemessen, daß sie ein Präparat in einem Bleimantel, der die Strahlung nahezu vollständig absorbierte, in ein Calorimeter brachten, um die erzeugte Wärmemenge zu messen. Es ergab sich, daß 1 g Radium (Element) in 1^h 140 Cal. entwickelt. Man nimmt die Halbwertszeit des Radiums zu 1600 Jahren an. Daraus folgt, daß bei der Umwandlung von 1 g Radium bis zum Radium D rund $3 \cdot 10^9$ Cal. entwickelt werden, also etwa ebensoviel wie bei der Verbrennung von 400 kg Knallgas.

Beim Zerfall des Radiums und eines Teiles seiner kurzlebigen Zerfallsprodukte treten α-Strahlen auf, also wird Helium gebildet. Diese Bildung konnten RUTHERFORD und ROYDS nachweisen, indem sie Radiumchlorid in ein Glasröhrchen von nur 0,01 mm Wandstärke und dieses in ein völlig evakuiertes Mantelgefäß einschlossen. Die α-Teilchen durchdrangen die dünne Glaswand, und nach einiger Zeit sammelte sich in dem Mantelgefäß so viel Helium an, daß es durch sein Spektrum erkannt werden konnte.

Das Radium D ist als ein verhältnismäßig langlebiges Umwandlungsprodukt der Radiumemanation schon erwähnt worden. Aus ihm entsteht über Radium E, einen β-Strahler, dessen Halbwertszeit 5 Tage beträgt, das letzte radioaktive Umwandlungsprodukt der Radiumreihe, Radium F oder Polonium genannt. Es ist, wie wir sahen, α-strahlend und zerfällt in 140 Tagen zur Hälfte. Dabei verwandelt es sich in das, soviel wir wissen, unbegrenzt beständige Radium G, einen Stoff, der, wie noch näher zu erörtern sein wird, bis auf sein Atomgewicht mit dem gewöhnlichen Blei völlig identisch ist.

Die Uranreihe. Daß das Radium selbst seinen Ursprung vom Uran herleiten müsse, ergab sich aus der Tatsache, daß es nur in Uranerzen gefunden wird und in allen primären Uranerzen, den Pechblenden, mit dem Uran im radioaktiven Gleichgewicht steht, also in einem ganz konstanten Mengenverhältnis zum vorhandenen Uran. Die sorgsamsten Bestimmungen ergaben den Wert $3,4 \cdot 10^{-7}$, so daß auf 3 kg Uran sehr angenähert 1 mg Radium kommt (MARCKWALD und HEIMANN). Diese Zahl gestattet auch, die Zerfallsperiode des Urans abzuschätzen. Denn wenn sich 1 g Uran mit $3,4 \cdot 10^{-7} g$ Radium im Gleichgewicht befinden, die Halbwertszeit des Radiums aber 1600 Jahre beträgt, so muß Uran in $\dfrac{1600 \cdot 10^7}{3,4} = 4,7 \cdot 10^9$ Jahren zur Hälfte zerfallen. Würde dieser Zerfall direkt oder wenigstens nur über relativ kurzlebige Zwischenprodukte, wie Uran X, zum Radium führen, so müßte er sich wegen der großen Empfindlichkeit der Meßmethoden unschwer nachweisen lassen. Das ist aber nicht der Fall, und daraus ergibt sich der Schluß, daß sich in der Zerfallsreihe, die vom Uran zum Radium führt, noch mindestens ein relativ langlebiger Zwischenkörper befinden muß.

Dieser Zwischenkörper wurde von BOLTWOOD aufgefunden; er ist ein dem Thorium äußerst ähnlicher, aber viel stärker α-strahlender Grundstoff, den der Entdecker Ionium nannte. Aus ihm bildet sich, wie sich experimentell nachweisen ließ, das Radium, während es selbst in etwa 76 000 Jahren zur Hälfte zerfällt.

Auch das Ionium entsteht nicht direkt über Uran X aus dem Uran. Wir glauben jetzt, die Zerfallsreihe des Urans lückenlos zu kennen, und nehmen an, daß auf das Stammelement, jetzt Uran I genannt, Uran X_1 folgt. Aus diesem entsteht durch 2fachen Zerfall zu 99,65 % das sehr kurzlebige Uran X_2, früher Brevium genannt (GÖHRING und FAJANS, HAHN und MEITNER; Halbwertszeit 1,2') und zu 0,35 % das Uran Z (Halbwertszeit 6,7^h). Daraus wird wieder das langlebige, dem Uran I sonst völlig gleichende Uran II gebildet, das sich vom ersteren nur durch die größere Reichweite seiner α-Strahlung und somit auch eine geringere Lebensdauer unterscheidet. Nach einer von GEIGER und NUTALL aufgefundenen Regel läßt sich nämlich aus der Reichweite R der α-Strahler nach der Gleichung $\lg \lambda = a + b \lg R$ die Zerfallskonstante λ berechnen, wobei die Größen a und b für die Uranreihe konstant sind. Die Berechnung der Halbwertszeit von Uran II nach dieser Regel führt zu einem Wert von 1 000 000 Jahren. Eine vor kurzem durchgeführte experimentelle Bestimmung aus der Nachbildung von Uran II aus einer bekannten Menge Uran X ergab eine Halbwertszeit von Uran II entsprechend 340 000 Jahre (WALLING).

Aus dem Uran II entsteht direkt das Ionium. Man war lange Zeit der Meinung, daß das Uran II einen 2fachen Zerfall erleidet, obwohl es nur α-Strahlen aussendet. Es sollten dann 97 % der Atome in Ionium, 3 % aber in das β-strahlende Uran Y übergehen, das als der Stammvater einer schon länger bekannten Reihe radioaktiver Elemente, der Aktiniumreihe, erkannt wurde. Es ist aber auch, wie man heute teilweise annimmt, möglich, daß sich das Uran Y und damit die ganze Aktiniumreihe von einem unbekannten Uran-Isotop, einem Aktinouran mit ungefähr gleicher Stabilität wie Uran I, ableitet, das mit Uran I und Uran II in den Mineralien vergesellschaftet ist.

Das Verschiebungsgesetz. Alle diese komplizierten Verhältnisse aufzuklären, wäre wohl nicht gelungen, wenn sich nicht die chemischen Eigenschaften der radioaktiven Elemente, ihre Stellung im periodischen System, in sehr einfacher Weise abhängig von der Art ihrer Entstehung erwiesen hätte (v. HEVESY, RUSSEL, SODDY, FAJANS). Diese Regel lautet: Zerfällt ein Element unter α-Strahlung, so gehört das neugebildete Element der zweitvorhergehenden Gruppe des periodischen Systems an, zerfällt es unter β-Strahlung, so entsteht ein Element der nächstfolgenden Gruppe. Beispielsweise entsteht aus dem Ionium, das dem Thorium gleicht, also der 4. Gruppe angehört, unter α-Strahlung die alkalische Erde Radium (2. Gruppe), aus diesem, wiederum unter α-Strahlung, die Radiumemanation (0. Gruppe). Aus Uran I (6. Gruppe) entsteht unter α-Strahlung Uran X_1 (4. Gruppe), aus diesem unter β-Strahlung das Uran X_2 (5. Gruppe), dessen Auffindung nur durch diese Regel ermöglicht wurde, aus dem Uran X_2 unter β-Strahlung das Uran II, das wie Uran I der 6. Gruppe angehört.

Isotopie. Die Versuche, radioaktive Elemente voneinander durch chemische Methoden zu trennen, stießen in einigen Fällen auf unüberwindliche Schwierigkeiten. Der erste Fall dieser Art lag beim Radium D vor, das sich mit dem Blei der Pechblende leicht von deren übrigen Bestandteilen abtrennen ließ, das aber vom Blei selbst auf keine Weise getrennt werden konnte. Ein ähnlicher, besonders gründlich studierter Fall begegnete beim Versuch, das Ionium zu isolieren. Dieses scheidet sich mit dem in der Pechblende stets in geringer Menge vorhandenen Thorium ab; zugleich ist diesem, wie immer man auch die Abscheidung vornehmen möge, das Uran X vergesellschaftet. Letzteres verschwindet wegen seiner relativ schnellen Zerfallsperiode bald aus dem Gemisch. Dagegen bleiben Ionium und Thorium untrennbar verbunden, so daß man reines Ionium nicht kennt. Da aber die Joachimsthaler Pechblende nur Spuren von Thorium enthält, andererseits wegen der langsamen Zerfallsperiode des Ioniums auf 1 *kg* Uran in der Pechblende immerhin etwa 20 *mg* Ionium kommen müssen, so ist das aus diesem Erz abgeschiedene Ionium schätzungsweise nur mit der doppelten Menge Thorium vermischt. Gleichwohl unterscheidet sich diese Mischung auch hinsichtlich ihres Spektrums in nichts von reinem Thorium.

Diese und zahlreiche analoge Fälle lehren, daß es Elemente gibt, die sich, außer durch das Atomgewicht, Strahlungsvermögen und Lebensdauer, in keiner Eigenschaft voneinander unterscheiden. Man hat sie Isotope genannt, und es hat sich gezeigt, daß die große Zahl von radioaktiven Elementen, die im Verlauf der letzten Jahrzehnte entdeckt worden sind — wir können etwa 40 unterscheiden — sich in höchstens 11 sog. Plejaden einordnen lassen, die bis zu 7 isotope Elemente umfassen.

Wohl der interessanteste Fall von Isotopie ist der des gewöhnlichen Bleies mit dem Radium G. Daß das Endprodukt der Uranreihe Blei sein müsse, wurde aus der Erfahrung gefolgert, daß alle Uranerze Blei enthalten. Andererseits ergab sich eine Unstimmigkeit insofern, als man aus dem Atomgewicht des Urans dasjenige des Endprodukts auf Grund einer einfachen Überlegung berechnen konnte und diese Rechnung einen erheblich niedrigeren Wert als das Atomgewicht des Bleies $Pb = 207{,}2$ ergab. Beim Zerfall von Uran I bis Radium G treten nämlich 8mal α-Strahler auf. Demnach muß sich das Atomgewicht, da $He = 4$ ist, um 8×4 vermindern, während die dazwischenliegenden β-Strahler ohne merklichen Einfluß auf das Atomgewicht bleiben. Das Atomgewicht des Uran I ist $U = 238{,}2$. In genügender Übereinstimmung mit der Theorie fand HOENIGSCHMID das Atomgewicht des Radiums um rund 12 Einheiten niedriger, $Ra = 226{,}0$. Das Atomgewicht des Radium G sollte um weitere 20 Einheiten niedriger sein, also 206 betragen. HOENIGSCHMID und HOROWITZ haben das Atomgewicht desjenigen Bleies bestimmt, das sie aus sehr reiner, krystallisierter ostafrikanischer Pechblende abgeschieden hatten. In vorzüglicher Übereinstimmung mit der Theorie fanden sie $RaG = 206,0$. Aus weniger reinen Pechblenden abgeschiedenes Blei ist mehr oder weniger mit gewöhnlichem Blei vermischt und zeigt daher ein zwischen 206,0 und 207,2 liegendes Atomgewicht. Die Spektren von Radium G und Blei sind völlig identisch.

Die Aktiniumreihe. Bereits im Beginn der Erforschung der Radioaktivität wurde das Aktinium bei den aus der Pechblende abgeschiedenen seltenen Erden aufgefunden, von denen es dem Lanthan am nächsten steht. Seine Reindarstellung ist bisher wohl nur deswegen nicht geglückt, weil es in zu geringer Menge in der Pechblende enthalten ist. Es sendet eine sehr wenig durchdringende β-Strahlung aus und zerfällt in etwa 20 Jahren zur Hälfte, wobei es Radioaktinium liefert. Die weiteren Zerfallsprodukte, unter denen das interessanteste die sehr kurzlebige Emanation (Halbwertzeit 4″) ist, finden sich unten in einer tabellarischen Übersicht aller bekannten radioaktiven Elemente verzeichnet. Über die beiden Möglichkeiten der Abstammung der Aktiniumreihe ist bereits oben gesprochen worden. Auf einen Zusammenhang zwischen der Uran- und Aktiniumreihe weist die Tatsache hin, daß das Verhältnis von Uran zu Aktinium in den Mineralien konstant ist. Andererseits konnte die Aktiniumreihe wegen des geringen Anteils ihrer Strahlung an der Gesamtstrahlung der Erze sich von der Uranreihe nur an einer Stelle abzweigen, an der eine 2fache Spaltung etwa im Verhältnis von 10 : 1 erfolgt. Das ist, wie wir oben sahen, bei der Bildung von Uran Y und Ionium der Fall. Wenn sich die Aktiniumreihe vom Uran Y ableitet, dann konnte aber nach dem Verschiebungsgesetz das Aktinium nicht direkt aus dem Uran Y entstehen. Auch hätte man die Entstehung von Aktinium in älteren Uranpräparaten müssen nachweisen können, wenn die Bildung sich nicht über ein relativ langlebiges Zwischenprodukt vollzieht. Da dies aber nicht gelang, so war ein solches anzunehmen. Durch derartige Überlegungen wurden HAHN und MEITNER zur Auffindung dieses noch fehlenden Gliedes, des Protaktiniums, geführt. Es ist ein Element der 5. Gruppe, das chemisch dem Tantal nahesteht, α-Strahlen aussendet und eine Halbwertzeit von 20 000 Jahren besitzt. Eine Reindarstellung von Protaktinium ist erst in den letzten Jahren gelungen (V. GROSSE).

Die Thoriumreihe. Die Untersuchung der Thoriumverbindungen und Thoriumerze zeigte, daß sich vom Thorium, ähnlich wie vom Uran, eine Reihe radioaktiver Elemente ableitet. Beide Reihen zeigen in ihrem Verlauf recht auffallende Analogien. Besonderes Interesse beanspruchen diejenigen Glieder der Thoriumfamilie, die, ohne allzu kurzlebig zu sein, doch andererseits genügend schnell zerfallen, um starke Strahlenwirkungen hervorzurufen. Sie sind besonders durch die Untersuchungen von HAHN bekannt und der praktischen Verwendung zugänglich gemacht worden. Das Thorium selbst sendet α-Strahlen aus. Seine Lebensdauer übertrifft diejenige des Urans noch etwa um das 4fache. Es wandelt sich in das schwach β-strahlende Mesothorium 1 um, ein Isotop des Radiums, dessen Halbwertzeit 6,7 Jahre beträgt. Aus ihm entsteht das Mesothorium 2, das in $6,2^h$ zur Hälfte zerfällt und kräftige β- und γ-Strahlung liefert. Dabei geht es in Radiothorium über, einen α-Strahler, der mit dem Thorium selbst isotop ist (Halbwertzeit 1,9 Jahre). Dieses liefert Thorium X, isotop mit Radium und Mesothorium, Halbwertzeit 3,64 Tage, α-Strahler. Aus dem Thorium X entsteht die Thoriumemanation. Sie zerfällt in 54,5″ zur Hälfte und sendet gleichfalls α-Strahlen aus. Es folgen dann noch das α-strahlende Thorium A (0,14″), das β-strahlende Thorium B ($10,6^h$), Thorium C, das mit einer Halbwertzeit von 60,8′ einesteils zu 65 % unter β-Strahlung in das α-strahlende Thorium C′ (Halbwertzeit etwa 10^{-11}″), andernteils zu 35 % unter Emission von α-Teilchen in das stark β- und γ-strahlende Thorium C″ (3,2′) zerfällt. Den Schluß der Reihe bildet auch hier ein isotopes Blei; HOENIGSCHMID hat gezeigt, daß das aus Thorianit gewonnene Blei das Atomgewicht 207,77 zeigte. Theoretisch sollte Thoriumblei das Atomgewicht 208 haben. Da aber Thorianit Uran enthält, so muß das Blei auch Radium G mit dem niedrigen Atomgewicht 206 enthalten, wodurch sich die Diskrepanz ausreichend erklärt.

Andere radioaktive Elemente. Der Vollständigkeit halber sei erwähnt, daß bei 2 Alkalimetallen, dem Kalium und Rubidium, sehr weiche β-Strahlungen nachgewiesen werden konnten (J. J. Thomson, Campbell und Wood). Beim Kalium, das ein Mischelement aus zwei Isotopen mit den Atomgewichten 39 und 41 im Verhältnis 95:5 ist (Aston), konnte gezeigt werden, daß nur das Kalium mit dem Atomgewicht 41 radioaktiv ist (v. Hevesy und Lögstrup, Biltz und Ziegert).

Tabellarische Übersicht. In der nachfolgenden Übersicht sind die radioaktiven Stoffe der Uran-Radium-, Aktinium- und Thoriumreihe in ihrem genetischen Zusammenhange dargestellt unter Hinzufügung der Strahlungsart, der Halbwertszeit, des Atomgewichts und des stabilsten Vertreters derselben Atomart. Die noch unsicheren Zusammenhänge sind durch (?) angedeutet, die experimentell ermittelten Atomgewichte durch Fettdruck hervorgehoben. Unterhalb des Horizontalstrichs verlaufen die Stammbäume völlig analog.

Atomgewicht	Halbwertszeit	Uran-Radium-Aktinium-Reihe	Atomgewicht	Halbwertszeit	Thoriumreihe	Atomgewicht	Halbwertszeit	Atomart
238	4,5·10⁹J.	Uran I ↓α						Uran
234	23,8 T.	Uran X₁						Thorium
234	6,7 h.	↓β Uran Z ←┘β						Protaktinium
234	1,15'.	Uran X₂ ↓β, γ	β					Protaktinium
234	3,4·10⁵J.	Uran II ← Aktinouran						Uran
		α(?) (?)						
		→Uran Y	230	24,6 h.	Thorium ↓α	232	1,65·10¹⁰J.	Thorium
	α	↓β			Mesothorium 1	228	6,7 J.	Radium
		Protaktinium ↓α	230	2·10⁴J.	↓β			Protaktinium
		Aktinium	226	20 J.	Mesothorium 2	228	6,2 h.	Aktinium
	↓	↓β			↓β, γ			
230	7,6·10⁴J.	Ionium Radioaktin.	226	19 T.	Radiothorium	228	1,9 J.	Thorium
	↓α	↓α ↓α			↓α			
226	1600 J.	Radium Aktinium X	222	11,2 T.	Thorium X	224	3,64 T.	Radium
	↓α	↓α ↓α			↓α			
222	3,83 T.	Radium-Eman. Aktin.-Eman.	218	3,9".	Thorium-Eman.	220	54,5'.	Emanation
	↓α	↓α ↓α			↓α			
218	3'.	Radium A Aktinium A	214	1,5·10⁻³".	Thorium A	216	0,14".	Polonium
	↓α	↓α ↓α			↓α			
214	26,8'.	Radium B Aktinium B	210	36'.	Thorium B	212	10,6 h.	Blei
	↓β, γ	↓β, γ ↓β, γ			↓β, γ			
214	19,7'.	Radium C Aktinium C	210	2,16'.	Thorium C	212	60,8'.	Wismut
	α	α			α			
					β			
210	1,3'.	β, γ Rad. C'' β Äkt.C''	206	4,7'.	Thorium C''	208	3,2'.	Thallium
214	10⁻⁶".	Rad. C' β,γ Aktin.C' β,γ	210	5·10⁻³".	Thorium C' β,γ	212	10⁻¹¹'".	Polonium
	↓α	↓α			↓α			
210	20 J.	Rad. D ← Akt. D ←	206	∞	Thorium D ← (Thoriumblei)	208	∞	Blei
	↓β, γ	Identisch mit						
210	5 T.	Radium E Radium G (?)						Wismut
	↓β							
210	140 T.	Radium F (Polonium)						Polonium
	↓α							
206	∞	Radium G (Uranblei)						Blei

Technische Gewinnung des Radiums. Das wichtigste Ausgangsmaterial für die Gewinnung des Radiums bildete anfangs die Pechblende, ein Uranoxyd mit nicht ganz feststehendem Sauerstoffgehalt, dessen Zusammensetzung einer Mischung von Uranoxydul UO_2 und Uranoxydoxydul U_3O_8 entspricht. An dem Ort des wichtigsten Vorkommens, in St. Joachimsthal in Böhmen, wird seit 1907 Radium technisch gewonnen. Weiterhin wurde in England Pechblende aus Cornwall und dem Süden von Devon und in geringer Menge in Nordamerika Pechblende aus dortigen Fundstellen auf Radium verarbeitet. In allen Pechblenden ist das Verhältnis von Uran : Radium völlig konstant, wie oben auseinandergesetzt wurde. Aber auch sekundäre Mineralien dienten und dienen zum Teil noch der technischen Gewinnung von Radium. So ist in Frankreich aus dem nach seinem Vorkommen in Autun Autunit benannten Uranglimmer $Ca(UO_2)_2(PO_4)_2 \cdot 8H_2O$ und aus verwandten Erzen aus Portugal und Madagaskar Radium technisch hergestellt worden. Von 1914—1922 war in der Radiumproduktion Nordamerika führend, wo die ausgedehnten Fundstellen eines Carnotit genannten Kalium-Uranylvanadats in den Staaten Colorado und Utah ausgebeutet wurden. Auch in Australien wurde aus carnotitähnlichen Erzen von Olary und aus Autuniten von Farina in Südaustralien Radium gewonnen. Ein Calciumuranylvanadat aus Ferghana, Tjujamunit genannt, wurde in Rußland auf Radium verarbeitet. Die Ausbeutung aller genannten Uranmineralien hat an Bedeutung verloren und ist mit wenigen Ausnahmen völlig eingestellt worden, seit (ab 1922) in Oolen in Belgien in einer großen modernen Fabrik, der SOCIÉTÉ GÉNÉRALE MÉTALLURGIQUE DE HOBOKEN, Radium aus außerordentlich uranreichen Mineralien aus den Kupfergebieten von Katanga, der UNION MINIÈRE DU HAUT-KATANGA, in Belgisch-Kongo gewonnen wird. Der Umfang dieses Mineralvorkommens (Pechblende und Abkömmlinge davon) ermöglicht eine Produktion der Fabrik von einigen Gramm im Monat, welche Menge dem gesamten Weltbedarf an Radium genügt; die Fabriken in Amerika sind infolgedessen stillgelegt worden (vgl. auch *Chemische Ind.* **1928**, 382, 972; **1929**, 721).

Die Arbeitsmethoden zur Gewinnung des Radiums sind je nach der Zusammensetzung der in Frage kommenden Mineralien und der Verbindungsform des darin enthaltenen Radiums verschieden.

Die Verarbeitung der Pechblende geschieht in erster Linie zur Gewinnung von Uranfarben (s. Uran). Zu dem Zweck wird das zerkleinerte Erz entweder mit Soda geröstet und dann mit verdünnter Schwefelsäure ausgelaugt oder direkt mit *konz.* Schwefelsäure unter Zusatz von etwas Salpetersäure aufgeschlossen. In beiden Fällen hinterbleibt nach dem Auslaugen ein unlöslicher Rückstand, der in der Hauptsache aus Kieselsäure besteht, daneben aber die Sulfate des Bleis, Calciums, Bariums, seltener Erden, ferner basische Salze des Wismuts, Antimons, Kupfers, Eisens, Aluminiums, endlich Erdsäuren u. a. m. enthält. Hier finden sich auch die wichtigsten radioaktiven Zerfallsprodukte des Urans, soweit sie nicht eine zu kurze Zerfallsperiode haben, also vor allem das Radiumsulfat, ferner Verbindungen des Poloniums, Ioniums, Protaktiniums, Aktiniums und des Radium D. Technische Bedeutung hat nur die Gewinnung des Radiums aus diesen Rückständen. Bei Verarbeitung der Joachimsthaler Pechblende, die sehr hochwertig ist, machen die Rückstände doch noch etwa $1/_3$ vom Gewicht des Ausgangsmaterials aus. Nehmen wir den Urangehalt der Erze zu durchschnittlich 50 % an, so enthalten, wie sich berechnen läßt, 2000 *kg* der Rückstände 1 *g* Radium.

Die Aufarbeitung der Rückstände ist von DEBIERNE (*Chem. News* **88**, 136), HAITINGER und ULRICH (Sitzungsber. d. Kais. Akad. d. Wissensch. in Wien **117**, 619) und PAWECK (*Ztschr. Elektrochem.* **14**, 619) eingehend beschrieben worden. Sie werden zunächst mit dem $2^1/_2$fachen Gewicht 20 %iger Natronlauge einen Tag lang gekocht. Dabei geht ein Teil der Kieselsäure, Tonerde, auch des Bleis in Lösung. Der gut gewaschene Rückstand wird mit dem $1^1/_2$fachen Gewicht halbverdünnter, heißer, roher Salzsäure im Dampfbade digeriert. Die salzsaure Lösung enthält Gips und Chlorblei, die sich beim Erkalten abscheiden. Dem Blei folgt das isotope Radium D. In der Kälte bleiben in der Salzsäure neben viel Eisen, Tonerde u. s. w. gelöst Wismut, Tellur, Polonium, Aktinium, Ionium und seltene Erden. Der Rückstand wird mit Wasser gewaschen und mit dem $2\frac{1}{2}$fachen seines Trockengewichts an 20%iger schwefelsäurefreier Ammoniaksodalösung 10^h gekocht, um die unlöslichen Sulfate, namentlich Barium- und Radiumsulfat, in Carbonate umzuwandeln. Der Rückstand wird erst mit Brunnenwasser, dann mit Kondenswasser, schließlich mit destilliertem Wasser so lange ausgewaschen, bis im Waschwasser keine SO_4-Ionen nachweisbar sind. Dann wird er mit chemisch reiner Salzsäure (1,124 *spez. Gew.*) in geringem Überschuß einen Tag lang gerührt. Dabei geht neben Eisen, Tonerde, Blei, Calcium der größte Teil des Bariums und Radiums in Lösung. Mit dem Rückstand werden die letzten Operationen, Kochen mit Sodalösung, Auswaschen, Behandeln mit Salzsäure, noch 2--3mal wiederholt, bis er nur noch eine ganz geringe Radioaktivität zeigt. Er kann noch auf Protaktinium verarbeitet werden (s. u.). Die salzsauren Lösungen, aus denen sich beim Stehen noch Bleichlorid abscheidet, werden vereinigt. Aus ihnen wird durch überschüssige verdünnte Schwefelsäure das gesamte Barium und Radium, noch verunreinigt durch Calcium, Blei und seltene Erden, als Sulfate niedergeschlagen. Diese Sulfate werden nun wiederum mehrfach mit Sodalösung gekocht, gründlich ausgewaschen und mit Salzsäure behandelt, um die Sulfate in Carbonate umzusetzen und als Chloride in Lösung zu bringen. Dabei scheidet sich der größte Teil des noch vorhandenen Bleis als Bleichlorid ab. Der Rest wird mit etwa noch vorhandenem Wismut, Polonium u. s. w. durch Schwefelwasserstoff aus der Lösung gefällt. Diese wird nun zur Trockne verdampft und der Rückstand zur Trennung des Calciumchlorids vom Barium- und Radiumchlorid mit *konz.* Salzsäure ausgezogen, die letztere Salze fast völlig ungelöst läßt. Das Gewicht des so gewonnenen Rohchlorids beträgt 20 *kg* aus 10 000 *kg* Rückständen. Es enthält immer noch eine gewisse Menge von Calciumchlorid, auch ein wenig Chloride des Strontiums und seltener Erden. Diese Verunreinigungen stören aber bei dem nun beginnenden Krystallisationsprozeß nicht.

Die Gewinnung reiner Radiumverbindungen aus dem Barium-Radiumsalz-Gemisch ist dadurch sehr erschwert, weil diese beiden alkalischen Erden in allen ihren Salzen, wie es scheint, in jedem Verhältnis Mischkrystalle bilden, wobei für die Verteilung der beiden Komponenten die Unterschiede in der Löslichkeit nur in beschränktem Maße bestimmend sind. Es ist also ein sehr mühsamer fraktionierter Krystallisationsprozeß nötig, um die beiden Salze zu trennen. Am meisten gebräuchlich ist die Fraktionierung der Chloride und Bromide. Die von GIESEL vorgeschlagene Trennung der Bromide führt zwar zu einer stärkeren Anreicherung des Radiums, hat aber gegenüber dem Chlorid den Nachteil des höheren Preises der Bromwasserstoffsäure und der größeren Zersetzlichkeit des Radiumbromids. M. CURIE schlägt vor, die Anreicherung des Radiums bis zu einem gewissen Grade über das Chlorid zu bewirken, dann das Salz in Bromid zu verwandeln, schließlich aber dieses nach noch weiter vorgeschrittener Konzentration wieder in das Chlorid überzuführen, um es in dieser Form bis zur höchsten Reinheit weiter zu fraktionieren. Die Fraktionierung der Chloride kann auch durch Fällung mit Chlorwasserstoffsäure (CHLOPIN) oder Calciumchloridlösung (BASCHILOFF und WILNIANSKY), die der Bromide mit Bromwasserstoffsäure (CHLOPIN und PASSWIK) erfolgen. Auch die Verwendung anderer Salze zur fraktionierten Trennung von Barium und Radium ist empfohlen worden, so die Bromate, Pikrate und Ferrocyanide (KUNHEIM & CO.), Kieselfluoride (LANDIN), Chromate (HENDERSON und KRACEK), ferner die Hydroxyde (McCOY).

Die Methode der fraktionierten Krystallisation ist die folgende. Man löst das Barium-Radiumchlorid-Gemisch in der erforderlichen Menge siedenden Wassers. Beim Erkalten der Lösung scheidet sich, weil das Radiumchlorid das schwerer lösliche

Salz ist, eine Mischung aus, die etwa 5mal reicher an Radium ist als die in der Lösung verbliebene Mischung. Die abgegossene Mutterlauge wird bis zur beginnenden Krystallisation abgedampft, während die erste Krystallisation von neuem aus siedendem Wasser umkrystallisiert wird. Die Mutterlauge der letzteren Krystallisation wird nun mit den Krystallen der zweiten Fraktion vereinigt, während deren Mutterlauge wiederum zur Krystallisation eingeengt wird. Man verfährt also nach nebenstehendem Schema.

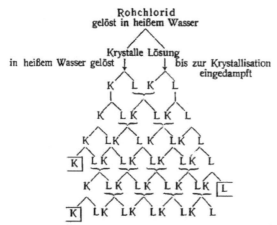

In diesem ist schon angedeutet, daß die Fraktionen nicht fortgesetzt vermehrt werden. Auf der einen Seite scheidet man die Lösungen aus, wenn ihr Gehalt an Radiumsalz so klein geworden ist, daß die weitere Verarbeitung sich nicht verlohnt, auf der andern Seite nötigt die Geringfügigkeit der radiumreichsten Krystallisation, ihre weitere Umlösung zunächst zu unterbrechen, bis man durch fortgesetzte Fraktionierung der niederen Fraktionen größere Mengen hochwertigen Materials angesammelt hat. Werden schließlich alle Fraktionen so klein, daß die Krystallisation aus reinem Wasser nicht mehr angängig erscheint, so krystallisiert man unter Zusatz von steigenden Mengen Salzsäure um, wodurch die Salze immer schwerer löslich werden. Je nach den Bedürfnissen der zu erzielenden Reinheit wird schließlich die Fraktionierung abgebrochen. Natürlich bleibt dann eine Reihe von hochwertigen Zwischenfraktionen, die für die folgende Aufarbeitung zurückzustellen sind, soweit sie nicht für Zwecke verwendet werden, für die weniger hoch konzentrierte Salze genügen. Zu bemerken ist noch, daß sich in dem hoch konzentrierten Salz etwaige kleine Verunreinigungen von Bleichlorid allmählich anreichern, die durch Schwefelwasserstoff leicht zu entfernen sind.

Wenn man die Fraktionierung der Bromide vornimmt, so ist das Verfahren im wesentlichen das gleiche. Radiumbromid und -chlorid krystallisieren mit 2 *Mol.* Krystallwasser. Die Salze sind wenig beständig. Sie verändern sich an der Luft, indem sie unter Bildung von Hypochloriten bzw. -bromiten Sauerstoff aufnehmen, die dann ihrerseits mit dem Kohlendioxyd der Luft unter Bildung von Carbonaten reagieren. Die bei 200° entwässerten Salze scheinen, unter Luftabschluß aufbewahrt, gut haltbar zu sein. Die Löslichkeit in Wasser beträgt bei 20° für 100 g Lösung 19,7 g Radiumchlorid und 41,4 g Radiumbromid.

Die Verarbeitung der Erze aus Belgisch-Kongo, die eine Mischung von Pechblende, Uran- und Kupferphosphat und Bleisilicouranat darstellen, erfolgt analog dem bei der Pechblende beschriebenen Verfahren. Bei der Behandlung des gemahlenen Erzes mit verdünnter Schwefelsäure gehen Uran, Kupfer, Eisen und Phosphorsäure in Lösung; das in den Erzrückständen in großer Menge vorhandene Blei wird durch Behandlung mit einer Natriumchloridlösung und das Calcium mit Salzsäure entfernt.

Erhebliche Bedeutung hatte eine Zeitlang die Gewinnung des Radiums aus Carnotit. Dieses Mineral findet sich nicht in dichten Massen, sondern sitzt als gelbes Krystallpulver auf dem Sandstein auf. Das in den Handel gebrachte Produkt enthält meist nur wenige Prozente Uran und etwa dessen doppeltes Gewicht an Vanadin. Die Verarbeitung des Gesteins auf Radium kann unter Umständen leichter sein als die der Pechblende, weil man das Radium durch Behandlung mit Salzsäure oder mit Salpetersäure oder mit einer Mischung von beiden zugleich mit dem Uran und Vanadin,

oder nach deren vorausgehender Entfernung durch Kochen mit Alkalihydroxyd- und Alkalicarbonat-
lösung in Lösung bringen kann. Dann kann das Radium aus der ev. noch mit etwas Barium versetzten Lösung zugleich mit diesem durch Schwefelsäure abgeschieden werden. Dieser Vorteil wird
aber in den meisten Fällen dadurch hinfällig, daß dem Carnotit Spuren von Calciumsulfat anhaften,
dessen Schwefelsäureionen genügen, um das ganze oder doch einen erheblichen Teil von dem im
Mineral enthaltenen Radium und Barium bei der Auflösung des Carnotits als Sulfat niederzuschlagen,
so daß es beim unlöslichen Rückstand verbleibt. Die Aufarbeitung muß dann ganz ähnlich erfolgen
wie die Verarbeitung der Pechblenderückstände.

Die Überführung der gefällten Sulfate in die Chloride geschieht durch Reduktion mit Kohle
bei hoher Temperatur und Auflösen der Sulfide in verdünnter Salzsäure. Durch Einleiten von Salzsäuregas werden dann Barium und Radium aus der Lösung als Chloride gefällt und der fraktionierten
Krystallisation unterworfen.

Bei der Verarbeitung des Autunits werden durch Behandlung mit Salzsäure Barium und Radium
gelöst, mit Schwefelsäure gefällt und die Sulfate mit der dreifachen Gewichtsmenge an trockenem
Natriumcarbonat auf 800° erhitzt. Nach Waschen mit Wasser werden die Carbonate in Salzsäure
gelöst und die Chloride fraktioniert krystallisiert.

Gewinnung verschiedener Radioelemente der Uran-Radium-Reihe und der Aktinium-Reihe.

Abgesehen von Radium wurden die aus den Uranrückständen abscheidbaren
längerlebigen Radioelemente Ionium, Protaktinium, Aktinium, Radium D und Polonium technisch bisher nur in bescheidenem Maße für rein wissenschaftliche Zwecke
gewonnen.

Das Ionium wird zugleich mit dem Aktinium und allen seltenen Erden aus den diese enthaltenden Laugen durch Flußsäure gefällt. Die Fluoride werden durch Abrauchen mit Schwefelsäure
in Sulfate verwandelt und aus deren Lösung das Ionium zugleich mit dem Thorium nach jeder
beliebigen, für dessen Trennung von den seltenen Erden brauchbaren Methode abgeschieden (KEET-
MAN, Jahrb. f. Radioakt. 6, 265). Da es mit dem Thorium isotop ist, kann es von ihm nicht getrennt
werden. Indessen enthält die Joachimsthaler Pechblende so wenig Thorium, daß aus ihr ein sehr hochprozentiges Ionium gewonnen werden kann. Wegen der Konstanz seiner α-Strahlung ist seine Verwendung als Radiokollektor (BEROWITZ, *Physikal. Ztschr.* 12, 83) und als BRONSON-Widerstand
(KEETMAN) empfohlen worden.

Protaktinium wurde bis jetzt nur einmal technisch gewonnen und rein dargestellt. Das Verfahren war dabei folgendes: Durch Kochen der Rückstände der Radiumfabrikation mit 25%iger Salzsäure wird das Eisen und der Hauptteil des Bleis gelöst und entfernt, wobei in Lösung gegangenes
Protaktinium durch Zugabe von Zirkonsalz und Fällung mit Phosphorsäure beim Ungelösten zurückgehalten wird. Der Rückstand wird mit der 3fachen Menge Natriumhydroxyd-Kaliumhydroxyd (1:1)
geschmolzen und dann durch heißes Wasser die Kieselsäure entfernt. Der Rückstand hiervon, basische
Oxyde, wie ZrO_2, TiO_2, Pa_2O_5 u. a., wird in kalter 10%iger Schwefelsäure gelöst und aus der Lösung
nach Zugabe von Wasserstoffperoxyd, um das Titan in Lösung zu halten, dann das Zirkon (Hafnium)
und Protaktinium mit einem Überschuß von Phosphorsäure als Phosphate gefällt. Diese werden mit
Kaliumcarbonat geschmolzen und die Phosphorsäure mit Wasser herausgelöst. Das zurückbleibende
Zirkondioxyd mit Protaktinium wird mit Natriumbisulfat aufgeschlossen, aus der Lösung mit Ammoniak
Orthohydroxyd gefällt und dieses in 25%iger Salzsäure gelöst. Durch fraktionierte Krystallisation
des Zirkonoxychlorides aus *konz.* Salzsäure wird das Protaktinium in der Mutterlauge angereichert
und schließlich mit dem noch vorhandenen Zirkon als Phosphat gefällt. Die weitere Reinigung erfolgt durch eine mehrmalige Wiederholung der drei zuletzt genannten Trennungsprozesse: Alkali-
carbonatschmelze, fraktionierte Krystallisation der Oxychloride und Zirkonphosphatfällung. Schließlich
erfolgt die Abtrennung des Protaktiniums vom Zirkon, indem aus der Lösung der Oxyde nach Zufügen von Thoriumoxyd das Protaktinium mit dem Thorium als Oxalat gefällt wird. Die Trennung
des Thoriums vom Protaktinium erfolgt dann durch Fällung mit einem geringen Überschuß von
Flußsäure in verdünnter Salzsäurelösung. Das Protaktinium bleibt dabei in Lösung, woraus es nach
Vertreiben der Flußsäure durch Schwefelsäure mit Ammoniak als Hydroxyd gefällt wird. Die Trennung
von Protaktinium und Zirkon kann bei hochprozentigen Präparaten auch dadurch geschehen, daß
aus der Lösung der Oxyde in verdünnter Salzsäure in der Wärme das Protaktinium mit überschüssiger
Oxalsäure gefällt wird. Das Zirkon bleibt dabei im Filtrat (v. GROSSE, *B.* 61, 233).

Aktinium folgt bei der analytischen Trennung der seltenen Erden dem Neodym und Lanthan
(DEMARÇAV, *Compt. rend. Acad. Sciences* 130, 1019; GIESEL, *B.* 35, 3611; 36, 344; 37, 1698, 3963;
AUER V. WELSBACH, *Ztschr. anorgan. Chem.* 69, 353). Von ersterem ist es vollständig, von letzterem
teilweise durch fraktionierte Krystallisation der Magnesiumnitratdoppelsalze aus Wasser oder der
Oxalate aus Salzsäure getrennt worden. In beiden Fällen reichert sich das Aktinium in den löslichsten
Fraktionen an. Auch durch Mitreißen durch eine Bariumsulfatfällung kann es aus der Lösung abge-
schieden und von anderen Erden getrennt werden.

Radiumemanation wird aus Radiumpräparaten gewonnen, entweder durch Erhitzen oder
Schmelzen fester Präparate oder bei Radiumlösungen durch Durchquirlen, Kochen oder Abpumpen.
Eine große Vereinfachung der Gewinnung von Radiumemanation wird durch die HAHNschen hoch-
emanierenden Trockenpräparate ermöglicht. Es sind dies auf bestimmte Weise zusammen mit dem
Radium gefällte Metallhydroxyde, z. B. Eisenhydroxyd, die im trockenen Zustande dauernd praktisch
die ganze gebildete Emanation ins Freie gelangen lassen (HAHN und HEIDENHAIN, *B.* 59, 284). Die

nach einer der genannten Methoden aus Radium gewonnene Emanation ist je nach der Gewinnungsart mit einer großen Menge der verschiedensten Gase, wie Knallgas, Wasserstoff, Kohlensäure,
Stickstoff, Wasserdampf u. a., verdünnt. Zur Konzentrierung der Emanation müssen diese Gase entfernt
werden, wobei hauptsächlich die Verwendung von verschiedenen Absorptionsmitteln und die Ausnutzung der verschiedenen Gefrierpunkte der Gase eine Rolle spielen. Die verschiedenen Phasen
der Konzentrierung werden in ziemlich komplizierten Apparaturen ausgeführt, wofür die verschiedensten Systeme angegeben worden sind.

Der kurzlebige aktive Niederschlag des Radiums, d. s. die Zerfallsprodukte der Radiumemanation bis Radium D ausschließlich, kann auf einem negativ aufgeladenen Metallstück, wie z. B. einem
Platinblech, niedergeschlagen werden, das isoliert in einen verschlossenen emanationshaltigen Raum
eingeführt ist. Als Emanationsquelle dient zweckmäßig ein hochemanierendes Radiumtrockenpräparat,
das sich in einem Schälchen am Boden des Raumes befindet. Der auf dem Platin niedergeschlagene
aktive Niederschlag kann mit Säure abgelöst werden.

Radium D ist als Isotop des Bleis von diesem nicht zu trennen, bleibt also bei der technischen
Gewinnung aus Uranmineralien dem darin enthaltenen Blei gleichmäßig beigemischt. Diese Mischung
wird „Radioblei" genannt. Ohne gewöhnliches Blei erhält man Radium D, wenn es sich im Emanations-
röhrchen oder in gelagerten Radiumsalzen nachgebildet hat. Man isoliert es durch anodische Abscheidung aus den Lösungen.

Radium E wird elektrochemisch auf Nickel aus einer salzsauren Radium-D-Lösung in der
Hitze niedergeschlagen.

Polonium wird aus den Uranrückständen zunächst mit dem Wismut nach den für dieses
üblichen analytischen Methoden abgeschieden. Von diesem wird es durch Fällen der salzsauren Lösung
mit Zinnchlorür zugleich `mit Tellur gefällt. Die Trennung des Polloniums vom Tellur erfolgt am
besten durch Fällen des letzteren mittels Hydrazinsulfats aus der Lösung der Chloride, wobei Polonium
in Lösung bleibt (MARCKWALD, B. 85, 2285, 4239; 36, 2662; 38, 591). Da sich aus Radium D über
Radium E das Polonium bildet, so kann das Radium D dazu benutzt werden, das im Verlauf einiger
Monate immer wieder nachgelieferte Polonium zu gewinnen. Das Polonium wird aus der Radium-D-
Lösung entweder durch Elektrolyse auf der Kathode oder elektrochemisch auf Silber abgeschieden. Beim
Vorliegen von Radioblei wird zweckmäßig vorher der größte Teil des Bleis durch Auskrystallisieren des
Chlorids oder Nitrats entfernt. Eine Konzentrierung von Polonium auf eine sehr kleine Fläche kann
durch Aufdestillieren erfolgen.

Der aktive Niederschlag des Aktiniums wird wie der des Radiums gewonnen. Als
Emanationsquelle dienen emanierende Aktiniumpräparate, z. B. Lanthan-Aktinium-Hydroxyd.

Gewinnung von Radioelementen der Thorium-Reihe.

Mesothorium. Zur Gewinnung der Abkömmlinge des Thoriums kommt als
Ausgangsmaterial technisch nur der Monazitsand in Betracht (s. Thorium). Dieser
enthält einige Prozente Thorium, daneben auch regelmäßig einige Zehntelprozente
Uran. Daher ist im Monazitsand neben dem Mesothorium stets auch das mit ihm
isotope Radium vorhanden, so daß aus ihm nur ein Gemenge dieser beiden radioaktiven Stoffe gewonnen werden kann. Die Aufschließung des Monazits erfolgt
durch *konz.* Schwefelsäure. Um die Verarbeitung der Aufschlußrückstände auf Mesothorium und Radium zu erleichtern, setzt man der Schwefelsäure zweckmäßig etwas
Barium- oder Bleisalz zu, damit die Menge der unlöslichen Sulfate im Rückstande
vermehrt wird (SCHWAB, *D. R. P.* 269541; GLASER, *D. R. P.* 272429). Im übrigen
geschieht die Verarbeitung der Rückstände nach denselben Methoden, nach denen
die Pechblenderückstände auf Radiumsalz verarbeitet werden. Auch die Konzentration
des zunächst erhaltenen Gemisches von Radium-, Mesothorium- und Bariumchlorid
durch fraktionierte Krystallisation erfolgt genau wie bei der Radiumgewinnung. Ist
die höchste Konzentration erreicht, so wird ein Produkt gewonnen, das dem Gewicht
nach im wesentlichen aus Radiumchlorid besteht, dessen γ-Strahlung aber zu etwa
80% von dem viel rascher zerfallenden Mesothorium ausgeht. Da sich der äußerst
geringe Gewichtsgehalt des Salzes an Mesothorium nicht bestimmen läßt, so wird
das Mischsalz im Handel nach der Stärke seiner γ-Strahlung bezeichnet, die mit
reinem Radium verglichen wird. Unter 1 *mg* Mesothorium hat man also eine solche
Mischung zu verstehen, deren γ-Strahlung 1 *mg* Radium gleichkommt, die aber zu
etwa 80% von Mesothorium herrührt. In diesem Sinne werden aus 1 *t* Monazitsand
2—3 *mg* Mesothorium gewonnen.

Aus gelagerten Thoriumpräparaten (z. B. alten Glühstrümpfen) kann radium-
freies Mesothorium gewonnen werden. In diesem Falle führt wegen der Abwesenheit von Radium die Fraktionierung des Barium-Mesothorium-Salzes hinsichtlich
der γ-Strahlung zu viel konzentrierteren Präparaten.

Wie wir oben sahen, ist Mesothorium 1 und 2 zu unterscheiden. Letzteres hat eine Halbwertszeit von 6,2^h, befindet sich also mit dem Mesothorium 1 schon 2 Tage nach der Abtrennung wieder im radioaktiven Gleichgewicht. Mesothorium 2 kann aus einer Mesothoriumlösung durch Fällung mit Metallhydroxyden oder durch Elektrolyse an der Kathode abgeschieden werden. Es ist der Träger der γ-Strahlung des käuflichen Mesothoriums. Ebenso hat man unter der γ-Strahlung von Radium, das ja ein α-Strahler ist, diejenige des mit ihm im radioaktiven Gleichgewicht befindlichen Radium C zu verstehen. Dessen Zerfallsperiode ist zwar sehr kurz, es entsteht aber aus dem Radium über die verhältnismäßig langlebige Emanation (Halbwertszeit 3,83 Tage). Daher zeigt Radiumsalz erst etwa einen Monat nach seiner Abscheidung das Maximum der γ-Strahlung.

Radiothorium ist mit Thorium isotop. Es läßt sich also bei der Verarbeitung des Monazits nicht isolieren, sondern bleibt mit dem Thorium vereinigt. Dagegen kann man es aus älteren Mesothoriumpräparaten gewinnen, und das geschieht technisch in erheblichem Maßstabe. Das Mesothorium 1 mit einer Halbwertszeit von 6,7 Jahren zerfällt über das kurzlebige Mesothorium 2 in Radiothorium, das seinerseits in 1,9 Jahren zur Hälfte zerfällt. Von den weiteren Zerfallsprodukten der Thoriumreihe hat nur noch eines, das Thorium X, eine Lebensdauer, die über mehrere Stunden hinausgeht. Es zerfällt in 3,64 Tagen zur Hälfte. Demnach befindet sich das Radiothorium etwa einen Monat nach seiner Abscheidung bereits mit allen Zerfallsprodukten im radioaktiven Gleichgewicht, also auch mit dem stark γ-strahlenden Thorium C''. Daraus folgt, daß die γ-Strahlung eines frisch abgeschiedenen Mesothoriumsalzes mehrere Jahre fortgesetzt ansteigen muß, bis die aus der Abklingung des Mesothorium 1 sich ergebende Abnahme der γ-Strahlung des Mesothorium 2 die aus der Bildung des Radiothoriums folgende Zunahme der γ-Strahlung des Thorium C'' überwiegt. Die Verhältnisse werden noch komplizierter dadurch, daß das dem Mesothorium beigemischte Radium eine praktisch konstante γ-Strahlung liefert. Rechnet man auf diese Strahlung 20% der gesamten Anfangsstrahlung, so wird ein. frisch gewonnenes Mesothoriumpräparat in etwas über 3 Jahren das Maximum seiner γ-Strahlung erreichen, die etwa das 1½fache der Anfangsstrahlung beträgt. Sie wird dann in den folgenden 7 Jahren auf den Anfangswert herabsinken, in den nächstfolgenden 10 Jahren auf die Hälfte dieses Wertes und nun allmählich bis auf ⅕. Für gewisse Verwendungen, von denen später die Rede sein wird, empfiehlt es sich, das aus dem Mesothorium gebildete Radiothorium abzutrennen. Da ersteres die analytischen Eigenschaften der alkalischen Erde, letzteres diejenigen des Thoriums teilt, so geschieht die Trennung am einfachsten dadurch, daß man aus der Lösung der Salze oder noch besser nach Auskrystallisieren von Barium und Mesothorium als Chloride aus der Mutterlauge das Radiothorium nach Zusatz einer Spur von Thorium-, Eisen- oder Tonerdesalz mit Ammoniak fällt. Dabei fällt zwar auch das Mesothorium 2 mit nieder. Bei der Kürze seiner Zerfallsperiode ist das aber praktisch bedeutungslos.

Über die technische Gewinnung von Thorium X s. u. Bei der Fällung von Radiothorium mit Eisen oder Aluminium oder Cer durch reines Ammoniak bleibt Thorium X im Filtrat.

Der aktive Niederschlag des Thoriums, die Zerfallsprodukte der Thoriumemanation, wird wie der des Radiums gewonnen. Als Emanationsquelle dienen hochemanierende Radiothortrockenpräparate, die in gepulvertem Zustande die gebildete Emanation bis zu 90% abgeben. Die Herstellung geschieht durch Fällung von Radiothorium und Eisen oder Thorium mit Ammoniak.

Verbreitung der radioaktiven Stoffe. Obwohl die für die Gewinnung stark radioaktiver Stoffe geeigneten Mineralien auf der Erde sehr spärlich verbreitet sind, läßt sich das Vorkommen von Radium und seinen Zerfallsprodukten, freilich in ganz geringer Menge, fast überall im Erdboden und im Meerwasser nachweisen.

In der Atmosphäre sind die Emanationen des Radiums und Thoriums nachweisbar, ebenso in allen irdischen Gewässern, die sie aus dem Boden aufnehmen. Es gibt auch Quellen, die in Spuren Radiumsalze mit sich führen. Häufiger ist das Vorkommen von Quellen, die durch einen hohen Gehalt an Emanationen ausgezeichnet sind und die, zum Teil nur dieses Gehalts wegen, als Heilquellen verwendet werden. In Deutschland sind Untersuchungen solcher Quellen besonders von ENGLER und SIEVEKING und von HENRICH angestellt worden. Die weitaus stärkste Quelle dieser Art, der Brambacher Sprudel, enthält in 1 l etwa so viel Radiumemanation, als mit $10^{-6}\,g$ Radium im Gleichgewicht stehen würde.

Meßmethoden. Die quantitative Bestimmung radioaktiver Stoffe oder ihres Strahlungsvermögens erfolgt ausschließlich durch elektrometrische Methoden. Eine einfache, für viele Zwecke geeignete Apparatur ist das Elektroskop. Es besteht im wesentlichen aus einem abgeschlossenen Luftraum (Ionisationsraum), z. B. einem hohlen Metallzylinder, in den isoliert ein Metallstab eingeführt ist, an dem mit dem oberen Ende ein dünnes Metallblättchen aus Gold oder Aluminium befestigt ist. Führt man dem Metallstab eine Spannung zu (was auf dem Wege einer Berührung mit einem zweiten im Metallzylinder drehbaren Metallstab geschieht), so wird sich das Metallblättchen bei der Aufladung entsprechend der Höhe der zugeführten Spannung gegen den Metallstab spreizen. Wird nun die Luft in dem Ionisationsraum, der geerdet ist, durch irgend eine Strahlenquelle ionisiert, so wird das gespreizte Blättchen in seine Ruhelage zurückkehren, das Elektroskop wird entladen. Die Geschwindigkeit, mit der die Entladung erfolgt, ist ein Maß für den Ionisationsgrad des Gases,

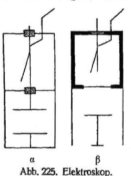

α   β
Abb. 225. Elektroskop.

wofern nur die Spannung zur Erzielung des Sättigungsstromes ausreicht. Ob dies der Fall ist, läßt sich im Einzelfall leicht daran erkennen, daß die Entladungsgeschwindigkeit mit wachsender Spannung keine Zunahme erfährt. Eine Skala gestattet die Feststellung der Geschwindigkeit, mit der das gespreizte Blättchen entladen wird. Je nach der Strahlenart, die zur Messung gelangen soll, unterscheidet man α-, β- und γ-Elektroskope. Beim gewöhnlichen α-Elektroskop ragt der das Blättchen tragende Metallstab isoliert durch den Boden der Ionisationskammer und trägt am Ende eine Metallplatte, der eine ebensolche geerdete gegenübersteht, worauf das zu messende α-strahlende Präparat zu liegen kommt (Abb. 225 a). Beim Emanationselektroskop wird die Emanation direkt in den Ionisationsraum eingeführt. Beim β-Elektroskop wird das Präparat unter den Ionisationsraum gestellt, der am Boden mit einer Aluminiumfolie von 0,05 mm Dicke verschlossen ist, welche Dicke zur Absorption aller α-Strahlen genügt, so daß nur β-Strahlen in den Ionisationsraum gelangen (Abb. 225 β). Beim γ-Elektroskop ist die Ionisationskammer allseitig aus 5 mm dickem Blei gefertigt, wodurch alle α- und β-Strahlen unwirksam gemacht werden.

Wird ein Elektroskop aufgeladen, so bleibt das Blättchen nicht dauernd unverändert stehen, fällt vielmehr infolge von unvermeidlichen Isolationsmängeln, ferner auch, weil ja überall Spuren radioaktiver Substanzen vorhanden sind, sehr langsam zusammen. Den reziproken Wert der Zeitdauer dieses Abfalls nennt man den „Normalabfall" des Instruments. Er ist vor jeder Messung zu kontrollieren. Bei der Messung des Präparats dringen Strahlen in den Ionisationsraum, ionisieren die in diesem befindliche Luft und bewirken demgemäß eine schnellere Entladung des Elektroskops. Die Differenz zwischen der reziproken Zeitdauer des Abfalls unter der Einwirkung der Strahlung und der des Normalabfalls des Meßinstruments ist ein Maß für die Strahlung des Präparats, freilich kein absolutes. Es kommt nur derjenige Teil der Strahlung zur Messung, der durch den Ionisationsraum hindurchgeht, und nur insoweit, als er daselbst von der Luft absorbiert wird. Vergleicht man aber 2 Präparate, indem man eines nach dem andern an genau die gleiche Stelle bringt, so gibt das Verhältnis der Entladungsgeschwindigkeiten auch das Verhältnis des Strahlungsvermögens der beiden Präparate. Das ist das Prinzip der γ-Strahlenmessung. Man kann es benutzen, um den Gehalt stärkerer Radiumpräparate quantitativ zu ermitteln, wenn man als Vergleichspräparat einen Standard benutzt, dessen Radiumgehalt genau bekannt ist. Ein solcher Standard ist durch möglichst sorgfältige Reindarstellung von wasserfreiem Radiumchlorid im Laboratorium der Frau CURIE in Paris und im Wiener Radiuminstitut und durch Vergleichung dieser Präparate geschaffen und festgelegt worden.

Es ist bereits oben darauf hingewiesen worden, daß Radium an sich gar keine γ-Strahlen aussendet. Nur wenn es sich etwa 4 Wochen lang in einem dicht geschlossenen Gefäß mit der Emanation und deren kurzlebigen Zerfallsprodukten, insbesondere mit dem γ-strahlenden Radium C ins Gleichgewicht gesetzt hat, kann ein Radiumpräparat durch Vergleich mit einem Standardpräparat nach der γ-Strahlenmethode auf seinen Radiumgehalt geprüft werden. Ob ein Präparat sich im genannten Gleichgewicht befindet, erkennt man daran, daß es sein Strahlungsvermögen im Verlauf mehrerer Tage nicht mehr merklich ändert. Als Einheit bedient man sich der Angabe des Gehalts an Radiumelement.

Voraussetzung bei der Anwendung dieser Meßmethode ist freilich, daß das zu untersuchende Radiumpräparat außer dem Radium und seinen Zerfallsprodukten nicht etwa eine andere γ-strahlende Substanz enthält. Denn die Methode gibt ja nur an, welchem Radiumgehalt die beobachtete γ-Strahlung entspricht. So ist es denn, wie wir sahen, auch üblich, das Strahlungsvermögen von Mesothorium- und Radiothoriumpräparaten in Radiumeinheiten auszudrücken.

Will man den Teil der γ-Strahlung eines Mesothoriumpräparats, der vom Radium herrührt, besonders bestimmen, so ist ein umständliches Verfahren einzuschlagen (MARCKWALD, *B.* 43, 3420; O. HAHN, Strahlentherapie 4, 154, 1914).

Zur Messung schwacher radioaktiver Präparate, Mineralien u. dgl. verwendet man die so viel wirksamere α-Strahlung unter Benutzung eines α-Elektroskops. Dabei ist zu beachten, daß die zu messende Substanz in äußerst dünner Schicht verteilt sein muß. Denn wenn die Schicht eine gewisse Dicke hat, so kommen die α-Strahlen nicht aus der ganzen Masse zur vollen Wirkung, weil die aus den tieferen Schichten stammende Strahlung von den darüberliegenden Schichten absorbiert wird. Dazu kommt noch, daß eine etwaige β- und γ-Strahlung, die wegen ihrer geringen Ionisationswirkung gegenüber der α-Strahlung weit zurückstehen und daher im allgemeinen vernachlässigt werden können, wenn die α-Strahlung völlig ausgenutzt wird, bei größeren Schichtdicken ihres größeren Durchdringungsvermögens wegen einen nicht mehr zu vernachlässigenden Teil der Ionisation bewirken. Sollen also feste Stoffe hinsichtlich ihrer α-Strahlung vergleichend gemessen werden, so müssen sie fein gepulvert und so gut verteilt werden, daß das gemessene Ionisationsvermögen jedes Stoffes der angewandten Substanzmenge proportional gesetzt werden kann. Die Verteilung erzielt man leicht nach einer von MC COY (Phil. Mag. **11**, 176) beschriebenen Methode. Die durch ein engmaschiges Sieb geschüttelte Substanz wird mit Chloroform geschüttelt und, bevor sie sich abgesetzt hat, auf einen zuvor gewogenen flachen Teller aus Aluminiumblech, der ganz horizontal aufgestellt ist, gegossen. Nach dem Verdunsten des Chloroforms bleibt ein äußerst dünner, gleichmäßiger Film der zu untersuchenden Substanz auf dem Teller zurück, dessen Menge durch Wägung zu bestimmen ist. Stellt man sich nun solche Tellerchen mit bekannten Mengen von reinem Uranoxyd her, so hat man in diesen Standards, mit denen die zu untersuchende Substanz verglichen werden kann.

Von größerer praktischer Bedeutung ist die α-Strahlenmessung zur Ermittlung des Gehalts einer Lösung an Radium oder Radiumemanation. Wird die Emanation aus der in einer Waschflasche befindlichen Lösung vermittels Durchströmens der Luft in den Ionisationsraum eines vorher evakuierten Emanationselektroskops übergeführt, so wird sie sich in diesem durch Diffusion gleichmäßig verteilen. Die ionisierende Wirkung der Strahlung wird also lediglich von der Menge der eingeführten Emanation abhängen. Dabei ist nun zu berücksichtigen, daß zwar im Augenblick der Einführung die Strahlung von den Emanationsteilchen allein ausgeht, daß aber alsbald auch deren Zerfallsprodukte entstehen, die zum Teil ihrerseits α-Strahlen aussenden. Die Ionisation der Luft in der Kammer wird also mit der Zeit ansteigen, u. zw. so lange, bis sich die Emanation mit ihren kurzlebigen Zerfallsprodukten ins Gleichgewicht gesetzt hat, was, wie wir sahen, in 3—4h der Fall ist. Ist dieser Punkt erreicht, so bleibt die Strahlung merklich konstant. Es empfiehlt sich daher, diesen Zeitpunkt abzuwarten, um umständliche Korrekturen zu vermeiden.

Als Maß des Emanationsgehalts einer Lösung dient die Angabe in „Curie". Diese international vereinbarte Einheit ist diejenige Emanationsmenge, die mit 1 g Radium im Gleichgewicht steht. Da diese Einheit aber für die meisten praktischen Zwecke zu groß sein würde, kommt in der Hauptsache das Mikrocurie = 10⁻⁶ Curie in Betracht. Um einen Meßapparat ein für allemal auf diese Einheit zu eichen, ist es nur nötig, eine Lösung von genau bekanntem Radiumgehalt, die 4 Wochen verschlossen aufbewahrt worden war, damit sie die Gleichgewichtsmenge an Emanation enthält, in den Apparat einzuführen und nach 3h den Voltabfall zu messen. Eine solche Lösung kann man sich leicht verschaffen, wenn man eine gewogene Menge reiner Pechblende, deren Urangehalt durch Analysen genau festgestellt ist, in verdünnter Salpetersäure löst und die Lösung in geeigneter Verdünnung aufbewahrt. Da das Verhältnis von Uran zu Radium in den Pechblenden genau feststeht, so kennt man auch den Radiumgehalt der Lösung. Zur Messung füllt man dünnwandige Kölbchen mit einer abgemessenen Menge der Lösung und schmilzt deren Hals zu. Nach einem Monat sind sie zur Messung reif. Man führt dann die Emanation in das Emanationselektroskop über und verfährt im übrigen, wie oben angegeben.

An Stelle des Vergleichs mit einer Radiumnormallösung kann man die Menge der vorhandenen Emanation auch direkt durch den Sättigungsstrom messen, den sie, ohne Zerfallsprodukte, in Luft zu unterhalten vermag und der, in genügend großem Meßgefäß bestimmt, an sich ein absolutes, von Temperatur und Druck unabhängiges Maß der Emanation ist. Dieses Verfahren ist in Deutschland und Österreich besonders bei den Untersuchungen von Quellwässern auf ihren Emanationsgehalt sehr verbreitet. Als Einheit dient hier die „MACHE-Einheit" (M.-E.), das ist diejenige Emanationsmenge, die (ohne Zerfallsprodukte) bei vollständiger Ausnutzung ihrer Strahlung einen Sättigungsstrom von ¹/₁₀₀₀ der elektrostatischen Einheit zu unterhalten vermag. Diese Einheit wird als Konzentrationseinheit gebraucht und stets auf 1 *l* bezogen. 1 MACHE-Einheit beträgt 3,64 · 10⁻¹⁰ Curie.

Bezüglich Einzelheiten über Apparaturen zur Messung von emanationshaltigen Quellwässern u. dgl. muß hier ein Hinweis auf die Literatur genügen. Erwähnt sei das Fontaktoskop von ENGLER und SIEVEKING (*Arch. Sciences physiques nat., Genève* [4] 20, 159; vgl. auch *Chem.-Ztg.* 1914, 449; *Physikal. Ztschr.* 17, 73), das Fontaktometer von MACHE und MEYER (*Physikal. Ztschr.* 10, 861) und das Elektrometer von H. W. SCHMIDT (ebenda 6, 561; 7, 209).

Man kann auch den Gehalt von Gesteinen an Radium unter Anwendung sehr kleiner Substanzmengen dadurch bestimmen, daß man die von dem Radium gebildete Emanation in geeigneter Weise in eine Ionisationskammer überführt und dort vermittels ihres Strahlungsvermögens mißt. Eine einfache und allgemein anwendbare Apparatur für diesen Zweck haben MARCKWALD und RUSSELL (Jahrb. f. Radioakt. 8, 457) beschrieben.

Einen Apparat zur Bestimmung kleiner Mengen Radium hat EBLER (*Ztschr. angew. Chem.* 26, 658) angegeben.

Für medizinische Zwecke hat die Messung von Thorium-X-Lösungen eine gewisse Bedeutung. Methoden sind von KEETMAN und MAYER (Berliner klinische Wochenschr. 1912, 1275) und von METZENER und CAMMERER (ebenda 1912, 1789) beschrieben worden.

Verwendung der radioaktiven Stoffe. Die radioaktiven Stoffe werden hauptsächlich für therapeutische Zwecke verwendet. Starke Radium- und Mesothoriumpräparate dienen zu Bestrahlungen besonders bei Krebsbehandlung. Schwache Präparate finden in Kompressen Verwendung. Eine erhebliche therapeutische Verwendung hat die Radiumemanation zu Trinkkuren gefunden. In Emanatorien wird der Patient der Einwirkung emanationshaltiger Luft ausgesetzt. Zahlreiche Patente betreffen Einrichtungen, um ohne erheblichen Verlust von Radium emanationshaltige Wässer im regelmäßigen Betriebe zu gewinnen, ferner um aus Radiumlösungen die Luft in Emanatorien mit Emanation speisen zu können. Thorium-X-Lösungen werden zu Trinkkuren und Einspritzungen verwendet. Solche Lösungen lassen sich nach dem *D. R. P.* 269692 der DEUTSCHEN GASGLÜHLICHT A.-G. dadurch erhalten, daß man in geeigneter Weise behandelte, Radiothorium enthaltende Oxyde mit Wasser oder physiologischer Kochsalzlösung unter Ausschluß von Kohlendioxyd schüttelt und 1—2 Tage stehen läßt. Dieselbe Firma bringt neuerdings für therapeutische Zwecke einen einfachen kleinen Apparat in den Handel, der die kontinuierliche Gewinnung von aktivem Niederschlag des Radiums in dünnen Röhrchen ermöglicht. In dem Apparat ist ein HAHNsches hochemanierendes Radiumtrockenpräparat eingeschlossen. Die gebildete Emanation wird von Kohlepulver, das sich in einem aufgesetzten Goldröhrchen befindet, absorbiert und bildet darin den aktiven Niederschlag. Ganz schwach radioaktive Wässer, Rückstände u. dgl. sind zu Düngezwecken empfohlen worden. Umfangreiche Untersuchungen über den wachstumfördernden und schädigenden Einfluß solcher Stoffe auf Pflanzen hat STOKLASA (*Chem.-Ztg.* **1914**, 841) mitgeteilt.

Eine sehr vielfache Verwendung haben die Radiumleuchtmassen gefunden (s. Leuchtfarben, Bd. **VII**, 313). Ergänzend sei hier einiges angeführt. Für die Verwendung zu Leuchtmassen ist wegen deren relativ geringer Haltbarkeit das billigere Mesothorium bzw. Radiothorium besser geeignet als Radium. Denn da die SIDOTsche Blende, die als Träger der Phosphorescenz dient, unter der Wirkung der α-Strahlen eine allmähliche „Ermüdung" erfährt (MARSDEN, *Proceed. Roy. Soc. London* **83**, 548), so spielt die Abklingung der radioaktiven Substanzen keine erhebliche Rolle. Reines Mesothorium wäre natürlich für Leuchtfarben ungeeignet, weil es keine α-Strahlung liefert. Radiothorium mit seinen zahlreichen α-strahlenden Zerfallsprodukten ist sehr geeignet, aber da es schon in 2 Jahren zur Hälfte abklingt, sind die allein mit Radiothorium hergestellten Leuchtfarben nicht hinreichend beständig. Man verwendet daher am besten eine Mischung aus Mesothorium und Radiothorium, damit ein Teil des abklingenden Radiothoriums aus dem Mesothorium nachgebildet wird. Mischungen von $2/_3$ technischem Mesothorium und $1/_3$ Radiothorium zeigen nach 3 Jahren das Maximum ihrer Helligkeit. Wenn keine Ermüdung einträte, so wäre nach 12 Jahren die Helligkeit erst auf den Anfangsbetrag gesunken, nach weiteren 10 Jahren etwa auf die Hälfte (BERNDT, Techn. Rundsch. **23**, 201). Um eine allzurasche Ermüdung der SIDOTschen Blende zu vermeiden, darf man den Gehalt der Leuchtfarbe an radioktiven Stoffen nicht beliebig steigern. Gute Leuchtmassen enthalten daher auf 100 *g* Zinksulfid 2—5 *mg* „Radiothoriummischung"; es kommen aber auch viel schwächere in den Handel (BAHR, Ber. d. 5. Jahresvers. der deutschen Beleuchtungstechn. Ges. **1918**, 26).

Ungeheuer war der Verbrauch an Leuchtmassen für die nächtliche Kriegsführung während des Krieges 1914—1918. Sind doch 20 *g* Radiumelement dadurch verlorengegangen. Deutschland benutzte im Kriege die Radiothoriummischung.

Statistik. Die gesamte Weltproduktion an Radium (Element) betrug bis 1916 etwa 50 *g*, bis Mitte 1922 etwa 200 *g* und bis 1925 etwa 300 *g*.

An der Weltproduktion bis Mitte 1922 waren beteiligt in Gramm Radiumelement: Vereinigte Staaten von Nordamerika 153,8; Tschechoslowakei (Böhmen) 22,5; Frankreich (Erze aus Böhmen) 2,5, (Erze aus Portugal) 10,0; England 3,0; Australien 0,6; Europa (Erze aus Amerika) 6,0; Erze aus Madagaskar 1,0.

Bis 1913 war Europa Hauptproduzent. Ab 1914 kam Amerika hinzu, das 1918 die Hälfte und 1922 $^4/_5$ der Weltproduktion bestritt. Seit 1923 ist Belgien Hauptproduzent. Von belgischem Radium kamen auf den Markt: 1923 20 g, 1924 22 g, 1925 20 g, 1926 20 g, 1927 26 g, 1928 42 g und 1929 60 g.

In der Gewinnung von Mesothorium steht Deutschland an erster Stelle infolge der hier am höchsten entwickelten Thoriumproduktion. Heute liegt die Hauptproduktion in den Händen der AUERGESELLSCHAFT, Berlin. Bei einer Weltjahresproduktion von $10^5 kg$ Thorium würde die Maximalausbeute an Mesothorium etwa 10 g γ-Äquivalent zu Radium (gemessen durch 5 mm Blei) beiragen.

Der Preis des Radiums ist seit dem Beginn seiner technischen Herstellung infolge der wachsenden Nachfrage lange Zeit fortgesetzt gestiegen. Er betrug, auf Radium (Element) umgerechnet, pro 1 mg:

1902	10–16 M.	1906	240 M.	1916/18 . . .	500–600 M.
1903	24 „	1909/10 . . .	300–550 „	1920/22 . . .	480 „
1904	40–100 „	1911/12 . . .	600–650 „	1922 August	360 „
1905 . .	100–200 „	1912/14 . .	700–750 „	1922 Oktober .	280 „
				1927	270 „

Zur Zeit schwankt der Preis zwischen 250 und 300 M.

Der Preis des Mesothoriums hielt sich längere Zeit etwa auf der Hälfte von dem des Radiums, ist aber später wegen des großen Bedarfs für Leuchtmassen etwas gestiegen. Zur Zeit beträgt der Preis pro 1 mg Mesothorium 160 M.

Literatur: MARIE CURIE, Die Radioaktivität. Übersetzt von FINKELSTEIN. Leipzig 1912. – E. RUTHERFORD, Radioaktive Substanzen und ihre Strahlungen. Leipzig 1913. – F. HENRICH, Chemie und chemische Technologie radioaktiver Stoffe. Berlin 1918. – H. GEIGER und W. MAKOWER, Meßmethoden auf dem Gebiet der Radioaktivität. Braunschweig 1920. – K. FAJANS, Radioaktivität und die neueste Entwicklung der Lehre von den chemischen Elementen. Braunschweig 1921. – F. E. SIMPSON, Radium-Therapy. St. Louis 1922. – G. v. HEVESY und F. PANETH, Lehrbuch der Radioaktivität. Leipzig 1923. – A. F. KOVARIK und L. W. MCKEEHAN, Radioactivity. Bl. nat. Res. Council, Nr. 51, 1929. – MAURICE CURIE, Le Radium et les Radio-Éléments. Paris 1925. – ST. MEYER und E. SCHWEIDLER, Radioaktivität. Leipzig-Berlin 1927. – GMELINS Handbuch der anorganischen Chemie. 8. Aufl. System Nummer 31: Radium und Isotope. Berlin 1928. – K. W. F. KOHLRAUSCH, Radioaktivität (Handbuch der Experimentalphysik von Wien und Harms. Bd. XV). Leipzig 1928.

W. Marckwald, O. Erbacher.

Radiofarbstoffe (*I. G.*). Von *Cassella* herausgebrachte saure Azofarbstoffe für Wolle, licht-, wasch-, alkali-, schwefel-, carbonisier- und dekaturecht. Baumwolleffekte werden nicht angefärbt.

Im Handel sind: Radio-braun B und S, -chromblau B und BRE, -chromgrün B, -grün C, -marineblau B, -rot G und VB und -schwarz SB und ST. *Ristenpart.*

Radiophan (ALLGEMEINE RADIOGEN-A.-G., Berlin) enthält in Ampullen zu 2 cm^3 je 0,5 g Atophannatrium und 0,001 mg Radium zur Behandlung von Gicht und Rheumatismus.

Radiostol (PHARMAGANS, Oberursel) ist ein durch Bestrahlung von Ergosterin gewonnenes Vitamin *D* zur Rachitisbehandlung.

Raphanose ist Rettichsaft mit 11 % Spiritus. Volksmittel gegen Gallensteine. *Dohrn.*

Rapidechtfarbstoffe (*I. G.*) sind Mischungen von Naphthol-AS-Komponenten (s. Bd. **II**, 45) mit haltbar gemachten Diazoverbindungen, sog. Echtsalzen (s. Bd. **IV**, 99). Sie dienen in der Druckerei (s. Bd. **III**, 797). Im Handel sind Rapidecht-blau B (Dianisidinblau), -bordeaux B, -gelb 2 GH, -orange RG (o-Nitranilin-azo-2-naphthol) und RH, -rot B, BB (p-Nitro-o-anisidin-azo-2-naphthol), GL, 3 GL (2-Nitro-4-chloranilin-azo-naphthol), AS, GZH, LB und RH und -scharlach LH (s. auch Bd. **III**, 797).

Rapidogen G Teig doppelt *konz.* (*I. G.*) gehört zu den Rapidechtfarbstoffen und dient für Gelb. *Ristenpart.*

RASCHIG-Ringe s. Bd. **V**, 439, 441.

Raschit (DR. F. RASCHIG, G. m. b. H., Ludwigshafen) ist 6-Chlor-3-oxy-1-methylbenzol, hergestellt nach *D. R. P.* 232 071 durch Behandeln von m-Kresol mit Sulfurylchlorid. *Schmelzp.* 65°, von schwachem Geruch, zu 0,4 % in Wasser löslich. Desinfektionsmittel (Bd. **III**, 587); wird besonders zur Verhinderung des Auftretens von Schimmel und Fäulnis in der Gerberei, Leim- und Tintenindustrie, als Zusatz zu stärkehaltigen Klebe- und Appreturmitteln in Konzentrationen von 1:2000, auf die Ware berechnet, verwendet. *Ullmann.*

Rauchloses Pulver s. Explosivstoffe, Bd. **IV**, 741.

Rauschgifte ist ein Begriff, der erst nach dem Kriege aufgekommen ist. Im engeren Sinne gehören dazu: Coca-Alkaloide, Opium-Alkaloide und Haschisch (Extrakt aus indischem Hanf) als Substanzen, die für Rauschzwecke vorwiegend in erotischer Absicht dienen und Sucht erzeugen. Vorläufer und Vorbild der Rauschgifte ist das Rauchopium, das aus Opium durch einen Röst- und Fermentierungsprozeß hergestellt und in Asien seit alter Zeit benutzt wird. Seit dem Kriege wird Rauchopium durch Coca- und Opiumalkaloide, besonders durch Diacetylmorphin (Heroin), selbst im konservativen Asien verdrängt; der Verbrauch an Rauschgiften hat aber auch in Ländern stark zugenommen, wo Rauchopium fast unbekannt war.

Über die technische Herstellung der Coca-Alkaloide vgl. Bd. **III**, 450, der Opiumalkaloide Bd. **VIII**, 189.

Unter der Ägide des Völkerbundes haben die meisten Staaten Gesetze gegen den Mißbrauch von Rauschgiften erlassen, die, außer in den Vereinigten Staaten, meist Kompromisse sind zwischen kommerziellen Interessen von Produzenten und staatlichem Schutzbedürfnis für Konsumenten und Möglichkeiten zu unkontrolliertem Verbrauch lassen. Als von den Estern des Morphins nur Diacetylmorphin (Diamorphin, Heroin) unter die Kontrollbestimmungen des Gesetzes fiel, kam an seiner Stelle Benzoylmorphin in großen Mengen in den Handel; als die Ester des Morphins generell der Gesetzgebung unterstellt wurden, kam Benzylmorphin als gesetzfreies Rauschgift auf, aus dem sich durch Kochen mit Salzsäure leicht Morphin regenerieren läßt. Hauptsitz der Rauschgiftfabrikation ist z. Z. (1931) Konstantinopel, wo seit wenigen Jahren in 3 Produktionsstätten Rauschgifte fabriziert werden, 1930 etwa 15 t; die Türkei ist eines der wenigen Länder, das noch keine Rauschgiftgesetzgebung hat. Die Rauschgiftfabrikation ist dort nicht autochthon, sondern geht auf gewisse europäische Alkaloidfirmen zurück, welche die kommerziellen Möglichkeiten der noch mangelhaften Gesetzgebung nach dem Prinzip des geringsten Widerstandes freizügig ausnutzen, während andere altangesehene Alkaloidfirmen sich fernhalten und auf die Produktion arzneilich benutzter Rauschgifte beschränken. Während der Weltbedarf für medizinische Zwecke an Morphin etwa auf 4 t, an Heroin auf etwa 2 t, an Cocain auf etwa 5,5 t jährlich geschätzt wird, also insgesamt etwa 16,5 t, werden im Schmuggel etwa 100 t Rauschgifte vertrieben. Zur Zeit (Juni 1931) tagt eine Weltkonferenz, woselbst über eine Konvention zur Begrenzung der Herstellung und Verteilung der Betäubungsmittel beraten wird (A. ANSELMINO, Ztschr. angew. Chem. 44, 285 [1931]). Eine Liste der Arzneimittel, die nach dem Stande von 1931 in den meisten Staaten der Kontrolle gemäß der Rauschgiftgesetzgebung unterliegen, ist folgende (Chemische Ind. 54, 328 [1931]):

Indischer Hanf und Präparate oder Gemische daraus; Cocain, dessen Salze, Präparate oder Gemische und alle anderen giftigen Derivate; Diamorphin (Heroin), dessen Salze, Präparate oder Gemische; Ekgonin, dessen Salze, Präparate oder Gemische und alle anderen giftigen Derivate; Äthylmorphin (Dionin), dessen Salze, Präparate oder Gemische; Morphin, dessen Salze, Präparate oder Gemische und alle anderen giftigen Derivate; Opium, dessen Präparate oder Gemische; Cannabinol; Coca; Dihydrooxykodeinon (Eukodal, Pavinal); Haschisch; Laudanin; Morphinmethylbromid (Morphiosan); Narcein, Narcophin; Papavetum (Omnopon, Pantopon, Narcopon); Papaverin; Thebain (Paramorphin); Tropacocain.

Literatur: H. THOMS, Betäubungsmittel und Rauschgifte. Berlin-Wien 1929.　　*Herm. Emde.*

Reagenspapiere (Farbenindicatorpapiere) dienen zur Erkennung des basischen oder sauren bzw. neutralen Charakters von Flüssigkeiten, zur Anzeige von gasförmigen Elementen oder Verbindungen (Ozon, Jod, Schwefelwasserstoff, salpetrige Säure, schweflige Säure u. s. w.), zum Nachweis von Wasser, zur Bestimmung der Polung in elektrischen Spannungsleitungen u. dgl. Es sind handlichpassend zugeschnittene, entweder mit Indicatorlösung (vgl. Bd. **VI**, 233) imprägnierte oder bestrichene Streifen aus Filtrier- bzw. geleimtem Papier, die in die zu untersuchende Flüssigkeit eingetaucht bzw. damit betropft oder im befeuchteten Zustand dem zu prüfenden Gase bzw. der elektrischen Spannung ausgesetzt und dabei durch Indicatorfarbenumschlag oder infolge Bildung einer farbigen Verbindung sichtbar beeinflußt werden.

Filtrierpapier, das vorher meist mit *HCl* und *HF* behandelt wurde, wird mit der gewünschten Indicatorfarbstoff- oder Salz-Lösung in Verdünnungen meist von 0,1–1% gleichmäßig imprägniert und auf Schnüren in chemisch-neutralen Räumen getrocknet. Filtrierpapier neigt meist dazu, etwa vorhandene Farbstoffe zu absorbieren. Auf geleimtem Papier treten keine Kapillarerscheinungen auf, weshalb die auf diesen aufgestrichenen Indicator- oder Salzlösungen die Reaktionen meist deutlicher erkennbar zeigen als ungeleimtes imprägniertes Filtrierpapier. Die Empfindlichkeit der zur Imprägnierung dienenden Indicatorlösung ist stets größer als die des hiermit getränkten Papieres. Die Reagenspapiere geben darum z. B. keinen guten Maßstab zur Beurteilung der wirklichen H^+-Konzentration, sondern nur einen Anhaltspunkt über die „Titrieracidität" (I. M. KOLTHOFF, Pharm. Weekblad 56, 175 [1919]). Gegenüber „gepufferten" Gemischen zeigen sie jedoch gleiche Empfindlichkeit wie die

Indicatorlösung selbst. Mit 2–3 Farbstoffen in einer Kombination derart getränkte Indicatorpapiere, daß jedes Papier in einer Lösung von bestimmter pH-Zahl grau erscheint, zeigen nur Abweichungen von 0,13 im Mittel und höchstens von 0,25 pH gegenüber den Befunden elektrometrischer Messungen (W. U. BEHRENS, Ztschr. analyt. Chem. 73, 128). Gegen amphoter reagierende Stoffe verhalten sich die Reagenspapiere infolge der stärkeren Absorption der einen Komponente eigenartig. So färbt Ammonacetat sowohl blaues wie rotes Lackmuspapier violett, in Richtung blau. Eine Empfindlichkeitstabelle von 20 verschiedenen Indicatorpapierarten gegenüber NaOH bzw. HCl hat I. M. KOLTHOFF (Der Gebrauch von Farbenindicatoren, 3. Aufl., Berlin 1926) zusammengestellt.

Das wohl am meisten benutzte Reagenspapier ist das mit dem Farbstoff des Lackmus blau bzw. rot bzw. violett imprägnierte, womit man saure bzw. alkalische bzw. neutrale Reaktion erkennen kann. 1%ig getränktes rotes Lackmuspapier ist gegen NaOH 2×10^{-4}n, 0,1%ig imprägniertes 10^{-4}n, blaues gegen HCl analog 10^{-3}n bzw. 2×10^{-4}n und violettes (1%ig getränktes) gegen HCl 4×10^{-4}n und gegen NaOH 5×10^{-5}n empfindlich. Gegen Schwefelsäure liegt die Empfindlichkeitsgrenze von Lackmuspapier bei Verdünnungen 1 : 40 000, gegen NH_3 1 : 60 000, gegen KOH 1 : 20 000. Das rotviolette Azolitminpapier reagiert wie Lackmuspapier. Das den Farbstoff gut festhaltende rote Lackmoidpapier ist empfindlicher als rotes Lackmuspapier; schon die Handfeuchtigkeit vermag es zu bläuen. Das mit einer wässerigen Lösung von Methylorange getränkte Methylorangepapier wird mit starken Säuren rot, mit Alkalien gelb und ist unempfindlich gegen CO_2, H_2S und organische Säuren. Das rote Kongopapier wird mit anorganischen Säuren blau und ist gegen organische Säuren unempfindlich. Das mit alkoholischer Lösung imprägnierte Phenolphthaleinpapier zeigt durch Rötung alkalische Reaktion an. Das bisher hauptsächlich zum Nachweis von Borsäure (und Uransalzen) dienende, für Alkalien nicht genügend empfindliche Curcumapapier wird empfindlicher, wenn man es nach BRINSMAID (Ind. engin. Chem. 17, 264) herstellt. Das mit einer gesättigten alkoholischen Lösung von „Tropäolin OO" getränkte Tropäolinpapier dient zum Nachweise von freier HCl in der Magensäure, womit es sich violett färbt.

Von den Stärkepapieren zeigt das einfache Stärkepapier durch Blaufärbung Jod an, das Kaliumjodid-Stärke-Papier (auch Jodzink- oder Jodcadmium-Stärke-Papier) dient zum Nachweis von salpetriger Säure (Stickoxyden), Chlor, Brom und von Ozon (neben H_2O_2), und das Kaliumjodat-Stärke-Papier läßt durch Blaufärbung SO_2 erkennen.

WURSTERS „Tetrapapier" (Tetramethyl-p-phenylendiamin-Papier) zeigt Ozon und H_2O_2 durch Blaufärbung an. Das rote WURSTERsche Ozonpapier (Dimethyl-p-phenylendiamin-Papier) dient zum Nachweise von Ozon, H_2S u. s. w.

Zum H_2S-Nachweis bedient man sich der mit Pb-, auch Ni-, Co-Acetat getränkten Reagenspapiere (letztere in der Maßanalyse zur Erkennung von NaS_2-Überschuß), auch des Bleiweiß-„Polka-Papieres". Palladiumchlorürpapier zeigt durch Schwärzung CO (aber auch H_2S; O_3; CH_4 und C_2H_2) an. Polreagenspapier ist mit alkoholischer Phenolphthaleinlösung und der Lösung eines neutralen Alkalisalzes getränktes, ungeleimtes Papier, das sich am Minuspole einer elektrischen Spannung durch Zersetzung des Alkalisalzes rot färbt und so den Minuspol anzeigt.

Das Wasserfinderpapier (E. MERCKS Index, 6. Aufl. 1929, S. 519) dient zum Nachweis von Wasser in Benzin- und Öltanks und enthält das farblose Doppelsalz PbJ_3K, das auf Spuren von dampfförmigem oder flüssigem Wasser unter Ausscheidung des intensiv gelben Jodbleis reagiert. Zur Darstellung solchen Reagenspapieres löst man PbJ_2 und $^1/_3$ Gew.-Tl. KJ in Aceton, imprägniert und trocknet über P_2O_5.

Außer dem erwähnten Kombinations-Indicatorpapier von BEHRENS wäre das mit Lackmus, Phenolphthalein, Rosolsäure, Fluorescein u. dgl. zugleich imprägnierte Jodkaliumpapier erwähnenswert, das zum O_3-Nachweis dient; das O_3 macht aus dem KJ KOH frei, das dann mit den betreffenden Farbstoffen die charakteristischen Färbungen zeigt.

Literatur: ALFRED I. COHN, Indicators and Test-Papers. New York 1899, Part III (S. 174). – D. A. B. 6, Berlin 1926.   *M. Speter.*

Reaktionsgeschwindigkeit.

Die Geschwindigkeit, mit welcher eine chemische Reaktion verläuft, wird durch das Verhältnis der in der Raumeinheit umgesetzten Menge zur Zeit gemessen.

Dabei rechnet man zweckmäßig nicht mit g, sondern mit Mol. (g-Mol.) im l. Der mathematische Ausdruck für die Reaktionsgeschwindigkeit ist:

$$\frac{\Delta C}{\Delta t} \text{ oder } \frac{dC}{dt}$$

worin, wie üblich, das Differenzzeichen Δ eine endliche, das Differentialzeichen d eine unendlich kleine Zunahme der Konzentration C und der Zeit t bedeutet.

Nach dem Massenwirkungsgesetz ist die Reaktionsgeschwindigkeit proportional dem Produkt aus den Konzentrationen der beteiligten Stoffe. Z. B. ist die Geschwindigkeit, mit welcher ein Ester durch Natronlauge verseift wird: $v = k \cdot C_{Ester} \cdot C_{NaOH}$, worin k die betreffende „Reaktionskonstante" bedeutet. Wenn ein Stoff mit 2 Mol. in der Reaktionsgleichung auftritt, so ist das Quadrat seiner Konzentration in die Gleichung für die Reaktionsgeschwindigkeit einzusetzen. Temperaturerhöhung um 10^0 pflegt die Geschwindigkeit der meisten Reaktionen auf das 2–3fache zu erhöhen.

Außerordentlich empfindlich ist die Reaktionsgeschwindigkeit oft gegen Einflüsse, welche in der Reaktionsgleichung nicht zum Ausdruck kommen, die sog. Katalysatoren (vgl. Bd. VI, 463).

Literatur: E. COHEN, Studien zur chemischen Dynamik. Leipzig, Engelmann, 1896. – NERNST, Theoretische Chemie, und andere Lehrbücher der physikalischen Chemie. – OSTWALD-LUTHER, Hand- und Hilfsbuch zur Ausführung physiko-chemischer Messungen. 5. Aufl. Leipzig 1931.   *K. Arndt.*

Reaktionstürme sind turmartige Räume, in denen sich chemische Umsetzungen unter besonders günstigen Verhältnissen vollziehen. Die Reaktion erfolgt meist zwischen festen Körpern und Flüssigkeiten oder Gasen, zwischen Flüssigkeiten und Flüssigkeiten und Gasen oder zwischen Gasen und Gasen. Es handelt sich aber stets um kontinuierliche Prozesse, bei denen wenigstens der eine Teil durch den Turm hindurch bewegt wird. Hingewiesen sei ferner darauf, daß turmartige Behälter auch vielfach benutzt werden als Kühltürme für heißes Wasser (Bd. I, 6), bei Gasreinigern (Bd. V, 570), bei Kondensationsapparaten (Bd. VI, 730). Auch die als Kolonnen ausgebildeten Waschtürme (Bd. II, 610, Abb. 244), die Abtreibeapparate für NH_3 (Bd. I, 354 ff.) sowie die Destillierkolonnen (Bd. III, 607) haben turmähnliche Gestalt, ebenso die Schacht- und Kamintrockner, die unter Trockenapparate beschrieben werden. In all diesen Apparaten spielen sich aber keine chemischen Reaktionen ab, und sie sind daher, streng genommen, keine Reaktionstürme. Reaktionsgefäße sind aber die Härtekessel für die Herstellung von gehärteten Fetten (Bd. V, 175), die Kontaktöfen zur Herstellung von synthetischem Ammoniak (Bd. I, 378 ff.) und Methanol (Bd. VII, 540 ff.), zur Hydrierung von Teer und Braunkohle (Bd. VI, 654).

Der Grundriß der Reaktionstürme ist rund, oval, quadratisch, rechteckig oder polygonal; die Höhendimension überragt den Durchmesser meist sehr beträchtlich. Die Bauart hängt von der Beschaffenheit ab und diese wieder von den reagierenden Körpern, Temperaturen u. s. w. Die Baustoffe sind Holz, Ziegelstein, Feldstein, Granit, Sandstein, Schiefer, Syenit, Quarz, Schamotte, Quarzglas, Glas, Steinzeug, Beton, Schmiedeeisen, Gußeisen, Si-Eisen, V 2 A, V 4 A, Blei, Kupfer, Phosphorbronze, Messing, Zink, Monelmetall, Aluminium, Weichgummi, Hartgummi, Prodorit, Haveg und mit diesen Materialien oder mit Emaille ausgekleidete Wandungen in den mannigfachsten Kombinationen. Stets ist die innere Wandung genügend widerstandsfähig gegenüber den reagierenden Stoffen zu wählen, während die äußere dem Aufbau die notwendige Festigkeit gewährt. Aus dem gleichen Grunde werden die Hilfsgerüste, die die mechanische Festigkeit schaffen, auf die Außenseite verlegt.

Am einfachsten ist der Aufbau von Eisentürmen herzustellen. Man nimmt hierzu runde oder quadratische, seltener rechteckige „Schüsse", d. h. oben und unten offene Ringe, die miteinander vernietet, verschweißt, verflanscht oder mit Muffen verdichtet werden. Letztere Abdichtungsart wird vielfach aus dem Grunde vorgezogen, weil sie leicht zu montieren und zu demontieren ist. Doch ist sie für größere Drücke nicht zu verwenden. Ihr ähnlich ist die Verflanschung; sie verträgt selbst sehr bedeutende Drücke, auch Hochdruck bis zu Hunderten von Atm. Umständlicher ist die Vernietung und Verschweißung. Letztere genügt den weitesten Ansprüchen. Der unterste Schuß muß einen Boden, der oberste die Decke enthalten. Die Eisentürme haben in sich genügende Festigkeit, benötigen also keine besonderen Traggerüste. Die Sandsteintürme bestehen aus einzelnen Platten von regelmäßiger Gestalt, deren Ränder miteinander abgedichtet werden. Bei viereckigen Türmen werden die Ränder mit Rillen oder Nuten versehen, die mit gedrehten oder geflochtenen Stricken aus Hanf, Asbest oder mit Gummistreifen belegt werden, gewöhnlich nach Tränkung mit einer zähen Masse, wie Teer, Asphalt, Wasserglas, Kitt u. dgl. Durch Eisenbänder oder in Schuhen ruhende Zugstangen werden die Dichtungsränder fest angezogen und die noch verbleibenden Stoßfugen meist noch mit einem geeigneten Kitt angefüllt. In ähnlicher Weise werden die einzelnen Schüsse, Böden und Decken gedichtet. Bei größeren Querschnitten, wo die Platten zu umfangreich ausfallen würden, stellt man aus ihnen sechs- und mehreckige Ringe her, die durch geeignete Schuhe mit Ankern zusammengehalten werden. Die Aushöhlung aus massiven Steinen, wie sie für kleinere Dimensionen noch denkbar ist, ist für größere zu teuer. Platten aus Granit, Basalt, Volviclava, Schiefer, Steinzeug, Schamotte werden in gleicher Weise zusammengebaut. Die Verankerung wird außerhalb der Türme vorgenommen, da sie dort unter ständiger Kontrolle bleibt, leicht nachgezogen werden kann und vor allen Dingen dem Einfluß der reagierenden Substanzen entzogen ist. Befürchtet man, daß aus dem Innern Substanzen nach außen dringen, die die Verankerung beschädigen, so sichert man sich durch besondere Unterlagen, Anstriche u. s. w. Gemauerte Türme haben, soweit sie rund sind, ähnlich den Schornsteinen in sich Halt, zumal wenn beim Zetaverband der KERAMCHEMIE die einzelnen Platten sich gegenseitig binden, werden aber meist durch Eisenbänder und Längsstreifen gesichert, namentlich wenn größere Drücke oder höhere Temperaturen in Frage kommen. Beton, besonders Eisenbeton, hat in sich genügende Festigkeit. Viereckige Türme aus den letzteren Materialien — abgesehen von Eisenbeton — bedürfen unbedingt der Verankerung. Die Türme aus Holz bestehen aus Pfeilern, die in gewissen Abständen miteinander verbunden sind. Bei den runden Türmen wird die horizontale Verbindung durch ringförmig ausgeschnittene Bretter, Leisten oder Balken hergestellt, die etagenweise den Zusammenhang sichern. Die somit gebildeten Ringleisten werden von innen mit senkrechten, am besten verfalzten Leisten, Brettern oder Balken ausgekleidet, so daß ein im Innern völlig glatter zylindrischer Raum gebildet wird. Während die ovalen Türme in analoger Weise gebaut sind, genügt es, bei den viereckigen Türmen etagenweise Horizontalleisten an den senkrechten Pfeilern zu befestigen und sie als Unterlagen für die Turmwände zu verwenden. Boden und Decke bieten nichts Besonderes, doch müssen die Tragteile außen angebracht sein. Bleitürme benötigen einen eigenartigen Aufbau. Wird ein Holzgerüst verwendet, so werden, wie bei den Holztürmen besprochen, etagenweise Ringleisten angeordnet, die zur Befestigung der Bleiplatten dienen. Die Bleiplatten werden zu Ringen geformt, indem man sie auf Holztrommeln aufwickelt und ihre Stoßränder verlötet, und die Bleiringe zusammen mit den Trommelunterlagen in die Holzringe eingesetzt. Die Bleiränder werden dann umgebördelt und auf die Oberseite der Ringleisten aufgesetzt, wo sie mit den Bleirändern der nächst oberen Schüsse verlötet werden. Die vorstehenden Bleiränder werden endlich mit den Ringleisten vernagelt, sodann die Holztrommeln herausgezogen. In der letzten Zeit werden anstatt der Ringholzleisten vielfach Eisenringe verwendet, die entweder direkt oder mittels besonderer Konsole mit den Pfeilern aus Holz oder Eisen verschraubt werden (s. auch Schwefelsäure, Glover- und Gay-Lussac-Turm). Die Befestigung der Bleischüsse an den Eisenringen erfolgt gewöhnlich durch Umbördelung. Eisenringe haben den Vorteil, daß der Zutritt zu den Bleiwandungen an diesen gefährdeteren Stellen erleichtert und die Kühlwirkung gesteigert wird. Die Steinzeugtürme bestehen aus einzelnen Ringen, deren oberer Rand mit einer Muffe versehen ist. Die Abdichtung erfolgt durch Gummistreifen, Kitt, Asbest oder ein sonstiges Packmittel (s. Packungen, Bd. VIII, 254). Mitunter werden Steinzeugringe mit Flanschen versehen, namentlich wenn größere Über- und Unterdrücke vorliegen. Um das Gewicht der einzelnen Ringe abzufangen und im Ganzen einen Halt zu gewähren sowie seitliche Verschiebungen zu verhindern, wird der Steinzeugturm von einem Traggerüst umgeben, ähnlich den Holz- bzw. Bleitürmen. Quarzglastürme werden in gleicher Weise gebaut, falls aus ganzen Ringen bestehend. Für Einzelplatten empfiehlt PFANNENSCHMIDT (*D. R. P.* 346 187, 349 740) Kreuzträger aus widerstandsfähigem Material.

Sollen die Innenwände mit einem besonderen Material belegt werden, z. B. mit Blech oder Blei, Eisen, Kupfer, Hartgummi u. s. w., so richtet sich die Bauart nach dem eigentlichen Wandmaterial, desgleichen wenn eine Ausmauerung, Belegung mit Steinplatten erforderlich ist. Natürlich muß aber auf die Vermehrung des Gewichts sowie auf die etwaige Beanspruchung der Wandung Rücksicht genommen werden. Der Belag muß in sich abgedichtet sein. Er besteht häufig aus mehreren übereinanderliegenden Schichten mit versetzten Fugen. Das Traggerüst muß in sich die genügende Festigkeit haben, durch Diagonalverstrebung gegen Seiten-, namentlich Winddruck gesichert und meist so kräftig sein, daß es die Treppen, Tragböden, oft auch die Flüssigkeitsbehälter für die Berieselung aufnimmt. Da manche Türme bis an 30 *m* Höhe erhalten, müssen ganz besondere Vorkehrungen hierfür getroffen werden. Im übrigen werden die Gerüstteile durch Imprägnierung, Anstrich oder Umkleidung, besonders an ihren unteren Teilen, gegen den Angriff ätzender Substanzen geschützt.

Die Türme bilden meist einen einzigen Raum; doch werden sie vielfach durch Scheidewände in mehrere Abteilungen geteilt, um den Weg zu verlängern. Bei der Anbringung von senkrechten Wänden, die einen Durchgang von der einen zur andern Abteilung freilassen, erreicht man eine Umkehrung der Richtung, also falls die Gase unten eintreten und die Übergangsöffnung oben liegt, zuerst eine Aufwärts-, sodann eine Abwärtsbewegung. Natürlich kann die Richtungsumkehrung sich mehrere Male wiederholen. Werden Scheidewände horizontal angebracht, so kann durch entsprechende Durchtrittsöffnungen den Gasen eine schräge, horizontale oder zum Teil horizontale Richtung gegeben werden. Auf die Möglichkeit der Einschiebung schräger Wände und dadurch bedingte weitere Abänderung der Gaswege braucht nur hingewiesen zu werden. Die Türme sind gewöhnlich durchgehends von gleichem Querschnitt, einmal des leichteren Aufbaues wegen, sodann wegen der Flüssigkeitsverteilung, deren Gleichmäßigkeit sonst beeinträchtigt wird. Immerhin liegen kaum Bedenken vor, wenn die Flüssigkeit durch Streudüsen vom Boden oder der Decke aus eingeführt wird.

Die Reaktionstürme können leer oder mit Füllkörpern (Bd. V, 437) angefüllt sein. Bei genügend feiner Flüssigkeitsverteilung mittels Düsen oder Turbozerstäuber nach GAILLARD oder Sprühkreisel der ERZRÖSTGESELLSCHAFT genügen leere Räume zur intensiven Einwirkung von Gasen und Flüssigkeiten, wenigstens für die obersten Teile der Türme (*D. R. P.* 406 490, 422 572). Die Füllkörper haben den Zweck, eine möglichst große Berührungsfläche zu schaffen, sei es für miteinander reagierende Gase oder für Gase und Flüssigkeiten. Die Füllkörper ruhen auf Rosten (s. auch Schwefelsäure), unter denen sich die Gase verteilen. Die Roste wiederum liegen auf Bodenstützen, Säulen, Rohrstücken oder Normalsteinen oder auf Innenrändern des Turmes, falls dieser keinen zu großen Durchmesser besitzt. Steinzeugtürme erhalten gewöhnlich mehrere Roste übereinander. Oft baut sich der Rost auf Säulen und Rändern auf. Der Rost kann gebildet werden durch hochkant stehende Normalsteine, Platten, Stangen, Rohre, Gitter, Siebe oder durch gröberes Material, wie Steine von mehr oder weniger regelmäßiger Gestalt. Mitunter wird zur Auflage des Rostes der Wandschutz mitbenutzt, besonders wenn er aus einzelnen Steinen, die durch kein Bindemittel miteinander verbunden sind, wohl aber infolge ihrer Gestaltung keine oder nur kleine Fugen aufweisen, gebildet ist und einen kompakten Aufbau gestattet. In dieser Weise wird z. B. bei den Glover- und Gay-Lussac-Türmen der Schwefelsäurefabrikation (s. d.) verfahren. An die Stelle der

Füllkörper treten bei Rieselkühlern Holzleisten mit gegeneinander versetzten Schichten oder Horizontalplatten mit Löchern mit freien Durchtritten oder Abschlußglocken, bei denen die Gase eine Flüssigkeitsschicht überwinden müssen. In dieser Art sind die Kolonnen für die Fraktionierung und Dephlegmierung konstruiert (Bd. III, 614).

Die Richtung der Gase, die mit Gasen reagieren, ist natürlich vom Ort des Zusammentreffens an die gleiche. Doch der Eintritt kann in verschiedener Weise erfolgen. Die Gase können durch denselben Stutzen oder durch 2 senkrecht zueinander stehende oder durch zwei gegenüberstehende oder durch parallele eintreten; auch kann der Eintritt beider tangential vor sich gehen oder nur der eine tangential, der andere zentrisch, die Gase können von unten, von oben oder seitlich zugeführt werden. Sehr wesentlich ist, daß sie sich innig mischen, sei es durch Zusammenstoß oder durch Mischvorrichtungen, wie Siebe, Widerstände u. dgl. Falls sich durch die Reaktion ein fester oder flüssiger Körper abscheidet, so ist vielfach wichtig, daß die Mischung mehrere Male hintereinander bewirkt wird, was durch besondere Misch- oder Pumpvorrichtungen erreicht wird. Flüssigkeiten können von unten oder seitlich nur durch Streudüsen (Bd. IV, 91), Brausen oder Strahlen mit Prallkörpern zugeführt werden. Gewöhnlich läßt man sie durch die Decke zufließen und sorgt durch besondere Vorrichtungen (s. Säureverteiler) für gleichmäßige Verteilung. Treten die Gase von unten in die Türme ein, so geht die Reaktion im Gegenstrom vor sich. Dieser hat den Vorteil, daß, wie besonders bei der Absorption leicht ersichtlich ist, die schwächsten Gase mit der frischen, also reaktionsfähigsten Flüssigkeit zusammentreffen, die stärksten Gase aber mit der stärksten Lösung. Der Gegenstrom ist aber bei solchen Reaktionen ungünstig, welche von Temperaturerhöhungen begleitet sind, da hierdurch die Gleichmäßigkeit der Gasgeschwindigkeit behindert wird. Auch wenn es sich um große Flüssigkeitsmengen handelt, die im Kreislauf zu wiederholten Malen den Turm passieren, verzichtet man vielfach auf den Gegenstrom und geht zum Gleichstrom über, läßt also Gas und Flüssigkeit oben eintreten.

Der bequemeren Montage wegen wird übrigens der Gasein- und -austritt gewöhnlich in der Turmwand, nicht im Boden bzw. der Decke angebracht, aber diesen möglichst nahe. Beim Gaseintritt erhält man hierdurch auch eine bessere Verteilung und erleichtert den Flüssigkeitsaustritt.

Mitunter kann es von Vorteil sein, die Gase seitlich ein- und abzuführen, nämlich wenn man die Flüssigkeit bzw. das Kondensat getrennt nach den verschiedenen Reaktionsphasen auffangen oder innerhalb eines Turmes sie mit verschiedenen Flüssigkeiten behandeln will. Wendet man hierfür schüttbare Füllkörper an, so müssen sie durch senkrechte Roste seitlich begrenzt werden; ferner müssen zwischen den einzelnen Abteilungen Zwischenräume vorgesehen sein. Die Gase gehen dann also im Querstrom zur Flüssigkeit.

Bei Gasen, die sehr langsam mit Flüssigkeiten reagieren, z. B. bei der Oxydation von Stickoxyden mit Luft und Wasser zu Salpetersäure, schaltet man die Türme abwechselnd im Gegenstrom und Gleichstrom. Den gleichen Effekt kann man natürlich in einem einzigen Turm erzielen, wenn er durch eine senkrechte Scheidewand mit oberem Durchtritt geteilt ist. Doch werden die Flüssigkeiten beider Teile getrennt aufgefangen.

Damit die Flüssigkeitszu- und -abführungen weder den Gasen nach außen noch der Luft nach innen Durchtritt gewähren, müssen sie hydraulischen Abschluß besitzen; doch empfiehlt es sich nicht, diesen durch eine Biegung des Rohres, also schwanenhalsförmig, herzustellen, falls sich Unreinigkeiten absetzen können. Geeigneter sind unten offene Stutzen, die in Überlauftöpfe eintauchen und leicht gereinigt werden können. Auch Reinigungsöffnungen werden angewendet. Bei den Glovertürmen wird meist der Turmboden als Schlammfänger und Schuh ausgebildet, also die Durchtrittsöffnung in viele weite Teile zerlegt, die unter ständiger Kontrolle stehen. In ähnlicher Weise verfährt man beim Flüssigkeitseintritt.

Wirken auf feste Körper Flüssigkeiten ein, z. B. auf Kalkstein dünne Säuren (s. Calciumnitrat, Bd. III, 49), so muß der Rost gegen Verstopfung geschützt werden, falls die Masse zerbröckelt oder verschlammt, ferner muß auch die

Kalkzufuhr ohne Störung des Prozesses ermöglicht werden. Der ersten Anforderung kommen schräge Roste nach, der zweiten eine ständig mit Wasser gefüllte Tasche, die der Kalkstein passieren muß, ev. unterstützt durch gleichzeitige Zufuhr von Wasser, um eine schwache Säure zu bilden, die sich durch die sauren Gase anstärkt.

Flüssigkeiten mit Flüssigkeiten in Türmen reagieren zu lassen, ist namentlich in der letzten Zeit vielfach mit Erfolg durchgeführt worden. Man benutzt hierzu Reaktionstürme mit Füllkörpern und führt die Flüssigkeiten, falls sie mischbar sind, von oben ein. Sind sie dagegen nicht mischbar, so tritt die schwerere Flüssigkeit oben, die leichtere unten ein, so daß der gesamte Turmraum mit Flüssigkeit angefüllt wird. Sie begegnen einander dann an den zahlreichen Flächen der Füllkörper unter ständiger Erneuerung der Oberflächen und erhalten daher die günstigste Reaktionsmöglichkeit. Bedingung hierfür ist aber eine besonders große Reaktionsoberfläche, wie sie z. B. durch die RASCHIG-Ringe, durch kleine Kugeln, Perlen u. dgl. erreicht wird. Die leichtere Flüssigkeit wandert also von unten nach oben, die schwerere in umgekehrter Richtung. Man hat in dieser Weise Absorptions-, Nitrier-, Chlorier- und Auslaugeprozesse ausgeführt, u. zw. in durchaus kontinuierlichem Betriebe mit außerordentlich guten Ausbeuten (s. Bd. II, 610, Abb. 244).

Die Grenzen der Leistungsfähigkeit der Reaktionstürme liegen in der Möglichkeit, genaue Temperaturen innezuhalten. Da die Wandflächen im Verhältnis zum Inhalt klein sind, müssen besondere Temperiervorrichtungen im Innern angebracht werden, ohne daß die Verteilung der reagierenden Substanzen dadurch beeinträchtigt wird (D. R. P. 139 234). Man kann auch mehrere Reaktionstürme hintereinanderschalten und zwischen ihnen die reagierenden Substanzen temperieren oder sowohl die Gase wie die Flüssigkeiten durch besondere Pumpvorrichtungen mehrmals durch die Türme hindurchtreiben und somit die Berührung vervielfachen. Auch durch Teilung der Reaktion in verschiedene Stadien kann man gute Resultate erhalten.

Die Anwendung der Reaktionstürme in der chemischen Technik ist sehr vielseitig geworden. Genannt mögen hier werden: Herstellung von Brom (Bd. II, 670), Calciumnitrat (Bd. III, 49), Calciumsulfitlauge (Bd. VI, 196), Trocknen von Chlor (Bd. III, 341), Herstellung von Chlorkalk in den Kammern, System BACKMANN (Bd. III, 346), von Chlorkohlenoxyd (Bd. III, 355), Denitrieranlagen (Bd. III, 560), Gewinnung von Kohlensäure (Bd. VI, 594), Auswaschung des Ammoniaks und Naphthalins aus Kokereigasen (Bd. VI, 695 ff.), Herstellung von Kupfersulfat (Bd. VII, 240), Gewinnung von Natriumbicarbonat nach SOLVAY (Bd. VIII, 24) und insbesondere in der Industrie der Salzsäure, Salpetersäure und Schwefelsäure.

Literatur: WAESER, Handbuch der Schwefelsäurefabrikation 1930.   H. Rabe.

Reargon (SCHERING-KAHLBAUM A. G.) ist ein Gemisch von Anthrachinonglucosiden mit 5%iger Silbergelatose. Graubraunes Pulver, das in wässeriger Lösung bei Gonorrhöe von starker analgetischer und sekretionshemmender Wirkung ist. Neo-Reargon enthält 63% der Glucoside und 15% leicht dissoziierbares Silber. Injektionen und Spülungen.   Dohrn.

Rechtsschutz, gewerblicher ist der Sammelbegriff für den gesetzlichen, unter bestimmten Bedingungen zustande kommenden Schutz von Erfindungen, Mustern und Modellen sowie Warenzeichen. Ohne daß eine scharfe Abgrenzung möglich wäre, ist dieses Rechtsgebiet den Urheberrechten einerseits, dem Wettbewerbsrecht andererseits gegenüberzustellen.

In fast allen Ländern der Erde, welche überhaupt gewerbliche Schutzrechte verleihen, werden einerseits Erfindungspatente, andererseits gewerbliche Muster und Modelle geschützt. Einige Länder — außer Deutschland noch Polen, Spanien und Japan — kennen verschiedene Formen des Erfindungsschutzes, nämlich neben Patenten noch die Gebrauchsmuster.

Theoretisch stellt sich nach der in Deutschland vorherrschenden Meinung die Gewährung des Schutzes für eine Erfindung als Belohnung dar, welche die Öffentlichkeit dem Erfinder für die Preisgabe seiner Erfindung gibt. „Der Erfinder ist der Lehrer der Nation" (DAMME-LUTTER, Das deutsche Patentrecht, 1925). Das Recht gestattet seinem Inhaber den Ausschluß aller anderen von der Benutzung der Erfindung, bedeutet also eine Beeinträchtigung der Öffentlichkeit. Da aber im Interesse der Fortentwicklung der Technik die geschützten Erfindungen noch vor ihrer Überalterung der freien Benutzung durch die Öffentlichkeit zugute kommen sollen, ist die Dauer der Patente in allen Ländern auf eine Zeit von höchstens etwa 20 Jahren beschränkt; in den meisten Ländern wird diese Zeit nicht einmal erreicht.

Geschichtliches. Der moderne gewerbliche Rechtsschutz ist in England entstanden. Hier wurden bereits seit sehr früher Zeit Privilegien für bestimmte Zweige des Gewerbes und des Handels erteilt, deren Zweck die Hebung der Volkswirtschaft war. Da mit der Vergebung dieser Privilegien aber zugunsten der Finanzen der Krone viel Mißbrauch getrieben wurde, besonders unter ELISABETH und ihrem Nachfolger JAKOB I., erließ das Parlament im Jahre 1623 das erste eigentliche Patentgesetz der Welt, das sog. Statute of Monopolies. Nach diesem wurden dem ersten und wahren Erfinder zeitlich (14 Jahre) begrenzte Privilegien für neue Erfindungen erteilt. Entsprechend den damaligen Wirtschafts- und Verkehrsverhältnissen galt auch die Einführung eines nur im Auslande, nicht aber in England, bekannten Gewerbezweiges als Erfindung.

Die zeitlich nächstfolgenden Patentgesetze, nämlich der Vereinigten Staaten von Amerika von 1790 und von Frankreich von 1791, brachen mit dem Privilegiensystem und gaben dem Erfinder einen Rechtsanspruch auf den Schutz seiner Erfindung durch ein Patent.

Das erste deutsche Reichsgesetz, das den Schutz von Erfindungen durch Patente regelt, stammt vom 25. Mai 1877 und trat am 1. Juli 1877 in Kraft. Es wurde durch das noch jetzt geltende Gesetz vom 7. April 1891 mit Wirkung vom 1. Oktober 1891 abgelöst. Seither ist das Patentgesetz verschiedentlich abgeändert worden; weitere Änderungen haben sich als notwendig erwiesen, so daß bereits seit dem Jahre 1913 ein neues Patentgesetz beschlossen werden soll, das indessen bisher nicht ergangen ist. Ein neuer Entwurf wurde dem Reichstag im Jahre 1928 vorgelegt (s. u.).

Das geltende deutsche Patentrecht.

Patente werden erteilt für neue Erfindungen, welche eine gewerbliche Verwertung gestatten. Ausgenommen sind 1. Erfindungen, deren Verwertung den Gesetzen oder guten Sitten zuwiderlaufen würde; 2. Erfindungen von Nahrungs-, Genuß- und Arzneimitteln sowie von Stoffen, welche auf chemischem Wege hergestellt werden, soweit die Erfindungen nicht ein bestimmtes Verfahren zur Herstellung der Gegenstände betreffen (§ 1).

Der Begriff der Erfindung ist objektiv zu verstehen, d. h. nicht dasjenige ist eine Erfindung im Sinne des Gesetzes, was durch eine erfinderische Leistung des Urhebers zustande gekommen ist, sondern dasjenige, was gegenüber dem Allgemeinen bekannten oder doch wenigstens zugänglichen Stand der Technik als ein erfinderischer Fortschritt zu bewerten ist. Dabei soll dieser Fortschritt nicht lediglich aus der natürlichen Weiterentwicklung der Technik herrühren, sondern etwas nicht Naheliegendes – also ein gewisses Überraschungsmoment – aufweisen. Auch dann kann eine technische Maßnahme nicht als Erfindung angesprochen werden, wenn sie zwar nicht in genau gleicher Form bereits bekannt war, wohl aber aus den bekannten Maßnahmen durch eine im Rahmen des üblichen fachmännischen Könnens liegende Leistung abzuleiten war.

Neuheit. Daß eine Erfindung, die als solche gelten soll, sowohl subjektiv (d. h. für den Erfinder) wie objektiv neu sein muß, ist selbstverständlich und ergibt sich auch aus dem oben Gesagten. Wenn das Gesetz trotzdem ausdrücklich die Neuheit der Erfindung fordert, so geschieht dies deswegen, weil im § 2 P.G. die Neuheit im Sinne des Patentgesetzes ausdrücklich definiert wird. Da es praktisch unmöglich ist festzustellen, ob eine bestimmte technische Maßnahme bereits irgendwo oder irgendwann tatsächlich bekannt geworden ist, hat es sich als notwendig erwiesen, objektive Normen dafür aufzustellen, was als nicht neu gelten soll. Das Gesetz schreibt demgemäß vor, daß eine Erfindung nicht als neu gilt, wenn sie zur Zeit der auf Grund des Patentgesetzes erfolgten Anmeldung in öffentlichen Druckschriften aus den letzten 100 Jahren bereits derart beschrieben oder im Inland bereits so offenkundig benutzt ist, daß danach die Benutzung durch andere Sachverständige möglich erscheint.

Es ist demnach unerheblich, ob eine Erfindung wirklich bekannt geworden ist; wofern sie nur auf Grund einer der beiden gestellten Bedingungen nicht mehr als neu anzusehen ist, kann ein Patent für sie nicht mehr erteilt werden. So manche Erkenntnis und Anregung liegt in verschollenen, der

Öffentlichkeit niemals bekanntgewordenen Druckschriften, z. B. Dissertationen, vergraben. In bester Überzeugung wird von einem späteren Erfinder die gleiche Erkenntnis verwertet und zum Patent angemeldet. Das Patent kann nicht erteilt werden, denn die Erfindung ist im Sinne des Patentgesetzes „nicht neu". Diese objektive Festlegung des Neuheitsbegriffes, die also eine reine Fiktion darstellt, mag in Einzelfällen als Härte erscheinen. Sie ist dennoch unbedingt für die Herstellung der Rechtssicherheit, ohne welche ein Rechtsstaat undenkbar ist, erforderlich.

Allzu große Härten sollen dadurch abgemildert werden, daß lediglich Druckschriften aus den letzten 100 Jahren für die Neuheitsprüfung herangezogen werden dürfen. Der neue Gesetzentwurf sieht sogar eine Herabsetzung dieser Zeit auf 50 Jahre vor. Druckschriften, die älter sind, wirken demnach nicht mehr neuheitschädlich; darin beschriebene Maßnahmen können, falls sie seitdem nicht auf anderem Wege wieder bekannt geworden sind, zum Patent angemeldet werden. Die Begrenzung bezieht sich natürlich nur auf die tatsächliche Drucklegung, nicht etwa auf die Entstehungszeit der Druckschriften.

Wenn nach dem Gesetz ferner offenkundige Benutzungshandlungen die Wirkung haben, daß die Erfindung nicht mehr neu ist, so ist dazu zu bemerken, daß an die Offenkundigkeit recht hohe Anforderungen gestellt werden. Grundsätzlich wird angenommen, daß alles, was üblicherweise in einem Fabrikbetrieb geschieht, nicht öffentlich ist. Chemische Verfahren sind daher nur sehr selten als offenkundig vorbenutzt anzusehen. Fraglich erscheint, ob ein Verfahren durch Verbreitung des Rezeptes offenkundig benutzt wird. Das Reichsgericht neigt zur Bejahung dieser Frage. Geschieht dies in gedruckter Form, so liegt selbstverständlich druckschriftliche Veröffentlichung vor.

Chemische Erfindungen. Während der ursprüngliche Entwurf zum ersten deutschen Patentgesetz von 1877 vorsah, daß chemische Stoffe als solche Gegenstand des Patentschutzes sein können, wie es bei den früheren deutschen einzelstaatlichen Gesetzgebungen und vor allem auch in Frankreich und den Vereinigten Staaten der Fall war, wurde das Gesetz, hauptsächlich auf Anregung der DEUTSCHEN CHEMISCHEN GESELLSCHAFT und der chemischen Industrie, mit den oben gekennzeichneten Ausnahmen beschlossen (BECKMANN, Die Entwicklung des Schutzes der chemischen Erfindung, G. R. U. R. [1] 1927, 745). Demnach können also auf chemischem Wege hergestellte Stoffe nicht als solche patentiert werden, sondern lediglich Erfindungen, soweit sie ein bestimmtes Verfahren zu ihrer Herstellung betreffen. Die Erwägungen, die zur Verneinung des Stoffschutzes geführt haben, sind sowohl theoretischer wie vor allem wirtschaftlicher Natur. Die Theorie des Patentschutzes sagt, daß nur für Erfindungen, nicht aber für Entdeckungen, Patente erteilt werden sollen. Chemische Stoffe müssen aber im Prinzip als vorhanden angesehen werden, auch wenn sie bisher nicht entdeckt waren. Ihre Auffindung bedeutet also nur eine Entdeckung, natürlich abgesehen von dem Weg, der zu ihrer Darstellung führt. Wirtschaftlich – und das war für die Gesetzgebung der einzige Gesichtspunkt – bedeutet der Schutz chemischer Stoffe als solcher eine Fessel für die chemische Industrie, die zu ihrer völligen Lahmlegung führen kann. Ein Beispiel hierfür ist Frankreich, dessen Farbenindustrie schweren Schaden genommen hat, so daß in dem vorliegenden neuen französischen Gesetzentwurf der Stoffschutz abgeschafft werden soll (Rapport sur le projet de loi sur les brevets d'invention par BOUCHERON, Paris 1929).

Was als „bestimmtes Verfahren" im Sinne des Patentgesetzes anzusehen ist, also patentiert werden kann, ist seit langem in der Literatur und in der Praxis der Rechtsprechung strittig. Unter den vielen Definitionen, welche hierfür bereits gegeben wurden, dürfte die klarste und zutreffendste wohl diejenige von EPHRAIM (Deutsches Patentrecht für Chemiker, Halle 1907, S. 183) sein. „Als bestimmtes Verfahren ist jede zu kennzeichnende Handlung anzusehen."

Keinesfalls kann, auch wenn diese einfache Definition nicht akzeptiert wird, der Begriff des „bestimmten Verfahrens" nur auf chemische Verfahren Anwendung finden. Auch jede physikalische Methode im Rahmen der Herstellung eines einheitlichen Stoffes kann ein bestimmtes Verfahren darstellen. Das D. R. P. 489 819, das die Herstellung von inaktivem Menthol nach bekannten chemischen Verfahren zum Gegenstande hat, wurde auf die Maßnahme des Ausfrierens des d,l-Menthols aus dem Gemisch mit seinen Isomeren erteilt. Ebenso müssen physikalisch-chemische, kolloidchemische Methoden als bestimmte Verfahren im Sinne des Patentgesetzes gelten.

Legierungen stellen nach der Rechtsprechung des Reichsgerichts und des Reichspatentamts keine chemischen Stoffe im Sinne des Gesetzes dar und sind daher als solche patentierbar (LACH, Die Patentierbarkeit von Legierungen, Mitt. 1925, S. 36). Nicht als chemische Stoffe sind ferner physikalisch-chemische Systeme, wie Lösungen, Emulsionen, Adsorptionsverbindungen und dergleichen, anzusehen; sie sind daher als solche patentierbar.

Arzneimittel. Als Grund für den Ausschluß der Arzneimittel als solcher vom Patentschutz wurde angegeben, daß ihre Patentierung zu einer Beschränkung ihrer Zugänglichkeit und damit zu einer Beeinträchtigung der allgemeinen Gesundheitsfragen und Volkswohlfahrt führen könne. Ähnliche Gedankengänge liegen auch den Gesetzgebungen anderer Länder zugrunde. So sind in der Schweiz (wie in der Mehrzahl aller Länder) Arzneimittel vom Patentschutz ausgenommen. Aber auch die patentierbaren chemischen Verfahren zu ihrer Herstellung (nichtchemische Verfahren sind gleichfalls ausgenommen) sind daselbst insofern doch weniger geschützt, als die darauf erteilten Patente nur eine Laufzeit von 10 Jahren gegenüber einer solchen von 15 Jahren für die übrigen Patente besitzen. In England erhält jedermann, der es wünscht, eine Lizenz an einem ein Verfahren zur Herstellung von Arzneimitteln betreffenden Patent.

In Deutschland sind bestimmte Verfahren zur Herstellung von Arzneimitteln patentfähig. Grundsätzlich hat hier, genau wie im Falle der chemischen Stoffe, auch zu gelten, daß nicht nur chemische Verfahren als „bestimmt" im Sinne des Gesetzes anzusehen sind. Ein nichtchemisches Verfahren muß, um patentfähig zu sein, sich als eine im eigentlichen Sinne technische Neuerung

---

[1] Über die im folgenden gebrauchten Abkürzungen G. R. U. R., Bl., M. u. W., Mitt. s. Literatur S. 676.

darstellen, da die Herstellung eines Arzneimittelgemisches durch einfaches Zusammenmischen der Bestandteile im Grunde auf den Stoffschutz für das Arzneimittel herauskäme. Führt aber andererseits ein an sich bekanntes chemisches Verfahren zur Herstellung eines einheitlichen, therapeutisch wertvollen Erzeugnisses, so ist das Verfahren ohne weiteres patentierbar; denn zu einem neuen Ergebnis kann man nur auf einem neuen Wege gelangen. Daß das Bedürfnis, welches durch das auf diesem neuen patentfähigen Wege hergestellte Produkt befriedigt werden soll, ausschließlich therapeutischer Art ist, ist dabei unerheblich. Dieser Standpunkt der Rechtsprechung bedeutet einen großen Fortschritt gegenüber der früheren Praxis, welche überhaupt die therapeutische Wirkung des Produkts für sich allein als ungeeignet ansah, die Patentfähigkeit des Verfahrens zur Herstellung dieses Produkts zu begründen. An die Bestimmtheit des Verfahrens werden deswegen auch vom Patentamt selbst häufig geringe Anforderungen gestellt.

Das *D. R. P.* 135 417 schützt ein Verfahren zur Herstellung von Brot und Gebäck für Nervenkranke; die Erfindung besteht darin, daß zum Backen des Gebäcks an Stelle des Kochsalzes Bromnatrium zur Verwendung gelangt. Hier liegt praktisch nur noch ein Stoffgemisch vor, nicht aber ein „bestimmtes" Verfahren.

Nach dem *D. R. P.* 468 424 wird ein haltbares alkoholfreies, zuckerhaltiges Eisenpräparat dadurch hergestellt, daß man einer wäßrigen zuckerhaltigen Glycerinphosphatlösung Benzoesäure zusetzt.

Nach dem *D. R. P.* 470 954 besteht die Herstellung eines zu subcutanen und intravenösen Einspritzungen geeigneten Mittels darin, daß man einer Emulsion von Lecithin in Glycerin einen Zusatz von Elektrolyten in so geringer Menge gibt, daß keine Ausflockung des Lecithins erfolgt.

Cosmetica gelten nur dann als Arzneimittel, wenn sie vom menschlichen Körper in einer Weise resorbiert werden, welche irgend eine Wirkung auf den Körper ausübt. Ist das nicht der Fall, dann sind sie als solche patentfähig (FERTIG, Arzneimittel oder Cosmeticum, G. R. U. R. 1930, S. 586).

Für Nahrungs- und Genußmittel gilt das gleiche wie für Arzneimittel, auch hinsichtlich der Beweggründe ihres Ausschlusses vom Patentschutz.

Bakteriologische und serologische Verfahren. Daß die Tätigkeit von Bakterien unter Patentschutz gestellt werden kann, wenn sie tatsächlich der Hervorrufung bestimmter chemischer Effekte dient, sich also schließlich als ein chemisches Verfahren kennzeichnet, bedarf kaum einer besonderen Erwähnung. Es sind also grundsätzlich Gärverfahren, biologische Abwasserreinigungen und andere Umsetzungen patentfähig, bei denen das angestrebte technische Ziel mit der Tätigkeit der Bakterien nicht unmittelbar zu tun hat, sondern in den Produkten ihrer Wirksamkeit erblickt wird. Bei der alkoholischen Gärung kommt es nicht auf den Gärprozeß als solchen an, sondern auf die Darstellung von Alkohol neben Kohlensäure aus Zucker. Da aber durch mannigfache Beeinflussung des Gärprozesses selbst an den Endprodukten Änderungen getroffen werden können, so ist hier der Gärvorgang als der chemisch-technische Vorgang aufzufassen, welcher als solcher unter Patentschutz gestellt werden kann.

Patentierbar sind aber auch nach der Praxis des Patentamtes unter wohl einhelliger Billigung der Literatur solche Verfahren, deren technisches Endziel unmittelbar mit den Bakterien zu tun hat, also Kulturverfahren von Bakterienstämmen oder die Gewinnung bestimmter Substanzen aus den Mikroorganismen.

Grundsätzlich – aber nicht durch das Gesetz – sind bisher Verfahren vom Patentschutz ausgeschlossen, die sich auf die Behandlung des menschlichen Körpers oder die Gewinnung von menschlichem Serum beziehen (WARSCHAUER, Mitt. 1927, Jubiläumsnummer S. 219).

Nicht patentfähig sollen grundsätzlich auch solche Verfahren sein, die auf die Beeinflussung der Lebenstätigkeit höherer Pflanzen und Tiere ausgehen, wie landwirtschaftliche Kultur- und Veredelungsmethoden, Tierzuchtverfahren u. s. w.; jedoch ist dieser Grundsatz schon häufig durchbrochen worden und ist logisch auch nicht haltbar.

Verwendungspatente. Eine besondere Kategorie von Erfindungen stellen die Anwendungen an sich bekannter Stoffe oder Vorrichtungen zu einem neuen Zweck dar. Ein berühmtes Beispiel hierfür ist das *D. R. P.* 152 260, das die Anwendung von Kalkstickstoff zum Düngen zum Gegenstand hat. Auch eine neue Anwendung von neuen Verfahren kann eine Erfindung darstellen; z. B. schützt das *D. R. P.* 371 963 die Anwendung der bekannten künstlichen Erzeugung von seismischen Wellen zur Ermittlung des Aufbaus von Gebirgsschichten (M. u. W. 30, S. 481).

Erfinderrecht. Auf die Erteilung des Patentes hat derjenige Anspruch, welcher die Erfindung zuerst nach Maßgabe des Patentgesetzes angemeldet hat. Das Patentamt ist also weder befugt noch in der Lage, von sich aus zu prüfen, ob der Anmelder auch der Erfinder ist und ob ihm das Recht zusteht, das Patent zu beantragen. Durch diese gesetzliche Vorschrift hat das deutsche Patentrecht das reine „Anmelderprinzip" angenommen, das in dieser Ausschließlichkeit nur noch in wenigen anderen Ländern, vor allem in Frankreich, zur Anwendung gelangt ist. Im Gegensatz dazu steht das „Erfinderprinzip", das in seiner reinsten Ausgestaltung in den Vereinigten Staaten von Amerika und in Kanada zur Auswirkung gekommen ist, wo der Anmelder nach bestem Wissen eidlich erklären muß, daß er der erste und wahre Erfinder des Anmeldungsgegenstandes ist. Trotzdem wird durch das deutsche System durch die erste Anmeldung, welche dem Anmelder den Anspruch auf Erteilung des Patentes gibt, nicht etwa ein endgültiger Rechtszustand geschaffen. Stellt es sich nämlich heraus, daß die Erfindung einem anderen entwendet worden war, so hat dieser andere die Möglichkeit, gegen den Anmelder vorzugehen, auch ohne daß der Anmelder selbst unmittelbar der Entwender gewesen ist. Es sind im wesentlichen zwei Rechtsbehelfe, welche dem eigentlichen Erfindungsbesitzer zur Verfügung stehen, nämlich einerseits der Einspruch gegen die bekanntgemachte Anmeldung bzw. die Nichtigkeitsklage gegen das erteilte Patent und andererseits die zivilrechtliche Klage auf Übertragung der Anmeldung bzw. des Patents. Erhebt der Berechtigte gegen die Erteilung des Patents an den Unberechtigten Einspruch und führt dieser Einspruch tatsächlich zur Versagung des Patents, so hat der Berechtigte die gesetzliche Möglichkeit, seinerseits das Patent anzumelden, u. zw. mit einer konstruierten Priorität, nämlich derjenigen des Tages vor der Bekanntmachung der unberechtigten Anmeldung. Führt der Berechtigte die Vernichtung des bereits erteilten Patents aus dem gleichen Grunde herbei, so hat er seinerseits nicht die Möglichkeit, noch ein Patent darauf zu erlangen. Daher ist meistens die Übertragungsklage vorzuziehen.

Während die Fälle einer nachweisbaren Entwendung der Erfindung und Anmeldung durch einen Unberechtigten verhältnismäßig selten sind, entsteht häufiger ein Streit über das Recht an der Erfindung, wenn sich der Erfinder in einem Angestelltenverhältnis befindet. Wenn also ein Arbeiter oder ein höherer Beamter, z. B. ein Fabrikchemiker, im Laufe seiner Tätigkeit eine Erfindung macht, so entsteht die Frage, ob diese Erfindung ihm oder dem Arbeitgeber gehört. Bei der Klärung der Streitfragen, die hierbei auftauchen, haben sich mit der Zeit feste Richtlinien derart herausgebildet, daß man zwischen drei Kategorien von Erfindungen unterscheidet, nämlich Betriebserfindungen, Diensterfindungen und freien Erfindungen (SELIGSOHN, Arbeitsgerichtsgesetz und Angestelltenerfindung, G. R. U. R. 1927, S. 274).

Unter Betriebserfindungen versteht man solche, die so stark durch die Erfahrungen, Hilfsmittel, Anregungen und Vorarbeiten des Betriebs beeinflußt sind, daß nicht bestimmte Personen als Erfinder in ausschlaggebender Weise hervorgetreten sind.

Eine Diensterfindung liegt vor, wenn der Arbeitnehmer zu erfinderischer Tätigkeit angestellt oder eine solche nach den Umständen von ihm zu erwarten ist und er in Erfüllung seiner Leistungspflicht eine Erfindung macht. Sie setzt also bereits voraus, daß ein bestimmter Erfinder als solcher erkennbar ist.

Freie Erfindungen schließlich sind solche, welche in keine der beiden vorstehend genannten Gruppen einzuordnen sind.

Diese Begriffsbildungen entstammen dem Entwurf eines Allgemeinen Arbeitsvertragsgesetzes, welcher von dem beim Reichsarbeitsministerium gebildeten Arbeitsrechtsausschuß ausgearbeitet wurde. Auf Grund einer Vereinbarung zwischen dem REICHSVERBAND DER DEUTSCHEN INDUSTRIE und dem BUND ANGESTELLTER AKADEMIKER TECHNISCH-NATURWISSENSCHAFTLICHER BERUFE E. V. werden sie im allgemeinen den Dienstverträgen zugrunde gelegt. (G. R. U. R. 1929, 20.)

Infolge dieser Unterscheidungen gehört eine Betriebserfindung ohne weiteres dem Arbeitgeber zur freien Verfügung. Diensterfindungen verschaffen dem Arbeitgeber das Recht, Patente anzumelden oder die Erfindung geheimzuhalten, dem Erfinder einen Anspruch auf Vergütung. Macht der Arbeitgeber von seinem Rechte keinen Gebrauch, so hat er dem Erfinder so rechtzeitig davon Mitteilung zu machen, daß dieser selbst in die Lage gesetzt wird, gewerbliche Schutzrechte zu erwirken. Freie Erfindungen schließlich gehören in vollem Umfange dem Erfinder.

Bei Streitfragen darüber, welcher Kategorie eine Erfindung zuzuordnen ist, zeigen sich die deutschen Richter im allgemeinen erfinderfreundlich.

Da vielfach im Falle der Diensterfindungen ein Bedürfnis danach besteht, dem Erfinder seine Erfinderehre zukommen zu lassen, auch wenn die Früchte seiner Arbeit dem Arbeitgeber zufallen, hat das Patentamt im Wege einer Bekanntmachung des Präsidenten vom 15. Februar 1922 die Einrichtung getroffen, daß auf Antrag des Anmelders und mit Zustimmung des Erfinders in der gedruckten Patentschrift der Name des Erfinders genannt wird.

Priorität. Unter der Priorität einer Patentanmeldung bzw. eines Patents (und entsprechend eines anderen Schutzrechtes, das auf Registrierung beruht) wird derjenige Zeitpunkt verstanden, an welchem ihre rechtliche Existenz beginnt. Die Hauptwirkungen der Priorität sind: die Anmeldung genießt den rechtlichen Vorrang vor späteren Anmeldungen und kann von keinem Ereignis mehr betroffen werden, welches nach der Begründung der Priorität vorfällt. Die Priorität eines Patents wird im Normalfall durch die ordnungsgemäße Niederlegung der Anmeldung beim Reichspatentamt begründet.

Nach dem deutschen Patentgesetz kann, unbeschadet der bereits dargelegten Bestimmungen über Neuheit und Erfindungseigenschaft, durch eine Anmeldung der Anspruch auf Erteilung des Patents nur insoweit begründet werden, als nicht ein rangälteres Patent auf den gleichen Gegenstand bereits besteht. Unerheblich ist dabei, ob das rangältere Patent noch in Kraft ist, denn die Doppelpatentierung soll in jedem Falle vermieden werden, auch wenn das ältere Patent bereits erloschen ist. Ist dagegen das ältere Patent vernichtet worden, so steht es der jüngeren Anmeldung unter diesem Gesichtspunkt nicht mehr entgegen, denn die Erklärung der Nichtigkeit wirkt so, als hätte das Patent niemals bestanden. Die Prüfung darauf, ob eine angemeldete Erfindung nicht bereits Gegenstand eines älteren Patents ist, hat nur dann Interesse, wenn das ältere Patent nicht bereits vor Einreichung der jüngeren Anmeldung veröffentlicht, also die Patentschrift ausgegeben war. War es bereits veröffentlicht, so ist die jüngere Anmeldung unter dem viel umfassenderen Gesichtspunkte des Neuheitsmangels nach den oben bereits dargelegten Maßstäben zu prüfen; war dagegen das ältere Patent nicht veröffentlicht, so kann ein Patent auf die jüngere Anmeldung nur versagt werden, wenn und insoweit tatsächlich Identität besteht. Ein technischer Fortschritt gegenüber dem älteren Patent braucht nicht zu bestehen, ebensowenig kann geltend gemacht werden, daß die jüngere Anmeldung gegenüber der älteren lediglich eine naheliegende fachmännische Maßnahme darstellt, also auf dem Wege der natürlichen technischen Fortentwicklung liegt, denn das rangältere Patent war ja nicht vor dem Tage der Einreichung der jüngeren Anmeldung bekannt, gehörte also noch nicht zum „Stand der Technik". Die Identität wird nach den Ansprüchen beurteilt; unwesentlich ist im allgemeinen, was sonst noch in der Patentschrift des älteren Patents erwähnt ist, falls es nicht unmittelbar zur Erläuterung der Ansprüche dient.

War versehentlich ein Patent auf eine Erfindung erteilt worden, die bereits Gegenstand eines älteren Patents war, so kann das jüngere Patent jederzeit während seiner gesetzlichen Geltungsdauer vernichtet werden.

Äquivalenz. Von besonderer Bedeutung für die Prüfung der Identität ist die Frage der Äquivalente. Unter Äquivalenten versteht man technisch gleichwertige Mittel, welche an die Stelle eines Teils der zu der Erfindung gehörigen Maßnahmen treten können. Bei chemischen Erfindungen wird beispielsweise häufig eine Mineralsäure der anderen äquivalent sein, also die Salzsäure der Schwefelsäure, falls nicht durch die bei der Erfindung gewählte eine besondere Wirkung erzielt wird, die durch die andere nicht zu erreichen ist. Die Salzsäure ist der Schwefelsäure also beispielsweise dann äquivalent, wenn es sich allgemein um die Neutralisierung eines alkalischen Milieus handelt. Sie wäre ihr nicht gleichwertig beispielsweise bei der Sulfonierung organischer Verbindungen oder der Ausfällung von Barium. Patentrechtlich erstreckt sich nun die Identität auch auf die Äquivalente; denn es wäre unbillig, wenn ein jüngeres Patent noch auf eine Erfindung erteilt werden würde, die bis auf das in Rede stehende Äquivalent mit dem Gegenstand eines älteren Patents gleichwertig ist. Indessen kann auch in diesem Falle auf die jüngere Anmeldung dann noch ein Patent erteilt werden, wenn das Äquivalent neu ist. Auf die Frage der Äquivalente wird im übrigen noch im Zusammenhang mit der Besprechung des Schutzumfanges der erteilten Patente zurückzukommen sein.

Der wichtigste Fall einer abgeleiteten Priorität ist die sog. Unionspriorität. Auf Grund des Artikels 4 des internationalen Unionsvertrages, über den weiter unten noch zu sprechen sein wird, kann von dem unionsangehörigen Inhaber einer in einem Unionsland eingereichten Patentanmeldung innerhalb eines Jahres in jedem anderen Unionsland die gleiche Erfindung unter Inanspruchnahme der Priorität der ersten Unionsanmeldung nachangemeldet werden. Die Inanspruchnahme der Priorität hat die Wirkung, daß die Nachanmeldung den Vorrang vor jeder von einem Dritten auf den gleichen Gegenstand eingereichten Patentanmeldung besitzt, welche nach dem Datum der prioritätsbegründenden ersten Anmeldung eingereicht wurde. Desgleichen können Veröffentlichungen und offenkundige Vorbenutzung, welche zwischen dem prioritätsbegründenden Datum und dem Tage der tatsächlichen Nachanmeldung vorgekommen sind, nicht als neuheitsschädlich im Sinne des Patentgesetzes angesehen werden. Die Nachanmeldung genießt also eine konstruierte Priorität, derart, als ob sie am Tage ihrer Erstanmeldung auch im Nachanmeldestaat — für die vorliegende Betrachtung also insbesondere in Deutschland — angemeldet worden wäre. Die gesetzliche Laufzeit sowie die Gebührenzahlung richtet sich in Deutschland aber nach dem Tage der tatsächlichen Einreichung, anders als in England, wo das Patent auf den Tag der Unionsvoranmeldung zurückdatiert wird. (Etwa das gleiche Verhältnis wie zwischen den Ländern der internationalen Union besteht durch Sondervertrag vom 12. Oktober 1925 zwischen Deutschland und Sowjetrußland.) Wenn einer Anmeldung die Wirkungen der Priorität zugute kommen sollen, so muß nach ausdrücklicher Bestimmung darüber bei Einreichung der Anmeldung eine Erklärung abgegeben werden. Diese Erklärung muß mindestens die Angabe von Zeit und Land der ausländischen Voranmeldung enthalten. Mehrere Anmeldungen mit verschiedenen Prioritäten können in Deutschland zu einer einzigen Anmeldung zusammengefaßt und für diese sämtliche in Rede stehenden Prioritäten beansprucht werden. Ein anderer Fall einer abgeleiteten Priorität, welcher dem vorgenannten sehr ähnlich ist, ist der sog. Ausstellungsschutz. Erfindungen und Warenzeichen, die auf einer Ausstellung gezeigt wurden, genießen vom Tage ihrer Schaustellung an eine Prioritätsberechtigung, welche ein halbes Jahr nach Eröffnung der Ausstellung erlischt, allerdings nur, wenn durch Bekanntmachung im Reichsgesetzblatt dieser Ausstellung der Schutz zugesprochen wurde. Die Wirkungen dieses Prioritätsrechts sind, falls die Erfindungen bzw. Warenzeichen innerhalb des genannten halben Jahres angemeldet werden, genau die gleichen wie diejenigen der Unionspriorität.

Die Priorität, welche im Falle eines Einspruchs wegen widerrechtlicher Entnahme dem verletzten Erfindungsberechtigten zugesprochen wird, wurde oben bereits erwähnt.

Zu nennen ist schließlich noch die Verlegung des Anmeldetages, welche in dem Falle vorgenommen wird, daß eine Anmeldung wegen Uneinheitlichkeit oder nachträglicher unzulässiger Erweiterung geteilt wird. Als Anmeldetag des ausgeschiedenen Teils kann dann entweder der ursprüngliche Anmeldetag der Stammanmeldung (wenn der ausgeschiedene Teil bereits in den ursprünglichen Unterlagen enthalten war) oder derjenige Tag, an welchem die unzulässige Erweiterung vorgenommen wurde, festgesetzt werden.

In den beiden letztgenannten Fällen handelt es sich aber nicht, wie bei der Unions- bzw. Ausstellungspriorität, um eine abgeleitete Priorität in dem Sinne, daß für die Laufzeit und die Gebührenfälligkeit des Patents der tatsächliche Anmeldetag, für die Beurteilung der Neuheit und des

Vorranges aber der Prioritätstag maßgebend ist, sondern in diesen Fällen wird für die Anmeldung ein anderer als der tatsächliche Anmeldetag festgesetzt mit allen Wirkungen, die dem Anmeldetag zukommen, d. h. auch hinsichtlich der Laufzeit und der Gebührenfälligkeit.

Dauer der Patente, Gebühren. Die gesetzliche Laufzeit der deutschen Patente beträgt 18 Jahre. Diese Zeit beginnt mit dem auf die Anmeldung folgenden Tage und endet also mit der 18. Wiederholung des Anmeldetages. Da der Schutz der Erfindung nicht mit der Einreichung, sondern erst mit der Bekanntmachung der Anmeldung beginnt, kann er also in keinem Falle 18 Jahre lang bestehen. Die 18jährige Laufzeit der Patente wurde erst nach dem Kriege eingeführt, u. zw. durch Gesetz vom 9. Juli 1923; bis dahin betrug sie 15 Jahre. Die Dauer der Patente kann nicht verlängert werden (anders in England und den Ländern des englischen Rechts). Nur vorübergehend war in Deutschland für solche Patente (und Gebrauchsmuster), die infolge des Krieges nicht voll ausgenutzt werden konnten, eine Verlängerung vorgesehen worden, die auf Antrag gewährt wurde; sie konnte im Höchstfalle 5 Jahre betragen.

Für in Kraft befindliche Patente müssen Jahresgebühren an das Reichspatentamt gezahlt werden, deren Höhe vom 5. Jahr ab progressiv steigt. Die Gebühren betragen z. Z.:

Für das 1. bis 4. Jahr je 30 RM.	Für das 9. Jahr 200 RM.	Für das 14. Jahr 700 RM.
„ „ 5. „ 50 „	„ „ 10. „ 300 „	„ „ 15. „ 800 „
„ „ 6. „ 75 „	„ „ 11. „ 400 „	„ „ 16. „ 900 „
„ „ 7. „ 100 „	„ „ 12. „ 500 „	„ „ 17. „ 1000 „
„ „ 8. „ 150 „	„ „ 13. „ 600 „	„ „ 18. „ 1200 „

Die Gebührenberechnung beginnt gleichfalls mit dem auf die Anmeldung folgenden Tage. Die erste Jahresgebühr wird mit der Bekanntmachung der Anmeldung fällig, die zweite und jede folgende jeweils am Jahrestage der Anmeldung, frühestens aber, nachdem das Patent durch rechtskräftig gewordenen Beschluß des Patentamtes erteilt worden ist. Wenn der Patenterteilungsbeschluß in ein späteres Jahr als das zweite fällt, so werden dann mehrere Jahresgebühren auf einmal fällig.

Innerhalb einer Frist von 2 Monaten nach dem Fälligkeitstage kann die Gebühr ohne Zuschlag bezahlt werden, darnach nur mit einem Zuschlag von 10%. Nach Verstreichen der 2 Monate erläßt das Patentamt einen Bescheid des Inhalts, daß die Gebühr mit Zuschlag noch bis zum Ablauf eines Monats seit Zustellung dieses Bescheides gezahlt werden kann. Geschieht dies nicht innerhalb dieser Frist, so erlischt das Patent.

Das Erlöschen des Patents wegen Nichtzahlung der fälligen Jahresgebühr tritt von selbst ein, bedarf also keines Beschlusses oder sonstigen behördlichen Aktes. Das Erlöschen wirkt aber nicht auf den Jahrestag der Anmeldung zurück, sondern tritt erst mit dem Ablauf der genannten letzten einmonatigen Frist ein. Es können also auch aus einem erloschenen Patent noch Rechte für die Zeit zwischen dem Ablauf des letzten gültigen Patentjahres und dem Ablauf dieser Einmonatsfrist geltend gemacht werden, obgleich Patentgebühren für diese Zeit nicht mehr gezahlt waren.

Zur Beurteilung der Frage, ob die Patentgebühren rechtzeitig beim Reichspatentamt eingegangen sind und das Patent daher weiter in Kraft bleibt, ist ausschließlich das Patentamt zuständig.

Außer durch Nichtzahlung der Jahresgebühren kann ein Patent ein vorzeitiges Ende noch durch Verzicht, Zurücknahme oder Erklärung der Nichtigkeit finden.

Zusatzpatente. Der Inhaber eines Patents kann für eine Erfindung, die die Verbesserung oder sonstige weitere Ausbildung seiner durch Patent geschützten Erfindung betrifft, um ein Zusatzpatent nachsuchen. Voraussetzung ist also Identität in der Person des Patentinhabers bzw. Anmelders von Haupt- und Zusatzpatent sowie Einheitlichkeit der Erfindungsgegenstände. Man wird hierzu im allgemeinen sagen können, daß an die Einheitlichkeit der Gegenstände von Haupt- und Zusatzpatent derselbe Maßstab anzulegen ist wie an die Einheitlichkeit der Erfindung in einem einzigen Patent; hierüber wird weiter unten zu sprechen sein.

Zusatzpatente enden mit dem Hauptpatent, falls dieses durch Ablauf der gesetzlichen Dauer von 18 Jahren oder wegen Nichtzahlung der Jahresgebühren sein Ende findet. Fällt das Hauptpatent aus anderen Gründen fort, also durch Erklärung der Nichtigkeit, durch Zurücknahme oder durch Verzicht, so wird das Zusatzpatent zu einem selbständigen Patent; seine Dauer sowie die Höhe der von nun ab dafür

zu zahlenden Jahresgebühren bestimmt sich nach dem Anfangstage des fort-
gefallenen Hauptpatents.

Patentamt und patentamtliches Verfahren. Das Reichspatentamt in
Berlin ist für die Erteilung der Patente und ihre Verwaltung bis zum Ablauf der
gesetzlichen Dauer oder zum Erlöschen durch Nichtzahlung der Jahresgebühren
ausschließlich, für die Erklärung der Nichtigkeit und die Zurücknahme sowie die
Erteilung von Zwangslizenzen in erster Instanz zuständig.·

Das Patentamt hat von sich aus alle zur Durchführung des Verfahrens geeigneten Schritte zu
unternehmen und ist an die Anträge der Beteiligten nur teilweise gebunden, sobald das Verfahren
einmal durch den Antragsteller in Gang gesetzt ist. In anderen Fällen, beispielsweise beim Nichtig-
keitsstreit, herrscht dagegen die Parteimaxime vor, indem das Patentamt beispielsweise ein Patent
nur in dem Umfange und aus denjenigen Rechtsgründen heraus vernichten darf, welche vom Kläger
beantragt bzw. vorgebracht werden.

Das Patenterteilungsverfahren wird durch den Patenterteilungsantrag, also die Anmeldung, in
Gang gesetzt. Mit der Anmeldung ist eine Anmeldegebühr, die z. Z. RM. 25 beträgt, zu zahlen; solange diese nicht eingegangen ist, wird die Anmeldung überhaupt nicht in Behandlung genommen.

Die Prüfung von Patentanmeldungen ist nach deutschem Patentgesetz formal
und materiell. Die materielle Prüfung erstreckt sich zunächst auf die Frage, ob
grundsätzlich ein dem Patentschutz zugängiger Anmeldungsgegenstand vorliegt. Ist
der Anmeldungsgegenstand grundsätzlich patentfähig, so wird die Anmeldung darauf
geprüft, ob eine neue Erfindung im Sinne des Patentgesetzes vorliegt und ob der
Anmeldungsgegenstand nicht bereits vorpatentiert ist (bzw. den Gegenstand einer
prioritätsälteren Anmeldung bildet).

In formaler Hinsicht erstreckt sich die Prüfung darauf, daß die Anmeldung
ordnungsmäßig eingereicht wurde (hierzu gehört, obgleich es praktisch fast niemals
ermittelt wird, ob der Anmelder unbeschränkt geschäftsfähig ist), daß die Unterlagen geordnet sind, daß die Anmeldung nicht mehr als eine Erfindung umfaßt
(Einheitlichkeit), daß die Anmeldung in deutscher Sprache abgefaßt ist (fremdsprachige
Schriftstücke werden nach ausdrücklicher Gesetzesvorschrift nicht berücksichtigt).

Die Anmeldung wird bei ihrem Eingang einer Prüfungsstelle zugewiesen.
Der Prüfungsstelle fällt sowohl die formale wie die materielle Prüfung zu; denn
in der Praxis sind beide Prüfungsgebiete derart miteinander verquickt, daß sie nicht
getrennt werden können. So ist beispielsweise die Beurteilung der Einheitlichkeit
genau wie die Formulierung der Unterlagen, insbesondere des Patentanspruchs,
in hohem Maße abhängig von dem Ergebnis der Neuheitsprüfung. Bei der Neuheitsprüfung wird die einschlägige Fachliteratur zum Vergleich herangezogen, insbesondere auf die internationale Patentschriftenliteratur zurückgegriffen. Außer den
deutschen Patentschriften finden hauptsächlich die amerikanischen, englischen,
französischen, schweizerischen und österreichischen Berücksichtigung; anders-
sprachige Patentschriften verwertet das Patentamt im allgemeinen erst dann, wenn
sie ihm von anderer Seite, beispielsweise im Einspruchsverfahren (s. u.), näher-
gebracht werden. Auf offenkundige Vorbenutzung im Inlande kann sich die
Prüfung durch das Patentamt zunächst meistens nicht erstrecken, da nur in sehr
seltenen Fällen Vorbenutzungshandlungen amtskundig sind. Grundsätzlich muß
aber der etwa zu behauptende Mangel an Neuheit des Anmeldungsgegenstandes
mit Tatsachen bewiesen werden.

Mosaik. Bei der Neuheitsprüfung soll das Patentamt grundsätzlich nur solche Erfindungen
als bereits bekannt ansehen, die als Ganzes aus dem Stande der Technik abzuleiten sind; keinesfalls soll die Prüfung nach „Mosaikmanier" derart vorgenommen werden, daß aus verschiedenen
Veröffentlichungen einzelne Elemente der Erfindung als bekannt nachgewiesen werden und hieraus
ihre Kombination, welche den Gegenstand der zu prüfenden Erfindung ausmacht, als bekannt
hingestellt wird. Wenn die Vereinigung der verschiedenen Kombinationselemente erst durch die
Kenntnis der neuen Anmeldung in den Gesichtskreis des Fachmannes gerückt wurde, so muß die
Erfindung noch als neu gelten, denn sie erst hat das geistige Band gegeben, das die einzelnen
Elemente zu einem neuen Ganzen zusammenbindet. Die nachträgliche Vereinigung der einzelnen
bekannten Elemente durch den Prüfer unter dem Gesichtswinkel der erst durch die neue Anmeldung
vermittelten Erkenntnis wird Synthese ex posteriore genannt und wurde mit Recht vom Patentamt in
mehreren Entscheidungen verworfen.

Einheitlichkeit. Eine bedeutende Rolle bei der Prüfung spielt die Frage der Einheitlichkeit. Hierfür sind in einer Entscheidung der Beschwerdeabteilung vom Reichspatentamt (Bl. 1913, S. 292) die folgenden Grundsätze aufgestellt worden:

„1. Eine Erfindung ist einheitlich im Sinne des § 20, Satz 2, des Patentgesetzes, wenn das ihr zugrunde liegende Problem einheitlich ist und alle ihre Teile zur Problemlösung nötig sind oder auch nur geeignet, sie zu fördern.

2. Ist das Problem als solches neu, so können mehrere selbständige Lösungen in einer Anmeldung behandelt werden. Ist das Problem als solches bekannt und gelöst, so müssen die in einer Anmeldung zu behandelnden Lösungen unter sich auf demselben Lösungsprinzip beruhen. In beiden Fällen hat jede Lösung oder Ausführungsform der unter 1. für die Erfindungsteile gestellten Forderung zu genügen."

Über diese allgemeinen Grundsätze hinaus lassen sich nur schwer Richtlinien für die Beurteilung der Einheitlichkeit geben; sie muß von Fall zu Fall geprüft werden. Indessen kann gesagt werden, daß beispielsweise ein Verfahren und eine Vorrichtung zu seiner Durchführung fast stets als einheitlich zu gelten haben, also in einer Anmeldung untergebracht werden können. Kann ein Stoff als solcher beansprucht werden (handelt es sich also nicht um einen auf chemischem Wege hergestellten, sondern z. B. um eine Legierung, eine Gußmasse od. dgl.), so kann in einem einzigen Patent sowohl der Stoff wie ein Verfahren zu seiner Herstellung, wie eine Vorrichtung zur Durchführung dieses Verfahrens beansprucht werden. Dagegen wäre die Beanspruchung eines Anwendungszweckes dieses Stoffes nicht mehr mit den drei anderen genannten Kategorien einheitlich. Betrifft eine Erfindung nicht den Stoff selbst, sondern nur ein Verfahren zu seiner Herstellung, so kann die Verwendung des Stoffes ebensowenig in der gleichen Anmeldung mitbeansprucht werden. Es sei jedoch auf das Patent 500 656 verwiesen, in dem einerseits ein Verfahren zur Herstellung von Pökelsalzen, andererseits ein Verfahren zum Pökeln von Fleisch beansprucht ist, ein typischer Fall mangelnder Einheitlichkeit.

Uneinheitlichkeit ist lediglich ein formaler Mangel, der den Bestand des Patentes oder der einzelnen Teile nicht gefährdet und nach der Bekanntmachung der Anmeldung nicht mehr gerügt werden kann.

Die Patentansprüche. Am Schlusse der Beschreibung ist dasjenige anzugeben, was als patentfähig unter Schutz gestellt werden soll (Patentspruch).

Klarheit und Vollständigkeit der Beschreibung und unzulässige Erweiterungen. Die Erfindung ist bei der Anmeldung in den eingereichten Unterlagen derart zu beschreiben, daß darnach ihre Benutzung durch andere Sachverständige möglich erscheint. Diese Forderung entspricht den Grundbegriffen des Patentrechts; denn nur für solche Erfindungen sollen Ausschlußrechte gewährt werden, die durch Bekanntgabe an die Öffentlichkeit eine Bereicherung der Technik darstellen. Was demnach nicht bei der Anmeldung in einer für den Fachmann erkennbaren Weise beschrieben ist, gilt nicht als angemeldet. Der Verdeutlichung der Erfindung dient die Aufführung von Ausführungsbeispielen, die möglichst genaue Angaben machen sollen, bei chemischen Erfindungen auch die Einreichung von Substanzproben, die von der Prüfungsstelle gefordert werden kann.

Bis zum Beschluß über die Bekanntmachung der Anmeldung (s. u.), d. h. bis zur Zustellung dieses Beschlusses, sind Abänderungen der in der Anmeldung enthaltenen Angaben zulässig. Diese Abänderungen dürfen allerdings nichts anderes in die Anmeldung hineinbringen, als von allem Anfang an in ihr enthalten war. Der Sinn dieser Bestimmung ist vielmehr, daß die Möglichkeit bestehen soll, die Erfindung klarer, als ursprünglich geschehen, darzustellen, sie durch Beispiele zu erläutern und Hinweise auf den während des Prüfungsverfahrens nachgewiesenen Stand der Technik aufzunehmen. Keinesfalls dürfen Textänderungen während des Prüfungsverfahrens dazu dienen, Angaben aufzunehmen, welche den Schutzumfang des Patents weiter ausdehnen würden, als nach den ursprünglichen Unterlagen möglich gewesen wäre, oder die gar eine andere Erfindung an die Stelle der ursprünglichen setzen sollen. Wird ein solcher Versuch gemacht, so wird er als unzulässige Erweiterung vom Prüfer beanstandet. Der Anmelder muß eine derartige unzulässige Erweiterung wieder aus der Anmeldung ausscheiden; er hat allerdings die Möglichkeit, sie zum Gegenstand einer Neuanmeldung zu machen und zu verlangen, daß als Anmeldungstag dieser Neuanmeldung der Tag festgesetzt wird, an welchem er die unzulässige Erweiterung im Rahmen der Stammanmeldung dem Patentamt zur Kenntnis gebracht hat.

Gang des Prüfungsverfahrens und Instanzenzug. Der Verkehr zwischen dem Prüfer und dem Anmelder spielt sich in der Form von amtlichen Bescheiden ab, welche im Namen des Reichspatentamts ergehen und von der Prüfungsstelle unterzeichnet werden. In den Bescheiden wird zur Behebung der Beanstandungen eine verlängerbare Frist gestellt, welche mit der Zustellung des Bescheides an den Anmelder in Lauf gesetzt wird. Bei der Beantwortung derartiger Bescheide soll zu allen aufgeworfenen Fragen Stellung genommen werden. Eine teilweise oder völlige Nichtbeantwortung eines Bescheides innerhalb der gestellten Frist hat nicht den automatischen Verfall der Anmeldung zur Folge, im Gegensatz zu der Sachlage, die bis 1917 bestand, wo die Nichtbeantwortung des Vorbescheides als Zurücknahme der Anmeldung galt. Der Prüfer ist jetzt vielmehr gehalten, einen sachlichen Beschluß auf Grund der Aktenlage zu fassen. Dieser Beschluß braucht nicht notwendigerweise zu ungunsten des Anmelders auszufallen, wird es aber praktisch meist; denn der Prüfer hatte ja in dem nichtbeantworteten Bescheid seiner Meinung Ausdruck gegeben, daß die Anmeldung aus bestimmten Gründen nur teilweise oder gar nicht zur Erteilung eines Patentes führen könne, und da die Argumente des Prüfers durch die Nichtbeantwortung nicht entkräftet wurden, so wird die Anmeldung aus den Gründen dieses Bescheides zurückgewiesen. Der Schriftwechsel zwischen dem Prüfer und dem Anmelder in der Form von Bescheiden und Verfügungserledigungen geht so lange hin und her, bis eine einheitliche Auffassung zwischen ihnen hergestellt ist oder, wenn dies unmöglich ist, die Anmeldung zurückgewiesen wird. Der Anmelder kann jederzeit im Verfahren vor der Prüfungsstelle die Anberaumung eines Termins zur mündlichen Verhandlung beantragen. Derartige Verhandlungen haben aber lediglich informatorischen Wert für beide Teile; denn bindende Erklärungen können im Verfahren vor dem Patentamt nur schriftlich abgegeben werden.

Wenn der Prüfer zu der Auffassung gelangt, daß ein Patent auf die Anmeldung nicht erteilt werden könne — sei es, daß die sachlichen Voraussetzungen nicht gegeben sind, sei es, daß der Anmelder wiederholten Aufforderungen zur Behebung formaler Mängel nicht nachkommt —, so muß er die Anmeldung zurückweisen. Hiergegen steht dem Anmelder das Recht der Beschwerde zu. Mit Erhebung der Beschwerde geht das weitere Verfahren an die Beschwerdeabteilung über. Es gibt im Patentamt 2 Beschwerdeabteilungen, deren jeder eine Anzahl Sachgebiete zugewiesen ist. Die Abteilungen gliedern sich wiederum in Senate, die jetzt mit 3 Mitgliedern besetzt sind, von denen bei Beschwerden in Patentsachen mindestens 2 technische Mitglieder sein müssen. Die Beschwerde ist innerhalb der unverlängerbaren Frist von einem Monat seit Zustellung des Zurückweisungsbeschlusses zu erheben, d. h. sie muß innerhalb der Frist beim Reichspatentamt eingehen. Gleichfalls innerhalb der Frist ist eine Beschwerdegebühr nach Maßgabe des Tarifs (z. Z. RM. 20·—) zu zahlen; geschieht dies nicht, so gilt die Beschwerde als nicht erhoben. Das Verfahren vor der Beschwerdeabteilung ist das gleiche wie vor der Prüfungsstelle. Die Prüfung wird wieder von vorn aufgerollt, also auch hinsichtlich solcher Teile der Anmeldung, die die Prüfungsstelle etwa bereits als patentfähig anerkannt hatte; denn es gibt im Patenterteilungsverfahren keine Teilentscheidungen. Die Beschwerdeabteilung ist die letzte Instanz; ihre Entscheidung in der Sache ist endgültig. Allerdings kommt auch der Entscheidung der Beschwerdeabteilung keine materielle Rechtskraft im Sinne der Zivilprozeßordnung zu; denn wenn von dem gleichen oder einem anderen Anmelder genau dieselbe Erfindung nach der Zurückweisung durch die Beschwerdeabteilung abermals zum Patent angemeldet wird, so muß wiederum in eine vollständige formale und sachliche Prüfung der Anmeldung eingetreten werden, ohne daß auf den Zurückweisungsbeschluß der Beschwerdeabteilung Bezug genommen werden kann. Das ist deswegen von großer Bedeutung, weil nicht selten eine Anmeldung aus formalen Gründen, beispielsweise wegen eines zwischen mehreren Mitanmeldern ausgebrochenen Streites, nicht durchgeführt werden kann und deshalb zurückgewiesen werden muß. Es besteht dann die Möglichkeit, daß die Anmeldung unter Behebung der formalen Mängel wiederum eingereicht wird, z. B. von dem Berechtigten der Mitanmelder allein, und diesmal zur Erteilung eines Patentes führt.

Erachtet die Prüfungsstelle oder, falls diese die Anmeldung zurückgewiesen hatte und Beschwerde erhoben war, die Beschwerdeabteilung die Anmeldung als gehörig erfolgt und die Erteilung eines Patents nicht für ausgeschlossen, so wird die Bekanntmachung der Anmeldung beschlossen. Die Bekanntmachung erfolgt in der Weise, daß die Anmeldung mit sämtlichen Beilagen in der Auslege-halle des Reichspatentamts während zweier Monate zur Einsicht für jedermann ausgelegt wird. An dem gleichen Tage, an dem die Auslegung erfolgt, wird die Tatsache der Bekanntmachung unter Angabe des Namens des Patentsuchers und des Titels der Anmeldung im Patentblatt veröffentlicht.

Die Bekanntmachung braucht nicht zu erfolgen, wenn es sich um ein im Namen der Reichs-verwaltung für die Zwecke des Heeres oder der Flotte nachgesuchtes Patent handelt und ein dies-bezüglicher Antrag gestellt wird. In diesem Fall wird unmittelbar die Patenterteilung vorgenommen, jedoch bleibt auch diese geheim, indem das Patent weder in die Rolle eingetragen noch als Patent-schrift gedruckt wird. Darüber hinaus bestand während des Krieges die Sonderbestimmung, daß jede kriegswichtige Patentanmeldung eines beliebigen Anmelders in der gleichen Weise behandelt werden konnte; hierüber entschied das Patentamt in Verbindung mit einem von der Heeresverwaltung ein-gesetzten Ausschuß.

Die Bekanntmachung hat materiell-rechtliche und verfahrensmäßige Wirkung. In materieller Hinsicht treten für den Gegenstand der Anmeldung zugunsten des Patentsuchers einstweilen die gesetzlichen Wirkungen des Patents ein.

Wichtiger ist die verfahrensrechtliche Folge der tatsächlichen Auslegung der Anmeldung. Während der bereits genannten Frist von 2 Monaten seit Auslegung der Anmeldung kann nämlich von jedermann gegen die Erteilung des Patents Einspruch erhoben werden. Der Einspruch muß mit Gründen versehen sein und kann sich nur darauf stützen, daß der Gegenstand nach den § 1 und 2 des Patentgesetzes, d. h. wegen Neuheitsmangels, Fehlens der Erfindungseigenschaft, Verstoßes gegen Gesetz oder gute Sitten, Vorliegens eines auf chemischem Wege hergestellten Stoffes oder eines Nahrungs-, Genuß- oder Arzneimittels, nicht patent-fähig sei, oder daß dem Anmelder aus den Gründen des § 3 des Patentgesetzes, d. h. wegen Vorpatentierung oder widerrechtlicher Entnahme, ein Anspruch auf das Patent nicht zustehe.

Unter den Gründen, mit denen der Einspruch belegt sein muß, wird nach der Praxis des Patentamts nicht einfach die Angabe eines dieser Rechtsgründe verstanden, sondern die Anführung von nachprüfbaren Tatsachen, aus welchen einer dieser Rechtsgründe abzuleiten ist. Ein Einspruch wegen widerrechtlicher Entnahme kann nur von dem Verletzten erhoben werden; ein von einem Dritten aus diesem Grunde erhobener Einspruch würde nicht beachtet werden.

Wird während der Frist von 2 Monaten kein Einspruch erhoben, so wird im Regelfalle von der Prüfungsstelle die Erteilung des Patents beschlossen. Das Patent wird daraufhin in die Patentrolle eingetragen und in die fortlaufende Zählung der deutschen Patente eingereiht. Über die Erteilung des Patents ergeht eine Bekannt-machung im Patentblatt. Für den Patentinhaber wird eine Urkunde ausgefertigt, u. zw. nach Drucklegung der Patentschrift, da diese einen Bestandteil der Urkunde ausmacht. Von da ab geht die weitere Verwaltung des Patents auf die Patentver-waltungsabteilung über.

Wird gegen die Erteilung des Patents Einspruch erhoben, so findet das weitere Prüfungsverfahren vor der entsprechenden Anmeldeabteilung statt, worin jetzt meist auch der Prüfer die Berichterstattung, d. h. die eigentliche Behandlung der Anmeldung, in Händen behält. Die Anmeldeabteilung ist keine zweite Instanz; das Verfahren ist weiter als erstinstanzlich anzusehen, so daß gegen den darnach er-gehenden Beschluß die Beschwerde in der gleichen Weise möglich ist wie gegen einen Beschluß der Prüfungsstelle.

Auch nach Erhebung des Einspruchs dauert die Pflicht des Reichspatentamts fort, von sich aus die Patentfähigkeit des angemeldeten Gegenstandes zu prüfen. Der Einsprecher soll das Patent-amt lediglich in dieser Prüfungstätigkeit unterstützen, spielt aber nicht in dem Sinne die Rolle einer

Partei, daß das Patentamt an seine Anträge und das von ihm beigebrachte Material gebunden ist.
Wenn also die Anmeldeabteilung bei der weiteren Prüfung vorher nicht gefundenes neuheitsschäd-
liches Material ermittelt, so kann sie ohne Rücksicht auf den erhobenen Einspruch das Patent versagen, auch dann, wenn der Einspruch aus einem anderen Rechtsgrunde heraus (z. B. wegen widerrechtlicher Entnahme) erhoben war oder gar bereits zurückgezogen wurde. Aus dem gleichen Grunde
muß auch solches Material von Amts wegen berücksichtigt werden, das in einem unzulässigen Einspruch (als welcher hauptsächlich der verspätet eingegangene zu erwähnen ist) beigebracht wird,
wobei also der Einsprechende als Partei völlig ausgeschaltet ist. Die einzige Ausnahme von diesem
Prinzip bildet der Einspruch wegen widerrechtlicher Entnahme, bei welchem das Patentamt keine
Ermittlungen von sich aus anzustellen hat, sondern die Untersuchung lediglich im Rahmen der vom
Einsprecher gestellten Anträge und des von ihm beigebrachten Beweismaterials führen darf. Wird
ein solcher Einspruch zurückgezogen, z. B. auf Grund einer Verständigung zwischen Anmelder und
Einsprecher, so hat das Verfahren damit sein Ende gefunden, auch wenn die Tatsache der widerrechtlichen Entnahme offen zutage liegt. Im Rahmen der Geltendmachung dieses Rechtsgrundes ist
also das patentamtliche Verfahren ein reines Parteiverfahren, für das der alte Rechtsgrundsatz gilt:
„ne eat judex ultra petita partium".

Ein Recht auf Anhörung besteht im Einspruchsverfahren erster Instanz nicht, und tatsächlich
werden nur sehr selten mündliche Verhandlungen angesetzt. Häufiger sind dagegen Beweistermine,
insbesondere dann, wenn von dem Einsprechenden offenkundige Vorbenutzung behauptet wird. Es
war bereits früher erwähnt worden, daß dieses Stadium des Verfahrens geeignet ist, die Neuheit der
angemeldeten Erfindung aus dieser Mängelkategorie heraus zu bestreiten. Die Veröffentlichung über
die Bekanntmachung, welche wöchentlich im Patentblatt erscheint, gibt der interessierten Fachwelt
die Möglichkeit, sich durch rechtzeitige Einsprüche vor der Belastung mit etwa ungerechtfertigt
erteilten Patenten zu schützen.

Das Einspruchsverfahren erster Instanz wird durch einen Beschluß der Anmeldeabteilung beendet, der entweder auf Erteilung oder auf Versagung des Patents lautet, wie alle Beschlüsse
des Patentamtes, schriftlich ausgefertigt, mit Gründen versehen und allen Parteien von Amts wegen
zugestellt werden muß. Gegen diesen Beschluß hat die beschwerte Partei das Recht der Beschwerde, worauf das gesamte Verfahren an die Beschwerdeabteilung übergeht. Es wird vor dieser
in der gleichen Weise und unter den gleichen Gesichtspunkten fortgeführt, mit dem Unterschied,
daß in zweiter Instanz auf Antrag einer der Parteien eine mündliche Verhandlung anberaumt werden
muß. Die Entscheidung der Beschwerdeabteilung, die gleichfalls auf Erteilung oder Versagung des
Patents ergeht, ist dann endgültig.

Im Einspruchsverfahren besteht die Möglichkeit, dem Gegner die entstandenen Kosten
wenigstens teilweise aufzubürden, u. zw. im Verfahren erster Instanz derart, daß die Kosten einer
etwaigen Beweisaufnahme oder Anhörung (aber nur diese) auf Antrag der obsiegenden Partei der
unterliegenden Partei auferlegt werden müssen, während die zweite Instanz in der Auferlegung der
Kosten frei ist, gleichgültig ob ein Antrag einer der Parteien vorliegt oder nicht, dafür aber die gesamten in der zweiten Instanz entstandenen Kosten berücksichtigen kann.

Großer Senat. Durch das Gesetz vom 1. Februar 1926 wurde der Große Senat eingerichtet,
welcher aber nicht als weitere Instanz im patentamtlichen Verfahren dient, sondern zur Entscheidung
grundsätzlicher Fragen berufen ist, u. zw. in dem Falle, wenn eine Beschwerdeabteilung in dieser
grundsätzlichen Frage von einer anderen Beschwerdeabteilung (oder dem Großen Senat) abweichen
will. Die Entscheidung des Großen Senats ist in der Sache selbst bindend.

Vertreter vor dem Patentamt. Für Anmelder, welche ihren Wohnsitz in Deutschland
haben, besteht im Verfahren vor dem Patentamt kein Vertreterzwang, wohl aber für solche, deren
Wohnsitz außerhalb Deutschlands liegt, u. zw. unabhängig von ihrer Staatsangehörigkeit. Als Vertreter kommen in erster Linie Patentanwälte in Betracht. Ferner sind Rechtsanwälte zur Vertretung
vor dem Patentamt zugelassen. Auch anderen Personen als Patentanwälten und Rechtsanwälten wird
die Vertretung vor dem Patentamt im allgemeinen nicht verwehrt, auch wenn sie sie berufsmäßig
betreiben. Diese können indessen jederzeit durch den Präsidenten des Reichspatentamtes von der
Vertretung ausgeschlossen werden.

Patentrolle und materielle Rechte am Patent. Das Patent wird nach
seiner Erteilung in die Patentrolle eingetragen. Diese ist ein vielbändiges Werk,
das in der Auslegehalle des Reichspatentamtes der Öffentlichkeit zwecks Einsicht zur
Verfügung steht. In der Rolle werden der Inhaber (sowie bei ausländischen Inhabern
der von Gesetzes wegen bestellte Vertreter), der Gegenstand des Patents, die Daten der
Anmeldung, der längsten gesetzlichen Schutzdauer und der etwa von dieser verschiedenen tatsächlichen Beendigung des Patents, ferner ein etwaiger Inhaber-
(bzw. Vertreter-) Wechsel vermerkt. Es ist ausdrücklich hervorzuheben, daß diese Ein-
tragungen in der Patentrolle keinen Einfluß auf die tatsächlichen Rechtsverhältnisse
haben (die Rolleneintragung hat also nur „deklarative", nicht aber „konstitutive"
Bedeutung).

Das Patent ist in vollem Umfange ein Vermögensgegenstand, kann also durch Vertrag, Verfügung von Todes wegen oder Erbübergang auf andere übertragen, ferner verpfändet und gepfändet
werden und in die Konkursmasse fallen; das gleiche gilt für eine Patentanmeldung, welche sich
noch in der Prüfung befindet. Ein Verzicht auf das Patent kann nur von dem materiell berechtigten
Inhaber ausgesprochen werden, wenn auch dieser nicht in der Rolle vermerkt ist. Wenn also ein

Patent verkauft oder in Generallizenz vergeben wurde, hinterher aber zwischen den Parteien Streit entsteht, so kann nicht der etwa noch eingetragene frühere Inhaber bzw. bei der Generallizenz der eingetragene Inhaber auf das Patent verzichten. In der Patentrolle wird von allen materiellrechtlichen Verfügungen über das Patent nur der vollständige Übergang vermerkt, nicht aber Generallizenzen, Pfändungen, Verpfändungen und andere Belastungen, wie dies in anderen Ländern der Fall ist.

Hat ein erteiltes Patent mehrere Inhaber, so kann jeder von ihnen nur für seine Person über sein Recht an dem Patent verfügen. Verzichtet beispielsweise einer von zwei Patentinhabern auf das Patent, so wächst sein Anteil dem anderen an. Ist das Patent noch nicht erteilt, so hat die Zurückziehungserklärung der Anmeldung durch einen von mehreren Anmeldern die gleiche Folge, daß sein Anteil den anderen zufällt; dagegen muß für alle dem Patentamt gegenüber abzugebenden prozessualen Erklärungen Einstimmigkeit zwischen den Anmeldern herbeigeführt werden. Einander widersprechende Willenserklärungen haben, wenn sie nicht in Einklang miteinander gebracht werden können, die Abweisung der Anmeldung zur Folge.

Wiedereinsetzung in den vorigen Stand. Durch zwei Kriegsverordnungen wurde das Institut der Wiedereinsetzung in den vorigen Stand für den Fall geschaffen, daß durch den Kriegszustand dem Patentamt gegenüber eine Frist nicht eingehalten werden konnte, deren Versäumung nach gesetzlicher Vorschrift einen Rechtsnachteil zur Folge hat. Die Wiedereinsetzung wird nur auf Antrag gewährt. Nach dem Krieg ist diese als vorübergehend gedachte Einrichtung dadurch zu einer dauernden gemacht worden, daß die Wiedereinsetzung auch dann gewährt wird, wenn die Innehaltung der Frist durch Naturereignisse oder andere unabwendbare Zufälle (z. B. Fehler von Bureauangestellten) verhindert wurde.

Die Wiedereinsetzung kommt nach ausdrücklicher Vorschrift nur für Fristen in Betracht, u. zw. nur für solche, deren Versäumung nach gesetzlicher Vorschrift einen Rechtsnachteil zur Folge hat. Als hauptsächliche Fristen, in welche die Wiedereinsetzung möglich ist, kommen vor dem Patentamt in Betracht: Die Beschwerdefrist, die Präklusivfrist, die Berufungsfrist, die Frist zur Zahlung einer Jahres- oder Erneuerungsgebühr. Dagegen findet keine Wiedereinsetzung in die Einspruchsfrist statt, es sei denn, daß der Einspruch wegen widerrechtlicher Entnahme erhoben wird.

Die Wiedereinsetzung muß innerhalb einer Frist von 2 Monaten nach dem Fortfall des Hindernisses, das die Versäumung der Frist bewirkt hat, beantragt werden. Auch in diese Frist von 2 Monaten gibt es wiederum eine Wiedereinsetzung. Der Wiedereinsetzungsantrag hat die Gründe anzugeben, die die Wiedereinsetzung rechtfertigen, und die Mittel anzuführen, mit welchen diese Gründe glaubhaft gemacht werden können; ferner ist mit ihm die Nachholung der versäumten Handlung zu verbinden. Die Einrichtung der Wiedereinsetzung in den vorigen Stand hat sich als unentbehrlich erwiesen und ist aus dem Verfahren vor dem Patentamt gar nicht mehr fortzudenken.

Nichtigkeit. Der Patenterteilungsbeschluß des Reichspatentamts hat rechtschaffende Wirkung. Das durch diesen Beschluß geschaffene Patent muß als bestehend beachtet werden, auch wenn es offenbar ist, daß es wegen Fehlens der Voraussetzungen des Patentgesetzes nicht hätte erteilt werden dürfen. Es kann also auch bei einer Klage, die der Patentinhaber gegen einen Verletzer anstrengt, von diesem vor Gericht nicht eingewendet werden, daß der Gegenstand des Patents längst bekannt war und das Patent daher nicht hätte erteilt werden dürfen, die Klage also abzuweisen sei. Der Vernichtung fehlerhafter Patente, die nicht hätten erteilt werden dürfen, dient die Nichtigkeitsklage, welche in erster Instanz vor dem Reichspatentamt anzustrengen ist.

Voraussetzung für die Vernichtung eines Patents ist: 1. daß der Gegenstand nach § 1 und § 2 des Patentgesetzes nicht patentfähig war; 2. daß die Erfindung Gegenstand des Patents eines früheren Anmelders ist; 3. widerrechtliche Entnahme.

Selbstverständlich genügt jede einzelne dieser Voraussetzungen für sich zur Vernichtung des Patents. Nicht patentfähig nach den § 1 und 2 des Patentgesetzes war der Gegenstand, wenn er zur Zeit der Anmeldung keine neue Erfindung darstellte oder unter eine der Ausnahmebestimmungen fiel, auf die noch im Patenterteilungsverfahren ein Einspruch gestützt werden kann.

Eine Besonderheit des deutschen Patentgesetzes ist die sog. fünfjährige Präklusivfrist für die Erhebung der Nichtigkeitsklage aus dem erstgenannten Nichtigkeitsgrunde, d. h. Fehlen der Voraussetzungen zur Patentfähigkeit nach § 1 und 2 des Patentgesetzes. Eine auf diesen Rechtsgrund gestützte Nichtigkeitsklage kann nämlich nur innerhalb einer Frist von 5 Jahren seit der über die Erteilung des Patents im Patentblatt ergangenen Bekanntmachung erhoben werden. Der neue Gesetzentwurf sieht die Beibehaltung dieser Frist vor.

Nichtigkeitsklagen aus den anderen beiden Rechtsgründen heraus sind nicht an die genannte Präklusivfrist gebunden, können also jederzeit während des

Bestehens des Patents erhoben werden. Die Geltendmachung der widerrechtlichen Entnahme ist, genau wie beim Einspruch aus diesem Grunde, nur durch den Verletzten möglich.

Die Erklärung der Nichtigkeit hat rückwirkende Kraft. „Das Nichtigkeitsurteil spricht, wenngleich rechtsgestaltend, aus, daß das Patent von Anfang an nur ein Scheinrecht gewesen ist" (Reichsgericht). Wenn daher aus dem Patent bereits gegen andere Rechte geltend gemacht worden sind, so besteht gegen den ehemaligen Patentinhaber ein Schadenersatzanspruch. Schwebt zur Zeit der Erklärung der Nichtigkeit eine Verletzungsklage, so ist diese abzuweisen.

Wie bereits erwähnt wurde, ist die Nichtigkeitsklage beim Reichspatentamt zu erheben, u. zw. unter Zahlung einer Antragsgebühr nach Maßgabe des Tarifs (z. Z. RM. 50.—). Ohne eine derartige Klage wird das Reichspatentamt auch dann nicht tätig, wenn es amtskundig wird, daß das Patent zu Unrecht erteilt ist. Zuständig für die Behandlung der Nichtigkeitsklage ist die Nichtigkeitsabteilung, die in einer Besetzung von 5 Mitgliedern des Patentamts entscheidet.

Das Nichtigkeitsverfahren ist in weit höherem Maße als das Patenterteilungsverfahren an das Parteiprinzip des Zivilprozesses gebunden. Ein Urteil des Reichspatentamtes kann nur im Rahmen des vom Kläger gestellten Antrages und aus dem von ihm geltend gemachten Rechtsgrund ergehen. Ist also nur teilweise Vernichtung beantragt, so kann nicht auf völlige Vernichtung erkannt werden, auch dann nicht, wenn sie sich aus dem beigebrachten Beweismaterial rechtfertigen würde; freilich kann von der Abteilung, genau wie im Zivilprozeß, auf die Stellung zweckdienlicher Anträge hingewirkt werden. Hat der Kläger lediglich widerrechtliche Entnahme geltend gemacht und stellt sich während des Verfahrens heraus, daß das Patent wegen Neuheitsmangels vernichtet werden könnte, so kann das jedoch nicht ohne eine darauf gerichtete Klage geschehen. Das Patentamt ist aber in der Lage, innerhalb des vom Kläger geltend gemachten Rechtsgrundes von sich aus das Beweismaterial herbeizuschaffen. War also beispielsweise eine deutsche Patentschrift als neuheitsschädlich angeführt worden und findet das Patentamt von sich aus eine amerikanische Patentschrift, welche die Vorwegnahme viel wirksamer zeigt, so kann das vernichtende Urteil auf diese amerikanische Patentschrift gestützt werden.

Wenn der Patentinhaber dem Nichtigkeitsantrag innerhalb einer Frist von einem Monat seit dessen Zustellung nicht widerspricht — was aber recht selten ist —, so kann sofort nach diesem Antrag erkannt werden. Die vom Kläger behaupteten Tatsachen, auf welche die Vernichtung gestützt werden soll, können in diesem Falle ohne Beweiserhebung als wahr angenommen werden. Widerspricht der Patentinhaber aber, so muß über die behaupteten Tatsachen Beweis erhoben werden; das Beweisprinzip des Zivilprozesses, daß alles als wahr unterstellt wird, was der Gegner nicht bestreitet, findet keine Anwendung. Eine Entscheidung kann in diesem Falle erst ergehen, nachdem in der Sache eine mündliche Verhandlung stattgefunden hat; deren Anberaumung ist also nicht an einen Antrag einer der Parteien gebunden, sondern muß von Amts wegen erfolgen.

Gegen das Urteil der Nichtigkeitsabteilung ist die Berufung an das Reichsgericht möglich; die Berufung ist innerhalb einer Frist von 6 Wochen seit Zustellung des Urteils unter Zahlung einer Berufungsgebühr (z. Z. RM. 150.—) beim Reichspatentamt anzumelden und zu begründen. Das Patentamt führt auch zunächst noch eine schriftliche Äußerung des Berufsgegners herbei und leitet dann die Akten dem Reichsgericht zu. Das Verfahren vor dem Reichsgericht ist durch ein besonderes Regulativ geordnet, ähnelt im übrigen aber demjenigen vor der Nichtigkeitsabteilung.

Hervorzuheben ist, daß das Reichsgericht hier nicht Revisionsinstanz ist, sondern Berufungsinstanz, daß daher also abermals eine Beweiserhebung stattfindet. Das Urteil des Reichsgerichts ist endgültig. Die im Nichtigkeitsverfahren ergehenden Urteile ähneln den im Zivilprozeß gefällten insofern, als ihnen eine materielle Rechtskraft zukommt. Der gleiche Kläger kann aus dem gleichen Rechtsgrunde gegen das gleiche Patent nicht nochmals Nichtigkeitsklage erheben.

Ausübung des Patents, Zwangslizenz. Das deutsche Patentgesetz kennt keinen Ausübungszwang im eigentlichen Sinne des Wortes. Es sieht zwar, wie bereits erwähnt wurde, die Möglichkeit der Zurücknahme vor, wenn das Patent ausschließlich oder hauptsächlich außerhalb des Deutschen Reichs ausgeführt wird; jedoch wird von dieser Möglichkeit kaum Gebrauch gemacht, da ein praktisches Bedürfnis hiernach nicht besteht. Dagegen ist von großer Bedeutung die durch eine Gesetzesänderung von 1911 geschaffene Einrichtung der Zwangslizenz. Verweigert der Patentinhaber einem anderen die Erlaubnis zur Benutzung der Erfindung auch bei Angebot einer angemessenen Vergütung und Sicherheitsleistung, so kann, wenn die Erteilung der Erlaubnis im öffentlichen Interesse geboten ist, dem anderen die Berechtigung zur Benutzung der Erfindung zugesprochen werden (Zwangslizenz).

Die Beurteilung des öffentlichen Interesses an der Erteilung der Zwangslizenz ist rechtlich unabhängig davon, in welchem Maße der Patentinhaber selbst die Erfindung im Inland ausführt oder mit seiner Erlaubnis ausführen läßt. Es ist vielmehr lediglich danach zu fragen, ob in ihrer Ausführung gerade durch den Antragsteller ein öffentliches Interesse liegt. Ein besonders häufiger Fall der Anerkennung des öffentlichen Interesses ist es, wenn der Antragsteller im Besitz einer Erfindung (bzw. eines Patents) ist, die er nicht ohne Verletzung, d. h. ganze oder teilweise Mitbenutzung, des älteren Patents ausführen kann, also der Fall der Abhängigkeit. Wenn diese Erfindung der Technik neue Bahnen weist, so wird im allgemeinen eine Zwangslizenz gewährt. Ein anderer häufiger Fall ist das Vorliegen eines öffentlichen sanitären oder sozialen Interesses an der möglichst weitgehenden Benutzung des Patents, wie es beispielsweise bei Verbesserungen an Bergwerkseinrichtungen zur Erhöhung der Sicherheit der Belegschaft bereits mehrfach anerkannt wurde (Grubenstempel, Trockenakkumulatoren für Grubenlokomotiven, Stollenabriegelung gegen schlagende Wetter). Auch ein volkswirtschaftliches Interesse kann maßgebend sein, z. B. bei der Umstellung eines für die Produktion von Kriegsmaterialien errichteten Betriebes auf die Herstellung betriebsverwandter Waren für friedensmäßigen Bedarf (Schießbaumwolle-Kunstseide) oder den Ersatz wertvoller und nur durch Import beziehbarer Rohstoffe (Platin) durch weniger wertvolle und im Inland gewinnbare Stoffe.

Eine Zwangslizenz kann jederzeit während des Bestehens des Patents beantragt werden; jedoch darf eine Entscheidung über einen derartigen Antrag zu ungunsten des Patentinhabers nicht vor Ablauf von 3 Jahren seit der Bekanntmachung über die Erteilung des Patents getroffen werden. Der Zwangslizenzantrag ist in erster Instanz an das Reichspatentamt zu richten und wird von der Nichtigkeitsabteilung in der gleichen Weise wie ein Nichtigkeitsantrag behandelt. Wie bei der Nichtigkeitsklage geht auch hier die Berufung an das Reichsgericht.

Wirkung des Patents. Das Patent hat die Wirkung, daß der Patentinhaber ausschließlich befugt ist, gewerbsmäßig den Gegenstand der Erfindung herzustellen, in Verkehr zu bringen, feilzuhalten oder zu gebrauchen. Das durch das Patent geschaffene Recht stellt sich also als ein Ausschließungsrecht dar, auf Grund dessen der Patentinhaber die Möglichkeit hat, jedem anderen die gekennzeichneten Benutzungshandlungen zu untersagen. Ob er selbst sein Patent ausführen kann, hängt davon ab, ob er dabei nicht seinerseits in ein älteres Patentrecht eines anderen eingreifen würde. Es muß mit aller Deutlichkeit hervorgehoben werden, daß der Besitz eines Patents noch nicht positiv die Möglichkeit zur Benutzung des Schutzgegenstandes bietet, sondern daß entgegenstehende ältere Rechte zu beachten sind (Abhängigkeit). Der Fall der Abhängigkeit ist außerordentlich häufig und führt, wenn eine gütliche Einigung oder die Erteilung einer Zwangslizenz an dem älteren Patent nicht möglich ist, oft dazu, daß das jüngere Patent brachliegt. Eine nicht gewerbsmäßige Benutzung des Patents, also beispielsweise bei wissenschaftlichen Arbeiten oder privatem, keinerlei gewerblichem Zweck dienendem Gebrauch, wird von dem Patentrecht nicht betroffen.

Was durch ein Patent geschützt wird, ist im allgemeinen nach dem Wortlaut der Patentansprüche zu beurteilen. Dieser ist jedoch häufig einer verschiedenartigen Auslegung fähig; insbesondere erstreckt sich der Wortlaut meistens nicht auf die Äquivalente der die Merkmale der Erfindung ausmachenden Mittel bzw. Maßnahmen.

Es ist jedoch ständige Rechtsprechung, daß derartige Äquivalente mit unter den Schutz des Patents fallen. Die Auslegung des Patents hat aber häufig noch weitergehende Aufgaben zu erfüllen. Je unerschlossener das Gebiet der Technik war, auf dem die Erfindung liegt, desto weniger konnte der Erfinder bei Formulierung des Patents ermessen, in welcher seiner Erfindung grundsätzlich ähnlichen Weise die Aufgabe, die er sich gestellt hatte, noch gelöst werden könnte, u. zw. mit Mitteln, die wohl eine Abweichung von den von ihm angegebenen und unter Schutz gestellten Bedingungen bedeuten, aber im Prinzip von dem gleichen Erfindungsgedanken getragen werden. Um dem Erfinder den ihm zukommenden Nutzen aus seiner Erfindung nicht zu schmälern, ist man dazu gelangt, den „Schutzumfang", den ein Patent besitzt, begrifflich unabhängig von dem „Gegenstand" des Patents zu konstruieren. Hierbei wird unter dem Gegenstand eines Patents dasjenige verstanden, was konkret angegeben und beansprucht wird. Der Schutzumfang aber reicht unabhängig davon so weit wie die eigentliche Tragweite der Erfindung. Um diese zu ermitteln, ist bei der Beurteilung eines Patents in eine Kritik des Standes der Technik zur Zeit der Anmeldung des Patents einzutreten. Freilich kann es sich bei der Würdigung des Schutzumfanges auf Grund des Standes der Technik auch herausstellen, daß der Schutz des Patents enger zu ziehen ist, als es dem Wortlaut der Ansprüche entspricht.

Alle Rechte aus dem Patent sind vor den ordentlichen Gerichten geltend zu machen; diese sind es also auch, die sich mit der Würdigung des Schutzumfanges zu befassen haben. Es hat sich daher in dieser Beziehung ein gewisser Gegensatz zwischen dem Patentamt und den Gerichten herausgebildet; denn die Erteilung des Patents einerseits, seine Würdigung andererseits führen vielfach zu einer verschiedenen Auffassung darüber, was dem Erfinder angesichts des Standes der Technik noch geschützt werden sollte.

Hierbei ist die Tätigkeit des Patentamts dadurch scharf umrissen und an bestimmte Leitlinien gebunden, daß es ein Patent nicht in weiterem Umfange erteilen darf, als dem ursprünglichen Patenterteilungsantrag entspricht, auch dann nicht, wenn dem Prüfer durchaus klar ist, daß die zu schützende

Erfindung viel weiter greift, als aus dem Wortlaute der zu gewährenden Ansprüche abzuleiten ist. Daß das Patentamt in dieser Beziehung gebunden ist, entspricht dem gesunden Rechtsgefühl. Die Gerichte müssen diese Gebundenheit des Patenterteilungsverfahrens anerkennen; da sie ihrerseits aber aus einem ebenfalls gesunden Rechtsempfinden heraus das Bestreben haben, dem Erfinder seinen Lohn entsprechend der vollen Tragweite seiner Erfindung zukommen zu lassen, so nehmen sie für sich in Anspruch, den Schutzumfang des Patents durch „Auslegung" unabhängig von der Absicht des Patenterteilungsbeschlusses zu würdigen. Es darf bemerkt werden, daß anderen Ländern, z. B. den Vereinigten Staaten von Amerika, eine solche Würdigung der Patente durch die Gerichte fremd ist; im Verletzungsfalle werden die Patente dort niemals über den Wortlaut der Ansprüche hinaus verstanden. Die beiden Tätigkeiten, nämlich Festlegung des „Gegenstandes" des Patents und Würdigung seines „Schutzumfanges", können manchmal für ein und dasselbe Patent vor ein und demselben Kollegium erfolgen, nämlich vor dem Reichsgericht, das einerseits Berufungsinstanz für Nichtigkeitsklagen (bei denen also der „Gegenstand" des Patents in Frage steht) und andererseits Revisionsinstanz bei Verletzungsklagen (bei denen es sich um den „Schutzumfang" handelt) ist. Hierbei ist nun der für das Rechtsgefühl unbefriedigende Satz aufgestellt worden, daß unter den Schutzumfang eines Patents auch solche Maßnahmen fallen können, die beim Urteil in der Nichtigkeitsklage ausdrücklich als nicht zum Gegenstand des Patents gehörig bezeichnet wurden. Die Berechtigung zur begrifflichen Unterscheidung zwischen Gegenstand und Schutzumfang des Patents wird vielfach bestritten.

Für die chemische Industrie besonders wichtig ist die Bestimmung, daß, wenn ein Patent für ein Verfahren erteilt ist, sich die Wirkung auch auf die durch das Verfahren unmittelbar hergestellten Erzeugnisse erstreckt. Gäbe es diesen Schutz nicht, dann könnte z. B., da ja ein chemischer Stoffschutz als solcher nach dem Gesetz unmöglich ist, das patentierte Verfahren von einem Verletzer im Auslande angewandt und die Produkte nach Deutschland importiert werden, ohne daß es hiergegen eine Handhabe gäbe; die Wirkung des Patents wäre also illusorisch gemacht. Freilich soll mit dieser Vorschrift nicht etwa der verbotene Stoffschutz auf einem Umwege wiederhergestellt werden. Kann der Stoff also auch nach anderen als dem patentierten Verfahren hergestellt werden und geschieht dies tatsächlich durch den angeblichen Verletzer, so liegt in Wirklichkeit keine Patentverletzung vor. Diese Schutzvorschrift bezieht sich selbstverständlich auch auf die unmittelbaren Erzeugnisse von anderen als chemischen Verfahren.

Betrifft das patentierte Verfahren die Herstellung eines neuen Stoffes, d. h. eines bei Anmeldung des Patents überhaupt nicht bekannten, so wird die Stellung des Patentinhabers bei der Verfolgung von mutmaßlichen Patentverletzungen noch durch eine andere Vorschrift des Patentgesetzes erleichtert, die besagt, daß jeder Stoff von gleicher Beschaffenheit so lange als nach dem patentierten Verfahren hergestellt gilt, bis das Gegenteil bewiesen wird. Der Patentinhaber kann also, wenn das Produkt seines geschützten Verfahrens von anderer Seite nachgeahmt wird, zunächst ohne weiteres behaupten, daß es nach seinem Verfahren hergestellt wurde; dem Beklagten obliegt die Führung eines etwaigen Gegenbeweises. Kann er diesen führen, dann hat er selbstverständlich keine Patentverletzung begangen.

Der Patentinhaber kann den Verletzer zunächst auf Unterlassung der Verletzungshandlungen verklagen. Kann dem Verletzer ein Verschulden (Wissentlichkeit oder grobe Fahrlässigkeit) bei Begehung der Verletzungshandlungen nachgewiesen werden, so steht dem Patentinhaber auch ein Schadensersatzanspruch zu.

Als erlittenen Schaden kann der Patentinhaber nach seiner Wahl geltend machen:
1. den Unterschied zwischen unverletztem und verletztem Vermögensstand vor und nach der Verletzung (z. B. wenn durch die Verletzung sein Umsatz nachweislich zurückgegangen ist), oder 2. entgangene Lizenzgebühren, die so zu berechnen sind, als ob der Verletzer eine Lizenz gehabt hätte und hierfür einen bestimmten Satz hätte zahlen müssen, oder schließlich 3. den Gewinn, den der Verletzer gehabt hat.

Die Patentverletzung ist nicht nur eine unerlaubte Handlung im Sinne des Bürgerlichen Gesetzbuches, sondern auch eine strafbare Handlung im Sinne des Strafgesetzbuches, u. zw. ein Vergehen.

Der zivilrechtliche Schadensersatzanspruch verjährt rücksichtlich jeder einzelnen ihn begründenden Handlung in 3 Jahren. Für die strafrechtliche Verjährung gelten die Bestimmungen des Strafgesetzbuches; die Verjährungsfrist beträgt für Vergehen 5 Jahre seit Begehung der Handlung; die Frist, innerhalb deren der Strafantrag gestellt werden muß, ist 3 Monate seit dem Tage, an welchem der Antragberechtigte von der Tat und dem Täter Kenntnis erlangt hat.

Ausnahmen von der Wirkung des Patents: 1. Vorbenutzung. Die Wirkung des Patents tritt gegen denjenigen nicht ein, der zur Zeit der Patentanmeldung bereits im Inlande die Erfindung in Benutzung genommen oder die zur Benutzung erforderlichen Veranstaltungen getroffen hatte.

Von der Rechtsprechung wird zur Anerkennung des Weiterbenutzungsrechts bisher gefordert, daß die Benutzung ununterbrochen oder wenigstens nur vorübergehend unterbrochen bis zur Zeit der Anmeldung des Patents gedauert haben müsse. Der tatsächlichen Benutzung sind die hierfür getroffenen Veranstaltungen gleichgestellt. Hierunter werden allerdings nicht einfache Experimente auf dem betreffenden Gebiete verstanden, sondern ernsthafte Vorbereitungen, die den Willen erkennen lassen, die Erfindung in Benutzung zu nehmen, also beispielsweise das Entwerfen oder Bestellen von Vorrichtungen zur Durchführung eines Verfahrens, der Bau einer Fabrikanlage u. dgl. Hierbei kommt das Weiterbenutzungsrecht selbstverständlich nur demjenigen zu, der wirklich die Erfindung benutzen wollte, also beispielsweise demjenigen, der für seine Zwecke eine später patentierte Maschine bei einer Maschinenfabrik nach seinen Angaben bauen läßt, nicht etwa in diesem Falle der Maschinenfabrik, die lediglich Ausführungsorgan gewesen ist.

Das Benutzungsrecht haftet insoweit an dem Betrieb, für oder durch den es entstanden ist, als es nur zusammen mit diesem vererbt oder veräußert werden kann. Es kann aber von dem Berechtigten nicht nur in eigenen, sondern auch in fremden Werkstätten ausgeübt werden, so daß also beispielsweise die für die Durchführung eines patentierten Verfahrens erforderlichen Maschinen weiterhin bei fremden Maschinenfabriken bestellt werden können, ohne daß diese eine Patentverletzung begehen.

2. Staatliche Durchbrechung des Patentrechts. Die Wirkung des Patents tritt ferner insoweit nicht ein, als die Erfindung nach Bestimmung der Reichsregierung für das Heer oder für die Flotte oder sonst im Interesse der öffentlichen Wohlfahrt benutzt werden soll. Der Patentinhaber hat in diesem Falle einen Anspruch auf angemessene Vergütung, die in Ermangelung einer Verständigung im Rechtswege festgesetzt wird.

Der Entwurf eines neuen Patentgesetzes. Im Jahre 1928 wurde dem Reichstag vom Reichsjustizministerium der Entwurf eines Gesetzes zur Abänderung der Gesetze über gewerblichen Rechtsschutz vorgelegt (Reichstagsdrucksache IV, 1928, Nr. 987, 26. IV. 1929). Die wichtigsten Änderungen, die für das Patentgesetz vorgeschlagen werden (und die zum Teil bereits oben erwähnt wurden), sind die folgenden:

Das Alter der Druckschriften, die für die Beurteilung der Neuheit einer angemeldeten Erfindung herangezogen werden dürfen, wird von 100 auf 50 Jahre herabgesetzt. In der Begründung des Entwurfes wird mit Bezug auf diese Abänderung des geltenden Gesetzes darauf hingewiesen, daß hierdurch eine gewisse Erleichterung des Prüfungsverfahrens, die in Anbetracht der immer stärker anschwellenden technischen Literatur sehr erwünscht sei, eintrete. Vor allem aber könne davon ausgegangen werden, daß technische Fortschritte, die sich nur in Drucksachen von einem höheren Alter als 50 Jahren finden und in der späteren Literatur und Praxis nicht mehr hervorgetreten seien, für die lebende Technik verlorengegangen wären. Es ergibt sich also, falls das neue Gesetz im Jahre 1931 in Kraft tritt, daß Druckschriften, die bis zum Jahre 1881 erschienen sind, als neuheitsschädlich nicht mehr in Betracht kommen. Seitens der chemischen Industrie bestehen hiergegen wohl kaum erhebliche Bedenken, da wohl alles, was für sie überhaupt an älterer Literatur von Bedeutung sein kann, in Sammelwerke wie ULLMANNS Enzyklopädie der technischen Chemie aufgenommen worden ist. Auf dem Gebiete der mechanischen Technik liegen jedoch die Verhältnisse anders. Es ist hier z. B. auf die „Kinematik" von REULEAUX verwiesen worden, deren erster Band im Jahre 1875 erschienen, und von dem eine Neuauflage nicht erfolgt ist. Dieses Werk enthält unter anderm durch praktische Beispiele belegte Grundsätze; ob diese in späterer Literatur wiederkehren und ohne größere Mühe nachweisbar sind, ist zweifelhaft (HEIMANN, 50 oder 100 Jahre?, Mitt. 1929, 239).

Das reine Anmelderprinzip wird zugunsten eines beschränkten Erfinderprinzips aufgegeben, indem der Erfinder oder sein Rechtsnachfolger den Anspruch auf die Erteilung des Patentes hat. Wird die Erfindung unabhängig von mehreren gemacht, so steht der Anspruch demjenigen zu, der die Erfindung zuerst beim Reichspatentamt angemeldet hat. Der Begriff der Betriebserfindung wird in das Gesetz aufgenommen. Bei Einzelerfindungen ist der Erfinder, bei Betriebserfindungen der Betrieb anzugeben. Bei unrichtiger Angabe hat der Berechtigte einen Anspruch auf Berichtigung.

Die Zurücknahme von Patenten wird ausgeschlossen, sofern dem öffentlichen Interesse durch Erteilung einer Zwangslizenz genügt werden kann.

Die Patentdauer von 18 Jahren beginnt mit dem auf die Bekanntmachung der Anmeldung folgenden Tag.

Wenn ein Hauptpatent, zu welchem mehrere Zusatzpatente bestehen, fortfällt, so wird nur das erste Zusatzpatent selbständig; die übrigen gelten als dessen Zusatzpatente.

Mit der Bekanntmachung findet eine Drucklegung der Anmeldung statt.

Im Verfahren wegen Erteilung einer Zwangslizenz kann dem Antragsteller in dringenden Fällen zur Abwendung wesentlicher Nachteile für die Allgemeinheit auf seinen Antrag die Benutzung der Erfindung durch einstweilige Verfügung gestattet werden (einstweilige Verfügungen hat es im patentamtlichen Verfahren bisher überhaupt noch nicht gegeben).

Das Gebrauchsmuster.

Unter Gebrauchsmustern im Sinne des Gesetzes werden Modelle von Arbeitsgerätschaften oder Gebrauchsgegenständen oder von Teilen davon verstanden, insoweit sie dem Arbeitszweck oder Gebrauchszweck durch eine neue Gestaltung, Anordnung oder Vorrichtung dienen sollen. Es handelt sich also um Gegenstände, welche grundsätzlich auch dem Patentschutz zugänglich sind. Dem Gebrauchsmusterschutz nicht zugänglich ist alles, was keine bestimmte räumliche Anordnung besitzt, also sowohl Stoffe als solche wie Verfahren irgendwelcher Art. Überdies gelten grundsätzlich die Ausnahmen des Patentgesetzes für den Gebrauchsmusterschutz, so daß auch aus diesem Grunde chemische Stoffe sowie Nahrungs-, Genuß- und Arzneimittel nicht geschützt werden können, ferner aber alles, was gegen die Gesetze und guten Sitten verstößt. Nahrungsmittel u. dgl. werden auch dadurch nicht gebrauchsmusterschutzfähig, daß sie in eine bestimmte Form gebracht werden (Suppenwürfel, bestimmt geformte Pralinen od. dgl.). Grundsätzlich wird die Forderung gestellt, daß der Gegenstand des Gebrauchsmusterschutzes modellfähig sein muß. Die Wahl eines neuen Werkstoffes für den Aufbau einer bekannten Vorrichtung ist gebrauchsmusterschutzfähig.

Der Gebrauchsmusterschutz ist von vornherein als sehr viel schwächer gedacht als der Patentschutz. Seine Dauer beträgt nur 3 Jahre und kann nur um weitere 3 Jahre verlängert werden. Die für die Anmeldung von Gebrauchsmustern zuständige Stelle ist gleichfalls das Reichspatentamt. Es findet aber keine Prüfung der angemeldeten Gebrauchsmuster auf Neuheit, Ausführbarkeit u. dgl. statt, sondern lediglich eine Registrierung, wenn die formalen Anforderungen erfüllt sind, also Vorliegen einer Beschreibung und einer Ab- oder Nachbildung des Gebrauchsmusters, ferner einer Bezeichnung, unter der das Modell eingetragen werden soll, einer Angabe darüber, welche neue Gestaltung oder Vorrichtung dem Arbeits- oder Gebrauchszweck dienen soll, also eine Herausschälung des Wesentlichen, etwa nach Art der Patentansprüche, und schließlich der Zahlung der tarifmäßigen Gebühr, z. Z. RM. 15, welche gleichzeitig für die Anmeldung und die erste dreijährige Schutzperiode bestimmt ist. Eine gewisse materielle Prüfung findet lediglich dahingehend statt, ob nicht ein Verstoß gegen die oben bezeichneten Ausnahmebestimmungen vorliegt, ferner darauf, ob der angemeldete Gegenstand modellfähig ist.

Ob einem Gebrauchsmuster der beanspruchte Schutz zukommt, wird erst im Verletzungsfalle von den Gerichten entschieden, falls nicht der Gebrauchsmusterinhaber schon vorher die Schutzunfähigkeit einsieht und das Gebrauchsmuster ruhen bzw. löschen läßt. Für die Gebrauchsmuster gelten, wenn ihnen Schutz zukommen soll, die gleichen Grundsätze über das Vorliegen einer neuen Erfindung wie beim Patent, jedoch sind die Anforderungen an die Erfindungseigenschaft bzw. Erfindungshöhe entsprechend dem geringeren Wert des Schutzes auch wesentlich niedriger als dort. Es kann also auch für verhältnismäßig geringfügige Verbesserungen ein wirksamer Gebrauchsmusterschutz erlangt werden.

Das deutsche Warenzeichenrecht.

Warenzeichen dienen der Kennzeichnung oder Ankündigung von Waren. Das Gesetz zum Schutze der Warenbezeichnungen will solche Warenzeichen schützen, die geeignet sind, die Herkunft der Waren aus einem bestimmten Fabrikations- oder Handelsbetrieb zu kennzeichnen. Die Eintragung der Warenzeichen, welche den Schutz des Gesetzes genießen sollen, geschieht beim Reichspatentamt. Ein Warenzeichen braucht bei seiner Anmeldung zur Eintragung in die Rolle weder neu noch eigenartig zu sein. Seine Eintragung ist dann zu versagen, wenn es ausschließlich aus Zahlen, Buchstaben oder Angaben über Art, Zeit und Ort der Herstellung, über die Beschaffenheit, die Bestimmung oder über Preis-, Mengen- oder Gewichtsverhältnisse der Waren besteht. Es können indessen durch längeren ausschließlichen Gebrauch auch derartige Zeichen eine solche Kennzeichnungskraft für einen bestimmten Geschäftsbetrieb erwerben, daß sie den eigentlichen Warenzeichen gleichstehen. Wenn das nachgewiesen werden kann, werden sie beim Reichspatentamt eingetragen. Berühmte Fälle solcher „durchgesetzten" Zeichen (auch „Individualzeichen" genannt) sind „4711" (MÜLHENS), „Elberfelder Farben", „Deutzer Motoren", „A.E.G.", „Lavendel-Orange" (JÜNGER & GEBHARDT).

Nicht eintragbar sind ferner Freizeichen, d. h. solche Zeichen, die für die gleichen Waren so allgemein im Verkehr benutzt werden, daß sie auf keine bestimmte Herkunft der Ware aus einem bestimmten Geschäftsbetrieb mehr hinweisen, sodann Staatswappen oder sonstige staatliche Hoheitszeichen oder Wappen eines inländischen Ortes, eines inländischen Gemeinde- oder weiteren Kommunalverbandes, falls nicht der Anmelder befugt ist, diese Wappen bzw. Hoheitszeichen zu führen, und schließlich Zeichen, die ärgerniserregende Darstellungen oder solche Angaben enthalten, die ersichtlich den tatsächlichen Verhältnissen nicht entsprechen und die Gefahr einer Täuschung begründen. Werden derartige Zeichen versehentlich dennoch eingetragen, so können sie durch das Patentamt wieder gelöscht werden.

Warenzeichen dürfen ferner nicht eingetragen werden, wenn sie in gleicher oder in verwechslungsfähiger Form bereits auf Grund einer älteren Anmeldung für die gleichen oder gleichartigen Waren für einen anderen eingetragen sind und der andere auf Grund einer an ihn ergehenden Mitteilung des Reichspatentamts fristgerecht innerhalb eines Monats Widerspruch gegen die Eintragung erhebt. Erhebt er keinen Widerspruch, so findet die Eintragung statt. Wird Widerspruch erhoben, so hat das Patentamt zu prüfen, ob tatsächlich die prima vista vermutete Verwechslungsgefahr der Zeichen und Gleichartigkeit der Waren besteht.

Das Bestehen eines Warenzeichens ist grundsätzlich an das Vorhandensein eines Geschäftsbetriebes gebunden. Der Geschäftsbetrieb muß bereits bei der Anmeldung des Zeichens vorhanden sein; doch ist entgegengesetztenfalls die Anmeldung nicht ungültig, falls die Eröffnung des Geschäftsbetriebes in nicht zu ferner Zeit später erfolgt. Auch die Übertragung eines Warenzeichens kann nur mit dem Geschäftsbetrieb geschehen. Der Versuch, das Zeichen allein zu übertragen, ist wirkungslos und führt dazu, daß das Zeichen gelöscht werden kann.

Das Warenzeichenrecht kennt keinen Benutzungszwang für die Zeichen. Niemals kann ein Zeichen, das ordnungsgemäß eingetragen worden ist, lediglich aus dem Grunde gelöscht werden, weil es nicht benutzt wird.

Es sind besonders zwei Kategorien von Warenzeichen, die dazu bestimmt sind, für längere Zeit oder sogar für dauernd unbenutzt zu bleiben, nämlich die sog. Vorratszeichen und die Defensivzeichen. Vorratszeichen spielen bei solchen Betrieben eine Rolle, die für viele voneinander verschiedene, aber gleichartige Waren häufig neue Marken brauchen und nicht jedesmal, wenn sie einen neuen Artikel auf den Markt bringen wollen, erst die etwas langwierige und in ihrem Ausgang ungewisse Prozedur der Eintragung des Warenzeichens vornehmen wollen. Sie müssen also Zeichen in Vorrat halten. Das gilt in hohem Maße für die chemisch-pharmazeutische Industrie, für die kosmetische Artikel herstellende Industrie, ferner z. B. für Zigarettenfabriken. Es ist anerkannt worden, daß diese Vorratszeichen ihre Wirkung nicht dadurch verlieren, daß sie zunächst nicht benutzt werden; verlangt wird nur, um das Moment des unlauteren Wettbewerbes auszuschalten, daß der Zeicheninhaber unverzüglich gegen jede ihm bekanntwerdende Verletzung des Zeichens vorgeht.

Die sog. Defensivzeichen sind im allgemeinen überhaupt nicht für die tatsächliche Benutzung bestimmt, sondern dienen dazu, durch Abwandlung eines der Benutzung dienenden Hauptzeichens um dieses herum einen Schutz derart zu legen, daß von dritter Seite kein Warenzeichen zur Eintragung gebracht oder benutzt werden kann, das auch nur ähnlich dem Hauptzeichen ist. Bekannt geworden (durch eine grundsätzliche Entscheidung des Reichsgerichts) ist z. B. das Zeichen „Grammofox", welches ein nicht benutztes Defensivzeichen für das tatsächlich benutzte Zeichen „Grammophon" darstellte. Auch Defensivzeichen genießen den vollen Schutz des Warenzeichenrechts, wenn der Inhaber seine Rechte unverzüglich wahrnimmt.

Der Schutz eines Zeichens dauert 10 Jahre und kann zeitlich unbegrenzt um je weitere 10 Jahre verlängert werden. Die Eintragung erfolgt für bestimmte Warenklassen an Hand eines amtlichen Warenverzeichnisses, jedoch ist sie wirksam nur für diejenigen Warenklassen, welche tatsächlich Hauptgegenstand der Tätigkeit des Geschäftsbetriebes bilden (also z. B. nicht für Hilfsmaterialien, wie Packpapiere u. dgl., in einem Geschäft, das nicht deren Fabrikation oder Vertrieb zum Gegenstand hat), da bezüglich der darüber hinausgehenden Warengattungen der Geschäftsbetrieb als nicht oder nicht mehr bestehend angesehen werden muß.

Hätte das Zeichen aus einem der oben aufgeführten gesetzlichen Gründe nicht eingetragen werden dürfen (z. B. als Beschaffenheitsangabe oder Freizeichen), so kann es jederzeit von Amts wegen oder auf Antrag eines Dritten durch das Patentamt gelöscht werden.

Ein Warenzeichen kann ferner auf Grund einer gerichtlichen Klage gelöscht werden, wenn die Eintragung des Zeichens gegen ein älteres Zeichenrecht des Klägers verstößt (also der Kläger beispielsweise versäumt hatte, beim Eintragungsverfahren Widerspruch zu erheben, oder das Patentamt versäumt hatte, ihn zum Widerspruch aufzufordern), ferner wegen Nichtbestehens eines Geschäftsbetriebes oder schließlich, wenn Umstände vorliegen, aus denen sich ergibt, daß der Inhalt des Warenzeichens den tatsächlichen Verhältnissen nicht entspricht und die Gefahr einer Täuschung begründet. Außer diesen im Warenzeichengesetz geregelten Gründen, aus denen eine Löschung im gerichtlichen Verfahren erfolgen kann, kann aber ein Zeichen auch wegen eines Konfliktes mit anderen Gesetzen zur Löschung gebracht werden. Der Fall des unlauteren Wettbewerbes wurde bereits erwähnt. In Betracht kommt ferner unter anderm das Namensrecht. Der Name eines anderen darf nicht unbefugt als Warenzeichen verwendet werden. Der Anspruch auf Unterlassung einer diesbezüglichen Benutzung stützt sich auf § 12 BGB., eine Bestimmung, die eigentlich nur den Schutz des Namens bei „natürlichen Personen" regelt, von den Gerichten jedoch bereits seit längerer Zeit auch zugunsten juristischer

Personen angewandt worden ist. Aber nicht nur dann ist der Namensschutz einer Aktiengesellschaft gewährt worden, wenn ihr Name gerade in der Form, wie er beim Handelsregister eingetragen steht, von einem anderen unbefugt gebraucht wird. Vielmehr genügt schon der unbefugte Gebrauch eines Bestandteiles des Firmennamens, vorausgesetzt, daß dieser Bestandteil schlagwortartigen Charakter hat und in den beteiligten Verkehrskreisen als Abkürzung des Firmennamens gilt. In erster Linie sei hier eine Entscheidung genannt, auf Grund deren es der Firma „Mitropa" ermöglicht wurde, das Zeichen Mitropa, das sich eine Solinger Firma für Messerschmiedwaren hatte eintragen lassen, zur Löschung zu bringen. Ganz ähnliche gerichtliche Entscheidungen zugunsten der Namensträger sind beispielsweise in Sachen „Kwatta", „Osram", „Agfa", „Santo" ergangen. Daß die Löschung derartiger irreführender Warenzeichen nur auf gerichtlichem Wege erzwungen werden kann, liegt daran, daß das Patentamt sich auf Grund der geltenden gesetzlichen Bestimmungen nicht in der Lage sieht, Dritten die Eintragung von Schlagworten, die durch ihren intensiven Gebrauch zu einer Art Individualbezeichnung geworden sind, bei fehlender Warengleichartigkeit zu versagen (WARSCHAUER, Irreführende Warenzeichen. G. R. U. R., 1926, 405). In diesem Zusammenhange sei jedoch erwähnt, daß das Patentamt auf einem ganz anderen Gebiete, nämlich den Unterlagen von Patenten und Gebrauchsmustern, die Verwendung „fremder" eingetragener Warenzeichen nicht mehr duldet (Mitt. 1926, 21).

Die Verletzung eines Warenzeichens kann zivilrechtlich und strafrechtlich verfolgt werden.

Im Gesetz zum Schutze der Warenbezeichnungen ist außer von den eigentlichen Warenzeichen auch von den sog. Ausstattungen die Rede. Unter Ausstattung wird das gesamte äußere Beiwerk bzw. die gesamte Erscheinungsform einer Ware verstanden, soweit diese nicht zu ihrem Wesen selbst gehört, also beispielsweise Form oder Farbe von Umhüllungen, Gefäßen, Anordnung bestimmter Bänder u. s. w. Diese Ausstattungen sind im allgemeinen nicht in die Warenzeichenrolle eintragbar, weil sie keine eigentlichen Warenzeichen darstellen. Sie sollen aber dann einen Schutz genießen, u. zw. einen dem Warenzeichenschutz gleichen, wenn sie sich innerhalb beteiligter Verkehrskreise als Kennzeichen ihres Herkunftsbetriebes durchgesetzt haben. Als Ausstattungen in diesem Sinne sind z. B. anerkannt worden: die gelbe Farbe der Packungen der M. K.-Briefpapiere, die grüne Farbe der Pinofluolpackungen.

Von der Rechtsprechung wird eine in dieser Weise anerkannte Ausstattung heute einem eingetragenen Warenzeichen in dem Maße gleichgestellt, daß ein eingetragenes Warenzeichen auf gerichtlichem Wege auf Grund eines Ausstattungsbesitzes zur Löschung gebracht werden kann, wofern nur die Ausstattung älter ist als das Zeichen. Damit ist das Formalprinzip des Warenzeichenschutzes auch nach dieser Richtung hin stark erschüttert.

Ausländisches Patentrecht.

Fast alle Staaten der Erde kennen den Erfindungsschutz durch Patente. Es bestehen aber ziemlich erhebliche Unterschiede darin, wie die Patenterteilung vor sich geht, wem der Anspruch auf das Patent zusteht und was zum Gegenstand des Patentschutzes gemacht werden kann. Auch die Bestimmungen darüber, unter welchen Bedingungen eine Erfindung nicht mehr als neu zu gelten hat, weichen voneinander ab.

Die verschiedenen Arten der Patenterlangung. Ein Patenterteilungsverfahren, das dem deutschen ähnlich ist, d. h. welches eine formale und materielle Prüfung durch eine eigens hierfür geschaffene Behörde und ein öffentliches Aufgebotsverfahren mit Einspruchsmöglichkeit umfaßt, gibt es in Österreich, der Tschechoslowakei, Holland, Dänemark, Schweden, Norwegen, Großbritannien, Japan, Rußland, Australien, Neuseeland und Britisch-Indien. Für England gilt dabei die Besonderheit, daß im Verfahren vor der Bekanntmachung (welche dort acceptance heißt), als druckschriftliche Vorveröffentlichungen nur britische Patentschriften der letzten 50 Jahre berücksichtigt werden dürfen. Erst im Einspruchsverfahren können alle anderen Druckschriften herangezogen werden, welche vor der Anmeldung des Patents nach England gelangt sind; Entsprechendes gilt für die genannten englischen Dominions und Britisch-Indien.

Ein vollständiges Prüfungsverfahren findet auch in den Vereinigten Staaten und Kanada statt; diese Länder kennen aber kein Aufgebot der Anmeldung, sondern lediglich eine sofortige Patenterteilung im Anschluß an die ohne Mitwirkung der Öffentlichkeit geführte patentamtliche Prüfung. Es kann lediglich später gegen das erteilte Patent der Einwand der Nichtigkeit erhoben werden.

Eine Reihe von Ländern wiederum verzichtet auf die patentamtliche Neuheitsprüfung und macht jede Patentanmeldung bekannt, die formal in Ordnung ist und deren Gegenstand nicht grundsätzlich vom Patentschutz ausgeschlossen ist. Eine Neuheitsprüfung findet nur dann statt, falls gegen die Anmeldung Einspruch erhoben wird. Eine solche Behandlung der Patentanmeldungen geschieht in Ungarn, Jugoslawien, Portugal, Südafrika, Brasilien, Finnland u. a.

Schließlich gibt es vor allem in den romanischen Staaten, sodann aber auch in vielen überseeischen und kleineren Ländern das reine Eintragungsverfahren, bei dem also eine Patentanmeldung lediglich daraufhin geprüft wird, ob sie formal in Ordnung ist und der Gegenstand der Anmeldung grundsätzlich patentschutzfähig ist. Wenn diese Voraussetzungen erfüllt sind, erfolgt die Eintragung des Patents, gegen das Neuheitsmangel oder sonstige gesetzliche Hinfälligkeitsgründe erst in Nichtigkeitsklagen — meistens vor Gericht — oder als Einwände in Verletzungsprozessen geltend gemacht werden können, ähnlich dem deutschen Gebrauchsmusterrecht. Dieser Typus der Patenterteilung wurde von Frankreich ausgebildet, das ihn bis heute in reiner Form beibehalten hat. Er besteht ferner in Italien, Belgien, Luxemburg, Spanien, Schweiz, Polen (wo allerdings fakultativ auch eine Neuheitsprüfung vorgenommen werden kann, was aber selten ist), Griechenland, Bulgarien, der Mehrzahl der mittel- und südamerikanischen Staaten, der Türkei u. a.

Verschiedene Vorschriften über den Gegenstand des Patentschutzes. In fast allen Ländern werden nur gewerblich verwertbare Erfindungen patentiert, nicht aber wissenschaftliche Erkenntnisse oder Theoreme als solche. Eine Ausnahme hiervon bildet Spanien, das unter gewissen Bedingungen die Patentierung einer wissenschaftlichen Entdeckung zuläßt. Ausnahmslos alle Kategorien gewerblich verwertbarer Erfindungen können in den Vereinigten Staaten von Amerika patentiert werden, d. h. Verfahren, Vorrichtungen, mechanische Produkte sowie Stoffe bzw. Stoffgemische, unter letzteren Nahrungs-, Genuß- und Arzneimittel. In den meisten Ländern sind Arzneimittel als solche vom Patentschutz ausgenommen, in der Schweiz ferner mechanische Verfahren zu ihrer Herstellung, in Japan auch ihre chemischen Herstellungsverfahren. Nahrungsmittel als solche sind gleichfalls in vielen Ländern ausgenommen; in anderen unterliegt ihre Patentierung gewissen Beschränkungen. Als Besonderheit sei erwähnt, daß in der Schweiz Patente für chemische Herstellungsverfahren von Arzneimitteln nur eine Laufzeit von 10 Jahren besitzen, gegenüber 15 für alle anderen Patente. Ferner verdient Erwähnung, daß in der Schweiz andere als rein mechanische Verfahren zur Textilveredelung sowie die auf nichtmechanischem Wege veredelten Textilien selbst gleichfalls nicht patentfähig sind. In Österreich kann nicht patentiert werden, was Gegenstand eines Staatsmonopols bildet.

Anspruch auf das Patent. Das reine Erfinderprinzip ist in den Vereinigten Staaten von Amerika und Kanada aufgestellt, wo der Anmelder eidlich versichern muß, der wahre und nach bestem Wissen auch der erste Erfinder zu sein. Nahe an dieses Prinzip heran kommt Schweden, wo, wenn der Erfinder nicht selbst anmeldet, seine Einwilligung zur Anmeldung durch einen anderen beigebracht werden muß. Das reine Anmelderprinzip besteht in Frankreich, wo ohne Prüfung der Legitimation der Anmelder den Anspruch auf das Patent hat. Auseinandersetzungen mit dem Erfinder müssen zivilrechtlich ausgetragen werden. Die meisten Länder kennen ein gemäßigtes Erfinderprinzip, indem der Anspruch auf das Patent dem Erfinder oder seinem Rechtsnachfolger zusteht, der Anmelder bis zum Beweis des Gegenteils aber als Berechtigter gilt.

Verschiedene Neuheitsbestimmungen. Sehr hohe Anforderungen an die Neuheit der Erfindung werden in Frankreich, Holland und einigen anderen Ländern, die im wesentlichen das französische Patentrecht übernommen haben (z. B. Argentinien, Türkei), gestellt. Alles, was irgendwo oder irgendwann eine „publicité suffisante" erreicht hat, um ausgeführt zu werden, kann nicht mehr patentiert werden. Neuheitsschädlich wirken also auch andere als druckschriftliche Veröffentlichungen, ferner Vorbenutzungshandlungen im Ausland. Sehr milde Bestimmungen bestehen in der Schweiz und in Japan, wo nur ins Inland gelangte Druckschriften und im Inland geschehene offenkundige Vorbenutzungshandlungen berücksichtigt werden. In den meisten Ländern wirkt druckschriftliche Vorveröffentlichung irgendwo und offenkundige Vorbenutzung im Inland neuheitsschädlich.

Internationale Union.

Der gewerbliche Rechtsschutz muß bei der Entwicklung der Technik und des Welthandels, um tatsächlich wirksam werden zu können, weit über die Grenzen jedes einzelnen Landes hinausgreifen. Dabei entstehen manche Probleme, welche, unbeschadet der Rechtssouveränität jedes einzelnen Landes, wirksam doch nur international geregelt werden können. Aus diesem Grunde hat sich die große Mehrzahl der Länder, welche überhaupt einen gewerblichen Rechtsschutz kennen, durch ein Abkommen verbunden, welches am 20. März 1883 unter dem Namen „Pariser Verbandsübereinkunft" zum Schutze des gewerblichen Eigentums abgeschlossen wurde und seither am 14. Dezember 1900 in Brüssel, am 2. Juni 1911 in Washington und am 6. November 1925 im Haag revidiert wurde. Die Bestimmungen dieser Verbandsübereinkunft, kurz „Internationale Union" oder „Unionsvertrag" genannt, liegen auf dem Gebiet des Patent-, Muster- und Zeichenwesens sowie des allgemeinen Wettbewerbsrechts. Neben der Hauptübereinkunft und in ihrem Rahmen sind auch Sonderverträge zwischen den unionsangehörigen Ländern zugelassen, von den z. Z. drei in Wirksamkeit sind.

Die wichtigste Bestimmung des Unionsvertrages ist zunächst die rechtliche Gleichsetzung sämtlicher Staatsbürger oder Einwohner (auch der staatsfremden) eines Unionslandes in jedem anderen Unionslande mit den Angehörigen des anderen Landes auf den genannten Rechtsgebieten. Eine zweite bedeutsame Bestimmung, welche hohen praktischen Wert erlangt hat, ist die sog. Priorität. Danach soll derjenige, welcher in einem der vertragschließenden Länder ein Gesuch um ein Erfindungspatent, ein Gebrauchsmuster, ein gewerbliches Muster oder Modell, eine Fabrik- oder Handelsmarke vorschriftsmäßig hinterlegt, oder sein Rechtsnachfolger zum Zwecke der Hinterlegung in den anderen Ländern während bestimmter Fristen ein Prioritätsrecht genießen. Die Fristen betragen für Patente und Gebrauchsmuster 1 Jahr, für gewerbliche Muster und Modelle (Geschmacksmuster) und Fabrik- oder Handelsmarken 6 Monate (für die letzteren beiden Kategorien früher 4 Monate). Der Gesetzgebung der einzelnen Länder wird es überlassen, in welcher Form und zu welchem Zeitpunkt das Prioritätsrecht geltend gemacht werden muß. In Deutschland hat dies, wie bereits erwähnt wurde, bei der Anmeldung zu erfolgen. Das Prioritätsrecht wirkt in mehrfacher Hinsicht so, als wäre die Anmeldung zu dem Zeitpunkt, an dem sie zum erstenmal in einem Unionsland angemeldet wurde, auch in dem Nachanmeldeland eingereicht worden. Dementsprechend sollen neuheitsschädliche Vorkommnisse in dem Intervall zwischen den beiden Anmeldungen (immer vorausgesetzt, daß die Prioritätsfrist eingehalten wurde) den Rechtsbestand der jüngeren Anmeldung nicht gefährden, auch soll diese nicht einer Anmeldung eines Dritten nachstehen, die in dem Intervall in dem Nachanmeldeland eingereicht wurde. In die Laufzeit des Patentes wird die Prioritätszeit in den meisten Ländern nicht eingerechnet. Nur in England und verschiedenen Ländern englischen Rechts ist dies der Fall.

Für Patente bringt der Unionsvertrag ferner gewisse Erleichterungen bezüglich der in den verschiedenen Ländern bestehenden Bestimmungen über die Ausübung.

Für Warenzeichen ist eine wichtige Bestimmung die, daß jedes Warenzeichen in einem anderen Unionslande so zur Eintragung zugelassen werden muß, wie es im Heimatslande registriert worden ist (dies also unabhängig von der Innehaltung einer Prioritätsfrist).

Als Zentralbehörde der Internationalen Union wurde das INTERNATIONALE BUREAU ZUM SCHUTZE DES GEWERBLICHEN EIGENTUMS ZU BERN errichtet, das der Autorität der Schweizer Regierung unterstellt ist. Dieses Bureau, zu dessen Unterhaltung die Vertragsteilnehmer bestimmte Beiträge leisten, gibt eine Zeitschrift in französischer Sprache „La Propriété Industrielle" heraus.

Der Internationalen Union gehören z. Z. an: Australien nebst Papua und dem Mandatsgebiet Neu-Guinea, Belgien, Brasilien, Bulgarien, Cuba, Dänemark nebst Faröer-Inseln, Danzig (Freie Stadt), Deutsches Reich, Dominikanische Republik, Estland, Finnland, Frankreich, Algerien und Kolonien, Griechenland, Großbritannien nebst Ceylon, Neuseeland, Trinidad und Tobago, Irland, Italien, Japan, Kanada, Lettland, Luxemburg, Marokko (mit Ausnahme der spanischen Zone), Mexiko, Niederlande nebst Niederländisch-Indien, Surinam und Curaçao, Norwegen, Österreich, Polen, Portugal nebst Azoren und Madeira, Rumänien, Schweden, Schweiz, Serbien-Kroatien-Slowenien, Spanien, Spanische Zone von Marokko, Syrien und Republik Libanon, Tschechoslowakische Republik, Tunis, Türkei, Ungarn, Vereinigte Staaten von Amerika.

Internationale Markenregistrierung. Einer der Sonderverträge im Rahmen des Hauptvertrages ist das Madrider Abkommen, betreffend die internationale Registrierung von Fabrik- oder Handelsmarken vom 14. April 1891, jeweils zusammen mit dem Hauptvertrag revidiert. Durch dieses Abkommen wird die Möglichkeit geschaffen, daß eine in einem der Sondervertragsländer eingetragene Fabrik- oder Handelsmarke auf besonderen Antrag beim Internationalen Bureau zum Schutze des gewerblichen Eigentums registriert werden kann mit der Wirkung, daß sie in allen übrigen Sondervertragsländern den gleichen Schutz genießt, als wenn sie dort unmittelbar hinterlegt wäre. Jedem einzelnen Lande bleibt es dann überlassen, nachzuprüfen, ob nach seinen Gesetzen der Schutz aufrechterhalten werden kann und ob nicht etwa ältere Markenrechte dem entgegenstehen. Bei der Prüfung auf gesetzliche Schutzfähigkeit sind die Bestimmungen des Unions-Hauptvertrages zugrunde zu legen.

Die Registrierung in Bern erfolgt durch Vermittlung der Registrierungsbehörde des Ursprungslandes. Das Berner Bureau veröffentlicht die Marken in einer Zeitschrift „Les Marques Internationales" und macht den Behörden der anderen Sondervertragsländer von der erfolgten Registrierung Mitteilung. Geschieht die Registrierung in Bern innerhalb der Prioritätsfrist, so kommt diese dem Schutz der Marke in allen einzelnen Ländern zugute.

Der Bestand der internationalen Marke ist an die Ursprungsmarke gebunden. Erlischt diese, so wird auch die internationale Marke wirkungslos. Bei einer Übertragung der Ursprungsmarke muß die internationale Marke mitübertragen werden. Wechselt der Besitz der internationalen Marke vom Ursprungslande in ein anderes der Sondervertragsländer, so muß in letzterem eine Heimatsregistrierung als Grundlage für die internationale Marke geschaffen werden.

Die Schutzdauer der internationalen Marke beträgt 20 Jahre; jedoch kann durch Erlegung nur eines Teils der Registrierungsgebühr zunächst eine 10jährige Schutzdauer erwirkt werden. Nach Ablauf der 20 Jahre kann die Marke unter Beibehaltung ihrer ursprünglichen Priorität neu registriert werden.

Dem Madrider Abkommen, betreffend die internationale Registrierung von Fabrik- oder Handelsmarken, gehören z. Z. an: Belgien, Brasilien, Cuba, Danzig (Freie Stadt), Deutsches Reich, Frankreich, Algerien und Kolonien, Italien, Luxemburg, Marokko (mit Ausnahme der spanischen Zone), Mexiko, Niederlande nebst Niederländisch-Indien, Surinam und Curaçao, Österreich, Portugal nebst Azoren und Madeira, Rumänien, Schweiz, Serbien-Kroatien-Slowenien, Spanien, Spanische Zone von Marokko, Tschechoslowakische Republik, Tunis, Türkei, Ungarn.

Internationale Musterregistrierung. Ein weiterer Sondervertrag ist das Haager Abkommen, betreffend die internationale Hinterlegung gewerblicher Muster und Modelle, vom 6. November 1925. Diesem gehören z. Z. an: Belgien, Deutschland, die Niederlande, die Schweiz, Spanien und die Spanische Zone von Marokko.

Von großer praktischer Bedeutung ist dieses Abkommen bisher noch nicht geworden.

Die Internationale Union mit ihren Haupt- und Sonderbestimmungen hat sich als ein fruchtbarer Anfang auf dem Wege zu einer internationalen Rechtsangleichung erwiesen.

Literatur: Allgemeines: PIETZCKER, Patentgesetz. Berlin 1929. — ISAY, Patentgesetz und Gesetz, betreffend den Schutz von Gebrauchsmustern. Berlin 1926. — SELIGSOHN, Patentgesetz und Gesetz, betreffend den Schutz von Gebrauchsmustern. Berlin 1920. — LUTTER, Patentgesetz. Berlin 1928. — DAMME-LUTTER, Das deutsche Patentrecht. Berlin 1925. — EPHRAIM, Deutsches Patentrecht für Chemiker. Halle 1907. — MÜLLER, Chemie und Patentrecht. Berlin 1928. — HAGENS, Warenzeichenrecht. Berlin 1927. — SELIGSOHN, Gesetz zum Schutze der Warenbezeichnungen. Berlin 1925. — PINZGER-HEINEMANN, Das deutsche Warenzeichenrecht. Berlin 1926. — FREUND-MAGNUS-JÜNGEL, Das deutsche Warenzeichenrecht. Berlin 1924. — JUNGMANN, Das internationale Patentrecht. Berlin 1924. – ALEXANDER-KATZ, Das Patent- und Markenrecht aller Kulturländer. Berlin 1924. – EDWIN KATZ, Weltmarkenrecht. Berlin 1926. – WASSERMANN, Die Aufgaben des Patentamts im Warenzeichenrecht. Mitt. 1930, 1. – MUELLER, Warenzeichen und Ausstattung. Mitt. 1930, 271. – Zeitschriften: Blatt für Patent-, Muster- und Zeichenwesen. Herausgegeben vom Reichspatentamt, Carl Heymanns Verlag. Berlin (abgekürzt: Bl.). – Mitteilungen vom Verband deutscher Patentanwälte. Herausgegeben von DR. FRITZ WARSCHAUER im Auftrage des Vorstandes des Verbandes deutscher Patentanwälte, Carl Heymanns Verlag, Berlin (abgekürzt: Mitt.). – Markenschutz und Wettbewerb. Herausgegeben von PROF. DR. M. WASSERMANN, Verlag Dr. W. Rothschild. Berlin (abgekürzt: M. u. W.). – Gewerblicher Rechtsschutz und Urheberrecht. Herausgegeben von Patentanwalt M. MINTZ. Verlag Chemie G. m. b. H., Berlin (abgekürzt: G. R. U. R.). *Fritz Warschauer.*

Reckspannungen. Werden Metalle oder Legierungen zum Zwecke der Formgebung oder der Kalthärtung durch Walzen, Hämmern, Ziehen u. s. w. bei normaler Temperatur verarbeitet, also gereckt, so bilden sich in ihnen Spannungen aus, die als Reckspannungen bezeichnet werden. Technisch wichtig sind diese Spannungen bei manchen Kupferlegierungen, namentlich bei Messing, ferner bei Aluminium. Derartige, mit Reckspannungen behaftete Gegenstände, z. B. gezogene Stangen aus Messing, reißen unter dem Einfluß der Spannungen häufig beim ruhigen Lagern, u. zw. zuweilen erst sehr lange Zeit – Jahre – nach der Herstellung. Werden die mit Reckspannungen behafteten Gegenstände durch äußere Kräfte beansprucht, z. B. durch mechanische Einflüsse, durch ungleichmäßige Erwärmung u. s. w., so wird das Reißen beschleunigt. In den meisten Fällen wird aber die Rißbildung wohl herbeigeführt durch eine schwache Korrosion, u. zw. dann, wenn das korrodierende Mittel längs der Korngrenzen angreift, was bei Ammoniak sowie bei Quecksilber und dessen Salzen der Fall ist. Beheben lassen sich die Reckspannungen am sichersten dadurch, daß die kalt gereckten Gegenstände schwach angelassen, d. h. auf bestimmte Temperaturen erwärmt werden. Durch dieses Erwärmen kann aber andererseits die durch die Kaltreckung bewirkte Härtung teilweise aufgehoben werden, was häufig unerwünscht ist.

Bei Aluminiumgegenständen haben die Reckspannungen noch insofern eine Wichtigkeit, als die mit ihnen behafteten Gegenstände, z. B. Kochgeschirre u. dgl., von destilliertem Wasser unter Bildung von Aufbeulungen und Aufblätterungen außerordentlich stark angegriffen werden, wie von HEYN und BAUER in ihren umfangreichen Untersuchungen nachgewiesen wurde.

Literatur: HEYN und BAUER, *Mitt. Materialprüf. Amt Berlin-Dahlem* 1911; Internationale Zeitschrift für Metallographie 1911, I, Heft 1. – MASSING, *Ztschr. Metallkunde*, 16, 257 [1924]. *E. H. Schulz.*

Recresal (CHEM. FABRIK ALBERT, Biebrich a. Rh.) ist primäres Natriumphosphat in Tabletten, als Tonicum zur Hebung des Allgemeinbefindens.

Recvalysatum (BÜRGER YSATFABRIK, Wernigerode i. Harz), durch Dialyse aus frischer Baldrianwurzel erhaltener Extrakt; Anwendung als Sedativum. *Dohrn.*

Reduktion ist die Bezeichnung für diejenigen Prozesse, bei denen meist Sauerstoff aus dem Molekül herausgenommen wird (s. Desoxydation, Bd. III, 597) bzw. Wasserstoff zugeführt wird (Hydrierung). Vgl. auch Bd. VIII, 233. Während die Reduktion anorganischer Verbindungen, wie z. B. Eisenoxyd zu Eisen, in der Metallurgie eine große Rolle spielt und unter den betreffenden Metallen abgehandelt ist, sollen an dieser Stelle nur die in der Technik zur Reduktion organischer Verbindungen benutzten Produkte und Verfahren behandelt werden.

Nach ihrer Verwendungsart sollen die Reduktionsmittel in neutrale, saure und alkalische eingeteilt werden; im Anschluß daran wird die katalytische Reduktion behandelt.

1. Neutrale Reduktionsmittel.

Zinkstaub reduziert Nitrobenzol in verdünntem Alkohol bei Gegenwart von Calcium- oder Ammoniumchlorid recht glatt zu Phenylhydroxylamin (A. WOHL, D. R. P. 84138; B. 27, 1434 [1894]; C. GOLDSCHMIDT, B. 29, 2307 [1896]; *Kalle*, D. R. P. 89978). Zweckmäßig setzt man, wie K. BRAND (*Journ. prakt. Chem.* [2] 120, 160 I. G., D. R. P. 488947) feststellte, Pufferstoffe (Essigsäure) hinzu, damit die Flüssigkeit dauernd neutral bzw. schwach sauer bleibt. p-Nitrobenzylalkohol kann mit demselben Reduktionsmittel zu p-Aminobenzylalkohol reduziert werden (*Kalle, D. R. P.* 83544).

Von einiger Bedeutung ist ferner das von L. KAUFMANN zuerst angewendete amalgamierte Aluminium. Man stellt es aus entölten Aluminiumspänen oder -grieß her, indem man das Metall mit 10%iger Natronlauge anätzt, von der Lauge befreit, wäscht und mit einer geringen Menge 1%iger Quecksilberchloridlösung behandelt, ev. letztere Operation wiederholt (H. WISLICENUS, *Journ. prakt. Chem.* [2] 54, 54 [1896]). Häufig genügt es auch, das Metall und Quecksilberchlorid zusammen zu verwenden. 1 Atom *Al* entwickelt mit 3 *Mol.* Wasser 3 Atome Wasserstoff. Als Beispiel der Verwendung diene die Darstellung von Pinakon aus Aceton.

Nach dem *D. R. P.* 241 896 von *Bayer* kocht man 50 Tl. Aluminiumflitter, 500 Tl. Aceton und 10 Tl. Sublimat 1ʰ am Rückflußkühler, läßt im Lauf von 10ʰ eine Lösung von 20 Tl. Sublimat in 500 Tl. Aceton zutropfen und kocht weitere 2ʰ. Dann versetzt man mit Wasser, um das Pinakon aus seiner Aluminiumverbindung freizumachen, kocht einige Zeit, trennt die Aceton-Pinakon-Lösung vom Rückstand, destilliert das Aceton ab und scheidet aus dem Rückstande durch Wasser das Pinakon als Hydrat ab. Die Ausbeute beträgt 60% d. Th., auf *Al* berechnet. Siehe ferner *Bayer, D. R. P.* 324 919, 324 920.

Citronellol wird aus d-Citronellal in ähnlicher Weise gewonnen (s. Riechstoffe, Bd. **VIII**, 789). Ausführliche Arbeit über die Verwendung des amalgamierten Aluminiums s. H. WISLICENUS, *Journ. prakt. Chem.* [2] **54**, 18 [1896].

2. Saure Reduktionsmittel.

Eisen und Säuren. Die Reduktion mit Eisen und Salzsäure ist eine der wichtigsten Methoden der Technik, um eine aromatische Nitroverbindung in das entsprechende Amin überzuführen. Die für die Durchführung des Verfahrens nötige Menge *HCl* ist etwa $^1/_{40}$ d. Th. (vgl. Anilin, Bd. **I**, 465). Neuerdings haben LYONS, SMITH (*B.* **60**, 174) sowie *I. G., D. R. P.* 463 773, gezeigt, daß die Reduktion auch mit *Fe* und Neutralsalzen wie $FeCl_2$ oder *NaCl* sehr gut durchführbar ist und fernerhin auch Polynitroverbindungen partiell reduziert werden können (m-Dinitrobenzol → m-Nitroanilin; Pikrinsäure → Pikraminsäure, Bd. **VIII**, 346). Über die technische Durchführung der Reduktion der Nitroverbindungen s. Anilin (Bd. **I**, 465), α-Naphthylamin (Bd. **VII**, 804), Phenylendiamin (Bd. **VIII**, 353), Aminophenole (Bd. **VIII**, 348). Wendet man bei der Reduktion von Nitroverbindungen sehr viel überschüssige Salzsäure an, so kann man die in der starken Säure meist unlöslichen Chlorhydrate der Basen häufig zum direkten Auskrystallisieren bringen (H. POMERANZ, *D. R. P.* 269 542; *Chem.-Ztg.* 1921, 866). Diese Methode kann zur Darstellung von 2,4-Diaminophenol (Bd. **VIII**, 350) benutzt werden.

Leicht verseifbare Substanzen werden mit *Fe* und wenig Essigsäure reduziert; z. B. das p-Nitroacetanilid zu Acet-p-phenylendiamin (Bd. **VIII**, 356).

Zink und Säuren. Zink dient in Verbindung mit Salzsäure, Schwefelsäure oder Essigsäure als Reduktionsmittel: $R \cdot NO_2 + 3 Zn + 6 HCl = R \cdot NH_2 + 3 ZnCl_2 + 2 H_2O$. Das Metall wird in Form von Granalien, Spänen, Schwamm (*Griesheim, D. R. P.* 282 234) und namentlich Zinkstaub (87—90% *Zn*) gebraucht. Letzterer ist seiner feinen Verteilung wegen sehr wirksam. Doch hängt seine Brauchbarkeit von seiner physikalischen Beschaffenheit ab; manche Handelssorten sind für gewisse Zwecke unverwendbar (E. BAMBERGER, *B.* **27**, 1548 [1894]). Erwähnt sei, daß man durch gelegentlichen Zusatz von etwas Kupfersulfat zur Reduktionsmischung den Prozeß katalytisch zu beschleunigen vermag (Bildung eines Zink-Kupfer-Paares).

Man braucht *Zn*-Staub beispielsweise bei der Reduktion von salzsaurem Nitrosodimethylanilin zu p-Aminodimethylanilin (Bd. **VIII**, 356), ferner zur Gewinnung von p,p′-Diaminodiphenylamin aus Indamin (Bd. **VIII**, 357), von Phenylhydrazin aus diazobenzolsulfosaurem Natrium (Bd. **VI**, 207). Behandelt man p-Aminobenzanilid in schwefelsaurer Lösung mit Acetaldehydammoniak und *Zn*-Staub ev. unter Zusatz von $CuSO_4$, so entsteht p-Äthylaminobenzanilid, indem die zuerst gebildete SCHIFFsche Base reduziert wird (G. LOCKEMANN, *D. R. P.* 491 856, 503 113) u. s. w.

Amalgamierte Zinkgranalien und Salzsäure sind nach den Untersuchungen von E. CLEMMENSEN (*B.* **46**, 1837 [1913]) ein energisches Reduktionsmittel, mit dem Ketone und Aldehyde zu den entsprechenden Kohlenwasserstoffen reduziert werden können. Aus Acetophenon entsteht Äthylbenzol; Önanthaldehyd liefert n-Heptan.

Zinn (Zinnchlorür) und Salzsäure werden meist nur in der Präparatentechnik benutzt. Sie dienen vorzugsweise zur Reduktion von Nitroverbindungen, u. zw. hauptsächlich das Zinnsalz $SnCl_2 + 2 H_2O$:

$$R \cdot NO_2 + 3 Sn + 6 HCl = R \cdot NH_2 + 3 SnCl_2 + 2 H_2O \text{ und}$$
$$R \cdot NO_2 + 3 SnCl_2 + 6 HCl = R \cdot NH_2 + 3 SnCl_4 + 2 H_2O.$$

Das Zinn wird meist durch Ausfällen mittels Zinks oder durch den elektrischen Strom (*Boehringer, D. R. P.* 123 813) regeneriert. In der so gewonnenen, fein verteilten Form eignet sich das Metall besonders gut für Reduktionsprozesse. Sonst verwendet man es als Granalien. Ein Nachteil des Reduktionsmittels ist, daß es öfters die Bildung chlorhaltiger Basen veranlaßt (s. z. B. O. DE VRIES, *Rec. Trav. Chim. Pays-Bas* **28**, 395 [1909]). Oft scheiden sich die basischen Reduktionsprodukte als salzsaure Doppelverbindungen mit Zinnchlorid oder -chlorür aus, zumal diese in starker Salzsäure schwer löslich zu sein pflegen, ein Verhalten, das die Reinigung der Basen natürlich sehr erleichtert. Gleich Nitroverbindungen kann man auch Azofarbstoffe mit Zinn (Zinnchlorür) und Salzsäure reduzieren, u. zw. bis zur völligen Spaltung des Farbstoffs in seine basischen Komponenten, ein Vorgang, der meist quantitativ verläuft.

Das Reduktionsmittel wird in der Technik wenig verwendet. Es dient zur Gewinnung von Alizarinsaphirol B (Bd. I, 211). Siehe ferner *Riedel, D. R. P.* 48543; *Boehringer, D. R. P.* 123 813; *BASF, D. R. P.* 150 373; *Bayer, D. R. P.* 111 932 sowie die *D. R. P.* 81694, 100 136, 100 137, 100 138, 108 578 von *Bayer*, in denen die Reduktion nitrierter Anthrachinonderivate zu entsprechenden Hydroxylamin- und Aminverbindungen beschrieben wird. Spaltung eines Azofarbstoffs mit Zinnchlorür und Salzsäure s. bei o-Äthoxybenzidin (Bd. II, 225).

Interessant ist die von A. SANN und E. MÜLLER angegebene Methode zur Umwandlung von Carbonsäuren in Aldehyde (*B.* **52**, 1927 [1919]) mittels Stannochlorids. Hierbei wird das Anilid der betreffenden Carbonsäure in das Imidchlorid verwandelt; dieses wird in ätherischer Lösung mit Stannochlorid und gasförmiger Salzsäure zum Zinndoppelsalz der entprechenden SCHIFFschen Base reduziert und diese dann mit Salzsäure in den Aldehyd und die Base zerlegt. Aus Zimtsäureanilid entsteht z. B. Zimtaldehyd in einer Ausbeute von 92 % der Theorie.

$$C_6H_5 \cdot CH : CH \cdot CO \cdot NH \cdot C_6H_5 \rightarrow C_6H_5 \cdot CH : CH \cdot CCl : N \cdot C_6H_5 \rightarrow C_6H_5 \cdot CH : CH \cdot CH : N \cdot C_6H_5$$
$$\rightarrow C_6H_5 \cdot CH : CH \cdot COH + NH_2 \cdot C_6H_5.$$

Schweflige Säure. Schweflige Säure findet als solche, oft aber als Natriumbisulfit zu Reduktionszwecken Verwendung. Neutrales Natriumsulfit liefert häufig dieselben Resultate. Bei dem Reduktionsprozeß geht das Reagens in Schwefelsäure über. Freie schweflige Säure braucht man zur Reduktion von Chinonen, z. B. von Chinon zu Hydrochinon (Bd. VI, 209). Natriumbisulfit und das neutrale Salz dienen zur Reduktion von Nitro- und Nitrosoverbindungen. Eine Eigentümlichkeit dieses Reduktionsprozesses ist, daß er fast stets von einer Sulfurierung begleitet ist. Es bilden sich zunächst Sulfaminsäuren der basischen Reduktionsprodukte, die dann eine Umlagerung erleiden, indem die Sulfogruppe in den Benzol- (Naphthalin-) Kern wandert. So gewinnt man z. B. aus α-Nitronaphthalin α-Naphthylaminsulfaminsäure und daraus Naphthylaminmono- bzw. -disulfosäure (Bd. VII, 790).

Behandelt man 2-Nitroso-1-naphthol mit einer Lösung von Natriumbisulfit, so erhält man 2-Amino-1-naphthol-4-sulfosäure (Bd. VII, 848). m-Dinitrobenzol liefert beim Erhitzen mit Bisulfitlösung 3-Nitranilin-4-sulfosäure (R. NIETZKI, *D. R. P.* 86097; derselbe und G. HALBACH, *B.* **29**, 2448 [1896]). Erwärmt man eine 20 % ige Dinitroanthrarufinpaste mit der 5fachen Menge Bisulfitlösung auf dem Wasserbade, so entsteht glatt Diaminoanthrarufindisulfosäure (*Bayer, D. R. P.* 103 395).

Schwefelsesquioxyd. Dieses, der Formel S_2O_3 entsprechend, entsteht bekannt-lich, wenn man Schwefel in rauchende Schwefelsäure oder reines Schwefeltrioxyd einträgt, und ist wahrscheinlich keine einheitliche chemische Verbindung, sondern nur eine Lösung von amorphem Schwefel in Schwefeltrioxyd. Da es nur in Gegen-wart von *konz.* oder rauchender Schwefelsäure existenzfähig ist, so beschränkt sich seine Anwendung auf die Reduktion sehr widerstandsfähiger Körper, u. zw. im wesentlichen auf Dinitroderivate des Naphthalins und Anthrachinons. In der Natur der Sache liegt es, daß mit der Reduktion, die zu Hydroxylamin- und Amin-derivaten führen kann, häufig eine Oxydation einhergeht, ferner Sulfurierung, Ersatz von Aminogruppen durch Hydroxyle, Umlagerung von Hydroxylaminen in p-Amino-oxyverbindungen und Eintritt weiterer Hydroxylgruppen in das Molekül, so daß man ganz bestimmte Versuchsbedingungen einhalten muß, wenn man zu einheit-lichen Reaktionsprodukten gelangen will (vgl. R. E. SCHMIDT und L. GATTERMANN, *B.* **29**, 2934 [1896]). Aus dem 1,5-Dinitronaphthalin erhält man z. B. Alizarinschwarz (Bd. **I**, 212).

Zunächst findet Reduktion der Nitro- zu Hydroxylamingruppen (II) statt, dann Umlagerung in 1,5-Diamino-4,8-dioxynaphthalin (III), das zu dem weiteren Zwischenprodukt (IV) oxydiert wird, während letzteres schließlich zu Naphthazarin (V) hydrolysiert wird. Dabei ist noch zu berücksichtigen, daß 1,5-Dinitronaphthalin durch rauchende Schwefelsäure allein zu 4-Nitroso-8-nitro-1-naphthol um-gelagert wird (*BASF, D. R. P.* 91391; C. GRAEBE, *B.* **32**, 2879), das dann dem Reduktionsprozeß unterliegen kann.

Nach dem *D. R. P.* 71386 rührt man 10 *kg* gepulvertes 1,5-Dinitronaphthalin in 200 *kg* Monohydrat ein und führt unter Rühren allmählich eine Lösung von 5 *kg* Schwefelblumen in 50 *kg* rauchender Schwefelsäure (40% SO_3) hinzu, indem man die Temperatur zwischen 30 und 45° hält. Die dunkelorangefarbene Lösung, welche sich momentan gebildet hat, enthält jetzt das obige Zwischenprodukt IV und wird von Wasser mit blauer Farbe aufgenommen. Beim Kochen der vom Schwefel abfiltrierten Flüssigkeit scheidet sich, indem die Imidgruppe gegen Sauerstoff ausgetauscht wird, das Dioxynaphthochinon in braunroten, kristallinischen Flocken ab.

Aus 1,5- bzw. 1,8-Dinitroanthrachinonen entstehen mit Schwefelsesquioxyd und Borsäure im wesentlichen Hexaoxyanthrachinone (Anthracenblau WG [Bd. **I**, 484], Brillantalizarincyanin 3 G).

Elektrolytische Reduktion in Gegenwart von Säuren. Eine ausführ-liche Zusammenstellung elektrochemischer Reduktionen aromatischer Nitroverbin-dungen findet man bei K. BRAND, Sammlung chemischer und chemisch-technischer Vorträge von AHRENDS, Bd. VIII, Stuttgart 1908. Zur Zeit dürfte wohl nur p-Amino-phenol durch elektrolytische Reduktion von Nitrobenzol technisch gewonnen werden (Bd. **VIII**, 348).

Oxalsäure liefert bei der elektrolytischen Reduktion Glyoxylsäure (Bd. **V**, 835) und Glykolsäure (Bd. **V**, 831). Ferner sei auf die *D. R. P.* 166181 und 177490 (*B.* **37**, 3692 [1904]; **38**, 1745 [1905]; **39**, 2933 [1906]) von C. METTLER hinge-wiesen, der Benzoesäureäthylester zu Benzylalkohol, Anthranilsäure zu o-Amino-benzylalkohol, p-Oxybenzoesäure zu p-Oxybenzylalkohol reduziert.

3. *Alkalische Reduktionsmittel.*

Eisen und Natronlauge dient zur Umwandlung von Nitrobenzol in Azoxy-, Azo- und Hydrazobenzol (Bd. **II**, 50, 20, 21).

Zink und Natronlauge. Gleich dem Eisen dient Zink in einigen Fällen bei Anwesenheit von Natronlauge zur Reduktion aromatischer Nitro- und Azo-verbindungen. Orange IV liefert in guter Ausbeute p-Aminodiphenylamin (Bd. **VIII**, 357). o-Nitroanisol liefert o-Hydrazoanisol (Bd. **II**, 225).

Ammoniumsulfid kann neuerdings zur Reduktion aromatischer Nitroverbindungen technisch benutzt werden.

Nach dem *D. R. P.* 449405 [1923] der *I. G.* wird Nitrobenzol durch Erhitzen mit $(NH_4)_2S$-Lösung oder *FeS* und NH_4OH unter Druck auf etwa 110—115° quantitativ zu den entsprechenden Aminen reduziert. Man kann die Reduktion auch mit unzureichenden Mengen $(NH_4)_2S$ durchführen, wenn man das gebildete Ammoniumthiosulfat durch H_2 oder *CO* bei 150—180° und 100—150 *Atm.* wieder reduziert (*I. G., D. R. P.* 458088). Nach dem *D. R. P.* 467638 der *I. G.* preßt man ein Gemisch von Nitrobenzol und Ammoniumpolysulfidlösung bei 190 *Atm.* und 160—170° in einer H_2-Atmosphäre durch einen Druckapparat, wobei Anilin und eine 12,5%ige $(NH_4)_2SO_4$-Lösung entsteht.

Natriumsulfide. Man verwendet entweder das krystallisierte Schwefelnatrium $Na_2S + 9H_2O$ oder Natriumdisulfid oder schließlich Natriumsulfhydrat:

I. $4R \cdot NO_2 + 6 Na_2S + 7 H_2O = 4 R \cdot NH_2 + 3 Na_2S_2O_3 + 6 NaOH$

II. $R \cdot NO_2 + Na_2S_2 + H_2O = R \cdot NH_2 + Na_2S_2O_3$

III. $4 R \cdot NO_2 + 6 NaSH + H_2O = 4 R \cdot NH_2 + 3 Na_2S_2O_3$.

Natriumsulfide können zu Reduktionen von Polynitroverbindungen (vgl. K. Brand, *Journ. prakt. Chem.* [2] **74**, 449 [1906]) dienen, wobei meist nur eine NO_2-Gruppe reduziert wird. Vgl. Herstellung von Pikraminsäure Bd. **VIII**, 346. Aber auch 1-Nitroanthrachinon läßt sich glatt zu 1-Aminoanthrachinon mit Na_2S reduzieren (Bd. **I**, 494). Nitrosophenol liefert p-Aminophenol (Bd. **VIII**, 348). Indoamine sowie Indophenole werden zu den entsprechenden Leukoverbindungen reduziert. Das Indophenol, das durch Oxydation von p-Phenylendiamin und Phenol entsteht, gibt 4-Amino-4'-oxydiphenylamin (*Agfa, D. R. P.* 204596).

Mehrfach gehen mit der Reduktion eigenartige Oxydationen zusammen. So liefert z. B. p-Nitrotoluol p-Aminobenzaldehyd als Reaktionsprodukt (Bd. **II**, 21), o- und p-Nitrobenzylalkohol die entsprechenden Aminoaldehyde (*M. L. B., D. R. P.* 106509), mit *NaSH* dagegen o-Aminobenzylalkohol (*B.* **1928**, 2558), p-Nitrobenzylanilin p-Aminobenzylidenanilin (*M. L. B., D. R. P.* 99542).

Es ist ferner bekannt, daß bei der Behandlung von Nitroverbindungen mit Alkalisulfiden sehr häufig gleichzeitig mit einer Reduktion der Eintritt von Schwefel in das Molekül stattfindet. Namentlich wirken Natriumpolysulfide oft schwefelnd (s. Schwefelfarbstoffe).

Natrium findet geringe Anwendung als Reduktionsmittel und dient namentlich zur Anlagerung von Wasserstoff an Kohlenstoffdoppelbindungen (A. Ladenburg, *B.* **27**, 78 [1894]). Zweckmäßig verwendet man Butylalkohol oder Amylalkohol als Lösungsmittel, weil man mit ihm höhere Temperaturen erreichen kann (E. Bamberger, *B.* **20**, 2916 [1887]) und ihn auch leichter wasserfrei erhält. Abwesenheit auch geringster Wassermengen ist aber zur Erzielung guter Ausbeuten von fundamentaler Wichtigkeit. Man muß den Alkohol in üblicher Weise peinlichst sorgfältig entwässern und am besten zuletzt noch über etwas Natrium und über Calciumspäne destillieren. Es wird öfters in der Riechstoffindustrie angewandt, u. zw. um Carbonsäuren in Form ihrer Ester zu den entsprechenden Alkoholen zu reduzieren (s. z. B. L. Bouveault und G. Blanc, *D. R. P.* 164294; vgl. auch *D. R. P.* 148207). So stellt man z. B. Phenyläthylalkohol aus Phenylessigester und n-Nonylalkohol aus Nonansäureäthylester her (s. Riechstoffe, Bd. **VIII**, 805). Ähnlich gewinnt man Piperidin aus Pyridin (Bd. **VIII**, 474).

Natriumamalgam findet in der Technik zur Herstellung von Benzidin (Bd. **II**, 222) Verwendung. Über seine Wirkung s. Willstätter u. Mitarbeiter, *B.* **61**, 871 [1928].

Über Natriumhydrosulfit s. Bd. **VI**, 216.

Traubenzucker, mit Nitroalizarinblau in Anwesenheit von Natronlauge erwärmt, reduziert dieses zu Aminoalizarinblau (*M. L. B., D. R. P.* 59190). M. Claasz hat o,o'-Dinitro-diphenyldisulfid zu o-Nitrothiophenol und Dithiosalicylsäure zu Thiosalicylsäure mit diesem Reduktionsmittel quantitativ reduzieren können (*B.* **45**, 2424 [1912]). Aus Derivaten der Anthrachinon-2-sulfosäure, z. B. aus 1-Amino-4-methylanthrachinon-2-sulfosäure, wird durch Erhitzen auf 95° mit Glucose und Natronlauge die Sulfogruppe durch Wasserstoff ersetzt (Imperial Chemical Ind. Ltd. *E. P.* 322576 [1928]).

4. Katalytische Reduktion.

SABATIER und seine Mitarbeiter SENDERENS, MAILHE und MURAT haben 1897 gefunden, daß ein Gemisch von Wasserstoff und der zu reduzierenden Substanz in Gas- oder Dampfform, über den auf $150-250^0$ erhitzten Katalysator (meist Ni) geleitet, leicht in Reaktion tritt. NORMANN zeigte dann 1902, daß die Reduktion auch in der flüssigen Phase bei bestimmten Verbindungen (flüssigen Fetten) durchführbar ist (*D. R. P.* 141 029). W. IPATIEW (*Chem. Ztrlbl.* **1908**, II, 480) führte die Hydrierung mit Ni unter Drucken von 100 *Atm.* und Temperaturen von $250-400^0$ durch. FOKIN (*Chem. Ztrlbl.* **1907**, II, 1324) zeigte, daß Ölsäure bei Gegenwart von Palladiumschwarz mittels H_2 bei gewöhnlicher Temperatur sehr rasch in Stearinsäure verwandelt wird und daß unter den gleichen Bedingungen Platinschwarz langsamer wirkt. WILLSTÄTTER zeigte (*B.* **41**, 1475 [1908]), daß mit Platinschwarz bestimmter Herstellung Derivate des Benzols in solche des Cyclohexans übergeführt werden können, und fast gleichzeitig fand PAAL (*B.* **41**, 2273 [1908]), daß kolloidal gelöste Metalle (*Pd*-Solpräparate, hergestellt mittels lysalbin- und protalbinsauren Natriums) in wässeriger Lösung vorzügliche Reduktionskatalysatoren darstellen. SKITA (*B.* **44**, 2863 [1911]) verwendete Gummi arabicum als Schutzkolloid, wodurch ein Arbeiten in saurer Lösung möglich war. Die *I. G.*, besonders MITTASCH und seine Mitarbeiter (Bd. VII, 540), zeigten, daß Mehrstoffkatalysatoren aus CO und H_2 bei erhöhtem Druck und Temperatur (*D. R. P.* 293 787 [1913]) Alkohole, Aldehyde, Ketone u. s. w. bilden.

Bei den technisch ausgeübten Verfahren der katalytischen Reduktion organischer Verbindungen finden folgende Reaktionen statt:

a) es erfolgt Hydrierung, indem sich der H_2 an ungesättigte und aromatische Verbindungen anlagert;

b) komplizierte Moleküle werden unter Aufnahme von H_2 gespalten;

c) Aldehyde bzw. Ketone werden in Alkohole verwandelt.

Als Katalysatoren werden Nickel, seltener *Co, Cu, Fe,* ferner Palladium, Platinmohr benutzt. Außerordentlich wichtig für den Reaktionsverlauf ist die Herstellung und die Zusammensetzung des Katalysators (vgl. Bd. VI, 455).

Wie wichtig z. B. die Herstellungsart des *Ni*-Katalysators ist, geht z. B. aus dem *F. P.* 621 434 [1926] der *I. G.* hervor; darnach wird Nickelhydroxyd [aus $Ni(NO_3)_2$ und NH_4OH] auf Silicagel niedergeschlagen und die Masse nach dem Trocknen langsam im H_2-Strom auf 550^0 erhitzt, bis sich kein H_2O mehr abspaltet, rasch abgekühlt und in einem Gas (N_2 oder H_2) unter Dekahydronaphthalin aufbewahrt. Dieser *Ni*-Katalysator ist so wirksam wie die Edelmetallkatalysatoren. Man kann mit ihm Dinitrobenzol in alkoholischer Lösung bei $60-90^0$ zu m-Phenylendiamin reduzieren; Benzylcyanid liefert 63% Phenyläthylamin; Acetonitril gibt Äthylamin, Crotonaldehyd bei $20-50^0$ Butyraldehyd, bei 100^0 n-Butylalkohol, Pyridin bei 130^0 Piperidin in einer Ausbeute von 90%.

Die Edelmetall- sowie die *Ni*-Katalysatoren sind sehr empfindlich gegen *S*-haltige Substanzen; der H_2 sowie die zu reduzierenden Substanzen müssen daher sorgfältigst gereinigt werden. Zur Hydrierung von Teer, Erdöl dienen *S*-feste Katalysatoren (Molybdänsulfid), zur Umwandlung von CO in Methanol meist Zinkoxyd-Chromoxyd-Kontakte.

Nachstehend sollen diejenigen katalytischen Reduktionsverfahren beschrieben werden, die entweder schon technische Anwendung finden oder technisches Interesse beanspruchen. *a)* Hydrierung ungesättigter sowie aromatischer Verbindungen. Herstellung von Äthan aus Äthylen (Bd. I, 650); gehärteter Fette aus flüssigen Ölen und Fetten (Bd. V, 172); Cyclohexanol aus Phenol (Bd. III, 510); Methylcyclohexanole aus Kresolen (Bd. III, 513); hydrierte Naphthaline aus Naphthalin (Bd. VII, 785). Die Reduktion von Kohlenoxyd mit H_2 führt je nach den Versuchsbedingungen zu Methan (Bd. VII, 535), Methanol (Bd. VII, 540), zu flüssigen Kohlenwasserstoffen, Alkoholen u. s. w. (Bd. VI, 444, 647 und besonders MITTASCH, *B.* **59**, 29 [1926]), zu Isobutylalkohol (Bd. II, 717).

Über die Hydrierung von Pyridin s. Piperidin, Bd. VIII, 474, über die Hydrierung von Kodein mittels *Pd* s. Paracoin, Bd. VIII, 298.

b) Spaltung von komplizierten Molekülen unter Aufnahme von Wasserstoff findet statt bei der Hydrierung von Teeren, Erdöl, die unter Kohleveredlung (Bd. VI, 649) beschrieben ist. Besonders erwähnt sei die Umwandlung von Phenolen, Naphthalin, Anthracen in Benzol-Kohlenwasserstoffe durch Erhitzen auf 470—480° unter H_2-Druck bei Gegenwart von Al_2O_3 (KLING und FLORENTIN, *Compt. rend. Acad. Sciences* **184**, 822, 885). Ferner das von SPILKER und ZERBE aufgefundene Verfahren der GES. F. TEERVERWERTUNG (*E. P.* 277 974, 279 055, 279 410 [1927]), wonach Naphthalin durch Erhitzen auf 200—500° bei 50—200 *Atm.* Wasserstoffdruck unter Zusatz von Jod oder einem Gemisch von *J*, NH_4Cl und $FeCl_2$ als Katalysator zu Benzol, Toluol, Xylol u. s. w. aufgespalten wird. Das wirksame Agens ist anscheinend *JH*.

c) Reduktion von Aldehyden bzw. Ketonen zu Alkoholen wird durchgeführt bei der Umwandlung von Crotonaldehyd in Butyraldehyd (Bd. II, 716) bzw. n-Butylalkohol (Bd. II, 710); bei der Reduktion von Aceton zu Isopropylalkohol (Bd. VIII, 540), bei der Umwandlung von Thymol in Menthol (Bd. VIII, 797), von Benzaldehyd in Benzylalkohol (*D. R. P.* 369 374, 444 665), bei der Herstellung von Adrenalin (Bd. VIII, 207).

d) Reduktion von Fettsäuren bzw. Fettsäureestern zu Alkoholen. W. NORMANN (*Chem.-Ztg.* **1931**, 433; *Ztschr. angew. Chem.* **1931**, 714) hat als erster gezeigt, daß sowohl Fettsäureester, wie z. B. Cocosfett, als auch freie Fettsäuren, wie z. B. Laurinsäure, bei 310—325 und 100—250 *Atm.* mittels H_2 bei Gegenwart von *Cu, Ni* bis zu 97% zu den entsprechenden Alkoholen reduziert werden können. Diese sehr schöne Reaktion wird bereits technisch ausgeführt und gestattet die leichte Gewinnung von Hexyl-, Heptyl- bis herauf zum Myricylalkohol; aber auch Phenyläthylalkohol soll aus Phenylessigsäure darstellbar sein (SCHRAUTH, *Chem.-Ztg.* **1931**, 3, 17; *B.* **1931**, 1314). ADKINS, CONNON und FOLKERS (*Journ. Amer. chem. Soc.* 53, 1091, 1095) fanden, daß auch Kupferchromit als Katalysator geeignet ist und damit z. B. Zimtsäureester in Phenylpropylalkohol verwandelt werden kann. Vgl. auch O. SCHMIDT, *B.* 64, 2051 [1931].

Literatur: R. STOERMER, Oxydations- und Reduktionsmethoden der organischen Chemie. Leipzig 1909. — R. BAUER, H. WIELAND, Reduktion und Hydrierung organischer Verbindungen. Leipzig 1918. — A. SKITA, Katalytische Reduktionen organischer Verbindungen. Stuttgart 1912. — P. SABATIER, Die Katalyse in der organischen Chemie. 2. Aufl. (deutsch von FINKELSTEIN). Leipzig 1927. — C. ELLIS, Hydrogenation. New York 1930. — Sowie die unter Katalyse, Bd. VI, 491, angeführten Bücher von ELLIS, MAXTED, HENDERSON, RIDEAL und TAYLOR, GREEN, HILDITCH. *F. Ullmann (G. Cohn).*

Reduzierventile s. Druckregulatoren, Bd. IV, 9.

Reflexblau B, 8 G, K, TK (*I. G.*) sind Farbstoffe für die Lackfabrikation (Bd. II, 90). *Ristenpart.*

Regenerin (DR. R. & DR. O. WEIL, Frankfurt a. M.) ist ein Lecithin-Mangan-Eisenpräparat. Regenerin flüssig, Arsen-Regenerin. *Dohrn.*

Regler für Gase, flüssige und feste Körper sind Vorrichtungen, um bestimmte Durchgangsmengen herzustellen, also sie zu verkleinern, zu vergrößern oder annähernd konstant zu halten. Hierzu werden im wesentlichen besondere Durchtrittsöffnungen und Drücke verwendet. Die Durchtrittsöffnungen sind fest oder veränderbar. Als feste dienen Lochscheiben oder Düsen, bei Horizontalflächen aufgelegte oder eingepaßte Verschlußkörper, z. B. bei den „Laternen" der Schwefel-, Salz- und Salpetersäurefabriken. Bei starken Einengungen wählt man anstatt kompakter Öffnungen schmale Schlitze oder mehr oder weniger feine Siebe, die sich über den gesamten Querschnitt verteilen. Siebe zeichnen sich gegenüber anderen Drosselungen dadurch aus, daß sie keine Wirbelungen ergeben. Bei pulverförmigen Körpern müssen sie bewegt werden, um Verstopfungen fernzuhalten. An Stelle der

Siebe können die für Filter üblichen Materialien, wie Steine, Kies, Sand, Wolle,
Asbest, Gewebe, Fasern, auch Füllkörper, ferner poröse Körper, wie Sandstein,
Steinfilter, Hirnholz, zur Regelung vollkommen reiner Gase und Flüssigkeiten benutzt
werden. Mitunter genügt es durchaus, in die Leitungen Bogen, Ecken, Knicke,
Zickzackwege oder mehr oder weniger große Umwege einzuschalten, die gewöhnlich
noch für andere Zwecke bestimmt sind, z. B. für Kühlung, Erhitzung, Reinigung,
Absorption. Bei pulverförmigen Körpern wie Rösterzen müssen besondere mechanische Fördervorrichtungen oder geneigte Flächen mitverwendet werden. Veränder-
bare Durchtrittsöffnungen mit äußerem Eingriff, also ohne Leitungsunterbrechung,
erhält man durch Gleitflächen- und durch Klappenverstellung. Die bekanntesten
Gleitflächen sind die Schieber, d. s. in Schiebertaschen gleitende Scheiben oder
Platten, die mit einem durch die Wandung hindurchgeführten Bedienungsstab verbunden sind. Zwecks Feinregelung müssen die Abdichtungsflächen aufeinander
eingeschliffen werden. Eine Abart des Schiebers ist der Kreisschlitzschieber,
der aus 2 zentrisch übereinander gleitenden Kreisscheiben mit mehr oder weniger
breiten radialen Schlitzen besteht, welche je nach ihrer gegenseitigen Stellung die
einzelnen Öffnungen freigeben. Die Dichtfläche kann anstatt eben auch winklig oder
kreisförmig sein; im letzteren Falle werden die Ein- und Austrittsbohrungen auf
den gegenüberliegenden Seiten angebracht. Die Zylinderschieber sind leicht
beweglich, dichten aber nicht völlig ab wie der Hahn, dessen Gleitfläche konisch
ausgebildet ist. Der Hahn gibt bei voller Öffnung kein wesentliches Hindernis für
den Durchgang. In Metall- und Glasausführung verlangt er eine geeignete Hahn-
schmiere; für Steinzeug und Porzellan werden die Schliffflächen meist poliert. Bei
starker Drosselung empfiehlt es sich, die Durchgangsbohrungen im Mantel und
Küken als auf der Diagonale stehende Quadrate auszubilden, um bei jeder Stellung
quadratförmige Durchtritte zu erhalten (RABE, *D. R. G. M.* 385 630). Der Meßhahn
Rabe (*D. R. P.* 268 670) zeigt die ständige Durchgangsmenge an. Die Hähne haben,
namentlich bei größeren lichten Durchmessern, den Nachteil, daß ihre Drehung
mit bedeutender Kraftanstrengung verbunden ist und dadurch die Feineinstellung
erschwert wird. Durch Verlängerung des Hahngriffs oder Schneckengewindeüber-
tragung, wobei aber kein toter Gang eintreten darf, im ganz großen Maßstab sogar
durch Motorantrieb, sucht man Abhilfe zu schaffen. Für pulverige Substanzen nimmt
man vielfach ein Übergangsstück vom Hahn zum Kreisschlitzschieber (s. o.), eine
Drehglocke, bei der die Bodenfläche konisch (in der Mitte höher als am Rand)
gehalten und mit Durchtrittsöffnungen versehen ist. Erwähnt mögen noch werden
der Hahnschieber von COCHIUS und der Drehschieber. Ersterer ist aus einem
Hahnküken entstanden, dessen Mittelsteg allein stehen geblieben ist, letzterer aus
einem in halber Höhe abgeschnittenen Hahnschieber. Er ist ganz offen, wenn die
Mittelwandungen um 90° gedreht sind. Die Verhältnisse liegen ähnlich wie bei der
Drosselscheibe oder Drosselklappe, die im geschlossenen Zustand den gesamten Querschnitt verschließt. Die Drosselscheibe dichtet nicht vollkommen,
ist aber leicht zu bedienen. Sie wird besonders angewendet bei selbsttätigen
Reglern.

Die Klappenverstellung wird gekennzeichnet durch eine mehr oder weniger
abschließende Klappe, genannt Klappenventil, wenn ihr Drehpunkt seitlich von
der Öffnung liegt. Als Drehpunkt dient ein Scharnier oder ein elastisches Medium,
wie Gummi, Leder, Stoff. Die Einstellvorrichtung wird durch die Leitungswandung
hindurchgeführt. Das Klappenventil wird hauptsächlich angewendet bei großen
Behältern, Rinnen, Rohrleitungen. Zu den Klappendichtungen gehören die Jalousie-
regler, d. s. parallel zueinander angeordnete schmale, dünne Platten, die in der
Endstellung einen ununterbrochenen Abschluß ergeben, in der anderen aber den
Strom in parallele Streifen zerteilen und gemeinsam betätigt werden. Sie dienen
besonders zur Gasregelung und erfordern keine Kraftanstrengung, falls der Dreh-

punkt der Lagerungen mit der Längsachse der Platten zusammenfällt. Wird die Kappe in axialer Richtung zur Öffnung bewegt, so entsteht das gewöhnliche Ventil. Da der zu regelnde Strom an der Dichtfläche aus der axialen Richtung in die radiale übergeführt wird, enthält das Ventilgehäuse an dieser Stelle eine Verbreiterung. Die Dichtfläche selbst wird gewöhnlich konisch oder kugelförmig ausgebildet. Da die Bedienung vom Strömungsdruck abhängt, sucht man ihn zu kompensieren durch doppelsitzige Ventile gleicher Größe, die beide in entgegengesetzter Richtung durchflossen werden. Solche Ventile werden vielfach für selbsttätige Regelungen verwendet. Die Betätigung der Ventile erfolgt durch die Ventilspindel, die mit Scheibe, Knebel oder Handrad versehen ist. Als Abschluß nach außen dient eine Stopfbüchse. Sie wird bei Säuren öfters durch eine Membran aus Gummi oder eine Lamelle indifferenten Metalls ersetzt. Für besonders exakte Regelung verwandelt man häufig die Ventilklappe in einen langgestreckten spitzen Konus (Nadelventil). Als Nachteil der Ventile ist der komplizierte Durchgangsweg zu betrachten. Die in der neuesten Zeit hergestellten sog. Freiflußventile schaffen einen mehr oder weniger geraden Durchgangsweg, indem sie die Spindel schräg stellen; auch können die Ventile mit Schiebern kombiniert werden. Die Schlauchklemme bildet die dritte Art der Klappenverstellung. Bei ihr werden 2 Klappen gegeneinander verstellt, die aus den Wänden von Schläuchen oder Schlauchgebilden, z. B. Gummi mit und ohne Einlage, bestehen und mit Klemmschrauben verstellt werden. So werden Wasser, Leuchtgas, breiige, selbst feste Substanzen in Pulverform geregelt. Beim Einmontieren des Schlauchs in ein gerades Rohr, dessen Mittelstutzen eine Schraubenvorrichtung aufnimmt, wirkt die Drosselung ventilartig.

Die Drücke vor und nach den Durchtrittsöffnungen, also die Druckdifferenz zwischen deren beiden Seiten, sind sehr wesentlich für die Durchgangsmenge, da diese sich wie die Quadratwurzel verhält. Wird also der Anfangs- oder Enddruck verändert, so auch die Menge, wobei es unwesentlich ist, ob der Anfangsdruck erhöht oder der Enddruck vermindert wird bzw. umgekehrt. Soll bei Gasen die Geschwindigkeit gesteigert werden, so kann der Leitungsdruck erhöht werden, z. B. durch stärkere Belastung des Gasometers oder durch Einschaltung einer Pumpe oder durch Herabsetzung des Druckes in der Leitung nach der Durchtrittsöffnung. Bei Flüssigkeiten erreicht man den gleichen Effekt durch Höherstellung des Speisebehälters oder Erhöhung seines Niveaus oder durch Herabsetzung des Drucks hinter der Durchtrittsöffnung und umgekehrt. Man ersieht hieraus die Wichtigkeit und Bedeutung etwa eingeschalteter Pumpen, Gebläse, Exhaustoren oder eines Vakuums für die Regelung, insofern hierdurch Druckerhöhung oder -erniedrigung geschaffen wird. Hierbei ist es gleichgültig, ob diese Pumpen ihre volle Leistung abgeben oder mit einem Kreislauf verbunden sind, der die überschüssige Menge aufnimmt, soweit sie nicht mit regelbarer Drosselung arbeiten können. Handelt es sich um Kolbenpumpen, die mit jeder Umdrehung eine bestimmte Fördermenge ergeben, so kann natürlich auch die Tourenzahl abgeändert werden, bis die gewünschte Durchgangsmenge erreicht ist. Bei schwankenden Drücken dient oftmals die Kolbenpumpe direkt zur Regelung, indem jeder Hub einer bestimmten Menge entspricht. Natürlich können auch Schöpfvorrichtungen und Becherwerke, zumal wenn es sich um dicke und feste Substanzen handelt, den gleichen Zweck erfüllen. Ist die Durchgangsmenge von einem bestimmten Niveau des Speisebehälters abhängig, so kann dieses durch einen Überlauf aufrechterhalten werden, der der Pumpe wieder zugeführt wird. Schöpfvorrichtungen können auch für Gase nutzbar gemacht werden wie bei den Luftgasapparaten (Bd. **VII**, 407), bei denen die Luft in brennbares Gas übergeführt wird, oder für die Druckerhöhung von Leuchtgas. Die Gasometerglocke wirkt durch ihre Belastung oder Entlastung auf die Gasmenge regelnd ein; für die gleichmäßige Regelung muß aber auch ihre Eintauchtiefe berücksichtigt werden.

Die Niveauabänderung gehört zu den einfachsten Mitteln für die Beeinflussung des Druckes und zu den empfindlichsten, da die Ausflußmenge proportional der Quadratwurzel aus der Niveauhöhe ist; die Beeinflussung ist umso empfindlicher, je höher das Flüssigkeitsniveau über dem Abfluß steht. Man kann mit verhältnismäßig großen Querschnitten arbeiten, braucht also Verstopfungen weniger zu befürchten. In analoger Art kann man Gase genau einstellen, wenn man sie eine Flüssigkeitssäule durchstreichen läßt, die in ihrer Höhe variiert werden kann.

Eine Druckänderung kann ferner bewirkt werden durch Abänderung des Widerstands der Leitung oder des betreffenden Mediums. Im ersten Falle können wesentliche Widerstandteile wie Verengungen beseitigt, Filter statt hintereinander parallel geschaltet, Eckungen, Knickungen aus- bzw. eingeschaltet werden. Im zweiten Falle können die Temperaturen erhöht oder erniedrigt, das Gasvolumen durch Absorption, Kondensation, Trocknung, Carburierung beeinflußt werden.

Als besondere Regelungsart mag hier noch die Verteilung und Zusammenführung von Gasen und Flüssigkeiten in einem bestimmten Verhältnis erwähnt werden, so daß wohl dieses, nicht aber die absoluten Mengen konstant bleiben. Während bei festen und flüssigen Körpern die Verteilung und Zusammenführung am einfachsten maschinell vorgenommen wird, indem kalibrierte Schöpfvorrichtungen bei jeder Umdrehung die betreffenden Materialien aufnehmen oder abgeben, kann man auch auf rein physikalischem Wege vorgehen, indem man im Boden eines Behälters eine entsprechende Anzahl Öffnungen von bestimmtem Querschnitt anbringt, die mit besonderen Abführungen versehen sind. Die absoluten Mengen hängen dann von der Flüssigkeitshöhe ab. Für geschlossene Leitungen empfiehlt sich das Prinzip des Hahnteilers RABE (D. R. P. 112835, Bd. VI, 100) sowohl für Teilung wie für Zusammenführung. Die hier nicht weiter besprochenen selbsttätigen Regelungsvorrichtungen (s. Druckregulatoren, Bd. VI, 9) beruhen meist darauf, daß die durch das eine Medium erzeugte Druckdifferenz in der Zuleitung auf einen Schwimmer oder auf eine Membran übertragen wird, die ein entsprechendes Zulassungsventil betätigt.

Zum Schluß mag noch die Bedeutung der Viscosität für die Regelung erwähnt werden, die bei Gasen vom spezifischen Gewicht, bei Flüssigkeiten in erster Reihe von der Temperatur abhängig ist. Sie wird unter anderm durch die Beschaffenheit der Leitungswandung beeinflußt, bei festen Körpern von der Feinheit des Materials und von der Neigung der Gleitflächen. *H. Rabe.*

Regulin (CHEM. FABRIK HELFENBERG A. G.). Gemisch von trockenem Agar-Agar mit $3^1/_2$ % Extr. Cascarae Sagradae. Braunes, lamelliges Pulver, das nach *D. R. P.* 169864 hergestellt wird. Quillt im Darm auf und lockert den Darminhalt. Lamellen oder Tabletten zu 1 g. *Dohrn.*

Reinblau AAI, B für Seide (*Ciba*), I (*I. G.*) ist gleich Bavariablau AE (Bd. II, 160); die Marke BSI (*Ciba*) und G (*Sandoz*) gleich Helvetiablau (Bd. VI, 133).

Reingrün LB und LGG (*I. G.*) sind basische Farbstoffe. *Ristenpart.*

Reinigerei ist die Bezeichnung für ein Gewerbe, das sich zur Hauptsache mit der Färberei und mit der chemischen Reinigung getragener Oberkleider befaßt. Die Bezeichnung wurde auf Antrag des REICHSVERBANDES DER DEUTSCHEN FÄRBEREIEN UND CHEMISCHEN WASCHANSTALTEN (E. V., Sitz in Berlin) im Jahre 1907 in die Gewerbestatistik des Deutschen Reiches aufgenommen, um der steten Verwechslung des Gewerbes durch Behörden und Versicherungsgesellschaften mit den Strang- und Stückfärbereien einerseits und den Dampfwaschanstalten andererseits ein Ende zu machen. Im Publikum ist das Wort „Reinigerei" noch wenig eingeführt; man spricht meistens von der „Färberei", auch wenn man einen Gegenstand zum Reinigen gibt.

A. Färberei.

Die zu färbenden Gegenstände — gebrauchte Oberkleidung, Portieren, Möbelstoffe, Teppiche u. dgl. — werden zunächst gründlich in Seife mit etwas Sodazusatz gewaschen oder „chemisch" gereinigt, um Verunreinigungen, Fett u. dgl. zu entfernen, die das Eindringen der Farblösung in den Stoff verhindern könnten. Das Waschmittel muß sorgfältig wieder herausgespült werden, da alkalische Flüssigkeiten tierische Fasern, namentlich Wolle, bei Siedehitze leicht zerstören. Die so gewaschene und gut gespülte Ware wird dann gefärbt (s. Färberei, Bd. V, 3). In der modernen Kleiderfärberei werden fast ausschließlich Teerfarbstoffe angewendet. Die Wahl der Farbstoffgattung richtet sich nach der Natur der Faser. Für tierische Fasern — Wolle und Seide — kommen zur Hauptsache Säurefarbstoffe in Betracht. Pflanzenfasern — Baumwolle, Jute, Leinen, auch Kunstseide u. s. w. — werden in der Regel mit sog. substantiven oder direkt ziehenden Farbstoffen gefärbt. Für gemischte Stoffe — Halbwolle (Wolle und Baumwolle), Halbseide (Seide und Baumwolle), Wolle mit baumwollenem Besatz u. dgl. — werden häufig Halbwollfarbstoffe verwendet, die beim Kochen vorzugsweise die tierische Faser anfärben, bei etwas geringeren Wärmegraden die Pflanzenfaser. Außerdem kann man das Gemisch von tierischer und pflanzlicher Faser in 2 Bädern färben: die tierische in Säurefarben, nachher die Pflanzenfaser substantiv. Kunstseide wird im allgemeinen wie Baumwolle gefärbt. Nur die Acetatseide macht eine Ausnahme. Zu ihrer Färbung sind besondere Farbstoffe und besondere Verfahren erforderlich. Die Indanthrenfarben werden in der Kleiderfärberei für baumwollene Gegenstände mit Vorteil nur da angewandt, wo es auf besondere Lichtechtheit ankommt, wie etwa bei Vorhängen. Für getragene Kleidungsstücke ist das Verfahren im allgemeinen zu teuer im Vergleich zum Wert des zu färbenden Gegenstandes.

Außer bei schwarzen Färbungen bringt man den gewünschten Farbton in der Regel durch ein Gemisch von Farbstoffen der gleichen Gattung hervor. Das ist in der Kleiderfärberei eine Kunst, die viel Übung erfordert. Man hat es ja im allgemeinen nicht mit weißen Stoffen zu tun, wie in der Strang- und Stückfärberei, sondern mit den verschiedensten Grundfarben. Jedes Stück muß deshalb besonders behandelt werden. Vielfach lassen sich dunklere Farben auf den vorhandenen Grund auffärben, häufig muß aber die ursprüngliche Farbe erst abgezogen werden, um einen helleren Untergrund zu erzielen. Auf Geweben pflanzlichen Ursprungs zerstört man die Färbung meistens durch Chlorlauge, auf Wolle und Seide entweder durch „Abbrennen" mit Salpetersäure oder durch Reduktion mittels der Salze der hydroschwefligen Säure. Diese können aus schwefliger Säure oder aus Natriumbisulfit mit Zinkstaub hergestellt werden; in der Regel werden sie in fester haltbarer Form (als Sulfoxylate, meistens mit Formaldehyd verbunden) bezogen unter verschiedenen Handelsbezeichnungen: Blankit, Hydrosulfit, Rongalit, Hyraldit, Burmol, Decrolin u. s. w. (s. auch Bd. VI, 69).

Hat man den Stoff genügend vorbereitet, so wird er in das angesetzte Farbbad getan; hierin muß er in der Wärme (tierische Fasern verlangen Siedehitze) fleißig bewegt, „hantiert" werden, damit die Farblösung überall gleichmäßig an den Stoff herankommen und in ihn eindringen kann. Zum Hantieren benutzt man in der Kleiderfärberei in der Regel Stöcke, die mit der Hand bewegt werden. Doch gibt es auch Färbmaschinen, in denen durch Flügel die Ware im Bade weiterbewegt wird (Abb. 226). Nach neueren Verfahren wird nicht das Farbgut, sondern die Flotte bewegt, u. zw. durch eingeblasene Luft.

Abb. 226. Färbmaschine von W. LANGNER, Breslau-Gräbschen.

Man unterscheidet hauptsächlich folgende Färbmethoden in der Kleiderfärberei:

1. Für tierische Faser (Wolle, Seide):

a) Säurefarbstoffe. Sie werden mit 10% Glaubersalz und 4% Schwefelsäure (vom Gewicht der Ware) kochend gefärbt. Statt der Schwefelsäure kann man auch Salzsäure, Essigsäure, Ameisensäure u. s. w. verwenden, ferner Natriumbisulfat, vom Färber „Weinsteinpräparat" genannt — ursprünglich hat es „Weinsteinersatzpräparat" geheißen.

b) Substantive Farbstoffe werden mit etwa 50% Glaubersalz kochend gefärbt. Diese Farbstoffe sind weniger lebhaft als Säurefarbstoffe, die auf reiner tierischer Faser unbedingt vorzuziehen sind.

2. Für Pflanzenfaser (Baumwolle, Leinen, Jute, Kunstfaser u. s. w.):

a) Substantive Farbstoffe werden mit 50% Glaubersalz heiß gefärbt.

b) Schwefelfarben werden mit Schwefelnatrium aufgelöst und unter Zusatz von Glaubersalz gefärbt; sie zeichnen sich durch hervorragende Licht-, Wasch- und Reibechtheit aus.

c) Farbstoffe, die auf der Faser diazotiert werden, namentlich schwarz (Bd. V, 45).

d) Basische Farbstoffe, nach vorhergegangener Beize des Baumwollstoffs mit Tannin (Sumach-Extrakt) und Brechweinstein.

e) Indanthrenfarbstoffe und andere Küpenfarbstoffe werden in Hydrosulfit und Natronlauge reduziert und dadurch wasserlöslich gemacht. Auf dem mit der verküpten Lösung getränkten Gewebe wird durch Oxydation an der Luft oder mit Hilfe eines Oxydationsmittels (Natriumperchlorat, Wasserstoffsuperoxyd od. dgl.) der Farbstoff entwickelt (Bd. V, 48).

Außerdem wird noch in einigen Kleiderfärbereien mit Blauholz, Gelbholz, Rotholz bzw. den Extrakten aus diesen Hölzern gearbeitet, u. zw. nach vorheriger Beize mit Metallsalzen, wofür namentlich Chrom- und Eisensalze in Betracht kommen. Seltener wird auch Indigocarmin verwendet, das als Säurefarbstoff dient.

Nach Gewicht arbeitet der Kleiderfärber höchstens bei schwarzen Färbungen. Für andere Farben (Couleurs) wird das Bad nach dem Gutdünken des geübten Färbers angesetzt und nötigenfalls während des Färbprozesses verändert. Von Zeit zu Zeit nimmt der Färber die Ware heraus, spült ein Stück und trocknet dieses auf einem heißen Dampfrohr, um zu sehen, ob die gewünschte Farbe bereits erreicht ist, oder was für Farbstoffe etwa noch dem Bade zugesetzt werden müssen. Nach dem Färben, das etwa 1ʰ in Anspruch nimmt, damit die Ware gut durchgefärbt wird, muß sehr sorgfältig in Wasser gespült werden. Dadurch wird am wirksamsten das Abfärben verhindert. Die Ware, aus der das Wasser in der Zentrifuge gut ausgeschleudert ist, wird in einem geheizten Raume getrocknet.

B. Chemische Reinigung.

Der in Deutschland gebräuchliche Ausdruck „chemische Reinigung" ist nicht richtig; denn der dadurch bezeichnete Vorgang ist nicht chemischer, sondern lediglich physikalischer Natur. Die chemische Reinigung besteht — nach der Definition der maßgebenden Fachorganisation (REICHSVERBAND DER DEUTSCHEN FÄRBEREIEN UND CHEMISCHEN WASCHANSTALTEN, Sitz in Berlin) — in dem Eintauchen des zu reinigenden Gegenstandes in eine Flüssigkeit, die Fette löst, ohne sie zu verseifen oder zu emulgieren.

Die Wirkung der chemischen Reinigung besteht in der Lösung von Fett; tatsächlich ist es auch zur Hauptsache Fett, das unsere Oberkleider unansehnlich und für den Gasaustausch wenig durchlässig macht. Auf die Kleidung gelangt das Fett namentlich durch Berührung mit der Hand, da die gesunde Haut stets Fett abscheidet. Das auf die Kleidung gebrachte Fett wirkt als Bindemittel für Staub, Ruß, Fasern u. dgl., bildet außerdem den Nährboden für zahlreiche Bakterien. Mit dem Fett werden die dadurch gebundenen Verunreinigungen ebenfalls entfernt; insofern gleicht die chemische Reinigung dem Waschen mit Seife und Alkalien. Doch unterscheidet sie sich von dem gewöhnlichen Waschprozeß namentlich dadurch, daß durch die Abwesenheit von Wasser (daher „dry cleaning", „nettoyage à sec") eine Veränderung der Faser, der Farbe und der Appretur ausgeschlossen ist. Bei der „chemischen" Reinigung wird das Fett unverändert gelöst, während es beim Waschen mit Seife und Alkalien chemisch verändert (verseift bzw. emulgiert) wird.

Zuerst angewendet wurde die chemische Reinigung um die Mitte des 19. Jahrhunderts in Frankreich von JOLLY BELIN. W. SPINDLER brachte das Verfahren 1854 nach Berlin; kurz darauf richtete die Firma JUDLIN in Charlottenburg eine chemische Waschanstalt ein. Als Fettlösungsmittel diente Benzol, später verwendete man das Petroleumbenzin.

Benzinwäsche. Bis zum Ende des 19. Jahrhunderts verwendete man in deutschen chemischen Wäschereien die bei der Raffinierung des amerikanischen Petroleums im Vorlauf zwischen 80 und 110⁰ destillierenden Bestandteile vom *spez. Gew.* 0,70–0,71. Seit dieser Zeit wird aber dieses Benzin fast ausschließlich für Motoren verbraucht, und die als „Waschbenzin" jetzt im Handel befindliche Ware zeigt in der Regel ein *spez. Gew.* von 0,74–0,75; die Siedegrenzen liegen zwischen 90 und 140⁰. Sie sind für die Verwendung des Benzins von Wichtigkeit; denn niedrigsiedendes Benzin verdunstet zu schnell beim Gebrauch und in den Gefäßen; hochsiedende Anteile verdunsten zu langsam und bewirken, daß den gereinigten Stoffen der Geruch längere Zeit anhaftet. Auch sind die hochsiedenden Anteile bei der später zu besprechenden Wiedergewinnung des gebrauchten Benzins schwerer zu destillieren. Daher haben sich die Siedepunktgrenzen von 90 bis 140⁰ als praktisch erwiesen. Das *spez. Gew.* spielt für den Chemischwäscher eine geringere Rolle, obgleich es bei der Berechnung der Preise von Bedeutung ist. Denn er gebraucht *l*, bezahlt aber *kg.* Die obere Grenze für das *spez. Gew.* ist durch die Zollbehörde festgesetzt; diese sieht nur Ware bis zum *spez. Gew.* 0,75 als „leichtes Mineralöl" an, das den chemischen Waschanstalten zollfrei auf Erlaubnisschein abgegeben wird.

Abb. 227. Benzinwaschmaschine von M. JAHR A.-G., Gera.

Die chemische Reinigung wird in der Regel so ausgeführt, daß die zu reinigenden Gegenstände — Kleider, Möbel, Teppiche, Portieren, Handschuhe u. s. w. —, nötigenfalls nach voraufgegangener Trocknung und mechanischer Entstaubung, auf großen, mit Gefälle und Ablauf versehenen Tischen mit Benzin und einer in Benzin gelösten Seife angebürstet[1], dann in Behältern mit reinem Benzin gespült werden. Von hier kommen die Stoffe in Waschmaschinen (Abb. 227), in denen sie mit seifenhaltigem Benzin, später mit reinem Benzin, einige Zeit hin- und herbewegt werden. Aus der Maschine wird die Ware in eine Zentrifuge gebracht und dort möglichst vollständig von dem anhaftenden Benzin befreit; der Rest verdunstet in einer Trockenkammer.

Erhöht wird die Wirkung der Benzinwäsche bei Ersparnis an Benzin und Kosten für dessen Reinigung durch Apparate, die das Benzin während des Waschprozesses von Staub, Fasern und sonstigen mechanischen Beimengungen befreien. Dazu dient entweder eine geschlossene Zentrifuge (s. d.) mit hohen Umdrehungszahlen (bis zu 16000 in der Minute) oder eine Filterpresse. Das Benzin zirkuliert während des Waschprozesses zwischen Waschmaschine und Benzinreinigungsapparat. Zum Schluß wird in reinem, d. h. von mechanischen Beimengungen freiem Benzin gewaschen.

Die Benzinseife ist keine gewöhnliche Seife, da diese in Benzin unlöslich ist. Man verwendet eine sog. „saure Seife", die überschüssige Fettsäure enthält. Sie

---

[1] Hier und da wird das Anbürsten unterlassen; doch führt es — namentlich in größeren Städten mit feuchtem Klima, wo die Stoffe viel Feuchtigkeit und Ruß enthalten — zu besseren Resultaten.

vermag, in Benzin gelöst, eine gewisse Menge Wasser zu binden. Das ist ihre eigentliche Aufgabe: durch Bindung der in den Stoffen enthaltenen Feuchtigkeit ermöglicht sie dem Benzin das Eindringen in die feinsten Poren und damit die Reinigung.

Wiedergewinnung des Benzins. Das von den Anbürsttischen abfließende sowie das in den Spülgefäßen und Waschmaschinen zurückgebliebene und das durch die Zentrifuge aus den Stoffen herausgeschleuderte Benzin wird immer wieder verwendet; was verdunstet ist, muß erneuert werden. Ursprünglich ließ man die mechanisch dem Benzin beigemengten Verunreinigungen sich absetzen und verwendete die fetthaltige Flüssigkeit von neuem. Dann zerstörte man das Fett durch Schwefelsäure. Aber selbst nach dem Waschen des Benzins mit Wasser blieb noch etwas Säure — namentlich durch Reduktion der Schwefelsäure entstandene schweflige Säure — zurück, die vielfach Stoffe und Farben ungünstig beeinflußte; diese Säure kann zwar durch Sodalösung und nochmaliges Waschen mit Wasser unschädlich gemacht werden; doch ist das ein recht zeitraubendes und umständliches Verfahren. Neuerdings wird mittels eines von Aug. Junonickel in Hamburg konstruierten

Abb. 228. Zwangsläufig gesicherte Sparbenzinwaschmaschine mit Benzinrückgewinnung von M. Jahr A.-G., Gera.

Apparates das in Benzin gelöste tierische oder pflanzliche Fett verseift. Das mineralische Fett bleibt im Benzin und verleiht ihm nach längerem Gebrauch durch Anreicherung eine gelbliche Färbung.

Als gründlichstes Reinigungsverfahren des gebrauchten Benzins hat sich die Destillation erwiesen, die auch in allen größeren Benzinwäschereien ausgeführt wird.

Die Destillation wird in den meisten Benzinwäschereien mit direktem Dampf ausgeführt, der in einer Destillierblase in das Benzin eingeführt wird und dieses zum Verdampfen bringt, so daß ein Gemisch von Benzin- und Wasserdampf die Blase verläßt. Durch einen Kühler werden beide Dämpfe kondensiert; ein Scheidegefäß trennt die Flüssigkeiten nach ihrem spezifischen Gewichte. Nach mehrstündigem Stehen gibt das Benzin die ihm mechanisch noch beigemengten Wasserteilchen größtenteils ab. Beim Destillieren mit indirektem Dampf geht der Dampf durch ein geschlossenes Rohr in zahlreichen Windungen durch das schmutzige Benzin und bringt es zum Sieden. Der Benzindampf ergibt nach der Kondensation reines, wasserfreies Benzin, das sofort wieder verwendet werden kann. Hierbei werden die hochsiedenden Anteile in der Benzinblase zurückbleiben, wenn man nicht sehr heißen Dampf verwendet. Durch Destillation ist es möglich, den ganzen Benzinvorrat an einem Tage mehrmals zur chemischen Reinigung zu verwenden. In einer gut geleiteten Benzinwäscherei beträgt der durch Verdunstung entstehende Verlust von der gesamten innerhalb eines Jahres zur Verwendung gelangenden Benzinmenge 3–4%. Noch weiter herabgesetzt wird der Verlust durch die nach einer französischen Erfindung mit einigen Abänderungen konstruierte Waschmaschine, in der die Ware gewaschen, gespült, geschleudert und getrocknet wird. Der Raum über dem Benzin ist mit Kohlendioxyd oder mit Stickstoff angefüllt, wodurch die Feuergefahr erheblich vermindert wird. Nach einem Verfahren von Martini und Hüneke, Berlin, kann sich eine Benzinwäscherei das Schutzgas selbst herstellen. Es besteht aus den Abgasen eines Verbrennungsmotors, die durch dessen Kraftleistung nach vorheriger Waschung in einem Scrubber komprimiert werden. Aus der zum Trocknen hindurchgeleiteten erwärmten Luft bzw. dem Schutzgase wird das verdampfte Benzin gleichfalls wiedergewonnen (Abb. 228).

Selbstentzündung des Benzins. Das Benzin vermag sich bei dafür geeigneten Witterungsverhältnissen (namentlich bei trockener Luft) bei der chemischen Reinigung „von selbst" zu entzünden. Als Grund für diese „Selbstentzündung" hat M. M. RICHTER die Elektrizität festgestellt, die durch Reibung von Benzin mit den zur Reinigung hineingebrachten Stoffen (namentlich Wolle und Seide) entsteht. Als Gegenmittel, das durch Lösung in Benzin dieses leitend für Elektrizität macht, hat RICHTER wasserfreie ölsaure Magnesia vorgeschlagen; er nannte sein Präparat „Antibenzinpyrin". Es wurde später nach dem Erfinder Richter Richterol genannt und gilt heute als zuverlässigstes Antielektrikum.

Nach Untersuchungen von JUST beträgt die Leitfähigkeit des reinen Benzins $\dfrac{2}{1\,\text{Billion}}$ Ohm, nach Zusatz von 1% Richterol $\dfrac{3800}{1\,\text{Billion}}$ Ohm, also 1900mal soviel. In der Praxis verwendet man in der Regel $^1/_{10}$% Richterol, wodurch die Leitfähigkeit auf $\dfrac{300}{1\,\text{Billion}}$ Ohm gebracht wird. Diese Leitfähigkeit genügt, um eine elektrische Entzündung zu verhüten.

Vielfach werden auch Benzinseifen als Antielektrika empfohlen, was sie auch bei genügendem Zusatz im Beginn des Waschprozesses sind. Allein bei der Erfüllung ihrer Aufgabe, den Stoffen Wasser zu entziehen, sowie durch häufig vorhandenen Säuregehalt der Stoffe wird die Seife teilweise aus der Lösung ausgeschieden, teilweise zersetzt. In beiden Fällen nimmt die anfänglich vorhandene Leitfähigkeit des Benzins erheblich ab. Die zum Waschen verwandte Benzinseife muß in einem nachfolgenden Benzinbade herausgespült werden. Diesem wenigstens mußte unbedingt Richterol zugesetzt werden. Zur Prüfung der Leitfähigkeit des Benzins bedient man sich eines kleinen Apparats (erhältlich bei EMIL DITTMAR & VIERTH, Hamburg), der für genaue Messungen zwar ungeeignet ist, für technische Zwecke aber genügt. Außerdem sollte in keiner Benzinwäscherei ein Elektroskop fehlen, um etwa vorhandene Elektrizität festzustellen. Endlich sei noch ein nach Angabe von M. M. RICHTER konstruierter Feuerwarnapparat für chemische Waschanstalten genannt, der kleine Mengen von Elektrizität in Waschmaschinen und Spülgefäßen durch ein Glockensignal anzeigt.

Hygienisches. In gut entlüfteten Räumen ist Benzin nicht gesundheitsschädlich. Da Benzindampf schwerer als Luft ist, müssen Öffnungen, besser mit einem Exhaustor verbundene Röhren, dicht über dem Fußboden angebracht sein. Wird die Luft möglichst frei von Benzindämpfen gehalten, so können Menschen viele Jahre hindurch in Benzinwäschereien ohne Schädigung für ihre Gesundheit arbeiten; nur Herzkranke sollten daraus ferngehalten werden. Durch gute Entlüftung wird auch die Feuersgefahr herabgesetzt. Der Explosionsbereich des Benzins liegt nach Angaben von M. M. RICHTER zwischen 1,1 und 4,8%, d. h. ein Gemenge von Luft und Benzindampf kann explodieren, wenn es mindestens 1,1 und höchstens 4,8% Benzindampf enthält. Um die Feuergefährlichkeit der Benzinwäschereien herabzusetzen, wird das Benzin vielfach unter einem Schutzgas gelagert, das die Verbrennung hindert (Kohlendioxyd, Stickstoff u. dgl., s. auch Bd. V, 275). Auch werden zur Lagerung Gefäße mit Sicherheitsverschlüssen nach Art der DAVYschen Grubenlampen verwendet.

Die große Feuergefährlichkeit des Benzins hat schon vor Jahrzehnten den Wunsch geweckt, es durch eine nicht brennbare, aber ebenso gut fettlösende Flüssigkeit zu ersetzen, die weder wesentlich teurer noch gesundheitsschädlicher sein sollte als Benzin. Im Jahre 1900 hatte eine Vereinigung von Inhabern chemischer Waschanstalten (aus der später der REICHSVERBAND DER DEUTSCHEN FÄRBEREIEN UND CHEMISCHEN WASCHANSTALTEN sich entwickelt hat) einen Preis für die Erfindung einer derartigen Flüssigkeit ausgeschrieben. Doch konnte dieser Preis nicht verliehen werden. Neuerdings finden als Ersatz für Benzin chlorierte Kohlenwasserstoffe ständig zunehmende Verwendung. Namentlich sind es Trichloräthylen und Tetrachlorkohlenstoff, die trotz ihres höheren Preises (der sich infolge des bedeutend höheren *spez. Gew.* noch mehr geltend macht) vielfach schon das Benzin verdrängt haben. Wegen der Gefahrlosigkeit nehmen manche chemischen Waschanstalten die mit dem Gebrauch von „Tri" und „Tetra" verbundenen Nachteile in den Kauf: höherer Preis, höheres *spez. Gew.*, Giftigkeit der Dämpfe. Letzterer Umstand zwingt dazu, nur in geschlossenen Behältern zu arbeiten, wobei gleichzeitig Verluste durch Verdampfen vermieden werden.

Anfangs wurden diese chlorierten Kohlenwasserstoffe in inwendig verbleiten Gefäßen verwandt, um einer Schädigung der Behälter durch Salzsäure vorzubeugen, die beim Destillieren mit Wasserdampf abgespalten wurde. Neuerdings soll aber bei „Tri" eine Zersetzung der Waschflüssigkeiten und jede Entwicklung von Salzsäure vermieden werden, so daß sich das Verbleien von Gefäßen erübrigt.

C. Entflecken.

Der Hauptgrundsatz sollte bei der Fleckenputzerei heißen: nicht schaden! Ist ein Fleck nicht zu entfernen, ohne das Gewebe oder die Farbe zu schädigen, so muß man ihn darin lassen. Damit ist dem Eigentümer des Gegenstands besser gedient, als wenn anstatt des ursprünglichen Fleckes ein Loch oder eine helle Stelle (bei farbigen Stoffen) entsteht. Letztere kann man zwar vielfach mit besonderen Farbstiften oder ähnlichen Farbmitteln antuschen, aber solche Täuschung ist nur ein Notbehelf und hält nicht lange vor. Die Kunst des Entfleckens — „Detachierens" — beruht darauf, den Fleck zu entfernen, ohne Stoff oder Farbe zu schädigen, was freilich nicht immer möglich ist. Für die anzuwendenden Mittel sind maßgebend die Natur des Fleckes und die des zu entfleckenden Gegenstands. Erstere ist häufig dem Entflecker nicht bekannt; er muß daher verschiedene Mittel versuchen, die zweckmäßigerweise erst auf einem weniger sichtbaren Teil des Gewebstoffs aufgetragen werden, um die Einwirkung der betreffenden Chemikalie auf die Farbe und den Stoff zu prüfen.

Die Entfleckungsmittel werden mit einem Holz- oder Glasstab oder mit einem Schwamm aufgetragen, nachher mit reinem, weichem Wasser (am besten wird destilliertes Wasser angewendet) nachgewaschen, die Feuchtigkeit wird durch ein Ledertuch oder durch ein Pulver (Gips, Talkum od. dgl.) aufgesogen, dann wird in heißem Raum schnell getrocknet, um Verlaufen der Farben zu verhindern. Die Wirkung mancher Chemikalien wird durch Wärme erhöht, deshalb ist vielfach in der Abteilung zum Entflecken ein mit Dampf geheizter Metallkolben vorgesehen.

Die Entfleckung findet in der Regel nach der chemischen Reinigung statt. Die noch vorhandenen Flecke müssen besonders entfernt werden. Flecke aus verharztem Öl (Ölfarben), Teer u. dgl. werden am besten mit Chloroform (auch mit Tetrachlorkohlenstoff, Methylenchlorid, Essigester, Aceton, Alkohol und Äther u. dgl.) herausgebracht. Andere Fett- oder Schmierflecke gehen vielfach mit Spiritus heraus; doch hat dieser den Nachteil, daß manche Farben in ihm verlaufen. Ist der zu entfleckende Gegenstand nicht vorher chemisch gereinigt, so wird der Fleck zunächst mit Benzin oder Benzol behandelt, außer wenn aus dem Aussehen des Fleckes klar hervorgeht, daß er durch eine wässerige Lösung entstanden ist (Wein, Bier, Kaffee, Tee, Schokolade, Obst, Tinte u. dgl.); ein derartiger Fleck kann nur durch Wasser oder durch eine wässerige Lösung von Chemikalien entfernt werden.

Am besten gelingt dies auf weißem Stoff, weil hierbei keine Farbe zu zerstören ist. Sofern reines (weiches) Wasser nicht zum Ziele führt, versucht man es mit schwach alkalischer Lösung (Seife, Soda, Ammoniak). Durch zu starkes Alkali wird die Faser geschädigt, namentlich Wolle und Seide, aber auch Baumwolle wird durch zu starke alkalische Einwirkung in ihrer Festigkeit geschwächt. Nützt alkalische Behandlung nichts, so wird verdünnte Säure versucht, u. zw. nimmt man vorzugsweise organische Säuren: Ameisensäure, Essigsäure, Oxalsäure, auch Kleesalz.

Vielfach wird ein Fleck durch Bleichen beseitigt, z. B. durch Oxydation mit übermangansaurem Kalium und nachfolgende Behandlung des auf der Faser gebildeten Braunsteins mit Wasserstoffsuperoxyd oder mit schwefliger Säure. Das farblose Mangansalz muß sorgfältig ausgewaschen werden, sonst bildet es bei späterer alkalischer Behandlung (etwa mit Seife, selbst mit Benzinseife bei chemischer Reinigung) braune Flecke. Zuweilen werden auch Natriumsuperoxyd und Natriumperborat als Oxydationsmittel zum Entflecken verwendet. Als reduzierende Bleichmittel verwendet man schweflige Säure, Hydrosulfit oder Sulfoxylat-Formaldehyd, letzteres in Form von Burmol, Hyraldit od. dgl.

Bei farbigen Stoffen tut man gut, auf einem beim Gebrauch wenig sichtbaren Teil des Gegenstands zn prüfen, ob das Entfleckungsmittel die Farbe nicht angreift. Das kann man bei sauer gefärbten Stoffen durch geringen Säurezusatz zum Wasser verhindern, bei direkt (substantiv) gefärbten Baumwollstoffen verhindert ein Zusatz von Kochsalz zum Wasser oder zur Seifenlösung häufig das Verlaufen („Bluten") der Farben, was besonders bei gemusterten Stoffen wesentlich ist.

Außer Säure und Lauge, Oxydations- und Reduktionsmitteln gibt es für besondere Flecke noch besondere Gegenmittel, beispielsweise für Jodflecke: Natriumthiosulfat; für Tinte: Oxalsäure bzw. Kleesalz (wegen Einzelheiten s. *Chem.-Ztg.* **1920**, 683); für Blut: Enzym, das Eiweiß „verdaut" (mit Sodazusatz unter dem Namen „Burnus" im Handel), sowie Wasserstoffsuperoxyd. Rostflecke lassen sich außer durch Kleesalz vielfach auf galvanischem Wege entfernen, indem das Gewebe mit Kupfer, angesäuertem Wasser und Zink zusammengebracht wird. Auch nützt ein Gemisch von Oxalsäure und Essigsäure, die mittels eines blanken Eisenstabs, etwa eines Schlüssels, verrieben werden. Sonstige Metallflecke (Kupfer u. dgl.)

werden am besten mit einer Lösung von Cyankalium entfernt. Ein Universalmittel gegen alle Flecke gibt es natürlich nicht. Weitere Rezepte hier anzuführen, hat wenig Wert, da die Praxis die Hauptsache ist; zudem weiß der Fleckenputzer in der Regel nicht, woher die Flecke stammen, ist also auf Versuche angewiesen. Dabei muß — wie schon erwähnt — stets die Beschaffenheit des behandelten Gewebstoffs berücksichtigt werden, namentlich in bezug auf Beständigkeit der Faser und der Farbe gegenüber dem angewendeten Entfleckungsmittel.

Besondere Vorsicht ist beim Entflecken der neuerdings viel verwandten Acetatseide (auch Celanese, Milanese genannt) erforderlich. Diese wird zerstört bzw. gelöst durch einige der eben genannten Chemikalien, wie z. B. Chloroform, Methylenchlorid, Essigester, Ameisensäure, Essigsäure u. a. m. Dagegen kann man Acetatseide ohne Schaden behandeln mit Äther, Benzin, Benzol, Spiritus, Tetrachlorkohlenstoff, Trichloräthylen, verdünnten Mineralsäuren, verdünnten Alkalien (in der Kälte) u. dgl. Es empfiehlt sich, bei seidigen Geweben oder bei Anwesenheit seidenglänzender Fäden vor dem Entflecken zu prüfen, ob etwa Acetatseide vorliegt, indem man einen kleinen Abschnitt mit einem der für diesen Stoff schädlichen Flüssigkeiten betupft.

D. Naßwäscherei.

Naß gewaschen werden die Gegenstände, die es ohne Schaden vertragen können, namentlich solche, die in Benzin nicht genügend rein werden. Zu ersteren gehören unter anderm Gegenstände aus Baumwolle und Leinen, wie Gardinen, Vorhänge; aber auch stark beschmutzte Kleidungsstücke, beispielsweise Arbeitsanzüge, müssen naß gewaschen werden, namentlich wenn die Verunreinigungen nicht durch Fett oder ähnliche Stoffe entstanden oder festgehalten sind, und wenn sie zu umfangreich sind, als daß sie durch Entflecken entfernt werden könnten. Die Naßwäsche geschieht durch Wasser und Seife unter Zusatz von Soda. Um das „Bluten" (Verlaufen) von Farben zu verhindern, wird der Waschflüssigkeit vielfach Kochsalz zugesetzt.

Kleidungsstücke, Decken u. dgl. werden in der Regel mit der Hand durchgebürstet, andere Gegenstände werden in Waschmaschinen behandelt, das sind Trommeln aus durchlöchertem Material, die in einem mit Seifenlauge gefüllten Behälter rotieren (Abb. 229). Diese wird nach dem Waschen herausgelassen und durch Wasser zum Spülen ersetzt. Will man Gardinen in einer solchen Waschmaschine behandeln, so tut man gut, sie einzeln oder paarweise in Netze zu stecken, damit sie sich nicht untereinander verschlingen und verknoten. Das Waschen von Gardinen muß überhaupt mit großer Vorsicht vorgenommen werden, da sie oft durch Sonne, Feuchtigkeit, faulende Stärke und andere Einflüsse mürbe geworden sind. Vielfach werden beschädigte Baumwollfäden von Gardinen nur noch durch die Stärke zusammengehalten; in solchen Fällen nützt alle Vorsicht nichts: im warmen Wasser wird die Stärke gelöst, und der Schaden kommt zum Vorschein, wofür dann häufig zu Unrecht der Wäscher verantwortlich gemacht werden soll.

Abb. 229. Waschtrommel von M. JAHR A.-G., Gera.

Das Bleichen von weißen, naß gewaschenen Gewebstoffen kann auf verschiedene Weise geschehen. Pflanzenfaser wird in der Regel mit unterchlorigsauren Salzen gebleicht (Chlorkalk, Natriumhypochlorit u. dgl.). Zum Bleichen tierischer Faser verwendet man schweflige Säure, in Wasser gelöst oder gasförmig (durch

Verbrennen von Schwefel), ferner Wasserstoffsuperoxyd (auch Natriumsuperoxyd) und Natriumperborat. Kräftiger wirkt eine Lösung von Kaliumpermanganat mit darauffolgender Reduktion des entstandenen Braunsteins durch schweflige Säure oder durch Wasserstoffsuperoxyd (s. Bleicherei, Bd. II, 483).

Die Waschkraft der Seife wird vielfach noch erhöht durch Zusätze von Kohlenwasserstoffen oder von chlorierten Kohlenwasserstoffen. Diese werden durch Monopolseife (sulfurierte Ricinusölseife) mit Wasser mischbar. Ein derartiges Produkt ist z. B. Tetrapol (von STOCKHAUSEN & TRAISER in Krefeld, s. Textilseifen).

Die gewaschenen und gespülten Gegenstände werden durch eine Zentrifuge mechanisch vom Wasser befreit und dann in der Wärme getrocknet. Gardinen und Vorhänge werden entweder auf Rahmen aufgespannt oder auf mit Dampf geheizte Trommeln aufgestrichen, worauf sie in kurzer Zeit trocknen.

E. Sonstige Arbeiten.

I. Sowohl die gefärbten als auch die gereinigten Gegenstände werden nach dem Trocknen gebrauchsfertig gemacht.

1. Durch Bügeln. Die Eisen werden entweder auf Feuer erhitzt oder dauernd mit Gas oder mit Elektrizität geheizt; dadurch wird die beim Bügeln verlorene Wärme ersetzt und der Zeitverlust vermieden, der beim Auswechseln des abgekühlten Eisens entsteht. Während beim gewöhnlichen Bügeln der Gegenstand ruht und das heiße Eisen bewegt wird, zieht man umgekehrt auch über feststehende, mit Dampf geheizte Kolben die zu glättenden Stoffe hinweg, beispielsweise Mützen, Ärmel u. s. w.

Neuerdings verwendet man vielfach Bügelmaschinen, namentlich für Herrenkleidung. Diese wird durch die Maschine gedämpft und gepreßt, die Feuchtigkeit wird durch ein Vakuum wieder abgesogen. Es gibt eine Reihe von Spezialmaschinen für einzelne Teile der Kleidung — Kragen, Ärmel, Hosenbein u. dgl. —, so daß ein Kleidungsstück hintereinander auf verschiedenen Maschinen bearbeitet wird. Dennoch wird die Arbeit mit Bügelmaschinen besser und rascher — also billiger — hergestellt als beim Bügeln mit der Hand.

2. Durch Dämpfen. Man läßt Wasserdampf durch oder auf die Ware strömen; Samt oder Plüsch wird gleichzeitig gebürstet, wobei die Fasern parallel gerichtet werden.

3. Durch Dämpfen und nachheriges Pressen auf der Appreturmaschine (s. Bd. I, 557).

Viele Stoffe werden vor dem Bügeln appretiert, d. h. mit Stärke, Leim oder ähnlichen Materialien getränkt, um sie wieder steif und griffig zu machen. Vorhänge, Gardinen u. dgl. werden nach dem Stärken auf Rahmen gespannt oder auf Trommeln gestrichen, die mit Dampf geheizt werden.

II. Glacéhandschuhe und sonstige Lederwaren färbt man nicht durch Eintauchen, da die Innenseite weiß bleiben soll, auch nicht in Wasser, das das Leder hart machen würde. Man bestreicht die Handschuhe mit einer Mischung von Farbstoff und Fett, in Spiritus gelöst, und reibt sie nachher nach, um das Abfärben zu vermeiden und dem Leder Glanz zu verleihen.

III. Felle dürfen nicht heiß gefärbt und getrocknet werden, da hierdurch das Leder hart und brüchig werden würde. Für die Pelzfärberei werden besondere Farbstoffe verwendet (Phenylendiamin und Derivate), die unter dem Namen Ursol in den Handel kommen (s. auch Bd. V, 70). Der Farbstoff wird mit Wasserstoffsuperoxyd auf dem Haar entwickelt. Die gefärbten Felle werden mit Sand und Sägespänen in rotierenden Trommeln »geläutert«, um überschüssigen Farbstoff zu entfernen und die Haare glänzend zu machen.

IV. Um Teppiche, Portieren, Kleidungsstücke und andere Gegenstände von lose darauf sitzendem Staub, von Fasern u. dgl. zu befreien, bedient man sich verschiedener Vorrichtungen. In Klopfwerken wird der Gegenstand an bewegten

Stöcken oder Lederriemen vorbeigezogen. In rotierenden Schütteltrommeln (Abb. 230) werden die Waren durch Leisten im Innern der Trommeln nach dem höchsten Punkt mitgenommen, von wo sie durch Herunterfallen entstaubt werden. Andere Apparate entfernen den Staub durch Luft; dies geschieht entweder durch Saugen (Vakuumapparate) oder durch Blasen; im letzteren Falle wird die Luft mit dem mitgeführten Staub abgesogen, nachdem sie über den Gegenstand hinweggestrichen ist.

V. Für die Färberei, für die Wäscherei und für den Betrieb des Dampfkessels ist die Beschaffenheit des Wassers wichtig. Es darf weder hart noch stark eisenhaltig sein. Kalk fällt manche Farbstoffe sowie Seife aus; Eisen färbt die Waren an. Zum Weichmachen des Wassers bedient man sich verschiedener Methoden: vielfach wird dem Wasser einfach Soda zugesetzt, außerdem findet das Kalk-Soda-Verfahren und das Permutitverfahren Verwendung. Das Eisen kann durch Mischen des Wassers mit Luft herausgebracht werden.

Abb. 230. Schütteltrommel von W. LANGNER, Breslau.

Wirtschaftliches. In Deutschland gibt es etwa 1500 Reinigereien, die zum Teil mehrere tausend Leute beschäftigen. Das Reinigereigewerbe ist volkswirtschaftlich von sehr großer Bedeutung, da es eine bessere Ausnutzung der Gewebstoffe ermöglicht und auch in gesundheitlicher und in ästhetischer Beziehung sehr segensreich wirkt. Durch Reinigung sowie durch Auf- bzw. Umfärben lassen sich Oberkleider, Teppiche, Portieren, Möbelstoffe u. dgl. immer wieder verwenden, wenn sie unansehnlich geworden sind.

Krankheitserreger werden beim Färben und beim Waschen in heißem Wasser einwandfrei vernichtet, manche auch bei der chemischen Reinigung. Dem Benzin kann zwar eine eigentlich desinfizierende Wirkung nicht zugesprochen werden, da es widerstandsfähige Bakterien – z. B. Tuberkelbacillen – nicht in der in Betracht kommenden Zeit abzutöten vermag. Doch entzieht die Benzinreinigung vielen Bakterien auf den Gewebstoffen den Nährboden und entfernt sie mit dem Fett und den sonstigen Verunreinigungen. Endlich macht die chemische Reinigung sowie die Naßwäsche und das Färben (wegen der vorhergegangenen Reinigung) die Oberkleider wieder durchlässig für den in hygienischer Beziehung so wichtigen Gasaustausch zwischen dem menschlichen Körper und der Außenluft.

Literatur: L. ABEL, Die chemisch-trockene Reinigung von Kleidungsstücken; Der wohlerfahrene praktische Fleckenreiniger oder Detacheur. Leipzig. – D. G. JUST, Über Benzinbrände. Ztschr. Elektrochem. 1904, Heft 13. – K. H. LANGE, Das Gewerbe der Kleiderfärbereien und chemischen Waschanstalten unter der Einwirkung des Weltkrieges und seiner Folgen. Berlin 1920. – M. M. RICHTER, Die Benzinbrände in chemischen Wäschereien. Berlin 1893; Die Benzinbrände in chemischen Wäschereien. Färb. Ztg. 1902, Heft 1–5. – S. ROGGENHOFER, Handbuch für Fleckenreinigung, Wäscherei und Färberei; Wäscherei in ihrem ganzen Umfang. 1909. – A. SEYDA, Über neue Detachiermethoden. Vortrag auf der Generalversammlung des VERBANDES DEUTSCHER FÄRBEREIEN UND CHEMISCHER WASCHANSTALTEN 1907; Vortrag auf der Naturforscherversammlung 1908. – W. SPINDLER, Jubiläumsschrift 1907. – E. TOBIAS, Das Reinigungsgewerbe als Reparaturgewerbe der textilen Färberei. Inaug.-Diss. 1908. Wittenberg, Herrosin & Ziemsen. – E. WULFF, Chemische Wäscherei. Färb. Ztg. 1903, Heft 34.

E. Wulff.

Rektifikation s. Destillation, Bd. III, 604.

Renoform (FREUND & REDLICH, Berlin) ist ein Nebennierenpräparat. Renoform-Schnupfenmittel und Renoform boricum mixtum bestehen aus verschiedenprozentigen Mischungen von Adrenalin, Borsäure und Milchzucker; Renoform solut. und BOROSINIS Heufiebermittel sind wässerige Adrenalinlösungen mit Zusätzen.

Rephrin (*I. G.*). Kombination von 35 *mg* Racedrin (Phenylpropanolmonomethylaminochlorhydrat) und 0,2 *mg* Suprarenin pro 1 *cm³*. Zeigt bei Asthma spasmolytische Wirkung auf die Bronchien, auch Anwendung bei Hypotonie, Heufieber. Ampullen.

Dohrn.

Reproduktionsverfahren. Zur graphischen Vervielfältigung einer vorhandenen Vorlage (Zeichnung, Schrift oder Malerei u. s. w.) steht eine große Anzahl mehr oder weniger mechanischer Verfahren, die sog. Reproduktionsverfahren, zu Gebote, durch welche es ermöglicht ist, Nachbildungen der Vorlage in beliebig hoher Druckauflage zu erreichen. Die Wiedergabe kann in manchen Fällen so getreu übereinstimmend mit der Vorlage (Original) erlangt werden, daß die Bezeichnung Faksimiledrucke berechtigt erscheint. Je nach den Anforderungen, welche an die Güte einer Reproduktion gestellt werden, und auch abhängig von der Beschaffenheit der Vorlage kann die Wahl unter den Reproduktionsverfahren getroffen werden; entscheidend dabei ist aber meistens, ob es sich um die Herstellung einer kleinen Auflage, vielleicht für den Kunsthandel bestimmt, oder um eine Massenauflage für Zeitschriften od. dgl. handelt, und ferner, ob der Druck einfarbig (monochrom) oder mehrfarbig (polychrom) durchgeführt werden soll.

Nach der wesentlich verschiedenen Beschaffenheit der Druckformen hat sich eine Einteilung sämtlicher Druckverfahren in 3 Hauptdruckarten eingebürgert, u. zw. in Hochdruck, Tiefdruck und Flachdruck, wobei dem Material, welches zu den Druckformen Verwendung findet, keine Bedeutung beigelegt wird; es findet erst bei der untergeordneten Gruppierung der Techniken Beachtung.

Der Hochdruck umfaßt alle diejenigen Verfahren, bei welchen der Druckgegenstand für die Buchdruckpresse druckfähig gestaltet ist; nach Art der Buchdrucklettern müssen alle zu druckenden Teile höher auf der Druckform liegen. Beim Auftragen der Druckfarbe mit einer Walze können mithin nur die erhabenen Stellen der Druckform eingefärbt werden, während der tiefer liegende Grund farbfrei bleibt. Als charakteristisches Merkmal des Hochdrucks gilt die sog. Schattierung, welche beim Druck durch Einpressen der Formteile in das Papier entsteht; es bildet sich nach der Rückseite ein mehr oder weniger bemerkbares Relief, das besonders an alleinstehenden Linien oder an den Grenzen derber Abbildungen in Strichlagen beobachtet werden kann. An der Druckseite erscheinen diese Stellen etwas vertieft am Papier, während die Rückseite eine Prägung aufweist.

Für den Tiefdruck gelangen solche Druckformen zur Anwendung, bei welchen der Druckgegenstand sich vertieft in der Form befindet; in diese Vertiefungen wird die Druckfarbe eingetragen. Die Oberfläche der Druckformen muß spiegelglatt beschaffen sein, damit die Farbe daran keinen Halt findet und deren Reste, nach dem Farbeintragen, durch Abwischen vollständig oder nach Wunsch auch nur teilweise entfernt werden können. Ein an die mit Druckfarbe versehene Tiefdruckform unter kräftigem Druck angepreßtes Papier hebt die Farbe aus der vertieften Zeichnung ab; die Farbe lagert dann auf dem Papier als eine Art Relief, welches an kräftigen Stellen, besonders aber an alleinstehenden derben Strichen, fühlbar ist und ein charakteristisches Merkmal des Tiefdrucks bildet.

Bei den Flachdruckverfahren beruht die Druckmöglichkeit auf dem gegenseitigen Abstoßen von Fett und Wasser. Der zu druckende Gegenstand ist auf dem lithographischen Stein oder dessen Ersatzmitteln (Zink- und Aluminiumplatten) weder erhaben noch vertieft und liegt in einer Ebene. Die zu druckenden Stellen sind durch ihre Herstellung mit fetthaltigem Zeichenmaterial oder fetthaltiger übertragener Druckfarbe (durch den sog. Umdruck) empfänglich gemacht für fettige (firnishaltige) Druckfarben, während die zeichnungsleeren Teile der Druckform im mit Wasser befeuchteten Zustande keine Druckfarbe annehmen.

Wenn zur Herstellung eines Druckes an eine mit Farbe versehene Druckform ein Papier angepreßt wird, so kann auf diesem weder eine Schattierung, wie beim Hochdruck, noch ein Farbrelief, wie beim Tiefdruck, entstehen. Daran ändert auch die sog. Hochätzung des lithographischen Steines durch die Brennätz- oder Kaltschmelzverfahren nichts. Diese kräftige Ätzung, bei welcher es sich um die Hochätzung der Zeichnung in beiläufiger Stärke eines Kartons handelt, wird für den Auflagedruck angewendet, um die zeichnungsfreien Stellen mühelos rein zu erhalten, und wird erst vorgenommen, wenn auf Grund eines Probedrucks sichergestellt ist, daß keine Korrekturen vorgenommen werden müssen. Hierzu wird auf den Stein die Druckfarbe aufgetragen, diese Farbe mit feinem Kolophoniumpulver eingestaubt, der Staubüberschuß entfernt, das an der Farbe anklebende Pulver mittels einer Stichflamme (Brennätzflamme) oder mittels Ätherdampfes (Kaltschmelz-verfahren) angeschmolzen und dann eine mit Salpetersäure vermischte Gummi-lösung, unter häufigerem Verstreichen, bis zur gewünschten Hochätzung der Zeichnung einwirken gelassen.

Bei jeder dieser 3 Druckarten erfordern die Druckformen eine voneinander vollständig abweichende besondere Behandlung beim Druck und auch eine sehr unterschiedliche Bauart der Druckpressen, welche, obwohl nicht immer zutreffend, der Kürze halber in Buchdruck-, Kupferdruck- und Steindruckpressen gruppiert werden.

Was die quantitative Leistungsfähigkeit der 3 Hauptdruckarten anbetrifft, so kann im allgemeinen gesagt werden, daß der Hochdruck an erster Stelle steht und für Massenauflagen nach Möglichkeit zuerst in Aussicht genommen wird. In zweiter Linie kommt der lithographische Pressendruck, der Flachdruck vom litho-graphischen Stein oder von Metallplatten zu stehen; er kann in manchen Fällen erfolgreich mit dem Buchdruck in Wettbewerb treten. Manche Arbeiten, wie Land-karten großen Formats, Musiknoten, Plakate u. dgl., müssen dem Flachdruck über-lassen bleiben; denn die Herstellung derartiger Hochdruckformen würden, wenn überhaupt durchführbar, viel zu kostspielig sein. Eine ganz bedeutend gesteigerte quantitative Leistungsfähigkeit des Flachdrucks wurde durch die Schaffung von Rotationsschnellpressen erzielt, bei welchen entweder von über den Druck-zylinder gespannten Zink- oder Aluminiumplatten direkt auf Papier gedruckt wird, oder mittels des indirekten Druckes (Offsetdruck). Bei letzterem wird die auf dem Druckzylinder befindliche Metallplatte auf einen mit Gummituch überzogenen Zylinder abgedruckt und von hier erst auf Papier übertragen. Die Vorteile dieses indirekten Druckes bestehen hauptsächlich in der Schonung der Druckplatten, da sie nicht in Berührung mit dem Papier kommen, und ferner darin, daß das Gummituch selbst sehr feine und dichte Druckgegenstände (z. B. Autotypien) anstandslos auf körnig rauhe oder sonst nicht verwendbare Papiere überträgt.

Die geringste Leistung in betreff der Druckanzahl weist die vornehmste Druck-technik, der Tiefdruck, auf, weil die Art der Durchführung des Druckes eine weitaus langsamere Schaffung ist als bei den vorher erwähnten Druckarten. Seit einigen Jahrzehnten war man aber in der Fachwelt bestrebt, den nur auf den Handpressenbetrieb angewiesenen Tiefdruck durch Anwendung zweckentsprechender Schnellpressen in seiner quantitativen Leistung zu heben, was dem Österreicher K. Klič (Klitsch) in Wien im Jahre 1898 mit seiner „Rembrandt-Heliogravüre" gelang, welche als Grundlage für alle später aufgetauchten derartigen Verfahren angesehen wird.

Ein Haupterfordernis für den Schnellpressentiefdruck ist eine solche Beschaffen-heit der Druckform, daß sie ein automatisches Entfernen der nach dem Farbe-auftragen an der Oberfläche zurückbleibenden Farbreste gestattet. Erreicht wurde dieses Ziel dadurch, daß ein sorgfältig zugeschliffenes federndes Stahllineal (Rakel) maschinell über die Oberfläche geführt wird. Um zu verhindern, daß dieses Lineal auch die in den die Zeichnung bildenden Vertiefungen lagernde Druckfarbe, be-sonders von größeren Flächen, herausholt, wurde ein dichter Raster angewendet, welcher erhöht im vertieften Bilde bis an die Druckoberfläche reicht und die sog. Stege für das farbeabstreifende Lineal bildet. Diese Rastrierung kann in den Mitteltönen der Schnellpressentiefdrucke leicht bemerkt werden, ist jedoch in den schweren Bildstellen infolge der dort reichlich vorhandenen Farbe nicht oder nur wenig und in den hellen Stellen sehr zart vorhanden; sie bildet das Haupt-unterscheidungsmerkmal zwischen dem Handpressentiefdruck (Kunstdruck) und dem Schnellpressentiefdruck (Massenerzeugung) und gilt mit als ausschlaggebend, z. B. auch bei zollamtlicher Behandlung.

Die näheren Benennungen der zu einer der angeführten 3 Hauptdruckarten zählenden verschiedenen Verfahren wurden nach der zur Druckformenerzeugung an-gewendeten Technik gewählt und damit jedes Verfahren ziemlich klar gekennzeichnet.

Ausführungsformen der drei Hauptdruckarten.

1. Hochdruck. Dem Hochdruck sind folgende Verfahren dienstbar, welche mit ihren verwandten Herstellungsarten und unter besonderer Betonung der photo-mechanischen Methoden (mit Heranziehung der Photographie) nachstehend behandelt werden sollen. Erwähnt sei, daß bei allen Reproduktionsverfahren für den Hochdruck nur Darstellungen in Strichlagen oder Punkten praktisch anwendbar sind, mithin ausgesprochene Halbtöne für diese Zwecke in Striche oder Punkte aufgelöst sein müssen.

Wenn beim Holzschnitt (s. d.) von einem „Tonschnitt" gesprochen wird, so betrifft es eine halbtonartige Bildwirkung, welche durch verständnisvolle Dichte und verschiedenartige Linienführung erreicht wird.

Eine Verwandtschaft mit dem Holzschnitt besitzt der Linoleumschnitt. Zur besseren Widerstandsfähigkeit beim Druck wurden Linoleumplatten mit einer dünnen Celluloidschicht überzogen. Oder es werden nach M. SANDMANN, Dresden, $2-4\,mm$ starke glatte Linoleumplatten mit gleich großen, bis $0,3\,mm$ dicken Celluloidplatten unter Anwendung einer erhitzten Campherlösung zusammen-gepreßt und so miteinander verschweißt. Es kann die Linoleumplatte auch auf Zink aufgeleimt und dann auf Holz aufgenagelt als Druckform zur Letternhöhe montiert werden.

Weitaus häufiger in praktischer Anwendung steht der viel später aufgetauchte Konkurrent des Holzschnittes, der Zinkhochätzprozeß (Zinkotypie). Um eine Zeichnung auf einer Zinkplatte für Buchdruckzwecke hochätzen zu können, muß sie säurewiderstandsfähig gemacht werden, was auf mehrfache Art erreicht werden kann. So kann die Zeichnung direkt auf Zink mit einem säurefesten Material (z. B. Asphalt in Terpentinöl gelöst) ausgeführt werden. Oder es wird die Zinkplatte gekörnt (z. B. durch Einwirkung eines Sandstrahls oder mittels eigener Maschinen) oder nur mattiert[1], und nun kann auf der mehr oder weniger fein gekörnten Oberfläche nicht nur mit der Feder und lithographischer Tusche, sondern auch mit lithographischer Kreide[2] gezeichnet werden, wobei halbtonartig wirkende Arbeiten zu erhalten sind.

Diese fetthaltigen Zeichenmaterialien widerstehen aber bei der Zinkhochätzung nicht genügend der Einwirkung einer Säure und erfordern deshalb eine entsprechende Behandlung; sie besteht darin, daß die bezeichnete Platte in einem schwachen Salpetersäurebade leicht angeätzt, dann abgewaschen und in feuchtem Zustande mittels einer Walze mit schwarzer Druckfarbe versehen wird, wobei nur die Zeichnungs-stellen Farbe annehmen. Oder es wird die Platte einer leichten Anätzung unterzogen, abgewaschen, gummiert und über die feuchte Gummischicht eine mit Terpentinöl verdünnte schwarze Druckfarbe mittels eines Schwammes in kreisförmigen Bewegungen angerieben, bis die Zeichnung mit Farbe gedeckt ist. In beiden angeführten Fällen wird dann die Platte abgewaschen, getrocknet, die farbhaltige Zeichnung mit wachshaltigem Asphaltpulver[3] eingestaubt und dieses durch Erwärmen der Platten-rückseite angeschmolzen. Eine andere Arbeitsmethode besteht darin, daß die Platte mit der Zeichnung gleichmäßig gummiert und getrocknet wird; dann wird mit

---

[1] Die reine Zinkplatte wird auf wenige Minuten z. B. in ein Bad aus 2 cm^3 Salpetersäure, 100 cm^3 Wasser und 20 cm^3 gesättigter Alaunlösung gelegt, öfters hin und her geschwenkt, dann mit Wasser abgewaschen und rasch getrocknet.

[2] Aus vielen Vorschriften herausgegriffen. Tusche: Gelbes Wachs 4 Tl., Schaftalg 4 Tl., Marseiller Seife 12 Tl., Schellack 6 Tl., Lampenschwarz 1 Tl. werden zusammengeschmolzen, auf einen mit Talg befetteten Stein (oder in eine Form) gegossen und nach dem Erkalten in Stücke geschnitten. Kreide: Gelbes Wachs 48 g, trockene Marseiller Seife 36 g, Schellack 40 g, Soda 6 g, Hirschtalg 16 g, Kienruß 20 g werden geschmolzen und in Formen gegossen.

[3] 90 Tl. gewöhnlicher Asphalt und 10 Tl. Bienenwachs werden zusammengeschmolzen und nach dem Erkalten pulverisiert. Ein Pulver ohne den Wachszusatz legt sich auch an den zeichnungs-freien Stellen der Platte als bräunlicher Ton an, welcher nur nach längerem Putzen sich entfernen läßt und die gute Deckung der Zeichnung fraglich macht.

einem mit Asphalttinktur[1] getränkten Tuchballen bis zum Auflösen der Zeichnung übergangen und die Tinktur gleichmäßig verstrichen. Nach dem Trocknen dieser Schicht wird mit Wasser abgewaschen, wobei der Asphalt samt darunter liegender Gummilage von den zeichnungsfreien Stellen entfernt wird und eine durch Asphalt ersetzte Zeichnung am Zink verbleibt, welche der Anfangsätzung widersteht.

Statt des direkten Zeichnens wird aber immer, wo es durchführbar erscheint, das Umdruckverfahren angewendet, und es ist hierbei Gelegenheit geboten, mehrere oder viele Zeichnungen oder Abdrücke von lithographischen Gravüren, Feder- zeichnungen u. s. w. zusammen auf eine Zinkplatte zu übertragen und gemeinsam hoch zu ätzen. Für diese Umdruckzwecke sind im Handel verschiedene Papiere, die sog. Umdruckpapiere, erhältlich, welche an einer Seite mit einer wasser- löslichen glatten oder gekörnten[2] Schicht versehen sind, auf welche entweder mit dem erwähnten fetthaltigen Zeichenmaterial gezeichnet oder mit einer Umdruck- farbe[3], d. i. eine fetthaltige Druckfarbe, gedruckt wird. Durch den nur in Wasser löslichen Überzug kann das Fett des Zeichenmaterials oder der Umdruckfarbe nicht in das Papier eindringen und verbleibt mithin auf der Schicht. Wird nun ein solches bezeichnetes oder bedrucktes Blatt in feuchtes Papier eingelegt, so zieht die Schicht Feuchtigkeit an und wird etwas klebrig; wird dann das Blatt mit dem Bilde (mehrere oder viele) nach unten auf die Zinkplatte gelegt und durch eine Walzenpresse gezogen, so klebt die ganze Schicht am Zink fest. Nach dem Anfeuchten der Rückseite mit Wasser löst sich der Kleisteranstrich, und nun läßt sich das Papier unter Rücklassung der Zeichnung vom Zink abziehen. Jetzt erfolgt die schon vorher angeführte Behandlung des Anreibens mit Farbe u. s. w. oder die Behandlung mit der Asphalttinktur; die Platte ist ätzfertig, wenn die Rückseite und die größeren leeren Räume zwischen den einzelnen Zeichnungen mit einer Lösung von braunem Schellack in Alkohol oder Asphalt in Terpentinöl vor der Einwirkung der Ätze geschützt worden sind. Bei der nun vorzunehmenden ersten Ätzung (Anätzung) mittels verdünnter Salpetersäure wird das freiliegende Metall angegriffen und dadurch etwas vertieft. Die Dauer der Ätzung richtet sich nach der Feinheit der Zeichnung, welche bei zu langer Ätzdauer auch seitlich angegriffen und dadurch verdorben (unterätzt) wird. Andererseits muß die Ätzung doch so ausgiebig erfolgen, daß die Zeichnung sich merklich erhaben am Metall befindet. Um nun die Zeichnung vor der seitlichen Säureeinwirkung zu schützen, wird die Ätzung rechtzeitig unter- brochen, die Zeichnung durch Aufwalzen oder Tamponieren mit schwarzer, fettiger Farbe verstärkt, mit Harzstaub eingestaubt, dieser durch Erwärmen der Platten- rückseite angeschmolzen und wieder geätzt. Dieser Vorgang wird unter Verwendung von immer reichlicherer Farbe und jedesmaligem kräftigeren Ätzen öfters wiederholt und so ein Tieferlegen der freien Stellen erreicht. Durch die wiederholte Unter- brechung der Ätzung entstehen neben den Strichen oder Punkten die sog. Ätzstufen welche entfernt werden müssen, was durch die „Rundätzung" erreicht wird. Hierzu wird die Platte von der Farbe- und Harzdeckung mit Terpentinöl und einer Bürste

---

[1] Z. B. werden 150 g Wachs, 120 g Hirschunschlitt, 200 g venetianischer Terpentin und 250 g schwarze Druckfarbe zusammengeschmolzen, dann 500 g Asphalt (gelöst in 250 cm^3 Steinkohlenbenzin) zugesetzt und das ganze mit 3 l Terpentinöl verdünnt (nach J. Burian, Wien 1901).

[2] Glattes Umdruckpapier. Ein Kleister aus 100 Tl. feiner Stärke, 25 Tl. Leim und 1000 Tl. Wasser wird mit 15 Tl. Gummigutti gefärbt, gleichmäßig auf geleimtes Papier aufgestrichen, getrocknet und satiniert.

Korn-Umdruckpapiere. Feinst geschlämmte Kreide od. dgl. wird mit Wasser und einem Bindemittel (Leim oder Gelatine) gut vermengt, noch warm auf glattes Papier striemenfrei auf- getragen und nach dem Trocknen, je nach Wunsch, ein feineres oder gröberes Korn in die Schicht geprägt. Korn-Umdruckpapier kann man in beliebigen Formaten für den Flachdruck selbst herstellen, wenn man gekörntes Zeichen- oder Packpapier 2mal mit Kleister streicht, welchem auch Eiweiß oder Gummi beigegeben werden kann.

[3] 500 g Steindruck- (Feder-) Farbe, 50 g Tusche, 20 g Wachs, 20 g venetianische Seife, 10 g Hirsch- talg und 5 g Kolophonium werden in der Wärme gut vermengt und dann fein gerieben. Zu derartigen Farben werden auch Zusätze von reinen Ölen gegeben.

befreit, dann Farbe aufgetragen, eingestaubt und erwärmt, so daß nur die oberste Ätzstufe geschützt erscheint. Wird jetzt Säure einwirken gelassen, so werden alle freiliegenden Ätzstufen entfernt oder zum mindesten schon abgerundet und dabei die freien Stellen noch tiefer gestaltet. Nach dem Reinigen der Platte mittels Terpentinöls folgt nun die sog. Reinätzung; dabei handelt es sich um das Entfernen der ersten, nahe den Strichen befindlichen Ätzstufen. Auf die gut gereinigte Platte wird entsprechend wenig Farbe mit einer glatten Lederwalze so aufgetragen, daß die ganze Zeichnung in ihrer ursprünglichen Reinheit und Schärfe sichtbar ist. Es folgt das Einstauben mit wachshaltigem Asphaltpulver, Erwärmen und eine mehrere Minuten andauernde Ätzung mit einer Mischung von 100 Tl. Wasser und ungefähr 4—10 Tl. Salpetersäure; ein seitliches Unterätzen der Striche ist infolge der noch vorhandenen Ätzstufen nicht leicht zu befürchten. Von der gereinigten Platte werden hierauf einige Probedrucke gemacht, etwaige nahe der Zeichnung stehengebliebene und vielleicht mitdruckende Ätzstufenteile mit Sticheln entfernt, die einzelnen Klischees ausgeschnitten und auf ebene Holzunterlagen genagelt zur Letternhöhe gebracht.

2. *Tiefdruck.* Die Tiefdruckverfahren ergeben die künstlerisch wertvollsten Drucke, die unter allen Drucktechniken den größten Tonreichtum in Zusammenhang mit der verschieden dicken Farbschicht aufweisen. Diese schöne Wirkung kann bei anderen Verfahren auch durch mehrfachen Übereinanderdruck verschiedener Druckformen nie so schön erreicht werden.

Zur Herstellung von Tiefdruckformen stehen eine Anzahl verschiedener Verfahren zu Gebote; als ältestes (ungefähr Mitte des 15. Jahrh.) ist die reine Grabsticheltechnik zu erwähnen, bei welcher mittels Stichels die Zeichnung entsprechend seichter oder tiefer und breiter in die Kupferplatte gestochen wird.

Die Radierung umfaßt hingegen zwei künstlerische Betätigungen, u. zw. die Ausführung der Zeichnung mittels der Radiernadel in den auf die Kupferplatte aufgetragenen Ätzgrund und das Tiefätzen des durch das Radieren freigelegten Metalls („Ätzkunst"). Die Kupferplatte wird mit einem säurefesten Grund[1] gleichmäßig überzogen und nach der darauf angefertigten Vorzeichnung oder Pause die Radierung in der Weise ausgeführt, daß nur der Ätzgrund entfernt wird. Bei der nach dem Schützen der Rückseite der Platte durch Asphaltlack vorzunehmenden ersten Ätzung mittels verdünnter Salpetersäure werden die als feinste Striche gedachten Stellen beobachtet; erscheinen sie zart vertieft, so wird die Platte mit Wasser abgespült, getrocknet, und die zarten Teile des Bildes mit Asphaltlack gedeckt. Dann wird die Ätze etwas kräftiger einwirken gelassen, bis die an die feinsten Strichlagen anschließenden, etwas kräftiger wirkenden Teile wunschgemäß tief scheinen. Die Ätzeinwirkung wird wieder unterbrochen, die richtig befundenen Stellen gedeckt, wieder weiter geätzt und die Arbeit bis zum Anlangen der tiefsten Schattenstellen, welche durch alle Ätzungen freigeblieben sind, fortgesetzt. Die Säure greift nicht nur tiefätzend, sondern auch in den bereits vertieften Stellen das Metall seitlich an; es werden daher alle Striche nicht nur tiefer, sondern auch breiter, so daß sich bei genügend langer Ätzdauer nahe aneinander befindliche, ursprünglich feine Strichlagen zu einer dunkel druckenden Stelle schließen können. Wieviel von der Ätzkunst abhängt, zeigt sich beispielsweise deutlich, wenn die feinsten Striche durch ein Versehen zu tief und breit geätzt wurden; die schöne Bildwirkung ist damit verdorben. Wird die fertige Platte nach der letzten Ätzbehandlung mit Terpentinöl gereinigt, so können Ausbesserungen (Retusche) mit der Radiernadel („Radierung mit der kalten oder trockenen Nadel") oder in den tiefen Schatten mit dem Stichel vorgenommen werden.

---

[1] 50 *g* Wachs, 40 *g* Asphalt, 20 *g* Kolophonium, 30 *g* reines Harz, 15 *g* Mastix werden zusammengeschmolzen, in kaltes Wasser gegossen, im noch warmen Zustande zu Stangen geformt, durch Umhüllen mit Stanniol gegen Vertrocknen geschützt und auf die erwärmte Kupferplatte mittels eines Tampons oder einer Walze aufgetragen. Nach V. Jasper, Wien 1889.

Eine gewisse Verwandtschaft mit der Radierung weist der Kreidezeichnungs-stich auf, welcher mittels gezähnter Rädchen (Roulettes), Nadelbündel u. dgl. in den Ätzgrund ausgeführt und unter häufigerem Abdecken tief geätzt wird.

Ein vollständig verschiedener Arbeitsvorgang wird bei der um ungefähr 1640 erfundenen Schab- oder Schwarzkunst (Mezzotintostich) beobachtet. Die Kupfer-platte wird vorerst mit dem Wiegemesser (Grundiereisen) oder einer mit scharfen Zähnen versehenen Halbwalze (Granulierwalze) so lange überarbeitet, bis die ganze Oberfläche, dicht angerauht, eine dunkel druckende Fläche ergeben würde. Dieser Grund wird nun je nach Erfordernis der übertragenen Zeichnung durch Schaben mehr oder weniger aufgehellt. Es wird mithin vom tiefen Schatten ins Helle, vom Schwarzen in das Licht (Schwarzkunst) gearbeitet. An den rein zu verbleibenden Bildteilen wird der Grund nicht nur ganz weggeschabt, sondern noch überdies mit dem Polierstahl behandelt, so daß daran keine Farbe haften kann. Da ferner mit dem Stichel u. s. w. satt druckende Kraftstellen eingetragen werden können, so ist es ermöglicht, Kunstblätter in schönen Tonwirkungen zu schaffen.

Ein in Halbton wirkendes Verfahren ist die Aquatinta-, Bister- oder Tusch-manier; hierzu wird die Platte wie zu einer Radierung mit einem Ätzgrund ver-sehen; die Umrisse der Zeichnung werden radiert und nur sehr seicht eingeätzt, da es sich dabei nur um eine Vorzeichnung handelt. Der Grund wird entfernt, die Platte mit Aquatintakorn versehen (in einem eigenen Staubkasten ein feiner Harz-staub aufgestaubt) und durch Erwärmen der Plattenrückseite angeschmolzen. Alle farblos zu haltenden Bildteile, die höchsten Lichter u. s. w., werden mit einem säurefesten Deckmitttel versehen, und eine schwache Ätzung folgt darauf, wobei es sich, ähnlich wie bei der Radierung, um die Herstellung der zartesten Töne handelt. Der weitere Vorgang, Unterbrechen der Ätzung, wiederholtes Abdecken der kräftig genug erscheinenden Bildstellen, verläuft wie bei der Radierung.

Eine Technik besteht in dem Malerstich (Malerdruck). F. v. KOBELL, München, stellte im Jahre 1840 die ersten derartigen Kunstblätter in der Weise her, daß er auf eine polierte und versilberte Kupferplatte mittels Ölfarbe ein Bild reliefartig malte, so daß die höchsten Lichter eine reine Metallplatte zeigten und die Töne und Dunkelheitsgrade durch eine verschieden dick aufgetragene Farbenmenge dar-gestellt erschienen; die fertige Malerei wurde dann mit Graphitpulver behandelt und auf galvanoplastischem Wege eine Tiefdruckplatte abgeformt. In späterer Zeit wurde das Verfahren wieder von H. HERKOMER, London (*D. R. P.* 92808 [1895]) (Herkomertypie, Herkotypie), aufgegriffen; es wird auf einer versilberten Kupfer-platte mit klebriger Farbe gemalt, mit einem Gemisch von Asphalt und Metall-pulver von verschiedener Feinheit eingestaubt, wobei an den farbreichen Farbteilen gröberes, an der zarten Malerei nur feineres Pulver haftet; die nun gemachte galvanische Abformung gibt durch ihre in den Vertiefungen mitenthaltene Körnung einen Halt für die Druckfarbe.

3. Flachdruck. Bei den Flachdruckverfahren kommen 2 gesonderte Betäti-gungen in Betracht, nämlich die Herstellung einer druckfähigen Zeichnung und der Druck von dieser.

Wird auf einem lithographischen Stein eine Arbeit mit fetthaltigem Zeichen-material ausgeführt, so ist damit eine Lithographie (Steinzeichnung) geschaffen; diese Arbeit kann durch den Berufslithographen oder durch einen mit der litho-graphischen Technik vertrauten Künstler (Künstler- oder Originallithographie) er-folgen. Zu derartigen Arbeiten stehen eine ziemliche Anzahl untereinander ver-schiedener Verfahren und ihre Abarten zur Verfügung, welche zum Teil den viel früher eingeführt gewesenen Tiefdrucktechniken ihr Entstehen verdanken. Obwohl vom lithographischen Stein auch Tiefdrucke angefertigt werden können, indem wie beim Kupfertiefdruck auch mit einem Ballen die Farbe in die vertiefte Zeichnung eingetragen wird, zählt man im allgemeinen diese Techniken doch zu den Flachdruckverfahren, da nach jedem Abdruck die Steinoberfläche befeuchtet werden muß, um das Fernhalten der Farbe daselbst zu erreichen. Allerdings wird auch in praktischen Betrieben von Tiefdrucken gesprochen, wenn es sich beispielsweise um eine Steingravur oder eine Steinradierung handelt; solche Abdrücke tragen auch die charakteristischen Merkmale des Tiefdrucks.

Je nach der Art der auszuführenden Lithographie müssen die Steine entweder glatt geschliffen oder gekörnt oder poliert werden. Ausgedruckte Steine werden zuerst so lange mit Sand geschliffen, bis eine gewisse Schicht der Oberfläche mit dem den früheren Druckgegenstand bildenden eingedrungenen Fett und die an den zeichnungsfreien Stellen vorhandene Ätzgummischicht entfernt sind. Durch diese Behandlung wird der Stein auf seiner ganzen Fläche wieder fettempfänglich und eine auf ihr ausgeführte Zeichnung oder ein Umdruck druckbar, und ferner wird erreicht, daß der frühere Druckgegenstand nicht mehr zum Vorschein kommen kann. Das Schleifen erfolgt entweder durch Handarbeit (oder durch Schleifmaschinen), wobei 2 verwendet gewesene Steine von ungefähr gleicher Größe mit den Schleifseiten aufeinandergelegt werden. Zwischen beide Steine wird mit Wasser befeuchteter gröberer Sand gebracht, der obere Stein in kreisförmiger Bewegung und unter häufigerer Erneuerung des Sandes so lange über dem unteren hin- und hergeführt, bis beide eine rauhkörnige Oberfläche besitzen. Meistens wird vor der weiteren Arbeit noch ein Schleifen mit feinerem Sand eingeschaltet und dann erst das Glattschleifen (Bimsen) mit Bimsstein oder künstlichen Schleifsteinen vorgenommen. Gekörnte Steinflächen werden mit trockenem oder auch mit Wasser befeuchtetem Glas- oder Porzellansand und einem Glas- oder Steinläufer durch Bearbeiten in kurzen kreisförmigen Bewegungen oder durch maschinelle Behandlung erzielt. Das Polieren erfolgt am fertig glatt geschliffenen Stein; er wird mit gesättigter Oxalsäure- (Kleesalz-) Lösung und einem festen Tusch- oder Filzballen so lange unter Kraftanwendung gerieben, bis seine ganze Fläche Glanz aufweist.

Unter den direkten Verfahren der Lithographie, welche auf glatten Steinen ausgeführt werden, spielt die Federzeichnung mittels lithographischer Tusche auch in künstlerischer Hinsicht eine gewisse Rolle. Hierzu wird mit Rötel u. dgl. entweder eine Pause übertragen oder eine Vorzeichnung gemacht. Zum Zeichnen dient eine lithographische Feder und zum Anlegen von Flächen ein Pinsel.

Viel häufiger gelangt aber die Kreidezeichnung zur Anwendung, welche auf gekörnten Steinen ausgeführt wird; die halbtonartige Wirkung der Zeichnung kann bei einem feinen Steinkorn und sorgfältiger Ausführung mittels lithographischer Kreide bis zur erstklassigen künstlerischen Leistung gesteigert werden. Kraftstellen, Schriften u. s. w. werden mit Feder und Pinsel eingetragen.

Eine Abart von Halbton wird an Federzeichnungen, manchmal auch an Kreidelithographien, mittels der Spritz- (Sprenkel-) Manier erreicht; dabei wird ein in lithographische Tusche getauchter steifer Pinsel oder eine kleinere Bürste über ein in einiger Entfernung vom Stein gehaltenes Drahtgitter geführt und so ein feiner Sprühregen erzeugt. Durch kürzeres oder längeres Spritzen lassen sich verschieden kräftige Korntöne eintragen. Größere, von Spritzton freizuhaltende Stellen werden mit Papierausschnitten zugedeckt; kleinere werden mittels einer gefärbten Gummilösung geschützt und diese Schicht getrocknet. Als Deckung können bei manchen Arbeiten, wie Vorsatzblättern u. s. w., verschiedene Naturformen (Blätter, Gräser u. dgl.) dienen. Zum Spritzen größerer Flächen (bei Plakaten u. s. w.) kann auch einer der vielen Apparate zum Erzeugen eines Farbsprühregens (Luftpinsel) treffliche Dienste leisten. Unruhige Stellen in den Spritztönen werden mit der Feder und lithographischer Tusche ausgeglichen und zufällig entstandene große Punkte mit einer lithographischen Nadel durchrissen.

An Stelle des Punktierens oder Spritzens kann auch die Tangiermanier gute Anwendung zur Erzeugung verschiedener Töne in einer Strichzeichnung, gleichgültig ob für Hoch- oder Flachdruck, finden. Die hierzu benötigten Tangierfelle sind durch Abformen mittels Gelatine- oder ähnlicher Lösungen von einer Platte, welche ein vertieftes Muster trägt (Schraffierungen, verschiedene Körnungen, Punkte, gekreuzte Liniaturen u. a. m.), erzeugt. Diese in einen Rahmen gespannten und ein erhabenes Muster tragenden Gelatinefolien werden im Gebrauch an ihren Erhöhungen mittels einer kleinen Walze mit Umdruckfarbe eingeschwärzt, auf die Federzeichnung aufgelegt und das Muster durch Abreiben der Rückseite mit einem Griffel, Falzbein u. s. w. in die durch die Folie scheinende Zeichnung an den gewünschten Stellen übertragen.

Eine andere Art zum Eintragen von Korn, Schraffur und anderen Mustern besteht darin, daß man einen auf Umdruckpapier gemachten Druck von einer Korn- oder anderen Druckform über die Strichzeichnung umdruckt; alle von dem Muster freizuhaltenden Stellen werden vor dem Umdruck mit angesäuerter Gummilösung abgedeckt und getrocknet; diese Schicht löst sich samt der darüber liegenden übertragenen Farbe bei der weiteren Behandlung auf.

Seltener und nur bei kleineren Arbeiten im Gebrauch ist, weil zu zeitraubend, die Punktiermanier, welche nur rohere halbtonartige Darstellungen erlaubt, die mittels der Feder und lithographischer Tusche in verschiedenen größeren oder kleineren, näher oder weiter voneinander entfernten Pünktchen auf glatten Flächen lithographiert werden.

Auch die Schab- oder Schwarzkunst kann mit ihrem ganz eigenartigen Reiz mittels der Lithographie ausgeführt werden. Hierzu wird ein gekörnter Stein mit einer Asphaltlösung, der etwas Fett (Unschlitt, Öl, venetianischer Terpentin u. dgl.) beigegeben wurde, gleichmäßig mittels einer glatten Walze überzogen und getrocknet. Aus dieser dunklen Fläche wird mittels Schaber, gezähnter Messer u. s. w. mehr oder weniger ins Helle gearbeitet und der Asphalt ganz, halb oder nur wenig entfernt, so daß ein Bild in vielen Tonwerten entsteht. Größere Tonflächen können mittels eines mit Wasser befeuchteten Bimssteins oder mit Bimssteinpulver durch schwächeres oder kräftigeres Abschleifen der Asphaltschicht erreicht werden. Nach dem Wegschleifen der nicht zum Bilde gehörigen Ränder wird der Stein mittels Gummilösung und Salpetersäure geätzt und von ihm, ohne die Asphaltschicht zu entfernen, gedruckt.

Auch zur Herstellung von Tonplatten mit ausgesparten Lichtern u. s. w., oder in solchen Fällen, wo es sich um eine helle Zeichnung oder Schrift im dunkel druckenden Grunde handelt, können mit Asphalt überzogene glatte oder gekörnte Steine verwendet werden.

Ein anderes Verfahren, welches sich jedoch nicht in den praktischen Betrieben einzubürgern vermochte, ist die lithographische Aquatintamanier. Bei dieser werden die Umrisse des Bildes auf dem Stein vorgezeichnet und alle weiß zu haltenden Stellen, wie Lichter, mit einer Mischung von Zinkweiß und einer dünnen Gelatinelösung bestrichen. Dann wird die Steinfläche mit Harzstaub bedeckt (im Staubkasten) und angeschmolzen. Nun werden die hellsten Töne mit der Gelatine gedeckt, wieder gestaubt und so fort, bis alle Tonschattierungen durch aufgehäufte Staubschichten erreicht sind. Dann wird der Stein in ein Wasserbad gelegt, in welchem die Zinkweißlagen samt den darüber befindlichen Asphaltschichten sich vom Stein loslösen; das verbleibende Asphaltbild wird nun geätzt und gedruckt (D. R. P. 50923 [1889]; C. ALLER, Kopenhagen).

Für die Steingravur wird ein polierter Stein mit einer schwarz oder mit Rötel gefärbten Gummischicht gleichmäßig überzogen und getrocknet. Mittels lithographischer Nadeln oder verschiedener maschineller Vorrichtungen wird die Arbeit vertieft in den Stein eingeritzt. Die Tiefe der Gravur soll 0,15 *mm* nicht überschreiten, da sonst Schwierigkeiten beim Druck entstehen. Die fertige Lithographie wird nun mit Öl eingefettet, der Grund mit Wasser weggewaschen, die Zeichnung mit dem Farbeballen eingeschwärzt und auf feuchtes Papier abgedruckt.

Die Steinradierung (lithographische Schwarz-Weiß-Kunst) wird in ähnlicher Weise wie die Kupferradierung unter wiederholten Abdeckungen und Ätzungen ausgeführt. Es wird auf den polierten Stein ein Asphalt- oder anderer Ätzgrund[1] glatt aufgetragen und die Radierung, ohne die polierte Schicht des Steines zu verletzen, mit einer lithographischen Nadel in feinen verschiedenen Strichlagen durchgeführt. Die Ätzungen werden mit 3—5%iger Essigsäure vorgenommen, dann mit Wasser abgespült und getrocknet. Nach sämtlichen Ätzungen wird der Stein mit Wasser gut abgewaschen und getrocknet, der gesamte Deckgrund mit Terpentinöl (ohne Wasserzugabe) und einer Bürste entfernt, getrocknet, mit Öl eingefettet und mit dem Farbeballen die Druckfarbe eingetragen.

Erstklassige Originallithographien werden meistens von der auf dem Stein direkt hergestellten Lithographie gedruckt; für Massenanfertigungen findet der sog. Umdruck Anwendung, von welchem die Auflage gedruckt wird. Dieses Umdruckverfahren spielt beim Flachdruck eine sehr große Rolle; denn nur mit seiner Hilfe ist es möglich, große Auflagen herzustellen. Die Anwendung ist sehr vielfach und verzweigt; z. B. können von mehreren oder vielen Originallithographien mittels Umdruckfarbe und der schon erwähnten Umdruckpapiere eine Anzahl Abdrücke, welche auf dem Format des für die Auflage bestimmten Papiers Platz finden können, zusammen umgedruckt werden. Zur Vereinigung dieser Drucke wird der Formatbogen mit einer genau rechtwinkeligen Einteilung durch Bleistiftlinien versehen, welche als Anhaltspunkte für das „Aufstehen" dienen. Hiernach wird jeder der Abdrucke an seine bestimmte Stelle des Einteilungsbogens aufgelegt und dann durch häufigeres Durchstoßen mit einer bleistiftförmigen Eisennadel (Aufstichnadel) an dem Bogen befestigt (aufgestochen). Wird dann der fertige Bogen in feuchtes Papier eingelegt, so zieht die wasserlösliche Schicht an den Abdrücken Feuchtigkeit an und klebt, an einem glatt geschliffenen Stein in der Steindruckpresse durchgezogen, an der künftigen Druckform fest. Das Durchziehen in der Presse wird mehrere Male vorgenommen, dann der Aufstichbogen weggehoben und die am Stein klebenden Abdrücke mit Wasser befeuchtet, welches das Papier durchdringt und die wasserlösliche Schicht löst; wenn nun die Papiere abgehoben werden, verbleiben die daran gewesenen Fettfarbbilder als Umdruck zurück. Die übertragene Farbe allein würde aber beim Ätzen nicht standhalten können; es würde das Verätzen oder Blindätzen der Druckgegenstände eintreten. Es muß mithin ein Verstärken der Farbe durch eines der bereits erwähnten Verfahren (S. 697) erfolgen. Die Ätze besteht aus einer Gummilösung (ungefähr 1 Tl. zu 4 Tl. Wasser) und Salpetersäure in verschiedenen Verhältnissen, je nach der Deckkraft und Feinheit der Druckgegenstände. In praktischen Betrieben wird der Säuregehalt der Ätze empirisch nach dem Geschmack, dem Aufbrausen am Stein, durch Abmessen oder mittels einer bestimmten Anzahl von Säuretropfen (Tropffläschchen) festgestellt. Als Anhaltspunkte können folgende Angaben für je 10 cm^3 Gummilösung gelten: Feine Kreidezeichnungen oder Federzeichnungen mit stellenweise grauen Linien 1—2 Tropfen, derbere Kreidezeichnungen 2—3 Tropfen, Tuschzeichnungen, Asphaltlithographien 3—4 Tropfen.

Ist nach Begutachtung eines gemachten Probedrucks der Stein für den Auflagedruck reif, so kann auch die „Hochätzung" der Zeichnung in ungefähr Kartonstärke vorgenommen werden. Hierzu stehen 2 Verfahren, u. zw. das Brennätz- und das Kaltschmelzverfahren, zu Gebote. Bei ersterem wird der Stein mit schwarzer Druckfarbe versehen, die Farbe mit feinem Kolophoniumpulver eingestaubt, der Überschuß entfernt und das aufgestaubte Pulver mittels einer Stichflamme angeschmolzen. Bei dem Kaltschmelzverfahren wird der mit Farbe versehene Stein ebenfalls mit Kolophonium eingestaubt, an den Längskanten des Steines je eine

---

[1] Asphalt, Wachs und Kolophonium werden zu gleichen Teilen in Terpentinöl gelöst und etwas Leinöl und venetianischer Terpentin beigemengt.

schmale Holzleiste aufgelegt und über diese Leisten ein linealartiges, mit Flanell überzogenes und mit Äther getränktes Holz langsam weggeführt; durch die Einwirkung der Ätherdämpfe schmilzt das Kolophoniumpulver. Die Ätze wird in allen Fällen mittels eines breiten Haarpinsels oder eines Schwammes aufgetragen und, mehrere Male verstrichen, einwirken gelassen oder gut verstrichen als „Stehätze" bis zum Eintrocknen belassen.

Aus den Verwendungen des Umdrucks sei beispielsweise auf den „Multiplikationsumdruck" verwiesen, bei welchem auf dem möglichst großen Papierbogen viele Drucke desselben Druckgegenstandes (z. B. Flaschenvignetten u. dgl.) für den Auflagedruck vereinigt werden, ferner bei Wertpapieren, Vorsatzpapieren u. s. w., zu deren Druckherstellung nur ein kleiner Teil lithographiert und durch Aufstechen der vielen davon gemachten Drucke auf Umdruckpapier ergänzt wird, wobei auch der lithographierte Teil durch den Gegenumdruck (Kontraumdruck oder Linksumdruck) seitenverkehrt (links und rechts vertauscht) gestellt werden kann. Dies geschieht durch einfaches Abziehen in der Presse eines auf Umdruckpapier gemachten frischen Druckes auf ein Blatt reines Umdruckpapier.

Illustrierte Zeitschriften, Modekataloge und viele andere werden oft dem Flachdruck zugewiesen; auch hierbei spielt der Umdruck die Hauptrolle. Der Umdrucker hat die Einteilungen für alle Druckbögen zu besorgen und dabei die richtige Anordnung der Illustrationen für den Text zu treffen. Die Beschreibungen können mittels Lettern gesetzt werden; davon werden Abdrücke auf Umdruckpapier mit Umdruckfarbe gemacht und diese unter Freihaltung der Räume für die Abbildungen auf dem Aufstichbogen befestigt (Typolithographie). In die leergelassenen Stellen werden alle bildlichen Darstellungen (entweder auf den verschiedenen Umdruckpapieren mit fetthaltigem Material gezeichnet oder mit fetthaltiger Farbe von bestehenden Formen gedruckt) unter Aufstechen eingereiht und zusammen umgedruckt. Es entfällt mithin die Herstellung eigener Illustrationsdruckformen, wie es für den Buchdruck erforderlich ist.

In das Gebiet des Umdrucks gehören auch die „anastatischen Verfahren", bei welchen ein vorhandener Abdruck ohne Halbtöne zum Umdruck verwendet wird[1]. Aus den vielen Vorschriften sei ein Verfahren erwähnt, welches einige Sicherheit in der Ausführung gewährt. Der Abdruck wird mit Kleister auf der Druckseite gleichmäßig bestrichen, getrocknet, dann abermals bekleistert und mit einem Schwamm eine Umdruckfarbe aufgerieben, welche nur an den Druckstellen haftet, an den leeren Teilen infolge der feuchten Kleisterschicht, der man auch Gummi beimischen kann, aber abgestoßen wird. Nach dem Abspülen mit Wasser kann umgedruckt werden.

Schon Senefelder, der Erfinder des Steindrucks, beschäftigte sich sehr eingehend damit, einen Ersatz für den Lithographiestein ausfindig zu machen. Der Stein, besonders in großen Formaten, ist sehr kostspielig, schwer zu handhaben, selten fehlerfrei zu bekommen und außerdem zerbrechlich, was manchmal zu äußerst unliebsamen Störungen in einem Druckereibetriebe führt. Jedenfalls war genug Anlaß vorhanden, nach verschiedenen Richtungen hin eine Abhilfe zu suchen.

So trug Senefelder auf Karton eine Schicht aus Kreide[2] u. s. w. auf (Papyrographie[3]); später wurde von J. Rottach in Wien und J. Hansel in Graz (D. R. P. 107 045 [1897])[4] ein glattes und auch gekörntes „Steinpapier" in den Handel gebracht. Derartige Erzeugnisse konnten sich in der Praxis nicht einbürgern.

---

[1] Selbst Neuauflagen ganzer Werke werden nach diesem Verfahren hergestellt. — [2] Z. B. 5 Tl. Kreide, 1 Tl. Bleiweiß, 1 Tl. Kalk und 1 Tl. Öl; wurde monatelang an der freien Luft getrocknet. — [3] Dieselbe Bezeichnung war auch für ein Verfahren gewählt, bei dem biegsame Platten aus Pappe, Celluloid u. s. w. mit einer breiartigen Mischung aus kieselsaurer Tonerde, Zinkweiß und Wasserglas versehen wurden (D. R. P. 112 615 [1898] von Th. Köhler, Limbach i. S.). — [4] Die aufgetragene Masse bestand aus: 1000 cm^3 Wasser, 1—5 g Glycerin, 100 g Gelatine und so viel Zinkweiß, daß ein Brei entstand.

Wesentlich anders gestalteten sich die Versuche der Einbeziehung von Metallplatten in die Flachdrucktechnik; sie führten in erster Linie zu dem Zinkflachdruck bis zu $3^1/_2\,m$ Länge. Für die Massenproduktion wurden die Zinkplatten äußerst wertvoll, als später der Druck in Schnellpressen, insbesondere aber mittels Rotationsschnellpressen, durchgeführt werden konnte. Da alle lithographischen Arbeiten mit der Feder und Kreide sowie die Umdrucke aller Art auch auf Zinkplatten ohne wesentliche Arbeitsänderung vorgenommen werden können und in der Hauptsache, abweichend von dem Steindruck, nur eine andere Ätze verwendet wird[1], so ist eine annähernd gleichgeartete Arbeitsweise beim Zinkdruck wie beim Steindruck vorhanden.

Ähnlich verhält es sich bei der Algraphie (der Ausführung einer druckfähigen Zeichnung auf Aluminium) und dem Aluminiumdruck, welcher erst anfangs der Neunzigerjahre im vorigen Jahrhundert auftauchte. Als „Ätze" dient Gummilösung mit Phosphorsäure (ungefähr 100:2); ein eigentliches Ätzen der Aluminiumplatten an den zeichnungsfreien Stellen findet nicht statt; sondern es entsteht nur eine matte Schicht (Aluminiumphosphat), welche für Nachzeichnungen (Korrekturen) durch Behandeln mit stark verdünnter Oxalsäure entfernt („entsäuert") wird.

Wenn auf einer reinen, glatten oder gekörnten Aluminiumplatte mit einer kräftigeren Ätze (4 Tl. Phosphorsäure zu 100 Tl. Gummilösung) über die ganze Fläche eine matte (Oxyd-) Schicht hergestellt und diese getrocknet wird, so kann in diese eine Art Radierung mit einem sehr harten Bleistift unter kräftigem Druck ausgeführt werden; jedenfalls muß die Schicht bis auf den Metallgrund durchrissen werden. Die fertige Bleistiftzeichnung wird dann mit Öl eingefettet oder mit der schon erwähnten Asphalttinktur eingelassen und kann, mit Wasser befeuchtet, ohne weiteres mit der Walze gedruckt werden. Dieses Verfahren ergibt Resultate mit einem ganz eigenartigen Reiz, welche in keiner anderen Technik erreicht werden können.

Andere Ersatzmittel für den lithographischen Stein wurden durch die Kalksinter- (Steinsinter-) Platten, dann Papiere, die auf galvanischem Wege mit Schichten verschiedener Metalle überzogen wurden, entfettetes und gehärtetes Casein, auf entsprechender Unterlage in dünner Schicht ausgebreitet u. s. w., für Flachdruckzwecke zu schaffen versucht.

Photomechanische Druckverfahren.

Für die Entwicklung der Reproduktionstechnik ist die Photographie bald nach ihrer Erfindung von höchster Bedeutung auf allen Gebieten der Drucktechnik geworden.

1. Photomechanische Tiefdruckverfahren.

Für den Tiefdruck fand die Photographie ziemlich ausgiebige Verwendung bei der Reproduktion von Karten, Plänen, Stichen u. s. w., mithin bei Vorlagen in Linien- oder Punktausführung ohne Halbtöne in oft so ausgezeichneter Weise, daß von Faksimilereproduktionen gesprochen werden kann. Hierzu erwies sich die Heliographie in zweierlei Anwendungsmöglichkeiten als vortrefflich geeignet. Die galvanoplastische Durchführung geht in der Weise vor sich, daß man ein photographisches Strichnegativ auf einem im Chromatsalzbade lichtempfindlich gemachten Pigmentpapier[2] kopiert, auf eine versilberte Kupferplatte unter Wasser blasenfrei aufquetscht und dann das Bild in warmem Wasser entwickelt, wobei die unbelichteten Teile der Gelatine entfernt werden und ein aus den belichteten Stellen bestehendes Leimrelief als Bild an der Platte verbleibt. Dieses wird nach dem

---

[1] Z. B. 1 Tl. Gallussäure, 3 Tl. Wasser, 1 Tl. Salpetersäure und Gummilösung.
[2] Gelatinelösung in inniger Vermischung mit feinem Ruß, Ocker und anderen beständigen Pigmenten wird auf Papier in stärkerer Schichtlage aufgetragen und getrocknet. Derartige Papiere werden fabrikmäßig und beinahe nie in einem Reproduktionsbetrieb hergestellt.

Trocknen graphitiert und galvanisch abgeformt. Bei der Heliographie unter Anwendung des Ätzprozesses wird beispielsweise eine polierte Kupferplatte mit Chromatleim gleichmäßig überzogen, nach dem Trocknen unter einem photographischen Strichdiapositiv kopiert, in Wasser entwickelt und im trockenen Zustande so lange erhitzt, bis die Leimschicht eingebrannt (emailliert) erscheint. Diese helle Zeichnung im säurewiderstandsfähigen dunklen Leimgrunde wird stufenweise, wie bei der Radierung, mittels Eisenchloridlösungen tiefgeätzt und kann nach Entfernung des Leimbildes und nach Vornahme etwa notwendiger Nachbesserungen mit dem Stichel gedruckt werden.

Unter den Verfahren zur Erzeugung von Halbtontiefdruckplatten unter Anwendung der Photographie verdient auch die Photogalvanographie von PRETSCH (1855) erwähnt zu werden. PRETSCH überzog Glasplatten mit einer kornerzeugenden Leimmasse aus 2 Tl. reinem Leim, 10 Tl. Wasser, einer starken Silbernitratlösung, einer schwachen Kaliumjodidlösung und doppeltchromsaurem Kalium, kopierte unter einem photographischen Halbtonnegativ, wässerte die Kopie, machte sie nach dem Übertrocknen leitend und formte sie galvanisch ab. Ähnlich wurde auch die Dallastypie von C. D. DALLAS, London (*E. P.* 1344 [1856]), durchgeführt.

Vollständig anders wird die von dem Maler K. KLIČ in Wien erfundene Heliogravüre (Photogravüre) mittels des Ätzprozesses ausgeführt. Die Grundzüge des Verfahrens von KLIČ sind bei der nahezu von allen Reproduktionsanstalten eingeführten Arbeitsmethode dieselben geblieben. Es wird nach dem photographischen Negativ ein Diapositiv hergestellt, letzteres auf ein in einem Kaliumbichromatbade lichtempfindlich gemachtes Pigmentpapier kopiert und dieses sodann befeuchtet auf eine Kupferplatte völlig blasenfrei aufgequetscht. Die Kupferplatte wird vorher sorgfältig poliert und dann im Staubkasten mit einem Aquatintakorn versehen. Wenn die Platte mit dem darauf haftenden Pigmentbilde in sehr warmem Wasser behandelt wird, so vollzieht sich die Entwicklung, bei welcher alle unbelichtet gebliebenen Teile der farbigen Leimschicht gelöst werden und ein Leimrelief verbleibt, welches den Deckgrund in verschiedener Dichte gegen die nun folgende Ätzeinwirkung vorstellt. Die Ränder außerhalb des Bildes und die Rückseite der Platte müssen mit Asphaltlack geschützt werden. Von vielen Praktikern wird folgendes Ätzverfahren eingehalten: 4 Eisenchloridlösungen von verschiedener Konzentration werden in flachen Porzellan- oder Glastassen auf einem Tische nebeneinander angeordnet; diese Ätzbäder werden auf einer Temperatur zwischen 14 und 25° gehalten; höhere Wärmegrade beschleunigen die Ätzung zu sehr. Die Eisenchloridlösungen haben eine Stärke von 42° *Bé* und 30° *Bé*, und es muß sich der Ätzer vergegenwärtigen, daß verdünnte Lösungen das Gelatinebild rascher durchdringen als gesättigtere. Wird die Platte in die erste Ätze gebracht, so macht sich die Wirkung sehr bald durch dunkleres Färben der Tiefen des Bildes bemerkbar; die Ätzung wird dann im zweiten, dann in den restlichen 2 Bädern fortgesetzt, u. zw. in jedem je nach der Beschaffenheit des Bildes kürzere oder längere Zeit. Naturgemäß widersteht das Leimrelief an seinen dicksten Schichten — den Lichtern — am längsten der Ätzeinwirkung, und daher werden die Schatten des Bildes am tiefsten geätzt. Die aus dem letzten Bade genommene Platte wird mit Wasser reichlich abgespült, das Gelatinebild entfernt, dann das Harzkorn mit Benzol weggeputzt und nach Herstellung eines Probedrucks der sich ergebenden Nachbesserung mit Roulettes, Polierstahl u. s. w. unterworfen. Beim Druck der Heliogravüreplatten zeigt sich, daß die Druckfarbe auch an großen schweren Schattenstellen einen Halt findet und sich beim Farbauftragen nicht herauswischen läßt. Es hängt dies mit der zarten Rauheit der Tiefätzung zusammen, welche durch das Aquatintakorn bewirkt wird.

Aus demselben Grunde wird bei der auf dem Prinzip der Heliogravüre beruhenden Steinheliogravüre auf einem polierten lithographischen Stein ein mehrfach gekreuzter Rasterumdruck gemacht, mit Kolophonium eingestaubt und angeschmolzen. Hierauf wird eine nach einem photographischen Diapositiv angefertigte Pigmentkopie übertragen, in warmem Wasser entwickelt und wie bei der Heliogravüre unter Anwendung 4 verschiedener Eisenchloridlösungen tiefgeätzt. Nach dem Waschen, Entfernen des Gelatinebilds und des Rasterumdrucks wird der Stein getrocknet, das Bild mit Öl eingefettet und wie eine Gravur gedruckt (nach CH. ECKSTEIN, Haag 1888).

Wie schon bei der quantitativen Leistungsfähigkeit des Tiefdrucks erwähnt wurde, eignen sich die gewöhnlichen Heliogravüreplatten nicht für den Druck in der Schnellpresse; K. KLIČ verwendete bei seiner Rembrandt-Heliogravüre 1898 einen Raster, wodurch das automatische Entfernen der überschüssigen Farbe von der Oberfläche der Druckform befriedigend durchführbar wurde.

Angelehnt an diese Erfindung tauchten einige Jahre später in einer stattlichen Reihe von Reproduktionsanstalten diesbezügliche Verfahren auf, wobei nahezu jede Anstalt ihr Erzeugnis durch einen besonderen Namen zu kennzeichnen suchte. Es seien erwähnt: Altogravüre, Allezzogravüre, Globusdruck, Helio-Sadag-Verfahren, Heliotint, Heliotintdruck, Intagliodruck, MERTENS-Druck, Mezzotintogravüre, Rakeltiefdruck, Rasterheliogravüre, Rembrandt-Heliogravüre, Rotogravüre, Rotationstiefdruck, Saalburg-Verfahren, Schnellpressengravüre, Schnellpressen-Rakeltiefdruck, Simileheliogravüre, Tiefdruckätzung, Van-Dyck-Gravüre und Zeitungsrotationstiefdruck.

In vielen Betrieben wird nachfolgendes Verfahren teilweise mit einigen Abänderungen angewendet. Es wird ein sehr feiner gekreuzter Raster auf Pigmentpapier, dann auf dasselbe Papier das Bild kopiert und wie bei der Heliogravüre, aber auf blankes Kupfer, übertragen und entwickelt; hiermit ist anstatt des Aquatintakorns bei der gewöhnlichen Heliogravüre eine Rastrierung des künftigen auf dem Kupfer zu ätzenden Bildes geschaffen, welche als Gleitsteg für das farbeabstreifende Lineal (Rakel) dient. Die Ätzung erfolgt wie bei der Heliogravüre, und es ist darauf zu achten, daß in Ätztiefen die Stege nicht verätzt werden. Eine Tiefdruckform mit an der Oberfläche der Druckform liegendem Raster ist im *D. R. P.* 207 209 [1907] von TH. REICH, Berka a. d. Werra, beschrieben. Es wird ein Linienraster mittels Pigmentpapiers oder sonstwie so schwach auf die Druckwalze oder Platte aufkopiert oder übertragen, daß es dem Ätzmittel nur teilweise Widerstand leistet. Nun wird auf eine auf Pigmentpapier von einem Halbton- oder Strichdiapositiv hergestellte, übertragbare Kopie ein über die ganze Bildfläche laufender Linienraster kopiert, mit dem Unterschiede, daß diese zweite Kopie des Linienrasters nach dem Charakter des zur Verwendung kommenden Diapositivs länger belichtet wird; alsdann wird dieses rastrierte Bild so übertragen, daß auf der Walze oder Platte der zweite Raster sich mit dem schon übertragenen Linienraster kreuzt, worauf geätzt wird.

Was den maschinentechnischen Teil des Schnellpressentiefdrucks anbelangt, so sei bemerkt, daß Maschinen für den Druck von Platten und solche für den Rotationsdruck geschaffen worden sind; für letzteren stehen Walzen mit elektrolytischem Kupferniederschlag oder mit dünnem, auf die Walzen aufgezogenem Kupferblech in Verwendung. Im ungefähren Durchschnitt kann angenommen werden, daß eine Rotationsmaschine 3mal so viel leistet wie eine Maschine für den Tiefdruck von Platten. Es kommt mithin für eine Massenerzeugung, z. B. Zeitungen, eigentlich nur die Rotationsmaschine in Betracht.

Für die Herstellung von Druckformen für die Tiefdruckmaschine werden beispielsweise die Schriften auf Seiden- oder anderes lichtdurchlässiges Papier im Buchdruck gedruckt und bronziert, sodann auf durch einen Raster vorkopiertes Pigmentpapier kopiert und übertragen, entwickelt und geätzt. Der gleiche Vorgang wiederholt sich nun bezüglich der in den Text einzufügenden Bilder auf das mit der Textätzung versehene Kupfer. Es wurde auch der Weg eingeschlagen, daß bei einer einzigen Übertragung zuerst die Halbtonbilder geätzt und dann die mit Asphalt-lösung abgedeckt gewesenen Texte und Strichzeichnungen der Ätzung unterzogen wurden; aber schließlich gelang es, die Ätzungen in einem Arbeitsgange durch-zuführen.

2. Photomechanische Hochdruckverfahren.

Hier kann die von K. KLIČ, im Jahre 1880 ausgeführte Cuprotypie zuerst Erwähnung finden; dabei wird eine unter einem photographischen Halbtonnegativ hergestellte Pigmentkopie auf eine mit Aquatintakorn gestaubte Kupferplatte übertragen und nach dem Entwickeln und Trocknen mit Eisenchloridlösung hochgeätzt. Zur Nachätzung wird das Bild mit Farbe versehen, eingestaubt und angeschmolzen. Das Verfahren wurde vorübergehend unter verschiedenen Bezeichnungen (Auto-typie, Chalkotypie, Halbtonheliotypie, Kupferkornätzung u. s. w.) ausgeführt und dann als zu um-ständlich aus der Praxis ausgeschaltet.

Als sehr wertvoll erwies sich jedoch die Photographie bei der Erzeugung von Zinkhochätzungen (Photozinkotypie, Phototypographie), wobei es sich um Reproduktionen nach Vorlagen aus Strichen, Korn u. dgl., wie Federzeichnungen, Holzschnitte, Kupferstiche u. s. w., handelt. Hierzu dient ein photographisches Negativ, nach welchem eine säurewiderstandsfähige Übertragung auf Metall erzeugt wird, wozu zweierlei Möglichkeiten vorhanden sind.

Bei der direkten Kopierung auf Zink werden die von den Glasplatten als dünne Häutchen abgezogenen Negative auf eine mit einer lichtempfindlichen Schicht überzogene Platte kopiert, dann alle unbelichteten Teile dieser Schicht entfernt (entwickelt) und je nach der Beschaffenheit der angewendeten lichtempfindlichen Lösung einer entsprechenden Behandlung unterworfen, um die Zeichnungen säure-widerstandsfähig zu erhalten. Vielfach verwendet wird für die direkte Kopierung Chromateiweiß.

Man schlägt frisches Hühnereiweiß zu Schnee und läßt das flüssige Eiweiß über Nacht ab-setzen. Es wird mit der doppelten Menge Wasser verdünnt und dann mit gleichen Teilen einer Chromatlösung (Wasser 100 cm^3, Ammoniumbichromat 5 g und Ammoniak bis zur Gelbfärbung der Flüssigkeit) gemischt; oder es werden z. B. 140 g trockenes Albumin in 980 cm^3 Wasser und 2 g Phenol aufgelöst und als Vorratslösung in einer lose verschlossenen Flasche aufbewahrt (J. M. EDER, Rezepte und Tabellen, Halle).

Auf eine solche aus dem Kopierrahmen genommene Platte wird über die kopierte Eiweißschicht eine dünne Lage Druckfarbe aufgetragen und dann in kaltem Wasser entwickelt, wobei die unkopierten Stellen vom Eiweiß samt der darüber liegenden Farbe befreit werden; das zurückgebliebene Farbbild wird mit Harzpulver eingestaubt und dieses angeschmolzen. Eine andere Behandlung erfordert eine Chromatleimkopie. Die hierfür nötige lichtempfindliche Schicht besteht z. B. aus Albuminlösung (1:6) 20 cm^3, Ammoniumbichromatlösung (1:10) 40 cm^3, Fischleim 30 cm^3 und Wasser 40 cm^3. Das an der Platte kopierte Bild wird ohne weiteres in kaltem Wasser entwickelt, zur leichteren Beurteilung in einer Methylviolettlösung gefärbt, mit Wasser abgespült und getrocknet. Die Säurewiderstandsfähigkeit wird durch starkes Erhitzen der Rückseite der Platte erreicht (Einbrennen, Emaillieren), wodurch die Leimbilder eine kastanienbraune Färbung erhalten. Die meisten Zink-sorten sind aber für dieses Erhitzen nicht geeignet; sie werden krystallinisch und brüchig. Kupfer verträgt diese Behandlung sehr gut (Kupfer-Email-Verfahren), ist jedoch im allgemeinen für Strichätzungen zu teuer. Ein Ausweg wurde mit dem Kaltemailverfahren gefunden, und eine aus den vielen Vorschriften lautet: die Chromatleimkopie wird mit einer Lösung von 15 g Drachenblut in 100 cm^3 Alkohol übergossen, getrocknet und nach einstündigem Liegen in Wasser mit einem Baum-wollbausch entwickelt und getrocknet (L. TSCHÖRNER, Wien 1901). Doch in neuerer Zeit werden viele gebrauchsfertige Kaltemaillösungen und -lacke für alle direkten Kopierungen von verschiedenen Firmen in den Handel gebracht, mit welchen das Arbeiten bedeutend vereinfacht wurde.

Der in früheren Jahren für direkte Kopierungen auf Zink in Verwendung gestandene licht-empfindliche Asphalt kommt kaum mehr in Betracht und findet bei den Farbendruckarbeiten ein-gehendere Erwähnung.

Eine andere Art von Hochdruckformen wird mittels der Leimtypie hergestellt; sie spielte jedoch in praktischer Verwertung keine besondere Rolle. Es wurde beispielsweise auf eine gefettete Glas- oder Metallplatte eine reichliche Menge von Chromatgelatine gegossen, nach dem Trocknen als Haut von der Unterlage abgezogen, die an der Unterlage gewesene Schicht unter einem Strich- oder einem zerlegten Negativ kopiert, auf einen Holzstock geleimt oder auf einer Metallplatte befestigt. Dann wurde entweder mit Essigsäure oder in einer Chromatsalzlösung entwickelt und, damit kein Unterwaschen der Zeichnung eintreten konnte, die Arbeit rechtzeitig unterbrochen; die

tiefer entwickelten Stellen wurden mit einem Teig aus Gummi und Knochenkohle oder schwarzem Schellackfirnis gedeckt, die Fläche dem Licht ausgesetzt und nach dem Entfernen der Deckfarbe fertig entwickelt. Derartige Verfahren wurden unter anderen von W. H. MUMMLER, Boston [1871], von A. C. KLAUCKE, Godesberg, E. A. SÖWERKROP, Bonn (*D. R. P.* 6590 [1879]), J. HUSNIK, Prag (*D. R. P.* 40766 [1887]; *Zus. P.* 42158 [1887]), und von TAKIZO MORIZASU in Japan (*F. P.* 631 977 [1926]) ausgeführt.

20 Linien je 1 *cm.*   40 Linien je 1 *cm.*

Abb. 231. Autotypien mit verschiedenen Rastern.

Wohl das wichtigste und am meisten verwendete photomechanische Verfahren ist die zur Herstellung von halbtonartig druckenden Hochdruckformen besonders geeignete Autotypie und betrifft die Erzeugung eines photographischen Negativs nach Vorlagen in wirklichen Halbtönen, wie photographische Naturaufnahmen, Gemälden, Tuschmalereien u. s. w. Diese geschlossenen Töne der Vorlage

müssen im autotypischen Negativ in entsprechende Punkttöne aufgelöst werden, was durch Vorschaltung eines Rasters[1] in geringem Abstande von der lichtempfindlichen Platte für die Aufnahme erreicht wird. Von der Feinheit der Raster ist auch die mehr oder weniger deutlich bemerkbare Zerlegung der Töne abhängig (vgl. Abbildung 231); so ist z. B. für den Zeitungsdruck ein autotypischer Druckstock

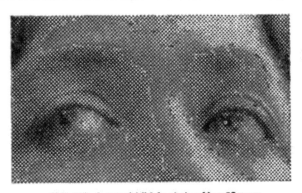

Abb. 232. Autotypiebild in starker Vergrößerung.

in grobrastriger Zerlegung besser geeignet. Eine autotypische Aufnahme zeigt nach fachrichtiger Behandlung in den hellsten Stellen des Bildes abgesonderte, lichtdurchlässige kleine Punkte, welche gegen die Töne immer größer, dann zusammenhängend werden, bis endlich in den durchsichtigen Schatten nur mehr kleine gedeckte Punkte zu bemerken sind (vgl. Abb. 232, eine vergrößerte Autotypie[2]).

---

[1] Die am meisten angewendeten sog. Kreuzraster stellen 2 miteinander verbundene Glasplatten dar; jede der Platten trägt eine Liniatur, welche in den auf die Platten aufgetragenen Grund mittels einer Liniermaschine gezogen und mit Flußsäure tief geätzt wird, worauf diese vertieften Linien, nach Entfernung des Grundes, mit schwarzer Farbe ausgefüllt werden. Zwei solcher Linienplatten, unter einem Winkel von 90° gekreuzt, ergeben, aufeinander gekittet, einen Kreuzraster.

[2] Aus A. W. UNGER, Die Herstellung von Büchern, Illustrationen u. s. w. Halle a. d. S. 1910.

Die autotypischen Negative werden nahezu ausnahmslos als von der Glas-
unterlage abgezogene dünne Häutchen entweder auf Zink mittels des erwähnten
Chromateiweißverfahrens, eines Kaltemailverfahrens, oder auf Kupfer (Kupferautotypie)
unter Verwendung des Emailverfahrens kopiert. Außerdem stehen noch andere
Kopierverfahren zur Verfügung; unter anderem wird eine Metallplatte mit einem
Asphalt- oder anderen ätzewiderstandsfähigen Grunde überzogen, eine Chromat-
schicht darüber aufgetragen, kopiert und nach dem Entwickeln an den bildfreien
Stellen der bloßliegende Deckgrund, dann das ankopierte Chromathäutchen entfernt.
Es verbleibt mithin ein aus dem Deckgrunde bestehendes Bild, welches ohne
Zwischenmanipulation geätzt wird. Nach der Ätzung wird auf Grund eines gemachten
Probedrucks die Platte für die Nach- (Effekt-) Ätzung vorbereitet; alle für richtig
in der Tonwirkung befundenen Teile des Bildes werden vor einer weiteren Ätzeinwirkung durch Abdecken mittels Asphalt- oder Spirituslackes oder mittels verdünnter Druckfarbe und Harzpulver geschützt. Bei dem ungedeckt gebliebenen
Teil erfolgt durch das Nachätzen ein Aufhellen, weil jeder einzelne Punkt von
der einwirkenden Säure auch seitlich angegriffen und dadurch kleiner wird. Die
Nachätzung betrifft hauptsächlich nur die hellen Teile des Bildes, und es
werden damit die leeren Zwischenräume neben den daselbst vorhandenen Punkten
noch mehr vertieft, was Vorteile für den Druck in der Buchdruckpresse mit sich
bringt. Ein nun angefertigter neuer Probedruck dient zur Beurteilung für eine
etwa notwendige Nachbesserung (Metallretusche), ähnlich wie bei der Heliogravüre.

Wird bei der photographischen Aufnahme statt eines Rasters vor die lichtempfindliche Platte eine Kornplatte vorgeschaltet, so erhält man eine körnige Zerlegung der Halbtöne am Negativ, eine Kornautotypie, die aber nur in Ausnahmefällen verwendet wird. Dies trifft auch bei verschiedenen anderen Verfahren zur Erzeugung von halbtonartig wirkenden Hochdruckformen in Kornmanier zu. Zum Beispiel
wird auf eine Kupferplatte eine lichtempfindliche Schicht aus verschiedenen Leim-
gattungen, Eiweiß, Gummi, Ammoniumbichromat und Wasser aufgetragen, getrocknet
und ohne Entwicklung mittels Eisenchloridlösungen geätzt, deren Konzentration
während des Ätzprozesses vermindert oder erhöht wird (Spitzertypie) (*D. R. P.*
161 911 [1901], 178 143 [1903], 194 586 [1905], E. SPITZER, München). Diese Eisen-
chloriddurchätzung wird auch bei der Stagmatypie (Selbstkornverfahren) mit einer
Bichromat enthaltenden Mischung, die 1—8 Tl. einer Lösung von 1 Tl. Fischleim
auf 1—6 Tl. Wasser und 1 Tl. einer Lösung von 1 Tl. arabischem Gummi auf 1—6 Tl.
Wasser enthält, ferner auch mit glutinhaltigen oder mit Glutin versetzten Leimen
allein oder in Mischungen miteinander und endlich mit reinem Glutin allein ausgeführt (*D. R. P.* 231 813 [1908]; *Zus. P.* 243 844 [1909]; STRECKER, München).
Bei einem zu derselben Gruppe zählenden Verfahren wird die zu ätzende Fläche
mit lichtempfindlichem Asphalt überzogen, unter einem Halbtonnegativ kopiert, mit
Terpentinöl od. dgl. übergossen und sofort in ein Ätzbad gebracht, dem irgend ein
Asphaltlösungsmittel, z. B. Alkohol, zugesetzt ist. Während das in die Deckschicht
eingedrungene Terpentinöl das kopierte Bild entwickelt, bewirkt das dem Bade
zugesetzte Lösungsmittel die fortwährende Beseitigung des der Entwicklung entsprechend gelösten Deckmittels, und das Ätzmittel ätzt die Unterlage (*D. R. P.* 191 369
[1906], A. DILLMANN, Wiesbaden).

Wird die Photographie in irgend einer Weise als Vorzeichnung zur Herstellung
eines Holzschnitts benutzt, so kann von einer Photoxylographie gesprochen
werden. Der Vorteil in der Anwendung der Photographie für diesen Zweck liegt
in der verläßlich getreuen Nachbildung der Vorlage, z. B. bei einer Verkleinerung.
Das am häufigsten angewendete Verfahren zur Aufbringung eines photographischen
Bildes auf den Holzstock beruht auf dem direkten Kopierprozeß; das Holz wird
weiß grundiert, diese sehr dünne Schicht lichtempfindlich gemacht, unter einem

photographischen Negativ kopiert, mittels Fixiernatronlösung fixiert, gewässert und getrocknet[1].

Auch photographische Aufnahmen wurden direkt auf Holzstöcken durchgeführt. Die Stöcke wurden mit Asphaltlösung und Lampenschwarz grundiert, dann mit Kollodium überzogen, mit Silbernitratlösung getränkt, belichtet und wie sonst beim Kollodiumverfahren weiter behandelt. Oder es wird das Holz mit einer Weingeist-Schellack-Lösung, dann mit Tusche und Eiweiß, hierauf mit einer Kautschuklösung und schließlich mit einer Bromsilberkollodiumemulsion überzogen (A. MASSAK, Wien 1905). Ferner wurden farbfrische Abdrücke (Lichtdrucke von M. GEHMOSER, München 1882) oder photolithographische Papierkopien auf den weiß grundierten Holzstock durch Abreiben übertragen.

3. Photomechanische Flachdruckverfahren.

Bei den unter dem Sammelnamen Lichtflachdruckverfahren zusammengefaßten Methoden, welche die Erzeugung von Flachdruckformen zum Ziele haben, verdient wohl die Photolithographie an erste Stelle gerückt zu werden; sie ist unter allen photomechanischen Druckverfahren am leichtesten und sichersten auszuführen. Die Photolithographie kann durch direktes Kopieren auf den lithographischen Stein oder auf indirekte Weise durch eine Übertragung erzeugt werden. Für letztere wird ein gutes Papier mit einer Gelatinelösung gleichmäßig überzogen und getrocknet; ein solches im Handel befindliches Gelatinepapier wird für den Gebrauch in einer Kaliumbichromatlösung[2] bis zum Durchfeuchten der Gelatine gebadet und im Dunkeln an eine mit Federweiß abgeriebene Spiegelglasplatte angequetscht und getrocknet vom Glas weggehoben.

Bei dem Kopieren unter einem Strich-, Korn- oder nicht zu fein zerlegten autotypischen Negativ bemerkt man leicht die Veränderung in der Chromatgelatineschicht, da die vom Licht getroffenen Stellen sich braun gefärbt vom unbelichteten Grunde deutlich abheben; der Kopiergrad ist also mühelos zu beurteilen. Über die ganze Fläche einer solchen Kopie wird mittels einer Samtwalze eine fetthaltige Farbe[3] in dünner gleichmäßiger Lage aufgetragen, dann das Blatt blasenfrei auf 20' oder länger in kaltes Wasser gebracht. Bei diesem Auswässern quellen die unkopierten Teile in der Gelatineschicht auf, das darin enthaltene Chromatsalz wird entfernt, und wenn jetzt die Kopie auf eine ebene Unterlage gebracht und mittels faserfreien Saugpapiers der an der Bildseite befindliche Feuchtigkeitsüberschuß entfernt wird, so kann die Entwicklung der Zeichnung vor sich gehen. Es wird mit der farbhaltigen Samtwalze die Kopie abgewalzt, bis die an den unkopierten Stellen lose lagernde Farbe so ziemlich entfernt ist und die Zeichnung deutlich eingeschwärzt zutage tritt. An den kopierten Stellen haftet die Farbe sehr gut, da diese Teile durch die Belichtung ihre Quellbarkeit im Wasser verloren haben und die Farbe nicht abstoßen können. Nach dem Abspülen in reinem Wasser wird nun die Kopie fertig entwickelt, d. h. es werden die noch an den zeichnungsfreien Stellen anhaftenden zarten Farbreste mit einem feinen nassen Schwamm oder einem Baumwollbausch entfernt, worauf die Kopie, an ein Brett geheftet, zum freiwilligen Trocknen

---

[1] Zum Beispiel wird eine dünne Schicht von 10 Tl. Arrowroot in 100 Tl. Wasser und Zinkweiß aufgetragen, durch Eintauchen der Holzoberfläche in ein Silbernitratbad (1 : 10) lichtempfindlich gemacht, kopiert, im Goldbad getont und in einer Lösung von unterschwefligsaurem Natrium fixiert (nach O. VOLKMER, Wien 1867). Oder es wird auf dem Holz geschlämmtes Zinkweiß mit warmer Gelatinelösung (4 : 100) und etwas Eiweiß durch den Ballen der Hand verrieben und hierauf die trockene Schicht mit einer gesättigten Lösung von krystallisiertem Silbernitrat in Glycerin, zu welcher Citronensäure zugefügt wird, versetzt. Nach dem Kopieren wird fixiert und gewässert (nach G. BRANDLMAYR, Wien 1917).

[2] 50 g Kaliumbichromat, 700 cm^3 Wasser, 300 cm^3 Spiritus und Ammoniakzusatz bis zur lichtgelben Färbung der Lösung.

[3] Es kann z. B. Kreidefarbe, mit etwas Bienenwachs, reinem Fett, auch Öl gekocht, gut vermengt und gerieben werden; für den jeweiligen Gebrauch wird nach Bedarf mit reinem Öl die Farbe geschmeidiger gemacht.

gestellt wird. Zum Umdruck (Übertragung) wird die Kopie, sog. Fettkopie, in feuchtes
Papier eingelegt, in dem die leeren Stellen Feuchtigkeit anziehen und dadurch etwas
klebrig werden, in diesem Zustande mit der Bildseite auf einen glatt geschliffenen
Stein in der Steindruckpresse aufgelegt und wiederholte Male durchgezogen. Wird
die am Stein festklebende Kopie dann abgehoben, so verbleibt das daran gewesene
Farbbild als Umdruck am Stein, welcher der auf S. 697 angegebenen weiteren Behandlung des Anreibens mit Farbe od. dgl. sowie des Ätzens unterworfen wird. Derartige
Umdrucke werden auch auf Zink- oder Aluminiumplatten für Flachdruckzwecke
angewendet und die Abdrücke davon Photozinkographien bzw. Photo-
algraphien benannt.

Um maßhaltige Umdrucke zu erreichen, d. s. solche, die mit den Größen der
Negative genau übereinstimmen, wie sie bei manchen Arbeiten (z. B. Farbendruck)
erforderlich sind, wurden verschiedene photolithographische Papiere[1] oder statt dieser
dünne, mit Gelatine oder mit lichtempfindlichem Asphalt (Rapid-Report-Prozeß
von G. Kyrkow, Sofia) überzogene Metallplatten angewendet.

Vielfach angestellte Versuche, welche schon gegen Ende der Fünfzigerjahre des
vorigen Jahrhunderts einsetzten, zielten dahin, die indirekte Photolithographie auch
für Erzeugung halbtonartig druckender Formen zu benutzen (Halbton-Photolitho-
graphie). So kann eine nach einem Halbtonnegativ hergestellte, eingeschwärzte
und nur mit der Samtwalze entwickelte (nicht mit einem Schwamm überwischte)
photolithographische Papierkopie, welche ein in Farbe bestehendes Halbtonbild
enthält, auf einen gekörnten Stein umgedruckt werden. Durch das feinere oder etwas
gröbere Korn des Steines werden die Töne mehr oder weniger bemerkbar zerlegt
und dadurch druckfähig; ferner ist durch das Korn die Möglichkeit geboten, Nachbesserungen, Eintragen von Kraftstellen u. dgl. mittels lithographischer Kreide
vornehmen zu können. Oder nach einem anderen Verfahren (Krayonphotographie)
wurde eine körnige Zerlegung der geschlossenen Halbtöne durch ein photolitho-
graphisches Papier zu erreichen gesucht, welches in der Gelatineschicht ein Holz-
kohlen-, Baryt- oder anderes Pulver enthielt; die Kopien wurden auf glatte Steine
umgedruckt. Oder es wurden die aus dem Chromatbade genommenen gewöhnlichen
photolithographischen Papiere mit der durchfeuchteten Schicht auf eine körnige
oder rastrierte Unterlage gequetscht und daran getrocknet (D. R. P. 70697 [1892];
L. Schäfer, Heilbronn a. N.). Oder es wurde auf das feuchte Chromatgelatinepapier
ein Aquatintakorn aufgestaubt oder das Aufkopieren einer Korntonfläche auf das
lichtempfindliche Papier vor dem Kopieren des Halbtonnegativs vorgenommen.

Der neuen Zeit gehört das Monogutta-Verfahren an, bei welchem körnige,
lichtempfindliche Schichten auf Celluloid, Glas und Papier für die photographischen
Aufnahmen in Verwendung stehen und die gebräuchliche Belichtung, Entwicklung
und Fixierung zulassen; es ist keine besondere Behandlung für die Kornbildung an
den Negativen erforderlich. Die Erfindung stammt von P. Faulstich in Leipzig-Li.
und wird verwertet von Stadler, Steinwehr & Co. in Hamburg.

Um die Tonzerlegung schon bei der photographischen Aufnahme bewirken
zu können, wurden allerlei Verfahren angewendet, aus welchen folgende herausgegriffen seien. So wurde auf Glasplatten eine Korn- oder gekreuzte Schraffurschicht
und darüber eine lichtempfindliche Gelatineemulsion aufgetragen; derartige Platten
bildeten vorübergehend einen Handelsartikel. Oder es wird auf eine Gelatinefolie
die Punktur eines Tangierfells (S. 702) abgerieben, mit Lampenruß undurchsichtig
gemacht, auf die Schichtseite einer lichtempfindlichen Platte aufgelegt, mit einer
Glasplatte bedeckt und die Aufnahme durchgeführt (D. R. P. 246641 [1911], J. Köhler,

---

[1] Zum Beispiel wurde Papier mit einer Lösung aus: 1000 Tl. weißem Schellack, 250 Tl. Borax
und 500 Tl. Wasser, nach dem Trocknen mit einer Lösung von 140 g Gelatine in 2000 cm^3 Wasser und
mit einer heißen Lösung von 60 g Schellack in 1000 g Alkohol gut vermischt, versehen. Auf so
grundierte Papiere wurde dann erst eine Gelatineschicht aufgetragen.

Bautzen). Bei der Palmertypie befindet sich auf der einen Glasplattenseite ein Raster, auf der andern die lichtempfindliche Schicht; die Glasdicke ergibt den Rasterabstand. Bevor die Platte zur Entwicklung gelangt, wird der Rasterüberzug entfernt (*D. R. P.* 247121 [1910], H. W. HAMBLIN PALMER, Lynmouth).

Eine andere Verwendungsart der indirekten Photolithographie für halbtonartig wirkende Flachdrucke (Plakate, Wandtafeln) wird mittels der Gigantographie ausgeführt. Ein photographisches Halbtondiapositiv wird mit der Schichtseite auf einen Autotypieraster oder eine Kornplatte gebracht und durchscheinend stark vergrößert photographisch aufgenommen (*D. R. P.* 120567 [1899], J. GIESECKE, Leipzig). Später wurden Autotypiediapositive hergestellt und diese vergrößert.

Das älteste Verfahren der direkten Kopierung auf den lithographischen Stein ist die Asphaltphotolithographie. Es wird ein fein gekörnter Stein durch Aufgießen und Abschwenken mit einer lichtempfindlichen Asphaltlösung überzogen; dann wird getrocknet, unter einem gewöhnlichen Halbtonnegativ kopiert und mit verschiedenen Terpentinölen (auch mit Zusätzen von Benzol oder Öl) entwickelt, wobei die unbelichtet gebliebenen Teile der Asphaltschicht entfernt werden und ein positives Bild am Stein verbleibt. Vor dem Ätzen, wie bei einer lithographischen Kreidezeichnung, können Nachbesserungen mit lithographischer Kreide, Schabnadel u. s. w. vorgenommen werden, wobei die dem Verfahren anhaftende Tonarmut durch Eintragen von Kraftstellen einigermaßen behoben werden kann. Auch durch Übereinanderdruck von 2 oder 3 nach demselben Negativ schwächer und kräftiger kopierten und beim Entwickeln verschieden gehaltenen Steinen trachtete man, die Mängel zu beheben, da durch zwei- (Nuancendoppeldruck) oder dreifachen Druck der Tonreichtum so gesteigert wurde, daß tatsächlich schöne Reproduktionen erzielt wurden. Eine weitere Anwendung der Asphaltlithographie gehört schon in das Gebiet der später folgenden Farbendruckverfahren unter Flachdruck.

Der für die Asphaltphotolithographie angewendete lichtempfindliche Asphalt wird z. B. hergestellt, indem man grobpulverisierten syrischen Asphalt in einer weithalsigen Flasche in Chloroform zu einer teigartigen Masse löst, dann Äther hinzufügt und nach häufigerem Schütteln die lackartige Lösung abgießt. Auf den in der Flasche verbleibenden dickflüssigen Rückstand wird noch 2mal reichlich Äther gegeben, öfter aufgeschüttelt, die Lösung abgegossen und der verbleibende reine Asphalt, auf Papier gebreitet, im Dunkeln getrocknet. Von dem getrockneten gereinigten Asphalt werden 4 *Gew.-Tl.* in 100 *cm³* Benzol gelöst; nach Zusatz von 3–4 *cm³* Lavendelöl[1] wird durch Papier filtriert.

Eine große Bedeutung in den Reproduktionsverfahren erlangte auch das Durchkopierverfahren, welches unter Ausschaltung der photographischen Aufnahme Vervielfältigungen von Plänen, Karten u. s. w. in billiger Weise mittels Flachdrucks ermöglicht. Die Arbeitsweise besteht im wesentlichen darin, daß eine Zink- oder Aluminiumplatte mit einer Chromatschicht aus Fischleim, Leim, Gummi, Albumin (für sich oder in verschiedener Mischung) überzogen, getrocknet, unter dem Druck oder der Strichzeichnung kopiert und mit Wasser entwickelt wird. Nach dem Färben des ankopierten Grundes in einer Methylviolettlösung, Abspülen mit Wasser und freiwilligem Trocknen wird die frei liegende Zeichnung durch Zuführung fetthaltiger Substanzen druckfähig gemacht; der Chromatgrund wird dann mit angesäuertem Gummi oder Wasser entfernt und die Platte wie sonst weiter behandelt.

Als viel wertvoller gestalteten sich jedoch die Reflexkopierverfahren, mit welchen doppelseitig bedruckte Blätter und ganze Werke für einen Neudruck mittels der Photolithographie reproduziert werden; Versuchsarbeiten wurden bereits 1891 durchgeführt. Praktisch dienstbar wurde das Verfahren durch M. ULLMANN in Zwickau (*D. R. P.* 287214 [1913]) gemacht. Auf eine transparente Platte wird eine Chromatkolloidschicht aufgetragen, mit ihrer Schichtseite auf das Original gepreßt und mit dem vom Original reflektierten Lichte durchlichtet. Dann wird die Platte

---

[1] Auch andere Zusätze, wie Mandelöl und auch Wachs, Kautschuk, venetianischer Terpentin, Elemiharz, schwacher Steindruckfirnis, Schiffsteer u. s. w. werden verwendet. Kopallack soll die Asphaltschicht beim Druck widerstandsfähiger machen.

mit Säure oder Wasser gewaschen, in einem Farbbade der belichtete Grund licht-
undurchlässig gestaltet und das entstandene Negativ kopiert. Zu den neueren diesbezüglichen Bestrebungen zählt z. B. das Typon-Verfahren, bei welchem ein mit
einer Chlorsilberschicht versehenes Papier auf eine aufgeschlagene Buchseite o.
dgl. angepreßt, durch das Glas des mit einem Gelbfilter bedeckten Rahmens belichtet,
dann mit einem Metol-Hydrochinon-Entwickler das Negativ entwickelt und fixiert
wird (A.-G. FÜR GRAPH. INDUSTRIE, Berlin 1924). Bei dem Wincor-Verfahren
(D. R. P. 397 806 [1924]) stehen auf Celluloidbahnen aufgetragene Kolloidschichten
in Verwendung; Lizenzen erteilt die GRAPHO-CHEM. G. M. B. H., Leipzig.

Schließlich sei von den anderen zur Verfügung stehenden Verfahren nur noch
der Bresmadruck erwähnt, bei welchem ein unzerlegtes Buch nach der verkleinerten,
vergrößerten oder in gleicher Größe erfolgten Einstellung Seite nach Seite automatisch
auf eine Bromsilber-Papierrolle photographiert wird. Nach der Entwicklung werden
die Negative aus der Papierbahn ausgeschnitten und abgezogen für eine Zusammenstellung von Druckbögen zum Kopieren auf mit Chromateiweiß überzogene Metallplatten für den Offsetdruck verwendet (BRESMADRUCK A. G., Leipzig).

Eine andere Verwertung der Photographie kann durch die Photoautographie
erfolgen; über eine photographische Papierkopie wird ein mit einer wasserlöslichen
Schicht versehenes durchsichtiges Papier (Umdruckpapier) gelegt und das durchscheinende Bild mit lithographischer Tusche in Strichlagen und Punkten nach-
gezeichnet. Oder es wird die photographische Kopie wie ein Umdruckpapier mit
einer wasserlöslichen Schicht versehen und hierauf gezeichnet; es kann auch nach
dem Trocknen der auf die Kopie aufgebrachten Schicht durch Einpressen eines
Kornes die Durchführung einer Kornzeichnung mittels lithographischer Kreide erfolgen.
Die Autographien werden auf Stein oder auf Metall für Hochätzungen umgedruckt.

Bei den sog. Ausbleichverfahren wird z. B. eine nicht vergoldete Kopie
auf Harzpapier mit in Terpentinöl gelöster lithographischer oder anderer wasser-
fester Tusche[1] in Strichlagen überzeichnet. Die Kopie wird dann in eine Lösung
von 100 cm^3 Fixiernatron (1 : 8) gebracht, welche kurz vor dem Gebrauch mit
10—15 cm^3 einer roten Blutlaugensalzlösung (1 : 10) versetzt wurde; die neben der
Tuschzeichnung stehenden photographischen Töne werden ausgebleicht, und
schließlich wird gut gewässert. Oder es wird die Kopie auf Eisenblaupapier nach
dem Überzeichnen durch Baden in starkem Salmiakgeist hellgelbfarbig gemacht,
welche Färbung dann in verdünnter Schwefelsäure (1 : 100) getilgt wird (D. R. P.
62238 [1891] von V. BATTEUX, Münster). Solche Blätter dienen für photographische
Reproduktionen.

Bei den einfarbigen (monochromen) Flachdruckverfahren erübrigt nur noch die
Anführung des zur Herstellung kleinerer Auflagen so wertvollen Lichtdrucks[2].

Das Verfahren wurde im Jahre 1856 versuchsweise ausgeführt, leistungsfähig
aber erst von J. ALBERT, München, im Jahre 1867 ausgestaltet. Ungefähr 7 mm starke
Spiegelgläser werden mit einer Grundschicht (Vorpräparation), welche aus mit
leichtem Bier, Eiweiß u. s. w. verdünntem Wasserglas besteht, versehen, damit die
dann aufzutragende Druckschicht, die Chromatgelatine, an der Unterlage festhaftet.
Die Chromatgelatine[3] (zweite Präparation) wird filtriert und warm auf die in einem
für Lichtdruck eigens geschaffenen Trockenofen vorgewärmten Platten in bestimmter
Menge (auf eine Platte von 21 × 31 cm kommen 30 cm^3 Gelatine) aufgetragen und
bei einer Temperatur von ungefähr 55° getrocknet. Diese Wärmegrade sind erforderlich zur Bildung des Runzelkorns in der Gelatineschicht und unerläßlich für

---

[1] Zum Beispiel Alkohol-Schellack-Lösung mit chinesischer Tusche gefärbt.
[2] Bezeichnungen wie: Albertotypie, Glasdruck, photographischer Pressendruck, Photographie-
druck, Leimdruck u. a. sind z. Z. nicht mehr in Gebrauch; in Frankreich ist Photocollotypie ziemlich
gebräuchlich.
[3] Zum Beispiel eine Lösung von 30 g mittelharter Lichtdruckgelatine, 240 cm^3 Wasser, 3 Tropfen
kalt gesättigter Chromalaunlösung und 120 cm^3 Kaliumbichromatlösung (1 : 15).

eine gute Leistungsfähigkeit der Platten im Druck. Bei der Kopierung unter einem photographischen Negativ (es können Strich- oder Habtonnegative verwendet werden) färben sich die vom Licht getroffenen Teile der Chromatgelatine deutlich kastanienbraun, es kann daher der Kopiergrad gut beurteilt werden. Die kopierten Platten werden bis zur vollständigen Entfernung des Chromatsalzes aus der Gelatine in kaltem Wasser ausgewaschen, freiwillig trocknen gelassen und wässeriges Glycerin[1] ungefähr $^3/_4$ h auf die Platte einwirken gelassen. Die kopierten Stellen haben ihre Quellbarkeit mehr oder weniger je nach den Tonwerten des Bildes verloren; die unkopierten Teile quellen gut auf, so daß die Platte nach Abgießen der Glycerinlösung ein zartes Relief zeigt. Wird auch der letzte Feuchtigkeitsüberschuß mit einem Tuch und Anpressen eines Papiers entfernt, so kann zum Druck geschritten werden. Hierzu wird die Platte auf ein plan gehobeltes Eisenfundament in der Druckpresse gelegt, mittels Eisenplättchen befestigt und mit einer farbhaltigen Lederwalze eingefärbt. Ein hiervon abgezogener Druck ergibt nur ein unvollkommenes Bild, da die kopierten Stellen je nach ihren kräftigen oder zarten Tonwerten zwar mehr oder weniger Farbe annehmen, aber infolge der rauhen Walzenoberfläche nicht den erforderlichen Schluß und Fülle der Töne erhalten können. Dies wird erst erreicht, wenn über die mit der Lederwalze eingefärbte Platte noch ein Farbauftrag mit einer Leimwalze folgt. Sehr schöne und eigenartig wirkende Lichtdrucke werden erzielt, wenn für jede der Walzengattungen eine andere Druckfarbe in Verwendung kommt, so z. B. für die Lederwalze schwarz, für die Leimwalze rot; diese beiden auf der Platte übereinander abgelagerten Farben ergeben auf dem Abdruck eine schöne Mischfarbe in den Mitteltönen, während in den kräftigsten Bildstellen die schwarze Farbe überwiegt. Dieser Doppeltondruck wurde auch mit schönen Erfolgen zur Herstellung von Photographie-Imitationen verwendet und durch Anwendung eines mit einer Baryt- od. dgl. und z. B. rosa gefärbten Schicht versehenen Papiers (Lichtdruck-Chromopapiers) und entsprechender Druckfarbe einer photographischen Kopie täuschend ähnlich gemacht, weil solche Lichtdrucke lackiert[2], beschnitten und auf Karton aufgeklebt werden können.

Da der Lichtdruck bedeutend langsamer vor sich geht als der Steindruck und noch viel mehr als der Buchdruck, so wurde auf verschiedene Art versucht, seine Leistungsfähigkeit zu heben, um das Verfahren für Herstellung von Massenerzeugnissen geeignet zu machen. Unter den vielen Bestrebungen nach dieser Richtung verdient der typographische Lichtdruck einer Erwähnung; hierbei wird auf Blei- oder Aluminiumplatten (A. ALBERT und A. W. UNGER, Wien 1902) das Lichtdruckbild geschaffen, die fertigen und schon mit Glycerinfeuchtung behandelten Platten auf Unterlagen in Letternhöhe gebracht und in den Buchdrucksatz eingereiht, mithin Bild und Text zugleich gedruckt. Andere Versuche zielten dahin, Aluminiumplatten mit den Lichtdruckbildern, über Zylinder gespannt, in Rotationsschnellpressen zu drucken.

In neuerer Zeit ist es besonders der Lichtdruck von Filmen, mit welchen die quantitative Leistung des Verfahrens gesteigert werden soll; so werden mit einer Gelatineschicht versehene Celluloidfolien entweder für den Druck in der Lichtdruckschnellpresse oder, auf schrifthohe Fundamente gebracht, in der Buchdruckpresse gedruckt. Vgl. z. B. die *D. R. P.* 413886, 417468 und 422485 [1924].

Auch die Lichtdruckübertragungen auf den lithographischen Stein oder Metallplatten für den Flachdruck können hier angereiht werden. Eines der verläßlichsten Verfahren besteht darin, daß auf Glasplatten die doppelte der sonst vorgeschriebenen Menge Chromatgelatine aufgetragen und bei ungefähr 55° im Lichtdruckofen getrocknet wird. Durch diesen sehr reichlichen Gelatineaufguß erhält die Schicht ein

---

[1] 700 *cm*³ dickes Glycerin, 350 *cm*³ Wasser, 12 *g* Fixiernatron und 50 *cm*³ Ammoniak (*D* 0,91).
[2] Zum Beispiel mit Wasserlack (Schwimmlack). 40 *g* Borax und 100 *g* gebleichter Schellack werden in 500 *cm*³ warmem Wasser gelöst, dann etwas Spiritus zugesetzt und filtriert. Alter Schellack ist nicht verwendbar.

schon für das freie Auge bemerkbares Runzelkorn, welches ein darauf kopiertes Halbtonbild, ähnlich wie bei einer Kreidezeichnung, kornartig zerlegt. Wird eine solche Platte mit einer fetthaltigen Farbe auf Umdruckpapier gedruckt, so kann damit eine Übertragung auf Stein oder Metall vollzogen werden; vorher kann aber das Korn an den kräftigsten Schatten des Bildes durch Überfahren mit harter lithographischer Kreide getilgt werden, wodurch eine schönere Bildwirkung erzielt wird.

Eine der anderen Arten von Übertragung besteht darin, daß eine gewöhnliche, also nicht grobgekörnte Lichtdruckplatte mit fetthaltiger Farbe versehen und direkt auf feingekörnte Zink- oder Aluminiumplatten (Photoalgraphie in Halbton; A. Albert, Wien 1899) abgedruckt wird, wovon dann der Auflagedruck erfolgt. Oder es wird dünnes Zink als Träger der Chromatschicht verwendet und das mit Farbe versehene Bild auf Stein oder Metall direkt umgedruckt (D. R. P. 53573 [1890], Kühl & Co., Frankfurt a. M.).

Doch alle diese Übertragungen sowohl für Flachdruck als auch auf Metalle für Hochätzungen haben bisher keine umfassendere praktische Verwertung finden können, obwohl die Möglichkeit einer Verwendung, z. B. für den Offsetdruck (Rotationsflachdruck von Metallplatten), vorliegt, der für Massenerzeugung geeignet ist.

Farbendruck.

Den Übergang vom einfarbigen zu dem buntfarbigen Druck bildet der Tondruck; er wird öfters als Zweifarbendruck bezeichnet. Jedenfalls sind sowohl für den Ton- als auch den Farbendruck genaue Kenntnisse der Beschaffenheit der Farben und ihrer Mischungen, einschließlich ihres Verhaltens beim Aufeinanderdruck, unerläßliche Vorbedingungen. Farbenblindheit, wenn auch leichter Natur, schließt jede ersprießliche Betätigung auf diesen Gebieten aus, gleichgültig, ob es sich um die Lithographie, die Retusche oder den Druck u. s. w. handelt. Erstklassige Arbeiten können eben nur von erstklassigen Kräften, die Kunstverständnis besitzen und mit Liebe ihrem Beruf nachgehen, ausgeführt werden — alle anderen Leistungen erhalten das Gepräge des Handwerksmäßigen.

Für den Tondruck ist bei allen Drucktechniken eine gesonderte Druckform nötig, die mit der gewünschten abgestimmten Farbe entweder über die einfarbigen Abdrücke mittels Lasurfarben aufgedruckt oder in manchen Fällen auch darunter gedruckt wird, wobei Deckfarben benutzt werden können. Um Anhaltspunkte zur Ausführung der Tondruckformen zu erhalten, z. B. für Lithographie, Holz- und Linoleumschnitt u. s. w., wird der Abklatsch angewendet; dieser besteht darin, daß man von der fertigen Zeichnungsdruckform einen Abdruck auf undehnbares (Abklatsch-) Papier macht und im farbfrischen Zustande auf die künftige Tondruckform abzieht (abklatscht). Diese abgezogene Farbe darf aber z. B. für Flachdruckzwecke nicht umdruckartig wirken; deshalb wird der Abklatschdruck vor dem Abziehen mit Rötel- oder Miloriblaupulver eingestaubt, damit der Fettgehalt der Farbe nicht übertragen werden kann. Bei glatten, über den ganzen Druckgegenstand reichenden Tonplatten ist diese Vorsicht nicht nötig, da es sich bei dem Abklatsch nur um die Größenangabe für den Ton handelt; auch Tonplatten mit ausgesparten Lichtern sind wenig heikel, und hierzu kann die Asphaltschabmanier gute Anwendung finden. Es wird die Fläche (fast ausnahmslos lithographische Steine) mit einer Asphaltlösung (1 Tl. Asphalt, 2 Tl. Terpentinöl und etwas Fett, wie Unschlitt, Öl od. dgl.) überzogen und nach dem Trocknen ein Abklatsch darauf gemacht, welcher zur besseren Deutlichkeit mit Silberbronze eingestaubt werden kann. Hierauf werden mittels Schaber, lithographischer Nadeln u. dgl. die Lichter ausgeschabt[1] und nach Wegschleifen der Ränder außerhalb der Zeichnung

---

[1] Nach Art des Clair-obscure-Druckes (Hell-Dunkel-Druck) vom 16. Jahrhundert, bei welchem eine oder mehrere Tonplatten mit ausgesparten Weißen unter Holzschnitte oder Kupferstiche gedruckt wurden.

scharf geätzt. Soll eine halbtonartig wirkende Tondruckform ausgeführt werden, so kann der Abklatsch auf einen gekörnten Stein (oder Zink) erfolgen und mit fetthaltigem Zeichenmaterial nach Art der Kreidelithographie die Arbeit vorgenommen werden.

Außerdem steht eine Reihe verschiedener Behelfe zur Herstellung eigenartiger Untergrundtondruckformen für Buch- und Steindruck zur Verfügung, zu dessen Erreichung auch der Naturselbstdruck herangezogen wurde; so können verschiedene Gewebe, Metallnetze, mit Korn oder anderen Mustern geprägte Papiere u. s. w. im flachliegenden Zustande und auf eine Spiegelglasplatte gebracht an ihren Erhöhungen mittels einer glatten Walze mit Umdruckfarbe versehen und zu einem Umdruck benutzt werden. Aus den vielen anderen Verwendungsmöglichkeiten sei erwähnt, daß man Tüll, rohe Leinwand u. dgl., mittels einer hydraulischen Presse in Holz oder Blei eingeprägt und von den vertieften Zeichnungen galvanoplastische oder andere Abformungen für Hochdruck erzeugt hat.

Um den 2maligen Druck bzw. den Tondruck zu umgehen, werden im Buchdruck Druckfarben verwendet, welchen ein Anilinfarbstoff beigemengt wurde, der sich auf dem am Papier befindlichen Druck etwas ausbreitet und neben der eigentlichen Druckfarbe einen andern Farbton erzeugt. Diese Doppeltonfarben (s. Graphische Farben, Bd. **VI**, 59) (Duplex- oder Dittochromfarben) werden hauptsächlich bei der Autotypie verwendet, um mit einmaligem Druck die Wirkung einer Duplexautotypie zu erreichen, bei welcher eine Haupt- (Zeichnungs-) und eine ebenfalls autotypisch zerlegte Tonplatte unter geeigneter Farbgebung übereinander gedruckt werden.

Wenn eine Reproduktion mehr als zwei Farben für den Druck erfordert, so wird je nach der Anzahl der Druckformen von einem Drei-, Vier- oder Mehrfarbendruck gesprochen. Für die getreue Reproduktion einer Vorlage ist vor allem zu bedenken, daß, je mehr Farbplatten zur Herstellung einer farbigen Reproduktion zum Aufeinanderdruck gelangen, eine desto dickere Farb- und Firnisschicht auf dem Papier abgelagert wird, welche die feinen Einzelheiten der Zeichnung etwas verschwommen macht. Da während der Blütezeit des lithographischen Farbendrucks bis 36 Farbensteine bei der Reproduktion eines Bildes zum Aufeinanderdruck gelangten, ist es nicht verwunderlich, daß das Ergebnis eines solchen „Ölfarbendrucks" nur sehr geringwertig sein konnte. Hierzu trug in erster Linie die auf dem Papier liegende Farbkruste bei; jedenfalls gelang es nur in Ausnahmefällen, farbige Reproduktionen mit einigem Kunstwert zu erzielen. Schon aus Sparsamkeitsrücksichten sind höchstens 8—10 Farben (alle Ton- oder Ergänzungsdruckformen mit inbegriffen) zulässig. Anfangsarbeiten mit nur 3 (Gelb, Rot oder Blau) oder 4 (Grau) Farben reichen weit zurück und finden sich schon in den Sechziger- bis Siebzigerjahren des vorigen Jahrhunderts vor. Der Erfindung und der Vervollkommnung der Dreifarbenphotographie ist es zu danken, daß man zielbewußt und sicher auch an die schwierigsten Aufgaben auf den Gebieten des photomechanischen Dreifarbendrucks schreiten kann und nicht mehr von unliebsamen Zufälligkeiten abhängig ist. Der praktisch eingehaltene Vorgang bei der Dreifarbenphotographie besteht in kurzen Umrissen darin, daß nach dem farbigen Gegenstand 3 verschiedene photographische Aufnahmen derart gemacht werden, daß stets nur je eine der Grundfarben (Gelb, Rot, Blau) auf die Platte gelangt und immer unter Ausschaltung der beiden anderen, so daß die Dreispaltung der Farben auf photographischem Wege als vollkommen gelöst betrachtet werden kann. Man kann durch Vorschaltung gut abgestimmter farbiger Lichtfilter, welche bei den Aufnahmen vor geeigneten lichtempfindlichen Platten angeordnet werden, die Farbenauslösungen so gut regeln, daß die Nachhilfe durch Handarbeit auf ein Geringes herabgesetzt wird. Welche Bedeutung diesen Errungenschaften zufällt, geht besonders klar hervor, wenn man die veraltete Chromolithographie in Vergleich zieht, welcher immer eine gewisse Unsicherheit und Ungenauigkeit anhaftete, und auch der erfahrenste Lithograph wird es nicht zustande bringen, mit nur 3 Farben alle Farbabstufungen so genau festhalten zu können, daß nicht eine Menge Beurteilungsfehler entstehen und dadurch erforderliche Ergänzungsdruckformen notwendig werden.

Der Druck von für den Dreifarbendruck berechneten Druckformen erfolgt mittels der sog. Normalfarben, worunter die 3 reinen Grundfarben verstanden sind, von welchen sich jede einzelne den beiden anderen nicht im Ton nähern darf, so daß beispielsweise das Gelb weder einen Rot- noch einen Grünstich aufweisen darf. Die Mischung der Farbstoffe erfolgt beim Aufeinanderdruck, u. zw. nicht mit derselben Wirkung wie beim Druck mit einer fertigen Mischung der 2 Farbstoffe; denn im ersteren Falle kommt immer die oben liegende Farbe mehr zur Geltung. Jede bei diesem Übereinanderdruck der Farben entstehende, als „Überdeckungsfehler“ bezeichnete Störung muß durch Nachhilfe, sei es an den Negativen, Diapositiven oder an den Druckformen selbst, behoben werden. Die Durchlässigkeit einer Farbstoffschicht hängt nicht nur von ihrer Sättigung, sondern auch von ihrer Deckkraft ab; es kann mithin Gelb, beim Dreifarbendruck nach allgemeiner Regel als erst zu druckende Farbe, mit Deckfarbe gedruckt werden, während Rot und Blau die unterliegende Farbe durchschimmern lassen und daher Lasurfarben sein müssen. Rot auf Gelb gedruckt, ergibt in gleicher Sättigung ein ausgesprochenes Rotorange, Blau auf Gelb ein Grün, Blau auf Rot das erreichbare Violett. Alle 3 Farben aufeinanderfallend ergeben Grau bis sattes Schwarz. Das aus gleichen Teilen Farbe zusammengemischte reine Grün erscheint, im selben Verhältnis übereinandergedruckt, blaugrün; liegt zwischen beiden Farben das satte Rot, so muß ein tiefes Schwarz entstehen. Solche Bildstellen erscheinen aber braun, wenn das Blau zarter darüber lagert. Im Dreifarbendruck ist weder ein schönes Violett noch ein lebhaftes Grün zu erreichen; auch die mannigfaltigen grauen Töne sind schwer genau mit der Vorlage übereinstimmend zu bekommen. In beiden ersteren Fällen werden, bei großen Ansprüchen, gesonderte und eigens hierfür hergestellte Ergänzungsdruckformen verwendet, für Grau aber der Vierfarbendruck, wozu schon bei den photographischen Aufnahmen ein eigenes Negativ unter einem farblosen Filter erzeugt wird. Damit ist zugleich Gelegenheit geboten, die Schwärzen (Kraftplatte) zu unterstützen und leichter eine gleichmäßige Auflage zu erlangen; denn jede kleine Tonschwankung bei nur 3 Farben beeinträchtigt das Grau, und es entstehen auffällige Verschiedenheiten, die den Kunstwert einer Arbeit in Frage stellen können. Es wird immer mit Schwierigkeiten verknüpft bleiben, jede Farbe genau abgestimmt durch eine Auflage zu drucken; wenn nur eine Farbe abweichend etwas zu hell oder zu kräftig gehalten ist, kann die Arbeit unverwendbar werden.

1. Anwendungen im Tiefdruck. Bei dem photomechanischen Schnellpressen-Farbentiefdruck erstreckten sich die bisherigen Arbeiten nicht nur auf den Druck von flachen Platten, sondern auch auf den Walzendruck; es kann die reiche Zahl von Mischfarben nur erreicht werden, wenn die Überdeckungsfehler der übereinandergelagerten dicken Farbschichten vermieden werden. Diese sowohl als auch sonstige Fehler werden durch Retuschen teils an den Negativen, teils an den Diapositiven wie auch nach Herstellung eines ersten Probedrucks an den Druckformen beseitigt.

Um Verziehen oder Größenänderung der Pigmentbilderübertragungen auf das Metall für die Ätzungen nicht befürchten zu müssen (die Druckformen würden sonst nicht genau aufeinanderpassen), wird entweder das aus dem Chromatbade genommene Pigmentpapier auf eine Siegelplatte angequetscht, auf die Rückseite ein feines Metallnetz angeklebt und nach dem Trocknen wie sonst weiterverwendet (G. BRANDL-MAYR, Wien 1912), oder es wird das Pigmentpapier an der Rückseite vor oder nach dem Belichten mit einer Lösung von Wachs oder Paraffin in Benzol getränkt, welche die Papierunterlage gegen die Einweichungsflüssigkeit unempfindlich macht, aber die Entwicklungsfähigkeit der Pigmentschicht nicht beeinträchtigt (KARL ALBERT, „Phot. Korresp." **1910**, 565; A. NEFFGEN, Siegburg, *D. R. P.* 266165 [1913] u. s. w.).

Dem Verziehen der zu übertragenden und mit Rakelstegen versehenen Diapositivbilder wird z. B. dadurch vorgebeugt, daß die Diapositive auf ein „Kohlengewebe" (*E. P.* 22776 [1909], CH. W. SAALBURG, New York) kopiert werden, das immer nach derselben Richtung läuft, oder durch gleichzeitiges Kopieren auf ein Pigmentblatt (*D. R. P.* 236068 [1910]).

Ein besonders für den Handpressentiefdruck oft angewendetes Verfahren ist das Eintragen sämtlicher Farben in die Platte mittels kleiner Farbballen u. dgl. (Tamponiermanier), um mit nur einem Druck (synchrones Farbendruckverfahren) eine farbige Radierung oder Heliogravüre zu erreichen. Dieses Farbeeintragen ist sehr zeitraubend und mühevoll, die Abdrücke sind nie gleichmäßig zu erhalten und erfordern nahezu immer eine Nachhilfe durch Malerei (Retusche). Trotzdem ist das Verfahren äußerst wertvoll für die Herstellung kleiner Auflagen und zu erwartender Nachbestellungen.

2. Anwendungen im Hochdruck. Von großem Nutzen wurde die Dreifarbenphotographie für den Hochdruck in der Anwendung für die Drei- und Vierfarbenautotypie, welche für Massenerzeugung von außerordentlicher Wichtigkeit ist. Die Herstellung der in Raster zerlegten 3 bzw. 4 Teilnegative erfolgt entweder auf dem sog. „indirekten" Wege mittels farbempfindlicher Gelatineemulsions-Trockenplatten (panchromatischer Platten, welche die reinen Farben nach ihren Tonwerten hell oder dunkel wiedergeben), nach welchen Halbtondiapositive und erst nach diesen die autotypischen Negative erzeugt werden, oder auf direkte Art, bei welcher auf Kollodiumemulsionsplatten die Farbenzerlegung und Rastrierung gleichzeitig erfolgt. Auf jeden Fall muß zur Vermeidung eines störenden moiréartigen Musters eine Drehung des Rasters für die verschiedenen Aufnahmen vorgenommen werden; es ist z. B. eine Winkelung um je 30 Grad gedrehter Liniensysteme günstig anwendbar (*D. R. P.* 64806 [1891], E. ALBERT, München; vgl. auch die *D. R. P.* 252338 [1911] und 257392 [1912], E. ALBERT und 264086 [1912], M. BOSIN, Berlin).

Aus dem reichen Gebiet des Farbendrucks mag auch der Drei- oder Vierfarbendruck nach vielfarbigen Steindrucken Erwähnung finden. So werden die verwandten Farbtöne einer Chromolithographie mit grauer oder schwarzer Farbe auf Papier übereinandergedruckt, so daß z. B. statt 14 Skalendrucken[1] nur 3 oder 4 Drucke entstehen, u. zw. je ein Druck für Gelb, Rot, Blau und Grau, welche, photographisch aufgenommen, weiter verwendet werden oder als Vorlagen für eine neue Lithographie dienen (*D. R. P.* 87814 [1895], E. NISTER, Nürnberg). Oder die den 3 Grundfarben am nächsten liegenden Druckplatten werden mit Umdruckfarbe auf Umdruckpapier nacheinander gedruckt und umgedruckt oder der Reihe nach auf eine Sammeldruckform umgedruckt (*D. R. P.* 140374 [1910], E. BLOCH, Budapest). Im angeführten Sinne wird auch von einem Farbstein ein druckfähiger Umdruck hergestellt, ein Rasterton mittels Umdrucks oder durch Übertragen mit Tangierfellen darauf aufgetragen, ein zweiter Umdruck einer verwandten Farbe registerhaltig darauf gemacht, ein stärkerer Rasterton mit dem ersten passend übertragen u. s. w. (E. MAISCH, Fürth 1910).

Wenn es sich nicht um eine getreue Wiedergabe eines farbigen Originals handelt, sondern um die Herstellung billiger Massenartikel (Ansichtskarten, Drucksachen für industrielle Erzeugnisse u. dgl.), bei welchen man sich mit der Andeutung eines Kolorits begnügt, kann die immerhin kostspielige Dreifarbenphotographie

---

[1] Die Einzeldrucke jeder Farbe sowie die nach und nach entstehenden Aufeinanderdrucke so zwar, daß z. B. beim Dreifarbendruck je ein Druck von Gelb, Rot und Blau, ferner die Aufeinanderdrucke von Gelb-Rot und Gelb-Rot-Blau vorliegen.

ausgeschaltet werden. So wird z. B. der Dreifarbendruck mittels nur eines einzigen (Schwarz-) Autotypieklischees in der Art durchgeführt, daß die Teile, welche nicht drucken sollen, aus der Zurichtung ausgeschnitten, hingegen satt zu druckende Teile mit einer abwaschbaren Masse aus Kollodium, Wasserglas, einer Lösung von Sandarak in Äther u. s. w. im Klischee ausgefüllt werden (*D. R. P.* 163 626 [1903], E. ROTTMANN, Dresden). Oder es wird eine Autotypie schwarz gedruckt und jede Farbe mit einer besonderen Form aufgedruckt, so daß auf den Schwarzdruck immer nur eine andere Farbe kommt (*D. R. P.* 219 406, O. HUCH, Steglitz). Zu solchen Zwecken werden die Farbplatten in auf Holzstöcke (letternhoch) geleimte Celluloidplatten mittels Stichels, Roulettepunktierer u. dgl. hergestellt (O. KRÜGER, Leipzig 1901).

3. Anwendungen im Flachdruck. Für den Flachdruck verwertet, hat die Dreifarbenphotographie besonders auf dem Gebiete des Lichtdrucks zur Herstellung erstklassiger Kunstblätter kaum zu übertreffende Erfolge gezeigt. Die ersten Drei-farbenlichtdrucke stellte J. ALBERT, München, im Jahre 1877 her. Die Bedeutung der Dreifarbenphotographie tritt sehr deutlich hervor, wenn die alten Farbenlicht-druckverfahren mit ihren mühevollen und trotz aller Sorgfalt unbefriedigenden Arbeiten zum Vergleich herangezogen werden. So wurde in früheren Jahren von einer nach dem farbigen Original angefertigten photographischen Aufnahme eine Lichtdruckplatte kopiert und so viele Abdrücke davon gemacht, als Farbplatten in Aussicht genommen waren. Diese Drucke wurden je nach Erfordernis für die ein-zelnen Farben grau in grau übermalt und darnach die Teilnegative aufgenommen (*D. R. P.* 17410 [1881], F. C. HÖSCH, Nürnberg). Oder ein nach dem Original her-gestelltes photographisches Negativ wurde zur Erzeugung einer benötigten Anzahl Diapositive benutzt, diese nach Erfordernis der Farbenteilplatten retuschiert und dann die Farbennegative gemacht, an welchen ebenfalls Retuschen vorgenommen wurden (*D. R. P.* 39660 [1886], J. C. HÖSCH, Wien).

Bei den Dreifarbennegativen können Retuschen an Gelatineemulsions-Trocken-platten vorgenommen werden, indem man mittels wasserfreien Alkohols und eines Tuchstücks, Wischers u. dgl. die überbelichteten Stellen an den Negativen durch Abreiben („Abschleifen") lichtdurchlässiger gestaltet. Dann folgt das Decken der Weißen und Lichter sowie aller Stellen, welche in jedem einzelnen Negativ tonfrei kopieren müssen, mittels einer Wasserdeckfarbe, z. B. Engel- (Indisch-) Rot. Nun werden die Kopierseiten der Negative mit Mattlack[1] übergossen, welcher die Deck-farbe vor Feuchtigkeit schützt, eine Bleistiftretusche gestattet und an Stellen, die kräftig kopieren sollen, weggeschabt oder durch Auftragen reiner Gummilösung lichtdurchlässiger gemacht wird. Die Glasseiten der Negative werden nur an großen Teilen lichtundurchlässiger gemacht durch Auftragen eines Mattlacks, einer Lasur-farbe, z. B. Carmin, allenfalls auch von Graphitstaub mittels eines Lederwischers (A. ALBERT, Wien).

Bei der Herstellung farbiger Reproduktionen unter Benutzung einer oder mehrerer autotypischer Flachdruckformen auf Stein, Zink oder Aluminium ist eine ganze Reihe technischer Schwierigkeiten zu überwinden.

Die indirekte Übertragung mittels photolithographischer Papierkopien kann nur von gröberen Rasteraufnahmen (höchstens bis 50 Linien) durchgeführt werden, da feinere Autotypien auf diesem Wege nicht mehr schön und gut druckfähig erreichbar sind.

Mittels der direkten Kopierung autotypischer Glasnegative stellt man präzis gezeichnete und in der Größe genau übereinstimmende Flachdruckformen her.

---

[1] Trocknet rasch feinkörnig auf und besteht aus einer Lösung von: 10 *g* gepulvertem Sandarak, 100 *cm³* Äther und 35—40 *cm³* Toluol (technisch) oder 125 *cm³* Äther, 10 *g* gepulvertem Sandarak, 3 *g* Dammarharz, 50 *cm³* Benzol und 4—20 Tropfen Alkohol (J. M. EDER, Rezepte u. Tabellen für Phot.).

In allen Fällen aber ist die Retusche an autotypischen Flachdruckformen gegenüber derjenigen an hochgeätzten Metallklischees, der sog. Metallretusche, viel schwieriger, unsicherer und zeitraubender. Ein hochgeätztes Klischee kann durch vorheriges Decken und nachfolgendes Nachätzen zweckentsprechend „gestimmt" und dann mittels der Metallretusche in allen Feinheiten ausgearbeitet werden; zur Erleichterung dieser Arbeit kann ohne Nachteil für das Klischee immer in den Zwischenstadien ein Korrekturabzug schnell gemacht werden, was an Flachdruckformen in häufigerer Wiederholung ausgeschlossen bleiben soll und unverhältnismäßig zeitraubend ist. Durch Schaben aufgehellte Stellen an Flackdruckformen neigen beim Auflagedruck sehr zum „Zusetzen", und während das Kräftigen einzelner Teile des Bildes an Hochdruckklischees durch Polieren erreichbar ist, ist es an Flachdruckformen in vielen Fällen schwer durchführbar, da nur mit lithographischer Tusche und Feder gearbeitet werden kann. Um die lithographische Kreide in Verwendung bringen zu können, wurden schon wiederholt feingekörnte Steine oder Metallplatten für autotypische Übertragungen versuchsweise angewendet; doch bewährten sich diese in der Regel nicht, da die Unterbrechung der Autotypie durch das Korn nachteilig wirkte.

Als Ersatz autotypischer „Fettumdrucke" oder direkter Kopierungen hatte J. Löwy in Wien folgendes Verfahren angewendet (1898): Es werden Hochätzungen auf dünnen Zinkplatten hergestellt; an ihnen können alle Retuschen vorgenommen werden, und sie dienen, nach Erhalt eines völlig entsprechenden Probedrucks, zum direkten und beliebig häufigen Umdrucken auf den lithographischen Stein. Die hochgeätzten Platten werden für einen weiteren Bedarf aufbewahrt. Das Verfahren findet sich in der Grundidee später wieder im *D. R. P.* 142769 [1902], I. Gerstenlauer, Stuttgart.

Auch mittels nur eines Autotypienegativs wurde der Drei- und Vierfarbendruck durchgeführt. Dieses wird auf Zinkplatten kopiert; die verschiedenen Platten werden durch entsprechendes Nach- oder Wegätzen einzelner Teile für die Farben abgestimmt und dann auf Steine umgedruckt (*D. R. P.* 133166 [1900], P. Nötzald, Wilsdruff).

Bei der Dreifarbengigantographie (stark vergrößerte Autotypie) für Plakatzwecke oder den Anschauungsunterricht ist jede Art von Nachbesserung an den Flachdruckformen durch die verschiedenen lithographischen Techniken wesentlich leichter durchführbar.

Erwähnung finden muß auch bei dem Farbenflachdruck die Asphaltphotolithographie, welche ursprünglich[1] für Gemäldereproduktionen in Aussicht genommen war und erst in neuerer Zeit wieder zur Verwendung gelangte, aber meistens nur zur Herstellung farbiger Ansichten (Photochromdruck, Orell-Füßli-Druck, Heliochromsteindruck u. s. w.), bei welchen ein gefälliges Aussehen genügt. Hierzu dienen Naturaufnahmen, welche auf gekörnte und mit lichtempfindlichem Asphalt[2] überzogene Steine kräftiger oder schwächer kopiert und durch längere oder kürzere Entwicklung mit Terpentinöl tonreicher oder -ärmer gestaltet werden. Diese Kopien dienen als Grundlage zur Ausführung der chromolithographischen Arbeiten mit 6 bis selbst 18 Farbplatten.

Einige Abarten des Verfahrens zielen dahin, die Zerlegung der Halbtöne statt durch das Korn der Steine durch Verwendung einer Rasterkopierung zu erreichen; es wird auf jede Farbplatte ein Halbtonnegativ ohne Raster und vorher oder

---

[1] Ein nach dem farbigen Bild gemachtes photographisches Negativ wurde auf einen mit lichtempfindlichen Asphalt überzogenen lithographischen Stein kopiert und davon mit blauer Farbe Abdrucke hergestellt und jedes Blatt für eine bestimmte Farbe übermalt. Darnach wurden die Farbenteilnegative aufgenommen und für den Druck auf Asphaltsteine kopiert (Reiffenstein, Wien 1866).

[2] Syrischer Asphalt wird z. B. in Chloroform gelöst; durch mehrmalige Behandlung mit reichlichen Mengen Äther werden die lichtempfindlichen Teile gefällt. welche, im Dunkeln getrocknet, im Verhältnis 4 *g* zu 100 *cm³* Benzol und 3 *cm³* reines Öl gelöst, den lichtempfindlichen Asphalt ergeben.

nachher dasselbe Negativ mit einem Raster den Farben entsprechend verschieden kopiert (*D. R. P.* 244 025 [1911], A. SCHULZE, St. Petersburg). Oder es werden Rasternegative kopiert und nach der allgemeinen Hauptentwicklung nachbehandelt, um, je nach Bedarf, die kopierten Rasterpunkte bis zur spitzesten Punktbildung entwickeln zu können (*D. R. P.* 257 628 [1910], TH. A. und W. SCHUPP, Dresden).

Auch die durch objektive Farbentrennung erzeugten Drei- und Vierfarbennegative (ohne Rasterzerlegung) finden bei der Asphaltkopierung in der Art Verwendung, daß jedes der Teilnegative 2- oder 3mal kopiert und verschieden entwickelt wird (*D. R. P.* 253 794 [1911], P. LAZAREK, Dresden). Jedenfalls kann hierbei am ehesten an die Erlangung von Kunstblättern gedacht werden. Eine gewisse Verwandtschaft weist das Verfahren mit der sehr schöne Erfolge ergebenden Autogravüre auf (Kunstanstalt von ANGERER & GÖSCHL, Wien 1906), bei welcher von den nach einem farbigen Original gemachten 4 photographischen Teilaufnahmen die Negative für Gelb, Rot und Blau zur Herstellung von je 3 verschieden gehaltenen Diapositiven dienen, nach welchen autotypische Negative aufgenommen werden. Es ist damit die Möglichkeit geboten, für jede der 3 Grundfarben selbst 5 verschieden abgestufte Teilbilder durch direktes Kopieren auf Stein, Aluminium oder Zink zu erlangen, die zum Aufeinanderdruck kommen. Die vierte Aufnahme, das Graunegativ, wird zur Erzeugung einer Prägeplatte verwendet, welche nach Erfordernis von Grau oder Schwarz, stellenweise eingefärbt, auch als Druckplatte Anwendung findet.

4. Kombinationsdrucke. Da bei dem zuletzt erwähnten Verfahren zweierlei Drucktechniken, der Flachdruck und der Tiefdruck, zu seiner Durchführung gewählt worden sind, so ist damit schon das Gebiet der »gemischten Druckverfahren«, der »Kombinationsdrucke«, betreten. Auch dieses ist sehr umfassend, und zu ihm zählen alle farbigen Reproduktionen, bei welchen mindestens zweierlei Druckverfahren benutzt werden, mit dem Bestreben, die Vorteile der verschiedenen Techniken in günstiger Weise zu verwerten.

So wird für besonders hohe Anforderungen die Kombinierung des Dreifarbenlichtdrucks mit dem Aufdruck einer Heliogravüreplatte in neutraler, grauer oder ähnlicher Farbe der farbigen Reproduktion eine gewisse Vornehmheit verleihen, da der Reiz des Tiefdrucks gewissermaßen als Zeichnung vollständig gewahrt bleibt, die farbige Unterlage in die feinsten prickelnden Einzelheiten zerlegt und als vollwertiger Ersatz für die Dreifarbenheliogravüre angesehen werden kann. Die Grundlage bildet die Vierfarbenphotographie; die Negative für Gelb, Rot und Blau werden nach erforderlicher Überarbeitung in den Kraftstellen so zurückgehalten, daß im Lichtdruck ein farbentonreiches Bild ohne viel Grau und Schwarz entsteht. Ein nach derselben Richtung geschnittenes starkes Kupferdruckpapier, welches geleimt und nach dem Trocknen kräftig satiniert wurde, dient zum Druck. Die Größenänderung dieser Lichtdrucke, welche für den Aufdruck der Heliogravüreplatte gefeuchtet werden müssen, wird durch Bedrucken mit einer beliebigen Platte festgestellt und darnach in der photographischen Kamera nach dem Graunegativ das erforderlich große Diapositiv erzeugt. Maßhaltig mit diesem wird die Pigmentübertragung auf Kupfer für die Ätzung vorgenommen. Zum Aufdruck der Heliogravüreplatte werden die Lichtdrucke genau an ihren Bildgrenzen beschnitten, gefeuchtet und an die mit Druckfarbe versehene Kupferplatte angelegt, wobei schon vor Ausübung des Druckes festgestellt werden kann, ob die Lichtdrucke zu klein oder zu groß sind, was durch Einlegen in feuchtes oder trockenes Papier behoben wird. Das Verfahren wurde zum erstenmal im Jahre 1898 von ALBERT und BRANDLMAYR in Wien durchgeführt.

Ein ebenfalls nur zur Erzeugung von Kunstblättern geschaffenes Verfahren ist der Farbenflachdruck mit Aufdruck einer Heliogravüreplatte als Zeichnungs- und Kraftplatte. Von einer nach einem reich durchzeichneten farbentonrichtigen (orthochromatischen) Negativ herrührenden Heliogravüreplatte, die außerhalb des Bildes oder des Papierformats an allen 4 Seiten dünne Anlagewinkel trägt, werden mit sehr ausgiebiger roter Farbe Abklatsche auf gekörnte lithographische Steine übertragen. Dabei wird Gelb, Rot, Blau und allenfalls ein lebhaftes Grün oder Violett in Aussicht genommen. Als Abklatschpapier wird ein starkes. im feuchten Zustande satiniertes, dann getrocknetes, abermals gefeuchtetes, satiniertes, getrocknetes und für die Verwendung wieder gefeuchtetes, nach derselben Richtung geschnittenes starkes Kupferdruckpapier verwendet; ebenso wird das Papier auch für den Auflagedruck vorbereitet. Die Drucke nach der ersten Farbe werden in Saugdeckel zum völligen Austrocknen eingelegt, dann nach den mitgedruckten Anlagewinkeln genau beschnitten, zum Durchfeuchten in größeres Ausschußkupferdruckpapier eingelegt und dann die zweite Farbe gedruckt, wobei die Winkel verläßliche Anhaltspunkte bezüglich des Passens abgeben. Nach dieser Behandlung durch alle Farben erfolgt schließlich der Aufdruck der Heliogravüreplatte, wobei einzelne Stellen mit einer anderen Farbe als Grau oder Neutral versehen werden können. Mit diesem von G. BRANDLMAYR in Wien 1896 angegebenen Verfahren wurden bereits eine stattliche Anzahl Meisterleistungen geschaffen.

B. MANFRED (*D. R. P.* 113 587 [1899]) fand, daß die mittels Flach- oder Hochdrucks hergestellten Farbendrucke geeigneter für den Tiefdruck werden, wenn sie durch ein Benzinbad geführt und nach dem Trocknen mit Wasser und Alaun befeuchtet werden.

Eine andere und ziemlich verbreitete Art des Kombinationsdrucks besteht in der Vereinigung des Farbenflachdrucks und Lichtdrucks (Heliochromographie, Aquarelldruck, Troitzschotypie (TROITZSCH, Berlin 1877). Der Hauptsache nach wird dieses Verfahren an Stelle des kostspieligeren Farbenlichtdrucks zur Schaffung bunter Ansichtskarten, farbiger Darstellung industrieller Erzeugnisse, wie z. B. Porzellanwaren u. dgl., angewendet, wobei dem Lichtdruck die Zeichnung und dem Steindruck die farbige Unterlage durch Chromolithographie zugewiesen wird. Nach den farbigen Gegenständen wird eine orthochromatische Aufnahme gemacht, eine darnach kopierte Lichtdruckplatte zu Abklatschen auf Steine oder Metallplatten verwendet und dann erst das Negativ retuschiert, d. h. alle Stellen lichtundurchlässiger gemacht, welche rein farbig wirken sollen, und dann eine neue, für den Auflagedruck bestimmte Lichtdruckplatte kopiert. Für die Abklatsche von Lichtdruckplatten eignet sich vorzüglich ein starkes Papier, welches mehrere Male in der ganzen Fläche mit einer hellen Deckfarbe bedruckt wird. Diese Papiere können nach jedesmaligem Gebrauch mit Terpentinöl gereinigt werden und lassen auch einen farbarmen Druck deutlich abklatschen. Bei anderen, für Ansichtskarten u. dgl. und überhaupt für Massenauflagen geeigneten Verfahren wird die Autotypie als Zeichnungsplatte in Hoch- oder Flachdruck und lithographierte Farbenplatten zum Kolorit benutzt (Autochromdruck, Autocolor u. a.).

Literatur: A. ALBERT, Der Lichtdruck an der Hand- und Schnellpresse. Halle 1906; Technischer Führer durch die Reproduktionsverfahren und ihre Bezeichnungen. Halle 1908. – K. ALBERT, Lexikon der graphischen Techniken. Halle 1927. – C. BLECHER, Lehrbuch der Reproduktionstechnik. Halle 1908. – K. H. BROUM, Die Autotypie und der Dreifarbendruck. Halle 1912; Lehrbuch der Chemigraphie. Halle 1924. – J. M. EDER, Die Heliogravüre und das Pigmentverfahren. Halle 1920; Heliogravüre und Rotationstiefdruck 1922. – J. M. EDER und A. HAY, Die theoretischen und praktischen Grundlagen der Autotypie. Halle 1927. – C. FLECK, Die Photoxylographie. Wien-Leipzig 1910. – Derselbe, Die Photolithographie. Wien und Leipzig 1911. – E. GOLDBERG, Die Grundlagen der Reproduktionstechnik. Halle 1912. – A. FREIHERR V. HÜBL, Die photographischen Reproduktionsverfahren. Halle 1900; Die Dreifarbenphotographie mit besonderer Berücksichtigung des Dreifarbendrucks. Halle 1912. – J. HUSNIK, Die Zinkhochätzung. Wien 1923. – C. KAPPSTEIN, Der künstlerische Steindruck. Berlin 1910. – P. KRISTELLER, Kupferstich und Holzschnitt in 4 Jahrhunderten. Berlin 1911. – O. KRÜGER, Die lithographischen Verfahren und der Offsetdruck. Leipzig 1926. – I. MÜLLER und M. DETHLEFFS, Praktischer Leitfaden des Farbenbuchdrucks. Berlin 1900. – R. ROTHE, Der Linoleumschnitt. Leipzig 1917. – R. RUSS und L. ENGLICH, Handbuch für moderne Reproduktionstechnik. Frankfurt a. M. 1923. – O. SOMMER, Graphik, Druck und Reproduktion. Wien 1922. – A. W. UNGER, Die Herstellung von Büchern, Illustrationen u. s. w. Halle 1906; Wie ein Buch entsteht. Leipzig 1912. – R. WITTE, Praktikum des Stein- nnd Zinkdruckes. Leipzig 1926. – W. ZIEGLER. Die Techniken des Tiefdruckes. Halle 1901. *A. Albert.*

Reserveschwarz (*Geigy*) sind ätzbeständige Farbstoffe für den Buntdruck in der Kattundruckerei.   *Ristenpart.*

Resinate sind Salze der Harzsäuren. Über ihre Herstellung und Verwendung s. Sikkative sowie unter Firnis, Bd. **V**, 373; Harzsäuren, Bd. **VI**, 103.

Resistin (*Verein*) ist ein Anstrichmaterial zum Schutz von Schamottematerial (Tiegel, Glashäfen, Mauerwerk, Schwefelnatriumöfen u. s. w.) gegen Angriffe durch Feuergase und Glasschmelzen (SKOLA, *Ztschr. angew. Chem.* 1927, 406).   *Ullmann.*

Resistinbronze ist eine Legierung aus 84% *Cu*, 13% *Mn*, 2% *Fe* und geringen Zusätzen von *Sn*, *Pb* und *Si*, die für elektrische Widerstände und ähnliche Zwecke verwendet wird wie Nickelin (Bd. **VIII**, 129).   *E. H. Schulz.*

Resorcin, m-Dioxybenzol, zuerst 1864 von H. HLASIWETZ und L. BARTH durch Alkalischmelze aus Galbanum- und Asa-foetida-Harz erhalten, ist eine farb- und geruchlose, leicht sublimierbare Substanz von süßem Geschmack, die aus Alkohol oder Äther in Tafeln oder rhombischen Säulen krystallisiert. *Schmelzp.* 118°; *Kp* 276,5°; *Kp*$_{16}$ 178°; *D*^{15} 1,2717. 100 Tl. Wasser lösen bei 0° 86,4 Tl., bei 12,5° 147,3, bei 30° 228,6. 100 Tl. Resorcin brauchen bei 15° 62 *g* 90volumprozentigen Alkohol zur Lösung. 1 *g* löst sich bei 24° in 435 *g* Benzol. Auch in Chloroform und Schwefelkohlenstoff ist Resorcin nicht ganz unlöslich; von Äther und Glycerin wird es leicht aufgenommen. Wässerige Resorcinlösung besitzt die Fähigkeit, Mannit, Rohrzucker, Stärke und Cellulose zu lösen (R. HOCHSTETTER, *D. R. P.* 268 452), desgleichen Kresole, Thymol, Guajacol und andere Phenole (A. FRIEDLÄNDER, *D. R. P.* 199 690). Resorcin reduziert in Wärme ammoniakalische Silberlösung und FEHLINGsche Lösung. Mit Ammoniak der Luft ausgesetzt, färbt es sich erst rosa, dann bräunlich.

Erhitzt man Resorcin mit Ammoniak und Ammoniumchlorid bzw. mit Aminen und deren Chlorhydraten, so entstehen m-Aminophenol bzw. dessen Alkyl- bzw. Arylderivate (Bd. **VIII**, 340, 341, sowie V. MERZ und W. WEITH, *B.* **14**, 2345 [1881]; A. CALM, *B.* **16**, 2787 [1883]). Die Alkalischmelze liefert Diresorcin und Phloroglucin, die energische Nitrierung 2,4,6-Trinitroresorcin (Styphninsäure), die Sulfurierung eine Disulfosäure, salpetrige Säure 2,4-Dinitrosoresorcin (Chinondioxim) (A. FITZ, *B.* **8**, 631 [1875]). Erwärmt man Resorcin mit Kaliumbicarbonat und Wasser, so entsteht als Hauptprodukt β-Resorcylsäure (2,4-Dioxybenzoesäure) (Bd. **II**, 245). Erwärmen mit 85%iger Arsensäure führt zur Resorcinarsinsäure (*M. L. B., D. R. P.* 272 690), Kondensation mit Blausäure u. s. w. zum Resorcylaldehyd (L. GATTERMANN und M. KÖBNER, *B.* **32**, 278 [1899]; *Bayer, D. R. P.* 106 508), mit Acetylchlorid (+ *ZnCl₂*) zum Resacetophon (4-Acetoresorcin) und 4,6-Diacetoresorcin (M. v. NENCKI und N. SIEBER, *Journ. prakt. Chem.* [2] **23**, 147 [1881]; J. F. EIJKMAN, *Chem. Ztrbl.* **1904**, I, 1597). Mit Formaldehyd und Salzsäure entsteht amorphes unlösliches Methylendiresorcin (A. BAEYER, *B.* **10**, 1094 [1877]; H. KLEEBERG, *B.* **24**, Ref. 525 [1891]; N. CARO, **25**, 947 [1892]), mittels dessen man Resorcin noch in einer Lösung von 1:100 000 nachweisen kann (SILBERMANN, OZOROWITZ, *Chem. Ztrbl.* **1908**, II, 1022; NIERENSTEIN, WEBSTER, *B.* **41**, 81 [1908]; SANCHEZ, *Bull. Soc. chim. France* [4] **9**, 1056 [1911]). Resorcin kuppelt leicht in üblicher Weise mit 2 *Mol-Gew.* einer Diazoverbindung (Bd. **II**, 26), eine Reaktion, die stufenweise verläuft, so daß man leicht 2 verschiedene Azokomponenten in das Molekül einführen kann (*Agfa, D. R. P.* 18861). Unter geeigneten Versuchsbedingungen kann man aber auch 2,4,6-Trisbenzolazoresorcin darstellen (W. R. ORNDORF und B. J. RAY, *B.* **40**, 3211 [1907]). Kondensation mit Isatin s. *M. L. B., D. R. P.* 290 599. Mit Phthalsäureanhydrid kondensiert sich Resorcin zu Fluorescein (Bd. **V**, 402), das in alkalischer Lösung intensiv gelbgrün fluoresciert (E. FISCHER, *B.* **7**, 1211 [1874]; A. BAEYER, *A.* **183**, 1 [1876]).

Auch eine ganze Anzahl anderer Farbreaktionen ist für Resorcin charakteristisch: Bildung von Resorufin beim Erhitzen mit *konz.* Schwefelsäure und Nitrit (H. BRUNNER und CH. KRÄMER, *B.* **17**, 1850 [1884]), das in alkalischer Lösung zinnoberrot fluoresciert (s. auch P. WESELSKY, *A.* **162**, 273 [1872]; R. NIETZKI, A. DIETZE und M. MÄCKLER, *B.* **22**, 3020 [1889]). Versetzt man eine ätherische Resorcinlösung mit salpetrigsäurehaltiger Salpetersäure, so scheiden sich nach einiger Zeit braunrote Krystalle von Resazurin aus, die sich in Ammoniak mit blauvioletter Farbe lösen (P. WESELSKY, *A.* **162**, 276 [1872]). Beim Erhitzen mit Weinsäure und *konz.* Schwefelsäure gibt Resorcin eine intensiv karminrote Färbung, mit Eisenchlorid eine violette Farbreaktion. S. ferner Farbreaktionen: B. PAWLEWSKI, *B.* **31**, 310 [1898]; *Chem. Ztrbl.* 1868, II, 1282.

Darstellung. Resorcin entsteht durch Alkalischmelze aus zahlreichen aromatischen Verbindungen, u. zw. nicht nur solchen der m-Reihe, sondern infolge einer Umlagerung auch aus solchen der o- und p-Reihe, so aus m- und p-Benzoldisulfosäure, o- und p-Halogenphenolen, aus Halogenbenzolsulfosäuren und Phenolsulfosäuren. Zur technischen Gewinnung geht man vom Natriumsalz der rohen m-Benzoldisulfosäure aus, deren Fabrikation bereits Bd. **II**, 280 beschrieben wurde. Es enthält geringe Mengen der isomeren p-Verbindung, deren Anwesenheit nichts schadet. Zur Schmelze bedient man sich des Ätznatrons, trotzdem Ätzkali schon bei niedrigerer Temperatur einwirkt und die Reaktion auch schneller zu Ende führt (P. Degener, *Journ. prakt. Chem.* [2] **20**, 313 [1879]). Man braucht etwa das $2^1/_2$fache des Natriumsalzes an Ätznatron, das mit wenig Wasser zusammengeschmolzen wird. Als Apparat dienen eiserne Röhren, von denen eine größere Anzahl in einem Backofen untergebracht ist. Die Temperatur wird auf etwa 270^0 während $8-9^h$ gehalten. Dieses Arbeiten mit kleineren Mengen soll höhere Ausbeuten liefern als die Verarbeitung größerer Quantitäten in gußeisernen Kesseln, wie sie früher (vgl. Bindschedler und Busch, *Chemische Ind.* **1878**, 370) üblich war (O. Mühlhäuser, *Dinglers polytechn. Journ.* **263**, 154 [1887]). Nach Beendigung der Reaktion, angezeigt durch Bräunung und starkes Spritzen des Rohrinhalts, wird die Schmelze auf Eisenbleche ausgegossen und nach dem Erstarren in Wasser gelöst, mit Salzsäure schwach angesäuert, von geringen Mengen teeriger Bestandteile durch Filtration getrennt und das Resorcin durch Ausziehen mit Amylalkohol oder besser Äther in kontinuierlich wirkenden kupfernen Extraktionsapparaten gesammelt. Man reinigt es nach dem Verjagen des Äthers durch Destillation im Vakuum aus kupfernen bzw. versilberten Blasen. Auch durch Sublimation oder durch Krystallisation aus Benzol kann es völlig rein erhalten werden.

Phillips und Gibbs (*Journ. Ind. engin. Chem* **12**, 857) verwenden $14-16$ *Mol. NaOH* auf 1 *Mol.* Sulfonat und erhitzen 2^h auf 310^0. Weiss and Downs Inc. (*A. P.* 1 658 230 [1924]) nehmen nur einen Überschuß von $15-25\%$ *NaOH* und erhitzen in dünner Schicht auf über 300^0.

Analytisches. Resorcin kommt in groben Stücken von strahlig krystallinischem Bruch in den Handel. Je heller sind, umso reiner ist das Produkt, und umso länger hält es sich an der Luft. Das für pharmazeutische Zwecke bestimmte Präparat bildet farblose Nadeln, durch Krystallisation oder seltener Sublimation gewonnen (vgl. O. Keller. Schweiz. pharm. Wochenschr. **18**, 310).

Zum Nachweis dient die oben angegebene Fluoresceinreaktion sowie die Reaktion mit Formaldehyd. Prüfung. 0,5 *g* Resorcin dürfen beim Erhitzen höchstens 0,5 *mg* Rückstand hinterlassen. Zum Nachweis von Säuren versetzt man eine Lösung von 1 *g* in 10 *cm³* Alkohol mit wenigen Tropfen Lacmoidlösung. Die rote Flüssigkeit muß mit $1-2$ Tropfen *n*-Natronlauge violettblau werden. Das sublimierte Präparat enthält manchmal Diresorcin, das beim Lösen in der 20fachen Menge Wasser zurückbleibt. Die Lösung 1:20 darf beim Kochen keinen Phenolgeruch zeigen. Quantitative Bestimmung. Man versetzt die Lösung mit titriertem Bromwasser (Tribromresorcin!) und bestimmt den Überschuß des Broms mit Jod und Thiosulfat (P. Degener, *Journ. prakt. Chem.* **20**, 322 [1879]; C. M. Pence, *Journ. Ind. engin. Chem.* **3**, 820 [1911]). Auch Bestimmung mit Permanganat ist sehr genau (ebenda **5**, 218 [1913]). Bestimmung mit Furfurol und Salzsäure s. E. Votoček und R. Potměšil, *B.* **49**, 1185 [1916].

Verwendung. Resorcin ist eine wichtige Farbstoffkomponente und Ausgangsmaterial von Farbstoffzwischenprodukten. Es dient besonders zur Gewinnung von Azofarben, wie Chrysoin (Bd. **III**, 434), Echtbraun (Bd. **IV**, 100), Fettorange (Bd. **V**, 256), Kongobraun (Bd. **VI**, 734), Ingrainfarben (Bd. **V**, 45), Resorcinbraun (s. u.). Ferner für Pyroninfarbstoffe, wie Bengalrosa (Bd. **II**, 205), Fluorescein (Bd. **I**, 402), Eosin (Bd. **IV**, 436); für Oxazinfarbstoffe, wie Bleu fluorescent (Bd. **II**, 531, **V**, 403), Nitrosoblau (Bd. **III**, 799), ferner für Ferrodruckgrün (Bd. **V**, 169, **VIII**, 140). Resorcin ist Ausgangsmaterial von Dinitrosoresorcin (Bd. **V**, 169), β-Resorcylsäure (Bd. **II**, 245), m-Aminophenol, Dimethyl-m-amino-phenol, m-Oxydiphenylamin (Bd. **VIII**, 340, 341).

In der Therapie braucht man Resorcin seiner schwach ätzenden und antiseptischen Eigenschaften wegen in Form von Salben, als Zusatz zu Seifen zur Behandlung von Hautausschlägen, übermäßiger Schweißabsonderung, Frostbeulen u. s. w. (Bd. **VI**, 774, 776). Innerlich wird es als Antisepticum des Magendarmkanals benutzt. Man stellt ferner aus Resorcin einige andere Heilmittel her: Euresol, d. i. Resorcinmonoacetat (Bd. **IV**, 703). *F. Ullmann (G. Cohn).*

Resorcinbraun (*Ciba, I. G.*) ist der 1881 von Wallach erfundene, saure, primäre Disazofarbstoff für Wolle aus je 1 *Mol.* Diazo-m-xylidin und Diazo-sulfanilsäure und, als

CH_3—⟨ ⟩—CH_3 HO—⟨ ⟩—OH ⟨ ⟩—SO_3Na

(N=N ... N=N ... N=N)

Azokomponente, Resorcin; *D. R. P.* 18861. Die Marke G (*Geigy*) ist ein schwach saurer Azofarbstoff für Wolle und Seide, wird aber hauptsächlich für vegetabilisch gegerbte Leder verwendet. *Ristenpart.*

Respirationsapparate s. Schutzmasken.

Reten, 1-Methyl-7-isopropyl-phenanthren, $C_{18}H_{18}$, findet sich in Torf-

C_3H_7— [structure] —CH_3

lagern und wurde 1858 von KNAUSS im schweren Teeröl harzreicher Nadelhölzer aufgefunden (*A.* **106**, 391). Es krystallisiert in Blättern oder Tafeln vom *Schmelzp.* 98,5⁰ und siedet über 390⁰, im absoluten Vakuum bei 135⁰. Seine Verbindung mit Pikrinsäure krystallisiert in Nadeln vom *Schmelzp.* 123–124⁰. Aus Harzöl kann man es durch Erhitzen mit Schwefel isolieren (*Ciba, D. R. P.* 43802). Nach DIELS und KARSTENS werden durch Erhitzen von 50 *g* Abietinsäure mit 70 *g Se* 22 *g* Reten erhalten (*B.* **60**, 2323). Genauer erforscht wurde der Kohlenwasserstoff von E. BAMBERGER und HOOKER (*A.* **229**, 102 [1885]).

Das Perhydrid, $C_{18}H_{32}$, gleichfalls in Torflagern vorkommend, führt den Namen Fichtelit (*Schmelzp.* 46⁰; Kp_{719} 355⁰). Retenchinon, $C_{18}H_{16}O_2$, orangefarbene Nadeln vom *Schmelzp.* 197,5⁰, ist gleich dem Phenanthrenchinon ein Orthodiketon. *F. Ullmann (G. Cohn).*

Rheinblau (*Durand*), Gallocyaninfarbstoff, liefert, mit essigsaurem Chrom gedruckt, lebhafte Blautöne, auch für Ätzdruck geeignet. *Ristenpart.*

Rhenium, *Re,* von dem Forscherehepaar IDA (TACKE) und WALTER NODDACK 1925 auf Grund spekulativer Prognosen in systematischer Forschungsarbeit entdeckt, nach dem Rheinstrom benannt (Sitz. Preuß. Ak. Wiss., Phys.-Math. Kl. **1925**, 409; *Ztschr. physikal. Chem.* **125**, 264 [1927]; Ergebnisse der exakten Wissenschaften, Berlin, Bd. **6**, 333 [1927]; Metallbörse **20**, 621 [1930] und a. a. O.), hat das Atomgewicht 186,31 ± 0,02 (O. HÖNIGSCHMID und R. SACHTLEBEN, *Ztschr. anorgan. allg. Chem.* **191**, 309 [1930] und *B.* **64**, 12 [1931]), krystallisiert hexagonal, *D* in Pulverform 10,4, in geschmolzenen Kügelchen etwa 20 (J. NODDACK, *Ztschr. Elektrochem.* **34**, 630 [1928]), in einem hochgesinterten Stab *D* = 20,9 (*Naturwiss.* **19**, 108 [1931]) gegenüber der durch Extrapolierung errechneten *D* von 21,40 ± 0,06 (V. M. GOLDSCHMIDT, *Ztschr. physikal. Chem.*, Abt. B, **2**, 249 [1929]), spez. Wärme bei 0–20⁰ 0,0346, Wärmeausdehnungskoeffizient $12,45 \cdot 10^{-6}$ in Richtung der hexagonalen Achse, senkrecht dazu $4,67 \cdot 10^{-6}$ (± 8 %) (*Naturwiss.* **19**, 108 [1931]), *Schmelzp.* 3440⁰ ± 50⁰ abs. (*Naturwiss.* **19**, 108 [1931]), *Kp* wahrscheinlich höher als die *Kp* von *W* und von *C* (J. NODDACK, l. c.), kann sich als Draht von 0,25 *mm* auf einer *Wo*-Draht-Seele von 0,03 *mm* um 24% dehnen, weist einen spez. elektrischen Widerstand von $\varrho = 0,21 \cdot 10^{-4} \Omega$ *cm* (± 15 %) (*Naturwiss.* **19**, 108 [1931]) auf, gehört der 7. Gruppe des Periodischen Systems bzw. deren *Mn*-Reihe an und füllt die bisher offen gebliebene Lücke S. Nr. 75 darin zwischen *W* (=74) und *Os* (=76) aus.

Vorkommen. Das *Re* findet sich in vielen Mineralien, z. B. im Columbit, Gadolinit, in *Pt*-, *Fe*- und *Ni*-Erzen und namentlich im Molybdänglanz, doch ist ihr Gehalt daran nur sehr gering, meist unter 0,1‰. Zur Gewinnung von 1,04 *g Re* benötigten z. B. die Entdecker 660 *kg* Molybdänglanz, die mit 4000 *kg* HNO_3 (*D* 1,40) in einer Arbeitskampagne von rund 40 Tagen erst völlig aufgeschlossen wurden (I. und W. NODDACK, *Ztschr. anorgan. allg. Chem.* **183**, 353 [1929], 364). Das *Re* sammelte sich in den Filtraten der durch Phosphat bewirkten Fällungen des *Mo* an. Da der Gehalt des Ausgangsmaterials etwa $2 \cdot 10^{-6}$% *Re* beträgt, bedeutet die Ausbringung von 1 *g* etwa 77% Gesamtausbeute. Eine für technische Herstellung von *Re* relativ äußerst ergiebige Rohstoffquelle fand bereits 1928/1929 W. FEIT (*Ztschr. angew. Chem.* **43**, 459 [1930]) in einem von Molybdänverhüttungen herrührenden Rückstandschlamm in einer Fabrik zu Leopoldshall, der eine Tagesproduktion von 400 *g* Kaliumperrhenat (= 64% *Re*-Metall) und eine Preissenkung auf 12 M. für 1 *g* jenes Salzes mit der Aussicht auf eine weitere Preisreduzierung auf oder unter *Pt*-Preisniveau gestattet.

Das *Re*-Metall läßt sich aus dem Rheniumheptasulfid Re_2S_7 durch Erhitzen im *H*-Strom auf etwa 1000⁰ oder durch Reduktion des Rheniumdioxyds ReO_2 mit *H* bei 800⁰ als schweres, graues Pulver gewinnen, das im Vakuum zu kleinen Kügelchen zusammenschmelzbar ist. Die Reduktion des Rheniumoxyds erfolgt leichter als bei den Oxyden des *Mn*, *Mo* und *W*, jedoch schwieriger als bei *Os*, was der Stellung des *Re* zwischen *W* und *Os* entspricht. Von den 7 normalerweise zu erwartenden Oxyden des *Re* sind das beim Erhitzen des Metalls unter 150⁰ erhältliche weiße Peroxyd Re_2O_3, das ebenso beim Erhitzen über 150⁰ resultierende gelbe Re_2O_7, das beim Lösen des schwarzen Dioxydes ReO_2 in HNO_3 sich bildende rote Trioxyd ReO_3, die beim Einwirken von SO_2 auf trockenes Re_2O_8 oder Re_2O_7 in Erscheinung tretenden violetten bis blauen Oxyde von der Zusammensetzung etwa $ReO_2 + ReO_3$ oder $ReO_2 + Re_2O_7$ und das beim Erhitzen von Natriumperrhenat im *H*-Strom auf 300—400⁰ resultierende, beim weiteren Erhitzen bis auf 800⁰ das *Re*-Metall liefernde schwarze ReO_2 bekannt (I. und W. NODDACK, *Ztschr. anorgan. allg. Chem.* **181**, 1 [1929] und *Naturwiss.* **17**, 93 [1929]). Das Re_2O_7 ist leichtlöslich-hygroskopisch und bildet analog wie das *Mn* eine starke Säure $HReO_4$, die Perrheniumsäure, von der sich die Perrhenate, NH_4-, Na-, K-ReO_4 u. s. w., ableiten. Das Re_2O_7 siedet bei 450⁰ und läßt sich in einer O- oder N-Atm. unzersetzt destillieren, was bei der Trennung des *Re* von *Mo* und anderen Metallen von großem Wert ist. Analytisch gehört das *Re* in die H_2S-Gruppe, wobei das aus stark saurer Lösung von Perrhenat durch H_2S ausfallende Re_2S_7 zu den in $(NH_4)_2S$ (und Alkalisulfiden) unlöslichen Niederschlägen gehört. Über das Verhalten von Schwefelderivaten der Perrheniumsäure s. W. FEIT, *Ztschr. angew. Chem.* **44**, 65 [1931]. Über die quantitative Bestimmung wasserlöslicher Perrhenate vermittels Nitrons berichten W. GEILMANN und A. VOIGT (*Ztschr. anorgan. allg. Chem.* **193**, 311 [1930]), über die Oxydation frisch gefällten Rheniumsulfids mit $NaOH$ und H_2O_2 zu $NaReO_4$ und dessen Fällung mit Nitron W. GEILMANN (*Ztschr. angew. Chem.* **43**, 1080 [1930]). Die Geochemie des Rheniums behandeln I. und W. NODDACK, *Ztschr. physikal. Chem.* Abt. A, **154**, 207 [1931]. Vgl. auch *Ztschr. angew. Chem.* **1931**, 215, woselbst die Autoren ausführliche Angaben über chemisches Verhalten, die Bestimmung und Regeneration des *Re* aus Rückständen machen. Über einige katalytische Eigenschaften des Rheniums (Reduktion von Kohlenoxyd mit Wasserstoff zu Methan, Kohlenoxydzerfall; Hydrierung von Äthylen), des reinen oder kupferhaltigen (1 *Re*: 1 *Cu*) *Re*, berichten H. TROPSCH und R. KASSLER (*B.* 63, 2149 [1930]). *Max Speter.*

Rheonin AL (*I. G.*) ist der 1894 von MÜLLER erfundene basische Acridinfarbstoff. Nach *D. R. P.* 82989 wird Tetramethyldiaminobenzophenon mit salzsaurem m-Phenylendiamin und Chlorzink erhitzt. Das entstandene m-Aminophenylauramin liefert bei 200⁰ den Farbstoff (s. Bd. **I**, 169). Man erhält damit licht-, chlor- und waschechte bräunliche Gelb auf tannierter Baumwolle und Leder, die auch als Buntätzfarbe mit Hydrosulfit im Kattundruck verwendet werden. 3 R ist eine neuere Marke. *Ristenpart.*

Rheotan ist eine Neusilberlegierung (Bd. **VIII**, 105) aus rund 50 % *Cu*, 17 % *Zn*, 25 % *Ni* und 5 % *Fe*, die wegen ihres hohen elektrischen Widerstandes in der Elektrotechnik verwendet wird. *E. H. Schulz.*

Rheumasan (DR. REISS, CHEMISCHE FABRIK, Berlin-Charlottenburg), hergestellt nach *D. R. P.* 154548 als Salicylseife mit 10 % Salicylsäure und Salicylsäureester, mit Vaselin und Adeps Lanae als Salbe bei rheumatischen Erkrankungen.

Rheumitren (PROMONTA, Hamburg) enthält als wirksame Bestandteile Dijodoxychinolin, Salicylsäureester des Fenchylalkohols, Isothiocyansäureallylester und lipoidlöslichen Schwefel. Anwendung bei akuten und chronischen Rheumatitiden, Gicht, Ischias, Neuralgien. Tuben zu 20 und 35 *g.*

Rhinoculin (DR. RITSERT, Frankfurt a. M.) enthält Adrenalin, Borsäure; bei Heuschnupfen.

Rhodalzid (CHEMISCHE FABRIK REISHOLZ b. Düsseldorf), Rhodaneiweißverbindung, gelblichweißes Pulver, unlöslich in Wasser, mit 19,4 % Rhodan. Anwendung bei Arteriosklerose, Tabes, Gicht, Zahncaries. Tabletten zu 0,25 *g.* *Dohrn.*

Rhodaminfarbstoffe sind die durch Einwirkung von Bernstein- oder Phthalsäureanhydrid auf 2 *Mol.* eines m-Aminophenols erhaltenen basischen Pyroninfarbstoffe. Ihr leuchtendes bläuliches Rot ist lichtechter als das der Eosine. Die Färbung auf Wolle, Seide und geölter Baumwolle fluoresciert, die auf tannierter Baumwolle dagegen nicht. Im Kattundruck werden die Rhodamine als Buntätzfarbe mit Hydrosulfit verwendet. Die Marke B (*Ciba, Geigy, Sandoz*), B extra (*Ciba, I. G., Sandoz*) wurde 1888 von CERESOLE dargestellt durch Verschmelzen von Phthalsäure-anhydrid mit 2 *Mol.* Diäthyl-m-aminophenol.

$(C_2H_5)_2N$ —⟨⟩— $N(C_2H_5)_2$, Cl, O, C, —CO_2H

D. R. P. 44002, 48367, 54684 (*Friedländer* 2, 68, 79, 86). Grüne Krystalle, in Wasser und Alkohol leicht löslich mit umso stärkerer Fluorescenz, je verdünnter die Lösung. Die Fluorescenz verschwindet beim Erhitzen und kehrt beim Erkalten zurück. 3 B (*Ciba*), extra (*I. G.*), 1891 von MONNET erfunden, entsteht nach D. R. P. 66238, 72576, 71490 und 73451 durch Behandlung der B-Marke mit Alkohol und Salzsäuregas; G (*Ciba, Geigy, Sandoz*); G extra (*Ciba, I. G.*), 1891 von CERESOLE

$C_2H_5 \cdot HN$ —⟨⟩— $N(C_2H_5)_2$, Cl, O, C, —CO_2H

aufgefunden, entsteht aus der Marke B durch Erhitzen mit salzsaurem Anilin nach D. R. P. 63325 (*Friedländer* 3, 175) unter Abspaltung einer Äthylgruppe; im Ton gelber, sonst von gleichen Färbe- und Echtheitseigenschaften; 3 GO (*I. G.*) ist gleich Irisamin (Bd. **VI**, 266); 6 G (*Ciba, Geigy, Sandoz*); 6 G extra (*Ciba, I. G., Sandoz*), 1892 von BERNTHSEN aufgefunden, entsteht aus dem symmetrischen Diäthylrhodamin (aus Phthalsäureanhydrid und Monoäthyl-m-amino-phenol) durch Esterifizierung mittels Alkohols und Mineralsäuren. D. R. P. 73573, 73880 (Dar-

$C_2H_5 \cdot HN$ —⟨⟩— $NH \cdot C_2H_5$, Cl, O, C, —$CO_2 \cdot C_2H_5$

stellung s. *Fierz* 276). In Wasser mit grüner, in Alkohol mit gelber Fluorescenz löslich. Färbe- und Echtheitseigenschaften wie bei den vorigen.

Neuere Marken der *I. G.* sind 6 GDN extra und 6 GM extra. Die Marke 6 GH extra von *Sandoz* ist ein Xanthenfarbstoff. 12 G (*Ciba*), 1898 von BRACK erfunden, entsteht nach D. R. P. 106720 durch Einwirkung von Formaldehyd auf das durch Kondensation von Dimethylaminooxybenzoylbenzoesäure mit 2 *Mol.* Resorcin

$(CH_3)_2N$ —⟨⟩— $N(CH_3)_2$, Cl, O, C, $C_2H_4 \cdot CO_2H$

erhaltene Phthalein; S (*Ciba*), S extra (*Ciba, I. G.*) ist das 1888 von KAHN und MAJERT erfundene Succinein aus Bernsteinsäureanhydrid und 2 *Mol.* Diäthyl-m-aminophenol nach D. R. P. 51983; es färbt auch ungebeizte Baumwolle. Die Marken 2 GH und 6 GH (*Ciba*) sind besonders hydrosulfitbeständig.
Rhodaminponceau G extra (*I. G.*) ist eine Rhodamineinstellung. *Ristenpart.*

Rhodancalcium-Diuretin (*Knoll*), Tabletten aus 0,1 *g* Kaliumrhodanid und 0,5 *g* der Doppelverbindung von Theobromin und Calciumsalicylat (D. R. P. 410055) (Bd. **III**, 706). Der Gehalt an Rhodan soll bei Hypertonie günstiger wirken. *Dohrn.*

Rhodanverbindungen, $M \cdot S \cdot C \vdots N$, sind zum größten Teil unter Cyanverbindungen abgehandelt (Bd. **III**, 496). Bemerkt sei, daß die Alkalirhodanide, auch *Ca*-Rhodanid, kaum giftig sind (EDINGER, *Chem. Ztrlbl.* **1900**, II, 347; **1902**, II, 138; **1906**, II, 1076; *Arbb. Gesundheitsamt* **38**, 435).

Rhodanwasserstoffsäure, Thiocyansäure $HS \cdot C \vdots N$, ist ein Gas, das durch Abkühlung zu einer weißen, ätzend riechenden, zersetzlichen Krystallmasse kondensiert werden kann. Leicht löslich in Wasser, Alkohol und Äther, zersetzt sich auch in wässeriger Lösung (ROSENHEIM und LEVY, *B.* **40**, 2168). Darstellung durch Destillation von Ammoniumrhodanid mit H_2SO_4 im Vakuum (GLUUD, *B.* **59**, 1384). Ohne technisches Interesse.

Aluminiumrhodanid s. Bd. **I**, 312; **III**, 498.
Ammoniumrhodanid s. Bd. **III**, 497.

Bariumrhodanid, $Ba(SCN)_2 + 3H_2O$. Zerfließliche Nadeln, leicht löslich in Wasser und Alkohol. Herstellung s. Bd. III, 498. Verwendung zur Gewinnung von Chrom- und Kupferrhodanid.

Calciumrhodanid s. Bd. III, 499. Außer durch die daselbst angegebenen Darstellungsmethoden kann es auch erhalten werden, indem man Ammoniumrhodanidlösung mit Kalkmilch versetzt, durch Einleiten von Dampf möglichst schnell von NH_3 befreit und die filtrierte Lauge auf 45^0 $B\acute{e}$ eindampft, wobei das Salz auskristallisiert.

Chromrhodanid s. Bd. III, 424.

Goldrhodanid s. Bd. VI, 56.

Kaliumrhodanid s. Bd. III, 499.

Kupferrhodanide s. Bd. III, 500, sowie Bd. VII, 238.

Quecksilberrhodanid s. Bd. VIII, 626.

Zinnrhodanide. In fester Form ist nur Stannorhodanid $Sn(SCN)_2$ bekannt, braungelbes, in Wasser und Alkohol lösliches Pulver. Im Handel sind Stanno- und Stannirhodanidlösungen, die aus Zinnsalz mit Ammoniumrhodanid hergestellt, als Weißätze in der Druckerei geringe Verwendung finden. *Ullmann.*

Rhodapurin (CHEMISCH-PHARMAZEUTISCHE A. G., Bad Homburg) ist eine Kombination von Coffein mit Rhodanammonium. Anwendung als blutdrucksenkendes Mittel. Tabletten zu 0,3 g. *Dohrn.*

Rhodium s. Platinmetalle, Bd. VIII, 494.

Rhodulinfarbstoffe sind basische Farbstoffe, hauptsächlich für Kattundruck. Rhodulin-blau 5 B, GO, 3 GO und 6 G, 1912; -gelb 6 G, 1904; T ist der 1888

von ROSENHECK durch Methylierung von Dehydrothio-p-toluidin nach *D. R. P.* 51738 erhaltene Thiazolfarbstoff und gibt ein rein grünliches, wasch-, chlor- und säureechtes Gelb auf tannierter Baumwolle. Im Kattundruck läßt es sich mit Chlorat weiß ätzen und andererseits für Buntätzen mit Hydrosulfit NF verwenden (s. auch Bd. III, 555); Rhodulin-heliotrop B und 3 B, -orange NO, -reinblau 3 G, -rot G gleich Brillantrhodulinrot (Bd. II, 16 und 665). *Ristenpart.*

Rhotanium ist eine Legierung von Gold (60–90 %) mit Palladium, die sehr beständig gegen HCl, HF, $konz.$ H_2SO_4 und geschmolzenes Natrium sein soll. *E. H. Schulz.*

Ricinusöl s. Fette, Bd. V, 238.

Ricinusölsulfosäure s. Textilöle.

Riechstoffe ist die Bezeichnung für Substanzen, die entweder allein oder in Verbindung mit anderen einen den Geruchssinn befriedigenden Reiz auszuüben imstande sind und welche in der Parfümerie (Bd. VIII, 298), in der Seifenindustrie (s. d.) sowie in der Getränkeindustrie (Bd. I, 232), in der Zuckerwarenfabrikation (s. d.) sowie für kosmetische Präparate (Bd. VI, 774) praktische Verwendung finden, wobei mit der Geruchswirkung gleichzeitig eine von ihr nicht immer zu trennende Geschmackswirkung ausgeübt wird. Der Begriff des Riechstoffs ist nicht zu verwechseln mit dem des Parfüms, indem der erstere zum letzteren im Verhältnis des Grundstoffs zum Fertigfabrikat steht.

Geschichtliches. Es ist nicht möglich, an dieser Stelle auch nur andeutungsweise eine geschichtliche Entwicklung der Riechstofftechnik zu geben, da die Geschichte der Riechstoffe so alt ist wie die Kulturgeschichte der Menschheit. Einiges darüber ist unter Parfümerie (s. Bd. VIII, 298) mitgeteilt, nähere Schilderungen sind in den unter Literatur angezeigten größeren Handbüchern enthalten.

Zum Verständnis der unten folgenden Darlegungen sei nur kurz auf die letzten Phasen der Entwicklung der systematischen Riechstoff-Forschung hingewiesen. Diese fußt mit ihren ersten Anfängen in den Untersuchungen der ätherischen Öle (s. S. 755), welche teils von chemischen, teils pharmazeutischen, teils medizinischen Gesichtspunkten aus das Interesse einzelner Forscher erregten und schon im Anfange des vorigen Jahrhunderts Gegenstand zahlreicher Untersuchungen waren. Man hielt früher die ätherischen Öle für einheitliche, mehr oder weniger verunreinigte Körper und gab den

Hauptbestandteilen Eigennamen, ohne die Beziehung der in verschiedenen Ausgangsmaterialien gefundenen Individuen zueinander zu prüfen. Einen Schritt weiter ging DUMAS, der schon 1830 darauf hinwies, daß man bei allen ätherischen Ölen einen sauerstofffreien und einen sauerstoffhaltigen Bestandteil unterscheiden müsse, die man in der Folge mit den Namen Terpene und Campher bezeichnete.

In die Überfülle der im Laufe der Zeit sich anhäufenden Einzelbeobachtungen brachte erst OTTO WALLACH Ordnung und Systematik, indem er seit dem Jahre 1884 in Verfolgung eines klargezeichneten Programms uns die Arbeiten bescherte, von denen die ersten 100 in seinem Werke „Terpene und Campher" (Leipzig 1909) zusammengestellt sind. WALLACH hat für die vielen, voneinander verschiedenen Terpene bestimmte Merkmale ihrer Eigenschaften festgestellt und dadurch eine einwandfreie Erkennung und Unterscheidung der Individuen möglich gemacht. Er hat ferner das Verhalten und die gegenseitigen Beziehungen der einzelnen Kohlenwasserstoffe, namentlich mit Rücksicht auf ihre Eigenart, ineinander überzugehen, ermittelt und schließlich die Konstitution der einzelnen Terpene und Campher bestimmt. Viele bisher aus verschiedenen Quellen gewonnene und als verschieden betrachtete Körper wurden als identisch erkannt und erhielten die gleiche Namensbezeichnung. So entstand allmählich ein klares Bild der in der Natur vorkommenden Terpene und ihrer sauerstoffhaltigen Derivate. Man unterscheidet die eigentlichen Terpene, $C_{10}H_{16}$, und die Polyterpene, $(C_5H_8)x$, von denen die Sesquiterpene, $C_{15}H_{24}$, und ihre Derivate die wichtigsten sind. Die Bezeichnung Campher als Sammelname für die sauerstoffhaltigen Derivate der Terpene hat sich nicht durchgesetzt, sondern nur als Sonderbenennung für einen der wichtigsten Körper dieser Klasse erhalten (s. Campher, Bd. III, 60). Wenn wir in O. WALLACH auch infolge seiner grundlegenden Arbeiten auf diesem Gebiete und infolge der Auswirkung seiner Forschungen in der Wissenschaft und nicht zuletzt in der Industrie den Begründer der Riechstoffchemie als eines besonderen Forschungsgebiets verehren dürfen, so findet dieses Gebiet doch keineswegs seine Begrenzung in der Chemie der Terpene und Campher; dieses bildet vielmehr nur einen Teil des großen alle geruchlich interessanten Körper umfassenden Gebietes.

Der erste technische Schritt in das erweiterte Gebiet der „Riechstoffe" und im speziellen der „Synthetischen Riechstoffe" wurde gemacht durch die Arbeiten FERDINAND TIEMANNS, WILHELM HAARMANNS und ihrer Mitarbeiter, welche durch die künstliche Darstellung des Vanillins (s. S. 815), des Geschmacksprinzips der Vanilleschote, und später des „Jonons" (s. S. 828), des vorzüglichen Ersatzstoffs für den Veilchenduftstoff, in der von WILHELM HAARMANN im Jahre 1874 gegründeten Vanillinfabrik in Holzminden (heute HAARMANN & REIMER) die erste praktische Darstellung künstlicher Riechstoffe durchführten und damit den Grund für eine Industrie der künstlichen Riechstoffe legten.

Wie großartig die Entwicklung dieses Industriezweiges, speziell in Deutschland, im Verlauf der folgenden Jahrzehnte gewesen ist, geht aus einer Berechnung von A. HESSE in der WALLACH-Festschrift (Göttingen 1909), in welcher die Entwicklung der Industrie der ätherischen Öle unter dem Einfluß der WALLACHschen Arbeiten eingehend geschildert wird, hervor. Darnach hat sich der Wert der Produktion der deutschen Riechstoffindustrie in den Jahren von etwa 1880 bis 1910 von 10 auf 50 Millionen M. erhöht, während die allgemeine chemische Industrie im gleichen Zeitraum ihre Produktion nur ungefähr verdoppelt hat.

Die Riechstoffindustrie hat ihre wesentliche Entwicklung der planmäßigen Erforschung der natürlichen Riechstoffe und deren Nachbildung auf synthetischem Wege zu verdanken. Sie geht auch bei der technischen Synthese häufig von Körpern aus, die ihrerseits schon natürliche Riechstoffe sind und am billigsten aus Naturprodukten gewonnen werden. Wenn auch mehr oder weniger eine Totalsynthese sämtlicher Riechstoffe möglich ist, so ist diese doch in den wenigsten Fällen rationell, und man geht zweckmäßigerweise von billiger herzustellenden natürlichen Materialien aus, welche als sozusagen bereits fertig gebildete Zwischenprodukte der Natur entnommen werden. So wird aus dem Anethol des Anisöls der unter dem Namen „Aubépine" (Weißdorn) bekannte Anisaldehyd, aus dem Eugenol des Nelkenöls das Vanillin, aus dem Pinen des Terpentinöls der Campher, aus dem Safrol des Sassafras- und Campheröls das Heliotropin, aus dem Citral des Citronellöls der wichtige Veilchenriechstoff Jonon hergestellt (s. Einzelbeschreibungen S. 780 ff).

In Erweiterung der Studien WALLACHs wurden durch eine vorbildliche Gemeinschaftsarbeit von Industrie und Wissenschaft die neuen Erkenntnisse technisch ausgebeutet. Die Grundlage hierzu bildete vor allem die rationelle Gewinnung der natürlichen Riechstoffe, insbesondere die Vervollkommnung des Verfahrens zur Gewinnung der ätherischen Öle durch Destillation mit Wasserdampf (s. S. 736). Hierbei ergab sich zwangläufig das Bestreben, auch technisch die wesentlichen Bestandteile der ätherischen Öle von Beimengungen zu trennen und als Einzelkörper zu isolieren. Man erkannte, daß in den natürlichen Riechstoffkomplexen entweder einer der Riechstoffe als geruchlich ausschlaggebend vorherrscht, oder daß der Geruchcharakter sich aus einem mehr oder weniger komplizierten Gemisch von Einzelriechstoffen ergibt. Am einfachsten liegt der Fall, wenn der Hauptbestandteil des Öles gleichzeitig diesem seinen Geruchcharakter verleiht. So ist das Charakteristische der Epoche der Neunzigerjahre in der technischen Isolierung von wichtigen einfachen Riechstoffen, wie Anethol, Campher, Citral, Citronellal, Eucalyptol (Cineol), Eugenol, Carvacrol, Thujon, Fenchon, Methylheptenon, Linalool, Geraniol, Citronellol, Santalol, Safrol, Terpineol, Zimtaldehyd u. s. w. zu erblicken, die in rascher Folge in den Preislisten der Firmen während der Jahre 1887—1898 als neue Produkte erschienen (SCHIMMEL & CO., Leipzig, HEINE & CO., Leipzig, E. SACHSE, Leipzig, H. HAENSEL, Pirna). Mit diesen Produkten konnten in der Parfümerie wesentlich andere Effekte erzielt werden als mit den entsprechenden Ölen. Zur Isolierung wurden physikalische und chemische Wege eingeschlagen. Der erstere ist nur möglich, wenn der zu gewinnende Bestandteil zu sehr hohem Prozentsatz in dem Öl enthalten ist oder infolge seines Aggregatzustandes sich sehr stark von den übrigen Bestandteilen unterscheidet.

So läßt sich durch fraktionierte Destillation aus Anisöl das Anethol, aus Nelkenöl das Eugenol, aus Cassiaöl der Zimtaldehyd, aus Sassafrasöl das Safrol fast rein gewinnen, durch Ausfrieren aus Pfefferminzöl das Menthol abscheiden. Zur Reingewinnung von einfachen natürlichen Riechstoffen genügen jedoch nicht immer physikalische Methoden; in diesen Fällen gab die Eigenart der verschiedenen Körperklassen, mit bestimmten Reagenzien mehr oder weniger leicht quantitativ isolierbare Verbindungen zu bilden, die Mittel zur Isolierung an die Hand.

Primäre Alkohole z. B. verbinden sich mit Phthalsäureanhydrid zu sauren Estern, die sich von den übrigen Körperklassen leicht trennen und durch kaustisches Alkali wieder verseifen lassen. Auf diese Weise können z. B. die wichtigen Rosenalkohole Citronellol und Geraniol aus Palmarosaöl, Geraniumöl, Citronellöl und Lemongrasöl rein erhalten werden.

Geraniol bildet mit Chlorcalcium eine Doppelverbindung, vermittels deren ebenfalls die Isolierung von Geraniol in der Praxis durchgeführt wird.

Aldehyde und Ketone bilden vielfach mit Natriumbisulfit krystallisierte Doppelverbindungen, welche mechanisch entfernt und durch Alkalicarbonat wieder zersetzt werden können. Auf diese Weise können Citral, der Geruchsträger des Citronenöls, aus dem Lemongrasöl und das als Ausgangsmaterial für die Citronelloldarstellung wichtige Citronellal aus dem Citronellöl gewonnen werden.

Bei der Untersuchung der ätherischen Öle, insbesondere bei der Darstellung der terpenfreien Öle (die zuerst 1876 auf der Weltausstellung in Philadelphia von der Firma HAENSEL, Pirna, bekanntgemacht wurden) (s. S. 776), war erkannt worden, daß die Terpene sich nur in verhältnismäßig geringem Maß an der Riechwirkung beteiligen, daß sie ferner bei der Gewinnung der anderen riechenden Bestandteile als Abfallprodukte gewonnen werden konnten. Wissenschaftliche Untersuchungen hatten gezeigt, daß aus den Alkoholen, Ketonen u. s. w. durch Abspaltung von Wasser Terpene als Spaltungsprodukte insbesondere bei der Einwirkung saurer Agenzien erhalten werden. Eine Umwandlung der wertloseren Terpene in wertvollere Alkohole mußte der umgekehrte Weg, die Anlagerung von Wasser, bewirken, ein Problem, das BERTRAM durch seine Verfahren, Terpene in Ester von Alkoholen (vgl. *D. R. P.* 67255 und 80711) zu verwandeln, löste (s. Terpineol).

Das letzte Jahrzehnt des vorigen Jahrhunderts brachte der Riechstoffindustrie eine ganz neue Entwicklung. In diesem Zeitraum ist die wichtigste Frage dieser Industrie, nämlich die planmäßige Erforschung der wertvollsten natürlichen Riechstoffkomplexe und ihre künstliche Darstellung auf Grund dieser analytischen Befunde, begonnen und mit glänzenden, auch wirtschaftlich wertvollen Erfolgen durchgeführt worden. Der Geruchseffekt der natürlichen Riechstoffkomplexe wird nicht immer durch einzelne geruchlich und quantitativ stark hervortretende Körper bedingt, sondern in vielen Fällen, u. zw. gerade in denjenigen, in welchen es sich um besonders wertvolle und anmutige Düfte handelt, wie bei den Blütenölen (s. S. 777), wird der typische Geruch durch die Gesamtheit der Komponenten hervorgebracht, in welcher oftmals prozentual sehr gering beteiligte Individuen das Wesen und den Charakter ausmachen. Es ergab sich hier die zweifache Aufgabe, nämlich erstens die Zusammensetzung des betreffenden Gemisches in qualitativer und quantitativer Hinsicht möglichst genau zu erforschen, um, ausgehend von den möglichst aus billigeren Quellen beschafften Bestandteilen, das Naturprodukt künstlich aufzubauen, und zweitens aus den gefundenen Riechstoffen diejenigen nachzubilden, die ev. als Einzelkörper Verwendung finden konnten. Es war naturgemäß, daß praktisch erfolgreiche Resultate vor allem bei den teuren Ölen, wie Rosenöl, Neroliöl u. s. w., und insbesondere bei den nach den weiter unten beschriebenen Verfahren in Südfrankreich in Form parfümierter Pomaden gewonnenen Riechstoffen (Jasmin, Tuberose u. s. w., s. S. 743, 751) zu erwarten waren. Aber an die Untersuchung dieser feinen Riechstoffe gingen die Chemiker damals mit einer gewissen Scheu heran. Man befürchtete, diese duftigen Gebilde würden unter den groben chemischen Hilfsmitteln bis zum Nichtwiedererkennen zu leiden haben. Dieses Vorurteil war insbesondere der damaligen Unkenntnis über die Gründe zuzuschreiben, warum gerade diese wertvollsten Riechstoffe nach ganz besonderem Verfahren gewonnen werden müßten. Man nahm damals an, daß sie nicht einmal eine Wasserdampfdestillation aushalten könnten, sondern dabei zerstört würden. Es ist das Verdienst von A. HESSE, durch seine zum Teil im Laboratorium der Firma HEINE & CO. in Leipzig, zum Teil in Grasse am Gewinnungsorte der Blütenprodukte durchgeführten klassischen Arbeiten über die Gewinnung und Zusammensetzung der verschiedenen Jasmin-, Tuberose- und Orangenblütenprodukte in diese Verhältnisse Klarheit gebracht zu haben (s. Enfleurage, S. 751). Gleichzeitig wurden um die Jahrhundertwende auch von anderen Forschern, insbesondere den Chemikern der Firma SCHIMMEL & Co., die Untersuchung wertvoller Blütenöle (Orangenblütenöl, Cassieblütenöl, Gardeniablütenöl, Ylang-Ylangöl) durchgeführt und die Ergebnisse in zahlreichen Patenten, die die Darstellung künstlicher Blütenöle zum Gegenstand hatten, niedergelegt.

Die Erforschung dieser Öle ergab das überraschende Resultat, daß sich diese kostbaren Riechstoffe als ein kompliziertes Gemisch von Terpenderivaten mit längst bekannten organischen Verbindungen, wie Benzylacetat, Benzoesäureester, Cuminaldehyd, Phenylessigsäureester, Salicylsäureester, Styrylacetat, Kresoläther u. a. m., erwiesen, und daß gerade diese äußerst beständigen Verbindungen sehr wesentlich für die Hervorbringung des köstlichen Duftes waren. Noch überraschender aber war der Nachweis, daß auch stickstoffhaltige Verbindungen, wie Anthranilsäuremethylester, ferner Produkte wie Indol und Skatol, die bis dahin wohl als überriechende Abfall- und Zersetzungsprodukte der tierischen Welt bekannt, nicht aber in Pflanzenkörpern gefunden, geschweige denn als Riechstoffe in Betracht gekommen waren, als wesentlichste riechende Prinzipien der geschätztesten Riechstoffe, z. B, des Jasmin- und Orangenblütendufts, erkannt wurden. Wie die Industrie diese fortschreitende Erkenntnis der Zusammensetzung der einfachen Riechstoffe und der Riechstoffkomplexe zur synthetischen Darstellung beider Kategorien von Riechstoffen verwendet hat, wird in dem speziellen Teil (vgl. S. 780) näher dargestellt werden.

In den letzten Jahren vor dem Kriege sind die Mitteilungen aus der Industrie der ätherischen Öle über ihre Erfolge spärlicher geworden. Hierfür ist der Hauptgrund darin zu sehen, daß der

Schutz der Arbeiten durch Verwendungspatente sich als nicht sehr wirksam erwiesen hat und die Fabrikanten es vorziehen, die Ergebnisse ihrer Forschungen geheimzuhalten, sehr zum Schaden einer gegenseitigen Förderung wissenschaftlicher Erkenntnis, aber in dem begreiflichen Bestreben, ihre Fabrikate vor Nachahmung zu schützen. Die gezeitigten Erfolge waren darum nicht geringer. Die in den Laboratorien der führenden Firmen (SCHIMMEL & CO., HEINE & CO., HAARMANN & REIMER) ausgeführten Untersuchungen beschränkten sich in der Folge nicht auf die Erzeugnisse der französischen Blütenindustrie, sondern machten auch solche zum Gegenstand ihrer Forschungen, deren Gewinnung technisch nicht betrieben wurde, sondern welche aus eigens dazu angelegten Pflanzungen gewonnen wurden. Den ersten großen Erfolg auf dem Gebiete der Nachbildung heimischer Blütenriechstoffe brachte das Maiglöckchenblütenöl von HAARMANN & REIMER, dem in schneller Folge künstliches Flieder-, Heliotrop-, Lilien-, Resedablütenöl u. a. sich anschlossen. Heute sind die sog. Blütenöle Allgemeingut der Riechstoffabriken geworden, und wenn auch in Typ und Qualität die einzelnen Produkte voneinander abweichen, so überzeugt doch eine geruchliche Prüfung dieser Präparate von der hohen Leistungsfähigkeit der Industrie auf diesem Gebiete.

Das Eindringen der synthetischen Riechstoffe in das Gebiet der Parfümerie, dessen Belieferung bisher dem klassischen Lande für Parfümerien, Frankreich, mit seinen natürlichen Quellen vorbehalten war, hatte keineswegs eine Verringerung des Absatzes und der Produktion natürlicher Riechstoffe zur Folge, es hat vielmehr im Gegenteil die Verbilligung der Parfümeriewaren zu wachsendem Konsum und zu wachsender Produktion auch der natürlichen Riechstoffe und zu einer glücklichen gegenseitigen Ergänzung beider Industriezweige geführt.

Durch den Krieg wurde die glänzende Entwicklung der Riechstoffindustrie unterbrochen. Er zeitigte jedoch bei allen Ländern das Bestreben, sich voneinander unabhängig zu machen. So erstand auch in Frankreich eine sehr bedeutende Industrie künstlicher Riechstoffe, desgleichen in der Schweiz, in Amerika und in England. Italien fing an, in größerem Maßstabe als bisher sich seine klimatischen Verhältnisse dienstbar zu machen zur Kultur der in Südfrankreich angepflanzten Riechstoffpflanzen (Jasmin, Rosen, Lavendel u. a.). In gleicher Weise setzten diese Bestrebungen in Californien, in Florida und anderen überseeischen Ländern ein. Selbst in Deutschland, wo die klimatischen Verhältnisse weitaus schwieriger sind, wurden Blumenkulturen in Mitteldeutschland angelegt. Grundlegende Erfahrungen über derartige Pflanzungen hatte schon seit längerer Zeit die Firma SCHIMMEL & CO. gesammelt, die seit dem Jahre 1884 aus ihren eigenen Kulturen in Miltitz regelmäßig deutsches Rosenöl gewann. In großem Maßstabe nahm nach dem Kriege die Firma HEINE & CO. die Anpflanzung von Blütenpflanzen (Veilchen, Reseda, Rosen, Goldlack, Ginster, Nelken, Philadelphus Coronarius, Lavendel u. a.) auf und hat mit den daraus gewonnenen Blütenprodukten sehr gute Erfolge erzielt.

In den ersten Jahren nach dem Kriege schien es, als ob die weitere Produktionsmöglichkeit künstlicher Riechstoffe sich erschöpft hätte. Das Interesse wandte sich von neuem natürlichen Produkten zu. Nachdem schon seit den Neunzigerjahren des vorigen Jahrhunderts auf dem Wege der Extraktion mit flüchtigen Lösungsmitteln aus dem Blütenmaterial Südfrankreichs in stets wachsendem Maße Blütenextrakte gewonnen wurden, fing man an, diese Arbeitsweise auch auf andere Pflanzenteile, pflanzliche und tierische Sekrete und Drogen zu übertragen (s. S. 777, 779). Auf der Suche nach Körpern von langandauernder Haftbarkeit und dem Vermögen, diese Eigenschaft auch anderen mitzuteilen, fand man in den harzhaltigen Extraktionsprodukten der genannten Materialien ausgezeichnete Hilfsmittel (s. Fixateure, S. 849).

Ein anderer Faktor ist für die Entwicklung der Riechstoffindustrie in der Nachkriegszeit außerordentlich wichtig. Es ist das Eindringen der früher nur den Parfümeuren der Parfümerie-Fabriken vorbehaltenen Kunst des intuitiven Zusammenstellens von Geruchskompositionen in die Riechstoff-Fabriken. Die Anfänge hierzu zeigen sich bereits in den Blütenölen, für deren Aufbau wohl die wissenschaftliche Forschung die Grundlage gibt, deren Vollendung jedoch in nicht geringem Maße von einem ästhetischen Geruchsempfinden abhängt. Die Kunst des Komponierens von Riechstoffkomplexen trat immer mehr in den Vordergrund, je mehr sich die Serie der Kompositionen auch auf Phantasiegerüche ausdehnte. Die klassischen Typen der Parfümerie, wie Chypre, Fougère, Idéal, Cuir de Russie, gaben zunächst hierzu die Vorbilder, denen sich andere neuartige anschlossen. Die Suche nach neuartigen Effekten hat wiederum auf dem Gebiete der einfachen synthetischen Riechstoffe außerordentlich befruchtend gewirkt. In den letzten 5 Jahren machte sich ein erneuter Aufschwung auf dem Gebiete der synthetischen Riechstoffe in der Industrie bemerkbar. Man konnte bei Durchsicht der Literatur schon auf manche chemische Körper stoßen, deren Verwendungsmöglichkeit als Riechstoff bisher nicht erkannt worden war, deren Verwendung jedoch „unter der Nase" des geschickten Parfümeurs zu Produkten von neuartiger schöner Wirkung führte. Die Reihe der Fettalkohole, der Fettaldehyde, der Lactone, der Acetale, eine Reihe von Kondensationsprodukten gehören zu diesen Körpern (s. S. 780). Die Entwicklung der Kunst des geruchlichen Komponierens, welche die Verwendung auch der ausgefallendsten Geruchstypen in den Bereich des Möglichen zieht, hat zu einer systematischen Suche nach Riechstoffen auf dem Wege der spekulativen Synthese geführt. Die Hilfsmittel, welche die Farbstoffsynthese in ihren chromophoren Gruppen besitzt, stehen der Riechstoffsynthese leider nicht in odophoren oder aromatophoren Gruppen zur Verfügung. Riechstoffe finden sich in allen Körperklassen. Auf dem mühsamen Wege einer systematischen präparativen Durcharbeitung aller Möglichkeiten sind neue schöne synthetische Riechstoffe gefunden worden, die teils unter ihrem wahren Namen, teils in Verbindung mit anderen als neue Phantasieprodukte in den Handel kommen. Immer noch aber liefert die Natur die besten Vorbilder für die Synthese. Dies hat sich auch in den letzten Jahren in den umfassenden Arbeiten von RUZICKA über die Geruchsprinzipien des Zibeths und des tierischen Moschus sowie von KERSCHBAUM über den pflanzlichen Moschusgeruch gezeigt, die zur Synthese des Muscons und Zibetons sowie des Ambrettolids geführt haben (s. S. 830).

Technik der Riechstoffe. Die Methoden, nach denen industriell die Riechstoffe gewonnen werden, lassen sich kennzeichnen durch 4 große Arbeitsgebiete, durch welche zugleich die Entwicklung der Riechstoffindustrie illustriert wird, nämlich 1. die Gewinnung natürlicher Riechstoffe in den von der Natur gebildeten Komplexen (ätherische Öle, Pomaden und Concrètes, bzw. die alkohollöslichen Pomadenöle und absoluten Öle, ferner die Oleoresine, Resinoide u. s. w.) 2. Die Isolierung einzelner wichtiger Riechstoffe aus diesen. 3. Die künstliche Nachbildung der in der Natur vorkommenden Einzelriechstoffe und Riechstoffkomplexe (z. B. Blütenöle). 4. Die spekulative Synthese ohne natürliche Vorbilder. Die Beschreibung der Riechstoffe im folgenden kann jedoch nicht nach diesen Gesichtspunkten getrennt erfolgen, da die einzelnen Gebiete ineinander übergreifen.

Im folgenden ist nachstehende Untereinteilung gewählt: *A.* Methoden zur Gewinnung natürlicher Riechstoffkomplexe. *B.* Die natürlichen Riechstoffkomplexe. *C.* Die natürlichen und synthetischen Einzelriechstoffe und ihre Technik. *D.* Die künstliche Darstellung von Riechstoffkomplexen.

A. Methoden zur Gewinnung natürlicher Riechstoffkomplexe.

Naturgemäß haben von jeher diejenigen Naturprodukte zunächst das Augenmerk auf sich gelenkt, welche sich durch besonders auffälligen Geruch oder Geschmack auszeichneten, die sog. Drogen, z. B. die Gewürznelken, Muskatnuß, Ingwer, Zimt, die bitteren Mandeln, ferner Rosenblätter, Lorbeerblätter, Thymian, Lavendel, die Pomeranzenschalen und wohlriechende Harze, wie Benzoe, Styrax u. a. Während diese Produkte von den ersten Verbrauchern, so wie die Natur sie bot, in gemahlenem oder getrocknetem Zustand, in der Hauptsache zu rituellen oder medizinischen, später zu Luxuszwecken Verwendung fanden, haben sich im Laufe der Jahrtausende, erst rein empirisch, dann auf wissenschaftlicher Grundlage, Verfahren herausgebildet, welche gestatten, das Rohmaterial so zu verarbeiten, daß ihm die wertvollen riechenden Bestandteile entzogen werden, die wertlosen, wie das geruchlose Holz und Kraut, als unnützer Ballast zurückbleiben. Entzieht man einem Naturprodukt nach einem der unten geschilderten Verfahren seine riechenden Prinzipien, so gelangt man stets zu Mischungen, deren Gebundenheit, wenn auch nur physikalisch, so stark ist, daß sie wie ein einheitlicher geruchlicher Komplex wirken.

Die natürlichen Riechstoffkomplexe bieten ein zweifaches Interesse, zunächst dasjenige, welches in ihrer praktischen Verwendung liegt, sodann als außerordentlich dankbare Objekte für die wissenschaftliche Erforschung, welche durch die Untersuchung ihrer Zusammensetzung und die Bestimmung der geruchlich wertvollen Bestandteile den Weg zu rationellerer Ausbeutung der Naturprodukte und zur Gewinnung künstlicher Ersatzprodukte weist.

Als Ausgangsmaterial für die Gewinnung natürlicher Riechstoffe kommen in Betracht: Pflanzen verschiedenster Art, u. zw. fast alle Bestandteile derselben (Wurzeln, Rinden, Hölzer, Blätter, Blüten, Knospen, Früchte; s. die Einzeldarstellungen ätherischer Öle), ferner die zu den Riechdrogen zählenden Harzflüsse und sonstigen balsamischen Ausscheidungen gewisser Pflanzen sowie einige tierische Sekrete (s. S. 779). Die Zahl der letzteren ist sehr beschränkt. Weitaus die größte Zahl der natürlichen Riechstoffe wird aus pflanzlichem Material gewonnen.

Manchmal liefern bei ein und derselben Pflanze einzelne Teile Riechstoffe, während andere zur Bildung von ihnen ungeeignet sind; mitunter ergeben verschiedene Teile die gleichen, mitunter durchaus verschiedene Produkte. Ferner ist die Entwicklung von Riechstoffen in der Pflanze zu verschiedenen Jahreszeiten verschieden. Auch führen, wie weiter unten dargelegt werden wird, die verschiedenen Gewinnungsarten zu verschiedenartigen Produkten. Für die bekannteren ätherischen Öle sind die speziellen Ausgangsmaterialien sowie die günstigsten Gewinnungszeiten festgelegt.

Die verschiedenen Verfahren, die in der Praxis zur Gewinnung von natürlichen Riechstoffkomplexen angewandt werden, sind die folgenden:

1. Das Auspressen, 2. Die Destillation mit Wasserdampf, 3. Die Extraktion mit flüchtigen Lösungsmitteln, 4. Die Maceration in der Wärme mit tierischen oder pflanzlichen Fetten und Ölen, 5. Die Enfleurage oder Absorption mit kaltem Fett oder Öl.

1. Das Auspressen. Dieses Verfahren ist nur anwendbar, wenn die riechstoffhaltigen Öle sehr reichlich in makroskopisch sichtbaren Tröpfchen vorhanden sind.

Die Zahl der so gewinnbaren ätherischen Öle ist fast ausschließlich auf die Schalen der Citrusarten (Citronen, Pomeranzen, Bergamotten) beschränkt. Das Auspressen dieser sog. Agrumenöle findet vor allem in Sizilien und Calabrien in allergrößtem Umfange statt.

Die einfachste Methode ist die des Auspressens der Öle mit der Hand. Man unterscheidet hierbei verschiedene Verfahren:

a) Die in Teile geschnittene Citronen- bzw. Bergamottfrucht wird der inneren Teile beraubt und die Schale nach dem Einweichen in Wasser gegen einen Schwamm gedrückt. Das von diesem aufgesaugte Öl wird von Zeit zu Zeit in ein irdenes Gefäß ausgepreßt. Nach dem Scorzetta-Verfahren (Etna, Messina, Siracusa) werden die Früchte halbiert, nach dem Spugna-Verfahren (Palermo, Barcelona) durch 3 Längsschnitte geschält. Bei dem letzteren Verfahren wird mehr Fruchtfleisch mitverarbeitet.

Abb. 233. Nadelapparat zum Auspressen.

b) Das sog. Nadelverfahren, welches früher in Südfrankreich Anwendung fand, wird, seit in Südfrankreich die Gewinnung von Agrumenölen nicht mehr durchgeführt wird, nur noch in Westindien angewendet. Der hierzu verwendete Handapparat, die Écuelle à piquer (Abb. 233) ist eine mit Nadeln versehene Schüssel, die in der Mitte einen röhrenförmigen Ablauf besitzt, durch welchen das beim Pressen der Schalen gegen die Nadeln abtropfende Öl abfließt.

Man hat in den letzten Jahren das primitive Handpreßverfahren zum Teil durch mechanisches Pressen ersetzt bzw. aus den durch Handpressung bereits des größten Teils ihres Ölgehalts beraubten Fruchtschalen durch mechanisches Pressen weitere Ölmengen gewonnen.

Die im Gebrauch befindlichen Modelle (Macchina Vinci, Ando, Lo Verde, Avena, Cannovó, Speciale, auch die in Californien verwendete nach BENNETT) beruhen alle ungefähr auf dem gleichen Prinzip: Durch eine rotierende, mit Zähnen oder Nadeln versehene Fläche werden die Zellen der Schalen geöffnet und das Öl mit Wasser herausgespült; das ablaufende Wasser-Öl-Gemisch trennt sich in einem Behälter; das im Wasser noch suspendierte Öl wird in einem DE-LAVAL-Zentrifugator (Bd. VII, 571) getrennt. Die Behandlung mit Wasser hat einen starken Einfluß auf die Qualität des Öles, indem insbesondere Citral

Abb. 234. Vorrichtung zur Ölgewinnung aus Bergamotten.

und andere sauerstoffhaltige Bestandteile gelöst und ev. oxydiert werden können. BERTÉ (Riv. ital. della ess. e prof. 5, 73 [1923]) ersetzte das Wasser durch Dichloräthylen.

Die von AJON konstruierte „Sfumatrice" sucht dem Übelstand dadurch vorzubeugen, daß das ausgepreßte Öl abzentrifugiert wird. Die Ausbeuten sind jedoch, bei allerdings guter Qualität, sehr gering. Die maschinengepreßten Öle, die meist nach ihrer Maschine benannt werden, variieren in ihren Eigenschaften sehr stark. Meist haben sie dunklere Farbe, geringeres *spez. Gew.*, geringeren Citralgehalt und größeren Verdampfungsrückstand als die handgepreßten.

Mit der z. Zt. in Sizilien am weitesten verbreiteten Macchina Cannovó können in 10 Arbeitsstunden 50 000—80 000 Citronen (etwa 900 *kg/h*) verarbeitet werden. In Sizilien besteht etwa die Hälfte der Produktion aus maschinengepreßten Ölen. Sie werden zum Teil noch im Verhältnis 1:1 mit handgepreßten gemischt.

Die Qualität der Agrumenöle hat unter der Einführung der Maschinen stark gelitten.

Bei den erwähnten Verfahren werden die Öle nur aus den Schalen der Früchte gewonnen. Für die Verarbeitung der ziemlich regelmäßig und gleichförmiger rund als Citronen und Orangen geformten Bergamottfrüchte gewinnt man in Calabrien das Öl schon seit längerer Zeit mit der sog. Macchina Gangeri (Abb. 234). In dem kastenartigen Unterteil werden die Früchte an mit Nadeln bzw. Messern versehenen Preßbacken vorbeigerollt, wodurch, wie beim Nadelverfahren, das Öl freigelegt wird und unten abfließen kann.

Die durch das Preßverfahren gewonnenen Öle enthalten neben den flüchtigen Riechstoffen mancherlei nichtflüchtige geruchlose Verbindungen. Sie sind daher keine „ätherischen Öle", sondern stehen eher den mit flüchtigen Lösungsmitteln gewonnenen Extraktölen (s. Extraktion, S. 746) nahe. Eine Rektifikation mit Wasserdampf ist nicht angängig, da der Geruch der Öle dadurch beeinträchtigt wird. Die neben den Ölen aus den Agrumenfrüchten gewonnenen Preßsäfte enthalten die verschiedenartigsten Substanzen. Sie dienen zur Gewinnung von Citronensäure (Bd. III, 439).

Die Ausbeuten für Citronen werden folgendermaßen angegeben:

1000 Citronen, etwa 100 kg Gewicht, geben 27 kg frische, 2 mm dicke, mit der Maschine abgeschälte Schalen, 10,7 kg getrocknete Rinde, 0,370–0,600 kg gepreßtes Öl, 40 l reinen Citronensaft, 5 kg konz. 40% Citronensäure enthaltenden Saft, 3,05 kg citronensaures Calcium oder 2,00 kg reine Citronensäure. Die ausgepreßte Pülpe (30–50 kg) dient als Viehfutter.

2. Die Destillation. Über die Grundlagen der Destillation von Flüssigkeiten und festen Körpern ist unter Destillation (Bd. III, 598 ff.) das Wesentliche gesagt. Die Destillation mit Wasserdampf ist das älteste und primitivste, aber auch das einfachste und billigste Verfahren, um einer Pflanze oder Teilen derselben ihre wertvollen geruchlichen Bestandteile zu entziehen, und dient zur Gewinnung der unter dem Namen „ätherische Öle" bekannten natürlichen Riechstoffkomplexe. Sie hat sich aus der Erfahrung herausgebildet, daß die mit Wasserdampf flüchtigen Bestandteile gleichzeitig auch die geruchlich wertvollsten, die mit den holzigen Bestandteilen zurückbleibenden nichtflüchtigen Harze und Wachse jedoch im Sinne eigentlicher Riechstoffe wertlos sind.

Die gebräuchlichen Destillationsmethoden beruhen alle auf der Tatsache, daß organische Verbindungen mit Wasserdampf gesättigte Dampfmischungen bilden, die bei weit niederer Temperatur destillieren, als dem Siedepunkt der Verbindung entspricht. Vgl. C. v. RECHENBERG, Einfache und fraktionierte Destillation in Theorie und Praxis. Miltitz 1923.

Wenn auch die neuere Praxis den natürlichen Produkten, welche auch nichtflüchtige Körper einschließen (Extraktionsprodukte, s. d. S. 750) und denen infolge ihres Fixierungsvermögens Bedeutung zukommt, ein besonderes Interesse zuwendet, so nehmen doch die ätherischen Öle infolge ihrer praktisch weitgehenden physikalischen und chemischen Eindeutigkeit einen hervorragenden Raum in der Reihe der natürlichen Riechstoffkomplexe ein. Die Wasserdampfdestillation ist das einzige Verfahren, durch welches man bei gleichbleibender Arbeitsweise zu Produkten gelangt, welche sich innerhalb gewisser Grenzen durch physikalische Eigenschaften (Konstanten) charakterisieren lassen (s. Einzeldarstellungen der ätherischen Öle, S. 755).

Die Praxis der Wasserdampfdestillation geht von der Voraussetzung aus, daß die zu gewinnenden Riechstoffe fertig gebildet in der Pflanze vorhanden sind. Riechstoffe, welche sich chemisch gebunden als geruchlose komplexe Verbindungen in der Pflanze befinden und erst durch Spaltung aus diesen entstehen können (s. Fermentationsprozesse, S. 754), werden, wenn diese nicht durch geeignete Vorbehandlung bereits vor der Destillation eingeleitet wurde, nicht gewonnen.

Gerade das wohlriechendste und wertvollste Pflanzenmaterial, das der Blüten, verträgt in vielen Fällen die Behandlung mit Wasserdampf nicht und liefert nur mangelhafte Ausbeute und geruchlich minderwertige Öle. Auf die hier vorliegenden speziellen Verhältnisse wird bei Beschreibung der Gewinnungsmethoden durch Extraktion, Maceration und Enfleurage näher eingegangen werden.

Die ätherischen Öle sind meist in Ölzellen abgelagert; es ist daher eine Zerkleinerung des Destilliergutes vielfach von Vorteil, um das hierdurch freigelegte Öl dem Dampf zugänglich zu machen. Kräuter, Blätter, Wurzeln u. s. w. werden daher geschnitten, Samen in Quetschmühlen gepreßt, Hölzer in Kugelmühlen gemahlen oder geraspelt.

Durch Zerkleinerung läßt sich in vielen Fällen eine erhebliche Ausbeutesteigerung erreichen. Besonders auffällig ist z. B. der Unterschied in der Ausbeute bei der Vetiverwurzel, die in kleingeschnittenem Zustand 1 % Öl, gegenüber 0,3 % in unbearbeitetem, ergibt.

Die Feinheit der zerkleinerten Pflanzenteile richtet sich nach dem Material. Es ist durchaus nicht immer richtig, die Zerkleinerung zu weit zu treiben, in der Erwartung, dadurch die Ausbeute an Öl zu erhöhen. Vielmehr muß darauf geachtet werden, daß zwischen den einzelnen Pflanzenteilchen Zwischenräume von geeigneter Größe vorhanden sind, damit das siedende Wasser oder der Dampf (s. u.) in diese Zwischenräume des Destillationsmaterials einzudringen und die Blasenfüllung ohne größere Drucksteigerung zu durchdringen vermag. Nach der Größe der Pflanzenteilchen muß sich auch die Destillationsstärke bzw. -geschwindigkeit richten, weil sonst der eindringende Dampf sich Gänge und Kanäle in dem Destillationsmaterial schafft und die Ausdestillation der Blasenfüllung unmöglich gemacht wird. Von den gebräuchlichen Zerkleinerungsapparaten sind Stampfmesser, Kräuterschneidmaschinen, Kolbengänge, Holzraspelmaschinen, Kugelmühlen, Quetschwalzen, Pulverisierungsmühlen u. dgl. m. zu erwähnen. Im allgemeinen ist es zweckmäßig, das Material im frischen Zustande gleich nach dem Schneiden zu verarbeiten oder, wenn dies nicht möglich ist, bis zur Verarbeitung kühl zu lagern, da sonst erhebliche Verluste an ätherischem Öl eintreten können.

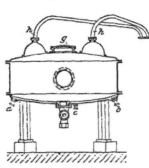

Abb. 235. Wasserdestillation von Pflanzenteilen.

Diese erfolgen allerdings vielfach auf Kosten der leichtflüchtigsten und mitunter weniger wertvollen Bestandteile, wie der Terpene, und zugunsten der relativen Anreicherung anderer Körper: so erhält man bei der Wasserdampfdestillation von gelagertem Lavendel eine um etwa 10 % geringere Ausbeute an Öl bei Steigerung des Estergehaltes, der jedoch praktisch den Verlust an Öl nicht aufwiegt.

a) Die Wasserdestillation. In der Destillationsblase ist von vornherein kaltes oder heißes Wasser enthalten, in das die zerkleinerten Pflanzenmaterialien eingetragen werden. Durch direktes oder indirektes Heizen, d. h. entweder durch Einleiten von Dampf in das Destillationswasser oder durch Dampfheizung des Doppelmantels (s. Bd. II, 536) oder überhitztes, im Mantel zirkulierendes Wasser (s. Bd. III, 611) bzw. durch Einleiten von gespanntem Wasserdampf in den Doppelmantel der Blase, wird das Wasser zum Sieden gebracht und dadurch das ätherische Öl aus dem Pflanzenmaterial ausgetrieben.

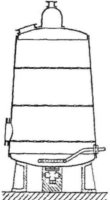

Abb. 236. Blase zur Dampfdestillation von Pflanzenteilen mit mehreren Siebböden.

Eine für diese Art der Destillation, insbesondere für Hölzer, Samen, Wurzeln, geeignete Blase ist in Abb. 235 abgebildet. Das durch das Mannloch *g* im oberen Deckel der Blase eingegebene Destillationsgut wird in einer Höhe von 10–15 *cm* auf dem Boden verteilt, Wasser bis zur Bedeckung des Guts eingelassen und durch *a* und *b* Dampf von mindestens 3 Atm. Spannung in den Doppelboden gelassen, der durch Stutzen *c* mit dem Kondenstopf in Verbindung steht. Durch die beiden Übersteigrohre *h* gehen die Dämpfe, mit ätherischem Öl beladen, in den Doppelkühler (Schlangen- oder Röhrenkühler, vgl. Bd. III, 618) über.

Das abdestillierte Wasser wird durch Zusatz von übergegangenem Destillationswasser (s. u.) mittels Injektors ersetzt. Leitet man den Dampf direkt in das mit Wasser übergossene Destillationsmaterial, so ist dieser Ersatz des Wassers nicht nötig. Für die Wasserdestillation von voluminösen Kräutern, Blüten u. s. w. sind höhere Destillationsblasen in Gebrauch, die eine weit höhere Füllung gestatten.

b) Dampfdestillation. Das Pflanzenmaterial liegt trocken auf einem oder bei höheren Füllungen mehreren Siebböden (Abb. 236) und wird von dem im Kessel mit entsprechender Spannung entwickelten Dampf durchstrichen.

Diese erst in der neueren Zeit richtig durchgebildete Art der Destillation der ätherischen Öle ist die technisch vorteilhafteste Destillationsweise, ist aber nicht für alle Materialien anwendbar, z. B. nicht für Rosenblüten. Der Dampf muß möglichst trocken eingeführt und bei der Destillation trocken erhalten bleiben; es wird daher immer mit gespanntem Dampf gearbeitet. Nach Schluß der Destillation ist dann in der Blase nur eine geringe Menge Kondenswasser enthalten.

Ein großer Vorteil der Dampfdestillation ist die Möglichkeit, die Destillationsgeschwindigkeit nach Bedarf zu regeln. Man kontrolliert sie dadurch, daß man die in einer bestimmten Zeit übergehende Menge Destillationswasser ermittelt. Die Stärke der Destillation richtet sich sowohl nach der Struktur des das ätherische Öl enthaltenden Materials, als auch nach der chemischen Beschaffenheit der Bestandteile des ätherischen Öls. Bei spezifisch schwererem Material, wie bei Holzstückchen und schwereren Samen, muß ein lebhafter Dampfstrom Verwendung finden als bei spezifisch leichterem oder locker aufgeschichtetem, da bei letzterem die schon oben erwähnte Gefahr, daß sich der Dampf Kanäle durch das Destilliergut schafft und ungenutzt die Destillierblase wieder verläßt, vorliegt. Esterreiches Destilliergut, wie z. B. Lavendel, soll so kurz wie möglich mit Wasserdampf in Berührung sein, um eine Verseifung der Ester auszuschalten, bei anderem Material wieder, wie z. B. bei Sandelholz, Vetiverwurzeln oder Moschuskörnern, muß die Destillation tagelang fortgesetzt werden.

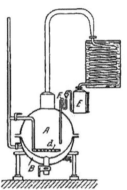

Mittels Dampfdestillation werden auch in der Regel die aus den Pflanzenteilen gewonnenen Rohöle rektifiziert, soweit diese Art der Reinigung nicht (wie z. B. bei Lavendelöl) unzweckmäßig ist. Das Prinzip der zur Rektifikation mit Dampf benutzten Apparate zeigt Abb. 237. Mit diesem Apparat können sowohl kombinierte Dampf-Wasser-Destillationen von Pflanzenmaterial wie auch Rektifikationen von fettigen Ölen unter gleichzeitiger Gewinnung der im Wasser gelösten Öle durch Kohobation (s. u.) durchgeführt werden.

In welcher Weise in modern ausgestatteten Fabriken ätherischer Öle dieses Verfahren ausgestaltet ist, zeigt die Abb. 238, die einen Blick in einen Destillationssaal darstellt. Es sind Riesendestillationsapparate in Betrieb, die bis zu 60000 l fassen.

Abb. 237. Kohobationsblase. Die Blase A wird durch den vielfach durchbrochenen Ring d durch gespannten Dampf oder durch Einströmen des Dampfes in den unteren Doppelmantel B geheizt. Das Destillationswasser durchläuft die Florentiner Flasche E und gelangt von da aus wieder durch das Rohr F in die Blase A.

Die beiden Methoden der Wasser- und Dampfdestillation können miteinander kombiniert werden, u. zw. in der Weise, daß die Destillationsmaterialien auf Siebböden trocken aufgeschichtet werden und unterhalb des Siebbodens Wasser durch Einleiten von gespanntem Dampf oder durch Manteldampfheizung zum Sieden erhitzt wird. Bei dieser Art der Destillation, die für bestimmte Materialien viele Vorteile zeigt, da der Dampf auf der ganzen Oberfläche gleichmäßig ohne Spannung entwickelt wird und sich ebenso gleichmäßig im ganzen Raum verteilt, wird das Material weniger zersetzt als bei der Dampfdestillation. Die Methode steht bezüglich des Dampfverbrauchs in der Mitte zwischen der — teuersten — Wasserdestillation und der Dampfdestillation.

Welche von den 3 Arten der Dampfdestillation bei den verschiedenen Materialien anzuwenden ist, richtet sich nach Art des Materials. Um allen Anforderungen zu genügen, sind moderne Destillierblasen so eingerichtet, daß sie sowohl durch einen Dampfmantel angeheizt als auch mit direktem Dampf gespeist werden können (Prinzip s. Abb. 237). Für die gangbaren ätherischen Öle sind auf Grund der Erfahrungen der Industrie die speziellen Methoden festgelegt; für bisher noch nicht verarbeitetes Material müssen sie erprobt werden. Beide Destillationsarten, sowohl die Wasser- wie die Dampfdestillation, können auch unter Minderdruck ausgeführt werden (Bd. III, 598).

Die Vakuumdestillation mit Wasserdampf ist in den letzten Jahrzehnten eifrig studiert worden. Es hat sich dabei gezeigt, daß zur Gewinnung von ätherischen Ölen aus den pflanzlichen Rohmaterialien diese Destillationsart nur eine sehr

beschränkte Anwendungsmöglichkeit hat. Die Ölausbeute, auf dieselbe Wassermenge gerechnet, die zur Dampfdestillation benutzt werden muß, ist geringer als bei der Dampfdestillation ohne Vakuum, die Destillation gestaltet sich also an sich unvorteilhafter. Auch die Menge der durch Lösen in Destillationswasser entweder verlorengehenden oder erst durch wiederholte Kohobation bzw. durch Extraktion auf kompliziertem Weg gewinnbaren Bestandteile der komplexen Riechstoffe wird dadurch

Abb. 238. Destillationssaal.

vergrößert. Dagegen ist die Wasserdampfdestillation im Vakuum sehr gut geeignet, unreine Öle zu rektifizieren und auch noch geringe Mengen flüchtiger Anteile aus hochsiedenden Beimengungen zu gewinnen, z. B. bei den durch Extraktion gewonnenen Extraktölen die flüchtigen Anteile von den harzigen Extraktivstoffen zu trennen.

Eine von RASCHIG (*Ztschr. angew. Chem.* 28, 409 [1915]) zur Fraktionierung von Teeröl angegebene interessante Art der Destillation im Vakuum, bei der

Abb. 239.
Drosselventil
für Überdruck-
destillation.

das Destillat nicht in einer geschlossenen Vorlage aufgefangen wird, sondern frei ausläuft, hat sich unter bestimmten Abänderungen mit Erfolg auch in der Riechstoffindustrie zur Destillation von ätherischen Ölen eingeführt. Bei dieser Anordnung ist an den Kühler ein Abfallrohr angeschlossen, welches so lang sein muß, wie es die Dichte des Destillats zur Überwindung des Atmosphärendrucks erfordert. Es werden Abfallrohre bis zu 10 *m* Länge und darüber benötigt (vgl. Steinkohlenteer).

Ebenso wie mit Minderdruck kann in bestimmten Fällen die Destillation mit Überdruck vorgenommen werden, wobei das Übersteigrohr ein Drosselventil enthält, wie es Abb. 239 zeigt.

Auch mit überhitztem Dampf, der aber nur in bestimmten Fällen anwendbar ist, wird in der Technik der ätherischen Öle, besonders bei der Gewinnung schwerer, flüchtiger Öle aus Hölzern (Sandelholz u. s. w.) gearbeitet. Der Dampf kann innerhalb oder außerhalb der Blase überhitzt werden (Bd. III, 612). Bei der leichten Zersetzlichkeit der ätherischen Öle und ihrer Bestandteile kann diese Art der Destillation nur in wenigen Fällen ohne Schädigung des Geruchs der Öle angewandt werden.

Die Vervollkommnung der Apparatur führt zu besserer Ausbeute und qualitativ besserer Ware. Viele der ausländischen Rohmaterialien (z. B. Sandelholz, Vetiverwurzel, Patschuliblätter, Gewürznelken u. s. w.) werden daher auch importiert und in den großen Riechstoffabriken destilliert. So erhält man z. B. in Europa aus Sandelholz bis über 6% Öl von heller Farbe und gutem Geruch, gegenüber 3—4% in primitiven Apparaten in Indien.

Trotz des hohen Grades der Vollendung, welchen die Technik der Destillation ätherischer Öle erreicht hat, findet man noch viele solcher Betriebe als sog. Wanderdestillationen eingerichtet, wenn sie von den Einheimischen der betreffenden Länder benutzt werden, um wildwachsende, wertvolle ätherische Öle liefernde Pflanzen, deren Transport an eine Zentralstelle zur Destillation wegen der langen Dauer und der Schwierigkeit und Kostspieligkeit des Transports nicht möglich ist, an Ort und Stelle zu destillieren.

Abb. 240. Lavendeldestillation.

Von solchen primitiv ausgeführten Wasserdestillationen seien genannt: die Birkenrindendestillation in Canada, die Sandelholzdestillation in Indien, die Canangablütendestillation in Java, die Sassafrasholzdestillation in Nordamerika (Virginia), die Cajeputblätterdestillation auf den Molukken, die Wintergreenblätterdestillation in Nordamerika, die Linaloeholzdestillation in Mexiko, ferner zum Teil die Rosendestillation in Bulgarien, die Lavendel-, Spik- und Rosmarindestillation in Südfrankreich und Italien, die Spik- und Thymiandestillation in Spanien, die Rosmarindestillation in Dalmatien, die Edeltannenzapfendestillation in der Schweiz und die Latschenkieferdestillation in Tirol (vgl. auch Campherdestillation, Bd. III, 63).

Durch Verbesserung der Zufuhrstraßen und Transportmittel (Lastautos) haben diese primitiven Destillationsverfahren in den letzten Jahren, besonders in Europa, eine starke Einschränkung erfahren, oder der Wanderbetrieb ist praktisch verbessert worden. Beispiele für die Verschiedenartigkeit der Destilliertechnik bieten die Distrikte der Lavendelöldestillation in Südfrankreich und der Rosenöldestillation in Bulgarien.

Destillation von Lavendelblüten in Südfrankreich. Lavendel (Lavandula vera) blüht Anfang Juli bis Ende August in verschiedenen Departements Südfrankreichs, besonders in den Departements Basses-Alpes, Drôme,

Abb. 241. Wanderdestillation.

Vaucluse und Alpes maritimes. Die Gesamtproduktion dieser Departements an Lavendelöl beträgt etwa 120 000—130 000 kg. Die in den Bergen über 700 m hoch wildwachsenden Blüten geben das beste Lavendelöl. Die Gewinnung des Lavendelöls geschieht (Abb. 240) in den Bergen in primitiver Weise in kleinen kupfernen Apparaten. Etwa 60 kg Lavendelblüten mit Kraut werden in der Blase mit 60 l Wasser über freiem Feuer destilliert. Die Blase trägt keinerlei Siebböden, so daß das Destillationsmaterial unmittelbar mit den vom Feuer bespülten Wandungen in Berührung kommt. Es werden etwa 15—18 l Destillat aufgefangen; das überdestillierte Wasser wird zu einer neuen Portion mitbenutzt. Die Ausbeute an Öl beträgt etwa 0,8 % des Blütengewichts.

Eine verbesserte Form einer Wanderdestillation zeigt Abb. 241: Hier ist eine von der Destillationsapparatur getrennte Anlage zur Dampferzeugung mittels einer Lokomobile benutzt worden. Die wie Heuhaufen aufgestapelten, mit dem ganzen Blütenstand abgeschnittenen Lavendelblüten, die von den Schnittern an die Destillationsstätte abgeliefert werden, umgeben die Destillationsstätte in großen Massen. Das Blütenkraut wird mit großen Gabeln in die Blase eingefüllt.

Der Hauptfehler der ersten, primitiven Art liegt in der direkten Berührung des Blütenmaterials mit dem Feuer. Dieser kann vermieden werden durch Einsetzen eines Siebes (s. o.). Aber auch das zweite Verfahren zeigt noch einen Fehler: die zu lange dauernde Destillationszeit eines bestimmten Quantums Öl. Durch den ersten Fehler kommen Brenzprodukte in das Destillat, und beide Fehlerquellen bewirken eine Zersetzung des Lavendelöls, insbesondere eine Spaltung des Esters (Linalylacetat). Die nach der ersten Methode gewonnenen Öle enthalten bis höchstens 40 % Linalylacetat. Ein hoher Estergehalt eines Lavendelöls ist aber immer ein Zeichen, daß die Destillation gut geleitet gewesen ist. Die eingehenden Versuche von SCHIMMEL & CO. über die rationelle Gewinnung von Lavendelöl haben gezeigt, einen wie großen Einfluß die Arbeitsweise bei der Wasserdampfdestillation auf die Qualität der erhaltenen Produkte ausübt. Die Erkenntnis, daß man die osterreichsten Lavendelöle unter gleichzeitiger Erhöhung der Ölausbeute durch möglichst schnelle Dampfdestillation von frisch geernteten Blüten erhält, haben SCHIMMEL & CO. in ihrer eigenen, im Jahre 1905 in Barrême (Basses-Alpes) errichteten Fabrik zur Auswertung gebracht und mit ihren Lavendelölen von bisher nicht gekanntem Estergehalt (55 %) berechtigtes Aufsehen erregt. Diese Technik ist inzwischen Allgemeingut geworden.

Als zweites Beispiel derartiger Destillationen sei die Rosendestillation in Bulgarien behandelt, wobei ich mich zum Teil auf neuere Angaben von G. KARAIVANOFF, dem Laboratoriumsleiter der bulgarischen Landwirtschaftsbank in Sofia, stütze. Die Rosenkulturen (Rosa damascena und Rosa alba) verteilen sich auf das Strematal (Bezirk von Karlovo), das Rosental (Bezirk von Kazanlick), das Tundjatal und bis in die Ebene der Maritza und dehnen sich bis auf Höhen von 1000 m aus.

Die Hauptorte dieser Täler sind Kazanlick, Kalofer, Karlovo, Karnare, Karasarli und Ralimanlare. Jährlich werden z. Z. etwa 7 Million. kg Rosen geerntet und verarbeitet, eine ungeheure Menge, wenn man bedenkt, daß auf 1 kg Rosen etwa 300—350 einzelne Rosenblüten gehen. Etwa 3500 kg Rosen geben, je nach den Witterungs- und Ernteverhältnissen, 1 kg Rosenöl. Die Jahresproduktion an Rosenöl beträgt etwa 2000 kg mit einem durchschnittlichen Produktionswert von etwa 7 bis 8 Million. M.

Die Rosenölgewinnung in Bulgarien ist in den Jahren nach dem Kriege trotz technisch erheblicher Fortschritte in der Fabrikation bedeutend zurückgegangen. Während in den Jahren 1903 bis 1917 die Größe der bebauten Fläche in stetem Ansteigen bis zu 9000 ha betrug, sank sie bis zum Jahre 1923 um die Hälfte auf 4500 ha; auch die Menge der verarbeiteten Rosen ging auf die Hälfte herunter. Die wirtschaftlichen Krisen der Kriegs- und Nachkriegszeit, Steigen der Arbeitslöhne und der Mangel an Kapital führten dazu, daß bei mangelhafter Bodenbearbeitung und ungenügendem Kampf gegen die Rosenschädlinge auch der ohnehin von Jahr zu Jahr, je nach den Witterungsverhältnissen, schwankende Ertrag der Kulturen nachließ, und daß die auf kurze Sicht eingestellte Spekulation der Bauern sich rentableren Pflanzungen, wie denen des Tabaks, zuwandte. In neuester Zeit hat jedoch diese Nationalindustrie einen neuen Auftrieb erhalten. Mit Unterstützung des Landwirtschaftsministeriums und der Landwirtschaftsbank in Bulgarien traten sog. Kooperativen, d. h. Gesellschaften von Pflanzern und Destillateuren, ins Leben, durch welche die Kultur und Verarbeitung der Rosen in sachgemäßer Weise unter staatlicher Kontrolle durchgeführt wird und durch welche der Staat gegen die Verfälschungen anzukämpfen bestrebt ist. Neben 8 Kooperativen existieren in Bulgarien 41 moderne Destillerien privater Gesellschaften oder Fabrikanten, während sich — hauptsächlich in den Distrikten von Kazanlick, Brézovo und Tschirpan — vielfach noch die Destillation in einzelnen kleinen „Gullapan" genannten Apparaten (Abb. 242) durch die Pflanzer selbst erhalten hat.

In größeren und kleineren Dörfern verteilt sowie auf freiem Feld unter einigen schattenspendenden Nußbäumen sind die kleinen Destillationsapparate aufgestellt. Ein Bach liefert das nötige

Füll- und Kühlwasser. Der einzelne, aus Kupfer verfertigte, oft in Gruppen von 10—15 Stück vereinigte, etwa 100 *l* fassende Apparat kann auf einmal nur 10—15 *kg* Rosen aufnehmen und gibt bei der ersten Destillation, die etwa 1½—2ʰ in Anspruch nimmt, 10—15 *kg* Rosenwasser. Geheizt wird über freiem Feuer mit Holz, durch dessen verschwenderische Verwendung der Baumbestand jener Täler schon stark gelichtet ist.

Man fängt das Destillationswasser in 3—4 Flaschen von 4—5 *l* Inhalt auf. Der Apparat wird sodann auseinandergenommen und der Inhalt der Blase in einen Weidenkorb entleert. Das noch heiße Wasser wird für eine neue Operation verwendet; die ausdestillierten Blüten werden weggeworfen. Wenn man etwa 40 *l* Rosenwasser aufgefangen hat, unterwirft man dieses einer erneuten Destillation und fängt nur eine Vorlage voll auf, von dessen Oberfläche man das Rosenöl abhebern kann. Zu dem Rückstandswasser gibt man frische Blüten, füllt mit Wasser auf und fängt von neuem an zu destillieren. Man gewinnt so aus 2600—3000 *kg* roter Rosen und aus der doppelten Menge weißer Rosen etwa 1 *kg* Rosenöl.

Dieses alte Verfahren weicht immer mehr den Einrichtungen moderner Fabriken, die insgesamt 388 große Destillierblasen für Heizung durch offenes Feuer umfassen, ferner 28 Blasen für Dampfdestillation, 24 Apparate zur Extraktion mit flüchtigen Lösungsmitteln, davon 8 rotierende nach dem System GARNIER (s. S. 749) und 16 mit feststehendem Extraktionsgefäß.

Abb. 242. Bulgarischer Destillationsapparat für Rosen.

Bei einer Durchwanderung der zahlreichen Niederlassungen in den genannten Rosentälern an den Abhängen des Balkans kann man an den vorhandenen Destillationsanlagen genau verfolgen, wie die Fabrikanten systematisch ihre Arbeitsweise verbessert haben. Zunächst ist durch Vergrößerung der mit direktem Feuer geheizten Destillationsapparate schon eine Verbesserung der Ausbeute erzielt worden, sodann ist Dampfheizung zur Destillation benutzt worden, schließlich sind modern zu nennende Dampfdestillationsanlagen entstanden. Meist haben französische Apparatefabriken die Apparate geliefert; aber auch Apparate von Leipziger Kupfer-

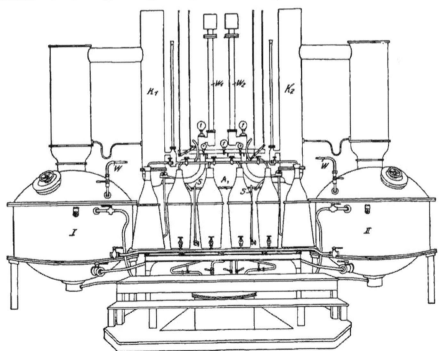

Abb. 243. Doppeldestillationsapparat für Rosen.

schmieden, offenbar nach dem Vorbild der in Leipziger Fabriken benutzten Apparate angefertigt, trifft man in den größeren Fabriken von Kazanlick und Ralimanlare an. Eine der besten Anordnungen (aus der Fabrik von GEBR. SCHIPPKOFF in Ralimanlare) ist in Abb. 243 abgebildet.

Dieser Doppelapparat (EGROT, Paris) benutzt in folgender Weise die Erfahrungen: Wenn in dem einen der zwei etwa 700 *l* fassenden Destillationskessel, sagen wir dem linksstehenden *I*, eine Destillation von Rosenwasser vollendet ist, wird in das noch heiße Wasser das zu destillierende Quantum frischer Rosen (etwa 150 *kg*) eingefüllt und durch Einleiten von Dampf destilliert. Das durch Kondensation in dem Kühler K_1 (mit Wasserzufuhr W_1) gewonnene Rosenwasser wird in den aus gut verzinntem Kupfer mit einem Oberteil aus Glas bestehenden, in der Mitte des Bildes sichtbaren Florentiner Flaschen aufgefangen. Das Öl scheidet sich oben in kleinen Mengen ab, das Rosenwasser fließt in einen hinter den Florentiner Flaschen stehenden, mit Wasserstand *S* versehenen Kessel *A*. Aus diesem kann das Rosenwasser in die beiden Blasen abfließen. Während nun in der linken Blase *I* Rosen destilliert werden, wird gleichzeitig in der rechten *II* Rosenwasser (Kühler K_2, Wasserzufuhr W_2) destilliert. Das hierbei reichlicher erhaltene Öl wird in der ersten der rechtsstehenden Florentiner Flaschen aufgefangen. Die Mengenverhältnisse, die Größe der Gefäße und die Arbeitszeiten sind so eingerichtet, daß die Destillation der Rosen, die Entleerung und Reinigung (durch Wasserleitung *W*) bei der einen Blase fertig ist, wenn die Destillation in der anderen Blase dem Ende zugeht und der hintere Vorratsbehälter mit Rosenwasser fast gefüllt ist. Dieses Rosenwasser wird nun in die sorgfältig gereinigte linke Blase gefüllt und destilliert, während nach vollendeter Destillation des Wassers in der rechten Blase in das noch heiße Wasser dieser Blase neue Rosen eingefüllt werden. Dann geht das Spiel unter Veränderung der Funktionen der beiden Blasen von neuem an. Eine Wiederverwendung des bei der Destillation von Rosen entstehenden Rückstandswassers findet nicht statt. Die in der Mitte des Bildes sichtbaren Armaturen sind zum Teil geschickt angeordnete Handhaben zur Regulierung der Temperatur des Kühlwassers der Röhrenkühler K_1 und K_2 (das auch als Heizwasser für den Mantel des gänzlich überflüssigen Kolonnenaufsatzes der Blase dient), zum Teil aber überflüssige Spielereien.

In Karnaré (Bezirk Karlovo) befindet sich eine große, gut eingerichtete Rosendestillieranlage der Firma BATZUROFF & CO. (früher SOCIÉTÉ DES DISTILLERIES FRANÇAISES DE LA VALLÉE DES ROSES), in welcher in großen, 1000 und mehr Liter fassenden Blasen mit ungeheuer großen Röhrenkühlern bei 60° im Vakuum destilliert wird. Diese Anlage verarbeitet in 24^h 120000 *kg* Rosen und liefert ein sehr feines Öl.

Neuerdings sind von GARNIER Versuche angestellt worden, um die seinen Namen tragenden Extraktionsapparate (s. S. 749) auch für die Rosendestillation zu verwerten. Die erhaltenen Resultate sind in bezug auf die Qualität des Öls vorzüglich; aber die Ausbeute ist geringer.

Hindernd für größere Anlagen ist der Umstand, daß die ganze Arbeit der Fabrik sich auf 4 Wochen (Ende Mai bis Ende Juni) im Jahre beschränkt, da andere Kulturen von Riechstoff liefernden Blüten aus klimatischen Gründen an den Abhängen des Balkans sich nicht, wie in Grasse (s. S. 744), entwickelt haben.

Wie deutsche Fabriken nach eingehenden Studien über die Destillationsweisen die für Rosenölgewinnung geeigneten Apparate gebaut haben, zeigen die Abbildungen in dem Werk von GILDEMEISTER und HOFFMANN (3. Aufl., Bd. I, 258 [1928]), welche die von der Firma SCHIMMEL & CO. nach langjährigen Studien ausgebildete Rosenöldestillation, die mitten unter eigenen Rosenplantagen ausgeführt wird, darstellen.

Die Destillation von Rosen muß immer durch Wasserdestillation, d. h. unter völliger Bedeckung der Rosen mit Wasser, erfolgen; Dampfdestillation gibt bei Rosen kein gutes Resultat, weil der Dampf durch die aneinander haftenden Blütenblätter nicht hinreichend durchdringen kann.

Ein Teil der Rosen wird neuerdings auch durch Extraktion mit flüchtigen Lösungsmitteln auf Concrète verarbeitet (etwa 800—1400 *kg* Concrète im Jahr), vorzugsweise nach dem GARNIERschen Verfahren.

Für alle Destillationsarten, bei denen Wasserdampf angewendet wird, braucht man zum Auffangen des Destillats als Vorlage sog. Florentiner Flaschen (Abb. 244), bei denen das Destillationswasser kontinuierlich ablaufen kann, während das Öl sich im Verlauf der Destillation je nach seinem *spez. Gew.* auf oder unter dem Wasser ansammelt und im Verlauf der Destillation auch kontinuierlich abgezogen werden kann. Meistens werden mehrere derartige Florentiner Flaschen neben- und hintereinander aufgestellt. In der hinter der ersten Reihe der Florentiner Flaschen aufgebauten Reihe scheiden sich noch größere Mengen durch Emulsion im Wasser verteilten Öles ab.

Bei der Wasserdampfdestillation werden folgende Produkte erhalten:

1. Das ätherische Öl, welches sich in den Vorlagen (Florentiner Flaschen) ansammelt;

2. das Destillationswasser, welches in den meisten Fällen Teile der übergetriebenen, flüchtigen Riechstoffe gelöst enthält;

3. der Destillationsrückstand, aus dem durch geeignete Verarbeitung sich mitunter noch wertvolle nichtflüchtige Produkte (Resinoide, s. d.) gewinnen lassen.

Die ätherischen Öle werden in Einzeldarstellungen besprochen.

Das Destillationswasser findet in manchen Fällen als solches in der Parfümerie (s. d.) Verwendung (Orangenblütenwasser, Lavendelwasser, Rosenwasser). Orangenblütenwasser ist in Frankreich ein beliebtes Hausmittel; es findet ferner wie das Rosenwasser in der Zuckerbäckerei Anwendung. Lavendel- und die genannten Wässer dienen auch bei der Bereitung von Kopf- und Toilettewässern.

Um die Menge der in dem Destillationswasser gelösten Bestandteile zugunsten der Ausbeute an ätherischem Öl zu verringern, benutzt man vielfach das Verfahren der Kohobation, indem man, etwa nach der Art der auf S. 737, Abb. 237, dargestellten Vorrichtung, das Destillationswasser während der Destillation der Destillierblase wieder zuführt oder gesondert wiederholt destilliert, wobei sich allmählich in der Vorlage ein Teil des im Wasser gelösten Öles ausscheidet.

Nach dem *F. P.* 521 733 [1920] läßt man die Destillationswässer durch eine mit Koks gefüllte Kolonne laufen, durch welche Wasserdämpfe streichen; diese nehmen das Öl auf und führen es mit sich zur Kühlanlage und Vorlage.

Um die Wasseröle als solche zu gewinnen, sind zahlreiche Apparaturen erdacht worden; prinzipiell beruhen diese Verfahren auf dem Ausschütteln mit flüchtigen Lösungsmitteln, wie Benzol, Petroläther, Äther u. s. w.

Abb. 244. Vorlagen (Florentiner Flaschen) für leichtes Öl, für schweres Öl.

Zur erschöpfenden Gewinnung des Wasseröls kann man natürlich auch die für die Extraktion von Wässern angegebenen Extraktionsmethoden (Bd. IV, 812) anwenden, im speziellen auch die dort beschriebenen kontinuierlich wirkenden Anordnungen.

Es darf nicht übersehen werden, daß die Wasseröle einen Teil der ätherischen Öle bilden und daß wenigstens theoretisch unter dem ätherischen Öl einer Pflanze das sog. „abgehobene" (d. h. vom Destillationswasser abgehobene) Öl plus dem dazugehörigen „Wasseröl" verstanden werden muß. Von den flüchtigen Bestandteilen finden sich naturgemäß die in Wasser leicht löslichen im Destillationswasser entsprechend angereichert. Für die wissenschaftliche Forschung kann dies ein nicht zu unterschätzendes Hilfsmittel zur Auffindung einzelner Riechstoffe sein, die infolge ihrer Anreicherung leichter zu isolieren sind. So findet sich im Lavendelwasseröl das Cumarin stark angereichert, und der starke Gehalt des Rosenwassers an Phenyläthylalkohol hat zur Auffindung dieses interessanten Rosenriechstoffes geführt (v. SODEN und ROJAHN, B. 33, 1720, 2063; 34, 2803).

Das in der Blase nach der Destillation zurückbleibende Destilliergut enthält mitunter recht beträchtliche Mengen von harzigen Bestandteilen, welche auch einen Teil der Riechstoffe eingeschlossen zurückhalten; daneben können sich auch noch gewisse schwer flüchtige Riechstoffe finden.

Als Beispiel sei das Vorkommen von Umbelliferonmethyläther in den Rückständen der Lavendelöldestillation angeführt, einem Körper, der im ätherischen Öl nicht oder nur wenig gefunden wird, der jedoch in Lavendelextraktionsprodukten eine gewisse Rolle spielt (PFAU, Perfum. Essent. Oil Record 18, 205 [1927]; ELLMER, Riechstoffindustrie 1927, 206).

Durch Extraktion der Destillationsrückstände mittels flüchtiger Lösungsmittel (s. Extraktion, S. 746) lassen sich harzige, dunkelgefärbte Produkte gewinnen, die nach entsprechender Reinigung, wie die Harze und Balsame, als sog. Fixateure (s. d. S. 849) speziell in der Seifenindustrie Verwendung finden. Die unter dem Namen Resinoide in den Handel gebrachten Erzeugnisse sind mitunter Produkte dieser Art.

3. Maceration. Unter Maceration oder Enfleurage à chaud versteht man die Extraktion von Blüten mit heißem Fett oder Öl. Während in den deutschen Fabriken zunächst die Destillation in ganz eingehender Weise studiert und sorg-

fältig ausgebildet worden ist, ist das Verfahren der Maceration, ebenso wie die
später zu beschreibende Extraktion mit flüchtigen Lösungsmitteln und die Enfleurage in den Gegenden der jahrhundertealten Blütenkulturen Südfrankreichs entstanden.

Insbesondere hat sich in dem kleinen südfranzösischen Städtchen Grasse ein
Zentrum zur Gewinnung der feinsten Blütenriechstoffe nach diesen Spezialverfahren entwickelt. Die ganze Umgebung dieses Städtchens ist das ganze Jahr hindurch landwirtschaftlich auf die Kultur und Verarbeitung von Blüten eingestellt. Im Februar beginnt die Gewinnung der Veilchen, im Mai die der Orangenblüten und Rosenblüten, im Juli/August die der Jasminblüten (Abb. 245), August und September die der Tuberosenblüten, im Oktober/November die der Cassieblüten. In Grasse und Umgebung befinden sich etwa 30 Riechstofffabriken. Verarbeitet werden etwa 2000 *t* Orangenblüten, 1500 *t* Rosenblüten, 1200 *t* Jasminblüten, 400 *t* Veilchen,

Abb. 245. Jasminernte.

300 *t* Tuberosenblüten, 100 *t* Cassieblüten, 150 *t* Nelkenblüten, 80 *t* Mimosenblüten,
60 *t* Resedablüten, 50 *t* Jonquillenblüten, ungeheure Zahlen, besonders wenn man
bedenkt, daß auf 1 *kg* Orangenblüten 1000—1200, auf 1 *kg* Jasminblüten 7000 bis
8000 einzelne Blüten gehen. 1000 *kg* Orangenblüten geben bei der Destillation
etwa 1 *kg* Neroliöl, bei der Maceration etwa 200—400 *kg* Pomade je nach Stärke.
Ein Orangenblütenbaum liefert etwa 10 *kg* Blüten, eine Veilchenpflanze etwa 20 *g*
Blüten. Eine Arbeiterin kann in 4 Frühstunden 20 *kg* Rosen-, 3 *kg* Jasmin- oder 6 *kg* Tuberosenblüten pflücken.

Die Erfahrungen, die die seit alters her in der Gegend von Grasse angesiedelten Parfümeriefabrikanten mit der Anwendung der Destillationsmethode auf diese feinen Blütenarten machten, daß nämlich bei vielen und gerade den wertvollsten dieser Blütenarten die Destillation mit Dampf meist nur geringe Ausbeuten und auch den Duft der Blüten schlecht wiedergebende Öle lieferte,

Abb. 246. Maceration mit heißem Fett.

hat zur Anwendung anderer Verfahren geführt: zum Ausziehen der Riechstoffe
mit Fetten oder fetten Ölen. Diese Kunst war schon im Altertum bekannt.
Schon PLINIUS erwähnt die Gewinnung von Rosenöl aus Rosen durch Behandlung mit Fetten bzw. mit fetten Ölen. Es scheint sogar, als ob die in
früheren Jahrhunderten in alten Rezeptbüchern erwähnte „Destillation" von
riechenden Ölen keine Destillation im eigentlichen Sinne gewesen ist, sondern daß
darunter wohl meistens eine Behandlung von riechenden Pflanzenteilen mit Fetten
oder fetten Ölen verstanden werden muß.

Zur Ausführung der Maceration (und auch der später zu beschreibenden Enfleurage) benutzen die südfranzösischen Parfümeriefabrikanten ein in besonderer Weise gereinigtes und präpariertes Fettgemisch, das „Corps" genannt wird.

Zu seiner Herstellung werden 30 Tl. Ochsenfett und 70 Tl. Schweinefett, von besonders gut ausgesuchter Qualität, von allen blutigen u. s. w. Anteilen sorgfältig befreit, wiederholt mit warmem Wasser gewaschen und mehrfach durch Umschmelzen gereinigt, wobei Unreinigkeiten als Schaum an die Oberfläche steigen und abgeschöpft werden. 100 kg des so gereinigten Fetts werden längere Zeit mit 5—6 l Orangenblütenwasser und 150 g Alaun gewaschen und dann auf 100 kg etwa 50 g Benzoeharz und 10 g irgend eines ätherischen Öles (Ylangöl, Canangaöl bevorzugt) zugesetzt. Diese Vorbereitung, durch die eine bessere Haltbarkeit des Fetts erzielt wird, wird im Winter gemacht. Bei der Ernte der Orangenblüten (Mai/Juni) werden vielfach die ersten Blüten benutzt, um den „Corps" weiter zu präparieren. Es werden auf 100 kg je 10—12 kg Orangenblüten gegeben und in der unter Maceration beschriebenen Weise verfahren. Dann ist der „Corps" zur Ausführung der Maceration bzw. zur Aufbewahrung für die Enfleurage, die im August/September durchgeführt wird, vorbereitet. Von der einwandfreien Beschaffenheit des „Corps" hängt zum großen Teil die Qualität der fabrizierten Pomade ab.

An Stelle der tierischen Fette werden zur Maceration und Enfleurage auch pflanzliche Öle (Olivenöle u. s. w.) sowie auch festes und flüssiges Paraffin bzw. Vaseline, die keiner weiteren Vorbehandlung bedürfen, benutzt. Ihre technische Anwendung ist bei der Maceration die gleiche, wie für das tierische Fett beschrieben wird. Sie bieten, besonders die Mineralöle, gewisse Vorteile vor den tierischen Fetten, da letztere bei längerem Aufbewahren ranzig werden und daher die Endprodukte der Fabrikation, die sog. Blütenpomaden, leichter verderben als die mit Mineralölen hergestellten Produkte. Doch haben eingehendere Untersuchungen gelehrt, daß die Mineralöle bei der Maceration weniger Riechstoffe aus den Blüten extrahieren als die Fette, auch bietet die weitere Verarbeituug, d. h. die Extraktion der alkohollöslichen Produkte, Schwierigkeiten. Infolgedessen sind die tierischen Fette bei der Maceration (und noch mehr bei der Enfleurage, s. d.) vorzuziehen.

Abb. 247. Apparat zur Maceration der Blüten nach Vorbehandlung im Vakuum. LAUTIER-FILS, Grasse.

Die Ausführung der Maceration erfolgt in der Weise, daß die Blüten systematisch mit dem etwa 70—80° heißen Corps oder mit Olivenöl ausgezogen werden. Die Blüten, z. B. Rosen, werden etwa ¼ h in dem erhitzten Fett in großen Kufen herumgerührt. Um 30—40 kg Rosen zu bedecken, benötigt man etwa 250 kg flüssigen Corps. Nach 24—48stündigem Stehen der großen, gut gegen Abkühlung isolierten Kessel werden die Blüten sukzessive durch Siebe und Filtertücher abfiltriert (Abb. 246) und schließlich in hydraulischen Pressen abgepreßt oder in moderneren Werken abzentrifugiert. Die Preßkuchen werden mit heißem Wasser digeriert und dann erneut heiß abgepreßt. Das abgepreßte Gemisch von verflüssigtem Fett, Wasser und Preßsaft der Blüten wird durch Dekantieren getrennt und das so noch gewonnene parfümierte Fett mit der Hauptmenge vereinigt. In das abgepreßte Fett oder Öl werden neue Blüten gegeben. Dieses Verfahren wird bis zur Sättigung des Fetts mit Blumenduft, je nach der gewünschten Stärke der Pomade, bis zu 25mal wiederholt.

Das Eindringen des Fettes in die Ölzellen der Blüten geht nicht ganz leicht von statten. Die Firma LAUTIER-FILS, Grasse, benutzt, um diese Schwierigkeit zu überwinden und bessere Ausbeuten zu erzielen, zur Maceration ein ihr geschütztes Verfahren, nach welchem der Behälter, der die Blüten enthält, zunächst etwas evakuiert wird, wodurch eine Lockerung der Struktur der Blüten eintritt. Sodann wird das warme Fett auf die Blüten gelassen und gerührt. Unter dem Macerationsapparat befindet sich eine Zentrifuge, in welcher nach beendeter Extraktion das Fett von den Blüten abgeschleudert wird (Abb. 247).

Das Verfahren der Maceration wird bei Rosenblüten, Orangenblüten, Cassieblüten, Veilchenblüten und Resedablüten benutzt. Die erhaltenen Produkte, die eine Lösung sehr geringer Mengen ätherischen Öles und Extraktivstoffe in

viel Fett darstellen, sind die je nach der Blütenart gelb, grün bis orange gefärbten Pomaden des Handels. Um besonders feine, insbesondere weniger gefärbte Produkte zu erhalten, werden Rosenblüten mitunter vor der Verarbeitung von den Kelchen befreit (Abb. 248). Die Anwendung der Maceration ist seit Aufnahme der Extraktionsverfahren mit flüchtigen Lösungsmitteln zugunsten dieser immer mehr zurückgegangen. Die nach diesem Verfahren gewonnenen Pomaden werden nur noch

Abb. 248. Triage der Rosen.

für einzelne konservative Parfümeure hergestellt. Sie dienen weniger als Grundlage für die kosmetischen Haarpomaden als zur Gewinnung von Extraits durch Auswaschung mittels Alkohols in gleicher Weise wie die Enfleuragepomaden. Am gebräuchlichsten ist das Verfahren noch für Rosen.

Nach der beschriebenen, in Grasse durchgeführten Methode der Maceration wird auch in geringen Mengen in Bulgarien Rosenpomade gewonnen. Die erste deutsche Rosenpomade wurde seitens der Firma Schimmel & Co. im Jahre 1891 herausgebracht.

Wie die Abb. 249 zeigt, werden in dieser modernen Anlage die Blüten aus den oberen Stockwerken in die mit Dampf geheizten, großen, mit Fett beschickten Macerationskessel eingetragen, darin mittels mechanischer Rührwerke maceriert und die Gesamtmasse in Zentrifugen gelassen. Das abgeschleuderte, flüssige, noch heiße Fett kann mittels der unten sichtbaren Druckgefäße wieder in die oben befindlichen Macerationskessel gedrückt werden.

4. Extraktion. Dieses Verfahren beruht darauf, daß geeignete Naturprodukte in der Kälte mit flüchtigen Lösungsmitteln, wie Alkohol, Äther, Chloroform, Petroläther, Benzol, Aceton u. s. w., mace-

Abb. 249. Macerationsanlage von Schimmel & Co.

riert werden, wobei die in diesen Medien meist weitgehend löslichen Riechstoffe gelöst werden, während die holzigen Bestandteile ganz, die wachs- und harzartigen Bestandteile zum Teil zurückbleiben. Nach möglichst sorgfältiger Entfernung des Lösungsmittels werden durch dieses Verfahren gewonnen: Die Essences concrètes bzw. Essences absolues (Blütenprodukte), die Resinoide, Resinarome, Oleoresine, Clairs und ähnlich benannten Produkte (Extraktionsprodukte von Hölzern, Wurzeln, Rinden, Harzen, Balsamen, Kräutern, Früchten und tierischen Produkten, wie Moschus, Zibet, Ambra, Castoreum).

Die Veranlassung zur Ausübung des Verfahrens gaben die Beobachtung, daß eine Anzahl besonders lieblich duftender Blüten, wie Jonquille, Jasmin, Heliotrop, Tuberose, bei der Behandlung mit Wasserdampf kein ätherisches Öl ergaben (ROBIQUET, Recherche sur l'arome de la jonquille, *Journ. de Pharm.* 21, 335 [1835]; BUCHNERs Repertor. für die Pharm. 54, 249 [1835]), und der Vorschlag ROBIQUETS, die Duftstoffe dieser Blüten durch Ausziehen mit Äther zu gewinnen. In die Praxis führten die Extraktion mit Petroläther im Jahre 1864 HIRZEL und gleichzeitig PIVER ein.

Da die durch Extraktion gewonnenen Blütenprodukte sehr fein sind und das Verfahren verhältnismäßig einfach durchzuführen ist, hat es die Maceration und Enfleurage zum Teil verdrängt.

Die Wahl des Extraktionsmittels ist von Bedeutung. Meistens wird Petroläther von mittleren Siedegraden (60—80⁰) angewandt, aber auch Benzol, Tetrachlorkohlenstoff u. s. w. werden gebraucht. Für jede Blütenart muß das geeignetste Lösungsmittel herausgefunden werden. Da bei der Konzentration der Extrakte jede Verunreinigung des Lösungsmittels in den schließlich erhaltenen *konz.* Extrakten verbleiben und deren Güte beeinträchtigen würde, so müssen die Extraktionsmittel vor der Anwendung sehr sorgfältig durch Behandlung mit Chemikalien, z. B. Fraktionieren über festem Paraffin, gereinigt werden. Man bedient sich hierzu entweder sehr hoher Fraktionieraufsätze oder breiter, verhältnismäßig niederer Kolonnen mit Sieb- oder Ringeinsätzen, die einen starken Rückfluß gewährleisten. Bei der ungeheuer großen Menge Lösungsmittel, die im Verhältnis zu der geringen Menge Riechstoff zur Extraktion verwendet werden müssen, würden die geringsten Mengen Verunreinigungen sich bei der Konzentration schließlich so anhäufen, daß sie die ganze Menge Riechstoff um ein Mehrfaches übertreffen und nur sehr schwer von den kostbaren Riechstoffen getrennt werden können. Welche gegenüber anderen Extraktionsindustrien ganz anormalen Verhältnisse bei der Riechstoffextraktion in Betracht kommen, zeigen folgende Überlegungen: 10 *kg* Jasminblüten = 80 000 einzelne Blüten haben ein Volumen von 120—150 *l*, brauchen zur Überdeckung etwa 70 *l* Petroläther (bei 2—3maliger Waschung also 140—200 *l*) und geben 30 *g* Essence concrète (s. u.), die nur etwa 2 *g* ätherisches Jasminöl neben den anderen Extraktivstoffen enthalten.

Die Apparatur muß sehr sorgfältig gebaut und sehr sorgfältig abgedichtet sein, besonders der Feuersgefahr wegen, und da der Verlust an Lösungsmittel, das bei wiederholter Anwendung bis zu einem gewissen Grade immer wertvoller wird, vermieden werden muß. Die für die Extraktion der Blüten benutzten Apparate sind mannigfaltiger Art. Sie versuchen die oben erwähnten Schwierigkeiten in ihren Konstruktionen zu überwinden.

Die Extraktion wird in großen verzinnten Kupfer- oder Aluminiumgefäßen durch ½- bis 2stündiges Stehenlassen des Extraktionsgutes mit dem Lösungsmittel vorgenommen. Die Extraktionsdauer richtet sich nach der Struktur der Pflanzenteile; so bedürfen zarte Blüten einer geringeren Extraktionsdauer als stark holziges Material. Es befinden sich meist 2—3 Extraktionsapparate nebeneinander, welche durch ein entsprechendes Röhrensystem kommunizieren, so daß es möglich ist, nach erfolgter Extraktion das mit den Extraktionsprodukten beladene Lösungsmittel von dem einen in den anderen Apparat zu drücken, wodurch eine systematische Extraktion erfolgen kann und die jeweils zweiten bzw. dritten Waschungen zur Extraktion von frischem Material verwendet werden können. Man bedient sich, um ein leichtes Füllen und Entleeren der Apparate bewerkstelligen zu können, korbartiger Einsätze aus Aluminium oder verzinntem Kupferblech (Abb. 250, rechts), welche, übereinandergesetzt, das Extraktionsgut portionsweise aufnehmen und mit Hilfe von Flaschenzügen in die Extraktionsapparate eingelassen (Abb. 250, links) und herausgezogen werden können.

Das nach der mehrmaligen Extraktion den Pflanzenteilen noch anhaftende Lösungsmittel (man läßt zweckmäßigerweise mehrere Stunden abtropfen) wird durch Wasserdampf aus den Extraktoren abgetrieben, wofür die Apparate durch besondere Dampfzu- und -ableitungsrohre eingerichtet sind. Bei dieser Gelegenheit werden auch die zum Teil noch nicht völlig vom Lösungsmittel durchdrungenen Ölzellen

völlig gesprengt und neben dem in dem anhaftenden Lösungsmittel noch gelösten
Extraktöl das nichtextrahierte Öl gewonnen. Das so anfallende, die letzten Riechstoffe enthaltende Lösungsmittel wird meist nach dem Abtrennen vom Wasser zu
weiteren Extraktionen verwendet. Es ist jedoch hierzu zu bemerken, daß durch den
Einfluß des Wasserdampfes
manche Riechstoffe nachteilig
beeinflußt werden. Auf diese
Weise gewonnene Extrakte
sind stets von minderer Qualität und beeinträchtigen bei
Verwendung zu weiteren Extraktionen den Geruch des
Gesamtprodukts. Zweckmäßiger ist es, sie gesondert zu verarbeiten und das regenerierte
Lösungsmittel erst nach entsprechender Reinigung wieder
zu verwenden.

Je nach der Konsistenz des
Pflanzenmaterials ist die Menge
des so noch zu gewinnenden
Öls, das nach Entfernung des
Lösungsmittels als ätherisches

Abb. 250. Blütenextraktionsapparat von TOMBAREL FRÈRES,
Grasse.

Öl anzusprechen ist und in Südfrankreich „Essence des chasses" genannt wird,
meist recht beträchtlich. Es ist geruchlich minderwertig und kann höchstens nach geeigneter Reinigung für weniger wertvolle Produkte Verwendung finden. Es ist natürlich
anzustreben, die Menge
dieses Öls zugunsten des
Extraktöls möglichst her-
abzumindern.

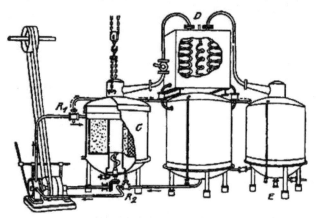

Abb. 251. Extraktionsapparat.

Abb. 251 stellt einen einfachen Extraktionsapparat dar;
zur systematischen Extraktion
müßten noch 2 weitere Kessel C
angeschlossen werden. C dient
als Extrakteur für die Blüten,
die sich, vom Lösungsmittel
überdeckt, in einem metallischen Korbeinsatz befinden.
Durch ein mechanisches Rührwerk kann das Lösungsmittel
aufgewirbelt werden. Bei den
meisten in der Praxis verwendeten Extraktionsapparaten
fehlt dieses Rührwerk, und man
begnügt sich mit dem Stehenlassen des Lösungsmittels über
dem Destilliergut. Nach vollendeter Extraktion wird das mit
Riechstoff beladene Lösungsmittel mittels des Hahns R_1, der auch zum Beschicken mit Lösungsmittel
aus dem mittleren Behälter benutzt wird, in die rechtsstehende Destillationsblase übergedrückt. Hier
wird durch Destillation (ohne Vakuum) der größte Teil des Lösungsmittels entfernt und ein *konz.*
Extrakt gewonnen, der durch den unteren Hahn E abgelassen und zur weiteren Behandlung in andere
kleinere Blasen übergeführt wird. Das abdestillierte Lösungsmittel geht durch den Kühler D in den
Lösungsmittelbehälter unterhalb des Kühlers und kommt von dort wieder durch die Pumpe und den
Hahn R_1 in den Extrakteur C zur nochmaligen Extraktion der einmal extrahierten Blüten oder kann
zur Extraktion neuer Blüten verwendet werden. Nach erschöpfender Extraktion der Blüten wird durch
Einleiten von Dampf in den Extrakteur nach Öffnung des Hahns im Übersteigrohr (der bei der vorhergehenden Extraktion geschlossen war) das den Blüten noch in reichlicher Menge anhaftende Lösungsmittel abdestilliert und in dem mittleren Vorratsgefäß aufgefangen. Das dabei mit übergehende Wasser
muß vor weiterer Verwendung des abdestillierten Lösungsmittels durch Abhebern entfernt werden.

Die zur Extraktion benutzten Apparate sind in den letzten Jahren bedeutend verbessert worden. Den Vorbildern in anderen Industriezweigen entsprechend, entstanden Apparate in Batterieanordnung (vgl. darüber GILDEMEISTER und HOFFMANN, Miltitz 1928, Bd. 1, 273). Im Extraktionssaal der Firma CHIRIS in Grasse sind (Abb. 252) z. B. 3 Reihen von Extrakteuren aufgestellt.

Die meisten der benutzten Apparate beruhen auf der vollständigen Überdeckung der Blüten mit Extraktionsmittel. Wie sich aus den angegebenen Zahlen ergibt, werden im Verhältnis zur gewonnenen Extraktmasse sehr große Mengen Lösungsmittel hierbei gebraucht. Diesen Übelstand sucht der GARNIERsche Extraktionsapparat zu vermeiden, der darauf beruht, daß die Blüten kontinuierlich durch eine verhältnismäßig kleine Menge

Abb. 252. Extraktionssaal von A. CHIRIS, Grasse.

Lösungsmittel hindurchgeführt werden. Der Apparat hat aber andere Nachteile, die besonders in dem Lager beruhen. Es kommt vor, daß Schmiermittel in das Extraktionsmittel gelangen und die Extrakte verunreinigen. Der Apparat hat sich daher nur in den Gegenden durchsetzen können, in denen die Anfuhr des Lösungsmittels infolge mangelhafter Verkehrsmittel schwierig ist, wie z. B. in den bulgarischen Rosendistrikten. In der südfranzösischen Riechstoffindustrie ist er nicht mehr im Betrieb zu finden.

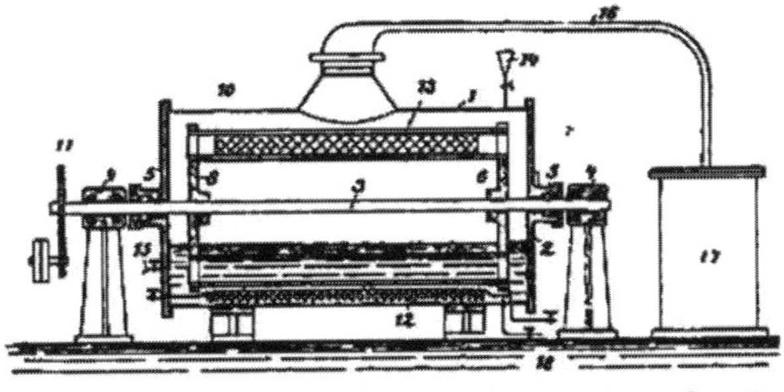

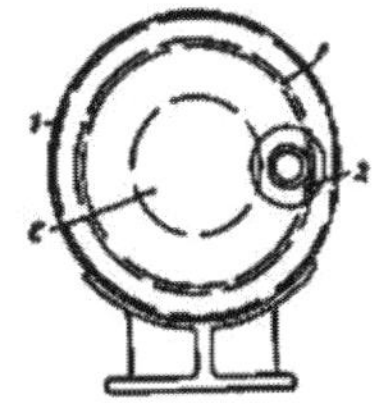

Abb. 253 und 254. Längsansicht und Seitenansicht des GARNIERschen Extraktionsapparats.

Der in Abb. 253 abgebildete, in Karasarli im Strematal in Bulgarien (in der Nähe von Karlovo) zur Extraktion der sehr voluminösen Rosenblüten benutzte Apparat von GARNIER ist ein mit beweglicher Trommel 6 im Innern versehener, etwa $1^1/_2$ m langer Zylinder 1 von 2 m Durchmesser. Bei 2 (Abb. 254) ist ein Mannloch von etwa 50 cm in der einen Seitenwand des Zylinders 10, durch welches die mit Rosen gefüllten, zylindrisch aus gelochtem Blech gefertigten Körbe in die 12 Öffnungen 7 (Abb. 255) der inneren Trommel geschoben werden können. Jeder Korb (13 in Abb. 253) ruht in der Trommel auf einem Kranz von Metallstäben. Durch Drehen der Trommel um die Achse 3 werden nacheinander alle 12 Öffnungen der Trommel vor das Mannloch geführt und die 12 Körbe nacheinander eingeschoben. Wenn alle eingefüllt sind, wird das Mannloch hermetisch verschlossen und durch das Rohr 14 so viel Lösungsmittel (Petroläther) eingefüllt, daß der unterste Korb in der Trommel mit Lösungsmittel gut bedeckt ist. Dann wird das Lösungsmittel erwärmt (Heizvorrichtung 12) und die innere Trommel durch das Rad 11 an der auf den Lagern 4 ruhenden, durch Stopfbüchse 5 gedichteten Welle 3 h lang gedreht. Durch Hahn 15 wird durch Probenahme der Extraktionsprozeß verfolgt. Nach 3 h wird abgekühlt und der Extrakt durch Hahn 18 abgelassen in eine tieferliegende Destillationsblase, in welcher er vom Lösungsmittel befreit wird. Durch Einleiten von direktem Dampf in den Zylinder werden die an den Blüten haftenden Anteile des Lösungsmittels durch das Überleitungsrohr *16* und den Kühler *17* abdestilliert und dann die Körbe mit den extrahierten Blüten durch das Mannloch *2* wieder herausgezogen.

Die Extrakte werden in sukzessive kleiner werdenden Destillierblasen oder unter kontinuierlichem Zulauf direkt in kleinen Nickel- oder versilberten Kupfer-

Abb. 255. Seitenansicht der inneren Trommel des GARNIERschen Extraktionsapparats.

blasen, teils ohne, teils mit Vakuum und bei Temperaturen von $30-50^0$ konzentriert.

Die letzten Anteile an Lösungsmittel sind selbst im Vakuum schwer zu entfernen; durch Einführen eines Quantums Alkohol in die Destillationsblase zum Schluß der Vakuumdestillation läßt sich, unter starkem Aufwallen der Extrakte, eine ziemlich vollständige Entfernung des Lösungsmittels erreichen.

Man erhält so halbfeste bis feste Produkte, die sog. konkreten Blütenöle oder Essences concrètes, welche außer den extrahierten Riechstoffen, je nach dem angewandten Lösungsmittel, mehr oder weniger Wachs-, Harz- und andere Extraktivstoffe enthalten, die an sich keinen geruchlichen Wert haben und die Löslichkeit des Extraktionsproduktes in Alkohol herabsetzen. Da die Verwendungsmöglichkeit der Concrètes in der Parfümerie wegen ihrer begrenzten Alkohollöslichkeit beschränkt ist, werden sie zum Teil durch Auswaschung mit Alkohol schon am Herstellungsort auf alkohollösliche Produkte, sog. Essences absolues oder Solubles, verarbeitet. Hierzu dienen Schüttelmaschinen, in denen die Essences concrètes mehrere Tage mit verdünntem bis absolutem Alkohol in Glasflaschen geschüttelt werden, wobei die Riechstoffe in Lösung gehen, die Pflanzenwachse jedoch ungelöst bleiben; zeitweiliges Ausfrieren befördert den Arbeitsprozeß. Diese Apparate sowie die in Abb. 258 dargestellten Rührapparate (Batteusen) dienen auch zur Extraktion der Pomaden mit Alkohol (s. Enfleurage).

Die Essences absolues sind ebensowenig wie die Essences concrètes als ätherische Öle anzusprechen, da sie wechselnde Mengen nichtflüchtiger Extraktivstoffe enthalten.

Die Extraktionsprodukte können daher auch nicht wie die ätherischen Öle durch bestimmte physikalische Konstanten charakterisiert werden. Ihre Beurteilung in bezug auf Güte und praktische Verwendbarkeit muß daher auf Grund ihres Aussehens, ihrer Löslichkeit in Alkohol und vor allem ihrer geruchlichen Eigenschaften erfolgen.

Je 1000 *kg* Veilchen	geben etwa 1,5 *kg*	Essence concrète
" 1000 " Rosen	" " 2,2 "	" "
" 1000 " Orangenblüten	" " 2,0 "	" "
" 1000 " Jasminblüten	" " 2,5–2,8 *kg*	" "
" 1000 " Cassie	" " 4,0 *kg*	" "
" 1000 " Reseda	" " 1,5 "	" "
" 1000 " Lavendel	" " 1,0 "	" "

An Essences absolues werden aus den genannten Essences concrètes etwa $40-80\%$ erhalten; der Rest sind im Alkohol unlösliche Wachse, Harze u. s. w. Je nach der Wahl des Lösungsmittels erhält man verschiedene Ausbeuten. Benzol und auch Aceton besitzen ein sehr großes Lösungsvermögen, liefern jedoch Produkte, die infolge ihres besonders starken Gehalts an nichtriechenden Bestandteilen, vor allen Dingen Farbstoffen, besonderer Reinigungsprozesse bedürfen. Entfärbung der in Alkohol oder anderen Lösungsmitteln gelösten Öle mit aktiver Kohle oder sukzessives Ausfällen der Verunreinigungen mit Wasser oder anderen Lösungsmitteln führt meistens zum Ziel. Die naheliegende Verwendung der Wasserdampfdestillation zu diesem Zwecke kommt für Handelsprodukte nicht in Frage, da die so behandelten Extraktionsprodukte vielfach geruchliche Einbuße erleiden und ferner des Vorteils, der in den natürlichen nichtflüchtigen fixierenden Beimengungen liegt, verlustig gehen. Die Ausbeuten an flüchtigen Ölen sind auch sehr gering $(10-30\%)$.

Die Eigenschaften einiger aus Extraktionsprodukten gewonnener ätherischer Öle sind von H. v. SODEN (*Journ. prakt. Chem.* **69**, 256 [1904]; **110**, 273 [1925]) und TREFF, RITTER und WITTRICH (ebenda **113**, 355 [1926]) beschrieben worden.

Das Verfahren der Extraktion wird nicht nur in Frankreich bei allen dort kultivierten Blüten angewandt, sondern es hat in den letzten Jahrzehnten in allen

Ländern, in denen entsprechendes Material zur Verfügung steht, Aufnahme gefunden. Abgesehen von den unter den gleichen klimatischen Verhältnissen wie in Südfrankreich gewonnenen Blütenprodukten der italienischen Riviera, liefern auch die holländischen Hyacinthenkulturen ihr Blütenmaterial für natürliche Hyacinthenextrakte. In Deutschland werden von SCHIMMEL & Co. in Miltitz und HEINE & Co. in Gröba aus eigenen Blumenkulturen mannigfaltige Blütenextraktionsprodukte gewonnen. Der außerordentlich große Erfolg, welchen das Verfahren der Extraktion zur Gewinnung von natürlichen Blütenriechstoffen zu verzeichnen hatte, führte dazu, daß es von den Blumen, zu deren Verarbeitung es ursprünglich erdacht worden war, auch auf Pflanzenteile anderer Art und selbst tierische Produkte übertragen wurde.

Im Riechstoffhandel befinden sich die verschiedenartigsten Produkte dieser Herstellungsart. Aus Hölzern, wie Sandelholz und Cedernholz, aus Eichenmoos (Mousse de chêne), aus Vetiverwurzeln, aus Patschouliblättern, aus Gewürznelken, aus Iriswurzeln, aus Vanilleschoten u. dgl. m. werden mit Alkohol, Äther, Petroläther u. s. w. analoge Extraktionsprodukte wie aus den Blüten gewonnen.

Die Ausdehnung des Verfahrens der Extraktion auf Citronen- und Orangenschalen zur Gewinnung der darin enthaltenen Öle als billigeren Ersatz für die durch Auspressen (s. S. 734) erhaltenen Öle der Agrumenfrüchte ist in den A. P. 765 546 und 775 502 [1904] beschrieben. Die Schalen werden zur Zerstörung der Ölzellen zerrieben; durch Auspressen des Wassers und feines Zerreiben der Preßkuchen wird ein feines Mehl gewonnen, welches zur Extraktion mit flüchtigen Lösungsmitteln geeignet ist. Das bei der Extraktion in einer Ausbeute von 6–10% gewonnene Produkt ist ein Gemisch des ätherischen Öles der betreffenden Schalen mit Harzen. Es hat sich bis jetzt in größerem Maßstabe noch nicht durchsetzen können.

5. *Die Enfleurage*, bei weitem das interessanteste Verfahren zur Gewinnung natürlicher Riechstoffe, ist typisch für die südfranzösische Blütenindustrie, da es dort ausgedacht und ausgearbeitet worden ist und sich in fast der gleichen Form, in der es schon vor 100 Jahren üblich war, erhalten hat. Es ist gebunden an die klimatischen Verhältnisse des Südens und kann nur da angewendet werden, wo die in Frage kommenden Blüten in großer Menge und bester Qualität gedeihen und wo eine Ernte durch Wochen und Monate hindurch möglich ist. Es beruht auf der Absorption des von den Blüten auch nach dem Abpflücken noch entwickelten Duftes durch ein geeignetes Medium. Als solches dient in der Hauptsache seit alters der in der gleichen Weise wie für die Maceration bereitete Corps (S. 745).

Abb. 256 erklärt das Verfahren. Die auf der linken Seite stehenden Frauen streuen die in Körben herangebrachten, frisch in den Morgenstunden gepflückten Blüten (Jasmin- und Tuberosenblüten, Abb. 245) locker auf die eine Seite der beiderseitig mit je 350 g Fett (Corps) bestrichenen „Chassis"; dies sind Holzrahmen (etwa 50 × 30 cm), die eine Glasplatte umschließen. Die Rahmen werden sodann in der Weise aufeinandergesetzt, daß mannshohe Stapel, „Piles" genannt, entstehen, in denen die Blüten sich nunmehr in Hohlräumen auf der einen Fettschicht lagernd befinden, über ihnen in etwa 5 cm Abstand die andere unbedeckte Fettschicht. Nach einer bestimmten Zeit (bei

Abb. 256. Enfleurage und Désenfleurage.

Jasminblüten 24 ᵇ, bei Tuberosenblüten 48 ᵇ) werden die verwelkenden Blüten sorgfältig abgenommen und durch neue ersetzt, indem die am Tage zuvor nicht bedeckte Fettschicht bestreut wird. Die Rahmen werden dementsprechend abwechselnd in umgekehrter Weise aufeinandergestellt. Diese „Enfleurage" wird fortgesetzt, etwa 30–36mal, bis auf 1 kg Corps etwa 2,5–3 kg Blüten verwandt worden sind und das Fett mit Riechstoff gesättigt ist. In dieser Zeit wird das Fett, um die Absorptionsfähigkeit zu erhöhen, mit Spateln mehrfach umgearbeitet, wodurch stets neue Fetteile an die Oberfläche kommen.

Eine besonders subtile Operation ist das Abnehmen der verbrauchten Blüten (Désenfleurage), das auf der rechten Seite der Abb. 256 zu sehen ist. Die erste Arbeiterin stößt den

Rahmen einfach auf den Tisch, dabei fallen die verbrauchten Blüten zum größten Teil ab (s. die angehäuften Abfallblüten auf dem Boden Abb. 256). Die zweite Arbeiterin nimmt der ersten den Rahmen ab und nimmt mit den Fingern oder kleinen Holzstöckchen die noch an dem Fett anklebenden Blüten bzw. Blütenblätter, abgefallene Staubfäden u. s. w. so lange ab, bis die in der Reihe hinter ihr folgenden Arbeiterinnen mit ihren Rahmen vollständig fertig sind, worauf die dritte Arbeiterin der zweiten ihren Rahmen abnimmt u. s. w. Auf diese Weise wird ohne Aufenthalt ein sehr glattes Arbeiten und Durchführen der subtilen Operationen erzielt. Auch die kleineren Teile der Blüten müssen restlos vor dem Aufstreuen neuer Blüten entfernt werden, weil sich sonst unangenehm riechende Fäulnisprodukte bilden, welche die Pomade verschlechtern. Die bei der Désenfleurage abgenommenen Blüten wurden lange Zeit als wertlose Abfallprodukte weggeworfen und damit ungeheure Werte ungenutzt gelassen. Erst die Erkenntnis, daß auch diese Blüten noch wertvolle Riechstoffe abgelagert enthalten, die wir den Arbeiten A. HESSES über Jasmin verdanken, und die Einführung der flüchtigen Lösungsmittel als Hilfsmittel zur Gewinnung von Riechstoffen aus Pflanzen (s. Extraktion) zog auch dieses wertvolle Material in den Fabrikationsgang mit ein.

Die Grasser Fabrikanten haben viel Mühe darauf verwendet, diese zeitraubenden, viel Menschenarbeit erfordernden Operationen einfacher und mechanischer zu gestalten. Es wurden Netze aus Fäden oder feinen Metalldrähten auf das Fett gelegt und dann erst die Blüten aufgestreut. Beim Abnehmen der Netze wurden dadurch die Blüten glatter und mit weniger Verlust an Fett, welches an den Fingern der Arbeiterinnen haftet, von dem Fett entfernt. Doch ist dieses Verfahren wieder aufgegeben worden. Zur Erleichterung der Manipulation der Enfleurage wurden Apparate konstruiert, durch welche aus einem Trichter die Blüten auf ein mit einer Fettschicht versehenes Band gestreut werden, das über 2 Trommeln läuft (KOEHLER, F. P. 521 733 [1920]). LAUTIER-FILS, Grasse, haben sich

einen Apparat patentieren lassen (F. P. 524 595 [1921]), durch welchen die Chassis maschinell mit Fett bestrichen und mit Blüten bestreut werden. Die Chassis werden zu diesem Zwecke auf einem Band ohne Ende entlang geführt, während von oben aus einem Trichter Blüten auf sie fallen. Die gleiche Firma hat einen Apparat zur maschinellen Désenfleurage konstruiert (Abb. 257). Die Chassis werden zunächst durch eine mit Elektromotor getriebene Rüttelmaschine getrieben, wodurch die Hauptmenge der Blüten abfällt, während gleichzeitig ein rotierender Kamm die noch am Fett haftenden Blüten abstreift. Der Rest wird durch Absaugen entfernt.

Das mit Riechstoff gesättigte Fett bildet nach einigen läuternden Bearbeitungen die Blütenpomade des Handels.

Abb. 257. Mechanische Désenfleurage nach LAUTIER-FILS, Grasse.

Nach dem Verfahren der Enfleurage werden die Jasminblüten (Jasminum grandiflorum) und die Tuberosenblüten (Polyanthus tuberosa), in einzelnen Fabriken auch die Resedablüten, verarbeitet. Die Produkte dieses Verfahrens sind weiße, höchstens schwach gelb gefärbte Pomaden, welche je nach der Menge der Blüten, mit welchen das Fett behandelt worden ist, und je nach dem Brauch der einzelnen Firmen mit bestimmten Nummern bezeichnet werden.

Diese Arbeitsweise ist, wie aus vorstehendem erhellt, sehr umständlich; sie erfordert ein großes Material an „Chassis", von denen größere Fabriken bis zu 60 000 Stück besitzen, um die während der Blütezeit in großen Mengen in die Fabrik gelangenden Blüten bewältigen zu können, sowie viele und sorgfältige Arbeiterinnen.

Man verwendet ebenso wie zur Maceration zur Enfleurage auch flüssige fette Öle oder Mineralöle. Die Absorptionskraft der letzteren ist jedoch geringer. Die Öle werden in dicken Flanelltüchern aufgesaugt und diese auf wesentlich größere Rahmen (80 × 120 cm), die ein Metalldrahtnetz enthalten, gelegt. Dann wird das so vorbereitete „Chassis" in ähnlicher Weise mit Blüten bestreut und behandelt, wie oben für die Enfleurage mit festem Fett beschrieben wurde. Das Abpressen der ölgetränkten Flanelltücher erfolgt in Etagenpressen (Bd. V, 199, Abb. 62).

Es ist auch versucht worden, die Fette und Öle durch andere Absorptionsmittel zu ersetzen. Zu diesem Zwecke wurde von verschiedenen Seiten pulverisierte Holz- oder Tierkohle vorgeschlagen (VERLEY, F. P. 488 359; LINDET und FONDARD, Compt. r. Acad. Agr. France 1924, 169; URBAIN CORP., F. P. 623 002 und 623 009 [1927]; I. G., F. P. 610 734 [1926]). Auch auf die alte, sog. pneumatische Methode von PIVER (Wagner J. 1864, 499), nach welcher man einen Luft- oder indifferenten Gasstrom (CO_2) erst durch die Blüten und dann durch ein Absorptionsmittel (flüssiges Fett, Alkohol) leitet, ist in neueren Patenten zurückgegriffen worden (I. G., E. P. 255 346 [1926]; E. P. 292 668 [1928], welche als Absorptionsmittel ebenfalls aktive Kohle oder Silicagel empfehlen).

Um den Umweg über die Pomadenherstellung zu vermeiden, hat A. HESSE (D. R. P. 251 237 und 266 876) empfohlen, alkohollösliche, möglichst geruchlose chemische Verbindungen bzw. bekanntgewordene Bestandteile der betreffenden komplexen Riechstoffe für die Ausführung der Maceration und Enfleurage zu verwenden. Mit diesen Medien (Phthalsäureester, Benzylbenzoat bzw. Geraniol oder Benzylalkohol u. s. w.) werden die erwähnten dicken Flanelltücher (anstatt mit fetten Ölen) getränkt und dann zur Enfleurage verwendet. Die so ohne Fett erhaltenen Enfleurage- und Macerationsprodukte, welche als alkohollösliche Produkte ohne weitere Umarbeitung direkt für die Parfümerie verwendet werden sollten, haben die auf sie gesetzten Hoffnungen nicht erfüllt. Wenn die genannten Medien sich auch durch ein sehr großes Lösungsvermögen für Riechstoffe auszeichnen, so fehlt ihnen doch die genügende Absorptionskraft, um in gleicher Weise wie der Corps die Riechstoffe zu binden.

Die Pomaden werden in der Parfümerie im allgemeinen nicht als solche verwendet, sondern es werden durch den Parfümeur alkoholische Auszüge daraus hergestellt (s. Maceration, S. 743, vgl. auch Parfümerie, Bd. VIII, 298). Die dazu verwendete Apparatur zeigt die Abb. 258, die mehrere sog. Batteusen darstellt, in welchen die Pomade mit Alkohol durchgerührt wird.

Das Verfahren der Enfleurage unterscheidet sich grundsätzlich von allen anderen Verfahren der Riechstoffgewinnung. Der Grund, warum die südfranzösischen Fabrikanten dieses Verfahren ausgebildet haben, ist durch die Untersuchungen von A. HESSE aufgeklärt worden (vgl. Jasminöl, S. 764). Die an Ort und Stelle vorgenommenen, einerseits bei den Jasminblüten und Tuberosenblüten, andererseits bei den Orangenblüten durchgeführten Versuche zeigten, daß Jasmin- und Tuberosenblüten bei der Enfleurage ein Vielfaches an

Abb. 258. Batteuse.

ätherischem Öl ergeben gegenüber der Menge, welche bei der erschöpfenden Extraktion oder Destillation der Blüten erhalten wird. In den Abfallblüten der Enfleurage verbleibt noch eine ebenso große Menge Riechstoff, wie in den zur Enfleurage angewandten frischen Blüten enthalten war. Die Jasmin- oder Tuberosenblüten produzieren also während des 24- bzw. 48stündigen Verweilens der Blüten auf den „Chassis" erhebliche Mengen Riechstoffe.

Ganz anders sind die Resultate, wenn man z. B. Orangenblüten einerseits maceriert oder extrahiert, andererseits enfleuriert. Nach den ersten beiden Verfahren erhält man dabei große Mengen Riechstoffe, bei der Enfleurage aber nur etwa $^1/_{15}$ der in den Orangenblüten enthaltenen Riechstoffmengen. Bei der Orangenblüte werden also Riechstoffe während der Enfleurage nicht gebildet. Auch das in den Orangenblüten enthaltene Öl wird bei der Enfleurage nur zum Teil gewonnen, weil die Ölzellen nicht, wie bei der unter Erhitzung stattfindenden Destillation oder Maceration, zersprengt werden und ihren Inhalt daher nicht an die umgebenden Lösungsmittel abgeben können.

Man muß demnach 2 Arten von Blüten unterscheiden: Die einen enthalten reichliche Mengen Öl in Ölzellen abgelagert; diese können mit gutem Erfolg maceriert, extrahiert und auch destilliert werden, allerdings mit qualitativ verschiedenen Ergebnissen (vgl. dazu HESSE und ZEITSCHEL, Journ. prakt. Chem. [2] 64, 245; 66, 481).

Die Blüten der anderen Art enthalten nur geringe Mengen Öl, produzieren aber reichliche Mengen Riechstoffe. Diese Blüten werden der Enfleurage unterworfen. Die Destillation solcher Blüten ist ganz unrationell. Jasminblüten geben nur geringe Mengen eines zum größten Teil im Destillationswasser gelösten Öles, die außerordentlich intensiv riechenden Tuberosenblüten nur ein ganz widerlich riechendes Destillat. Das Verfahren der Enfleurage ist also ein von den übrigen prinzipiell verschiedenes, es ist ein physiologisches. Es beruht darauf, daß auch nach dem Abpflücken der Blüten Prozesse stattfinden können, die zur Neubildung von Riechstoffen führen. Jede Jasmin- und Tuberosenblüte ist eine kleine Riechstofffabrik, in welcher während des Verweilens auf den „Chassis" eine erhebliche Menge Riechstoff produziert wird. Wendet man andere Verfahren, die Destillation oder Extraktion, an, so können nur die sehr kleinen Mengen des in der Blüte abgelagerten Öles erhalten werden.

Fermentationsprozesse bei der Gewinnung von Riechstoffen. Es gibt eine ganze Reihe von Pflanzen, die an sich fast geruchlos sind, die aber nach entsprechender Vorbehandlung Riechstoffe liefern. Die wissenschaftliche Erforschung der diesen Tatsachen zugrunde liegenden Vorgänge hat ergeben, daß die betreffenden Riechstoffe sich in den Pflanzenteilen in gebundenem Zustande als sog. Glucoside befinden, welche durch die Einwirkung eines meist in der gleichen Pflanze vorkommenden Ferments in Glucose und den Riechstoff gespalten werden können. Erst die Untersuchungen der letzten Jahrzehnte, insbesondere die zahlreichen Studien von Bourquelot und Hérissey, haben uns gelehrt, wie weit verbreitet in der Pflanzenwelt die Glucoside sind und wie mannigfaltig die Komponente ist, welche mit der Zuckerart das Glucosid bildet (Bd. V, 785). Am verbreitetsten ist der Salicylsäuremethylester, der in äußerst zahlreichen Pflanzen als Glucosid gebunden vorkommt. Van Romburgh fand, daß von 900 untersuchten Pflanzenarten nicht weniger als 160 Salicylsäuremethylester als Glucosid (Gaultherin) enthielten. Aber auch Benzaldehyd (in den bitteren Mandeln), Salicylaldehyd (in Spiraea Ulmaria), Vanillin (in der frischen Vanille), Cumarin, Phenylessigsäurenitril, Eugenol (in Geum urbanum L.) und andere Verbindungen sind in Form von Glucosiden aufgefunden worden. (Mehrere Glucoside mit Bestandteilen von ätherischen Ölen, wie Geraniol, Borneol u. s. w., sind von E. Fischer auch synthetisch dargestellt worden.) Würde man derartige Pflanzenteile frisch destillieren, so erhielte man kaum Spuren Riechstoffe, da die spaltend wirkenden Fermente bei höheren Temperaturen (meist schon über 30°) ihre Aktivität verlieren. Nach entsprechender Vorbehandlung jedoch können sie nach den üblichen Methoden der Gewinnung natürlicher Riechstoffe gewonnen werden. Diese Vorbehandlung ist in der Praxis meist sehr einfacher Art und beschränkt sich bei den meisten der in Betracht kommenden Pflanzen (z. B. Senföl, Bittermandelöl, Kirschlorbeeröl, Patschuliöl, Kapuzinerkressenöl, Wintergreenöl, Birkenrindenöl) auf Trocknen oder auf Einweichen des Materials in Wasser (s. Einzeldarstellungen, S. 756 ff.).

Die bekanntesten und technisch einfachsten Beispiele für diese Fabrikationsmethode sind die Darstellung von Senföl und Bittermandelöl. Die Senfsamen, die das Glucosid Sinigrin enthalten, werden zur Gewinnung von natürlichem Senföl erst durch Pressen von dem fetten Öl befreit, dann die Preßkuchen zerkleinert und 2^h mit warmem Wasser behandelt. Hierbei spaltet sich das Sinigrin unter Einwirkung des eiweißartigen Ferments Myrosin in Glucose, Kaliumbisulfat und Senföl (Allylisosulfocyanat) gemäß der Gleichung:

$$C_{10}H_{16}NS_2KO_9 + H_2O = C_3H_5 \cdot NCS + C_6H_{12}O_6 + KHSO_4.$$

Infolge einer Nebenreaktion entstehen bei dem Prozeß noch Cyanallyl und Schwefelkohlenstoff. Bei höherer Temperatur wird das Myrosin zerstört, und die Spaltung des Sinigrins kann dann nicht vor sich gehen. Daher erhält man durch einfache Dampfdestillation des Senfsamens nur Spuren Senföl.

In analoger Weise wird das Kapuzinerkressenöl gewonnen. Das natürliche Bittermandelöl und das Kirschlorbeeröl sind weitere Beispiele von Ölen, die in der Technik erst nach einem Fermentationsprozeß gewonnen werden können. Das in beiden Pflanzen enthaltene Glucosid Amygdalin gibt unter Einwirkung des Ferments Emulsin entsprechend der Gleichung:

$$C_{20}H_{27}NO_{11} + 2 H_2O = 2 C_6H_{12}O_6 + HCN + C_6H_5 \cdot CHO$$

Blausäure und Benzaldehyd, den Hauptbestandteil des natürlichen Bittermandelöls. Zahlreiche analoge Beispiele der Gewinnung von Riechstoffen durch den Gärungsprozeß sind in dem unten angegebenen Werk von CHARABOT und GATIN, Le parfum chez la plante, S. 242—269 beschrieben.

Zweifellos beruht auch die Mehrausbeute an Riechstoffen bei dem Enfleurage-verfahren auf enzymatischen Vorgängen.

Es ist neuerdings auch bei feinerem Blütenmaterial versucht worden, durch Spaltung der hypo-thetischen Glucoside zu größeren Ausbeuten zu gelangen. Nach NIVIÈRES (*Bull. Soc. chim. France* [4] 27, 862 [1920]) erhöht sich bei der Extraktion der Jasminblüten die Ausbeute an Öl, wenn man die Blüten vor der Extraktion mit Säuren oder Enzymen behandelt. Eine Vorbehandlung der Blüten durch Zerquetschen haben LINDET und FONDARD an Rosen und Jasmin vorgenommen und bei der nachfolgenden Extraktion mit Petroläther 33% mehr an Ausbeute als bei Anwendung von ganzen Blüten ohne Qualitätsänderung erhalten. Nach LAUTIER-FILS, FONDARD, LAUTIER und ODDO, *F. P.* 584 273 [1923], wird durch Trocknen von Jasminblüten mit wasserfreiem Natrium- oder Magnesium-sulfat bei der nachfolgenden Extraktion die Ausbeute um 30% erhöht. Nach *F. P.* 610 743 [1926] von FORAY soll durch Elektrolyse oder niedrig gespannte Ströme hoher Frequenz die Hydrolyse von Iriswurzeln oder Jasminblüten mit Wasser begünstigt werden.

B. Die natürlichen Riechstoffkomplexe.

Diese kommen entsprechend ihrem Ausgangsmaterial und ihrer Gewinnungs-art in verschiedenen Formen in den Handel, deren Eigentümlichkeiten bereits S. 733 gekennzeichnet worden sind.

I. Ätherische Öle.

Unter diesem Namen hat man früher alle dem Pflanzenreich entstammenden Riechstoffkomplexe zusammengefaßt, gleichgültig welcher Gewinnungsart sie ent-stammten. Nach der wissenschaftlichen Definition, welche heute auch bestimmend für den Sprachgebrauch in Handel und Industrie geworden ist, versteht man unter ätherischen Ölen diejenigen Riechstoffkomplexe, welche bei der Wasserdampf-destillation entsprechender Ausgangsmaterialien mit dem Wasserdampf flüchtig sind und sich in der Vorlage entweder über oder unter, zu geringem Teil auch im Wasser gelöst, sammeln (s. S. 743). Als Ausnahmen, die dieser Anforderung nicht ent-sprechen, sind in diesem Abschnitt auch die gepreßten Agrumenöle (S. 734) angeführt.

Wie bei Beschreibung der Destillation schon hervorgehoben, finden bei ihr durch Spaltung von Bestandteilen der ätherischen Öle sowie auch anderer in den Pflanzenteilen vorkommenden Substanzen vielfach Zersetzungsvorgänge statt. Infolgedessen geben selbst die in exaktester Weise destillierten Öle in den meisten Fällen den Geruch der betreffenden Pflanzenteile durchaus nicht immer genau wieder. Die durch Extraktion und nachfolgende Dampfdestillation der Extrakte ge-wonnenen ätherischen Öle zeigen den Geruch wesentlich besser und wären viel eher als die den Pflanzenteilen entsprechenden ätherischen Öle zu bezeichnen.

Die ätherischen Öle sind schon bei gewöhnlicher Temperatur mehr oder weniger flüchtig, wodurch sie sich von den fetten Ölen (Bd. **V**, 179) unterscheiden; sie sind meistens flüssig; nur wenige sind, wie z. B. das Rosenöl u. a., infolge krystallinischer Ausscheidung hochschmelzender Anteile feste Massen. Ihre Kon-sistenz wechselt von ganz leichtflüssigen bis zu zähflüssigen, ihre Farbe von Wasser-hell bis zum tiefsten Dunkelbraun und sogar Dunkelblau. Ihre Löslichkeit in Wasser und in organischen Lösungsmitteln schwankt zwischen äußerst leichter Löslich-keit, selbst in verdünntem Alkohol, und Unlöslichkeit in Alkohol von stärkeren Konzentrationen.

Alle diese Verschiedenheiten in den physikalischen Eigenschaften rühren von der sehr verschiedenartigen chemischen Zusammensetzung der ätherischen Öle her. Sie enthalten Vertreter fast aller Körperklassen. Durch längeres Stehen, durch die Einwirkung von Luft und Licht erleiden die ätherischen Öle nach verschiedenen Richtungen hin Umwandlungen. Sie dürfen daher nur in vollen, gut verschlossenen Flaschen, möglichst in dunklen und kühlen Räumen aufbewahrt werden. Insbesondere die eine größere Menge von leicht oxydablen Terpenkohlenwasserstoffen enthaltenden Öle sind äußerst empfindliche Substanzen, die sich besser in alkoholischen Lösungen aufbewahren lassen.

Die meisten ätherischen Öle zeichnen sich durch antibactericide Wirkung aus, ein großer Teil von ihnen findet wegen besonderer Eigenschaften in der Medizin

Verwendung. Bei manchen treten die geruchlichen Eigenschaften hinter den therapeutischen zurück. So können z. B. Senföl oder Wurmsamenöl eigentlich nicht als Riechstoffe angesprochen werden. Die Mehrzahl der ätherischen Öle hat mehr oder weniger wertvolle geruchliche Eigenschaften und findet in der Riechstoffindustrie und Parfümerie Verwendung.

Im folgenden sind von den wichtigsten Vertretern die Herkunft, die wesentlichen Eigenschaften, die Verwendung und die bisher sicher ermittelten Bestandteile[1] angegeben. Von den analytischen Methoden zu ihrer Wertbestimmung kann an dieser Stelle im allgemeinen nur das Prinzip Erwähnung finden.

Absinthöl s. Wermutöl S. 774.

Ajowanöl. H: Früchte von Carum Ajowan Beuth. & Hook. (Indien, Ägypten, Persien, Afghanistan). A: 3—4%. Farblose bis bräunliche Flüssigkeit von Thymolgeruch und scharfem Geschmack, aus der beim Stehen Thymol auskrystallisiert. D_{15} 0,910—0,930; α_D bis +5°; n_{D20} um 1,500; 1: 1—2,5 Vol. u. m. 80%igem Al.

NB: etwa 50% Thymol, p-Cymol, α-Pinen, Dipenten, γ-Terpinen. W: durch Ausschütteln des Thymols im graduierten Kölbchen (sog. Cassiakölbchen) mit 5%iger Natronlauge und Ablesen der Volumverminderung des Öls.

Die Kohlenwasserstoffe des Ajowanöls werden unter dem Namen Thymen als Seifenparfüm verkauft. Vor Aufnahme der Fabrikation von synthetischem Thymol war das Öl die Hauptquelle für Thymol.

Alantöl. H: Wurzel von Inula Helenium L. A: 1—3%. E: Gemisch von farblosen Nadeln und braunem Öl von balsamisch-ambraartigem Geruch. *Schmelzp.* 30—45°. D_{30} (überschmolzen) 1,015—1,038; 1: 1 Vol. 90% Al, klar oder mit Trübung.

NB: hauptsächlich Alantolacton, wenig Alantsäure, $C_{15}H_{22}O_3$, Alantol, $C_{10}H_{16}O$ (Öl, Kp etwa 200°), und Isoalantolacton (*Schmelzp.* 115°).

V: des Alantolactons in der Medizin als inneres Antisepticum; schützt den Urin vor Fäulnis.

Angelicaöl. H: Wurzeln der Engelwurz, Archangelica officinalis Hoffm. (nördliches Europa). A: aus trockener Wurzel 0,35—1%, aus frischer Wurzel (feineres Öl) 0,1—0,37%. E: würzig-ambraartig riechende Flüssigkeit von würzigem Geschmack. D_{15} 0,859—0,918; α_D +16 bis +41°; n_{D20} 1,477—1,488; 1: 0,5—6 Vol. 90% Al.

NB: d-Phellandren; beim Verseifen entstehen Methyläthylessigsäure und Pentadecanol-(15)-säure-(1), wahrscheinlich als Lacton.

V: in der Parfümerie und zur Likörbereitung.

Angelicasamenöl (NB: Phellandren, nach dem Verseifen Methyläthylessigsäure und Oxymyristinsäure) und **Angelicakrautöl.** Öle von ähnlichem Geruch und Eigenschaften wie Angelicawurzelöl.

Anisöl. H: Früchte von Pimpinella Anisum L. (in fast allen Erdteilen, in Europa hauptsächlich in Rußland). A: 1,5—6%, sehr verschieden, oft infolge Verfälschung der Früchte (bis zu 30%). Nachweis durch Übergießen der Früchte im Reagensglas mit Chloroform oder *konz.* Kochsalzlösung; die Erde sinkt zu Boden, die Früchte steigen nach oben. Nachweis auch durch Aschenbestimmung (reiner Anis hinterläßt 7—10% Asche). Bei der WD tritt Schwefelwasserstoff auf. E: Farblose Flüssigkeit von süßem Anisgeschmack und Geruch. E_p 15—19°; D_{20} 0,980—0,990; α_D bis —1°50'; n_{D20} 1,557—1,559; 1: 1½—3 Vol. 90% Al. Oxydiert und polymerisiert sich durch Luft und Licht.

NB: 80—90% Anethol und Methylchavicol, Anisketon, Acetaldehyd, Anissäure.

V: in der Parfümerie- und Likörfabrikation, zur Darstellung von Anisaldehyd.

Arnicablütenöl. H: aus Blüten von Arnica montana L. A: 0,04—0,14% Öl. E: Butterartige Masse von starkem, würzig-ambraartigem Geruch und Geschmack. *Schmelzp.* 20—30°. D_{30} 0,89—0,90; in Al schlecht löslich.

NB: im Petrolätherauszug der Blüten Laurin- und Palmitinsäure, Paraffinkohlenwasserstoffe.

V: In der Parfümerie und Kosmetik (Zahnpflegemittel).

---

[1] Zur Abkürzung sind für sich dabei wiederholende Bezeichnungen folgende Symbole gebraucht: A: Ausbeute; Actlg: Acetylierung; Al: Alkohol; E: Eigenschaften; G: Gewinnung; H: Herkunft; l: löslich in; NB: Nachgewiesene Bestandteile; Rk: Reaktion; V: Verwendung; VM: Verfälschungsmittel; W: Wertbestimmung und Prüfung; WD: Wasserdampfdestillation; Z: Zusammensetzung.

Baldrianöl. H: aus der Wurzel von Valeriana officinalis L. (Europa und Asien, hauptsächlich Japan). A: 0,5—1% Öl. E: Gelbliche, dünne, schwach saure Flüssigkeit von durchdringendem Geruch, die beim Altern braun, sauer und unangenehm riechend (Valeriansäure) wird. D_{15} 0,92—0,96; a_D —8 bis —13°; n_{D20} 1,485; I: 0,5—1,5 Vol. u. m. 90%igem Al, ältere Öle leichter löslich. V: in der Medizin.

NB: Baldriansäure, l-Camphen, l-Pinen, l-Borneol als Ester der Ameisensäure, Essigsäure, Buttersäure und Baldriansäure, von Bornylvalerianat etwa 9,5%, übrige Ester je 1%, außerdem wahrscheinlich Terpineol.

Basilicumöl. H: Kraut von Ocimum Basilicum (Europa, Reunion, Java). Parfümistischen Wert hat nur das Öl aus Deutschland, Frankreich, Algier und Spanien. A: 0,02—0,13%. Gelbliche Flüssigkeit von estragon- und resedaartigem Geruch. D_{15} 0,90—0,93; a_D —6 bis —22°; n_{D20} 1,481—1,495; I: 1—2 Vol. 80%igem Al, manchmal Paraffinabscheidung.

NB: Methylchavicol, Linalool, Cineol.

Bayöl. H: Blätter und junge Zweigspitzen von Pimenta acris Wight (Westindien, besonders Dominica). Hauptort für die G St. Thomas. A: aus frischen Blättern 1,2—1,3%, aus getrockneten 2,5—3,5%. Teils leichter, teils schwerer als Wasser; beide Öle werden zum Verkauf vermischt. Öl von den Leeward-Inseln ist minderwertig. Gelbe, braun werdende Flüssigkeit von aromatisch-nelkenartigem Geruch und würzigem Geschmack. D_{15} 0,965—0,985 a_D links bis —2°; n_{D20} 1,51—1,52; frisch destilliertes Öl, I: 1—2 Vol. 70%igem Al; die Löslichkeit nimmt mit dem Alter stark ab.

NB: Eugenol, Chavicol (59—66%), Methyleugenol, Methylchavicol, Myrcen, Phellandren, Citral; in den Destillationswässern Methylalkohol, Furfurol, Diacetyl.

W: nach den physikal. Konstanten; VM: Petroleum, Terpentinöl.

Bayrum wird durch Destillieren mit Rum oder Spiritus gewonnen oder durch Mischen des Öls mit Rum oder Alkohol.

Bergamottöl. H: Fruchtschalen von Citrus Aurantium L. subspec. Bergamia (Sizilien). G: durch Pressung der Früchte (s. S. 734). Braungelbe, oft durch Kupfer grün gefärbte Flüssigkeit von fruchtig-balsamischem Geruch und bitterem Geschmack. D_{15} 0,881—0,886; a_D +8 bis +22°; n_{D20} 1,464—1,468; I: 1 Vol. 90%igem Al. Estergehalt 34—40% (berechnet auf Linalylacetat). Es ist kein ätherisches Öl im streng wissenschaftlichen Sinne.

NB: l-Linalylacetat, l-Linalool, Dihydrocuminalkohol, Nerol, Terpineol, Bergapten, l-α-Pinen, l-Camphen, d-Limonen, Bisabolen.

VM: Terpinylacetat, Glycerinacetat, Bernsteinsäure-, Oxalsäure-, Weinsäure-, Citronensäureester; Linalylacetat. W: durch Bestimmung des Estergehalts (Linalylacetat), der bei guten Bergamottölen nicht unter 35% betragen soll.

V: in der Parfümerie, insbesondere als Grundstoff für Kölnisches Wasser.

Birkenrindenöl s. Wintergrünöl, S. 775.

Bittermandelöl. H: meist die Kerne der Aprikose, Prunus Armeniaca, selten die der bitteren Mandeln, Prunus Amygdalus (Kleinasien, Syrien, Marokko, Californien, Japan, China). Das fette Öl wird durch kalte Pressung der gemahlenen Kerne entfernt, wobei die bitteren Mandeln etwa 50%, die Aprikosenkerne etwa 35—38% fettes Öl liefern. Der Preßkuchen wird dann zu feinem Pulver vermahlen, mit 6—8 Tl. Wasser von 50—60° verrührt, die Masse 12ʰ sich selbst überlassen und das inzwischen durch Spaltung aus dem Glucosid Amygdalin (s. S. 754) gebildete Öl mit Wasserdampf abgetrieben, wobei die sehr giftigen Dämpfe der Blausäure entfernt werden müssen. A: bei bitteren Mandeln 0,5—0,7%, bei Aprikosenkernen 0,6—1% ätherisches Öl. Das Öl wird nötigenfalls von der Blausäure durch Schütteln mit Kalkmilch und Eisenvitriol befreit, wobei die Blausäure als unlösliches Calciumferrocyanid ausfällt. Der darauf durch WD gereinigte Benzaldehyd ist blausäurefrei. Blausäurehaltiges Bittermandelöl: farblose, gelb werdende Flüssigkeit von charakteristischem Geruch. D_{15} 1,045—1,070; a_D meist ± 0°; n_{D20} 1,532—1,544; 1 Tl. Öl in 300 Tl. reinem Wasser löslich, dagegen in bedeutend weniger blausäurehaltigem

Wasser; l: 1—2 *Vol.* u. m. 70%igem Al. Blausäuregehalt sehr verschieden; nach Vorschrift der nordamerikanischen Pharmakopöe 2—4%.

Blausäurefreies Öl (natürlicher Benzaldehyd): farblose Flüssigkeit; Kp 179°; D_{15} 1,050 bis 1,055; n_{D20} 1,542—1,546; l: 1—2 *Vol.* u. m. 70%igem Al. Wird leicht durch den Luftsauerstoff zu Benzoesäure oxydiert; konservierend wirken Blausäure oder ein 10%iger Spirituszusatz.

NB: Benzaldehyd, Blausäure, Benzaldehydcyanhydrin (Mandelsäurenitril), $C_6H_5 \cdot CH(OH) \cdot CN$, welch letzteres sich aus den beiden ersteren beim Aufbewahren bildet. Außerdem ein noch unbekannter Körper, der den besseren Geruch des natürlichen als des künstlichen Benzaldehyds bedingt.

VM: Benzaldehyd, der meist durch die Anwesenheit von Chlor erkannt wird (jedoch kommt auch chlorfreier künstlicher Benzaldehyd in den Handel) und Nitrobenzol (Mirbanöl), das durch Behandeln mit Zn und H_2SO_4 in alkoholischer Lösung zu Anilin reduziert und mit $Na_2Cr_2O_7$ durch Violettfärbung erkannt wird. Nachweis von Blausäure mittels der Berlinerblaureaktion.

W: durch Bestimmung des Benzaldehydgehalts durch Ausschütteln mit Bisulfitlösung.

V: in der Genußmittelindustrie.

Borneocampheröl. H: Holz von Dryobalanops aromatica Gärtn., in dessen Höhlungen und Ritzen sich der Borneocampher (Borneol, s. Bd. III, 77) ausscheidet. D_{15} 0,882—0,909; α_D etwa +11°5'; n_{D20} etwa 1,48847; l: 5 *Vol.* u. m. 90%igem Al (mit leichter Trübung).

NB: etwa 35% Terpene, d-α-Pinen, Camphen, β-Pinen, Dipenten, etwa 10% Alkohole, Borneol, α-Terpineol und etwa 20% Sesquiterpene.

Cajeputöl. H: Blätter und Zweigspitzen verschiedener Arten der Gattung Melaleuca (Hinterindien, Australien, Queensland, Neusüdwales). Rektifiziertes Öl: Flüssigkeit von campherartigem Geruch und aromatischem Geschmack. D_{15} 0,919 bis 0,930; α_D bis —3°40'; n_{D20} 1,466—1,471; l: 1 *Vol.* u. m. 80%igem Al.

NB: Cineol, i-α-Terpineol, Terpinylacetat, l-α-Pinen, Valeraldehyd. VM: Cocosfett, Petroleum, Eucalyptusöl.

V: als flüchtiges Reizmittel und Desinficiens.

Calmusöl. H: Wurzel von Acorus Calamus L. (Europa, Asien und Nordamerika). A: frische Wurzel 0,8%, trockene Wurzel 1,5—3,5% Öl. E: dickflüssiges, gelbes Öl von balsamischem Geruch und bitter brennendem, gewürzigem Geschmack. D_{15} 0,959—0970; α_D +9 bis +31°; n_{D20} 1,5028—1,5078; l: in 90%igem Al in jedem Verhältnis.

NB: Pinen, Camphen, Calmuscampher (Calameon), n-Heptylsäure, Palmitinsäure, Eugenol, Asarylaldehyd, Asaron, 2 Kohlenwasserstoffe $C_{15}H_{22}$.

VM: Glycerinacetat, Terpineol und Campherölfraktionen.

V: in der Parfümerie, Genußmittelindustrie und Schnupftabakfabrikation.

Campheröl (s. auch **Campher**, Bd. III, 62). H: Wurzel und Holz von Laurus Camphora L. (China, Japan, insbesondere Formosa, u. a. Länder). E: breiartige Masse, mit Campher durchsetzt; meist wird das vom Campher befreite Öl als Campheröl bezeichnet.

Im Handel verschiedene Sorten: 1. Campherrohöl (Öl nach Entfernung des auskrystallisierten Camphers). Hell- bis braungelbe Flüssigkeit. D 0,95—0,995. Es wird in Japan in Weißöl, Rotöl und Campher fraktioniert. 2. Campherweißöl, die niedrigst siedenden Anteile, Terpene und etwas Cineol D_{15} 0,87—0,91. 3. Campherrotöl (rotes oder schwarzes Campheröl), das höher als Campher siedende Öl (Safrol, Phenole und Sesquiterpene). D_{15} meist 1,000—1,035. Das normale Öl wie alle Fraktionen sind rechtsdrehend, alle riechen nach Campher, 3 mehr nach Safrol. Aus 2 und 3 wird als Hauptprodukt Safrol gewonnen. Die abfallenden Produkte sind leichtes, schweres und blaues Campheröl. 4. Leichtes Campheröl, D 0,86—0,90; Kp 175—200°. Entflammungspunkt 45—60°. Ersatz für Terpentinöl. 5. Schweres Campheröl, D_{15} um 0,95; Kp 270—300°. Gebraucht für Lackfabrikation und zum Parfümieren billiger Seifen und Schmieröle. 6. Blaues Campheröl (azulenhaltig), D_{15} 0,95—0,96; Kp um 300°. V: in der Porzellanmalerei und Buchdruckerei.

NB: Acetaldehyd, d-α-Pinen, Camphen, d-Fenchen, β-Pinen, Phellandren, Cineol, Dipenten, d-Limonen, Borneol, Campher, Terpinenol-1, α-Terpineol, Citronellol, Safrol, Δ^L-Menthenon-3, Carvacrol, Cuminalkohol, Eugenol, Äthylguajacol, Bisabolen, Cadinen, Capronsäure, Caprylsäure, i-Citronellsäure, Laurinsäure, α- und β-Camphoren, Caryophyllen, Sesquicamphen, Sesquicamphenol.

Verwendung s. Campher Bd. III, 63, und Safrol.

Canangaöl und Ylang-Ylang-Öl. H: Blüten von Cananga odorata Hook f. et Thomson (Philippinen, Java, Réunion, Madagaskar). A: 1,56—2,0%. Das erste Destillat heißt im Handel Ylang-Ylang-Öl, während das später Übergehende oder auch das nicht getrennte Gesamtdestillat als Canangaöl bezeichnet wird.

Das Javaöl ist minderwertiger und entspricht geruchlich den bei getrenntem Auffangen der Destillate in Réunion und den Philippinen zuletzt übergehenden Anteilen; es wird meist auch Canangaöl genannt.

Blumig riechende Öle. E: je nach der Gewinnungsart sehr verschieden. Manilaöl: D^0_4 0,911—0,958; $a_{D_{20}}$ —27 bis —49,7°; $n_{D_{20}}$ 1,4747—1,4940; schwer l. Al. Canangaöl (Java) D_{15} 0,9128—0,9173; a_D —33° 2' bis —85° 6'; $n_{D_{20}}$ 1,4972—1,5018, schwer l. Al.

NB: l-Linalool, Geraniol, p-Kresolmethyläther, Eugenol, Isoeugenol, Eugenolmethyläther, Benzoesäuremethylester, Salicylsäuremethylester, Benzylacetat, Benzylbenzoat Benzylalkohol, Cadinen, d-α-Pinen, Ameisensäure, Safrol, Isosafrol, Nerol, Farnesol, außerdem wahrscheinlich Anthranilsäuremethylester, Kreosol, Kresol. VM: Cocosfett, Terpentinöl, Alkohol, Petroleum, V: zu feinen Parfüms.

Cardamomenöl. H: Früchte und Samen von Elettaria Cardamomum Maton var. α minor (Malabarküste und auf Ceylon). A: 3,5—7 %.

Fruchtig-blumig riechende Flüssigkeit. D_{15} 0,923—0,941; a_D +24 bis +41°, $n_{D_{20}}$ 1,462—1,467; l: 2—5 Vol. 70 %igem Al.

NB: Terpinylacetat, d-α-Terpineol, Cineol, Sabinen, Ester der Essigsäure.

V: in der Gewürz- und Nahrungsmittelindustrie.

Cassiaöl s. Zimtöl, S. 775.

Cedernholzöl. H: die Abfälle des zu Zigarrenkisten, Bleistiften, Bauholz u. s. w. verwendeten Holzes von Juniperus virginiana L, Red cedar (Nordamerika). A: 1,0—4,5 %. Fast farbloses, dickflüssiges Öl, manchmal mit Krystallen von Cedrol durchsetzt, von mildem, angenehmem Geruch. D_{15} 0,943—0,964; a_D —18 bis —42°; $n_{D_{20}}$ um 1,500; l: 10—20 Vol. 90 %igem Al.

NB: Cedrol oder Cederncampher $C_{15}H_{26}O$, Cedren $C_{15}H_{24}$, Cedrenol $C_{15}H_{24}O$.

W: Das Cedren wird nachgewiesen durch Oxydation der Fraktion Kp 263—264°, oder Kp_{12} 123 bis 124° mit Kaliumpermanganat oder Ozon zur Cedrenketosäure $C_{15}H_{24}O_3$. und weiter durch Oxydation mit alkalischer Bromlösung oder Salpetersäure zur Cedrendicarbonsäure vom Schmelzp. 182,5°. Das Cedernöl wird häufig zur Verfälschung anderer Öle benutzt. Erkennung auch durch die physikalischen Konstanten. Nach Einatmung der Öldämpfe nimmt der Urin Veilchengeruch an.

V: in der Parfümerie und Seifenfabrikation, zu Kompositionen, vielfach auch zum Verschneiden anderer Öle (Verfälschungen!) und in der Mikroskopie in verdicktem Zustand als Vermittlungsmedium zwischen Objektiv und Deckglas.

Chamillenöl s. Kamillenöl, S. 764.

Champacablütenöl. H: Blüten von Michelia Champaca L. (Java, Philippinen). G: durch Maceration der Blüten mit Paraffinöl und aus diesem mit starkem Alkohol. A: 0,2 %. E des Extraktöls: braune, sehr wohlriechende Flüssigkeit; D^{20}_{20} 0,9543 bis 1,020; $n_{D_{20}}$ 1,4550—1,4830; l: 70 %igem Al.

NB: Phenole (Isoeugenol), Cineol, Benzaldehyd, Benzylalkohol, Phenyläthylalkohol, Ester.

Champacaöl, Handelsöl. H: aus Gemischen der echten gelben Champacablüten mit weißen oder mit Ylang-Ylang-Blüten. D_{15} 0,8861; a_D —11° 10', Säurezahl: 10,0; Esterzahl: 21,6, Esterzahl nach Actlg: 150,1; l: 2 Vol. 70 %igem Al.

NB: 60% l-Linalool, wenig Geraniol, Nerol, Eugenolmethyläther, Methyläthylessigsäure und deren Methyl- und Äthylester.

Cinnamomumöl s. Zimtöl, S. 775.

Citronellöl (Ceylon). H: Gras von Cymbopogon Nardus Rendle var. „Lenabatu", neues Citronellgras (Ceylon). A: 0,37—0,4 %.

NB: 10—15 % Terpene, Camphen, Dipenten, l-Limonen, Methylheptenon, 5—16 %, Citronellal, l-Borneol, Geraniol, Nerol, d-Citronellylacetat, d-Citronellyl-n-butyrat, Geranylacetat, etwa 8% Methyleugenol, Sesquiterpene, 0,2—0,3 % Farnesol.

E: gelbe bis braune Flüssigkeit von rosenartigem Geruch. D_{15} 0,900—0,920; a_D —7 bis —22°; $n_{D_{20}}$ 1,479—1,494. Gehalt an Gesamtgeraniol (s. u.) bei gutem Öl nicht unter 54 %; l: 1—2 Vol. 80 %igem Al.

W: Mit Gesamtgeraniol (s. o.) wird der Gehalt an acetylierbaren Anteilen Geraniol, Nerol, Citronellol, Borneol und Citronellal bezeichnet. Je 10 cm³ Citronellöl und Essigsäureanhydrid werden mit 2 g geschmolzenem Natriumacetat in einem Acetylierungskölbchen 2ʰ auf dem Sandbad langsam zum Sieden erhitzt. Nach dem Erkalten setzt man etwas Wasser zu und erwärmt unter häufigerem Umschütteln ¼ʰ auf dem Wasserbad zur Zerstörung des überschüssigen Essigsäureanhydrids. Das im Scheidetrichter abgeschiedene Öl wäscht man bis zur neutralen Reaktion mit Kochsalzlösung und trocknet es dann mit wasserfreiem Natriumsulfat. 1,5—2 g dieses Öles werden mit 20 cm³ $n/_2$-Kalilauge mindestens 1ʰ lang verseift, nachdem man vorher die etwa noch vorhandene Säure genau neutralisiert hat, und der Überschuß an Alkali mit $n/_2$-Schwefelsäure zurücktitriert. Eine Bestimmung des Citronellals kann nach DUPONT und LABAUNE (Ber. ROURE-BERTRAND-FILS, April 1912, 3) durch Oximierung des Öls und Vergleich der Acetylzahlen des oximierten und nicht oximierten Öls vorgenommen werden. Zur direkten Bestimmung des Citronellals und der Alkohole nebeneinander wird nach RECLAIRE und SPOELSTRA (Perfumery essent. oil Record 18, 130 [1927]) der N-Gehalt des vorher oximierten Öles nach KJELDAHL-GUNNING bestimmt und hieraus der Citronellalgehalt berechnet, in einer anderen Probe des oximierten Öls durch Acetylierung der Alkoholgehalt bestimmt. Der Gehalt an primären Alkoholen läßt sich mit Phthalsäureanhydrid bestimmen (nach SCHIMMEL & CO., Ber. Oktober 1899, 20 und Oktober 1912, 39).

Das Citronellal läßt sich auch nach der Methode von KLEBER mit Phenylhydrazin bestimmen, die beim Citronenöl (s. d.) für das Citral angegeben ist. Neuerdings hat die von WALTHER (*Pharmaz. Zentralhalle* 40, 621 [1899]; 41, 585 [1900]) und auch von A. H. BENNETT (Analyst 34, 14 [1909]) vorgeschlagene Bestimmung mit Hydroxylamin Bedeutung gewonnen. Über Modifikationen s. C. T. BENNETT und SALAMON (Perfumery essent. oil Record 18, 511 [1927]); HOLTAPPEL und DAUPHIN (Les Parfums de France 6, 5 [1928]); SCHIMMEL & CO. (SCHIMMEL, Ber. 1928, 21); MEYER (Riechstoffind. 3, 136 [1928]); PENFOLD und ARNEMANN (Perfumery essent. oil Record 20, 392 [1929]). Eine SCHIMMEL-Test genannte Löslichkeitsprobe in 1—2 *Vol.* u. m. 80%igem Al zeigt, ob das Öl mit fettem Öl oder mit Petroleum verfälscht ist.

V: In der Parfümerie und in größtem Maße zur Parfümierung von Seifen, ferner zur Gewinnung von Geraniol, Citronellal (s. d.).

Citronellöl (Java). H: Gras von Cymbopogon, Nardus Rendle var. „Maha Pengiri", altes Citronellgras, Winters Gras (Malakka und Java, neuerdings auch Ceylon). A: 0,5—1,2% aus frischem Gras. Farblose bis blaßgelbe Flüssigkeit von rosenartigem, wesentlich feinerem Geruch als dem des Ceylonöls. D_{15} 0,885 bis 0,901; a_D — 4 bis (selten) +1° 47'; $n_{D_{20}}$ 1,463—1,475; klar 1: 1—2 *Vol.* 80%igem Al. Gehalt an Gesamtgeraniol etwa 85%. Z: ähnlich wie Ceylon-Citronellöl, jedoch quantitativ verschieden.

NB: 23,4—50,1% Citronellal, 26—44,4% Geraniol, d-Citronellol, unter 1% Methyleugenol, etwa 0,2% Citral. W: wie beim Ceylon-Citronellöl. Citronellöle mit hohem Citronellalgehalt haben besonders feinen Geruch. Infolge des viel stärkeren Gehalts an Citronellal, Geraniol und Citronellol ist das Öl aus Cymbopogon var. Maha Pengiri das wertvollere. Eine Unterscheidung der Öle durch das Ursprungsland (Ceylon und Java) ist nicht mehr eindeutig, da neuerdings auch das Maha-Pengiri-Gras in steigendem Maße auf Ceylon angepflanzt wird.

Citronenöl. H: Fruchtschalen von Citrus medica Limonum (Italien, Californien und Florida). G: Durch Pressen, s. S. 734. A: 0,12—0,3%; hellgelbe Flüssigkeit von angenehmem Citronengeruch und -geschmack. E: sehr verschieden. D_{15} 0,856—0,861; a_D+57 bis +61°; Abdampfrückstand 2,1 bis 4%, bei maschinengepreßten Ölen 5—6,6%; $n_{D_{20}}$ 1,474—1,476; klar 1: 0,5—1 *Vol.* 95%igem Al. Citralgehalt (nach KLEBERscher Methode mit Phenylhydrazin s. u.) 3,5—5%. Terpenfreies Öl D_{15} 0,893 bis 0,902, Citralgehalt 42—65%, meist klar 1: 6 u. m. *Vol.* 60%igem Al.

NB: Camphen, a- und β-Pinen, β-Phellandren, γ-Terpinen, d-Limonen (Hauptmenge), Bisabolen, Methylheptenon, n-Octyl- und Nonylaldehyd, n-Decyl- und Laurinaldehyd, Citronellal, Citral (Geruchsträger), a-Terpineol, Linalyl- und Geranylacetat, Citropten (Citrapten, Citronencampher). VM: Terpene und andere citralhaltige Öle, Paraffin, Terpentinöl, Cedernholzöl, Stearin, Mineralöl, Spiritus, Ricinusöl, Gemische von Spiritus mit Glycerinacetat, Phthalsäureester. W: durch *spez. Gew.*, optische Drehung, Abdampfrückstand. Zahlreiche Bestimmungsmethoden des Citrals, am besten die von KLEBER (American Parfumer 6, 284; SCHIMMEL & CO., Ber. April 1912, 64), in der von SCHIMMEL & Co. abgeänderten Form mit Phenylhydrazin. Citral kann auch mit salz. Hydroxylamin bestimmt werden, indem man die gebildete *HCl* titriert, s. Bestimmung von Citronellal bei Citronellöl.

Copaivabalsamöl. H: Balsam verschiedener Arten der Gattung Copaifera (Südamerika). Die wichtigsten Handelssorten sind Maracaibobalsam, A: etwa 35 bis 58% Öl und Parabalsam, A: etwa 85% Öl. E: farbloses bis bläuliches Öl von pfefferartigem Geruch und bitterem Geschmack. Meist 1: gleichem Volumen absoluten Al. Öl aus Parabalsam D_{15} 0,886—0,910; a_D —7 bis —33°; $n_{D_{20}}$ 1,493—1,502; 1: 5—6 *Vol.* 95%igem Al. Öl aus Maracaibobalsam D_{15} 0,900—0,905; a_D —2°30' bis —12°; $n_{D_{20}}$ um 1,498; 1: 5—6 *Vol.* 95%igem Al.

NB: l-Cadinen, a- und β-Caryophyllen und andere Sesquiterpene, Sesquiterpenalkohol $C_{15}H_{26}O$. Schmelzp. 113—115°. VM des Balsams: Gurjunbalsam, afrikanischer Copaiva- oder Illurinbalsam. Gurjunbalsam und sein Öl kann durch folgende Rk erkannt werden. Gibt man zu einer Lösung von 4 Tropfen Copaivabalsam in 15 *cm³* Eisessig 4—6 Tropfen *konz.* Salpetersäure, so bleibt reiner Copaivabalsam unverändert, während sich bei Gegenwart von Gurjunbalsam die Eisessiglösung purpurrot färbt (UTZ, *Chem. Revue Fett- & Harz-Ind.* 15, 218).

V als Arzneimittel, zur Verfälschung von Riechstoffen, ferner zur Darstellung von Lacken und Firnissen und zum Transparentmachen von Papier (Pauspapier).

Corianderöl. H: gequetschte Früchte von Coriandrum sativum L. A: 0,8—1,0%. Wird meist in Mähren kultiviert, jedoch auch in Rußland und Ungarn. Flüssigkeit von charakteristischem Geruch und aromatischem Geschmack. D_{15} 0,870—0,885; $\alpha_D + 8$ bis $+ 13^0$; $n_{D_{20}}$ 1,463—1,476; l: 2—3 Vol. 70%igem Al. V. in der Genußmittelindustrie.

NB: 60—70% d-Linalool, d-α Pinen, i-α-Pinen, β-Pinen, p-Cymol, Dipenten, α- und γ-Terpinen, n-Decylaldehyd, Geraniol und Borneol sowie deren Essigsäureester. VM: Pomeranzenöl, Terpentinöl. W: durch *spez. Gew.*, Drehungsvermögen und Löslichkeit.

Cuminöl. H: Früchte des römischen Kümmels Cuminum cyminum L. (Marokko, Malta, Syrien und Ostindien). A: 2,5—4,5%, je nach der Sorte. Flüssigkeit von unangenehm schweißartigem Geruch. D_{15} 0,90—0,93; $\alpha_D + 3^0 20'$ bis $+ 8^0$; $n_{D_{20}}$ 1,494 bis 1,507; l: 3—10 Vol. u. m. 80%igem Al.

NB: Cuminaldehyd, 25—42% p-Cymol, d-α-Pinen, i-α-Pinen, β-Pinen.

Cypressenöl. H: Blätter und junge Zweige von Cupressus sempervirens L. A: 0,2—1,2%. Angenehm herb, schwach ambraartig riechende Flüssigkeit. Deutsche Destillate: D_{15} 0,88—0,90; $\alpha_D + 4$ bis $+ 18^0$; $n_{D_{20}}$ 1,474—1,480; l: 2—7 Vol. u. m. 90%igem Al, manchmal mit Trübung. Französische Destillate: D_{15} 0,868—0,884; $\alpha_D + 12$ bis $+ 31^0$; $n_{D_{20}}$ 1,471—1,476; l: 4—7 Vol. 90%igem Al, manchmal mit Trübung. Algerische Destillate: D_{15} 0,8764; $\alpha_D + 22^0 18'$; nicht klar l: 10 Vol. 90%igem Al.

V: in der Parfümerie und als Mittel gegen Keuchhusten.

NB: d-Camphen, d-α-Pinen, α-Sylvestren, Cymol, Essigsäure- und Valeriansäureester des Terpineols, l-Cadinen, Cedrol, Terpinenol-4. VM: Rosmarinöl.

Daucussamenöl s. Möhrenöl.

Dillöl, Früchte von Anethum graveolens L (Kaukasus, Mittelmeerländer, Mitteleuropa). A: 2,5—4%. Öl von kümmelartigem Geruch, mit spezifischem Dillaroma und zuerst mildem, später brennendem Geschmack. D_{15} 0,895—0,915; $\alpha_D + 70$ bis $+ 82^0$; $n_{D_{20}}$ 1,484—1,490; l: 4—9 Vol. u. m. 80%igem Al. V: zu Likören und in der Medizin.

NB: 40—60% Carvon, d-Limonen, Phellandren, Paraffin. VM: Anethol und anetholhaltige Öle. W. durch Bestimmung des Carvongehaltes (s. Carvon).

Dostenöl s. Origanumöl s. S. 768.

Edeltannennadelöl, Edeltannenzapfenöl, s. Fichtennadelöle S. 762.

Elemiöl (Manila). H: Harz von Canarium luzonicum. A: 20—30%. Öl von charakteristischem, würzigem Elemigeruch. D_{15} 0,870—0,914; $\alpha_D + 35$ bis $+ 53^0$; $n_{D_{20}}$ 1,479—1,489; l: meist schon in 5—10 Vol. 80%igem Al.

NB: d-α-Phellandren, Dipenten, Elemicin (Allyl-3,4,5-trimethoxybenzol), d-Limonen, Terpinen, Terpinolen.

V: als Zusatz zu Firnissen, um deren Sprödewerden zu verhindern, und zu Räuchermitteln.

Estragonöl. H: blühendes Kraut von Artemisia Dracunculus L. A: aus trockenem Kraut 0,25—0,8%, aus frischem 0,1—0,4%. Farblose bis gelbgrüne Flüssigkeit von typischem, würzigem Geruch und aromatischem Geschmack. D_{15} 0,900—0,945; $\alpha_D + 2$ bis $+ 9^0$; $n_{D_{20}}$ 1,504—1,514; l: 6—11 Vol. u. m. 80%igem Al. V: in der Parfümerie, hauptsächlich in der Konserven- und Kräuteressigfabrikation.

NB: Methylchavicol (Estragol), p-Methoxyzimtaldehyd, vielleicht Ocimen, Phellandren und ein Aldol.

Eucalyptusöle. H: Blätter und Zweige der Eucalyptusarten, von denen etwa 400 bekannt sind; bekannteste Eucalyptus globulus (in allen Erdteilen, vor allem in Australien). A: je nach der Art von 0,0084—4,215%. Euc. globulus frisch A: 0,918%, trocken bis 3%. Das Rohöl wird zur Reinigung mit Natronlauge behandelt und rektifiziert, wobei die zum Husten reizenden (Aldehyde) und die verseifbaren Körper entfernt werden.

Einteilung der Arten in Gruppen nach den Hauptbestandteilen der Öle, Pinen, Phellandren, Cineol, Aromadendral, Piperiton, Citronellal.

Öl von Eucalyptus globulus, farblose bis hellgelbe Flüssigkeit von erfrischendem Cineolgeruch und gewürzhaft kühlendem Geschmack. D_{15} 0,910—0,930; a_D bis +15°; $n_{D_{20}}$ 1,460—1,469; 1: 2—3 Vol. u. m. 70%igem Al (bis zu 85% Cineolgehalt).

Neben den durch Cineolgehalt charakterisierten Ölen haben in Australien, besonders in neuerer Zeit, an Bedeutung gewonnen:

Öl von Euc. Australiana, var. latifolia, früher Euc. amygdalina und neuerdings Euc. dives (Typus) bezeichnet, enthält neben Phellandren bis zu 50% Piperiton (Δ^1-Menthenon-3, s. d.). Öl von Euc. Citriodora enthält 50—70% Citronellal (s. d.), neben Geraniol und anderen Alkoholen.

V: je nach den Bestandteilen, cineolhaltige in der Medizin und Kosmetik als desinfizierende und wurmtreibende Mittel und zur Gewinnung von Eucalyptol (Cineol) (s. d.); phellandrenhaltige in der Seifenindustrie, die piperitonhaltigen als Ausgangsmaterial für die Thymol- und Mentholsynthese, die citronellalhaltigen zur Gewinnung dieses Riechstoffs.

W: erfolgt durch Bestimmung der charakteristischen Bestandteile.

VM: Ricinusöl; man verschneidet auch die Öle untereinander; Alkohol, Campher, Borneol, Abfallterpene, Campheröl und Geraniumöl mit Abfallprodukten.

Die Eucalyptusöle sind noch immer Gegenstand eingehender Forschungen; es liegt diesbezüglich eine sehr umfangreiche Literatur vor (vgl. BAKER und SMITH, A research on the Eucalypts and their essential oils. Sidney 1920; GILDEMEISTER, Die ätherischen Öle, **1931**, III.

Fenchelöl. H: Samen von Foeniculum vulgare (Deutschland, Galizien, Bukowina, Moldau, Bessarabien, Podolien, Frankreich, Italien, Indien, Japan und viele andere Länder). A: 4—6%, je nach der Art. Flüssigkeit mit Fenchelgeruch und zuerst bitterem, nachher süßem Geschmack. D_{15} 0,965—0,977; a_D +11 bis +20°; $n_{D_{20}}$ 1,528—1,538; E_p +5 bis +10°; 1: 5—8 Vol. 80%igem und 0,5 Vol. 90%igem Al. Die Sorten sind je nach H in bezug auf Zusammensetzung und E sehr verschieden.

NB: Anethol 50—60%, Fenchon, d-Pinen, Camphen, a-Phellandren, Dipenten, Methylchavicol, Anisketon. W: durch die physikalischen E; E_p nicht unter +3°. VM: Al.

V: zu medizinischen Zwecken, in der Likör- und Seifenfabrikation und zur Gewinnung von Anethol.

Fichtennadelöle nennt man im Handel alle wohlriechenden, aus Blättern, Zweigen und Fruchtzapfen der Tannen, Fichten, Kiefern und Lärchen destillierten Öle.

Edeltannennadelöl. H: Nadeln und Zweigspitzen der Abies alba Mill., Edel-, Weiß- oder Silbertanne (Schweiz, Tirol, Thüringen, Niederösterreich, Steiermark). A: 0,2—0,56%. E: farblose, balsamisch riechende Flüssigkeit. D_{15} meist 0,867—0,886; a_D —34 bis —64°; $n_{D_{20}}$ 1,473—1,474; 1: 4—7 Vol. u. m. 90%igem Al. NB: l-a-Pinen, l-Limonen. l-Bornylacetat (4,5—11%), Laurinaldehyd (geruchlich wichtig), Decylaldehyd, Santen.

Edeltannenzapfen- oder Templinöl. H: Fruchtzapfen von Abies alba Mill. (Schweiz, Thüringen). A: etwa 0,66%. Farbloses, balsamisch riechendes Öl. D 0,851—0,870; a_D —60 bis —84°; 1: 5—8 Vol. 90%igem Al. NB: l-a-Pinen, l-Limonen, Borneolester (wahrscheinlich Bornylacetat 0—6%).

Latschenkiefer- oder Krummholzöl. H: Nadeln, Zweigspitzen, junge Äste der Pinus montana Mill. (Österreichische Alpen, Tirol, Niederösterreich, Steiermark, Tatra). A: 0,4—0,45%. E: angenehm riechendes Öl. D 0,863—0,875; a_D —4°30' bis —9°; $n_{D_{20}}$ 1,475—1,480; 1: 4,5—8 Vol. 90%igem Al. NB: l-a-Pinen, l-Phellandren, Sylvestren, Bornylacetat (3—8%), Cadinen und ein geruchlich wichtiges, noch unbekanntes Keton Pumilon $C_9H_{14}O$. VM: amerikanisches Terpentinöl und Campheröl.

Kiefernadelöle. H: Nadeln von Pinus silvestris (Deutschland, Schweden, England) haben ähnliche Zusammensetzung und E.

Sibirisches Fichtennadelöl. H: Nadeln und junge Zweigspitzen von Abies sibirica Ledeb. (nordöstliches Rußland). D_{15} 0,905—0,925; a_D —37 bis —43°; $n_{D_{20}}$ 1,470—1,472; 1: 10—14 Vol. 80%igem Al mit geringer Trübung. NB: 3—4% Santen, l-a-Pinen, β-Pinen, 10% l-Camphen, 5,4% a-Phellandren und Dipenten, 30—40% l-Bornylacetat, Bisabolen. VM: Kienöl und Holzterpentinölfraktionen. Die Gewinnung dieses früher billigen und bedeutenden Handelsprodukts ist seit dem Kriege sehr zurückgegangen.

VM: Kienöl und besonders Terpentinöl, das durch quantitative fraktionierte Destillation nachweisbar ist. Bei den mit Terpentinöl versetzten Ölen sind die bei 160° oder unterhalb 170° überdestillierenden Mengen weit größer als bei reinen Ölen. Das optische Drehungsvermögen ist bei der Prüfung von weit größerer Bedeutung als das spez. Gew., das meist nur unerhebliche Unterschiede zeigt. Die Verseifungszahl ist außerdem bei den verfälschten Ölen stets geringer als bei den echten.

V: die Öle dienen zur Herstellung von Essenzen zur Zerstäubung in Zimmern und für aromatische Bäder. Fichten- und Kiefernadelöl dient unter anderm als Ersatz für Terpentinöl bei der Lackfabrikation.

Galbanumöl. H: Gummiharz oder Mutterharz von Ferula galbaniflua und Ferula rubricaulis (Persien und Levante). A: $10-22\%$. Würzig, estragonartig riechendes Öl. $D\ 0,905-0,955$; $a_D \top 20$ bis -10^0; $n_{D_{20}}\ 1,494-1,506$. NB: d-Pinen, Cadinen. V: als äußerliches Reizmittel in der Medizin, in der Parfümerie und als Zusatz zu manchen Kitten.

Gaultheriaöl s. Wintergrünöl, S. 775.

Geraniumöl (Pelargoniumöl). H: die Blätter verschiedener Pelargonium-arten, Pelargonium odoratissimum Willd. (Südfrankreich, Corsica, Sizilien, Spanien), Pelargonium capitatum Ait. (Réunion), Pelargonium graveolens (Algier). Ernte in Algier und wärmeren Gegenden 3mal, in Südfrankreich einmal. A: $0,1-0,2\%$. Farblose, grünliche oder bräunliche Flüssigkeit von angenehmem Rosengeruch. Die Konstanten und der Geruch weichen bei den einzelnen Ölen voneinander ab.

1. Réunion- (Bourbon-) Geraniumöl. $D_{15}\ 0,888-0,896$; $a_D -7^0\ 50'$ bis $-13^0\ 50'$; $n_{D_{20}}\ 1,462$ bis $1,468$; $27-33\%$ Geranyltiglinat, bis 40% Geraniol, 40% Citronellol. 2. Algerisches Geraniumöl. $D_{15}\ 0,892-0,904$; $a_D -6^0\ 30'$ bis -12^0; $n_{D_{20}}\ 1,465-1,472$; $19-29\%$ Geranyltiglinat, 60% Geraniol, 15% Citronellol. 3. Französisches Geraniumöl. $D_{15}\ 0,896-0,905$; $a_D -7^0\ 30'$ bis $-10^0\ 15'$; $12,3-14,8\%$ Esteralkohol, $71,28-75,6\%$ Gesamtalkohol, $37-40\%$ Citronellol. 4. Spanisches Geraniumöl. $D_{15}\ 0,897-0,907$; $a_D -7^0\ 30'$ bis -11^0; $35-42\%$ Geranyltiglinat, 45% Geraniol, 25% Citronellol. 5. Corsicanisches Öl. $D_{15}\ 0,896-0,901$; $a_D -8$ bis $-10^0\ 30'$; $23-27\%$ Geranyltiglinat. NB: Pinen, Phellandren, Geraniol, Citronellol, Linalool, Amylalkohol, Phenyläthylalkohol, Ester der Tiglinsäure, Buttersäure, Valeriansäure und Essigsäure, l-Menthon, Citral, Stearopten, Schmelzp. 63^0. VM: Terpentinöl, Cedernholzöl, Gurjunbalsamöl; sie erniedrigen die Löslichkeit in 70%igem Al und die Esterzahl. Zur Verdeckung dieser VM werden Ester der Benzoesäure, Oxalsäure und der Phthalsäure zugesetzt. Infolge des Transports in Blechflaschen ist das Öl häufig braun gefärbt und mit einem unangenehmen Geruch behaftet; letzterer verflüchtigt sich jedoch leicht, wenn man das Öl einige Tage in flachen Schalen der Luft aussetzt.

V: seines Rosengeruchs wegen vielfach in der Seifen- und Parfümerieindustrie. Es wird häufig auch als VM dem Rosenöl zugesetzt.

Gingergrasöl. H: Gras von Cymbopogon Martini Stapf var. Sofia (Indien). A: etwa $0,1\%$. Rosenartig riechende Flüssigkeit. $D_{15}\ 0,90-0,953$; $a_D +54$ bis -30^0; $n_{D_{20}}\ 1,478-1,493$; l: $2-3\ Vol.$ 70%igem und $0,5-1,5\ Vol.$ u. m. 80%igem Al.

NB: d-α-Phellandren, Dipenten, d-Limonen, Aldehyd $C_{10}H_{16}O$; i-Carvon, Hauptmenge Alkoholgemisch von Geraniol und Dihydrocuminalkohol. VM: Terpentinöl, Mineralöl, Gurjunbalsamöl. W: Erkennung der VM durch Verminderung der Löslichkeit, Änderung der Dichte und optischen Drehung.

V: in der Parfümerie als Ersatz für das wertvollere Palmarosaöl.

Guajacholzöl. H: Holz von Bulnesia Sarmienti Lor. (Gran Chaco, Argentinien und Paraguay). A: $5-6\%$. Weißgelbliche Masse von schwachem rosen- und teerartigem Geruch. Schmelzp. $40-50^0$. $D_{30}\ 0,965-0,975$; $a_D -3$ bis -8^0; $n_{D_{30}}\ 1,563$ bis $1,504$. l: $3-5\ Vol.$ u. m. 70%igem Al.

NB: Guajacalkohol (Guajol), riechende Bestandteile unbekannt.

V: in der Parfümerie- und Seifenindustrie als Fixateur für Rosen- und Veilchengerüche, in Bulgarien zur Verfälschung des Rosenöls (s. d.).

Gurjunbalsamöl, im Handel unberechtigterweise auch Ostindischer Copaivabalsam genannt, in Indien Wood oil. H: aus dem Balsam verschiedener Arten der Gattung Dipterocarpus (Süd- und Ostasien). A: $60-75\%$ Öl. Gelbe, dickliche, fast geruchlose Flüssigkeit. $D\ 0,918-0,930$; $a_D -35$ bis -130^0; $n_{D_{20}}\ 1,501-1,505$; selbst in 95%igem Al nicht unbegrenzt löslich. Z: hauptsächlich Sesquiterpene. V: in der Lack- und Firnisfabrikation, in der Medizin und oft als VM für ätherische Öle (Rosenöl, Hopfenöl, Copaivabalsamöl).

Nachweis durch das bei der Oxydation entstehende Gurjunenketon bzw. dessen Semicarbazon (DEUSSEN und PHILIPP, A. 369, 56; 374, 105; Chem.-Ztg. 34, 921). Nach DEUSSEN und EGER (ebenda 36, 561 [1912]) löst man 1 Tropfen des zu untersuchenden Materials in $3\ cm^3$ Eisessig, setzt 2 Tropfen einer frischen, 1%igen Natriumnitritlösung zu und schichtet die Lösung vorsichtig über konz. Schwefelsäure. Färbt sich die Eisessiglösung innerhalb $5'$ dunkelviolett, so ist die Anwesenheit von Gurjunbalsamöl anzunehmen.

Helichrysumöl. H: Kraut von Helichrysum angustifolium DC. (Levante, Dalmatien, Ungarn). A: 0,075 %. Angenehm riechendes Öl, D_{15} 0,892—0,920; $\alpha_D + 4^0 25'$ bis $9^0 40'$; n_{D20} 1,4745—1,4849; 1: 9—10 *Vol.* 90 % igem Al. Es ist die einzige bisher bekannte Quelle für Nerol, welches in ihm verestert und frei in reichlicher Menge vorkommt.

Hopfenöl. H: ungeschwefelter Hopfen, weibliche Blütenkätzchen und Drüsenhaare von Humulus Lupulus L. A: 0,5 bis über 1 %. Der Hopfen muß ungeschwefelt sein. Hellgelbes bis rotbraunes, allmählich sich verdickendes Öl von aromatischem Geruch und nicht bitterem Geschmack. D_{15} 0,855—0,893; fast inaktiv; n_{D20} 1,4852 bis 1,4914; sehr schwer l. Al. V: Zur Essenzenfabrikation.

NB: Dipenten, Myrcen, etwa 60 % i-α-Caryophyllen, β-Caryophyllen, Linalool, Myrcenol, Ameisen-, Butter-, Valerian-, Heptyl-, Octyl-, Nonyl-, Decylsäure. VM: Copaiva- und Gurjunbalsamöl.

Hopfenöl, spanisch, s. Origanumöl, S. 768.

Ingweröl. H: das getrocknete Rhizom von Zingiber officinale (Südasien, Japan, Westindien und Afrika) A: 2—3 %. Grünlichgelbes Öl von würzig-pfeffrigem Geruch, ohne den scharfen Geschmack der getrockneten Rhizome (Ingwer). D_{15} 0,877—0,886; α_D —28 bis —50^0; 1: etwa 7 *Vol.* 95 % igem Al.

NB: α-Camphen, β-Phellandren, Zingiberen, Zingiberol (Geruchsträger), Citral, Methylheptenon, Nonylaldehyd, Linalool, d-Borneol, Essig- und Caprylsäure als Ester, Cineol.

V: in der Parfümerie und Genußmittelindustrie.

Irisöl. H: Wurzel (Veilchenwurzel) von Iris germanica, Iris pallida und Iris florentina (Oberitalien, Provinz Florenz).

G: durch Wasserdestillation aus den zu Pulver gemahlenen Wurzeln nach 12—24stündiger Maceration mit Wasser. A: 40 *kg* geben 100 *g* einer halbfesten Masse, die zur weiteren Reinigung von Schmutz und mitübergegangener Stärke mit Alkohol erwärmt wird, wobei diese Stoffe ungelöst bleiben. Gelbliche, ziemlich harte Masse von starkem Iron-Geruch. *Schmelzp.* 40—50^0; α_D schwach rechts.

NB: etwa 85 % Myristinsäure (geruchlos); Iron (Geruchsträger), Myristinsäuremethylester, Ölsäure, Furfurol, Benzaldehyd, n-Decylaldehyd, Nonylaldehyd, Naphthalin. VM: Cedernöl, Linaloeöl oder andere derartige Öle, Acetanilid, Ricinusöl.

V: für feine Parfümerien und zur Gewinnung von Iron (s. d.).

Flüssiges Irisöl s. Iron, S. 827.

Isopöl s. Ysopöl, S. 775.

Jasminöl. H: Blüte von Jasminum grandiflorum (Südfrankreich, Grasse). G: durch Enfleurage und durch Extraktion (s. S. 746 und 751).

Die Jasminblüten — wie auch die Tuberosenblüten (s. dieses Öl) — ergeben bei der Enfleurage ein Multiplum an ätherischem Öl gegenüber der Menge, die bei der erschöpfenden Extraktion erhalten wird. Vgl. A. HESSE, *B.* 32, 565, 765, 2611 [1899]; 33, 1585 [1900]; 34, 291, 2916 [1901]; 37, 1457 [1904]; *Chemische Ind.* 25, 1 [1902].

Das Jasminöl ist kein ätherisches Öl im wissenschaftlichen Sinne; es kommt als Pomade, Concrète und Absolu (s. S. 777), die auch mit WD nichtflüchtige Körper enthalten, in den Handel. Die E sind sehr verschieden; die Pomadenprodukte haben einen milderen, die Extraktionsprodukte einen stärkeren, durchdringenderen Geruch. Ätherisches Jasminöl ist kein Handelsartikel.

NB: Benzylacetat, Linalylacetat, Benzylalkohol, Linalool, Indol; Anthranilsäuremethylester, Jasmon ($C_{11}H_{16}O$), p-Kresol, Geraniol und Farnesol.

V: Das Jasminöl ist eines der wertvollsten Produkte der südfranzösischen Blütenindustrie und ist für die feine Parfümerie unentbehrlich.

Kamillenöl. H: Getrocknete Blüten von Matricaria Chamomilla (Europa, Nordamerika und Australien). A: 0,2—0,38 %. E: dickflüssiges Öl von dunkelblauer Farbe, balsamisch-ambraartigem Geruch und bitterem, aromatischem Geschmack. D_{15} 0,922—0,956; schwer löslich in 95 % igem Al.

NB: Azulen, Sesquiterpene, Paraffine, Furfurol, Umbelliferonmethyläther, Caprin-, Nonylsäure.

V: in der Parfümerie, Medizin und zu Likören.

Kiefernadelöle s. Fichtennadelöle, S. 762.

Kirschlorbeeröl, H: Blätter von Prunus Laurocerasus L. (in allen Ländern mit gemäßigtem Klima). G: wie beim Bittermandelöl (s. d.) durch Einmaischen der zerschnittenen Blätter mit Wasser und nachherige WD. A: etwa 0,05%. Das Öl entsteht durch Spaltung des Glucosids Prulaurasin ($C_{14}H_{17}NO_6$) durch Emulsin in Blausäure, Glucose und Benzaldehyd. E: ähnlich wie Bittermandelöl, nur mit etwas anderem Geruch. D_{15} 1,050—1,066; α_D meist ±0°; n_{D20} 1,540—1,543; l: 2,5—4 *Vol.* 60%igem und 1—2 *Vol.* 70%igem Al. Blausäuregehalt 0,4—3,6%.

NB: Benzaldehyd, Blausäure, Benzaldehydcyanhydrin (vgl. Bittermandelöl); außerdem vielleicht Benzylalkohol und ein unbekannter, geruchlich wichtiger Körper. VM: wie beim Bittermandelöl.

Krauseminzöl. H: frisches Kraut verschiedener Menthaarten, u. a. Mentha spicata (Deutschland, Amerika, England und Rußland); A: 0,3—0,5%. Amerikanisches und deutsches Öl: farblose bis grüngelbe Flüssigkeit von charakteristischem, kümmelartigem Geruch. D_{15} 0,92—0,94; α_D —34 bis —52°; n_{D20} 1,482—1,489; l: 1—1,5 *Vol.* u. m. 80%igem Al.

NB im amerikanischen Öl: l-Carvon (42—60%), Phellandren, l-Limonen, Dihydrocarveolacetat (Geruchsträger), Capronsäure (Caprylsäure), Säure, *Schmelzp.* 182—184°; im deutschen Öl: Dipenten, Cineol; im russischen Öl: l-Linalool (50—60%), Cineol, l-Limonen, l-Carvon (5—10%); W: durch Bestimmung des Carvongehalts nach der Sulfitmethode s. Carvon.

V: in der Parfümerie, zu Likören, in der Medizin und bei der Herstellung von Kaugummi.

Kümmelöl. H: Früchte von Carum Carvi L. (Europa, vor allem Holland, und Asien). A: 4—6,5%. Flüssigkeit von Kümmelgeruch und mildem, gewürzigem Geschmack. D 0,907—0,918; α_D +70 bis +80°; n_{D20} 1,484—1,488; l: 2—10 *Vol.* 80%igem Al.

NB: Carvon (50—60%), d-Limonen (Carven), Dihydrocarvon, Dihydrocarveol, Carveol. W: nach dem Carvongehalt. Er ist aus der Dichte zu berechnen und kann genauer nach der Sulfitmethode (s. Carvon) bestimmt werden. VM: Ricinusöl, Al.

V: Zur Gewinnung von Carvon, in der Genußmittel- und Likörindustrie; das bei der Carvongewinnung als Nebenprodukt erhaltene Carven (leichtes Kümmelöl oder d-Limonen) wird als billiges Seifenparfüm und zur Verfälschung ätherischer Öle verwendet.

Kümmelöl, römisch, s. Cuminöl, S. 761.

Labdanumöl. H: Harz der Blätter von Cistus Creticus und C. Ladaniferus. A: 0,9%. Goldgelbes Öl von kräftigem, ambraartigem Geruch.

NB: Acetophenon, Trimethyl-1,5,5-hexanon-6, Phenole, Guajol (?), Ester, Sesquiterpenverbindungen.

Handelsüblicher ist das entsprechende Extraktöl. V: die Labdanumpräparate finden weitgehende Anwendung zu Ambrakompositionen.

Lavendelöl. H: blühender echter Lavendel, Lavandula officinalis und deren Arten (Südfrankreich, Italien).

Die Höhenlage, in der der Lavendel wächst, hat entscheidenden Einfluß auf die Feinheit des Öles. Das feinste Öl wird aus Pflanzen der über 700—1000 m gelegenen Regionen gewonnen (Lavandula Delphinensis, „petite lavande"), mit abnehmender Höhenlage wird die Pflanze und das aus ihr bereitete Öl minderwertig (Lavandula fragrans, „Lavande moyenne"). Außerdem treten Kreuzungen mit Spikarten aus Lavandula latifolia (s. Spiköl) auf, von welchen die verbreitetste die Lavandula latifolia > officinalis ist (Lavandin, „grosse Lavande"). Neben Südfrankreich, welches mit seinem Lavendelöl den gesamten Weltmarkt beherrscht, bringt England (Mitcham) in untergeordnetem Maße ein sehr feines Öl von besonderem Charakter (geringerer Estergehalt!) in den Handel. Mit dem wachsenden Interesse für Lavendelöl ist auch der Kultur der Pflanze steigende Beachtung zugewandt worden; durch geeignete Ergänzung der wilden Lavendel mit Stecklingen oder aus Samen gezogenen Pflanzen sowie durch Düngung und Bearbeitung des Bodens läßt sich der Ertrag sowie die Güte des Öles bedeutend verbessern. Auch in nördlicheren Ländern (Deutschland, Ungarn) sind Kulturen angelegt worden.

G: s. allgemeiner Teil, S. 739. A: frisches blühendes Kraut 0,6—0,8%, trockenes bis zu 1,5%, frische Blüten englischen Lavendels 0,8—1,7%.

E: Französisches Lavendelöl: gelbliche Flüssigkeit mit angenehmem Geruch. D_{15} 0,882 bis 0,896; α_D —3 bis —9°; 1,460—1,464; l: 2—3 *Vol.* 70%igem Al, bisweilen mit Opalescenz; Estergehalt 30 bis über 50%. Lavandinöl: D_{15} 0,900; α_D 3°25'; l: 3 *Vol.* 65%igem Al; Estergehalt durchschnittlich 25%. Englisches oder Mitcham-Lavendelöl hat einen cineolartigen Nebengeruch. D_{15} 0,881—0,904; α_D —1 bis —10°; n_{D20} 1,465—1,470; l: 2—3 *Vol.* 70%igem Al, Estergehalt 5—10%.

NB: Linalylacetat (30—60%), Linalylbutyrat (einer der Geruchsträger!), Linalylvalerianat und -capronat, Linalool, Geraniol als Ester und frei, Cumarin, l-Pinen (Spuren), Cineol, Valeraldehyd,

Amylalkohol, Äthyl-n-amy.keton, d-Borneol, Nerol, Caryophyllen, im Extraktöl außerdem Umbelliferon-methyläther. W: durch Bestimmung des Estergehalts; dieser gilt als Maß für die Feinheit und den Handelswert des Öles. VM: Terpentinöl, Cedernholzöl, Spiköl. VM sind ferner Ester, wie Terpinyl-, Glycerinacetat sowie Äthylester der Bernstein-, Oxal-, Wein- und Citronensäure (vgl. Bergamottöl; s. auch „Fixateure"). Auf Terpentinöl und Cedernholzöl kann geschlossen werden bei geringem Estergehalt, niedrigerem *spez. Gew.* und geringerer Löslichkeit in 70 %igem Al, auf Terpentinöl ferner bei auffallendem Pinengehalt (Nachweis als Pinennitrosochlorid, Pinennitrobenzylamin). Spiköl ist durch größeren Gehalt an Cineol und Nachweis von d-Campher nachweisbar.

V: als eines der beliebtesten Öle in der Parfümerie zur Parfümierung von Seifen, Toilettewässern, Riech- und Badesalzen sowie seiner antibactericiden E wegen in der Pharmazie. Große Überproduktion hat in den letzten Jahren stark auf die Preise gedrückt.

Lemongrasöl (ostindisches). H: Grasspitzen von Malabar- oder Kotschingras, Cymbopogon flexuosus Staph. (Tinnevelly-Distrikt, Travancore). A: etwa 0,3 %.

E: rötlichgelbe bis braunrote Flüssigkeit von citronenartigem Geruch und Geschmack. D 0,899—0,905; $\alpha_D + 1^0 25'$ bis -5^0; n_{D20} 1,483—1,488; l: 1,5—3 *Vol.* 70 %igem Al.

NB: Citral (70—85 %), Aldehyd $C_{10}H_{16}O$ (isomer mit Citral), n-Decylaldehyd, Methylheptenon, Methylheptenol, Nerol, Farnesol, Geraniol, Dipenten, außerdem wahrscheinlich Citronellal, Linalool und Limonen. VM: Petroleum, Cocosfett, Citronellöl, Aceton. W: durch Bestimmung des Aldehyd-, insbesondere des Citralgehaltes (s. Citronenöl und Citronellöl).

V: zur Gewinnung von Citral (s. d. S. 810).

Westindisches Lemongrasöl. H: Gras von Cymbopogon citratus Staph. Kultiviert in fast allen tropischen Ländern. A: etwa 0,3 %. D_{15} 0,870—0,912; α_D —1° bis +C° 12'; n_{D20} 1,482—1,489; meist nur trübe l: Al. NB: Citral 53—83 %.

Wegen seiner schweren Löslichkeit (Terpene!) und seines geringen Citralgehalts von untergeordnetem Handelswert.

Limettöl. H: Früchte von Citrus medica L. var. acida (Westindien, Montserrat, Dominika). G: durch Pressen (vgl. Citronenöl). Goldgelbes, stark nach Citral riechendes Öl. D_{15} 0,878—0,901; $\alpha_D + 32$ bis $+38^0$; n_{D20} 1,482—1,486; trübe l: 4 bis 10 *Vol.* 90 %igem Al unter Wachsabscheidung.

NB: Citral (6,5—9 %), Terpene, Bisabolen, Limettin (Citropten), Anthranilsäuremethylester (?).

V: in der Parfümerie, hauptsächlich in der Genußmittel- und Essenzenfabrikation.

Als Nebenprodukt wird beim Eindampfen des Preßsaftes ein minderwertiges destilliertes Öl (Oil of limes) ohne Citralgehalt gewonnen.

Linaloeöl, Cayenne (Essence de Bois de Rose femelle). H: Linaloeholz, wahrscheinlich von Ocotea caudata. A: 0,6—1,6 %. Blumig (Linalool) riechendes Öl. D_{15} 0,87—0,88; α_D —10 bis —19°; n_{D20} 1,461—1,463; l: 1,5—2 *Vol.* u. m. 70 %igem Al.

NB: l-Linalool (über 80 %), Terpineol 5 %, Geraniol 1 %, Methylheptenon, Nerol, Cineol, Dipenten, Methylheptenol. W: durch Bestimmung des Alkoholgehaltes durch Acetylierung in Xylollösung (s. Linalool).

Linaloeöl, mexikanisches. H: Holz, manchmal auch Samen verschiedener Burseraarten, hauptsächlich B. Delpechiana (Mexico). A: aus in Europa destilliertem Holz 7—9 %. Blumig riechendes Öl. D_{15} 0,875—0,891; α_D —3 bis —14°; n_{D20} 1,460 bis 1,465; l: 1,5—2 *Vol.* 70 %igem Al.

NB: 60—70 % Linalool, d-α-Terpineol, Geraniol, Methylheptenol, Methylheptenon, Linalooloxyd ($C_{10}H_{18}O_2$), 3 % Sesquiterpen, Octylen, Nonylen und deren Isomere, außerdem wahrscheinlich Myrcen. Das Samenöl enthält d-Linalool. W.: durch Bestimmung des Alkoholgehaltes (90—97 %), s. o.

V: der Linaloeöle in der Parfümerie und zur Gewinnung von Linalool.

Lorbeerblätteröl. H: Blätter von Laurus nobilis L. A: 1—3 %. E: hellgelbe, blumig riechende Flüssigkeit. D_{15} 0,910—0,944; α_D —4° 40' bis —21° 40'; n_{D20} 1,460 bis 1,477; l: 1—3 *Vol.* 80 %igem Al.

NB: l-α-Pinen, α-Phellandren, Cineol, l-Linalool, l-α-Terpineol, Geraniol, Eugenol, Methyleugenol, Aceteugenol, Ester von Linalool, Geraniol und Eugenol mit Essigsäure, Valeriansäure und Capronsäure.

V: in der Parfümerie.

Macisöl s. Muskatnußöl (S. 767).

Majoranöl. H: blühendes Kraut von Origanum Majorana L. (Spanien, Cypern). A: 0,3—0,4 %. Flüssigkeit von angenehmem Geruch und mildem, gewürzhaftem

Geschmack. D_{15} 0,894—0,910; α_D + 15 bis + 19°; $n_{D_{20}}$ 1,473—1,476; l: 1—2 Vol. 80%igem Al.

NB: 40% Terpene (Terpinen), d-Terpineol, Terpinenol-4.

V: in der Genußmittelindustrie (Kräuteressenzen).

Mandarinenöl. H: Fruchtschalen von Citrus madurensis (Sizilien). G: durch Auspressen. A: 1000 Früchte = 400 g Öl. Fruchtig riechende, fluorescierende Flüssigkeit. D_{15} 0,854—0,859; α_D + 65 bis + 75°; l: 0,5 Vol. 95%igem Al.

NB: d-Limonen (Hauptmenge), Methylanthranilsäuremethylester 1% (Geruchsträger).

V: in der Parfümerie und zu Fruchtessenzen.

Mandarinenblätteröl. H: Blätter von Citrus madurensis. A: 0,2—0,35%. Stark fluorescierendes Öl. D_{15} 1,0142; α_D + 6° 40′ bis + 7° 46′; l: 6—6,5 Vol. 80%igem Al. NB: Methylanthranilsäuremethylester (um 50%), Terpene.

Mandelöl s. Bittermandelöl, S. 757.

Melissenöl. H: Kraut der Melissa officinalis (Europa und Nordamerika). A: 1. im Beginn der Blüte 0,014%, 2. in voller Blüte 0,104%. Melissenöl des Handels ist über Melissenkraut destilliertes Citronen- oder Citronellöl, echtes Öl zu teuer. Öl mit angenehmem Citronengeruch. 1. D_{15} 0,924; α_D + 0° 30′; 2. D_{15} 0,894; optisch inaktiv.

NB: Citral, Citronellal.

Möhrenöl (Daucussamenöl). H: Samen von Daucus Carota L. A: 0,8—1,6%. Öl von blumigem Geruch. D_{15} 0,870—0,9440; α_D —11 bis —37°; $n_{D_{20}}$ 1,482—1,491.

NB: Pinen, l-Limonen, Buttersäure und Palmitinsäure an einen Alkohol gebunden, Essigsäure, Ameisensäure, Carotol ($C_{15}H_{26}O$), Daucol ($C_{15}H_{26}O_2$).

Moschuskörneröl. H: Körner von Hibiscus Abelmoschus L. (Ostindien, Java, Martinique). A: 0,2—0,6%. Feste Masse von angenehmem Moschusgeruch. D_{25} 0,900; α_D schwach rechts bis + 1° 20′; $n_{D_{20}}$ 1,474—1,480; l: 2,5—9 Vol. 80%igem Al.

NB: freie Palmitinsäure, durch welche die feste Beschaffenheit des Öls bewirkt wird. Ambrettolsäure (Hexadecen-7-ol-16-säure-1), Ambrettolid (s. d.), Farnesol.

Das „flüssige" in Handel gebrachte Moschuskörneröl ist von den festen Bestandteilen (Fettsäuren) befreit. V: in der feinen Parfümerie.

Muskatnußöl. H: die Muskatnüsse, die Früchte von Myristica fragrans (Molukken, Banda-, Sundainseln; Hauptausfuhrplätze: Batavia, Singapore). A: 7—15%. Flüssigkeit von charakteristischem Muskatgeruch und gewürzhaftem Geschmack. D_{15} 0,865 bis 0,925; α_D + 8 bis + 30°; $n_{D_{20}}$ 1,479—1,488; l: 0,5—3 Vol. 90%igem Al. V: zu Gewürzessenzen, ferner zum Parfümieren von Zahnpasten, Haarwässern, Toiletteessig u. s. w.

NB: α-Pinen, β-Pinen, Camphen, Dipenten, p-Cymol, d-Linalool, Terpinenol-4, Borneol, α-Terpineol, Geraniol, Safrol, Myristicin (giftig!), Eugenol, Isoeugenol, Ameisensäure, Essigsäure, Buttersäure, Caprylsäure, Myristinsäure.

Das aus dem als Macis oder Muskatblüte benannten Samenmantel mit 4—15% Ausbeute gewonnene sog. Macisöl ist mit Muskatnußöl praktisch identisch.

Muskateller Salbeiöl. H: Blütenstände und Blätter von Salvia Sclarea L. (Mitteldeutschland, Holland, Südfrankreich). A: 0,03—0,14%. Würzig-süß bis ambraartig riechendes Öl. D_{15} 0,896—0,960; α_D —11 bis —63°; $n_{D_{20}}$ 1,164—1,504; l: 1,5 Vol. 90%igem Al, bei Mehrzusatz Trübung.

NB: Linalool, wahrscheinlich in der Hauptsache als Acetal. Im Extraktöl: Sclareol (geruchloser, tertiärer Alkohol, $C_{34}H_{62}O_3$), Sesquiterpenalkohol, $C_{15}H_{26}O$.

V: In der Parfümerie, insbesondere in neuerer Zeit als wertvoller Riechstoff.

Myrrhenöl. H: Saft des Rindenparenchyms von Gommiphoraarten (Nordostafrika). Heerabol-Myrrhenöl. A: 2,5—10%. Dickflüssiges, gelbes bis grünes Öl von starkem Myrrhengeruch. D_{15} 0,988—1,024; α_D —31 bis —93°; $n_{D_{20}}$ 1,5197 bis 1,5274; l: 8—10 Vol. 90%igem Al. V: in der Kosmetik und Pharmazie.

NB: Cuminaldehyd, Zimtaldehyd, Eugenol, m-Kresol, Pinen, Dipenten, Limonen, Heerabolen, Palmitinsäure, Essigsäure, Ameisensäure.

Bisabol-Myrrhenöl s. Opopanaxöl.

Myrtenöl. H: Blätter von Myrtus communis L. (Spanien, Italien, Südfrankreich, Corsica). A: 0,3%. Flüssigkeit von erfrischendem Wohlgeruch. D_{15} 0,881 bis 0,925; α_D 8° 11′ bis 27° 30′; $n_{D_{20}}$ 1,463—1,470; l: Al, je nach H sehr verschieden.

NB: d-Pinen, Cineol, Dipenten, Myrtenol ($C_{10}H_{18}O$).

Nelkenöl. H: die vor der vollen Entwicklung gesammelten und an der Luft getrockneten Blütenknospen von Eugenia caryophyllata Thunb. (Philippinen, Réunion, Mauritius, Madagaskar, Amboina, vor allem Sansibar, Pemba). A: 16—19%. Stark lichtbrechende nachdunkelnde Flüssigkeit von gewürzhaftem Geruch und brennendem Geschmack. D_{15} 1,043—1,068; α_D bis —1° 35'; n_{D20} 1,530—1,535; l: 2 *Vol.* 70% igem Al. Destillate aus ganzen Nelken liefern hohen Eugenolgehalt, zerkleinerte niedrigeren Eugenolgehalt.

NB: Eugenol (70—85%), Aceteugenol, Caryophyllen, Salicylsäure- und Benzoesäuremethylester, Methyl-n-amylcarbinol, Furfuralkohol, Methyl-n-heptylcarbinol, Benzylalkohol, Dimethylfurfurol, Methyl-n-amylketon, Methyl-n-heptylketon, Methylalkohol, Furfurol. W: durch Bestimmung des Eugenolgehalts (s. Eugenol). VM: Gurjunbalsamöl, Campheröl und Ricinusöl sowie das billigere, aber geruchlich weniger wertvolle Nelkenstielöl; durch die ersteren wird der Phenolgehalt heruntergesetzt; das Nelkenstielöl beeinträchtigt den Geruch.

V: als Gewürz in der Parfümerie und Pharmazie; vor allem wichtig als Ausgangsmaterial für Eugenol, S. 835, und Vanillin, S. 815.

Nelkenstielöl. H: Blütenstiele der Nelken (s. Nelkenöl). A: 5—6%. Dem Nelkenöl ähnliches, jedoch weniger feines Öl. 85—95% Eugenolgehalt.

Neroli- oder Orangenblütenöl. H: frische Blüten von Citrus Bigaradia Risso (Südfrankreich, Spanien). A: 0,1%. Am Licht sich rötende, schwach fluorescierende Flüssigkeit von intensivem Orangenblütengeruch und bitterlichem Geschmack. D_{15} 0,870—0,881; α_D +1° 30' bis +9° 8'; n_{D20} 1,468—1,474; l: 1—2 *Vol.* 80% igem Al.

Als Nebenprodukt gewinnt man das Orangenblütenwasser, d. i. das ablaufende und von dem Öl getrennte Destillationswasser, das reichliche Riechstoffmengen gelöst enthält. Außer durch WD werden die Riechstoffe der Orangenblüten auch durch Maceration mit Fett oder durch Extraktion mit flüchtigen Lösungsmitteln gewonnen (s. S. 743, 746).
NB: Kohlenwasserstoffe (Pinen, Camphen, Dipenten, Paraffin C_{27}) 35%, l-Linalool 30%, l-Linalylacetat 7%, d-Terpineol 2%, Geraniol und Nerol 4%, Geranylacetat und Nerylacetat 4%, d-Nerolidol 6%, Anthranilsäuremethylester 0,6%, Indol unter 0,1%, sonstige Bestandteile (Decylaldehyd, Ester der Phenylessigsäure und Benzoesäure, Jasmon, Farnesol) 11,2%. Im Orangenblütenwasseröl ist der Anthranilsäuremethylester bis zu 16% enthalten. VM: Bergamottöl und Petitgrainöl. Auf die Anwesenheit von diesen kann man schließen bei einem das normale Maß (bis 24%) übersteigenden Estergehalt, durch den Nachweis von Limonen, sowie bei geringem Paraffingehalt. Ebenso deutet das Eintreten der Pyrrolreaktion (kirschrote Färbung eines mit Salzsäure befeuchteten Fichtenspans durch die Dämpfe des Vorlaufs) auf Verfälschung mit Petitgrainöl hin.

V: für feinste Parfümerien und Kölnischwasserbereitung, das Orangenblütenwasser auch als Hausmittel und in der Genußmittelindustrie.

Olibanumöl (Weihrauchöl). H: Weihrauch, der Saft der Rinde von Boswellia Carterii Birdw. (Somaliland und Südostarabien). A: 5—9% Öl. Öl mit balsamischem, schwach citronenartigem Geruch. D_{15} 0,876—0,892; α_D bis +32°; n_{D20} 1,472—1,482 l: 4—6 *Vol.* 90% igem Al. V: in der Parfümerie zu exotischen Gerüchen.

NB: l-Pinen, Dipenten, Phellandren, Olibanol (Alkohol $C_{26}H_{44}O$).

Opopanaxöl ist die Handelsbezeichnung für das Öl aus dem Harz von Gommiphora erythraea (Burseraceen-opopanax, wahrscheinlich identisch mit Bisabolmyrrhe). A: 5—10%. Öl von balsamischem Geruch. D_{15} 0,870—0,905; α_D —8 bis —14°; n_{D20} 1,489—1,494; l: 1—10 *Vol.* 90% igem Al. V: in der Parfümerie zu exotischen Gerüchen.

Orangenblütenöl s. o. Neroliöl.

Origanumöle. H: Kraut verschiedener Origanumarten (Kleinasien, Cypern, Sizilien, Griechenland) unter dem Sammelnamen „Spanisch Hopfenöl" bekannt. A: 1,5—3%. Öle von meist stark thymianähnlichem Geruch, die nach ihrem Ursprungsland benannt werden. Die E sind wechselnd; D_{15} etwa 0,960.

NB: Carvacrol (60—85%), Cymol. Smyrnaer Origanumöl enthält 20—50% Linalool (daher milderer Geruch). W: durch Bestimmung des Phenolgehaltes (s. Thymol).

V: in der Medizin und zu Zahnpflegemitteln.

Palmarosaöl. H: die oberirdischen Teile von Cymbopogon Martini var. Motia, Rusagras (Vorderindien und tropisches Westafrika). A: 0,3—0,4%, in modernen Anlagen bis zu 1%. Farblose Flüssigkeit von rosenähnlichem Geruch. D_{15} 0,888 bis 0,90; α_D +6 bis —3°; n_{D20} 1,472—1,476. l: 1,5—3 *Vol.* 70% igem Al.

NB: Geraniol 75–95% (davon 3–13% als Ester der Essigsäure und n-Capronsäure), Dipenten 1%, Methylheptenon, Farnesol. W: durch Actlg. Ein Gehalt von weniger als 75% Alkohol deutet auf Verfälschung. VM: Petroleum, Terpentinöl, Cocosöl, Gurjunbalsamöl, Cedernholzöl, deren Zusatz Unlöslichkeit in 70%igem Al. bewirkt.

V: in der Parfümerie und Seifenindustrie und zur Gewinnung von Geraniol.

Patschuliöl. H: das durch Trocknen und Fermentation vorbereitete Kraut von Pogostemon Patchouli Pellet (Straits Settlements auf Pinang, Singapur, Wellesley, Mauritius, Réunion). Frische Blätter geben bei der Destillation nur sehr wenig Öl. A: 1,5–4%. Die Hauptmenge wird in Europa destilliert. Grünlich- bis dunkelbraune, dicke Flüssigkeit, manchmal von Krystallen durchsetzt, mit intensivem, aufdringlichem und anhaftendem Geruch.

Man unterscheidet: 1. Öl aus Straits Settlements, in Europa destilliert: D_{15} 0,906–0,995; α_D –50 bis –68°; n_{D20} 1,507–1,513; l: 1 Vol. 90%igem Al, 2 Vol. trüb, 4–5 Vol. wieder klar löslich. 2. Importiertes Singapuröl, von hellerer Farbe und weniger intensivem Geruch. D_{15} 0,960–0,980; α_D –47 bis –61°; n_{D20} 1,508–1,512; l: 5–8 Vol. 90%igem Al. 3. Javaöl oder Dilemöl (Pogostemom Hegneanus) von calmusähnlichem Geruch. D_{15} 0,925–0,935; α_D +3° 15' bis –32° 17'; l: 6–8 Vol. 90%igem Alkohol.

NB: Patschulialkohol ($C_{15}H_{26}O$) 50%, für den Geruch ohne Bedeutung, Sesquiterpene (40 bis 45%), Cadinen, Azulen, Benzaldehyd, Eugenol, Zimtaldehyd, rosenartig riechender Alkohol, ein Keton, 2 Basen (zusammen 3%).

Pelargoniumöl s. Geraniumöl, S. 763.

Perubalsamöl. H: harzige Ausscheidungen von Myroxylon Balsamum var. β Pereirae (Royle) Baill. G: durch Extraktion des Balsams mit Schwefelkohlenstoff, Äther, Petroläther od. dgl. Rötlichbraune, dickliche Flüssigkeit, kein eigentlich ätherisches Öl. D_{15} 1,102–1,122; α_D schwach rechts bis +2° 30'; n_{D20} 1,570–1,580; l: 0,3–4 Vol. 90%igem Al. Mit Wasserdampf schwer flüchtig.

NB: Zimtsäure- und Benzoesäureester des Benzylalkohols; Nerolidol, Farnesol, Vanillin.

V: in der Parfümerie und Pharmazie.

Petitgrainöl. H: Blätter, Zweige und junge Früchte von Citrus Bigaradia Risso (Paraguay, Südfrankreich). A: 0,33–0,4%. Neroliähnlich, doch weniger fein riechendes Öl mit bitterem, aromatischem Geschmack. D_{15} 0,886–0,900; α_D +5 bis –2° 45'; n_{D20} 1,459–1,464; l: 2–4 Vol. 70%igem Al, oft mit Trübung.

NB: Linalool, Linalylacetat, Nerol, Camphen, β-Pinen, Dipenten, Limonen, d-α-Terpineol, Geraniol, Pyrrol, Furfurol. W: mit Hilfe der Konstanten. VM: Terpentinöl, Äthyltartrat, Terpinylacetat, Al.

V: in der Parfümerie, vorzüglich zur Kölnischwasserfabrikation.

Petersiliensamenöl. H: Samen von Petroselinum sativum Hoffm. (in allen gemäßigten Klimaten). A: 2–7%; gelbgrünes, balsamisch riechendes Öl; D_{15} 1,043 bis 1,101; α_D –4° 30' bis –9° 24'; n_{D20} 1,512–1,523; l: 4–8 Vol. 80%igem Al. Deutsches Öl (halbfest): reicher an Apiol als französisches.

NB: Apiol (Hauptbestandteil), 1-α-Pinen, Myristicin, 1-Allyl-2,3,4,5-tetramethoxybenzol, Petrosilan (Kohlenwasserstoff).

V: Seines Gehaltes an Apiol wegen als harntreibendes Mittel.

Pfefferminzöl. H: das vorzugsweise trockene Kraut von verschiedenen Arten von Mentha piperita (Europa, Nordamerika, Japan). Zwei Hauptarten der kultivierten Pfefferminzpflanzen sind die weiße und die schwarze Minze (Mentha piperita officinalis Sole und Mentha piperita vulgaris Sole). A: wechselnd, 0,3–0,4%; japanisches Öl 1,6–1,8%.

Auf die rationelle Kultur der Pfefferminzpflanzen ist in allen Hauptproduktionsländern sehr große Sorgfalt verwendet worden; durch zweckmäßigen Anbau und Düngung sind erhebliche Verbesserungen in Ausbeute und Güte des Öles erzielt worden. Die Pfefferminzpflanze verlangt zu gutem Gedeihen eine mäßig feuchte, sonnige und vor Wind geschützte Lage und kalihaltigen Boden. Englische und amerikanische Kulturen haben stark unter dem sog. „Minzenrost", der durch den Pilz Puccinia Menthae hervorgerufen wird, zu leiden; die Pflanzen französischer Kulturen unterliegen mitunter infolge von Insektenstichen durch den Parasiten Eryophyes Menthae Molliard äußerlichen Veränderungen, welche die Entartung der Pflanzen zur sog. „Menthe basiliquée" und damit eine Verschlechterung des Öles zur Folge haben.

Infolge verschiedener Herkunft sind die E und die Z der einzelnen Pfefferminzöle sehr verschieden (s. u.). Farblose, gelbliche oder grüngelbe Flüssigkeit von angenehm erfrischendem Geruch und kühlendem, lange anhaltendem Geschmack.

Viele Öle zeigen feste Ausscheidung von Menthol (normales japanisches Pfefferminzöl ist eine ölige Krystallmasse), doch ist diese Eigenschaft nicht für die Güte des Öles maßgebend.

W: nach Geruch und Geschmack, nach denen geübte Kenner die Haupthandelssorten zu unterscheiden imstande sind. Durch chemische und physikalische Untersuchung ist der Ursprung nicht sicher erkennbar, insbesondere da häufig Gemische in den Handel kommen.

Bestimmung des freien und veresterten Menthols: Man bestimmt in einer Probe durch Acetylierung und Verseifung des acetylierten Produkts den Gesamtmentholgehalt, in einer anderen durch Verseifung den Gehalt an Estermenthol und berechnet aus der Differenz den Gehalt an freiem Menthol; der Menthylester ist leicht flüchtig; es muß daher bei der Acetylierung eine sorgfältige Kühlung der Dämpfe stattfinden, um Verluste zu vermeiden. Bestimmung von Menthon s. d.

1. Amerikanisches Öl (Haupthandelsmarken: Western oil (Michigan), H. C. HOTCHKISS H. C. H., F. S. & Co. [rektifiziertes Öl], und A. M. TODD), D_{15} 0,900–0,915; a_D – 18 bis – 3[0]; nD_{20} 1,460–1,463; l: 2,5–5 Vol. 70 %igem Al, zuweilen mit Opalescenz; erstarrt im Kältegemisch. Z: Menthol als Ester, 14,12 %, freies Menthol 45,5 %, Menthon 12 %, Acetaldehyd etwa 0,044 %, Isovaleraldehyd etwa 0,048 %, Essigsäure, Isovaleriansäure, a-Pinen inaktiv, Phellandren, Cineol, l-Limonen, Menthylisovalerianat, Lacton mit Borneolgeruch $C_{10}H_{16}O$, Cadinen, Amylalkohol, Dimethylsulfid.

2. Japanisches Pfefferminzöl: Ölgetränkte Krystallmasse (Mentholausscheidung). Durch Trennen des Menthols vom Öl, durch Ausfrieren und Abfiltrieren wird das Rohmenthol und das flüssige Öl gewonnen, welche ebenso wie das normale Rohöl in den Handel kommen.

Rohöl. D_{15} 0,901–0,909; E_p + 17 bis + 28[0]; a_D – 29 bis – 42[0]; nD_{20} 1,460–1,462; Estermenthol 3–6 %, Gesamtmenthol 69–71 %, Menthon 21,5 %; l: 2,5–3 Vol. 70 %igem Al.

Flüssiges entmentholisiertes Öl. D_{15} 0,895–0,905; a_D – 25 bis – 35[0]; nD_{20} 1,459–1,463; Estermenthol 4–15 %, Gesamtmenthol 47–68 %, meist 49–55 %, Menthon 21–30 %; l: 2,5–4 Vol. 70 %igem Al, erstarrt nicht mehr. NB: Menthol, Menthon, l-Limonen, d-Äthyl-n-amylcarbinol, Neomenthol, △[L]-Menthenon, β-, γ-Hexenol.

3. Englisches oder Mitcham-Pfefferminzöl. D_{15} 0,901–0,912; a_D – 21 bis – 33[0]; nD_{20} 1,460–1,463; l: 2–3,5 Vol. 70 %igem Al, bisweilen mit Trübung. NB: Ester (Essigsäure und Valeriansäure) des Menthols (3–8 % in Ölen der weißen, 13–21 % in Ölen der schwarzen Minze), freies Menthol (50–60 %), Menthon (9–12 %), Phellandren, vielleicht auch Pinen, Limonen, Cadinen. Seines feinen Aromas und Geschmacks wegen ist das englische Pfefferminzöl ein besonders gesuchter Handelsartikel.

4. Französisches Pfefferminzöl (Südfrankreich). D_{15} 0,910–0,927; a_D – 5 bis – 35[0]; nD_{20} 1,462–1,471; l: 1–1,5 Vol. 80 %igem Al. NB: Menthol (frei 35,7–39,4 %, als Ester der Essig- und Isovaleriansäure 7,1–10 %), Menthon (8,8–9,6 %), Isovaleraldehyd, Isoamylalkohol, l-α-Pinen, Cineol. Produktion fast eingestellt.

5. Deutsches Pfefferminzöl (Sachsen, Schlesien). D_{15} 0,900–0,915; a_D – 23 bis – 37[0]; nD_{20} 1,458–1,469; Mentholgehalt (frei 46,5–61,2 %, als Ester 5,7–8,2 %), Menthongehalt 12–23 %; l: 2,5–5 Vol. 70 %igem Al. Nur in Deutschland im Handel.

V: In der Kosmetik zur Parfümierung von Mundpflegemitteln, ferner in der Genußmittelindustrie und Medizin und zur Gewinnung von natürlichem Menthol. Dem Pfefferminzöl ist in dem synthetischen Menthol (s. d.) ein starker Konkurrent erstanden.

Pimentöl. H: die unreifen, getrockneten Beeren von Pimenta officinalis Lindl. (Westindien, Zentralamerika.) A: 3–4,5 %. E: gelbes bis bräunliches Öl von gewürzhaftem, nelkenartigem Geruch und stechend scharfem Geschmack. D_{15} 1,024–1,055; a_D –0[0] 40′ bis –5[0]; nD_{20} 1,525–1,534; l: 1–2 Vol. 70 %igem Al, mitunter mit Trübung.

NB: Eugenol (34,4 %), Eugenolmethyläther (43,6 %) (daher die Ähnlichkeit mit Nelkenöl), Cineol, l-α-Phellandren, Caryophyllen, Palmitinsäure.

V: in der Parfümerie und Genußmittelindustrie.

Poleiöl. H: frisches Kraut von Mentha Pulegium L. (Mittelmeer, Südamerika). Gelbes bis rötlichgelbes Öl mit bläulichem oder grünlichem Schein und starkem, aromatischem, minzartigem Geruch. D_{15} 0,930–0,950; a_D + 15 bis + 25[0]; nD_{20} 1,483 bis 1,486. Kp 212–216[0] (80 %); l: 4–8 Vol. 60 %igem Al und 1,5–2,5 Vol. 70 %igem Al.

NB: Pulegon (80 %), l-Limonen, Dipenten, Menthol, Menthon. W: durch Bestimmung des Pulegongehalts nach der Sulfitmethode (s. Carvon, S. 826) oder nach der Hydroxylaminmethode (s. Citronellöl).

VM: Terpentinöl, Eucalyptusöl.

V: zur Gewinnung von Pulegon (s. d.).

Pomeranzenschalenöl, süß. H: die Schalen der Früchte des süßen Orangen- oder Apfelsinenbaums, Citrus Aurantium L. (Sizilien, Calabrien, Westindien). G: durch Pressung, neuerdings auch durch Extraktion mit flüchtigen Lösungsmitteln (Californien). Gelbe Flüssigkeit von Apfelsinengeruch, kein eigentlich ätherisches Öl. D_{15} 0,848–0,853; $a_{D_{20}}$ + 95[0] 30′ bis 98[0]; l: 90 %igem Al, meist nicht klar.

NB: d-Limonen (90%), n-Decylaldehyd (1,3—2,7%), d-Linalool, n-Nonylalkohol, d-Terpineol, Anthranilsäuremethylester, n-Caprylsäureester. W: nach den Konstanten, insbesondere a_D. Verfälschung ist leicht erkennbar durch Veränderung der Konstanten. VM: Terpentinöl, zu erkennen durch Nachweis von Pinen (Drehung, Pinennitrosochlorid, Pinennitrolbenzylamin).

Pomeranzenschalenöl, bitter. H: die Schalen von Citrus Aurantium L. subspec. amara L. (Sizilien, Südcalabrien). G: durch Pressung oder Extraktion mit flüchtigen Lösungsmitteln. E: dem süßen Öl ähnlich, jedoch bitter schmeckend; kein eigentliches ätherisches Öl. D_{15} 0,852—0,857; $a_{D_{20}}$ +89 bis +94°, die ersten 10% höher als a_D des ursprünglichen Öles; $n_{D_{20}}$ 1,473—1,475; 3—5% Verdampfungsrückstand; l: 7—8 Vol. 90%igem Al mit Trübung.

NB: Limonen (96%), Decylaldehyd (1%); der den bitteren Geschmack bedingende Stoff wahrscheinlich im Verdampfungsrückstand.

V: in der Parfümerie, vielfach zu Kölnischwasserkompositionen.

Rainfarnöl. H: frisches, blühendes und trockenes Kraut von Tanacetum vulgare L. (Europa, Nordamerika). A: frisches Kraut 0,1—0,2%, trockenes 0,2—0,3%. Erfrischend riechendes, giftiges (Thujon) Öl. D_{15} 0,925—0,935; a_D +24 bis +34°; $n_{D_{20}}$ 1,457—1,459; l: 2—4 Vol. 70%igem Al, nicht immer klar.

NB: β-Thujon (Tanaceton), l-Campher, Borneol.

Rautenöl. H: Kraut verschiedener Arten der Gattung Ruta (Frankreich, Algier, Spanien). A: 0,06—0,08%. E: farblose bis gelbe Flüssigkeit mit sehr intensivem, nur in starker Verdünnung angenehmem Geruch.

Französisches Öl. D_{15} 0,8328—0,8437; a_D —0°40' bis +2°10'; $n_{D_{20}}$ 1,430—1,434; l: 1,5 bis 3 Vol. 70%igem Al. Algerische Öle: 1. Öl von Ruta montana (im Sommer destilliert), Hauptbestandteil Methylnonylketon. D_{15} 0,8370—0,8381; a_D ± 0° bis +0°56'; $n_{D_{20}}$ 1,43058—1,43218; l: 2 bis 3 Vol. u. m. 70%igem Al. 2. Öl von Ruta bracteosa (im Winter destilliert). D_{15} 0,8373—0,8446; a_D —1°14' bis —5°; $n_{D_{20}}$ um 1,430; bei —15° noch flüssig. Spanische Öle. D_{15} 0,834—0,847; a_D —1° bis +0°30'; l: 2—4 Vol. 70%igem Al. NB: Methylheptyl- und Methylnonylketon (bis zu 90%), l-α-Pinen, Cineol, l-Limonen (zusammen kaum 1%), Methyl-n-heptylcarbinol und Methyl-n-nonylcarbinol (bis zu 10%), zum Teil frei, zum Teil verestert, Valeriansäure, Caprylsäure und Salicylsäure frei und als Ester, Methylanthranilsäuremethylester. W: nach dem *spez. Gew.* (unter 0,847) und der Löslichkeit in 70%igem Al. VM: Petroleum, Terpentinöl. Bei dem hohen Ketongehalt geht fast das gesamte Öl, wenn rein, an Bisulfit; die VM lassen sich daher in dem nicht mit Bisulfit reagierenden Öl nachweisen.

Rosenöl. H: die Blüten der Rosa Damascena Miller (Bulgarien, Deutschland) und der Rosa centifolia (Südfrankreich).

G: Das ätherische Rosenöl wird hauptsächlich in Bulgarien destilliert (s. S. 740), in geringerem Maße in Südfrankreich, wo die Rosenriechstoffe vorzugsweise durch Extraktion mit flüchtigen Lösungsmitteln (s. S. 746), in geringeren Mengen durch Maceration (s. S. 743), gewonnen werden. Auch in Deutschland (Miltitz bei Leipzig) werden aus den Kulturen von SCHIMMEL & CO. wertvolle Rosenprodukte erzeugt. Neben dem Rosenöl wird das wertvolle Rosenwasser erhalten (besonders in Südfrankreich wertvoller Handelsartikel). 1 kg Rosen gibt 1 l Rosenwasser. Es enthält die Hauptmenge des Phenyläthylalkohols. Um auch diesen wertvollen Bestandteil im Rosenöl anzureichern, wird häufig nach der Methode der Kohobation verfahren.

A: bei der WD unter dauernder Kohobation 0,02—0,035%. Bulgarisches Öl: hellgelbes bis grünliches Öl mit starkem, süßem Rosengeruch; scheidet bei 19—23,5° Krystallblättchen (Stearopten) ab. D_{15}^{15} 0,856—0,870; a_D —1 bis —4°; $n_{D_{20}}$ 1,452—1,464. E_p +18 bis +23,5°. Selbst in viel 90%igem Al nicht klar löslich.

NB: Geraniol, Nerol und l-Citronellol 66—74%, Eugenol 1%, Phenyläthylalkohol (im abgehobenen Öl 1%, im Öl der Rosenwässer bis über 50%), Citronellal, Nonylaldehyd, Citral, Stearopten 10—42% (Mischung von Kohlenwasserstoffen C_nH_{2n}). W: durch Bestimmung der physikalischen Konstanten, des Alkoholgehalts und vor allen Dingen durch Beurteilung des Geruchs. VM: Palmarosaöl, Geraniol, Citronellol, Spiritus, Guajacholzöl, Gurjunbalsamöl, alkoholische Lösungen von Nonyl- und Decylaldehyd. Spiritus setzt das *spez. Gew.* herunter. Palmarosaöl, Geraniol, Citronellol lassen sich, wenn im Übermaß zugefügt, nicht nachweisen. Guajacholzöl kann an den beim Abkühlen sich ausscheidenden Guajolkrystallen mikroskopisch erkannt werden; außerdem wird das *spez. Gew.*, das Drehungsvermögen und der Erstarrungspunkt des damit verfälschten Rosenöls erhöht. Gurjunbalsamöl wird nachgewiesen, indem man die optische Drehung des aus dem verdächtigen Öl abgeschiedenen Stearoptens bestimmt. Stearopten ist inaktiv und bei gewöhnlicher Temperatur fest, Gurjunbalsamstearopten dreht stark links und ist flüssig. Auf chemischem Wege läßt sich die Verfälschung durch Isolierung des Gurjunenketons nachweisen. Der Stearoptengehalt wird bestimmt, indem man 50 g Öl mit 500 g 75%igem Al auf 70—80° erwärmt und dann auf 0° abkühlt; das ausgeschiedene Stearopten wird mehrfach mit 75%igem Al ausgewaschen und gewogen. Da durch Verfälschung mit Palmarosaöl der Erstarrungspunkt herabgesetzt wird, wird er durch Zusatz von Walrat vielfach wieder erhöht. Der Walratgehalt läßt sich durch Bestimmung der VZ der abgeschiedenen Stearoptens mit alkoholischer $n/_2$-Kalilauge bestimmen. Die VZ des Walrats ist 128—130, die des natürlichen Rosenöl-stearoptens 3—7.

V: Rosenöl ist eines der wertvollsten Öle, die in der Parfümerie Verwendung finden.

Rosenholzöl. Das im Handel als Rosenholzöl bezeichnete Öl ist meistens mit Sandelholz- oder Cedernholzöl vermischtes Rosenöl. Das echte Rosenholzöl wird gewonnen durch WD aus dem Wurzelholz von Convolvulus scoparius L. (Canarische Inseln) und hat für den Handel keine Bedeutung. Die „Essence de bois de rose femelle oder mâle" der Franzosen ist ein aus Cayenne- oder Guayana-Linaloeholz gewonnenes Öl (s. „Cayenne-Linaloeöl").

Rosmarinöl. H: Blätter und Zweige von Rosmarinus officinalis L. (Mittelmeerländer, Dalmatien, Frankreich, Spanien). A: 1,2−2%. Flüssigkeit von spikähnlichem, beim Verdunsten balsamisch werdendem Geruch. 1. Dalmatiner Rosmarinöl: D_{15} 0,894−0,912; $a_D + 0°$ 43' bis $+ 5°$ 53'; n_{D_0} 1,466−1,468; l: 1−8 *Vol.* 80%igem Al. 2. Französisches Rosmarinöl: D_{15} 0,900−0,920; a_D rechts bis $+ 13°$ 10'; $n_{D_{20}}$ 1,467−1,472. 3. Spanisches Rosmarinöl: D_{15} 0,900; bis 0,920; $a_D − 5°$ 10' bis $+11°$ 30', meist rechts.

NB: α-Pinen, Camphen, Cineol, Campher, Borneol (16−18%), Bornylacetat (5−6%). VM: Terpentinöl und Fraktionen des Campheröls. W: durch Ermittlung der physikalischen Konstanten. Ist das *spez. Gew.* niedriger als unter E angegeben, so kann man auf eine Verfälschung mit Terpentinöl schließen. Ein Zusatz von französischem Terpentinöl wird außerdem an der Umkehr des Drehungswinkels erkannt. Auch kleine Zusätze lassen sich nachweisen, indem man eine Probe des Öles destilliert und die ersten 10% des übergehenden Öles gesondert auffängt. Bei reinen Ölen werden meist auch die niedrigst siedenden Anteile rechtsdrehen, während bei Verfälschung auch mit kleinen Mengen französischen Terpentinöls Linksdrehung eintritt. Ein Zusatz von Campheröl erhöht meist das Drehungsvermögen, verändert das *spez. Gew.* und die Löslichkeit in 80%igem Al.

V: in der Parfümerie, vielfach zu Kölnischwasserkompositionen und in der Medizin (gegen Keuchhusten).

Salbeiöl. H: Kraut von Salvia officinalis L. (Dalmatien, Spanien, Deutschland). A: 1,3−2,5%. Öl von rainfarn- und campherähnlichem Geruch; spanisches Öl (aus Salvia lavandulaefolia) etwas rosmarinartig riechend. Dalmatiner Öl: D_{15} 0,915−0,930; $a_D + 2°$ 5' bis $+ 25°$; $n_{D_{20}}$ 1,458−1,468. l: 1−2 *Vol.* 80%igem Al. Spanisches Öl: D_{15} 0,910−0,933; $a_D − 17°$ bis $+20°$; l: 0,5−2 *Vol.* 80%igem Al.

V: in der Kosmetik zu Mundpflegemitteln und in der Medizin.

NB: Salven (Dihydrotanaceton), Pinen, Cineol, Tujon (bis 50%), d- und l-Borneol (etwa 8%), d-Campher.

Sandelholzöl (ostindisches). H: Holz von Santalum album L. A bei rationeller, moderner Destillierweise: 6%; dicke Flüssigkeit von balsamischem, lange anhaftendem Geruch. D_{15} 0,974−0,985, $a_D − 16°$ bis $− 20°$; $n_{D_{20}}$ 1,505−1,508; l: 3−5 *Vol.* 70%igem Al. V: in der Parfümerie und in der Medizin.

NB: α- und β-Santalol (90%); Santen, C_9H_{14}; Santalene, $C_{15}H_{24}$; Kohlenwasserstoff, $C_{11}H_{18}$; Santenon, $C_9H_{14}O$; Santalon, $C_{11}H_{16}O$; Isovaleraldehyd, Santalol, $C_{15}H_{22}O$; Nortricyclosantalol, $C_{11}H_{16}O$; Satenonalkohol, $C_9H_{16}O$; Teresantalol, $C_{10}H_{16}O$; Teresantalsäure, $C_{10}H_{14}O_2$; Santalsäure, $C_{15}H_{22}O_2$.

Sandelholzöl (westindisches). H: Holz von Amyris balsamifera L. (Westindien). A: 1,5 bis 3,5%. E: dickes, zähes, wenig angenehm riechendes Öl. D_{15} 0,950−0,970; $a_D + 19$ bis $+ 29°$; $n_{D_{20}}$ 1,508 bis 1,513; l: 1 *Vol.* 90%igem und 2−10 *Vol.* 80%igem Al.

NB: Methylalkohol, Diacetyl, Furfurol, Amyrol (42%, vielleicht ein Gemisch verschiedener Cadinole), Amyrolin ($C_{14}H_{12}O_3$, lactonartiger Körper), d-Cadinen, β-Caryophyllen. V: Zur Parfümierung billiger Seifen.

Das neuerdings als westaustralisches Sandelholzöl angebotene Öl stammt meist von Santalum spicatum D. C. oder ist eine Mischung von diesem und Santalum lanceolatum R. Br., die entsprechend den Konstanten des ostindischen Öls eingestellt ist; über den therapeutischen Wert, der von mancher Seite dem der ostindischen Öle gleichgestellt wird, gehen die Urteile auseinander.

Sassafrasöl. H: Wurzelrinde und Holz von Sassafras officinale Nees (Nordamerika). A: aus Wurzelrinde 6−9%, aus Wurzelholz < 1%. Gelbe, nach Safrol riechende Flüssigkeit. D_{15} 1,070−1,080; $a_D + 2$ bis $+ 4°$; $n_{D_{20}}$ um 1,530; l: 1−2 *Vol.* 90%igem Al.

NB: Safrol 80%, Pinen und Phellandren 10%, d-Campher 6,8%, Eugenol 0,5%, Sesquiterpene 3%. VM: Campheröl; nur nachzuweisen bei starker Abweichung der physikalischen Konstanten. „Artificial Sassafras Oil" sind Campherölfraktionen von der Dichte des Sassafrasöls.

V: in der Seifenfabrikation, in der Pharmazie und zur Gewinnung von Safrol (s. S. 836).

Selleriesamenöl. H: Samen von Apium graveolens L. A: 2,5−3%. Nach Sellerie riechendes und schmeckendes Öl. D_{15} 0,866−0,894; $a_D + 60°$ bis $+ 82°$; $n_{D_{20}}$ 1,478−1,486; l: 6−8 *Vol.* 90%igem Al.

NB: d-Limonen 60%; d-Selinen (Sesquiterpen) 10%; Sedanolid 2,5—3% und Sedanonsäure-anhydrid 0,5% (charakteristisch riechende Bestandteile).

V: in der Nahrungsmittelindustrie.

Senföl. H: Samen von Brassica nigra Koch (Europa, Asien) und Brassica juncea (Rußland, Indien, Nordamerika). Der größte Teil der Samen wird zur Bereitung von Speisesenf (s. Senf) gebraucht. G: durch WD der durch Pressen vom fetten Öl befreiten und durch Macerieren in warmem Wasser (unter 70°) fermentierten Samen (s. Fermentationsprozesse, S. 754). A: 0,5—1%. Stark lichtbrechende, zu Tränen reizende, auf der Haut Blasen ziehende Flüssigkeit. D_{15} 1,016—1,022, $n_{D_{20}}$ 1,5268—1,5280; $\alpha_D \pm 0$; l: 160—300 Vol. Wasser, 7—10 Vol. 70%igem Al.

NB: Allylsenföl (Hauptbestandteil), Schwefelkohlenstoff, Allylcyanid, Rhodanallyl (?).
W: Nach D. A. 6 werden folgende Anforderungen gestellt: D_{15} 1,022—1,025; löslich in jedem Verhältnis in 90%igem Al und ein Gehalt von mindestens 97% Allylsenföl (s. GILDEMEISTER und HOFFMANN, Die ätherischen Öle I, 774 [1928]).

Spiköl. H: blühendes Kraut von Lavandula Spica D. C. (Südfrankreich, Spanien, in Höhenlagen bis zu 700 m). A: 0,5—1%. Cineol- und lavendelartig riechende Flüssigkeit. Französisches Spiköl. D_{15} 0,905—0,9176; α_D bis +6°44', ganz selten links bis —2°; n_{D_0} 1,464—1,468; l: 2—3 Vol. 70%igem Al. Spanisches Spiköl. D_{15} 0,904 bis 0,922; α_D —4°43' bis 15°44'; $n_{D_{20}}$ 1,46506—1,46535; l: 1,5—2,5 Vol. 70%igem Al.

NB: Alkohole (l-Linalool, d-Borneol, Terpineol) über 30%, Cineol 10%, d-Camphen, Campher.
W: vermittels der physikalischen Konstanten. VM: Terpentinöl, Rosmarinöl, Salbeiöl.

Storaxöl. H: der „Styrax liquidus" oder Storax, ein durch Auskochen und Auspressen der Rinde des Styraxbaums, Liquidambar orientale Mill. (südliches Nordamerika, Zentralamerika, südliches Kleinasien), gewonnener harzartiger Balsam. A: 0,5%, bei Anwendung von gespanntem Dampf über 1%. Hyacinthenartig-balsamisch riechende Flüssigkeit. D_{15} 0,89—1,06; α_D —38 bis +0°30'; $n_{D_{20}}$ 1,53950 bis 1,56528; l: 1 Vol. 70%igem Al.

V: in der Parfümerie, vielfach als sog. Fixateur.

NB: Styrol, Styrocamphen, Zimtsäureester des Äthyl-, Benzyl-, Phenylpropyl- und Zimtalkohols (Styracin), Vanillin.

Terpentinöl (vgl. Bd. **II**, 87). H: Terpentin, das Harz zahlreicher Coniferenarten. (Gewinnung s. Bd. **VI**, 122ff.) Nach der vom Congrès de Chimie Industrielle in Bordeaux 1925 zusammen mit der SOCIÉTÉ DES EXPERTS CHIMISTES angenommenen, vor allem auf das französische Öl bezogenen Begriffsbestimmung ist das Terpentinöl, das bei einer Temperatur von unter 180° aus frischen Harzbalsamen verschiedener Pinus-, Abies-, Picea- und Larixarten gewonnene Destillationsprodukt, eine farblose bis grünlichgelbe, charakteristisch riechende Flüssigkeit. D_{15} nicht unter 0,960; Kp 152—170° (wenigstens 90% bis 170°); Gehalt an Kolophonium und Harzöl nicht mehr als 2,5%; SZ nicht höher als 1,5; die optische Drehung ist je nach der Herkunft verschieden α_D —33° bis +41° (s. u.). Verwendung, Bd. **VI**, 128.

Amerikanisches Öl. H: in der Hauptsache Harz von Pinus palustris Mill., ferner von Pinus heterophylla (Ell) und Pinus echinata Mill. A: 22—25%. E: D_{15} 0,865—0,870; $n_{D_{20}}$ 1,468—1,478; Kp 155—163° (85%); α_D je nach dem Vorherrschen von Öl von P. palustris rechts (+13° bis +14°) oder von P. heterophylla links; l: 5 Vol. 90%igem Al.
Französisches Öl. H: Harz von Pinus pinaster Sol („Pin maritime", Landes). A: 20—25%. E: D_{15} 0,860—0,870; α_D —29° bis —33°; Kp 155—165° (85—90%); l: 7 Vol. 90%igem Al.; NB: α-Pinen (63%), β-Pinen (26, 5%), rechtsdrehendes Sesquiterpen, ein Keton, Pinolhydrat, Dipenten, d-Limonen. Über die Chemie und Industrie des französischen Terpentinöls vgl. G. DUPONT, Les essences de térébenthine, Paris 1926; vgl. auch die laufenden Veröffentlichungen des gleichen Verfassers in Bull. de l'industrie du Pin.
Österreichisches Öl. H: Harz von Pinus nigra Lk (Wiener Neustadt); A: 17,5%; E: Kp bis 165° (80%); D_{15} 0,863—0,870; α_D —36°30' bis —39°10'; $n_{D_{20}}$ 1,46905 bis 1,47033; l: 6 und mehr Vol. 90%igem Al. NB: 1-α-Pinen (96%), d-Limonen (1%), Sesquiterpen (1%), Ester und Oxydationsprodukte (2%), wenig β-Pinen, Caren (?).
Spanisches Öl. H: Harz von Pinus pinaster Sol. Das Handelsöl entspricht in Eigenschaften und Zusammensetzung dem französischen Öl.
Russisches Öl. H: in der Hauptsache Pinus silvestris L (Archangelsk und Wologda). Das Handelsöl ist zum größten Teil Kienöl (s. S. 774); das in geringerer Menge gewonnene eigentliche Terpentinöl wird aus dem Harze durch direkte trockene Destillation gewonnen (Harzterpentinöl).

Es hat einen unangenehmen und nur entfernt an das mit Wasserdampf destillierte Öl erinnernden Geruch. Im Handel wird ein Unterschied zwischen beiden Ölen nicht gemacht.

Deutsches Terpentinöl hat lediglich während des Weltkrieges eine Rolle gespielt; heute kann es mit den amerikanischen und französischen Ölen nicht mehr in Wettbewerb treten. Als Produktions- und Exportland kommt in erster Linie Amerika in Betracht, sodann Frankreich und Spanien (vgl. G. DUPONT, Les essences de térébenthine, Paris 1926).

Holzterpentinöl (Kienöl) s. Bd. VI, 127, 188.

Sulfatterpentinöl entspricht Tallöl, Bd. VI, 195; es enthält α- und β-Pinen und riecht nach Mercaptan.

Sulfitterpentinöl ist Cymol, Bd. III, 516, VI, 196.

Thymianöl. H: blühendes Kraut von Thymus vulgaris L. (Südfrankreich, Spanien, Algier). A: 0,2—0,9%. 1. Französisches Öl: schmutzig-dunkelrotbraune Flüssigkeit von kräftigem Thymolgeruch. D_{15} 0,900—0,935; $α_D$ schwach links bis —4°; l: 1—2 *Vol.* 80% igem Al. 2. Spanisches Öl: D_{15} 0,930—0,956; $α_D + 1° 30'$ bis —3°; $n_{D_{20}}$ 1,504—1,510; l: 2—3 *Vol.* 70% igem Al. Als weißes Thymianöl kommt rektifiziertes französisches Thymianöl in den Handel. Wichtigste Geruch und Wert bestimmende Bestandteile: Thymol und Carvacrol.

Die Phenole des französischen Öls bestehen vorwiegend aus Thymol (20—25%, mitunter bis 42%), die des spanischen vorwiegend, meist ganz aus Carvacrol (50—74%).

Weitere NB: Cymol, Thymen, l-Pinen, Borneol, Linalool. VM: Terpentinöl, welches insbesondere bei der Destillation der sog. weißen Thymianöle mitunter zugesetzt wird, u. zw. in solchem Mengenverhältnis, daß das Verkaufsprodukt meist nur 1—5% Phenol enthält. Der Preis dieser „rektifizierten" Öle ist daher auch dementsprechend niedriger. Eine Verfälschung ist leicht zu erkennen an der verminderten Löslichkeit in Al, an dem erniedrigten *spez. Gew.* und dem geringeren Phenolgehalt. W: durch Phenolbestimmung (s. Thymol).

V: in der Parfümerie, Kosmetik (Zahnpflegemittel) und Medizin.

Veilchenwurzelöl s. Irisöl, S. 764.

Verbenaöl, ostindisches s. Lemongrasöl S. 766.

Verbenaöl, echtes. H: Blätter von Lippia citriodora H. B. et K. (Südfrankreich, Spanien, Zentralamerika). A: 0,072—0,195%. Öl von feinem citronenähnlichem Geruch. D_{15} 0,900—0,928; $α_D$ —12° 38' bis —16° (spanisches: $α_D$ meist rechtsdrehend +2° 45' bis +9° 45'); l: 1—5 *Vol.* 90% igem Al.

NB: Citral (28—35% im französischen, 13% im spanischen Öl), Verbenon (1%).

V: in der Parfümerie. Ein billigerer Ersatz ist das Lemongrasöl.

Vetiveröl. H: der faserige Wurzelstock des Vetivergrases, Andropogon muricatus Retz (Java, Indien). Gewinnung meist in Europa. A: 0,4—1%. E: zähflüssiges Öl von scharfem, in Verdünnung sehr lieblichem, anhaftendem Geruch. D_{15} 1,015 bis 1,04; $α_D$ + 25 bis + 37°; $n_{D_{20}}$ 1,522—1,527; l: 1—2 *Vol.* 80% igem Al.

NB: Vetivenol, $C_{15}H_{24}O$ (primärer, tricyclischer einfach ungesättigter Alkohol), wahrscheinlich als Ester der Vetivensäure, $C_{15}H_{22}O_2$, Benzoesäure, tertiäre Sesquiterpenalkohole, 2 Sesquiterpene (bi- und tricyclisches Vetiven). VM: Sandelholzöl, Cedernholzöl, Glycerinacetat, fettes Öl.

V: in der Parfümerie.

Wacholderbeeröl. H: die Beeren von Juniperus communis L. (Europa). A: 0,5—1,5%. Öl von balsamischem, terpentinölartigem Geruch und brennendem, bitterem Geschmack. D_{15} 0,867—0,875; $α_D$ meist links bis —11°; $n_{D_{20}}$ 1,479—1,484; l: 5—10 *Vol.* 90% igem Al.

NB: α-Pinen, Camphen, Terpineol, Cadinen, im Nachlauf Krystalle vom *Schmelzp.* 166°.

V: zur Bereitung von Wacholderbranntweinen und Likören und in der Pharmazie.

Weihrauchöl s. Olibanumöl, S. 768.

Wermutöl. H: Kraut von Artemisia Absinthium (Frankreich, Deutschland, Nordamerika). A: bis 0,5%. E: dicke, dunkelgrüne bis blaue oder braune Flüssigkeit von wenig angenehmem Geruch und bitterem, kratzendem Geschmack; physikalische Konstanten sehr wechselnd; sie bieten keinen Anhalt für Reinheit und Wertbestimmung. Amerikanisches Öl: D_{15} 0,916—0,938; $α_D$ meist rechts; l: 1—2 *Vol.* 80% igem Al.

NB: Thujon (Hauptbestandteil), Thujylalkohol frei und als Ester der Essig-, Isovalerian- und Palmitinsäure, Phellandren, Cadinen, blaues Öl von bisher unbekannter Z. VM: Terpentinöl, leicht nachzuweisen, indem die ersten 10 vom Wermutöl abdestillierten Prozentteile in 2 Tl. 80% igem Al klar löslich sein müssen.

V: in der Getränkeindustrie.

Seit Inkrafttreten des Absinthverbots hat die Herstellung und der Handel damit in Frankreich fast aufgehört und ist fast ganz auf Nordamerika beschränkt.

Wintergrünöl. H: Blätter von Gaultheria procumbens L. (Nordamerika), nach vorhergegangener Maceration mit Wasser zur Spaltung des Glucosids Gaultherin. A: 0,55—0,8%. Flüssigkeit von starkem, jedoch sehr flüchtigem Geruch nach Methylsalicylat. D_{15} 1,180—1,193; α_D —0° 25' bis —1°; n_{D20} 1,535—1,536; l: 6—8 *Vol.* 70%igem Al.

NB: Methylsalicylat 98,95% (Spaltungsprodukt des Glucosids Gaultherin), Alkohol $C_6H_{16}O$, Ester $C_{14}H_{24}O_2$, beide mit charakteristischem, durchdringendem Geruch. W: durch Bestimmung des Gehalts an Methylsalicylat durch quantitative Verseifung; auf 1,5 g Öl müssen 30 cm^3 $n/_2$-alkoholische Kalilauge genommen und 2ʰ gekocht werden, da der Ester sich schwer und langsam verseift. Ein gutes Öl muß mindestens 98% Methylsalicylat enthalten. Durch Schütteln mit verdünnter Kalilauge in der Kälte läßt sich das gesamte Methylsalicylat als lösliches Kaliummethylsalicylat aus dem Öl entfernen und durch Säuren rein gewinnen. VM: Petroleum, Salicylsäuremethylester. Durch beide wird die Löslichkeit in Al. herabgemindert.

Das im Handel unter der Bezeichnung „Wintergreenöl" befindliche Öl ist meist das billigere Birkenrindenöl, welches mit ersterem fast identisch ist. H: Rinde von Betula lenta L. (Canada, Nordamerika). A: 0,3—0,6%; Flüssigkeit Geruch des reinen Methylsalicylats. D_{15} 1,180—1,188; optisch inaktiv; l: 5—8 *Vol.* 70%igem Al.

Wurmsamenöl, amerikanisches. H: Samen von Chenopodium ambrosioides L. (Nordamerika). A: 0,6—1,0%. Unangenehm campherartig riechende, bitter schmeckende Flüssigkeit. D_{15} 0,963—0,990; α_D —4 bis —9°; n_{D20} 1,474—1,484; l: 3—10 *Vol.* 70%igem Al.

NB: Ascaridol, $C_{10}H_{16}O_2$ (65—70%); Ascaridolglykol, p-Cymol, Safrol, α-Terpinen, l-Limonen, Methylsalicylat, d-Campher, Buttersäure, Salicylsäure. W: nach dem Ascaridolgehalt durch Bestimmung der beim Schütteln mit 60%iger Essigsäure im Cassiakölbchen ungelöst bleibenden Anteile.

Das ebenfalls Wurmsamenöl genannte Zitwersamenöl wurde früher als Abfallprodukt bei der Fabrikation des Santonins gewonnen und seines Gehaltes an Santonin wegen in der Volksmedizin als wurmtreibendes Mittel gebraucht. H: Artemisia maritima L. var. Steckmanni. A: 2—3%; D_{15} 0,915 bis 0,940; α_D —1° 50' bis —7°; n_{D20} 1,465—1,469; l: 2—3 *Vol.* 70%igem Al. NB: Cineol (Hauptbestandteil), i-α-Pinen, Terpinen, l-α-Terpineol, Terpinenol, Sesquiterpen.

V: in der Medizin als wurmtreibendes Mittel.

Ylang-Ylang-Öl s. Canangaöl. S. 758.

Ysopöl. H: Kraut von Hyssopus officinalis L. (Südfrankreich, Deutschland [Miltitz]). A: 0,3—0,9%. E: süßlich riechende, an Rainfarn erinnernde Flüssigkeit. D_{15} 0,927—0,945; α_D —12 bis —25°; n_{D20} 1,473 bis 1,486. l: 0,5—8 *Vol.* 80%igem Al, bei weiterem Zusatz von Al vielfach Paraffinausscheidung.

NB: β-Pinen, l-Pinocamphon $C_{10}H_{16}O$, Cineol, Sesquiterpenverbindungen. W: nach den physikalischen Konstanten. VM: Fenchelöl, Spiköl. Ersteres verrät sich durch Geruch, höheres *spez. Gew.* und starke Rechtsdrehung, letzteres durch niedrigeres *spez. Gew.* und geringe Drehung.

V: in der Parfümerie.

Zimtöl, Cassiaöl, chinesisches. H: Blätter und Zweige von Cinnamomum Cassia Bl. (China, Canton, Hongkong). A: 0,3—0,4%. Stark lichtbrechendes Öl mit Zimtgeruch und brennendem Geschmack. D_{15} 1,055—1,070; α_D —1 bis +6°; n_{D20} 1,600—1,606; l: 1—2 *Vol.* 80%igem Al. Die meisten im Handel befindlichen Zimtöle enthalten Bleiverbindungen, die durch Einwirkung der Zimtsäure auf die Wandungen der zum Versand verwendeten Bleikanister stammen.

NB: Zimtaldehyd (Hauptbestandteil 75—90%), Essigsäurezimtester, Essigsäurephenylpropylester, Zimtsäure. W: 1. Durch Bestimmung des Aldehydgehalts im sog. Cassiakölbchen (s. u.). Der Aldehydgehalt eines guten Öles muß mindestens 80% betragen. 2. Nach der Hydroxylaminmethode (s. Citronelöl). 3. Durch Bestimmung des Rückstands bei der Destillation, der nicht über 6 bis höchstens 10% betragen darf und von dicker, zäher, breiiger Beschaffenheit sein soll. Auf diese Weise läßt sich eine Verfälschung mit Kolophonium nachweisen. VM: Fettes Öl, Cedernholzöl, Gurjunbalsam. Das Cassiaöl kommt auch rektifiziert in den Handel (hell und bleifrei). Künstliches Cassiaöl ist reiner Zimtaldehyd, nach besonderen Verfahren auch chlorfrei geliefert (s. Zimtaldehyd, S. 814). Nicht zu verwechseln mit Cassiaöl ist das aus der in Südfrankreich vielfach kultivierten, Cassie genannten Acacia farnesiana gewonnene Blütenöl, welches meist als sog. „Essence concrète" (s. 750) in den Handel kommt.

Zimtöl Ceylon. H: Rindenspäne (Chips) von Cinnamomum Ceylanicum Breyne (Ceylon). A: 0,5—1%. Flüssigkeit von angenehmem, feinem Geruch, mit gewürzhaftem, süßem, brennendem Geschmack. D_{15} 1,023—1,040; a_D schwach links bis —1°; n_{D20} 1,581—1,591; l: 2—3 *Vol.* 70%igem Al.

NB: Zimtaldehyd 65—75%, Eugenol 4—10%, Phellandren, l-Pinen, Methyl-n-amylketon, Furfurol, Cymol, Benzaldehyd, Nonylaldehyd, Hydrozimtaldehyd, Cuminaldehyd, Linalool, Linalylisobutyrat, Caryophyllen. W: den Wert bestimmen die nichtaldehydischen Bestandteile, der Aldehydgehalt soll nicht über 76% betragen. VM: Zimtblätteröl, Cassiaöl, Zimtaldehyd, besonders ersteres. Das in Ceylon destillierte und importierte Zimtöl ist fast nie reines Rindenöl; meist werden schon bei der Destillation Blätter und Zweige mitverarbeitet, mitunter auch nachträglich Blätteröl beigemischt. Durch dieses VM wird das *spez. Gew.* und der Eugenolgehalt erhöht, der Zimtaldehydgehalt heruntergesetzt. Öle, die weniger als 65% oder mehr als 76% Aldehyd enthalten, sind verdächtig.

Der Hauptausfuhrartikel aus Ceylon sind neben den Quills genannten Zimtstangen nicht das Öl, sondern die als Chips bezeichneten Rindenabfälle. Das Zimtöl Ceylon ist feiner und teurer als das Cassiaöl.

Terpenfreie Öle.

Mit der im Handel üblichen Benennung „Terpenfreie Öle" bezeichnet man diejenigen ätherischen Öle, welchen ihre Kohlenwasserstoffe (auch Paraffine und Oleine) mehr oder weniger entzogen sind. Je nach der Art der entfernten Kohlenwasserstoffe spricht man genauer von terpenfrei oder von terpen- und sesquiterpenfreien Ölen. Die allgemeine Bezeichnung „kohlenwasserstofffrei" oder „-arm" würde dem Wesen dieser Gruppe ätherischer Öle besser entsprechen. Ihre Darstellung reicht zurück in die Zeit, in welcher das Bestreben einsetzte, geruchlich möglichst hochkonzentrierte Produkte herzustellen und die betreffenden Naturprodukte in weitestgehendem Maße von nicht-, wenig oder schlecht riechenden Ballaststoffen zu befreien. Unter diese rechnete man auch die Kohlenwasserstoffe. Wenn diese Auffassung auch nicht in vollem Maße aufrechterhalten werden kann, so haben doch 2 andere Eigenschaften der „kohlenwasserstofffreien ätherischen Öle" diesen ihren Platz in der Industrie vor allem gesichert: ihre leichtere Löslichkeit in verdünntem Alkohol und ihre größere Haltbarkeit.

Die erste technische Darstellung solcher durch Entfernung der Terpene *konz.* Öle wurde 1876 durch die Firma H. HAENSEL in Pirna unternommen, und ihr folgte 1907 die Firma E. SACHSE & Co. in Leipzig (seit 1927 von SCHIMMEL & CO. in Leipzig übernommen) mit ihren terpen- und sesquiterpenfreien Ölen (vgl. WALLACH-Festschrift **1909**, 54 ff., 201 ff., 281; BÖCKER, *Journ. prakt. Chem.* [2] 81, 266 [1910]; 90, 393 [1914]; KLOPFER, Ber. SCHIMMEL & Co. **1929**, Jub.-Ausg. 169—278).

Die Gewinnung erfolgt nach verschiedenen, meist geheimgehaltenen Verfahren. Prinzipiell lassen sich die Kohlenwasserstoffe auf 3 verschiedene Arten entfernen: 1. durch fraktionierte Destillation im Vakuum in gut wirkenden Kolonnenapparaten; 2. durch Destillation mit Methylalkohol, wobei die leichtflüchtigen Terpene mit dem Alkohol übergehen; 3. durch fraktioniertes Ausfällen mit Wasser aus alkoholischen Lösungen, wobei die am schwersten löslichen Sesquiterpene zuerst entfernt werden. Durch geeignete Kombination dieser 3 Arbeitsmethoden lassen sich im gewünschten Sinne höchstkonzentrierte Öle erhalten.

In der Parfümerie steht der Verwendung der kohlenwasserstofffreien Öle gerade für diejenigen Produkte, für welche sie ihrer leichteren Löslichkeit wegen prädestiniert erscheinen, nämlich für die alkoholarmen Kopfwässer und Tinkturen, ihr hoher Preis im Wege. Die stärkere Geruchskonzentrierung gleicht diese Differenz nicht aus; auch haben viele dieser Öle trotz Zunahme an Stärke an Feinheit und Frische verloren.

Ebenso wie unsachgemäße Arbeitsweise bei der Entfernung der leichtsiedenden Kohlenwasserstoffe zum Verlust von leichtflüchtigen, für den Spitzengeruch in Parfüms wichtigen Körpern (z. B. niedersiedenden Alkoholen, Aldehyden, Ketonen) führen kann, so fehlen den sesquiterpenfreien Ölen vielfach auch die weniger durch ihre Geruchsstärke als durch Feinheit und Haftvermögen sich auszeichnenden Sesquiterpenalkohole.

Weitaus der größte Teil der terpen- und sesquiterpenfreien Öle findet in der Liqueurindustrie, vor allem in der Industrie der alkoholfreien Getränke, ihre Anwendung.

Im Handel hat sich zur Unterscheidung von den natürlichen, unveränderten ätherischen Ölen die Bezeichnung „tsf"-Öl für die terpen- und sesquiterpenfreien Öle eingeführt. Für diese Öle sind allgemein gültige Grenzen ihrer Konstanten, die natürlich von denen der ursprünglichen Öle erheblich abweichen, noch nicht eingeführt, und die Öle verschiedener Herkunft zeigen je nach ihrer Gewinnungsweise recht verschiedene Eigenschaften. Eine Gegenüberstellung der Eigenschaften der bekanntesten ätherischen Öle und deren tsf-Ölen findet sich in den Veröffentlichungen von BÖCKER und KLOPFER (l. c.). Über tsf-Agrumenöle vgl. auch Ber. SCHIMMEL **1928**, 38.

II. Spezialblütenprodukte.

Während ein Teil von Blüten, wie Rosen, Orangenblüten, Lavendel, Ylang-Ylang-Blüten, durch Wasserdampfdestillation sehr wohlriechende ätherische Öle (s. d.) liefert, eignen sich andere nicht für diese Fabrikationsart; sie müssen nach den oben beschriebenen Verfahren der Enfleurage, Extraktion oder Maceration (s. d.) auf Spezialprodukte verarbeitet werden.

Essences concrètes (Konkrete, d. h. feste Extraktöle) werden die mit flüchtigen Lösungsmitteln gewonnenen primären konzentrierten Extraktionsprodukte der südfranzösischen Blütenindustrie sowie die nach analogen Verfahren erhaltenen Produkte anderer Provenienz genannt. Das Charakteristische dieser Produkte für die Praxis besteht darin, daß sie neben den Riechstoffen auch nichtriechende Wachse, Paraffine und Harze enthalten. Diese sind jedoch nicht ganz wertlos, sondern spielen indirekt durch ihre fixierenden Eigenschaften eine nicht zu unterschätzende Rolle (s. S. 849).

Da die Verwendungsmöglichkeit der Concrètes infolge des starken Gehaltes an solchen in Alkohol schwer löslichen Produkten begrenzt ist, werden sie zum großen Teil in der oben beschriebenen Weise weiter auf die sog. Essences absolues de concrète (Hyperessences, Solvessences liquides, absolute Extraktöle), verarbeitet. Je nachdem, wie weit die Entfernung der nichtriechenden Ballaststoffe getrieben worden ist, liegen mehr oder weniger konzentrierte und zugleich auch alkohollöslichere Produkte vor. Mit zunehmender Konzentration steigt der Wert und naturgemäß auch der Preis der Extraktöle.

An konkreten und absoluten Extraktölen sind im Handel diejenigen von Jasmin, Tuberosen, Orangenblüten, Rosen, Veilchen, Cassie, Lavendel, Jonquillen, Hyazinthen (Holland) u. s. w., ferner auch von krautigen Produkten wie Veilchenblättern, Muskateller, Salbei u. s. w.

Essences absolues de Pomade (Pomadenextraktöl), deren Fabrikation auf S. 753 beschrieben ist, sind Spezialprodukte der Enfleurage bzw. der Maceration. Ihre Hauptvertreter sind die Jasminpomadenextraktöle und die Tuberosenpomadenextraktöle, welche ausschließlich von Fabriken südlicher Länder hergestellt werden. Wie die Extraktöle mehr oder weniger große Mengen Blütenwachs enthalten, so sind je nach der Verarbeitung die Pomadenprodukte mehr oder weniger fetthaltig.

Während für die Wertbestimmung der ätherischen Öle bestimmte Merkmale (Konstanten) neben der geruchlichen Beurteilung maßgebend sind, können für die konkreten und absoluten Öle als einzige Kriterien in bezug auf Güte und praktische Verwendbarkeit die geruchlichen Eigenschaften, das Aussehen, d. h. die Farbe, und ihre Löslichkeit herangezogen werden. Es liegt in dem Wesen ihrer Herstellungsart, daß die aus dem gleichen Ausgangsmaterial bereiteten Produkte sehr verschieden ausfallen können, je nach der Provenienz des Blütenmaterials, nach der Zeit der Ernte, ferner nach der Ausübung des Verfahrens, das, abgesehen von der Wahl des Lösungsmittels, durch die Länge der Extraktionsdauer, das Verhältnis des Lösungsmittels zum Extraktionsgut sowie durch die nachfolgende Aufarbeitung stark variiert werden kann. Dadurch ist natürlich der Verfälschung stark Vorschub geleistet, zumal weder die Zusammensetzung der Riechstoffkomplexe noch der geruchlosen Begleitstoffe dieser Produkte restlos aufgeklärt ist. WALBAUM und ROSENTHAL haben durch Veröffentlichung (Ber. SCHIMMEL & Co. 1929, Jub.-Ausg. 189) der Durchschnittskonstanten (E_p, V. Z., S. Z., E. Z.) einer großen Anzahl konkreter und flüssiger Extrakte und durch Ausarbeitung eines Verfahrens zur Bestimmung des Gehalts an flüchtigem Öl in solchen Extrakten (vgl. auch CLEVENGER, Apparatus for volatile oil determination, Amer. Perf. 23, 467 [1928]) die Grundlage für die Ermittlung bestimmter Konstanten auch dieser Produkte gelegt, die bei ihrem hohen Handelswert nur mit kleinen Mengen vorgenommen werden kann.

III. Harzprodukte.

Seit alters finden gewisse Harzprodukte, wie Benzoe, Storax, Tolubalsam, Myrrhenharz, Olibanum- (Weihrauch-) Harz u. s. w., in der Parfümerie weitgehende Verwendung. Ihre Löslichkeit in Alkohol gestattet die Verwendung dieser Riechdrogen direkt in der Form, in der sie gewonnen werden. (Über Gewinnung vgl. Bd. II, 70 ff.).

Wie die Verwendung von Harzen in der Medizin durch Beisubstanzen bedingt wird, so beruht auch ihre Verwertbarkeit in der Riechstoffindustrie zum Teil auf den in ihnen enthaltenen Riechstoffen.

Eine besonders wertvolle Eigenschaft jedoch ist ihre außerordentlich schwere Flüchtigkeit, welche sie in Verbindung mit einer großen Absorptionsfähigkeit für Riechstoffe und ihrer leichten Löslichkeit in Alkohol als sog. Fixateure (s. d.) in der Riechstoffindustrie zu großem Ansehen gebracht hat.

Soweit eine Gewinnung von ätherischem Öl aus diesen Harzen in Betracht kommt, sind diese Produkte zum Teil schon bei den ätherischen Ölen erwähnt. (Elemiöl, Labdanumöl, Galbanumöl, Gurjunbalsamöl, Myrrhenöl, Storaxöl, Opopanaxöl, Weihrauchöl u. s. w.)

In den ätherischen Ölen der Harzprodukte sind jedoch die nichtflüchtigen Harze nicht enthalten. Diese kann man jedoch nachträglich durch Extraktion der ausdestillierten Rückstände gewinnen, wobei gleichzeitig auch nichtübergangene schwerflüchtige oder von den Harzen zurückgehaltene Riechstoffe erhalten werden (s. auch S. 743).

Entsprechende Produkte können auch aus den Rückständen anderer Destillationsmaterials gewonnen werden, in denen, wie bei allen Pflanzenteilen holziger Struktur, harzartige Bestandteile enthalten sind, z. B. Vetiverwurzel, Gewürznelken, Iriswurzeln und vielen anderen.

Diese verhältnismäßig schwach riechenden Produkte, in denen das Harz den Riechstoffen gegenüber vorwiegt, können nach entsprechender Reinigung als Fixateure in der Parfümerie und speziell in der Seifenindustrie Verwendung finden.

Sie kamen zunächst für die Seifenindustrie in den Handel, unter dem bezeichnenden Namen „Resine" oder „Resinoide", der sich jedoch mit der Zeit auch auf andere Produkte übertragen hat.

Oleoresine. Wertvollere Produkte stellen diejenigen dar, welche sowohl die Riechstoffkomplexe als auch die Harze enthalten. Sie entsprechen nach ihrer Gewinnungsweise durch Extraktion den Concrètes. Von diesen unterscheiden sie sich jedoch prinzipiell dadurch, daß sie an Stelle von Pflanzenwachsen harzartige Bestandteile enthalten und daß sie infolge ihrer Löslichkeit in Alkohol in der Parfümerie für alle Zwecke direkt verwendet werden können. Sie verbinden hervorragende geruchliche Eigenschaften mit starkem Fixierungsvermögen.

Ihre Gewinnung erfolgt durch Extraktion mit verschiedenartigen flüchtigen Lösungsmitteln, von denen als harzlösende besonders Alkohol und Äther in Frage kommen, meist in der Wärme unter Rückfluß. Nach dem Filtrieren und Verdampfen des Lösungsmittels können die primären Extrakte durch Entfärbung, etwa mit Tierkohle, und andere Reinigungsmethoden, wie Ausfällen von Gerbstoffen u. dgl. mit geeigneten Mitteln, noch weiter gereinigt und konzentriert werden. Die zähflüssigen Konzentrate werden meist durch Verdünnen mit Lösungsmittel, wie Benzylalkohol, Benzylbenzoat, Phthalsäuremethylester u. a., in eine gebrauchsfertige Form gebracht.

Das *D. R. P.* 451 000 [1928] gibt für die im Prinzip auch schon früher vielfach übliche Gewinnungsweise von Oleoresinen folgende Vorschrift: Das fein zerkleinerte Rohmaterial wird in der Wärme mit leicht siedenden Lösungsmitteln erschöpftend ausgezogen; zu dem Auszug gibt man hochsiedende Lösungsmittel, wie Benzylalkohol, Diäthylphthalat, Glycerintriacetat, und vertreibt im Vakuum das niedersiedende Lösungsmittel.

Außer dem Namen Oleoresin bzw. Oleoresinoid, welcher dem Wesen derartiger Produkte am nächsten kommt, sind Bezeichnungen wie Resinaromes, Gommodores, Clairs, Extrodore und auch Resinoide u. a. in Verbindung mit der Bezeichnung des betreffenden Ausgangsmaterials im Gebrauch. Neben den eigentlichen Harzprodukten, wie Benzoe-, Opopanax-, Olibanum-, Galbanum-, Storax-, Myrrhe-, Perubalsam-, Tolubalsam-Oleoresin, werden die entsprechenden Produkte der Iris- und Vetiverwurzel, des Sandel- und Cedernholzes, der Labdanum- und Patschuliblätter, des Eichenmooses, der Gewürznelken, der Tonka- und Vanillebohnen u. a. von den Riechstoffabriken in den Handel gebracht. Entsprechend der Zugänglichkeit des Materials haben auch deutsche Fabriken zu den ersten gehört, die sich der Fabrikation dieser wichtigen Riechstoffprodukte zugewandt haben.

Eine Einheitlichkeit in der Bezeichnungsweise ist leider nicht durchgeführt, und ebensowenig bestehen irgend welche Normen für die Wertbestimmung.

IV. Tierische Produkte.

Die Zahl der tierischen Riechstoffkomplexe ist sehr klein und beschränkt sich auf einige tierische Drogen:

1. Moschus, der Inhalt einer Drüse des männlichen Moschustiers, Moschus moschiferus (Zentralasien), der in Beuteln in den Handel gelangt und meist durch alle möglichen Substanzen bereits im Ursprungslande verfälscht wird, ist eine braune, schwach ammoniakalisch riechende pulverige Masse, die in der Parfümerie meist in Form der durch Behandlung mit Alkohol gewonnenen Moschustinktur angewandt wird. Der feinste Moschus ist der tongkinesische, der über Schanghai in den Handel kommt. Als wesentlich riechender Bestandteil ist das Muscon (s. d.) erkannt worden.

V. M. Koaguliertes Blut, Lederabfälle u. a.

2. Zibet ist ein Sekret beider Geschlechter der afrikanischen Zibetkatze (Viverra Civetta) in einer zwischen After und Geschlechtsteilen liegenden Drüse. Der asiatische, in Zinn- und Blechbüchsen in den Handel kommende Zibet gilt für besser als der aus Afrika in mit Leder verschlossenen Büffelhörnern meist in Europa gehandelte. Es ist eine fäkalartig riechende, gelbe, salbenartige, fetthaltige Masse. Der riechende Bestandteil ist neben Skatol (etwa 0,1 %) das Zibeton (s. d.).

V. M. Seife, Schmalz, Vaselin, Cocosöl u. a.

3. Ambra, Ambre gris (s. auch Bd. III, 745) ist ein pathologisches Produkt, das sich in den Därmen des Pottwals (Physeter Macrocephalus) bildet, auf natürlichem Wege ausgeschieden und auf dem Meere treibend von Fischern aufgefischt wird. Dieses wertvolle Fundobjekt ist eines der teuersten und geschätztesten Hilfsmittel der Parfümerie. Der schwer definierbare, etwas fettigwachsartige echte Ambrageruch hat nichts gemein mit dem Geruch der Labdanum- (Cistus-) Präparate, die als künstliche Ambraprodukte (Ambre végétal u. s. w.) im Handel sind. Über die riechenden Prinzipien ist nichts bekannt.

4. Castoreum (Bibergeil) s. Bd. III, 795. Man unterscheidet canadisches und sibirisches Castoreum, von welchen das „Castoreum canadense" das geschätztere ist, während das sibirische infolge seines teerartigen Geruchs nur für Juchtenpräparate in der Parfümerie Verwendung findet.

Im Castoreum liegt nicht wie im Moschus und Zibet ein einheitlicher Geruchsträger vor.
NB. Benzoesäure, Salicylsäure, Acetophenon, l-Borneol, Benzylalkohol, p-Äthylphenol, o-Kresol (?), Guajacol (?), Lactone (?) (WALBAUM und ROSENTHAL, Journ. prakt. Chem. [2] 117, 225 [1927]. PFAU, Perf. essent. Oil. Rec. 18, 206 [1927]).

5. Hyraceum, das eingetrocknete Exkrement des Klippdachses (Hydrax capensis Buff, Kapland), ist in seinen Eigenschaften dem Castoreum sehr ähnlich, hat sich aber als Castoreumersatz noch nicht durchsetzen können.

Die Wirkung der Extrakte von vorstehenden Produkten ist eine den Geruch der Parfümmischungen abrundende und haftend machende. Sie werden zu den sog. „Fixateuren" in der Parfümerie (s. S. 849 und Bd. VIII, 299) gerechnet. Trotz zahlreicher Bestrebungen, sie durch reine chemische Verbindungen zu ersetzen, behaupten sie sich weiterhin als unentbehrliche Hilfsmittel in der feinen Parfümerie einen allerersten Platz.

Während die genannten tierischen Riechdrogen früher nur in ihrer ursprünglichen Form an den Parfümeur gelangten und diesem die Mühe der Bereitung entsprechender Tinkturen oblag, hat sich in neuester Zeit die Riechstoffindustrie auch der Verarbeitung dieser Produkte auf reine, von den wertlosen Ballaststoffen befreite höchstkonzentrierte Präparate zugewendet. Diese geschieht auf die gleiche Weise, wie dies bei den Harzprodukten beschrieben ist, durch Extraktion. Die erhaltenen Produkte kommen analog den Harzextrakten unter den Namen Oleoresine, Resinarome, Resinodore, Extrodore u. s. w. in den Handel. Durch Auflösen in Alkohol lassen sich die entsprechenden Tinkturen schnell und in gleichbleibender Stärke herstellen.

C. Die einfachen Riechstoffe und ihre Technik.

Durch die gemeinschaftliche Forschungsarbeit von Wissenschaft und Technik wurde erkannt, daß die natürlichen Riechstoffkomplexe eine weit kompliziertere Zusammensetzung aufweisen, als man bis dahin angenommen hatte. In der Einleitung (s. S. 730) ist manches hierüber gesagt, und ebenso ergibt sich aus den folgenden Einzelbeschreibungen einiges. Vertreter fast aller Körperklassen der organischen Chemie haben sich aus den Naturprodukten isolieren lassen. Die Grundlage hierzu bildete die Ausarbeitung zahlreicher Isolierungsmethoden, die auch heute noch weiter ausbaufähig sind und die in ihrer Gesamtheit durch geschickte Kombination der verschiedenen Verfahren die Möglichkeit einer praktisch fast quantitativen Analyse dieser organischen Mischungen liefern. Die ätherischen Öle, die absoluten Blütenöle, pflanzliche und tierische Extrakte sind noch immer eine unerschöpfte Fundgrube für einfache Riechstoffe. Wie wicntig die planmäßige wissenschaftliche Erforschung der Naturprodukte für die Technik ist, geht daraus hervor, daß die Mehrzahl der wertvollsten Riechstoffe der Großindustrie ihren Ursprung solchen Untersuchungen verdankt. Als Beispiel sei hier nur auf Vanillin, Citronellol, Geraniol, ferner Muscon, Ambrettolid und die künstlichen Blütenöle hingewiesen. Bei den Studien über Naturprodukte, besonders bei Versuchen zur Synthese der isolierten einfachen Riechstoffe, kann es vorkommen, daß man zu Verbindungen gelangt, die, ohne Bestandteile natürlicher Riechstoffkomplexe zu sein, alle Eigenschaften eines Riechstoffes aufweisen und als solche Verwendung finden können. Das klassische Beispiel für einen solchen Riechstoff ist das Ionon.

Eine prinzipielle Trennung dieser rein synthetischen Riechstoffe von den sog. isolierten natürlichen ist besonders für die Technik nicht streng durchführbar und unzweckmäßig, da einerseits eine ganze Anzahl zunächst künstlich dargestellter Riechstoffe nachträglich in Naturprodukten nachgewiesen wurde und infolgedessen auch mit einer weiteren Verschiebung der Grenzen zwischen beiden Gruppen zu rechnen ist, und da andererseits manche in der Natur vorkommende Riechstoffe sowohl aus den Naturprodukten als auch künstlich oder nur auf synthetischem Wege dargestellt werden. Die Beschreibung der Einzelverbindungen gibt über diese Verhältnisse Aufschluß. Die Anzahl der der spekulativen Synthese entstammenden Riechstoffe hat zumal im letzten Jahrzehnt außerordentlich zugenommen. Viele der neugefundenen Riechstoffindividuen kommen als solche nicht in den Handel; sie werden von den darstellenden Firmen zu Kompositionen verarbeitet und unter Phantasienamen verkauft.

Alle bekannten Einzelverbindungen an dieser Stelle aufzuführen, würde zu weit führen. Es werden eingehender nur diejenigen behandelt, die als wichtige, selbständige Verbindungen Handelsprodukte geworden sind oder besonderes wissenschaftliches Interesse haben.

Im folgenden werden nach Körperklassen nur die wichtigsten Einzelverbindungen beschrieben:

I. Kohlenwasserstoffe.

1. Acyclische (aliphatische) Kohlenwasserstoffe.

Von niederen Kohlenwasserstoffen hat das Isopren, C_5H_8 (s. Bd. VI, 537), durch seine Beziehungen zu den Terpenen, Sesquiterpenen und Polyterpenen insofern Bedeutung, als man sich diese nach WALLACH sowie nach RUZICKA durch Aneinanderlagerung von Isoprenmolekülen entstanden denken kann.

Höhere gesättigte Kohlenwasserstoffe der Fettreihe (Paraffine) C_nH_{2n+2} kommen neben den entsprechenden ungesättigten Kohlenwasserstoffen (Olefinen) C_nH_{2n} ziemlich häufig im Pflanzenreich vor. Sie bilden die wachsartigen Überzüge und Ausscheidungen auf Blättern, Blüten, Samen u. s. w. In ätherischen Ölen begegnet man ihnen infolge ihrer Schwerflüchtigkeit selten, in größerer Menge nur beim Rosenöl und Kamillenöl. In reichlichem Maße finden sie sich in den Extraktionsprodukten der Blüten mit flüchtigen Lösungsmitteln (Concrètes). In der Mehrzahl dürften diese Kohlenwasserstoffe Gemische von Homologen sein. *Schmelzp.* 10—63°. Sie haben keine geruchliche Bedeutung. Als natürliche „Fixateure" (s. S. 849) spielen sie jedoch eine gewisse Rolle.

Die Kohlenwasserstoffe $C_{10}H_{16}$ mit drei Doppelbindungen, die, in der Zusammensetzung mit den Terpenen übereinstimmend, sich von diesen durch niedrigeres *spez. Gew.* sowie geringeres Brechungsvermögen unterscheiden, werden nach SEMMLER olefinische Terpene genannt.

Myrcen, $C_{10}H_{16} = (CH_3)_2C:CH \cdot CH_2 \cdot CH_2 \cdot C(:CH_2) \cdot CH:CH_2$, wurde als erstes sog. olefinisches Terpen im Bayöl gefunden (Pharm. Rundsch. [New York] 13, 61 [1895]). Es ist auch im Vorlauf des Öles von Lippia citriodora, im Hopfenöl, Galbanumöl und von BARBIER (*Bull. Soc. chim. France* [3] 25, 691 [1901]) in den Dehydratationsprodukten des Linalools nachgewiesen worden. Zu etwa 43% kommt es im Blätteröl von Barosma venusta vor. Kp 167—172°; Kp_{20} 67—68°; D_{15} 0,8013—0,8023; n_D 1,4673. Bei der Oxydation entsteht Bernsteinsäure.

Nachweis durch Reduktion zu Dihydromyrcen nach SEMMLER (*B.* 34, 3126 [1901]) durch Umwandlung in α-Camphoren beim Erhitzen im Einschmelzrohre auf 250—260° (Chlorhydrat *Schmelzp.* 129—130°) (*B.* 46 1566 [1913]) sowie durch das Myrcenoltetrabromid, *Schmelzp.* 88°.

Ocimen, $C_{10}H_{16} = CH_2:C(CH_3) \cdot CH_2 \cdot CH_2 \cdot CH:C(CH_3) \cdot CH:CH_2$, mit Myrcen isomer, kommt im Öl von Ocimum basilicum vor. Kp_{21} 73—74°; D_{15} 0,801; n_D 1,4861.

Farnesen,

$$C_{15}H_{24} = (CH_3)_2:C:CH \cdot CH_2 \cdot CH_2 \cdot C(CH_3):CH \cdot CH_2 \cdot CH_2 \cdot C(:CH_2) \cdot CH:CH_2$$

gehört zu den sog. Sesquiterpenen (s. S. 785). Es ist in der Natur noch nicht beobachtet, jedoch künstlich aus dem zugehörigen Alkohol Farnesol $C_{15}H_{26}O$ durch Wasserabspaltung (*B.* 46, 1732 [1913]) gewonnen worden. Kp_{12} 129—132°; D_{18} 0,877; n_D 1,49951; $\alpha_D \pm 0°$.

2. Cyclische (aromatische) Kohlenwasserstoffe.

—$CH=CH_2$. Styrol, C_8H_8, Vorkommen in Storaxölen und im Xanthorrhoea-harzöl; entsteht wahrscheinlich durch Zerfall von Zimtsäure.

Künstliche Gewinnung aus α-Chloräthylbenzol durch Erhitzen mit Pyridin auf 130° (*B.* 36, 1632) oder aus α-Bromäthylbenzol mit alkoholischem Kali. Weiter entsteht Styrol aus β-Bromhydrozimtsäure, die beim Erhitzen mit Sodalösung glatt in CO_2, HBr und Styrol zerfällt, sodann aus Zimtsäure durch Erhitzen mit Kalk (*B.* 23, 3269) oder mit Wasser auf 200°. Eine weitere Herstellung ist die Reduktion von Acetophenon mit amalgamiertem Zink und Salzsäure (E. CLEMMENSEN, *B.* 46, 1837; *Chem. Ztrlbl.* 1913, II, 255).

Nach *F. P.* 574083 [1923] läßt sich Äthylbenzol zu etwa 32% in Styrol überführen, wenn man es bei mindestens 475° im Kohlensäurestrom durch eine eiserne Röhre leitet.

In Amerika wird Styrol technisch neben anderen Kohlenwasserstoffen aus dem öligen Kondensat des in Amerika hergestellten carburierten Waßergases durch Fraktionieren gewonnen (BROWN, *Journ. Ind. engin. Chem.* 20, 1178 [1928]). Nach SABETAY (*Bull. Soc. chim. France* [4] 43, 1301 [1928]) erhält man Styrol fast quantitativ durch Destillation von primärem Phenyläthylalkohol (s. d.) über Kaliumhydroxyd.

Stark lichtbrechende Flüssigkeit von etwas petroleumartigem Geruch, die sich leicht zu Metastyrol $(C_8H_8)_n$ polymerisiert. Kp 144—145,5°; D_{20} 0,9074; n_D 1,54472. Dibromid *Schmelzp.* 74—74,5°. Der Gehalt an Styrol beeinflußt den Geruch ätherischer Öle in ungünstigem Sinne (vgl. kohlenwasserstofffreie Öle, S. 776). Dagegen weisen die Monohalogenstyrole hyacinthenähnlichen Geruch auf.

ω-Bromstyrol, $C_6H_5 \cdot CH:CHBr$, entsteht durch Einwirkung von Brom auf Zimtsäure und Zersetzung der gebildeten Dibromzimtsäure mit Soda.

$$C_6H_5 \cdot CH:CH \cdot CO_2H + 2Br \rightarrow C_6H_5 \cdot CHBr \cdot CHBr \cdot CO_2H; Na_2CO_3 \rightarrow$$
$$\rightarrow C_6H_5 \cdot CH:CHBr + NaBr + CO_2 + NaHCO_3.$$

Darstellung. In einem doppelwandigen, emaillierten Rührwerkskessel, der mit einem sehr guten Kühler und mit direkter Dampfzuführung versehen ist, löst man 10 *kg* Zimtsäure in 40 *kg* Äther.

Dann läßt man aus einem Tropftrichter langsam unter dauerndem Umrühren und starkem Kühlen im aufsteigenden Kühler 11 $kg = 3,7\,l$ Brom einfließen. Nachdem alles Brom eingetragen ist, rührt man noch 3—4 Stunden. Hierauf destilliert man den Äther ab, gibt 20 kg Wasser und 7 kg calcinierte Soda hinzu und unterwirft die Masse der Destillation mit Wasserdampf. Das entstandene ω-Bromstyrol geht hierbei mit den Wasserdämpfen über. Das sich am Boden sammelnde Öl wird durch Rektifikation im Vakuum gereinigt.

Gelbliches Öl von durchdringendem, an Hyacinthen erinnerndem Geruch. D 1,430; Kp_{20} 108°.

Verwendung in der Parfümerie für billige Präparate und hauptsächlich in der Seifenindustrie als alkalibeständiger Riechstoff. Als Hyacinthin im Handel.

ω-Chlorstyrol, $C_6H_5 \cdot CH : CHCl$. Hyacinthenähnlich riechende Flüssigkeit. Kp 199°; D_4^{15} 1,1122; n_{D15} 1,5808. Seine Bedeutung tritt hinter der des Bromstyrols zurück.

Cymol s. Bd. III, 516.

Diphenylmethan s. Bd. III, 700; billiger Geraniumölersatz.

3. Alicyclische Kohlenwasserstoffe.

a) Terpene. Weitaus die Mehrzahl der in ätherischen Ölen vorkommenden, zu den Riechstoffen zählenden Kohlenwasserstoffe besitzt die Zusammensetzung $C_{10}H_{16}$ und gehört der alicyclischen (hydroaromatischen) Reihe an. Wenn auch ihre geruchliche Bedeutung nicht groß ist (s. Terpenfreie Öle, S. 776), so sind sie doch von theoretischem Interesse, und in einigen von ihnen finden wir außerdem wertvolle Ausgangsmaterialien für die künstliche Darstellung von Riechstoffen. Während α- und β-Pinen, Camphen, Limonen, Dipenten, Terpinolen, α- und γ-Terpinen, α- und β-Phellandren, Caren und Sabinen fertig gebildet in ätherischen Ölen vorkommen, scheint sich Sylvestren erst bei der Isolierung zu bilden. Mit Ausnahme des inaktiven Terpinens, Terpinolens und Dipentens kommen diese Kohlenwasserstoffe meist in beiden optisch aktiven Formen vor.

Die bicyclischen Terpene sieden zwischen 150 und 170°, die monocyclischen von 170—180°. Beide Klassen zeigen auch erhebliche Unterschiede in der Molekularrefraktion.

Die synthetische Darstellung der Terpene hat mit der steigenden Nachfrage zum Zwecke der Verschneidung (Verfälschung) natürlicher Öle erhebliche technische Bedeutung gewonnen. Es entstehen dabei meist Gemische von Isomeren. Die Terpene lassen sich gewinnen durch Wasserabspaltung aus Terpenalkoholen und -ketonen, durch Ammoniakabspaltung aus Basen, durch Abspaltung von Säureradikalen, durch Kohlendioxydabspaltung aus Säuren, mit Hilfe der GRIGNARD-Reaktion, durch Ringschließung unter Wasserabspaltung aus acyclischen Terpenalkoholen und -aldehyden sowie endlich durch Polymerisation von Kohlenwasserstoffen. Technisches Interesse haben davon besonders die Gewinnung von Camphen (s. Bd. III, 76) aus Bornylchlorid und die Polymerisation von Isopren zu künstlichem Kautschuk (s. Bd. VI, 537), wobei als Nebenprodukt Dipenten erhalten wird.

α-Pinen, $C_{10}H_{16}$ (Formel s. Bd. III, 66), ist außerordentlich verbreitet. Es bildet den Hauptbestandteil der unter dem Namen „Terpentinöle" (Bd. VI, 128) im Handel vorkommenden Wasserdampfdestillate aus dem Harzsaft verschiedener Pinusarten (s. u.) und kommt sowohl inaktiv wie in den beiden optisch aktiven Formen vor, d-α-Pinen hauptsächlich im amerikanischen und griechischen Terpentinöl sowie im deutschen, polnischen und schwedischen Kienöl, l-α-Pinen im französischen und spanischen Terpentinöl, sowie in vielen anderen Ölen. Das i-α-Pinen findet sich unter anderm im Citronenöl und Cuminöl.

α-Pinen kann im Gegensatz zu den meisten anderen Terpenen in verhältnismäßig reinem Zustande gewonnen werden durch Umsetzung des festen Pinennitrosochlorids mit Anilin in alkoholischer Lösung (WALLACH, A. 252, 132 [1889]; 258, 343 [1890]). Farblose, leicht bewegliche Flüssigkeit, Kp 155—156°; D_{20} 0,858; n_{D21} 1,46553; α_D bis +, bzw. —50°; nimmt, wie alle Terpene, bei längerem Stehen unter Autoxydation Sauerstoff aus der Luft auf und wirkt als Sauerstoffüberträger und verharzend. Ist bei der Oxydation Wasser zugegen, so bildet sich Pinolhydrat (Sobrerol), $C_{10}H_{18}O_2$, das sich manchmal aus alten Terpentinölen in Krystallen abscheidet.

Pinen wird leicht in andere Terpene umgewandelt. Die wichtigsten Reaktionen geht das Pinen durch Anlagerung von Chlorwasserstoffsäure und Umlagerung zu

„Pinenchlorhydrat" (Bornylchlorid) und durch Hydratisierung mit verdünnten Mineralsäuren zu Terpinhydrat ein, welche als Zwischenprodukte für die Camphersynthese (Bd. III, 65) und die Fabrikation von Terpineol (s. d.) von technischer Bedeutung sind. Nach AUSTERWEIL (*Bull. Soc. chim. France* [4] **41**, 1507 [1927]) entsteht bei vorsichtiger Behandlung mit organischen Säuren (Salicylsäure, Benzoesäure) hauptsächlich Borneol (β-Pinen ergibt ein Gemisch von Borneol und Isoborneol). Beim Kochen mit Säuren entsteht das Oxyd Pinol, $C_{10}H_{16}O$.

Der Weg für die Synthese ist von RUZICKA und Mitarbeitern (*Helv. chim. Acta* **4**, 666 [1921]; **7**, 489 [1924]) gewiesen worden.

Nachweis durch das Nitrosochlorid (WALLACH, *A.* **245**, 251 [1888]; **253**, 251 [1889]). Weiße Blättchen, *Schmelzp.* 103⁰ (auch bis 115⁰), optisch inaktiv. Da die Nitrosochloride verschiedener Terpene sehr ähnliche Schmelzpunkte haben, wendet man zur Charakterisierung besser die Nitrolamine an, die sich durch Umsetzung der Nitrosochloride mit primären Basen sowie mit Piperidin bilden (WALLACH, *A.* **245**, 253 [1888]; **252**, 130 [1889]). Pinennitrolpiperidid, *Schmelzp.* 118—119⁰, Pinennitrolbenzylamin, *Schmelzp.* 122—123⁰.

Bei sehr stark drehenden Pinenfraktionen ist die Ausbeute an Nitrosochlorid sehr gering. Nachweis durch Oxydation zu Pinonsäure: 100 *g* Pinen werden mit 233 *g* $KMnO_4$ und 3 *l* Wasser unter Eiskühlung geschüttelt. Nach Ausschüttelung des nicht angegriffenen Pinens und der neutralen Produkte erhält man die Pinonsäure (Semicarbazon, *Schmelzp.* 204⁰) beim Ansäuern mit verdünnter H_2SO_4. Ausgehend von i-Pinen kann man die Ausbeute auf 50% steigern, wenn man das freiwerdende Alkali durch Einleiten von CO_2 neutralisiert (DUPONT und BRUS, *Ann. Chim.* [9] **19**, 186 [1923]).

β-Pinen, $C_{10}H_{16}$ (Nopinen), kommt neben α-Pinen in den Terpentinölen, dem Kienöl und vielen anderen ätherischen Ölen vor. Synthetisch ist es von WALLACH (*A.* **363**, 1 [1908]) dargestellt worden. *Kp* 163—164⁰; D_{15} 0,8650; a_D —19⁰ 21′; $n_{D_{20}}$ 1,47548. Bei der Hydratation mit Eisessig und H_2SO_4 entsteht zur Hauptsache Terpinen (*A.* **363**, 1 [1908]).

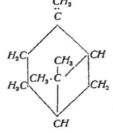

β-Pinen liefert kein Nitrosochlorid. Nachweis durch Darstellung des schwerlöslichen nopinsauren Natriums durch Oxydation mit Permanganat und Natronlauge nach WALLACH (*A.* **356**, 228 [1907]) bzw. der Nopinsäure, *Schmelzp.* 126⁰, und Nopinon (Semicarbazon, *Schmelzp.* 188⁰). Durch Ozonisierung (BRUS und PEYRESBLANQUES, *Compt. rend. Acad. Sciences* **187**, 984 [1928]; SCHMIDT, *Ztschr. angew. Chem.* **42**, 126 [1929]) erhält man ein viscoses Öl, dessen Zerlegung mit Wasserdampf in der Hauptsache Nopinon liefert. Trennung des β-Pinens vom α-Pinen durch ihre verschiedene Löslichkeit in verdünntem Alkohol oder fraktionierte Destillation nach AUSTERWEIL (*Chem.-Ztg.* **50**, 5 [1926]).

Das β-Pinen hat neuerdings an technischer Bedeutung gewonnen, da es bei den für die Terpineol- und Campherfabrikation vorgenommenen Umwandlungen schneller und mit besserer Ausbeute reagiert (DUPONT, *Chim. et Ind.* **8**, 555 [1922]; AUSTERWEIL, Parf. Rec. **16**, 187 [1925]). Man erhält nach AUSTERWEIL, der sich mit der technischen Ausbeutung dieser Erkenntnis eingehend befaßt, in Großbetriebe aus α-Pinen etwa 80%, aus β-Pinen in kürzerer Zeit etwa 105% Terpinhydrat (*Chem.-Ztg.* **50**, 5 [1926]). Auch bei der Überführung in die Bornylester mit organischen Säuren zum Zwecke der Camphersynthese reagiert β-Pinen schneller und mit besserer Ausbeute und unter Ausschluß der schlecht verwendbaren monocyclischen Terpene.

Sabinen, $C_{10}H_{16}$. Vorkommen im Sadebaumöl (30%), Ceylon-Cardamomenöl, Majoranöl und Pileaöl. *Kp* 162—166⁰; D_{20} 0,840; n_D 1,466; a_D +63⁰.

Durch Kochen mit verdünnter Schwefelsäure geht Sabinen in Terpinen, durch Schütteln mit kalter, verdünnter Schwefelsäure in Terpinenol-4 und Terpinenterpin über. Mit Halogenwasserstoff entstehen Terpinendihalogenderivate, bei der Oxydation mit $KMnO_4$ Sabinensäure, *Schmelzp.* 57⁰ (schwerlösliches Natriumsalz, entsprechend nopinonsaurem Natrium), die sich weiter zu Sabinaketon, $C_9H_{14}O$, oxydieren läßt (Semicarbazon, *Schmelzp.* 141—142⁰).

$CH_3 \cdot CH \cdot CH_3$

Camphen s. Campher (Bd. III, 76).

Fenchen, $C_{10}H_{16}$. Aus der Bildung von Fenchylalkohol aus Terpenfraktionen, *Kp* 160⁰, hat man auf das Vorkommen von Fenchen geschlossen. Nach AUSTERWEIL (*Chem.-Ztg.* **50**, 5 [1926]) entstehen jedoch Fenchen und Fenchenderivate auch aus α- und β-Pinen beim Erhitzen mit organischen Säuren, so daß die Bildung auch auf Umwandlung von Pinen zurückzuführen sein kann. Kp_{765} 154—158⁰; D_{15} 0,866;

$n_{D_{20}}$ etwa 1,47. Die Konstanten schwanken entsprechend den komplizierten Isomerieverhältnissen beim Fenchen sehr stark.

Limonen, $C_{10}H_{16}$. Vorkommen als d-Limonen (Carven, Citren, Hesperiden) in vielen Ölen (Citronenöl, Pomeranzenschalenöl 90 %; Sellerieöl 60 %; Kümmelöl 40 %), als l-Limonen in größerer Menge im Edeltannenzapfenöl, aus denen es durch fraktionierte Destillation ziemlich rein gewonnen werden kann. Es wird erhalten als Abfallprodukt bei der Darstellung terpenfreier Öle. Die i-Modifikation wird Dipenten genannt (s. u.). Limonen gehört zu den angenehm (citronenartig) riechenden Terpenen.

Kp 175—176°; D_{15} 0,850; $n_{D_{20}}$ 1,475; $\alpha_D \pm 101$—125°.

Trockenes Limonen absorbiert 1 *Mol. HCl* unter Bildung von Limonenchlorhydrat, das bei Einwirkung von Natriumacetat aktives α-Terpineol liefert (SEMMLER, *B.* 28, 2190 [1895]; WALLACH, *A.* 350, 154 [1906]); feuchtes Limonen addiert 2 *Mol. HCl.* Durch Oxydation mit $KMnO_4$ entsteht Limonetrit, $C_{10}H_{16}(OH)_4$, *Schmelzp.* 191,5—192°.

Limonen unterliegt leicht der Autooxydation; es geht bei höherer Temperatur oder Behandeln mit Säuren in die i-Modifikation (Dipenten) über. In der Kälte können durch Wasseranlagerung auch Terpineol und Terpinhydrat entstehen, aus denen in der Wärme durch Säuren das Wasser wieder abgespalten wird unter Bildung von Kohlenwasserstoffen. *Konz.* Schwefelsäure verwandelt Limonen in Cymol. Nachweis durch das Tetrabromid, *Schmelzp.* 104—105°.

Limonen hat in neuester Zeit als Handelsartikel in allen Abstufungen seiner d- und l-Modifikationen Bedeutung gewonnen und wird verwendet zum Parfümieren billiger Seifen und zum Verschneiden von ätherischen Ölen.

Dipenten, $C_{10}H_{16}$ (Cinen). Vorkommen in Terpentinölen, Kienölen, Nadelölen, Citronellöl, Campheröl, Elemiöl und vielen anderen. Es bildet sich aus gleichen Teilen d- und l-Limonen.

Künstliche Gewinnung durch Polymerisation des Isoprens, C_5H_8 (s. Bd. **VI**, 537, Kautschuk, künstlich), bei der trockenen Destillation des Kautschuks, ferner neben Terpinen durch Wasserentziehung aus Linalool und Geraniol. Citronenartig riechende Flüssigkeit. Kp 175—176°; D_{20} 0,844; $n_{D_{20}}$ 1,47194, $\alpha_D \pm 0°$.

Dipenten ist verhältnismäßig beständig. Nachweis durch das Tetrabromid (*A.* 227, 278 [1885]), *Schmelzp.* 124—125°, durch das α-Nitrolbenzylamin, *Schmelzp.* 110°, ferner durch das Dipentendichlorhydrat, *Schmelzp.* 50°, -dibromhydrat, *Schmelzp.* 64°, und -dijodhydrat, *Schmelzp.* 77—81°. Aus diesen Verbindungen läßt sich das Dipenten regenerieren, z. B. aus dem Dipentendichlorhydrat nach MEYER (*D. R. P.* 272.562) durch Erhitzen mit $Ca(OH)_2$ und Kieselgur auf 195°.

Terpinolen, $C_{10}H_{16}$. Vorkommen wahrscheinlich im Manila-Elemiöl, Corianderöl und Pomeranzenöl. Es wird neben anderen Kohlenwasserstoffen bei der Terpineoldarstellung (s. d.) als Nebenprodukt gewonnen und dient häufig zur Verfälschung von Spiköl und anderen ätherischen Ölen.

Mit Halogenwasserstoff entstehen aus Terpinolen die entsprechenden Dipentenderivate.

Nachweis durch das Tetrabromid, *Schmelzp.* 116°, und das Dibromid, *Schmelzp.* 69—70°.

Sylvestren, $C_{10}H_{16}$ (i-Sylvestren = Carvestren), kommt nicht in der Natur vor; bildet sich vielmehr erst bei der Isolierung der Terpene aus ätherischen Ölen (RAO und SIMONSEN, *Journ. chem. Soc.* 127, I, 2494 [1925]). Es entsteht aus Caren, wenn man dieses durch Einleiten von trockenem *HCl* in Sylvestrendihydrochlorid, *Schmelzp.* 72°, überführt und dieses durch Kochen mit Anilin, Diäthylanilin oder Natriumacetat und Eisessig zerlegt. Kp. 175 bis 176°; D_{20} 0,848; $[\alpha]_D + 66,32°$ (in Chloroform); n_D 1,47573.

Beim Erhitzen auf 250° wird Sylvestren polymerisiert. An die Doppelbindungen lassen sich Halogenwasserstoff, Brom oder Nitrosylchlorid addieren. Nachweis durch das Dichlorhydrat *Schmelzp.* 72°.

$\triangle^3$-Caren, $C_{10}H_{16}$, und $\triangle^4$-Caren, $C_{10}H_{16}$, kommen im Terpentinöl von Pinus longifolia und in den Nadelölen von Pinus silvestris und pumilio bzw. im Öl von Andropogon Iwarancusa vor.

$\triangle^3$-Carer: Kp_{705} 168—169°; D_{20}^{20} 0,8586; $\alpha_D =$ +7,69° und $\alpha_{D_{30}} = +62,2°$; $n_{D_{30}}$ 1,469.

$\triangle^4$-Caren: Kp_{70}: 165,5—167°; D_{20}^{20} 0,8552; $\alpha_{D_{30}} =$ +62,2°; $n_{D_{30}}$ 1.1474.

Beim Einleiten von trockenem HCl entsteht aus $\triangle^3$-Caren δ-Sylvestrendihydrochlorid, aus $\triangle^4$-Caren Dipentenhydrochlorid und Sylvestrendihydrochlorid.

Terpinen, $C_{10}H_{16}$. α- und γ-Terpinen bilden das gewöhnliche Terpinen, das im Öl der langen Cardamomen, im Zitwersamenöl, Manila-Elemiöl u. a. vorkommt.

α-Terpinen kommt vor im Sadebaumöl, im amerikanischen Wurmsamenöl, Corianderöl u. a., γ-Terpinen im Citronenöl, Corianderöl, Ajowanöl. Künstliche Gewinnung durch Einwirkung von Säuren auf Kohlenwasserstoffe, wie Pinen, Dipenten und Phellandren, und auf sauerstoffhaltige Verbindungen, wie Linalool, Geraniol, Terpineol, Terpinhydrat, Cineol u. a., sowie durch verschiedene andere Verfahren. Reine Produkte wurden jedoch nie erhalten. Kp 174—181°; D_{15} 0,842 bis 0,848; $n_{D_{20}}$ 1,4719—1,4789.

Verharzt und geht leicht in p-Cymol über, z. B. bei der Dehydrierung mit Schwefel nach RUZICKA, MEYER, MINGAZZINI, *Helv. chim. acta* 5, 345 [1922].

Im Gegensatz zu Pinen, Camphen, Limonen, Terpinolen, Cineol und Pinol wird Terpinen durch Chromsäuregemisch schon in der Kälte völlig zerstört und läßt sich daher aus Mischungen mit den genannten Verbindungen auf diese Weise entfernen.

Nachweis durch das Dichlorhydrat, *Schmelzp.* 52°, oder besser durch das Nitrosit, *Schmelzp.* 155° (WIELAND, REINDEL, *A.* 424, 92 [1921]), einwandfrei nur durch die Permanganatoxydation, bei der nach WALLACH (*A.* 362, 297 [1908]) aus α-Terpinen die i-α,α'-Dioxy-α-methyl-α'-isopropyladipinsäure, *Schmelzp.* 189°, und aus γ-Terpinen der Erythrit $C_{10}H_{16}(OH)_4$, *Schmelzp.* 237°, entsteht.

Phellandren, $C_{10}H_{16}$. Vorkommen sehr häufig als d- und 1-α-Phellandren, meist begleitet von kleinen Mengen β-Phellandren. 1-α-Phellandren ist der Hauptbestandteil der Öle von Eucalyptus amygdalina und E. dives (Australien); d-α-Phellandren kommt vor im Gingergrasöl, Bitterfenchelöl, Manila-Elemiöl u. a. Es ist sehr unbeständig gegen Sonnenlicht und höhere Temperaturen und kann nur sehr vorsichtig im Vakuum fraktioniert werden. Künstliche Gewinnung des α-Phellandrens von HARRIES und JOHNSON (*B.* 38, 1832 [1905]) und von WALLACH (*A.* 359, 283 [1908]). α-Phellandren Kp_{754} 173—175°; D 0,844—0,857; β-Phellandren Kp_{11} 57°; D 0,848—0,852.

Nachweis durch das Nitrit, aus dem es sich nicht wieder regenerieren läßt: 2 cm^3 Öl werden mit 3 cm^3 gesättigter Natriumnitritlösung versetzt und 8—10 Tropfen Eisessig zugefügt. α-Nitrit, *Schmelzp.* 113—114° bzw. 105°; β-Nitrit, *Schmelzp.* 97—98° bzw. 102°.

b) Sesquiterpene, $C_{15}H_{24}$, zählen zu den am häufigsten vorkommenden Bestandteilen der ätherischen Öle; sie finden sich in den zwischen 250 und 280° siedenden Fraktionen; ihre Dichte liegt meist über 0,90. Künstlich hat man sie aus den sie oft begleitenden alkoholartigen Verbindungen $C_{15}H_{26}O$ durch Wasserabspaltung gewonnen. Sie sind meist schwach gefärbt und dickflüssiger als die Terpene sowie von schwachem Geruch, jedoch von großer Haftbarkeit und starkem Fixiervermögen. Als ungesättigte Kohlenwasserstoffe addieren sie Halogene, Halogenwasserstoff, $NOCl$, N_2O_3 und N_2O_4.

Mit der Konstitutionsaufklärung haben sich mit fortschreitendem Erfolg WALLACH (*A.* 239, 49 [1887]), SEMMLER (*B.* 36, 1037 [1903]), KERSCHBAUM (*B.* 46, 1732 [1913]) und in neuester Zeit RUZICKA und dessen Mitarbeiter beschäftigt. Letztere Forscher haben sich hierzu mit Vorteil der Dehydrierung mit S bedient, wobei aus den einfachen Terpenen (Limonen und Terpinen) p-Cymol, aus Sesquiterpenen Naphthalinkohlenwasserstoffe entstehen, von denen letztere sich durch gut krystallisierende Additionsverbindungen mit Pikrinsäure und Trinitroresorcin charakterisieren lassen. Es werden bei dieser Behandlung in vielen Fällen Cadalin, $C_{15}H_{18}$ (1,6-Dimethyl-4-isopropylnaphthalin), oder unter Abspaltung einer Methylgruppe Eudalin, $C_{14}H_{16}$ (3-Isopropyl-5-methylnaphthalin), erhalten. Nach diesen Untersuchungen gehören zum Cadalintyp: Cadinen, Calamen, Zingiberen, Isozingiberen, Java-Citronellöl-Sesquiterpen; zum Eudalintyp: Eudesmen, Eudesmol, Selinen, während bei Caryophyllen Santalen, Cedren, Patchulen eine naphthalinähnliche Struktur nicht vorliegt.

Man teilt die Sesquiterpene auf Grund ihrer Molekularrefraktion und ihres *spez. Gew.* ein in acyclische, monocyclische, bicyclische und tricyclische Sesquiterpene. Ihr Aufbau ist ebenso wie der der Terpene nach RUZICKA denkbar durch Aneinanderlagerung von Isopren-Molekülen (C_5H_8). Als Vertreter der einzelnen Klassen seien genannt:

Acyclisches Sesquiterpen. Farnesen, $C_{15}H_{24}$ (s. S. 781).

Monocycl. Sesquiterpene: Bisabolen, $C_{15}H_{24}$. Vorkommen im Bisabol-Myrrhenöl, sibirischen Fichtennadelöl, Campheröl, Limettöl, Citronenöl, Bergamottöl, Opopanaxöl und Öl von Piper Volkensii. Kp_4 110−112°; D_{15} 0,8813; α_D−41°31'; n_{D20} 1,49015.
Nachweis durch das Trichlorhydrat, *Schmelzp.* 79−80°.

Zingiberen, $C_{15}H_{24}$. Vorkommen in Ingweröl. Kp_{17} 137−139°; D_4^{16} 0,8733; n_{D16} 1,4984; α_D − 60°.
Nachweis durch das Dichlorhydrat, *Schmelzp.* 169−170°, und das Nitrosat, *Schmelzp.* 86−88°.

Bicycl. Sesquiterpene: Cadinen, $C_{15}H_{24}$, in vielen Ölen nachgewiesen, meist ohne Angabe der Drehung. Vorkommen als d-Cadinen im Atlas-Cedernöl, als l-Cadinen im Kadeöl, Cypressenöl, Cubebenöl, Paracotorindenöl, Angosturarindenöl und Cedrelaholzöl, als β-Cadinen im Copaivabalsamöl. Kp 271−273°; D_{15} 0,9215; n_{D20} 1,5073; $[\alpha]_D$ − 105° 30'.
Nachweis und Reinigung durch das Dichlorhydrat. *Schmelzp.* 117−118,5°.

Caryophyllen, $C_{15}H_{24}$. Vorkommen ziemlich häufig, unter anderm im Hopfenöl (Humulen), Nelkenöl, Nelkenstielöl, Copaivabalsamöl u. a. Eigenschaften schwanken nach Herkunft; Kp etwa 258−261°; D_{20} 0,903; n_{D20} 1,5009.
Nachweis durch das Dichlorhydrat, *Schmelzp.* 69−70°; Überführung durch Einwirkung eines Gemisches von absolutem Äther und Schwefelsäuremonohydrat in Caryophyllenalkohol $C_{15}H_{26}O$, *Schmelzp.* 94−96° (ASAHINA und TSUKAMOTO, Journ. pharm. Soc. Japan. 1922, Juni), aus dem sich durch Wasserabspaltung das tricyclische Sesquiterpen Cloven bildet. α-Caryophyllen-Nitrosochlorid, *Schmelzp.* 177°; Nitrosat, *Schmelzp.* 161°; blaues i-Nitrosit, *Schmelzp.* 116°; blaues β-Caryophyllen-Nitrosit, *Schmelzp.* 115°.

Selinen, $C_{15}H_{24}$. Vorkommen als Gemenge von β-Selinen mit wenig α-Verbindung im Selleriesamenöl (20%). Kp 268−272°; D_{15} 0,9232; α_D + 49° 30'; n_{D20} 1,50483.
Nachweis durch das Dichlorhydrat, *Schmelzp.* 72−74°, aus dem durch Natriumäthylat α-Selinen gewonnen wird.

β-Santalen, $C_{15}H_{24}$. Vorkommen im ostindischen Sandelholzöl. Kp 261−262°; D_{20} 0,892; α_D −35°; n_D 1,4932.
Nachweis durch die Nitrosochloride, *Schmelzp.* 152° bzw. 106° (Nitrolpiperidine, *Schmelzp.* 101° bzw. 104−105°).

Tricycl. Sesquiterpene. α-Santalen, $C_{15}H_{24}$. Vorkommen neben β-Santalen im ostindischen Sandelholzöl. Kp 252−252,5°; D_{20} 0,8984; α_D −15°; n_D 1,491.
Nachweis durch das Nitrosochlorid, *Schmelzp.* 122° (Nitrolpiperidine, *Schmelzp.* 108−109°).

Cedren, $C_{15}H_{24}$. Vorkommen im Cedernöl (60−70%). Kp_{12} 123−126°; D_{15} 0,935 bis 0,938; α_D −47 bis −61°; n_D 1,501−1,502.
Nachweis durch Oxydation mit Permanganat in Acetonlösung, wobei man ein Glykol $C_{15}H_{26}O_2$, *Schmelzp.* 167−168°, ein Diketon oder einen Ketoaldehyd $C_{15}H_{24}O_2$ (Semicarbazon, *Schmelzp.* 234°) und eine Cedrenketosäure $C_{15}H_{24}O_3$ (Semicarbazon, *Schmelzp.* 245°; Oxim, *Schmelzp.* 180−190°) erhält.

II. Alkohole.

Sie sind im freien Zustande und als Ester im Pflanzenreich weit verbreitet; die Isolierung aus den betreffenden ätherischen Ölen nach mannigfaltigen, je nach der Art des Alkohols verschiedenen Methoden, sowie ihre künstliche Darstellung ist bei den einzelnen Alkoholen beschrieben.

1. Acyclische Alkohole.

Die niedersten Glieder der gesättigten Reihe (Methyl- und Äthylalkohol) sind im freien Zustande nicht als Riechstoffe anzusprechen; ihr Vorkommen ist meist auf Verseifung der betreffenden Ester bei der Destillation zurückzuführen, in einzelnen Fällen auch auf Vergärung vorhandener Kohlenhydrate (z. B. Äthylalkohol im Destillat gelagerter Rosenblätter). An Säuren gebunden, kommen sie häufig als Ester vor und sind als solche auch in der Reihe der künstlichen Riechstoffe infolge ihres fruchtartigen Geruchs von Bedeutung.

Methylalkohol, $CH_3 \cdot OH$, findet sich häufig in Destillationswässern pflanzlicher Stoffe, wohl meist als Zersetzungsprodukt der Cellulose des Rohmaterials. Über Gewinnung, s. Bd. VII, 536. Durch Veresterung mit den verschiedensten Säuren gewinnt man aus ihm Riechstoffe, die zum Teil auch in der Natur vorkommen (s. Säuren, S. 837).

Äthylalkohol, $CH_3 \cdot CH_2 \cdot OH$, ist für die Riechstoffindustrie und die Parfümerie (s. d.) von allergrößter Bedeutung, indem er — abgesehen von seiner Verwendung im Laufe vieler Fabrikationsprozesse — infolge seines schwachen Geruchs, seines Lösungsvermögens und seiner Flüchtigkeitsverhältnisse als Lösungsmittel speziell in der Parfümerie unentbehrlich ist. Er wird auch als V. M. ätherischer Öle häufig gebraucht, läßt sich jedoch durch die Jodoformreaktion leicht nachweisen (s. Bd. I, 651). Seine Ester stellen wertvolle Riechstoffe dar (s. S. 837).

Isopropylalkohol, $CH_3 \cdot CH(OH) \cdot CH_3$, s. Bd. VIII, 540.

Die höheren Homologen bis zum Duodecylalkohol können mit größerem Recht als die ersten Glieder der gesättigten Alkoholreihe unter die Riechstoffe gezählt werden. Einzelne Ester zeichnen sich durch angenehmen Fruchtgeruch aus (s. Fruchtäther, Bd. V, 430). In neuerer Zeit haben sie, wie die entsprechenden Aldehyde, große Bedeutung in der Parfümerie gewonnen.

Die Fettalkohole können durch Reduktion der entsprechenden Aldehyde oder Ketone durch Natriumamalgam in essigsaurer oder wässerig-alkoholischer Lösung gewonnen werden. In der Technik hat sich die Darstellung nach BOUVEAULT und BLANC (*Compt. rend. Acad. Sciences* **137**, 61; *Bull. Soc. chim. France* [3] **31**, 674; *D. R. P.* 164 294) durch Erhitzen der entsprechenden Säureester ($C_8 - C_{12}$ aus den Säuren der Cocosbutter) mit Natrium und absolutem Alkohol eingebürgert, für welches bei Nonylaldehyd eine ausführliche Beschreibung gegeben ist. Neuerdings wird auch die von W. NORMANN aufgefundene katalytische Reduktion (Bd. VIII 682) benutzt.

Die Reihe der eigentlichen Riechstoffe dieser Gruppe beginnt mit dem

n-Hexylalkohol, $C_6H_{14}O = CH_3 \cdot (CH_2)_4 \cdot CH_2 \cdot OH$. Vorkommen verestert im Wurmfarnöl, Bärenklauöl und im Öl von Heracleum Giganteum. Öl von frischem, etwas pilzartigem Geruch. Kp 157°; D_{20} 0,8204; geht bei der Oxydation in Capronsäure, Kp 205°, über.

β,β-Methyläthylpropylalkohol, $C_6H_{14}O = C_2H_5(CH_3)CH \cdot CH_2 \cdot CH_2OH$. Vorkommen als Angelicaester im Römisch-Kamillenöl. Kp 154°; D_{15} 0,829; $[\alpha]_D +8,2°$.

n-Heptylalkohol, $C_7H_{16}O = CH_3 \cdot (CH_2)_5 \cdot CH_2 \cdot OH$. Vorkommen im Weinfuselöl. Technische Darstellung aus dem bei der Ricinusöldestillation entstehenden Önanthol (S. 804), indem eine 10%ige Lösung von diesem in 65%iger Essigsäure mit Natriumamalgam (1%ig) reduziert wird (vgl. A. MÜLLER, Riechstoffind. 1927, 29) oder durch Reduktion des Önanthols mit Wasserstoff in Gegenwart von reduziertem Nickel oder von kolloidalem Platin nach SKITA. Öl von starkem, fettigblumigem Geruch, Kp 175°; D_{16} 0,830.

sek. Heptylalkohol, Methyl-n-amylcarbinol, $C_7H_{16}O = CH_3 \cdot (CH_2)_4 \cdot CH(CH_3) \cdot OH$. Vorkommen im Nelkenöl. Würzig riechendes Öl. Kp 157—158°; D_0 0,8344. Künstliche Darstellung aus n-Amylmagnesiumbromid und Acetaldehyd. Geht bei der Oxydation in das im Ceylon-Zimtöl vorkommende Methylamylketon über. Verwendung in geringer Menge für Nelken- und Zimtgerüche.

n-Octylalkohol, $C_8H_{18}O = CH_3 \cdot (CH_2)_6 \cdot CH_2 \cdot OH$. Vorkommen im Bärenklauöl, Pastinacöl, Wurmfarnöl und Öl von Heracleum Giganteum, zum Teil als Acetat, Butyrat, Isovalerianat, Capronat, Caprinat und Laurinat. Künstliche Darstellung durch Reduktion von Octylsäureäthylester, welcher durch Fraktionierung der Ester aus den Säuren der Cocosbutter (s. Undecylaldehyd, S. 807) gewonnen wird. Öl von zartem, teerosenartigem Geruch, Kp 196—197°; D_{16} 0,8278.

Nachweis durch Oxydation zu Octylaldehyd (β-Naphthocinchoninsäure, *Schmelzp.* 234°) und weiterhin zu Caprylsäure, *Schmelzp.* 16,5°, Kp 232—234°.

sek. Octylalkohol, Äthyl-n-amylcarbinol. $C_2H_5 \cdot CH(OH) \cdot C_5H_{11}$. Vorkommen im japanischen Pfefferminzöl; künstliche Darstellung aus Capronaldehyd und Äthylmagnesiumjodid. Öl von starkem, fruchtigem Geruch, Kp 178,5—179,5°; D_{15} 0,8276; $\alpha_D + 6° 17'$; n_{D20} 1,42775. Geht bei der Oxydation in das im Lavendelöl vorkommende Äthylamylketon und in Capronsäure über.

sek. Octylalkohol, Methyl-n-hexylcarbinol, $CH_3 \cdot CH(OH) \cdot (CH_2)_5 \cdot CH_3$, wird bei der heißen Zersetzung der Ricinusölseifen neben dem in der Hauptsache entstehenden Methylhexylketon gewonnen (vgl. BÉHAL, *Bull. soc. chim. France* [2] 47, 37; [3] 6, 131; A. MÜLLER, Riechstoffind. 1927, 40).

10 *kg* Ricinusöl werden mit 8 *kg* Natronlauge (36° *Bé*) durch Erwärmen verseift; die Temperatur wird dabei allmählich erhöht, bis die Seife trocken wird und anfängt, sich zu zersetzen (Geruch nach Methylhexylketon). Man führt dann die völlig trockene Seife in einen Destillationskolben über, der wegen des Aufschäumens der Masse möglichst groß sein muß. Zunächst wird unter gewöhnlichem Druck erhitzt, wobei die größte Menge Destillat erhalten wird; sodann wird im Vakuum weiterdestilliert. Aus dem Destillat läßt sich das entstandene Methylhexylketon mittels Bisulfitlösung entfernen (1000 *g*). Der zurückbleibende Octylalkohol wird durch Fraktionieren im Vakuum rein gewonnen (400 *g*). Aus dem Rückstand läßt sich durch Auskochen mit Wasser Sebacinsäure $HO_2C \cdot (CH_2)_8 \cdot CO_2H$ gewinnen (s. Fixateure, S. 849).

Kräftig, etwas teerosenartig riechende Flüssigkeit, Kp 179,5°; D_{15} 0,819. Geht bei der Oxydation in Methyl-hexylketon über.

n-Nonylalkohol, $C_9H_{20}O = CH_3 \cdot (CH_2)_7 \cdot CH_2 \cdot OH$. Vorkommen als Caprylsäureester im süßen Pomeranzenöl, wahrscheinlich auch im Rosenöl. Die technische Darstellung aus Nonylsäureäthylester ist bei Nonylaldehyd ausführlich beschrieben. Öl von rosen- und orangenartigem Geruch; D_{15} 0,840; Kp_{12} 98—101°; $\alpha_D \pm 0°$; n_{D15} 1,43582.

Nachweis durch das Phenylurethan, *Schmelzp.* 62—64°, und die Oxydationsprodukte Nonylaldehyd und Pelargonsäure (*Schmelzp.* 12,5°).

Anwendung für Rosenkompositionen und Citronengerüche.

sek. Nonylalkohol, Methyl-n-heptylcarbinol, $C_9H_{20}O = CH_3 \cdot (CH_2)_6 \cdot CH(CH_3) \cdot OH$. Vorkommen im Rautenöl und im Nelkenöl, Kp 198—200°; D_{18}^{18} 0,8273; α_D −3° 44' (50 *mm*).

Nachweis durch Oxydation zu Methyl-n-heptylketon (Semicarbazon, *Schmelzp.* 118—119°).

n-Decylalkohol, $C_{10}H_{22}O = CH_3 \cdot (CH_2)_8 \cdot CH_2 \cdot OH$. Vorkommen im Moschuskörneröl. Öl von rosen- und orangenartigem, etwas fettigem Geruch, Kp 231°; D_4^2 0,8297.

n-Undecylalkohol, $C_{11}H_{24}O = CH_3 \cdot (CH_2)_9 \cdot CH_2 \cdot OH$. Darstellung durch Reduktion von Undecylensäureäthylester nach BOUVEAULT und BLANC (s. Nonylalkohol). Kp_{25} 147°; D_4^{22} 0,8334.

sek. Undecylalkohol, Methyl-n-nonylcarbinol, $C_9H_{19} \cdot CH(CH_3) \cdot OH$. Vorkommen im algerischen Rautenöl in der linksdrehenden (α_D −1° 18'), im Wasserdampfdestillat der Cocosbutter in der rechtsdrehenden Form (α_D +1° 24'). Künstliche Darstellung der i-Form durch Reduktion von Methyl-n-nonylketon mit Natriumamalgam und verdünntem Alkohol. Kp 231—233°; D $\frac{2}{4}$ 0,8270; n_{D20} 1,4369.

n-Duodecylalkohol, $C_{12}H_{26}O = CH_3 \cdot (CH_2)_{10} \cdot CH_2 \cdot OH$. Künstliche Darstellung aus Laurinsäureester (s. Undecylaldehyd, S. 807). Leicht erstarrendes Öl von süßem tuberosenartigem Geruch, *Schmelzp.* 24°; Kp 143,5°; D_4^{22} 0,8309.

Die aliphatischen Alkohole mit mehr als 12 Kohlenstoffatomen kommen als Riechstoffe nicht in Betracht.

Von den ungesättigten acyclischen Alkoholen sind an niederen Homologen in der Natur gefunden worden:

β,γ-Hexylenalkohol, $C_6H_{12}O = CH_3 \cdot CH_2 \cdot CH : CH \cdot CH_2 \cdot CH_2 \cdot OH$. Vorkommen frei im spanischen Thymianöl, als Phenylessigsäureester im Nachlauf des japanischen Pfefferminzöls. Öl von frischem Grüngeruch. Kp 156—157°; D_{15} 0,8508; $\alpha_D - 0^0$ 10'; $n_{D\,20}$ 1,48030.

Octylenalkohol, $C_8H_{16}O$. Vorkommen wahrscheinlich im Gaultheriaöl.

Undecylenalkohol, Undecen-1-ol-10, $C_{11}H_{22}O$. Vorkommen im Trawasblätteröl. Kp 233°; D_{10} 0,835.

Synthetisch wurden aus dieser Reihe gewonnen:

Duodecylenalkohol, $C_{12}H_{24}O$. Darstellung aus Duodecylensäuremethylester mit Natrium und absolutem Alkohol (CHUIT, BOELSING, HAUSSER und MALET, *Helv. Chim. acta* 9, 1074 [1926]; 10, 113 [1927]). Öl von angenehmem Orangenschalengeruch. Kp_{11} 138—140°; Phenylurethan, *Schmelzp.* 59—60,2°.

Tridecylenalkohol, $C_{13}H_{26}O$. Darstellung nach CHUIT, BOELSING und Mitarbeitern (l. c.), analog Duodecylenalkohol aus Tridecylensäuremethylester; stark und angenehm riechende Flüssigkeit. Kp_9 149—150°; *Schmelzp.* 15°; Phenylurethan *Schmelzp.* 58,2—58,6°.

Die Terpenalkohole $C_{10}H_{18}O$ und $C_{10}H_{20}O$, die Glieder der sog. Geraniol- und Citronellolreihe, gehören zu den wichtigsten Riechstoffen, die wir überhaupt kennen. Sie zeichnen sich alle durch einen mehr oder weniger rosen- oder citronenartigen starken Geruch aus und kommen fast immer nebeneinander vor. Über die Geschichte dieser Körper vgl. SEMMLER, Die ätherischen Öle, GILDEMEISTER, Die ätherischen Öle, und WAGNER, Die Riechstoffe und ihre Derivate, sowie bei den einzelnen Körpern. Die wichtigsten Trennungsmethoden sind nachstehend unter Citronellol, Geraniol und Linalool aufgeführt.

Citronellol, $C_{10}H_{20}O$, kommt im Rosenöl in der linksdrehenden, im Geraniumöl

$(CH_3)_2C : CH \cdot CH_2 \cdot CH_2 \cdot CH(CH_3) \cdot CH_2 \cdot CH_2 \cdot OH$ (Terpinolentypus),
$CH_3 \cdot C (: CH_2) \cdot CH_2 \cdot CH_2 \cdot CH_2 \cdot CH(CH_3) \cdot CH_2 \cdot CH_2 \cdot OH$ (Limonentypus).

in der links- und rechtsdrehenden, im Citronellöl in der rechtsdrehenden Form vor und tritt immer gleichzeitig mit Geraniol auf, von dem es nicht leicht zu trennen ist. Letzterem Umstande ist es zuzuschreiben, daß das Citronellol erst verhältnismäßig spät identifiziert und rein dargestellt worden ist. Es wurde zuerst synthetisch gewonnen (DODGE, *Amer. chem. Journ.* 1890, 456, 553; TIEMANN und SCHMIDT, *B.* 29, 906 [1896]) und dann erst aus natürlichen Ölen abgeschieden.

Auf das Vorhandensein eines von Geraniol verschiedenen Alkohols im Rosenöl und Geraniumöl ist von verschiedenen Forschern fast gleichzeitig in den Neunzigerjahren hingewiesen worden; wie die spätere Forschung gezeigt hat, haben sie wohl Gemische aus Geraniol mit dem damals noch nicht bekannten Citronellol in Händen gehabt, denen sie je nach dem Überwiegen der einen oder anderen Verbindung die Formel $C_{10}H_{18}O$ oder $C_{10}H_{20}O$ zulegten (vgl. ECKARTS Rhodinol, *Arch. Pharmaz.* 229, 355; *B.* 24, 4205; das Roseol MARKOWNIKOWS und REFORMATSKYS, *Journ. prakt. Chem.* [2] 48, 293; *B.* 23, 3191; das Rhodinol BARBIERS und seiner Mitarbeiter, *Compt. rend. Acad. Sciences* 117, 177, 1092; 118, 1154; 119, 281, 334; 122, 737; 138, 1699; das Reuniol HESSES, *Journ. prakt. Chem.* [2] 50, 472). Erst die Arbeiten von BERTRAM und GILDEMEISTER (*Journ. prakt. Chem.* [2] 49, 185; SCHIMMEL & CO., Ber. 1894, II, 23 und 1895, I, 37) sowie von TIEMANN und SCHMIDT brachten Klarheit in diese vielumstrittene Frage, indem erstere in sämtlichen, anscheinend neuentdeckten, obenerwähnten Verbindungen einwandfrei neben einem bisher unbekannten Bestandteil Geraniol nachwiesen, letztere zuerst in Anlehnung an eine von DODGE durchgeführte Reaktion (s. o.) durch Reduktion des Citronellals mit Natriumamalgam und Alkohol den entsprechenden Alkohol, das Citronellol, darstellten (*B.* 29, 906), ihn einwandfrei identifizierten und mit Hilfe gut ausgearbeiteter Trennungsmethoden für Geraniol und Citronellol sein Vorkommen im Rosen- und Geraniumöl nachwiesen.

Trotz der eingehenden Untersuchungen auf diesem Gebiet stehen sich über die Zahl und Art der Isomeren des Citronellols noch immer widersprechende Forschungsergebnisse und daraus abgeleitete Theorien gegenüber. Nach den Arbeiten von HARRIES und Mitarbeitern (*B.* 34, 1498, 2981 [1901]; 41, 2187 [1908]; *A.* 410, 1, 40 [1915]) besteht Citronellol aus Gemischen von 2 Strukturisomeren, der Limonen- (α-) und der Terpinolen- (β-) Form. KÖTZ und STECHE (*Journ. prakt. Chem.* [2] 107, 193 [1924]) bestätigten durch oxydativen Abbau des Citronellols, wobei Ameisensäure erhalten wurde, daß es mindestens zum Teil in der Limonenform vorliegt. Die von GRIGNARD und DOEUVRE in neuester Zeit mit Hilfe ihrer Ozonisierungsmethode (*Compt. rend. Acad. Sciences*

187, 270 [1928]) erhaltenen und quantitativ bestimmten Abbauprodukte (zum Teil Aceton, zum Teil Formaldehyd) aus Citronellol zeigten, daß in den untersuchten Citronellolen verschiedener Herkunft die β-Form bedeutend überwog (72—80%) und daß das aus Geraniumöl nach verschiedenen Verfahren isolierte l-Citronellol (l-Rhodinol von BARBIER und BOUVEAULT) ebenfalls ein Gemisch der α- und β-Form darstellt. GRIGNARD und DOEUVRE nehmen an, daß das nach ihrer Ansicht ursprünglich auch im Geraniumöl vorhandene Gemisch von 80% β-Form und 20% α-Form (Citronellol) erst durch die chemischen Isolierungsmethoden in das Rhodinol von BARBIER übergeführt wird, das ein etwa zu gleichen Teilen aus α- und β-Form bestehendes Citronellol darstellt.

Im allgemeinen wird heute als „Citronellol" oder Limonen-Citronellol (α-Form) das natürliche oder künstliche d- oder i-Citronellol verstanden, während die Bezeichnung Terpinolen-Citronellol (β-Form) oder Rhodinol für das aus Geranium- oder Rosenöl gewonnene l-Citronellol gebräuchlich ist.

Die Abscheidung des Citronellols geschieht aus den bei 220—230° (bei 12 mm 105—115°) siedenden Anteilen der betreffenden Öle durch die Phthalsäureestermethode (s. bei Geraniol), seine Trennung von etwa vorhandenem Geraniol nach einem der unten angegebenen Verfahren.

Die technische Gewinnung geschieht, ausgehend vom Citronellal, nach TIEMANN und SCHMIDT (l. c.; vgl. auch ERDMANN, *Journ. prakt. Chem.* [2] 56, 38):

50 Tl. Citronellal werden in 650 Tl. absolutem Alkohol gelöst und 1000 Tl. 5%iges Natriumamalgam und allmählich 150 Tl. Eisessig zugefügt; darauf wird mit 50—60 Tl. Lauge einige Stunden gekocht, mit Wasserdampf destilliert und im Vakuum rektifiziert; es entsteht d-Citronellol. Zur Reinigung und Trennung von beigemengtem Geraniol wird die Phosphortrichloridmethode (s. u.) angewendet.

An Stelle von Natriumamalgam kann man auch amalgamiertes Aluminium benutzen, wobei man, wie folgt, verfährt.

Zunächst werden etwa 10 kg zerkleinerter Aluminiumdrehspäne mit Ligroin entfettet und nach Absaugen des Ligroins an der Luft getrocknet. Dann legt man die Späne in einen Holzbottich, welcher einen Abflußhahn besitzt, und gießt über das Aluminium eine ziemlich *konz.* Natronlauge. Sobald eine heftige Wasserstoffentwicklung einsetzt und starke Dampfwolken aufsteigen, gießt man etwa 10 l Wasser über das Aluminium, rührt kräftig durcheinander, öffnet den Abflußhahn und spült mit frischem Wasser so lange, bis keine Wasserstoffentwicklung mehr stattfindet. Nun ist das Aluminium zur Reaktion bereit (sog. angeätztes Aluminium).

In einen Rührwerksbottich von etwa 200 l Inhalt, der mit eisernem Deckel und Rückflußkühler und Doppelmantel versehen ist, füllt man 54 kg Alkohol (80%) und 18 kg Citronellal sowie 9,3 kg obiger Aluminiumdrehspäne. Zum Schlusse fügt man noch 0,450 kg Sublimat hinzu, am besten als *konz.* wässerige Lösung. Sofort nach dem Hinzugeben der letzteren beginnt eine Reaktion, die je nach der Außentemperatur schwächer oder lebhafter ist. Sollte die Temperatur 35° übersteigen, so ist es notwendig, zu kühlen.

Nach Ablauf von 18^h ist der größte Teil des Aluminiums verschwunden, und das Reaktionsgemisch ist schlammartig erstarrt. Man hebt jetzt das Rührwerk heraus, gießt etwa 20 l heißes Wasser in den Bottich und saugt die nicht in Reaktion getretenen Aluminiumspäne durch eine große Steingutnutsche ohne Filter ab. Diese können wieder zu einer neuen Operation Verwendung finden. Das Filtrat wird in einem eisernen Kessel nach Ablassen des abgeschiedenen Quecksilbers der Wasserdampfdestillation unterworfen. Nachdem der Alkohol abdestilliert ist, geht ein Gemisch von unverändertem Citronellal und viel Citronellol über. Dieses Gemisch (15 kg) wird der fraktionierten Destillation unterzogen, wobei das Citronellol ungefähr 9° höher als das Citronellal übergeht und daher gut von diesem zu trennen ist. Das d-Citronellol siedet bei 107—108° unter einem Druck von 10 mm. Zur Entfernung der letzten Reste Citronellal wird das so erhaltene d-Citronellol ¹/₂^h mit warmer *konz.* Natronlauge geschüttelt, dann mit Wasser, verdünnter Essigsäure und schließlich wieder mit Wasser bis zur neutralen Reaktion gewaschen und endlich nochmals im Vakuum fraktioniert (LEWINSON).

Technisch gute Ausbeuten gibt auch das Verfahren von MEERWEIN und SCHMIDT, *A.* 444, 221 [1925], vgl. *D. R. P.* 432 850 [1924] von DR. SCHMITZ & CO., nach welchem man auf die Lösung von d-Citronellal in Äthylalkohol Aluminiumäthylat oder Magnesiumchloräthylat einwirken läßt. Das zunächst sich bildende Citronellaläthylat zerfällt sekundär in Citronellol und Acetaldehyd, welcher laufend abdestilliert wird.

Zu erwähnen ist noch die Reduktion von Citral zu Citronellol mit Palladium und Wasserstoff nach SKITA (*B.* 42, 1636), die Methode der Einwirkung von Natrium auf Geraniol von HESSE (*D. R. P.* 256 716), die Reduktion des Geraniumsäureesters nach BOUVEAULT und GOURMAND (*Compt. rend. Acad. Sciences* 138, 1700 [1904]), die Reduktion von Geraniol mit Wasserstoff und Platin oder Palladium nach PAAL zu i-Citronellol (*D. R. P.* 298 193) oder mit Platinschwarz und Wasserstoff nach GRIGNARD und ESCOURROU (*Bull. Soc. chim. France* [4], 37, 542 [1925]) und die von RUPE und RINDERKNECHT durchgeführte Reduktion von Citronellal mit Wasserstoff und Nickelkatalysator in wässerig-alkoholischer Lösung (*Helv. chim. Acta* 7, 541 [1924]). Interessant ist der von NEUBERG vielfach eingeschlagene Weg der Reduktion mittels gärender Hefe, der durch MAYER und NEUBERG (*Biochem. Ztrbl.* 71, 174) auch auf d-Citronellal Anwendung fand. Nach *D. R. P.* 423 544 (*Bayer*) erhält man i-Citronellol (Terpinolenform) durch Behandeln von Methylheptenylmagnesiumhalogenid mit Derivaten des Äthylenglykols und Zersetzen der so erhaltenen Organomagnesiumverbindungen.

Das l-Citronellol, im Handel vielfach „Rhodinol" genannt, wird aus Geraniumöl gewonnen. Es ist weitaus feiner als das d-Citronellol und viel teurer. Ob der Grund für seine Geruchsqualität in seiner Konstitution oder in anhaftenden natürlichen Beimengungen zu suchen ist, ist noch nicht aufgeklärt.

Zur Reindarstellung isoliert man das Citronellol zweckmäßig mit Phthalsäureanhydrid als sauren Phthalester, aus dem durch Verseifen der Alkohol gewonnen wird (s. Geraniol; STEPHAN, *Journ. prakt. Chem.* [2] **60**, 248). Will man Citronellol in kleinen Mengen aus ätherischen Ölen rein darstellen, so bereitet seine Trennung von den beigemengten Alkoholen, vor allem dem immer gleichzeitig auftretenden Geraniol, Schwierigkeiten. Zahlreiche mehr oder weniger quantitative Arbeitsmethoden sind zu diesem Zweck ausgearbeitet worden.

Handelt es sich um die quantitative Bestimmung des Citronellols, ohne daß auf die Gewinnung des vorhandenen Geraniols Wert gelegt wird, so arbeitet man am sichersten, wenn man das Geraniol zerstört. Hierauf gründen sich mehrere Trennungsmethoden, von denen folgende die wichtigste ist (WALBAUM und STEPHAN, *B.* 33, 2306; SCHIMMEL, Ber. 1901, I, 50; 1904, II, 81): „10 *cm³* Öl werden mit dem doppelten Volumen starker Ameisensäure (D_{15} 1,226) 1ʰ auf dem Sandbade oder besser Wasserbade (SIMMONS, Perf. Rec. 12, 398 [1921]) zum gelinden Sieden erhitzt; nach dem Erkalten wird mit Wasser verdünnt und bis zur neutralen Reaktion ausgewaschen; von dem abgeschiedenen und mit Natriumsulfat getrockneten Ester wird die Esterzahl bestimmt und auf den Alkoholgehalt umgerechnet. Geraniol und Linalool werden beim Kochen mit Ameisensäure zerstört, und somit nur der Citronellolester erhalten." Die bei dieser Methode meist zu hoch gefundenen Werte lassen sich mit der während der Reaktion stattfindenden Bildung von Citronellolglykoldiformiat erklären (PFAU, *Journ. prakt. Chem.* [2] 102, 276 [1921]).

Als Verfahren zur Trennung des Citronellols von. Geraniol eignet sich: 1. Die Methode von FLATAU und LABBÉ (*Compt. rend. Acad. Sciences* 126, 1725; *Bull. Soc. chim. France* [3] 19, 633; *D. R. P.* 101 549): „Die nach der Methode von STEPHAN (s. o.) gewonnenen Phthalsäureester werden in Ligroin gelöst; bei −5⁰ fällt der Geranylphthalsäureester als Öl aus; durch fraktionierte Krystallisation lassen sich so die Alkohole trennen; durch Hinzufügen eines Krystalls läßt sich die Ausscheidung verbessern." 2. Die Trennung vermittels der Chlorcalciumverbindung des Geraniols (s. d.). Bei geringem Citronellolgehalt empfiehlt sich 3. folgende von TIEMANN und SCHMIDT angegebene Arbeitsweise (*B.* 29, 922): „In ein Gemisch aus 60 Tl Phosphortrichlorid und 100 Tl. absolutem Äther wird bei −10⁰ eine Lösung der zu prüfenden Alkohole in 100 Tl. absolutem Äther in kleinen Portionen so eingetragen, daß die Temperatur unter 0⁰ bleibt. Das Gemisch bleibt 4—5 Tage bei Zimmertemperatur stehen; man gießt alsdann in Eiswasser und wäscht die sich abscheidende Ätherschicht mit Eiswasser. Das Citronellol bildet eine Citronellylphosphorigestersäure, die im Äther gelöst ist und ihm durch verdünnte Natronlauge entzogen wird. Geraniol bildet diese Säure nicht."

Die Trennung von sekundären und tertiären Alkoholen läßt sich nach *D. R. P.* 444 640 [1924] von A. DEPPE SÖHNE und ZEITSCHEL (SCHIMMEL, Ber. 1928, 187) auf Grund der verschieden schnellen Reaktionsfähigkeit dieser Gruppen mit Borsäure erreichen. Man führt das Gemisch der Alkohole durch Erwärmen mit Borsäureanhydrid in die Borate über, destilliert die langsamer reagierenden Bestandteile (sekundäre und tertiäre Alkohole) und die entstandene Essigsäure im Vakuum ab und zersetzt die zurückbleibenden Borate. Auf dem gleichen Prinzip beruht auch die Trennung mit Hilfe der Benzoesäureester (vgl. Terpineol, S. 801).

Eigenschaften: Öl von feinem, rosenähnlichem Geruch, l-Citronellol aus Rosenöl: Kp_{15} 113—114⁰; D_{20} 0,8612; n_D 1,45789; $α_D$ −4⁰ 20′; l-Citronellol aus Geraniumöl: Kp_{764} 225—226⁰; D_{15} 0,862; $α_D$ −1⁰ 40′; n_{D22} 1,45611; d-Citronellol aus Citronellöl: Kp_7 109⁰; D_{15} 0,8604—0,8629; $α_D$ +2⁰ 7′ bis 2⁰ 32′; n_{D22} 1,45651 bis 1,45791; d-Citronellol aus Citronellal: Kp_{17} 117—118⁰; $D_{17,5}$ 0,8565; $α_{D17,5}$ +4⁰; n_{D20} 1,4548—1,456.

Citronellol ist gegen chemische Agenzien weitaus beständiger als Geraniol; Trennungsmethoden von diesem s. oben; es ist beständig gegen Alkali und Wasser, auch unter Druck in der Kälte und Wärme, gegen Phosphortrichlorid in der Kälte, und bildet beim Erhitzen mit Ameisensäure den entsprechenden Ester. Beim Erhitzen auf 140—160⁰ mit Benzoylchlorid bildet es den Benzoesäureester (Unterschied von Geraniol) (BARBIER und BOUVEAULT, *Compt. rend. Acad. Sciences* 122, 530, 673 [1896]). Es lagert $NaHSO_3$ an die doppelte Bindung an. Beim Schütteln mit 10 %iger Schwefelsäure bildet sich das Citronellylglykol (TIEMANN und SCHMIDT, *B.* 29, 907).

Nachweis durch das Diphenylurethan, *Schmelzp.* 83—84⁰, den Brenztraubensäureester (Semicarbazon, *Schmelzp.* 110—111⁰).

Charakteristisch ist auch die Oxydationsfähigkeit zum Citronellolglycerin (MARKOWNIKOW und REFORMATSKY, *Journ. prakt. Chem.* [2] 48, 303) (*Kp* 240⁰) und weiterhin zum Citronellal (s. d.) und zur Citronellsäure, sowie der Abbau zur Methyladipinsäure.

Citronellol ist ein vielverwendeter Rosenriechstoff, qualitativ wertvoller als Geraniol.

Geraniol, $C_{10}H_{18}O$, kommt frei und als Ester häufig vor und ist ein Haupt-
$(CH_3)_2C:CH \cdot CH_2 \cdot CH_2 \cdot C(CH_3):CH \cdot CH_2 \cdot OH$ (Terpinolen- oder β-Form)
oder $CH_2 \cdot C(:CH_2) \cdot CH_2 \cdot CH_2 \cdot CH_2 \cdot C(CH_3):CH \cdot CH_2 \cdot OH$ (Limonen- oder α-Form)
bestandteil des Palmarosaöls (76—93%), des deutschen und türkischen Rosenöls
sowie des Geraniumöls (bis zu 92%), des Citronellöls (30—40%) und des Lemon-
grasöls. Es tritt immer in Begleitung von anderen Alkoholen (Citronellol, Linalool,
Terpineol) auf, von denen es quantitativ nicht leicht zu trennen ist.

Die Geschichte des Geraniols ist mit der des Citronellols aufs engste verknüpft. Je nach dem
Überwiegen des einen oder des andern Alkohols wurden Gemische von beiden als „neue Alkohole"
angesprochen und mit neuen Namen belegt, so das Rhodinol von ECKART (*Arch. Pharmaz.*
229, 335; vgl. auch MONNET und BARBIER, *Compt. rend. Acad. Sciences* **117**, 1092) und ERDMANN
und HUTH (*Journ. prakt. Chem.* [2] **53**, 42 [1896]; **56**, 1 [1897]), das Licarhodol BARBIERS (*Compt.
rend. Acad. Sciences* **116**, 1200). Mit der Reindarstellung des Citronellols (s. d.) im Jahre 1896 und
dessen einwandfreier Identifizierung wurde auch diese Frage geklärt. Die genannten Alkohole erwiesen sich identisch mit dem Alkohol $C_{10}H_{18}O$, welchen schon JACOBSEN (*A.* **157**, 234 [1871]) aus
einem Andropogonöl isoliert und Geraniol genannt hatte. Nach SEMMLER und SCHLOSSBERGER
(*B.* **44**, 991 [1911]) existiert auch ein Isogeraniol (vgl. auch VERLEY, American. Perf. **21**, 480 [1926];
Riechstoffindustrie **1927**, 11).

Die technische Gewinnung erfolgt aus natürlichen Ölen; es kommen vor
allem 2 Methoden in Betracht:

1. Nach BERTRAM und GILDEMEISTER (*Journ. prakt. Chem.* [2] **53**, 233 [1896];
56, 507 [1897]): Gleiche Teile Öl und staubfein gepulvertes Chlorcalcium werden
sorgfältig miteinander verrieben; das sich bei der Reaktion erwärmende Gemisch
wird nach einigen Stunden zerkleinert, durch sorgfältiges Waschen mit trockenem
Äther, Benzol oder Petroläther von den nicht gebundenen Anteilen befreit, sodann
mit Eiswasser zerlegt, das Öl mit warmem Wasser gewaschen und mit Wasserdampf
destilliert. Um diese Methode mit Erfolg anwenden zu können, muß das Öl mindestens 25% Geraniol enthalten.

2. Nach dem Phthalsäureanhydridverfahren durch die von STEPHAN verbesserte, zur Abscheidung primärer Alkohole allgemein anwendbare Methode
(TIEMANN und KRÜGER, *B.* **29**, 901; H. u. E. ERDMANN, *Journ. prakt. Chem.* [2] **56**,
15 [1897]; FLATAU und LABBÉ, *Compt. rend. Acad. Sciences* **126**, 1725 [1898]; *Bull.
Soc. chim. France* [3] **19**, 633 [1898]; SCHIMMEL, Ber. 1898, II, 67; STEPHAN, *Journ.
prakt. Chem.* [2] **60**, 248). Das als Ausgangsmaterial dienende Öl wird mit dem
gleichen Gewicht fein gepulverten Phthalsäureanhydrids und Benzol 1ʰ lang bei
80° auf dem Wasserbad erwärmt. Der gebildete saure Geranylester wird durch
Schütteln mit Sodalösung an Alkali gebunden und in viel Wasser gelöst. Die nicht
veresterten Bestandteile werden mit Äther entfernt, die sauren Phthalsäureester mit
starkem kaustischen Alkali verseift, sodann mit Dampf destilliert. Sekundäre und
tertiäre Alkohole werden bei dieser Methode nicht verestert. Von etwa beigemengten
primären Alkoholen (Citronellol) ist das gewonnene Geraniol nach den hierfür
gültigen Trennungsmethoden zu befreien (s. Citronellol, S. 791).

Auf synthetischem Wege ist die Darstellung des Geraniols folgendermaßen möglich:
1. Durch Erhitzen von Linalool mit Essigsäureanhydrid entsteht durch Isomerisierung neben anderen
Alkoholen Geraniol. Dem so entstehenden Gemisch war von BARBIER (*Bull. Soc. chim. France* [3] **9**,
914) als einem neuen Alkohol der Name Licarhodol zugelegt worden; doch haben BERTRAM und
GILDEMEISTER u. a. nachgewiesen, daß das Reaktionsprodukt neben Terpineol und Nerol in der
Hauptsache aus Geraniol besteht.
2. Nach TIEMANN entsteht, wie aus Citronellal das Citronellol, so aus Citral durch Reduktion
mit Natriumamalgam das Geraniol; man arbeitet zweckmäßig (*B.* **31**, 828) in schwach essigsaurer
Lösung, um den Aldehyd der polymerisierenden Wirkung des Alkalis zu entziehen. Das nicht reduzierte
Citral wird mit Alkali zerstört und das entstandene Geraniol mit Wasserdampf abdestilliert.
3. Durch Oxydationsstufenaustausch zwischen Citral und Isopropylalkohol unter dem Einfluß
von Isopropylaluminat, wobei neben Aceton 70% eines Gemisches von ⅓ Geraniol und ⅔ Nerol
entstehen (s. Nerol).

Optisch inaktive, farblose, angenehm süß, rosenartig riechende Flüssigkeit;
Kp 230°; D_{15} 0,880—0,883; $n_{D_{15}}$ 1,4773; im allgemeinen stabiler als Linalool, jedoch bedeutend weniger beständig gegen chemische Agenzien und Druck als das Citronellol.

Nach VERLEY (*Bull. Soc. chim. France* [4] **25**, 68 [1919]) erleidet Geraniol durch Anlagerung
von Jodwasserstoff und Wiederabspalten desselben mit Alkali Umlagerung in Nerol. Wie mit $CaCl_2$

bildet Geraniol auch mit $Mg(NO_3)_2$, $MgCl_2$ und $Ca(NO_3)_2$ Doppelverbindungen. Es geht beim Erhitzen auf 200° mit Wasser im Autoklaven in Linalool über; unter gewöhnlichem Druck geht es bei 250° vollständig in Kohlenwasserstoffe über. Bei der Einwirkung von Salzsäure entsteht über das Linalylchlorid ebenfalls Linalool (TIEMANN, *B.* 31, 832; DUPONT und LABAUNE, Bericht ROURE-BERTRAND, Okt. 1909, 27). Gegen Alkali ist Geraniol in der Kälte ziemlich indifferent; beim Erhitzen auf 150° mit *konz.* alkoholischen Alkali entsteht Methylheptenol (TIEMANN, *B.* 31, 2991; SCHIMMEL, Ber. 1898, II, 68). Durch Mineralsäuren kann Ringschluß und Bildung von Cyclogeraniol bewirkt werden, wenn man die Alkoholgruppe schützt (HAARMANN & REIMER, *D. R. P.* 138 141), andernfalls geht Geraniol mit verdünnter Schwefelsäure in Terpinhydrat über (TIEMANN und SCHMIDT, *B.* 28, 2138; STEPHAN, *Journ. prakt. Chem.* [2] 60, 244 [1899]). Eisessig oder Essigsäureanhydrid wirken veresternd, nicht isomerisierend; Ameisensäure dagegen bildet beim Erwärmen Terpinen, Dipenten und Terpineol; bei 0–5° entsteht Geranylformiat (STEPHAN, ebenda [2] 60, 244; BERTRAM und GILDEMEISTER, ebenda [2] 49, 195 [1894]; 53, 236 [1896]). Mit Platinmohr und Wasserstoff (WILLSTÄTTER und MAYER, *B.* 41, 1475 [1908]) und nach SABATIER (ENKLAAR, *B.* 41, 2083) entstehen die mit Wasserstoff abgesättigten Reduktionsprodukte des Geraniols. Nach HESSE (*D. R. P.* 256 716) geht Geraniol beim Kochen mit Natrium in Citronellol über. Die Oxydation mit Chromsäure führt zunächst zum Citral, bei weiterer Oxydation zum Abbau in Aceton, Lävulinsäure und Oxalsäure (SEMMLER, *B.* 23, 2965; 24, 203; 26, 2720; TIEMANN und SEMMLER, *B.* 28, 2130. 2132). Geraniol lagert 2 *Mol.* Natriumbisulfit an (LABBÉ, *Bull. Soc. chim. France* [3] 21, 1079 [1898]).

Zur Charakterisierung eignet sich besonders das Diphenylurethan, *Schmelzp.* 82,2°. Zur Bestimmung des Gehalts an Geraniol in ätherischen Ölen wendet man das Acetylierungsverfahren an. Bestimmung neben Citronellol s. d. Nach R. E. MEYER kann man den Reinheitsgrad eines Handelsgeraniols durch Bestimmung der Löslichkeit in 50%igem Alkohol feststellen. 1 *cm³* Geraniol wird in einem Reagensglas mit 15 *cm³* Alkohol gemischt und die Temperatur ermittelt, bei der die Flüssigkeit klar wird. Der Prozentgehalt läßt sich an einer empirisch aufgestellten Tabelle ablesen (Riechstoffindustrie 1928, 91).

Geraniol wird in der Parfümerie zusammen mit anderen Riechstoffen zu Rosenkompositionen verwendet.

Nerol, $C_{10}H_{18}O$, wurde von HESSE und ZEITSCHEL im Noroliöl entdeckt (*Journ. prakt. Chem.* [2] 66, 502); es kommt vor

$(CH_3)_2\, C : CH \cdot CH_2 \cdot CH_2 \cdot C \cdot CH_3$

$HO \cdot CH_2 \cdot CH$

(Transform des Geraniols)

im Petitgrain- und Bergamottöl, im Rosenöl, Linaloeöl, Canangaöl, Cyclamen-, Tuberosenöl u. a., stets in Verbindung mit Geraniol, dem es nahe verwandt und stereoisomer ist (BLUMANN und ZEITSCHEL, *B.* 44, 2591 [1911]). Im Helichrysumöl kommt es frei von Geraniol als Acetat zu 30–50% vor. Praktisch ist dieses die einzige natürliche Quelle, aus der es gewonnen werden kann.

Synthetisch kann es erhalten werden durch Einwirkung von Essigsäureanhydrid auf Linalool neben Terpineol und Geraniol (ZEITSCHEL, *B.* 39, 1780 [1906]), nach VERLEY (*Bull. Soc. chim. France* [4] 25, 68) aus Geraniol durch Anlagerung von Jodwasserstoff, Behandeln mit Bisulfit- oder Bicarbonatlösung und Wiederabspaltung von Jodwasserstoff durch Erwärmen mit alkoholischer Natronlauge (*E. P.* 127 575 [1919]). Zweckmäßiger und billiger ist die Gewinnung aus Citral. Nach der Reaktion des Oxydationsstufenaustausches zwischen Aldehyden und Ketonen einerseits und primären und sekundären Alkoholen andererseits (vgl. auch *D. R. P.* 384 351, BASF und LÜTTRING-HAUS) unter dem Einfluß von Alkoholaten erhält man nach PONNDORF (*Ztschr. angew. Chem.* 39, 141 [1926]) aus Citral und Aluminium-isopropylat 70% eines Gemisches von $^1/_3$ Geraniol und $^2/_3$ Nerol, aus dem sich durch Abscheidung des Geraniols mittels Chlorcalcium das Nerol rein gewinnen läßt. Nach *D. R. P.* 462 895 [1924] von DEPPE & SÖHNE und PONNDORF werden Geraniol oder geraniolhaltige Öle mit Metallalkoholaten bei Abwesenheit von Wasser und reduzierend wirkenden Mitteln, gegebenenfalls in Gegenwart wasserfreier Lösungsmittel erhitzt.

Sehr fein rosenähnlich riechendes Öl, Kp 224–225°; Kp_{12} 112–114°.

Im chemischen Verhalten ist Nerol dem Geraniol ähnlich; es bildet mit verdünnter Schwefelsäure leicht Terpinhydrat, ist gegen Ameisensäure bei höherer Temperatur sehr unbeständig; bildet jedoch keine Chlorcalciumverbindung. Zur Charakterisierung dient das Tetrabromid (*Schmelzp.* 118°), das Diphenylurethan (*Schmelzp.* 52–53°) und das Allophanat (*Schmelzp.* 101,5°).

Der Geruch des Nerols ist deutlich verschieden von dem der anderen Rosenalkohole. Es leistet für künstliche Rosenkompositionen wertvolle Dienste.

Linalool, $C_{10}H_{18}O$. Das Linalool ist ziemlich verbreitet; es bildet den Haupt-

$(CH_3)_2 C : CH \cdot CH_2 \cdot CH_2 \cdot C(CH_3) (OH) \cdot CH : CH_2$

oder $CH_3 \cdot C(:CH_2) \cdot CH_2 \cdot CH_2 \cdot CH_2 \cdot C(CH_3) (OH) \cdot CH : CH_2$.

bestandteil der Linaloeöle. Mexikanisches Linaloeöl enthält d- und l-Linalool, Cayenne-Linaloeöl (essence de bois de rose femelle), l-Linalool (80%), Schiuöl d-Linalool, aus welchen es technisch gewonnen wird. Es ist ein wesentlicher Bestandteil im Neroli-, Petitgrain-, Bergamott- und Lavendelöl, teils frei, teils als Ester.

Seine fabrikatorische Darstellung erfolgt stets durch fraktionierte Destillation aus den bei 190–198° übergehenden Anteilen der zweckmäßig vorher verseiften

Öle, insbesondere Cayenne-Linaloeöl. Der so gewonnene Alkohol kann nach TIE-MANN (*B.* **31**, 837 [1898]) über das Natriumsalz des sauren Phthalsäureesters gereinigt werden, eine Operation, die aber praktisch schwer ausführbar ist. PAOLINI und L. DIVIZA geben (Atti R. Acad. dei Lincei **23**, II, 171) zur Darstellung der Linalylphthalestersäure folgende Methode an:

Linalool wird in dem 2–3fachen Volumen Petroläther gelöst und in der Kälte Natrium im Überschuß zugegeben. Die Bildung von Linaloolnatrium erfolgt rasch, und die Flüssigkeit bleibt klar. Man fügt 1 *Mol.-Gew.* Phthalsäureanhydrid hinzu, wodurch linalylphthalestersaures Natrium gebildet wird. Dieses Salz wird in Wasser gelöst und mit verdünnter Schwefelsäure zersetzt. Liegt das Linalool, wie in der Canangaessenz, in Mischung mit chemisch indifferenten Verbindungen vor, so läßt es sich isolieren, indem man das vorher verseifte Öl in ätherischer Lösung mit Natriumdraht behandelt. Nachdem durch Vakuumdestillation die flüchtigen Bestandteile entfernt sind, wird aus dem entstandenen Linaloolnatrium das Linalool durch Destillation mit Wasserdampf erhalten (REYCHLER, *Bull. Soc. chim. France* **13**, 140).

Künstlich wird Linalool in der inaktiven Form durch Umlagerung von Geraniol bei 200° erhalten (SCHIMMEL, Ber. **1898**, 25; GILDEMEISTER, *Arch. Pharmaz.* **233**, 174 [1895]) oder durch Behandlung von dem aus Geraniol und Salzsäure entstehenden Linalylchlorid mit alkoholischem Kali oder Silbernitrat (TIEMANN, *B.* **31**, 832; Bericht ROURE-BERTRAND, Oktober **1909**, 27). STEPHAN hat gezeigt, daß geranylphthalestersaures Natrium bei der Destillation mit Wasserdampf zum Teil in Linalool übergeht (*Journ. prakt. Chem.* [2] **60**, 252 [1899]). Nach einer sehr interessanten Methode läßt sich Linalool glatt synthetisch aus Methylheptenon und Acetylen aufbauen, indem man in ein Gemisch von Natriumamid und Methylheptenon in ätherischer Lösung unter Kühlung Acetylen einleitet und das primär entstehende Dehydrolinalool mit Natrium und Wasser zum Linalool reduziert (RUZICKA und FORNASIR, *Helv. Chim. acta* **1919**, 2, 182).

Linalool kommt in beiden Modifikationen vor; diese sind nicht ganz leicht voneinander zu trennen. PAOLINI und L. DIVIZA (l. c.) benutzen hierzu die Strychninsalze der sauren Phthalester, welche sie durch fraktionierte Krystallisation zerlegen. Das Linalool besitzt einen feinen, an Maiglöckchen erinnernden Duft. Kp_{760} 197–199°; D_{15} 0,866–0,867; n_{D20} 1,462. Höchste bisher beobachtete Ablenkung für l-Linalool $[\alpha]_D - 20^{\circ} 7'$, für d-Linalool $[\alpha]_D + 19^{\circ} 18'$.

Da sich Linalool beim Kochen mit Essigsäureanhydrid zum Teil durch Wasserabspaltung und Umlagerung verändert, müssen bei der quantitativen Bestimmung (s. u.) und in der Technik bei der Veresterung (s. Linalylacetat) gewisse Vorsichtsmaßregeln getroffen werden.

Linalool addiert Brom und Halogenwasserstoff, $C_{10}H_{17}Cl$, Kp_6 95–96°. Organische Säuren verwandeln es in Geraniol, Nerol oder (insbesondere bei Gegenwart von Schwefelsäure) in Terpineol; Mineralsäuren bewirken Kondensationen und Umlagerungen, wie das Entstehen von Terpinhydrat (TIEMANN und SCHMIDT, *B.* **28**, 2137), was die Reindarstellung von Estern nach *D. R. P.* 80711 erschwert, indem neben Estern des Linalools auch solche des Geraniols und Terpineols entstehen. Mit Eisessig und Acetanhydrid sowie mit Ameisensäure entsteht neben den Estern des Ausgangsmaterials derjenige des dem angewendeten Linalool entgegengesetzt drehenden Terpineols; bei 60–70° findet jedoch Wasserabspaltung und Bildung von Dipenten und Terpinen statt.

Nachweis durch Oxydation zum Citral sowie durch das Phenylurethan (*Schmelzp.* 65–66°) und das α-Naphthylurethan (*Schmelzp.* 53°).

Die Veränderung des Linalools bei der Acetylierung (s. o.) erschwert die quantitative Bestimmung des Linalools in ätherischen Ölen. Die besten Resultate erhält man, wenn man in gleicher Weise wie bei Terpineol in Verdünnung bei 7stündiger Erhitzungsdauer acetyliert.

Besser und heute allgemein angewandt ist die Bestimmung nach GLICHITCH (*Bull. Soc. chim. France* [4] **33**, 1284 [1923]) durch kalte Formylierung mittels Essigsäure-Ameisensäureanhydrids (vgl. BÉHAL, ebenda **23**, 745 [1900]) und Verseifung des Formiats.

Die Trennung von primären und sekundären Alkoholen erfolgt in der gleichen Weise, wie dies für Terpineol beschrieben ist (s. d.).

Linalool und seine Ester (s. d.) sind wertvolle und vielverwendete Riechstoffe.

2. Cyclische Alkohole.

Benzylalkohol s. B. **II**, 286.

Benzylisoamyläther, $C_{12}H_{18}O = C_6H_5 \cdot CH_2 \cdot O \cdot C_5H_{11}$. Darstellung durch Kochen von Benzylchlorid mit Isoamylalkohol und Kaliumhydroxyd (ERRERA, *Gazz. Chim. Ital.* **17**, 197). Kp_{748} 236–237°. Flüssigkeit von gardeniaartigem Geruch.

Cyclogeraniol, $C_{10}H_{18}O$, entsteht nach *D. R. P.* 138141 bei der Einwirkung von Phosphorsäure auf Geranylester. Es besteht aus 2 Isomeren. Flüssigkeit von vollem geraniolartigem Geruch mit ausgesprochener Rumnote. Kp_{12} 95–100°, D_{15} 0,9462; n_D etwa 1,48.

$$
\begin{array}{cc}
CH_3 \cdot C \cdot CH_3 & CH_3 \cdot C \cdot CH_3 \\
H_2C\diagup{}\diagdown C \cdot CH_2 \cdot OH & H_2C\diagup{}\diagdown \dot{C} \cdot CH_2 \cdot OH \\
H_2C\diagdown{}\diagup C \cdot CH_3 & H_2C\diagdown{}\diagup C \cdot CH_3 \\
CH & CH_2 \\
\text{α-Cyclogeraniol} & \text{β-Cyclogeraniol}
\end{array}
$$

(β-)Phenyläthylalkohol, $C_8H_{10}O = C_6H_5 \cdot CH_2 \cdot CH_2 \cdot OH$. Dieser wertvolle Rosenriechstoff kommt im Rosenöl und im Neroliöl sowohl frei als auch als Ester vor (im gewöhnlichen Rosenöl 1%, im Öl der Rosenpomade 46%, im Öl des Rosenwassers 35%, ferner im Gartennelkenextraktöl). Infolge seiner Löslichkeit in Wasser findet er sich in der Hauptsache in den Destillationswässern. v. SODEN und ROJAHN erhielten aus 800 kg Rückstandswasser der Rosendestillation 200 g eines Öles, das zu 80% aus Phenyläthylalkohol bestand (*B.* 33, 1723, 3063 [1902]). Er ist daher der Hauptgeruchsträger des Rosenwassers. Er wird künstlich dargestellt durch Reduktion von Phenylacetaldehyd mit Natriumamamalgam (RADZISZEWSKI, *B.* 9, 372) oder nach BOUVEAULT und BLANC (*Compt. rend. Acad. Sciences* 136, 1676 [1903]; 137, 60 [1903]; *D. R. P.* 164 294) durch Reduktion der Phenylessigsäureester mit Natrium und absolutem Alkohol.

Die technische Herstellung erfolgt zweckmäßig, wie folgt:

Zu den im Reduktionskessel befindlichen 18,5 kg absoluten Alkohols, der durch je 2malige Destillation über 1% Natrium- und 1% Calciumspänen vollkommen wasserfrei gemacht ist, fügt man schnell 3,02 kg Phenylessigester (vgl. S. 840) und 0,2 kg metallisches Calcium. Hierauf beginnt man mit der Zugabe des metallischen Natriums, im ganzen 3,5 kg. Obgleich die Reaktion äußerst heftig ist, ist es von Wichtigkeit, daß die ganze Menge des erforderlichen Natriums innerhalb von 20—25' hinzugegeben wird. Die Temperatur steigt anfangs von 85 auf 115°. Nachdem sämtliches Natrium eingetragen ist, rührt man noch $\frac{1}{2}$ h und beginnt dann, das Reaktionsgemisch zu zersetzen. Zu diesem Zweck versetzt man es zuerst mit verdünntem Alkohol (etwa 30—40% igem) und dann, wenn man sicher ist, daß sich kein unzersetztes Natrium mehr im Kessel befindet, mit Wasser. Der entstandene Phenyläthylalkohol wird mit Wasserdämpfen überdestilliert.

Da der Phenyläthylalkohol stark wasserlöslich ist, scheidet sich nur wenig Öl auf der Oberfläche ab. Den größten Teil gewinnt man durch häufig wiederholtes Extrahieren mit Benzin und Äther, u. zw. 8mal mit ersterem und 5mal mit letzterem Mittel. So erhält man nach dem Verdunsten des Extraktionsmittels, Vereinigung des Rückstands mit dem bei der Wasserdampfdestillation bereits abgeschiedenen Öl und Vakuumrektifikation insgesamt 1,98 $kg = 65\%$ der theoretischen Ausbeute an Phenyläthylalkohol (Kp_{11} 110°).

Die Darstellung gelingt auch durch Einwirkung von Natriumammonium auf Phenylessigsäureäthylester (CHABLAY, *Ann. Chim.* [9] 8, 145). Nach GRIGNARD (*Compt. rend. Acad. Sciences* 141, 44 [1905]; *D. R. P.* 164 883) entsteht durch Einwirkung von Phenylmagnesiumbromid auf Glykolchlorhydrin Phenyläthylalkohol in einer Ausbeute von 95% der Theorie. Nach dem *A. P.* 1 591 125 [1924] der DOW CHEM. COMP. kann die Umsetzung auch mit Äthylenoxyd vorgenommen werden. Nach *E. P.* 320 424 [1928] der *I. G.* läßt sich aus Styroloxyd durch Reduktion mit Wasserstoff in Gegenwart von Hydrierungskatalysatoren Phenyläthylalkohol gewinnen.

Farblose, optisch inaktive Flüssigkeit von schwach rosenartigem, mildem Geruch. Kp 220—222°; D_{15} 1,023—1,024; n_{D20} 1,532; leicht oxydierbar zu Phenylacetaldehyd, kenntlich an hyacinthenartigem Geruch. In Wasser löslich 1:60.

Phenyläthylalkohol bildet mit Chlorcalcium eine Doppelverbindung (HESSE, ZEITSCHEL, *Journ. prakt. Chem.* [2] 66, 489 [1902]) und mit Phthalsäureanhydrid eine Phthalestersäure, welche beide zu seiner Isolierung geeignet sind.

Charakterisierung durch Phenylurethan, *Schmelzp.* 80°; Diphenylurethan, *Schmelzp.* 99—100°; Phthalestersäure, *Schmelzp.* 188—189°; Phenyläthylester der p-Nitrobenzylphthalsäure, *Schmelzp.* 84,3°.

Nach SABETAY (*Ann. Chim. analyt. appl.* [2] 11, 193—195 [1929]) läßt sich Phenyläthylalkohol nachweisen, indem man die entsprechende Fraktion, eventuell nach Verseifung, über grobgepulvertes Kaliumhydroxyd destilliert und das hierbei entstehende Styrol (Fraktion Kp 140—160°) durch das Dibromid (*Schmelzp.* 72°) identifiziert.

Verwendung für künstliche Rosenkompositionen, zur Streckung von Neroliöl, zur Parfümierung von Seifen, in denen die Verbindung haltbar ist.

Phenylpropylalkohol (Hydrozimtalkohol), $C_9H_{12}O = C_6H_5 \cdot CH_2 \cdot CH_2 \cdot CH_2 \cdot OH$. Als Zimtsäureester und in Begleitung von Zimtalkohol im Sumatrabenzoe, im Storax und anderen Harzen und Balsamen nachgewiesen. Zur Reinigung des aus natürlichen Harzen gewonnenen Phenylpropylalkohols erhitzt man mit Ameisensäure, entfernt den verharzten Zimtalkohol und verseift den Ameisensäureester (SCHIMMEL, *D. R. P.* 116 091).

Künstlich wird Phenylpropylalkohol durch Reduktion von Zimtalkohol mit Natriumamalgam bei Gegenwart von viel Wasser (RÜGHEIMER, *A.* 172, 123 [1874]; HATTON und HODKINSON, *Chem. News* 43, 1930), nach TANAKA (*Chem.-Ztg.* 48, 25 [1924]) durch Hydrierung mit Wasserstoff und 10% bei 310—330° auf Kieselgur niedergeschlagenem Nickelhydroxyd (KELBER, *B.* 49, 55 [1916]) bei gewöhnlicher Temperatur und gewöhnlichem Druck, oder durch Reduktion des Zimtsäureäthylesters nach BOUVEAULT und BLANC mit Natrium und absolutem Alkohol (*D. R. P.* 164 294) oder nach CHABLAY mit Natriumammonium (*Ann. Chim.* [9] 8, 145—220) dargestellt.

Farblose, dicke Flüssigkeit von schwachem, hyacinthenähnlichem Geruch. Kp 235⁰; D_{15} 1,007. Bei der Oxydation entsteht Hydrozimtsäure.

Nachweis durch das Phenylurethan, *Schmelzp.* 47–48⁰.

Verwendung insbesondere in Form seiner Ester für Blumenkompositionen.

Zimtalkohol, $C_9H_{10}O = C_6H_5 \cdot CH:CH \cdot CH_2 \cdot OH$, früher auch Styron genannt, kommt vor allem verestert im Storax, ferner in einigen Balsamen und Harzen vor; zur Gewinnung wird der Storax warm filtriert, mit Ätzkali bis zum farblosen Ablaufen des Filtrats gewaschen, das Styracin, der Ester der Zimtsäure, mit Petroläther aufgenommen, der Petroläther abdestilliert und aus dem Styracin durch Verseifung mit Kalilauge der Alkohol gewonnen.

Synthetisch läßt er sich durch Reduktion von Zimtaldehyddiacetat mit Eisen und Essigsäure und Verseifen des erhaltenen Zimtalkoholessigesters gewinnen (BARBIER und LÉSER, *Bull. Soc. chim. France* [3] 33, 858 [1905]; HILL und NASON, *Journ. Amer. chem. Soc.* 46, 2236 [1924]). Nach PAULY, SCHMIDT und BÖHME (*B.* 57, 1327 [1924]) kann hierfür auch Zimtaldehyd benutzt werden. Nach D. R. P. 350048 [1921] und 362537 der *BASF* gewinnt man Zimtalkohol, indem man in eine Mischung von 12 Tl. gepulvertem Magnesium, 0,1 Tl. fein verteiltem Kupfer und 80 Tl. etwa 99%igem Äthylalkohol 0,5 Tl. Jod bei 25⁰ unter Rühren einträgt und dann mit 40 Tl. Zimtaldehyd unter Rühren im trockenen Stickstoffstrom kocht. Nach dem Abdestillieren des Alkohols wird der Zimtalkohol mit Wasserdampf übergetrieben. Nach MEERWEIN und SCHMIDT (*A.* 444, 237 [1925]; vgl. auch D. R. P. 432.850 von DR. SCHMITZ & Co.) bleibt die doppelte Bindung auch unversehrt, wenn man auf die Lösung von Zimtaldehyd in absolutem Alkohol Magnesiumchloräthylat einwirken läßt, wobei zunächst Zimtaldehydalkoholat entsteht. Dieses zerfällt sekundär in Zimtalkohol und Acetaldehyd, welcher durch ständiges Abdestillieren entfernt werden muß (Ausbeute 80% d. Th.). TULEY und ADAM (*Journ. Amer. chem. Soc.* 47, 3061 [1925]) ist es auch gelungen, mit Platinoxyd-Platinschwarz und Wasserstoff die selektive Reduktion von Zimtaldehyd zu Zimtalkohol bei 2–3 *Atm.* Druck durchzuführen, indem sie Eisen- und Zinksalze in geeignetem Verhältnis zusetzten oder bei Zusatz von Eisensalz allein nach Absorption von 1 *Mol.* Wasserstoff unterbrachen. Die Reduktionsmethode nach BOUVEAULT und BLANC (s. Phenyläthylalkohol) ist nicht anwendbar, da bei Reduktion der Zimtsäureester Phenylpropylalkohol entsteht.

Die Darstellung aus Storaxharz ist die vorteilhaftere, zumal sie zu einem weitaus feineren Produkte führt. Lange, weiße, feine Nadeln von hyacinthenähnlichem Geruch. *Schmelzp.* 33⁰; Kp 257,5⁰; D_{13}^{33} 1,01–1,03.

Nachweis durch Phenylurethan, *Schmelzp* 90–91,5⁰; Diphenylurethan, *Schmelzp.* 97–98⁰; ferner durch Oxydation zu Zimtaldehyd und Zimtsäure (*Schmelzp.* 133⁰) und weiterhin Benzaldehyd und Benzoesäure.

Der Dicinnamyläther, $(C_6H_5 \cdot CH:CH \cdot CH_2)_2O$, besitzt nach SENDERENS (*Compt. rend. Acad. Sciences* 182, 614) rosmarinähnlichen Geruch.

Cuminalkohol(p-Isopropyl-benzylalkohol), $C_{10}H_{14}O = (CH_3)_2CH \cdot C_6H_4 \cdot CH_2 \cdot OH$, ist im Öl von Eucalyptus Bakeri gefunden worden. Er wird dargestellt aus dem im Cuminöl zu 50% enthaltenen Cuminaldehyd.

Man kocht 1 *Vol.* Cuminaldehyd 1 h mit 4–5 *Vol.* alkoholischer Kalilauge (1 Tl. *KOH* in 3 Tl. Alkohol), fügt nach dem Erkalten Wasser zu und destilliert den Cuminalkohol mit Wasserdampf über. Noch vorhandener Cuminaldehyd wird mit Natriumbisulfitlösung entfernt (FILETI, *Gazz. Chim. Ital.* 14, 498 [1884]). Technisch wichtig ist das Verfahren von BERT, nach welchem durch Einleiten von trockenem Sauerstoff in die Suspension von Cuminylmagnesiumchlorid in Äther Cuminalkohol mit 53–60% Ausbeute erhalten wird (*Bull. Soc. chim. France* [4] 37, 1252, 1577 [1925]).

Flüssigkeit von angenehm aromatischem Geruch (im Gegensatz zu Cuminol). Kp 246,6; D_{15} 0,9805; n_D 1,5217. Mit Wasserdampf langsam flüchtig; unlöslich in Wasser. Die bitterfruchtig riechenden Ester sind in der Parfümerie gut verwendbar.

Methylphenylcarbinol, $C_8H_{10}O = C_6H_5 \cdot CH(OH) \cdot CH_3$. Darstellung nach GRIGNARD (*Compt. rend. Acad. Sciences* 1901, II, 623) aus Benzaldehyd und Methylmagnesiumjodid und durch Reduktion von Acetophenon. Blumig-hyacinthenartig riechende Flüssigkeit; D 1,013; Kp 202–204⁰.

Dimethylphenylcarbinol, $C_9H_{12}O = C_6H_5 \cdot C(CH_3)_2 \cdot OH$. Darstellung aus Phenylmagnesiumbromid und Aceton (TISSIER, GRIGNARD, *Compt. rend. Acad. Sciences* 132, 1184).

Farblose Krystalle von vollem rosenartigem Geruch, *Schmelzp.* 35–37⁰; Kp_{10} 89–90⁰.

Dimethylbenzylcarbinol, $C_{10}H_{14}O = C_6H_5 \cdot CH_2 \cdot C(CH_3)_2 \cdot OH$. Darstellung aus Benzylmagnesiumbromid und Aceton in Äther (GRIGNARD, ebenda 130, 1324).

Dicke Flüssigkeit von zartem, etwas fliederartigem Geruch. E_p etwa 23°; Kp_{10} 103—105°; D_{15} 0,9823; $n_{D_{15}}$ 1,5201; ist einer der wertvollsten Riechstoffe für Blumenkompositionen.

Dimethylphenyläthylcarbinol, $C_{11}H_{16}O = C_6H_5 \cdot CH_2 \cdot CH_2 \cdot C(CH_3)_2 \cdot OH$. Darstellung aus Phenyläthylmagnesiumbromid und Aceton.

Flüssigkeit von feinem Blütengeruch. D_{15} 0,9712; $n_{D_{20}}$ 1,5130 (RECLAIRE, Deutsche Parf. Ztg. **1929**, 285).

Ähnliche geruchliche Eigenschaften zeigen auch Phenyläthyl-methyl-äthyl-carbinol, $C_6H_5 \cdot CH_2 \cdot$ $\cdot CH_2 \cdot C(CH_3)(C_2H_5) \cdot OH$, und die Ester der angeführten tertiären Alkohole (vgl. RECLAIRE, l. c.).

Die Verwendung und Darstellung solcher vom Benzylaceton und dessen Homologen sich ableitender Carbinole behandelt auch das *F. P.* 598 003 [1925] von *Bayer*.

3. Alicyclische Alkohole.

Menthol, $C_{10}H_{20}O$, l-Menthol ist im freien Zustande, als Acetat und als Iso-valerianat der Hauptbestandteil der Pfefferminzöle (50—80 %); es scheidet sich aus diesen beim Abkühlen in Krystallen aus. Auf diese Weise läßt sich das Menthol durch Ausschleudern oder Abpressen fast rein erhalten. Es läßt sich auch auf folgende Weise isolieren: die Menthol enthaltende Ölfraktion wird mit Benzoe-säureanhydrid oder Stearinsäure erhitzt. Die schwer flüchtigen Ester des Menthols werden durch Wasserdampf von den leicht flüchtigen Beimengungen getrennt und verseift. Die künstliche Darstellung durch Reduktion von Menthon, Pulegon, Piperiton, Thymol, Menthanol ist Gegenstand eingehender Forschungen gewesen, die zu einer Anzahl technisch wichtiger Verfahren und zahlreichen Patenten geführt haben.

1. Durch Reduktion aus Menthon und Pulegon. Mit einem Überschuß von nascieren-dem Wasserstoff (BECKMANN und PLEISSNER, A. 262, 30, 32 [1891]; D. R. P. 42458) liefert l-Menthon sowohl wie d-Menthon ein stark linksdrehendes Mentholgemisch, bestehend aus dem l-Menthol und dem schwach rechtsdrehenden Isomenthol. Durch Reduktion der menthonhaltigen Fraktion des Pfefferminzöls kann man so den Mentholgehalt derselben vergrößern.

In gleicher Weise kann man d-Pulegon (zu 75—80 % im Poleiöl, zu 25 % neben 50 % Menthon im Pennyroyalöl) durch Behandeln mit überschüssigem Natrium in alkoholischer oder feuchter äthe-rischer Lösung in einer Operation zu d-Menthon reduzieren und weiter in l-Menthol überführen (BECKMANN und PLEISSNER l. c.; SKWORZOW, *Journ. prakt. Chem.* [2] 84 [1912]; vgl. D. R. P. 376 474 [1921] von H. MÜLLER).

Zur Darstellung von mentholhaltigem Öl aus natürlichen pulegonhaltigen Ölen gibt SPINNER (Riechstoffindustrie **1926**, 161) folgendes Verfahren an: 5,6 *kg* Poleiöl von Mentha Pulegium L. werden in 37 *kg* technisch reinem (feuchtem) Äther unter Zusatz eines indifferenten Schutzkolloides emulgiert und bei +1° ein Überschuß von Natrium-Kalium-Legierung eingetragen, man rührt 2 h, läßt absitzen, trennt die ätherische Lösung ab, wäscht sie neutral und rektifiziert im Vakuum. Man erhält ein farbloses, nach Pfefferminz riechendes Öl von 70—82 % Mentholgehalt. Mit Hilfe dieser Reaktion gelangte WALLACH (A. 278, 302 [1893]), ausgehend vom Citronellal, über das Isopulegol und Pu'egon zum Menthol.

Man erhält bei diesen Reduktionen linksdrehende Produkte, die durch Ver-unreinigung mit isomeren Mentholen geringere Drehung und niederen *Schmelzp.* zeigen als das natürliche l-Menthol.

2. Aus Piperiton (Δ^1-Menthenon-3). Piperiton (zu 40—50 % im Öl von Eucalyptus dives) gibt bei der Reduktion mit Wasserstoff in Gegenwart von Nickel quantitativ Menthon, welches, wie oben beschrieben, in Menthol übergeführt werden kann. Man erhält hierbei inaktive Produkte von niederem *Schmelzp.* als dem d s natürlichen l-Menthols.

Nach *E. P.* 238 314 [1925] von HOWARDS AND SONS und BLAGDEN erfolgt die Reduktion unter Druck bei 130—160° bei Gegenwart von Nickel.

3. Aus Thymol. Durch die künstliche Darstellung des Thymols, insbesondere aus p-Cymol, hat auch die zuerst von BRUNEL (*Bull. Soc. chim. France* [3] 33, 500 [1905]) durchgeführte Reduktion von Thymol zu Menthol an technischem Interesse gewonnen. Die auf diese Synthese genommenen Patente (s. Thymol) befassen sich darum meist auch mit derjenigen des Menthols.

Nach AUSTERWEIL (*E. P.* 220 953 [1924]) wird das aus p-Cymol gewonnene Thymol durch Reduktion mit Wasserstoff bei 15 *Atm.* Druck in Gegenwart eines Nickelkieselgur-Katalysators bei 160—170° in i-Menthol übergeführt (80—100 % Ausbeute).

Die RHEIN. CAMPHERFABRIK (*E. P.* 189 450 [1923]) erhitzt Thymol mit Wasserstoff in Gegen-wart von *Ni, Co, Pt* oder *Pa* unter Druck. Aus dem entstandenen Gemisch (90 %) von Menthol und Isomenthol wird das erstere durch Abkühlen und Ausschleudern oder durch fraktionierte

Destillation (*E. P.* 231 827 [1924]) gewonnen. Isomenthol hat geringen technischen Wert und kann in i-Menthol verwandelt werden, indem man es nach dem Abtrennen des Menthols mit Kupferoxyd unter Zusatz von Alkali zu Menthon oxydiert und dieses — eventuell unter Zusatz von neuem Thymol — mit Wasserstoff in Gegenwart eines *Ni*-Katalysators reduziert (*E. P.* 189 450). Die Oxydation des Isomenthols zu Menthon kann man umgehen, indem man dem flüssigen Isomenthol eine neue Portion Thymol zusetzt und dieses Gemisch der Reduktion unterwirft (*E. P.* 213 991 [1923] von HOWARD AND SONS und BLAGDEN und *E. P.* 231 827 [1924] der RHEIN. CAMPHERFABRIK), oder indem man das bei der Reduktion entstehende flüssige Gemisch der Isomeren direkt mit Menthol-natrium oder -kalium auf 200—300° während 20^h erhitzt (RHEIN. CAMPHERFABRIK, *F. P.* 558 979 [1922]).

An die Synthese des Thymols von *Schering* (s. d. S. 833) schließen sich die Patente von SCHERING-KAHLBAUM zur Darstellung von i-Menthol an. Nach *A. P.* 1 737 272 [1928] wird die Acetylverbindung des aus Acetylkresol und Aceton erhaltenen 3-Methyl-6-isopropenylphenols mit Wasserstoff in Gegenwart eines Katalysators bis zur Aufnahme von 8 Atomen Wasserstoff behandelt und das Reaktionsprodukt verseift. Nach dem *D. R. P.* 486 768 der gleichen Firma wird m-Kresol mit Aceton durch *HCl* unter 100° zu genannter Verbindung kondensiert und diese bei etwa 280° katalytisch bei Gegenwart von *Ni* reduziert (*D. R. P.* 506 044, 508 893).

4. Aus Menthanol-(8) (*Riedel, D. R. P.* 455 590 [1924]). Das durch Hydrierung von α-Terpineol leicht zugängliche Menthanol-(8) wird durch Erwärmen mit Wasser abspaltenden Mitteln in Δ^3-Menthen übergeführt und dieses durch Anlagerung von Sauerstoff mittels Benzopersäure oder durch Erhitzen des durch Anlagerung von unterchloriger Säure erhaltenen Chlormenthols mit Salzsäure abspaltenden Mitteln (z. B. Alkalihydroxyd) in Menthenoxyd übergeführt, aus dem man direkt oder nach Umlagerung in Menthon durch aufeinanderfolgendes Erwärmen mit Alkali und Säure durch Reduktion Menthol erhält.

Bei der Hydrierung des d-l-Menthons und des Thymols entstehen neben den übrigen Isomeren des Menthols auch die Neomenthole, die sich durch die Stellung der Hydroxylgruppen vom Menthol unterscheiden (PICCARD und LITTLEBURY, *Journ. chem. Soc.* **101**, 109 [1912]). Von diesen kommt Neomenthol im japanischen Pfefferminzöl vor. Die Neomenthole befinden sich nach *E. P.* 285 403 der RHEIN. CAMPHERFABRIK in den bei der Darstellung von i-Menthol aus Thymol entstehenden flüssigen Bestandteilen und können vom Menthol durch fraktionierte Destillation getrennt und durch Behandeln mit Wasserstoff in Gegenwart von Alkali- oder Erdalkalimentholaten oder durch Oxydation zu Menthon mit Chromsäure und nachfolgende Hydrierung (s. o.) in i-Menthol übergeführt werden.

Die Trennung des beim Hydrieren von Thymol, i-Menthon oder Isomenthon entstehenden Gemisches von racemischen Mentholen durch fraktionierte Destillation oder Ausfrieren behandelt das *F. P.* 627 694 [1927] der RHEIN. CAMPHERFABRIK.

Zur Reindarstellung von Menthol eignen sich die sauren Phthalsäure- oder Bernsteinsäureester, die Ester der p-Nitrobenzoesäure (*Schmelzp.* 91—92°), der Benzoesäure (*Schmelzp.* 54,5°) oder der Borsäure (*Schmelzp.* 135—137°).

Nach HOWARD AND SONS (*E. P.* 297 019 [1927]) kann man aus synthetischem Rohmenthol vom *Schmelzp.* 30—31° durch Esterifizierung mit Phthalsäureanhydrid, Verseifung des erhaltenen sauren Esters und fraktionierte Dampfdestillation Menthol vom *Schmelzp.* 36,5° und höher gewinnen.

Menthol bildet farblose hexagonale Nadeln oder Säulen; es besitzt kühlenden Geschmack und starken Pfefferminzgeruch. *Schmelzp.* 42,3—44,5°. Die durch Reduktion erhaltenen Menthole haben, da verschiedene Isomere vorliegen, meist einen Schmelzpunkt, der um 10° niedriger ist; Kp 212,5°; D_4^{20} 0,890; D_4^{15} 0,8810; $[\alpha]_{D46}$ —49,8°.

Charakterisierung durch das Menthylphenylurethan, *Schmelzp.* 111—112°; Menthol-α-naphthylurethan, *Schmelzp.* 128°; Menthylbenzoat, *Schmelzp.* 54,5°; Oxalsäuredimenthylester, *Schmelzp.* 67 bis 68°; Bernsteinsäuredimenthylester, *Schmelzp.* 62°; Phthalsäuremonomenthylester, *Schmelzp.* 110°; Phthalsäuredimenthylester, *Schmelzp.* 133°.

Eine schnell ausführbare, annähernd genaue quantitative Bestimmung des Menthols geschieht nach SCHIMMEL, *Ber.* 1897, II, 49, durch Acetylierung mit Essigsäureanhydrid und Titration des nicht verbrauchten Anhydrides.

Bekannte Handelsprodukte sind: Das i-Menthol von SCHERING-KAHLBAUM und das l-Menthol von SCHIMMEL & CO. Diese Produkte entsprechen in ihrer Wirksamkeit dem natürlichen Menthol, sind jedoch weniger giftig.

Verwendung zu pharmazeutischen Präparaten, in der Parfümerie und Kosmetik zu Mundpflegemitteln, Migränestiften, Schnupfpulvern, Eiskopfwässern u. s. w.

Isopulegol, $C_{10}H_{18}O$. Ist bisher nur künstlich dargestellt; es ist interessant wegen seiner Beziehungen zum Citronellal (s. d.), aus dem es durch Ringschluß durch Einwirkung von Säuren sowie durch Autoxydation im Sonnenlicht entsteht. Dieser Übergang ist wichtig für den Konstitutionsnachweis des Citronellals (TIEMANN und SCHMIDT, *B.* **29**, 914 [1896]; vgl. auch BOUVEAULT, *Compt. rend. Acad. Sciences* **122**, 737 [1896]). Die Überführung von Citronellal in Isopulegol geschieht in folgender Weise (TIEMANN und SCHMIDT, *B.* **30**, 27):

150 g Citronellal werden mit 100 g Essigsäureanhydrid etwa 20ʰ im Ölbad bei 160–180⁰ digeriert. Man nimmt das Produkt mit Alkohol auf, fügt zur Verseifung 150 g Kaliumhydroxyd hinzu und treibt das freiwerdende Isopulegol nach kurzem Erwärmen auf dem Wasserbad im Dampfstrom über; 66% Ausbeute.

Die Bildung von Isopulegylacetat beim Kochen von Citronellal mit Essigsäureanhydrid wird zur quantitativen Bestimmung des Citronellals (s. d.) benutzt.

Pfefferminzartig riechende Flüssigkeit, Kp_{13} 91⁰; $D_{17,5}$ 0,9154; $α_D$ — 2⁰ 40′; n_D 1,47292. Isopulegol macht sich in Citronellalpräparaten durch den Geruch oft unangenehm bemerkbar.

Nachweis durch Oxydation mit Chromsäure bei 50⁰ zu Isopulegon (Oxim, *Schmelzp.* 121⁰; Semicarbazon, *Schmelzp.* 172–173⁰ bzw. 182–183⁰).

Thujylalkohol (Tanacetylalkohol), $C_{10}H_{18}O$. Vorkommen als Gemisch zahlreicher Isomeren im Wermutöl. Isolierung am besten über den Phthalsäureester (PAOLINI und DIVIZIA, Atti R. Accad. Lincei Rend. 23, II, 226 [1914]). Künstlich läßt sich Thujylalkohol aus Thujon darstellen (SEMMLER, *B.* 25, 3344; WALLACH, *A.* 272, 109 [1893]), welches aus dem Tanacetumöl über die Bisulfitverbindung gewonnen und mit Natrium und Alkohol reduziert wird. Kp 206 bis 209⁰; D_{20} 0,925; n_D 1,4365; $[α]_D$ +60⁰ 49′.

Charakterisierung durch Oxydation zu Thujon (Oxim, *Schmelz.* 54⁰).

Fenchylalkohol, $C_{10}H_{18}O$. Vorkommen in dem ätherischen Öl von Wurzelstöcken und dem harzreichen Kienholz von Pinus palustris. Künstlich gewonnen durch Reduktion von Fenchon sowie bei der Hydratisierung von französischem Terpentinöl, nach BARBIER und GRIGNARD (*Bull. Soc. chim. France* [3] 5, 512, 519 [1909]) aus Nopinen. Flüssigkeit von wenig angenehmem Geruch. Kp 201⁰; D_{50} 0,933; $[α]_D$ 10,35⁰; *Schmelzp.* 45⁰. Nach NAMETKIN und SELIWANOFF (*Journ. prakt. Chem.* 106, 25 [1923]) *Schmelzp.* 49⁰ für besonders gereinigten Fenchylalkohol; i-Fenchylalkohol aus amerikanischem Holzterpentinöl.

Kp 202–203⁰; *Schmelzp.* 33–35⁰.

Charakterisierung durch die Oxydation zu Fenchon, ferner durch das Phenylurethan, *Schmelzp.* 82–82,5⁰.

Verwendung: als Desinfiziens, insbesondere auch zur Bekämpfung von Insekten. Sein Salicylat und Valerianat (Fenchyval) hat als Antirheumaticum lang anhaltende therapeutische Wirkung.

Borneol, $C_{10}H_{18}O$ (Formel s. Bd. III, 66). Kommt in der Natur in seinen beiden optischen Modifikationen frei und als Ester verschiedener Fettsäuren vor. Borneo-Campher aus Dryobalanops Çamphora ist fast reines d-Borneol, der Ngai-Campher aus Blumea Balsamifera ist fast reines l-Borneol. Von den ätherischen Ölen, in denen freies Borneol gefunden ist, seien erwähnt: Lavendelöl, Rosmarinöl, Spiköl, Thujaöl, Citronellöl, Corianderöl, Baldrianöl u. s. w.; verestert kommt Borneol in den Edeltannen-, Fichtennadel- und Kiefernadelölen (5–10% Acetat), im sibirischen Fichtennadelöl (30–40% Acetat), ferner im Baldrianöl (Butter- und Isovaleriansäureester) vor.

Aus natürlichen Quellen, z. B. dem mehr als 40% Borneol und Bornylacetat enthaltenden, billigen sibirischen Fichtennadelöl erfolgt die Gewinnung durch Verseifen, Abdestillieren der Terpene aus dem verseiften Öl und Ausfrieren der Fraktion vom Kp 190–220⁰. Nicht ausgefrorene Anteile werden mittels des Phthalsäureesters isoliert. Das Rohborneol wird durch Umkrystallisation aus Petroläther gereinigt.

Die technisch wichtigen Verfahren zur künstlichen Gewinnung sind diejenigen, die vom Pinen (Terpentinöl) durch Erhitzen mit Essigsäure oder über das Chlorhydrat (Bornylchlorid) zu Gemischen von Isoborneol mit mehr oder weniger Borneol führen und Zwischenstufen zur Campherfabrikation über Borneol bzw. Isoborneol darstellen.

Über diese Verfahren s. Campher, Bd. III, 77 ff.

Es befassen sich eine große Anzahl von Patenten mit derartigen Darstellungsmethoden. Auch β-Pinen kann bei ähnlicher Behandlung zur Herstellung dienen. Nach AUSTERWEIL wird die Veresterung durch Erhitzen ohne Lösungsmittel (*E. P.* 222 141 [1924]) oder mit ihnen (Toluol, Xylol u. s. w.) (*E. P.* 258 901 [1926]) vorgenommen; ferner tritt nach *E. P.* 311 085 [1928] beim Erhitzen von β-Pinen in einem indifferenten Lösungsmittel mit Phthalsäureanhydrid auf 145°, am besten unter Druck, und Zutropfenlassen von absolutem Alkohol die entstehende Äthylphthalestersäure in statu nascendi mit β-Pinen in Reaktion unter Bildung von Bornyläthylphthalat, das bei der Verseifung Borneol liefert.

Das *E. P.* 321 442 [1928] schlägt als sog. Veresterungsförderer acylierte aromatische Carbonsäureanhydride (o-Benzoylbenzoesäureanhydrid) oder das gemischte Anhydrid von Essigsäure und o-Benzoylbenzoesäure vor.

Durch Reduktion von Campher in alkoholischer Lösung mit Natrium entsteht ein Gemisch von Borneol mit Isoborneol. Auch durch Reduktion mit fein verteiltem Nickel, Kupfer u. s. w. bei 170° wird Borneol erhalten (*Schering*, *D. R. P.* 213 154). Da der Campher (s. d.) nach der Methode von KOMPPA aus niedermolekularen Verbindungen aufgebaut werden kann, so ist auch eine Totalsynthese des Borneols auf diesem Wege möglich. Das Isoborneol geht bei 15stündigem Erhitzen in einem indifferenten Lösungsmittel (Toluol) mit Alkalimetall bei 250—270° in Borneol über (SCHMITZ & CO., *D. R. P.* 212 908).

Reines Borneol, auch in seinen aktiven Formen, wird nach dem Verfahren von A. HESSE (*B.* 39, 1147 [1906]; *D. R. P.* 182 943 und 193 177) aus Pinen erhalten. Dieses wird erst in Pinenchlorhydrat übergeführt, dann mit Magnesium unter bestimmten Bedingungen umgesetzt und die *Mg*-Doppelverbindung mit Luft oder Sauerstoff oxydiert. Diese gibt beim Zersetzen in üblicher Weise mit Wasser und verdünnten Säuren quantitativ Borneol.

Hexagonale Tafeln (aus Ligroin) oder Blättchen von campherähnlichem, jedoch milderem Geruch. *Schmelzp.* 203—204°; *Kp* 212°; *D* 1,011; $\alpha_{D_{15}}$ — (bzw. +) 37° (in Alkohol, $c = 15$). Verflüchtigt sich bei gewöhnlicher Temperatur und sublimiert beim Erhitzen. Bei der Oxydation entsteht je nach der Drehung des angewandten Borneols d- oder l-Campher, bei stärkerer Oxydation Camphersäure.

Nachweis: Bei größerem Gehalt durch Ausfrieren, bei kleinerem durch Isolierung als Benzoesäureester (mit Benzoylchlorid und Pyridin) oder als saurer Phthalester, Oxydation zu Campher oder Identifizierung durch seine Derivate: Naphthylurethan, *Schmelzp.* 132°; Phenylurethan, *Schmelzp.* 138—139°.

Unterscheidung des Borneols vom Isoborneol. Nach A. HESSE (*B.* 39, 1141 [1906]) unterscheiden sich beide Alkohole in ihrem Verhalten gegen methylalkoholische Schwefelsäure, welche Isoborneol schnell in den Methyläther überführt, Borneol dagegen sehr langsam. Diese Reaktion kann zur quantitativen Bestimmung der beiden Alkohole nebeneinander in der Weise benutzt werden, daß von dem in geeigneter Weise (vgl. l. c.) gewonnenen Methylierungsgemisch die Methoxylzahl bestimmt wird.

Über Bornylchlorid s. Bd. **III**, 75.

Das Borneol findet in der Parfümerieindustrie und als Zwischenprodukt bei der Fabrikation des künstlichen Camphers (s. d.) eine reichliche Anwendung. In orientalischen Ländern wird Borneol zu Kultuszwecken (Räuchern, Einbalsamieren) gebraucht.

Isoborneol, $C_{10}H_{18}O$, ist stereoisomer mit Borneol. Es kommt in der Natur nicht vor, entsteht jedoch neben Borneol bei dessen Darstellungsmethoden (s. auch Borneol; vgl. auch Campher, Bd. **III**, 77).

Terpinhydrat, $C_{10}H_{20}O_2$. In natürlichen Ölen einwandfrei nicht nachgewiesen, kann jedoch bei längerem Stehen gewisser Öle (Basilicumöl, Cardamomenöl) entstehen.

CH₃

C·OH

H₂C CH₂
H₂C CH₂
CH

CH₃·C(OH)·CH₃

Die Darstellung von Terpinhydrat beruht auf einer Umwandlung von α- und β-Pinen des Terpentinöls, von denen das β-Pinen schneller und in besserer Ausbeute reagiert (DUPONT, *Chim. et Ind.* 8, 555 [1922]; AUSTERWEIL, *Chem. Ztg.* 50, 5 [1926]), mittels Schwefelsäure. Technisch wird es folgendermaßen dargestellt.

420 *kg* frisch destilliertes amerikanisches Terpentinöl (*D* 0,855—0,876) läßt man in einem großen, mit Blei ausgeschlagenen Bottich von 1500—1800 *l* Inhalt, mit ungefähr 200 *kg* Tannensägespänen gut gemischt, einige Stunden unter möglichstem Luftabschluß stehen. 200 *kg* Schwefelsäure von 60° *Bé* werden mit Wasser zu 25%iger Säure verdünnt, auf 30° abgekühlt und unter Rühren zu dem Terpentinölbrei gegeben. Der Bottich wird mit einem Holzdeckel möglichst luftdicht abgeschlossen und das Ganze 10—14 Tage bei 20—30° sich selbst überlassen. Die nach dieser Zeit festgewordene Masse wird sodann zerkleinert und der nicht in Reaktion getretene Teil von Schwefelsäure und Terpentinöl abgelassen. Die Reaktionsmasse wird mit reinem Wasser und schwacher Sodalösung gewaschen und das neutral oder schwach alkalisch reagierende Produkt der Dampfdestillation unterworfen; es geht hierbei Terpentinöl und dann Terpinen, welches als Nebenprodukt gewonnen wird, über. Aus dem Destillationsrückstand wird durch Auskochen mit Wasser bei 1 *Atm.* Druck unter Luftabschluß das Terpinhydrat in Lösung gebracht und durch geeignete Apparatur von den Sägespänen abgepreßt.

Beim Erkalten scheidet sich das Terpinhydrat krystallinisch aus dem Wasser aus und wird durch Abnutschen oder Zentrifugieren wasserfrei gewonnen (KNOLL und WAGNER, Synthetische und isolierte Riechstoffe, 74. Halle 1928).

Wichtig ist bei der Fabrikation ein inniges Mischen von Terpentinöl und Säure. Nach Soc. LANDAISE DU TERPINEOL, F. P. 522 657 [1920] wird das Mischen durch Ineinanderpumpen der beiden Ingredienzien vorgenommen. MARCHAND (E. P. 153 606 [1920]) schlägt Schütteln in Stickstoff- oder Kohlensäureatmosphäre vor.

Geruchlose Krystalle. *Schmelzp.* 116—117°; geht beim Erhitzen unter Wasserabgabe in Terpin über (*Schmelzp.* 104—105°; *Kp* 258°); es kann daher nur im Vakuum getrocknet werden.

Terpinhydrat ist kein Riechstoff, hat jedoch als Zwischenprodukt für einige Riechstoffe, insbesondere für die Terpineolgewinnung, große Bedeutung (s. Terpineol) und wird in der Technik in großem Maßstabe hergestellt. Es hat innerlich desinfizierende Wirkung und tötet Typhusbacillen.

Während Terpinhydrat geruchlos ist, besitzen seine Ester einen blumigen Geruch. Durch 3stündiges Kochen mit 8 Tl. Essigsäureanhydrid, 5 Tl. Terpentinöl und Natriumacetat wird es quantitativ verestert (FERNANDEZ und LUENGO, Ann. Soc. espagnol. Fis. Quim. [2] 18, 158; *Chem. Ztrlbl.* 1921, IV, 687). Der Diameisensäureester hat orangenblütenähnlichen Geruch.

Terpineol, $C_{10}H_{18}O$. Das flüssige Terpineol des Handels ist ein Gemisch wahrscheinlich der festen Isomeren α-, β- und γ-Terpineol und des flüssigen Terpinenol-1.

In der Natur kommt augenscheinlich nur das α-Terpineol, u. zw. in aktiver und inaktiver Form vor, unter anderm in der rechtsdrehenden Form im Pomeranzenschalenöl, Cypressenöl, Cayenne-Linaloeöl, Neroliöl, Petitgrainöl, in der linksdrehenden Form im Limetteöl, im mexikanischen Linaloeöl, im Holzterpentinöl, in der inaktiven Form im Geraniumöl und Cajeputöl.

Künstlich entsteht nach FLAWITZKY (*B. 12*, 2354) beim Stehenlassen von 1 Tl. Terpentinöl mit $\frac{1}{2}$ Tl. *konz.* Schwefelsäure und 1—1$\frac{1}{2}$ Tl. Alkohol nach 12^h Terpineol. Auch das *D. R. P.* 67255 von BERTRAM und WALBAUM nimmt Terpentinöl zum Ausgangsmaterial:

2 *kg* Eisessig, 50 *g* Schwefelsäure und 50 *g* Wasser werden gemischt und in das Gemisch langsam 1 *kg* Terpentinöl eingetragen, wobei sich das Öl allmählich löst; die Temperatur soll nicht über 45—50^t betragen. Die Säuren werden durch Schütteln mit Sodalösung entfernt, der ölig ausgeschiedene Terpenylester im Vakuum destilliert und mit alkoholischem Kali verseift, wobei das Terpineol erhalten wird.

Die meisten Verfahren zur Darstellung von Terpineol gehen vom Terpinhydrat aus, aus welchem mittels verschiedenartiger Säuren (Schwefelsäure, Eisessig, Kaliumbisulfat) Wasser abgespalten wird. Es ist zum erstenmal rein von WALLACH dargestellt worden (*A. 230, 204*).

Die technische Darstellung erfolgt in Anlehnung an das WALLACHsche Verfahren: 50 *kg* Terpinhydrat, 100 *l* Phosphorsäure (20%ig) werden in einer Kupferblase von etwa 300 *l* Inhalt $\frac{1}{4}$^{h} erwärmt und sodann mit Wasserdampf destilliert; nach einem gesondert aufzufangenden Vorlauf von 2—5 *kg* geht das Gemenge der isomeren Terpineole über; das Wesentlichste bei der Darstellung ist, durch rasches Abdestillieren die Terpineole möglichst schnell der Einwirkung der Säure zu entziehen; die Flüssigkeitsmenge der Blase darf nicht unter das ursprüngliche Niveau fallen, da höhere Säurekonzentration das entstehende Terpineol zersetzt. Ausbeute 70—80% des angewandten Terpinhydrats (KNOLL und WAGNER, Synthetische und isolierte Riechstoffe, 80. Halle 1928).

Eine ganze Reihe anderer Darstellungsmethoden schließt sich mehr oder weniger diesem Verfahren an. Nach MARCHAND (E. P. 153 605 [1922]) erzielt man bessere Ausbeuten mit o-Chinolinsulfosäure. Als Ausgangsmaterial für die Terpineolfabrikation gibt ASCHAN (Naphthenverbindungen, Terpene und Campherarten, 113. Berlin und Leipzig 1929) die bei 175—178° siedenden Abfallterpene der Campherdarstellung an, indem man aus diesen mit roher Salzsäure und Chlorwasserstoffgas die Hydrochloride darstellt und diese mit feinverteilter frischer Kalkmilch erwärmt.

Das technische Terpineol ist eine zähe, farblose Flüssigkeit von angenehmem, frischem, fliederartigem Geruch. Kp 217—219^0; D_{15} 0,935—0,940; $a_D \pm 0^0$; n_{D20} 1,481 bis 1,484. Es ist ein Gemisch isomerer Verbindungen, unter denen das α-Terpineol, *Schmelzp.* 35^0, neben β-Terpineol, *Schmelzp.* 32^0, und Terpinenol-1 vorherrscht.

Die optische Aktivität schwankt; höchste beobachtete Abweichung für l-Terpineol a_D —117,5^0, für d-Terpineol $+$95^{0}9'. Säuren wirken je nach den Versuchsbedingungen teils Wasser anlagernd, in den meisten Fällen aber Wasser entziehend. Auch Essigsäureanhydrid wirkt Wasser entziehend (s. quantitative Bestimmung). Die Oxydation mit verdünnter Permanganatlösung führt zum Trioxymenthan (*Schmelzp.* der i-Verbindung 122^0).

Nachweis durch Überführung in Terpinhydrat, *Schmelzp.* 116—117^0, durch mehrtägiges Schütteln mit 5$_0$iger Schwefelsäure oder durch das Terpinyl-phenylurethan, *Schmelzp.* 113^3 (WALLACH, *A.* 275, 104 [1893]), das α-Naphthylurethan, *Schmelzp.* 147—148^0 (SCHIMMEL, Ber. 1906, II, 33), und vor allem das Nitrosochlorid nach WALLACH (*A.* 277, 120 [1893]; 360, 90 [1908]), *Schmelzp.* 112—113^0; *Schmelzp.* der akt. Verbindung 107—108^0.

Die Gegenwart von Linalool wirkt beim Nachweis störend; man zerstört in diesem Falle durch vorsichtiges Erhitzen mit starker Ameisensäure das Linalool.

Quantitative Bestimmung. Terpineol zersetzt sich beim Kochen mit Essigsäureanhydrid zum Teil unter Bildung von Terpenen.

Arbeitet man jedoch in Verdünnung, so ergibt die Acetylzahl fast theoretische Resultate: 5 g Öl werden in 25 cm^3 reinem Xylol 5^h mit 10 g Acetanhydrid und 3—4 g Natriumacetat erhitzt und eine gewogene Menge des Acetylierungsproduktes verseift (BOULEZ, les corps gras, 33, 178, und SCHIMMEL, Ber. 1907, I, 129). Bestimmung durch kalte Formylierung s. Linalool, 794.

Die Methoden zur Trennung des Terpineols (und Linalools) von primären und sekundären Alkoholen beruhen auf der geringen Neigung tertiärer Alkohole zur Esterbildung. Man verestert entweder nach SCHIMMEL, Ber. 1923, 108 (vgl. auch DENINGER, *B.* 28, 1322 [1895]) durch kalte Benzoylierung in Pyridinlösung, oder man stellt nach DEPPE SÖHNE und ZEITSCHEL (*D. R. P.* 444 640 und 448 419 [1924]) durch Erhitzen mit Borsäureanhydrid die Borsäureester dar. In beiden Fällen wird sodann das nicht bzw. langsamer reagierende Terpineol von den Estern der primären und sekundären Alkohole abdestilliert.

Früher ist Terpineol einer der Hauptbestandteile künstlicher Fliederkompositionen gewesen; heute findet es als billiger und angenehmer Riechstoff weitverbreitete Anwendung in der Parfümerie und vor allem zur Parfümierung von Seifen. Als besonders reine Produkte kommen die festen Modifikationen, die aus dem Handelsterpineol bei fraktionierter Destillation im Rückstand angereichert und ausgefroren werden können, in den Handel.

4. Sesquiterpenalkohole.

Die Bedeutung der Sesquiterpenalkohole für die Parfümerie ist erst in der neuesten Zeit erkannt worden. Sie gehören infolge ihres milden, blumigen und äußerst haftenden Geruchs zu den wertvollsten Hilfsmitteln der modernen Parfümerie.

Farnesol, $C_{15}H_{26}O$, kommt hauptsächlich vor im Moschuskörneröl, ferner

$$(CH_3)_2C:CH \cdot CH_2 \cdot CH_2 \cdot C(CH_3):CH \cdot CH_2 \cdot CH_2 \cdot C(CH_3):CH \cdot CH_2 \cdot OH$$

im Lindenblütenöl und in vielen Blütenölen, meist zusammen mit anderen aliphatischen Terpenalkoholen. Es wurde eingehend von KERSCHBAUM (*B.* 46, 1732) untersucht, der auch seine Konstitution ermittelte. Aus dem Ätherextrakt der gemahlenen Moschuskörner, in denen es zu 0,12% enthalten ist, wird neben Fettsäuren und Fettsäureestern das Farnesol durch Isolierung mittels der Phthalestermethode gewonnen (*D. R. P.* 149 603 von HAARMANN & REIMER).

Die künstliche Darstellung ist RUZICKA (*Helv. chim. Acta* 6, 492 [1923]) gelungen, ausgehend von Nerolidol, welches beim Erhitzen mit Essigsäureanhydrid neben Farnesen Farnesol liefert, eine Reaktion, die ihre Parallele in der teilweisen Umlagerung von Linalool in Geraniol bei der gleichen Behandlung findet (vgl. NAEF & Co., *E. P.* 213 251 [1923]).

Farbloses, dünnflüssiges Öl von sehr schwachem, erst in starker Verdünnung sich entwickelndem, an Maiglöckchen erinnerndem Geruch und starkem Haftvermögen. Kp_{10} 160^0; D_{18} 0,885; n_D 1,489; $a_D \pm 0^0$.

Nachweis durch Oxydation zu Farnesal mit Chromsäure (Semicarbazon, *Schmelzp.* 134^0).

Verwendung für Blumengerüche, insbesondere künstliches Maiglöckchen- und Cassieblütenöl (*D. R. P.* 150 501 von HAARMANN & REIMER) sowie für künstliche Moschuskompositionen.

Nerolidol, Peruviol, $C_{15}H_{26}O$, Vorkommen im Perubalsam und in den hochsiedenden Anteilen des Orangenblütenöls; hat in Konstitution und chemischem Verhalten viel Ähnlichkeit mit dem Linalool.

$$(CH_3)_2 C : CH \cdot CH_2 \cdot CH_2 \cdot C(CH_3) : CH \cdot CH_2 \cdot CH_2 \cdot C(OH)(CH_3) \cdot CH : CH_2$$

Es kann gewonnen werden durch Behandeln von verdünntem Perubalsam mit konzentrierter Lauge in der Wärme, Ausziehen des Reaktionsproduktes mit Äther und Fraktionieren des Rohproduktes. Ausbeute: $80\,g$ aus $5\,kg$ Perubalsam (RUZICKA, *Helv. chim. Acta* 6, 483 [1923]).

Die künstliche Darstellung erfolgt analog der Linaloolsynthese aus Dihydropseudojonon durch Anlagerung von Acetylen und nachfolgende Reduktion nach RUZICKA (l. c., *Schweiz. P.* 104335, [1923] von NAEF & Co.).

α,β-Dihydropseudojonon (erhalten durch Kondensation von Geranylchlorid mit Acetessigester) wird unter 0° in eine Suspension von feingepulvertem Natriumamid in Benzol und Äther eingetragen und das Reaktionsprodukt mit Acetylen gesättigt; zur Reduktion des gebildeten Methyläthinylhomogeranylcarbinols (Dehydronerolidol) zu Nerolidol wird in die ätherische Lösung Natrium unter allmählicher Zugabe von Wasser eingetragen.

Öl von schwachem, blumigem Geruch und starkem Haftvermögen. Kp_{12} 145 bis 146°; $D\,\frac{16}{4}$ 0,8788; n_{D16} 1,4801; $\alpha_D + 15,5°$.

Nachweis durch Oxydation mit Chromsäure zu Farnesal (Semicarbazon, *Schmelzp.* 134°) und durch das Phenylcarbamat, *Schmelzp.* 37°.

Verwendung zur Komposition von Blütenölen.

Santalole, $C_{15}H_{24}O$. Man unterscheidet α- und β-Santalol, 2 primäre, ungesättigte Sesquiterpenalkohole, welche beide im ostindischen Sandelholzöl (90%) vorkommen. Sie können schon durch Absieden der Vorläufe, reiner jedoch durch Isolierung mittels Phthalsäureanhydrids (s. Geraniol) gewonnen werden. Durch fraktionierte Destillation lassen sich die Isomeren trennen. Zur Reindarstellung der beiden empfehlen PAOLINI und DIVIZIA die Darstellung der Strychninsalze der sauren Phthalester und deren fraktionierte Krystallisation (Atti R. Acad. dei Lincei 23, II, 226–30; *Chem. Ztrlbl.* 1915, I, 606). Öle von balsamischem, typischem, langhaftendem Geruch. α-Santalol: Kp 300–301°; D_{15} 0,979; α_D –1,2°; n_{D19} 1,499. β-Santalol: Kp 309–310°; D_{15} 0,9729; n_{D19} 1,5092; α_D –42 bis –56°.

$$H_2C\text{—}CH\text{—}C(CH_3) \cdot CH_2 \cdot CH_2 \cdot CH : C(CH_3) \cdot CH_2 \cdot OH$$

Nachweis durch Oxydation mit Chromsäure zu Santalal (Semicarbazon, *Schmelzp.* 230°).

Abgesehen von ihrer Verwendung in der Medizin werden die Santalole oder die sie enthaltenden Fraktionen des ostindischen Sandelholzöls in der Parfümerie viel gebraucht, vornehmlich auch als stark fixierende Riechstoffe.

Cedrol, $C_{15}H_{26}O$, im Cedernholzöl, im Cypressenöl u. a. in rechtsdrehender Form. Krystalle von angenehmem mildem, langhaftendem Geruch. *Schmelzp.* 86–87°; Kp 291–294°; $[\alpha]_D + 9° 31'$. Phenylurethan, *Schmelzp.* 106–107°.

Vetivenol, $C_{15}H_{24}O$, einfach ungesättigter Alkohol. Vorkommen im Vetiveröl und Reunionvetiveröl, zum Teil in bicyclischer, zum Teil in tricyclischer Form. Kp_{13} 170–174°; D_{20} 1,0209; $\alpha_D + 34° 30'$; n_D 1,52437. Typisch angenehm riechendes Öl von langhaftendem Geruch.

III. Aldehyde.

1. Acyclische Aldehyde.

Während die ungesättigten aliphatischen Terpenaldehyde Citral und Citronellal schon seit Beginn der Entwicklung der Riechstoffindustrie eine grundlegende Rolle in der Technik spielen, haben die gesättigten Glieder der aliphatischen Aldehydreihe ihre Bedeutung als wertvolle Riechstoffe erst im letzten Jahrzehnt erlangt. Sie kommen in geringen Mengen in ätherischen Ölen vor, auf deren charakteristische Geruchsnuance sie einen entscheidenden Einfluß ausüben. Der wissenschaftliche Nachweis dieser Körper, wie des Capronaldehyds in Eucalyptusölen, des Nonylaldehyds im deutschen Rosenöl und im Mandarinenöl, des Decylaldehyds im Edeltannenöl, im süßen Pomeranzen-, Mandarinen-, Neroli- und Cassieblütenöl, des Laurinaldehyds im Edeltannenöl, hat auf ihre geruchliche Bedeutung hingewiesen und zu der allgemeinen Erkenntnis beigetragen, daß auch quantitativ in untergeordnetem, oft verschwindendem Maße vorhandene Riechstoffe bei der Bildung des Buketts eine außerordentliche Rolle spielen können. So verdanken die genannten und andere Öle ihre natürliche Frische zum großen Teil der Anwesenheit solcher Aldehyde. Die Technik hat sich diese Erfahrungen zunutze gemacht, und man findet die Glieder C_7 bis C_{12} der aliphatischen Aldehydreihe in allen Preislisten der führenden Riechstoffabriken. Trotz ihrer Wichtigkeit geht jedoch das Maß ihrer Darstellung infolge ihrer großen Ausgiebigkeit über dasjenige präparativer Arbeiten kaum hinaus.

Von fettig-schwülem bis fruchtig-blumigem, sehr starkem, haftendem und meist nur in Verdünnung oder in Verbindung mit anderen Riechstoffen angenehmem Geruch, gehören sie zu den wertvollsten Hilfsmitteln des Parfümeurs; ihre Bedeutung liegt jedoch nicht in einer Verwendung als Grundstoff für eine Geruchskomposition, sondern als Adjuvans zur Nuancierung und zur Erzeugung natürlicher Frische. Sie neigen in *konz.* Zustande stark zu Oxydation und Polymerisation und kommen daher meist in 10%iger alkoholischer Lösung in den Handel.

Die Isolierung aus Naturprodukten hat nur wissenschaftlichen, keinen technischen Wert; sie erfolgt nach den für Aldehyde üblichen Methoden. Die wichtigste von diesen beruht auf der Eigenschaft der meisten Aldehyde, mit Natriumbisulfit eine Doppelverbindung einzugehen.

Für die künstliche Darstellung einer Anzahl der höheren Aldehyde stehen der Technik einige leicht zugängliche Naturprodukte als Ausgangsmaterial zur Verfügung, das Ricinusöl (Önanthol, Nonylaldehyd, β-Methylnonylaldehyd, Undecylaldehyd), die Cocosbutter (Undecylaldehyd, Laurinaldehyd, Octylaldehyd) und das Rautenöl (β-Methylduodecylaldehyd). Von untergeordneter Bedeutung für die Riechstoffindustrie sind die niederen Glieder der Reihe: Formaldehyd, CH_2O (Bd. V, 413); Acetaldehyd, $CH_3 \cdot CHO$ (Bd. I, 95); Propionaldehyd, $C_2H_5 \cdot CHO$; Butyraldehyd, $C_3H_7 \cdot CHO$ (Bd. II, 707); Valer- und Isovaleraldehyd, $C_4H_9 \cdot CHO$; Hexylaldehyd, $C_5H_{11} \cdot CHO$.

Heptylaldehyd, Önanthol, $C_6H_{13} \cdot CHO$, ist in der Natur noch nicht aufgefunden worden. Er gehört jedoch zu den wichtigen synthetischen Riechstoffen. Technisch wird er beim Erhitzen von Ricinusöl durch Zersetzung der Ricinolsäure bei gewöhnlichem Druck oder im Vakuum (KRAFFT, *B.* **21**, 2733) gewonnen. Die Durchführung dieses Verfahrens ist im Zusammenhang mit der Gewinnung der gleichzeitig entstehenden Undecylensäure bei der Beschreibung der Darstellung von Nonylaldehyd (s. d.) geschildert. Nach HALLER (*Bull. Soc. chim. France* **1907**, 649) stellt man zunächst den Ricinolsäuremethylester dar und zersetzt diesen.

Durch Kochen von 1850 *g* Ricinusöl mit 2400 *g* 1%iger methylalkoholischer Salzsäure während mehrerer Stunden erhält man nach Waschen und Trocknen des Reaktionsproduktes den Ricinolsäuremethylester, Kp_{10} 225—227°. Durch Erhitzen auf höhere Temperatur erhält man aus diesem ein Gemisch von Önanthol und Undecylensäuremethylester, aus welchem das Önanthol mit Bisulfit entfernt werden kann (Ausbeute aus 1 *kg* Ricinusöl 225 *g* Önanthol und 230 *g* Undecylensäure).

Fruchtig-fettig riechende Flüssigkeit. Kp 153—155°; D_{15} 0,822—0,826; $\alpha_D \pm 0°$; n_{D20} 1,412—1,414. Verwendung für orangenartige und rosenartige Gerüche. Viel größer ist jedoch die Bedeutung des Önanthols als technisch außerordentlich wichtiges Zwischenprodukt für andere Riechstoffe (vgl. Heptylalkohol, Heptincarbonsäureester, Nonalacton, Heptylsäureester, α-Amylzimtaldehyd).

n-Octylaldehyd, $C_7H_{15} \cdot CHO$. Vorkommen im Lemongrasöl und vielleicht im Citronenöl. Künstlich wird er in der Technik durch Oxydation des aus dem Octylsäureglycerid der Cocosbutter gewinnbaren Octylalkohols (s. d.) mit Chromsäure gewonnen. Öl von fruchtig-schwülem Geruch. Kp_{10} 60—63°; D_{15} 0,827; n_D 1,41955.

Nachweis durch das Oxim, *Schmelzp.* 60°; Semicarbazon, *Schmelzp.* 101°; β-Naphthocinchoninsäure, *Schmelzp.* 234°; Thiosemicarbazon, *Schmelzp.* 94—95°; Jodphosphoniumverbindung, *Schmelzp.* 115,5°.

Verwendung in der Riechstoffindustrie für künstliche Citronengerüche (zusammen mit Nonylaldehyd, HEINE, *D. R. P.* 134 788) und Kompositionen von Rosen- und Jasmincharakter.

n-Nonylaldehyd, $C_8H_{17} \cdot CHO$. Vorkommen im Lemongrasöl, Zimtöl, Irisöl, im deutschen Rosenöl, Mandarinen- und Citronenöl (?).

Die technische Darstellung sei als Beispiel für den Zusammenhang der aus Ricinusöl gewinnbaren Riechstoffe untereinander etwas ausführlicher behandelt. Sie erfolgt auf Grund folgender chemischer Gleichungen:

1. $CH_3 \cdot (CH_2)_7 \cdot CH : CH \cdot CO_2H + 2 KOH = CH_3 \cdot (CH_2)_7 \cdot CO_2K + CH_3 \cdot CO_2K + H_2$
   Undecylensäure   Nonylsaures Kalium

2. $2 CH_3 \cdot (CH_2)_7 \cdot CO_2 \cdot C_2H_5 + 10 Na + 6 C_2H_5 \cdot OH = 2 CH_3 \cdot (CH_2)_7 \cdot CH_2 \cdot ONa + H_2 + 8 C_2H_5 \cdot ONa$
   Nonylsäureäthylester

3. $CH_3 \cdot (CH_2)_7 \cdot CH_2 \cdot ONa + H_2O = CH_3 \cdot (CH_2)_7 \cdot CH_2 \cdot OH + NaOH$

4. $2 CH_3 \cdot (CH_2)_7 \cdot CH_2 \cdot OH = 2 CH_3 \cdot (CH_2)_7 \cdot CHO + H_2$
   Nonylalkohol   Nonylaldehyd

Undecylensäure wird durch Destillation von Ricinusöl bei Atmosphärendruck gewonnen. Zum Zweck der Destillation des Ricinusöls mischt man in einer eisernen Retorte 18 *kg* dieses Öles mit 10 *kg* reinem Sand und erhitzt die Mischung, nachdem man die Retorte mit einem absteigenden Kühler verbunden hat, auf freiem Feuer. Um die zuerst auftretenden, sehr stechend riechenden Acrolein-dämpfe zu beseitigen, verbindet man das Ableitungsrohr der Vorlage mit einer Wasserstrahlsaug-pumpe. Sobald die Temperatur auf 150—160° gestiegen ist, entfernt man die Saugpumpe und steigert die Temperatur bis auf 310°, unterbricht die Operation und gießt den heißen Retortenrückstand in ein bereitgestelltes Faß. Läßt man den Inhalt der Retorte auch nur einige Minuten ohne Erwärmung stehen, so ist der sich bildende feste Rückstand nur mit großer Mühe zu beseitigen. In der Vorlage befindet sich als Destillat ein auf einer wässerigen Schicht schwimmendes braunes Öl, welches, so wie es ist, nach der Trennung vom Wasser der fraktionierten Destillation im Vakuum unterworfen wird. Hierbei geht zuerst ein aus niedrig siedenden Zersetzungsprodukten bestehender Vorlauf, dann Önanthol und schließlich von 140—170° (12 *mm*) Undecylensäure über. Ausbeute zusammen 30%.

Nonylsäure (Pelargonsäure) in einem schmiedeeisernen Schmelzkessel von 50 *l* Inhalt schmilzt man 10 *kg* Ätzkali (techn.) mit 1 *kg* Wasser und fügt dann vorsichtig 2,5 *kg* Undecylen-säure hinzu. Die Schmelzoperation, die sich durch eine lebhafte Wasserstoffgasentwicklung anzeigt, ist beendigt, wenn die Schmelze bis zum Rande steigt. Es ist daher Vorsicht geboten, damit kein Überlaufen der Masse stattfindet. Nun läßt man in die noch heiße Masse in ganz dünnem Strahl (zuerst tropfenweise) Wasser zufließen, bis kein zischendes Geräusch mehr wahrgenommen wird, kocht die Masse nochmals auf und läßt bis zum folgenden Tage erkalten. Die kalte Lösung wird mit 50 *l* kaltem Wasser versetzt und unter Hinzufügen von Salzsäure bis zur sauren Reaktion die Nonylsäure als schwarzbraunes Öl in Freiheit gesetzt. Da die Reinigung der Nonylsäure aus diesem Rohöl sehr schwer ist, umgeht man sie, indem man das Rohöl sogleich in den Nonylsäureäthylester überführt und diesen durch fraktionierte Destillation im Vakuum reinigt, wobei man als Nachlauf nach der Nonylsäureäthylesterfraktion noch Undecylensäureäthylester erhält, den man durch Ver-seifung (mit alkoholischer Kalilauge) leicht wieder in Undecylensäure zurückverwandeln kann. Aus-beute: etwa 1,250 *kg* Nonylsäure; etwa 500 *g* Undecylensäure.

Zur Nonylsäure kann man auch ausgehend von Önanthol (ebenfalls aus Ricinusöl) gelangen, indem man dieses mit der gleichen Menge Malonsäure unter Zusatz von etwa 1,8% Pyridin durch 12stündiges Erhitzen kondensiert, wobei bei weiterem Erhitzen unter CO_2- und H_2O-Verlust die Nonylensäure entsteht, welche durch Reduktion in Nonylsäure übergeführt werden kann.

n-Nonylsäureäthylester. 1,25 *kg* Nonylsäure (roh) werden mit 1,6 *kg* hochprozentigem Alkohol (98/99%) und 0,125 *kg konz*. Schwefelsäure während 10 Stunden am Rückflußkühler auf einem Wasserbad erhitzt. Nach Verlauf dieser Zeit läßt man erkalten und setzt Wasser hinzu, bis sich 2 Schichten bilden. Nach dem Waschen und Trocknen der Ölschicht mit wasserfreiem Natrium-sulfat rektifiziert man im Vakuum. Kp_{12} 100—110°. Ausbeute: etwa 700 *g* Nonylester; etwa 550 *g* Undecylensäureester.

n-Nonylalkohol. Um mit guter Ausbeute den normalen Nonylalkohol zu erhalten, muß bei der Reduktion des Nonylsäureäthylesters der verwendete Äthylalkohol auch wirklich wasserfrei sein. Dies erreicht man durch mehrmaliges Behandeln des vorher bereits über Natriummetall destillierten Alkohols mit metallischem Calcium unter Schwefelsäureverschluß.

Die Reduktion gestaltet sich in folgender Weise: 700 *g* Nonylsäureäthylester, in 5,6 *kg* absolutem Alkohol gelöst, läßt man in langsamem Tempo in einen mit sehr gut wirkendem Schlangenkühler verbundenen Ballon von 10 *l* Inhalt fließen, der im Ölbad auf 135° erwärmt wird und 1,12 *kg* metallisches Natrium enthält. Durch mehr oder weniger schnelles Zufließenlassen des Alkohol-Ester-Gemisches kann man die Reaktion gut regulieren. Wie bereits oben erwähnt, ist es absolut notwendig, den Zutritt von feuchter Luft zu verhindern, was dadurch geschieht, daß man sowohl den Tropf-trichter als auch das obere Ende des Kühlers mit einem Chlorcalciumrohr versieht oder besser durch mit *konz*. Schwefelsäure beschickte Waschflaschen absperrt. Nach Beendigung der Reaktion erhitzt man noch 1 Stunde zum Sieden, zersetzt die erkaltete Reaktionsmasse durch Hinzugeben von ver-dünntem Alkohol und schließlich, wenn sich kein freies Natrium mehr im Ballon befindet, mit Wasser. Hierauf unterwirft man das Gemisch einer Wasserdampfdestillation, wobei zuerst etwa 70%iger

Alkohol und dann Nonylalkohol überdestilliert. Aus den milchig trüben Destillationswässern gewinnt man den Nonylalkohol durch mehrmaliges Ausschütteln mit Äther. Nach dem Verdampfen des Äthers im Wasserbade rektifiziert man den Nonylalkohol im Vakuum. Er siedet fast konstant bei 112—113° (10 mm), Kp_{760} 202—203°. Ausbeute: etwa 300 g.

Durch Ansäuern des bei der Wasserdampfdestillation im Ballon zurückbleibenden Inhalts mittels verdünnter Schwefel- oder Salzsäure gewinnt man etwa 330 g Nonylsäure zurück, die nach Umwandlung in ihren Äthylester nochmals, wie oben beschrieben, reduziert werden kann.

n-Nonylaldehyd. Die Oxydation des n-Nonylalkohols zum entsprechenden Aldehyd erfolgt durch vorsichtige Oxydation mit Bichromat oder durch Überleiten desselben in Dampfform über einen geeigneten Katalysator, als welcher sich nach BOUVEAULT (*Bull. Soc. chim. France* [4] 3, 119) am besten ein auf einer Kupferspirale befindlicher Belag frisch reduzierten Kupferpulvers erwiesen hat.

Der nach dieser Methode gewonnene Nonylaldehyd wird durch fraktionierte Rektifikation im hohen Vakuum gereinigt und siedet konstant bei 78° und 6 mm.

Öl von fruchtigem rosen- und orangenähnlichem Geruch. Kp_{13} 80—82°; D_{15} 0,8277; n_{D16} 1,42452.

Nachweis durch das Oxim, *Schmelzp.* 69°; Semicarbazon, *Schmelzp.* 100°; Thiosemicarbazon, *Schmelzp.* 77°.

Verwendung in der Parfümerie zu Rosen-, Agrumenöl- und Phantasiekompositionen; in Bulgarien auch zur Verfälschung des Rosenöls.

Methylhexylacetaldehyd, $C_9H_{18}O = CH_3 \cdot (CH_2)_5 \cdot (CH_3)CH \cdot CHO$. Darstellung durch Kondensation von Methylhexylketon (s. d. S. 822) mit Chloressigester

$$CH_3 \cdot (CH_2)_5 \cdot C(CH_3) \cdot CH \cdot CO_2 \cdot C_2H_5$$
$$\underline{\quad\quad O\quad\quad}$$

unter dem Einfluß von Alkalien zu dem Oxyd nebenstehender Formel, welches durch Verseifung in das Salz der entsprechenden Säure übergeht.

Aus diesem läßt sich durch Ansäuern und Erhitzen im Wasserdampfstrom der Aldehyd unter Abspaltung von CO_2 gewinnen (vgl. DARZENS, *Compt. rend. Acad. Sciences* 139, 1216). Flüssigkeit von angenehmem, süßem blumigem Geruch; Kp_{20} 82—83°; D_0 0,8411; n_{D14} 1,42355.

n-Decylaldehyd, $C_9H_{19} \cdot CHO$. Vorkommen im Edeltannenöl, Lemongrasöl, Iriswurzelöl, süßen Pomeranzenöl, Mandarinenöl, Neroli-, Cassieblüten-, Citronen-, Corianderöl.

Die Darstellung kann unter anderm erfolgen, ausgehend von Undecylensäure (aus Ricinusöl), nach BAGARD (*Bull. Soc. chim. France* [4] 1, 308, 356 [1907]), indem man diese zuerst durch Anlagerung von Jodwasserstoff und nachfolgende Reduktion mit Zink in die Undecylsäure und sodann diese durch Bromierung und Ersatz des Broms durch die Hydroxylgruppe in α-Oxyundecylsäure verwandelt. Diese geht beim Erhitzen auf 250° über ein sich intermediär bildendes Lactid (BLAISE, *Bull. Soc. chim. France* [3] 31, 354, 483 [1904]) in den n-Decylaldehyd über (s. Undecylaldehyd).

Auch der technisch zugängliche Nonylalkohol (s. d.) kann als Ausgangsmaterial dienen und über die Organomagnesiumverbindung nach BOUVEAULT (*Comp. rend. Acad. Sciences* 137, 987 [1903]; *Bull. Soc. chim. France* [3] 31, 1322 [1904]) in Decylaldehyd übergeführt werden.

Fruchtig-blumig riechende Flüssigkeit. Kp_{12} 93—94°; D_{15} 0,828; n_{D15} 1,42977.

Nachweis durch das Oxim, *Schmelzp.* 69°; Semicarbazon, *Schmelzp.* 102°; Thiosemicarbazon, *Schmelzp.* 99—100°; Naphthocinchoninsäure, *Schmelzp.* 237°. Der Nachweis neben Citral und Citronellal kann nach DODGE (*Amer. Soc.* 37, 2760 [1915]) erfolgen.

Verwendung zu Blütenölkompositionen.

7-Methylnonylaldehyd, $C_{10}H_{20}O = C_6H_{13}(CH_3)CH \cdot CH_2 \cdot COH$. Folgende Gleichungen geben die Reaktionen wieder, aus denen obiger Aldehyd und mit entsprechenden Abänderungen auch der 10-Methylduodecylaldehyd und der 10,11-Dimethylduodecylaldehyd entstehen:

1. $C_6H_{13} \cdot CO \cdot CH_3 + BrCH_2 \cdot CO_2 \cdot C_2H_5 + Zn \rightarrow C_6H_{13}(CH_3):C(O \cdot ZnBr) \cdot CH_2 \cdot CO_2 \cdot C_2H_5 \rightarrow$
   Methylhexylketon   Bromessigester

$$\rightarrow HOZn \cdot Br + C_6H_{13}(CH_3):C(OH) \cdot CH_2 \cdot CO_2 \cdot C_2H_5$$
   β, β-Methylhexyl-oxypropionsäure-äthylester

2. $C_6H_{13}(CH_3)C(OH) \cdot CH_2 \cdot CO_2 \cdot C_2H_5 = C_6H_{13}(CH_3)C:CH \cdot CO_2 \cdot C_2H_5 + H_2O$
   β, β-Methylhexylacrylsäure-äthylester

3. $C_6H_{13}(CH_3)C:CH \cdot CO_2 \cdot C_2H_5 + 3 H_2 = C_2H_5 \cdot OH + C_6H_{13}(CH_3)CH \cdot CH_2 \cdot CH_2 \cdot OH$
   7-Methylnonylalkohol

4. $C_6H_{13}(CH_3)CH \cdot CH_2 \cdot CH_2 \cdot OH = H_2 + C_6H_{13}(CH_3)CH \cdot CH_2 \cdot COH$
   7-Methylnonylaldehyd.

Als Ausgangsmaterial dienen das durch Destillation der Ricinusölseifen gewonnene Methylhexylketon und der Bromessigester.

1. Methylhexylketon: 10 *kg* Ricinusöl werden mit 8 *kg* Natronlauge 36° *Bé* durch Erwärmen verseift und zur Trockne erhitzt. Durch Destillation der trockenen Seifen zuerst bei Atmosphärendruck, dann im Vakuum erhält man neben sek. Oktylalkohol das Methylhexylketon, *Kp* 173°. Ausbeute etwa 10% Methylhexylketon (Riechstoffindustrie 1927, 40). Das Methylhexylketon kann auch aus dem nach der GRIGNARDschen Reaktion aus Önanthol und Methylmagnesiumbromid dargestellten Methylhexylcarbinol durch Oxydation mit Natriumbichromat und Schwefelsäure gewonnen werden.

2. Darstellung von β,β-Methylhexyl-oxypropionsäureäthylester. Die zur Darstellung dieses Körpers benutzte „metallorganische Reaktion" verläuft beschleunigt, wenn die betreffenden Metalle (in diesem Fall das Zink) mit etwas elementarem Jod in bekannter Weise angeätzt werden oder das Zink mit etwas Kupfer überzogen wird. In einem emaillierten Rührwerkskessel von etwa 30–40 *l* Inhalt mischt man 5,84 *kg* Bromessigester, 5,00 *kg* Methylhexylketon, 7,00 *kg* Benzol (völlig wasserfrei), erhitzt den Kesselinhalt auf 100° und beginnt mit der Zugabe des Zinks. Schon nach Einwerfen der ersten 200 *g* Zink beginnt eine immer lebhafter werdende Reaktion, die sich bis zum Sieden des ganzen Gemenges steigert. Durch Regulierung der Wärmequelle (Abstellen des Gases, ev. Schließen der Dampfzufuhr) muß dafür gesorgt werden, daß die Reaktion nicht zu stürmisch verläuft, aber auch nicht „einschläft". Hat man so 3 *kg* Zink in Portionen von etwa 200 *g* hinzugegeben und ist dieses bis auf wenig kleine Stücke völlig aufgezehrt, so erwärmt man nach dem Nachlassen der Hauptreaktion das Gemisch noch ¹/₂ h zum Sieden. Die so gebildete Masse von gelatinöser Konsistenz gießt man noch warm auf Eiswasser, säuert etwas mit Salzsäure an und trennt hierauf die das Kondensationsprodukt enthaltende Benzolschicht von der wässerigen Schicht. Die Benzolschicht wird nun mit Wasser, Sodalösung und hierauf wieder mit Wasser gewaschen und nach dem Trocknen über entwässertem Natriumsulfat der Rektifikation unterworfen. Durch mehrfache Destillation im Vakuum bei 12 *mm* erhält man zwischen 111–125° etwa 300 *g* β,β-Methylhexyl-acrylsäure-äthylester und zwischen 126–145° etwa 4100 *g* β,β-Methylhexyl-oxypropionsäureäthylester. Außerdem gewinnt man aus dem Vorlauf etwa 80 *g* Methylhexylketon (*Kp₁₂* 118°) zurück.

3. Wasserabspaltung. Um dem β-Methylhexyl-oxypropionsäureäthylester 1 *Mol.* Wasser zu entziehen, erhitzt man den Ester mit seinem gleichen Gewicht Benzol und ¹/₄ seines Gewichts Phosphorpentoxyd 5ʰ am Rückflußkühler zum Sieden. Nach dem Erkalten zersetzt man langsam mit Wasser, wäscht die Benzolschicht mit Wasser, Sodalösung, Wasser, trocknet über Natriumsulfat und rektifiziert im Vakuum. Das dehydratierte Produkt geht dabei unter 12 *mm* Druck zwischen 110 bis 113° über.

Eine bessere Ausbeute als im vorstehenden Verfahren läßt sich erzielen, wenn man nach der von MAILHE ausgearbeiteten Methode der Wasserabspaltung den Ester in Dampfform über eine in einer Tonröhre auf 340° erhitzte Aluminiumoxydschicht leitet, die austretenden Dämpfe kondensiert und in einer Vorlage auffängt. Die dritte und vierte Operation (Reduktion und Dehydrogenation) sind die gleichen wie bereits bei der Darstellung des Nonylalkohols bzw. Nonylaldehyds beschrieben.

Der durch Reduktion des β-Methylhexyl-acrylsäureäthylesters mit absolutem Alkohol und metallischem Natrium dargestellte 7-Methylnonylalkohol siedet bei 105–106° (12 *mm*). Durch Überleiten der Dämpfe dieses Alkohols über einen geeigneten Katalysator nach BOUVEAULT (s. Nonylaldehyd) erhält man den 7-Methylnonylaldehyd, *Kp₁₂* 99°.

Undecylaldehyd, $CH_3 \cdot (CH_2)_9 \cdot CHO$, ist in der Natur noch nicht nachgewiesen worden. Zur technischen Darstellung eignet sich ein Verfahren nach BLAISE und GUÉRIN (*Bull. Soc. chim. France* [3] 29, 1202 [1903]), welches sich an dasjenige von BAEYER (*B.* 30, 1963) zwecks Gewinnung von Dialdehyden aus α-Dioxysäuren anlehnt.

Als Ausgangsmaterial dient die Cocosbutter, aus der durch Behandeln mit Alkohol und Salzsäure erst ein Gemisch von Fettsäureestern und daraus Laurinsäure gewonnen wird. Die Säure wird mittels Phosphorpentachlorids nach KRAFFT und BÜRGER (*B.* 17, 1378 [1884]) oder mit Thionylchlorid (Vorsicht) nach A. M. BURGER (WAGNER, Die Riechstoffe I, 182) in das Chlorid verwandelt; dieses liefert durch Behandeln mit Brom und darauffolgende Verseifung die Bromlaurinsäure. Durch Kochen mit wässerigem Ätzkali stellt man aus ihr Oxylaurinsäure her, die durch Oxydation in Undecylaldehyd übergeht.

$$CH_3 \cdot (CH_2)_9 \cdot CH_2 \cdot CO_2H \rightarrow CH_3 \cdot (CH_2)_9 \cdot CH_2 \cdot COCl \rightarrow CH_3 \cdot (CH_2)_9 \cdot CHBr \cdot COCl \rightarrow$$
$$CH_3 \cdot (CH_2)_9 \cdot CHBr \cdot CO_2H \rightarrow CH_3 \cdot (CH_2)_9 \cdot CH(OH) \cdot CO_2H \rightarrow CH_3 \cdot (CH_2)_9 \cdot COH.$$

Die Cocosbutter enthält in Form ihrer Glyceride Palmitin-, Myristin- und besonders Laurinsäure. Außer diesen festen Fettsäuren ergibt die Verseifung der Cocosbutter noch geringe Mengen Capronsäure (0,2%), Caprylsäure (3,3%) und Caprinsäure (0,4%). Zur Trennung dieser verschiedenen Fettsäuren bedient man sich sehr vorteilhaft eines Verfahrens, welches HALLER (*Bull. Soc. chim. France* 1907, 649) zur Alkoholyse der Cocosbutter angegeben hat. Man erwärmt die Cocosbutter mit ihrem doppelten Gewicht Methylalkohol, in welchem zuvor 1–2% Chlorwasserstoff aufgelöst wurden, 2ʰ auf einem siedenden Wasserbade; dann destilliert man den überschüssigen Methylalkohol ab, neutralisiert den Rückstand kalt mit Natriumbicarbonat und fraktioniert im Vakuum. Die Fraktion der 3 niedrigen Fettsäuremethylester siedet bei 95° unter 25 *mm*. Die Fraktion des Laurinsäuremethylesters (65%) siedet bei 148° unter 18 *mm*. Die Fraktion des Myristin- und Palmitinsäuremethylesters siedet zwischen 160–200° unter 18 *mm*.

Zur Verseifung des Laurinsäureesters kocht man 3 *kg* des Esters mit einer Lösung von 780 *g* Ätzkali in genügender Menge Alkohol von 95 *Vol.*-% am Rückflußkühler. Nach der Verseifung fügt man 3 *l* Wasser hinzu und säuert mit verdünnter Schwefelsäure an. Man trennt die durch die Wärme des Ansäuerns noch flüssige Säure (etwa 2,24 *kg*) von der wässerigen Schicht und löst sie in der doppelten Menge Chloroform. Diese Lösung trocknet man mit calciniertem Glaubersalz.

Chlorid der Laurinsäure: Auf 3,48 *kg* Phosphorpentachlorid, welche sich in einem gut emaillierten Kessel von etwa 20 *l* Inhalt befinden, läßt man durch einen Tropftrichter langsam die Laurinsäure-Chloroform-Lösung zufließen und erwärmt während dieser Zeit und darauffolgend noch 2—3h unter Rückflußkühlung im Wasserbade. Die dabei entweichenden Salzsäuredämpfe werden wie üblich aufgefangen. Darauf filtriert man den Kesselinhalt durch Glaswolle und rektifiziert unter Abkühlung der Vorlage in einer Kältemischung. Sobald Chloroform (*Kp* 61°) und das entstandene Phosphoroxychlorid (*Kp* 110°) abdestilliert sind, destilliert man im Vakuum weiter. Das Laurinsäurechlorid geht dann unter 10 *mm* Druck bei 135—140° über. Ausbeute: etwa 2,32 *kg*.

Aus dem Chlorid der Laurinsäure gewinnt man die α-Bromlaurinsäure: Zu 2,32 *kg* Laurinsäurechlorid gibt man aus dem Tropftrichter langsam 2,20 *kg* = 735 *cm³* Brom und erwärmt 12—15h auf dem Wasserbad; sodann fügt man zum Reaktionsgemisch unter kräftigem Umschütteln 3—4 *l* Wasser und fährt fort, auf dem Wasserbad zu erwärmen, um das Säurechlorid in α-Bromlaurinsäure zu verwandeln. Hierauf läßt man erkalten, wäscht 2mal mit Wasser, dann mit Natriumbisulfitlösung, um noch anwesende Spuren Brom zu entfernen, und löst schließlich in Äther. Ausbeute: etwa 2,90 *kg* α-Bromlaurinsäure. *Schmelzp.* 42°.

α-Oxylaurinsäure: In einem verzinnten Eisenkessel von etwa 30 *l* Inhalt erwärmt man 2,9 *kg* Bromlaurinsäure mit einer Auflösung von 1,82 *kg* Ätzkali in 20 *l* Wasser 3h zum Sieden, worauf man abkühlt. Beim Ansäuern mit Salzsäure im Überschuß scheidet sich die α-Oxylaurinsäure aus. Ein einfaches Mittel, diese von ev. noch vorhandener Bromlaurinsäure zu trennen, besteht darin, daß man das ausgeschiedene Produkt in der Wärme in Chloroform löst. Nach dem Abkühlen dieser Lösung scheidet sich nunmehr nur die α-Oxylaurinsäure quantitativ ab, während die Bromlaurinsäure in Lösung verbleibt. *Schmelzp.* der Oxylaurinsäure: 73—74°. Ausbeute: etwa 2,15 *kg*.

Um von dieser Oxysäure zum Undecylaldehyd zu gelangen, unterwirft man die Oxysäure der Oxydation mit Bleisuperoxyd. In einem geräumigen Kolben behandelt man 2,15 *kg* Oxylaurinsäure mit 2,15 *kg* Bleisuperoxyd und 8,6 *kg* verdünnter Schwefelsäure (25 %), indem man in das Gemisch einen starken Wasserdampfstrahl leitet. Der entstehende Undecylaldehyd geht als farbloses Öl mit den Wasserdämpfen über. Ausgeäthert und mit Wasser gewaschen, dann getrocknet, vom Äther befreit und rektifiziert, siedet der Aldehyd bei 116—117° unter 18 *mm*. Oberhalb dieser Temperatur bei Kp_{18} 125° geht ein durch Polymerisation entstehender Körper vom *Schmelzp.* 46—47° über, der fast geruchlos ist. Dieser entsteht auch bei Einwirkung von Schwefelsäure und Natriumbisulfitlösung. Ausbeute etwa 650 *g* Undecylaldehyd.

Die Oxylaurinsäure läßt sich nach BLAISE (*Compt. rend. Acad. Sciences* 138, 699 [1904]; *Bull. Soc. chim. France* [3] 31, 492 [1904]) leichter als durch Oxydation durch trockene Destillation in den Aldehyd überführen: Man erhitzt langsam in möglichst kleinen Mengen (100—150 *g*) die Oxysäure, wobei sich zunächst unter Wasserabspaltung ein Lactid bildet; nach dem Aufhören der Dampfentwicklung erhitzt man langsam auf 250°; bei dieser Temperatur geht unter *CO*-Abspaltung das Lactid in den Aldehyd über. Die angewandte Oxysäure soll frei von Bromprodukten sein, da diese die Polymerisation des Undecylaldehyds befördern. Der Aldehyd wird durch Destillation im Vakuum rein erhalten. Ausbeute: 50—60 %.

BOUVEAULT hat den Undecylaldehyd durch Überleiten der Dämpfe von Undecylenalkohol (erhalten aus Undecylensäureäthylester mit Natrium und Alkohol, *Bull. Soc. chim. France* [4] 3, 124 [1908]) über feinverteiltes Kupfer bei 200—250° erhalten. Der unter diesen Bedingungen nach der allgemeinen Reaktion: $R \cdot CH_2OH = R \cdot CHO + H_2$ entstehende Undecylenaldehyd wird durch den freiwerdenden Wasserstoff zu Undecylaldehyd reduziert.

Öl von frischem, blumigem Geruch. Kp_{18} 116—117°; D_{15} 0,860—0,870; n_{D20} 1,4478—1,4534. Verbindet sich nicht mit Bisulfit und kann daher nicht auf diesem Wege gereinigt werden; zeigt große Neigung zur Polymerisation und Oxydation.

Nachweis durch das Oxim, *Schmelzp.* 72°, und das Semicarbazon, *Schmelzp.* 103°.

Verwendung zu Blütenölkompositionen zur Erzielung natürlich-blumiger Nuancen.

Duodecylaldehyd oder Laurinaldehyd, $CH_3 \cdot (CH_2)_9 \cdot CH_2 \cdot CHO$: Vorkommen im Edeltannenöl, Citronenöl, Rautenöl u. a. Künstliche Darstellung entsprechend der Gewinnung von Nonylaldehyd (s. S. 805) aus Laurinsäureester (aus Cocosbutter) über Laurinalkohol.

Die Überführung des Laurinalkohols in den Aldehyd kann nach MOUREU und MIONONAC (*Compt. rend. Acad. Sciences* 170, 288 [1920]; 171, 652 [1920]) durch katalytische Oxydation des in Dampfform bei 230—300° im Vakuum (20—30 *mm*) über feinverteiltes Silber geleiteten und mit Luft vermischten Alkohols erfolgen.

Kristallinische, weiße Masse, von frischem, an Fichtennadeln erinnerndem Geruch. *Schmelzp.* 44,5°; Kp_{10} 130°; D_{15} 0,8388.

Nachweis durch das Semicarbazon, *Schmelzp.* 101—102°, und Oxydation zu Laurinsäure, *Schmelzp.* 43°.

Verwendung zur Erzielung frischer, natürlicher Dufteffekte und von Grüngerüchen.

Methyl-n-nonylacetaldehyd, $CH_3 \cdot (CH_2)_8 \cdot CH(CH_3) \cdot CHO$. Die Darstellung erfolgt aus Methylnonylketon (zu 90% im Rautenöl), indem man dieses unter dem Einfluß eines Alkalis durch kaltes Zusammenrühren mit Chloressigester zu dem disubstituierten Glycidester kondensiert und diesen mit Natronlauge verseift. Aus dem Salz der Glycidsäure gewinnt man den Aldehyd bei der Wasserdampfdestillation der angesäuerten Lösung unter CO_2-Entwicklung. (DARZENS, *Compt. rend. Acad. Sciences* **139**, 1216; *D. R. P.* 174 239.)

Öl von apfelsinenartig-herbem, etwas ambra- und tabakähnlichem Geruch; Kp_{10} 114°; D_{15} 0,829; n_{D20} 1,4320–1,4450.

Charakterisierung durch das Semicarbazon, *Schmelzp.* 84–85°.

Verwendung zu modernen Parfümkompositionen, denen es einen typischen Charakter verleiht.

10-Methylduodecylaldehyd, $CH_3 \cdot (CH_2)_8 \cdot CH(CH_3) \cdot CH_2 \cdot CHO$. Die Darstellung dieses Aldehyds erfolgt analog derjenigen des 7-Methylnonylaldehyds, durch Kondensation von Methylnonylketon mit Bromessigester in Gegenwart von Zink und Benzol als Lösungsmittel. Das hierzu notwendige Methylnonylketon erhält man in sehr guter Ausbeute (etwa 90%) durch Destillation von Rautenöl. Der durch Reduktion dieses Esters mit Natrium und Alkohol (s. S. 807) entstehende 10-Methylduodecylalkohol gibt bei der Oxydation bzw. Dehydrogenisation (s. S. 807) den 10-Methylduodecylaldehyd.

Zur Fabrikation werden folgende Mengen angewendet: 1,540 *kg* Methylnonylketon, 1,670 *kg* Bromessigester, 1,000 *kg* Zink (aktiviert durch Kupfer), 2,000 *kg* Benzol (trocken). Weiterverarbeitung wie beim 7-Methylnonylaldehyd. Beim Fraktionieren im Vakuum von 13 *mm* erhält man folgende Fraktionen: I. Bis 10±° 1,890 *kg* Benzol und etwas Methylnonylketon. II. 103–115° 0,450 *kg* Methylnonylketon. III. 116–156° 0,040 *kg* Zwischenlauf. IV. 157–167° 0,500 *kg* ββ-Methylnonyl-oxypropionsäure-äthylester. V. 168–171° 0,110 *kg* ββ-Methylnonyl-acrylsäure-äthylester. VI. > 171° 0,950 *kg* überkondensiertes Produkt. VII. 0,080 *kg* Rückstand.

Der mit Phosphorpentoxyd in Gegenwart von Benzol dehydratierte ββ-Methylnonyl-oxypropionsäureäthylester wird, wie beim Nonylaldehyd angegeben, reduziert und katalytisch dehydrogenisiert.

Flüssigkeit von frisch-holzigem, in Verdünnung leicht ambraartigem Geruch, Kp 110–113° (LEWINSON).

10,11-Dimethylduodecylaldehyd, $CH_3 \cdot (CH_2)_8 \cdot CH(CH_3) \cdot CH(CH_3) \cdot CHO$. Dieser Aldehyd wird analog dem vorhergehenden durch Kondensation u. s. w. des Methylnonylketons mit α-Brompropionsäureäthylester gewonnen.

Die Kondensation erfolgt nach den oben bei 10-Methylduodecylaldehyd angegebenen Reaktionsgleichungen unter Anwendung folgender Mengenverhältnisse: 825 *g* Methylnonylketon, 920 *g* Brompropionsäureäthylester, 400 *g* Zink (aktiviert durch Kupfer), 2000 *g* Benzol (trocken). Ausbeute: 620 *g* Kondensationsprodukt.

Wasserabspaltung. Anzuwendende Mengen: 620 *g* Kondensationsprodukt, 620 *g* Benzol, 217 *g* Phosphorpentoxyd. Ausbeute: 400 *g* Dehydratationsprodukt.

Reduktion: 400 *g* Dehydratationsprodukt, 2500 *g* absoluter Alkohol (über Calcium destilliert), 270 *g* Natrium met., 2000 *g* Äther (zum Ausäthern). Ausbeute: 118 *g* Dimethylduodecylalkohol.

Dehydrogenation. 118 *g* Dimethyl-duodecylalkohol über reduziertes Kupfer geleitet, ergeben 90 *g* 10,11-Dimethyl-duodecylaldehyd.

Flüssigkeit von holzig-süßem Geruch, Kp 108–115° (LEWINSON).

Myristinaldehyd, $CH_3(CH_2)_{12} \cdot CHO$. Vorkommen im ätherischen Öl der Rinde von Ocotea usambarensis (SCHMIDT und WEILINGER, *B.* **39**, 653 [1906]).

Künstliche Darstellung aus dem Methylester der zu 85% im Irisöl und im Muskatnußöl vorkommenden Myristinsäure durch katalytische Reduktion zum Alkohol und Oxydation desselben mit Chromsäure in Eisessiglösung.

Wachsartige Masse von wachsartigem schwachem, aber haftendem, etwas an Methyl-n-nonylacetaldehyd erinnerndem Geruch. *Schmelzp.* 23,5°; Kp_{10} 155°; verbindet sich mit Bisulfit. An der Luft polymerisiert sich der Aldehyd schnell zu einer weißen Masse, *Schmelzp.* 65°.

Nachweis durch das Oxim, *Schmelzp.* 82°, Semicarbazon, *Schmelzp.* 106,5°, und durch Oxydation zu Myristinsäure, *Schmelzp.* 53,8°.

Citral (Geranial), $C_{10}H_{16}O$. Citral ist der einzige der Formel $C_{10}H_{16}O$ entsprechende aliphatische Aldehyd,

$H \cdot C \cdot CHO$

$(CH_3)_2C : CH \cdot CH_2 \cdot CH_2 \cdot \overset{\cdots}{C} \cdot CH_3$ Citral a (Geranial)   der bisher aus ätherischen Ölen

$(CH_3)_2C : CH \cdot CH_2 \cdot CH_2 \cdot C \cdot CH_3$ Citral b (Neral)   isoliert worden ist, und stellt das

$OHC \cdot \overset{\cdots}{C} \cdot H$ erste Oxydationsprodukt des Geraniols (vgl. d.) dar. Es kommt

als Gemisch der Isomeren a und b in vielen ätherischen Ölen vor und wurde zuerst von BERTRAM (SCHIMMEL, Ber. Okt. 1888, 17) im Öl der Backhousia citriodora
aufgefunden. In größerer Menge ist es im Lemongrasöl (70—80%) enthalten, aus
welchem es technisch gewonnen wird.

TIEMANN zeigte, daß das natürlich vorkommende Citral aus 2 strukturidentischen, stereoisomeren
Formen, dem Citral a und b besteht, welche durch die verschieden leichte Kondensationsfähigkeit
mit Cyanessigsäure zu Citralidencyanessigsäuren, Schmelzp. 122⁰ und 95⁰, getrennt werden können
(B. 33, 877; vgl. auch ZEITSCHEL, B. 39, 1782 [1906]; Geschichte des Citrals s. TIEMANN, B. 31,
3278 [1898]). Von neueren Arbeiten deutet die Ozonisierung der beiden Modifikationen zu Ozoniden,
die sich in Lävulinaldehyd und Aceton spalten lassen, auf Raumisomerie (HARRIES und HIMMELMANN,
B. 40, 2823 [1907]); dagegen entstehen nach VERLEY (Rev. prod. chim. 21, 352 [1918]) aus a- und
b-Citral verschiedene Methylheptenone, nach welchen auf Stellungsisomerie zu schließen wäre. Nach
VERLEY (Americ. Perf. 21, 480 [1926]) soll noch ein drittes, strukturisomeres Citral γ vorkommen,
welches den Hauptbestandteil des Citronenölcitrals ausmachen soll. Im übrigen überwiegt bei natürlichem Vorkommen das Citral a bei weitem.

Die Gewinnung des Citrals erfolgt mit Hilfe der krystallisierten Bisulfit-
doppelverbindung, die nach Reinigung durch Waschen mit Alkohol und Äther
bei der Zersetzung mit Alkalicarbonat reines Citral liefert. Nach *Heyden* (D. R. P.
124229) kann man Citral aus Lemongrasöl durch sulfanilsaures Barium leicht fällen.
Ohne technische Bedeutung ist die künstliche Darstellung durch Oxydation des
Geraniols mit Chromsäuregemisch in einer Ausbeute von 30—40% (TIEMANN, B.
31, 3311 [1898]). Auch Linalool und Nerol geben Citral, da durch die anwesende
Säure bei der Oxydation diese Alkohole zunächst zu Geraniol umgelagert werden.

Citral ist ein dünnflüssiges, schwach gelblich gefärbtes, optisch inaktives Öl
von durchdringendem Citronengeruch; Kp_{760} 228—229⁰, Kp_{12} 110—112⁰; D_{15} 0,892
bis 0,895; n_{D_0} 1,487—1,489; löslich in 5—7 Vol. 60%igem Alkohol.

Gegen Säuren und saure Agenzien ist der Aldehyd sehr empfindlich; er läßt sich z. B. ebenso wie
viele seiner Derivate in cyclische Verbindungen überführen. So entsteht durch Einwirkung von verdünnter
Schwefelsäure und Kaliumbisulfat unter Wasserabspaltung Cymol (SEMMLER, B. 24, 204 [1891]). Diese
Frage ist neuerdings auch von HORIUCHI (Mem. Coll. Science, Kyoto, Imp. Univ. A 11, 171 [1928])
eingehend studiert worden. Beim Kochen mit K_2CO_3-Lösung wird Citral in Acetaldehyd und Methylheptenon $C_8H_{14}O$ (s. d.) gespalten (VERLEY, Bull. Soc. chim. France [3] 17, 175 [1897]; TIEMANN,
B. 32, 107 [1899]). Bei Oxydation mit Ag_2O in ammoniakalischer Lösung entsteht die flüssige Geranium-
säure (SEMMLER, B. 23, 3556 [1890]; 24, 203 [1891]), mit Chromsäuregemisch Methylheptenon und
weiterhin mit $KMnO_4$ und Chromsäuregemisch Aceton und Lävulinsäure (TIEMANN und SEMMLER,
B. 26, 2718 [1893]). Durch Reduktion mit Natriumamalgam in essigsaurer Lösung geht das Citral
in Geraniol über (TIEMANN, B. 31, 828 [1898]), mit Wasserstoff und Palladium in Citronellol,
Citronellal und einen dimolekularen Aldehyd $C_{20}H_{34}O_2$, Schmelzp. 57⁰ (SKITA, B. 42, 1634 [1909]),
mit Wasserstoff und Ni im Vakuum in i-Citronellal (R. ESCOURROU, Chim. et Ind. 14, 519 [1925]),
bei Reduktion mit Hefe in Geraniol (NEUBERG und KERB, Biochem. Ztschr. 92, 111 [1918]). Nach
R. ADAMS und B. S. GARVEY läßt sich mit Platinoxyd-Platinschwarz und kleinen Mengen Ferrosulfat
oder Zinkacetat Citral stufenweise zu Geraniol, Citronellol und Tetrahydrogeraniol reduzieren (Amer.
chem. Soc. 48, 477 [1926]). Über sein Verhalten gegen Natriumbisulfitlösung s. TIEMANN (B. 31,
3317 [1898]). Über die quantitative Bestimmung s. bei den betreffenden ätherischen Ölen.

Nachweis: Die Verbindungen mit Hydroxylamin, Phenylhydrazin und Ammoniak sind flüssig;
dagegen bildet das Citral ein Gemisch fester Semicarbazone, welches in die Semicarbazone des
Citrals a und b (Schmelzp. 164⁰ und 171⁰) zerlegt werden kann; Thiosemicarbazon, Schmelzp. 107 bis
108⁰; Semioxamazon, Schmelzp. 190—191⁰. Der beste Nachweis ist der durch die α-Cityril-β-naphtho-
cinchoninsäure, Schmelzp. 197—200⁰.

Citral ist von größter technischer Bedeutung als Aromaträger des Citronenöls,
zu dessen Ersatz es dient (100 Tl. Citronenöl = 6—10 Tl. Citral), als Bestandteil
künstlicher Riechkompositionen, besonders aber als Ausgangsmaterial für die Darstellung des Ionons (s. S. 829).

Citronellal (Citronellaldehyd), $C_{10}H_{18}O$, stellt das Dihydroderivat des Citrals
$(CH_3)_2C : CH \cdot CH_2 \cdot CH_2 \cdot CH(CH_3) \cdot CH_2 \cdot CHO$ (Terpinolenform, Rhodinal)
oder $CH_3 \cdot C(: CH_2) \cdot CH_2 \cdot CH_2 \cdot CH_2 \cdot C(CH_3) \cdot CH_2 \cdot CHO$ (Limonenform, Citronellal)

dar und findet sich gelegentlich als Begleiter desselben, ist jedoch optisch-aktiv. Vorkommen als d-Citronellal im Citronellöl (10%), Öl von Barosma pulchellum, Eucalyptus citriodora (50—70%), E. dealbata und Melissenöl; als l-Citronellal im „Java lemon olie". Gewinnung aus dem Citronellöl und Öl von Eucalyptus citriodora durch die krystallisierte Bisulfitverbindung, aus der es seiner Empfindlichkeit gegen Säuren und Alkalien wegen mit Alkalicarbonat freigemacht wird. Künstliche Darstellung aus Citronellol $C_{10}H_{20}O$ durch Oxydation (TIEMANN und SCHMIDT, B. **30**, 34 [1897]) mit Kaliumbichromat und Schwefelsäure in wässeriger Lösung; Ausbeute gering. Citronenartig-blumig riechendes Öl. Kp 203—204°, Kp_{14} 89—91°; D_{15} 0,8552; n_{D20} 1,4461; $Mol.$-$Refr.$ 48,00; $[\alpha]_D + 12°$ 30'.

Durch Reduktion mit Natriumamalgam in alkoholischer, schwach essigsaurer Lösung geht das Citronellal in den primären Alkohol Citronellol $C_{10}H_{20}O$ über (s. S. 790) (TIEMANN und SCHMIDT, B. **29**, 906 [1896]). Nach MAYER und NEUBERG (*Biochem. Ztschr.* **71**, 174) läßt sich Citronellal durch gärende Hefe zu Citronellol reduzieren in einer Ausbeute von 50%. Derartige phytochemische Reaktionen dürften an der Bildung des Buketts der ätherischen Öle beteiligt sein.

Wie Citral ist auch das Citronellal sehr empfindlich gegen Alkalien und Säuren. Mit Säuren bildet sich aus Citronellal Isopulegol (s. d.). Dieser Ringschluß zum Isopulegol erfolgt so leicht, daß das über Bisulfit gereinigte käufliche Citronellal stets Isopulegol enthält.

Nachweis durch das Semicarbazon, *Schmelzp.* 82,5—84°; Thiosemicarbazon, *Schmelzp.* 54—55°; β-Naphthocinchoninsäure, *Schmelzp.* 225°.

Mit Natriumsulfit reagiert Citronellal ähnlich wie Citral. Mit neutralem Sulfit reagiert es ebenfalls unter Bildung eines nicht zerlegbaren Hydrosulfonsäurederivats (s. Hydroxycitronellal), jedoch nur dann, wenn man von Anfang an einen starken Kohlendioxydstrom in das Gemisch einleitet oder eine andere Säure in genügender Menge zufügt. Dieses Verhalten des Citronellals kann zu seiner Trennung von Citral benutzt werden, das auch mit neutralem Sulfit ohne weiteres in Reaktion tritt; jedoch muß die sich bildende Natronlauge sukzessive neutralisiert werden. Eine andere Trennungsmethode beruht darauf, daß Citronellal nur mit einer *konz.* Lösung von Natriumsulfit und Natriumbicarbonat reagiert, während Citral dies auch mit einer verdünnten Lösung tut (TIEMANN, B. **32**, 815 [1899]).

Quantitative Bestimmung s. bei den betreffenden ätherischen Ölen.

Das Citronellal findet Verwendung zu künstlichen Citronenölkompositionen, zur Parfümierung von Seifen und zur technischen Darstellung von Citronellol (s. S. 790).

Hydroxycitral, $C_{10}H_{20}O_3 = \begin{smallmatrix} CH_3 \\ CH_3 \end{smallmatrix}\!\!>\!C(OH) \cdot CH_2 \cdot CH_2 \cdot CH_2 \cdot C(OH) \cdot CH_2 \cdot CHO$,
$$CH_3$$

entsteht durch Anlagerung von 2 *Mol.* Natriumsulfit an Citral unter Bildung der Dihydrosulfonsäure, die durch Säuren unter Abspaltung des Sulfonsäurerestes in das Hydroxycitral übergeführt wird.

Die technische Darstellung erfolgt nach BURGER (Riechstoffind. **1927**, 24) folgendermaßen: 50 Tl. Citral werden unter lebhaftem Rühren in 1750 Tl. krystallisiertem Natriumsulfit und 4000 Tl. Wasser gelöst; zu dieser Mischung gibt man langsam verdünnte H_2SO_4 (1 : 3), um das bei der Reaktion entstehende $NaOH$ bei dauernd schwach alkalischer Reaktion zu neutralisieren. Die ungelösten Teile werden ev. mit Äther ausgeschüttelt. Zu der so gereinigten Lösung der hydrosulfonsauren Salze des Citrals fügt man unter stärkstem Rühren nach und nach bei Temperaturen unter 0° 2580 Tl. 50%ige H_2SO_4, läßt 24 h bei 0° stehen, trennt das freie Öl ab, schüttelt, wenn nötig, die in Wasser suspendierten Anteile mit Äther aus und destilliert mit Wasserdampf. Citral und andere Produkte, wie gebildetes Cyclocitral, gehen hierbei über, während Hydroxycitral zurückbleibt und durch Rektifikation im Vakuum gereinigt werden kann.

Farblose Flüssigkeit von zartem, blumenartigem, haftendem Geruch, Kp_{13} 150—152°; Semicarbazon, *Schmelzp.* 142°. Verwendung zu Kompositionen von blumigem Charakter.

Hydroxycitronellal, $C_{10}H_{20}O_2$, ist in der Natur bisher noch nicht nach-
$$(CH_3)_2C(OH) \cdot CH_2 \cdot CH_2 \cdot CH_2 \cdot CH(CH_3) \cdot CH_2 \cdot CHO$$
$$\text{oder } CH_3 \cdot CH(CH_2 \cdot OH) \cdot CH_2 \cdot CH_2 \cdot CH_2 \cdot CH(CH_3) \cdot CH_2 \cdot CHO$$
gewiesen worden. Seine Darstellung beruht auf der allgemeinen Anlagerungsmöglichkeit der Salze der schwefligen Säure an Äthylenverbindungen unter Bildung von Hydrosulfonsäuren (vgl. hierzu TIEMANN, B. **31**, 3305; B. **32**, 817). Man geht aus von der Natriumbisulfitverbindung, die man durch Erwärmen von Citronellal mit überschüssigem Natriumbisulfit, das freies Sulfit enthält, gewinnt. Verdünnte Laugen spalten hieraus den an die Aldehydgruppe angelagerten Bisulfitrest ab unter Bildung des Natriumsalzes der Citronellalhydrosulfonsäure: $C_9H_{18}(SO_3Na)CHO$. Aus dieser Verbindung kann selbst in der Siedehitze durch Alkali kein Citronellal

regeneriert werden. Durch Behandeln mit Säuren bildet sich unter Abspaltung des Hydrosulfonsäurerestes das Hydroxycitronellal. Gleichzeitig entsteht durch den Einfluß der Säure mehr oder weniger Isopulegol (s. d.), welches den Geruch stark beeinflußt. Da Hydroxycitronellal mit Wasserdampf nicht flüchtig ist, läßt sich der größte Teil des Isopulegols durch Abtreiben mit Wasserdampf entfernen und der Rückstand durch Rektifikation im Vakuum (2—5 mm) reinigen.

Nach VERLEY (*Bull. Soc. chim. France* [4] 43, 848 [1928]) ist Hydroxycitronellal nach 3 Verfahren darstellbar: 1. Man stellt durch Mischen der Bisulfitverbindung des Citronellals mit *konz.* Schwefelsäure bei — 20° Hydroxycitronellalsulfat dar und behandelt das Gemisch mit Wasser und dann mit Soda. 2. Man setzt die Bisulfitverbindung des Citronellals mit Cyannatrium zu Citronellalcyanhydrin um, hydratisiert dieses und destilliert das erhaltene Produkt im Vakuum. 3. Man hydratisiert das mittels Essigsäureanhydrid und Natriumacetat bei niedriger Temperatur dargestellte Enolacetat des Citronellals und zerlegt das erhaltene Enolacetat des Hydroxycitronellals mit schwachen Alkalien. Die Endprodukte werden über die Bisulfitverbindung und durch Destillation im Vakuum gereinigt. Von den 2 möglichen Konstitutionsformeln (BURGER, Riechstoffind. 1927, 23) ist diejenige mit tertiär gebundener Hydroxylgruppe die wahrscheinlichere. Hierfür spricht die Tatsache, daß beim Überleiten von Hydroxycitronellaldimethylacetal über Kupfer bei 300—310° unter anderm Amylen entsteht (SORNET, *Bull. soc. chim. France* [4] 43, 848 [1928]).

Flüssigkeit von sehr feinem, blumigem, an Maiglöckchen erinnerndem Geruch. Kp_5 116°; D_{15} 0,930; α_{D20} + 8,50°; n_{D20} 1,450. Verbindet sich mit Bisulfit; an der Löslichkeit in 10 %iger Natriumbisulfitlösung kann man den Reinheitsgrad erkennen. Hydroxycitronellal ist einer der allerwichtigsten Riechstoffe der Großindustrie und kommt auch unter den verschiedensten Namen (Laurine, Cyclia, Tilleul, Cyklosia u. a.) in den Handel. Sein zarter, ungemein lieblicher Geruch und seine lange Haftbarkeit gestattet eine vielseitige Verwendung in der Parfümerieindustrie zur Erzielung blumiger Effekte. In Seifen ist seine Haltbarkeit begrenzt; durch Mischen mit Methylanthranilat zu gleichen Teilen wird jedoch nach COLA (Riechstoffind. 1926, 201) eine auch in Seifen haltbare Kombination von Sweet-Pea-ähnlichem Duft erzielt. Die Handelsprodukte weichen je nach Herstellung und Reinheitsgrad (Gehalt an Isopulegol!) geruchlich mitunter stark voneinander ab.

2-Cyclische Aldehyde.

Furfurol, Bd. **V**, 442.

Benzaldehyd (Bittermandelöl, künstlich) Bd. **II**, 206.

Phenylacetaldehyd (Hyacinthenaldehyd, Hyacinthin), $C_6H_5 \cdot CH_2 \cdot CHO$, ist trotz seiner nahen Beziehungen zum Phenyläthylalkohol in der Natur bisher noch nicht aufgefunden worden.

Darstellung aus Zimtsäure (ERLENMEYER und LIPP, *A.* 219, 183). Zimtsäure wird mit unterchloriger Säure in Phenyl-α-chlormilchsäure übergeführt, diese in 2 *Mol.* sehr verdünnter Natronlauge gelöst und in die kochende Lösung ³/₄ *Mol.* verdünnte Schwefelsäure eintropfen gelassen. Der Aldehyd wird mit Dampf übergetrieben. H. ERDMANN (*D. R. P.* 107 228, 107 229) bringt Zimtsäure sukzessive mit Borsäure und Bromlauge zusammen und gelangt so zum Kaliumsalz einer Verbindung vom *Schmelzp.* 83—84°, die nach DIECKMANN (*B.* 43, 1035 [1910]) Phenylglycidsäure (s. u.) ist und beim Destillieren mit Dampf reinen Phenylacetaldehyd liefert. WEERMAN (*Rec. Trav. Chim. Pays-Bas* 29, 18; *A.* 401, 1) stellt durch Einwirkung von alkalischem Natriumhypochlorit in methylalkoholischer Lösung auf Zimtsäureamid den Styrylaminoameisensäuremethylester dar. Bei der Verseifung mit Säuren entsteht aus diesem Ester der Aldehyd nach der Gleichung:

$$C_6H_5 \cdot CH : CH \cdot NH \cdot CO_2 \cdot CH_3 + 2\, H_2O = C_6H_5 \cdot CH_2 \cdot CHO + NH_3 + CO_2 + CH_3 \cdot OH.$$

SABATIER und MAILHE (*Compt. rend. Acad. Sciences* 154, 561) leiten die Dämpfe eines Gemisches von Phenylessigsäure und überschüssiger Ameisensäure bei etwa 300° über Titanoxyd und erhalten so Phenylacetaldehyd in einer Ausbeute von 75 %; beim Überleiten über Manganoxydul bei 300—360° wird nur eine Ausbeute von 50 % Phenylacetaldehyd erhalten (ebenda 158, 985). SPÄTH (*Monatsh. Chem.* 36, 1) hat Phenylacetaldehyd folgendermaßen hergestellt: bei der Einwirkung von Brom auf Paraldehyd und Äthylalkohol entsteht Bromacetal; dieses, mit Natriumäthylat auf 100° erhitzt, gibt Äthoxyacetal; aus diesem entsteht mit Phenylmagnesiumbromid u. s. w. das 1-Phenyl-1,2-diäthoxyäthan, daneben der Phenylvinyläthyläther. Beide Äther verseifen sich mit verdünnter Schwefelsäure zu Phenylacetaldehyd. Auch bei der Oxydation des Phenyläthylalkohols an der Luft entsteht Phenylacetaldehyd. Nach der Methode von MOUREU und MIGNONAC zur katalytischen Oxydation von Alkoholen leitet man die Dämpfe des Phenyläthylalkohols bei 300° unter 25 mm Druck mit Sauerstoff über fein verteiltes Silber (vgl. Zimtaldehyd).

Die einfachste und billigste technische Darstellung erfolgt durch Oxydation des Phenyläthylalkohols (s. d.) mit Chromsäure.

Vor allem hat jedoch die Darstellung von Aldehyden über die Glycidsäureester (ERLENMEYER. A. 271, 153) nach DARZENS (*Compt. rend. Acad. Sciences* 139, 1216) technische Bedeutung gewonnen. Man kondensiert Benzaldehyd mit Chloressigester unter Zusatz eines Alkalis kalt und unter Rühren zum monosubstituierten Glycidester und verseift ihn mit Natronlauge. Um aus dem Natriumsalz der Glycidsäure den Aldehyd zu gewinnen, muß man wegen der leichten Polymerisationsfähigkeit sehr vorsichtig vorgehen. Man läßt zweckmäßigerweise die Lösung in schwach oxalsaures siedendes Wasser eintropfen und destilliert den sich unter CO_2-Entwicklung abspaltenden Phenylacetaldehyd fortlaufend mit dem Wasserdampf ab.

Farblose Flüssigkeit von sehr intensivem, an Hyacinthen erinnerndem Geruch, die die Haut gelb färbt. Kp_5 75°; D_{15^0} 1,0315—1,0360; $\alpha_D \pm 0°$; n_{D20^0} 1,52536 bis 1,53370; löslich in etwa 3 *Vol.* 70% igem Alkohol. Verbindet sich leicht mit Bisulfit, oxydiert sich leicht zu Phenylessigsäure und polymerisiert sich leicht; er muß daher in Lösung aufbewahrt werden und kommt meist 50% ig in den Handel. Es ist von Wichtigkeit für das Handelsprodukt, daß es frei von Halogen ist.

Nachweis durch Oxydation zur Phenylessigsäure. Die quantitative Bestimmung erfolgt nach der Bisulfitmethode wie beim Zimtaldehyd (s. d.); da die nichtaldehydischen Bestandteile sich am Boden sammeln, benutzt man Kölbchen mit am Boden angeschmolzenem graduiertem Rohr.

α-Phenylpropionaldehyd (Methylphenylacetaldehyd, Hydratropaaldehyd), $C_9H_{10}O = C_6H_5 \cdot CH(CH_3) \cdot CHO$. Darstellung nach DARZENS (*Compt. rend. Acad. Sciences* 139, 1216 [1904]; *D. R. P.* 174 239), indem man Acetophenon mit Monochloressigsäureester mittels Natriumamids oder Natriumäthylats zum Phenylglycidsäureäthylester (fälschlicherweise unter der Bezeichnung Erdbeeraldehyd oder Aldehyd C_{16} im Handel) kondensiert und diesen mit Natronlauge behandelt, wobei der Ester verseift wird und die freie Säure in Kohlensäure und Aldehyd zerfällt. Hyacinthen- und fliederartig milde riechende Flüssigkeit mit leichter Grünnote. Kp_8 79—80°; D_{15} 1,0062; Semicarbazon *Schmelzp.* 153—154°.

Verwendung zur Erzielung natürlicher blumig-grüner Duftkompositionen.

p-Tolylacetaldehyd (Syringaaldehyd), $C_9H_{10}O = CH_3 \cdot C_6H_4 \cdot CH_2 \cdot CHO \cdot$ Darstellung nach AUWERS (*Ber.* 39, 3761 [1906]) aus $CH_3 \cdot C_6H_5 \cdot CH_2 \cdot CHCl_2$ mit Kalilauge oder nach KLING (*Chem. Ztrlbl.* 1908, I, 951) durch trockene Destillation von tolylessigsaurem Barium mit Bariumformiat bei 17—50 *mm*. Weiße Nadeln von scharfem Aldehydgeruch, in Verdünnung fliedergrünartigem Geruch. Kp 221—222°; Oxim *Schmelzp.* 126—126,5°.

Anisaldehyd, p-Methoxybenzaldehyd, $C_8H_8O_2$, kommt in alten Anis- und Fenchelölen vor, ist als Bestandteil des Cassiablütenöls und in der Tahiti-Vanille, in dem ätherischen Öl von Pelea madagascaria Baill., ferner im Himbeeröl nachgewiesen worden.

Darstellung durch Oxydation von Anethol mit verdünnter Salpetersäure (LABBÉ, *Bull. Soc. chim. France* [3] 21, 1076 [1899]) oder Chromsäure (ROSSEL, *A.* 151, 28 [1869]) oder nach GENTHE & Co. (*D.R.P.* 225 708) mit Luft unter Bestrahlung mit ultraviolettem Licht (95% Ausbeute) oder mit Ozon (OTTO und VERLEY, *D. R. P.* 97620; OTTO, *Ann. Chim.* [7] 13, 126 [189ɔ]; vgl. auch BRINER, TSCHARNER, PAILLARD, *Helv. chim. Acta* 8, 410 [1925]). Über die Herstellung aus Anisol nach GATTERMANN s. Bd. II, 214. Als Ausgangsmaterial kann auch der bei der Herstellung von Salicylaldehyd als Nebenprodukt erhaltene p-Oxy-benzaldehyd dienen, indem man die Hydroxylgruppe methyliert.

Die technische Gewinnung geschieht nach dem alten Verfahren von ROSSEL (s. oben) durch Oxydation von Anethol mit Bichromatmischung. Die Reaktion wird in einem mit Bleiblech ausgekleideten eisernen Rührwerkkessel mit am Boden befindlichem Ablaßhahn vorgenommen, wie er z. B. auch zur Oxydation von Isosafrol zu Heliotropin verwendet wird. Man läßt zu 3 *kg* russischem Anisöl (enthaltend 80—90% Anethol) 3,6 *kg* einer Bichromatmischung (1 *kg* Natriumbichromat, 4 *kg* 25% iger Essigsäure, 1 *kg* konz. Schwefelsäure) bei 55—60° zufließen und erhitzt dann auf nahezu 70°. Nach dem Erkalten filtriert man durch Leinenbeutel, zieht den rohen Aldehyd mit Benzol aus, reinigt ihn erst über die Bisulfitverbindung und rektifiziert ihn dann im Vakuum.

Anisaldehyd kann auch durch Oxydation von p-Kresolmethyläther gewonnen werden.

Farblose, intensiv nach Weißdorn riechende Flüssigkeit, Kp 248°; Kp_4 91°; D_{15} 1,1260; n_{D20} 1,572—1,574; oxydiert sich an der Luft leicht zu Anissäure.

Charakterisierung durch das Semicarbazon, *Schmelzp.* 209°; p-Nitrophenylhydrazon, *Schmelzp.* 161°. Bestimmung in ätherischen Ölen (Sternanisöl) nach der Bisulfitmethode im Cassiakölbchen (s. Zimtaldehyd).

Verwendung in großen Mengen in der Parfümerie, vielfach unter dem Namen „Aubépine". Festes Aubépine besteht aus der als Nebenprodukt gewonnenen geruchlich indifferenten Anissäure, der wenig Anisaldehyd anhaftet.

Salicylaldehyd (o-Oxybenzaldehyd). Angenehm riechendes Öl. Kp 197°; $D \frac{15}{15}$ 1,1530. Außer seiner Verwendung als Riechstoff dient es zur Herstellung von Cumarin (s. d.).

p-Oxybenzaldehyd. Vorkommen im Xanthorroeharzöl, Herstellung und Verwendung s. Bd. **II**, 213.

Zimtaldehyd, C_9H_8O. Vorkommen im Cassiaöl (Chines. Zimtöl) zu 75—90%,

⬡—CH:CH·CHO

im Ceylon-Zimtöl zu 67—75%, japanischen Zimtöl u. a. als Geruchsträger, aus denen es durch Schütteln mit Natriumbisulfitlösung, unter Vermeidung eines Überschusses, als feste Bisulfitverbindung gewonnen werden kann. Bei Einwirkung eines zweiten Moleküls Bisulfit entsteht, besonders in der Hitze, das wasserlösliche Salz der Sulfonsäure.

Künstliche Gewinnung durch Kondensation von Benzaldehyd und Acetaldehyd mittels Chlorwasserstoffs oder Natronlauge.

Nach PEINE (*B.* **17**, 2117) wird ein Gemisch von 10 Tl. Benzaldehyd, 15 Tl. Acetaldehyd, 900 Tl. Wasser und 10 Tl. einer 10%igen Natronlauge unter häufigerem Umschütteln bei einer Temperatur von etwa 30° 8–10 Tage sich selbst überlassen.

Zimtaldehyd bildet sich außerdem durch Oxydation von Zimtalkohol mit Platinschwarz und durch trockene Destillation eines Gemenges der Calciumsalze von Zimtsäure und Ameisensäure.

Das Verfahren von MOUREU und MIGNONAC (*Compt. rend. Acad. Sciences* **170**, 258 [1920]; **171**, 652 [1920]), nach welchem man unter 20–40 *mm* Druck bei 230–300° Zimtalkohol erst mit 90% der berechneten Menge Sauerstoff über fein verteiltes auf Asbest niedergeschlagenes Silber (aus Silbernitrat und Formaldehyd), sodann mit dem Rest der berechneten Menge über eine zweite Katalysatorschicht leitet, ergibt Ausbeuten von 80–90%.

Gelbe Flüssigkeit von charakteristischem Zimtölgeruch. Kp 252° unter teilweiser Zersetzung; Kp_{20} 128—130°; D_{15} 1,054—1,058; $\alpha_D \pm 0°$; der Brechungsindex n_{D20} 1,61949 (BRÜHL, *A.* **235**, 18, 31 [1886]) ist der höchste bei ätherischen Ölen beobachtete. Bei starker Abkühlung erstarrt Zimtaldehyd zu einer festen, hellgelben Masse, die bei —7,5° wieder schmilzt. Löslich in etwa 25 *Vol.* und mehr 50-, 7 *Vol.* 60- und 2—3 *Vol.* 70%igem Alkohol. In Petroläther unlöslich. Geht schon durch Einwirkung des Luftsauerstoffs in Zimtsäure über.

Nachweis durch das Semicarbazon, *Schmelzp.* 280°; Phenylhydrazon, *Schmelzp.* 168° und Oxydation zu Zimtsäure.

Meist wird der Zimtaldehyd nach der Bisulfitmethode bestimmt. Zimtaldehyd löst sich in heißer, *konz.* Natriumbisulfitlösung als sulfonsaures Salz und wird dadurch dem zu untersuchenden Öl quantitativ entzogen. Zur Ausführung der Bestimmung benutzt man ein sog. Cassiakölbchen (Aldehydkölbchen) von etwa 100 *cm³* Inhalt, das mit einem etwa 13 *cm* langen Hals von 8 *mm* lichter Weite versehen ist, der in ¹/₁₀-*cm³* eingeteilt ist; mittels der Einteilung lassen sich dann die nicht in Lösung gegangenen Anteile bestimmen.

Verwendung wie Zimtöl zur Erzielung zimtartiger Duftnuancen. Synthetischer Zimtaldehyd ist als „künstliches Cassiaöl" im Handel. Als besonders gutes Produkt wird chlorfreier Zimtaldehyd verkauft, für den als Ausgangsprodukt chlorfreier Benzaldehyd angewandt werden muß.

α-Methylzimtaldehyd, $C_{10}H_{10}O = C_6H_5 \cdot CH : C(CH_3) \cdot CHO$. Darstellung durch Kondensation von Benzaldehyd und Propionaldehyd (von MILLER und KINKELIN, *Ber.* **19**, 526 [1886]). Zimtaldehydähnlich riechende Flüssigkeit; Kp_{100} 150°.

α-Amylzimtaldehyd, $C_{14}H_{19}O$, ist ein Kondensationsprodukt von Benz-

$C_6H_5 \cdot CH : C(C_5H_{11}) \cdot CHO$ aldehyd und Heptylaldehyd, welches in den letzten Jahren als Jasminriechstoff sehr große Bedeutung erlangt hat.

RUTOWSKI und KOROLEW (*Journ. prakt. Chem.* [2] **119**, 272 [1928]) geben zu seiner Darstellung folgende Vorschrift: 10,6 *g* Benzaldehyd und 11,4 *g* Heptylaldehyd werden in 100 *cm³* Alkohol gelöst und 500 *cm³* Wasser sowie 7 *cm³* 10%ige Natronlauge zugesetzt. Nach 2tägigem Stehen bei gewöhnlicher Temperatur wird die ölige Schicht abgetrennt, der Rest mit Essigsäure angesäuert und mit Äther extrahiert. Öl und Ätherauszug werden getrocknet und im Vakuum fraktioniert oder durch Wasserdampfdestillation gereinigt.

Die Kondensation wird besser durch kräftiges Schütteln beschleunigt und zu Ende geführt, da der Heptylaldehyd der Selbstkondensation unterliegen und den ranzig riechenden α-Amylnonylenaldehyd bilden kann. Dieser sowie der unverbrauchte Heptylaldehyd müssen sorgfältig entfernt werden, um zu geruchlich einwandfreien Produkten zu gelangen.

Schwach gelbliche Flüssigkeit von starkem und haftendem Geruch, der in der Verdünnung blumig ist und etwas an Jasmin erinnert. Kp_{20} 174—175°; D_{20}^{20} 0,97108; n_{D20} 1,5381.

Charakterisierung durch das Oxim, *Schmelzp.* 72,5—73°; Semicarbazon, *Schmelzp.* 117,5—118°.

Der Aldehyd kommt unter den verschiedensten Namen (Buxine, Jasmal, Jasminaldehyd, Floxine, Jasminal u. s. w.) und in verschiedenster Qualität in den Handel und wird als Zusatz zu blumigen, insbesondere Jasmin- und Flieder-kompositionen verwendet. Die Dosierung muß wegen seiner Ausgiebigkeit sehr vorsichtig erfolgen. Die Handelsprodukte weisen mitunter, je nach Herkunft, be-deutende Unterschiede in bezug auf die physikalischen Konstanten und die geruch-lichen Eigenschaften auf.

Hydrozimtaldehyd (β-Phenylpropylaldehyd) $C_9H_{10}O = C_6H_5 \cdot CH_2 \cdot CH_2 \cdot CHO$. Vorkommen im Ceylon-Zimtöl. Künstliche Darstellung durch Destilla-tion des hydrozimtsauren Calciums mit Calciumformiat; mit besserer Ausbeute durch Reduktion des Zimtaldehyddimethylacetals mit Natrium in alkoholischer Lö-sung (E. FISCHER und HOFFA, *B.* **31**, 1989) oder nach STRAUSS und BERKOW (*A.* **401**, 158 [1913]) glatter mit Palladium und Wasserstoff zu Hydrozimtaldehyddimethyl-acetal, welches durch 1½stündiges Kochen mit 3%iger Schwefelsäure gespalten wird.

Nach BURGER (WAGNER, Die Riechstoffe, 1929, Die Aldehyde II, 590) wird technisch die Reduktion bei 150—200° unter Druck bei Gegenwart von *Ni* vorgenommen. Die direkte Reduktion von Zimtaldehyd zu Hydrozimtaldehyd kann erfolgen mit Wasserstoff und Palladium in wässerigem Alkohol nach SKITA (*B.* **48**, 1691 [1915]) oder nach *D. R. P.* 295 507 (WALTER) mit magnetischen Katalysatoren.

Farblose, fliederartig riechende Flüssigkeit, Kp_{16} 110—113°; oxidiert sich leicht an der Luft zu Hydrozimtsäure.

Identifizierung durch das Oxim, *Schmelzp.* 93—94°, und das Semicarbazon, *Schmelzp.* 127°.

Verwendung in Blütenöl- und Phantasiekompositionen.

Dem Hydrozimtaldehyd sind im Geruch ähnlich: m-Chlorhydrozimt-aldehyd, Kp etwa 240°; α-Methylhydrozimtaldehyd, $C_6H_5 \cdot CH_2 \cdot CH(CH_3) \cdot COH$. Kp 226—227°; p-Methylhydrozimtaldehyd.

Vanillin[1] (Protocatechualdehydmethyläther), $C_8H_8O_3$, ist außerordentlich ver-breitet, jedoch in den betreffenden Pflanzen nur in sehr geringer Menge vorhanden. Es ist ursprünglich nicht im freien Zustand in den Pflanzen zugegen, sondern bildet sich erst durch fermentative Spaltung eines Glucosids (BEHRENS, Tropenpflanzer 3, 299 [1899]; BUSSE, *Ztschr. Unters. Nahrung-Genußmittel* 3, 21 [1900]; LECOMTE, *Compt. rend. Acad. Sciences* 133, 745; GORIS, ebenda 179, 70 [1924]). Es ist der charakteristische Bestandteil der Vanilleschoten, die etwa 2% davon enthalten (*B.* 9, 1287). Sonst kommt es noch in den Blüten von Nigritella suaveolens, im Öl von Spiraea Ulmaria, im Perubalsamöl und im Nelkenöl in etwas größerer Menge vor. Spuren von Vanillin, durch den charakteristischen, angenehmen Geruch wahrnehmbar, können aus der Holzsubstanz vieler Pflanzen erhalten werden.

a) Verfahren mit Naturprodukten als Ausgangsmaterial.

Die erste Darstellung stammt von TIEMANN und HAARMANN (*B.* 7, 613 [1874]). Das aus dem Cambialsaft der Coniferen gewonnene Glucosid Coniferin liefert bei der Oxydation mit Chromsäure Glucovanillin, das durch Säuren oder Emulsin in Glucose und Vanillin gespalten wird (*B.* 18, 1595, 1657).

Dieses Verfahren fand seine industrielle Auswertung in der von W. HAARMANN 1874 in Holz-minden gegründeten Vanillinfabrik (heute HAARMANN & REIMER) und ist damit die Grundlage der Fabrikation künstlicher Riechstoffe nicht nur in Deutschland, sondern in der ganzen Kulturwelt ge-worden (*D. R. P.* 576 und 27992).

Die Gewinnung des Coniferins war naturgemäß mit großen Schwierigkeiten verknüpft und die aus ihm dargestellte Menge Vanillin nicht sehr groß. Der ursprüngliche Preis von 6000 M. pro 1 *kg* (heute etwa 30 M.) war damals immerhin noch gut konkurrenzfähig mit den noch weit höheren Preisen des Vanillins aus der Vanilleschote.

Im Jahre 1875 gewann TIEMANN das erste synthetische Vanillin durch trockene Destillation der Calciumsalze von Vanillinsäure und Ameisensäure in allerdings nur 2%iger Ausbeute (*B.* 8, 1123).

---

[1] Bearbeitet von F. ULLMANN.

Die Verhältnisse wurden ganz anders, als es den wissenschaftlichen Studien HAARMANNs und TIEMANNs gelang, den Zusammenhang zwischen Vanillin und Eugenol aufzuklären. Sie führten dazu, das Vanillin durch Oxydation des Aceteugenols zu Acetvanillin und Verseifung dieses Körpers (*B.* 9, 52; 10, 1907) darzustellen. Damit erst war die fabrikatorische Darstellung des Vanillins in größerem Maßstabe gesichert.

Weitere Untersuchungen ergaben, daß Isoeugenol bzw. seine Derivate höhere Ausbeuten an Vanillin als Eugenol liefern (*D. R. P.* 57808 [1890], Umlagerung von Eugenol in Isoeugenol, *D. R. P.* 57568 [1890], Acetylierung von Isoeugenol, beide von HAARMANN & REIMER). Einen Fortschritt bedeutet die im *D. R. P.* 207702 [1905] von F. FRITZSCHE & CO., Hamburg, und VERONA CHEMICAL CO., Newark, niedergelegte Beobachtung, daß die Oxydation von Acetisoeugenol mit Bichromat und Schwefelsäure bedeutend höhere Ausbeuten liefert, wenn man Sulfanilsäure zusetzt.

WAGNER gibt in seinem Buch „Die Riechstoffe und ihre Derivate" eine Betriebsgeschichte, die fast völlig identisch ist mit den Angaben von DR. C. O. GASSNER G. M. B. H., Berlin.

Isoeugenol. In einem heizbaren Rührkessel werden 25 kg Ätzkali in 25 kg H_2O gelöst und 20 kg Nelkenöl (92%ig) hinzugefügt und innerhalb $\frac{1}{2}$ h auf 225° erhitzt, wobei die Terpene mit einem Teil des H_2O abdestillieren. Der erkaltete Rückstand wird in 150 l H_2O gelöst, 40 kg Benzol hinzugegeben, mit 30%iger H_2SO_4 fast völlig neutralisiert, mit 200–300 g Essigsäure schwach sauer gemacht und die Benzollösung des Isoeugenols abgetrennt und die H_2SO_4-Lösung noch 2mal mit Benzol extrahiert. Nach dem Waschen der vereinigten Benzolextrakte mit H_2O wird das Benzol abdestilliert und der Rückstand bei 5 mm fraktioniert. Kp 117°, Ausbeute 14–15 kg Isoeugenol.

Acetylisoeugenol. 15 kg Isoeugenol, 9,3 kg Essigsäureanhydrid. 0,6 kg Natriumacetat werden vorsichtig auf 140–145° erhitzt, wobei Essigsäure abdestilliert, und dann unter Vakuum bei 110° der Rest überdestilliert. Wenn 3,5 kg Essigsäure übergegangen, wird der Blaseninhalt in 17,5 kg H_2O gedrückt, wobei sich Acetylisoeugenol körnig ausscheidet, das geschleudert und mit H_2O gewaschen wird. Ausbeute 20,2 kg.

Acetvanillin. 24 kg $Na_2Cr_2O_7$, 140 kg H_2O. 14 kg Acetylisoeugenol roh (10% H_2O), 3,5 kg Sulfanilsäure werden unter Rühren in einem mit Rückflußkühler versehenen Kessel auf 73° erwärmt und 95 kg H_2SO_4 von 35% langsam innerhalb 35' bei 74–75° zugegeben und die Temperatur weitere 30' konstant gehalten. Man läßt auf 60° abkühlen, fügt 56 kg Benzol unter Rühren hinzu, trennt nach dem Abkühlen die Benzolschicht ab, destilliert die Hauptmenge des Benzols und behandelt den Rückstand in einem verbleiten Rührwerksapparat mit Bisulfitlauge von 35% bei 20°. Die Bisulfitlösung wird von der etwas unverändertes Aceteugenol enthaltenden Benzollösung getrennt.

Vanillin. Die Bisulfitlösung wird 2 h zum Sieden erhitzt, wobei das Acetylvanillin verseift wird. Durch Zusatz von 35%iger Schwefelsäure wird dann das Vanillinbisulfit zersetzt und durch Erhitzen auf 100° das SO_2 völlig ausgetrieben. Nach dem Erkalten wird das gelbbraune, erstarrte Rohvanillin filtriert und 40 h bei 30° getrocknet. Das Produkt wird bei 2 mm und 135° im Vakuum destilliert und dann aus der 10fachen Menge 60° heißen Wassers unter Einleiten von SO_2 umkristallisiert.

Aus 500 kg Nelkenöl mit 92% Eugenol werden direkt 301 kg Vanillin gewonnen, neben 46 kg, herrührend aus dem unveränderten Acetyleugenol, sowie den Laugen und Waschwässern, d. s. etwa 75% d. Th.

Recht gute Resultate werden auch nach dem Verfahren des *D. R. P.* 65937 [1891] von *Boehringer* erzielt, wonach Eugenol mit Benzylchlorid in Benzyleugenol, dieses mit alkoholischem Kali in Benzylisoeugenol umgewandelt wird. Durch Oxydation mit Chromsäure entsteht Benzylvanillin, das mit Alkohol und wenig Salz- oder Schwefelsäure (*D. R. P.* 86789) in Vanillin verwandelt wird.

Bei den vorliegenden Verfahren entsteht als Abfallsprodukt Chromisulfat, das mit Soda nun als Chromhydroxyd abgeschieden wird und einen geringen Handelswert besitzt (vgl. Bd. I, 200; III, 430).

Es sind in der Patentliteratur nachstehende andere Oxydationsverfahren vorgeschlagen worden, die aber keinerlei technische Verwendung fanden.

D. R. P. 63027, HAARMANN & REIMER. Umwandlung der bei der Oxydation von Aceteugenol bzw. Acetisoeugenol entstehenden Vanilloylcarbonsäure in Vanillin.

D. R. P. 93938, HAARMANN & REIMER. Oxydation von Isoeugenol mit Alkalisuperoxyden.

D. R. P. 75264 und 76061, PÉRIONE, LESAULT & CO., Paris. Oxydation von Methylenbiisoeugenol.

D. R. P. 82924, MAJERT. Oxydation von Isoeugenolmandelätherésulfure.

D. R. P. 92466, PUM. Oxydation von Eugenol oder Nelkenöl mit Quecksilberoxyd in alkalischer Lösung.

D. R. P. 92007, *Heyden.* Gewinnt Vanillin durch Elektrolyse von Isoeugenolalkalisalzen.

Schweiz. P. 108703, FICHTER und CHRISTEN. Gewinnung von isoeugenolschwefelsaurem Kalium elektrolytisch; s. auch *Helv. chim. Acta* 8, 334 [1925].

D. R. P. 224071, GENTHE. Oxydation von Eugenol, Isoeugenol, Coniferin oder Coniferylalkohol zu Vanillin durch Einwirkung von Luft und ultraviolettem Licht bei 50–60°.

D. R. P. 150981, FROGER-DELAPIERRE. Oxydation von Isoeugenol zu Vanillin mit Sauerstoff, der mit Terpendämpfen beladen ist, die ihn aktivieren.

A. P. 365 918 und 365 919 [1895], NOVARINE, Brooklyn. Oxydation von Eugenol in Eisessig mit Chromylchlorid.

Ö. P. Nr. 2, PREU, Wien. Beim Eugenol oder Isoeugenol wird die Phenolgruppe durch ein beliebiges Radikal geschützt. Dieser Körper wird dann bei 40° zu Vanillin oxydiert.

Schweiz. P. 89053, 91088, SIEVERS und GIVAUDAN & CO. Ersetzen im D. R. P. 207 702 (s. o.) die Sulfanilsäure durch p-Aminobenzoesäure oder p-Aminobenzaldehyd.

Von großer technischer Bedeutung wurde dagegen ein Verfahren, das 1901 von A. BISCHLER in der *Ciba* aufgefunden wurde. Es beruht auf der sehr interessanten Beobachtung, daß eine alkalische Lösung von Isoeugenol durch Nitrobenzol oder andere Nitrokörper zu Vanillin oxydiert wird, wobei Essigsäure und Anilin entsteht. Die technische Durchführung erfolgt derart, daß Eugenol in verdünnter Natronlauge gelöst und unter Druck auf 160° erhitzt wird. Zu der so erhaltenen Lösung von Isoeugenol-Natrium läßt man unter Druck 1 *Mol.* Nitrobenzol langsam hinzufließen. Nach erfolgter Umsetzung werden das gebildete Anilin und Spuren von Azobenzol abgeblasen und aus der alkalischen Lösung das Vanillin mit Säuren abgeschieden. Die Ausbeute beträgt über 80% d. Th. Das Verfahren wurde lange Jahre als Geheimverfahren in großem Maßstabe ausgeübt und dann durch Indiskretion in weiteren Kreisen bekannt. Die nachstehenden Patente behandeln das Verfahren von BISCHLER, ohne etwas prinzipiell Neues zu bringen.

Nach BOTS und S. A. PRODUITS CHIMIQUES COVERLIN (E. P. 271 818 und 271 819 [1927]) behandelt man eine Alkaliverbindung von Isoeugenol in Anilin mit Nitrobenzol und einem Alkali im Überschuß. Man behandelt z. B. Nelkenöl zur Umwandlung in die Isoverbindung mit *KOH* ohne Lösungsmittel, gibt dann unter Abkühlen Anilin hinzu, erhitzt das Gemisch mit *NaOH* auf 180—225°, destilliert das Anilin zum Teil über und erhitzt dann mit Nitrobenzol. Nach dem Abkühlen wird das entstandene Vanillin durch Zugabe von Wasser abgeschieden.

Nach *Riedel* (E. P. 285 451 [1927]) wird ein im Vakuum getrocknetes Gemisch von Isoeugenol und einer 30%igen Kaliumcarbonatlösung mit Nitrobenzol auf etwa 150° erhitzt, das festgewordene Reaktionsprodukt mit Wasser aufgenommen und zur Entfernung des Anilins und des überschüssigen Nitrobenzols mit Benzol geschüttelt. Durch Ansäuern wird das Vanillin ausgeschieden.

Erwähnt sei ferner Ozon, das zuerst von OTTO und VERLEY im D. R. P. 97620 zur Oxydation von Isoeugenol zu Vanillin benutzt wurde. Nach HARRIES und HAARMANN (B. 48, 32) entstehen bei Verwendung von 1%igem Ozon Vanillin in einer Ausbeute von 38%, bei 14%igem dagegen nur Harze (vgl. auch BRINER, PATRY, DE LUZERNE, *Helv. chim. Acta* 7, 62 [1924]). Das Verfahren, das im Großbetrieb in Frankreich und vor einigen Jahren auch in Deutschland ausgeübt wurde, ist wegen der ungenügenden Ausbeuten und des großen Stromverbrauches wieder aufgegeben worden. In Amerika soll es angeblich gelungen sein (*Chem.-Ztg.* 1930, 840), aus Acetylisoeugenol bzw. Isoeugenol in wässeriger Verteilung mittels Ozons Vanillin in fast quantitativer Ausbeute zu erhalten. Vielleicht handelt es sich dabei um das Verfahren von SPURGE (D. R. P. 192 565, A. P. 829 100), der die Ozonoxydation des Isoeugenols bei Gegenwart von Bisulfit und in Lösungsmitteln mit hohem *Kp*, wie Xylol, Äthylbenzol, vornimmt. Das entstandene Vanillin wird durch das Bisulfit gebunden und dadurch anscheinend vor der Verharzung geschützt.

Hingewiesen sei noch auf das D. R. P. 321 567 von HARRIES, wonach das Isoeugenolozonid durch Oxydation mit Ferricyankalium eine Ausbeute von 95% an Vanillin liefern soll, während bei der Reduktion mit *Zn*-Staub und Essigsäure 70% d. Th. entstehen (B. 48, 36).

Zu den Verfahren aus Naturprodukten gehören auch diejenigen, die vom Safrol ausgehen. Hierbei sind verschiedene Wege möglich:

1. Oxydation von Safrol zu Piperonal (s. Heliotropin, S. 820), Überführung dieses in Protocatechualdehyd und Methylierung.

2. Aufspaltung der Methylengruppe des Safrols, Methylierung der freien Hydroxylgruppen zu Isoeugenol bzw. Isochavibetol und Oxydation.

Das unter 1 angegebene Verfahren ist im Prinzip eine Gewinnung von Vanillin aus Protocatechualdehyd, wie sie unter *b)* (S. 819) angegeben ist und deren geringe technische Bedeutung durch die umständliche Darstellung von Protocatechualdehyd aus Safrol noch verringert wird. Dahingegen gewinnt der 2. Weg bei billigen Safrolpreisen an Bedeutung. Allerdings wirken die Bestrebungen Japans, die Ausfuhr des safrolhaltigen Campheröls zu unterbinden, nachteilig auf die Preisbildung, so daß bei den jetzigen niedrigen Preisen des Guajacol-Vanillins das Verfahren kaum konkurrenzfähig sein dürfte.

Nach BOEDECKER (*D. R. P.* 505 404, 507 796, 509 152 von *Riedel*-DE HAEN) wird Safrol oder Isosafrol nach Aufspaltung und Methylierung der Oxygruppen in Isoeugenol und Isochavibetol (Isobetelphenol, s. S. 835) übergeführt und letztere durch Oxydation zu Vanillin bzw. Isovanillin oxydiert. Isochavibetol läßt sich vor der Oxydation durch Ausfrieren abtrennen; Isoeugenol läßt sich mit Hilfe seines schwerer löslichen Alkalisalzes vom Isochavibetol trennen (*E. P.* 285 551 [1926]). Desgleichen lassen sich Vanillin und Isovanillin mit Hilfe ihrer Natriumverbindungen voneinander trennen. Ausgehend vom Isochavibetol gelangt man zum Äthyläther des Protocatechualdehyds (Bourbonal), wenn man es mit Chloräthyl in den Methyläthyläther und sodann durch Abspaltung der Methylgruppe in 3-Äthyl-1-propenyl-3,4-brenz-catechin überführt und dieses oxydiert (*E. P.* 284 199 [1927]; 309 929).

Nach GRAESSER-MONSANTO CHEMICAL WORKS, *E. P.* 317 381 [1928], werden Safrol und Iso-safrol durch alkoholische Kalilauge unter Druck in die isomeren Äthoxymethyläther übergeführt, von welchen bei der Oxydation mit Nitrobenzol in alkalischer Lösung nur das 4-Oxy-3-äthoxy-methoxypropenylbenzol oxydiert wird und durch die Bisulfitverbindung entfernt werden kann, während das unveränderte 3-Oxy-4-äthoxymethoxypropenylbenzol nach Alkylierung und Abspaltung der Äthoxymethylgruppe durch Oxydation in Vanillin bzw. Bourbonal übergeführt werden kann. Diese Verfahren können nur bei billigen Safrolpreisen Bedeutung haben. Gemische von Vanillin und Bourbonal lassen sich nach GRAESSER-MONSANTO-CHEMICAL WORKS und D. P. HUDSON durch fraktionierte Fällung mit CO_2 aus alkalischer Lösung trennen oder durch fraktionierte Neutralisation der freien Phenole (*E. P.* 318 939). Das Huon-Pineöl (von Dacrydium Franklini), das zu 90—95% aus Eugenolmethyläther besteht, läßt sich demnach zur Vanillindarstellung verwenden, indem man teilweise entmethylt, wodurch ein Gemisch von Isoeugenol und Isochavibetol entsteht, welches nach *E. P.* 317 347 und 317 381 [1928] in Vanillin übergeführt werden kann.

b) Synthetische Verfahren.

Nach einer anderen Reihe von Verfahren wird Vanillin aus Guajacol (vgl. Bd. II, 657) durch Einführung der Aldehydgruppe erhalten.

Diese Verfahren haben meist den Nachteil, daß sich Gemische von Vanillin und Isovanillin, $C_6H_2(CHO)^1(OH)^3(OCH_3)^4$, bilden. Dies findet immer dann statt, wenn keine Zwischenprodukte entstehen, die gereinigt werden können. Das beste hierhergehörige Verfahren dürfte das der *I. G.* sein (*D. R. P.* 475 918), das das aus Guajacol und Chloral entstehende Kondensationsprodukt als Ausgangsmaterial benutzt (vgl. S. 819).

Völlig ungeeignet wegen zu schlechter Ausbeute ist das von TIEMANN, MÜLLER, KOPPE (*B.* 14, 1991, 2220 [1881]) benutzte Verfahren, wonach Guajacol mit Alkali und Chloroform konden-siert wird. Das gleiche gilt für die in den *D. R. P.* 71162, 72600 (*Heyden*) und 80195 (TRAUB) ge-machten Abänderungsvorschläge. Auch die im *D. R. P.* 189 037 (ROESLER) und *D. R. P.* 106 508 (*Bayer*) angegebenen Verfahren (Guajacol, $HCN + HCl$) wurden nicht technisch durchgeführt.

Verfahren mit Formaldehyd. Bedeutung hatte dagegen das von SANDMEYER aufgefundene, im *D. R. P.* 105 798 (*Geigy*) niedergelegte Verfahren, wonach aus Guajacol und Formaldehyd zuerst Oxy-methoxybenzylalkohol (I) entsteht, der mit Phenylhydroxylaminsulfosäure die entsprechende Ben-zylidenverbindung (II) liefert, die mit Salzsäure zu Vanillin und Metanilsäure aufgespalten wird. Die

technische Durchführung dieses Verfahrens erfolgte durch die FABRIQUES DE PRODUITS CHIMIQUES DE THAN ET DE MULHOUSE. Diese fanden, daß sowohl die Herstellung der Phenylhydroxylamin-m-sulfosäure aus der m-Nitrobenzolsulfosäure mit geraspeltem *Zn* und *HCl* bei — 8° vorgenommen und auch die weiteren Operationen bei dieser Temperatur durchgeführt werden müssen. Auch die elektro-lytische Reduktion der Nitrobenzolsulfosäure soll nach SCHWYZER (*Chem.-Ztg.* 1930, 839) anwendbar sein. Das gewonnene Vanillin enthält etwas seines Isomeren und muß mittels des Calciumsalzes (*D. R. P.* 92795, SOC. CHIMIQUES DES USINES DU RHÔNE, vgl. auch SCHWYZER, *Chem.-Ztg.* 1930, 840) gereinigt werden. THAN hat sein Vanillin viele Jahre nach dem Zinkverfahren hergestellt; jedoch sind die richtigen Arbeitsbedingungen sehr scharf einzuhalten, und die Apparatur ist kostspielig.

S. BERGMANN hat in seiner Dissertation über Oxyaldehyde, Berlin 1910, gezeigt, daß aus Guajacol, Formaldehyd, *HCl* und Nitrosodimethylanilin-Chlorhydrat Vanillin mit einer Ausbeute von 10% d. Th. entsteht. Das Verfahren wurde dann von der *Agfa*, *D. P. a.* H 73706 (*Friedländer* 14, 437) durch Verwendung von Alkohol als Lösungsmittel verbessert, wobei 70—80% Vanillin erhalten werden sollen. Das gleiche Verfahren ist dann im *E. P.* 160 765 [1921] und *E. P.* 161 679 [1921] der SOCIÉTÉ CHIMIQUE DES USINES DU RHÔNE wie folgt beschrieben: 40 Tl. Guajacol, 100 Tl. Methylal (oder Formaldehyd) und das aus 80 Tl. Dimethylanilin erhaltene Nitrosodimethylanilin werden 1—2ʰ mit 500 Tl. Methylalkohol unter Einleiten von Chlorwasserstoffgas auf dem Wasserbade erhitzt; nach dem Abkühlen wird mit Wasser verdünnt und durch Destillation mit Dampf vom Alkohol befreit. Aus dem Rückstand gewinnt man das gebildete Vanillin durch Ausziehen mit Benzol. Auch das *E. P.* 157 850 [1921], H. HAAKH, beruht auf dem gleichen Prinzip. Auch SCHWYZER (*Chem.-Ztg.* **1930**, 839) beschreibt das gleiche Verfahren und gibt an, daß mindestens 85% Ausbeute erhalten werden. Der Reaktionsmechanismus ist derart, daß der zuerst gebildete Oxy-methoxybenzylalkohol (s. o.) durch das Nitrosodimethylanilin zum Vanillin oxydiert wird und das Nitrosodimethylanilin in p-Amino-dimethylanilin übergeht, das sich mit dem Vanillin zu nebenstehender Benzylidenverbindung verbindet, die durch Salzsäure wieder in ihre Komponenten gespalten wird. Ob die oben angegebenen hohen Ausbeuten im Großbetrieb erzielt werden, erscheint sehr fraglich; meist

$$HO-\langle\ \rangle-CH=N-\langle\ \rangle-N(CH_3)_2$$

(mit OCH₃ am Ring)

sinken sie bei größeren Ansätzen auf 20—30% d. Th. Erwähnt sei der Vollständigkeit halber das *D. R. P.* 109 498, *M. L. B.*, wonach Guajacol mit Anhydroformaldehydanilin zu m-Methoxy-p-oxy-benzylanilin,

$$C_6H_3(OH)^1(OCH_3)^2 \cdot (CH_2 \cdot NH \cdot C_6H_5)^4,$$

kondensiert wird, das nach *D. R. P.* 91503 und 92084 zu Vanillin oxydiert werden kann. Technische Anwendung hat das Verfahren nicht gefunden; es geht aber relativ gut bei Verwendung von Anhydroformaldehyd-p-toluidin.

Verfahren über Guajacoltartronsäure. Kondensiert man unter Benutzung der *D. R. P.* 107 720, 113 722 von *Boehringer* Alloxan (gut herstellbar aus der Harnsäure des Guanos mit Chlor) mit Guajacol, so entsteht ein Kondensationsprodukt (I), das sich nach *D. R. P.* 115 817 von *Boehringer* mit Alkali leicht in die p-Oxy-m-methoxyphenyltartronsäure (II) verwandeln läßt

Der Diäthylester der Verbindung II bildet sich ferner in einer Ausbeute von 85% durch Kondensation von Guajacol mit Mesoxalsäureester, woraus durch Verseifung die freie Säure II entsteht. Diese wird beim Kochen mit Kupfersulfatlösung oxydiert unter gleichzeitiger Abspaltung von CO_2 und liefert quantitativ die Vanilloylcarbonsäure III, die beim Kochen mit Dimethyl-p-toluidin unter erneuter Abspaltung von CO_2 Vanillin in einer Ausbeute von 97% d. Th. liefert (GUYOT und GRY, *Bull. Soc. chim. France* [4] 7, 902). Nach J. SCHWYZER (*Chem.-Ztg.* **1930**, 839) kann die Umwandlung von II in III auch durch Kochen mit schwefliger Säure unter Druck erfolgen, wobei SO_2 zu H_2S reduziert wird und Schwefel gibt. Das sehr elegante Verfahren von GUYOT und GRY gibt anscheinend reines Vanillin; seine technische Durchführung dürfte wohl an dem hohen Einstandspreis des Mesoxalesters gescheitert sein.

Verfahren aus Protocatechualdehyd. Dieser Aldehyd liefert bei der Methylierung immer Gemische von Vanillin und Isovanillin. Zudem ist der Protocatechualdehyd schwer zugänglich. Die diesbezüglichen Vanillinverfahren sind daher ohne technisches Interesse, und es genügt der Hinweis auf die betreffende Literatur.

SCHWYZER (*Chem.-Ztg.* **1930**, 817 ff.) beschreibt die Herstellung von Protocatechualdehyd aus Brenzcatechin, Formaldehyd und Phenylhydroxylsulfosäure, sowie aus Piperonal mittels PCl_5, ferner die Alkylierung des Aldehydes mittels Dimethylsulfats nach *D. R. P.* 122 851 von SOMMER zu Vanillin. Weitere Alkylierungsverfahren des Protocatechualdehyds bzw. des Benzyl- sowie verschiedener Acyl-derivate sind in den *D. R. P.* 63007 (BERTRAM), 80498, 82747, 82816 (*Schering*), 93187 (*Monnet*) beschrieben.

Verfahren mit Chloralhydrat. PAULY und SCHANZ (*B.* **56**, 982 [1923]) haben gezeigt, daß sich Guajacol und Chloralhydrat mittels Pottasche zu [3-Methoxy-4-oxy-phenyl]-trichlormethylcarbinol (I) kondensieren lassen. Dieses wird dann, wie

die *I. G.* in ihrem *D. R. P.* 475 918 zeigte, gleichzeitig oder nacheinander durch reduzierbare Schwermetallverbindungen verseift und oxydiert, wobei in einer Ausbeute von über 90% d. Th. Vanillin entsteht. Anscheinend entsteht als Zwischenprodukt die Methoxy-oxy-phenylglykolsäure (II), und die Reaktion verläuft also ähnlich wie bei Verwendung von Guajacoltartronsäure (s. oben). Das gebildete Vanillin ist sehr rein und frei von Isomeren. Das Verfahren soll von der *I. G.* ausgeführt werden.

Kondensation. Äquimolekulare Mengen von Chloralhydrat und Guajacol werden verflüssigt und in der Kälte mit gepulvertem Kaliumcarbonat vermengt, bis Lackmus sich blau färbt, und die alkalische Reaktion durch weiteren Zusatz von K_2CO_3 aufrechterhalten. Nach 3monatigem Stehenlassen wird der Krystallkuchen mit Benzol-Ligroin verdünnt, abgesaugt und aus Wasser umkrystallisiert. *Schmelzp.* 118—119°. Ausbeute 72%, d. Th. (*B.* 56, 982).

Oxydation und Verseifung. 10,8 Tl. Trichlormethylguajacylcarbinol werden in 1600 Tl. Wasser gelöst; dann werden 16,2 Tl. Kupferacetat hinzugefügt und unter Rückfluß zum Sieden erhitzt. Die Entfärbung unter Bildung von Cuprosalzen erfolgt sehr rasch. Es wird dann mehrere Stunden lang weiter gekocht, bis eine herausgenommene Probe mit Salzsäure durch Verseifung nicht mehr erkennen läßt. Das Vanillin wird aus der Lösung ausgeschüttelt. Ausbeute: 5,5 Tl. Vanillin, d. s. 90% d. Th.

An neueren Patenten sind noch zu nennen: *I. G., D. R. P.* 482 837, nach welchem Vanillylamin mit Nitrohalogenverbindungen umgesetzt wird und die gebildeten Arylmethylaminverbindungen in die entsprechenden Azomethinverbindungen übergeführt und letztere durch Mineralsäuren gespalten werden; *I. G., D. R. P.* 494 432, nach welchen Vanillylamin mit Isatin bei An- oder Abwesenheit oxydierend wirkender Gase behandelt wird.

Neuerdings ist auch das Vorkommen von Vanillin oder dessen Glucosiden in Pflanzenstoffen zum Ausgangspunkt für die Gewinnung vorgeschlagen worden:

Nach *E. P.* 319 747 [1929], H. PAULY und K. FEUERSTEIN, werden ligninhaltige Stoffe (pflanzliche Faserstoffe, Moos, Gräser, Stroh, Hanf, Jute, Braunkohle, ferner ligninhaltige Laugen u. dgl.) vorsichtig oxydiert, das Rohvanillin extrahiert und die Reaktionsmasse zur Gewinnung weiterer Mengen Vanillin hydrolysiert. Aus 100 *kg* Sägemehl sollen mit Eisessig und Ozon 2 *kg* Vanillin zu gewinnen sein. Aus eingedickten Sulfitablaugen gewinnt K. KÜRSCHNER (*Journ. prakt. Chem.* [2] 118, 238 [1928]) Vanillin durch vorsichtige Oxydation mittels Luftstroms, Ausätherns und Sublimierens.

Über das höchst aussichtslose Verfahren, Vanillin aus Braunkohle zu gewinnen, s. *F. P.* 603 802 [1926] der SOC. ANN. HYDROCARBURES ET DÉRIVÉS.

Eigenschaften: Farblose, prismatische Nadeln vom *Schmelzp.* 80—81°; Kp_{15} 170°. 1 *g* löslich in 90—100 *cm³* Wasser von 14° und in 20 *cm³* von 75—80°. Die wässerige Lösung wird durch Eisenchlorid blau gefärbt.

Reinigung und Isolierung mit Hilfe von Alkali, Bisulfit, p-Bromphenylhydrazin oder m-Nitrobenzylhydrazin.

Roh-Vanillin aus Guajacol ist, wenn es mittels Formaldehyds erhalten, durch Guajacol, Ortho- und Isovanillin, Harz- und Farbstoffe stark verunreinigt. Es muß daher sorgfältig gereinigt werden (SCHWYZER, *Chem.-Ztg.* **1930**, 840), da selbst Spuren von Fremdkörpern den Geruch und Geschmack beeinträchtigen, ein Grund, weshalb vielfach das Vanillin aus Nelkenöl trotz höheren Preises vorgezogen wird. 1 *kg* Vanille entspricht durchschnittlich 15 *g* Vanillin.

Eine Reinigungsmethode über die Kaliumbisulfitverbindung gibt J. TSCHERNIAC (*E. P.* 268 158 [1926]; Perf. Ess. oil. Rec. 18, 180 [1927]) an; man löst in der auf 50° erwärmten Lösung von Vanillin in Natriumbisulfit Kaliumchlorid und läßt durch Abkühlen die Vanillin-kaliumbisulfitverbindung auskrystallisieren.

Nachweis als Oxim, *Schmelzp.* 121—122°, oder als Acetvanillin, *Schmelzp.* 77°. Quantitative Bestimmung nach HANUS mittels seiner Verbindungen mit β-Naphthylhydrazin sowie mit p-Bromphenylhydrazin (*Ztschr. Unters. Nahrung-Genußmittel* 8, 351).

Vanillin wird oft verfälscht mit Acetisoeugenol, Benzoesäure, Acetanilid, Salicylsäure, Cumarin, Terpinhydrat und Zucker. Von Cumarin und Acetanilid kann man es nach WINTON und BEILEY (Pharmaceutical Journal 75, 476 [1905]) trennen.

Anwendung als Geschmackstoff in Schokoladen u. s. w. und als Zusatz zu vielen Geruchsstoffen in der Parfümerie.

Die Homologen des Vanillins wurden zuerst von *Schering* (*D. R. P.* 81071, 81352, 85196, 90395) beschrieben (s. auch S. 818). Das wichtigste ist der Protocatechualdehydäthyläther (Bourbonal), dessen Geruch nicht nur 4½mal stärker, sondern auch vanilleähnlicher ist. *Schmelzp.* 77,5°.

Heliotropin, Piperonal, Protocatechualdehydmethylenäther, $C_8H_6O_3$. Vorkommen in ganz geringen Mengen im Blütenöl von Spiraea Ulmaria.

Früher wurde das Heliotropin durch Oxydation der Piperinsäure, (CH_2O_2): $C_6H_3 \cdot CH : CH \cdot CH : CH \cdot CO_2H$, die aus dem Pflanzenalkaloid verschiedener Pfefferarten, dem Piperin, durch Kochen mit alkoholischem Kali entsteht, gewonnen. Es bildet sich auch bei der Behandlung von Protocatechualdehyd mit Alkali und Methylenjodid. Die technische Darstellung erfolgt aus dem Safrol (s. d.) durch Umlagerung in das Isosafrol durch Kochen mit alkoholischer Kalilauge und Oxydation dieses mit Kaliumbichromat und Schwefelsäure (CIAMICIAN und SILBER, *B.* 23, 1160, vgl. KNOLL und WAGNER, Synthet. und isolierte Riechstoffe, S. 138, Halle 1928).

Nach N. Hirao (Journ. Soc. chem. Ind. of Japan **29**, 504 [1926]; Schimmel, Ber. **1928**, 119) erhält man beim tropfenweisen Zugeben von Chromsäuremischung zu Isosafrol bei 46–58⁰ bis zu 61% Heliotropin. Durch Zusatz von *Fe*, *Co* und *Mn* kann die Ausbeute auf 72% gesteigert werden. Vgl. auch *Schw. P.* 91087 [1921] (*Zus. P.* zu 89053 [1921], Darst. von Vanillin), C. Sievers und L. Givaudan & Co. und *D. R. P.* 207702, Fritsche und Verona-Chemical Co.: Oxydation von Isosafrol in Gegenwart von p-Aminobenzoesäure bzw. Sulfanilsäure.

Sh. Nagai (Journ. Soc. chem. Ind. of Japan **25**, 631 [1922]; Schimmel, Ber. **1923**, 103) erhielt Heliotropin in 85%iger Ausbeute durch Ozonisation einer 10%igen Lösung von Isosafrol in vollkommen trockenen Lösungsmitteln, wie Tetrachlorkohlenstoff, Chloroform, Eisessig, Toluol. Vgl. dazu Briner, Tscharner und Paillard (*Helv. chim. Acta* **8**, 406 [1925]), die nur 50% erhielten.

Farblose, glänzende, heliotropartig riechende Krystalle, *Schmelzp.* 35–36⁰; *Kp* 263⁰; leicht löslich in Alkohol, Äther und ähnlichen Lösungsmitteln. In kaltem Wasser schwer, in siedendem leichter löslich. Reinigung durch die Bisulfitverbindung.

Charakterisierung durch das Semicarbazon, *Schmelzp.* 224–225⁰; Phenylhydrazon, *Schmelzp.* 100⁰, und Oxydation zu Piperonylsäure, *Schmelzp.* 228⁰.

Heliotropin muß an einem kühlen und dunklen Ort aufbewahrt werden, da es sich durch Licht und Luft allmählich unter Gelb- und Braunwerden zersetzt.

$CH_3 \cdot CH \cdot CH_3$

Cuminaldehyd, $C_{10}H_{12}O$. Vorkommen im Cuminöl, Ceylon-Zimtöl, Myrrhenöl, Cassieblütenöl und in den Ölen von verschiedenen Eucalyptusarten. Gewinnung über die Bisulfitverbindung.

CHO

Künstliche Darstellung nach Fabriques de Laire (*D. R. P.* 268786) durch Erhitzen von p-Isopropylbenzylchlorid mit einer wässerigen oder verdünnt alkoholischen Lösung von Hexamethylentetramin. Flüssigkeit von schweiß- bis citronenartigem, sehr haftendem Geruch; *Kp* 235,5⁰; D_{15} 0,9818; $\alpha_D \pm 0⁰$; bei der Oxydation entsteht Cuminsäure, *Schmelzp.* 115⁰.

Nachweis durch das Oxim, *Schmelzp.* 58–59⁰; Semicarbazon, *Schmelzp.* 210–212⁰; Phenylhydrazon, *Schmelzp.* 126–127⁰.

Quantitative Bestimmung mit 2%iger alkoholischer Phenylhydrazinlösung wie beim Citral (Schimmel, Ber. **1913**, I, 42.)

3. Alicyclische Aldehyde.

CHO
H_2C — CH
H_2C — CH_2
CH
C
CH_3 CH_3

Dihydrocuminaldehyd, Perillaaldehyd, $C_{10}H_{14}O$. Vorkommen im Perillaöl (l-Form) und im falschen Campherholzöl (r-Form). Die Identität mit Perillaaldehyd wurde durch Semmler und Zaar (*B:* **44**, 52, 460 [1911]) festgestellt. Flüssigkeit von cuminartigem Geruch. *Kp* 235–237⁰; D_{15} 0,9685; α_D — 146⁰; n_{D20} 1,50693.

Charakterisierung durch das Semicarbazon, *Schmelzp.* 199–200⁰; Phenylhydrazon, *Schmelzp.* 107,5⁰.

CHO
C
H_2C — CH
H_2C — CH_2
CH

$CH_3 \cdot CH \cdot CH_3$

Phellandral, $C_{10}H_{16}O$. Vorkommen in sehr geringer Menge im Wasserfenchelöl. *Kp* 89⁰; D_{15} 0,9445; α_D — 36⁰30′; n_{D20} 1,4911. Der Aldehyd oxydiert sich sehr leicht an der Luft oder durch Silberoxyd zu der entsprechenden Säure, *Schmelzp.* 144–145⁰.

Acetale, s. Bd. **I**, 100 (vgl. auch Hydrozimtaldehyd, S. 815), leiten sich von den Aldehyden ab; einige der zu dieser Gruppe gehörigen Verbindungen haben in neuester Zeit als Riechstoffe Bedeutung gewonnen; sie werden deshalb hier als besondere Gruppe aufgeführt.

Die aromatischen Glieder zeichnen sich unter Beibehalt der Geruchsnote des ihnen zugrunde liegenden Aldehyds durch sog. Grüngeruch aus, während die Acetale der aliphatischen Reihe mehr fruchtigen Charakter aufweisen (vgl. Burger, Riechstoffindustrie **1930**, 2).

Phenylacetaldehyd-dimethylacetal, $C_{10}H_{14}O_2 = C_6H_5 \cdot CH_2 \cdot CH(OCH_3)_2$, wurde von FISCHER und HOFFA ($B. 31$, 1990 [1898]) durch 2tägige Einwirkung von 1%iger methylalkoholischer Salzsäure auf Phenylacetaldehyd gewonnen.

Die technische Darstellung erfolgt nach BURGER (Wagner, Die Riechstoffe, II, 581, Leipzig 1929) in folgender Weise: 10 kg Phenylacetaldehyd, 100%ig, werden in einem säurefesten Gefäß in 40 l 1–2%iger methylalkoholischer Salzsäure gelöst, 50 g Ammoniumchlorid zugegeben und 1^h unter Ansteigenlassen der Temperatur auf 40–50° gerührt. Nach dieser Zeit ist die Acetalbildung fast vollständig erfolgt und der Geruch nach Phenylacetaldehyd verschwunden. Man läßt dann ohne Rühren noch 2 Tage bei gewöhnlicher Temperatur stehen und scheidet sodann das Acetal mit der 4–5fachen Menge Wasser, zum Schluß unter Zusatz von etwas Kochsalz und Äther, ab. Das abgehobene Öl wird mit Soda und Wasser gewaschen und vorsichtig fraktioniert (Schäumen!). Ausbeute 90%.

Farbloses Öl von angenehmem geraniumartigem Rosengrüngeruch. Kp_{15} 101 bis 102°; D_{15} 1,005. Es ist unter dem Namen Jacintal, Rosefolia, Gladiolin, Vert de Lilas u. a. als seifenbeständiger Riechstoff im Handel.

Phenylacetaldehyd-diäthylacetal hat nach WEBER, Dissertation (München) 1915, 42, holunderblütenartigen, Phenylacetaldehyd-dibenzylacetal (l. c.) an Nitrobenzol erinnernden Geruch.

Amylzimtaldehyd-dimethylacetal ist ein sehr wertvoller Riechstoff von mildem jasmin- und geißblattähnlichem Geruch.

Hydroxycitronellal-dimethylacetal hat vollen, starken, an den Aldehyd erinnernden Geruch.

Zimtaldehyd-dimethylacetal, $C_{11}H_{14}O_2 = C_6H_5 \cdot CH : CH \cdot CH(O \cdot CH_3)_2$. Darstellung nach CLAISEN ($B. 31$, 1016 [1898]) oder FISCHER und HOFFA (l. c.). Flüssigkeit von schwachem, zimtartigem Geruch; D_{15} 1,023; Kp_{14} 125–127°. Verwendung zur Darstellung des Hydrozimtaldehyds.

Hydrozimtaldehyd-dimethylacetal, $C_{11}H_{16}O_2 = C_6H_5 \cdot CH_2 \cdot CH_2 \cdot CH_2(O \cdot CH_3)_2$ (FISCHER und HOFFA, l. c.), zimtartig riechende Flüssigkeit; D_{4}^{15} 0,9883; Kp_{14} 114°. Zwischenprodukt bei der Darstellung von Hydrozimtaldehyd.

Benzaldehyd-diamylacetal (fettiger Grüngeruch), Phenylacetaldehyd-diamylacetal (waldkerbelartiger Geruch), Phenylpropylaldehyd-dimethylacetal (leichter Zimt- und Gewürzgeruch), Butyraldehyd-dibutylacetal (birnenartiger Geruch), Heptylaldehyd-dimethylacetal (fettiger, cocosnußartiger Geruch) können nach BURGER (Riechstoffindustrie, l. c.) ebenfalls als Riechstoffe Verwendung finden.

Das D. R. P. 434 989 [1924] (I. G.) behandelt die Gewinnung von cyclischen Acetalen aus α-, β-ungesättigten Aldehyden in Gegenwart von Kondensationsmitteln (wie alkoholischer Chlorwasser- oder Bromwasserstoffsäure und Calciumchlorid) mit α- oder β-Glykolen, z. B. das Acetal aus Methylpentandiol und Crotonaldehyd, eine angenehm blütenartig riechende Flüssigkeit, $C_{10}H_{18}O_2$, Kp 185 bis 190°.

Nach F. P. 682 717 [1930] der I. G. werden durch Kondensation zweiwertiger Alkohole mit araliphatischen Aldehyden als Riechstoffe verwendbare Acetale erhalten, unter anderen: Phenylacetaldehyd-äthylenglykolacetal, rosenartig riechende Flüssigkeit, Kp_{12} 115–120°; Phenylacetaldehyd-1,2-dioxybutanacetal, hyacinthenartig riechende Flüssigkeit, Kp_5 107–110°; Phenylacetaldehyd-2,4-dioxy-4-methylpentanacetal, resedaartig riechende Flüssigkeit, Kp_5 110–115°; Hydratropaaldehyd-äthylenglykolacetal, erdig-pilzig riechende Flüssigkeit, Kp_5 106–108°; Hydratropaaldehyd-2,4-dioxy-4-methylpentanacetal, krautig-resedaartig riechende Flüssigkeit, Kp_5 115–120°.

Auch Formale zeichnen sich durch einen angenehmen Geruch aus (SABETAY und SCHVING, Bull. Soc. chim. France [4] 43, 1341 [1928]). Über cyclische Acetale, Formale, Isobutyrale, Önanthale vgl. auch DWORZAK und LASCH, Monatsh. Chem. 51, 59 [1929].

IV. Ketone.

1. Acyclische Ketone.

Aceton, $C_3H_6O = CH_3 \cdot CO \cdot CH_3$, s. Bd. I, 105.

Methyl-n-amylketon, $C_7H_{14}O = CH_3 \cdot CO \cdot (CH_2)_4 \cdot CH_3$, im Palmkernöl, Ceylon-Zimtöl, Nelkenöl und ätherischen Cocosnußöl als geruchlich charakteristischer Bestandteil. Kp 151–152°; D_0 0,8366. Semicarbazon, Schmelzp. 122–123°. Geruch ähnlich dem des Amylacetats.

Äthyl-n-amylketon, $C_8H_{16}O = CH_3 \cdot CH_2 \cdot CO \cdot (CH_2)_4 \cdot CH_3$, im französischen Lavendelöl. Kp 169,5–170°; D_{15} 0,8254; n_{D_0} 1,41536. Semicarbazon Schmelzp. 117–117,5°. Bildet keine Bisulfitverbindung. Geruch fruchtig-frisch.

Methyl-n-hexylketon, $C_8H_{16}O = CH_3 \cdot CO \cdot (CH_2)_5 \cdot CH_3$, entsteht mit Ätzkali bei der Destillation von Ricinusölseife neben sek. Octylalkohol (s. d. S. 788), von dem es sich durch Ausschütteln mit Natriumbisulfitlösung trennen läßt. Kp_{760} 171°; Schmelzp. – 16°; D_{20} 0,8185. Geruch frisch, geraniumartig mit spezieller Resedanote. Es läßt sich durch vorsichtige Oxydation des sek. Octylalkohols mit Chromsäuremischung und durch trockene Destillation einer Mischung von Calciumacetat und Calciumheptylat darstellen. Dient als Ausgangsmaterial zur Darstellung von Methyl-(7)-nonylaldehyd (s. d. S. 807).

Methyl-n-heptylketon, $C_9H_{18}O = CH_3 \cdot CO \cdot (CH_2)_6 \cdot CH_3$, neben Methyl-n-nonylketon Hauptbestandteil des algerischen und sizilianischen Rautenöls, ferner im Nelkenöl u. a. Kp 193—196°; D_{20} 0,821; Erstarrungspunkt — 15°. Semicarbazon *Schmelzp.* 118—120°; reagiert langsam mit Bisulfit. Geruch typisch rautenartig-fruchtig.

Methyl-n-nonylketon, $C_{11}H_{22}O = CH_3 \cdot CO \cdot (CH_2)_8 \cdot CH_3$. Hauptbestandteil des spanischen und französischen Rautenöls (bis zu 90%), aus denen es durch Ausfrieren oder mittels Bisulfits gewonnen wird.

Um das Keton abzuscheiden, schüttelt man Rautenöl mit einer *konz.* Lösung von Natriumbisulfit. Die entstehende krystallinische Doppelverbindung wird abgepreßt, mit Äther zum Brei angerührt, wieder abgepreßt und dieses Auswaschen und Abpressen mehrmals wiederholt. Die gereinigte Bisulfitverbindung zerlegt man mit Alkali- oder Sodalösung und destilliert im Wasserdampfstrom. Von beigemengtem Methylheptylketon trennt man durch sorgfältige Fraktionierung.

Kp 231°; D_{15} 0,8262. Semicarbazon *Schmelzp.* 123—124°; Oxim *Schmelzp.* 46—47°; Geruch ähnlich wie Methyl-heptylketon.

Dient als Ausgangsmaterial zur Darstellung von 10-Methylduodecylaldehyd (s. S. 809).

Diacetyl, $C_4H_6O_2 = CH_3 \cdot CO \cdot CO \cdot CH_3$, Zersetzungsprodukt gewisser Pflanzenteile bei der Destillation, meist in Begleitung von Methylalkohol und Furfurol, im finnischen Kienöl, Cypressenöl, Kümmelöl u. a., ist neuerdings als Aromaträger der Butter, der Röstprodukte von Zucker (Caramel) und Kaffee, einiger Honigsorten und des Tabakrauchs erkannt worden (vgl. SCHMALFUSS, *Biochem. Ztschr.* **216**, 330 [1929]). Gelbgrüne Flüssigkeit in konzentriertem Zustande von chinolinartigem Geruch. Kp 88—89°; D_{22} 0,9734. Monophenylhydrazon *Schmelzp.* 133 bis 134°.

Diacetyl ist ein typisches Beispiel für Riechstoffe, die, in konzentriertem Zustande nichts weniger als angenehm riechend, in ganz geringer Menge — es ist in der Butter im Verhältnis 1 : 200000 vorhanden — Träger eines charakteristischen angenehmen Geruchsaromas sein können.

Methylheptenon, $C_8H_{14}O = (CH_3)_2C : CH \cdot CH_2 \cdot CH_2 \cdot CO \cdot CH_3$, im mexikanischen Linaloeöl, im Citronell- und Lemongrasöl, meist als Begleiter des Linalools, Geraniols und des Citrals, mit welchen es, was seine Entstehung in der Pflanze anbelangt, in ursächlichem Zusammenhang steht. Es wird gewonnen aus den bei 160—180° siedenden Fraktionen der betreffenden Öle mit Hilfe seiner Natriumbisulfitverbindung.

Das natürliche Methylheptenon ist nach WALLACH (*A.* **408**, 183 [1915]) ein Gemisch mehrerer Isomerer. Durch Abbau wird es erhalten nach VERLEY bei der Spaltung des Citrals durch Alkalien (*Bull. Soc. chim. France* [3] **17**, 175 [1897]): 500 g Citral, 500 g Kaliumcarbonat und 5 l Wasser werden 12ʰ zum Kochen erhitzt, wobei Methylheptenon und Acetaldehyd entstehen. Das Methylheptenon wird mit Wasserdampf übergetrieben und im Vakuum rektifiziert.

Farblose, leicht bewegliche, nach Amylacetat riechende, optisch inaktive Flüssigkeit. Kp 173—174°; D_{15} 0,855; $n_{D_{20}}$ 1,43805. Semicarbazon *Schmelzp.* 136—138°, Bromderivat, $C_8H_{12}Br_3O \cdot OH$, *Schmelzp.* 98—99°. Methylheptenon geht bei der Reduktion mit Natrium in Alkohollösung in Methylheptenol über; bei der Oxydation zerfällt es in Aceton und Lävulinsäure. Es reagiert nicht mit Natriumsulfit und läßt sich daher leicht von Citronellal und Citral trennen. Anwendung zur Parfümierung billiger Seifen.

2. Cyclische Ketone.

Acetophenon, Stirlingia, Hypnon, $C_8H_8O = C_6H_5 \cdot CO \cdot CH_3$, im Öl von Stirlingia latifolia zu 90%; ferner im ätherischen Öl von Cistus creticus, wird ausschließlich synthetisch gewonnen (s. Bd. I, 115). Krystalle von haftendem, cumarinähnlichem, etwas an Bittermandel erinnerndem Geruch. Anwendung: zur Parfümierung von Seifen; s. auch Bd. I, 116.

Benzylaceton, $C_{10}H_{12}O = C_6H_5 \cdot CH_2 \cdot CH_2 \cdot CO \cdot CH_3$, und dessen Homologe sind nach *F. P.* 598003 [1925] von *Bayer* Riechstoffe von Jasmincharakter.

p-Methyl-acetophenon, Melilot, $C_9H_{10}O$. Darstellung durch Kondensation

$CH_3-\langle\rangle-CO \cdot CH_3$ von Toluol mit Acetylchlorid unter Zusatz von Aluminiumchlorid im Vakuum bei $5-10^0$, zum Schluß bei 20^0 (VERLEY, *Bull. Soc. chim. France* [3] **17**, 709 [1897]; BOUVEAULT, ebenda 1020; BOESECKEN, *Rec. Trav. Chim. Pays-Bas* **16**, 313 [1897]; vgl. auch SORGE, *B.* **35**, 1069 [1902]). Nadeln von blumig-cumarin- und weißdornartigem Geruch, *Schmelzp.* 28^0; D_{15} $1,007-1,014$; Kp_{756} $222-226^0$; n_{D20} $1,532-1,537$. Anwendung: für Heu-, Weißdorn- und Mimosagerüche, zur Parfümierung von Seifen und Tabak; von milderer Wirkung als Acetophenon.

o-Oxy-acetophenon, $C_8H_8O_2$. Vorkommen im Öle von Chione glabra; Kp_{34} $160-165^0$, $D_{18,2}$ $1,1302$; Oxim *Schmelzp.* 112^0; Phenylhydrazon *Schmelzp.* 108^0.

p-Methoxy-acetophenon, Crataegon, $C_9H_{10}O_2$. Darstellung aus Anisol,

$CH_3O-\langle\rangle-CO \cdot CH_3$ Acetylchlorid und Aluminiumchlorid in Schwefelkohlenstofflösung (GATTERMANN, ERHARDT, MAISCH, *B.* **23**, 1202 [1890]; HOLLEMAN, *Rec. Trav. Chim. Pays-Bas* **10**, 215 [1891]; CHARON, ZAMANOS, *Compt. rend. Acad. Sciences* **133**, 742 [1901]). Tafeln von heliotropin-cumarinartigem bzw. weißdornartigem Geruch. *Schmelzp.* 37^0; Kp 263^0; D_{20} (unterkühlt) $1,0990$; n_{D20} (unterkühlt) $= 1,55459$. Oxim *Schmelzp.* $78-80^0$; Semicarbazon *Schmelzp.* 200^0. Anwendung als seifenbeständiger Riechstoff in der Seifenindustrie.

Benzylidenaceton, Methylstyrylketon, Cumaranol, $C_6H_5 \cdot CH$: $CH \cdot CO \cdot CH_3$.

Darstellung: Man mischt 22,5 *kg* Aceton und 15 *kg* Wasser und löst hierin 15 *kg* Benzaldehyd. Nunmehr kühlt man auf $8-10^0$ ab und läßt in die Mischung unter beständigem Rühren 8,7 *kg* 10%ige Natronlauge (*spez. Gew.* 1,10) langsam einfließen, rührt 10ʰ und läßt das Reaktionsgemisch während 2—3 Tagen ruhig stehen. Nach Ablauf dieser Zeit destilliert man das überschüssige Aceton ab und säuert den Rückstand mit 1,350 *kg* Eisessig, in 6 *kg* Wasser gelöst, an. Man trennt die rotbraune Ölschicht von der wässerigen Schicht, wäscht erstere mit Wasser, verdünnter Sodalösung und wieder mit Wasser, trocknet über entwässertem Natriumsulfat und unterwirft das Rohbenzylidenaceton der fraktionierten Destillation im Vakuum. Bei $151-153^0$ und 25 *mm* Druck geht ein hellgelbes Öl über. Nach kurzer Zeit erstarrt das Destillat zu einer hellgelben Krystallmasse.

Hellgelbe Krystalle von haftendem, spritzigem, cumarinartigem Geruch, *Schmelzp.* $41-42^0$; Kp_{25} 151^0. Oxim *Schmelzp.* $115-116^0$; Semicarbazon *Schmelzp.* 187^0.

Verwendung sowohl als Ersatz für Cumarin in Parfümerien und besonders in Seifen als auch als Ausgangsmaterial für Zimtsäure und über diese hinweg für Bromstyrol (s. d.).

Phenylundecylketon, $C_{18}H_{28}O = C_6H_5 \cdot CO \cdot (CH_2)_{10} \cdot CH_3$. Weiße Krystalle von schwachem, jedoch haftendem orangenblütenähnlichem Geruch. Kp $201-203^0$; *Schmelzp.* 45^0. Verwendung als Fixateur in Orangenblütengerüchen (Kölnischwasser).

Methyl-β-naphthylketon, Orangeketon, $C_{12}H_{10}O$. Darstellung aus Naph-

$\langle\rangle-CO \cdot CH_3$ thalin, Acetylchlorid und Aluminiumchlorid (*B.* **22**, 2561 [1889]). Sehr haftender, orangenblütenartig duftender, seifen- und lichtbeständiger Riechstoff, *Schmelzp.* 51^0; Kp $300-301^0$. Anwendung: in der Parfümerie (für billige Kölnische Wässer und zur Parfümierung von Seifen).

Dibenzylketon, $C_{15}H_{14}O = C_6H_5 \cdot CH_2 \cdot CO \cdot CH_2 \cdot C_6H_5$. Frisch pilzartig duftender Riechstoff, *Schmelzp.* $38,5^0$; Kp 330^0. Darstellung durch trockene Destillation von bei $150-160^0$ getrocknetem phenylessigsaurem Calcium (APITZSCH, *B.* **37**, 1429 [1904]).

Menthon, $C_{10}H_{18}O$, kommt meist in Gemischen aus seinen 6 stereoisomeren

CH_3

CH

H_2C CH_2
H_2C CO

CH

$CH_3 \cdot CH \cdot CH_3$

Formen vor. l-Menthon im Reunion-Geraniumöl, Buccoblätteröl, Pfefferminzöl (bis zu 30 %) und Pennyroyalöl (mit Isomenthon bis zu 50%). Es wird aus den um 207^0 siedenden Anteilen der Öle mit Hilfe seines Oxims oder Semicarbazons isoliert. Bei der Spaltung dieser Verbindungen mit verdünnter Schwefelsäure ändert sich jedoch die Drehungsrichtung. Künstlich wird es aus Menthol durch Oxydation mit Chromsäuregemisch dargestellt (BECKMANN, *A.* **250**, 322 [1889]). Das entstehende l-Menthon wird durch fraktionierte Destillation gewonnen.

Aus Pulegon läßt sich Menthon durch katalytische Reduktion mit Platin (VAVON, *Compt. rend. Acad. Sciences* 155, 286) oder durch Nickel und durch elektrolytische Reduktion unter Anwendung von Kupferkathoden (LAW, *Journ. chem. Soc. London* 101, 1544) erhalten. Über die Herstellung aus d,l-Δ¹-Menthenon-3 (Piperiton) s. READ und RITCHIE COOK (*Journ. chem. Soc. London* 127, 2186 [1925]).

Wasserhelle Flüssigkeit mit Pfefferminzgeruch und kühlendem, frischem Geschmack. Kp 208°; D_{15} 0,894; n_{D20} 1,450; α_D −20° 27' bis −26° 10'; für reines d-Isomenthon α_D +93,2°.

Bei der Reduktion mit Natrium in alkoholischer Lösung entsteht l-Menthol. Diese Reaktion wird mitunter bei den menthonhaltigen Fraktionen des Pfefferminzöls angewandt, um den Mentholgehalt zu steigern. Auch durch Reduktion mit Wasserstoff und Nickel unter Druck entsteht Menthol (RHEIN. CAMPHERFABRIK, *E. P.* 189 450). Beim Erhitzen von l-Menthon mit reduziertem Cu auf 200° entsteht über 50% d-Menthon, beim Erhitzen auf 300° Thymol (KOMATSU und KURATA, Soc. chem. Ind. 44 [1925], *B.* 863). Erhitzt man mit 2 Atomen Schwefel auf 220°, so erhält man nach TAKAGI und TANAKA (Soc. of Japan 1925, Nr. 517) 25% Thymol. Oxim *Schmelzp.* (für l-Menthon) 60−61°; Semicarbazon *Schmelzp.* 184°.

Die direkte Bestimmung durch Titration läßt sich mit alkoholischer Hydroxylaminchlorhydratlösung vornehmen (s. S. 760). Man benötigt zur Beendigung der Titration bei Anwendung von 2 g Menthon etwa 6ʰ (SCHIMMEL, Ber. 1929, 153).

Campher s. Bd. III, 60.

Fenchon, $C_{10}H_{16}O$, als d-Fenchon im Fenchelöl, als l-Fenchon im Thujaöl.

Es wird aus den bei 190−195° siedenden Fraktionen gewonnen. Von Beimengungen läßt es sich durch Behandeln mit *konz.* Salpetersäure oder Permanganatlösung befreien. Die so gereinigte Fraktion wird mit Lauge gewaschen, mit Wasserdampf destilliert und durch Auskrystallisieren in der Kälte rein erhalten.

Fenchon läßt sich künstlich durch Oxydation von Fenchylalkohol mit Natriumdichromat und Schwefelsäure darstellen. RUZICKA (*B.* 50, 1362) erhielt Fenchon durch Methylierung des Methylnorcamphers. Wasserhelle Flüssigkeit von campherartigem Geruch und bitterem Geschmack. *Schmelzp.* +5 bis +6°; Kp 192−193°; D_{19} 0,9465; α_{D19} +71,97 bzw. −66,94° (in alkoholischer Lösung); n_{D19} 1,46306.

Fenchon hat in seinen chemischen Eigenschaften viel Ähnlichkeit mit dem Campher. Es ist gegen Oxydationsmittel sehr beständig und gegen Bisulfit und Phenylhydrazin indifferent. Bei der Reduktion entsteht Fenchylalkohol (*Schmelzp.* 45°) von entgegengesetzter Drehung, bei der Oxydation mit Permanganat Dimethylmalonsäure, mit Phosphorsäureanhydrid m-Cymol.

Charakterisierung durch das Oxim, *Schmelzp.* (a-) 164−165°, (i-) 158−160° und das Semicarbazon, *Schmelzp.* (a-) 182−183°, (i-) 172−173°.

Fenchon findet als Campherersatz Verwendung.

Thujon, $C_{10}H_{16}O$, kommt als d-Thujon (Tanaceton) im Rainfarnöl und Wermutöl, als l-Thujon im Thujaöl und Wermutöl vor. Beide Modifikationen finden sich im Öl von Artemisia Barrelieri. Das Thujon läßt sich aus den Ölen als Ammoniumbisulfitverbindung abscheiden.

Man mischt 200 *g* Öl und 300 *cm³* Alkohol mit 200 *cm³ konz.* Ammoniumbisulfitlösung und 75 *cm³* Wasser und läßt unter häufigerem Umschütteln 2 Wochen stehen. Die ausgeschiedenen Krystalle werden mit Sodalösung zersetzt und das in Freiheit gesetzte Thujon mit Wasserdampf übergetrieben.

Farblose, angenehm erfrischend riechende Flüssigkeit. Kp 200 bis 201°; D_{20} 0,916; n_D 1,452; α-(links) Thujon $[\alpha]_D$ −5 bis −10,23°; β-(rechts) Thujon $[\alpha]_D$ bis +76,16°. Durch Permanganat wird Thujon ziemlich leicht oxydiert zu α-Thujaketosäure, *Schmelzp.* 75−76°. Durch Alkali geht α-Thujon leicht in β-Thujon über. Beim Kochen mit Eisenchloridlösung entsteht Carvacrol.

Nachweis außer durch die Oxime und Semicarbazone vor allem durch das Thujontribromid, *Schmelzp.* 121−122°.

Die quantitative Bestimmung in ätherischen Ölen erfolgt durch Titration mit alkoholischer Hydroxylaminchlorhydratlösung nach BENNETT und SALAMON (vgl. SCHIMMEL, Ber. 1928, 19; 1929, 153).

Pulegon, $C_{10}H_{16}O$. Im Poleiöl zu 80% in der rechtsdrehenden Modifikation enthalten; kann aus diesem durch fraktionierte Destillation, über die Natriumsulfitverbindung oder über sein Oxim rein gewonnen werden.

CH_3
.
CH
H_2C CH_2
H_2C CO
C
$CH_3 \cdot C \cdot CH_3$

Pulegon ist synthetisch aus Citronellal über das Isopulegol dargestellt worden (TIEMANN und SCHMIDT, *B.* **29**, 913 [1896]; **30**, 22 [1897]). Farblose, mentholartig, süßlich riechende Flüssigkeit. *Kp* 224°; D_{15} 0,9405; $\alpha_D + 20° 48'$; $n_{D_{20}}$ 1,48796.

Oxim *Schmelzp.* 120–121°, Semicarbazon *Schmelzp.* 167,5–168°, Bisnitrosopulegon *Schmelzp.* 81,5° (Unterschied vom Isopulegon, welches diese Verbindung nicht gibt). Die quantitative Bestimmung erfolgt nach dem sog. Sulfitverfahren (s. Carvon). Nach HALLER und RAMART (*Compt. rend. Acad. Sciences* **179**, 120 [1924]) entstehen beim sukzessiven Kochen von Pulegon in ätherischer Lösung mit Natriumamid und Alkyljodiden neben Kondensationsprodukten des Pulegons Methyl-, Äthyl-, Propyl-, Isobutylpulegon, deren Geruch dem des Pulegons ähnlich ist, ferner Allylpulegon von vetiver- und jononähnlichem Geruch.

Isopulegon, $C_{10}H_{16}O$, dessen Vorkommen in der Natur nicht einwandfrei

CH_3
.
CH
H_2C CH_2
H_2C CO
CH
.
$CH_2 : C \cdot CH_3$

erwiesen, wird aus Pulegon mit Oxalsäure oder aus Citronellal durch Überführung desselben nach TIEMANN und SCHMIDT in Isopulegol (s. d.) und Oxydation dieses zu Isopulegon (Gemisch von a- und i-Pulegon) oder aus Pulegonbromhydrat durch Behandeln mit basischem Bleinitrat (a-Isopulegon) erhalten. Kp_5 78–81°; D_{14} 0,9097; $n_{D_{14}}$ 1,4633.

a-Oxim *Schmelzp.* 120–121°; i-Oxim *Schmelzp.* 143°; a-Semicarbazon *Schmelzp.* 172–174°, in Äther leicht löslich; i-Semicarbazon *Schmelzp.* 182–183°, in Äther schwer löslich.

Dihydrocarvon, $C_{10}H_{16}O$. Kommt im Kümmelöl vor, aus dem es durch

CH_3
.
CH
H_2C CO
H_2C CH_2
CH
.
$CH_3 \cdot C : CH_2$

fraktionierte Destillation und Reinigung über die Natriumbisulfitverbindung gewonnen wird. Menthon- und carvonähnlich riechende Flüssigkeit; $Kp_{735,5}$ 221°; D_{15} 0,9297; $\alpha_D \pm 16°18$; $n_{D_{20}}$ 1,47107.

Nachweis durch das Oxim *Schmelzp.* 88–89°; Dibromid *Schmelzp.* 69–70°; i-Oxim *Schmelzp.* 115–116°; i-Dibromid *Schmelzp.* 96–97°; Semicarbazon *Schmelzp.* 201–202°.

Verbenon, $C_{10}H_{14}O$, kommt zu 1% im spanischen Verbenaöl vor (KERSCH-

CH_3
|
HC CH
$CH_3 \cdot C \cdot CH_3$
OC CH_2
CH

BAUM, *B.* **33**, 885 [1900]); es ist ein Autoxydationsprodukt des Pinens und wurde von BLUMANN und ZEITSCHEL (*B.* **46**, 1178 [1913]; **54**, 887 [1921]) als r-Verbenon im verharzten griechischen Terpentinöl, als l-Verbenon im verharzten französischen Terpentinöl gefunden. Öl von pfefferminz- und sellerieähnlichem Geruch. d-Verbenon *Kp* 227–228°; D_{15} 0,981; $\alpha_D + 212° 6'$; $n_D = 1,49928$; Semicarbazon *Schmelzp.* 208 bis 209°; l-Verbenon D_{15} 0,980; α_{100} −126,84°; n_D 1,4994. Semicarbazon *Schmelzp.* 185–190°.

Carvon, $C_{10}H_{14}O$, als d-Carvon im Kümmelöl und im Dillöl zu 50–60%,

CH_3
.
C
HC CO
H_2C CH_2
CH
.
$CH_3 \cdot C : CH_2$

als l-Carvon seltener, im Kuromoji- und Krauseminzöl (bis zu 70%), als i-Carvon im Gingergrasöl.

Das Carvon wird aus den genannten Ölen durch fraktionierte Destillation gewonnen (*Kp* 220–235°). Zur Reindarstellung kann man die von BAEYER (*B.* **27**, 812 [1894]) zuerst dargestellte Schwefelwasserstoffverbindung, *Schmelzp.* 210–211° (a-) bzw. *Schmelzp.* 189 bis 190° (i-) oder die wasserlösliche Sulfitverbindung benutzen.

1. 20 Tl. der Carvonfraktion werden mit 5 Tl. Alkohol und 1 Tl. Ammoniak (D_{15} 0,96) versetzt und mit Schwefelwasserstoff gesättigt. Das ausgeschiedene Schwefelwasserstoffcarvon, *Schmelzp.* 210–211°, wird aus Methylalkohol umkristallisiert und durch alkoholisches Kali zersetzt. 2. Man schüttelt mit einer wässerigen, neutralen konz. Natriumsulfitlösung, wobei das entstehende Natriumhydroxyd von Zeit zu Zeit mit einer verdünnten Säure neutralisiert werden muß; die nicht in Reaktion getretenen Anteile werden mit Äther ausgezogen und das Carvon aus der Sulfitverbindung mit Natronlauge wieder abgespalten und mit Wasserdampf abdestilliert.

Farblose, nach Kümmel riechende Flüssigkeit. Kp 230—231°; D_{15} 0,9645 bis 0,9652; $n_{D_{20}}$ 1,49952; α_{D_1} (l-) —59° 40'; α_D (d-)—59° 57'; löslich in 16—20 Vol. 50%igem Alkohol.

a-Oxim *Schmelzp.* 72—73°; i-Oxim *Schmelzp.* 93°; a-Semicarbazon *Schmelzp.* 162—163°; i-Semicarbazon *Schmelzp.* 154—156°.

Quantitative Bestimmung des Carvons nach der sog. Sulfitmethode, welche auf der Bildung wasserlöslicher Verbindungen mit neutralem Natriumsulfit unter gleichzeitiger Abspaltung von Natriumhydroxyd beruht (BURGESS, Analyst 29, 78 [1904]).

Carvon wird in der Likörfabrikation verwendet und findet hier seiner leichteren Löslichkeit in verdünntem Alkohol halber vor dem Rohkümmelöl den Vorzug; es dient ferner zum Parfümieren von Zahnpasten, Mundwässern u. s. w.

Δ^1-Menthenon-3 (Piperiton). Vorkommen im japanischen Pfefferminzöl und Campheröl in der rechtsdrehenden, im Öle von Eucalyptus

$$CH_3$$
$$CH$$
$$H_2C \diagup \diagdown CH$$
$$H_2C \diagdown \diagup CO$$
$$CH$$
$$H_3C \cdot CH \cdot CH_3$$

dives (zu 40—50%) und anderen E-Ölen in der l-Form. Synthetisch ist es in der inaktiven Form von WALLACH ($A.$ **362**, 271 [1908]; **397**, 186, 217 [1913]) durch Dehydratation von 1,3,4-Trioxymenthan dargestellt worden. Für die Technik hat nur das natürliche Keton Bedeutung, welches aus den betreffenden Ölen mit neutralem Sulfit isoliert wird. Pfefferminzähnlich riechende Flüssigkeit; i-Menthenon Kp 235—237°; D_{19} 0,9375; n_{D20} 1,4875°. d-Menthenon (Kp_{20} 116—118,5°; D_4^{20} 0,9344; α_{D20} +49,13°) und l-Menthenon (Kp_{15} 109,5—110,5°; D_4^{20} 0,9324; α_{D20} —51,53°) gehen sehr leicht, z. B. beim Erhitzen und bei Bildung des Semicarbazons, in die racemische Form über.

Nachweis durch die i-Semicarbazone (*Schmelzp.* 226—227° bzw. 174—176°). Quantitative Bestimmung nach der Sulfitmethode von BURGESS (s. Carvon).

Piperiton hat neuerdings als Ausgangsmaterial für die technische Gewinnung von Menthol und Thymol Bedeutung gewonnen.

β-Iron, $C_{13}H_{20}O$, ist der wohlriechende Bestandteil des Irisöls, des ätherischen

$$CH_2$$
$$CH_3 \cdot HC \diagup \diagdown CH$$
$$CH_3 \cdot CO \cdot CH{:}CH \cdot HC \diagdown \diagup CH$$
$$CH_3 \cdot C \cdot CH_3$$

Öles der Veilchenwurzel (Iris florentina, Iris pallida, Iris germanica), in dem es zu etwa 5% vorhanden ist. Es wurde zuerst von TIEMANN und KRÜGER ($B.$ **26**, 2675 [1893]) isoliert und untersucht. Diese Untersuchungen haben zur Synthese des Jonons (s. d.) geführt. Es findet sich in der bei Kp_4 105—120° siedenden Fraktion des Irisöls und läßt sich aus dieser über das Oxim oder Phenylhydrazon rein darstellen.

Zur Gewinnung des reinen Irons wird nach dem *D. R. P.* 72840 von HAARMANN & REIMER der mit Alkohol gewonnene Extrakt der Iriswurzel mit Wasserdampf destilliert. Aus der ätherischen Lösung des Destillats werden durch verdünnte Alkalilauge die organischen Säuren ausgeschüttelt; durch Einwirkung von kalter, alkoholischer schwacher Lauge während weniger Minuten werden die Ester organischer Säuren verseift. Die unveränderten Riechstoffe werden mit Dampf abdestilliert und das zuerst übergehende Iron gesondert aufgefangen. Kleine Mengen von Aldehyden (Ölsäurealdehyd) werden durch Erwärmen mit feuchtem Silberoxyd beseitigt. Durch Einwirkung von Phenylhydrazin während mehrerer Tage wird das Phenylhydrazon hergestellt, dieses durch Dampfdestillation von Verunreinigungen befreit und durch verdünnte Schwefelsäure das Iron regeneriert. Statt des Phenylhydrazons bedient man sich neuerdings zweckmäßiger des p-Bromphenylhydrazons zur Reinigung.

Synthetische Darstellung: MERLING und WELDE fanden 1909 ($A.$ **366**, 119) folgenden Weg zur synthetischen Darstellung: Isopropylidenacetessigester wird mit Natriumacetessigester zu Isophoroncarbonsäureester kondensiert; aus diesem wird über die d-Chlorcyclogeranioladiëncarbonsäure und Δ^4-Cyclogeraniumsäure das Δ^4-Cyclocitral ($B.$ **41** [1903] 2064) hergestellt und dieses mit Aceton zu dem mit dem natürlichen Iron identischen β-Iron kondensiert. Die Methode wird technisch nicht ausgeführt.

Zum α-Iron (Pseudocyclocitralidenaceton) gelangt man nach *M. L. B., D. R. P.* 164 505, durch Einwirkung von Natriumäthylat auf Pseudocitral und Aceton; p-Bromphenylhydrazon, *Schmelzp.* 127—129°.

Farbloses, aromatisches, in starker Verdünnung nach Veilchen riechendes Öl, Kp_{16} 144°; D_{20} 0,939; α_D etwa +40°; n_{D20} 1,50113.

Identifizierung durch das Oxim, *Schmelzp.* 121,5°, Thiosemicarbazon, *Schmelzp.* 181°, und das p-Bromphenylhydrazon, *Schmelzp.* 168—170°.

Letzteres kann auch zur quantitativen Bestimmung des Irons verwendet werden; das zu bestimmende Iron muß vor der Bestimmung von allen gröberen Beimengungen befreit sein, namentlich müssen andere Ketone und Aldehyde sowie in verdünntem Eisessig unlösliche, mit Wasserdämpfen nicht flüchtige Körper etwa in der für die Isolierung des rohen Irons beschriebenen Weise (s. o.) abgetrennt werden. Die Bestimmung geschieht gewichtsanalytisch und ist auf 10—15% genau. Ein Teil des getrockneten p-Bromphenylhydrazons entspricht 0,54 Tl. Iron.

Nach BAEYER (Jonongutachten, Berlin 1899, 22) schüttelt man 50 g Öl mit 85 g hydrazin-benzolsulfonsaurem Natrium in 500 cm^3 mit 4 g konz. Schwefelsäure angesäuertem Wasser, macht nach dem Stehen über Nacht mit 6 g wasserfreiem Natriumcarbonat alkalisch und äthert unter Zusatz von Ammoniumsulfat (200—250 g) erschöpfend aus. Aus der Seifenschicht wird unter Zusatz von 70 g Schwefelsäure und 120 g Glaubersalz in 800 cm^3 Wasser das Iron mit Wasserdampf übergetrieben.

Die Irone sind nach RUZICKA (*Helv. chim. acta* 2, 352 [1919]) mit α- und β-Jonon sowohl struktur- als auch stereoisomer; das bei der katalytischen Reduktion mit Platin erhaltene Tetrahydroiron ist mit dem von SKITA (*B.* 45, 3314 [1912]) dargestellten Tetrahydrojonon nicht identisch.

Iron gehört zu den wertvollsten Riechstoffen des Pflanzenreiches und wird in der Parfümerie zur Bereitung feinster Parfüms verwendet.

α-Jonon β-Jonon

Jonon, $C_{13}H_{20}O$, ist isomer mit Iron und wurde von TIEMANN und KRÜGER als Resultat ihrer Versuche über die Synthese des Irons erhalten.

Die Darstellung beruht auf der Kondensation von Citral mit Aceton mittels der Alkali- oder Erdalkalihydroxyde zum Pseudojonon, $C_{13}H_{20}O$,

$$(CH_3)_2C:CH \cdot CH_2 \cdot CH_2 \cdot C(CH_3):CH \cdot CH:CH \cdot CO \cdot CH_3,$$

welches mit Hilfe von *konz.* Schwefelsäure, Phosphorsäure, Ameisensäure, Oxalsäure, verdünnten Mineralsäuren, Alkalisulfaten, Natriumacetat oder Magnesiumsulfat unter Ringbildung in das isomere cyclische Keton, das Jonon, umgewandelt wird.

Die Darstellung von Pseudojonon ist von TIEMANN und KRÜGER (*B.* 26, 2692 [1893]) nach *D. R. P.* 73089 aus Citral und Aceton mit Barythydrat durchgeführt worden. G. KAYSER (*D. R. P.* 127661) nimmt die Kondensation in Gegenwart von Alkalisuperoxyden, Erdalkalioxyden und Superoxyden vor. HAARMANN & REIMER (*D. R. P.* 129027) schlagen Bleioxyd und Lanthanoxyd vor; das Verfahren von *Bayer* (*D. R. P.* 147839) schützt die Anwendung von Alkaliamiden bei der Kondensation. STIEHL (*Journ. prakt. Chem.* [2] 58, 79, 84, 89) wendet Natriumäthylat an, und DOEBNER (*B.* 81, 1888 [1898]) kondensiert das rohe Lemongrasöl, dessen Hauptbestandteil Citral ist, mit Aceton in Gegenwart von Chlorkalk. HIBBERT und CANNON (*Journ. Amer. chem. Soc.* 46, 123 [1924]) empfehlen als bestes Kondensationsmittel Natriumäthylat in alkoholischer Lösung bei — 5 bis —8°.

Pseudojonon: Hellgelbes, stark lichtbrechendes, dickflüssiges Öl von schwachem, wenig charakteristischem Geruch. Kp_{12} 143—145°; D_{20} 0,8980; n_D 1,53346. p-Bromphenylhydrazon *Schmelzp.* 102—104°.

Bei der Überführung des Pseudojonons in Jonon entstehen stets Gemische von α- und β-Jonon, von denen je nach der Art des angewendeten Invertierungsmittels das eine oder andere überwiegt.

Nach *D. R. P.* 73089 von HAARMANN & REIMER wird die Umwandlung mit verdünnter Schwefelsäure vorgenommen. Andere Verfahren zur Umwandlung von Pseudojonon in Jonon sind in den Patenten der Firma KNOLL & CO. (*D. R. P.* 164366) und COULIN (*D. R. P.* 143724, 172653), bei denen ein Zwischenprodukt, das Pseudojononhydrat $C_{13}H_{22}O_2$, erhalten wird, beschrieben. Verschiedene Verfahren zur Umlagerung führen je nach der Arbeitsweise zu vorwiegend α- oder β-Jonon. Mit *konz.* Schwefelsäure in der Kälte entsteht hauptsächlich β-Jonon (*D. R. P.* 138100 von HAARMANN & REIMER), mit *konz.* Phosphorsäure und Ameisensäure α-Jonon (*D. R. P.* 129027 und 133563 von HAARMANN & REIMER); vgl. ferner P. ALEXANDER, *D. R. P.* 157647 und BARBIER und BOUVEAULT (*Bull. Soc. chim. France* [3] 15, 1003).

Die Reindarstellung des Jonons geschieht über die Natriumbisulfitverbindung. Die Beimengungen werden aus dieser mit Äther ausgezogen und das Jonon durch Wasserdampfdestillation unter Zusatz von Lauge wieder abgeschieden. Die Zerlegung des Jonons in α- und β-Jonon erfolgt auf Grund des verschiedenen Verhaltens gegen neutrale Bisulfitlösung: die Bisulfitverbindung des β-Jonons ist leichter spaltbar. Leitet man in die Lösung der rohen Bisulfitverbindungen einen kräftigen Dampfstrom ein, so geht nur β-Jonon mit den Wasserdämpfen über. Das α-Jonon gewinnt man aus dem Rückstand durch Zersetzen mit Alkali. (Vgl. *D. R. P.* 106512, HAARMANN & REIMER; R. SCHMIDT, *Ztschr. angew. Chem.* **1900**, 189).

Eine große Anzahl von Patenten der Firma HAARMANN & REIMER, in deren Laboratorium die erste Synthese durchgeführt worden ist, befaßt sich mit der Darstellung des Jonons und seiner

Homologen, der hydrierten Jonone und der Acetyljonone. Vgl. *D. R. P.* 73089, 75062, 75120, 106512, 116637, 122466, 123747, 124227, 124228, 126959, 126960, 127424, 127831, 129027, 130457, 133145, 133563, 133758, 138100, 138141, 138939, 139957, 139958, 139959, 150827.

Die gesamte technische Herstellung des Jonons, ausgehend vom Lemongrasöl, gestaltet sich nach LEWINSON folgendermaßen:

1. Darstellung des Pseudojonons. In einem geräumigen eisernen, doppelwandigen Rührwerkskessel, der mit gutem Kühler verbunden sein muß, mischt man: 150 *kg* Lemongrasöl, 150 *kg* Aceton (*spez. Gew.* 0,800), 150 *kg* Wasser, setzt das Rührwerk in Gang, fügt allmählich bei einer 35⁰ nicht überschreitenden Temperatur 24 *kg* Natronlauge von 40⁰ *Bé* hinzu und rührt während 3 Tagen. Nach Ablauf von 72ʰ destilliert man sehr vorsichtig das überschüssige Aceton ab, wobei die Temperatur nicht über 100⁰ steigen darf. Bei späteren Operationen kann man das zurückgewonnene Aceton wieder verwenden; doch muß man frisches Aceton gleichfalls hinzufügen und je nach dem Wassergehalt des zurückgewonnenen Acetons eine entsprechende Wassermenge des Ansatzes unterdrücken.

Bei einem *spez. Gew.* von 0,890 des Acetons: 120 Tl. zurückgewonnenes, 80 Tl. reines Aceton,
„   „   „   „   0,880 „   : 130 „   ,   50 „   ,

Man läßt erkalten und säuert mit verdünnter Schwefelsäure an (etwa 16,8 *kg* Schwefelsäure von 60⁰ *Bé* und 50 *kg* Wasser). Hierauf wäscht man die rotbraune Ölschicht mehrmals mit Wasser, trocknet über wasserfreiem Natriumsulfat (letztere Operation kann unterbleiben, wenn man die Ölschicht sich gut von der wässerigen Unterlauge hat trennen lassen) und rektifiziert im Vakuum. Man erhält sodann bei 12 *mm* Druck:

I. Fraktion: bis 110⁰ Terpene; II. Fraktion: 110—145⁰ Terpene, Citral und Pseudojonon; III. Fraktion: 145—165⁰ Pseudojonon; IV. Fraktion: über 165⁰ höher kondensierte Produkte.

Die Fraktionen II und III werden nochmals destilliert und ergeben so eine konstant bei 145—148⁰ übergehende Fraktion von reinem Pseudojonon, einer etwas gelblich gefärbten charakteristisch riechenden öligen Flüssigkeit. Ausbeute etwa 90 *kg*. (Dabei ist zu berücksichtigen, daß das angewandte Lemongrasöl nur etwa 70—80% Citral enthält.)

2. Zur Umwandlung des Pseudojonons in Jonon verfährt man in der Weise, daß man das auf —10⁰ abgekühlte Pseudojonon aus einem emaillierten Kessel in ein emailliertes Bassin abläßt und nun auch —10⁰ abgekühlte Schwefelsäure von 70% Gehalt in nicht zu dünnem Strahl aus einem verbleiten Kessel in das Pseudojonon laufen läßt. Hierbei steigt die Temperatur schnell. Sobald sie 34⁰ erreicht hat, sieht man, wie in dem ständig gerührten Gemisch eine Reaktion sich vollzieht. Das rotbraune Gemisch wird für einige Augenblicke hellgelbbraun. Sobald dieser Farbenumschlag eingetreten ist, gießt man die Mischung auf eine in einem emaillierten Kessel zuvor bereitgestellte und zerkleinerte Eismenge. Nachdem das Eis geschmolzen ist, trennt man die braune Ölschicht von der wässerigen Schwefelsäure, neutralisiert, wäscht die Ölschicht, wie gewohnt, und unterwirft dieses Rohöl der Rektifikation im Vakuum. Bei 20 *mm* erhält man: I. Fraktion: bis 110⁰ Terpene und Wasser, II. Fraktion: 110—136⁰ Terpene und α-Jonon, III. Fraktion: 137—145⁰ α- und β-Jonone, IV. Fraktion: 145⁰ Pseudojonon und Rückstand.

3. Trennung von α- und β-Jonon. Sowohl Fraktion II als auch III werden zwecks Reinigung und Isolierung des α-Jonon getrennt folgendem Prozeß unterworfen:

Man löst 10 *kg* von Fraktion II oder III in 30 *kg* Natriumbisulfitlösung von 40⁰ *Bé*, 10 *kg* Wasser, 2,5 *kg* Natronlauge 30%, 3 *kg* Ammoniumchlorid unter stetem Umrühren bei 100⁰ während 8—9ʰ. Hierbei soll sich α- sowie β-Jonon lösen, während die Terpene ungelöst zurückbleiben. Man trennt die obere Terpenschicht und entfernt die noch in der wässerigen Schicht sich befindenden Ölteile durch eine sorgfältige Extraktion mit Äther, nachdem man die wässerige Schicht zuvor mit dem gleichen Gewicht Wasser verdünnt hatte. Nach Entfernung der ätherischen Schicht löst man warm in der wässerigen Schicht so viel Kochsalz, daß eine gesättigte Lösung entsteht (36 Tl. auf 100 Tl. Wasser). Jetzt kühlt man durch Eismischung ab, wobei das ganze in der ursprünglichen Fraktion enthaltene α-Jonon als schöne weiße, perlmutterglänzende Flitter in Form seiner Bisulfitverbindung ausfällt. Man zentrifugiert in emaillierter Zentrifuge und krystallisiert eventuell noch einmal aus kochendem Wasser um. Von Wichtigkeit ist, daß die salzige Mutterlauge der Bisulfitverbindung noch so viel Kochsalz enthält, daß ihr *spez. Gew.* bei 20⁰ wenigstens 1,23 beträgt.

Die nun reine Bisulfitverbindung des α-Jonons wird mit einer wässerigen Sodalösung zersetzt und das freiwerdende reine α-Jonon mit Wasserdämpfen übergetrieben, wobei es sehr leicht übergeht. Das so gewonnene α-Jonon wird nun über wasserfreiem Natriumsulfat getrocknet und stellt so ein völlig farbloses Öl von höchst angenehmem Duft dar.

Das β-Jonon gewinnt man aus den salzigen Mutterlaugen durch Zersetzung mit Soda und darauffolgende Wasserdampfdestillation. Das β-Jonon muß nochmals fraktioniert werden, weil es fast immer noch Pseudojonon enthält.

α-Jonon (TIEMANN, *B.* 31, 875, 1736): Kp_{11} 123—124⁰; D_{20} 0,932; n_D 1,4980; β-Jonon: Kp_{10} 127—128,5; D_{17} 0,946; $n_{D_{17}}$ 1,521; α-Jonon ist im frischen Zustande ein fast farbloses Öl von mildem, süßem, an Cedernholz erinnerndem Geruch, β-Jonon desgleichen, jedoch von herberem, etwas teerosenartigem Geruch. Der sog. Veilchengeruch tritt erst in starker Verdünnung hervor.

Das Jonon des Handels ist meist ein Gemisch von α- und β-Jonon.

Charakterisierung. α-Jonon: p-Bromphenylhydrazon *Schmelzp.* 142—143⁰; Semicarbazon *Schmelzp.* 107—108⁰; Thiosemicarbazon *Schmelzp.* 121⁰; Oxim *Schmelzp.* 89—90⁰; β-Jonon: Semicarbazon *Schmelzp.* 148—149⁰; p-Bromphenylhydrazon *Schmelzp.* 116—118⁰; Thiosemicarbazon

Schmelzp. 158°; Hydrazon *Schmelzp.* 104—105°. α-Jonon läßt sich durch *konz.* Schwefelsäure in β-Jonon, dieses durch alkoholisches Kali in α-Jonon überführen.

Nach neueren Forschungsergebnissen ist es möglich, daß β-Jonon im Öl von Boronia megastigma vorkommt (PENFOLD und PHILLIPS, Journ. Royal Soc. of Western Australia, **14**, 1 [1928]; SABETAY, *Compt. rend. Acad. Sciences* **189**, 808 [1929]), falls bei dem untersuchten Öl keine Verfälschung vorlag.

Nach KARRER und HELFENSTEIN *(Helv. chim. acta.* **12**, 418 [1929]) bestehen Beziehungen zwischen dem Carotin und Jonon, indem durch Schütteln einer Carotinlösung in Benzol mit wässeriger Permanganatlösung ein Stoff erhalten wird, der nach seinem Geruch und seinen Abbauprodukten mit Jonon identisch zu sein scheint.

Die Prüfung eines Jononpräparates auf Reinheit geschieht durch Kochen mit der dreifachen Gewichtsmenge Natriumbisulfitlauge (säurefrei) während 10—15^h am Rückflußkühler, Verdünnen mit Wasser und viermaliges Extrahieren der nicht reagierenden Anteile mit Äther. Aus der Differenz zwischen dem angewandten und dem extrahierten Öl berechnet sich der Gehalt an Jonon.

Zur Bestimmung des Gesamtjonons empfehlen SCHIMMEL & CO. (SCHIMMEL, Ber. **1929**, 153) die Hydroxylaminmethode (s. S. 760). Vgl. ferner RECLAIRE und SPOELSTRA, Perf. Rec., **19**, 493]1928].

Die Jononsynthese bewirkte einen großen Umschwung in der Riechstoff- und Parfümerieindustrie. Der große Erfolg, der dem Jonon in der Parfümerie beschieden war, hat zum großen Teil dazu beigetragen, daß das Vorurteil der Parfümeure gegen künstliche Riechstoffe behoben wurde.

Jonon und seine Homologen werden in größtem Maßstabe in der Parfümerie und in der Seifenindustrie zur Erzielung von veilchenähnlichen Effekten verwendet.

Die Veilchenriechstoffe, deren Darstellung auf der Jononsynthese basierte, sind schon während der Dauer der Patente, noch mehr aber nach Ablauf der Patente unter den verschiedensten Namen (Veilchenöl, Iraldein, Miovol, Neoviolon, Novoviol, Viodoron u. s. w.) in den Handel gekommen.

Methyljonon, $C_{14}H_{22}O$, nach dem Jonon das wichtigste der Veilchenketone, wird analog dem Jonon durch Kondensation von Citral mit Methyläthylketon mittels Natronlauge (HAARMANN & REIMER, *D. R. P.* 75120) und Umlagerung des erhaltenen Methylpseudojonons (Kp_{20} 163—164°) mittels Phosphorsäure oder aus α-Cyclocitral und Methyläthylketon (*D. R. P.* 133 758) gewonnen. Es werden Gemische der α- und β-Form erhalten, die ihrerseits aus je 2 Strukturisomeren bestehen. α-Methyljonon, Kp_{20} 140—150°; D_{20} 0,925—0,931. β-Methyljonon, Kp_{20} 140—155°; D_{20} 0,935—0,938. Der Geruch der Methyljonone weicht deutlich von dem der Jonone ab. Er ist frischer, durchdringender und etwas rosenähnlich. β-Methyljonon ist weniger wertvoll und weniger gebraucht als die α-Verbindung. Die Methyljonone sind sehr viel verwendete Riechstoffe und kommen unter Namen wie Methylviolette, Iraldeine, Iraline, Iridoline in den Handel.

Eines der schönsten Produkte dieser Gruppe, dessen Zusammensetzung jedoch nicht bekanntgegeben ist, ist das Iralia der A. G. NAEF & CO., Genf.

Äthyljonon, $C_{15}H_{24}O$, wurde von HIBBERT und CANNON *(Journ. Amer. chem. Soc.,* **46**, 127 [1924]) durch Kondensation von Pseudojonon mit Methylpropylketon und Umlagerung des Pseudoäthyljonons mit 85%iger Phosphorsäure gewonnen. Flüssigkeit mit Veilchencharakter, Kp_8 138—140°.

Phenyljonon, $C_{19}H_{24}O$, von GERHARDT und DEGRAZIA (*Ö. P.* 87804 [1922]) aus Phenylpseudojonon, Kp_{15} 158—165° (aus Citral und Acetophenon mittels Natriumperoxyds), durch Umlagerung mit Ameisensäure bei 100° erhalten, D_{15} 0,9412; nD_{20} 1,5234, soll nach diesen Autoren Geruch nach blühendem Geißblatt aufweisen, während HIBBERT und CANNON (l. c.) das von ihnen hergestellte Produkt ($Kp_{2,5}$ 172—175°) als geruchlos bezeichnen.

Die Tetrahydrojonone, welche durch Hydrierung von Jonon gewonnen werden können, haben ähnlichen Geruch wie Jonon. Dagegen hat nach *D. R. P.* 174279 der *I. G.* der Cyclohexen-α-alkylbutylaldehyd nuß- und blätterähnlichen Geruch.

Cyclopentadecanon, $C_{15}H_{28}O$, als „Exalton" (NAEF & CO., Genf) im Handel,

$$\begin{array}{l} CH_2-(CH_2)_6 \\ \quad\quad\quad\quad\quad\diagdown CO \\ CH_2-(CH_2)_6 \diagup \end{array}$$

stimmt geruchlich mit Muscon (s. d.) überein und wird nach RUZICKA und nach den Patenten von NAEF (s. Dihydrozibeton) aus Tetradecan-1,14-dicarbonsäure dargestellt. *Schmelzp.* 63°; $Kp_{0,3}$ 120°; Semicarbazon *Schmelzp.* 187°.

Muscon, $C_{16}H_{30}O$, das riechende Prinzip des natürlichen Moschus (1,2—1,4%),

$$\begin{array}{l} (CH_2)_{12}-CH\cdot CH_3 \\ \quad| \quad\quad\quad | \\ CO—C\,'_2 \end{array}$$

wurde zuerst von WALBAUM (*Journ. prakt. Chem.* [2] **73**, 488 [1906]; **113**, 155, 166 [1926]; *D. R. P.* 180 719 [1907]) isoliert. Die Konstitutionsaufklärung ging mit derjenigen des billiger zu beschaffenden Zibetons Hand in Hand. Auf Grund der durch oxydativen Abbau erhaltenen

Resultate hat Ruzicka (*Helv. chim. Acta* **9**, 715, 1008 [1926]) dem Muscon die obige Formel zugeschrieben, die auf einen genetischen Zusammenhang mit Palmitinsäure schließen läßt. Farbloses, dickes Öl von typischem Moschusgeruch. $Kp_{0,5}$ 130°; D_4^{17} 0,9222; α_D —13,01°; $n_{D_{17}}$ 1,4802; Oxim *Schmelzp.* 46°; Semicarbazon *Schmelzp.* 134°.

Für die Technik wichtig ist, daß Muscon geruchlich mit dem Cyclopentadecanon übereinstimmt (s. d.).

Zibeton, $C_{17}H_{30}O$, der Geruchsträger der Moschusduftkomponente des Zibets

$$CH-(CH_2)_7 \atop CH-(CH_2)_7 \Big\rangle CO$$

(s. S. 779) (2,5—3,5 %), wurde zuerst von Sack (*Chem.-Ztg.* **39**, 538 [1915]; *D. R. P.* 279 313) aus dem verseiften Zibet mit Äther extrahiert.

Die Aufklärung der Konstitution gelang Ruzicka (*Helv. chim. Acta* **9**, 230 [1926]; **10**, 695 [1927]). Bei der Hydrierung nach Paal-Skita wurde Dihydrozibeton (s. d.) gewonnen, welches durch Oxydation mit Chromsäure in Eisessig in Pentadecan-1,15-dicarbonsäure überging. Da bei der Verseifung des aus dem Dihydrozibetonoxim bei der Beckmannschen Umlagerung entstandenen Isoxims eine Aminosäure von gleicher Kohlenstoffzahl entstand und bei der Oxydation des Zibetons mit Kaliumpermanganat in der Kälte die Ketodicarbonsäure $C_{17}H_{30}O_5$, ergab sich die erstaunliche Tatsache einer Anordnung von 17 Kohlenstoffen im Ring. Die Konstitution deutet auf einen biochemisch interessanten Zusammenhang mit der Ölsäure hin.

Moschus- und cedernholzähnlich riechendes, leicht erstarrendes Öl, *Schmelzp.* 32,5°; Kp_{17} 204—205°; Semicarbazon *Schmelzp.* 185—186°; Oxim *Schmelzp.* 92°.

Dihydrozibeton, $C_{17}H_{32}O$, ist technisch wichtig, da sein Geruch fast identisch

$$CH_2-(CH_2)_7 \atop CH_2-(CH_2)_7 \Big\rangle CO$$

mit dem des Zibetons ist, und da es synthetisch hergestellt werden kann. Der synthetische Aufbau gelang Ruzicka und Mitarbeitern (*Helv. chim. Acta* **9**, 249; 339; 389; 399; 499 [1926]) durch Zersetzung der Thorium- oder Cersalze der Hexadekan-1,16-dicarbonsäure im Vakuum bei 350—400° im Rahmen der systematischen Darstellung der cyclischen Ketone (Cyclodecanon bis Cyclooctadecanon) aus den Polymethylendicarbonsäuren mit 11—19 Kohlenstoffatomen (vgl. Chuit, *Helv. chim. Acta* **9**, 264 [1926]).

Das *F. P.* 599 765 [1925] und die *Schw. P.* 119 619, 119 620, 119 621, 119 622 und 120 150 [1925], 114 416/7 [1926] von Naef & Co. haben die Darstellung von carbocyclischen Ketonen mit mehr als 9 Gliedern im Ring durch Ringschluß der Dicarbonsäuren mit mehr als 10 Kohlenstoffatomen unter Verwendung von Cer und Thorium sowie der Metalle der dritten und vierten Gruppe des periodischen Systems (z. B. Erbium, Lanthan, Didym, Uran) als Salzbildner zum Gegenstand.

Wie Zibeton riechende Masse, *Schmelzp.* 63°; $Kp_{0,3}$ 145°; Semicarbazon *Schmelzp.* 191°.

Jasmon, $C_{11}H_{16}O$, wurde zuerst von Hesse (*B.* **32**, 2611 [1899]) aus den über Kp_4 100° siedenden Anteilen des Jasminöls durch das Oxim isoliert (aus 800 g Öl 28 g Jasmon). Vorkommen wahrscheinlich auch im Neroli- und Orangenblütenextraktöl (Schimmel, Ber. **1903**, I, 52, 56) und im Jonquilleextraktöl (Elze, Riechstoffind. **1926**, 181). Die chemische Konstitution ist, trotz des großen Interesses, dem dieser Riechstoff allgemein begegnet, noch nicht aufgeklärt. Hellgelbes, beim Stehen dunkel werdendes Öl, Kp 257—258°; D_{15} 0,946—0,947. Der Geruch kann nicht einfach als jasminartig bezeichnet werden. Er bildet jedoch eine charakteristische Geruchskomponente, insbesondere des Jasminextraktöls.

Das i-Jasmon von Haarmann & Reimer kommt dem natürlichen Jasmon geruchlich nahe. Der neuerdings in den Handel kommende sog. »Jasminaldehyd« (s. α-Amylzimtaldehyd) hat auch geruchlich mit Jasmon nichts gemein.

V. Phenole und Phenoläther.

Anisol, Methoxybenzol (s. Phenol, Bd. VIII, 339). Flüssigkeit von durchdringendem, aber flüchtigem Geruch.

Phenetol, Äthoxybenzol (s. Phenol, Bd. VIII, 340). Aromatisch riechende Flüssigkeit.

p-Äthylphenol. $C_8H_{10}O = C_2H_5 \cdot C_6H_4 \cdot OH$, Vorkommen im Castoreumöl (Walbaum und Rosenthal, *Journ. prakt. Chem.* [2] **117**, 225 [1927]; Pfau, Perfum. Rec. **18**, 206 [1927]).

Diphenyläther, $C_{12}H_{10}O = C_6H_5-O-C_6H_5$, das sog. „Geranium krist" (s. Phenol, Bd. VIII, 340). Wird als billiger Geraniumersatz, hauptsächlich für Seifenöle, viel verwendet.

3,3'-Di-methoxydiphenyloxyd (*Kp* 332–334⁰), 3,3'-Di-äthoxydiphenyloxyd (*Kp* 341 bis 344⁰), 3-Methoxy-3'-äthoxydiphenyloxyd (*Kp* 338–341⁰), 3,4'-Di-methoxydiphenyloxyd (*Kp* 336–338⁰) und 2,3'-Di-methoxydiphenyloxyd (*Kp* 326–329⁰, *Schmezp.* 33⁰), die ähnlich wie der Diphenyläther hergestellt werden (DORAN, *Journ. Amer. chem. Soc.* 51, 3447 [1929]), sind Riechstoffe ähnlichen Charakters.

Guajacol s. Bd. **II**, 657.

p-Kresol-methyläther, $C_8H_{10}O = C_6H_4(CH_3) \cdot OCH_3$. Vorkommen im Ylang-Ylang- und Canangaöl. Darstellung aus p-Kresol durch Methylierung mit Dimethylsulfat und Natronlauge. Leichtflüchtiger Riechstoff von blumigem, anisolartigem Geruch. *Kp* 175⁰; D_{15} 0,9757.

m-Kresolmethyläther ist das Ausgangsmaterial für Ambrettemoschus (s. S. 847).

o-Kresol-phenyläther, $C_{13}H_{12}O = C_6H_4(CH_3) \cdot OC_6H_5$. Darstellung durch Erhitzen von o-Kresol mit Brombenzol, Ätzkali und Kupfer auf 200⁰. Krystalle von geraniumartigem Geruch. *Schmelzp.* 22⁰; Kp_{739} 267⁰.

Anethol, p-Methoxy-propenylbenzol, $C_{10}H_{12}O$. Dieser seit sehr langer

$CH_3O-\langle\rangle-CH:CH\cdot CH_3$ Zeit bekannte, bereits 1820 von de SAUSSURE (*Ann. chim.* [2] **13**, 280) wissenschaftlich untersuchte Bestandteil des Anisöls, Sternanisöls, Fenchelöls, Kobuschiöls u. s. w. hat insofern ein gewisses Interesse für die Entwicklung der Industrie der ätherischen Öle, als er der erste der langen Reihe von Einzelbestandteilen gewesen ist, die aus den rohen Ölen gewonnen und als wertvollere Produkte an Stelle der Rohöle dem Handel geboten worden sind (SCHIMMEL & CO., vgl. A. HESSE, WALLACH-Festschrift, Göttingen **1909**, 76).

Anethol wird aus den fraktionierten Ölen (Anisöl, Sternanisöl, die 80–90% enthalten) durch Ausfrieren erhalten.

Für seine synthetische Darstellung sind mehrere Verfahren angegeben worden: WALLACH (*A.* 357, 72) gewinnt Anethol aus Anisaldehyd durch Kondensation mit α-Brompropionsäureester in Gegenwart von Zink, Erhitzen des Kondensationsproduktes mit Kaliumbisulfat, Verseifen des Esters und Destillation der dabei entstehenden α-Methyl-4-methoxyzimtsäure. Nach BÉHAL und TIFFENEAU (*Bull. Soc. chim. France* [4] 3, 301) entsteht Anethol aus Anisaldehyd bei der Einwirkung von überschüssigem Äthylmagnesiumbromid. Praktische Bedeutung können diese Methoden erst nach billigerer Herstellung des Anisaldehyds gewinnen. KLAGES (*B.* 35, 2262 [1902]) reduziert Propionylanisol $CH_3O \cdot C_6H_4 \cdot CO \cdot CH_2 \cdot CH_3$ zum Carbinol $CH_3O \cdot C_6H_4 \cdot CH(OH) \cdot CH_2 \cdot CH_3$ und kocht dessen Acetat mit Pyridin.

Weiße, intensiv süß und nach Anis riechende und schmeckende Blättchen. *Schmelzp.* 22⁰; Ep 21–22⁰; Kp_{751} 233–234⁰; D_{25} 0,986; n_{D25} 1,559–1,561; physiologisch sehr wenig wirksam.

Mit Oxydationsmitteln behandelt, bildet Anethol je nach den Versuchsbedingungen Anisaldehyd (Salpetersäure), Anissäure (Chromsäure) oder p-Methoxyphenylglyoxylsäure, *Schmelzp.* 89⁰ (Kaliumpermanganat). Durch die letztere Oxydationsreaktion kann Anethol vom isomeren Estragol unterschieden werden.

Bei längerem Stehen verliert das Anethol seine Krystallisationsfähigkeit, wird dickflüssig und gelb und nimmt einen unangenehmen, bitteren Geschmack an.

Nachweis durch das Dibromid, *Schmelzp.* 67⁰; das Pseudonitrosit, *Schmelzp.* 121⁰ und das Nitrosochlorid, *Schmelzp.* 127–128.

Von dem isomeren Estragol (Methylchavicol), welches bei der Behandlung mit alkoholischer Kalilauge in Anethol übergeführt wird, kann letzteres nach BALBIANO (*B.* 42, 1502) durch Behandlung mit Mercuriacetat getrennt werden. Die Allylverbindungen liefern mit diesem Reagens feste Additionsverbindungen, während die Propenylverbindungen Glykole geben.

Verwendung in der Parfümerie und besonders Kosmetik zur Parfümierung von Mundpflegemitteln, ferner in der Liqueurfabrikation (Anisette) in großen Mengen, in der Technik zur Großfabrikation von Anisaldehyd.

Eine Spezialwirkung übt das Anethol als bester Sensibilisator (Beschleuniger des Ausbleichens von Farbstoffen bei dem Ausbleichverfahren der Farbenphotographie, Bd. **VIII**, 438) aus.

Thymol, $C_{10}H_{14}O$, p-Isopropyl-m-kresol. Vorkommen im Ajowanöl in größter Menge (etwa 50%), außerdem im Öl von Ocimum viride, Monarda punctata, Thymianöl (44—76%) u. a.

Gewinnung. Manchmal scheidet es sich aus den Ölen fest aus. Im Großbetrieb wurde es vor 1914 aus Ajowanöl gewonnen durch Ausschütteln mit 10%iger Natronlauge. Infolge des steigenden Preises des Öles wurde die technische Synthese stark gefördert und hat sich überall eingeführt. Für die Technik haben die Verfahren, welche p-Cymol (Bd. III, 516) (aus dem Spruce-Terpentinöl oder synthetisch), m-Kresol und Piperiton (s. S. 827) als Ausgangsmaterial benutzen, Bedeutung.

1. Darstellung aus p-Cymol (vgl. Bd. III, 517). Nachzutragen ist das *D. R. P.* 453 428 [1926], vgl. AUSTERWEIL und LEMAY (*Bull. Soc. chim. France* [4] **41**, 454 [1927]), nach welchem man 2-Nitrocymol mit Aluminiumamalgam und Wasser in 2-Hydroxylaminocymol überführt, dieses mit verdünnter *HCl* zu 2-Amino-5-oxycymol umlagert und die Aminogruppe mittels der Diazoverbindung in der üblichen Weise durch Wasserstoff ersetzt. Die Umwandlung der Diazolösung des 3-Amino-1,4-methylisopropylbenzols durch Verkochen liefert zwar Thymol (*B.* **15**, 170 [1882]), kommt aber wegen der schwierigen Herstellung des Ausgangsmaterials technisch nicht in Frage.

2. Darstellung aus m-Kresol. Nach *D. R. P.* 350 809 [1920] der *BASF* wird m-Kresol in m-Kresolsulfosäure übergeführt und diese mit Isopropylalkohol und *konz.* Schwefelsäure in der Wärme behandelt. Durch Einwirkung von überhitztem Wasserdampf wird die Sulfogruppe bei 120—125° abgespalten und das Thymol gleichzeitig übergetrieben. Es wird neben Thymol noch ein Isomeres, *Schmelzp.* 114—115°, erhalten, welches beim Fraktionieren im Nachlauf gewonnen wird. Statt Isopropylalkohol kann auch Propylalkohol angewendet werden. HOWARDS AND SONS und BLAGDEN (*E. P.* 197 848 [1922]) verwenden zu der im Prinzip gleichen Darstellungsmethode zwecks Erzielung besserer Ausbeuten die Kresol-di- oder -trisulfosäure. Nach dem *E. P.* 1 200 151 [1923] der gleichen Autoren werden m-Kresol und Isopropylalkohol mit Hilfe von Phosphorsäure kondensiert. Hierbei entsteht ebenfalls neben Thymol das Isomere, *Schmelzp.* 114°, hauptsächlich wenn man bei höherer Temperatur (150°) arbeitet (vgl. auch *D. R. P.* 400 969 [1923]). Nach VERLEY (*E. P.* 288 122 [1927]) werden m-Kresol und Isopropylalkohol in Gegenwart von Schwefelsäuremonohydrat und Alkalipyrosulfat verrührt.

Statt Isopropylalkohol verwendet das *E. P.* 214 866 [1923] von HOWARDS und BLAGDEN Propylen, indem dieses bei 100° in das Sulfonierungsgemisch eingeleitet und sodann die Sulfogruppe mit Wasserdampf abgespalten wird. Hierbei entstehen auch Isomere des Thymols. Nach *E. P.* 298 600 [1928], 308 681 und 309 031 [1929] der RHEINISCHEN CAMPHERFABRIK lassen sich diese, oder noch besser ihre Sulfon- oder Estersäuren, durch Erhitzen mit oder ohne Katalysatoren auf 330—400° in Thymol überführen.

RASCHIG, *Schw. P.* 127 035 [1927] führt Chlor-m-kresol mit Isopropylalkohol in Chlorthymol und dieses durch Chlorabspaltung in Thymol über.

Nach dem *E. P.* 293 753 [1928] der RHEINISCHEN CAMPHERFABRIK erhält man direkt Thymol, wenn man z. B. 300 *l* Propylen während 70ʰ auf m-Kresol unter 20—40 *Atm.* bei 350° einwirken läßt.

Statt Propylen können nach *E. P.* 312 907 [1929] der gleichen Firma propylenbildende Substanzen, wie Propylalkohol, Dipropyläther, Propylhalogenide oder die entsprechenden Isopropylverbindungen verwendet werden, indem man diese unter Druck mit m-Kresol auf höhere Temperaturen erhitzt.

Nach dem *D. R. P.* 432 802 [1924] der RHEINISCHEN CAMPHERFABRIK läßt sich 6-Chlor-1-methyl-4-isopropyl-3-oxybenzol durch Erhitzen mit Wasserstoff in 25%iger Natronlauge unter Zusatz von *Ni-Cu-* oder *Ni-Mn-*Katalysatoren bei 180° unter 30 *Atm.* Druck quantitativ in Thymol überführen. 1-Methyl-3-oxy-6-chlorbenzol kondensiert sich mit Isopropylalkohol in Gegenwart von Schwefelsäure oder Zinkchlorid zu 6-Chlor-1-methyl-4-isopropyl-3-oxybenzol (F. RASCHIG, *E. P.* 270 283 [1927]), welches sich nach obigem Patent oder durch Erhitzen des Alkalisalzes mit Eisen in wässeriger Lösung in Thymol überführen läßt.

Vom Acetylkresol geht das *E. P.* 279 857 [1926] von *Schering* aus, indem dieses mit Aceton kondensiert und das Kondensationsprodukt mit einem Oberflächenkatalysator (Bleicherde, Silicagel, Holzkohle) auf 300—320° erhitzt wird, wobei ein Gemisch von 3-Methyl-6-isopropylenphenylacetat und 3-Methyl-6-isopropylen-phenol übergeht, welche sich nach *E. P.* 276 010 [1927] unter Zugabe von 0,1% Aluminium-3-methyl-6-isopropenylphenylacetat und 1% eines Nickelkatalysators mit Wasserstoff bei 180—190° oder besser bei 280° (*É. P.* 280 924), gegebenenfalls unter Druck, bis zur Aufnahme von 4 Atomen Wasserstoff zu Thymol reduzieren lassen. Nach *F. P.* 641 437 der gleichen Firma lassen sich in gleicher Weise schon die Kondensationsprodukte reduzieren.

3. Darstellung aus Piperiton (Δ¹-Menthenon), welches durch Eisenchlorid in Eisessiglösung zu Thymol oxydiert wird (SCHIMMEL, Ber. 1910, II, 82), ein Verfahren, das in Australien auf das im Öl von Eucalyptus dives enthaltene Piperiton in größerem Maßstabe angewendet wird.

Nach READ, WATTERS, ROBERTSON und HUGHESDON (*Journ. chem. Soc. London* 1929, 2068) erhält man bei der Hydrierung von Piperiton nach SKITA bei gewöhnlicher Temperatur mit kolloidalem Palladium durch gleichzeitige, teilweise Dehydrierung bis zu 25% Thymol, wobei Unreinigkeiten im Piperiton und erhöhte Temperatur die Dehydrierung zu begünstigen scheinen. Auch bei Hydrierung in Gegenwart von platiniertem Asbest bei 350° und von Nickel bei 360° entstand Thymol. Durch Zersetzung des Dibromids des Piperitons in Äther konnten 30% Thymol erhalten werden.

Farblose, durchsichtige, hexagonale Krystalle von sehr typischem Thymian-geruch, *Schmelzp.* $51,5^0$; *Kp* 232^0; $D_{65,5}$ $0,9401$; D_{15} $0,9760$ (überschmolzen); $n_{D_{20}}$ $1,52296$; ist nur wenig löslich in Wasser. Im Gegensatz zu Carvacrol wird die alkoholische Lösung durch Eisenchlorid nicht gefärbt. Thymol läßt sich seiner alka-lischen Lösung mit Äther entziehen.

Nachweis durch das Phenylurethan, *Schmelzp.* 107^0. Mit salpetriger Säure entsteht eine Nitrosoverbindung, *Schmelzp.* $160-162^0$. Benzoylnitrosothymol *Schmelzp.* $109-110,5^0$.

Quantitative Bestimmung durch Schütteln des thymolhaltigen Öls mit 5%iger Natron-lauge in einer Bürette oder in einem Cassiakölbchen (s. bei Zimtaldehyd) und Ablesen der Verminde-rung des Öls nach 12—24ʰ. Je nach der Konsistenz des mit Schwefelsäure aus der Lauge ausge-schiedenen Öls kann man auf die Anwesenheit von Thymol oder Carvacrol schließen. Genauer kann man es nach der von KREMERS und SCHREINER modifizierten Methode von MESSINGER und VORT-MANN (*B.* 23, 2753) mittels Jodes bestimmen. Die Trennung des Thymols vom Carvacrol nach MC KEE (Am. Perf. 18, 90 [1923]) s. Bd. III, 517.

Nach A. HESSE wird das Öl in wasserfreiem Äther gelöst und ätherisch-alkoholische $n/_2$-KOH zugefügt; die Kaliverbindungen der Phenole scheiden sich krystallinisch aus.

Thymol wird als Antisepticum, als wurmtreibendes Mittel, ferner zu kosme-tischen Präparaten (Mundpflegemittel), zum Denaturieren von kosmetischem Alkohol und in der Technik als Zwischenprodukt zur Herstellung von Menthol verwendet.

Carvacrol, $C_{10}H_{14}O$, p-Isopropyl-o-kresol, das Isomere des Thymols, ist diesem sehr ähnlich. Vorkommen in den Origanumölen (bis zu 80%), in den Thymianölen, im Öl von Monarda citriodora (70 bis 80%), u. a. Carvacrol steht in naher Beziehung zu natürlichen Campher- und Terpenarten, aus denen es leicht entsteht, z. B. aus dem ihm isomeren Carvon, dem Hauptbestandteil des Kümmelöls durch Um-lagerung mit Phosphorsäure, Chlorzink u. s. w. (SCHWEIZER, *Journ. prakt. Chem.* [1] 24, 262 [1841]; REYCHLER, *Bull. Soc. chim. France* [3] 7, 31 [1892]; KLAGES, *B.* 32, 1517 [1899]).

Zur technischen Darstellung schüttelt man Origanumöl (Spanisch-Hopfen- oder Cretisch-Dostenöl), das bis 80% Carvacrol enthält, mit 10%iger Natronlauge aus und isoliert das Phenol aus der abgetrennten alkalischen Lösung in üblicher Weise, oder man sulfuriert das leicht zugängliche p-Cymol zu p-Cymol-2-sulfosäure und unterwirft diese bei 350—370⁰ im Autoklaven der Natron-schmelze (HIXSON, MC KEE, *Journ. Ind. engin. Chem.* 10, 982 [1918]; 12, 296 [1920]; GIBBS und PHILLIPS, ebenda 145). Hierbei entsteht neben Carvacrol auch Thymol (s. Bd. III, 517).

Dickflüssiges Öl von thymianähnlichem Geruch; *Kp* $236-237$; *Schmelzp.* $0,5$ bis $+1^0$; E_p 20^0; D_{15} $0,980$; $n_{D_{20}}$ $1,52338$; läßt sich aus alkalischer Lösung mit Wasserdampf und durch Ausschütteln mit Äther entfernen.

Nachweis durch das Phenylurethan, *Schmelzp.* $134-138^0$, α-Naphthylurethan, *Schmelzp.* $287-288^0$, Benzoylnitrosocarvacrol, *Schmelzp.* $85-87^0$. Quantitative Bestimmung und Trennung von Thymol s. Thymol. Eine weitere Bestimmungsmethode von Carvacrol neben Thymol beruht darauf, daß Thymolmethyl- oder -äthyläther durch salpetrige Säure in alkoholischer HCl unter Entalkylie-rung in Nitrosothymol übergeführt werden, während die Carvacroläther unter gleichen Bedingungen keine Umwandlung erleiden (KLINGSTEDT und SUNDSTRÖM, *Journ. prakt. Chem.* [2] 116, 307 [1927]).

Verwendung wie Thymol zu kosmetischen Präparaten. Carvacrolphthalein wird neuerdings als Abführmittel empfohlen.

Chavicol, $C_9H_{10}O$, p-Allylphenol. Vorkommen in einzelnen Betelblätterölen und im Bayöl. Gewinnung durch Ausschütteln mit 10%iger Natron-lauge.

Darstellung nach GRIGNARD (*Compt. rend. Acad. Sciences* 151, 322—325) aus Estragol und Äthylmagnesiumbromid in Benzol-lösung und Erhitzen des Rückstandes nach Abdestillieren des Ben-zols unter 10—15 *mm* Druck auf 159—160⁰. Farblose Flüssigkeit, *Kp* etwa 237^0; D_{18} $1,033$; n_D $1,5441$.

Nachweis durch Überführung in das Methylchavicol.

Methylchavicol, Estragol, Isoanethol, p-Allylanisol, $C_{10}H_{12}O$. Vorkommen in Anisrinde, Sternanisöl, im Öl von Persea gratissima Gaertn., Kobuschiöl, Bayöl, Anisöl, Kerbelöl, Fenchelöl, Basilicumöl, Estragonöl, im amerikanischen Holz-terpentinöl. Künstliche Gewinnung durch Einwirkung von Allylbromid auf p-Meth-oxyphenylmagnesiumbromid (TIFFENEAU, *Compt. rend. Acad. Sciences* 139, 481). Farblose, optisch inaktive, schwach anisartig riechende Flüssigkeit, die nicht den intensiv süßen Geschmack wie Anethol besitzt. Kp 215—216°, Kp_{12} 97—97,5°; D_{15} 0,9714 bis 0,972; $n_{D_{16}}$ 1,52355—1,52380.

Nachweis: Durch Kochen mit alkoholischem Kali entsteht das feste Anethol; auch Monobrommethylchavicoldibromid, *Schmelzp.* 62,4° (*B.* 29, 344 [1896]) ist zum Nachweis geeignet.

Dimethylhydrochinon (Hydrochinondimethyläther) s. Bd. **VI**, 210. Krystalle von melilotähnlichem Geruch.

Thymohydrochinon, $C_{10}H_{14}O_2$. Vorkommen in Öl von Callitris quadrivalvis und von Monarda fistula.

Entsteht durch Behandlung von Thymochinon mit schwefliger Säure nach CARSTANJEN (*Journ. prakt. Chem.* [2] **3**, 54 [1871]); glänzende Prismen, *Schmelzp.* 139,5°; Kp 290°.

Der Dimethyläther des Thymohydrochinons bildet den Hauptbestandteil des Arnicawurzelöls sowie des Ayaponaöls. Kp 248 bis 250°; D_{22} 0,998.

Betelphenol, $C_{10}H_{12}O_2 = C_6H_3(OCH_3)^1(OH)^2(CH_2 \cdot CH : CH_2)^4$, Allylguajacol, Chavibetol. Vorkommen im Betelöl. Stark lichtbrechende Flüssigkeit, Kp 254 bis 255°, Kp_{12-13} 131—133°; D_{15} 1,067; $n_{D_{20}}$ 1,54134. Im Kältegemisch erstarrt die Verbindung krystallinisch und schmilzt wieder bei +8,5°. Benzoylverbindung, *Schmelzp.* 49—50°. Bei der Hydrolyse des Safrols mit methylalkoholischer Kalilauge entsteht das Isobetelphenol (*Schmelzp.* 96°) (S. 818).

Eugenol, $C_{10}H_{12}O_2$. Vorkommen in größter Menge im Nelken- und Nelkenstielöl (80—95%), ferner im Zimtblätteröl (bis 95%), im Pimentöl (80%), im Bayöl (60%) und vielen anderen. Sehr wichtiger Riechstoff, der im Nelkenöl neben seinem Acetat und Methyleugenol fast rein vorliegt und aus diesem durch fraktionierte Destillation technisch rein gewonnen wird. Seine Isolierung geschieht durch Ausschütteln der Öle mit 5%iger Natronlauge. Schwach gelb gefärbte, stark nelkenartig riechende und brennend schmeckende, optisch inaktive Flüssigkeit. Kp 248°; Kp_{12-13} 123°; $D_{14,5}$ 1,072; $n_{D_{20}}$ 1,541—1,542.

Bei der Oxydation entstehen Vanillin (s. S. 815) und Vanillinsäure neben etwas Homovanillinsäure. Durch Alkalien erfolgt die Umlagerung zu Isoeugenol (s. d.). Nachweis durch den Benzoesäureester, *Schmelzp.* 69—70°, Phenylurethan, *Schmelzp.* 95,5°. In alkoholischer Lösung tritt mit Eisenchlorid Blaufärbung auf. Quantitative Bestimmung durch Ausschütteln mit 3%iger Lauge in einem Cassiakölbchen.

Verwendung in der Parfümerie als Nelkenriechstoff und in größtem Maßstabe zur Vanillinfabrikation.

Aceteugenol, $C_{12}H_{14}O_3$, Acetylverbindung des Eugenols. Vorkommen neben Eugenol bis zu 18% im Nelkenöl, nicht aber im Nelkenstielöl. Künstliche Gewinnung durch Kochen von Eugenol mit Essigsäureanhydrid. *Schmelzp.* 29°; Kp_{752} 281—282°, $Kp_{6,5}$ 145—146°, D_{15} 1,087 (unterkühlt); $n_{D_{20}}$ 1,52069. Riechstoff mit süßem Nelkencharakter.

Methyleugenol, $C_{11}H_{14}O_2$, Allylveratrol = $(CH_3O)_2C_6H_3(CH_2 \cdot CH \cdot CH_2)$. Vorkommen als Hauptbestandteil des sog. Huon pine-oil (Öl von Dacrydium Franklinii, Australien), in dem es zu 90—95% enthalten ist, ferner als Begleiter des Eugenols in vielen Ölen. Der Geruch erinnert an Eugenol, ist jedoch schwächer. Kp 248—249°, Kp_{11} 128—129°; D_{15} 1,04; $n_{D_{20}}$ 1,537. Lagert mit Kochen mit alkoholischem Kali in Methylisoeugenol um. Überführung in Vanillin vgl. *E. P.* 317347 [1928], s. S. 818. Nachweis durch das Tribromid, *Schmelzp.* 78°, durch die bei der Oxydation mit Kaliumpermanganat entstehende Veratrumsäure (Dimethoxybenzoesäure), *Schmelzp.* 179—180°, die aber auch aus Methylisoeugenol entsteht, und durch das Nitrit vom *Schmelzp.* 125°. Verwendung als Nelkenriechstoff. Benzyleugenol. Darstellung aus Eugenolkalium und Benzylchlorid. *Schmelzp.* 30°; zart nelkenartig riechend.

Isoeugenol, $C_{10}H_{12}O_2$. Vorkommen im Ylang-Ylang-Öl und Muskatnußöl. Künstliche Gewinnung durch Umlagerung von Eugenol mit überschüssigem Kali in amylalkoholischer Lösung bei 140°, oder in äthylalkoholischer Lösung im Autoklaven (TIEMANN, *B.* 24, 2870 [1891]) bzw. Zusammenschmelzen von Eugenol mit Kaliumhydroxyd (EINHORN und FREY, *B.* 27, 2455 [1894]; vgl. *D. R. P.* 76982). Die Umlagerung kommt erst nach völliger Bindung des Eugenols durch überschüssiges Kali zustande.

Der Zusatz eines Verdünnungsmittels, wie Wasser, bei der Schmelze ist wichtig und läßt nach GOKHALE, SUDBOROUGH und WATSON (Journ. Indian. Inst. Science 6, 241 [1923]) die Anwendung niederer Temperaturen zu (Kochen von Eugenol in 50%iger wässeriger *KOH*-Lösung im Autoklaven bei 173—175⁰ oder mit *NaOH* in Gegenwart von Anilin oder anderen Aminoverbindungen bei 180—225⁰ nach BOTS und PRODUITS CHIMIQUES COVERLIN, *F. P.* 626685 [1926]) oder Kochen von Eugenolkalium mit Anilin nach GRAESSER, MONSANTO, CHEMICAL WORKS (The Industrial chemist 1929, 280), oder Zusatz von Paraffinöl od. dgl. zur Kalischmelze nach ATACK und ANDERSSON (Indian. Patent Specification 6694). Neuerdings hat PRIESTER (Riechstoffindustrie 1930, 83, 108) den Zusatz von 10 Tl. Glycerin zu einer Mischung von 15 Tl. *KOH*, 50 Tl. Wasser und 30 Tl. Eugenol und Erhitzen auf 186⁰ empfohlen.

Schwächer, aber feiner als Eugenol riechende Flüssigkeit; Kp 261⁰; D_{15} 1,087 bis 1,091; $n_{D_{20}}$ 1,570—1,576.

SCHIMMEL & CO. (SCHIMMEL, Ber. 1927, 138; 1930, 115) haben festes Isoeugenol, *Schmelzp.* 32⁰, aus dem Acetat des technischen Isoeugenols durch Umkrystallisieren desselben aus Toluol und Verseifen der bei 80⁰ schmelzenden Anteile hergestellt. Bei der Oxydation liefert Isoeugenol Vanillin (s. d.), wodurch ihm große technische Bedeutung zukommt.

Nachweis durch das Monobromisoeugenoldibromid, *Schmelzp.* 138—139⁰, durch das Acetylderivat, *Schmelzp.* 79—80⁰, durch die Benzoylverbindung, *Schmelzp.* 103—104⁰ und durch das Diphenylurethan, *Schmelzp.* 112—113⁰. Durch seinen erheblich höheren Brechungsindex kann man Isoeugenol vom Eugenol unterscheiden und durch Messen desselben den Grad der Umwandlung von Eugenol zu Isoeugenol verfolgen.

Verwendung in der Parfümerie zu Nelkenkompositionen und technisch als Zwischenprodukt zur Vanillinfabrikation.

Methylisoeugenol, $C_{11}H_{14}O_2$. Vorkommen im Öl von Asarum arifolium. Künstliche Gewinnung durch Methylieren von Isoeugenol oder durch Umlagern von Methyleugenol. Kp 263⁰; $D_{11,5}$ 1,064; n_D 1,5720. Nelkenartig riechend.

Benzylisoeugenol, *Schmelzp.* 58—59⁰, Darstellung durch Umlagerung von Benzyleugenol mit Alkalien (*D. R. P.* 65937, *Boehringer*). Haftender Riechstoff von schwachem, feinem Nelkengeruch.

Amylisoeugenol, Flüssigkeit von Nelkengeruch mit vanillinartiger Note. Kp_3 150—156⁰; D_{15} 1,0297—1,0351; n_D 1,5287—1,5308.

Safrol, $C_{10}H_{10}O_2$, bildet den Hauptbestandteil des Sassafrasöls. Technische Gewinnung aus den Campherrotöl (80—90% Safrol) genannten höheren Fraktionen (220—240⁰) des Campheröls durch Ausfrieren und Zentrifugieren. Infolge des Bestrebens der Japaner, die Ausfuhr von Safrol zu unterbinden, werden neuerdings andere safrolhaltige Öle, z. B. Sassafrasöl, in verstärktem Maße zur Gewinnung herangezogen.

Farblose oder schwach gelbliche Flüssigkeit von frischem Sassafrasgeruch; Kp 233⁰; D_{15} 1,105—1,107; $n_{D_{20}}$ 1,536—1,540; E_p +11⁰.

Bei der Oxydation mit Chromsäuregemisch entsteht Piperonal (s. d.). Beim Erhitzen mit Alkalien entsteht Isosafrol. Die Überführung in Isochavibetol nach POMERANZ (*D. R. P.* 122701) hatte für die Herstellung von Vanillin (s. d.) Bedeutung. Safrol läßt sich vom Isosafrol nach BALBIANO (*B.* 42, 1502) mit Mercuriacetat trennen, wobei das Safrol in die Verbindung

$$(CH_2O_2)C_6H_3 \cdot C_3H_5 (OH) \cdot Hg \cdot O \cdot CO \cdot CH_3,$$

das Isosafrol in das entsprechende Glykol übergeht. Diese Trennung gilt allgemein für Allyl- und Propenylverbindungen.

Verwendung in der Parfümerie zum Parfümieren von Seifen und zu künstlichen Bayrumpräparaten, technisch sehr wichtig als Ausgangsmaterial für die Heliotropinfabrikation.

Safro-eugenol (1-Allyl-3-oxy-4-äthoxybenzol), $Kp_{1,5}$ 111—112⁰, Flüssigkeit von eugenolguajacolähnlichem Geruch, entsteht durch Einwirkung von *konz.* Magnesiummethyljodid auf Safrol (KAFUKU, Acta phytochimica 2, 113 [1925]).

Isosafrol, $C_{10}H_{10}O_2$. Vorkommen im Ylang-Ylang-Öl. Künstliche Gewinnung aus Safrol durch Kochen mit alkoholischem Kali.

Nach NAGAI (Journ. Soc. chem. Ind. of Japan 29, 364 [1926]) gewinnt man durch 5—6stündiges Erhitzen von 98 Tl. Safrol, 2 Tl. Natrium und 250 Tl. Alkohol bei 6—8 *Atm.* und 180—200⁰ 90—95% Isosafrol, nach HIRAO (l. c. 241) beim Kochen von 100 Tl. Safrol mit 3 Tl. gepulvertem *KOH* bei 13—18 *mm* Druck und Abwesenheit von Wasser während 3—5ʰ 94% Isosafrol. Zur Umlagerung bei Atmosphärendruck werden 216 *kg* Safrol mit 140 kg Ätzkali und 200 *kg* 98%igem Alkohol 24ʰ gekocht.

Bei der Oxydation mit Ozon oder Chromsäure entsteht Piperonal (s. d.). Flüssigkeit von safrolähnlichem Geruch. Kp 248°; D_{15} 1,124—1,129; $n_{D_{20}}$ 1,580.

Verwendung als Zwischenprodukt für die Heliotropinfabrikation.

β-Naphtholmethyläther, Yara-Yara, s. Bd. **VII**, 814.

β-Naphtholäthyläther, Nerolin, Bromelia, s. Bd. **VII**, 814.

β-Naphtholisobutyläther, Isobutyl-naphthyläther, Fragarol. $C_{14}H_{16}O =$ $= C_{10}H_7 \cdot O \cdot CH_2 \cdot CH(CH_3)_2$. Darstellung durch Erwärmen von β-Naphthol und Isobutylbromid mit alkoholischem Kali (BODROUX, *Compt. rend. Acad. Sciences* 126, 841). Weiße Blättchen von feinem neroliartigem Geruch. *Schmelzp.* 33°.

Orcinmonomethyläther, $C_8H_{10}O_2$. Wesentlicher Bestandteil des ätherischen Eichenmoosöles (WALBAUM und ROSENTHAL, *B.* 57, 770 [1924]). Krystalle von angenehmem, an Kreosol erinnerndem Geruch. *Schmelzp.* 61—62°; $Kp_{6,5}$ 130°; D_{15} 1,1106; $\alpha_D \pm 0°$; $n_{D_{20}}$ 1,54734.

VI. Säuren und Ester.

Säuren sind in der Natur weitverbreitet, und man begegnet ihnen stets auch in natürlichen Riechstoffkomplexen. Sie sind vielfach Abbau- oder Spaltprodukte komplizierterer Verbindungen und entstehen mitunter bei der Gewinnung ätherischer Öle durch Wasserdampfdestillation infolge partieller Verseifung von Estern. Geruchlich haben sie bis auf wenige Ausnahmen (z. B. Phenylessigsäure und in gewissem Sinne auch die niederen aliphatischen Säuren) keine Bedeutung. Dagegen spielen die Ester vieler Säuren eine wichtige Rolle als Riechstoffe. Sie finden sich als geruchlich wertvolle Bestandteile der natürlichen Riechstoffkomplexe in der Natur und sind in größtem Maßstabe Gegenstand der technischen Synthese. Bestimmend für den Geruchscharakter des Esters ist im allgemeinen die Alkoholgruppe, deren spezielle Geruchsnote durch die Veresterung eine Veränderung in fruchtiger oder blumiger Richtung erfährt. Die Anwendung der Ester in der Parfümerie ergibt sich aus ihrem Duft für Blütenöl-, Phantasie- und Seifenölkompositionen. Für letztere sind besonders wertvoll die schwer verseifbaren Ester (wie z. B. die Isovalerianate, Salicylate, Terpinylacetat u. s. w.). Die Ester, die durch Paarung der aliphatischen Säuren mit den niederen aliphatischen Alkoholen entstehen, zeichnen sich durch besonders starke fruchtige Note aus und bilden als sog. Fruchtäther (s. Bd. **V**, 430) und künstliche Rum-, Weinbrand- und Arrakessenzen die Grundlage für die Essenzen- und Limonadenfabrikation. Sie finden jedoch auch Anwendung in der Parfümerie, vor allem infolge ihrer Flüchtigkeit als sog. Spitzengerüche (s. Parfümerie, Bd. **VIII**, 298) zur Verdeckung des Alkoholgeruches.

Für ihre Darstellung gelten die allgemeinen Methoden zur Veresterung. Das einfachste Verfahren ist dasjenige, in ein Gemisch von Säure und Alkohol bis zur Sättigung trockene Salzsäure einzuleiten und dann zu erhitzen, oder das Gemisch unter Zusatz von 10—20% *konz.* Schwefelsäure am Rückflußkühler zu kochen. Der Ester wird sodann nach dem Neutralisieren und Waschen mit Wasser durch Rektifikation im Vakuum gewonnen.

Einigen neueren Patenten zur Estergewinnung liegen katalytische Verfahren zugrunde (s. z. B. Bd. **III**, 681).

Zur Gewinnung von Fettsäureestern des Methyl- und Äthylalkohols aus natürlichen Fetten und Ölen bedient man sich mit Vorteil des bereits bei der Darstellung des Undecylaldehyds (S. 807) beschriebenen Verfahrens der Umesterung mittels Salzsäuregases. Nach F. P. 625 209 [1926] der I. G. läßt sich die Umesterung von Estern allgemein durch Aluminiumalkoholate als Katalysatoren vornehmen. Man gewinnt z. B. beim Erhitzen von 76 Tl. Salicylsäuremethylester mit einer Lösung von 1 Tl. Aluminium in 78 Tl. Menthol auf 150—160° Salicylsäurementhylester, in gleicher Weise aus Benzoesäureäthylester und Benzylalkohol Benzoesäurebenzylester.

Einzelne Spezialverfahren zur Gewinnung von Säuren oder Estern werden noch bei den einzelnen Verbindungen erwähnt. Es kann an dieser Stelle nur eine Auswahl der wichtigsten Ester angeführt werden.

Ameisensäureester kommen in der Natur fast immer gleichzeitig mit denen der Essigsäure vor. Die Formiate zeichnen sich durch eine typische, etwas aufdringliche fruchtige Note aus. Ihre Verwendung in der Parfümerie- und Essenzenfabrikation muß deshalb sehr vorsichtig erfolgen. Sie sind in konzentriertem Zustande wenig haltbar.

Äthyl-, Propyl-, Isobutyl-, Isoamyl-, Terpinyl- und Benzylformiat riechen fruchtartig, der n-Octyl-, Phenyläthyl- und Geranylester rosenartig, Linalylformiat orangenblütenähnlich.

Essigsäureester gehören zu den verbreitetsten und brauchbarsten Riechstoffen; manche von ihnen, wie Linalylacetat, Bornylacetat, Geranylacetat und Menthylacetat, bilden den Hauptbestandteil einiger ätherischer Öle. Die Darstellung erfolgt leicht mit Hilfe von Essigsäureanhydrid. Für Linalool und Terpineol müssen wegen ihrer Unbeständigkeit gegen saure Agenzien andere Wege gewählt werden.

Methylacetat, fruchtig riechende Flüssigkeit (s. Bd. III, 683).

Äthylacetat, fruchtig erfrischend riechende Flüssigkeit (s. Bd. III, 683).

Amylacetat, Flüssigkeit von Birnengeruch (s. Bd. III, 684).

Hexylacetat, $CH_3 \cdot CO_2 \cdot C_6H_{13}$, fruchtig-pilzartig riechende Flüssigkeit. Kp 169°; D_0 0,8902.

n-Octylacetat, $CH_3 \cdot CO_2 \cdot CH_2(CH_2)_6 \cdot CH_3$, Vorkommen im Öl der Früchte von Heracleum spondylium. Flüssigkeit von frischem Teerosengeruch. Kp 210°; D_0 0.8847.

Geranylacetat, $CH_3 \cdot CO_2 \cdot CH_2 \cdot CH : C(CH_3) \cdot CH_2 \cdot CH_2 \cdot CH : C(CH_3)_2$, Flüssigkeit von herbem, geraniumähnlichem Rosengeruch. Kp_{16} 127,8 – 129,2°; D_{15} 0,9174; n_{D20} 1,46242.

Citronellylacetat, $CH_3 \cdot CO_2 \cdot C_{10}H_{19}$, Flüssigkeit von bitterlichem, rosenartig und an Bergamottöl erinnerndem Geruch. Kp_{15} 119–121°; D_{15}^{15} 0,90273; n_{D20} 1,45154.

Linalylacetat, $CH_3 \cdot CO_2 \cdot C_{10}H_{17}$, ist charakteristischer Bestandteil des Bergamott- und Lavendelöls. Die künstliche Darstellung bedarf besonderer Vorsichtsmaßregeln (s. Linalool). Bergamottähnlich riechende Flüssigkeit. Kp_{10} 96,5–97°; D_{15} 0,913; α_D –6° 35'; n_D 1,45.

Die Acetylierung gelingt ohne Umlagerung, wenn man sie bei Temperaturen unter 90° vornimmt. Linalylacetat wird in großem Maßstabe dargestellt. Verwendung zu Lavendelöl- und Bergamottölersatz sowie ähnlichen Kompositionen in der Parfümerie- und Seifenindustrie.

Terpinylacetat, $CH_3 \cdot CO_2 \cdot C_{10}H_{17}$. Seine künstliche Darstellung erfolgt entsprechend der des Linalylacetats. Flüssigkeit von fruchtigem, etwas holzartigem und an Linalylacetat erinnerndem Geruch. Kp_{10} 110–115°; D_{18} 0,957. Es kann als billigerer Ersatz des Linalylacetats Verwendung finden und ist infolge seiner relativ schweren Verseifbarkeit insbesondere zur Parfümierung von billigen Seifen geeignet.

Bornylacetat, $CH_3 \cdot CO_2 \cdot C_{10}H_{17}$, charakteristischer Bestandteil vieler Coniferen- und Nadelöle. Kräftig und frisch nach Tannenduft riechende Krystalle. *Schmelzp*. 29°; Kp_{15} 106–107°; D_{15} 0,991.

Isobornylacetat ist ebenso wie Bornylacetat ein Zwischenprodukt bei der Campherfabrikation (s. Bd. III, 77). Flüssigkeit von bornylacetatähnlichem Geruch; Kp_{12} 102°; D_4^{20} 0,984; n_{D20} 1,463.

Menthylacetat, $CH_3 \cdot CO_2 \cdot C_{10}H_{19}$, charakteristischer Bestandteil der Pfefferminzöle. Pfefferminzähnlich riechende Flüssigkeit. Kp 227–228°; Kp_{15} 108°; D_4^{20} 0,9185; α_D –79,42°.

Phenyläthylacetat, $CH_3 \cdot CO_2 \cdot (CH_2)_2 \cdot C_6H_5$. Flüssigkeit von mildem, rosen- und honigartigem Geruch; Kp 232°; D_{15} 1,038.

Benzylacetat s. Bd. II, 287. Jasminartig riechende Flüssigkeit; Kp 216°; Kp_{10} 92–93°; D_{15} 1,060; n_{D20} 1,50324.

Benzylmonochloracetat, $C_6H_5 \cdot CH_2 \cdot CO_2 \cdot CH_2Cl$, dickes Öl von anhaftendem Jasmingeruch; D_4^4 1,2223; Kp_9 147,5°; n_{D18} 1,5246.

Methylphenylcarbinylacetat, Styrolylacetat, $CH_3 \cdot CO_2 \cdot CH(CH_3) \cdot C_6H_5$. Flüssigkeit von gardeniaartigem Geruch, D_{17} 1,05; Kp 213–216°.

Vetivenylacetat, $CH_3 \cdot CO_2 \cdot C_{15}H_{24}$, dicke Flüssigkeit von tabakblüten- und rosenähnlichem, feinem und sehr haftendem Geruch.

Santalylacetat, $CH_3 \cdot CO_2 \cdot C_{15}H_{22}$. Flüssigkeit von fruchtig-sandelartigem und haftendem Geruch.

Farnesylacetat, $CH_3 \cdot CO_2 \cdot C_{15}H_{24}$. Darstellung durch Acetylieren von Nerolidol (s. d.). Farblose Flüssigkeit von blumigem, etwas rosenähnlichem, sehr haftendem Geruch. Kp_{10} 169–170°.

Propionsäureester können die der Essigsäure vielfach vorteilhaft ersetzen (vgl. auch A. MÜLLER, Deutsche Parf.-Zeitg. **1931**, 30).

Methylpropionat, $CH_3 \cdot CH_2 \cdot CO_2 \cdot CH_3$. Rumartig riechende Flüssigkeit, Kp 80°; $D_4^{18,5}$ 0,9170.

Propylpropionat, $CH_3 \cdot CH_2 \cdot CO_2 \cdot (CH_2)_2 \cdot CH_3$. Fruchtig-birnenartig riechende Flüssigkeit. Kp 121°; D_{20} 0,8809.

Citronellylpropionat, $CH_3 \cdot CH_2 \cdot CO_2 \cdot C_{10}H_{19}$. Rosenartig-süß riechende Flüssigkeit, Kp_{14} 120–124°; D_{15} 0,8950; α_D +1°; n_{D20} 1,4452.

Linalylpropionat, $CH_3 \cdot CH_2 \cdot CO_2 \cdot C(CH_3)(CH : CH_2)CH_2 \cdot CH_2 \cdot CH : C(CH_3)_2$, ähnlich, jedoch blumiger als Linalylacetat riechende Flüssigkeit. Kp_{12} 108–111°. D_{15} 0,900; n_{D20} 1,4510–1,4535.

Benzylpropionat, $CH_3 \cdot CH_2 \cdot CO_2 \cdot CH_2 \cdot C_6H_5$. Jasminähnlich riechende Flüssigkeit; Kp 219–220°; $D_{17,5}^{19,5}$ 1,0360.

Buttersäureester sind in neuester Zeit sehr stark in Aufnahme gekommen, nachdem festgestellt worden war, daß sie, insbesondere die Ester der Isobuttersäure, bei der Geruchsbildung in natürlichen Riechstoffkomplexen stark und ausschlaggebend beteiligt sein können, wie z. B. das Linalyl-butyrat im Lavendelöl (Riechstoffindustrie 1927, 170; 1928, 16, 119, sowie Bd. II, 709). Die Ester zeichnen sich alle durch typischen fruchtig-blumigen Geruch aus, wobei den Verbindungen der Iso-säure der für die Butyrate typische Schweißgeruch in viel geringerem Maße eigen ist als denjenigen der normalen Säure. Die Isobuttersäureester spalten weniger leicht ihre Säure ab; sie sind schwerer verseifbar und daher zur Parfümierung von Seifen besonders geeignet.

Über Äthyl-, Isobutyl-, Isoamylbutyrat, Amylisobutyrat s. Bd. II, 709.

n-Hexylbutyrat, $CH_3 \cdot CH_2 \cdot CH_2 \cdot CO_2 \cdot CH_2 \cdot (CH_2)_4 \cdot CH_3$, fruchtig-blumig riechende Flüssigkeit. Kp 205°; D_6^0 0,8825.

n-Octylbutyrat, $CH_3 \cdot (CH_2)_2 \cdot CO_2 \cdot CH_2 \cdot (CH_2)_6 \cdot CH_3$. Flüssigkeit von vollem, fruchtigem Rosengeruch, Kp 242°; D_{15} 0,8692.

Geranylbutyrat, $CH_3 \cdot (CH_2)_2 \cdot CO_2 \cdot C_{10}H_{17}$, lavendelartig riechende Flüssigkeit; Kp_{13} 142−143°; D_{15} 0,9014; $nD20$ 1,4593.

Citronellylbutyrat, $CH_3 \cdot (CH_2)_2 \cdot CO_2 \cdot C_{10}H_{19}$, lavendelartig süß riechende Flüssigkeit; Kp_{12} 134−135°; D_{15} 0,8874; $nD20$ 1,4449.

Nerylisobutyrat, $(CH_3)_2CH \cdot CO_2 \cdot C_{10}H_{17}$, blumig-rosenartig riechende Flüssigkeit; D_{15} 0,8932; $nD20$ 1,4543.

Benzylbutyrat, $CH_3 \cdot (CH_2)_2 \cdot CO_2 \cdot CH_2 \cdot C_6H_5$, Flüssigkeit von herb-fruchtigem, opopanax-artigem Geruch; Kp 238−240°; D_{15} 1,0135; $nD20$ 1,4920.

Linalyl-isobutyrat, $(CH_3)_2CH \cdot CO_2 \cdot C_{10}H_{17}$, Flüssigkeit von lavendelartigem Geruch. D_{15} 0,8935; $nD20$ 1,4490; $aD20$ −11,89°.

Phenyläthyl-isobutyrat, $(CH_3)_2CH \cdot CH_2 \cdot CO_2 \cdot (CH_2)_2 \cdot C_6H_5$, Flüssigkeit von erdbeer- und rosenartigem Geruch; D_{15} 0,9950; $nD20$ 1,4871.

Phenylpropyl-isobutyrat, $(CH_3)_2CH \cdot CH_2 \cdot CO_2 \cdot (CH_2)_3 \cdot C_6H_5$. Flüssigkeit von süßem, blumigem, etwas zimtartigem Duft; D_{15} 0,9842; $nD20$ 1,4864.

Zimtalkoholisobutyrat, $(CH_3)_2CH \cdot CH_2 \cdot CO_2 \cdot CH_2 \cdot CH : CH \cdot C_6H_5$, Flüssigkeit von fruchtig-balsamischem, storaxähnlichem Geruch; D_{15} 1,0134; $nD20$ 1,5243.

Isovaleriansäureester s. Bd. VI, 275, und Bd. II, 288; vgl. auch A. MÜLLER, Riechstoff-industrie 1931, 4.

Hexyl-, Heptyl- und Octylsäureester s Bd. V, 239.

p-Kresylcaprylat, $C_7H_{15} \cdot CO_2 \cdot C_6H_4 \cdot CH_3$. Flüssigkeit von blumig-indolartigem Geruch. D_{15} 0,965; Kp_6 170−172°. Es kann nach *I. G.*, F. P. 667251 [1929] in Jasmin- und Narzissen-kompositionen als nicht verfärbender Ersatz für Indol Verwendung finden.

Heptylsäureäthylester (Önanthäther) s. Bd. VI, 136. Frisch obstartig riechende Flüssigkeit.

Nonylsäuremethylester, $C_8H_{17} \cdot CO_2 \cdot CH_3$, fruchtig-grün, meerrettichartig riechende Flüssigkeit. Kp 213−214°; $D_{17,5}$ 0,8765.

Nonylsäureäthylester, $C_8H_{17} \cdot CO_2 \cdot C_2H_5$. Quittenartig riechende Flüssigkeit (Kp 227−228°; $D_{17,5}$ 0,8655), kommt in absolutem Alkohol gelöst unter Zusatz noch anderer Ester niedrigerer Säuren unter dem Namen „Pelargonäther" in den Handel.

Die Ester der höheren aliphatischen Säuren, wie Laurinsäure, $C_{11}H_{23} \cdot CO_2H$ (technische Dar-stellung aus Cocosbutter s. Undecylaldehyd, S. 807), Myristinsäure, $C_{13}H_{27} \cdot CO_2H$ (Vorkommen im Muskatnuß- und Iriswurzelöl), ferner Palmitin- und Stearinsäure (Hauptbestandteile der tierischen Fette in Form von Glyceriden) sind schwach riechend bis geruchlos und finden als sog. Fixateure (s. d.) und Lösungsmittel in der Parfümerie Verwendung.

Nonylensäureäthylester, $CH_3 \cdot (CH_2)_5 \cdot CH : CH \cdot CO_2 \cdot C_2H_5$, veilchengrünartig riechende Flüssigkeit; Kp_{20} 112°.

Undecylensäure. $CH_3 \cdot (CH_2)_7 \cdot CH : CH \cdot CO_2H$, entsteht bei der Destillation von Ricinusöl (s. Nonylaldehyd). Blättchen von scharfem, fettigem Geruch. Kp 275°; *Schmelzp.* 24,5°; D_{24} 0,9072. Dient als Ausgangsmaterial zur Herstellung von Nonylsäure und deren Estern, ferner von Nonyl-alkohol und Nonylaldehyd.

Methylester: Farbloses, stark nach Quitten riechendes Öl; in Wasser nicht löslich, *Schmelzp.* −27,5°. Kp_{760} 248°; Kp_{100} 178,5°; Kp_{10} 124°; D_{15} 0,889.

Äthylester: Farbloses, im Geruch dem vorigen ähnliches, aber weniger stark riechendes Öl. *Schmelzp.* −37,5°. Kp 259°; Kp_{100} 188°; Kp_{10} 131,5°; D_{15} 0,881.

Benzoesäuremethylester, Niobeöl, s. Bd. II, 231. Fruchtig-balsamisch riechende Flüssig-keit mit etwas strengem cumarinartigem Nebengeruch.

Äthylester: Flüssigkeit von ähnlichem, jedoch süßerem Geruch als der Methylester, Kp 213°.

Benzylbenzoat s. Bd. II, 288.

Phenylessigsäure, $C_6H_5 \cdot CH_2 \cdot CO_2H$. Krystalle von honigartigem, haftendem, in Verdünnung blumigem Geruch. *Schmelzp.* 76,5°; Kp 265,5°. Die Phenylessigsäure gehört zu den wenigen Säuren, die auch unverestert vielfach Anwendung finden. Auch in künstlichen Zibetpräparaten leistet sie wegen ihrer schwach an tierische Fäulnisprodukte erinnernden Note gute Dienste.

Das Ausgangsmaterial für ihre Herstellung ist Benzylcyanid. Zu seiner Darstellung löst man in einem emaillierten Rührwerkskessel 6 kg Cyankalium (99%ig) in 5,5 kg Wasser und fügt ganz langsam eine Lösung von 10 kg Benzylchlorid in 10 kg Alkohol (96%ig) hinzu. Dieses Gemisch wird 3−4^h unter leichtem Sieden erhalten. Nach dem Erkalten wäscht man die abgeschiedene rot-braune Schicht 1mal mit Wasser und unterwirft das Rohöl einer fraktionierten Destillation unter gewöhnlichem Druck. Von 195° bis auf 240° geht eine farblose Flüssigkeit von penetrantem, be-täubendem Geruch über, die, zum zweitenmal rektifiziert (ev. im Vakuum), reines Benzylcyanid (Kp 232°; *spez. Gew.* bei 15° 1,017) ergibt. 100 kg Benzylchlorid geben 78 kg reines Benzylcyanid.

Zur Bereitung der Phenylessigsäure genügt das 1mal destillierte Benzylcyanid, d. h. die Fraktion 195−240°: In einer eisernen, innen verbleiten offenen Schale, besser jedoch in einer Quarzschale von 30 *cm* Durchmesser, die sich auf einer Gasflamme unter einem sehr gut ziehenden Abzug befindet und auf die ein Trichter als Kühler gestülpt ist, werden 2,5 *kg* Benzylcyanid mit einer völlig abgekühlten Mischung von 5,5 *kg* konz. Schwefelsäure in 2,0 *kg* Wasser versetzt. Diese Mischung wird nun so lange über freier Flamme erhitzt, bis sich durch Auftreten kleiner Bläschen der Eintritt einer Reaktion zu erkennen gibt. In diesem Augenblick muß das Gas abgestellt werden, denn die Reaktion steigert sich in wenigen Minuten zu stürmischer Heftigkeit. Sobald ein Nachlassen der Reaktion, bei welcher Säureströme vermischt mit etwas Benzylcyaniddämpfen dem brodelnden Gemisch entweichen, bemerkbar wird, gießt man den Inhalt der Quarzschale in einen mit kleinen Eisstücken versehenen emaillierten Kessel, wobei sich nach dem Erkalten die Phenylessigsäure als eine grauweiß gefärbte Krystallmasse an der Oberfläche abscheidet. Der auf oben beschriebene Weise erhaltene Krystallkuchen wird nun mit kaltem Wasser gewaschen, dann zerkleinert und in verdünnter Sodalösung aufgelöst. Hierbei bleibt das gebildete Phenylacetamid ungelöst zurück. Beim Ansäuern der filtrierten Flüssigkeit scheidet sich die Phenylessigsäure aus, die, aus heißem Wasser umkrystallisiert, in perlmutterglänzenden Flittern krystallisiert. Aus der Mutterlauge gewinnt man den Rest der Phenylessigsäure durch Extrahieren mit Äther. Die Ausbeute beträgt 70% der theoretischen.

Die Ester zeichnen sich alle durch starken honigartigen Geruch aus. Äthylphenylacetat, $C_6H_5 \cdot CH_2 \cdot CO_2 \cdot C_2H_5$. In einem mit Rückflußkühler versehenen emaillierten Kochkessel von etwa 50 *l* Inhalt löst man 10 *kg* Phenylessigsäure in einem abgekühlten Gemisch von 5 *kg* konz. Schwefelsäure (66° *Bé*) und 10 *kg* Äthylalkohol (96%) und erhitzt 3ʰ zum Sieden. Nach dem Erkalten trennt man die 2 Schichten, wäscht die obere mit Wasser, Sodalösung und nochmals mit Wasser, trocknet über wasserfreiem Natriumsulfat und rektifiziert im Vakuum. *Kp* 237°; D_{15} 1,0462.

Nach W. WISLICENUS (Fortschritte Chem. Phys. 1897, 2007) erhält man Phenylessigester aus Benzylcyanid direkt nach der folgenden Methode: In das in 100 *kg* Alkohol gelöste und mit 10 *kg* Wasser versetzte Benzylcyanid (50 *kg*) wird Salzsäuregas eingeleitet, zunächst ohne Kühlung, sodann noch einige Zeit unter Kühlung, dann einige Stunden stehen gelassen und endlich noch 1ʰ auf dem Wasserbad erwärmt. Nach dem Abkühlen wird die Flüssigkeit mit Äther vermischt und zur Lösung des Salmiaks erst mit Wasser, dann mit Soda gewaschen. Nach dem Verdampfen wird rektifiziert. Ausbeute etwa 90% des angewandten Benzylcyanids. Durch Reduktion des Phenylessigsäureesters mit *Na* und Alkohol wird der Phenyläthylalkohol (S. 795) dargestellt.

Isobutyl-phenylacetat, $(CH_3)_2CH \cdot CH_2 \cdot CO_2 \cdot CH_2 \cdot C_6H_5$, Flüssigkeit von besonders feinem Honiggeruch; *Kp* 247°.

Benzyl-phenylacetat, $C_6H_5 \cdot CH_2 \cdot CO_2 \cdot CH_2 \cdot C_6H_5$, Flüssigkeit von zartem Honiggeruch; *Kp* 317–319°; D_{17} 1,101.

Phenyläthyl-phenylacetat, $C_6H_5 \cdot CH_2 \cdot CO_2 \cdot CH_2 \cdot C_6H_5$, Flüssigkeit von mildem, rosenartigem Geruch. *Schmelzp.* 28°; *Kp* 330° (Zers.).

p-Kresylphenylacetat, $C_6H_5 \cdot CH_2 \cdot CO_2 \cdot C_6H_4 \cdot CH_3$, Krystalle von narzissenähnlichem Geruch. *Schmelzp.* 62°.

Santalylphenylacetat, $C_3H_5 \cdot CH_2 \cdot CO_2 \cdot C_{15}H_{22}$, Flüssigkeit von schwerem, rosenartigem Geruch.

Zimtsäure, $C_6H_5 \cdot CH:CH \cdot CO_2H$. Die im folgenden beschriebene Herstellung der Zimtsäure beruht auf der bekannten Abspaltbarkeit einer endständigen Methylgruppe, die einer Ketongruppe benachbart ist, durch Oxydation mittels unterchloriger Säure.

$$C_6H_5 \cdot CH:CH \cdot CO \cdot CH_3 + 3\,CaOCl_2 + 3\,Na_2CO_3 =$$
$$= C_6H_5 \cdot CH:CH \cdot CO_2Na + CHCl_3 + 3\,NaCl + 2\,NaOH + 3\,CaCO_3.$$

Man löst 33 *kg* calcinierte Soda in 50 *kg* Wasser, fügt 14,6 *kg* Benzylidenaceton hinzu, und erwärmt durch Einleiten von direktem Dampf bis auf 45°. Sobald alles Benzylidenaceton geschmolzen ist, drückt man dieses Gemisch mittels Druckpumpe in einen großen verbleiten, doppelwandigen Rührwerkskessel. Ist dies geschehen, so schlämmt man schnell im gleichen Holzbottich 44 *kg* Chlorkalk in 50 *kg* Wasser auf und drückt die Suspension gleichfalls in den Rührwerkskessel, dessen Antrieb man nun in Bewegung setzt, und heizt langsam. Wenn die Temperatur auf 60° gestiegen ist, destilliert das sich bildende Chloroform über und wird unter Wasser aufgefangen. Wenn kein Chloroform mehr übergeht, was nach etwa 20′ der Fall ist, stellt man die Heizung und das Rührwerk ab und drückt den Inhalt des Kessels in ein großes, 20 *hl* fassendes Reservoir (Eisen oder Holz). Wenn sich in diesem Reservoir das während der Reaktion gebildete Calciumcarbonat als Schlamm abgesetzt hat und die überstehende Flüssigkeit ganz klar geworden ist, hebert man sie in emaillierte Kessel, in welche sie nach Durchfließen eines Sackfilters gelangt. Die ganz wasserklare Lösung wird nun mit 10%iger Schwefelsäure bis zur eintretenden sauren Reaktion versetzt. Hierbei scheidet sich die Zimtsäure als schneeweiße Masse ab, die zentrifugiert und mit kaltem Wasser gewaschen wird.

Die so gewonnene Zimtsäure reinigt man durch Umkrystallisieren aus heißem, sehr verdünntem Alkohol. Fast geruchlose Krystalle; *Schmelzp.* 133°; *Kp* 300°. Verwendung als Ausgangsmaterial für Bromstyrol und Zimtsäureester.

Zimtsäuremethylester, $C_6H_5 \cdot CH:CH \cdot CO_2 \cdot CH_3$. Krystalle von süßem, orangenblütenähnlichem, balsamischem Geruch; *Schmelzp.* 36°; *Kp* 256–263°.

Zimtsäureäthylester. Flüssigkeit von ähnlichem Geruch wie der Methylester. *Kp* 271°.

Zimtsäurelinalylester. Flüssigkeit von Liliengeruch.

Zimtsäurebenzylester, Cinnamein, $C_6H_5 \cdot CH:CH \cdot CO_2 \cdot CH_2 \cdot C_6H_5$, Vorkommen im Storaxöl, Tolubalsam und Perubalsam. Krystalle von schwachem aromatisch-balsamischem Geruch; *Schmelzp.* 39°; *Kp* 335–340° (Zers.); Kp_5 195–200°. Verwendung als sog. künstlicher Fixateur (s. d.).

Cinnamylcinnamat, Styracin, $C_6H_5 \cdot CH:CH \cdot CO_2 \cdot CH:CH \cdot C_6H_5$. Krystalle von schwach zimt- und bittermandelartigem Geruch mit blumiger rosenartiger Note, *Schmelzp.* 44°. Verwendung als sog. Fixateur (s. d.).

Salicylsäureester sind schwer verseifbar und daher zur Seifenparfümierung sehr geeignet.

Salicylsäuremethylester, künstliches Wintergreenöl, Gaultheriaöl, $C_6H_4(OH)\cdot CO_2\cdot CH_3$, entsteht durch Spaltung aus dem Glucosid „Gaultherin" und ist einer der im Pflanzenreich am weitesten verbreiteten Riechstoffe. Farblose Flüssigkeit von durchdringendem, charakteristischem Geruch, Kp 222⁰; D_{15}^{15} 1,189. Verwendung auch wegen seiner antiseptischen Eigenschaften zu Mundpflegemitteln.

Salicylsäureäthylester, $C_6H_4(OH)\cdot CO_2\cdot C_2H_5$, frisch blumig, orangenblütenähnlich riechende Flüssigkeit. Kp 233,5—234⁰; D_{15} 1,1372.

Salicylsäureisoamylester, $C_6H_4(OH)\cdot CO_2\cdot C_5H_{11}$. Unter dem Namen Orchidée, Trèfle, Trefol u. a. im Handel befindliche, zu den bekanntesten Riechstoffen zählende Flüssigkeit von orchideenartigem, vollem Blumengeruch. Kp_{743} 276—277⁰; Kp_{15} 151—152⁰; D_{15} 1,049—1,055; nD_{20} 1,505—1,508.

Salicylsäurephenyläthylester, $C_6H_4(OH)CO_2\cdot CH_2\cdot CH_2\cdot C_6H_5$. Flüssigkeit von rosen- und nelkenartigem Geruch. Kp_3 180⁰.

Anissäuremethylester, $CH_3O\cdot C_6H_4\cdot CO_2\cdot CH_3$. Blumig-anisartig riechende Krystalle, Schmelzp. 45—46⁰; Kp 255⁰.

Heptincarbonsäuremethylester, $CH_3\cdot(CH_2)_4\cdot C\vdots C\cdot CO_2\cdot CH_3$, gehört zu der Reihe der interessanten rein synthetischen Riechstoffe, zu deren Darstellung als Ausgangsmaterial für die Technik das Ricinusöl dient.

Der durch Destillation des Ricinusöls erhaltene Önanthaldehyd (2,5 kg) oder Heptylaldehyd $CH_3\cdot CH_2\cdot CH_2\cdot CH_2\cdot CH_2\cdot CH_2\cdot CHO$ (s. S. 804) wird durch Behandlung mit Phosphorpentachlorid (5 kg) in Heptylidendichlorid $C_6H_{13}\cdot CHCl_2$ verwandelt, dieses durch Einwirkung von Ätzkali in Heptylidenmonochlorid $C_5H_{11}\cdot CH\vdots CHCl$ übergeführt. Das so erhaltene Monochlorid (2 kg) wird nun mit 1,060 kg Natriumamid 10ʰ auf 165—168⁰ erhitzt, wodurch in derselben Operation Heptin und Heptinnatrium entstehen. $C_5H_{11}\cdot CH\vdots CHCl + 2\,NaNH_2 = C_5H_{11}\cdot C\vdots C\cdot Na + NaCl + 2\,NH_3$.

Letztere Verbindung wird sodann durch Einleiten von Kohlendioxyd in das Reaktionsgemisch in das Natriumsalz der Heptincarbonsäure übergeführt. Nach Ansäuern mit verdünnter Mineralsäure und Verestern mit Methylalkohol und Schwefelsäure entsteht der Heptincarbonsäuremethylester.

Flüssigkeit, deren starker Geruch in Verdünnung an grüne Veilchenblätter und Gurken erinnert. Kp_{15} 85—86⁰. $D_4^{12,8}$ 0,9335; $nD_{12,3}$ 1,45092.

Wie Heptincarbonsäuremethylester gehören auch Heptincarbonsäureamylester (Kp_{20} 148⁰; D_0 0,911), Octincarbonsäuremethylester (Kp_{14} 126 bis 128⁰; D_0 0,922), Octincarbonsäureäthylester (Kp_{19} 122⁰; D_0 0,933) (in analoger Weise aus dem bei der Destillation der Ricinusölseifen erhaltenen Methylhexylketon [s. d.] gewonnen), Nonincarbonsäuremethylester (Kp_{19-21} 133—135⁰, D_0 0,926), Nonincarbonsäureäthylester (Kp_{19-21} 143—146⁰; D_0 0,917), Decincarbonsäuremethylester (Kp_{20} 107⁰) und Decincarbonsäureäthylester (Kp_{18} 115—117⁰) zu den sog. Veilchengrünriechstoffen. Vgl. MOUREU, D. R. P. 133 631.

Brenzschleimsäure, Furan-α-carbonsäure, Schmelzp. 132⁰. Ihre Ester zeichnen sich durch angenehmen Geruch aus. Ihre lange Haftbarkeit spricht für ihre Eignung als sog. Fixateure (s. d.).

$$\begin{array}{l} CH\vdots CH \\ | \qquad \qquad \searrow O \\ CH\vdots CH{-}CO_2H \end{array}$$

Brenzschleimsäureisoamylester, $C_4H_3O\cdot CO_2\cdot C_5H_{11}$. Flüssigkeit von birnenartigem Geruch; Kp_{11} 110⁰; D_{20}^{20} 1,0367 (NAKAI, Biochem. Zeitschr. 152, 258 [1924]). n-Butylester Kp 83—84⁰; n-Amylester Kp_1 95—97⁰; n-Hexylester Kp_1 105—107⁰; n-Heptylester Kp_1 116—117⁰; n-Octylester Kp_1 126—127⁰; sek. Hexylester Kp_1 67—69⁰; sek. Hexylester Kp_1 86—88⁰. Die Geruchsnote wird durch den verwendeten Alkohol bestimmt (ZANETTI und BECKMANN, Journ. Amer. chem. Soc., 48, 1067 [1926]; MINER, A. P. 1 617 412 [1927]).

Methylphenylglycidsäureäthylester kommt meist unter Phantasienamen, vor allem der irreführenden Bezeichnung „Aldehyd C_{16}", oder Erdbeeraldehyd in den Handel. Er entsteht bei der Kondensation von Acetophenon mit Monochloressigsäureester unter dem Einfluß von Alkali in absolutem Alkohol. Stark erdbeerartig riechende Flüssigkeit. Ähnliche Riechstoffe entstehen als Zwischenprodukte bei dem auf dieser Kondensation beruhenden Aufbau von Aldehyden (s. Phenylacetaldehyd und Methylphenylacetaldehyd).

$C_6H_5\cdot C\cdot(CH_3)\cdot CH\cdot CO_2\cdot C_2H_5$

Everninsäureäthylester wurde aus alkoholischen Lösungen des Eichenmoosöls isoliert (WALBAUM und ROSENTHAL, B. 57, 770 [1924]; PFAU, B. 57, 468 [1924]), in denen es wahrscheinlich aus primär vorhandener Everninsäure entstanden war. Krystalle von anisartigem Geruch, Schmelzp. 76⁰.

Zweibasische Säuren und deren Ester s. Fixateure, S. 849.

Höhere Dicarbonsäuren s. Muscon (S. 830) und Zibeton (S. 831).

VII. Lactone.

Die Lactone haben im letzten Jahrzehnt an Bedeutung gewonnen und gehören wie die aliphatischen Aldehyde zu den Hauptobjekten der spekulativen Synthese der neueren Zeit. Anregend für die Technik wurde besonders einerseits die Tatsache, daß man in sehr stark und charakteristisch riechenden Produkten, die unter dem falschen Namen „Aldehyde" im Handel auftauchten (Aldehyd C_{14}!), sehr bald Lactone erkannte, die zur Nachbildung und zur eingehenden Bearbeitung dieser Körperklasse reizten, ferner die interessante Entdeckung durch KERSCHBAUM (B. 60, 902 [1927]), daß als Geruchsträger der vegetabilischen Moschusgerüche Lactone mit großen Ringen anzusprechen sind.

Die Zahl der in der Industrie dargestellten Lactone nimmt andauernd zu; sie werden zum Teil in Kompositionen und unter Phantasienamen in den Handel gebracht und ihre Zusammensetzung möglichst geheimgehalten.

γ-Heptolacton, $C_7H_{12}O_2 = CH_3 \cdot (CH_2)_2 \cdot CH \cdot CH_2 \cdot CH_2 \cdot CO$. Darstellung aus

$$\underset{\text{\textbar}\_\_\_\_\_\text{O}\_\_\_\_\_\text{\textbar}}{}$$

β,γ-Heptensäure (aus α-Bromheptylsäureäthylester durch Erhitzen mit Chinolin auf 180° neben α,β-Heptensäure) bei Einwirkung von Schwefelsäure (RUPE, RONUS und LOTZ, *B.* **35**, 4265 [1902]) oder aus γ-Bromheptylsäure nach FITTIG und SCHMIDT (*A.* **255**, 80 [1889]). Cumarinartig riechende Flüssigkeit, Kp_{11} 111°.

γ-Nonalacton, $C_9H_{16}O_2 = CH_3 \cdot (CH_2)_4 \cdot CH \cdot CH_2 \cdot CH_2 \cdot CO$. Darstellung

nach BLAISE und KOEHLER (*Compt. rend. Acad. Sciences* **148**, 1772 [1909]) durch Kochen von Nonanol-7-säure, welche man bei der Kondensation von Heptylaldehyd und Malonsäure erhält, mit 50%iger Schwefelsäure unter Umlagerung. Flüssigkeit von starkem Cocosgeruch; Kp 137–138°.

γ-Undecalacton, $C_{11}H_{20}O_2 = CH_3 \cdot (CH_2)_6 \cdot CH \cdot CH_2 \cdot CH_2 \cdot CO$, wurde von

BLAISE und HOUILLON (*Bull. Soc. chim. France* **33**, 928 [1905]) durch Erhitzen von Undecylensäure mit konz. Schwefelsäure dargestellt und kam bis in die letzte Zeit unter dem irreführenden Namen »Aldehyd C_{14} oder Pfirsichaldehyd« in den Handel.

Technische Darstellung: 100 Tl. Undecylensäure (aus Ricinusöl) und 100 Tl. genau 80%ige Schwefelsäure werden während 6ʰ bei 80° durch Rühren gut vermischt (vgl. JONKOFF und CHESTAKOFF, Journ. Phys. chim. Russe **40**, 830 [1908]). Das Reaktionsgemisch wird vorsichtig in Wasser gegossen und nach dem Waschen mit kaltem Wasser nochmals mit warmem Wasser verrührt. Das Lacton wird sodann durch Extraktion mit Benzol gewonnen und durch Destillation im Vakuum gereinigt. Ausbeute: 50% d. Th.

Sehr stark fruchtig-fettig, in der Verdünnung pfirsichartig riechende Flüssigkeit. Kp_{10} 155°; D_{15} 0,950; kaum flüchtig mit Wasserdampf, löslich als Salz der Oxysäure in Alkalien, aus welchen es durch Ansäuern wiedergewonnen werden kann.

Undecalacton ist ein sehr wertvoller Riechstoff und leistet bei der Herstellung von Blumen- und Phantasiekompositionen in der Parfümerie wertvolle Dienste; wegen seiner Aufdringlichkeit muß es jedoch sehr vorsichtig (in Bruchteilen von Prozenten) angewendet werden.

Pentadecanolid, Exaltolid, $C_{15}H_{28}O_2 = CH_2 \cdot (CH_2)_{13} \cdot CO$, ist das intra-

molekulare Anhydrid der Oxypentadecylsäure, welche in den hochsiedenden Anteilen des Angelicawurzelöls vorkommt (CIAMICIAN und SILBER, *B.* **29**, 1811 [1896]; KERSCHBAUM, *B.* **60**, 902 [1927]) und dessen Anwesenheit in diesem Öl ebenfalls anzunehmen ist.

Darstellung nach *D. R. P.* 449 217 [1926] von HAARMANN & REIMER durch Behandeln von Brom-15-pentadecansäure-1 mit Silberoxyd, oder durch Erhitzen der Metallsalze der Säure in einem indifferenten Lösungsmittel oder im Vakuum.

RUZICKA und STOLL (*Helv. chim. Acta* **11**, 1159; **13**, 146) gelangten zum Pentadecanolid, indem sie auf Cyclopentadecanon (Exalton) (s. S. 830) in Benzollösung bei 30° das berechnete Gewicht Monosulfopersäure (nach BAEYER und VILLIGER, *B.* **32**, 3625; **33**, 862) langsam unter guter Kühlung (Temp. 50°) einwirken ließen und das nach 2stündiger Reaktion durch Eingießen in Eiswasser abgeschiedene Peroxyd abtrennten. Aus diesem ließ sich nach Waschen mit Äther, Trocknen und Destillieren sowie Abtrennen von unverändertem Cyclopentadecanon als Semicarbazon durch wiederholtes Fraktionieren im Vakuum das Pentadecanolid (Exaltolid) gewinnen (*Schweiz. P.* 128 466 [1927] von NAEF & CO.).

Krystallmasse von moschus- und ambraähnlichem Geruch. Kp_{11} 171–174°; *Schmelzp.* 31–32°; D_4^{32} 0,9383; n_{D41} 1,4633. Es ist gegen verdünnte Alkalien selbst beim Erwärmen noch ziemlich widerstandsfähig. In alkoholischer Lösung läßt es sich zu Pentadecanol-15-carbonsäure-1, *Schmelzp.* 82–83°, verseifen.

Ambrettolid, $C_{16}H_{28}O_2 = CH_2 \cdot (CH_2)_7 \cdot CH : CH \cdot (CH_2)_5 \cdot CO$, ist das riechende

Moschusprinzip des Moschuskörneröls (aus Hibiscus Abel moschus) und stellt das erste Beispiel des Vorkommens großer heterocyclischer Ringsysteme in Pflanzen-produkten dar. Die Lactonanordnung als Geruchsträger des vegetabilischen Moschus-duftes findet ihre Parallele in der Ketonanordnung der Geruchsträger animalischer Moschusprodukte (Muscon, Zibeton). Ambrettolid ist von KERSCHBAUM (*B.* **60**, 902 [1927]) aus dem Moschuskörneröl (0,3 %) isoliert worden.

Man entfernt mittels verdünnter kalter Natronlauge die freien Fettsäuren und erhält beim Destillieren des Rückstandes eine Fraktion Kp_{10} 140—180°, aus welcher man durch vorsichtige Ver-seifung der vorhandenen Ester mit kalter Natronlauge (2tägiges Stehenlassen) und Ausäthern ein Ge-misch von Farnesol und Ambrettolid gewinnt. Durch Behandeln mit Phthalsäureanhydrid läßt sich ersteres entfernen; aus dem Rückstand wird durch Fraktionierung das Lacton gewonnen.

Künstliche Darstellung nach *D. R. P.* 449217 [1926] von HAARMANN & REIMER, Erfinder KERSCH-BAUM: Zur Darstellung der Lactone C_{12} bis C_{16} werden die entsprechenden endständig halogensub-stituierten Fettsäuren in die Silbersalze verwandelt, die im Vakuum oder in neutralem Lösungsmittel (Xylol) beim Erhitzen unter Abspaltung von Halogensilber den Lactonring bilden.

Moschusartig riechende Flüssigkeit. Konstanten des Rohprodukts: Kp_{16} 185 bis 190°; D_{20} 0,938.

Ambrettolid hydrolysiert sich leicht zu Ambrettolsäure, welche ihrerseits beim Erhitzen mit Säuren oder im Vakuum in das Lacton übergeht. Durch Reduktion von Ambrettolid · mit Platinmohr in saurem Medium entsteht Dihydroambrettolid $C_{16}H_{30}O_2$ (s. u.).

Hexadecanolid, Dihydroambrettolid, $C_{16}H_{30}O_2 = CH_2 \cdot (CH_2)_{14} \cdot CO$, ent-
$$\underline{\qquad\qquad O \qquad}$$
steht durch Reduktion von Ambrettolid mit Platinmohr in saurem Medium (KERSCH-BAUM, *B.* **60**, 902 [1927]) oder nach RUZICKA und STOLL (*Helv. chim. Acta* **11**, 1159 [1928]) aus Cyclohexadecanon mittels CAROscher Säure (Monosulfopersäure), *Schweiz. P.* 128 466 [1927]; vgl. Darstellung von Pentadecanolid.

Schmelzp. 33—34°; Kp_{15} 187—188°; Geruch nach Dihydroziboton.

Cumarin, $C_9H_6O_2$, kommt in den Tonkabohnen (1,5 %), den Blättern von Liatris odoratissima, im Waldmeister, als dessen „riechendes Prinzip" es bekannt ist, im Steinklee, in den Datteln, im Perubalsam, im Lavendelöl sowie in zahlreichen Pflanzen vor, zum Teil nicht fertig gebildet, sondern erst durch fermentative Spaltung entstehend (BOURQUELOT und HÉRISSEY, *Compt. rend. Acad. Sciences* **170**, 1445 [1920]). Der Geruch entsteht daher vielfach erst beim Trocknen des Pflanzenmaterials (Heu).

Technische Darstellung. Nach der PERKINschen Synthese (*A.* **147**, 230 [1868]; *B.* **8**, 159) werden 3 Tl. Salicylaldehyd, 5 Tl. Essigsäureanhydrid und 4 Tl. Natriumacetat 24ʰ unter Rückfluß-kühlung bei vollständiger Abwesenheit von Wasser (wesentlich!) gekocht. Man setzt zweckmäßiger-weise als Katalysator Jod (0,75 Tl.) zu (HIBBERT, *Amer. Chem. Soc.* **37**, 1748 [1915]; YANAGASIVA und KONDO, Journ. Pharm. Soc. Japan 1921, Nr. 472; *Chem. Ztrbl.* 1921, III, 953); die Erhitzungsdauer kann dann verkürzt werden. Nach dem Abkühlen läßt man kurz vor dem Erstarren die Masse in Wasser ab. Das Rohcumarin setzt sich als braune, halbfeste Masse ab, welche durch Vakuumdestil-lation und Krystallisation aus Alkohol gereinigt wird.

Auf Reinheit der Ausgangsmaterialien sowie auf Reinigung des erhaltenen Cumarins muß besonderer Wert gelegt werden, da Cumarin hartnäckig organische Verunreinigungen zurückhält, welche den Geruch beeinträchtigen.

Nach LOOMIS, *A. P.* 1 437 344 [1922], wird das Rohcumarin in Kalkmilch heiß gelöst; man filtriert, engt die Lösung ein und fällt mit Salzsäure. Technisch wichtig ist auch die Darstellung über die o-Cumarsäure, die nach *D. R. P.* 189 252 aus dem Kondensationsprodukt von Salicylaldehyd und Cyanessigsäure (o-Oxybenzylidencyanessigsäure) entsteht. Nach *D. R. P.* 440 341 [1924] der *I. G.* wird o-Cumarsäure in Gegenwart geringer Mengen von Quecksilbersalzen beim Erhitzen bis zu 75 % in Cumarin verwandelt.

Cumarin bildet farblose Krystalle von angenehmem, in starker Verdünnung heu-artigem Geruch; *Schmelzp.* 69°; Kp 290—291°; es läßt sich unzersetzt sublimieren und ist in kaltem Wasser schwer, in siedendem Wasser leichter löslich; mit Wasser-dämpfen schwer flüchtig, besser mit überhitztem Wasserdampf.

Cumarin ist seines frischen, süßen, heuartigen und sehr anhaftenden Geruchs wegen ein zur Darstellung wohlriechender Kompositionen und von Fruchtessenzen (Waldmeister) vielfach angewendeter Handelsartikel.

Dihydrocumarin, Melilotin, $C_9H_8O_2$, steht in enger Beziehung zum Cumarin, zu welchem es durch Erhitzen mit Schwefel oder Kochen im Sauerstoffstrom dehydriert und aus welchem es seinerseits durch Reduktion mit Wasserstoff und Nickelkatalysator (*D. R. P.* 355 650 [1922] der TETRALIN G. M. B. H.) oder mit Zink und Natronlauge (FRIES und FICKEWIRTH, *A.* 362, 35 [1908]) gewonnen werden kann; die zugehörige Oxysäure (Melilotsäure), *Schmelzp.* 82—83°, kommt an Cumarin gebunden und frei im Steinklee vor. Auch das Vorkommen von Melilotin im Steinklee ist wahrscheinlich. Krystalle von weichem, cumarinähnlichem Geruch. *Schmelzp.* 25°; *Kp* 272°. Bietet in der Anwendung keine Vorteile vor Cumarin.

5-Methylcumarin, $C_{10}H_8O_2$ (auch 6-Methylcumarin bezeichnet), Krystalle von starkem Cumarin- und Cocosgeruch; *Schmelzp.* 75°; Kp_{19} 190—200°.

Darstellung aus p-Kresol oder p-Kresoldisulfonsäure und Fumarsäure durch Kondensation mit Schwefelsäure oder anderen Kondensationsmitteln bei 130—180° (PONNDORF, *D. R. P.* 338 737, 362 751, 362 752) oder nach CHUIT und BÖLSING (*Bull. Soc. chim. France* 35, 76 [1906]), durch Kondensation von Homo-p-salicylaldehyd (aus p-Kresol nach TIEMANN und REIMER) mit Malonsäure mittels Anilins oder Piperidins bei 130° zu 5-Methyl-cumarincarbonsäure, welche beim Erhitzen auf 300—310° unter Wasserabspaltung 5-Methylcumarin bildet.

Verwendung in der Parfümerie- und Nahrungsmittelindustrie.

4-Methoxy-cumarin, Umbelliferon-methyläther, $C_{10}H_8O_3$. Vorkommen im Bruchkraut (Herniaria hirsuta L.), Kamillenextraktöl, Lavendelconcrète (5 %), (PFAU, Perf. essent. oil Rec. 18, 205 [1927]; ELLMER, Riechstoffindustrie 1927, 206), aus deren ätherischen Lösungen die Verbindung durch Ausschütteln mit *konz.* Baryt-hydratlösung gewonnen werden kann (Riechstoffindustrie l. c.). Weiße Krystalle, *Schmelzp.* 117,5°, von schwachem Geruch, die beim Lösen in Alkohol, stärker beim Erwärmen, einen wachsartigen Cumarinduft entwickeln; beim Lösen in Schwefelsäure tritt blaue Fluorescenz auf. Umbelliferon-methyläther spielt eine wichtige Rolle als natürlicher Fixateur.

4,6-Dimethoxy-cumarin, Citrapten, $C_{11}H_{10}O_4$, kommt im gepreßten Citronenöl vor. *Schmelzp.* 146—147°. Ohne technische Bedeutung.

Alantolacton, im Handel unter dem Namen Helenin bekannt, ist der Hauptbestandteil des Alantwurzelöls. Farblose, prismatische Nadeln vom *Schmelzp.* 76°; sublimiert bei gelindem Erwärmen. *Kp* 275° unter Zersetzung. Fast unlöslich in heißem Wasser, in organischen Lösungsmitteln leicht löslich. Das Alantolacton wird in der Medizin als inneres Antisepticum verwendet.

VIII. Oxyde.

Cineol, Eucalyptol, $C_{10}H_{18}O$. Vorkommen in einer großen Anzahl Eucalyptusöle, als Hauptbestandteil im Öl von Eucalyptus globulus (70 %), im Cajeputöl, Niaouliöl und Wurmsamenöl und in größerer oder kleinerer Menge in vielen anderen Ölen. Aus cineolreichen Ölen wird die Verbindung durch Fraktionierung und weiter durch Krystallisation in der Kälte gewonnen. Kleine Mengen Cineol werden durch die Chlor- oder besser Bromwasserstoffverbindung isoliert und diese dann mit Wasser zerlegt. Künstlich erhält man Cineol beim Kochen von Terpineol oder Terpinhydrat mit verdünnten Säuren. Farblose, optisch inaktive, sehr stark und charakteristisch riechende Flüssigkeit, die in der Kälte krystallisiert. E_p um +1°; *Schmelzp.* zwischen +1 und 1,5°; Kp_{764} 176—177°; D_{15} 0,928—0,930; $n_{D_{20}}$ 1,456—1,459; löslich in etwa 12 *Vol.* 50 % igem, etwa 4 *Vol.* 60 % igem und 1,5—2 *Vol.* 70 % igem Al.

Cineol besitzt eine große Additionsfähigkeit an alle möglichen Körper; die Additionsprodukte mit Bromwasserstoff (*Schmelzp.* 56—57°), Phosphorsäure, Arsensäure, Ferrocyanwasserstoffsäure, α- und β-Naphthol, Jodol (*Schmelzp.* 112°) und Resorcin können zum Nachweis und zur Isolierung verwendet werden. Durch Oxydation mit Kaliumpermanganat in der Wärme entsteht Cineolsäure, *Schmelzp.* 197°. Quantitative Bestimmung durch Ausfrieren in einzelnen Fraktionen und Wiegen (Destillationsmethode), nach der Resorcinmethode (s. SCHIMMEL, Ber. 1926, 52), nach der Cresineolmethode (COCKING, Perf. Rec. 11. 281 [1920]), der Naphtholmethode (WALKER, Journ. chem. Ind. 42, 497 [1925]) und durch Bestimmung des E_p (KLEBER und VON RECHENBERG, *Journ. prakt. Chem.* [2], 101, 171 [1921]).

Anwendung in der Kosmetik für Mundpflegemittel und als Antisepticum in der Medizin äußerlich und innerlich.

IX. Stickstoffhaltige Verbindungen.

Ammoniak, NH_3, besitzt in verdünntem (gasförmigem oder wässerigem) Zustand eine anregende Wirkung auf Nasenschleimhäute, die durch seine Verwendung in Riechsalzen, insbesondere in Verbindung mit Lavendelöl, zur Auswertung gebracht wird (s. Parfümerie, Bd. VIII, 303).

Blausäure, *HCN*, tritt bei der Destillation zahlreicher Pflanzen infolge von Spaltung der in diesen enthaltenen Glucoside auf. Sie ist giftig und gibt den sie enthaltenden Ölen einen charakteristischen Geruch und Geschmack. Die bekanntesten derartigen Öle sind das Bittermandelöl und das Kirschlorbeeröl.

Nitrobenzol, Mirbanöl (s. Bd. II, 269).

Anthranilsäuremethylester. Vorkommen im Neroliöl, Tuberosenöl, Ylang-Ylang-Öl, spanischen Orangenblütenöl, süßen Pomeranzenschalenöl, Bergamottblätteröl, Jasminblütenöl, Gardeniaöl. Der Ester kann durch Ausschütteln mit verdünnter Schwefelsäure aus den Ölen isoliert werden (s. Quantitative Bestimmung). Darstellung durch Veresterung von Anthranilsäure mit Methylalkohol mittels Schwefelsäure oder Salzsäure (ERDMANN, *B.* 32, 1215 [1899]; *D. R. P.* 110 386). Krystalle von charakteristischem, in verdünntem Zustande an Orangenblüten erinnerndem Geruch. *Schmelzp.* 24−25⁰; Kp_{14} 132⁰; D_{15} 1,168. Verfärbt sich leicht am Licht. Die Lösungen zeigen starke blaue Fluorescenz.

Quantitative Bestimmung in ätherischen Ölen nach HESSE und ZEITSCHEL (*B.* 34, 296) durch Abscheidung des im Äther unlöslichen Sulfats und Titration desselben mit *KOH*-Lauge (vgl. auch *Journ. prakt. Chem.* [2] 64, 246 [1901] oder nach ERDMANN (*B.* 35, 24) durch Diazotierung des mit verdünnter Säure ausgeschüttelten Esters und Titration mit alkalischer β-Naphthol-Lösung (Farbstoffbildung und Tüpfelprobe).

Anthranilsäureäthylester, *Schmelzp.* 13⁰; *Kp* 226−268⁰, Anthranilsäureisobutylester, D_{15} 1,0668 und Anthranilsäuregeranylester, Kp_4 188⁰, sind ebenfalls orangeblütenähnlich duftende Riechstoffe.

Methylanthranilsäuremethylester. Vorkommen im Mandarinenöl. Darstellung durch Veresterung von Methylanthranilsäure. Krystalle von schwerem, etwas indolartigem, in Verdünnung fruchtigem Geruch. *Schmelzp.* 18,5−19,5⁰; Kp_{15} 130 bis 131⁰; D_{15} 1,120.

Quantitative Bestimmung wie Anthranilsäuremethylester, Bestimmung neben diesem durch Kombination der Methoden von HESSE und der ERDMANN-Methode.

Die Anthranilsäure- und Methylanthranilsäureester haben die Eigenschaft, sich mit Aldehyden, wie Phenylacetaldehyd, Hydroxycitronellal u. a., zu SCHIFFschen Basen zu kondensieren, welche harzartige Flüssigkeiten von angenehmem, orangenblütenartigem, langhaftendem Duft und zäher Konsistenz darstellen. Sie kommen unter Namen wie Aurantiol, Aurantin, Auranol, Londoflor, Orangeol, Orangeamin in den Handel und sind wertvolle Riechstoffe mit fixierenden Eigenschaften.

Indol, C_8H_7N, s. Bd. VI, 256.

Zur quantitativen Isolierung aus ätherischen Ölen dient das Pikrat (rote Nadeln), welches nach HESSE (*B.* 32, 2615 [1899]) beim Zusatz von Pikrinsäure zu indolhaltigem Öl entsteht und vermittels Petroläthers abgeschieden werden kann.

Skatol, C_9H_9N, 3-Methylindol, s. Bd. VI, 258, bildet neben Zibeton eine der Geruchskomponenten des Zibets. Weiße Blättchen von starkem Fäkalgeruch; *Schmelzp.* 95⁰; *Kp* 265−266⁰. Chlorhydrat, 2 $C_9H_9N \cdot HCl$, *Schmelzp.* 167−168⁰; Pikrinsäureverbindung *Schmelzp.* 172−173.

In sehr geringer Menge zugesetzt, verleihen Skatol und Indol Blumenkompositionen eine natürliche Fülle und Abrundung.

3-Methoxy-2-methylamino-benzoesäuremethylester, Damascenin. Vorkommen im Nigellaöl (aus Samen von Nigella Damascena). Künstliche Darstellung aus 8-Methoxychinolin über das Additionsprodukt mit Dimethylsulfat und dessen Oxydationsprodukt Formyldamasceninsäure, welche beim Kochen mit Methylalkohol und Salzsäure in Damascenin übergeht (KAUFMANN und ROTHLIN, *B.* 49, 580 [1916]). Flüssigkeit von angenehmem Blütengeruch; *Schmelzp.* 24−25⁰; Kp_{17} 156−157⁰; Kp_{750} 270⁰.

Künstliche Moschusriechstoffe. Diese sind durch das Vorhandensein mehrerer Nitrogruppen in einem mit anderen Gruppen bereits substituierten Benzolkern charakterisiert. Sie verdanken ihre Entstehung einer zufälligen Beobachtung von A. Baur, daß beim Nitrieren von Isobutyltoluol ein Produkt entsteht, das einen starken, dem natürlichen Moschus ähnlichen Geruch besitzt und sich als Trinitrobutyltoluol erwies. Bald wurde seine praktische Bedeutung erkannt und die Herstellung in allen Ländern patentiert. Die verschiedenen Patente nebst Zusatzpatenten wurden in der Folge von der »Soc. des Produits chimiques de Thann et de Mulhouse« übernommen und die Produkte unter dem Namen »Musc Baur« in den Handel gebracht (*D.R.P.* 47599, 62362, 72998, 77299, 84336; s. auch *B.* 16, 2559; 24, 2832; 31, 1344; 32, 3647). In der Technik werden heute von den vielen moschusartigen Verbindungen vor allem dargestellt: 1. Xylolmoschus, 2. Ketonmoschus, 3. Ambrettemoschus.

1. Xylolmoschus. Diese Bezeichnung ist nicht ganz genau, denn auch die zweite Art, der Ketonmoschus, hat den Xylolkern als Skelett. Zur Gewinnung wird m-Xylol mit Isobutylchlorid oder Butylen zu Pseudobutyl-m-xylol kondensiert und dieses dann durch Nitrierung in Trinitropseudobutyl-m-xylol übergeführt.

Darstellung des Pseudobutylxylols. Zweckmäßig erfolgt die Darstellung in 8 Glasballons oder eisernen, emaillierten kleinen Kesseln von je 10 *l* Inhalt, von welchen jeder mit einem Rückflußkühler versehen ist, und die untereinander durch Glas- bzw. Bleiröhren so verbunden sind, daß ein Chlorwasserstoffstrom in den ersten Ballon geleitet, von dort in den zweiten, dann in den dritten u. s. w. gelangen kann, mit der Maßnahme, daß, wenn der Inhalt des ersten Ballons mit Salzsäuregas gesättigt ist, der Ballon aus dem System ausgeschaltet oder vielmehr an die letzte Stelle geschaltet werden kann. Alle Ballons oder Kessel ruhen in genügend großen Schüsseln, um bei Eintreten der Reaktion mit Eiswasser kühlen zu können. Auf diese 8 Gefäße verteilt man gleichmäßig: 15,0 *kg* Isobutylchlorid, 45,0 *kg* m-Xylol, 0,3 *kg* Aluminiumchlorid (subl.), 0,12 *kg* mittels Ligroin entölte Aluminiumdrehspäne. In dieses Gemisch leitet man 2ʰ lang einen durch *konz.* Schwefelsäure getrockneten Strom von Chlorwasserstoff. Nach kurzer Zeit beginnt eine äußerst heftige Reaktion, die durch Kühlen des Ballons gemäßigt werden muß. Die Temperatur darf im Reaktionsgemisch 67° (Thermometer im Ballon) nicht übersteigen. Wenn die Reaktion nachläßt, stellt man den Salzsäuregasstrom ab (nach 2ʰ) und erhitzt weitere 2ʰ im Wasserbad. Hierauf gießt man den Inhalt aller Reaktionsgefäße auf Eiswasser, trennt die Ölschicht von der wässerigen Schicht, wäscht erstere mit verdünnter Salzsäure, dann mit Wasser, Sodalösung und schließlich wieder mit Wasser, trocknet über entwässertem Natriumsul·at und unterwirft die Ölschicht der fraktionierten Destillation. Die bei der ersten Destillation erhaltene Fraktion vom *Kp* 196—212° (14,74 *kg*) ergibt bei nochmaliger Rektifikation im Vakuum mit nur sehr wenig Verlust ein reines Pseudobutylxylol.

Nitrierung des Pseudobutylxylols. In einem gußeisernen, emaillierten Rührwerkskessel von etwa 100 *l* Inhalt, der mit einem Rückflußkühler verbunden ist, versetzt man 22,5 *kg* rauchende Salpetersäure ganz allmählich aus einem Tropftrichter unter beständigem Rühren mit 10 *kg* reinem Pseudobutylxylol. Die Temperatur darf nur wenige Grade steigen. Wenn die erforderliche Menge Pseudobutylxylol eingetragen ist, fügt man ebenfalls sehr langsam unter Rühren 25,0 *kg* rauchende Schwefelsäure (25% *SO₃*) hinzu. Ist nunmehr das gesamte Reaktionsgemisch im Kessel, so erwärmt man es 3ʰ auf 70°, worauf man vorsichtig auf Eis gießt. Am nächsten Tage hebt man den gebildeten Krystallkuchen ab und krystallisiert ihn aus seiner 4fachen Gewichtsmenge Benzol, dann aus seinem 8fachen Gewicht Alkohol (95%) um. So erhält man 13,7 *kg* eines konstant bei 113° schmelzenden, hellgelben Xylolmoschus.

Nach Treff (*Ztschr. angew. Chem.* 39, 1306 [1926]) existiert Xylolmoschus in 2 Modifikationen, einer stabileren, *Schmelzp.* 112—113°, und einer labileren, *Schmelzp.* 105—106°. L. Givaudan & Co. benutzen die Eigenschaft der niedriger schmelzenden, beim Erhitzen in die höher schmelzende überzugehen, zur Reinheitsbestimmung (Rev. des marques de la Parf. 6, 118 [1928]). Nach den gleichen Autoren müssen einige Körner Xylolmoschus, in 1—2 Tropfen Benzol gelöst und mit 5—10 *cm³* kaltem Alkohol versetzt, auf Zusatz von 1 oder 2 Tropfen 15%iger Natronlauge farblos bleiben.

2. Ketonmoschus. Diese Verbindung wird erhalten, indem man Pseudobutylxylol durch Behandeln mit Acetylchlorid in Pseudobutylxylylmethylketon überführt und dieses nitriert.

Pseudobutylxylylmethylketon. In einem geräumigen emaillierten Rührwerkskessel von etwa 200 *l* Inhalt mit großem Kühler löst man 15 *kg* Butylxylol in 120 *kg* Schwefelkohlenstoff und fügt 13,5 *kg* frisches wasserfreies Aluminiumchlorid hinzu. In dieses Gemisch läßt man unter beständigem Rühren und guter Wasserkühlung aus einem Tropftrichter ganz langsam 10,5 *kg* Acetylchlorid zufließen. Hierauf erwärmt man langsam auf 45—50° und steigert, wenn der Chlorwasserstoffstrom aufgehört hat, für einige Minuten die Temperatur bis auf 60°. Dann läßt man erkalten und gießt auf Eiswasser. Nach dem Trennen der Schichten wird die Schwefelkohlenstoffschicht mit verdünnter Salzsäure, dann mit Wasser, Sodalösung und wieder mit Wasser gewaschen und schließlich destilliert. Vorerst geht bis 100⁰ nur Schwefelkohlenstoff über, von 100—130⁰ ein Gemisch von diesem mit unverändertem Butylxylol; dann läßt man erkalten, schließt das Vakuum an und destilliert den Rest über. Diese letzte Fraktion wird in Eis abgekühlt, wodurch das Pseudobutylxylylmethylketon kristallinisch abgeschieden wird. *Kp* 265⁰; *Schmelzp.* 48⁰ (*B.* 31, 1346).

Nitrierung des Pseudobutylxylylmethylketons. In einem emaillierten Nitrierkessel von etwa 100 *l* Inhalt, der so in einen andern schmiedeeisernen Kessel gebaut ist, daß man bequem den Zwischenraum zwischen den beiden Kesseln mit zerkleinertem Eis ausfüllen kann, und der bereits 40 *kg* rauchende Salpetersäure enthält, fügt man, nachdem die Säure auf —5⁰ abgekühlt worden ist, ganz allmählich 4 *kg* des kristallisierten Pseudobutylxylylmethylketons hinzu, wobei die Temperatur auf keinen Fall über —5⁰ steigen darf. Wenn das Keton völlig eingetragen ist, rührt man noch ¹/₂ʰ, gießt das Reaktionsprodukt auf Eiswasser, trennt den abgeschiedenen Krystallkuchen, wäscht ihn bis zur neutralen Reaktion mit kaltem Wasser, trocknet ihn durch Absaugen und krystallisiert ihn schließlich aus seinem 5fachen Gewicht Alkohol (95%) um. Nach der ersten Krystallisation schmilzt das Produkt bei 132—134⁰. Krystallisiert man ihn auf die gleiche Weise nochmals um, so erhält man einen scharf bei 136⁰ schmelzenden Ketonmoschus. Ausbeute: 45% der angewandten Pseudobutyl-xylolmenge.

3. Ambrettemoschus, $C_6H(CH_3)(OCH_3)(NO_2)_2[C(CH_3)_3]$. Diese Verbindung entsteht durch Kondensation von m-Kresolmethyläther mit Pseudobutylchlorid und Nitrierung des entstehenden Pseudobutyl-m-kresolmethyläthers.

m-Kresolmethyläther. In einem mit gutem Rückflußkühler versehenen Rührwerkskessel von etwa 100 *l* Inhalt neutralisiert man 10,8 *kg* m-Kresol durch Hinzufügen von 12,8 *kg* Natronlauge von 36%. Wenn das Reaktionsgemisch genügend abgekühlt ist, läßt man unter stetem Rühren aus einem Tropf-trichter langsam 12,9 *kg* Dimethylsulfat hinzulaufen. Während des Eintragens von Dimethylsulfat soll die Temperatur 30⁰ nicht überschreiten; dann wird noch 1ʰ lang auf 75⁰ erwärmt, hierauf ungefähr 10 *kg* Wasser hinzugesetzt und das Gemisch einer Wasserdampfdestillation unterworfen. In der Vorlage sammelt sich am Boden der entstandene m-Kresolmethyläther. Nach einer Rektifikation ist der Äther für die weiteren Operationen verwendbar.

Pseudobutyl-m-kresolmethyläther. In einer Serie Glasballons von 8 *l* Inhalt mit rundem Boden und starker Wandung, die durch Eismischung abgekühlt werden und durch Zu- und Ableitungsrohre so untereinander in Verbindung stehen, daß ein Vakuum in allen Ballons gleichzeitig hergestellt werden kann, verteilt man gleichmäßig 24 *kg* m-Kresolmethyläther und 3,2 *kg* Aluminium-chlorid. Dann stellt man in dem Ballonsystem ein Vakuum her und läßt aus Tropftrichtern eine Mischung von 8 *kg* m-Kresolmethyläther mit 16 *kg* Pseudobutylchlorid zufließen. Wenn alles einge-tragen ist, läßt man unter Aufrechterhaltung der Eiskühlung und der Luftverdünnung das Reaktions-gemisch so lange im Kontakt, bis es krystallisiert. Nun hebt man das Vakuum auf, trägt kleine Eis-stücke in die Krystallmasse ein, fügt dann Wasser mit Salzsäure zu, um ev. entstandene basische Alu-miniumsalze zu lösen, entfernt durch Abhebern die wässerige saure Schicht, wäscht die entstandene Ölschicht mit Wasser, Sodalösung, wieder mit Wasser, trocknet über wasserfreiem Natriumsulfat und unterwirft das Öl einer Destillation im Vakuum. *Kp* des Butylderivats 228⁰.

Nitrierung. In einem emaillierten Nitrierkessel von etwa 200 *l* Inhalt, mit Einrichtung zur Eiskühlung versehen, kühlt man 14 *kg* Essigsäureanhydrid bis auf —5⁰ ab. Hierzu fügt man in der weiter unten beschriebenen Weise 15 *kg* Pseudobutylkresolmethyläther, in 21 *kg* Essigsäureanhydrid gelöst, und 60 *kg* rauchende Salpetersäure. Die Nitrierung selbst geschieht nun in folgender Weise: Man füllt die Mischung Butylkresolmethyläther-Essigsäureanhydrid in einen Tropftrichter und die rauchende Salpeter-säure in einen zweiten. Zu Beginn öffnet man die Hähne der Tropftrichter so, daß gleichzeitig von beiden Flüssigkeiten einige Tropfen in den Nitrierkessel, dessen Rührwerk bereits in Tätigkeit gesetzt worden ist, gelangen. Die Temperatur darf nicht über 0⁰ steigen. Ist so alles in den Nitrierkessel eingetragen, so wird kurze Zeit auf 25⁰ erwärmt und dann auf Eis gegossen. Hierbei bilden sich glänzende, bläulich schimmernde, harte Körner, die man mit lauwarmem Wasser wäscht, was auf großen Nutschen erfolgen kann. Nun schüttet man diese körnige Krystallmasse in einen emaillierten geräumigen Kessel, überschichtet sie mit Wasser und unterwirft das Ganze einer Wasserdampfdestillation. Hierbei werden die Verunreinigungen übergetrieben, während der rohe Ambrettemoschus im Kessel zurückbleibt. Nach dem Erkalten entfernt man das Wasser durch Ablassen oder Abhebern und löst den Rückstand in lauwarmem Benzol. Das Mononitroprodukt wird abfiltriert, aus dem Filtrat das Benzol in schwachem Vakuum abdestilliert und der ölige Rückstand in seinem 4fachen Gewicht Alkohol (95%) heiß gelöst. Der beim Erkalten auskrystallisierende Ambrettemoschus wird nochmals aus der gleichen Menge Alkohol umkrystallisiert. So gewonnen, schmilzt er bei 85⁰. Die Ausbeute beträgt gewöhnlich 45% des angewandten Pseudobutylkresolmethyläthers.

Mononitrodibrombutyl-m-kresolmethyläther entsteht nach *Schw. P.* 101 398 [1921] der CHEM. FABRIK FLORA beim Behandeln von Dibrombutyl-m-kresol-methyläther mit Salpeterschwefelsäure bei 5—10⁰. Nach Ambra riechender Körper, *Schmelzp.* 100⁰, der als Fixateur (s. d.) dienen kann.

Chinolinderivate. Während Chinolin (Bd. **III,** 198) als Riechstoff keine Bedeutung hat, finden einige seiner Derivate in der Parfümerie Verwendung.

7-Methyl-chinolin (m-Toluchinolin), $CH_3 \cdot C_6H_3NC_3H_3$, gelbliches Öl von fliederartigem Geruch. Kp_{747} 260⁰, D_{20} 1,0722.

8-Methyl-chinolin (p-Toluchinolin), Öl von fliederartigem Geruch mit zibet-artiger Note.

Tetrahydro-p-methylchinolin, Öl von fliederartigem Geruch mit stark fäkalartiger Note. Es kann als nicht verfärbender Ersatz für Indol und Skatol in Blumenkompositionen Verwendung finden.

Außer den besprochenen können eine ganze Reihe anderer stickstoffhaltiger Verbindungen mehr oder weniger als Riechstoffe angesprochen und verwendet werden.

Es seien genannt das bei der Destillation von Kressearten entstehende Benzylcyanid, welches synthetisch dargestellt als Zwischenprodukt für die Phenylessigsäure- und Phenyläthylalkoholfabrikation von Bedeutung ist, das als Zersetzungsprodukt höherer Stickstoffverbindungen vorkommende, widerlich riechende Trimethylamin (im Weißdorn, in der Birnenblüte, in der Heringslake), das Diphenylamin von blumigem Geruch, das n-Propyl-p-toluidin von kümmelartigem Geruch, das α-Naphthylamin von fäkalartigem, an Zibet erinnerndem Geruch. α-Phenylpyridin von angenehmem Blumengeruch, ferner Pyrrolidin und die alkylsubstituierten Pyrrolidine, wie Methylpyrrolidin und o- und p-Nitrobenzylpiperidin von angenehmem Blumengeruch (vgl. BURGER, Riechstoffind. 1927, 102; 110).

X. Schwefelhaltige Verbindungen.

Schwefelhaltige Verbindungen treten mitunter in ätherischen Ölen oder deren Destillationswässern auf, zum Teil wohl als Zersetzungsprodukte. Als solche sind zu nennen:

Schwefelwasserstoff, H_2S, im Destillat von Anis und Kümmel. Schwefelkohlenstoff, CS_2, im Öl des schwarzen Senfs. Dimethylsulfid, im amerikanischen Pfefferminzöl, im Reunion- und afrikanischen Geraniumöl. Vinylsulfid, $(C_2H_3)_2S$ im Bärlauchöl.

Auch im Knoblauch-, Zwiebel- und Asantöl kommen schwefelhaltige Verbindungen vor (wahrscheinlich Allyldisulfid, $C_3H_5 \cdot S_2 \cdot C_3H_5$, und Allylpropyldisulfid, $C_3H_5 \cdot S_2 \cdot C_3H_7$).

Allylisothiocyanat, Allylsenföl oder Senföl, $CH_2:CH \cdot CH_2 \cdot NSC$, ist der Hauptbestandteil der Senföle. Das ätherische Senföl (s. d., S. 773) besteht fast ganz aus Allylisothiocyanat. Kp 150,7°; D_{10} 1,0173. Die technische Herstellung erfolgt durch Einwirkung von Allylbromid auf Kaliumrhodanid (TOLLENS, A. 156, 158).

Andere in der Natur vorkommende Senföle sind das Isothiocyanpropenyl, $CH_3 \cdot CH:CH \cdot NSC$, das sekundäre Butylsenföl, $CH_3 \cdot CH_2 \cdot CH(CH_3) \cdot NSC$, das Crotonylsenföl, $CH_3 \cdot CH: :CH \cdot CH_2 \cdot NSC$, das Benzylsenföl, $C_6H_5 \cdot CH_2 \cdot NSC$, das Phenyläthylsenföl, $C_6H_5 \cdot CH_2 \cdot \cdot CH_2 \cdot NSC$, und das Oxybenzylsenföl, $C_6H_4(OH) \cdot CH_2 \cdot NSC$. Alle diese Körper sind ursprünglich als Glucoside in der Pflanze vorhanden und werden unter der Einwirkung ihrer Enzyme bei Gegenwart von Wasser abgespalten (s. Fermentationsprozesse, S. 754).

Die genannten Schwefelverbindungen zeichnen sich ebenso wie die Mercaptane durch höchst widerwärtigen, die Senföle durch einen scharfen Geruch aus.

Durch eingehende Studien hat M. DYSON (Perf. Essent. oil. Rec. **19**, 3; 88; 171; 341) gezeigt, wie der Geruch von Senfölen durch Einführung verschiedener Gruppen (Halogen, CH_3, NO_2) in günstigem Sinne beeinflußt werden kann.

2-Phenylbenzothiazol, $C_{13}H_9NS$. Darstellung aus Benzylanilin durch Erhitzen mit Schwefel von $180-220°$ bis zum Aufhören der Schwefelwasserstoffentwicklung (HOFMANN, *B.* **12**, 2360; **13**, 1223 [1880]). Farblose Nadeln von rosen- und geraniumähnlichem Geruch. *Schmelzp.* 115°; Kp 360°.

Ähnlichen Geruch besitzen nach BOGERT und STULL (Amer. Perf. **20**, 453 [1925]) das 2-Tolyl-, das α-Furyl- und besonders das α-Thienylbenzothiazol.

Es sei ferner auf das Vorkommen von Schwefelverbindungen im Aromaöl des gerösteten Kaffees hingewiesen und die Verwendungsmöglichkeit der Reaktionsprodukte heterocyclischer Mercaptane, insbesondere von Furfurylmercaptan mit aliphatischen Ketonen, Diketonen und Aldehyden zur Bildung von künstlichem Kaffeearoma (INTERNATIONALE NAHRUNGS- UND GENUSSMITTELGESELLSCHAFT A. G., Schaffhausen, *E. P.* 246 454 [1926]; *E. P.* 260 960 [1928]; *Schweiz. P.* 128 720, 130 605, 130 606, 130 607, 130 608; *D. R. P.* 489 613). Ein derartiges Produkt wird von HAARMANN & REIMER unter dem Namen Coffarom in den Handel gebracht und dient in fettlöslicher Form zur Aromatisierung von Kakao, Schokolade u. s. w., in wasserlöslicher Form für die Herstellung von Syrupen, Likören und Zuckerwaren.

Fixateure.

Die Frage der sog. Fixierung von Gerüchen ist in den letzten Jahren immer mehr in den Vordergrund des Interesses getreten; denn die Parfümerieindustrie und nicht zuletzt der Verbraucher verlangt mehr denn je nicht nur Wohlgerüche, sondern auch lange Haftbarkeit derselben auf dem benetzten Gegenstand. Schwerflüchtige Riechstoffe schließen diese Eigenschaft in sich ein; viele Riechstoffe genügen jedoch, was Dauerhaftigkeit anbetrifft, den Anforderungen nicht. Man hat daher nach Mitteln gesucht, auch diesen größere Haftbarkeit zu verleihen und zu diesem Zweck den Zusatz der verschiedenartigsten Körper zu den betreffenden Riechstoffmischungen empfohlen. Die Eigenschaft, leichtflüchtige Riechstoffe zurückzuhalten bzw. ihre Verdunstung zu verzögern, nennt man Fixiervermögen, die Körper, welche diese Wirkung ausüben, Fixateure. Man glaubte solche Mittel gefunden zu haben in schwerflüchtigen, alkohollöslichen Körpern, durch deren Zusatz nach dem DALTONschen Gesetz die Dampftension des Gemisches unter diejenige der am leichtesten flüchtigen Komponente heruntergedrückt wird.

Durch diese Verschiebung der physikalischen Eigenschaften wird eine Überlagerung der Verdunstungsphasen und damit ein einheitlicherer Geruchseffekt erzielt. Der Duft wird abgerundet.

Um eine merkliche fixierende Wirkung zu erzielen, darf im Zusatz solcher Mittel nicht unter ein gewisses Maß heruntergegangen werden; andererseits werden sie, falls sie einen Eigengeruch besitzen, einen Einfluß auf die Geruchsnuance der zu fixierenden Riechstoffe ausüben, durch welche der zuzusetzenden Menge eine Grenze gesetzt wird.

Einer ganzen Reihe von Riechstoffen werden mitunter fixierende Eigenschaften zugesprochen, während sie tatsächlich durch ihren Eigengeruch wirken. Dies gilt von verhältnismäßig schwerflüchtigen Körpern, wie Vanillin, Cumarin, Salicylsäuremethylester, Zimtaldehyd, Heliotropin, den Fettaldehyden u. a.; ferner von ätherischen Ölen, wie Patschuliöl, Costuswurzelöl, Vetiveröl u. a.

Man hat das Ideal der Fixateure in möglichst geruchlosen, hochsiedenden, schwerflüchtigen Produkten gesucht und als solche eine Reihe von synthetischen Körpern, vorzugsweise Ester, empfohlen und ihre Verwendung zum Teil durch Patente geschützt. Als solche seien genannt:

Benzylalkohol; Benzylbenzoat; Benzylsalicylat; Benzylcinnamat (Cinnamein); Acetylsalicylsäure und deren Ester (SACHSE, *D. R. P.* 288 952); Bernsteinsäurediäthylester; Citronensäuretriäthylester; Citronensäuretribenzylester (HEFTI und SCHILTI, *D. R. P.* 414 190 [1923]); Phthalsäuredimethyl- und -äthylester (HESSE, *D. R. P.* 227 667; Solvarom, *Agfa*); Phthalsäuredibutylester (*Du Pont, A. P.* 1 554 032 [1920]); Glycerinacetat (Triacetin); Gerbsäure (BRÄUNER, *D. R. P.* 314 829); Brenzschleimsäureester; Myristinsäureester; substituierte Glykolsäureester (DR. SCHMITZ, *D. R. P.* 221 854); Adipinsäureester des Äthyl- und Amylalkohols sowie des Cyclohexanols (TETRALIN G. M. B. H., *D. R. P.* 373 219 [1921]); Sebacinsäuremethyl- und -äthylester (s. sek. Octylalkohol); Benzoesäure- und Phthalsäureester des Cyclohexanols (FINOW METALL- UND CHEMISCHE FABRIKEN, *D. R. P.* 415 237 [1923]); Benzoesäure- und Phthalsäureester der hexahydrierten Kresole (FINOW METALL- UND CHEMISCHE FABRIKEN, *D. R. P.* 406 106); Verseifungsprodukte der ganz oder teilweise hydrierten oder polymerisierten Sperm- und Döglingöle (*Riedel, D. R. P.* 441 630 [1926]); die Ester organischer Oxysäuren, die bei der Herstellung von Nahrungs- und Genußmitteln verwendet werden, z. B. Äthyllactat (WATKINS und THOMSON, *A. P.* 1 602 183 [1925]); Ester aus hydrierten aromatischen Alkoholen und aliphatischen Monocarbonsäuren mit mehr als 7 Kohlenstoffatomen, z. B. Cyclohexylstearat, *Schmelzp.* 25°; Kp_8 232 (SCHAAK, *A. P.* 1 697 295).

Diese und ähnliche Körper werden außer als Fixateure meist auch als Lösungsmittel für Riechstoffe empfohlen. Als solche leisten sie sehr gute Dienste, indem sie zur Homogenisierung von Riechstoffgemischen beitragen und die Lösung schwerlöslicher Riechstoffe wie der künstlichen Moschusarten befördern, ferner als Füll- und Verdünnungsmittel für stärkere Riechstoffe, künstliche Blütenöle und speziell für Seifenöle. Sie finden zum Teil (insbesondere die Ester, wie Bernsteinsäure-, Citronensäure- und Phthalsäureester, Glycerinacetat u. a.) im Handel mit ätherischen Ölen auch betrügerische Anwendung, indem durch ihren Zusatz infolge ihrer hohen Verseifungszahl bei kleinem Molekulargewicht der Estergehalt der betreffenden Öle erhöht und dem oberflächlich analysierenden Chemiker ein hoher natürlicher Estergehalt vorgetäuscht wird.

Als Fixateure haben diese Verbindungen die seit alters als solche benutzten Naturprodukte nicht verdrängen können. Die Wachs- und insbesondere die harzartigen Bestandteile des Tier- und Pflanzenreiches, auf deren fixierende Eigenschaften bei der Beschreibung der natürlichen Riechstoffkomplexe bereits hingewiesen worden ist (S. 778), stellen noch immer die wertvollsten Fixateure für die Parfümerie dar. Während es jedoch früher dem Parfümeur überlassen blieb, sich diese in Form von alkoholischen Infusionen oder Tinkturen aus den betreffenden Drogen selbst herzustellen, hat sich die Riechstoffindustrie heute in ganz großem Maßstabe der Aufgabe zugewandt, aus den Naturprodukten oder aus Destillationsrückständen die Harzprodukte in *konz.* Form herzustellen, welche als Resine, Resinoide (s. S. 778) oder unter anderen Bezeichnungen (Extrodore, Sapofixine [HEINE], Fixoresine [SCHIMMEL], Fixophore [*J. G.*] u. a.) in den Handel kommen und für die feinere Parfümerie und Seifenindustrie unentbehrlich sind.

D. Künstliche Darstellung von Riechstoffkomplexen.

Die Erforschung der Zusammensetzung natürlicher Riechstoffkomplexe, die auch vor den kompliziertesten ätherischen Ölen und vor noch wertvolleren Produkten, wie den Blütenölen (s. S. 777), nicht haltgemacht hat, hat nicht nur zur Entdeckung zahlreicher wertvoller Einzelriechstoffe geführt, sie hat auch die Grundlagen zum künstlichen Aufbau der natürlichen Riechstoffkomplexe durch künstliches Zusammenfügen der ermittelten Einzelbestandteile geliefert. Die Erkenntnis, daß oft auch geringe Mengen eines Riechstoffs charakteristisch für den Gesamtgeruch sein können, haben immer aufs neue zur Forschung auf diesem Gebiete angeregt. Die künstliche Nachbildung natürlicher Riechstoffkomplexe hat die mit letzteren weniger gesegneten Länder unabhängiger von dem Import natürlicher Riechstoffe gemacht. Trotzdem aber hat die Produktion der natürlichen Riechstoffe durch diese Konkurrenz der synthetischen durchaus nicht abgenommen. Im Gegenteil führte der durch die künstlichen Öle erzielte Fortschritt zu einer Vermehrung der Produktion in der Blütenindustrie. Es werden die Kunstprodukte gemeinsam mit den Naturprodukten angewendet, um gute Wirkungen in der Parfümerie zu erzielen.

Die Ergebnisse der ersten wissenschaftlichen Arbeiten über die Zusammensetzung komplizierterer natürlicher Riechstoffkomplexe wurden durch sog. Verwendungspatente geschützt. Im folgenden werden einige klassische Beispiele derselben angeführt.

Künstliches Cassieblütenöl besteht nach SCHIMMEL & Co. (*D. R. P.* 139 635, 150 170) aus: Salicylsäuremethylester, Benzylalkohol, Linalool, Geraniol, Terpineol, Jonon (α und β bzw. einem Gemisch beider), Iron, Cuminaldehyd, Decyl- (Octyl-, Nonyl-) aldehyd, Eugenol, Eugenolmethyläther, Benzaldehyd, Anisaldehyd.

Künstliches Citronenöl (HEINE & CO., *D. R. P.* 134 788) wird erhalten, wenn man einem Gemisch von Limonen, Phellandren, Citral, Citronellal, Geraniol, Geranylacetat, Linalool, Linalylacetat normalen Octylaldehyd oder normalen Nonylaldehyd oder ein Gemisch beider zusetzt.

Künstliches Jasminblütenöl (HEINE & Co., *D. R. P.* 119 890, 132 425, 139 822, 139 869). Man erhält dieses Öl durch Mischen von 0,03 *kg* Jasmon, 0,550 *kg* Benzylacetat, 0,150 *kg* Linalylacetat, 0,100 *kg* Linalool, 0,025 *kg* Indol, 0,005 *kg* Anthranilsäuremethylester, 0,140 *kg* Benzylalkohol. An Stelle des Indols können auch seine charakteristisch riechenden Derivate, wie Methylketol, Methylindol, Skatol, Propyldimethylindol, Propyläthylindol, Benzylmethylindol, Allylmethylindol verwendet werden.

Künstliches Rosenöl. Das von SCHIMMEL & Co. (*D. R. P.* 126 736) hergestellte Produkt enthält 80 Tl. Geraniol, 10 Tl. Citronellol, 1 Tl. Phenyläthylalkohol, 2 Tl. Linalool, 0,25 Tl. Citral, 0,5 Tl. Octylaldehyd. Das *D. R. P.* 155 287 (HEINE & Co. schützt die Verwendung von Nerol zur Darstellung von künstlichem Rosenöl.

Künstliches Mandarinenöl (SCHIMMEL & Co., *D. R. P.* 125 308). Man mischt 800 *g* d-Limonen, 250 *g* Dipenten, 1 *g* Decylaldehyd, 2 *g* Nonylaldehyd, 4 *g* Linalool, 3 *g* Terpineol und 40 *g* Methylanthranilsäuremethylester.

Künstliches Orangenblütenöl (Neroliöl) erhält man nach E. u. H. ERDMANN (*D. R. P.* 122 290) durch Vermischen von Anthranilsäuremethylester, Limonen, Linalool, Linalylacetat, Geranylformiat und Citral. *D. R. P.* 139 822 (HEINE & Co.) schützt den Zusatz von 0,30 % Indol und Phenyläthylalkohol zu obiger Mischung (an Stelle von Geranylformiat wird Geraniol verwendet).

Künstliches Ylang-Ylang-Öl (SCHIMMEL & Co., *D. R. P.* 142 859). 250 Tl. Linalool, 130 Tl. Geraniol. 50 Tl. Cadinen, 2 Tl. Eugenol, 10 Tl. p-Kresolmethyläther, 60 Tl. Benzoesäuremethylester, 150 Tl. Benzylalkohol, 100 Tl. Benzylacetat, 67 Tl. Benzoesäurebenzylester, 20 Tl. Isoeugenol, 1 Tl. Kresol, 40 Tl. Isoeugenolmethyläther, 100 Tl. Eugenolmethyläther, 20 Tl. Salicylsäuremethylester und 0,5 Tl. Anthranilsäuremethylester.

Künstliches Zimtöl (Ceylon-) (SCHIMMEL & Co., *D. R. P.* 134 789) ist ein Gemisch von Zimtaldehyd (Hauptbestandteil). Phellandren, Eugenol, n-Amylmethylketon, Nonylaldehyd, Cuminaldehyd, Caryophyllen, Linalool und Isobuttersäureester des Linalools. Neben diesem für die Bildung des Ceylonzimtölaromas wichtigen Bestandteil kann man zur Verfeinerung des Geruchs die übrigen Bestandteile des natürlichen Ceylonzimtöls zusetzen: Cymol, Benzaldehyd, Phenylpropylaldehyd, Furfurol, Pinen und Eugenolmethyläther.

Die Verfahren und Rezepte zur Herstellung der Kompositionen sind natürlich erschöpfend nicht bekanntgeworden. Mit wachsenden Ansprüchen wurden die ursprünglich recht groben Kompositionen immer mehr verfeinert, wobei an die Seite des Aufbaus auf Grund des wissenschaftlichen Befundes das intuitive Komponieren von Gerüchen durch die Nase trat. Zu den künstlichen Blüten- und ätherischen Ölen traten Phantasiekompositionen, die sich zum Teil an bekannte Geruchstypen der Parfümerie, wie Chypre, Fougère, Cuir de Russie, Ideal u. a., anlehnten und mit deren Schaffung ein Teil der bisher dem Parfümeur vorbehaltenen Arbeit in die Riechstoffabriken verlegt wurde.

Die Schaffung von neuen und interessanten künstlichen Riechstoffkomplexen gehört heute zu den wichtigsten und einträglichsten Aufgaben der Riechstoffindustrie.

Das grundlegende Arbeitsprinzip der Riechstoffindustrie ist aber für die Zukunft wie bisher die planmäßige Erforschung der natürlichen Riechstoffindividuen und -komplexe und deren Herstellung auf chemischem Wege.

Wirtschaftliches[1]. Die Welterzeugung von natürlichen ätherischen Ölen während der letzten Jahre wird auf 20—22 Million. *kg* im Werte von 200—250 Million. RM. geschätzt (Näheres über die einzelnen Länder vgl. ZANDER, Weltproduktion und Welthandel von ätherischen Ölen, sowie *Chemische Ind.* 1927, 1176 ff.; 1928, 2 ff.). Die Welterzeugung von synthetischen Riechstoffen einschließlich künstlicher ätherischer Öle dürfte sich in der Größenordnung von 100 Million. RM. bewegen.

Von den wichtigeren Erzeugungsländern führen nur die Vereinigten Staaten eine Produktionsstatistik über synthetische Riechstoffe. Dort betrug 1929 die Produktion von »Flavors« (Riechstoffe für Essenzen u. dgl.) 2,25 Million. lbs. im Werte von 3,5 Million. $. In dieser Menge sind enthalten 337 083 lbs. Vanillin und 1,51 Million. lbs. Methylsalicylat. Die Produktion von Parfümriechstoffen aus Steinkohlenteer war 1,5 Million. lbs. im Werte von 1,08 Million. $.

Beträchtliche Mengen synthetischer Riechstoffe werden von den beiden wichtigsten Erzeugerländern Deutschland und Frankreich ausgeführt.

Ausfuhr synthetischer Riechstoffe.

Jahr	Deutschland		Frankreich	
	dz	1000 RM.	dz	1000 Fr.
1928	10 102	9035	4733	35 124
1929	10 356	9453	4730	40 778
1930	9 207	8653	5271	56 547

Literatur: ASCHAN, Naphthenverbindungen, Terpene und Campherarten. Berlin-Leipzig 1929 — ASKINSON, Die Parfümeriefabrikation. Wien-Leipzig 1905. — BOURNOT, Ätherische Öle mit Einschluß der Parfüme (aus GRAEFES Handbuch der organischen Warenkunde). Stuttgart 1929. — HARTELT, Die Terpene und Campher. Heidelberg 1908. — CRAVERI, Essenze naturali, Milano 1927. — CZAPEK, Biochemie der Pflanze. Jena 1905. — COLA, Dictionnaire de chimie des parfums. Paris 1927. — DELANGE, Essences naturelles et parfums. Paris 1930. — CHARABOT et GATIN, Le parfum chez la plante. Paris 1908. — COHN (COHN und RICHTER), Die Riechstoffe. Braunschweig 1924. — DURVELLE, Fabrication des essences. Paris 1930. — FÖLSCH, Die ätherischen Öle. Wien, Leipzig 1930. — FOUQUET, La technique moderne et les formules de la parfumerie. Paris 1929. — GILDEMEISTER (GILDEMEISTER und HOFFMANN), Die ätherischen Öle. III. Bd., 3. Aufl. Miltitz 1928—1931. — GATTEFOSSÉ, Nouveaux parfums synthétiques. Paris 1927. — Derselbe, Distillation

---

[1] Bearbeitet von DR. F. SCHAUB.

des plantes aromatiques. Paris 1926. – GANSWINDT, Die Riechstoffe. Leipzig 1922. – HESSE, Über die Entwicklung der Industrie der ätherischen Öle in Deutschland in den letzten 25 Jahren. Festschrift Otto Wallach. Göttingen 1909. – HEUSLER, Terpene. Braunschweig 1896. – HUBERT, Plantes à parfums. Paris. 1909. – JEANCARD, Les parfums. Paris 1927. – KNOLL (KNOLL und WAGNER), Synthetische und isolierte Riechstoffe. Halle 1928. – KLIMONT, Die synthetischen und isolierten Aromatica. Leipzig 1899. – LEIMBACH, Die ätherischen Öle. Halle 1910. – MÜLLER, Internationale Riechstoffkodex. Berlin 1929. – OTTO, L'industrie des parfums. Paris 1924. – PARRY, The chemisry of essential oils and artificialperfumes. London 1921. – PIESSE, Chimie des parfums et fabrication des essences. Paris 1922. – POUCHER, Perfumes. Cosmetics and Soaps. London 1929. – RECHENBERG, Einfache und fraktionierte Destillation in Theorie und Praxis. Miltitz 1923. – ROCHUSSEN, Die ätherischen Öle und Riechstoffe. Berlin 1920. – SEMMLER, Die ätherischen Öle. Leipzig 1906/07. – SIMON, Laboratoriumsbuch für die Industrie der Riechstoffe. Halle 1930. – WALLACH, Terpene und Campher. Leipzig 1914. – WAGNER, Die Riechstoffe und ihre Derivate. Wien-Leipzig 1929/30. – Derselbe, Die ätherischen Öle. Leipzig 1925.

Zeitschriften: Die Riechstoffindustrie; München. – Die Deutsche Parfumerie-Zeitung, Berlin. – Die Seifensieder-Zeitung (Der Parfumeur), Augsburg. – La parfumerie moderne, Lyon. – Revue de la parfumerie et des industries qui s'y rattachent, Paris. – Les parfums de France, Grasse. – Perfumery and Essential oil record, London. – The American Perfumer and Essential oil review, New-York. – Rivista italiana delle essenze e profumi, Milano. *A. Ellmer (A. Hesse†, A. Ellmer und R. Haarmann).*

Rigalit (SIMONS CHEMISCHE FABRIK, Berlin). Paraffin vom *spez. Gew.* 0,88 als Abführmittel. *Dohrn.*

Riganfarbstoffe (*Ciba*) dienen zur gleichmäßigen Anfärbung streifiger Kunstseide. Im Handel sind: Rigan-blau G, R, 2 R, 5 R, -grau GB, -grün G und -marineblau G, R. *Ristenpart.*

Riopan (BYK-GULDENWERKE A. G., Berlin) enthält Alkaloide von Radix Ipecacuanhae, bereitet nach *D. R. P.* 267 219. Bräunliches Pulver, löslich in Wasser. Anwendung als Brechmittel; in Tabletten zu 0,5—1 *mg.* *Dohrn.*

Risofarin (DIAMALT A. G., München) s. Bd. **V**, 709.

Ristin (*I. G.*), 25 % ige Alkohol-Glycerin-Lösung des Monobenzoesäureesters des Äthylenglykols. Herstellung nach *D. R. P.* 245 532 durch Einwirken von Äthylenchlorhydrin auf Natriumbenzoat. Farblose, ölige Flüssigkeit, leicht löslich in organischen Lösungsmitteln, schwer löslich in Wasser. Äußerliche Anwendung bei Scabies und sonstigen parasitären Hauterkrankungen. Flaschen mit 175 *cm³*. *Dohrn.*

Rivanol (*I. G.*), 2-Äthoxy-6,9-diaminoacridinlactat. Herstellung nach *D. R. P.* 360 421 durch Umsetzen von 2,6,9-Äthoxynitrochloracridin mit Ammoniak und nachfolgende Reduktion des entstandenen 2,6,9-Äthoxynitroaminoacridins. Das Lactat ist ein gelbes, krystallinisches Pulver, schwer löslich in Wasser. Anwendung als Antisepticum bei Abscessen, Furunkeln u. s. w., zu Spülungen 1:500 bis 1000, als 1 % ige Salbe und Paste. Tabletten zu 0,004 und 0,1 *g.* Rivanoletten sind Rivanol-Gelatinekapseln bei Amöbendysenterie 0,025 *g.* *Dohrn.*

Robural (DR. REISS, CHEMISCHE FABRIK, Berlin) ist ein Gemisch von Calcium-, Strontium-, Eisen-, Mangansalzen, Phosphaten, Kieselsäure, Eiweiß, Lecithin, Vitaminen, Kakao. Kräftigungsmittel. *Dohrn.*

Roccellin (*Ciba, Sandoz*), L (*Geigy*) ist gleich Echtrot A (Bd. **IV**, 102). Ähnlich ist die Marke G (*Ciba*); s. auch Bd. **II**, 30. *Ristenpart.*

Roebaryt (FAHLBERG, LIST & CO., Saccharinfabrik A. G., Magdeburg). Wohlschmeckendes Bariumsulfatpräparat als Röntgenkontrastmittel, oral und rectal. *Dohrn.*

Rohrzucker s. Zucker.

Rongalit s. Bd. **VI**, 216.

Röntyum (SCHERING-KAHLBAUM A. G., Berlin) ist Bariumsulfat mit einem Schutzkolloid. Anwendung als Röntgenkontrastmittel für Magendarmkanal. *Dohrn.*

Rosanthrenfarbstoffe (*Ciba*) sind substantive, zum Diazotieren und Entwickeln mit β-Naphthol oder Pyrazolonen geeignete I-Säure-Azofarbstoffe (Bd. II, 38). Die Marken AWL, GWL, RWL, LW extra, B, CB, R geben ein wasch- und säureechtes Rot. Die neueren Marken BN, 3 BN, RN haben noch verbesserte Wasch-, Schweiß- und Säurekochechtheit. Rosanthren-bordeaux B, 1904; -brillantrot BR ist besonders lebhaft und farbkräftig. Im Handel sind ferner: Rosanthren-brillantorange 4 R; -orange R, 1909; -rosa, 1905; -violett 5 R und die lichtechten -lichtbordeaux 2 Bl, Bl und -lichtrot 7 Bl; alle Rosanthrenfarbstoffe mit Ausnahme der älteren Marken AWL, GWL, RWL, LW extra und CB und des -brillantorange und -brillantrot sind mit Hydrosulfit ätzbar (s. auch Bd. II, 38, 39).   *Ristenpart.*

Rose bengale (*Geigy*), G (*I. G.*) ist gleich B e n g a l r o s a N extra (Bd. II, 205); B *konz.* ist eine neuere Marke der *I. G.*   *Ristenpart.*

Roseïn ist eine Legierung für Juwelierarbeiten aus 40% *Ni*, 30% *Al*, 20% *Sn* und 10% *Ag*, die sich durch schöne Farbe und Widerstandsfähigkeit auszeichnet.
          E. H. Schulz.

Rosenöl s. Riechstoffe, Bd. IX, 771.

Rosindulin 2 G, von HEPP 1890 erfunden, entsteht nach *D. R. P.* 67198 durch Erhitzen des Natriumsalzes der Phenylrosindulin-n-6-sulfosäure bzw. -trisulfosäure mit Wasser unter Druck, wobei die *NH₂*-Gruppe durch *OH* ersetzt und mit der Azoniumgruppe ein inneres Anhydrid, das Rosindon, gebildet wird (s. Bd. II, 14). Man erhält so gut gleichfärbende Scharlach von guter Licht- und Säureechtheit auf Wolle, die Baumwolleffekte weiß lassen. *Ristenpart.*

Rösten ist die Bezeichnung für die Erhitzung der verschiedenartigsten Materialien (meist unter Zuführung von Luft) in geeigneten Apparaten, wodurch sie für die Weiterverarbeitung geeignet gemacht werden. Beim Rösten der Erze wird durch Erhitzen auf bestimmte Temperaturen eine chemische oder physikalische Veränderung hervorgerufen. Vgl. Antimon, Bd. I, 523; Blei, Bd. II, 404; Eisen, Bd. IV, 206; Gold, Bd. VI, 14; Kupfer, Bd. VII, 115; chlorierende Röstung, Bd. VII, 185; Nickel, Bd. VIII, 112; Quecksilber, Bd. VIII, 589; Silber, Schwefelsäure, Zink, Zinn. Ebenda auch die Beschreibung der in Betracht kommenden Vorrichtungen. Über Rösten von Stärke s. Dextrin, Bd. III, 628; über Rösten von Kaffee Bd. VI, 300; von Kakao Bd. VI, 306; von Malz Bd. VI, 302. Die Flachsröste (Bd. V, 382) ist kein Rösten im vorbezeichneten Sinne, sondern ein Gärungsprozeß.
          F. Ullmann.

Rosten und Rostschutzmittel. Unter Rosten versteht man die Umwandlung von metallischem Eisen in Eisenhydroxyd durch Luftsauerstoff und Feuchtigkeit und allgemein die Zerstörung von Eisen durch chemische Einflüsse. Im weiteren Sinn kann man auch die durch gleiche Ursachen verschuldete Korrosion anderer Metalle, z. B. Aluminium, als Rosten bezeichnen.

Im Gegensatz zu dem an sich begieriger mit Sauerstoff zusammentretenden Aluminium, welches sich gewöhnlich mit einer gut schützenden feinen Oxydhaut bekleidet, ist die das Eisen überziehende Rostschicht porös und saugt wie ein Schwamm Feuchtigkeit auf, so daß die Zerstörung immer weiter fortschreiten und, wenn ihr nicht Einhalt getan wird, unter ungünstigen Umständen starke Eisenteile völlig zerfressen kann. Z. B. werden dicke Gußeisenrohre in moorigem Erdreich in wenigen Jahren in einen Teig verwandelt, den man mit dem Messer schneiden kann.

Für das Rosten ist die Gegenwart von Sauerstoff und flüssigem Wasser notwendig. In trockener Luft rostet Eisen bei gewöhnlicher Temperatur nicht, in feuchter Luft erst dann, wenn sich flüssiges Wasser auf dem Eisen niederschlägt. Je größer die durchschnittliche Feuchtigkeit der Luft ist und je öfter die Temperatur unter den Taupunkt sinkt, umso rascher werden eiserne Geräte angefressen. Der Kohlensäure der Luft hat man früher besondere Bedeutung für das Rosten beigemessen; sie wird aber an Schädlichkeit weitaus durch die schweflige Säure übertroffen.

Den Angriff des Eisens durch Wasser und wässerige Lösungen haben besonders E. HEYN und O. BAUER (*Mitt. Materialprüf. Amt Berlin-Dahlem* 1908, 1–104; 1910, 62–137) untersucht. Sie fanden, daß destilliertes Wasser (es scheint sich hierbei eine kolloide Ferrohydroxydlösung zu bilden, aus welcher dann Ferrihydroxyd ausflockt) stärker angreift als sehr verdünnte Salzlösungen. Recht interessant ist ihre Feststellung, daß auch in stärkeren Lösungen von Chlornatrium und Chlorkalium das Eisen weniger rostet als in reinem Wasser, während doch gerade Salzwasser als besonders gefährlich gilt. Bedeutungsvoll ist auch, daß sie den Glauben, alkalisch reagierendes Wasser schütze das Eisen vor dem Rosten, endgültig berichtigt haben. In Kalkwasser bleibt Eisen tatsächlich blank, aber z. B. Sodalösung frißt das Eisen recht merklich an. In Lösungen von Chromsäure und chromsaurem Kalium rostet Eisen nicht. Besonders stark greifen Lösungen von Eisenvitriol, Ammoniumchlorid, schwefligsaurem Ammon und ganz besonders salpetersaurem Ammon an. Die meisten anderen der 35 untersuchten Salze hatten wenig Einfluß. Meist erreicht der Angriff bei einer für jedes Salz charakteristischen „kritischen" Konzentration der Lösung seinen Höhepunkt und nimmt dann bei weiterem Salzzusatz wieder ab. In der Nähe der kritischen Konzentration zeigen die Lösungen meist starken örtlichen Angriff; der Angriff verteilt sich dann sehr ungleichmäßig über die Fläche des Eisens, so daß bestimmte Stellen durchgefressen werden, während benachbarte Stellen unversehrt bleiben. Besonders groß ist dieser örtliche Angriff in den kritischen Lösungen von Natriumcarbonat, Kaliumcarbonat und phosphorsaurem Natrium. Natriumbicarbonat zeigt solchen starken örtlichen Angriff nicht.

Wenn auch in alkalisch reagierenden Lösungen das Eisen angegriffen wird, so ist doch in ihnen bei Zimmertemperatur und richtiger Konzentration der Angriff so gering, daß die Angabe von CUSHMANN und GARDNER, Hydroxylionen hindern, Wasserstoffionen beschleunigen das Rosten, im allgemeinen zutrifft. Von diesem Gesichtspunkte aus erklärt sich die Haltbarkeit von Eisen, das in Zement eingebettet ist, durch die dem Calciumhydroxyd verdankte Alkalität des Zements. Indessen ist im Beton das Eisen nur dann völlig geschützt, wenn er keine Risse enthält. Daß starke Oxydationsmittel das Eisen „passiv" machen, ist altbekannt, aber die Erklärung dieser Tatsache, die wahrscheinlich auf die Entstehung einer Sauerstoffhaut zurückzuführen ist, bildet immer noch eine wissenschaftliche Streitfrage.

Durch Bewegen der Flüssigkeit und besonders durch Luftzufuhr wird das Rosten im allgemeinen sehr befördert. Erwärmen beschleunigt das Rosten, soweit nicht durch Erhitzen der Sauerstoffgehalt des Wassers vermindert wird.

Indem man die chemische Umsetzung beim Rosten als einen elektrochemischen Vorgang betrachtet, gewinnt man die Möglichkeit, diesen Vorgang durch Potentialmessungen zu verfolgen. Je weiter 2 einander berührende Metalle in der Spannungsreihe voneinander abstehen, umso größer ist die Kraft, welche auf dem Wege über den Elektrolyten das unedlere Metall angreift und seine Auflösung beschleunigt. Während reines Zink von reiner verdünnter Salzsäure sehr langsam angegriffen wird, löst es sich bekanntlich nach Zusatz einiger Tropfen Kupfersulfatlösung unter stürmischer Wasserstoffentwicklung rasch auf. Die auf dem Zink niedergeschlagenen Teilchen metallischen Kupfers bilden mit dem Zink „Lokalelemente", in denen das Zink Lösungselektrode ist. Derart können kleine Verunreinigungen einem Metalle schaden, z. B. Eisen (als Al_2Fe) im Gefüge des Aluminiums. Unterschiede in der physikalischen Beschaffenheit, welche durch mechanische oder thermische Behandlung hervorgerufen werden, können ebenfalls gefährliche Potentialunterschiede im Gefüge erzeugen und schlimme örtliche Zerstörungen verschulden. Hierdurch erklärte sich z. B. das Auftreten von Rissen an kalt gebogenen Kesselblechen und an eingeschweißten Stutzen. Ein andermal wurde an messingnen Kondensatorrohren in Riefen, welche durch das Ziehen hervorgerufen waren, das Zink herausgelöst und schwammiges Kupfer zurückgelassen. Ganz allgemein sind stark verformte Gleitflächen löslicher: „das mißhandelte Metall rächt sich".

Außer von der Potentialdifferenz zwischen den beiden einander berührenden Stoffen hängt die Schnelligkeit, mit welcher das unedlere Metall angegriffen wird, von der elektrischen Leitfähigkeit des Elektrolyten ab. Wenn der Elektrolyt austrocknet, so wächst der elektrische Widerstand im Lokalelement so stark, daß die Zerstörung gehemmt wird.

Ferner spielt die Konzentration des angreifenden Mittels (im obigen Beispiel von Zink und Salzsäure sind es die Wasserstoffionen) an der Angriffsstelle eine wesentliche Rolle. So rostet feuchtes Eisen umso schneller, je reichlicher der Luftsauerstoff herantritt. Die Diffusion gleicht bei gewöhnlicher Temperatur Verarmungen nur langsam aus, Strömungen sind wirksamer.

Schließlich macht es viel aus, ob sich leicht oder schwer lösliche Verbindungen des Metalles bei seiner Auflösung bilden und ob diese seine Oberfläche abdecken. Bei diesen für den Fortschritt der Korrosion wichtigen Abscheidungen sind kolloidchemische Vorgänge zu beachten.

Während die elektrochemische Lokalelementtheorie durch W. PALMAER gut ausgebildet worden ist, hat J. N. FRIEND eine kolloidchemische Theorie des Rostens versucht. FRIEND nimmt an, daß der Luftsauerstoff am Eisen zuerst kolloides Ferrohydroxyd, darnach Ferrihydroxyd bildet, welches nun als Sauerstoffüberträger wirken soll. Wegen der oben angedeuteten Vielfältigkeit der Einflüsse darf jede Theorie auf den Einzelfall nur behutsam angewendet werden. Eine verwirrende Fülle von Beobachtungen und Erwägungen ist über Korrosion veröffentlicht worden, ohne daß die notwendige Klarheit geschaffen ist.

Rostschutz. Einen natürlichen Rostschutz bietet die schwarze Schicht von Ferroferrioxyd, Fe_3O_4, welche geschmiedetes Eisen bedeckt (Hammerschlag, Walzhaut). Gußeisernen Rohren verleiht die Gußhaut einen guten natürlichen Schutz, welcher ihnen aber in sehr feuchtem Erdreich ebensowenig nützt wie den schmiedeeisernen Rohren die schönste Walzhaut. Künstlich erzeugt man eine solche Schicht von Fe_3O_4 auf schmiedeeisernen Gegenständen z. B. durch Aufbrennen von Leinöl. Während des Weltkrieges haben zahlreiche Heereswerkstätten der Entente das elektrolytische Verfahren von SESTINI und RONDELLI (*Elektrotechn. Ztschr.* 1920, 512) eingeführt, bei welchem das Eisen anodisch oxydiert, dann in Öl getaucht und schließlich im Trockenofen erhitzt wird. Andere Schutzverfahren sind die von F. HANAMANN stammende Nitrierung des Eisens (oberflächliche Überführung des Eisens in Nitrid, s. auch Bd. **IV**, 151), die als Rostschutzmittel keine Verwendung mehr findet. Über das Überziehen von Eisen mit *Al* s. Alitieren (Bd. **IV**, 149, 297). Wichtig dagegen ist in neuerer Zeit die Phosphatbildung als Schutzschicht auf dem Eisen. Die Coslettierung erfolgte durch Bildung von Zink- und Eisenphosphaten. Das wichtige PARKER-Verfahren verwendet Mangan- und Eisenphosphate (vgl. Bd. **VIII**, 382, 384, sowie LIEBREICH, Die Parkerisierung, *Ztschr. angew. Chem.* 1930, 769).

Die Phosphorsäure eignet sich besonders in Gegenwart von fettlösenden Mitteln, wie z. B. Cyclohexanol, auch als Entrostungsmittel. Auch Natriumsulfhydrat wirkt sehr gut. Vgl. ferner **Eisenbeizung**, Bd. **IV**, 302.

Durch Tauchen in heißen Teer pflegt man Gußrohre mit einer Schutzschicht zu überziehen; schmiedeeiserne Leitungsrohre werden vor dem Verlegen noch mit teergetränkter Jute umwickelt.

Über die gebräuchlichen Eisenanstriche hat L. SPENNRATH (*Verh. Ver. Bef. Gew.* 1895, 245) eine grundlegende Arbeit veröffentlicht. Am wirksamsten findet er Ölfarbenanstriche. Daß der altbewährte Mennigeanstrich gegen Witterungseinflüsse ausgezeichnet schützt, hat M. RUDELOFF (Mitt. aus den Kgl. Techn. Versuchsanstalten 1902, 83—205) durch einwandfreie Vergleiche bestätigt. Zu beachten ist jedoch, daß jeder Ölfarbenanstrich durch Hitze, z. B. Besonnung, gefährdet wird; es entstehen dadurch Risse, welche dem Rost Zutritt gewähren. Die ausgedehnten Untersuchungen, welche A. S. CUSHMAN und H. A. GARDNER in den Vereinigten Staaten seit 1908 mit mehr als 50 verschiedenen Anstrichen durchführten, zeigten ferner, daß gewisse, dem Leinöl zugesetzte Farbstoffe, z. B. Lampenruß, Graphit und Ocker, das Rosten befördern, während basische Chromate das Rosten verzögern.

Trotzdem die Zahl der im Handel befindlichen, mehr oder minder schön benannten Rostschutzfarben groß ist, gibt es dennoch keinen Anstrich, der unbedingten Schutz gewährt. Durch die fast unvermeidlichen Poren kann Feuchtigkeit eindringen und der Rost, indem er unter der Decke fortkriecht, allmählich große Flächen der Schutzschicht absprengen. Je schlechter der Anstrich auf dem Eisen haftet, je mehr Fehlstellen er besitzt und je leichter er in Berührung mit Wasser quillt — dies tut z. B. nicht heiß genug aufgebrachter Teeranstrich —, umso weniger schützt er. Vorbedingung ist in jedem Falle, daß der Anstrich gut trocknet und während des Trocknens möglichst vor der Sonnenhitze geschützt wird. Emaillieren ist ebenfalls kein unbedingter Rostschutz, weil auch die schönste Emailleschicht nicht ganz frei von Poren zu sein pflegt.

Was die metallischen Überzüge anlangt, so hat sich gute Feuerverzinkung (Bd. **VII**, 519) seit langem bewährt. Feuerverbleiung (Bd. **VII**, 521) schützt dagegen das Eisen schlecht, während elektrolytische Verbleiung (Bd. **V**, 500) in genügend dicker Schicht gut abdeckt. Verzinntes Eisenblech (Weißblech, Bd. **VII**, 517) dient in größten Mengen zu Konservenbüchsen. Vernickeln (Bd. **V**, 484) ist ein sehr unsicherer Schutz, wenn die Nickelhaut zu dünn und porös ist; aber auch eine starke Nickelschicht taugt nicht viel, wenn das galvanische Bad schlecht gearbeitet hat und das Nickel später an einzelnen Stellen abblättert. Neuerdings wird ein elektrolytischer Cadmiumüberzug (Bd. **V**, 491) vielfach empfohlen.

Das heute so beliebte Verchromen (Bd. **V**, 502) schützt an sich nicht vor Rost, schon weil die Chromschicht sehr dünn ist; man pflegt deshalb das Eisen vorher zu verkupfern und zu vernickeln.

Prüfung des Rostschutzes. Die genaue Prüfung eines Rostschutzmittels soll unter den Bedingungen vorgenommen werden, welchen später die zu schützenden Gegenstände wirklich unterliegen. Wenn der Schutz gegen Witterungseinflüsse in Frage kommt, so ist die Prüfung umständlich und langwierig. Man ist deshalb von jeher bestrebt gewesen, diese genaue Prüfung durch eine rasch anzustellende Laboratoriumsprobe zu ersetzen. So pflegt man die Güte einer Verzinkung nach der „Tauchprobe" zu beurteilen: Das Probestück wird 1' lang in 20%ige Kupfervitriollösung getaucht; Zink geht in Lösung, und Kupfer scheidet sich als braunroter lockerer Beschlag ab, der sich leicht abspülen läßt. Sobald aber bei fortgesetztem Tauchen das Eisen bloßgelegt ist, bekleidet sich dieses mit einer hellroten, fester haftenden Kupferhaut. Eine Verzinkung gilt als genügend, wenn erst nach dem dritten Tauchen dieser hellrote Beschlag erscheint. Die Stärke der Verzinkung kann leicht nach Bauer (*Mitt. Materialprüf. Amt Berlin-Dahlem* 1911, 448) durch Eintauchen in Arsen-Schwefelsäure und Bestimmen des Gewichtsverlustes bestimmt werden. 2%ige Schwefelsäure, welcher 0,2% arsenige Säure zugesetzt ist, greift nämlich Eisen äußerst langsam an, während sie das Zink rasch auflöst.

Sehr zu empfehlen ist die von Walker (s. Cushman und Gardner, S. 50) angegebene Ferroxylprobe. Man bettet die zu prüfenden Gegenstände in eine schwache Lösung von rotem Blutlaugensalz, welche mit Agar oder Gelatine verdickt ist. Dann erscheinen nach wenigen Stunden auf allen fehlerhaften Stellen, an welchen Eisen auch nur spurenweise in Lösung geht, blaue Flecke. Beim Anstellen dieser Probe ist zu beachten, ob nicht auch der Schutzüberzug selber eisenhaltig ist, wie das z. B. bei dem zum Scherardisieren benutzten Zinkstaub oft der Fall ist. Die Wiederholung der Probe läßt in diesem Fall bald erkennen, ob das gelöste Eisen von der Deckschicht oder von der Eisenfläche stammt.

Durch den elektrischen Strom kann man Fehlstellen in einem nichtleitenden Überzug auf Metall finden, indem man den einen Pol mit dem Metallstück verbindet, auf die verdächtige Stelle ein wenig Salzlösung aufbringt und in diese eine mit dem anderen Pol verbundene Elektrode taucht; an einer Fehlstelle leuchtet im hier geschlossenen Stromkreis eine Glühlampe auf. Indem man einen Strommesser einschaltet, verfeinert man dieses Verfahren und kann aus der Stromstärke auf die Durchlässigkeit eines Anstriches schließen.

Um auf einer mit nichtleitendem Anstrich bedeckten Fläche schnell Löcher, Poren oder Risse zu finden, legt man auf die gestrichene Seite des Bleches Filtrierpapier, das mit Kochsalzlösung getränkt ist, welcher ein wenig Phenolphthalein zugesetzt wurde. Führt man nun den Strom einer Trockenbatterie der Rückseite des Bleches und einer quer über das feuchte Papier gelegten Elektrode zu, so erscheinen an allen Fehlstellen rote Flecke.

Um den Einfluß von Sonne und Regen auf Firnisse, Ölfarben und Lacke nachzuahmen, haben Walker und Hickson im Bureau of Standards der U.S.A. die Proben mit Bogenlicht bestrahlt und mit Wasser bespült. Außerdem wurde auf −25° abgeschreckt, um die Wirkung von schroffem Temperaturwechsel festzustellen. Um auf Durchlässigkeit gegen Regen und Gase zu prüfen, wurden die Anstriche auf feines Drahtnetz aufgetragen.

Um den Angriff von verzinktem Eisen durch die Luft eines Industriegebietes nachzubilden, haben Grosbeck und Tucker die Proben erst 5h lang mit warmer feuchter Luft, welche 5 Hundertteile CO_2 und 1 Tl. SO_2 enthielt, behandelt, dann 1h mit Wasser bespült und schließlich 18h getrocknet. Diese 24stündige Behandlung wurde so oft wiederholt, bis sich Rost zeigte.

Literatur: Unter den Veröffentlichungen über die Ursachen, die Umstände und die Verhütung des Rostens dürfte die 1819 in den *A. ch.* veröffentlichte Arbeit von Thénard: „Sur l'oxydation du fer par le concours de l'air et de l'eau" wohl die älteste sein. Lange Zeit waren die Arbeiten auf diesem Gebiet spärlich; aber in den letzten 40 Jahren ist die Rostliteratur gewaltig angeschwollen und umfaßt jetzt Tausende von Veröffentlichungen. Seit 1926 erscheint eine eigene Monatszeitschrift „Korrosion und Metallschutz" in Berlin. Von Büchern seien genannt: Cushmann und Gardner, „The corrosion and preservation of iron and steel". New York, Mac Graw Hill Brook Co., 1910. – In deutscher Übersetzung erschienen 1926 „Die Korrosion der Metalle" von U. R. Evans, Zürich, und „Die Ursachen und die Bekämpfung der Korrosion" von A. L. Pollitt, Braunschweig. – F. Höpke, Beitrag zur technischen Prüfung von Rostschutzfarben. Deutscher Verband für die Materialprüfung der Technik. H. 79, 1930. – H. Suida und Salvaterra, Rostschutz und Rostschutzanstrich. Wien 1931. – E. Liebreich, Rost und Rostschutz, Braunschweig 1914. *K. Arndt.*

Rotbase Ciba I, II, III, IV und V (*Ciba*) s. Cibanaphthole Bd. **III**, 437.

Rotfettfarbe (*I. G.*) wird in Harz- oder Fettsäuren gelöst, zum Färben von Fetten, Ölen, Lacken und Wachsen verwendet. *Ristenpart.*

Rotguß ist die Bezeichnung für Kupferlegierungen, die neben einem Kupfergehalt von meist 80–90% noch Zink und Zinn enthalten; außerdem findet sich teilweise ein Bleizusatz von etwa 3%. In Deutschland sind die Rotgußlegierungen zusammen mit Bronze genormt (s. Bronze, Bd. **II**, 700). Rotguß findet Verwendung insbesondere als Lagermetall (Bd. **VII**, 267), ferner zur Herstellung von Gußstücken für die verschiedensten Zwecke im Maschinenbau. *E. H. Schulz.*

Rotholz s. Bd. **V**, 143.

Rübel-Metall (Rübel-Bronzen) sind von RÜBEL vorgeschlagene Legierungen von teilweise recht komplizierter Zusammensetzung, meist die Metalle *Cu, Fe, Ni, Al* enthaltend.

RÜBEL glaubte besonders gute Legierungen dadurch zu erzielen, daß er die einzelnen Metalle in Verhältnissen mischte, die ihren einfachen oder vielfachen Atomgewichtszahlen entsprechen. Diese Ansicht ist zwar irrig; immerhin aber haben einzelne RÜBEL-Metalle sehr hohe Festigkeiten (z. B. 85 *kg/mm²*), lassen sich dabei schmieden, walzen und ziehen und besitzen einen guten Widerstand gegen korrodierende Einflüsse. Beispiele für derartige Legierungen sind:

Cu	Ni	Fe	Al	Zusammengesetzt nach der Formel
39,1%	18,1%	34,4%	8,4%	Cu_2Fe_2NiAl
33,2%	30,6%	29,1%	7,1%	$Cu_2Fe_2Ni_2Al$

Literatur: LEDEBUR, Die Legierungen in ihrer Anwendung für gewerbliche Zwecke, 4. Aufl., bearbeitet von O. BAUER, Berlin 1913.   *E. H. Schulz.*

Rübenzucker s. Zucker.

Rubidium, *Rb*, Atomgewicht 85,5, weißes, weiches, metallisches Element der Alkalimetallgruppe, dem Kalium sehr nahestehend, schmilzt bei 38,5° und siedet bei 696°; *spez. Gew.* 1,52.

Es entzündet sich in trockenem Sauerstoff sowie an feuchter Luft von selbst und verbrennt mit bläulicher Flamme. BUNSEN hat es zuerst 1861 durch Elektrolyse seines schmelzflüssigen Chlorides erhalten. HEVESY (*Ztschr. anorgan. Chem.* 67, 242 [1910]) hat es durch Elektrolyse des geschmolzenen Hydroxyds unter Anwendung eines Magnesitdiaphragmas (nach Art der LORENZschen Kaliumdarstellung) mit 30% Ausbeute gewonnen. GRÄFE und ECKHARDT reduzierten Rubidiumcarbonat, ERDMANN das Hydroxyd mit Magnesium. HACKSPILL (*Bull. Soc. chim. France* [4] 9, 446 [1911]) erhielt das Metall durch Erhitzen des Chlorids mit Calcium auf 500° oder auch durch hohes Erhitzen mit *Fe* (*Compt. rend. acad. Sciences* 183, 388), wobei im hohen Vakuum das Rubidium abdestillierte.
                                                                                F. Regelsberger.

Von Verbindungen des Rubidiums haben das Bromid, Jodid und der Alaun einiges Interesse. Letzterer, bereits Bd. VI, 359, unter Kaliindustrie beschrieben, ist das Ausgangsmaterial aller übrigen Derivate. Er enthält stets etwas Kalium- und Ammoniumalaun, von denen er durch Umkrystallisieren nicht befreit werden kann. *Schmelzp.* 105°.

Rubidiumbromid, *RbBr*, bildet luftbeständige Würfel von scharf salzigem Geschmack. D^{23} 3,210, *Kp* 1350°. Bei 5° lösen 100 Tl. Wasser 98 Tl., bei 16° 104,8 Tl. Salz. Zur Darstellung erhitzt man Rubidiumalaun mit 100 Tl. gebranntem Marmor und 50 Tl. Ammoniumbromid, bis kein Ammoniak mehr entweicht, zuletzt bei Rotglut, fällt aus der Lösung die Schwefelsäure mit Barytwasser aus, befreit das Filtrat durch Kohlendioxyd von Baryt und dampft die Flüssigkeiten ein (H. ERDMANN, *Arch. Pharmaz.* 232, 25 [1894]). Auch aus Rubidiumcarbonat und Bromwasserstoffsäure gewinnt man das Salz. Es wird mit Ammoniumbromid zusammen gegen Epilepsie gebraucht.

Rubidiumjodid, *RbJ*, ähnelt im Aussehen und Geschmack dem Bromid. *Schmelzp.* 641,5°, *Kp* 1305°; D^{243} 3,428. 100 Tl. Wasser lösen bei 6,9° 137,5 Tl., bei 17,4° 152 Tl. Salz. Dichte der kaltgesättigten Lösung 1,726, der heißgesättigten Lösung 1,9629. Darstellung aus dem Alaun durch Behandlung mit Ätzkalk und Calciumjodid (E. und H. ERDMANN, *D. R. P.* 66286; *Arch. Pharmaz.* 232, 25) oder aus dem Carbonat mit Jodwasserstoffsäure (REISSIG, *A.* 127, 34 [1863]). Verwendung als Ersatz für Kaliumjodid.

Rubidiumsalze sind selbst in großen Dosen dem Organismus weniger schädlich als Kaliumsalze; insbesondere sind sie keine Herzgifte und stören die Tätigkeit der motorischen Nerven fast gar nicht.

Analytisches. Kleine Mengen Rubidium weist man spektroskopisch nach; besonders charakteristisch sind 2 indigoblaue und 2 rote Linien. Analytisches über den Rubidiumalaun s. Bd. VI, 377.
                                                                                Ullmann (G. Cohn).

Rubin, künstlicher s. Edelsteine, künstliche, Bd. IV, 125.

Rüböl s. Fette und Öle, Bd. V, 229.

Rührapparate s. Mischen, Bd. VII, 623.

Rum s. Bd. I, 706, und Trinkbranntwein.

Ruß s. Kohlenstoff, Bd. VI, 63.

Ruthenium s. Platinmetalle, Bd. VIII, 497.

S

Saatgutbeize s. Schädlingsbekämpfung, Bd. **IX**.

Sabaphosphin G, 2 G und R (*Sandoz*) sind basische Acridinfarbstoffe. 2 R = Acridinorange NO (Bd. **I**, 171).

Saccharin s. Bd. **II**, 246.

Saccharose s. Zucker.

Safranin (*Geigy*), BOOO, GOOO (*Ciba*), FF extra O, O für Spritlack, T extra *konz.* (*I. G.*), superfein dopp. B (*Sandoz*), basischer, von GREVILLE WILLIAMS hergestellter Azinfarbstoff, dargestellt durch Oxydation eines *Mol.* p-Toluylendiamin und o-Toluidin[1] zu dem untenstehenden Indamin und Kondensation dieses Indamins mit Anilin oder o-Toluidin. Das käufliche Safranin enthält meist beide Produkte

(Ausführungsbeispiel: *Möhlau-Bucherer* 249 sowie *Fierz* I, 255 ff., J. WALTER, Anilinfarben-Fabrikation. Hannover 1903). Rotbraunes Pulver, in kaltem Wasser schwer löslich, in Alkohol mit gelber Fluorescenz löslich. Starke Säuren bilden mehrsäurige blaue und grüne Salze, die aber beim Verdünnen mit Wasser wieder in das normale Salz mit 1 *Mol.* Säure übergehen. Färbt ein bläuliches Rot auf tannierte Baumwolle von verhältnismäßiger Licht- und ziemlicher Wasch- und Chlorechtheit. In geringerem Maßstabe auch für Seide, Jute, Kokos und im Kattundruck verwandt. Die Marke MN *konz.* (*I. G.*) ist gleich Clematin (Bd. **III**, 450). *Rist. npart.*

Safraninscharlach G (*I. G.*) ist eine Mischung von Safranin mit Auramin. *Ristenpart.*

Safrol s. Bd. **VIII**, 836.

Sago s. Bd. **III**, 727.

Sagrotan s. Bd. **III**, 587.

Sajodin (*I. G.*), Calciumsalz der Monojodbehensäure. Herstellung nach *D. R. P.* 180622, 180087, 186214. (Vgl. Bd. **II**, 161, **IV**, 616.) Enthält etwa 25 % Jod und etwa 4 % Calcium. Weißes, geruch- und geschmackloses Pulver, unlöslich in Wasser. Anwendung an Stelle von Jodkalium. Resorption vom Darm unter langsamer Jodabspaltung, daher Ausscheidung von Jod sehr allmählich. Tabletten zu 0,5 g. *Dohrn.*

Salabrose (CHEMISCHE WERKE A. G., Grenzach i. B.), Tetraglucoson. Gewinnung durch Anhydrisierung von Traubenzucker. Diabetikernahrung, da dieses Tetraglucosan vom Diabetiker als Kohlehydrat verbraucht wird. Geschmack malzartig. *Dohrn.*

---

[1] Diese Mischung erhält man durch Reduktion von o-Aminoazotoluol.

Salben s. Galenische Präparate, Bd. V, 462.

Salen (*Ciba*), Mischung von Salicylglykolsäuremethyl- und -äthylester. Darstellung nach *D. R. P.* 196 261 und 196 262 durch Erhitzen von Natriumsalicylat mit überschüssigem Chloressigsäureestergemisch auf 160—170⁰. Gemisch ist eine ölige, geruchlose Flüssigkeit, die bei etwa 5—10⁰ erstarrt und bei etwa 280⁰ destilliert; leicht löslich in organischen Lösungsmitteln. Anwendung als äußerliches Antineuralgicum zum Einreiben; auch als Salenal in Salbenform. *Dohrn.*

Salicinfarbstoffe (*I. G.*) sind Chromentwicklungsfarbstoffe für die Wollenechtfärberei, wahrscheinlich Azofarbstoffe mit Salicylsäure als Azokomponente.

Salicinblauschwarz AE, 1910. Salicinbordeaux G und R, 1912. Die R-Marke ist gleich Eriochromrot B (Bd. IV, 614). Salicinschwarz C *konz.* und EAG sind gleich Eriochromschwarz T und A (Bd. IV, 615), UL gleich Anthracenblauschwarz (Bd. I, 485), CB *konz.* und KW. *Ristenpart.*

Salicylaldehyd s. Bd. II, 213.

Salicyl-Percutol (Chemische Fabrik Reisholz b. Düsseldorf). Farblose, ölige Flüssigkeit mit 5% Salicylsäure und 95% eines Salicylsäureesters. Antirheumaticum. *Dohrn.*

Salicylsäure s. Bd. II, 235.

Salipyrin (*Riedel*), salicylsaures Antipyrin, Phenyldimethylpyrazolonum salicylicum, wird dargestellt durch Zusammenschmelzen von molekularen Mengen Antipyrin und Salicylsäure bei Gegenwart von wenig Wasser. Weißes, krystallinisches, schwach süßlich schmeckendes Pulver, schwer löslich in Wasser, leicht löslich in Alkohol, *Schmelzp.* 91—92⁰. Antineuralgicum und Antirheumaticum. Tabletten zu 1 *g.* *Dohrn.*

Salit (*Heyden*), Salicylsäurebornylester. Darstellung nach *D. R. P.* 175 097, durch Erhitzen von Salicylsäure mit Terpentinöl auf 110—130⁰. Reinigung des Reaktionsproduktes durch Waschen mit Soda und Wasserdampf. Braune, ölige Flüssigkeit, unlöslich in Wasser, leicht löslich in organischen Lösungsmitteln, durch Alkalien verseifbar. Anwendung als äußerliches Antirheumaticum und Antineuralgicum. Salit purum (70% ig); Salitöl (35% ig), Salit-Creme (28% ig). *Dohrn.*

Salmiak s. Bd. I, 429.

Salochinin (*Zimmer*), Salicylsäurechininester, wird nach *D. R. P.* 137 207 durch Zusammenschmelzen von Chinin mit Salol hergestellt. Weißes, geschmackloses Krystallpulver, *Schmelzp.* 141⁰, unlöslich in Wasser. Anwendung wie Chinin. Tabletten zu 0,25 und 0,5 *g.* *Dohrn.*

Salol s. Bd. II, 243.

´ Salophen, Acetyl-p-aminosalol, bildet geruch- und geschmacklose Blättchen vom *Schmelzp.* 187—188⁰. Es ist in heißem Wasser wenig, in Alkohol und Äther leicht löslich. Die alkalische Lösung färbt sich beim Erwärmen an der Luft blau. Zur Darstellung (*Bayer, D. R. P.* 62533, 69289) kondensiert man p-Nitrophenol mit Salicylsäure in Gegenwart von Phosphoroxychlorid zu p-Nitrosalol, reduziert dieses zu p-Aminosalol und acetyliert die Base.

p-Nitrosalol. In einen gußeisernen, mit Rückflußkühler versehenen Kessel von 100 *l* bringt man 20 *kg* p-Nitrophenol, 20 *kg* Salicylsäure, 10 *kg* Toluol und 14 *kg* Phosphoroxychlorid, heizt auf 85⁰ an und stellt darauf den Dampf ab; die Reaktion beginnt langsam, wird nach kurzer Zeit sehr heftig und ist in einer ½ʰ fertig. Nach Zusatz von etwa 20 *l* Wasser zerkleinert man die Schmelze und schöpft sie in einen Holzbottich, welcher eine Lösung von 12 *kg* Soda in 180 *l* Wasser enthält. Sie zerfällt zu einem hellen, grobkörnigen Pulver, welches man nach dem Schleudern direkt zur Reduktion verwendet. (Die Ausbeute würde nach dem Trocknen 34—36 *kg* betragen.)

Reduktion. In den Reduktionsapparat bringt man außer dem Nitrosalol 200 *kg* Sprit (95% ig) und 40 *kg* fein gemahlene Gußspäne, erhitzt zum Kochen und läßt im Laufe von 6ʰ 120 *kg* Salzsäure in dünnem Strahl zufließen. Das Chlorhydrat des Aminosalols, welches nach 12ʰ auskrystallisiert ist, wird in etwa 500 *l* Wasser gelöst und die filtrierte Lösung mit 40 *kg* Schwefelsäure (von 36 *Bé*) versetzt, um das unlösliche Sulfat auszufällen. Es wird durch Kochen mit der 8fachen Menge Wasser und allmählichen Zusatz der berechneten Menge Natriumacetat in die Base übergeführt.

Diese wird nochmals in etwa 500 *l* kochendem Wasser mit der nötigen Menge *HCl* gelöst, die filtrierte Lösung wieder mit überschüssiger Schwefelsäure gefällt und aus dem abgeschleuderten Sulfat erneut die Base freigemacht, welche jetzt zur Weiterverarbeitung genügend rein ist.

Acetylierung. Die Aminosalolpaste ist, wenn gut abgeschleudert, etwa 50% ig. Man bestimmt genau ihren Gehalt, rührt sie mit dem 3fachen Gewicht Sprit (von 95%) an und gibt unter gutem Rühren das 1,1fache der berechneten Menge Acetanhydrid ziemlich schnell (5 *kg* pro 1') hinzu. Die Acetylierung vollzieht sich glatt in kürzester Zeit ohne große Temperaturerhöhung. Zum Umkrystallisieren verdünnt man das Reaktionsprodukt mit so viel Sprit, daß auf 1 *kg* Salophen 15 *kg* Lösungsmittel kommen, erhitzt zum Kochen, setzt 2 *kg* Zinkstaub und 5 *kg* Bisulfit hinzu, kocht noch eine Viertelstunde und drückt durch ein Filter die Flüssigkeit in so viel Wasser, daß der Sprit auf 40% verdünnt wird. Das ausfallende Salophen soll weiß sein. Nach Bestimmung des Trockengehaltes löst man es unter Zusatz von etwas Entfärbungskohle in der 15fachen Menge Sprit (von 95%), filtriert durch ein Druckfilter und setzt dem klaren Filtrat etwas Schwefeldioxyd, in Sprit gelöst, hinzu. Die erhaltenen Krystalle werden noch einmal aus der 15fachen Menge Sprit unter Zusatz von Entfärbungskohle krystallisiert. Zum klaren Filtrat gibt man in kleinen Portionen eine alkoholisch-salzsaure Lösung von Zinnsalz, u. zw. braucht man auf 15 *kg* Salophen 100 *g* $SnCl_2 + 2H_2O$, 50 *g* *HCl* konz. chemischrein und 500 *g* Sprit. Das Salophen krystallisiert jetzt vollständig rein aus.

Verwendung. Salophen ist ein Antirheumaticum, Antipyreticum und Antineuralgicum. Gegen Kopfschmerzen ist meist eine Dosis von 1 *g* wirksam; bei akutem Rheumatismus und Neuralgien gibt man 1 bis 1,5 *g* 4mal täglich.   *Ullmann (Knecht* †).